Vorwort.

Dem Zeitalter der „Konstruktion" ist ein Zeitalter des „Betriebes" gefolgt, wirtschaftliche, zwangläufig geregelte und Willkür möglichst ausschließende Herstellung hat die gleiche Bedeutung wie planmäßige Gestaltung erlangt, die zudem mehr als je von den Rücksichten auf wirtschaftlichste Herstellung beeinflußt wird. Diese Richtung, die schon vor dem Kriege einsetzte, wurde infolge der Massenherstellung durch ungelernte Arbeiter während des Krieges, durch die Nachkriegszeit mit ihren steigenden Löhnen und der schwierigen Rohstoffbeschaffung bedeutend gefördert.

Die „wissenschaftliche Betriebsführung" hatte sich vor dem Kriege in größerem Umfange als in Deutschland in Amerika eingeführt, wo sie unter der zum Schlagwort gewordenen Bezeichnung: „scientific management" bekannt ist. Jedoch befaßt sie sich dort hauptsächlich mit der Fertigung in der Werkstatt und deren Organisation. In Amerika hat diese Betriebsführung das Gepräge eines Landes erhalten, dessen Arbeiterverhältnisse schwierig, dessen Rohstoffvorräte unerschöpflich sind, und sie ist dort durchaus imstande, den wichtigsten Anforderungen an den Betrieb zu entsprechen.

In Deutschland hingegen ist auch die Rohstoffwirtschaft, deren Schwierigkeiten durch politische und finanzielle Verhältnisse immer mehr zunehmen, ein Faktor, der gleichberechtigt neben die Fertigung tritt. Nicht nur auf diese, sondern auf den gesamten Fabrikbetrieb muß sich eine wissenschaftliche, d. h. mit allen Mitteln technischen und organisatorischen Wissens arbeitende Betriebsführung erstrecken, wenn nicht Gewinne auf der einen Seite durch Verluste auf der anderen Seite zunichte gemacht werden sollen. Dieser selbstverständlich scheinenden Forderung wird durchaus nicht immer entsprochen. Betriebe, deren gesamte Werkstattorganisation auf weitestgehende Verringerung der Fertigungsunkosten zugeschnitten ist, arbeiten häufig genug mit Kraftzentralen, die nur primitivsten Ansprüchen genügen und keinerlei Rücksichten auf Wärmewirtschaft zeigen. Diese Einseitigkeit, die dem amerikanischen Ingenieur aus erwähntem Grunde durchgehen mag, ist für deutsche Verhältnisse von größtem Schaden. Nur der Betrieb wird höchsten Wirkungsgrad erzielen, dessen Ingenieure sich der wirtschaftlichen Verkettung a l l e r Betriebsabteilungen dauernd bewußt bleiben.

Der Großbetrieb geht immer mehr zur Unterteilung der von seinen Ingenieuren zu beherrschenden Arbeitsgebiete über, erzieht immer mehr zum einseitigen „Fachmann", dem Einblicke in Nachbargebiete verwehrt bleiben.

Zweck dieses Taschenbuches ist, die Erkenntnis der Zusammenhänge zu wahren. Nicht nur Fertigung und Organisation, die man nach neuerem Sprachgebrauch — leider — allein unter der Bezeichnung „wissenschaftliche Betriebsführung" zusammenfaßt — auch der Kraftbetrieb und die Anlage und Einrichtung der Fabriken sind in das behandelte Gebiet einbezogen worden.

Dementsprechend gliedert sich der Inhalt in drei Teile, von denen der erste die zur Erzeugung der Leistung dienenden Kraftanlagen und ihre Betriebskontrolle behandelt. Die Erzielung richtiger Verwertung der Brennstoffe, hohen Wirkungsgrades der Energie-Umwandlung ist eine der bedeutendsten Aufgaben unserer Zeit. Die wichtigsten Eigenschaften der Dampfkessel, Gaserzeuger, Kraftmaschinen und des elektrischen Betriebes, ihre Anwendungsgebiete, Störungen und wirtschaftliche Auswahl sind dargestellt und Hauptwert auf die laufende Betriebsüberwachung gelegt, die durch eine große Anzahl von Vordrucken erläutert wird.

Der zweite Teil: Herstellung und Organisation, behandelt zunächst den Ausgangspunkt der Fabrikation, die Baustoffe, ihre Prüfung, Gefüge und Verarbeitung. Die Normung ist hierbei in weitem Umfang berücksichtigt, in vielen Fällen konnten allerdings bei Abschluß des Buches nur Normungsvorschläge, nicht fertige Normen angeführt werden. Die wichtigsten Gesichtspunkte für Auswahl und Behandlung der Werkzeuge und Werkzeugmaschinen werden gegeben. Hieran schließt sich eine Darstellung der Grundzüge der Fabrikorganisation. Aufgaben und Aufbau von Konstruktionsbüro, Normung, Fabrikationsbüro und Betriebsbüro werden eingehend behandelt.

Große Sorgfalt wurde der austauschbaren Herstellung, der Festlegung von Normen und der Ausbildung von Bearbeitungsvorrichtungen zugewendet, Faktoren, die in der Fabrikation von Maschinenteilen eine ausschlaggebende Rolle spielen.

Der dritte Teil befaßt sich mit der Anlage und Einrichtung der Fabriken, wobei zunächst im bautechnischen Teil sowohl auf die Elemente des Fabrikbaues wie auch auf Form und Lage der Gebäude und ihre Außenanlagen eingegangen wird. Heizung, Belüftung, Beleuchtung finden eingehende Betrachtung. Von den Inneneinrichtungen sind Transmissionen, Rohrleitungen und elektrische Leitungen in besonderen Kapiteln behandelt. Besonderer Wert wurde auf Darstellung des Werkstattförderwesens gelegt. Ein Kapitel über den Wirkungsgrad der Fabrikanlagen schließt das Buch.

Das Ziel, das sich Herausgeber und Mitarbeiter gesteckt haben, kann nur unter Mitwirkung der Praxis erreicht werden. Unterzeichneter richtet deshalb an die Ingenieure der Praxis die Bitte, durch Anregungen und Überlassung von Unterlagen den weiteren Ausbau des vorliegenden Taschenbuches zu fördern.

Berlin, November 1922.

H. Dubbel.

Taschenbuch
für den
Fabrikbetrieb

Bearbeitet von

Oberingenieur Otto Brandt-Charlottenburg, Prof. H. Dubbel-Berlin, Geh. Reg.-Rat Prof. W. Franz-Charlottenburg, Dipl.-Ing. R. Hänchen-Berlin, Ingenieur O. Heinrich-Berlin, Dr.-Ing. Otto Kienzle-Berlin-Südende, Regierungsbaurat Dr.-Ing. R. Kühnel-Berlin-Steglitz, Berat. Ingenieur Dr. H. Lux-Berlin, Oberingenieur K. Meller-Berlin-Siemensstadt, Ing. W. Mitan-Berlin-Marienfelde, Oberingenieur W. Quack-Bitterfeld, Prof. Dr.-Ing. E. Sachsenberg-Dresden, Dipl.-Ing. H. R. Trenkler-Berlin-Steglitz

Herausgegeben von

Prof. H. Dubbel
Ingenieur, Berlin

Mit 933 Textfiguren und 8 Tafeln

Berlin
Verlag von Julius Springer
1923

ISBN-13: 978-3-642-98774-8 e-ISBN-13: 978-3-642-99589-7
DOI: 10.1007/978-3-642-99589-7

Alle Rechte, insbesondere das der Übersetzung
in fremde Sprachen, vorbehalten.

Copyright 1923 by Julius Springer in Berlin.
Softcover reprint of the hardcover 1st edition 1923

Inhaltsverzeichnis.

Der Kraftbetrieb.

Seite

Die Dampfkessel. Bearbeitet von Ing. O. Heinrich. Mit 57 Abb. ... 1

    I. Die Wahl der Kesselbauart 1
    II. Anordnung der Kessel im Kesselhause 2
    III. Das Kesselhaus 4
    IV. Bewertung der Brennstoffe für den Dampfkesselbetrieb . . . 5
    V. Wahl und Betrieb der Feuerungen 9
    VI. Wärmeübertragung 33
    VII. Natürlicher und künstlicher Zug 37
    VIII. Die Kesselbauarten 42
    IX. Die Überhitzer 50
    X. Die Vorwärmer 53
    XI. Die Kesselausrüstung 57
    XII. Die Aufbereitung des Kesselspeisewassers 61
    XIII. Zerstörende Einwirkungen auf eiserne Wandungen 68
    XIV. Die Wärmeausnutzung bei Dampfkesselanlagen 70

Die Gaserzeuger. Bearbeitet von Dipl.-Ing. H. R. Trenkler.
Mit 18 Abb. 80

    I. Technische Gasarten und deren Zusammensetzung 80
    II. Chemische Grundlagen der Vergasung 80
    III. Die Brennstoffe 86
    IV. Bau der Gaserzeuger 88
    V. Reinigung des Gases und Nebenproduktengewinnung . . . 102
    VI. Betriebsüberwachung 106

Die Kraftmaschinen. Bearbeitet von Prof. H. Dubbel. Mit 56 Abb. . . 119

    I. Betriebseigenart der Kraftmaschinen 119
    II. Kondensation, Rückkühlung 145
    III. Verbrauchszahlen. Mittlere Drucke 153
    IV. Abwärmeverwertung 161
    V. Wahl der Betriebskraft 179
    VI. Der Ruths-Speicher 185
    VII. Ersatz und Umbau vorhandener Anlagen 187

Elektrischer Kraftbetrieb. Bearbeitet von Oberingenieur K. Meller.
Mit 43 Abb. 190

    I. Elektromotoren 190
    II. Transformatoren 210

III. Umformer 213
   IV. Elektrischer Gruppen- und Einzelantrieb 215

Kontrolle des Kraftbetriebes. Bearbeitet von Oberingenieur W. Quack und Prof. H. Dubbel. Mit 104 Abb. 221
   I. Betriebskontrolle der Dampfkesselanlagen 221
   II. Kontrolle in Dampfturbinenzentralen 282
   III. Betriebskontrolle der Kolbenkraftmaschinen 290
   IV. Betriebskontrolle bei Wasserturbinen 322
   V. Kontrolle der Schaltanlagen 328
   VI. Betriebsstatistik 331

Herstellung und Organisation.

Werkstoffe. Bearbeitet von Regierungsbaurat Dr. R. Kühnel. Mit 44 Abb. 343
   A. Abnahme 343
      I. Stoffestigkeit gegenüber verschiedenen Beanspruchungen . . . 344
      II. Der Gefügeaufbau 353
      III. Besonders einfache Prüfverfahren 355
      IV. Die Probenahme 357
   B. Verarbeitung 358
      I. Das Gießen 358
      II. Erste Weiterverarbeitung 364
      III. Zweite Weiterverarbeitung 368
      IV. Dritte Weiterverarbeitung 370
      V. Vierte Weiterverarbeitung 378
      VI. Fünfte Weiterverarbeitung 380
      VII. Fehler der Werkstoffe 382
   C. Eigenschaften 387
      α) Hauptwerkstoffe 387
      I. Eisen und seine Legierungen 387
      II. Kupfer und seine Legierungen 397
      III. Nickel und seine Legierungen 411
      IV. Zink und seine Legierungen 414
      V. Zinn, Antimon nebst Legierungen 416
      VI. Die Lagermetalle 416
      VII. Blei und seine Legierungen 419
      VIII. Die Leichtmetalle: Aluminium und Magnesium, sowie ihre Legierungen 420
      IX. Die Hölzer 426
      β) Hilfswerkstoffe 430
      I. Schmiermittel 430
      II. Schleifmittel 432
      III. Dichtungsmittel 433

Elektrisches Schweißen. Bearbeitet von Oberingenieur K. Meller. Mit 5 Abb. 435

Werkzeugmaschinen. Bearbeitet von Ing. W. Mitan. Mit 12 Abb. ... 438
    I. Allgemeines 438
    II. Der Kraftbedarf der Werkzeugmaschinen 456
    III. Die Ausnutzung der Werkzeugmaschinen 461

Werkzeuge. Bearbeitet von Ing. W. Mitan. Mit 111 Abb. 478
    I. Baustoffe und ihre Prüfung 478
    II. Arten der Werkzeuge 480
    III. Instandhaltung 507

Fabrikorganisation. Bearbeitet von Prof. Dr.-Ing. E. Sachsenberg und Dr.-Ing. O. Kienzle. Mit 174 Abb. 513
    I. Grundzüge der Fabrikorganisation 513
    II. Das Konstruktionsbüro 535
    III. Normung 566
    IV. Das Fabrikationsbüro 583
    V. Das Betriebsbüro 622

Anlage und Einrichtung der Fabriken.

Baukonstruktionen. Bearbeitet von Geh. Reg.-Rat Prof. W. Franz. Mit 127 Abb. 635
    I. Baustoffe 635
    II. Bauelemente 640
    III. Gebäudeformen 653
    IV. Innerer Ausbau 676
    V. Außenanlagen 685
    VI. Stellung der Gebäude 689
    VII. Vorarbeiten 691

Heizung, Lüftung, Entstaubung, Beleuchtung. Bearbeitet von Prof. H. Dubbel, Oberingenieur O. Brandt, Berat. Ingenieur Dr. H. Lux. Mit 18 Abb. 693
    I. Heizung 693
    II. Entstaubung und Lüftung 704
    III. Fabrikbeleuchtung 709

Transmissionen. Bearbeitet von Prof. H. Dubbel. Mit 21 Abb. 718

Werkstattförderwesen. Bearbeitet von Dipl.-Ing. R. Hänchen. Mit 118 Abb. 742
    I. Die Förderarbeiten im Werkstättenbetriebe 742
    II. Die Werkstattförderer 744
    III. Das Werkstattfördersystem 798
    IV. Organisation des Werkstattförderwesens 836

Rohrleitungen. Bearbeitet von Prof. H. Dubbel. Mit 15 Abb. 839

Elektrische Leitungen. Bearbeitet von Oberingenieur K. Meller. Mit 3 Abb. 855

Wirkungsgrad von Fabrikanlagen mit elektrischem Antrieb. Bearbeitet von Oberingenieur K. Meller. Mit 7 Abb. 863

Sachverzeichnis 872

Der Kraftbetrieb.

Die Dampfkessel.

Bearbeitet von Ing. O. Heinrich.

I. Die Wahl der Kesselbauart.

Für die Wahl einer bestimmten Kesselbauart sind maßgebend:
Die Veränderlichkeit des Betriebsortes.
Die Ungleichförmigkeit der Dampfentnahme.
Die Betriebbereitschaft.
Die Betriebsicherheit.
Der Brennstoff.
Die Grundflächenausnutzung.

Veränderlichkeit des Betriebsortes.

Für ortveränderliche Dampfanlagen kommen nur Kessel ohne Einmauerung von solcher Bauart in Betracht, die gegen Stöße möglichst wenig empfindlich sind. Am brauchbarsten haben sich erwiesen: für Lokomotiven und Lokomobilen der liegende Feuerbuchskessel mit vorgehenden Heizrohren und auf den Dampfschiffen der Binnenschiffahrt der liegende Feuerbuchskessel mit rückkehrenden Heizrohren — schottischer Schiffskessel —, auf Seefahrzeugen außerdem noch verschiedene Bauarten von Wasserrohrkesseln.

Für ortfest betriebene Anlagen sind, wenn die Aufstellung nur als vorübergehende anzusehen ist, Lokomobilen besonders geeignet, deren Kessel sich mit Hilfe von Verschraubungen zur Reinigung auseinander nehmen lassen. Bei fahrbaren Lokomobilen würden die Schraubenverbindungen durch die beim Fahren auftretenden Stöße gelockert.

Ungleichförmigkeit der Dampfentnahme.

Die Grenze, bis zu der Schwankungen in der Dampfentnahme durch veränderte Wärmezufuhr entsprochen werden kann, hängt von der Feuerungskonstruktion, insbesondere von der in unmittelbarer Nähe der Feuerung liegenden Mauerwerksmasse und von der Veränderlichkeit der Zugstärke ab. Je geringer die Mauerwerksmassen sind, um so besser folgt der Kessel den Belastungswechseln. In dieser Beziehung ist daher blechummanteltes Mauerwerk vorteilhaft. Auch bei aufmerksamster Wartung versagt Veränderung der Wärmezufuhr schließlich, wenn häufig starke Schwankungen auftreten. Hier ist die Bauart so zu wählen, daß sich ein recht großer Wärmevorrat im Wasserinhalt aufspeichern läßt. Als „Großwasserraumkessel", das sind Kessel, die einen im Verhältnis zur Heizfläche großen Wasserinhalt aufweisen, kommen gegenwärtig am meisten die Flammrohrkessel, seltener Doppelkessel, Batteriekessel und Mac-Nicol-Kessel zur Anwendung.

Betriebbereitschaft.

Kessel, die schnell betriebbereit sein sollen, müssen vor allem einen im Verhältnis zur Heizfläche geringen Wasserinhalt besitzen. Solche „Kleinwasserraumkessel" — und zwar in der Form der Wasserrohrkessel — werden daher mit besonderem Vorteil angewandt für Reservekessel und für immer nur aushilfsweise und für kurze Zeit betriebene Kessel.

Betriebsicherheit.

Am sichersten ist der Betrieb des Kessels, dessen Bauart möglichst wenig Anlaß zu Undichtigkeiten gibt, bei dem ein Aufreißen der Wandung nicht leicht eintritt und, wenn es erfolgt, am wenigsten schwere Folgen haben kann. Hinsichtlich der erstgenannten Bedingung, ist der Flammrohrkessel an Betriebsicherheit allen anderen Bauarten überlegen. Dagegen ist die Sicherheit gegen Explosion im allgemeinen bei den Wasserrohrkesseln größer. Wird von fehlerhafter Herstellung der Wasserkammern abgesehen, so führt eigentlich nur starker Kesselsteinansatz in den im ersten Feuer liegenden Wasserrohren zum Aufreißen der Wandung. Die dadurch plötzlich entstehende Öffnung kann aber nicht sehr groß werden; außerdem ist die im Wasserraum enthaltene Wärmemenge verhältnismäßig gering. Wesentlich anders verhalten sich z. B. die Flammrohrkessel, bei denen Wassermangel genügt, um die Flammrohrwandung über der Feuerung in die Gefahr des Erglühens und damit des Aufreißens zu bringen. Tritt letzteres ein, so entstehen infolge der Größe der sich bildenden Öffnung und der im Kessel aufgespeicherten Wärmemenge meistens recht erhebliche Schäden.

Vielfach herrscht die Ansicht, daß die Kessel mit geringsten Anforderungen an die Wartung den sichersten Betrieb gewährleisten. Danach wären die Großwasserraumkessel, bei denen sich Schwankungen der Dampfspannung am leichtesten vermeiden lassen, am betriebsichersten. Leider verführt aber gerade diese bequeme Wartung nicht selten zu Nachlässigkeiten.

Schließlich ist noch von Wichtigkeit, daß sich das Kesselinnere gut reinigen läßt. Am einfachsten lassen sich befahrbare Kessel reinigen. Bei den nicht befahrbaren Feuerbuchskesseln muß man sich mit regelmäßigem Abschlämmen und Auswaschen behelfen und nötigenfalls die Heizrohre herausnehmen. Bei den Wasserrohrkesseln bietet die Reinigung gerader Wasserrohre mittels besonderer, mit Druckwasser betriebener Turbinenrohrreiniger nicht allzu große Schwierigkeiten. Diese Reiniger werden bei Kammerkesseln durch die Putzlöcher, bei Steilrohrkesseln von der oberen Walze aus eingeführt. Kessel mit gebogenen Rohren werden wegen der Schwierigkeit des Reinigens am besten nur mit reinem Kondensat betrieben.

Brennstoff.

Gestattet der Brennstoff die Ausführung einer Innenfeuerung, so bietet die Wahl von Flammrohr- oder Feuerbuchskesseln Vorteile. Ist dagegen die erforderliche Rostfläche nur in einer Außenfeuerung unterzubringen, so sind Wasserrohr- oder Batteriekessel vorzuziehen, weil sich bei ihnen die Außenfeuerung so ausführen läßt, daß sie entweder ganz oder doch zum größten Teil unter dem Kessel liegt, also keine oder nur wenig besondere Grundfläche in Anspruch nimmt.

Grundflächenausnutzung.

Durch Zusammendrängen einer Kesselanlage auf eine möglichst kleine Grundfläche lassen sich übersichtliche Großanlagen schaffen, die Anlagekosten oft nicht unwesentlich verringern, auch ist es oft nur dadurch möglich, alte Anlagen durch leistungsfähigere zu ersetzen. Häufig werden deshalb die verschiedenen Kesselbauarten nach ihrer Dampfleistung, bezogen auf die Grundflächeneinheit, zu bewerten sein. Ordnet man die Kesselbauarten danach mit steigender Dampfleistung, so ergibt sich nachstehende Reihenfolge:

Einflammrohr-, Zweiflammrohr-, Batterie-, Dreiflammrohr-, Heizrohr-, Doppel-, Kammerwasserrohr- und Steilrohrkessel (vgl. S. 44).

II. Anordnung der Kessel im Kesselhause.

Nach Festlegung der Kesselbauart ist die Dampfleistung auf eine bestimmte Anzahl von Kesseleinheiten zu verteilen. Hierbei sind recht widerstreitende

Verhältnisse zu berücksichtigen: Große Einheiten sind günstig für Grundflächenausnutzung, Brennstoffverbrauch und Zahl der Bedienungsmannschaft; sie verursachen aber bei plötzlich notwendig werdender Außerbetriebsetzung sehr empfindliche Störungen. Mit kleineren Einheiten kann man den Betriebsschwankungen viel eher mit für die einzelnen Kessel günstigsten Belastungsverhältnissen folgen. Ob man von vornherein größere Einheiten wählen soll, wenn sie auch zunächst nicht voll belastet werden können, ist zu entscheiden unter Abwägung der Nachteile, die aus der vorläufig zu niedrigen Belastung erwachsen, gegenüber den Vorteilen, die das Vorhandensein großer Einheiten bei eintretendem Vollbetrieb mit sich bringen.

Kleinere Kessel werden so aufgestellt, daß je zwei ein gemeinsames Mauerwerk — mit durchgehender abgeschlossener Zwischenwand — erhalten, oder, jeder in einem besonderen Mauerwerk, ganz dicht nebeneinander gelegt werden. Neben jedem zweiten Kessel wird dann ein 1 bis 1,5 m breiter Gang angeordnet. Größere Wasserrohrkessel gestatten diese Zusammenfassung infolge ihrer breiteren Bauart nicht, da man bei ihnen zum Entfernen der Flugasche und für Eingriffe in die Feuerung beide Seitenwände zugänglich lassen muß.

Bei größerer Kesselzahl kommen folgende Aufstellungsarten in Frage:

Einreihige Anordnung: Aufstellung nebeneinander an der Längswand des Kesselhauses, die an das Maschinenhaus grenzt, so daß die Heizerstände der gegenüberliegenden Längswand zugekehrt sind. Das Kesselhaus liegt also parallel zum Maschinenhaus. Seltener wird die einreihige Anordnung so ausgeführt, daß die Heizerstände nach dem Maschinenhause zu liegen. Im letzteren Falle erreicht man im allgemeinen zwar günstigere Verhältnisse für die Fuchsanlage, die Dampfwege bis zu den Maschinen werden aber etwas länger.

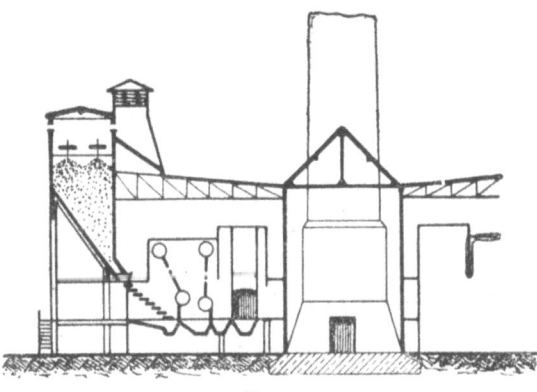

Fig. 1.

Zweireihige Anordnung. Aufstellung der Kessel nebeneinander an beiden Längswänden des senkrecht zum Maschinenhause liegenden Kesselhauses, so daß die Feuerungen einander zugekehrt sind. Vorteil: gut übersichtliche Anlagen, die sich infolge Zusammenlegen der Heizerstände durch geringsten Grundflächenbedarf und durch Einfachheit der Bekohlungs- und Entaschungsanlage auszeichnen, ohne daß dabei das Unterbringen der Fuchskanäle und der Schornsteine besondere Schwierigkeiten bereitet. In Fig. 1 ist eine bei größeren Braunkohlenkraftwerken zu findende Anordnung dargestellt, die zuerst von de Dion in Bitterfeld ausgeführt wurde. Als Vorteile dieser Aufstellung, bei der die Feuerungsseiten der Kesselhauswand zugekehrt sind, werden geltend gemacht: Heller, an den Fenstern gelegener Bedienungsraum, Vermeidung der Gefahren, die durch Herausschlagen der Flamme entstehen, helle, übersichtliche Anordnung der Speisebühne, von der aus alle Speise- und Dampfleitungen leicht zugänglich sind, gemeinsamer Abgaskanal für beide Kesselreihen. Als Nachteil sind die durch die Teilung der Bunker bedingten höheren Anlagekosten zu erwähnen, doch ist hierbei nicht außer acht zu lassen, daß sich infolge der geteilten Bunker leichter ein 48stündiger Vorrat für jeden Kessel aufstapeln läßt, ohne daß die Kohle durch den Druck entgast und an Heizwert verliert.

Im übrigen ist bei der Aufstellung der Kessel natürlich auf die Lage der Maschinen Rücksicht zu nehmen (vgl. Absatz 6 des folgenden Abschnitts).

III. Das Kesselhaus.

Bei Auswahl des Platzes ist zu berücksichtigen:

Brennstoffzufuhr und Abfuhr der Herdrückstände.

Das Kesselhaus ist möglichst nahe an den Kohlenlagerplatz heranzulegen, dessen Lage nach den Zufuhrmitteln — bei größeren Anlagen Schiff, Anschlußeisenbahngleis oder Hängebahn von der Grube her — zu bestimmen ist. Für die Ascheabfuhr ist es im allgemeinen notwendig, entweder eine gepflasterte Straße — für Wagen oder Lastauto —, ein Anschlußgleis oder ebenfalls eine Hängebahn an das Kesselhaus heranzuführen.

Beschaffung des Speisewassers.

Bei Entnahme des Speisewassers aus einem Gewässer ist möglichst geringe Länge der Saugleitung anzustreben, wechselnder Wasserstand an der Entnahmestelle ist zu berücksichtigen. Sind Tiefbrunnen anzulegen, so tritt die Sorge um die Beschaffung der genügenden Wassermenge in den Vordergrund, ebenso die Frage, ob das Wasser infolge seiner Beimengungen für den Kesselbetrieb geeignet ist.

Tragfähigkeit des Baugrundes.

Da Kessel, Kohlenbunker und Schornsteine hochbelastete Fundamente ergeben, so ist die Güte des Baugrundes von wesentlichem Einfluß auf die Herstellungs- und Unterhaltungskosten der Kesselanlage.

Lage des Grundwasserspiegels.

In den Aschenkeller, die Fuchskanäle und den Aschensack unter dem Schornstein soll auch bei höchstem Wasserstande kein Wasser eindringen. Hoher Grundwasserstand erhöht daher die Anlagekosten, da man entweder die ganze Anlage höher herausbauen oder die tiefliegenden Räume durch besondere bauliche Maßnahmen vor dem Eindringen des Wassers sichern muß.

Ausbaumöglichkeit.

Die Größe des Kesselhauses kann von vornherein so bemessen werden, daß außer den für die verlangte Dampfleistung erforderlichen Kesseln und der notwendigen Aushilfe — im allgemeinen bei größerer Kesselzahl mindestens 10 vH, für kleinere Anlagen bis zu 100 vH der Gesamtheizfläche —, bei eintretender Betriebsvergrößerung noch weitere Kessel aufgestellt werden können, vorausgesetzt, daß die Erweiterung in kürzerer Zeit zu erwarten ist. Im entgegengesetzten Falle ist entweder Platz für die Verlängerung des errichteten oder für daneben aufzubauende neue Kesselhäuser vorzusehen. — Die Höhe des Kesselhauses ist stets so auszuführen, daß der Einbau sehr hoch bauender Kessel (Doppelkessel, Steilrohrkessel) später als Ersatz ursprünglich gewählter niedrigerer Kessel möglich ist.

Bei Errichtung mehrerer Kesselhäuser wird es fraglich, ob sie getrennt voneinander zu bauen oder in einem Block zu vereinigen sind. Die erstere Anordnung bedingt unzureichende Notausgänge und ungenügende Belüftung, andererseits sind die zwischen getrennten Kesselhäusern liegenden Höfe wertvoll für Beleuchtung und Belüftung, zum Unterbringen der Schornsteine — deren Lage den Grundriß ebenfalls stark beeinflußt —, Pumpen- und Mannschaftsräume, sowie für die Anordnung der Notausgänge. (Klingenberg, Z. 1919, S. 1085.)

Lage zum Maschinenhause.

Mit Rücksicht auf die Anlage-, Betriebs- und Unterhaltungskosten soll die Dampfleitung zwischen Kessel und Maschine möglichst kurz sein. Man baut daher zweckmäßig das Kesselhaus unmittelbar an das Maschinenhaus heran, und zwar bevorzugte man dabei früher das einreihige, parallel zum Maschinenhause gelegene Kesselhaus. Für Turbinenkraftwerke jedoch ergeben mehrere kürzere zweireihige Kesselhäuser, deren eine Stirnwand die Längswand des Maschinenhauses ist, wobei also Kessel- und Maschinenhaus senkrecht zueinander liegen, die günstigsten Leitungsverhältnisse.

IV. Bewertung der Brennstoffe für den Dampfkesselbetrieb.

Als Brennstoffe kommen hauptsächlich zur Verwendung:

fest: Kohlen, Torf und Holzabfälle,
flüssig: Erdöl- und Teerdestillate,
gasförmig: Abgase der Hochöfen und Koksöfen, Generatorgas.

Die festen Brennstoffe ergeben sehr wirksamen Wärmespeicher in der Glut auf dem Rost, daher eine viel gleichmäßigere und für die Wärmeübertragung durch Strahlung viel günstigere Wärmequelle als andere Brennstoffe. Demgegenüber Vorteil der Brennflüssigkeiten und -gase, daß sich das Feuer schnellstens auf die volle Wirkung bringen und ebenso schnell wieder abstellen läßt, was beim Anfeuern und bei plötzlich notwendigen Betriebsunterbrechungen wertvoll sein kann. In einer Feuerung, die mit festem und zusätzlich mit flüssigem oder gasförmigem Brennstoff betrieben wird, können alle genannten Vorteile bis zu einem gewissen Grade gemeinsam ausgenutzt werden.

Im übrigen werden die Brennstoffe hauptsächlich nach ihrem Heizwert beurteilt. Für die Praxis kommt nur der „untere Heizwert" in Betracht, der auf Abgase bezogen ist, in denen das aus dem Feuchtigkeitsgehalt und aus der Verbrennung des Wasserstoffgehaltes der Brennstoffe herrührende Wasser in dampfförmigem Zustande enthalten ist. Der annähernden Berechnung des unteren Heizwertes auf Grund der Elementaranalyse des Brennstoffes nach der Verbandsformel:

$$81\,C + 290\left(H - \frac{O}{8}\right) + 25\,S - 6\,F\ ^{1)}$$

mißt man immer weniger Wert bei, sondern ermittelt den Heizwert fester Brennstoffe meistens in der Berthelot - Krökerschen Bombe — s. S. 227 —, den der Brennflüssigkeiten und -gase im Junkers-Kalorimeter, s. S. 306 und 310.

Schwer zu vergasende Brennflüssigkeiten müssen in der Bombe untersucht werden.

Zahlentafel 1. Untere Heizwerte (in kcal).

Feste Brennstoffe.

Brennstoff	Heizwert in kcal	Brennstoff	Heizwert in kcal
Holz	2400—3700	Steinkohle { Ruhr	6100—8100
Torf	2000—4200	Saar	5000—7800
Braunkohle { Deutsche .	1800—3000	Schlesische . .	5200—7500
Böhmische	3800—5900	Brikett . . .	6200—7600
Brikett . .	4400—5200	Koks	5500—7200

Brennflüssigkeiten · Brenngase

Brennstoff	Heizwert in kcal	Brennstoff	Heizwert für 1 m³ (0; 760)
Erdöl { roh	10 000	Koksofengas	4500
Rückstände .	10 000	Gichtgas	800— 900
Steinkohlenteer . . .	8200—8500	Generator { Luftgas .	900—1200
Naphthalin . . .	9600	Halbgas	1100—1400
Teeröl	9000		

---

[1]) C, H, O, S und F (Feuchtigkeit) auf Hundert bezogen.

Neben dem Wärmeinhalt wird der Wert eines Brennstoffes für den Feuerungsbetrieb vor allem durch die Entzündlichkeit und das Verhalten im Feuer bestimmt. Am wenigsten Unterschiede zeigen in dieser Hinsicht die Brenngase. Bei ihnen kommt es lediglich darauf an, die Menge der zugeführten Verbrennungsluft richtig zu bemessen. — Die Brennöle verhalten sich bei der Verfeuerung hauptsächlich wegen ihrer Zähflüssigkeit verschieden, weil sie zur möglichst vollkommenen Mischung mit Luft auf das allerfeinste zerstäubt werden müssen. Da die Zähflüssigkeit mit steigender Temperatur abnimmt, so hat man unter Umständen eine nicht außer acht zu lassende Wärmemenge für die Vorwärmung des Öles und der Verbrennungsluft oder gar in dem zum Zerreißen sehr dickflüssiger Öle erforderlichen Dampfstrahl aufzuwenden.

Am größten sind die Unterschiede in der Entzündlichkeit und im Verhalten im Feuer bei den festen Brennstoffen. Erstere ist von dem Gehalt an Feuchtigkeit und an Gasen abhängig, letzteres im wesentlichen von der Beschaffenheit des entstehenden Kokses, von der Menge und dem Schmelzpunkt der in den festen Brennstoffen enthaltenen mineralischen Beimengungen, der Asche.

Steinkohlen haben den geringsten Feuchtigkeitsgehalt, gewöhnlich nur 2 bis 4 vH. Die für die Trocknung frisch aufgeworfener Kohlen erforderliche, dem Grundfeuer zu entziehende Wärmemenge wird somit bei den einzelnen Kohlensorten nicht sehr verschieden und immer nur gering sein. Je größer der Gasgehalt ist, um so leichter entzündlich ist die Kohle, um so länger ist die bei der Verbrennung entstehende Flamme. Für die Luftdurchlässigkeit der Brennschicht ist die Steinkohlensorte am vorteilhaftesten, die am wenigsten dazu neigt, bei der Erwärmung weder zusammenzubacken, noch pulverförmig zu zerfallen. Die Neigung kann durch die Verkokungsprobe festgestellt werden (vergl. S. 106). Die Ergebnisse derselben, sowie der Gehalt an Flüchtigem sind für die hauptsächlichsten, nach dem geologischen Alter und dem Verwendungszweck zu unterscheidenden Steinkohlensorten in Zahlentafel 2 zusammengestellt:

Zahlentafel 2.

Bezeichnung	Flüchtiges in vH	Koksaussehen	Eigenschaften der Kohle
Junge Sandkohle (trockene Kohle)	50—44	pulverförmig	sehr langflammig starker Rauch
Junge Sinterkohle, Flammkohle	44—38	leicht zusammengefrittet	sehr langflammig starker Rauch
Junge Backkohle (fette Kohle) Gaskohle	38—33	geschmolzen	langflammig
Alte Backkohle (fette Kohle)			
Schmiedekohle	33—28	geschmolzen	mittelflammig
Kokskohle	30—24	unter Blähung geschmolzen	,,
Eßkohle	24—15	unter starker Blähung geschmolzen, sehr poröser Koks	kurzflammig
Alte Sinterkohle, Magerkohle	15—8	gefrittet	kurzflammig
Alte Sandkohle, Anthrazit	8—4	pulverförmig	sehr kurzflammig

Für Dampfkesselfeuerungen geeignet: Magerkohlen, Eßkohlen und Flammkohlen.

Aschengehalt der Steinkohlen nach de Grahl bei guten Kohlen höchstens 7 vH, bei mittelguten bis zu 15 vH. Minderwertige enthalten bis zu 30 vH und mehr Asche. Der Schmelzpunkt der Asche, der je nach ihrer chemischen Zusammensetzung etwa zwischen 1150 und 1700° C liegt, bestimmt, wieviel davon als Schlacke auf dem Rost zurückbleibt und in welchem Maße die mehr oder weniger fließend entstehende Schlacke den Feuerungsbetrieb erschwert. W. Ostwald[1]) empfiehlt, den Schmelzpunkt der Asche durch geeignete Zuschläge so weit zu erhöhen, daß Schlackenbildung möglichst vermieden wird.

Nach der Aufbereitung unterscheidet man die Steinkohlen folgendermaßen:

Förderkohle	ein Gemisch verschiedenster Stückgrößen, wie es aus der Grube kommt (etwa 25 vH Stücke).
Fördergruskohle	wenig große Stücke (etwa 10 vH) enthaltend.
Melierte Kohle	mit Stückkohle gemischte Förderkohle, so daß der Stückgehalt 40 bis 75 vH betragen kann.
Stückkohle	nur große Stücke von über 80 mm Korngröße, aus denen von Hand die minderwertigen, mit Gestein durchsetzten Stücke ausgelesen werden (Klaubeberge mit etwa 30 bis 40 vH Brennbarem).
Gewaschene Nußkohle	Siebungen annähernd gleicher Korngröße, auf Setzmaschinen von Beimengungen befreit (Zwischenprodukte oder Mittelgut mit etwa 60 vH und Waschberge mit etwa 20 bis 30 vH Brennbarem) in folgenden Abstufungen: I 80 bis 50; II 50 bis 30; III 30 bis 15; IV 15 bis 10; V 10 bis 6 mm Korngröße.
Feinkohle	der nach dem Absieben der Nußkohle entfallende Rest.

Der Steinkohlenkoks ist so schwer entzündlich, daß er sich unvermischt für die Dampfkesselbeheizung wenig eignet (s. S. 8).

Bei der Braunkohle wird die Entzündung durch den gewöhnlich recht hohen (grubenfeucht bis 60 vH) Wassergehalt verzögert; dahingegen macht sich dieser Mangel bei den aus der Rohbraunkohle hergestellten Briketts kaum noch bemerkbar. Auch für die Wärmeübertragung ist der Wassergehalt recht ungünstig, da er die Feuertemperatur erniedrigt. Der Gasgehalt der Braunkohlen ist so groß, daß man sie im allgemeinen als ziemlich langflammig bezeichnen kann. Sie neigen zum Zerfall im Feuer, Eingriffe in ein Braunkohlenfeuer sind deshalb auf das allernotwendigste zu beschränken. Die mineralischen Beimengungen geben dazu auch wenig Anlaß, da die Feuertemperatur gewöhnlich ihren Schmelzpunkt nicht erreicht und sie infolgedessen in der Hauptsache als lose Asche zurückbleiben. Der Aschengehalt schwankt bei Rohkohle vielfach zwischen 3 und 10 vH, kann aber auch infolge von Sanddurchsetzungen 25 vH und darüber betragen — Verfeuerung dann recht schwierig. Bei den Briketts findet er sich gewöhnlich in Höhe von 10 bis 15 vH.

Beste Brikettsorten ergeben die gleiche Wärmeausnutzung wie Steinkohle bei ununterbrochenem Betrieb. Für aussetzenden Betrieb eignen sie sich weniger, da die Feuerraumtemperatur niedriger als bei Steinkohle ist, daher die Wärmeausnutzung im Kessel langsamer die erreichbaren Werte annimmt.

Nach Guilleaume[2]) ergaben Messungen mit dem optischen Pyrometer:

für Steinkohlen mittleren Heizwertes (6800 kcal) . . 1300 bis 1550°
für verschiedene Brikettsorten . . . . 1000 bis 1300°.

Der Torf kommt vor allem wegen seiner hohen Gewinnungs- und Aufbereitungskosten für Dampfkesselfeuerungen nur in der Nähe des Gewinnungsortes in Frage. Seine Verbrennung bietet, besonders wenn er genügend getrocknet ist (lufttrocken bis etwa 20 vH Wassergehalt), keine besonderen Schwierigkeiten, da er ziemlich leicht entzündlich ist und nur einen geringen Teil seines Aschengehaltes als leicht zusammengefrittete Schlacke zurückläßt. Torf mit mehr als 20 vH Aschengehalt ist als minderwertig anzusehen.

Holzabfälle lassen sich in den Betrieben, in denen sie entstehen, mit Vorteil unter Dampfkesseln verfeuern, wenn folgendes beachtet wird: Die Abfälle sollen

---

[1]) Walter Ostwald, Schlackenverbesserung. Feuerungstechnik, Jahrg. 1918/19, S. 77.
[2]) Z. Ver. Deutsch. Ing. 1915, S. 266.

nicht zu lang und daher sperrig in die Feuerung gelangen (am besten nicht länger als $^1/_2$ m). Trockene Späne können ohne weiteres benutzt werden, sollen jedoch nicht in zu großen Mengen mit einemmal aufgegeben werden, da sonst leicht Gasexplosionen im Feuerraum stattfinden können. Abfälle von extrahierten Hölzern (Lohe, Farbhölzer) und andere mit hohem Feuchtigkeitsgehalt (Furnierspäne, Schleifabfälle) sind vor der Verfeuerung mindestens lufttrocken zu machen, oder noch besser zu brikettieren.

Als **minderwertige Brennstoffe** sind diejenigen anzusehen, die ohne Anwendung besonderer Hilfsmittel ungenügende Feuerungsleistungen ergeben. Der Heizwert ist dabei nicht ausschlaggebend, vielmehr können die Ursachen nach Berner[2]) sein:

1. **Großer Wasser- und Aschengehalt**, durchschnittlich über 15 vH (Abfälle der Kohlenwäsche: Mittelgut, Schlammkohle, Waschberge).

2. **Geringer Gasgehalt** (Koksgrus, Rauchkammerlösche, unter Umständen auch grobstückiger Koks).

3. **Feine Körnung oder Staubform** (Braunkohle, Staubkohle).

Aus den Eigenschaften der Brennstoffe folgt:

1. Magere Brennstoffe, wie Anthrazit, Koks erfordern eine große Oberfläche, und zwar Anthrazit feinere Körnung, mittelhohe Schicht, Koks größere Körnung, hohe Schicht.

2. Gasreiche Brennstoffe müssen je nach Gasgehalt in mehr oder minder dünner Schicht verfeuert werden. Die Schichttemperatur bleibt in mäßigen Grenzen, da ein Teil der Verbrennungswärme zunächst gebunden und in der Flammenzone wieder frei wird.

3. Minderwertige Brennstoffe erfordern stärkere Schicht. Temperatur in der Schicht niedrig.

Hochwertige magere Kohle erreicht praktisch bei mittlerer, gasreiche bei normaler, minderwertige bei höchster Rostbelastung ihren höchsten Wirkungsgrad. (Rades, Sparsame Wärmewirtschaft, Heft 3.)

Die Leistungsfähigkeit eines Brennstoffes.

Die Leistungsfähigkeit eines Brennstoffes wird im Dampfkesselbetriebe nach der **Verdampfungsziffer**, d, beurteilt, die angibt, wieviel kg Wasser mit 1 kg des betreffenden Brennstoffes verdampft werden.

Zahlentafel 3.
Mittelwerte für d.

Brennstoff	Heizwert kcal	d-fache Verdampfung für $i =$ 600	650	700
Holz (lufttrocken)	3 000	2 ÷ 3,2	1,8 ÷ 3,0	1,7 ÷ 2,8
Torf (lufttrocken)	2 400	1,6 ÷ 2,6	1,5 ÷ 2,4	1,4 ÷ 2,2
Guter Preßtorf	3 800	2,8 ÷ 4,1	2,6 ÷ 3,8	2,4 ÷ 3,5
Braunkohle, erdige	2 400	1,6 ÷ 2,7	1,5 ÷ 2,5	1,4 ÷ 2,3
Braunkohle, böhmische	4 500	3 ÷ 5	2,8 ÷ 4.6	2,5 ÷ 4,2
Braunkohle, Brikett	4 800	3,2 ÷ 5,2	3,0 ÷ 4,8	2,7 ÷ 4,5
Steinkohle	6 000	5 ÷ 7	4,6 ÷ 6,4	4,3 ÷ 6
	6 800	5,6 ÷ 7,9	5,2 ÷ 7,3	4,8 ÷ 6,8
	7 300	6,0 ÷ 8,9	5,6 ÷ 8,2	5,2 ÷ 7,7
Steinkohle, Brikett	6 900	5,7 ÷ 8,4	5,3 ÷ 7,7	4,9 ÷ 7,2
Koks	6 300	5,2 ÷ 7,6	4,9 ÷ 7,1	4,5 ÷ 6,6
Anthrazit	7 500	7 ÷ 9	6,4 ÷ 8,7	6,0 ÷ 8,1
Rohöl, Masut, Teeröl	10 000	10 ÷ 15	9,2 ÷ 12,4	8,6 ÷ 11,4
Gichtgas	850 f. 1 m³	0,85 ÷ 1	0,78 ÷ 0,91	0,73 ÷ 0,85
Koksofengas	4500 f. 1 m³	4,5 ÷ 5,3	4,1 ÷ 4,9	3,8 ÷ 4,5

[1]) Berner, Dampfkesselfeuerungen. Z. 1921, S. 371 ff.

Was sich im Mittel mit den verschiedenen Brennstoffen erreichen läßt, ist in Zahlentafel 3 zusammengestellt, und zwar unter Berücksichtigung dreier verschiedener Werte von i, das ist die in einer Kesselanlage für die Erzeugung von 1 kg Dampf vom Eintritt des Wassers in den Abgasvorwärmer bis zum Austritt des Dampfes aus dem Überhitzer insgesamt aufgewandte Wärmemenge.

V. Wahl und Betrieb der Feuerungen.

Nach Wahl eines bestimmten Brennstoffes ist zunächst aus der verlangten stündlichen Dampfmenge D kg und aus der für den Brennstoff anzunehmenden Verdampfungsziffer d die stündliche Brennstoffmenge B kg zu berechnen nach

$$B = \frac{D}{d}.$$

Die Feuerung ist alsdann unter Zugrundelegung der errechneten Brennstoffmenge zu bemessen. Dazu ist bei festen Brennstoffen die Rostgröße, bei flüssigen und gasförmigen, ferner auch bei Staubkohle die Brennergröße zu wählen.

Feuerungen für feste Brennstoffe.

Der Lage nach werden Innen-, Unter- und Vorfeuerungen unterschieden; erstere eignen sich hauptsächlich für hochwertigen, die letzteren für minderwertigen Brennstoff, da sie große Rostflächen ermöglichen.

Die Größe des Rostes — Gesamtrostfläche R m^2 — bestimmt man nach Erfahrungswerten für die Brenngeschwindigkeit, $\frac{B}{R}$, d. i. die auf 1 m^2 Rostfläche stündlich zu verfeuernde Brennstoffmenge, daher auch Rostleistung genannt.

Zahlentafel 4.

Mittelwerte für die Brenngeschwindigkeit bei natürlichem Zug.

Brennstoff	Heizwert kcal	Schütthöhe mm	$\frac{B}{R}$ kg/m²
Steinkohlenkoks	7200	130 ÷ 170	70 ÷ 80
Steinkohle gasarm	6800	90 ÷ 120	70 ÷ 90
" gasreich	7500	80 ÷ 100	90 ÷ 120
Braunkohlenbrikett	} 4800	200 ÷ 300	} 120 ÷ 180
Böhmische Braunkohle		150 ÷ 200	
Deutsche Braunkohle	2400	200 ÷ 300	170 ÷ 250
Torf	3000	100 ÷ 300	120 ÷ 200
Holz	2500	200 ÷ 400	120 ÷ 180

Dr. Berner (Z. 1921, S. 373) setzt folgende Rostleistungen an:

Hochwertige Steinkohle über 7000 kcal . . . . . . 800 000 kcal/m²/h
„ „ „ 6500 bis 7000 kcal . . 700 000 „ „
Böhmische Braunkohle 4500 kcal . . . . 700 000 „ „
Koksgrus, minderwertige Steinkohle bis zu . . . . 500 000 „ „
Braunkohlenbriketts . . . . 600 000 „ „
Braunkohle, Siebkohle bis zu . . . . 600 000 „ „
„ Förderkohle bis zu . . . . 500 000 „ „
„ Klarkohle bis zu . . . . 400 000 „ „

Die Rostleistung wird um so kleiner, je kleinstückiger oder staubhaltiger der Brennstoff ist.

Bei Anwendung künstlichen Zuges läßt sich die Brenngeschwindigkeit im allgemeinen bis zu 500 kg/m² steigern. Wie weit bei minderwertigen Brennstoffen diese Erhöhung der Rostleistung vorteilhaft ist, hängt vornehmlich von der Korngröße des Brennstoffes und der darauf beruhenden Bildung von Flugkoks (s. S. 18) ab.

Die freie Rostfläche hat bezüglich ihrer Größe den chemischen Eigenschaften (Luftbedarf, Art und Menge der Schlacke) und bezüglich ihrer Gestaltung — Spaltweite — den physikalischen Eigenschaften (Korngröße) des Brennstoffes zu entsprechen. Sie beträgt gewöhnlich $1/4$ bis $1/3$, bei Treppenrosten $2/3$, bei künstlichem Zug nur etwa $1/12$ bis $1/20$ der gesamten Rostfläche. Die Geschwindigkeit, mit der die Verbrennungsluft hindurchtritt, ergibt sich im allgemeinen bei natürlichem Zuge zu etwa 1 bis 2 m/sek und bei künstlichem Zug zu 4 bis 5, ausnahmsweise bis 10 m/sek.

Zahlentafel 5.

Mittelwerte für den theoretischen Luftbedarf.

1 kg Brennstoff	Luftmenge m³ 15°; 73,5 cm	1 kg Brennstoff	Luftmenge m³ 15°; 73,5 cm
Holz	4,2	Steinkohle	
Torf	4,1	schlesische, Saar. .	7,7
Braunkohle erdig . . .	3,4	westfälische. . . .	8,6
„ stückig . .	6,3	Steinkohlenkoks . . .	8,9
„ Brikett . .	5,7		

Die Praxis hat mit Verbrennungsluftmengen von etwa dem 1,8- bis 2 fachen des angegebenen theoretischen Luftbedarfs zu rechnen.

Dem Aufbau nach unterscheidet man drei Hauptarten von Rosten, nämlich Planrost, Schrägrost und Treppenrost.

Allgemein muß der Rost folgenden Forderungen entsprechen: Ermöglichung genügender Luftzufuhr, reichlicher Aschedurchfall bei sicherer Lagerung des Brennstoffes, genügende Kühlfläche, Herstellung aus widerstandsfähigem Baustoff.

Planrost.

Der Planrost wird für die verschiedensten festen Brennstoffe benutzt. Er kann durch Aufwerfen des Brennstoffes nach dem

Streu-, Seiten- oder Kopffeuerverfahren

befeuert werden, d. h. der frische Brennstoff wird entweder über die ganze Rostfläche oder jedesmal nur längshindurch auf eine Hälfte dünn verstreut, oder zunächst nur vorn an der Schürplatte in dicker Schicht zur Einleitung der Trocknung und Entgasung aufgegeben und nach einiger Zeit mit der Schürkrücke über die Rostfläche ausgebreitet. Bei hochbelasteten Kesseln läßt sich meistens nur Streufeuer anwenden.

Höchstleistung eines Heizers bei Handbeschickung etwa 1000 bis 1200 kg/h. Länge des Rostes höchstens 2,2 m, damit er noch gut übersehen und gleichmäßig bedeckt gehalten werden kann. Das Feuer ist vor allem schnell zu bedienen, damit die Zeit, während der die Tür offen steht, möglichst kurz wird. Das wird erleichtert, wenn die Feuertür, namentlich für minderwertigen Brennstoff mit großem Raumbedarf, nicht zu klein bemessen ist. Das Blatt der Feuerschaufel ist so groß zu wählen, daß der Heizer die gefüllte Schaufel noch bequem handhaben kann. Für die Bedienung des Planrostes ist es auch wichtig, daß bei sehr breitem Rost auf jede Feuertür ein höchstens 1 m breiter Streifen entfällt und der Rost nicht weniger als 600 und nicht mehr als 800 mm über der Kesselhausflur liegt.

Als Nachteil des Planrostes macht sich oft geltend, daß nicht nur seine Länge, sondern auch seine Breite begrenzt ist, und zwar bei Innenfeuerung durch die Kesselabmessungen (Durchmesser des Flammrohres oder Breite der Feuerbüchse), bei Unter- und Vorfeuerung durch den Abstand der Seitenwände des Kesselmauerwerks. S. S. 14.

Wahl und Betrieb der Feuerungen.

Bezüglich Instandhaltung ist besonders auf den Zustand der Mauerwerkteile und auf sachgemäße Auswahl und Behandlung der Roststäbe zu achten. Das Mauerwerk um die Feuertüröffnung herum und das der Feuerbrücke ist rechtzeitig auszubessern. Verwendung nur gut aufeinander passender Schamottesteine, nötigenfalls besonderer Formsteine, die mit Schamottemörtel in ganz dünnen Fugen zusammenzusetzen sind. Schamottesteine sind nie so einzubauen, daß Flächen, die durch Zurechtschlagen des Steines entstanden sind, der Einwirkung des Feuers ausgesetzt werden.

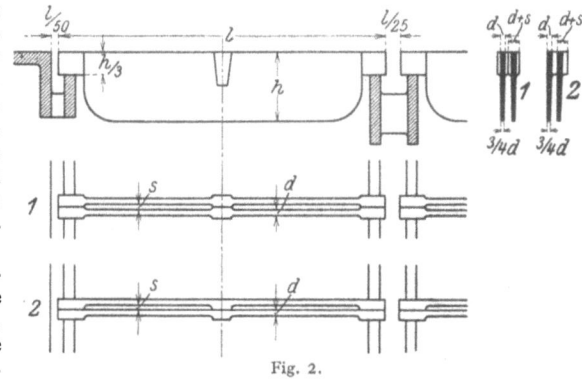

Fig. 2.

Die Feuerung soll erst nach Trocknung des erneuerten Mauerwerks wieder in Betrieb genommen werden. Herstellung der Roststäbe aus möglichst feuerbeständigem Baustoff und mit dichter, harter Brennbahnfläche. Bisher haben sich gegossene Stäbe als die vorteilhaftesten erwiesen. Einen Anhalt für die Wahl ihrer Abmessungen gibt die folgende Zusammenstellung:

Zahlentafel 6.

Brennstoff	Feinkörnig	Zerfallend	Mit kleineren Stücken gemischt	Starkschlackend
Obere Roststabdicke d mm	$5 \div 6$	$8 \div 10$	$10 \div 13$	$13 \div 20$ (25)
Spaltweite . . . . s mm	$3 \div 6$	$5 \div 8$	$8 \div 10$	$10 \div 15$ (20)

Stablänge: $l \infty 60 d$,
$1000 > l > 300$,
$l > 1000$ nur bei Schiffskesseln.
Querschnittshöhe: $h \infty 12 \cdot d$,
$h \leq 100$ für Flammrohrinnenfeuerung.

Beim Abnehmen der angelieferten Stäbe ist ganz besonders darauf zu achten, ob sie gerade sind und ihre Länge dem angegebenen Maße entspricht. Die Stäbe müssen sich mit Längsspiel zwischen die Rostbalken einlegen lassen (vgl. Fig. 2). Die Ausdehnung der Stäbe ist auch durch die Art des Aneinanderlegens zu ermöglichen. Alte Stäbe sollen erst nach sorgfältiger Reinigung von anhaftenden Schlackenstückchen wieder eingelegt werden. Krumm gezogene Stäbe geben Anlaß zu Rostdurchfallverlusten, was ganz besonders bei den Seitenstäben zu beachten ist, die bei Innenfeuerung längs der Flammrohrwandung liegen. Man wählt dazu besonders geformte Stäbe, bei glattem Rohr ist ihre Querschnittshöhe geringer, dafür die Stabdicke etwas größer als bei den übrigen oder man gibt ihnen ℸ-förmigen Querschnitt. Bei Wellrohren wählt man zweckmäßig die in Fig. 3 dargestellte Form.

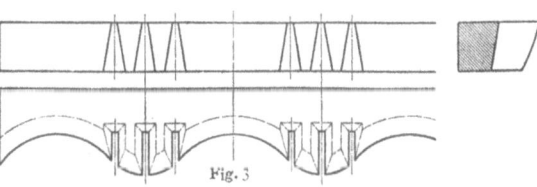

Fig. 3.

Für das Auswechseln und Umlegen der Stäbe, das im Interesse gleichmäßiger Abnutzung der gesamten Brennbahn tunlichst bei jeder Kesselreinigung vorzunehmen ist, erweisen sich die Stäbe mit symmetrischem Querschnitt (Ausführungsform 1 in Fig. 2) vorteilhafter als solche mit einseitigen Spaltknaggen (Form 2 in Fig. 2). Diese können jedoch Vorteile gewähren, wenn man verschiedene Brennstoffe, z. B. stark schlackenden und abwechselnd damit feinkörnigen oder zerfallenden, auf dem Rost verfeuern will. Im ersten Fall legt man je zwei Roststäbe mit ihren glatten Seiten aneinander und erhält dann doppelt so weite Spalten, als wenn für den zweiten Fall die Stäbe, wie in Fig. 2 angegeben, eingelegt werden.

Für schlackende Brennstoffe empfiehlt sich namentlich bei hoher Rostbeanspruchung Anwendung wassergekühlter Roststäbe, wie sie in praktisch bewährter Ausführung — Deutsche Prometheus-Hohlrostwerke, Hannover — Fig. 4 zeigt.

Als Kühlwasser wird dabei am besten reines Kondensat verwendet.

Für feinkörnigen, wenig schlackenden Brennstoff, aber nur für diesen, sind Stäbe mit unterteilter Brennfläche (Fig. 5) zu nehmen. Vorteil: Kräftige, gegen Verziehen schützende Querschnittsform, dabei trotz geringer Spaltweite große freie Rostfläche.

Ist bei Flammrohrinnenfeuerung unter der Feuerbrücke eine Öffnung zum Ascheziehen angeordnet (Fig. 6), so muß, um das Eindringen falscher Luft zu vermeiden, darauf gesehen werden, daß diese Öffnung vor Wiederaufnahme des Betriebes gut geschlossen wird.

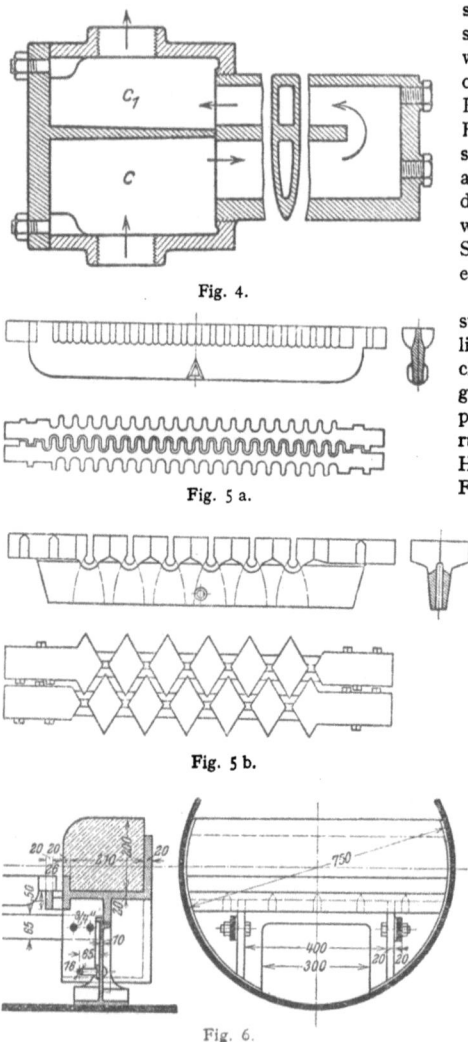

Fig. 4.

Fig. 5 a.

Fig. 5 b.

Fig. 6.

Schrägrost.

Der Schrägrost eignet sich hauptsächlich für Steinkohlensorten, die nicht stark backen und keine schmierenden Schlacken erzeugen, in nicht zu feiner Korngröße (am besten Nußkohle), doch kann man auch Torf und Holzabfälle mit gutem Erfolge auf Schrägrosten verfeuern. Der Brennstoff soll auf dem oberen Teil des Rostes anfangen zu trocknen und zu entgasen, so daß die

Verbrennung auf dem mittleren Teil beginnt, hauptsächlich aber auf dem unteren Teil vor sich geht. Nur dann ist eine ständige, gleichmäßige Bedeckung der gesamten Rostfläche durch geordneten Nachschub des Brennstoffes möglich. Man sucht es zu erreichen durch:

die Form der Roststäbe — Luftspalten am oberen Stabende enger als am unteren (Fig. 7),

die Art der Flammenführung — Tenbrinkfeuerung mit rückkehrender Flamme,

zweckmäßige Ausbildung des Feuergewölbes — Scheitel des Gewölbes am Rostanfang ziemlich niedrig über der Rostfläche, von dort ansteigend, so daß nur über dem hinteren Rostteil ein für die Flammenentwicklung geeigneter Feuerraum entsteht.

Der Neigungswinkel des Rostes ist dem Böschungswinkel des Brennstoffes anzupassen. Die Neigungswinkel sollen nach Haier[1]) betragen:

für Stückkoks, Lohe, Holz, Sägespähne	. .	etwa 32 bis 36 bis 40°
„ Braunkohle		„ 27 bis 32 bis 36°
„ Steinkohle, bayrische und böhmische	.	„ 36°
„ „ Saar- und schlesische	. . .	„ 42 bis 45°
„ „ westfälische	. . . .	„ 42 bis 45 bis 50°

Bei den Schüttfeuerungen ist die Bedienung des Feuers körperlich erleichtert, doch erfordert sie volle Aufmerksamkeit des Heizers, besonders beim Loslösen und Herunterstoßen der Schlacke, sowie beim Entfernen der im untersten Teil der Feuerung angesammelten Rückstände. Das Feuer darf dabei nicht „abreißen". Die Schlacken sind entweder vom Schlackenhaufen abzuziehen, der den Abschluß des Schrägrostes bilden kann, oder durch Bewegen eines als Schüttel- oder Kipprost eingerichteten, hinter dem Schrägrost angeordneten kleinen Planrostes (Fangrost). Im ersten Fall darf nur soviel Schlacke gezogen werden, daß die untersten Enden der Schrägroststäbe immer noch genügend in ausgebrannten Schlacken liegen und dadurch vor dem Abbrennen geschützt bleiben, im zweiten Teil darf der Fangrost nur ganz vorsichtig geöffnet werden, da sonst zu viel Unausgebranntes mit herausfällt. Vorsicht ist

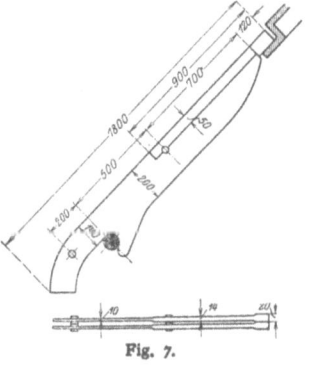

Fig. 7.

dabei um so mehr geboten, weil sich der Fangrost meistens nur schwer vorziehen und namentlich wieder einschieben bzw. kippen läßt.

Länge des Schrägrostes gewöhnlich 2, seltener bis zu 3 m, der angehängte Fangrost ist etwa 400 bis 500 mm lang. Gesamte Rostlänge somit höchstens 3,5 m. Größere Länge verbietet sich mit Rücksicht auf die Übersichtlichkeit und die Bearbeitung des Feuers.

Bei Holzabfällen ist besonderer Wert auf ungestörten Zulauf des Brennstoffes aus dem Schütttrichter zu legen, auch sind Maßnahmen zu treffen, die ein Hochbrennen des leicht entzündlichen Brennstoffes bis in den Trichter hinein verhindern.

Auch bei Verfeuerung von Torf auf Schrägrosten hat sich die Vorschaltung eines Selbstbeschickers mit Zerkleinerungseinrichtung zur Erzielung einer dauernd gleichmäßigen Bedeckung der Rostfläche besonders bewährt. Auf eine solche Feuerung beziehen sich die Versuchsergebnisse, die die Kohlenwirtschaftsstelle Bremen im Archiv für Wärmewirtschaft (1921, Heft 11) bekanntgibt. Dabei wurde an einem Kessel ohne Vorwärmer und Überhitzer

---

[1]) F. Haier, Damfkesselfeuerungen. Julius Springer, Berlin.

mit Maschinentorf von 4338 kcal Heizwert bei einer Heizflächenbeanspruchung von 13,5 kg/m²/h eine 4,59 fache Bruttoverdampfung und ein Nutzeffekt von 65,8 vH erzielt. Der Schornsteinverlust betrug 17,2 vH, er hätte sich nach dem Bericht wohl günstiger ergeben, falls die Heizfläche weniger verschmutzt gewesen wäre (letzte Kesselreinigung lag 1 Jahr zurück) und falls es möglich gewesen wäre, den in Reparatur befindlichen Überhitzer einzuschalten. Der Restverlust belief sich auf 17 vH, war also ziemlich hoch. Man hofft, diesen Verlust durch geeignete Führung von Vorwärmkanälen für die Verbrennungsluft im Feuerungsmauerwerk und bessere Zuleitung von Sekundärluft wesentlich vermindern zu können.

Treppenrost.

Der Treppen- oder Stufenrost läßt sich nur in Außenfeuerungen verwenden. Infolge der trittstufenartigen Anordnung seiner Roststäbe gestattet er dem Brennstoff nicht ein so ungehindertes Nachrutschen wie der Schrägrost, vielmehr bleibt auf jeder Stufe eine gewisse Menge glühender Kohle liegen, über welche die eigentliche Brennschicht hinabwandert, was für Einleitung der Trocknung und Entgasung der frischen Kohle günstig ist. Da die Roststäbe infolge ihrer Lage dem Brennstoff eine viel größere Berührungsfläche darbieten als beim Plan- und Schrägrost, so würde der Roststabverschleiß bei hochwertiger, schlackender Kohle sehr groß werden. Aus diesem Grunde eignet sich der Treppenrost am besten zur Verfeuerung von Braunkohle, auch erdiger, da sich hier die freie Rostfläche wesentlich größer (vgl. S. 10) als bei den anderen Rostarten herstellen läßt, ohne daß der Brennstoff zwischen den Stäben hindurchfallen kann. Durch geeignete Anordnung des Gewölbes über der Rostfläche kann die Trocknung und Entgasung gefördert, ferner die Zündung der ausgeschiedenen Gase und schließlich der Kohle sicher erreicht werden (Fig. 8).

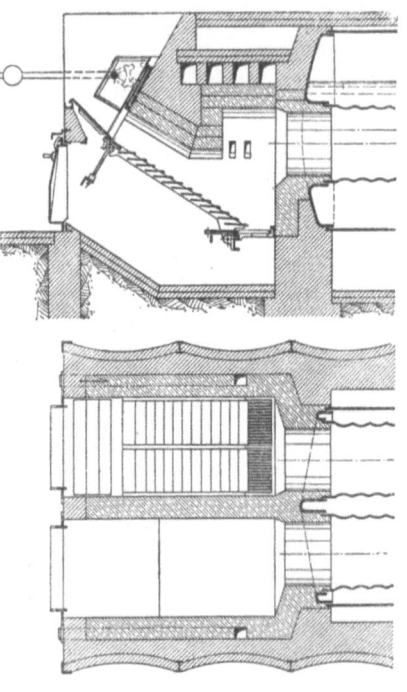

Fig. 8. Treppenrost, Ausführung Topf, Erfurt.

Wichtig ist hierbei, daß nicht infolge unrichtiger Luftzufuhr der Trocknungsvorgang vorzeitig in den Verbrennungsvorgang übergeht, da frühe Zündung feuchter Kohle Funkenbildung und niedrige Verbrennungstemperatur ergibt.

Bei genügender Zugstärke — bis etwa 25 mm W.-S. im Feuerraum — lassen sich Brenngeschwindigkeiten bis zu 250 kg/m²/h erzielen, auch mit grubenfeuchter Kohle. Der Aschengehalt darf nicht zu hoch sein, da sich sonst die Luftspalten schnell verstopfen. Beim Verfeuern von sehr aschenreicher (sanddurchsetzter) Braunkohle sind die Luftspalten durch einen Mann dauernd offenzuhalten. Besondere Beachtung verlangt der Neigungswinkel des Treppenrostes; er soll etwas kleiner sein als der Böschungswinkel der Braunkohle, und zwar hat sich, je nach Gehalt an Wasser und an staubigen Bestandteilen in der Kohle,

$$35 \text{ bis } 30 \text{ bis } 27° \text{ Rostneigung}$$

am vorteilhaftesten erwiesen.

Querschnitt und Auflager der Roststabplatten sind zweckmäßig so zu wählen, daß die Platten nach Abbrand der vorderen Kante in umgedrehter Lage weiter benutzt werden können. Für die Haltbarkeit der Stäbe ist es wichtig, daß sie nicht zu lang sind, der Abstand der Rostbalken (Treppenwangen) soll etwa 0,5 m nicht überschreiten. Um breite Rostflächen zu erhalten, baut man bei Flammrohrkesseln bis zu vier, bei Wasserrohrkesseln bis zu 16 Lagen Roststäbe nebeneinander auf, und zwar folgt auf je zwei bzw. vier Lagen immer eine Zwischenmauer, so daß man im letztgenannten Fall vier nebeneinanderliegende Schütttrichter erhalten würde. Zur Erzielung höherer Kesselleistungen mit Braunkohlen ist die Gesamtrostfläche des Treppenrostes stets so groß wie möglich zu nehmen, etwa gleich dem $1^1/_2$ fachen der bei Steinkohle benötigten Rostfläche, oder Rostfläche zur Kesselheizfläche wie 1 : 20 bis 1 : 17. Die einfachen Treppenroste lassen sich nicht gut länger als 2 m machen, da die Wartung des Rostes zur Erhaltung einer geschlossenen Brennschicht hier wegen der Unübersichtlichkeit der Rostfläche besonders schwierig ist, zumal wenn der Brennstoff in Stückgröße und Wassergehalt wechselt. Da man dann dem wechselnden Böschungswinkel der Kohle durch Änderung der Rostneigung, weil zu umständlich, nicht folgen kann, so muß der Heizer häufiger nachstochern oder die Schichthöhe verändern, um offene Stellen auf der Rostfläche und Brennstoffanhäufung auf dem Fangrost zu vermeiden. Von der richtigen Lagerung und Bemessung des Fangrostes, auf dem die unverbrannten Teile ausbrennen sollen, hängt das gute Arbeiten von Braunkohlenfeuerungen in hohem Maße ab; dem Fangrost fällt auch die Aufgabe zu, einen durch starkes Überstürzen der Kohle gestörten Rost wieder in Ordnung zu bringen. Zuweilen empfiehlt sich Nässen der Kohle vor der Verfeuerung, um ein zu schnelles Nachrutschen und Überstürzen auf dem Rost zu verhindern, doch sollte dazu nur ganz ausnahmsweise gegriffen werden, da die durch den erhöhten Wassergehalt bedingten Verluste leicht größer sein können als der erzielte Vorteil. — Wo es die Bauart des Kessels gestattet, ist der Treppenrost als Unterfeuerung einzubauen, da Vorfeuerung wegen ihres Grundflächenbedarfs und höherer Strahlungsverluste stets ungünstig ist.

Um den Treppenrost von dem wechselnden Vermögen des Brennstoffes zum Nachrutschen unabhängiger zu machen und dabei gleichzeitig eine möglichst große Rostfläche zu erzielen, wird er als „Halbgasfeuerung" ausgeführt, d. h. vor die eigentliche Treppenrostfeuerung wird ein Generator gebaut, aus dem die entstehenden Gase in den Feuerraum und die in Brand geratene Kohle oben auf den Treppenrost gelangen.

Besondere Feuerungseinrichtungen.

Besondere Feuerungseinrichtungen sollen die Ausnutzung des Brennstoffes verbessern und rauchfreie Verbrennung erzielen. So wendet man Regler für die Zugstärke und besonders für die Zuführung der Oberluft an, die durch allmähliche Verminderung der zuströmenden Luftmenge bei fortschreitender Verbrennung den Luftüberschuß einschränken sollen. Solche Einrichtungen können bei periodisch beschickten, mäßig beanspruchten Feuerungen gute Dienste leisten. Um bei Kesseln mit schwankender Beanspruchung den Feuerungsbetrieb der jeweils verlangten Dampferzeugung anzupassen, hat man das Zugabsperrorgan gesteuert (Heysteuerung der Bamag u. a.).

Die Verluste durch das Offenhalten der Feuertür während der Bedienung des Planrostes kann man dadurch einschränken, daß man den Heizer zwingt, vor dem Öffnen der Tür den Zug bis auf ein Mindestmaß abzustellen — Schiebergegengewicht vor der Feuertür; Zugklappe von Piedboeuf —, oder die Tür wird zwangläufig mit einer Zug-Abstellvorrichtung derart verbunden, daß der Zug beim Öffnen der Tür abgestellt und beim Schließen wieder angestellt wird. Schließlich führten diese Bestrebungen zu besonderer Gestaltung des Planrostes, die seine Befeuerung bei geschlossener Feuertür ermöglicht. Als Beispiel diene der gegenwärtig zur Verfeuerung von Braunkohle viel benutzte Fränkel-Muldenrost (Fig. 9).

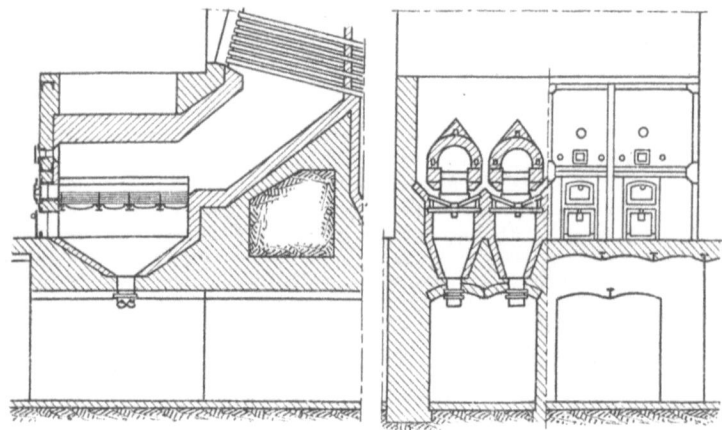

Fig. 9.

Die Kohle fällt in Zuführungsschächten herunter und tritt, durch die Ausstrahlung des Feuergewölbes vorgetrocknet, von beiden Längsseiten aus auf den Rost. Zündung und Abbrand gehen dort ziemlich schnell vor sich. Bei staubiger Kohle hilft man durch Unterwind nach. Bei Rohbraunkohlenfeuerungen wird eine recht vollkommene Ausbrennung der Rostschlacke ermöglicht, die nicht hinten an der Feuerbrücke, sondern vorne, unmittelbar hinter der Feuertür, durch einen Schieber abgelassen wird. Hier bleibt sie mehrere Stunden im Strom der zutretenden Verbrennungsluft liegen, die dadurch gleichzeitig vorgewärmt wird. Die Feuerung erfordert aufmerksame Bedienung, da sich der Brennstoff in den Zuführungsschächten leicht festsetzt und durch Nachstochern zu viel frische Kohle mit einem Mal auf den Rost gelangen kann.

Verfeuerung minderwertiger Brennstoffe.

Besondere Schwierigkeiten bietet die Verfeuerung minderwertiger Brennstoffe (s. S. 8). Die Ursachen dafür können sein:

> hoher Luftdurchtrittswiderstand in der Brennschicht,
> schlechte Zündfähigkeit.

Wird der hohe Rostwiderstand durch die Menge und Art entstehender Schlacken hervorgerufen, so können wassergekühlte Roststäbe (s. S. 12) oder eine Befeuchtung der Verbrennungsluft helfen, indem man z. B. bei Innenfeuerung unter dem Rost ein flaches, mit Wasser gefülltes Gefäß anordnet oder bei Außenfeuerung ständig Wasser in der Aschfallgrube hält. Bessere Wirkungen erzielt man durch Dampfbrausen unter dem Rost, die so angebracht werden, daß

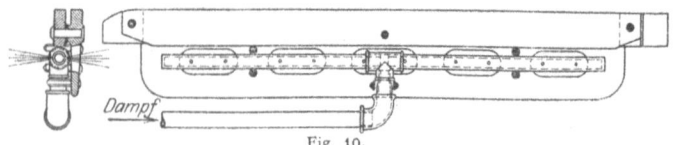

Fig. 10.

die Luft durch eine Dampfschicht hindurchströmen muß, um in die Rostspalten zu gelangen. Fig. 10 zeigt den Mittelstab eines Planrostes mit Dampfbrause in der Ausführung der Eßlinger Maschinenfabrik.

Nach Münzinger (Z. 1920, S. 433) müssen bei Verbrennung mulmiger, minderwertiger Braunkohle folgende Forderungen erfüllt sein:

mäßige Rostbelastung;

hoher Feuerraum und hoher erster Zug mit mäßigen Gasgeschwindigkeiten;

Vermeidung scharfer Einschnürung der Flammen und Rauchgase in der Feuerung und im ersten Zug;

vorsichtige Anwendung von Gewölben, die über den auf dem Rost lagernden Kohlen stärkere Gaswirbel verursachen;

Anordnung des Rostes und des ersten Zuges derart, daß durch die Rauchgase mitgerissene Kohlenteilchen möglichst vollends verbrennen können;

ausreichend bemessene Planfangroste.

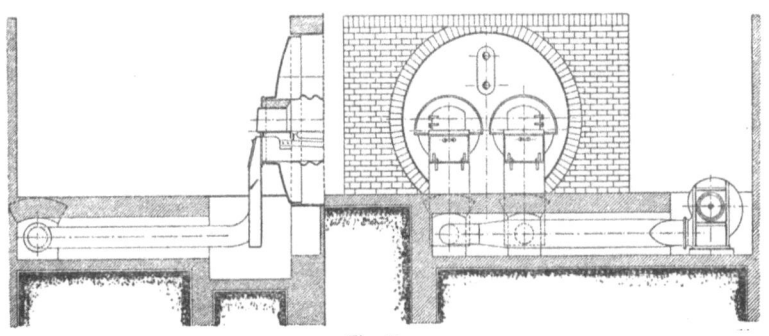

Fig. 11.

Bei feinstückigen oder gar staubigen Brennstoffen ist der Rostwiderstand hoch, weil die Brennschicht sehr dicht ist. Man lockert sie durch **Unterwind** (s. S. 39), oder durch bewegte Roststäbe auf. Fig. 11 veranschaulicht die Erzeugung des Unterwindes mittels Ventilators (Müller & Korte, Berlin-Pankow).

Von dem unter Flur gelegenen Windleitungsstrang gehen Windkopfanschlüsse zu den einzelnen Feuerungen ab. Fig. 12 zeigt einen **Windkopf mit Dampfstrahlgebläse** in der Ausführung der Evaporatorfeuerungs-Ges., Berlin.

Wichtigste Erfordernisse für gutes Arbeiten der Unterwindfeuerungen.

kleine freie Rostfläche (vgl. S. 10);

keine Luftspalten, sondern Luftdüsen, daher am besten Rostplatten statt der Roststäbe;

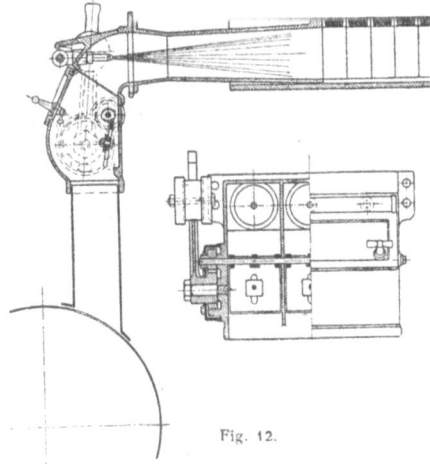

Fig. 12.

sorgfältiges Zusammenpassen der Rostplatten, um Fugen und damit ungünstige Veränderungen der freien Rostfläche zu verhindern;

Schutz etwa vorhandener Seitenmauern dadurch, daß man längs derselben einen schmalen Streifen der Rostfläche nicht mit Luftdüsen versieht;

Feuerstau zur Umwandlung überschüssiger Geschwindigkeit der Verbrennungsgase in Druck, um den Flugkoksverlust zu vermindern;

bequeme Einrichtungen zur Winddruckmessung, Winddruckeinstellung und zur Feuerbeobachtung;

dauernde Rauchgaskontrolle.

Für die gleichmäßige Luftverteilung über die ganze Rostfläche, die zum Verhindern größerer Durchbruchstellen notwendig ist, hat sich die Unterteilung der Rostfläche in einzelne Luftzufuhrzonen als zweckmäßig erwiesen. Ausführung bei der Evaporatorfeuerung siehe die in Fig. 13 dargestellte Querschnittsform des Rostes.

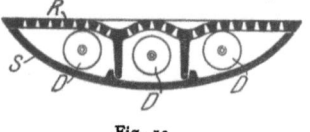

Fig. 13.

Auf eine Schale S sind quer Rostplatten gelegt, die mit zwei — bei größeren Rostbreiten mit drei — senkrechten Rippen versehen sind. Auf diese Weise entstehen im vorliegenden Fall drei mit gesonderten Windzuleitungen D versehene Kammern unter dem Rost.

Das Anstauen der Verbrennungsgase im Feuerraum ist namentlich bei wagerechter Fortführung der Gase notwendig, um die Bildung von Flugkoks zu verringern. Fig. 14 gibt die Ausführung eines solchen Feuerstaues nach W. Nies, Hamburg wieder. Der Flugkoks prallt gegen feuerfeste Einbauten hinter der Feuerung an, an denen er sich entzündet und verbrennt.

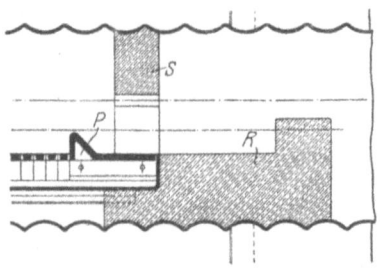

Fig. 14.

Der hintere Abschluß der Rostfläche wird von einem Windfangkasten gebildet, der mit einer als niedrige Feuerbrücke ausgebildeten Platte P abgedeckt ist. Darüber ist, zum Anstauen der Gase, ein flacher Schamottebogen S in das Flammrohr eingesetzt. Durch die Querschnittsverringerung wird die Gasgeschwindigkeit zum Teil in Druck umgesetzt. Das anschließend an den Rost angebrachte Mauerwerk R soll den Abbrand etwa mitgerissener Koksteilchen befördern. Über die Wirkung des Feuerstaus s. die Versuche auf S. 21.

Das Feuer ist auf etwa eingetretene Winddurchbrüche zu beobachten, damit die Brennschicht rechtzeitig wieder abgeglichen werden kann. Wird das verpaßt, so können durch Ansteigen des Luftüberschusses nicht unerhebliche Wärmeverluste entstehen. Diese Gefahr soll die in Fig. 12 gezeigte, in die Windzuleitung eingebaute Regelklappe verringern. Sie wird sich beim Eintritt zu hoher Windgeschwindigkeiten unter Umständen ganz schließen.

Eine fortlaufende Untersuchung der Abgase ist bei Unterwindfeuerungen besonders wichtig, da bei ihnen nicht nur hoher Luftüberschuß, sondern auch, namentlich bei Handbeschickung, zeitweilig Luftmangel[1]) und infolgedessen Verluste durch unverbrannte Gase auftreten können. Für diesen Fall Abhilfe durch Zufuhr von Oberluft, am besten von der Feuertür aus.

Bei minderwertigen Brennstoffen mit hohem Gehalt an sinternder oder schmelzender Asche ist das Abschlacken des Rostes recht beschwerlich. Auch führt es mitunter zu erheblichen Verlusten durch Unverbranntes in den Herdrückständen, besonders wenn den Schlacken nicht genügend Zeit zum Ausbrennen gelassen werden kann. Dem helfen Unterwindfeuerungen mit besonderen Abschlackeinrichtungen ab, so z. B.: Kippbarer Abschlackrost hinter dem Evaporator-Schrägrost, Westinghouse-Schlackenquetscher[2]), Seyboth-Jalousierost (Fig. 15) u. a.

---

[1]) W. Nies, Vorschläge für den Ausbau der Unterwindfeuerungen. Z. Dampfk. Maschbtr. 1920, Nr. 39.

[2]) Pradel, Schlackenquetscher für mechanische Roste. Z. Dampfk. Maschbtr. 1919, S. 345.

Wahl und Betrieb der Feuerungen.

In den Aschenfall mündet der Windkanal, darunter ist ein Ersatzgebläse angeordnet. Die einzelnen Roststablagen lassen sich hochkippen, so daß man die vorher losgebrochenen Schlacken weder hinunterzustoßen noch nach vorn herauszuziehen braucht.

Beim Evaporator-Treppenschwingrost werden die Herdrückstände dauernd einem besonderen, mit Unterwind betriebenen Rost zugeführt, auf dem sie ausbrennen sollen.

Die Anwendung des Unterwindes bei Halbgasfeuerungen zeigt die Bergmans-Schachtfeuerung in Fig. 16.

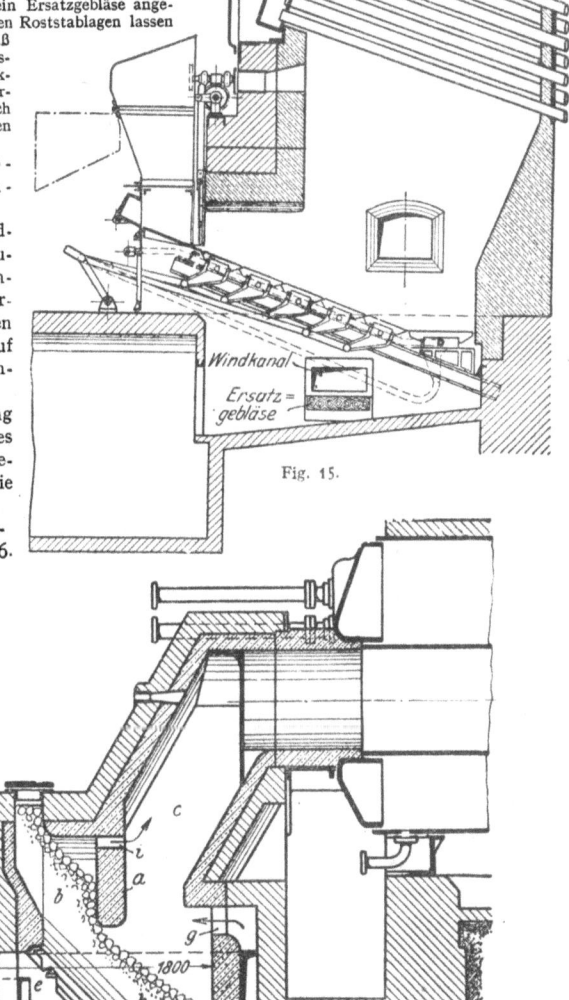

Fig. 15.

Fig. 16. *a* Obere Scheidewand, *b* Füll- oder Entgasungsraum, *c* Gasverbrennungsraum, *d* Untere Scheidewand, *e* Zuführung der Primär- oder Vergasungsluft, *f* Schlackenkanal, *g* Zuführung der Sekundär- oder Verbrennungsluft, *h* Vergasungszone des Brennstoffes, *i* Absaugkanal für die Schwelgase, *k* Luftzuführung in den Aschenfall.

2*

Sie ist gekennzeichnet durch einen steilen Schrägrost mit Luftdüsen, auf dem der aus dem vorgeschalteten Generator *b* kommende Brennstoff (Steinkohle, Förderbraunkohle, Lignite, Torf, Lokomotivlösche, Sägespäne) in 400 bis 600 mm starker Schicht nach unten rutscht.

Mit Bergmansfeuerungen lassen sich nach Mitteilungen in der E. T. Z. (1920, Heft 43) mit Rohbraunkohle Rostbelastungen bis zu 1500 kg/qm/h erzielen. Nachstehend einige Versuchsergebnisse, die der Dampfkessel - Überwachungsverein Berlin mit einer solchen Feuerung von 0,7 m² Rostfläche an einem Zweiflammenrohrkessel von 70 m² Heizfläche ohne Vorwärmer und Überhitzer mit Rohbraunkohle erzielt hat.

Heizwert der Kohle	Rost-belastung	Abgas-temperatur	Schornstein-verlust	Rostverlust	Nutzeffekt
kg/cal	kg/qm²/h	°C	vH	vH	vH
2500	641	355	19	9,5	71,4
2100	901	388	25,5	10,7	63,8
2050	505	226	14,8	9,4	75,8

Feuerungen, bei denen die Brennschicht durch Bewegungen der Roststäbe locker gehalten und das Ansetzen von Schlacken verhütet werden soll, sind u. a.:

Der Seyboth - Vorschubrost, ein Stufenrost, auf dem der Brennstoff durch kippende Bewegung der Roststäbe oder durch Vorstoßen von zwischen den Roststabplatten laufenden Schiebern abwärts bewegt wird, ferner der Plutorost (Fig. 17).

Er besteht aus Hohlrostkörpern mit auswechselbarer Brennbahn, die, ebenso wie der angehängte Planrost, eine hinundhergehende Bewegung machen. In der Brennbahn sind, wie beim Treppenrost, wagerechte Luftspalten angebracht, durch die der Unterwind austritt.

Wird die Planrostfeuerung mit Unterwind vor den Kessel gelegt, so kann der Rost feuerfest überdeckt und die Gasführung so eingerichtet werden, daß eine

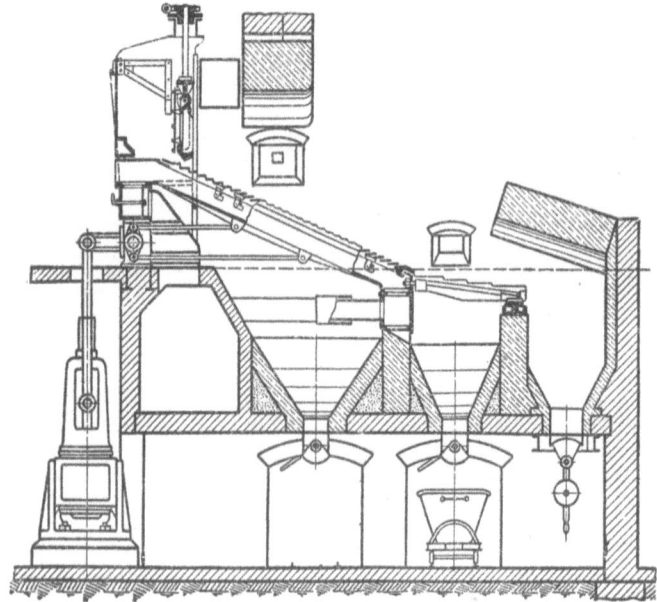

Fig. 17.

Zahlentafel 7 [1]).

Verdampfversuche mit Rohbraunkohle an Kesseln mit Unterwind-Planrosten.

Bauart des Kessels	2 Einflamm-rohrkessel mit gemeins. Überhitzer	Doppelkessel	Zweiflamm-rohrkessel	Zweiflammrohrkessel		Zweiflammrohrkessel		Zweiflammrohr-kessel	Wasserrohrkessel
Heizfläche des Kessels m²	79	105	45	103		121		100	250
Art der Feuerung				Unterwind-Planrost		ohne mit Feuerstau		Gelochter Plattenrost mit Unterwind und Wurfbeschicker	
Rostfläche m²	2,2	3,2	1,6		3,2	3,4		3,6	4
Verhältnis $K:H$	1:36	1:32,7	1:28		1:32	1:35,5		1:27,7	1:62,5
Heizwert der Kohle kcal	2412	2139	2294	2100	2100	2700	2891	2580	2099
Rostbelastung kg/m²	269	367	219	440	269	228	257	285	385
Speisewasser:								Ekonomiser	
Temperatur °C	18	66	12	11	11,5	7	16	66 vor 124 hinter	654,5
Erzeugungswärme des Dampfes kcal	689	599	647,4	648,4	648,7	648,4	647,8	737	
Verdampft auf 1 m² Heiz-fläche stündlich kg/m²	10,6	17,8	16,3	16,1	13,2	11,8	18,8	21,9	12,5
Verdampfungsziffer, bezogen auf Dampf von 100° aus Wasser von 0°	1,53	1,48	2,13	1,19	1,60	1,86	2,62	2,45	20,9
Rauchgase:									
Kesselende °C	210,5	426	289	356	376	259	344	361	309
CO_2 vH	9,5	10,9	10,3	9,5	9,1	10,8	13,2	14	11,8
Wärmebilanz:									
Nutzbar gemacht:									
zur Dampfbildung vH	40,0	44,3	59,5	36,3	48,5	44,0	58,0	45	57,5
" Überhitzung "	2,8	—	—	—	—	—	—	11	6,6
" Vorwärmung "	—	—	—	—	—	—	—	4,8	—
" zusammen "	42,8	44,3	59,5	36,3	48,5	44,0	58,0	60,8	64,1
Verloren:									
durch freie Wärme der Ab-gase vH	23,5	34,0	23,0	31,0	34,5	20,0	22,0	22,0	23,5
Sonstige Verluste "	33,7	21,7	17,5	32,7	17,0	36,0	20,0	17,2	12,4

[1]) Silberberg, Archiv für Wärmewirtschaft (Mitteilungen der Hauptstelle) Heft 7, Juli 1921.

vollkommene Verbrennung erreicht wird. Bei Ausrüstung mit Selbstbeschicker steht diese Feuerung für Rohbraunkohle dem Stufen- und Muldenrost durchaus nicht nach, zeigt aber noch den Vorteil, daß auch Mischungen von Rohbraunkohle mit Steinkohle und Koks verbrannt werden können. Rohbraunkohle kann auf derartig eingerichteten Planrosten mit 200 bis 300 kg/m^2 Brenngeschwindigkeit verbrannt werden. Allerdings neigt Rohbraunkohle infolge ihres Feuchtigkeitsgehaltes dazu, im Selbstbeschicker zusammenzubacken.

Soll Planrost-Innenfeuerung bei Flammrohrkesseln mit Rohbraunkohle beschickt werden, so ist auf Feuerstau besonderer Wert zu legen; der erste Teil des Rostes ist durch ein Gewölbe zu überdecken. Brenngeschwindigkeit nicht über 200 kg/m^2. Bei der großen Bedeutung dieser Feuerungen werden umseitig einige Versuche wiedergegeben, die auch in anderen Punkten Interesse verdienen.

Verfeuerung von Rohbraunkohle auf Planrosten mit Unterwind.

Aus der Zahlentafel 7 geht hervor, daß die schlechtesten Wirkungsgrade, bis herunter zu 36 vH, bei den Anlagen auftreten, für welche die Wärmebilanz infolge zu großer Rostbeanspruchung gleichzeitig beträchtlichen Schornsteinverlust und einen hohen Wert des Restgliedes aufweist, in dem vorwiegend der Verlust durch Flugkoks und derjenige durch unverbrannte Gase zum Ausdruck kommt. Wie stark dieser „Restverlust" den Wirkungsgrad des Kessels herunterdrücken kann, zeigt z. B. ein Vergleich der Versuche Nr. 1 und 3. Bei fast gleichem Verlust durch fühlbare Wärme der Abgase (23,5 bzw. 23 vH) beträgt der Wirkungsgrad bei Versuch I (2 Einflammrohrkessel mit gemeinsamem Überhitzer) nur 42,8 vH gegenüber 59,5 vH bei Versuch 3 (Zweiflammrohrkessel ohne Überhitzer); sieht man von dem, bei Versuch 1 wohl etwas größeren Strahlungsverluste ab, so ist offenbar durch unsachgemäße Anordnung des Unterwindrostes und entsprechend großen Verlust an Herdrückständen, Flugkoks und unverbrannten Gasen der hohe Wert des Restgliedes von 33,7 vH bei Versuch Nr. 1 gegenüber 17,5 vH bei Versuch Nr. 3 verursacht.

Die Versuche Nr. 2 und 4 zeigen deutlich die Verschlechterung des Kesselwirkungsgrades durch zu hohe Rostbeanspruchung, die, ohne Rückgang in der Dampfleistung, in vielen Fällen unter beträchtlicher Ersparnis an Brennstoff vermindert werden könnte, wenn durch genügend häufige Reinigung und bessere Instandhaltung der Kessel die Wärmeabgabe der Rauchgase verbessert, also der Schornsteinverlust verringert würde[1]). Versuch Nr.2 weist bei einem Flammrohrdoppelkessel von 105 m^2 Heizfläche und 367 kg/m^2/h Rostbelastung eine Temperatur der Rauchgase von 446° und dementsprechend hohen Schornsteinverlust von 34 vH, gleichzeitig 21,7 vH an sonstigen Verlusten auf. Versuch Nr. 4 zeigt an einem Zweiflammrohrkessel mit fast gleichen Abmessungen von Heiz- und Rostfläche wie bei Versuch Nr. 2, aber einer bis auf 440 kg/m^2/o gesteigerten Rostbeanspruchung, einen Schornsteinverlust von 31 vH und Restverluste in Höhe von 32,7 vH.

Für die günstige Wirkung, welche gewölbe- oder ringförmige Einbauten aus feuerfesten Steinen hinter der Feuerbrücke bei richtiger Anordnung auf die Nachverbrennung von Flugkoks und unverbrannten Gasen ausüben können, geben die Versuche Nr. 6 und 7 ein Beispiel. Nach Einbau des „Feuerstaus" ging der Restverlust von 36 auf 20 vH herunter; bei einer Dampfleistung von 18,8 kg/m^2 Heizfläche betrug der Kesselwirkungsgrad 58 vH, während vor dem Einbau des Verbrennungsgewölbes bei einer Verdampfung von 11,8 kg/m^2 nur ein Wirkungsgrad von 44 vH erreicht wurde.

Bei den Versuchen Nr. 8 (Flammrohrkessel) und Nr. 9 (Wasserröhrenkessel) waren Unterwind-Planroste mit Wurfbeschickern ausgerüstet. Die Wirkung ist, besonders in bezug auf die Höhe des Restgliedes, als verhältnismäßig günstig zu bezeichnen. Die Eigenschaft eines in seiner Bauart dem Brennstoff richtig angepaßten Wurfbeschickers, die Stetigkeit des Verbrennungsvorganges zu erhöhen, wird bei der Verfeuerung geringwertiger Brennstoffe, wie der Rohbraunkohlen, besonders zur Geltung kommen. Die Erhaltung einer andauernd gleichmäßig hohen Temperatur im Feuerraume trägt zur Verringerung des Gas- und Flugkoksverlustes bei, der bei Handbeschickung durch die häufige Abkühlung beim Öffnen der Feuertüren und gleichzeitige starke Bedeckung der Brennschicht begünstigt wird.

Mechanische Beschickung.

Zur Selbstbedienung der Feuerungen wendet man an: selbstbeschickende „Mechanische Wurffeuerungen" und Unterschubfeuerungen, ferner die selbst beschickenden und abschlackenden „Wanderroste". Außerdem wären noch die Vorschub- und Schwingroste anzuführen. Sie wurden bereits weiter oben besprochen, weil bei ihnen der mechanische Antrieb in erster Linie die Verfeuerung minderwertiger Brennstoffe ermöglichen soll.

Nachteile der mechanischen Feuerungen: Höhere Anlage- und Unterhaltungskosten, Betriebsstörungen beim Versagen des Antriebes (daher Einzelantrieb

---

[1]) Vgl. F. Kaiser, Flugaschenbildung und Flugaschenbeseitigung, Z. d. Bayer. Rev.-Ver., 30. Juni 1921, S. 106 ff.

vorteilhafter als Gruppenantrieb) oder des Feuerungsmechanismus (daher weitgehendster Staubschutz und saubere Bearbeitung der aufeinanderlaufenden Teile erforderlich). Auch die Betriebskosten werden sich häufig nicht niedriger stellen als bei Handbeschickung. Vorteile: Günstigere Verbrennung, da bei gleichbleibender Rostbelastung nahezu Beharrungszustand im Feuerraum erreichbar ist. Geringere Abwärmeverluste, Eingriffe in den Feuerraum bei offener Tür sind auf das äußerste eingeschränkt, damit aber der Luftüberschuß und die Abgasmenge verringert. Verbesserung der Wärmeübertragung, da sich die mittlere Feuertemperatur höher halten läßt. Möglichkeit zur Bekohlung von Planrostfeuerungen, zur Vergrößerung ihrer Rostflächen, zur Steigerung der Rostleistung (besonders wichtig bei Unterwindfeuerungen) und damit zur Schaffung großer Kesseleinheiten. Geringere Anzahl von Bedienungsmannschaften. Entlastung der Heizer, so daß sie ihre Aufmerksamkeit mehr auf die Verbrennungsvorgänge und die Dampferzeugung richten können.

Wie weit diese Vorteile im einzelnen Falle erreicht werden, hängt von der Vollkommenheit der Feuerung und der Hilfseinrichtungen ab. Grundfalsch wäre es z. B., einen Wurfbeschicker für einen ungeeigneten Brennstoff zu benutzen, so daß der Heizer viel im Schütttrichter nachstochern und alle 10 Minuten die Brennschicht abgleichen muß —, obendrein vielleicht noch die Kohlen nicht dem Schütttrichter zuzuführen, so daß sie von der Kesselhausflur in diesen emporgeworfen werden müssen.

Vom Wurfbeschicker ist vor allem möglichst gleichmäßiges Verstreuen des Brennstoffes, auch bei ungleicher Korngröße und Staubgehalt, zu verlangen. Das läßt sich besser mittels hin- und herschwingender, durch gespannte Federn vorgeschleuderter Wurfschaufelbleche (Feuerungen von Axer, Topf, Weck u. a.) als durch umlaufende Schleuderräder (Leach-Feuerung) erreichen.

Die Feuerungen mit mechanischer Wurfschaufel hat man durch Erhöhung der Wurfzahnzahl hinsichtlich der Kohlenverteilung auf dem Rost zu verbessern versucht, z. B. Selbstheizer von Hartmann, Chemnitz und Seyboth-Wurffeuerung.

Die in der Regel mit Unterwind betriebenen Unterschubfeuerungen eignen sich am besten für wenig backende, gasreiche Kohle. Sie stellen an die Gleichmäßigkeit der Stückgröße keine besonders hohen Anforderungen.

Die Wanderroste haben sich nur für Außenfeuerungen bewährt, hier aber finden sie wegen ihrer großen Vorzüge: gute Ausnutzung und rauchschwache Verbrennung billigerer Kohlensorten, einfache Wartung auch bei sehr großen Ausführungen, namentlich unter Wasserrohrkesseln für Rostflächen von etwa 1,5 × 3 bis 2,5 × 5 m, weitgehendste Anwendung. Am vorteilhaftesten läßt sich auf ihnen feinstückige, nicht stark schlackende und backende Steinkohle mit hohem Aschengehalt in einer Brennschichtstärke von etwa 10 bis 15 cm verfeuern. Dabei mit natürlichem Zuge Brenngeschwindigkeiten von ungefähr 160 kg/m^2/h erreichbar. Alle schwerer entzündlichen Brennstoffe machen, weil hier das Grundfeuer unter der frisch auf den Rost gelangenden Kohle fehlt, besondere Maßnahmen — s. u. — erforderlich. — Zur Verringerung der Verluste beim Betriebe von Wanderrosten ist folgendes zu beachten:

1. Vermeidung klaffender Spalten, besonders vorn an der Schichteinstellvorrichtung, an den seitlichen Mauerwerksanschlüssen und hinten am Schlackenabstreicher, durch die falsche Luft in den Feuerraum gelangen kann.

2. Richtige Anordnung und sorgfältige Instandhaltung des Zündgewölbes — zu kurz, dann unwirksam; zu lang, dann unnötig hohe Instandhaltungskosten und Verschlechterung der Wärmeausstrahlung auf den Kessel.

3. Brennschichthöhe je nach Eigenart des Brennstoffes so einstellen, wie es für gleichmäßigen Abbrand vorteilhaft erscheint, dann aber auch bei Veränderung der Rostbeanspruchung beibehalten.

4. Vorschubgeschwindigkeit mit der jeweils erforderlichen Zugstärke so regeln, daß einerseits der hintere Teil der Rostfläche gut bedeckt bleibt, andererseits

aber möglichst wenig Unverbranntes mit den Herdrückständen über den Abstreicher hinwegfällt.

5. Zur Beobachtung des Feuers und für etwa notwendige Eingriffe in dasselbe bequeme zugängliche und gut verschließbare Öffnungen in einer Seitenmauer anbringen.

6. Verkleinern der freien Rostfläche in den längs der Seitenmauern laufenden Randstreifen, um den Abbrand zu verzögern, der dort infolge rückstrahlender Einwirkung des Mauerwerks besonders groß ist. Weniger zweckmäßig ist es, dazu die Schichthöhe nach den Seiten hin zu vergrößern, und zwar mit Rücksicht auf Schonung der Seitenmauern. Die an den Seitenwangen der Wanderroste zuströmende Luft verursacht lebhafte Verbrennung und Aufwirbeln der Asche, die mit den Steinen der Einmauerung schmelzen und dadurch Ansätze und Aushöhlungen bildet. Nies schlägt eine tote Rostfläche vor, durch welche die Verbrennung an den Seitenwänden abgeschwächt wird.

Sonst sind noch für den Betrieb von wesentlicher Bedeutung: leichte Auswechselbarkeit der Roststäbe, Sicherheit des Antriebes und des Schlackenstauers, ferner Einrichtungen zu gesonderter Regelung der Luftzufuhr in den verschiedenen Brennzonen.

Dem Aufbau nach sind zu unterscheiden: die Wanderroste mit einem aus kurzen Roststäben zusammengesetzten Kettenbande — die eigentlichen Kettenroste — und die aus einzelnen Rostquerstreifen bestehenden, bei denen die Antriebketten nicht mit dem Feuer in Berührung kommen (Fig. 18, Bauart Borsig).

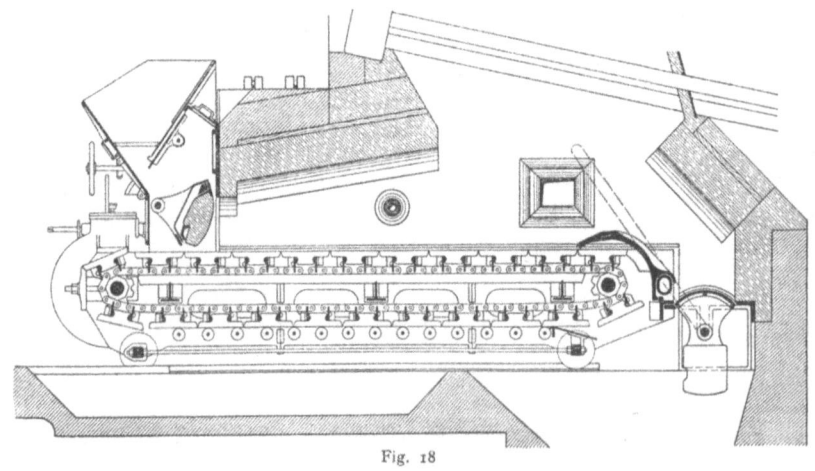

Fig. 18

Diese Wanderroste mit quergeteilter Brennbahn lassen sich leicht den verschiedenen Brennstoffen anpassen, da die Roststäbe ohne Schwierigkeiten gegen solche von anderer Stärke und Spaltweite ausgewechselt werden können. In bezug auf die Wahl ihrer Stärke hat man freie Hand, weil hier die Stäbe nicht wie bei den Kettenrosten auf Zug beansprucht werden und bei der Führung um die Kettenräder keine Gelenkbewegungen ausführen. Beim Umkehren hinter dem Schlackenabstreicher entfernen sich die einzelnen Rostsegmente voneinander, was für die Kühlung der Stäbe vorteilhaft ist und Störungen durch die am Rostende herabfallenden Schlacken verhindert.

Zur Erzielung leichteren Ganges hat man den rückkehrenden Teil des Rostes frei durchhängen lassen. Dadurch können aber bei größeren Rostlängen so hohe Beanspruchungen der Zugketten eintreten, daß Recken derselben und infolgedessen Störungen beim Eingriff in die Kettenräder unvermeidlich sind. Führung des rückkehrenden Rostteiles auf Rollen ist daher im allgemeinen vorzuziehen. — Durch besonders vorteilhafte Lage der Roststäbe beim Rückgang und leichte Auswechselbarkeit der Stäbe zeichnen sich die Wanderröste mit schwingenden Rostgliedern aus, wie sie u. a. von Büttner, Urdingen, gebaut werden (Placzek-Rost). Die Rostglieder sind auf Drehachsen aufgereiht und auf beiden Enden an den Zugketten so befestigt, daß sich jede Roststabquerreihe in kurzer Zeit auswechseln läßt. Beim Rückgang hängen die Stäbe frei herunter.

Häufige Betriebsstörungen kann das Anstauen und Abführen der Schlacken bei den Wanderrosten verursachen. Die früher allgemein dazu benutzten Schlakkenabstreicher wurden erst betriebssicher, nachdem man sie nachgiebig auflagerte, aus mehreren, lose nebeneinanderliegenden, weniger schwerfälligen Stücken zusammensetzte und mit auswechselbarer, feuerbeständiger Spitze versah. Dadurch konnten aber die Verluste nicht verringert werden, die sich bei Wanderrosten durch ziemlich hohen Gehalt an Unverbranntem in den Schlacken ergeben. Aus diesem Grunde ersetzt man den Abstreicher besser durch eine Feuerbrücke, wie sie Fig. 19 in der neuen Ausführung von Steinmüller, Gummersbach, wiedergibt.

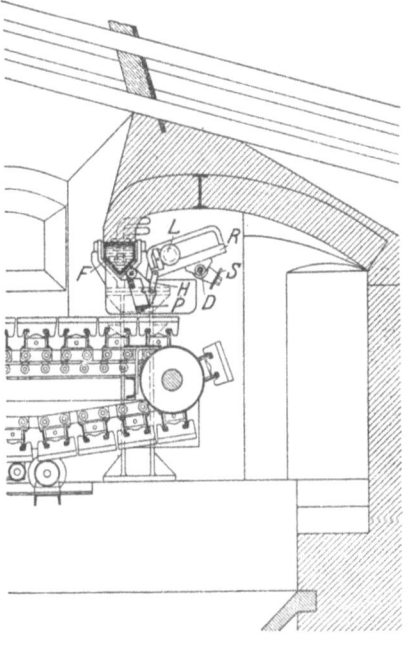

Der Feuerbrückenkörper ist durch Wasser gekühlt, an ihm sind über die ganze Rostbreite Gußstücke pendelnd aufgehängt, die mit Luftschlitzen versehen sind. Der Widerstand, den sie den ankommenden Schlacken bieten, hängt nicht nur von ihrem Eigengewicht, sondern auch von der Stellung der von ihnen gesteuerten Laufgewichte ab. Vorteile: Brennstoff und Schlacke werden so angestaut, daß der hintere Teil der Rostfläche leicht bedeckt gehalten werden kann; angestaute Schlacken können gut ausbrennen; Staupendel können weit genug ausschwingen, um die ausgebrannten Schlacken hindurchzulassen.

Bei der Verfeuerung nasser und gasarmer Brennstoffe auf Wanderrosten werden zur Herbeiführung der Zündung angewandt:

Fig. 19. *P* Staupendel; *H* Verbindungshebel zwischen Pendel und Rahmen; *R* Rahmen; *L* Laufgewicht; *D* Achse, um welche der Rahmen schwingen kann; *S* Schiene, mittels deren alle Rahmen in Öffnungs- oder Schlußlage gebracht werden können.

1. Besonders geformte Zündgewölbe, welche die vom hinteren Teil der Rostfläche ausgesandten Wärmestrahlen auf den frisch eintretenden Brennstoff zurückstrahlen sollen[1]).

2. Durch Gas geheizte Gewölbe (Walther & Co., Delbrück-Köln).

3. Zündgewölbe mit Flammenrückführung, — ein Teil der Verbrennungsgase zieht durch eine vorn über dem eintretenden Brennstoff gelegene Öffnung im Gewölbe nach oben ab[2]).

4. Hilfsrost, dessen Verbrennungsgase über den frischen Brennstoff hinweggeleitet werden (Dr. Deinlein, München).

5. Zusatzölfeuerungen.

---

[1]) A. Loschge, Z. Ver. deutsch. Ing. 1917, S. 721.
[2]) A. Loschge, Verfeuerung minderwertiger Brennstoffe auf Wanderrosten. Z. Ver. deutsch. Ing. 1921, S. 375.

6. Vorroste: Bessert-Hakenrost, Treppenrost (Fig. 20).
7. Vorgenerator: Feuerung der Rheinisch-Westfälischen Sprengstoff-Akt.-Ges., Köln, für Magerkohlen, Koks, Torf.

Fig. 20 veranschaulicht einen für Rohbraunkohle eingerichteten Wanderrost nach Ausführungen der Bamag. Die Kohle gelangt zunächst in eine Schwelkammer, die nach vorn zu durch einen Treppenrost abgeschlossen ist. Die dort entstehenden Schwelgase werden dem Feuerraum zugeführt. An den Treppenrost schließt sich ein Bessert-Hakenrost an, der die

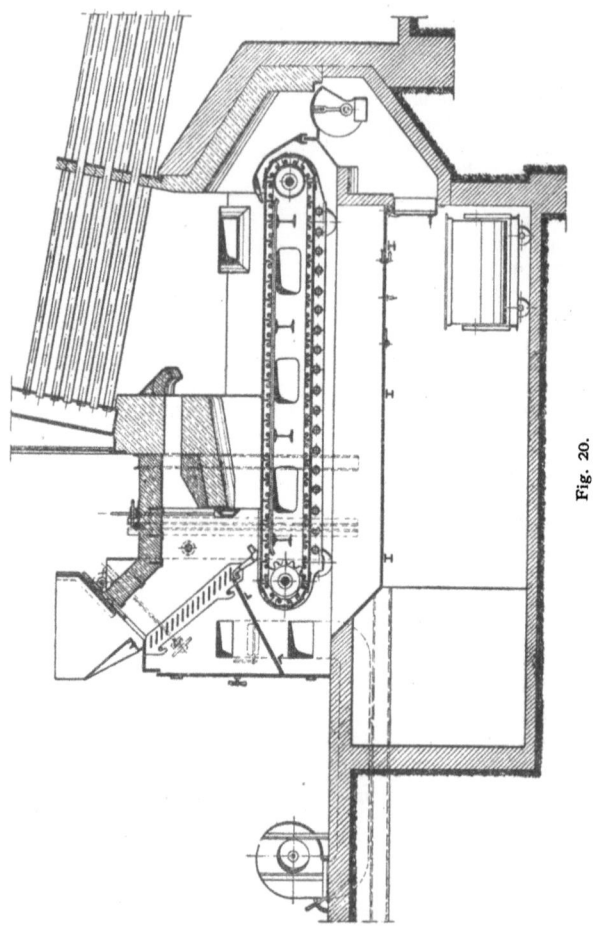

Fig. 20.

zwischen den rechtwinklig angesetzten Stabteilen hindurchfallenden glühenden Kohlenstückchen als Grundfeuer auf die Brennbahn des Kettenrostes gleichmäßig verteilt. Darüber hinweg fällt die Kohle, die in der Schwelkammer so weit vorgewärmt worden ist, daß für ihre Zündung jetzt die Einwirkung des Grundfeuers und des Gewölbes ausreicht.

Bei dieser Anordnung sind mit rheinischer Braunkohle (1800 kcal) und Schornsteinzug von 17,5 mm W.-S. Rostleistungen bis zu 350 kg/m²/h, mit Unterwind (45 mm W.-S.) bis zu 420 kg/m²/h und dementsprechend Dampfleistungen von 23 bis 30 kg/m² erreicht worden.

Mit Bessert-Hakenrosten allein, also ohne Treppenrost, gelingt es, Brikett-Rohbraunkohlegemische mit höchstens 30 vH Rohkohle ohne Verminderung der Leistung zu verbrennen

Um die Brenngeschwindigkeit zu steigern, wird auch bei Wanderrosten Unterwind in weitgehendstem Maße angewandt. Man führt ihn entweder mit Hilfe von Windkästen ein, die unter der Brennbahn angeordnet werden, oder schließt den Rost nach außen hin ab (vgl. Fig. 20, wo der Unterwind sowohl an den Kettenrost, wie auch an den Treppenrost angeschlossen ist).

Kohlenstaubfeuerungen.

Für die Verfeuerung in Staubform kommen in Betracht: Steinkohle, Braunkohle, Torf, Abfälle aus der Kohlenaufbereitung, ferner nach Münzinger[1]) Tieftemperaturkoks. Zur Verbrennung des Staubes sind folgende Wege eingeschlagen worden:

Verfeuerung mit Hilfe von Teeröl (nach Dobbelstein). Der Staub fällt durch die Teerölflamme, dabei werden die feinen Teilchen mitgerissen und verbrennen in der Ölflamme, während die gröberen entzündet werden, auf einen Rost hinabfallen und dort ausbrennen.

Verfeuerung feinsten Kohlenpulvers, das mit Luft gemischt in den Feuerraum gelangt und dort entweder mit Hilfe von Brenngas oder ganz ohne einen Hilfsbrennstoff abgebrannt wird.

Für die Verfeuerung des Staubes ist folgendes von grundsätzlicher Bedeutung:

1. Ein Staubluftgemisch unterscheidet sich wesentlich von einem Gasluftgemisch. — Staub kann erst nach Umbildungen in Ent- und Vergasungsvorgängen abbrennen, deshalb ist Zündung wie bei Gas ohne weiteres nicht möglich, und daher eignen sich gasreiche Brennstoffe am besten zur Staubfeuerung. — Genügend innige Mischung mit Luft ist bei Staub schwieriger zu erreichen als bei Brenngasen. Der Gewichtsunterschied zwischen Kohlenstäubchen und Luft ist so groß, daß Mischeinrichtungen mit Zentrifugalwirkung nicht vorteilhaft sind. — Die Reibung in Rohrleitungen, besonders in Krümmern und die Abnutzung der Düsen ist bei Kohlenstaub wesentlich größer als bei Gas.

2. Kohlenstaub kann man zwar mit sehr niedrigem Luftüberschuß (etwa 1,2) verbrennen, praktisch läßt sich das jedoch nicht durchführen mit Rücksicht auf die Haltbarkeit des Feuerungsmauerwerkes, ferner wegen der Gefahr des Entweichens unverbrannter Gase und des Schmelzens der gesamten Asche. Deswegen soll der CO_2-Gehalt der Abgase nicht über 16 vH und die Feuertemperatur nicht über etwa 1500° gesteigert werden.

3. Kohlenstaub verlangt zum Ausbrennen einen langen Flammenweg, der aber so auszugestalten ist, daß der Staub nicht unter der Einwirkung der Schwerkraft vorzeitig aus der Flamme herausfällt, und daß ferner nicht zu große Mauerwerksmassen zur Herstellung des Feuerraumes nötig sind, da sonst die Feuerung träge gegenüber Belastungsschwankungen werden würde.

Die hohen Aufbereitungskosten des Staubes lassen sich bei Brennstoffen, die auch in Stückform verfeuert werden können, nur rechtfertigen, wenn nachstehende, den Staubfeuerungen nachgerühmten Vorteile wirklich erreicht und ausgenützt werden können:

Besonders hoher Wirkungsgrad.

Schnelle Anpassungsfähigkeit bei Belastungsänderungen.

Schnelles Anfeuern, so daß ein Feuer in den Betriebspausen nicht unterhalten zu werden braucht.

Einfache Bedienung des Feuers und dabei rauchfreie Verbrennung.

Sieht man wiederum von denjenigen Abfallbrennstoffen ab, die sich vielleicht nur nach Vermahlung verfeuern lassen[2]), so erscheint bis jetzt die Staubfeuerung nur unter Kesseln vorteilhaft, die in ihrer Bauart von vornherein auf die Eigenart der Staubverbrennung zugeschnitten sind, wie z. B. der in Fig. 21 gezeigte Bettington-Kessel.

---

[1]) Münzinger, Kohlenstaubfeuerungen für ortsfeste Dampfkessel. J. Springer, Berlin 1921.
[2]) Schulte, Wärmewirtschaft auf Steinkohlenzechen. Z. Ver. deutsch. Ing. 1921, S. 366.

Einen Sonderfall der Staubfeuerung bildet die **Müllverbrennung**. Sie bezweckt vor allem eine Beseitigung des Mülls, soll aber so wirtschaftlich vorgenommen werden, daß der gewonnene Dampf für den Kraftbedarf der Aufbereitungsanlage (Aussortieren, Aussieben von Braunkohlenasche) und für etwaige Nebenbetriebe (z. B. Leimsiederei aus den aussortierten Knochen) ausreicht. In mit Unterwind betriebenen Planrost- oder Treppenrostfeuerungen und mit Wasserrohr- oder auch Heizrohrkesseln läßt sich mit 1 kg Grobmüll etwa 1 kg Dampf erzeugen. Einen Anhalt für die in großen Städten für die Verbrennung in Betracht kommenden Müllmengen bieten folgende Angaben: Im Jahresdurchschnitt entfallen etwa 180 kg Müll für jeden Einwohner, davon können bis etwa 25 vH Feinmüll in Braunkohlengegenden abzusieben sein und sich etwa 5 vH an Lumpen, Knochen und Blechbüchsen aussortieren lassen. — Die Erbauerfirmen (Vesuvio, München; Humboldt, Kalk b. Cöln; Hartmann, Offenbach; Didier, Stettin u. a.) richten anschließend Anlagen zur Verwertung des Feinmülls, der entfallenden Schlacken und des Flugstaubes ein.

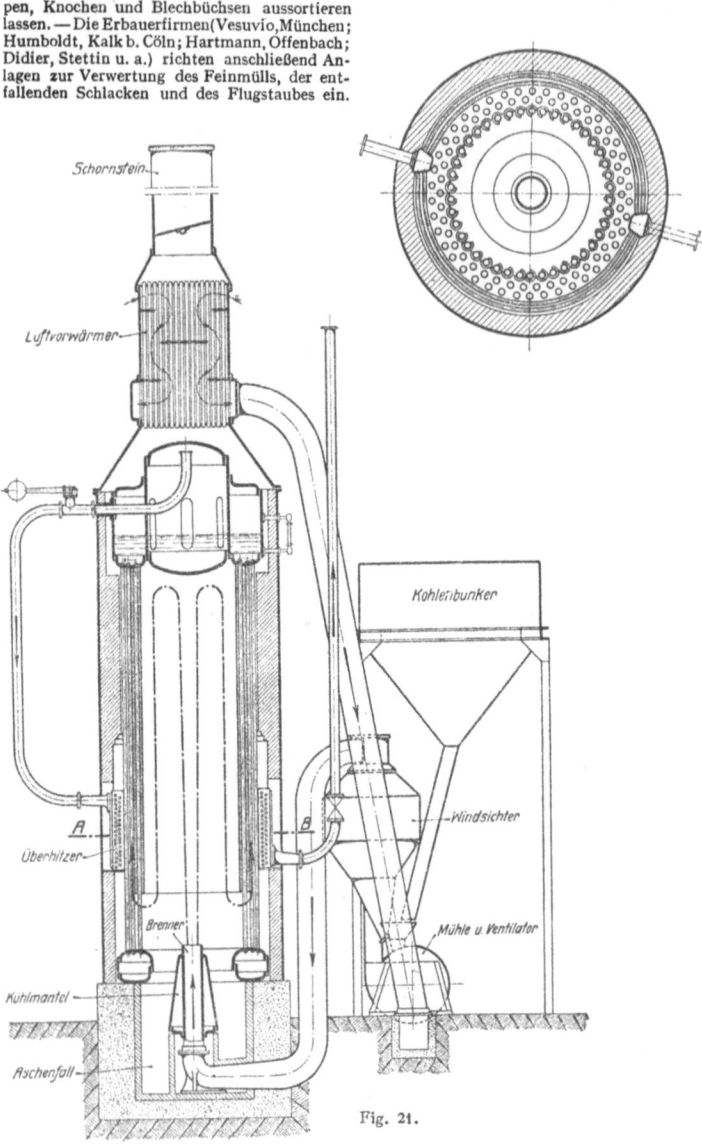

Fig. 21.

Ölfeuerungen.

Die Heizöle können erst nach ihrer Verdampfung verbrennen. Für Kesselfeuerungen ist Zerstäuben beim Eintritt in den Feuerraum am vorteilhaftesten. Die auf das feinste verteilten Öltröpfchen verdampfen leicht, so daß sich vor Beginn der Verbrennung ein inniges Gemisch von Öldampf und Luft herstellen läßt. Vorteilhafteste Wirkung, wenn die Verbrennungsluft unter Druck, also unabhängig von der Saugewirkung des Ölstrahles und des Schornsteines zugeführt wird. Größe der Zerstäubungsarbeit hängt vor allem von dem Flüssigkeitsgrade des Öles ab. Um sie zu verringern, werden die Öle vorgewärmt. Bei zähflüssigen Ölen ist das auch schon erforderlich, um sie fortleiten zu können, bei Naphthalin absetzenden Ölen, um Entmischungen des Öles und ein sonst allmählich eintretendes Zuwachsen der Leitungen und Absperrvorrichtungen zu verhindern. Daher meist Einbau dampfbeheizter Vorwärmeinrichtungen sowohl in die unter Flur liegenden Vorratsbehälter, als auch in die hochliegenden Kästen, aus denen das Öl den Feuerungen zuläuft. Die weitgehendste Vorwärmung erfordert das Naphthalin. Es muß zunächst im Hochbehälter, am besten mit Hilfe von Dampf, geschmolzen werden. Dabei ist auf die stattfindende Ausdehnung und auf Feuergefährlichkeit etwa austretender Dämpfe oder überkochender Flüssigkeit Rücksicht zu nehmen. Der Naphthalinbehälter darf daher nicht nur an der Bodenfläche beheizt werden, er ist als allerseits

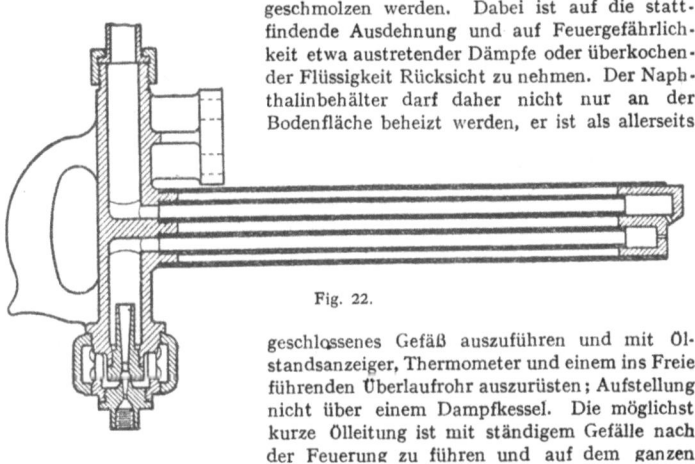

Fig. 22.

geschlossenes Gefäß auszuführen und mit Ölstandsanzeiger, Thermometer und einem ins Freie führenden Überlaufrohr auszurüsten; Aufstellung nicht über einem Dampfkessel. Die möglichst kurze Ölleitung ist mit ständigem Gefälle nach der Feuerung zu führen und auf dem ganzen Wege durch ein daneben gelegtes Dampfrohr zu beheizen. — Die Ölbehälter sollen innen verzinkt oder mit säurefestem Anstrich versehen sein. Die Behälter vor den Feuerungen müssen nach Essich[1]) so hoch liegen, daß das Gefälle nicht unter 0,2 m und bei einer Ölmenge von Q kg/h etwa 0,05 Q m beträgt, lichte Weite des zur Regelung des Ölzuflusses nach der Feuerung dienenden Ventils soll $\sqrt[4]{Q}$ mm betragen. Die Weite der Ölleitung ist der Zähflüssigkeit des Öles und dem Grade seiner Vorwärmung entsprechend, keinesfalls aber unter $3/8''$ zu wählen. In die Ölleitung sind mehrere Filter einzubauen, das feinste unmittelbar vor der Feuerung. Das Öl wird in Brennern zerstäubt, und zwar mit Hilfe von Dampf, Preßluft oder für Ölmengen von mindestens 50 kg/h durch Öldruck.

Für die Zerstäubung durch Dampf sind Überhitzung und mindestens 6 at Überdruck erforderlich. Naßdampf könnte zu Störungen durch Abreißen der Flamme Anlaß geben. Vorzüge: Einfachheit und Billigkeit der Anlage; sehr zähflüssige Öle werden durch andere Mittel gar nicht genügend fein zerstäubt. Nachteile: hohe Betriebskosten, ungünstiger Einfluß des Dampfes auf die Feuertemperatur, Wärmeübertragung und Schornsteinverlust. Der Dampfverbrauch, vielfach über 4 vH der erzeugten Dampfmenge, wird wesentlich dadurch verringert,

---

[1]) Essich, Die Ölfeuerungstechnik. Julius Springer, Berlin.

daß man den Dampf, ehe er mit dem Öl in Berührung kommt, Luft ansaugen läßt, wie es bei der in Fig. 22 gezeigten Bauart der Westfälischen Maschinenbau-Industrie der Fall ist.

Hochgespannter Dampf tritt von unten in den Brenner ein und gelangt dort zunächst in einen Luftinjektor. Dadurch entsteht ein Dampfluftgemisch, das noch genügend Druck besitzen muß, um bei seinem Austritt am Brennerkopf den schräg nach unten gerichteten Ölstrahl zu zerreißen.

Die bei der Zerstäubung mittels Preßluft angewandten Winddrucke bewegen sich in ziemlich weiten Grenzen; sie können bei Hochdruckbrennern mehrere at betragen, während sie bei den Niederdruckbrennern gewöhnlich geringer als 1000 mm W.-S. sind. Im ersten Fall wird nur ein Teil der Verbrennungsluft zur Zerstäubung benutzt, während die übrige Luftmenge durch den Brennerstrahl angesaugt (offene Anbringung des Brenners) oder mit geringem Überdruck von etwa 40 mm W.-S. zugeführt wird. Bei den Niederdruckbrennern, deren Leistung sich nur in geringerem Umfang regeln läßt, strömt im allgemeinen die gesamte Luftmenge durch den Brenner. Sie arbeiten weniger geräuschvoll und erfordern zum Betriebe nur einen Ventilator. Der Niederdruckbrenner der Firma Dr. Hans Cruse & Co., Berlin (Fig. 23), zeichnet sich durch weitgehende Regelbarkeit und eine eigenartige Einrichtung zum Zerstäuben des Öles und Mischen desselben mit der Verbrennungsluft aus. Angewandte Luftpressung, etwa 150 bis 250 mm W.-S, so daß der erforderliche Kraftaufwand gering ist und Stichflammenbildung vermieden wird.

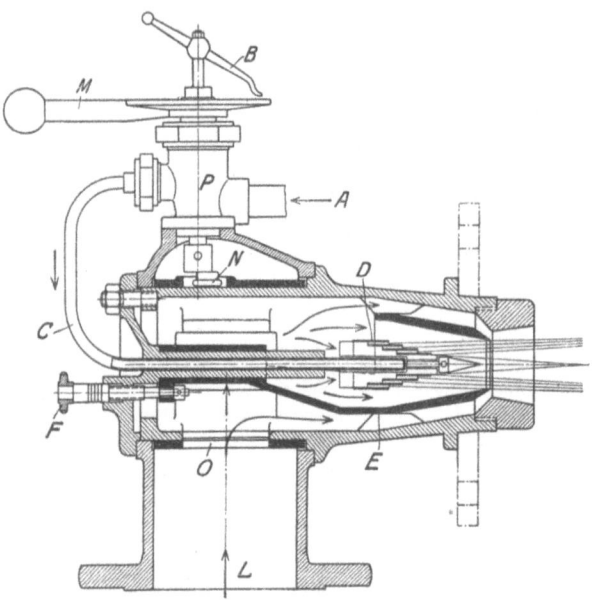

Fig. 23.

A Öleintritt; *B* Hebel zur Feinregelung des Ölzuflusses; *C* Ölzuführungsrohr, in dessen vorderem Ende die Ölaustrittsdüsen liegen und das vorn außerdem als Drehachse für den Zerstäuber dient; *D* Ringzerstäuber, der durch den Luftstrom in drehende Bewegung versetzt wird; *E* Ölschale, die zum Einstellen der Luftmantelstärke in achsialer Richtung verschoben werden kann, und zwar mittels der Stellschraube *F*; *L* Lufteintritt; *M* Hebel zur Regelung des Lufteintrittes, er betätigt dazu den exzentrischen Zapfen *N*, der in den Ringschieber *O* eingreift; *P* der Verbrennungsregler ist so eingerichtet, daß Öl und Luft, wenn sie einmal eingestellt sind, gleichzeitig geregelt oder abgestellt werden können.

Zur Zerstäubung mittels Öldruckes wird das Heizöl durch Pumpen unter einen Druck von 5 bis 10 at gesetzt, dann nochmals angewärmt und einem Brenner zugeführt, aus dem es in Staubform austritt. Das wird einerseits durch zweckmäßige Einrichtung des Brennerkopfes, andererseits durch möglichst weitgehende Vorwärmung des Öles erreicht. Sie soll so hoch sein, daß die leichter siedenden Bestandteile nach der Druckentlastung beim Austritt des Öles verdampfen, aber keinesfalls Dampfbildung in der Rohrleitung vor dem Brenner eintritt. Teeröl gestattet im allgemeinen eine Vorwärmung bis zu 80°, Naphtha dagegen bis zu 140°. Beim Körting-Brenner (Fig. 24) wird der Ölstrom im Brennerkopf durch einen schraubenförmig gewundenen Kanal gepreßt und durch die Fliehkraft beim Austritt kegelförmig auseinander gestreut.

Fig. 24.

Bei Versuchen wurden folgende Ergebnisse erzielt:

Heizwert des Öles in kcal	Dampferzeugung in kg je 1 kg Öl	Heizflächenbeanspruchung je 1 m²
9000 bis 9500	11,4	—
9100	12,14	12
9100	10,7	65 bis 66
10100	11,27	
8800	10,35	—

Die Öldruckzerstäubung erfordert ziemlich hohe Anlagekosten, stellt sich aber im Betrieb am billigsten.

Allgemein ist zu beachten, daß für Brenner und Ölleitungen die Möglichkeit zur bequemen inneren Reinigung — am besten mit Hilfe von Dampf — vorzusehen und daß bei dickflüssigen Ölen oder gar Naphthalin die Leitungen nach beendigtem Betrieb stets zu entleeren sind.

Gasfeuerungen.

Vorzüge: Einfachste und sauberste Brennstoffzufuhr, schnellste Betriebsbereitschaft, leichteste Regelbarkeit, restlose, rauchfreie Verbrennung bei geringem Luftüberschuß, keine Herdrückstände. Nachteil: Explosionsgefahr, die namentlich bei Wiederaufnahme des Betriebes entstehen kann, wenn sich während der Betriebsunterbrechung explosive Gasgemische in den Kesselzügen angesammelt haben.

Forderungen, die an Gasfeuerungen zu stellen sind:

Sicherheit gegen Explosionen, verursacht durch Eintritt eines nicht rechtzeitig entzündeten Gasluftgemisches in die Kesselzüge oder durch plötzliche Druckerhöhung in der Gasleitung, so daß die Ausströmgeschwindigkeit des Gases größer als die Zündgeschwindigkeit wird. Die Flamme reißt ab.

Möglichste Staubfreiheit des Gases.

Der ersten Forderung wird durch eine dauernd brennende Zündflamme, der zweiten durch Druckregler, die bei Überschreitung eines bestimmten Druckes das Gas ins Freie abblasen lassen oder durch Anordnung eines Gitterwerks aus feuerfesten Steinen entsprochen, dessen glühende Steine das Gas nach dem Abreißen sofort wieder entzünden. Dieses Gitterwerk dient auch zur vollkommenen Verbrennung unverbrannter Gasteilchen.

Was den Staubgehalt betrifft, so ist dieser nicht an sich, sondern wegen der Verunreinigung der Heizflächen schädlich. Versuche ergaben beispielsweise bei Kesselbetrieb mit Rohgas von 11,01 g/m^3 Staub und sauberen Heizflächen einen Wirkungsgrad von 65,5 vH gegenüber 47,7 vH bei Rohgas von 4,28 g/m^3 Staubgehalt und unreinen Heizflächen.

Bei Flammrohrkesseln haben sich Steineinbauten von sternförmigem Querschnitt in den Flammrohren bewährt, die Einbauten wirbeln die Gase durcheinander und drängen sie an die Wandungen.

Über Versuchsergebnisse mit Gasfeuerungen s. Stahl und Eisen 1913, S. 1397. Normale Kesselleistung bei Gasfeuerung: 18 bis 25 kg/m^2 bei Flammrohrkesseln, 30 bis 40 kg/m^2 bei Wasserrohrkesseln.

Feste Brennstoffe in besonderem Generator zu vergasen, um sie dann unter Kesseln zu verbrennen, hat sich auch bei Schaffung zentraler Vergasungsanlagen wegen der höheren Anlage- und Unterhaltungskosten und wegen der im Generatorbetrieb unvermeidlichen Wärmeverluste als unwirtschaftlich erwiesen. Bei minderwertigen Brennstoffen, deren Verfeuerung im rohen Zustande durch hohen Aschengehalt erschwert wird, versagt auch gewöhnlich der Umweg über den Generator, da große Schlackenmengen die Sicherheit und Wirtschaftlichkeit des Generatorbetriebes beeinträchtigen. Die Gasfeuerung wird sich daher im Dampfkesselbetriebe im allgemeinen auf die Verwendung von Gichtgas, Koksofengas und Erdgas beschränken.

Anwendung von Brennern, denen man entweder das Brenngas (Terbeck, Moll, Langheinrich u. a.) oder die Verbrennungsluft (Emke, Breslau) unter Druck zuführt, erhöht den Wirkungsgrad bei 75 bis 80 vH. In beiden Fällen soll der Druck so groß sein, daß die Brennerleistung vom Schornsteinzug unabhängig ist. An weiteren Besonderheiten der Gasbrennerbauarten sind zu nennen: Unterteilte Brenner für große Leistungen (Wefer u. a.), Kupplung der Verstelleinrichtungen für Gas und Luft (Moll), Ausschwenkbarkeit der Brenner, so daß man die Flamme außerhalb des Feuerraumes anzünden und zunächst reduzierend einstellen kann, wodurch die Explosionsgefahr verringert werden soll. Fig. 25 zeigt einen derartig eingerichteten, unterteilten Brenner, Bauart G. Moll & Co., Neubeckum.

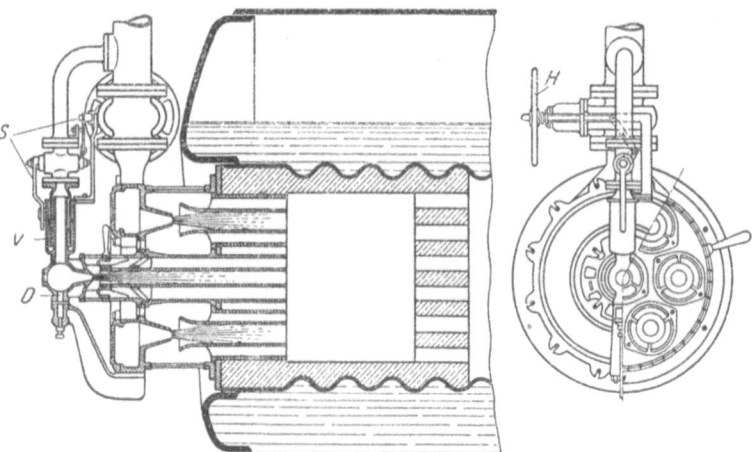

Fig. 25. Nur der zur Zündung dienende Mittelbrenner läßt sich ausschwenken — unterer Drehzapfen D, oberer Zapfen mit Flüssigkeitsverschluß V. Ihm kann in ausgeschwenkter Lage, unabhängig von den übrigen Brennern, Gas zugeleitet werden, während das die Leitung zu den Außenbrennern betätigende Handrad H bei dieser Stellung des Mittelbrenners durch die Steuerung S verriegelt ist. Das als Abschluß des Feuerraumes eingesetzte Schamottegitter soll die Zündung des Gases bewirken, falls einmal Unterbrechungen in der Gaszuführung vorkommen. Für denselben Zweck werden bei anderen Ausführungen Zündflämmchen nahe an den Brennerköpfen angebracht, die von einer besonderen Gasleitung aus gespeist werden.

Eine eigentümliche Gasfeuerung ist im Bone-Schnabelkessel mit flammenloser Oberflächenverbrennung angewandt worden. Das Gasluftgemisch wird dabei in mit Schamotteschotter angefüllten Heizrohren ohne Flammenbildung verbrannt, nachdem die Schamottestücke vorher bei gewöhnlicher Verbrennung des Gases auf Rotglut gebracht wurden. Die Wärme wird dadurch so schnell übertragen, daß ein sehr kurzer Gasweg genügt, um die Verbrennungsgase bis auf etwa 200° abzukühlen. Wegen der ziemlich häufigen Störungen, die sich durch Zusammensintern des Schotters und durch Beschädigungen der Heizrohre einstellen, hat die flammenlose Oberflächenverbrennung bisher praktische Bedeutung nicht erlangt.

Als Abart gasbeheizter Kessel sind noch die Abhitzkessel zu nennen, unter denen die oft recht beträchtlichen Wärmemengen in den Abgasen der Hüttenöfen ausgenutzt werden. Es eignen sich dazu Wasserrohrkessel und Heizrohrkessel. Sie werden vielfach mit Abgasvorwärmer versehen und dann mit künstlichem Saugzug ausgerüstet. So lassen sich bei Schweißöfen 3 bis 4 kg Dampf und bei Glühöfen 1,5 bis 2,5 kg Dampf je kg vor dem Ofen verfeuerter Steinkohle erzeugen.

Amerikanische Versuche an Abhitzekesseln hinter Siemens-Martin-Öfen ergaben die wiedergewinnbare Wärme zu 90 kg Kohlen (umgerechnet) pro 1 t Stahl entsprechend $\frac{1}{3}$ der in den Generatoren pro t Stahl vergasten Kohlen.

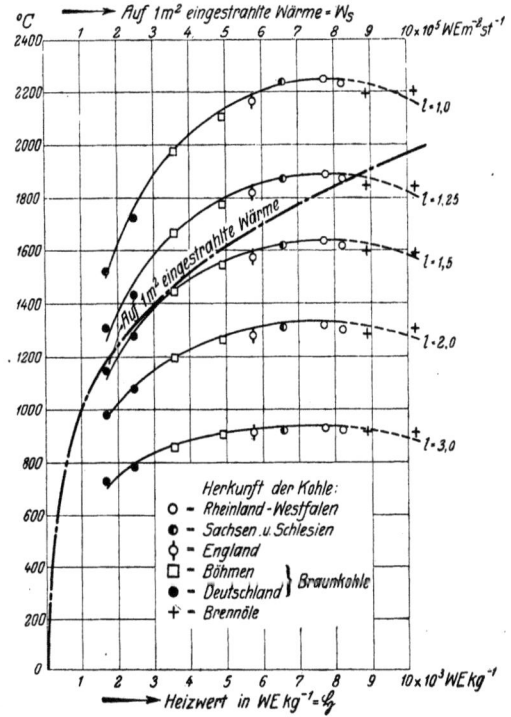

l Luftüberschußzahl, W_s auf 1 m² Heizfläche eingestrahlte Wärmemenge in Abhängigkeit von der Verbrennungstemperatur.

Fig. 26. Ideale Verbrennungstemperaturen bei Verfeuerung verschiedener Brennstoffe mit verschiedenem Luftüberschuß. (Münzinger, Kohlenstaubfeuerungen.)

VI. Wärmeübertragung.

Die Gesetze der Wärmeübertragung haben für die Dampferzeugung folgende praktische Bedeutung:

1. Die gesamte durch Strahlung und Berührung erfolgende Wärmeabgabe des Feuers und der Rauchgase hängt vor allem von ihrer Temperatur ab.

Daher: Mit möglichst geringem Luftüberschuß feuern, vgl. Fig. 26. Eindringen kalter Außenluft durch Mauerwerksrisse und Fugen verhindern. Gasweg an der Kesselheizfläche nicht zu lang machen, da sonst der letzte Teil desselben für die Dampferzeugung kaum noch in Frage kommt.

2. Die Wärme wird am wirksamsten durch Strahlung übertragen, und zwar geht die größte strahlende Wirkung von der Glut auf dem Rost aus, danach von

den Flammen. Die Heizgase besitzen nur ein sehr geringes Strahlungsvermögen, während die Wärmeausstrahlung heißen Mauerwerks für den Kesselbetrieb sehr ins Gewicht fällt.

Daher: Einen möglichst großen Teil der Rostfläche unverdeckt unter die Kesselheizfläche legen. Langflammige Kohle verfeuern. Mauerwerk zweckmäßig anordnen und gut vor Wärmeabgabe nach außen hin schützen.

3. Auf die Wärmeübertragung durch Berührung, auf welche die Heizgase fast ausschließlich angewiesen sind, ist die Geschwindigkeit der Gase in den Zugkanälen von erheblichem Einfluß. Ferner ist das Wärmeleitvermögen der Gase nur gering, so daß also die Temperatur quer zur Strömungsrichtung in ihnen nur langsam ausgeglichen wird.

Daher: Nicht zu weite Gaskanäle, Zerlegen des Gasstromes in dünne Stränge. Gase auf ihrem Wege von der Heizfläche entlang durch Richtungsänderungen gut durchwirbeln, um immer neue heiße Gasteilchen an diese heranzuführen.

4. Die Wärme wird auf den Kesselinhalt schließlich beim Durchgang durch die trennende Wand durch Leitung übertragen. Der dabei auftretende Widerstand wird um so geringer sein, je reiner das Kesselblech außen und innen ist. Er kann erheblich vergrößert werden einerseits durch Ruß- und Flugaschenansatz, andererseits durch Kesselstein und Ölkrusten. Der letztgenannte schädliche Einfluß ist besonders groß, so daß man unbedingt auf ölfreies Speisewasser halten soll. Kesselstein und Ölschichten können auch Anlaß zu Wärmestauungen im Kesselblech geben und zu Kesselschäden führen, sobald die Blechtemperatur höher als 400° wird.

Daher: Heizflächen innen und außen sauber halten.

5. Die Wärmeübertragung hängt von dem Übergangswiderstand zwischen geheizter Wand und Kesselinhalt ab und jener wiederum von der Geschwindigkeit, mit der sich das Wasser an der Wand entlang bewegt.

Daher: Lebhafter Wasserumlauf — abhängig von der Kesselbauart, begünstigt durch Vorwärmung und ununterbroche Zuführung des Speisewassers — ein wirksames Mittel zur Verbesserung der Wärmeübertragung.

Bei der Bemessung der Zugquerschnitte ist aber auch zu berücksichtigen, daß der Strömungswiderstand im Zugkanal bei Verkleinerung seines Querschnittes bedeutend zunimmt. Die Kanalquerschnitte werden daher im allgemeinen für Gasgeschwindigkeiten von etwa 4 m/sek für natürlichen Zug, bis zu 6 m/sek bei großen Zugstärken, von mehr als etwa 28 mm W.-S. am Schornsteinfuß gemessen[1]), und bis zu 10 m/sek bei künstlichem Zuge, unter Berücksichtigung der infolge Wärmeabgabe eintretenden Volumenverringerung der Gase bemessen.

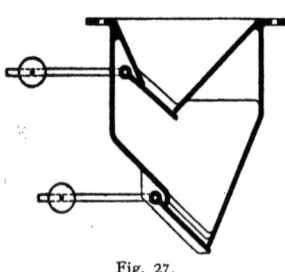

Fig. 27.

Bei Zugkanälen in oder zwischen Rohren werden Geschwindigkeiten bis zu 15 m/sek zugelassen, deswegen sind aber solche Stellen hohen Strömungswiderstandes regelmäßig mittels Bürste oder Dampfstrahl zu reinigen.

Anlage der Zugkanäle: Obere Abdeckung mindestens 100 mm unter dem niedrigsten Wasserstande. Beheizung des Dampfraumes in „Oberzügen" nur gestattet, wenn die vorher bestrichene Heizfläche bei natürlichem Zuge mindestens das 20 fache, bei künstlichem das 40 fache der Rostfläche beträgt (vgl. § 3 d. Allgem. polz. Best.). Oberzüge sollen möglichst vermieden werden, da sie leicht zu Kesselschäden führen können und zur Wärmeübertragung wenig geeignet sind. Einfahröffnungen (Lichtweite 45 × 45 cm) zur Reinigung der Züge und nach Möglichkeit Aschentrichter unter den Aschensäcken mit bequem zu bedienendem oder selbsttätigem Verschluß (Fig. 27, Bauart H. Maecke, Freiberg i. S-A. und Halle a. d. S.) sind am Mauerwerk anzubringen.

---

[1]) Vgl. Herberg, Feuerungstechnik und Dampfkesselbetrieb. Julius Springer, Berlin.

Die Türen aller Reinigungsöffnungen müssen gut schließen. Zugabsperrvorrichtungen sind nicht nur in den Abgaskanal eines jeden Kessels, sondern auch in den Sammelfuchs vor dem Schornstein einzubauen. Die Schieberplatten sind, um Verziehen zu verhindern, am besten aus Gußeisen und bei großen Abmessungen mit verstärktem Rande und flachen Diagonalrippen herzustellen. Die Platten müssen lose im Rahmen laufen, da aber dann die Gefahr besteht, daß viel kalte Luft am Schieber eindringt, so wird außen auf den Rahmen zweckmäßig eine geschlossene Blechtasche aufgesetzt, deren Wandung nur an der Stelle durchbrochen ist, wo das Schieberseil hindurchgeht. Bei großen Kesseleinheiten oder für Schieber im Sammelfuchs sind die leichtbeweglichen und auf das genaueste einstellbaren Jalousieschieber, Bauart Gentrup & Petri, Halle a. d. S., besonders vorteilhaft. Für die Anlage der Fuchskanäle ist maßgeblich: Die Abgase der einzelnen Kessel sind möglichst stoßfrei in den Sammelfuchs einzuführen. Sein Querschnitt ist entsprechend den abzuführenden Gasmengen nach dem Schornstein hin zu erweitern. Es sind Einsteigeöffnungen zum Reinigen der Fuchskanäle vorzusehen. Besonders notwendig sind sie bei der Verfeuerung von Braunkohle. In diesem Falle ist unter Umständen sogar der Einbau eines Flugaschenfängers vor dem Schornstein erforderlich. Fig. 28 stellt einen solchen in der Bauart Arno Müller, Leipzig-Schleußig, dar.

Ausführung des Kesselmauerwerks: Für Umfassungsmauern genügt gewöhnliches Ziegelmauerwerk in Kalkmörtel, für Grundmauern in verlängertem Zementmörtel, für Berührungsstellen mit dem Kesselblech ist Lehm oder Schamottemörtel anzuwenden oder am besten an Stelle des Mörtels Asbest — Platten oder Schnur — einzulegen. Schamottefutter, $1/2$ bis 1 Stein stark, ist nötig, wo dauernd Temperaturen über 450° zu erwarten sind. Eisenbeton ist stets durch ein Futter zu schützen, das am zweckmäßigsten aus Schamottesteinen oder Hartbrandklinkern und dahinter Kiesel-

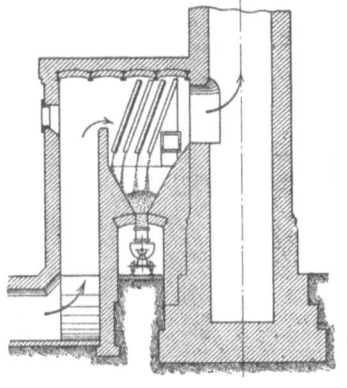

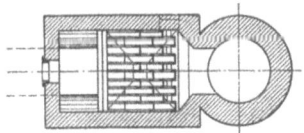

Fig. 28.

gursteinen hergestellt wird. Für Feuerungsmauerwerk sind besonders hochwertige Schamottesteine zu verwenden (vgl. Münzinger, Kohlenstaubfeuerungen, J. Springer, Berlin 1921, Abschnitt: Feuerfeste Baustoffe und Einmauerung).

Der zur Vermauerung feuerfester Steine verwendete Mörtel soll ähnliche Zusammensetzung wie die Steine aufweisen; es ist zwecklos, Mörtel zu verwenden, der hochwertiger als der Stein ist.

Über den Einfluß der Lage einer isolierenden Schicht in einer Mauerwerkswand gibt Zahlentafel 8 Aufschluß (Heft 1 der Mitteilungen des Forschungsheims für Wärmeschutz in München).

Die beiden dort angeführten Bauarten unterscheiden sich nur durch die Lage der 5 cm starken Kieselgursteinschicht. Bauart I ist wegen der geringeren in den Wänden aufgespeicherten Wärme für unterbrochenen Betrieb vorzuziehen, weil dabei der Wärmeverlust in den Betriebspausen geringer wird als bei Bauart II. Bei dieser befindet sich, infolge der außenliegenden Kieselgurschicht, die gesamte übrige Mauerwerksmasse dauernd im Bereich hoher Temperatur und speichert daher viel Wärme auf. Dagegen eignet sich Bauart II wegen der etwas kleineren fortlaufendem Wärmeverluste besser für Dauerbetrieb.

Zahlentafel 8. Wärmeverlust und Wärmeaufspeicherung in Kesselmauerwerkswänden.

Mauerung	I	II
Bauart der Wand	$1/_2$ Stein = 12 cm Schamotte 5 cm Kieselgurstein[1]) $1^1/_2$ Stein = 39 cm Ziegel	$1/_2$ Stein = 12 cm Schamotte $1^1/_2$ Stein = 39 cm Ziegel 5 cm Kieselgurstein[1])
Stündlicher Wärmeverlust kcal/h	403	381
In der Wand aufgespeicherte Wärme kcal	50 900	74 100

Ausführung des Feuergewölbes in zwei oder drei voneinander unabhängigen Teilen, die für sich im Verband gemauert werden, so daß bei Ausbesserungen nicht das ganze Gewölbe erneuert zu werden braucht. Münzinger schlägt vor, das Gewicht des durch das Feuer hochbeanspruchten, eigentlichen Feuergewölbes durch ein zweites, feuerfestes Gewölbe aufzufangen, das vom ersteren durch einen Schlitz von 30 bis 50 mm Höhe getrennt ist. Das eigentliche Feuergewölbe kann sich dadurch freier ausdehnen und hat nur sich selbst zu tragen.

Die Lebensdauer der Gewölbe wird erhöht, wenn infolge glatter Außenfläche die Flamme keine „Angriffspunkte" findet. Gelegentliches Überstreichen mit einem dünnflüssigen Mörtel ist zu empfehlen, der durch Einwirkung des Feuers in Schmelzbildung übergeht und die Wände glasartig überzieht.

Das Flußmittel, mit dem zu diesem Zweck der Schamottemörtel versetzt wird, ist von Fall zu Fall durch praktische Versuche zu ermitteln.

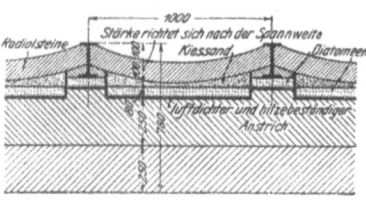

Fig. 29.

Außenmauern: Mindestabstand von Kesselhauswänden 80 mm (§ 16 d. Allgem. polz. Best.); $1^1/_2$ bis $2^1/_2$ Stein stark, möglichst mit $1/_4$ bis $1/_2$ Stein starker Isolierschicht — Flugasche, Schlackenwolle, Kieselgurerde u. a. — oder Isolieranstrich — Wasserglas, Filzmörtel, Isol, Thermolit u. a. Sehr vorteilhaft, aber teuer ist Blechverkleidung über Diatomitplatten. Ein wirksames Mittel zur Verhinderung der Rißbildung ist die Ausführung der Außenmauern in Bogenmauerwerk, Fig. 29, gesonderte Fundierung des Kesselkörpers, ausreichende Verankerung mittels kalt liegender Anker. Das Kesselgerüst muß in sich geschlossen sein, damit es nur von senkrechten Kräften beansprucht wird. An den Stellen, wo der Kessel das Mauerwerk durchdringt, muß er sich frei ausdehnen können. Abdichtung durch Asbestzöpfe oder Sandverschlüsse.

Zweckmäßig Aufstellung jeden Kessels für sich. Trennung der Kesselfundierung von der des Schornsteins wegen möglicher ungleicher Senkung.

Entstandene Risse sind nach Auskratzen sorgfältig zu verstreichen, z. B. mit Kieselgur, angerührt in Wasserglas.

Hochleistungskessel erhalten im Interesse geringer Raumbeanspruchung häufig Blechmäntel; der Mantel wird mit schlechten Wärmeleitern belegt.

Zwischenmauern: Trennungswände zweier Kessel mit gemeinsamem Mauerwerk mindestens $1^1/_2$ Stein stark.

Scheidewände zwischen zwei Zügen: Mauerzungen von $1/_2$ bis 1 Stein Stärke oder bei Wasserrohrkesseln entweder aus besonderen Schamottesteinen

---

[1]) Raumgewicht etwa 400 kg/m³.

oder gußeisernen Platten hergestellt. Schäden an diesen Trennungswänden können den Wirkungsgrad des Kessels bedeutend verschlechtern, da sich die Gase dann „Kurzschlußwege" suchen. Beim Befahren der Züge ist daher stets auf den Zustand der trennenden Wände besonders zu achten, damit dieselben rechtzeitig instandgesetzt werden.

Die Kesseldecke soll sich auf die Eisenkonstruktion des Kesselgerüstes stützen, damit ihr Gewicht nicht die obere Abdeckung der Züge belastet. Aschenschichten zwischen Decke und Zugabdeckung sind zu vermeiden.

Vor der Inbetriebnahme ist das Mauerwerk 8 bis 14 Tage lang durch allmählich verstärktes Feuer zu trocknen.

Weiterhin: Anordnung von Schaulöchern im ersten und zweiten Zug für die Beobachtung der Flamme und der Rauchgaswege, Öffnungen für das Einbringen von Pyrometern. Vermeidung scharfer Umlenkungen, Einschnürungen und toter Ecken.

VII. Natürlicher und künstlicher Zug.

Zugstärke, gemessen in mm W.-S. an einer Stelle der Zugkanäle gibt an, wieviel Druck in kg/m^2 = mm W.-S. zum Durchtreiben der Luft durch die Brennschicht und zum Fortbewegen der Heizgase von der Feuerung bis zur Meßstelle zur Verfügung steht — einfache Zugmessung. Die von dem gemessenen Druck geleistete Arbeit, also die beförderte Gasmenge, kann aber verschieden sein, da die Öffnungen für den Lufteintritt je nach Durchlässigkeit der Brennschicht und Vorhandensein von Mauerwerksrissen, ferner die Zugquerschnitte durch Aschenablagerungen, somit also die Widerstände sich ihrer Größe nach verändern können. Der Unterschied zwischen gleichzeitig an zwei verschiedenen Stellen des Gasweges festgestellten Zugstärken gibt einen Vergleichsmaßstab für die angesaugte Verbrennungsluftmenge. Diese ist nämlich für denselben Zustand des Mauerwerks und der Zugkanäle proportional der Quadratwurzel aus der Zugdifferenz. Daher: Differenzzugmessung — Zugmesser mit einem Schenkel an den Feuerraum, mit dem anderen an den Fuchs angeschlossen — geeignet zur Beurteilung der Verbrennungsvorgänge. S. S. 254.

Die zur Erreichung einer bestimmten Kesselleistung erforderliche Zugstärke hängt ab von der stündlichen Menge und dem Luftbedarf des Brennstoffes, sodann aber von dem Rostwiderstand und dem Strömungswiderstand (durch Reibung und Richtungsänderungen) in den Zügen. Sie kann daher ziemlich verschieden sein. Für mittlere Heizflächenbeanspruchungen können nach Herberg etwa folgende Zugstärken, gemessen am Schornsteinfuß bei offenen Fuchsschiebern, als erforderlich gelten:

Zahlentafel 9.

Für Kesselanlagen bis zu 100 m^2 Heizfläche etwa 13 bis 18 mm W.-S.
„ „ „ „ 400 „ „ „ 18 „ 23 „ „
„ „ „ „ 800 „ „ „ 23 „ 28 „ „
„ „ „ „ 1200 „ „ „ 28 „ 35 „ „
„ „ „ „ 1800 „ „ „ 35 „ 40 „ „
„ „ „ „ 2500 „ „ „ 40 „ 48 „ „

Ferner sind Zuschläge zu machen:
für Dampfüberhitzer . . . . 1 bis 4 mm W.-S.
„ Flugaschenfänger . . . . 1 „ 3 „ „
„ Rauchgasvorwärmer . . 1 „ 3 „ „

Natürlicher Zug.

Die Zugstärke, die ein Schornstein ergibt, wird hauptsächlich von seiner Höhe, ferner von den Temperaturen der Abgase und der Außenluft abhängen, außerdem sind Wind und Regen oft von recht fühlbarem Einfluß auf die Zugstärke.

Für den Bau von Mauerwerkschornsteinen ist zu beachten: Ausrüstung mit Blitzableiter, der an etwa umgelegte Schornsteinbänder und an benachbart liegende größere Metallmassen anzuschließen ist. Außen neben dem Blitzableiter Steigeisen, das letzte etwa 3 m über dem Erdboden. Schornsteinkopf möglichst einfach, keine schwere Bekrönung. Kein hoher Sockel. Wandstärke und Grundbau so bemessen, daß sich der Schornstein bei späterer Betriebsvergrößerung erhöhen läßt. Unter Schornsteinrohr geräumiger Aschensack mit Einsteigeöffnung. Liegen zwei einmündende Fuchskanäle einander gegenüber, dann im Schornsteinrohr unter 45° zur Fuchsachse Trennungswand mehrere Meter senkrecht hochführen.

Bei eisernen Schornsteinen Anstrich rechtzeitig erneuern und auf guten Zustand der Verspannvorrichtungen halten. Der eiserne Schornstein ist zwar billiger in der Anlage als der gemauerte, ergibt aber wegen größerer Abkühlung der Gase im Schornsteinrohr geringere Zugstärken und ist weniger haltbar als dieser.

Hauptvorteile der Schornsteine: Keinerlei Betriebskosten; Abführung der Gase in höhere Luftschichten.

Umständlich ist die Inbetriebsetzung kalter Schornsteine. Man muß dazu im Aschensack unterhalb der Säule leicht entzündliche Brennstoffe, wie Stroh oder Hobelspäne, anhäufen und in Brand stecken.

Die obere Lichtweite eines Schornsteines — F_0 m² — berechnet sich nach G. Lang zu

$$F_0 = \frac{B \cdot G \cdot (273 + t_0)}{3600 \cdot v \cdot 273}.$$

Darin bedeutet
  B kg die stündliche Brennstoffmenge,
  G m³ die Gasmenge für je 1 kg Brennstoff,
  $t_0°$ C die Rauchgastemperatur an der Schornsteinmündung,
  v m/sek die Ausströmungsgeschwindigkeit der Rauchgase,
und zwar kann gesetzt werden:
  für G im Mittel 15 m³ bei Koks und Steinkohle,
              12 „ „ böhmischer Braunkohle und Braunkohlenbrikett,
              8 „ „ Holz, Torf und erdiger Braunkohle.
  für $t_0 \sim t - h$, wenn $t°$ C die Gastemperatur am Schornsteinfuß und h m die zunächst zu schätzende Schornsteinhöhe bezeichnet,
  für v, wenn künstlicher Zug als Zusatz nicht vorhanden ist,
        bei 1 bis 3 Kesseln $v = 4$ bis 5 m/sek
         „ 4 „ 6   „   5 „ 7   „
         „ 7 u. mehr   „   7 „ 10   „   .

Die erforderliche Schornsteinhöhe kann mit guter Annäherung bestimmt werden aus:

$$h = (\alpha \cdot d_0 + 2{,}5 \cdot v + 0{,}04 \cdot l - 1{,}45) \frac{700 - t_m}{200 + t_m} + \beta.$$

Darin ist zu setzen:
  für $\alpha = 15$ bis 20, je nach der Bauart der Kessel und des in ihren Feuerzügen vorhandenen mehr oder weniger großen Strömungswiderstandes.
  für l m die gesamte Länge der Zugkanäle aller an den Schornstein angeschlossenen Kessel und der Fuchskanäle bis zum Schornsteinfuß,
für $t_m = t - \frac{h}{2}$,
  für $\beta = 5$ m bei Vorhandensein eines Abgasvorwärmers, sonst $\beta = 0$.

Die nutzbare Zugstärke — Z_n mm W.-S. — ist dann nach v. Reiche für mittlere Gasgeschwindigkeiten:

$$Z_n = (h - 6 d_0) \frac{1000}{2{,}83} \left(\frac{1}{273 + t_a} - \frac{1}{273 + t_m} \right),$$

wenn für $t_a°$ C die Außentemperatur eingesetzt wird. Die genaue Berechnung der Zugstärke führt zu einer Gleichung

$$Z_n = A \cdot h - b \cdot v^2.$$

Eine Schornsteinerhöhung wird also um so mehr von Nutzen sein, je niedriger vorher die Gasgeschwindigkeit beim Aufsteigen im Schornsteinrohr war. Unter Umständen kann die Erhöhung sehr enger Schornsteine zwecklos sein. Dann hilft nur die Errichtung eines zweiten Schornsteines oder künstlicher Zug.

Der Druckverlauf in den Zügen bei natürlichem Zuge ist schematisch in Fig. 30 dargestellt[1]).

Künstlicher Zug

wird angewendet zu vorübergehender oder dauernder **Ergänzung natürlichen Zuges**, z. B. wenn:

---

[1]) Vgl. F. Barth, Natürlicher oder künstlicher Zug bei Dampfkesselanlagen? Z. Verdeutsch. Ing. 1913, und Nerger, Künstlicher Saugzug bei Dampfkesselanlagen. Z. Dampfk. Maschbtr. 1920.

1. Leistung der vorhandenen Kessel gesteigert, Vergrößerung der Kesselzahl vorgenommen oder Abgasvorwärmer aufgestellt werden soll und Erhöhung des vorhandenen Schornsteines aus Festigkeitsgründen unzulässig ist,
2. vorübergehend minderwertiger Brennstoff verfeuert werden soll, der nur bei höheren Zugstärken genügende Rost- und damit Kesselleistungen ermöglicht,
3. hohe Kesselleistungen von kürzerer Dauer regelmäßig wiederkehren und es unwirtschaftlich wäre, den Schornstein dafür zu bemessen.

Künstlicher Zug wird als Ersatz des natürlichen Zuges verwandt, wenn:
1. beim Ausbau alter Anlagen kein Platz für die Errichtung eines neuen Schornsteines vorhanden ist, oder bei hohen Grundstückskosten an Platz gespart werden soll,
2. Kessel ortbeweglich sind oder nur vorübergehend aufgestellt werden,
3. infolge schlechter Bodenbeschaffenheit die Grundbaukosten sehr hoch werden würden.
4. Die Entwicklung einer Anlage sich nicht voraussehen läßt.
5. Anlagekapital gespart werden soll.

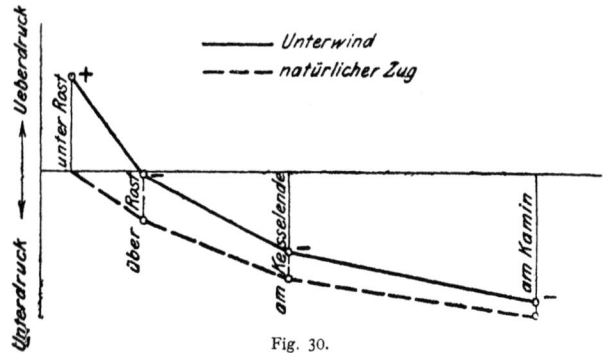

Fig. 30.

Als sonstige Vorteile des künstlichen Zuges sind zu nennen: Unabhängigkeit von Witterungseinflüssen und stete Betriebsbereitschaft. Nachteile des künstlichen Zuges: Betriebskosten — namentlich für Kraft und Schmiermittel —, Unterhaltungskosten der Zuganlage; Betriebsstörungen durch plötzlich auftretende Schäden; Verleitung zur Anwendung zu hoher Zugstärken, wodurch Zunahme des Luftüberschusses und, bei Druckzug, des Flugkoksverlustes.

Künstlicher Zug läßt sich durch Dampfstrahlgebläse und Ventilator oder Axialgebläse, und zwar als Druckzug oder als Saugzug erzeugen.

Künstlicher Druckzug findet bei Landkesseln ausschließlich in der Form des Unterwindes — Überdruck im dichtgesetzten Aschenfall — Verwendung, und zwar fast regelmäßig, wenn zum Durchtreiben der erforderlichen Luftmenge durch die Brennschicht sehr hohe Zugstärken nötig sind. Das ist aber bei Verfeuerung minderwertiger Brennstoffe beinahe regelmäßig der Fall, in einem Maße, daß Unterwindpressungen von mehr als 100 mm W.-S. (z. B. bei dem aus der Steinkohlenaufbereitung entfallenden Mittelgut) angewendet werden. Im allgemeinen steigert man aber den Druck unter dem Rost nur so hoch, daß im Feuerraum kein Überdruck mehr vorhanden ist (Fig. 30).

Es kann also mit fast ausgeglichenem Zuge gearbeitet werden. Der Druck unter dem Rost wird so eingestellt, daß der Wind gerade den Widerstand der Brennstoffschicht überwindet, erst über dem Rost setzt die Wirkung des natürlichen Zuges ein, der um jenen Betrag kleiner sein kann. Wird der natürliche Zug zu etwa $1/_2$ mm eingestellt, so wird die Feuertemperatur infolge des geringen Luftüberschusses sehr hoch, der Schornsteinverlust klein. Undichtheiten des Mauerwerks verlieren fast ganz ihren schädlichen Einfluß.

Höhere Unterwindpressungen wären nachteilig wegen der vermehrten Gefahr des Entstehens von Durchbrüchen in der Brennschicht, der Vermehrung des Flugkokses, der Notwendigkeit, die Feuertüren zu verriegeln und Einrichtungen zu schaffen, durch die der Unterwind beim Öffnen der Feuertür zwangläufig abgestellt wird.

Die Erzeugung des Unterwindes mittels Dampfstrahlgebläses zeichnet sich durch Einfachheit und Billigkeit der Anlage, aber auch durch ziemlich hohe Betriebskosten aus, da der Dampfverbrauch des Gebläses kaum unter 5 vH der erzeugten Dampfmenge beträgt. Dagegen entspricht der Energiebedarf von Unterwindventilatoren einem Dampfverbrauch von weniger als 1 vH der Kesselleistung. Sie werden zweckmäßig durch Elektromotoren mittels Riemen angetrieben. Fig. 31 zeigt den Kraftverbrauch eines Ventilators; bei den betreffenden Versuchen beanspruchte der Ventilator etwa 0,8 vH der erzeugten Dampfmenge. (Z. 1917, S. 823.)

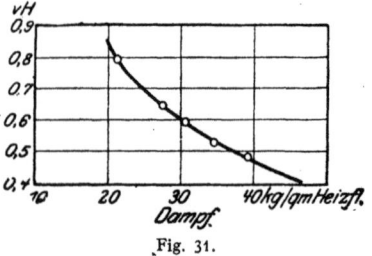

Fig. 31.

Entweder alle Kessel oder einzelne Gruppen erhalten eine gemeinsame Unterwindanlage mit unter Flur liegendem Windkanal (vgl. Fig. 11). Neuerdings haben sich Axialgebläse zur Unterwinderzeugung eingeführt, sie gestatten bequeme Anordnung von Einzelgebläsen und machen damit die langen Windleitungen ent-

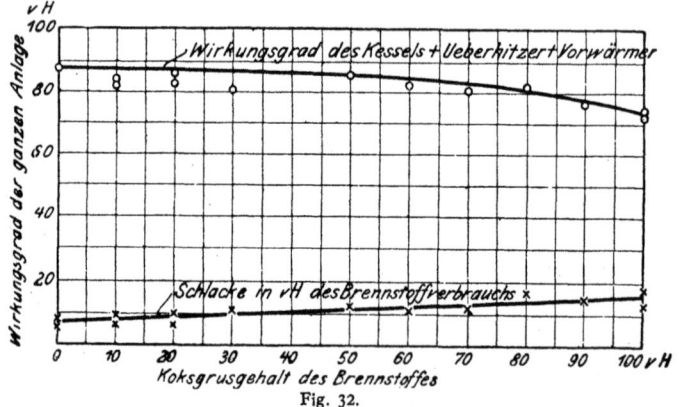

Fig. 32.

behrlich. Man vermeidet dadurch nicht nur beträchtliche Verluste an Windmenge und Druck, sondern auch die bei gemeinsamer Versorgung einer Kesselreihe durch einen Ventilator nicht zu umgehende unwirtschaftliche Drosselregelung.

Die vorzügliche Wirkung des fast ausgeglichenen Zuges geht aus den in Fig. 32 dargestellten Versuchsergebnissen von Wirmer (Z. 1917, S. 818) hervor, bei denen eine Mischung von Koksgrus und Nußkohle auf dem Wanderrost eines Steilrohrkessels verbrannt wurde. Der Gesamtwirkungsgrad betrug bei der Mischung von 80 vH Koksgrus und 20 vH Nußkohle trotz großer Verluste durch Unverbranntes in den Rückständen über 80 vH. Kohlensäuregehalt der Abgase 14 bis 15 vH. Unterer Heizwert der Mischung im Mittel 5350 kcal. Ohne Betriebsschwierigkeiten konnte der Grusgehalt auf 100 vH erhöht werden.

Künstlicher Saugzug wird „direkt" durch Absaugen der gesamten Gasmenge mittels Ventilators oder „indirekt" durch Dampf- oder Windstrahlejektor hervorgebracht. In beiden Fällen kann er in Verbindung mit einem gemauerten

Schornstein zur Verstärkung des natürlichen Zuges oder mit einem etwa 15 bis 20 m hohen, nach oben etwas erweiterten Rohre, zum Ersatz des Schornsteinzuges angewandt werden. Da bei künstlichem Saugzug große Zugstärken, also hoher Unterdruck in den Zügen die Regel bilden, so ist dabei ganz besonders auf guten Zustand des Mauerwerks und dichten Verschluß aller Reinigungsöffnungen in diesem zu achten. Das teure blechummantelte Mauerwerk kommt daher in erster Linie für Kesselanlagen mit künstlichem Saugzug in Frage.

Schema des Druckverlaufes in den Zügen bei künstlichem Saugzug s. Fig. 33.

Direkter Saugzug. Der Ventilator ist so anzuordnen, daß die geförderten Gase möglichst stoßfrei in den Schornstein eingeführt werden. Die Klappe, die in dem Verbindungskanal zwischen Sammelfuchs und Schornstein angebracht ist, muß gut schließen. Der Ventilator verlangt hier wegen hoher Temperatur und somit größeren Volumens der Gase größere Abmessungen als beim Unterwind.

Sein Energiebedarf wird auch etwas größer, weil durch Mauerwerkrisse mehr Nebenluft eintritt als beim Druckzug und weil die Schornsteinwirkung durch Abkühlen der Gase im Ventilator und durch Wirbelbildung beim Eintritt derselben

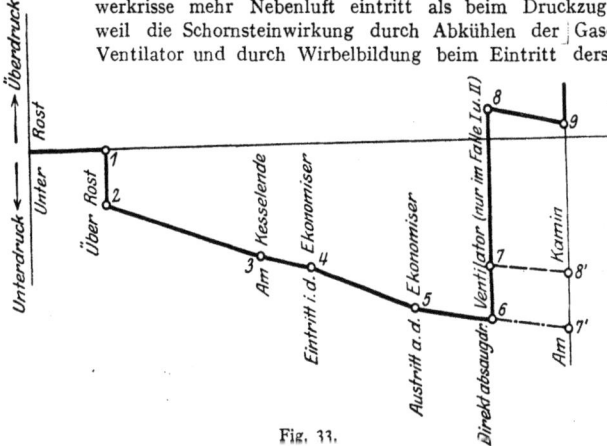

Fig. 33.

I 5—6—7—8—9 Direkter Saugzug ohne Schornstein.
II 5—6—7—8' Direkter Saugzug in Verbindung mit Schornstein.
III 5—6—7' Indirekter Saugzug.

in den Schornstein beeinträchtigt wird. Die Ventilatorleistung wird vielfach durch eine im Druckstutzen eingebaute Drosselklappe geregelt. Wirtschaftlicher ist die „Gehäuseregulierung" nach Finsterbusch (Ges. f. Ventilatorzug m. b. H., Charlottenburg). Dabei ist das letzte Stück der Gehäusespirale, das unmittelbar unter dem Schornsteinrohr liegt, drehbar eingerichtet, und zwar derart, daß bei zurückgehender Kesselleistung am Ventilator ein kleinerer Ausblasquerschnitt eingestellt und bei außer Betrieb gesetztem Ventilator dieser Querschnitt ganz geschlossen wird, damit aber der gesamte Schornsteinfuß für den Gasdurchgang bei natürlichem Zug freigegeben werden kann.

Der indirekte Saugzug, bei Lokomotiven, Lokomobilen und Schiffskesseln durch Abdampfblasrohr und Frischdampfhilfsbläser erzeugt, wurde in ähnlicher Weise auch bei Landanlagen früher vereinzelt angewandt, indem man ein Dampfdüsensystem (Körting) in den Schornsteinfuß einbaute. Das hat man aber wegen des hohen Dampfverbrauches der Dampfstrahleinrichtung — 10 vH und mehr — aufgegeben und benutzt jetzt dazu Ventilatoren, die entweder Luft aus dem Kesselhause oder einen Teil der Abgase aus dem Fuchs — „kombiniertes System" — ansaugen, um sie einer im Schornsteinrohr liegenden Ejektordüse zuzuführen.

Zur Regelung des Kraftverbrauches wird von der Gesellschaft für künstlichen Zug, G. m. b. H., Charlottenburg, ein über der Düse aufgehängter Verdrängungskörper benutzt. Er soll zum Ausgleichen der Geschwindigkeit am Preßluftaustritt verstellt werden, wenn die Umdrehungszahl des Ventilators, Schwankungen der Kesselbelastung entsprechend, verändert wird. Da aber ein Bruch des Seiles, an dem der Verdrängungskörper aufgehängt ist, recht unliebsame Störungen hervorrufen würde, so werden vielfach die Cruseschen Lamellen-Düsen mit verstellbarem Querschnitt bevorzugt.

Vorteile des indirekten Saugzuges: Kleine schnellaufende Ventilatoren anwendbar, die sich ohne Schwierigkeiten unterbringen lassen und für unmittelbaren Antrieb geeignet sind. Nachteile: Hoher Kraftbedarf — etwa 1,2 bis 2,5 vH der Kesselleistung — da hier durch Einblasen der Luft die Gasmenge größer wird, außerdem ihr Auftrieb fast ganz verloren geht und die Ejektordüse nur schlechten Wirkungsgrad besitzt. Diese Nachteile werden bei Anwendung des kombinierten Systemes etwas geringer.

Der Saugzug hat sich keine allgemeine Anwendung verschaffen können. Bei eingemauerten Kesseln und Rauchgasvorwärmern mit Schabern wird sehr viel falsche Luft angesaugt. Bei hohem Rostwiderstand ist die Anwendung des Saugzuges geradezu fehlerhaft.

VIII. Die Kesselbauarten.

Als Dampfkessel sind nach § 1 der Allg. pol. Best.[1]) alle geschlossenen Gefäße anzusehen, die den Zweck haben, Wasserdampf von mehr als dem atmosphärischen Druck zur Verwendung außerhalb des Dampfentwicklers zu erzeugen. Dagegen werden die geschlossenen Gefäße, in

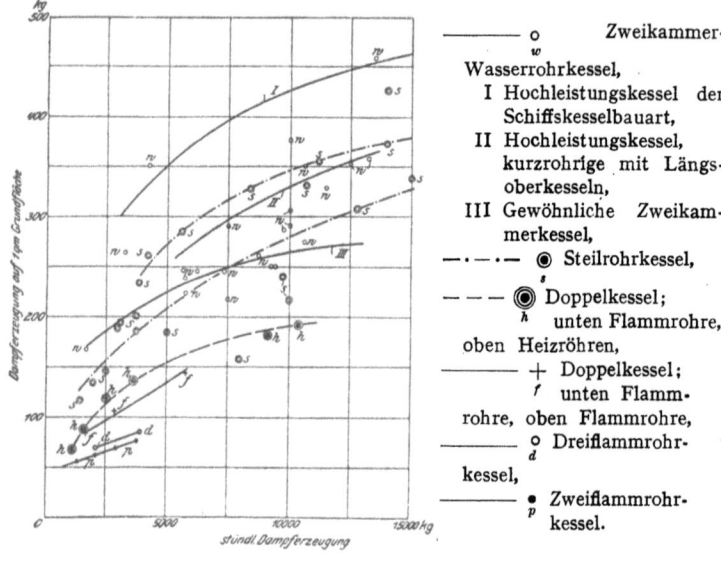

——— o Zweikammer-Wasserrohrkessel,
    I Hochleistungskessel der Schiffskesselbauart,
   II Hochleistungskessel, kurzrohrige mit Längsoberkesseln,
  III Gewöhnliche Zweikammerkessel,
—·—·— ⓢ Steilrohrkessel,
— — — ⓢ Doppelkessel; unten Flammrohre, oben Heizröhren,
——— + Doppelkessel; unten Flammrohre, oben Flammrohre,
——— o Dreiflammrohrkessel,
——— • Zweiflammrohrkessel.

Fig. 34.

denen gespannter Wasserdampf zu irgendwelchen Dämpf- oder Kochzwecken benutzt wird, als Dampffässer[2]) bezeichnet.

Die Bestimmungen über die Anlegung und den Betrieb von Dampfkesseln gelten in Deutschland nicht für:

---

[1]) Allgemeine polizeiliche Bestimmungen über die Anlegung von Land-Dampfkesseln vom 17. Dez. 1908.
[2]) Normalpolizeiverordnung, betreffend die Einrichtung und den Betrieb von Dampffässern vom 5. März 1913.

Die Kesselbauarten.

1. Niederdruckkessel, sofern sie mit einem höchstens 5 m hohen, nicht verschließbaren Standrohr versehen sind; 2. Zwergkessel, deren Heizfläche 0,1 m² und deren Dampfspannung 2 atü nicht übersteigt, falls sie mit zuverlässigem Sicherheitsventil ausgestattet sind; 3. Zentralüberhitzer. Es werden unterschieden: feststehende (dauernd ortfest aufgestellte), bewegliche[1]) (an wechselnden Aufstellungsorten betriebene) Landdampfkessel und (dauernd mit einem Wasserfahrzeug verbundene) Schiffskessel[2]).

Die Heizfläche (H m²). Nach § 3 der Allg. pol. Best. ist darunter zu verstehen: Der bei Landkesseln auf der Feuerseite, bei Schiffskesseln dagegen auf der Wasserseite gemessene Flächeninhalt, der einerseits von den Heizgasen, andererseits vom Wasser berührten Kesselwandung. Die Heizfläche wird benutzt, um die Größe eines Kessels auszudrücken. Im Hinblick auf die Wärmeübertragung unterscheidet man direkte (bestrahlte) und indirekte (von den Gasen bestrichene) Heizfläche.

Die Leistungsfähigkeit einer Kesselbauart drückt man aus durch die Heizflächenbeanspruchung = $\dfrac{\text{stündlich erzeugte Dampfmenge in kg}}{\text{Heizfläche in m}^2} = \dfrac{D}{H}$.

Zahlentafel 10. Mittelwerte für $\dfrac{D}{H}$.

Kesselbauart	Anstrengungsgrad des Betriebes			
	mäßig	normal	flott	gesteigert
Batteriekessel	12	17	22[3])	
Ein-, Zwei-, Drei-Flammrohrkessel	15; 16; 22	20; 22; 28	25; 30[3]); 35	
Doppelkessel (unten 2 Flammrohre; oben Heizröhren) . . .	12	16	20[3])	
Mac-Nicol-Kessel	16[3])	20[3])	25[3])	
Heizröhrenkessel	10	14	20[3])	
Lokomobilkessel.	—	14	18	27[3])
Lokomotivkessel	—	—	40	60[3])
Schiffs-(Zylinder-) Kessel	—	—	28	35
Wasserrohrkessel ohne Kammern	9[3])	12[3])	15[3])	
Kammer-Wasserrohr-Kessel . . .	14[3])	18[3])	26[3])	35[4])
Steilrohrkessel	18[3])	24[3])	30[3])	40[4])
Schiffs-Wasserrohr-Kessel . . .	—	22	26	50[3])
Stehende Kessel , ...	10	14	20[3])	

Faßt man die Heizflächenbeanspruchung $\dfrac{D}{H}$ und den Platzbedarf = $\dfrac{\text{Heizfläche in m}^2}{\text{Grundfläche in m}^2} = \dfrac{H}{Gr}$ zusammen, so erhält man in $\dfrac{D}{H} \cdot \dfrac{H}{Gr} = \dfrac{D}{Gr}$ die stündlich über 1 m² Grundfläche erzeugte Dampfmenge.

Werte für $\dfrac{D}{Gr}$ nach Münzinger in Fig. 34.

Die Werte $\dfrac{D}{Gr}$ sind nach Ziffer 6, Abschnitt I, vielfach von ausschlaggebender Bedeutung bei einer unter verschiedenen Kesselbauarten zu treffenden Auswahl.

Wasserraum, Speiseraum, Verdampfungsoberfläche, Dampfraum.

Im allgemeinen rechnet man den Wasserraum bis zur Ebene des festgesetzten niedrigsten Wasserstandes. Dann folgt der Speiseraum, für dessen obere Abgrenzung — höchster Wasserstand — Rücksichten auf die Nässe des erzeugten Dampfes maßgebend sind. Steigt nämlich der Wasserspiegel, so wird bei der weitaus überwiegenden Zahl der Kesselbauarten nicht nur der Dampf-

---

[1]) Normalentwurf der Polizeiverordnung betreffend Aufstellung, Beschaffenheit und Betrieb von beweglichen Kraftmaschinen vom 25. März 1908.
[2]) Allgemeine polizeiliche Bestimmungen über die Anlegung von Schiffsdampfkesseln vom 17. Dezember 1908.
[3]) Mit Überhitzer.
[4]) Mit Überhitzer und Rauchgasvorwärmer.

raum verkleinert, sondern auch die Trennungsfläche zwischen Wasser und Dampf, die sogenannte Verdampfungsoberfläche. Auf diese aber kommt es besonders an, da sie die Pforte für den Austritt der Dampfblasen aus dem Wasser bildet. Die früher zum Vergrößern des Dampfraumes allgemein benutzten Dome und Dampfsammler haben nach Einführung der Überhitzung etwas an Bedeutung verloren. Sie werden, besonders bei sehr hoch bauenden Steilrohrkesseln, vielfach ganz fortgelassen und durch Einbauten unter dem Dampfentnahmestutzen — Siebrohre oder Prallbleche (Fig. 35) ersetzt.

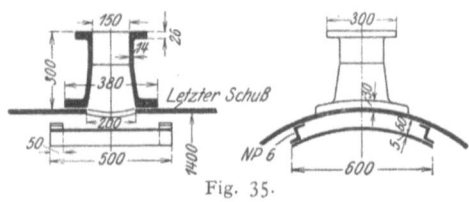

Fig. 35.

Über die Größe des Wasserraumes s. S. 1. Ein großer Speiseraum ist vorteilhaft, um vorausgesehene Perioden höchster Beanspruchung zu überwinden und um das Abblasen der Sicherheitsventile während der Betriebspausen zu verhindern.

Zahlentafel 11. Ausgeführte Größen und Grundflächenbedarf der verschiedenen Bauarten.

Kesselbauart	Heizflächengrößen in m²	$\frac{H}{Gr}$
Mehrfacher Walzen- oder Batteriekessel	etwa 50 ÷ 200	$\geqq$ 3,7
Einflammrohrkessel	25 ÷ 50 (÷ 80)	1,3 ÷ 2,1
Zweiflammrohrkessel	50 ÷ 100	1,9 ÷ 2,4
Dreiflammrohrkessel	100 ÷ 250	2,4 ÷ 2,7
Heizrohrkessel	20 bis 150	2 ÷ 5
Feuerbuchskessel mit vorgehenden Heizrohren:		
Ausziehbarer Lokomobilkessel . .	10 ÷ 130	2,5 ÷ 6
Lokomobilkessel mit Feuerkiste . .	10 ÷ 50	
Lokomotivkessel	15 ÷ 300	
Feuerbuchskessel mit rückkehrenden Heizrohren:		
Schottiger Schiffskessel Einender .	10 ÷ 300	3,6 ÷ 13
„ „ Doppelender	300 ÷ 600	
Stehende Feuerbuchskessel	3 ÷ 30 (÷ 100)	3 ÷ 15
Zusammengesetzter Flammrohr- und Heizrohrkessel (Doppelkessel) . . .	100 ÷ 400 (÷ 700)	4 ÷ 11,5
Zweikammerwasserrohrkessel . . .	100 ÷ 600	3,2 ÷ 14
Mac-Nicolkessel	150 ÷ 350	3,4 ÷ 5,6
Steilrohrkessel	100 ÷ 700 (÷ 1200)	9 ÷ 15

Batteriekessel. An diesen Kesseln treten Schäden hauptsächlich infolge falscher Anordnung der untersten Walzen oder von Kesselsteinablagerungen auf. Liegen nämlich die untersten Walzen nicht etwas geneigt — nach vorn ansteigend —, so können sich in ihnen leicht Dampfkissen bilden. Wird dann die Wand, unter der Dampf steht, von den Heizgasen getroffen, so entstehen Ausbeulungen und Nietrisse. Schutz durch Mauerwerk hilft wenig, da dieses schwer zugänglich liegt und deswegen meistens recht schlecht instandgehalten wird. Schäden infolge von Kesselsteinkrusten können an den Unterplatten der unmittelbar über dem Rost liegenden Walzen auftreten. Es ist daher wenig angebracht, in Batteriekesseln ungereinigtes, härteres Speisewasser zu verwenden, schon weil das Abklopfen des Kesselsteins in den Walzen (Gesamtlänge bis zu etwa 90 m bei einem Kessel) recht umständlich ist und daher teuer wird. — Für die Kessel sollte stets die Kammereinmauerung gewählt werden, bei der die Gase durch Kulissenwände wiederholt auf- und abwärts geführt werden, da sich sonst infolge ungleichmäßiger Erwärmung der verschieden hoch liegenden Walzen leicht Undichtheiten an den Flanschen der senkrechten Verbindungsstutzen einstellen.

Flammrohrkessel zeichnen sich durch einfache Wartung aus, auch lassen sie sich im allgemeinen gut im Innern reinigen, so daß man sie wohl als die gegen

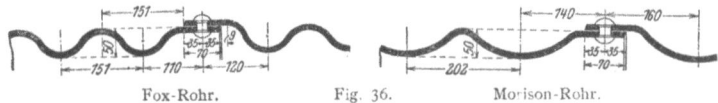

Fox-Rohr. Fig. 36. Morison-Rohr.

unreines Wasser am wenigsten empfindlichen Kessel bezeichnet hat. Nur beim Dreiflammrohrkessel läßt die Befahrbarkeit und damit die Reinigungsmöglichkeit häufig viel zu wünschen übrig. Diese Kessel haben sich deshalb wenig eingeführt. Umständlich ist die Reinigung an Wellrohr-Flammrohren, namentlich wenn sie aus Fox-Wellrohr, Fig. 36, hergestellt sind. Bei Einflammrohrkesseln ist die Ausführung als Seitrohrkessel und das Anbringen einer Laufschiene, Fig. 37, Vorbedingung für die Reinigungsmöglichkeit.

Der auf das Flammrohr folgende zweite Zug ist auf der Seite anzuordnen, nach der die Flammrohrmitte hin verlegt worden ist. In Zweiflammrohrkesseln soll ein Mann zwischen den Flammrohren hindurchschlüpfen können. Dies läßt sich erreichen, indem man den hinteren Flammrohrschüssen einen kleineren Durchmesser gibt als den vorderen, zur Unterbringung der Feuerung dienenden. Bei Verfeuerung von Braunkohle ist die Flugasche recht häufig aus dem Flammrohr zu entfernen. In manchen Betrieben geschieht das sogar regelmäßig alle 2 Wochen. Die Zweckmäßigkeit dieser Maßnahme geht aus Versuchen des Bayrischen Dampfkessel-Überwachungs-Vereins hervor, nach denen bei Innenfeuerung im Mittel 85 vH der gesamten übertragenen Wärme in den Flammrohren aufgenommen wird. Zweckmäßigste Einmauerung nach Fig. 37 mit zwei Seitenzügen.

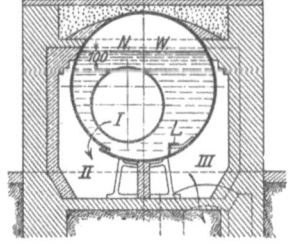

— Flammrohre sollen nicht unter 700 mm Durchmesser erhalten, da sie sonst für die Flammenentwicklung, also für Innenfeuerung ungeeignet sind. Flammrohrdurchmesser über 1000 mm kommen zuweilen bei großen Einflammrohrkesseln vor, diese haben gegenüber Zweiflammrohrkesseln gleicher Heizfläche den Nachteil kleinerer Dampfräume und Verdampfungsoberflächen. Auch ist es für den Feuerungsbetrieb günstiger, statt einer Rostfläche von z. B. 1,4 m Breite — mit einer außergewöhnlich großen Feuertür — zwei Rostflächen von je 0,8 m Breite und entsprechend geringerer Länge anzuwenden. Bei Dreiflammrohrkesseln entstehen im allgemeinen Schwierigkeiten für die Feuerbedienung wegen der tieferen Lage der mittleren Rostfläche. Aus diesem Grunde ist der Dreiflammrohrkessel von H. Pauksch, Landsberg a. W. bemerkenswert, bei dem das mittlere Flammrohr nicht bis zum vorderen Boden durchgeführt ist, der Kessel also nur zwei in gleicher Höhe liegende Feuerungen besitzt.

Heizrohrkessel. Heizgas führende Rohre zur Zerlegung des Gasstromes zeigen als empfindlichen Mangel das Undichtwerden der Rohreinwalzstellen.

Es tritt namentlich an den Rohrenden auf, gegen welche die Heizgase gerichtet sind und kann hervorgerufen werden durch starke Temperaturschwankungen im Feuerraum, Verziehen der Rohrwand infolge ungenügender Verankerung und Behinderung des Wärmedurchganges bei Kesselsteinansatz. Der Einfluß der Temperaturschwankungen zeigt sich namentlich bei Rohrwänden, die unmittelbar am Feuerraum liegen, wie es bei allen Feuerbuchskesseln der Fall ist. Auf Lokomotiven hilft man sich dagegen, indem man die Rohrwände aus Kupfer macht, weil sich dieses durch schnelle Formänderungsfähigkeit auszeichnet. Bei den übrigen Feuerbuchskesseln begnügt man sich damit, die am Feuerraum liegenden Rohrenden aufzubördeln, Fig. 38, außerdem treibt man zuweilen als Flammenschutz schwach konische Brandringe ein. Diese Ringe wirken jedoch recht ungünstig auf die Zugstärke. Jedenfalls ist besonders bei allen Feuerbuchskesseln darauf zu halten, daß die Feuertür im Betriebe nicht länger offen gehalten wird, als unbedingt zur Bedienung des Feuers erforderlich ist. — Eine wirksame Versteifung der Rohrwände durch Ankerrohre ist für neue Kessel behördlich vorgeschrieben. Leider werden diese Rohre aber bei Instandsetzungen (z. B. Erneuerung einer Rohrwand) nicht immer sachgemäß ersetzt. Werden die Heizrohre zur Reinigung des Kessels herausgenommen, so schließt man die Ankerrohre am besten stets davon aus. — Das Undichtwerden der Rohre ist bei ortbeweglichen Kesseln am häufigsten auf Kesselsteinansatz zurückzuführen, weil diese Kessel oft recht wenig geeignetes Wasser zur Speisung benutzen müssen. Bei ihnen bleibt nichts anderes übrig, als die Rohre nach einigen Jahren Betriebszeit herausnehmen zu lassen, besonders wenn der Kesselstein gar keine Neigung zum Abplatzen zeigt und das Auswaschen des Kesselinnern dann wenig wirksam ist. Vorübergehend kann wohl ein Nachwalzen der Rohrenden helfen, doch soll dabei immer recht vorsichtig mit dem Nachspannen der Rohrwalze vorgegangen werden, da leicht Stegrisse in der Rohrwand entstehen können. Solche Risse führen schließlich zu kostspieligen Erneuerungen der Rohrwände.

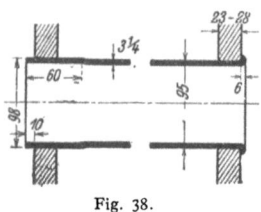

Fig. 38.

Das Anwendungsgebiet der Heizrohrkessel beschränkt sich immer mehr auf fahrbare und ortfest aufgestellte Lokomobilkessel. Von den vielen ,,kombinierten" Kesseln, in die Heizrohrkessel eingebaut worden sind, hat sich am längsten der Doppelkessel (Zweiflammrohr- darüber Heizrohrkessel) gehalten. Man wirft den Kesseln mit Recht vor, daß die Heizfläche in den Heizrohren des Oberkessels und an den Kesselmänteln recht wenig wirksam ist. Will man den Wärmeinhalt der Gase nach Bestreichen des Flammrohrkessels noch weiter ausnutzen, so wäre jedenfalls ein Rauchgasvorwärmer ein geeigneteres Mittel dazu als ein zweiter Kessel.

Vielleicht ist die flammenlose Oberflächenverbrennung dazu berufen, dem Heizrohrkessel wieder weitere Verbreitung zu verschaffen. Recht bemerkenswert sind in dieser Beziehung die Untersuchungen, die Dr. Hilliger [1]) über die Wirkungen von Einlagekörpern in den Heizrohren von Lokomobilen angestellt hat.

Wasserrohrkessel. In Wasserrohrkesseln kann allein durch die Anordnung der Rohre ein so lebhafter Wasserumlauf hervorgerufen werden, daß der aufsteigende, mit Dampf gemischte Wasserstrom aus dem Wasserspiegel herausspritzt und daher Vorkehrungen notwendig sind, um das Mitreißen von Wasser in die Dampfleitung zu verhindern, bei Steilrohrkesseln außerdem, um den Stand des Wassers im Glase sicher erkennen zu können. — Die Ansicht, daß sich bei lebhaftem Umlauf kein Kesselstein in den Rohren absetzt, hat sich als irrig erwiesen. Man kann eher behaupten, daß die Kesselsteinkruste in einem Wasserrohr um so schneller wächst, je mehr Wasser zeitlich durch das Rohr hindurchströmt. Um daher Schäden zu verhindern, ist bei Wasserrohrkesseln mehr

---

[1]) Z. Ver. deutsch. Ing. 1916.

als bei allen anderen Bauarten Verwendung möglichst reinen Speisewassers notwendig.

Die Wasserrohre werden in schräger — weniger als 45° von der Wagerechten — und in steiler — weniger als 45° von der Senkrechten abweichenden — Lage angewandt. Schrägrohrkessel ohne Wasserkammern, sogenannte Gliederkessel, können unter Umständen von Bedeutung sein, da es die einzigen Bauarten sind, die nach § 15, Ziffer 2 d. Allg. polz. Best. für die Aufstellung über oder unter bewohnten Räumen in Betracht kommen.

Sonst werden die Schrägrohrkessel jetzt allgemein mit zwei Wasserkammern ausgeführt. Diese wurden früher so hergestellt, daß man die Bleche stumpf zusammenschweißte.

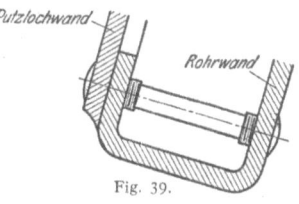

Fig. 39.

Da jedoch eine Anzahl sehr folgenschwerer Explosionen dadurch entstanden ist, daß sich das Umlaufblech unten aus der vorderen Wasserkammer löste, so sind jetzt (Erlaß vom 26. Juni 1918) Schweißungen des Umlaufbleches an der unteren, nach dem Feuer zu liegenden Kante der vorderen Kammer in allen Fällen untersagt[1]). Fig. 39 zeigt die von L. & C. Steinmüller, Gummersbach daraufhin getroffene Abänderung.

Die Schrägrohrkessel haben in Kraftbetrieben die weiteste Verbreitung gefunden, nachdem es gelungen ist, sie für hohe Heizflächenbeanspruchungen geeignet zu machen durch: Ausstattung mit großen,

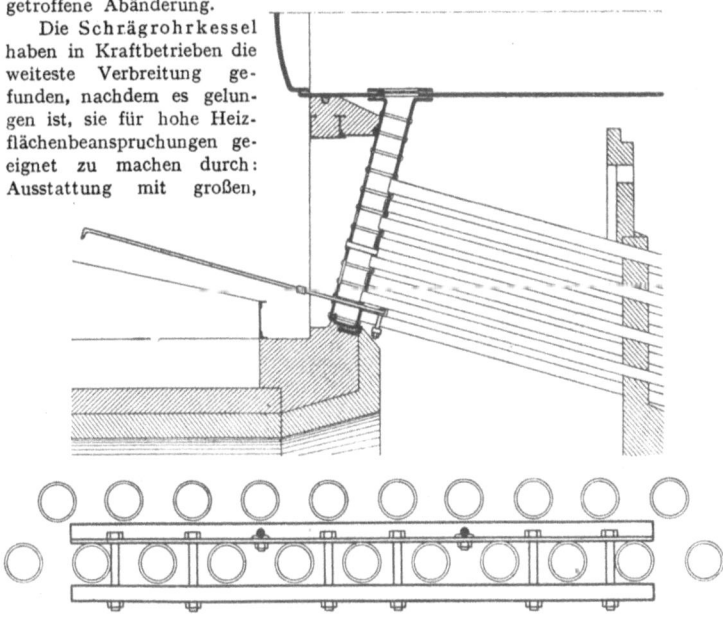

leistungsfähigen Feuerungen, hauptsächlich Kettenrost für Steinkohle und Halbgasfeuerung für Braunkohle;

zweckmäßige Zugführung — Querzüge — und richtige Abstufung der Zugquerschnitte;

Verbindung mit großen Überhitzern und Einzelvorwärmern.

---

[1]) Über die nachträgliche Anbringung von Sicherungen an den Wasserkammern alter Bauart s. Aufsatz von H. Bußmann. Zeitschrift Glückauf 1918, S. 493 ff.

Die Kessel erfüllen die Forderungen des Betriebsingenieurs bezüglich Sicherheit und einfache Wartung jetzt in hohem Maße. Mit Hilfe geeigneter Vorrichtungen kann man die Rohre während des Betriebes bequem von Aschen- und Rußablagerungen säubern. Diese Reinigung wird zweckmäßig zu einem Zeitpunkt vorgenommen, in dem die dazu notwendige Drosselung des Zuges am wenigsten störend wirkt. Zum Abblasen wird entweder überhitzter Dampf (billiger!) oder Preßluft (wirksamer!) benutzt, und zwar führt man das Abblasemittel durch Metallschlauch mit aufgesetztem Strahlrohr in Öffnungen, die gewöhnlich in der einen Seitenmauer angebracht sind, zwischen den Rohrreihen ein. Fest eingebaute Einrichtungen sind im allgemeinen nicht vorteilhaft, da sie leicht durch die heißen Gase beschädigt und dann unbrauchbar werden. Sie werden zuweilen mit gutem Erfolge da angewandt, wo die verfeuerte Kohle Ansinterungen an den unteren Rohrreihen hervorruft. Um diese meistens lose an den Rohren haftenden Sintermassen bequem abstoßen zu können, benutzt man Kratzer, die täglich einmal an den betreffenden Rohren entlang bewegt werden, sonst aber in einer Mauerwerksnische, geschützt vor der strahlenden Einwirkung des Feuers liegen (Fig. 40).

Bezüglich Reinigung s. S. 2.

Wird beim Zusetzen der Putzlöcher darauf geachtet, daß die Deckel nicht vertauscht werden und werden die Verschraubungen, nachdem der Kessel warm geworden ist, sorgfältig nachgezogen, so geben die Rohrverschlüsse, falls die Reste der alten Packungen vorher sauber entfernt und gut passende neue Dichtungsringe eingelegt wurden, keinen Anlaß zu Betriebsstörungen.

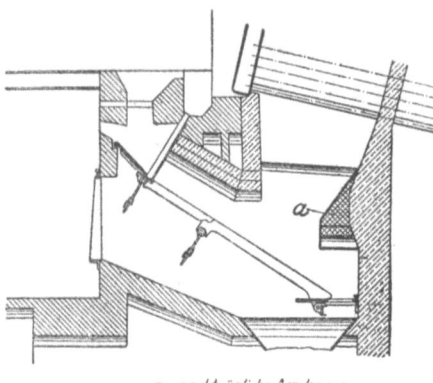

a = nachträgliche Aenderung

Fig. 41.

Bei Halbgasfeuerungen unter Schrägrohrkesseln wird der dem Rost zugewandte Kopf der Feuerbrücke zweckmäßig etwas überhängend angeordnet, damit die heißen, von den unteren Rostteilen aufsteigenden Flammen gegen den Treppenrost und das feste Wehr strömen und sie beheizen. Auch werden die brennbaren Gase besser mit der Verbrennungsluft gemischt. Noch zweckmäßiger sind Flammenrückführgewölbe. Durch Anordnung eines solchen nach Fig. 41 steigerte Dr. Münzinger bei einem Zweikammerkessel den Wirkungsgrad von 52,6 vH auf 68,1 vH (Z. 1920, S. 432).

Im übrigen soll der Rost niemals breiter als die Wasserkammer sein, da die Flamme das stark vorgetreppte Mauerwerk stark gefährdet.

Um besonders hohe Leistungen mit Schrägrohrkesseln erzielen zu können, hat man den Wasserumlauf durch Verkürzen des Umlaufweges (Rohrlänge bis auf etwa 4 m verkürzt) zu verbessern versucht und außerdem die Wärmeübertragung dadurch, daß man die Rohre möglichst in ganzer Länge der Strahlung des Feuers aussetzt. Welche Wirkungen sich dadurch erzielen lassen, zeigen die Schaulinien in Fig. 42.

Als Hauptvorzug der Steilrohrkessel, der sie besonders zur Verfeuerung minderwertiger Brennstoffe geeignet macht, ist die Höhe des Feuerraumes und des ersten Zuges zu erwähnen. Ansinterungen an den Wasserrohren treten bei Steilrohrkesseln gar nicht oder nur in geringem Maße auf.

Als Nachteil gegenüber den Schrägrohrkesseln ist das schwierigere Auswechseln schadhafter Rohre zu nennen. In dieser Beziehung wiegen die Vorteile der Rohrverschlüsse ihre Nachteile reichlich auf.

Züge, äußere Heizfläche und Überhitzer sind leicht zugänglich, der Zugverlust gering, der Zusammenbau mit Vorwärmer bequem. Für große Einheiten wird heute meist der Steilrohrkessel gewählt.

Um gerade Rohre verwenden zu können, setzt Garbe Stufenplatten in die Walzen ein. In diesen waren die Rohre früher in senkrecht zur Walzenachse liegenden Reihen angeordnet, außerdem folgte auf je zwei solcher Rohrreihen ein so weiter Zwischenraum, daß jedes Rohr zugänglich blieb. Da aber hierbei die Rohre ungleichmäßig beaufschlagt werden, wenn die Gase quer durch das Bündel ziehen, und die Gase dabei nicht durchgewirbelt werden, so kommen jetzt in den Garbekesseln Stufenplatten zur Anwendung, bei denen diese Mängel vermieden sind (vgl. Zeitschr. d. V. D. I. 1915, S. 291). — Die gebogene Form gewährt den Rohren die Möglichkeit, sich bei ungleichmäßiger Erwärmung des Bündels unabhängig voneinander federnd zu dehnen. Auch kann man bei Anwendung solcher Rohre große Heizflächen auf kleinem Raum unterbringen und, da man nicht an Stufenplatten gebunden ist, Durchmesser und Anordnung der Rohre den verschiedensten Verhältnissen besser anpassen. Gebogene Rohre, und zwar solche mit ziemlich starken Krümmungen, sind daher besonders im Schiffskesselbau viel angewandt worden. Im Landkesselbau nimmt man mehr Rücksicht auf die Reinigungsmöglichkeit und beschränkt sich daher bezüglich der Rohrkrümmungen immer mehr auf das zum Erreichen genannter Vorteile

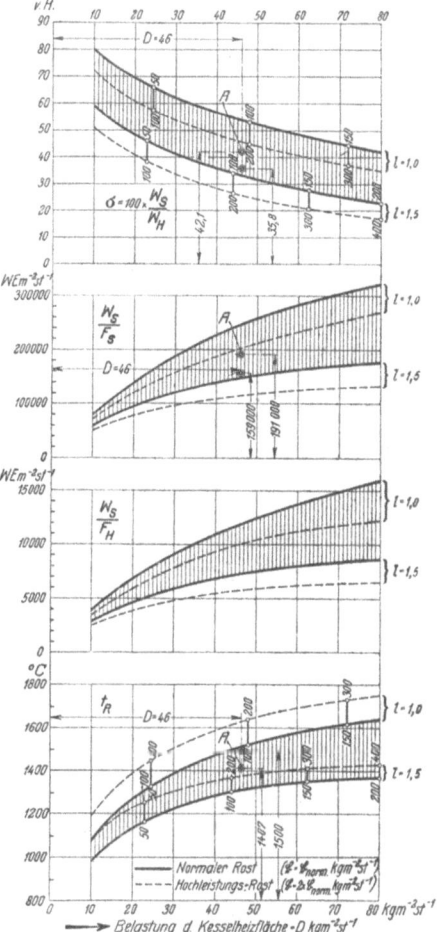

l Luftüberschußzahl,
W_s in kcal/h stündlich in die Heizfläche eingestrahlte Wärme.
W_H in kcal/h stündlich von der Heizfläche F_H insgesamt aufgenommene Wärme.
F_s in m² bestrahlte Heizfläche.
F_H in m² gesamte Heizfläche.
F_R in m² Rostfläche.

$$\sigma = \frac{W_s}{W_H}.$$

t_R in °C die Feuerraumtemperatur.

Fig. 42. Feuerraumtemperatur und Wärmeaufnahme bei neuzeitlichen Wasserrohrkesseln mit mechanischen Rosten. (Aus Münzinger, Die Kohlenstaubfeuerungen.)

eben genügende Maß. So zeigt Fig. 43 ein aus gebogenen Rohren zusammengesetztes Bündel — Patent Steinmüller —, bei dem die einzelnen Rohre nach Einführen einer Glühlampe vom anderen Ende aus auf die ganze Länge eingesehen werden können.

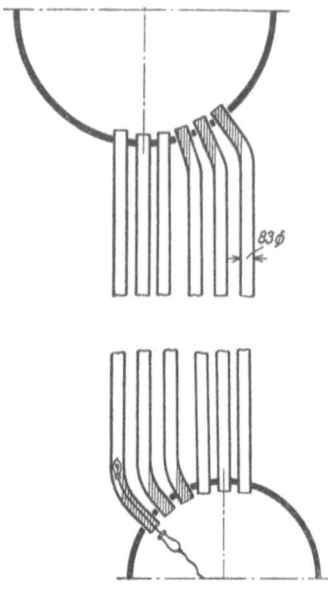

Fig. 43.

Bei Steilrohrkesseln mit Treppenrost für Braunkohlenfeuerung empfiehlt es sich, die Feuerbrücke an die Untertrommel heranzumauern und Feuerraum und ersten Zug so anzuordnen, daß die Flugasche auf den Planrost zurückfällt. Hierfür spricht auch, daß die durch undichte Aschenverschlüsse eindringende, stark vorgewärmte Luft den in der Schlacke enthaltenen Koks bei Temperaturen, die über der Schmelztemperatur der Braunkohlenasche liegt, verbrennt. Bietet die Untertrommel dem im Aschentrichter hochsteigenden Schlackenkuchen eine größere Berührungsfläche, so können schwere Kesselschäden entstehen. (Münzinger, Z. 1920, S. 433.)

Werden Steilrohrkessel öfter außer Betrieb gesetzt, so werden zweckmäßig Dampfstrahlanwärmer in die Untertrommeln eingebaut, damit durch Einführen von Dampf aus der Hauptleitung leicht angewärmt werden kann.

IX. Die Überhitzer.

Die Aufgabe des Überhitzers ist eine zweifache:
1. Die mit dem Rohdampf eintretende Feuchtigkeit nachzuverdampfen — Trocknung,
2. die Temperatur des Dampfes ohne gleichzeitige Steigerung des Druckes zu erhöhen — Überhitzung.

Dem hat der Kesselkonstrukteur namentlich bei stoßweiser Entnahme durch genügende Bemessung der Wasser- und Dampfräume und durch besondere Einrichtungen Rechnung zu tragen. Fangbleche und sonstige Blecheinbauten im Oberkessel genügen meist diesem Zweck nicht, da die Entfernung zwischen Wasserspiegel und Dampfaustritt zu klein ist. Geeignetere Mittel sind: Anschluß des Dampfrohrs an einen domförmigen Aufbau derart, daß der Austritt vom aufgewühlten Wasser nicht erreicht werden kann, Einschaltung eines Behälters zwischen Oberkessel und Überhitzer oder aber Anordnung besonderer „Dampfreiniger". (Bauarten: Grove-Berlin, Spuhr-Essen, Gehrdts-Bremen.) S. S. 138.

An Betriebsmaßnahmen zur Verminderung der in den Überhitzer gelangenden Feuchtigkeitsmenge ist die Vermeidung zu hohen Wasserstandes im Kessel zu nennen, sodann regelmäßiges teilweises Ablassen des Kesselinhaltes, wenn eine Wasserreinigung vorhanden ist, bei der das Speisewasser sodahaltig werden und daher Neigung zum Schäumen zeigen kann. Wird das nicht beachtet, so kann sogar bei Großwasserraumkesseln Wasser durch den Überhitzer hindurch mitgerissen werden, wenn die Dampfentnahme plötzlich stark gesteigert wird. Abgesehen von den Schäden, die das Wasser verursachen kann, machen sich die mitgeführten Unreinigkeiten im Überhitzer, in den Kondenstöpfen, im Dampfzylinder und auch in den Turbinenschaufeln stark bemerkbar. S. S. 134 und 282. Im Überhitzer können sie einen Ansatz verursachen, der Durchbrennen der Rohre veranlaßt.

Die Überhitzer werden jetzt fast ausschließlich als Einzel-Kesselzug-Überhitzer angelegt. Zentralüberhitzer kommen nur bei Heizung durch Abhitze in Frage. Die Sammelkammern werden am besten aus Flußeisen hergestellt, die Rohre können dann in einfachster und zuverlässigster Weise durch Einwalzen in der Kammerwandung befestigt werden. Die Pfropfen, die meistens als Verschlüsse in der Kammerwand gegenüber jeder Rohrmündung dienen, sind vor dem Einschrauben mit Graphitschmiere zu bestreichen, damit sie nicht festrosten. Liegen die Kammern ganz außerhalb des Mauerwerks, so ist besonders darauf zu achten, daß sich dieses an den Durchtrittsstellen dicht an die Rohre anschließt. — Vorgeschriebene Ausrüstung: Sicherheitsventil, Entwässerungs- bzw. Ausblaseeinrichtung. Dazu kommen Absperrvorrichtungen (für diese ebenso wie für das Sicherheitsventil: Stahlgußgehäuse, Nickelringe in Sitz und Kegel), Thermometer und zweckmäßig auch ein Manometer am Dampfaustritt. Läßt sich ein Überhitzer nicht aus dem Gasstrom ausschalten, so sind Einrichtungen notwendig, durch die er beim Anfeuern des Kessels mit Wasser gefüllt werden kann. Die zum Ausschalten dienenden Klappen oder Schieber erfordern bei den hohen Temperaturen kräftigste Ausführung und aufmerksamste Wartung. Vorteilhaft sind daher Anordnungen, bei denen bei eingeschaltetem Überhitzer die Klappen nur mit Gasen in Berührung kommen, die den Überhitzer schon bespült haben; ist dieser ausgeschaltet, so liegen die Klappen dann überhaupt nicht am Gasstrom. — Regeln der Überhitzungstemperatur durch Verstellen der Klappen ist praktisch kaum möglich. Bei wechselnder

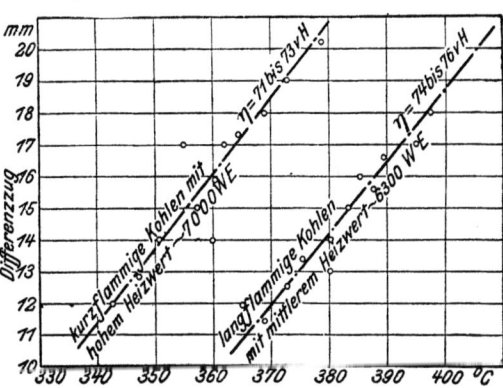

Fig. 44. Überhitzungstemperatur.

Belastung und bei Verwendung von Brennstoff veränderlicher Beschaffenheit Ausrüstung der Kessel vielfach mit besonderen „Temperaturreglern", d. s. Einrichtungen, in denen der überhitzte Dampf abgekühlt werden kann, ehe er zur Maschine geleitet wird.

In Fig. 44 sind die Überhitzungstemperaturen bei verschiedenen Gattungen von Kohlen und Kesselbelastungen wiedergegeben. Auf diese Temperaturänderungen ist auch bei Anordnung und Einbau der Überhitzer Rücksicht zu nehmen.

Liegen Überhitzerheizflächen zum Teil zu den Gasen im Parallelstrom, so bleibt die Temperatur innerhalb ziemlich weiter Belastungsgrenzen konstanter als bei Querstrom. Begrenzung des Überhitzers durch Kesselheizfläche, nicht durch Mauerwerk, um unzulässige Steigerung der Temperatur bei plötzlicher Belastungsabnahme — also längerem Dampfaufenthalt im Überhitzer — zu verhindern. Mitunter kann auch durch Wegnahme oder Einfügen einiger Platten oder Steine die Höhe der Überhitzung in Betriebspausen leicht geändert werden. In dieser Beziehung sind besonders vor dem Überhitzer liegende Gitterwände vorteilhaft, deren Durchflußquerschnitt durch Einsatzsteine verkleinert bzw. vergrößert werden kann.

Von einem Überhitzer ist zu verlangen:

Genügend hohe Überhitzung auch bei niedriger Rostbeanspruchung, mäßiger Spannungsabfall zwischen Dampfeintritt und -austritt — im allgemeinen nicht über 0,3 at.

Ersterer Anforderung sucht man durch genügend große Überhitzerflächen — etwa $1/4$ bis $1/3$ der Kesselheizfläche — nachzukommen, der zweiten durch genügend weite Querschnitte.

Die Überhitzer sollen so eingebaut werden, daß möglichst alle Teile der Überhitzerfläche im Gasstrom liegen. Fig. 45 zeigt die Aufstellung eines Überhitzers

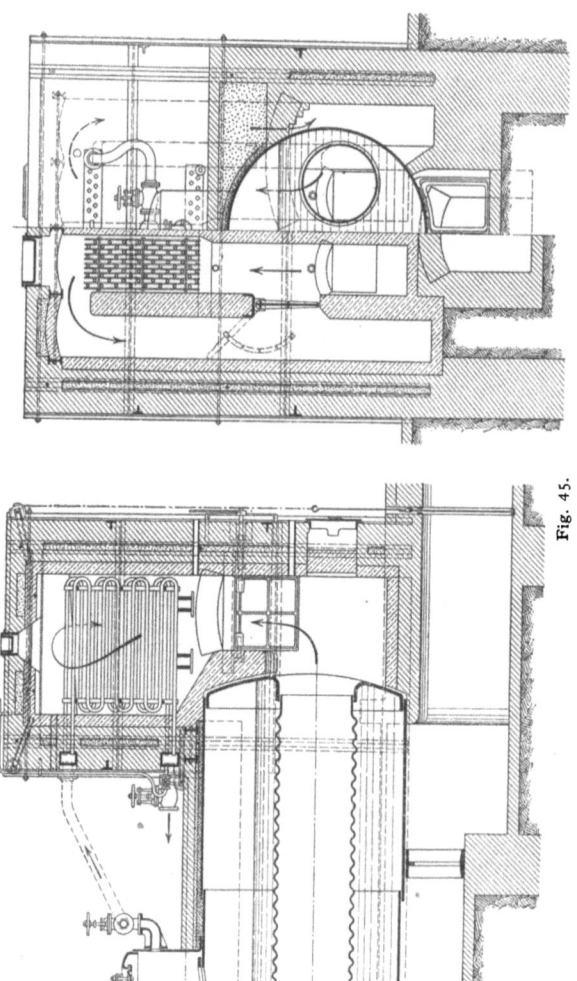

Fig. 45.

bei einem Flammrohrkessel. Die nach Ausführungen von A. Borsig, Berlin-Tegel, dargestellte Bauart zeichnet sich gegenüber der früher am meisten üblichen — nach unten frei herabhängende Rohrschlingen in besonderer Kammer hinter dem Kessel — vorteilhaft dadurch aus, daß der Überhitzer keine besondere Grundfläche benötigt und durch ihn die Abkühlungsflächen nicht sonderlich vergrößert werden, die Dampfleitung zwischen Kessel und Überhitzer kurz ist und er sich gut entwässern und zur Säuberung von Ruß und Flugasche abblasen läßt.

Für ausziehbare, ortfest aufgestellte Lokomobilen hat sich der Rauchkammerüberhitzer — nach Schraubenlinien gewundene Rohrschlangen —, für Lokomotiven und schottische Schiffskessel der Rauchrohrüberhitzer — Rohrschlingen, die von der Rauchkammer aus in weite Heizrohre hineinreichen — am besten bewährt. Fahrbare Lokomobilen und stehende Kessel müssen oft unter Verhältnissen arbeiten, für die besondere Einfachheit der Kesselanlage vorteilhaft ist, sie erhalten daher am besten überhaupt keine Überhitzer. Dies gilt auch im allgemeinen für Schmalspurlokomotiven.

Bei den Wasserrohrkesseln ist die Unterbringung der Überhitzer meistens ohne jede Vergrößerung der Abkühlungsflächen möglich. Bis auf wenige Ausnahmen, z. B. dem Prégardien-Überhitzer, werden sie als liegende Rohrschlangen ausgeführt.

Da Braunkohlengase zum Abbrennen einen längeren Weg als Steinkohlengase brauchen, so ergeben bei demselben Kessel Braunkohlen im allgemeinen höhere Überhitzungstemperaturen als Steinkohlen. Außergewöhnlich hohe Temperaturen am Dampfaustritt eines Überhitzers können durch Nachverbrennen unmittelbar vor oder am Überhitzer verursacht werden. De Grahl[1]) berichtet von einem Fall, in dem durch einfache Abänderung des Mauerwerks die Ursache für solche Nachverbrennungen beseitigt und damit der den Überhitzer gefährdende Zustand behoben werden konnte.

X. Die Vorwärmer.

Durch Vorwärmen des Kesselspeisewassers wird einmal das Wasser — durch Ausscheiden von Luft und Kohlensäure und durch Ausfallen der vorher von letzterer in Lösung gehaltenen Karbonathärte — verbessert, andererseits werden die Temperaturunterschiede im Kessel verringert, die sonst unter Umständen Zerrungen in den Blechen und dadurch Undichtheiten an den Nietverbindungen verursachen können. Außerdem ist die Einführung vorgewärmten Wassers für den Wasserumlauf günstig. Hauptvorteil: Die Abwärme im Abdampf — gewöhnlich nur von den Speisepumpen —, in den Abgasen der Dampfkessel und bei Hüttenbetrieben auch in der aus den Öfen stammenden Abhitze kann nutzbar gemacht werden.

Vorwärmung mittels Dampf. Bauart der Röhrenvorwärmer so, daß sich das Rohrbündel frei ausdehnen und nach Lösung von Flanschenschrauben zur Reinigung und Instandsetzung herausgezogen werden kann. Wird das Wasser nicht vorher gereinigt, so ist es durch die Rohre zu führen. Im entgegengesetzten Fall soll der Dampf die Rohre durchströmen, da dann nicht auf bequeme Reinigung des Vorwärmers, sondern nur auf möglichste Verminderung der Wärmeausstrahlung Rücksicht zu nehmen ist.

Von 1 kg Dampf, das im Vorwärmer kondensiert, können etwa 500 kcal nutzbar gemacht werden. Es ist aber im allgemeinen unwirtschaftlich, die Abmessungen des Vorwärmers so groß zu wählen, daß der gesamte hineinströmende Dampf in ihm kondensiert, und zwar weil der Wärmedurchgang an der Vorwärmfläche mit der Wasserdurchfluß-, Dampfeintritts- und, was hier in Betracht kommt, mit der Dampfaustrittsgeschwindigkeit zunimmt. Danach ist es für die Wärmeübertragung auch von Vorteil, wenn ununterbrochen gespeist wird, falls nicht nur der Abdampf der Speisepumpen zum Beheizen des Vorwärmers zur Verfügung steht. Als Baustoff für die Rohre wird aus Preisrücksichten nur noch in Ausnahmefällen Kupfer oder Messing angewandt, trotzdem diese Baustoffe für den Wärmedurchgang vorteilhaft sind und die flußeisernen Rohre stark unter Anrostungen leiden. Das Fortschreiten derselben wird durch den Stillstand des Wassers im Vorwärmer während der Speise- und der Betriebspausen begünstigt.

Ausrüstung: Thermometer in der Wasserabflußleitung, Ablaßvorrichtung und am besten auch Sicherheitsventil am Wasserraum, Entwässerungseinrichtung am Dampfraum.

---

[1]) De Grahl, Wirtschaftliche Verwertung der Brennstoffe. R. Oldenbourg, München und Berlin, 2. Aufl., 1921, S, 353.

Rauchgasvorwärmer (Ekonomiser). Der Wärmedurchgang ist proportional dem Unterschiede der Temperaturen auf beiden Seiten der trennenden Wand, so daß sich durch Anhängen eines Rauchgasvorwärmers, wegen seines kälteren Wasserinhaltes, den Gasen mehr Wärme entziehen läßt, als wenn die Kesselheizfläche um den gleichen Betrag vergrößert würde. Da sich nun außerdem 1 m² Heizfläche am Abgasvorwärmer wesentlich billiger stellt als am Kessel, so stattet man die Kessel mit möglichst großen Vorwärmern dieser Art aus. Das findet seine Grenze in der Gasendtemperatur, die man bei natürlichem Zuge mindestens für die Zugerzeugung braucht (etwa 200°), sodann in der mit der Steigerung der Wassertemperatur bei schwacher Belastung und längerem Aussetzen der Speisung wachsenden Gefahr der Dampfbildung im Vorwärmer. Bei getrennt aufgestellten Vorwärmern kann Dampfbildung durch Umführkanäle vermieden werden, durch die beim Anheizen ein Teil der Rauchgase direkt zum Schornstein strömt. Sonst schafft eine Umführrohrleitung Abhilfe, durch die während des Anheizens durch den Vorwärmer hindurch in den Speisewasserbehälter zurückgespeist wird. Im übrigen kann man auch bei künstlichem Zuge mit der Abkühlung der Gase nicht unter eine bestimmte Grenze (etwa 130°) gehen, da sonst die erforderliche Vergrößerung der Vorwärmfläche und die dadurch entstehenden laufenden Mehrkosten für Zinsen, Abschreibungen und Kraftbedarf der Zugerzeugung in keinem Verhältnis zu der durch sie zu erzielenden Ersparnis stehen. Je höher der Brennstoffpreis, um so eher kann eine Vergrößerung des Vorwärmers wirtschaftlich sein. Sie läßt sich nach Münzinger[1]) um so unbedenklicher vornehmen, je gleichmäßiger die Kesselbelastung ist. Im allgemeinen macht man H_v höchstens gleich $^2/_3 H$, während der Wasserinhalt der Abgasvorwärmer zwischen 0,5 und 1,25 der stündlichen Speisewassermenge schwankt.

Soll eine bestehende Kesselanlage nachträglich mit Rauchgasvorwärmer ausgestattet werden, so ist die Zugverschlechterung (bis zu 5 mm W.-S.) zu berücksichtigen, die durch seinen Einbau zu erwarten steht, da sonst vielleicht die nachher erreichbare Dampfleistung zu niedrig und eine Schornsteinerhöhung oder künstlicher Zug erforderlich wird. Bei fehlender Wasserreinigung ist die Kostspieligkeit der inneren Reinigung des Vorwärmers an sich und wegen der dadurch bedingten Nichtbenutzung zu beachten. Diesen Bedenken steht bei der Beurteilung eines solchen Umbauprojektes der Wärmegewinn im Vorwärmer und die daraus folgende Kohlenersparnis gegenüber. Sie ist an Hand der Tatsache zu schätzen, daß je 2° Gasabkühlung eine Temperatursteigerung des Wassers im Vorwärmer um etwa 1° zur Folge haben.

Außen an den Rohren schlagen sich leicht Schwitzwasser, Teer, Ruß und Flugasche aus den Gasen nieder, es setzt sich „Moos" an, und zwar um so mehr, je kälter das in den Vorwärmerrohren befindliche Wasser und die Gase sind. Es ist daher notwendig, die Temperatur des Wassers vor seinem Eintritt in den Rauchgasvorwärmer entweder durch Dampfvorwärmung oder durch Mischung mit heißem Wasser zu erhöhen, das den Vorwärmer bereits durchflossen hat. Bei gußeisernen, durch Schaber ständig gesäuberten Rohren genügt, auch bei wasserreichen Brennstoffen wie Rohbraunkohle, eine Temperatur von etwa 40°.

Von den früher bevorzugten Zentralvorwärmern kommt man, seitdem die Kesseleinheiten größer geworden sind, immer mehr ab, da sich durch Einzelvorwärmer eine gleichmäßigere Vorwärmung erzielen läßt.

Gußeiserne Rauchgasvorwärmer werden meist mit geraden stehenden Rohren von etwa 100 mm Dmr. ausgeführt, an denen Rußschaber auf und ab laufen. Den einfachsten Aufbau gibt die Wasserführung im Kreuzstrom zu den Gasen (alle Rohre parallel geschaltet, Wasser steigt in ihnen empor).

Vorteile: Die gußeisernen Rohre sind widerstandsfähig gegen Rostangriff. Der große Rohrdurchmesser ermöglicht Beseitigen des Kesselsteins mittels Turbinen-Rohrreinigers. Die Oberfläche der Rohre kann dauernd sauber sein, somit

---

[1]) Z. Ver. deutsch. Ing. 1916, S. 956.

der bei der Wärmeübertragung zu überwindende Eintrittwiderstand in die trennende Wand stets niedrig gehalten werden. Schadhafte Rohrelemente lassen sich in einfachster Weise auswechseln. — Nachteile: Bildet sich während einer Unterbrechung des Speisebetriebes Dampf im Vorwärmer, so können bei Wiederaufnahme der Speisung so heftige Stöße entstehen, daß die gußeisernen Wandungen zersprengt werden. Das Gehäuse gußeiserner Vorwärmer weist (an den Durchführungsstellen der unteren Sammelrohre durch das Mauerwerk; zwischen den oberen Sammelrohren; an den Stellen, wo die zur Bewegung der Schaber dienenden Ketten durchgeführt werden) auch bei guter Instandhaltung so viele Undichtheiten auf, durch die kalte Luft eingesogen wird, daß dadurch der Wirkungsgrad nicht unwesentlich herabgedrückt und der Zug ungünstig beeinflußt wird. Dagegen ist der Kraftbedarf des Schaberantriebes — bei großen Zentralvorwärmern bis zu 3 PS — nicht als ein den gußeisernen Vorwärmern anhaftender Nachteil anzusehen, da er bei schmiedeeisernen meistens schon durch den Dampfverbrauch für das Abrußen der Rohre aufgewogen wird. Einbau eines gußeisernen Rauchgasvorwärmers hinter einen einzelnen Kessel zeigt Fig. 46, Ausführung von Borsig, Berlin-Tegel. Die Bauart weist als Besonderheit Beheizen der unteren Sammelrohre auf, außerdem Führung der Gase zunächst im Gleichstrom, dann im Gegenstrom zum Wasser.

Schmiedeeiserne Rauchgasvorwärmer werden sowohl unter Verwendung weiter Rohre von etwa 95 mm Lichtweite gebaut, als auch aus engen Rohren von 30 bis 50 mm l. Dmr. zusammengesetzt. Dabei können die Rohre gerade oder gebogen sein. Das gibt die Möglichkeit, den Rauchgasvorwärmer auf das zweckmäßigste an den einzelnen Kessel anzugliedern. — Vorteile: Besserer Wärmedurchgang infolge der etwas höheren Wärmeleitfähigkeit des Flußeisens und der geringeren Wandstärke. Bei Anwendung enger Rohre ist der Raumbedarf wesentlich geringer als bei gußeisernen Vorwärmern, bei gleicher Vorwärmerfläche läßt sich der Durchtrittsquerschnitt verringern, also die Durchflußgeschwindigkeit erhöhen, was wiederum dem Wärmedurchgang zustatten kommt, somit eine Verkleinerung der Vorwärmerfläche ermöglicht. Fortfall der Rußschaber vermindert die Größe der Undichtigkeiten am Vorwärmergehäuse. Der Vorzug größerer Unempfindlichkeit gegen Stöße wird nur dann in vollem Umfange erreicht, wenn auch die Sammelrohre aus Walzeisen hergestellt werden. Nachteile: Geringe Widerstandsfähigkeit gegen chemische Einflüsse des Schwitzwassers und der zuweilen aus den Gasen entstehenden Schwefelsäure auf die Außenseite, gegen Luft und Kohlensäure im Innern. Daher möglichst Verwendung von nur völlig reinem und entlüftetem Wasser, dessen Temperatur nicht unter 50° beträgt.

Die inneren Anfressungen schmiedeeiserner Vorwärmer durch saures oder ölhaltiges Wasser oder durch die im Wasser enthaltene Luft oder Kohlensäure werden durch zu kleine Wassergeschwindigkeiten, sowie durch strömungslose, tote Ecken begünstigt. Von den mechanisch und chemisch wirkenden Entlüftern[1]) haben sich besonders die Eisenspanfilter eingeführt (s. S. 66); durch die große Oberfläche der Späne wird der Luftsauerstoff wirksam gebunden. Die Filter sind etwa alle 2 bis 3 Tage durch Rückspülung mit Frischwasser zu reinigen.

Siller & Jamart führen den von den heißesten Gasen berührten Teil des Vorwärmers in Schmiedeisen, den übrigen in Gußeisen aus. Da der Vorwärmer da, wo die Temperatur bis in die Nähe der Kondensationsgrenze sinkt, aus Gußeisen besteht, so wird Anrosten vermieden.

In Z. 1919, S. 1281 berichtet v. Doepp über Explosionen von gußeisernen Rauchgasvorwärmern, wobei starke Zerstörungen stattfanden. Bisher sind derartige Unfälle nur bei Vorwärmern mit großem Wasserinhalt und mit Rauchkanälen mit großem Querschnitt beobachtet worden. Es wird angenommen, daß die Explosionen durch eine vorhergehende Entzündung brennbarer Gase in den Rauchkanälen und der Vorwärmerkammer eingeleitet werden; es folgt der Bruch einer größen Anzahl Vorwärmerrohre, und die Wärme des bei hoher Temperatur ausströmenden Wassers leistet die Zerstörungsarbeit.

---

[1]) Siegmon, Z. 1919, S. 508.

Zur Verhinderung dieser Explosionen wird empfohlen: Verringerung des Vorwärmerinhalts und der in den Rauchkanälen befindlichen Gasmengen, Vergrößerung der Rauchgasgeschwindigkeit, Ausführung der Rauchkanäle ohne tote Ecken, Gliederung der Vorwärmer und Rauchkanäle in Einzelabschnitte, Durchführung eines rationellen Feuerungsverfahrens seitens der Kesselheizer.

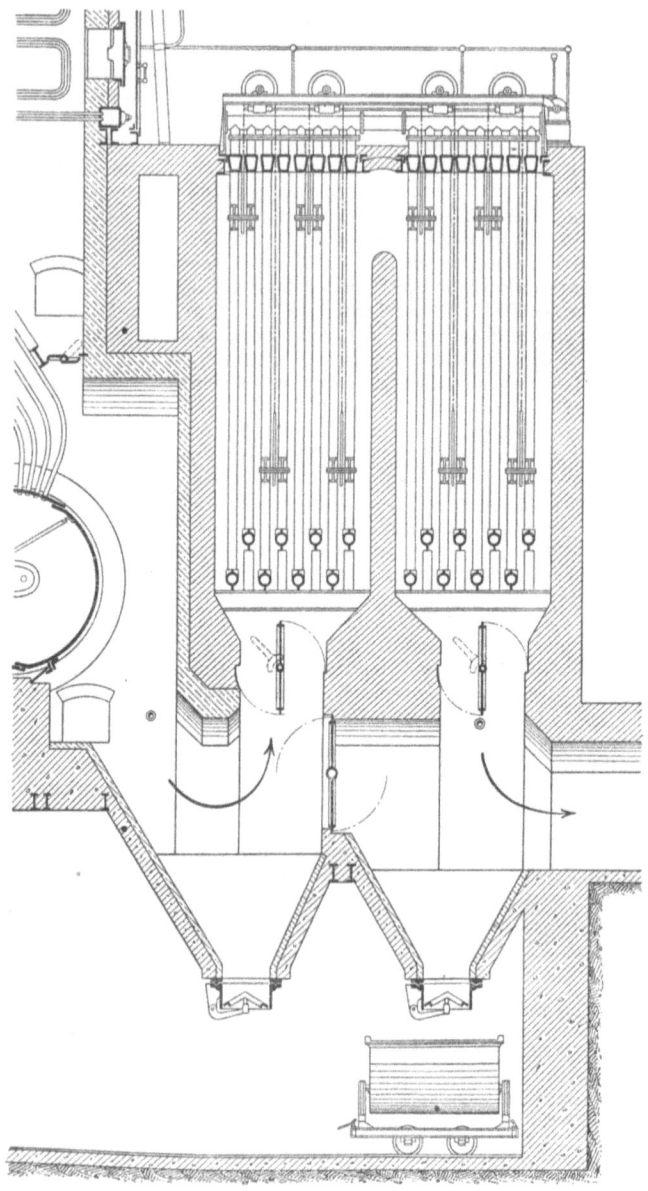

Fig. 46.

Ausrüstung der Rauchgasvorwärmer: Sicherheitsventil, Thermometer am Eintritt und am Austritt des Wassers, Einführung eines Pyrometers in den Gasstrom, und zwar unmittelbar vor und hinter dem Vorwärmer, ist vorzusehen. Neben den infolge ihrer Gewichtsbelastung auf „Schläge" nicht rasch genug ansprechenden Sicherheitsventilen werden mitunter noch federbelastete Sicherheitsventile angeordnet, die auf einen etwa 0,5 at höheren Druck als die ersteren eingestellt sind. Bei den gußeisernen Vorwärmern sind mehrere Zugklappen (Deflektoren) einzubauen, um die Gase aus dem an einer Seite oder bei großen Ausführungen in der Mitte liegenden Längskanal abdrängen zu können. Auf die richtige Stellung dieser Zugklappen, sowie auf dichten Schluß des Absperrorganes am Umführungskanal ist beim Betriebe des Vorwärmers besonders zu achten.

XI. Die Kesselausrüstung.

Sie besteht aus den zur Sicherung des Kesselbetriebes gesetzlich vorgeschriebenen Einrichtungen, ferner aus solchen, die sich zur Erleichterung der Wartung eingeführt haben.

Die Sicherungsvorschriften erstrecken sich auf:

Speisepumpen (§ 4 d. Allg. polz. Best.).
Speiseventil (§ 5, Abs. 1 d. Allg. polz. Best.).
Speiseleitung (§ 5, Abs. 2 d. Allg. polz. Best.).
Absperrvorrichtungen (§ 6, Abs. 1 und 2 d. Allg. polz. Best.).
Entleerungsvorrichtungen (§ 6, Abs. 3 d. Allg. polz. Best.).
Wasserstandsvorrichtungen (§ 7 d. Allg. polz. Best.).
Sicherheitsventil (§ 9 d. Allg. polz. Best.).
Manometer (§ 10 d. Allg. polz. Best.).

Speiseeinrichtungen.

Kolbenpumpen kommen hauptsächlich als Maschinen- und Transmissionspumpen für kleine Anlagen in Betracht, für größere dagegen vorzugsweise in der Form der gut regelbaren, schwungradlosen Dampfpumpe. Kleine Luftmengen, die sich nach längeren Betriebspausen in der Pumpe beim Anlassen vorfinden, können durch einen über dem Druckventilraum anzubringenden „Entlastungshahn" bei geschlossenem Speiseventil abgelassen werden. Im Pumpenkörper angesammelte Luft verringert die angesaugte Wassermenge und macht sich bei schwungradlosen Pumpen durch ruckweisen, schnellen Kolbengang bemerkbar. Bei Windkesseln möglichst wenig schnüffeln, um Anfressungen im Kessel durch Luft zu vermeiden. Bei Zwillings- und Drillingspumpen wird Windkessel entbehrlich. Um das Ansaugen von Luft zu verhindern, sind die Stopfbuchsen von Wasserkästen zu umgeben. Der ziemlich hohe Dampfverbrauch der schwungradlosen Pumpen fällt nicht ins Gewicht, wenn der Abdampf zum Vorwärmen des Speisewassers ausgenutzt wird.

Zentrifugalpumpen, für große Speiseleistungen geeignet, zeichnen sich durch einfache Wartung aus, ihre Druckleitung wird nicht gefährdet, wenn zufällig sämtliche Speiseventile geschlossen werden, während die Pumpe weiterläuft. Bei Antrieb durch Gleichstrommotor kann die Fördermenge durch Veränderung der Umlaufzahl geregelt werden, bei Kupplung mit einer Dampfturbine läßt sich durch ein vom Druck in der Speiseleitung zu betätigendes Ventil der Dampfzufluß zur Turbine drosseln, derart, daß die Umlaufzahl der jeweils verlangten Fördermenge oder dem Leerlauf entspricht.

Die Saugleitung ist aus möglichst wenig Stücken zusammenzusetzen. Bei Kolbenpumpen ist unmittelbar vor denselben ein Saugwindkessel anzuordnen. Die Druckleitung ist als Ringleitung auszuführen, ein besonderer Rohrstrang für unmittelbare Speisung bei ausgeschaltetem Rauchgasvorwärmer ist vorzusehen. Über zulässige Geschwindigkeiten s. „Rohrleitungen". Bei Kolbenpumpen ist ein Sicherheitsventil in der Druckleitung anzuordnen. Zur

Abführung der vom Wasser mitgeführten Gase werden zuweilen Entlüftungseinrichtungen in die Druckleitung oder Wirbelstromentgaser in die Saugleitung eingebaut. Zum Einstellen der einem Kessel zuströmenden Wassermenge werden mit Vorteil Schieber in die Speiseleitung eingesetzt.

Injektoren werden trotz ihrer großen Vorzüge — keine bewegten Teile, geringster Energie- und Platzbedarf — zur Kesselspeisung wenig gebraucht, vornehmlich, weil sich ihre Leistung nicht regeln läßt und die Gefahr besteht, daß durch das Schlabberventil viel Luft in das Speisewasser gelangt. Werden sie, wie vielfach üblich, als Aushilfsspeisevorrichtung aufgestellt, so sind sie regelmäßig zu probieren, da sie sonst im Innern leicht verschmutzen und versagen, wenn sie nötig gebraucht werden.

Bei Injektoren ist es besonders wichtig, daß das Druckrohr kurz und ohne scharfe Krümmungen angelegt wird.

Der Speisewasserbehälter, oder besser zwei parallel geschaltete, werden bei kaltem Wasser am zweckmäßigsten aufgemauert oder aus Beton hergestellt und unter Flur aufgestellt, dagegen bei heißem Wasser als schmiedeeiserne Hochbehälter ausgeführt. Im ersten Fall soll die Saughöhe der Pumpen nicht mehr als 6 m, die der Injektoren nicht über 2 m betragen.

Wichtig ist vor allem bei Verwendung von Kondensat als Speisewasser Verhinderung der Luftaufnahme, um Korrosionen im Kessel zu vermeiden. Diesem Zweck dienen: Behälter mit möglichst kleiner Oberfläche. (Siegmon schlägt in Z. 1919, S. 508 kegelige, nach oben sich verjüngende Form vor), Abdeckung der Oberfläche durch Dampfschleier, auch mit Kork, Holz u. dgl. (Mitteil. der Ver. der Elektrizitätswerke 1915, S. 356), um das die Luftaufnahme begünstigende Aufwallen des Spiegels zu verhindern. Mündung des Speiserohrs unterhalb des Wasserspiegels. Große Abmessungen des Behälters, so daß das erwärmte Speisewasser genügend Zeit zum Abscheiden aufgenommener Luft hat. Hierauf ist besonders bei Einführung lufthaltigeren Zusatzwassers zu achten.

Als Speiserückschlagventile haben sich solche mit zentralem Wasserdurchfluß (z. B. Bauart Wiß) besonders bewährt. Liegen die Ventile hoch, so ist es angebracht, sie mit gewichtbelastetem, losen Druckstift zu versehen und von dem Belastungshebel eine Kette zum Heizerstande herunterzuführen, mit der sie sich öffnen und schließen lassen.

Speisehilfseinrichtungen: Kondenswasserrückleiter, Speiseregler, Speiserufer.

Zur Rückleitung der Kondenswässer dienen vielfach geschlossene Gefäße, denen das Wasser zuläuft, um nach Ansammlung einer genügenden Menge von zuströmendem Frischdampf in den Kessel gedrückt zu werden. Wasser- und Dampfzutritt werden durch Schwimmer gesteuert. Statt der Rückspeisegefäße, bei denen Dampfverluste unvermeidlich sind, werden namentlich in den Fällen, wo der Sammelbehälter tief liegt, selbsttätige Kondensatdampfpumpen, z. B. Siemens-Schuckert-Elmopumpen, angewandt (C. F. Scheer & Co., Feuerbach-Stuttgart, Weise & Monski, Halle a. S. u. a.).

Speiseregler. Längere Unterbrechungen in der Speisewasserzuführung lassen sich vermeiden, wenn Speiseventil und Dampfventil an der Speisepumpe selbsttätig schließen, sobald ein bestimmter Wasserstand erreicht ist und wieder öffnen, nachdem der Wasserspiegel um ein geringes Maß gesunken ist. Bei Anschluß mehrerer Kessel an eine Speiseleitung genügt Einwirken des Wasserstandreglers an jedem Kessel auf das Speiseventil und außerdem Einschalten eines Reglers an einer Stelle der Speiseleitung, der je nach dem Druck in der Leitung den Dampfzutritt zur Pumpe mehr oder weniger drosselt. Einbau selbsttätiger Speisewasserregler zwischen Vorwärmer und Kessel ist zu vermeiden, da hierbei der Rauchgasvorwärmer allen in der Speiseleitung auftretenden Stößen ausgesetzt ist. Die entstehenden dynamischen Beanspruchungen können namentlich gußeisernen Vorwärmern gefährlich werden. Ursache der Stöße: Schwingungen der Wassermassen in ausgedehnten Rohrleitungen, Mitreißen von „Luftsäcken",

Die Kesselausrüstung. 59

zu schneller Reglerschluß. Dieser soll immer allmählich vor sich gehen. Ist allmählicher Schluß durch die Bauart selbst nicht gegeben, so sind Luftpuffer u. dgl. vorzusehen.

Bei Steilrohrkesseln setzt, je nachdem der Schwimmer der selbsttätigen Speisevorrichtung in die Vorder- oder Hintertrommel eingebaut ist, die Speisung bei ab- oder zunehmender Belastung infolge ungleicher Wasserstände in den Trommeln leicht aus, was bei Rauchgasvorwärmern Dampfbildung, s. S. 54, oder starke Temperaturwechsel verursacht. Schon aus diesem Grunde sind weite Verbindungsquerschnitte zwischen den Trommeln vorzusehen.

Bei Verwendung von Speisereglern, die doch mannigfachen Störungen ausgesetzt sind, müssen die Kesselwärter ganz besonders zu dauernder Beobachtung des Wasserstandes angehalten werden.

Speiserufer sind namentlich bei Kesseln wichtig, die durch Wassermangel besonders gefährdet werden, haben sich aber nur bei nicht zu stark schwankendem Wasserspiegel bewährt. Besondere Vorzüge weist der „Amphlett" auf, bei dem die durch Schwimmer betätigte Alarmvorrichtung — tiefabgestimmte Dampfpfeife für Unterschreitung des niedrigsten und hochabgestimmte für Überschreitung des höchsten Wasserstandes — mit einem weithin gut sichtbaren Wasserstandszeiger verbunden ist. Bei den Kesselwärtern erfreuen sich die Speiserufer keiner Beliebtheit.

Absperr- und Entleerungsvorrichtungen.

Baustoff für Ventile und Schieber. Bei Sattdampf: Grauguß in den Gehäusen und Rotguß an den Dichtungsstellen. Bei überhitztem Dampf: Stahlguß in den Gehäusen und Ringe aus Nickellegierung an den Dichtungsstellen.

Ablaßvorrichtungen sollen sich unter Druck leicht öffnen und sicher schließen lassen. Dieser Forderung entsprechen im allgemeinen Ventile nur in bezug auf das Öffnen, Hähne dagegen hinsichtlich des Schließens. Infolgedessen ist Einbau eines Hahnes unmittelbar hinter dem Ablaßventil zweckmäßig. Gefahrloses und bequemes Abschlämmen läßt sich durch Doppelventile (z. B. Bauart Dreyer, Rosenkranz & Droop, Hannover) und durch Ventile mit drehbarem Kegel (Bauart Daltes, Strube) ermöglichen. Durch drehendes Hin- und Herbewegen des Kegels kann der etwa zwischen die Dichtungsflächen eingedrungene Schmutz zerrieben werden. Auch der Spuhrsche Drehschieber wird als Entleerungsvorrichtung angewandt.

Wasserstandsvorrichtungen.

Die als solche fast ausschließlich verwendeten Wasserstandsgläser haben sich für die heutigen Kesseldrucke am besten in der Form des Klingerschen Reflexions-Wasserstandsanzeigers bewährt. In seinem vorn durch eine starke Glasplatte verschlossenen Metallgehäuse hebt sich das Wasser schwarz gegen den silbern erscheinenden Dampf ab. Der Wasserspiegel ist dabei mindestens ebenso sicher zu erkennen wie in Wasserstandsröhren, da hier Schutzhülsen überflüssig sind. Bei sehr hoch bauenden Kesseln kann es notwendig sein, den Wasserstand nach Ausführung der Hanomag (Fig. 47) herunterzuziehen.

Die Abschlußorgane zum Durchblasen sollen sich dauernd leicht bewegen lassen und gut dichtgehalten werden können, daher Herstellung der Wasserstandsköpfe aus zinkfreier Bronze, was bei den heutigen Verhältnissen schwer ausführbar. Stahlguß für die Gehäuse und Schmiedeeisen für die Hahnküken oder Ventilkegel leisten dem meist ziemlich stark alkalischen Kesselwasser sicheren Widerstand. Ausrüstung der Hähne dann mit Schmiereinrichtung. — Vielfach werden Ventile oder Klappenverschlüsse als Absperrvorrichtungen in den Hahnköpfen bevorzugt, da sie mit leicht auswechselbaren Dichtungseinlagen versehen werden können.

Sicherheitsventile.

Am vorteilhaftesten sind für feststehende Kessel gewichtbelastete Vollhubventile offener Bauart mit aufgesetztem Abzugsrohr. Durchmesser der Vollhubventile nur etwa 0,6 mal so groß wie bei gewöhnlichen Ventilen. Als Vollhubventile gelten solche Ventile, die infolge besonderer Einrichtung (z. B. über dem Ventilkegel aufgelegte Strahlteller; für die Strahlwirkung zweckmäßig gestaltete Gehäuse) für den Dampfaustritt (Zylindermantelfläche) eine dem Ventilquerschnitt gleiche Öffnung freigeben. Da Vollhubventile meistens schon vor der zugelassenen Überschreitung von $^1/_{10}$ des genehmigten Höchstdruckes voll öffnen, sind Einrichtungen wie die Rollgewichtsbremse von Dreyer, Rosenkranz & Droop, Hannover zur Vermeidung unnötigen Dampfverlustes empfehlenswert. — Federbelastete Sicherheitsventile sind da zu bevorzugen, wo, wie z. B. beim Lokomobilbetriebe, regelmäßig wiederkehrende Erschütterungen auftreten.

Zur Schonung der Dichtungsflächen, die bei häufigem Abblasen der Ventile leicht riefig und daher undicht werden, empfiehlt sich, den Betriebsdruck etwa 1 at unter dem genehmigten Höchstdruck zu halten.

Manometer.

Die Manometer sollen mit dem Dampf nicht in unmittelbare Berührung kommen, da sonst die zur Messung des Druckes dienenden federnden Platten oder Bourdon-Röhren leicht bleibende Formänderungen annehmen. Daher: Wassersack unter dem Manometer. Am wenigsten Störungen treten an Röhrenfedermanometern auf, besonders bei hängender Anordnung der Bourdon-Feder. Bei Anschaffung ist auf große Zifferblätter mit deutlichen Zahlen Wert zu legen und zu beachten, daß der Meßbereich auch für die Druckproben (s. § 12, Abs. 3 d. Allg. polz. Best.) auslangen soll. — Das hin und wieder vorzunehmende Ausblasen der Manometerleitung ist so vorzunehmen, daß keinerlei Stöße auf die Meßfeder einwirken und das Manometer erst langsam angestellt wird, nachdem in der Leitung wieder Dampf kondensiert ist. Zum Durchblasen der Leitung dient der Dreiwegehahn, der in Verbindung mit der zum Anbringen eines Kontrollmanometers notwendigen Einrichtung (für Preußen: Kontrollflansch) am besten dicht unter dem Manometer angeordnet wird. — Ist die Leitung vom Dampfraum eines hochbauenden Kessels heruntergezogen, so wird das Manometer um die Wassersäule im Rohr mehr anzeigen. Um dieses Maß wird dann der Manometerzeiger beim Abblasen der Sicherheitsventile die Höchstdruckmarke überschritten haben.

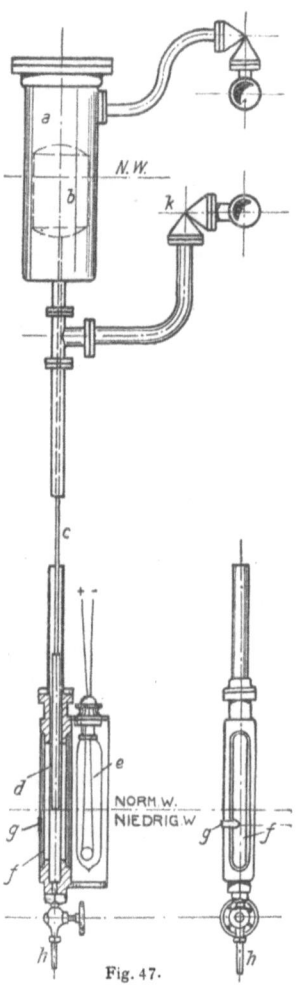

Fig. 47.

a Gehäuse, mit Oberkessel verbunden; *b* Schwimmer; *c* Schwimmerstange, deren Verlängerung *d* (Kupferrohr) mit der unteren Kante die Veränderungen des Wasserspiegels anzeigt; *C* Glühlampe zum Durchleuchten des Anzeigergehäuses *f*; *g* Marke des festgesetzten niedrigsten Wasserstandes; *h* Ablaßventil; *i* und *k* Absperrventile.

XII. Die Aufbereitung des Kesselspeisewassers.

a) Fremdstoffe im Speisewasser.

Das für die Speisung der Dampfkessel aus Brunnen, Gewässern, Bergwerken, Torf- und Tongruben, Fabrikabwässern entnommene Rohwasser kann für den Kesselbetrieb schädliche Verunreinigungen enthalten.

Fremdstoffe	Wirkungen im Kesselbetriebe
Mechanisch beigemengt:	
1. Ruß, Staub, Sand, Ton, organische Stoffe	Bechädigungen der Pumpen und Speiseventile. Schlamm im Vorwärmer und Kessel.
2. Öl (schwimmend und emulgiert) a) Pflanzliche und tierische Öle	Scheiden im Kessel Fettsäure ab, die die Kesselbleche, besonders in der Wasserlinie, angreift, die ferner mit Alkalien Seifen bilden und dann zum Schäumen des Wasserinhaltes im Kessel Anlaß geben kann.
b) Mineralöle	Schlagen sich im Kessel als brauner Belag von sehr geringem Wärmeleitungsvermögen auf der Heizfläche nieder, können daher gefährliche Wärmestauungen in der Kesselwandung herbeiführen.
In Lösung befindlich:	
3. Gase (Luft von hohem Sauerstoffgehalt, Kohlensäure)	Scheiden sich bei der Erwärmung aus dem Wasser aus und greifen dann die Wandungen durch Bildung von Rost an.
4. Freie Säuren (schweflige und Schwefelsäure, salpetrige und Salpetersäure, Humussäuren)	Greifen die Kesselbleche, und zwar häufig besonders stark in der Wasserlinie an.
5. Leicht lösliche Salze (Chloride des Kalzium, Magnesium, Natrium und Kalium; verschiedene Nitrate, aus der Verwesung organischer Stoffe herstammend)	Geben zur Bildung von Salzsäure und von Gasen Anlaß, welche die Wandungen der Kessel, Überhitzer und die Rohrleitungen angreifen.
(Magnesiumsulfat)	Wird in der Wärme durch vorhandenes $CaCO_3$ in unlösliches $Mg(OH)_2$ umgesetzt und dann als Schlamm ausgeschieden.
6. Schwerlösliche Salze (die zunächst durch CO_2 in Lösung gehaltenen Karbonate des Kalzium, Magnesium, des Eisen- und des Manganoxyduls)	Fallen in dem Maße, wie bei der Erwärmung des Wassers Kohlensäure frei wird, als Schlamm aus, der lose liegenbleibt oder auch auf der Feuerplatte festbrennen oder in den Kesselstein aufgenommen werden kann.
(Kalksulfat und geringe Mengen kieselsaurer Verbindungen.)	Das Kalksulfat scheidet sich, nachdem eine bestimmte Anreicherungsgrenze überschritten ist, aus dem Kesselwasser aus. Die sich verfilzenden Gipskristalle kitten einen Teil der lose ausgefallenen Schlammes zusammen, wodurch die durch Eisensalze und organische Stoffe grau, gelb, braun bis tiefschwarz gefärbten Kesselsteinkrusten entstehen. Diese Krusten können namentlich im Verein mit Ölbelag zum Erglühen der Kesselwandungen und daher zu kostspieligen Instandsetzungen, wenn nicht gar zum Zerknall des Kessels Anlaß geben. — Die kieselsauren Verbindungen lagern sich ebenfalls in den Kesselstein ein.

Die Unreinigkeiten können somit einerseits Lebensdauer und Betriebssicherheit eines Kessels vermindern oder gar schwere Gefahren hervorrufen, andererseits durch Verschlechtern der Wärmeübertragung und besonders durch die notwendig werdenden Kesselreinigungen nicht unerhebliche wirtschaftliche Nachteile verursachen. Genaue Untersuchung des in Aussicht genommenen Speisewassers durch einen Chemiker ist daher nötig, um festzustellen, ob das Wasser vor Gebrauch gereinigt werden muß.

b) Härte des Wassers.

Die am häufigsten vorhandenen Fremdstoffe sind Kalk- und Magnesiasalze. Je nach dem höheren oder niedrigeren Gehalt an diesen bezeichnet man das Wasser als hart oder weich. Um die Härte in einfachster Weise angeben zu können, drückt man die verschiedenen Salze, welche die Härte verursachen, durch gleichwertige Mengen einer Kalkverbindung, und zwar entweder CaO oder $CaCO_3$ aus. Die Maßeinheit ist ein **Härtegrad**. Für diesen gilt:

1 Härtegrad deutsch gleich 1 Gwt. CaO in 100 000 Gwt. Wasser
1 Härtegrad französisch gleich 1 Gwt. $CaCO_3$ in 100 000 Gwt. Wasser
oder
1 Hgd. d. = 1,79 Hgd. fr.

Da ein Teil der Härtebildner, nämlich die Karbonate, bei der Erwärmung des Wassers ausfallen, so ist:
Gesamthärte = vorübergehender oder Karbonathärte + bleibender oder Resthärte.

Bedeutung der Wasserhärte für den Kesselbetrieb. Je größer die Gesamthärte, nach um so kürzerer Betriebszeit ist der Kessel zu reinigen. Je größer der Anteil an vorübergehender Härte, um so eher wird zum Reinhalten des Kesselinnern regelmäßiges Abschlämmen nach einer längeren Betriebspause — z. B. an jedem Montag Morgen — und Auswaschen des Kessels — etwa alle 6 bis 8 Wochen — genügen. Je größer dagegen der Anteil an bleibender Härte, um so mehr Kosten wird die Entfernung der Niederschläge aus dem Kessel verursachen, da der Kesselstein von den Wandungen abgeklopft werden muß. Bei hartem und nicht abplatzendem Kesselstein neigt man dazu, die zum Abklopfen benutzten Picken recht scharf zu machen, so daß die Kesselwandung feilenartig abgehauen wird und der neue Kesselstein um so fester anhaftet. Das Festhaften des Kesselsteins hat man vielfach durch Innenanstriche der Kesselwandungen zu verhindern versucht. Man benutzt dazu asphaltlackartige Anstrichmassen, die Graphit enthalten. Sie können den angestrebten Zweck erfüllen, wenn sie auf der sauberen Kesselwand, ganz dünn aufgetragen, zu einer gut zusammenhängenden, wärmebeständigen und wasserfesten Schicht eintrocknen. Solche Anstriche dürfen unter keinen Umständen beim Auftragen auf die warme Kesselwand gesundheitsschädliche oder feuergefährliche Gase entwickeln. Ungeeignet sind Anstrichmassen, die eine den Wärmedurchgang behindernde stärkere Schicht ergeben und dadurch zum Erglühen der Kesselbleche Anlaß geben können.

c) Reinigung des Wassers.

Ob besondere Reinigung geboten ist, hängt vom Gehalt des Wassers an Fremdstoffen ferner von der Kesselbauart und den Betriebsverhältnissen ab. Mechanisch beigemengte Stoffe sollten stets ausgeschieden werden. Saure Wässer müssen unbedingt durch Zusatz von Alkalien neutralisiert werden. Auch ein Gehalt des Rohwassers an Chloriden und Nitraten zwingt zur Reinigung mittels Alkalien und erfordert besonders sorgfältige Behandlung des Kessels — regelmäßiges Abschlämmen. Schlamm- und Kesselsteinbildner sind im allgemeinen bei Großraumkesseln zu beseitigen, sobald das Rohwasser mehr als 12 deutsche Härtegrade aufweist, bei engrohrigen Kesseln schon von 6 Härtegraden an. In Steilrohrkesseln mit geraden Rohren soll möglichst Wasser von nicht mehr als 2 Härtegraden und in solchen mit gebogenen Rohren völlig reines Wasser verwandt werden.

Nimmt man in kleineren Anlagen von einer besonderen Wasserreinigungseinrichtung wegen der hohen Anschaffungskosten Abstand, so lassen sich vielfach die Reinigungskosten durch Aufstellung eines **Vorwärmers** mit genügend großem Wasserraum, in dem der ausfallende Schlamm zum größten Teil zurückbleiben wird, oder durch Einbau von **Schlammabscheide- und -auffangvorrichtungen** in den Kessel verringern. Diese sind in einfachster Ausführung flache Rinnen, die dicht unter dem Speiseeinhängerohr im Wasserraum angebracht werden. Da das Einhängerohr etwa 80 mm unter N.-W. endigt, so wird sich das in die Rinne gelangende Wasser schnell erwärmen und sich dort der Schlamm absetzen, der dann durch ein Rohr in die Nähe des Ablaßstutzens geführt wird. Wirksamer ist der Einbau der Vorrichtung in den Dampfraum, wobei das Wasser in dünner Schicht einen langen Weg zurückzulegen hat, ehe es in den Wasserraum gelangt. Man benutzt dazu hanptsächlich Überlaufschalen (Vapor-Apparat von Hülsmeyer, Düsseldorf) oder Rinnen (Antilithor von Bühring & Wagner, Mannheim). Dabei werden auch die im Wasser gelösten Gase ausgeschieden, so daß sie erst gar nicht in den Wasserraum gelangen können.

Zur Verhütung fester Kesselsteinkrusten setzt man dem Speisewasser zuweilen Soda zu, nimmt also die „chemische Reinigung" (s. weiter unten) des Wassers im Kessel vor. Bei vorsichtigem Sodazusatz und reichlichem Abschlämmen kann dies Verfahren für kleinere Anlagen vorteilhaft sein, besonders wenn der im Kessel ausgefallene Schlamm dauernd mit Hilfe von Vorrichtungen, wie den Dervaux-Schlammfänger von H. Reisert, Köln, ohne größere Wärmeverluste entfernt wird.

Der Verwendung von Geheimmitteln kann nur dringend widerraten werden. Sie sind durchgehends viel zu teuer, dabei oft nur von geringer Wirksamkeit; auch sind schon solche in den Handel gekommen, die das Kesselblech angriffen oder gar gesundheitsschädlich auf die Arbeiter einwirkten, die nachher den Kessel befuhren.

d) Wasserreinigungsanlagen.

1. Reinigung von mechanischen Beimengungen.

In **Klärgruben** oder **Klärgefäßen** gelingt die Trennung spez. schwererer, nicht zu fein verteilter Beimengungen vom Wasser um so vollkommener, je kleiner die Geschwindigkeit ist, mit der das Wasser in dem Teil der Kläranlage emporsteigt, aus dem es gereinigt durch Überlauf entnommen wird. So kann z. B. zur Klärung von Ton eine Durchsetzzeit von 8 bis 10 Stunden erforderlich sein. — Feinere und leichtere Stoffe können nur im Filter zurückgehalten werden. Filterschicht aus Koks oder besser Kies — Korngröße 3 mm, nach unten zu schichtweise abgestuft bis zu $1/2$ mm — von etwa 0,5 m Gesamtstärke, die das Wasser von oben her durchläuft. Wasserdurchflußgeschwindigkeit im vollen Filterquerschnitt bei Höchstbelastung der Kessel nicht höher als 1,2 mm/sek. Um die Schicht durchlässig zu erhalten, sind die Filter regelmäßig durch einen von unten nach oben durchtretenden Strom reinen Wassers durchzuspülen. Ist das Filter im eisernen Behälter untergebracht, so ist der Schutzanstrich im Innern des Behälters rechtzeitig zu erneuern.

2. Reinigung von Öl.

Um das in Oberflächenkondensatoren entstehende Kondensat der Kolbenmaschinen für die Kesselspeisung wieder verwenden zu können, ist entweder der Dampf vor Eintritt in den Kondensator oder das Kondensat zu entölen. Im ersteren Fall werden Fliehkraft- oder Stoßentöler in die Abdampfleitungen eingebaut. Nach Versuchen des Bayerischen Revisionsvereins (Z. d. Ver. deutsch. Ing. 1910, S. 1969) läßt sich der Abdampf soweit reinigen, daß in 1 m^3 Kondensat 10 bis 15 g Öl zurückbleiben. Das genügt zwar zur Reinhaltung der Kühlflächen im Kondensator, macht das Wasser aber noch nicht zur Kesselspeisung geeignet, vielmehr ist dazu noch ein Filtrieren des Kondensates erforderlich. — Die Entölung des Dampfes gelingt um so vollkommener, je höher der Flammpunkt des Öles über der Dampftemperatur liegt, daher die erschwerte Entölung überhitzten

Dampfes. Fettgehalt erschwert ebenfalls die Ölabscheidung, da die freie Fettsäure verdampft. — Das ausgeschiedene Öl-Wassergemisch wird durch Pumpen abgezogen, die vielfach ohne Saugventile arbeiten. Durch jedesmalige Verbindung mit dem Kondensatorraum herrscht Luftleere im Hubraum, so daß das Gemisch infolge Gefälles zufließen kann.

Das gewonnene Kondensat kann von aufsitzendem Öl in Absetzbehältern befreit werden; jedoch wird es zweckmäßig auch nach dieser Behandlung filtriert. Dazu genügen im allgemeinen drei hintereinandergeschaltete Filterschichten aus Sand, Sägemehl, Holzwolle oder — besser, aber teurer — Badeschwämmen. Die Schwämme können nach Auspressen und Auskochen in Seifenwasser mehrmals wieder benutzt werden. — Das fein emulgierte Öl kann auch durch Zusatz von Chemikalien vor dem Filter niedergeschlagen werden. Setzt man dem Kondensat z. B. schwefelsaure Tonerde und Soda zu, so scheidet sich sehr fein verteilt Tonerdehydrat aus, das im Entstehen das schwebende Öl aufnimmt. Dabei gelangen aber Natriumsulfat und Kohlensäure in das Wasser. Außerdem besteht die Gefahr, daß überschüssige schwefelsaure Tonerde im Wasser verbleibt, dieses Entölungsverfahren wird daher bei nicht sehr sorgfältiger Überwachung zu häufigem Abschlämmen des Kessels zwingen, um Verunreinigungen des Dampfes zu vermeiden. Vom Zusatz anderer Chemikalien (reine Hydrate der Tonerde, des Magnesium oder des Eisenoxyduls) macht man aus Preisrücksichten nur selten Gebrauch, zumal bei Verwendung genügend großer Dampfentöler und Filter im allgemeinen die Ölreinigung soweit gelingt, daß schädliche Wirkungen im Kessel kaum noch zu erwarten sind. Nach Siegmon (Z. Ver. deutsch. Ing. 1918, Nr. 21, 22, 23) soll sogar ein geringer Gehalt des Speisewassers an reinem Mineralöl von hohem Flammpunkt als wirksamer Schutz gegen die schädliche Einwirkung der Gase auf das Kesselblech anzusehen sein.

Zur völligen Entfernung des Öles aus dem Kondensat baut die Hannoversche Maschinenbau-Akt.-Ges. einen elektrolytischen Entöler (Bauart Reubold[1])), der zum Niederschlagen des Öles in Flockenform Gleichstrom benutzt und dabei etwa 0,2 kW/m^3 Wasser verbraucht. Die Leitfähigkeit des Kondensates muß durch Zusatz geringer Mengen harten Wassers verbessert werden, so daß das entölte Wasser 1,5 bis 2 deutsche Härtegrade aufweist. Hinter den Elektrolytentöler ist ein Kiesfilter zu schalten.

3. Reinigung von Kesselsteinbildnern.

Die Kesselstein bildenden Kalk- und Magnesiasalze lassen sich durch chemische Behandlung zum größten Teil aus dem Wasser ausfällen, zum anderen Teil in lösliche Salze verwandeln. Die letzteren bilden im Kessel zwar keine Krusten, können aber, wenn eine bestimmte, je nach Bauart und Beanspruchung des Kessels verschiedene Anreicherungsgrenze erreicht ist, Schäumen des Kesselwassers und, soweit es sich um Chlorverbindungen handelt, Anfressungen der Kesselwände verursachen. **Bedingung für den Erfolg jeder chemischen Wasserreinigung ist dauernde, sorgfältige Überwachung.** Dazu gehören fortlaufende Prüfungen des Rohwassers, des gereinigten Wassers, um die Richtigkeit der Zusätze und schließlich des Kesselinhaltes, um etwaige unzulässige Anreicherung desselben mit gelösten Salzen feststellen zu können. S. S. 262.

Als Zusätze werden benutzt:

Ätzkalk, in Form von möglichst gesättigtem Kalkwasser, zum Binden freier Kohlensäure und Fällen der vorübergehenden Härte.

Kohlensaures Natron (kalzinierte Soda) hauptsächlich zur Beseitigung der bleibenden Härte, wobei jedoch Glaubersalz in Lösung geht.

Ätznatron (kaustische Soda) fällt die freie und halbgebundene Kohlensäure und setzt sich dabei in kohlensaures Natron um. Ätznatron wird besonders bei etwas höherem Magnesiumchloridgehalt des Rohwassers angewandt.

---

[1]) Hanomag-Nachrichten 1915, S. 58 u. ff.

Verschiedene Baryumverbindungen haben namentlich in Zeiten von Sodaknappheit Bedeutung erlangt. Baryt (Verfahren von H. Reisert, Köln) fällt die Nichtkarbonathärte, allerdings ziemlich langsam.

Diese Zusätze wirken im allgemeinen um so schneller ein, je höher die Temperatur des Rohwassers ist, das daher möglichst auf 60° vorgewärmt in den Reiniger gelangen soll. Nur der Teil des Rohwassers ist kalt zuzuführen, der zur Herstellung des Kalkwassers benutzt wird, weil die Aufnahmefähigkeit des Wassers für Kalk (CaO) mit steigender Temperatur abnimmt. — Die beabsichtigte Wirkung läßt sich ohne einen gewissen Überschuß an Zusätzen nicht erzielen, so daß dadurch der Gehalt des Kesselwassers an gelösten Alkalien erhöht wird. Ein hoher Sodagehalt gilt aber nach einer weitverbreiteten Ansicht als recht schädlich, weil Soda zinkhaltige Armaturen, insbesondere Wasserstände und Ablaßorgane, ferner gewisse Mannlochpackungen angreift und weil sich dabei an undichten (!) Nietnähten und Rohreinwalzstellen außen am Kessel schaumige Ansätze — Ausschwitzungen — zeigen. Da außerdem, wie oben erwähnt, Schaum im Kessel und dadurch das gefürchtete „Spucken" auftreten kann, so sucht man in vielen Anlagen einen größeren Sodaüberschuß unbedingt zu vermeiden, oder verwirft Reinigungsverfahren, bei denen Soda in das Kesselwasser gelangt (siehe Permutitreinigung). Dem steht aber die äußerst bedeutsame Tatsache gegenüber, daß ein bestimmter Gehalt an löslichen Alkalien (s. S. 69) Anfressungen der Kesselwandungen verhindert, sogar bei Anwesenheit nicht unbeträchtlicher Mengen von Chloriden (vgl. K. Schmid, Reinigung und Untersuchung des Kesselspeisewassers, 2. Aufl., Konrad Wittwer, Stuttgart 1921).

Das Kalk-Sodaverfahren. Die hierfür gebauten Einrichtungen bestehen im wesentlichen aus: Kalksättiger, Sodalaugegefäß, Fällbehälter und Filter. Die Einrichtung soll so bemessen sein, daß bei Durchführen der Höchstwassermenge die Umsetzung der Härtebildner beendigt ist, ehe das Wasser in den Kessel gelangt. Der Kalksättiger soll nach Neubeschickung mit frischem, nicht durch längere Lagerung an der Luft unbrauchbar gewordenen Ätzkalk ein klares, gesättigtes Kalkwasser ergeben. An Hand fortlaufender Wasserprüfungen ist dafür zu sorgen, daß rechtzeitig Soda und Kalk aufgegeben werden und die Hähne in den Sodalaugen- und Kalkwasserzuleitungen richtig eingestellt sind. Der Ätzkalkzusatz soll zwar zur Fällung der gesamten freien und halbgebundenen Kohlensäure auslangen, doch ist zu vermeiden, daß Ätzkalk mit in den Kessel gelangt, da er Schlamm- und Kesselsteinbildung verursacht. Wirksames Gegenmittel: genügend großer Sodazusatz, der nicht nur zur Fällung der Resthärte, sondern auch zur Umwandlung eines vielleicht vorhandenen Ätzkalküberschusses in kohlensauren Kalk ausreicht. Bei guter Wartung muß das gereinigte Wasser stets weniger als 2 Härtegrade deutsch aufweisen.

Das Regenerativverfahren. Da Soda ebenfalls, wenn auch bedeutend schwächer als Ätzkalk, auf die Bikarbonate einwirkt, so läßt sich die Enthärtung auch mit Soda allein durchführen. Wirtschaftlich wird das jedoch nur, wenn die im Kessel stattfindende Spaltung des bei der Sodaumsetzung entstandenen doppeltsauren Natrons in Natriumkarbonat, Wasser und Kohlendioxyd ausgenutzt wird, indem man die so zurückgewonnene Soda wiederum zur Fällung der Härtebildner heranzieht. Das geschieht z. B. bei dem „Neckarverfahren" der Firma Ph. Müller, G. m. b. H., Stuttgart. Vom tiefsten Punkte des Kessels geht eine Leitung aus, in der ständig mit Schlamm durchsetztes, sodahaltiges Wasser dem Fällbehälter zugeführt wird. Es vermischt sich hier mit dem Rohwasser, dem aus einem Standgefäß frische Sodalauge zufließt. Die Menge der letzteren und die des vom Kessel zurückgeführten Wassers läßt sich bei sorgfältiger Überwachung so regeln, daß der Kessel nahezu steinfrei bleibt und schädliche Wirkungen durch zu hohen Sodagehalt im Kesselwasser vermieden werden.

Das Permutitverfahren. Zu dieser, von der Permutit-Akt.-Ges., Berlin, angewandten Wasserreinigung dient ein einfaches, aus körniger Permutitmasse bestehendes Filter. Permutit ist ein künstlich hergestelltes, wasserhaltiges

Natrium-Alluminatsilikat, das die Fähigkeit besitzt, seinen Gehalt an Na bei Berührung mit gelösten Ca- und Mg-Salzen gegen diese Metalle auszutauschen. Es verwandelt dabei alle Härtebildner in lösliche Na-Verbindungen, so daß bei Anwendung dieses Verfahrens häufigeres Ablassen des Kesselinhaltes besonders nötig ist. Deshalb hat das sonst sehr bequeme Verfahren nicht die erwartete Verbreitung gefunden, trotzdem das Permutit auf einfache und billige Weise durch Behandlung der Filterschicht mit Kochsalzlösung regeneriert werden kann, der Verlust durch Fortschwemmen von Permutitkörnchen sehr gering und keine Vorwärmung zur Beschleunigung der Umwandlungen erforderlich ist. Bei der Wartung eines Permutitfilters ist besonders darauf zu achten, daß die Filterschicht nach jeder Regenerierung genügend lange mit gereinigtem Wasser nachgespült wird.

Enteisenung kommt für Kesselspeisewässer nur ganz ausnahmsweise bei starkem Eisen- und Mangangehalt in Frage. Sie hat eine recht unerwünschte Nebenwirkung, da es bei den zu diesem Zweck angewandten Belüftungsverfahren in Koksgradierwerken oder Zerstäubungsanlagen nicht zu vermeiden ist, daß überschüssiger Sauerstoff und freiwerdende Kohlensäure vom Wasser aufgenommen werden.

e) Reinigung von gelösten Gasen.

Die mit zunehmender Temperatur aus dem Wasser ausscheidenden Luft- und Kohlensäuremengen üben eine schädliche Wirkung auf Rohrleitungen, Speisewasserbehälter, Vorwärmer und Kessel (s. S. 68) aus. Da auch für den Maschinenbetrieb gasfreier Dampf von Vorteil ist, so ist dem Wasser möglichst wenig Gelegenheit zur Gasaufnahme zu geben (vgl. Abschnitt Kesselspeisung), was besonders schwierig bei reinem Kondensat ist, das begierig Luftsauerstoff aufnimmt. Bei Wässern, die einer chemischen Reinigung unterzogen werden, helfen die üblichen Vorsichtsmaßnahmen recht wenig, da das Wasser im Reiniger reichliche Gelegenheit zur Aufnahme von Gasen hat. Aus diesen Gründen dienen besondere Einrichtungen zur möglichst vollkommenen Entgasung des Kesselspeisewassers.

Entgasung bei atmosphärischem Druck. Man schickt das Wasser über Eisenspanfilter, die begierig Sauerstoff aufnehmen. Solche Einrichtungen werden von L. & C. Steinmüller, Gummersbach, und Fr. Seiffert & Co., Berlin, hergestellt. Letztgenannte Firma sucht die Abscheidung der Gase noch durch Erwärmung des Wassers zu fördern. Chr. Hülsmeyer, Düsseldorf, benutzt Eisenpulverfilter, die den Vorzug haben, daß die Filtermasse durch das hindurchströmende Wasser aufgerührt wird. Dadurch wird das entstehende Eisenhydroxyd abgespült und immer wieder wirksame Eisenoberfläche freigelegt. — Balcke, Bochum, baut Einrichtungen, in denen Gase durch Erwärmung des Wassers und zweckmäßige Führung des Wasserstromes ausgeschieden werden. Das Wasser gelangt dabei in einen in mehrere Kammern geteilten, geschlossenen Behälter, in dem es zunächst vom Abdampf der Speisepumpen erwärmt wird. Sodann durchläuft es, von Leitblechen geführt, die einzelnen Kammern nacheinander und gibt dabei die Gase ab. Das entgaste Wasser wird hierauf einem Speisewasserbehälter zugeführt, in den Frischdampf oder auch der für den Entgaser nicht benötigte Teil des Pumpenabdampfes einströmt. Ein weiterer Schutz gegen erneute Gasaufnahme ist noch für den Fall vorgesehen, daß durch Unterbrechungen des Dampfzuflusses Unterdruck im Speisewasserbehälter entsteht. Es kann dann Luft durch ein Filter eintreten, das Sauerstoff und Kohlensäure absorbiert.

Entgasung bei Überdruck. Die in die Druckleitungen der Speisepumpen eingesetzten Entlüfter werden als Windkessel ausgebildet, in denen das Wasser so geführt wird, daß es in dünner Schicht über geeignet gestaltete Flächen hinabrieselt; derart wird die zur Gasabsonderung erforderliche Wasseroberfläche geschaffen. Ein durch Schwimmer betätigtes Ventil läßt die Gase entweichen.

Die Wirkung ist um so vollkommener, je mehr die Gasteilchen durch Vorwärmen des Wassers aufgelockert sind. (Ausführungen der Atlaswerke, Bremen, von Siegmon-Schmidt Söhne, Hamburg.)

Entgasung bei Unterdruck. Das Gas wird lediglich durch Druckverminderung ausgeschieden. Die Deutschen Sanitätswerke, G. m. b. H., Frankfurt a. Main, schließen die Saugleitung der Pumpe an eine Einrichtung an, in der das Wasser in stehenden, etwa 5 m hohen Rohren im Wirbelstrom emporsteigt. Aus der am Kopf der Wirbelstromrohre angeschlossenen Sammelleitung werden die vom Wasser getrennten Gase abgesogen. Die Akt.-Ges. Balcke, Bochum, zerstäubt das Wasser in geschlossenen Behältern, in denen durch Anschluß einer Gasabsaugepumpe Unterdruck herrscht. Das entgaste Wasser fließt der Speisepumpe zu.

f) Beseitigung aller Fremdstoffe.

Die früher schon auf Seedampfern nicht zu umgehende völlige Reinigung des Kesselspeisewassers wendet man auch in größeren Landbetrieben an, seitdem immer schwieriger zu reinigende Kessel benutzt werden, zumal der Dampfturbinenbetrieb nur die Aufbereitung des zur Deckung fortlaufender Verluste notwendigen Zusatzwassers (5 — 15 vH) erfordert.

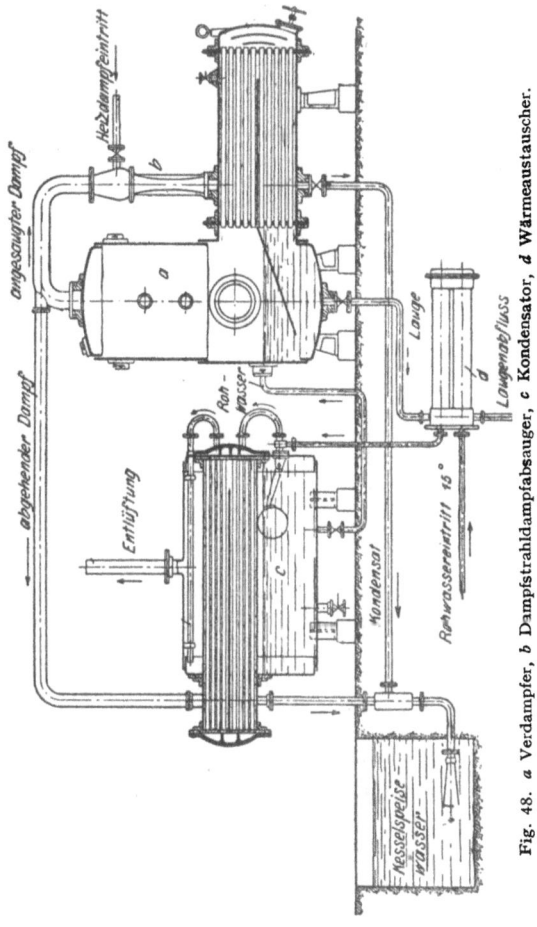

Fig. 48. a Verdampfer, b Dampfstrahldampfabsauger, c Kondensator, d Wärmeaustauscher.

Man benutzt dazu Verdampfer, deren Wirtschaftlichkeit durch folgende Mittel erhöht worden ist:

1. Anwendung einer mit Frischdampf betriebenen Strahlpumpe (Thermokompressor), durch die Abdampf von niedrigerer Spannung im Verdampfer nutzbar gemacht wird.

2. Hintereinanderschaltung mehrerer als Wärmeaustauscher ausgebildeter Destilliergefäße derart, daß die in jedem Gefäß entstehenden Dämpfe dem nächsten Gefäß als Heizdampf zuströmen, um in diesem kondensiert zu werden.

3. Die im letzten Gefäß erzeugten Dämpfe werden zur Vorwärmung des Wassers ausgenutzt.

Je nach der Menge des zur Verfügung stehenden Abdampfes lassen sich dabei mit 1 kg Frischdampf etwa 2,5 bis 3,5 kg reines Destillat erzeugen.

Mit diesen „Mehrfachverdampfern" treten die von der Akt.-Ges. Golzern, Grimma (Fig. 48)[1]) und von Balcke, Bochum, nach ähnlichen Grundsätzen gebauten Verdampferanlagen in Wettbewerb.

Einen Zusatzwasserbereiter, Bauart Josse-Gensecke, der sich unmittelbar an den Kondensator anschließen läßt, zeigt Fig. 49.

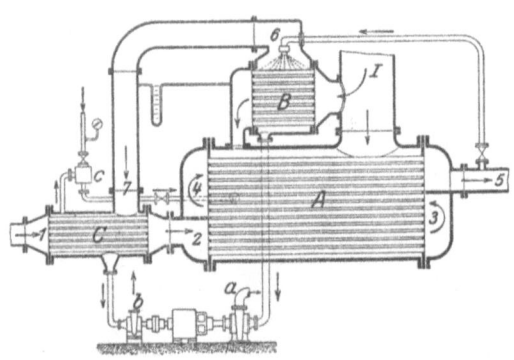

Fig. 49.

A Hauptkondensator. *B* Verdampfer, *C* Vorkondensator für das Destillat. *I* Eintritt des Turbinenabdampfes. 1 – 2 – 3 – 4 – 5 Weg des Kühlwassers, das in *B* teilweis verdampft wird, 6 – 7 Weg des in *B* erzeugten Dampfes nach dem Vorkondensator *C*. *a* Umlaufpumpe, die das nicht in *B* verdampfte Wasser fortschafft. Es wird überschüssig nach *B* geschickt, damit beim Eindampfen des Wassers niemals die Anreicherungsgrenze für die Sulfathärte erreicht und dadurch das Ansetzen von Kesselstein an den Rohren verhindert werden soll. *b* Pumpe, die das Destillat aus *C* fortschafft. *c* Dampfstrahlpumpe, welche die ausgeschiedenen Gase aus *C* absaugt und dem Hauptkondensator zuführt.

Die auf die Bereitung des Zusatzwassers verwendete Sorgfalt hat nur dann einen Sinn, wenn ebenso vorsichtig darauf geachtet wird, daß in das Kondensat nicht etwa infolge von Undichtheiten am Kondensator Kühlwasser eindringt. Würde das Kondensat, das doch im Mittel 90 vH der gesamten Speisewassermenge ausmacht, auf diese Weise nur 0,5 Härtegrade erhalten, so würde das dieselbe Wirkung haben wie 4,5 ° Härte im Zusatzwasser.

XIII. Zerstörende Einwirkungen auf eiserne Wandungen.

An den Wandungen von Behältern, Rohrleitungen, Vorwärmern und Kesseln zeigen sich häufig Anfressungen, die unter Umständen schon nach verhältnismäßig kurzer Zeit diese Teile zerstören können. Ursachen:

1. Saure Wässer.
2. Chemische Umsetzungen im Wasser, wie z. B. die Zersetzung von Chlorverbindungen.
3. Im Wasser gelöste Gase.
4. Elektrolytische Vorgänge.

In den unter 1 und 2 genannten Fällen kann durch geeignete Wasserreinigung Abhilfe geschaffen werden, viel schwerer läßt sich das bezüglich der Einwirkung von Gasen auf die eisernen Wandungen erreichen. Gas-, besonders sauerstofffreies Wasser kommt in der Natur überhaupt nicht vor. Die Löslichkeit der Gase ist proportional dem Druck und umgekehrt proportional der Temperatur des Lösungsmittels. Darauf gründen sich die im Abschnitt: Reinigung des Wassers von gelösten Gasen, S. 66, angegebenen Verfahren. Sodann ist die Löslichkeit von Sauerstoff im Wasser abhängig von der Menge der sonst gelösten Stoffe. Infolgedessen nimmt destilliertes, also völlig weiches und entgastes Wasser, sobald es mit Luft in Berührung kommt, diese besonders begierig wieder auf. Die

---

[1]) H. Schröder, Zeitschrift für Dampfkessel und Maschinenbetrieb 1917. S. 51.

Zerstörende Einwirkungen auf eiserne Wandungen.

Wirkung der im Wasser gelösten Gase auf das Eisen verursacht Rostbildung. Über die sich dabei abspielenden Vorgänge sind die Meinungen geteilt. Während nach einer Ansicht für die Rostbildung Wasser, Sauerstoff und Kohlensäure gemeinsam notwendig sind, herrscht andererseits die Ansicht, daß das Rosten lediglich durch Einwirkung des Wassers bei Anwesenheit freien Sauerstoffes hervorgerufen wird. Letztere Auffassung der dabei sich abspielenden Vorgänge erklärt auch, daß sich unter der eigentlichen rotgelben, mehr oder weniger losen Rostschicht gewöhnlich eine dunkle, fest haftende Masse vorfindet, die, falls nicht sorgfältig entfernt, später zur weiteren Vertiefung und Ausdehnung der Rostangriffstelle Anlaß gibt. Die Auffassung wird auch durch die Tatsache bestätigt, daß sich bei Verwendung destillierten Wassers, das nachher wieder Gelegenheit zur Aufnahme von Luft hatte und mit dieser doch nur sehr geringe Mengen Kohlensäure aufnimmt, schwere Anrostungen entstehen können. Besonders bemerkenswert ist, daß die Zerstörungen durch Rost im Kesselinnern erst seit Verwendung völlig weichen Wassers, Turbinenkondensats und destillierten Zusatzwassers zur Kesselspeisung allgemeinste Beachtung gefunden haben.

Die Rostangriffstellen werden im allgemeinen da auftreten, wo die infolge Erwärmung des Wassers frei werdenden Luftblasen sich infolge mangelnder Wasserbewegung an den Wandungen festsetzen können. Dies beweisen die pockenartigen Anrostungen, die sich an den Wandungen von Behältern, Rohrleitungen und Kesseln zeigen, die längere Zeit mit nicht entlüftetem Wasser gefüllt gestanden haben. Die Gasbläschen werden sich besonders an allen rauhen oder, wie Blechkanten, Nietköpfe u. a., hervorstehenden Stellen der Wandung ansetzen und dort Rostnarben hervorrufen. Der Einfluß anhaftender Gasblasen ist ferner fast regelmäßig an Ausblasestutzen, ferner am unteren Teil des Kesselmantels in ausziehbaren Lokomobilkesseln festzustellen. Er zeigte sich früher bei Batterie- und Flammrohrkesseln mit Tiefspeisung, so daß gerade dieser Umstand allgemeine Einführung der Hochspeisung veranlaßt hat. Auch die häufig in Krümmern von Rohrleitungen und Ekonomisern stark auftretenden Anrostungen deuten darauf hin, daß sich an diesen Stellen Gasblasen festsetzen. — Sodann können sich Anfressungen in Kesseln mit lebhaftem Wasserumlauf an den Stellen zeigen, wo das Wasser eintritt und wohin es mit der Strömung zuerst gelangt, und zwar am stärksten dort, wo infolge der strahlenden Einwirkung des Feuers oder der Flammenführung besonders viel Dampf entwickelt wird. — Weiter zeigen sich in der Wasserlinie häufig Rostangriffstellen, weil sich die ausgeschiedenen Gasblasen besonders bei ruhigem Wasserspiegel an dieser Stelle längs der Kesselwandung ansammeln. — Im einzelnen wird die Lage der Anrostungen im Innern eines Kessels von seiner Bauart, von der Art der Einführung und Verteilung des Speisewassers abhängen.

Gegen diese Rostangriffe schützt man sich zunächst dadurch, daß das Wasser bis auf 100° vorgewärmt wird und man dafür sorgt, daß das ausgeschiedene Gas entweichen kann. Der Vorwärmer ist möglichst nahe an den Kessel zu legen. Bei Kondensat ist darauf zu achten, daß das Wasser nicht schon beim Absaugen aus dem Kondensator, im Wasserbehälter und beim Speisen wieder Luft aufnehmen kann. Letzteres gilt auch für das im Verdampfer bereitete Zusatzwasser (vgl. dazu die vorgehenden Abschnitte). In manchen Betrieben werden neue Kessel mehrere Tage lang zunächst mit hartem Wasser gespeist, um so in ihnen eine dünne Schutzschicht aus Kesselstein zu erhalten. Weitere Mittel: regelmäßiger geringer Ölzusatz (s. S. 64) oder ein ständig zu haltender Sodaüberschuß im Kesselwasser, da Wasser von bestimmter Alkalität die Rostbildung verhindert. Der schützende Mindestgehalt an gelösten Alkalien, der sogenannte „Schwellenwert der Alkalität" wird zu etwa 0,5 g Ätznatron oder 1,85 g Soda im Liter Wasser angegeben. Über beide Mittel herrscht noch keine Klarheit, namentlich bestehen Bedenken gegen den Sodagehalt wegen der auf S. 65 angegebenen unerwünschten Nebenwirkungen. — Weiter ist von vornherein darauf zu halten, daß zum Bau des Kessels möglichst glatte und nicht verrostete Bleche verwandt werden. Werden Anrostungen im Kessel gefunden, so sollen sie sorgfältig durch Abbürsten, Auskratzen gesäubert und dann wieder glatt gehämmert werden. Beim Entfernen des Rostes kann die lösende Wirkung von Mineralöl auf die Rostkrusten mit Vorteil ausgenutzt werden.

Die eingangs unter 4 genannten Zerstörungen infolge elektrolytischer Vorgänge werden begünstigt, wenn verschiedene Eisensorten zum Bau des Kessels Verwendung fanden. Auch können Potentialunterschiede zwischen verschiedenen Stellen der Kesselwandung dadurch eintreten, daß das Flußeisen infolge seiner Nebenbestandteile nicht homogen ist. Zum Schutz gegen die so entstehenden schädlichen Wirkungen werden Zinkplatten leitend mit der Kesselwand verbunden, in das Wasser eingehängt, somit ein stärker positives Metall der Zerstörung preisgegeben. Die Platten erfüllen im allgemeinen ihren Zweck, wenn ihre Oberfläche und die Kontaktflächen bei jeder sich bietenden Gelegenheit sauber gereinigt werden. Eine noch wirksamere Abwehr elektrolytischer Zerstörungen ermöglicht das Cumberland-Verfahren. S. S. 150. Dabei werden die Eisenmassen des Kessels durch einen von außen eingeleiteten Strom sicher zur Kathode und isoliert in das Wasser eingeführte Metallstücke zu der der Zerstörung ausgesetzten Anode gemacht. Bis jetzt hat das Verfahren aber weitere Verbreitung nicht gefunden.

XIV. Die Wärmeausnutzung bei Dampfkesselanlagen.

a) Wirkungsgrade.

Die Güte der Kesselleistung wird ausgedrückt durch den **Gesamtwirkungsgrad**

$$\eta = \frac{\text{Vom Dampf aufgenommene Wärmemenge}}{\text{In der verfeuerten Kohle enthaltene Wärmemenge}}$$

$$= \frac{\text{Gesamtwärme des Dampfes} - \text{Wärmeinhalt des Wassers vor dem Vorwärmer}}{\text{Heizwert der verfeuerte Kohlenmenge}}.$$

Bezeichnen:

D kg die stündliche Dampfmenge.

λ kcal die Gesamtwärme von 1 kg Dampf.

c_{p_m} kcal/°C die mittlere spez. Wärme des überhitzten Dampfes zwischen den Temperaturen:

t_s °C des Kesseldampfes und

$t_{\ddot{u}}$ °C des überhitzten Dampfes, ferner

t_1 °C die Wassertemperatur vor dem Vorwärmer oder, wenn ein solcher fehlt, vor dem Kessel,

B kg die stündliche Kohlenmenge,

W kcal ihren Heizwert, so wird:

$$\eta = \frac{D\,[\lambda - t_1 + c_{p_m}(t_{\ddot{u}} - t_s)]}{B \cdot W}$$

Fig. 50 zeigt die η-Kennlinie eines Hochleistungskessels von 600 m² Heizfläche[1]).

Gesamtwirkungsgrad η setzt sich zusammen aus dem Wirkungsgrade η_1 der Feuerung und dem Wirkungsgrad η_2 der Heizflächen.

$$\eta = \eta_1 \cdot \eta_2 \,.$$

$$\eta_1 = \frac{\text{In der Feuerung entwickelte Wärmemenge}}{\text{Heizwert der verbrauchten Kohlenmenge}}$$

$$= \frac{\text{Heizwert} - \text{Summe der Feuerungsverluste}}{\text{Heizwert}}$$

---

[1]) Münzinger, Erfahrungen im Bau und Betrieb hochbeanspruchter Dampfkessel. Zeitschrift d. V. d. J. 1916. S. 938.

Die Wärmeausnutzung bei Dampfkesselanlagen. 71

Praktisch erreichte Werte für η_1:

bei Steinkohle $\eta_1 = 0{,}95$ bis $0{,}90$,

bei Braunkohle wegen des beträchtlicheren Rostdurchfalles und des oft erheblichen Flugkoksverlustes

$$\eta_1 = 0{,}90 \text{ bis } 0{,}85 \text{ (bis } 0{,}75).$$

$$\eta_2 = \frac{\text{durch die Heizflächen des Abgasvorwärmers, Kessels und Überhitzers übertragene Wärmemenge}}{\text{In der Feuerung entwickelte Wärmemenge}}$$

$$= \frac{\text{In der Feuerung entwickelte Wärmemenge} - \text{Heizflächenverluste}}{\text{In der Feuerung entwickelte Wärmemenge}}.$$

Praktisch erzielte Wirkungsgrade der Heizflächen für Kessel mit Rauchgasvorwärmer und Überhitzer

$$\eta_2 = 0{,}8 \text{ bis } 0{,}9$$

und für Kessel allein:

$$\eta_2 = 0{,}7 \text{ bis } 0{,}8.$$

Für den Gesamtwirkungsgrad werden im Dauerbetriebe erfahrungsgemäß folgende Mittelwerte erreicht:

mit Kessel, Rauchgasvorwärmer und Überhitzer:

$$\eta = 0{,}75 \text{ bis } 0{,}8,$$

mit Kessel allein:

$$\eta = 0{,}6 \text{ bis } 0{,}7.$$

Zahlentafel 12 zeigt die bei sorgfältigen Versuchen erreichbaren Wirkungsgrade.

Für die Beurteilung einer Kesselanlage ist in letzter Linie der unter Berücksichtigung von Abschreibung, Verzinsung, Unterhaltung usw. festzustellende Preis pro Tonne Dampf maßgebend. Demgegenüber darf der Wirkungsgrad der Kesselanlage nicht einseitig überschätzt werden, so groß auch sonst seine Bedeutung für die Bewertung der Anlage sein mag. Höchste Wirkungsgrade sind aber um so mehr anzustreben, je teurer die Wärmeeinheit des Brennstoffs, je länger die tägliche Benutzungsdauer ist.

Die Kenntnis der Wirkungsgradkurve ist namentlich bei großen Krafthäusern von hohem Wert, da nach ihr bei

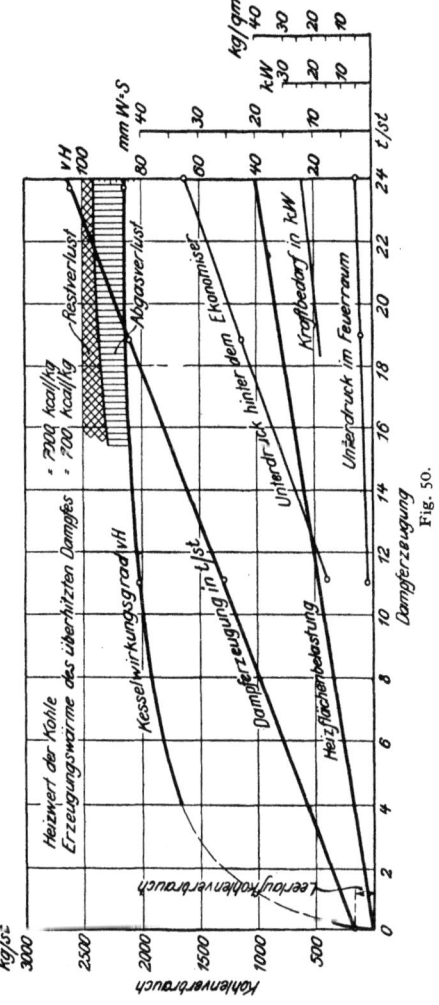

Fig. 50.

Zahlentafel 12.
Wirkungsgrade von Dampfkesseln [1]).

Kesselbauart	Heizfläche m²	Überhitzerflächen m²	Heizgasvorwärmer m²	Rostfläche m²		Heizwert kcal	Kohlensorte	Dampfleistung kg/m²	Gesamtwirkungsgrad
1. Steilrohrkessel	771	540	1439	Wanderrost	36,8	7675	Ruhrkohle		88
2. Wasserröhrenkessel	344,3	97,9	290	„	13,91	7593	„		86
3. Flammrohrkessel	2 × 105	—	240	Unterschub	4,5	7587	„		87
4. Doppelflammrohrkessel	2 × 113,5	—	240	Planrost	6,2	7460	„		85,5
5. Flammrohrkessel	2 × 105	—	192	Unterschub	4,5	7479	Saarkohle		87
6. Steilrohrkessel	250	85	192	Wanderrost	7,95	7160	„		84
7. Steilrohrkessel	250	85	192	„	7,95	5580	Saargrießkohle		82,5
8. Wasserröhrenkessel	300	100	640	„	11,2	4705	Oberbayer. Kohle		82
9. Wasserröhrenkessel	2 × 250	2 × 75	800	„	18,3	4315	„ „		81
10. Steilrohrkessel	214	56	161,5	Stufenrost	11,47	1970	Rhein. Rohbraunkohle		81
11. Flammrohrkessel	100	—	192	Fränkel-Rost	4,2	2490	Bitterfelder Braunkohle		81,5
12. Wasserröhrenkessel	2 × 280	2 × 85	324	Stufenrost	32,4	1654	Oberpfälzischer Lignit		72

[1]) Nach Eberle, Z. 1921, S. 362.

den täglichen Belastungsschwankungen die Anzahl der in Betrieb zu nehmenden Kessel und ihre Beanspruchung zu bestimmen ist.

In hohem Maße wird der Wirkungsgrad durch die Belastung, die Art der Feuerung und des Brennstoffes, den Belastungsfaktor und nicht zuletzt durch die Art der Bedienung beeinflußt.

Überlastung verursacht Temperatursteigerung der abziehenden Rauchgase, Vermehrung des Flugkoksverlustes infolge stärkeren Zuges, Unterlastung führt zu ungenügender Rostbedeckung. Fig. 51 zeigt das verschiedenartige Verhalten zweier Kessel. Wirkungsgradkurve a, die in der Nähe des Größtwertes flach verläuft, ist natürlich dem spitzen Scheitel der Kurve b vorzuziehen. Kurven ersterer Art zeigen richtig bemessene Hochleistungskessel infolge der großen, über dem Rost gelegenen Heizfläche und wegen der großen Vorwärmerfläche. Flacheren Verlauf der η-Kurve zeigen auch Steilrohrkessel mit hohem freien Verbrennungsraum gegenüber solchen Bauarten, bei denen durch Führungswände der Verbrennungsraum eingeengt wird.

Auch ein kleines Verhältnis $\frac{\text{Rostfläche}}{\text{Heizfläche}}$ führt zu flacherer η-Kurve, wenn bei höheren Belastungen der Widerstand der Kohlenschicht durch Unterwind oder kräftigen Schornsteinzug überwunden wird, so daß bei kleineren Leistungen keine unbedeckte Stellen auf dem Rost vorkommen.

Kurve b der Fig. 52 gehört zu einem Wanderrost, während Kurve a sich auf einen Kessel mit Jones-Unterschubfeuerung bezieht.

Die Wärmeausnutzung bei Dampfkesselanlagen. 73

Hochwertige Brennstoffe verlangen für die günstigste Verbrennung niedrige oder mittelhohe Schicht; es wird deshalb der Kessel den besten Wirkungsgrad — soweit dieser von der Brennstoffart abhängig ist — bei mäßiger Belastung zeigen, Fig. 51, Kurve a. Minderwertiger Brennstoff würde bei kleiner Schütthöhe zu rasch abbrennen, so daß beispielsweise bei Wanderrosten schon unter dem Zündgewölbe einzelne Löcher in der Brennstoffschicht entstehen, außerdem würde stärkerer Zug Flugkoksverluste herbeiführen. Hohe Schicht ermöglicht demgegenüber hohe Temperaturen und mäßigen Luftüberschuß bei kräftigem Zug. Kurve b in Fig. 51 zeigt den Kesselwirkungsgrad bei Verwendung minderwertiger Brennstoffe. Der Höchstwert liegt bei höherer Belastung.

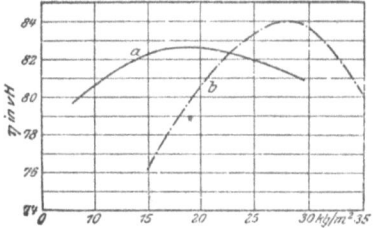

Fig. 51.

Ergebnisse, wie sie in Fig. 51 und 52 wiedergegeben sind, werden meist durch Abnahmeversuche erhalten, die mehr oder weniger „Paradeversuche" sind und bei denen alle störenden Einflüsse möglichst ausgeschaltet werden. Im praktischen Betrieb gewinnt vor allem der „Belastungsfaktor" große Bedeutung, der das Verhältnis der Durchschnittsleistung zur Spitzenleistung darstellt. Ist N die durch das Belastungsdiagramm gegebene Tagesleistung einer Zentrale in kWh, N_{max} die Spitzenbelastung, so wird der Belastungsfaktor:

$$m = \frac{N}{24\,N_{max}}.$$

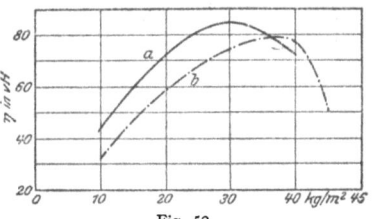

Fig. 52.

Ist $L =$ installierte Leistung, so folgt der Ausnutzungfaktor:

$$n = \frac{N}{24 \cdot L}.$$

In Fig. 53 sind Versuche — im Berliner Elektrizitätswerk angestellt — an normalen Wasserrohrkesseln mit Überhitzern und Vorwärmern eingetragen. Diese Versuche ergaben:
1. Im Beharrungszustand, der nach 2- bis 3 tägigem ununterbrochenem Betrieb erreicht wird, zeigen alle Versuche einen Wirkungsgrad von 82 bis 83 vH.

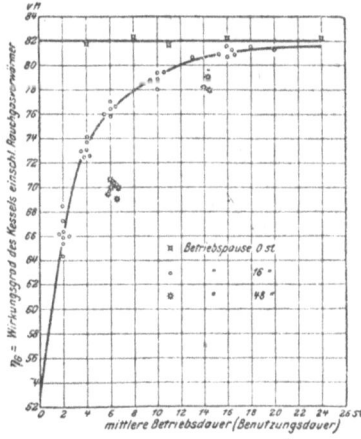

Fig. 53.

2. Punkte o sind Mittelwerte aus Versuchen an Kesseln, die 16 h, Punkte ✲ beziehen sich auf Versuche an Kesseln, die 48 h außer Betrieb waren. Im letzteren Fall wird der Wirkungsgrad im Beharrungszustand, durch ⋈ gekennzeichnet, schätzungsweise erst nach 36 h Betriebsdauer erreicht.

Die mittlere tägliche Betriebsdauer der zum Betrieb herangezogenen, vollbeanspruchten Kessel ist gleich der Benutzungsdauer B des Maximums. Es ist

$B = \dfrac{N}{N_{max}}$; da sich dieser Wert vom Belastungsfaktor nur durch eine Konstante unterscheidet, so gibt Fig. 53 gleichzeitig die Einwirkung des Belastungsfaktors wieder.

Aus Fig. 53 geht die Bedeutung der Betriebspausen für den Wirkungsgrad hervor, herrührend von dem großen Einfluß der sich abkühlenden Mauerwerksmassen und außerdem von dem Umstand, daß nach Betriebaufnahme eine gewisse Zeit vergehen muß, ehe sich das Feuer in gutem Zustand befindet.

Bei den untersuchten Kesseln ist der verbürgte Wirkungsgrad sonach nur bei hohem Belastungsfaktor zu erreichen.

Da die Kessel der meisten Zentralen höchstens einen Belastungsfaktor von 0,35 haben, also täglich $0,35 \cdot 24 = 8,4$ h in Betrieb sind, so empfiehlt sich hier Aufstellung von Kesseln mit dünner Isolierschicht und Blechplattenabdeckung statt mit großen Mauerwerksmassen, überdies Anwendung von Feuerungen, die rasch in einwandfreiem Zustand sind. In letzterer Beziehung können Gasfeuerungen als Idealfeuerung angesprochen werden.

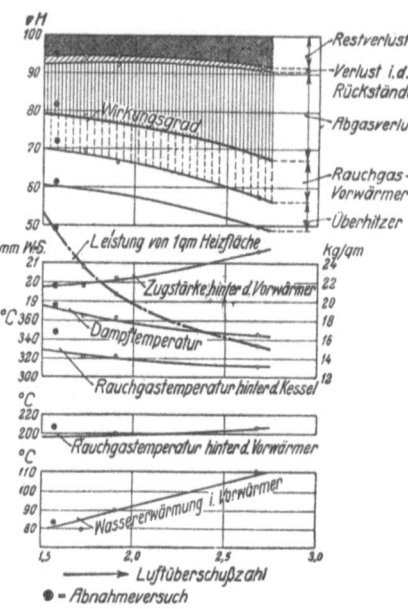

Fig. 54.

Auch die Einführung der mechanischen Rostbeschickung und des künstlichen Zuges hat sorgfältige Wartung des Feuerungsbetriebes durchaus nicht überflüssig gemacht. Sehr interessante Vergleiche zwischen Betriebs- und Abnahmeversuchen hat Dr.-Ing. Münzinger angestellt und darüber in der Zeitschrift des Vereines deutscher Ingenieure 1920, S. 434, berichtet. Es zeigte sich, daß bei Bedienung dreier Kessel durch einen während der Versuche nicht beaufsichtigten Heizer der Wirkungsgrad — an einem der Kessel gemessen — um 14 vH geringer war als beim Abnahmeversuch; der Kessel lieferte 7650 kg/h gegenüber 13 900 kg/h bei der Abnahme.

Nach behelfsmäßigem Abdecken des reichlich bemessenen Planrostes verringerte sich der Unterschied der Wirkungsgrade auf 5,8 vH und betrug noch 3,5 vH, wenn der Heizer statt der drei nur einen Kessel bediente.

Fig. 54 gibt die Versuchsergebnisse wieder; die mit gleicher Zugstärke bei der Abnahme festgestellten Werte sind zum Vergleich eingetragen.

b) Wärmeverluste.

Verluste in der Feuerung.

1. **Verlust durch Unverbranntes in Asche und Schlacke** V_B. Tritt keine nennenswerte Flugaschen- und Flugkoksbildung ein, wie das bei Verfeuerung von Steinkohle im allgemeinen der Fall ist, so wird dieser Verlust bei einem Verdampfungsversuch in der Weise bestimmt, daß alle während der Versuchsdauer entfallenden Herdrückstände gesammelt und gewogen werden. An einer Durchschnittsprobe wird der Glühverlust bestimmt. Dieser kann als von

reinem Kohlenstoff herrührend mit einem Heizwert von 8100 kcal in Rechnung gestellt werden. Bezeichnet
A kg die **stündlich** entfallene Menge an Herdrückständen,
u in Gewichtsprozenten den Glühverlust,
so ist
$$V_B = u \cdot \frac{A}{B} \cdot \frac{8100}{W} \text{ vH von } W.$$

u ergibt sich im allgemeinen bei Steinkohle zu mindestens 10 vH und soll 20 vH möglichst nicht übersteigen, V_B, gewöhnlich 2 bis 3 vH, wächst mit dem Aschengehalt des Brennstoffes.

Bei Verfeuerung von minderwertigen Brennstoffen, namentlich von Braunkohle, muß der Verlust wegen der Flugasche und des Flugkokses auf andere Weise bestimmt werden. Der Aschengehalt des Brennstoffes sei a vH, der Gehalt der Rückstände an Unverbranntem wiederum u vH, ihr Heizwert W_r, so entfallen stündlich

$$\frac{a}{100} \cdot B \text{ kg Asche.}$$

Dazu kommen noch

$$\frac{u}{100 - u} \cdot \frac{a \cdot B}{100} \text{ kg Unverbranntes,}$$

so daß im ganzen in der Stunde

$$\frac{a \cdot B}{100 - u} \text{ kg Rückstände}$$

entstehen. Daraus ergibt sich der Verlust zu:

$$V_B = \frac{100 \cdot a}{100 - u} \cdot \frac{W_r}{W} \text{ vH von } W.$$

Wird statt des Heizwertes W_r der Rückstände der des Unverbrannten darin W_v eingeführt, so ist:

$$V_B = \frac{u \cdot a}{100 - u} \cdot \frac{W_v}{W} \text{ vH von } W.$$

W_v wird für Braunkohle zu 4000 bis 5000 kcal angegeben. Zur Ermittelung von W_r und u sind sowohl aus dem Aschenfall unter dem Rost als auch aus den Aschensäcken in den Zügen Proben zu entnehmen. Zu beachten ist dabei, daß Asche, die in der Nähe eines vielleicht nicht ganz dicht schließenden Trichterverschlusses gelagert hat, infolge Nachglimmens zu niedrige Werte für W_r und u ergibt.

2. **Verlust durch unverbrannte Gase**, V_G. Da sich der Gehalt der Abgase an CO, CH_4 und schweren Kohlenwasserstoffen nicht auf einfache Weise bestimmen läßt, begnügt man sich gewöhnlich damit, die Abgase mittels Orsatapparates auf CO_2 und O_2 zu untersuchen und danach den CO-Gehalt rechnerisch (s. unten) zu ermitteln. Es ist angenähert für Kohlen:

$$V_G = \frac{70 \cdot k_2}{k_1 + k_2} \text{ vH von } W,$$

worin k_1 und k_2 in Raumprozenten den Gehalt der trockenen Abgase (also wie sie im Orsat aufgefangen werden) an CO_2 und CO bezeichnen.

Ist der Kohlenstoffgehalt c Gewichtsprozente des Brennstoffes bekannt, dann ist genauer:

$$V_G = \frac{3046 \cdot c \cdot k_2}{0{,}536 (k_1 + k_2) \cdot W} \text{ vH von } W.$$

Der Verlust kann durch vorzeitige Abkühlung der Gase oder durch unvollkommene Mischung derselben mit der Verbrennungsluft entstehen. Greift man nun zu dem gebräuchlichsten Abhilfsmittel, Zuführung von Luft unmittelbar in den Flammraum — Sekundärluft, Oberluft —, so kann bei Einführung der Luft an der richtigen Stelle das Entweichen unausgebrannter Gase verhindert werden, vielfach jedoch auf Kosten erhöhten Luftüberschusses. Am zweckmäßigsten ist derartige Einführung von Sekundärluft, daß sie einen möglichst großen Teil der Rostfläche überstreicht. Namentlich bei gasreichen Brennstoffen ist vorzuziehen, durch geeignete Ausgestaltung des Verbrennungsraumes und des Flammenweges, sowie durch vorsichtige Feuerbedienung — nicht zu dicke Brennschicht — das Ausbrennen der Gase herbeizuführen. Bei Halbgas- und Unterwindfeuerungen ist die Sekundärluft als notwendiges Übel in Kauf zu nehmen.

Rechnerische Bestimmung des CO-Gehaltes der Abgase ist nach Seufert (Z. Ver. deutsch. Ing. 1920, S. 505) möglich, wenn außer dem CO_2- und O_2-Gehalt der Abgase die Zusammensetzung des Brennstoffes bekannt ist.

Es sei:
k_1 in Raumprozenten der in den Rauchgasen gefundene CO_2-Gehalt,
s in Raumprozenten der in den Rauchgasen gefundene O_2-Gehalt,
k_2 in Raumprozenten der zu berechnende CO-Gehalt der Abgase,
m die Luftüberschußzahl.

Der Brennstoff enthalte:
c kg C in 1 kg Brennstoff,
h kg H_2 „ 1 „ „
0 kg O_2 „ 1 „ „

so daß $h_1 = h - \frac{o}{8}$ kg H_2 die verfügbare Wasserstoffmenge in 1 kg Brennstoff ist.

Dann beträgt für die Verbrennung ohne CO-Bildnug:
der Mindestbedarf an O_2
$$O_{min} = 1{,}866\, c + 5{,}55\, h_1,$$
der CO_2-Gehalt der Abgase bei Zuführung der m fachen theoretischen Verbrennungsluftmenge
$$k_1 = \frac{186{,}6\, c}{1{,}866 \cdot c + O_{min} \cdot (4{,}76 \cdot m - 1)},$$
der O_2-Gehalt der Abgase
$$s = \frac{O_{min}\,(m-1) \cdot 100}{1{,}866\, c + O_{min} \cdot (4{,}76\, m - 1)}$$
und, falls ohne Luftüberschuß gefeuert, also $m = 1$ wird
$$k_{1\,max} = \frac{186{,}6 \cdot c}{1{,}866 \cdot c + 3{,}76 \cdot O_{min}},$$
ferner, falls der Luftüberschuß immer größer, also $m = \infty$ werden würde,
$$s_{max} = 21.$$

Fände dagegen die Verbrennung ohne CO_2-Bildung statt, so wäre der Mindestbedarf an O_2
$$O'_{min} = 0{,}933 \cdot c + 5{,}55\, h_1,$$
der CO-Gehalt der Abgase
$$k_2 = \frac{186{,}6 \cdot c}{1{,}866 \cdot c + 4{,}76 \cdot m \cdot O_{min} - O'_{min}},$$
der O_2-Gehalt der Abgase
$$s = \frac{(m \cdot O_{min} - O'_{min})\,100}{1{,}866 \cdot c + 4{,}76\, m\, O_{min} - O'_{min}}$$
und für $m = 1$
$$s_1 = \frac{(O_{min} - O'_{min}) \cdot 100}{1{,}866 \cdot c + 4{,}76\, O_{min} - O'_{min}},$$
ferner
$$k_{2\,max} = \frac{186{,}6 \cdot c}{1{,}866 \cdot c + 4{,}76\, O_{min} - O'_{min}}.$$

Danach läßt sich das in Fig. 55 wiedergegebene Schaubild für eine bestimmte Kohle in folgender Weise aufstellen:

Trage von A aus auf der Wagerechten und auf der Senkrechten gleiche Teile ab. Setze Punkt B auf der Wagerechten, entsprechend dem Werte s_{max}, bei 21 fest und Punkt C auf der Senkrechten, entsprechend dem Werte $k_{1\,max}$. Ziehe dann BC. Suche Punkt D auf der Wagerechten entsprechend dem Werte von s_1, verbinde D mit C und fälle von D das Lot DE auf BC. Auf DE ist sodann von E aus eine Teilung aufzutragen derart, daß Strecke ED soviel Teilstrichen entspricht

Die Wärmeausnutzung bei Dampfkesselanlagen. 77

wie der Wert $k_{2\,max}$ angibt. Um ferner auf BC die Luftüberschußzahlen angeben zu können, rechne man nach

$$k_1 = \frac{186{,}6 \cdot c}{1{,}866 \cdot c + O_{min}(476 \cdot m - 1)},$$

etwa für $m = 0{,}8$ bis $3{,}0$ die zugehörigen Werte von k_1 aus und ziehe durch die Punkte auf AC, die den errechneten Werten von k_1 entsprechen, die Wagerechten. Ihre Schnittpunkte mit BC ergeben dann die Punkte der zugehörigen Werte der Luftüberschußzahl m. Die Linien gleichen Luftüberschusses können von diesen Punkten aus parallel zu CD eingetragen werden.

Benutzung des Schaubildes.

Bei der Verfeuerung der Kohle, für die das Bild aufgestellt wurde, ergaben sich z. B. 12 vH CO_2 in den Abgasen, dann müssen dazu bei vollkommener Verbrennung nach dem Bilde entsprechend Punkt I, 7,2 vH O_2 gehören; m ergibt sich dabei zu 1,49.

Hat die Abgasanalyse dagegen ergeben:

a) 12 vH CO_2 und 6 vH O_2,

so gibt die Senkrechte, von den den Analysenangaben entsprechenden Punkten II gefällt auf DE einen CO-Gehalt von 1,6 vH an, trotzdem die Parallele durch II zu CD in ihrem Schnitt mit BC zeigt, daß die 1,3 fache theoretische Luftmenge zugeführt wurde. Also: Mangelhafte Gasluftmischung oder zu niedrige Temperaturen.

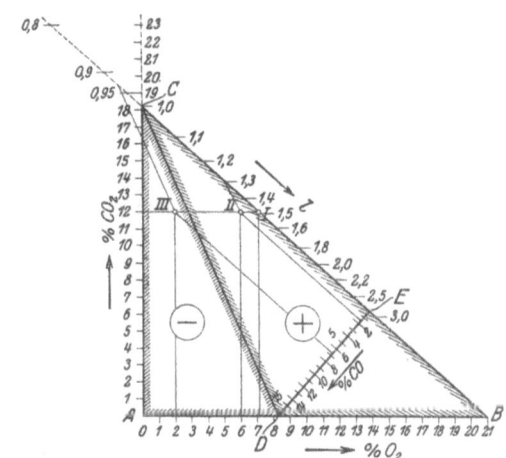

Fig. 55.

b) 12 vH CO_2 und 2 vH O_2,

dann ist, entsprechend Punkt III 6,7 vH CO vorhanden bei $m \infty 0{,}93$, also: Luftmangel.

Ähnliche Schaubilder wie dieses für flüssige und und feste Brennstoffe geltende lassen sich auch für gasförmige Brennstoffe aufstellen (s. a. a. O.).

Mit guter Anäherung ist der CO-Gehalt auch folgendermaßen zu ermitteln: Es ist

$$k_{1\,max} = \frac{21 \cdot k_1}{21 - s}.$$

Fehlen Angaben über die Zusammensetzung des Brennstoffes, so kann $k_{1\,max}$ nicht berechnet werden; dann ermittelt man durch Orsatuntersuchungen für einen Zeitabschnitt, während dessen man durch reichliche Luftzufuhr für vollkommene Verbrennung sorgt, die mittleren zueinandergehörigen Werte für den CO_2-Gehalt k_1 und den O_2-Gehalt s der Abgase. Diese benutzt man zur Berechnung von $k_{1\,max}$ nach obiger Formel. Soll dann später das mit dem Brennstoff unterhaltene Feuer nachgeprüft werden, so genügt es, den mittels Orsatapparates gefundenen Wert für s in die Gleichung einzusetzen und damit den zugehörigen Wert

$$k_1' = \frac{21 - s}{21} \cdot k_{1\,max}$$

zu bestimmen. Ist der am Orsat festgestellte Wert k_1 kleiner als der berechnete k_1', so waren nach Herberg

$$1{,}5 \, (k_1' - k_1) \text{ vH CO}$$

in den Abgasen enthalten.

Wie wichtig derartige Ermittelungen sind, geht daraus hervor, daß 1 vH CO Gehalt in den Abgasen einem Verlust von etwa 6 vH des Brennstoffheizwertes entspricht.

V_G hält sich im allgemeinen bei Magerkohle unter 1 vH und bei gasreichen Kohlen unter 2 vH, kann sich aber auch wesentlich höher stellen.

3. **Verlust durch Rußgehalt der Abgase.** V_R wird gewöhnlich, weil ziemlich umständlich und wegen des Rußansatzes an Kessel und Vorwärmer ungenau, nicht bestimmt und zum Restverlust zugeschlagen.

4. **Strahlungsverlust der Feuerung** umfaßt diejenige Wärmemenge, die aus dem Feuerraum strahlend auf die Außenwände übertragen wird. Dieser Betrag ist am größten bei Vorfeuerung, dagegen bei Innenfeuerung sehr gering. Er wird nicht besonders festgestellt, sondern zum Gesamtstrahlungsverlust geschlagen.

Verluste an Heizflächen.

5. **Schornsteinverlust.** V_{Sch} entsteht durch die fühlbare Wärme der Abgase oder genauer durch den Unterschied des Wärmeinhaltes der Abgase gegenüber dem der in den Feuerraum eintretenden Verbrennungsluft.

$$V_{Sch} = 100 \cdot C_p \cdot G \frac{t_e - t_a}{W} \text{ vH von } W,$$

wenn C_p die spez. Wärme je m³ Abgas, G m³ die Abgasmenge für 1 kg Brennstoff, $t_e\,°$C die Fuchstemperatur, $t_a\,°$C die Temperatur der Luft vor Eintritt in die Feuerung sind. Fehlen die Unterlagen zur genauen Berechnung von C_p und G, so kann angenähert gesetzt werden:

$$V_{Sch} = \left[\frac{186{,}7 \cdot c}{k} \cdot 0{,}32 + (9\,h + w) \cdot 0{,}48 \right] \frac{t_e - t_a}{W},$$

worin c der Kohlenstoffgehalt, h der Wasserstoffgehalt, w der Feuchtigkeitsgehalt der Kohle, ferner $k = k_1 + k_2$ die Summe des Gehaltes der Abgase an Kohlensäure und Kohlenoxyd, auf 100 bezogen, sind.

Für die meisten Fälle der Praxis liefert die Siegertsche Formel:

$$V_{Sch} = v \cdot \frac{t_e - t_a}{k} \text{ vH von } W$$

genügend genaue Werte. Darin ist zu setzen

$v = 0{,}65$ für Steinkohle,

für Braunkohle dagegen je nach dem Feuchtigkeitsgehalt w der Kohle und dem gemessenen Werte für k eine Zahl, die aus Schaubild Fig. 56 zu entnehmen ist.

Fig. 57 zeigt den Einfluß des Kohlensäuregehalts der Abgase und somit des Luftüberschusses, ferner der Temperatur der Abgase auf den Schornsteinverlust.

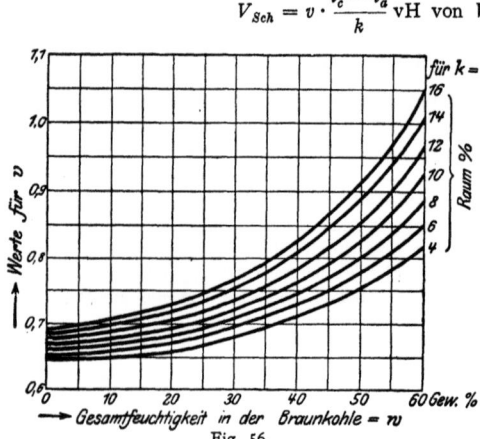

Fig. 56.

Bei nicht schlecht gewarteten Kesseln ergibt sich V_{Sch} im Durchschnittsbetriebe, wenn Abgasvorwärmer vorhanden, zu etwa 15 vH und ohne Vorwärmer zu 20 vH. Bei künstlichem Zuge kann der Schornsteinverlust bis zu 8 vH eingeschränkt werden.

6. **Verlust durch Strahlung und Leitung.** Die Menge der beim Betriebe eines Kessels nach außen abgegebenen Wärme hängt vor allem von der Größe seiner Außenflächen, der Stärke und dem Zustande der Außenwände ab. Nur bei Kesseln ohne Außenzüge hat man bis jetzt mit Erfolg versucht, den Strahlungsverlust unmittelbar zu bestimmen (vgl. Dr. Hilliger, Monatsblätter des Berliner Bezirksvereins deutscher Ingenieure 1920, Nr. 22). Im allgemeinen bildet die durch Strahlung und Leitung verlorengehende Wärme den Hauptanteil des „Restverlustes". Bei seiner Beurteilung ist aber zu beachten, daß darin außerdem alle nicht besonders bestimmten Verluste, wie z. B. der durch Ruß und unverbrannte Kohlenwasserstoffe in den Abgasen enthalten sind und daß er von den Fehlern bei der Berechnung der übrigen Verluste und der Nutzwärmemengen beeinflußt wird. Der Restverlust ergibt sich gewöhnlich zu weniger als 10 vH der aufgewendeten Wärme. Wird er größer, so kann das entweder durch schlechten Zustand des Mauerwerks — Risse und klaffende Fugen, schlechte Isolierung herausragender Kesselteile oder aber durch besondere Verluste infolge mangelhafter Verbrennung oder Flugkoksbildung verursacht werden sein. Nach der Größe des Restverlustes läßt sich demnach beurteilen, ob etwa eine eingehende Untersuchung der Kesselanlage, insbesondere der Feuerung, geboten ist.

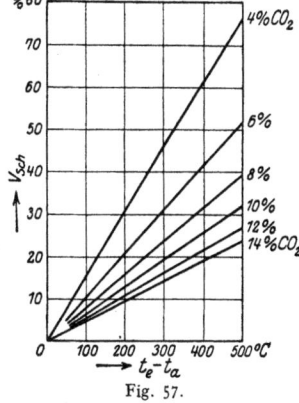

Fig. 57.

Die Gaserzeuger.

Von Dipl.-Ing. H. R. Trenkler.

I. Technische Gasarten und deren Zusammensetzung.

Die Gaserzeuger sind stets Hilfseinrichtungen, und zwar entweder Bestandteile einer Krafterzeugungsanlage oder einer Heizanlage (Öfen, Kessel u. dgl.). Ihre Wirkungsweise wird daher stets nur im Rahmen der gesamten Anlage abschließend beurteilt werden können, insbesondere, wenn es sich um einen wirtschaftlichen Vergleich handelt.

Bei der Gaserzeugung handelt es sich stets um die Überführung fester Brennstoffe unter restloser Auflösung dieser in gasförmige Zwischenprodukte, die vermöge des ihnen innewohnenden Heizwertes durch Verbrennung als Kraftoder Heizstoffe weiter verwertet werden. Demgemäß ist das Ziel der Vergasung eine Überführung des Brennstoffes in brennbare Gasbestandteile. Somit sind die Grundlagen eindeutig bestimmt, so daß der Gaserzeuger auch allein zum mindesten wärmetechnisch beurteilt werden kann. Im folgenden sollen die für die Herstellung solchen Gases in Frage kommenden Grundlagen, Einrichtungen und deren Betriebsüberwachung kurz dargelegt werden. Nicht berücksichtigt wurde dabei die Gewinnung von Gasen auf anderen Wegen als der Vergasung, wie z. B. bei der Entgasung (Destillation) in Kokereien und Gasanstalten. Neben diesen beiden Verfahren kommt noch ein drittes Verfahren in Frage, das einen Sonderfall der Vergasung darstellt und die Wassergasherstellung bzw. deren Abarten betrifft.

Die vorstehenden drei Gruppen von Verfahren geben jeweils ein sowohl der Zusammensetzung als auch dem Heizwerte nach bestimmt gekennzeichnetes Gas, wie aus Zahlentafel 1 zu ersehen ist.

Die Zusammensetzung wird naturgemäß je nach dem angewandten Brennstoff in weiten Grenzen schwanken, doch ersieht man aus der Aufstellung, daß die Reichgase etwa 4000 bis 7000 cal, die Vollgase 2000 bis 3000 cal und die Armgase 750 bis 1500 cal Heizwert aufweisen. In den ersteren fehlt nicht nur Stickstoff in nennenswerten Anteilen, sondern auch CO und CO_2; die Hauptanteile sind Wasserstoff und Kohlenwasserstoffe. Diese Destillationsgase sind Erzeugnisse der Entgasung, wobei lediglich durch Erwärmung der rohen Brennstoffe ohne Zufuhr irgendwelcher anderen Stoffe die in dem Brennstoff gebundenen Gase abgespalten werden und mehr oder weniger reiner Kohlenstoff (Koks, Halbkoks u. dgl.) als Rückstand verbleibt. Bei den Vollgasen fehlt Stickstoff, aber der Gehalt an Kohlenwasserstoffen tritt zurück; an deren Stelle ist ein hoher Gehalt von CO und H_2 bemerkbar. Diese Gase werden durch Zuführung von Wasserdampf in den Brennstoff unter bestimmten Bedingungen erzeugt, die noch später erläutert werden. Bei den Armgasen ist der erhebliche Anteil an N (40 bis 60 vH) kennzeichnend, weil diese Gase bei einer Zufuhr von Luft hergestellt sind, was als die Grundlage der Vergasung bezeichnet werden kann.

II. Chemische Grundlagen der Vergasung.

Das bei der Verbrennung aus dem C des Brennstoffs erzeugte CO_2 hat keine Heizkraft, weil die mögliche Umsetzung von C und O beendet ist und sämtliche im C enthalten gewesene Wärme freigemacht wurde. Will man daher heizfähige

Zahlentafel 1.

Durchschnittliche Zusammensetzung, Heizwerte und Ausbeuten technischer Gasarten.

Gruppe:	Gasart:	Mittlere Zusammensetzungen						Unterer Heizwert	Spez. Gew.	Unterer Heizwert	Ausbeute aus:		Wärme aus 1 kg Steink.
		CO$_2$	CO	CH$_4$	C$_n$H$_m$	H$_2$	N				Steink.	Koks	
		Volumteile						cal/m³	Luft = 1	cal/kg	m³/t		kcal
Feichgase	Schwelgas v. Steink.	3	7	48	13	27	2	6900	0,58	9100	100	—	700[1]
	Leuchtgas	2	8	32	4	51	3	5000	0,40	9700	340	—	1700[1]
	Koksofengas	2	8	29	4	50	7	4800	0,42	8800	320	—	1550[1]
Vollgase	Wassergas	5	42	0,5	—	49	3	2600	0,52	3900	—	1400	4250[2]
	Doppelgas	7	28	8	0,6	45	11	2800	0,56	3900	1500	—	4200
Armgase	Luftgas	5	23	3	0,2	6	62	1140	0,92	960	4000	—	4550
	Hochofengas	8	28	—	—	4	60	950	0,99	750	Nebenprodukt.		
	Halb-(wasser-)gas	7	22	0,5	—	18	52	1180	0,83	1100	—	3200	4350[2]
	Generatorgas	3	28	3	0,2	12	54	1450	0,86	1300	3750	—	5500
	Mondgas	16	12	4	0,3	25	43	1400	0,82	1325	4000	—	5500

[1] Hierbei verbleibt der Hauptteil des Heizwertes als Rückstand (Koks oder Halbkoks).
[2] Unter Annahme von 700 kg Koks aus 1000 kg Kohle und Einrechnung von 1700 kcal für diese Umwandlung.

Dubbel, Betriebstaschenbuch.

Gase erzeugen, so muß man die niedrigere Oxydationsstufe des C, nämlich das Kohlenoxyd, CO herstellen, das ein brennbares Gas ist. Die Vergasung stellt demnach gewissermaßen eine unvollkommene Verbrennung dar, indem die Luftmenge bei dem Vorgang beschränkt und die in Umsetzung tretende Brennstoffmenge möglichst groß gewählt wird. Durch diese Maßnahme läßt sich jede Verbrennung in eine Vergasung umwandeln, und es ist zur Zeit noch eine unentschiedene Frage, ob sich bei der Vergasung in gleicher Weise wie bei der Verbrennung zuerst CO_2 bildet, das im weiteren Verlauf zu CO reduziert wird, oder ob sich letzteres unmittelbar bildet. Für keine Annahme sind direkte Beweise bisher erbracht worden und sämtliche Analysen zeigen stets beide Bestandteile nebeneinander, so daß entweder beide Vorgänge gleichzeitig vor sich gehen oder sich so schnell abspielen, daß sie nebeneinander verlaufen. Für die Beurteilung des Gaserzeugerganges ist diese Frage gleichgültig, da nur der Endzustand des Gases in Betracht kommt.

Die beim Zusammentreffen von C und O möglichen chemischen Vorgänge sind folgende:

$$C + O_2 = CO_2 + 97{,}64 \text{ kcal} \qquad (1)[1]$$
$$C + O = CO + 29{,}44 \text{ „} \qquad (2)$$
$$C + CO_2 = 2\,CO - 38{,}76 \text{ „} \qquad (3)$$
$$CO + O = CO_2 + 68{,}2 \text{ „} \qquad (4)$$

Gleichung 2 läßt sich aus 1 und 3 errechnen. Die Gleichung 4 kommt für die nachfolgende Verbrennung in Frage.

Die Vergasungsluft enthält nun stets Feuchtigkeit und es wird ihr zudem meist aus später noch zu erwähnenden Gründen Wasserdampf zugesetzt. Auch der im Wasserdampf enthaltene O reagiert mit dem C unter Freiwerden von H_2, hierfür kommen nachfolgende Umsetzungen in Betracht:

$$C + 2\,H_2O = CO_2 + 2\,H_2 - 17{,}8 \quad (38{,}52) \text{ kcal} \qquad (5)[2]$$
$$C + H_2O = CO + H_2 - 27{,}92 \quad (38{,}64) \text{ „} \qquad (6)$$
$$CO + H_2O = CO_2 + H_2 + 10{,}84 \quad (0{,}0) \text{ „} \qquad (7)$$
$$H_2 + O = H_2O + 57{,}36 \quad (68{,}08) \text{ „} \qquad (8)$$

Die wichtigste Gleichung für den Vergasungsvorgang stellt Gleichung (7) dar, das sog. Wassergas-Gleichgewicht, das sämtliche Wechselbeziehungen der bei der Vergasung entstehenden Gasbestandteile umfaßt. Gleichung (7) hat für den praktischen Gaserzeugerbetrieb größere Bedeutung als die Gleichung (3), weil sich das Gleichgewicht nach letzterer nur sehr langsam und bei großem Kohlenstoffüberschuß einstellt, während das Gleichgewicht nach (7) wesentlich schneller eintritt[3].

Maßgeblich für die Beurteilung des Vergasungsvorganges ist Gleichung (3) nur in dem Fall der Luftgaserzeugung, wobei man keinen Dampf zur Vergasungsluft beimischt. Der in Reaktion tretende O stammt aus der Luft, daher wird das gebildete CO stets von N begleitet sein. Der Idealfall bei vollständigem Fehlen von H_2O ergibt dann stöchiometrisch — da 16 kg O einer Menge von $16 \times 3{,}11 = 52{,}96$ kg N entsprechen — die Zusammensetzung

34,60 vH CO und 65,40 vH N.

---

[1]) Alle Wärmetönungen sind abweichend von den meist in Handbüchern zu findenden angegeben, wobei nach einem Vorschlag von Hoffmann (Ft. 1916, Heft 3 und 4) für alle Gasbestandteile das konstante Gasvolumen 22,412 und im übrigen die Molekulargewichte der int. Atomgewichtstabelle 1912, sowie die Heizwerte nach den phys.-chem. Tabellen von Landoldt-Börnstein-Roth, 4. Aufl. 1912, zugrunde gelegt wurden (vgl. Zahlentafel 10).

[2]) Die Klammerwerte gelten für die Anwendung von flüssigem Wasser anstatt Wasserdampf, stellen also im Fall der Gleichung (8) bei der Verbrennung des gebildeten Wasserstoffes den sog. oberen Heizwert dar. Die Bildung von flüssigem Wasser bei der Verbrennung kommt allerdings tatsächlich nie in Frage, wenn man nicht künstliche Mittel, wie zum Beispiel in der Verbrennungsbombe, anwendet. In der Regel rechnet man mit dem unteren Heizwerten, und daher sind die erstgenannten Zahlenwerte maßgeblich.

[3]) Vgl. Neumann, „Die Vorgänge im Gasgenerator auf Grund des 2. Hauptsatzes der Thermodynamik". Forschungsarbeiten, Heft 141. Verlag Julius Springer, Berlin.

Der so erzielbare CO-Gehalt stellt einen Höchstgehalt bei der Vergasung dar. In der Praxis wird das Gas meist 2 vH H_2 (aus der Feuchtigkeit der Luft und dem H_2 des Brennstoffes) oder darüber bis 5 vH enthalten, so daß auch bei vollständigster Umsetzung der CO-Gehalt 30 bis 32 vH kaum übersteigt. Daneben wird man mindestens 2 vH CO_2 im Durchschnitt finden und auch das nur bei tadellosem Gang des Gaserzeugers. Es ist nämlich zu beachten, daß die Reaktion nach Gleichung (2) eine erhebliche Wärmemenge frei macht, die zwar teils durch das entstehende Gas abgeführt wird und teils durch die Wärmeverluste des Gaserzeugers (Strahlung) verlorengeht, die aber andererseits auch eine hohe Umsetzungstemperatur im Brennstoff bedingt; diese ist nach Feststellung von Wendt, Neumann u. a. etwa 1400 bis 1600°, wobei leicht Verschlackungen eintreten, die zu Störungen des Vergasungsvorganges führen müssen. Dagegen ist der Umsetzungsvorgang nach Gleichung (5), (6) und (7) wärmeverbrauchend, daher geeignet, die Temperatur im Gaserzeuger zu erniedrigen. Es ist daher naheliegend, durch eine Verbindung beider Vorgänge das Verfahren so auszugestalten, daß weder eine Bindung noch eine Entbindung von Wärme in Frage kommt. Tatsächlich hat auch dieses Verfahren der Vergasung mit einem Luftdampfgemisch in der Entwicklung die größte Bedeutung erlangt.

In Zahlentafel 2[1]) sind die nach dem Gesagten in Frage kommenden grundsätzlichen Verfahren sowohl hinsichtlich ihrer Besonderheiten, als auch hinsichtlich der dafür verwendeten Gaserzeugerbauarten und der erzielten Gaszusammensetzung übersichtlich zusammengestellt, und zwar einmal, wenn es sich um die Verarbeitung gasarmer Kohlen handelt (Koks), und das andere Mal bei der Vergasung der üblichen mehr oder weniger gasreichen Brennstoffe (Kohlen schlechtweg). Bei dem letzteren Verfahren tritt praktisch eine Verbindung des Vergasungsverfahrens mit dem Destillations- oder Entgasungsverfahren ein. Es ist naturgemäß, daß zwischen allen dargestellten Verfahren enge Zusammenhänge und Übergänge bestehen, wie ja auch die Eigenschaften der Brennstoffe selbst in weiten Grenzen schwanken.

In die Zusammenstellung ist auch die Umsetzung von C mit Dampf allein (ohne Luftzufuhr) nach Gleichung (6) aufgenommen worden, die die Grundlage des sog. Wassergasverfahrens bildet. Wie in der Zahlentafel 2 angegeben, erfordert dieser Vorgang eine Wärmezufuhr. Es wäre zwar möglich, diese Wärmezufuhr durch eine Beheizung von außen durchzuführen, doch haben sich die dahinzielenden Vorschläge in die Praxis nicht eingeführt. Andererseits läßt sich das Verfahren so ausbilden, daß man den Gaserzeuger zuerst durch eine Verbrennung mit Luft heiß treibt, und sodann in einem unterbrochenen Betrieb Dampf durchführt. Die beim Heißblasen gebildeten Gase gehen für den Wassergasprozeß verloren, was große Wärmeverluste bedingt, weil diese Gase niemals aus Kohlensäure allein bestehen, sondern auch CO und andere Gasbestandteile enthalten. Es bleibt lediglich die Möglichkeit, die Heißblasgase anderweitig zu verwenden, wie z. B. zum Betrieb von Gasmaschinen usw. Der notgezwungen unterbrochene Betrieb des Wassergasverfahrens hat seine allgemeine Anwendung beschränkt; dagegen hat es naturgemäß weite Verbreitung gefunden, wo es sich darum handelt, ein Gas mit hohem Wasserstoffgehalt oder hohem Wärmeinhalt zu erzeugen, wie z. B. in Schweißereien und auf den Gaswerken.

Das Wassergasverfahren stellt daher keinen reinen Vergasungsprozeß im Sinne des früher Gesagten dar, sondern es ist im Grunde genommen eine Vergasung, bei der man durch einen Kunstgriff die zur Aufrechterhaltung der Wärmeumsetzung notwendig werdenden Ballaststoffe CO_2 + N zeitlich getrennt von den heizkräftigen Bestandteilen CO und H_2 darstellt und in möglichst geringer Vermischung mit letzteren entfernt.

Die weitaus größte Bedeutung in der Gaserzeugung hat die Herstellung von Halbgas bzw. Sauggas (früher allgemein Mischgas oder Dowsongas genannt,

---
[1]) Nach Trenkler „Die Chemie der Brennstoffe vom Standpunkt der Feuerungstechnik". 2. Aufl. Spamer, Leipzig. 1921.

Zahlentafel 2. Grundsätzliche Verfahren der Vergasung.

Beschaffung des Sauerstoffs zur Vergasung durch:	Luft	Luft und Dampf		Dampf
Verfahren ist:	wärmeentbindend	annähernd im Wärmegleichgewicht		wärmeverzehrend
Daher:	große Eigenwärme des Gases	geringe Eigenwärme des Gases. Dampfzusatz je nach der Eigenart des Brennstoffs	bei gesteigertem (maximalem) Dampfzusatz Vorwärmung des Luftdampfgemisches durch Eigenwärme des Gases notwendig	entweder: mit Außenheizung (praktisch nicht ausgeführt) oder: unterbrochen mit abwechselndem Heißblasen durch Luft (Heißblasegase gehen verloren oder werden getrennt aufgefangen und verwertet)

Brennstoff gasarm, Koks

	Luft	Luft und Dampf		Dampf
Gasart:	Luftgas, Heißgas	Mischgas, Sauggas		Wassergas
übliche Gaserzeuger:	einfache Schachtg. Abstichgaserzeuger	Sauggaserzeuger	siehe unten	Wassergaserzeuger
Gaszusammensetzung:	2 vH CO_2, 32 vH CO, 2—5 vH H_2	7 vH CO_2, 22 vH CO, 18 vH H_2		5 vH CO_2, 42 vH CO, 46 vH H_2
Besonderes:	Gastemperaturen: 700—800° C. Früher kaum angewandt, erst seit Einführung d. Abstichgaserz.	Kaum angewandt, da geringe Ausbeute an Nebenprodukten		Hohe Heizkraft d. Gases, daher Ersatz f. Leuchtgas. Geringe Wärmeausnutzung, wenn Heißblasegase nicht bes. Verwendg. (Gasmasch.)

Brennstoff gasreich, Kohle

	Luft	Luft und Dampf		Dampf
Gasart:	Siemensgas, Heißgas	Dowsongas, Generatorgas	Mondgas	Doppelgas, Trigas usw.
übliche Gaserzeuger:	einf. Schachtgaserzeuger	neuere Schachtgaserzeuger Drehrostgaserzeuger	Mondgaserzeuger	Wassergaserz. m. Retortenaufbau, Doppelgaserz. u. ähnl.
Gaszusammensetzung:	5 vH CO_2, 23 vH CO, 6 vH H_2, 3 vH CH_4	3 vH CO_2, 28 vH CO, 12 vH H_2, 3 vH CH_4	16 vH CO_2, 12 vH CO, 25 vH H_2, 4 vH CH_4	7 vH CO_2, 28 vH CO, 45 vH H_2, 8 vH CH_4
Besonderes:	Jetzt kaum mehr verwendet	Gebräuchlichste Gasart f. Heizzwecke. Zusammensetzung je nach Dampfzusatz schwankend	Gastemperaturen niedrig, Zusammensetzung bei allen Brennstoffen nahezu gleich	Hohe Heizkraft. Wärmeausnutzg. mäßig. Idealer Ersatz f. Leuchtgas, da bei allen Brennstoffen anwendbar

Chemische Grundlagen der Vergasung.

welche Bezeichnung jedoch als zu allgemein bzw. veraltet vermieden werden sollte). Man gibt dabei so viel Dampf der Vergasungsluft zu, als der Brennstoff und die Bestimmung des erzeugten Gases erlaubt, und vermeidet so Verschlakkungen und damit Verluste in den Rückständen, eine zu große fühlbare Wärme des Gases und übermäßige Verluste durch Strahlung, wie die nachfolgende Gegenüberstellung der Versuche von Wendt[1]) in Zahlentafel 3 zeigt.

Zahlentafel 3.

Es wurden umgesetzt	bei der Luftgaserzeugung vH	bei der Mischgaserzeugung vH
auf dem Roste des Dampfkessels	0,31	4,78
in der im reinen Gase enthaltenen ausnutzbaren Wärme	71,40	74,80
in der im Teer enthaltenen ausnutzbaren Wärme .	5,70	6,08
in der im Ruß enthaltenen ausnutzbaren Wärme . .	0,32	0,05
in fühlbare Wärme des ungereinigten Gases . . .	12,54	9,92
in fühlbare Wärme des Rostdurchfalls	1,15	0,08
in strahlende Wärme des Generators	8,58	4 29
zusammen:	100,00	100,00

Über die bei wechselndem Dampfzusatz zu erzielende Gaszusammensetzung unterrichtet Zahlentafel 4, die nach den bereits erwähnten Versuchen von Neumann und solchen von Bone und Wheeler[2]) an Mondgaserzeugern zusammengestellt wurde. Besonders zu beachten ist hierbei die bei höherem Dampfzusatz

Zahlentafel 4.

Vergasungsversuche mit gesteigertem Dampfzusatz.

Versuche von	Bone und Wheeler					Neumann				
Nr.	II. 1	II. 2	I. 1	I. 3	I. 5	12	10	9	8	7
Brennstoff	Steinkohle mit 78 vH C und 36 vH flüchtigen Best.					Koks				
Sättigungstemperatur der Vergasungsluft . . . . °C	45	50	60	70	80	49,5	53	59	65	72
Analyse d. trock.Gases: CO_2 vH	2,35	2,50	5,25	9,15	13,25	3,6	4,8	6,7	9,9	13,6
CO „	31,60	30,60	27,30	21,70	16,05	28,8	27,3	24,4	19,4	14,2
H_2 „	11,60	12,35	16,60	19,65	22,65	10,6	10,6	11,4	12,7	14,3
CH_4 „	3,05	3,00	3,35	3,35	3,50	0,8	0,8	0,8	0,8	0,8
N_2 „	51,40	51,55	47,50	44,85	44,55	56,8	56,5	56,7	57,2	57,1
Heizwert des trockenen Gases . . . . cal	1520	1500	1557	1549	1526	1105	1077	1015	906	797
Zersetzungsgrad des Dampfes . . . . . . vH	100	100	87	61	40	98	88	76	64	51
Dampf für 1 kg C . . . kg	0,256	0,270	0,577	1,025	1,98	0,379	0,495	0,708	1,105	1,82

schnell abnehmende, sehr unvollkommene Zersetzung des Dampfes; aus diesem Grunde geht man bei normaler Vergasung kaum über einen Zusatz von 0,6 kg Dampf für 1 kg C, entsprechend etwa 0,2 kg für 1 m² Vergasungsluft (Sättigungstemperatur von 60°) hinaus. Will man — wie beim Mondgasverfahren wegen

---

[1]) Wendt, Untersuchungen an Gaserzeugern. Forschungsarbeiten, Heft 31. Verlag Springer.
[2]) Bone und Wheeler, An Investigation on the use of steam in gas-producer practise. J. of Iron & Steel Inst. 1907, Bd. I, 1908, Bd. I.

der Gewinnung des Ammoniaks — mit höherem Dampfzusatz arbeiten, so muß man, um eine möglichst gute Zersetzung zu erreichen, das Luftdampfgemisch vorwärmen.

Außerdem ist in vorstehender Zusammenstellung der Unterschied in der Zusammensetzung des Gases bei der Verarbeitung von rohen Brennstoffen und von Destillationsrückständen klar zu erkennen. Bei ersteren erfolgt in den oberen Schichten, ehe eine Umsetzung mit dem O der Luft und des Dampfes wesentlich eintritt, neben der Vertrocknung bei wasserhaltigen Brennstoffen eine ähnliche Destillation wie in den Koksöfen und Retorten der Gasanstalten, wobei das aus den unteren Schichten aufsteigende heiße Gas seine fühlbare Wärme teilweise abgibt. Diese Vorgänge haben besonders dann wesentliche Bedeutung, wenn man aus dem Gas Teer und andere Destillationsbestandteile gewinnen will. (Vgl. Nebenproduktengewinnung.)

III. Die Brennstoffe.

Für die Vergasung kommen alle festen Brennstoffe in Frage; doch wird naturgemäß deren Zusammensetzung einen weitgehenden Einfluß auf die Vorgänge ausüben. Die wertvollen Bestandteile derselben sind C und H; daneben enthalten die reinen Brennstoffe wechselnde Mengen von O und geringe Mengen von N. Beide sind Ballaststoffe, der O allerdings nur insoweit, als er bei der Destillation als CO_2 abgespalten wird; bei diesem Vorgang auftretendes CO ist bereits ein wertvoller Bestandteil des Gases. Der N wird zum Teil als NH_3 abgespalten, und dieses bildet den Ausgangspunkt der Nebenproduktgewinnung. Die beiden genannten Ballaststoffe nehmen daher eine Sonderstellung ein. Als weitere Ballaststoffe sind stets größere oder geringere Mengen von S, sowie Feuchtigkeit und Asche vorhanden. Je erheblicher der Anteil des Brennstoffes an diesen drei Stoffen ist, um so minderwertiger ist er. Ein Teil des S geht allerdings bereits bei der ersten Erwärmung des Brennstoffes in Form von H_2S ab und führt damit zu einer meist belanglosen Verunreinigung des Gases. Ein anderer Teil — besonders der im eingesprengten Eisenkies enthaltene S — wird unter dem Einfluß der Luft oxydiert und findet sich als SO_2 im Gase. Da der Schmelzpunkt von Eisenkies sehr niedrig liegt, verschlackt die Asche leicht zu störenden Schlackenklumpen, und ein hoher Gehalt an solchen Verunreinigungen ist daher leicht der Grund zu Störungen und Unregelmäßigkeiten im Betriebe. Der Feuchtigkeitsgehalt der Brennstoffe beeinflußt die Umsetzungsvorgänge verhältnismäßig wenig, da er bereits anfänglich mit den Destillationsgasen ausgetrieben wird; die Nachteile eines zu hohen Feuchtigkeitsgehaltes sind nur mittelbare und machen sich besonders dann bemerkbar, wenn die fühlbare Wärme des von unten hochsteigenden Gases nicht ausreicht, um den Brennstoff vorzutrocknen. Man wird dann stets eine schlechte Gaszusammensetzung in Kauf nehmen müssen, um durch eine entsprechende Wärmeentwicklung im Gaserzeuger den Wärmebedarf für die Vortrocknung zu decken. Der Aschengehalt schließlich ist bei der Vergasung der wenigst störende Ballaststoff, seit man die selbsttätige und ununterbrochene Aschenentfernung der Gaserzeuger eingeführt hat. Er bedingt aber bei großem Gehalt eine Verdünnung der wertvollen Bestandteile, was die Umsetzung verzögert und schließlich unmöglich machen kann. Man sieht dies deutlich, wenn größere Schieferstücke zwischen der Kohle vorkommen; diese sind zwar meist oberflächlich vergast, der innere Kern ist aber vollkommen unverändert, weil die Vergasungsluft durch die verbleibenden Rückstände nicht an die brennbaren Teile im Inneren herankommen kann. Andererseits kann der Aschengehalt schon bei geringem Anteil sehr störend wirken, wenn der Schmelzpunkt der Asche sehr niedrig liegt, da sich dann geschmolzene Aschenklumpen bilden, die Schwierigkeiten bei der Entfernung machen und zudem meist unverbrannten Brennstoff umschließen.

Zahlentafel 5.
Zusammensetzung verschiedener Brennstoffe.

1. Brennstoff	2.	3.	4.	5.	6.	7.	8.	9.	10.	11.	12.	13.
	Gehalt des rohen Brennstoffes an:				(Zustand)	Elementaranalyse der				Auf 1000 Teile C kommen		
	H_2O	Asche	flücht. Best.	C_{fix}		C	H_2	N	O_2	H_2	O_2	H_2O
Holz: Lufttrockenes Fichtenholz	}15–25	0,1–0,8	45–55	17–25	Reink.	50,46	6,71	0,65	42,28	133	836	}300–500
„ Eichenholz					„	50,0	5,9	0,1	44,0	118	880	
Torf: jüngerer Fasertorf, Handstich, lufttrocken	}18–33	2,0–10,0	33–40	28–35	Reink.	49,9	6,5	1,2	42,4	130	850	}350–600
älterer Maschinentorf, gut zersetzt.					„	63,9	6,5	1,7	27,9	102	437	
Braunkohlen: lignitische	33–45	3–15	22–30	20–28	Reink.	64,2	5,9	—	29,9	92	466	800–1500
„ mulmige (Schwandorf)	55–60	3–12	20–25	17–21	Rohk.	31,52	2,62	0,25	13,22	83	419	1700–2000
„ „ (rheinische)	52–56	2–6	18–24	19–23	„	31,80	2,16	0,30	12,13	68	381	1600–1800
„ „ (mitteldeutsche)	48–53	4–8	20–24	19–24	„	26,77	1,95	0,27	9,05	73	337	1500–1900
NaBpreßsteine	15–30	8–18	35–40	30–36	„	44,35	3,40	0,31	19,43	77	438	300–700
Briketts (Oberlausitz)	12–17	4–15	41–45	35–42	„	54,4	4,3	0,4	23,6	79	434	200–350
böhmische aus Tagebau	28–33	5–15	27–32	28–33	„	42,08	3,79	0,67	11,89	90	282	600–900
„ aus Tiefbau	22–26	3–12	32–37	32–36	„	52,60	4,30	0,95	15,05	82	286	400–600
Pechkohle	10–14	5–8	34–40	40–48	Reink.	75,6	5,4	0,7	18,3	71	242	120–200
alpine Glanzkohle	7–15	7–18	32–38	38–45	Rohk.	61,55	4,78	0,90	17,11	78	278	100–200
Steinkohlen: Flammkohle v. d. Saar	1–4		}35–44	}45–55	Reink.	84,9	5,3	0,6	9,2	62	108	}20–100
„ aus O.-S.	gewaschen				„	82,6	5,0	1,0	11,4	61	138	
Gaskohle v. d. Saar		3–12	}32–38	}48–60	„	85,1	5,5	1,3	8,1	64	94	
„ westfälische					„	85,9	5,5	1,6	7,0	64	81	
Kokskohle aus N.-S.			}24–30	}60–75	„	85,0	4,9	1,1	9,0	58	106	
„ westfälische					„	88,7	5,0	1,2	5,1	56	58	
Magerkohle (EBkohle)	3–8		15–22	68–78	„	91,4	4,6	1,0	3,1	50	34	
Anthrazit von Piesberg	1–3	3–15	4–8	85–90	Reink.	95,3	1,9	0,5	2,3	20	24	20–40
Destillationsrückstände: Holzkohle					Reink.	84,0	2,7	0,4	12,9	32	153	}20–100
Torfkoks	}1–10	6–15			„	90,9	2,1	1,3	5,7	23	63	
Braunkohlen-Grude					„	94,6	2,5	0,5	2,4	26	25	
Kaumazit a. böhm. Braunkohle					„	95,2	0,3	0,9	3,1	3	33	
Gaskoks					„	86,94	0,62	0,95	0,85	7	10	
Zechenkoks					Rohk.	88,39	0,51	0,90	0,90	6	8	

Man kann demnach folgende minderwertige Brennstoffe unterscheiden, wobei nach Erfahrungswerten die Grenzen eingesetzt wurden, die für den Gaserzeugerbetrieb in Frage kommen:
1. Wasserhaltige, feuchte Brennstoffe mit mehr als 25 vH H_2O.
2. Schwefelreiche, unreine Brennstoffe mit mehr als 2 vH S.
3. Aschenreiche, Abfallbrennstoffe mit mehr als 15 vH Asche.
4. Brennstoffe mit leichtflüssigen Schlacken, das sind solche, bei denen der Aschenschmelzpunkt unter 1400° liegt.

Hierzu kommen noch besonders für den Gaserzeugerbetrieb als wenig geeignete Brennstoffe:
5. Feinkörnige bzw. staubreiche Brennstoffe mit Korn ausschließlich unter 8 mm oder mit mehr als 30 vH Staub (unter 5 mm) neben stückigen Anteilen.

Bis zu den angegebenen Grenzen werden die mindernden Ballaststoffe einen wesentlichen Einfluß bei der Vergasung nur in seltenen Fällen haben. Bei einem Gehalt über die angegebenen Grenzen hinaus ist jedoch eine entsprechende Umstellung des Betriebes notwendig[1]).

Neben den Einflüssen der Ballaststoffe ist aber auch die chemische Zusammensetzung der reinen Brennstoffe für die Beurteilung des Vergasungsvorganges wichtig. Die Ballaststoffe werden selbst bei Brennstoffen aus demselben Vorkommen sehr stark wechseln können, während die Zusammensetzung der Reinkohle aus dem gleichen Lager und besonders aus den gleichen Flözen ziemlich konstant ist. Daher ist letztere allein für den Charakter der Kohle kennzeichnend. Da aber die gegenseitigen Verhältnisse der Bestandteile in der Reinkohlensubstanz durch die Veränderung der Mengen der einzelnen Elemente beeinflußt werden, erscheint es zweckmäßig, ebenso wie in den Rechnungen, alle Angaben auf 1 kg C (1000 Teile C) zu beziehen, um wirklich brauchbare Vergleichzahlen zu erhalten.

In Zahlentafel 5 sind möglichst viele und verschiedene in Frage kommenden Brennstoffe zusammengestellt, wobei nicht nur Analysenwerte der rohen Brennstoffe, sondern auch die der Reinsubstanz angeführt worden sind. Daneben sind in den Spalten 11, 12, 13 noch die Kennziffern für den H_2-, O_2- und H_2O-Gehalt, bezogen auf C = 1000 (1 kg) angegeben. Dieses Verfahren läßt den nach dem Alter der Brennstoffe abnehmenden H_2- und O_2-Gehalt klar erkennen und erlaubt dadurch richtige Vergleiche über die Güte der Brennstoffe. Besonders charakteristisch ist dieses Verfahren für den Wassergehalt, und kann in gleicher Weise auch für den Aschengehalt angewendet werden; dadurch kommt der überragende Anteil an Ballaststoffen klar zum Ausdruck. Denn die Kennziffer für den Wassergehalt steigt nicht nur mit dem Feuchtigkeitsgehalt des Brennstoffes selbst, sondern zugleich auch mit der Zunahme der anderen Ballaststoffe.

In Zahlentafel 5 wurden neben den natürlichen Brennstoffen auch die möglicherweise für eine Vergasung in Frage kommenden Destillationsrückstände aufgenommen, um auch für diese die Kennzahlen zu bringen. Da man nicht immer Elementaranalysen der Brennstoffe zur Verfügung hat, während Feuchtigkeits- und Aschenbestimmungen wohl in der Regel durchgeführt werden, kann man an Hand der Verkokungsprobe (nach Muck) die Kennzahlen nach der Zahlentafel mit einiger Annäherung bestimmen und derart die Zusammensetzung des rohen Brennstoffes hinsichtlich aller Bestandteile ungefähr errechnen. (Vgl. S. 106.)

IV. Bau der Gaserzeuger.

a) Ausführungsarten.

Wie aus den geschilderten chemischen Grundlagen hervorgeht, sind diese sehr verwandt mit den Vorgängen bei der Verbrennung der Brennstoffe. Es ist

---

[1]) Vgl. Trenkler, „Nutzbarmachung minderwertiger Brennstoffe durch Vergasung". Sparsame Wärmewirtschaft Heft 1. Verlag V. d. I. 1919.

lediglich danach zu trachten, die Luftzufuhr zu beschränken und zu beherrschen und andererseits die reagierende Brennstoffmenge möglichst zu vergrößern. Beides erreicht man durch eine Erhöhung der Brennstoffsäule über dem Rost, so daß die Gaserzeuger stets einen schachtartigen Aufbau zeigen; im übrigen kann die Einrichtung des Rostes und anderer Bestandteile ganz der normalen Feuerungsbauart entsprechen. Viele der älteren Gaserzeugerbauarten (Treppenrost-Gaserzeuger) zeigen dies; aber die ältesten Gaserzeuger von Faber du Faur (1840) und Ebelman (1841) weisen eine wesentlich andere Bauart auf, indem sie kleinen Hochöfen mit einer einzigen Düse ähneln und auch ganz so wie Hochöfen mit flüssigen Schlackenabstich betrieben wurden. Diese Bauart kann man als rostlose bezeichnen, sie wurde in späterer Zeit mehrfach neu aufgenommen.

Es kann an dieser Stelle weder beabsichtigt ein, die geschichtliche Entwicklung des Gaserzeugerbaues zu würdigen, noch einen umfassenden Überblick über die zahlreichen Bauarten zu geben, die vielfach nur in einzelnen oder seltenen Ausführungen angetroffen werden. Es sollen daher lediglich einige grundsätzliche Bauarten beschrieben werden.

Der **Siemens-Gaserzeuger** (1856), Fig. 1, ist die sinngemäße Anwendung eines Treppenrostes für den Vergasungsvorgang. Die rechteckige Gaserzeugerkammer ist an einer Seite abgeschrägt und trägt unten den Rost, über dem der Brennstoff in starker Schicht herabgleitet, in dem Maße, als durch die Vergasung eine Volumenminderung eingetreten ist. Am unteren Ende ist entweder ein Planrost angeschlossen, oder ein offener Aschenfall vorgesehen, von wo die Asche zeitweise, etwa einmal in 12 Stunden, entfernt wird. Das Deckengewölbe trägt am vorderen Ende den Fülltrichter, am hinteren Ende den Gasabzug; dazwischen ist ein Quergewölbe gespannt, das die Stärke der Kohlenschicht regelt und ein Durchtreten des Gases beim Füllen verhindern soll. Dieser Gaserzeuger gleicht vollständig den sog. **Halbgasfeuerungen**, bei denen an Stelle des Gasabzuges die Feuerbrücke mit der sekundären Windzuführung angeordnet ist. Denkt man sich eine Halbgasfeuerung vom Ofen räumlich getrennt, so ist der Siemens-Gaserzeuger in seiner ursprünglichen Form wiedergegeben.

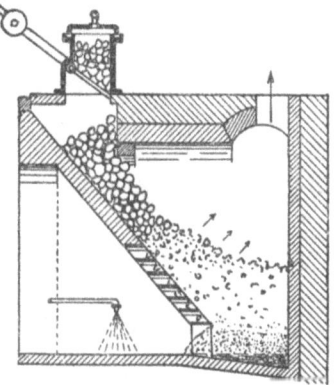

Fig. 1. Siemens-Gaserzeuger.

Mit Rücksicht auf den großen Widerstand der Beschickungssäule für den Durchtritt der Luft und die manchmal auftretenden Schwierigkeiten durch Verschlackung griff man bereits anfänglich zu einer Beimischung von Dampf, indem die Luft mittels Körtingscher Dampfstrahlgebläse zugeführt wurde; hierbei mußte der Raum unter dem Rost von der Außenluft abgesperrt werden, was durch eine einfache Blechverkleidung erreicht wurde, die meist abhebbar oder türähnlich angeordnet ist, um zwecks Schlackenarbeit an den Rost heranzukommen.

Denkt man sich mehrere solcher Siemens-Gaserzeuger im Kreise nebeneinander angeordnet, also im Grundriß nicht rechteckig, sondern dreieckig und ohne Zwischenwände, so erhält man den in Fig. 2 dargestellten **Gaserzeuger mit Polygonrost.** Durch die schachtartige Bauart ist man in der Lage, mit wesentlich höheren Luftdrücken zu arbeiten und größere Leistungen je m² Schachtfläche zu erreichen. Während man beim Siemens-Gaserzeuger selbst bei gutartigen Brennstoffen nicht mehr als 30 bis 40 kg je m²/h rechnen kann, erzielt man bei Schachtgaserzeugern bei gleichem Brennstoff 50 bis 65 kg je m²/h. Diese Bauart war bis zur Jahrhundertwende viel verbreitet. Naturgemäß in abweichenden Ausführungen, die unter verschiedenen Namen bekannt sind. Die in Fig. 2 dargestellte Ausführungsform mit zentraler Windhaube ist bereits eine spätere; anfänglich führte man die Luft durch die Tragsäulen dem Rostraum zu. An Stelle des Polygon-Treppenrostes sind auch Korbroste mit senkrecht geneigten Roststäben verwendet worden, auch Vorschläge für die Bewegung der Korbroste zum Auflockern der Asche wurden ersonnen. Teilweise wurden nur zwei gegenüberliegende Treppenroste oder ein Sattelrost angewandt. Bei allen diesen Bauarten wird die Ver-

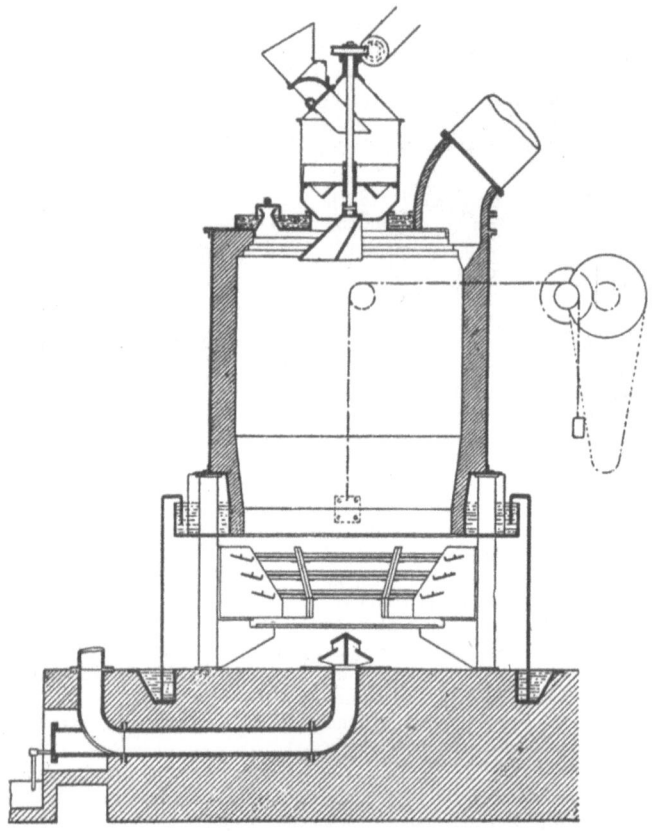

Fig. 2. Gaserzeuger mit Polygonrost.

gasung während der Schlackarbeit und dem Entfernen der Asche eingestellt oder stark vermindert; der Betrieb ist daher unregelmäßig und leicht gestört; oft treten Verschlackungen der Roste ein, wenn das Feuer zu tief gezogen wird und glühende Kohle unmittelbar auf die Roststäbe oder Windhauben zu liegen kommt. Stets muß eine gewisse Aschenmenge zurückbleiben; da man nicht gleichmäßig von allen Seiten zugleich Asche entnehmen kann, fällt unverbrannte Kohle oft zwischen die Asche und geht verloren; die Feuerschicht, die für die Bildung eines guten Gases wichtig ist, wird beim Abschlacken stark verschoben, so daß nach diesem ein kräftiges Durchstochen von oben stattfinden muß, um die Beschickungssäule möglichst gleichmäßig zu gestalten.

Dies brachte schon in den 80er Jahren den Gedanken auf, in Verbindung mit der Windhaube eine selbsttätige Entaschung mittels drehbarer Platte und vom Rand verstellbaren Aschenräumern durchzuführen. Als Beispiel dieser Ausführungsart sei der G a s e r z e u g e r v o n T a y l o r (1889) erwähnt, der in Fig. 3 wiedergegeben ist, obwohl er in Deutschland wenig Verbreitung fand. Überhaupt hat sich diese Bauart nirgends in größerem Umfange eingeführt, weil die bewegten Teile unter dem Einfluß der großen Hitze der abgezogenen Asche stark leiden und kurze Lebensdauer aufweisen.

Eine vorteilhafte Weiterentwicklung brachten daher die **Gaserzeuger mit Wasserbad**. Als Beispiel sei in Fig. 4 der Duff-Gaserzeuger mit Dachrost und in Fig. 5 der Morgan-Gaserzeuger mit Windhaube gezeigt. Die Anwendung des bereits erwähnten Sattelrostes legte den Gedanken nahe, die hebbaren Wände als Verlängerung des Schachtes auszubilden und die Asche unter diesen durch ein Wasserbad mittels Schaufeln auszuziehen. Diese Arbeit kann nun dauernd und ohne Störung des Betriebes vorgenommen werden, wobei noch der Umstand hinzutritt, daß die noch heiße Asche im Wasser zerplatzt und kleinstückig wird; auch der durch das Ablöschen der Asche im Wasserbad entstehende Dampf wirkt in den höheren Zonen zersetzend auf die Asche und befördert den Gang. Trotzdem ist die Arbeitsweise dieses Gaserzeugers nur in seltenen Fällen ununterbrochen. Der Sattelrost läßt nämlich an den beiden Seiten, wo kein Wasserbad ist, die Beschickung aufhängen, und die Aschenentfernung gelingt nicht ohne kräftiges Nachstoßen von oben; meist muß man sogar alle 24 Stunden die Schlacktüren öffnen und die Schlacke vom Rost abziehen, um einen guten Fortgang der Vergasung zu sichern. Gegenüber dieser Bauart zeigt der

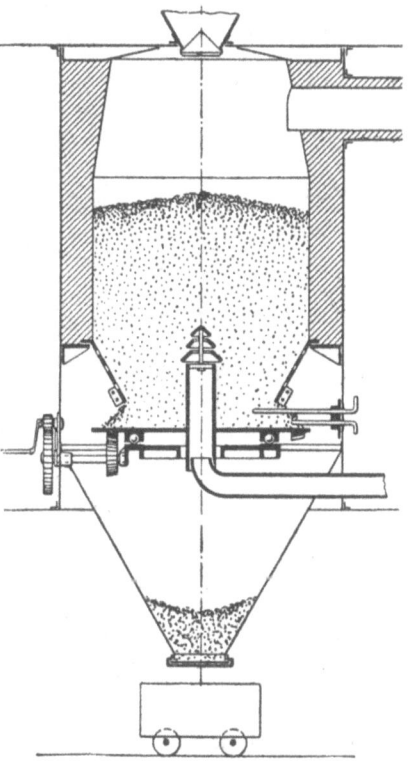

Fig. 3. Taylor-Gaserzeuger.

Morgan-Gaserzeuger die bereits bekannte Windhaube und somit ein allseitiges Wasserbad. Die Zugängigkeit ist dadurch gehoben und die Aschenentfernung leichter und günstiger; aber selbst bei dieser Bauart bilden sich noch oft Schlackenklumpen über und um die Windhauben, so daß ein öfteres Niederschlacken von den Türen im Mantel aus notwendig ist, das naturgemäß mit einer zeitweisen Verminderung der Gaserzeugung verbunden sein muß.

Die Bauart des Wasserbad-Gaserzeugers mit Windhaube ist noch heute viel verbreitet; man hat letztere in ihrer Form und Ausführung vielfach geändert und entwickelt, um eine möglichst gleichmäßige Verteilung der Vergasungsluft über den ganzen Schachtquerschnitt zu erreichen. Auch hat man vielfach eine Windzufuhr vom Rande her beigefügt, indem man den unteren Schachtteil als Windkasten mit Schlitzen oder Düsen ausbildete. Die zentrale Windhaube mit ihren kleinen Abmessungen wird aber stets leicht zur Bildung von Aschenklumpen, Brücken und Hohlräumen führen, wenn nicht ein ganz gleichmäßiges und grobgekörntes Aschenbett diese Verteilung unterstützt. Das Zusammenbacken und Verschlacken bringt zugleich den weiteren Nachteil mit sich, der mehr oder weniger allen bisher erwähnten Bauarten zukommt, daß die Asche teilweise mit unverbrannter oder nicht ganz vergaster Kohle vermischt ist. Die Entaschungs- oder besser gesagt Entschlackungsarbeit ist bei allen diesen Bauarten eine sehr schwere.

Daher hatte man schon von Anfang an die verschiedensten Wege versucht, um die Verschlackungen zu vermeiden oder leicht zu beheben. Erwähnt seien hier z. B. bei Planrosten die senk- und klappbaren Roste, die nach Einführung eines Notrostes betätigt wurden (Turk 1900), die mehrfachen Bauarten mit Förderschnecken, sowie die Gaserzeuger mit ausfahrbaren Rosten (Blezinger 1904). Zur Behebung von Ansätzen am Schachtmauerwerk verwandte man gekühlte Schachtteile, entweder Wassermäntel (Dowson 1883, Gerdes 1896, Kerpeley 1903) oder Kühlringe (Turk, Stapf 1905).

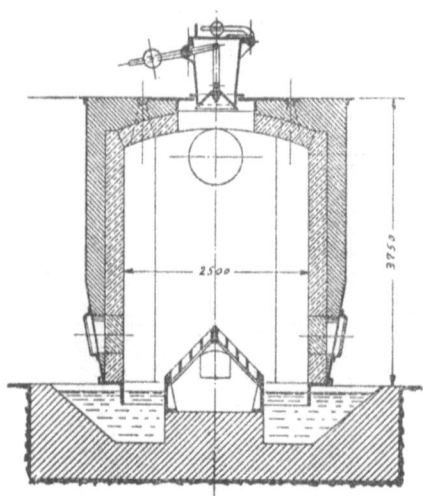

Fig. 4. Duff-Gaserzeuger.

Die bahnbrechende Bauart zur Überwindung dieser Schwierigkeiten war der **Drehrostgaserzeuger.** Die erste brauchbare Bauart stammt von Kerpely aus dem Jahre 1903 während ähnliche Vorschläge schon bis ins Jahr 1884 zurückgehen. Der Drehrost von Kerpely, Fig. 6, ist ein mit der Wasserschüssel verbundener, exzentrisch aufgebauter Rostkörper von sehr großer Oberfläche mit kleinen Windschlitzen. Er sorgt daher für gleichmäßige Verteilung des

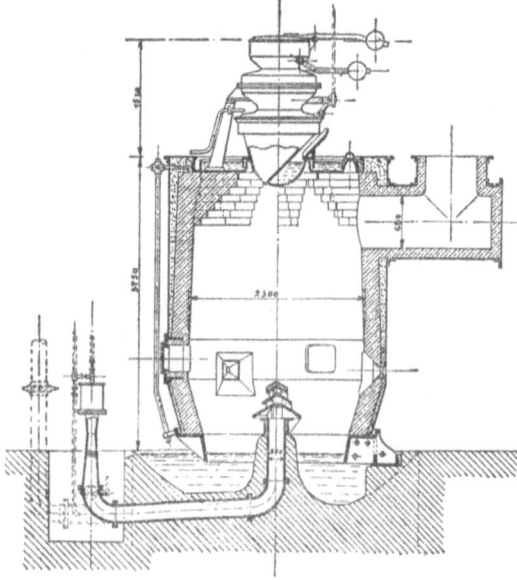

Fig. 5. Morgan-Gaserzeuger.

Windes, für ständige Bewegung und Auflockerung der Brennstoffschicht und zugleich für selbsttätige Entfernung der Asche und Schlacke, indem der exzentrisch aufgebaute Rost diese an der feststehenden Schachtwand zerkleinert

Bau der Gaserzeuger. — Ausführungsarten.

und an einem Staublech über den Rand der Aschenschüssel (Wasserbad) austrägt. Diese grundsätzliche Bauart hat im Verlauf der letzten beiden Jahrzehnte zahllose Änderungen erfahren, die aber im Grunde eine wesentliche Weiterentwicklung nicht bedeuten. Die bekanntesten hierher gehörigen Bauarten sind die von Rehmann, Küppers, Thyssen & Co., Ehrhardt & Sehmer,

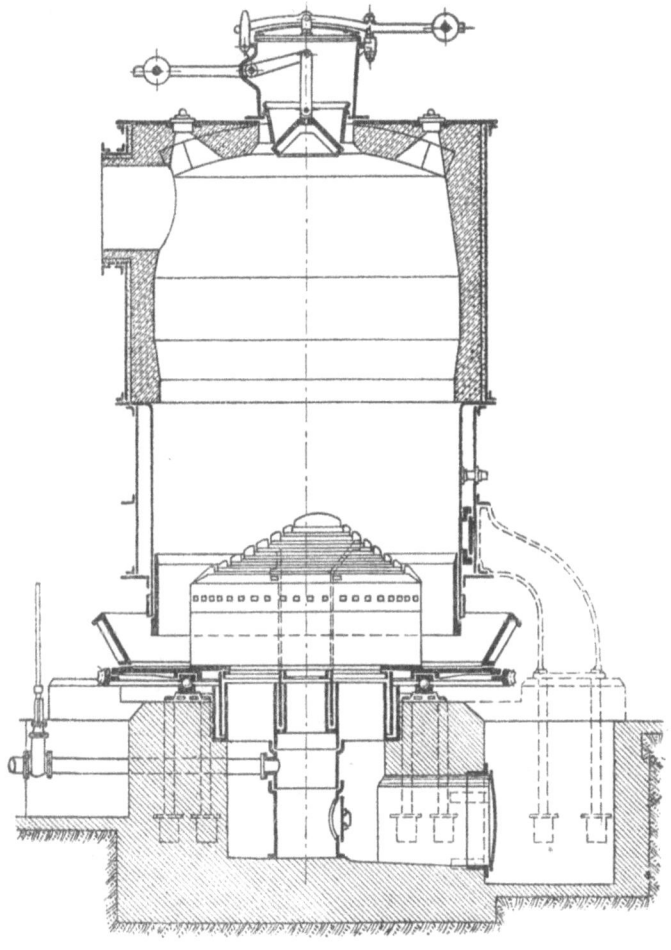

Fig. 6. Kerpely-Drehrostgaserzeuger.

Poetter & Co., Bamag, Grosse, Huth & Röttger, Barth, Pintsch, Hilger, Goehtz u. a. mehr. Anfänglich war man bestrebt, den Rostkörper mit stärker ausladenden Vorsprüngen zu versehen, um die Brennstoffsäule weitgehender zu beeinflussen. Man ist aber später wieder mehr zu der flachen Rostbauart zurückgekehrt, da die Sonderbauarten nur bei gewissen Brennstoffen entsprachen, und sich im übrigen eine möglichst einfache Rostkonstruktion für den Betrieb und die Haltbarkeit als die vorteilhafteste erwies.

Wie groß die Vorzüge des Drehrostes, insbesondere durch Verringerung der Stocharbeit, bessere Ausnutzung des Brennstoffes und Wegfall der Schlackarbeit sind, kann man am besten daran ersehen, daß man diese Bauart auch bei den Wassergaserzeugern, den Doppelgaserzeugern und den Mondgaserzeugern anwendete.

Eine Weiterbildung des von ihm angegebenen Drehrost-Gaserzeugers versuchte Kerpely in seinem Hochdruck-Gaserzeuger Fig. 7, der für die Vergasung feinkörniger und staubreicher Brennstoffe bestimmt war. Der Grundgedanke ist, einerseits die Rostöffnungen noch kleiner zu gestalten, um eine noch bessere Verteilung der Vergasungsluft zu erzielen, und andererseits über der Aschenschüssel nochmals einen luftdichten Abschluß durchzuführen; beides zu dem Zweck, den Gaserzeuger mit höheren Winddrücken zu verwenden. Der Hochdruck-Gaserzeuger hat trotz teilweise günstiger Resultate die in ihn gesetzten Erwartungen nicht erfüllt. Der Grundgedanke des luftdichten Abschlusses wurde jedoch bei den Gaserzeugern mit trockener Aschenaustragung benutzt, die besonders bei Brennstoffen mit kalkreicher, zementierender Asche verwendet werden. (Ausführungen der König-Friedrich-August-Hütte, Gutehoffnungshütte, Pintsch, Bamag und Rehmann.)

Als Sonderbauart des Drehrost-Gaserzeugers für große Leistungen wurde von Pintsch ein Ring-Generator gebaut, der aber bisher in größeren Betrieben noch nicht erprobt ist.

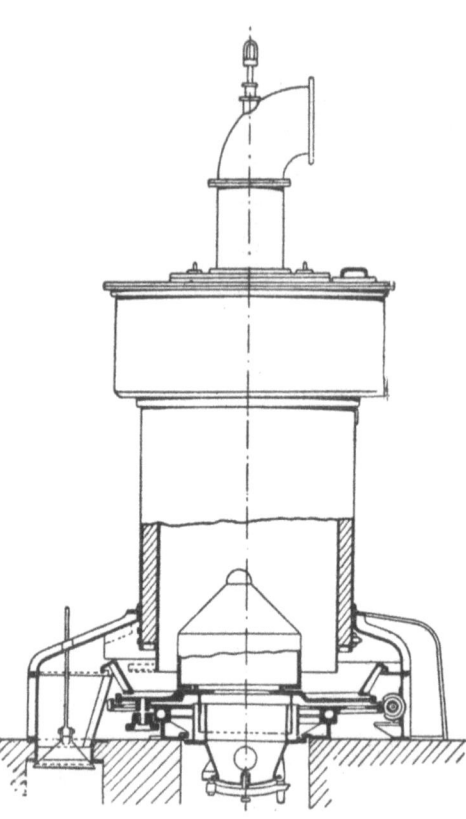

Fig. 7. Kerpely-Hochdruckgaserzeuger.

Zusammenfassend kann man sagen, daß heute der Drehrost-Gaserzeuger alle älteren Bauarten im Großbetrieb verdrängt hat. Für den einfachen Schachtgaserzeuger ist nur dort eine Verwendung möglich, wo der Brennstoff sehr aschenarm ist und die Asche nicht zu Verschlackungen neigt. Es wird aber von dem zukünftigen Verhältnis der Anschaffung- bzw. Instandhaltungskosten zu den Betriebslöhnen abhängen, ob sich solche einfache Bauarten in Zukunft noch wirtschaftlich rechtfertigen lassen.

In den letzten Jahren sind neben den Drehrost-Gaserzeugern vielfach **rostlose Schachtgaserzeuger** wieder in Aufnahme gekommen. Die bekannteste Bauart davon ist der Heller-Generator Fig. 8, der im Unterteil einen engen Aschensack mit einem nach oben erweiterten Schacht aufweist. Abweichend von den älteren rostlosen Gaserzeugern wird bei dieser Bauart eine Schmelzung der

Asche nicht angestrebt; und es ist daher leicht zu erkennen, daß dieser Gaserzeuger nur für kleine Durchsatzmengen in Frage kommt.

Außerordentlich vielversprechend beurteilt man neuerdings den **Schlackenschmelz-Gaserzeuger** (vgl. den Würth-Generator in Fig. 9, ähnliche Bauarten von der Georgs-Marienhütte, Pintsch u. a. m.). Die Bauart ist von der Querschnittsform des Hochofens mehr unterschieden, als die ursprünglichen Gaserzeuger nach diesem Grundgedanken, indem man die Formebene gegenüber der Rostfläche reichlicher ausgestaltete. Es war dies notwendig, um die angestrebten hohen Leistungen zu erzielen. Diese Gaserzeuger haben bei der Vergasung von Koks sehr gut entsprochen, da die hohen Instandhaltungskosten durch die außerordentlich großen Vergasungsleistungen wettgemacht werden. Man hat Stundenleistungen bis zu 1150 kg/m² Gestellfläche bzw. 300 kg/m² Schachtfläche erzielt, während man vom gleichen Brennstoff in Drehrost-Gaserzeugern nicht mehr als 180 kg stündlich vergasen kann. Die höhere Leistung wird naturgemäß die Strahlungsverluste verringern. Dagegen ist besonders ungünstig die große Staubbildung bei Anwendung hoher Drücke, so daß wärmewirtschaftlich ein wesentlicher Vorteil gegenüber den Drehrost-Gaserzeugern nicht festzustellen ist. Lediglich für die Vergasung von Koks erscheint diese Bauart vorteilhaft, wenn man mit einer gleichmäßigen Gasabnahme rechnen kann. Die Gewinnung flüssiger Schlacke, die anderweitig verwendet werden kann, sowie die Gewinnung von flüssigem Eisen dabei erscheint zwar verlockend, doch ist zu bedenken, daß dagegen auch der Beschickung Zuschläge für die Schlackenbildung beigemengt werden müssen.

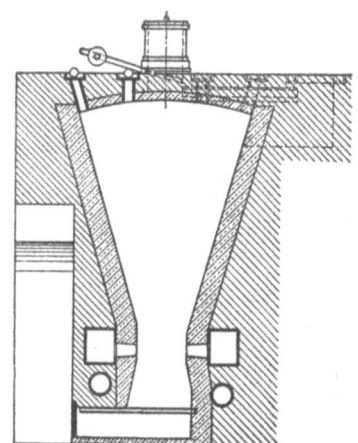

Fig. 8. Heller-Gaserzeuger.

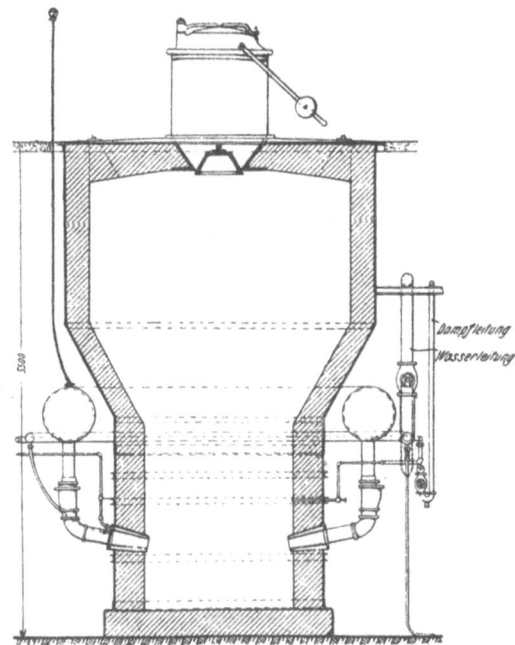

Fig. 9. Schlackenschmelz-Gaserzeuger nach Würth.

b) Einzelteile.

Zusammenfassend lassen daher alle neueren Gaserzeuger schachtartigen Aufbau erkennen. Der Schacht ist meist zwecks besserer Haltbarkeit und Vermeidung von Luft- und Gasverlusten mit Blech ummantelt. Wie bereits erwähnt, gebraucht man auch gekühlte Schachtteile, Wassermäntel oder Kühlringe, und zwar mit Vorteil bei solchen Brennstoffen, die leicht schmelzbare, sich an die ff. Ausmauerung ansetzende Schlacken geben und daher viel Stoch- und Schlackarbeit erfordern. Ein Kühlmantel ist beispielsweise in Fig. 6 zu ersehen. Die verschiedenen Rostformen wurden im Vorstehenden bereits erwähnt. Die obere Abdeckplatte trägt meist zentral den Fülltrichter und darum angeordnet die Stochlöcher. Diese führt man neuerdings gern mit Wind- oder Dampfverschluß aus, indem man durch feine abwärts gerichtete Schlitze dem austretenden Gasstrom Wind oder Dampf entgegenbläst, um so den Gasaustritt zu vermeiden und die Stocharbeit zu erleichtern. Eine einfache Bauart ist in Fig. 10 dargestellt, vielfach verwendet auch die Bauarten von Spetzler, Düsseldorf und J. Pintsch, A.-G., Berlin, die ein beim Wegdrehen des Stopfens mittelbar geöffnetes Ventil und daher eine zwangläufige Abhängigkeit dieser beiden Handhabungen aufweisen.

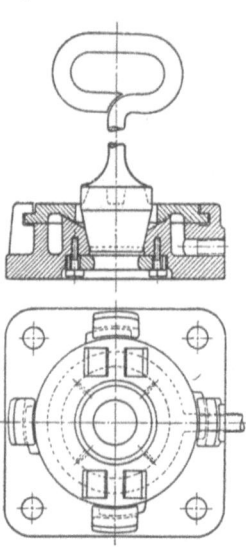

Fig. 10. Dampf-Stochlochverschluß.

Hinsichtlich der Bauart der Fülltrichter seien einige Hinweise gemacht. Fast jede Baufirma hat eine andere Ausführung und alle haben ihre Vor- und Nachteile. Wichtig ist in erster Linie eine gleichmäßige Verteilung des Brennstoffes über den ganzen Schachtquerschnitt, was aber mit einfachen Fülltrichtern kaum zu erreichen ist. Die Streuung ist bei feinkörnigen Brennstoffen anders, als bei grobstückigen; bei gemischtem Korn fällt das Grobe an den Rand, das Feine zur Mitte. Da ohnedies die Beschickung am Rand schneller vergast, so wird dadurch dieses Voreilen noch verstärkt. Man sollte daher die Fülltrichter nie zu klein wählen, insbesondere nicht die Verteilungsglocken. Eine Beschickung zur Mitte wird man stets dann erzielen, wenn die Glocke langsam und wenig gesenkt wird, weil die Kohle langsam abrutscht und fast senkrecht fällt; öffnet man rasch und tief, so stürzt das ganze Gewicht auf einmal und erhält eine nach dem Rand gerichtete, stark parabolische Bahn. Vorteilhaft sind zur Erzielung beider Beschickungsarten die Fülltrichter mit einem im Deckenmauerwerk angeordneten Ablenkring, der bei geringer Öffnung des Fülltrichters in Wirkung tritt.

Bei ungleichmäßiger Beschaffenheit der zu vergasenden Brennstoffe wird man naturgemäß die beste Verteilung durch Fülltrichter mit doppeltem Kegelverschluß erzielen; eine derartige Ausführung ist in Fig. 11 beispielsweise dargestellt. Die Anwendung mehrerer Fülltrichter ist äußerst selten und empfiehlt sich nicht wegen der eintretenden Platzverminderung auf der Generatordecke sowie wegen Schwierigkeit der Beschickung, besonders bei Anwendung von Bunkern.

Selbsttätig und ununterbrochen wirkende Beschicker sind vor etwa 20 Jahren viel vorgeschlagen und erprobt worden. Man hat sie fast ausnahmslos wieder verlassen, da das langsame löffelweise Eingeben des Brennstoffes eine allzugroße Verstaubung mit sich bringt. Die Gasqualität ist zwar gleichmäßiger, und auch eine bessere Verteilung des Brennstoffes im Gaserzeuger läßt sich unschwer erzielen; diese Vorteile wiegen aber die Nachteile nicht auf.

Alle heute verwendeten Fülltrichter haben doppelten Verschluß, einen unten abdichtenden Verteilungskegel und einen oben abgedichteten drehbaren oder klappbaren Deckel, so daß beim Füllen nur die Gasmenge verloren geht, die im leeren Fülltrichter eingeschlossen ist und durch etwaige Undichtigkeiten austritt. So groß manchmal die derart entweichende Gasmenge erscheinen mag, so gering ist sie tatsächlich; aber dieser Gasaustritt ist eine unangenehme Belästigung der Bedienung und der Umgebung. Es empfiehlt sich daher, die Füllung gleich nach dem Gichten vorzunehmen, weil sonst die unteren Teile des Fülltrichters zu heiß werden und dann der eingefüllte Brennstoff sofort entgast. Vielfach entzündet

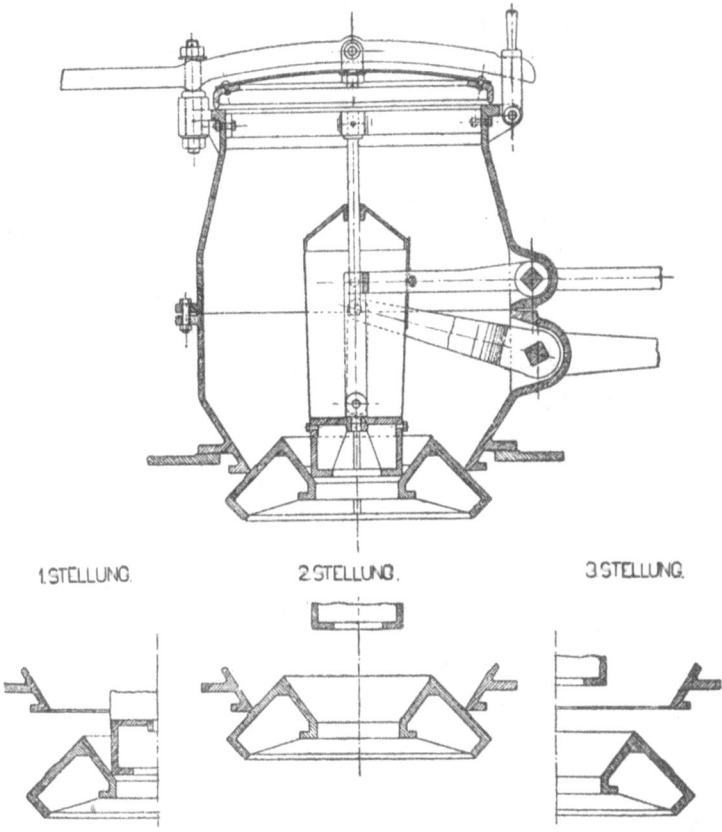

Fig. 11. Fülltrichter mit Doppelkegelverschluß.

man das Gas beim Öffnen des Deckels, um den Qualm zu vermeiden; es ist dies ein ganz ungefährliches Mittel, wenn nicht irgendwelche Baulichkeiten es verbieten. Mit Vorteil kann auch eine Dampf- oder Windbrause im Fülltrichter angewendet werden, die in ähnlicher Weise wie die Dampfstochlöcher wirkt.

Die Größe des Fülltrichterinhaltes soll so bemessen sein, daß alle 30 bis 40 Minuten begichtet werden kann. Ist der Fülltrichter zu groß, so behilft man sich mit halben Füllungen. Zwecks besserer Kontrolle der Durchsatzleistung ist es vorzuziehen, den Fülltrichter teilweise auszumauern, weil man sich dadurch geänderten Betriebsbedingungen leicht anpassen kann.

Dubbel, Betriebstaschenbuch.

c) Nebeneinrichtungen, Anordnungen der Gesamtanlage.

Mit Rücksicht auf die Anordnung von Aushilfs-Gaserzeugern wird jeder einzelne mit Absperrventil oder Schieber ausgestattet. Letztere eignen sich wenig wegen der leichten Verschmutzung und nur in einfacher Ausführung (ähnlich den Brillenschiebern bei Hochofengasleitungen). Allgemein sind fast nur Ventile im Gebrauch, selten solche mit Wasserabschluß wegen der eintretenden Verdampfung und Verschmutzung des Wassers. Bei niedrigen Gastemperaturen sind Klappen mit Wasserabschluß am einfachsten. Bei höheren Gastemperaturen nimmt man Tellerventile, deren Gehäuse und Teller durch feuerfeste Ausmauerung geschützt wird. Befestigung des Tellers an glatten Gestängen mit Seilzug oder an Spindeln; letztere lassen ein besseres Abdichten des konischen Tellers auf dem Sitz zu, doch ist die Betätigung umständlicher und langsamer; auch ist die Abdichtung oft durch Koks- und Teeransätze am Sitz erschwert. Am entsprechendsten für normale Betriebsverhältnisse sind daher Ventile mit Seilzug, die von der Bedienungsbühne leicht und schnell bedient werden können.

Vor dem Ventil ist gewöhnlich eine Entlüftungsklappe angebracht oder ein über die Bedienungshalle hochgeführtes Entlüftungsrohr mit leicht zu betätigender, gut dicht schließender Klappe, um beim Schließen des Ventils dem Gas sofort einen Austritt zu geben. Das Ventilgehäuse trägt meist eine Explosionsklappe, die zugleich als Reinigungsklapke dient. Das Ventil sitzt entweder auf der Gassammelleitung oder mittels Standrohr auf dem Gaskanal derart, daß das Gas aus dem Gehäuse im geöffneten Zustand nach unten durch den Sitz strömt. Die umgekehrte ältere Anordnung ist zu verwerfen. Schließt das Ventil nicht vollkommen dicht, so kann man nach Öffnen der Explosionsklappe mit Sand oder Lehm nachdichten.

Zwischen Gaserzeuger und Ventil ordnet man meist Staubsäcke an, da fast jeder Brennstoff durch Verrieb Staub enthält. Meist kann man sie aber nicht so groß ausgestalten, daß die Verringerung der Geschwindigkeit allein zum Ausfallen genügt, daher sieht man mehrfache Richtungsänderung vor. Bei derart geteilten Staubsäcken ist es richtig, dem aufsteigenden Strom einen größeren Querschnitt zu geben als dem absteigenden. Allzu große Staubsäcke sind wegen der großen Abkühlungsverluste und den gerade dabei festgestellten Rußabscheidungen nicht zu empfehlen. Man kann für 1 t Stundendurchsatz bzw. 5 Mill. kcal stündlichen Gasheizwert mit 0,5 m^2 Querschnittsfläche bei 600° Gastemperatur und mit 0,25 m^2 bei Gastemperaturen bis 300° für Rohrleitungen und Ventilquerschnitte rechnen. Bei den Staubsäcken rechnet man für die gleiche Leistung im aufsteigenden Ast mindestens 5 m^2 Querschnitt, also das Zehnfache. Vorstehende Abmessungen genügen, wenn die Leitungen einmal monatlich gereinigt bzw. ausgebrannt werden, mit Rücksicht auf letzteres darf die feuerfeste Ausmauerung nicht zu gering gewählt werden. Die Staubsäcke erhalten unten einen Verschluß mit Konus, der zugleich als Explosionsklappe dient oder auch Wasserabschluß, außerdem sind oben und an den Seitenwänden Reinigungsöffnungen und Klappen anzubringen. Bei Richtungswechsel in den Leitungen sind stirnseitig große Explosionsklappen vorzusehen, die zugleich als Abzugsöffnung beim Ausbrennen dienen, falls man kein anderes Hilfsmittel benutzt. Die Absperrventile der Öfen bzw. anderen Gasabnahmestellen, die meist auf den Gasleitungen und Kanälen aufsitzen, daher stets unter Gas stehen, und nicht nachgedichtet werden können, werden meist mit Spindeln ausgeführt.

Die vorstehend genannten Nebeneinrichtungen führen naturgemäß zu einer reihenweisen Anordnung der Gaserzeuger. Einreihige Aufstellung ist übersichtlicher, doppelreihige Anordnung billiger wegen Anordnung der gemeinsamen Bedienungsbühne, Bunker u. dgl. Eine typische Anordnung zeigt Fig. 12. Bunker werden gewöhnlich für mindestens 24 Stunden Fassung gewählt, falls nicht reichliche Reserve an Beschickungseinrichtungen vorhanden ist. Allzu große Bunker bedingen zu großen Verrieb des Brennstoffes, daher werden für

Bau der Gaserzeuger. — Nebeneinrichtungen, Anordnungen usw. 99

die Stapelung größerer Vorräte meist getrennte Lager- oder Tiefbunker angeordnet. Bei den Fördereinrichtungen achte man auf möglichst schonende Behandlung, daher ist oftmalige Umlagerung zu vermeiden. Becherwerke sind nur bei kleinstückigen und gleichkörnigen Brennstoffen vorteilhaft; sonst sind Krane mit Füllkübeln, Hängebahnen und Transportbänder vorteilhafter. Bei kleinen Anlagen dürften Hängebahnen mit Laufkatzen am billigsten sein; bei größeren Anlagen wählt man gern Greiferkrane, weil dadurch an Entladekosten gespart wird.

Für die Windbeschaffung benutzt man elektrisch angetriebene Ventilatoren (notwendiger Druck 200 bis 400 mm WS). Die früher oft angewendeten Dampfstrahlgebläse werden jetzt meist nur als Aushilfe benutzt, da sie eine zu große Dampfbeimschung zur Vergasungsluft geben. An Stelle dieser sind für den Fall von Stromunterbrechungen auch Ventilatoren mit direkt gekuppelten Dampfturbinen empfehlenswert, deren Abdampf als Zusatzdampf verwendet werden kann. Der Windbedarf berechnet sich mit 3,25 bis 3,50 m³ für 1 kg zu vergasenden C, die Geschwindigkeit in den Luftleitungen kann mit 20 m/sek gewählt werden. Zur Regelung der Windpressung sind Schnellschlußschieber gegenüber Drosselklappen zu bevorzugen.

Die Dampfleitung führt man meist getrennt von der Luftleitung bis dicht unter den Rost, um Kondensation zu vermeiden; tatsächlich liegt darin kaum ein Vorteil, weil die möglicherweise eintretende Kondensation lediglich durch die notwendige Erwärmung der Luft bis auf Sättigungstemperatur bedingt ist; auch kann diese Anordnung ungleichmäßige Verteilung dem Dampfes mit sich bringen. Zeigt sich unter dem Rost erhebliche Kondensatbildung, so ist überhitzter Dampf anzuwenden. In diesem Falle kann der Dampf ohne Bedenken schon in der Leitung beigemischt werden, weil dadurch eine

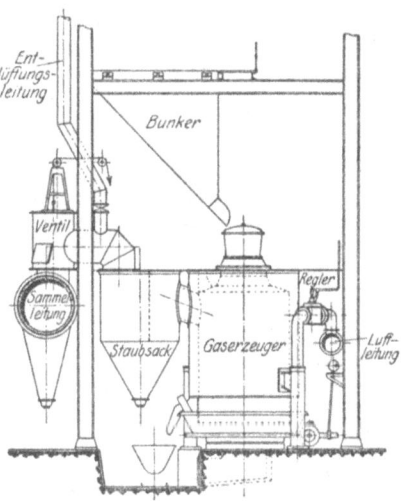

Fig. 12. Anordnung einer einreihigen Gaserzeuger-Anlage.

gute Mischung erzielt wird. Hierbei läßt sich auch durch einfache Temperaturmessung unter dem Rost die Sättigungstemperatur der Luft und damit der Dampfzusatz verläßlich überwachen.

Besondere Erwähnung verdienen die Verdampferanlagen, die besonders dann wichtig sind, wenn Dampfzentralen nicht vorhanden oder weit entfernt sind. Die älteste und verbreitetste Anordnung ist die von Bender & Främbs[1]), die auch wärmetechnische Vorteile verspricht. Man sättigt in dem Verdampfer Abgase von hoher Temperatur mit Feuchtigkeit und mischt diese der Vergasungsluft zu; die Abgase werden durch Verbrennung eines geringen Teiles (etwa 3 vH) des gewonnenen Gases erzeugt und streichen über Platten, die mit Wasser berieselt werden; durch Regelung der Wasserzufuhr hat man die Sättigung vollständig unter Kontrolle; daneben wirkt auch der CO_2-Gehalt der Abgase kühlend auf den Vergasungsvorgang, wodurch die Wirkung des Wasserdampfes unterstützt wird.

Der Antrieb von Drehrost-Gaserzeugern wird vorteilhaft über Flur angeordnet, um Verschmutzung der Transmissionskanäle zu vermeiden. Aschen-

---
[1]) Vgl. Krieger, St. u. E. 1919, S. 1202.

abfuhr entweder mit Hunden, die unter den Aschenrutschen aufgestellt werden, oder bei größeren Anlagen am besten mit Schüttelrinne, die in einem Aschenkanal unter Flur angeordnet wird.

d) Leistung der Gaserzeuger, Betriebsbedingungen.

Die Leistung wird gewöhnlich je m^2 Schachtfläche und Stunde angegeben. Bei Gaserzeugern mit erweitertem Schacht wird man dabei die Größe des Horizontalschnittes in etwa 500 bis 800 mm Abstand von der Mitte des Rostes zugrundelegen. Die Leistung hängt weitgehend vom Brennstoff und insbesondere von seiner Korngröße ab und von den dadurch bedingten Widerständen der Brennstoffsäule gegenüber dem durchtretenden Wind- bzw. Gasstrom. Denn die anzuwendenden Drücke hängen nicht nur von der Bauart der Gaserzeuger ab (Wasserverschlüsse), sondern dürfen ein bestimmtes Maß nicht überschreiten, weil sich bei ungleichmäßiger Beschickung zu leicht Kanäle bilden, in denen die Luft ohne genügende Umsetzung durchtritt, so daß Oberfeuer, also ein Verbrennen von Gas im Gasraum des Gaserzeugers, auftritt. Die Folge davon ist eine schlechte Gaszusammensetzung und hohe Gastemperatur. Da die Beschickung besonders am Rand stets weniger dicht liegt, so ist der größtmöglichste Winddruck bei normalen Brennstoffen etwa 250 bis 400 mm WS., bei sehr feinkörnigen kann man bis 600 mm gehen und nur bei Anwendung von Sonderrosten wird man bis zu 1000 mm steigen können. Das Gesagte gilt für Druckgasanlagen, wie sie für alle Heiz-Gasanlagen und auch mehr und mehr für Kraftgasanlagen in Anwendung stehen. Dagegen wird man bei Sauggasanlagen nur einen geringeren Druckunterschied überwinden können, der etwa 60 bis 100 mm WS beträgt, aus diesem Grunde ist man hier auf grobkörnige Brennstoffe angewiesen.

Man kann sich von diesen Verhältnissen[1]) eine Vorstellung machen, wenn man bedenkt, daß bei der Füllung eines Raumes mit Kugeln gleicher Größe der Luft-(Gas-)raum rund 26 vH des Gesamtraumes beträgt. Dieses Volumen wird aber ganz wesentlich geringer, wenn Kugeln verschiedener Größe zusammentreffen, da man sich z. B. zwischen drei einander berührende Kugeln eine vierte kleinere vollständig ohne Lageänderung der anderen dazwischen gelegt denken kann. Auch bei unrunden Teilchen wird der Anteil des Luftraumes kleiner, da sich die ebenen Flächen aneinanderpassen und die Zwischenräume vermindern. Eine Vergrößerung des Luftraumes ist nur bei länglichen, sperrigen Brennstoffstücken zu erwarten. Die Querschnittsfläche des Gasraumes schwankt bei Annahmen gleicher Kugeln von 9,355 bis 39,53 vH der Gesamtfläche und diese Schwankung wird bei ungleichmäßiger Beschickung wohl noch größer sein. Wenn aber unter mittleren Verhältnissen sich bereits Höchstgeschwindigkeiten von 5,5 m/sek errechnen, so wird klar, was für ungünstige Verhältnisse sich bei dichtliegenden Brennstoffen ergeben können. Je höher die Geschwindigkeiten werden, desto geringer ist die Aufenthaltszeit, die für mittlere Verhältnisse bei 700 mm Glutzone nur Bruchteile von Sekunden beträgt. Neben der Aufenthaltszeit ist aber auch die berührte Fläche des Brennstoffes für die Umsetzung von Bedeutung.

Man wird somit gute Vergasungsergebnisse nur bei günstigen Brennstoffen und bei richtig eingehaltenen Betriebsbedingungen erwarten dürfen. Im allgemeinen hat hier das Wort: „Für den Betrieb ist der beste Brennstoff auch der billigste" eine gewisse Berechtigung, wie vorstehend gezeigt wurde. Als nicht geeignete Brennstoffe sind backende und blähende Steinkohlen anzusehen, weil diese stets dem Durchgang der Gase Hindernisse in den Weg legen, große Geschwindigkeiten, unregelmäßiges Feuer und ein Hochbrennen der Gaserzeuger bedingen. Auch muß man, um das Zusammenbacken einigermaßen zu bewältigen und insbesondere das Erweichen in der Glutschicht zu umgehen, den

---

[1]) Vgl. Trenkler, „Aufgaben und Ziele der Vergasung in der Wärmewirtschaft" Z. V. d. J. 1921. S. 367.

Bau der Gaserzeuger. — Leistung der Gaserzeuger, Betriebsbedingungen. 101

Gaserzeuger sehr heiß betreiben, was stets ungünstig wirkt, weil die Erzeugnisse der Entgasung zersetzt werden. Ein idealer Vergasungsbrennstoff sind magere, nichtbackende Steinkohlen und hochwertige Braunkohlen, wie böhmische Braunkohlen und Braunkohlenbriketts. Die Vergasung aschenreicher Abfallbrennstoffe ist in Drehrost-Gaserzeugern mit hohem Wirkungsgrad möglich. Die Vergasung wasserreicher Brennstoffe ist innerhalb gewisser Grenzen mit vollem Erfolg durchführbar.

Am ungünstigsten ist die Vergasung staubreicher Brennstoffe, was nach dem oben Gesagten nicht verwundern kann. Je dichter die Beschickung im Gaserzeuger liegt, desto geringer wird die Umsetzungszone sein, weil der Winddruck sehr schnell aufgezehrt ist; andererseits ist die Brennstoffoberfläche eine sehr große. Zu befürchten ist aber die Kanalbildung und das Durchbrennen des Gaserzeugers. Die Vergasung bei hohem Druck oder in verhältnismäßig dünner Schicht führt dazu, mindere Sorten verarbeiten zu können, aber reine Staubkohlen konnten bisher nicht nutzbar gemacht werden, ebenso wie staubreiche Förderkohlen sowohl von Braunkohlen, als auch von mageren Steinkohlen ein sehr ungünstiges

Zahlentafel 6. **Vergasungsleistungen verschiedener Bauarten bei verschiedenen Brennstoffen.**

Durchsatz in t je 24 Stunden bei Vergasung von:	Gaserzeuger-bauart	Planrost-Sauggaserz.		Gaserz. m. fester Windhaube			Drehrostgaserzeuger		
	Schachtdurchmesser in mm	600	1000	1500	2000	2500	2100	2600	3000
	Schachtquerschnittfläche m²	0,283	0,785	1,767	3,142	4,91	3,46	5,31	7,07
Nußkoks, 20—40 mm Korn .		0,4	1,2	5	8	12	14	20	25
Anthrazit, 8—20 mm Korn .		0,6	2,0	6	8	12	14	18	24
Fördersteinkohle		—	—	3	5	8	10	14	18
Westf. Flammkohle, Nuß . .		0,6	2,0	5	9	12	12	16	22
Magerkohle, gew. Nuß . . .		0,7	2,4	5	9	12	14	18	24
Backende Steinkohle, Würfel		—	—	6	9	10	14	18
Böhm. Braunkohle, Nuß II .		1,0	3 0	8	12	20	18	25	32
Braunkohlenbrikett		0,6	2,0	6	10	16	14	22	28
Lignit, stückig				6	10	16	16	24	30
Mitteldeutsche Knorpelkohle		—	—	5	8	12	12	18	22
Mitteldeutsche Rohkohle . .		—	—	4	5	8	8	12	15
Maschinentorf, gebrochen .		0,6	2,0	6	10	16	14	22	28
Aschenreiche Abfallkohle . .		—	—	5	8	10	15	20

Vergasungsmaterial darstellen, besonders wegen der Staubverluste und der geringen Vergasungsleistung. Dieser Umstand ist von besonderer Bedeutung bei der Vergasung von mulmigen Rohbraunkohlen, die sowohl wegen ihres hohen Feuchtigkeitsgehaltes als auch ihrer Feinkörnigkeit einen sehr schwierigen Brennstoff darstellen.

In Zahlentafel 6 sind einige Vergasungsleistungen für verschiedene Schachtdurchmesser und verschiedene Brennstoffe angeführt, die nach dem Gesagten nur ungefähre mittlere Werte darstellen können. Bei normalen Brennstoffen kann man für Sauggasanlagen mit 50 bis 60 kg/m²/h, bei gewöhnlichem Druckgaserzeugern mit 60 bis 100, bei Drehrost-Gaserzeugern mit 100 bis 200 kg rechnen.

Die Leistung ist naturgemäß auch abhängig von der angestrebten Gasqualität bzw. umgekehrt. Je langsamer der Gaserzeuger betrieben wird, desto günstiger wird die Gaszusammensetzung. Die in Zahlentafel 6 angegebenen Leistungen lassen sich jedoch ohne Anstrengung erreichen. Zur besseren Übersicht seien noch in Zahlentafel 7 einige Betriebsergebnisse an Drehrost-Gaserzeugern bei verschiedenen Brennstoffen wiedergegeben[1]).

---

[1]) Über Vergasungsergebnisse mit minderwertigen Brennstoffen s. Sparsame Wärmewirtschaft Heft 1, S. 17/18.

Zahlentafel 7.

Vergasungsergebnisse von Drehrostgaserzeugern.

Herkunft des Brennstoffes	Brennstoffzusammensetzung			Leistung kg/m²/h Schachtfläche	Gaszusammensetzung				
	H_2O vH	Asche vH	unt. Heizwert kcal		CO_2 vH	CO vH	CH_4 vH	H_2 vH	unt. Heizwert cal
Westfälische backende Steinkohle	4,0	8,0	6700	125	2,7	27,5	3,2	6,0	1310
Westfälische Gasflammkohle	2,0	7,5	7100	115	3,6	27,3	2,6	10,5	1370
Saarkohle von Spittel	8,3	11,7	5660	110	1,7	30,5	3,3	9,0	1495
Oberschlesische Steinkohle	4,1	7,8	7000	130	3,2	26,8	5,6	9,3	1540
Oberschlesische Steinkohle (sandig)	3,3	9,5	6750	155	1,8	30,4	3,4	12,6	1530
Ostrauer Steinkohle	3,7	14,8	6100	120	4,0	25,0	1,5	13,0	1220
Englische Steinkohle von Newcastle	5,8	6,5	6700	140	2,2	28,6	2,2	9,0	1320
Böhmische Steinkohle	8,0	11,9	6400	170	4,0	27,5	2,2	10,0	1290
Böhmische Braunkohle	25,0	16,9	4100	300	2,6	30,7	2,1	14,0	1440
Alpine Glanzkohle	7,2	13,1	5400	270	2,5	31,0	2,0	14,5	1510
Rheinische Braunkohlenbriketts	13,3	4,6	4800	190	3,4	31,5	2,5	11,0	1450
Mitteldeutsche Braunkohlenbriketts	16,5	11,2	4300	175	5,8	28,8	6,0	7,4	1665
Mitteldeutsche knorpelige Rohbraunkohle	45,0	6,0	2950	100	7,0	25,0	3,0	9,0	1250
Mitteldeutsche mulmige Förderkohle	53,0	6,0	2300	75	11,2	17,8	4,6	7,8	1160
Lignitische Braunkohle	40,0	9,0	3150	140	7,0	22,6	2,8	13,2	1270
Lignitische Abfallkohle (Schiefer)	18,6	36,7	2600	150	7,8	20,1	4,0	13,7	1300
Schieferkohle von Saarkohle	2,4	27,0	5600	110	3,5	27,0	2,6	9,0	1320
Schieferkohle von Oberschlesien	7,0	37,0	4000	115	13,0	14,6	1,8	17,3	1045
Schlammkohle von Saarkohle	35,0	30,0	3000	105	9,5	15,0	1,2	12,0	870
Waschberge und Leseschiefer	—	45,0	—	135	10,7	12,8	—	28,5	1225
Anthrazit	3,3	23,5	5800	155	4,7	26,8	0,6	10,9	1100
Nußkoks	12,0	10,0	5700	240	3,6	27,3	—	7,9	1035

V. Reinigung des Gases und Nebenproduktengewinnung.

Die Reinigung des Gases kommt namentlich dann in Betracht, wenn das erzeugte Gas als Kraftgas für den Betrieb von Gasmaschinen dienen soll. Selbst wenn man dabei möglichst teerfreie Brennstoffe als Ausgangsstoff wählt (Koks, Anthrazit u. dgl.), so sind doch Spuren vom Teer im Gas, die neben dem mitgerissenen Staub schnell zu einer unliebsamen Verschmutzung der Maschinen, insbesondere Ventile u. dgl. führen. Die älteste Reinigungsart ist die durch Kühlung unter gleichzeitiger Ausscheidung der Verunreinigungen durch Stoßwände. Daraus entwickelte sich die bei Sauggasanlagen übliche Bauart mit Skrubbern (berieselte Kühltürme mit Horden oder Koksfüllung) und Sägespänreinigern (für die Feinreinigung). Da man bei der Kühlung die fühlbare Wärme im Gas vernichtet, benutzte man diese vor Eintritt in den Skrubber zur Dampferzeugung, was insbesondere bei solchen Brennstoffen vorteilhaft ist, die hohe Gastemperaturen ergeben. Eine Sauggasanlage nach Pintsch stellt Fig. 13 dar.

Je mehr man im Laufe der Zeit bitumenreichere Brennstoffe für die Krafterzeugung heranzog, um so mehr Aufmerksamkeit mußte man der Ausgestaltung der Reinigungsanlagen widmen, und so entwickelte sich der Bau von Nebenprodukten-Gewinnungsanlagen. Daneben bildete man auch das Verfahren aus, die Teerbestandteile zu zerstören, indem man die teerhaltigen Gase nochmals durch eine Glutschicht leitete. Auf diesem Grundsatz beruhen die Doppelschacht-Gaserzeuger (z. B. Thwaite, Riché, Deutz), die Gaserzeuger mit Doppelfeuer und mittlerem Gasabzug (Pintsch, M. A. N., Körting), die Gaserzeuger mit Umführung, bei denen die teerhaltigen Gase der oberen Schichten abgesaugt und mit der Vergasungsluft unter dem Rost wieder eingeführt werden (Pintsch), sowie auch die Gleichstrom-Gaserzeuger, bei denen das Gas unten abgeführt wird (Görlitzer Maschinenfabrik).

Diese Lösungen betrachten den Teer als ein nutzloses und unangenehmes Nebenprodukt. Die Gewinnung des Teeres wurde daher bei Sauggasanlagen wenig ausgebildet und erlangte erst Bedeutung, als man verstand, neben Teer auch Ammoniak aus dem Gas zu gewinnen (Mond 1883). Die Bildung des Ammoniaks aus dem Stickstoff der Kohle bedarf eines hohen Wasserstoff-

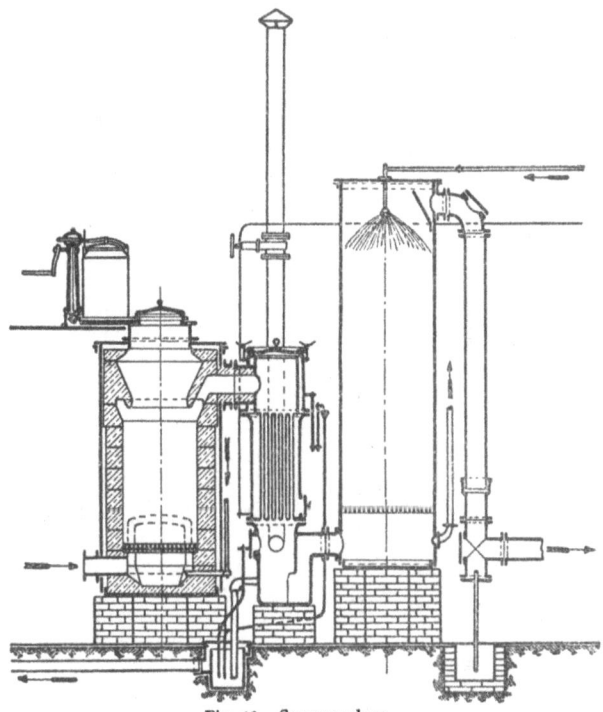

Fig. 13. Sauggasanlage.

gehaltes des Gases und Anwesenheit großer Dampfmengen zum Schutze des Ammoniaks. Das so erzeugte Gas ist daher, wie Zahlentafel 4 erkennen läßt, wesentlich anders zusammengesetzt. Zwecks Gewinnung des NH_3 muß es einer weitgehenden Reinigung unterworfen werden[1]).

Hinsichtlich der Wirtschaftlichkeit des Mond-Verfahrens wird man den erheblichen Dampfverbrauch berücksichtigen müssen, und es ist klar, daß das Verfahren nur bei stickstoffreichen Brennstoffen Vorteile bringen kann. Zur Überprüfung der Wirtschaftlichkeit kann nachfolgende Formel dienen, in der A den erforderlichen Ammonsulfatpreis in M/t bedeutet, während B der Brennstoffpreis in M/t, N der Stickstoffgehalt der rohen Kohle und S der Preis für Schwefel-

---

[1]) Näheres über das Mondgasverfahren s. Z. d. V. d. I. 1918. S. 58.

säure von 60° Be je t ist. (Der Klammerwert gilt für Braunkohlen und Torf, für jüngere Steinkohlen ist ein entsprechender Mittelwert zu wählen.)

$$A = \frac{8\,(10)\,B}{N} + S.$$

In den letzten Jahren hat die Ammoniakgewinnung bei der Vergasung wegen der außerordentlich hohen Brennstoffpreise an Bedeutung verloren, dagegen die Teergewinnung Wichtigkeit erlangt. Einerseits erkannte man, daß durch geeignete Beschränkung der Temperatur bei der Teerbildung sich sowohl die Beschaffenheit des Teeres wesentlich verbessern ließ (Urteer), als auch zugleich die Ausbeute stieg; andererseits ist die Verwendung von flüssigen Brennstoffen sehr gestiegen und dürfte neben den gasförmigen Brennstoffen in Zukunft noch erhöhte Bedeutung erlangen. Zudem ist der Teer auch wohl imstande, den Ausgangspunkt für sehr viele organische Bedarfstoffe abzugeben.

Die Gewinnung hochwertiger Teere verlangt, den Vergasungsprozeß so zu führen, daß die anfängliche Erwärmung der Brennstoffe langsam und schonend vor sich geht, so daß eine Abspaltung der Destillationsprodukte bei Temperaturen unter 450° möglich ist. Da die Gastemperatur bei der Vergasung von Steinkohlen meist eine höhere ist, geht diese Abspaltung beim Auffüllen des Brennstoffes plötzlich vor sich, und die Teere werden zersetzt. Es handelt sich daher lediglich darum, in den Gaserzeugern Schwelräume von entsprechender Größe zu schaffen, in denen der Brennstoff durch die fühlbare Wärme eine hindurchgeführten Teiles des Gases langsam erwärmt wird. Man kann hierzu sowohl Gaserzeuger mit Schwelaufbau, Fig. 14, als auch solche mit Schweleinbau, Fig. 15, verwenden.

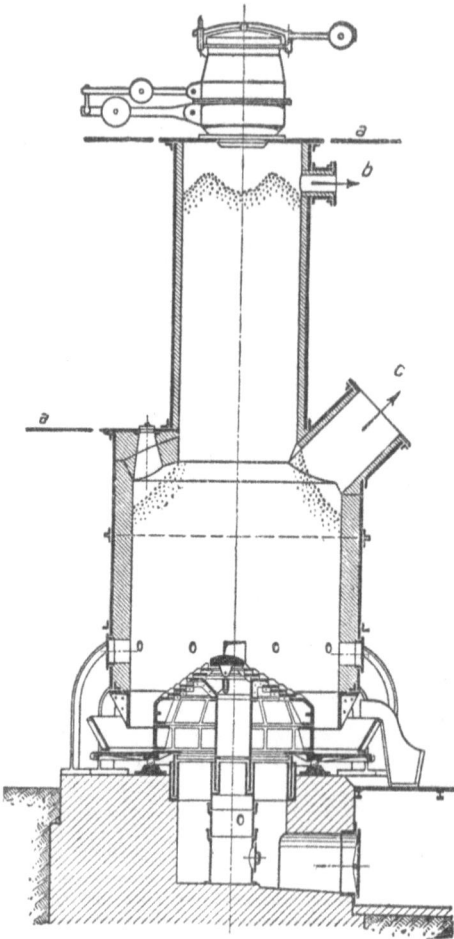

Fig. 14. Gaserzeuger mit Schwelaufbau.

Die Menge des Heißgasanteils, die für die Durchführung der Schwelung notwendig ist, wird je nach der Beschaffenheit des Brennstoffes, insbesondere nach seinem Feuchtigkeitsgehalt schwanken, und zwar in ziemlich weiten Grenzen.

Während bei Steinkohlen etwa $1/_3$, in günstigsten Fällen sogar $1/_4$ des Heißgases genügt, ist man bei Braunkohlen mit etwa 35 vH Feuchtigkeitsgehalt bereits gezwungen, die gesamte Gasmenge durch den Schwelraum hindurchzusaugen. Gegenüber der normalen Vergasung zeigt daher die Vergasung mit gleichzeitiger Urteergewinnung nur bei Steinkohlen einen wesentlichen Unterschied. Bei der Vergasung von Braunkohlenbriketts oder sehr hochwertigen Braunkohlen wird man dasselbe Verfahren wie bei Steinkohlen anwenden können, während man bei minderwertigen Braunkohlen, bei Torf und ähnlichen Brennstoffen, einer Änderung des Gaserzeugers und des Vergasungsbetriebes nicht bedarf.

Dieses Verfahren stellt sich kurz geschildert folgendermaßen dar. Der im obersten Teil des Gaserzeugers, dem Schwelraum, gewonnene Halbkoks wird in dem unmittelbar anschließenden Vergasungsraum nach den sonst allgemein gültigen Grundsätzen vergast. Der Vorgang spielt sich ähnlich ab, wie bei der Vergasung von Koks. Daher wird ein Gas erzielt, das zwar einen etwas geringeren Heizwert, im Durchschnitt 1150 bis 1200 kcal, aufweist, dagegen mit einer Temperatur von etwa 700° entweicht. Ein je nach dem Brennstoff zu regelnder Anteil dieses Heißgases strömt durch den Schwelraum und gibt seine fühlbare Wärme zur Einleitung und Aufrechterhaltung des Schwelvorganges ab. Das durchströmende Gas reichert sich mit den Schwelerzeugnissen (Gas und Teer) an und verläßt mit einer Temperatur von wenig über 100° den Schwelraum, um der Reinigungsanlage zugeführt

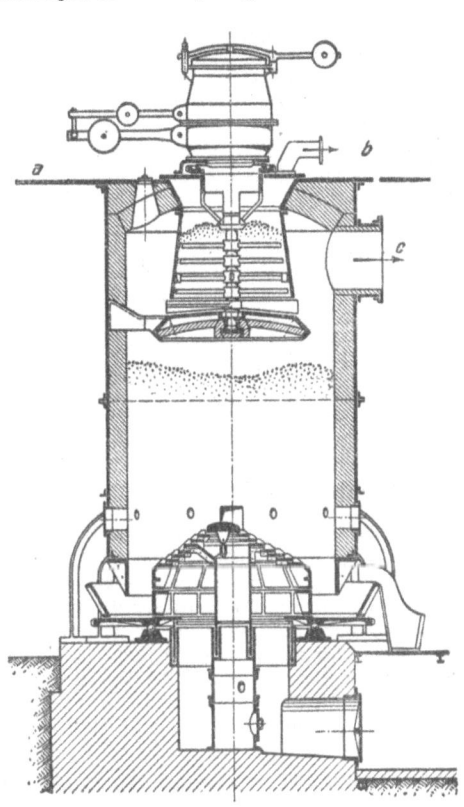

Fig. 15. Gaserzeuger mit Schweleinbau.

zu werden. Die Reinigungsanlage kann in gleicher Weise wie bei den Sauggasanlagen ausgestaltet werden, es empfiehlt sich das aber nicht, weil dabei große Verluste an Teer entstehen, und vor allem der Teer sehr wasserreich anfällt, was bei der nachfolgenden Destillation desselben sehr unangenehm ist. Man reinigt das Gas daher neuerdings meist mit Desintegratoren oder Drehfiltern, die mit Teereinspritzung bei Temperaturen über dem Taupunkt des Gases betrieben werden. Für die Abscheidung des Wasserballastes ist ein einfacher Berieselungsturm notwendig. Um die Bildung von Abwasser zu vermeiden, kühlt man dasselbe in Gradierwerken oder Kaminkühlern ab und verwendet es im Rundlauf. Die Verdunstungsverluste übersteigen dabei den Zuwachs an kondensierter Feuchtigkeit.

VI. Betriebsüberwachung.

a) Untersuchungen und Messungen.

Diese muß sich einerseits auf die chemische Untersuchung der Brennstoffe und Gase erstrecken und andererseits auf die Kontrolle des Gaserzeugerganges. Die chemischen Methoden für die bei der Brennstoffuntersuchung in Frage kommenden Bestimmungen sind aus den einschlägigen Handbüchern bekannt. Hier sollen nur die Proben beschrieben werden, die mit einfachen Hilfsmitteln an Ort und Stelle ausgeführt werden können, falls keine vollständigen Analysen zur Verfügung stehen.

Probenahme: Man nimmt zweckmäßig von jeder Füllung eine Schaufel und breitet dieselben abseits quadratisch aus; man teilt dann diagonal, nimmt zwei gegenüberliegende Viertel weg und wiederholt dieses Verfahren, bis man auf eine Probemenge von etwa 10 kg gekommen ist. Diese wird vorzerkleinert und nach demselben Verfahren auf eine Probe von etwa 1 kg vermindert, sodann feingemahlen, ausgebreitet, schachbrettartig verteilt und aus jedem Feld ein Löffelchen voll genommen und in ein Probefläschchen gefüllt. (S. a. S. 225.)

Feuchtigkeitsbestimmung: Oben beschriebene Durchschnittsprobe eignet sich dazu nur bei Steinkohlen; bei wasserreichen Brennstoffen nimmt man hierfür eine Sonderprobe, die man schnell unter möglichster Vermeidung von Nachtrocknung auf Erbsengröße zerkleinert. Für die Bestimmung wiegt man 200 g ein und trocknet im Vakuumtrockenschrank bei 105° etwa 2 Stunden lang. Höhere Temperaturen sind besonders bei Braunkohle und Torf zu vermeiden. Will man bei solchen Brennstoffen genaue Feuchtigkeitsbestimmungen durchführen, so trocknet man in einem CO_2-Strom, wobei man das ausgetriebene Wasser mit $CaCl_2$ durch Wägung bestimmt. Da für die anderen Bestimmungen lufttrockene Durchschnittsproben (durch zweitägiges Liegen an der Luft) verwendet werden, so muß man für letztere gleichfalls die Feuchtigkeitsbestimmung durchführen und die anderen Ergebnisse mit Rücksicht auf den ursprünglichen Feuchtigkeitsgehalt umrechnen. Zweckmäßig ist, wie bereits früher ausgeführt, die Angabe aller Bestandteile bezogen auf 1000 g C.

Aschenbestimmung: Probemenge etwa 2 g. Einäscherung in schräggestellten Platintiegel, der zuerst abgedeckt und nach Beendigung der Destillation aufgemacht wird, damit die zur Verbrennung notwendige Luft besser eintreten kann. Die erste Anwärmung muß langsam durchgeführt werden, um die Bildung fester Kokskuchen zu vermeiden. Probe ist beendet, wenn keine schwarzen Punkte mehr zu sehen sind und Gewichtskonstanz eingetreten ist. Leichter ist die Probe in einer Platinschale im Muffelofen durchzuführen.

Verkokungsprobe (Mucksche oder Bochumer Probe): 1 g des ungetrockneten Brennstoffes wird in eigens gebautem Platintiegel mit übergreifendem Deckel und 2 mm zentraler Öffnung so erwärmt, daß der Tiegel in $^2/_3$ der Flammenhöhe sich befindet. Probe ist beendet, wenn aus der Deckelöffnung kein Flämmchen mehr herauskommt. Menge des Koksrückstandes durch Auswägen bestimmen. Koksrückstand — Aschengehalt gibt den sog. fixen Kohlenstoff. Gewichtverminderung — Feuchtigkeit gibt den Gehalt an flüchtigen Bestandteilen (Gas, Teer und Konstitutionswasser). Neben der Koksausbeute ist die Beschaffenheit des Kokskuchens für die Beurteilung maßgebend. Probe wird nur bei Steinkohle angewendet und dient bei Vergasungsanlagen nur zur Charakteristik der Backfähigkeit.

Schwelprobe: An Stelle der Verkokungsprobe tritt besser die Schwelanalyse, da sie die Bestimmung des Teergehaltes erlaubt. Für Braunkohle war früher die Graefesche Probe in schwer schmelzbarer Glasretorte angewendet, die jedoch bei Steinkohle nicht durchführbar ist und verschiedene Mängel besitzt. Zweckmäßiger ist die neue Probe von Fischer und Schrader im Aluminiumtiegel[1]). Durch die gute Wärmeleitfähigkeit ist schnelle und gleichmäßige Erwärmung gewährleistet, durch tiefen Schmelzpunkt des Tiegelmaterials eine wesentliche Überhitzung ausgeschlossen. Einwage rd. 20 g gepulverter Kohle. Erhitzung so, daß in 30 Minuten 500° erreicht wird und so lange auf gleichmäßiger Temperatur halten, bis Abtropfen in Vorlage aufhört (rd. 45 Minuten im ganzen). In Vorlage durch Wägen Wasser + Teer bestimmen und dann Wassergehalt durch Überdestillation mit Xylol oder Zentrifugieren ermitteln. Die Ergebnisse sind 15 bis 30 vH höher als nach Graefescher Methode und in der Praxis erreichbar.

Elementaranalyse, Schwefelbestimmung, Stickstoffbestimmung: (Siehe einschlägige chemische Literatur, insbesondere Lunge, C. T. U.)

Heizwertbestimmung: Rechnerisch auf Grund der Elementaranalyse nach der Verbandsformel, die für den sog. unteren Heizwert lautet

$$H_u = 81\,C + 290 \cdot (H - \frac{O}{8}) + 25\,S - 6\,H_2O\,.$$

Anteile gelten für rohen untersuchten Brennstoff in Hundertteilen. Erfahrungsgemäß gibt diese Formel bei sauerstoffreichen jüngeren Brennstoffen zu niedrige Werte (3 bis 5 vH), weil tatsächlich ein Teil des Sauerstoffes nicht zu H_2O, sondern zu CO_2 und CO verbrennt. Daher zieht man direkte kalorimetrische Bestimmung in der Bombe vor, wobei der obere Heizwert tatsächlich ermittelt wird und der untere Heizwert nach Maßgabe der Kondenswassermenge errechnet werden kann. Gebräuchliche Ausführungen von Mahler, Kröker (s. S. 227) und Langbein (Gebrauchsanweisungen liegen den Apparaten bei). Neuerdings werden für die ständige Betriebskontrolle sog. Schnellkalorimeter (Ausführung von Bamberg, Berlin-Friedenau, s. S. 228) empfohlen, die auch zur Bestimmung des Unverbrannten in den Rückständen gebraucht werden können.

Siebeprobe: Diese ist besonders bei feinkörnigen und staubreichen Brennstoffen von Wichtigkeit, die üblichen Abstufungen sind für die Sieböffnungen: 0,5, 1,0, 3,0, 5,0, 8,0, 12,0, 25,0 mm.

Gasuntersuchung: Hierfür nimmt man entweder Stichproben oder Durchschnittsproben. Erstere genügen für solche Untersuchungen, die öfter wiederholt werden. Entnahme entweder mit zwei Flaschen (eine als Niveaugefäß) oder mit Hahnpipetten. Da bei letzteren Absperrwasser jedesmal verloren geht, und neues stets CO_2 absorbiert, ist trockene Füllung vorzuziehen. Durchschnittsproben werden mit Aspirator oder Wasserstrahlpumpe entnommen, doch ist auf große Dichtheit der Apparatur zu sehen und dieselbe bei längeren Proben wiederholt zu kontrollieren. Dauer- bzw. Durchschnittsproben sind unbedingt notwendig bei Bestimmung der Feuchtigkeit, des Teeres und des Ammoniaks im Gase.

Bestimmung der Gasbestandteile durch Absorption, wobei N als Rest nicht bestimmt wird. Die in Frage kommenden Bestandteile und die Reihenfolge der Entfernung ist folgende:

SO_2 und H_2S werden meist nicht bestimmt, beeinträchtigen daher die nachfolgenden Bestimmungen. SO_2 geht meist ins Sperrwasser und kann tatsächlich vernachlässigt werden, da bei der Vergasung etwa 80 bis 90 vH vom S als H_2S auftreten. Letzteres wird am besten durch vorgelegtes Rohr mit Kupfervitriol-Bimsstein entfernt. Bestimmung von H_2S und SO_2 durch Titration mit Jodlösung (vgl. Lunge-Berl, Taschenbuch, 6. Aufl., S. 242).

CO_2 Absorptionsmittel: Kalilauge von 1.23 spez. Gew. Herstelung durch Lösung von 25 g KOH, das nicht mit Alkohol gereinigt sein darf, in 70 cm³ Wasser.

C_2H_4 und Homologe. Absorptionsmittel: Bromwasser oder rauchende Schwefelsäure mit 25 vH Anhydrit. Nachspülen mit Kalilauge. Die schweren Kohlenwasserstoffe werden bei Vernachlässigung der Bestimmung entweder als O_2 gefunden oder verhindern bei der Anwendung von Phosphor die Absorption des O_2.

O_2 Absorptionsmittel: Pyrogallollösung oder weißer Stangenphosphor. Letzterer nur zu empfehlen, wenn vorher Absorption der schweren Kohlenwasserstoffe durchgeführt wird. Erstere wird hergestellt durch Lösung von 1 g Pyrogallol in 3 cm³ Wasser und Versetzen mit 5 cm³ KOH von spez. Gew. 1,23.

---

[1] Z. f. ang. Ch. 1920, S. 172.

CO Absorptionsmittel: Cu_2Cl_2 in saurer oder ammoniakalischer Lösung. Erstere absorpiert langsam und gibt im Falle von Sättigung wieder CO ab, daher letztere vorzuziehen. Herstellung durch Lösung von 200 g Cu_2Cl_2 und 250g NH_4Cl in 750 cm³ Wasser und Einlegen von Kupferspirale. Vor Gebrauch mischt man zu drei Teilen vorstehender Lösung ein Teil NH_3 von spez. Gew. 0,905. Auch bei diesem Mittel ist Absorption zum Schluß sehr träge, daher bei genauen Analysen zweite Absorption mit frischer Lösung notwendig.

H_2, CH_4 und Homologe. Sind nur durch Verbrennung zu bestimmen. Entweder stufenweise bei Anwendung von Luft (Sauerstoff) durchzuführen mit Palladiumasbest in Glasröhrchen (durch Spirituslampe erhitzt), Messung der Kontraktion k ($H_2 = \frac{2}{3} k$) und Nachverbrennung des CH_4 in Platinkapillare oder auch durch Verbrennung beider ohne Beimischung von Luft über rotglühendem CuO. Letztere Bestimmungsmethode hat den Vorteil, daß der ganze Gasrest angewendet werden kann. Die bei Verbrennung mit CuO entstandene CO_2 wird mit KOH absorpiert ($H_2 = k$, $CH_4 = CO_2$). Da alle diese Verbrennungsmethoden leicht unvollständig ausfallen und zeitraubend sind, wendet man meist die gemeinsame Explosion durch elektrischen Funken an und stellt aufgetretene CO_2 fest. ($CH_4 = CO_2$, $H_2 = \frac{2}{3}$ $\cdot (k - 2 \cdot CH_4)$). Umrechnung wegen Anwendung eines Teiles des Restgases.

Um letztere zu vermeiden und auch die zeitraubende Bestimmung des CO zu umgehen, empfiehlt sich eine vereinfachte Methode mittels Explosion nach Beimischung von O_2 und Restbestimmung des unverbrauchten O_2 mittels zweiter Explosion nach H_2-Zugabe; dabei ist ganze Gasmenge anzuwenden, wenn Bürette

Zahlentafel 8. Vereinfachte Gasanalyse.

Ablesung	Vorgang, Bemerkungen und Berechnungen
$a = 100,0$	Volle Bürette. Angewandtes Gasvolumen. Soll genau 100,0 sein oder das um die Berichtigung (Zahlentafel 9) vermehrte Volumen, um Umrechnungen durchaus zu vermeiden.
$b = 96,5$	Nach Absorption mit Kalilauge . . . . $a - b = 100,0 - 96,5 = 3,5$ vH CO_2
$c = 96,3$	„ „ „ Pyrogallollösung . . . . $b - c = 96,5 - 96,3 = 0,2$ vH O_2
$d = 128,4$	„ Beifügung von Sauerstoff (rein). $O_2' = i = d - c = 128,4 - 96,3 = 32,1$ vH
$e = 94,7$	„ Explosion; die eingetretene Kontraktion $k = d - e = 128,4 - 94,7 = 33,7$ vH
$f = 64,3$	„ Absorption mit Kalilauge. . . . $CO_2' = l = e - f = 94,7 - 64,3 = 30,4$ vH
$g = 95,1$	„ Beifügung von Wasserstoffüberschuß
$h = 72,1$	„ Explosion; die eingetretene Kontraktion $m = g - h = 95,1 - 72,1 = 23,0$ vH
	Ausrechnung:
	$H_2 = k - i + \frac{1}{3} m = 33,7 - 32,1 + \frac{1}{3} \cdot 23,0$ . . . . = 9,3 vH H_2
	$CH_4 = i - \frac{1}{3}(k + l + m) = 32,1 - \frac{1}{3}(33,7 + 30,4 + 23,0) = 32,1 - 29,0$ . . . = 3,1 vH CH_4
	$CO = \frac{1}{3}(4 l + k + m) - i = \frac{1}{3}(4 \cdot 30,4 + 33,7 + 23,0) - 32,1 = 59,4 - 32,1 = 27,3$ vH CO
	NB. Bei einiger Übung und normaler Gaszusammensetzung wird man sowohl großen Sauerstoffüberschuß wie auch großen Wasserstoffüberschuß bei der zweiten Explosion vermeiden können.

mit 130 cm³ Inhalt verwendet wird. Gesamtvorgang und Berechnung gemäß Schema in Zahlentafel 8. Restbestimmung des O_2 kann auch mit Pyrogallollösung durchgeführt werden, dies ist aber bei großen Mengen langwierig. Bei technisch hergestelltem O_2 ist vorher Reinheitsgrad zu bestimmen, doch besser verwendet man reinen, um Umrechnungen zu vermeiden. Der zuzugebende Wasserstoff kann unrein sein.

Gasanalysenapparate: Für Bestimmungen an Ort und Stelle dient Orsat-Apparat in einfacher Ausführung (vgl. S. 240). Ist nur zu empfehlen für CO_2-, O_2- und CO - Bestimmungen, und genügt daher für laufende Betriebskontrollen, wobei man sich meist auf CO_2 - Bestimmung beschränkt. Vollständige Gasanalysen werden zweckmäßig im Laboratorium durchgeführt, entweder unter Benutzung von Orsat-Apparat und Hempel-Büretten, oder unter Anwendung der Lunge-Bürette (vgl. Lunge - Berl, Handbuch, 6. Aufl., S. 282).

Berichtigung der Gasanalyse: Auf die möglichen Fehler wurde bereits bei den einzelnen Bestimmungen hingewiesen, bei Nichtbestimmung einzelner Bestandteile ist die durchschnittliche Menge derselben (gemäß öfters wiederholter Gesamtanalyse) vom nächstfolgenden Bestimmungsresultat abzuziehen. Wichtig ist ferner die Berichtigung für den Wasserdampf und für wechselnden Barometerstand nach Zahlentafel 9. Diese jeweils in Frage kommende Berichtigungsziffer wäre vom N-Gehalt abzuziehen und als H_2O einzusetzen, so daß leicht auf trockenes Gas umgerechnet werden kann. Um für normale Betriebsanalysen dieser Rechnerei auszuweichen, kann man sich helfen, wenn man die Berichtigungszahl b durch vorhergehende Ablesung von Temperatur und Barometerstand bestimmt und für die Analyse statt 100 cm³ jeweils $(100 + b)$ cm³ Gas verwendet, sämtliche gefundenen Werte aber auf 100 bezieht. Da insbesondere in einem Laboratoriumsraum Temperatur und Barometerstand kaum wechseln, bringt dies eine große Vereinfachung.

Zahlentafel 9. **Berichtigungen (b) zur Gasanalyse für Wasserdampf und Barometerstand.**

$t =$	10	15	16	17	18	19	20	21	22	23	24	25	30°C
$b =$760 mm	1,21	1,68	1,78	1,90	2,02	2,15	2,29	2,43	2,59	2,75	2,92	3,10	4,15
750 „	1,22	1,70	1,80	1,92	2,05	2,18	2,32	2,47	2,62	2,78	2,96	3,14	4,21
740 „	1,24	1,72	1,83	1,95	2,08	2,21	2,35	2,50	2,66	2,82	3,00	3,18	4,26
730 „	1,26	1,74	1,85	1,98	2,11	2,24	2,38	2,53	2,69	2,86	3,04	3,23	4,32

Schreibapparate für die fortlaufende Prüfung: Diese sind nur für die Bestimmung von CO_2 und O_2 möglich, es werden die gleichen Apparate benutzt, wie bei der Rauchgaskontrolle. Meist begnügt man sich mit Bestimmung des CO_2. Ausführungen der Ados G. m. b. H. - Aachen, P. de Bruyn-(Debro)-Düsseldorf, Gefko - Köln (der sehr widerstandsfähige Aci-Apparat), Eckardt-Cannstatt, Pintsch - Berlin, Maihak - Hamburg u. a. Alle diese benutzen die Absorption des CO_2 mit KOH. (S. auch S. 243.) Prüfer auf Grund der Dichte und elektrischen Leitfähigkeit dürften mit Rücksicht auf die wechselnde Zusammensetzung der Gase nicht allgemein brauchbar sein.

Heizwertbestimmung: Man errechnet den Heizwert nach den Volumenanteilen und den Heizwerten der Bestandteile unter Benutzung der Zahlentafel 10, wobei gebräuchlicherweise ebenso wie bei den Brennstoffen der untere Heizwert eingeführt wird. Die in der Zahlentafel angegebenen Werte beziehen sich auf 0° C und 760 mm Hg Druck, so daß die oben angeführte Berichtigung bereits vor der Berechnung durchgeführt sein muß. Der Bezug auf 15° C und 1 at empfiehlt sich nicht, weil alle Angaben der Physik und Chemie den

Fig. 16. Anordnung zur Teer-, Staub- und Feuchtigkeitsbestimmung im Gas.

früher genannten Normalzustand benutzen. Zur fortlaufenden und aufzeichnenden Heizwertbestimmung dient das Gaskalorimeter von Junkers, Dessau.

Teer-, Staub- und Feuchtigkeitsbestimmung: Diese geschieht durch Filtration und Absorption mit $CaCl_2$. Am besten erscheint die Anordnung von Jenkner[1]), der gemäß Fig. 16 die Gasprobe durch ein wassergekühltes Rohrstück absaugt, um Verluste durch Wiederverdampfung leichter Teeröle zu vermeiden. Der hintere Teil des Rohres a ist mit kurzgeschnittenen Glasröhren nach Art der Raschig-Ringe (vorn und hinten ein Glaswollepropfen), das Rohr b mit Watte dicht gefüllt, und die Chlorkalziumrohre c, d dahintergeschaltet. Nach Durchführung des Versuches leitet man eine Stunde lang auf 50° vorgetrocknete

---

[1]) Vgl. St. u. E. 1921, S. 181.

Zahlentafel 10. Gewicht, Volumen, Zusammensetzung und Heizwert der Gasbestandteile.

Berechnet nach der Konstante für Molekularvolumen = 22,412. Internat. Atomgewichtstabelle 1913 und Mittelwerten der Phys.-chem. Tabellen von Landolt-Börnstein-Roth. 4. Aufl. nach F. Hoffmann. Gültig für 0°, 760 mm Hg und 45° nördl. Breite.

Bestandteil	chem. Formel	Mol. Gewicht	1 kg ist in m^3	1 m^3 wiegt kg	Spez. Gew. f. Luft = 1	1 m^3 enthält	Heizwert von 1 m^3 oberer	unterer
Sauerstoff	O_2	32,00	0,7004	1,428	1,105	—	—	—
Stickstoff rein	N_2	28,02	0,7999	1,250	0,9673	—	—	—
,, d. Luft	—	(28,177)	0,7958	1,257	0,9722	—	—	—
Luft	—	(28,984)	0,7734	1,293	1,0	$\begin{cases}299,7\ g\ O_2 + 993,2\ g\ N_2\\ 0,2099\ m^3\ O_2 + 0,7901\ m^3\ N_2\end{cases}$	—	—
Wasserdampf	H_2O	18,016	1,244	0,8038	0,6217	89,95 g H_2 + 713,9 g O_2	—	—
Kohlensäure	CO_2	44,00	0,5094	1,963	1,518	535,4 ,, C + 1427,8 ,, O_2	—	—
Wasserstoff	H_2	2,016	11,12	0,08995	0,06957	—	3062	2580
Kohlenoxyd	CO	28,00	0,8004	1,249	0,9662	535,4 g C + 713,9 g O_2	3053	3043
Methan	CH_4	16,032	1,394	0,7153	0,5532	535,4 ,, C + 179,9 ,, H_2	9490	8526
Äthan	C_2H_6	30,048	0,7459	1,341	1,037	1070,8 ,, C + 269,9 ,, H_2	16570	15120
Äthylen	C_2H_4	28,032	0,7995	1,251	0,9673	1070,8 ,, C + 179,9 ,, H_2	14810	14190
Acetylen	C_2H_2	26,016	0,8615	1,161	0,8978	1070,8 ,, C + 89,95 ,, H_2	13950	13470
Benzol	C_6H_6	78,048	0,2872	3,482	2,693	3212,4 ,, C + 269,9 ,, H_2	35290	33840
Toluol	C_7H_8	92,064	0,2434	4,108	3,177	3747,8 ,, C + 359,8 ,, H_2	39710	37790
Schwefeldioxyd	SO_2	64,056	0,350	2,857	2,21	1429,6 ,, S + 1427,8 ,, O_2	(619)[1]	(619)[1]
Schwefelwasserstoff	H_2S	34,072	0,6579	1,520	1,175	1429,6 ,, S + 89,95 ,, H_2	6076	5593
							(6695)[1]	(6212)[1]

[1] Bei Verbrennung zu SO_3.

Luft durch, um das Wasser aus a, b in c, d überzuführen. Sämtlicher Staub sitzt in Rohr a neben einem Teil des Teeres, der restliche Teer im Rohr b. Zur Trennung von Staub und Teer wird das Rohr a mit vorgewärmten Benzol gewaschen, wodurch Teer in Lösung geht, so daß durch Wägung des Rohres nachher und des benutzten Filters der Staubgehalt bestimmt werden kann. Bei Generatorgas wird man die Trennung von Staub und Teer meist vernachlässigen können.

Feuchtigkeitsbestimmung allein kann einfacher psychrometrisch (Johannsen, St. u. E. 1912, S. 1539, Leder F. T., 2. Jahrg., H. 9) bestimmt werden, oder falls die Eigentemperatur des Gases genügend hoch über dem Taupunkt liegt, durch einfache Temperaturmessung, indem man die Temperatur dann abliest, wenn der anfängliche Beschlag des Thermometers verschwindet (vgl. F. T. 2. Jahrg., H. 7). Man setzt zu diesem Zweck auf das Stochloch des Gaserzeugers ein zweizölliges Rohr auf, vgl. Fig. 17, das oben erweitert ist. Dadurch kommt das Thermometer in eine gute Beobachtungslage, und das Gas wird entsprechend gekühlt. Die Methode versagt bei Gas, dessen Taupunkt nahe an der Eigentemperatur liegt. Eine sehr brauchbare Methode für die Bestimmung des Feuchtigkeitsgehaltes gibt neuerdings Wa. Ostwald an (Ch. Ztg. 1922, S. 92; der dazugehörige Apparat wird von der Firma P. Klees, Düsseldorf, geliefert). Aus der gemessenen Taupunktstemperatur kann man unter Benutzung der Zahlentafel 11 den Feuchtigkeitsgehalt des Gases ermitteln.

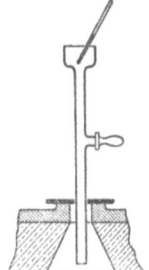

Fig. 17. Anordnung zur Taupunktstemperaturmessung.

Zahlentafel 11. Feuchtigkeitsgehalt gesättigter Luft (Gase).

Sättigungstemperatur t °C	Feuchtigkeitsgehalt von 1 m³ trockner Luft bei t° g	Durch Sättigung aus 1 m³ Luft von 0° entstandenes Volumen m³	Feuchtigkeitsgehalt von 1 m³ Luft von 0° bei Sättigung bei t° g	Sättigungstemperatur t °C	Feuchtigkeitsgehalt von 1 m³ trockner Luft bei t° g	Durch Sättigung aus 1 m³ Luft von 0° entstandenes Volumen m³	Feuchtigkeitsgehalt von 1 m³ Luft von 0° bei Sättigung bei t° g
0	4,89	1,006	4,92	59	124,1	1,496	185,7
5	6,83	1,027	7,02	60	129,6	1,517	196,7
10	9,39	1,049	9,86	61	135,4	1,539	208,9
15	12,82	1,073	13,35	62	141,3	1,563	220,9
20	17,22	1,098	18,92	63	147,5	1,588	234,2
25	22,93	1,127	25,84	64	153,9	1,614	248,4
30	30,21	1,158	34,99	65	160,5	1,642	263,6
32	33,64	1,172	39,12	66	167,3	1,672	279,8
34	37,46	1,187	44,57	67	174,4	1,704	297,2
36	41,51	1,202	49,89	68	181,8	1,738	315,8
38	46,00	1,219	56,05	69	189,4	1,774	335,9
40	50,91	1,236	62,91	70	197,2	1,813	357,4
41	53,52	1,245	66,64	71	205,3	1,855	380,6
42	56,25	1,255	70,57	72	213,7	1,900	408,7
43	59,09	1,265	74,73	73	222,4	1,948	432,9
44	62,05	1,275	79,12	74	231,3	2,000	462,3
45	65,14	1,286	83,76	75	240,6	2,055	494,4
46	68,36	1,297	88,66	76	250,1	2,116	529,3
47	71,73	1,309	93,85	77	260,0	2,182	567,6
48	75,33	1,321	99,32	78	270,2	2,255	609,5
49	78,86	1,333	105,1	79	280,7	2,336	656,5
50	82,63	1,346	111,2	80	291,6	2,425	706,8
51	86,64	1,360	117,7	81	302,8	2,523	763,4
52	90,66	1,374	124,6	82	314,3	2,632	827,0
53	94,92	1,389	131,9	83	326,2	2,754	898,2
54	99,34	1,405	139,6	84	338,4	2,891	978,6
55	103,9	1,422	147,7	85	351,0	3,049	1070
56	108,7	1,439	156,4	86	364,0	3,227	1175
57	113,6	1,457	165,5	88	391,2	3,678	1439
58	118,8	1,476	175,8	90	420,0	4,342	1810

Ammoniakbestimmung im Gas. Da diese Bestimmung für den normalen Betrieb kaum in Frage kommt, sei auf die einschlägige Literatur verwiesen. Man saugt eine bestimmte Menge Gas durch, hält das NH_3 mit H_2SO_4 zurück und bestimmt die NH_3 - Menge durch Titration.

Temperaturbestimmung des Gases. Je nach dem in Frage kommenden Temperaturbereich entweder mittels Quecksilberthermometer mit Luftleere (bis 300°) oder mit Stickstoffüllung (bis 700°) oder mit thermo-elektrischen Pyrometern der Elemente: Kupfer-Konstantan (bis 500°), Eisen-Konstantan (bis 900°), Nickel-Chromnickel (1100°) oder Platin-Platinrhodium (bis 1600°). Die thermo-elektrischen Pyrometer sind auch aus dem Grunde vorzuziehen, weil sie leicht mit Schreibapparaten ausgerüstet werden können. Graphitpyrometer sind träge und leicht ungenau, daher wenig empfehlenswert.

Druckmessung des Gases und der Luft. Da diese am Gaserzeuger meist nur zur Kontrolle dient, genügen einfache U-Rohre, die bei unreinem Gas leicht gereinigt werden können. Das in die Gasleitung reichende Rohrstück wird zweckmäßig so gekrümmt, daß es der Gasrichtung entgegensteht, so daß der Gesamtdruck (statischer + Geschwindigkeitsdruck) gemessen wird, weil diese Messung am sichersten und einwandfreiesten ist. Genauere Druckmesser (P. de Bruyn - Düsseldorf, Hydro G. m. b. H. - Düsseldorf, G. A. Schultze-, Charlottenburg, Fuess-Berlin-Steglitz) eignen sich nur für gereinigtes Gas und werden meist nur für genaue Mengenmessungen an den Entnahmestellen verwendet.

Mengenmessung des Gases: Bei den großen Mengen wird die Messung nie direkt (Gasuhren und Rotarymeter, die nur für Gasanalysen gebraucht werden), auch nicht durch direkte Geschwindigkeitsmessungen (Anemometer und dergl.), sondern durch die Bestimmung des Geschwindigkeitsdruckes vorgenommen. Man verwendet hierzu Staurohre, Stauscheiben, Stauränder, Düsen und Stauflanschen. Am empfehlenswertesten sind die Staurohre (nach Prandtl oder Brabbée), die den Beiwert 1 haben, sodaß man den Geschwindigkeitsdruck unmittelbar mit Mikromanometer (nach Krell oder Berlowitz) ablesen kann; oder man verwendet Druckschreiber mit Tauchglocken, die bei entsprechender Diagrammbemessung gleich Mengen ablesen lassen (vgl. Lieferfirmen oben). Die Stauscheiben (nach Krell oder Prandtl) besitzen einen außerordentlich empfindlichen Koeffizienten, der unter dem Einfluß der Wirbel- und Wellenbewegungen schwankt, daher hat man diese Meßmethode meist wieder verlassen. Die Staurohre haben den Nachteil größerer Empfindlichkeit bei unreinen Gasen, daher verwendet man bei diesen gern die Mengenmessung mittels Durchflußwiderständen. Diese Methode hat den Nachteil von Druckverlusten, die man in Kauf nehmen muß. Den geringsten Druckverlust geben Düsen und von diesen ist die bekannteste Anordnung das Venturirohr (Siemens & Halske A.-G.). Wegen der Reinigungsmöglichkeit und besonders bei großen Gasmengen greift man zu dem Prinzip der **Teilstrommessung**, wobei allerdings die Bestimmung des Übersetzungsverhältnisses notwendig wird; um den Druckverlust des Messorgans in der Zweigleitung auszugleichen, muß man dabei in die Hauptgasleitung einen Regler oder einfacher einen Schieber einbauen, so daß beim Zusammentreffen der beiden Gasströme gleicher Druck herrscht und Rückstauwirkungen vermieden werden. Bei stark schwankenden Gasmengen ist daher die Teilstrommessung nicht verläßlich. Überhaupt erfordert die Gasmengenmessung stets eine besondere Aufmerksamkeit und Kontrolle.

Mengenmessungen bei Luft führt man am besten mit Venturirohren durch.

Dampfmengenmesser: Da die gebräuchlichen Dampfmengenmesser meist sehr empfindliche Apparate sind, wendet man sie bei Gaserzeugeranlagen selten an, höchstens in der Hauptzuleitung. Bei Einzelversuchen bestimmt man die Dampfmenge am besten durch Kondensationsversuch. Für die laufende Kontrolle dient die Temperaturmessung des Windes unter dem Rost, die praktisch mit der Sättigungstemperatur übereinstimmt und woraus sich bei gegebenem Luftvolumen unter Benutzung der Zahlentafel 11 die Menge berechnen läßt.

Auch der Dampfdruck in der Zuleitung hinter dem Reglerventil gibt bei gleichmäßigem Druck in der Hauptleitung einen brauchbaren Maßstab für die verwendeten Dampfmengen, und man kann aus den bekannten Zahlentafeln daraus auch die Durchflußmenge berechnen.

b) Laufende Aufzeichnungen und Versuchsnormen.

Vorstehende Bestimmungen sind teils im Laboratorium, teils möglichst an Ort und Stelle durchzuführen. Messungen an Ort und Stelle sind insbesonders:

Windtemperatur unter dem Rost,
Gastemperatur am Austrittstutzen,
Winddruck in der Hauptleitung,
Winddruck unter dem Rost,
Gasdruck am Austrittstutzen,
Dampfspannung hinter dem Reglerventil,
Füllhöhe im Gaserzeuger (Abstand von der Deckplatte),
Feuer- und Aschenhöhe im Gaserzeuger.

Vorstehende Ablesungen werden am besten stündlich oder zweistündlich durchgeführt und in einer Tafel auf der Bühne an dem Gaserzeuger eingetragen. Die Kontrollorgane sehen daher stets und sofort, ob die Bedienung nicht nachlässig ist. Gelegentlich Nachkontrollen. Auf der gleichen Stelle werden die Füllungen vermerkt, und wenn erforderlich:

Kühlwasser- Zu- und Ablauftemperatur,
Dampfspannung des erzeugten Dampfes,
Erzeugte Dampfmenge,
Kühlwassermenge.

Die Feuermessung am Gaserzeuger wird in der Art vorgenommen, daß man eine mindestens $^3/_4''$ige Stange stets eine gleiche Zeitspanne (3 bis 5 Minuten) auf einen bestimmten Rostteil oder auf die Aschenschüssel aufsetzt und die Lage der Deckplatte an der Stange vermerkt. Durch Messung von unten an findet man nach Aschenzone, Vergasungszone und Deckzone (bei gleichzeitiger Abmessung des Abstandes der Beschickung von der Deckplatte).

Diese Ablesungen für alle Gaserzeuger zusammengestellt und mit den zugehörigen CO_2-Bestimmungen des Kontrollorganes bzw. den Ablesungen der CO_2-Prüfer oder Kalorimeter versehen, geben ein übersicht-

Dubbel, Betriebstaschenbuch.

Zahlentafel 12. Vordruck für ein Betriebsbuch bei drei Gaserzeugern.

		I	II	III	Bemerkungen
Heizwert a. Cal.					
CO_2-Gehalt d. Gases an Gaserz.	vH				
Füllungen, Anzahl					
Feuerhöhe Aschenhöhe d. Gaserz.	mm				
Füllhöhe (Abstand v. Decke) d. Gaserz.	mm				
Gastemp. a. Austritt d. Gaserz.	°C				
Windtemp. unter d. Rost d. Gaserz.	°C				
Dampfdruck hinter Ventil d. Gaserz.	at				
Gasdruck a. Austritt d. Gaserz.	mm WS				
Winddruck unter d. Rost d. Gaserz.	mm WS				
Winddruck i. Ltg.					
Außenluft	Bar.-St.				
	Temp.				
Zeit					
Tag					

liches Bild vom Gang des Gaserzeugers und den unter Umständen eintretenden Störungen oder Verschiebungen der Betriebsbedingungen. Für die Aufzeichnungen benutzt man ein Betriebsbuch nach Zahlentafel 12.

Alle anderen Bestimmungen werden naturgemäß nur zeitweise durchgeführt werden können, je nach Maßgabe der zur Verfügung stehenden Kräfte. Wichtig sind sie, wenn Leistungsversuche durchgeführt werden. Für solche gilt noch besonders: Dauer des Versuches mindestens 48, besser 72 Stunden nach regelmäßigem 5 tägigen Betrieb mit dem gleichen Brennstoff, damit das Aschenbett von diesem Brennstoff herrührt und Beharrungszustand eingetreten ist. Sämtliche Brennstoffuntersuchungen möglichst einschließlich Elementaranalyse während der Dauer des Versuches zweimal. Untersuchung der Rückstände auf

Zahlentafel 13. **Vordruck für Vergasungsversuche**[1]).

Ort: Zeit: Gaserzeuger-System: Versuchsleiter:

Versuchsdauer ..... Std.	I.	II.	III.	Mittel	Brennstoff	I.	II.	III.	Mittel
Beginn ⎫ Füllhöhe mm					Brennstoffanalyse: H_2O vH				
und ⎬ Feuerhöhe mm					Asche vH				
Ende ⎭ Aschenhöhe mm					C vH				
					H vH				
Zunahme des Brennstoffes					N vH				
Durchsatz nach Füllungen					S vH				
Σa kg					O vH				
Durchsatz je m³/h kg					Flücht. Best. vH				
					C_{fix} vH				
Aschenmenge, feucht kg									
					Heizwert, unt., berechnet cal				
Ablesungen: WS.					in Bo..be cal				
Winddruck unter Rost mm									
Gasdruck a. Austritt mm					Aschenanalyse, H_2O vH				
Dampfdruck h. Ventil at					Brennbares vH				
Windtemp. unter Rost °C									
Gastemp. a. Austritt °C					Gas je m³ 0°/760 H_2O g				
					Staub g				
Gasanalyse: CO_2 vH					Teer g				
C_nH_m vH					NH_3 g				
O_2 vH					H_2S g				
CO vH									
H_2 vH					Dampfzusatz, total gem. kg				
CH_4 vH					ber. je 1 kg Br. kg				
N vH									
					Ergebnis: Gasausbeute m³/kg				
Gasheizwert, unt., ber. cal					chem. Wirk. gr. vH				
best. cal					wärmet.Wirk.gr. vH				
Taupunkt des Gases °C					Kraftverbrauch in PS				

[1]) Zum Falten in Taschenformat. Auf Rückseite Berechnungen hierzu.

Gehalt an Verbrennlichem in getrocknetem Zustand, bei höherem Gehalt unter Umständen auch Heizwertbestimmung. Kohlenmengen und Aschenmengen sind möglichst durch Wägung festzustellen. Die obengenannten Ablesungen sind stündlich durchzuführen. Alle 24 Stunden, mindestens jedoch einmal ist die Kontrolle des Dampfverbrauches durchzuführen. Alle 6 Stunden vollständige Gasanalyse, alle 2 Stunden Bestimmung des CO_2-Gehaltes, falls keine Schreibapparate vorhanden sind, und Taupunktbestimmung. Wenigstens einmal während des Versuches Bestimmung des Teer-, Staub- und Feuchtigkeitsgehaltes im Gas, ferner NH_3-, H_2S- und SO_2-Bestimmung. Unterlagen für die Gasmessung (Druckmessungen) beschaffen, falls keine Mengenmesser vorhanden sind.

Es empfiehlt sich, einen Versuch bei möglichst gleichbleibenden Bedingungen durchzuführen. Für die ganze Dauer sind aus allen Ablesungen Mittelwerte bzw. Durchschnittswerte zu ermitteln. Die Durchsatzmenge ist unter Berücksichtigung von Verschiebungen der Beschickungshöhe bzw. Aschenzone zu korrigieren. Treten im Windraum Kondensationen in größerer Menge ein, so ist diese Menge möglichst zu messen. Ebenso soll man die Wassermengen bestimmen, die aus der Schüssel verdampft werden, wobei berücksichtigt werden muß, welche Wassermenge durch die Asche verloren geht, meist ist die Menge an verdampftem Wasser verschwindend und kann vernachlässigt werden, nur bei tiefgezogenem Feuer ist dieser Punkt wichtig.

Schließlich ist noch die Messung des Kraftverbrauches durchzuführen, sowohl am Gaserzeuger selbst, als auch am Ventilator und den sonstigen Hilfseinrichtungen, wie überhaupt alle Feststellungen durchgeführt werden müssen, die mit Rücksicht auf die besondere Bauart der Anlage wichtig sind. Zusammenstellung der Ergebnisse s. Zahlentafel 13.

c) Aufstellung der Stoff- und Wärmebilanz.

Auf Grund dieser Feststellungen kann nun eine Bilanz des Gaserzeugers aufgestellt werden. Es ist naturgemäß notwendig, daß alle Zahlen verläßlich sind, und die Gasanalyse ist dabei entscheidend. Vielfach hat man daher versucht, die Gasanalyse rechnerisch nachzuprüfen[1]. Da es sich aber stets neben dem Vergasungsvorgang auch um einen Entgasungsvorgang handelt, ist diese Kontrolle umständlich und nicht immer ganz zuverlässig. Das Studium dieser Frage wird aber jeden mit der Kontrolle Betrauten großen Nutzen bringen und viel Besserung schaffen.

Als Faustregeln können folgende gelten:

Die Summe von CO_2 und CO übersteigt fast nie 33 vH. Je schlechter das Gas, also je höher der CO_2-Gehalt, desto niedriger wird die Summe, da beim Fehlen von CO ersterer 19 vH beträgt. Es ist somit z. B. unmöglich, daß ein Gas bei 10 bis 12 vH CO_2 noch 20 vH CO enthält. Das erreichbare Minimum an CO_2 ist bei Steinkohle etwa 1 vH, bei Braunkohle 2 vH (wegen des höheren Gehaltes an Destillationsgasen) und liegt bei bestem Betrieb im Durchschnitt mindestens 1 vH höher. Der Wasserstoffgehalt wird ohne Zusatzdampf 4 bis 5 vH betragen und ist meist bei Anwendung von Zusatzdampf 10 bis 14 vH. Hoher Methangehalt weist meist auf Fehlerhaftigkeit der Analyse infolge nicht vollständiger CO-Absorption.

Vorteilhaft ist die Aufstellung einer Stoffbilanz. Es sei
H_K, O_K, N_K = Gehaltszahlen der Kohle an diesen Stoffen in g für 1 kg rohen Brennstoff.
CO_2, CO, H_2, CH_4, O_2, C_nH_m, N = Volumprozente des Gases an diesen Bestandteilen.
s = Staubanfall in g für 1 kg rohen Brennstoff.
t = Teergehalt in g je 1 m³ (falls keine Teeranalyse vorhanden, rechne man durchschnittlich 80 vH C, 7 vH H_2, 12 vH O_2).
K_1 = Kohlenstoffgehalt in 1 m³ Gas in g = 5,354 (CO_2 + CO + CH_4 + 2 C_nH_m).
K_2 = Kohlenstoffgehalt des Teeres in 1 m³ Gas in g = 0,8 t.
K_3 = „ in g für 1 kg rohen Brennstoff.
K_4 = „ „ „ „ 1 kg trockene Generatorrückstände.
K_5 = „ „ „ „ 1 kg Staub (falls getrennt vom Teer bestimmt).
A_1 = Aschengehalt in g für 1 kg rohen Brennstoff.
A_2 = „ „ „ „ 1 kg trockene Rückstände = 1000 − K_4.
Der verlorengehende Kohlenstoff ist nun:

$$K_v = \frac{s \cdot K_5}{1000} + K_4 \cdot \frac{A_1}{A_2}.$$ Der in 1 m³ Gas enthaltene Kohlenstoff ist:
$K_g = K_1 + K_2$.

Somit Gasausbeute $V_g = \dfrac{K_3 - K_v}{K_g}$.

---

[1] Vgl. Hoffmann, Z. ang. Ch. 1916, S. 41; Reinitzer, Ft. J. V, S. 226; Ostwald, Chem. Z. 1919, S. 229.

Sauerstoff im Gas = $(CO + 2 CO_2 + 2 O_2) \cdot 7{,}139 + 0{,}12\, t$.

,, aus Luft = $(N - \dfrac{N_K}{Vg \cdot 1{,}25}) \cdot 3{,}793$.

,, aus Dampfzersetzung = Differenz = $\varkappa$.

Wasserstoff aus Kohle = $\dfrac{H_K - 0{,}126 \cdot O_K}{Vg}$.

,, im Gas = $(H_2 + 2 CH_4 + 2 C_n H_m) \cdot 0{,}8995 + 0{,}07\, t$.

,, aus Dampfzersetzung = Differenz = y.

Es muß gelten: $7{,}935\, y = \varkappa$.

Stimmt letzterer Ansatz nicht überein, so ist in den analytischen Bestimmungen ein Fehler, und die Durchrechnung wird meist zeigen, wo derselbe liegt und welche Bestimmungen besondere Aufmerksamkeit verdienen.

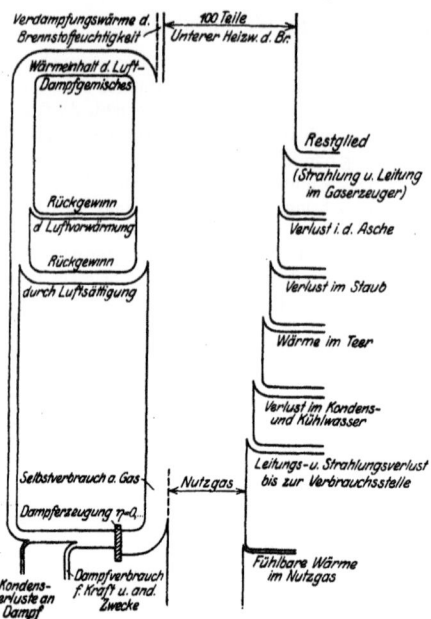

Fig. 18. Schema für die Wärmebilanz eines Gaserzeugers.

Ist die Stoffbilanz durchgeführt, so kann man durch Einführung der Heizwerte die Wärmebilanz aufstellen. Hat man die Gasausbeute nicht durch Messung bestimmt, sondern nur nach Vorstehendem errechnet, so ist diese Bilanz naturgemäß etwas unsicher, weil zu dem unbekannten Restglied (Strahlungs- und Leitungsverlust) noch die ungenaue Gasmenge kommt, in welcher Ziffer sich sämtliche möglichen Fehler aller Bestimmungen summieren. Aus diesem Grunde genügt bei genauen Feststellungen die Aufstellung der Kohlenstoffbilanz, wie dies früher meist durchgeführt wurde, nicht, sondern man muß eine vollständige Stoffbilanz durchführen, wie oben beschrieben. Besonders wichtig ist auch die Bestimmung der Feuchtigkeit bzw. des Dampfes, der dem Gaserzeuger auf verschiedenen Wegen zugeführt wurde, und andererseits die Feuchtigkeitsbestimmung im Gas, um bei der Stoffbilanz den in Umsetzung getretenen Wasserdampf möglichst genau zu fassen. Man kann ebenso eine Feuchtigkeitsgleichung aufstellen:

$Vg \cdot 8{,}935\, y$ = Zusatzdampf für 1 kg Kohle + Dampf aus Schüsselwasser bei 1 kg Kohle + Feuchtigkeitsgehalt der Kohle + $1{,}126\, O_K - Vg \cdot$ Feuchtigkeitsgehalt in 1 cbm Gas von $0°$.

Für die Aufstellung der Wärmebilanz kann das in Fig. 18 dargestellte Schema dienen. Als Hundert ist der untere Heizwert des zugeführten Brennstoffes einzuführen. Bei der Gasabgabe für den Dampf- und Kraftverbrauch sind die Wirkungsgradziffern einzuführen, um ein wirklich vergleichbares Bild zu erhalten. Die fühlbare Wärme des heißen Gases und des darin enthaltenen Dampfes berechnet man unter Einführung der spezifischen Wärmen, für die Neumann[1]) auf Grund verschiedener Forschungen Mittelwerte aufgestellt hat.

---

[1]) Prof. Dr. B. Neumann, Die spezifischen Wärmen der Gase für feuerungstechnische Berechnungen. St. u. E. 1919, S. 746.

Die fühlbare Wärme des erzeugten Gases ist demnach für den Gaserzeuger selbst kein Verlust, sondern kann erst bei der Weiterleitung und Verwendung des Gases zu einer Verlustquelle werden. Wirkliche Verluste im Gaserzeuger sind nur die in den Brennstoffrückständen, im Flugstaub und die Strahlungsverluste. Der „wärmewirtschaftliche" oder „thermische" Wirkungsgrad der Vergasung wird also richtigerweise nur die vorstehenden Verluste berücksichtigen dürfen und muß daher als nutzbar nicht nur den Heizwert im Gase, sondern auch die fühlbare Wärme des Gases, den Heizwert des Teeres und den Wärmeinhalt des etwa erzeugten Dampfes berücksichtigen, während als Aufwand der Heizwert des Brennstoffes einzusetzen ist. Die im Brennstoff bzw. im Gas enthaltene Feuchtigkeit tritt als Ballaststoff nicht in Erscheinung. Ein für etwa benötigten und nicht durch Dampferzeugung oder Sättigung beschafften Zusatzdampf verbrauchter Wärmeaufwand kommt erst bei Berechnung der Nutzgasmenge zur Geltung.

In vielen Fällen wird man aber auf die fühlbare Wärme des Gases keinen Wert legen, kann sie sogar nicht ausnutzen, ebenso wie der gewonnene Teer nicht unmittelbar in Betracht kommt; das ist besonders dort zutreffend, wo das Gas im gereinigten und möglichst gekühlten Zustand verwendet werden muß, also insbesondere bei Kraftgas u. dgl. Man wird daher meist als zweites Kennzeichen der Vergasung noch einen „chemischen" oder „Umsetzungs-Wirkungsgrad" einführen, der das Verhältnis zwischen der im Gasheizwert gewonnenen und der im Brennstoff enthaltenen Wärmemenge darstellt. Letzterer wird natürlich nur für bestimmte Fälle brauchbare Werte ergeben; er hängt stark von den allgemeinen Eigenschaften der Brennstoffe ab, da z. B. teerreiche Brennstoffe einen niedrigen chemischen Wirkungsgrad ergeben, falls der Teer nicht zersetzt wird. Er kann also als ein Kennzeichen einerseits des Brennstoffes und andererseits für das Vergasungsverfahren dienen und wird insbesondere günstiger, je niedriger der Anteil an fühlbarer Wärme ausfällt.

Man wird in der Praxis neben diesen beiden Wirkungsgradziffern noch einen „technischen" Wirkungsgrad brauchen, der den jeweiligen Verhältnissen Rechnung trägt. Für diesen Anhaltspunkte zu geben, wäre unzweckmäßig, denn die vorhandene Verwirrung in den Wirkungsgradbezeichnungen ist gerade dadurch entstanden, daß man sich den jeweiligen praktischen Bedürfnissen anpassen wollte, die sich von Fall zu Fall verschieben. Dieser technische Wirkungsgrad wird verschieden sein für den gleichen Vergasungsvorgang, wenn man das Gas einmal zum Heizen, ein andermal für Kesselfeuerung mit vorausgehender Gewinnung von Nebenerzeugnissen und schließlich für Gasmaschinenbetrieb benutzt.

d) Folgerungen.

Den Einfluß der fühlbaren Wärme des Gases bei dem wechselnden Feuchtigkeitsgehalt der Brennstoffe auf die Verteilung zeigt am anschaulichsten Zahlentafel 14, die noch zu folgenden wichtigen Schlußbetrachtungen führt. Die fühl-

Zahlentafel 14.

Wärmeverteilung bei verschiedenen Brennstoffen.

Vergasungsstoff:	Koks	Steinkohle	Braunkohlenbriketts	Minderwertige Brennstoffe mit	
				40 vH H_2O	55 vH H_2O
Gasausbeute . . . . m³/kg	4,5	3,7	2,5	1,5	1,2
Gastemperatur . . . . °C	800	600	300	120	80
Chemischer Wirkungsgrad . . . . . vH	78	72	74	75	72
Heizwertanteil im Teer . . . . „	—	10	14	14	8
„ in der fühlbaren Wärme des Gases . . . . . „	14	12	6	2	1
„ in der fühlbaren Wärme des Dampfes im Gase „	1	3	5	11	16

bare Wärme im Gas ist bei der Verarbeitung von Koks und Steinkohle sehr erheblich, und man muß bedacht sein, sie entweder zu erhalten oder zweckmäßig nutzbar zu machen. Erstere Forderung ist schwer zu erfüllen. Nach Feststellungen ist bereits der Verlust an fühlbarer Wärme in den allgemein verwendeten, hinter dem Gaserzeuger geschalteten Staubsäcken, Ventilen und Abfallrohren etwa $1/3$ somit 3 bis 5 vH vom Heizwert der Kohle. Bei der Weiterleitung bedient man sich entweder gemauerter Kanäle oder ausgemauerter Gasleitungen. Man rechnet bei ersteren f. d. lfd. m mit 1°, bei letzteren mit 2° Temperaturverlust und das führt meist, besonders bei zentralen Anlagen, zu erheblichen Wärmeverlusten. Da die Zentralisation der Brennstoffwirtschaft auf den Werken und insbesondere die Zusammenfassung der Gaswirtschaft aus wichtigen wirtschaftlichen Gründen erstrebenswert erscheint, muß man daher als eine Hauptforderung beim Vergasungsbetrieb aufstellen: **Man betreibe den Gaserzeuger nicht zu heiß, sondern so kalt, als es der Brennstoff zuläßt.**

Auch bei dicht an die Öfen angebauten Gaserzeugern gilt dies, weil das Heißtreiben der Gaserzeuger stets mit einer Verschlechterung der Gaszusammensetzung verbunden ist. **Die Wärme, die im Heizwert des Gases vorhanden ist, unterliegt keinerlei Verlusten, während solche bei der fühlbaren Wärme des Gases unvermeidlich sind.** Auch ist es meist nicht zutreffend, daß der Betrieb der Öfen heißes Gas verlangt. Diese Fälle sind selten. Die meisten industriellen Öfen sind mit Rekuperation oder Regeneration ausgestattet, und die Abwärme der Essengase ist so hoch, daß man jederzeit in der Lage ist, die erforderlichen Temperaturen im Ofen durch die Luft- oder Gas- mit Luftvorwärmung zu erreichen. Man hat daher vielfach bei Gaserzeugern die fühlbare Wärme des Gases zur Erzeugung des Wasserdampfes verwendet, der zum Gaserzeugerbetrieb notwendig ist, indem man entweder in die Gasabzugrohre Röhrenbündel für die Dampferzeugung einbaute oder den ganzen Generatorschacht (bzw. den oberen Teil) als Dampfkessel (z. B. Bauart von Marischka) ausbildete. Alle diese Einrichtungen sind nur bei teerarmen Brennstoffen mit Vorteil anzuwenden und scheiden daher für die Mehrzahl der Anlagen aus. Man wird daher stets anstreben, um den Anteil an fühlbarer Wärme und die dadurch möglichen Verluste zu verringern, **hochwertige Brennstoffe mit solchen minderwertigen zu strecken**, die geeignet sind, die Gastemperaturen zu vermindern. Dieser Weg ist besonders dann empfehlenswert, wenn es sich darum handelt, sehr wasserreiche Brennstoffe nutzbar zu machen, die allein vergast, keine günstige Gaszusammensetzung und keinen vorteilhaften Betrieb zulassen. Es handelt sich zwar in diesem Falle im Grunde genommen um eine Aufbesserung dieser minderwertigen Brennstoffe, doch ist dieser Weg tatsächlich auch bei hochwertigen Brennstoffen im umgekehrten Sinne empfehlenswert. Die auf diese Art und Weise im Gaserzeuger selbst verbrauchte fühlbare Wärme dient nicht nur zur Vortrocknung des wasserhaltigen Brennstoffes, sondern wird durch das so geschaffene natürliche Temperaturgefälle bis zu niedrigen Endwerten die Möglichkeit geschaffen, hochwertige Teere ohne besondere Einrichtungen am Gaserzeuger selbst zu gewinnen. **Die Gasgewinnung muß in Zukunft stets auch auf eine Gewinnung der Teere gerichtet sein**, weil damit die einzige Möglichkeit geschaffen wird, die nötigen Treibmittel und vielleicht auch noch andere wichtige Rohstoffe zu beschaffen, an denen steigender Bedarf zu erwarten ist.

Der Wegfall der fühlbaren Wärme mag in vielen Fällen bedauerlich erscheinen, weil unsere Einrichtungen, insbesondere die Öfen der Hüttenwerke, auf die Benutzung von Heißgas eingestellt sind. Zweifellos wird aber die Änderung der Betriebsbedingungen in dieser Richtung zu keinerlei Schwierigkeiten führen und die Zentralisierung der Brennstoffwirtschaft auf den großen Werken Vorteile bringen. **Die verlustlose Verteilung flüssiger und gasförmiger Heizstoffe je nach Bedarf an jedem beliebigen Punkt ist eine nicht abzuweisende Forderung der Zukunft.**

Die Kraftmaschinen.

I. Betriebseigenart der Kraftmaschinen.

Bearbeitet von H. Dubbel.

a) Wirkungsgrade.

Die gesamte, bei Verbrennung von 1 kg oder 1 m³ Brennstoff entstehende Wärmemenge wird als „oberer Heizwert" H_0 bezeichnet. Da aber bei der Verbrennung das in den Brennstoffen enthaltene Wasser als Wasserdampf mit den Abgasen des Kessels oder mit den Auspuffgasen der Gasmaschine ohne Ausnutzung seiner Dampfwärme abzieht, so setzt man bei technischen Rechnungen den unteren Heizwert H_u ein. Mit w kg Wasser und $\lambda = 600$ kcal wird:

$$H_u = H_0 - 600 \cdot w \quad \text{kcal}.$$

Als Vergleichskreisprozeß wird in Deutschland das ideale Diagramm (ohne schädlichen Raum bei Dampfkolbenmaschinen) mit einer dem erzielten Diagramm gleichen Expansionsendspannung und der Kesselspannung als Eintrittsdruck, der Kondensatorspannung als Austrittsdruck für die gleiche Dampfmenge zugrunde gelegt.

Ist L_0 die diesem Idealdiagramm entsprechende, von 1 kg Dampf verrichtete Arbeit, L_i die wirklich indizierte Arbeit von 1 kg in der ausgeführten Maschine, so wird der „Gütegrad"

$$\eta_g = \frac{L_i}{L_0}.$$

Ist i die 1 kg zugeführte Dampfwärme ($i = \lambda + c_p (t_1 - t_2)$ bei Heißdampf), so entspricht dieser Wärmemenge das mechanische Äquivalent $427 \cdot i$. Es wird der „thermische Wirkungsgrad" des Idealprozesses:

$$\eta_{th} = \frac{L_o}{427 i}.$$

Dieser gibt also das Verhältnis der im verlustlosen Diagramm erzielten Arbeit zu der höchst erreichbaren Arbeit (die aber nur unter Voraussetzung der absoluten Temperatur -273 als unterste Grenze erhalten würde) an.

Soll die Dampfarbeit L_i mit der Arbeit $L_{o\,max}$ eines mit vollständiger Expansion arbeitenden Idealdiagramms (Clausius-Rankine-Prozeß) verglichen werden, so wird

$$\eta_g' = \frac{L_i}{427 (i - i_o)},$$

worin $i_o =$ Wärmeinhalt hinter der Maschine. Der Wert $(i - i_o)$ kann im JS-Diagramm als Strecke abgegriffen werden. Dieser Wirkungsgrad ermöglicht unmittelbaren Vergleich mit der stets mit vollständiger Expansion arbeitenden Dampfturbine. Thermischer Wirkungsgrad des Clausius-Rankine-Prozesses:

$$\eta_{th}' = \frac{i - i_o}{i}.$$

Bei Gasmaschinen ist der thermische Wirkungsgrad des Idealprozesses mit unvollständiger Expansion:

$$\eta_{th} = 1 - \varepsilon^{1-k};$$

hierin bedeutet: $\varepsilon = \dfrac{v}{v_c}$ das Verdichtungsverhältnis mit v = Hubraum v_h + Kompressionsraum v_c,

$$k = \frac{c_p}{c_v}.$$

Für Gleichdruckmaschinen gilt:

$$\eta_{th} = 1 - \frac{1}{\varepsilon^{k-1}} \cdot \frac{\varrho^k - 1}{k(\varrho - 1)}.$$

ϱ = Füllungsverhältnis = $\dfrac{v_z}{v_c}$ mit v_z = Füllungsraum + Kompressionsraum v_c.

Unter Voraussetzung vollständiger Expansion wird für Gasmaschinen[1]):

$$\eta_{th}' = 1 - \frac{k}{\varepsilon^{k-1}} \left(\frac{\psi^{\frac{1}{k}} - 1}{\psi - 1} \right),$$

worin ψ = Druckverhältnis vor und nach der Zündung.

Für Diesel- (Gleichdruck-) Maschinen wird:

$$\eta_{th}' = 1 - \varepsilon^{-\frac{1}{k-1}}$$

Der „indizierte" Wirkungsgrad gibt an, wieviel von der größtmöglichen Arbeit $427\,i$ in indizierte Arbeit L_i umgesetzt wurde. Es ist:

$$\eta_i = \frac{L_i}{427\,i} = \eta_g \cdot \eta_{th}.$$

Mit $L_i = \dfrac{60 \cdot 60 \cdot 75\,N_i}{427} = 632\,N_i$ kcal (N_i = Anzahl der erhaltenen PS$_i$) wird:

$$\eta_i = \frac{632\,N_i}{i},$$

oder, bei Gasmaschinen:

$$\eta_i = \frac{632\,N_i}{C \cdot H_u}.$$

worin C = stündl. Brennstoffverbrauch.

Der mechanische Wirkungsgrad stellt das Verhältnis der an die Welle abgegebenen effektiven Leistung N_e (PS_e) zu der indizierten Leistung N_i (PS_i) dar:

$$\eta_m = \frac{N_e}{N_i}.$$

Das Verhältnis der in effektive Arbeit umgesetzten Wärme ($632 \cdot N_e$) zu der gesamt zugeführten Wärmemenge i, bzw. $C \cdot H_u$ wird durch den „wirtschaftlichen Wirkungsgrad" η_w wiedergegeben:

$$\eta_w = \eta_i \cdot \eta_m = \eta_g \cdot \eta_{th} \cdot \eta_m.$$

Auch bei Dampfmaschinen ist, wenn der Wirkungsgrad der ganzen Anlage einschließlich Dampfkessel und Dampfleitung ermittelt werden soll, $C \cdot H_u$ statt i einzusetzen.

$$\eta_w = \eta_k \cdot \eta_l \cdot \eta_m \cdot \eta_g \cdot \eta_{th}.$$

η_k = Kesselwirkungsgrad.
η_l = Leitungswirkungsgrad.

---

[1]) Plank, Z. 1920, S. 221.

Betriebseigenart der Kraftmaschinen. — Wirkungsgrade.

Ermittelte Höchstbeträge der Wirkungsgrade.

1. Dampfmaschinen.

Thermischer Wirkungsgrad des verlustlosen Prozesses nach Clausius-Rankine 36 vH
„   „   „   „   „   „ V. d. I.-Normen . . 26 „
   bezogen auf die zugeführte Dampfwärme (nicht Brennstoffwärme)
Gütegrad in bezug auf den Clausius - Rankine - Prozeß, bezogen auf N_i . . 74 „ [1])
„   „   „   „   „ V. d. I.-Prozeß, bezogen auf N_i . . . . 88 „ [2])
Kessel-Wirkungsgrad . . . . 88 „ [3])
(Dampfturbinen, s. S. 131.)
Mechanischer Wirkungsgrad . . . . 95 „
Wirtschaftlicher Wirkungsgrad in bezug auf den Kohlenverbrauch . . . . 16,6 „ [4])
„   „   „   „   „   Dampfverbrauch . . . . 21,55 „ [5])
   Wird mit η_{th}' der thermische Wirkungsgrad des Clausius - Rankine - Prozesses bezeichnet, so muß sein:

$$\eta_i = \eta_{th} \cdot \eta_g = \eta_{th}' \cdot \eta_g'.$$

Diese Beziehung trifft in vorstehender Aufstellung nicht zu, da es sich in dieser um einzeln festgestellte Höchstwerte handelt und nicht um Angaben, die nur eine Anlage betreffen. Auch ist darauf hinzuweisen, daß die vorstehenden Werte bei Paradeversuchen ermittelt wurden.

2. Gasmaschinen.

Thermischer Wirkungsgrad der verlustlosen Verpuffungsmaschine η_{th} . . . . . 55 vH
„   „   „   „   Dieselmaschine . . . . 57 „
Gütegrad der Verpuffungsmaschine η_g . . . . 70 „
„   „   Dieselmaschine . . . . 75 „
Mechanischer Wirkungsgrad der Kleingasmaschine η_m . . . . 75 bis 78 „
„   „   „   Großgasmaschine[6]) . . . . 84 „
„   „   „   Dieselmaschine einschließlich Luftpumpenarbeit 78 „
„   „   „   „   ausschließlich   „   84 „
Wirtschaftlicher Wirkungsgrad der Gasmaschine einschließlich Gaserzeuger . . . 25 „
„   „   „   „   ausschließlich   „   . . . . . 30 „
„   „   „ kleineren Ölmaschinen . . . . 20 bis 25 „
„   „   „ Dieselmaschine . . . . 33,5 „

b. Gas- und Ölmaschinen.

1. Brennstoffe. Die Eigenart der Gas- und Ölmaschinen wird in hohem Maße von den zur Verwendung gelangenden Brennstoffen bestimmt.

Zahlentafel 1 gibt Aufschluß über die wichtigsten Kraftgase. Der Heizwert der Mischung bestimmt sich zu $H_m = \dfrac{H_u}{1 + l}$.

Flüssige Brennstoffe. Benzin ist ein gereinigtes Kondensat von Dämpfen, die bis etwa 150° bei Erdöldestillation entstehen. Leichtbenzin: $\gamma = 0{,}68$ bis 0,72, Schwerbenzin $\gamma = 0{,}72$ bis 0,77. $H_u = 10\,800$ kcal. Zur Vermeidung von Frühzündungen darf die Kompression nur auf 3 bis 5 at steigen. Leichtbenzin ergibt scharfe Verbrennung mit schlagartiger Gestängebeanspruchung.

Benzol entsteht bei der Steinkohlendestillation, Kompressionsdruck bis 13 at infolge höherer Entzündungstemperatur. $H_u = 9800$ kcal. Manche Benzolsorten sind wenig kältebeständig und deshalb zur Herabsetzung des Erstarrungspunktes im Winter mit Benzin, Xylol oder Toluol zu mischen. Autin und Ergin sind bis — 15° C kältebeständig.

Naphthalin, ebenfalls ein Erzeugnis der Steinkohlendestillation. $H_u = 9600$ kcal. Naphthalin ist ein fester Körper, der sich erst bei etwa 80° C verflüssigt. Kompression bis 13 at. Zur Erwärmung des Naphthalins werden entweder die Kühlwasser- oder die Abgaswärme oder zweckmäßig beide gleichzeitig ausgenutzt. Die bei Heizung durch die Auspuffgase vorhandene Gefahr der Überhitzung des Naphthalins wird bei Deutzer Motoren dadurch vermieden, daß sich nach dem ersten Anheizen durch die Auspuffgase zwischen diese und den Schmelzkessel selbsttätig eine Dampfschicht einschaltet. Anlassen der kalten Maschine mit Benzol oder Leuchtgas, oder auch mit Benzin, doch lassen die beiden erstgenannten Brennstoffe dieselbe Verdichtung wie Naphthalin zu.

---

[1]) Schröter-Koob, Z. 1903, S. 1492.   [2]) Krumper, Z. 1905, S. 1309, 1345.
[3]) Eberle, Z. 1921, S. 362.   [4]) Versuch Doerfel an einer 500 PS-Verbundlokomobile.
[5]) Versuch Watzinger an einer 250 PS-Verbundlokomobile.   [6]) Riedler, Z. 1905, S. 315.

Tafel 1. **Heizwert, kleinster Luftbedarf und praktische**

Spalte Nr.			1	2	3
			Unterer Heizwert für 1 m³ (kg) H_u kcal	Luftbedarf	
Die eingeklammerten Gewichtseinheiten in den Spaltenköpfen 1 bis 9 gelten für die flüssigen (und festen) Brennstoffe				theoretisch l_0 für 1 m³ (kg) m³	wirklich l für 1 m³ (kg) m³
I	Leuchtgas	arm	4500	5,0 bis 6,0	7,5 bis 9,0
		gewöhnlich	5000		
			5500		
		reich	6000		
II	Kraftgas	bezogen auf Anthrazit[1]	7500	—	—
		bezogen auf dessen Gas	1250	0,9 bis 1,1	1,5
		bezogen auf Kokse[1]	7000		
		bezogen auf deren Gas	1150	0,85 bis 1,0	1,25
		bezogen auf Braunkohlen-Briketts[1]	4800	—	—
		bezogen auf deren Gas	1150	0,9 bis 1,0	1,3
III	Hochofengas (Gichtgas)		950	0,75	0,9 bis 1,0
IV	Koksofengas		4500	5,3	7,0
V	Petroleum (Verpuffungsmotor)		10500	11,5	16 bis 22
VI	Rohöl (Gleichdruckmotor)		10000	11,0	18 bis 20
VII	Benzin		11000	11,5	15 bis 17
VIII	Rohspiritus von 90 Vol.Proz.		5700	6,0	1 bis 12

Für ungestörten Betrieb ist gleichmäßige Beschaffenheit des Naphthalins unerläßlich.

Gasöle, auch nach der Farbe Blau- oder Grünöle genannt, sind Erdöldestillationsprodukte mit H_u = 9800 bis 10200 kcal bei γ = 0,85 bis 0,88. Zähflüssige Öle sind vorzuwärmen.

Braunkohlenteeröle, schwerflüchtigere Destillationsprodukte des Braunkohlenteers. Hauptsächlich gelangen Solaröl — γ = 0,82, H_u = 10000 kcal — und die Paraffinöle — γ = 0,85 bis 0,95, H_u = 9800 kcal — zur Verwendung. Solaröl enthält meistens etwas Naphthalin, das sich bei Kälte ausscheidet, ist daher vorzuwärmen.

Steinkohlenteeröle, H_u = 8800 bis 9200 kcal. Das von der Deutschen Teerprodukten-Vereinigung in Essen gelieferte Teeröl ist ein Gemisch von Naphthalinöl und Anthrazenöl, dessen Gehalt an unverbrennlichen Bestandteilen 0,05 vH nicht übersteigt. Koksrückstand höchstens 3 vH.

Betriebseigenschaften der flüssigen Brennstoffe. Benzin und Benzol werden meist in „Vergasern" mit der Luft gemischt; sie verdampfen schon bei Temperaturen unter 100°. Besondere Vorwärmung der Luft durch die Auspuffgase erwünscht, wenn längere Leitung vom Vergaser zum Hubraum Kondensation des nebelförmigen Brennstoffes wahrscheinlich macht. Bei Benzol ist mäßige Vorwärmung etwa durch Umspülung des Vergaserraumes durch das erwärmte Kühlwasser immer angebracht.

Für Dieselmaschinen eignen sich Benzin und Benzol nicht, da ihre große Verdampfbarkeit die Mischung mit der hochverdichteten Luft stört, die schnell entstehenden Dämpfe verdrängen die Luft an der Einspritzstelle, so daß schlechte Mischung der nacheinströmenden Brennstoffmenge und Nachbrennen die Folge sind. Der hohe Wasserstoffgehalt ruft heftige Vorverbrennung mit starker Druckerhöhung hervor. Die Schweröle (Gas-, Teeröle) werden hauptsächlich in der Dieselmaschine verwertet. Da die Teeröle ihrer Zersetzung und der Ölgasbildung großen Widerstand entgegensetzen, so wird die Verbrennung durch Zündöl — meist Gasöl — eingeleitet, das durch eine besondere Pumpe an das vordere Ende des Zerstäubers gelagert wird.

Ausnutzung der motorischen Brennstoffe (nach Güldner).

4	5	6	7	8	9
Brennstoffverbrauch C für 1 PS$_e$h (bezogen auf 735,5 QS und 15°).					
5 PSe		10 PSe		25 PSe		50 PSe		100 PSe		200 PSe u. mehr	
C m³ (kg)	η_w	C m³ (kg)	η_w	C m³ (kg)	η_w	C m³ (kg)	η_w	C m³ (kg)	η_w	C m³ (kg)	η_w
0,63	0,22	0,58	0,24	0,54	0,26	0,525	0,27	0,5	0,28	0,485	0,29
0,57	0,22	0,52	0,24	0,48	0,26	0,47	0,27	0,45	0,28	0,435	0,29
0,52	0,22	0,48	0,24	0,44	0,26	0,43	0,27	0,42	0,28	0,40	0,29
0,475	0,22	0,44	0,24	0,40	0,26	0,39	0,27	0,4	0,28	0,365	0,29
—	—	0,58	0,15	0,50	0,17	0,45	0,19	0,40	0,21	0,38	0,22
—	—	2,7	0,19	2,4	0,21	2,2	0,23	2,1	0,24	2,0	0,26
—	—	0,65	0,14	0,56	0,16	0,50	0,18	0,45	0,20	0,41	0,22
—	—	2,9	0,19	2,6	0,21	2,4	0,23	2,3	0,24	2,2	0,25
—	—	—	—	0,73	0,18	0,67	0,20	0,63	0,21	0,60	0,22
—	—	—	—	2,5	0,22	2,4	0,23	2,3	0,24	2,2	0,25
—	—	—	—	—	—	2,8	0,24	2,65	0,25	2,55	0,26
—	—	—	—	—	—	0,60	0,23	0,55	0,26	0,25	0,27
0,50	0,12	0,46	0,13	0,40	0,15	—	—	—	—	—	—
0,24	0,26	0,22	0,29	0,20	0,32	0,19	0,33	0,185	0,34	0,185	0,34
0,29	0,20	0,26	0,22	0,25	0,23	—	—	—	—	—	—
0,48	0,23	0,45	0,25	0,43	0,26	—	—	—	—	—	—

2. Ausführung und Betrieb der Maschinen. Tafel 2 enthält eine Zusammenstellung Deutzer Bauarten. Stehende Anordnung weist den Vorteil geringer Raumbeanspruchung, guten Kolbenlaufes, günstigen Wirkungsgrades und einfacher Gestaltung des Verbrennungsraumes auf, ohne daß bei kleineren Leistungen die Bedienung erschwert wird. Zweitaktwirkung wird bei Gasmaschinen meist erst bei Leistungen über 500 PS ausgeführt, während sie sich bei Diesel- und Glühkopfmotoren schon bei kleineren Leistungen findet. Leistung der Zweitaktmaschinen beträgt nicht das Doppelte der Viertaktmaschine, da Spülung und Mischung besonders bei höheren Drehzahlen unvollkommener verlaufen. Zweitaktölmaschinen verhalten sich insofern günstiger als Zweitaktgasmaschinen, als der Spülung nur Ladung mit Luft, nicht mit Gemisch folgt, das bei voller Beanspruchung und Füllung leicht durch die Schlitze entweicht, auch Frühzündungen bei Mischung mit den im Zylinder zurückgebliebenen Verbrennungsgasen verursacht. Drehzahl der Zweitaktgasmaschinen mit Rücksicht auf Pumpendrucke und Beschleunigungskräfte im Steuerungsgestänge bei größeren Ausführungen beschränkt ($n \leq 95$ Uml/min). Ausführung von Kurbelkastenpumpen ist nur bei kleineren billigeren Zweitaktmaschinen zulässig. Der aus dem Kurbelkasten angesaugte Ölstaub kann bei hoher Verdichtung Anlaß zu Selbstzündung geben.

Die Überlastbarkeit der Gas- und Ölmaschinen kann nur etwa 10 vH der normalen Belastung betragen. Weitere Steigerung läßt sich bei Großgasmaschinen und Zweitaktdieselmaschinen durch Nachfüllen des Arbeitsraumes mit verdichteter Luft oder mit verdichtetem Gemisch erreichen.

Anlassen bei kleineren Gasmaschinen durch Andrehkurbel, bei größeren durch Druckluft oder auch elektrisch durch Benutzung der Dynamo als Elektromotor. Hierbei Nachstellen des Zündzeitpunktes, um Rückstöße zu vermeiden. Einstellung des Auslaßnockens bei kleineren Maschinen auf kleinere Kompression. Günstige Anfahrstellung der Kurbel: 25 bis 30° hinter dem Totpunkt.

Gasmaschinen können nach 6 bis 8 Umdrehungen, d. h. 3 bis 4 Luftfüllungen, in Betriebstellung gebracht werden.

Tafel 2.
Motoren für ortfeste Anlagen.
a) Für flüssige Brennstoffe.

Dauerleistungen PS$_e$												Brennstoffe	Bemerkungen
4	6	8	10	—	—	—	—	—	—	—	—	Die Leistungen verstehen sich für Benzol und Spiritus. Bei Benzin und Petrol Leistungen etwas geringer. Naphthalin, Betrieb für 16 bis 25 PS	Stehend, Einzylinder, Gewerbebetrieb. $n = 450 \div 380$ min
1	2	3	4	—	—	—	—	—	—	—	—		Liegend, Gewerbebetrieb, Licht nur bedingungsweise. $n = 300 \div 550$ min
4	6	8	10	12	14	16	—	—	—	—	—		Liegend, Gewerbe- und Lichtbetrieb. $n = 400 \div 290$ min
16	20	25	30	35	40	45	50	55	60	65	—		Wie vorstehend. $n = 340 \div 200$ min
6	11	13	18	23	36	—	—	—	—	—	—	Benzol, Benzin, Spiritus. Leistungen bei Petrol etwas geringer	Stehend, Zwei- und Vierzylinder, Licht und Gewerbe. $n = 900 \div 600$ min
8	—	20	40	60	—	—	—	—	—	—	—		Wie vorstehend. $n = 1000 \div 750$ min
50—600	—	—	—	—	—	—	—	—	—	—	—	Benzol und Spiritus, Benzin im Wechsel mit Erdgas	Liegend, Licht und Gewerbe. Für flüssige Brennstoffe nur in Ausnahmefällen. $n = 190 \div 170$ min
12	15	20	25	30	35	40	45	50	—	—	—	Rohöl, Petrol, Gasöl, sowie: Masut, Resida, Braunkohlenteeröle, vegetabile Öle. Bei Verwendung der Hilfszündöl-Einrichtung auch Steinkohlenteeröl	Liegender Dieselmotor für Gewerbe und Licht. $n = 280 \div 215$ min.
8,5	11	15	18	20	22	25	30	35	40	45	50		Liegender vereinfachter Dieselmotor ohne Kompressor, Licht- und Gewerbebetrieb. $n = 340 \div 200$ min
65	80	100	—	—	—	—	—	—	—	—	—		Liegender vereinfachter, kompressorloser Dieselmotor, Licht und Gewerbe, geringe Raumhöhe. $n = 190 \div 160$ min
130	160	200	250	—	—	—	—	—	—	—	—		Zweizylinder, sonst wie vorstehend
150	200	225	250	300	400	450	500	600	750	900	—		Stehender, 2-, 3-, 4- und 6-zylindriger Dieselmotor, Licht und Gewerbe. Geringe Bodenfläche. Höherer Raumbedarf. $n = 220 \div 167$ min

b) Für gasförmige Brennstoffe.

Dauerleistungen PS$_e$											Brennstoffe	Bemerkungen
3,5	—	7	—	—	—	—	—	—	—	—	Leuchtgas, Koksofengas, Erdgas	Stehend, Einzylinder, Gewerbebetrieb. $n = 450 \div 380$ min
5,5	—	—	9	—	—	—	—	—	—	—		Liegend, Gewerbebetrieb, Licht nur bedingungsweise. $n = 300 \div 550$ min
1	2	3	4	—	—	—	—	—	—	—		
—	—	—	—	—	—	—	—	—	—	—	Leuchtgas, Hochofengas, Koksofengas, Erdgas, sowie in Verbindung mit Gaserzeugern: Generatorgas aus Anthrazit, Koks, Holzkohle, Braunkohlenbriketts, Rohbraunkohle, Holz und Torf.	Liegend, Gewerbe- und Lichtbetrieb. $n = 400 \div 290$ min
4	5	8	10	12	14	16	—	—	—	—		
16	20	25	30	35	40	45	50	55	60	65		Wie vorstehend. $n = 340 \div 200$ min
50—700	—	—	—	—	—	—	—	—	—	—		Liegende Gasmaschine für Betriebszwecke aller Art. $n = 190 \div 170$ Umdrehungen

Gasanlagen.

Dauerleistungen PS$_e$	Brennstoffe	Bemerkungen
4 bis 35	Anthrazit, Koks Holzkohle	Reinigungsanlage mit Gaserzeuger zusammengebaut
20 bis 300		Einfeuer-Gaserzeuger mit getrennter Reinigungsanlage
20 bis 300	Braunkohlenbriketts, Holz und Torf bis 18 vH Wassergehalt	Zweifeuer-Gaserzeuger mit Teerzersetzung
20 bis 250	Holzabfälle, Rohbraunkohle, Holz und Torf bis zu 60 vH Wassergehalt	Einfeuer-Gaserzeuger mit Teergewinnungsanlage
150 bis 1500	Anthrazit, Koks, Braunkohlenbriketts, Rohbraunkohle, Torf	Für Dauer- und Großbetrieb, selbsttätige Aschenaustragung durch gekühlten Drehrost

Bei hartem Wasser, das zu Steinansatz neigt, ist — da die Steinausscheidung ruhenden warmen Wassers stärker ist — der Wasserzulauf noch nach Außerbetriebsetzung der Maschine geöffnet zu halten, bis die Wandungen abgekühlt sind. Störungen im Wasserzufluß können durch Schwimmervorrichtungen elektrisch gemeldet werden; auf gleiche Weise kann bei längerem Ausbleiben des Kühlwassers die Maschine selbsttätig abgestellt werden.

Betriebsstörungen sind häufig auf die Zündvorrichtung zurückzuführen. Unzeitige Zündungen können durch Erdschlüsse im Zündstromkreis bzw. in Nebenschlüssen durch das Eisen der Maschine oder auch durch Überbrückungen zwischen den einzelnen Kontakten des Kontaktapparates (bei Bezug des Stromes aus fremder Quelle), die durch Metallstaub usw. infolge der Abnutzung der Kontaktstücke und Kontaktbürsten entstehen, verursacht werden.

Wasser, von Undichtheiten des Kolbens oder des Kühlmantels herrührend, veranlaßt an den Kontakthebeln der Zündbüchse Kurzschluß. Durch Verrußung und durch Ansatz von Verbrennungsrückständen wird der Kontakt unterbrochen.

Vorzündungen bei Gasmaschinen entstehen aus verschiedenen Ursachen: Nachbrennen des Gemisches während der Expansion und selbst während des Auspuffes, so daß sich die angesaugte Gas- und Luftmenge entzündet, „Ansaugeknaller". Erwärmung einzelner Wandungsteile durch ungenügende Kühlung (z. B. infolge Steinansatz im Kühlmantel, Anwesenheit von Ölkrusten im Zylinder, in den Zylinder hineinragende Teile der Abdichtung usw.) kann sowohl Vorzündungen als auch die gefährlichen „Frühzündungen" während der Kompression verursachen, wodurch sehr beträchtliche Überlastungen des Gestänges auftreten.

„Auspuffknaller" werden durch hängenbleibende Auslaßventile verursacht oder rühren von unverbranntem Gemisch her, das in die Auspuffleitung gelangt ist und namentlich bei nachbrennendem Gemisch bei· Öffnung des Auspuffventils entzündet wird.

Bei Dieselmaschinen gibt Undichtheit der Brennstoffventilnadel zu Vorzündungen Veranlassung, so daß gegen Ende der Luftverdichtung Brennstoff zu früh in den Hubraum tritt und starke Drucksteigerung stattfindet.

Das in den Zylinder für die Kolbenschmierung eingeführte Schmieröl verbrennt zum Teil; bei Garantieversuchen kann somit überreichliche Ölzufuhr eine merkliche, kostspielige Erhöhung des thermischen Wirkungsgrades und unrichtige Bewertung der Maschine veranlassen. Die aus dem Schmieröl entstehenden Krusten verursachen — wie schon vorstehend erwähnt — Betriebsschwierigkeiten durch Vorzündung. Bei Übernahmeversuchen soll deshalb neben dem Brennstoffverbrauch auch die verbrauchte Schmierölmenge ermittelt werden.

Der Auspuff soll unsichtbar sein. Rußender Auspuff ist stets ein Zeichen von unvollkommener Verbrennung, die bei Überlastung durch Mangel an Verbrennungsluft, sonst auf Verwendung ungeeigneten Brennstoffes oder auf mangelhafte Vergasung bzw. Zerstäubung zurückzuführen ist. Bei Dieselmaschinen sind auch zu niedriger Einblasedruck, Undichtheit oder zu späte Eröffnung der Brennstoffnadel häufig Ursache des Rußens.

Anderseits ist rußfreier Auspuff nicht immer ein Beweis für vollkommene Verbrennung, da häufig die Rußteilchen schon im Auspufftopf ausgeschieden werden.

Gasmaschinen zeigen auch bei unvollkommener Verbrennung unsichtbaren Auspuff, hier ist rauchender Auspuff auf die Verbrennung von Schmieröl bei heißlaufendem Kolben zurückzuführen.

Einstellung der Steuerung und Zündung. „Scharfe" Gemische sind namentlich bei wasserstoffreichen Brennstoffen Ursache harten, stoßenden Ganges infolge der „spitzen" Diagramme mit steiler Verbrennungslinie. Die entstehende Wärme verteilt sich auf eine kleinere Verbrennungsgasmenge und führt zu hohen Temperaturen und entsprechenden Kühlwasserverlusten. Richtiger ist Abrundung der Diagrammecke, wenn die Diagrammfläche dadurch auch verkleinert wird. Die Verbrennung soll ungefähr während eines Kurbelwinkels von 30° andauern, wobei 10° vor der Kurbeltotlage gezündet wird.

Fig. 1 und 2 zeigen die Einstellung der Steuerung. Der verspätete Schluß des Einlaßventils bewirkt bessere Füllung des Zylinders infolge Ausschwingens der Sauggassäule, wie das Schwachfederdiagramm Fig. 3 zeigt. Da Ein- und Auslaßventil vorübergehend gleichzeitig geöffnet sind, so kann diese Wirkung durch das in Fig. 4 dargestellte Ausschwingen der Auspuffgassäule unter Umständen verstärkt werden. Mit Sicherheit läßt sich dieses Verhalten aber nicht erreichen, zeigt sich auch meist nur bei bestimmten Belastungen.

Bei Dieselmaschinen wird die durchaus kein Kennzeichen der Maschinenart darstellende, wagerecht verlaufende Verbrennungslinie der einen geringeren Brennstoffverbrauch ergebenden ansteigenden Brennlinie bei langsam laufenden Maschinen zur Vermeidung unnötiger Triebwerksbeanspruchung vorgezogen. Schnellaufende und hochbelastete Motoren arbeiten mit Drucksteigerung, da infolge der kurzen Verbrennungszeit der Brennstoff früher einzuführen ist, wenn Nachbrennen

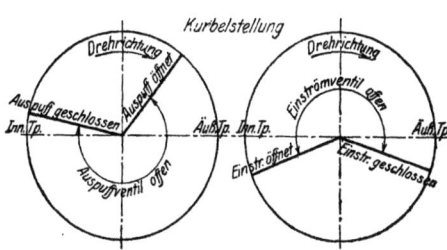

Fig. 1 u. 2. Einstellung der Steuerung.

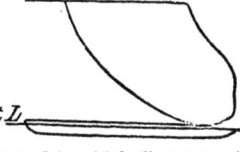

Fig. 3. Schwachfederdiagramm mit erhöhtem Verdichtungsanfangsdruck.

Fig. 4. Schwachfederdiagramm mit ausschwingender Auspuffgassäule.

und Rußen vermieden werden sollen. Bei allzufrüher Brennstoffzufuhr kann die Brennlinie senkrechte Fortsetzung der Verdichtungslinie sein und stoßen den Gang, Festbrennen und Durchblasen der Kolbenringe zur Folge haben.

Sind Zerstäuber und Brennstoffnocken für gewünschte Verbrennung bei normaler Belastung bemessen und eingestellt, so wird bei Entlastung des Motors um beispielsweise 50 vH die annähernd auf die Hälfte verringerte Brennstoffmenge auf die gleiche Luftmenge verteilt; der Zerstäuber wird vollständig leer geblasen, so daß bei der folgenden Einspritzung zunächst Einblaseluft, erst hierauf brennstoffhaltiges Gemisch eingeführt wird.

Folgen: Verschlechterte Verbrennung und verringerter thermischer Wirkungsgrad infolge der niedrigeren Zylindertemperatur und der Abkühlung des verdünnten Brennstoffstrahls durch die Einblaseluft. Zunahme des Brennstoffverbrauches.

Unsichere Zündung namentlich im Leerlauf.

Verschmutzung der Ventile infolge der unvollkommenen Verbrennung.

Mittel hiergegen: Änderung des Einblasedruckes von Hand durch Drosseln des Kompressors, selbsttätige Einstellung der Brennstoffzufuhr durch Nadelhubregelung, besondere Ausbildung des Brennstoffventils derart, daß bei allen Belastungen Brennstoff vorgelagert wird. (Lindemann, Z. 1921, S. 152; Riehm, Z. 1921, S. 525.) Bei Einwirkung des Reglers auf eine Drossel in der Kompressor-Saugleitung wird gleichzeitig die Öffnungsdauer des Brennstoffventils durch den Druck im ersten Aufnehmer des Kompressors verändert, um die Verzögerung in Änderung des Einblasedruckes auszugleichen. (Regelung Sulzer.)[1]

---

[1] K. Körner, Der Bau des Dieselmotors, S. 182. Verlag Julius Springer, Berlin.

Ernste Betriebsstörungen können bei mehrzylindrigen Dieselmaschinen auch dadurch entstehen, daß infolge Verstellung der Brennstoffpumpe ein Zylinder dauernd überlastet ist. Durch häufiges Indizieren ist die gleichmäßige Arbeitsverteilung festzustellen.

Garantiezahlen. Bei diesen ist zu beachten, daß der untere Heizwert des Gases meist für 760 mm Q.-S. und 0° C angegeben wird und — auf 1 m³ bezogen — bei höheren Aufstellungsorten der Maschine und höheren Temperaturen beträchtliche Einbuße erleidet, so daß die Maschine nicht die verlangte Leistung hergibt.

Soll z. B. bei 700 mm Q.-S. und 30° C der effektive Heizwert an der Maschine 1000 kcal/m³ betragen, so muß das Gas einen Heizwert von

$$1000 \cdot \frac{760}{700} \cdot \frac{(273 + 30)}{273} \cong 1200 \text{ kcal,}$$

bezogen auf 760 mm und 0° C aufweisen.

Hat das Gas Gelegenheit, sich (z. B. in den Reinigern) mit Wasserdampf zu sättigen, so ist der Teildruck dieses Dampfes außerdem noch von 700 abzuziehen. Dieser Teildruck würde im vorstehenden Beispiel — 30° entsprechend — 0,0573 kg/cm² = 42,14 mm Q.-S. betragen und den nötigen Heizwert auf rd. 1300 kcal steigern.

Bei Dieselmaschinen ist die Verringerung des angesaugten Luftgewichtes zu berücksichtigen.

Die Maschinenfabrik Augsburg-Nürnberg schreibt folgende Eigenschaften der Schmieröle vor:

Öle für Dieselmotoren.

Mineralölraffinat ohne Säure, Harz, Fett, Wasser oder Teeröl; mit Wasser keine Emulsion.

Flüssigkeitsgrad bei 50° C	4,5 bis 6,5° Engler	
Flammpunkt im offenen Tiegel ° C	= 185	für Hauptkolben-Triebwerk,
Brennpunkt ° C	= 220	Kolbenkühlung
Kältebeständigkeit	bei — 5° noch fließend	
Durch konzentrierte H_2SO_4 ausfüllbar	= 12 vH	
Flüssigkeitsgrad bei 100° C	4,5 bis 5,0° Engler	
Flammpunkt im offenen Tiegel ° C	= 280	für Luftpumpenzylinder
Kältebeständigkeit	bei — 8° noch fließend	
Durch konzentrierte H_2SO_4 ausfüllbar	= 20 vH	
Säuregehalt (SO_3)	= 0,03 vH	Allgemein
„ (Asphaltgehalt)	kein Rückstand	

Öle für Großgasmaschinen.

Mineralöl, praktisch ohne Säure, Harze, Fette und sonstige Rückstände.

Flüssigkeitsgrad bei 50° C	5 bis 8° Engler	
Spezifisches Gewicht bei 20° C	etwa 0,90	
Flammpunkt ° C	= 190	
Brennpunkt ° C	liegt gewöhnlich etwa 20° höher	

c) Kolbendampfmaschinen.

Meist liegende Bauart mit Drehrichtung derart, daß zwecks sicherer Gleitbahnschmierung und unmittelbarer Aufnahme des Kreuzkopfdruckes durch das Fundament der Kreuzkopfdruck nach unten gerichtet ist.

Stehende Maschinen weisen als Vorzüge auf: geringen Platzbedarf, guten Kolbenlauf, unmittelbare Aufnahme der Massenkräfte durch das Fundament. Nachteile: Größerer Dampf- und Ölverbrauch, Erschwerung der Anordnung von Ventilsteuerungen, Unübersichtlichkeit. In Einzelfällen findet namentlich als Reservemaschine die stehende Bauart Verwendung als Kapselmaschine mit hohen Umlaufzahlen.

Ausführung als Einzylinder- und Verbundmaschine, die Dreifachexpansionsmaschine wird nicht mehr gebaut, da ihr Dampfverbrauch bei höherer Überhitzung den guter Verbundmaschinen nicht unterschreitet. Ausführung der Einzylindermaschine vielfach als Gleichstrommaschine, der Verbundmaschine meist als Tandemmaschine.

Bei hohen Drucken und Überhitzungsgraden nähern sich die Dampfverbrauchsziffern der ein- und zweistufigen Maschinen, doch gestatten letztere weitergehende Expansion. Verluste im Hochdruckzylinder werden teilweise im Niederdruckzylinder verwertet. Tandemmaschinen erfordern schwerere Schwungräder als Zwillingsverbundmaschinen, nehmen jedoch geringeren Platz ein und sind billiger in der Anschaffung. Anwendung der Kondensation verringert bei den heute üblichen Drucken und Temperaturen den Dampfverbrauch um etwa 25 vH, Drucke von 0,12 bis 0,15 at abs. vorausgesetzt. Bei Verringerung des Kondensationsdruckes ist zu beachten, daß der zunehmende Temperaturunterschied zwischen ein- und austretendem Dampf die Eintrittskondensation vermehrt. Die stark wachsenden Dampfvolumina verursachen Drosselungsverluste in den Leitungen, und die Luftpumpenarbeit wird bei vermehrter Kühlwassermenge vergrößert. Hohe Luftleeren werden nur bei weit bemessenen Überströmrohren und unmittelbarer Lage des Kondensators an der Maschine ausgenutzt.

Anwendung des Heißdampfes hat den Vorteil, daß der den Wärmeaustausch zwischen Wand und Dampf hauptsächlich begünstigende Wasserbelag überhaupt nicht oder erst gegen Ende der Expansion entsteht. Wärmeleitvermögen und Strömungswiderstand sind bedeutend geringer als bei Sattdampf.

Zahlentafel 2 zeigt für Temperaturgebiete von je 100° den Einfluß der Überhitzung auf Dampfverbrauch und Gütegrad für Kondensationsmaschinen.[1])

T	200 bis 300°	300 bis 400°	400 bis 500°
Dampfersparnis für je 10° im Mittel vH.	2,9	2	1,7
Erforderliche Überhitzung für 1 vH. Dampfersparnis im Mittel °C	3,45	5	5,95
Zunahme des Gütegrades auf 100° Überhitzung	0,12	0,062	0,023

Oberingenieur V. Kammerer stellte bei Versuchen an Kondensationsmaschinen fest, daß bis gegen 300° der Dampfverbrauch proportional der Temperaturzunahme fällt. Kammerer gibt für gute Zweizylindermaschinen bei Temperaturen von 300 bis 350° eine Verringerung des Dampfverbrauches um 10 bis 11 g für 1° C Überhitzung an, für sehr gute, schwachbelastete Maschinen sind 7 bis 8 g, für weniger gute, stark belastete Maschinen 13 bis 16 g Ersparnis anzunehmen.

Für Einzylinder- und Verbundauspuffmaschinen schätzt Kammerer bei niedrigeren Temperaturen die Verbesserung des Dampfverbrauches auf 20 g und mehr für 1° C Überhitzung.

Zwischenüberhitzung wird bei normalen Anlagen nicht mehr ausgeführt, da sich keine nennenswerten Ersparnisse ergeben.

Besondere Aufmerksamkeit erfordert die Schmierung. Der Flammpunkt des Heißdampfzylinderöls soll womöglich höher sein als die Eintrittstemperatur des Dampfes, jedenfalls nicht unter 280 bis 300° C liegen. Bei der Öltemperatur von 50° soll die Viskosität 7 bis 9 Engler - Grade betragen. Säuregehalt nicht über 0,1 vH als SO_3 berechnet für uncompoundierte Öle, 0,5 vH für compoundierte Öle. Aschegehalt nicht über 0,1 vH. Zur Beurteilung der Zylinderschmierung entnimmt man das sog. „Ölbild", indem man durch den geöffneten Indikatorhahn während des Betriebes Dampf auf ein weißes Papierblatt strömen läßt. Die Schmierung reicht aus, wenn hierbei das Blatt gelb oder hellbraun

---

[1]) Heilmann, Z. 1911, S. 927.

gefärbt wird. Ist hingegen die Färbung schwärzlich oder ist das Ölbild mit schwarzen Punkten besetzt, so ist entweder die Schmierung ungenügend, oder das verwendete Öl ist verbrannt.

Meist wird das Öl dem Dampf vor Eintritt in den Zylinder zugeführt und eine zweite, besondere Schmierung der Kolbenlauffläche vorgesehen.

Bei Schmierung mittels dunklen, hochwertigen Zylinderöls verkrusten mitunter die Ventilspindeln der Heißdampfmaschinen und bleiben hängen oder zerbrechen, was darauf zurückzuführen ist, daß sich das Öl in den Rillen festsetzt und hier verdickt.

Mittel hiergegen: Vermeidung überreichlicher Schmierung, kurzes Durchschmieren der Spindeln mit dünnem Maschinenöl, am besten sofort nach Abstellen der Maschine oder auch mehrere Male tagsüber während des Betriebes.

Für Heißdampf kommen als Steuerungsorgane nur Ventile und Kolbenschieber in Betracht, letztere mit zwei- und vierfachen Dampfwegen. Bei richtiger Bauart läßt sich bei zweifachen Dampfwegen derselbe Dampfverbrauch wie bei vierfachen erreichen, wie die Wolfschen Lokomobilen zeigen. Als besonders vorteilhaft hat sich die von Van den Kerchove eingeführte Steuerung mit vier senkrecht im dampfdurchströmten Deckel angeordneten Kolbenschiebern erwiesen.

Bei wagerechten Kolbenschiebern ist deren Gewicht durch Auflager außerhalb des Schieberkastens aufzunehmen. Innere Einströmung entlastet die Stopfbuchsen von Druck und Temperatur und verringert die Ausstrahlungsverluste. Unzuträglichkeiten sind häufig auf zu große Härte des Kolbenringmaterials im Vergleich zum Material der Schieberbuchsen zurückzuführen.

Ventile neigen zur Undichtheit, es empfiehlt sich häufigeres Nachschleifen unter Dampfdruck und nicht zu kleine Schlußgeschwindigkeit, um „Dichtklopfen" namentlich in der ersten Betriebszeit zu veranlassen.

Anordnung der Auslaßorgane derart, daß Niederschlagwasser selbsttätig abfließen kann.

Ist die im Zylinder namentlich beim Anlassen sich ansammelnde Wassermenge größer als der schädliche Raum, so treten Brüche ein, wenn dem Wasser nicht Gelegenheit zum Abfluß gegeben ist. Die üblichen Sicherheitsventile genügen hierzu nicht, da ihr Querschnitt mit Rücksicht auf die Vergrößerung des schädlichen Raumes gewöhnlich zu eng bemessen ist. Ebenso kann bei plötzlichem Versagen der Kondensation infolge der erhöhten Anfangsspannung und des bei Kondensation längeren Kompressionsweges namentlich bei Gleichstrommaschinen ein die Maschine gefährdender Kompressionsenddruck auftreten.

Kolbenschieber mit Dichtungsringen können in solchen Fällen als Sicherheitsvorrichtungen wirken, indem die federnden Ringe zusammengedrückt werden. Die Angriffsfläche der Doppelsitzventile ist hingegen zu klein, als daß sie durch die Dampfkompression gehoben würden, doch zeigt sich bei Wasserschlag häufig Anhub infolge Stoßwirkung.

Einstellung der Einlaßventile so, daß sie 10 bis 15° vor Totlage öffnen, Beginn der Ausströmung 8 bis 10 vH des Kolbenweges vor Totlage, wobei die größeren Werte für höhere Umlaufzahlen gelten.

Heißdampfhochdruckzylinder arbeiten ohne Dampfmantel, Niederdruckzylinder werden vielfach mit Dampf von höherer Spannung, z. B. 5 at, geheizt, wodurch nach Versuchen von Duchesne die Eintrittskondensation zwar vollständig vermieden werden kann, anderseits aber erhebliche Verluste im Dampfmantel entstehen.

Vorteilhafte Kolbendichtung nach Fig. 6, die der meist gebräuchlichen nach Fig. 5 vorzuziehen ist. Die Ringe sind mehrteilig und werden durch Spiralfedern nach außen gedrückt. Da die Ringe hoch sind, so schlagen sie sich selbst bei großen Umlaufzahlen nicht aus.

Bei Kolbendampfmaschinen werden häufig Abnutzungen durch unreinen Dampf beobachtet. Schäumt der Kessel infolge hohen Salzgehaltes über, so werden Verunreinigungen bis in den Zylinder getragen, wo sie, da keine löslichen Verbindungen mit dem Schmieröl eingegangen werden, wie Schmirgel wirken und Kolben wie Zylinderlaufflächen stark abnutzen, dem auch durch vermehrte Ölzufuhr nicht abgeholfen werden kann. Bilden sich an Kolben und Kolbenringen harte Krusten, so streifen diese das Öl von den Laufflächen ab, so daß der Kolben trocken läuft. Gegenmittel: Entwässerung und Reinigung des Dampfes vor Eintritt in den Überhitzer.

Untersuchung auf Dichtheit der Ventile: Der Kolben wird in eine Stellung gebracht, in der beide Einlaßventile geschlossen sind. Das Schwungrad ist abzuspreizen. Hierauf Öffnen des Indikatorhahnes. Undichtheit des Kolbens wird in dessen Totlage festgestellt. Hierbei hat an einer Seite das Einlaßventil um das Voreilen geöffnet, so daß am Indikatorhahn der entgegengesetzten Seite Undichtheiten beobachtet werden können. Die Dichtheit der Auslaßventile ist bei Kondensationsbetrieb schwieriger zu ermitteln. Bei stärkeren Undichtheiten zeigt sich bei geöffneten Einlaßventilen Druckzunahme im Aufnehmer bzw. im Kondensator. Bei Ausführung der Luftpumpenventile in Gummi ist diese Probe nicht statthaft (s. S. 147).

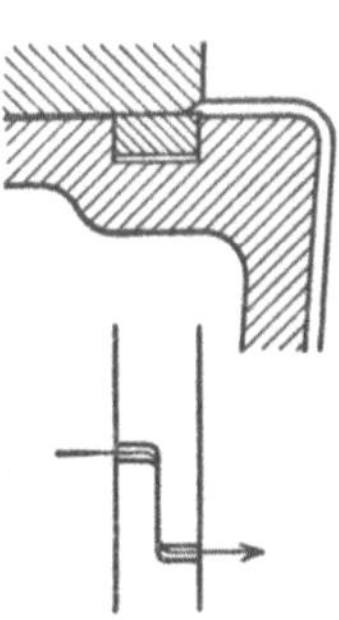

Fig. 5. Selbstspannende Ringe.

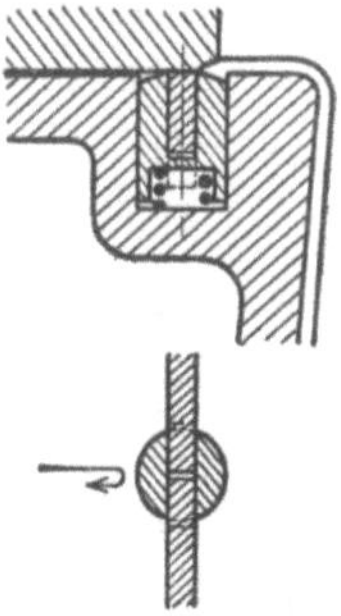

Fig. 6. Mehrteilige, durch Spiralfedern ausgepreßte Ringe.

Lokomobilen, bis zu 1000 PS ausgeführt, gelangen namentlich für Leistungen von 20 bis 300 PS zur Anwendung. Vorteile: Geringer Brennstoffverbrauch infolge Wegfalls der Rohrleitungsverluste, kleine Fundamente und Maschinenhäuser.

d) Dampfturbinen.

1. Wirkungsgrad. Die theoretisch größte Leistung, die in einer Turbine ohne Reibung und Austrittsverlust erreicht werden kann, entspricht der Arbeit L_o, die bei adiabatischer Expansion vom Eintrittsdruck auf Kondensatorspannung verrichtet wird. Diese Arbeit wird durch ein $p\,v$-Diagramm mit vollständiger Expansion wiedergegeben (Clausius-Rankine-Prozeß. S. S. 119). Am Umfang des Rades leistet der Dampf die Arbeit L_u; das Verhältnis

$$\eta_u = \frac{L_u}{L_o}$$

wird als „thermodynamischer Wirkungsgrad, bezogen auf den Radumfang" bezeichnet. Wird von L_u die Reibungsarbeit L_r der Laufräder und der im Dampf rotierenden Teile abgezogen, so wird die von den Laufrädern an die Welle abgegebene „indizierte Arbeit L_i" erhalten:

$$L_i = L_u - L_r\,.$$

Indizierter Wirkungsgrad:

$$\eta_i = \frac{L_i}{L_o}\,.$$

L_e ist die von der Welle an den Generator abgegebene Arbeit, wie sie nach Abzug der Lagerreibungsarbeit, der Arbeit zum Luftpumpen- und Reglerantrieb, Stopfbuchsenreibung usw. von L_i folgt.

Thermodynamischer Wirkungsgrad:

$$\eta_e = \frac{L_e}{L_o}\,.$$

Mechanischer Wirkungsgrad:
$$\eta_m = \frac{L_e}{L_i}.$$
Daraus folgt:
$$\eta_e = \eta_i \cdot \eta_m.$$
Meist ist der Dampfverbrauch D pro kWh gegeben, dann ist der Dampfverbrauch pro PS$_e$h:
$$D_e = \frac{D}{1,36} \cdot \eta_{Dgu}.$$
Höchstwerte der Wirkungsgrade:

$\eta_u = 0,78$ in einkränzigen Rädern,
$\eta_u = 0,73$ in zweikränzigen Rädern[1]),
$\eta_i = 0,78$
$\eta_m = 0,96$ (einschließlich Antrieb der Kondensation),
$\eta_e = 0,75$.

Thermischer Wirkungsgrad des Vergleichkreisprozesses nach Clausius-Rankine: ∞ 35 vH.

2. Ausführungsarten. Zur Herabsetzung der Umfangsgeschwindigkeit, die bei Aktionswirkung theoretisch ungefähr gleich der halben Dampfgeschwindigkeit ($c_0 = \sqrt{2gH}$, worin $H =$ Wärmegefälle in mkg) sein müßte, wird Druckstufung und Geschwindigkeitsstufung angewendet. Bei der Druckstufung wird ähnlich, wie bei der Verbundkolbendampfmaschine, das Gefälle H in eine größere Zahl gleicher Teile zerlegt, so daß z. B. bei 9 Stufen $c_1 = \sqrt{2g\frac{H}{9}} = \frac{c_0}{3}$ wird, d. h. nur ein Drittel des Betrages wie bei Umsetzung des ganzen Gefälles erreicht. In gleicher Weise kann auch die Umfangsgeschwindigkeit verringert werden.

Beträgt die in konischen Düsen erzielte Dampfgeschwindigkeit $c = 800$ bis 1000 m/sek und u etwa 200 m/sek, so wird die Geschwindigkeit des aus dem Laufkranz austretenden Dampfes so groß, daß es sich lohnt, den Dampfstrahl nach Umlenkung in einem Leitkranz nochmals auf einen Laufkranz zu führen, an den er den Rest der Geschwindigkeit abgibt. Diese Geschwindigkeitsstufung kann zwei- bis viermal wiederholt werden und entsprechend wird von zwei-, drei- oder vierkränzigen Geschwindigkeitsrädern oder „Curtis-Rädern" gesprochen.

Der Dampf wirkt in der Turbine durch Aktion (Druckturbinen oder Reaktion (Überdruckturbinen). Bei der Aktionswirkung wird das Wärmegefälle nur in den Leiträdern in Geschwindigkeit umgesetzt, bei der Reaktionswirkung auch in den Laufrädern, so daß bei den Reaktionsturbinen nicht nur vor und hinter den Leiträdern, sondern auch vor und hinter den Laufrädern Druckunterschiede vorhanden sind. Da die Laufräder am Umfang gegen das Gehäuse mit Spiel laufen müssen, so entstehen „Spaltverluste", die namentlich im Hochdruckteil bedeutend sind. Die Druckunterschiede vor und hinter den Laufrädern verursachen außerdem starke Axialschübe, die infolge ihrer Größe nicht durch Kammlager, sondern durch besondere Ausgleichvorrichtungen aufzunehmen sind.

Das nach dem Niederdruckende der Turbine hin rasch anwachsende Volumen des Dampfes erfordert Zunahme der Querschnitte, die durch Vergrößerung der Raddurchmesser, der Schaufellänge und — bei Aktionsturbinen — durch Vergrößerung der Beaufschlagung, d. h. des Bogens, auf dem der Dampf den Stufen zuströmt, erhalten wird. Teilweise Beaufschlagung verursacht Ventilationsverluste, auch kann die Austrittsgeschwindigkeit der vorhergehenden Stufen in den folgenden nicht verwertet werden. Das Bestreben, möglichst schnell zur vollen Beaufschlagung zu gelangen, hat zur Vorschaltung eines Geschwindigkeitsrades geführt, in dessen Düse der Dampf unter entsprechender Temperatursenkung

---
[1] Forner, Z. 1919, S. 78.

auf 2 bis 4 at abs. entspannt wird. Entsprechend wird das Gehäuse von den hohen Drucken und Temperaturen entlastet, nach Durchströmen des Curtis-Rades hat das Dampfvolumen eine solche Größe, daß die folgenden Stufen voll beaufschlagt werden können. Reaktionsturbinen können nur mit voller Beaufschlagung ausgeführt werden.

Vorschaltung des Geschwindigkeitsrades wird sowohl bei Aktions- wie Reaktionsturbinen nahezu allgemein durchgeführt.

Im übrigen ist bei den Dampfturbinen — im Gegensatz zu den Wasserturbinen — die Wirkungsart des Dampfes ohne Einfluß auf das Anwendungsgebiet.

Neuere Bestrebungen gehen dahin, die Umlaufzahl $n = 3000$ min, die für den Antrieb von Wechselstromdynamos bei der normalen Frequenz von 50 Per'sek die höchstmögliche Drehzahl darstellt, auf immer größere Einheiten zu übertragen, was durch Vergrößerung der Durchflußquerschnitte der letzten Stufe erreicht wird. Nach Loschge[1]) lassen sich Turbinen von 20- bis 25000 PS mit $n = 3000$, Turbinen bis zu 60000 PS mit $n = 1500$ Uml./min ausführen, während für $n = 6000$ die Grenzleistung etwa 4000 PS beträgt.

3. Regelung durch Drosselung und durch Füllungsänderung; bei beiden Regelungsarten nimmt die Leistungzkonzentration auf den Hochdruckteil zu, und zwar bei letzterer stärker als bei der ersteren. Turbinen mit Füllungsregelung sind infolgedessen gegen Schwankungen in der Luftleere weniger empfindlich als Drosselturbinen, während der Einfluß der Überhitzung stärker ist, da die Verringerung der Beaufschlagung die Ventilationsverluste vergrößert, die durch hohe Überhitzung verringert werden. Die Verbesserung des Dampfverbrauches durch die Überhitzung tritt um so stärker hervor, je kleiner die Belastung ist.

Bei nicht zu weitgehender Entlastung bleibt der Dampfverbrauch bei Drosselregelung günstig, da durch die Gefälleverringerung in den letzten Stufen auch c verkleinert, das Verhältnis $\frac{u}{c}$ und damit der Schaufelwirkungsgrad verbessert wird. Diese Wirkung kann die Gefälleverringerung aufheben. Überschreitet $\frac{u}{c}$ den günstigsten Wert $\left(\frac{u}{c} \infty 0,5\right)$, so nimmt der Schaufelwirkungsgrad wieder ab.

Die bei Füllungsregelung bei abnehmender Belastung stattfindende Gefällevermehrung in der ersten Stufe wird durch Geschwindigkeitsräder besser ausgenützt als durch einkränzige Aktionsräder, so daß sich auch aus diesem Grunde die Anwendung des Curtis-Rades empfiehlt.

Im übrigen sind die praktisch sich ergebenden Unterschiede im Dampfverbrauch sehr gering.

Fig. 7 zeigt die kombinierte Regelung. Der Dampfverbrauch wird stets bei derjenigen Belastung verringert, bei welcher der Regler einen Teil einer mit Drosselung arbeitenden

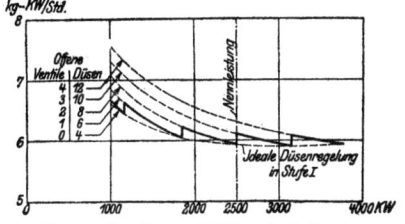

Fig. 7. Regelung mit Düsenabschaltung.

Düsengruppe ausschaltet, so daß die übrigbleibenden Düsen mit ungedrosseltem Frischdampf arbeiten, der erst bei weiterer Entlastung gedrosselt wird. An einer bestimmten Belastungsstelle werden dann wieder weitere Düsen ausgeschaltet.

4. Verhalten bei veränderten Betriebsverhältnissen. Die praktische Erfahrung zeigt:

1. Das sekundlich durchströmende Dampfgewicht einer gegebenen Turbine ist bei unveränderten Querschnitten dem absoluten Druck vor dem ersten Leitrad direkt proportional.

---

[1]) Z. 1921, S. 743.

2. Die effektive Leistung nimmt mit dem Anfangsdruck angenähert linear zu.

3. Die Drucke in der Turbine ändern sich proportional dem Anfangsdruck, ausgenommen in den letzten Stufen.

Bei Versuchen braucht sonach nur der Dampfverbrauch für zwei Belastungen ermittelt zu werden, eine Gerade, durch die beiden erhaltenen Verbrauchspunkte gelegt, gibt den Verbrauch für alle Belastungen.

Bezüglich Druck, Temperatur und Luftleere gilt:

Zwischen 10 und 15 at nimmt der Dampfverbrauch für je 1 at Druckerhöhung bei Sättigung um 1,7 vH, bei 300° um 1 vH ab.

Verringerung der Luftleere um 1 vH vermindert den Dampfverbrauch um 1,5 vH.

Erhöhung der Überhitzung um 6° verringert den Dampfverbrauch um 1 vH.

5. Schmierung und Sicherheitsvorrichtungen. Die meist als Zahnradpumpe ausgeführte Ölpumpe erzeugt in zwei Stufen den Öldruck für die Lagerschmierung (0,5 bis 1,5 kg/cm^2) und für den Servomotor des Reglers (3 bis 5 kg/cm^2). Das vom Ölsammler kommende Öl wird in besonderen Kühlern gekühlt, deren ausziehbares Rohrsystem vom Kühlwasser durchflossen wird. Der Ölbehälter ist in der Grundplatte angeordnet.

Die Maschinenfabrik Augsburg-Nürnberg schreibt als Turbinenöl ein Mineralöl-Raffinat ohne Beimengung pflanzlicher und tierischer Öle mit folgenden Eigenschaften vor:

Flüssigkeitsgrad bei 50° C	9—14° Engler
Spezifisches Gewicht bei 15° C	0,877—0,922
Flammpunkt ° C	182—198
Zündpunkt ° C	230—252
Freie Säure ($-SO_3$)	0,01 vH
Durch konzentrierte Schwefelsäure ausfüllbar	10 vH
Verseifbares	nicht vorhanden
Benzlösung	10:40
Verteerungszahl	höchstens 2 bei 50stünd. Erhitzen auf 120° C.

Schäumen des Turbinenöls ist vielfach auf Mischung des Öls mit Wasser zurückzuführen, das in den wassergekühlten Lagern oder im Ölkühler durch undichte Einsatzstellen oder durchfressene Kühlrohre in das Wasser übertritt. Diese Ursache kann mit Sicherheit angenommen werden, wenn gleichartiges Öl an anderen Turbinen derselben Anlage nicht schäumt.

Das vor dem Reglerschieber in die Dampfleitung eingebaute Hauptabsperrorgan ist beispielsweise so eingerichtet, daß es durch eine Feder auf Schluß belastet und durch Drucköl geöffnet wird. Sinkt der Öldruck unter 2 at oder entfällt 'er durch Undichtwerden der Ölpumpensaugleitung, so schließt das Absperrorgan unter dem Druck der Feder, damit die Lager nicht heißlaufen. Die bei Auslaufen des Lagerfutters stattfindende Senkung der Welle kann infolge Anstreifens der Schaufeln an die Gehäusewand zu weitgehenden Zerstörungen führen. Mitunter wird auch die Einrichtung getroffen, daß bei Verminderung des Öldruckes oder unzulässiger Steigerung der Öltemperatur in den Lagern ein elektrisches Läutewerk in Tätigkeit gesetzt wird.

Ein besonderer Sicherheitsregler betätigt bei Überschreitung der normalen Umlaufzahl um 15 vH eine Schnellschlußvorrichtung.

6. Betrieb. Der Betriebsdampf muß wasser- und schlammfrei sein, was durch zweckmäßige Anordnung der Rohrleitung und Einschaltung von Dampfreinigern und Wasserabscheidern zu erreichen ist.

Im überhitzten Dampf nimmt der Schlamm die Form eines feinen Staubes an, der bei dauernder Einwirkung den ersten Laufkranz, häufig auch die Umkehrleitschaufeln des Curtis-Rades, abnutzt. An der Stelle, wo der Heißdampf in den Sättigungszustand übergeht, also im mittleren Niederdruckteil, setzt sich der Schlamm als solcher ab, verengt die Durchflußquerschnitte und vergrößert den Axialschub, was an der steigenden Kammlagertemperatur zu erkennen ist.

Da die Schaufeln im Hochdruckteil wegen der Temperatur, im Niederdruckteil wegen der großen Beanspruchung aus Stahl hergestellt werden, so sind sie dem Verrosten ausgesetzt. Tritt während des Stillstandes der Turbinen Sickerdampf durch die niemals ganz dichten Absperrvorrichtungen in das Gehäuse, so wird Verrosten verursacht, das durch Luft, die durch undichte Wellenstopfbuchsen zutritt, noch verstärkt wird. Die A. E. G. schließt deshalb die Turbine durch zwei hintereinandergeschaltete Absperrorgane ab und läßt in den Rohrstrang zwischen beiden Luft durch ein Belüftventil eintreten, so daß keine Schwaden in die Turbine gelangen können.

Tafel 3.

Vibrationsstörungen in Dampfturbinen. (Nach Amy, Electr. World 1919, S. 1003.)

Allgemeine Ursache	Besondere Ursache	Wirkung, Kennzeichen
Unausgeglichene Massen	a) Federnde Welle b) Ungenau aufgebrachte Ausgleichgewichte c) Verschiebung der Ausgleichgewichte d) Ablagerungen in den Schaufeln e) Anfressungen der Schaufeln f) Ungleiche Erwärmung der Laufräder g) Unausgeglichene Kräfte infolge starker Verdrehungsspannungen h) Lösen der Leiter des Generators i) Ungleicher Luftspalt des Generators, infolgedessen einseitiger magnetischer Zug	Die ganze Maschine vibriert gleichmäßig. Die Frequenz stimmt mit der Umlaufzahl überein; die Vibration nimmt mit der Belastung in geringem Maße ab. Die Stärke der Vibration hängt vom Betrage der Unausgeglichenheit ab
Mangelhafte Zentrierung	a) Exzentrische Kupplung b) Ungleiches Setzen des Fundamentes c) Druckwirkung des Dampfrohres infolge der Wärmedehnung oder des Gewichtes	Die Vibration zeigt veränderliche Periodizität, ist gering im Leerlauf und nimmt mit der Belastung zu
Mangelhafte Gründung	a) Unrichtiges Untergießen der Grundplatte b) Mangelhafte Befestigung der Grundplatte c) Ungleichmäßige Auflage, hervorgerufen durch ungleiches Setzen	Resonanzschwingungen benachbarter Bauteile. Die für alle Belastungen konstante Vibration erstreckt sich über die ganze Maschine
Lose Teile	a) Zuviel Lagerspiel b) Spiel in der Kugellagerung beweglicher Lagerschalen c) Loser Aufbau des zusammengesetzten Rotors d) Lose Leiter des Generators e) Lose Kupplungsbolzen	Diese Vibration hat einigermaßen örtlichen Charakter und tritt am stärksten am losen Lager auf. Rasselndes Geräusch bei Inbetriebsetzung und bei langsamer Außerbetriebsetzung
Reibung innerer Teile	a) Berührung der Lauf- und Leitschaufeln b) Ungenügende Spielräume im Gehäuse c) Durchbiegen und Verwerfen eines Zwischenbodens d) Störungen im Kammlager	Ungewöhnliche Vibration, die einigermaßen örtlichen Charakter zeigt, das Geräusch ändert sich mit der Umlaufzahl
Störungen, durch den Dampf veranlaßt	a) Mit dem Dampf strömt Wasser ein b) Der Dampf führt Unreinigkeiten mit sich c) Unregelmäßiger Dampfzufluß infolge fehlerhafter Steuerung d) Plötzlicher Schluß des Sicherheitsreglers und Verschiebung der Generatorleistung auf andere Maschinen	Ungewöhnliches Geräusch in der Nähe des Einlasses. Versagen des Dampfsiebes
Störungen durch Stopfbuchsenpackung	a) Ungeeignete Anordnung der Labyrinthdichtung b) Die Abmessungen der Packungsringe sind nicht richtig gewählt	Bedeutender toter Gang im Kammlager
Störungen durch die Schmierung	a) Der Ölfilm der Lagerflächen zerreißt infolge ungenügender Ölzufuhr b) Der Ölzufluß hört auf oder ist zu gering c) Ungeeignetes Öl, das schäumt, klebt oder Emulsionen bildet	Heißlaufen der Lager, geräuschvoller Lauf. Durch Senken der Welle infolge Auslaufens der Lager kann die Schaufelung zerstört werden

Tafel 4.
Dampfturbinen-Unfälle.[1]

Höchstleistung kW	Umdr./min	Art der Beschädigung	Entstehung des Unfalls und besondere Begleitumstände	Art der Wiederinstandsetzung
30 000	1200	Labyrinthdichtung der Niederdruckseite versagt	Trommel verzogen durch starre Rohrleitung zwischen beiden Oberflächenkondensatoren	
30 000	1500 H.-D. 750 N.-D.	Labyrinthdichtung am Hochdruckteil versagte dreimal	Toter Gang im Spurlager und große Formänderungen infolge starrer Anordnung des Dampfrohres	
30 000	1800	Stopfbuchse gefressen, 11 Schaufeln am letzten Rad abgefallen. Eine Seite an den letzten 10 Reihen aufgerissen	Kann durch Fressen der Stopfbüchse verursacht sein, aber auch ebensogut durch Zittern der Schaufeln. Infolge der Schwingungen schleifen die Schaufelspitzen gegen den Zylinder	
6 250	3000	Zusammenbruch durch Platzen des ersten Rades	Schwingungen mit Vier-Knoten-Linien bei fehlerhaftem Material. Scheibe gleicher Konstruktion in gleicher Maschine lief annähernd 4 Jahre	Scheibe verstärkt und für gleichmäßiges Material gesorgt
5 000	3000	Zusammenbruch durch Platzen des ersten Rades	Schwingungserscheinungen mit Vier-Knoten-Linien veranlaßten Bruch, ausgehend von schwachen Stellen. Identische Scheibe in identischer Turbine in derselben Station lief drei Jahre	Rad versteift, um kritische Schwingungen zu vermeiden
5 000	3600	Zusammenbruch durch Platzen des dritten Rades	Fünfstufige Turbine, ein Geschwindigkeitsrad und vier Aktionsräder. Ermüdungsbruch, vom Ausgleichloch des dritten Rades ausgehend	Räder bei ähnlichen Maschinen versteift

35000	1500	Zusammenbruch durch Platzen des 19. Rades	Riß vom Ausgleichloch nahe am Rand ausgehend. Ausgleichlöcher roh ausgeführt mit scharfen Ecken	Maschine vollständig ersetzt. Steifere Scheiben, Ecken der Löcher gerundet
15000	1800	Zerstört durch Bersten des letzten Rades	Bruch ging von der Ecke eines Ausgleichloches aus	
15000	1800	Explosion des letzten Rades, Zusammenbruch des Niederdruckteils	Riß zwischen zwei Ausgleichlöchern. Verhältnismäßig veralt. Konstruktion	
35000	1500	18. Zwischenwand ausgebogen, zusammengeschweißt mit Rad, beim Umlauf gesprengt und Turbine zerstört	Zwischenwand aus Gußeisen zu schwach. Plötzliche Überlastung verursachte außergewöhnl. Durchbiegung	Maschine ersetzt, wieder im Betrieb mit Zwischenwänden aus Stahlguß
3000	3000	Verbiegung der letzten Zwischenwand, Anstreifen am Rad	Plötzlicher Temperatursprung beim Wechsel von Kondensation zu Auspuff	Äußerer Spielraum an der Zwischenwand vergrößert
25000	1800	20 Schaufeln vom 17. Rade abgeflogen und fast alle Schaufeln verbogen und verbrannt	Reibung des Rades an der Zwischenwand. Zittern des Rades und der Schaufeln	Turbine lief ohne das betreffende Rad weiter
20000	1200	Schwere Erzitterungen. Alle Schaufeln des 7. Rades rissen ab. Zwischenwand beschädigt. Radialer Riß im 5. Rad	Räder aus Stahlguß. Ähnliche Risse in anderen Maschinen desselben Typs	Stahlgußräder durch geschmiedete Räder ersetzt
45000	1200	Schwere Erschütterung. Schaufelsalat, 100 Kondensatorrohre zerschnitten. Welle verbogen	Zittern der 34″ Schaufeln am 21. Rad, Ermüdungsbruch	Schaufeln entfernt, Turbine lief ohne letzte Reihe bis 1920. Dann stillgesetzt und neue 28″ Schaufeln eingesetzt
45000	1200	Hochdruckteil gesprungen	Hochdruckteil aus Stahleisen infolge Kriegsumstände. Hohe Temperatur veranlaßte Dehnen und Riß	Turbine mit Stahlgußteilen versehen
60000	1500	Zeitweilige Erzitterungen der ersten Niederdruckseite	Zu wenig Spiel zwischen Welle und Zwischenwand	Spiel vergrößert
40000	1800 H.D. 1700 N.D.	Hauptlager am Kuppelende des H.D.-Teils ausgebrannt	Anscheinend Versagen der Schmiereinrichtung an diesem Lager. Ziemlich heftiges Anstreifen der Schaufeln in der ganzen Maschine	

[1] Nach K. Baumann, Engineering, April/Mai 1921

Bei säurehaltigem Dampf bietet jedoch auch diese Einrichtung keinen genügenden Schutz, da in diesem Falle die Abdichtungsflächen der Absperrorgane so leiden, daß die Belüftung nicht das Eindringen von Sickerdampf verhindern kann. In diesem Fall werden die anschließenden Rohrleitungen unter schwacher Luftleere gehalten, damit eindringende Dämpfe durch die Kondensationsanlage abgesaugt werden.

Damit während des Stillstandes keine Luft in die Turbine strömt, wird der durch die Stopfbuchse tretende Dampf der Hochdruckstufe durch eine Leitung unmittelbar nach der Niederdruckstopfbuchse und von dort nach dem Kondensator abgesaugt wird, so daß eindringende Luft diesen Weg unter Umgehung des Turbineninneren nimmt. (Lasche. Z. 1918.)

Wasserschläge, wie sie durch plötzliches Mitreißen des in der Rohrleitung sich ansammelnden Wassers oder bei Überkochen des Kessels entstehen, verursachen starke Biegungsbeanspruchungen der Schaufeln, die bei häufigerer Wiederholung zum Bruch führen müssen. Das hiermit unter Umständen verbundene plötzliche Verschlammen führt zu Betriebsstörungen, da infolge des hohen Wassergehaltes die Temperatur des Dampfes schon vor der Turbine auf den Sättigungspunkt sinkt. Die Schlammengen lagern sich aus diesem Grunde schon in den ersten engeren Durchtrittsflächen des Niederdruckteiles ab und verstopfen diese, so daß die Kammlager warm laufen und zerstört werden können.

Gute Reinigung des Speisewassers und Einbau der Dampfreiniger zwischen Kessel und Überhitzer, nicht vor die Turbine, sind Mittel gegen diese Störungen, die bei Verwendung von Hochleistungskesseln seltener auftreten, da diese ein hochwertiges Speisewasser erfordern.

Beim Anlassen soll man sich dem Temperaturzustand während des Betriebes möglichst nähern; das Hochdruckende ist bei möglichst kühlbleibendem Niederdruckende anzuwärmen. Vor Anlaufen Herstellung einer Luftleere von etwa 50 cm Q.-S., die erst beim Anlaufen selbst erhöht wird. 20 min lang bei 20 000 kW-Turbinen, 30 min lang bei 30 000 kW-Turbinen läßt man diese mit rd. 10 vH der normalen Umlaufzahl laufen, ehe man zur vollen Geschwindigkeit übergeht. Belastungszunahme 1000 kW/min, so daß eine 20 000 kW-Turbine im ganzen 40 min Anlaufzeit erfordert.

Betriebsstörungen. Ursachen und Wirkung der bei Dampfturbinen mitunter auftretenden Vibrationen sind nach amerikanischer Quelle in Zusammenstellung Tafel 3 angegeben, doch ist sehr häufig die Ursache nicht zu ermitteln.

Vibrationen durch zu großes Lagerspiel können dadurch gedämpft werden, daß mehr Öl gegeben wird, bis die Lager wieder in Ordnung gebracht sind.

Am Läufer des Generators können sich Teile der Wicklung durch Austrocknen der Isolation lösen, was häufig nach längerer Betriebszeit geschieht. Infolge der Bewegung der losen Leiter kann die Isolation zerrieben werden, so daß die Maschine bei gewöhnlicher Spannung durchschlägt.

Zur Feststellung der Ursache empfiehlt sich bei unklarer Sachlage, die Dampfturbine vom Generator abzukuppeln und allein zu betreiben.

Über Einzelunfälle berichtet Tafel 4.

Zu beachten ist, daß bei Übergang zum Auspuff die Dampftemperatur in der letzten Schaufelreihe gegenüber Kondensationsbetrieb bedeutend steigt, was zum Verwerfen der letzten Zwischenwand, die sich hierbei schneller als das Gehäuse ausdehnt, führen kann, wenn ihr radiales Spiel in dieser zu klein ist. Ebenso kann im Leerlauf die Temperatur des Niederdruckers dort stark erhöht werden.

e) Die Wasserturbinen.

1. Wasserkraftanlagen. Der Oberwasserkanaleinlauf soll mindestens 10, besser 20 bis 50 m oberhalb des zum Flußlauf senkrechten Wehres liegen, um das Treiben von Holz, Eis usw. nach dem Oberkanal hin zu verhindern. Wassergeschwindigkeit beim Kanaleinlauf 0,3 bis 0,5 m/sek, ein Kiesraum wird als Absetzraum hinter dem Einlauf angeordnet, der durch Aufziehen der Kiesschütze von Zeit zu Zeit gespült wird. Der Oberwasserkanal wird durch eine bis über Hochwasserstand reichende Haupteinlaßschütze, vor der sich ein Grobrechen befindet, im Falle von Hochwasser oder nötig werdender Ausbesserungen vom Flußlauf abgesperrt.

Die Dammkrone des Oberwassergrabens ist wagerecht und so hoch zu führen, daß bei Hochwasser oder plötzlichem Schluß der Leiträder das Wasser nicht überfließt. Damit hierbei lange Obergräben nicht aufzufüllen sind, ehe das Wasser durch Überfließen des Wehres dem Unterlieger zuläuft, ist am Turbinenhaus ein Übereich oder Überlauf vorzusehen. Hier sollen sich überdies befinden: ein Turbinenrechen, Freilauf oder Freifluter und eine Turbineneinlaufschütze.

Der Turbinen- oder Feinrechen soll der Turbine alle Fremdkörper fernhalten, kleinen Durchflußwiderstand bieten und sich gut reinigen lassen, zu welchem Zweck die Rechenfläche nicht senkrecht, sondern geneigt zu legen ist. Damit die vom Rechen zurückgehaltenen Fremdkörper der Freischütze zutreiben, ist der Rechen in schräger Richtung gegen diese anzulegen. In dieser Weise kann der Leerlauf als Spülschütze dienen.

Bei Gefällen über 12 bis 15 m Höhe wird statt des offenen Obergrabens eine Rohrleitung ausgeführt, s. „Rohrleitungen". Der Übergang vom „Wasserschloß" in die Rohrleitung ist unter Vermeidung scharfer Krümmungen und Ecken, in denen sich Sand und Schlamm ansammeln würde, durchzuführen. Da die Rohrleitung direkt in die Turbine übergeht, so ist hier der Leerlauf vom Wasserschloß abzuzweigen. Anlage von Sandfängen möglichst im Obergraben vor dem Wasserschloß.

Der tief einzuschneidende Untergraben ist tunlichst kurz mit wagerechter Sohle anzulegen, so daß der Unterwasserspiegel den Schwankungen des Flußspiegels folgen kann und — falls ein Saugrohr eingebaut ist — bei allen Wasserständen beste Ausnützung gesichert ist.

Um auch zu Zeiten des Wassermangels die Wasserkraft möglichst vorteilhaft zu verwerten, soll der Oberwasserspiegel stets in Höhe der Wehrkrone stehen, ohne daß Wasser unausgenutzt überfließt. Zu diesem Zweck sind bei wechselndem Wasserstand Oberwasserspiegelregler zu verwenden. Ein vom Oberwasserspiegel getragener Schwimmer betätigt durch Fernübertragung den eigentlichen Wasserstandsregler, der bei steigendem Wasserstand das Leitrad öffnet, bei sinkendem schließt, so daß der Oberwasserspiegel stets auf Wehrhöhe steht und das Gefälle möglichst groß gehalten wird. Die Leistungsschwankungen sind hierbei durch den Geschwindigkeitsregler der Reservekraftmaschine, die durch eine Kraftmaschinenkupplung (s. „Transmissionen") mit der Turbine verbunden ist, auszugleichen.

2. Die Turbinen. Das Wasser arbeitet mit Aktions- oder Reaktionswirkung. Im ersteren Fall ist die Wassergeschwindigkeit annähernd $c = \sqrt{2gH}$, wenn H = Gefälle; der aus der Leitvorrichtung austretende Wasserstrahl ist drucklos. Bei Reaktionsturbinen ist $c < \sqrt{2gH}$; im Spalt zwischen Leit- und Laufrad ist ein Überdruck („Spaltdruck"), entsprechend der nicht in Geschwindigkeit umgesetzten Gefällhöhe, vorhanden. Dieser Spaltdruck wird im Laufrad verwertet, in dem er die Relativgeschwindigkeit erhöht.

Es ergibt sich, daß die Schaufelräume der Aktionsturbinen — da in ihnen kein Überdruck vorhanden ist — nicht ganz vom Wasserstrahl ausgefüllt werden, im Gegensatz zu den unter Überdruck stehenden Schaufelräumen der Reaktionsturbinen.

Reaktionsturbinen können deshalb nur „voll beaufschlagt" werden, d. h. das Wasser muß zur Vermeidung von Verlusten durch Wirbelbildung usw. am ganzen Umfang zutreten, während Aktionsturbinen „partiell" oder teilweise beaufschlagt werden.

Aus diesen Verhältnissen folgt für die Wahl der Turbinen: Damit das Unterwasser niemals in die nicht ausgefüllten Aktionsschaufeln eintritt und dort Strömungsstörungen verursacht, müssen Aktionsturbinen hochwasserfrei aufgestellt werden. Das bedingt bei kleineren Gefällen unter Umständen erheblichen Gefälleverlust, da der „Freihang" hierbei einen prozentual bedeutenden Betrag der Gefällhöhe ausmacht. Aktionsturbinen eignen sich deshalb nur für große Gefällhöhen und überdies wegen der zulässigen teilweisen Beaufschlagung für kleine Wassermengen. Die Reaktionsturbine darf mit ihren ausgefüllten, unter Druck stehenden Schaufelräumen ins Unterwasser eintauchen und ermöglicht die Anwendung von „Saugrohren" (Fig. 8). Die Turbine liegt 5 bis 6 m über Unterwasserspiegel. Dieser Höhe entsprechend stellt sich unter dem Laufrad eine Luftleere ein, so daß der Unterschied der Drucke vor und hinter dem Laufrad derselbe wie bei tiefer Lage ist. Versuche haben ergeben, daß Anordnung gerader, kegeliger Saugrohre günstiger ist als die von Saugrohrkrümmern.

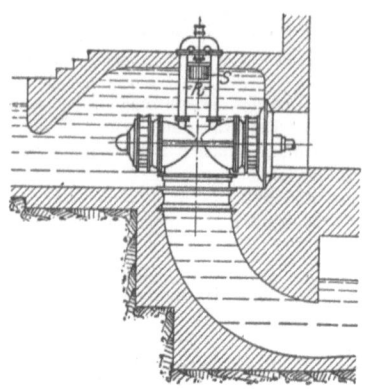

Fig. 8. Turbine mit Heber. (Ausführung Escher, Wyss & Co.)

Sonach eignen sich Reaktionsturbinen auch für kleine Gefälle, doch setzt die volle Beaufschlagung größere Wassermengen voraus, da bei kleineren die Laufraddurchmesser zu gering ausfallen würden. Francis-Turbinen werden für Gefälle bis 200 m angewendet. Während für Gefälle von mehr als 30 m die Francis-Turbine auch in Zukunft zur Anwendung kommt, werden kleinere Gefälle wahrscheinlich durch Kaplanturbinen ausgenutzt werden.

Ausführung der Aktionsräder ausschließlich als Tangential- (Pelton- oder Löffel-) Räder mit Beaufschlagung durch Einzeldüsen mit vom Regler einstellbaren Querschnitt. Die Reaktionsturbinen werden als „Francis-Turbinen" mit radialem Eintritt und axialem Austritt des Wassers gebaut. Regelung durch Drehschaufeln, durch deren Lagenänderung der Leitradquerschnitt bei stets voller Beaufschlagung geändert wird. Da die Umfangsgeschwindigkeit u proportional $\sqrt{H}$, also für ein gegebenes Gefälle festgelegt ist, so läßt sich eine bestimmte Umlaufzahl $n = \dfrac{60\,u}{\pi D}$ nur durch Änderung des Laufraddurchmessers D erreichen. Nach dessen Größe im Verhältnis zum Saugrohrdurchmesser werden bei Francis-Turbinen Langsam-, Normal- und Schnelläufer unterschieden.

Für die Wahl ist weiterhin die „spezifische Drehzahl"

$$n_s = \frac{n}{H} \cdot \sqrt{\frac{Ne}{\sqrt{H}}}$$

von Bedeutung. Alle Turbinen geometrisch ähnlicher Gestalt zeigen denselben Wert n_s. Nach Prof. Camerer ist:

für Tangentialräder:

n_s bis 30,

für Francis-Turbinen:

n_s = 40 bis 100 bei Langsamläufern,
= 100 bis 200 bei Normalläufern,
= 200 bis 300 bei Schnelläufern.

Mit der Kaplan-Turbine (s. S. 143) sind bei $n_s = 750$ Wirkungsgrade von mehr als 80 vH und bis zu 85 vH von voller bis halber Beaufschlagung erreicht worden. Bei $n = 662$ und 2,4 m Gefälle wurden Wirkungsgrade erzielt von 84 vH bei voller, 85 vH bei halber Beaufschlagung und von 86 vH dazwischen. (Oesterlen, Z. 1921, S. 413.)

Soll beispielsweise ein Gefälle $H = 9$ m bei $Q = 60$ m³/sk mit $n = 150$ ausgenutzt werden, so wäre

$$N_e = \frac{1000 \cdot Q \cdot H \cdot \eta}{75} = 10\, QH \text{ bei } \eta = 0{,}75.$$

Es würde:

$$n_s = \frac{150}{9} \sqrt{\frac{5400}{\sqrt{9}}} = 637,$$

es ergibt sich also eine bei Francis-Turbinen unausführbare Drehzahl.

Schnellaufende Turbinen weisen größere Austrittsverluste auf, da die kleinen Laufraddurchmesser auch kleine Saugrohrdurchmesser, also bei bestimmten Wassermengen große, nicht ausnutzbare Saugrohrgeschwindigkeiten bedingen. Diese Arbeitsverluste werden durch Parallelschaltung von m Turbinen, von denen jede die Wassermenge $\frac{Q}{m}$ bei vollem Gefälle schluckt, vermieden. Es wird die Umlaufzahl n_t jeder Teilturbine bei:

$$m = 2, \quad n_t = n\sqrt{2} = 1{,}414\,n,$$
$$m = 4, \quad n_t = n\sqrt{4} = 2\,n.$$

Soll hingegen die Umlaufzahl ermäßigt werden, so ist die seltene Anordnung der Hintereinanderschaltung von Turbinen zu treffen, von denen jede die ganze Wassermenge, aber nur einen entsprechenden Teil des Gefälles verwertet. Es wird bei z Turbinen:

$$n_t = \frac{n}{\sqrt{z}}.$$

Im obigen Beispiel würde bei Anordnung von sechs parallel geschalteten Rädern auf eine Welle ($N_e = 900$ PS$_e$):

$$n_s = \frac{150}{9}\sqrt{\frac{900}{\sqrt{9}}} = 8{,}67\sqrt{900} = 260{,}1.$$

Die Einzelräder wären also selbst bei dieser weitgehenden Teilung als Schnellläufer auszubilden.

3. Aufstellung der Turbinen. Turbinen mit stehender Welle. Bei niedrigem Gefälle wird die Turbine mit stehender Welle in den offenen Schlacht eingebaut, damit sich ein guter Wassereinlauf zu der verhältnismäßig großen Turbine ergibt und die Kegelräder in bequemer Höhe über Wasserspiegel angeordnet werden können. Leit- und Laufrad liegen dabei meistens nicht so hoch über Unterwasserspiegel, daß sie nach Entleeren der Turbinenkammer für Reinigen und Instandhalten leicht zugänglich sind. Durch Ausführung des Saugrohres als Betonkrümmer können Gefälle bis herab zu 0,5 m verwertet werden. Vorteile der stehenden Welle: Hochwasserfreie Lage des Triebwerkes. (Neuerdings geht man bei großen Maschinensätzen vielfach zur Aufstellung mit stehender Welle über.)

Turbinen mit liegender Welle ermöglichen einfachste Kraftabnahme durch Riemen- oder Seilscheiben sowie unmittelbare Kupplung mit Dynamo. Parallelschaltung mehrerer Räder wird erleichtert. Die Lager der wagerechten Welle sind gegen Wasserzutritt zu schützen, das im Schacht liegende Lager ist vollständig geschlossen auszuführen.

Turbinen in Gehäusen: Spiral- und Kesselturbinen. Während die vorstehend erwähnten Turbinen in offenen Wasserschächten aus Holz oder Mauerwerk aufgestellt werden, werden bei Gefällen über 12 m die Turbinen von Gehäusen, denen das Wasser durch eine Druckleitung zugeführt wird, umschlossen. Stehende Wellen werden bei dieser Bauart nur dann ausgeführt, wenn starkes Ansteigen des Unterwasserspiegels hohe Lage der anzutreibenden Welle oder Dynamo verlangt. Meist Anordnung mit liegender Welle, deren die Gehäusewand durchdringende Stopfbuchsen nur zwischen Atmosphäre und Saugraum abzudichten haben.

Sollen Schnelläufer in das Gehäuse eingebaut werden, so werden an Stelle der gußeisernen Spiralgehäuse kegelige oder kugelförmige Gehäuse aus Gußeisen oder zylindrische Kessel aus Blech verwendet. Bei axialer Wasserzuführung hat man Stirnkessel- oder Frontalturbinen, die als einfache oder als Zwillingsturbinen gebaut werden. Tritt das Wasser quer zur Achse ein, so entsteht die fast immer als Zwilling ausgeführte Querkesselturbine.

Freistrahlturbinen werden fast immer mit wagerechten Wellen ausgeführt. Sie können mit einem oder mit zwei Laufrädern ausgeführt werden. Beaufschlagung durch ein bis drei Wasserstrahlen.

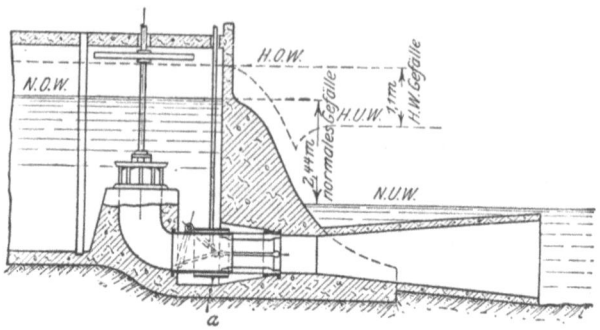

Fig. 9. Ejektorturbine.

4. Besondere Bauarten. Heberturbinen (Fig. 8) gestatten bei niedrigen Gefällen Lagerung der Welle in Nähe des Oberwasserspiegels. Das Wasser wird durch Heber über das Leitrad hochgezogen. Beim Sinken des Wasserspiegels öffnet der Schwimmer S die nach unten gerichtete Mündung des mit dem Saugrohre verbundenen Doppelrohres R, und die Luft wird abgesaugt, bis die Wasserkammer wieder bis zur Scheitelwölbung angefüllt ist. Hochziehen des Wasserspiegels auch durch Ejektorwirkung des vom Ober- zum Untergraben strömenden Wassers. Bei Turbinen über Oberwasserspiegel saugen diese Strahlapparate das Oberwasser für das erste Anlaufen hoch.

Ejektorturbinen. Bei Hochwasser ist bei unveränderter Lage des Oberwasserspiegels infolge Rückstaus in den Untergraben hoher Unterwasserstand, also starke Verringerung des Gefälles, so daß häufig die Wärmekraftmaschinenreserve in Betrieb gesetzt werden muß.

Bei der Ejektorturbine wird nun die zu Hochwasserzeiten stärkere Wassermenge dazu benutzt, um durch ihr Arbeitsvermögen saugend zu wirken und die Saugrohrgeschwindigkeit zu erhöhen. Bei der Ausführung nach Fig. 9 wird die hierfür verwendete Wassermenge durch einen Ringschieber a geregelt. Fig. 10 zeigt die erzielten Ergebnisse, bei Kurve V wurden schon erhebliche Luftmengen mitgerissen, so daß weiteres Öffnen nicht möglich war (Z. 1916, S. 354).

Etagenturbinen nutzen mit zwei Laufkränzen stark wechselnde Wassermengen in der Weise aus, daß bei starkem Wasser und vermindertem Gefälle nur der obere, bei mittlerem Wasser der untere Schaufelkranz allein beaufschlagt wird. Nachteil: Das für beide Kränze gemeinsame Saugrohr ist zu groß für den meist allein betriebenen unteren Kranz, so daß infolge dieser plötzlichen Quer-

Betriebseigenart der Kraftmaschinen. — Die Wasserturbinen. 143

schnittserweiterung Wirbelverluste auftreten. Außerdem watet das abgesperrte Rad im Wasser.

Bauart Oesterlen-Voith. Diese dient gleichem Zweck und weist zwei Saugrohre auf, von denen das äußere ringförmigen Querschnitt hat (Fig. 12). Wird der untere Kranz k_1 durch Ringschütze e abgesperrt und belüftet, so fällt die Saugsäule ab und die durch Spalt f in das innere Saugrohr eindringende Luft verringert dort den Unterdruck. Wird die Luftzufuhr ganz abgesperrt, so stellt sich in Saugraum und Laufrad ein

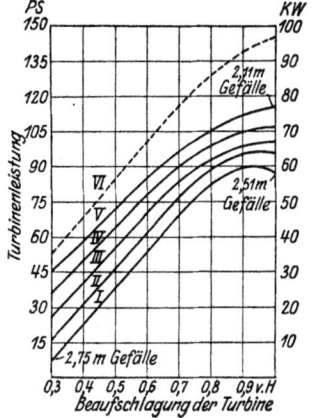

Fig. 10. Leistungskurven der Ejektorturbine.
Kurve I: Ringschieber geschlossen. Kurve II bis V: Ringschieber 2o bis 8o vH geöffnet.
Kurve VI: Berechnete Leistung bei 2,44 m Gefälle.

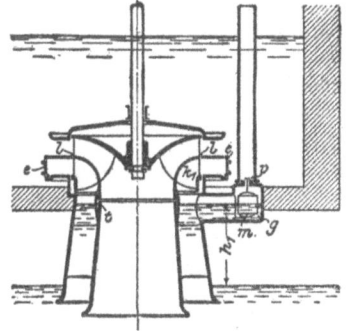

Fig. 11. Turbine Oesterlen-Voith.

Unterdruck ein, der gleich dem Druck in Höhe des Spaltes t im Innern des arbeitenden Saugrohres ist. Dieser Unterdruck entspricht annähernd der Wassersäule h_1 und saugt den Wasserspiegel, wie dargestellt, bis ungefähr Saughöhe hoch; es herrscht innen und außen gleicher Druck, und das arbeitende Rad wird nicht benachteiligt. Spaltwasser, das durch l eintritt und durch das äußere Saugrohr abfließen muß, reißt jedoch auf diesem Wege Luft mit, so daß das Wasser immer höher steigt und schließlich das Laufrad bremst. Die mitgerissene Luft wird nun durch ein Luftventil v mit Schwimmer m ersetzt, der bei ausgeführten Anlagen im Maschinenhause leicht zugänglich untergebracht ist.

Anordnung Lawaczeck. Lawaczeck vereinigt das Turbinenlaufrad mit einem Pumpenlaufrad und leitet das von diesem „Umformersatz" geförderte Druckwasser einer entfernter stehenden, mit Dynamo gekuppelten Turbine zu. Der Wirkungsgrad des Umformersatzes soll 70 vH erreichen.

Vorteile: Es wird zulässig, daß die Umformer auch bei geschlossenen Schützen vom Hochwasser überflutet werden. Die Fortleitung der Leistung durch eine Rohrleitung gibt eine gewisse Freiheit bezüglich Aufstellung der Umformer, so daß z. B. die Wassermenge auf viele Sätze verteilt werden kann. Hintereinanderschaltung der Pumpen ergibt große Druckhöhe und hohe Drehzahl der Sekundärturbine. Das Kraftwerk kann außerhalb des Flußbettes gebaut werden. (D. Thomas. Z. des V. d. I. 1921, S. 686.)

Die Kaplan-Turbine. Um sehr kurze Schaufeln zu erhalten, legte Kaplan die Eintrittskante ganz weit nach innen und erhielt schließlich ein zellenloses Laufrad mit axialem Durchfluß. Die weiteren Fortschritte bestehen hauptsächlich in der Herabsetzung der Laufradschaufelzahl, von denen mitunter nur zwei vorhanden sind, in der Drehbarkeit nicht nur der Leitschaufeln, sondern auch der Laufschaufeln und in besonderer Anordnung der Saugrohre.

Die Drehbarkeit der Laufschaufelflächen läßt für weite Beaufschlagungsgrenzen Einstellung der günstigsten Ein- und Austrittswinkel zu. Das Kaplansche Saugrohr sieht schroffe Ablenkung des Wasserstromes durch eine senkrecht gegen dessen Strömungsrichtung liegende Wand vor. Diese Ablenkung soll die Geschwindigkeit wirksam in Druck umsetzen, indem das Wasser sich selbst auf den günstigsten Weg einstellt. (Oesterlen, Z. 1921, S. 409. D. Thoma. Z. 1921, S. 679. Reindl. Z. 1921, S. 1035.) Über spezifische Drehzahlen und Wirkungsgrade s. S. 14o.

Betriebsstörungen. Der Turbinenbetrieb ist von der Sorgfalt der Bedienung in weit höherem Maße unabhängig als der Betrieb der Wärmekraftmaschinen. Ablagerungen in Leit- und Laufrad, durch unreines Wasser verursacht, sind von Zeit zu Zeit zu entfernen. Einfrieren wird durch Berieselung der Schützen, Rechen und des Leitrades mit warmem Wasser (Quellwasser) vermieden. Da Eindringen von Luft in das Saugrohr den Wirkungsgrad verschlechtert, so ist auf Dichtheit der Stopfbuchsen zu achten. Undichtheiten an Betonsaugkrümmern sind durch dichten Verputz zu beseitigen. Turbinenleerlauf in der betriebsfreien Zeit hält bei starkem Frost das Wasser in Bewegung und verhindert Eisbildung[1]). Ernste Betriebsstörungen verursachen die auf unrichtige Wahl oder Bauart der Turbine oder auf die Wasserbeschaffenheit zurückzuführenden Anfressungen der Schaufeln. Diese kommen bei Francis-Turbinen mit kleiner spezifischer Drehzahl vor ($n_s < 50$), da bei diesen der Spaltdruck sehr gering ist und infolge der hohen Geschwindigkeiten Wirbelbildung auftritt. Bei Anlagen, die kleines n_s erfordern, sind demnach Strahlturbinen oder hintereinandergeschaltete Francis-Turbinen anzuordnen. In gleicher Weise wird der Spaltdruck bei teilweisem Schluß der Drehschaufeln verringert, und das Wasser ist bestrebt, sich beim Eintritt von der Rückschaufel loszulösen. Bei hohen Gefällen, also großen Geschwindigkeiten und geringem Überdruck, scheiden sich dann die im Wasser enthaltenen Gase aus, so daß die Rückseite der Schaufel häufig durchgefressen wird, während die vordere Seite unversehrt bleibt. Mittel hiergegen: Verwendung von Stahlguß statt Gußeisen bei hohen Gefällen. Getrennte Ausführung von Laufradkranz und Nabenscheibe, um die Schaufeln leicht ersetzen zu können. Herstellung des Kranzes aus Bronze.

Säure- und sandhaltiges Wasser wirkt ebenfalls stark zerstörend, wenn durch Wirbelungen infolge unrichtiger Formgebung Stellen gesteigerten Angriffes entstehen. Auch das Spaltwasser soll in den Deckelräumen keine unerwünschten Bewegungen ausführen. Da Wirbelungen weder im Laufrad noch im Spaltraum ganz vermieden werden können, so sollen die meist gefährdeten Teile aus besonders zähem und hartem Baustoff hergestellt und ebenfalls so angeordnet werden, daß sie leicht ausgewechselt werden können.

Neuerdings hat man Pelton-Schaufeln durch die Schoopsche Metallspritzpistole mit einem Bleiüberzug versehen, der das Eindringen der Sandkörnchen in die kleinen Unterteilungen der Schaufelflächen verhindern soll[2]).

f) Zusammenfassung.

Dampfmaschinen. Höherer Brennstoffverbrauch als bei Gasmaschinen, doch ist der Verbrauch innerhalb weiter Grenzen nahezu unabhängig von der Belastung. Verwendbarkeit jeden Brennstoffes, was bei Streiks von Bedeutung werden kann. Starke Überlastungsfähigkeit, dauernd bis zu 30 vH der Normalleistung, großes und schnelles Anpassungsvermögen an verschiedene Betriebszustände. Für wirtschaftlichen Betrieb ist sorgfältige Bedienung erforderlich, doch ist anderseits — wenn auch auf Kosten der Wirtschaftlichkeit — die Dampfmaschine gegen mangelhafte Bedienung wenig empfindlich, soweit Betriebssicherheit und Leistung in Betracht kommen. Die Dampfmaschine wird zur wirtschaftlichsten Maschine, wenn Gelegenheit zur Ausnutzung ihrer Abwärme gegeben ist. In günstigen Fällen läßt sich die der Maschine zugeführte Wärmemenge bis zu 85 vH und mehr verwerten. Lokomobilen ergeben auch bei kleinen Leistungen sehr gute Verbrauchsziffern und erfordern kleine Fundamente

---

[1] Über „Sicherung des Turbinenbetriebs gegen Eisstörungen" s. Zeitschrift für das ges. Turbinenwesen 1915, S. 412.

[2] Zeitschrift für das ges. Turbinenwesen vom 10. Jan. 1920, (Z. 1920, S. 167.)

und Maschinenhäuser. Lokomobilen kommen hauptsächlich für Leistungen von 20 bis 300 PS in Betracht, ortfeste Dampfmaschinen für Leistungen von 200 bis 800 PS.

Dampfturbinen. Hauptvorteil: Ermöglichung großer Leistungskonzentration. Kleine Fundamente, geringer Ölverbrauch, einfache Bedienung. Hoher Wirkungsgrad der elektrischen Generatoren infolge der unmittelbaren Kupplung und hohen Umlaufzahl. Begrenzung der Höchstbelastung durch den direkt gekuppelten Generator, der nach den Normalien des Verbandes Deutscher Elektrotechniker $^1/_2$ Stunde lang um 25 vH überlastbar sein soll. Anwendungsgebiet im Fabrikbetrieb für Leistungen $>$ 800 PS.

Sauggasanlagen. Günstiger Brennstoffverbrauch bei stärkerer Belastung, doch rasche Zunahme des Verbrauches mit sinkender Belastung. Bei plötzlich eintretender Mehrbelastung entspricht der Betriebszustand des Generators nicht den neuen Verhältnissen, daher Einschaltung von Gasbehältern zwischen Generator und Maschine vorteilhaft. Geringe Überlastungsfähigkeit (10 vH der Normalleistung). Genügt der Motor starken Spitzenbeanspruchungen, so erhöht sich sein Verbrauch bei normaler Belastung. Wirtschaftlichkeit des Betriebes weniger abhängig von der Bedienung als bei Dampfmaschinen, keine Genehmigungspflicht für die Aufstellung. Entfall von Rauch- und Rußbelästigung. Gebräuchlichste Leistung 20 bis 200 PS.

Dieselmaschinen. Günstiger Brennstoffverbrauch auch bei kleinerer Belastung, daher wie die Dampfmaschine der Gasmaschine dann vorzuziehen, wenn bei Neuanlagen der Kraftverbrauch nur unsicher geschätzt werden kann. Sofortige Betriebsbereitschaft, kein Verbrauch in Betriebspausen, geringer Raumbedarf auch bei liegender Anordnung, da Anlage zur Erzeugung des Treibmittels entfällt. Erzielung des bei den Abnahmeversuchen festgestellten Verbrauches auch im normalen Betrieb. Unabhängigkeit von der Bedienung. Gebräuchlichste Leistung 60 bis 300 PS.

Elektromotor. Geringe Anlagekosten und geringe Ausgaben für Wartung, Schmierung usw., infolgedessen für zeitweisen Betrieb und als Kraftreserve besonders geeignet. Leichte In- und Außerbetriebsetzung. Guter Wirkungsgrad auch bei kleineren Belastungen. Große Betriebssicherheit infolge der Kraftreserve in der Zentrale. Sauberer Betrieb. Nach den Verbandsnormalien müssen Elektromotoren auf die Dauer von $^1/_2$ Stunde um 25 vH und auf die Dauer von 3 min um 40 vH überlastbar sein. Für Wahl eines Elektromotors bei Dauerbetrieb sind die an einzelnen Orten stark verschiedenen Stromkosten entscheidend.

Wasserkraftanlagen. Die Betriebskosten sind hauptsächlich durch die Anlagekosten bestimmt. Turbinenanlagen sind nicht immer — wie infolge des Entfalles an Brennstoffkosten häufig angenommen wird —, sondern nur da vorzuziehen, wo die nach S. 179 berechneten Gesamtausgaben für Kraft- und Wärmebedarf geringer als bei Wärmekraftanlagen sind.

II. Kondensation, Rückkühlung.

a) Mischkondensation. Nach dem Daltonschen Gesetz setzt sich der Kondensatordruck p_o aus Luftdruck l und Dampfdruck d zusammen. Es ist

$$p_o = l + d.$$

Dampfdruck d wird durch die Austrittstemperatur t_a des Kühlwassers bestimmt. Mit λ = Gesamtwärme des Auspuffdampfes, t_e = Kühlwassereintrittstemperatur folgt die Kühlwassermenge

$$n = \frac{\lambda - t_a}{t_a - t_e}$$

Soll p_o durch Verringerung von d klein gehalten werden, so muß t_a verringert, n vergrößert werden. Selbst wenn die Austrittsquerschnitte der Dampf-

Dubbel, Betriebstaschenbuch, 10

maschine zum Durchfluß der bei besserer Luftleere stark zunehmenden Dampfvolumina genügen, wird von einem bestimmten Punkt ab die Verbesserung der Luftleere unwirtschaftlich, da die Kühlwasserförderung mehr Arbeit braucht, als die Maschine gewinnt. Es soll etwa $p_0 = 0{,}2$ bis $0{,}15$ bei Kolbenmaschinen sein. Gleichstrommaschinen mit unmittelbarer Lage des Kondensators am Zylinder nutzen auch tiefere Luftleeren wirtschaftlich aus.

Der Kondensator arbeitet um so günstiger, je kleiner der Unterschied zwischen der dem Kondensatordruck entsprechenden Dampftemperatur und der Kühlwasser-Austrittstemperatur ist. Dieser Unterschied ist bei Gegenstromkondensation äußerst gering, fast Null. Wird der Unterschied gleich Null, so ist die physikalische Grenze der möglichen Luftleere erreicht.

Bestimmung von p_0, indem die Angabe des Vakuummeters von der des Barometers abgezogen wird: Ist z. B. der Barometerstand = 750 mm, so ist bei einer Vakuumangabe = 670 mm $p_0 = 750 - 670 = 80$ mm Q.-S. = $80 \cdot 13{,}595$ = 1087 mm Wassersäule = $0{,}1087$ kg/cm². Der Kondensator ist stets nach dem absoluten Druck, nicht nach den unmittelbaren Angaben des Vakuummeters zu beurteilen, da hierbei der gemessene Unterdruck mit dem Barometerstand steigt und umgekehrt, wenn der absolute Kondensatordruck konstant ist.

In der Gegenstromkondensation werden Dampf und Kühlwasser entgegengesetzt geführt. Da, wo das Kühlwasser eintritt, ist die Temperatur und also auch der Dampfdruck klein, sonach der Luftdruck groß. An dieser Stelle wird die Luft gewissermaßen vorverdichtet entnommen. Vorteil: Geringe Abmessungen und geringer Arbeitsverbrauch der Luftpumpe. Da, wo das Kühlwasser austritt, kann sich dieses bis auf eine Temperatur, die dem Dampfdruck $d = p_0$ (während bei Parallelstrom $d = p_0 - l$ ist) entspricht, erwärmen. Vorteil: Infolge der erhöhten Abflußtemperatur verringerte Kühlwassermenge.

Anordnung. Der Dampfzylinder soll am höchsten liegen, hierauf Kondensator und dann Luftpumpe folgen, doch kann der Kondensator auch höher als der Dampfzylinder gelegt werden. In diesem Fall — also besonders bei Antrieb der mit dem Kondensator vereinigten Luftpumpe von der verlängerten Kolbenstange aus — wird die Abdampfleitung durch Wasseransammlung verengt, die infolge Zunahme der Dampfgeschwindigkeit von Zeit zu Zeit übergerissen wird, zwischendurch aber die Fortpflanzung der Luftleere nach dem Zylinder hin stört. Abhilfe bei größeren Anlagen durch Entwässerungsschleusen oder durch eine besondere Pumpe.

Die Einspritzdüse des Kühlwassers mündet meist in eine Erweiterung der Abdampfleitung, besondere Mischkondensationsräume sind nur im Falle, daß mitunter starke Belastungsstöße auftreten, erforderlich.

Saughöhe 5 bis 6 m. Bei Kondensation mit großer Saughöhe empfiehlt sich Anordnung von Hilfseinspritzung mit Druckwasser, um bis zum Ansaugen des Kühlwassers den Dampf zu kondensieren und den Kondensator kühl zu halten.

Um das namentlich bei kurzen Außerbetriebsetzungen der Maschine mögliche Aufsteigen des Kühlwassers bis in den Zylinder infolge unachtsamer Bedienung zu verhindern, werden Luftleerezerstörer vorgesehen. Ein Schwimmer im Kondensator läßt in bestimmter Lage Luft zutreten, so daß das Wasser wieder abfällt.

Luftpumpen. Ausführung liegend und stehend. Bei liegender Bauart sind zum Erzielen leichten Luftabflusses die Saugventile an höchster Stelle hängend anzuordnen, wobei die über ihnen befindliche Wassersäule den Eröffnungswiderstand verringert. Dreiventilpumpen haben gegenüber Zweiventilpumpen den Vorteil, daß sie mit Verbundwirkung arbeiten. Der räumliche Wirkungsgrad der unteren Kolbenseite wird vergrößert, da die Expansion aus dem schädlichen Raum nicht vom Atmosphärendruck, sondern von dem Ausgleichdruck zwischen Kolbenober- und Unterseite vor sich geht (Fig. 12). Die Oberseite kann zur Erzielung ruhigen Ganges ohne Schädigung der Luftleere reichlich belüftet werden.

Bei den Schlitzluftpumpen entfällt der Saugwiderstand.

Herstellung der Ventile aus Gummi, das aber empfindlich gegen höhere Temperatur und Ölgehalt ist, oder aus Dermatine, dessen Elastizität jedoch geringer ist. Metallventile sind im ortfesten Maschinenbau selten.

Sind im Pumpenraum nur geringe Luftmengen vorhanden, so entstehen durch das Anprallen des Kolbens auf das Wasser beim Druckhub Stöße, die durch Anbringen von „Schnüffelventilen" beseitigt werden können (Fig. 13). Der räumliche Wirkungsgrad wird hierdurch verschlechtert, und zwar bei Zweiventilpumpen mehr als bei Dreiventilpumpen, deren Oberseite — wie erwähnt — eine stärkere Belüftung verträgt. Luftpumpen mit Förderung des Kühlwassers sind womöglich so aufzustellen, daß sie nur gegen atm. Druck drücken. Diese Forderung läßt sich nicht erfüllen, wenn die Pumpe wegen der Saughöhe oder aus Gründen des Antriebes im Maschinenkeller aufgestellt und das Wasser auf das Rückkühlwerk zu fördern hat. Hierbei entsteht zunächst Arbeitsverlust dadurch, daß auch die Luft nutzlos auf den höheren Druck verdichtet werden muß.

Bei größerer Förderhöhe ist über dem Druckraum ein Windkessel anzubringen und die Luft getrennt durch ein Luftrohr abzuführen, dessen untere Öffnung in einem die Wasserhöhe über die Druckventile bestimmenden, geringen Abstand über diesen liegt. Das Wasserrohr tritt entsprechend tiefer aus. Beim Druckhub drückt die geförderte Luft im Windkessel den Wasserspiegel bis zur unteren Luftrohrmündung herab, so daß die Luft austreten kann und dabei Wasser mitnimmt, das wieder zurückfällt.

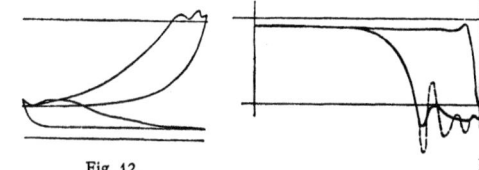

Fig. 12.
Verbunddiagramme.

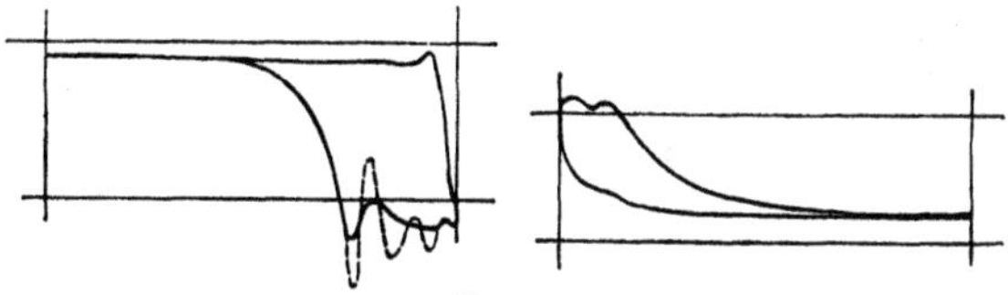

Fig. 13.
Diagramm bei kleinem Luftinhalt.

Diagramm bei Schnüffelventil.

Stopfbuchsen sind von Wasserkästen zu umgeben, damit keine Luft angesaugt wird.

Koertingsche Strahlmischkondensation. Die Geschwindigkeit eines Wasserstrahls wird dadurch erhöht, daß der Dampf ihm durch eine große Anzahl Düsen, die im Sinne der Bewegung gegen den Wasserstrahl geneigt sind, zuströmt. Der Dampf kondensiert an der Strahloberfläche. Die Luft wird in den Diffusor gerissen, in dem die Geschwindigkeit infolge sich erweiternden Querschnittes in Druck umgesetzt wird.

Der erforderliche Druckunterschied vor und hinter den Dampfdüsen, durch den die hohe Dampfgeschwindigkeit erzeugt wird, ist von dem Verhältnis der Dampfmenge zum freien Düsenquerschnitt abhängig. Um dieses Verhältnis annähernd unveränderlich zu halten, wird bei verringerter Dampfmenge ein Teil der Düsen abgedeckt, was durch den Regulator der Maschine selbsttätig bewirkt werden kann. Vielstrahlkondensatoren, in denen der Strahl in eine größere Anzahl Einzelstrahlen aufgelöst ist, geben höhere Luftleere. Wirkungsgrad, bezogen auf isothermische Verdichtung, 8 bis 10 vH.

Ein Umschaltventil, das aber bei größeren Maschinen sehr schwerfällig wird, dient zur Umschaltung von Kondensations- auf Auspuffbetrieb, die immer während des Stillstandes der Maschine vorzunehmen ist.

b) Oberflächenkondensation erfordert umständlicheren Betrieb und höhere Anlagekosten, wird aber bei Dampfturbinen fast ausschließlich angewandt, da hier das Kondensat ölfrei ist und unter Ausnutzung seines Wärmeinhaltes unmittelbar zur Kesselspeisung verwendet werden kann. Für Kolbenmaschinen kommen Oberflächenkondensatoren nur bei sehr schlechtem Speisewasser in Betracht, das Kondensat muß hierbei sorgfältig entölt werden (s. u.).

Der Unterschied zwischen Vakuumtemperatur und t_a beträgt normal 2 bis 3° C, kann aber bis auf 0,5° sinken.

Übertragene Wärme annähernd:

$Q = F \cdot k (t_d - t_m)$,
$F =$ Kühlfläche in m²,
$k = 1200$ bis 2000 kcal/m² h $=$ Wärmedurchgangskoeffizient,
$t_d =$ Dampftemperatur,
$t_m = (t_e + t_a) : 2 =$ mittlere Kühlwassertemperatur.

Luft und Kondensat werden entweder gemeinsam oder getrennt abgesaugt. Im ersteren Fall ist vielfach Unterkühlung in Gebrauch. Der Abführungsstutzen für das Kondensat ragt um einen bestimmten Betrag in den Kondensatorkessel hinein, so daß der Wasserspiegel bis zu dieser Höhe reicht und das Kondensat von den unteren, vom kältesten Kühlwasser durchflossenen Kühlröhren unter die dem Gesamtdruck p_0 entsprechende Sättigungstemperatur gekühlt wird. Das Volumen des mitabzusaugenden Dampfluftgemisches (mit 1 kg Reinluftgehalt) wird dadurch in hohem Maße vermindert (z. B. von 51,86 m³/kg bei 30° auf 23,56 m³/kg bei 20°, $p_0 = 0,06$ at vorausgesetzt). Das Kondensat ist zweckmäßig vor Einführung in den Dampfkessel durch ein besonderes, im oberen Teil des Kondensators verlegtes Rohrbündel vorzuwärmen (s. z. B. Z. 1914, S. 1294).

Förderung der Luft durch Schleuderluftpumpen und durch Strahlvorrichtungen. Bei den mit teilweiser (Westinghouse-Leblanc-Balcke) oder mit voller (A. E. G.) Beaufschlagung arbeitenden Schleuderluftpumpen reißt der austretende Wasserstrahl die Luft in einen sich erweiternden Diffusor, in dem die Geschwindigkeit in Druck umgesetzt wird. Soll der Kraftbedarf der Schleuderluftpumpen dem Luftgemisch angepaßt werden, so muß die Wasserzufuhr gedrosselt werden, was bei stark wechselnder Luftleere leicht zum „Abschnappen" führt. Vermeidung dieses Übelstandes durch Vorschaltung einer Kreiselpumpe oder Wasserzufuhr von einem höhergestellten Behälter aus. Schleuderluftpumpen haben gegenüber den trockenen Luftpumpen den Vorteil, daß sie infolge Kondensation des abgesaugten Dampfes am Kühlwasser nur die unkondensierbaren Gase zu verdichten haben. Infolge dieses Umstandes ist die Schleuderluftpumpe wegen ihrer betrieblichen Vorzüge wettbewerbsfähig mit der Kolbenluftpumpe, trotzdem ihr Wirkungsgrad, bezogen auf isothermische Verdichtung, bestenfalls 12 bis 14 vH beträgt gegenüber 30 bis 40 vH bei der Kolbenpumpe[1]).

Das Schleuderwasser soll niedrige Temperatur aufweisen; da fortgesetzte Benutzung der gleichen Wassermenge vorteilhaft ist, so wird das vollständig reine Wasser in Oberflächenkühlern gekühlt. Inbetriebsetzung der Schleuderpumpen durch Dampfstrahlsauger.

Die Strahlvorrichtungen arbeiten mit Wasser- oder Dampfstrahl oder mit beiden zusammen. Erzeugung der Wassergeschwindigkeit in Schleuderpumpen oder durch natürliches Gefälle, der geschlossene Wasserstrahl reißt die Luft in den Diffusor. Wird die gesamte Kühlwassermenge des Oberflächenkondensators für die Luftabsaugung herangezogen, so genügt eine Geschwindigkeit von etwa 25 m/sek, die Kühlwasserpumpe kann ohne weiteres für den vermehrten Widerstand nutzbar gemacht werden.

---

[1]) Für Förderung reiner Luft statt eines Luftdampfgemisches oder eines solchen Gemisches aus einer Gegenstrommischkondensation eignet sich die Schleuderluftpumpe weniger. Ist in einem Gegenstromkondensator mit beispielsweise $p_0 = 0,15$ at die Kühlwassereintrittstemperatur $= 15°$, so beträgt die Temperatur an der Absaugestelle ungefähr $15 + 7 = 22°$, einem Dampfdruck $d = 0,027$ at entsprechend. In der Schleuderluftpumpe ist $d = 0,0174$ at entsprechend $15°$. Hieraus folgen für die beiden Stellen $d = 0,15 - 0,027 = 0,1230$ und $d = 0,15 - 0,0174 = 0,1326$ at. Für diese Drucke und Temperaturen wird $v = 7,0$ m³/kg und $v = 6,3$ m³/kg, das Volumen erleidet also nur eine geringe Änderung gegenüber üblichen Verhältnissen in Oberflächenkondensationen, bei denen durch die niedrigere Temperatur in der Schleuderluftpumpe das Volumen gegenüber seinem Betrage an der Absaugestelle auf 40 bis 50 vH verringert wird, was eine gleichgroße Verringerung der Verdichtungsarbeit bedeutet.

Einstufige Dampfstrahlsauger sind bei Luftleeren von mehr als 85 vH des Barometerstandes nicht mehr verwendbar. Bei Turbinenkondensationen ist also stets eine zweite Stufe vorzuschalten, wobei der Zwischendruck 100 bis 200 mm Q.-S. beträgt. Ein derartiger Strahlsauger mit 500 kg/h Dampfverbrauch ist einer rotierenden Luftpumpe mit 20 PS Arbeitsverbrauch gleichwertig.

Da der aus der ersten Stufe austretende Dampf in der zweiten Stufe verdichtet werden muß und zu diesem Zweck eine größere Arbeit als für die Verdichtung der mitgeförderten Luft erforderlich ist, so wird vielfach ein Zwischenkühler angeordnet, in dem der aus der ersten Stufe strömende Dampf kondensiert wird. Diese Bauart, durch welche die ganze Anlage allerdings verwickelter wird, ist den Strahlsaugern ohne Zwischenkühlung erheblich überlegen. Der Dampfverbrauch ist gegenüber letzteren um 40 vH geringer.

Der Strahldampf soll für die üblichen Luftleeren mindestens 7 bis 8 at Druck haben und leicht überhitzt oder gesättigt sein. Hochüberhitzter Dampf verringert die Düsenverluste, aber auch den Wirkungsgrad der Verdichtung. Bei mehr als 2 vH Feuchtigkeitsgehalt erleidet die Luftleere Schwankungen, so daß für den Strahldampf Wasserabscheider vorzusehen sind.

Vorteile: keine Wartung, keine Abnutzung, keine Schmierung, erleichtertes Anfahren, da bei geringer Luftleere die Strahlsauger mehr Luft als die rotierenden Pumpen fördern.

Der Einfluß der Luftleere ist bei Dampfturbinen infolge der stets vollständigen Expansion und der verringerten Reibungs- und Ventilationsverluste gänzlich anders als bei den Kolbenmaschinen zu beurteilen.

Fig. 14 bezieht sich auf einen stündlichen Dampfverbrauch von 20 000 kg bei einer Temperatur von 300° und 13 at Druck. Der Punkt größter Leistungssteigerung, bei dem die Mehrleistung der Turbine durch die verbesserte Luftleere kleiner als die Steigerung des Arbeitsbedarfes für die Kondensation wird, liegt bei einer spezifischen Kühlwassermenge von 180 kg,

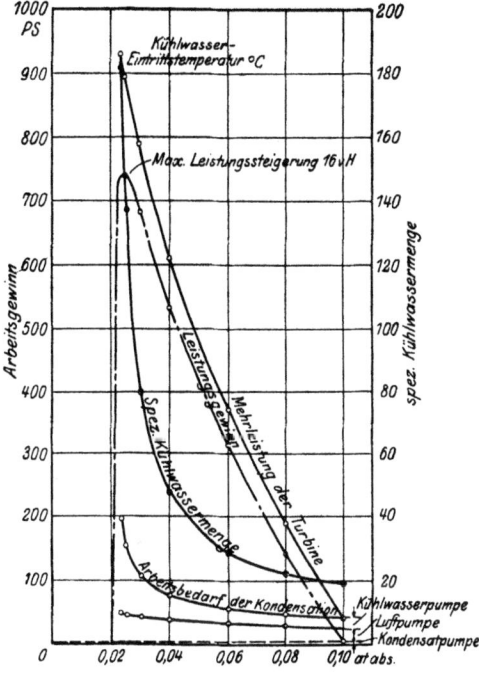

Fig. 14. Arbeitsgewinn bei Vergrößerung der spez. Kühlwassermenge. (Nach Josse.)

wobei 16 vH Leistungserhöhung gegenüber einer spezifischen Kühlwassermenge von 20 kg erreicht wird. Praktisch wird mit Rücksicht auf die Anlagekosten meist eine spezifische Kühlwassermenge von 60 bis 80 kg gebraucht.

Anfressungen des Rohrmaterials. Anfressungen im Scheitel der Rohre sind häufig auf dauernde Einwirkung von Sauerstoff oder sonstigen Gasen zurückzuführen.

Die meisten Anfressungen werden durch vagabundierende und galvanische Ströme verursacht. Die vagabundierenden Ströme treten durch anschließende Rohrleitungen oder durch die Fundamentanker in die Rohrböden und Rohre ein, gehen von dort in das Kühlwasser über und werden durch benachbarte Metallteile nach Erde abgeleitet. Ist Schluß nach Erde vorhanden, so kann jede Gleichstromquelle (Erregerdynamos, Umformer usw.) die Entstehung vagabundierender Ströme veranlassen.

Galvanische Ströme werden durch Bildung örtlicher, galvanischer Elemente infolge Zusammensetzung der Rohrlegierung, Art der Herstellung hervorgerufen, ihre Wirkung ist infolgedessen mehr örtlicher Natur und die Anfressungen verteilen sich nicht wie bei den vagabundierenden Strömen gleichmäßig über ganze Flächen.

Die Schutzmittel beruhen auf dem Grundsatz, entweder die vagabundierenden Ströme abzulenken — ,,abzusaugen" — oder ihnen wie auch den galvanischen Strömen einen stärkeren Schutzstrom entgegenzusenden, der die schädliche Wirkung der aus den Rohren oder Rohrplatten in das Kühlwasser eintretenden Ströme verhindern soll.

Hierzu dienen: Schutzplatten aus Zink, die an einem der Rohrböden angebracht werden. Fig. 15 zeigt eine Ausführung mit isolierter Anordnung der Schutzplatte an einem Rohrboden und elektrischer Verbindung der Schutzplatte mit dem zweiten Rohrboden durch isolierte Kabel. Der Schutzstrom soll also durch die lange Kühlwassersäule hindurchfließen.

Bei der Bauart nach Harris-Anderson wird auch der zweite Rohrboden mit Schutzplatten metallisch gut verbunden.

Am schlechtesten sind die Rohrmitten gegen die Einwirkung galvanischer Ströme zu schützen, da die lange Wassersäule dem Schutzstrom zu großen Widerstand entgegensetzt. (Lasche, Mitt. d. Verein. d. El.-W., Bd. 14, Nr. 273, S. 229.)

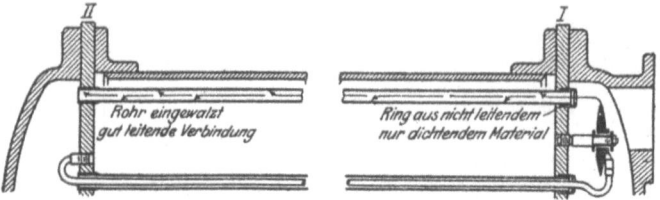

Fig. 15. Kondensator mit isolierter Schutzplatte.

Da Zinkschutzplatten nur gegen galvanische Ströme und bestenfalls gegen geringe Fremdströme nutzen, so ist bei stärkeren Fremdströmen weitergehender Schutz vorzusehen: Schutzdynamo nach Cumberland-Geppert. Verbindung der sämtlich kurz geschlossenen Teile des Kondensators mit dem Minuspol einer Gleichstromanlage. Saugdynamo von Kapp: Der Minuspol der Dynamo ist mit beiden Rohrböden, der Pluspol mit einer Anzahl von geerdeten Platten verbunden, von denen aus ein Strom durch die Kondensationsanlage fließt.

Den Einfluß des Kleingefüges auf Anfressungen lassen Erfahrungen der Southern California Edison Co. erkennen. Auf die gleiche Grundlage von 1000 Betriebsstunden bezogen, stellte sich das Verhältnis der Rohrschäden bei den drei im Werk vorhandenen Kondensatoren auf 29,6 und 336. Nachdem am dritten Kondensator die Rohre aus besonders grobkörnigem Metall durch solche aus feinkörnigem Metall ersetzt worden waren, hörten die häufigen Rohrschäden auf.

Zersetzung des Rohrmaterials findet auch dann statt, wenn das Kühlwasser kohlenstoffhaltige Beimengungen (teilweise verbrannte Kohle oder Asche) enthält, die mit dem Rohrmetall ein galvanisches Element bilden und das Entstehen örtlicher Ströme verursachen.

Ist das Kühlwasser ammoniakhaltig oder werden saure Grubenwasser zur Kühlung verwendet, so zersetzen sich, falls die Beimengungen nicht neutralisiert werden, die Rohre von der Wasserseite aus, wobei die Rohre mit wärmerem Kühlwasser am stärksten angegriffen werden. Die Zerstörung kann soweit gehen, daß zum Schluß außen herum nur eine dünne Haut gesunden Materials stehen bleibt, die gelegentlich durchbricht. Sandhaltiges Kühlwasser schleift die Rohre ab.

Da Verunreinigungen den Wärmedurchgang stark erschweren und damit den Dampfverbrauch der Turbinen merklich erhöhen, so sind die Kondensatorflächen häufig zu reinigen.

Reinigung der Kondensatoren. Brown, Boveri & Co. ermöglichen Reinigung ihrer Dauerbetriebskondensatoren dadurch, daß jede Hälfte des Kondensators mit getrenntem Kühlwasserfluß ausgeführt wird, der für sich während des Betriebes abgesperrt werden kann. Bei Abschaltung einer Kondensatorhälfte fällt die Kühlwassermenge auf etwa 70 bis 80 vH des normalen Betrages. Da mit der höheren Kühlwassergeschwindigkeit der Wärmedurchgang zunimmt, fällt die Luftleere nur um etwa 2 vH. Viele Firmen führen die Spülung nach Hülsmeyer durch. Hierbei wird die ganze Kühlwassermenge durch Schaltventile gezwungen, die zu reinigenden abgezweigten Rohrbündel mit erhöhter Geschwindigkeit zu durchfließen, während in den übrigen Rohrbündeln annähernd normale Wassergeschwindigkeit herrscht. Infolge der hohen Durchflußgeschwindigkeit von 2,5 bis 3,5 m/sek werden alle Schlammteilchen losgespült, und zwar um so leichter, je häufiger die Spülung vorgenommen wird. Die ganze Reinigung kann innerhalb einer Stunde ohne Betriebsstörung erledigt sein. Da z. B. nur ein Viertel der Kühlfläche hierbei ausfällt und dafür in einem anderen Viertel die Wärme infolge der höheren Wassergeschwindigkeit besser übertragen wird, so ist die Verminderung der Luftleere nur unbedeutend.

Balcke behandelt die Steinbildner, d. h. die kohlensauren Kalk- und Magnesiumsalze mit „Impfsäure", so daß

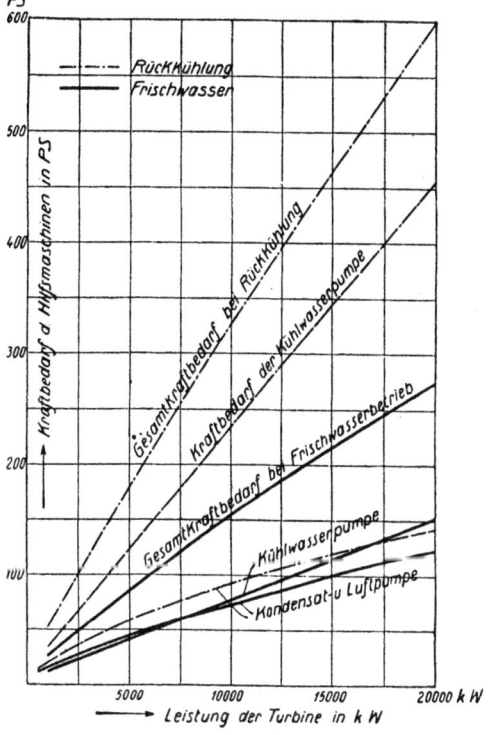

Fig. 16. Kraftbedarf der Kondensation bei verschiedenen Turbinenleistungen.

sie in leicht lösliche Chloride verwandelt werden, die dauernd in Lösung bleiben. Ablagerungen können nicht entstehen. Um einer Konzentration der Chloride und der außerdem im Wasser noch vorhandenen schwefelsauren Salze, die bei den üblichen Kondensatortemperaturen nicht ausfallen, vorzubeugen, wird die Zusatzwassermenge für die Rückkühlung etwas größer als die durch Verdunstung verloren gehende Wassermenge genommen. Dieser Überschuß beträgt nur 0,5 bis 0,75 vH der umlaufenden Wassermenge. S. auch S. 285.

Mischung des chemisch reinen Kondensats mit Kühlwasser, das infolge von Undichtheiten in das Kondensatorinnere eindringt, kann auf elektrischem Wege festgestellt werden, da der elektrische Widerstand von chemisch reinem Wasser durch die Einführung der im Kühlwasser stets enthaltenen mineralischen Salze stark verringert wird. Eine an eine Wechselstromquelle angeschlossene Elektrode ist in die Kondensatleitung eingebaut und von einem offenen Messingrohr isoliert umgeben, das über die Rohrleitung geerdet ist. Die Stärke des von der Elektrode auf das Messingrohr durch das Wasser übergehenden Stromes gibt ein Maß für die Verunreinigung des Kondensats.

Kraftbedarf der Kondensation. Es können nur mittlere Werte angegeben werden:

Misch-Parallelstromkondensation: ∞ 2 vH der Maschinenleistung,

Misch-Gegenstromkondensation: Luftpumpe: ∞ 0,5 vH, Wasserpumpe je nach Förderhöhe und Wassermenge: 0,8 bis 1,2 vH der Maschinenleistung.

Fig. 16 zeigt nach Klingenberg den Kraftbedarf bei verschiedenen Turbinengrößen für Frischwasser- und Rückkühlbetrieb unter Berücksichtigung des mit Fördermenge und Förderhöhe wechselnden Wirkungsgrades der Umlaufpumpe. Es ist zugrunde gelegt: 95 vH Luftleere, 50fache Kühlwassermenge, 5 m manometrische Förderhöhe bei Frischwasserbetrieb, während bei Rückkühlbetrieb die entsprechenden Werte 90 vH 60 und 12,5 m betragen.

Bei kleineren Leistungen der Hauptmaschine ist zu beachten, daß der absolute Kraftverbrauch der Kondensation nahezu gleichbleibend ist. Bei halber Leistung steigt sonach der Prozentsatz auf den doppelten Betrag.

d) **Rückkühlung.** Die Kühlgrenze τ, die tiefste Temperatur, auf die gekühlt werden kann, wird durch das sog. „feuchte Thermometer" festgestellt. Die Kugel eines im Schatten hängenden Thermometers wird mit feuchter Gaze umwickelt

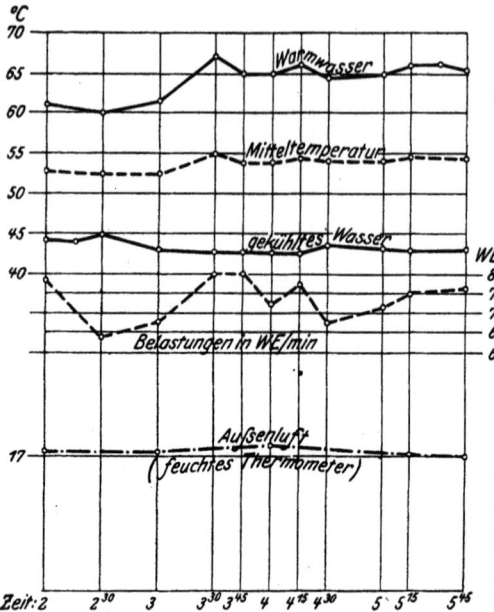

Fig. 17. Versuche an einem Worthingtonkühler.

und befächelt, wobei die Temperatur sinkt. Die Kühlgrenze ist erreicht, wenn weiteres Sinken nicht mehr stattfindet. Als Höchstkühlgrenze im Hochsommer kann für Nord- und Mitteldeutschland 20°C, in Süddeutschland 22°C angenommen werden. Werden beispielsweise im Beharrungszustand eines Betriebes 600000 kcal stündlich an das Kühlwerk abgegeben und beträgt die umlaufende Wassermenge 30 m³, so wird sich deren Temperatur um 20° erhöhen. Nur die Höhenlage, nicht die Breite dieser Zone kann geändert werden. Bei einem guten Kühler werden die Temperaturen vielleicht zwischen 20 und 40°, bei einem schlechten zwischen 40 und 60° liegen. Der Abstand der Mitteltemperatur von der Kühlgrenze ist für den Gütegrad des Kühlers maßgebend.

Als zweckmäßige Breite der Kühlzone ist nach Otto H. Mueller (Z. 1905, S. 5 u. f.) ein Abstand der Wassertemperaturen von 14 bis 15°C anzusehen.

Fig. 17 gibt Versuche an einem Worthington-Kühler des Elektrizitätswerkes Leipzig-Lindenau wieder. Bei diesen Versuchen wurde die Wasserumlaufmenge geändert. Aus dem Diagramm geht hervor, daß die Schwankungen der Mitteltemperatur kleiner als die der Wärmezufuhr sind. Im Falle gleichbleibender Wärmezufuhr werden die Warmwasser- und Kühlwassertemperaturlinien bei Änderung der Umlaufmenge um gleiche Beträge nach jeder Seite der Mitteltemperatur ausschlagen.

Durch Erhöhung des Wasserumlaufes wird somit die Warmwassertemperatur herabgezogen und die Luftleere verbessert, was besonders in Dampfturbinenanlagen die größere Pumpenarbeit rechtfertigt.

Erhöhung des Kühlwasserumlaufes im Kühler allein, also nicht gleichzeitig im Kondensator, ist hingegen nicht nur nutzlos, sondern unmittelbar schädlich.

Steht Frischwasser zur Verfügung, so soll dieses getrennt zum Kondensieren verwendet werden und dann ablaufen, hingegen sind die Kühler für sich zu betreiben.

Ölhaltiges Umlaufwasser überzieht Eiseneinbauten mit einem schützenden Überzug, zerstört dagegen Holzeinbauten. Es ist deshalb auch hier Entölung vorzusehen. Die Ausscheidung von Kesselsteinbildnern im Kühler infolge der Verdunstung erhöht die Verwendungsfähigkeit des Umlaufwassers für Kesselspeisung und vermindert den Ansatz in Oberflächenkondensatoren. (Kießelbach, Z. 1896, S. 1355.) Ausführung der Kühltürme in Holz, Eisen, Mauerwerk und Eisenbeton. Hölzerne Rieselbauten sind wegen des Verziehens durch die Feuchtigkeit von Zeit zu Zeit neu zu richten, während eiserne Türme dem Verrosten ausgesetzt sind. Neuerdings werden Kühltürme so gebaut, daß die Rieseleinbauten leicht zugänglich außerhalb des Turmes liegen. (Ausführung Balcke-Moll.) Hierbei streicht die Luft nicht im Gegenstrom, sondern in wagerechter Richtung quer durch das zu kühlende Wasser.

III. Verbrauchszahlen. Mittlere Drucke.

a) Kühlwasserverbrauch. 1. Kühlwasserverbrauch der Kondensationsdampfmaschinen.
Nach S. 145 ist:

$$n = \frac{\lambda - t_a}{t_a - t_e}.$$

Da bei Oberflächenkondensatoren der Wärmedurchgang durch die Rohrflächen einen gewissen Temperaturunterschied (3 bis 5 bis 8°) erfordert, so muß hier bei gleicher Dampftemperatur und gleicher Kühlwassereintrittstemperatur die Austrittstemperatur durch reichlichere Wasserzufuhr niedriger gehalten werden. Durchschnittlich ist:

$n = 25$ bis 30 ltr bei Parallelmischstromkondensation,
$n = 18$ bis 24 ,, bei Gegenstrommischkondensation,
$n = 60$ bis 80 ,, bei Koertingscher Strahlmischkondensation,
$u = 40$ bis 50 ,, bei Oberflächenkondensation für Kolbenmaschinen,
$n = 60$ bis 80 ,, bei Oberflächenkondensation für Dampfturbinen.

Fr. Tosi gewährleistet die in Tafel 5 wiedergegebenen Werte:

2. Kühlwasserverbrauch der Verbrennungskraftmaschinen pro $PS_e h$

$n = 12$ bis 16 ltr bei Dieselmaschinen,
$n = 30$ bis 40 ltr bei Sauggasanlagen einschließlich Verbrauch für Dampferzeugung und Skrubber,
$n = 1{,}2$ bis 1,5 ltr bei Naphthalinmaschinen mit Verdampfungskühlung.

b) Schmierölverbrauch. Entsprechend Ausführung der Maschinen und Sorgfalt der Bedienung schwankt der Schmierölverbrauch in weiten Grenzen. Rechnerische Bestimmung auf Grund von Beobachtungen haben L. Weiß und K. Schmid (Z. 1916, S. 764) versucht.

Weißsche Formel: $L = 2 \; D_h \cdot n.$

Zahlentafel 5.
Absolute Drucke beim Eintritt in den Kondensator in cm Q.-S.

Verhältnis: Kühlwasser/Dampf			Kühlwassertemperatur ° C							
			5	10	15	20	25	30	35	40	45
	Parallel-strom-Misch-kondensation	20	5,68	6,99	8.64	10,69	13,24	—	—	—	—
		25	4,48	5,46	6,70	8,27	10,24	12,80	15,80	—	—
		30	3,85	4,65	5,68	6,99	8,64	10,69	13,24	—	—
	Oberflächen- und Gegenstrom-mischkondensation	20	4,67	6,10	7,90	9,90	12,65	15,90	—	—	—
		30	2,86	3,70	4,75	6,10	7,90	10,15	12,70	—	—
		40	2,14	2,90	3,74	4,93	6,43	8,10	10,40	—	—
		50	2,00	2,42	3,15	4,18	5,49	6,90	8,90	11,45	—
		60	—	2,32	2,90	3,74	4,93	6,30	8,10	10,40	13,30
		70	—	—	2,77	3,48	4,52	5,90	7,70	9,66	12,40
		80	—	—	—	3,35	4,30	5,62	7,32	9,19	11,74
		90	—	—	—	—	4,15	5,37	7,00	8,80	11,30

Schmidsche Formel: $L = 1{,}6\, D_n \cdot n \cdot s$, worin:

L = stündl. Zylinderölverbrauch in g, D_h = Hochdruckzylinder-, D_n = Niederdruckzylinderdurchmesser in m, n = Uml/min, s = Hub in m.

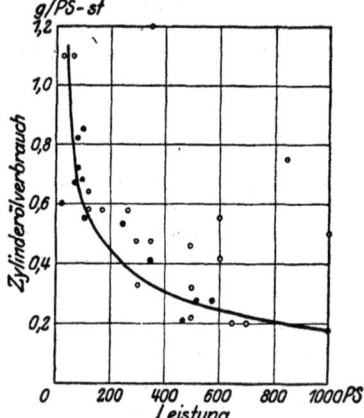

Fig. 18. Zylinderölverbrauch von Dampfmaschinen liegender Bauart.

Die Weißsche Formel gibt kleinere Werte für größere Maschinen ($s \geq 900$ mm), die Schmidsche Formel für kleinere Maschinen.

Ergebnisse eingehender Versuche und Zusammenstellungen von Dr. Hilliger (Z. 1918, S. 173 u. f.) sind in den Fig. 18 und 19 für Gleichstromdampfmaschinen und liegende Dampfmaschinen gewöhnlicher Bauart wiedergegeben. Zahlentafel 6 enthält Angaben über den Ölverbrauch von Triebwerkteilen liegender Dampfmaschinen.

Umlaufschmierungen eingekapselter Triebwerke zeigen besonders geringen Ölverbrauch.

Nach weiteren Versuchen von Dr. Hilliger (Z. 1921, S. 248) können bei Kolbendampfmaschinen ganz erhebliche Ersparnisse an Zylinderöl durch Ver-

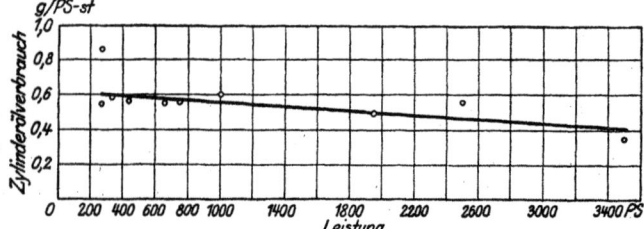

Fig. 19. Zylinderölverbrauch von Gleichstromdampfmaschinen.

Verbrauchszahlen. — Mittlere Drucke.

Zahlentafel 6.

Zyl.-Durchmesser	Hub	Uml/min	Leistung	Erforderliches Frischöl	Aufgefangenes und wiederverwendetes Öl	Gesamtölverbrauch
mm	mm		PS	g/PSh	g/PSh	g/PSh
350	600	86	30	0,537	0,833	1,37
420	1000	62	120	0,25	1,00	1,25
365/580	700	87	135	3,67	4,7	8,37
365/580	700	98	150	0,30	2,2	2,5
520	1250	62	150	0,48	3,26	3,74
320/515/800	1000	90	270	3,45	7,6	11,05

wendung von Ölemulsionen erreicht werden. Diese setzen sich aus Zylinderöl, geringwertigem Maschinenöl und Kalkwasser zusammen, das etwa 1,2 g Kalk in 1 ltr destilliertem Wasser enthält. Zahlentafel 7 zeigt die an einer 25 PS-Auspufflokomobile ermittelte Mindestölverbrauchszahlen in g/PSh, wobei das Zeichen + bei einigen Versuchsergebnissen andeutet, daß die angegebene Menge noch etwas vergrößert werden muß.

Zahlentafel 7.

Ölsorte	Sattdampf		Mäßig überhitzter Dampf (330°)		Hoch überhitzter Dampf (430°)	
	Öl	Emulsion	Öl	Emulsion	Öl	Emulsion
I	16	8	16+	8	—	16+
II	8+	8	8+	8	16+	16
III	—	—	—	—	16	16
IV	—	—	16	8	16	16

Es ergibt sich, daß die Schmierung stets reichlich ist, wenn die gleiche Menge Emulsion wie Öl verwendet wird. Die auch hierbei zu erzielende Ersparnis er gibt sich durch den Zusatz an Kalkwasser und Maschinenöl zu etwa 50 bis 60 vH. Durch Zusatz von Graphit zum Öl wird ebenfalls bis zu 50 vH Öl erspart.

Die Wirkung des Graphits, die erst nach einiger Zeit eintritt, besteht hauptsächlich in der Glättung, indem es sich allmählich in die Unebenheiten hineinsetzt. Um den sich leicht ausscheidenden Graphit in der Schwebe zu halten, wird häufig dem Graphit-Ölgemisch etwas Seife zugesetzt. Tritt Wasser hinzu, so ersetzt sich die Mischung, und das Graphit fällt nieder.

Man verwendet künstlichen (Oeldag) und natürlichen Graphit (Kollag). Wesentliche Eigenschaft des Kollag ist die kolloidartige Beschaffenheit des in ihm gelösten Graphits (Z. 1916, S. 138).

Die widersprechenden Angaben über die Wirkung des Graphits sind auf Verwendung ungeeigneten Materials zurückzuführen. Wichtig ist vor allem, daß die Mischung frei von reibenden und schmirgelnden Bestandteilen ist.

Nach Feststellungen von Goetze (Z. 1920, S. 286) beträgt bei Großgasmaschinen und liegenden Großdieselmaschinen der Verbrauch durchschnittlich 0,85 bis 1,6 g/kWh Zylinderöl, 0,5 bis 1,3 g/kWh Triebwerksöl, bei Dampfturbinen zwischen 1000 und 5000 kW Leistung 50 bis 100 g Zusatzöl für 1 Betriebsstunde. Kolbendampfmaschinen zeigten einen Verbrauch von 0,24 g/PS$_i$h an Zylinderöl und 0,23 g/PS$_i$st an Laueröl. Bei Turbogeneratoren rechnen amerikanische Ingenieure mit einem mittleren Schmierölverbrauch von etwa 1,12 ltr/h für je 10 000 kW Leistung.

c) Wärmeverbrauch. 1. bei Vollast. In der Zahlentafel 8 sind Verbrauchsziffern angegeben, die als unterste Grenze anzusehen sind und bei „Paradeversuchen" mit ausgezeichneten Maschinen bei etwa 15 at Eintrittsdruck und 330 bis 350° Eintrittstemperatur erhalten werden. Die Zahlen beziehen sich auf 150 bis 200 PS Leistung bei Lokomobilen, Diesel- und Sauggasmaschinen, 400 bis

Zahlentafel 8. Verbrauchsziffern für Vollast. Dampfmaschinen.

Wärme- und Brennstoffverbrauch	Einzylinder-Auspuff	Verbund-Auspuff	Einzylinder Kondensation	Gleichstrom	Verbund-Kondensation	Dampfturbine	Sauggas-Anlage	Großgas-maschine	Rohöl-maschine	Stehender Dieselmotor	Liegender Dieselmotor
Wärmeverbrauch in kcal/PSih	5000	3850	3550	3250	2800	—	2125	1740	—	1250	1420
Wärmeverbrauch in kcal/PSeh	5345	4185	3860	3535	3045	2740	2400	2200	2500	1800	2000
Brennstoffverbrauch in kg Öl von $H_u = 10000$ kcal/kg Kohle von $H_u = 7500$ kcal/kg	0,91	0,70	0,64	0,59	0,51	0,46	0,40	0,37	0,25	0,18	0,20

Zahlentafel 9

250 PS-Tandemmaschine mit Van den Kerchove-Steuerung					
Belastung . . . PS_i	314,22	268,84	220,24	167,65	119,36
Umlaufzahl i. d. Min.	126,0	126,1	126,4	126,9	127,7
Abs. Eintrittsdruck at	10,38	10,44	10,47	10,24	10,30
Eintrittstemp. . °C	299,6	305,8	306,4	304,3	304,6
Mechanischer Wirkungsgrad . . .	0,932	0,920	0,902	0,872	0,820
Dampfverbrauch . . . . . kg/PS_ih	4,86	4,65	4,46	4,34	4,31
Wärmeverbrauch . . . . kcal/PS_ih	3493	3335	3220	3130	3108
Dampfverbrauch . . . . . . kg/PS_eh	5,22	5,05	4,94	4,98	5,26
Wärmeverbrauch . . . . kcal/PS_eh	3752	3644	3566	3591	3794

Zahlentafel 10

5000 kW-Zoelly-Turbine				
Belastung in . . . . . . vH	25	60	75	100
Nutzleistung einschließlich Erregung, ausschließl. Kondensationsarbeit . . . . . kW	1184	3160	4305	5418
Überdruck vor der Turbine at	11,9	12,2	11,8	11,7
Temperatur vor der Turbine °C	271	292,4	291	309
Luftleere im Abdampfstutzen, bezogen auf 735 Barometerstand . . . . vH	98.5	97,5	96,9	96,2
Dampfverbrauch . . kg/kWh	6,67	5,74	5,6	5,42
Dampfverbrauch in kg/PS_eh Dynamo-Wirkungsgrad = 0,94 bis 0,90		3,88	3,88	3,74
Wärmeverbrauch . . kcal/PS_eh		2801	2801	2738

Verbrauchszahlen. — Mittlere Drucke.

Zahlentafel 11.
Dieselmaschinen.

		15 PS-Dieselmotor				Dreizylindriger 300 PS-Gasöl-Dieselmotor				Liegende doppeltwirkende 1000 PSe-Tandemmaschine	
Nutzleistung . . . . PSe	0	5,31	7,79	12,60	18,21	4	116,9	220,8	291,4	370,7		1004
Umlaufzahl	245	241	239,2	235,0	231,2	162,0	160,8	160,2	160,0	159,0	752	124,87
Mech. Wirkungsgrad ohne Luftpumpe vH	—	—	—	69,8	78,0	—	—	—	—	—	125,31	84,8
„ „ mit „ "	—	49	61			—	59	73	78	82	80,0	78,2
Kühlwasser-Eintrittstemperatur . . . °C	—	—	16 bis 20			23,0	25,3	25,3	21,0	22,0	73,6	24,5
Kühlwasser-Austrittstemperatur . . . °C	—	—	70			52,5	51,7	54,7	55,5	54,3	64,5	53,3
Kühlwasserverbrauch . . . . . . ltr/PSeh	—	18,8	18,3	13,46	12,05	—	30,9	15,9	14,9	15,8	23,9	28,0
Brennstoffverbrauch . . . . . . g/PSeh	—	324	267,7	253,6	226,5	—	235	193	187	189	44,0	
Wärmeverbrauch . . . . . . kcal/PSeh	—	3240	2677	2536	2265	—	2370,7	1946,9	1886,5	1906,6	45,7	
											[248¹)+19,2²)]	(228+9,1)
											2423,4	2142,9
Schmieröl.verbrauch für Zylinder und Stopf-						für Luftpumpen und Zylinder 0,3 kg/h						
buchsen . . . . kg/PSeh						bei Vollast für 1 PSeh:		1,0 g			0,0018	0,0014
						der Lager:		0,2 g			0,0017	
											¹) Teeröl.	²) Zündöl.

Ölmaschinen.

	8 PS-Naphthalin-Motor, n = 595				Bronsmotor			Bolinder-Glühkopfmotor¹), n = 365				Vollmer-Glühkopfmotor¹), n = 360			
	Vollast	Halblast	Viertellast	Leerlauf	Vollast	Halblast					Leerlauf				Leerlauf
Nutzleistung	0,342	0,495	1,465		0,199	0,276		11,79	9,10	4,49		61,5	50,7	34,6	14,2
Ölverbrauch . . . . . . kg/PSeh												0,231	0,246	0,302	0,506
Wärmeverbrauch bzw. Brennstoff . . kcal/PSeh in								3395	3455	4870					
	Naphthalin				Gasöl							Blauöl			

¹) Zweitaktmaschinen. Bei dem Bolinder-Motor betrug der mech. Wirkungsgrad 73, 75,4 und 57,7 vH, der Schmierölverbrauch in g/PSeh: 18,7, 22,8, 46,60, 236 g

Sauggas-Anlagen.

	25 PS-Motor mit Mees-Regelung				60 PS-Motor		125 PS-Güldner-Motor			200 PS-Motor	450 PS-Motor	
	Vollast	Dreiviertellast	Halblast	Viertellast	Vollast	Halblast	Vollast	Drei-viertellast	Halblast			
Belastung . . . . PSe		0,36			65,1	33,8				186	75	431	307
Brennstoffverbrauch . . . kg/PSeh		0,395	0,475	0,68	0,358	0,525	0,283	0,310	0,327	0,644	1,00	0,400	0,450
Wärmeverbrauch bzw. Brennstoff .		Anthrazit			2720	3990	2264	2480	2616	2970	4610	3004	3380

500 PS bei normalen Dampfmaschinen, 5000 kW bei der Dampfturbine und 2000 PS bei der Großgasmaschine. Da bei den Dampfmaschinen die Verbrauchsziffern meist auf die PS_ih bezogen werden, so sind die auf die PS_eh bezogenen Werte durch Umrechnung mit einem mechanischen Wirkungsgrad $\eta_m = 0{,}92$ erhalten worden. Für den Brennstoffverbrauch wurde ein Wirkungsgrad von Kessel und Leitung gleich 0,80, ebenso ein Gasgeneratorwirkungsgrad gleich 0,80 zugrunde gelegt. Der Dynamowirkungsgrad des Turbogenerators wurde zu 0,94 angenommen.

Bei Bezug der Zahlen auf die kWh würde sich infolge des höheren Wirkungsgrades der Dynamomaschine ein Vorsprung der Dampfturbine ergeben.

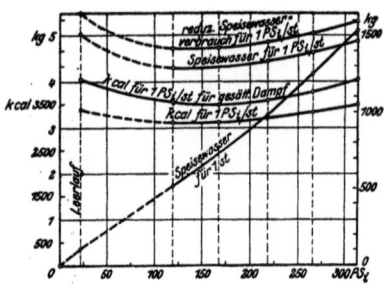

Fig. 20. Verbrauchszahlen einer 250 PS-Tandemmaschine.

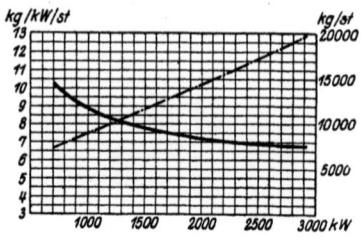

Fig. 21. 2700 kW-Turbogenerator, $p = 11$ at, $T = 295°$, Luftleere = 95,5 vH.
— Verbrauch pro kWh.
—·— Gesamtverbrauch pro Stunde.

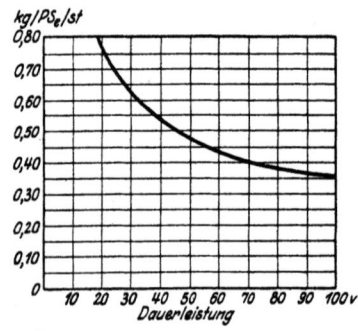

2. Verbrauch bei abnehmender Belastung. In den Tafeln 9 bis 11 und Fig. 20 bis 24a sind Versuchsergebnisse, an verschiedenen Maschinenarten ermittelt, wiedergegeben. Die Auftragung des Gesamtverbrauches in Abhängigkeit von der Belastung ergibt annähernd eine Gerade, die auf der Ordinate den Verbrauch für den Leerlauf abschneidet. Der stündliche Verbrauch läßt sich sonach durch die Gleichung darstellen:

$$V_i = V_e + b \cdot L_i.$$

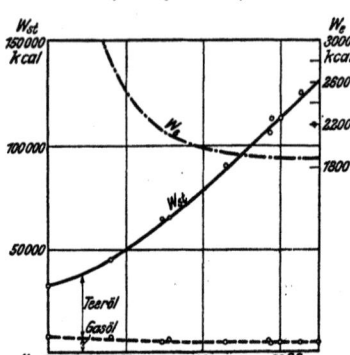

Fig. 22. Anthrazitverbrauch einer Sauggasmaschine von 25 PSe bei vereinigter Mischungs- und Füllungsregelung. (Z. 1920, S. 893.)

Fig. 23. Wärmeverbrauch einer stehenden Teerölmaschine.

Verbrauchszahlen. — Mittlere Drucke. 159

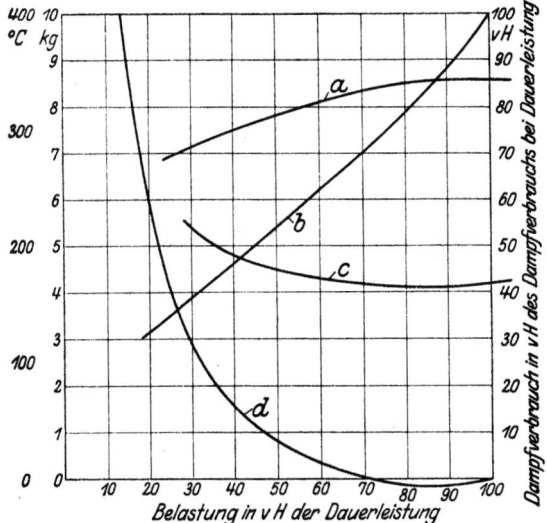

Fig 24.. Einfluß teilweiser Belastung einer 300 PS-Lokomobile (Verbund-Kond.). a = Dampftemperatur. b = Stündl. Dampfverbrauch. c = Dampfverbrauch für 1 PS_eh. d = Mehrverbrauch an Dampf für 1 PS_eh in vH.

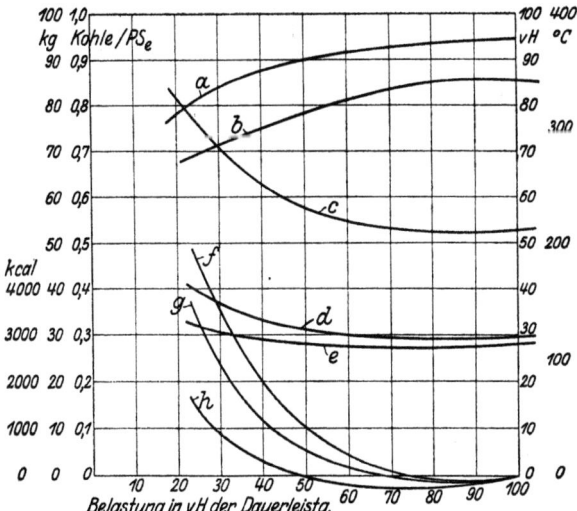

Fig. 24a. Einfluß teilweiser Belastung einer 300 PS-Verbundlokomobile mit Kond. und Ekonomiser. a = Mechanischer Wirkungsgrad. b = Dampftemperatur. c = Kohlenverbrauch für 1 PS_eh. d = Wärmeverbrauch für 1 PS_eh. e = Wärmeverbrauch für 1 PS_ih. f = Mehrverbrauch an Kohle für 1 PS_eh. g = Mehrverbrauch an cal für 1 PS_eh in vH. h = Mehrverbrauch an cal für 1 PS_ih in vH.

Hierin stellt V_e den konstanten Verbrauch, b den zusätzlichen Verbrauch und L_t die Belastung zur Zeit t dar. Bei Belastungsschwankungen zwischen den Grenzen L_1 und L_2 in der Zeit $T_2 - T_1$ folgt der Gesamtverbrauch während dieser Zeit:

$$V = V_e \cdot t + b \cdot t \left[\frac{1}{t} \int_{T_1}^{T_2} L_t \cdot dt \right].$$

Der Klammerausdruck ist die durchschnittliche Belastung innerhalb der angegebenen Zeit (Fig. 25). Verlaufen die Wärmeverbrauchszahlen nach den Fig. 20 bis 24 annähernd geradlinig, so ist der der mittleren Belastung entsprechende Wärmeverbrauch zugleich der mittlere Verbrauch während der Zeit $T_2 - T_1$. In diesem Fall braucht also nur die Belastungsfläche planimetriert zu werden.

Der in den Zahlentafeln angegebene Verbrauch wird im praktischen Betrieb nicht unwesentlich durch weniger große Sorgfalt bei der Bedienung der Anlage und überdies durch Wärmeausgaben vergrößert, die gewöhnlich bei Versuchen nicht festgestellt werden. Hierhin gehören: Brennstoffverbrauch für das Anheizen der Dampfkessel und Gasgeneratoren, für das Anwärmen von Leitung und Maschine, Abbrand während den Betriebspausen. Der diese Verhältnisse berücksichtigende Betriebszuschlag ist je nach Betriebsdauer, Zustand der Anlage, Ausbildung und Zuverlässigkeit der Bedienungsmannschaft auf 10 bis 30 vH des Versuchsverbrauches zu schätzen. In dieser Beziehung verhalten sich die Ölmaschinen besonders günstig, da der flüssige Brennstoff ohne weitere Umsetzung verbrannt werden kann und derart die Umsetzungsverluste fortfallen. Da weder beim Anlassen noch im Stillstand Brennstoff verbraucht wird, so eignen sich Ölmaschinen namentlich für unterbrochen arbeitende Betriebe (Lichtbetrieb). Dieselmaschinen zeigen den besonderen Vorteil, daß ihr Betriebsverbrauch annähernd gleich dem Versuchsverbrauch, also unabhängig von der Wartung ist, auch ist ihr Verbrauch nur wenig abhängig von der Größe der Maschine.

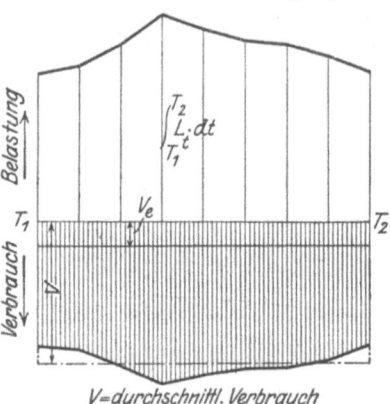

Fig. 25. Ermittlung des durchschnittlichen Verbrauches bei veränderlicher Belastung.

Letzteres ist noch weniger der Fall bei den Sauggasanlagen, deren Verbrauch bei kleinerer als normaler Belastung jedoch stark zunimmt, so daß bei halber Belastung der Wärmeverbrauch auf etwa das 1,4 fache des für Vollast zunimmt, was hauptsächlich auf die Generatoren zurückzuführen ist. Der Wirkungsgrad der Generatoren ist jedoch von der Wartung weniger abhängig als der Wirkungsgrad der Dampfkessel.

Kolbendampfmaschinen und Dampfkessel zeigen trotzdem geringere Abweichungen der Betriebs- von den Versuchsergebnissen als die Gasmaschinen. Fig. 20 und 24 zeigen die auch bei anderen Versuchen mehrfach festgestellte günstige Eigenschaft der Heißdampfkolbenmaschine, bei allen Belastungen nahezu unveränderlichen Dampfverbrauch pro PSh aufzuweisen.

In Fig. 26 ist (nach Josse)[1] der Wirkungsgrad der Wärmeausnutzung nach Versuchs- und Betriebsergebnissen in Abhängigkeit von der Jahresleistung dargestellt.

Abwärmeverwertung. 161

d) Mittlere Drucke. Ist p der mittlere, **absolute** Eintrittsdruck, so beträgt (nach Graßmann) der mittlere indizierte Druck für die Normalleistung von:

Einzylindermaschinen mit Kondensation . . . $p = 1{,}2 + 0{,}2\,p$
Einzylinderauspuffmaschinen . . . . $p = 1{,}2 + 0{,}25\,p$
Zweiverbundmaschinen mit Kondensation . . $p\,\text{red} = 1{,}2 + 0{,}09\,p$.

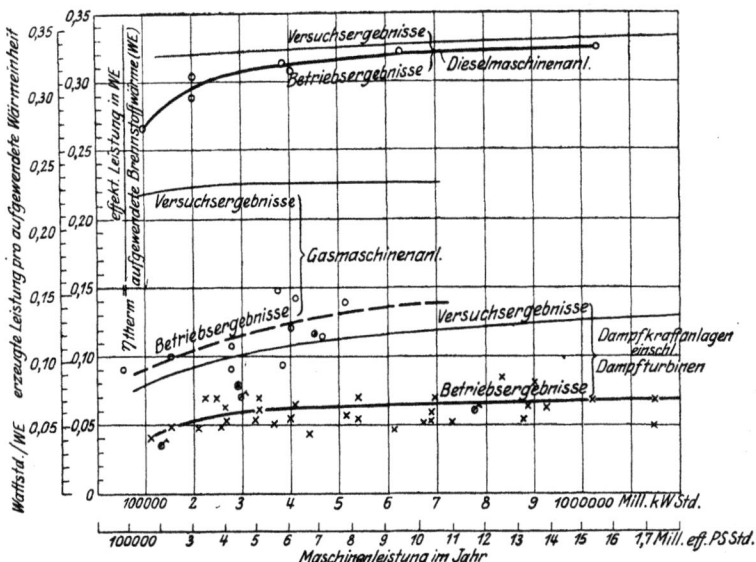

Fig. 26. Vergleich der Brennstoffausnutzung bei Versuchen und im Betrieb.
(Nach Josse.)

p red stellt den auf den Querschnitt des Niederdruckzylinders bezogenen Druck dar. Für Gaskraftmaschinen ist im Mittel:

bei Leuchtgas . . . . $p = 5{,}0$ bis $5{,}5$ at
„ Kraftgas . . . . $p = 4{,}75$ at
„ Gichtgas . . . . $p = 4{,}5$ „
„ Koksofengas . . . . $p = 5{,}0$ „
„ Benzin . . . . $p = 5{,}0$ „
„ Spiritus . . . . $p = 4{,}0$ „
„ Petroleum . . . . $p = 4{,}0$ „
„ Gleichdruckölmaschinen . . . . . $p = 7{,}0$ „

IV. Abwärmeverwertung.

Die im Auspuffdampf noch enthaltene Energie kann zum Heizen oder auch für weitere Kraftzwecke ausgenutzt werden.

a) Abdampf- und Zwischendampf-Verwertung. Auch in guten Dampfkraftanlagen strömen rd. 60 vH der gesamten, auf dem Rost des Dampfkessels erzeugten Wärme zum Kondensator ab. Pro PS$_i$h wird die Wärmemenge

$$\frac{75 \cdot 3600}{427} = 632 \text{ kcal}$$

gebraucht; werden der mechanische Wirkungsgrad zu 90 vH, die Strahlungsverluste nach außen zu etwa 3,2 vH angenommen, so ist der Wärmeauf-

Dubbel, Betriebstaschenbuch. 11

wand pro PS$_e$h $\dfrac{632 \cdot 1{,}032}{0{,}9}$ = 725 kcal, der Erzeugungswärme von 1 kg Heißdampf von 15 at, 325 ° C bei 15 ° Speisewassertemperatur entsprechend. Bei Verwertung der ganzen Auspuffdampfmenge und Rückspeisung des Kondensats in
den Kessel hat sonach die PS$_e$h nur 1 kg Heißdampfverbrauch und die Ge-
samtwärmeausnutzung beträgt 70 bis 75 vH (bei etwa 25 vH Schornstein- und
Strahlungsverlust) gegenüber 16 bis 19 vH bei reiner Krafterzeugung.

Abwärmeverwertung läßt sich sowohl bei Kolbendampfmaschinen als auch
bei Dampfturbinen ermöglichen. Die Anlagen werden um so günstiger wirken,
je geringer der Dampfdruck für die Heizung ist, der in normalen Fällen 1,25 bis
2,5 at abs. betragen soll. Eintrittsdruck etwa 15 at, Eintrittstemperatur 300°.
An der Verwendungsstelle soll der Heizdampf gesättigt sein, da er bei Überhitzung ein schlechter Wärmeleiter ist und größere Heizflächen erfordert.

1. Einrichtung der Maschinen für Abdampf- und Zwischendampf-Verwertung.
In den Fig. 27 bis 30 sind die gebräuchlichsten Ausführungen dargestellt. Es bedeutet: *P* Speisepumpe, *E* Rauchgasvorwärmer, *K* Kessel, *Ab* Absperrventil,
Rv Druckminderventil, *Sv* Sicherheitsventil, *AM* Einzylinderheizdampfmaschine,
H Hochdruck-, *N* Niederdruckzylinder, *O* Ölabscheider, *y* Druckregler, *Ko* Kondensator, *Hz* Heizung, *z* Geschwindigkeits-
regler. In allen Fällen sind Umführleitungen angeordnet, die der Heizung unmittelbar gedrosselten Frischdampf zuführen, falls der Heizdampfbedarf größer als die Dampflieferung ist.

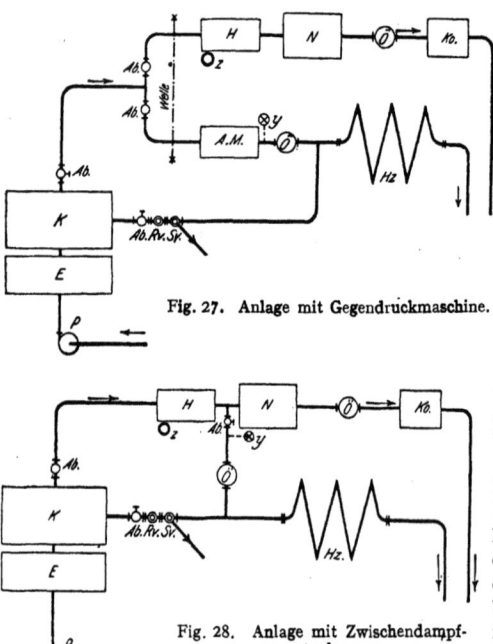

Fig. 27. Anlage mit Gegendruckmaschine.

Fig. 28. Anlage mit Zwischendampfentnahme.

Fig. 27, Anlage Beck, stellt bei nicht zu großen Schwankungen im Heizdampfbedarf die günstigste Anlage dar. Die irgendwie durch die Hauptwelle oder die Transmission mit der Verbundmaschine gekuppelte Einzylinder-
heizdampfmaschine dient lediglich als Druckminderventil, ihr wird nur der von der Heizung gebrauchte Dampf zuge-
führt. Der Regler *y* wird in einfachster Gestalt als federbelasteter Kolben
ausgeführt, der unter dem Einfluß des konstant zu haltenden Heizdampfdruckes
steht. Sinkt dieser infolge stärkerer Entnahme, so stellt der Regler größere Füllung der Einzylindermaschine ein, während die Verbundmaschine, deren Geschwindigkeitsregler *z* entsprechend steigt, ihre Leistung verringert. Ein Sicher-
heitsregler verhindert Durchgehen der Maschinenanlage, wenn der Heizdampf bei
Nullfüllung der Verbundmaschine mehr Arbeit leistet, als zur Zeit benötigt wird.

Bei großen Schwankungen des Heizdampfbedarfes oder in dem Fall, daß
dieser bei Neuanlagen schwer zu schätzen ist, empfiehlt sich Zwischendampfentnahme nach Fig. 28, wobei der Heizdampf dem Aufnehmer entnommen wird.

Der Regler y arbeitet in der Weise, daß bei sinkendem Heizdampfbedarf oder bei vergrößerter Hochdruckfüllung infolge zunehmenden Kraftbedarfes der steigende Aufnehmerdruck die Niederdruckfüllung vergrößert, so daß der Aufnehmerdruck wieder den normalen Wert annimmt. Die vergrößerte Niederdruckarbeit verursacht Einstellung kleinerer Hochdruckfüllung durch den Geschwindigkeitsregler.

Eine Vereinigung der Verfahren nach Fig. 27 und 28 ist in Fig. 29 dargestellt, eine Anlage, die sich für sehr hohen Kesseldruck und hohe Überhitzung eignet. Der Heizdampf kann entweder mit höherer Spannung — etwa zum Betrieb von Fernheizwerken — hinter der Einzylindermaschine, oder mit niedrigerer Spannung aus dem Aufnehmer entnommen werden.

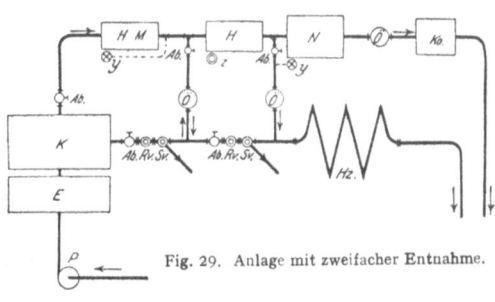

Die Vorteile der Verringerung des Dampfverbrauches durch Kondensationsanlage

Fig. 29. Anlage mit zweifacher Entnahme.

und der Ausnutzung der Dampfwärme für Heizung werden gleichzeitig in den sog. Vakuumheizungen erreicht, die namentlich in England verbreitet sind. Fig. 30. Die Dampfwärme kann direkt oder indirekt — in diesem Falle gewöhnlich mit Luft als Wärmeträger — an die beheizten Räume abgegeben werden.

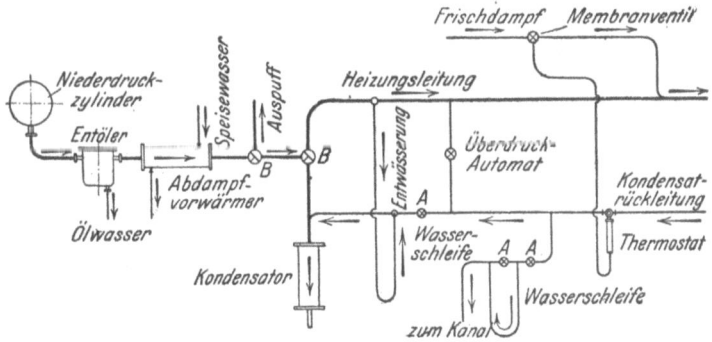

Fig. 30. Schema der Vakuumheizung.

Bei der direkten Heizung bildet die Heizrohrleitung, bei der indirekten der Luftüberhitzer einerseits einen Strömungswiderstand, anderseits einen den Hauptkondensator entlastenden Vorkondensator, so daß die am Hauptkondensator angebrachten Vakuummeter vielfach bei eingeschalteter Heizung eine bessere Luftleere als bei gewöhnlichem Betrieb zeigen. S. „Heizung".

Andere Anlagen mit Abwärmeverwertung sehen Luftkühler vor, d. h. als Kühlflüssigkeit für den Kondensator dient Luft, die als Warmluft in Heizungen und Trockenvorrichtungen Verwendung findet.

Bei Anlagen mit Warmwasserbereitung wird das Kühlwasser des mit verringerter Luftleere arbeitenden Oberflächenkondensators entweder direkt gebraucht oder nach Temperaturerhöhung in Warmwasserbereitern, die durch Ab- oder Zwischendampf beheizt werden.

In den in Fig. 27 bis 30 schematisch dargestellten Anlagen können statt der Kolbenmaschinen auch Dampfturbinen verwendet werden, die — falls nicht vorhandene Transmissionen die Wahl der Maschinenart bestimmen — bei mehr als 1000 PS$_e$ Leistung bevorzugt werden.

„Gegendruckturbinen" mit mehr als 1 at Gegendruck werden meist mit einem zweikränzigen Geschwindigkeitsrad ausgeführt, wodurch sich eine außerordentlich einfache Anlage ergibt, die als beste Wärmekraftmaschine anzusehen ist, solange sämtlicher Abdampf verwertet werden kann. Ist dies nicht der Fall oder soll möglichst große Leistung aus dem Heizdampf herausgezogen werden, so ist die Kolbenmaschine vorzuziehen, deren thermodynamischer Wirkungsgrad im Hochdruckgebiet günstiger ist. Gegenüber Kondensationsbetrieb weist z. B. bei 4 at Gegendruck die Kolbenmaschine 92 vH, die Turbine 290 vH Mehrdampfverbrauch auf.

„Anzapf"- oder „Entnahme"-Turbinen verhalten sich infolge des mit hohem Wirkungsgrad arbeitenden Niederdruckteiles günstiger, ohne jedoch den Dampfverbrauch der Kolbenmaschinen bei größeren Entnahmemengen zu unterschreiten. Versuchsergebnisse an Entnahme- und Gegendruckturbinen s. Zahlentafel 12.

Ein Vorzug der Dampfturbine besteht darin, daß ihr bis zu 300 vH des Dampfverbrauches der Kondensationsmaschine als Heizdampf entnommen werden kann gegenüber 150 vH bei Kolbenmaschinen. Da die Verluste durch Düsen-, Schaufel- und Radreibung in Wärme zurückverwandelt werden, so ist der Zwischendampf der Turbinen hochwertiger als der von Kolbenmaschinen und zudem ölfrei.

Der Dampf der Kolbenmaschinen muß vor Eintritt in die Heizleitungen entölt werden, was bei Überhitzung des Ab- oder Zwischendampfes erschwert wird. Ausführung der Kolbenmaschine mit Zwischendampfentnahme meist als Tandemmaschine, die gegen die durch die Entnahme verursachte Verschiebung der Leistung des Hoch- und Niederdruckzylinders unempfindlicher ist als die Zwillingsverbundmaschine. Gegendruckturbinen werden — wie schon bemerkt — ebenso wie die Hochdruckstufe der Entnahmeturbinen meist mit Curtis-Rad ausgeführt.

Überregeln des Druckreglers wird durch Anordnung von Sammelbehältern in der Heizleitung oder entsprechende Bemessung des Aufnehmers vermieden, wodurch die Dampfstöße infolge schwankender Belastung oder Heizdampfentnahme vermieden werden. Rückschlagventile vor dem Niederdruckteil in der Heizleitung verhindern den Eintritt des gedrosselten Frischdampfes in die abgestellte Maschine. Geben zwei Entnahmeturbinen Dampf in dieselbe Heizleitung ab, so ist die Entnahmesteuerung mit einer Schnellschlußvorrichtung für den Niederdruckteil zu verbinden. Wird nämlich Turbine I auf Leerlauf entlastet, ohne daß vorher der Heizdampfschieber dieser Maschine von Hand abgesperrt ist, so wäre es bei Versagen der Rückschlagklappe möglich, daß der von der belasteten Maschine II abgegebene Heizdampf Turbine I zum Durchgehen bringen würde.

Regelung. Aus der angegebenen Wirkungsweise des einfachen Druckreglers folgt, daß bei schwankendem Heizdampfbedarf, aber konstanter Belastung, der Geschwindigkeitsregler verschiedene Stellungen einnimmt, die Umlaufzahl sonach nicht konstant bleibt. Dieser Nachteil wird verringert, Fig. 31, wenn Druckregler g und Geschwindigkeitsregler d gleichzeitig die Stellung des vom Kraftkolben e betätigten Frischdampfventils beeinflussen, indem der Druckregler die Schieberbüchse h, der Geschwindigkeitsregler den Schieber f verstellt. Vollständiger Ausgleich der Drehzahlunterschiede bei höchster und tiefster Stellung des Geschwindigkeitsreglers ist nur durch großen Hub des Druckreglers möglich, was aber gleichbedeutend mit Zulassung eines größeren Druckunterschiedes ist. Regelungen dieser Art ergeben sonach entweder kleine Drehzahlschwankungen zwischen Vollbelastung und Leerlauf bei größeren Druckschwankungen oder umgekehrt. Genauere Regelung macht die Anwendung von Isodrom-Reglern erforderlich (Z. 1920, S. 529).

Abwärmeverwertung.

Zusammenstellung von Versuchsergebnissen an Gegendruck- und Entnahmeturbinen[1].

Normale Leistung	Umdrehungszahl	Überdruck vor dem Einlaßventil	Temp. vor dem Einlaßventil	Gegendruck bzw. Entnahmedruck	Vakuum im Kondensator	Gesamte stündl. Dampfmenge	Dampfentnahme in vH	Dampfverbrauch für die Leistungseinheit	Belastung	Wirkungsgrad am Radumfang	Bemerkungen
	Uml/min	at	°C			kg/h		$\frac{kg}{kWh}$	kW	vH	
750 kW	3000	14,67	308,7	4,95 at abs.	—	—	100	23,44	721	74,1	Gegendruck
750 "	3000	14,50	254	5,02 ", "	91,5 vH	—	100	26,49	688,5	75,0	Entnahme
1500 "	3000	12,53	303	Entn. geschl.	91,7 "	—	0	6,74 "	1496,5	72,2	"
1500 "	3000	10,75	300,4	Entn. geschl.	90,25 "	—	0	7,66 "	754,6	65,5	"
1500 "	3000	11,83	327	2,64 at abs.	—	13 960	46,1	10,26 "	1362	66,0	"
1000 PS$_e$	3000	14,9	303	5,1 " "	—	14 630	100	20,6 $\frac{kg}{PS_eh}$	710	63,7	PS
1000 kW	3000	11,3	338,4	1,46 " Überdr.	—	—	100	17,1 $\frac{kg}{kWh}$	998	65,0	Gegendruck
1000 "	3000	11,2	348,7	2,49 " "	—	—	100	20,8 "	998	65,1	"
1000 "	3000	10,4	367	3,50 " "	—	—	100	25,0 "	994	68,7	"
1500 "	3000	11,78	339	1,512 " "	—	—	100	16,78 "	750	65,9	"
1820 PS$_e$	3000	14,7	325	1,85 " "	0,0695 at abs.	11 730	46,4	9,46 "	1240	58	Entnahme
1820 "	3000	14,7	326	Entn. geschl.	0,068 " "	8 048	0	6,16 "	1302	70,2	"
1000 "	3000	10,0	280	2,5 at Überdr.	0,031 " "	4 189	39,6	13,7 "	305,6	48,3	"
1000 "	3000	9,54	286	2,5 " "	0,03 " "	5 156	32,0	10,38 "	496,8	56,5	"
1000 "	3000	9,65	269	Entn. geschl.	0,032 " "	4 892	0	7,42 "	659,3	60,8	"
1000 "	3000	9,54	268	Entn. geschl.	0,03 " "	3 754	0	7,67 "	489,7	58,8	"
1000 "	3000	10,0	281	Entn. geschl.	0,026 " "	2 723	0	8,76 "	311	52,4	"
1500 "	3000	9,7	334	3,10 at Überdr.	0,04 " "	7 397	51,4	12,32 "	600	58,2	"
1500 "	3000	11,0	331	Entn. geschl.	0,05 " "	5 755	0	6,17 "	932	70,0	"
1500 "	3000	11,0	321	Entn. geschl.	0,05 " "	4 660	0	6,16 "	756	71,1	"
1500 "	3000	11,1	305	Entn. geschl.	0,045 " "	3 386	0	6,56 "	516	70,0	"
972 "	2500	14,4	311	2,07 at Überdr.	—	16 281	100	17,64 $\frac{kg}{PS_eh}$	923	61,5	Gegendruck
972 "	2500	16,0	315	2,09 " "	—	11 497	100	17,72 "	649	59,5	"
972 "	2500	15,3	307	1,93 " "	—	5 928	100	20,03 "	296	53,5	"
1000 kW	3000	16,7	380	2,36 " "	93,6 vH	9 252,7	49,3	9,25 $\frac{kg}{kWh}$	1000,8 kW	64,5	Entnahme
1000 "	3000	17,0	365	2,4 " "	95,4 "	7 815,1	59	10,33 "	756,3	62,0	—
1000 "	3000	13,5	363,7	2,16 " "	94,3 "	7 089,5	57,7	10,89 "	651,3	61,9	—
750 "	1500	12,1	272,5	1,8 " "	—	16 417	100	20,0 "	822	68,7	Gegendruck
750 "	1500	11,86	278	1,8 " "	—	13 561	100	22,25 "	610	68,4	—
750 "	1500	12,5	276	2,5 " "	—	17 517	100	22,2 "	790	70,7	—

[1] Nach Prof. Dr. Baer, Z. f. d. ges. Turbinenwesen 1920, S. 27.

Soll eine Anzapfturbine in Parallelschaltung mit einer gewöhnlichen Kondensationsturbine bei großer Leistung vorübergehend bedeutende Heizdampfmengen abgeben, so muß mit zunehmender Heizdampfabgabe die Drehzahl sinken, damit die parallel geschaltete Kondensationsturbine die größere Leistung übernimmt und die Anzapfturbine entlastet wird.

Ist eine unbelastete Kolbenmaschine mit voller Umlaufzahl auf ein Drehstromnetz zu schalten, so muß die Schleife des Hochdruckdiagramms durch positive Niederdruckarbeit ausgeglichen werden, zu welchem Zweck der Druckregler entsprechend einzustellen ist (Fig. 32). Im Leerlauf muß der Druckregler also eine bestimmte Niederdruckfüllung geben.

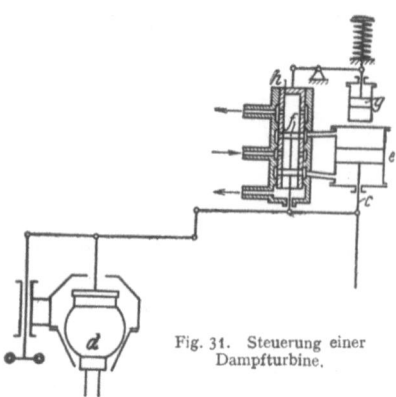

Fig. 31. Steuerung einer Dampfturbine.

Das Frischdampfdruckminderventil soll derart mit dem Druckregler verbunden sein, daß es erst nach Einstellung der kleinsten Füllung öffnet, so daß die unbelastete Maschine durch gedrosselten Frischdampf nicht zum Durchgehen gebracht wird.

Bei stillgesetzter Maschine, also geschlossenem Frischdampfventil, ist die Hochdruckfüllung auf ihren größten Betrag eingestellt, der Druckregler hat die Heizdampfleitung ganz geöffnet, die Niederdrucksteuerung auf kleinste Füllung eingestellt. Hierbei folgen Diagramme nach Fig. 33, falls die Heizdampfleitung durch gedrosselten Frischdampf in Betrieb gehalten wird. Zur Verhinderung des Durchgehens empfiehlt sich Absperrung des Aufnehmers von der Heizleitung bei stillgesetzter Maschine.

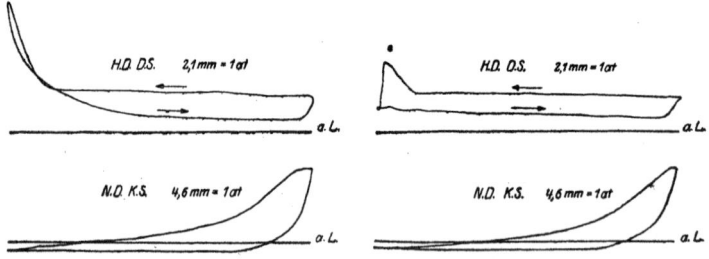

Fig. 32. Leerlaufdiagramme einer Zwischendampfentnahmemaschine. Einlaß- und Aufnehmerventil offen.

Fig. 33. Leerlaufdiagramme. Einlaßventil geschlossen, Aufnehmerventil geöffnet. (Nach L. Schneider.)

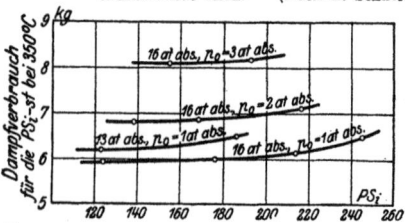

Fig. 34. Dampfverbrauch einer Einzylindermaschine bei verschiedenem Gegendruck in Abhängigkeit von der Belastung.

2. Verhalten bei veränderlichen Betriebsbedingungen.

Fig. 34 zeigt den Dampfverbrauch einer Einzylindermaschine bei verschiedenen Gegendrucken in Abhängigkeit von der Belastung nach Versuchen an einer Wolfschen Lokomobile und läßt die starke Unempfindlichkeit gegen Veränderung der Belastung erkennen.

Abwärmeverwertung.

In Fig. 35 sind die gleichen Versuchsergebnisse in Abhängigkeit vom Gegendruck dargestellt; während der Dampfverbrauch der Kolbenmaschine gegenüber der Kondensationsmaschine bei Auspuffbetrieb um etwa 25 vH zunimmt, wächst der Dampfverbrauch der Turbine um mehr als 100 vH. Bei kleineren Belastungen wirkt jedoch die letztere insofern günstiger, als bei der Kolbenmaschine Schleifenbildung auftritt, die allerdings durch besondere Einrichtungen vermieden werden kann. (Ausführung der Maschinenbau-A.-G. Görlitz.) Fig. 36 zeigt das Verhalten der Kolbenmaschine bei verschiedenen Dampfentnahmen (von 0 bis 50 vH) und Belastungen. Unabhängig von der Entnahme zeigt die Maschine den geringsten Verbrauch bei etwa 75 vH Belastung, bei stärkerer Entnahme wächst der Einfluß der Belastung.

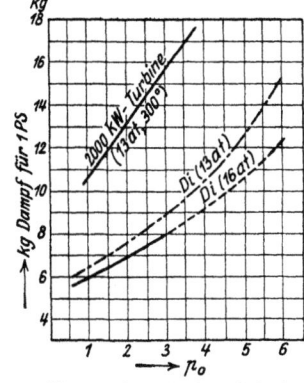

Fig. 35. Dampfverbrauch in Abhängigkeit vom Gegendruck p_o.

Besonders einfach gestaltet sich die Übersicht bei den Anzapfturbinen.

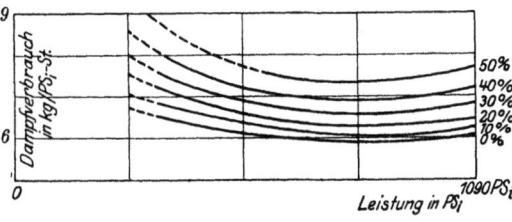

Fig. 36. Abhängigkeit des Dampfverbrauches von der Belastung bei verschiedenen Zwischendampfentnahmen. (Nach Dr.-Ing. Schneider.)

Ohne Dampfentnahme arbeitet die Anzapfturbine als reine Kondensationsturbine, bei Verwertung der ganzen Dampfmenge als reine Gegendruckturbine. Das Diagramm, Fig. 37, bezieht sich auf eine 1500 kW-Turbine. Ist diese beispielsweise für eine größte Dampfentnahme von 15 000 kg/h bei voller Belastung entworfen, so gibt eine durch diesen Wert gelegte Wagerechte im Schnittpunkt mit der Geraden „Reiner Gegendruckbetrieb" die Höchstentnahme 18 400 kg/h an, wobei der Turbine 19 000 kg/h Dampf zugeführt werden bei 1000 kW Leistung. Kolbenmaschine und Anzapfturbine zeigen insofern gegensätzliches Verhalten, als bei ersterer die Entnahmemenge mit sinkender Belastung abnimmt, während sie bei letzterer wächst, bis der Niederdruckteil leer läuft. Anwendung der Turbine empfiehlt sich also überall da, wo bei normaler Belastung größte Entnahme vorkommen kann.

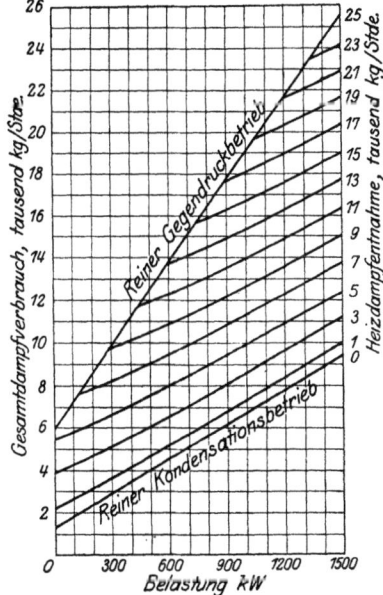

Fig. 37. Dampfverbrauch einer Entnahmeturbine bei verschiedenen Betriebsarten. Eintrittsdruck 12 at, Dampftemperatur 300°, Entnahmedruck 2 at, 96 vH Luftleere.

Die Verhältnisse für konstante Belastung und veränderliche Entnahme sind aus den Fig. 38 und 39 ersichtlich. Fig. 38 bezieht sich auf eine von Borsig gebaute Tandemmaschine, die bei 12,5 at abs., 300°, arbeitet. Zylinderverhältnis 1 : 2,2. Dampfverbrauch ohne Entnahme 4,6 kg/PS$_i$h. Fig. 39 zeigt den Dampfverbrauch einer A. E. G.-Turbine für verschiedene Belastungen und Heizdampfentnahmen.

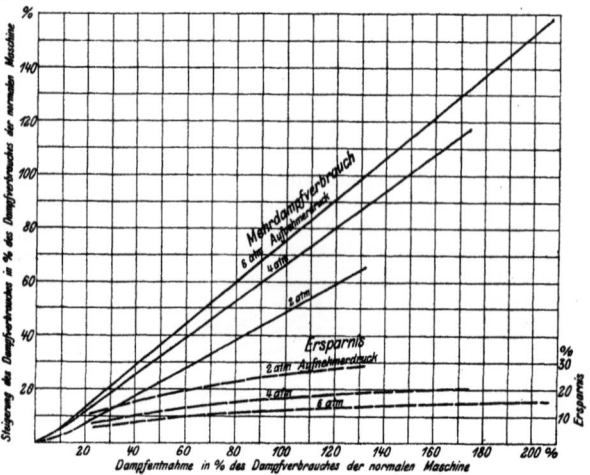

Fig. 38. Dampfentnahme in vH des Dampfverbrauches der normalen Maschine. (Nach Reutlinger.)

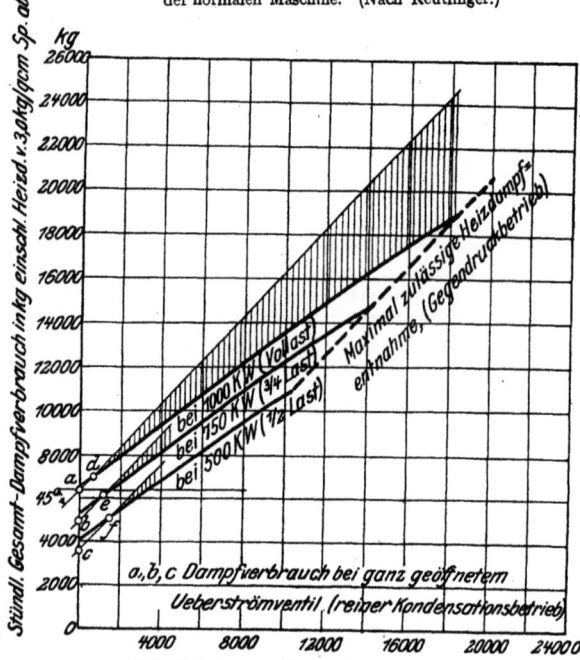

Fig. 39.

Abwärmeverwertung.

3. Grundlagen für die wirtschaftliche Beurteilung. Vor Einrichtung der Ab- oder Zwischendampfverwertung sind die Schwankungen im Kraft- und Wärmeverbrauch genau festzustellen, die gewöhnlich periodisch auftreten.

Als Dampfverbrauch für die Kraftanlage ist derjenige Betrag anzusehen, der nach Abzug der für Heiz- und Fabrikationszwecke verbrauchten Dampfmenge vom Gesamtdampfverbrauch verbleibt.

Die Ersparnis an Brennstoff für Kraftzwecke ist nicht auf den Dampfverbrauch der ohne Entnahme arbeitenden Anzapfmaschine, sondern auf die mit normalem Zylinderverhältnis ausgeführte reine Kondensationsmaschine zu beziehen.

Von Bedeutung ist weiterhin die Güte des Zwischendampfes, die nicht ohne weiteres der des gedrosselten Frischdampfes gleichgesetzt werden darf. Die Umsetzung der Wärme in Arbeit und die Wandungsverluste vermindern bei Kolbenmaschinen, namentlich bei kleineren Hochdruckfüllungen, den Wärmewert des Ab- und Zwischendampfes, während Drosselung nassen Frischdampf überhitzt bzw. die Temperatur des Heißdampfes erhöht. Überschläglich kann der Zwischendampf um 10 bis 15 vH geringwertiger als Frischdampf angenommen werden.

In Fig. 40 bis 42 sind die „Heilmannschen Charakteristiken" für 1, 2,5 und 4 at abs. Gegendruck wiedergegeben. Als Ordinate ist der Dampfverbrauch für 1 PS$_e$h in kg, als Abszisse die für 1 PS$_e$h jeweils ausgenutzte

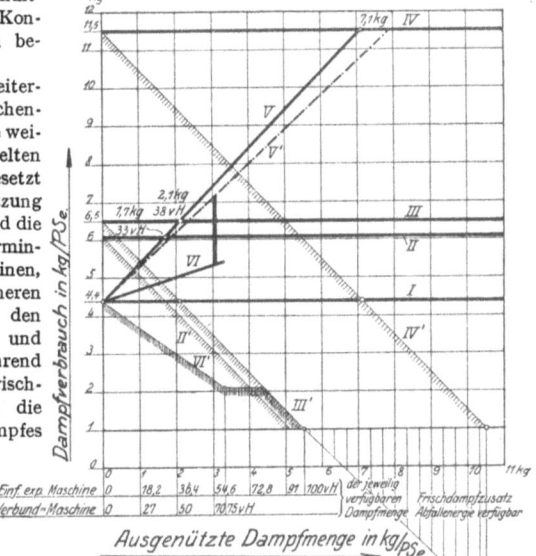

Fig. 40. Vergleichende Darstellung des Dampfverbrauches für 1 PS$_e$ und des für Krafterzeugung verbleibenden Dampfverbrauches für 1 PS$_e$ (schraffierte Linien) in Abhängigkeit vom Heizdampfbedarf in kg/PS$_e$ für verschiedene Maschinen und Betriebsweisen.

I Dampfverbrauch der reinen Kondensationsmaschine.
II Dampfverbrauch der Verbundauspuffmaschine.
III Dampfverbrauch der einstufigen Gegendruckkolbenmaschine.
IV Dampfverbrauch der Gegendruckdampfturbine.
V Dampfverbrauch bei getrenntem Betrieb (Frischdampf für Heizung). V' berücksichtigt die Dampfverbesserung durch Drosselung.
VI Dampfverbrauch der Kolbendampfmaschine mit Zwischendampfentnahme.

Heizdampfmenge aufgetragen. Je nach der Dampfentnahme nimmt der zur Erzeugung von 1 PS$_e$h verbleibende Dampfverbrauch linear ab bis auf den Kleinstbetrag von 1 kg für 1 PS$_e$h (s. S. 162). Dieser Geringstverbrauch, der sich bei restloser Abdampfausnutzung einstellt, ist von der Bauart der Maschine unabhängig. Für die Linien VII sind Garantiewerte zugrunde gelegt, die sich aber nur auf bestimmte Leistungen und Entnahmemengen beziehen, Veränderungen durch wechselnde Entnahme sind sonach nicht berücksichtigt. Linie V gibt den Dampfverbrauch bei reinem Kondensationsbetrieb und Frischdampfverwertung an.

Die unter 45° von links oben nach rechts unten verlaufenden, schraffierten Geraden geben den für die Krafterzeugung verbleibenden Dampfverbrauch ah. Es muß z. B. die Schräge III', zur Wagerechten III der mit 10,3 kg/PS$_n$h arbeitenden Gegendruckkolbendampfmaschine gehörend, die Ordinate 1 bei 10,3 — 1 = 9,3 kg/PS$_e$ schneiden, Fig. 42.

Die eingetragenen Linien beziehen sich auf 1000 bis 1200 PS Leistung, doch gelten sie bei Kolbendampfmaschinen, bei denen die Größe der Leistung von geringerem Einfluß ist, schon für kleinere Maschineneinheiten. Die Verbrauchs-

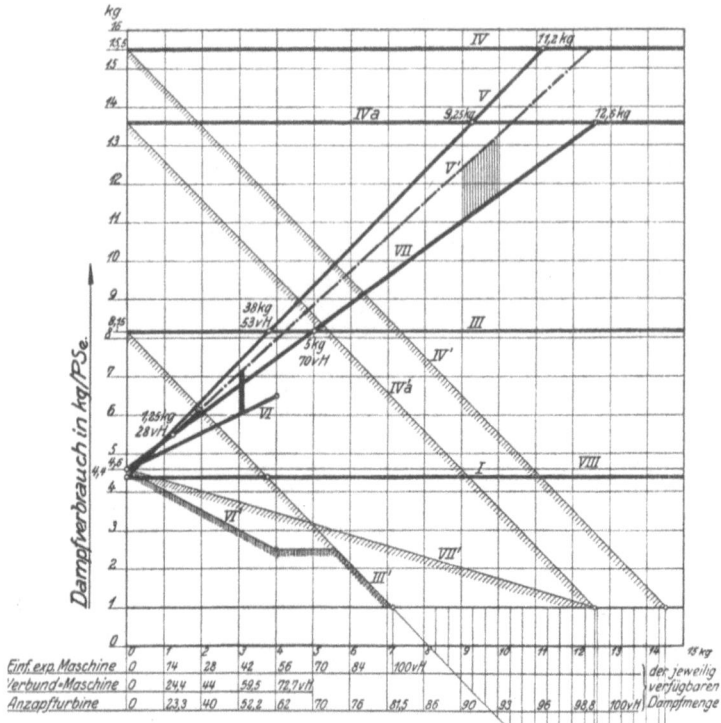

Fig. 41. Vergleichende Darstellung des Dampfverbrauches für 1 PS$_e$ und des für Krafterzeugung verbleibenden Dampfverbrauches für 1 PS$_e$ (schraffierte Linien) in Abhängigkeit vom Heizdampfbedarf in kg/PS$_e$ für verschiedene Maschinen und Betriebsweisen.

I Dampfverbrauch der reinen Kondensationsmaschine.
II Dampfverbrauch der Verbundauspuffmaschine.
III Dampfverbrauch der einstufigen Gegendruckkolbenmaschine.
IV Dampfverbrauch der Gegendruckdampfturbine.
V Dampfverbrauch bei getrenntem Betrieb (Frischdampf für Heizung).
VI Dampfverbrauch der Kolbendampfmaschine mit Zwischendampfentnahme.
VII Dampfverbrauch der Anzapfturbine.
VIII Dampfverbrauch der Entnahmemaschinen ohne Entnahme.

linien entsprechen den bei Lokomobilen von 150 bis 750 PS üblichen Garantiezahlen bei 15 at Dampfspannung und 350° Eintrittstemperatur, Werte, die auch bei den Turbinen vorausgesetzt sind.

Die Steigung der Linien VI und VII gibt den spezifischen Mehrverbrauch der Anzapfmaschinen bei zunehmender Entnahme, an, konstante Leistung vorausgesetzt, Um diesen Mehrverbrauch weichen die Geraden VI' und VII' von den unter 45° durch den Ordinatenpunkt 4,6 gelegten Geraden ab.

Abwärmeverwertung.

In **Fig.** 40 schneidet Linie V (Kondensationsbetrieb und Frischdampfzusatz) Linie II (Verbundauspuffmaschine) bei 1,7 kg/PS_e Dampfausnutzung, die Linie III (Gegendruckkolbenmaschine) bei 2,1 kg/PS_e. Bei größerer Dampfentnahme für 1 PS_e als die genannten Werte wird sonach der Auspuffbetrieb wirtschaftlicher,

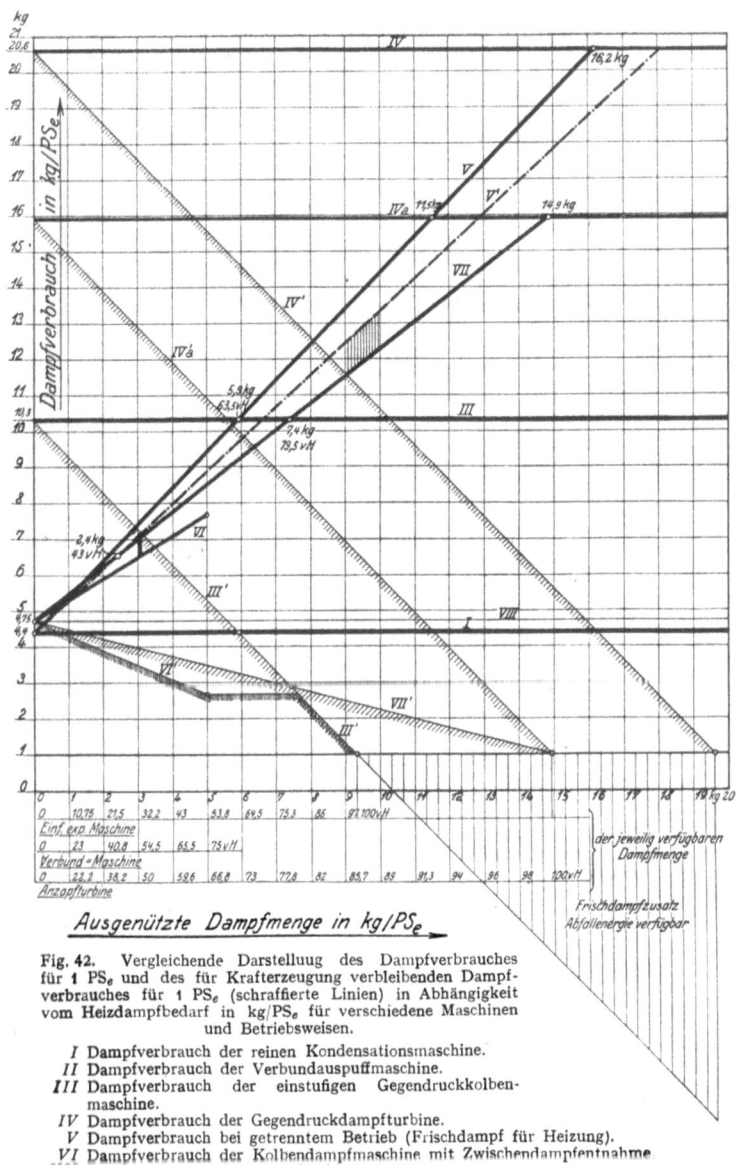

Fig. 42. Vergleichende Darstelluug des Dampfverbrauches für 1 PS_e und des für Krafterzeugung verbleibenden Dampfverbrauches für 1 PS_e (schraffierte Linien) in Abhängigkeit vom Heizdampfbedarf in kg/PS_e für verschiedene Maschinen und Betriebsweisen.

I Dampfverbrauch der reinen Kondensationsmaschine.
II Dampfverbrauch der Verbundauspuffmaschine.
III Dampfverbrauch der einstufigen Gegendruckkolbenmaschine.
IV Dampfverbrauch der Gegendruckdampfturbine.
V Dampfverbrauch bei getrenntem Betrieb (Frischdampf für Heizung).
VI Dampfverbrauch der Kolbendampfmaschine mit Zwischendampfentnahme.
VII Dampfverbrauch der Anzapfturbine.
VIII Dampfverbrauch der Entnahmemaschinen ohne Entnahme.

um so mehr, als durch Wegfall der für die Kondensation erforderlichen Einrichtungen, der Betrieb vereinfacht wird.

Bei 5,5 bzw. 5,2 kg wird der Abdampf vollständig verwertet.

Linie VI' (Zwischendampfentnahme bis zu 75 vH des Gesamtverbrauches) liegt unterhalb der Linien II' und III' für Auspuffbetrieb. Die Entnahmemaschine zeigt die günstigste Betriebsweise und eignet sich auch für geringste Entnahmemengen, wenn angenommen wird, daß ihr Dampfverbrauch bei Entnahme = Null dem der reinen Kondensationsmaschine gleich ist.

Die vorteilhafteste Betriebsweise mit dem kleinsten Dampfverbrauch pro PS_eh ist durch den Linienzug VI' III' gegeben. Aus Fig. 40 ergibt sich, daß bei einer größeren Entnahme als etwa $3,3 = 0,75 \cdot 4,4$ (bei 4,4 kg Dampfverbrauch der ohne Entnahme arbeitenden Verbundmaschine) der Zusatz von Frischdampf günstiger ist als die Gegendruckmaschine. Erst vom Schnittpunkt der Wagerechten mit Linie III' ab ist die Gegendruckmaschine wieder sparsamer als die vorgenannte Betriebsweise. Die Begrenzung der Zwischendampfentnahme auf 75 vH ist darauf zurückzuführen, daß bei Entnahme über diesen Betrag hinaus die Maschine mit abnormalem Zylinderverhältnis gebaut werden muß und in diesem Fall ohne Entnahme einen nicht unerheblichen Mehrverbrauch gegenüber der reinen Kondensationsmaschine hat. Linie II für Verbundmaschinen ist nur in Fig. 40 zu finden, da für höheren Gegendruck als 1 at abs. Verbundmaschinen nicht in Betracht kommen.

Der Dampfverbrauch der einfachen Gegendruckkolbenmaschine wird bei rd. 5,5 kg Heizdampfbedarf pro PS_eh vollständig verwertet, während dies bei der Gegendruckturbine erst bei 10,5 kg der Fall ist. Es müßte also bei dem letzteren Heizdampfverbrauch bei der Kolbenmaschine $10,5 - 5,5 = 5,0$ kg Frischdampf (bzw. $0,9 \cdot 5 = 4,5$ kg) zugesetzt werden, wie die senkrecht schraffierte Fläche angibt.

In den Fig. 41 und 42 verschieben sich die unteren Grenzen der vorteilhaften Anwendung der Gegendruckmaschinen. Die Schnittpunkte der Linien VII (Anzapfturbine) mit Linie III (Gegendruckkolbenmaschine), bzw. der Linien VII' und III' zeigen, daß von 5 kg Entnahme ab diese vorteilhafter als jene arbeitet (Fig. 41), was in der schlechteren Dampfausnutzung in den Turbinenhochdruckstufen begründet ist. Von 5,5 kg Entnahme ab ist die Gegendruckkolbenmaschine die günstigste Anlage und auch der Zwischendampfkolbenmaschine vorzuziehen. Der Abstand zwischen den Linienzügen V' und VI läßt die Vorteile der Zwischendampfentnahme gegenüber reiner Kondensationsmaschine mit Frischdampfzusatz erkennen; die Ersparnisse, für 3 kg Entnahme jeweils durch einen stärkeren, senkrechten Strich gekennzeichnet, verringern sich gemäß den Fig. 40 bis 42 mit wachsendem Gegendruck. Es wird deshalb bei 4 at Heizdampfspannung fraglich, ob nicht Kondensationsbetrieb mit Drosselung des Frischdampfes vorzuziehen ist.

Die Verbrauchslinie VII der Anzapfturbine, Fig. 42, schneidet Linie V' bei 2,4 kg und verläuft unterhalb dieses Wertes oberhalb der Linie V', da die Anzapfturbine mehr Dampf verbraucht als die Kondensationsturbine. Schnittpunkt der Linien III und VII zeigt, daß bei 4 at Heizdruck von 7,4 kg Entnahme an die Gegendruckkolbenmaschine der Anzapfturbine wirtschaftlich überlegen ist.

b) Verwertung des Abdampfes zu Kraftzwecken. Infolge der vollständigen Expansion ermöglichen Abdampfturbinen bei guter Luftleere eine weitgehende Ausnutzung der im Abdampf enthaltenen Energie, so daß namentlich bei den mit großem Dampfverbrauch arbeitenden Maschinenanlagen der Berg- und Hüttenwerke die Abdampf- bzw. Zweidruckturbinen an Stelle der Zentralkondensationen Eingang gefunden haben. Anwendung der Abdampfturbinen wird wirtschaftlich, wenn mindestens 8 t/h Dampf zur Verfügung stehen. Dampfverbrauch je nach Größe der Turbine 12 bis 18 kg/kWh bei 1,1 at abs. Eintrittsdruck und 90 bis 96 vH Luftleere. Zum Ausgleich des wechselnden Dampfzuflusses dienen Speicher, die entweder als Wärmespeicher mit Wasserfüllung oder als Raumspeicher mit Dampffüllung ausgeführt werden. Wärmespeicher, deren Wasserfüllung bei Dampfüberfluß unter Drucksteigerung Wärme aufnimmt, die bei Dampfmangel unter Drucksenkung abgegeben wird, sind einfach (z. B. unter Benutzung alter Dampfkessel) herzustellen, in der Wirkung jedoch träge, so daß die Druckschwankungen bedeutend sind. Auch ist der aus ihnen entnommene Dampf wasserhaltig. Raumspeicher werden mit beweglicher und in neuerer Zeit auch mit feststehender Glocke ausgeführt; im letzteren Fall wird Raum für zufließenden Dampf durch Kompression des schon aufgespeicherten Dampfes geschaffen. Die Größe des Speichers ist von der zulässigen Druckschwankung (0,1 bis 0,15 at) abhängig. Speicher mit feststehender Glocke haben den Vorteil, daß empfindliche und bewegliche Teile nicht vorhanden sind. Damit die Abdampfturbine in Betriebspausen der angeschlossenen Maschinen weiterlaufen kann, zur Deckung vorübergehenden Mehrverbrauches oder auch zur dauernden Erzielung einer die Abdampfleistung übertreffenden Leistung werden die Abdampfverwertungsanlagen meist mit Zweidruckturbinen ausgeführt, in deren Hochdruckteil — meist aus einem zweikränzigen Curtis-Rad bestehend — der zu genannten Zwecken erforderliche Frischdampfzusatz vor Einführung in den Niederdruckteil Arbeit abgibt. Das Curtis-Rad wirkt also häufig wie ein Druckminderventil.

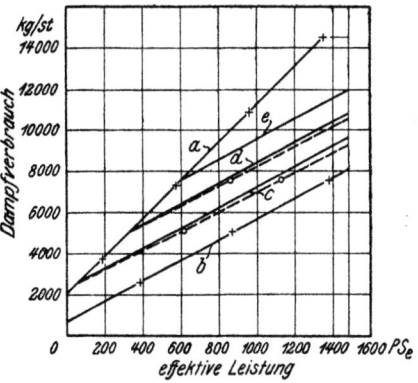

Fig. 43. Effektiver Dampfverbrauch der Zweidruckturbine mit Düsenregelung. a = Reiner Abdampfbetrieb, b = Reiner Frischdampfbetrieb, c = Betrieb mit 2500 kg/h Abdampf, d = Betrieb mit 5000 kg/h Abdampf, e = Betrieb mit 7500 kg/h Abdampf.

Die Regelungsfrage ist auch hier von besonderer Bedeutung. Da die Zweidruckturbinen bei größeren Anlagen meist mit Drehstrommotoren gekuppelt sind, und in erster Linie der von den Primärmaschinen kommende Abdampf verwertet werden soll, so müssen sie bei Parallelschaltung mit besonders empfindlicher Regelung versehen sein, so daß die anderen Maschinen möglichst wenig zur Stromlieferung herangezogen werden. Dementsprechend ist darauf zu achten, daß die Regler der Zweidruckturbinen geringeren Geschwindigkeitsabfall als die Regler der parallelgeschalteten Maschinen zeigen.

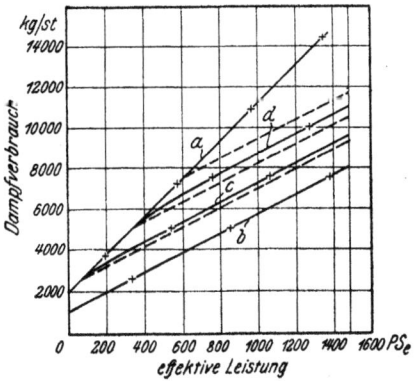

Fig. 44. Effektiver Dampfverbrauch der Zweidruckturbine mit Drosselregelung. a = Reiner Abdampfbetrieb, b = Reiner Frischdampfbetrieb, c = Betrieb mit 2500 kg/h Abdampf, d = Betrieb mit 5000 kg/h Abdampf.

Ausführung der Regelung und Steuerung (nach M. A. N. Ratoau, Görlitz u. a.) derart, daß Fliehkraftregler und Druckregler gleichzeitig, aber unabhängig voneinander auf das Gestänge des Frischdampf- und Abdampfventils wirken. Bei ganz geöffnetem Frischdampfventil ist das Abdampfventil geschlossen und umgekehrt, der Druckregler ersetzt mangelnden Abdampf durch Frischdampf ohne Beanspruchung des Geschwindigkeitsreglers. Bei konstanter Belastung bleiben somit Regulatorlage und Umlaufzahl auch bei wechselndem Abdampfzufluß unverändert.

Verhalten bei veränderlichen Betriebsverhältnissen. In den Fig. 43 und 44 ist der effektive Dampfverbrauch der Zweidruckturbinen für Drossel- und Düsenregelung für verschiedene Leistungen und Abdampfmengen dargestellt. Die Geraden a und b geben Berechnungsergebnisse wieder. Durch diejenigen Punkte der Geraden a für reinen Abdampfbetrieb, die den bei Versuchen eingestellten Abdampfmengen entsprechen, sind Parallele zur Geraden b für reinen Frischdampf gezogen. In Fig. 43, deren Gerade b unter Annahme sehr vieler Düsenventile, also geringer Drosselverluste entworfen wurde, stimmt diese Parallele mit den bei vereinigtem Betrieb gefundenen Dampfverbrauchskurven überein. Bei Drosselregelung ergibt sich jedoch nach Fig. 44 ein merklich größerer Dampfverbrauch, was eine Folge des verschlechterten Düsenwirkungsgrades, hervorgerufen durch den erhöhten Gegendruck hinter der Düse bei vereinigtem Betrieb, ist. Drosselregelung bei parallelwandigen Leitapparaten läßt hingegen Verhalten nach Fig. 43 erwarten.

Ausführung s. Turbinen. Die Frischdampf führenden Teile sind hinter dem Hochdruckregelventil selbsttätig zu entwässern, damit sich hier während des Abdampfbetriebes keine Wassermengen ansammeln können.

Die Dampfeinlaßorgane des Hochdruckteiles sind wie bei normalen Turbinen mit Schnellschlußvorrichtung zu versehen. Mit dieser tritt zweckmäßig ein Vakuumzerstörer in Tätigkeit, um das Durchgehen der Zweidruckturbine beim Hängenbleiben des Niederdruckeinlaßventils zu verhindern.

c) Verwertung der Abgas- und Kühlwasserwärme bei Gaskraftmaschinen.
Über Kühlwassermengen s. S. 153. Nach Zahlentafel 13 verteilen sich die Verluste etwa wie folgt:

Zahlentafel 13.

	Gasmaschine	Dieselmaschine
Stündl. Verbrauch . . . kcal/PS$_e$h	2200	1850
In Nutzarbeit umgesetzt . . kcal h	632	632
Verluste durch Reibung usw. kcal/h	168	198
Ins Kühlwasser übergegangene		(einschl. Luftpumpe)
Wärme . . . . kcal/h	650	500
Abgaswärme	750	520

Die Abgase der Gasmaschinen treten bei voller Belastung mit einer Temperatur von 450 bis 600° aus; die Verwertung macht insofern Schwierigkeiten, als die spezifische Wärme der Abgase ebenso wie ihre Wärmeübergangsfähigkeit gering sind. Mit sinkender Belastung nimmt die auf die PS$_e$h bezogene Abwärme zu. (Fig. 45 und 46.)

Bei Ausnutzung der Abgaswärme für Warmwasserbereitung ist der Wirkungsgrad der Abgasverwerter höher als bei Dampferzeugung, da in ersterem Fall die Abgase mit niedrigerer Temperatur abziehen. Der Wirkungsgrad ist auf 0,7 bei Warmwassererzeugung zu schätzen.

Besonders günstige Verhältnisse liegen bei Großgasmaschinenzentralen vor, da es sich hier um große Abgaswärmemengen und meist um Dauerbetrieb handelt. Bei Vollast und gutem Zustand der Maschine kann mit 1 kWh eine Dampfmenge von ungefähr 1,5 kg von 12 bis 15 at bei 300 bis 350° erzeugt werden, so daß bei Umsetzung dieser Wärmemenge in elektrische Leistung etwa 20 vH der Gasmaschinenleistung erhalten werden können.

Abwärmeverwertung. 175

Zur Erleichterung der Reinigung werden die Kessel als geschlossene, ausziehbare Siederohrkessel ausgeführt. Stehende Kessel eignen sich hauptsächlich für

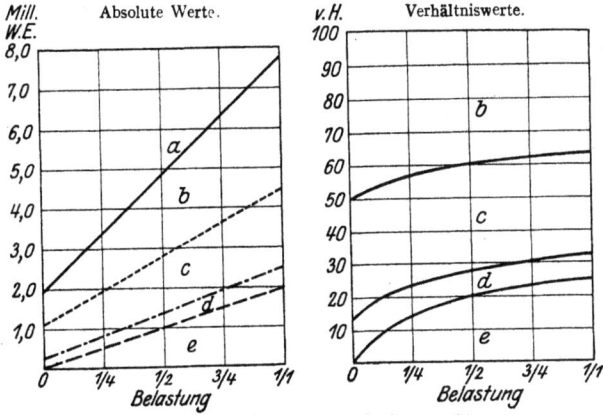

Fig. 45. Wärmeverteilung in einer Großgasmaschine.
Kurve a: Absol. Wärmeverbrauch in kcal/h.
Fläche b: Auspuffverlust.
c: Kühlwasserlust.
d: Reibung und elektr. Verluste.
e: Elektrische Arbeit.

Heißwassererzeugung, während Dampferzeugung die liegende Bauart wegen der günstigen Verdampfungsoberfläche vorzuziehen ist. Wirkungsgrad der Kessel etwa 60 vH, da mit Rücksicht auf Rostgefahr durch Niederschlag des Wasserdampfes in den Abgasen diese nicht zu weit abgekühlt werden dürfen. Dementsprechend werden pro Gas-PS$_e$h rd. 500 cal aus den Abgasen nutzbar gemacht. Sicherheitsklappen in der Abgasrohrleitung machen Verpuffungen unverbrannter Gase in der Leitung unschädlich.

Eine für kleinere Anlagen geeignete Abgasverwertung geben Fig. 47 und Zahlentafel 14 nach einer Ausführung der Gasmotorenfabrik Deutz wieder. Die Röhrenkessel nach Fig. 47 verwerten etwa 360 bis 400 kcal/PS$_e$, also rd. 50 vH der in den Auspuffgasen enthaltenen Wärme, so daß die Wärmeausnutzung der Gasmaschine von 25 bis 30 vH auf 40 bis 50 vH steigt.

Dieselmaschinen lassen nur die Erzeugung von Heißwasser oder Heißluft, höchstens von Niederdruckdampf zu, da infolge des günstigeren thermischen Wirkungsgrades die Abgastemperaturen bedeutend tiefer als bei Gasmaschinen liegen. Bei voller Ausnutzung geben Abgase und Kühl-

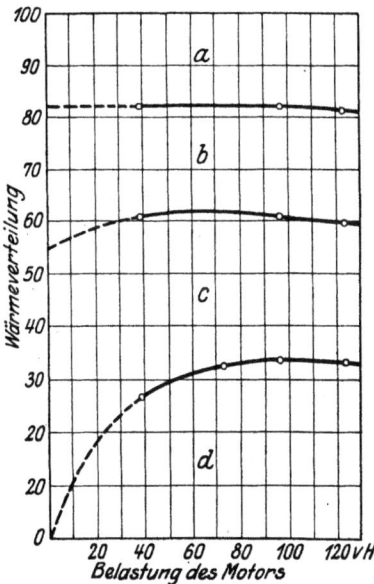

Fig. 46. Wärmeverteilung in einer Dieselmaschine mit Abwärmeverwertung. a Wärmeverlust, b In den Abgasverwertern nutzbar gemacht, c Ins Kühlwasser übergeführt, d In effektive Arbeit umgesetzt.

Zahlentafel 14.

		Vollast	Halblast
Gastemperatur vor den Kesseln	°C	505	420
Gastemperatur hinter den Kesseln	°C	256,5	222
Speisewassertemperatur	°C	36,8	30,1
Dampfmenge	kgh	302	138
Dampfdruck	at	2,9	1,55
Dampfmenge	kg/PSh	0,615	0,535

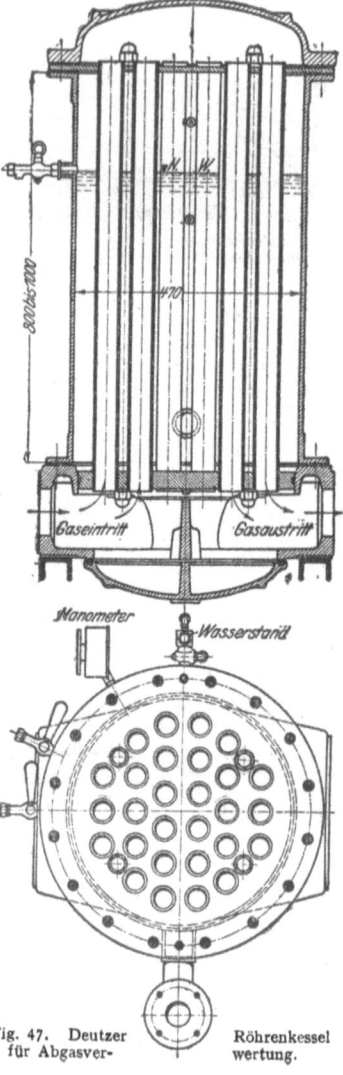

Fig. 47. Deutzer Röhrenkessel für Abgasverwertung.

wasser zusammen eine Wärmemenge von 900 kcal/PS$_e$h ab, ein Wert, der bis auf 1500 steigen kann.

Aus dem Kühlwasser sind für 1 PS$_e$h etwa 500 kcal zu gewinnen, doch nimmt bei abnehmender Belastung diese Zahl auf 700 und mehr zu, während den Abgasen etwa 400 kcal/PS$_e$h zur Verfügung stehen.

Bei Parallelschaltung von Motor und Abgasverwerter wird das Kühlwasser von etwa 50° C Ablauftemperatur unmittelbar benutzt und die Abgase wärmen Kaltwasser auf die gleiche Temperatur an. Werden hingegen kleinere Wassermengen von höherer Temperatur gebraucht, so sind Motor und Abgasverwerter hintereinanderzuschalten, so daß durch diesen die Ablauftemperatur erhöht wird.

Nach Hottinger genügt auch bei einiger Verschmutzung eine gußeiserne Heizfläche von 0,2 m²/PS$_e$ bei Parallelschaltung, wobei 1 m² mit 2000 bis 3000 kcal/h beansprucht wird. Wasser und Abgase sind im Gegenstrom mit großen Geschwindigkeiten auf langen Wegen zu führen, wobei die Gasgeschwindigkeit von weit größerer Bedeutung als die Wassergeschwindigkeit ist.

Bei Hintereinanderschaltung soll die Heizfläche infolge des geringeren Temperaturunterschiedes zwischen Abgasen und ablaufendem Kühlwasser größer sein. Flußeiserne Heizflächen sind zu vermeiden, da diese bei schwefelhaltigem Brennöl rasch zerstört werden.

Wie groß die durch Abhitzeverwertung erzielbaren Vorteile sind, zeigt nachstehendes Beispiel einer Anlage zur Dampferzeugung.

Annahmen:

Dampferzeugung. Ein Hochofengas-Kraftwerk von etwa 10 000 PSe Gesamtleistung würde bei Vollast durch die angebaute Abhitzeverwertungsanlage eine durchschnittliche stündliche Dampferzeugung von rund 9,3 t (Dampf von 12 kg/cm² und 325° C) ergeben. Infolge der wechselnden Belastungsverhältnisse werden jedoch etwa 20 vH weniger, d. s. rund 7,5 t, also im Jahre (bei 8500 Betriebsstunden) etwa 65 000 t erzeugt.

Dampfkosten. Diese Dampfmenge, in unmittelbar gefeuerten Kesseln erzeugt, kommt bei einem Kohlenpreis von ℳ 280,— für 1 t und rund achtfacher Verdampfung auf ℳ 35,— für die Tonne Dampf, also im ganzen auf ℳ 2 275 000,— im Jahre zu stehen (März 1920).

Anlagekosten. Die Abwärmeverwertungsanlage, fertig aufgestellt mit allen Rohrleitungen, Speisepumpen, Fundamenten, Wärmeschutz, Zusammenbau usw. kann mit ℳ 1 800 000,— in Rechnung gesetzt werden.

Eine mit Kohle gefeuerte Kesselanlage gleicher Dampfleistung, fertig aufgestellt mit Rohrleitungen, Fundamenten, Einmauerung, Kamin usw., würde rund ℳ 1 125 000,— kosten.

Ergebnis:
Die Jahresbetriebskosten für beide Kesselanlagen würden nun folgende sein (Stand vom 1. April 1920):

Abwärmekesselanlage	ℳ	Unmittelbar befeuerte Kesselanlage	ℳ
Verzinsung und Tilgung des Anlagekapitals:		Verzinsung und Tilgung des Anlagekapitals:	
15 vH aus ℳ 1 800 000,—	270 000,—	15 vH aus ℳ 1 125 000,—	168 750,—
Brennstoffkosten	—	Brennstoffkosten nach obiger Rechnung	2 275 000,—
Kraftkosten für Speisepumpen	50 000,—	Kraftkosten für Speisepumpen	50 000,—
Wasserkosten (1 m³ 50 Pf.)	25 000,—	Wasserkosten (1 m³ 50 Pf.)	25 000,—
Aufsicht	25 000,—	Heizerkosten	40 000,—
Reinigung und Unterhaltung	40 000,—	Reinigung und Unterhaltung	40 000,—
Summe	410 000,—	Summe	2 598 750,—
Kosten der unmittelbar befeuerten Kesselanlage	2 598 750,—		
Gewinn	2 188 750,—		

Der jährliche Gewinn aus der Abhitzeverwertungsanlage beträgt demnach mehr als 2 Millionen Mark, die Anlagekosten machen sich in weniger als 1 Jahr voll bezahlt.

Welche Ersparnisse sich auf diese Weise bei Dieselmaschinen ergeben, zeigt folgende

Wirtschaftsrechnung.

Annahmen:
Nutzbare Abwärme eines 500 PS$_e$-Dieselmotors in der Stunde:
im Kühlwasser (9000 ltr von 10° auf 50°) . . . . 360 000 kcal
in den Abgasen . . . . 150 000 „
Zusammen 510 000 kcal

Wärmepreis bei Kohlenfeuerung (etwa März 1920):
Die Erzeugung dieser 510 000 kcal in einem kohlegefeuerten Kessel würde kosten

$$\frac{280 \cdot 510\,000}{1000 \cdot 7000 \cdot 0{,}7} = 29{,}2 \text{ ℳ}.$$

(280 ℳ für 1 t Kohle von 7000 WE, Kesselwirkungsgrad 70 vH.)

Ergebnis:
Bei 2400 Betriebsstunden im Jahr ergibt sich also durch die Abwärmeverwertung des Dieselmotors eine Ersparnis an Brennstoffkosten
von 2400 · 29,2 = **70 000 ℳ**.

Die Abwärmeverwertungsanlage, die fertig aufgestellt auf etwa 40 000 ℳ zu stehen kommt, würde sich also etwa innerhalb eines halben Jahres bezahlt machen.

d) Die Wärmepumpe[1]**.** Diese, in Fig. 48 dargestellt, hat den Zweck, die Verdampfwärme der beim Eindampfen erzeugten Schwaden zurückzugewinnen. Die Schwaden werden durch einen meist elektrisch angetriebenen Kreiselverdichter auf höheren Druck gebracht, so daß ihre Kondensationstemperatur höher als die Siedetemperatur der einzu-

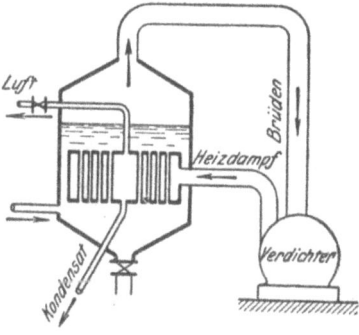

[1] Dr.-Ing. Flügel, Z. 1920, S. 954. Fig. 48. Eindampfer mit verdichteten Schwaden.

dampfenden Flüssigkeit liegt. In einem von dieser umgebenen Röhrenheizkörper geben die verdichteten Schwaden ihre Verdampfwärme ab. Es wird auf diese Weise möglich, die Flüssigkeit ganz oder fast ganz ohne weitere Wärmezufuhr einzudampfen.

In Fig. 49 ist die Wärmeersparnis E bei Schwadenverdichtung — Verfahren I — gegenüber Schwadenentweichung und Eindampfen mittels Ab- oder Zwischendampfes — Verfahren II — dargestellt. Für Verfahren II ist eine den Heizdampf liefernde Gegendruckmaschine mit 13 at als Anfangsdruck, 300° C Eintrittstemperatur und dem spez. Dampfverbrauch D_2 vorausgesetzt. Gegendruck = Heizdampfdruck. Verfahren I arbeitet mit einem elektrisch angetriebenen Verdichter. Der spezifische stündliche Dampfverbrauch in dem den Strom liefernden Kraftwerk beträgt (bei ebenfalls 13 at abs., 300° C und 94 vH Luftleere) $D = 5{,}9$ kg/kWh. Die Ersparnis E ist in Abhängigkeit vom Heizdampfdruck für verschiedene Werte von $D_k =$ konst. ($=$ Fördermenge des Verdichters beim Eindampfen nach Verfahren I) dargestellt, wobei eine Verdampfanlage von rd. 10000 kg/h Leistung angenommen ist.

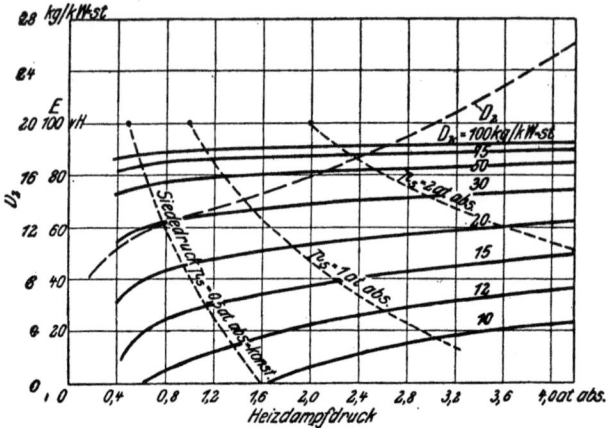

Fig. 49. Verhältnismäßige Wärmeersparnis E bei Schwadenverdichtung gegenüber Schwadenentweichung für verschiedene Heizdampfdrücke. Anfangsdruck der Gegendruckmaschine 13 at abs. bei 300° C.

D_2 = spez. Dampfverbrauch der Gegendruckturbine, die den Heizdampf liefert (Gegendruck = Heizdampfdruck) beim Eindampfen. Die Schwaden entweichen.

D_k = spez. Fördermenge des Verdichters, wenn die verdichteten Schwaden als Heizdampf dienen.[1])

Wie aus Fig. 49 ersichtlich, liegt bei Fördermengen von 50 bis 100 kg/kWh die Ersparnis zwischen 80 und 90 vH und ändert sich in diesem Gebiet nur langsam mit D_k, während bei kleineren Fördermengen die Ersparnisziffer gegen Änderungen von D_k sehr empfindlich ist. Die in Fig. 49 eingetragenen Werte D_k sind zugleich ein Maß für das Verdichtungsverhältnis, d. h. für den Anfangsdruck der Verdichtung oder den Siededruck. $D_k = 10$ entspricht dem Verdichtungsverhältnis 1 : 3.

Von den eingetragenen Siededruckkurven $p_s =$ konst. hat $p_s = 1$ at abs. praktisch die größte Bedeutung.

Hiernach soll die Verdichtung des Brüdendampfes möglichst gering ($<$ 1 : 3), die spezifische Fördermenge D_k möglichst groß sein. Anwendung der Wärmepumpe empfiehlt sich besonders beim Eindampfen unter hohem Siededruck. Bei einer $D_k = 15$ entsprechenden Verdichtungsarbeit ist bei $p_s = 1$ at abs. die Ersparnis $E = 39$ vH, bei $p_s = 2$ at abs. Siededruck $E = 50$ vH, wobei gleichzeitig infolge Steigerung der Sättigungstemperatur mit p_s die Heizfläche abnimmt.

---

[1]) Dr.-Ing. Flügel, Z. 1920, S. 956.

Wird der Verdichter unmittelbar mit einer Dampfturbine gekuppelt und nicht elektrisch angetrieben, so wird der spez. Dampfverbrauch D geringer, die spez. Dampfleistung D_k nimmt infolge Wegfalls der Motorverluste zu, die Ersparnis wird ebenfalls größer. Hierbei ist vielfach gemischter Betrieb empfehlenswert, wobei teils mittels Wärmepumpe, teils durch Abdampf eingedampft wird.

V. Wahl der Betriebskraft.

Die Brennstoffkosten sind von großer, wenn auch nicht immer entscheidender Bedeutung für die Wahl der Betriebskraft. Sehr häufig können die Anlagekosten, Rücksichten auf einfache Bedienung und besonders die betriebstechnischen Eigenschaften der verschiedenartigen Kraftmaschinen maßgebenden Einfluß ausüben.

a) Die Betriebskosten setzen sich zusammen aus den indirekten Betriebskosten oder Kapitalkosten und den direkten Betriebskosten oder kurzweg: Betriebskosten. Zu den ersteren gehören:

Verzinsung und Abschreibung des Anlagekapitals,

zu den letzteren:

Brennstoff- und Wasserkosten,

Gehälter und Löhne,

Kosten der Schmier- und Putzstoffe.

Bei den indirekten Betriebskosten ist „Tilgung des Anlagekapitals" nur dann einzuführen, wenn die Anlage aus Darlehnsmitteln angeschafft worden ist. Die Verzinsung wird gewöhnlich mit 5 vH eingesetzt. Die Abschreibungen haben den Zweck, durch Ansammlung bestimmter Beträge die nötigen Mittel für eine neue Anlage bereitzustellen, wenn die ältere Anlage abgenutzt ist. Die Abschreibung ist um so höher zu wählen, je eher durch technische Fortschritte auf dem Gebiet der Herstellung der betreffenden Kraftmaschinenart die bestehende Anlage unwirtschaftlich wird.

Ist z = Zinsfuß, $p = 1 + \dfrac{z}{100}$ der Diskontfaktor, E der Endwert, A der Anschaffungswert der Anlage, so folgt die jährliche Abschreibung:

$$k = \frac{p-1}{p^n - 1}(A - E).$$

Der Endwert E wird fast ausschließlich gleich Null gesetzt. Meist werden Kraftmaschinen mit 7 bis 10 vH des Neuwertes abgeschrieben. Da für die Abnutzung nicht die absolute Größe der Drucke und Temperaturen, sondern die spezifischen Flächenpressungen und Beanspruchungen so maßgebend sind, so empfiehlt sich, für Dampf- und Gasmaschinen die gleichen Abschreibungsbeträge einzusetzen.

Gebäude werden meist mit $2^1/_2$ vH abgeschrieben; die Instandhaltung der Maschine — obgleich zu den indirekten Betriebskosten gehörend — wird in die Abschreibung hineingerechnet und mit 1 bis 2 vH des Neuwertes eingesetzt. Steht die Maschine nach völliger Abschreibung nur noch mit $\mathcal{M}$ 1,— zu Buch, so verringern sich die Betriebskosten um die Beträge für Verzinsung und Abschreibung. (Hieraus folgt, daß die oben angegebene Verzinsung in Wirklichkeit zu hoch ist, da z. B. bei 10 vH Abschreibung das in der Maschine angelegte Kapital nach 9 Jahren nur noch $^1/_{10}$ des Anschaffungswertes beträgt, trotzdem aber noch vollständig verzinst wird.) Die weniger gebräuchliche „Saldo-Abschreibung" oder „Abschreibung vom Buchwert" setzt die Rücklagen in Verhältnis zu dem beim letzten Buchabschluß vorhandenen Wert. Die Rücklagen nehmen also von Jahr zu Jahr ab, ohne jemals den Wert Null zu erreichen.

b) Die Brennstoffkosten sind im hohen Maße von der örtlichen Lage eines Werkes abhängig, da die Frachtfrage eine große Rolle spielt. Nicht die Zahl, sondern der Preis der pro PS_eh verbrauchten kcal ist entscheidend, und es ist beispielsweise ohne weiteres klar, daß die in wasserhaltiger Rohbraunkohle enthaltene kcal bei gleichen Wegen ganz bedeutend mehr Transportkosten verursacht als die in Anthrazit oder Gasöl enthaltene kcal.

Ist

B = Brennstoffpreis in ℳ/t ab Gewinnungsstelle,
F_1 = Frachtkosten in ℳ/t bis zur Verwendungsstelle,
F_2 = zusätzliche Frachtkosten in ℳ/t (Anschluß- und Leihgebühren für Wagen, Umladung, Stapelung),
H_u = unterer Heizwert,
η_w = wirtschaftlicher Wirkungsgrad, so ist der Wärmepreis in Pf. für je 1 kcal:

$$W = \frac{(B + F_1 + F_2) \cdot 100}{1000 \cdot H_u} \text{ Pf/kcal.}$$

Für 1 PS$_e$h wird der Preis

$$W_1 = W \cdot \frac{632}{\eta_w}.$$

Im folgenden sind für einige wichtige Brennstoffe die Kosten für je 1000 kcal für Berlin Anfang 1922 vergleichsweise angegeben.

	Preis ℳ/t	Wärmewert H_u (kcal)	Preis für 1000 kcal in Pf.
Anthrazit	900	8000	11,25
Steinkohlen (Kleinkohle) . . .	625	6600	9,5
Braunkohle (Förderkohle). . .	160	2200	7,3
Braunkohlenbriketts	400	4500	9
Teeröl	1450	9000	16
Gasöl	2500	9800	25,5

c) Belastungsfaktor. Um den Einfluß veränderlicher Belastung zu zeigen, wird Rentabilitätsrechnungen vielfach die „Benutzungsdauer" zugrunde gelegt, d. h. es wird die Normalleistung der Maschine, bei der diese den geringsten Brennstoffverbrauch hat, mit verschiedenen Betriebsstundenzahlen multipliziert. Das dadurch gegebene Bild ist unrichtig, da z. B. zwar bei Dampfmaschinen der Verbrauch bei üblichen Belastungsgraden annähernd gleichbleibt, bei Gas- und vielen Ölmaschinen hingegen mit sinkender Belastung stark zunimmt.

Richtigere Vergleichszahlen wurden durch Einführung des „Belastungsfaktors" erhalten, der das Verhältnis der mittleren Jahresbelastung zur Spitzenbelastung angibt. Der oft niedrige Wert des Belastungsfaktors geht aus der Zahlentafel 15 (nach Klingenberg, Z. 1913, S. 1040) hervor.

Zahlentafel 15.

	Jahresverbrauch kWh	Höchstbelastung kW	Jährliche Betriebszeit h	Dauer der Höchstleistung h	Belastungsfaktor
Papierfabrik	1 700 000	400	7200	4250	0,59
Armaturenfabrik . . .	240 000	200	3000	1200	0,40
Eisenbahnwerkstatt	350 000	250	3000	1400	0,47
Messingwert	1 350 000	750	7200	1800	0,26
Maschinenfabrik . . .	60 000	40	3000	1500	0,50
Maschinenfabrik . . .	41 000	25	3000	1650	0,55
Seidenweberei	10 000	12	3000	830	0,28
Maschinenfabrik . . .	120 000	80	3000	1500	0,50
Chemische Fabrik .	400 000	140	7200	2860	0,40

Als Ausnutzungsfaktor bezeichnet man das Verhältnis der mittleren Belastung zur installierten Leistung.

Für die Ermittlung des Belastungsfaktors bei dem Entwurf neuer Anlagen empfiehlt sich Einteilung der Arbeitsmaschinen in Gruppen nach der voraussichtlichen Benutzungsdauer. Ist z. B. L_1 der Leistungsbedarf der Gruppe 1, t_1 die voraussichtliche Betriebszeit, so stellt $A_1 = L_1 \cdot t_1$ den jährlichen Arbeitsverbrauch dar. Für eine größere Zahl von Gruppen wird dann:

$$A = L \cdot t = L_1 \cdot t_1 + L_2 \cdot t_2 + L_3 \cdot t_3 + \ldots,$$

worin L = durchschnittlicher Belastung, t = Betriebszeit.

$$L = \frac{L_1 \cdot t_1 + L_2 \cdot t_2 + L_3 \cdot t_3 + \ldots}{t}.$$

Bei mechanischer Kraftübertragung ist noch der Transmissionsarbeitsbedarf L_T zu berücksichtigen, der den jährlichen Arbeitsverbrauch $A_T = L_T \cdot t$ erfordert, so daß folgt:

$$A = L \cdot t + L_T \cdot t.$$

Bei einer Höchstbelastung $N_{\max}$ der Antriebmaschine folgt der Belastungsfaktor:

$$\frac{L + L_T}{N_{\max}}.$$

Die Fig. 50 und 51 lassen die große Bedeutung des Ausnutzungsfaktors für die Gesamtbetriebskosten erkennen. Die gesamten Betriebskosten lassen sich in konstante und veränderliche Kosten zerlegen. Bei gegebenen Wärmekraftanlagen kleineren und mittleren Umfanges wird man zu den letzteren nur die Brennstoffkosten, zu den festen alle übrigen Kosten rechnen, da auch bei verminderter Belastung und nicht sehr sorgfältiger Bedienung anzunehmen ist, daß die Kosten für Schmier- und Putzstoffe usw. die gleichen wie bei starker Beanspruchung sind.

Ist A der durchschnittliche, $A_{\max}$ die größte Arbeitsleistung der Kraftanlage, so betragen die Jahreskosten:

$$K_y = K_f + K_v \cdot A,$$

worin K_f die festen, K_v die veränderlichen Kosten darstellen.

Die Jahreskosten pro Arbeitseinheit (PS$_e$h) werden:

$$K_y' = \frac{K_y}{A} = \frac{K_f}{A} + K_v.$$

Der Geringstkostenbetrag wird erreicht bei:

$$K_{\min} = \frac{K_f}{A_{\max}} + K_v.$$

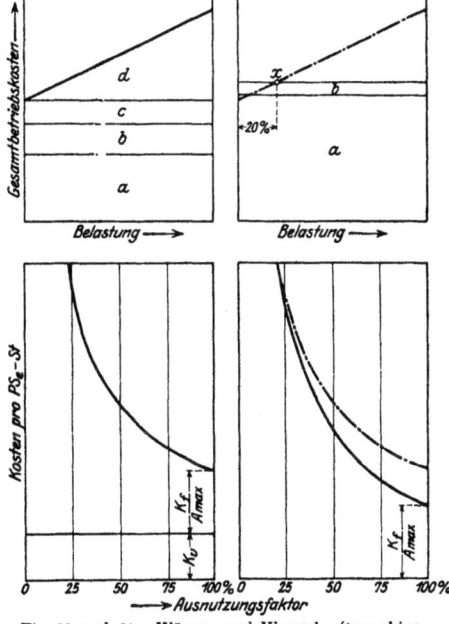

Fig. 50 und 51. Wärme- und Wasserkraftmaschinen.
a Verzinsung u. Abschreibung der Maschinen u. Gebäude.
b Ausgaben für Bedienung, Schmierung usw.
c Kosten des Leerlaufverbrauches.
d Kosten für Brennstoff, auf effektive Leistung bezogen.

Die Kostenkurve wird eine Hyperbel, welche die Bedeutung der Ausnutzung der Anlage für das wirtschaftliche Ergebnis erkennen läßt. In vielen Fällen liegen die Verhältnisse noch ungünstiger, da der auf 1 PS$_e$h entfallende Betrag der veränderlichen Betriebskosten mit sinkender Belastung steigt. Günstigere Betriebsweise läßt sich bei größeren Anlagen durch Verteilung der Leistung auf kleinere Maschinen erreichen, wodurch auch Vorteile bezüglich der Reserve entstehen. Doch ist anderseits zu beachten, daß die Anlagekosten und im allgemeinen auch die Brennstoffkosten mit abnehmender Maschinengröße und zunehmender Anzahl der Maschinen wachsen.

Versuche in größeren Kraftstationen, den mittleren Arbeitsbedarf durch eine Reihe gleichmäßig belasteter Maschinen, die Belastungsschwankungen hingegen durch nur wenige Maschinen aufzunehmen, haben weder technisch noch wirtschaftlich zu befriedigendem Ergebnis geführt. In Fig. 52 stellt das Rechteck die stets zu leistende Mindestarbeit dar, während die darüber liegende Kurve die Belastungsschwankungen zeigt. Von besonderer Bedeutung werden Diagramme nach Fig. 52 für Wasserkraftanlagen mit Aushilfe durch Wärmekraftmaschinen, die zweckmäßig für die Verbrauchsspitzen herangezogen werden. Der untere, breite Teil der Arbeitsfläche wird durch die Wasserkraft gedeckt, deren feste Betriebskosten hoch sind, während — wie erwähnt — der Spitzenbedarf von einer mit niedrigen festen Kosten, wenn auch mit höheren veränderlichen Kosten arbeitenden Wärmekraftmaschine geleistet wird, ein Grundsatz, der in allen mit verschiedenen Kraftmaschinenarten arbeitenden Kraftanlagen durchzuführen ist. In Fig. 51 bestimmt der Schnittpunkt beider Kurven das Anwendungsgebiet von Wasser- und Wärmekraftmaschine. In dem dargestellten Fall ist bei einem Ausnutzungsfaktor $<$ 25 vH die Wärmekraftmaschine der Wasserkraftmaschine bezüglich der Gesamtbetriebskosten überlegen.

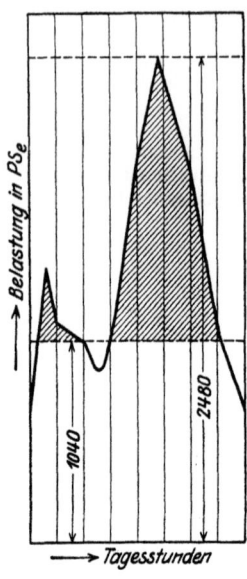

Fig. 52. Belastungsfaktor.

Bei Wasserkraftanlagen kann vielfach der Ausnutzungsfaktor erheblich verbessert und die zur Leistungsergänzung dienende Wärmekraftanlage durch Turbinen ersetzt werden, wenn hydraulische Speicherung eingerichtet wird, die natürlicher und künstlicher Art sein kann. Im ersteren Fall wird das Wasser während der betriebsfreien Zeit im Oberlauf zurückgehalten. Für diese mit 100 vH Wirkungsgrad arbeitende Anlage ist bei großen aufzuspeichernden Leistungen ein höheres Gefälle nötig, wenn man nicht zu allzu großen Staubecken gelangen soll. Bei künstlicher Speicherung, die Wirkungsgrade bis zu 60 vH erreichen lassen, treiben die Turbinen in der betriebsfreien Zeit Pumpen an, die das Wasser auf möglichst große Höhe drücken. In der Betriebszeit wird das Wasser des Speichers zur Arbeitsleistung ausgenutzt. (Anlagen: Elektrizitätswerk Olten-Aarburg. Z. 1904, S. 1004. Anlage Neckartenzlingen, Z. 1916, S. 314. Kraftwerk Viverone, Z. 1921, S. 426.)

d) Beispiel. Eine Maschinenfabrik, die im Jahre 300 Tage zu je 8 Stunden arbeitet, ist mit einer größeren Anzahl von Transmissionswellen ausgerüstet, die in drei Gruppen zusammengefaßt werden können. Jede der Gruppen erfordert 50 PS Höchstleistung. Von der ersten Gruppe werden die Maschinen mit 5 bis 15 PS Arbeitsverbrauch angetrieben, deren Benutzungsdauer, auf die höchsten Leistungsbedarf bezogen, 500 Stunden betragen soll. An die zweite und dritte Gruppe der Transmissionswellen sind die Maschinen von 2 bis 5 PS bei 1000 Stunden Betriebsdauer, bzw. die Maschinen von weniger als 2 PS Arbeitsbedarf bei 1500 Stunden Benutzungsdauer angeschlossen. Der Transmissionsverlust betrage insgesamt 15 PS. Dann ist der Nutzverbrauch der Arbeitsmaschinen:

$$\begin{array}{llrl}
\text{für Gruppe 1} & 50 \cdot 500 &=& 25\,000 \text{ PSh} \\
\text{,,\quad\quad,, \quad 2} & 50 \cdot 1000 &=& 50\,000 \text{ ,,} \\
\text{,,\quad\quad,, \quad 3} & 50 \cdot 2000 &=& \underline{100\,000 \text{ ,,}} \\
& & & 175\,000 \text{ PSh}
\end{array}$$

Wahl der Betriebskraft.

Bei der vorausgesetzten 2400stündigen Betriebszeit im Jahre wird der Transmissionsverlust
$$15 \cdot 2400 = 36\,000 \text{ PSh}.$$
Sonach hat die Maschine jährlich 211 000 PSh zu leisten, und es folgt der Belastungsfaktor:
$$\frac{211\,000}{150 \cdot 2400} \simeq 0{,}60\,.$$

1. Deckung des Kraftbedarfes.

Als Antriebmaschine kommen in Betracht: Dieselmotor, Sauggasmotor, Verbundlokomobile mit Kondensation und Elektromotor.

a) Nach den auf S. 157 wiedergegebenen Versuchsergebnissen würden bei dem Dieselmotor folgende Verbrauchsziffern einzuführen sein (auf Teeröl bezogen):

Verbrauch bei Vollbelastung: 0,210 kg pro PS$_e$h
„   „ Halblast: 0,245 „   „   „
„   „ Viertelbelastung: 0,310 „   „   „

Der Verbrauch an Zündöl ergibt sich zu 1,5 kg/h konstant bei allen Belastungen.
Aus der Auftragung nach Fig. 53 folgt der Verbrauch bei mittleren Belastungen zu:
$$V_t = V_e + b \cdot L_t \text{ mit } V_e = 5{,}5 \text{ kg Teeröl} + 1{,}5 \text{ kg Zündöl}, \quad b = 0{,}170\,.$$

Der jährliche Brennstoffverbrauch hat die Größe:
$$V = V_e \cdot t + b\,(L_T \cdot t + L_1 \cdot t_1 + \ldots) =$$
$$V = 5{,}5 \cdot 2400 \text{ Teeröl} + 1{,}5 \cdot 2400 \text{ Zündöl} + 0{,}170 \cdot 211\,000 \text{ Teeröl}.$$
$$V = 49\,070 \text{ kg Teeröl} + 3600 \text{ kg Zündöl}.$$

b) Sauggasmaschine.

Anthrazit-Heizwert = 8000 kcal/kg.

Anthrazitverbrauch bei Vollbelastung   0,36 kg/PSeh
„   „ Halblast   0,475 „
„   „ Viertelbelastung 0,68 „

Es folgt (Fig. 54) mit $V_e = 17$ kg, $b = 0{,}241$.
$$V = 17 \cdot 2400 + 0{,}241 \cdot 211\,000 = 91\,651 \text{ kg}.$$
Mit 15 vH Zuschlag für Stillstand und Anheizen wird
$$V = 105\,400 \text{ kg}.$$

c) Lokomobile (Fig. 55).

Heizwert der Kohle = 7500 kcal/kg.

Verbrauch bei Vollbelastung   0,53 kg/PSeh
„   „ Halblast   0,58 „
„   „ Viertelbelastung 0,76 „

$V_e = 10{,}5$ kg,

$b = 0{,}447$

$V = 10{,}5 \cdot 2400 + 0{,}447 \cdot 211\,000$
$= 109\,517$ kg.

Mit 10 vH Zuschlag wird
$$V = 120\,469 \text{ kg}.$$

d) Elektromotor (Fig. 56). Dieser hat $\frac{150}{1{,}36} = 110{,}3$ kW an die Riemscheibe abzugeben. Der Verbrauch an zuzuführendem Strom in kW ergibt sich aus:
$$V = 0{,}025\,L_{\max} + 1{,}05\,L_t,$$
einem Leerlaufverbrauch von 3 kW und einem Wirkungsgrad = 0,93 bei Vollast entsprechend.
$$V = 3 \cdot 2400 + 1{,}05 \cdot 211\,000$$
$$= 38\,850 \text{ kW}.$$

Bei 2,5 vH Leitungsverlust ergibt sich ein Gesamtstrombedarf, von dem angeschlossenen Elektrizitätswerk zu beziehen:

$1{,}025 \cdot 38\,850 \simeq 39\,820$ kW.

2. Deckung des Wärmebedarfes.

Während des Winters seien 8000 m³ Shedbau zu heizen. Da hierzu etwa 35 kcal/m³ erforderlich sind, so wären im ganzen $8000 \cdot 35 = 280\,000$ kcal/h aufzubringen.

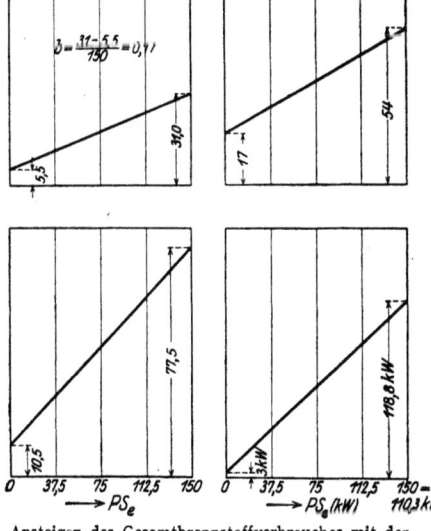

Ansteigen des Gesamtbrennstoffverbrauches mit der Belastung.
Fig. 53. Dieselmotor.   Fig. 54. Sauggasanlage.
Fig. 55. Lokomobile.   Fig. 56. Elektromotor.

a) **Lokomobilbetrieb.**
1. Getrennter Kraft- und Heizbetrieb. Der Heizdampf von 1 at abs. wird dem Dampfkessel trocken gesättigt entzogen und gedrosselt, während die Maschine mit Heißdampf von 14 at abs. und 340° arbeitet. Durch die Drosselung wird der trocken gesättigte Dampf um $c_p (\lambda_{14} - \lambda_1) \simeq 0.5 (668.4 - 638.2) = 30°$ überhitzt. Temperatur des ablaufenden Dampfwassers $\sim 100°$, so daß 1 kg Heißdampf $668 - 100 \simeq 570$ kcal abgibt. Zur Heizung sind sonach 280 000 : 570 = 490 kg/h Frischdampf nötig. Die mittlere Maschinenleistung werde zu 100 PS$_e$ geschätzt.

Dampfverbrauch der Maschine: 4,5 · 100 = 450 kg/h
„   „ Heizung: 490 „
Gesamtverbrauch: 940 kg/h.

2. Auspuffbetrieb und Abdampfheizung. Verbrauch der Maschine: 7 kg/PS$_e$h. Gesamtverbrauch: 700 kg/h. Der Heizdampfbedarf wird sonach wesentlich überschritten, der Dampfüberschuß ist abzublasen.

3. Kondensationsbetrieb und Abdampfheizung. Verbrauch der Maschine: 4,65 kg/PS$_e$h Gesamtdampfverbrauch: 465 kg/h. 1 kg des trocken vorausgesetzten Abdampfes von 0,2 at abs. gibt bei $\lambda = 622{,}7$ kcal und 59,7° Temperatur des Dampfwassers (622,7 − 59,7) = 563 kcal ab, sonach wären 280 000 : 563 $\simeq$ 500 kg Abdampf erforderlich, während nur 465 zur Verfügung stehen. Durch Verschlechterung der Luftleere wäre der Gesamtdampfverbrauch auf 500 kg/h zu erhöhen.

4. Zwischendampfentnahme. 1 kg Dampf von 1 at abs. gibt $(\lambda - q) = 638{,}2 - 99{,}1$ $\simeq$ 540 kcal ab, sonach nötig: 280 000 : 540 = 518 kg.

Diese Art der Entnahme läßt sich sonach nicht durchführen. Es erfordert also:

Getrennter Kraft- und Heizbetrieb: 940 kg/h Dampfverbrauch
Auspuffbetrieb und Abdampfheizung: 700 „ „
Kondensationsbetrieb und Abdampfheizung: 500 „ „

b) **Sauggasanlage.** Nach S. 175 können 400 kcal/PS$_e$ durch Röhrenkessel aus den Abgasen verwertet, insgesamt also 40 000 kcal/h erhalten werden, so daß 280 000 − 40 000 = 240 000 kcal durch Heizdampf zu liefern wären. Da nach vorstehendem 1 kg trocken gesättigter Dampf von 1 at abs. 540 kcal abgeben kann, so wären 240 000 : 540 $\simeq$ 450 kg Dampf zu erzeugen, bei 8facher Verdampfung einem stündl. Kohlenverbrauch von 450 : 8 = 56 kg entsprechend. Bei 150 Heiztagen und 8stündiger Arbeitszeit wären sonach 150 · 8 · 56 = 67 200 kg Kohle für die Heizung nötig. Bei Warmwasserbereitung wären Kühlmantel und Abgasverwerter hintereinander zu schalten. Bei 800 kcal/PS$_e$h Kühlwasserwärme, 500 kcal/PS$_e$h verwertbarer Abgaswärme — da die Temperatur hinter dem Verwerter hier niedriger sein kann — könnten insgesamt 100 (800 + 500) = 130 000 kcal/h für die Heizung nutzbar gemacht werden, so daß nur noch $\dfrac{280\,000 - 130\,000}{540 \cdot 8} \cdot 150 \cdot 8 = 42\,000$ kg Kohle aufzuwenden wären.

c) **Dieselmaschine.** Stündlicher Wärmeverbrauch: 100 · 1950 = 195 000 kcal. Hiervon wie unter b) durch Hintereinanderschaltung von Kühlmantel und Abgasverwerter 50 vH nutzbar gemacht: 97 500 kcal, sonach ist an Kohle aufzubringen:

$$\frac{280\,000 - 97\,500}{540 \cdot 8} \cdot 1200 = 50\,640 \text{ kg.}$$

Insgesamt würden also die verschiedenen in Betracht kommenden Anlagen an Kohle verbrauchen (für Kraft- und Heizzwecke):

Lokomobile mit Vakuumheizung: rund 122 t Steinkohle.
Sauggasanlage mit Warmwasserheizung: 105,5 t Anthrazit und 42 t Steinkohle.
Dieselanlage mit Warmwasserheizung: 49 t Teeröl, 3,6 t Zündöl, 50,6 t Steinkohle.

Vergleich der Betriebskosten.

	Diesel- maschine ℳ	Sauggas- anlage ℳ	Verbund- lokomobile ℳ
Verzinsung des Anlagekapitals der Maschine zu 6 vH	30 000	30 000	25 200
Abschreibung und Instandhaltung der Maschine zu 12 vH (10 + 2)	60 000	60 000	50 400
Verzinsung, Abschreibung, Instandhaltung der Gebäude (6 + 4 + 2 vH)	6 000	8 400	8 400
Schmier- und Putzstoffe (Schmierölpreis 10 ℳ/kg)	15 000	10 000	10 000
Wasserkosten (Kosten 0,6 ℳ/m³)	2 880	9 600	1 080
Bedienung	18 000	18 000	18 000
Brennstoffkosten	81 860	121 200	111 675
Zusammen	213 740	257 200	234 755

Bei den gewählten örtlichen Verhältnissen würden sich — gleichen Generatorwirkungsgrad vorausgesetzt — bei Vergasung von Braunkohlenbriketts die Brennstoffkosten der Sauggasanlage um rd. 33 000 ℳ ermäßigen.

Im übrigen soll die Zusammenstellung kein Werturteil ermöglichen, sondern allgemein die Art der Berechnung und des Vergleiches verschiedener Betriebsarten zeigen.

VI. Der Ruths=Wärmespeicher.

In Betrieben mit stark schwankendem Dampfverbrauch verwendet man vorzugsweise „Großwasserraumkessel", in deren Wasserinhalt große Wärmemengen aufgespeichert sind. Die Fähigkeit dieser Kessel zu plötzlichen Wärmeabgaben kann aber nicht in vollem Umfange ausgenutzt werden, da der damit verbundene Druckabfall den Verbrauch der angeschlossenen Kraftmaschinen ungünstig beeinflussen würde. Dieser Mehrverbrauch würde sich zu dem aus anderen Ursachen plötzlich auftretenden Dampfbedarf noch addieren, so daß in den seltensten Fällen der Dampf „gehalten" werden könnte, wenigstens nicht bei längerer Dauer des neuen Zustandes.

Wird anderseits der Druck konstant gehalten, so tritt der erwähnte Vorteil des Großwasserraumkessels überhaupt nicht in die Erscheinung. Konstanthalten des Druckes bedingt eine dem schwankenden Wärmebedarf genau entsprechende Wärmezufuhr, also stete Änderung der Rostbelastung. Der Verbrauch der betriebenen Maschinen wird nunmehr durch Druckabfall nicht mehr vergrößert, der Wirkungsgrad des Kessels — der für eine bestimmte Belastung seinen Höchstwert hat — aber vermindert.

Dr. Ruths gliedert der Kraftanlage einen ausgleichenden Speicher an, der überschüssigen Dampf aufnimmt und zur Zeit größeren Bedarfes wieder abgibt. Infolge seiner Unabhängigkeit vom Kessel kann der Druck im Speicher kleiner als der Kesseldruck sein, was nicht nur die Herstellung der Speicherbehälter erleichtert, sondern vor allem aus dem Grunde wichtig ist, weil bei Druckabfall im Gebiet der niedrigen Spannungen viel größere Dampfmengen frei werden als bei hohen Drucken. 1 at Druckabfall läßt beispielsweise bei 15 at nur 5 kg, bei 3 at aber 21 kg Dampf frei werden. Außerdem werden große Druckschwankungen im Speicher ohne Rückwirkung auf die Kesselspannung ermöglicht. Die Einschaltung des Dampfspeichers hat zur Folge, daß Druck und Dampferzeugung vollständig konstant bleiben und in einzelnen Fällen die Rauchschieber jede Woche höchstens zweimal verstellt werden müssen.

Um die Regelungsorgane nur für die Schwankungen des Dampfverbrauches bemessen zu müssen, sind die Speicher parallel zur Dampfleitung angeschlossen. Bei Verwendung überhitzten Dampfes bleibt sonach die Überhitzung auch hinter dem Speicher erhalten.

Zu diesem Zweck befinden sich in der Rohrleitung zum Speicher zwei Rückschlagventile. Ist Dampf überflüssig, so steigt sein Druck in der Leitung über den Speicherdruck, und der Dampf strömt durch das eine Rückschlagventil in ein im Behälter liegendes Verteilungsrohr. Die von hier ausgehenden Mundstücke sind von Rohren umgeben, die zwecks Förderung des Wasserumlaufes als Diffusoren ausgebildet sind. Infolge dieser Einrichtung beträgt der Temperaturunterschied im Speicherwasser nur etwa 0,2° C. Sinkt der Druck in der Leitung unter den Speicherdruck, so öffnet sich das andere Rückschlagventil, und das Speicherwasser verdampft.

Da jedem Druck im Speicher ein ganz bestimmter Wasserstand entspricht, so kann der Wasserstand unabhängig vom Ladezustand kontrolliert werden. Der Wasserstandszeiger ist in Atmosphären-Druck eingeteilt, so daß durch den Vergleich mit dem Manometer sofort festgestellt werden kann, ob Wasser zu- oder abzulassen ist.

Die Behälter, zu 90 bis 95 vH mit Wasser gefüllt, sind aus Eisenblech genietet und von einer 100 mm starken Wärmeschutzmasse umgeben. Isolierkappen lassen die vorgeschriebene Kontrolle der Nietreihen zu. . Die Isolierung wird ihrerseits wieder durch Eisenblechbekleidung gegen Witterungseinflüsse geschützt. Das Innere des Speichers ist durch einen Deckel an der Stirnseite zugänglich. Besondere Beachtung verdienen die an den Speichern verwendeten „Arca"-Druckregler des schwedischen Ingenieurs Ragnar Carlstedt, die hohen Anforderungen zu entsprechen haben.

Um bei plötzlicher Entnahme großer Dampfmengen das Überkochen zu verhindern, ist im Dampfdom eine Lavaldüse angeordnet, die infolge ihrer Querschnittsbemessung nur die für zulässig erachteten Dampfmengen ausströmen läßt.

Soll überhitzter Dampf aufgespeichert werden, so wird ein Speicher für die Überhitzungswärme vorgeschaltet, der — nach Art des Siemens-Regenerators wirkend — aus einem Eisenbehälter besteht, in dem gußeiserne Platten schichtenweise so gelagert sind, daß die Oberfläche sehr groß, der Durchgangswiderstand für den Dampf sehr gering ist.

Der Ladedampf gibt vor Eintritt in den Hauptspeicher seine Überhitzungswärme an die Platten ab, der aus dem Speicher strömende Dampf nimmt die in den Platten aufgespeicherte Wärme wieder auf. Eine einfache Regelungsvorrichtung hält die Überhitzungstemperatur konstant.

Die Temperatur des Entladedampfes wird durch eine Regelvorrichtung, die einen Teil des Dampfes nicht durch den Überhitzer, sondern durch eine Umführungsleitung strömen läßt, selbsttätig konstant gehalten.

Durch Anwendung der Ruths-Speicher wird erzielt:

Ausgleich von Schwankungen im Dampfverbrauch,

Ausgleich von Schwankungen im Kraftverbrauch,

Ausgleich von Schwankungen in der Wärmezufuhr (Gasbetrieb, Abhitze, überschüssiger elektrischer Strom u. dgl.).

In den beiden ersten Fällen werden alle in der Anlage auftretenden Dampf- oder Kraftschwankungen so vollständig ausgeglichen, daß die Kessel ständig mit einer konstanten und der mittleren Belastung entsprechenden Dampfleistung betrieben werden können. Im letzteren Fall ermöglicht der Ruths-Speicher verlustlose Ausnutzung der Überschußwärme, indem er die Schwankungen in der Energiezufuhr einerseits und der Energieverwendung anderseits ausgleicht. Die Verwendung der Ilgner-Anlagen kann eingeschränkt, Behälter für Hochofengase können ersetzt werden.

Die Speicher wurden bisher mit Fassungsvermögen bis 345 m³ ausgeführt, die Druckabfälle betragen beispielsweise 6 bis 1 at oder 3 bis 0,5 at. Speicherfähigkeit im allgemeinen 5000 bis 20 000, einzelne Ausführungen bis 36 000 kg Dampf. Speichervolumen etwa 10 bis 30 m³ je 1 t Dampf, Aufspeicherung dieser Dampfmenge erfordert rd. 2 t Eisengewicht des Behälters. Druckverlust in oben erwähnter. Lavaldüse bei gewöhnlicher Dampfentnahme etwa 0,01 at. Was die Abkühlungsverluste betrifft, so kühlte sich ein außer Betrieb gesetzter Speicher während 24 h um 7° C ab bei 13° C Außentemperatur. Der Abkühlungsverlust beträgt 0,1 bis 0,5 vH der Kesselleistung. Brennstoffersparnis 15 bis 20 vH.

Ausführungsbeispiele. Die Aktiebolaget Vaporackumulator in Stockholm, die im Besitz der Ruthsschen Patente ist, hat eine große Reihe von wärmewirtschaftlich äußerst interessanten Anlagen geliefert, von denen hier nur einige typische Arten kurz dargestellt seien.

Dampfspeicheranlage der Hamburger Bryggeriet (Brauerei), Stockholm. Die 500 PS leistende Anzapf-Verbundmaschine entläßt den Dampf in einen Oberflächenkondensator; das in diesem auf etwa 40° C erwärmte Kühlwasser wird in der Brauerei weiter verwertet. Die Hochdruckfüllung wird durch eine- Regler bei steigendem Kesseldruck vergrößert, der Fliehkraftregler beeinflußt die Niederdruckfüllung. Der Anzapfdampf wird mit 3,5 bis 2 at Überdruck dem Speicher zugeführt, aus dem der Dampf durch ein Druckminderventil mit 2 at in die Leitung für die Dampfverbraucher des Sudhauses übertritt.

Der Speicher gleicht nicht nur die Ungleichmäßigkeiten im Kochdampfbedarf, sondern auch die Kraftschwankungen aus, indem z. B. bei plötzlicher Leistungszunahme der Fliehkraftregler die Niederdruckfüllung vergrößert, so daß der vorher zum Speicher abgeleitete Hoohdruck-Abdampf nunmehr direkt dem Niederdruckzylinder zuströmt.

Der Hochdruckzylinder ist durch diese Anordnung dauernd konstant belastet. Dem Vorteil dieser Arbeitsweise und des konstanten Kesseldruckes steht nur der unwesentliche Nachteil gegenüber, daß bei höherem Speicherdruck als 2 at der Dampf in oben angegebenen Grenzen zu drosseln ist. Der Heizer heizt dauernd gleichmäßig, nur bei allzu weiter Druckminderung im Speicher ist das Feuer zu verstärken, und umgekehrt.

Speicheranlagen für Kraftwerke. Von besonderem Interesse ist die Verwendung in reinen Kraftbetrieben, wo dem Speicher die Deckung der Spitzenbelastung zufällt, so daß bei Neuanlagen die Kesselhäuser nur in stark verringertem Umfang zu errichten sind.

Einige Turbinen der Zentrale werden als Hochdruckturbinen ausgeführt, die vom Kessel direkt gespeist werden und zur Zeit geringer Belastung allein im Betrieb sind. Der Abdampf dieser Turbinen wird im Speicher „aufbewahrt". Zur Zeit der Spitzenbelastung werden dann die aus dem Speicher gespeisten Niederdruckturbinen in Betrieb gesetzt. Wie bei dem vorigen Ausführungsbeispiel geht auch hier in der Maschine kein Druckgefälle verloren, das immer gleich der Summe der Unterschiede zwischen Kessel- und Speicherdruck und zwischen diesem und dem Kondensatordruck ist. Es wird lediglich ein der Flüssigkeitshöhe im Speicher entsprechender Druck von 0,1 at eingebüßt.

Wie ersichtlich, kann in vielen Fällen der Ruths-Speicher die teuren und unwirtschaftlichen Akkumulatorbatterien ersetzen. In Drehstromkraftwerken kann die Energie unmittelbar im Dampf aufgespeichert werden.

Das Städtische Elektrizitätswerk in Malmö bezieht Drehstrom mit 50 000 Volt Spannung von einem entfernten Wasserkraftwerk.

Als Reserveanlage bei Stromunterbrechung dienen eine Akkumulatorenbatterie und eine Dampfkraftreserve, die stets unter Druck gehalten werden muß. Ersparnis der damit verbundenen Kosten und Vermeidung einer geplanten Erweiterung der Batterie wurde durch Aufstellung eines Ruths-Speichers erreicht, der an zwei Steilrohrkessel von je 500 m² Heizfläche angeschlossen ist und den Dampf an eine 3750 kW-Turbine abgibt. Diese arbeitet mit Regeleinrichtungen, die bei sinkendem Entladedruck den Dampf in niedrigere Stufen selbsttätig einführen. Der dauernd als Synchronmotor leerlaufende Generator treibt die Turbine an und gibt zur Phasenkompensation in das Netz der Wasserkraftanlage wattlosen Strom ab, wodurch rd. 800 kW gewonnen werden. Der Zentrifugalregler sperrt die Zuleitung zur Turbine ab; sinkt die Periodenzahl infolge Unterbrechung der Stromzufuhr vom Wasserkraftwerk, so greift der Regler ein.

Diese Beispiele dürften zeigen, daß der Ruths-Speicher eher als ein Bestandteil der Kraftmaschinenanlage als der Kesselanlage anzusehen ist. Der Speicher wirkt wie ein großer Aufnehmer (Receiver), in dem der Dampf sich nicht während Bruchteile einer Maschinenumdrehung, sondern unter Umständen stundenlang aufhält.

Diese Auffassung läßt auch den Unterschied zwischen dem Ruths-Speicher und dem Speicher von Druitt Halpin klar hervortreten. Bei dem Halpin-Speicher (beschrieben in Z. des V. d. I. 1904, S. 1396 und 2011) wird während der Spitzenbelastung die Kesselanlage aus einem Speisewasserbehälter aufgespeist, in den zur Zeit geringerer Belastung ein Teil des Kesseldampfes eingeleitet wird. Die Speisewassertemperatur entspricht hierbei dem auch in dem Behälter herrschenden Kesseldruck.

In Hochofenwerken, deren elektrische Zentrale die Grundbelastung durch Gasmaschinen deckt, während für die Spitzenbelastung Dampfturbinen dienen, kann der zwischen die Stufen der Turbine geschaltete Ruths-Speicher sowohl auf der Gasseite wie auf der elektrischen Seite ausgleichen und die Anordnung großer Gasbehälter zum Ausgleich der Schwankungen in der Gaszufuhr überflüssig machen.

Nach Verwendung der Gichtgase in Winderhitzern und Großgasmaschinen geht der Gasüberschuß zu Dampfkesseln, die parallel mit den Abwärmeverwertern arbeiten. Von den Kesseln strömt der Dampf durch ein Ventil, das die Düsenregelung der Hochdruckstufe einer Dampfturbine beeinflußt und das etwa 0,1 at unterhalb des durch die Sicherheitsventile bestimmten Druckes Dampf zur Turbine führt. Von der Hochdruckstufe strömt der Dampf entweder zum Ruths-Speicher oder durch ein vom Fliehkraftregler verstelltes Ventil zur Niederdruckstufe. Da der Turbogenerator den Gasdynamos parallel gestaltet ist, so übernimmt die Dampfturbine die Spitzenbelastung.

VII. Ersatz und Umbau vorhandener Anlagen.

Vorhandene Anlagen werden ersetzt, wenn sie entweder infolge Überlastung oder veralteter Bauart unwirtschaftlich arbeiten oder ihre Betriebssicherheit aus gleichem Grunde gefährdet erscheint.

Je nach der Sachlage ist zu untersuchen, ob die vorhandene Anlage durch Aufstellung einer neuen Maschine zu ersetzen oder zu ergänzen ist. Im letzteren Fall, der namentlich bei zeitweise überlasteten Maschinen in Betracht zu ziehen ist, sind die Vorteile bezüglich Kraftreserve zu berücksichtigen. In bezug auf diesen Punkt ist allzu weitgehende Konzentration der Krafterzeugung von Nachteil. Ergänzung durch Dieselmaschine oder Lokomobile ist besonders da am Platz, wo Vergrößerung der Kesselanlage infolge Platzmangels, Zugwirkung usw. auf Schwierigkeiten stößt. Verwendung verschiedenartiger Brennstoffe gibt überdies gewisse Sicherheit bei Streiks in der Brennstoffindustrie.

Bezüglich Verteilung der Leistung auf beide Maschinen s. S. 182.

Die außerordentliche Verschiedenartigkeit der Verhältnisse läßt Aufstellung bestimmter Richtlinien nicht zu, um so mehr als mit der Frage des Kraftbedarfes auch die des Wärmebedarfes oft verquickt ist. Es ist vielmehr von Fall zu Fall zu entscheiden. Häufig sind beispielsweise vorhandene Transmissionsanlagen für die Änderung entscheidend, so daß Kolbendampfmaschinen auch da noch angelegt werden, wo die Größe der Leistung Dampfturbinen an sich ratsamer erscheinen läßt. Sollen bei Neuanschaffung der Maschinenanlage die vorhandenen Kessel mit mäßigem Druck (z. B. 10 bis 12 at) zunächst beibehalten werden, so wird man zweckmäßig die neuen Maschinen für Drucke von 18 bis 20 at bestellen. Während Kolbenmaschinen ohne weiteres mit dem niedrigeren Druck arbeiten können, sind Turbinen mit Düsenregelung auszurüsten, so daß sie später durch Auswechselung der Düsen dem hohen Druck angepaßt werden können. Mitunter sind folgende Betriebsverbesserungen möglich:

a) Einbau eines Überhitzers in die Kesselanlage und Umbau der Kolbenmaschine in eine Heißdampfmaschine durch Ersatz des älteren Hochdruckzylinders. Da der Einfluß des hohen Eintrittsdruckes mit wachsender Überhitzung abnimmt, so ermöglicht diese Änderung auch bei niedrigeren Kesseldrucken ganz wesentliche Ersparnisse. Können die Überhitzer nicht in die Anlage eingebaut werden, so hat bei größeren Kesselanlagen die Anordnung eines für die ganze Anlage gemeinsamen, direkt gefeuerten Überhitzers bewährt. Die folgende Zahlentafel enthält einige bei niedrigen Dampfdrucken von der Sächsischen Maschinenfabrik erzielte Verbrauchsziffern:

	Versuchslast (PS$_i$)	Überdruck (at)	Temperatur vor dem Zylinder (°C)	Dampfverbrauch
Einstufenmaschine	121	5,43	265,4	6,01
Verbundmaschine	312	7,01	242,0	5,38

b) Der vorhandenen Anlage mit niedrigem Druck wird eine neue Hochdruckanlage als Hochdruckmaschine vorgeschaltet, so daß die Gesamtanlage mit Verbundwirkung arbeitet. Diese Änderung wird allerdings nur in seltenen Fällen zu empfehlen sein, wie denn überhaupt die Kessel mit niedrigem Druck allmählich verschwinden.

c) Umbau von Sattdampf-Dreifachexpansionsmaschinen in der Weise, daß Hoch- und Mitteldruckzylinder der Tandemseite durch einen Heißdampfzylinder ersetzt werden.

d) Umwandlung von Wechselstromdampfmaschinen in Gleichstrommaschinen.

e) Ergänzung der Anlage durch eine Gegendruckmaschine nach Fig. 27, falls Wärmebedarf vorhanden ist.

In fast allen Fällen läßt sich der Betrieb durch Anordnung von Ruths-Speichern (s. S. 185) bedeutend erleichtern und verbessern.

Die einfachste Leistungsvermehrung läßt sich mitunter bei mäßigem Betrage durch Erhöhung der Umlaufzahl der vorhandenen Anlage, bei größerem Betrage durch Anschluß an eine Überlandzentrale erreichen. In diesem wie in allen anderen Fällen sind zur Klärung Rentabilitätsrechnungen nach S. 184 aufzustellen.

Ersatz und Umbau vorhandener Anlagen.

wobei nicht außer acht zu lassen ist, daß vielfach die Betriebskosten der älteren Anlage um die Beträge für Verzinsung und Abschreibung vermindert sind. Abgesehen von dem oft maßgebenden Gesichtspunkt der Betriebssicherheit wird die Neuanlage erst dann wirtschaftlich sein, wenn ihre Gesamtbetriebskosten niedriger als die um die genannten Beträge verringerten Betriebskosten der vorhandenen Anlage sind. Der Standpunkt des Ingenieurs weicht allerdings in diesem Punkt häufig von dem des Kaufmannes ab.

Besondere Verhältnisse liegen bei Wasserkraftanlagen vor, da hier sek. Wassermenge bzw. Schluckfähigkeit Q und Gefälle H gegebene Größen sind, so daß nur durch Verbesserung des Wirkungsgrades $\eta = \dfrac{\varepsilon}{100}$ die Leistung vergrößert werden kann, falls hierfür ein Bedürfnis vorliegt. Da die fehlende Leistung meist durch Verbrennungskraftmaschinen in der eigenen oder in der Überlandzentrale aufgebracht wird, so sind die hierdurch bedingten Kosten für die PS$_e$h (oder kWh) in Vergleich zu setzen.

Bei dieser Prüfung geht Leiner in folgender Weise vor (Z. 1921, S. 222 und Berichtigung S. 476).

Es ist die Leistung:
$$L = \frac{Q \cdot H \cdot 1000}{75} \cdot \eta = \frac{10\,QH}{75} \cdot \varepsilon \quad \left(\text{mit } \eta = \frac{\varepsilon}{100}\right).$$

Ein Hundertteil des Wirkungsgrades 1 nutzt die Leistung:
$$l = \frac{10\,QH}{75}.$$

Werden die Erzeugungskosten von 1 PSh in Wärmekraftmaschinen mit i bezeichnet, so liefert demnach die vorhandene Turbine die Jahresroheinnahme bei der Benutzungsdauer b in Stunden:
$$S_a = \frac{10\,Q \cdot H}{75} \varepsilon_a \cdot b \cdot i.$$

Nach Abzug der Betriebskosten S_a' für Verzinsung, Abschreibung, Bedienung, Schmierung usw. ergibt sich der jährliche Reingewinn zu:
$$R_a = S_a - S_a' = \frac{10\,QH}{75} \cdot \varepsilon_a \cdot b\,i - S_a'.$$

Für die neue Turbine wird entsprechend:
$$R_n = S_n - S_n' = \frac{10\,QH}{75} \cdot \varepsilon_n \cdot b\,i - S_n'.$$

Bei Gleichwertigkeit beider Turbinen ist ($R_a = R_n$):
$$\varepsilon_n - \varepsilon_a = \frac{7{,}5}{QHbi} \cdot (S_n' - S_a').$$

Ist der Wirkungsgradunterschied $\varepsilon_n - \varepsilon_a$ größer als der auf der rechten Seite stehende Wert, so wäre eine neue Anlage vorzuziehen. In den meisten Fällen wird man für beide Turbinen die durch Löhne, Schmier- und Putzmittel, Ausbesserung usw. entstehenden Betriebskosten gleichsetzen können. Werden der Neuwert der alten Turbine (da abgeschrieben) und die Altwerte beider Turbinen gleich Null gesetzt, so folgt mit $p = 1 + \dfrac{z}{100}$ (s. S. 179) und $K =$ Anschaffungskosten der neuen Turbine:
$$\varepsilon_n - \varepsilon_a = \frac{7{,}5 \left(p - 1 + \dfrac{p-1}{p_n - 1}\right) \cdot K}{QHbi},$$

$n =$ Nutzungszeit $= 10$ bis 15 Jahre.

Elektrischer Kraftbetrieb[1].

Bearbeitet von Oberingenieur Karl Meller, Siemensstadt.

I. Elektromotoren.

a) Grundbegriffe.

1. Spannung, Strom, Frequenz.

Gleichstrom. Der elektrische Unterschied, dessen Vorhandensein für den Ablauf eines elektrischen Vorganges, z. B. für den Anlauf eines Motors, Vorbedingung ist, wird als elektrische Spannung oder kurzweg als Spannung bezeichnet und in Volt gemessen. Ähnlich wie bei der Wärme von dem wärmeren zu dem kälteren Stoff, bei dem Wasser von dem höheren zu dem tieferen Wasserspiegel ein Ausgleich, ein Strömen stattfindet, sobald ein Verbindungs- oder Ausgleichsweg vorhanden ist, ebenso wird, sobald eine elektrische Spannung vorhanden ist, ein elektrischer Ausgleich eintreten. Man sagt dann: Der elektrische Strom fließt von dem höheren Potential (dem positiven Pol) zum niederen (dem negativen Pol). Die Stromstärke, die in der Zeiteinheit durch den Querschnitt des Verbindungsleiters fließt, wird in Ampere gemessen. Der Strom, der aus einer Silberlösung 1,118 mg Silber i. d. Sek. ausscheidet, hat nach den gesetzlichen Bestimmungen die Einheitsstärke von 1 Amp.

Die Stromstärke ist außer von der Höhe der Spannung noch von dem Widerstand des Ausgleichweges abhängig. Als Maßeinheit für den elektrischen Widerstand ist das Ohm festgelegt, und zwar durch den Widerstand eines Quecksilberfadens von 105,3 cm Länge und 1 mm² Querschnitt. Für die Bestimmung der elektrischen Stromstärke gelten folgende Beziehungen:

Bezeichnet
E = Spannung in Volt,
J = Stromstärke in Ampere,
R = Widerstand in Ohm,

so ist

$$J = \frac{E}{R}.$$

Diese Gleichung wird das Ohm'sche Gesetz genannt und ist ein Grundgesetz der Elektrotechnik. Da die Einheit für die Stromstärke und für den Widerstand festgelegt ist, so ist durch das Ohmsche Gesetz auch die Einheit für die Spannung bestimmt. Wird in die vorstehende Gleichung für den Wert $J = 1$ und für den Wert $R = 1$ gesetzt, so wird auch $E = 1$, d. h. die Spannung, die beim Widerstand von 1 Ohm die Stromstärke von 1 Amp. erzeugt, hat die Größe von 1 Volt. Hat die Spannung annähernd den gleichen Wert, so wird in der Leitung dauernd ein Strom in gleicher Richtung fließen, der dann als Gleichstrom bezeichnet wird.

Die gebräuchlichste Gleichstromspannung für die elektrische Beleuchtung ist meistens 110 und 220 Volt, die gebräuchlichste Spannung für Kraftbetriebe 110/220 und 440 Volt, diejenige der Bahnbetriebe 500 bis 1200 Volt.

Bei Gleichstromanlagen sind höhere Spannungen nicht gebräuchlich. Werden solche erforderlich, so geht man zu Wechselstrom über.

---

[1] Vgl. auch: Die Elektromotoren in ihrer Wirkungsweise und Anwendung. Von Karl Meller, Verlag Julius Springer, Berlin.

Elektromotoren. — Grundbegriffe.

Wechselstrom. Beim Wechselstrom ist der Wert der Spannung nicht gleichbleibend, sondern er ändert sich dauernd von 0 bis zu einem Höchstwert in positiver Richtung, hierauf bis zu seinem Höchstwert in negativer Richtung, um darauf wiederum auf 0 zurückzugehen. In der Wechselstromtechnik findet fast immer ein sinusförmiger Verlauf der Änderungen statt. Wird der Augenblickswert e der Spannung über die Zeit t aufgetragen, so ergibt sich die in Fig. 1 wiedergegebene Kurve. Entsprechend der Änderung der Spannung wechselt auch der Strom seine Richtung und seine Stärke. Die Zeit, innerhalb welcher ein Wechsel von 0 bis zum positiven Maximum, dann durch 0 bis zum negativen Maximum und wiederum bis 0 erfolgt, heißt volle Periode (T). Die Anzahl der Perioden in der Sekunde wird als Frequenz bezeichnet. In Deutschland ist allgemein eine Frequenz von 50 gebräuchlich.

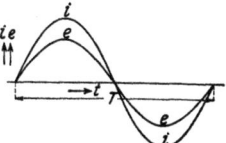

Fig. 1. Spannungs- und Stromkurve beim Wechselstrom.

Bei Wechselstrom rechnet man mit dem sogenannten Effektivwert, der das 0,707 fache des auftretenden Höchstwertes beträgt. Dieser Wert wird von den gebräuchlichen Meßinstrumenten, unabhängig von der Stromkurve, angezeigt.

Drehstrom. Der Drehstrom ist ein mehrphasiger Wechselstrom, und zwar ein Strom mit 3 Phasen. Seine Entstehung kann man sich in der Weise denken, daß 3 Einphasenströme, deren Amplituden um $1/3$ Periode verschoben sind, vereinigt werden. In Fig. 2 würden demnach die Wicklungen 1, 2 und 3 jeweils die Wicklungen einer Phase eines Wechselstromes bedeuten. Trägt man die einzelnen Stromkurven, wie Fig. 3 zeigt, für die 3 Phasen auf, so ergibt sich, daß in je dem Zeitpunkt einer Periode die Summe sämtlicher Ströme Null ist. Es können daher die 3 mittleren Leiter fortgelassen und die 3 Punkte der Leitung XYZ vereinigt werden (vgl. Fig. 4).

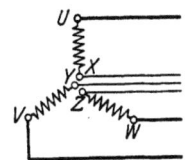

Fig. 2. Dreiphasen-Wechselstrom mit 6 Leitungen.

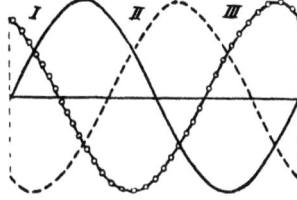

Fig. 3. Die drei Stromkurven bei Drehstrom.

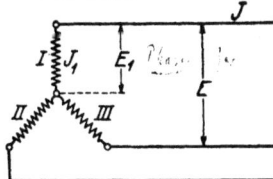

Fig. 4. Drehstrom in Sternschaltung.

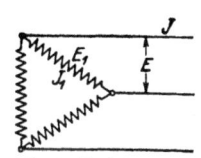

Fig. 5. Drehstrom in Dreieck-Schaltung.

Den Punkt der Vereinigung der Phasen nennt man den Nullpunkt. Die zwischen dem Nullpunkt und dem Außenleiter herrschende Spannung nennt man die Phasenspannung, die zwischen je 2 Leitern herrschende die Netzspannung. Die Schaltung nach Fig. 4 wird als Sternschaltung bezeichnet. Hierbei verhält sich die Phasenspannung zur Netzspannung wie $1 : \sqrt{3}$ und der Phasenstrom zum Netzstrom wie $1 : 1$. Die 3 Phasen können aber auch in Dreieck geschaltet werden (vgl. Fig. 5). Hierbei verhält sich die Netzspannung zur Phasenspannung wie $1 : 1$, der Phasenstrom zum Netzstrom wie $1 : \sqrt{3}$. Auch bei Drehstrom wird jeweils mit dem Effektivwert gerechnet.

2. Phasenverschiebung.

Fast bei allen Wechsel- und Drehstromanlagen ist eine Verschiebung des zeitlichen Verlaufs von Strom und Spannung vorhanden (Fig. 6), die als Phasenverschiebung bezeichnet wird. Sie wird in Winkelgraden gemessen, wobei für die volle Periode ein Winkel von 360° angenommen wird, und durch den cos φ des Winkels ausgedrückt. Man sagt also: Der cos φ beträgt 1. Hierbei würde der Winkel 0°, also keine Phasenverschiebung vorhanden sein; oder der cos φ ist 0,8, was einem Winkel von 36° entsprechen würde.

3. Arbeit und Leistung.

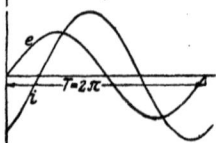

Fig. 6. Phasenverschiebung zwischen Spannung und Strom.

Das Produkt aus Spannung, Stromstärke und Zeit stellt einen Wert für die elektrische Arbeit dar. Die Einheit für die elektrische Arbeit ist das Joule, und zwar ist dies die Arbeit, die geleistet wird, wenn bei einer Spannung von 1 Volt eine Stromstärke von 1 Amp. eine Sekunde lang fließt.

Es ist dann $A = E \cdot J \cdot t \cdot$ Joule.

In der Praxis mißt man die elektrische Arbeit jedoch nicht nach Joule, sondern nach Wattsekunden; und zwar ist

1 Joule = 1 Wattsekunde.

Aus der Einheit für die elektrische Arbeit kann auch die für die elektrische Leistung N abgeleitet werden.

$$N = \frac{A}{t} = E \cdot J \text{ Joule/sek oder Watt.}$$

Die Einheit der elektrischen Leistung ist also dann gegeben, wenn bei einer Spannung von 1 Volt ein Strom von 1 Amp. fließt. Da diese Einheit für größere Werte zu klein ist, so hat man für Arbeit und Leistung noch folgende Einheiten:

1 Kilowatt (kW) = 1000 Watt,
1 Kilowattstunde (kWh) = 1000 Wattsekunden · 3600
= $3{,}6 \cdot 10^6$ Wattsekunden.

Da die Beziehung besteht

1 Joule = 0,102 mkg = 0,24 gkal.,

so sind:

1 Watt = 0,102 mkg/sek,
1 Kilowatt = 1,36 PS,
1 Kilowattstunde = 1020 mkg = 1,36 PSh,
1 mkg/sek = 9,81 Watt,
1 PS = 0,736 kW,
1 PSh = 0,736 kWh.

Beim Wechselstrom muß bei der Ermittlung der Leistung noch die Phasenverschiebung berücksichtigt werden, und zwar errechnet sich der Wert zu

$$N = E \cdot J \cdot \cos \varphi \text{ Watt.}$$

Demgegenüber wird das Produkt $E \cdot J$ ohne Berücksichtigung der Phasenverschiebung als Scheinleistung bezeichnet und in Volt-Ampere bzw. in Kilo-Volt-Ampere (kVA) gemessen. Das Verhältnis der tatsächlichen Leistung zur Scheinleistung ist der Leistungsfaktor. Ist die Phasenverschiebung 0, so ist die scheinbare Leistung gleich der wirklichen.

Da sich der Drehstrom im wesentlichen aus 3 Phasen eines Wechselstromes zusammensetzt, so kann dessen Leistung in gleicher Weise wie beim Wechselstrom ermittelt werden, jedoch unter Berücksichtigung, daß nunmehr 3 Phasen vorhanden sind. Die Leistung des Drehstromes wird also bei gleicher Belastung den dreifachen Wert des Wechselstromes haben. Es wird also die Leistung

$$N = \sqrt{3} \cdot E \cdot J \cdot \cos \varphi.$$

Die Arbeit des Drehstromes errechnet sich dann unter Berücksichtigung der Zeit zu $A = N \cdot T$.

Auch bei Drehstrom ist die scheinbare Leistung das Produkt aus Strom und Spannung ohne Berücksichtigung der Phasenverschiebung.

b) Eigenart der Motoren.

1. Gleichstrom-Nebenschlußmotoren.

Allgemeine Eigenschaften. Bei den Gleichstrom-Nebenschlußmotoren ist die Erregerwicklung zu dem Anker parallel geschaltet (Fig. 7) und besteht aus einer großen Anzahl von Windungen dünnen Drahtes. Die Erregerstromstärke ist von der Belastung des Motors unabhängig; daher ist die Feldstärke praktisch konstant. Die Drehzahl ist, gleichbleibende Spannung an den Klemmen vorausgesetzt, von der Belastung nahezu unabhängig (Fig. 8). Je kleiner die Drehzahl, für die der Motor bei einer bestimmten Leistung ausgeführt werden soll, um so größer werden die Abmessungen des Motors und um so höher die Kosten. Daher ist bei der Auswahl des Motors nach Möglichkeit eine hochtourige Type zu wählen, was unter Umständen durch entsprechende Ausführung der Zwischenübertragungen zwischen Motor und Arbeitsmaschine erreicht

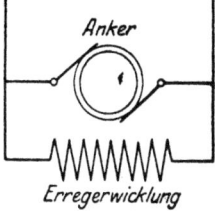

Fig. 7. Schaltbild eines Gleichstrom-Nebenschlußmotors.

werden kann. Eine Begrenzung nach oben ist in der Hauptsache durch die mechanische Ausführung gegeben, insofern, als man über eine bestimmte höchste Umfangsgeschwindigkeit des Ankers und des Kollektors nicht hinausgeht. Neuerdings wird eine Normung der Drehzahlen angestrebt, und zwar werden in Anpassung an die Drehzahlen der asynchronen Drehstrommotoren folgende Drehzahlen vorgeschlagen

3000, 2000, 1500, 1200, 1000, 750, 600, 500.

Der Wirkungsgrad ist von der Ausführung des Motors abhängig und ändert sich mit der Belastung (Fig. 8). Es muß daher bei den Antrieben darauf geachtet werden, den Motor möglichst mit Vollast zu betreiben.

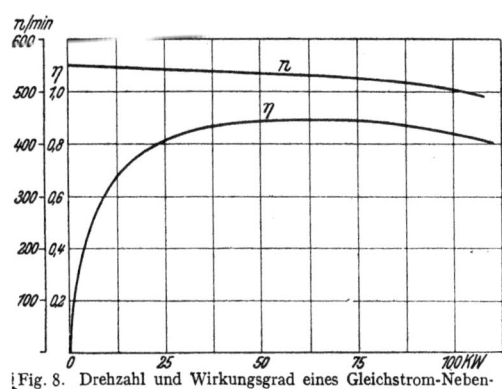

Fig. 8. Drehzahl und Wirkungsgrad eines Gleichstrom-Nebenschlußmotors in Abhängigkeit von der Belastung.

Anlassen, Drehzahlregeln, Umsteuern und Bremsen. Wird ein stillstehender Motor unmittelbar an die volle Netzspannung angeschlossen, so treten sehr hohe Anlaufströme auf, die den Motor gefährden und sich in der gesamten Anlage sehr störend bemerkbar machen. Es ist daher beim Anlassen eines Nebenschlußmotors erforderlich, allmählich die Spannung am Anker von 0 bis zum Höchstwert anwachsen zu lassen. Dies wird am einfachsten durch das Vorschalten eines Anlaßwiderstandes erreicht, der in Verbindung mit einem Anlasser während des Motoranlaufs allmählich bis auf Null verringert wird. Diese Anlaßmethode ist allgemein gebräuchlich (Fig. 9).

Die Drehzahl eines Nebenschlußmotors, dessen Erregung nicht geändert wird, ist der dem Anker zugeführten Spannung verhältnisgleich. Es kann dementsprechend auch, je nachdem die Spannung von 0 bis zu dem Höchstwert an dem Anker des Nebenschlußmotors eingestellt wird, jede beliebige Drehzahl zwischen 0 und dem Höchstwert, für den die Maschine berechnet ist, durch Spannungsänderung erreicht werden. Dies wird, wie beim Anlassen, durch das Vorschalten eines die Spannung abdrosselnden Widerstandes ermöglicht. Diese Methode ist in ihrer Anordnung am einfachsten, doch ist sie unwirtschaftlich und hat noch den Nachteil, daß die eingestellte Drehzahl bei Belastungsänderung nicht gleichbleibt. Unwirtschaftlich ist der Antrieb, weil in dem Vorschaltwiderstand ein bestimmter Betrag der zugeführten Sammelschienenspannung abgedrosselt, also vernichtet wird.

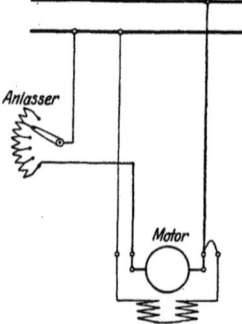

Fig. 9. Anlaß-Schaltung mit Widerstand.

Ein anderer Nachteil dieser Regelart besteht darin, daß sich die eingestellte Drehzahl mit der Belastung ändert. Sie geht bei Entlastung in die Höhe und fällt wiederum bei Belastungszunahme. Sie ist demnach bei Arbeitsmaschinen, bei denen es auch unter wechselnder Belastung auf gleichbleibende Drehzahl ankommt, nicht zu verwenden.

Bei der sogenannten Zu- und Gegenschaltung (Fig. 10) ist die Anordnung meistens so getroffen, daß der zu regelnde Motor für die doppelte Netzspannung ausgeführt wird. Die in den Stromkreis zwischen Sammelschienen und Regelmotor zwischengeschaltete Maschine ist für eine Spannung gleich der Netzspannung bemessen und kann so erregt werden, daß die Spannung dieser Maschine einmal der Netzspannung entgegengeschaltet, das andere Mal ihr zugeschaltet ist. Ist die Spannung der Maschine der Netzspannung entgegengeschaltet, so wird auf diese Weise die Spannung an den Klemmen des Regelmotors nur den Unterschied zwischen der Spannung der Sammelschienen und der Zusatzmaschine betragen. Der Motor wird dann mit einer diesem geringen Spannungsunterschied entsprechenden Spannung laufen. Die Zusatzmaschine wirkt demnach in gleichem Maße wie ein Vorschaltwiderstand, nur mit dem Unterschied, daß die sonst im Widerstand vernichtete Energie — da jetzt die Zusatzmaschine als Motor läuft — in mechanische Energie umgewandelt wird. Mit Hilfe dieser freiwerdenden mechanischen Energie wird eine zweite Maschine angetrieben, welche die ihr zugeführte mechanische Energie in elektrische umwandelt und an das Netz wieder abgibt. Die sonst im Vorschaltwiderstand vernichtete Energie wird bei dieser Schaltung, also mit Ausnahme der Verluste in dem Steueraggregat (Maschine A und B), nutzbar an das Netz wieder zurückgegeben. Ist die Spannung der Zusatzmaschine gleich Null, so erhält der Motor die volle Netzspannung und läuft, da er für die doppelte Spannung bemessen ist, mit seiner halben Drehzahl. Wird nunmehr die Zusatzmaschine so erregt, daß sich ihre Spannung der Netzspannung zuaddiert, so erhöht sich dementsprechend die Spannung an den

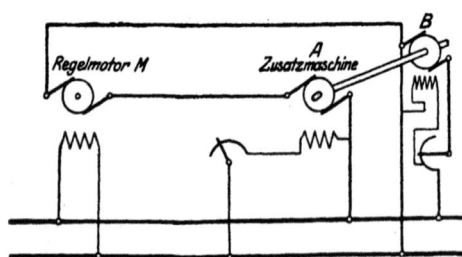

Fig. 10. Zu- und Gegenschaltung.

Klemmen des Regelmotors und dessen Drehzahl. Erreicht die Zusatzspannung die Höhe der Netzspannung, so ist die doppelte Netzspannung an den Klemmen des Regelmotors vorhanden, und der Regelmotor läuft mit seiner höchsten Drehzahl. In diesem Falle arbeitet die Zusatzmaschine als Dynamo und die mit ihr gekuppelte Maschine als Motor. Es ist daher bei dieser Zu- und Gegenschaltung eine weitgehende Drehzahlregelung lediglich durch Veränderung der Erregung der Zusatzmaschine zu erreichen. Der Regler braucht nur für die geringe Erregerstromstärke der Zusatzmaschine bemessen zu werden, er wird daher auch bei einer großen Zahl von Kontakten verhältnismäßig klein ausfallen.

Die vorbeschriebene Schaltung bedingt das Vorhandensein eines Gleichstromnetzes. Wo ein solches nicht zur Verfügung steht, kann die Leonard-Schaltung verwendet werden (Fig. 11). Die Steuerdynamo ist hierbei entweder unmittelbar durch die Dampfmaschine anzutreiben, oder auch — besonders kommt dies bei Drehstromnetzen in Frage — durch einen Drehstrommotor. Auch hierbei wird die Drehzahländerung des Regelmotors durch Änderung der Spannung der Dynamo, also durch Veränderung ihrer Erregung mit Hilfe eines feinstufigen Nebenschlußreglers, in leichter Weise erreicht.

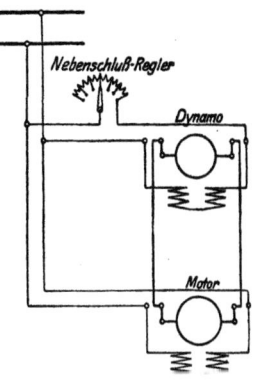

Fig. 11. Leonard-Schaltung.

Die Zu- und Gegenschaltung und die Leonard-Schaltung ermöglichen eine verlustlose und feinstufige, von der Belastung unabhängige Drehzahlregelung. Infolge der erhöhten Anschaffungskosten, die durch die Aufstellung von besonderen Steuermaschinen bedingt sind, findet diese Anordnung nur bei solchen Maschinen Verwendung, bei denen größere Energiemengen in Frage kommen, die Wirtschaftlichkeit der Regelung also besonders ins Gewicht fällt, und bei denen eine eindeutige Steuerung erforderlich ist, die einmal eingestellte Drehzahl also unabhängig von der Belastung gleichbleiben muß. Beide Schaltungen können nur bei Arbeitsmaschinen angewendet werden, die über dem gesamten Regelbereich ein angenähert gleiches Drehmoment besitzen. Bei Arbeitsmaschinen mit gleichbleibender Leistung würden die Antriebsmotoren zu unwirtschaftlich groß und teuer ausfallen.

Außer durch die Änderung der Spannung kann ein Gleichstrom-Nebenschlußmotor auch noch durch Änderung der Erregung geregelt werden. Wird das Feld eines Nebenschlußmotors geschwächt, so wird dadurch die Drehzahl des Motors erhöht. Die Feldschwächung bedingt eine schlechtere Ausnutzung der Maschine, so daß, gleiche Leistung vorausgesetzt, ein Motor, der für die Regelung durch Feldschwächung gebaut ist, größer ausfällt als ein normaler Motor, und zwar wird er um so größer, je höher die Feldschwächung gewählt wird. Gewöhnlich baut man die Nebenschlußmotoren für eine Regelung im Verhältnis 1:2 oder 1:3. Ein größerer Regelbereich, etwa 1:4 bis 1:6 ist seltener gebräuchlich, da die Motoren unwirtschaftlich, nämlich zu groß und zu teuer, unter Umständen auch unstabil, werden. Zum Einstellen der Drehzahl dient ein Regler, der nur für den etwa 5 bis 10 vH der Gesamtstromaufnahme betragenden Erregerstrom bemessen zu werden braucht, so daß mit einem einfachen und billigen Apparat eine feinstufige Regelung erreicht werden kann. Bei dieser Regelung ist die eingestellte Drehzahl praktisch von der Belastung unabhängig; sie wird wegen ihrer Einfachheit bei allen Arbeitsmaschinen, die eine feinstufige Drehzahlregelung verlangen, verwendet.

Die zwei wesentlichen Regelarten, nämlich Erniedrigung der Spannung bzw. Verringerung der Erregung, können naturgemäß auch vereinigt werden. So kann z. B. eine Regelung mit Vorschaltwiderstand und mit Nebenschlußregelung vorgesehen werden, indem für die gebräuchlichsten und am meisten vorkommenden

Drehzahlen eine Nebenschlußregelung vorgesehen wird und noch weitere Drehzahlerniedrigungen mit Hilfe des Vorschaltwiderstandes erzielt werden.

Die Drehrichtung eines jeden Nebenschlußmotors läßt sich in einfacher Weise umkehren. Treibt ein Motor eine Arbeitsmaschine an, deren Drehrichtung geändert werden soll, so ist es daher zweckmäßiger, nicht ein mechanisches Umsteuergetriebe einzubauen, sondern auf elektrischem Wege im Motor umzusteuern. Die Drehrichtung des Motors kann entweder durch die Änderung der Stromrichtung im Anker oder in der Erregerwicklung umgekehrt werden. Praktisch wird nur die Umkehrung im Anker angewandt, indem die beiden Zuleitungen zum Anker vertauscht werden (Fig. 12).

Beim Bremsen mit Gegenstrom wird der Motor abgeschaltet und im entgegengesetzten Drehsinn mit Hilfe des Anlassers wieder an das Netz angeschlossen. Diese Bremsmethode bedingt erhöhte Aufmerksamkeit, da auch für rechtzeitiges Ausschalten gesorgt werden muß, um ein Anlaufen des Motors in entgegengesetzter Richtung zu vermeiden. Die Bremsung mit Gegenstrom ist daher bei Nebenschlußmotoren nur wenig gebräuchlich.

Bei der Ankerbremsung wird der Anker vom Netz abgeschaltet und über einen Widerstand kurzgeschlossen. Der weiterlaufende Motor arbeitet nunmehr als Dynamo und liefert elektrische Leistung, die im Bremswiderstand vernichtet und zu deren Deckung naturgemäß die in den umlaufenden Teilen aufgespeicherte Energie aufgezehrt wird. Dadurch wird der Motor um so schneller stillgesetzt, je größer der Bremsstrom ist.

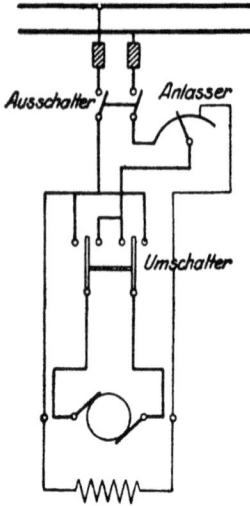

Fig. 12. Drehrichtungsänderung eines Gleichstrommotors durch Anker-Umschaltung.

Bei der Nutzbremsung arbeitet der Motor wie bei Ankerbremsung als Dynamo, jedoch mit dem Unterschied, daß hierbei seine Leistung an das Netz nutzbar wieder abgegeben wird. Eine Möglichkeit dieser Bremsung ist bei der Verwendung von regelbaren Motoren gegeben. Wird durch Feldschwächung geregelt, so kann, um den Motor bis auf seine Grunddrehzahl, also bis auf die Drehzahl, wo er wieder mit vollerregtem Felde arbeitet, in der Weise gebremst werden, daß das Feld verstärkt wird. Dadurch wird die Spannung an den Klemmen des Motors größer als die ihm aufgedrückte Netzspannung, so daß der Motor nunmehr als Dynamo arbeitet, elektrische Energie ans Netz abgibt und sich dadurch selber abbremst.

2. Gleichstrom-Hauptschlußmotoren.

Allgemeine Eigenschaften. Der Hauptschlußmotor, auch Hauptstrommotor genannt, besitzt eine Erregerwicklung, die mit dem Ankerstrom in Reihe geschaltet ist (Fig. 13). Daher besteht diese Wicklung aus wenigen Lagen starken Drahtes. Die Drehzahl ist von der Belastung abhängig. Fig. 14 zeigt den Verlauf der Drehzahl für einen gegebenen Motor. Es wird also bei der Zunahme der Belastung die Drehzahl stark abfallen, hingegen bei Abnahme der Belastung stark anwachsen. Wird der Motor entlastet, dann wird die Drehzahl unzulässig gesteigert, der Motor geht durch, was zu seiner Zerstörung führt. Es müssen daher beim Hauptstrommotor, dort, wo die Gefahr der Entlastung gegeben ist, besondere Sicherheitsanordnungen getroffen werden, um ein Durchgehen zu verhindern. Eine solche Anordnung besteht in dem Einbau eines Zentrifugalschalters, der, sobald der Motor die höchstzulässige Drehzahl überschreitet, selbsttätig den Motor vom Netz abschaltet.

Auch der Hauptstrommotor kann in weitem Bereich für jede beliebige Drehzahl (unter Berücksichtigung der Dauerleistung) ausgeführt werden. Auch hier ist die Grenze wie beim Nebenschlußmotor mit Rücksicht auf konstruktive Aus-

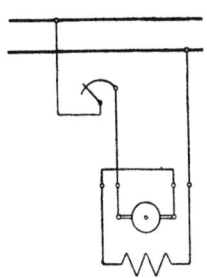

Fig. 13. Schaltbild eines Hauptschlußmotors.

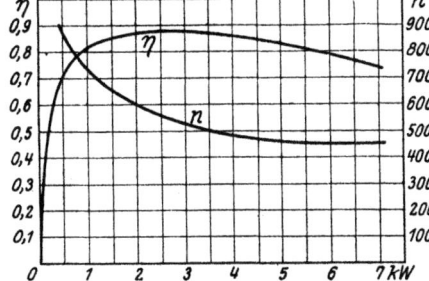

Fig. 14. Drehzahl und Wirkungsgrad eines Hauptschlußmotors in Abhängigkeit von der Belastung.

führung gegeben. Da die Größe des Motors unter sonst gleichen Verhältnissen von der Drehzahl abhängt, so ist auch bei dem Hauptstrommotor eine hohe Drehzahl erwünscht. Immerhin wird man mit Rücksicht auf die bei Entlastung auftretende Drehzahlerhöhung nicht so hohe Drehzahlen zugrunde legen können wie bei einem Nebenschlußmotor. Der Wirkungsgrad ist von der Ausführung des Motors und der Belastung abhängig (Fig. 14).

Anlassen, Regeln, Umsteuern und Bremsen. Auch beim Hauptschlußmotor größerer Leistung ist es zur Verringerung des Anlaufstromes erforderlich, die Netzspannung nicht unmittelbar an den stillstehenden Motor zu legen, sondern allmählich von 0 bis zum Höchstwert zu erhöhen, was am einfachsten durch regelbaren Vorschaltwiderstand mit Hilfe eines Anlassers (Fig. 13) erreicht wird. Kleinere Motoren können auch unter Zwischenschaltung eines festeingestellten Widerstandes angelassen werden, der während des Betriebes eingeschaltet bleibt. Dadurch wird zwar der Wirkungsgrad verschlechtert, aber eine sehr einfache Schaltung erhalten. Kleinste Motoren, etwa mit Leistungen unter 1 kW, können auch unmittelbar ans Netz angeschlossen werden.

Anlassen des Hauptschlußmotors unter Zuhilfenahme von besonderen Aggregaten ist nicht gebräuchlich.

Für die Drehzahlregelung wird fast allgemein ein regelbarer Vorschaltwiderstand verwendet. Diese Drehzahlregelung ist, wie bei Nebenschlußmotoren, unwirtschaftlich.

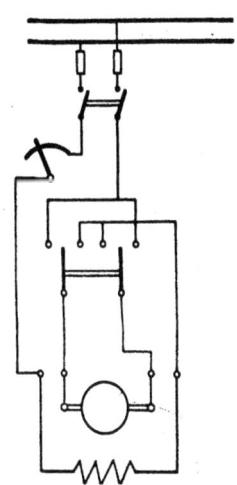

Fig. 15. Drehrichtungsänderung eines Hauptschlußmotors durch Anker-Umschaltung.

Wie bei Nebenschlußmotoren kann die Drehrichtung entweder durch Änderung im Anker oder im Felde umgekehrt werden. Praktisch gebräuchlich ist nur die Änderung im Ankerstromkreis (Fig. 15).

Auch beim Hauptstrommotor kann eine Bremsung mit Gegenstrom- oder eine Kurzschlußankerbremsung sehr gut angewendet werden. Im letzteren Falle bleiben Anker- und Erregerwicklung hintereinander geschaltet.

3. Gleichstrom-Doppelschlußmotor.

Allgemeine Eigenschaften. Der Doppelschlußmotor, auch Compoundmotor genannt, stellt eine Vereinigung zwischen Nebenschluß- und Hauptschlußmotor dar. Er besitzt also sowohl eine Nebenschlußwicklung als auch eine Hauptschlußwicklung. Je nachdem, ob die eine oder die andere der beiden Wicklungen überwiegt, besitzt dann der Doppelschlußmotor eine dementsprechende Charakteristik. Ein Nebenschlußmotor mit Hauptschlußhilfswicklung wird demnach eine Charakteristik besitzen, bei der die Drehzahl bei Belastung stärker abfällt als bei reiner Nebenschlußwicklung.

Überwiegt die Hauptschlußwicklung, besitzt also der Motor nur eine Nebenschlußhilfswicklung, so wird ein solcher Doppelschlußmotor viel stärker die Kennzeichen eines Hauptschlußmotors haben. Die Nebenschlußhilfswicklung hat in diesem Falle in erster Linie den Zweck, das Durchgehen des Motors zu verhindern und sein Anlassen auch bei Leerlauf zu ermöglichen. Fig. 16 zeigt die Kennlinien eines reinen Hauptschlußmotors und eines solchen mit Hilfswicklung; die Begrenzung der Drehzahl bei Leerlauf ist deutlich ersichtlich.

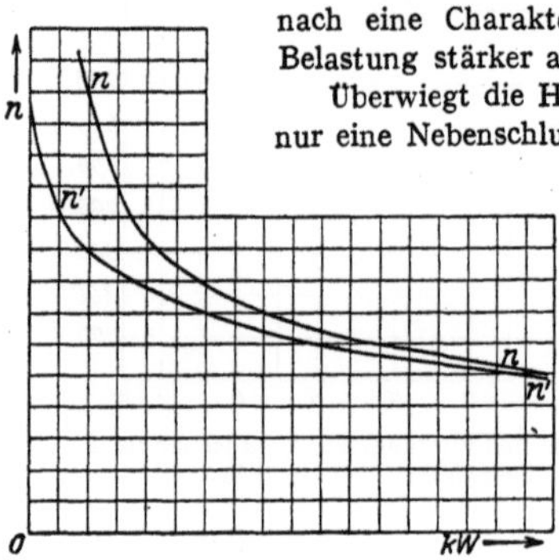

Fig. 16. Vergleich der Drehzahlkurve eines Hauptschlußmotors und eines Doppelschlußmotors.

Bezüglich Drehzahl, Leistung und Wirkungsgrad gilt sinngemäß das in den vorausgegangenen Abschnitten Gesagte.

Anlassen, Regeln, Umsteuern und Bremsen. Für das Anlassen gelten dieselben Gesichtspunkte wie bei dem reinen Nebenschluß- bzw. Hauptschlußmotor. Meistens Anlassen durch Vorschaltwiderstand.

Die Drehzahl kann durch Verändern der zugeführten Spannung und bei Motoren mit überwiegender Nebenschlußerregung auch durch Änderung der Erregung geregelt werden.

Auch kann der Doppelschlußmotor ebenso wie der Nebenschlußmotor elektrisch gebremst werden. Beim Umschalten zum Zwecke des Umsteuerns des Motors muß darauf geachtet werden, daß die Stromrichtung nur im Anker geändert wird.

4. Asynchroner Drehstrommotor.

Allgemeine Eigenschaften. Der asynchrone Drehstrommotor in der allgemein gebräuchlichen Anordnung besitzt in seinem feststehenden Teile, dem sogenannten Stator, eine Dreiphasenwicklung, durch deren Anschluß an die 3 Phasen eines Drehstromnetzes ein Drehfeld erzeugt wird. Fig. 17 zeigt schematisch die Anordnung einer zweipoligen Trommelwicklung, wobei 1 Nute je Pol und Phase vorgesehen ist. Die Normalmotoren erhalten naturgemäß für jeden Pol und jede Phase mehrere Nuten; desgleichen ist je nach der gewünschten Drehzahl des Motors eine größere Anzahl Pole vorhanden.

Die Drehzahl des Feldes ist abhängig

1. von der Anzahl der Polpaare $= p$,
2. von der Frequenz $= \nu$.

Es ist dann die Drehzahl des Feldes

$$n_0 = \frac{60 \cdot \nu}{p}.$$

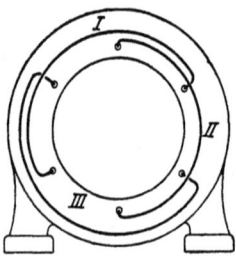

Fig. 17. Schematische Darstellung der Statorwicklung eines asynchronen Drehstrommotors.

Innerhalb des Stators ist der Rotor angeordnet. Die Drehzahl des Rotors ist immer etwas geringer als die des Statorfeldes. Man nennt dieses Zurückbleiben Schlupf und drückt ihn in vH der Drehzahl des Drehfeldes (der synchronen Drehzahl) aus. Die Größe des Schlupfes ist von der Bauart des Motors abhängig, sie beträgt etwa 2 bis 5 vH bei Vollast und ändert sich nur unwesentlich in Abhängigkeit von der Belastung (Fig. 18). Da eine Frequenz von 50 in Deutschland allgemein gebräuchlich ist, so werden die Motoren listenmäßig für folgende Drehzahlen ausgeführt:

Anzahl der Polpaare	1	2	3	4	5	6	8	10	12
Drehzahl des Feldes:	3000	1500	1000	750	600	500	375	300	250
Drehzahl des Motors etwa:	2950	1450	970	730	580	485	365	290	245

Je geringer die Drehzahl ist, desto größer wird die Anzahl der Polpaare, desto größer werden die Abmessungen des Motors und desto höher sein Preis.

Der Wirkungsgrad von asynchronen Drehstrommotoren ist bei gleicher Leistung und Drehzahl günstiger als bei Gleichstrommotoren.

Die Phasenverschiebung ist von der Ausführung des Motors und von seiner Größe und seiner Belastung abhängig. Fig. 18 zeigt für den gegebenen Motor die

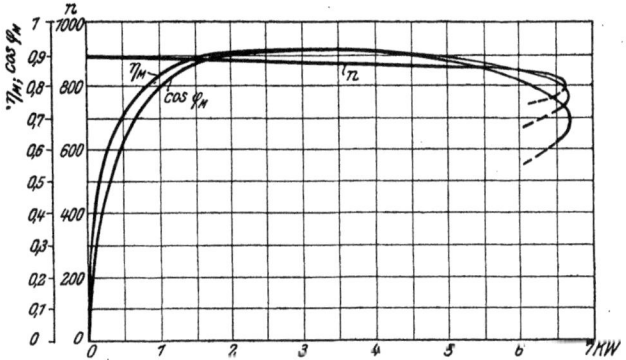

Fig. 18. Drehzahl, Wirkungsgrad und Phasenverschiebung eines asynchronen Drehstrommotors in Abhängigkeit von der Belastung.

Phasenverschiebung in Abhängigkeit von der Belastung. Es ergibt sich daraus, daß sich der $\cos \varphi$ bei Entlastung des Motors wesentlich verschlechtert. In Betrieben, in denen eine große Anzahl Motoren laufen, muß daher scharf darauf geachtet werden, daß die Motoren gut belastet laufen.

Auf die absolute Höhe der $\cos \varphi$-Kurve ist die Größe des Luftspaltes zwischen Stator und Rotor von Einfluß, und zwar wird bei dem gleichen Motor die Phasenverschiebung um so schlechter, je größer der Luftspalt gemacht wird. Es müßte also danach gestrebt werden, den Luftspalt so klein wie möglich zu machen. Eine Grenze ist hier mit Rücksicht auf die Betriebssicherheit gezogen, da bei zu kleinem Luftspalt infolge der allmählich eintretenden Lagerabnutzung der Rotor am Stator streifen könnte. Dies führt dann oft infolge des Reißens der Bandagen zur Zerstörung des Motors. Es muß daher besonders bei schweren, sehr beanspruchten Betrieben auf reichlichen Luftspalt geachtet werden.

Die Höhe der Spannung, für die ein Motor ausgeführt werden kann, ist durch seine Leistung bestimmt. Kleinere Motoren können nur für niedrigere, größere für höhere Spannung ausgeführt werden. Als Anhaltspunkt mögen folgende Angaben dienen:

Leistung des Motors bis .	3	12	25	60	100	250 kW
Zulässige Betriebsspannung	1100	2200	3300	5500	6600	11 000 Volt.

Anlassen ohne besondere Anlaßapparate. Jeder Motor mit kurzgeschlossenem Anker kann ohne besondere Hilfsapparate in der Weise angelassen werden, daß der Stator durch einen einfachen dreipoligen Schalter an die Netzspannung angeschlossen wird. Diese an und für sich sehr einfache Anlaßmethode hat den Nachteil, daß beim Einschalten des Motors ein hoher Stromstoß, der das $4^1/_2$- bis $6^1/_2$ fache des Vollaststromes beträgt, auftritt. Eine weitere Einschränkung dieser Anlaßmethode ist auch dadurch gegeben, daß das Anlaufdrehmoment nicht beliebig eingestellt werden kann, sondern von der Größe und Ausführung des Motors abhängt; es geht bei größeren Motoren bis auf das 0,5 fache des normalen herunter.

Wegen des hohen Anlaufstromes müssen bezüglich der Sicherung des Motors besondere Vorkehrungen getroffen werden. Würde beim Anlassen in der Zuleitung die für die normale Dauerbelastung des Motors bemessene Sicherung eingeschaltet sein, so würde diese unbedingt während des Anlassens durchbrennen. Würde andererseits die Sicherung unter Berücksichtigung des hohen Anlaufstromes bemessen werden, dann würde während des normalen Betriebes der Motor nicht genügend gesichert werden. Man verwendet daher am besten Umschalter, bei denen für den Anlauf und für den normalen Betrieb Sicherungen für verschiedene Stromstärken vorhanden sind.

Anlassen durch Veränderung der zugeführten Spannung. Die hohen Stromstöße beim Anlassen von Kurzschlußankermotoren könnten dadurch vermieden werden, daß die Spannung an der Statorwicklung beim Anlassen von 0 bis zum Höchstwert allmählich erhöht wird. Da aber das Drehmoment etwa mit dem Quadrat der Spannung abnimmt, so kann mit dieser Methode kein hohes Anlaufmoment erzielt werden. Dementsprechend ist das Anwendungsgebiet beschränkt.

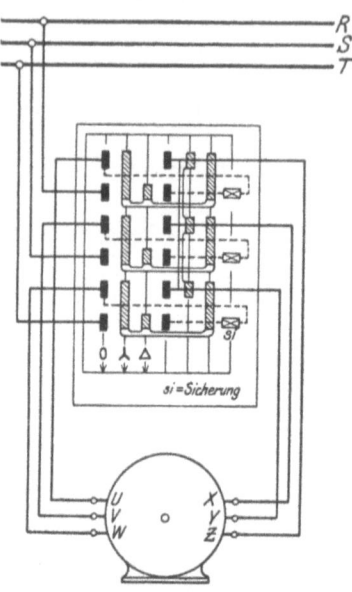

Fig. 19. Sterndreieck-Anlasser.

Am gebräuchlichsten ist bei kleinen Motoren Spannungsverringerung durch die Sterndreieckschaltung. Hierbei wird die Wicklung des Stators beim Anlassen in Stern geschaltet, wodurch die Spannung an den Klemmen des Stators auf den

Wert $\dfrac{\text{Netzspannung}}{\sqrt{3}}$ erniedrigt wird.

Bei der zweiten Anlaßstufe wird dann auf Dreieck umgeschaltet und die Statorwicklung erhält die volle Klemmenspannung. Dadurch wird der Stromstoß auf den etwa 1,5- bis 2 fachen Wert des normalen verringert. Bei den Motoren für diese Schaltungsart müssen also 6 Enden der Wicklung herausgeführt und auch besondere Sterndreieckanlasser vorgesehen werden (Fig. 19).

Anlassen durch Veränderung des Rotorwiderstandes. Wird ein asynchroner Drehstrommotor mit offener Rotorwicklung an das Netz angeschlossen, so nimmt er nur den verhältnismäßig geringen Magnetisierungsstrom auf. Dabei ist das Drehmoment gleich Null. Wird in die Rotorleitung ein Widerstand eingeschaltet und dessen Größe stufenweise verkleinert, dann werden

Stator- und Rotorstrom sowie das Drehmoment entsprechend anwachsen und stoßfreies Anlassen des Motors ist erzielt. Durch richtige Bemessung des Anlaßwiderstandes kann das höchstmögliche Anlaufdrehmoment (etwa das 2,5-fache des normalen) erreicht werden. Naturgemäß bedingt diese Anlaßmethode die Ausführung des Motors mit Schleifringrotor. Zum Schutze der Bürsten, bzw. zur Verringerung der Abnutzung, ist bei den meisten Motoren eine Bürstenabhebe- und Kurzschlußvorrichtung vorgesehen. Nach Erreichen der vollen Drehzahl werden durch die Betätigung eines Handrades am Motor die Bürsten abgehoben und die Rotorwindungen kurzgeschlossen. Bei dieser Anordnung besteht naturgemäß die Gefahr, daß nach dem Stillsetzen des Motors vergessen wird, die Bürstenabhebe- und Kurzschlußvorrichtung wieder in die Anlaufstellung zurückzudrehen. Wird dann der stillstehende Motor eingeschaltet, so können durch den hohen Stromstoß unangenehme Betriebsstörungen hervorgerufen werden. Es empfiehlt sich daher, dort, wo ungeschultes Personal vorhanden ist und Betriebsstörungen besonders ins Gewicht fallen, Vorrichtungen vorzusehen, bei denen eine Betätigung des Anlaßschalters nur dann möglich ist, wenn die Bürstenabhebe- und Kurzschlußvorrichtung in der Anlaßstellung stehen. Motoren, die oftmalig angelassen und stillgesetzt werden, bei denen also die Bürstenabhebe- und Kurzschlußvorrichtung nicht verwendbar ist, müssen für Dauerbetriebe entsprechend verstärkte Bürsten und Schleifringe erhalten. Bei Bestellung solcher Motoren ist hierauf besonders zu achten.

Drehzahlregeln durch Polumschaltung. Da der Stator eines asynchronen Drehstrommotors nicht ausgeprägte Pole hat, so ist es möglich, durch entsprechendes Umschalten der Wicklung je nach Bedarf die Zahl der Pole in gewissem Umfange zu ändern. Solche Motoren nennt man polumschaltbare Motoren. Sie werden mit 2 bis 6 verschiedenen Polzahlen und mit dementsprechenden verschiedenen Geschwindigkeiten ausgeführt. Für die Bemessung des Motors ist von wesentlichem Einfluß, ob das Drehmoment oder die Leistung bei allen Umdrehungszahlen die gleiche bleiben soll oder nicht. Die Motoren mit polumschaltbaren Wicklungen haben bei geringen Drehzahlen eine schlechte Phasenverschiebung und einen ungünstigen Wirkungsgrad. In einfacher Weise kann man beispielsweise eine Regelung nur im Verhältnis 1 : 2, also 500/1000 oder 750/1500 ausführen. Zwischenstufen zwischen 1000 und 1500 oder 1000 und 750 sind nicht möglich.

Regelung durch Veränderung des Schlupfes. Der Schlupf ist abhängig von der Größe des Rotorwiderstandes. Ein Anlaßwiderstand kann demnach, wenn er genügend reichlich bemessen ist, ohne weiteres zur Drehzahlregelung verwendet werden. Die Regelung wird demnach an und für sich in der Anordnung sehr einfach; doch hat sie zu viel Nachteile, so daß sie praktisch nur in beschränktem Maße Verwendung finden kann. Ein wesentlicher Nachteil besteht darin, daß die entsprechend eingestellte Drehzahl sich nur dann nicht ändert, wenn die Belastung gleich bleibt. Ändert sich aber die Belastung, so ändert sich auch die Drehzahl, und zwar in der Form, daß bei zunehmender Belastung der Motor abfällt, bei abnehmender der Motor aber in seiner Drehzahl in die Höhe geht und bei Entlastung nahezu die synchrone Drehzahl erreicht.

Ein weiterer Nachteil ist der schlechte Wirkungsgrad. Fig. 20 zeigt die Verschlechterung des Wirkungsgrades für eine bestimmte Belastung in Abhängigkeit von der Drehzahlverminderung. Danach geht der Wirkungsgrad praktisch

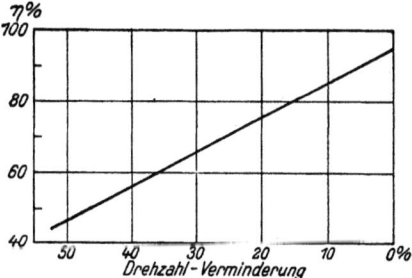

Fig. 20. Wirkungsgrade eines asynchronen Drehstrommotors bei Drehzahl-Regelung durch Widerstände.

proportional mit der Drehzahlverminderung herunter. Motoren für größere Regelbereiche arbeiten daher mit Regelung durch Verminderung des Schlupfes außerordentlich unwirtschaftlich. Ferner ist noch zu berücksichtigen, daß diese Art Regelung nur konstantes Drehmoment abgibt. Braucht man also beispielsweise einen Motor, der 20 kW bei 750 und bei 1500 leisten soll, so ist man gezwungen, einen Motor zu wählen, der bei 1500 Umdrehungen 40 kW leistet.

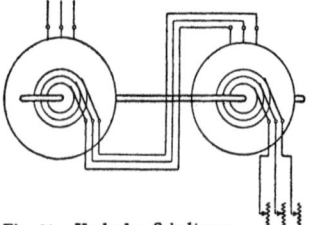

Fig. 21. Kaskaden-Schaltung.

Kaskadenschaltung. Um die Nachteile der Regelung der Drehzahl durch Rotorwiderstand zu umgehen, verwendet man Anordnungen, bei denen die Rotorenenergie nicht vernichtet, sondern in geeigneter Form wieder nutzbar gemacht wird. Es gibt verschiedene Ausführungsmöglichkeiten. Bei der Kaskadenschaltung werden zwei normale Asynchronmotoren, die auf dieselbe Welle arbeiten, hintereinander geschaltet, und zwar in der Weise, daß der Stator des Hintermotors an den Rotor des Vordermotors angeschlossen wird (Fig. 21). Hierbei können die beiden Motoren entweder unmittelbar oder durch eine veränderliche Übertragung, z. B. eine Riemenübertragung, gekuppelt sein.

Bezeichnet p_1 die Polpaarzahl des Vordermotors,
p_2 ,, ,, ,, Hintermotors,

dann ist die Drehzahl des Maschinensatzes

$$n = \frac{60 \cdot \nu}{p_1 + p_2}.$$

Durch Änderung der Übersetzung zwischen den beiden Motoren, also z. B. durch Änderung der Riemenübersetzung, lassen sich noch weitere Drehzahlen einstellen. Die Anwendung der Kaskadenschaltung ist eine begrenzte, da auch nur eine stufenweise Einstellung verschiedener Drehzahlen möglich ist und diese auch noch eine längere Zeit beansprucht. Man verwendet daher die Kaskadenschaltung nur für solche Antriebe, bei denen eine Drehzahländerung nur in großen Zeiträumen erforderlich wird.

Drehzahlregelung unter Verwendung von besonderen Hilfsmotoren. Eine andere Abart der Kaskadenschaltung besteht darin, daß an Stelle des zweiten Hintermotors, der bei der Kaskadenschaltung ein Asynchronmotor ist, ein Drehstromkollektormotor (näheres siehe Abschn. ,,Drehstromkollektormotor") verwendet wird, der gleichfalls die Schlupfverluste des Rotors des Vordermotors nutzbar an die Welle abgibt. Als Hintermotor werden Kollektormotoren mit Reihenschluß- oder Nebenschlußcharakteristik verwendet, woraus sich dann die Charakteristik des gesamten Antriebes ergibt.

Die Verluste des Rotors können auch in der Weise nutzbar gemacht werden, daß sie, einem Einankerumformer zugeführt, in diesem umgeformt und dann entweder unmittelbar an die Hauptwelle oder an das Netz zurückgegeben werden. Bei der sogenannten Gleichstromkaskade ist als Regelsatz ein Einankerumformer vorgesehen, in dem der vom Rotor des Vordermotors kommende Wechselstrom in Gleichstrom umgeformt und an einen mit der Hauptwelle gekuppelten Gleichstrommotor abgegeben wird.

Bei der Rücklieferung der Energie ans Netz kuppelt man den Gleichstrommotor an Stelle des Hauptmotors mit einem besonderen Asynchrongenerator, oder man verwendet als Hintermotor einen Drehstromkollektormotor, der aber nicht unmittelbar auf die Hauptwelle arbeitet, sondern gleichfalls einen auf das Netz arbeitenden Asynchrongenerator antreibt.

Regelsätze in der beschriebenen Form werden nur für größere Sonderantriebe verwendet, sie sind in der Anschaffung teuer und daher nur dann wirtschaftlich, wenn es sich um dauernde und weitgehende Drehzahlregelung handelt.

Die Gleichstromregelsätze sind trotz ihres höheren Preises zur Zeit vorzuziehen da der Drehstromkollektormotor sich noch in seiner Entwicklung befindet und daher ein Versagen nicht ohne weiteres ausgeschlossen ist.

Umsteuern und Bremsen. Um die Drehrichtung eines asynchronen Drehstrommotors zu ändern, ist ein Vertauschen von 2 Phasen erforderlich. Zum Vertauschen dieser beiden Phasen genügt ein zweipoliger Umschalter. Will man den Umschalter jedoch gleichzeitig zum Abschalten aller 3 Phasen benutzen, so muß dementsprechend ein dreipoliger Umschalter verwendet werden.

Da durch Vertauschen von zwei Phasen die Drehrichtung des Feldes und damit die Drehrichtung des Motors bzw. die Richtung des Drehmomentes umgekehrt wird, so läßt sich dadurch, daß der in der einen Drehrichtung laufende oder von der Last angetriebene Motor umgeschaltet wird, eine sehr starke elektrische Bremsung erreichen.

5. Drehstrom-Synchronmotor.

Der Stator des Drehstromsynchronmotors ist in gleicher Weise aufgebaut wie der eines Asynchronmotors. Hingegen ist es erforderlich, dem Anker über Schleifringe Gleichstrom zuzuführen. Infolge des Aufbaues des Synchronmotors kann dieser ein Drehmoment nur beim synchronen Lauf abgeben, nicht aber beim stillstehenden Rotor; daher ist ein Anlauf ohne besondere Hilfsmittel nicht möglich. Ein großer Vorteil der Maschine ist jedoch der gute Leistungsfaktor. Durch Übererregung kann man eine Phasenverbesserung des Netzes erzielen, so daß man versuchen muß, nach Möglichkeit in den Betrieben Synchronmotoren unterzubringen. Eine Verwendungsmöglichkeit ist dadurch gegeben, daß für den Anlauf eine besondere Leerlaufvorrichtung angeordnet und erst umgeschaltet wird, nachdem die synchrone Drehzahl erreicht ist.

Im wesentlichen sind zwei Anlaßmethoden gebräuchlich. Beim Anlassen mittels Hilfsmotor ist ein besonderer kleiner Anwurfmotor vorgesehen, mit dem der Synchronmotor gekuppelt wird.

Durch Einbau von besonderen Hilfswicklungen in den Rotor kann aber auch ein Selbstanlauf ohne besonderen Anwurfmotor erzielt werden. Gewöhnlich wird in den ausgeprägten Polen des Rotors eine Zusatzwicklung angeordnet. Durch diese Wicklung verhält sich der Synchronmotor beim Anlauf wie ein Asynchronmotor, nur daß sein Anlaufdrehmoment infolge der behelfsmäßigen Ausführung dieser Wicklung etwa $1/3$ des normalen beträgt, der Anlaufstrom etwa das 1,5- bis 2 fache.

6. Der Drehstrom-Kollektormotor.

Die Schwierigkeit der Regelung eines gewöhnlichen Drehstrom-Asynchronmotors führte zu dem Bestreben nach der Durchbildung eines regelbaren Drehstrommotors, bei dem die hohen Verluste vermieden und möglichst ein Nebenschlußcharakter erhalten wird. Ein solcher Motor ist der Drehstromkollektormotor. Er besitzt, wie schon der Name sagt, einen Anker mit Kollektor, und zwar ist der Anker ähnlich dem der Gleichstrommotoren ausgebildet. Der Stator hingegen gleicht in seinem Aufbau dem eines asynchronen Drehstrommotors.

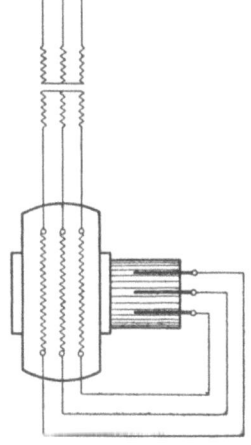

Fig. 22. Drehstrom-Kollektormotor mit einfachem Bürstenansatz u. Vordertransformator.

Der Drehstromkollektormotor kann sowohl als Reihenschluß- als auch als Nebenschlußmotor ausgebildet werden.

Bei dem Drehstromreihenschlußmotor sind der Stator und Rotor hintereinander geschaltet (Fig. 22). Da die Ankerspannung mit Rücksicht auf gute Kommutierung nur bis zu einer bestimmten Höchstgrenze ausgeführt werden kann, so wird bei Hochspannungsmotoren über 500 Volt meist ein besonderer Transformator erforderlich. Dieser Transformator kann entweder als Vordertransformator vor die Statorwicklung, oder als Zwischentransformator zwischen Statorwicklung und Anker geschaltet werden. Durch die Bürstenverschiebung kann der Motor angelassen und gesteuert werden, und zwar kann bei einfachem Bürstensatz der Motor nur etwa mit dem normalen Drehmoment, hingegen mit doppeltem Bürstensatz mit dem etwa zweifachen Drehmoment anlaufen. Die Drehzahlregelung ist mit einfachem Bürstensatz etwa in den Grenzen 1 : 2 bis 2,5, beim doppelten Bürstensatz bis etwa 1 : 3 möglich. Auch durch Spannungsänderung bei feststehenden Bürsten kann angelassen und geregelt werden. Es ist hierfür dann ein besonderer Regeltransformator nötig. Die Ausführung ist daher teurer und, falls der Regeltransformator nicht als Drehtransformator ausgeführt wird, auch nicht so feinstufig wie bei der Anordnung durch Anlassen und Regeln mittels Bürstenverschiebung. Der Drehstromreihenschlußmotor verhält sich ähnlich wie der Gleichstromreihenschlußmotor. Fig. 23 zeigt die Kennlinien für die Drehzahlen, die Stromstärke, die Leistung, den Wirkungsgrad und die Phasenverschiebung eines Drehstromreihenschlußmotors mittlerer Größe bei konstanter Bürstenstellung und veränderlichem Drehmoment. Ähnlich wie der Reihenschlußmotor verhält sich auch der Drehstromnebenschlußmotor, der gleichfalls durch Bürstenverschiebung oder Veränderung der Spannung angelassen und geregelt werden kann. Die Spannung wird entweder durch besondere Regeltransformatoren oder durch Umschaltung der Statorwicklung geregelt. Die Drehzahlregelung ist etwa in den Grenzen 1 : 3 möglich.

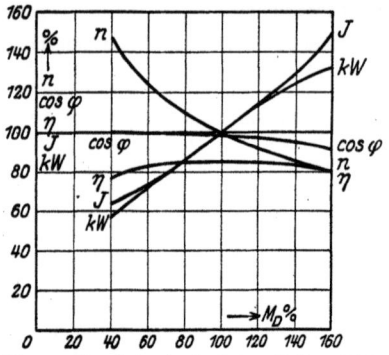

Fig. 23. Kennlinien des Drehstrom-Reihenschlußmotors bei verschiedenem Drehmoment.

7. Einphasen-Kollektormotoren.

Von den auf dem Markt erhältlichen Einphasenkollektormotoren kommen im wesentlichen nur der Reihenschluß- und der Repulsionsmotor in Betracht, die, da es nur verschwindend wenig Einphasennetze in Deutschland gibt, bei Drehstromnetzen durch Anschluß an zwei Phasen ohne weiteres betrieben werden können. Um eine ungleichmäßige Belastung der Phasen zu vermeiden, müssen die angeschlossenen Motoren möglichst gleichmäßig auf die einzelnen Phasen verteilt werden.

Der Einphasenreihenschlußmotor. Da sich die Drehrichtung eines Gleichstromhauptstrommotors nicht ändert, wenn man gleichzeitig die Stromrichtung im Anker und in den Magneten umkehrt, so müßte theoretisch jeder Gleichstromreihenschlußmotor, der an eine Wechselstromquelle angeschlossen wird, trotz der dauernden Stromänderung in demselben Sinne durchlaufen. Der normale Gleichstrommotor mit seinem massiven Magnetgestell läßt den Anschluß an Wechselstrom jedoch nicht zu. Daher erhält der Einphasenreihenschlußmotor ein Magnetgestell aus lamelliertem Eisen, außerdem aber noch eine besondere Kompensationswicklung (Fig. 24). Bei höherer Spannung ist meistens zwischen Netz und Motor ein Zwischentransformator erforderlich. Der Einphasenreihenschlußmotor verhält sich wie der Gleichstromreihenschlußmotor. Die Drehzahl wird durch Veränderung der Klemmenspannung des Motors geändert, wozu am besten der Vorschalttransformator verwendet wird. Dieser erhält eine Anzahl Anzapfungen; die Schaltung erfolgt dann durch einen Stufenschalter. Durch die Verwendung des Anzapftransformators und des Stufenschalters wird der Preis des Motors erheblich verteuert. Fig. 25 zeigt den Wirkungsgrad eines Einphasenreihenschlußmotors bei veränderlichem Drehmoment für verschiedene Klemmenspannungen. Die Phasenverschiebung ist von der Klemmenspannung abhängig; sie ist bei voller Klemmenspannung außerordentlich günstig, nimmt aber auch ähnlich dem Wirkungsgrad mit der Klemmenspannung ab.

Der Repulsionsmotor. Das wesentlichste Merkmal des Repulsionsmotors ist, daß der Stromlauf vom Stator und Anker getrennt ist (Fig. 26). Der Stator wird hierbei an das Netz angeschlossen, während die Bürsten des Ankers kurzgeschlossen werden. Diese Bauart hat den großen Vorzug, daß man infolgedessen den Motor praktisch für jede Spannung ausführen kann. Der Motor hat eine Reihenschlußcharakteristik, die Drehzahl nimmt also mit dem abnehmenden Drehmoment zu, so daß der leerlaufende Motor durchgeht. Durch das Verschieben der Bürsten wird angelassen und die Drehzahl geregelt. Bei Antrieben, bei denen es darauf ankommt, nach Erreichen der höchsten Drehzahl den Motor unabhängig von der Belastung mit konstanter Drehzahl laufen zu lassen, kann mittels eines besonderen Zentrifugalschalters die Ankerwicklung kurzgeschlossen werden. Solche Motoren laufen dann nach erfolgtem Kurzschluß als Asynchronmotoren, deren Drehzahl wie bei dem Drehstromasynchronmotor nur unwesentlich von der Belastung abhängig ist.

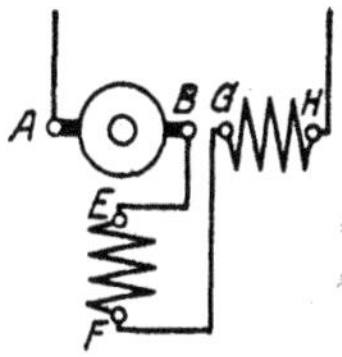

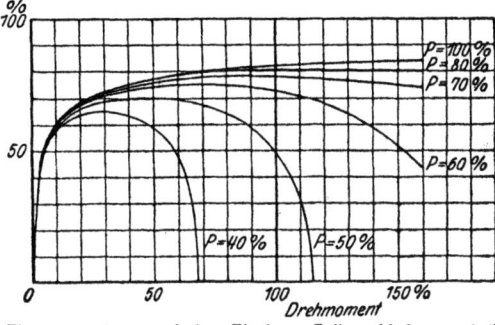

Fig. 24. Schaltbild eines einphasigen Reihenschlußmotors.

Fig. 25. Wirkungsgrad eines Einphasen-Reihenschlußmotors bei veränderlichem Drehmoment und verschiedenen Klemmenspannungen.

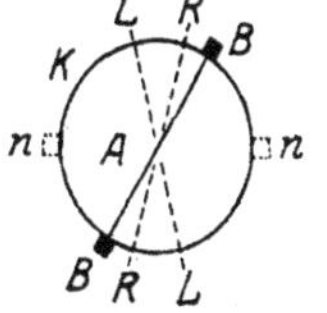

Fig. 26. Schaltbild des Repulsionsmotors.

8. Aufbau der Motoren.

Lagerschildtype. Die gebräuchlichste Ausführung der Motoren, gleichgültig welcher Stromart, ist die sogenannte Lagerschildtype. Der Name stammt daher, daß zu beiden Seiten des Polgestells bzw. des Statortragkörpers je ein schildförmiges Gehäuse angeschraubt wird, in dem die Lager der Motorwelle sitzen. Diese Lagerschilder können je nach Ausführung des Motors ganz geschlossen sein oder besondere Öffnungen für den Zutritt der Kühlluft haben. Ist es erforderlich, noch ein drittes Außenlager bei einer Lagerschildtype anzuordnen, dann muß der Motor mit einer verlängerten Welle geliefert werden, wobei der

Motor und das dritte Lager auf eine gemeinsame Grundplatte gesetzt werden (Fig. 27).

Stehlagertype. Für Motoren von größerer Leistung wird an Stelle der Lagerschildtype die sogenannte Stehlagerausführung bevorzugt, da mit Rücksicht auf die verhältnismäßig schmalen Füße des Motors bei Lagerschildausfüh-

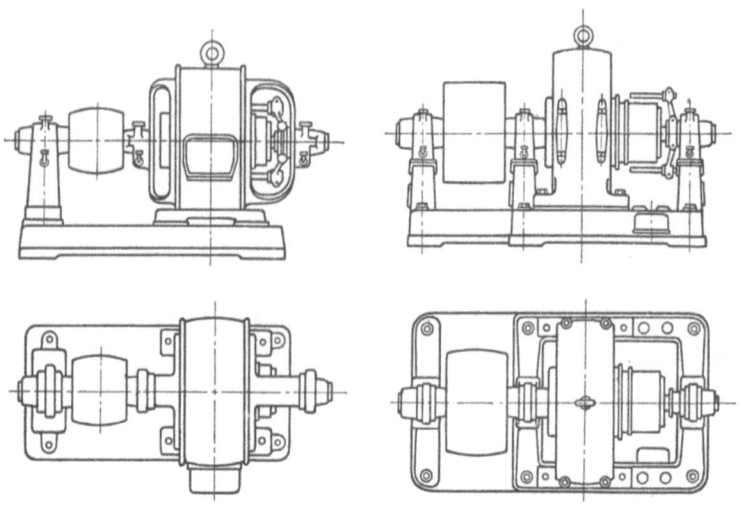

Fig. 27. Lagerschild-Type.   Fig. 28. Stehlager-Type.

rung die Lager, und vor allem die Riemenscheibe, zu weit ausladen würden. Bei der Stehlagerausführung werden besondere Stehlager verwendet, die mit dem Motorgehäuse auf einer gemeinsamen Grundplatte befestigt werden (Fig. 28). Ist ein drittes Lager nötig, dann wird dieses am zweckmäßigsten auf die entsprechend verlängerte Grundplatte aufgesetzt.

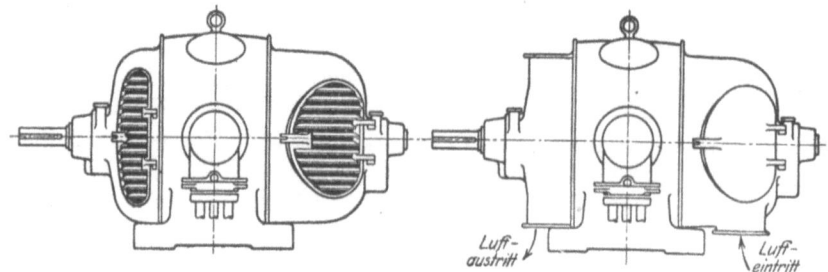

Fig. 29. Ventiliert geschützter und ventiliert geschlossener Motor mit beiderseitigem Rohranschluß.

Ventiliert gekapselte Motoren. Ist es erforderlich, den Motor gegen Spritzwasser, Verschmutzen, mechanische Beschädigung der Wicklungen oder Berührung des Kommutators zu schützen, dann müssen geschützte oder gekapselte Motoren verwendet werden. Handelt es sich um Motoren in Lagerschildausführung, so wird das Lagerschild bis auf besonders angeordnete Öffnungen, die für den Luftzu- und -austritt dienen, geschlossen ausgeführt. Diese Öffnungen können jalousieartig oder rohrförmig ausgebildet sein (Fig. 29). Bei Motoren, die mit Stromwender oder Schleifringen ausgeführt sind, müssen in den Lagerschildern verschließbare Öffnungen angeordnet sein, um in einfacher Weise die Zugänglichkeit zu den Schleifringen bzw. den Stromwendern zu ermöglichen. Die Anschlüsse an den Luftumlauf können auch an besondere Luftzu- und -Abfuhrleitungen angeschlossen werden, in welchem Falle dann die Frischluft nicht aus dem Betriebsraum, sondern unmittelbar aus dem Freien angesaugt und wieder ins Freie ausgeblasen wird. Diese Anordnung wird nötig, wenn der Motor in sehr staubhaltigen Betrieben steht, oder die Luft im Raume infolge ihrer Beschaffenheit nicht unmittelbar zur Kühlung herangezogen werden kann. Nicht immer wird es möglich sein, besondere Luftzu- und Abfuhrkanäle zu verlegen, ebenso ist unter Umständen auch die Außenluft sehr staubhaltig. In solchen Fällen kann ein besonderes Luftfilter in die Luftzufuhr geschaltet werden. Allerdings wird bei solcher Anordnung eine Verringerung der Motorleistung infolge verminderter Luftzufuhr, besonders wenn das Filter nicht regelmäßig und oft genug gereinigt wird, eintreten.

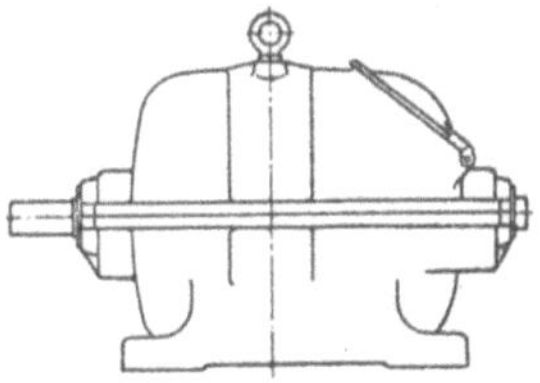

Vollständig geschlossene Motoren. Bei diesen ist das Innere des Motors vollständig von der Außenluft abgeschlossen, so daß ein Eindringen von Staub usw. nicht möglich ist.

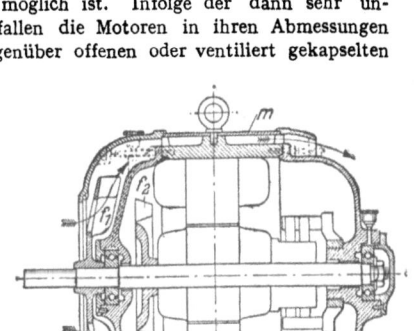

Fig. 30. Vollständig geschlossener Drehstrommotor.

Infolge der dann sehr ungünstigen Abkühlungsverhältnisse fallen die Motoren in ihren Abmessungen sehr groß aus und werden daher gegenüber offenen oder ventiliert gekapselten Motoren außerordentlich teuer. Man verwendet daher die ganz geschlossenen Motoren nur für kleinere Leistungen. Auch bei ganz geschlossenen Motoren ist es wichtig, durch Anbringung von genügend großen und verschließbaren Öffnungen das Innere des Motors zugänglich zu machen (Fig. 30).

Kühlmanteltype. Die Abkühlungsverhältnisse des Gehäuses werden dadurch verbessert, daß um das Gehäuse selbst noch ein besonderer Mantel m gelegt und durch diesen Raum zwischen Mantel und Gehäuse mit Hilfe eines besonderen Lüfters f_1 ein Luftstrom geführt wird (Fig. 31). Naturgemäß sind die Abkühlungsverhältnisse bei einer solchen Anordnung günstiger, als wenn der Motor lediglich von ruhender Luft umgeben wird. Oft wird im Innern des Motors gleichfalls noch ein Lüfter f_2 angeordnet, der die im Innern abgeschlossene Luft zur Bewegung bringt und dadurch bessere Abkühlungsverhältnisse schafft. Noch günstiger wird allerdings eine Bauart, bei der für eine Rückkühlung

Fig. 31. Kühlmantel-Type.

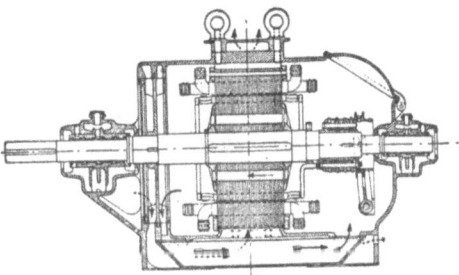

Fig. 32. Kühlmantel-Type mit Rückkühlung der Innenluft.

der Innenluft gesorgt wird. Fig. 32 zeigt den Schnitt durch einen solchen Motor, bei dem die Kühlluft im Innern des Motors mit Hilfe eines Lüfters durch besondere im Fuß des Motors untergebrachte Kühlrippen gepreßt wird; in diesen wird sie durch einen außen vorbeigehenden Luftstrom rückgekühlt und gelangt dann erst wieder in das Innere des Motors. Zur Bewegung der Luft, die zum Kühlen der Kühlrippen dient, ist noch ein zweiter Lüfter vorhanden. Der Luftstrom, der durch diesen Lüfter bewegt wird, dient außer zur Kühlung der Kühlrippen noch zur Kühlung des Gehäuses, in dem entsprechende Kanäle für den Luftstrom vorgesehen sind.

c) Bedienungsvorschriften für Motoren.

Aufstellung.

Die angelieferten Motoren dürfen auf keinen Fall im Freien stehenbleiben; sie sind entweder sofort nach der Verwendungsstelle zu schaffen, und zwar in ihrer Verpackung, die erst am Aufstellungsort zu entfernen ist, oder sie sind, wenn dies nicht möglich ist, in einem trockenen Raum bis zu ihrer Verwendung zu lagern. Bei der Aufstellung der Motoren, die zusammengebaut geliefert werden, ist in bezug auf das Ausrichten nach den allgemeinen Richtlinien des Maschinenbaues zu verfahren. Vor allem muß auf gute Zugänglichkeit und gute Lüftung geachtet werden, und die Motoren müssen, wenn sie nicht besonders dafür gebaut sind, vor Verschmutzen und Spritzwasser geschützt sein. Stromführende Teile, die infolge der Aufstellung des Motors zugänglich sind, sind durch Schutzhauben abzudecken, oder der Motor selbst muß durch ein Geländer, ein Gitter oder dgl. von dem normalen Betriebsraum abgetrennt werden.

Inbetriebsetzung.

Hierbei richtet man sich genau nach den jedem Motor beigegebenen Anweisungen. Vor allem ist zu prüfen, ob der Motor richtig, entsprechend dem beigefügten Schaltungsschema, angeschlossen ist. Ist der Motor vor der Aufstellung feucht geworden, so muß durch einen Sachkundigen eine Austrocknung der Wicklungen vorgenommen werden. Es ist auch genau zu prüfen, ob genügend Öl von einwandfreier Beschaffenheit in den Lagern vorhanden ist.

Wartung.

Bei der Wartung der Motoren ist folgendes zu beachten:

Lager. Besonders am Anfang des Betriebes muß das Öl etwa jeden zweiten bis dritten Tag erneuert werden. Sind die Lager eingelaufen, so genügt eine Erneuerung alle 4 bis 8 Wochen. Erwärmt sich das Lager, so ist sofort der Motor abzustellen und die Ursache der Erwärmung zu ermitteln, nötigenfalls ist ein Nacharbeiten der Laufbüchsen erforderlich. Vor allem ist nachzusehen, ob bei Ringschmierlagern die Ringe gut mitlaufen, ohne hängen zu bleiben.

Wicklungen. Die Wicklungen dürfen nicht zu viel Staub ansetzen, sie sind deshalb von Zeit zu Zeit zu reinigen, am besten mit einem kräftigen Blasebalg auszublasen. Öl greift die Isolation an, der Motor ist also von Zeit zu Zeit daraufhin zu untersuchen, ob nicht durch aus den Lagern herausspritzendes Öl die Wicklungen verschmutzt sind, was unbedingt vermieden werden muß.

Stromwender. Diese müssen immer in sehr gutem Zustande gehalten werden, was eine regelmäßige gründliche Reinigung mit einem trockenen Lappen erforderlich macht. Der Stromwender ist auf richtiges Rundlaufen zu prüfen und gegebenenfalls rechtzeitig abzudrehen oder abzuschleifen, auch dann, wenn die Oberfläche durch Überlastung oder Kurzschlüsse usw. rauh geworden ist. Man kann sich hierbei auch durch Abschmirgeln mit feinem Glaspapier helfen. Vorstehende Glimmerisolation ist mit einer scharfen Dreikantfeile auszukratzen. Die Bürsten müssen mit ihrer ganzen Fläche und mit dem richtigen Druck auf-

Elektromotoren. — Bedienungsvorschriften für Motoren.

liegen. Es ist auf die richtige Bürstenmarke zu achten, da nicht richtige Bürsten schmieren und auf diese Weise den Kollektor leicht beschädigen.

Schleifringe. Viel unempfindlicher als Stromwender sind die Schleifringe. Sie sollen rundlaufend und glatt sein.

Störungen an Motoren.

Für die am häufigsten auftretenden Störungen gibt nachstehende Tafel nähere Anhaltspunkte.

Art der Störung	Ursache der Störung	Abhilfe
Gleichstrom-Motoren.		
Bürstenfeuer	Bürsten in schlechter Verfassung oder Bürsten liegen zu leicht auf.	Kohlebürsten gut einschleifen, Kupfer aus den Riefen sorgfältig entfernen. Bürsten wieder auf gleichen Abstand einstellen und neu einschleifen. Bürsten stärker anpressen, besser ist Ersatz.
„	Falsche Bürstenstellung.	Bürstenbrücke auf Marke stellen.
„	Kontakt zwischen Bürsten und Halter schlecht.	Lockere Schrauben anziehen. Bürstenklemmbügel fest auf die Kohlen aufsetzen.
„	Ungeeignetes Bürstenmaterial.	Zur Erprobung anderer Kohlensorte im Werk anfragen.
„	Unrunder schlagender Kollektor hat sich verzogen.	Nachziehen der Kollektorschrauben. Abdrehen des Kollektors, nötigenfalls Auskratzen der Isolation.
„	Schlechter Kontakt im Anker. Mangelhafte Lötstelle oder Verschraubung am Kollektor.	Fehlerhafte Lamellen seitlich ankörnen für spätere Kontrolle. Alle Verbindungen der fehlerhaften Stellen sorgfältig in Ordnung bringen. Drahtenden nachlöten, Schrauben nachziehen, zu kurze auswechseln, Anker sorgsam reinigen.
„	Schmutzschicht auf dem Kollektor durch zu reichliches Schmieren.	Kollektor reinigen oder abdrehen, nur mit säurefreiem Paraffin schmieren (nicht zu viel).
Magnetspulen erwärmen sich ungleichmäßig stark.	Teilweiser oder völliger Kurzschluß einer oder mehrerer Magnetspulen.	Beschädigte Spulen auswechseln.
Motor läuft nicht an.	Kurzschluß in einer oder mehreren Ankerspulen.	Anker zur Ausbesserung ins Werk senden.
Bürstenfeuer. Motor läuft leer nicht an und läßt sich von Hand nur schwer oder ruckweise andrehen.	Eine oder mehrere Ankerspulen verbrannt, durchgeschlagen, in sich kurzgeschlossen.	Instandsetzung des Ankers.
Kein Ankerstrom bei eingeschaltetem Anlasser.	a) Sicherung durchgeschmolzen. b) Leitung vom Anlasser unterbrochen.	a) Neue Sicherungen einsetzen. b) Unterbrechungsstelle mit Galvanoskop aufsuchen und beseitigen.
Drehstrom-Motoren.		
Bürstenfeuer.	a) Kohlen liegen nicht richtig auf. b) Kohlen und Schleifringe verschmutzt. c) Schleifringe sind unrund. d) Ungeeignetes Bürstenmaterial.	a) Kohlen gut mit Schmirgelleinen einschleifen. b) Kohlen und Ringe mit Benzin reinigen, nötigenfalls Ringe abschmirgeln. c) Schleifringe abschleifen oder abdrehen. d) Rückfrage beim Lieferanten.
Schleifringe werden heiß. Kohlenklemmbügel glühen aus.	Zu große Reibung zwischen Bürsten und Ring. Schlechter Kontakt zwischen Kohlen und Halter.	Ringe mit Vaseline schmieren (einmal täglich). Ringe und Kohlen sauber halten. Kontakt zwischen Kohlen und Halter nachsehen.

Dubbel, Betriebstaschenbuch.

Art der Störung	Ursache der Störung	Abhilfe
Drehstrom-Motoren (Fortsetzung).		
Ständerwicklung stellenweise heiß. Motor hat hohen Stromverbrauch oder läuft mit geringerer Zugkraft. Starkes Brummen.	Kurzschluß in einer oder in mehreren Windungen des Ständers.	Werk benachrichtigen. Kurzschluß beseitigen. Neue Spulen einsetzen.
Läufer erhitzt sich, mitunter auch der Ständer. Geringere Drehzahl und verminderte Zugkraft. Motor brummt.	Schlechter Kontakt im Läuferstromkreis, z. B. an der Verbindungsstelle der Läuferwicklung, an den Schleifringen oder an den Schleifbürsten des Anlaßwiderstandes, wodurch eine Phase nicht voll wirksam ist.	Guten Kontakt herstellen. Kontaktstellen reinigen und gut verbinden.
Motor läuft ohne eingeschalteten Anlasser leer an, erhitzt sich stark beim Anlauf unter Belastung.	Kurzschluß in einer oder zwischen mehreren Windungen des Läufers.	Beseitigung des Kurzschlusses und Spulen neu wickeln.
Motor läuft mit halber Drehzahl.	Unterbrechung einer Läuferphase.	Unterbrechungsstelle aufsuchen.
Starke Erwärmung von Läufer und Ständer. Starker Schlupf.	a) Überlastung. b) Klemmenspannung zu tief.	a) Wenn Beseitigung der Überlastung nicht möglich, größeren Motor nehmen. b) Spannung erhöhen; Motor für tiefere Spannung bestellen.
Bei geringer Belastung bleibt der Motor stehen.	Schlechter Kontakt an einer Verbindungsstelle der Ständerwicklung.	Gute Verbindung herstellen.
Motor fällt bei starker Belastung in der Drehzahl ab oder bleibt stehen.	Zu niedrige Spannung am Motor, verursacht durch unzulässig hohe Überlastung oder durch zu schwache Anschlußleitungen.	Belastung nachprüfen. Klemmenspannung des Motors auf vorgeschriebene Höhe bringen.

II. Transformatoren.

Zum Umformen von Wechselstrom niederer Spannung auf hohe Spannung oder umgekehrt bei gleichbleibender Frequenz verwendet man ruhende Transformatoren. Die grundsätzliche Wirkungsweise des Transformators beruht darauf, daß 2 Wicklungen, die auf einem gemeinsamen Eisenkern sitzen (Fig. 33), sich so gegenseitig beeinflussen, daß bei Anschluß der einen Spule an eine Stromquelle in der anderen Spule eine elektromotorische Kraft erzeugt wird, also an den Enden dieser Spule eine Spannung. Das Verhältnis der beiden Spannungen ist praktisch verhältnisgleich den Windungszahlen der beiden Spulen. Soll also niedrige Spannung auf hohe Spannung transformiert werden, so wird eine Spule von wenigen Windungszahlen aber starkem Querschnitt an die Primärspannung oder Niederspannung angeschlossen. Die Sekundärspule oder Hochspannungsspule besteht dann aus einer

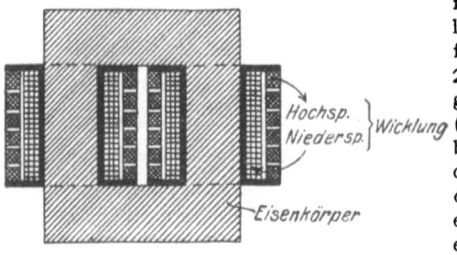

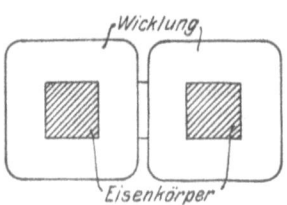

Fig. 33. Kerntransformator.

entsprechend größeren Zahl von Windungen dünnen Drahtes. Je nach dem Aufbau unterscheidet man Kerntransformator (Fig. 33) oder Manteltransformator (Fig. 34). Die Kerntransformatoren sind im Aufbau einfacher, bedingen aber mehr Kupfer.

Die Transformatoren werden ferner als Trockentransformatoren oder Öltransformatoren ausgeführt. Trockentransformatoren werden nur für geringere Spannungen und geringere Leistungen gebaut. Über 300 kVA und etwa 10 000 Volt verwendet man immer Öltransformatoren. Bei den Trockentransformatoren muß durch guten Luftumlauf für ausreichende Kühlung der Wicklungen gesorgt werden. Bei den Öltransformatoren wird der eigentliche Transformator, also der Eisenkörper, mit den Windungen in einen Ölbehälter eingesetzt. Dadurch wird nicht nur eine bessere Kühlung, sondern auch eine sehr gute Isolation der Windungen erreicht. Zur besseren Rückkühlung des Öles erhalten die Behälter meistens besondere Kühlrippen, vgl. Fig. 36. Bei besonders großen Leistungen ist die

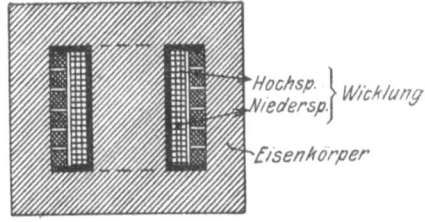

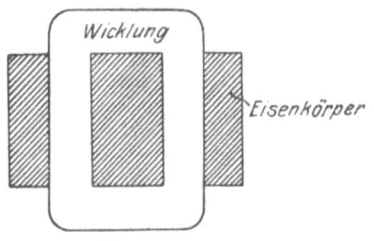

Fig. 34. Manteltransformator.

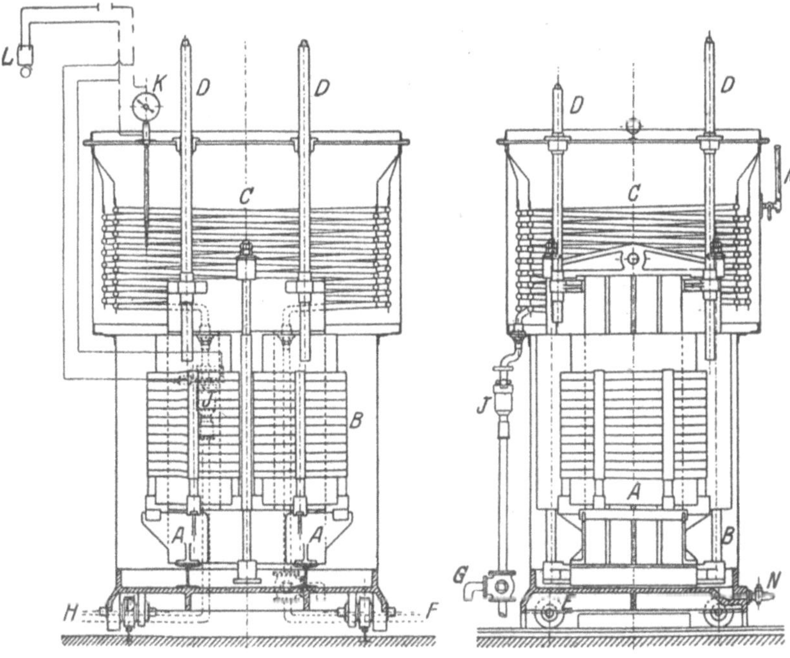

Fig. 35. Transformator mit Wasserkühlung.

14*

Luftkühlung nicht ausreichend, es muß dann das Öl mittels Kühlwasser rückgekühlt werden. Dabei kann das Kühlwasser durch Kühlschlangen geleitet werden, die in dem Ölkessel sitzen. Fig. 35 zeigt eine solche Ausführung. A ist der Eisenkörper, B der Unterkessel, C der Oberkessel und D sind die Ausführungsklemmen. M ist ein Thermometer zum Messen der Öltemperatur. Werden die Abmessungen der Transformatoren noch größer, so ist es zweckmäßig, das Öl durch besondere außerhalb liegende Kühlschlangen zu leiten und diese Kühlschlangen durch fließendes Wasser zu kühlen.

Bei der Aufstellung des Transformators muß, sobald Luftkühlung vorhanden ist, auf einen guten Luftumlauf im Raum geachtet werden. Am zweckmäßigsten ist es, durch besondere Luftkanäle Kühlluft von außen unterhalb des Transformators zuzuführen und die erwärmte Luft oberhalb durch einen Kamin abzuleiten (Fig. 36). Wo der natürliche Zug nicht ausreicht, muß durch Aufstellung von Lüftern für genügende Luftbewegung gesorgt werden. Bei der Aufstellung der Transformatoren muß ferner darauf geachtet werden, daß sie zum Zwecke des Nachsehens und der Instandhaltung leicht beweglich, also möglichst fahrbar, einzurichten sind, und daß ein leichtes Herausschaffen aus dem Aufstellungsraum möglich ist.

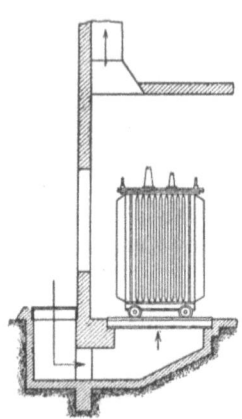

Fig. 36. Transformator mit Luftkühlung.

Wesentlich ist auch die richtige Beschaffenheit des Öles[1]). Am zweckmäßigsten ist es, die Transformatoren mit der Ölfüllung zu beziehen. Während des Betriebes ist auf dauernd gute Ölbeschaffenheit zu achten. Dabei ist es wichtig, daß das Öl keine Feuchtigkeit zeigt. Dort, wo der Feuchtigkeitsgrad nach Engler bei einer Temperatur von 20° C mehr als 10 vH ist, muß das Öl ausgekocht werden. Eine einfache Öluntersuchung läßt sich in der Weise vornehmen, daß man 5 bis 10 cm^3 in einem Reagensglas auf einer Flamme auf etwa 100° C erhitzt. Reines Öl darf weder brausen noch schäumen. Die Transformatoren werden je nach dem Aufbau und dem Verwendungszweck verschiedentlich geschaltet, und zwar unterscheidet man im wesentlichen Stern-, Dreieck- und Zickzackschaltung in verschiedenen Kombinationen. Sollten Transformatoren parallel arbeiten, so ist bei der Auswahl derselben auf die Schaltung zu achten, da nur Transformatoren besonderer Schaltungsgruppen parallel geschaltet werden können. Für den richtigen Parallelbetrieb und vor allem für die richtige Verteilung der Belastung auf die einzelnen Transformatoren ist die Kurzschlußspannung von Einfluß. Unter Kurzschlußspannung versteht man den Wert derjenigen Spannung, die an die Primärwicklung angelegt in der kurzgeschlossenen Sekundärwicklung Normalstrom erzeugt. Ferner ist bei der Aufstellung von Transformatoren darauf zu achten, daß die Zuleitungen keinen allzu abweichenden Spannungsabfall erzeugen.

Kommen starke Spannungsschwankungen vor, so ist es zweckmäßig, die Transformatoren für verschiedene Übersetzungsverhältnisse auszuführen. Diese erreicht man durch die Anordnung verschiedener Anzapfungen, die sowohl an der Niederspannungswicklung als auch an der Hochspannungswicklung ausgeführt werden können. Bei Transformatoren, die oft umgeschaltet werden müssen, ist darauf zu achten, daß die Anzapfungen außerhalb des Kessels umschaltbar eingerichtet sind.

---

[1]) Über die an Transformatorenöl zu stellenden Anforderungen s. S. 330.

III. Umformer.

Für die Umformung von Wechselstrom auf Gleichstrom werden folgende Umformer verwendet:

Motorgenerator.

Dieser besteht aus einem Motor und einem Generator, beide meist in normaler Ausführung. Der zugeführte Drehstrom wird im Motor in mechanische Energie umgesetzt und diese im Generator in Gleichstrom umgewandelt. Der Antriebmotor kann als Asynchron- oder als Synchronmotor ausgeführt werden. Der Asynchronmotor hat den Vorteil des einfachen Anlassens und der größeren Überlastbarkeit, der Synchronmotor den des besseren Leistungsfaktors, wobei durch Übererregung gegebenenfalls sogar der Leistungsfaktor des Anschlußnetzes verbessert werden kann. Der Motorgenerator mit Synchronmotor gestattet auch ein Rückarbeiten vom Gleichstromnetz auf das Drehstromnetz.

Der Umformer mit Asynchronmotor wird in der gebräuchlichen Weise, der Umformer mit Synchronmotor am einfachsten von der Gleichstromseite aus angelassen. Wo Gleichstrom zum Anlauf nicht zur Verfügung steht, wird für größere Umformer ein besonderer Anwurfmotor (Asynchronmotor) vorgesehen, oder der Synchronmotor mit Hilfswicklung für Selbstanlauf ausgeführt (nur bei kleinerer Leistung). Die Gleichstromspannung des Generators wird mit Hilfe des Nebenschlußreglers geregelt. Der Motorgenerator hat den Vorteil, daß der Antriebmotor in den meisten Fällen für die in Frage kommende Drehstromspannung ohne besonderen Transformator ausgeführt werden kann. Sein Nachteil ist der schlechte Wirkungsgrad, da die zugeführte Energie zweimal umgeformt werden muß.

Für kleinere Leistungen, bis etwa 100 kW, wird eine elastische Kupplung, für größere Leistungen eine starre Kupplung mit drei Lagern auf gemeinsamer Grundplatte bevorzugt. Motorgeneratoren sind für Leistungen bis etwa 1500 bis 2000 kW gebaut worden. Sie werden immer mehr verdrängt durch Einankerumformer, da diese einen wesentlich besseren Wirkungsgrad, insbesondere bei wechselnder Belastung, haben.

Einankerumformer.

Dieser stellt im wesentlichen Aufbau eine Gleichstrommaschine vor mit einem Anker, der auf der einen Seite den üblichen Stromwender und auf der anderen Seite jedoch noch für die Zuleitung des Wechselstromes Schleifringe erhält. Die Umwandlung geht rein elektrisch vor sich; mechanische Arbeit wird nur für die Deckung der Leerlaufverluste, die etwa 4 bis 6 vH der Umformerleistung betragen, verbraucht. Einankerumformer bis etwa 200 kW erhalten drei, darüber sechs Schleifringe.

Die beiderseitigen Spannungen stehen in einem bestimmten Verhältnis zueinander, und daher ist in den meisten Fällen ein Transformator notwendig, um die zur Verfügung stehende Wechselstromspannung auf die gewünschte Gleichstromspannung umzuformen. Der Gesamtwirkungsgrad wird in diesem Falle um den jeweiligen Transformatorwirkungsgrad verschlechtert. Der Transformator kann für die Spannungsteilung auf der Gleichstromseite bei Dreileiternetzen benützt werden. Der Nulleiter des Gleichstromnetzes wird dann vom Nullpunkt des Transformators abgezweigt. Einankerumformer werden gebaut von etwa 10 bis 5000 kW.

Die Spannung der Gleichstromseite wird durch Änderung der Wechselstromspannung geregelt. Am meisten verwendet wird die Regelung mit Drosselspulen, die für Spannungsänderungen von $\pm$ 5 bis 7 vH ausreicht. Größere Spannungsänderungen können mit dem Drehtransformator vorgenommen werden, und zwar bis etwa $\pm$ 10 bis 15 vH.

Der Drehtransformator ist teurer, der Umformer kann aber stets mit $\cos \varphi = 1$ arbeiten im Gegensatz zu Drosselspulen, die einen $\cos \varphi$ von etwa 0,92 bis 0,95 ermöglichen.

Kaskadenumformer.

Dieser nimmt eine Mittelstellung zwischen Motorgenerator und Einankerumformer insofern ein, als der zugeführte Drehstrom teilweise mechanisch, teilweise rein elektrisch umgeformt wird. Deshalb ist auch sein Wirkungsgrad besser als der des Motorgenerators, aber schlechter als der des Einankerumformers. Der Kaskadenumformer besteht aus zwei Maschinen: einem Einankerumformer mit Eigenerregung und einem Drehstrom-Asynchronmotor.

Der Drehstrommotor kann gegebenenfalls unmittelbar an ein Hochspannungsnetz angeschlossen werden. Anker des Umformers und Läufer des Motors liegen in Serie. Deshalb ist für die Drehzahl des Umformers die Summe der Polzahlen beider Maschinen maßgebend. Man verwendet Kaskadenumformer für Leistungen von etwa 250 bis 2000 kW. In elektrischer Beziehung werden die Kaskadenumformer in der Regel so eingerichtet, daß die zugeführte Drehstromenergie bei gleicher Polzahl beider Maschinen zur Hälfte in mechanische und dann erst in Gleichstrom und zur anderen Hälfte unmittelbar elektrisch in Gleichstrom umgewandelt wird.

Das Anlassen wird von der Drehstromseite vorgenommen in ähnlicher Weise wie bei einem asynchronen Motorgenerator. Die Spannung wird durch Änderung der Erregung auf der Gleichstromseite geregelt und kann in den Grenzen ± 15 vH vorgenommen werden. Der Anlasser kann so ausgebildet werden, daß für die Speisung von Dreileiteranlagen der Nullpunkt abgezweigt werden kann. In der Regel arbeiten die Kaskadenumformer mit einem $\cos \varphi$ von etwa 0,9 bis 0,95

Quecksilberdampfgleichrichter.

Dieser ist im Gegensatz zu den bisher behandelten umlaufenden Umformern ein ruhender Umformer, der sich aus der Quecksilberdampflampe entwickelt hat. Im Prinzip beruht die Wirkungsweise auf der eigenartigen Ventilwirkung des Quecksilberdampfes, der elektrischen Strom nur in einer Richtung durchläßt, in der anderen aber dem Stromdurchgang einen hohen Widerstand bietet.

Gleichrichter werden für Leistungen bis etwa 30 kW als sog. Glas-Gleichrichter mit Glasgefäßen und für größere Leistungen als Groß-Gleichrichter mit Eisengefäßen gebaut.

Der Drehstrom-Gleichrichter besteht aus einem Glasgefäß mit drei Anoden aus Eisen oder Graphit für den Anschluß an das Drehstromnetz unter Zwischenschaltung eines Transformators mit Sternpunkt. Als Kathode wird Quecksilber verwendet. Das Gefäß ist luftleer. Als Leiter zwischen Anode und Kathode wird Quecksilberdampf verwendet, der durch Erhitzen der Kathodenoberfläche entsteht. Beim Inbetriebsetzen wird die Dampfbildung mit einer Hilfsanode vorgenommen, die beim Kippen des ganzen Gefäßes einen Teilstrom zur Kathode leitet. Der Stromdurchgang im Betriebe erhält die Dampfbildung auch nach Außerbetriebsetzen der Hilfsanode durch Zurückdrehen des Gefäßes. Der obere Teil des Glaskörpers dient zur Kondensation des Quecksilberdampfes.

Gleichstrom wird von der Kathode (positiver Pol) und vom Sternpunkt des Transformators (negativer Pol) abgenommen. Der Drehstrom-Gleichrichter ergibt keinen konstanten, sondern einen schwach pulsierenden Gleichstrom. Der Mittelwert der Gleichstromspannung e_g steht, wie beim Einankerumformer, in einem ganz bestimmten Verhältnis zur Drehstromspannung e_d, gemessen zwischen zwei Anoden

$$e_g = 0{,}62 \cdot e_d - 14 \text{ Volt.}$$

Mit 14 Volt wird der jeweils im Gleichrichter auftretende Spannungsabfall berücksichtigt. Er ist unabhängig von der Gebrauchsspannung, der jeweilen Belastung des Gleichrichters und der Netzfrequenz.

Eine ganz besonders günstige Eigenschaft zeigt der Gleichrichter in bezug auf den Wirkungsgrad, der für eine bestimmte Gleichstromspannung von der Belastung unabhängig ist, also auch bei Teillasten denselben Wert besitzt wie bei Vollbelastung. Eine Verringerung des Wirkungsgrades tritt nur insofern bei Teillasten auf, als der Transformatorwirkungsgrad den Gesamtwirkungsgrad verschlechtert. Da der Spannungsabfall bei allen Belastungen etwa 14 Volt beträgt, wird der Gleichrichter einen um so besseren Wirkungsgrad haben, je höher die gewünschte Gleichstromspannung ist. Er beträgt im Mittel bei 30 Volt etwa 65 vH, bei 110 Volt etwa 82 vH, bei 220 Volt etwa 86 vH und 440/500 Volt etwa 88/92 vH.

Diese Zahlen zeigen schon, daß der Gleichrichter in bezug auf den Wirkungsgrad auch bei niedrigen Spannungen von 110 bis 220 Volt bei Vollbelastung dem Motorgenerator wesentlich überlegen ist. Bei Teilbelastung steigert sich diese Überlegenheit, weil der Gleichrichterwirkungsgrad praktisch gleich bleibt, während der des Motorgenerators abnimmt. Für höhere Spannungen, 440/500 Volt, ist der Wirkungsgrad des Gleichrichters dem eines Einankerumformers bei Vollbelastung mindestens ebenbürtig, bei Teilbelastung immer überlegen.

Der Gleichrichter ergibt infolge seiner eigentümlichen Sperrwirkung eine Verzerrung der Stromkurve auf der Drehstromseite und damit eine Phasenverschiebung von etwa 0,8 bis 0,9. Die Spannung der Gleichstromseite muß ähnlich wie beim Einankerumformer mittels Drosselspulen, Stufentransformatoren usw. geregelt werden, die in das Drehstromnetz eingebaut werden.

Ein Hauptvorzug des Gleichrichters besteht in seiner Unempfindlichkeit gegen Überlastungen bis etwa zum doppelten Wert der Nennleistung, gegen Schwankungen in der Anschlußspannung bzw. der Frequenz. Er kann für hohe Gleichstromspannungen gebaut werden, da der empfindliche Kommutator fehlt.

Unmittelbar nach dem Bekanntwerden des Glas-Gleichrichters versuchte man schon den Bau von Groß-Gleichrichtern. Die Schwierigkeiten ihrer Durchbildung dürfen heute als überwunden gelten. Sie bestehen hauptsächlich in der Erhaltung eines notwendigen hohen Vakuums, in der Wärmeabführung usw. Solche Anlagen werden daher stets noch mit Vakuumpumpen und Kühlwasseranlagen für die künstliche Wärmeabführung ausgerüstet. Für die Umformung von über 1000 kW werden Gleichrichteranlagen aus mehreren Gleichrichtern zusammengesetzt, die parallel arbeiten. Der Parallelbetrieb ist nicht ohne weiteres möglich. Wegen der flachen Charakteristik des Gleichrichters muß für jeden Gleichrichter ein Transformator verwendet werden. Die Sternpunkte dürfen zur Vermeidung von Ausgleichströmen nicht miteinander verbunden werden. Maximalschalter und Ausgleichspulen sind vorzusehen. Für die Einstellung und das Abgleichen der Spannungen sind Anzapfungen an den Transformatoren notwendig.

Die Verwendung für Dreileiteranlagen mit Spannungsteilung ist möglich durch Serienschaltung zweier Gleichrichter. Im allgemeinen wird zu empfehlen sein, den Gleichrichter für die Außenleiterspannung zu bauen (besserer Wirkungsgrad) und die Spannung durch ein Ausgleichaggregat oder eine Batterie zu teilen. Für das Rückarbeiten wird der Quecksilberdampf-Gleichrichter nicht benützt.

Glas- und Groß-Gleichrichter werden heutzutage von den meisten führenden Elektrizitätsfirmen gebaut. Die Anschaffungskosten sind aber gegenwärtig noch verhältnismäßig hoch. Ein abschließendes Urteil kann über den Gleichrichter noch nicht ausgesprochen werden, weil Betriebserfahrungen für große Anlagen nur vereinzelt über kurze Zeitperioden vorliegen. Gelingt aber die dauernde Erhaltung eines betriebssicheren Vakuums und wird die Gefahr der Rückzündung oder der Kurzschlüsse in den Gefäßen vermieden, so lassen die bisherigen Beurteilungen eine vielseitige Einführung des Quecksilberdampf-Gleichrichters erwarten.

IV. Elektrischer Gruppen- und Einzelantrieb.

Bei dem Antrieb der Arbeitsmaschinen können zunächst zwei typische Antriebsarten unterschieden werden, und zwar
der Transmissionsantrieb und
der Einzelantrieb.

Der Transmissionsantrieb kann so gestaltet werden, daß eine Gruppe von Arbeitsmaschinen, die an einer Transmission hängen, von einem gemeinsamen Motor aus angetrieben werden; der sogenannte Gesamtantrieb, bei dem die gesamte Anlage von einer einzigen Kraftwelle aus, z. B. von einer Dampfmaschine, auf mechanischem Wege mittels Seilen oder Riemen angetrieben wird, ist verhältnismäßig selten zu finden. Beim Einzelantrieb erhält jede Arbeitsmaschine einen, manchmal auch mehrere besondere Antriebmotoren. In den meisten Anlagen ist sowohl Einzel- als auch Gruppenantrieb vorhanden.

a) Gruppenantrieb.

Für die größte Zahl der Transmissionsantriebe kommt eine Drehzahlregelung nicht in Frage, vielmehr wird wesentlicher Wert auf gleichbleibende Drehzahl bei allen Belastungen gelegt. Für den Antrieb eignet sich am besten der asynchrone Drehstrommotor. Gegenüber einem Gleichstrommotor hat er den Vorteil der geringeren Anschaffungskosten, der einfacheren Wartung und des besseren Wirkungsgrades. Fig. 37 zeigt die Wirkungsgradkurve eines asynchronen Drehstrommotors R und eines Gleichstromnebenschlußmotors G für sonst gleiche Verhältnisse. Bei der Wahl des Antriebmotors wird man mit Rücksicht auf den Preis eine möglichst hohe Drehzahl wählen. Da Transmissionen für Drehzahlen von etwa 120 bis 240 ausgeführt werden, und man bei einfacher Riemenübertragung nicht gern über 1 : 5 geht, so würde sich für den Motor eine Drehzahl von etwa 600 bis 1000 ergeben. Bei Drehstrommotoren würde man also die Drehzahl etwa in den Grenzen 595 bis 970 zu wählen haben. Wichtig ist die richtige Anordnung des Motors. Gewöhnlich wird der Motor unterhalb der Transmission angeordnet. Es ergibt sich dann ein senkrechter Riementrieb, der an und für sich ungünstig ist und vor allem ein Nachspannen des Riemens durch Verschieben des Motors nur bei Verwendung besonderer Hilfskonstruktion zuläßt. Daher ist der Motor so aufzustellen, daß sich ein wagerechter, oder wenigstens nahezu wagerechter Riementrieb ergibt. In solchem Falle wird es unter Umständen möglich sein, den Motor auf einer besonderen Konsole an der Wand oder unterhalb der Decke unterzubringen. Der Motor wird dann auf Gleitschienen gesetzt, um die Riemenspannung richtig einstellen zu können.

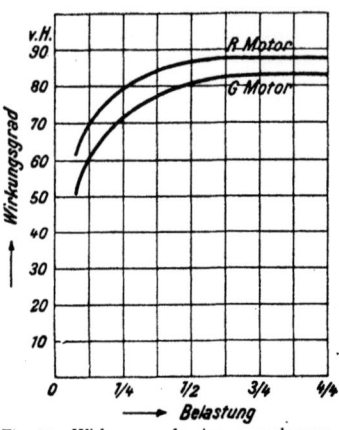

Fig. 37. Wirkungsgrade eines asynchronen Drehstrommotors und eines Gleichstrom-Nebenschlußmotors.

Ist trotz der geringen Drehzahl der Transmission ein möglichst hochtouriger Motor erwünscht, so ist ein Riemen- oder Zahnradvorgelege anzuordnen. Man kann dann ohne weiteres mit der Drehzahl des Motors auf 1500, bei kleineren Antrieben sogar bis 3000 hinaufgehen. Beide Anordnungen, also sowohl Riemenvorgelege als auch Zahnradvorgelege, haben den Nachteil der zusätzlichen Übertragungsverluste, das Riemenvorgelege noch den Nachteil, daß infolge des meist bedingten kurzen Riemenabstandes eine schlechtere Durchzugskraft erzielt wird. Das Zahnradvorgelege wird meistens unmittelbar am Motor angebracht (Fig. 38). Vorteilhafter als Zwischenübersetzung ist die Verwendung einer Spannrolle. Hierbei kann die Riemenübersetzung zwischen Motor und Transmission höher gewählt werden, so daß unter sonst gleichen Verhältnissen ein raschlaufender Motor verwendet werden kann. Die Anordnung einer Spannrolle, die ganz geringe Achsenabstände zuläßt, hat außerdem noch den Vorteil, daß bei Platzmangel der Motor in der nächsten Nähe der Transmission angeordnet wird. Dort, wo allerdings periodisch auftretende Belastungsstöße vorkommen, ist eine Spannrolle nur nach besonderer Prüfung zu verwenden, da leicht störende Schwingungen in den Spannrollengetrieben auftreten können. S. Kapitel „Transmissionen".

Große Schwierigkeit bereitet meist die richtige Bestimmung der Motorleistung; sie ist bei vorhandenen Anlagen noch am ehesten möglich. In solchen Fällen

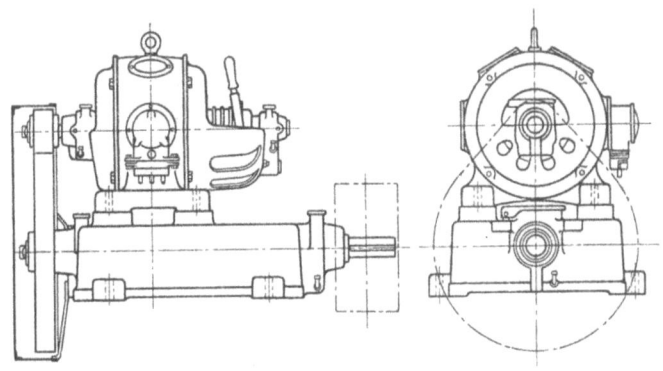

Fig. 38. Motor mit angebautem Zahnradvorgelege.

wird vorläufig ein Motor eingebaut, dessen Kraftbedarf am besten durch aufzeichnende Instrumente oder durch regelmäßiges Ablesen gewöhnlicher Instrumente über einen längeren Zeitraum ermittelt wird. Die Messungen mit Registrierinstrumenten haben auch sonst große Vorteile, so daß sie auch nach Einbau des endgültig vorgesehenen Motors in regelmäßigen Abständen vorgenommen werden sollten. Man kann unter Umständen aus den Ablesungen sofort

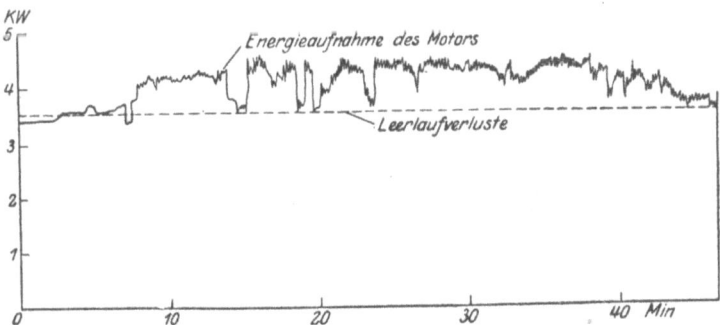

Fig. 39. Energieaufnahme eines Transmissionsmotors. Die hohen Gesamtverluste bedingen einen schlechten Wirkungsgrad.

schließen, daß bei der Kraftübertragung an irgend einer Stelle in den Getrieben unzulässig hohe Verluste vorhanden sind. Fig. 39 zeigt z. B. das Diagramm der Energieaufnahme eines Transmissionsmotors, bei dem die Leerlaufverluste der Transmission einschließlich Motor viel zu hoch sind. Der Gesamtwirkungsgrad betrug in diesem Falle nur etwa 10 vH. Es stellte sich heraus, daß an der Transmission eine ganze Anzahl Maschinen hingen, die nur sehr wenig gebraucht wurden, daß ferner die Transmission an und für sich einen sehr schlechten Wirkungsgrad hatte, und auch der Motor viel zu reichlich bemessen war. Wichtig sind auch die Nachmessungen des Kraftbedarfs der Transmission deshalb, weil fast in allen Betrieben durch Umstellung oder durch Änderung des Fabrikationsprogramms wesentliche Änderungen in den Belastungsverhältnissen der Transmission auftreten können.

Schwieriger ist die Berechnung des Kraftbedarfs der Transmission bei neuen Anlagen. Sind die Arbeitsmaschinen bereits vorhanden, so ist es leichter möglich, sich durch Nachmessungen jeder einzelnen Maschine ein Bild über deren Kraftbedarf zu machen; meistens wird man allerdings auf die Angabe des Lieferers angewiesen sein. Die Erfahrung lehrt, daß diese Angaben meist zu hoch gegriffen sind. Von wesentlichem Einfluß auf den tatsächlichen Kraftbedarf einer Arbeitsmaschine ist deren Belastungs-[1]) und Ausnutzungsfaktor[1]). Bei Werkzeugmaschinen wird sehr oft auf einen längeren Zeitraum, z. B. beim Schlichten, Bohren kleiner Löcher usw., ein Arbeiten mit bedeutend kleinerer Belastung, also mit einem Belastungsfaktor, der kleiner als 1 ist, vorkommen.

Auch der Ausnutzungsfaktor wird bei einer ganzen Anzahl von Maschinen sich dem Wert 1 nähern, bei der größten Zahl der Arbeitsmaschinen aber bedeutend kleiner sein als 1, oft bis auf den Wert 0,1 und noch niedriger, heruntergehen. Bei Werkzeugmaschinen ergibt sich immer ein Ausnutzungsfaktor, der kleiner ist als 1, dadurch, daß für das Aufspannen, Ausrichten, Nachmessen, Umspannen, Auswechseln der Werkzeuge usw. Betriebspausen erforderlich werden. Um den Kraftbedarf der Transmission zu ermitteln, muß man daher versuchen, von den einzelnen angeschlossenen Arbeitsmaschinen, entsprechend dem Arbeitsprogramm der hauptsächlich vorkommenden Arbeiten, sowohl den mittleren Belastungs- als auch den mittleren Ausnutzungsfaktor zu bestimmen.

Das Produkt dieser beiden Werte ist dann ein Maß für den mittleren Kraftbedarf. Um diesen zahlenmäßig zu bestimmen, ist der für den höchsten Kraftbedarf einer Arbeitsmaschine angegebene Wert mit dem ermittelten Gesamtfaktor zu multiplizieren.

Die Summe der in dieser Weise für einzelne Maschinen oder Maschinengruppen berechneten Werte ergeben den gesamten Kraftbedarf, für den der Motor unter Berücksichtigung der zusätzlichen Übertragungsverluste in der Transmission zu berechnen wäre. Wo eine solche Berechnung unter Berücksichtigung des Ausnutzungs- und Belastungsfaktors nicht möglich ist, kann ein Annäherungswert in der Weise bestimmt werden, daß von dem gesamten Kraftbedarf der einzelnen Maschine nur etwa $^1/_8$ bis $^1/_4$ für die Bemessung der Motorleistung zugrundegelegt sind[1]). Nachträgliche Kontrollmessungen sind dann aber sehr wichtig, um bei unrichtiger Wahl des Motors diesen gegen einen richtigen auszutauschen. Dabei ist darauf zu achten, daß die Leistung so gewählt wird, daß möglichst die längste Zeit der Motor mit seinem besten Wirkungsgrad arbeitet. Vorübergehende Überlastung hält jeder Motor aus, und zwar bestimmen die Vorschriften des Vereins deutscher Elektrotechniker, daß jeder Motor eine Viertelstunde lang mit 25 vH und 4 Minuten mit 40 vH ohne Schaden überlastbar sein muß. Stoßweise Überlastung kann der Motor meistens bis zu 100 vH ohne Schaden vertragen.

Die Spannung wird man so hoch wie möglich wählen, um möglichst kleine Querschnitte für die Zuleitung zu erhalten. Bei Gleichstrom wird man also wenn möglich bis auf 440 Volt hinaufgehen. Kleinere Drehstrommotoren sind an 220 Volt oder 380 Volt anzuschließen. Größere Motoren wird man, falls Hochspannung vorhanden ist, unmittelbar an diese Spannung anschließen. Große Motoren, besonders Hochspannungsmotoren, sind zweckmäßig in einem besonderen Betriebsraum aufzustellen. Ist der Arbeitsraum nicht staubhaltig, dann genügt es, den Betriebsraum des Motors durch einfache Schutzgitter von dem allgemeinen Arbeitsraum abzutrennen. Bei staubhaltigen oder sonst gefährdeten Räumen ist ein besonderer Betriebsraum, der durch dichte Wände abzutrennen

---

[1]) S. Kapitel „Wirkungsgrad von Fabrikanlagen".

Elektrischer Gruppen- und Einzelantrieb. 219

ist, vorzusehen, wobei auf gute Riemenführung und gute Lüftung des Raumes Wert gelegt werden muß.

b) Einzelantrieb.

Elektrische Einzelantriebe für größere Maschinen, die vorher schon einzeln meist durch Dampfmaschinen angetrieben wurden, erfuhren schon seit längerer Zeit eine gute Durchbildung und fanden weitgehendste Verbreitung. Ungünstiger sieht es bei dem Einzelantrieb für kleinere Arbeitsmaschinen aus, für die der Antrieb in der Hauptsache mittels Transmission gebräuchlich war und noch ist. Hier hat es viel längere Zeit gedauert, ehe sich der Einzelantrieb durchsetzen konnte. Erst nachdem man auch bei diesen kleinen Antrieben dazu übergegangen ist, ihre Eigenheit zu prüfen, sich ihr durch Schaffung von Sondermotoren anzupassen und alle Vorteile, die der Einzelantrieb bietet, auszuwerten, konnte sich der Einzelantrieb auch hier das Feld erobern. Am ungünstigsten ist es gegenwärtig noch mit dem Einzelantrieb von Werkzeugmaschinen bestellt, bei denen man zwar teilweise, hauptsächlich bei den großen Arbeitsmaschinen, über hoch-

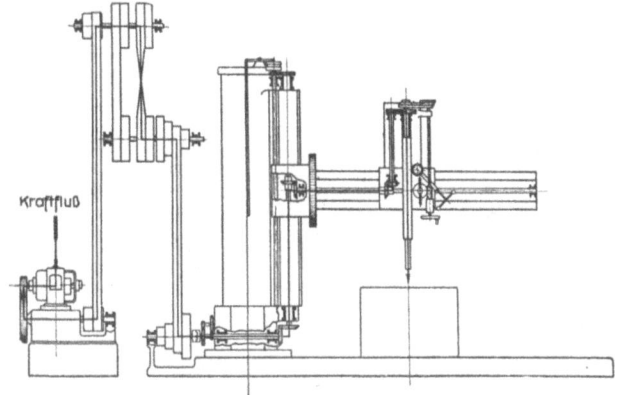

Fig. 40. Unwirtschaftlicher Einzelantrieb einer Radialbohrmaschine.

wertige Einzelantriebe verfügt, größtenteils aber jetzt noch Antriebe findet, deren Durchbildung nicht dem Stande der Technik entspricht.

Das wesentliche eines Einzelantriebes besteht darin, daß eine Arbeitsmaschine durch einen oder mehrere besondere Motoren angetrieben wird. Bei diesen Antriebsarten kann aber die Ausführung bei ein und derselben Arbeitsmaschine ganz wesentliche Unterschiede aufweisen, je nachdem, ob auf den Einzelantrieb in richtiger Weise bei dem Entwurf und der Ausführung der Arbeitsmaschine Rücksicht genommen worden ist (Fig. 41). Ein wesentliches Merkmal der richtigen oder unrichtigen Ausführung von Einzelantrieben zeigt sich darin, ob der zum Antrieb dienende Einzelmotor in der Arbeitsmaschine jeweilig abgeschaltet wird oder nicht. Bei einem technisch unrichtig durchgebildeten Einzelantrieb wird für gewöhnlich der Motor auch in den Arbeitspausen durchlaufen. Ebenso wird unter Umständen die Drehrichtung der Arbeitsmaschine nicht auf elektrischem, sondern auf mechanischem Wege umgekehrt. Demgegenüber zeigt der richtige Einzelantrieb einen vom Arbeitsstande leicht anlaßbaren und abstellbaren Motor, dessen Drehrichtung sich in einfacher Weise ändern läßt.

Am besten läßt sich an Beispielen ersehen, worauf es in erster Linie bei der Durchbildung eines wirtschaftlichen Einzelantriebes ankommt und welche Ausführungsmöglichkeiten gegeben sind.

So zeigt Fig. 40 eine Radialbohrmaschine in älterer Ausführung, wie sie allerdings noch öfter in den Werkstätten anzufinden ist, mit Stufenkonus und Riemenumschaltung, die an Stelle der Transmission von einem Einzelmotor angetrieben wird. Die Zahl der Geschwindigkeitsstufen ist, da der Motor keine Drehzahlregelung besitzt, die gleiche geblieben, ebenso die große Anzahl der Übertragungsorgane. Demgegenüber ist bei einem technisch richtig durchgebildeten Einzelantrieb der gleichen Maschine der Motor unmittelbar auf den Support gesetzt (Fig. 41). Die Zahl der Übertragungen, die bei dem alten Antrieb 9 betrug, ist auf 2 zurückgegangen. Der bei der Ausführung verwendete Motor ist ein Regelmotor, der eine feinstufige Einstellung der Drehzahl ermöglicht. Da auf elektrischem Wege umgesteuert wird, so entfallen besondere Wendegetriebe.

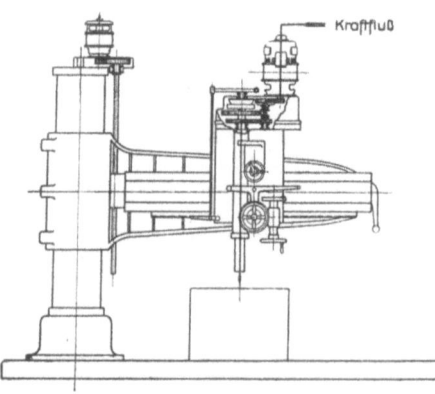

Fig. 41. Wirtschaftlicher Einzelantrieb einer Radialbohrmaschine.

Innerhalb dieser in der Figur wiedergegebenen extremen Ausführungsarten gibt es noch eine größere Zahl Zwischenausführungen, z. B. Radialbohrmaschinen, mit Räderkasten statt Riemenkonus, dann mit Motor auf dem Ausleger usw.

Ein weiteres Beispiel bieten die Einzelantriebe von Drehbänken. So zeigt z. B. Fig. 42 eine Stufenscheibendrehbank in der gebräuchlichen Ausführung, die auch mit einem Einzelantrieb in der Weise versehen wurde, daß man das Deckenvorgelege von einem kleinen besonderen Motor antreibt. Auch diese Ausführung ist durchaus unwirtschaftlich; sie bietet gegenüber dem Transmissionsantrieb nur

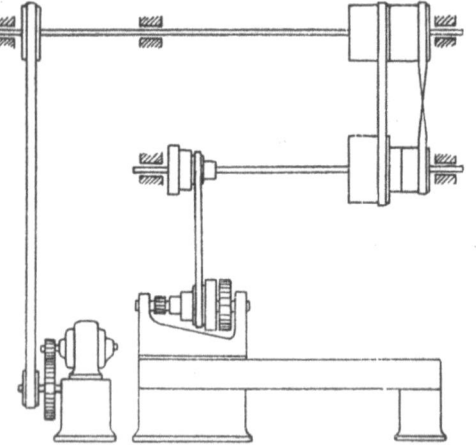

Fig. 42. Unwirtschaftlicher Einzelantrieb einer Drehbank.

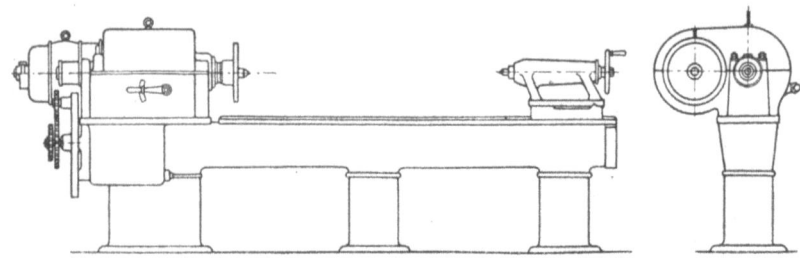

Fig. 43. Wirtschaftlicher Einzelantrieb einer Drehbank.

unbedeutende Vorteile. Fig. 43 zeigt eine moderne Maschine, bei der ähnlich wie bei der Radialbohrmaschine durch Einbau eines Regelmotors ein wirtschaftlicher Einzelantrieb mit allen seinen Vorteilen erzielt worden ist.

Kontrolle des Kraftbetriebes.

I. Betriebskontrolle der Dampfkesselanlagen.

Bearbeitet von Oberingenieur W. Quack in Bitterfeld.

Die Betriebskontrolle hat hauptsächlich den Zweck, den Wirkungsgrad der Gesamtanlage und ihrer einzelnen Teile zu ermitteln und dauernd zu überwachen, damit die einzeln festgestellten Verlustquellen, soweit der Stand der Technik dies ermöglicht, verkleinert oder beseitigt werden.

Sie beginnt daher in Dampfkraftwerken mit der Feststellung der Gewichtsmenge und Beschaffenheit des Brennstoffes.

a) Ermittlung des Brennstoffgewichtes.

Bei Bahnbezug der Kohle genügt das bahnamtlich ermittelte Gewicht der Kohlenmenge, das auf größeren Anlagen auf einer Gleiswage vom Empfänger einer zweiten Kontrolle unterzogen wird.

Die Kohle wird dann entweder direkt dem Bunker über den Kesseln zugeführt oder auf einem Kohlenlagerplatz gelagert. In letzterem Falle ist eine weitere Gewichtskontrolle bei der Überführung vom Lagerplatz in das Kesselhaus möglich.

Hierbei kann bei geeignetem Kohlenmaterial eine selbsttätige Kohlenwägung vorgenommen werden. Zuverlässig ist diese selbsttätige Gewichtsfeststellung nur bei trockenen Steinkohlen und Briketts, trockener Knorpelbraunkohle oder Braunkohlenbriketts.

Die Wägeeinrichtung paßt sich der Art des Kohlentransportes an. Wird z. B. die Kohle mit kleinen Loren auf Schmalspurgleisen vor die Kessel gefahren, so verwendet man Rollbahnwagen.

Derartige selbsttätige Rollbahnwagen, die in die Durchfahrt nach dem Heizerstand im Kesselhausflur eingebaut werden, stellt z. B. die Firma Carl Schenck, Darmstadt, her.

Diese Rollbahnwage arbeitet in folgender Weise: Im nicht belasteten Zustand ist die Abfahrt durch einen hochstehenden Riegel versperrt, die Auffahrt jedoch frei. Sobald nun ein mit dem vorgeschriebenen Mindestgewicht beladenes Fahrzeug aufgefahren ist, hebt sich hinter diesem ein zweiter Riegel und versperrt die Rückfahrt, so daß das Fahrzeug zwischen den zwei Riegeln gefangen ist. Nun beginnt der Wägeapparat auszuwägen, und erst nachdem die Wägung richtig beendet ist, senkt sich der Riegel an der Abfahrtseite, so daß das Fahrzeug abgefahren werden kann. Der Riegel an der Auffahrtseite senkt sich erst, wenn das Fahrzeug die Brücke verlassen hat; zur gleichen Zeit hebt sich aber der Riegel an der Abfahrtseite wieder, so daß der ursprüngliche Zustand wieder hergestellt ist. Die Dauer einer Wägung beträgt durchschnittlich etwa 12 Sekunden.

Die Anordnung der Wage wird natürlich durch die oben geschilderte Arbeitsweise bedingt. Sie muß an einer Stelle in das Gleis eingebaut werden, über die sämtliche Fahrzeuge gehen müssen. In Kesselhäusern stellt man sie am besten unmittelbar vor oder hinter der Eingangstüre auf. Besonders zu beachten ist jedoch, daß das Gleis, in das die Wage eingebaut ist, nicht zur Rückfahrt der leeren Fahrzeuge dienen kann, da ja durch den Sperriegel an der Abfahrtseite, der ein Doppelwägen verhindern muß, die Rückfahrt gesperrt ist. Hat man also kein besonderes Leergleis, so muß man ein Ausweichgleis anlegen.

Wo zu befürchten ist, daß die Arbeiter die vollen Fahrzeuge zum Zweck des Schmuggels ohne Wägung über das Ausweichgleis fahren oder aber die gewogenen

Fahrzeuge auf diesem Wege zurückzuschieben versuchen, um sie nochmals zu wägen, ist es notwendig, in dieses Ausweichgleis eine sogenannte Einbruchschiene einzubauen. Über diese Einbruchschiene können nur leere Fahrzeuge rollen, während sie sich unter der Last beladener Fahrzeuge senkt und erst wieder durch Aufschließen des Apparats von dem Kontrollbeamten in die alte Lage gebracht werden kann.

Der selbsttätige Wägeapparat befindet sich in einem verschließbaren Schrank und ist nur den kontrollierenden Beamten zugänglich. Er ermittelt das Nettogewicht der aufgefahrenen Ladungen. Das Eigengewicht der Fahrzeuge, das für alle gleich sein muß, ist auf der Gewichtschale ausgeglichen. Die Vorrichtung tritt von selbst in Tätigkeit, sobald ein Fahrzeug aufgefahren ist, welches das vorgeschriebene Mindestgewicht an Ladung enthält.

Die ermittelten Gewichte werden entweder durch den Additionsapparat aufgezeichnet, der die Gewichte fortlaufend addiert, so daß jederzeit das von der Wage in dem betreffenden Zeitraum verwogene Gesamtgewicht der Ladungen festgestellt werden kann — je nach Wunsch kann dieser Apparat so eingerichtet werden, daß das Gewicht abgelesen oder auf einer eingeschobenen Karte abgedruckt werden kann — oder durch den Abdruckapparat, der nach Abfahrt des Fahrzeuges eine mit der Nettogewichtangabe der betreffenden Ladung bedruckte Karte auswirft oder, wenn gewünscht, die Einzelgewichte auf fortlaufendem Band untereinander druckt.

Der mit der Wage verbundene Universalkontrollapparat soll dazu dienen, jeden Betrug in der Gewichtsfeststellung auszuschließen. Er besteht aus zwei durch ein Gewicht betätigten Sperriegeln und zwingt den Arbeiter, das aufgeschobene Fahrzeug richtig wägen zu lassen, verhindert ein wiederholtes Wägen und läßt Fahrzeuge, die nicht mit einer bestimmten vorgeschriebenen Mindestlast beladen sind, nicht weiterfahren.

Der Preis einer solchen Rollbahnwage für 250 kg Wageninhalt und 500 mm Spurweite betrug im Januar 1922 rd. ℳ 15 000 ab Fabrik.

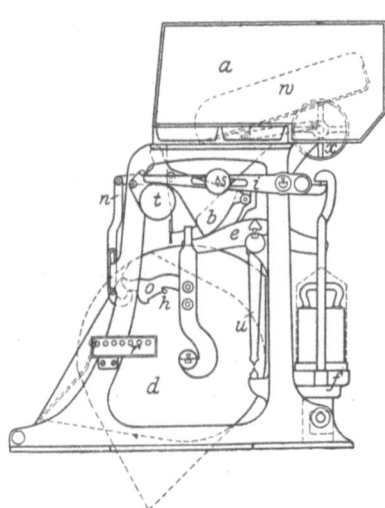

Fig. 1. Selbsttätige Librawage.

Selbsttätige Wagen dieser Art können auch in Seilbahnen oder Elektrohängebahnen eingebaut werden. Doch ist hierbei zu beachten, daß an dieser Stelle der Seilantrieb unterbrochen sein muß, weil die Kübel nicht in Bewegung, sondern im Stillstand gewogen werden. Daher empfiehlt sich der Einbau solcher Wagen nur bei nicht zu dichter Kübelfolge und großen Kübeln. Der Mechanismus dieser Wagen wirkt nur bei Überschreiten eines bestimmten Mindestgewichtes des Kübelinhaltes. Dieses ist demnach nicht zu hoch zu wählen, da sonst ja viele Kübel ungewogen bleiben. Beim Ausschütten grubenfeuchter Rohbraunkohle in die Bunker bleibt oft Kohle im Kübel kleben. Einige Werke bauen daher in die Rückkehrstrecke eine zweite Wage ein. Die Firma A. Spies, G. m. b. H. Siegen, erbaut solche Wagen ebenfalls für Seilbahnbetriebe.

Auch in mechanische Kohlenförderanlagen vom Bunker nach den Kesseln werden selbstaufzeichnende Wägevorrichtungen eingebaut.

Wird Nußkohle vom Bunker über Elevatoren auf Transportschnecken zu den Kesseln gefördert, so können sogenannte Schüttelwagen eingebaut werden.

Eine solche kontroll- und regulierfähige Wage baut das Librawerk m.b.H., Gliesmarode, Braunschweig.

In Fig. 1 ist e der gleicharmige Wagebalken, f die Gewichtsschale mit gewöhnlichen Gewichten und d der Wägebehälter, der sich mit der Kohle füllt. Jede Füllung entspricht den aufgestellten Gewichten. Oberhalb der Wage ist eine Aufgabevorrichtung angeordnet, bestehend aus dem Trichter a und der Rinne w, die durch Exzenterantrieb hin- und hergeschüttelt wird und bewirkt, daß die Kohle auch bei etwas verschiedener Körnung dem Wägebehälter d durch den Einlauf a gleichmäßig zugeführt wird. Ist das genaue Füllungsgewicht erreicht, so wird durch den Schieber b der Wageneinlauf a_1 abgesperrt, der Arretierhaken o durch die Schiene n von dem Bolzen h entfernt, und der Behälter d, der Übergewicht nach vorn hat, entleert seinen Inhalt durch Umkippen in die punktiert gezeichnete Stellung. Der entleerte Behälter kehrt sofort wieder in seine Feststellung zurück, öffnet den Schieber b und eine neue Füllung beginnt.

Die Aufgabevorrichtung wird beim Entleeren der Wage selbsttätig aus- und eingerückt.

Jede Wägung wird auf dem Zählerwerk r fortlaufend vermerkt und addiert.

Zwecks Kontrolle wird der gefüllte Behälter d durch Umlegen eines Handgriffes am Entleeren gehindert und hierbei der Wagebalkenzeiger u beobachtet, ob er einspielt. Ein Reguliergewicht s gestattet Einstellung. Die Wage arbeitet ohne Ölschmierung.

Der Preis der Librawage mit jedesmaliger Ausschüttung von 50 kg, entsprechend einer stündlichen Leistung von 6000 kg, betrug im Januar 1922 ℳ 15 600 ab Fabrik, die dazu gehörige Speisevorrichtung ℳ 2240.

Die ähnliche Wage der Hennefer Maschinenfabrik C. Reuther & Reisert m. b. H. in Hennef a. d. Sieg, Rhld., die unter dem Namen „Chronoswage" in viele Kesselhäuser eingebaut ist, unterscheidet sich von anderen Wagen dadurch, daß sich ihr rascherer oder langsamerer Gang nach dem Kohlenverbrauch der Kessel richtet. Preis der Chronoswage für 6 t/h Leistung M 21 600 im Febr. 1922.

Auch in andere ununterbrochen laufende Förderanlagen, z. B. in Conveyor-Anlagen und Gurtförderungen, lassen sich derartige selbsttätige Kohlenwagen einbauen. Hierzu dienende Bauarten sind von Schenk in Darmstadt nach einem Prinzip ausgeführt, das aus dem Schema Fig. 2 zu erkennen ist.

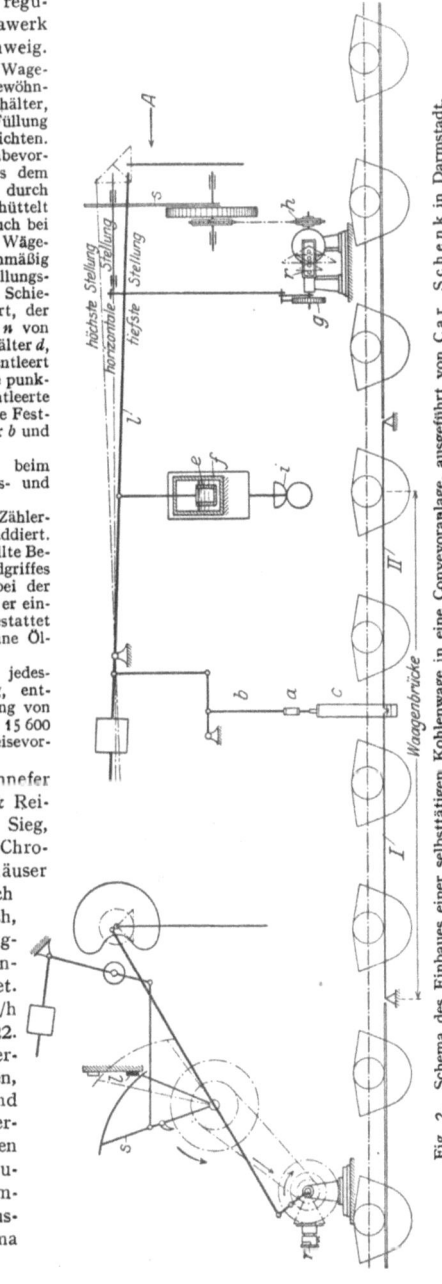

Fig. 2. Schema des Einbaues einer selbsttätigen Kohlenwage in eine Conveyoranlage, ausgeführt von Carl Schenk in Darmstadt.

Vordruck 1. Kohlen-Lagerbuch. (Nach der Bayer. Landeskohlenstelle.)

Tag	Wagen Nr.	Eingang Herkunft	Eingang Sortierung	Eingang Menge t	Preis pro t	Preis Sa	Abladestelle	Ausgang Herkunft	Ausgang Sortierung	Ausgang Menge t	Bestand Herkunft	Bestand Sortierung	Bestand Menge t
1. II. 20	334 631	Ruhr	Nuß III	10	350,00	3500,00	Lager				Beuerberg	Torf	20
1. II. 20	34 337	Schlesien	Grus	12	200,00	2400,00	Kesselhaus	Ruhr	Nuß III	2	Schlesien	Grus	12
1. II. 20	29 461	Schwand.	Rohbraunk.	10	105,00	1050,00	Lager				Ruhr	Nuß	15
											Schwand.	Rohbraunk.	22

Die Figur zeigt die in die Schienenbahn eines Becherwerkes eingebaute Wagenbrücke I und II, die durch das Gestänge $c\,a\,b$ den Neigungswagebalken l verstellt, dessen Schwingungen durch eine Flüssigkeitsbremse $e\,f$ gedämpft werden. Entsprechend der Belastung auf der Wagenbrücke hebt oder senkt sich der Wagebalken l.

Das Becherwerk treibt eine Welle an, auf der eine Kurvenscheibe angeordnet ist, die ein Segment s bewegt. Die Anzahl der vom Segment s ausgeführten Schwingungen hängt sonach von der Geschwindigkeit der Becherbewegung ab. Die Schwingungsweite wird von der Stellung des Balkens l bestimmt und ist um so größer, je höher Balken l steht, je größer also die Belastung ist. (S. punktierte Lage des Segmentes s.) Das Segment überträgt mittels Klinke seine Bewegung auf ein feingeteiltes Zahnrad und treibt dadurch das Zählwerk r an. Die Wägung ergibt eine Genauigkeit von 1 bis 2 vH.

Eine selbsttätige Becherwerkswage dieser Art kostete im Januar 1922 ab Fabrik rd. ℳ 59 500.

Wird feuchte Kohle, z. B. Rohbraunkohle, über eine Seilbahn von der Grube oder vom Bunker in das Kesselhaus gefördert, so kann die angelieferte Menge zuverlässig nur durch Zählen der Kübel ermittelt werden.

Bei dem Wagenzählapparat von A. Bleichert & Co., Leipzig-Gohlis, fährt der ankommende beladene Wagen auf bewegliche Schienen und drückt diese nieder, wodurch eine Feder zusammengepreßt wird. Die Bewegung von Schiene und Feder wird durch Hebel auf ein Zählwerk übertragen.

Die Feder ist für ein bestimmtes Bruttogewicht eingestellt; Wagen von kleinerem Gewicht sind nicht imstande, die Schienen niederzudrücken, bleiben also ungezählt.

Es ist nicht möglich, durch wiederholtes Hin- und Zurückschieben des Wagens diesen mehrfach zu wägen, da das Zurückfahren voller Wagen über den Zählapparat durch eine Sicherheitsvorrichtung verhindert wird.

Das Schaltwerk kann nur durch Überwindung eines besonders eingestellten Federzuges betätigt werden.

Bedingung ist, daß die Zählwerke sauber gehalten werden.

Es empfiehlt sich, trotz der Zuverlässigkeit dieser Zähler, die Wagen an zwei Stellen zu zählen, einmal beim Verlassen der Grube, außerdem beim Eintritt in das Kesselhaus.

Der Preis eines solchen Zählapparates mit Sicherheitseinrichtung gegen Doppelzählen betrug im Januar 1922 ℳ 6950 ab Fabrik.

Das sogenannte „Stecken" der Kübel, d. h. von dem Personal der Seilbahn für jeden ankommenden Kübel einen Holzstift in eine Tafel stecken zu lassen und auf diese Weise die Kübel zu zählen, sollte in keinem Betriebe mehr geduldet werden, der seine Wärmewirtschaft ernstlich kontrollieren will.

Die Zusammenstellung der eingegangenen Kohlengewichte wird zweckmäßig jeweils für einen Betriebsmonat gemacht. Tägliche Zwischenabschlüsse sind in kleinen Anlagen möglich.

Der Einfluß der verminderten Belastung an Sonn- und Feiertagen zeigt sich jedoch eigentlich erst bei Wochen- oder Monatsabschlüssen.

Der Vordruck 1 eines Kohlenlagerbuches ist beistehend wiedergegeben.

b) Ermittlung des Heizwertes der festen Brennstoffe.

Für die Ermittlung des Wirkungsgrades eines Kesselbetriebes ist außer der Gewichtsfeststellung die Bestimmung des Heizwertes des angelieferten Brennstoffes unerläßlich. Zunächst ist die angelieferte Kohle in einem Laboratorium auf ihre Elementarzusammensetzung zu untersuchen und der Heizwert zu ermitteln. An Hand dieser erstmaligen Untersuchung kann der Kesselbesitzer dann die folgenden Lieferungen aus derselben Grube durch Prüfung des Feuchtigkeits- und Aschengehaltes überwachen. Nur wo große Kraftwerke täglich erhebliche Kohlenmengen verfeuern oder wo mittlere Betriebe ihre Kohlen von vielen verschiedenen Gruben beziehen, lohnt es sich, diese Elementaranalysen selbst vorzunehmen. Mittlere Betriebe verfahren einfacher in der Weise, daß sie von den Kohlen der verschiedenen liefernden Gruben Proben an ein thermochemisches Laboratorium senden. Dort werden von dem Brennstoff ausführliche Elementaranalysen angefertigt. Die Proben müssen im Gewicht von 4 bis 5 kg in verlöteter Blechbüchse mit möglichst kleinem Deckel eingesandt werden.

Die Anfertigung einer vollständigen Elementaranalyse dauert 10 bis 20 Tage, je nach dem Feuchtigkeitsgehalt des Materials, und kostete im Januar 1922 etwa ℳ 200.

Probeentnahme. Besonders wichtig ist bei allen Brennstoffuntersuchungen eine einwandfreie Entnahme der Durchschnittsprobe. Hierfür haben das Staatliche Materialprüfungsamt zu Berlin-Dahlem und der Verein Deutscher Ingenieure im Verein mit anderen Verbänden folgendes Verfahren zur Probeentnahme empfohlen:

„Von jeder auf den Lagerplatz gebrachten Karre wird eine Schaufel, beim Abladen eines Wagens jede zwanzigste Schaufel, beiseite in Körbe oder mit Deckel versehene Kisten geworfen, wobei darauf zu achten ist, daß das Verhältnis von Stücken und Kleinkohle in der Probe dem der Lieferung möglichst entspricht. Diese Rohprobe im Gewichte von ungefähr 250 kg wird auf einer festen, reinen Unterlage (Beton, Steinfließen u. dgl.) ausgebreitet und bis zur Ei- oder Walnußgröße kleingestampft. Die so zerkleinerten Kohlen werden durch wiederholtes Umschaufeln gemischt, quadratisch zu einer Schicht von 8 bis 10 cm Höhe ausgebreitet und durch die beiden Diagonalen in vier Teile geteilt. Die Kohlen von zwei gegenüberliegenden Dreiecken werden beseitigt, der Rest noch weiter zerkleinert, etwa auf Haselnußgröße, gemischt und abermals zu einem Viereck ausgebreitet, das in gleicher Weise behandelt wird. So wird fortgefahren, bis eine Probemenge von 1 bis 10 kg, je nach der Lieferung, übrigbleibt, welchein luftdicht verschlossenen Gefäßen, oder wenn es auf die ursprüngliche Grubenfeuchtigkeit nicht ankommt, in Holzkisten zur Untersuchung verschickt wird. Es kann auch eine besondere kleine Probe zur Bestimmung der Feuchtigkeit luftdicht verpackt zur Versendung kommen. Von einem schon abgeladenen Kohlenhaufen muß man an verschiedenen Stellen und von allen Seiten, auch von innen und unten, Proben wegnehmen und dieselben vereinigen, bis eine entsprechende Menge beisammen ist."

Die Versuchsanstalt in Karlsruhe gibt folgende Vorschriften für die Probeentnahme:

„Von dem zu prüfenden Material wird beim Beladen oder Abladen eines Waggons jede zwanzigste oder dreißigste Schaufel beiseite in Körbe oder Eimer geworfen, wobei darauf zu achten ist, daß das Verhältnis von großen und kleinen Stücken in der Probe dem Verhältnis in der Lieferung entspricht. Bei grobstückigem Material soll diese erste Probe keinesfalls unter 300 kg betragen. Die Rohprobe im Gewicht von 250 bis 500 kg wird auf einer reinen, festen Unterlage, am besten auf Eisen (evtl. auf Beton, Steinfließen, Bohlen, z. B. dem Boden eines leeren Waggons oder dgl.) ausgebreitet und bis zur Walnußgröße kleingestampft. Dabei ist zu beachten, daß die Stücke beim Zerschlagen an ihrem Platz liegen bleiben müssen, und vor allem die schwerer zerschlagbaren Schiefer besonders gut zerkleinert werden. Holzstücke, Kieselsteine und Körper, die dem zur Untersuchung stehenden Material nicht eigen sind, müssen entfernt werden, keinesfalls aber dürfen Schiefer oder andere Unreinigkeiten, die dem Material angehören, ausgelesen werden. Nach dem Zerkleinern werden die Kohlen oder der Koks durch wiederholtes Umschaufeln nach Art der Betonbereitung gemischt, quadratisch zu einer Schicht von 8 bis 10 cm Höhe ausgebreitet und durch die beiden Diagonalen in vier Teile geteilt. Das Material in zwei gegenüberliegenden Dreiecken wird beseitigt, der Rest noch weiter zerkleinert, etwa auf Haselnußgröße, gemischt und abermals zu einem Viereck ausgebreitet, das in gleicher Weise behandelt wird. Vor jeder Teilung muß das Material so weit zerkleinert sein, daß die Probe auch dann nicht beeinflußt würde, wenn die zwei größten Stücke reine Steine wären und beide in einen Teil der Probe kämen. Also darf das größte Stück höchstens $1/_{4000}$ der Probe wiegen. (Liegen z. B. 300 kg Probe vor, so darf das größte Stück nur 75 g wiegen usw.) In dieser Weise wird die Probe weiter geteilt, bis eine Probemenge von etwa 10 kg übrig bleibt, die in gut verschlossenen Gefäßen zur Untersuchung verschickt wird.

Ist der Wassergehalt maßgeblich, so ist die Probe sofort nach oder vor Feststellung des Gesamtgewichts der Ladung zu entnehmen und luftdicht zu verpacken. Bei sehr hohen Wassergehalten empfiehlt es sich, die ganze erste Probe (von 300 kg z. B.) sofort genau zu wiegen, an trockener, reiner Stelle auszubreiten, bis sie trocken ist, dann zurückzuwiegen, die kleine Probe in angegebener Weise zu ziehen und bei Einsendung den ermittelten Wasserverlust anzugeben. Man vermeidet auf diese Weise, daß die Probe während der Aufarbeitung Wasser verliert.

Liegen die Kohlen auf Lager, so sind mindestens an zehn verschiedenen Stellen Proben von je 25 bis 30 kg zu entnehmen, die zusammengeschüttet zur Durchschnittsprobe verarbeitet werden. Bei grobstückigem Material soll die erste Rohprobe nicht unter 300 kg betragen.

Je ungleichmäßiger nach Stückgröße, Steingehalt und Feuchtigkeit die Kohle ist, desto größer ist diese erste Probe zu nehmen und desto sorgfältiger muß die Zerkleinerung und Mischung von Anfang an sein, um einen guten Durchschnitt zu erhalten."

Heraeus-Ofen. Die Elementaranalyse wird vielfach in einem elektrisch geheizten Ofen ausgeführt, den die Elektrotechnische Abteilung der Firma W. C. Heraeus in Hanau a. M. herstellt, Fig. 3.

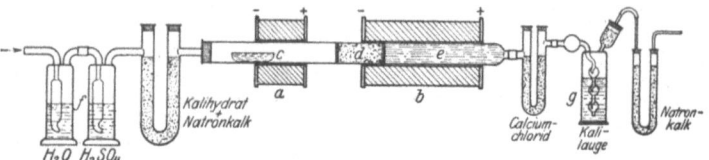

Fig. 3. Elektrischer Ofen zur Analysierung von Brennstoffen, ausgeführt von W. C. Heraeus, G. m. b. H., Hanau a. Main.

Die Analysen werden in folgender Weise gemacht:

In das Verbrennungsglasrohr wird ein Schiffchen aus Porzellan oder Quarz c mit dem Brennstoff eingeführt, der unter Erhitzung durch die beiden beweglichen Heizkörper a und b verbrannt wird.

Der zur Verbrennung erforderliche Luftstrom wird in der Waschvorrichtung f beim Durchströmen von Wasser und dann der im Luftstrom enthaltene Sauerstoff durch konzentrierte Schwefelsäure und eine Mischung von Kalihydrat und Natronkalk von Wasserdampf und Kohlendioxyd befreit.

Die bei der erst langsam eingeleiteten Verbrennung entstehenden Rauchgase werden zunächst durch Bleichromat geleitet, wobei der Schwefel gebunden wird, dann durch Kupferoxyd.

Von hier aus durchströmen die Gase die Absorptionsvorrichtung.

Das Calciumchlorid absorbiert das aus dem disponiblen Wasserstoff und der Feuchtigkeit des Brennstoffes stammende Wasser, dessen Menge durch Wägung bestimmt wird. Kalilauge und Natronkalk absorbieren die Kohlensäure.

Diesen Ofen hat Prof. M. Dennstedt verbessert. Seine Konstruktion unterscheidet sich äußerlich von dem Verbrennungsofen System Heraeus dadurch, daß der kleinere der beiden, voneinander unabhängigen, mit Rollen auf einer Schlittenbahn leicht verschiebbaren Röhrenöfen nur 12 cm (Heraeus 20 cm) lang ist. Der größere, 35 cm lange, zerfällt in drei Heizteile. Der erste, dem kurzen Ofen zugewandte Teil ist 7 cm lang; er erhitzt sich auf 700°, ist mit dem Vorschaltwiderstand verbunden und deshalb regulierbar. Er dient zur Erhitzung der Platinkontaktsubstanz oder des Platinkontaktsternes. Die beiden anderen Teile von zusammen 28 cm Länge sind für Temperaturen von 300 bzw. 100° eingerichtet und dienen zur Erhitzung der Schiffchen mit Silberpulver für die Halogene und mit Bleisuperoxyd für den Schwefel.

Durch Berechnung nach der Dulongschen Formel kann aus der Elementaranalyse der im Kalorimeter ermittelte Heizwert kontrolliert werden.

Erforderlich für die Zuverlässigkeit der Untersuchung ist eine größere Übung in der Benutzung des Apparates.

Krökersche Bombe. Für die kalorimetrische Heizwertbestimmung wird von den Betriebslaboratorien die Berthelot-Mahlersche Bombe, in der verbesserten Ausführung von Dr. Kröker, Fig. 4, benutzt.

Diese Kalorimeter beruhen grundsätzlich darauf, daß die beim Verbrennen einer bestimmten Brennstoffmenge freiwerdende Wärmemenge von einer bestimmten Wassermenge restlos aufgenommen wird. Aus der Erhöhung der Wassertemperatur läßt sich dann die freigewordene Wärmemenge und damit der Heizwert des Brennstoffes berechnen.

Da es sich aber hierbei um das Verbrennen von ganz kleinen Brennstoffmengen, z. B. 1 g Steinkohle oder 1,5 g Braunkohle, handelt, sind die Messungen und Beobachtungen bei dem Verbrennungsversuch so sorgfältig vorzunehmen, daß sie eine gewisse Übung und Erfahrung voraussetzen.

Von Unerfahrenen vorgenommene Versuche an solchen Kalorimetern haben keinen praktischen Wert. Die Ausführung besteht bei der Krökerschen Bombe in folgenden Vorgängen:

Pressen eines Brikettchens um einen Zünddraht.

Trocknen des Innern der Bombe.

Einsetzen des Briketts und Zünddrahtes in die Bombe.

Verschließen und Abdichten der Bombe gegen einen Druck von 25 at.

Füllen der Bombe mit verdichtetem Sauerstoff.

Einsetzen der Bombe in einen gefüllten Wasserbehälter mit doppelter Wandung.

Inbetriebsetzen eines Rührwerkes zum Bewegen des Wassers um die Bombe.

Erhitzen des Zünddrahtes durch eine elektrische Stromquelle.

Ablesen der Wassertemperaturen mit einer Lupe an einem Quecksilberthermometer mit Einteilung von Hundertstel Grad und Schätzung von Tausendstel Graden.

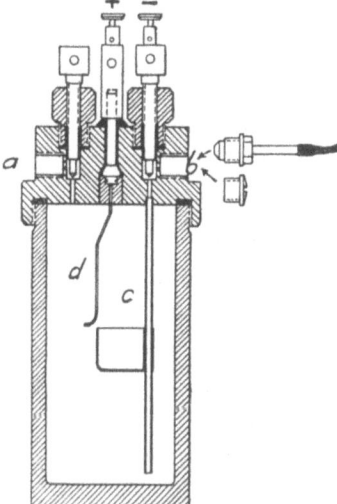

Fig. 4. Krökersche Bombe.

Feststellung der Dampfmenge in der Bombe nach der Verbrennung durch Abführung der Rauchgase über eine Chlorkalziumvorlage.

Berechnen der freigewordenen Wärmemenge.

Hierbei zu berücksichtigen:

a) die an den Apparat abgeleitete Wärme ist zu berechnen aus dem Wasserwert des Kalorimeters, d. h. einer Konstante für die Wärmemenge, welche die Teile des Apparates bei einer Temperaturerhöhung um 1° aufnehmen.

b) Berechnen der Fadenkorrektur.

c) Berechnen der bei der Verbrennung gebildeten Säuren.

Die ermittelte Wärmemenge ergibt den sogenannten **oberen Heizwert** des Brennstoffes.

Da aber in der Feuerung die Feuchtigkeit des Brennstoffes als überhitzter Dampf in den Schornstein entweicht, bringt man die zur Verdampfung der Feuchtigkeit aufgewendete Wärmemenge vom Heizwert in Abzug und erhält damit den **unteren Heizwert** des Brennstoffes.

Fig. 4 zeigt die Einrichtung des Apparates. An den Bohrungen a und b, die durch kleine Ventile verschließbar sind, werden Röhrchen angeschraubt, um den Verbrennungssauerstoff einzuführen und nach der Verbrennung das Wasser zu entnehmen. Platinrohr c, das den Sauerstoff einführt und der isoliert durch den Deckel geführte Draht d bilden die Pole für die elektrische Zündung. Der pulverisierte Brennstoff wird um einen mit den beiden Polen verbundenen Zünddraht zu einem Brikett gepreßt. Die abgewogene Wassermenge in dem die Bombe umgebenden Metallgefäß wird infolge Anordnung eines Rührwerkes gleichmäßig erwärmt. (Ausführliche Beschreibung des Meßvorganges s. Gramberg, „Technische Messungen", Brand, „Technische Untersuchungsmethoden".)

Schnellkalorimeter. Muß ein Kesselbesitzer wegen häufig und plötzlich wechselnder Kohlensorten schnell eine annähernd genaue Bestimmung des Feuchtigkeits- und Aschengehaltes der Kohlen selbst vornehmen, so kann er angenäherte Heizwerte durch die Verwendung des Stachschen Schnellkalorimeters, das die Firma Carl Bamberg, Berlin-Friedenau, ausführt, erhalten, Fig. 5.

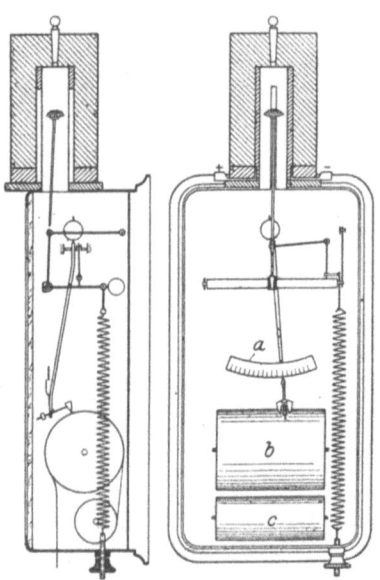

Fig. 5. Schnellkalorimeter von E. Stach.

Die zu untersuchende Kohle wird in Staubform auf eine Platinschale gehäuft, die briefwagenähnlich auf einer registrierenden Federwage befestigt ist. Die Schale spielt in einem Silitrohr, das durch einen elektrischen Strom geheizt wird und von einem kräftigen Schamottemantel umgeben ist.

Bei dem Versuch wird die Wage so eingestellt, daß bei gefüllter Schale der Schreibhebel auf dem Nullpunkt der hundertteiligen Papierskala steht.

Verändert sich dann das auf der Schale liegende Gewicht, so gibt nun der Schreibhebel unmittelbar die Gewichtsveränderung in vH an. Sobald das Silitrohr geheizt wird, erwärmt sich die Kohlenprobe und gibt nach Überschreitung einer Temperatur von 100° ihren Wassergehalt ab. Dementsprechend vermindert sich das Gewicht, und die Schale steigt infolgedessen in die stärker geheizten Teile der Heizröhre empor. Mit steigender Temperatur gibt die Kohlenprobe auch die gasförmigen Bestandteile bis zur Verkokung ab. Der Verlauf der Gewichtsverminderung und der Betrag derselben ist an dem aufgezeichneten Diagramm ablesbar. Ist die Gasabgabe beendet, so wird durch Öffnen eines Stöpsels ein aufsteigender Luftstrom in dem Heizrohr erzeugt, in dem auch der Kohlenstoff bis auf die unverbrennlichen Aschenteile verbrennt.

Der Heizwert der zu untersuchenden Kohle ist aus den aufgezeichneten vier Werten Wasser, Gas, Kohlenstoff und Aschenbestandteile nach bekannten Formeln leicht zu berechnen. S. S. 5. Das Diagramm gibt außerdem eine wertvolle Charakteristik über den Verlauf der Entgasung und das Verhalten der Kohle.

Die Elementaranalyse und die kalorimetrische Heizwertbestimmung ergeben für jeden Brennstoff gleichzeitig den Heizwert der Reinsubstanz, d. h. den Heizwert der brennbaren Bestandteile der Kohle ohne Feuchtigkeit und Asche.

Dieser Heizwert der Reinsubstanz ist für viele Gruben, namentlich Braunkohlengruben, recht konstant.

Daher genügt es, bei regelmäßigen Bezügen aus derselben Grube bzw. demselben Flöz, etwa durch wechselnden Aschen- und Feuchtigkeitsgehalt hervorgerufene Schwankungen im Heizwert in der Weise festzustellen, daß man vielleicht täglich eine Kohlenprobe auf Feuchtigkeit und Aschengehalt untersucht.

Weiß man z. B. aus der Elementaranalyse, daß der Heizwert von 1 g brennbarer Substanz 6,6 gcal beträgt, und sind durch die Tagesuntersuchungen in 1 kg Brennstoff 500 g Wasser und 70 g Unverbrennliches, mithin also nur 430 g brennbare Substanz festgestellt, so haben diese 430 g einen Heizwert von 6,6 · 430 = 2838 gcal. Zur Verdampfung von 1 g Wasser sind rd. 0,6 gcal aufzuwenden, mithin werden für jedes kg dieses Brennstoffes 500 · 0,6 = 300 gcal zur Verdampfung der Feuchtigkeit verbraucht. Es bleibt daher nur ein unterer Heizwert von 2838 — 300 = 2538 kcal.

Bezieht eine Kesselanlage stets nur Kohle aus ein und derselben Grube, so kann sich der Betrieb unter Anwendung des vorstehenden Rechnungsbeispieles eine Zahlentafel für den Heizwert dieser Kohle bei verschieden hoher Feuchtigkeit und Aschengehalt ausrechnen, wie z. B. Zahlentafel 1, nur einige der zahlreichen Werte wiedergebend, als Beispiel für eine minderwertige Braunkohle angibt.

Zahlentafel 1.
Bestimmung des Heizwertes von Rohbraunkohle der N.-N.-Grube nach der Verbandsformel bei verschiedenem Feuchtigkeits- und Aschengehalt.

| Wasser- | Aschengehalt in v H | | | |
gehalt	2,0	2,5	3,0	3,5
50,0	2616	2585,625	2585,25	2524,875
50,5	2582,625	2552,25	2521,875	2491,5
51,0	2549,25	2518,875	2488,5	2458,125
51,5	2515,875	2585,5	2455,125	2424,75
52,0	2482,5	2452,125	2421,75	2391,375

Kaufhold, Essen, schreibt in Nr. 35 von „Stahl u. Eisen" 1909 in einer Abhandlung über die Verwertung der Abhitze von Steinkohlenfeuerungen, daß die Güte eines Brennstoffes ihren Ausdruck auch im Kohlenstoffgehalt findet. Er hat eine Kurve, Fig. 6, aufgestellt, aus der für jeden Heizwert der Kohlenstoffgehalt, oder umgekehrt, praktisch zutreffend entnommen werden kann.

Die Kenntnis des Kohlenstoffgehaltes der Kohle ist besonders wichtig, da sich auf dieser Zahl der Kohlensäuregehalt der Rauchgase aufbaut, der zur Beurteilung der wirtschaftlichen Frage ausschlaggebend ist.

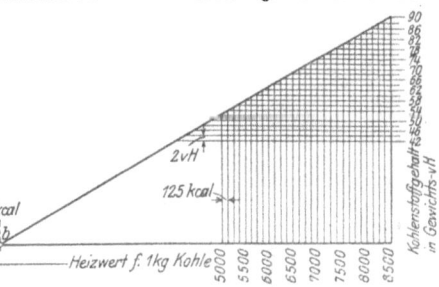

Fig. 6. Heizwert und Kohlenstoffgehalt.

Aus obiger Erwägung heraus im Zusammenhang mit einem zweiten Schaubilde, das den Wärmegehalt der Abgase für 1 kg des verfeuerten Brennstoffes und 1° Temperaturunterschied angibt, kann dann leicht der Wärmegehalt der Abgase berechnet werden, Fig. 7.

Da gegenwärtig viele Werke nur minderwertige Steinkohlen erhalten und bei Rohbraunkohlen und manchmal auch bei Braunkohlenbriketts der Heizwert stark schwankt, empfiehlt sich eine tägliche Kontrolle des Feuchtigkeitsgehaltes und Aschengehaltes der Kohle.

Wie stark diese Schwankungen sein können, zeigt beifolgendes Schaubild Fig. 8, das der Praxis entnommen ist.

Auf Grund solcher täglichen Heizwertfeststellung kann der Betrieb den monatlichen Durchschnittsheizwert ermitteln und durch Multiplikation dieses Durchschnittheizwertes mit dem Gewicht der angelieferten Kohlenmengen die eingegangene Wärmemenge für die Betriebsbilanz festlegen.

Für die Feuchtigkeitsfeststellung verwendet man Trockenschränke.

In diese wird eine Kohlenprobe von 10 bis 20 g etwa 3 bis 4 Stunden lang einer Temperatur bis zu 100° (nicht höher) ausgesetzt, und nach der Trocknung die Gewichtsabnahme festgestellt.

Diese gibt den vH-Gehalt des Brennstoffes an Feuchtigkeit an.

Zur Feststellung des Gehaltes an Unverbrennlichem in dem Brennstoff werden etwa 10 g des getrockneten Materials in einem kleinen Porzellanglühtiegel über einem Bunsenbrenner verbrannt. Auch hierbei ergibt das Gewicht des übrigbleibenden Materials den vH-Gehalt an Asche im Brennstoff an. Trockenschränke liefern Heraeus in Stuttgart, Altmann in Berlin u. a.

Einen anderen Apparat zur Feuchtigkeitsbestimmung in Brennstoffen fertigen Dr. Bender & Dr. Hobein, München, an.

Aus dem Heizwert und dem Kohlenpreis ergibt sich auch der Wärmepreis des Brennstoffes, d. h. der Preis für 100 000 kcal der angelieferten Kohle. Dieser Wärmepreis ist für den Kohleneinkauf und die Auswahl der Brennstoffe sehr wichtig. Besonders die teuren Zusatzbrennstoffe sind stets auf ihren Wärmewert zu untersuchen. Die Hauptstelle für Wärmewirtschaft gibt einen Fall bekannt, in dem ein Betrieb sich durch Zukauf von teurem Heizöl den Dampfpreis um 70 vH verteuerte.

Unter Umständen ist es zur Beurteilung der geforderten Brennstoffpreise, bezogen auf die Verwendbarkeit, notwendig, Vergleichsrechnungen anzustellen. Hierzu bietet eine Arbeit über den Verbrauchswert der Brennstoffe von W. Clauss, Mannheim, eine brauchbare Unterlage, welche die Badische Landeskohlenstelle veröffentlicht hat.

Über die gleiche Frage hat die Wärmestelle Düsseldorf, Stahlhof, in ihrer Mitteilung Nr. 31 vom 15. Dez. 1921 wertvolle Anweisungen für Betriebsingenieure gegeben, in der auch die Universaltafel von W. Clauss enthalten ist. Weiter gibt die Mitteilung Nr. 30 vom 30. Nov. 1921 der Wärmestelle Düsseldorf in einer Betriebsstatistik über „Kohlenverbrauch in Martinstahlwerken" interessante Zusammenstellungen.

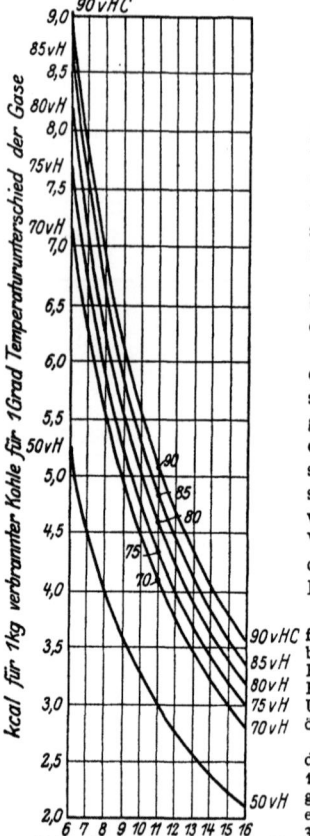

Fig. 7. Wärmegehalt der Abgase.

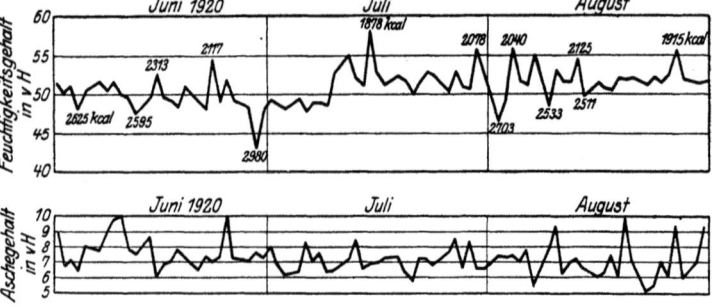

Fig. 8. Schwankungen des Feuchtigkeits- und Aschegehaltes bei Rohbraunkohlen.

Die Untersuchung des Brennstoffes hat neben dem Hauptzweck der Ermittlung des Heiz- und Wärmewertes den weiteren wichtigen Zweck, Schlüsse für die zweckmäßigste Behandlung des Brennstoffes auf dem Rost zu ziehen. Da man z. B. den Waschbergen oder der jungen Braunkohle nicht immer von außen ansehen kann, wieviel Berg oder Sand in der Kohle enthalten ist, kann bei Unaufmerksamkeit unter Umständen der Betrieb Störungen erleiden, weil plötzlich infolge nicht beobachteten hohen Sandgehaltes der Kohle die Feuer schlecht brennen. Nach dem jeweiligen Sandgehalt ist auch die Zugstärke für die Feuerung einzustellen.

c) Überwachung der Kohlenlagerung.

Die Betriebskontrolle hat nach Eingang des Brennmaterials dafür zu sorgen, daß der Heizwert der Kohle nicht durch falsche Behandlung und Lagerung verringert wird.

Die einfachste Form der Entwertung des Brennstoffes ist die Abmagerung durch zu langes Liegen an der freien Luft, d. h. es verbinden sich wertvolle flüchtige Bestandteile der Kohle mit dem Sauerstoff der Luft und entweichen als leichte Kohlenwasserstoffe.

Es ist hierbei weniger der Einfluß der Wärme durch Sonnenbestrahlung, wie allgemein angenommen wird, ausschlaggebend; denn selbst Rohbraunkohle und Briketts können Temperaturen bis zu 95° C vertragen, ohne nennenswert an Heizwert zu verlieren. Dagegen ist der Kohle eine Belüftung weniger zuträglich. Locker geschichtete Kohle leidet stärker als dicht geschichtetes Material.

Die Belüftung lange liegender Kohlenhaufen oder Bunkervorräte muß also möglichst vermieden werden.

Die weitere unangenehme Begleiterscheinung dieser Entgasung ist das Freiwerden von Wärme bei den sich bildenden chemischen Verbindungen, die ja in Wirklichkeit Oxydationsprozesse, d. h. Verbrennungen, darstellen.

Darum ist besonders hinsichtlich der Höhe der Aufstapelung von Kohlenvorräten größte Vorsicht geboten. Sowohl Braunkohlenbriketts, als auch Rohbraunkohlen mit hohem Prozentgehalt an flüchtigen Bestandteilen neigen zur Erhitzung, die sich bis zur Entzündung steigern kann.

Es ist daher anzuraten, Braunkohlenbriketts und gashaltige Rohbraunkohle nicht höher als 3,5 m aufzustapeln. Außerdem wird davor gewarnt, Haufen dieser Brennstoffe von mehr als 1000 t aufzuschütten.

Zwischen den einzelnen Kohlenhaufen sind nach Möglichkeit Gänge in einer Breite von 2 m freizuhalten.

Auch soll man beim Füllen der Kesselhausbunker nicht Material verschiedener Körnungen schichtweise aufeinanderlagern, da durch die eingeschlossenen Lufträume im groben Material Entgasung und Erhitzung begünstigt wird.

Bilder falscher und richtiger Kohlenlagerung, von der Bayer. Landeskohlenstelle herausgegeben, zeigt Fig. 9.

Zur Kontrolle der Temperatur im Innern der Bunker und Kohlenhaufen setzt man in Abständen von 20 zu 20 m dünnwandige Rohre, z. B. alte Kondensatorrohre, ein. In diese Rohre hängt man von Zeit zu Zeit Thermometer zur Messung der Temperatur.

Eine selbsttätige elektrische Alarmvorrichtung für auftretende unzulässige Temperaturerhöhungen in Kohlenbunkern baut die Firma Oscar Schöppe, Leipzig.

Ein wärmeempfindlicher Metallstreifen dehnt sich aus und berührt einen Kontakt, der auf eine bestimmte Temperatur eingestellt werden kann.

d) Überwachung des Verbrennungsvorganges und der Verluste in der Feuerung.

Bei der Verbrennung der Kohle in der Feuerung ist es Aufgabe der Betriebskontrolle, den Verbrennungsvorgang mit seinen Verlusten zu erforschen, den

232 Kontrolle des Kraftbetriebes.

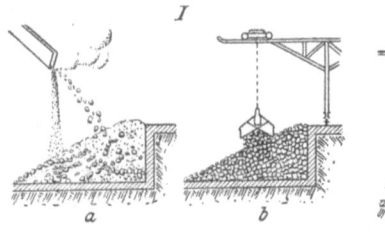
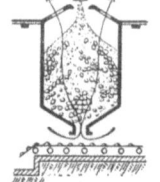
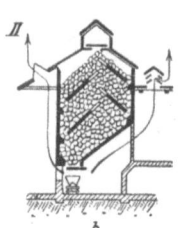

Unrichtig.	Richtig.	Unrichtig.	Richtig.
Stapelung mit Entmischung. Gefahr der Selbstentzündung in jeder Schütthöhe.	Stapelung ohne Entmischung. Nach Möglichkeit gleiche Kohlensorte, gleiche Körnung. Keine Brandherde.	Entmischung beim Stapeln. Luftströmung durch den Silo. Gefahr der Selbstentzündung.	Stapelung ohne Entmischung. Keine Luftströmung durch den Silo. Außenkühlung. Keine Brandherde.

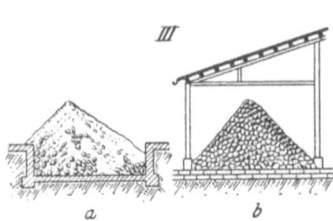
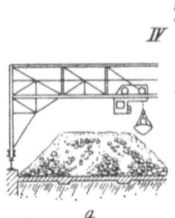

Unrichtig.	Richtig.	Unrichtig.	Richtig.
Kohle verschiedener Körnung. Verschiedene Kohlensorten. Grusnester. Kohlenhaufen entmischt. Kein Schutz gegen Regen, Schnee und Sonne. Gefahr der Selbstzündung.	Kohle gleicher Körnung, gleiche Kohlensorte. Kohlenhaufen nicht entmischt. Schutz gegen Befeuchtung und Bestrahlung. Keine Brandherde.	Kohle verschiedener Körnung. Verschiedene Kohlensorten. Grusnester. Kohlenhaufen entmischt. Kein Schutz gegen Regen, Schnee und Sonne. Gefahr der Selbstzündung in jeder Schütthöhe.	Kohle gleicher Körnung. Gleiche Kohlensorte. Kohlenhaufen nicht entmischt. Schutz gegen Befeuchtung und Bestrahlung. Keine Brandherde.

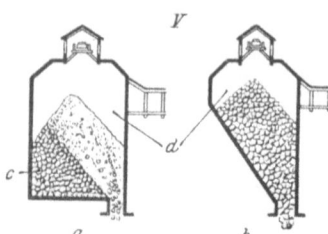

Unrichtig.	Richtig.
Fehlerhaft angelegter Bunker für Rohbraunkohle. *c* Stehenbleibende Kohle.	Für verschiedene Kohlensorten ist verschieden starke Neigung nötig. *d* Dieser Raum entleert sich von selbst in die Kessel.

Fig. 9. Falsche und richtige Kohlenlagerung.

Zahlentafel 2.[1)]

Versuchsergebnisse mit verschiedenen Kesseln und Brennstoffen.

Versuch	I	II	III	IV	V	VI	VII	VIII	IX	X	XI	XII
Kesseltype	Steil-rohr-kessel	Wasser-rohr-kessel	Flamm-rohr-kessel	Doppel-Flamm-rohr-Kessel	Flamm-rohr-kessel	Steil-rohr-kessel	Steil-rohr-kessel	Wasser-rohr-kessel	Wasser-rohr-kessel	Steil-rohr-Kessel	Flamm-rohr-kessel	Wasser-rohr-kessel
Kesselheizfläche H_k . . . m²	771	344,3	210	227	210	250	250	300	500	214	100	560
Überhitzerheizfläche $H_ü$ . . m²	540	97,9	—	—	—	85	85	100	150	56	—	170
Vorwärmerheizfläche H_v . . m²	1439	290	240	240	192	192	192	640	800	161,5	192	324
Art des Rostes	Wan-der-rost	Wan-der-rost	Wan-der-Feuerung	Planrost mit Feuerung selbst. B.	Unter-schub-Feuerung	Wan-der-rost	Wan-der-rost	Wan-der-rost	Wan-der-rost	Stufen-rost	Frän-kelrost	Stufen-rost
Rostfläche R . . . . m²	36,8	13,9	4,5	6,2	4,5	7,95	7,95	11,2	18,3	11,5	4,2	32,4
Brennstoff	Ruhr-kohle	Ruhr-kohle	Ruhr-kohle	Ruhr-kohle	Saar-kohle	Saar-kohle	Saar-gries-Kohle	Ober-bayer. Kohle	Ober-bayer. Kohle	Rh. Roh-braun-kohle	Bitter-felder Braun-kohle	Oberpf. Lignit
Heizwert . . . . kcal	7675	7593	7587	7460	7479	7160	5580	4705	4315	1970	2490	1654
Dampferzeugung pro m² Heizfläche und Stunde . . $\dfrac{D}{H_k}$	43,9	36,3	30,3	24,8	31,8	24,3	31,8	21,1	31,2	31,1	21,4	21,7

[1)] Tafel der Hauptstelle für Wärmewirtschaft, Berlin.

erreichbaren Höchstgrad des thermischen Wirkungsgrades zu ermitteln und danach die Behandlung der Feuerung vorzuschreiben und zu überwachen.

Verluste entstehen durch
1. Verbrennliches in den Rückständen und Flugkoksverluste.
2. In den Schornstein abziehenden Heizwert der Rauchgase, die Kohlenoxyd infolge unvollkommener Verbrennung enthalten und durch die fühlbare Wärme der Rauchgase.
3. Abkühlung während der Betriebsstillstände.
4. Undichte Einmauerung.

Da jede Kesseltype zusammen mit ihrer Feuerung eine besondere individuelle Charakteristik, Fig. 9 a und b, hat, so muß zunächst durch Betriebsversuche bei verschiedener Belastung festgestellt werden, bei welcher Belastung der thermische Wirkungsgrad am günstigsten ist, ferner welche größte Dampfmenge der Kessel hergibt und wie sich der Wirkungsgrad mit der Zugstärke bzw. Belastung ändert.

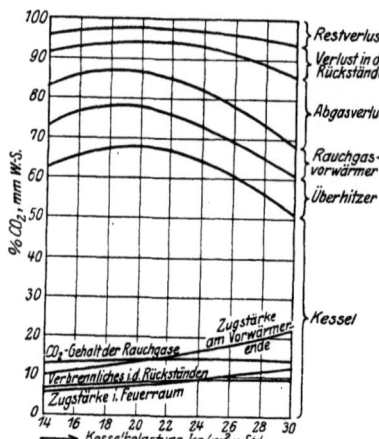
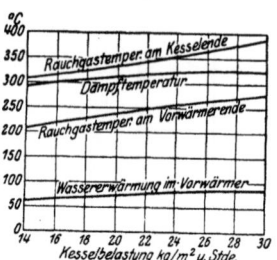

Fig. 9a und b. Kessel-Charakteristik. Wärmebilanz und Wirkungsgrad.
(Nach R. Reischle. Bayerische Landeskohlenstelle München.)

Zahlentafel 2 zeigt, wie verschieden die Heizflächenbelastung der verschiedenen Kesseltypen ist.

Dann erst kann man an die Kontrolle der Einzelverluste gehen. Kesselbesitzer, die kein geeignetes Personal für solche Versuche haben, können die wärmewirtschaftlichen Abteilungen ihres Dampfkesselrevisionsvereins in Anspruch nehmen. In Vordruck 2 sind die festzustellenden Werte enthalten. Die Auswertung eines genauen Versuches ist in beistehendem Zahlenbeispiel durchgeführt.

Bericht

über einen ausgeführten Verdampfungsversuch.

Beschreibung der Kesselanlage:

Kesselsystem: Wasserröhrenkessel System Steinmüller.
Kesselschild: 20 at. L. & C. Steinmüller in Gummersbach Nr. 4708 — 1915.
Überhitzer: ist zwischen das Röhrensystem und den Oberkessel eingebaut.
Feuerung: Muldenrost-Vorfeuerung der Firma: Fränkel & Viebahn in Leipzig.
Zugführung: die Heizgase werden in mehrfachen Umbiegungen vertikal durch das Röhrensystem geführt.

Versuchszweck: Feststellung, ob die seitens der Erbauerin gegebene Garantie erreicht ist.

Geleistete Garantie: 78 vH Nutzeffekt ohne Toleranz bei 22 kg Verdampfung pro m² Heizfläche und Stunde.

Die Versuchsausführung erfolgte nach den Normen für Leistungsversuche.
Das Speisewasser wurde gewogen.
Zur Speisung diente eine Dampfpumpe (Motorpumpe).
Das Brennmaterial wurde gewogen.

Betriebskontrolle der Dampfkesselanlagen. — Überwachung usw.

Die Rauchgasanalysen wurden mit dem Orsatschen Apparat ausgeführt, die Gasproben wurden entnommen im Fuchs vor dem Schieber.
Die Ablesung an den Instrumenten und Entnahme der Gasanalysen erfolgte viertelstündlich.
Der Kessel war im Betriebe seit einigen Tagen vor Beginn des Versuchs.
Betriebszweck: Turbinenbetrieb.
Die Beanspruchung beim Versuche war gleichmäßig.

Auf Grund von nachträglich von der Physikalisch-Technischen Reichsanstalt in Charlottenburg an den verwendeten Thermometern vorgenommenen Prüfungen ist die Temperaturermittlung des Wassers bei Eintritt in den Ekonomiser und die Temperaturermittlung des überhitzten Dampfes bei Austritt aus dem Überhitzer entsprechend berichtigt worden.

Abmessungen, Ablesungen und Versuchsergebnisse.

Heizfläche des Kessels:	m^2	391,20
„ „ Überhitzers:	m^2	89,50
„ „ Ekonomisers:	m^2	190,00
Rostfläche:	m^2	10,00

Überhitzerheizfläche: Kesselheizfläche 1 : 4,37
Rostfläche: „ 1 : 39,12
Versuchsdauer von 8³⁰ bis 4³⁰ = 8 Stunden.

Brennmaterial: Braunkohle (Förderkohle).

Herkunftsort: Grube Theodor.

Heizwert nach kalorimetrischer Ermittlung { Dr. Langbein 2488 / Bayer. Verein 2470 / Dr. Aufhäuser 2492 } kcal   2 483

Gesamtverbrauch	kg	23 880
Verbrauch in 1 Stunde	kg	2 985
„ „ 1 „ auf 1 m² Rostfläche	kg	298,5
„ „ 1 „ „ 1 m² Heizfläche	kg	7,63

Speisewasser:

Temperatur vor Eintritt in den Ekonomiser	°C	44,5
„ „ „ „ „ Kessel	°C	103,6
Verdampft im ganzen	kg	68 275[1]
		− 95
		68 180
„ in 1 Stunde	kg	8 527,19
„ in 1 Stunde auf 1 m² Heizfläche	kg	21,80

Desgleichen, bezogen auf Wasser von 0° und Dampf von 100° (639,7 kcal) .... kg   19,39

Dampf:

Mittlerer Dampfdruck (absolut)	kg/cm²	19,55
Mittlere Temperatur des Sattdampfes	°C	210,1
„ „ „ überhitzten Dampfes	°C	346
Erzeugungswärme für 1 kg (673,2 — 104,2)	kcal	569
Überhitzungswärme für 1 kg (346 — 210,1) 0,557	kcal	75,7
Mittlere Temperatur des Mischdampfes	°C	
Wärmeinhalt des Wassers bei Eintritt in den Ekonomiser	kcal	44,6
Wärmeinhalt des Wassers bei Eintritt in den Kessel	kcal	104,2

Verdampfungsziffer und Dampfpreis:

1 kg Brennmaterial hat aus Wasser von 103,5° C Dampf von 18,55 at Überdruck erzeugt: .... kg   2,86
1 kg Brennmaterial hat aus Wasser von ° C Dampf von 100° C (639,7 kcal Erzeugungswärme) erzeugt: .... kg   2,65

Wärme-Bilanz:

Nutzbar gemacht zur Dampfbildung $\dfrac{68\,180 \cdot 569 \cdot 100}{23\,880 \cdot 2483}$ = 65,43 vH

„ „ „ Überhitzung $\dfrac{68\,224{,}1 \cdot 75{,}7 \cdot 100}{23\,880 \cdot 2483}$ = 8,71 vH

„ „ im Ekonomiser $\dfrac{68\,275\,(104{,}2-44{,}6)100}{23\,880 \cdot 2483}$ = 6,86 vH

Verlust durch freie Wärme in den Heizgasen, Strahlung, Leitung, Ruß usw. .... 19,00 vH

Summe = 100,00 vH

---

[1]) Die Kürzung um 95 kg ist durch die Berücksichtigung der Zustandswerte des Kesselinhaltes bedingt. Diese Berichtigung zeigt für ein anderes Beispiel die Tafel auf S. 238.

Kontrolle des Kraftbetriebes.

Gruppenführer: ....
Versuchsleiter: ....
Teilnehmer: ....

Vor- ⎫
Normal- ⎪
Maximal- ⎬ Versuch am .... 19...., vorgenommen mit Kessel
Betriebs- ⎭

Vor-
Stündliche Brutto-

Lfd. Nr.	Zeit	Dampf						Economiser-Wasser-Temperatur		Heizgase								
		am Kessel		Überhitzung		Korrektion nach Überhitzung				Temp. am		Gehalt an						
		Druck		unt.	oben			Ein-tritt	Aus-tritt	Kessel-Ende	Econo-miser-Ende	CO^2	CO	O	$CO_2+O_2 \atop +CO$	CO_2	CO	O	$CO_2+O_2 \atop +CO$
		unten at.	oben at.	°C	°C	°C		°C	°C	°C	°C	Kessel-Ende				Econom-Ende			
1																			
2																			
Mittel																			

Heizgase:

Mittlere Temperatur vor dem Überhitzer . . . . °C —
„ „ „ „ Schieber . . . . °C 314
„ „ hinter dem Ekonomiser . . . . °C 186
„ „ der Verbrennungsluft . . . . °C 19,8
Mittlerer Gehalt an Kohlensäure . . . . vH 13,85
„ „ „ Sauerstoff . . . . vH 5,45
„ „ „ Kohlenoxyd . . . . vH 0,21
Mittlere Zugstärke in der Feuerung . . . . mm 9,0
„ „ vor dem Schieber . . . . mm 16,0
„ „ hinter dem Ekonomiser . . . . mm 17,3
„ „ vor dem Schornstein . . . . mm 63

Nutzeffekt der Kesselanlage 81,00 vH.

Die gegebene Garantie ist somit nicht nur erreicht, sondern sogar noch um 3 vH überschritten worden.

1. Verluste durch Verbrennliches.

Die Verluste durch Verbrennliches in der Schlacke und Flugasche sind weit größer, als allgemein angenommen wird, insbesondere bei minderwertigem Brennstoff, weil bei diesem häufiger abgeschlackt werden muß.

Zunächst ist vielfach beim Bau der Feuerung diesem wichtigen Verlust nicht genügend Rechnung getragen worden, so daß der Betriebsleiter oft selbst noch bei der Einmauerung oder auch erst später bauliche Änderungen am Aschfall vornehmen muß.

Wohl befinden sich am Ende, z. B. eines Treppenrostes Einrichtungen, die das Ausbrennen der Rostrückstände ermöglichen sollen. S. S. 14. Im normalen Betriebe sammelt sich jedoch an dieser Stelle ein großer Haufen von glühendem, ungenügend ausgebranntem Koks, der dann beim Ziehen der Schlackenschieber in den Aschfall hinunterfällt und dessen Wärmeinhalt zum größten Teile abgefahren wird, ehe er durch Ausbrennen nutzbar gemacht worden ist. Bei Muldenrosten ist ein gutes Ausbrennen der Schlacke im Aschfall wesentlich einfacher, weil dort die Schlacke nach vorn abgezogen wird. Dabei kann die Verbrennungsluft vorgewärmt werden.

druck 2.

verdampfungsziffern:

Nr..........., ... m² Heizfläche, ...m² Überhitzerheizfläche,.............. m² Rostfläche

Zug in mm W. S.					Wasser			Kohlen		Ver-damp-fungs-ziffer	Raumtemperatur	Temperatur des Mauerwerkes	Bemerkungen
Über Rost	Kessel-Ende	Economiser-Ende	Fuchs	Schornstein	Stand der Dampfuhr	Gewogenes Wasser	Wassermesser	Anzahl der Kasten	Gewogene Kohle				
mm	mm	mm	mm	mm	kg/h	Std.	kg		kg		°C	°C	
													Kohlensorte: ....
													Heizwert: ....
													Analyse: vH C
													vH H
													vH O+N(davon N...v H
													vH S
													vH Asche

vH H₂ 0 Feuchtigkeit

Für Wanderroste ist diese Frage durch die Pendelstauer der Firma Steinmüller und andere ähnliche Feuerbrückeneinrichtungen besser gelöst.

Die Verluste durch Verbrennliches in der Flugasche wachsen bei den meisten Feuerungen mit der Zugstärke. Bei Unterwindfeuerungen können sie bei unvorsichtiger Bedienung der Luftzuführung erheblich werden.

Die Verluste werden durch Entnahme einer Aschenprobe und Verbrennen derselben im Glühtiegel festgestellt. Der Heizwert des Verbrennlichen in der Schlacke und Flugasche beträgt, da es sich um Koks handelt, etwa 8000 kcal. Bei Braunkohlenrückständen ist der Heizwert nach Untersuchungen von Dr. Aufhäuser geringer und beträgt etwa 5500 bis 6000 kcal. Zu berücksichtigen sind die bei Rohbraunkohlenfeuerungen durch den Kamin entweichenden Flugaschen- und Flugkoksmengen. Anfüllung der Züge mit Asche und Ruß führt ebenso wie allzu geringe Rauchschieber-Öffnung bei Unterwindfeuerungen leicht zum Herausschlagen der Flammen beim Öffnen der Feuertüren.

Die Entnahme der Flugaschenprobe ist schwierig, da es nicht genügt, an den Verschlüssen der Flugaschenbunker oder beliebigen Stellen der Züge eine Probe zu entnehmen. Gerade die über den Verschlüssen lagernde Flugasche ist vielfach infolge Zutrittes von Luft durch Undichtheit der Verschlüsse stärker ausgebrannt, als das Material in der Mitte der Flugaschensammlung. Man muß daher den gesamten

Versuchsanfang: ....

Versuchsende: ....

Versuchsdauer:..........................

Verf. Kohlenmenge .. ..

" " ., pro ²m Rost
u. Stunde: ....

Verd. Wassermenge.. ....

" " " pro ²m Heizfl.
u. Stunde: ....

Wärmebilanz

Nutzbar gemachte Wärme:

im Kessel .... vH

im Überhitzer .... vH

im Economiser ·········· vH

in der ganzen Anlage··········vH

Verlust durch Unverbranntes

in den Rückständen ....vH

Verl. d. unvollst. Verbr. ...... vH

Verl. d. Abgaswärme: ...... vH

Restverlust: .... vH

100,0 vH

Berücksichtigung der Zustandswerte des Kesselinhalts bei Beginn und Schluß eines Versuchs (S. S. 235).

Zustands- werte	Druck abs. at.	Tempe- ratur °Cels.	Wärmeinhalt		Volumen		Ausdeh- nungs- koeffizient des Wassers	Gewicht von 1 m³ Dampf kg	Im Kessel waren vorhanden			Wärmewert		
			des Wassers kcal	des Dampfes kcal	des Wasser- raums m³	des Dampf- raums m³			Wasser kg	Dampf kg	ins- gesamt kg	des Wassers cal	des Dampfes cal	insgesamt cal
Bei Beginn des Versuchs	20,3	212,0	216,2	673,5	20,24	10,12	1,17376	9,7848	17243,7	99,022	17342,72	3 728 088	66697	3 794 785
Bei Schluß des Versuchs	19,8	210,8	215,0	673,3	20,24	10,12	1,17073	9,5568	17294,5	96,615	17391,12	3 718 318	65011	3 783 329
											+ 48,4			11 456

Bei Beginn und Schluß des Versuchs müssen gleiche Zustandswerte vorhanden sein. Um auf den Anfangszustand zu kommen, hätten nach vorstehender Zusammenstellung dem Kessel noch 9754 kcal zugeführt und von dem Inhalt noch 48,4 kg Wasser verdampft werden müssen.
Zur Verdampfung des überschüssigen Wassers (unter der mittleren Dampfdruck während des Versuchs = 19,55 at abs.) hätten dem Kessel, ohne an dem vorhandenen Wärmeinhalt desselben etwas zu ändern, noch zugeführt werden müssen: 48,4 · 673,2 = ... 132 583 kcal

dazu die als fehlend ermittelten . . . . 11 456 ,,

also insgesamt   44 039 kcal

Die Gesamtmenge des während der Versuchszeit verdampften Wassers ist daher um $\dfrac{44\,039}{(673{,}2 - 104{,}2)} = \infty\ 77{,}5$ kg zu kürzen.

Inhalt des betreffenden Flugaschenbunkers oder eines Zuges herausholen, mischen und dann eine Durchschnittsprobe nehmen.

Bei Steinkohlenfeuerungen genügt es im allgemeinen, eine Durchschnittsprobe der vom Rost entfallenden Asche und Schlacken auf Verbrennliches zu untersuchen. Bezügliche Berechnung des Verlustes durch Verbrennliches in den Herdrückständen s. S. 74.

Bei Ketten- und Wanderrosten entstehen weitere Heizwertverluste infolge Durchfalls von Kohlen und Brikettstaub, sowohl zwischen den Kettengliedern, wenn die Kette sich mit der Zeit gereckt hat, und an den Seitenwänden, wenn zwischen Rost- und Seitenwand der Feuerung der Spielraum groß ist. Dieser Durchfall muß so schnell wie möglich wieder zur Verbrennung gebracht werden, da er schneller abmagert als großstückiges Material, bei kleineren Kesselanlagen durch Aufwerfen auf den Rost, bei größeren Anlagen durch Einbau einer Spezialfeuerung, wie z. B. der Thyssenschen Trommelfeuerung, die dieses feinkörnige Material wirtschaftlich verbrennt.

In einigen Gegenden läßt sich dieser Durchfall an Ziegeleien oder keramische Industrien günstig verkaufen.

Unter keinen Umständen darf man dieses Material lange auf dem Hof aufstapeln.

Nicht immer hat der Betriebsleiter oder Heizer es in der Hand, den Gehalt an Verbrennlichem gering zu halten, oder die Rostkonstruktion gestattet ein Ausbrennen der Schlacke innerhalb der Feuerung nicht. Ist dann der Gehalt an Verbrennlichem in der Schlacke hoch, so kommt z. B. bei Steinkohlenschlacke die Anwendung von Schlackenseparationsverfahren in Frage.

Schlackenseparation. Friedr. Krupp, Grusonwerk, Magdeburg, baut elektromagnetische Schlackenseparatoren, bei denen das gebrochene Schlackenmaterial über eine rotierende Magnettrommel rollt. Hierbei werden die ausgebrannten, etwas eisenhaltigen Schlacken einige Zeit festgehalten und fallen erst von der Trommel ab, wenn der Strom in der tiefsten Lage der Trommel aufhört zu fließen. Hierdurch gelangen diese Schlackenstücke in einen anderen Behälter, wie die Koksstücke, die, ohne an der Trommel zu kleben, über die Trommel hinweg in einen Behälter hineinrollen. Mit dieser Einrichtung lassen sich bis zu 85 vH des Brennbaren in der Schlacke zurückgewinnen.

Auch die Firma Benno Schilde, G. m. b. H., Hersfeld, hat ein nasses Verfahren, „Kolumbus", ausgebildet.

Bei dem Verfahren nach System Weberco der Gesellschaft Geffa in Wiesbaden wird der Koks ebenfalls auf nassem Wege abgeschieden. Längeres Verweilen des Koks im Wasser wird dadurch vermieden, daß er sofort von der Oberflächenströmung abgeführt wird. Koks und Asche werden durch zwei nach verschiedenen Richtungen arbeitende Förderbänder ausgetragen.

2. Rauchgasprüfung.

Um die in den Schornstein entweichenden Wärmemengen, deren Träger die Rauchgase sind, festzustellen, muß man die Rauchgase auf ihre Zusammensetzung und Temperatur untersuchen.

Die Rauchgase sind in der Hauptsache ein Gemisch von Kohlensäure, schwefliger Säure, Sauerstoff, Wasserdampf und Stickstoff. Dazu kommen bei unvollkommener Verbrennung noch Kohlenoxydgase.

Eine Feuerung soll nun so arbeiten, daß die Gase möglichst nur aus Kohlensäure, Wasserdampf, schwefliger Säure und Stickstoff bestehen. Dann ist die theoretisch günstigste Verbrennung vorhanden. Da aber die Feuerung in der Regel ohne einen gewissen Luftüberschuß nicht arbeiten kann, so wird mehr Luft zugeführt, und in den Gasen findet sich Sauerstoff.

Im allgemeinen soll nun der Anteil des Kohlensäurevolumens an dem von Wasserdampf befreiten, d. h. getrockneten gesamten Rauchgasvolumen 13 bis 15 vH betragen, und das Kohlensäure- und Sauerstoffvolumen zusammen etwa 19 bis 19,5 vH des Gesamtvolumens.

Dieser Volumenanteil wird durch chemische Analyse in den sogenannten Rauchgasprüfapparaten gemessen.

Der Meßvorgang ist gewöhnlich folgender:

Meßvorgang. 100 cm^3 getrocknete Rauchgase, mitten aus dem Rauchgasstrom herausgesaugt, werden in ein Glasgefäß geleitet und dort zunächst mit Kalilauge von 1,27 spez. Gewicht innig in Berührung gebracht. Dabei absorbiert die Kalilauge die Kohlensäure aus den 100 cm³ Rauchgasen heraus, so daß nur noch z. B. 85 cm³ Rauchgase übrigbleiben. Ergebnis: von dem gesamten Volumen der trokkenen Rauchgase sind 15 vH Kohlensäure.

Die übriggebliebenen 85 cm³ Rauchgase werden in einem andern Glasgefäß mit Pyrogallolsäure oder Phosphor ebenfalls, aber längere Zeit in Berührung gebracht. Hierbei wird das Sauerstoffvolumen absorbiert. Vermutet man in dem Gasrest noch Kohlenoxyd, so bringt man denselben noch mit ammoniakalischer Kupferchlorürlösung in Berührung und absorbiert das Kohlenoxydvolumen.

Die vorgenannten Versuchschemikalien sättigen sich dabei mit den Gasen und verlieren nach und nach ihre Absorptionsfähigkeit.

Prof. Hempel hat den zuverlässigen Absorptionswert durch Versuche festgestellt.

Er rechnet mit einer vierfachen Sicherheit und gibt an, daß

1 cm³ Kalilauge 40 cm³ Kohlensäure,
1 cm³ Pyrogallussäurelösung 2,25 cm³ Sauerstoff,
1 cm³ Phosphor beliebig viel Sauerstoff,
1 cm³ Kupferchlorürlösung 4 cm³ Kohlenoxyd

restlos absorbieren kann.

Die Apparate, die man zu diesen Rauchgasanalysen verwendet, lassen sich in folgende Gruppen einteilen:

Handapparate, auf chemischer Analyse beruhend,

selbstaufzeichnende Apparate für intermittierende Analysen, auf chemischer Analyse beruhend,

auf physikalischen Gesetzen beruhende und den Kohlensäuregehalt fortlaufend anzeigende und aufzeichnende Apparate,

auf elektrophysikalischen Gesetzen beruhende und mit elektrischer Fernanzeigung dauernd anzeigende und aufzeichnende Apparate.

Im einzelnen ist über Konstruktion und Preis dieser Apparate folgendes zu sagen:

Orsat-Apparate. Der gebräuchlichste Handapparat ist der Orsat-Apparat. Eine einfache Ausführung baut die Firma A. Primavesi in Magdeburg nach Angabe von Dr. Berner vom Magdeburger Dampfkesselüberwachungsverein.

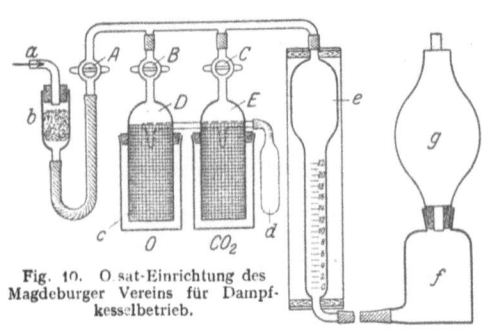

Fig. 10. Orsat-Einrichtung des Magdeburger Vereins für Dampfkesselbetrieb.

a von der Gasquelle, *b* Wattefilter, *c* Drahtgaze, *d* Gummibeutel, *e* Meßgefäß, *f* Niveauflasche, *g* Pumpe.

Der Apparat Fig. 10 besteht aus Saugflasche mit Gummisauger, Bürette, zwei Absorptionsgefäßen und den Verbindungen dieser Teile. Für die Füllung wird das vollständige Absorptionsgefäß aus dem Apparat herausgehoben, der obere Teil mit dem Gummiring aus dem Becherglas entfernt und dann dieses mit etwa 75 bis 80 cm³ Kalilauge bzw. Pyrogallussäure gefüllt. Beim Füllen der Bechergläser ist besonders darauf zu achten, daß der obere Rand trocken bleibt, da sonst die Gummiringe schwer dicht halten. Nach dem Füllen des Becherglases wird das Oberteil wieder eingesetzt, am Gummiring abgedichtet und das Gefäß dem Apparat wieder eingefügt. Die Flüssigkeit wird bis etwa 1 cm unter die Hähne mit Hilfe der Wasserflasche hochgesaugt. Das Wasser in letzterer soll stets mit Kohlensäure gesättigt sein, weshalb man bei frischem Wasser erst 12 bis 15 mal Gase ansaugt, ohne diese zu analysieren.

Für die Kalilauge empfiehlt sich eine 35proz. Lösung von KOH in Wasser (1 : 2). Als Absorptionsflüssigkeit für Sauerstoff empfiehlt sich eine Lösung von

12 g Pyrogallol,
27 cm³ heißem Wasser,
45 cm³ Kalilauge.

Der Apparat ist zur Benutzung fertig, wenn die Wasserflasche so weit mit Wasser gefüllt ist, daß bei gefülltem Meßrohr der Wasserstand in der Flasche noch über der Ausflußöffnung steht und die Absorptionsflüssigkeiten in den Gefäßen bis auf etwa 1 cm unter die Hähne reichen.

Bei Benutzung wird am besten wie folgt verfahren: Hahn A wird geöffnet und mit Hilfe der auf die Wasserflasche f aufgesetzten Gummipumpe g eine ausreichende Gasmenge durch den ganzen Apparat durchgesaugt. Dann wird die Gummipumpe abgenommen und mit Hilfe der Wasserflasche eine Gasmenge von 100 Volumeneinheiten (cm³) eingestellt und durch Schließen des Hahnes A eingeschlossen. Nach Öffnen der Hähne B oder C wird dann die Gasmenge mit der Wasserflasche in die Absorptionsgefäße D bzw. E gedrückt und durch Schließen dieser Hähne dort eingeschlossen. Je nach der Wirksamkeit der Flüssigkeit ist die Absorption in ungefähr 60 sek beendet, worauf nach Öffnen der Hähne B oder C die Absorptionsflüssigkeit mit Hilfe der Wasserflasche wieder auf die ursprüngliche Höhe eingestellt und die Hähne wieder geschlossen werden.

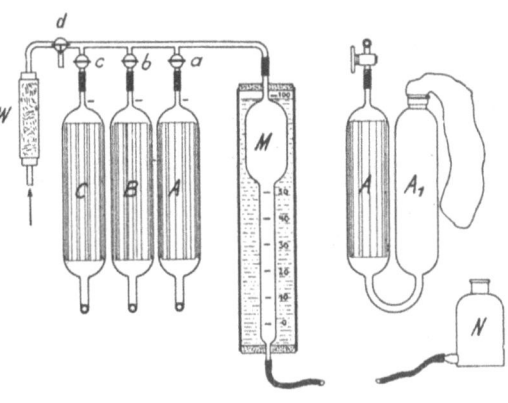

Fig. 11. Schema eines Orsat-Apparates.

Durch Einstellen des Wasserspiegels in der Flasche auf die gleiche Höhe des Wasserstandes im Meßrohr „e" kann die absorbierte Gasmenge unmittelbar in Hundertteilen abgelesen werden.

Der Apparat unterscheidet sich von den übrigen meist größeren Apparaten durch Fehlen des Dreiwegehahnes und die Möglichkeit, große Gasmengen in kurzer Zeit durchzusaugen. Als Absorptionsgefäße sind einfache Becherglaser mit Eisendrahtgazeeinlage gewählt.

Der Apparat kostete im Januar 1922 ab Fabrik vollständig
mit zwei Absorptionsgefäßen . . . . = 315.— ℳ
mit drei Absorptionsgefäßen . . . . = 350.— „

Ein anderer Apparat, der auch die Bestimmung von Kohlenoxyd ermöglicht, ist der Orsat-Apparat von Dr. Siebert & Kühn in Kassel. Seinen Aufbau zeigen Fig. 11 und 12.

Prof. Gramberg gibt dazu folgende Beschreibung:

M ist das in cm³ geteilte Meßgefäß. Fig. 12, ABC sind die Absorptionsgefäße, gefüllt mit Kalilauge, Pyrogallussäure und Kupferchlorürlösung. Jedes der Absorptionsgefäße, beispielsweise C, besteht aus einem äußeren Gefäß c_1, in dessen weiten Hals das unten offene, oben mit Schlauchanschluß versehene Gefäß c_2 mit Glasschliff eingesetzt ist. Beide bilden zusammen ein kommunizierendes Gefäßpaar. Im inneren Gefäß c_2 ist ein Bündel Glasröhren eingesetzt, das zur Erzielung einer großen Absorptionsoberfläche dient und sich auf den Becher c_2 stützt, der unten offen, oben durchlocht ist. Häufiger als diese konzentrische Anordnung der kommunizierenden Gefäße trifft man nach Fig. 11, wo A und A_1 miteinander kommunizieren und A mit Glasröhren zur Bildung der Oberfläche gefüllt ist. Die konzentrische Anordnung ergibt größere Handfestigkeit.

„Das erste Ansaugen geschieht durch den Doppelwegehahn d oder durch den Dreiwegehahn d. Da die Leitung, die von der Entnahmestelle zum Apparat führt, zunächst voll Luft ist, so entläßt man einige angesaugte Füllungen des Meßzylinders ins Freie, bis man eine benutzt. Dazu dient der Schwanz d_1 des Doppelwegehahnes bzw. die freie Öffnung des Dreiwegehahnes. Zum Reinigen der angesaugten Gase von Ruß und Staub ist Watte im Rohr W. Für gleiche Temperatur bei allen Messungen sorgt ein Wassermantel um das Meßgefäß; gleiche Spannung bei allen Messungen hat man, wenn man bei der Ablesung die Niveauflasche so hält, daß ihr Wasserspiegel mit dem im Meßgefäß gleich hoch steht."

Beim Analysieren ist stets darauf zu achten, daß die Hähne und Gummileitungen dicht sind; man verwendet zum Einfetten der Hähne Paraffin, nicht Vaseline, die leicht verseift.

Ein ähnlicher Apparat ist der Gasanalysator „Deutz" der Gasmotorenfabrik Deutz.

Die Kohlensäure wird durch Kalilauge, der Sauerstoff durch stangenförmigen Phosphor bestimmt. Kohlenoxyd, Wasserstoffe und leichte Kohlenwasserstoffe erhalten eine Zumischung von Luft und Sauerstoff und werden dann durch Verbrennen nach der Explosionsmethode oder durch Verbrennung in einer mit Platin oder Palladiumasbest versehenen Quarzglaskapillare bestimmt.

Ferner baut die Gefko, Köln, einen Aci-Handapparat zur Kohlensäurebestimmung mit Kalilauge. (S. Fig. 18.)

Pyrogallussäure in gelöstem Zustande ist teuer und leicht

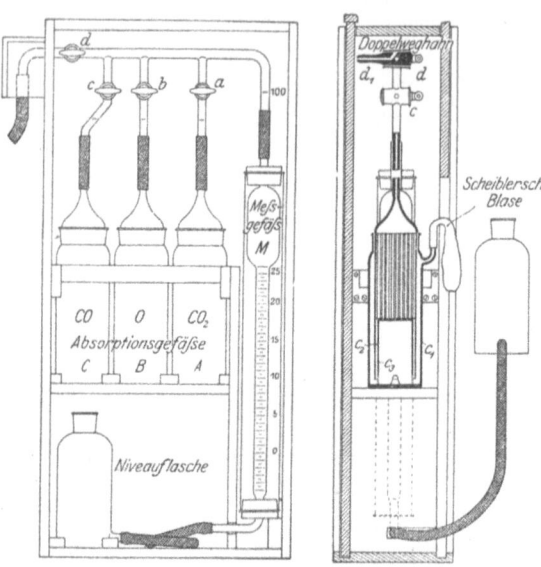

Fig. 12. Orsat-Apparat von Dr. Siebert & Kühn, Kassel.

verderblich. Das Absorbieren erfordert viel Zeit und wird bei Unterschreiten einer Temperatur von etwa 10 bis 12° C in störendster Weise außerordentlich verlangsamt, was sich besonders beim Arbeiten im Betrieb bei kaltem Wetter zeigt. Bequemer und billiger ist die Bestimmung des Sauerstoffes mit weißem Phosphor. Eine Füllung davon in geeigneter Pipette reicht für viele hundert Bestimmungen aus. Der Phosphor muß allerdings sauber gehalten und **vor Tageslicht, das ihn sehr schnell verfärbt und unbrauchbar macht, geschützt werden.**

Dipl.-Ing. Hetzler schlägt in Nr. 41 der „Zeitschrift für Dampfkessel- und Maschinenbetrieb" 1921 vor, bei Verwendung von weißem Phosphor Pipetten aus inaktinisch gefärbtem Glas zu nehmen. Diese haben sich gut bewährt, lassen sich in die üblichen Orsate ohne weiteres einbauen und gestatten leicht das so wünschenswerte ständige Beobachten des Phosphors daraufhin, ob ein Nachlassen seiner Wirksamkeit etwa auf Verschmutzen durch übergetretene Kupferchlorürlösung, durch Zusammenschmelzen der Stangen oder andere Ursachen hervorgerufen ist.

Hetzler gibt weiterhin folgende Bedienungsvorschriften:
1. Der Phosphor ist schon beim Umschmelzen bzw. Vergießen in Stangen möglichst v o r
h e l l e m T a g e s l i c h t (besonders Sonne) zu schützen; die fertigen Stangen sind möglichst
bald in ein lichtsicheres Gefäß zu bringen.
2. Nur gut geformte, s a u b e r und h e l l g e l b aussehende Stangen sollen verwendet
werden; r ö t l i c h v e r f ä r b t e Stangen haben schon durch aktinisches Licht gelitten und
müssen erst durch Umschmelzen brauchbar gemacht werden.
3. Das Wasser in der Pipette ist häufig zu erneuern; mangelhaftes Absorbieren des Sauerstoffes wird meistens durch zu stark verunreinigtes Sperrwasser in der Pipette verursacht.
4. Das Sperrwasser in der Pipette soll auch beim Arbeiten im Freien eine Temperatur
zwischen 16 und 22° C aufweisen, was bei kaltem Wasser durch Zugeben von. Auffüllen mit angewärmtem Wasser (denn bei zu niederer Temperatur ist die O-Absorption zu
träge) zu erreichen ist. Im Sommer soll die Temperatur wegen des niedrigen Schmelzpunktes
des Phosphors nicht viel über 20° hinausgehen; es muß dann gegebenenfalls abgekühltes
Wasser zugesetzt werden, um das Zusammenschmelzen der Phosphorstangen zu vermeiden.

Die Kohlenoxydbestimmung in Kupferchlorür ist sowohl unsicher als auch zeitraubend,
da die Flüssigkeit sehr langsam arbeitet. Da es für den Betrieb wichtig ist, die Gesamtmenge
der unverbrannten Gase, also CO, H_2 und CH_4 zu kennen, empfiehlt sich ein einfaches Verfahren von O. J. Hansen, Kopenhagen. Dieser schließt an den Orsat-Apparat ein Verbrennungskapillarrohr aus Platin an, das an seinen beiden Enden durch ein Wasserbad gekühlt wird.
Der herausragende Schenkel wird von einer Benzinlötlampe erhitzt, wodurch die im Rauchgas enthaltenen brennbaren Gase verbrannt werden. Eine darauf folgende Analyse mit Kalilauge gibt den Vergleichswert CO_2 nach Verbrennung von CO gegenüber der CO_2-Menge vor
der Verbrennung der CO-Gase an. (Zeitschrift des Bayerischen Rev.-Vereins, 15. und 31. Januar 1922.)

Ein noch einfacheres Mittel, um Rauchgase auf CO zu untersuchen, ist folgendes:
In eine etwa 200 mm lange Glasröhre wird eine kleine Papierrolle eingeschoben, die mit
Lösung von sehr verdünntem Palladiumchlorür $PdCl_2$ angefeuchtet ist. Schließt man das
eine Ende der Glasröhre durch einen Gummischlauch an ein Entnahmerohr im Fuchs und
das andere an einen Saugball an und saugt dann Rauchgase durch die Glasröhre, so färbt
sich das Papier gelb bis braun, je nach dem Gehalt der Rauchgase an CO. Bedingung ist,
daß das Papier feucht bleibt. Der chemische Vorgang ist folgender:

$$PdCl_2 + CO + H_2O = 2\,HCl + CO_2 + Pd.$$

Palladium fällt colloidal aus.

Periodisch registrierende Rauchgasprüfer.

Bei diesen Apparaten werden die Rauchgase durch eine elektrisch angetriebene
Pumpe oder mit einem Wasserstrahlejektor in ein Meßgefäß hineingezogen und
darauf in ein Absorptionsgefäß geleitet.

Ados-Apparat. Am gebräuchlichsten ist der Ados-Apparat der Ados-G. m.
b. H., Aachen.

In den Überlaufkasten Fig. 13 läuft durch die angeschlossene Leitung Wasser. Ein Teil
dieses Wassers tritt durch kleine Öffnungen in das Saugrohr und erzeugt durch sein Abfließen
eine Luftleere in B, dem Meßgefäß und A, so daß die Gase fortlaufend zum Meßgefäß strömen.
Ein weiterer Teil des Wassers fällt durch einen Regulierhahn in das senkrechte Wassereinlaufrohr und von diesem in den Schwimmer des zur Hälfte mit destilliertem Wasser gefüllten Kraftwerkbehälters. Da dieser geschlossen ist, so bewirkt das einlaufende Wasser eine Verdichtung,
die das Wasser nach Überschreitung der Biegung a durch den Heber zum Austritt zwingt, während das destillierte Wasser in das Meßgefäß übertritt. Wird hier die Höhe b erreicht, so wird
an dieser Stelle der Gasdurchfluß geschlossen; das Gas strömt durch das Sperrgefäß. Öfteres Steigen
Sperrflüssigkeit drängt das Gas in den Gummibeutel, bis die Höhenlage c — Marke 0 der Skala —
erreicht ist. Von Marke c bis zur Marke d an dem zum Absorptionsgefäß führenden Kapillarrohr sind 100 cm³ Gas abgefangen. Bei weiterem Steigen der Sperrflüssigkeit bis an die Kapillare werden diese 100 cm³ Gas durch den engen Verbindungsschlauch auf das Absorptionsmittel (Kalilauge 1,27) gedrückt, das in das Glöckchengefäß übertritt. Der hier befindlichen
Luft wird der Ausgang durch das beiderseits offene Röhrchen versperrt, sobald die Lauge Höhen
lage f erreicht, das Glöckchen hebt sich und bewegt den Schreibstift. Die Entfernung von e —
Ruhelage der Kalilauge — bis f ist so bemessen, daß die Ausfüllung des betreffenden Raumes
von den ersten 80 cm³ Gas bewirkt wird. Die aus dem Meßgefäß zuströmenden restlichen 20 cm³,
die nicht von der Kalilauge absorbiert werden, heben die Schreibfeder von der Auflage (20 vH
Teilstrich) bis zum Null-Teilstrich. Werden also von den 100 cm³ Gas durch die Kalilauge 12 vH
CO_2 absorbiert, so wird sich die Schreibfeder nur um 8 Zwischenteilstriche heben, weil eben
12 cm³ oder zwölf Teilstriche fehlen. Je mehr Gas absorbiert wird, je kürzer wird der Strich
der Schreibfeder. Die unbeschriebene Fläche zeigt also das Ergebnis der Untersuchung.

Hat nun die Sperrflüssigkeit die Marke d im Kapillarrohr erreicht, so hat gleichzeitig das
in den Kraftwerkbehälter einfallende Wasser die Scheitelhöhe a des Hebers erreicht, und nun
beginnt ein lebhaftes Abhebern des Kraftwerkes, wodurch Sperrflüssigkeit und Absorptionsmittel ihren alten Stand wieder erreichen.

Beim Rücktritt der Gase in das Meßgefäß kann man an der Meßgefäßskala nochmals den
Prozentsatz der absorbierten Gase ablesen und die geschriebene Aufzeichnung kontrollieren

indem man das Ineinandertreten des Meßgefäß- und des Mittelrohrflüssigkeitsspiegels beobachtet. Unterkante Menuskus beim Zusammentreffen dieser beiden Spiegel ergibt den Prozentsatz der absorbierten Gase. Da naturgemäß das Abhebern sehr schnell erfolgt, so muß man zwecks Vornahme dieser Kontrolle den am unteren Ende des Heberabsaugerohres befindlichen Gummischlauch zudrücken, damit ein ganz langsames Abhebern stattfindet. Sind die beiden Spiegel dann ineinandergetreten, so kann man durch ganz Zudrücken die Spiegelstellung sekundenlang zwecks genauer Ablesung festhalten.

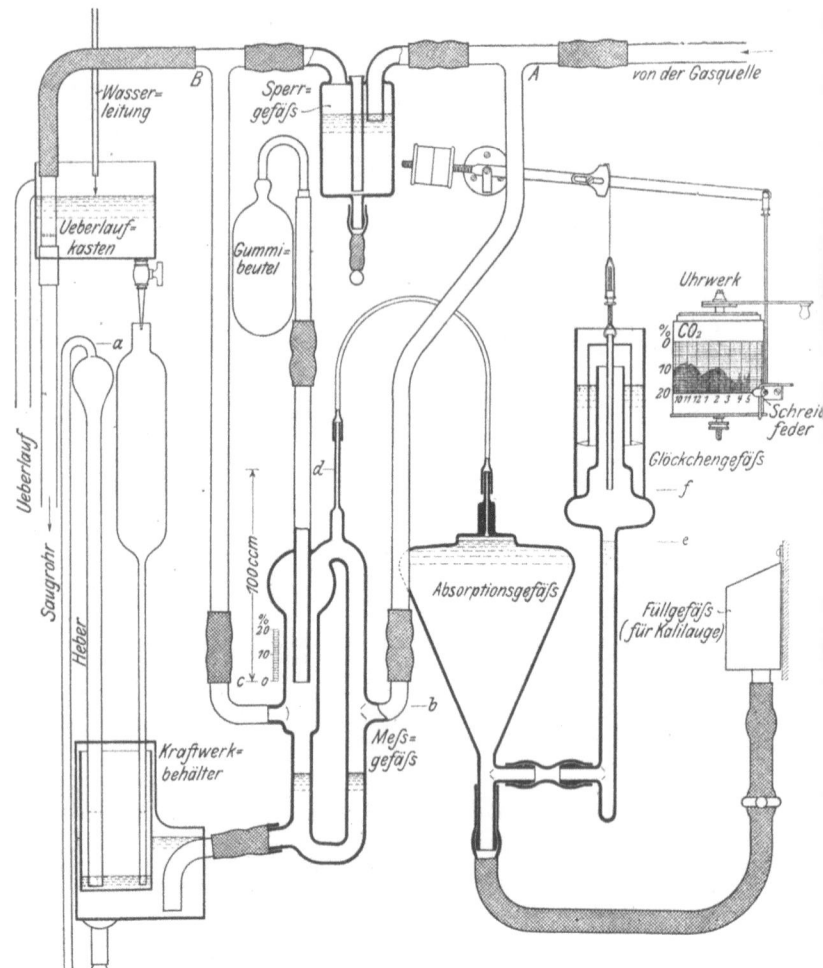

Fig. 13. Ados-Apparat.

Durch längeres Zudrücken, gegebenenfalls mittels einer Schlauchquetsche, in diesem Augenblick der Analyse erreicht man ein nochmaliges Zurücktreiben der bereits untersuchten Gase auf das Absorptionsmittel, und man kann somit durch eine zweite Untersuchung mit demselben Gas die Aufnahmefähigkeit des Absorptionsmittels nachprüfen. Diesen Vorgang kann man beliebig oft wiederholen.

Hat nun der Heber das Kraftwerk leer gehebert, so tritt durch Luftzufuhr eine Unterbrechung des Abhebers ein und eine neue Analyse beginnt in derselben Art.

Die Geschwindigkeit in der Reihenfolge der einzelnen Analysen wird durch den Regulierhahn eingestellt.

Betriebskontrolle der Dampfkesselanlagen. — Überwachung usw. 245

Sobald die Sperrflüssigkeit in dem Meßgefäß den Ein- und Austritt der Zuführungsarme abgeschlossen hat, findet ein Durchsaugen der Gase unter Überwindung der kleinen Sperrflüssigkeitshöhe (Glyzerin, Öl oder Glyzerinersatz) durch das Sperrgefäß statt, so daß also dauernd ein Gasstrom durch den Apparat hindurchzieht, aus dem in bestimmter Reihenfolge Gasproben für Untersuchung entnommen werden.

Der Ados-Apparat mit Wasserantrieb kostete im Januar 1922 ℳ 9630.— ab Werk.

Mono-Apparat. Weit verbreitet ist auch der Mono-Apparat der Firma Maihak, Hamburg, der enge Saugleitungen und als Sperrflüssigkeit Quecksilber verwendet. Er besteht, wie Fig. 14 zeigt, aus der Absorptionsvorrichtung für die zu analysierenden Gase und dem Registrierwerk. Beide zusammen sind in einem eisernen verschließbaren Schrank untergebracht. Zum Mono gehören ferner nach Bedarf: eine Füllvorrichtung für die Absorptionsflüssigkeit, eine Gasentnahme, ein Gastrockenfilter, ein Druckwasserfilter und Rohrleitungen. Der Apparat wird je nach den örtlichen Verhältnissen entweder mit Druckwasser oder Druckluft getrieben. In letzterem Falle kommt ein besonderer Luftkompressor mit Handpumpe zur Verwendung, vorausgesetzt, daß Druckluft nicht in der Anlage bereits vorhanden ist.

Die Absorptionsvorrichtung ist mit Schraube und Schnappschloß im unteren Teil des Schrankes befestigt und läßt sich für die Inbetriebsetzung auf einem Drehbolzen aus dem Schrank herausschwenken. Das den Mono treibende Druckmittel (Druckwasser oder Druckluft) geht durch ein Regulierventil und durch Rohr a in die Flasche b, die mit Quecksilber bis zu einer Marke angefüllt ist und drückt das Quecksilber in die Rohre c, d, e und f hinauf. Das Rohr c erweitert sich nach oben zu dem Volumeter g, in dem das Volumen des zu analysierenden Gases bestimmt wird. Das Rohr d steht mit

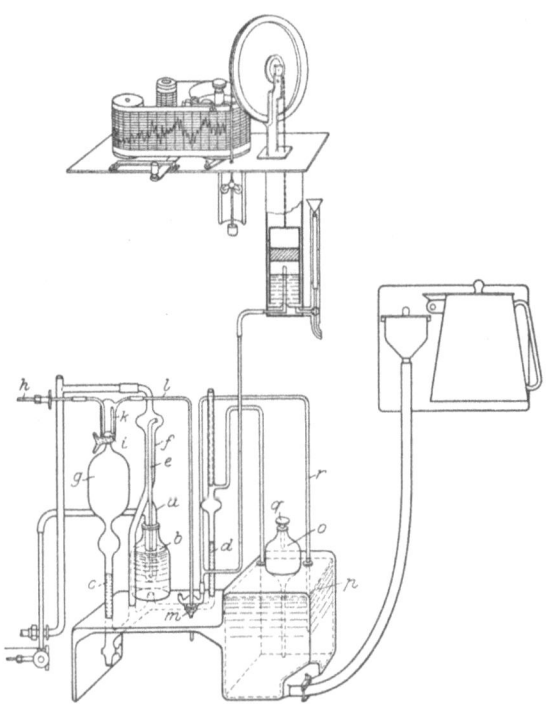

Fig. 14. Mono-Apparat (von Maihak, Hamburg).

der freien Luft in Verbindung, während das Rohr e in eine Erweiterung des Rohres f ausmündet. Der untere Teil des Rohres e steht mit dem Quecksilber in der Flasche b nur in indirekter Verbindung und mündet in den Boden eines inneren Behälters a aus. Dieser Behälter hat eine derartige Lage in der Flasche b, daß das Quecksilber in dem Rohre e stets höher als in dem Rohre d bzw. f steht.

Bei weiterer Drucksteigerung wird das Quecksilber demnach aus dem Behälter a hinausgeblasen und fließt durch das Rohr e weiter in das Rohr f hinunter. Durch das nunmehr offene Rohr e erhält in diesem Augenblicke das Druckmittel freien Durchgang nach der Atmosphäre. Der Überdruck in der Flasche b verschwindet. Das Quecksilber in den Rohren c und d fließt dann in die Flasche b zurück und füllt diese Flasche, bis schließlich ein Teil des Quecksilbers in den inneren Behälter a gelangt und die untere Mündung des Rohres e absperrt. Das Druckmittel hat nun keine Verbindung mehr mit der freien Luft, sondern der Druck steigt von neuem in der Flasche b. Das Quecksilber wird darauf wieder in die Rohre c, d, e und f hinaufgedrückt und der oben beschriebene Vorgang wiederholt sich.

Wie hieraus ersichtlich, wird durch diese Anordnung ein wechselseitiges Fallen und Steigen des Quecksilbers erreicht; diese Bewegungen nutzt der Mono in folgender Weise aus:

Beim Sinken des Quecksilbers wird das zu analysierende Gas durch die Gasentnahme, das Filter, die Rohrleitung angesogen und tritt durch das Rohr h, den Quecksilberverschluß i und durch das Rohrstück k in das Volumeter g, wo das Volumen unter stets gleichen Druck- und Temperaturverhältnissen aufgemessen wird. Wenn das Quecksilber steigt, so wird die abgemessene Gasmenge von dem Volumeter g durch die Rohrleitung l, den Quecksilberverschluß m und das Rohr n in den mit Absorptionsflüssigkeit gefüllten Behälter o gedrückt. Hier wird die Kohlensäure, welche das Gas enthält, absorbiert, worauf der übrigbleibende Teil des Gases durch die Rohrleitung p unter die Glocke der Meßvorrichtung geleitet wird, die durch Glyzerinverschluß von der äußeren Atmosphäre abgesperrt ist. Die frei aufgehängte Meßglocke hebt sich infolgedessen und setzt ein Rad in Bewegung, das während des letzten Teiles seiner Umdrehung ein größeres Rad mitnimmt. An dem letzteren Rad hängt an einer Metallkette die Schreibfeder, die einen senkrechten Strich auf dem abrollenden Diagramm aufzeichnet. Der niedrigste Endpunkt dieses Striches gibt den vH-Gehalt des absorbierten Gases im Vergleich zu der im Volumeter g aufgenommenen Gasmenge an.

Während der Einsaugeperiode der Gase in das Volumeter steht das Rohr q mit der freien Luft in Verbindung, das Gas unter der Meßglocke kann entweichen, weshalb diese in ihre Ausgangslage zurückkehrt und zur Aufnahme einer neuen Analyse bereit ist.

Maihak baut zur gleichzeitigen Bestimmung von Kohlenoxyd ferner einen Apparat „Duplex-Mono", der bezüglich der Kohlensäurebestimmung wie der vorstehend beschriebene Apparat ausgeführt ist. Zwecks Registrierung der brennbaren Gase, die im Prüfgas enthalten sind, wird mittels Umschalters bei jeder

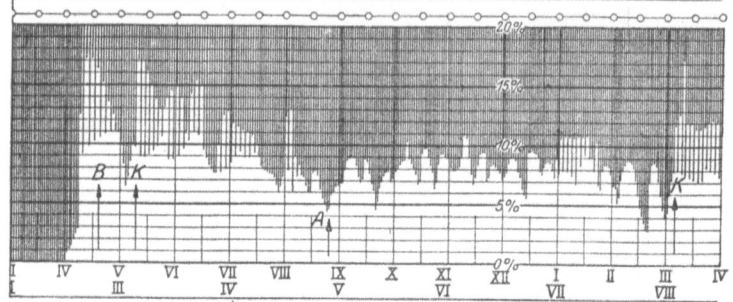

Fig. 15. Diagrammstreifen des „Duplex-Mono".
Feststellung des CO-Gehaltes in den Rauchgasen.

zweiten Analyse das Prüfgas durch einen mit Kohlenoxyd beschickten, elektrisch geheizten Ofen geschickt. Die in dem Prüfgas enthaltenen unverbrannten Gase werden somit zu Kohlensäure verbrannt und im Absorptionsgefäß absorbiert. Der auf dem Diagrammstreifen Fig. 15 aufgezeichnete, verlängerte Analysenstrich gibt direkt die vH der im Prüfgas enthaltenen brennbaren Gase an. Es wird somit die äußerste Grenze des zulässigen Kohlensäuregehaltes der Rauchgase durch den Duplex-Mono festgestellt, so daß leicht der kleinstmögliche Luftüberschuß für die betreffende Feuerung bestimmt werden kann, wodurch wiederum der größte Heizeffekt erreicht wird.

Der Preis für den Kohlensäure-Mono stellte sich vollständig fertig für eine Anschlußstelle mit 5 m Rohr im Januar 1922 . . . . ℳ 10037.50.
Der Duplex-Mono stellte sich zur gleichen Zeit auf . . . . „ 15840.—.
Die Apparate ohne Laugenfüllvorrichtung und Rohr kosteten 5000 ℳ resp. 8000 ℳ.

Der Debro-Rauchgasapparat, Fig. 16, von P. de Bruyn in Düsseldorf, hat gegenüber dem Ados-Apparat den Vorzug geringeren Verbrauches an Kalilauge.

Das einer Oberkammer des Saugkastens a zulaufende Wasser saugt ununterbrochen das in einem Filter gereinigte und in einer Kondensschlange abgekühlte Rauchgas an. Dieses durchspült das Meßgefäß c, gelangt wieder in den Saugkasten a und von hier durch ein Überlaufrohr mit dem abfließenden Wasser ins Freie.

Ein Teil des Wassers fließt durch das unter a befindliche Hähnchen und durch ein Verbindungsrohr in den Kraftwerkskasten b, steigt in diesem hoch, und es entsteht ein Luftkissen, das durch ein Röhrchen die Meßflüssigkeit aus dem Behälter d in das Meßgefäß c treibt. Hat das

Wasser die in der Figur angedeutete Höhe erreicht, so wird der Rauchgasstrom unterbrochen, und 100 cm³ Rauchgas sind im Meßgefäß abgefangen. Weiteres Steigen der Meßflüssigkeit bewirkt Übertritt der Gasprobe in den Kalilaugenbehälter e, wo die Absorption sehr schnell vor sich geht. Hatte das Gas 10 vH CO_2, so sind 90 cm³ im Raum e oberhalb des Kalilaugenspiegels zurückgeblieben. Die gleiche Menge Kalilauge ist in den äußeren, ringförmigen Raum des Absorptionsgefäßes übergetreten. Dieser Raum steht mit der Tauchglocke f in Verbindung, die sich um ein den 90 cm³ entsprechendes Maß hebt.

Da nicht mehr als 20 vH CO_2 vorhanden sein können, so verstellt die Glocke erst dann den Schreibhebel, wenn 80 cm³ unter sie getreten sind. Es stellt also die nichtbeschriebene Diagrammfläche den CO_2-Gehalt dar. Nach Beendigung der Absorption fällt die Flüssigkeit im Meßgefäß c, und der im inneren Absorptionsgefäß angesammelte Gasrest tritt in das Meßgefäß zurück. Die Tauchglocke nimmt ihre Ruhelage wieder ein. Das Ergebnis der Analyse kann an der Röhre des Meßgefäßes c abgelesen werden, so daß eine Kontrolle möglich ist.

Mit weiterem Sinken der Meßflüssigkeit tritt das Meßgefäß wieder in den Zirkulationsstrom, mit diesem wird der Gasrest abgesaugt, und das Meßgefäß füllt sich wieder mit frischen Gasen. Während der Ausführung der Analyse ist die Ansaugung des Gases aus dem Rauchkanal keinen Augenblick unterbrochen; die abgesaugten Gase treten, da der Zirkulationsstrom gesperrt ist, aus dem Saugkasten unmittelbar ins Freie.

Ein auf dem Kraftwerkskasten b befindlicher Heber bewirkt selbsttätig das Fallen der Meßflüssigkeit bei Erreichung einer Marke oberhalb des Meßgefäßes c, so daß ein Übertreten der Meßflüssigkeit in die Kalilauge ausgeschlossen ist.

Das Wasserzulaufhähnchen unterhalb des Saugkastens regelt die Aufeinanderfolge der einzelnen Analysen in gewissen Grenzen.

Das Kontrollgefäß h dient zur Aufnahme des Kondenswassers aus den Gasen. Außerdem macht es jede Störung in der Gasansaugung, der Leitung und dem Filter sofort erkennbar. Ist nämlich der Unterdruck groß, so daß Luft durch das innere Röhrchen in das Kontrollgefäß eingesaugt wird, so bedeutet das eine Verstopfung in Leitung, Filter oder Gasentnahmerohr, zeigt sich dagegen bei geschlossenem Gasentnahmehahn kein Unterdruck, so tritt durch eine Undichtigkeit in Filter oder Leitung Nebenluft ein.

Sorgfältig in Bauart und Ausführung ist auch der schreibende **Rauchgasprüfer** von Eckardt in Stuttgart-Kannstatt.

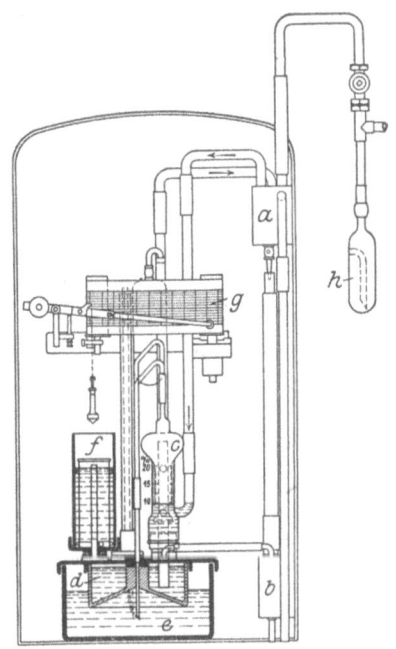

Fig. 16. Debro-Rauchgasprüfer.

Preis dieses Apparates im Januar 1922 = ℳ 9000.—. mit Verbesserung, z. B. des Kali augebehälters, ℳ 9250.— ab Fabrik.

Apparat Pintsch. Auf dem Grundsatz der Ausnutzung der verschiedenen spezifischen Gewichte der Gase beruht der Apparat von Julius Pintsch, Berlin, der im übrigen die Absorption der Kohlensäure mit Kalk vornimmt.

Fig. 17 zeigt schematisch den Aufbau. Die gesamte Inneneinrichtung besteht aus: den beiden Meßuhren I und II, dem dazwischen angebrachten Schreibwerk R mit der Schreibtrommel T, der Wasserfallpumpe P und dem Kühler K mit dem darunter befindlichen Wasserabschlußkasten W, sowie dem Absorptionsgefäß A.

Die Pumpe saugt gleichlaufend bei einem Wasserverbrauch von etwa 100 ltr. in der Stunde ein Gasquantum von 40 ltr. durch den Apparat. Das durch die Pumpe abgesaugte Gas tritt durch G ein und durchstreicht die eine Hälfte des Kühlers K. Hierdurch wird das Gas auf einen der Wassertemperatur entsprechenden Wärmegrad gebracht. Wie hoch oder niedrig diese Temperatur ist, ist gleichgültig. Nachdem das Gas den Kühler passiert hat, wird es im Gasmesser I dem Volumen nach gemessen und gelangt sodann bei f in das Absorptionsgefäß A. Dieses ist bei einer Mischung von etwa 3 Teilen Kalkpulver und 1 Teil Sägespänen gefüllt. Die Sägespäne dienen lediglich zur Auflockerung des Kalkpulvers. Der Kalk befreit das Gas von der in ihm enthaltenen Kohlensäure. Weil das Gas bei diesem chemischen Vorgange erwärmt wird, gelangt sein Rest durch g in die zweite Hälfte des Kühlers K, um hier wieder genau auf die gleiche Temperatur gebracht zu werden, die es vor der Messung in der Gasuhr I hatte. Jetzt wird das Gasvolumen in der Gasuhr II gemessen und gelangt von dort durch die Pumpe P und den Wasserkasten W ins Freie.

Das zum Hindurchsaugen des Gases benötigte Wasser tritt bei W_1 in den Apparat, durchfließt die Kühlrohre des Kühlers K und gelangt schließlich durch das Verbindungsrohr zur Wasserfallpumpe P. Dort saugt es das Gas an, und das nun entstandene Gemisch von Wasser und Gas gelangt in den Wasserabschlußkasten W, von wo es durch einen Überlauf A_2 abfließt.

Die beiden Gasuhren sind nassen Systems, d. h. der Abschluß der einzelnen Meßkammern der drehbaren Trommeln wird durch eine Flüssigkeit bewirkt, und zwar in diesem Falle durch feinstes Paraffinöl, das gewählt ist, um jede Einwirkung auf die Gase und jede Verdunstung zu vermeiden. Solche Gasmesser lassen sich derart mit Flüssigkeit füllen, daß der Meßinhalt zweier Messer genau übereinstimmt. Infolgedessen muß sich die Trommel der Gasuhr II um so viel langsamer drehen, als dem Gase Kohlensäure entzogen ist. Die Gasmesser sind nun so eingestellt, daß der Messer II bei ausgeschaltetem Absorptionsgefäß um etwa 4 vH langsamer läuft als Messer I, um eine sogenannte Leerlaufaufzeichnung zu erzielen. Diese besteht aus 3 bis 4 mm langen Strichen, deren obere Enden an der Nullinie liegen müssen.

Es ist nebensächlich, wie lang die Leerlaufstriche sind; sobald nur die oberen Enden mit der Nullinie zusammenfallen, registriert der Apparat nach Einschaltung der Absorptionsbüchse den Kohlensäuregehalt in Hundertteilen der durchstreichenden Gase. Die Umdrehungen der Trommeln beider Gasmesser werden auf das Schreibwerk R übertragen, und dieses zeichnet die gewonnenen Ergebnisse mit Hilfe einer Schreibfeder auf einem Papierstreifen der Trommel T auf.

Trotzdem das Gas in stets gleichmäßigem Strome durch den Apparat geht, wird der vH-Gehalt an Kohlensäure immer von einem bestimmten Volumen Gas angegeben. Daß das Gas gleichmäßig durch den Apparat strömt und stets die ganze Gasmenge analysiert wird, ist ein ganz besonderer Vorteil des Apparates, denn hierdurch wird ein weitaus besserer Durchschnitt an Analysen erhalten, als wenn

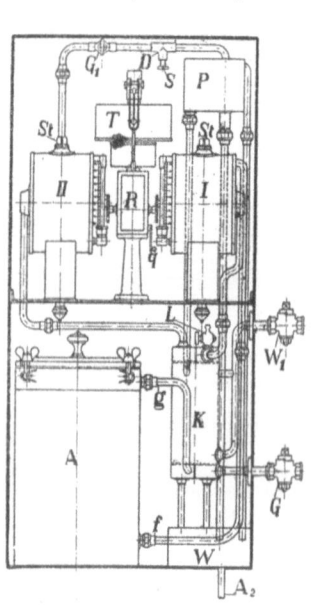

Fig. 17. Pintsch-Rauchgasprüfer.

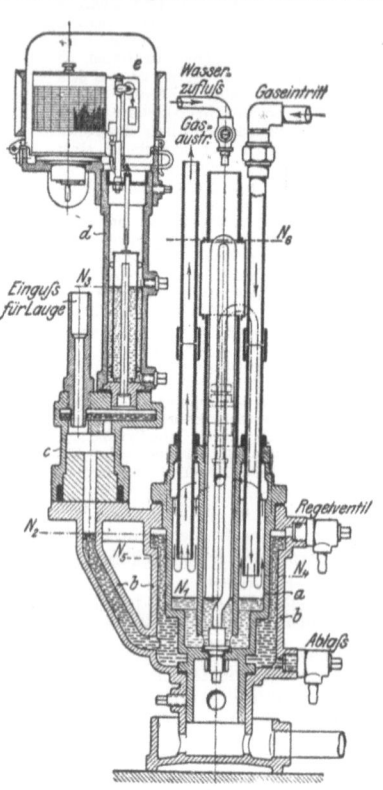

Fig. 18. Aci-Apparat.

von einem gleichmäßig abgesaugten Gasstrom nur immer zeitweilig ein Teil entnommen und untersucht wird. In einer Stunde werden durchschnittlich 20 bis 25 Analysen aufgezeichnet.

Der Apparat kostete vollständig ab Fabrik ℳ 9000.— im Januar 1922.

Aci-Apparat. Für Hüttenwerke und rauhe Betriebsverhältnisse eignet sich der Aci-Apparat[1]) der Gefko-Gesellschaft, Köln, dessen Gefäße aus Eisen bestehen und infolgedessen eine Übersicht über die Vorgänge im Innern, auftretende Ver-

---

[1]) Verkaufspreis Januar 1922 ab Fabrik 7500 ℳ.

schmutzungen usw. natürlich nicht gestatten. Eine Nacheichung ist daher auch nur mit Orsatapparat durchzuführen.

Durch Anstellen der Wasserleitung steigt im Gasfänger a, Fig. 18, der in Ruhe mit N_1 abschneidende Wasserspiegel und schließt in Höhenlage N_4 den Gaszufluß, in N_5 den Gasaustritt ab, wodurch 100 cm³ Gas abgefangen werden. Dieses Volumen wird durch ein U-förmig gebogenes Rohr in den Absorptionsraum b gedrängt, wo es die Kalilauge aus ihrer Ruhestellung N_2 nach unten drückt, so daß sie im Raum c und im Füllstutzen aufwärts steigt. Je mehr absorbierbares Gas die Gasprobe enthält, um so weniger Kalilauge tritt nach c über. Hat hier die Lauge die Unterkante des Füllstutzens erreicht, so wird die Luft unter die Schreibglocke gedrängt und hebt die Schreibfeder. Ist das Wasser bis zur Biegung N_6 gestiegen, so tritt der in das Zuflußrohr eingebaute Heber in Tätigkeit und das Wasser sinkt auf N_1 zurück, während das einströmende frische Gemisch den nicht absorbierten Rest der Gase herausdrängt, wonach das Spiel erneut beginnt. Die Richtigkeit der Wirkungsweise wird durch Ansaugen von Luft statt Rauchgas nachgeprüft, wobei die Feder einen bis zur Nullinie reichenden Strich aufzeichnen muß.

Die Gasleitung ist mit einer Umleitvorrichtung ausgerüstet, damit der Gasstrom während der Analyse nicht unterbrochen wird.

Diese Firma baut außerdem seit 1921 noch einen Rauchgasprüfer „Gefko", der dem Adosapparat ähnlich ist, nur etwas stabiler gebaut wird und eine bessere Übersicht gestattet.

Ununterbrochen registrierende Rauchgasprüfer.

Diese Apparate, die unter Benutzung physikalischer Gesetze arbeiten, haben durchweg den Vorteil, die Beschaffenheit der Gase laufend erkennen zu lassen.

So benutzt z. B. der Gasanalysator nach Krell-Schultze die Gewichtszunahme der Volumeneinheit der Rauchgase durch die Kohlensäure. Auch hierbei werden die Rauchgase ununterbrochen durch den Apparat gesogen. Der Kohlensäuregehalt wird auf eine Schreibtrommel aufgezeichnet.

Unograph. Neuerdings ist der „Unograph" von Dr. Dommer, den die Union-Apparatebaugesellschaft Karlsruhe i. Bad. baut, eingeführt. Fig. 19 zeigt den schematischen Aufbau dieses Apparates.

Er arbeitet ohne Absorptionsmittel und seine Wirkungsweise beruht auf dynamischem Prinzip, nämlich auf der Wechselwirkung der Zähigkeit der Gase und deren spezifischem Gewicht. Diese beiden Eigenarten sind voneinander vollkommen unabhängig derart, daß z. B. ein Gas eine geringere Zähigkeit, dagegen ein höheres spezifisches Gewicht aufweist als Luft. Die Funktion der Zähigkeit tritt auf beim Durchströmen einer engen Röhre (Kapillare), die Funktion der Dichte beim Durchströmen einer Düse.

In dem Apparat sind zwei solche aus Kapillare k und Düse d bestehenden Systeme, $k_1 d_1$ für Rauchgas, $k_2 d_2$ für Luft, parallel-

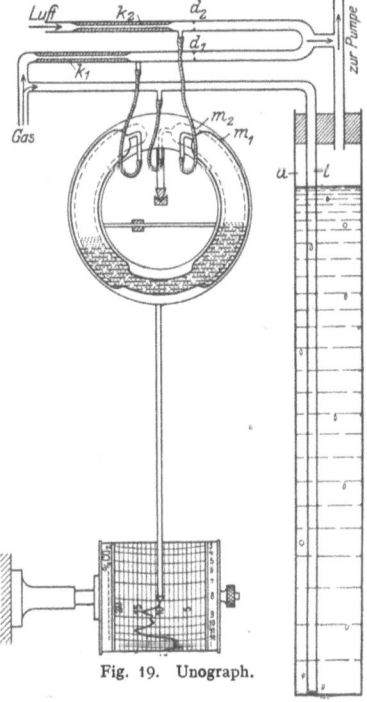

Fig. 19. Unograph.

geschaltet, um den Einfluß von Temperatur und Druck auszuschalten. Beide Systeme sind an einen Zugregler a angeschlossen, dessen Unterdruck etwa 40 cm W.-S. beträgt und durch ein Tauchrohr t konstant gehalten wird.

Wird durch die Systeme $k_1 d_1$ und $k_2 d_2$ Luft gesaugt, so entsteht zwischen den Verengungen in beiden Fällen ein Unterdruck von etwa 15 cm. Wird jedoch kohlensäurehaltiges Rauchgas durch $k_1 d_1$ angesaugt, so geht dieses Gas durch k_1 leichter, durch d_1 schwerer als Luft; infolgedessen verringert sich der Druck zwischen k_1 und d_1.

Die Drucke, die vorher das auf Schneiden ruhende Manometer m_1 im Gleichgewicht hielten, ändern sich nunmehr im gegenseitigen Verhältnis. Die Flüssigkeit verschiebt sich nach rechts und der Zeiger wird nach links gedrückt.

Steht das Versuchsgas unter einem anderen Druck als die Vergleichsluft, wie dies bei Rauchgasen infolge des Zuges der Fall ist, so wird dadurch die Flüssigkeit im linken Schenkel des Manometers um einen bestimmten Betrag verschoben, dessen Größe von der Bemessung des Systems $k_1 d_1$ abhängig ist. Man läßt nun den Unterdruck auch auf den rechten Schenkel eines zweiten Manometers m_2 wirken, das in derselben Drehachse wie m_1 gelagert ist. Der Durchmesser des Manometerrohres um m_2 ist um so viel enger gemacht, daß die in m_2 gehobene Flüssigkeitsmenge dem Gewicht nach gleich der im linken Schenkel von m_1 gehobenen ist. Beide halten sich sonach immer das Gleichgewicht, und die Anzeige bleibt von den Schwankungen des Kesselzuges unbeeinflußt.

Ein „Unograph" kostete im Januar 1922 vollständig 9000 ℳ.

Ranarex. Auch in dem „Ranarex"-Apparat von Poggendorff wird die Verschiedenheit der spezifischen Gewichte der Luft und Kohlensäure benutzt.

Dies geschieht nach einem aerodynamischen Prinzip, indem nämlich in zwei Gaskammern zwei ventilatorartige Treiber rotieren, die einesteils das Gas ansaugen und fördern, andererseits aber das in der Kammer befindliche Gas in rasche Drehungen versetzen, so daß unmittelbar vor dem Treiber eine rotierende Gasmasse, ein aerodynamisches Drehfeld, vorhanden ist, das die vom Treiber an das Gas abgegebene Energie enthält. Diese rotierende Gasmasse trifft auf ein auch ventilatorartig ausgebautes Meßsystem, daß die Energie des aerodynamischen Drehfeldes wieder aufzehrt und vermittels der Meßachse nach außen als Drehmoment abgibt, dessen Größe der aufgebrachten Energie entspricht und unter sonst gleichen Bewegungsverhältnissen dem spezifischen Gewicht des benutzten Gases proportional ist. Die Wirkungsweise der Meßkammer läßt sich am anschaulichsten mit derjenigen einer hydraulischen Bremse vergleichen; Luft und Gas treten an die Stelle von Wasser.

Durch die eine Kammer wird nun Luft und durch die andere Rauchgas gesaugt; die beiden Meßachsen sind durch ein Hebelsystem miteinander verbunden, das so ausgebildet ist, daß das Hebelverhältnis zu den beiden Meßachsen sich ändert, wenn sie eine Drehung ausführen. Dadurch kann sich das Gleichgewicht zwischen beiden Meßachsen immer wieder von neuem einstellen und das spezifische Gewicht des Rauchgases in bezug zur umgebenden Luft zur Anzeige bringen. Infolge des Vorhandenseins der beiden Meßkammern ist die Drehgeschwindigkeit der beiden Treiber ohne den geringsten Einfluß.

Elektrischer Rauchgasprüfer. Bei dem Apparat, Fig. 20, von Siemens & Halske wird der CO_2-Gehalt der Rauchgase aus ihrem Wärmeleitvermögen

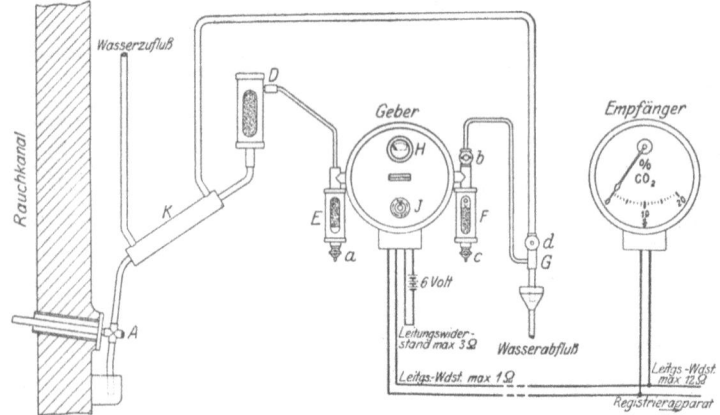

Fig. 20. Elektrische Rauchgasprüfer von Siemens & Halske.

A Rauchgas-Entnahmevorrichtung, D Rauchgasfilter, E Sättigungsfilter, H wasserdichtes Gehäuse. J Drehwiderstand zur Einhaltung der richtigen Stromstärke bei Abnahme der Batteriespannung, K Kühler, F Strömungsmanometer, G Wasserstrahlpumpe, a, b, c, d Hähne.

bestimmt, das nahezu ausschließlich von dem Kohlensäuregehalt abhängt. Während von den Hauptbestandteilen der Rauchgase der Stickstoff und Sauerstoff, sowie das unter Umständen vorübergehend vorhandene Kohlenmonoxyd, nahezu gleiches Wärmeleitvermögen besitzen, weicht jenes der Kohlensäure um etwa 40 vH von dem der vorgenannten Gase ab. Diese Abweichung kann bei Anwendung einer geeigneten Meßmethode vorteilhaft zur Bestimmung des Kohlensäuregehaltes benutzt werden.

Wird in einem zylindrischen Metallrohr, das mit dem zu untersuchenden Gas gefüllt ist, ein dünner Draht mit definiertem Temperaturkoeffizienten des elektrischen Widerstandes (Platindraht) ausgespannt, so nimmt er, je nach Wärmeleitvermögen des ihn umgebenden Gases, verschiedene Temperaturen an, die sich durch eine in der Wheatstoneschen Brücke meßbare Widerstandsänderung bemerkbar machen.

Zwei Zweige der Wheatstoneschen Brückenschaltung werden dementsprechend durch dünne Platindrähte gebildet, die in zwei engen zylindrischen Bohrungen eines Messingklotzes ausgespannt sind und vom gleichen konstanten Strom durchflossen werden. Die eine der beiden zylindrischen Bohrungen (Meßkammern) ist mit Luft gefüllt und luftdicht geschlossen, während durch die andere Meßkammer ein durch vorherige Filterung von Ruß und Asche gereinigter Rauchstrom geleitet wird, dessen mit dem Kohlensäuregehalt veränderliches Wärmeleitvermögen eine in gleicher Weise veränderliche Wärmeabgabe des Platindrahtes in der Meßkammer an deren Wände und damit eine veränderliche Temperatur dieses Drahtes veranlaßt, während der in der zweiten Meßkammer ausgespannte Draht stets dieselbe Temperatur behält.

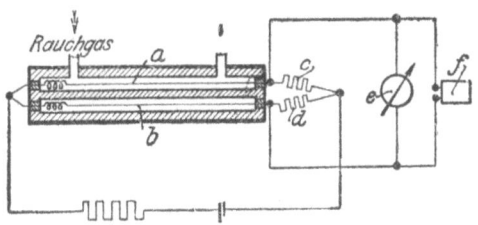

Fig. 21. Metallklotz mit den Meßkammern.
a, b Platindrähte, c, d Manganinwiderstände, e Spannungsmesser, f Selbstschreiber.

Der mit dem Temperaturunterschied der beiden Drähte parallel gehende Widerstandsunterschied wird durch ein in Brückendiagonale eingeschaltetes Millivoltmeter angezeigt, das unmittelbar in vH Kohlensäure geteilt ist. Die Skala ist vollkommen proportional.

Das angewendete elektrische Meßprinzip gestattet aufzeichnende Fernübertragung der Anzeige. Registrierapparat und Anzeigeapparat können parallel geschaltet werden. Eine kleine Wasserstrahlpumpe saugt das Rauchgas aus dem Fuchs mit Hilfe eines Entnahmerohres im Wege eines Rauchgasfilters (mit Wattefüllung) und einer kupfernen Rauchgasleitung durch den Geber hindurch, der den Metallklotz mit den zwei Meßkammern und Platindrähten enthält, Fig. 21. Die eine Kammer ist mit Luft gefüllt, durch die andere streicht das Rauchgas langsam hindurch. In dem Geber sind noch die weiteren Brückenwiderstände, sowie ein einfacher Drehwiderstand untergebracht, mit der der Heizstrom der beiden Platindrähte konstant gehalten wird. Die richtige Strömungsgeschwindigkeit der Rauchgase wird durch einen Drosselhahn einmal eingestellt und von einem am Geber angebrachten Kontrollmanometer angezeigt. Zu diesen Apparaten tritt noch das Anzeigeinstrument hinzu, das wasserdicht und mit Skala und Zeiger ausgeführt ist, ferner das Registrierinstrument, das an dem Orte der zentralen Betriebsüberwachung aufgestellt werden kann.

Erfordern schon die mit Kalilauge arbeitenden Apparate für regelmäßiges Arbeiten eine sorgfältige Behandlung der Gase vor Eintritt in den Apparat, so ist dies für das störungsfreie Arbeiten der drei letztgenannten Arten von Rauchgasprüfapparaten unbedingte Voraussetzung.

Anordnung der Gassaugleitung. Fig. 22 zeigt eine zweckmäßige Anordnung der Gassaugleitung.

Die erste Aufgabe ist die Trocknung der Rauchgase. Dabei soll sich der Wasserniederschlag an einer Stelle bilden, wo man das Wasser sofort loswerden kann. Die günstigste Anordnung des Entnahmerohres ist die wagerechte, nach dem Fuchs hin etwas ansteigende Einführung. Hängt man das Entnahmerohr senkrecht in den Fuchs hinein, so verstopfen Kondenswasser und Flugasche jedes, auch das weiteste Rohr in kurzer Zeit. Um einen Wasserniederschlag nicht schon bei dem Durchgang des Entnahmerohres durch das kühle Kesselmauerwerk herbeizuführen, umgibt man das Entnahmerohr mit einem Schutzrohr. Auf diese Weise wird das Entnahmerohr gegen Temperatureinflüsse von außen geschützt, bis es aus dem Kessel herausgeführt ist. Gleich an der Herausführungsstelle befindet sich dann ein Tropfröhrchen, das in einem Wasserkasten g unter den Wasserspiegel geführt wird.

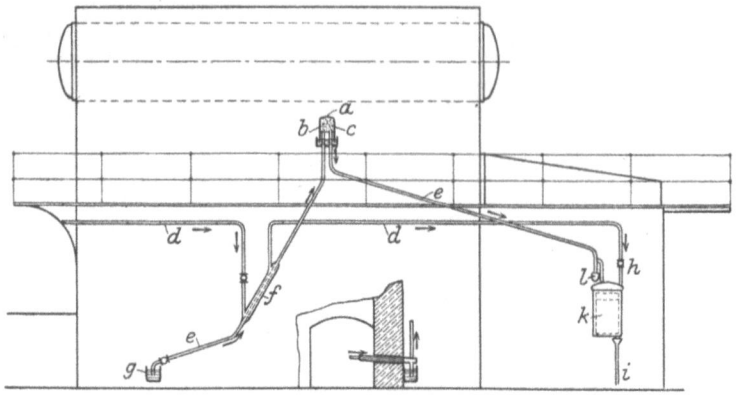

Fig. 22. Anordnung der Rauchgas-Saugleitung.

a Rauchgasfilter, b Holzwolle, c Glaswolle, d Druckwasserleitung, e Rauchgas-Saugrohr, f Rauchgaskühler, g Rauchgas-Entwässerung, h Druckwasserleitung, i Abfluß, k Rauchgasprüfer, l Wasserabscheider.

Hier findet der Wasserniederschlag zunächst sofort einen Abfluß. Von dem Kreuzstück an dieser Stelle führt dann ein Saugrohr e von $^3/_4''$, und zwar in stark nach aufwärts geneigter Verlegung, über einen Kühler f zum Filter a. Der Kühler hat den Zweck, nicht nur die in den Rauchgasen enthaltene Feuchtigkeit möglichst vollkommen niederzuschlagen, sondern auch die Temperatur der Rauchgase auf die Temperatur der Kalilauge zu verringern. Dies ist deshalb wichtig, da bei dem Temperaturunterschied zwischen Rauchgasen und Kalilauge für je 3° Rauchgastemperatur das Volumen sich um 1 vH ändert, wodurch erhebliche Fehler entstehen. Aus demselben Grunde arbeitet auch nur der Apparat richtig, dessen Meßbürette mit einem Kühlmantel umgeben ist. Die Bauart des Kühlers ist einfach. Die Druckwasserleitung d, die zur Wasserstrahlpumpe des Apparates verlegt ist, speist ein Mantelrohr, das über die Saugleitung gestreift und durch Schweißen mit derselben verbunden ist.

Das Filter besteht aus einer Tauchglocke, die in ein Ölgefäß eintaucht. Diese Tauchglocke wird durch eine senkrechte Blechwand in zwei Abteilungen geteilt. Die erste Abteilung b, in welche die Gase zuerst hineintreten, ist mit Holzwolle, die zweite Abteilung c, aus der die Gase heraustreten, mit Glaswolle gefüllt. Die Gase sind nun genügend trocken und werden durch ein abfallendes Rohr nach dem Apparat k geführt. Die Firma Maihak hat bei ihrem Apparat an der Austrittsstelle des Entnahmerohres bei dem Fuchs ein Feuchtigkeitsfilter mit konzentrierter

Schwefelsäure angeordnet. Dieses Filter erfüllt seinen Zweck mehr als wünschenswert, denn die Gase verlassen dieses Filter derart getrocknet, daß sie bei Berührung mit der Kalilauge wieder Feuchtigkeit aufnehmen, was zu einem Versuchsfehler führt.

Man kann sich hierbei in der Weise helfen, daß man auf den Quecksilberspiegel des Sperrgefäßes ein wenig Wasser gibt, um die Gase wieder etwas anzufeuchten. Dieses Wasser muß von Zeit zu Zeit erneuert werden. Aus dem Wasserverbrauch erkennt man, daß die Rauchgase übertrocknet worden sind.

Die Gase werden nun in den Apparat hineingesogen. In der Saugleitung findet man gewöhnlich dicht über dem Apparat noch zwei Hähne angeordnet, die zum nochmaligen Entwässern der Leitung dienen sollen. Die Hähne sind an dieser Stelle ein doppelter Fehler. Einmal soll man dem Heizer nicht ermöglichen, den Apparat, sobald er ihm lästig wird, durch Zudrehen der Hähne außer Betrieb zu setzen, ferner sind alle Absperrorgane Quellen für Undichtheiten. Besser ist es, wie in der Figur zu sehen, das Entwässerungsrohr an die Saugleitung anzuschweißen und unter den Wasserspiegel eines kleinen Glasgefäßes l zu führen. Die Saugleitung selbst geht dabei ohne Absperrorgan direkt in den Apparat hinein. In derselben Weise kann man auch bei dem Wassereintrittsrohr, das die Strahlpumpe betätigt, den mitgelieferten Gummischlauchanschluß entfernen und das Wasserleitungsrohr ohne Absperrorgan in den Apparat hineinführen. Erst innerhalb des Apparates geht die verzinkte Gasrohrleitung in eine Gummischlauchleitung über.

Aspirator. Da man die Angaben selbsttätiger Rauchgasprüfer nachträglich nicht prüfen kann, werden jetzt zur sicheren Feststellung der Rauchgaszusammensetzung vielfach Vorrichtungen bevorzugt, die dauernd Gase aus dem Zugkanal am Vorwärmerende oder aus dem Sammelfuchs absaugen. Nach Schluß eines Betriebsabschnittes kann dann die gewonnene Gasmenge mittels eines Orsat-Apparates mehrmals genau untersucht und so ein einwandfreies Ergebnis gewonnen werden. Da sich hier nicht nur der Gehalt an CO_2, sondern auch an O_2 feststellen läßt, so kann danach bestimmt werden, ob CO-Bildung stattgefunden hat. Eine solche Absaugevorrichtung kann in einfachster Weise aus zwei Flaschen hergestellt werden, von denen die eine über die andere aufgestellt wird und die beide durch eine wassergefüllte Schlauchleitung verbunden sind, Fig. 23.

Zu diesem Zwecke verschließt man die Flaschen mit Gummistopfen, durch welche zwei Glasröhren geführt sind, von denen die eine bis nahe auf den Boden reicht und die andere oben unter dem Flaschenhalse endigt. Mit Heberwirkung wird dann die gefüllte obere Flasche von der unteren leergesaugt und an Stelle des abgegossenen Wassers treten die Rauchgase in die obere Flasche ein. Das Wasser muß vor Verwendung mit Kohlensäure gesättigt sein.

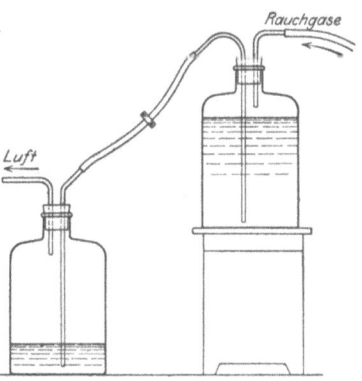

Fig. 23. Absaugevorrichtung für Rauchgase.

Einen einfachen Aspirator, der den Vorzug hat, eine **genaue Durchschnittsprobe** zu liefern, da er in gleichen Zeiten stets die gleichen Rauchgasmengen ansaugt, baut die Firma P. Schultze, Berlin-Charlottenburg. Er ist in Fig. 24 dargestellt.

Das Gefäß A wird mit Hilfe des Laufwerkes B allmählich gesenkt. Der an der Vorrichtung angebrachte Orsatapparat ermöglicht eine bequeme Untersuchung der aufgefangenen Gasprobe.

Auch die Firma Emil Dittmar & Vierth, Hamburg 15, baut Heizgasaspiratoren für Schornsteinmeßstellen „System Nies", die im Januar 1922 ℳ 2000.— pro Stück ab Fabrik kosteten.

Solche Apparate haben aber nur für den Betriebsleiter oder Kesselmeister, dagegen weniger für den Heizer Wert.

Das wahlweise Anschließen mehrerer Kessel an einen Kohlensäureschreiber hat seine Bedenken, da die Hähne in den Anschluß-Saugleitungen nicht dichtbleiben und auch die Gefahr der Verstopfungen zu groß ist. Das noch hin und wieder gebräuchliche Verfahren, vor den Heizern geheimzuhalten, welcher Kessel jeweils auf Kohlensäuregehalt kontrolliert wird, ist veraltet und wird von den Heizern belächelt.

Aus den Aufschreibungen der Rauchgasprüfer muß täglich oder schichtweise der Mittelwert gemessen werden. Zu solcher Auswertung der Diagramme ist der einfachste Weg zu suchen. Ein Planimeter einfachster Art liefert die Union-Apparatebaugesellschaft, Karlsruhe, mit dem man mit guter Genauigkeit in der Stunde 60 Diagramme der registrierenden Rauchgasprüfer planimetrieren und den mittleren Kohlensäuregehalt feststellen kann. Noch einfacher ist die Verwendung eines Blattes gut durchsichtigen Papiers, auf dem eine wagerechte schwarze Linie ausgezogen ist. Man legt dieses Blatt auf das Diagramm und verschiebt die wagerechte Linie so lange nach oben und unten, bis man nach Augenmaß die mittlere Linie der Kohlensäurekurve ermittelt hat. Das Verfahren erscheint roh; in der Regel aber wird der Fehler, den man bei einiger Übung hierbei macht, nicht größer sein als die Ungenauigkeit der Kohlensäurekurve selbst.

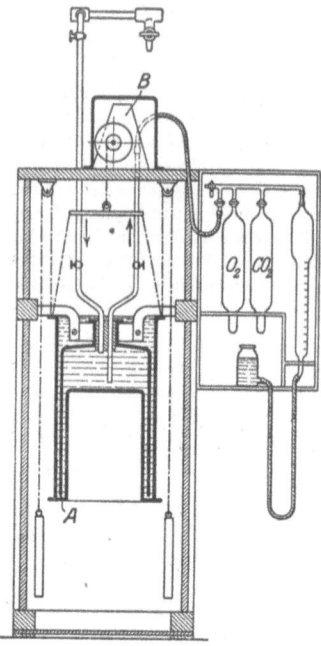

Fig. 24. Aspirator mit Orsat-Apparat von P. Schultze, Berlin-Charlottenburg.

3. Zugmesser.

Die Zusammensetzung der Rauchgase gibt dem Betriebsleiter Aufschluß über den vorhandenen Luftüberschuß oder Luftmangel. Beide Fehler entstehen durch unrichtige Höhe der brennenden Kohlenschicht und durch unrichtige Einstellung der Zugstärke. Um den Zug zu kontrollieren, werden Zugmesser verschiedener Bauart verwendet.

Man unterscheidet:
Flüssigkeitsinstrumente für direkte Ablesung,
Zeigerinstrumente,
Membranzugmesser mit elektrischer Fernübertragung.

Das einfachste Instrument dieser Art ist ein auf einem Brett befestigtes U-förmiges Glasrohr von überall gleicher Lichtweite mit auf dem Glase oder dahinter angebrachter Millimeterskala. Der eine Schenkel des Rohres ist durch einen Schlauch mit dem Meßrohr verbunden, das in die Züge des Kessels senkrecht zur Strömungsrichtung hineingeführt ist. Das U-Rohr ist mit gefärbtem Wasser gefüllt.

Fig. 25 zeigt solchen einfachen Zugmesser für Kesselbetrieb. Die Zugstärke wird in mm W.-S. durch den Unterschied der beiden Wasserspiegel abgelesen. Diese Instrumente ergeben leicht Fehler beim Ablesen durch die konvexe Oberflächenform (Meniskus) der Wasserspiegel. Bei Wasserspiegeln soll man stets die untere Kuppe, bei Quecksilber die obere Kuppe ablesen. Das Auge muß dabei in Höhe des Spiegels sein.

Krellscher Zugmesser. Besser sind die U-förmigen Zugmesser mit einem geneigten engröhrigen Schenkel. Hierdurch vergrößert sich die Skala und gestattet eine genaue Ablesung. Solche, unter dem Namen Krellsche Zugmesser, Fig. 26,[1]) weitverbreiteten Instrumente sind hinsichtlich der Genauigkeit und Wegfalls von Instandhaltungskosten die besten Apparate. Sie werden durch Anschluß eines zweiten Meßrohres an den anderen Schenkel auch als Differenzzugmesser ausgeführt. Fig. 27 zeigt einen Verbund-Differenzzugmesser von Hallwachs & Co., Louisenthal-Saar.

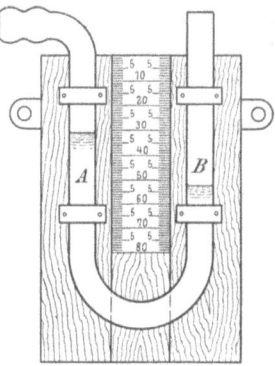

Fig. 25. Zugmesser.

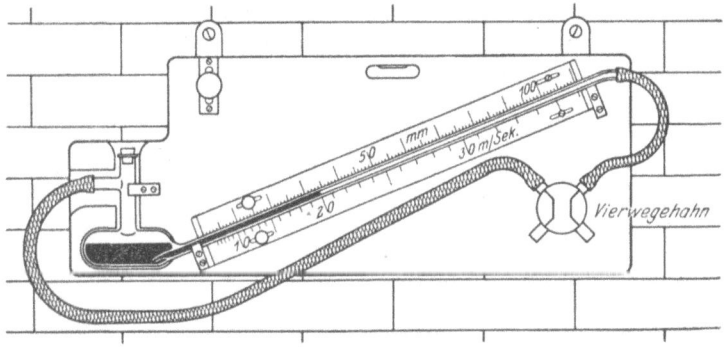

Fig. 26. Krellscher Zugmesser.

Die Anschlüsse a, b, c, d werden mit der Atmosphäre bzw. mit den Zügen über dem Rost, unter dem Rost und vor dem Schieber verbunden. Rohr I gibt dann den Zugunterschied zwischen „über Rost" und „unter Rost" an, Rohr II zwischen „über Rost" und „vor dem Schieber", Rohr III zeigt die Zugstärke am Kesselende an. Es kann sonach der Zug an verschiedenen Stellen gleichzeitig gemessen werden.

Um die Höhe der drei Flüssigkeitssäulen leicht feststellen zu können, ist an jedem Rohr ein Schieber angebracht.

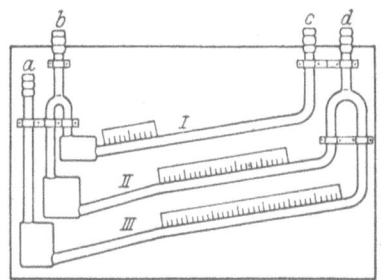

Fig. 27. Verbund-Differenzzugmesser von Hallwachs.

Bei der Verwendung von Zeigerinstrumenten mit runder Skala, wie sie die Firma Max Schubert, Chemnitz, baut, ist darauf zu achten, daß die zwischen

---

[1]) Ausführung G. A. Schultze, Neuköln.

Anschlußleitung und Skala eingeschalteten Hähne dicht bleiben und die mechanischen Triebwerksteile von Zeit zu Zeit gereinigt und justiert werden müssen.

Die richtige Einstellung der Zugstärke ist eine der wichtigsten Aufgaben der Betriebskontrolle. In größeren Kesselbetrieben überläßt man daher die Bestimmung der einzustellenden Zugstärke nicht den einzelnen Heizern, sondern ordnet für den gesamten Betrieb die Zugstärke an, nach der dann die Heizer die Rauchschieber ihrer Kessel einstellen.

Zu diesem Zwecke werden am Heizerstand Tafeln ausgehängt mit Angabe, mit wieviel Zug in mm W.-S. die Kessel fahren sollen, und diese Tafeln werden bei wechselnder Belastung vom Oberheizer gewechselt. Der Oberheizer überzeugt sich durch Ablesung der Zugmesser an den Kesseln davon, ob der Heizer dem Befehl nachgekommen ist.

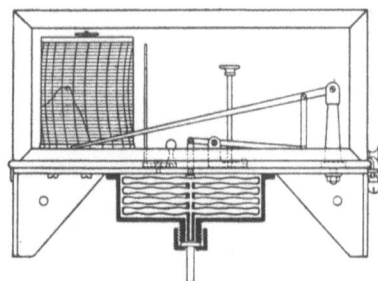

Fig. 28. Zugmesser von Maihak.

Fernzugmesser. Die gedrosselte Zugstärke vor einem Hauptschieber kann durch aufzeichnende Fernzugmesser der Firma Maihak, Hamburg, gemessen werden. Fig. 28 zeigt den Zugmesser im Schnitt. Der Unterdruck wirkt auf mehrere übereinander angeordnete kapselartige Membranen (Plattenfedern). Diese Federverbindung hat den Zweck, die durch den Unterdruck hervorgerufene Bewegung einer Kapsel nach Anzahl der Membranen zu vervielfachen, damit bei großem Gesamthub das Material möglichst wenig beansprucht wird.

Auf der Achse der Kapsel ist das Schreibzeug aufgesetzt, das auf einer freistehenden Schreibtrommel recht übersichtlich den Druck aufzeichnet.

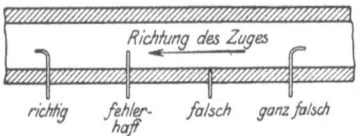

Fig. 29. Anordnung des Meßrohrs.

Dieser Anzeigeapparat befindet sich am Standort des diensttuenden Oberheizers. Für denselben Zweck bauen Siemens & Halske Membranzugmesser mit elektrischer Fernübertragung.

Bei der Wahl der Meßstelle im Fuchs oder den Kesselzügen und beim Einbau der Meßrohre ist zu beachten, daß die Mündung nicht dem Gasstrom entgegengerichtet sein darf. Fig. 29 zeigt die verschiedenen richtigen und fehlerhaften Möglichkeiten.

Zur Beurteilung der einzustellenden Zugstärke ist die Mitteilung der jeweiligen Belastung der Maschinen von der Schalttafel an das Kesselhaus erforderlich.

Hierzu gab es schon früher transparentartige Lichtsignaltafeln, auf denen die Anzahl der Kilowatt der jeweiligen Maschinenbelastung in Zahlen sichtbar gemacht wurde.

Neuerdings geht man dazu über, Anzeigeapparate mit runden Zifferblättern und elektrischer Zeigerverstellung in der Ausführung der elektrischen Zentraluhrenlagen herzustellen, die entweder von Zentralwattmetern gesteuert oder bei sehr großen Anlagen durch die Hand des Schalttafelwärters vor- oder rückwärts gestellt werden.

4. Temperaturmessung der Rauchgase.

Eine weitere Kontrolle der Verbrennungsvorgänge in der Feuerung ermöglichen die Instrumente zur Feststellung der Temperatur im Verbrennungsraum. Je höher diese Temperatur ist, desto wirtschaftlicher wird die Wärme an die Heiz-

Betriebskontrolle der Dampfkesselanlagen. — Überwachung usw.

flächen abgegeben. Je höher die Anfangstemperatur der Rauchgase ist, desto geringer ist die Temperatur der Rauchgase beim Verlassen des Kessels, vgl. hierzu Fig. 30.

Segerkegel. Das einfachste Mittel zur Feststellung der im Feuerraum (vgl. Aufsatz von E. J. Davis in der Zeitschrift „Braunkohle", Heft 39, 1921, S. 620, über „Wärmemessung und ihre Hilfsmittel") auftretenden Temperatur ist der Segerkegel.

Dieser Kegel wird von dem Chemischen Laboratorium für Tonindustrie, Berlin, geliefert. Die Kegel schmelzen bei einer bestimmten Temperatur, sie können für Temperaturen bis 2000° C verwendet werden. Fig. 31 zeigt drei Segerkegel. Der erreichte Brennungsgrad entspricht dem Schmelzpunkte von Kegel 10, Kegel 9 ist schon zu stark geschmolzen, Segerkegel 11 aber ist noch nicht geschmolzen.

Fig. 30. Temperaturabfall bei verschiedener Anfangstemperatur der Rauchgase.

Fig. 31. Segerkegel.

Es sind kleine pyramidenförmige, aus Silikaten gemischte Stangen von 6 cm Höhe, deren Schmelzbarkeit in 59 Stufen eingeteilt ist.

Sie werden vor dem Umfallen geschützt, indem man sie mit etwas feuchtem Ton auf einer Schamotteplatte festklebt.

Optische Pyrometer. Genauer messende Instrumente für die Temperaturen im Feuerraum sind die optischen und Strahlungspyrometer.

Bei ihrer Konstruktion wird die Stärke und Farbe der Ausstrahlung glühender Flächen oder der Flamme zur Ermittlung der Temperatur benutzt. Sie bedürfen einer ortveränderlichen Stromquelle.

Bei dem optischen Pyrometer kann die Temperatur nur beobachtet werden. Es ist also sozusagen eine subjektive Messung, beim Strahlungspyrometer wird die Temperatur abgelesen. Es ist also eine objektive Messung.

Am bekanntesten ist das Wanner-Pyrometer, das von Dr. Hase in Hannover hergestellt wird.

Die vom glühenden Rauchgase ausgesandten Strahlen werden durch ein Prisma zerlegt, und der Beobachter vergleicht die Farbe der Flamme mit einer im Sehrohre sichtbaren Farbenskala.

Das optische Pyrometer von Holborn & Kurlbaum (Siemens & Halske) mißt die Gesamtstrahlung eines glühenden Körpers. In einem Fernrohre wird vom Beobachter die Helligkeit einer Glühlampe durch Regulieren auf die gleiche Helligkeit gebracht, die der zu messende Gegenstand besitzt.

Strahlungspyrometer. Bei dem neuen Strahlungspyrometer von Siemens & Halske (Fig. 32) braucht der Beobachter nur das Sehrohr auf die zu beobachtende Flamme zu richten. Die Vorrichtung ist daher auch für ungeübte Beobachter bequem verwendbar.

Nach dem Stefan-Boltzmannschen Gesetz ist die Energie der Gesamtstrahlung eines absolut schwarzen Körpers proportional der vierten Potenz seiner absoluten Temperatur. Ein absolut schwarzer Körper hat die Eigenschaft, alle auf ihn treffenden Strahlen zu absorbieren und daher im erwähnten Zustand auch Strahlen aller Wellenlängen auszusenden.

Dubbel, Betriebstaschenbuch.

Diese Eigenschaft des „schwarzen Körpers" besitzen annähernd auch Hohlräume mit wärmedurchlässigen Wänden, die gleichmäßig erwärmt sind und nur eine kleine Öffnung haben, aus der eine mit der Strahlung des schwarzen Körpers praktisch übereinstimmende Strahlung austritt. Als solche schwarze Körper sind auch die Feuerungsräume der Dampfkessel anzusehen.

Das Strahlungspyrometer besteht aus einem an einem gelenkigen Schaft befestigten, handlichen Fernrohr, in das ein Thermoelement eingebaut ist. Die Lötstelle des Thermoelements ist an einem geschwärzten Metallplättchen angebracht, auf das durch die Linsenkombination des Fernrohres die zu messende Strahlung geworfen wird. Die dadurch eintretende Erhitzung des Metallplättchens und der Lötstelle ruft in dem Thermoelement eine elektromotorische Kraft hervor, die mit einem Drehspulgalvanometer gemessen oder auch dauernd aufgezeichnet werden kann.

Da die mit der Vorrichtung gemessene EMK der vierten Potenz der absoluten Temperatur proportional ist, so erweitert sich auf der Skala die Teilung von Anfang zum Ende sehr stark. Um genaue Ablesung zu erhalten, ist deshalb

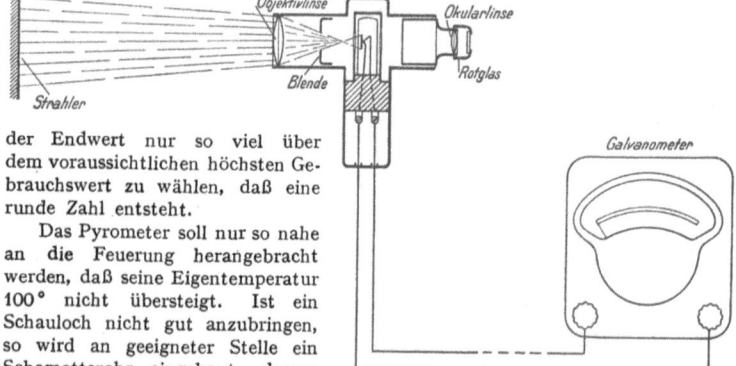

der Endwert nur so viel über dem voraussichtlichen höchsten Gebrauchswert zu wählen, daß eine runde Zahl entsteht.

Das Pyrometer soll nur so nahe an die Feuerung herangebracht werden, daß seine Eigentemperatur 100° nicht übersteigt. Ist ein Schauloch nicht gut anzubringen, so wird an geeigneter Stelle ein Schamotterohr eingebaut, dessen geschlossenes Ende die Temperatur des zu messenden Raumes annimmt.

Fig. 32. Strahlungspyrometer.

Will man die Temperatur im Feuerraum selbsttätig aufschreiben lassen, so kann man das Strahlungspyrometer, Bauart Hirschson, der Firma Paul Braun & Co., Berlin, verwenden.

Den messenden Teil bilden hier Widerstände aus feinen, geschwärzten Spiralen, aus Metalldrähten von hohen Temperaturkoeffizienten, die nach Art der Wheatstoneschen Brücke geschaltet sind. Die Spiralen befinden sich in zwei parallelen Aufnahmerohren und sind mit einem Galvanometer und einer Stromquelle verbunden. Ihr Widerstand wird durch teilweise Erwärmung mittels der durch die Aufnahmerohre gelangenden Wärmestrahlen derart geändert, daß das Ablesegalvanometer durch die Höhe seines Ausschlages die Temperatur angibt. Der Abstand von den strahlenden Gasen ist gleichgültig, vorausgesetzt, daß die strahlende Fläche genügend groß ist.

Dies Instrument wird von der Physikalisch-Technischen Reichsanstalt geeicht.

Pyrometer. Zur weiteren Temperaturmessung der in den ersten Heizflächen abgekühlten Heizgase können festeingebaute Pyrometer verwendet werden. Doch sind diese Messungen nur dann einwandfrei, wenn sich an der Meßstelle ein Strahlungsschutz befindet, das Tauchrohr des Instrumentes an der Einführungsstelle in den Zug oder Rauchkanal gut abgedichtet wird und die Temperaturmesser von Mauerwerk oder Eisenteilen isoliert sind. Ferner soll die Meßstelle des Instrumentes stets im vollen Gasstrom liegen, möglichst längs diesem Strome oder schräg zu demselben, nicht aber quer zum Strom der Rauchgase eingebaut werden.

Bei Quecksilberpyrometern darf der Faden nicht weit aus dem Meßraum herausragen; läßt sich dies nicht vermeiden, so ist unter Zuhilfenahme eines Thermometers die Fadenkorrektion bei allen Ablesungen anzuwenden.

Thermometer. Für hochwertige, dauerhaft gute Quecksilberthermo- oder pyrometer können folgende Vorschriften gelten:

Chemische Thermometer von $0°$ bis $+110°C$ auf Milchglasskala oder auf weißbelegter Röhre geteilt. Erstere dürfen keine lackierte Milchglasskala haben. Die Teilung muß auf Milchglas mittels Flußsäure eingeätzt werden. Die Teilung der auf Röhren geätzten Thermometer muß mit einer besonderen haltbaren Farbe hergestellt sein, um auch bei längerem Gebrauch die Teilung noch deutlich erkennen zu lassen. Beim Umkehren des Thermometers muß das Quecksilber in der Kapillare leicht bis zur Spitze fließen, ohne daß sich die Quecksilbersäule trennt. Es ist daraus zu ersehen, ob das Thermometer gut ausgekocht wurde und vollständig luftleer ist.

Thermometer bis $+250°C$. Diese müssen dieselben Eigenschaften haben wie vorstehend angegeben und im Ölbad bis $+250°C$ justiert sein.

Thermometer bis $+360°C$ müssen mit einem indifferenten Gas, am besten mit Stickstoff, über der Quecksilbersäule gefüllt sein, da in luftleer ausgekochten Thermometern das Quecksilber bei etwa $280°C$ zu sieden beginnt. Alle vorstehenden Thermometer und weiter bis zu $400°C$ zeigenden Thermometer werden am besten aus Jenaer Normalglas hergestellt, kenntlich an einem feinen roten Längsstreifen im Glase.

Hochgradige Thermometer bis $+510°C$ müssen ebenfalls mit Stickstoffgas unter einem Druck von 20 at gefüllt sein. Sie müssen ferner aus Jenaer Borosilikatglas 59 III hergestellt sein, da gewöhnliche Glassorten, wie auch das Jenaer Normalglas, bei solchen Temperaturen erweichen.

Thermometer bis $+575°C$ müssen dagegen aus Jenaer Verbrennungsglas, sonst in ähnlicher Weise wie vorstehend, angefertigt werden.

Für noch höhere Temperaturen, und zwar bis zu $+750°C$ kommt zurzeit nur das Quarzglas in Betracht. Hierbei muß allerdings der Stickstoff unter einem Druck von 60 at in die Kapillare hineingepreßt werden, die Behandlung solcher Thermometer hat besonders sorgfältig zu geschehen.

Sämtliche Thermometer müssen feingekühlt sein, d. h. sie sind vor der Justierung lange Zeit bis fast zum Erweichungspunkt des Glases zu erhitzen, da sonst im Laufe des Gebrauches das Quecksilber in der Kapillare erheblich ansteigt, die Temperaturangaben also unrichtig werden. Eine ungenügende oder gar unterlassene Feinkühlung wird sich erst im Laufe eines längeren Gebrauches herausstellen, wenn man findet, daß sich die Temperaturangaben gegen frühere Untersuchungen geändert haben. Die Feinkühlung ist allerdings kostspielig und wird deshalb vielfach unterlassen.

Die zweite Gruppe der Thermometer sind die **Quecksilber-Federdruckthermometer mit Kapillarrohr**, die bei einer Verbindungsrohrlänge von über 6 m zweckmäßig mit einem Kompensationsrohr ausgerüstet werden. Diese Instrumente bestehen aus einem Eintauchrohr mit anschließendem quecksilbergefüllten Kapillarrohr (bis 30 m lang) und rundem Manometerzifferblatt. Der Einfluß der Raumtemperatur kann durch ein zweites Kapillarrohr mit Beeinflussung des Zeiger- oder Schreibwerkes aufgehoben werden. Der Meßbereich geht bis $+400°$. Diese Instrumente bedürfen häufiger Nacheichung.

Ein solches Fernpyrometer der Firma Schäffer & Budenberg, Magdeburg-Buckau, kostete im Januar 1922 bei 250 mm Zifferblattdurchmesser, Einteilung 50 bis $500°C$, Tauchrohr mit loser Verschraubung und 12 m Kapillarrohr rd. 2563 ℳ netto ab Fabrik.

Elektrische Temperaturmeßgeräte.[1] Für Fernablesung besonders geeignet sind die elektrischen Temperaturmeßgeräte, die in den letzten Jahren vervollkommnet worden sind.

---

[1] Vergleiche hierzu Aufsatz Keinath in der E. T. Z. 1921, Heft 18.

Aber auch mit diesen Instrumenten kann nur dann erfolgreich gearbeitet werden, wenn sie an der richtigen Stelle in der richtigen Weise gebraucht werden. Es ist vor allem ein sorgfältiger Einbau notwendig, damit sie richtig zeigen (vgl. Knoblauch und Hencky, Anleitung zu genauen technischen Temperaturmessungen).

Die zwei Hauptgruppen elektrischer Meßinstrumente sind Widerstandsthermometer und Thermoelemente. Die Widerstandsthermometer zeigen die Temperatur an durch Änderung eines Widerstandes aus Reinmetall, der in einem Zweige der Wheatstoneschen Brückenschaltung liegt. Sie wirken sehr genau, wenn man dauernd die Spannung der Stromquelle konstant hält. Sie bestehen aus feinen, in Quarzglas eingeschmolzenen Platindrahtspiralen, von Schutzrohren umgeben, und messen Temperaturen bis 800° C. Wegen der feinen Reguliermöglichkeit sind Meßbereiche von 100° C herstellbar, so daß die Skaleneinteilung sehr groß und weithin sichtbar gemacht werden kann.

Thermoelemente erfordern keine besondere Hilfsstromquelle und sind dadurch in gewisser Hinsicht den Widerstandsthermometern überlegen. Dafür muß aber die Temperatur der freien Enden überwacht werden, weil sie auf die Meßgenauigkeit großen Einfluß hat. Allerdings kann man durch die Verwendung sogenannter Kompensationsleitungen diese Schwierigkeiten bis auf Fehler von 5° bis 10° C beseitigen.

Dr.-Ing. Keinath sagt über die Meßbereiche der Thermoelemente:

Die unedlen Thermopaare sind verhältnismäßig wohlfeil, wenig empfindlich und geben eine hohe Thermokraft, 3 bis 6 m V für je 100° C; sie können an widerstandsfähige Anzeigeinstrumente angeschlossen werden. Ihre Verwendbarkeit für hohe Temperaturen ist indessen beschränkt. Wir haben im wesentlichen die Thermopaare

   Kupfer — Konstantan für höchstens rd. 500° C.
   Eisen — Konstantan „ „ „ 900° C.
   Nickel — Nickelchrom „ „ „ 1100 bis 1200° C.

Für höhere Temperaturen als 1200° C bis höchstens 1600° C wird nur das edle Thermopaar Platin — Platinrhodium verwendet, dessen Thermokraft viel geringer ist als das der unedlen Paare, nur rd. 17 m V bei 1600° C, das auch in der Anschaffung viel teurer ist als die unedlen Thermoelemente. Wenn man auch dünne Drähte nimmt, wiegt ein derartiges Element immer noch 10 g. Zudem ist es gegen Verunreinigung durch kohlenstoffhaltige Gase äußerst empfindlich.

Nur in seltenen Fällen dürfen Thermoelemente unmittelbar der zu messenden Temperatur ausgesetzt werden, zumeist müssen sie eine besondere Bewehrung erhalten, die sie vor mechanischer und chemischer Zerstörung schützt. Dies gilt insbesondere für die Platin-Platinrhodiumelemente, die durch kohlenstoffhaltige Gase sehr schnell angegriffen werden, wenn sie nicht in gasdichte Schutzrohre eingebaut werden.

Bei Kupfer — Konstantan — Thermoelementen umschließt der Kupferschenkel als Rohr von etwa 8 bis 10 mm Dmr. den Konstantandraht. Solche Elemente werden vorzugsweise zur Temperaturmessung in Dampfleitungen verwendet, weil sie besonders leicht abzudichten sind.

Die in Verbindung mit Thermoelementen gebrauchten Instrumente sollen hohen Widerstand haben, sonst zeigen sie bei geringer Veränderung des Zuleitungswiderstandes oder des Elementwiderstandes infolge fortschreitenden Abbrandes unrichtig.

Ihren vollen Wert erhält die Temperaturkontrolle erst durch die selbsttätige Aufzeichnung. Die Registrierapparate ermöglichen gleichzeitige Aufzeichnung einer Anzahl verschiedener Temperaturen, in der Regel drei oder sechs in verschiedenen Typen oder Farben. Den Papiervorschub wähle man klein, auf keinen Fall größer als 20 mm/h, damit man nicht durch allzuviel Papier die Übersicht verliert.

Für die Messung der Rauchgase vor und hinter dem Überhitzer, vor und hinter dem Vorwärmer, verwendet man meist Thermoelemente mit Quarzschutzrohr. Doch sind diese Quarzschutzrohre sowohl gegen Stoß als auch gegen plötzliche Abkühlung wenig widerstandsfähig, so daß es sich empfiehlt, unzerbrechliche, emaillierte Eisenschutzrohre zu verwenden, die Siemens & Halske herstellen.

Abwärmeverlust. Auf Grund der Messungen des Kohlensäuregehaltes und der Temperatur der Rauchgase kann der Kesselmeister und auch der Heizer den sogenannten Schornsteinverlust berechnen, d. h. die Wärmemenge, welche die Rauchgase zum Schornstein hinaustragen.

Die einfachste Berechnung dieses Wärmeverlustes ergibt die Siegertsche Formel. S. S. 78.

Betriebsleiter, die in der Hauptsache immer denselben Brennstoff verfeuern, können sich für eine bestimmte Konstante der Siegertschen Formel eine Zahlentafel der Schornsteinverluste anfertigen; eine solche Zahlentafel hat die Hauptstelle für Wärmewirtschaft ausgearbeitet.

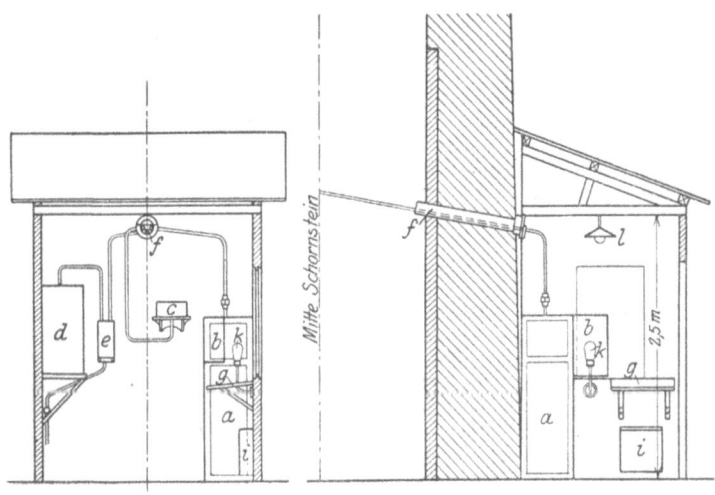

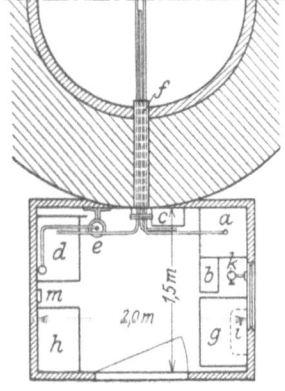

a Aspirator
b Orsat
c Thermograph
d Registrierender CO_2-Messer
e Filter
f Schutzrohr
g Pult
h Schrank
i Heizkörper
k Lampe für Orsat
l Deckenlampe
m Anschlußdose für Handlampe.

Fig. 33. Schornsteinmeßstation von Oberingenieur Nies, Hamburg.

Die Firma Hartmann & Braun hat auf dem Zifferblatt eines Temperaturanzeigeinstrumentes eine Skala zum Ablesen des Schornsteinverlustes angebracht, die ebenfalls nach der Siegertschen Formel für eine vorher festzulegende Konstante berechnet ist und für drei bestimmte Kohlensäuregehalte gilt. Das Instrument ist ein elektrischer Differenztemperaturmesser mit Widerstandsthermometern. Doch ist auch dieses Instrument nur verwendbar, wenn stets der gleiche Brennstoff mit gleichem Feuchtigkeitsgehalt verfeuert wird.

Abwärmemeßstation. Der Verein für Feuerungsbetrieb und Rauchbekämpfung in Hamburg empfiehlt die Einrichtung einer Abwärmemeßstation am Schornsteinfuß.

Fig. 33 zeigt die normale Ausführung und Einrichtung einer solchen von Oberingenieur Nies erbauten Schornsteinmeßstation. Es ist darin auch die Gassaugeleitung angedeutet, die möglichst kurz sein soll und bei der ebenfalls die oben angegebenen Vorschriften für die Behandlung der Rauchgase zu beachten sind.

Will man die Apparate nicht an den Schornstein, sondern an irgendeine Stelle des Hauptfuchses anschließen, so muß man das Rauchgas dem Aspirator über eine Umleitung zuführen und von dieser Leitung zum Aspirator abzweigen. Die Umleitung soll wenigstens einen Durchmesser von $^3/_4''$ haben und aus Bleirohr bestehen. Der Gasstrom wird in der Umleitung durch den Schornsteinzug bewegt, d. h. die Umleitung wird vor und hinter dem Hauptschieber angeschlossen und durch das Gefälle zwischen beiden Stellen ein kräftiger Gasstrom durchgeleitet.

Diese Kontrolle ist weniger für den Heizer als für den Betriebsleiter bestimmt, denn der Heizer erfährt den Wirkungsgrad seiner Feuerarbeit erst am Ende seiner Schicht. Bei den übrigen Apparaten, namentlich den Kohlensäureanzeigeinstrumenten, sieht er unmittelbar den Zustand seiner Feuerung und kann Mängel sofort abstellen.

e) Kontrolle des Speisewassers.

Die Kontrolle des Speisewassers ist für den Kesselbetrieb von größter Wichtigkeit. Das Speisewasser muß vollkommen frei von allen Unreinheiten, möglichst weich und nur schwach alkalisch sein. Das Zusatzspeisewasser wird deshalb in Filtern und Enthärtungsanlagen zubereitet und auf seinem Wege dauernd kontrolliert.

Die Untersuchungen auf Schlammgehalt des Rohwassers werden in der Weise gemacht, daß man aus einer Flasche von 5 Liter Inhalt das zu untersuchende Wasser durch ein Fließpapierfilter in eine darunterstehende zweite Flasche laufen läßt. Das Papierfilter wird vor und nach dem Durchfluß getrocknet und gewogen. Die Gewichtszunahme des verschmutzten Filters gibt den Schlammgehalt in g je ltr Rohwasser an. Filter liefern Schleicher & Schüll, Düren (Rhld).

Die Härte des Wassers kann genügend genau mit einer Seifenlösung nach Boudron-Boudet gemessen werden, die man zweckmäßig nicht selbst anfertigt, sondern, z. B. von Steinmüller, fertig bezieht.

Die zur Untersuchung von Zusatzwasser, das in Kalk-Sodareinigern enthärtet worden ist, erforderlichen Apparate sind: eine Schüttelflasche, Tropfbürette, Becherglas, Probierglas.

Bei der Untersuchung wird zunächst festgestellt, ob das Rohwasser in Härte, Schlammgehalt und Aussehen sich noch mit den früheren in Laboratorien untersuchten Proben deckt.

Bei der Ausführung der Härteuntersuchung wird die Schüttelflasche bis zur Marke „40 cm³" mit dem zu untersuchenden Wasser gefüllt.

Die Tropfbürette wird durch die größere Öffnung bis zum obersten rundlaufenden Strich über Null mit Seifenlösung gefüllt. Dann ergreift man dieselbe mit Daumen und Mittelfinger der rechten Hand; den Zeigefinger verwendet man zum Schließen der größeren Öffnung.

Durch ein entsprechendes Neigen der Bürette, wobei man den Zeigefinger ein wenig von der weiteren Öffnung entfernt, läßt man anfangs etwas mehr, später jedoch nur tropfweise Seifenlösung durch die enge Öffnung in die Schüttelflasche fließen, wobei man den Inhalt jedesmal kräftig schüttelt.

Die Seifenlösung ist so lange zuzusetzen, bis der dadurch entstehende Schaum nicht mehr verschwindet und sich etwa 5 Minuten lang unverändert auf der Oberfläche hält.

Enthält das Wasser Magnesiasalze, so verschwindet dieser Schaum bald und kommt nach nochmaligem Schütteln nicht wieder. Man läßt dann nochmals tropfenweise Seifenlösung hinzufließen und schüttelt, bis der Schaum dicker wird. Läßt man ihn mindestens 5 Minuten stehen, und zeigt sich hierbei ein starker Niederschlag, oder befindet sich auf der Oberfläche der Flüssigkeit eine schaumige Haut, oder ergibt das Wasser mehr als 25 bis 30 franz. Härtegrade, was von vielen Brunnenwässern anzunehmen ist, so ist der Versuch zu wiederholen, indem man nur 10 oder 20 cm³ des zu untersuchenden Wassers nimmt und dann mit destilliertem Wasser bis 40 cm³ nachfüllt.

Darauf bringt man die Tropfbürette in genau senkrechte Lage; nachdem die Flüssigkeit vollständig herabgesunken ist, liest man die verbrauchten Grade Seifenlösung ab.

Im ersteren Falle zeigt der Verbrauch an Seifenlösung nach der Skala direkt die Härtegrade des Wassers an, während im letzten Fall das erhaltene Ergebnis mit dem Verdünnungskoeffizienten 4 bzw. 2 multipliziert werden muß.

Beispiel: 1. 40 cm³ Wasser gebrauchten 16,5° Seifenlösung. Die Gesamthärte beträgt also 16,5 franz. Härtegrade oder $16,5 \cdot 0,56 = 9,2$ deutsche Härtegrade.

2. 10 cm³ Wasser bis auf 40 cm³ mit destilliertem Wasser aufgefüllt, gebrauchten 12° Seifenlösung. Die Gesamthärte des Wassers entspricht also $12 \cdot 4 = 48$ franz. Härtegraden oder $48 \times 0,56 = 26,8$ deutschen Härtegraden.

3. 20 cm³ Wasser mit destilliertem Wasser zur Marke 40 cm³ aufgefüllt, gebrauchten 16° Seifenlösung. Die Gesamthärte beträgt also $16 \times 2 = 32$ franz. Härtegrade = 17,9° d. H.

Man muß ferner in der Lage sein, das bei Kalksodareinigern zur Verwendung kommende Kalkwasser auf Gehalt an CaO untersuchen zu können. Dies geschieht mit $^2/_{10}$ Normal-Salzsäure, und zwar 1 bis 2 Stunden nach der Aufgabe des neuen Kalkes bzw. 1 Stunde vor Betriebsschluß.

Zu diesem Zweck gießt man 56 cm³ filtriertes Kalkwasser in ein Becherglas, färbt dasselbe mit 1 bis 2 Tropfen Phenolphtaleinlösung und setzt aus einer in $^1/_{10}$ cm³ geteilten Bürette so lange $^2/_{10}$ Normal-Salzsäure (HCl) zu, bis die rote Farbe verschwindet; jeder verbrauchte $^1/_{10}$ cm³ $^2/_{10}$ HCl entspricht einem deutschen Härtegrad.

Hat man z. B. zur Neutralisierung von 56 cm³ Kalkwasser $^{125}/_{10}$ cm³ $^2/_{10}$ HCl gebraucht, so ist die Härte des Kalkwassers = 125° d.

Ist das dem Kalksättiger zufließende Wasser kalt, so darf dasselbe nicht unter 110 bis 120 deutschen Graden titrieren; bei warmem Wasser weniger. Dies richtet sich auch der Temperatur des Wassers; je heißer das Wasser, desto weniger Kalk löst sich.

Hat man bisher festgestellt, daß das Kalkwasser bis etwa 1 Std. vor Betriebsschluß bedeutend weicher geworden ist, so muß man das nächste Mal etwas mehr Kalk aufgeben, und zwar so viel, daß derselbe für den ganzen Tag (10 bis 12 Stunden) ausreicht.

Das Kalkwasser ist niemals ganz farblos, sondern hat einen etwas mehr oder weniger grauen Schimmer; zeigt sich dabei, daß es Kalkteilchen enthält, so muß man die tägliche Kalkmenge teilen und statt alle 12 Stunden alle 6 Stunden die Hälfte zusetzen. Man macht am besten eine Vorprobe in einem Eimer. Die Härte, die das Kalkwasser hier bei der jeweiligen Temperatur hat, soll es auch im Sättiger haben.

Ebenfalls ist das gereinigte Wasser auf Härte, Alkalität und Aussehen zu untersuchen. Die Härtebestimmung geht vor sich wie bei der Untersuchung des Rohwassers.

Das gereinigte Wasser muß rd. 3° franz. Härte haben und dabei schwach alkalisch reagieren, wenn die Reinigung eine richtige ist. Die Alkalität wird mit Phenolphthalein und $^2/_{10}$ norm. Salzsäure festgestellt, wie weiter unten angegeben.

Zur Prüfung auf den richtigen Kalkwasserzusatz nimmt man ein Probiergläschen mit 20 cm³ gereinigtem Wasser, das man mit 2—3 Tropfen Phenolphtaleinlösung färbt.

Das Wasser muß sich röten. Hierauf gießt man 10 cm³ Chlorbariumlösung 1 : 10 hinzu.

Der Kalkwasserzusatz ist richtig, wenn die Rötung noch bestehen bleibt und mit einem Tropfen $^2/_{10}$ norm. Salzsäure verschwindet. Der Kalkwasserzusatz ist zu groß, wenn die Rötung bei 2 oder 3 Tropfen Säure verschwindet.

Der Kalkwasserzusatz ist zu gering, wenn die Rötung vollständig verschwindet.

Erst nachdem der Kalkwasserzusatz richtig gestellt ist, ändere man den Sodazusatz.

Ist der Kalkwasserzusatz richtig und das Wasser weicher als 3° Härte, dann ist der Sodazusatz zu groß. Ist das Wasser aber härter als 4 bis 5°, dann ist der Sodazusatz zu gering.

Eine Kontrollprüfung, ob der Sodazusatz nicht etwa überflüssig reichlich oder zu gering ist, ist zweckmäßig noch dadurch auszuführen, daß man die Sodaalkalität bestimmt.

Man rötet 20 cm³ gereinigtes Wasser mit Phenolphtaleinlösung an und gibt tropfenweise $^2/_{10}$ norm. Salzsäure zu. Die Rötung soll bei 2 Tropfen Säure verschwinden; verschwindet sie schon bei 1 Tropfen Säure, dann ist der Sodazusatz zu erhöhen; verschwindet die Lösung dagegen erst bei 3 oder mehr Tropfen, dann muß der Sodazusatz verringert werden, wenn die Probe auf den richtigen Kalkwasserzusatz stimmt.

Sehr wichtig ist es, das Wasser im Kessel oft zu untersuchen. Die am Wasserstand entnommene Probe des Kesselwassers wird in heißem Zustand eine größere Härte aufweisen als im kalten Zustand. Das Wasser im Kessel soll aber vor allem im abgekühlten Zustand nur 0° bis höchstens 0,5° franz. titrieren. Dies ist jedoch nur dann möglich, wenn die Kessel vorher gut gereinigt wurden und keinen alten Kesselstein mehr besitzen, der sich nach und nach auflöst und das Wasser dadurch wieder härter macht.

Die Alkalität des Kesselwassers nimmt allmählich etwas zu, und es empfiehlt sich, dasselbe zeitweise abzulassen, weil bei starker Alkalität das Kesselwasser anfängt zu schäumen und unruhig siedet. Um die Alkalität festzustellen, nimmt man 20 cm³ Kesselwasser und färbt dieses mit 2 bis 3 Tropfen Phenolphtalein rot. Hierauf gibt man tropfenweise aus einer Pipette solange $^2/_{10}$ norm. Salzsäure zu, bis die rote Farbe verschwindet. Die Alkalität kann als normal angesehen werden, wenn das Kesselwasser bis zu 60 bis 80 Tropfen $^2/_{10}$ norm. Salzsäure verbraucht. Werden hiervon mehr Tropfen verbraucht, so müssen die Kessel ganz entleert werden.

Wenn die Kessel nachts stillgelegt werden, läßt man zweckmäßig dreimal wöchentlich so viel Kesselwasser abfließen, daß der Wasserstand im Kessel von der höchsten bis zur niedrigsten Marke sinkt.

Bei Tag- und Nachtbetrieb hat dies keinen Zweck, vielmehr muß man dann nach einer gewissen Betriebsstundenzahl den Inhalt des Kessels erneuern oder ein Schlammrückführungsverfahren anwenden.

Zweckmäßig ist die Anbringung einer Tafel auf dem Kesselschild, auf der in Zeitabständen von je 100 Betriebsstunden der Zustand des Wassers im Kessel notiert wird. S. Vordruck 3.

Größere Werke geben dem Aufsichtspersonal der Wasserwirtschaft ein Überwachungsprogramm, in dem für jede Woche eine Anzahl Untersuchungen vorgeschrieben werden, die gleichzeitig auch die Untersuchungen des Kühlwassers und Kondensates einschließen. In Vordruck 4 ist ein solcher Arbeitsplan für den Überwachungsbeamten wiedergegeben.

Vordruck 5 gibt einen das Speisewasser betreffenden Tagesbericht wieder, während Vordruck 6 sich auch auf andere Gebrauchswässer bezieht.

Betriebskontrolle der Dampfkesselanlagen. — Kontrolle des Speisewassers. 265

Vordruck 3.

Kessel No 23   Fabrik No 4817   Tag der ersten Inbetriebnahme: 4. 4. 16

Revisionen:

letzte äußere: 9. 4. 21.   letzte innere: 9. 4. 21.

nächste äußere: 8. 6. 21.   nächste innere: 8. 6. 21.

Beschaffenheit des Kesselwassers:

Datum der Untersuchung:	15. 4. 21	22. 4. 21	29. 4. 21	6. 5. 21	13. 5. 21						
Zahl der Betriebsstunden:	96	220	348	460	628						
Festgestellte Härte:	0,25	0,25	1,0	0,5	0,25						

Angefeuert am 11. 4. 21   außer Betrieb genommen am

Abgeblasen am:

Bemerkungen:

Vordruck 4.

Versuchsstation des Kraftwerkes.
Arbeitsplan für Wasseruntersuchungen.

	Montag	Dienstag	Mittwoch	Donnerstag	Freitag	Sonnabend
1. Bestimmung der Härte des Zusatzwassers für die Kaminkühler.	●		●		●	
2. Bestimmung der Härte des Kühlwassers in den Sauggruben der Turbinenkondensationen.	●	●	●	●	●	●
3. Bestimmung des Schlammrückstandes im ungefilterten Zusatzrohwasser der Rückkühlanlage.						
4. Bestimmung des Schlammrückstandes im gefilterten Zusatzwasser der Rückkühlanlage.						
5. Bestimmung des Schlammrückstandes in Kühlwasser in den Sauggruben der Turbinenkondensationen.	●	●	●	●	●	●
6. Bestimmung der Sichttiefe des Zusatzrohwassers der Rückkühlanlage am Ein- und Auslauf des Klärteiches.	●	●	●	●	●	●
7. Bestimmung der Härte des Kondensats der Turbinen.	●	●	●	●	●	●
8. Bestimmung der Härte und Alkalität des gereinigten Zusatz-Speisewassers (Reiniger I und II).	●	●	●	●	●	●
9. Bestimmung der Härte (Seifenlösung), der spez. Dichte (Aerometer) und der Alkalität des Wassers in den Kesseln.		●				
10. Bestimmung der Alkalität und des Schlammrückstandes in dem gesammelten und rückgeführten Heißwasser.						

Betriebskontrolle der Dampfkesselanlagen. — Kontrolle des Speisewassers. 267

Vordruck 5. **Tagesbericht über Speisewasser des Kraftwerkes** den ....

Vorhandene Speisewassermenge
am .... 6 Uhr vormittags

Behälter I	Behälter II	Behälter III	Sa.
			kg

Revision des Speisewassers

Datum:					
Zeit:					
Gereinigtes Wasser					
1. Härtegrad					
2. Aussehen					
3. Kalkgehalt					
Kalkwasser					
Schieber					
Härte					
Rohwasser					
Temperatur					
Härte					
Aussehen					
Quarzfilter gereinigt					

Zufluß an Kondensat

	Dat.	Zähler-Ablesg.	Kippungen	je
Kondensat				
Turbine I		6 Uhr morg.		
		6 Uhr morg.		
		Verbrauch		
Turbine II		6 Uhr morg.		
		6 Uhr morg.		
		Verbrauch		
Turbine III		6 Uhr morg.		
		6 Uhr morg.		
		Verbrauch		

Zusatzwasser aus den Reinigern

	Ablesung der Uhr	Ablesung
Reiniger I	6 Uhr morgens	
	6 Uhr morgens	
	Verbrauch	
Reiniger II	6 Uhr morgens	
	6 Uhr morgens	
	Verbrauch	
	Sa.	kg

Verlust an Kondensat.: .... %
Belastung des Reinigers: ....

Materialverbrauch
.... kg Kalk
.... kg Soda
.... kg Glyzerin

Härte des Kühlwassers
vormittags: ....
nachmittags: ....

Vorhandene Speisewassermenge
am .... Uhr vormittags

Behälter I	Behälter II	Behälter III	Sa.
			kg

Mithin verdampft: .... **kg**

Bemerkungen: ....

Der Kesselmeister: ....   Gesehen: ....

Vordruck 6.

Tägliche Wasseruntersuchungen in der Versuchsstation.

Untersuchung		
Härte des Zusatzwassers für den Kaminkühler	Grubenwasser	° Fr.
	Flußwasser	° Fr.
Härte des Kühlwassers in den Sauggruben	Sauggrube I und II . .	° Fr.
	Sauggrube III und IV .	° Fr.
Schlammrückstand des Kühlwassers	Sauggrube I und II . .	g/m^3
	Sauggrube III und IV .	g/m^3
Sauerstoffgehalt des Speisewassers	Behälter I	cm^3/l
	Behälter II	cm^3/l
Sichttiefe am Klärteich	Einlauf.	cm
	Auslauf	cm
Härte des Kondensats	Turbine I	° Fr.
	Turbine II	° Fr.
	Turbine III.	° Fr.
Härte des gereinigten Zusatzspeisewassers	Reiniger I	° Fr.
	Reiniger II	° Fr.
Alkalität des gereinigten Zusatzspeisewassers	Reiniger I	Tropfen
	Reiniger II	Tropfen
Härte des Rohwassers		° Fr.
Schlammgehalt des Flußwassers		g/cm^3

Geprüft: Gesehen:

f) Messung der Speisewasser- und Dampfmengen.

Zur Feststellung des erzeugten Dampfgewichtes dienen zwei Wege:
1. Messung des in den Kessel hineingespeisten Wassers,
2. Messung der dem Kessel entzogenen Dampfmenge.

Aus dem Unterschied zwischen beiden Ergebnissen folgen die Verluste.

1. Messung der Wassermenge und der Wassertemperatur.

Volumenmesser. Kolbenwassermesser. Der Eckardtsche Wassermesser hat einen doppeltwirkenden Kolben, der in den Totlagen durch Verstellen einer Steuerung einen Vierweghahn umschaltet. Steht der Kolben in seiner unteren Totlage, so wird er durch das von der Pumpe geförderte Wasser gehoben und die über ihm befindliche Wassermenge in den Kessel gedrückt. Die als Zahnstange fortgesetzte Kolbenstange greift in ein Zahnrad, das ein Gewicht so weit hebt, daß es herumschlägt und mittels Anschlags den Vierweghahn umstellt. Dadurch wird umgeschaltet, so daß das von der Pumpe kommende Wasser jetzt über den Kolben tritt. Die Kolbenwege werden durch ein Räder- und Wendegetriebe auf ein Zählwerk übertragen, das stets in gleicher Richtung umläuft und die Wassermenge in Litern anzeigt.

Neben diesem Messer ist noch der Schmidsche Wassermesser zu nennen, in dem zwei Kolben arbeiten. Zutritt und Abfluß zu jedem Kolben werden durch den anderen gesteuert. Die mäßig großen Hubzahlen infolge der nicht einfachen Wasserwege machen die Kolbenwassermesser teuer, geben ihnen aber auch größere Dauerhaftigkeit.

Preis eines Eckardtschen Wassermessers für 10 t/h Durchflußmenge betrug August 1921 in Gußeisen 11 700 .ℳ, in Stahlguß 5 vH mehr. Preis einer dazugehörigen Schreibvorrichtung 3 250 .ℳ

Scheibenwassermesser. Bauart Siemens & Halske. Fig. 34. Eine auf einem Kugelgelenk ruhende hohle Metallscheibe *b* wird von einem Gehäuse umschlossen, dessen Form durch die Bewegung der Scheibe gegeben ist. Die Scheibe bewegt sich auf der Kegeloberfläche, ihre Achse beschreibt einen Kegelmantel. An der Drehung wird die Scheibe durch eine von dem Umfang nach der Mitte gehende senkrechte Wand verhindert, die weiterhin das Strömen des Wassers nach dieser Seite unmöglich macht. Das Wasser wird so gezwungen, auf der anderen Seite herumzufließen und dabei die Scheibe in oszillierende Bewegung zu versetzen. Die Achse der Scheibe verstellt das Zählwerk.

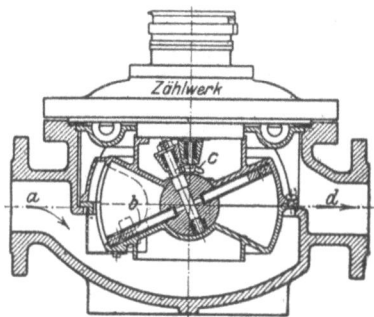

Fig. 34. Scheibenwassermesser von Siemens & Halske.

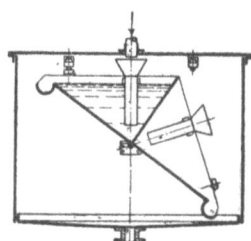

Fig. 35. Eckardts Kippwassermesser.

Der Scheibenwassermesser ist für Verdampfungsversuche besonders geeignet, da er genaue Zeitablesung gestattet und in gutem Zustand recht genaue Werte liefert.

Kippwassermesser (Fig. 35). Eckardts Kippwassermesser besteht aus zwei nebeneinander befindlichen, um eine Achse drehbaren, dreieckigen Behältern. Der Messer wird so eingestellt, daß nach Füllung des jetzt oben befindlichen Gefäßes das Wasser über die linke Kante in die wulstförmige Rinne läuft. Diese Schwerpunktverlegung verursacht ein plötzliches Umkippen des Behälters, und das rechts befindliche Gefäß gelangt unter den Einlauf.

Solche einfachen Kippmesser erfüllen bezüglich Genauigkeit der Angaben nur mäßige Ansprüche.

Bei Umrechnung der von den Volumenmessern gemessenen Werte in Gewicht ist das verschiedene spezifische Gewicht heißen Wassers nach Zahlentafel 3 zu berücksichtigen.

Zahlentafel 3.

Spezifisches Gewicht des Wassers von 0° bis 100° C.

Temperatur	spezifisches Gewicht	Temperatur	spezifisches Gewicht	Temperatur	spezifisches Gewicht
0°	0,99 987	22°	0,99 780	50°	0,9881
2°	0,99 997	24°	0,99 732	55°	0,9857
4°	1,00 000	26°	0,99 681	60°	0,9832
6°	0,99 997	28°	0,99 626	65°	0,9806
8°	0,99 988	30°	0,99 567	70°	0,9778
10°	0,99 973	32°	0,99 505	75°	0,9749
12°	0,99 953	34°	0,99 440	80°	0,9718
14°	0,99 927	36°	0,99 372	85°	0,9687
16°	0,99 897	38°	0,99 299	90°	0,9653
18°	0,99 862	40°	0,99 22	95°	0,9619
20°	0,99 823	45°	0,99 03	100°	0,9584

Geschwindigkeitsmesser. Der Flügelradmesser (Fig. 36), Bauart Siemens & Halske, ist eine Umkehrung der Zentrifugalpumpe. Sieb a hält Unreinigkeiten zurück. Das Wasser strömt durch die schräg gerichteten Löcher b gegen das Flügelrad d, das eine der Wassergeschwindigkeit entsprechende Drehgeschwindigkeit annimmt. Eine über dem Flügelrad angeordnete einstellbare Stauvorrichtung e dient zur Regelung, es kann damit Meßgenauigkeit bis zu Mengen von 2 vH der normalen herab erreicht werden. Als normal wird die Menge bezeichnet, deren Durchfluß 1 at Druckverlust ergibt.

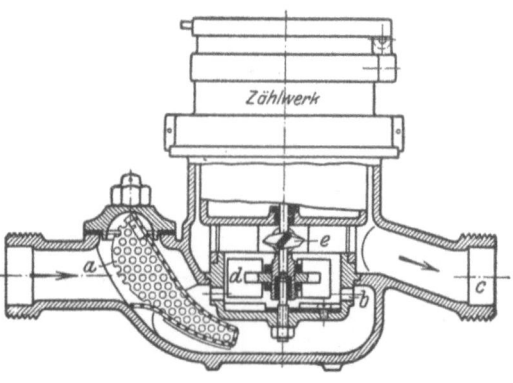

Fig. 36. Flügelradmesser von Siemens & Halske.

Der Woltmann-Flügel besteht aus einem Propeller, der durch das strömende Wasser gedreht wird. Da die Flügel nicht den ganzen Rohrquerschnitt ausfüllen, auch die Zwischenräume zwischen ihnen ziemlich reichlich sind, so

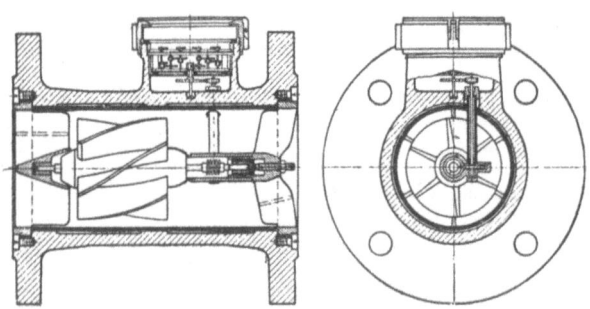

Fig. 37. Woltmannflügel von Bopp & Reuther.

eignen sich Woltmann-Flügel auch für leicht verunreinigtes Wasser. Durch Übertragung der Drehbewegung auf ein Zählwerk kann die durchfließende Wassermenge direkt abgelesen werden. Wird Kondensat gefördert, so wird bei der Bauart Bopp & Reuther der Woltmann-Flügel (Fig. 37) nicht wie üblich aus Kupfer, sondern aus einer besonderen Graphitmasse hergestellt, die bis 100° C verwendet werden kann. Genauigkeit der Messung 2 vH. Unrichtige Angaben entstehen, wenn das Wasser mit einer kreisenden Bewegung im Messer ankommt.

Venturimesser (Fig. 38). Der Druckabfall $p_1 - p_2$ vor und hinter der Meßstelle beschleunigt die Geschwindigkeit c_1 im glatten Rohr auf c_2. Es ist

$$\frac{p_1 - p_2}{\gamma} = \frac{c_2^2 - c_1^2}{2g}.$$

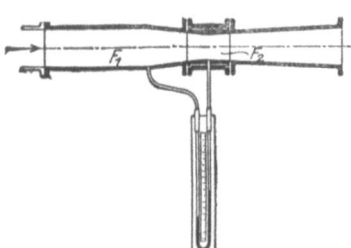

Fig. 38. Venturirohr.

Ist $m = \dfrac{c_1}{c_2} = \dfrac{F_2}{F_1}$ = Querschnittsverhältnis, so folgt:

$$\frac{p_1 - p_2}{\gamma} = \left(\frac{1}{m^2} - 1\right) \frac{c_1^2}{2g},$$

Volumen $V = F_1 \cdot c_1 = \dfrac{m^2}{1 - m^2} \cdot F_1 \sqrt{\dfrac{2g(p_1 - p_2)}{\gamma}}.$

Für runden Querschnitt mit $m = \dfrac{d_1^2}{d_2^2}$ folgt:

$$\frac{p_1 - p_2}{\gamma} = \left(\frac{d_2^4}{d_1^4} - 1\right) \cdot \frac{c_1^2}{2g}.$$

Der Druckabfall ist sonach proportional dem Quadrat der Geschwindigkeit und der durchgehenden Menge. In der der Verengung folgenden Erweiterung wird ein großer Teil der Geschwindigkeit in Druck umgesetzt.

Venturimesser, die ungefähr halb soviel wie Volumenmesser kosten, eignen sich nicht für Wassermengen unter 20 m³/h, da dann der Düsendurchmesser zu klein wird. Die Genauigkeit der Messung beträgt 1 vH.

Im übrigen geben die heutigen Wassermesser bei Versuchen und auch bei kürzeren Betriebszeiten einwandfreie Ergebnisse, sie versagen jedoch fast alle im Dauerbetrieb, wenn das Wasser nicht absolut rein ist.

Messung der Speisewassertemperatur. Die Temperatur des in den Vorwärmer eintretenden Speisewassers wird mit Quecksilberthermometern in Tauchrohren oder elektrischen Widerstandsthermometern bzw. Thermoelementen gemessen.

Bedingung für das richtige Messen ist das vorher schon bei der Temperaturmessung der Rauchgase empfohlene Verfahren. Die Meßstellen sollen mitten im Speisewasserstrom liegen und das entgegengesetzte Tauchrohr entweder längs des Stromes oder schräg desselben, möglichst aber nicht senkrecht dazu, eingeführt sein. Außerdem ist darauf zu achten, daß die Meßstelle so weit von den Vorwärmerelementen entfernt liegt, daß die Temperaturanzeige nicht durch Strahlung beeinflußt wird.

2. Dampfmessung.

Als Dampfmesser verwendet man vielfach solche mit Zifferblatt, um die im jeweiligen Augenblick erzeugte Dampfmenge zu zeigen. Diese Dampfmengenanzeiger bezeichnet man wohl auch mit dem Ausdruck „Dampfuhren". Sie werden gewöhnlich vorn am Kessel an einem Schild im Sehbereich des Heizers angebracht.

Die zweite Gruppe sind aufzeichnende Dampfmesser, welche die durchfließende Dampfmenge entweder auf einen Papierstreifen in Form einer Kurve schreiben oder mit einem Zählwerk registrieren.

Solche Dampfmesser sind in der Regel zwischen Kesselhaus und Maschinenhaus eingebaut oder in die vom Kesselhaus nach anderen Fabrikabteilungen abgehenden Dampfleitungen.

Der Wirkungsweise nach unterscheidet man Schwimmer-Dampfmesser und Mündungs-Dampfmesser.

Schwimmer-Dampfmesser mit Schwebekegel, Bauart Claassen, baut Feodor Stabe, Berlin. Fig. 39 zeigt den Messer, bei dem der Dampfstrom je nach seiner Stärke einen Kegel anhebt, dessen Achse in einfachster Weise die jeweilige Hubhöhe auf den Schreibstift einer Registriertrommel überträgt.

Die Bewegungen des Schwebekegels sind durch eine Wasserbremse gedämpft. Ein Vorteil dieser Messer besteht darin, daß sie kleine Dampfmengen noch genau messen und daß man bei Abstellen der Leitung die Nullinie feststellen kann.

Schwankender Druck wird durch eine besondere Vorrichtung selbsttätig berücksichtigt. Beträgt z. B. bei 12 at der Ausschlag 50 mm, und entspricht dieser Zeigerstellung ein Dampfverbrauch von 5000 kg, so gehen bei gleichem Ausschlag und 11 at nur 4500 kg durch den Apparat. Es dürfte aber — da 1 mm = 100 kg — der Ausschlag nur 45 mm betragen. Die Figur läßt die Vorrichtung zur Erzielung konstanten Maßstabes erkennen. In der Nebenfigur ist der Zeiger ausgezogen für die Nullstellung, punktiert bei einem Ausschlag von 50 mm bei 12 at wiedergegeben. Sinkt der Dampfdruck, so wird der obere Teil des bei a gelenkigen Hebels durch Drehen einer Kulisse $b\,c$ um den Punkt b zurückbewegt. Diese Drehung wird durch Verschieben eines dem wechselnden Dampfdruck ausgesetzten kleinen Dampfkolbens, dessen Gegenkraft eine Feder bildet, bewirkt.

Den Schwimmer-Dampfmesser von Friedr. Bayer & Co., Leverkusen bei Köln, zeigt Fig. 40.

An Stelle des Kegels wird eine gewichtbelastete, kreisrunde Scheibe vom Dampfstrom von unten nach oben gedrückt. Sie bewegt sich in einer unten konisch erweiterten Meßdüse, deren Wandflächen die Form eines Paraboloides haben, so daß die Hubhöhen der Scheibe den Dampfmengen proportional sind.

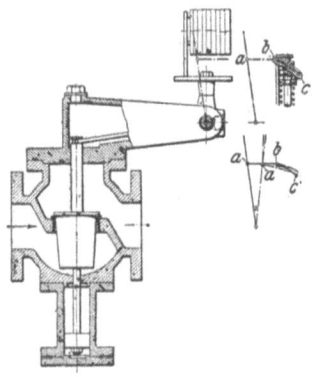
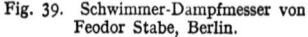
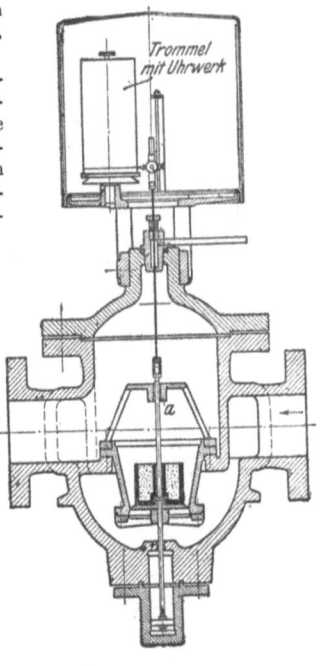

Fig. 39. Schwimmer-Dampfmesser von Feodor Stabe, Berlin.

Fig. 40. Dampfmesser von Bayer, Leverkusen.

Eine elektrisch betätigte Vorrichtung macht die Fernübertragung des Schwimmerstandes oder Ablesung der bis Monatschluß durchgegangenen Dampfmenge an einem Zähler möglich.

Man kann bei diesen Messern jederzeit die Linie der Endstellung feststellen, indem man vom Schreibzeug aus den Schwimmer bis an den Anschlag a hebt.

Es ist auch ein Vorteil, daß man die Scheibe bei etwaigem Festsetzen leichter wieder lösen kann, was beim Claassen-Messer im gleichen Falle nicht so einfach ist. Dieser Dampfmesser gilt heute als der zuverlässigste Apparat, namentlich bei wechselndem Dampfdurchfluß.

Mündungs-Dampfmesser. Dampfmesser dieser Art baut z. B. die Gehre-Dampfmesser-Ges., Berlin.

Diese Dampfmesser messen den Druckunterschied vor und hinter einem, als Lochscheibe in die Dampfleitung eingebauten Drosselflansch, dessen Öffnung enger ist als der innere Rohrdurchmesser.

Betriebskontrolle der Dampfkesselanlagen. — Messung usw. 273

Der erzeugte Druckabfall wird durch Kondenswassersäulen auf die beiden Seiten eines mit Quecksilber arbeitenden Differentialmanometers übertragen, das je nach seiner Verwendung als nichtregistrierendes (Dampfuhr) oder registrierendes Instrument verschiedenartig ausgebildet ist.

Die Dampfuhr dieser nichtregistrierenden Dampfmesser ist eines der wichtigsten Instrumente der Betriebskontrolle im Kesselhaus und gehört zu jedem Kessel, wie das Amperemeter zur Schalttafel der Dynamomaschine.

Die Dampfuhr gibt dem Heizer an, welche Dampfmenge sein Kessel in jedem Augenblick erzeugt.

In großen Kesselhäusern, in denen alle Kessel auf eine gemeinsame Dampfleitung arbeiten, ist diese Dampfuhr wichtiger für den Heizer als das Manometer, und auch der Oberheizer kann durch Vergleich der Dampfuhren an den Kesseln sehen, welcher Kessel hinter den anderen in der Dampferzeugung zurückbleibt.

Obwohl diese Dampfuhren nur für einen bestimmten Dampfdruck und eine bestimmte Dampftemperatur absolut genau arbeiten und bei Schwankungen von Druck und Temperatur nicht mehr ganz richtig anzeigen, bleibt das Instrument doch für den Betrieb brauchbar, da man dem Heizer hauptsächlich den Vergleichswert seiner Leistung zeigen will.

Die Arbeitsweise dieser Dampfuhren wird durch die Fig. 41 erklärt, die auch die Verbindung des Apparates mit der Drosselscheibe zeigt.

Der Druckunterschied wird auf zwei Quecksilberspiegel übertragen; ein Schwimmer bewegt den Uhrzeiger.

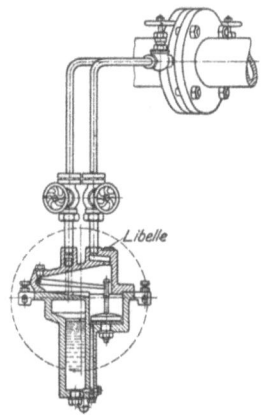

Fig. 41. Gehre-Dampfuhr.

Für die Aufzeichnung der erzeugten Dampfmengen baut Gehre einen Dampfmesser für annähernd konstanten Druck oder einen Dampfmesser mit selbsttätiger Berichtigung der Anzeige bei starken Druckschwankungen.

Bei dem ersteren Apparat (Fig. 42) sind die mit dem Drosselflansch verbundenen Leitungen in der Nähe des Anschlusses wagerecht verlegt, um die bei Druckänderung entstehenden Verschiebungen der Kondenswassersäulen in den Rohren in ihrem Einfluß auf die Manometeranzeige auszuschalten. Die Lei-

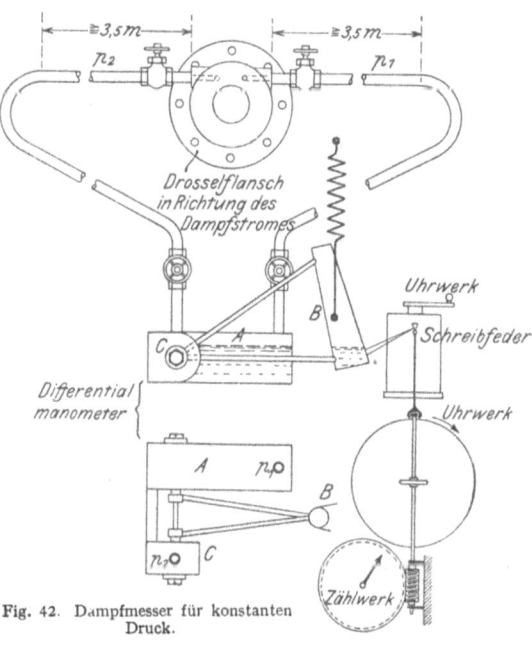

Fig. 42. Dampfmesser für konstanten Druck.

Dubbel, Betriebstaschenbuch. 18

tungen führen zu dem um eine Achse drehbaren Manometersystem ACB, das aus den feststehenden Gefäßen A und C und einem beweglichen Gefäß B besteht, die mit Quecksilber gefüllt sind. Das an einer Feder hängende Gefäß B ist durch eine Leitung mit Drehstopfbüchse an B angeschlossen. Tritt infolge veränderten Druckunterschiedes Quecksilber nach B über, so sinkt B, und der Quecksilberzufluß. nimmt weiter zu. Diese Einrichtung ermöglicht, eine verhältnismäßig große Kraft zur Überwindung der Stopfbüchsenreibung aufzubringen. Außerdem kann durch entsprechende Formgebung des Behälters B jede gewünschte Beziehung zwischen Zeigerweg und Druckunterschied erhalten werden. Soll der Zeigerausschlag proportional $\sqrt{p_1 - p_2}$ sein, so ist — wie dargestellt — Gefäß B nach oben hin zu verjüngen. Die Räume oberhalb der Quecksilberspiegel sind mit Wasser gefüllt, es muß deshalb B durch eine zweite Verbindung an C angelenkt werden.

Veränderlicher Dampfdruck wird durch die Gehresche Anordnung nach Fig. 43 berücksichtigt.

Der Drehpunkt A des von der Achse C des vorstehend beschriebenen Differentialmanometers bewegten Zeigers BAS ist nicht fest, sondern in einer Führung FG beweglich gelagert. Steigt z. B. der Druck p_1, so wird Endpunkt K

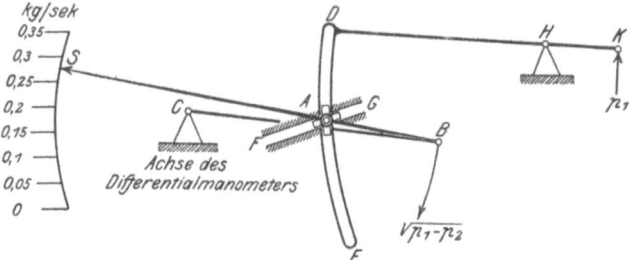

Fig. 43. Berichtigung von Druckschwankungen.

des Hebels KHD durch einen Kolben gehoben, und die Kulisse DE verschiebt den Drehpunkt A so in der Führung, daß der Zeigerausschlag zunimmt. Gleitbahn FG liegt in Richtung der Verbindungslinie zwischen K und Nullpunkt O der Skala, damit bei jedem Druck p_1 Null angezeigt wird, wenn $p_1 = p_2$ ist. Die Kulissen werden im allgemeinen für Drucke innerhalb der Grenzen 0 bis 3, 0 bis 6, 2 bis 15,7 bis 20 at hergestellt.

Auf ähnlichem Prinzip beruhen nichtregistrierende und registrierende Dampfmesser, System Weyers, die die Fa. Hallwachs & Co., G. m. b. H., Saarbrücken, baut.

Bei den nichtregistrierenden Apparaten wird der Druckabfall in einem U-Rohrschenkel direkt abgelesen und an einer daneben befindlichen Skala die Dampfmenge angegeben.

Dieser Apparat kostete im Februar 1922 ohne Verbindungsleitungen, Drosselflansch und Quecksilber M. 2200.—

Der aufzeichnende Apparat hat in dem einen Schenkel eine Anzahl Platinkontakte übereinander eingeschmolzen, die über Widerstände miteinander verbunden sind. Je nach Steigen oder Fallen der Quecksilbersäule in der Glasröhre werden diese Widerstände aus- und eingeschaltet, und der Zähler des Sekundärapparates läuft schneller oder langsamer. An diesen kann auch eine Registriertrommel angeschlossen werden.

Der Sekundärapparat besteht aus dem Stromzähler, einem Regulierwiderstand und einem Schalthebel.

Auch dieser Apparat wird mit einer Vorrichtung versehen, um die Aufzeichnungen bei schwankendem Dampfdruck zu berichtigen.

Ein Dampfzähler ohne Registrierung kostete im August 1921 6500 ℳ, ohne Quecksilber, Drosselflansch und Verbindungsleitungen.

Ein registrierender Dampfmesser ohne Zubehör wie vor . . . . 8 000 ℳ
Eine Batterie hierzu . . . . 950 „
Eine Quecksilberfüllung . . . . 500 „
Ein Dampfmesser mit Zähler und Reguliertrommel ohne Zubehör wie vor . . . 10 500 „
Ein Meßflansch für eine Rohrlichtweite von 100 mm . . . . 900 „
Desgl. von 150 mm . . . . 1 000 „

Die Instandhaltung solcher Dampfuhren und registrierender Dampfmesser erfordert überall und bei allen Systemen viel Mühe und Kosten.

Die Schwierigkeiten bestanden in der Hauptsache in folgenden Fehlern:
Im Undichtwerden der beiden Absperrventile an den Drosselflanschen.
Im Undichtwerden der Rohrverbindungen der Zuleitungen zur Uhr.
In dem damit verbundenen Verlust an Quecksilber beim Undichtwerden einer der beiden Zuleitungen.

In der Unzulänglichkeit der mechanischen Teile im Innern bei Ausbau und Prüfung.

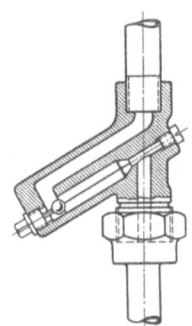

Fig. 44. Kugel-Rückschagventil der Gehre-Dampfmesser-Gesellschaft.

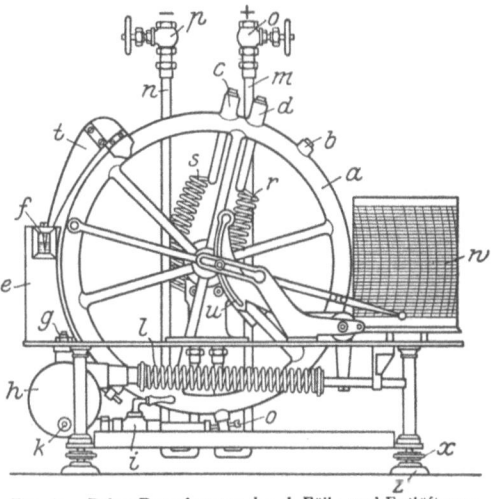

Fig. 45. Debro-Dampfmesser. b, c, d Füll- und Entlüftungsschrauben, h Öltopf, s, r Spiralrohre für Druckübertragung, l gefederter Druckkolben.

Die beiden Absperrventile für solche Dampfmesser führt die Maschinen-Armaturenfabrik vorm. C. Louis Strube, A.-G., Magdeburg-Buckau, in geeigneter Weise aus. Statt der Flanschenverbindungen der Rohrleitung wählt man zweckmäßig auf die Rohre aufgelötete Bordringe mit Überwurfmuttern und Götze-Dichtungen.

Um den Quecksilberverlust zu verringern, baut Hallwachs & Co., G. m. b. H,, Louisenthal (Saar), ein Sicherheitsventil ein, die Gehre-Dampfmesser-Gesellschaft, Berlin N 31, verwendet ein Rückschlag-Kugelventil, wie Fig. 44 zeigt.

Apparate-Bauanstalt Paul de Bruyn, G. m. b. H., Düsseldorf, baut Dampfmesser, die nur für Aufzeichnung eingerichtet sind. Die beiden Verbindungsleitungen von der Drosselscheibe führen zu einem Registrierapparat (Fig. 45). Dieser setzt sich aus einem ringförmigen, hohlen Drehkörper a, der Schreibtrommel mit Uhrwerk und dem Triebwerk zur selbsttätigen Berücksichtigung des wechselnden Dampfdruckes zusammen.

Der Drehkörper a, auf einer Schneide reibungslos gelagert, besteht aus einem nahtlos geschweißten Stahlrohr, das am Scheitel mit einer Scheidewand versehen ist und in der unteren Hälfte mit Quecksilber gefüllt wird. Dadurch werden im Drehkörper zwei Hohlräume geschaffen, die durch leicht bewegliche, dünne Spiralröhrchen r und s mit den Zuleitungen von der Meßstelle her in Verbindung stehen. An der linken Seite des Körpers ist ein sichelförmiger Tauchkörper *t* angebracht, der bei Drehung des Körpers in einen Quecksilberbehälter *e* eintaucht und in seinem, der Drehbewegung entgegenwirkenden Auftrieb jene so regelt, daß einem bestimmten Druckunterschied ein bestimmter Drehweg entspricht. Ein zweiarmiger Hebelarm überträgt diese Drehung auf eine Schreibtrommel. Der Drehpunkt des Hebels ruht verschiebbar auf einer Gleitbahn und steht durch die Druckausgleichssteuerung in Abhängigkeit von der jeweiligen Dampfspannung. Selbst bei schwankender Dampfspannung zeichnet daher die Schreibkurve direkt die Dampfmenge in Kilogramm auf. Die Ausgleichssteuerung besteht aus einem in Öl laufenden, gefederten Kolben, der, durch den Dampfdruck bewegt, auf einen Winkelhebel *u* arbeitet, der seinerseits kulissenartig den Drehpunkt des Schreibhebels selbsttätig verschiebt.

Infolge der gleichmäßigen Einteilung des Diagramms kann die Dampfverbrauchskurve ohne weiteres planimetriert werden.

Die Beeinflussung der Aufzeichnung durch wechselnden Dampfdruck wird hierbei also berichtigt.

Ein Debrodampfmesser mit selbsttätiger Einstellvorrichtung für sehr schwankende Dampfspannung kostete im Januar 1922 ohne Drosselscheibe und Verbindungsleitung ℳ. 10 500.

Venturi-Dampfmesser. Diese sind ebenfalls Mündungsdampfmesser, die statt der einfachen, abgerundeten Mündung eine sich verengende Düse enthalten. In der sich dieser anschließenden Erweiterung, dem Diffusor, wird die Geschwindigkeit wieder in Druck umgesetzt und damit der Druckverlust wesentlich verringert.

Nach der bekannten Annäherungsgleichung von Zeuner ist die sekundliche Durchflußmenge in kg: $G = \alpha \cdot F \cdot \sqrt{\dfrac{p_1}{v_1}}$.

Hierin ist:

α ein von den Eigenschaften des Dampfes — ob gesättigt oder überhitzt — abhängiger Beiwert,

F der Düsenquerschnitt in m² an der engsten Stelle,

p_1 der Dampfdruck vor der Düse in kg/m²,

v_1 das spezif. Volumen des Dampfes vor der Düse in m³/kg.

Ist der Druck p_2 hinter der Düse größer als der „kritische" Druck p_k ($p_k = 0{,}5774\,p_1$ bei gesättigtem, $p_k = 0{,}564\,p_1$ bei überhitztem Dampf), so ist:

$$G = \alpha F \cdot \sqrt{\dfrac{p_1 - p_2}{v_1}} \text{ kg/sek.}$$

Sind also Druck und Temperatur und damit auch v annähernd konstant, so ist das Gewicht G proportional $\sqrt{p_1 - p_2}$.

Fig. 46 zeigt die Anordnung von Siemens & Halske. An dem Manometer B, dessen Formgebung gleichmäßige Teilung der Skala erreichen läßt,

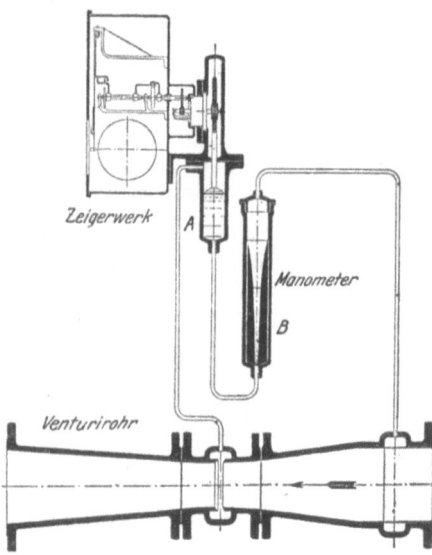

Fig. 46. Venturi-Dampfmesser von Siemens & Halske.

Betriebskontrolle der Damkfkesselanlagen. — Messung usw. 277

kann die augenblicklich durchströmende Dampfmenge abgelesen werden, während der Schwimmer des mit Quecksilber gefüllten Gefäßes A die Dampfmengen aufzeichnet.

Dieser Dampfmesser ist nur da anwendbar, wo nicht zeitweise schleichende Dampfentnahme stattfindet. Die Genauigkeit von 3 vH wird nur bis hinunter zu 25 vH der Höchstdampfmenge gewährleistet.

Ein Venturirohr von 100 mm l. W. kostete im August 1921 laut Liste . . . . . . 9905 ℳ
Der zugehörige Dampfanzeiger mit Zifferblatt . . . . 2500 „
Eine elektrische Summierungsvorrichtung. 7000 „
Ein Dampfregistrierapparat, bestehend aus Anzeiger mit Zähler . . . . 7000 „

Ferner hat die Wärmestelle Düsseldorf am 1. Februar 1922 eine Mitteilung (Nr. 32, Ausgabe 1) über „Grundlegende Regeln für die Dampfmessung nach der Stauflanschmethode" veröffentlicht.

Dieselbe Wärmestelle hat am 25. November 1921 eine Mitteilung (Nr. 120) über Benutzung von Venturi-Messern herausgegeben, die bemerkenswerte Vorschläge für die Anordnung der Rohranschlüsse gibt.

3. Ermittlung von Dampfdruck und Dampftemperatur.

Laut Vorschrift besitzt jeder Kessel ein Manometer. Diese Apparate bedürfen aber ebenso wie die Manometer an den Maschinen von Zeit zu Zeit einer Nacheichung. Zu diesem Zwecke sollte an jedem Manometer, wo es auch angebracht sei, ein Stutzen für Anbringung eines Kontrollmanometers vorgesehen sein. Abweichungen an den Betriebsmanometern kann man entweder durch aufgeklebte Etikette oder mit Draht angebundene Metallschildchen mit eingeschlagener Korrektur (z. B. —0,5 at) an den Manometern kenntlich machen.

Außerdem ist es für die Kesselbetriebsführung notwendig, daß ein gemeinsames Stationsmanometer für die Heizer einer Kesselgruppe gut sichtbar aufgehängt wird.

Bei den aufzeichnenden Manometern ist in der Regel die Skala auf den Registrierstreifen zu eng oder gestattet keine bequeme Übersicht über den Dampfdruck der letzten Stunden. Diesem Übelstande helfen einige Bauarten durch Verwendung von kreisförmigen Registrierblättern ab. Doch stellt sich das Auge nicht leicht auf diese ein.

Geeigneter für den Betrieb sind die registrierenden Hauptmanometer mit weit auseinandergezogener Skala und unterdrücktem unteren Teil der Skala, wie sie u. a. Maihak in Hamburg baut.

Es ist besonders darauf zu achten, daß die in den Zuleitungen zum Manometer enthaltene Wassersäule die Anzeige nicht beeinflußt. S. S. 60.

Bei den Meßinstrumenten für die Dampftemperatur gilt im allgemeinen das bei den Rauchgasthermometern Gesagte. Auch in Dampfleitungen sollte man die ölgefüllten Thermometertauchrohre mindestens schräg zum Dampfstrom einbauen, wenn man sie nicht längs der Stromrichtung einsetzen kann. In allen Fällen soll man aber neben den Hauptmeßstellen besondere Tauchrohrstutzen vorsehen, um Normalthermometer zur Vergleichsmessung von Zeit zu Zeit einsetzen zu können. Auch hier wird die Anbringung von Berichtigungsschildern mit der Zeit erforderlich werden. Einzelne Glasthermometer verändern sich derart, daß Fehler bis zu 30°C auftreten.

Im allgemeinen zeigen hochwertige Glasthermometer die Temperatur gesättigten Dampfes einwandfrei an. Hierbei spricht der günstige Umstand mit, daß die Temperatur des gesättigten Dampfes über den ganzen Querschnitt der Leitung fast gleichmäßig ist. Schwieriger ist die Messung des überhitzten Dampfes. Hier sollte man nur Thermoelemente verwenden und deren Drähte noch etwa 500 mm im Rohr entlang führen, da bei kurzen Leitungen mit dicht aneinanderliegenden Anschlüssen verschiedener Dampfkessel oft verschieden heiße Dampfströme innerhalb der Leitung nebeneinander herflleßen.

Da die Dampftemperatur im Interesse der Materialschonung, z. B. der Dampfturbinen, einen Wert von 340°C nicht überschreiten sollte und schon eine um 10 bis 20° höhere Temperatur Verziehungen des Materials in den Maschinen oder den Dampfeinlaßorganen herbeiführen kann, so ist es zweckmäßig, bei der Messung der Dampftemperatur aufzeichnende Meßinstrumente zu verwenden.

Es ist notwendig, daß man sich bei Beschaffung solcher Apparate eine Eichkurve geben läßt, aus der man die Korrektur für Abweichungen des Druckes oder der Temperatur abgreifen kann.

4. Kontrolle des Unterschiedes zwischen gespeister Wassermenge und abgegebener Dampfmenge.

Jede Kesselanlage soll danach streben, diese Differenz auf ein Minimum zu bringen und bei dem verbleibenden Restverlust wenigstens den Wärmeinhalt des verlorengehenden Wassers oder Dampfes zurückzugewinnen.

Die Verluste entstehen:

infolge von Speisewasserverlusten zwischen Speisepumpe und Vorwärmer,
innerhalb der Kesselanlage an Abblaseventilen, Wasserständen usw.,
durch Erneuern des Kesselinhaltes,
infolge von Dampfverlusten beim Blasen der Sicherheitsventile und Überhitzerventile,
durch Dampf- und Kondensatverluste zwischen Kesselanlage und Dampfleitungen,
durch Verluste beim An- und Abstellen der Maschinenanlage.

Mit jedem dieser Verluste geht Wärme verloren. Um diese Wärme zurückzugewinnen, müssen sämtliche Entwässerungs- und Ausblaseleitungen in eine Sammel- und Rückgewinnungsanlage geleitet werden. Von dort muß das reine Wasser in die Speisewasserbehälter oder direkt in die Kessel und das unreine Wasser, z. B. beim Erneuern des Kesselinhaltes, in den Reiniger zurückgefördert werden.

g) Zusammenfassende Aufzeichnungen.

Der Ort der Anbringung der Kontrollapparate im Kesselhause richtet sich danach, wem man die Ergebnisse der Messung vor Augen führen will.

Man wird deshalb alle Apparate, die dem Heizer die Verbrennungs- und Verdampfungsvorgänge zeigen, in sein Gesichtsfeld bringen.

Zweckmäßig ist es, an der Kesselfront ein Schild anzubringen, auf dem die wichtigsten Apparate zusammenmontiert sind.

Ein solches Kesselschild zeigt beispielsweise

ein elektrisches Widerstands-Fernpyrometer für Temperaturen der Rauchgase am Kesselende,
einen elektrischen Kohlensäureanzeigeapparat,
eine Dampfuhr,
ein elektrisches Widerstandsfernthermometer für Temperaturen des überhitzten Dampfes.

Zur Gesamtkontrolle der Betriebsverhältnisse einer Kesselanlage werden seit einiger Zeit aufzeichnende Temperaturschreiber gebaut, die auf einem Papierstreifen vier oder fünf der wichtigsten Temperaturen in verschiedenen Farben selbsttätig aufschreiben. In diesen Apparaten laufen die Leitungen von elektrischen Widerstandsthermometern zusammen, die z. B.

die Temperatur der Rauchgase am Kesselende,
„   „   „   „   „   Vorwärmerende,
„ Eintrittstemperatur des Speisewassers im Vorwärmer,
„ Austrittstemperatur des Speisewassers aus dem Vorwärmer,
„ Temperatur des überhitzten Dampfes
oder den Kohlensäuregehalt der Rauchgase aufschreiben.

Solche Apparate bauen Hartmann & Braun, Frankfurt a. M., und Siemens & Halske, Siemensstadt.

Der Mehrfarbenschreiber von Siemens & Halske ist ein Millivoltmeter mit Fallbügelregistrierung. Er benutzt einen ablaufenden Papierstreifen von 20 mm stündlichem Vorschub. Der Vorschub des Registrierpapieres, die Betätigung des Fallbügels, der den Zeiger intermittierend auf das Registrierpapier niederdrückt, und die Umschaltung des Meßwerkes auf die verschiedenen Meßstellen, geschehen insgesamt durch drei in den Registrierapparat eingebaute Elektromagnete, die minutlich durch eine außerhalb befindliche Kontaktuhr einen kurzen Stromimpuls erhalten.

Der Elektromagnet des selbsttätigen Umschalters dreht gleichzeitig bei jedem Schaltvorgang eine unterhalb des Registrierpapiers befindliche Farbbandwalze weiter, wodurch eine Aufzeichnung in verschiedenen Farben erzielt wird. Die einzelnen Registrierpunkte reihen sich zu verschiedenfarbigen, deutlich unterschiedenen Kurven aneinander.

Statt einer besonderen Kontaktuhr können die Mehrfarbenschreiber auch an eine bereits vorhandene elektrische Uhrenanlage angeschlossen werden.

Dieselbe Firma liefert auch kombinierte Fernanzeiger ohne Registrierung, für Abnahmeversuche oder Heizerausbildung geeignet.

Durch Drücken auf die übereinander angeordneten und mit besonderen Bezeichnungen versehenen Knöpfe wird das betreffende Widerstandsthermometer eingeschaltet, und der Zeiger gibt die Temperatur der Meßstelle an.

Ähnliche Apparate in handlicher, transportabler Ausführung liefert Heräus in Stuttgart.

Hartmann & Braun, Frankfurt a. Main, bauen registrierende Mehrfarben-Temperaturschreiber, die sie mit dem Namen „Multithermographen" bezeichnen.

Obwohl diese Apparate kostspielig sind, eine umfangreiche Leitungsanlage und eine zuverlässige Stromquelle mit konstanter Spannung verlangen, so ermöglichen sie doch dem Betriebsleiter überall da, wo der Brennstoff sehr kostspielig oder von stark wechselnder Beschaffenheit ist, einen wertvollen Einblick in die Wärmewirtschaft seiner Kesselanlage und die Arbeit seiner Heizer.

Will man nicht alle Kessel mit solchen Apparaten ausrüsten, so empfiehlt es sich, wenigstens an einem oder zwei Kesseln solche Apparate anzulegen, um an diesen Kesseln das Heizpersonal auszubilden und gelegentlich neue Kohlensorten ausprobieren zu können.

Lehrreich für den Heizer ist eine Abbildung, welche die Bayerische Landeskohlenstelle auf der Ausstellung in München 1921 ausgestellt hatte. Diese Abbildung stellt den Querschnitt eines Wasserrohrkessels mit Feuerung dar. An allen Stellen der Anlage, wo Wärmeverluste möglich sind, sind diese angedeutet, wie z. B. Risse im Mauerwerk, undichte Ventile, schadhafte Isolierung, Kesselsteinbelag usw.

Um auch eine möglichst regelmäßige und gleichmäßige Bedienung der Feuer zu erreichen, und damit die Dampferzeugung in einem gewissen Beharrungszustande bleibt, gehen größere Kesselanlagen dazu über, ähnlich wie dies an Bord großer Dampfer zur Konstanthaltung des Dampfdruckes geschieht, den Heizern die Handhabungen am Feuer von einer zentralen Kommandostelle der Belastung entsprechend vorzuschreiben. Während hierzu an Bord Pfeifensignale gegeben werden, hat man bei Landanlagen elektrische, akustische Signale mit Lichtsignalen verbunden.

In Vordruck 7 und 8 sind tägliche Aufzeichnungen im Kesselhause bzw. ein Tagesbericht wiedergegeben.

Vordruck 7.
Tägliche Aufzeichnungen im Kesselhaus.

Datum: Kesse Nr.

Uhrzeit	Rauchgase			Dampf		Zugstärke		Speisewasser			Kohlen
	Temperatur am Kesselende	Temperatur hinter dem Econom.	CO_2 Gehalt	Stündl. erzeugt Gewicht	Temperatur hinter Überhitzer	Über dem Rost	Am Kesselende	Temperatur Eintritt Econom.	Temperatur Austritt Econom.	Stand des Wassermes.	Stand der Kohlenwage
Heizer	C°	C°	Vol. vH	t/h	C°	mm WS	mm WS	C°	C°	Ltr.	kg
6^{00} morg.											
6^{30}											
7^{00}											
7^{30}											

Verdampfte Wassermenge: .... kg Durchschnittspreis der Kohle p. t .... Mk.
Verfeuerte Kohlenmenge: .... kg   Dampfpreis p. t = ... Mk.
Brutto Verdampfungsziffer: $\frac{\text{Wasser}}{\text{Kohle}}$ = fach

Betriebskontrolle der Dampfkesselanlagen. — Zusammenfassende usw.

Tag / Nacht-Schicht — Vordruck 8. **Kesselhaus-Tagesbericht,**[1] Datum: 31. 10. 1920

Kessel Nr.	1	2	3	4
	160 m²	80 m²	250 m²	200 m²
Angeheizt um	6ʰ	6ʰ	In	In
Abgestellt um	4ʰ	4ʰ	Reini-	Re-
Betr. Pause von	12—1	12—1	gung	serve
Betriebsstunden	(7—12)(1—4)	(7—12)(1—4)	—	—
	8	8		
Gesamtbetr.-Std.	400	560	—	—
Feuer gereinigt	11ʰ	11¹/₂ʰ	—	—
Dampfdruck vor dem Anheizen	4	4	—	—
Betr.-Druck	12	12	—	—

Leistung der Kesselanlage (8 × 160 + 8 × 80)
(Heizfl. × Betr.-Stunden) 1920

Kohleneinlauf

Herkunft	Ruhr kg	Grus kg	Sortierung Schwand. kg	Torf kg
	20000	8000	30000	5000
Übertrag kg	10000	4000		
Wagen 33438 kg				
von Lager kg			10000	
Wagen 113934 kg				
Sa. Einlauf kg	10000	4000	10000	5000
Bestand + Einlauf	30000	12000	40000	—
Verbr.i. Betrieb kg	1000	1000	5000	—
„ z. Anheizen kg	500	—	—	100
Sa. kg	1500	1000	5000	100
Übertrag kg	28500	11000	35000	4900

Heizer: Müller.

Speisewasser

Zeit	Ablesung	Verbrauch kg	Temperatur °C vor d. Vorw.	Temperatur °C nach d. Vorw.	Dampftemperatur vor Überhitzung °C	Dampftemperatur nach Überhitzung °C
6ʰ	33421					
7	37236	3815	70	95	190	250
8	41160	3924	70	98	190	260
9	44970	3810	70	103	190	265
10						
11						
12						
1						
2						
3	63243					
4						
5						
6ʰ						
	Sa. kg	29822				—

Berechnung des Dampfpreises

Kohlenverbrauch	Preis t	Betrag M
1500 kg Nuß (Ruhr)	356,00	534,00
1000 kg Grus (Schlesien)	200,00	200,00
5000 kg Rohbr. (Schwand.)	104,00	520,00
100 kg Torf	220,00	22,00
Sa. 7600 kg	—	1276,00
Speisewasserverbrauch . kg	29822	—
Verdampfungsziffer	29822 / 7600 = 3,92	
Dampfpreis = Preis für 1000 kg Dampf =	1276 / 29,8 = 42,81 M	

Bemerkungen.

* Besondere Vorkommnisse.

Betriebsleiter: Schmidt

II. Kontrolle in Dampfturbinen-Zentralen.

Im Maschinenhause ist es Aufgabe des Betriebsleiters, neben der Aufrechterhaltung des Betriebes und der Schonung der Anlage, vor allem mit der vom Kesselhause nach dem Maschinenhause im Dampf überführten Wärmemenge, die höchstmögliche Menge elektrischer Energie zu erzeugen.

Feststellung des Dampfverbrauches von Maschinen. Zur Beurteilung der von den Maschinen verarbeiteten Wärmemenge ist zunächst die Feststellung des Dampfzustandes vor Eintritt in die Maschinen und die Ermittlung des Kondensatgewichtes notwendig. Arbeiten die Maschinen mit Zwischendampf oder Abdampfabgabe, so ist die Feststellung des Wärmeverbrauches der Maschine wesentlich umständlicher und unzuverlässiger.

Als Kondensatmesser kommen in erster Linie die Kippwassermesser in Frage, die schematisch Fig. 35 nach der Bauart Eckardt darstellt.

Weit verbreitet sind die Kippwassermesser von L. & C. Steinmüller, Gummersbach, und von Benno Schilde, Hersfeld, H.

Die Steinmüllerschen Wagen werden für Leistungen von 1000 bis 75 000 kg/h ausgeführt und kosten einschließlich Zubehör am 1. September 1921:

für eine Leistung von   10 000 kg/h   14 850 ℳ
                        20 000 „   20 900 „
                        30 000 „   29 700 „
                        40 000 „   38 000 „

Die Meßgenauigkeit beträgt 1 vH, kann aber durch besondere Ausgestaltung des Apparates auf nur 0,1 vH verringert werden.

Bei diesen Kippwassermessern werden Meßfehler durch Undichtigkeitsverluste innerhalb der Apparate vermieden. Wo aber das Kondensat mit niedriger Temperatur in die Kessel zurückgespeist wird, werden bei dieser offenen Bauart Korrosionsbildner vom Kondensat aufgesogen und in die Vorwärmer bzw. die Kessel mit hineingeführt. Wo aber das Kondensat nach Passieren der Kippmesser im Speisewasserbehälter durch Abdampf der Speisepumpen oder anderen Heißwasser- oder Dampfzutritt wieder genügend hoch, d. h. auf mindestens 50° C erwärmt wird, werden diese Korrosionsbildner vor Eintritt in die Speisedruckleitung zum Teil wieder ausgetrieben.

Von geschlossenen Wassermessern seien hier die Woltmann-Wassermesser (Fig. 37, S. 270) von Bopp & Reuther, Mannheim-Waldhof, die auch in Kondensatleitungen eingebaut werden können, erwähnt[1]). Es ist aber zu beachten, daß diese Wassermesser von Zeit zu Zeit geeicht werden müssen, da sie mit der Zeit infolge Verschleiß der bewegten Teile ungenau anzeigen. Außerdem liegt der Meßvorgang nicht so kontrollierbar vor Augen, wie bei den offenen Wassermessern.

Für sorgfältige Kontrollversuche an den Maschinen fertigen sich einzelne Betriebe auch wohl selbst Kondensatmeßgefäße mit einer Kippvorrichtung und einem Glasrohrwasserstand mit Skala an, um genaue Zeitablesungen machen zu können.

Ursachen erhöhten Dampfverbrauches. Der Dampfverbrauch einer in ihrer Konstruktion einmal festliegenden Dampfturbine wird bei normaler Belastung und bei normalem Dampfzustande nur noch von dem Zustande der Beschaufelung, der Reinheit des Kondensators und der Menge, sowie Temperatur des Kühlwassers beeinflußt.

Die Beschaufelung kann durch mitgerissene Unreinigkeiten des Dampfes verschmutzen. Sodann kann die Beschaufelung durch Sickerdampf, der bei Stillständen der Maschine in die Beschaufelung eintritt, rostig, d. h. rauh werden. Diese Rostbildungen können bei den dünnen Stahlschaufeln raschlaufender Turbinen größerer Leistung zu früher Zerstörung der Ein- und Austrittskanten der Schaufeln und damit zur Verschlechterung der Dampfausnützung führen.

---

[1]) Andere Kondensatmesser: Woltmannflügel von Meinecke A.-G., Breslau-Carlowitz und „Hydrometer" der Breslauer Wassermesser-Fabrik A.-G.

Es ist daher bei jedem Stillstand der Turbine dafür zu sorgen, daß Sickerdampf nicht eintritt und daß bei längerem Stillstand sogar die Dampfzuführungsleitung blindgeflanscht wird. Bei kurzen Stillständen soll aber unter allen Umständen ein Belüftungsventil an dem Turbinengehäuse und in der Dampfzuleitung geöffnet werden, um die Beschaufelung trocken zu halten. S. auch S. 138. Soll die Maschine, z. B. bei größerer Reparatur des Generators, monatelang stillstehen, so empfiehlt es sich, den Oberteil des Gehäuses einige Zentimeter anzulüften, oder bei nicht geteiltem Gehäuse die Beschaufelung freizulegen. Einzelne Betriebe legen ein Gefäß mit Kalziumchlorid in das Turbinengehäuse zur Absorption der Feuchtigkeit des Innenraums. Gefahr besteht hierbei, daß die Herausnahme des Gefäßes beim Anfahren der Turbine vergessen wird.

Andere Betriebe lassen die Luftpumpe nach dem Abstellen der Turbine noch eine Zeitlang laufen und lüften den Dampfraum zwischen dem Absperrventil und den Sicherheits- und Regelventilen, damit der Sickerdampf abgeführt wird. Es wird auch empfohlen, eine kleine Menge Kerosin in den eintretenden Dampf zu spritzen, das einen gegen Rosten schützenden Überzug auf den Schaufeln bildet.

Auch sollte man an jeder Stufe eine Entwässerungsmöglichkeit des Zylinderunterteils haben, so daß kein Wasser an die Laufschaufeln gelangen kann oder im Gehäuse stehenbleibt.

Alle Turbinen sollten mindestens nach zwei-, die sehr großen Einheiten nach dreijährigem Betriebe einmal aufgedeckt werden, auch wenn äußerlich nichts Verdächtiges wahrzunehmen ist. Es können sowohl an der Beschaufelung Lockerungen der Befestigung, als auch z. B. an Zwischenböden Veränderungen eingetreten sein, deren Weiterentwickelung eines Tages die Maschine zerstören könnte. Auch ist es notwendig, die Abdichtung der Teilfuge an großen Turbinen bei dieser Gelegenheit zu erneuern.

Eine besondere Gefahr für die Dampfturbinen bilden die sogenannten Wasserschläge. S. S. 138. Wo die Gefahr zu Wasserschlägen besteht, da empfiehlt es sich, vor das Dampfeinlaßventil ein aufzeichnendes Dampftemperatur-Meßinstrument einzubauen, aus dessen Angaben nicht nur die Wasserschläge, sondern auch deren Umfang und Dauer zu ersehen ist. Auch hierbei wird man besser ein aufzeichnendes elektrisches Thermometer wählen, das dauernd zuverlässiger anzeigt als entsprechende Kapillarrohrthermometer.

Ferner kann man zur Kontrolle etwa vorgekommener Überlastungen der Maschine ein aufzeichnendes Manometer hinter den Düsen einbauen, um den Druck vor der ersten Stufe zu kontrollieren, der sich fast genau proportional der Belastung verändert. S. S. 134.

Die zweite Ursache des zu hohen Dampfverbrauches der Maschine ist zu geringe Luftleere. Zur Messung sind Federmanometer mit runder Skala wenig zuverlässig.

Jeder Betriebsleiter kann sich selbst ein Vakuummeter in einfachster Weise aus einem U-förmig gebogenen Glasrohr herstellen.

Allerdings muß er bei den Ablesungen den Barometerstand und die Temperatur des Quecksilbers berücksichtigen, hat dafür aber auch eine leicht zu kontrollierende Messung.

Instrumente, die selbsttätig den absoluten Druck nach dem Barometerstand berichtigen, sind unter dem Namen Barovakuummeter verbreitet und werden von der Maschinenbau-A.-G. Balcke, Bochum, Hallwachs & Co., Louisenthal, Saar, und Schäffer & Budenberg, Magdeburg, geliefert.

Es ist nicht einfach, die Luftleere aus der Dampftemperatur am Abdampfstutzen zu messen, was zu Meßfehlern führt, da das eingeführte Quecksilberthermometer durch die höhere Eisentemperatur des Turbinengehäuses am Abdampfstutzen leicht beeinflußt wird.

Hier ist es zuverlässiger, die Abdampftemperatur und damit den absoluten Druck mit einem eingebauten elektrischen Thermoelement zu messen.

Ein Meßverfahren zur Messung des absoluten Dampfdruckes im Abdampfstutzen bespricht Prof. Richter in der Nr. 295 der „Mitteilungen der Vereinigung der Elektrizitätswerke" vom August 1921. Bei der von Siemens & Halske gebauten Vorrichtung werden Widerstandsthermometer in den Dampfraum des Kondensators und in das Warmwasserablaufrohr gesteckt. Der Temperaturunterschied, der für die Güte der Kondensatorwirkung kennzeichnet, wird unmittelbar am Strommesser abgelesen.

In hohem Maße wird der Dampfverbrauch durch **Menge und Temperatur des zufließenden Kühlwassers** beeinflußt. Bei kleinen Maschinen kann man die Kühlwassermengen durch Wassermesser mit Woltmannflügeln für Rohre bis 500 mm Dmr. messen.

Bei noch größeren Rohrquerschnitten macht man Stichproben, etwa in der Weise, daß man den Wärmeinhalt des Dampfes beim Eintritt in den Kondensator mißt. Dies ist nur dann einwandfrei möglich, wenn der Dampf die Turbine gerade trocken gesättigt oder in überhitztem Zustande verläßt.

Die Kühlwassermenge berechnet sich dann nach der Formel

$$G_w = \frac{G_D (i_d - t_k)}{(t_a - t_e)}$$

worin
  G_w die stündl. umlaufende Kühlwassermenge,
  G_D die stündl. Kondensatmenge,
  i_d der Wärmeinhalt des Abdampfes beim Eintritt in den Kondensator,
  t_k die Temperatur des Kondensates,
  t_a die Kühlwassereintrittstemperatur,
  t_e die Kühlwasseraustrittstemperatur
bedeuten.

Zur Messung der Kühlwasserdurchflußmenge in gemauerten Kanälen dient der Meßflügel „Fastur" von A. Otte in Kempten (Bayern).

Der Flügel kostete im Oktober 1920 mit vollständiger Ausrüstung, Batterie usw. rd. 3000 ℳ

Die Geschwindigkeit des Wassers wird hierbei an einer möglichst großen Zahl von Stellen des Stromquerschnittes ermittelt und daraus die mittlere Geschwindigkeit festgestellt. Auch kann unter Umständen die Wassermengenmessung mit einem Überfallwehr vorgenommen werden. S. S. 322.

Die Menge des durchfließenden Kühlwassers kann sich während des Betriebes ändern, die Kühlwasserein- und Austrittstemperaturen sind deshalb dauernd zu notieren. Steigt der Temperaturunterschied, so kann die Kühlwassermenge geringer geworden sein, und die Kühlwasserpumpe muß nachgesehen werden, oder der Saugkorb der Pumpensaugeleitung ist verschmutzt. Letzterer Mangel ist am Manometer in der Saugleitung vor der Pumpe leicht erkennbar.

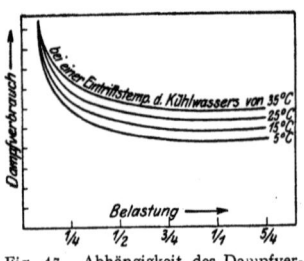

Fig. 47. Abhängigkeit des Dampfverbrauchers von Belastung und Kühlwassertemperatur.

Weiter wird der Unterdruck und damit der Dampfverbrauch durch Verschmutzung des Kondensators ungünstig beeinflußt. Um zu ermitteln, ob und wieweit der höhere Dampfverbrauch auf diese Ursache zurückzuführen ist, muß zunächst der spezifische Dampfverbrauch mit reinem Kondensator bei verschiedenen Belastungen und verschiedenen Kühlwassereintrittstemperaturen durch Betriebsversuche festgestellt werden. Das Ergebnis solcher Betriebsversuche zeigen die Schaulinien Fig. 47.

Aus der Abweichung des täglich festgestellten Dampfverbrauches einer Turbine von diesen ermittelten Kennlinien läßt sich bei sonst einwandfreier Maschine gewöhnlich auf den Grad der Verschmutzung des Kondensators schließen.

Ein geeignetes Instrument, um die Verschmutzung des Kondensators aus dem Unterschied zwischen der Temperatur des gesättigten Wasserdampfes im Kondensator und der Temperatur des abfließenden Kühlwassers zu erkennen, baut die Firma Siemens & Halske, Berlin (s. Nr. 295 der Mitteilungen der Vereinigung der Elektrizitätswerke vom August 1921).

Bei der Verschmutzung von Kühlwasser aus Flüssen, Seen, Häfen mit dauerndem Abfluß des erwärmten Kühlwassers handelt es sich um Stoffe, die mit Drahtbürsten aus den Rohren entfernt werden können.

Betriebe, die mit Rückkühlanlagen arbeiten müssen, haben neben einer stärkeren Verschlammung noch unter einer Anreicherung der Härte des umlaufenden Kühlwassers zu leiden.

In solchen Fällen ist eine dauernde Überwachung der Beschaffenheit sowohl des zufließenden Zusatzkühlwassers, als auch des zirkulierenden Kühlwassers auf Schlammgehalt und Härte erforderlich.

Die hierbei angewandte Betriebskontrolle wurde schon bei der Behandlung der Speisewasserreinigung besprochen. S. S. 262.

Die Beschaffenheit des abgelagerten Schmutzes in den Kondensatorenrohren wird bei Rückkühlanlagen eine unangenehmere sein, als bei fließendem Wasser, wenn das Zusatzwasser reich an Karbonathärte ist und als Stein aus dem Wasser ausfällt. Zur Entfernung des als Schalen und Krusten angesetzten Steins liefert P. Dittmeyer, Bochum, eine fräserartige Rohrbürste ebenfalls mit Spülvorrichtung. Die Federung der kleinen Dreikantschaber vermeidet ein Angreifen der Rohrwände.

Zum Ausbohren eignen sich der Apparat „Unbesiegt" der Firma Fr. Schrader, Heudeber a. Harz, sowie ein Apparat der Firma Zimmermann & Ohler, Bottrop.

Besonders ungünstig liegen die Verhältnisse in Grubenzentralen, wo oft das zur Verfügung stehende Zusatzwasser schon eine Härte von 20 deutschen Härtegraden und mehr hat. In solchen Fällen pflegt man seit langer Zeit durch eine entsprechende Erneuerung des umlaufenden Wassers den Härtegrad desselben unter einer Höchstgrenze zu halten. Steht hierfür jedoch einem Kraftwerke nicht die genügende Menge Zusatzkühlwasser zur Verfügung, so bleiben nur zwei Wege offen: entweder den Steinansatz in den Rohren durch Chemikalien, hauptsächlich Salzsäure, von Zeit zu Zeit zu lösen, oder das Zusatzkühlwasser vor der Verwendung zu enthärten.

Das erstere Verfahren wendet die Firma Eugen Burg in Essen an. Das patentierte Verfahren besteht hauptsächlich in der Auswahl der nach der Entsteinung der Rohre anzuwendenden Schutzlösungen, um nachträgliche Anfressungen der Rohre durch Säurereste zu vermeiden.

Für das zweite Mittel der Enthärtung wendet Balcke, Bochum, ein sogenanntes Impfverfahren an, das die Steinbildner im Zusatzwasser durch Salzsäure auflöst. S. S. 151. Dieses Verfahren hat sich in vielen Anlagen gut bewährt, obwohl die elektrische Fernkontrolle der Wasserbeschaffenheit sorgfältige Wartung erfordert.

Den gleichen Zweck erreicht man durch Permutierung des Zusatzwassers in Permutitfiltern der Permutitgesellschaft A.-G., Berlin, doch sind die Beschaffungs- und Betriebskosten der beiden letztgenannten Verfahren nicht unerheblich.

Zur Erhaltung einer guten Luftleere ist daneben auch eine Ü b e r w a c h u n g d e r K ü h l e r unbedingt erforderlich.

Bei Düsenkühlern genügt die Beobachtung der Spritzhöhe der Düsen und der einzelnen Düsen auf Verstopfung.

In gleicher Weise ist bei Kühlern mit Rieseleinbau eine dauernde Kontrolle der gleichmäßigen Regenstärke in allen Feldern des Kühlers erforderlich.

Ferner ist darauf zu achten, ob Wasserdampfwolken, anstatt aus der oberen Öffnung, unten aus den Luftzutrittsöffnungen herauswehen. In diesem Falle ist der Einbau der Zwischenwände entsprechend zu ändern.

Kontrolle der Betriebssicherheit von Turbinen. Neben der Kontrolle der Wirtschaftlichkeit darf beim Betriebe von Dampfturbinen auch eine Kontrolle der Betriebssicherheit nicht fehlen.

Vordruck 9.

Hauptmaschine

Betriebsversuch am _____ KVA Turbogenerator (AEG-Typ)

Lfd. Nr.	Zeit	Umdrehungszahl in der Minute	Frischdampf			Abdampf	Dampf nach Curtisrad		Elektrische Leistung			Kondensationstemper. am Meßgefäß	Temperatur des Dampfes		Bemerkung
			Druck p_1	Temper. t_1	Fadenkorrekt. $t_1 f$	Vacuum	Druck	Temp.	Wattmeter I	Wattmeter II	I u. II		nach O-K-Maschine	Fadenkorrekt.	
			at. Ü.	°C	°C	mm QS	at. Ü.	°C				°C			
1															
2															

Anmerkung: Eintauchtiefe in °C des Überhitzerthermometers

Barometerstand:

Versuchsleiter:
Gruppenführer:
Teilnehmer:

Kondensation

Betriebsversuch am _____ KVA Turbogenerator (AFG-Type)

Lfd. Nr.	Zeit	Umdrehungszahl in der Minute	Dampfnach der OK-Maschine			Kühlwasser			Luftleere		KondensationsTemper.	Temperatur des		Bemerkung
			Druck P_1	Temper. t_1	Fadenkorrekt. $t_1 f$	Eintritt	Mitte	Austritt	Kondensator	Luftpumpe		Aufschlagwassers	Kühlwassers Austritt	
			at. Ü.	°C	°C	°C	°C	°C	mm QS	mm QS	°C	°C	°C	
1														
2														

Anmerkung: Eintauchtiefe in °C des Überhitzerthermometers

Barometerstand:

Versuchsleiter:
Gruppenführer:
Teilnehmer:

In erster Linie sind die Lagertemperaturen und die Beschaffenheit des Öles zu überwachen. Die Lager- und Öltemperaturen, ebenso wie der Öldruck, sind von den Maschinisten zu notieren. Wo das Öl nicht durchaus geeignet ist oder die Lager noch besondere Wasserkühlung haben, muß man unter Umständen (s. S. 134) elektrische Alarmeinrichtungen in die Lager einbauen. Solche Temperaturfernmelder bauen Siemens & Halske und Hartmann & Braun, Frankfurt a. M.-West. Über Beschaffenheit der Öle s. S. 134.

Auch die sogenannte Verseifung des Öles kann dem Turbinenlager gefährlich werden. Zwar soll ein gutes Turbinenöl keine Verbindung mit Wasser eingehen; ist dies doch der Fall und scheidet sich das Wasser im Ölbehälter unter der Maschine nicht von selbst vom Öl aus, so daß man es bequem abzapfen kann, so muß das Öl unbedingt erneuert werden.

Eine Füllung mit gutem Öl kann im Höchstfalle bis zu fünf Jahren in der Turbine laufen, wobei natürlich durch Nachfüllen zwecks Ersatz des Verlustöles an sich schon eine langsame, stetige Erneuerung des Öles stattfindet.

Ferner ist die Revision des Ölkühlers spätestens nach 10 000 Betriebsstunden einmal erforderlich. Harte Schlammansätze kann man entfernen, indem man das Rohrsystem in einer Mischung von 4 Teilen Reinbenzol und 1 Teil Spiritus oder Alkohol etwa 3 Stunden badet.

Wegen Explosionsgefahr ist hierbei das Rauchen an der Arbeitsstelle aufs strengste zu verbieten.

Eine weitere Sicherheitsmaßnahme ist die Schnellschlußprobe, die in der Regel jedesmal vor dem Abstellen der Maschinen gemacht wird, indem man die Drehzahl der Turbine um etwa 15 vH erhöht. Wo aber die Maschine monatelang Tag und Nacht durchläuft, muß mindestens alle Monate einmal diese Probe gemacht werden.

Das Wichtige bei der Schnellschlußprobe ist nicht die Erprobung des Reglers, sondern die Untersuchung, ob das Ventil hängt oder gut arbeitet.

Bezüglich Sicherheit gegen Wasserschläge s. S. 138.

Im allgemeinen haben Turbinen gegen kleine Wasserschläge genügend Widerstandsfähigkeit. Dr. Lasche gibt in seinem Werk: „Konstruktion und Material im Bau von Dampfturbinen und Turbodynamos" (Verlag Julius Springer, Berlin) an, daß Dampf von 50 bis 60 vH Feuchtigkeit der Beschaufelung am gefährlichsten ist.

Über Anwärmen und Inbetriebsetzen s. S. 138.

Die bei genauen Versuchen zu ermittelnden Werte sind in dem folgenden Bericht wiedergegeben.

Vordruck 9 bezieht sich auf Betriebsversuche.

Ergebnisse der Versuche an einem Turbogenerator.

Normale Leistung des Turbogenerators . . . . kW
Normale Dampfverhältnisse: Dampfdruck am Einlaßventil der Turb. . . . atÜ
Dampftemperatur am Einlaßventil der Turb. °C
Normale Kühlwassertemperatur: Beim Eintritt in die Kühlwasserpumpe. . °C
Dampfgarantien: Belastung . . . . kW
Dampfverbrauch . . . . kg/kWh.
Die Kondensationsarbeit von . . . kW bei einer Förderhöhe von . . . m ist in den angegebenen Zahlen mit eingeschlossen.
Versuchs-Nr. 2, 4, 3, 1
Datum des Versuches:
Beginn des Versuches:
Ende des Versuches:
Dauer des Versuches . . . . h
Barometerstand bei 0° C in 6 m Tiefe unter Turbinenflur . . . mm/Q.-S.
Umlaufzahl der Turbine . . . . Umdr./min
Gemessene Kondensatmenge in der Versuchszeit. . . . . kg
Kondensattemperatur im Meßbehälter . . . . °C
Gemessene Kondensatmenge in der Stunde . . . . kg/h
Durch Undichtigkeit des Kondensators mitgemessene Kühlwassermenge i. d. Stunde . . . . kg/h
Gesamtdampfverbrauch der Turbine i. d. Stunde . . . . kg/h

Kontrolle des Kraftbetriebes.

Dampfdruck: Vor dem Regulierventil p_1 . . . . . . at Ü
                                           at abs.
             Hinter dem Regulierventil p_2 . . . . . . at Ü.
                                           at abs.
             Oben am Abdampfstutzen p_3 . . . . . . mm Q.-S. Vak.
(Lufttemperatur an der Quecksilbersäule) . . . . °C
                                           mm Q.-S. Vak. bei 0°C
                                           mm Q.-S. abs.
                                           at abs.
Beim Eintritt in den Kondensator p_4 . . . . mm Q.-S. Vak.
(Lufttemperatur an der Quecksilbersäule) . . . . °C
                                           mm Q.-S. Vak. bei 0°
                                           mm Q.-S. abs.
                                           at abs.
Beim Eintritt in die Luftpumpe p_5 . . . . mm Q.-S. Vak.
(Lufttemperatur an der Quecksilbersäule) . . . . °C
                                           mm Q.-S. Vak.
                                           bei 0°C
                                           mm Q.-S. abs.
                                           at abs.
Dampftemperatur: Vor dem Einlaßventil abgelesen t_1 °C
  Berichtigung nach P.-T.-R.-Thermometer . . . . °C

  Fadenkorrektur $\dfrac{(t_1 - 262)(t_1 - 75)}{6\,300}$ . . . . . °C

  berichtigt . . . . t_1 °C
  Hinter dem Regulierventil . . . . t_2 °C
  Am Abdampfstutzen abgelesen . . . . t_3 °C
  berichtigt . . . . t_3 °C
Temperatur des Kondensates:
  Eintritt Kondensatpumpe . . . . tc_1 °C
  Im Meßbehälter . . . . tc_2 °C
Temperatur des Kühlwassers: Eintritt Kondensator . tk_1 °C
                        Austritt Kondensator tk_2 °C
Sättigungstemperatur entsprechend den Dampfdrucken
                Vor dem Einlaßventil . . . . . t_1' °C
                Hinter dem Regulierventil . . . t_2' °C
                Oben am Abdampfstutzen . . . t_3' °C
                Beim Eintritt in den Kondensator t_4' °C
                Beim Eintritt in die Luftpumpe t_5' °C
Mittlere Sättigungstemperatur des Dampfes im Abdampfstutzen

$$t_{3m}' = \frac{t_3 + t_3' + t_4'}{3} \quad \ldots \ldots \ldots \ldots \text{°C}$$

Mittlerer Druck im Abdampfstutzen, entsprechend
  der mittleren Sättigungstemperatur . . . . . . p_3 mm Q.-S.
                                           at abs.
Mittleres Vakuum im Abdampfstutzen, bezogen auf den
  herrschenden Barometerstand p_{m3} . . . . mm Q.-S.
                                           vH
Mittlere Sättigungstemperatur im Abdampfstutzen bei
  . . .° Kühlwassereintrittstemperatur . . . . °C
Mittlerer Druck im Abdampfstutzen bei . . .° Kühlwasser-
  eintrittstemperatur . . . . mm Q.-S.
                                           at abs.
Mittleres Vakuum im Abdampfstutzen bei . . .° Kühlwasser-
  eintrittstemperatur . . . . mm Q.-S.
                                           vH
Dampfdruck hinter dem Regulierventil bei den Garantie-
  werten . . . . at abs.
Dampftemperatur hinter dem Regulierventil bei den Ga-
  rantiewerten . . . . °C
Wärmeinhalt des Dampfes vor dem Einlaßventil i_1 . . kcal
Wärmeinhalt bei den Garantiewerten $p_1 = \ldots$ at abs. $t_4 =$ . . °C
                                         i_{1g} kcal
Verfügbares Wärmegefälle in der Turbine bei adiabatischer
  Expansion:
    bei den Versuchswerten . . . . kcal
    bei den Garantiewerten . . . . kcal
Reduktionsfaktor zur Umrechnung des gemessenen
  Dampfverbrauches auf den Dampfverbrauch bei den
  Garantiewerten.
Gesamtdampfverbrauch der Turbine in der Stunde bei den Garantie-
  werten . . . . kg/h

Kontrolle der Dampfturbinen-Zentralen.

Leistungen:
  Generator:
    Leistung an den Klemmen des Generators . . . . . . kW
    Stromwärmeverlust . . . . kW
    Erregerleistung . . . . kW
    Reibungsverlust . . . . kW
    Eisenverlust . . . . kW
    Summe der Verluste . . . . kW
    Energiebedarf des Generators . . . . kW
                                                         PS
    Wirkungsgrad des Generators . . . . vH
    Energieverbrauch der Kondensation . . . . kW
    Nutzleistung des Generators . . . . kW
  Effektive Leistung der Turbine . . . . kW
  Energiebedarf des Generators . . . . kW
                                                         PS
  Reibungsarbeit der Turbine . . . . kW
                                                         PS
  Leistung an der Welle der Turbine . . . . kW
                                                        PS
  Mechanischer Wirkungsgrad der Turbine . . . . vH
  Spez. Dampfverbrauch:
    Für 1 kWh a. d. Klemmen des Generators bei den Versuchswerten . . . . kg/kWh
                                                  bei den Garantiewerten . . . . „
    Für 1 kWh Nutzleistung . . . . bei den Versuchswerten . . . „
                                                  bei den Garantiewerten . . . . „
    Für 1 kWh effektive Leistung . . . . bei den Versuchswerten . . . „
                                                  bei den Garantiewerten . . . . „
    Für 1 kWh Wellenleistung . . . . bei den Versuchswerten . . . „
                                                  bei den Garantiewerten . . . . „
  Garantierter spez. Dampfverbrauch für 1 kWh Nutzleistung . . . . . . „
  Überschreitung des garantierten spez. Dampfverbrauchs . . . . vH

Verlustlose Turbine.
Verfügbares Wärmegefälle in der Turbine bei adiabatischer Expansion:
  bei den Versuchswerten . . . . kcal
  bei den Garantiewerten . . . . „
Verfügbares Wärmegefälle in der Turbine hinter dem Regulierventil
  bei adiabatischer Expansion:
    bei den Versuchswerten . . . . „
    bei den Garantiewerten . . . . „
Verlust an Wärmegefälle durch die Regulierung:
  bei den Versuchswerten . . . . „
  bei den Garantiewerten . . . . „
Leistung der verlustlosen Turbine, entsprechend dem verfügbaren
  Wärmegefälle in der Turbine:
    bei den Versuchswerten . . . . PS
    bei den Garantiewerten . . . . „
Leistung der verlustlosen Turbine, entsprechend dem verfügbaren
  Wärmegefälle hinter dem Regulierventil:
    bei den Versuchswerten . . . . „
    bei den Garantiewerten . . . . „
Leistungsverlust der Turbine durch die Regulierung:
  bei den Versuchswerten . . . . „
  bei den Garantiewerten . . . . „
Spez. Dampfverbrauch der verlustlosen Turbine:
  bei den Versuchswerten . . . . kg/PSh
  bei den Garantiewerten . . . . „
Wärmeverbrauch der verlustlosen Turbine:
  bei den Versuchswerten . . . . kcal/PSh
  bei den Garantiewerten . . . . „
  der Turbine für 1 $PS_e h$ effektive Leistung:
    bei den Versuchswerten . . . . „
    bei den Garantiewerten . . . . „
  der Turbine für 1 PSh Wellenleistung:
    bei den Versuchswerten . . . . kcal/PSh
    bei den Garantiewerten . . . . „
Thermischer Wirkungsgrad der verlustlosen Turbine:
  bei den Versuchswerten . . . . vH
  bei den Garantiewerten . . . . vH
  der Turbine, bezogen auf effektive Leistung:
    bei den Versuchswerten . . . . „
    bei den Garantiewerten . . . . „
  der Turbine, bezogen auf Leistung an der Welle:
    bei den Versuchswerten . . . . „
    bei den Garantiewerten . . . . „

Dubbel, Betriebstaschenbuch.

Wirtschaftlicher Wirkungsgrad, bezogen auf die Klemmenleistung
des Generators:
   bei den Versuchswerten . . . . vH
   bei den Garantiewerten . . . . „
bezogen auf die Nutzleistung des Generators:
   bei den Versuchswerten . . . . „
   bei den Garantiewerten . . . . „
Gütegrad der Wärmeausnützung in der Turbine, bezogen auf Wellenleistung:
   bei den Versuchswerten . . . . „
   bei den Garantiewerten . . . . „
Gütegrad der Wärmeausnützung in der Turbine hinter dem Regulierventil:
   bei den Versuchswerten . . . . „
   bei den Garantiewerten . . . . „
Gütegrad der Wärmeausnützung in der Turbine, bez. auf die Klemmenleistung des Generators . . . . „
Gütegrad der Wärmeausnützung in der Turbine, bez. auf die Nutzleistung des Generators . . . . „
Wärmeabgabe des Dampfes in der Turbine:
   bei den Versuchswerten . . . . kcal
   bei den Garantiewerten . . . . „
Wärmeinhalt des Dampfes im Abdampfstutzen:
   bei den Versuchswerten . . . . „
   bei den Garantiewerten . . . . „
Feuchtigkeitsgehalt des Dampfes im Abdampfstutzen:
   bei den Versuchswerten . . . . vH
   bei den Garantiewerten . . . . „

III. Betriebskontrolle der Kolbenkraftmaschinen.

Bearbeitet von H. Dubbel.

a) Ermittlung der indizierten Arbeit.

1. Der Indikator. Ausführung neuerer Indikatoren für gewöhnliche Zwecke meist mit außenliegender Feder, die auf Zug beansprucht wird und starker Erwärmung nicht ausgesetzt ist. Der Federmaßstab wird weniger als bei innenliegender Feder verändert. Der Laufzylinder ist so angeordnet, daß auch die Außenwand vom Arbeitsmittel bespült und gleichmäßige Ausdehnung ermöglicht wird. Durch Auswechseln von Zylinder und Kolben kann derselbe Indikator für alle vorkommenden Drucke bis zu 500 kg/cm² verwendet werden.

Abdichtung der Stahlkolben durch eingedrehte Labyrinthnuten am Umfang. Dreyer, Rosenkranz & Droop, Hannover, setzen den Kolben aus einzelnen Lamellenscheiben zusammen. Schmutzteilchen, die sich sonst zwischen Kolben und Zylinderwand festsetzen, sondern sich in den tiefen Eindrehungen zwischen den Lamellen ab. Eine Begrenzung des Kolbenhubes, oft einstellbar, verhindert Überlastung der Feder.

Bei den Indikatoren von Dreyer, Rosenkranz & Droop ist der Kolben besonders bequem zugänglich, da der Zylinderdeckel nicht abgeschraubt zu werden braucht, sondern infolge einer „Momentverschluß"-Vorrichtung mit einem Griff abgenommen werden kann. Im übrigen muß der Raum über dem Kolben mit der Atmosphäre in Verbindung stehen, damit hier auch bei Kolbenundichtheit sicher Atmosphärendruck herrscht.

Das mit der Kolbenstange gelenkig, aber unveränderlich verbundene Schreibzeug muß auf dem Zylinderdeckel drehbar sein. Geradführung des Schreibstiftes und Proportionalität zwischen den Wegen des Schreibstiftes und des Kolbens sind die Hauptforderungen, denen das Schreibzeug zu entsprechen hat. Die vom Schreibstift beschriebene Kurve ist entweder eine drei- oder fünfpunktige Gerade, je nachdem die vom Schreibstift beschriebene Kurve drei oder fünf Punkte mit der Geraden gemeinsam hat.

Die mit möglichst geringer Masse auszuführende Papiertrommel wird durch eine nachstellbare Schraubenfeder zurückbewegt. „Anhaltevorrichtungen" bezwecken die Abkupplung der Trommel vom Schnurkranz, um bei weiterlaufendem Schnurtrieb neues Diagrammpapier aufziehen zu können.

In den Fig. 48 und 49 sind Ausführungsbeispiele neuerer Indikatoren dargestellt. Bei dem Maihak-Indikator umschließt das Schreibgestänge den Federträger, während sich sonst die umgekehrte Anordnung findet. Nach Abnahme

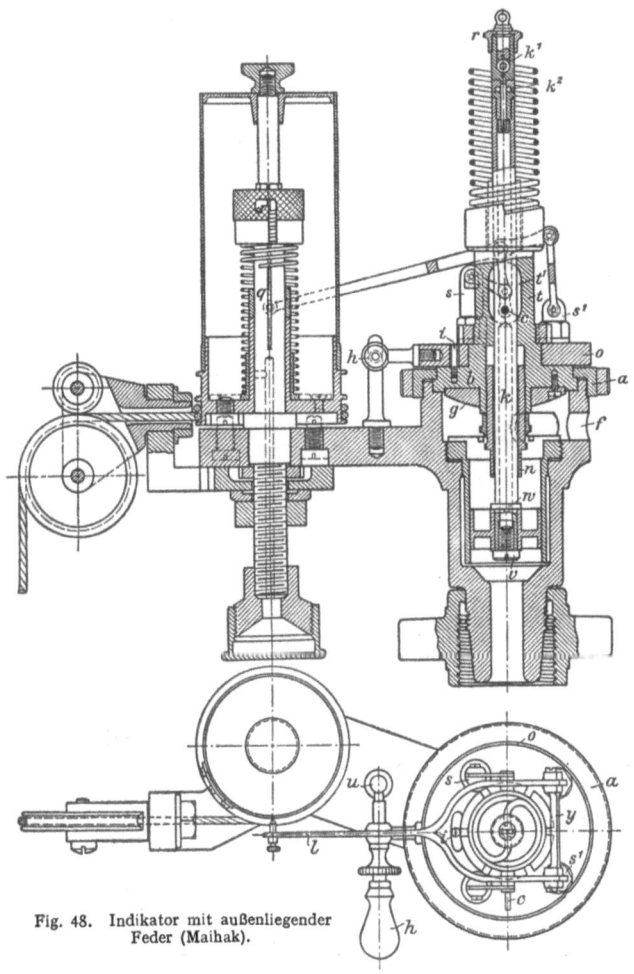

Fig. 48. Indikator mit außenliegender Feder (Maihak).

des Schräubchens r, das die Kugelgelenkverbindung zwischen Feder und Kolbenstange schließt, sowie der Feder und nach Lösen des Schreibgestänge und Kolbenstange kuppelnden Stiftes c kann die Kolbenstange zum Zweck der Reinigung nach unten herausgezogen werden. Deckel b, durch Platte g gegen Wärmestrahlung geschützt, ist durch Überwurfmutter a mit dem Indikatorkörper verbunden. Die Kolbenhubbegrenzung n ist einstellbar, Fenster f lüftet den Laufzylinder nach oben hin.

Kolbenstange k ist durch zwei Öffnungen t^1 im Federträger t seitlich zugänglich. Die drei Punkte $s^1 c q$ liegen in einer Geraden. Auf der durch Handgriff h bewegbaren Drehscheibe o sind vier das Schreibzeug tragende Stahlsäulchen $s\,s^1$ befestigt. Stift i befindet sich zwecks Begrenzung des Ausschlages der Drehscheibe o und des Schreibzeuges in einem Schlitz dieser Scheibe. Schraube v befestigt lösbar die Kolbennabe auf dem Kolbenstangenende. Nase w sichert die Kolbenlage. $h^1\,h^2$ geschlitzter Drehkopf der Kolbenstange.

Der Indikator von Dreyer, Rosenkranz & Droop (Fig. 49) ist für schnelllaufende Motore bestimmt und bis zu 2000 Uml/min benutzbar. Für diesen Zweck sind die bewegten Massen möglichst zu vermindern, aus welchem Grunde die Feder wieder nach innen verlegt werden muß. Ein an die Wasserleitung angeschlossener Kühlhahn verringert die Temperatur der Feder dieses hauptsächlich für Verbrennungskraftmaschinen bestimmten Indikators. Da bei den hohen Umlaufzahlen ein Aushaken der Schnur zwecks Papierauswechselns nicht möglich ist, bei den erwähnten Anhaltevorrichtungen leicht die Schnur reißt, so ist bei der Ausführung nach Fig. 49 eine im Betriebe abziehbare und aufsteckbare Papiertrommel vorgesehen. Durch Linksdrehen des Knopfes K wird die Trommel allmählich nach oben gezogen und kann dann leicht abgenommen werden. Nach Einführung des neuen Papierstreifens wird sie wieder aufgesteckt und durch Rechtsdrehen des Knopfes K in betriebsfertigen Zustand gebracht.

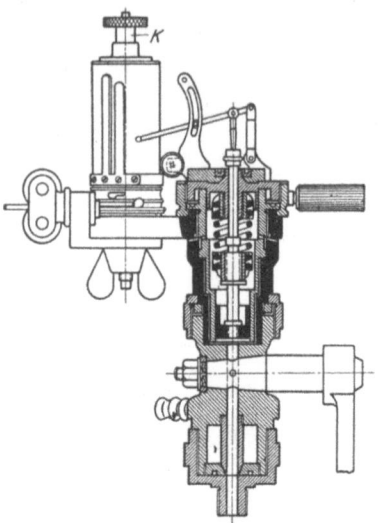

Fig. 49. Indikator mit innenliegender Feder.

Die Rollenhubverminderer, die den Maschinenhub in den Drehwinkel der Papiertrommel umsetzen, werden entweder mittels der aus Fig. 49 ersichtlichen Flügelmutter unmittelbar am Indikatorgestell befestigt oder gesondert aufgestellt (Stanekscher Hubverminderer). Die letztere Anordnung ist sehr stabil, aber nur für geübte Hände zu empfehlen. Die große Rolle wird durch eine kräftige Spiralfeder oder auch durch die Feder der Papiertrommel zurückgezogen; die Rollenachse trägt Flachgewinde, so daß bei der Drehung eine axiale Verschiebung auftritt und die Schnur sich in Schraubenwindungen aufwickelt. Die kleine Rolle wird mit dem Schnurkranz der Papiertrommel verbunden.

Die Dehnungen der Schnüre, die das Ergebnis beeinflussen, werden bei Hebelhubvermindern vermieden, die infolgedessen in dieser Beziehung große Genauigkeit ergeben, auch einfach zu bedienen sind, doch ist Proportionalität zwischen Kolbenhub und Papiertrommelhub nicht immer einfach zu erreichen. Die zum Schnurkranz führende Schnur muß ihre Bewegungsrichtung beibehalten und darf keine Seitenbewegungen ausführen. Größere Maschinen werden mit besonderen Indiziervorrichtungen ausgerüstet. Wo diese fehlen, sind Mitnehmer nach Fig. 50 oder auch Flacheisen, die mit Schelle auf der Kolbenstange zu befestigen sind, auszuführen. Bei Gasmaschinen fehlt häufig der Kreuzkopf, an dem der Mitnehmer zu befestigen wäre. In diesem Fall wird ein kleiner Kurbeltrieb nach Fig. 51 (Bauart Mathot) angebracht, die Schnur wird über b eingebracht. Zu beachten ist hierbei, daß 1. beide Kurbeln gleichzeitig im Totpunkt stehen, 2. dieser kleine Kurbeltrieb durch Anordnung eines Gleitschuhes oder auch einer Ablenkrolle mit demselben Pleuelstangenverhältnis arbeitet wie die zu indizierende Maschine.

Die Indikatorhähne sind mit einer durchgehenden weiten Bohrung, die beim Indizieren den Hubraum der Maschine mit dem des Indikators verbindet, und einer kleineren Seitenbohrung für die Verbindung mit der freien Atmosphäre versehen. Diese Seitenbohrung dient je nach ihrer Einstellung zum Ausblasen von Unreinigkeiten aus den Bohrungen oder zur Verbindung des Indikatorzylinders mit der Atmosphäre beim Ziehen der „atmosphärischen Linie". Diese ist regelmäßig vor Aufzeichnung des Diagramms zu ziehen.

Optischer Indikator. Weitgehendste Verringerung der bewegten Massen lassen die optischen Indikatoren erreichen. Fig. 52 zeigt schematisch den von der OSA-Apparate-Ges., Frankfurt a. M., gebauten Indikator Manograph.

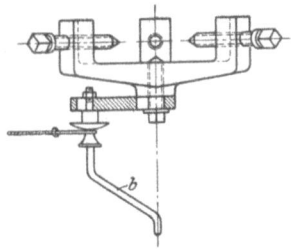

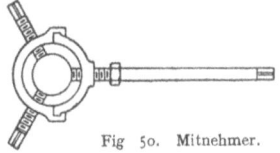

Fig 50. Mitnehmer.

Fig. 51. Schnurantrieb bei fehlendem Kreuzkopf.

Die Bewegung einer den Zylinderdrucken ausgesetzten Stahlmembrane wird durch Bolzen a unter Zwischenschaltung einer Balkenfeder auf den Spiegel b übertragen. Der Spiegelträger selbst ist durch eine Blattfederanordnung auf dem Schlitten c, der um den Zapfen d schwingt, befestigt.

Bei den Bewegungen der Membrane ändert sich nun die Winkelstellung des Spiegels zur Lichtquelle l. In der Vertikalen auf der Mattscheibe wird ein den jeweiligen Druck im Zylinder anzeigender, leuchtender Punkt verzeichnet. Gleichzeitig wird in der horizontalen Ebene die Stellung des Spiegels gegenüber der Lichtquelle durch einen im Schlitten c untergebrachten Kurbeltrieb geändert. Aus beiden Bewegungen ergibt sich die Darstellung des Diagramms

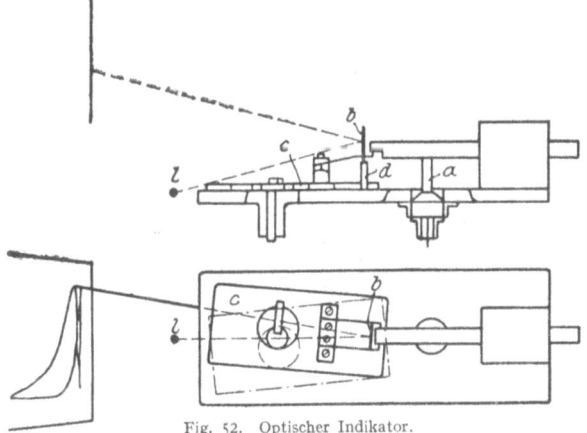

Fig. 52. Optischer Indikator.

in helleuchtender, ununterbrochener Kurve auf dunklem Grund. Soll das Diagramm festgehalten werden, so wird an Stelle der Mattscheibe eine Kassette mit hochempfindlichen Trockenplatten eingesetzt.

Besondere Anordnungen[1]). Statt der Kolbenweg-Einzeldiagramme werden auch häufig fortlaufend „geschlossene" oder fortlaufend „offene" Kolbenwegdiagramme aufgenommen. Bei den ersteren macht die Papiertrommel wie üblich eine hin- und hergehende Bewegung, wobei entweder das Papierband bei Rücklauf der Trommel um einige mm verschoben wird, so daß die Diagramme in diesem Abstand hintereinander folgen, oder die Papiertrommel wird ent-

---

[1]) Besonders von Dreyer, Rosenkranz & Droop ausgebildet.

sprechend in axialer Richtung verstellt, so daß die Diagramme senkrecht übereinander gelagert sind. Diese Diagramme sind vorteilhaft, wenn man sich über eine längere Arbeitsperiode unterrichten will, besonders wenn sich während dieser Periode der Arbeitsgang ändert (Anlaufzeiten von Fördermaschinen usw.). Werden die Indikatoren durch ein Schaltwerk mit Wendegetriebe angetrieben, so dreht sich die Trommel nur nach einer Richtung hin, und der Linienzug des Diagramms wird „offen". Der Vorschub des Papierstreifens bleibt also hierbei der Kolbenbewegung proportional. Diagramme von Maschinen mit starken Wechseln in Umlaufzahl und Leistung lassen sich dadurch leichter auswerten.

Wird die Trommel nur nach einer Richtung hin durch einen Elektromotor, ein Uhrwerk oder die Kurbelwelle gedreht, so werden „Zeitdiagramme" erhalten, die vor allem Aufschluß über die Vorgänge in der Nähe der Totlage geben (s. auch „versetztes Diagramm", S. 321).

Integrierende Indikatoren (Bauarten von Böttcher-Maihak, Gümbel-Lehmann & Michels). Bei diesen wird ein Zählwerk in Tätigkeit gesetzt, aus dessen Angaben die indizierte Leistung der Maschine für die Beobachtungszeit leicht berechnet werden kann.

2. Prüfung der Indikatoren. Im Einvernehmen mit der Physikalisch-Technischen Reichsanstalt hat der Verein deutscher Ingenieure folgende Prüfungsbedingungen aufgestellt:

1. Jeder Indikator, dessen Federn geprüft werden sollen, ist vorher auf seinen Zustand, insbesondere hinsichtlich Kolbenreibung, Dichtheit und auf toten Gang des Schreibzeuges zu untersuchen.
2. Die Indikatorfedern sind durch Gewichtsbelastung zu prüfen.
3. Die Federn sind in Verbindung mit dem Schreibzeug zu prüfen.
4. Jede Feder, die beim Gebrauch der Indikators höhere Temperaturen annimmt, ist im allgemeinen kalt und warm, und zwar bei etwa 20° C (Zimmertemperatur) und bei 100° C zu prüfen.
5. Die Federn sind mit mehrstufiger Belastung zu prüfen, und zwar in mindestens 5 Stufen oberhalb der atmosphärischen Linie und in wenigstens 3 Stufen unterhalb derselben.
6. Der Durchmesser des Indikatorkolbens wird bei Zimmertemperatur gemessen.

Zu diesen Bestimmungen ist ergänzend zu bemerken: Zur Prüfung der Kolbendichtheit nimmt man den ohne Feder zusammengesetzten Indikator nach Ölung sämtlicher Gelenke in die Hand und verschließt mit einem Finger luftdicht die untere Zylinderöffnung. Wird dann das Schreibzeug angehoben, so macht sich bei dichtem Kolben die entstehende Luftverdünnung bemerkbar. Dieser Widerstand verschwindet, wenn man den Schreibstift dauernd in höchster Stellung hält. Wird der Schreibstift dann losgelassen, so ist die Dichtheit gut, wenn der Kolben langsam und gleichmäßig sinkt. Schnelles Sinken läßt auf Undichtheit, ruckweises Sinken auf störende Eigenschaften (Reibung) schließen.

Totgang des Schreibzeuges läßt sich ermitteln, indem der Kolben durch einen festen Anschlag zwischen ihm und Deckel so festgehalten wird, daß das Schreibzeug in mittlerer Höhe steht. Durch Bewegung des Schreibstiftes läßt sich sodann der Totgang feststellen. Beträgt dieser mehr als 1 vH des größten Schreibstifthubes, so ist der Indikator auszubessern.

Das Schreibzeug wird auf Proportionalität zwischen Schreibstiftweg und Kolbenweg mittels Mikrometerschraube oder besonderer Einsätze untersucht. Die Mikrometerschraube wird von unten in den Indikator eingeführt und bei Einstellung der Schraubhülse auf Null mit dem Schreibstift eine Linie auf die von Hand bewegte Papiertrommel gezogen. Nach einer ganzen Umdrehung der Schraubhülse hebt sich der Kolben um 1 mm, so daß bei einem Übersetzungsverhältnis von 1 : 6 die neu gezogene Linie 6 mm über der ersten liegen muß usw. Gleichmäßiges Anheben des Kolbens kann auch durch Einschrauben von Paßstücken verschiedener Länge bewirkt werden.

Eine sehr einfache Federprüfvorrichtung zeigt Fig. 53, Bauart Bollinckx. Soll bei dieser Vorrichtung die Feder warm geprüft werden, so ist nach Eug. Meyer ein Dampfstrahl gegen den Indikatorzylinder und durch dessen Luftlöcher hindurch gegen die Feder zu richten. Seit Einführung der kalten Außenfedern hat die warme Prüfung an Bedeutung verloren. Da die Feder beim Indizieren Erschütterungen ausgesetzt ist, so empfiehlt sich bei der Belastungsprüfung, die Feder vor dem Schreiben durch schwaches Anschlagen an das Gestell in Schwingungen zu versetzen.

Grundsätzlich soll eine Feder stets mit dem Indikator geeicht werden, mit dem sie zum Indizieren benutzt wurde.

Im übrigen geht aus Fig. 53 hervor, daß der Druckstift der Belastung genau in der Mitte des Kolbens angreifen, die Indikatorachse sorgfältig senkrecht eingestellt sein muß, da sonst Reibungswiderstände auftreten, welche die Ergebnisse der Federprüfung stark beeinflussen.

Die Lage des Indikators muß beim Bollinckx-Gestell eine andere bei Prüfung auf Unterdruck als bei Prüfung auf Überdruck sein.

Empfehlenswert ist weiterhin eine Prüfung daraufhin, ob Indikatorzylinder und Papiertrommel genau parallel sind. Die Gerade, die der auf- und abwärts bewegte, nur auf schwache Berührung eingestellte Zeichenstift auf die Trommel schreibt, muß genau senkrecht zur Atmosphärenlinie stehen und überall gleich stark sein.

3. Das Indizieren. Die Indikatoren sind möglichst unmittelbar am Zylinder ohne lange und scharf gekrümmte Zwischenleitungen anzubringen. Als Abschlußorgan zwischen Indikator und Zylinder ist bei niedrigen und mittleren Drucken ein Hahn, bei hohen Drucken ein Ventil zu wählen. Bei Gasmaschinen ist das Abschlußorgan mit Kühlwassermantel zu versehen. Benutzung nur eines Indikators für beide durch Rohr mit Dreiwegehahn verbundene Zylinderseiten ist nur bei Maschinen mit annähernd unveränderlicher Belastung, nicht zu kleinem schädlichen Raum und nicht zu hoher Umlaufzahl statthaft.

Beim Indizieren schwächerer Drucke sind Indikatorzylinder mit größeren Kolben einzusetzen, da sonst die Reibung zwischen Papier und Stift im Verhältnis zur Kolbenkraft zu groß wird und das Diagramm verzerrt. Bei schnellem Lauf verursachen kleine Kolben überdies Massenschwingungen.

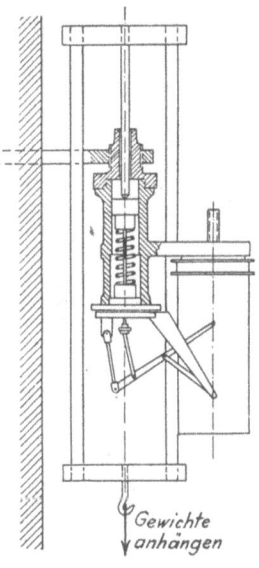

Fig. 53. Bollinckxsche Prüfvorrichtung für Indikatorfedern.

Ungefährer Anhalt für Federmaßstäbe:

Hochdruckzylinder einer Verbundmaschine . . .	4 mm	für 1 at
Niederdruckzylinder einer Verbundmaschine . . .	20 „	„ 1 „
Gasmaschine	3,5 „	„ 2 „
Dieselmaschine	3,5 „	„ 2 „
Schwachfederdiagramme	20 bis 40 „	„ 1 „

Diagrammlänge 70 bis 90 mm.

Vor dem Anschrauben der Indikatoren sind die Schreibzeuge, um sie zu schonen, abzunehmen. Diese sollen erst unmittelbar vor dem Indizieren aufgesetzt werden. Die Indikatoren können sowohl senkrecht wie — was vorzuziehen ist — wagerecht angeordnet werden, müssen aber parallel zueinander stehen. Die Schnurleitungen sollen möglichst kurz sein und möglichst wenig Verbindungsstellen enthalten. Knoten in der Schnurleitung sind unter allen Umständen zu vermeiden. Verbindung der Schnüre miteinander durch Haken, die Längenänderung gestatten. Sind längere Schnurleitungen unbedingt erforderlich, so sind für die geraden Strecken Metalldrähte, für die Richtungsänderungen Hanfschnüre zu verwenden. Die vom Mitnehmer zum Hubverminderer laufende

Schnur muß parallel zur Maschinenachse laufen, anderseits ändern sich beim Auf- und Abwickeln die Winkel zwischen Schnur und Maschinenachse, und die Kolbenbewegung wird nicht richtig übertragen. Mit der Zahl der hintereinandergeschalteten Apparate wachsen die Schwierigkeiten des Indizierens, die Bewegung von mehr als zwei Apparaten ist von einem Staneksсhen Hubverminderer abzuleiten, um Erzitterungen zu vermeiden. Der Indikatorkolben ist mit dem Öl des zu indizierenden Zylinders, die Indikatorgelenke sind mit dünnflüssigem Knochenöl zu schmieren. Nur bei Verwendung schwacher Federn (Vakuumfedern) ist auch der Kolben mit leichtflüssigem Öl zu schmieren, da zähes Öl hier das Diagramm stark beeinflussen würde.

Man überzeuge sich davon, daß in der inneren Totlage des Kolbens alle Schnüre gespannt sind, und daß in der äußeren Totlage weder Papiertrommel noch Minderungsrolle gegen die Hubbewegung anstoßen. Hierauf sind auch die ersten Diagramme zu untersuchen.

Vor dem Aufsetzen des Schreibzeuges ist der Indikatorzylinder durch Durchblasen mit Dampf zu reinigen. Das gleichzeitige Indizieren mehrerer Zylinder kann mit folgenden Kommandorufen durchgeführt werden:

Einhängen! Die Schnüre sind am Mitnehmer einzuhängen, die atmosphärische Linie wird gezogen.

Auf! Indikatorhähne öffnen.

Los! Schreiben mehrerer Diagramme. Hierauf Umstellen der Hähne, Aushängen der Schnur.

Die Diagramme sind mit Datum und Stunde der Aufnahme, dem Federmaßstab sowie mit der Angabe zu versehen, an welcher Stelle sie aufgenommen worden sind, z. B. Hochdruckzylinder, Deckelseite (H. D. Zyl. D. S.).

Besonders ist darauf zu achten, daß das empfindliche Schreibzeug nicht länger als unbedingt nötig in Betrieb bleibt, auch die Hubverminderer sollen nicht unnötig laufen.

Treten beim Indizieren Federschwingungen so stark auf, daß sie die Flächenmessung des Diagramms erschweren, so ist eine stärkere Feder einzusetzen oder der Schreibstift stärker gegen das Papier zu drücken. In letzterem Fall leidet allerdings die Genauigkeit des Diagramms.

4. Bestimmung des mittleren Druckes aus dem Diagramm. Mittlerer Federmaßstab.

Es ist:

$$N_i = \frac{10\,000 \cdot 0 \cdot p_m \cdot c}{75} = 4{,}44\ 0 \cdot p_m \cdot s \cdot n.$$

Hierin ist:

$0 =$ wirksamer Kolbenfläche in m^2 unter Berücksichtigung des Kolbenstangenquerschnittes,

$p_m =$ mittl. Druck in kg/cm^2,

$s =$ Hub in m,

$n =$ Uml/min.

Bei Gasmaschinen verringert sich die Anzahl der PS$_i$ entsprechend der Taktwirkung.

Unter Berücksichtigung des Druckmaßstabes wird p_m durch die Höhe eines Rechteckes dargestellt, das mit dem Diagramm gleichen Flächeninhalt hat. Ist zur Flächenmessung ein Planimeter nicht zur Hand, so kann p_m ermittelt werden, indem nach Fig. 54 in einem Abstand von $\frac{1}{10}$ der Diagrammlänge die Ordinaten a_1 bis a_9, in einer Entfernung vom Rande gleich $\frac{1}{4}$ der Breite eines Teiles die Ordinaten a_0 und a_{11} gezogen werden. Jede Ordinate ist mittlere Höhe eines Trapezes. Es wird die Diagrammfläche:

Betriebskontrolle der Kolbenkraftmaschinen. — Ermittlung usw. 297

$$J = \frac{s}{10}\left(\frac{a_0}{2} + a_1 + a_2 \ldots + a_9 + \frac{a_{11}}{2}\right) = s \cdot h$$

$$h = \frac{1}{10}\left(\frac{a_0}{2} + a_1 + a_2 \ldots + a_9 + \frac{a_{11}}{2}\right).$$

h ist sodann in p_m umzurechnen.

Sind bei der oben angegebenen Federprüfung die Zusammendrückungen den Belastungen proportional, so läßt sich ein mittlerer Federmaßstab als Mittel,

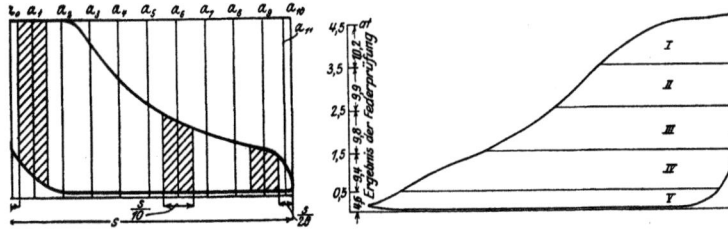

Fig 54. Ermittlung der mittleren Diagrammhöhe.

Fig. 55. Ermittlung des mittleren Druckes bei veränderlichem Federmaßstab.

berechnet aus der Zusammendrückung bei Höchstbelastung, angeben. Beträgt z. B. der Schreibstifthub 64 mm bei 8,0 kg/cm² Belastung, so ist der Federmaßstab = 8 mm/at. Ist hingegen keine Proportionalität zwischen Belastung und Durchbiegung vorhanden, so ist nach Eberle in der aus Fig. 55 und Zahlentafel 4 folgenden Weise vorzugehen. Das Beispiel bezieht sich auf einen Mitteldruckzylinder mit 4,5 at Eintrittsspannung. Die Feder ergab bei der Prüfung die Werte der Zahlentafel.

Zahlentafel 4.

6 kg Feder	kg/cm²	Schreibstifthub von der Nullinie aus gemessen mm	Quotient Schreibstifthub Gesamtbelastung	Differenz zwischen zwei aufeinanderfolgenden Belastungsstufen
	0,5	4,6	9,2	4,6
	1,5	14,0	9,3	9,4
	2,5	23,8	9,5	9,8
	3,5	33,7	9,6	9,9
	4,5	43,9	9,8	10,2
	5,5	54,2	9,9	10,3
Summe bis 5,5 at Überdruck gerechnet . . .	18,0	174,2	57,3	—
Summe bis 4,5 at Überdruck gerechnet . . .	12,5	120,0	47,4	—

Das Diagramm wird durch Parallelen zur atmosphärischen Linie, deren Abstand den Werten der letzten Reihe in Zahlentafel 4 entspricht, in eine Anzahl von Streifen zerlegt. Für diese wird der auf das Gesamtdiagramm bezogene mittlere Druck berechnet, wobei die Federmaßstäbe zugrunde gelegt werden, die den in den einzelnen Belastungsstufen gemessenen Schreibstifthüben entsprechen. Die Ergebnisse dieses auf Diagramm Fig. 55 angewandten Verfahrens gibt Zahlentafel 5.

Kontrolle des Kraftbetriebes.

Zahlentafel 5.

Nr. des Feldes	Mittlere Höhe mm	Federmaßstab mm	Mittlerer Druck kg/cm²
I	3,42	10,2	0,335
II	4,36	9,9	0,440
III	5,66	9,8	0,577
IV	6,90	9,4	0,734
V	3,52	9,2	0,384
	23,86		2,470

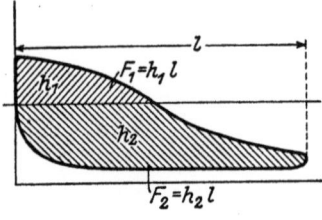

Fig. 56. Ermittlung des mittleren Druckes bei veränderlichem Federmaßstab.

Mittlerer Federmaßstab:

$$\frac{23{,}86}{2{,}470} = 9{,}66 \text{ mm}.$$

Bei Diagrammen nach Fig. 56 sind die Federmaßstäbe m_1 und m_2 für Über- und Unterdruck häufig verschieden. Sind h_1 und h_2 die auf die Diagrammlänge bezogenen mittleren Höhen der beiden einzeln planimetrierten Flächen, so wird:

$$p_m = \frac{h_1}{m_1} + \frac{h_2}{m_2} = \frac{h_1 + h_2}{m}, \quad m = \text{mittlerer Maßstab}.$$

b) Ermittlung der effektiven Arbeit.

Ist die zu untersuchende Maschine mit einer Dynamomaschine unmittelbar gekuppelt und sind der Dynamowirkungsgrad η_D und die Anzahl N der geleisteten Kilowatt bekannt, so wird, da 1 kW einer Leistung von 1,36 PS_e entspricht:

$$N_e = \frac{1{,}36 \cdot N}{\eta_D}.$$

Mit Annäherung kann in dieser Weise auch dann gerechnet werden, wenn die Dynamomaschine durch Riemen angetrieben wird. Ist η_R der Wirkungsgrad des Riementriebes ($\eta_R \cong 0{,}97$), so folgt

$$N_e = \frac{1{,}36\, N}{\eta_D \cdot \eta_R}.$$

Bei Kupplung der Maschine mit Kompressor oder Pumpe folgt die effektive Leistung der Antriebmaschine

$$N_e = \frac{N_{ik}}{\eta_{mk}},$$

wenn

N_{ik} = indizierter Leistung der angetriebenen Maschine.

η_{mk} = mechanischem Wirkungsgrad der angetriebenen Maschine.

Soll die effektive Arbeit nicht durch Leerlaufversuche annähernd ermittelt werden (s. S. 303), so ist sie durch Bremsen oder Torsionsindikatoren festzustellen.

1. Der Pronysche Zaum (Fig. 57). Nach Anziehen der Schrauben werden die Bremsbacken angezogen, so daß sich der Bremshebel von der Länge l gegen den Fänger a anlegt. Durch Einschaltung einer Feder oder Gummischeibe zwischen Schraube und Bremsbalken wird die Anspannung eine allmähliche und feinere Einstellung des Drehmomentes möglich. Durch Belastung der Schale wird erreicht, daß der Hebel zwischen den Anschlägen a und b frei schwebt.

Die Umfangsgeschwindigkeit der Bremsscheibe vom Radius r beträgt
$$v = \frac{2\,r\,\pi \cdot n}{60},$$
und die Arbeit, wenn $R =$ Umfangsreibung
$$A = R \cdot r \frac{2\,\pi\,n}{60}.$$
Mit $P \cdot l = R \cdot r$ wird
$$A = P\,l \cdot \frac{2\,\pi\,n}{60}\ \text{kgm/sek} = P\,l\,n\,\frac{2\,\pi}{60 \cdot 75} = P \cdot n \cdot \frac{l}{716}\,PS.$$
$$N_e = 0{,}001396\,P\,l\,n.$$
Mit
$$l = 0{,}716\ \text{m}$$
wird
$$N_e = \frac{P \cdot n}{1000}.$$

Die reibenden Flächen bestehen beide aus Metall oder aus Holz und Metall. Da 1 PS einer Wärmemenge von 632 kcal. entspricht, so muß die Bremsfläche genügend bemessen sein (Flächenpressung bis zu 4 kg/cm^2), um die Wärme ohne allzuhohe Temperatur ableiten zu können, auch muß durch Wasserkühlung für die Wärmeableitung gesorgt werden. Zweckmäßig wird die Anordnung so getroffen, daß das Kühlwasser durch die Fliehkraft gegen die Innenwand der Reibfläche geschleudert wird. Die reibenden Flächen sind überdies zu schmieren, trotzdem die dadurch bedingte Verminderung der Reibung stärkere Belastung erforderlich macht. Diese Schmierung bezweckt ebenfalls Erleichterung der Wärmeabfuhr, außerdem Verminderung der Abnutzung.

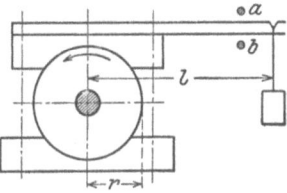

Fig. 57. Backenbremse.

Da Wasser schon bei 100° verdampft, ist Öl für die Schmierung vorzusehen. Beim Bremsen mit dem Pronyschen Zaum müssen die Schrauben ständig eingestellt werden, auch ist der Zaum — da sein Schwerpunkt oberhalb der Welle liegt — in labilem Gleichgewicht, so daß der Balken bald oben, bald unten anliegt, so daß während dieser Zeit der Versuch ungenau ist. Außerdem ist das auf die Bremse einwirkende Reibungsmoment aus verschiedenen Gründen veränderlich: die Bremsscheibe ist nicht genau rund, es treten Änderungen in der Schmierung ein, die Geschwindigkeit ist ungleichförmig.

Aus diesem Grunde hat Prof. Brauer die selbstregelnde Bremse eingeführt. Eine hierhin gehörige Bauart, zugleich ein Ausführungsbeispiel für eine Bandbremse, zeigt Fig. 58.

Das Bremsband ist an dem einen Ende bei d, am anderen Ende durch einen Gleitschuh s mit dem Bremsbalken l verbunden. Gleitschuh s wird beim Anlassen durch die Schraube e in einer kreisförmigen Führung verschoben und dadurch der Druck auf die Bremsklötze verstärkt. Doppelmutter f dient dazu, die Bremsbandlänge so einzustellen, daß beim Drehen der Scheibe in der Pfeilrichtung der Hebel bei a anliegt, ehe er gegen g schlägt. Im übrigen legt sich der Bremshebel nur bei unrichtiger Einstellung der Bremse gegen g oder h an. Wesentlich ist nun, daß sich bei größerer Reibung der Hebel von unten gegen Anschlag a legt, wodurch das Bremsband etwas gelöst wird. Bei abnehmender Reibung ist der Vorgang umgekehrt.

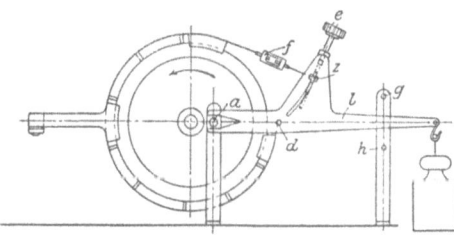

Fig. 58. Selbstregelnde Bremse.

Im Gleichgewichtszustand müssen Wellenmittelpunkt, Mitte des Schlitzes bei a und der Aufhängebolzen des Gewichtes in einer Wagerechten liegen.

Bei allen Bremsen ist die Wirkung des Eigengewichtes des Bremshebels zu berücksichtigen, das auf den Aufhängepunkt der Belastung zu reduzieren ist.

Für kleinere Leistungen bis zu etwa 25 PS wird vielfach die in Fig. 59 dargestellte Seilbremse verwendet, die aus zwei 12 bis 15 mm starken Hanfseilen besteht, die, durch Holzklammern zusammengehalten, um die Scheibe gelegt werden. Ist $P' =$ Belastungsgewicht, $p =$ Angabe der Federwage, so folgt als Bremsbelastung:

$$P = P' - p.$$

Die Bremse erfordert wenig Bedienung, doch sind die Federwagen nicht sehr zuverlässig.

In den vom Verein deutscher Ingenieure und vom Deutschen Wasserwirtschafts- und Wasserkraft-Verband herausgegebenen „Normen für Leistungsversuche an Wasserkraftanlagen" heißt es:

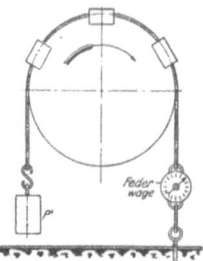

Fig. 59. Seilbremse.

Die Tara der Bremse bei wagerechter Lage der Bremswelle ist durch Auswiegen über einer Schneide oder nach Lösen der Stopfbüchsen unmittelbar auf der Bremswelle zu bestimmen.

Die Lagerreibung ist stets dadurch auszuschalten, daß die Gleichgewichtslage der Wage einmal mit positivem, einmal mit negativem Übergewicht auf der Wagschale angestrebt wird.

Die Bestimmung der Tara ist vor Beginn und nach Beendigung der Versuche, nach Möglichkeit auch zwischen je zwei größeren Versuchsreihen, auszuführen.

Bei senkrechter Lage der Bremswelle ist durch zweckmäßige Stützung des Bremszaumes dafür zu sorgen, daß nach Möglichkeit äußere Widerstände ausgeschaltet werden.

Die Länge des Bremshebels ist mindestens vor und nach jeder Versuchsreihe zu messen. Der Hebel muß innerhalb geringer Abgrenzungen frei und ruhig schweben.

Die Bremsung einer Welle, die durch Riemen- oder Seiltrieb von der Turbinwelle angetrieben wird, ist für genaue Versuche unzulässig und außerdem vielfach mit Gefahr verknüpft.

2. Elektrische Wirbelstrombremse. Diese ermöglichen außerordentliche Meßgenauigkeit. Die Bauarten sind verschieden, eine Ausführung nach Nägel ist in Z. 1907, S. 1409 wiedergegeben. Ein Bremsgestell mit zwei Elektromagneten ist zu beiden Seiten des Schwungrades wagerecht auf der Welle gelagert. Der magnetische Kreis der beiden Pole, die etwa 2 mm vom Schwungrad abstehen, wird durch das Schwungrad geschlossen. Die Anordnung ermöglicht 3240 Schaltstufen.

3. Rückdruckbremsen können hydraulisch und elektrisch ausgeführt werden. Fig. 60 zeigt die hydraulische Wirbelstrombremse von Prof. H. Junkers, die sich zum Abbremsen auch sehr großer Leistungen eignet.

Die Bremse besteht aus einem Statorgehäuse, das auf der Welle selbst oder zentrisch zu ihr gelagert ist. Der Umfang des Stators trägt in einer oder mehreren Reihen Stifte. Innerhalb des Stators auf der Welle festgekeilt befindet sich der ebenfalls Stifte tragende Rotor. Eingeführtes Wasser legt sich infolge der Fliehkraftwirkung gegen den Umfang als Wasserring, durch den die Rotorstifte hindurchstreichen. Die Wasserteilchen, durch die Stifte auseinandergerissen, nehmen die vom Motor erzeugte Energie auf, sie in Wärme umsetzend. Entsprechend dieser Erwärmung muß kaltes Wasser dauernd zugeführt werden, während das erwärmte Wasser abfließt. Die Belastung des Motors wird durch die Stärke des Wasserringes bestimmt. Die Bremskraft wird durch Einstellung der zu- und abfließenden Wassermengen geregelt.

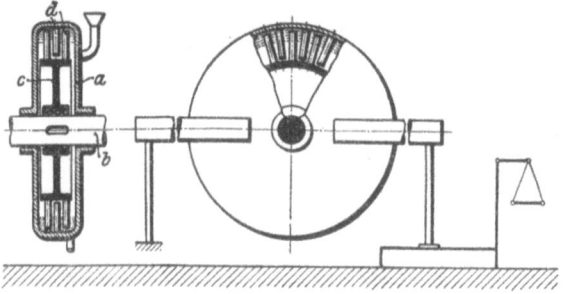

Fig. 60. Wirbelstrombremse.
a Stator, b Welle, c Rotor, d Stifte.

Elektrodynamische Leistungswage von Dr. Max Levy. Die zu untersuchende Maschine treibt einen Anker an, dessen Gehäuse mit fremd erregten Magneten drehbar gelagert ist. Das infolge der elektromagnetischen Wechselwirkungen auf das frei pendelnde Gehäuse ausgeübte Moment wird in gleicher Weise wie beim Pronyschen Zaum gemessen. Es ist mit $l = 716$ mm:

$$N_e = \frac{P \cdot n}{1000}.$$

Die Ermittlung der Leerlaufverluste, die von vorstehendem Betrag abzuziehen sind, wird nach Beendigung der Lastmessung durch Abkupplung vorgenommen, wobei bei gleichem Strom in der Magnetwicklung dem Anker so viel Spannung zugeführt wird, daß die Drehzahl der Lastmessung nunmehr auch bei leerlaufender Leistungswage erzielt wird. Die Wägung ergibt dann den Leerlaufverbrauch

$$N_0 = \frac{P_0 \cdot n}{1000}.$$

4. Torsionsindikatoren zeichnen ein Diagramm der Drehkräfte auf, aus dem die effektive Leistung bestimmt werden kann. Die Vorrichtung nach Föttinger, Fig. 61, besteht aus einem Meßrohr von 1 bis 2 m Länge, das an einem Ende auf

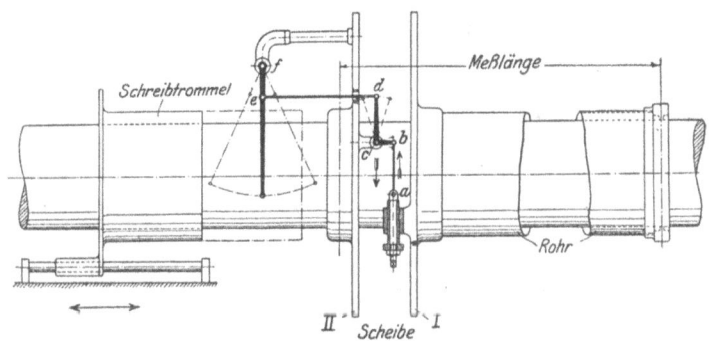

Fig. 61. Torsionsindikator.

die Welle aufgeschraubt ist, während das andere Ende eine Scheibe *I* trägt, der gegenüber eine zweite Scheibe *II* auf die Welle aufgeschraubt ist. Die Verdrehung beider Scheiben gegeneinander wird mittels Gestänge *a b c d e* durch einen Schreibstift vergrößert auf eine in Richtung der Wellenachse bewegte Schreibtrommel übertragen.

Bedeuten: M_d das übertragene Drehmoment,
 R den Kurbelhalbmesser,
 J_p das polare Trägheitsmoment der Welle,
 L die Meßlänge,
 D den Meßflanschendurchmesser,
 s die augenblickliche Verdrehung im Flanschenumfang,
 G den Elastizitätsmodul für Schub für das Wellenmaterial,
so wird die auf den Kurbelkreis bezogene Drehkraft:

$$P = \frac{M_d}{R} = \frac{s \cdot J_p \cdot G}{R \cdot \frac{D}{2} \cdot L}.$$

P ist also s direkt proportional, so daß die s-Kurve bei entsprechend gewähltem Maßstab gleichzeitig die P-Kurve darstellt.

Die mittlere Höhe der Verdrehungskurve ist auch die mittlere Drehkraft P_m, und es folgt:

$$N_e = P_m \cdot \frac{2 R \pi \cdot n}{75 \cdot 60}.$$

Sind also G und s bekannt, so kann N_e errechnet werden.

Für die Aufzeichnung stark schwankender Drehkräfte ist der optische Indikator von Frahm, Fig. 62, besonders geeignet.

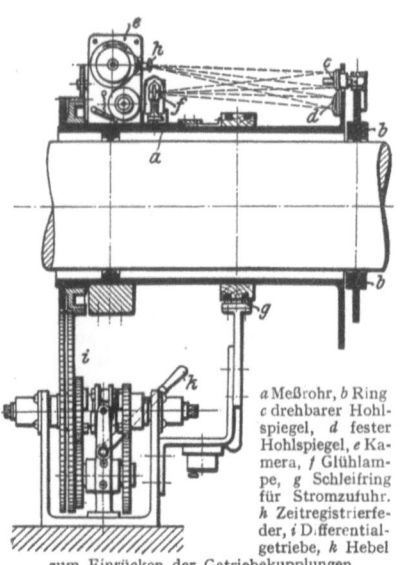

Meßrohr a und Ring b sind fest auf die Welle geklemmt. Auf dem umlaufenden Rohr sind angeordnet: der drehbare Hohlspiegel c, diesem gegenüber die Glühlampe f, dahinter die Kamera e mit einem quer zur Welle liegenden Öffnungsschlitz. Schleifring g führt den Strom zur Lampe. In der Kamera e befindet sich eine Rolle Bromsilberpapier, das unter Vorbeiführung an dem Öffnungsschlitz auf eine Trommel gewickelt wird. Die Verdrehung der Welle hat nun eine Winkelablenkung des Hohlspiegels zur Folge und erscheint in stark vergrößertem Maßstab vor dem Kameraschlitz als seitliche Verschiebung eines Bildes des glühenden Kohlenfadens, das die Form eines senkrecht zum Schlitz stehenden Striches hat. Das lichtempfindliche Papier unterliegt dabei in Wirklichkeit nur der Einwirkung eines Lichtpunktes, der wellenförmige Kurven auf das Papier schreibt. Weiterhin ist der Apparat, dessen Baulänge etwa 500 mm beträgt und der sich bis zu 500 Uml/min voll bewährt hat, mit einer Zeitregistrierung versehen.

a Meßrohr, b Ring c drehbarer Hohlspiegel, d fester Hohlspiegel, e Kamera, f Glühlampe, g Schleifring für Stromzufuhr. h Zeitregistrierfeder, i Differentialgetriebe, k Hebel zum Einrücken der Getriebekupplungen.
Fig. 62. Optischer Torsionsindikator.

c. Betriebs- und Garantie-Versuche.

1. Dampfmaschinen. Die Versuchsberichte sollen enthalten:

1. Daten der Maschine.

Kolbendurchmesser	mm
Kolbenfläche	m²
Kolbenstangendurchmesser	mm
Wirksame Fläche	m²
Hub	m
Konstante $\frac{O \cdot s}{60 \cdot 75}$.	

2. Ablesungen.

Versuchsdauer	min.
Dampfdruck bei Eintritt in den Zylinder	kg/cm²
Dampftemperatur bei Eintritt in den Zylinder	°C
Gesamtwärme des eintretenden Dampfes von 0° ab . . .	kcal
Mittlerer Barometerstand	mm
Mittlere Ablesung am Vakuummeter des Kondensators . .	mm
Mittlerer absoluter Druck im Kondensator	kg/cm²
Temperatur im Ausströmrohr	°C
Mittlere Umlaufzahl	Uml/min

3. Leistungsbestimmung. Dampf- und Wärmeverbrauch.

Mittlere indizierte Drucke. Hochdruckzylinder Deckelseite, Kurbelseite . .	kg/cm²
Niederdruckzylinder „ „ . .	
Indizierte Leistung des Hochdruckzylinders	PS$_i$
„ „ „ Niederdruckzylinders	
Gesamtleistung	PS$_i$
Speisewasserverbrauch in der Versuchszeit	kg/h
pro Stunde	
Kondensat aus der Leitung	kg/h
Dampfverbrauch pro PS$_i$h	kg/PS$_i$h
Wärmeverbrauch pro PS$_i$h (von 0° C an gerechnet)	kcal/PS$_i$h

4. Wirkungsgrade.

Expansionsendspannung	kg/cm²
Gütegrad in bezug auf den Clausius-Raukine-Prozeß . . .	vH
Gütegrad in bezug auf den V. d. J.-Prozeß (mit abgebrochener Expansion)	vH
Wirtschaftlicher Wirkungsgrad	vH

5. Schmierölverbrauch.

Verbrauch an Zylinderöl pro PS$_i$h	kg/PS$_i$h
Verbrauch an Maschinenöl pro PS$_i$h	kg/PS$_i$h

Der Zylinderdurchmesser ist im betriebswarmen Zustand zu messen. Der Versuch soll nicht vor Erreichen des Beharrungszustandes in der Maschine und den Meßgeräten beginnen. Dampfspannung, Überhitzungstemperatur, Belastung und Wasserstand des Kessels sind möglichst gleichmäßig zu halten. Druck, Temperatur und Wasserstand sind etwa alle 10 bis 20 min abzulesen, in gleichen Zeiten sind Diagramme aufzunehmen.

Der Dampfverbrauch wird entweder durch Messung des Speisewassers oder durch Wägung des Kondensats festgestellt. Die letztere Messung ist bedeutend genauer und zuverlässiger als die erstere, bei der die Wasserstände des Kessels abzulesen sind. Kondensatmessungen ergeben häufig einen etwas zu günstigen Dampfverbrauch, da durch Undichtheiten (z. B. an den Stopfbuchsen) entweichender Dampf und von der Luftpumpe mitgefördertes Kondensat nicht berücksichtigt wird.

Bei Beginn des Versuches ist der Wasserstand von einem festen Punkt aus zu messen und durch einen das Glas umschlingenden Faden zu bezeichnen. Während des Versuches ist der Wasserstand etwa 10 bis 15 mm höher als bei Beginn zu halten. Der Versuch ist beendigt, wenn die ursprüngliche Marke durch Aufhören des Speisens wieder erreicht ist.

Läßt sich die effektive Leistung durch Bremse oder Dynamo nicht direkt messen, so können die Verbrauchsziffern pro $PS_e h$ wenigstens mit Annäherung durch Leerlaufversuche festgestellt werden.

Im übrigen haben Versuche häufig Abnahme der Leerlaufarbeit mit wachsender Belastung ergeben.

Das Kondensat aus der Dampfleitung ist von dem Speisewasserverbrauch abzuziehen, während das Kondensat der Deckelheizung usw. der Maschine zur Last fällt. Die das Wasser auffangenden Meßgefäße sind durch Rohrschlangen zu kühlen, um Verluste durch Wiederverdampfen zu vermeiden. In Heißdampfmaschinen tritt an Stelle dieser Kondensatmessungen die Bestimmung des Temperaturabfalls, die der Heißdampf in der Leitung, den Deckeln usw.

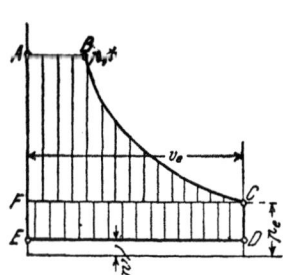

Fig. 63. Ermittlung des Gütegrades.

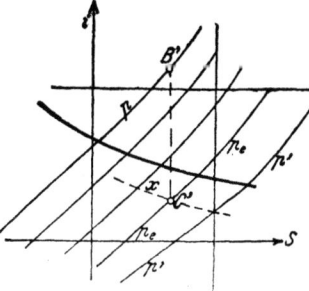

Fig. 63a.

erfährt. Wird der Deckel vom Heißdampf durchströmt, so ist bei Berechnung der $kcal/PS_i h$ die Temperatur des Dampfes vor dem Zylinder, nicht die im Deckelraum einzusetzen, da der Abkühlungsverlust in diesem zum Verbrauch der Maschine gehört.

Empfehlenswert sind Zwischenabschlüsse, die auf das Vorhandensein des Beharrungszustandes und die Zuverlässigkeit der gemachten Beobachtungen schließen lassen. Die Ablesung von Einzelwerten (z. B. von Druck und Temperatur) ist gegen die von Summenwerten (Umlaufzahl, Wassermessung) um eine halbe Ablesungsperiode zu versetzen.

Der Gütegrad läßt sich anhand der Mollierschen S-S-Tafel leicht bestimmen. Die Arbeit L_0, die 1 kg Dampf in der verlustlosen Maschine höchstens leisten kann, wird in Fig. 63 durch Fläche $ABCDE$ = Fläche $ABCF + CDEF$ dargestellt. Fläche $ABCF$ stellt die bei vollständiger, adiabatischer Expansion von p auf p_e gewonnene Arbeit L_1 dar, die als Strecke $B'C' = i_1 - i_e$ aus der I-S-Tafel entnommen werden kann. Fig. 63a.

$$L_1 = \frac{i_1 - i_e}{A}.$$

Ist v_e das spezifische Volumen im Punkt C, so hat die dem Rechteck $C\,D\,E\,F$ entsprechende Arbeit den Wert

$$L_2 = (p_e - p') \cdot v_e.$$

Ist $(v_e)_s$ das Volumen des trocknen Sattdampfes, so wird

$$v_e = x \cdot (v_e)_s.$$

x findet sich aus der I-S-Tafel. Bei Überhitzung ist $v_e = \frac{RT}{p} - C$.

Es folgt:

$$A L_0 = i_1 - i_e + A (p_e - p') \cdot v_e.$$

Mit $A = \frac{1}{427}$ und für p in at wird

$$L_0 = 427 (i_1 - i_e) + 10\,000 (p_e - p') \cdot v_e. \quad \text{(in mkg)}$$

$$\eta_g = \frac{L_i}{L_0}.$$

Bei Feststellung des Gütegrades in bezug auf den Clausius-Rankine-Prozeß wäre zu setzen:

$$L_0 = \frac{i_1 - i'}{A},$$

worin i' = Wärmeinhalt beim Druck p'.

Vor-
.... den 19   **Tagesbericht der**

Uhr	In Betrieb						Über-hitzung C°		Dampfdruck kg/cm² in				Luftleere in cm	
	Maschine Uml/min			Kessel			An Maschine	Kessel	Kessel	Schieber H.D	M.D	N.D	Maschine	Kondensator
	I	II	III	I	II	III								
12 h nachts														
1 h „														
2 h „														
3 h „														

Betriebsstunden			Erdschluß in	H	N
Maschine I	Kessel I	K Pumpe I	Morgens 8 h +		
„ II	„ II	„ „ II	„ „ −		
„ III	„ III	R „ I	„ 10 h +		
		„ „ II	„ „ −		
Summe:			Nachm. 2 h +		
			„ „ −		
			„ 4 h +		
			„ „ −		

Betriebsbericht.

Während bei Dampfdynamos die Leistung jederzeit an den Instrumenten abgelesen werden kann, muß bei Transmissionsantrieb häufig indiziert werden, um die Leistung annähernd zu ermitteln. Ist der Dampfdruck annähernd konstant, so kann aus dem Stand der Reglermuffe auf die Belastung geschlossen werden. Für kleinere Anlagen empfiehlt sich Vordruck 10.

Vordruck 10.

Dampfmaschine Nr.	Angelassen	Abgestellt	Betriebsstörung	Belastung etwa	Dampfverbrauch aus Speisewassermenge kg/PS	Dampfdruck im Mittel	Dampftemperatur im Mittel	Luftleere
I								
II								
III								

Wird dem Kessel Heizdampf entnommen, so ist in die Heizleitung ein Dampfmesser einzubauen. Der Verbrauch der Maschine ist dann gleich dem Unterschied zwischen der durch den Wassermesser ermittelten Gesamtverbrauch und der durch den Dampfmesser angezeigten Dampfmenge.

Für größere Anlagen ist der Vordruck 11 bestimmt.

druck 11.

Elektrischen Zentrale,

Am Schaltbr. abgelesen Stromstärke Maschine					Stand der Elektr. Zähler in KWh Maschine			Temperaturen in C°							Bemerkungen
I		II		III	I	II	III	Speisewasser	Kühlwasser	Maschinenraum	Kesselraum	Oberkessel	Fuchs		
H	N	H	N	H			Volt								
															Unterschrift des Maschinisten

Kohlenverbrauch zum Anfeuern …	I = ………… kg	Gesamt-Kilowattstunden = …………
„ für Dampf-Dynamo .	II = ………… „	Gesamt-Kohlenverbrauch Pos. I, II, III, IV . . = …………
„ „ Nebenmaschinen .	III = ………… „	Kohlenverbrauch für 1 KWh Brutto . . . = …………
Netto-Kohlenverbrauch für Werkstellen und andere Zwecke	IV = ………… „	
Gesamt-Kohlenverbrauch	V = ………… kg	Kohlenverbrauch für 1 KWh Netto . . = …………
Anfeuerkohle für Elektr. Zentrale . . .	VI = ………… kg	Maschinenölverbrauch . = …………
„ „ Werkstellen	VII = ………… „	Zylinderölverbrauch . . = …………
Brutto-Kohlenverbrauch für Werkstellen	VIII = ………… „	Maschinenmeister …………

2. Ölmaschinen. Versuchsbericht. Zweitakt-Maschine mit Dynamo gekuppelt.

Kolbendurchmesser	m		Zündöl in 1 h	kg
Kolbenstangendurchmesser	mm		für 1 PS$_i$h	„
Kolbenfläche	m²		für 1 PS$_e$h	„
Hub	m		Unterer Heizwert des Teeröls	kcal
Konstante $\frac{O \cdot s}{60 \cdot 75}$				
Versuchsdauer	min		Unterer Heizwert des Zündöls	„
Mittlere Umlaufzahl	Uml/min		Aufgewendete Wärme	
Nutzbare Leistung der Dynamomaschine	kW		Teeröl	kcal/PS$_e$h
Dynamowirkungsgrad	vH		Zündöl	„
			Insgesamt	„
Nutzleistung der Dieselmaschine	PS$_e$		Teeröl	kcal/PS$_i$h
			Zündöl	„
Mittlerer indizierter Druck { Zyl. I Deckels. Kurbels. Zyl. II Deckels. Kurbels.	kg/cm²		Insgesamt	„
			Brennstoffkosten bei ein.	
Mittlere indizierte Leistung { Zyl. I Deckels. Kurbels. Zyl. II Deckels. Kurbels.	PS$_i$		Preis von — ℳ für 100 kg Teeröl und — ℳ für 100 kg Zündöl	ℳ/PS$_e$h
			Kühlwasserverbrauch	
Gesamte indizierte Leistung	PS$_i$		in 1 h	kg
Leistung N$_l$ der Luftpumpe	PS$_l$		für 1 PS$_e$h	„
Mechanischer Wirkungsgrad			für 1 PS$_i$h	„
1. einschließlich Luftpumpe $\left(\frac{N_e}{N_i}\right)$	vH		Kühlwassertemperaturen	
			Eintrittstemperatur	°C
			Austrittstemperatur	°C
			Temperaturerhöhung	°C
2. ausschließlich Luftpumpe $\left(\frac{N_e}{N_i - N_l}\right)$	vH		Schmierölverbrauch für Zylinder und Stopfbuchsen	
Brennstoffverbrauch			in 1 h	kg
im ganzen	kg		für 1 PS$_e$h	kg/PS$_e$h
Teeröl { in 1 h für 1 PS$_i$h für 1 PS$_e$h	„ „		Abgastemperatur { Zyl. I Kurbelseite Deckelseite Zyl. II Kurbelseite Deckelseite	°C °C °C °C

Der Bericht über Gasmaschinenversuche ist entsprechend abzufassen.

Tafel 12 gibt den Vordruck für tägliche Messungen. Die Kontrolle der Lufttemperatur in Saug- und Druckleitung der Luftpumpe ist wegen der Möglichkeit von Kühlerexplosionen sehr zu empfehlen. In Tafel 13 sind die Messungen in Gasmaschinenzentralen und ihre Auswertung zur Wärmebilanz wiedergegeben.

Bestimmung des Heizwertes von Gasen und Flüssigkeiten. Zur Messung des Heizwertes der Gase dient hauptsächlich das Junkersche Kalorimeter, Fig. 64. Das Wasser, dessen Druckhöhe zur Erzielung gleichmäßigen Zuflusses konstant gehalten wird, durchströmt einen Röhrenkessel, der im Gegenstrom von den in einem Bunsenbrenner entzündeten Gasen bestrichen wird. Die Wärme wird so vollständig abgegeben, daß die Abgase bis auf Zimmertemperatur abgekühlt sind. Die eingeführte Gasmenge G wird durch eine Gasuhr, die Wassermenge W durch Wägung gemessen. Ist $t_a - t_e$ die Temperaturzunahme des Wassers, so folgt der Heizwert:

$$H = \frac{W(t_a - t_e)}{G}.$$

Nach Einführung des Brenners in das Kalorimeter ist der Beharrungszustand erreicht, wenn das Thermometer für das Abflußwasser nicht mehr weiter steigt. Zweckmäßig wählt man durch Einstellung der Wassermenge $(t_a - t_e) = 10$ bis $20°$ C. Die mittlere Temperatur des Instrumentes mache man zur Vermeidung der Wärmeabgabe an die Umgebung gleich der Zimmertemperatur.

Vordruck 12.

Datum: ....
Maschinist vom Dienst: ....

Zeit	Drucke						Temperaturen		Luftpumpentemperaturen			
	Luftpumpe			Einblase-gefäß at	Servo-motor at	Press-Schmierung		Zylinder-kühlwasser	Kolben-kühlwasser	Druckleitung		Saugleitung	
	1. Stufe at	2. Stufe at	3. Stufe at			Kurbel at	Kreuzkopf at			HD	MD	ND	HD	MD

Bemerkungen: Stand des Teeröl-Tagesbehälters Nr.   : Vor Inbetriebsetzung um   Uhr: kg
                                                            Nach Stillstand um   Uhr: kg
                                                           Verbrauch in   h: kg
                                                           Erzeugt: kWh
                                                           Teerölverbrauch pro kWh: kg

Stand des Gasölbehälters Nr. Vor Inbetriebsetzung: kg
                                  Nach Stillstand: kg
                                  Verbrauch: kg

Schmierölverbrauch: Zylinderöl: kg
                      Maschinenöl: kg

Kontrolle des Kraftbetriebes.

Vordruck 13.

Monat ....

Monatsübersicht.

Tag	Gasverbrauch m³ bei 0° und 760 mm			elektrische Leistung kWh			Erregerstrom kWh			Stromverbrauch der Kühlwasserpumpen kWh			nutzbare elektrische Leistung kWh			Gasverbrauch für 1 kWh m³			Abhitzeverwertung							Gesamtleistung kWh	Gas m³/kWh	
	Maschine I	II	im ganzen	Maschine I	II	im ganzen	Maschine I	II	im ganzen	Maschine I	II	im ganzen	Maschine I	II	im ganzen	Maschine I	II	im ganzen	Dampfturbine				Pumpenverbrauch kWh				
		usw.			usw.			usw.			usw.			usw.			usw.		Dampf kg	Leistung kWh	Dampf für 1 kWh kg	Speisepumpe	Kühlwasserpumpe	Kondensatpumpe	im ganzen		
1			17228			20370			204			600[1)]			19566			0,88	19433	2700	7,2					22266	0,775
2																											
Summe																											
Mittel	a	b	c	d	e	f	g	h	i	k	l	m	n	o	p	q	r	s	t	u	v	w	x	y	z	α	β

$\beta = c : \alpha$
$\alpha = p + u - z$
$z = w + x + y$

$v = t : u$

$s = c : p$
$r = b : o$
$q = a : n$
$p = f - (i + m)$
$o = e - (h + l)$
$n = d - (g + k)$

[1)] einschl. z

Wärmebilanz.

Gesamtanlage	Wirtschaftlicher Wirkungsgrad		0,297	z	$z = y : c$
	Verlust durch Abgase, Reibung und Rest	10^6 kcal	45,2	y	$y = c - x$
	Nutzbare Gesamtleistung	10^6 kcal	19,1	x	$x = e + u$
Abhitzeverwertung	Wirtschaftlicher Wirkungsgrad von Turbine und Kessel		0,158	w	$w = u : s$
	Verlust durch Kühlwasser und Strahlung	10^6 kcal	12,3	v	$v = s - u$
	Nutzbar gemacht	10^6 kcal	2,3	u	$u = 859\,t : 10^6$
	elektr. Leistung	kWh	2700	t	
	Der Turbine zugeführt — Wärme	10^6 kcal	14,6[1]	s	[1]) Aus den Dampftafeln zu berechnen
	Der Turbine zugeführt — Dampf	kg	19433	r	
Ausgegangene Wärme	Wirtschaftlicher Wirkungsgrad		0,261	q	$q = e : c$
	Reibung, Abgase und Rest	10^6 kcal	31,4	p	$p = c - (e + k + m + o)$
	Verlorene Wärme — Kühlwasserpumpen	10^6 kcal	0,314	o	$o = 859\,n : 10^6$
	Verlorene Wärme — Kühlwasserpumpen	kWh	365	n	
	Verlorene Wärme — Erregung	10^6 kcal	0,175	m	$m = 859\,l : 10^6$
	Verlorene Wärme — Erregung	kWh	204	l	
	Kühlwasser der Gasmaschinen	10^6 kcal	15,7	k	$k = 1000\,f i : 10^6$
	Temperaturen °C — Erhöhung		14,9	i	$i = h - g$
	Temperaturen °C — Austritt		39,3	h	
	Temperaturen °C — Eintritt		24,4	g	
		m³	1050	f	
	Nutzbare Leistung	10^6 kcal	16,8	e	$e = 859\,d : 10^6$
	Nutzbare Leistung	kWh	19566	d	
Eingebrachte Wärme	Wärmewert	10^6 kcal	64,3	c	$c = a b : 10^6$
	Unterer Heizwert kcal/h		3729	b	
	Gasverbrauch m³ bei 0° und 760 mm		1728	a	
	Tag		1	Mittel	

Monat: ....

[1]) Nach Seufert, Archiv für Wärmewirtschaft, 1922, Heft 1.

Beispiel:
Gasverbrauch $G' = 3{,}000$ ltr.
Wassermenge $W = 0{,}900$ ltr.
$t_e = 8{,}77°$ C
$t_a = 26{,}75°$ „
$26{,}70°$ „
$26{,}82°$ „
$26{,}80°$ „
$26{,}75°$ „
$26{,}80°$ „

Im Mittel während des Versuchs $26{,}77°$ C.

Sonach
$$t_a - t_e = 26{,}77 - 8{,}77 = 18° \qquad H = \frac{0{,}9 \cdot 18}{3} = 5{,}4 \text{ cal}$$

und der Heizwert von 1 m³ dieses Gases:

$$5{,}4 \cdot 1000 = 5400 \text{ cal.}$$

In diesem „oberen Heizwert" ist die Wärmemenge mitgemessen, die bei der Kondensation des in den Verbrennungsgasen enthaltenen Wasserdampfes entsteht. Um den „unteren Heizwert" festzustellen, fängt man das durch ein am Boden des Kalorimeters befindliches Röhrchen abfließende Kondensat in einem Meßgefäß auf, multipliziert die Anzahl der von 10 ltr verbrannten Gases aufgefangenen cm³ Kondensat mit 60 ($\lambda = 600$ kcal) und zieht die so erhaltene Zahl vom oberen Heizwert eines m³ ab.

Das selbsttätig aufzeichnende Kalorimeter von Junkers für Gase ist so eingerichtet, daß in der Gleichung $H = \dfrac{W}{G} \cdot (t_a - t_e)$ das Verhältnis $\dfrac{W}{G}$ konstant gehalten wird. Praktisch wird dies erreicht durch die zwangläufige Kupplung des

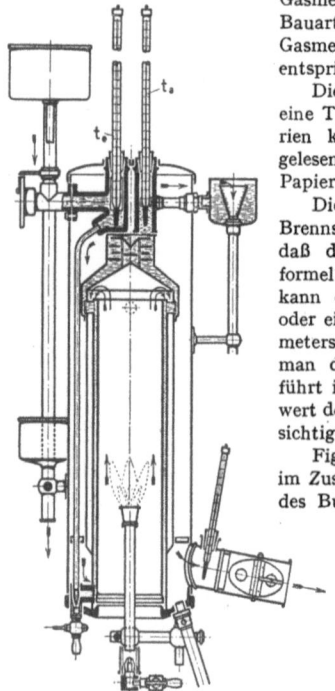

Fig. 64. Kalorimeter.

Gasmessers mit einem Wassermesser besonderer Bauart, so daß der in der Zeiteinheit verbrannten Gasmenge stets eine bestimmte Wassermenge entspricht.

Die Temperaturerhöhung $t_a - t_e$ wird durch eine Thermosäule ermittelt, die Anzahl der Kalorien kann direkt an einem Galvanometer abgelesen werden oder wird fortlaufend auf einem Papierstreifen verzeichnet.

Die Bestimmung des Heizwertes flüssiger Brennstoffe macht besondere Schwierigkeiten, so daß der Heizwert häufig nach der „Verbandsformel", S. 5, berechnet wird. Versuchsmäßig kann der Heizwert mittels der Bombe, S. 227, oder eines vervollständigten Junkerschen Kalorimeters festgestellt werden. Im ersteren Falle läßt man den Brennstoff von Watte aufsaugen und führt in diese den Zünddraht. Hierbei ist der Heizwert der Watte (für Zellulose 4200 kcal) zu berücksichtigen.

Fig. 65 zeigt das Junkersche Kalorimeter im Zusammenhang mit der Brennstoffwage. Statt des Bunsenbrenners für Gase ist ein besonderer Brenner vorgesehen, dem der Brennstoff unter Druck aus einem Behälter zuströmt. Dieser mit Druckluft-Handpumpe und Manometer versehene Behälter hängt an einer Wage, so daß der verbrauchte Brennstoff abgewogen wird.

Nach Erreichen des Beharrungszustandes wird ein kleines Gewicht von der Schale genommen und mit den Ablesungen begonnen, wenn der Zeiger der Wage durch den Nullpunkt geht. Hierbei wird ein bestimmtes Gewicht, der zu verbrennenden Ölmenge entsprechend, von der Schale entfernt. In dem Augenblick, wo dasselbe Ölgewicht verbrannt ist, geht der Zeiger wiederum durch den Nullpunkt, und die Wassermessung wird abgeschlossen.

Messung der verbrauchten Öl- und Gasmengen. Die verbrauchte Ölmenge wird meist durch die sog. „Abreißmethode" festgestellt. In das Innere eines der beiden Filtergefäße ragt eine zweckmäßig nach oben gerichtete, feststehende Spitze hinein; der Versuch beginnt, wenn durch Drehen eines Dreiweghahnes das bisher eingeschaltete Filtergefäß ausgeschaltet und das bis zur Spitze gefüllte zweite Filtergefäß auf die Maschine geschaltet wird. Ende des Versuches, wenn die zugegossene, durch Wägung zu bestimmende Ölmenge die Spitze wieder erreicht. Mitunter auch Aufstellung des Brennstoffbehälters auf eine Wage und gleiches Vorgehen, wie oben für das Junkersche Ölkalorimeter angegeben.

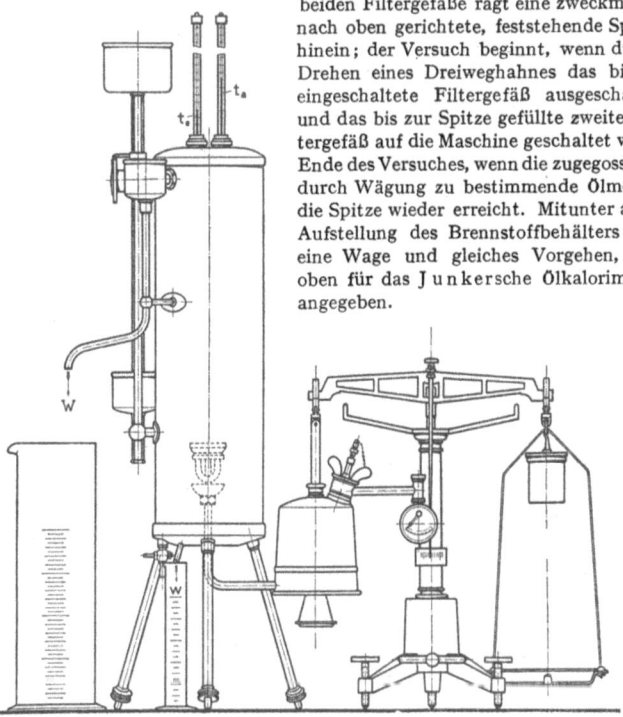

Fig. 65. Öl-Kalorimeter.

Für Betriebsversuche benutzt die Werft Wilhelmshaven eine im gewöhnlichen Betrieb ausgeschaltete Brennstoffmeßvorrichtung[1]), die aus einem Zylinder besteht, der oben an den Vorratsbehälter, unten an die Brennstoffpumpe angeschlossen ist. Dem Verbrauch entsprechend sinkt während des Versuches ein Kolben, dessen oben aus der Deckelbohrung herausragende Stange zwei Meßstriche hat. Der Versuch beginnt, wenn der untere, er hört auf, wenn der obere Meßstrich in der Bohrung verschwindet. Aus Zylinderquerschnitt und Meßstrichabstand folgt die verbrauchte Menge. In höchster und tiefster Lage legt der Kolben Hilfsöffnungen frei, so daß der Brennstoff direkt unter Umgehung des Kolbens der Maschine zufließen kann.

Bestimmung der verbrauchten Gasmenge durch Gasuhr, Gasglocke, Düse, Drosselscheibe oder Staugerät. Außerdem sind Gasdruck, Gastemperatur, Feuchtigkeitsgehalt und Barometerstand — der zum Gasdruck zu addieren ist — zu messen, um den Verbrauch auf $0°$ C und 760 mm. s. S. 128, umrechnen zu können.

Bei Verwendung von Gasglocken berechnet sich der Verbrauch aus der in einer bestimmten Zeit erfolgten Senkung und aus dem Querschnitt der Glocke. Da die Glocke sich leicht schief stellt, so ist an den vier Führungssäulen abzulesen

---

1) Föppl-Strombeck, Schnellaufende Dieselmaschinen.

und das Mittel aus den abgelesenen Werten zu nehmen. Weiterhin sind Temperaturänderungen im Innern der Glocke nicht zu vernachlässigen, die namentlich bei Sonnenschein das Ergebnis erheblich beeinflussen können. Es empfiehlt sich deshalb, genaue Versuche an trüben Tagen vorzunehmen.

Gasuhren finden hauptsächlich bei kleinen Anlagen Verwendung.

In Fig. 66 ist die Düse dargestellt, während die Drosselscheibe aus einer Blechscheibe mit zentralem, kreisrundem Loch besteht, die ähnlich wie ein Blindflansch eingebaut wird. In beiden Fällen ist mit F = Strömungsquerschnitt die sekundliche Liefermenge:

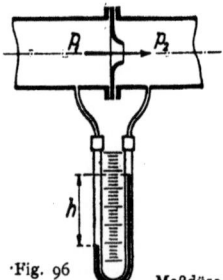

Fig. 96. Meßdüse.

$$V = k \cdot F \sqrt{\frac{2 g p'}{\gamma}},$$

$p' = p_1 - p_2$ = Druckunterschied vor und hinter Querschnitt F,
γ = Gewicht der Raumeinheit. Druck und Temperatur sind also in der Meßvorrichtung festzustellen.

k = Beiwert, vom Verhältnis m des Meßquerschnittes F zum Rohrquerschnitt F_o, sowie von der „Einschnürungszahl" α abhängig. Hierüber gibt für Luftmessungen mittels Drosselscheibe Zahlentafel 6 Auskunft.

Zahlentafel 6.

Werte von α.

$m =$	0,0	0,1	0,2	0,3	0,4	0,5	0,6	0,7	0,8	0,9	1,0
$\alpha =$	0,600	0,605	0,620	0,635	0,650	0,675	0,720	0,770	0,840	0,920	1,000

Werte von k.

	Abgerundete Düse	Drosselscheibe	Venturirohr
$k^1) =$	$\dfrac{1}{\sqrt{1-m^2}}$	$\dfrac{\alpha}{\sqrt{1-m^2\alpha^2}}$	$\dfrac{C}{\sqrt{1-m^2}}$ [3]
$k^2) =$	$\dfrac{1}{1-m}$	$\dfrac{\alpha}{1-m\alpha}$	

Für gut abgerundete Düsen ist $\alpha = 0{,}97$ bis $0{,}995$. Die Größe der Öffnung in der Drosselscheibe ist so zu wählen, daß der Druckabfall höchstens 50 mm W.-S. beträgt. Ist die Geschwindigkeit $c < 4$ m/sek, so ergibt sich starke Streuung der α-Werte. Zweckmäßig wird $c_{min} = c \cdot \gamma = 4 \cdot 1{,}3 = 5{,}2$ m/sek.

Beispiel: Der in Alkohol gemessene Druckunterschied betrage 140 mm; ist $\gamma = 0{,}8$, so folgt als Wassersäule $0{,}8 \cdot 140 = 112$ mm = 112 kg/m². Barometerstand 755 mm. Mit $k = 0{,}98$ wird bei $F = 0{,}0706$ m² ($D = 300$ mm) und $\gamma = 1{,}27$ kg/m³:

$$V = 0{,}98 \cdot 0{,}0706 \cdot \sqrt{2 g \cdot \frac{112}{1{,}27}} = 0{,}907 \text{ m}^3/\text{sek}.$$

Sek. Gasgewicht $G = V \cdot \gamma = 0{,}907 \cdot 1{,}27 = 1{,}152$ kg/sek. Beträgt der Gasüberdruck 60 mm W.-S., die Gastemperatur 20°, so wird der absolute Gasdruck:

$$p_a = 755 + \frac{60}{13{,}6} = 759{,}4 \text{ mm Q. S.}$$

Auf 0° und 760 mm Q.-S. umgerechnet, folgt:

$$V_0 = V \cdot \frac{273}{273+t} \cdot \frac{p_a}{760} = 0{,}907 \cdot \frac{273}{273+20} \cdot \frac{759{,}4}{760} = 0{,}845 \text{ m}^3/\text{sek}.$$

---

[1] Werte, wenn die Meßstellen unmittelbar am Flansch angeordnet sind.
[2] Werte, wenn die Meßstellen um $2 D$ (D = Rohrdurchmesser) vor dem Flansch bzw. um $8 D$ hinter dem Flansch angeordnet sind.
[3] C bedeutet eine durch Versuche zu ermittelnde Konstante.

Die Fig. 67 und 68 geben das Doppelstaurohr und die Stauscheibe wieder. Das Staudoppelrohr wird so in den Gasstrom gehalten, daß das Gas parallel zum Behälter E gegen die Spitze d fließt. Im Raume B wird dann der Druck $h = \dfrac{p}{\gamma} + \beta \cdot \dfrac{c^2}{2g}$ sein, während in dem äußeren Rohr, das durch Öffnungen s mit dem Gasraum verbunden ist, nur der statische Druck $\dfrac{p}{\gamma}$ herrscht. Es wird der Druckunterschied:

$$p' = \beta \cdot \dfrac{c^2 \cdot \gamma}{2g}$$

Wert β, annähernd gleich 1, ist durch Eichversuche zu bestimmen.

Bei der Stauscheibe, Fig. 68, herrscht im Raume aa' der Druck $\dfrac{p}{\gamma} + \beta \cdot \dfrac{c^2}{2g}$, im Raume bb' der Druck $\dfrac{p}{\gamma} - \beta' \cdot \dfrac{c^2}{2g}$, so daß der Druckunterschied:

$$p'' = (\beta + \beta') \cdot \dfrac{c^2 \cdot \gamma}{2g} = \beta'' \cdot \dfrac{c^2 \cdot \gamma}{2g}.$$

Der Beiwert β'' ist nicht genügend unveränderlich und hängt in starkem Maße vom Auftreten von Strömungswirbeln ab. Meist rechnet man mit $\beta'' = 1,37$.

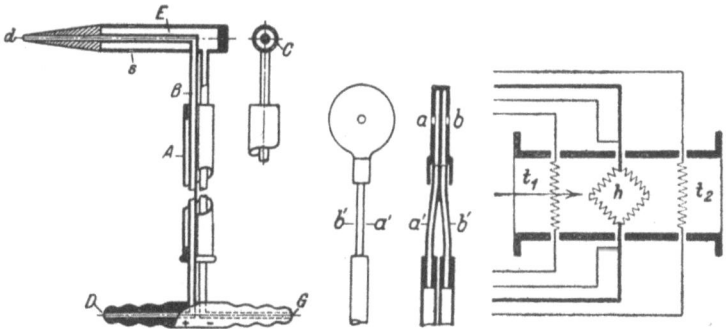

Fig. 67. Staudoppelrohr.   Fig. 68. Stauscheibe.   Fig. 69. Thomas-Gasmesser.

Da die Geschwindigkeit unregelmäßig über den Querschnitt verteilt, an den Wandungen kleiner als in der Mitte ist, so ergeben Messungen mit Staugeräten nur dann genaue Werte, wenn sie an verschiedenen Stellen des Querschnittes angestellt werden, wie dies ähnlich auf S. 323 angegeben ist. Durch diese Feststellung der mittleren Geschwindigkeit wird ein Beiwert für die Messung an nur einer Stelle gewonnen, der allerdings bei anderen Geschwindigkeiten als die bei der Messung vorhandene seine Größe ändert. Immerhin sind einzeln eingebaute Staugeräte wertvoll für die Erlangung relativer Angaben.

Fig. 69 zeigt schematisch den Thomas - Messer, der auf dem Grundgedanken beruht, daß die zu einer bestimmten Temperaturerhöhung erforderliche Wärmemenge dem Gasgewicht proportional sind. h ist ein elektrischer Heizkörper, der Unterschied der von den beiden Thermometern t_1 und t_2 angezeigten Temperaturen wird konstant gehalten, zu welchem Zweck die Thermometer als zwei Zweige einer Wheatstoneschen Brücke geschaltet werden. Jede Temperaturänderung bewirkt Ausschlagen eines Galvanometers, das seinerseits den Heizstrom des Körpers h so beeinflußt, daß der frühere Temperaturunterschied sich wieder einstellt. Die von einem in den Heizstromkreis eingeschalteten Wattmesser aufgezeichnete Schaulinie gibt unmittelbar die durchfließenden Gasmengen an.

Selbstaufzeichnende Gasvolumenmesser werden u. a. von R. Fuess, Berlin-Steglitz, und de Bruyn, Düsseldorf, gebaut. Bei dem Fuessschen Apparat[2]) wird ein Pitotsches Staurohr, bei dem „Debro"-Apparat eine Drosselscheibe oder auch ein Staurohr benutzt. In beiden Fällen wird der entstehende Druckunterschied durch einen Schwimmer bzw. Tauchglocke auf die Schreibfeder übertragen.

Messungen an Leitungen mit stoßweiser Geschwindigkeit (Saugleitungen von Gasmaschinen) ergeben zu kleine Werte. Werden die Stöße durch Drosseln der Zuleitungen zum Differentialmanometer abgebremst, so gibt dieses nicht — wie erforderlich — das Mittel aus der Quadratwurzel der Druckhöhe, sondern die Wurzel aus dem Mittel an. Die Ansichten darüber, ob die Drucke in unmittelbarer Nähe der Düse oder in einiger Entfernung von ihr gemessen werden sollen, sind geteilt. Im ersteren Fall münden die Zuleitungen — falls sie beispielsweise in Fig. 66 gerade durchgeführt wurden — in tote Räume, in denen keine Geschwindigkeit herrscht. Im zweiten Fall ist nicht zu übersehen, daß auch die Rohrreibung zwischen den beiden Anschlüssen gemessen wird. In beiden Fällen sind beide Rohre in genau derselben Weise anzuschließen.

Besonders schwierig gestalten sich Versuche an Kraftgasanlagen mit Angaben über den Kohlenverbrauch pro PSh, da schwer festzustellen ist, ob der Generator am Ende der Versuche im gleichen Zustand wie zu Beginn derselben ist. Die durch den Fülltrichter eingeworfene Kohle verteilt sich sehr ungleichmäßig. Die Dichte des Kohleninhaltes hat infolge der Entstehung von Hohlräumen usw. zu verschiedenen Zeiten ganz verschiedene Werte. Da überdies die im Schacht befindliche Kohlenmenge mehr oder weniger ausgenutzt ist, so können die in gleichen Volumina der Kohle enthaltenen Wärmemengen beträchtlich schwanken. Der Einfluß dieser Zustände nimmt mit der Dauer der Versuche ab, die Versuchsregeln des Ver. deutsch. Ing. schlagen als Mindestdauer 8 Stunden vor, doch dürften bei genauen Ermittlungen eine Versuchszeit von 20 Stunden und selbst mehr erforderlich sein.

Die periodischen Schwankungen des Gasheizwertes werden durch häufige Beschickung des Generators in kleinen Mengen verringert, zweckmäßig richtet sich die Beschickung nach den verbrauchten Gasmengen. Damit die Maschine ihre Dauerleistung beibehält, ist während des Abschlackens in der Versuchszeit die Luftzufuhr zur Maschine zu drosseln, die Zündung früher einzustellen.

Gasanalyse. Ergibt die Anlage einen zu hohen Wärmeverbrauch, so ist das Abgas zu untersuchen. Falls nicht aus besonderen Gründen, z. B. Feststellung einer Undichtheit, eine Zylinderseite allein zu untersuchen ist, in welchem Falle die Gasprobe direkt an dem Auslaßventil entnommen wird, ist die Probe hinter der Mündung der einzelnen Auspuffstutzen zu entnehmen, so daß die Abgasmenge der ganzen Maschine in Betracht kommt. Zwischen Auspuffrohr und Gummischlauch der 300 bis 500 cm³ enthaltenden Sammelflasche ist ein wassergekühltes doppelwandiges Eisenrohr oder ein durch nasse Tücher gekühltes Glasrohr einzuschalten. Da im Auspuffrohr zeitweise Unterdruck herrscht, so ist das Sammelgefäß, um das Eindringen von Luft zu verhüten, mit Wasserabschluß zu versehen. Durch das Einsatzrohr soll dauernd Gas abströmen, damit beim Öffnen des zur Sammelflasche führenden Hahnes mit Sicherheit frisches Abgas in die Flasche strömt und nicht das sonst im Einsatzrohr stagnierende Gas.

Über das Absaugen von Gasen, die unter Unterdruck stehen, s. S. 253.

In vielen Fällen genügt die Ermittlung von CO_2 und O_2 oder auch noch von CO; hierzu kann einer der auf S. 240 u. f. beschriebenen Orsatapparate dienen. Soll hingegen auch noch die Menge von H_2 und CH_4 festgestellt werden, so sind die Orsatapparate durch hierauf bezügliche Einrichtungen zu ergänzen und können in dieser erweiterten Form nunmehr auch für Frischgasanalysen benutzt werden.

Der Apparat von Ströhlein-Düsseldorf ist mit sechs Glasgefäßen versehen, die zur Aufnahme von CO_2, $C_m H_n$, O_2 und CO dienen; für CO sind zwei Gefäße vorhanden. Diese fünf Absorptionspipetten sind wie üblich durch Hähne von der zur Meßbürette führenden Verbindungskapillare absperrbar. Von der letzteren zweigt eine „Verbrennungskapillare" nach dem sechsten Glasgefäß ab, so

---

[1]) Julius Pintsch, A.-G., Berlin, führt „Stationsgasmesser" für Leistungen bis 8200 m³/st aus
[2]) Stach, Z. 1915, S. 895.

daß durch sie das Gas aus der Meßbürette direkt in dieses Glasgefäß übertreten kann. Die mit Palladiumasbest oder Kupferoxyd gefüllte Verbrennungskapillare wird durch eine kleine Gas- oder Spiritusflamme erhitzt, wobei H_2 und CH_4 entweder getrennt oder gemeinsam verbrannt werden. Der Gehalt an diesen Brennstoffen wird durch die Kontraktion infolge der Verbrennung und die neu sich bildende CO_2 bestimmt. (Apparate dieser Art bauen außerdem: Cornelius Heinz, Aachen[1]), Siebert & Kühn, Kassel, Klees, Düsseldorf [nach Aschof] u. a.[2]).)

Aus dem Gehalt der Abgase an N und O läßt sich nach S. 76 der Luftüberschuß bestimmen. Ist die Zusammensetzung auch des Frischgases bekannt, so lassen sich die Hundertteile n_o des unverbrannten Gases berechnen aus:

$$n_o = \frac{CO_a}{CO} \cdot n,$$

worin CO_a und CO die Bestandteile an CO in Volumen-vH der Abgas- und Frischgasanalyse bedeuten, n = Abgasmenge entsprechend 100 m³ Frischgas.

Da sich der Kohlenstoff des Frischgases im Abgas wieder vorfinden muß, so gilt die Beziehung:

$$100\,(CO_2 + CO + CH_4) = n\,(CO_{2a} + CO_a + CH_{4a}).$$

Zeiger a bezieht sich wie oben auf die Abgasanalyse.

Beispiel: Frischgasanalyse: 8,3 vH CO_2, 0,0 vH O_2, 30,2 vH CO, 0,3 vH CH_4, 1,1 vH H_2
Abgasanalyse: 14,3 vH CO_2, 8,4 vH O_2, 2,7 vH CO.

$$n = 100\,\frac{8,3 + 30,2 + 0,3}{14,3 + 2,7} = 228,2$$

$$n_o = 228,2 \cdot \frac{2,7}{30,2} = 20,54\ \text{vH}.$$

Bei bekannter Zusammensetzung des Frischgases brauchen von den vier Werten CO_2, O, CO und m (Luftüberschußzahl) nur zwei bekannt zu sein, die anderen sind dann nach S. 77 eindeutig bestimmt.

Abgasverlust. In den meisten Fällen wird die Menge der in den Auspuffgasen mitgeführten Wärme nicht direkt bestimmt, sondern als Unterschied zwischen der der Maschine zugeführten Wärmemenge und der Summe von Kühlwasserwärme, Ausstrahlungswärme und Wärmewert der indizierten Arbeit gefunden. Bei Anwendung des Junkersschen Abgaskalorimeters wird die Auspuffwärme an einen ständig fließenden Wasserstrom abgegeben, aus dessen Menge und Temperaturerhöhung der Verlust ermittelt werden kann.

Auf dem Wege der Rechnung läßt sich der Abgasverlust in folgender Weise bestimmen:

1 m³ Frischgas enthalte:

h_1 m³ H_2 v_1 m³ CH_4 r_1 m³ $C_m H_n$
p_1 ,, CO k_1 ,, CO_2
n_1 ,, N_2 q_1 ,, O_2

Dann ist bei vollkommener Verbrennung unter Vernachlässigung des im Frischgas enthaltenen Wasserdampfes das Volumen der aus 1 m³ Frischgas (0° und 760 mm) entstandenen Verbrennungsgase:

$$V = 100\,\frac{p_1 + v_1 + k_1 + 2\,r_1}{k} + h_1 + 2\,v_1 + 2\,r_1\quad \text{m}^3$$

bei 0° und 760 mm · k = CO_2-Gehalt der Verbrennungsgase.

---

[1] Neue Orsatapparate für technische Analyse. Von Dr. C. Hahn, Z. 1906, S. 212.
[2] Die Apparate für technische Gasanalyse. Von Prof. K. A. Aschof, Stahl und Eisen 1921 S. 1406.

Mit T = Abgastemperatur, t = Lufttemperatur, $c_{pv} = 0{,}32$ cal/m³ = spezif. Wärme von 1 m³ trockenem Verbrennungsgas, $c_{pw} = 0{,}38$ cal/m³ = spezif. Wärme von 1 m³ Wasserdampf wird der durch die abziehenden Gase verursachte Wärmeverlust;

$$I = \left[100 \frac{p_1 + v_1 + k_1 + 2r_1}{k} c_{pv} + (h + 2v_1 + 2r_1) c_{pw}\right] (T-t) \text{ kcal}.$$

Die Aufzeichnung des „Schaubildes" (s. Fig. 55, S. 77) als Dreieck mit dem größten CO_2-Gehalt k_{max} bei theoretischer Luftmenge als senkrechte Kathete und dem größten O_2-Gehalt = 21 vH als wagerechte Kathete läßt auf die Güte der Verbrennung und Richtigkeit der Analyse schließen[1]). Der durch die Untersuchung mit $CO_2 = k$ vH und $O_2 = q$ vH sich ergebende Punkt liegt bei vollkommener Verbrennung auf der Hypothenuse des Schaubildes. Liegt der Punkt in der Dreieckfläche, so ist die Verbrennung unvollkommen, bei Lage des Punktes außerhalb der Fläche ist entweder die Frischgas- oder die Abgasanalyse unrichtig. Es ist

$$k_{max} = \frac{100 (p_1 + v_1 + k_1 + 2r_1)}{p_1 + v_1 + k_1 + 2r_1 + n_1 + 3{,}76 (0{,}5 h_1 + 0{,}5 p_1 + 2v_1 + 3r_1 - q_1)}.$$

Versuchsregeln des „Vereins deutscher Ingenieure".

Über die Ausführung der Versuche sagen die vom Verein deutscher Ingenieure aufgestellten „Regeln für Leistungsversuche an Gasmaschinen und Gaserzeugern" unter anderem:

1. „Die Proben für chemische Analyse des Gases werden während des Versuches in gleichmäßigen Zwischenräumen möglichst oft entnommen und entweder an Ort und Stelle analysiert oder in zugeschmolzenen Glasröhren bis zur Ausführung der Analyse aufbewahrt. Durch die Analyse soll der Gehalt in Volumprozenten an Kohlenoxyd (CO), Kohlensäure (CO_2), Wasserstoff (H_2), Methan (CH_4), an schweren Kohlenwasserstoffen und an Sauerstoff (O_2) bestimmt werden; außerdem empfiehlt es sich, den Schwefelgehalt (in g/m³) zu ermitteln. Die Gasproben sind zwischen der Reinigungsanlage und der Maschine zu entnehmen.

2. Der Heizwert des Gases ist möglichst oft kalorimetrisch zu bestimmen. Der Brenner des Kalorimeters, in dem die Heizwertbestimmung ausgeführt wird, soll womöglich ununterbrochen von der Gasleitung aus gespeist werden. Bei Sauggasanlagen kann dies durch Anwendung einer Gaspumpe, welche aus der Leitung saugt, geschehen. Ist man gezwungen, bei abgestelltem Kalorimeter eine Gasprobe aus der Gasleitung zu entnehmen, die erst nachher unter Überdruck gesetzt und im Kalorimeter verbrannt wird, so soll die abgezapfte Gasmenge mindestens 300 ltr. betragen, damit das Kalorimeter auch hinsichtlich des abtropfenden Verbrennungswassers zuerst in den Beharrungszustand gebracht werden kann, und damit dann mindestens 100 ltr. für zwei aufeinander folgende Heizwertermittlungen übrig bleiben. Die Saugpumpe der Gasbehälter und die Leitungen müssen bei der Kalorimetrierung von Sauggas besonders sorgfältig gedichtet werden.

3. Die Gasuhr des Kalorimeters, in dem der Heizwert des erzeugten Gases bestimmt wird, muß geeicht werden. Zur Bestimmung der Temperaturen des Kalorimeterwassers dürfen nur mit Eichschein versehene Thermometer, oder mit solchen verglichene Thermometer, die mindestens in $1/10°$ eingeteilt sind, verwendet werden.

Bemerkung: Auf Grund der chemischen Analyse kann der Heizwert von Gasen, welche keine schweren Kohlenwasserstoffe enthalten, mittels der Formel

$$30{,}5 (CO) + 25{,}7 (H_2) + 85{,}1 (CH_4)$$

berechnet werden, falls die Bestimmung durch Kalorimeter nicht ausführbar ist.

4. Die Menge des erzeugten oder verbrauchten Gases wird mittels Gasglocke oder Gasuhr bestimmt. Die Querschnittfläche der Gasglocke ist durch Messung ihres Umfanges an mehreren Stellen zu bestimmen. Verbrauchmessungen mittels der Gasglocke sollen nicht ausgeführt werden, während die Sonne auf die Glocke scheint.

5. Die Gasuhr ist zu eichen und nach der Wasserwage aufzustellen; sie ist so zu füllen, daß der Wasserstand der normalen Füllung beim Eichen entspricht. Zwischen Gasuhr und Maschine ist ein Druckregler oder ein so großer Saugraum einzuschalten, daß der Wasserstand an der Gasuhr bei den auftretenden Druckschwankungen nur leichte Zuckungen ausführt.

6. In der Versuchsdauer angepaßten Zwischenräumen sind abzulesen: die Stellung der Gasglocke an drei Stellen oder der Stand der Gasuhr; der Druck in der Glocke oder der Gasuhr; die

---

[1]) Seufert, Betriebskontrolle in Koksofengas- und Gichtgas-Zentralen. Archiv für Wärmewirtschaft 1922, Heft 1.

Temperatur des Gases beim Eintritt und beim Austritt aus der Glocke oder dem Gasmesser und vor der Maschine; der Barometerstand.

7. Ist die Temperatur des Gases bei der Verbrauchmessung verschieden von derjenigen bei der Heizwertbestimmung, so ist bei der Umrechnung auch diejenige Vergrößerung des Volumens zu berücksichtigen, die durch den größeren Feuchtigkeitsgehalt des Gases bei höherer Temperatur bedingt ist.

8. Der Verbrauch an flüssigem Brennstoff ist durch Wägung oder Raummessung festzustellen. Für die Bestimmung des Heizwertes, der Zusammensetzung und des spezifischen Gewichtes des Brennstoffes genügt dabei eine Durchschnittsprobe.

9. Gleichzeitig mit den Messungen über den Brennstoffverbrauch von Verbrennungskraftmaschinen ist der Verbrauch an Schmieröl für ihre Arbeitszylinder zu bestimmen.

10. Soll bei doppeltwirkenden oder Tandem- oder Zwillingsmaschinen der Verbrauch bei niedrigeren Belastungen bestimmt werden, so darf dabei nicht etwa an einer oder mehreren Zylinderseiten der Gaszutritt abgesperrt werden, falls nicht andere Bestimmungen vereinbart und im Versuchsbericht erwähnt werden, oder falls nicht der Regler selbsttätig die Absperrung besorgt.

In den „Erläuterungen" wird weiterhin bemerkt:

„Bei der Bestimmung des mechanischen Wirkungsgrades ist zu beachten, daß auch bei gleichbleibender Belastung der Maschine infolge der oft unvermeidlichen Streuung der Diagramme Geschwindigkeitsschwankungen auftreten, so daß bei einigen Arbeitsspielen ein Teil der indizierten Arbeit zur Vermehrung der lebendigen Kraft des Schwungrades verwendet wird, bei anderen Arbeitsspielen umgekehrt das Schwungrad lebendige Kraft abgibt. Um die Fehler, die hierdurch in der Bestimmung des mechanischen Wirkungsgrades entstehen, klein zu machen, muß man mindestens 10 Diagrammsätze nehmen, die aber, falls die Maschine sonst im Beharrungszustande ist, nicht auf längere Zeit verteilt zu werden brauchen.

Daß man in dieser Zeit nicht etwa eine Verstärkung der Schmierung zulassen darf, ist selbstverständlich.

Änderungen, welche mit der Zeit im mechanischen Wirkungsgrade eintreten, z. B. durch Verschmutzung, können auch bei langer Versuchsdauer nicht sicher festgestellt werden; sie machen sich oft erst nach wochenlangem Betriebe bemerkbar. Die Feststellung des mechanischen Wirkungsgrades nach erreichtem Beharrungszustand kann sich immer nur auf den gerade vorhandenen Zustand der Maschine beziehen.

Die Anzahl der auf ein Blatt zu schreibenden Einzeldiagramme läßt sich nicht ein für allemal angeben. Der Streuung wegen, welche bei großer Belastung geringer ist als bei kleiner, soll man nicht zu wenig schreiben; aber mann wird anderseits gut tun, nicht mehr zu nehmen, als man voneinander unterscheiden kann. Das Entstehen einer Schattierung durch zu viele Diagramme macht ihre Auswertung nur unsicher."

d) Beurteilung der Indikatordiagramme.

Diagramme werden sowohl zur Berechnung der indizierten Leistung, als auch zur Beurteilung der Steuerungs-Einstellung und der Wirkungsweise der Arbeitsmittel im Zylinder aufgenommen.

1. Dampfmaschinendiagramme.

Fig. 70: Voreinströmung fehlt, der Druck steigt allmählich an.

„ 71: Die Kompressionsendspannung übersteigt den Eintrittsdruck, während der Voreinströmung strömt der Dampf aus dem Zylinder in den Frischdampfraum.

„ 72: Nachfüllung. Gegen Ende des Hubes strömt infolge unrichtiger Bemessung des Expansionsschiebers Frischdampf nach.

„ 73: Undichtheit des Kolbens oder des Auslaßorgans, starker Abfall der Expansionslinie.

„ 74: Undichtheit der Schieber oder Ventile, Expansionslinie liegt zu hoch.

Fig. 75: Der Dampf tritt zu früh ein, infolge mangelnder Vorausströmung und enger Auspuffleitung ist der Gegendruck zu hoch.

„ 76 und 76a: Die Schleifen links sind nicht auf Kolbenundichtheit in Verbindung mit später Eröffnung, sondern auf Überschleifen der Indikatorbohrung zurückzuführen. Der Druck in dieser Bohrung bleibt während der Zeit der Absperrung vom Zylinder konstant oder sinkt, wenn der Indikatorkolben undicht ist. (Gramberg, Maschinenuntersuchungen).

Fig. 77: Starke Reibung des Indikatorkolbens.
,, 78: Schwingungen der Indikatorfeder.
,, 79: Schleifenbildung infolge zu hohen Gegendruckes, tritt auch bei zu großer Expansion in Auspuffmaschinen mit normalem Gegendruck auf.
Fig. 80: Stark verspätete Einströmung, richtige Diagrammform punktiert.

2. Gasmaschinendiagramme.

Fig. 81: Steil ansteigende Verbrennungslinie, stoßender Gang.
,, 82: Frühzündung. Das bei Kompressionsbeginn entzündete Gemisch wird verdichtet, so daß die Kompressionsendspannung sehr hoch ansteigt und das Triebwerk schwer belastet.
,, 83: Kompressionsdiagramm. Der Druck ist beim Kolbenhingang höher als während der Expansion beim Rückgang. Der Kolben war infolge schadhafter Ringe undicht.
,, 84: Vorzündung infolge Nachbrennen von Rückständen.
,, 85: Infolge schadhafter Kolbenringe schlägt die Zündung von einer Kolbenseite auf die andere durch.
,, 86: Zu späte Zündung.
Fig. 87: Nachbrennen, hoher Gegendruck bei Beginn der Ausströmung.
,, 88: Indikatorgestänge geht zu schwer und klemmt, die atm. Linie ist doppelt gezeichnet.
,, 89: Streuen des Diagramms, bei konstanter Belastung ergeben sich verschiedene mittlere Drucke.
,, 90: Das Diagramm einer Zweitaktmaschine zeigt Frühzündung. Die Drucksteigerung pflanzt sich durch das undichte oder nicht völlig geschlossene Einlaßventil durch die Kanäle bis in die Gas- und Luftpumpe fort. Die punktierten Linien zeigen die Drucksteigerung.
,, 91: Selbstzündung infolge schlechten Schmieröles mit niedriger Entflammungstemperatur.

3. Dieselmaschinendiagramme.

Fig. 92: Es fehlt die nötige Menge Verbrennungsluft, die Ventile können undicht, die Saugöffnungen verstopft sein. Nachbrennen.
,, 93: Verspätete Verbrennung, die Verteilerplatten sind vom Brennstoff reingeblasen, so daß zuerst Luft, erst später Brennstoff-Luftgemisch einströmt.
,, 94: Einfluß des Zerstäuberluftdruckes bei möglichst gleicher Belastung.
,, 95: Maschine ist überlastet.
,, 96: Verspätete Verbrennung infolge zu niedrigen Einblasedruckes.
,, 97: Streuung und ungleichmäßige Verbrennung. Der Brennstoff wird unregelmäßig eingeführt. Unvollkommene Zerstäubung.
Fig. 98: Nachbrennen. Die Brennstoffnadel öffnet zu spät. Der Einblasedruck ist zu niedrig. Der Zerstäuber ist zu eng.
,, 99: Versetztes Diagramm. Vorgänge in der Nähe der Totpunktlage lassen sich bei Kolbenwegdiagrammen nur unvollkommen verfolgen, da hier die Papiertrommelbewegung stark vermindert ist. Die Vorgänge werden deutlich gemacht durch Antrieb der Trommel von einer Kurbel oder einem Exzenter aus, das gegen die Kurbel der untersuchten Maschine um 90° versetzt ist.

Betriebskontrolle der Kolbenkraftmaschinen. — Beurteilung usw. 319

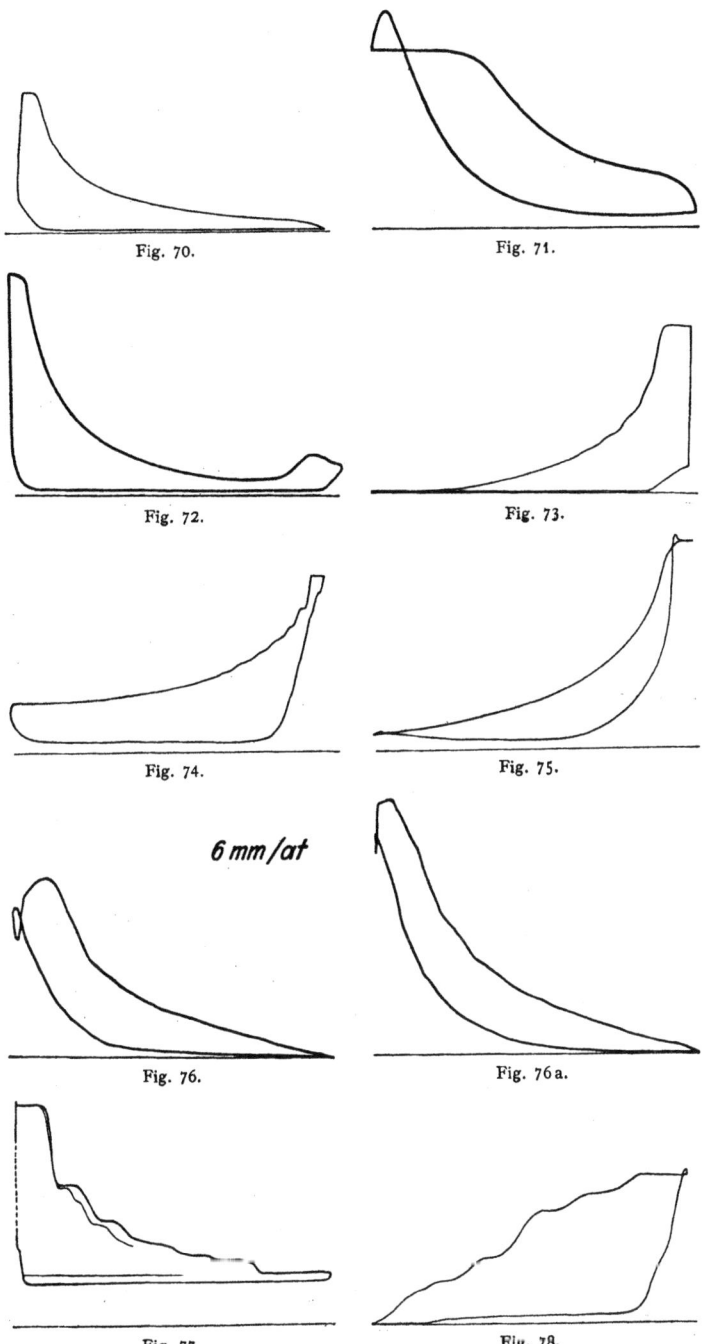

Fig. 70. Fig. 71.

Fig. 72. Fig. 73.

Fig. 74. Fig. 75.

6 mm/at

Fig. 76. Fig. 76a.

Fig. 77. Fig. 78.

320 Kontrolle des Kraftbetriebes.

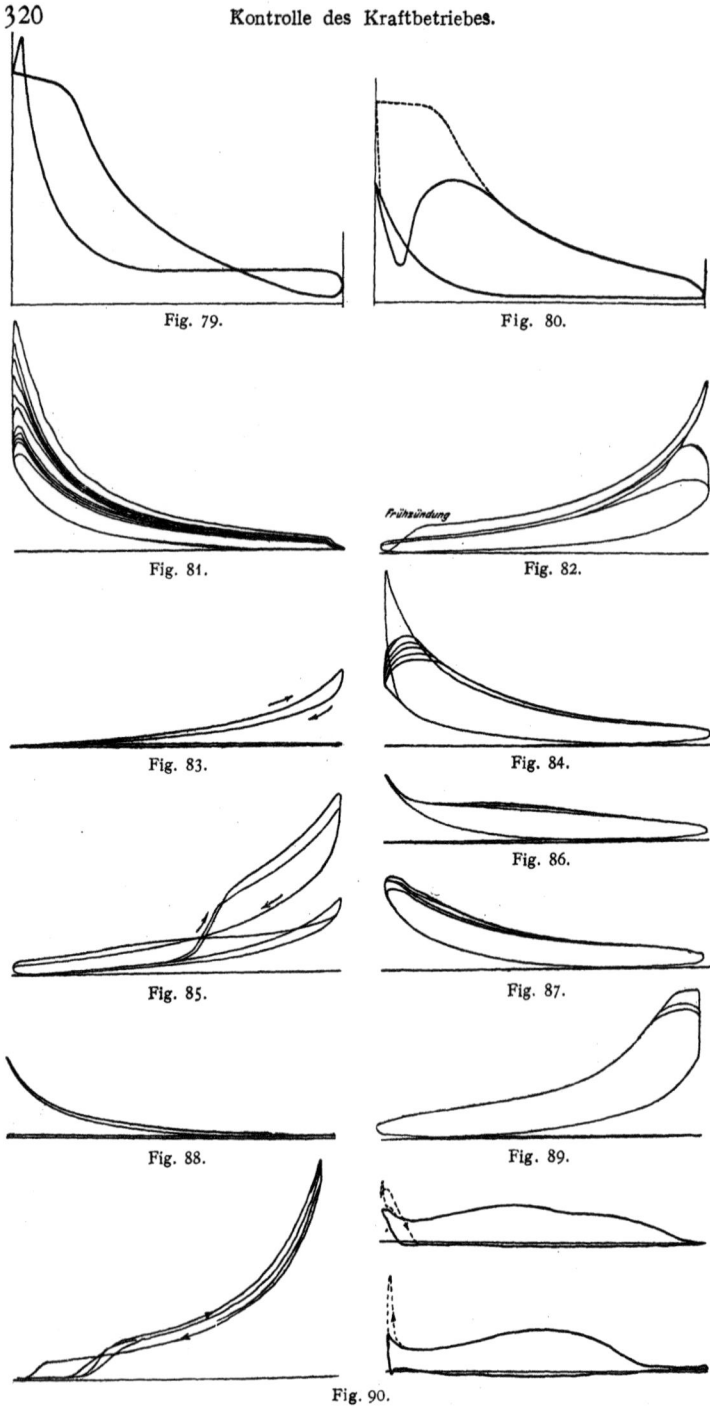

Fig. 79.

Fig. 80.

Fig. 81.

Fig. 82.

Fig. 83.

Fig. 84.

Fig. 86.

Fig. 85.

Fig. 87.

Fig. 88.

Fig. 89.

Fig. 90.

Betriebskontrolle der Kolbenkraftmaschinen — Beurteilung usw. 321

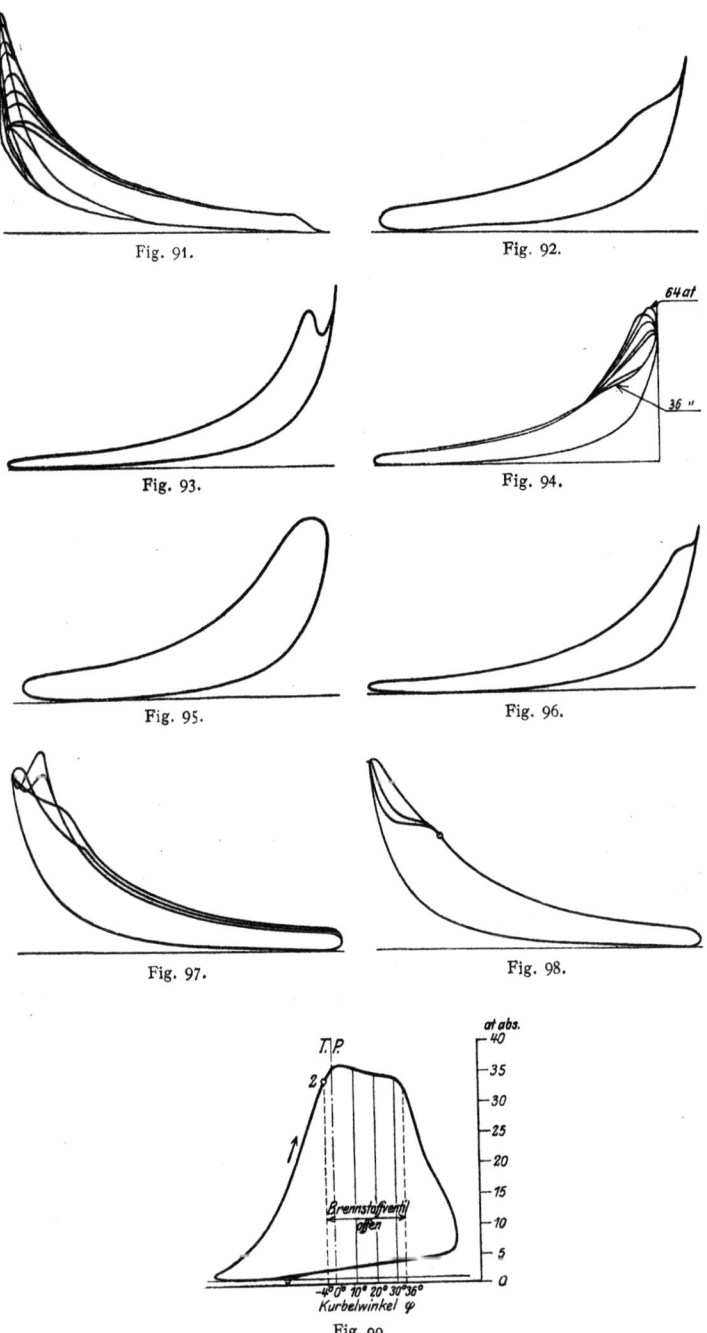

Fig. 91.

Fig. 92.

Fig. 93.

Fig. 94.

Fig. 95.

Fig. 96.

Fig. 97.

Fig. 98.

Fig. 99.

Dubbel, Betriebstaschenbuch. 21

IV. Betriebskontrolle bei Wasserturbinen.

Bearbeitet von H. Dubbel.

Die Untersuchungen haben meist die Bestimmung der Höchstleistung, der Wassermenge und des Wirkungsgrades bei voller und teilweiser Belastung zum Ziel. Die theoretische Leistungsfähigkeit des Wassers ist

$$N_i = \frac{Q \cdot H \cdot 1000}{75} \text{ PS} = \frac{Q \cdot H \cdot 1000}{102} \text{ i kW},$$

wenn Q = Wassermenge in m³/sek.

H = Nutz- oder Betriebsgefälle in m.

Ist N_e die durch den Versuch ermittelte effektive Leistung der Turbine, so folgt der Wirkungsgrad

$$\eta = \frac{N_e}{N_i}.$$

a) Messung der Wassermenge.

Die Wassermenge wird durch Überfälle, Woltmann-Flügel oder Schirme gemessen. Erwähnenswert ist auch die Wassermessung mittels Salzlösung, s. Z. des V. d. S. 1922, S. 18.

1. **Überfallmessung.** Man unterscheidet Überfälle mit und ohne Seitenkontraktion, je nachdem die Überfallbreite b kleiner oder ebenso groß ist wie das Zuflußgerinne. In beiden Fällen ist die sekundlich überfließende Wassermenge:

$$Q = \mu \cdot b \cdot \sqrt{2g h^3},$$

worin μ bestimmte, durch Eichversuche zu ermittelnde Beiwerte sind.

Für Überfälle ohne Seitenkontraktion und $h > 0.1$ m ist nach Frese:

$$\mu = 0.615 + \frac{0.0021}{h}, \qquad h \text{ in m}.$$

Zu beachten ist, daß der Wasserspiegel an der Stelle, wo h ermittelt wird noch nicht gekrümmt ist.

Messungen mittels Überfällen mit Seitenkontraktion sollen möglichst vermeiden werden, da hierbei die Verhältnisse sehr verwickelt sind.

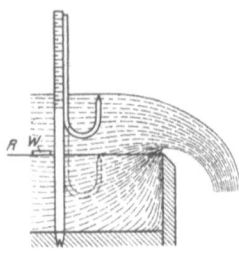

Fig. 100. Messung der Überfallhöhe h.

Die Bedeutung der Höhe h und deren Messung zeigt Fig. 100. Die punktierte Lage des Hakenmessers, durch Richtlineal R und Wasserwage W in der Ebene der unteren Mündungskante festgelegt, ist die Nullage für die Messung. h wird abgelesen, wenn die Spitze gerade die Wasseroberfläche durchdringt.

Außer Überfallwehren mit rechteckigen Strahlquerschnitten werden auch Wehre mit dreieckigem Querschnitt verwendet. Hierbei schließen die geschärften Kanten einen Winkel von 90° miteinander ein. Es wird (Fig. 101):

$$Q = \mu \cdot \sqrt{2g \cdot \frac{h}{3}} \cdot h^2 \left(1 - \frac{1}{144}\right) = k \cdot h^{\frac{5}{2}}.$$

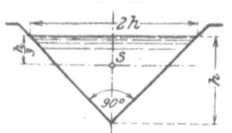

Fig. 101. Überfallwehr mit dreieckigem Querschnitt.

Nach Angabe des Dresdener Flußbaulaboratoriums ist $k = 1,4$, nach Weisbach $k = 1,46$. (Über die Meßgenauigkeit mit drei- und viereckigen Überfällen s. Wagenbach, Z. für das ges. Turbinenwesen 1910, S. 561.)

Überfallmessungen ergeben genaue Werte, doch wird das Ergebnis durch die in höherer Potenz sich geltend machende Ablesung h stark beeinflußt.

2. **Woltmann-Flügel.** Die Geschwindigkeiten sind an verschiedenen Stellen des Wassers sehr verschieden; sie sind infolge der Reibung an den Ufern kleiner als in der Mitte des Grabens. Der Grabenquerschnitt wird deshalb in eine Anzahl rechteckiger Felder zerlegt und im Mittelpunkt jedes dieser die Geschwindigkeit mittels Woltmann-Flügel bestimmt. Die Zahl der Umdrehungen wird elektrisch auf einen Registrierapparat übertragen. Die bei unregelmäßigen Grabenquerschnitten an den Ufern bei der Teilung sich ergebenden Zwickel werden zu den benachbarten Rechtecken hinzugezählt. Ein anderes Verfahren sieht Teilung des Grabenquerschnittes in senkrechte Streifen vor, in denen der Flügel langsam und gleichmäßig mittels besonderer Vorrichtung an einer Stange auf und ab bewegt wird, worauf abgelesen wird. Anordnung mehrerer Flügel an einer Stange erleichtert und verkürzt die Messungen, wagerechte Verschiebung des Flügelhalters durch einen Rollwagen, der auf Schienen quer zum Graben läuft, gestattet in diesem Fall gleichzeitige Messung in mehreren Punkten eines senkrechten Feldes und schnellen Übergang von einem Streifen zum anderen

Die Woltmann-Messung kommt vor allem in kurzen Kanälen mit großen Wassermengen zur Anwendung. Sie ist genau, aber auch umständlich und ermöglicht nicht überschlägliche Berechnung des Ergebnisses während des Versuches.

3. **Schirmmessung** (Fig. 102). Diese von Prof. Erik Andersson in Stockholm herrührende Messung hat sich rasch eingeführt, sie erfordert auf 12 bis

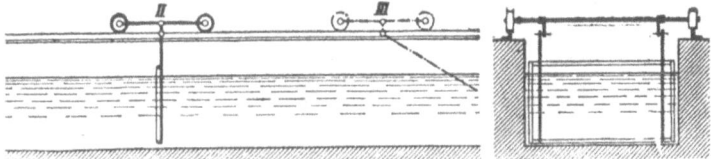

Fig. 102. Schirmmessung. *II* Laufstellung. *III* Schrägstellung.

15 m einen Kanal von gleichmäßigem Querschnitt, in dem sich mit möglichst geringem Spiel eine senkrecht eingehängte Platte mit Wassergeschwindigkeit bewegt. Die Zeit, die der „Schirm" zum Durchlaufen der Meßstrecke braucht und durch Kontakte elektrisch bestimmt werden kann, ergibt sofort die Geschwindigkeit. Nach Passieren der letzten Meßstelle stößt der Wagen des Schirmes gegen einen Anschlag und der Schirm stellt sich schräg, um den Wasserdurchfluß freizugeben.

Wichtig ist möglichste Verringerung des Bewegungswiderstandes und des Gewichtes des Wagens, damit der Schirm der Wasserbewegung möglichst genau folgt. Zu dem Zweck wird das Wagengestell aus dünnwandigen Rohren zusammengeschweißt, die Laufrollen werden aus Aluminium hergestellt, der Schirm besteht aus einem Flacheisenrahmen, über den gefirnißte Leinwand gespannt ist[1].

b) Normen für Leistungsversuche.

Im folgenden sind einige der wichtigsten Bestimmungen der „Normen für Leistungsversuche an Wasserkraftanlagen", 1921 vom Verein deutscher Ingenieure und vom Deutschen Wasserwirtschafts- und Wasserkraft-Verband aufgestellt, wiedergegeben.

Über die Bestimmung der Nutzleistung s. S. 298.

---

[1] Schmitthenner. Ein neues Wassermeßverfahren. Z. des V. d. P. 1907, S. 627. Reichel, Wassermessungen. Z. des V. d. F. 1908, S. 1835.

Das Gefälle. Als Rohgefälle (H_r) gilt der Höhenunterschied der Wasserspiegel am Anfang und am Ende der ausgenutzten Strecke des Wasserlaufes.

Das Nutzgefälle (Betriebsgefälle) H in m ist gleichbedeutend mit der Verringerung der Energie innerhalb der Turbine, die ein kg Wasser erfährt, wenn es vom Anfang der Turbine bis an das Ende derselben herabsinkt und nur noch soviel Energie behält, als es bei normalem Wasserstand zum Weiterfließen im anschließenden Untergraben bedarf.

Die Energie kann in Form von potentieller Energie (Höhenlage h über einer beliebig angenommenen Nullebene und nachhaltiger Überdruck $\frac{p}{\gamma}$ über einem beliebig angenommenen Normaldruck) oder als Strömungsenergie $\frac{c^2}{2g}$ auftreten.

$$E = h + \frac{p}{\gamma} + \frac{c^2}{2g}.$$

Es bezeichnet h die Höhenlage des Wasserspiegels in einem offenen Gerinne (dann ist $p = 0$), oder auch des Nullpunktes eines Manometers, an dem der Druck p km/m² abgelesen wird.

γ bedeutet das Gewicht von 1 m³ Wasser in kg ($\gamma = 1000$ kg/m³ bei reinem Wasser und einer Temperatur von 4° C).

c in m/sek ist die Geschwindigkeit des Wassers an derselben Stelle, an der auch h und p gemessen werden.

$g = 9{,}81$ m/sek² ist die Erdbeschleunigung.

Macht man die am Anfang der Turbine gemessenen Werte durch das Zeichen o (oben), die am Ende gemessenen durch das Zeichen u (unten) kenntlich, dann ist nach dieser Auffassung das Nutzgefälle

$$H = E_o - E_u = h_o - h_u + \frac{p_o - p_u}{\gamma} + \frac{c_o^2 - c_u^2}{2g}.$$

Die „Turbine" im Sinne vorstehender Ausführungen beginnt am Ende des offenen Kanals oder am Ende einer Rohrleitung. Etwaige Absperrorgane und Rechen gehören nicht zur Turbine.

Die Überdruckturbine endet am Beginn des Unterwasserkanals. Die Druckturbine mit dem Saugrohr endet dort, wo das Wasser das Laufrad verläßt. Als dieser Austrittspunkt wird bei Strahlturbinen (Peltonrädern) der Berührungspunkt des Strahlmittels mit dem Strahlkreis angesehen.

Einzelmessungen. Das Gefälle.

Bei Höhenmessungen (h_o, h_u) geht man von Fixpunkten aus, die durch Nivellement festgelegt sind. Die Höhenlage von Wasseroberflächen wird durch einen Stechpegel oder mittels Schwimmers bestimmt. Die zweite Methode gestattet ein bequemeres Arbeiten, hat aber die Eichung des Schwimmers mittels Stechpegels zur Voraussetzung. Während dieser Eichung soll der Wasserspiegel in Ruhe gehalten werden. Der Schwimmer soll daher (und um ihn dem Einfluß der Strömung möglichst zu entziehen) in einen solchen Schacht eingebaut werden, der durch verschließbare Öffnungen mit der zu messenden Wasseroberfläche in Verbindung steht. Trifft die Strömung senkrecht auf diese Öffnungen auf, dann zeigt der Schwimmer $h + \frac{c^2}{2g}$ an, ist die Strömung parallel zu den Öffnungen gerichtet, dann wird h gemessen. Zur Messung beider Wasserspiegel soll möglichst dasselbe Verfahren benutzt werden, also bei beiden Messungen Abstich oder bei beiden Schwimmerablesung.

Zu Druckmessungen $\left(\frac{p_o}{\gamma}, \frac{p_u}{\gamma}\right)$ in geschlossenen Querschnitten werden Piezometer, Quecksilbermanometer oder genaue Federmanometer angewendet.

Um richtige Abmessungen zu erhalten, ist das Instrument an einer geraden Rohrstrecke mit konstantem Rohrquerschnitt derart anzuordnen, daß die Bohrung (vom lichten Durchmesser des Manometerrohres, etwa 5 mm) rechtwinklig zur Innenfläche der Rohrwand und genau bündig mit letzterer mündet.

Federmanometer sind vor oder nach den Versuchen zu eichen. Der Nullpunkt des eingebauten Instrumentes ist durch Vergleichen mit einer ruhenden Wassersäule von bekannter Höhe festzustellen.

Der ebenfalls zu bestimmende Wert $\frac{c^2}{2g}$ ist als Mittelwert der Geschwindigkeitshöhe im betrachteten Querschnitt anzusehen. Er kann bei nicht zu großer Veränderlichkeit von c mit Rücksicht auf den geringen Einfluß von $\frac{c^2}{2g}$ auf das Gefälle meist aus dem Mittelwert der Geschwindigkeit $c_m = \frac{Q}{F}$ als $\frac{c_m^2}{2g}$ berechnet werden.

Die Wassermenge.

Die im Ober- oder Unterkanal gelegene Meßstelle ist tunlichst in die Nähe der Turbine zu legen. Bei Luftausscheidung im Unterkanal ist Vorsicht in der Wahl der Meßstelle geboten.

Vor Beginn der Messungen ist sorgfältig zu untersuchen, ob zwischen Meßstelle und Turbine keinerlei Wasserzu- und Abführung stattfindet.

Alle Wassermessungen sollten in einer möglichst langen geraden Strecke mit unveränderlichem (rechteckigem) Querschnitt und fester Sohle vorgenommen werden, oder doch an Stellen, wo die Geschwindigkeitsverteilung gleichmäßig und stationär ist. Gegebenenfalls ist durch den Einbau von Führungswänden eine besondere Meßstrecke zu schaffen.

Während einer Wassermessung darf die Öffnung des Leitrades bzw. bei Freistrahlturbinen die Düsenöffnung nicht geändert werden, wie überhaupt der Zustand der Turbine und die Führung des Wassers im Kanal nach Möglichkeit unverändert zu halten ist.

Schwankt der Wert $\dfrac{n}{\sqrt{H}}$ während einer Wassermessung um mehr als ± 2 vH, so ist nachzuprüfen, ob nicht die Fehlergrenze entsprechend weiter einzuschätzen ist, oder aber der Versuch ist zu verwerfen.

Abgesehen von Fällen, in denen die Parteien über die Anwendung auch einer anderen Meßart einig sind, können als zuverlässige Wassermessungen nur solche anerkannt werden, die vorgenommen werden:

a) mittels Überfalls,
b) ,, des Woltmannschen Flügels,
c) ,, Meßschirmes.

a) Überfallmessungen.

Es sind nur vollkommene Überfälle anzuwenden.

Für sehr kleine Wassermengen bis etwa 0,5 m³/sek empfiehlt sich besonders der dreieckige Überfall von Thompson.

Für Wassermengen bis etwa 3 m³/sek können rechteckige Überfälle mit oder ohne Seiteneinschnürung Verwendung finden. Überfälle ohne Seiteneinschnürung sind zu belüften.

Alle Überfälle müssen sich in ihren Anordnungen und Abmessungen (Höhenanlage der Überfallkante über dem Gerinneboden, Zuschärfung der Überfallkante, Messung der Überfallhöhe) tunlichst genau den Versuchswehren anschließen, mit denen die zu verwendenden Beiwerte gefunden worden sind. Auch sind die Messungen selbst genau so vorzunehmen wie bei den Versuchswehren.

Zuverlässige Beiwerte sind von Frese, Hansen, Rehbock, Bazin und Thompson veröffentlicht[1]). Weitere Versuche werden zur Zeit in der Schweiz ausgeführt.

Die Höhe h des Wasserspiegels über der Überfallkante des Meßwehres ist stromaufwärts vor Beginn der an kaum merkbar sich ausbildenden Senkungskurve zu messen. Der Abstand der Meßstelle von der Überfallkante soll mindestens der dreifachen größten Überfallhöhe h gleich sein[2]), es sei denn, daß an dem Versuchswehr an anderer Stelle gemessen worden ist. Es ist dann wie bei dem Versuchswehr zu verfahren.

b) Flügelmessungen.

Den Flügelmessungen sind genaue Aufnahmen des Meßquerschnitts zugrunde zu legen.

Die verwendeten Flügel sollen geeicht und für den Einzelfall geeignet sein. Bei größeren Wassertiefen sind die Flügel an genügend starken Führungsstangen zu befestigen, um Schwingungen zu vermeiden. Bei größeren Meßprofilen empfiehlt es sich, mit mehreren Flügeln gleichzeitig zu arbeiten.

Rückläufige Bewegungen des Flügels im Meßquerschnitt machen die Messungen unbrauchbar, darum empfehlen sich Flügel, die eine rückläufige Bewegung anzeigen.

Sinkt die Wassergeschwindigkeit in wesentlichen Teilen des Meßquerschnittes so stark, daß sich der Flügel nicht mehr mit Sicherheit dreht, oder daß die Angaben des verwendeten Flügels infolge des wachsenden Einflusses seiner Eigenreibung unzuverlässig werden, dann muß der Meßquerschnitt verlegt, oder es müssen die Versuchsbedingungen geändert werden.

Bei Messungen im offenen Gerinne ist während der Flügelmessung die Höhe des Wasserspiegels über der Sohle in kurzen zeitlichen Abständen zu bestimmen.

Flügelmessungen in Rohrleitungen sind, falls deren Durchmesser wenigstens 1 m beträgt, zulässig und möglichst nach mehreren Durchmessern vorzunehmen. Die Messung ist im letzten Teil einer geraden Rohrstrecke von einer Länge ungefähr gleich dem 20 fachen Durchmesser und in möglichst großem Abstand von scharfen Krümmungen vorzunehmen.

Die Messung der Wassergeschwindigkeit in jedem Meßpunkt hat sich über eine so lange Zeit zu erstrecken, daß Fehler in der Zeitmessung ausreichend klein gehalten werden und der Einfluß der Pulsation im Wasser genügend ausgeglichen wird. Unter günstigen Umständen werden dazu 60 bis 100 sek für jeden Meßpunkt ausreichen.

Falls die Zeitmessung nicht durch Registrieren erfolgt, wird sie mittels einer Stoppuhr, am besten einer solchen mit nachspringendem (doppelten) Sekundenzeiger, vorgenommen.

Die Kontrolle darüber, ob der Flügel regelmäßig läuft und ob in der Geschwindigkeit an der Meßstelle keine zu starken Schwankungen vorkommen, ist, soweit möglich, durch Abhören der einzelnen Umdrehungen oder Beobachtung der einzelnen Zeiten zwischen den Signalen auszuüben.

---

[1]) Frese, Z. d. V. I. 1890, S. 1285. Hansen. Z. d. V. d. I. 1892, S. 1057. Rebock. Z. d. Verb. d. Arch. u. Ing.-Vereine 1913, Heft 1. Bazin, S. R. Engels Handbuch des Wasserbaues 1914, S. 297. Thompson, S. R. Engels Handbuch des Wasserbaues 1914, S. 302.

[2]) Weyrauch, Hydraulisches Rechnen, 3. Aufl., S. 157.

Es wird empfohlen, für jeden Meßpunkt die Streuung[1]) der beobachteten Zeitintervalle zu bestimmen. Eine große Streuung weist auf Unregelmäßigkeiten der Strömung und Unzuverlässigkeiten der Geschwindigkeitsmessungen hin. Unter günstigen Umständen beträgt die Streuung weniger als 5 vH. Ist sie größer als 10 vH, so ist eine für die Bestimmung von Turbinenwirkungsgraden ausreichende Genauigkeit der Flügelmessung auf keinen Fall erreichbar, auch nicht durch Häufung der Beobachtungen. Meßprofile, bei denen an mehr als einem Meßpunkt die Streuung 10 vH überschreitet, sind stets als ungeeignet zu verwerfen.

c) Schirmmessung[2]).

Die genauesten Ergebnisse für sehr kleine Wassergeschwindigkeiten bis herauf zu solchen von etwa 1,5 m/sek liefert die Schirmmessung in einem etwa 15 m langen Kanal mit wagerechter Sohle und gleichbleibendem, zweckmäßigerweise genau rechteckigem Querschnitt. Vor die eigentliche Meßstrecke von 8 bis 10 m Länge ist ein Anlaufweg von 4 bis 5 m zu legen, der Auslaufweg kann beliebig kurz sein. Der Schirm soll eingetaucht von Sohle und Seitenwänden bei Querschnitten unter 2 m² nicht mehr als 5 mm, bei größeren nicht mehr als 10 mm abstehen, sein Fahrgestell von möglichst geringem Gewicht und leicht beweglich sein. Ein Überdruck auf der einen Seite gegenüber der anderen von 1 bis 2 mm W.-S. soll zur Fortbewegung des Schirmwagens ausreichen.

Die Wasserstände im Meßkanal sind innerhalb des Anlaufweges an geschützter Stelle mittels Pegels oder Schwimmers zu beobachten, und zwar für jeden Versuch zweckmäßig am Beginn der Wassermessung.

Die Art der **Betriebskontrolle** wird in hohem Maße durch die örtlichen Verhältnisse bedingt. Im Vordruck 14 sind die täglichen Messungen, wie sie im Glambocksee-Kraftwerk bei Stolpe (Pommern) gemacht werden, enthalten.

Der Glambockkanal verbindet das 845 000 m³ fassende Bütow-Staubecken mit dem als Tagesausgleichbecken dienenden Glambocksee, der bei 1,50 m Stauhöhe rd. 1 472 500 m³ Wasser faßt. Das Regulierwerk liegt an der Einmündung des Glambockkanals in den Glambocksee und bezweckt die Regelung des zufließenden Wassers zur Schonung des Bohlenbelages und der Wassergeschwindigkeit bei niedrigem Seestand.

Das Stolpewehr, kurz vor dem Glambockkanal liegend, findet Verwendung, wenn das Bütow-Staubecken zwecks Reinigung usw. entleert werden soll.

Das Einlaufbauwerk regelt den Zulauf vom Glambocksee zum Werkkanal. Das Gebäude enthält die Rechenanlagen, eine handbetriebene Schütze und einen selbstschreibenden Pegel. Vor dem Bauwerk sind Schwimmbäume zum Abhalten treibender Körper angeordnet. Stollen, Düker und offener Werkkanal führen zur Druckkammer (mit Schützen- und Rechenanlagen), von wo das Wasser durch die Druckrohrleitung dem Kraftwerk mit 4 Francisturbinen von je 850 PS und 1 Francisturbine mit 90 PS zufließt.

---

[1]) Sind $t_1, t_2 \ldots t_n$ die beobachteten Zeitintervalle und $t_m = \frac{1}{n} \sum t$ ihr arithmetischer Mittelwert, so ist die Streuung in vH.

$$\sigma = \frac{100}{t_m} \sqrt{\frac{1}{n-1} \sum (t-t_m)^2}.$$

Beispiel:
Uhrablesung nach je 50 Flügelumdrehungen.

	0	16,0	31,2	46,0	62,2	77,7	93,0 sek,
Zeitintervalle t		16,0	15,2	14,8	16,2	15,6	15,2 sek,

$$t_m = \frac{1}{6} \cdot 93,0 = 15,5 \text{ sek.}$$

$t-t_m = +\,0,5 \quad -\,0,3 \quad -\,0,7 \quad +\,0,7 \quad +\,0,1 \quad -\,0,3 \text{ sek}$
$(t-t_m)^2 = \quad 0,25 \quad\ 0,09 \quad\ 0,49 \quad\ 0,49 \quad\ 0,01 \quad\ 0,09 \text{ sek}^2.$
$\sum (t-t_m)^2 = \quad 1,42 \text{ sk}^2$

$$\frac{1}{n-1} \sum (t-t_m)^2 = \frac{1}{6-1} \cdot 1,42 = 0,284 \text{ sek}^2,$$

$$\sqrt{\frac{1}{n-1} \sum (t-t_m)^2} = \sqrt{0,284} = 0,533 \text{ sk}$$

$$\sigma = \frac{100}{t_m} \sqrt{\frac{1}{n-1} \sum (t-t_m)^2} = \frac{100}{15,5} \cdot 0,533 \sim 3,5.$$

also Streuung ∞ 3,5 vH.

[2]) Z. d. V. d. I. 1907, S. 627. Z. d. V. d. I. 1908 S. 1840.

Betriebskontrolle bei Wasserturbinen. 327

Vordruck 14.

Nr. .... Monat .... 19...... Belauf I. Stauwärter: ....

Pegelstände über N.N.

Datum	Staubecken		Stolpewehr		Regulierwerk	
	Zeit	Stand cm	Zeit	Stand	Zeit	Stand

Schützenstellungen

	Staudamm				Stolpewehr		Regulierwerk	
	Senkschütz		Grundablaß					
	Zeit	cm	Zeit	cm	Zeit	cm	Zeit	cm

Witterungsbeobachtungen

Barometer cm	Lufttemperatur			Angaben über Bewölkung, Stärke und Richtung des Windes und sonstige bemerkenswerte Erscheinungen
	Max. °C	Min. °C	Mittel °C	

Temperatur

Staubecken		
Zeit	Luft °C	Wasser °C

Sonstige bemerkenswerte Ereignisse

Nr. .... Monat .... 19...... Belauf II.

Pegelstände über N.N.

Datum	Einlaufbauwerk		Düker		Düker		Düker		Einlaufbauwerk	
	Zeit	Stand	Zeit	Stand	Zeit	Stand	Zeit	Stand	Zeit	Stand

Schützenstellungen

Einlaufbauwerk		Düker		Düker		Düker	
Zeit	Stand	Zeit	Stand	Zeit	Stand	Zeit	Stand

Temperaturen

Glambocksee			Werkkanal an der Druckkammer		
Zeit	Luft °C	Wasser °C	Zeit	Luft °C	Wasser °C

Witterungsbeobachtungen

Regenhöhe mm	Barometer mm	Lufttemperatur			Angaben über Bewölkung, Stärke und Richtung des Windes und sonstige bemerkenswerte Erscheinungen
		Max. °C	Min. °C	Mittel °C	

Nr. .... Kanalaufseher: ....

Beobachtungen über Durchlässigkeit des Staudammes

Rohr Nr. 1	Rohr Nr. 2	Rohr Nr. 3	Rohr Nr. 4	Rohr Nr. 5	Rohr Nr. 6	Rohr Nr. 7	Rohr Nr. 8	Rohr Nr. 9
cm	cm	cm	cm	cm	cm	cm	cm	cm

Beobachtungen über Durchlässigkeit des Werkkanals

am Werkkanal

Rohr Nr. 4	Rohr Nr. 5	Rohr Nr. 6	Rohr Nr. 7	Rohr Nr. 8	Rohr Nr. 9	Rohr Nr. 10	Rohr Nr. 11	Rohr Nr. 12	Rohr Nr. 13
cm	cm	cm	cm	cm	cm	cm	cm	cm	cm

Zwischen Stollen und Düker

Rohr Nr. 1	Rohr Nr. 2	Rohr Nr. 3
cm	cm	cm

Sickerstellen

I l/sec.	II l/sec.	III l/sec.

Sonstige bemerkenswerte Ereignisse

V. Kontrolle der Schaltanlagen.

Bearbeitet von Oberingenieur W. Quack, Bitterfeld.

Erste Bedingung für das zuverlässige Arbeiten von Hoch- und Niederspannungsschaltanlagen ist das Vorhandensein von Lage- und Einrichtungsplänen, die nicht nur bald nach der ersten Fertigstellung der Schaltanlage aufgenommen werden müssen, sondern in die laufend jede Änderung oder hinzukommende Neuanlage sofort eingezeichnet werden muß. Vor allen Dingen muß in diesen Plänen verzeichnet werden, wenn an einem Teil der Anlage ein Material gegen ein anderes ausgewechselt worden ist, z. B. Zink gegen Kupfer u. dgl. Nur auf diese Weise ist es im Betrieb möglich, auf die besonders gefährdeten Teile der Anlage das Hauptaugenmerk zu richten.

Neben diesen sogenannten Revisionsplänen ist die Führung von zwei besonderen Betriebsbüchern zu empfehlen. In dem ersten Buche sollen alle wichtigen Betriebsvorkommnisse, telephonische Meldungen, Zu- und Abschalten großer Anschlüsse, sofort vom Bedienungspersonal der Schaltanlage eingetragen werden. In das zweite Buch, das der Elektromeister oder der mit Ausbesserungen beauftragte Betriebselektriker zu führen hat, sollen alle Ausbesserungen der Reihe nach eingetragen und genau beschrieben werden. Beide Bücher müssen zur jederzeitigen Einsichtnahme an der Schalttafel aufbewahrt werden.

Zweckmäßig ist es, wenn auch die laufenden Prüfungen der Ölschalter, Relais, Zähler usw. in Form einer auszuhängenden Zahlentafel übersichtlich aufgezeichnet werden. Auf dieser Zahlentafel kann die Vorschrift eingetragen sein, in welchen Zwischenräumen längstens jeder Ölschalter, jedes Relais usw. nachzusehen sind. S. Vordruck 15.

Bei großen Elektrizitätswerken ist eine besondere Akte „Störungen" zu führen, in die bei allen größeren Betriebsstörungen ein Bericht einzutragen ist, der sich aus vier Teilen zusammensetzt:

1. Betriebsverhältnisse vor der Störung.
2. Tatsächlicher Befund nach der Störung.
3. Maßnahmen zur Beseitigung der Störung und Wiederaufnahme des Betriebes.
4. Vermutliche Ursachen der Störungen.

Es wird immer wertvoll sein, wenn solche Berichte über Störungen unter benachbarten und miteinander parallel arbeitenden Werken ausgetauscht werden.

Im einzelnen ist das Hauptaugenmerk bei der Überwachung der Schaltanlage auf das zuverlässige Arbeiten der Relais zu richten. Die Relais müssen mindestens monatlich einmal auf vorschriftsmäßiges Ansprechen geprüft werden. Jeder Betriebsleiter kann sich mit Lampenwiderständen eine kleine tragbare Prüfungseinrichtung schaffen, um die Relais mit der Betriebsstromstärke zu prüfen.

Weiter ist die Revision der Ölschalter sehr wichtig. Hierbei muß allerdings berücksichtigt werden, wie oft ein solcher Ölschalter geschaltet wird, bzw. wie oft er selbsttätig maximal ausgelöst hat. Die an den Abreißkontakten entstandenen Brandstellen, Perlen usw., müssen entfernt und die Kontakte sauber gemacht werden.

Eine Ausgabe, die sich auf jeden Fall bezahlt macht, ist die Beschaffung einer genügend großen Anzahl auswechselbarer Kontaktstücke der Schalter.

Von gleicher Wichtigkeit ist die Untersuchung des Öles sowohl in den Schaltern, wie in den Transformatoren; in den letzteren auch hinsichtlich des Füllungsgrades. Die Vereinigung der Elektrizitätswerke hat für Schalter und Transformatorenöl nachstehende Vorschriften erlassen:

Kontrolle der Schaltanlagen. 329

Vordruck 15. Revisionen der Ölschalter, Relais und Verbindungen

Zeilen (von oben nach unten):
Schalthaus I
Turbine I
„ II
Station I
Umformer 10
Umformer 4
Verbind. Schalthaus II
Erdschluß
Grube II
Zentrale III
Umformer 6
Pumpwerk I
Pumpwerk II
Umformer 1
„ 2
Grube I (Kabel)
Registr. Voltmeter
Frequenz
Kupplung
Transformator IV
„ III
Station II
Registr. Voltmeter

Spalten: August 1–30 / Bemerkungen

Zeichenerklärung: ▶ Ölschalter nachgesehen: 1   ⊞ Zeile gereinigt: 2   ⊞ Verbindungen nachgezogen: 3   ▨ Operat. 1—4 ausgeführt: 4

Technische Bedingungen für die Lieferung von Transformatoren- und Schalterölen.

§ 1. Als Transformatoren- und Schalteröle sollen nur reine, hochraffinierte Mineralöle verwendet werden, die in Eisenfässern anzuliefern sind.

§ 2. Das spezifische Gewicht darf nicht unter 0,85 und nicht über 0,92 bei 15° C betragen.

§ 3. Der Flüssigkeitsgrad nach Engler, bezogen auf Wasser von 20° C soll bei einer Temperatur von 20° C nicht über 8° sein.

§ 4. Der Flamm- und Brennpunkt, in einem offenen Tiegel nach Marcussen bestimmt, soll nicht unter 160° C bzw. nicht unter 180° C liegen.

§ 5. Der Gefrierpunkt (Festpunkt) soll nicht über 20° C liegen. Das Öl muß im Reagenzglas von 15 mm Weite in einer Höhe von 4 cm^3 eingefüllt nach einstündiger Abkühlung auf 20°, umgedreht noch fließend und klar sein.

§ 6. Die Verdampfungsverluste dürfen nicht über 0,4 vH nach 5stündigem Erhitzen auf 100° C betragen.

§ 7. Das Öl soll frei von Säure, Alkali, Schwefel und außerdem absolut trocken sein. Die Trockenheit wird durch Erhitzen einer Probe im Reagenzglas festgestellt. Es darf sich hierbei weder ein Trübung des Öles noch ein knisterndes Geräusch zeigen.

§ 8. Das Öl muß vollkommen rein sein. Es darf keine suspendierten Bestandteile, Fasern, Sand oder dgl. enthalten.

§ 9. Das Öl soll nach einer 70stündigen Erwärmung auf 120° C unter Durchleitung von reinem Sauerstoffgas noch vollständg klar sein. Die Teerzahl darf 0,10 vH nicht übersteigen.

Anmerkung.

1. Harzöle dürfen mit Mineralölen nicht vermischt werden.

2. Zur Vornahme der in § 9 angegebenen Versuche werden 200 g Öl in einem 400 cm^3 fassenden Kolben unter Durchleitung von Sauerstoff (lichte Weite des Rohres mindestens 3 mm, Anzahl der Blasen pro Stunde 2) im Ölbade bei 120° C während 70 Stunden ununterbrochen erwärmt. Nach Beendigung des Versuches werden zur Bestimmung der Teerzahl 50 g Öl in einem mit Kühler versehenen Erlemeyer mit 50 cm^3 einer 51gewichtprozentigen Alkohol und 4 vH Natriumhydrat enthaltenen Lösung während 15 Minuten auf dem kochenden Wasserbad erwärmt. Nach der Erwärmung wird das Gemisch während 15 Minuten kräftig geschüttelt[1]), alsdann in einen Scheidetrichter übergeführt und nachdem man ihn über Nacht stehen läßt, die alkoholisch wäßrige Lauge in einem zweiten Scheidetrichter abfiltriert. Letztere wird mit Salzsäure 1,12 angesäuert, bis keine Farbenänderung mehr eintritt und die Teerstoffe mit 90 cm^3 Benzol aufgenommen. Die Benzollösung wird alsdann zweimal mit Wasser gewaschen und in einer Glasschale verdunstet. Der Scheidetrichter wird einmal mit Benzol, einmal mit Alkohol nachgespült. Der Rückstand wird gewogen und in vH ausgerechnet.

An den übrigen Teilen der Schaltanlage, namentlich an den Verbindungen der Leitungen, sind Betriebsstörungen oft schon dadurch zu vermeiden, daß regelmäßig auf die Temperatur der Verbindungen geachtet wird. Wenn diese Teile mit einem geeigneten Lack gestrichen sind, so ist gewöhnlich schon an der Verfärbung des Anstriches die Erwärmung zu erkennen. Man benutzt in Hochspannungsanlagen besondere isolierte Meßstangen mit Thermoelementen, deren Handgriff geerdet werden muß und deren Spitze mit dem zu messenden Teil der Leitung in Berührung gebracht wird.

Auch bei Stromzählern treten in weit größerem Maße, als allgemein angenommen wird, Fehler auf.

Es empfiehlt sich, in verdächtigen Fällen nicht nur den Zähler selbst durch einen Kontrollzähler zu prüfen, sondern auch sich zu vergewissern, daß Stromwandler und Spannungstransformator richtig angeschlossen und im Innern in Ordnung sind.

Im übrigen sind in allen Schalträumen Feuerlöscheinrichtungen (kein Wasser!), die ausbrechende Ölbrände mit Kohlensäure oder Sand löschen können, vorzusehen.

Die Räume selbst sind nach Möglichkeit gegen das Betreten durch Unbefugte gut verschlossen zu halten.

---

[1]) Schütteln wird derart ausgeführt, daß der Erlenmeyer mit einem Tuch umwickelt mit Aufsatzrohr auf den Tisch gesetzt und 10 Minuten kreisförmig gedreht wird (Salamanderreiben).

VI. Betriebsstatistik.

Bearbeitet von Oberingenieur W. Quack, Bitterfeld.

Die Erzeugung oder Umwandlung von Energie, gleichviel welcher Form, muß stets als ein chemisch-physikalischer Dauerversuch angesehen werden. Es genügt daher nicht, daß der Betriebsleiter nur wöchentlich oder gar nur monatlich einmal einen tieferen Einblick in die Betriebsvorgänge tut. Vielmehr kann nur eine fortgesetzte Beobachtung eine wirtschaftliche Betriebsführung erzielen. Deshalb muß der Betriebsleiter Mittel und Wege suchen, um auf die einfachste Weise in jedem Augenblicke eine einwandfreie Übersicht zu haben.

Sowohl im Kessel- wie im Maschinenbetriebe sind eingehende Betriebsversuche erforderlich, um den höchsten erreichbaren Wirkungsgrad der einzelnen Teile des Werkes bei verschiedenen Betriebsverhältnissen kennen zu lernen.

Ist dem Betriebsleiter durch diese Versuche die Leistungsfähigkeit der Hauptteile seiner Anlage bekanntgeworden, so hat er darüber zu wachen, daß der Wirkungsgrad nicht nachläßt. Dazu müssen ihm alle Vorgänge im Betriebe gemeldet werden.

Ferner ist es empfehlenswert, sogenannte Revisionsbücher, und zwar getrennt für Kohlenförderanlagen, Kesselbetrieb, Entaschungsbetrieb, Dampfmaschinen, Kondensationen, Hilfsmaschinen, Luftfilter, Schaltanlage, Licht- und Kraftanlage anzulegen, die der Betriebsleiter sich an jedem Montag morgen vorlegen läßt. Eine Eintragung z. B. in das Revisionsbuch der Maschinenanlage würde etwa so lauten:

1. Juli 1918: Turbine III. „Das Vakuum der Maschine ist um 2 bis 3 cm zu niedrig, die Maschine wurde zwecks Feststellung der Ursache am 26. Juni wieder außer Betrieb genommen.

Die Stopfbuchsdampfleitungen unter dem Turbinengehäuse wurden abgeschraubt und dabei gefunden, daß von dem Kugelstück der Flansch, der an den Turbinenunterteil angeschlossen ist (führt nach der vorderen Stopfbüchse) abgerissen ist. Ein neues Kugelstück wurde telephonisch von der AEG. angefordert und wird morgen durch Boten geholt."

Ferner muß sich jedes Kraftwerk mindestens monatlich einmal aus den Betriebsergebnissen des betreffenden Monats eine Wärmebilanz anfertigen, um die Wärmeverluste nach ihrem Kohlewert beurteilen zu können.

Das Muster einer solchen Wärmebilanz (Sankey-Diagramm) ist in dem Bericht über die Sondertagung der Vereinigung der Elektrizitätswerke in Stuttgart am 12. Mai 1921 abgebildet.

Um eine Übersicht auch über die Teile der Anlage zu haben, die still liegen, oder in Reinigung bzw. Reparatur sich befinden, wird sich der Betriebsleiter zweckmäßig ebenfalls einen graphischen Fahrplan aufzeichnen. Er wird dann die Dauer der Reparaturen, Kondensatorreinigungen usw. vor Augen haben.

Kontrolle der Betriebskosten.

Außer den Wärmebilanzen, die eine genaue Übersicht über die Kohlenkosten der erzeugten Energie geben, hat sich der Betriebsleiter, wenn irgend möglich, auch eine Übersicht über seine sonstigen Betriebsunkosten zu machen, wie z. B. über

    Löhne für Bedienung,
      „   „ Reparatur,
    Betriebsmaterial,
    Reparaturmaterial,
    Kosten fremder Monteure und Arbeiter,

ferner die Übersicht über die Verteilung des Eigenverbrauches an Energie usw.

Neuerdings veranlassen die außerordentlich gestiegenen Selbstkosten der Energieerzeugung auch kleinere Werke zur Aufstellung einer genauen Unkostenzusammenstellung, um zu ermitteln, welcher Teil des Betriebes teuer arbeitet.

Bei Neueinführung unerprobter Apparate, wie z. B. Speiseregler, Dampfuhren, Rauchgasprüfer, werden zur Übersicht der Betriebsfähigkeit für diese ebenfalls Sonderrevisionsbücher anzulegen sein. Während die obengenannten Hauptrevisionsbücher von den Werkmeistern dem Betriebsleiter an jedem Montag vorgelegt werden, läßt er sich diese Sonderrevisionsbücher jeden zweiten oder dritten Tag vorlegen. Die Eintragung in solche Spezialbücher lautet z. B. für Dampfmesser in einer Kesselanlage folgendermaßen:

Datum	Apparat am Kessel	Beschaffenheit der Apparate
19. 12. 21	7, 8. 9, 10, 12, 14, 15, 16, 17, 18, 20, 29, 39, 41, 44	} in Ordnung
	1, 4, 6, 13, 19	Kessel sind außer Betrieb
	23	in Montage
	45	hat keine Tinte. II. Schicht: Name
19. 12. 21	8, 9, 10, 12, 14, 15, 17, 18, 20, 29, 39, 41, 44, 45	} in Ordnung
	1, 4, 6, 7, 13, 16, 19	Kessel sind außer Betrieb
		III. Schicht: Name
21. 12. 21	4, 6, 7, 8, 9, 10, 12, 13, 14, 16, 17, 18, 20, 29, 23, 39, 41, 44, 45	} in Ordnung
	1, 15, 19	Kessel sind außer Betrieb
		I. Schicht: Name
21. 12. 21	4, 6, 7, 8, 9, 10, 12, 13, 14, 16, 17, 18, 20, 23, 29, 39, 41, 45	} in Ordnung
	1, 15	Kessel sind außer Betrieb
	44	Defekt
		II. Schicht: Name

Daneben werden dauernd Einzeluntersuchungen gehen müssen, z. B. Erprobung von Ventilen, neuen Isolierungen, Neuerungen in der Entaschungsanlage, neuem Schamottematerial, über die genaue Aufzeichnungen gemacht werden müssen, die aber unter keinen Umständen in dem Notizbuch eines Betriebsassistenten oder Monteurs begraben werden dürfen, sondern in die Akten des Betriebsbureaus gehören.

Sämtliche normalen Betriebsaufschreibungen haben aber nur dann Wert, wenn sie auch wirklich zur Verbesserung der Wirtschaftlichkeit vom Betriebsleiter verwendet werden.

Bei kleineren Anlagen kann der Betriebsleiter die ihm vorgelegten Ablesungen und Registrierstreifen übersehen und beurteilen. Aber auch in kleinen Anlagen empfiehlt sich eine zahlenmäßige oder zeichnerische Zusammenstellung der Hauptmessungen des Kessel- und Maschinenbetriebes.

Bei größeren Anlagen häufen sich die Aufschreibungen derart, daß sie von einer Person allein nicht in kurzer Zeit überblickt werden können. Hier kann nur ein graphisches Gesamtbild, als Auszug aus den täglich aufgeschriebenen Zahlen unten, dem Betriebsleiter eine tägliche Diagnose seiner Anlage ermöglichen. S. Fig. 103 und 104.[1])

In den folgenden Vordrucken sind noch wiedergegeben: Übersicht über die monatlichen Betriebskosten einer Zentrale, ein Monatsbericht einfacherer Art sowie ein Vergleich der Betriebskosten eines Monats mit denen des Vormonats und des Vorjahrs.

---

[1]) Aus „Sparsame Wirtschaft", Heft 3. Verlag des V. d. I.

Betriebsstatistik — Kontrolle der Betriebskosten.

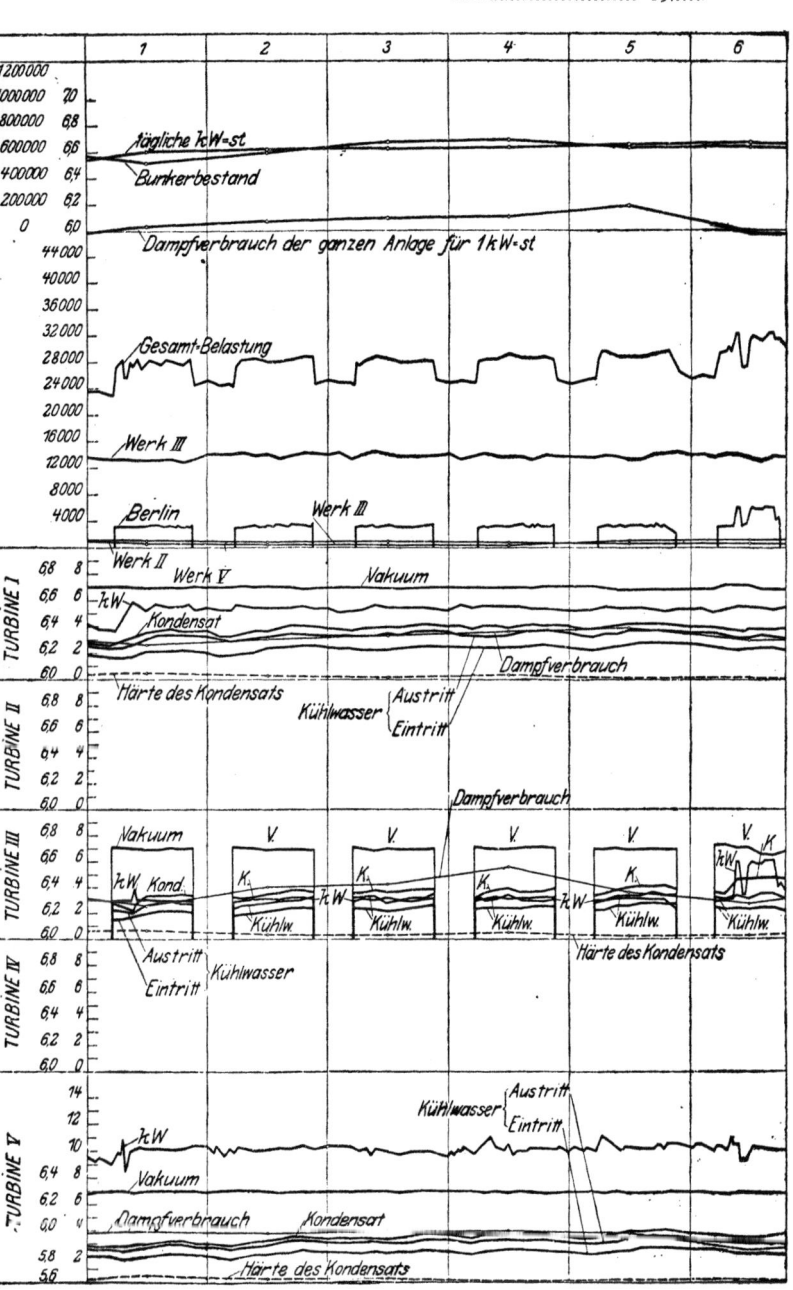

Fig. 103. Turbinenbetriebsverhältnisse in einem Kraftwerk.

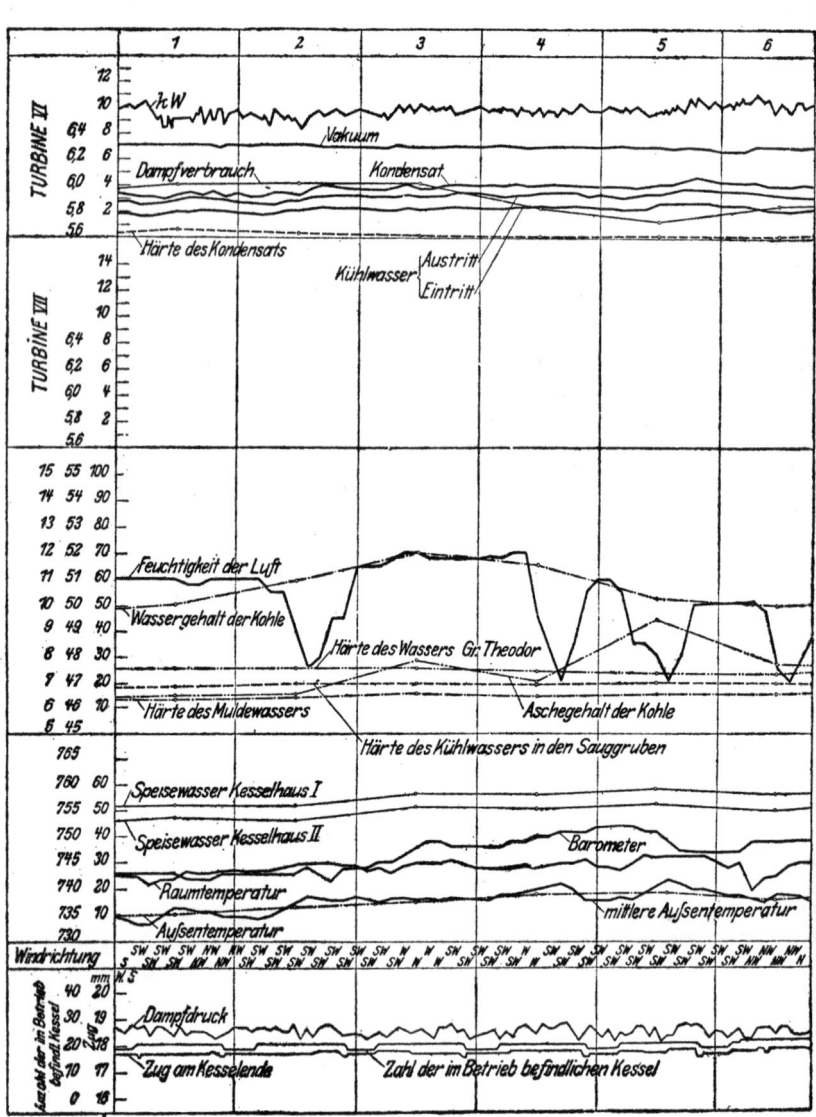

Fig. 104.

Übersicht[1])

über den

Betrieb und die Betriebskosten in der Station ....

im Monat .... 19....

1. Betriebsmittel der Station.

	Dampfkessel		Kolben-dampf-masch.	Dampf-tur-binen	Dynamos		Umformer		Akkumulatoren		Gesamte Leistungs-fähig-keit kW
	An-zahl	Ge-samte Heiz-fläche m²	Ge-samte Rost-fläche m²			An-zahl	Leistungs-fähig-keit kW	An-zahl	Leistungs-fähig-keit kW	Zellen-anzahl	Leistungs-fähig-keit kW	
				Anzahl	Anzahl							
Licht u. Kraft												
Bahnbetrieb												
Insgesamt												

2. Leistungsvermögen der Station.

Dampfkessel m² Heizfläche × 24 h × Monatstage	Dynamos kW × 24 h × Monatstage	Umformer kW × 24 h × Monatstage	Akkumulatoren kWh × Monatstage	Insgesamt kWh

3. Leistungsvermögen der in Dienst gestellten Betriebsmittel.

	Dampfkessel		Dynamos kW × Betriebs-stdn.	Umformer kW × Betriebs-stdn.	Akkumulatoren kWh × Betriebs-tage	Insgesamt kWh
	m² Heizfläche × Betriebs-stdn.	m² Rostfläche × Betriebs-stdn.				
Licht u. Kraft						
Bahnbetrieb						
Insgesamt						

4. Mittlere Benutzungsdauer der in Dienst gestellten Betriebsmittel in Stunden.

Dampfkessel (Heizfläche)	Dynamos	Umformer	Akkumulatoren (Pos. 5 : Pos. 1)

[1]) Vordruck der Berliner Städt. Elektr. Werke.

5. Mit den Betriebsmitteln gelieferte Energie.

Energie-Abgabe aus	Für das Lichtnetz	Für das Bahnnetz	Für Ladung der Lichtbatterien	Für Ladung der Pufferbatterien	Nach außen gelieferte kWh		Insgesamt. geleistete kWh
					Lichtnetz	Bahnnetz	
Primärdynamos							
Umformern							
Akkumulatoren							
Insgesamt							

Stromverbrauch für Kondensation .... kWh
verbleibt nutzbar erzeugter Strom .... kWh
Eigenverbrauch:
für Licht: . . . . kWh
für Kraft: Krananlage (Kohlenplatz) . . . . „
„ „ Kohlenbeförderung i. d. Zentrale .... „
„ „ Rostantriebe. . . . . „
„ „ Schlackentransport . . . . „
„ „ Pumpen. . . . . „
„ „ Wasserreinigung . . . . „
„ „ Laufkräne (Maschinenhaus) . . .. „
„ „ Werkstätten . . . . „
„ „ Hilfsmaschinen. . . . . „
            Sa. .... kWh
Mithin ins Netz abgegeben . . . . kWh

6. Von außen empfangene Energie.

	Für das Bahnnetz direkt kWh	Für Betrieb der Lichtumformer kWh	Für Betrieb der Bahnumformer kWh	Insgesamt empfangene kWh

7. Ausnutzungsfaktor der Betriebsmittel (= Pos. 5 : Pos. 2).

	Dynamos	Umformer	Akkumulatoren	Ganze Station

8. Prozentuelle Inanspruchnahme der in Dienst gestellten (= Pos. 5 : Pos. 3).

	Dynamos	Umformer	Akkumulatoren	Ganze Station

9. Maximum der Stromerzeugung:

	Tag	Stunde	kW
a) Licht und Kraft			
b) Bahnbetrieb			

10. Höchste Schalttafelspannung:

a) Licht und Kraft			
b) Bahnbetrieb			

11. Belastungsfaktor: $\dfrac{\text{Ins Nutznetz gelieferte kWh}}{24 \text{ Stdn.} \times \text{Monatstage} \times \text{Maximum}} \times 100 = \ldots\ldots$ vH.

Betriebsstatistik. — Kontrolle der Betriebskosten.

12. Kohlenverbrauch.

Für Betrieb ausschl. Anheizen und Abdecken kg	Für Anheizen und Abdecken kg	Für Reservestehen und Überhitzer kg	Insgesamt kg	Für Probefahren, Reparaturen, Neubau, destill. Wasser kg	Für Heizung kg	Pro m² Rostfläche und Stunde kg	Pro erzeugte kWh kg	Pro nutzbar abgegebene kWh kg

13. Beschaffenheit, Preis und Ausnutzung der Kohlen (im Mittel).

Heizwert kcal	Aschegehalt vH	Feuchtigkeitsgehalt vH	Preis pro Tonne frei Kesselhaus M.	Wärmepreis pro 1 Mill. kcal M.	Wärmeaufwand pro kWh kcal	Gesamt-Wärmeausbeute vH

14. a) Leistung pro 1 kg Kohlen im Durchschnitt: .... Wattstunden,

b) ,, ,, 1000 kcal ,, ,, ... ,,

15. Verbrauch an Schmiermaterial.

	Für die Kolbendampfmaschinen kg	Für die Dampfturbinen kg	Für die Pumpen kg	Für die Umformer kg	Insgesamt kg	Für Probefahren, Ausbesserungen, Wasserreinigung, Kohlenbahn, mech. Roste kg	Pro erzeugte kWh/g	Pro nutzbar abgegebene kWh/g
Heißdampf-Öl								
Naßdampf-Öl								
Maschinen-Öl								
Turbinen-Öl								
Unraffin. Öl								
Transform.-Öl								
Konsist. Fett								

Dubbel, Betriebstaschenbuch.

16. Verbrauch an Holz .... m³
17.   „   „   destilliertem Wasser .... kg
18.   „   „   Schwefelsäure .... „
19.   „   für Wasserreinigung: a) Kalk .... „
                                  b) Soda .... „
                                  c) Salz .... „
                                  d) Filterwolle .... „
                                  e) Abfuhr .... M.
                                  f) .... „
                                  g) .... „
20.   „   an Filterwolle .... kg
21.   „   „ Putzwolle .... „
22.   „   „ Putzlappen: a) weiße .... „
                            b) halbweiße .... „
                            c) bunte .... „
                            d) Molton .... m
                               „   .... Stück
                            e) Rohnessel .... m
                            f) Handlappen .... kg
23. Putztücher gereinigt .... Stück
24. Verbrauch für Reinigung: a) Seife .... kg
                             b) Soda .... „
                             c) Petroleum .... „
                             d) ....
                             e) ....
                             f) ....
                             g) ....
                             h) ....
                             i) ....
                             k) ....

26. Betriebsausgaben.

	Gesamt-Ausgaben		Pro 1000 erzeugte kWh	
	Mk.	Pf.	Mk.	Pf.
Kohlen				
Holz				
Zylinderöl				
Maschinenöl				
Konsistentes Fett				
Destilliertes Wasser				
Schwefelsäure				
Wasserreinigung				
Filterwolle				
Putzwolle und Putzlappen				
Gereinigte Putztücher				
Reinigungsmaterial				
Gehälter				
Löhne				
Inval.- und Krankenkasse				
Kleinkasse				
Selbstverbrauch an Strom { Licht / Kraft }				
Summe				

Der Betriebsingenieur, resp. Maschinenmeister: ....

Betriebsstatistik. — Kontrolle der Betriebskosten.

25. Personal.

		Anzahl	Insgesamt geleistete Stunden	Insgesamt gezahlte Gehälter und Löhne M.	Mittl. Monatsverdienst M.
Beamte	Ingenieure				
	Ober-Maschinenmeister				
	Maschinenmeister				
	Akkumulatoren-Kontrolleur				
	Schreiber				
	Pförtner				
	Gehälter: Summe				
Kesselhaus	Oberheizer				
	Kesselwärter				
	Kohlen- und Durchfallzieher				
	Schlackenzieher				
	Kohlentransport-Wärter				
	Wasserreinigungs-Wärter				
	Pumpenwärter				
	Summe				
Maschinenhaus	Obermaschinisten				
	Maschinenwärter				
	Schaltbrettwärter				
	Maschinenschmierer				
	Dynamowärter				
	Akkumulatoren-Wärter				
	Summe				
Handwerker und Hilfspersonal	Schlosser				
	Schlosser-Helfer				
	Maurer				
	Maurer-Helfer				
	Tischler				
	Dreher				
	Schmiede				
	Isolierer				
	Maler				
	Hilfsarbeiter				
	Summe				
Reiniger	Kesselreiniger				
	Putzer				
	Summe				
Verschiedene	Versuchspersonal				
	Lagerverwalter				
	Boten				
	Laufburschen				
	Summe				[1]
	Löhne: Summe				
	Gehälter und Löhne				

[1] davon für Reparaturen: .... Mk.

Monatsbericht für Monat September 1920.

Maschinen-Anlage

Maschinen Betriebs-Stunden			Erzeugte kWh			kW Tagesmax.	Turbinen-Kondensator			kg Dampf pro 1 kW
I.	II.	III.	I.	II.	III. tot.		I.	II.	III. tot.	

Kessel-Anlage

Betriebs-Std.						Kohlenverbrauch in Tonnen						Verdampftes Wasser in Tonnen						Zusatz-wasser i.Tonn.	
I.	II.	III.	IV.	V.	tot.	I.	II.	III.	IV.	V.	tot.	I.	II.	III.	IV.	V.	tot.	I.	II.

In das Netz gel. kWh		
Eigenverbrauch in kWh		
Kohlenverbrauch pro 1 erzielte kWh		
Brutto-Dampfverbrauch pro 1. erzielte kWh		

Datum

Kohlen- und Dampfverbrauch:

Kohlenbestand am .... Tonnen
Angelieferte Kohlen in .... „
Verbrauchte Kohlen in .... „
Kohlenbestand am .... „
Verdampftes Wasser . . . . „
Erzielte Verdampfung . . . . „
Kohlenverbrauch pro 1 erzielte kWh . . . . kg
Brutto-Dampfverbrauch . . . . „
Turbinen-Kondensatoren . . „ . . . . Tonnen
Netto-Dampfverbrauch pro 1 erzielte kWh . . . . kg

Erzeugung an kWh der einzelnen Maschinen

	I.	II.	III.	IV.
Stand d. Generatorenzähler	Kraft I.	Kraft II.	Licht I.	Licht II.
Stand am ...... morg. 6 Uhr				
Stand am ...... morg. 6 Uhr				
kWh				
Total				

Eigenverbrauch in kWh

Zählerstand d.Transformat.	Kraft I.	Kraft II.	Licht I.	Licht II.
Stand am ...... morg. 6 Uhr				
Stand am ...... morg. 6 Uhr				
kWh				
Total				

Verbrauch der Einzelantriebe in kWh

Zählerstand von	Saug-zug-M.	Ketten-rost-Antrieb	Ekono-miser	Kessel-Speise-Pumpe	Frisch-wasser-pumpe	Werk-statt-Motor	Konden-sation	Hänge-bahn	Ent-aschungs Anlage
Am ...... 6 Uhr morg.									
Am ...... 6 Uhr morg.									
kWh									

Vergleiche der Betriebsergebnisse[1]

des Monats .... 19 .... mit Vormonat und Vorjahr.

	Maschinen-Stunden								Gesamt-Betriebsstunden			Dampf-Kessel					
	1100 PS Maschinen			1900 PS Maschinen			5 und 6000 kW Turbinen			10000 kW Turbinen						Kohlen-Verbrauch f. d. Betrieb in t			Kohlen f. d. m² Rostfläche u. h in kg
	Lfd. Monat	Vor-Monat	Vor-Jahr	Lfd. Monat	Vor-Monat	Vor-Jahr	Lfd. Monat	Vor-Monat	Vor-Jahr	Lfd. Monat	Vor-Monat	Vor-Jahr	Lfd. Monat	Vor-Monat	Vor-Jahr	Lfd. Monat	Vor-Monat	Vor-Jahr
Zentrale A																		
Zentrale B																		
Zentrale C																		

	Zylinder-Öl-Verbrauch für die Maschinenstunde in kg											Zahl der Arbeiter			Auf 1 Mann entfallen geleist. kWh			Watt h mit 1 kg Kohle		
	1100 PS Maschinen			1900 PS Maschinen			5 und 6000 kW Turbinen			10000 kW Turbinen											
	Lfd. Monat	Vor-Monat	Vor-Jahr	Lfd. Monat	Vor-Monat	Vor-Jahr	Lfd. Monat	Vor-Monat	Vor-Jahr	Lfd. Monat	Vor-Monat	Vor-Jahr	Lfd. Monat	Vor-Monat	Vor-Jahr	Lfd. Monat	Vor-Monat	Vor-Jahr	Lfd. Monat	Vor-Monat	Vor-Jahr
Zentrale A																					
Zentrale B																					
Zentrale C																					

	Maschinen-Öl-Verbrauch für die Maschinenstunde in kg											Höchstbelastung in kW			Eigener Stromverbrauch in kWh					
	11000 PS Maschinen			19000 PS Maschinen			5 und 6000 kW Turbinen			10000 kW Turbinen						für Licht			für Kraft		
	Lfd. Monat	Vor-Monat	Vor-Jahr	Lfd. Monat	Vor-Monat	Vor-Jahr	Lfd. Monat	Vor-Monat	Vor-Jahr	Lfd. Monat	Vor-Monat	Vor-Jahr	Lfd. Monat	Vor-Monat	Vor-Jahr	Lfd. Monat	Vor-Monat	Vor-Jahr	Lfd. Monat	Vor-Monat	Vor-Jahr
Zentrale A																					
Zentrale B																					
Zentrale C																					

[1] Vordruck der Berliner Städt. Elektr.-Werke.

342   Kontrolle des Kraftbetriebes.

	Kosten für 1000 erzeugte kWh														
	insgesamt					für Kohlen					für Löhne				
	Lfd. Monat	Vor- Monat	Vor- Jahr	Vergl. in vH Z.		Lfd. Monat	Vor- Monat	Vor- Jahr	Vergl. in vH Z.		Lfd. Monat	Vor- Monat	Vor- Jahr	Vergl. in vH Z.	
				Vor- Monat	Vor- Jahr				Vor- Monat	Vor- Jahr				Vor- Monat	Vor- Jahr
Zentrale A															
Zentrale B															
Zentrale C															

	Mittl. Kohlenpreis für die Tonne					Mittl. Heizw. in kcal					Mittl. Heizwertpreis für 1 Million kcal in M				
	Lfd. Monat	Vor- Jahr	Lfd. Monat	Vergl. in vH Z.		Lfd. Monat	Vor- monat	Vor- Jahr	Vergl. in vH Z.		Lfd. Monat	Vor- Monat	Vor- Jahr	Vergl. in vH Z.	
				Vor- Monat	Vor- Jahr				Vor- Monat	Vor- Jahr				Vor- Monat	Vor- Jahr
Zentrale A															
Zentrale B															
Zentrale C															

	Für die erzeugte kWh Kohlen in kg					1000 kcal leisten Watt-Std.					Geleistete kWh				
	Lfd. Monat	Vor- Monat	Vor- Jahr	Vergl. in vH Z.		Lfd. Monat	Vor- Monat	Vor- Jahr	Vergl. in vH Z.		Lfd. Monat	Vor- Monat	Vor- Jahr	Vergl. in vH Z.	
				Vor- Monat	Vor- Jahr				Vor- Monat	Vor- Jahr				Vor- Monat	Vor- Jahr
Zentrale A															
Zentrale B															
Zentrale C															

Herstellung und Organisation.

Werkstoffe.

Bearbeitet von Regierungsbaurat Dr. Ing. R. Kühnel.

A. Abnahme.

Dem Konstrukteur steht der Abnahmebeamte zur Seite, sei er vom Besteller oder der Werkskontrolle eingesetzt, um darüber zu wachen, daß die im Betrieb erzeugten Fabrikate auch wirklich in ihren Eigenschaften den gestellten Forderungen genügen. Die Erfahrungen des Abnahmebeamten bilden eine der wesentlichen Unterlagen für die Betriebsführung; trotzdem findet man vielfach wenig Verständnis für die große Bedeutung einer richtig arbeitenden Betriebsabnahme. Prüfmaschinen sind sehr teuer und daher eine Ausgabe, die die Unkosten stark vergrößert, ohne scheinbar etwas einzubringen. Trotzdem sollte die Abnahme genau so der gesamten Betriebsorganisation als wichtiges Glied eingeordnet werden, wie sonstige abrechnende Dienststellen der Lohn- und Materialkontrolle, deren Bedeutung für die Betriebswirtschaftlichkeit längst erkannt ist. Eine besondere Abnahmeabteilung sollte systematisch — nur der zentralen Leitung unterstehend — alle Betriebe überwachen, jeden Tag die erforderlichen Stichproben ausführen und ihre Tätigkeit nicht nur auf den Betrieb, sondern auch auf das Lager und die dort von auswärts eingehenden Rohstoffe ausdehnen. Mitunter werden Mißerfolge vermieden, wenn Fehler dort entdeckt werden, wo sie entstehen und nicht erst in irgend einem späteren Zweig der Weiterverarbeitung, wobei dann ein Betrieb auf den anderen die Schuld abzuwälzen sucht. Systematische Kontrolle und systematische Auswertung der Abnahmeberichte könnten der Betriebsleitung Ersparnisse bringen, welche die durch die Abnahme bedingten Mehrausgaben vielfach übersteigen.

Was die Prüfverfahren betrifft, so ist zunächst an einem Erzeugnis festzustellen, aus welchen Einzelstoffen der Baustoff zusammengesetzt ist, ob er fast rein ist, oder ob und in welchem Verhältnis ihm noch andere Stoffe zulegiert sind. Hierbei ist die chemische Untersuchung anzuwenden. Ihre Ausführung setzt besondere Kenntnisse und Einrichtungen voraus; die einzelnen Verfahren sind zudem als Sondergebiet vielfach in den Fachzeitschriften behandelt, so daß hier nur ein Hinweis auf einige Literatur genügen mag.[1]) Hat man sich durch die Analyse ein Bild von der Zusammensetzung des Stoffes gemacht, so ist damit noch kein genügender Anhalt für das Verhalten des Stoffes gewonnen. Die Ermittlung der Eigenschaften muß jetzt erst eigentlich beginnen. In vielen Fällen, in denen ein gleichartiges Fabrikat dauernd hergestellt wird, mag man sich überhaupt mit der Prüfung der mechanischen Eigenschaften begnügen und chemische Verfahren gar nicht anwenden.

Was nun die Eigenschaften des Stoffes und ihre Prüfung betrifft, so sind die verschiedensten Bezeichnungen für Eigenschaften bekannt, so die Festigkeiten

---

[1]) Ledebur, Leitfaden für Eisenhüttenwerk-Laboratorium. Verlag F. Vieweg & Sohn, Braunschweig. — Bauer-Deiß, Probenahme und Analyse von Eisen und Stahl. Verlag von J. Springer, Berlin. — Schott und Einenkel, Gießerei-Materialkunde, Verlag Hermann Meusser, Berlin. — H. Nissenson und Pohl, Laboratoriumsbuch für den Metallhüttenchemiker Verlag Knapp, Halle a. S,

344   Werkstoffe.

gegenüber Zug, Druck und Biegen, die Härte, die Bearbeitbarkeit, die Wärmedurchlässigkeit u. a. Alle Eigenschaften kann man in einem Begriff zusammenfassen, den der „Festigkeit" und nur in der Art, wie eben die „Festigkeit" beansprucht wird, mag man die verschiedenen Arten des Widerstandes gegenüber der jeweiligen Beanspruchung ermitteln, die man als „Eigenschaften des Stoffes", und zwar als „mechanische Eigenschaften" zu betrachten sich gewöhnt hat und von denen einige oben genannt sind. Aber mit der Feststellung dieser mechanischen Eigenschaften ist das Gebiet der Stoffprüfung noch nicht abgeschlossen. Um zu wissen, warum gegebenenfalls ein Stoff ungenügende Festigkeiten gegenüber irgendeiner Beanspruchung gezeigt hat, muß man sich mit seinem Aufbau beschäftigen. So kommt zur mechanischen Prüfung die Gefügeprüfung hinzu. Sehr wesentlich ist schließlich für den Ausfall der Prüfungen die Art und der Umfang der Probenahme.

Übersicht über die Prüfungen

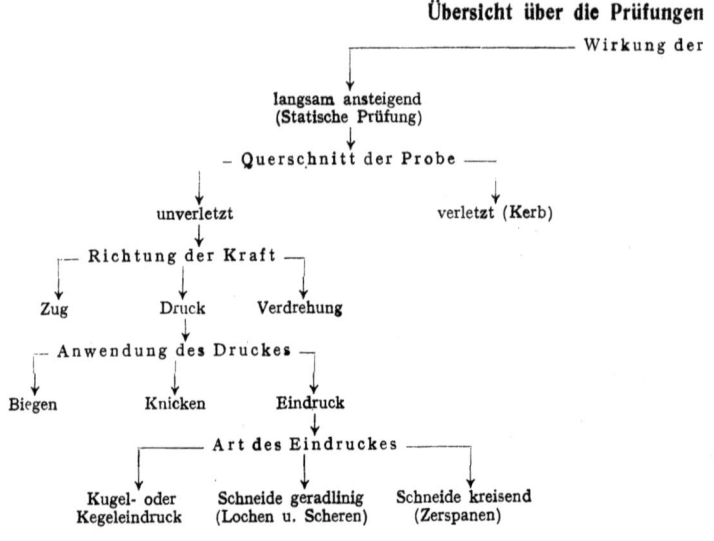

Es ergibt sich somit folgende Gruppierung:
I. Ermittlung der Stoffestigkeit gegenüber den verschiedenartigsten Beanspruchungen.
II. Ermittlung des Gefügeaufbaues.
III. Besonders einfache Prüfverfahren.
IV. Die Probenahme.
Die Erörterung wird folgende Unterteilung zeigen:
1. Einrichtung der Prüfmaschine (Krafterzeugung, Meßverfahren, Einspannvorrichtungen).
2. Abmessungen der Proben.
3. Verlauf des Versuchs.
4. Wertung des Prüfverfahrens.

I. Stoffestigkeit gegenüber verschiedenen Beanspruchungen.

Liegt ein Stück irgendeines Baustoffes in beliebiger Form zur Prüfung vor, so muß man es einer Beanspruchung aussetzen, die seiner späteren Verwendung entspricht. Es wird zunächst ein Ausschnitt für eine Probe hergestellt. Damit man das Ergebnis dieser Prüfung stets mit anderweitigen Ermittlungen vergleichen kann, ist die Probe in normalisierten Abmessungen anzufertigen, deren zweckmäßigste Form später noch erörtert wird. Da die von einer Stoffprüfmaschine ausgeübte Kraft der Maßstab für den Widerstand des Stoffes, für seine Festigkeit gegenüber einer Verschiebung oder Trennung seiner Teile ist, so muß sie gemessen werden. Man benutzt hierzu eine Wägevorrichtung (Hebel-, Laufgewichts-, Pendelwagen), oder (seltener) Federspannung, oder eine Meßdose. Neben der Kraft wird man noch die Formänderung der Probe selbst nach der Prüfung feststellen. In den meisten Fällen genügen hierzu einfache Meßlineale oder Taster. Entsprechende Marken, die die Veränderung festlegen, müssen vorher an dem Prüfstück angebracht sein.

Damit sind die allgemeinen Gesichtspunkte einer Prüfung der mechanischen Eigenschaften entwickelt; es werden nunmehr die einzelnen Möglichkeiten der Ermittlung der Stoffestigkeit gegenüber mechanischer Beanspruchung zusammengestellt.

der Stoffestigkeit.

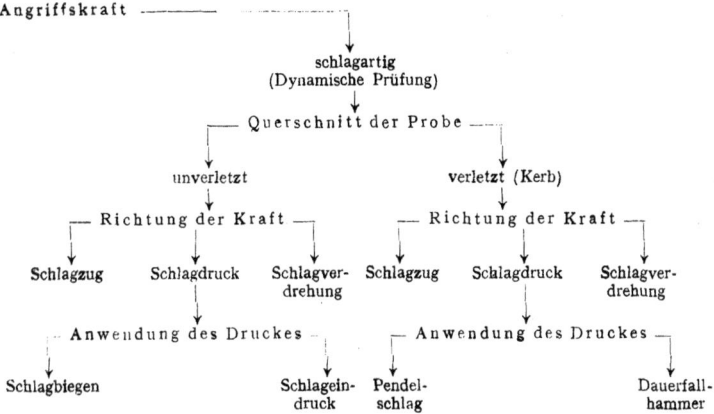

Berücksichtigt man zunächst die Wirkung der Kraft (s. Übersicht), so kann diese langsam ansteigend oder schlagartig zum Angriff gebracht werden.

Damit ergeben sich in der statischen Prüfung (langsam ansteigende Belastung) und der dynamischen (schlagartigen) Prüfung zwei große getrennte Reihen der Prüfverfahren. Unterteilt man in ihnen weiter, so gibt der Zustand des Probequerschnitts ein weiteres Merkmal des Unterschiedes. Bei beiden Gruppen sind Prüfungen mit unverletztem und mit verletztem Querschnitt zu unterscheiden. In allen vier Untergruppen findet sich dann ein weiteres Zeichen der Unterscheidung: die Richtung der Kraft: Zug, Druck und Verdrehung. In der zweiten Untergruppe (statische Prüfung mit verletztem Querschnitt) sind diese Unterschiede nicht eingetragen, weil hier Proben nicht bekannt sind. Von diesen Proben hat in allen Gruppen die Druckprobe als einfachste die meiste Beachtung gefunden; dementsprechend sind hier allein die Verfahren noch weiter ausgebaut, besonders nach der Seite der statischen Prüfung hin.

a) Allmählich gesteigerte Belastung. (Statische Prüfverfahren.)
Prüfung auf Zug.

Verfahren und Prüfmaschine. Teile der Prüfmaschine: Feststehender Oberteil mit Einspannkopf b, bewegliches Querhaupt mit Einspannkopf a, beide verbunden durch zwei Säulen. Hebel c überträgt den Druck auf die Laufgewichtwage g (Fig. 1). Krafterzeugung durch mechanischen Antrieb.

Gewichtbelastung nur für kleine Maschinen und geringe Kräfte, mechanischer und hydraulischer Antrieb für größere Maschinen. Einspannvorrichtungen den verschiedenen Abmessungen der Probekörper (Rund- und Flachmaterial, Bleche) durch auswechselbare Einlagen angepaßt.

Abmessungen der Proben. Normalisiert für Rund- und Flachstab für Versuchslänge 200 mm (Fig. 2), vielfach werden jedoch auch Stäbe mit 100 mm Länge verwendet. Neuerdings Bestrebungen zur Einführung des amerikanischen Kurzzerreißstabes (mehr Materialersparnis).

Verlauf des Versuchs. Fig. 3 zeigt den Verlauf des Versuchs in einem Diagramm, dessen Ordinate die Belastung, dessen Abszisse die Dehnung darstellt. Die Dehnung steigt zunächst proportional mit der Belastung an bis P. Man bezeichnet P als Proportionalitätsgrenze. (Elastizitätsgrenze etwas höher, Unterschied praktisch nicht von Belang.) Wird hier entlastet, so geht der Stab wieder in die Ursprungslage zurück. Im allgemeinen werden beide selten bestimmt. Steigt die Belastung weiter, so findet oberhalb P bereits eine geringe innere Verschiebung der Teilchen, wenn auch kaum merkbar, statt. Von S ab Fließen des Stabes, starke Zunahme der Dehnung ohne weiteres Ansteigen des Kraftzeigers, beim Versuch meist klar zu beobachten. Schließlich bei weiterer Belastung allmähliches Weiteransteigen des Kraftzeigers bis B (Stoffe mit geringer Dehnung, wie Gußeisen, Rotguß, harter Stahl u. a. zeigen keine ausgeprägte Fließ- oder Streckgrenze). Hier beginnt die Einschnürung (d. h. die mit der Ausdehnung verbundene Querschnittverringerung) plötzlich an einer Stelle stärker und setzt sich alsdann nur hier und in unmittelbarer Nachbarschaft weiter fort, bis Bruch eintritt. Belastung fällt hierbei bis Z. Damit ist die Prüfung beendet. Streckgrenze und Bruchbelastung werden im Verlauf des Versuchs beobachtet und auf den Querschnitt des gebrochenen Stabes in kg/mm^2 umgerechnet. An den vorher in Abständen von 200 mm (oder kürzer) angebrachten Marken wird die Dehnung gemessen und in vH der ursprünglichen Länge berechnet. Schließlich werden Aussehen des Bruches, dessen Ausbildung (Korn oder Sehne), und etwaige Fehler, wie Risse und Einschlüsse, notiert.

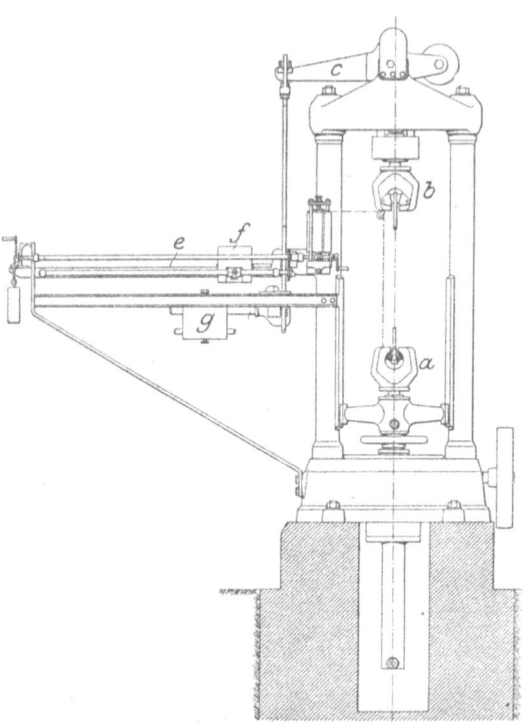

Fig. 1. Zerreißmaschine.

Wertung. Die Prüfung auf Zerreißfestigkeit ist am meisten eingeführt. Die Anschaffung der Maschine (die allerdings meist auch für andere Prüfungen

Abnahme. — Stoffestigkeit gegenüber verschiedenen Beanspruchungen. 347

geeignet ist) bedingt hohe Kosten, auch verursachen die Proben neben ziemlich erheblichem Materialverbrauch bedeutende Bearbeitungslöhne.

Prüfung auf Druck.

Verfahren und Prüfmaschine. Prüfung auf denselben Maschinen. Als Einspannvorrichtungen dienen Druckplatten mit Kugellagerung, damit bei nicht parallelen Endflächen kein einseitiges Drücken auftritt.

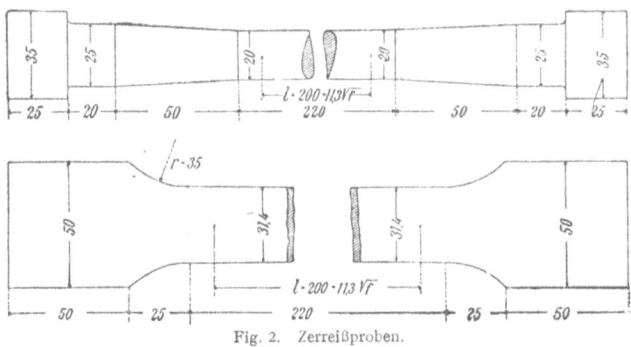

Fig. 2. Zerreißproben.

Abmessungen der Proben. Meist Zylinder, deren Durchmesser gleich der Höhe ist, mitunter auch Würfel. Auflage und Druckfläche tunlichst parallel.

Verlauf der Versuche. Wie beim Zugversuch. Kraftrichtung lediglich umgekehrt. Diagramm s. Fig. 3 links. Man drückt im allgemeinen bis auf $1/3$ der Anfangshöhe. Ist hierbei Bruch noch nicht eingetreten, so bestimmt man bei bildsamen Stoffen, die sich sehr weitgehend zusammendrücken lassen, das Verhalten des Materials aus der Fließgrenze.

Wertung. Druckversuche dieser Art werden seltener angewendet, man begnügt sich meist mit dem Zugversuch. Bearbeitungskosten und Materialbedarf für die Proben sind infolge der kleineren Abmessungen und einfacheren Form geringer.

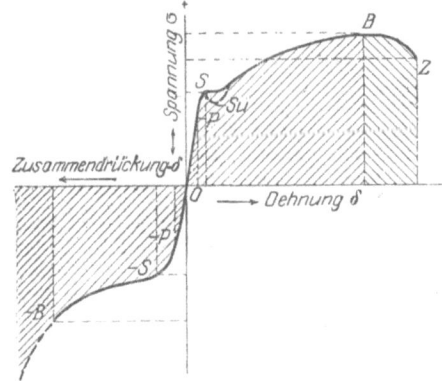

Fig. 3. Schaubild eines Zerreiß- bzw. Druckversuches.

Sonderarten des Druckversuches.

Prüfung auf Knickfestigkeit.

Ist die Länge der Probe im Verhältnis zum Durchmesser sehr groß, so wird aus dem Druckversuch ein Knickversuch. Dieser wird im Maschinenbau jedoch seltener angewendet. Es sei daher auf die betreffende Literatur (Martens, Hütte) verwiesen.

Prüfung auf Biegefestigkeit.

Verfahren. Der Probestab wird quer zur Kraftrichtung auf zwei mit abgerundeten Kanten versehene Auflagestellen gelagert (Fig. 4). Die Stützweite ist veränderlich. Krafterzeugung und Meßverfahren wie bei Druckversuch.

Abmessungen der Proben. Mitunter sind bestimmte Abmessungen vereinbart.

Verlauf des Versuchs. Auflagerung der Probe, Aufsetzen des (abgerundeten) Stempels. Bestimmung des Durchbiegungswinkels und der Bruchbelastung, Betrachtung der Bruchform. Im allgemeinen wird die Durchbiegung nur bis Winkel von 90° geführt. Im anderen Fall muß man nach Durchbiegen auf etwa 120° entlasten, die Probe umdrehen und die beiden Schenkel alsdann zusammendrücken, bis Anliegen eintritt (Faltprobe).

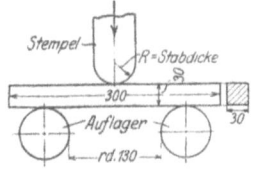

Fig. 4. Biegeversuch.

Wertung. Der Biegeversuch wird viel ausgeführt bei Gußeisen (hier dem Zugversuch vorgezogen), ferner auch bei Profileisen. Weiches Material mit großer Durchbiegung gibt nicht so zuverlässige Werte; der Bruch tritt oft nicht ein, auch wenn Fehler, z. B. Überhitzung, vorliegen. Biegen der Probe mit angekerbtem Querschnitt gibt besseres Ergebnis, jedoch ist in diesem Fall die später beschriebene Kerbschlagprobe vorzuziehen.

Prüfung auf Festigkeit gegen Eindruck.

Wird beim Druckversuch der Druck übertragende Querschnitt gegenüber dem Querschnitt der Probe erheblich verkleinert, so findet ein Eindringen des ersteren Querschnittes in den letzteren statt. Mißt man dann den Widerstand, den der Stoff dem Eindringen entgegensetzt, so kommt man zur Härteprüfung; in Fig. 5 ist d der eindringende Körper, P die Kraft.

Die Härteprüfung.

Verfahren und Prüfmaschine. Der Druck wird hydraulisch (Anschluß an Leitung oder durch direkt an den Apparat angebaute Ölpumpe), durch Spindel, Schraubenübersetzung oder durch Gewichte erzeugt. Für härtere Stücke wird gewöhnlich ein Druck von 1000 bis 3000 kg angewendet, für weiche Proben 500 kg. Als Eindruckkörper werden Kugeln (Fig. 5) von verschiedenem Durchmesser[1] (meist 10 mm) oder Kegel (Fig. 5) verwendet. Die Eindrückdauer beträgt normal $1/2$ Minute, 3 Minuten bei Stoffen, die eine sogenannte Nachwirkung zeigen, d. h. ein nachträgliches Eindringen der Kugel noch nach einer Belastungsdauer von $1/2$ Minute (hierzu gehören die Lagermetalle). Messung des Eindrucks durch Mikroskop. Bei schnellen Werkstattmessungen genügt durchsichtiger Meßwinkel oder Lehre.

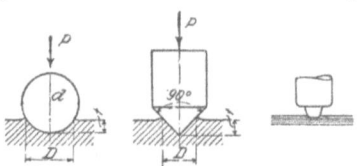

Fig. 5. Formen der Eindruckkörper.

Vielfach wird auch in den Prüfer ein Fühlhebel oder eine ähnliche Einrichtung eingebaut, die während des Eindrucks die Tiefe direkt ablesen läßt. Härteprüfer mit Gewichtbelastung s. Fig. 6.

Abmessungen der Proben. Besondere Proben sind selten erforderlich, meist kann der Versuch nach vorheriger Herstellung einer ebenen Fläche am fertigen Werkstück ausgeführt werden. Abschmirgeln erforderlich, sonst Ablesung schwierig.

---

[1] Das Verfahren wird als Brinell-Verfahren bezeichnet.

Abnahme. — Stoffestigkeit gegenüber verschiedenen Beanspruchungen. 349

Verlauf des Versuchs. Das Prüfstück wird eingelegt, die Kugel möglichst leicht aufgesetzt, damit nicht schon vorher ein Eindruck entsteht, dann ein bzw. mehrere Eindrücke hervorgebracht (nicht zu nahe am Rand, von diesem tunlichst um Kugeldurchmesser entfernt) und die Tiefe oder Breite des Eindrucks abgelesen.

Wertung. Die Härteprüfung hat den großen Vorteil, daß Materialaufwand und Bearbeitungskosten gering sind. Auch lassen sich noch heute verhältnismäßig billige und einfache Prüfmaschinen herstellen. Aus diesem Grunde wird

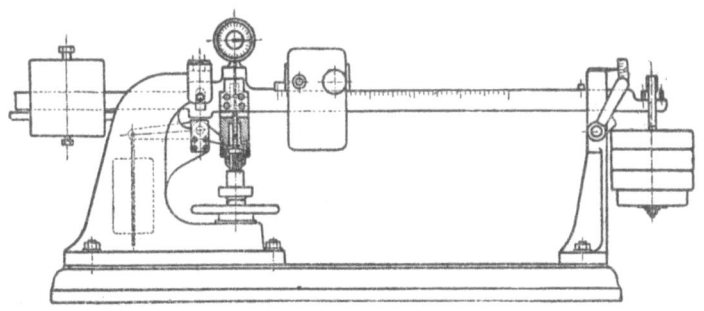

Fig. 6. Härteprüfer mit Gewichtbelastung.

das Härteprüfverfahren sehr bevorzugt, zumal sich aus der Härte auch Schlüsse auf die Festigkeit ziehen lassen, nicht nur bei Stahl und Schmiedeeisen, sondern auch bei Gußeisen und Metallen, soweit natürlich nicht lockeres oder undichtes Gefüge vorliegt.

Prüfung auf Scherfestigkeit und Lochfestigkeit.

Verfahren und Prüfmaschine. Gibt man dem Druckkörper eine oder zwei harte Schneidekanten und stützt die Probe fast unmittelbar unter der Schneidekante des Druckkörpers ab, so wird aus der Prüfung eine solche auf Scherfestigkeit. Ist der schneidende Körper zylindrisch, so wird auf Lochfestigkeit geprüft. Man unterscheidet beim Scheren einschnittige und zweischnittige Prüfung (Fig. 7).

Abmessungen. Besondere Normalien sind selten vereinbart, meist werden Scheiben oder Zylinder verwendet.

Verlauf des Versuchs. Einsetzen der Probe, Ablesen der Höchstlast, bei der Abscheren oder Lochen eintritt.

Wertung. Die Proben werden seltener angewendet. Die Ermittlung der Scherfestigkeit ist zudem ungenau, da der Einfluß der Biegungsbeanspruchungen nicht unterbunden werden kann. K. Sipp[1]) empfiehlt die Lochprobe für Gußeisen in Fällen, in denen sich andere Proben schlecht herstellen lassen, und gibt eine Reihe von Prüfergebnissen, wonach sich aus der Lochprobe gewisse Schlüsse auf Zug- und Biegefestigkeit ziehen lassen. In ähnlicher Weise empfiehlt R. Krulla[2]) die Ermittlung der Lochfestigkeit zur überschläglichen Beurteilung der mechanischen Eigenschaften.

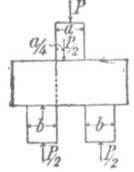

Fig. 7. Prüfung der Scherfestigkeit.

Prüfung auf Bearbeitbarkeit.

Setzt man die Probe oder die kraftübertragende Schneide in kreisende Bewegung, so wird der Probekörper zerspant.

---

[1]) Stahl und Eisen 26, S. 1697.
[2]) Zeitschr. f. Metallkunde 1921, H. 6, S. 137.

Verfahren und Prüfmaschine. Man kann eigentlich alle spanabhebenden Werkzeuge, wie Bohrer, Drehstahl, Fräser, Säge nebst ihren Antriebmaschinen für derartige Versuche verwenden. Die Schwierigkeit liegt darin, ein sich möglichst wenig abnützendes schneidhaltiges Werkzeug zu finden und die Probe immer unter den gleichen Versuchsbedingungen zu prüfen. Ausgeführt wurde eine Prüfmaschine bisher nur für Bohrmaschinen. (Härtebohrmaschine von A. Keßner, Werkstatttechnik 1920, S. 633, und Forschungsheft Nr. 208 des Ver. deutsch. Ing.) Die Umdrehungen des Bohrers bei gleichbleibender Belastung und Umdrehungszahl werden als Ordinate und die Lochtiefe als Abszisse dargestellt. Bei nicht gleichmäßigem Material verläuft die Kurve nicht geradlinig. Es ist anzunehmen, daß sich ähnliche Messungen auch an anderen Bearbeitungsmaschinen anstellen lassen.

Abmessungen der Proben. Für Bohrmaschinen jede Abmessung, für andere Maschinen kommt naturgemäß ein festzulegender Probenquerschnitt in Frage.

Wertung. Das Verfahren hat wirtschaftliche Bedeutung, da sich die Löhne der Metallarbeiter auf der Bearbeitbarkeit aufbauen. Diese ist durch andere Prüfverfahren, z. B. Härte, nicht zu schätzen, da beim Spanabheben Härte, Biegefähigkeit des Spans und Gefüge (Verteilung und Größe der härteren und weicheren Bestandteile des Materials) des Stoffes maßgebend sind.

Die Prüfung auf Verdrehungsfestigkeit.

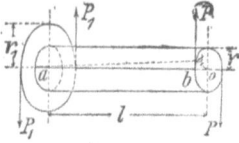

Fig. 8. Verdrehungsprüfung.

Verfahren und Prüfmaschine (Fig. 8). Mittels einer Kraft P wird der Querschnitt b gegen den Querschnitt a verdreht, so daß die Punkte $a\,b$ auf die Linie $a\,b_1$ zu liegen kommen. Bei kantigen Stäben wird mit Paßstücken, bei zylindrischen mit Nut und Feder eingespannt. Beide Stabenden liegen in drehbaren Gehäusen, P ist die angreifende Kraft, P_1 die von einem drehbaren Gehäuse auf eine der eingangs beschriebenen Meßvorrichtungen übertragene Kraft.

Abmessungen der Proben. Besondere Normalien wurden bisher nicht vereinbart.

Wertung. Verdrehungsprüfungen kommen wohl seltener in Frage (für Draht in erster Linie). Man findet daher derartige Prüfmaschinen nur in einigen größeren Prüfanstalten.

b) Schlagartig wirkende Beanspruchung. (Dynamische Prüfverfahren.)

Viele Maschinenteile sind schlagartiger Beanspruchung (mitunter in vielfacher Wiederholung) ausgesetzt, und es kommt oftmals vor, daß Stoffe, die sich einer statischen Prüfung durchaus gewachsen zeigten, bei dynamischer Beanspruchung versagen. Vor allem tritt das in solchen Fällen ein, in denen Verletzungen des Querschnitts oder sehr scharfe, eckige Querschnittsübergänge vorliegen. Zunächst seien jedoch Prüfungen ohne diese Kerbwirkung erörtert.

1. Prüfung gegenüber Schlagdruck.

Verfahren und Prüfmaschine. Für den Stauchversuch wird das Fallwerk verwendet. Die Bärgewichte betragen 500 bis 1000 kg. Besonderes Einspannen der Proben ist nicht erforderlich. Die Schlagarbeit wird aus der Fallhöhe und dem Bärgewicht errechnet, ferner das Maß festgestellt, um das der Probekörper gestaucht werden konnte, bis Einreißen bemerkbar wurde.

Abmessungen der Probestäbe. Besondere Normalien bestehen nicht. Die Proben haben kreisrunden oder rechteckigen Querschnitt, soweit nicht ganze Stücke verwendet werden.

Wertung. Der Stauchversuch wird ziemlich oft angewendet und gibt ein gutes Maß für die Zähigkeit des Materials. Ein Fallwerk ist in der Anschaffung nicht allzu teuer, die Proben sind einfach herzustellen und verursachen keinen allzu hohen Materialverlust.

Sonderarten der Prüfung auf Schlagdruckfestigkeit.

Schlagbiegefestigkeit.

Verfahren und Prüfmaschine. Das Verfahren wird gelegentlich angewendet, z. B. an Achsen und Wellen. Man verfährt wie oben angegeben (Fallwerk), wobei das Prüfstück mit festem Meßabstand zwischen zwei abgerundeten Auflagern durchgebogen wird. Gemessen wird meist nur der Biegewinkel.

Eindruckfestigkeit.

Wird der Bär leicht und klein (im Gewicht von nur etwa 1 g) und die Fallhöhe entsprechend verkleinert, so ergeben sich wieder Verfahren für die Härteprüfung.

Shore- und Schneider-Härteprüfer.

Verfahren und Prüfmaschine. Ein Fallkörper in Form eines Zylinders mit kegelförmig abgerundeter Spitze (Fig. 5c) fällt — durch Druckverschluß ausgelöst — in einem Glasrohr mit Teilung auf den Probekörper herab. Aus der Höhe des Rückpralls wird auf die Härte geschlossen.

Der Fallkörper besteht aus gehärtetem Stahl (bei härteren Stoffen Diamantspitze); für weiche Stoffe wird neuerdings auch Magnesium verwendet. Der Apparat nach Schneider besitzt als Fallkörper eine Kugel und ist noch etwas einfacher im Aufbau.

Abmessungen. Die Proben sind in ziemlich weitem Maße veränderlich.
Wertung. Die beschriebene Art der Härteprüfung ist verhältnismäßig einfach, der Apparat leicht zu transportieren und überall zu benutzen. Bei weichen Stoffen mit geringer Rückprallhöhe, wie Gußeisen und Lagermetalle, sowie Messing und Bronze, dürften sich allerdings nicht allzugroße Unterschiede ergeben, die Ergebnisse mit Stahl und Werkzeugstahl sind günstiger. Es ist aber zu berücksichtigen, daß die Elastizität hier mitgemessen wird, so daß ein elastischer, aber nicht harter Körper unter Umständen als hart erscheinen kann.

Der Schlaghärteprüfer.

Verfahren und Prüfmaschine. Nach Art des Brinell-Verfahrens ist eine Kugel *I* an einem Kolben *G* befestigt (Fig. 9). Dieser wird in einem Zylinder geführt und stößt gegen eine Feder. Durch Aufsetzen des Apparats auf die Proben und Drücken auf den Zylinder wird die Feder bis zu einer bestimmten

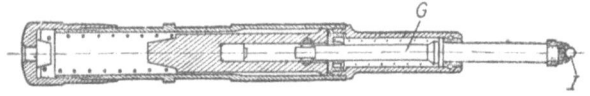

Fig. 9. Schlaghärteprüfer (Werner).

Höchstkraft gespannt. Hierauf preßt sie nach selbsttätiger Auslösung den Kolben schlagartig vor und drückt die Kugel in das Probestück.

Abmessungen der Proben und Verlauf des Versuchs wie beim Brinell-Verfahren.

Wertung. Der Apparat ist verhältnismäßig billig, leicht zu transportieren. Für das Ergebnis ist — auch bei dickeren Scheiben — die Unterlage von wesentlicher Bedeutung, auch dürfen die Proben nicht nahe am Rand geprüft werden, weil hierbei leicht der Hammer abspringt oder die Probe umschlägt. Die Ergebnisse sind nicht ganz gleichmäßig, sie hängen von der Stellung des Hammers ab.

2. Prüfung mit verletztem Querschnitt.
Die Kerbschlagfestigkeit.

Verfahren und Prüfmaschine. Zur Krafterzeugung wird der Pendelhammer nach Charpy (normalisiert für 10 und 75[1]) mkg) benutzt (Fig. 10).

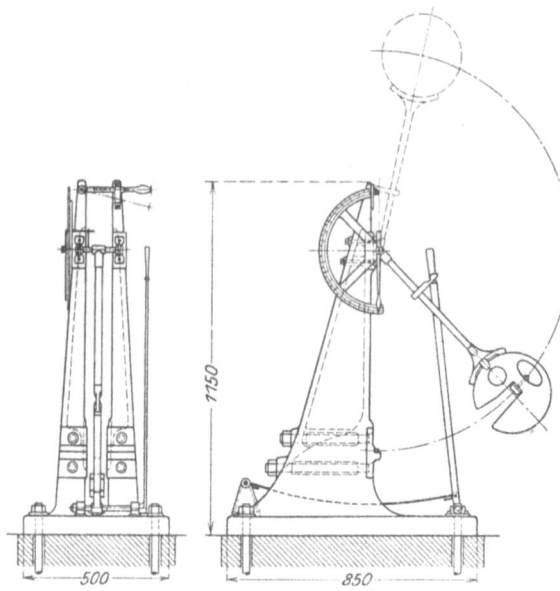

Fig. 10.- Pendelschlagwerk.

Der eigenartig geformte Hammer fällt aus einer bestimmten Höhe gegen die nach Fig. 11 geformte Kerbprobe und durchschlägt sie. Die hierzu benötigte Arbeit wird aus dem Unterschied zwischen Fallhöhe vor dem Versuch und Steighöhe nach dem Versuch berechnet und in mkg/cm^2 ausgerechnet.

Abmessungen der Proben. Die Proben sind seit etwa 1906 normalisiert, und zwar mit 1,5 × 3 cm im Kerb verbleibenden Querschnitt für das große 75 mkg Schlagwerk (Gesamtquerschnitt 3 × 3 cm bei etwa 160 mm Länge, Fig. 11) und 0,5 × 1 cm im Kerb verbleibenden Querschnitt mit 2 mm Bohrung für das kleine 10 mkg Pendelschlagwerk (Gesamtquerschnitt der Probe 1 × 1 cm bei 100 mm Länge).

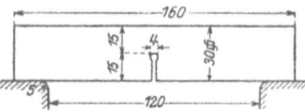

Fig. 11. Kerbschlagprobe (75 mkg).

Verlauf des Versuchs. Einlegen der Probe, Fallenlassen des Hammers, Messen der aufgewendeten Arbeit. Mitunter wird auch der Biegewinkel nach dem Bruch gemessen. Bruchbetrachtung.

Wertung. Die Prüfung der Kerbzähigkeit ist eine der empfindlichsten und darum empfehlenswertesten Proben (jedoch mit Vorsicht auszuwerten), um die Zähigkeit, vor allem weichen Materials, festzustellen, das im Betriebe einer schlag- oder stoßartigen Beanspruchung zeitweise oder dauernd ausgesetzt ist. Die Überlegenheit der Spezialstähle, besonders der Chromnickelstähle, tritt hier hervor. Die Anschaffungskosten des kleinen Pendelhammers sind noch nicht allzu hoch, allerdings ist die Herstellung der Proben umständlich. Die Ergebnisse des kleineren und größeren Kerbschlaghammers sind nicht ohne weiteres miteinander zu vergleichen. Eine Gesetzmäßigkeit ist offenbar vorhanden, es fehlen aber noch umfassendere Prüfungen.[2]

---

[1]) Auch für 250 mkg, letzteres jedoch selten.
[2]) Neue Hinweise gibt Dr. Moser, Kruppsche Monatshefte 21, Dezemberheft. St. u. E. 22. S. 90.

Gelegentlich werden auch statt der Kerbschlagprobe ganze Stücke, z. B. Wellen in eingekerbtem Zustand, unter dem Fallwerk geprüft.

Dauerschlagfestigkeit.

Verfahren und Prüfmaschine. Eine dem Kerbschlagverfahren ähnliche Prüfung jedoch für Dauerschlag ermöglicht das Dauerschlagwerk nach Krupp, Tafel VI, Fig. 45.

Ein Hammer fällt aus bestimmter Höhe auf einen zylindrischen Stab, der in der Mitte mit einer Eindrehung, gelegentlich auch mit Scharfkerb, versehen ist. Nach jedem Schlag wird der Stab um 180° oder einen anderen Winkel gewendet. Ausführliche Angaben über Versuche mit dem Dauerschlagwerk geben W. Müller und H. Leber[1]).

Abmessungen der Proben s. Fig. 12 und 13.

Verlauf des Versuchs. Der Stab wird eingelegt und das Schlagwerk in Gang gesetzt. Ein Zählwerk addiert die Schläge. Beim Bruch bleibt das Schlagwerk stehen. Der Bruch hat bei derartigen Proben bei Schlägen aus verschiedener Richtung ein ganz eigenartiges Aussehen, für das sich die Bezeichnung Dauerbruch eingeführt hat.

Fig. 12 und 13. Dauerschlagproben.

Wertung. Das Verfahren ist bei der Prüfung von Teilen anzuwenden, die Stöße wechselnder Richtung erhalten, z. B. Kurbelwellen, Steuerwellen, Achsen. Es zeigt sich auch hier die Überlegenheit der Sonderstähle, besonders der Chromnickelstähle. Im allgemeinen kann man als Anhalt betrachten, daß Stäbe von guter Kerbzähigkeit auch gute Dauerschlagwerte ergeben.

Hiermit ist die Reihe der Verfahren zur Ermittlung der verschiedenen „Festigkeiten" abgeschlossen.

II. Der Gefügeaufbau.

Die erörterten Prüfverfahren gaben ein Bild von der Widerstandsfähigkeit des Stoffes gegenüber den verschiedenen Beanspruchungen. Diese Widerstandsfähigkeit ist bedingt durch den inneren Aufbau oder das Gefüge. Die Wirkung eines günstigen Aufbaus des Gefüges, veranlaßt durch richtige Vorbehandlung, geht soweit, daß ein der chemischen Natur nach an sich anderem Material nicht gleichwertiges Material doch mit guten Eigenschaften versehen und als oft erheblich billigerer Ersatzstoff verwendet werden kann. Fehlerhafter Aufbau des Gefüges dagegen setzt häufig die Gütewerte eines an sich hochwertigen Materials herab.

Herstellung der Schliffe.

Den einfachsten Aufschluß über Art und Anordnung des Gefüges gibt der Bruch, der bei der Belastung nach den verschiedenen Prüfverfahren oder zufällig bei irgendwelcher sonstiger Beanspruchung des Materials entsteht. In vielen Fällen genügt die Bruchbetrachtung aber nicht, um kleine Unterschiede des Gefüges oder unscheinbare Fehler zu finden. Hier hilft nur die Herstellung eines Schliffes, dessen Anätzen, und danach die makroskopische und mikroskopische Untersuchung. Zwecks Herstellung einer geeigneten Schlifffläche wird ein entsprechender Ausschnitt des Stoffes auf Schmirgelpapier mit immer feiner werdender Körnung geschliffen und schließlich auf einer mit Tuch bespannten Scheibe poliert (Ausführliches über die Herstellung der Schnittfläche s. Metallographie von Heyn-Bauer, Sammlung Göschen, Bd. I). Vielfach ergibt die Betrachtung

---

[1]) Z. Ver. deutsch. Ing. 1921, S. 1089.

der polierten Flächen schon genügenden Aufschluß über das Gefüge, da die verschiedenen Bestandteile des Stoffes auch meist verschiedene Härte haben und dementsprechend mehr oder weniger hervortreten. Hohlstellen und Risse sowie Einschlüsse machen sich auch bereits bemerkbar, vielfach sogar besser als nach der Ätzung.

Genügt die Betrachtung der polierten Fläche nicht, so wird der Schliff durch Eintauchen in alkoholische (Beseitigung von Öl und Fett) schwachsaure Lösungen geätzt. Hierdurch werden die einzelnen Bestandteile verschieden stark abgelöst. Es entsteht ein Relief, das im Mikroskop den Gefügeaufbau sehr gut erkennbar macht. Geeignete Ätzmittel sind:

Weiches Eisen bis 20 vH Kohlenstoff	Alkohol. Salzsäure 5 prozentig
	„ Pikrinsäure 5 prozentig
	Ammoniumpersulfat 10 prozentig
Eisen mit höherem Kohlenstoffgehalt	Alkohol. Salpetersäure 1 prozentig
	Natriumpikrat (Zementit)
	25 g Natriumpikrat in 75 cm³ Wasser, in 100 cm³ dieser Lösung löst man 2 g Pikrinsäure
Saigerungen	Kupferammonchlorid 1 : 2
Phosphorsaigerungen	Ätzung nach Oberhoffer
	500 cm³ dest. Wasser, 500 cm³ Alkohol, 0,5 g Zinnchlorid, 1 g Kupferchlorid, 30 g Eisenchlorid, 50 cm³ konz. Salzsäure
Kupfer	Kupferammonchlorid 1 : 2 + Ammoniak
	Ammoniumpersulfat 1 : 10
	Ammoniak
	Eisenchlorid (4 g Eisenchlorid, 30 cm³ HCl, 250 cm³ H₂O)
	Salzsäure + Wasserstoffsuperoxyd 1 : 1
Messing	Schwefelsäure 1 : 1
	Ammoniak
mit 50 bis 63 vH Zink	Chromsäure 5 prozentig + 1 vH Schwefelsäure
Bronze	Kupferammonsulfat (30 cm³ 1 : 5, 9 cm³ Ammoniak + 10 cm³ Weinsäure)
	Eisenchlorid (4 g Eisenchlorid, 30 cm³ HCl + 250 cm³ H₂O)
	Persulfat 10 vH
Lagermetall	Verd. Salzsäure
Blei	Alk. Salzsäure
	Essigsäure 5 vH
Zinn	Schwefelsäure
	Kaliumchlorat (5 prozentig)
Zink	Chromsäure (5 prozentig)
Aluminiumlegierung	Eisenchlorid (5 prozentig)

Eine übersichtliche Zusammenstellung der Anwendung der Ätzmittel für die verschiedenen Metalle findet sich in der Zeitschr. f. Metallkunde, 20. Bd., S. 44, Heft 2.

Beobachtung der Schliffe.

Ist durch Ätzung das Gefüge entsprechend erkennbar gemacht, so genügt in vielen Fällen eine Betrachtung mit bloßem Auge (makroskopische Prüfung). Anderenfalls benutzt man eine Lupe oder Mikroskop (mikroskopische Prüfung). Für Aufnahmen und Betrachtungen bei höherer Vergrößerung bedient man sich der nachfolgend erwähnten beleuchteten Mikroskope. Beleuchtung hierbei durch Einschaltung eines Planspiegels (a in Fig. 14) oder eines Prismas (Vertikalilluminator) (f in Fig. 15). In beiden Fällen wird das von einer seitlichen Lichtquelle kommende Licht auf den Gegenstand geworfen, so daß Vergrößerungen bis 1000 und mehr angewendet werden können und trotzdem ein genügend lichtstarkes Bild für genaueste Beobachtung gegeben ist.

Für Beobachtungen mit anschließender photographischer Aufnahme sind eine Reihe von Apparaten gebaut worden, von denen der Le Chatelier - Apparat in verschiedenen Ausführungen von Dujardin - Düsseldorf und Reichert - Wien, sowie Leitz - Wetzlar geliefert wird. Lichtquelle, Mikroskop, Befestigungstisch für den Beobachtungsgegenstand und photographische Kamera sind auf einer optischen Bank vereinigt. Die genannten Apparate sind für Auflagen der Probe gebaut (ohne eine besondere Ausrichtung) und eignen sich daher in erster Linie für schnellere, betriebsmäßige Untersuchung auch größerer Stücke. Der von Martens konstruierte Apparat (Zeiß, Jena) hat eine besondere Schliffausrichtung und eignet sich vorzugsweise für genaueste Beobachtung bei höheren Vergrößerungen.

Abmessungen der Proben. Mit Rücksicht auf eine möglichst schnelle Vorbereitung der Schliffe und ein gleichmäßiges Ätzen wählt man nicht zu große Schliffe. Ist eine größere Fläche zu prüfen, so nimmt man besser mehrere kleinere Ausschnitte aus verschiedenen Stellen. Die sachgemäße Probenahme wird noch erörtert.

Wertung. Die Gefügeuntersuchung ist als Prüfverfahren dem mechanischen Prüfverfahren an Bedeutung völlig ebenbürtig, teilweise sogar überlegen. Sie gibt in vielen Fällen Aufschluß, in denen die mechanischen Proben zwar ein minderwertiges Material nachweisen, jedoch direkten Hinweis auf irgendeinen Fehler nicht geben. Dagegen ist

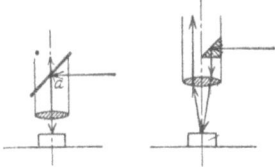

Durch Spiegel.   Durch Prisma.
Fig. 14 und 15. Mikroskop mit Seitenbeleuchtung.

es umgekehrt oft möglich, allein aus der Gefügeuntersuchung — auch aus dem kleinsten Stück —, bei dem sich mechanische Prüfverfahren gar nicht mehr anwenden lassen, auf die Vorbehandlung und die mechanischen Eigenschaften Schlüsse zu ziehen.

III. Besonders einfache Prüfverfahren.

Mit der Reihe der vordem genannten Prüfverfahren sind nur die allgemein üblichen Methoden erörtert. Es gibt noch eine ganze Anzahl von Verfahren, die, nur zur Prüfung ganz besonderer Eigenschaften verwendet, hier nur eben genannt sein sollen. Hierunter rechnen die Wärmedurchlässigkeit, die Ausdehnung durch die Wärme, magnetische und elektrische Leitfähigkeit, Federung, Schmeidigkeit u. a. m. Ebenso soll nicht auf Prüffelder und Prüfstände eingegangen werden, deren Aufgabe: Konstruktionsteile und Konstruktionen in fertiger Ausführung unter genauen Betriebsbedingungen zu prüfen, weniger eine Prüfung des Materials als der Zweckmäßigkeit der Konstruktion ist. Dagegen sei hier noch auf einige Prüfverfahren besonders eingegangen, die sich ohne zu großen Kostenaufwand ausführen lassen und nicht zu hohe Ansprüche an die Vorbildung des Bedienungspersonals stellen. Auch kleinere und kleinste Unternehmungen sind in der Lage, sich diese Einrichtungen zu beschaffen und damit in weit höherem Maße als bisher die Gleichmäßigkeit und Güte ihrer Erzeugnisse zu verbessern.

Zugfestigkeit.

Die Zugfestigkeit eignet sich im allgemeinen nicht für billige und schnelle Betriebsversuche. Immerhin läßt sich in einfacher Art ein Zerreißversuch mit

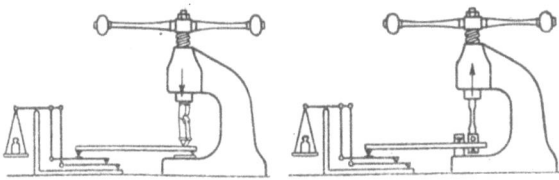

Fig. 16. Einfacher Druck- und Zugversuch.

brauchbarem Ergebnis ausführen. Näheres hierüber enthält ein Aufsatz von Steudel: Einfache Materialprüfvorrichtungen (Fig. 16)[1]).

---
[1]) Aus Gießereizeitung 1921, S. 2. Einfache Materialprüfvorrichtungen von H. Steudel.

Biegefestigkeit.

Ein Biegeversuch läßt sich einfach anstellen, indem man einen Stab von rechteckigem oder rundem Querschnitt auf zwei Schneiden legt und in der Mitte der Meßlänge durch einen Draht belastet, an dem Gewichte in beliebiger Zahl bis zum Bruch gehängt werden können.

Kerbbiegefestigkeit.

Einfache Biege- und Kerbbiegeversuche sind in Martens - Heyn Materialienkunde II. Teil, S. 311 bis 313, beschrieben. Aus Fig. 17 folgt ohne weiteres die Anwendung (s. auch Metallographie Heyn - Bauer, II. Teil).

Fig. 17. Einfacher Kerbschlagversuch.

Härte.

Die Härteprüfung, die ja auch, mit Ausnahme vergüteter (gehärteter und angelassener) Metalle recht weitgehende Schlüsse auf die Festigkeit zuläßt, ist ebenfalls eine sehr empfehlenswerte Betriebsprüfung. Verhältnismäßig einfache und billige Apparate seien nachstehend genannt.

Scherhärteprüfer, Lieferant Metallbank, Frankfurt a. M. (Fig. 18).

Der Kugeleindruck wird dadurch hervorgerufen, daß die Kugel unter Zwischenschaltung eines Scherstiftes im Schraubstock gegen das Prüfstück gedrückt wird[1]). Bei einem vorhandenen Druck von 380 kg schert der Stift ab, so daß eine höhere Kraft nicht wirken kann. Die Stifte scheren allerdings vielfach erst bei 400 bis 430 kg ab, immerhin haben eigene Vergleichsversuche des Verfassers leidliche Übereinstimmungen mit der Brinell - Probe ergeben. Der Apparat wird zur Zeit nur in dieser Größe geliefert, so daß er sich nur zur Prüfung weicher Metalle (Lagermetalle, Rotguß, Messing) eignet. Die Firma Mohr & Federhaff, Mannheim, baut eine Ausführung für höheren Druck.

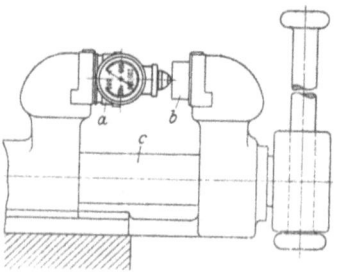

Fig. 18. Scherhärteprüfer.

Vergleichshärteprüfung der Poldihütte, Lieferant des Apparates Poldihütte.

Gegen eine Kugel wird durch Schlag, von der einen Seite, eine Platte bekannter Härte und, von der anderen Seite, das Prüfstück gedrückt. Durch Vergleich der beiden Eindrücke wird die Härte bestimmt.

Der Prüfapparat Seku, Fig. 19, von Schopper, Leipzig.

Eine Kugel wird durch Schraubstockdruck gegen das Prüfstück gedrückt, gleichzeitig mißt ein Federmanometer den Druck. Die Härte ist direkt auf besondere Meßteilung für 500 und 1000 kg abzulesen.

Kugelschlaghammer[2]). Der schon vordem beschriebene Schlaghärteprüfer eignet sich gleichfalls für Betriebsuntersuchungen vor allem dann, wenn große Lieferungen gleichartigen Materials zu prüfen sind (z. B. Schienen, Träger usw.). Es bestehen zwei verschiedene Ausführungen, nach Baumann und nach Fritz Werner. (Fig. 9.)

Kugelfallhammer[3]). Der ebenfalls schon beschriebene Shore - Apparat sei hier gleichfalls genannt; er eignet sich für härteres Material, Spezialstähle und

---

[1]) Die Figur zeigt eine Skala statt des einfachen und billigeren Scherstifts.
[2]) Lieferant des Baumann - Prüfers H. Steinrück, Berlin W. 50,
  Lieferant des Werner - Prüfers Fritz Werner A. G., Berlin-Marienfelde.
[3]) Lieferanten: Schuchardt & Schütte, Berlin.

Werkzeuge. Ein Vergleichen der ermittelten Härte mit den Werten nach Brinell ist allerdings, da hier auch die Elastizität beträchtlich mit wirkt, nicht ohne weiteres durchzuführen.

Gefüge.

Metallschliffe lassen sich verhältnismäßig einfach von Hand auf Schmirgelpapier verschiedener Körnung auf einer gehobelten Platte als Unterlage herstellen. Polieren meist auf einer Polierscheibe, kann aber auch von Hand durchgeführt werden. Durch entsprechendes Anätzen können viele Fehler mit bloßem Auge gefunden werden. Zum Betrachten der Schliffe kann man sich eines Mikroskops mit Seitenbeleuchtung bedienen. Vorteilhaft wählt man das Mikroskop gleich so, daß man jederzeit bei späteren Anschaffungen eine photographische Kamera aufsetzen kann. Die Schwierigkeit bei der Beobachtung liegt darin, daß auf jeden Fall eine längere Erfahrung nötig ist, wenn man nicht Fehlschlüssen ausgesetzt sein will. Man benötigt also immerhin einer besonders vorgebildeten Hilfskraft. Wo irgend angängig, sollte man sich trotzdem, vor allem in allen Betrieben, die Schmelz- oder Warmverarbeitung ausführen, eine dauernde Prüfung des Gefüges der täglichen Erzeugnisse durchaus angelegen sein lassen[1]).

IV. Die Probenahme.

Die richtige Auswahl der Proben für die dargestellten Prüfverfahren erfordert reiche

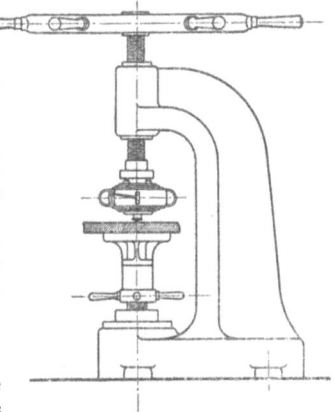

Fig. 19. Härteprüfer „Seku".

Erfahrung. Sehr leicht kommt es bei mangelnder Ausbildung auf diesem Gebiete vor, daß die Zone des fehlerhaften Stoffes bei der Abtrennung der Proben überhaupt nicht getroffen wird. In erster Linie ist es nötig, sich aus Aussagen, Berichten und Zeichnungen ein möglichst genaues Bild von der Herstellung und Betriebsbeanspruchung des fehlerhaften Maschinenteils zu machen. Hierbei kann gar nicht sorgfältig genug vorgegangen werden, und etwaiger Zeitverlust durch Schriftwechsel und örtliche Besichtigung wird reichlich dadurch wettgemacht, daß man schon vor Beginn der Untersuchung ganz bestimmte Richtlinien gewinnt. Man ist sich alsdann mit ziemlicher Gewißheit schon klar darüber, ob ein Geburtsfehler, vom Schmelzprozeß herrührend (Lunker, Blase, Einschluß, Saigerung) vorliegt oder ob in der späteren fehlerhaften Verarbeitung eine Verschlechterung der Eigenschaften des Werkstoffes eingetreten ist. Handelt es sich um eine Lieferung von vielen Teilen, so muß man auch an der Oberflächenbeschaffenheit möglichst schon fehlerhafte Stücke zu erkennen suchen, andernfalls aus verschiedensten Teilen der Lieferung gute Stichproben nehmen. Ferner prüfe man bei Entnahme von Proben für die mechanische Untersuchung, ob die Achse der Probe in der Reckungsrichtung oder quer dazu liegt. Im letzteren Falle liegen die Werte niedriger. Bei dickeren Stücken ist im Auge zu behalten, daß der Rand stets dichter ist als die Mitte und dementsprechend am Rand günstigere Prüfergebnisse erhalten werden. Andererseits wird die Mitte in den meisten Fällen weniger stark beansprucht als der Rand. Große Vorsicht ist in der Beurteilung der mitgegossenen oder angegossenen Proben geboten. Diese haben mitunter ganz andere Abkühlungsverhältnisse als das Gußstück.

Bei der Auswahl der Probeabschnitte größerer Stücke verfährt man so, daß man durch die Längsachse einen Schnitt legt, den freigelegten Querschnitt ab-

---

[1]) Eine einfache, handliche Konstruktion eines Werkstattmikroskops empfiehlt Zeiß, Jena.

schlichtet und sorgfältig untersucht. Hierbei findet man Risse, Einschlüsse und harte Stellen fast immer mit bloßem Auge. Ergeben sich keine Fehler, so kann man zur Sicherheit aus dem einen Teil des zerschnittenen Stückes noch einen oder mehrere Querschnitte freilegen und alsdann aus den verschiedenen Ausschnitten die Proben für die Prüfung der mechanischen Eigenschaften und des Gefüges herausarbeiten.

B) Verarbeitung.

In der Maschinenfabrik beginnt der Arbeitsgang der Werkstoffe in der Gießerei, in der die eingelieferten Rohstoffe umgeschmolzen werden, um als Rohblock oder als Gußstück in die weitere Bearbeitung zu gelangen.

I. Das Gießen.

Man unterscheidet:
das einfache Umschmelzen und
das Legieren.

a) Das Umschmelzen.

Dem Zwecke der Formgebung genügt vielfach einfaches Erhitzen eines für den betreffenden Zweck gewählten Metalls bis zum Schmelzpunkt und Vergießen in Sand- oder Metallformen. Es finden zwei voneinander getrennte Vorgänge statt, das Erwärmen und das Abkühlen, von denen jeder bestimmte Arbeitsbedingungen voraussetzt, wenn ein einwandfreier Guß erhalten werden soll.

Das Erwärmen.

Beim Erwärmen ist der Einfluß der Luft und der Verbrennungsgase möglichst zu verhindern. Die Luft gibt Sauerstoff an das Schmelzgut ab; entweder bilden sich hierbei Oxyde (Sauerstoffverbindungen des Metalls), die von der Schlacke aufgenommen werden, und daher Verluste verursachen, — oder die Oxyde gehen als Gas in den Schornstein, oder der Sauerstoff wird vom Metall gelöst und beeinflußt seine Eigenschaften, vor allem die Reckbarkeit, sehr nachteilig.

Die Verbrennungsgase geben hauptsächlich Schwefel und Wasserstoff[1]) ab. Schwefel macht das Metall dickflüssig und schlecht reckbar (Rotbruch); der Wasserstoff wird zunächst gelöst, entweicht aber beim Erstarren und gibt zu Blasenbildung Veranlassung. Es ist also Hauptbedingung für die Erzielung eines guten Gusses: möglichst geringe Berührung mit Verbrennungsluft und Ofengasen. Je höher der Schmelzpunkt des Metalls, desto länger die Einschmelzdauer, desto größer die Möglichkeit der Gasaufnahme. Von Bedeutung für die Eigenschaften des Werkstoffes ist daher die Auswahl richtiger Ofenkonstruktionen.

Die Öfen.

Bestimmend für Auswahl und Umfang des Ofens sind der Schmelzpunkt und die für den jeweiligen Guß gebrauchte Menge des zu schmelzenden Stoffes.

Der einfachste Ofen für niedrig schmelzende Stoffe ist der Kessel- oder Pfannenofen. Der oben offene Kessel ist an seinem Mantel der strahlenden Wirkung einer möglichst wirtschaftlich arbeitenden Koksfeuerung ausgesetzt. Vorteile: Große Einsatzmenge bis 500 kg und mehr, auch für sperriges Schmelzgut, gute Wärmeleitung des Eisenkessels — dem Graphittiegel hierin weit überlegen — Ausschöpfen der Schmelze statt Transport des Tiegels, wenig Abbrand, keine Berührung des Schmelzgutes mit Ofengasen — Verwendung für Blei 330°, Zinn 230°, Antimon 432°, Zink 420° und deren Legierungen, Lagermetalle. Für höher schmelzende Metalle, wie Aluminium, Kupfer und deren Legierungen findet der Tiegelofen unbeschränkte Anwendung. Einfachste Form mit Koksfeuerung. Der Tiegel ist gewöhnlich aus Graphit. Einsatzmenge etwa bis

---
[1]) Außerdem Kohlenoxyd.

Verarbeitung. — Das Gießen.

100 kg. Statt Koksfeuerung wird neuerdings auch vielfach Gas- und Ölfeuerung verwendet. Zur Vermeidung des sehr schwierig auszuführenden Aushebens des Tiegels werden kippbare Tiegelöfen gebaut. Fassungsvermögen entsprechend größer, bis zu 500 kg.

Statt der kippbaren Öfen haben sich auch Trommelöfen mit Ölfeuerung eingeführt. Die Ölfeuerung hat nur da Vorteile, wo preiswertes Öl in gleichmäßiger und nicht zu dickflüssiger Beschaffenheit zur Verfügung steht.

Für noch größere Mengen von mehreren Tonnen kommen nur noch die Flammöfen oder Herdöfen in Frage. Die auf der Feuerung oder im besonders angebauten Gaserzeuger vergasten Brennstoffe verbrennen über dem Herd und geben ihre Wärme dabei unmittelbar an das Schmelzgut ab. Die unmittelbare Berührung mit der Flamme wirkt naturgemäß auf das Metall durch Gasaufnahme nachteilig ein. Diesen Übelstand vermeidet der elektrisch geheizte Schmelzofen, dem immerhin auch für die Metallschmelzerei noch eine Zukunft bevorsteht, wahrscheinlich aber auch nur dort, wo größere Mengen auf einmal benötigt werden.

Die Wärmemesser.

Ist der Ofen nach den oben erwähnten Bedingungen sachgemäß ausgeführt, so ist es, wie bereits hervorgehoben, von Bedeutung, das Einschmelzen ohne unnötige Erwärmung des Schmelzgutes über die Gießtemperatur hinaus zu leiten. Diese liegt für die einzelnen Metalle meist etwa 100° über dem Schmelzpunkt. Erhitzt man zu hoch oder zu lange, so wird das Material durch Sauerstoffaufnahme verdorben, auch können bei leichter verdampfenden Stoffen durch Verdampfen recht erhebliche Verluste an Metall auftreten. Man ist daher genötigt, ganz abgesehen von der Rücksicht auf Brennstoffkosten, die Temperatur des Ofens möglichst sorgfältig zu überwachen.

Das Erstarren.

Sandformen.

Soll das Gußstück nicht weiter bearbeitet werden (mit Ausnahme des Spanabhebens), so stampft man die zeichnungsgemäße Form im Formkasten mit entsprechend zusammengesetzten Formsanden nach Modell auf. Alle Fehler, die hierbei gemacht werden, sind nicht als Materialfehler anzusehen, sei es, daß Blasen oder Schalen im Guß entstehen, weil der Sand zu dicht und undurchlässig oder zu feucht ist, oder weil der Kern die gleichen Eigenschaften hat, sei es, daß Fehler bei Herstellung des Modells gemacht wurden: zu plötzliche Querschnittsänderungen, ungenügende verlorene Köpfe oder Eingüsse, die Schrumpfrisse, Lunkerbildung oder lockeres Gefüge hervorrufen. Es ist jedoch nicht immer leicht, zwischen Form- und Stoffehlern zu unterscheiden. Abgesehen von Schalenbildung, die immer als Formfehler anzusehen sein wird, ebenso wie Lunker- und Schrumpfstellen, kann Gasausscheidung im Gußstück sowohl durch die vordem genannten Fehler beim Einformen, als auch durch falsche Schmelzführung verursacht werden. Zu matter Guß kann ein Nichtauslaufen der Form oder nicht geschweißte Stellen zur Folge haben. Die Gießtemperatur und die Schmelztemperatur sind daher von großer Bedeutung für die Vorgänge der Erstarrung in der Form. Leider wird hierbei von den Meßgeräten zur Bestimmung der Temperatur des Schmelzbades noch viel zu wenig Gebrauch gemacht, und man verläßt sich zumeist noch auf viel zu rohe Schätzungen.

Metallformen (Kokillen).

Ist der Stoff für eine Weiterverarbeitung, z. B. Strecken, bestimmt, so sieht man von der teuren Herstellung der Sandformen ab und gießt die Schmelze in konische Metallformen mit kreisrundem, quadratischem oder rechteckigem Querschnitt. Auch hierbei kommt es sehr darauf an, daß diese Formen an den Innenflächen sauber und frei von Metallansätzen, größeren Erhöhungen oder Vertiefungen und Rissen gehalten werden. Andernfalls entstehen bei der Erstarrung an diesen Stellen sehr leicht feine Risse und Hohlstellen im Gußblock, die sich bie der späteren Weiterverarbeitung recht unliebsam bemerkbar machen. Die Dicke (Wärmeableitung) der Kokillen und ihre Temperatur im Augenblick des Gießens ist gleichfalls zu beachten, sie gibt bei Abweichungen von der Regel mitunter Veranlassung zur Ausbildung von Gefügefehlern. Die Gußtemperatur der Schmelze spielt hierbei die gleiche wichtige Rolle wie bei Herstellung der Formgußstücke.

Der Wärmeabfluß.

Überläßt man nun das geschmolzene und vergossene Metall — sei es im Formsand oder in Kokillen — der Abkühlung, beobachtet die Temperatur und trägt die abgelesenen Grade in ein System von Senkrechten aus Zeit und Temperatur ein, so ergibt sich zunächst eine ziemlich stark abfallende Kurve AB (Fig. 20). Ist jedoch der Schmelzpunkt des Stoffes erreicht, so hält plötzlich der Temperaturabfall an, der sich über einen ganz bestimmten Zeitabschnitt BC erstreckt (Haltepunkt). Während dieser Zeit scheiden sich dauernd feste Einheiten (Kristalle) des Stoffes aus, und die dabei immer wieder frei werdende Wärme verhindert ein Abfallen der Temperatur.

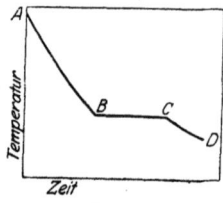

Fig. 20. Erstarrungslinie.

Die einzelnen Kristalle begrenzen sich schließlich gegenseitig und bestimmen mit der Größe ihres Umfangs und ihrer Begrenzungsflächen den Aufbau des Körpers oder sein „Gefüge" (Fig. 33 Tafel V). Ist das letzte flüssige Teilchen fest geworden, so sinkt die Temperatur in verlangsamtem Abfall weiter und nähert sich allmählich stark der Wagerechten (Abschnitt CD). Wird die Abkühlung bei Schmelzungen von wechselnder Gewichtsmenge des gleichen Stoffes beobachtet, so zeigt sich stets, daß der Haltepunkt immer bei derselben Temperatur eintritt. Veränderlich ist allerdings der Abschnitt BC der Abkühlungskurve. Je mehr die Schmelzung an Masse hat, desto mehr Kristalle scheidet sie aus, desto länger wird die Unterbrechung des Temperaturabfalls andauern. Ebenso werden sich die Abschnitte AB und CD der Kurve entsprechend langsamer senken, wenn eine größere Masse des Stoffes gelöst ist und dementsprechend größere Wärmemengen abfließen müssen. Trägt man nun diese Haltepunkte für die verschiedenen Mengen des Stoffes, beispielsweise von 1 bis 100 kg, in ein System von Senkrechten, bestehend aus Temperatur und Gewicht, ein, so werden die verschiedenen Haltepunkte auf einer Geraden liegen (Fig. 21). Oberhalb SS_1 ist alles flüssig, unterhalb SS_1 alles fest[1]). Man hat für die verschiedenen „Zustände" des Stoffes (flüssig, fest und gasförmig) die Bezeichnung Phase gewählt.

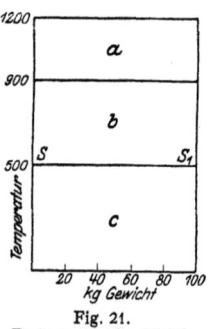

Fig. 21. Erstarrungsschaubild I. *a* gasförmig. *b* flüssig. *c* fest.

Je langsamer die Abkühlung vor sich geht, desto mehr Gelegenheit haben auch die einzelnen Kristalle, zu wachsen und sich auszudehnen, desto größer werden die Begrenzungsflächen zwischen ihnen sein. Diese Flächen sind aber gleichzeitig Trennungs- oder Spaltflächen, und bei irgendeiner Beanspruchung des Stoffes wird sich der innere Zusammenhang des Gefüges um so leichter trennen, je größer die Spaltflächen sind, um so geringer wird also die Festigkeit des Stoffes sein. Ein Gußgefüge wird sich also selten durch besondere Festigkeit auszeichnen. Für den Gefügeaufbau sind weiter die Querschnitte der fertigen Form des Guß-

---

[1]) Der gasförmige Zustand, der einen neuen Haltepunkt bedingt, ist hier nicht von Interesse.

stückes von Bedeutung. Sind die Querschnitte sehr dünn, so wird die Wärme durch die kalten Wandungen der Form schnell abgeführt. An dieser Stelle wird sich ein feinkörniges, dichtes Gefüge entwickeln. Schließt sich unmittelbar daran ein größerer Querschnitt, so ist in diesem die Abkühlung langsamer; an der Übergangsstelle entstehen Spannungen, gegebenenfalls direkte Hohlräume (Lunker). In den metallenen Gußformen (Kokillen) wird die Abkühlung (Fig. 22) immer beschleunigt an den Wandflächen vor sich gehen. Die Mitte und vor allem der obere Teil folgen langsamer, es muß sich also oben ein Hohlraum (Lunker) bilden. Mittel, die Lunkerbildung stark zu beschränken: Heizen des Kokillenkopfes, Anwendung von hohem Druck. Im allgemeinen nimmt man jedoch den Lunker im oberen Teil eines in Metallform gegossenen Blockes als unvermeidlich hin und begnügt sich damit, den verlorenen Kopf vor der Weiterverarbeitung abzuschneiden.

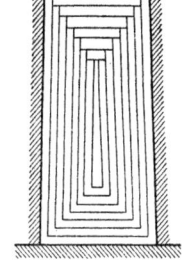

Fig. 22. Schema der Abkühlung eines Blockes in einer Kokille.

Auf eine Erscheinung sei hier noch hingewiesen, die für die Ausbildung und die Eigenschaften des Stoffgefüges von hoher Bedeutung ist. Es sind dies die Einschlüsse. Sie entstehen aus Oxydationserzeugnissen des Schmelzstoffes oder aus der Bekleidung des Schmelzherdes. Obwohl sie spezifisch leichter und nicht metallisch sind, trennen sie sich nicht immer, vor allem nicht in dickflüssiger Schmelze, vom geschmolzenen Stoff. Im erstarrten Gefüge bilden sie daher unliebsame Unterbrechungen des Gefüges und wirken, da sie selbst nur ganz geringe Festigkeit haben, als Risse oder Spalte (Fig. 1 und 8 Tafel I).

b) Das Legieren.

Das Erwärmen.

Werden während des Schmelzens dem flüssigen Stoff, absichtlich oder unabsichtlich, metallische oder nicht metallische Stoffe zugesetzt, so lösen sich diese in ihm auf, seine Eigenschaften werden dadurch entsprechend verändert. Ist das Legieren beabsichtigt, so gibt man dem Schmelzbad bestimmte, abgewogene Zusätze, von denen man weiß, daß sie seine Eigenschaften verbessern. Nimmt das Schmelzbad jedoch während der Erhitzung aus den Verbrennungsstoffen oder den sich bildenden Schlacken Stoffe auf, so entsteht ein unbeabsichtigtes Legieren. Meist sind es Verbindungen des Schwefels und des Sauerstoffs, die auf diese Art ins Schmelzbad gelangen und in dem fertigen Gußstück eine sehr unerwünschte Beeinträchtigung seiner Eigenschaften hervorrufen. Durch Zusatz anderer Metalle, wie Zink, Aluminium, Phosphor, Mangan, läßt sich jedoch die schädliche Wirkung der oben genannten Stoffe (insbesondere des Sauerstoffes) erheblich vermindern.

Das Erstarren.

Sei die Legierung nun beabsichtigt oder nicht, es werden sich für die Abkühlung neue Erscheinungen ergeben, die wesentlich von der Erstarrung einfacher Stoffe abweichen. Ihr Verlauf ist für den Aufbau des Gefüges von solcher Bedeutung, daß im folgenden auf die wichtigsten Erstarrungsvorgänge der binären (Zweistoff-) Legierungen näher eingegangen sei.

Erstarrung zweier im flüssigen und festen Zustand ineinander nicht löslichen Stoffe A und B. Die Erstarrung eines Stoffes A war bereits in Fig. 21 dargestellt. Es werde nunmehr der Stoff A mit einer Erstarrungslinie SS_1 (Fig. 23, oben links) und ein Stoff B mit einer Erstarrungslinie S_2S_3 (Fig. 23, oben rechts) legiert. Da für das Legieren die gasförmige Phase nicht von Bedeutung ist, ist diese der Einfachheit wegen weggelassen. Beide Diagramme überdecken sich alsdann (Fig. 23, unten) derart, daß links die Höchstmenge von Stoff A

(100) und die geringste Menge von Stoff B (0) vorhanden ist, umgekehrt bei B. Es ergeben sich alsdann im Schmelzdiagramm folgende Zustandsfelder: oberhalb S_2S_3 alles flüssig. Feld S_2S_3 S_1S: Stoff B bereits fest und in Kristallen abgeschieden, dazwischen noch Lösung A. Unterhalb SS_1 im Zustandsfeld SS_1 BA alles fest, also Kristalle von A und B.

Die Erstarrungslinie einer derartigen Legierung verläuft wie in Fig. 24 dargestellt. Sie hat zwei Haltepunkte: $B-B_1$ bei 800° und $C-C_1$ bei 500°.

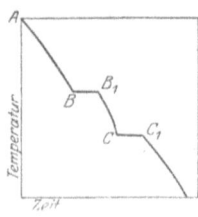

Das Gefüge einer derartigen Legierung im erstarrten Zustand ergibt sich in folgender Weise: Wählt man zunächst die Legierung A_1 mit 5 vH B, 95 vH A, so werden sich im Gefüge vereinzelt Kristalle von B zeigen, der größere Teil des Raumes wird durch Kristalle A ausgefüllt (Fig. 25c). Wählt man die Legierung A_1, B_1, 50 A, 50 B, so werden Kristalle A und B etwa in gleicher Menge vorhanden sein (Fig. 25 b).

Fig. 23. Erstarrungsschaubild II.

Wählt man die Legierung B_1, 95 vH B, 5 vH A (Fig. 25 a), so ergibt sich etwa das gleiche Bild wie in Fig. 25 a, nur daß die Kristalle A hier die Minderheit bilden. Ist das spezifische Gewicht der beiden legierten Stoffe sehr verschieden, so wird sich allerdings bei genügender Dünnflüssigkeit der Schmelze diese in eine obere Schicht leichterer und eine untere schwererer Kristalle scheiden.

Fig. 24. Erstarrungslinie.

Erstarrung zweier im flüssigen Zustand ineinander löslichen, im festen Zustand unlöslichen Stoffe. Hier ergibt sich gegenüber den bisherigen Diagrammen ein völlig verändertes Bild. Die wagerecht verlaufende Linie, bisher S_2S_3 (Fig. 23), sinkt für A bei Zusatz von Stoff B und ebenso die Linie für B bei Zusatz von Stoff A (Fig. 26).

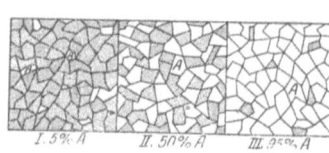

Fig. 25 a—c. Gefügebilder.

Beide Linien schneiden sich schließlich in Punkt C. Statt der Linien S_2S_3 hat man also im neuen Diagramm den Kurvenzug ACB. Von den zwischen A und B vorhandenen Legierungsmöglichkeiten stellt also die im Punkt C (im vorliegenden Fall 60 vH B, 40 vH A) die Legierung mit dem niedrigsten Schmelzpunkt dar; man bezeichnet sie daher als gutflüssige oder eutektische Legierung.

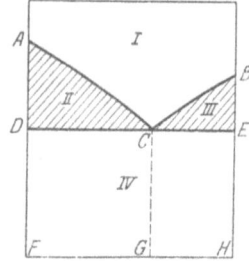

Fig. 26. Erstarrungsschaubild III.

Die Erstarrung geht für die Legierungen des vorliegenden Diagrammes wie folgt vor sich: Oberhalb AC ist die Legierung flüssig. Beim Berühren der Linie AC ist die Löslichkeitsgrenze für A erreicht. Es scheiden sich also Kristalle von Stoff A aus. Durch diese Ausscheidung wird die verbleibende Flüssigkeitsmenge zwangläufig reicher an Stoff B, ihr Schmelzpunkt rückt daher weiter nach rechts und sinkt gleichzeitig, die Lösung kann also weiter flüssig bleiben. Sinkt die Temperatur noch weiter, so scheiden sich wieder Kristalle des Stoffes A

aus, der Schmelzpunkt sinkt wieder und so wiederholt sich der Vorgang, bis schließlich unter dauernder Ausscheidung des Stoffes A der eutektische Punkt C erreicht wird. Hier ist die Löslichkeit für A und B die gleiche. Sobald jetzt nur ein kleines Teilchen von Stoff A ausgeschieden ist, ist die Lösung an B übersättigt, der Schmelzpunkt rückt daher nicht weiter, sondern es wird sofort von Stoff B ausgeschieden. Dadurch wird die Lösung wieder an Stoff A übersättigt, und es scheiden sich wieder Teile von A aus. Dieser Vorgang der Abscheidung kleinster Teilchen von A und B nebeneinander im eutektischen Gemisch wiederholt sich nun, bis die gesamte Lösung erstarrt ist. Das Gefüge einer derartigen Legierung zeigt also zunächst die

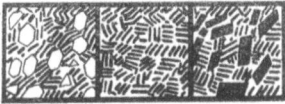

Fig. 27 a—c. Gefügebilder.

längs des Kurvenastes AC abgeschiedenen Kristalle A und schließlich das in feinster Verteilung als Grundmasse abgeschiedene eutektische Gemisch AB. Die Erstarrung dieses Gemisches geht meist in Lamellen oder kleinen Kügelchen von räumlich geringer Ausdehnung vor sich, die dicht nebeneinander liegen (Fig. 27 a).

Erstarrt eine Legierung, deren Zusammensetzung rechts des eutektischen Punktes C liegt, so vollzieht sich hier die Abscheidung von Kristallen des Stoffes B längs der Linie BC, dann Ausscheidung des eutektischen Gemisches (Fig. 27 c).

Ist die Zusammensetzung der Legierung gerade eutektisch (im vorliegenden Fall 60 vH B), so scheiden keine Kristalle A oder B einzeln aus, sondern die ganze Schmelzung wird gleichmäßig fest als eutektisches Gemisch (Fig. 27 b, Mitte). Betrachtet man nun die Erstarrungskurve einer Legierung mit 10 vH A, so ergibt sich nach Fig. 28 die Abkühlung zunächst normal bis zum Punkte A_1; hier ist die Kurve AC (Fig. 26) erreicht, und es beginnt jetzt die dauernde Abscheidung von Kristallen A, die sich in einer Verzögerung des Temperaturabfalls kennzeichnet und bis Punkt C, der eutektischen Temperatur, anhält. Hier sind dann alle Kristalle A ausgeschieden, und die gleichzeitige Erstarrung des ganzen noch flüssigen Restes der Legierung beginnt, daher hier ein Haltepunkt FF_1. Unterhalb F_1 ist dann alles fest, und der Temperaturabfall ist wieder normal. Eine Legierung rechts des eutektischen Punktes wird etwa dieselbe Erstarrungskurve zeigen; während der Verzögerung A_1F findet hier die Abscheidung von Kristallen B statt. Anders gestaltet sich das Bild bei der eutektischen Legierung (die Lage dieses Punktes ist naturgemäß für jede Legierung verschieden). Hier bleibt die Schmelzung von A bis F flüssig, es findet daher ein normaler Temperaturabfall statt, alsdann liegt bei FF_1 ein entsprechend verlängerter Haltepunkt.

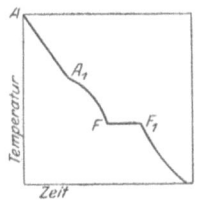

Fig. 28. Erstarrungslinie.

Die Erstarrungslinie gleicht also der von Fig. 20, nur daß hier ein Kristallgemisch, in Fig. 20 ein einheitliches Kristallgemenge ausgeschieden wird.

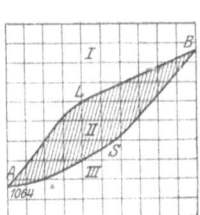

Fig. 29. Erstarrungsschaubild IV.

Die Lage der Zustandsfelder, Fig. 26, ist nun folgende:
1. Oberhalb ACB alles flüssig.
2. ACD. Kristalle A fest, Schmelzungsrest noch flüssig.
3. BCE. Kristalle B fest, Schmelzungsrest noch flüssig.
4. $DCGF$. Kristalle A fest, eutektisches Gemisch fest.
5. Linie CG. Nur eutektisches Gemisch.
6. $CGHE$. Kristalle B fest, eutektisches Gemisch fest.

Erstarrung zweier im flüssigen und festen Zustand ineinander löslichen Verbindungen. Ausbildung des Diagramms nach Fig. 29. Dieses hat wieder eine gewisse Ähnlichkeit mit Fig. 23. Nur liegen die begrenzenden Linien ALB und ASB schräg und schneiden sich, was bei S_2S_3 und SS_1 (Fig. 23) nicht der Fall ist. Oberhalb ALB ist alles flüssig; innerhalb des schraffierten Gebietes werden gleichartige Mischkristalle abgeschieden, in denen in einem Kristall sowohl der Stoff A als auch B nach der jeweiligen prozentualen Zusammensetzung der Legierung enthalten sind. In diesem Gebiet findet man also feste Mischkristalle und den Rest der noch flüssigen Schmelze. Unterhalb ASB ist alles fest. Die Erstarrungslinie hat hier einen Verzögerungsknick bei B (Fig. 30), dessen unterer Übergang bei B_1 in die normale Abkühlungslinie meist sehr allmählich verläuft. Das Gefüge (Fig. 2 Taf. I) zeigt nur eine Art von Kristallen, die sich jedoch vielfach durch Farbe und Konzentration unterscheiden. Während der Abkühlung gleichen nämlich die bei höherer Temperatur ausgeschiedenen Kristalle entsprechend der sinkenden Temperatur ihren Überschuß an Stoff A (oder B, je nach Art der Legierung) durch Diffusion (Wanderung der Teile durch die Kristallwände) mit der Schmelze aus. Meist folgt jedoch die Diffusion nicht dem Temperaturabfall, wenn dieser etwas schneller vor sich geht, so daß sich Mischkristalle verschiedener Konzentration nebeneinander finden, die sich durch hellere oder dunklere Farbe unterscheiden.

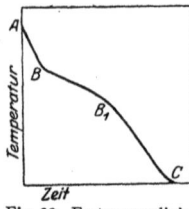

Fig. 30. Erstarrungslinie.

Hiermit sei die Erörterung der einfachsten Möglichkeiten der Erstarrung von Legierungen abgeschlossen. Es gibt noch eine ganze Reihe von Abkühlungsdiagrammen, die durch Auftreten von Mischungslücken, chemischen Verbindungen u. a. ein wesentlich schwierigeres Schaubild liefern, ebenso wie die Erstarrungsbilder der dreifachen und sonstigen mehrfachen Legierungen. Für die allgemeine Erkenntnis der Vorgänge der Gefügebildung bei der Abkühlung von Legierungen dürften die hier genannten drei Fälle genügen.

II. Erste Weiterverarbeitung.

Das Recken.

Als Recken bezeichnet man bleibende Formänderung in festen metallischen Stoffen ohne Zerstörung des Zusammenhanges. Es ist hierbei gleichgültig, ob die Form unter Verringerung des Querschnitts und Vergrößerung der Länge (Strecken) oder unter Verminderung der Länge und Vergrößerung des Querschnitts (Zusammendrücken, Stauchen) geändert wird.

Warmrecken.

Hierhin gehören das Schmieden, Walzen, Warmpressen, Warmziehen usw., kurz alle Formgebungsarbeiten, die bei höheren Temperaturen vorgenommen werden. Zweck dieser Arbeiten ist: 1. Formgebung, 2. Verfeinerung (Verdichtung) des Gefüges und dadurch herbeigeführte wesentliche Verbesserung seiner mechanischen Eigenschaften. Bilden doch die Metalle und Legierungen nach dem Guß ein noch ziemlich grobmaschiges Haufwerk von sich durchdringenden und in ziemlich großen Kantenflächen gegenseitig begrenzenden Kristallen (Fig. 33 Taf. V). Für viele Zwecke genügen die mechanischen Eigenschaften eines solchen Gußgefüges noch nicht. Durch vorhergehende Erwärmung führt man den Stoff in einen bildsamen Zustand über und beginnt danach mit dem Warmrecken. Durch die Knetarbeit des mechanischen Druckes wird das Umformen der groben Kristalle derart befördert, daß das nun entstandene Gefügehaufwerk wesentlich dichter ist und dementsprechend an Verfestigung und somit Verbesserung seiner mechanischen Eigenschaften erheblich zugenommen hat.

Wichtig für den Ausfall der Reckarbeiten ist die Verarbeitung in der richtigen Hitze und ein sachgemäßes Anwärmen überhaupt. Es wird in Flammöfen vorgenommen, deren Herd der Menge des in der Zeiteinheit durchzusetzenden Materials auch wirklich entsprechen muß. Nur gleichmäßig und gut bis ins Innere durchgewärmtes Material wird nach dem Recken gleichmäßige und gute Eigenschaften zeigen. Ist die Flamme zu scharf (Stichflamme), so zundert das Material stark, es ist außen überhitzt, innen womöglich noch ziemlich kalt.

Walzen. Die gegebenste Form der Verarbeitung ist für den Durchsatz großer Mengen das Walzen. Auf Oberwalze und Unterwalze sind eine Anzahl Einschnitte (Kaliber) angebracht, die immer kleiner werden. Die Kaliber können auch jede andere Form haben, oval, rund, oder aber die Walzen sind, wie bei Blechen, ganz glatt und ohne Stiche. Der Druck wird alsdann durch Verschieben einer Walze gegen die andere erhalten.

Die Erhöhung der Festigkeit durch Walzen für Stahl von 0,6 vH Kohlenstoff[1]) und für Zink[2]) ist in der Zahlentafel 1 bis 2 zusammengestellt.

Zahlentafel 1.

Einfluß des Walzens auf mechanische Eigenschaften eines Stahls von 0,6 vH C.

Zustand des Materials	Festigkeit kg/mm²	Dehnung vH.	Härte Brinell	Bemerkungen
Gegossen	37	0,3	184	von 200×200 auf 80×80 gewalzt.
Gewalzt	97	11,5	199	

Zahlentafel 2.

Einfluß des Walzens auf die mechanischen Eigenschaften des Zinks.

Zustand des Materials	Festigkeit kg/mm²	Dehnung vH.	Härte Brinell	Bemerkungen
Gegossen	2 bis 3	0	39	
Gewalzt	14 bis 15	20 bis 35	44 bis 52	Stangenzink
	19 bis 25	15 bis 18	nicht genannt	Zinkblech

Man erkennt aus beiden Zahlentafeln, wie erheblich sich die mechanischen Eigenschaften bessern, besonders die Dehnung und damit Biegefestigkeit und Kerbzähigkeit.

Unvermeidlich ist mit dem Walzen eine gewisse Verlagerung des Materials verbunden. Die Ränder des Stückes nehmen die Geschwindigkeit der Walzen besser an und strecken sich stärker als die Mitte des Stückes. Bei manchen Profileisen und breitflanschigen Trägern ergeben sich daraus vielfach unvermeidliche Materialspannungen, deren ungünstige Wirkung bei Belastungen in Rechnung gezogen werden muß.

Zu achten ist beim Walzen auf möglichst reichliches Abschneiden des verlorenen Kopfes des Gußblocks. Dieser enthält die Gußsaugstellen, die beim Walzen zugedeckt werden und daher später nicht als Fehlstellen zu bemerken sind, aber zu Brüchen Veranlassung geben müssen.

Schmieden. Für kleinere allseitig begrenzte, ebenso wie für größere Stücke mit besonderen Abmessungen kommt nur das Schmieden in Frage. Große

---

[1]) Stahl und Eisen 1919, Nr. 50. Dr.-Ing. Kühnel: Die Einwirkung des Preß- und Ziehverfahrens auf die physikalischen Eigenschaften von zylindrischen Hohlkörpern.

[2]) Dr.-Ing. E. H. Schulz: Neue Erfahrungen über Wege zur Veredlung des Zinks. Metall und Erz 1916, S. 279.

Schmiedestücke werden auf Hämmern oder hydraulischen Pressen hergestellt, größere Stücke fast nur noch auf Pressen (bei Drücken über 600 t meist dampfhydraulisch, sonst rein hydraulisch). Zu beachten ist auch hier gleichmäßiges Anwärmen. Kleine Stücke werden besonders leicht überhitzt, zeigen danach grobes Korn und schlechte Zähigkeit.

Die Eigenschaften gegossenen Materials werden durch Schmieden ganz ähnlich wie beim Walzen verbessert. Während das Schmieden im Gesenk seither hauptsächlich der Herstellung von Serienstücken aus Eisen vorbehalten blieb, hat man heute seine Bedeutung auch für andere Metalle erkannt und stellt gepreßte Körper beispielsweise aus Messing, Zink, Kupfer, Aluminium, Bronzen, Elektronmetall her[1]). Vorteile: weniger Abfall als beim Gießen (das Ausgangsmaterial bilden Walz- oder Preßstangen nach dem Dickschen Verfahren, s. S. 367), genaue Form fast ohne jedes Nachbearbeiten, abgesehen vom Abgraten, gute mechanische Eigenschaften infolge Ausbildung eines gleichmäßigen und feinkörnigen Gefüges. Wichtig ist die Wahl des richtigen Stangendurchmessers, nicht zu groß und nicht zu klein, da in beiden Fällen unnütze Überanstrengung und Verzerrung des Materials beim Drücken im Gesenk auftritt.

Abarten des Schmiedens sind das Ziehen und das Dicksche Preßverfahren.

Das Ziehen. Angewendet für Hohlkörper, wie Rohre und Flaschen. Zunächst wird auf stehender hydraulischer Presse aus prismatischen oder zylindrischen Rohblöckchen ein kurzer Hohlzylinder vorgeschmiedet (Lochen). Dieser wird dann auf den Ziehdorn der Ziehpresse aufgetragen und je nach Art und Länge des gezogenen Körpers hintereinander durch mehrere Ziehringe oder durch je einen Ziehring nach inzwischen vorgenommener Wiedererwärmung gezogen. Fig. 31 zeigt links bei A den Hohlkörper vor dem Ziehen und rechts bei B den gleichen Körper, nachdem er die drei Ringe R durchfahren hat. Arbeitsbedingung: gute Dornschmierung und gute Dornkühlung (vielfach Innenkühlung mit Erfolg angewendet), ferner richtige Form und gutes Material der Ziehringe (Hartguß). Es wird hier neben und während des intensiven Streckens noch eine starke Abkühlung (Vergütung[2])) erreicht. Festigkeit und Streckgrenze können je nach Wandstärke des gezogenen Körpers und Materialzusammensetzung ganz erheblich erhöht werden.

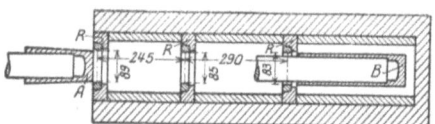

Fig. 31. Ziehen eines Hohlkörpers.

Einige Werte sind in nachstehender Zahlentafel 3 für Stahl zusammengesetzt[3]).

Zahlentafel 3.

	Stahl mit 0,2 vH. C		Stahl mit 0,6 vH. C		Bemerkungen
	gewalzt	gezogen	gewalzt	gezogen	
Festigkeit kg/mm² . . .	40	52	97	114	Wand-
Streckgrenze kg/mm² . .	25	44	54	80	stärke
Dehnung vH.	28	23	11,5	12	8 mm
Kerbzähigkeit mkg/cm² .	9,1	12	0,8	7	Auf 10 mkg Schlagwerk

[1]) Dr.-Ing. E. H. Schulz, Über die Reckverarbeitung, insbesondere das Warmpressen von Metallen und Legierungen. Zeitschr. Der Betrieb 1919, S. 93.
[2]) S. S. 395, Härten und Anlassen.
[3]) Stahl und Eisen 1919, Heft 50—51. Die Einwirkung des Preß- und Ziehverfahrens auf die physikalischen Eigenschaften von zylindrischen Hohlkörpern.

Die Hohlkörper kommen bei dunkler Rotglut von der Ziehpresse. Die Verbesserung besonders der Streckgrenze und Kerbzähigkeit ist recht beträchtlich, bei kohlenstoffreicherem Stahl noch wesentlich verstärkt.

Dicksches Preßverfahren. Das auf die jeweils günstigste Temperatur erhitzte Material wird als Rundblock in einen Hohlzylinder gebracht, dessen eines Ende durch eine Matrize mit bestimmtem Profil verschlossen ist. Ein vom anderen Ende her wirkender Kolben zwingt das Material durch die Matrize[1] (Fig. 32). Wichtig ist auch hier Wahl des richtigen Preßdrucks, der Temperatur und des Blockquerschnitts, um Überanstrengung des Materials zu verhüten. Vorteile: Weitgehende Verfeinerung des Gefüges; die Festigkeit steigt fast noch mehr als bei der Verarbeitung durch Ziehen, saubere Oberfläche, besser bearbeitbar. Vielfach werden die Profile so gewählt, daß aus ihnen direkt gebrauchsfertige Teile für Armaturen und Installation abgeschnitten werden können (Abschnittverfahren).

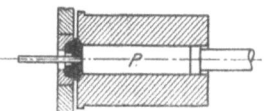

Fig. 32. Preßverfahren nach Dick.

Kaltrecken.

Hierunter versteht man Walzen, Ziehen, Pressen, Drücken, Prägen bei Temperaturen, in denen die Stoffe der Formveränderung nicht mehr plastisch nachgeben, sondern gleichzeitig die Gestalt des Kristalls verändert wird, indem sich diese in Richtung der deformierenden Kraft streckt. Inwieweit hierbei das Gefüge verdichtet und das spezifische Gewicht entsprechend erhöht wird, ist durch Reihenversuche noch nicht genügend festgestellt; Einzelergebnisse, die hierüber veröffentlicht wurden, widersprechen sich. Den Einfluß der Kaltbearbeitung von weichem Stahl auf seine mechanischen Eigenschaften zeigt Zahlentafel 4[2]).

Zahlentafel 4.

Ursprünglicher Querschnitt zu Endquerschnitt	Festigkeit kg/mm²	Streckgrenze kg/mm²	Dehnung vH.
1	32	20	35
3,4	83	83	6
6,7	105	100	5

Über die Temperatur, bei der für die einzelnen Stoffe eine Kaltbearbeitung beginnt, sind erst vereinzelte Untersuchungen veröffentlicht[3]). Eigenartig ist, daß die Wirkungen der Kaltbearbeitung mit Aufhebung der deformierenden Kraft noch nicht beendet sind, sondern noch lange nachwirken. Es herrscht eben ein instabiler Zustand, und der Stoff strebt danach, wenigstens annähernd seine Anordnung vor der Deformation wieder einzunehmen.

Eine besonders gefährliche Entwicklung nimmt die Kaltbearbeitung beim Eisen, wahrscheinlich auch bei anderen Metallen, bei Temperaturen von etwa 250 bis 350°, der sogenannten Blauwärme. In dieser Temperatur ist das Eisen sehr empfindlich und erhält vor allem bei Scher- und Stanzarbeiten leicht feine Haarrisse, die sich bei der Beanspruchung im Betrieb allmählich erweitern und die Haltbarkeit des betreffenden Bauteils beträchtlich herabsetzen. Inwieweit diese Temperatur auch für andere Metalle schädliche Wirkungen auslöst, ist noch nicht genügend geklärt, die Möglichkeit besteht aber.

---

[1]) Aus: Legierungen von Dr.-Ing. E. H. Schulz, Bd. VII der Enzyklopädie der technischen Chemie von Dr. Fritz Ullmann, S. 541.
[2]) Aus Kruppschen Monatsheften, September 1921.
[3]) Martens-Heyn, Materialienkunde IIa, S. 259.

Pomp[1]) hat Eisen mit einem Kohlenstoffgehalt von weniger als 0,18 vH bei verschiedenen Temperaturen und Querschnittsverminderungen kalt gereckt. Fig. 33 zeigt die Zunahme der Festigkeit bei etwa 300° für die verschiedenen Bearbeitungsgrade in einem räumlichen Diagramm. Auf einer Ebene, in der die Ordinate die Temperaturen (vorn 1000, hinten 100°) enthält, sind auf den Abszissenabständen 0,5, 1, 1,5, 2, 3 und 5 mm (die der Querschnittsabnahme bei der Kaltbearbeitung entsprechen) die ermittelten Festigkeiten aufgetragen. Mit der Erhöhung der Festigkeit ist eine starke Abnahme der Dehnung und vor allem der Kerbzähigkeit verbunden.

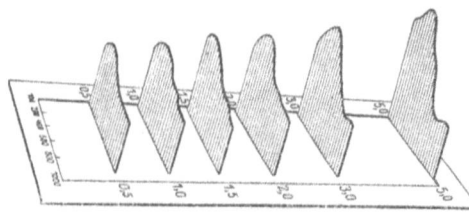

Fig. 33. Zunahme der Festigkeit in der Blauwärme.

Aus Fig. 34 erkennt man deutlich, wie stark und plötzlich die Kerbzähigkeit bei 200 bis 300° herabsinkt. Die Anordnung des Diagramms ist hier die gleiche, wie in Fig. 33, nur ist der Punkt 100° der Ordinate hier dem Beschauer zugekehrt und der Punkt 1000° liegt zurück. Mit zunehmender Querschnittsveränderung erstreckt sich dieser verhängnisvolle Einfluß auf ein immer breiteres Gebiet (zunehmend von rechts nach links in der Figur) und macht sich bei einer Querschnittsveränderung von 5 vH noch bei etwa 600° geltend. Es ist daher notwendig, bei der Kaltreckung die Metalle nach den verschiedenen Zügen wieder auszuglühen, und zwar bei nicht zu niedrigen Temperaturen, soweit man nicht vorzieht, diese Temperaturen überhaupt zu vermeiden.

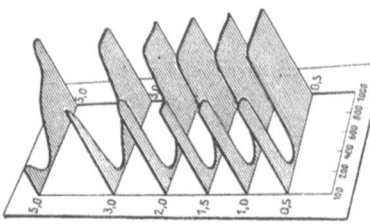

Fig. 34. Abnahme der Kerbzähigkeit in der Blauwärme.

O. Bauer[2]) hat nachgewiesen, daß bei weichem Eisen die Erwärmung auf 200 bis 400° nach voraufgegangener Kaltreckung bei Zimmertemperatur dieselben gefährlichen Folgen hat wie die Kaltreckung bei diesen Temperaturen.

Nach einer kritischen Kaltreckung veranlaßt die Erwärmung ein Kristallwachstum, das sich schon bei Temperaturen über 400° zeigt und mit Neubildung von Kristallen beginnt (Rekristallisation), deren Anwachsen mit steigender Temperatur bei Kupfer, Eisen und Zink sowie Zinn nach den Untersuchungen von Oberhoffer[3]) und v. d. Velde und Rassow[4]) weiter rasch zunimmt. Geringe Reckungen rufen hierbei stärkeres Kornwachstum hervor als starke.

III. Zweite Weiterverarbeitung.

Wärmebehandlung ohne Formveränderung.

Die hierunter beschriebenen Maßnahmen bezwecken eine Verbesserung des Werkstoffes ohne Aufwendung mechanischer Arbeit und dementsprechend ohne Veränderung der dem Stoff durch Gießen oder sonstige Verfahren bereits gegebenen Form. Man unterscheidet

---
[1]) Stahl und Eisen 1921, S. 1261, 1366, 1403.
[2]) Mitteilungen aus dem Materialprüfungsamt 1917, S. 194.
[3]) Stahl und Eisen 1919, Heft 37.
[4]) Zeitschr. f. Metallkunde 1920, S. 369.

Tafel I.

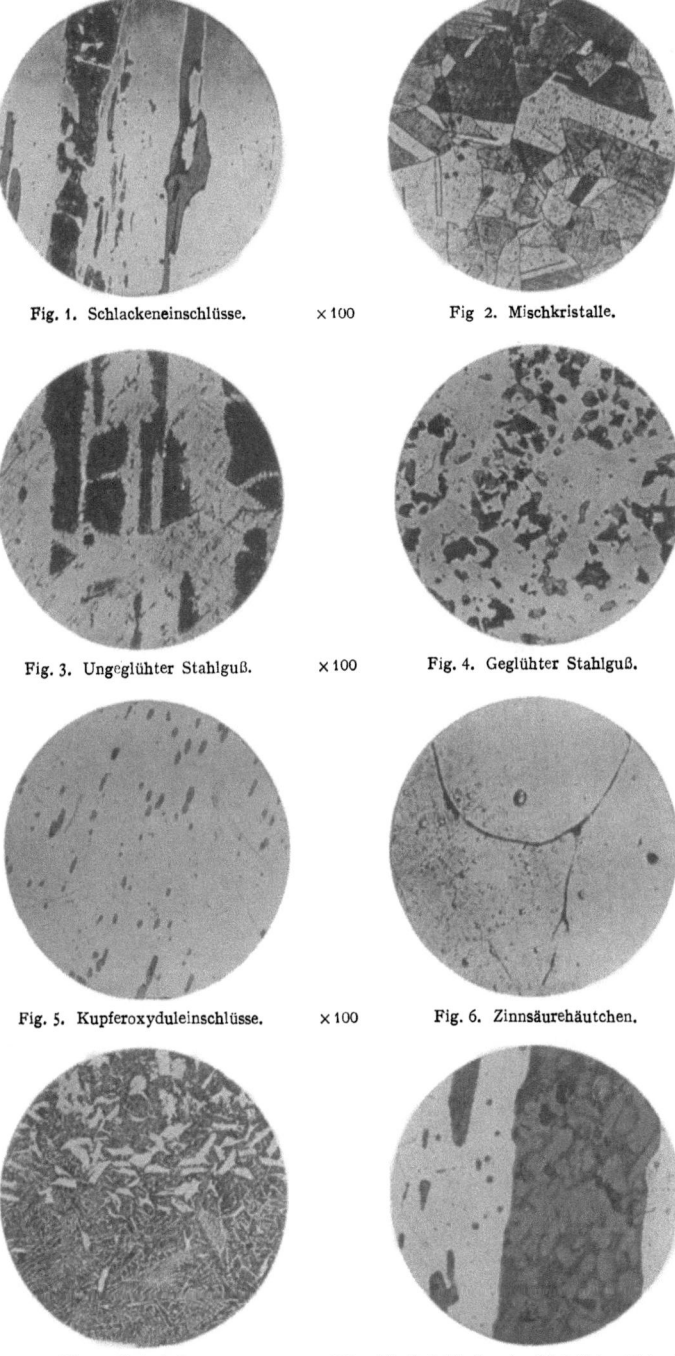

Fig. 1. Schlackeneinschlüsse. ×100 Fig. 2. Mischkristalle.

Fig. 3. Ungeglühter Stahlguß. ×100 Fig. 4. Geglühter Stahlguß.

Fig. 5. Kupferoxyduleinschlüsse. ×100 Fig. 6. Zinnsäurehäutchen.

Fig. 7. Entmischung. ×100 Fig. 8. Schlackeneinschluß (Schweißeisen).

Dubbel, Betriebstaschenbuch, Beitrag Kühnel.

Tafel II.

Fig. 9. Überhitzter Stahl. ×100

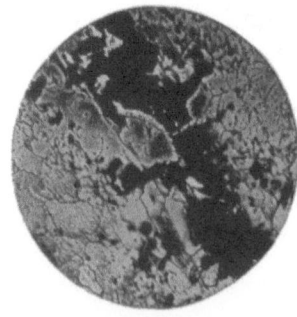

Fig. 10. Schlechte Eisenschweißung.

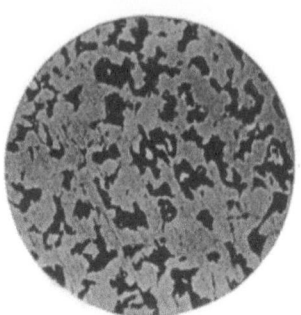

Fig. 11. Eisen vor dem Kaltziehen. ×100

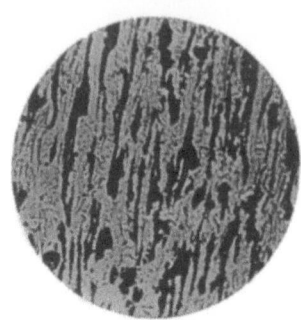

Fig. 12. Eisen, kaltgezogen.

Fig. 13. Gußeisen, normal. ×100

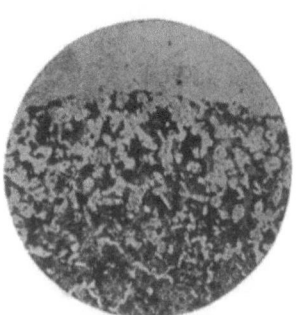

Fig. 14. Temperguß.

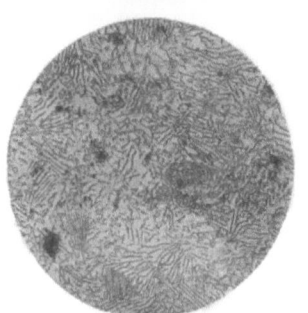

Fig. 15. Perlit. ×100

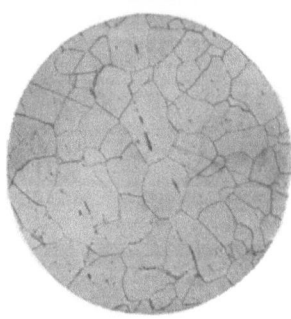

Fig. 16. Ferrit.

Tafel III.

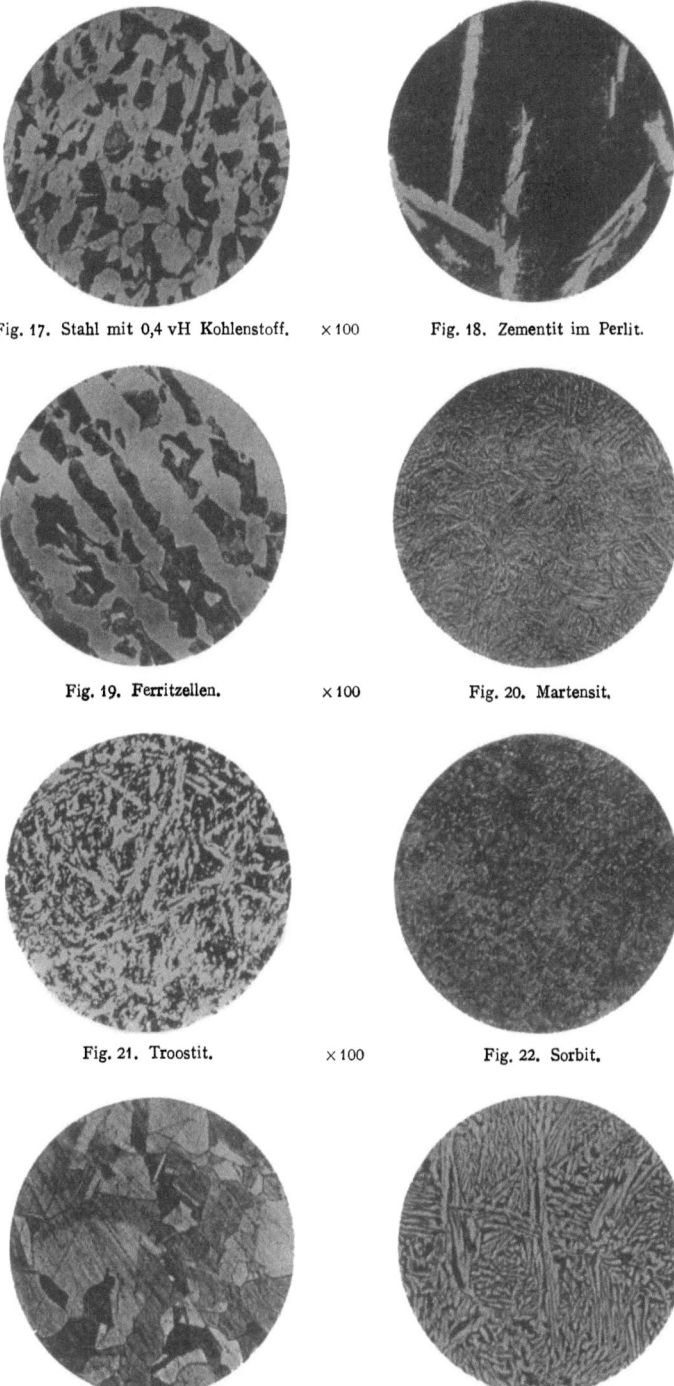

Fig. 17. Stahl mit 0,4 vH Kohlenstoff.　×100　　Fig. 18. Zementit im Perlit.

Fig. 19. Ferritzellen.　×100　　Fig. 20. Martensit.

Fig. 21. Troostit.　×100　　Fig. 22. Sorbit.

Fig. 23. Kupferkristalle.　×100　　Fig. 24. α = Mischkristalle und Eutektoid.

Tafel IV.

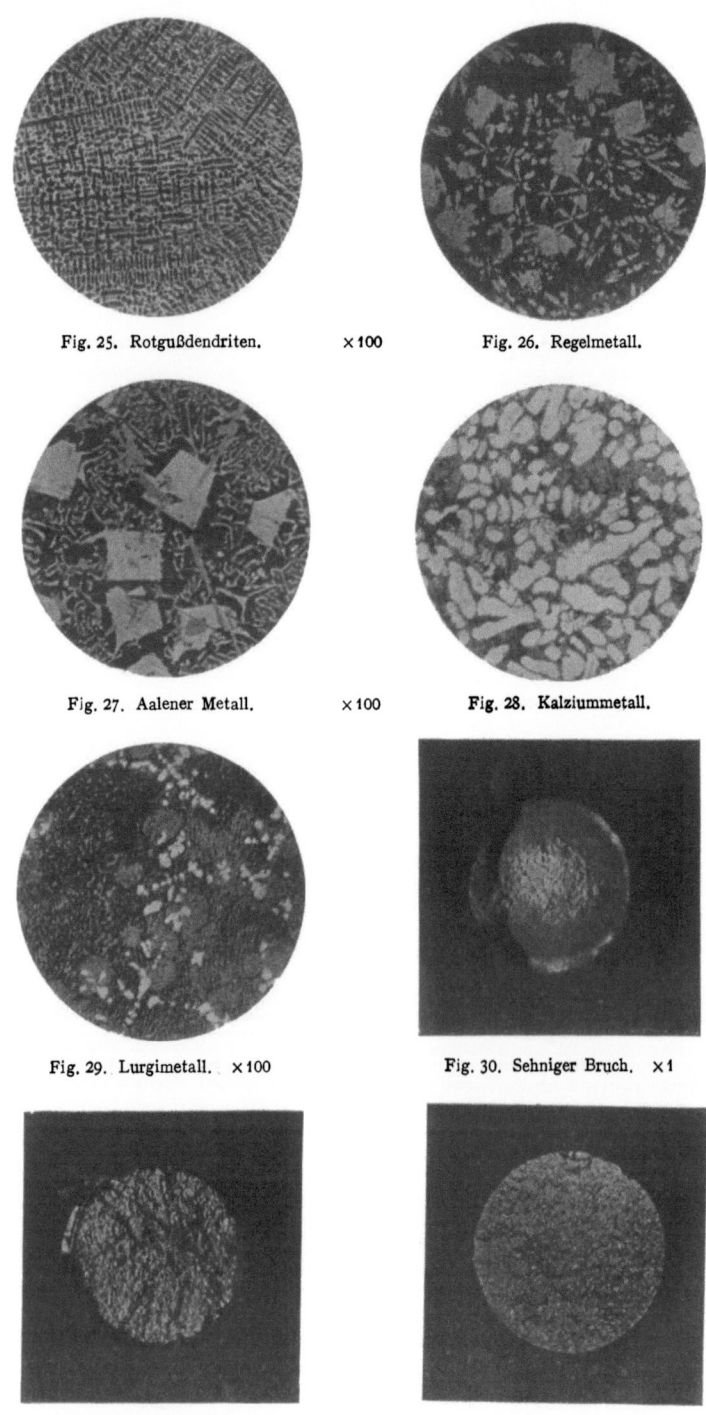

Fig. 25. Rotgußdendriten. ×100 Fig. 26. Regelmetall.

Fig. 27. Aalener Metall. ×100 Fig. 28. Kalziummetall.

Fig. 29. Lurgimetall. ×100 Fig. 30. Sehniger Bruch. ×1

Fig. 31. Körniger Bruch, Rand sehnig. ×1 Fig. 32. Feinkörniger Bruch.

Tafel V.

Fig. 33. Gußstruktur. ×¼

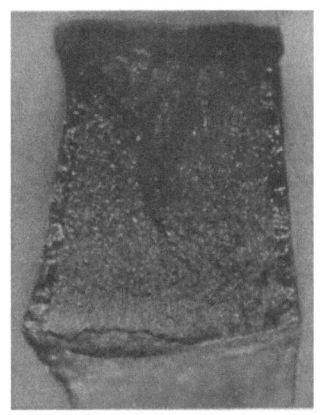

Fig. 34. Rekristallisation. ×2

Fig. 35. ×1

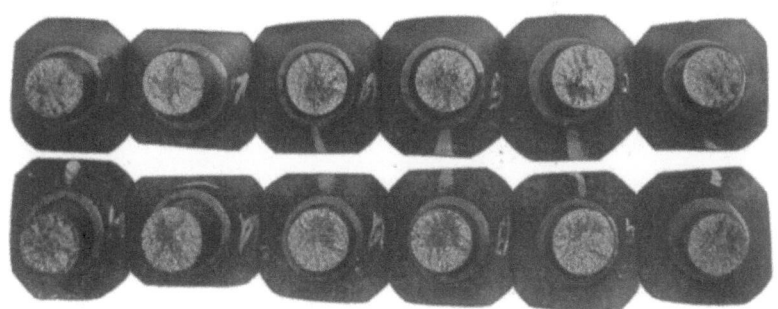

Fig. 35 u. 36. Unregelmäßigkeiten im Bruchaussehen. ×1

Tafel VI.

Fig. 37. Zerstörung als Folge der Scherwirkung. ×1

Fig. 38. Kupferschweißung. ×1

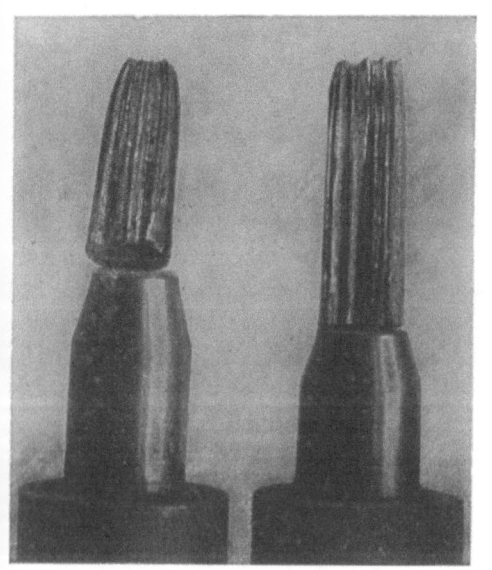

Fig. 39 u. 40. Holzfaserbruch. ×1

Tafel VII.

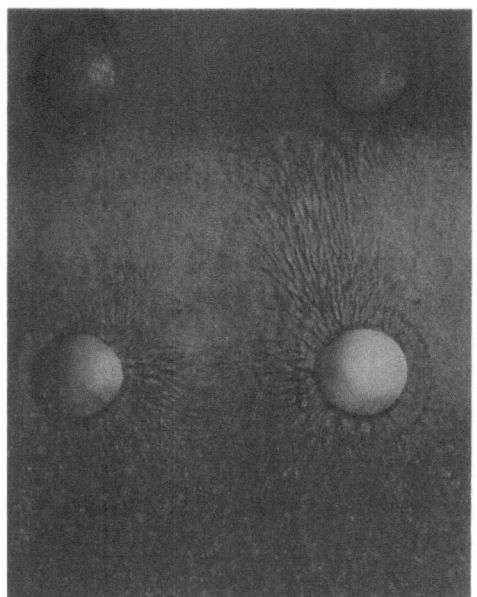

Fig. 41. Blechzerstörung infolge zu hohen Nietdruckes. ×1

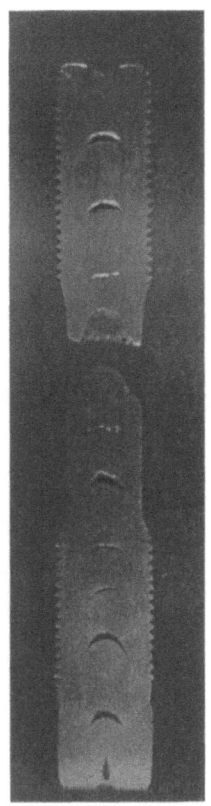

Fig. 42. Überzogenes Kupfer. ×1

Fig. 43 u. 44. Ausgerissene Gewindegänge. ×1

Tafel VIII.

Fig. 45. Reihe von Dauerschlagprüfmaschinen. × 1/8

Wärmezufuhr durch Glühen.
Wärmezufuhr unter gleichzeitiger chemischer Beeinflussung.
Wärmezufuhr mit darauffolgendem Wärmeentzug.

Wärmezufuhr durch Glühen. In ähnlicher Weise wie durch mechanische Bearbeitung kann man Metalle allein durch entsprechende Wärmebehandlung in ihren Eigenschaften erheblich verbessern.

Glühen von gegossenen, geschmiedeten und gereckten Stücken. Die verbreitetste Anwendung findet diese Maßnahme beim Stahlguß. Hier gelingt es, das vordem grobe Gußgefüge (Fig. 3, Taf. I) durch mehrstündiges Glühen bei etwa 900° und vorsichtiges Abkühlen in ein feinkörniges Gefüge nach Fig. 4, Taf. I zu verwandeln, das in seiner Festigkeit und Dehnung gewalztem Material kaum nachsteht. Sehr von Einfluß ist allerdings hierbei die Wandstärke und die dadurch bedingte verschiedenartige Abkühlung des Werkstückes nach dem Gießen. Hierdurch wird in den Teilen verschiedener Wandstärke ein ganz verschiedenes Gefüge hervorgerufen, was beim nachfolgenden Glühen berücksichtigt werden muß[1]). Werte, die sich durch sachgemäßes Glühen von Stahlguß erreichen lassen, enthält Zahlentafel 5[2]).

Zahlentafel 5.

Material	Festigkeit kg/mm²	Dehnung in vH.
Flußeisenguß	42	30
Stahlformguß	50	20
Werkzeugstahlformguß . .	70	12

Auch bei Gußeisen[3]) ist das Glühen von günstiger Wirkung und wird angewendet, wenn dünnwandige Gußstücke trotz günstigen Siliziumgehalts weiß, d. h. ohne oder mit geringer Graphitausscheidung, erstarren und dementsprechend schwer bearbeitbar sind.

Man glüht die Gußstücke bei etwa 900° in neutraler oder Kohlepackung und veranlaßt dadurch den Graphit zur Ausscheidung. Die hierdurch bewirkte Zersetzung des Eisenkarbids macht das Gußstück weich. Einige Stunden Glühdauer genügen meist, um den gewünschten Erfolg herbeizuführen.

Für andere Metalle kann eine ähnliche Wärmebehandlung zwecks Verbesserung des Gußgefüges zweifellos mit Vorteil verwendet werden. Die notwendigen Temperaturen würden allerdings meist erheblich tiefer liegen. Erfahrungen liegen bisher nur ganz vereinzelt vor.

Neben der Gefügeverfeinerung bringt das Glühen als weiteren Vorteil die Beseitigung etwa vorhandener Eigenspannungen. Verfolgt man lediglich den Zweck, diese Spannungen zu beseitigen, so genügen allerdings meist Temperaturen von 150 bis 250°.

Glühen von kaltgereckten Gegenständen. Will man bei der Kaltreckung den Querschnitt erheblich vermindern, so ist man gezwungen, nach verschiedenem, mitunter nach jedem Stadium der Bearbeitung, eine Glühung einzulegen, um eingetretene Spannungen zu beseitigen und dem Material wieder eine gewisse innere Beweglichkeit zurückzugeben. Die Temperatur liegt verschieden hoch je nach Grad der Reckung und den Eigenschaften des verwendeten Metalls.

---
[1]) Die Bedeutung des Glühens von Stahlformguß, P. Oberhoffer, Stahl und Eisen 1920, S. 1433; 1912, S. 889; 1913, S. 891; 1915, S. 93; 212; 1917, S. 396.
[2]) Aus Stahl und Eisen 1920, S. 1447.
[3]) S. auch unter Teil II, Abschnitt Eisen.

Wärmezuführung unter gleichzeitiger chemischer Beeinflussung. Sie kommt fast ausschließlich für das Eisen in Betracht und wird daher auf S. 394 erörtert.

Wärmezuführung mit darauffolgender plötzlicher Wärmeentziehung. Härten. Das Verfahren wird in erster Linie beim Stahl angewendet, aber auch andere Legierungen sind härtbar. Die Erklärung der Härtungsvorgänge findet sich auf S. 395. Hier sei nur bemerkt, daß man das zu härtende Material oberhalb eines Haltepunktes (den es in diesem Fall jedoch im festen Zustand aufweisen muß) erwärmt und durch Abschrecken in Wasser ein neues Erstarrungsgefüge herbeiführt, das sehr dicht ist und daher höhere Festigkeit gegenüber den verschiedenen Beanspruchungen hat.

Anlassen. In den meisten Fällen läßt man der Härtung ein Wiedererwärmen folgen, um die nachteiligen Folgen der vielfach auftretenden Härtespannungen zu beseitigen. Dehnung und Zähigkeit nehmen dabei mit steigender Anlaßtemperatur wieder zu. Die Festigkeit sinkt, so daß beim Wiedererreichen der Haltepunkt entsprechenden Temperatur, meist schon etwas vorher, die normalen Eigenschaften wieder erhalten werden. Man hat es also in der Hand, nach Wahl der Anlaßtemperatur die gewünschten Eigenschaften zu erzielen. (Voraussetzung bleibt allerdings Anwendung der richtigen Temperatur bei der voraufgehenden Härtung.)

IV. Dritte Weiterverarbeitung.

Herstellung und Trennung von Nahtverbindungen.

Man beabsichtigt bei Nähten nicht mehr, das Material selbst irgendwie n seinen Eigenschaften oder seinem Querschnitt zu verändern, sondern es sind Enden bzw. gerissene Stellen des Werkstückes miteinander derart zu verbinden, daß das Werkstück als ganzes in dieser Form mechanisch beansprucht werden kann. Hierbei soll natürlich die Nahtverbindung möglichst die gleichen Eigenschaften haben, wie der Stoff des Werkstückes. Nun läßt sich aber eine derartige Nahtverbindung nicht herstellen, ohne daß an der Naht eine Druck- oder Wärmebehandlung des verbindenden Stoffes vorgenommen wird. Es stellt daher die Nahtverbindung in ihrer Form als Verarbeitung einen Übergang dar zwischen den Gieß- und Reckarbeiten und der Bearbeitung durch Spanabheben. Je nachdem eine Nahtverbindung hergestellt wird durch Nieten, Schweißen oder Löten gehört sie dem einen oder anderen der eben genannten Arbeitsverfahren an. Am meisten werden die Materialeigenschaften durch das Schweißen beeinflußt.

Das Schweißen.

Hier handelt es sich darum, örtlich die zu verbindenden Materialenden stark zu erwärmen, je nach der Art der Schweißung bis zum Weichwerden oder bis zu ihrem Schmelzpunkt so zu erhitzen, daß an der Schweißnaht dieses Material ineinander überfließt bzw. so dicht miteinander verbunden wird, daß die Schweißstelle mit dem benachbarten Gefüge ein Ganzes bildet. Von der Schweißstelle aus sinkt die Temperatur in ziemlich starkem Wärmegefälle nach beiden Seiten, so daß ein fast unmittelbarer Übergang zwischen flüssigem und festem Stoff hergestellt wird. Trotzdem soll die Schweißstelle sich von dem Nachbargefüge möglichst wenig unterscheiden, gleiche physikalische Eigenschaften haben und frei von Spannungen sein. Dies ist nur möglich, wenn folgende Hauptbedingungen berücksichtigt werden.

a) Vor dem Schweißen. Die Schweißstelle wird gereinigt und bei Gas- und Flammbogenschweißungen eine Furche hergestellt, die das flüssige Material aufnimmt. Beim Widerstandsschweißen wird das Material an den Stoßstellen vorteilhaft derart abgeschrägt, daß die Mitte vorsteht, so daß hier zuerst geschweißt wird und dann beim allmählichen Andrücken auch die Seitenränder verschweißen.

b) **Während des Schweißens.** Die Erwärmung der Schweißstelle bzw. des Schweißstoffes kann man auf drei Wegen ausführen:

im Schmiedefeuer,
durch Gasflamme,
auf elektrischem Wege.

Bei Gas- und Flammbogenerhitzung ist sorgfältige Beobachtung der Flamme des Lichtbogens und des flüssigen Metallstreifens unbedingt erforderlich. Sauerstoffüberschuß in Gasflammen muß vermieden werden, er ist erkennbar durch Bildung von Flecken und Häutchen auf der hellglänzenden Schmelzfläche. Die gebildeten Oxyde bleiben als Häutchen oder kugelige Einschlüsse im Schmelzbad, unterbrechen nach der Abkühlung dann den Zusammenhang im Gefüge, da sie nichtmetallische Stoffe sind, die als Einschluß gefügetrennend wirken. Man verwendet neuerdings schlackenbildende Umhüllungen der Elektrode, um durch die schmelzende Schlacke, die das Metall bedeckt, einen gewissen Sauerstoffabschluß zu erhalten. Anzustreben ist bei allen Schweißungen möglichst schnelles Erreichen der Schmelztemperatur und möglichst kurze Dauer des Schmelzflusses.

c) **Nach dem Schweißen.** Der Nachbehandlung wird leider noch lange nicht die genügende Beachtung geschenkt, hierin liegt die Quelle manchen Mißerfolges beim Schweißen, die vergeblich wo anders gesucht wird. Während des Schweißens tritt unvermeidlich eine Überhitzung der Nachbarschaft der Schweißstelle ein. Hierbei entsteht gröberes Gefüge. Ferner löst das Schmelzbad Gase auf, besonders Wasserstoff und Sauerstoff, die beim Erkalten teilweise wieder frei werden. Beide Ursachen wirken auf eine geringe Festigkeit der Schweißstelle hin. Eine Nachbehandlung der Schweißstelle ist daher unumgänglich. Kühlt man das geschweißte Stück schnell ab, so erzielt man zwar eine Kornverfeinerung, erhält aber andererseits starke Spannungen an den Übergangsstellen von der Schmelzhitze zum nicht so stark erhitzten Material, weil hier verschieden schnell abgekühlt wird. Vorteilhafter ist dagegen:

1. eine möglichst starke mechanische Bearbeitung der Schweißstelle noch in der Hitze (hierdurch wird erzielt: Verfeinern des groben Gefüges und Verschweißen der Gasblasen);
2. langsame Abkühlung, möglichst noch in eine Art Nachglühen übergehend.

Hierdurch wird erzielt: weitere Verbesserung des Gefüges, Vermeidung von Spannungen. Die Gefügeprüfung vermag hier über manchen Mißerfolg wertvolle Aufklärung zu geben und wird mit der Zeit im Schweißbetrieb ein sehr schätzenswertes Hilfsmittel werden. Je nach der Art der Behandlung des Materials beim Schweißen unterscheidet man also zunächst:

Die mechanische Schweißung.

Erhitzen bis zum Weichwerden der Schweißränder und Verbindung durch mechanischen Druck.

1. Die Schweißung im Schmiedefeuer wird in kleinen Schmieden vielfach angewendet, in größeren und mittleren Betrieben jedoch mehr und mehr verdrängt.
2. Die Erwärmung durch die Gasflamme. In erster Linie kommt hier Wassergas in Frage, das zu Blechschweißarbeiten[1]) viel verwendet wird. Die Temperatur der Flamme von etwa 1800° wird von den übrigen Gasflammen und vom Karbid übertroffen. Da man hier jedoch eine Überhitzung vermeiden will, so ist diese niedrige Temperatur von Vorteil.
3. Die Erwärmung auf elektrischem Wege. Von den verschiedenen elektrischen Schweißverfahren gehört die Widerstandsschweißung unter die mechanische Schweißung. Man unterscheidet bei der Widerstandsschweißung:

---

[1]) Zusammensetzung etwa 44 vH Kohlenoxyd, 50 vH Wasserstoff, außerdem je 3 vH Kohlensäure und Stickstoff.

Sehr beachtenswerte Mitteilungen gibt D. Diegel über Schweißen und Löten in einem Sonderdruck des Vereins zur Beförderung des Gewerbefleißes, Verlag Leonhard Simion Nachf., Berlin.

a) **Stumpfschweißung.** Die stromführenden Stücke werden stumpf voreinander gestoßen und genügend durch den Strom erhitzt. Schweißung alsdann durch Aneinanderpressen der Stoßflächen.

b) **Die Punktschweißung.** Die beiden Stücke liegen mit den Rändern übereinander. Die aus Kupfer bestehenden Elektroden sind ähnlich wie die Stempel einer Nietmaschine ausgebildet und werden durch Luftdruck gegeneinander gepreßt. Der Strom fließt von ihnen durch die Schweißstelle und erhitzt diese. Die Schweißnaht ähnelt einer Überlappungsnietung; an die Stelle der Niete sind die Schweißpunkte getreten.

c) **Die Nahtschweißung.** Die Punktelektroden sind durch ebenfalls unter Druck stehende Rollen ersetzt, die auf den Rändern der Schweißstücke fortbewegt werden.

Die Guß- oder Autogenschweißung.

Man erhitzt die Ränder der Schweißnaht entweder bis zum Schmelzen, oder man stellt an der Schweißstelle eine Furche her, erwärmt diese und füllt sie mit gegossenem Material derselben Zusammensetzung aus.

a) **Autogene Gasschweißung.** Hauptsächlich wird Azetylen-Sauerstoff angewendet. Hoher Heizwert, dementsprechend kurze Schmelzzeit, geringe Oxydation.

Zu beachten bei allen Gaserhitzungen ist möglichst weitgehende Reinheit der verwendeten Gase, in erster Linie des Sauerstoffs.

b) **Autogene Schweißung auf elektrischem Wege.** Der Strom fließt als Lichtbogen von einer beweglichen Elektrode (Kohle oder Metallstab) zum Schweißstück. Bei der Kohleelektrode tritt Verflüssigung des Schweißmittels an der Schweißstelle ein; bei der Metallelektrode überträgt der Lichtbogen von dieser die flüssigen Metallteilchen in die Schweißrinne. Genaues Einstellen des Lichtbogens Bedingung (langer Lichtbogen gibt zu starke Tropfenbildung, kurzer Lichtbogen zu starke Verdampfung und Kurzschluß). Nachteilig starke Hitze- und Lichtentwicklung.

Vereinzelt wendet man statt der Erhitzung der Schweißstelle durch Gas oder Flammbogen die Erhitzung des Schweißmittels auf chemischem Wege an (nur für Eisen). Man bringt im Tiegel ein Gemenge von Eisenoxyd und Aluminium durch Zündkirsche an einer Stelle in hohe Temperatur. Hierbei verbrennt das Aluminium mit hoher Wärmetönung, erhitzt die ganze Mischung, entreißt dem Eisen den Sauerstoff, reduziert es hierdurch und schmilzt es, während sich darüber eine Schicht geschmolzenen Aluminiumoxyds (Tonerde) bildet. Durch ein Loch im Boden des Tiegels läuft das hoch überhitzte Eisen in die Schweißstelle. Das Verfahren wird für Schienenschweißungen angewendet.

Ein dem aluminothermischen Verfahren ähnliches Schweißen durch Aufgießen flüssigen Materials auf die Schweißstelle wird in fast allen Gießereien angewendet, wobei man auf gerissene, vorher gut erwärmte Gußstücke das im Ofen geschmolzene Material aufließen läßt.

Der Anwendung des autogenen Schweißens steht allem Anschein noch eine erheblich größere Ausbreitung und Vervollkommnung bevor. Es kommt für viele Metalle und Legierungen in Anwendung. Schwierigkeiten bereitet heute noch das Schweißen von Kupfer und Kupferlegierungen infolge der guten Wärmeleitfähigkeit und Gasaufnahme des Kupfers[1]).

Geschmolzenes Kupfer absorbiert sehr stark Gase. Da Phosphor die Aufnahme von Gasen verhindert und außerdem reduzierend wirkt, sind die Zusatzstäbe sehr phosphorhaltig zu wählen. Geschweißte Kupferstücke sollen nach Möglichkeit nach dem Hämmern wieder auf rd. 500° erwärmt und dann in kaltem Wasser abgeschreckt werden. Derartig behandelte Kupferschweißungen erreichen Zugfestigkeiten von rd. 2000 bis 2300 kg/cm^2 bei einer Dehnung von 20 bis 27 vH.

---

[1]) Hierüber berichtet die Elektrotechnische Zeitschrift 1921, Heft 2, S. 35.

Für das Schweißen von Messing gilt im allgemeinen dasselbe wie für Kupfer. Der Schweißstab bei Messingschweißungen soll jedoch zur Reduktion der Schweißstellen noch eine geringe Beimischung von Aluminium enthalten. Ein Flußmittel ist bei der Messingschweißung unentbehrlich; es muß die bei der Reduktion entstehende Tonerde auflösen. Ein geeignetes Flußmittel ist ein Pulver aus Kochsalz, Natriumborax und Borsäure. Die mechanische und Wärmebehandlung des Messingschweißgutes ist die gleiche wie bei Kupfer. Das Verschweißen von Bronze fällt in dasselbe Behandlungsgebiet hinein, wie die Kupferschweißung. Es ist bei Bronzeschweißungen jedoch besonders hervorzuheben, daß dieses Metall in der Wärme die Festigkeit fast vollständig verliert. Die Schweißstellen müssen daher von jeder Zugbeanspruchung befreit und gut unterstützt werden. Als Schweißstab empfiehlt sich für Bronzeschweißungen Zusatz von geringen Mengen Phosphor und Aluminium.

Interessant sind noch die Vergleiche über die erzielten Festigkeiten der verschiedenen Verbindungsarten für Lichtbogenschweißung, überlappt und stumpf, Azetylenschweißung und Nietung bei Probestücken aus Stahlblech 9,5 stark mit einer Länge von 203 mm, wie sie in nachstehender Zahlentafel angegeben sind.

Zahlentafel 6.

Probestücke und Anfertigung	Zugfestigkeit kg/cm^2	Länge nach dem Bruch mm	Festigkeit in vH des vollen Bleches
Volles Blech	4100	223,4	97,66
Überlappung, mit Lichtbogen geschweißt	3800	228	91,33
Überlappung, genietet und geschweißt . .	3790	234	90,33
Stumpfer Stoß, mit Lichtbogen geschweißt	3370	210	79,66
Überlappung, nur genietet	2460	—	58,33
Theoretische Zugfestigkeit	4218	—	—

Autogenes Schneiden.

Ein dem Schweißen sehr ähnliches Arbeitsverfahren ist das autogene Schneiden. Wenn auch hier umgekehrt Trennen des Materials angestrebt wird, so sind die benutzten Vorrichtungen doch denen der Gasschweißung sehr ähnlich. Auch hier kommt es darauf an, die Schneidstelle zunächst auf helle Glut zu erhitzen. Dann wird nur noch reiner Sauerstoff zugeführt, worauf die Schneidstelle örtlich ausbrennt. Zu beachten sind hier auch die Gefügeeinwirkungen, die durch die schnelle Abkühlung nach der starken Erhitzung eintreten (Härtung und Spannungen in dem benachbarten Gefüge). So ist beispielsweise beim autogenen Abschneiden von Nietköpfen darauf zu achten, daß man sich mit der Flamme nicht zu sehr dem Blech nähert, wenn dieses noch weiter verwendet werden soll.

Das Löten.

Ein dem autogenen Schweißen sehr ähnlicher Vorgang ist das Löten. Man verzichtet hier aber darauf, ein gleiches Material zum Schmelzen zu bringen und begnügt sich damit, Legierungen zu verwenden, die einen sehr niedrigen Schmelzpunkt haben und sich trotzdem in ihrem Schmelzfluß mit dem Grundmetall legieren und dadurch mit ihm zusammenhaften. Die aufzuwendende Wärmemenge ist hier wesentlich geringer. Bei niedrig schmelzenden Loten genügt schon Berührung mit einem rotglühenden Metallstück (Lötkolben), um das Schmelzen des „Lotes" herbeizuführen und damit auch die Lötung zu bewerkstelligen. Die mechanische Festigkeit der Lötstelle ist naturgemäß meistens erheblich geringer als die der Schweißstelle. Mitunter, insbesondere beim Hartlöten dünner Bleche, kann allerdings auch das Gegenteil beobachtet werden.

Anforderungen an das Lötmetall[1]). Schmelzpunkt des Lotes niedriger als der der zu vereinigenden Metallenden, damit diese nicht selbst erweichen. Andererseits dürfen geringe Erhitzungen, die durch den praktischen Gebrauch des gelöteten Gegenstandes bedingt werden, das Lot nicht zum Schmelzen bringen.

Hinreichende Dünnflüssigkeit, damit die Lötfuge gut ausgefüllt wird.

Sofortiges Festhaften des Lotes (Legieren) an dem Grundmetall.

Möglichst gute mechanische Eigenschaften der Lötstelle in kaltem Zustand.

Keine zu große galvanische Spannungsunterschiede zwischen Löt- und Grundmetall, damit der Angriff der Luftfeuchtigkeit nicht unnütz gefördert wird.

In vielen Fällen ist Übereinstimmung der Farbe zwischen Lötmetall und Grundmetall erwünscht.

Reinheit der zu lötenden Metallenden, die frei von mechanisch anhaftendem Staub und Schmutz oder Farbanstrich, vor allem aber auch von etwa vorhandenen Metalloxyden sein müssen. Man verwendet hierfür besondere Lötmittel, die eine beizende oder reduzierende Wirkung ausüben (Näheres s. u.).

Die Arten der Lote.

1. **Weichlote** (auch Weiß-, Schnell- oder Zinnlote).

a) **Zusammensetzung.** Meist Zinn oder Legierungen aus Zinn und Blei. Schmelzpunkt etwa 180°; durch Zusatz von Wismut sinkt der Schmelzpunkt auf etwa 100°. Als Ersatz (aber nicht vollwertig) für Zinnlegierungen Kadmium-Blei, Antimon-Blei, Quecksilberblei.

b) **Verwendung.** Hauptsächlich zum Löten von Zink, Zinn und deren Legierungen, ferner für Messing, Kupfer, Weißblech, auch für schmiedbares Eisen.

c) **Lötmittel.** Salzsäure für Lötungen (Zinn und Zink), Kolophonium (für Blei), Salmiak in Stücken, Lötwasser (Chlorzink und Salmiak), Lötfette (Mischungen aus Talg, Kolophonium und Salmiak).

Vereinigung von a und c: Röhrchen aus Lötmetall, angefüllt mit einem Lötmittel (Tinol).

Mechanische Eigenschaften der Lötstelle[2]). Diese gibt nachstehende Zahlentafel an.

Zahlentafel 7.

Zinnbleilote (Weichlote).

Nr.	Zusammensetzung vH (Gewichtsteile)			Bezeichnung	Erstarrungspunkt °C	Zerreißfestigkeit kg/mm²		Härtezahl	Farbe
	Sn	Pb	Sb			der Lötung	des Lotes		
1	63	37	—	Eutektische Legierung	182	7,7	9,3	17,1	zinnweiß
2	50	50	—	Schnellot	230	7,1	7,1	12,6	,,
3	33,3	66,7	—	Strengflüssiges Lot	247	6,1	6,9	12,6	grauweiß
4	15	78	7	Für Weißblech und Messing	236	6,3	6,9	18,6	hellgrau
5	6,9	83,3	9,8	Mit Kolben lötbar	234	8,7	7,1	19,1	bleigrau
6	3,7	88,8	7,5	Leichtflüssig	233	5,8	7,9	21,4	,,

Quelle zu 1 und 2: K. Richter; zu 3: G. Fermum; zu 4, 5 und 6: Patent Küpper und Dr. F. Wüst.

---

[1]) Nach Enzyklopädie der technischen Chemie, Dr. Ullmann, Charlottenburg, S. 630: Löten, von Dr.-Ing. E. H. Schulz.
[2]) Nach Zeitschr. f. Metallkunde 1921, S. 373: Zur Kenntnis der Metallote, von W. Sterner, Rainer.

Verarbeitung. — Dritte Weiterverarbeitung.

2. **Hartlote**[1] (Schlag- oder Strenglote).
Zusammensetzung. Legierungen aus Kupfer — 40 bis 55 vH — und Zink.
(Messing), mitunter noch mit Zusätzen weiterer Metalle (Zinn, Silber).
Verwendung. Lötungen von Kupfer, Messing, Bronze, Neusilber, Eisen,
Stahl.
Lötmittel. Borax, Gemisch von Borax mit Kalziumkarbonat oder Borsäure, ferner Kryolith, auch ein Gemisch mit Ammoniumphosphat, für hohe Temperaturen auch Gemisch von Sand mit Soda.
Mechanische Eigenschaften der Lötstelle. Die Ergebnisse enthalten
die drei Zahlentafeln.

Zahlentafel 7 a—c.

Messing - Lote (Hartlote).

Nr.	Zusammensetzung vH (Gewichtsteile)		Bezeichnung	Erstarrungspunkt °C	Zerreißfestigkeit kg/mm²		Härtezahl	Farbe
	Cu	Zn			der Lötung	des Lotes		
25	58,5	41,5	Strengflüssiges Lot	894	23,8	37,9	164	goldgelb
26	54	46	Schlaglot	881	—	33,7	197	blaßrötlichgelb
27	52,5	47,5	Strengflüssiges Lot	875	25,3	33,4	197	grünlichgelb
28	50	50	Hartlot	865	20,7	27,7	218	großkristallin
29	48	52	,,	860	19,8	16,6	307	hochgelb, strohgelb
30	45	55	,,	851	15,3	16,0	395	großkrist. rötl. grau
31	43	57	sehr strengflüssig. Lot	841	23,1	5,8	478	eisengrau
32	41,5	58,5	Mäßig strengflüssiges Lot	836	16,8	3,5	527	eisengrauweiß
33	40	60	Gutfließend	830	18,5	1,8	564	grauweiß
34	37,5	62,5	Leichtfließend	825	16,3	1,6	499	,,
35	35,3	64,7	Sehr schnellfließend	816	3,6	3,5	477	,,
36	33,3	66,7	Leichtflüssigstes Lot	807	2,9	3,2	458	weißgrau

Quelle zu 25, 26, 28, 36: K. Richter; zu 27, 29, 30: A. Krupp; zu 31/35: Dr. F. Wüst.

Zinnhaltige Messing - Lote (Hartlote).

Nr.	Zusammensetzung vH (Gewichtsteile)				Bezeichnung	Erstarrungspunkt °C	Zerreißfestigkeit kg/mm²		Härtezahl	Farbe
	Cu	Zn	Sn	Pb			der Lötung	des Lotes		
47	58	28	14	—	Halbweißes Lot	808	—	3,4	463	weißgrau
48	52,4	33,3	14,3	—	—	798	—	1,1	473	,,
49	48	48	4	—	Strengflüssiges Lot	856	9,3	4,2	415	grauweiß
50	47	39	14	—	Etwas strengflüssig. Lot	788	2,9	0,5	373	,,
51	45	42,5	12,5	—	Mäßig strengflüssig. Lot	790	—	1,4	405	,,
52	44,4	56,2	9,4	—	Mäßig strengflüssig. Lot	806	2,1	0,7	404	hellgrau
53	40	54,5	5,5	—	Gutflüssiges Lot	833	2,5	0,6	454	,,
54	44	50	3	3	Prechtls Lot	805	—	2,2	344	bleigrau

Quelle zu 47, 49, 54: K. Richter; zu 49: A. Krupp; zu 50/53: G. Fermum.

---

[1] Vgl. auch die Legierungen von A. Ledebur. Verlag M. Krayn 1919, S. 183 u. f.

Silberhaltige und Silberlote (Hartlote).

Nr.	Zusammensetzung vH (Gewichtsteile)					Bezeichnung	Erstarrungspunkt	Zerreißfestigkeit kg/mm²		Härtezahl	Farbe
	Ag	Cu	Zn	Cd	Sn			der Lötung	des Lotes		
41	4	53	43	—	—	Strengfl. Lot	861	—	37,8	211	blaßgelb
42	4	48	48	—	—	mäßig fl. Lot	851	20,9	19,6	215	großkr.-
43	9	43	48	—	—	Messinglot	830	—	13,3	255	blaßg.
23	10	40	40	10	—	Wachwitz Pat. Nr. 292 295	777	—	16,9	247	hellgelb
22	20	30	30	20	—	„	735	31,8	29,0	231	„
12	20	3	2	—	75	Wagners Pat. Nr. 275 786	327	—	13,8	28	zinnweiß
45	12	38	50	—	—	Für 3.Lötung.	802	18,4	13,5	367	blaßröt. g.
46	40	29	4,5	20,5	6	Argentanlot	717	—	35,6	143	gelblichw.
37	58	25	3	14	—	Weichstes Silberlot	691	40,6	45,0	158	„
38	60	25	13	2	—	Weichsilberlot	709	36,2	42,7	173	„
39	66	20,4	13,6	—	—	Hartsilberlot	729	40,0	45,4	162	weißlich
40	75	15	5	5	—	Kettenlot	748	32,9	38,6	157	„
41	75	20	5	—	—	Emaillierlot	771	36,2	42,4	161	„

Quelle zu 41 bis 43, 45: Ledebur-Bauer: Quelle zu 37, 38, 39, 40, 44 und 46: L. St. Rainer, Wien.

3. Sonderlote.

Zusammensetzung. Kupfer, Zink und Nickel (8 bis 12 vH).

Verwendung. Für besonders feste Lötungen von Neusilber, Stahl und Eisen, Aluminium.

Lötmittel wie unter 2.

Mechanische Eigenschaften der Lötstelle. Die Ergebnisse enthalten die drei folgenden Zahlentafeln.

Zahlentafel 7 d—f.

Neusilberlote (Sonderlote).

Nr.	Zusammensetzung vH (Gewichtsteile)			Bezeichnung	Erstarrungspunkt in C	Zerreißfestigkeit kg/mm²		Härte	Farbe
	Cu	Zn	Ni			der Lötung	des Lotes		
55	53	33,2	13,8	Neusilberlot	985	—	40,0	147	gelblichweiß
56	45	35	20	Argentanlot	1036	—	39,4	147	silberweiß
57	43,5	38	18,5	„	1020	—	36,6	167	„
58	41	42,5	16,5	„	974	24,2	30,4	191	„
59	38	50	12	„	907	—	13,9	212	großkrist. silbergrau
60	35	57	8	„	871	13,2	9,5	322	„

Quelle zu 55: G. Fermum; zu 56/58: F. Wüst; zu 59/60: A. Krupp.

Verarbeitung. — Dritte Weiterverarbeitung.

Eisen- und Stahllote (Sonderlote),

Nr.	Zusammensetzung vH (Gewichtsteile)				Bezeichnung	Erstarrungspunkt °C	Zerreißfestigkeit kg/mm²		Härtezahl	Farbe
	Cu	Pb	Zn	Mn			der Lötung	des Lotes		
61	80	20	—	—	Kupferlot	1011	—	5,1	28,7	blaßrot
62	90	10	—	—	„	1042	4,1	5,9	35,7	„
63	66,6	—	12	22,4	Manganlot	863	—	39,6	175	eisengrau
64	64	—	20	16	„	869	23,5	34,0	155	gelbgrau
65	58	—	29	13	„	845	43,5	46,2	190	gelblichgrau
24	61,4	—	32	6,6	„	898	—	33,9	137	blaßgelb

Quelle zu 61 und 62: Dr. F. Wüst; zu 63/65 und 24: L. St. Rainer.

Aluminiumlote (Sonderlote).

Nr.	Zusammensetzung vH (Gewichtsteile)					Bezeichnung	Erstarrungspunkt in °C	Festigkeit kg/mm²	Härtezahl	Farbe
	Al	Cu	Sn	Zn	Mn					
7	95,4	4,6	—	—	—		679	17,8	71,0	silberweiß
8	92,6	2,6	4,2	0,6	—		649	15,5	63,4	„
9	87	8	5	—	—		629	19,6	92,6	„
10	82	6	2	10	—		627	19,7	96,9	zinnweiß
11	80	8	—	12	—		620	19,6	112,1	„
13	75	3,5	—	20	1,5	F. Guß mittl. Stärke	616	19,2	128,8	grauweiß
14	70	3	5	22	—	Für Spritzguß	599	8,3	127,4	„
15	30	20	—	50	—	Moureys Lot Nr 1	466	11,0	219	„
16	20	15	—	65	—	„ „ „ 2	431	18,1	209	„
17	12	8	—	80	—	„ „ „ 3	402	31,7	160	„
18	9	4	—	87	—	„ „ „ 4	396	17,6	146	„
19	7	3,4	—	89,6	—	„ „ „ 5	379	18,6	156	„
20	6	2,6	91,4	—	—	„ „ „ 6	377	15,9	159	„
21	4	—	—	94	—	„ „ „ 7	382	19,7	190	„

Quelle zu 7 bis 14: Ledebur-Bauer; zu 15 bis 21: A. Krupp.

Das Nieten.

Auch beim Nieten ist fehlerhafte Behandlung sowohl des Grundmetalls als auch der Niete möglich, wodurch die Haltbarkeit der Nietverbindung sehr beeinträchtigt werden kann. Nietlöcher werden nicht immer einwandfrei hergestellt; vor allem wird durch kaltes Aufdornen das Material in den Randzonen vielfach derart überbeansprucht, daß feine Risse entstehen. Ist der Konstruktionsteil dann einer wechselnden Beanspruchung ausgesetzt, so erweitern sich die Risse, der Teil wird oft nach verhältnismäßig kurzer Zeit unbrauchbar.

Eine weitere Gefahr für das Grundmaterial ist zu kaltes Nieten. Werden die Niete nur knapp rotwarm eingezogen, so geht die nachfolgende Bearbeitung des Nietkopfes und seiner Umgebung in der Blauwärme vor sich. Stark verringerte Zähigkeit, die gleichfalls zur Bildung von Anrissen führen kann, ist die Folge.

Gleichfalls eine Gefahr für die Haltbarkeit der Niete ist zu starkes Erwärmen des Nietbolzens. In diesem Fall wird das Gefüge des Eisens verdorben, es bildet sich durch Kristallwachstum ein ganz grobes Korn und dementsprechend eine verringerte Festigkeit und Zähigkeit des Nietes. Sehr zu verwerfen ist auch die Arbeitsweise, die Nietbolzen zur Zeitersparnis am Kopf unter scharfer Stichflamme örtlich schnell zu erwärmen. Neben der hierbei stattfindenden Überhitzung des Kopfes tritt während der Bearbeitung des Nietkopfes in der Nietmitte schon Blauwärme ein, wobei die vom Nietkopf übertragenen Hammerschläge sehr schädlich (rißbildend) wirken können. Das Vorwärmen der Niete soll sich daher immer auf das ganze Niet erstrecken.

In mechanischer Hinsicht sind folgende Gesichtspunkte zu beachten:

Das Nietloch soll bestmöglich und zuverlässig ausgefüllt sein,

die Nietung soll bei normaler Beanspruchung dauernd dichthalten,

Niete und Bleche dürfen durch das Nietverfahren nicht unzulässig hoch beansprucht werden.

Dichthalten der Nietung. Das Dichthalten der Nietung ist durch folgende Umstände bestimmt:

Richtige konstruktive Durchbildung des zu nietenden Gegenstandes.

Einwandfrei durchgeführte Vorarbeiten zum Nieten (Anrichten der Bleche usw.).

Wahl geeigneter Niete und gleichzeitige zunderfreie Bildung beider Nietköpfe.

Anwendung eines dem jeweiligen Nietdurchmesser entsprechenden Schließdruckes.

Arbeiten mit einer vom Nietdurchmesser abhängigen Schließzeit.

Materialbeanspruchungen. Es sei hier noch kurz darauf hingewiesen, daß bei Anwendung zu großen Schließdruckes sowohl das Kesselblech als auch das Nietmaterial zerstört werden kann. Die zu hohen Drücke verursachen Quetschungen, Umlagerungen des Materials, die gewöhnlich schon während des Nietens feine Haarrisse hervorrufen. Infolge der Betriebsbeanspruchungen erweitern sich diese mehr und mehr, bis schließlich das ganze Aggregat unter mehr oder minder verheerenden Folgen zerstört wird. Fig. 41, Tafel VII.

Ein Nachteil aller Nietverbindungen sind die durch die Materialdopplung herbeigeführten Wärmestauungen, die sich nicht vermeiden lassen.

V. Vierte Weiterverarbeitung.

Formgebung durch Spanabheben.

Der Span wird ohne absichtliche Wärmezufuhr abgehoben; die Spanabhebung wird kurzweg als Bearbeitung bezeichnet. Eine Veränderung der Materialeigenschaften kommt nicht in Frage, wenn alle Voraussetzungen berücksichtigt werden, die nach dem heutigen Stand der Forschung für eine sachgemäße Bearbeitung als gegeben anzusehen sind. Würden diese genügend gewürdigt, so wäre es nicht möglich, daß manche Fehler zu Unrecht etwaigen fehlerhaften Eigenschaften des angelieferten Materials zugeschrieben werden.

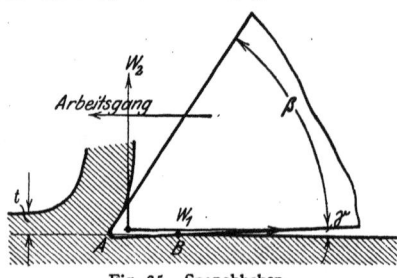

Fig. 35. Spanabheben.

Bearbeitung durch schneidende Werkzeuge, wobei ein Teil des Werkstückes (meist in Form von Spänen) vom Werkstück entfernt wird. Fig. 35 veranschaulicht den Vorgang[1]).

Es handelt sich hier um das Eindringen eines keilförmigen Werkzeuges in das Material. Je nach der Menge des auf diese Weise in einer Zeiteinheit

---

[1]) Aus Hülle, Die Grundzüge der Werkzeugmaschinen, S. 163. Verlag von Julius Springer Berlin.

durch Zerspanen beseitigten Metallvolumens nennt man den Stoff schwer oder leicht bearbeitbar[1]).

Aus der Bearbeitbarkeit ergibt sich eine festliegende Grenze für die günstigste Bearbeitungsbeanspruchung. Diese ist für jedes Material eine konstante Zahl und wird andererseits durch den Zustand und die Form des Werkzeugs (also seine Härte und seinen Schnittwinkel), durch die Spanbreite und -Tiefe und den Vorschub bedingt. Zustand des Stoffes und Zustand des Werkzeugs stehen also in einem bestimmten Verhältnis und bedingen die Bearbeitungsgeschwindigkeit. Steigert man die Geschwindigkeit zu sehr, so vermag das Werkzeug die Wärme nicht mehr genügend abzuführen, es wird weich, verändert den Schneidwinkel (wird stumpf) und reißt, statt zu schneiden[2]). Fig. 43 und 44, Taf. VII. (Eine ähnliche Erscheinung kann auftreten, wenn der Schnittdruck des Werkzeugs nicht genügend groß ist.) Hierbei wird nicht nur der Span, sondern auch das dem Span benachbarte Gefüge des Werkstücks stark deformiert. Nun ist es aber mitunter recht schwierig, die richtige Bearbeitungsgeschwindigkeit zu ermitteln, weil das in der Massenfertigung verarbeitete Material vielfach nicht so gleichmäßig ist, daß es in seiner Bearbeitbarkeit den Voraussetzungen, die an einigen Stücken einer Sendung ermittelt sind, immer entspräche. Hauptsächlich ist es die Härte, die innerhalb einer Sendung oft recht erhebliche Unterschiede aufweist. Beobachtet man bei sonst richtigem Zustand des Werkzeugs und der ermittelten Geschwindigkeit den oben erwähnten Fehler in größerem Umfange, so bleibt nichts anderes übrig, als das Material auf Grund irgendeines Prüfverfahrens nach seiner Härte zu sortieren und die richtigen Bearbeitungsvoraussetzungen für die verschiedenen Härten nochmals zu ermitteln. Mitunter braucht sich bei ungeeigneter Bearbeitung die nachteilige Beeinflussung nicht so weit zu erstrecken, daß sich sichtbare Risse im Werkstück bilden. Für nachteilige Wirkungen genügt auch das Vorhandensein von Spannungen, die sich später in irgendeiner Form ausgleichen oder die Entstehung kleiner Haarrisse, die zunächst nicht zu beobachten sind, sich aber bei späterer Beanspruchung im Betriebe erweitern und eine Zerstörung des Werkstücks herbeiführen können. Spannungen können z. B. an Werkstücken entstehen, die aus wirtschaftlichen Gründen nicht gehobelt, sondern mit dem Fräser vorgeschruppt sind. Hier soll erst geschlichtet werden, nachdem das Werkstück einige Zeit zum Ausgleich der Spannungen gehabt hat.

Fehlerhaftes Stanzen und Scheren (vor allem beim Ausstanzen eckiger Flächen mit stumpfen Werkzeugen oder zu starkem Vorschub) führen zur Bildung der oben beschriebenen Haarrisse. Fig. 37, Taf. VI zeigt die nachteiligen Folgen an einer eisernen Eisenbahnschwelle.

Auf einen Umstand sei noch hingewiesen, der selbst bei bester Bearbeitung die Eigenschaften des Werkstückes recht nachteilig beeinflussen kann. Es ist dies der unvermittelte Übergang von einem Querschnitt zu einem anderen. Derartige Übergänge lassen sich mit Kerben vergleichen und gegen Kerbwirkungen ist jedes Material, auch zähes, empfindlich. Hier entstehen oftmals Brüche, die um so weniger vorausgesetzt wurden, als Streckgrenze, Festigkeit, Dehnung und sonstige Eigenschaften sich sowohl vor als nach dem Bruch als meist ziemlich einwandfrei erwiesen. Die verhängnisvollen Folgen der Kerbwirkung, die übrigens auch durch eine zufällige kerbähnliche Verletzung der Oberfläche herbeigeführt werden können, werden vielfach noch nicht genügend beachtet. Sie sind besonders gefährlich, wenn der Stoff wechselnden Beanspruchungen ausgesetzt ist. Zum Nachweis der sogenannten „Kerbzähigkeit" dient die eingangs beschriebene Kerbschlagprobe.

---

[1]) S. auch I. Teil, Prüfung auf Bearbeitbarkeit.
[2]) Aus „Die Werkzeugmaschine", Jahrg. 1919, Heft 13, S. 157. Das „Schmieren" oder Fressen der Werkzeuge bei der Herstellung von Gewinden, von Dr.-Ing. Kühnel.

VI. Fünfte Weiterverarbeitung.

Der Oberflächenschutz.

Fast alle Werkstoffe, Metalle sowohl wie Hölzer, sind, von einigen Ausnahmen abgesehen, an ihrer Oberfläche mehr oder weniger unbeständig gegenüber dem in der Luft enthaltenen Sauerstoff, der Feuchtigkeit, Kohlensäure und sonst vorkommenden Säuren, vor allem schwefliger und Schwefelsäure. Mitunter gelingt es durch Zulegieren einzelner Bestandteile, eine hohe Säure- und Rostfestigkeit zu erreichen; in den meisten Fällen jedoch müssen besondere Maßnahmen getroffen werden, um die Oberfläche der aus den Werkstoffen hergestellten Fabrikate gegenüber dem Angriff der Luft abzuschließen. Diese Luftbeständigkeit wird durch Auftragen einer dünnen Schutzschicht erreicht, die ihrerseits gegenüber dem Angriff der Luft beständig ist. Die Überzüge können aus Metallen, Glasuren, Beton und Lacken sowie Teer bestehen. Für Hölzer kommt insbesondere noch das Durchtränken mit imprägnierenden Flüssigkeiten, wie Chlorzink und Teeröl, zur Anwendung.

Metallschutzschichten.

Von den Metallen sind in erster Linie Zink, Zinn, Nickel ziemlich luftbeständig und geben daher gute Schutzschichten ab. Sie werden auf den Werkstoff im galvanischen Bad, im Schmelzfluß und nach dem Spritzverfahren aufgebracht. Vorbedingung ist in allen Fällen eine gut gereinigte Oberfläche des betreffenden Gegenstandes. Die Dicke der aufzutragenden Schichten wird möglichst begrenzt, da stärkere Schichten leichter zum Abblättern neigen.

Die galvanische Aufbringung[1]) der Überzüge kann im sauren, alkalischen oder neutralen Bad vorgenommen werden. Die alkalischen Bäder haben den Vorzug, daß sie gegen Verunreinigung weniger empfindlich sind als die sauren. Die letzten Spuren von Fett werden unter ihrem Einfluß beseitigt.

Bei Schmelzbadüberzug werden die Gegenstände (meistens nach Vorwärmung) in das geschmolzene Metallbad (etwa 30 bis 40° über Schmelzpunkt) getaucht und durch Abstreifen oder Abwischen von etwaigem Metallüberschuß befreit.

Auf ein Sonderverfahren sei hier noch eingegangen, das bei Zinküberzügen zur Anwendung kommt, das Sherardisieren. Das Wesen des Sherardisierverfahrens besteht darin, daß die gereinigten Eisenteile in einer umlaufenden Trommel mit Zinkstaub auf eine unterhalb des Schmelzpunktes des Zinks gelegene Temperatur erhitzt werden. Die Eisenoberfläche überzieht sich hierbei mit einem dichten, etwas körnigen, festhaftenden Zinkbelag. Nach Angabe des Erfinders bildet sich unmittelbar auf der Eisenoberfläche eine Zinkeisenlegierung wie bei der Feuerverzinkung, was auch von anderer Seite bestätigt wird. Gegenstände, die sherardisiert werden sollen, brauchen nicht so peinlich gereinigt zu werden wie z. B. für die galvanische Verzinkung. Ein dünner Rostanflug ist unschädlich, da er durch den Zinkstaub bei höherer Temperatur reduziert wird. Auch Spuren von Fett schaden nicht, da sie sich bei höherer Temperatur verflüchtigen oder zersetzen und ihrerseits reduzierend wirken.

Das Aufspritzen von Metallüberzügen wird nach dem Verfahren von Schoop[2]) und Meurer ausgeführt. Das Metall wird in Drahtform einer Spritzpistole zugeführt, an deren Mündung durch Knallgasgebläse geschmolzen und durch Druckluft zerstäubt und fortgeschleudert. Auch die wirtschaftlicher arbeitende Schmelzung des Drahtes durch Widerstandserhitzung findet sich neuerdings. Der Vorteil dieses Verfahrens liegt darin, daß auch Gegenstände, wie Holz, Tuch, für die sich weder galvanische noch Schmelzbad-Schutzschichten anwenden lassen, mit

---

[1]) Nach W. Lange, Metallüberzüge als Rostschutzmittel, Zeitschr. f. Metallkunde 1921, S. 161.
[2]) Schoop & Günther. Das Schoopsche Metallspritzverfahren. Stuttgart 1917.

Metallüberzügen versehen werden können. Seit einiger Zeit werden kombinierte Maschinen angeboten[1]), die Oberflächenreinigung und Spritzen nacheinander ausführen.

Auch der sogenannte „Spritzbeton" wird neuerdings als Schutzüberzug verwendet. Die Betonmischung wird hierbei aus einem Mischraum einer Druckluftdüse zugeführt, die gleichzeitig die entsprechende Menge Wasser mitreißt und somit die fertige Betonmischung auf den Gegenstand aufspritzt[2]).

Emaillieren, Anstreichen und Teeren.

Emaillieren. Beim Emaillieren[3]) wird eine keramische Masse von niedrigem Schmelzpunkt auf ein Metall von höherem Schmelzpunkt aufgebrannt. Beide Körper sind in gleicher Weise an dem Ausfall der Emaillierung beteiligt. Die Hauptaufgabe der Gießerei ist, ein dünnflüssiges, genügend überhitztes Eisen mit sehr sauberer Oberfläche zu erzeugen, das ein mehrmaliges Glühen (ohne zu reißen) aushält. Gußeisen und Emaille müssen gleiche Ausdehnung haben[4]).

Die Emaille ist ein Gemenge kieselsäurereicher chemischer Verbindungen, das durch Schmelzen in eine einheitliche Masse übergeführt wird. Die Gußstücke werden meistens mit einer Grund- und einer Deckemaille überzogen. Gleichmäßiges Lagern und Sortieren des immer möglichst gleichen Ausgangsmaterials, richtiges Zerkleinern, gutes Auftragen, gleichmäßige Temperatur im Ofen sind die Hauptbedingungen für die Erzeugung einer guten, haltbaren Emaille.

Anstreichen und Lackieren. Anstreichen. Das Lösungs- und Bindemittel für Anstrichfarbkörper ist der Firnis, eine aus fetten Pflanzenölen (hauptsächlich Leinöl) hergestellte Flüssigkeit, die an der Luft erhärtet und einen zähen, glänzenden, wasserdichten Überzug bildet. Teils sind die ihm zugesetzten Stoffe chemisch unwirksam, teils wirken sie wie Mennige sauerstoffbindend. Auch hier ist saubere Oberfläche des anzustreichenden Körpers Grundbedingung eines guten Anstrichs. Einem dünnem Anstrich von vorgewärmtem Leinölfirnis (vielfach mit Mennigezusatz) folgt nach dessen Trocknen ein Grund- und ein Deckanstrich.

Lackieren. Lack besteht aus einem in Alkohol gelösten Harz und ist mit Farbstoff gefärbt. Die zu lackierende Oberfläche muß vorher blank, trocken und entfettet sein (mit Benzin abreiben). Nach dem Auftragen des Lackes wird der Gegenstand in Trockenöfen (bei 60 bis 70°) getrocknet. Das Harz des Lackes wird dabei geschmolzen und durchsichtig gemacht.

Teeren. Der Überzug soll klebfrei sein und keine Neigung zum Abblättern haben. Der Teer muß demnach wasserfrei und ohne leichtflüssige Bestandteile, wie Benzol, Toluol usw. sein. Um auch gute Dünnflüssigkeit des Teers zu erreichen, werden die Werkstücke auf 250 bis 350° vorgewärmt. Bei höherer Temperatur ist Entflammung des Bades oder teilweises Verbrennen des Teers zu befürchten. Bei zu geringer Vorwärmung brennt der Teer nicht genügend ein und bleibt klebrig.

Sonstige Mittel. Zu den sonstigen Mitteln, die Oberfläche der Stoffe wirksam zu schützen, gehören noch die Verfahren, die in geeigneten Einrichtungen das Werkstück selbst von Anfang an oberflächlich oxydieren und so mit einer leichten festhaftenden Oxydschicht überziehen, die ihrerseits wetterbeständig ist. Diese Verfahren kommen jedoch für den Maschinenbauer weniger in Frage, immerhin sei unten auf die Literatur verwiesen[5]).

---

[1]) Die Metallspritzmaschine von S. Meurer, Metall u. Erz 1921, Heft 15, S. 384.
[2]) Betonblaseverfahren. Zeitschr. „Zement" 1921, S. 399.
[3]) Praktische Winke für das Emaillieren von Gußeisen, von Dr.-Ing. Beyer, Gießereizeitung 1921, S. 53.
[4]) Das Gleiche gilt für Blech und Emaille bei Blechemaillierung.
[5]) 1. Vom heutigen Stand des In-Oxydationsverfahrens. K. Irresberger, Festnummer September 1921 der „Gießerei". 2. Die Metallfärbung. Von G. Buchner. Verlag M. Krayn, Berlin W 50.

VII. Fehler der Werkstoffe.

Fehler in der Herstellung und Fertigung der Werkstoffe lassen sich nicht völlig vermeiden. Eine sorgfältige Betriebs- und Fertigabnahme gibt aber eine gewisse Sicherheit dafür, daß sie rechtzeitig erkannt und beseitigt werden, ehe im Gebrauch Zerstörungen und Unfälle durch sie verursacht werden können.

Es erscheint daher angebracht, die Fehler, die sich in der Herstellung und Verarbeitung an den Werkstoffen zeigen, hier noch einmal zusammenfassend kurz zu erörtern, ihre besonderen Merkmale und die Maßnahmen zu ihrer Vermeidung hervorzuheben.

Fehler beim Schmelzen.

Sauerstoff.

1. Auftreten und Kennzeichen. Der Sauerstoff verbindet sich mit den Metallen nicht nur zu unlöslichen Oxyden, die als Schlacke auf dem Schmelzbad schwimmen, sondern auch zu löslichen Verbindungen. Diese legieren sich mit vielen Metallen und scheiden sich beim Erstarren in Form von kugeligen Einschlüssen (Fig. 5 Taf. I) oder Häuten ab (Fig. 6 Taf. I). Diese Häute und Einschlüsse unterbrechen den Zusammenhang, verschlechtern also die mechanischen Eigenschaften und verursachen bei der Kalt- und Warmverarbeitung Risse. Das Schmelzbad selbst wird dickflüssig und hält dadurch wieder die bei der Erstarrung entweichenden Gase zurück, so daß undichter Guß entsteht. Die Oxydation tritt ein beim Erhitzen vor allem sperrigen Schmelzguts mit großer Oberfläche, das der Flamme stark ausgesetzt ist, und bei zu langer Dauer des Schmelzens und hoher Schmelztemperatur. Äußerlich sowie am Bruch der aus derartiger Schmelze gefertigten Güße sind die Einschlüsse ohne metallographische Untersuchung selten zu erkennen. Bei Dickflüssigkeit des Schmelzbades und bei Rißbildung in der Verarbeitung ist aber oftmals die Ursache in oxydischen Einschlüssen zu suchen.

2. Gegenmaßnahmen. Die Berührung des Sauerstoffs mit dem Einsatzgut und Schmelzbad ist nicht ganz zu vermeiden. Um die schädliche Wirkung zu verringern, hält man die Einschmelzzeit kurz und vermeidet direkte Berührung des Schmelzguts mit der Flamme. Man isoliert das Schmelzbad durch Schlacken- oder Kohlendecke, überhitzt das Schmelzbad nicht unnütz und nicht zu lange Zeit. Ist trotzdem Sauerstoff in zu reichlichem Maße im Bad, so sucht man ihn durch Zusatz von Metallen chemisch zu entfernen, die durch stärkere Verwandtschaft zum Sauerstoff diesen dem Schmelzmetall entreißen, hierbei selbst als Oxyde in die Schlacke gehend. Hierhin gehören Mangan, Aluminium, Silizium, Phosphor und deren Legierungen.

Sonstige Gase.

Auftreten und Kennzeichen. Gase werden von den meisten Metallen im Schmelzfluß ziemlich lebhaft gelöst, in erster Linie neben Sauerstoff auch Wasserstoff, Kohlenoxyd und Stickstoff. Sie entweichen beim Erstarren wieder und können, wenn die Schmelze schon dickflüssig ist, in dieser zurückgehalten werden und porösen, schwammigen Guß verursachen.

Gegenmaßnahmen. Silizium und Aluminium pflegen die Gasausscheidung erheblich herabzusetzen. In Legierungen zeigt sich die Erscheinung überhaupt seltener, so daß vielfach nur ganz geringe Zusätze auch anderer Metalle genügen, um bei reinen Metallen die Gasentwicklung zu verringern.

Metalloide.

1. Auftreten und Kennzeichen. Von den Metalloiden zeigen hauptsächlich Phosphor und Schwefel schädliche Wirkung. Phosphor hält die Schmelzung ziemlich lange flüssig, verursacht dadurch das Auftreten großer Kristalle bei entsprechend grobem, glänzendem Bruchgefüge mit geringerer Festigkeit vor allem in der Kälte. Schwefel bildet in den Sulfiden leichtflüssige Metallverbindungen,

die schon in Rotglut schmelzen und dabei den Zusammenhang des Metalls bei der Warmverarbeitung unterbrechen (Rotbruch). Auch macht Schwefel ähnlich wie Sauerstoff das Schmelzbad dickflüssig, und zwar oft schon in Mengen, die nach allgemeinem Dafürhalten noch als unbedenklich gelten. Arsen, Antimon u. a. verursachen gleichfalls bei einer Reihe von Metallen schädliche Wirkungen, sei es durch Hervorrufen von Rotbruch oder durch Sprödigkeit.

2. Gegenmaßnahmen. Sorgfältige chemische Kontrolle des Einsatzes. Mangan wirkt im Schmelzbad entschwefelnd, ebenso Kalk. In den meisten Fällen hat man zur Vermeidung zu hohen Phosphor- und Schwefelgehalts nur den Weg, die Einsatzmaterialien sorgfältig zu prüfen und so zu gattieren, daß die Gehalte des Fertigproduktes an Metalloiden unterhalb der zulässigen Grenzen bleiben.

Erstarrungsquerschnitt[1]).

1. Auftreten und Kennzeichen. Nur bei ganz kleinen Querschnitten erstarren die Metalle gleichmäßig. In allen übrigen Fällen erstarrt die Mitte bzw. die Stelle mit stärkerem Querschnitt später als der Rand, bzw. die Stelle mit dünnerem Querschnitt. Da ihr aber vom erstarrten Rand bereits ein fester, zu großer Raum zugewiesen ist, so bildet sich beim weiteren Zusammenziehen meist in dem oberen, am längsten flüssigen Teil ein Hohlraum oder eine schwammige Stelle. Liegt dieser Hohlraum bei fertigen Gußstücken an einer beanspruchten Stelle, so tritt vorzeitiger Bruch ein. Wird das hohlraumhaltige Gußstück weiter warm verarbeitet, so quetschen sich die Hohlraumfalten gegeneinander, verschweißen aber nicht immer, sondern strecken sich mit und zeichnen sich hierbei gegenseitig ganz eigenartig aufeinander ab, so daß das Metall, wenn später ein Bruch an dieser Stelle vorkommt, in der vom Hohlraum eingenommenen Breite fast ein Gefüge hat, das dem des Holzes gleicht. Man bezeichnet den Bruch daher als Holzfaserbruch. Mitunter findet statt der Holzfaserbildung eine schiefrige Ausbildung des Bruchgefüges statt.

Je nach der Größe des Hohlraumes, der statt durch einen Lunker auch durch eine Gasblase gebildet sein kann, hat das eingesprengte Holzfasergefüge ganz verschiedene Ausdehnung und Breite (Fig. 39 u. 40 Taf. VI).

2. Gegenmaßnahmen. Genügend groß bemessener verlorener Kopf und schnelle Abkühlung (evtl. örtliche Schrumpfplatten).

Entmischen.

1. Auftreten und Kennzeichen. Eine weitere Gefahr für die Erzielung gleichmäßiger und vorteilhafter mechanischer Eigenschaften ist die Neigung mancher Legierungen, sich zu entmischen. Die spezifisch leichteren und zuerst ausgeschiedenen Legierungsbestandteile steigen an die Oberfläche und werden hier vielfach mit der Schlacke oder der Krätze vom Schmelzbad abgeschöpft. Den aus den Restbestandteilen gegossenen Legierungen fehlen alsdann gerade deren Eigenschaften, und zwar meist die besonders benötigten, die durch den Zusatz dieser Legierungsbestandteile erreicht werden sollen. Im fertigen Gußstück kann die Saigerung nach langsamer Erstarrung ebenso wie im Schmelzbad auftreten und ungleichmäßiges Gefüge hervorrufen (Fig. 7 Taf. I).

2. Gegenmaßnahmen. Umrühren der Schmelze vor dem Guß, Gießen kleiner Probeblöckchen, Prüfung durch Bruchbetrachtung und Härteprüfung, noch besser durch chemische und metallographische Kontrolle. Auch durch Zulegieren einzelner Metalle kann oft schon bei geringem Prozentsatz die Seigerung stark eingeschränkt werden.

Schlackeneinschlüsse.

1. Auftreten und Kennzeichen. Im Zusammenhang mit der Abkühlungszeit und Gießtemperatur steht im Werkstoff das Auftreten von Schlacken-

---

[1]) S. auch S. 360 unter Wärmeabfluß.

einschlüssen. Die Schlacke schwimmt auf dem Schmelzbad, gelangt beim Entleeren des Ofens mit in die Gießpfanne und wird hier mit dem Metall gemischt. Ist die Schmelze genügend heiß und dünnflüssig, so steigt die Schlacke auch hier wieder an die Oberfläche und kann beim Gießen zurückgehalten werden. Im anderen Falle aber verbleibt sie als Einschluß im Stoff und wirkt bei der Beanspruchung auf Festigkeit als Riß oder Kerb.

Kennzeichen: Nichtmetallisches Aussehen, als gelber, brauner oder grünschwarzer Einschluß im Bruchgefüge zu erkennen. In feiner Verteilung metallographisch am besten am ungeätzten Schliff nachweisbar (Fig. 1 u. 8, Taf. I).

2. Gegenmaßnahmen. Abstehenlassen im Ofen und in der Pfanne, dünnflüssiges Schmelzbad.

Fehler der Weiterverarbeitung.

Ist der Gußblock fertig, so bietet auch die Weiterverarbeitung noch erhebliche Möglichkeiten zu fehlerhafter Behandlung.

Fehler beim Warmrecken.

a) Überhitzen.

Auftreten und Kennzeichen. Zu hohe Erhitzung des Materials für das Warmrecken, sei es durch zu scharfe Heiz- (Stich-) flamme oder lange Anwärmedauer bei hoher Temperatur, verursacht neben starker äußerlicher Oxydation ein Wachsen des Korns (Fig. 9 Taf. II). Derartiger Stoff zeigt groben Bruch und ist besonders empfindlich gegen schlagartige Beanspruchung. Zerreiß- und Biegeproben sind vielfach unempfindlich für Überhitzungen, die Kerbschlagprobe dagegen sehr empfindlich.

Gegenmaßnahmen. Sorgfältige Kontrolle der Anwärmeöfen. Bei überhitztem Eisen läßt sich durch Ausglühen und Abschrecken nachträglich das überhitzte Gefüge verkleinern. Starke Bearbeitung nach dem Überhitzen vermindert bei allen Metallen wieder die Wirkung der Überhitzung. Oft bleibt jedoch eine gewisse Sprödigkeit zurück.

b) Verbrennen.

Auftreten und Kennzeichen. Wird die Überhitzung durch Unachtsamkeit noch weiter getrieben, so verbrennt das Material. Es tritt dann ein Aufreißen längs der Kornbegrenzungen und eine durchgehende Oxydation auch im Innern ein, wodurch das Material völlig unbrauchbar wird und auch durch Gegenmaßnahmen nicht mehr zu retten ist. Der Unterschied zwischen Verbrennen und Überhitzen wird fast niemals beachtet und überhitztes Material vielfach als verbrannt bezeichnet.

c) Entkohlen.

Auftreten und Kennzeichen. Bei Eisen zu beobachten. Durch die Wirkung des Sauerstoffüberschusses der Heizflamme wird eine kleine Schicht beim Erwärmen entkohlt und dementsprechend weich. Werden die Gegenstände nach dem Erwärmen und Recken bearbeitet, so entfällt diese Schicht (1 bis 2 mm stark). Werden jedoch Werkzeuge hergestellt, die Oberflächenhärte besitzen sollen und daher direkt nach dem Schmieden gehärtet werden, so ist dieser Umstand zu beachten.

Gegenmaßnahmen. Erwärmung unter Luftabschluß, Aufstreuen von kohlehaltigen Mitteln vor dem Härten.

Fehler beim Kaltrecken.

Überziehen und Blauwärme.

Auftreten und Merkmale. Stärkere Kaltreckung bringt eine ähnliche zeilenartige Ausbildung des Gefüges hervor, wie sie beim Warmrecken entsteht. Fig. 11 und 12 Taf. II. Beim Ätzen erscheint jedoch kaltgerecktes Material stets verändert, meist rauher, riefiger (Gleitlinien) als Material, das in normaler

Warmreckung Zeilenstruktur angenommen hat (Fig. 19 Taf. III). Werden die Querschnittsabnahme und die Beanspruchung des Materials zu hoch gewählt, so erfolgt ein Überziehen des Stoffes, und erhöhte Spannungen treten im Innern ein, die mitunter bis zur Rißbildung führen können, ohne daß sich an der Oberfläche Fehler bemerkbar machen (Fig. 42 Taf. VII). Gegenmaßnahmen lassen sich bei überzogenem Material nachträglich nicht mehr anwenden.

Der schädliche Einfluß der geringen Kaltreckung in Temperaturen von 100 bis 400° war bereits auf S. 367 ausgeführt. Die verringerte Zähigkeit führt hierbei sehr oft zu Brüchen von Konstruktionsteilen. Besondere Kennzeichen (von körnigem, statt sehnigen Bruch abgesehen) treten nicht auf. Die schädlichen Wirkungen erstrecken sich jedoch nur auf reine und dehnbare Metalle, z. B. weiches Eisen und Kupfer. Harte Legierungen lassen sich in der Kälte nicht derart strecken.

Gegenmaßnahmen. Blauwärme: Vermeidung der Bearbeitung in Temperaturen von 100 bis 400°. Ausglühen, falls eine solche Bearbeitung nicht zu vermeiden ist.

Rekristallisation und Kornwachstum.

Auftreten und Merkmale. Zeigt ein Material im Gefüge oder Bruch Zonen grober Kristallisation, so kann man, falls Überhitzung nicht vorliegt, mit gewisser Sicherheit auf Kornwachstum durch Rekristallisation schließen. Über die Entstehungsbedingungen der Rekristallisation ist S. 368 berichtet. Fig. 34 Tafel V zeigt Bruch eines doppelseitigen, rekristallisierten Kesselbleches. Die Forschungen auf dem Gebiet der Rekristallisation sind noch ganz neu. Es fehlen noch umfassende Unterlagen, die festlegen, in welchem Umfang die mechanischen Eigenschaften nachteilig beeinflußt werden. (Wahrscheinlich ist das Auftreten von Sprödigkeit). Rekristallisationserscheinungen wurden bisher an Eisen[1], Kupfer[2] und Zink beobachtet.

Gegenmaßnahmen. Ausglühen bei genügend hohen Temperaturen. Vorsicht bei Biege- und Richtarbeiten.

Fehler beim Glühen.

Auftreten und Merkmale. Bei der Wärmebehandlung gegossenen Materials können Fehler entstehen, wenn zu hoch oder nicht genügend geglüht wird. Im ersteren Fall tritt Überhitzung ein, deren Kennzeichen und Abänderung bereits erörtert sind. Ist nicht genügend geglüht, so werden die günstigsten mechanischen Eigenschaften nicht erreicht, die Verteilung im Gefüge (z. B. beim Eisen zwischen Ferrit und Perlit) ist nicht fein genug. Nochmaliges Glühen ist dann nicht zu umgehen. Ungleichmäßigkeiten im Aussehen des Bruches bei mechanischen Proben wie in Fig. 35 u. 36 Taf. V sind jedoch nicht auf Fehler des Glühens oder Materials zurückzuführen, sondern deuten nur auf ganz geringfügige Abweichungen im Aufbau hin[3]).

Beim Zementieren kommt noch hinzu, daß bei zu langer Dauer des Glühens oder minderwertigem Einsatzmittel die chemischen Umsetzungen leicht ins Gegenteil verkehrt werden können. Es wird dann nicht ein Härten, sondern ein Weichwerden eintreten.

Für das Härten und Anlassen ist die Möglichkeit, durch Fehler den Stoff zu verderben, leider eine ziemlich-vielfache. Beim Anwärmen für die Härtung können dreierlei Fehler gemacht werden. Es kann nicht genügend lange erwärmt worden sein; in diesem Falle ist die Umwandlung in die feste Lösung[4]) nur außen erfolgt, die Härtung bleibt unvollkommen. Es kann der Rand des Werkstückes durch Berührung mit dem Luftsauerstoff ent-

---
[1]) Stahl und Eisen 1919, Heft 37.
[2]) Zeitschr. f. Metallkunde 1920, S. 369.
[3]) Kruppsche Monatshefte 1921, August, S. 147.
[4]) Näheres s. unter Absatz Eisen und Eisenlegierungen.

kohlt werden. Die äußere Schicht bleibt dann weich. Es kann zu hoch erhitzt werden[1]; in diesem Falle entstehen im Werkstück starke Spannungen und unter Umständen Risse. Gleichzeitig weist der Bruch ein nicht mehr feinkörniges Aussehen auf.

Weitere Fehlerquellen liegen im Härtebad. Entzieht dieses die Wärme zu intensiv, so sind gleichfalls Spannungen und Härterisse zu befürchten; wirkt das Härtebad zu milde, so bleibt das Werkstück zu weich.

Schließlich können folgende Fehler beim · Anlassen gemacht werden. Wird das Werkstück kalt in den heißen Ofen gesetzt, so können vorhandene Härtespannungen vergrößert und ein nachträglicher Härteriß herbeigeführt werden. Ferner kann man zu viel (d. h. zu hoch oder zu lange Zeit) oder zu wenig (d. h. bei zu niedriger Anlaßtemperatur oder, falls richtige Anlaßtemperatur gewählt, zu kurze Zeit) anlassen. In jedem Falle erhält man nicht die gewünschten Eigenschaften. Das Werkstück bleibt zu hart oder zu weich.

Gegenmaßnahmen: Vorbedingung für die Vermeidung von Fehlern bei jeglicher Glühbehandlung bleibt richtige Wärmemessung, d. h. richtig angebrachte und richtig arbeitende Pyrometer, sowie Verwendung geeigneter Öfen mit allseitig gleichmäßiger Erwärmung.

Die genaue Kenntnis der Umwandlungsvorgänge[1] und die mikroskopische Nachprüfung der Gefügeveränderung sind weitere unerläßliche Hilfsmittel, die in einer größeren Härterei heute nicht mehr fehlen sollten.

Fehler bei Nahtarbeiten.

Auftreten und Merkmale. Fehler der Nahtarbeiten zeigen sich beim Schweißen und Löten in Blasen und Rissen an der Nahtstelle; beim Nieten sind es nur Risse, die sich im Nietrandloch oder im Niet selbst zeigen. Unsauberkeiten der Nahtstelle vor dem Schweißen und Löten veranlassen Reaktionen während der Nahtverbindung bzw. verhindern ein Festhaften des Lotes oder der Schweißmasse. Fig. 10 Taf. II zeigt eine schlechte Schweißung an Eisen mit oxydischen Einschlüssen. Beim Autogenschweißen läuft oft die Furche nicht tief genug, so daß die unter dem Furchengrund zusammenstoßenden Flächen nicht genügend erwärmt und von der Schweißmasse nicht mehr berührt werden. Fig. 38 Taf. VI zeigt links eine derartige unrichtig vorgenommene Kupferschweißung. Es verbleibt alsdann ein Riß, der als Kerb wirkt und sich bei Zug- und Druckspannungen im Betrieb bald erweitert. Bei Nietungen ist es vielfach ein zu hoher Nietdruck, der den Rand des Nietloches durch Kaltbearbeitung ungünstig beeinflußt und dann später bei Erwärmung Risse verursacht.

Fig. 41 Taf. VII zeigt eine solche Rißbildung an einem eisernen Feuerbuchsblech. Überhitzen der Niete, zu kaltes Nieten und zu scharfe Einkerbung des Nietkopfes führen zu Rissen in den Nieten.

Gegenmaßnahmen. Säuberung der Schweißstelle, Verwendung reinigender Flußmittel, die gleichzeitig beim Schweißen als schützende Decke wirken, Verwendung reiner Gase, vorsichtige Erwärmung der Schweißstelle (beim Nieten der Niete) ohne allzu große Überhitzung; bei Schweißstellen außerdem Nachbearbeitung und langsame Abkühlung der Nahtstelle. Bei Schweißfurchen muß die Furche bis auf den Grund durchgeführt werden. Nietlöcher müssen mit scharfen Werkzeugen hergestellt werden. Anwendung nicht zu hohen Nietdruckes (s. a. die folgenden Ausführungen).

Fehler beim Spanabheben.

Auftreten und Merkmale. Gefährlich sind an allen Werkstücken zu scharfe Querschnittsübergänge oder spitz- und rechtwinklige Eindrehungen. Sie wirken als Kerbe und setzen vor allem bei Dauer und Wechselbeanspruchung

---

[1] S. Seite 395, Teil III.

die Festigkeit des Querschnitts an der betreffenden Stelle erheblich herab (s. a. S. 379, Festigkeit gegenüber schlagartiger Beanspruchung bei verletztem Querschnitt). Die Gegenmaßnahme besteht hier in der Abrundung aller Übergänge.

Sehr nachteilig wirkt die Bearbeitung mit stumpfen Schneidwerkzeugen, wie sie beim Aufreiben von nicht passenden Löchern für das Zusammensetzen von Konstruktionen öfter festzustellen ist. Das Randgefüge der beanspruchten Stelle erhält hierbei leicht kleine Haarrisse und starke Spannungen, die bei wechselnder Betriebsbeanspruchung an den betreffenden Stellen Brüche veranlassen. Die gefährliche Wirkung eines stumpfen Lochwerkzeugs zeigt Fig. 37 Taf. VI.

Gegenmaßnahmen. Da dem Spanabheben eine Wärmebehandlung nicht folgt, so werden Gegenmaßnahmen zur Beseitigung von Spannungen nicht mehr getroffen. Entstandene Risse können als Haarrisse ohnehin kaum beobachtet und außerdem auch nicht beseitigt werden. Vermieden können die Fehler werden durch richtig geformtes scharfes Werkzeug und durch Anwendung von Abrundungen statt scharfer Querschnittsübergänge.

C. Eigenschaften.

α. Hauptwerkstoffe.

I. Eisen und seine Legierungen.

a) Reines Eisen (Fe).

Durch Elektrolyse hergestellt (wasserstoffhaltig), praktisch jedoch wenig im Gebrauch. Man beobachtet an reinem Eisen im festen Zustand innere Umwandlungen. Bei Erwärmen auf etwa 765° wandelt sich das normale α-Eisen in das unmagnetische β-Eisen; dieses bei etwa 900° in γ-Eisen. Schmelzpunkt 1530°, spez. Gewicht 7,8.

b) Die Eisenlegierungen.

1. Roheisen.

Für die Herstellung der handelsüblichen Sorten des Gußeisens und schmiedbaren Eisens verwendet man das Roheisen. Wenn auch hin und wieder hieraus im direkten Guß — aus dem Hochofen — Werkstücke hergestellt werden, so ist es doch hauptsächlich als eine Vorlegierung anzusprechen.

Roheisen ist das aus Eisenerzen, eisenhaltigen Zusätzen und schlackenbildenden Zuschlägen durch reduzierendes Schmelzen (im Hochofen) oder aus Eisenabfällen, schlackenbildenden Zuschlägen und kohlenden Mitteln durch Zusammschmelzen (im Hochofen) gewonnene Erzeugnis. Es ist nicht schmiedbar, spröde, beim Erhitzen plötzlich schmelzend. Der Kohlenstoffgehalt beträgt mindestens 1,7 vH, meist über 2,6 vH.

Einteilung nach der Erzeugungsweise.

1. Koks-Roheisen.
2. Holzkohlen-Roheisen, im Hochofen mit Holzkohle erblasen.
3. Elektro-Roheisen, im elektrischen Hochofen erschmolzen.
4. Rückgekohltes (synthetisches) Roheisen, durch Aufkohlen von schmiedbarem Eisen in flüssigem Zustande.

Zahlentafel 8.
Normen des Roheisenverbandes (G. m. b. H.)[1].
Essen a. d. Ruhr f. d. ihm angehörigen Hochofenwerke für Gießereiroheisen und Hämatit.

	Si vH	Mn vH	P vH	S vH
Hämatit	2—3	max. 1,2	max. 0,1	max. 0,04
Gießereiroheisen Nr. I	2,25—3	„ 1	„ 0,7	„ 0,04
„ „ III	1,8—2,5	„ 1	„ 0,9	„ 0,06
Englisch Nr. III	2—2,5	„ 1,25	1—1,5	„ 0,06
Luxemburger Gießereiroheisen Nr. III	1,8—2,5	„ 0,8	1,4—1,8	„ 0,06

Gegen Aufpreis wird geliefert Hämatit mit bis zu 4—5 vH Si, mit bis max. 0,2 vH Mn, max. 0,04 P, max. 0,02 S, sowie Gießereiroheisen Nr. I mit bis zu 4—5 vH Si und mit bis max. 0,02 vH S.

Je nach den Gehalten an den verschiedenen Legierungsbestandteilen ändert sich die Bezeichnung des Roheisens.

Wechselnder Phosphorgehalt. Bezeichnung nach dem Phosphorgehalt s. Zahlentafel 9.

Zahlentafel 9.

Bezeichnung	Phosphorgehalt
Hämatitroheisen	unter 0,2 vH
Gießereiroheisen	0,6 vH
Luxemburger Roheisen	1—1,7 vH

Wechselnder Siliziumgehalt. Bei einem Siliziumgehalt von 1 bis 5 vH: graues Roheisen. Bezeichnung „grau", weil ein Teil des Kohlenstoffs sich bei der Abkühlung als Graphitblättchen abscheidet und der Bruch alsdann grau erscheint (s. unter Gefüge).

Eisen mit mehr als 5 vH Si bezeichnet man als Siliziumeisen oder Ferrosilizium. Bis 16 vH im Hochofen, darüber bis etwa 80 vH im elektrischen Ofen erzeugt.

Siliziumgehalt unter 1 vH führt zur Bildung des weißen Roheisens (keine Graphitausscheidung, heller Bruch).

Die gebräuchlichsten Bezeichnungen und einige vollständige Analysen von weißem Roheisen gibt Zahlentafel 10.

Zahlentafel 10.

Bezeichnung	C	Mn	Si	P	S
Weißeisen, Temperroheisen	3	0,15	0,3	0,02	0,1
Puddelroheisen	2,6—4,0	2—6	0,4	0,2—0,5	0,05
Thomasroheisen (Rheinland-Westf.)	3,2	2,0	0,35	2,0	0,10
Thomasroheisen (Luxemburg M.M.)	3,2	0,6	0,6	1,8	0,12
Thomasroheisen (Luxemburg C.M.)	3,5	0,6	1,2	1,8	0,12
Martinroheisen	3,3	2,5	0,6	0,3	0,08

Wechselnder Mangangehalt. Steigt der Mangangehalt über 5 vH, so bezeichnet man das Roheisen als Spiegeleisen (gleichzeitig auch höherer Kohlenstoffgehalt), über 20 vH als Ferromangan.

---

[1] Nach Fehlands Ingenieurkalender. Verlag Julius Springer, Berlin 1918.

Eigenschaften. — Hauptwerkstoffe. — Eisen und seine Legierungen. 389

Zahlentafel 11[1]).

Bezeichnung	Si	C	Mn
Spiegeleisen	< 0,8	4—5	5—20
Ferromangan	< 0,8	5—7	20—85
Ferromangansilizium	20	etwa 1,5	8—12

Als Zusätze bei der Weiterverarbeitung verwendet.

2. Gußeisen.
Normenvorschlag für Gußeisen (E 1500 Bl. 1 u. 2).
Bezeichnung.

1. Gußeisen[2]).

Gußeisen wird aus Roheisen allein oder mit Brucheisen, Stahlabfällen und anderen Schmelzzusätzen erschmolzen und in Formen gegossen, jedoch keiner Nachbehandlung zwecks Schmiedbarmachung unterworfen. Je nach der Menge des ausgeschiedenen Graphites ist zu unterscheiden:
    a) graues Gußeisen (Grauguß) mit reichlicher Graphitausscheidung,
    b) halbgraues Gußeisen mit geringer Graphitausscheidung,
    c) weißes Gußeisen ohne oder nur mit Spuren von Graphitausscheidung,
    d) Hartguß oder Schalenguß mit weißer Außenzone und grauem Kern.

Klassen.

1. **Kunstguß.** Gegenstände von künstlerischer Form, z. B. Bildwerke, Büsten, Statuen, Tierfiguren, Schalen, Vasen.
2. **Feinguß.** Gegenstände aus feinem Guß oder Zierguß für Säulen, Türen und Möbel, Kästchen, nachgeahmte Waffen, Rahmen, Beleuchtungskörper. Auch verzierte Platten für Öfen aller Art fallen hierunter, wenn die Platten zu Zierzwecken angebracht werden.
3. **Bauguß:**
    a) Säulen,
    b) Bauplatten, Fenster usw. als Kastenguß,
    c) Bauplatten, Fenster usw. als Herdguß,
    d) Abflußrohre und Formstücke,
    e) Kanalisationsteile:
        α) für Haus-Entwässerung,
        β) für Straßen-Entwässerung,
    f) Gewichte, Poller, Unterlegplatten, Zwischenstücke für Eisen- und Straßenbahnen usw.
4. **Guß für Herde und Öfen,** sowie Geschirrguß (Sanitätsguß):
    a) roh,
    b) emailliert, inoxydiert oder sonstwie verfeinert.
5. **Guß für Heizkörper** (Radiatoren):
    a) Heizkessel und Rippenrohre,
    b) Feuerungsteile, gewöhnliche Roststäbe, hohle Bügeleisen, Gas- und Spirituskocher.
6. **Guß für Piano- und Flügelplatten.**
7. **Guß für Muffen- und Flanschrohre:**
    a) in Normallängen, von 40 bis 1500 lichte Weite,
    b) in anormalen Abmessungen,
    c) zugehörige Formstücke.
8. **Maschinenguß ohne besondere Vorschriften:**
    Guß für
    a) den allgemeinen Maschinenbau einschließlich Schiffbau,
    b) Werkzeugmaschinen,
    c) Maschinen der Textilindustrie,
    d) die elektrotechnische Industrie,
    e) Apparate der Gasindustrie,
    f) landwirtschaftliche Maschinen,
    g) hauswirtschaftliche Maschinen,
    h) Schreib- und Rechenmaschinen, Registerkassen usw.
9. **Maschinenguß, nach besonderer Vorschrift hergestellt:**
    a) Guß für den allgemeinen Maschinenbau, Schiffbau usw. nach vorgeschriebener Festigkeit oder Zusammensetzung (Analyse),
    b) Guß für Dampf-, Gas- und Wasser-Armaturen.

---

[1]) Nach Erbreich, Eisenhüttenkunde. Verlag Oskar Leiner, Leipzig.
[2]) Bezeichnungen für Gußeisen, die die Art und Herstellung nicht erkennen lassen, wie z. B. „Halbstahl", „Stahleisen", „Stahlguß" sind irreführend.

390 Werkstoffe

10. **Zylinderguß:**
    a) Dampf-, Gas- und Wasserzylinder,
    b) Zylinder für Kraftfahrzeuge, Schiffs- und Pflugmotoren.
11. **Hartguß:**
    a) Vollhartguß,
    b) gewöhnlicher Guß mit abgeschreckter Oberfläche (Schalenguß.
12. **Walzenguß:**
    a) Hartgußwalzen für Walzenstraßen,
    b) Halbharte Walzen für Walzenstraßen,
    c) Lehmgußwalzen für Walzenstraßen.
13. **Guß für Walzen zu Druckerei-, Müllerei-, Papier- und Textilmaschinen**[2] **Zuckermühlen usw.**
14. **Guß für Geschoßkörper.**
15. **Guß mit großer Beständigkeit gegen chemische Einflüsse.**
16. **Guß mit hoher Feuerbeständigkeit.**
17. **Guß für Blockformen (Kokillen) und sonstige Dauerformen.**
18. **Guß für Tübbings (Schachtauskleidungen).**
19. **Guß für Bremsklötze.**
20. **Guß für Amboßstöcke und ähnliche Stücke.**
Sondergußerzeugnisse sind in die vorhandenen Klassen einzureihen.

Chemische Zusammensetzung der verschiedenen Gattierungen s. Zahlentafel 12.

Zahlentafel 12[1]).

Gußware	Si	Mn	P	S[2])	Bemerkungen
Geschirr- und Ofenguß	3	0,4—0,8	1	0,1	
Röhrenguß	$\sim 2^*$	< 1	1	0,12	*) Je nach Wandstärke 1—3 vH
Mittl. Maschinenguß	~ 2	0,4—0,8	0,5—0,8	$< 0,12$	
Bess. Maschinenguß	1—1,4	$\sim 0,6$	$< 0,7$	$< 0,12$	
Hartguß	0,5—0,9	0,3—0,5	0,2—0,5	$< 0,15$	

Durch Wahl und Zusammenstellung der einzelnen eingangs genannten Roheisensorten (Gattierung) sucht man je nach Bedarf einen Guß der obigen Zusammensetzung zu erhalten. Der schädliche Einfluß des Schwefels war bereits an anderer Stelle erörtert. Ebenso ist der Phosphorgehalt, der Kaltbruch veranlaßt, möglichst niedrig zu halten (Ausnahme dünnwandige Stücke, hier Steigerung des Phosphorgehalts, wegen der besseren Dünnflüssigkeit nicht zu umgehen.) Siliziumgehalt je nach Wandstärke verschieden hoch. Je größer die Wandstärke, desto geringer kann der Siliziumgehalt sein. Silizium fördert die Graphitausscheidung, macht das Eisen weich und verringert seine Festigkeit.

Mechanische Eigenschaften. Von den mechanischen Eigenschaften des Gußeisens bewertet man in erster Linie Biege- und Zugfestigkeit. Eine Übersicht hierüber gibt Zahlentafel 13[3]). Bemerkt sei noch, daß die Härte, von der in der Tafel nur wenige Werte enthalten sind, von 100 bis 260 schwankt. Die Werte 100 bis 160 entsprechen etwa einer Zerreißfestigkeit von 12 bis 16 kg/mm².

Schmelzpunkt 11 bis 1200°. Spezifisches Gewicht je nach Graphitgehalt 7 bis 7,4.

Gefüge des Roheisens bzw. Gußeisens. Weißes Roheisen hat die gleichen Gefügebestandteile wie kohlenstoffreicher Stahl, nämlich Eisenkarbid und Perlit.[4]) Da Eisenkarbid aber im Roheisen in größerer Menge vorhanden ist, so kann man

---

[1]) Aus Hütte, Taschenbuch für Eisenhüttenleute.
[2]) Schwefelgehalt z. Zt. höher.
[3]) Beitrag zur Untersuchung des Gußeisens von C. Jüngst. 1913. Verlag Stahleisen, Düsseldorf, Seite 194.
[4]) S. unter Gefüge des schmiedbaren Eisens S. 393.

Eigenschaften. — Hauptwerkstoffe. — Eisen und seine Legierungen. 391

Zahlentafel 13.

Probestäbe	Durchbiegung	Biegefestigkeit	Zugfestigkeit	Pendelhammerschlagfestigkeit	Schlagstauchfestigkeit Zahl der Schläge	Druckfestigkeit	Härte	
	mm	kg/mm²	kg/mm²	mkg/cm²		kg/cm²	Rand	Mitte
Gußeisen von hoher Festigkeit.								
30 mm ⊟ × 1000 mm	21,6	35,7	20,0	0,33	—	—	—	—
40 „ ⊙ × 800 „	15,7	38,5	20,8	0,76	10,9	7600	179	162
30 „ ⊙ × 600 „	11,5	42,7	24,3	0,53	12,2	8693	203	192
20 „ ⊙ × 400 „	7,2	44,5	24,8	0,37	16,0	9845	221	211
Gußeisen von mittlerer Festigkeit.								
30 „ ⊟ × 1000 „	20,2	31,9	15,6	0,39	—	—	—	—
40 „ ⊙ × 800 „	13,3	31,2	14,8	0,57	—	—	—	—
30 „ ⊙ × 600 „	10,3	34,6	15,7	0,43	—	—	—	—
20 „ ⊙ × 400 „	6,6	36,5	21,3	0,27	—	—	—	—
Bau- und Röhrengußeisen.								
30 „ ⊟ × 1000 „	19,7	27,2	12,6	—	—	—	—	—
40 „ ⊙ × 800 „	11,2	28,8	—	—	—	—	—	—
30 „ ⊙ × 600 „	9,4	32,2	15,2	—	—	—	—	—
20 „ ⊙ × 400 „	5,8	36,8	—	—	—	—	—	—

Roheisen nicht mehr schmieden (ebenso Gußeisen). Nun ist dieses Gefüge, das dem weißen Roheisen entspricht, bei langsamer Abkühlung aber nicht beständig. Das Eisenkarbid zersetzt sich unterhalb etwa 1150° im festen Zustand, vor allem, wenn ein genügend hoher Siliziumgehalt den Anreiz dazu gibt, unter Graphitausscheidung (graues Roheisen). Diese Zersetzung geht aber nur bei ganz langsamer Abkühlung vollkommen vor sich, in den meisten Fällen bleibt ein Teil des Eisenkarbids unzersetzt. Man erkennt also im Gefüge (Fig. 13 Taf. II) neben Perlit und Graphit auch noch Eisenkarbid; Graphit als schwarze Nadeln, Eisenkarbid (eigentlich ein zusammengesetztes Eutektikum) als weiße, punktierte Inseln, Perlit als Grundmasse. Mitunter kommt es auch vor, daß die Zersetzung des Eisenkarbids zu Eisen und Graphit so weitgehend ist, daß neben Perlit und Resten von Eisenkarbid sich im Gefüge noch Ferrit (reines Eisen) neben Graphit findet. Das Gefüge hat dann also vier Bestandteile, Graphit, Eisenkarbid, Perlit und Ferrit.

3. Schmiedbares Eisen.

Schmiedbares Eisen ist das aus Roheisen oder Roheisen und Erz oder Roheisen und Alteisen oder Alteisen und sonstigen Zuschlägen durch oxydierendes Schmelzen oder durch Tempern gewonnene Erzeugnis. Es ist schmiedbar, beim Erhitzen allmählich bis zum Schmelzen erweichend. Der Kohlenstoffgehalt hält sich unter 1,7 vH.

Gegossenes schmiedbares Eisen.

Temperguß: Temperguß oder schmiedbarer Guß wird — wie Gußeisen — aus weißem Roheisen gegossen, aber nachher durch Ausglühen mit einem geeigneten Mittel gefrischt oder schmiedbar gemacht.

Chemische Zusammensetzung rohen Tempergusses vor dem Glühen:

2,6—3 vH Gesamtkohlenstoff,   0,2—0,3 vH Mangan,
0 vH Graphit,   0,1 vH Phosphor,
0,6—0,8 vH Silizium,   0,1 vH Schwefel,

Mechanische Werte von Temperguß:
Festigkeit 30—40 kg/mm^2,
Dehnung 1—8 vH,
Spez. Gewicht 7,3—7,7.
Gefüge s. unter gerecktes, schmiedbares Eisen, S. 394.

Stahlguß: Stahlguß oder Stahlformguß wird in Tiegel-, Martin-, Elektro-Ofen oder in der Birne hergestellt und in Fertigformen gegossen; er ist ohne weitere Behandlung schmiedbar.

Chemische Zusammensetzung:
Weicher Stahlguß, auch Flußeisenguß: 0,08—0,15 vH Kohlenstoff,
Mittelharter Stahlguß, auch Stahlformguß: 0,15—0,30 vH Kohlenstoff,
Harter Stahlguß, auch Werkzeugstahlformguß über 0,3 vH Kohlenstoff.

Mechanische Werte (im ausgeglühten Zustand):

Zahlentafel 14 a.

	Festigkeit kg/mm^2	Dehnung vH.
Flußeisenguß	37—42	20—30
Stahlformguß	45—60	15—20
Harter Stahlguß	60—70	12—15

Gefüge s. Teil II, zweite Weiterverarbeitung, Wärmebehandlung ohne Formveränderung, ferner unter gerecktes schmiedbares Eisen.

Gerecktes schmiedbares Eisen.

Das Recken des schmiedbaren Eisens erfolgt durch Walzen oder Schmieden. Man unterscheidet nach der Herstellungsweise des Stahlwerks:
1. Schweißeisen oder Schweißstahl, im teigigen Zustand gewonnen,
2. Thomasflußeisen oder Thomasstahl, in der Birne auf basischer[1]) Ausfütterung beim Durchblasen von Luft erschmolzen,
3. Bessemerstahl[3]), in der Birne auf saurer Ausfütterung[2]) beim Durchblasen von Luft erschmolzen,
4. Martinflußeisen oder Martinstahl, im Martinofen (Herdofen mit heizbaren Gas- und Luftkammern) erschmolzen, und zwar basischer[1]) Martinstahl auf basischer[1]) Ofenausfütterung, saurer Martinstahl auf saurer[2]) Ofenausfütterung,
5. Elektrostahl[3]), im elektrisch geheizten Ofen erschmolzen,
6. Tiegelstahl[3]), in besonderen Tiegeln erschmolzen.

Die nach den verschiedenen Verfahren hergestellten, schmiedbaren Eisen werden alsdann noch nach ihrer Zugfestigkeit gruppiert. Man hat hierbei etwa folgende Abstufungen[4]).

Zahlentafel 14 b.

Gruppe	Festigkeit kg/mm^2	Dehnung vH.	Bezeichnung
1	34—42	mind. 25	Flußeisen
2	42—50	,, 20	,,
3	50—60	,, 15	Flußstahl
4	60—70	,, 12	,,
5	70—80	,, 10	,,
6	80—90	,, 8	,,
7	über 90	unter 8	,,

[1]) Kalk und Magnesit.
[2]) Kieselsäure (Quarz).
[3]) Die Herstellung von Flußeisen kommt bei diesen Verfahren kaum in Frage.
[4]) Weitere Unterabteilungen zwischen den einzelnen Gruppen kommen bei weicherem Eisen vor.

Eigenschaften. — Hauptwerkstoffe. — Eisen und seine Legierungen. 393

Die Festigkeit wird hierbei in erster Linie bestimmt durch den Kohlenstoffgehalt. Werden außerdem noch andere Stoffe wie Chrom, Nickel, Mangan, Wolfram u. a. zur Erzeugung besonders günstiger Werte legiert, so bezeichnet man diese Stähle als Sonderstähle (s. Abs. 4).

Chemische Zusammensetzung. Mechanische Eigenschaften. Eine Übersicht über die verschiedenen Festigkeiten einzelner Stahlarten (auch einiger Sonderstähle) gibt Zahlentafel 15[1]).

Zahlentafel 15.

Analysen, Zerreißfestigkeit, Dehnung und Streckgrenze verschiedener Sorten von schmiedbarem Eisen.

	C	Si	Mn	S	P	Cr	Ni	Wo	Va	Zerreißfestigkeit	Streckgrenze	Dehnung auf 100mm vH
	%	%	%	%	%	%	%	%	%	kg/mm²	kg/mm²	
Weiches Schweißeisen	0,16	0,01	0,09	0,09	0,09	—	—	—	—	34	24	12
Feinkorneisen	0,13	0,09	0,15	0,009	0,10	—	—	—	—	38	24—26	18
Schweißstahl	0,94	0,11	0,27	Spur	0,07	—	—	—	—	n.best.	n. best.	n.best.
Bessemerflußeisen f. Bleche	0,12	Spur	0,35	0,05	0,06	—	—	—	—	38—41	28—31	23—29
Thomasflußeisen für Bleche	0,08	,,	0,70	0,04	0,06	—	—	—	—	38—41	2 —31	23—29
Bessemerflußeisen für Schienen	0,45	0,30	0,70	0,04	0,07	—	—	—	—	60—68	38—42	11—16
Thomasflußeisen für Schienen	0,40	—	0,70	0,03	0,07	—	—	—	—	60—68	38—42	11—16
Harter Werkzeugstahl (Tiegelstahl)	0,65	n.best.	0,23	0,02	0,04	—	—	—	—	96—84	etwa 52	6—11
Hobelstahl	0,80	0,15	0,20	0,001	0,02	—	—	—	—	92—100	,, 88	2—5
Manganstahl nicht gehärtet	1,10	0,20	12,4	0,02	0,03	—	—	—	—	80	—	2
gehärtet	1,10	0,20	12,4	0,02	0,03	—	—	—	—	95	38	45
Nickelstahl, geglüht	0,15	0,18	0,45	0,015	0,018	—	2,80	—	—	49	32	31
gehärtet	0,15	0,18	0,45	0,015	0,018	—	2,80	—	—	91	75	12,8
geglüht	0,16	0,18	0,50	0,01	0,02	—	4,10	—	—	61	38	22,9
gehärtet	0,16	0,18	0,50	0,01	0,02	—	4,10	—	—	133	105	16,5
Nickelchromstahl geglüht	0,15	0,15	0,48	0,015	0,02	0,60	2,80	—	—	61,7	41,5	21,5
gehärtet	0,15	0,15	0,48	0,015	0,02	0,60	2,80	—	—	102,0	74,8	12,8
geglüht	0,12	0,18	0,42	0,02	0,02	1,10	3,85	—	—	81,0	66,2	17,2
gehärtet	0,12	0,18	0,42	0,02	0,02	1,10	3,85	—	—	144,0	126,5	10,4
Schnelldrehstahl	0,72	0,15	0,15	0,01	0,02	4	—	18	0,5	—	—	—
Nickelchromstahl (Stahlwerk Becker, Willich) bei 820°	0,35	0,18	0,48	0,01	0,025	0,62	3,42	—	—			
in Öl gehärtet u. 8 Min. lang angelassen bei 300°	—	—	—	—	—	—	—	—	—	168,7	—	7,0
desgl. bei 540°	—	—	—	—	—	—	—	—	—	106,8	97,6	12,8
,, ,, 640°	—	—	—	—	—	—	—	—	—	91,5	79,0	16,7
,, ,, 700°	—	—	—	—	—	—	—	—	—	85,0	71,0	18,8
,, ,, 760°	—	—	—	—	—	—	—	—	—	69,3	47,1	21,2
,, ,, 800°	—	—	—	—	—	—	—	—	—	92,9	75,6	12,5

Gefüge. Das Diagramm Eisen-Kohlenstoff zeigt Fig. 36. Bei der Erstarrung aus der flüssigen Schmelze findet zunächst eine Ausscheidung von Mischkristallen aus Eisen und Eisenkarbid statt (Gebiet A D C). Diese Mischkristalle sind im festen Zustande nicht beständig. Sie verhalten sich auch

---

[1]) Aus Erbreich, Eisenhüttenkunde, S. 93.

hier ähnlich wie eine Lösung (daher als feste Lösung bezeichnet) und bilden zwischen 1100 und 700° neue Zustandsfelder. Punkt C stellt hier einen Grenzpunkt dar zwischen Gußeisen und Stahl. Sinkt der Kohlenstoffgehalt unter 2 vH, so bildet sich entlang der Linie C P Q ein neues Diagramm bei Zerfall der Mischkristalle heraus, das völlig für sich betrachtet werden kann und dem Musterdiagramm Fig. 26, S. 362 gleicht, wenn man den Punkt Q (A in Fig. 26) als den Ausscheidungspunkt reinen Eisens und den Punkt C (B in Fig. 26) als Ausscheidungspunkt des Eisenkarbids[1]) betrachtet. P stellt dann den eutektischen Punkt zwischen Eisen (Ferrit) und Eisenkarbid (Zementit) dar, bei einem Kohlenstoffgehalt von 0,8 bis 0,9 vH. Dieses Gefüge, Perlit genannt, das teils körnig, teils lamellar erscheint, (Fig. 15 Taf. II) verdankt seinen Namen seinem perlmutterartigem Glanz. Links von P im Gebiet Q P R scheidet sich reines Eisen (Ferrit) ab neben dem Eutektikum. Fig. 17 Taf. III zeigt das Gefügeaussehen eines Stahls von etwa 0,45 vH Kohle. Man sieht hier im Gefügebild Ferrit und Perlit in gleicher Menge. Fig. 16 Taf. II zeigt das Gefüge fast reinen Eisens (Ferrits) mit nur 0,04 vH Kohlenstoff. Rechts von P scheiden sich neben dem Perlit statt Ferrit Zementitkristalle ab (Fig. 18 Taf. III). Letztere können statt nadeliger auch kugelige Ausbildung aufweisen. (Einwirkung des Reckens.)

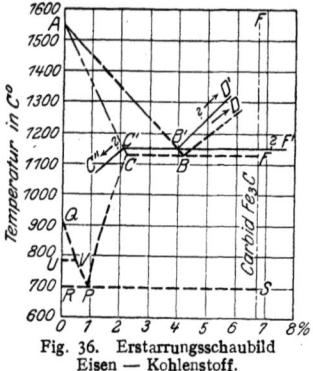

Fig. 36. Erstarrungsschaubild Eisen — Kohlenstoff.

Tempern. Nachdem damit ein Einblick in die Gefügeentwicklung des Stahls und Eisens gewonnen ist, erklären sich auch die Vorgänge, die als Tempern bezeichnet werden. Schon oberhalb der Linie R P und noch mehr im Gebiet Q P C ist das Eisen in der Lage, sich wie eine flüssige Lösung zu verhalten. Wenn also am Rande eines eisernen Gegenstandes Kohlenstoff — durch Glühen im Erz — entzogen wird, so wird dieser immer wieder aus der Mitte nach dem Rand abgegeben, so daß eine außen stets stärkere Entkohlung des ganzen Stückes auftritt (Fig. 14 Tafel II). Es wird jetzt auch klar, weshalb das Ausglühen von Stahlguß, das schon S. 369 beschrieben war, eine so günstige Wirkung ausübt. Oberhalb der Linie Q P sind die ausgeschiedenen groben Dendriten[2]) des Ferrits wieder aufgelöst, und es scheidet sich der Ferrit in wesentlich feinerer Verteilung neben dem Perlit nach dem Ausglühen ab.

Einfluß der Weiterverarbeitung auf das Gefüge:

Das Recken verbessert die Eigenschaften des Eisens und Stahls in der schon in Teil II beschriebenen Weise.

Beim Walzen ist eine gewisse Zeilenbildung (Fig. 19 Taf. III), d. h. Streckung des Ferrits unvermeidlich. Wird das Material quer zu diesen Zeilen beansprucht, so ist seine Festigkeit in dieser Richtung erheblich geringer.

Das Einsatzhärten. Ein dem Tempern entgegengesetzter Vorgang besteht im Einsatzhärten oder Aufkohlen. Man setzt hier weiches, zähes Material bestimmte Zeit in einem kohlenhaltigen „Einsatzmittel" der Temperatur oberhalb der Linie Q P C des Diagramms aus. Der Kohlenstoff wird an der Oberfläche zunächst in stärkerem Umfang aufgenommen und bildet stärkere Perlitinseln mit allmählich nach der Mitte geringer werdendem Kohlenstoffgehalt. Neben der Kohlenstoffaufnahme wirkt die Stickstoffaufnahme gleichfalls härtend, weshalb man stickstoffhaltige Salze, auch organische Substanzen, z. B. „Horn", dem Einsatzmittel beifügt.

---

[1]) Letzteres trifft nur im übertragenen Sinne zu. Eisenkarbid ist eine Eisenkohlenstoffverbindung nach der Formel Fe_3C mit höherem Kohlenstoffgehalt als 2 vH.

[2]) Kristallskelette.

Es gibt eine Unzahl von Härtemitteln, die angepriesen werden. Ihre Wirkung besteht nach den Angaben der Prospekte im „Verstählen" und im „Regenerieren" überhitzten Stahls. Was das Verstählen anbelangt, so wird zweifellos weiches Flußeisen durch ein geeignetes Kohlungsmittel eine harte Oberfläche bei zähem Grundstoff erhalten. Was jedoch die Herstellung von Werkzeugstahl aus weicherem (meist in den Prospekten als minderwertiger Stahl bezeichnet) Flußeisen durch Kohlungsmittel betrifft, so dürfte die Beschaffung eines guten Werkzeugstahls sich doch wohl erheblich wirtschaftlicher stellen.

Das Regenerieren überhitzten Stahls besteht aus zwei Vorgängen, die hintereinander verlaufen:

1. dem Aufkohlen der durch das Überhitzen weich gewordenen entkohlten Oberfläche,
2. der Umwandlung des groben überhitzten Gefüges in feinkörniges durch Härten und Anlassen.

Nur für den Vorgang 1 kommt das Kohlungsmittel in Betracht. Vielfach kann man sich jedoch auch hier helfen, indem man die weiche Schicht abfeilt. Im allgemeinen kann man auch mit billigen, selbst hergestellten Kohlungsmitteln zu guten Ergebnissen kommen, wenn richtig mit sauberer Oberfläche und wirklich dicht liegendem Härtepulver geglüht wird.

Härten und Anlassen. Die Wirkung des Härtens und Anlassens war schon auf S. 370 kurz erörtert. Betrachtet man das Diagramm noch einmal, so ist auch hier Bedingung für die erfolgreiche Härtung Erwärmung mindestens oberhalb der Linie $R P$, richtiger aber oberhalb der Linie $Q P C$. In diesem Falle befindet sich das Gefüge in fester Lösung. Wird aus dieser festen Lösung plötzlich abgeschreckt, so wird die Ausscheidung einzelner Gefügeteile, z. B. des Ferrits oder Perlits verhindert und ein einheitliches Gefüge von sich kreuzenden Nadeln erhalten, Martensit genannt (Fig. 20 Taf. III). Der schroff abgeschreckte Stahl ist sehr hart, aber auch voll innerer Spannungen, die bei kohlenstoffreicheren Stählen leicht zu Härterissen führen, vor allem dann, wenn man in der Härtetemperatur nicht nur $Q P C$ überschritten hat, sondern noch mehr als 30° höher gegangen ist. Infolge der inneren Spannungen ist auch die Festigkeit schroff gehärteten Materials gering, der Bruch zwar äußerst fein, aber ohne jede Einschnürung (Fig. 32 Taf. IV). Erwärmt man derartiges Material wieder bei niedrigen Temperaturen von 200 bis 300° etwa 1 bis 2 Stunden, so verliert es die Spannungen, die Festigkeit steigt ganz erheblich, ohne daß jedoch zunächst Dehnung oder Kontraktion festzustellen wären. Im Gefüge werden die Nadeln gröber, gleichzeitig tritt eine Dunkelfärbung auf, herrührend von dem Ätzen abgeschiedener Kohle. Das Gefüge heißt jetzt Troostit (Fig. 21 Taf. III). Läßt man noch höher an, 400 bis 500°, so kommt man über eine Zwischenstufe Osmondit zu feinkörnigem, gleichmäßigem Gefüge, dem Sorbit (Fig. 22 Taf. III). Osmondit zeichnet sich gegenüber dem Sorbit durch ein Höchstmaß der Dunkelfärbung aus. Die Festigkeit, die im Osmondit den Höhepunkt erreicht, fällt im Sorbitgefüge mit zunehmender Anlaßtemperatur. Die Streckgrenze, die in martensitischen und troositischen Stählen nahe der Bruchgrenze liegt und nicht besonders hervortritt, senkt sich wieder und wird deutlicher erkennbar. Die Dehnung nimmt an. Der Bruch zeigt beim Osmondit schon schwach sehnigen Rand (Fig. 31 Taf. IV) und geht schließlich mit zunehmender Anlaßtemperatur, 500 bis 650°, beim Sorbitgefüge mehr und mehr zur sehnigen Trichterbildung über (Fig. 30 Taf. IV). Die Härte fällt entsprechend, bis schließlich oberhalb 700° wieder allmählich das normale Gefüge sich herausbildet und dementsprechend an Stelle der Vergütung wieder die normalen Eigenschaften des Stahles treten.

Die Veränderung der Festigkeiten verschiedener Kohlenstoffstähle während des Anlassens zeigt die nachfolgende Zahlentafel 16[1]) und zwar für eine Härtung in Öl und Wasser.

---

[1]) Das Verhalten gehärteter und angelassener untereutektischer Stähle von Dr.-Ing. Reinh. Kühnel. Verlag Borntraeger. Berlin 1913.

Zahlentafel 16.

Mechanische Prüfung der öl- und wassergehärteten, angelassenen Stähle.

Zerreißfestigkeit des angelassenen Materials.

Abmessungen der Proben: Meßlänge 100 mm. Querschnitt 19,635 mm².

Nr.	C-Gehalt vH	Gehärtet bei C°	in	100° C			200° C			300° C			400° C			500° C		
				Zer-reißf. kg/mm²	Deh-nung vH	Kon-trakt. vH	Zer-reißf. kg/mm²	Deh-nung vH	Kon-trakt. vH	Zer-reißf. kg/mm²	Deh-nung vH	Kon-trakt. vH	Zer-reißf. kg/mm²	Deh-nung vH	Kon-trakt. vH	Zer-reißf. kg/mm²	Deh-nung vH	Kon-trakt. vH
1	0,05	950°	Wasser	57,9	11,0	63,2	44,8	11,7	75,0	48,8	11,5	75,0	47,8	12,0	75,0	—	—	—
			Öl	56,6	11,5	63,2	43,0	11,85	75,0	43,7	12,2	75,0	45,8	12,4	75,0	—	—	—
2	0,20	950°	Wasser	146,7	2,5	9,8	143,3	5,0	36,0	122,4	8,0	47,5	102,9	11,0	51,0	—	—	—
			Öl	103,5	9,0	51,0	90,0	10,5	55,0	82,9	10,7	58,1	73,5	11,2	63,2	—	—	—
3	0,34	950°	Wasser	168,6	3,0	11,6	155,6	6,0	27,5	134,4	8,5	36,5	111,2	10,0	48,2	79,9	15,0	51,0
			Öl	148,2	5,6	15,4	143,6	7,1	21,7	134,2	9,8	24,3	111,6	10,0	36,0	80,1	15,0	51,0
5	0,50	900°	Wasser	—	—	—	—	—	—	—	—	—	—	—	—	—	—	—
			Öl	174,3[1]	0,0	0,0	188,8	1,5	0,0	176,6	4,5	17,2	153,6	7,0	36,0	—	—	—
6	0,65	850°	Wasser	70,5	0,0	0,0	147,2	0,0	0,0	189,2	2,3	5,9	147,0	5,8	36,0	84,7	10,0	51,0
			Öl	136,7	0,0	0,0	185,8	1,0	4,0	164,5	4,0	15,4	147,2	6,3	36,0	84,7	9,5	51,0

[1]) 150° angelassen,

Eigenschaften. — Hauptwerkstoffe. — Eisen und seine Legierungen. 397

Die härteren Stähle von 0,5 bis 0,65 weisen beim Anlassen einen ausgesprochenen Höchstwert auf, der bei Ölhärtung infolge der geringeren Härtewirkung stets bei niedrigerer Anlaßtemperatur erreicht wird als bei Wasserhärtung. Zahlentafel 16 ergibt ferner, daß man einen ganz bestimmten Endzustand[1]) — beispielsweise etwa 145 kg/mm² Festigkeit bei etwa 5 vH Dehnung — auf ganz verschiedene Art erreichen kann, z. B. bei Stahl 6 Härten in Öl oder Wasser, Anlassen auf 500°, bei Stahl 3 Härten in Öl, Anlassen bei 200°, bei Stahl 2 Härten in Wasser, Anlassen auf 100°.

4. Die Sonderstähle.

Herstellung. Ganz wesentlich können die Wirkungen der Härtung und des Anlassens durch Zusätze anderer Metalle, wie Nickel, Chrom, Wolfram, Vanadin, erhöht werden, die je nach dem Verwendungszweck teils einzeln, teils zu mehreren dem Stahl bei der Erzeugung im Martin-Tiegel- oder Elektroofen zulegiert werden. Je nach den Eigenschaften unterscheidet man hier Konstruktionsstähle und Werkzeugstähle.

Die Konstruktionsstähle zeichnen sich durch hohe Festigkeit und Streckgrenze bei guter Dehnung und Kerbzähigkeit aus.

Man verwendet hauptsächlich:
Nickelstähle,
Nickel-Chromstähle,
Nickel-Wolframstähle,
Nickel-Vanadinstähle,
Nickel-Chrom-Vanadinstähle.

Die Gehalte der einzelnen Legierungsbestandteile nebst dem Kohlenstoffgehalte enthält Zahlentafel 17.

Zahlentafel 17.
Höhe der Legierungsbestandteile in den Spezialstählen.

C[1]) vH	Ni vH	Cr vH	Va vH	Bemerkungen
0,1—0,45	2—5	0,5—2	0,1—0,5	[1]) Für Einsatzstähle beträgt der C-Gehalt 0,05—0,15 vH

Es werden hierbei Festigkeiten von 75 bis 170 kg/mm², Streckgrenzen von 50 bis 150 kg, Dehnungen von 7 bis 20 vH (100 mm Meßlänge) und Schlagfestigkeiten von 7 bis 15 mkg/mm² und mehr erreicht.

Die Werkzeugstähle weisen hohe Naturhärte und Schneidhaltigkeit auf. Die Härte wird dadurch gesteigert, daß die Zusatzmetalle, wie z. B. Chrom, Wolfram und Molybdän mit dem Kohlenstoff Doppelkarbide bilden, so daß die Menge des an sich sehr harten Zementits vermehrt wird. Die bessere Schneidhaltigkeit erklärt sich in folgender Weise. Während bei reinen Kohlenstoffstählen beim Spanabheben durch Erhitzung der Schneide ein Weichwerden durch Änderung des Martensitgefüges eintritt, erfolgt bei Werkzeugstählen eine derartige Gefügeänderung nicht in dem Maße und meistens erst bei höheren Temperaturen. Schnittgeschwindigkeit und Bearbeitungsleistung können daher ganz wesentlich gesteigert werden.

II. Kupfer und seine Legierungen.
Kupfer (Cu).

Schmelzpunkt 1084°, spez. Gewicht 8,89.

Gewinnung. Aus sulfidischen und oxydischen Erzen wird durch Röstprozeß im Schachtofen zunächst ein Rohstein von 25 bis 45 vH Kupfergehalt

---

[1]) Im vorliegenden Fall für Material im ⌀ von 5 mm.

erschmolzen. Dieser Rohstein wird je nach der Menge der Verunreinigungen durch eine Anzahl von Röstprozessen (meist im Flammofen) zu Konzentrationsstein mit 65 bis 75 vH Kupfergehalt verarbeitet.

Raffination des Konzentrationssteins oder Rohkupfers durch Elektrolyse oder im Flammofen (Polprozesse mit frischem Holz).

Chemische Zusammensetzung. Kupfer wird mit einem Reinheitsgehalt von über 99,0 vH geliefert. Elektrolytkupfer 99,9. Als schädliche Verunreinigungen werden Wismut, Selen, Tellur, und Antimon angesehen, ferner Kupferoxydul, Während von den ersten drei nur Spuren, um Warm- und Kaltbrüchigkeit zu

Zahlentafel 18.

Normenblatt für Kupfer.

Bezeichnung		Zusammensetzung vH.	Zugfestigkeit km/mm²			Dehnung vH.		Güteproben		
allgemein	abgekürzt		Bleche, Rundkupfer, Drähte	Feuerbüchsplatten	Stehbolzen	Bleche, Rundkupfer, Drähte	Feuerbüchsplatten, Stehbolzen	Bleche, Rundkupfer, Drähte	Rohre	Feuerbüchsplatten, Stehbolzen
Kupfer weich	A	Cu über 99	21	—	—	37	—	Kalt- und Warmbiegeprobe nach besonderer Vereinbarung	Wasserdruckprobe nach besonderer Vereinbarung	—
Kupfer hart	B	Cu über 99 Legiert mit As und Ni	—	22	23	—	38	—	—	Kalt- und Warmbiegeprobe nach besonderer Vereinbarung
Kupfer arsenarm	C	Cu über 99,3 Beimengung As höchstens 0,015	Für Legierungen und Gußstücke							
Die Werte für Zugfestigkeit und Dehnung gelten für den ausgeglühten Zustand bei einer Meßlänge von 11,3 $\sqrt{\text{Querschnitt}}$.										

verhindern, zulässig sind, ist für Antimon etwa 0,05 vH noch erlaubt, vermindert aber die Dehnung. Über den zulässigen Höchstgehalt von Arsen und Oxydul sind die Ansichten noch geteilt. Nickel ist in den Grenzen von 0,4 bis 0,6 vH noch zulässig. Schwefel ist im Handelskupfer nur in Spuren vorhanden.

Mechanische Eigenschaften und Gefüge. Über Festigkeit und Dehnung des Kupfers enthalten Zahlentafel 18 und 19 einige Angaben.

Die Kerbzähigkeit für Schlagwerk (10 mkg/) liegt bei 7 bis 8 mkg/cm². Die Härte nach Brinell liegt bei 45 bis 55.

Gefüge. Gewalztes und gezogenes Kupfer zeigt im Gefüge lediglich die einzelnen Kupferkristalle, die je nach der Schnittebene des Kristalls eine verschiedene Farbe zeigen (Fig. 23 Taf. III). Die Größe der Kristalle ist je nach der Art der

Eigenschaften. — Hauptwerkstoffe. — Kupfer und seine Legierungen.

Verarbeitung sehr verschieden. Einschlüsse an Oxydul treten im polierten Schliff durch graue (taubengraue) Farbe hervor (Fig. 5 Taf. I).

Zahlentafel 19[1]).

Behandlung	Zerreißfestigkeit kg/mm²	Dehnung
Gegossen	14— 9	—
Gewalzt	20—28	22—25
Gewalzt und ausgeglüht	19—22	48—52
Draht, nicht geglüht	45—49	1

Der Versuch, Kupfer durch andere Metalle zu ersetzen, den die wirtschaftliche Lage während des Weltkrieges bedingte, ist nur teilweise erfolgreich gewesen, und man hat nach dem Kriege gerade hier am allerschnellsten die Ersatzmetalle wieder verlassen.

Kupferlegierungen.

Mit Zink, Zinn, Aluminium u. a. bildet das Kupfer bis zu einem bestimmten Prozentsatz Mischkristalle, deren Aufbau günstige mechanische Eigenschaften mit sich bringt. Man bezeichnet diese Mischkristalle als α-Mischkristalle. Ist der Sättigungsgrad erreicht, so bildet sich eine neue Mischkristallart, die β-Mischkristalle, deren Härte rasch zu- und deren Verarbeitbarkeit entsprechend abnimmt, so daß die Legierungen alsbald technisch nur noch geringe Verwendbarkeit haben. Der Zerfall der β-Mischkristalle im festen Zustand in ein eutektoidisches Gemisch von α- und γ-Kristallen veranlaßt zunächst noch einen etwas günstigeren Gefügeaufbau und verschiebt dadurch die Grenze der Brauchbarkeit der β-Mischkristalle s. auch S. 404 und 410 unter Gefüge).

Kupferzinklegierungen.

Chemische Zusammensetzung. Messing. Man bezeichnet als Messing sämtliche Kupferzinklegierungen mit deutlich gelber Farbe. 30 vH Zn bis 60 vH Zn, Legierungen mit weniger als 30 vH Zn werden als Tombak bezeichnet. Um dem Durcheinander der Bezeichnungen zu steuern, das gerade auf dem Gebiet der Legierungen und besonders der Kupferlegierungen eingesetzt hat, ist auch hier die Normalisierung, und zwar nach dem Kupfergehalt, in Angriff genommen. Man unterscheidet hierbei Messing ohne und mit absichtlichen˝ Zusätzen

Messinge ohne Zusätze[2]).

Ms 58. Schraubenmessing, Schmiedemessing. Als normale chemische Verbindung wird zugrunde gelegt: 58 Cu, 2 Pb, Rest Zn; als Toleranzen für Cu $\pm$ 1$^1/_2$ vH, für Pb $\pm$ 1; für Verunreinigungen Mn + Fe + Sn + Al $<$ 1, Al $<$ 0,25.
Ms 60. Muntzmetall (keine besonderen Normen).
Ms 63. Druckmessing. Als chemische Verbindung wird 63 Cu, Rest Zn zugrunde gelegt, als Toleranz für Cu + 1; für Verunreinigungen Mn + Fe + Sn $<$ 0,1, Pb $<$ 0,5, Bi und Sb sollen überhaupt nicht und Mg, S, Se, As, Al, nur in Spuren vorhanden sein.
Ms 67. Lötmessing, Halbtombak als Gußmessing. Pb $<$ 0,3, Fe $<$ 0,05, Bi + Sb = 0, As $<$ 0,01.
Ms 72. Schaufelmessing (Gelbtombak).
Ms 85. Goldtombak.
Ms 90. Rottombak.

---

[1]) Aus Wüst, Legierungen und Lötkunst.
[2]) Nach den bisherigen Normvorschlägen zusammengestellt.

Messinge mit Zusätzen.

So. Ms. Guß: 55 · 59 Cu, 1,5 Fe, 0,5 Mn, 1 vH Al.
So. Ms: 55 — 59 Cu, Fe, Mn, Al wie oben[1]).

Verwendung der Messinge.

Ms 58. Warmstanzen und Schmieden, geeignet für Verarbeitung mit schneidenden Werkzeugen.

Beispiele: Stangen für Schrauben und sonstige Druckteile (Bleche für Uhren, Harmonika, Taschenmesser, Schloßindustrie), Profile für Elektrotechnik, Füllstücke für Dampfturbinen, Instrumentenfabrikation, Schaufenster und sonstige Bauzwecke (Bleche usw.), Warmpreßstücke für Armaturen, Beschläge, Ersatz für Guß zu den mannigfaltigsten Arbeiten.

Ms 60. Wie zu 1 und zu Arbeiten, die Biegungen und Prägungen in mäßigem Umfange erfordern.

Beispiele: Stangen, Drähte, Bleche und Rohre für mannigfaltige Zwecke, besonders für den Schiffbau zu Kondensatorrohrplatten, Beschlägen, Kondensator-, Vorwärmer- und Kühlerrohre.

Ms 63. Zu gezogenen, gedrückten und geprägten Artikeln, sowie für Zwecke, die nicht allzu hohe Forderungen an Hartlötbarkeit (mit leichtflüssigem Schlaglot oder Silberlot) stellen.

Beispiele: Stangen, Profile, Bleche, Bänder, Drähte; im Schiffbau auch zu Kondensatorrohren.

Ms 67. Kaltbearbeitung zum Ziehen, Drücken, Hartlöten bei hohen Anforderungen.

Beispiele: Stangen, Profile, Rohre, Bleche (u. a. für die Musik-Instrumentenfabrikation) für höhere Beanspruchungen; Drähte, Holzschrauben, Federn usw.

Ms 67. Guß, mit schneidenden Werkzeugen zu bearbeiten.

Beispiele: Armaturen, Gehäuse und sonstige Gußstücke mit stärkeren Wandungen.

Ms 72. Kaltbearbeitung bei höchsten Anforderungen auf Dehnbarkeit und Haltbarkeit.

Beispiele: Profile für Turbinenschaufeln, Drähte, Siebe.

Ms 85. Kaltbearbeitung, Verwendung im Kunstgewerbe.
Ms 90. Kaltbearbeitung, Verwendung im Kunstgewerbe.
So. Ms. Guß zu Stücken, an welche hohe Anforderungen in bezug auf Festigkeit gestellt werden.

Beispiele: Propeller, kleine Lager, Stopfbuchsenbrillen, Grundringe, Beschlagteile, Fenster.

So. Ms. Warmbereitung, Schmieden.

Beispiele: Stangen zu Ventilspindeln, Kolbenstangen, Verschraubungen, Profile, Bleche Warmgesenkstücke für Konstruktionsteile, die hohe Anforderungen an die Festigkeit stellen.

Mechanische Eigenschaften.

Ms 58. Gut warm und kalt verarbeitbar und bearbeitbar. Als normale Festigkeit wird mind. 35 kg/mm^2 bei mind. 25 vH Dehnung angenommen.

Warmstauchergebnisse für Ms 58 gibt die Untersuchung von Doerinkel und Trockels (Zeitschr. f. Metallk. 1920, S. 340).

Ms 60. Gleichfalls gut verarbeitbar. Muntz war wahrscheinlich der erste, der die Warmverarbeitbarkeit dieser Legierung entdeckte, die nach ihm den Namen erhielt. Die Festigkeiten von Muntzmetall bei verschiedenen Temperaturen gibt die Zahlentafel 20.

---

[1]) Die Sondermessinge wurden bisher vielfach als Bronzen bezeichnet, obwohl sie Zinn nicht enthalten.

Eigenschaften. — Hauptwerkstoffe. — Kupfer und seine Legierungen. 401

Eigenartig ist hierbei das wechselnde Verhalten der Dehnung in Temperaturen von 300 bis 400°. Die hohe Dehnung bei 800° etwa erweist die gute Verarbeitbarkeit in Rotglut.

Zahlentafel 20.

Temperatur	Festigkeit	Dehnung
17	44	34
300	23,8	13
400	11	14
520	2,5	25
780	0,1	65,6

Ms 63. Zugfestigkeit im ausgeglühten Zustand 29 bis 32 kg/mm², Dehnung mind. 40 vH. Ms 63 ist gleichfalls noch in der Wärme gut bearbeitbar.

Ms 67, auch Lötmessing, noch warm verarbeitbar, doch kommt die Kaltbearbeitbarkeit zu Blechen und Rohren sowie Stangen hauptsächlich in Frage. Er-

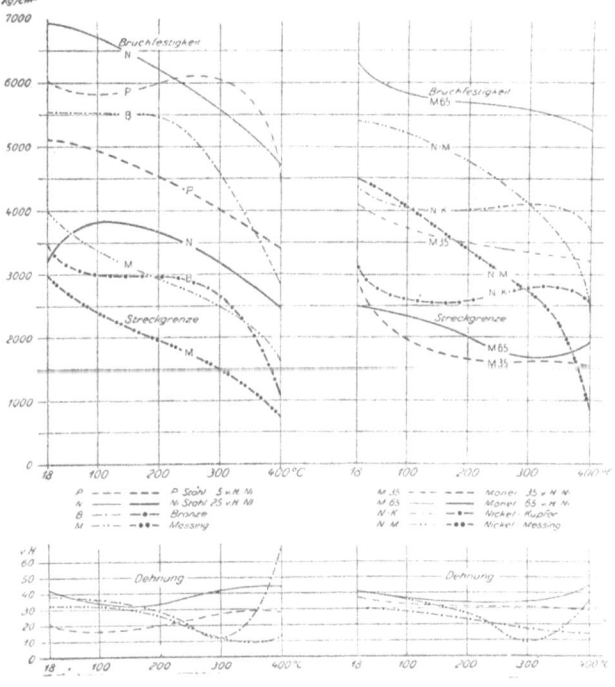

Fig. 37. Mechanische Werte verschiedener Legierungen beim Erwärmen auf 100—400°.

reichbar ist für Anlieferungszustand 30 Festigkeit, 20 Dehnung, für Bleche 30 Festigkeit, 30 Dehnung, für Rohre 35 Festigkeit, 25 Dehnung, für Stangen 40 Festigkeit, 20 Dehnung[1]).

Nach Doerinkel und Trockels (s. u. Ms 58) ist die Warmvorarbeitbarkeit von Ms 67,72 und den anderen nicht, wie in der Literatur vermerkt, unmöglich.

[1]) Vorl. nicht genormt, Werte für Festigkeit sind hier und im folgenden stets in kg/mm² angegeben.

Dubbel, Betriebstaschenbuch.

Für gegossenes Material, das nach seiner Farbe auch als Gelbguß bezeichnet wird, gelten als Normen die Festigkeit 20 bei 15 vH Dehnung.

Ms 72. Steigt der Kupfergehalt auf 72, so gelangt man in das Gebiet des Tombaks (wegen der goldgelben bis rötlichbraunen Farbe so bezeichnet). Es wird daher Ms 72 als Gelbtombak (auch Schaufelmessing) bezeichnet.

Über Festigkeit bei Messing 72 (nebst Aluminiumbronze 9 vH, 3 vH Fe, 88 vH Cu) in Temperaturen von 100 bis 400° ergibt Fig. 37 eine Übersicht[1]).

Ms 85. Wegen der goldgelben Farbe als Goldtombak bezeichnet.

Ms 90. Wegen der schon kupferähnlichen Farbe Rottombak genannt.

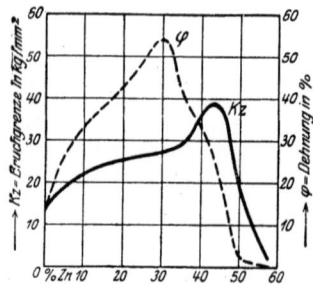

Fig. 38. Zugfestigkeit und Dehnung von Kupferzinklegierungen.

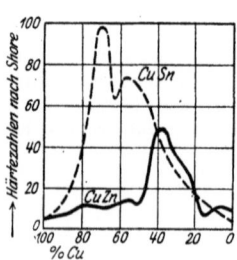

Fig. 39. Härte von Kupferzink- und Kupferzinnlegierungen.

Diese Tombaklegierungen bezeichnet man häufig auch wegen ihrer mehr rötlichen Farbe als Rotguß im Gegensatz zum Gelbguß. Da aber der handelsübliche Rotguß fast immer Zinn in beträchtlicher Menge enthält, so gehört er ins Gebiet der Bronzen und wird auch dort behandelt.

Eine Übersicht über die Festigkeiten der gegossenen Kupferzinklegierungen gibt Fig. 38[2]), über die Härte Fig. 39.

Messinge mit Zusätzen. Sondermessinge.

Die schmiedbaren Messinge mit 55 bis 65 vH Kupfer lassen sich noch besser verarbeiten und erhalten dementsprechend noch bessere mechanische Eigenschaften, wenn man ihnen kleine Zusätze anderer Metalle (Aluminium, Mangan, Nickel, Zinn, Phosphor) gibt. Damit aber ähneln sie in ihren Eigenschaften mehr den Bronzen, so daß auch die Bezeichnungen Edelmessing, Zinkbronze dafür in Frage kommen.

Auch das Deltametall gehört hierunter. Zahlentafel 21[3]) enthält die Zusammenstellungen einiger Deltametalle.

Zahlentafel 21.

	Kupfer	Zink	Eisen	Mangan	Blei	Phosphor	Nickel
1	55,94	41,61	0,87	0,81	0,72	0,01	Spur
2	55,80	40,07	1,28	0,96	1,82	0,01	,,
3	55,82	41,41	0,86	1,38	0,76	Spur	0,06
4	54,22	42,25	0,99	1,09	1,10	0,02	0,02
5	57,12	Rest	1,00	2,07	1,10	Spur	Spur
6	55,10	43,47	1,08	Spur	0,37	0,01	—

---

[1]) Aus O. Lasche, Konstruktion und Material. Kapitel Material der Laufschaufeln von Turbinen. Verlag Julius Springer, Berlin.
[2]) Aus M. v. Schwarz, Legierungen 1920.
[3]) Aus O. Bauer, Legierungen, S. 178.

Eigenschaften. — Hauptwerkstoffe. — Kupfer und seine Legierungen.

Die Eigenschaften von Deltametall ergibt Zahlentafel 22.

Zahlentafel 22.

Beobachtungsstufe	Festigkeit	Dehnung
Gegossen	38	35—40
Geschmiedet ...	44,3	36
Gepreßt	45	31,4

Jedoch werden auch Festigkeiten bis 68 kg bei 21,0 vH Dehnung beobachtet.

Eine ähnliche Legierung, die sich wohl in erster Linie durch die Herstellungsweise unterscheidet, hat sich unter dem Namen Duranametall sehr eingeführt. O. Bauer gibt in seinem schon mehrfach genannten Buch über Legierungen[1]) die mechanischen Eigenschaften einiger Duranalegierungen an, die in Zahlentafel 23 enthalten sind.

Zahlentafel 23.

Festigkeitseigenschaften verschiedener Duranametallegierungen.

Bezeichnung der Legierung	Bearbeitungszustand	Streckgrenze kg/mm²	Bruchfestigkeit kg/mm²	Dehnung vH	Querschnittsverminderung vH
Leg. B 1	gegossen	18	40—42	32—34	38
Leg. B 2	gegossen	20—21	47—52	25—20	24
Leg. B 3	gegossen	30—32	65—68	18—20	20
Leg. B 2	geschmiedet oder gewalzt, weich	25	47	30	38
Leg. B 2	desgl. kalt verdichtet	40	55	16	30
Leg. M L und M F	geschmiedet oder gewalzt, weich	15	42	41	54
Leg. M L und M F	desgl. halbhart	25	48	22	32
Leg. M L und M F	desgl. ganz hart	52	57	12	42
Leg. C 9	gewalzt, weich	22	43	36	63
Leg. C 9	desgl. ganz hart	63	63	11	58

Dem gleichen Buche sind die nachstehend zusammengestellten Namen einiger Edelmessinge entnommen sowie deren Hersteller:

Name	Hersteller
Finow-Metall	Hirsch, Eberswalde
Selva-Metall	Basse & Selve, Altona
Westfalia-Bronze	Goercke & Co., Annen
Mercedes-Bronze	C. Berg, A.-G., Eveking
Aeterna-Metall	Heddernheimer Kupferwerke, Heddernheim
Olpea-Metall	Gebr. Kempner, Olpe
Reinicka-Metall	Messingwerk Reinickendorf
Spree-Metall	Metallwerk Oberspree der A.E.G.
Rübel-Bronze	Allgem. Deutsches Metallwerk, Oberschöneweide
Ogala-Metall	Louis Ebbinghaus Söhne, Hohenlimburg

Rübelbronzen sind hierbei Vorlegierungen, die zur Erleichterung der Herstellung der Edelmessinge dienen.

---
[1]) O. Bauer, Legierungen, S. 179.

Reinglaß gibt in seinem Buch Legierungen die mechanischen Eigenschaften von Aluminiummessing nach ausländischen Untersuchungen wie folgt an:

Zahlentafel 24.

Zusammensetzung				Streck-grenze	Bruch-grenze	Dehnung	Quer-schnittsver-minderung
vH Cu	vH Zn	vH Al	vH Si	kg/mm²	kg/mm²	vH	vH
59,93	39,80	0	0	13,5	32,2	14,8	22,5
66,44	31,96	1,02	0,22	14,3	40,7	46,9	39,6
65,37	32,82	1,02	0,42	14,7	40,3	45,2	42,0
64,96	32,61	1,20	1,02	22,3	51,6	19,3	19,3
65,00	33,18	1,30	0,32	16,3	44,0	36,1	36,8
66,03	31,26	1,80	0,49	17,7	45,9	25,5	27,8
63,23	32,80	2,78	0,63	32,2	63,3	6,6	10,5
63,06	32,36	3,25	0,55	21,7	58,1	6,5	11,9
60,72	34,60	3,37	0,79	26,6	67,6	6,0	9,7
64,11	31,16	3,42	0,75	29,7	66,0	5,8	9,9
63,42	29,97	5,65	0,41	15,7	57,4	10,4	15,3
59,24	39,73	0,49	0,17	15,1	42,6	26,7	31,2

Das Gefüge. Das Erstarrungsbild der Legierung Kupferzink zeigt Fig. 40. Wie schon eingangs bemerkt, liegen die praktisch wichtigen Legierungen nur in dem Gebiet zwischen 55 bis 100 vH Kupfer, also links. Die Erklärung der einzelnen Gebiete würde für den Zweck dieser Arbeit zu weit führen. Bemerkt sei hier nur, daß im Gebiet $A H U T$ reine α-Mischkristalle (Fig. 2 Taf. I) aus Kupfer und Zink vorliegen, die dem Kupfergefüge noch sehr ähnlich sind, sich aber durch hellere Farbe unterscheiden. Diese Legierungen Ms 67 bis Ms 90 sind gut kalt verarbeitbar. Wie oben bemerkt, wiesen Doerinkel und Trockels nach, daß diese Legierungen auch warm verarbeitbar sind, ebenso wie ja auch reines Kupfer warm verarbeitbar ist. Im Gebiet $U g I H$ geht bei etwa 470° die eutektoidische Aufspaltung der härteren β-Mischkristalle in weichere α und in γ-Mischkristalle vor sich. Auch hier zeichnen sich die Legierungen noch durch gute Warmverarbeitbarkeit aus. Es handelt sich hauptsächlich um Ms 63, 60 und 58, sowie die Edelmessinge. Das Gefüge des normal erkalteten Messings in diesem Gebiet besteht aus α-Mischkristallen und dem dunkleren Eutektoid

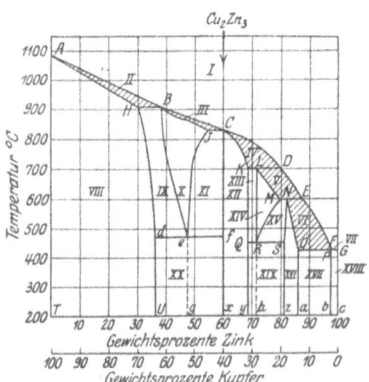

Fig. 40. Erstarrungsschaubild Kupferzink.

aus $\alpha + \gamma$-Mischkristallen (Fig. 24 Taf. III). Beim Stauchen verschiedener Kupferzinklegierungen zeigt sich der Übergang von α-Messing zu $\alpha + \beta$-Messing ganz deutlich bei niedrigen Temperaturen bis 400°, wie sich aus Fig. 41, die aus der Arbeit von Doerinkel und Trockels (Metallk. 1921, S. 309) stammt, ergibt. Das Bild zeigt den Arbeitsaufwand für eine Stauchung von 50 vH bei verschiedenen Temperaturen für Messinge von 55 bis 100 vH Kupfer.

Legierungen mit noch höherem Zinkgehalt kommen für die technische Verwendung nicht mehr in Frage, mit Ausnahme derjenigen, die ganz nahe dem Zink liegen. Diese werden als Zinklegierungen behandelt.

Da man hier im festen Zustand eine Umwandlung vor sich hat, so wäre zu erwarten, daß ganz ähnlich wie beim Eisen ein Vergüten (s. S. 395) hier eintreten müßte, wenn man aus Temperaturen oberhalb der Umwandlung abschreckt. Dies ist auch tatsächlich der Fall. In Stahl und Eisen 1920, S. 1725, wird erwähnt, daß ein bei 830° abzuschreckendes Muntzmetall eine Steigerung der Fließgrenze um 29 vH, der Bruchfestigkeit um 12 vH beobachten ließ, während die Dehnung sich von 41 auf 33 vH verminderte.

Bei reinem Kupfer und im Gebiet der α-Mischkristalle erzeugt ein Abschrecken gleichfalls einen Einfluß, und zwar steigen hier Festigkeit und Dehnung, während die Härte fällt. Es ist wohl als sehr wahrscheinlich anzusehen, daß an dieser Veränderung nur das Glühen an sich vor dem Härten günstig wirkt, das den Hauptbestandteil der Legierung, das Kupfer, hierbei offenbar in seinen Eigenschaften verbessert. Eine Gefügeveränderung ist in diesem Fall nicht festzustellen.

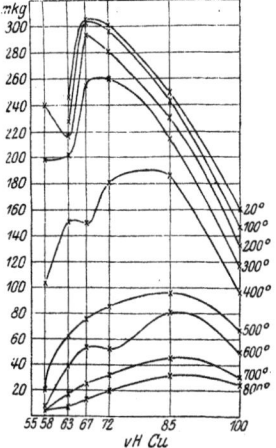

Fig. 41. Staucharbeit.

Die Kupferzinnlegierungen[1]).

Allgemeines. Die Kupferzinnlegierungen, meist Bronzen genannt, zeichnen sich durch gute Gießbarkeit, Härte, Festigkeit und Widerstandsfähigkeit gegen chemische Einflüsse aus. Sind Härte und Festigkeit die Haupterfordernisse der Legierung, so besteht die Bronze nur aus Kupfer und Zinn, allenfalls übt Aluminium noch einen dem Zinn ähnlichen härtenden Einfluß aus. Will man aber die hierbei gleichzeitig auftretende Sprödigkeit vermeiden und mehr ein mittleres Maß der Eigenschaften erzielen, so legiert man der Bronze noch Zink und Blei.

Über die Verarbeitbarkeit der Bronzen enthält die Literatur nur sehr wenige Angaben. Die Warmverarbeitbarkeit scheint sich bis zu einem Zinngehalt von etwa 22 vH zu erstrecken, wobei von 18 vH Zinngehalt an das Material nur in einem ganz abgegrenzten Temperaturbereich in dunkler Rotglut verarbeitbar ist. Kalt verarbeitbar sind die Bronzen bis zu einem Zinngehalt von etwa 10 vH, bei sehr gutem Rohmaterial (sehr reines Kupfer) bis 16 vH. Die Gründe sind ähnliche wie beim Kupfer und werden unter Absatz „Gefüge" noch erwähnt.

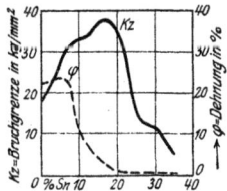

Fig. 42. Zugfestigkeit der Bronzen.

Die chemischen Eigenschaften. Für die Bronzen sind gleichfalls Nomalisierungsvorschläge aufgestellt. Man unterscheidet hiernach:

I. Zinnbronzen.
II. Rotgußbronzen.
III. Rotguß.
IV. Sonderbronzen.
s. S. 406.

Mechanische Eigenschaften. Angaben über mechanische Eigenschaften der Zinnbronzen finden sich in dem schon genannten Buch von Schwarz, dem die Fig. 39, Härte der Messinge und Bronzen, und Fig. 42, Festigkeit der Bronzen entnommen sind. Ferner gibt O. Bauer in seinem Buch über Legierungen, S. 152, für eine Reihe von Rotgußbronzen Angaben über Zugfestigkeit, Dehnung und Biegewinkel, die in der nachstehenden Zahlentafel 25e verzeichnet sind. Die

---

[1]) Auch Kupferaluminium, Kupfermangan und Kupfernickel s. S. 411.

1. Zinnbronzen. Chemische Zusammen-Zahlen-

Nr.	Bezeichnungen			Zusammensetzung				
	Allgemeine	Besondere	Abgekürzte	Cu	Sn	Zn	Pb	Al
1		Gußbronze I	G. Bz. I	79	20	—	—	—
2	I. Zinnbronzen	Gußbronze II	G. Bz. II	85	14	—	—	—
3		Gußbronze III	G. Bz. III	89	10	—	—	—
4		Walzbronze I	Wz. Bz. I	94	6	—	—	—
5		Walzbronze II Bilgenbronze	Wz. Bz. II	97	3	—	—	—

2. Rotgußbronzen Chemische Zusammen-Zahlen-

Nr.	Bezeichnungen			Zusammensetzung				
	Allgemeine	Besondere	Abgekürzte	Cu	Sn	Zn	Pb	Al
1		Rotgußbronze I	Rg. Bz. I	85	11	4	—	—
2	2. Rotgußbronzen	Rotgußbronze II	Rg. Bz. II	85	9	6	—	—
3		Rotgußbronze III (Flanschenbr.)	Rg. Bz. III	91	5	4	—	—

3. Rotguß. Chemische Zusammen-Zahlen-

Nr.	Bezeichnungen			Zusammensetzung				
	Allgemeine	Besondere	Abgekürzte	Cu	Sn	Zn	Pb	Al
1	3. Rotguß	Maschinen-Rotguß I	Rg. I	82	10	8 (Zn+Pb)		—
2		Maschinen-Rotguß II	Rg. II	85	5	10 (Zn+Pb)		—

Eigenschaften. — Hauptwerkstoffe. — Kupfer und seine Legierungen.

setzung und Verwendungszweck
tafel 25a.

Andere Stoffe	Verwendungszweck	Bemerkungen
1 Ph*-Cu (10 vH)	Höchstbeanspruchte Teile mit starkem Verschleiß, z. B. Spurlager, Verschleißplatten, Schieberspiegel	*Phosphor dient hier nur zur Desoxydation
1 Ph*-Cu (10 vH)	Höchstbeanspruchte Lagerschalen, Schnecken- und Zahnräder, Ventilsitze für hydraulische Apparate	*Phosphor dient hier nur zur Desoxydation
—	Weiche Legierung für Flügelräder, Pumpenzylinder, Armaturen für Treib- und Heizöl, Ventilkegel	Phosphor dient hier nur zur Desoxydation.
—	Drähte, Bänder, Bleche	
—	Große chemische Widerstandsfähigkeit für Leitungsdrähte, Bänder, Stangen	

setzung und Verwendungszweck.
tafel 25 b.

Andere Stoffe	Verwendungszweck	Bemerkungen
	Lagerschalen, Kulissensteine ohne Weißmetallausguß, Gleitplatten, Dampfschieber, Mutter und Lager der Steuerschraube für Lokomotiven	
	Dünnwandiger Guß, Ventile, Schieber, Hähne, Pumpenteile, Schneckenräder, Kesselarmaturen	
	Rohrflansche und andere hart zu lötende Teile	

setzung und Verwendungszweck.
tafel 25 c.

Andere Stoffe	Verwendungszweck	Bemerkungen
—	Harte Legierung, Maschinengußteile mit Verschleißbeanspruchung	
—	Weiche Legierung, Maschinengußteile	

4. Sonderbronzen. Chemische Zusammen-
Zahlen-

Nr.	Bezeichnungen			Zusammensetzung				
	Allgemeine	Besondere	Abgekürzte	Cu	Sn	Zn	Pb	Al
1		Phosphor-Zinnbronze	Ph. Bz.	83	16	—	—	—
2	4. Sonderbronzen	Bleizinnbronze I	Bl. Bz. I	86	10	—	4	—
3		Bleizinnbronze II	Bl.-Bz. II	77	8	—	15	—
4		Aluminiumbronze	Al.-Bz.	90—95	—	—	—	10—5

Zahlentafel 25 e.

Bezeichnung	Hauptverwendungszweck	Zusammensetzung			Zerreißprobe		Kaltbiegeprobe Biegewinkel Grad wenigst.
		Kupfer	Zinn	Zink	Zerreißfestigkeit kg/mm² wenigst.	Bruchdehnung vH wenigst.	
		vH	vH	vH			
B	Kleinere Lagerschalen (nicht mit Weißmetall ausgegossen)	83	12	5	18	3	10
C	Größere Lagerschalen (nicht mit Weißmetall ausgegossen)	85	11	4	18	4	20
D	Für dickwandige Stücke wie Propellernaben	86	8	6	20	15	45
E	Für Ventile, Schieber, Hähne, Krümmer, Stutzen, Wellenüberzüge, Wellenrohre, Wellenböcke, Pumpengehäuse, Pumpen-	86	10	4	20	10	30
F	körper, Kondensatorvorlagen, Schneckenräder, Maschinenzubehörteile, Lager, welche mit Weißmetall ausgegossen werden usw.	87	8,7	4,3	18	15	45
G (Gußmetall)	Größere Lagerschalen (nicht mit Weißmetall ausgegossen)	88	11	1	20	10	20
H	Für Steven, Wellenböcke, Wellenrohre usw.	88	8	4	20	15	45
J	Für Bodenventile usw.	90	7	3	20	15	45
K	Für Rohrflanschen und sonstige Teile, welche	91	7	2	20	20	45
L	hart gelötet werden müssen	91	5	4	20	20	45

Eigenschaften. — Hauptwerkstoffe. — Kupfer und seine Legierungen.

setzung und Verwendungszweck.
tafel 25 d.

Andere Stoffe	Verwendungszweck	Bemerkungen
1 P	Hämmerbare Legierung für Lokomotivbau (Staatsbahnvorschrift)	
—	Dynamolager, Lager für Warmwalzwerke, für Pleuel- und Kuppelstangenlager	
	Lager mit höchstem Flächendruck (Kaltwalzwerke)	
—	Dünne Bleche, Stangen, Schmiedestücke, Leitungsdrähte	

wirklichen Festigkeiten derartiger Legierungen schwanken jedoch oft erheblich. Es ist verhältnismäßig schwierig, wenigstens für Gußmaterial, Proben für mechanische Untersuchungen einwandfrei herzustellen.

Über die mechanischen Eigenschaften der Sonderbronzen finden sich nur vereinzelt Angaben. So gibt O. Bauer über eine der Phosphorbronze[1]) ähnliche Siliziumbronze folgende Angaben:

Zahlentafel 26.

	Kupfer	Zinn	Silizium	Eisen	Zink	Zugfestigkeit auf 1 mm²	Leitungsfähigkeit
Gewöhnliche Kupferdrähte	—	—	—	—	—	28,0 kg	100
Telegraphendrähte aus Siliziumbronze	99,94	0,03	0,03	Spur	—	45,0 ,,	98
Telephondrähte aus Siliziumbronze	97,12	1,14	0,05	,,	1,12	83,0	34

Vergleichende Werte der Festigkeiten von Kupfer und Manganbronze bei verschiedenen Temperaturen nach Versuchen von Rudeloff enthält Zahlentafel 27.

Zahlentafel 27.

	Kupfer bei					Manganbronze bei				
	15°	100°	200°	300°	400°	15°	100°	200°	300°	400°
Festigkeit in kg/mm² . .	23,7	21,0	17,5	15,7	9,7	35,9	35,6	35,7	33,5	25,9
Dehnung vH	41,6	45,2	44,8	40,1	28,4	40,0	32,4	36,5	37,1	23,7
Querschnittsverminderung .	67,0	68,5	69,5	52,7	30,0	72,5	60,2	52,4	51,9	—

Ferner gibt O. Bauer noch Festigkeit, Dehnung und Querzusammenziehung einer Aluminiumbronze mit 90 vH Cu und 10 vH Al gewalzt und nach Wärmebehandlung (s. Zahlentafel 28).

---

[1]) Phosphor und Siliziumzusätze dienen zunächst zur Entfernung des Sauerstoffs, geben daher ein dünnflüssiges Schmelzbad und entsprechend günstiges Gefüge. Ein kleiner Überschuß bis etwa 1 vH bleibt dabei in der Legierung zurück.

Zahlentafel 28.

	Gewalzt	Bei 705° C langsam abgekühlt	Geglüht und in Wasser abgeschreckt
Zugfestigkeit in kg/mm²	52,2	51,8	63,1
Dehnung auf 1,203 mm in vH	10,6	18,5	12
Querschnittsverminderung in vH	13,6	18,0	14

Die mechanischen Eigenschaften der „Lote" sind auf S. 375 unter Nahtverbindungen behandelt.

Gefüge. Die Entwicklung des Gefüges der Kupferzinnlegierungen ist der der Messinge sehr ähnlich. Die Wirkung eines steigenden Zinngehalts macht sich jedoch viel eher und viel stärker bemerkbar als beim Diagramm Kupferzink. Infolgedessen erstreckt sich die Bildung der weichen reckbaren Mischkristalle hier auf ein kürzeres Gebiet und das Auftreten der härteren β-Mischkristalle, die gleichfalls hart und spröde sind, und ihr Zerfall in das Eutektoid beginnt schon bei etwa 12 vH Zinn. Über die Reckbarkeit lauten die Angaben widersprechend. Jedenfalls soll sich nach Bauer bis zu 10 vH Zinn die Legierung noch kalt recken lassen, wenn das Kupfer sorgfältig desoxydiert war. Ebenso sind in ganz dunkler Rotglut Bronzen mit 18 bis 22 vH Zinn noch reckbar. — Im Gebiet $A J e d$ (Fig. 43) treten wieder Mischkristalle auf, die in ihrem Aussehen denen der Kupferzinkkristalle ähnlich sind. Im Gebiet $J K e f$ beobachtet man Mischkristalle und Eutektoid, erstere mehr in dendritischer Form (Fig. 25 Taf. IV).

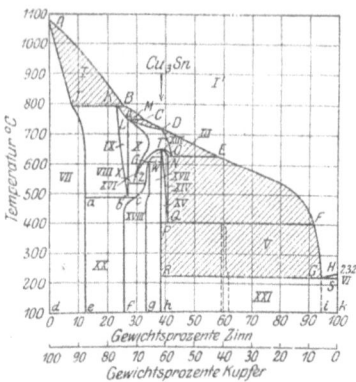

Fig. 43. Erstarrungsschaubild Kupferzinn.

Das Eutektoid, das nach dem Polieren schwach bläulich hervorschimmert, tritt je nach dem Zinngehalt in größerer oder geringerer Menge auf. Die weiteren Legierungsgebiete mit höheren Zinngehalten haben, soweit es sich nicht um Legierungen mit überwiegend hohem Zinngehalt handelt, kein praktisches Interesse. Auf eine Eigentümlichkeit der Bronzen im gegossenen Zustand sei hier noch eingegangen: das Bruchaussehen. Langsam erstarrte Bronzen zeigen meist in hellgelber Unterlage graue Zinnflecken, und man neigt zunächst dazu, derartiges Material als fehlerhaft, gesaigert, anzusehen. Die Erklärung liegt in der verschiedenartigen Farbe der Mischkristalle. Die zuerst erstarrenden Mischkristalle sind kupferreicher und daher heller und bilden die Grundmasse, während die später erstarrende Füllmasse zinnreicher ist und daher grau erscheint.

Schließlich sei noch auf die Wirkungen des Sauerstoffs und Schwefels hingewiesen. Beide machen die Bronzen dickflüssig. Der Sauerstoff wird in erster Linie vom Zinn aufgenommen und erscheint in Form von Zinnsäurekristallen[1]; der Schwefel erscheint als Sulfid in taubengrauen, kugeligen Einschlüssen, die dem Kupferoxydul sehr ähnlich sehen. Die Härtbarkeit durch Abschrecken ist bei den Kupferzinnlegierungen in ähnlicher Weise wie bei den Kupferzinklegierungen vorhanden. O. Bauer[2] erzielte durch Abschrecken eine Steigerung der

---

[1] Heyn-Bauer, Kupfer, Zinn, Sauerstoff. Mitteilungen aus dem Mat.-Prüf.-Amt 1904 S. 138.
[2] Legierungen, S. 133.

Brinellhärte von 60 auf 97. Über die entsprechenden Gefügeänderungen ist an der gleichen Stelle berichtet.

Mangan bildet mit dem Kupfer in allen Prozentgehalten einheitliche Mischkristalle. Aluminium dagegen zeigt ein ganz ähnliches Gefüge und Erstarrungsbild wie die Kupferzink- und Kupferzinnlegierungen. Nur ist hier die Bildung der α-Mischkristalle schon bei 10 vH Aluminium beendet, und es tritt alsdann bis etwa 15 vH Aluminium die Bildung des Eutektoids ein.

Kupfernickellegierungen s. unter Nickel.

III. Nickel und seine Legierungen.

Nickel (Ni).

Gewinnung ähnlich wie beim Kupfer. Nach dem Rösten Verschmelzung auf Nickelrohstein. Dieser wird nach weiterem Rösten auf Konzentrationsstein verarbeitet (auch in Konvertern). Umständlich ist die Gewinnung aus kupferhaltigen Erzen. — Durch Totrösten des erhaltenen Steins wird Schwefel und Arsen entfernt und das Nickeloxydul zu Metall reduziert. Schmelzpunkt 1451°, spez. Gewicht s. Zahlentafel 29.

Chemische Zusammensetzung[1]). Das Würfelnickel findet Anwendung zur Herstellung aller Fabrikationsformen des reinen Metalls als auch für Legierungszwecke jeglicher Art. Die Reinheit des Würfel- und Rondellennickels und seine Eigenschaften lassen diese ausgedehnte Anwendung ohne weiteres zu. Die im Handel vorkommenden Nickelgranalien, die durch Gießen des flüssigen Metalls in Wasser gewonnen werden, können in der Hauptsache den gleichen Verwendungszwecken wie Würfel und Rondellen dienen. Da sie jedoch vielfach aus Rückständen des Verhüttungsprozesses und aus Nickelabfällen hergestellt werden, so ist ihr Gehalt an Verunreinigungen meist um ein geringes höher als bei den erstgenannten Handelsformen.

Die Nickelplatten, die in Amerika durch aufeinanderfolgendes Reduzieren, Schmelzen und Vergießen hergestellt werden, sind in der Regel soweit entkohlt, daß eine Anreicherung von Nickeloxyd stattgefunden hat, das im Metall gelöst ist, was sich dadurch kennzeichnet, daß die Platten wabenartige Poren und ein grobkristallinisches Gefüge aufweisen. Hinsichtlich ihres Reingehaltes stehen die Platten den übrigen Formen des hüttenmännisch hergestellten Nickels nicht nach. Das Mondnickel, das in kleinen Kugeln auf den Markt gebracht wird, ist wegen seines Reingehaltes, ebenso wie das auf elektrometallurgischem Wege gewonnene Metall in Kathodenform, für fast alle Verwendungszwecke geeignet.

Reinnickel wird wegen seiner Luftbeständigkeit vielfach dort, wo sein verhältnismäßig hoher Gestehungspreis es erlaubt, als Überzug zum Oberflächenschutz verwendet. Den Normungsvorschlag für Nickel enthält die nachstehende Tafel.

Mechanische Werte. Mechanische Werte von Reinnickel geben Zahlentafel 29 und 30.

Nickellegierungen.

Nickel wird oft nur in Bruchteilen von Prozenten, mitunter zu mehreren Prozent, Legierungen zugesetzt und vermag deren Eigenschaften, besonders Zähigkeit und auch die Festigkeit, erheblich zu verbessern.

Legierungen mit Eisen.

Nickel und Chromnickelstähle s. unter schmiedbarem Eisen (Sonderstähle).

Legierungen mit Kupfer.

a) Münzlegierungen bis 25 vH Nickel. Infolge der stark färbenden Kraft des Nickels aber fast nickelähnlich aussehend.

---

[1]) Nach Zeitschr. f. Metallk. 1921, S. 40. Nickel von W. v. S e l v e.

Werkstoffe.

Zahlen-
Vorschlag zu einem

Bezeichnung		Rein- gehalt	Zulässige Verunreinigungen						
allgemeine	besondere	vH	Cu vH	Fe vH	Si vH	As vH	S vH	C vH	P vH
I. Hütten- nickel	a) Würfel- nickel[1])	98/99	0,15	0,50	0,20	0,05	0,05	0,30	Spuren
	b) Rondel- lennickel	98/99	0,15	0,50	0,20	0,05	0,05	0,30	,,
	c) Platten- nickel	98/99	0,15	0,50	0,20	0,05	0,05	0,30	,,
	d) Grana- liennickel	97/98	0,15	1,20	0,50	0,05	0,10	0,80	,,
II. Elek- trolyt- nickel	Kathoden- nickel	99,5/99,7	0,10	0,15	—	Spuren		—	—

Zahlentafel 30.
Statische Eigenschaften von 90 prozentigem Walznickel.

Lfd. Nr.	Materialzustand	Elasti- zitäts- grenze kg/mm²	Streck- grenze kg/mm²	Bruch- festig- keit kg/mm²	Deh- nung auf 50 mm vH	Quer- schnitts- ver- minde- rung vH
1	Material auf 700° erhitzt und warm zu 25 mm-Stäben verwalzt	28,7	39,2	58,8	31,0	70,2
2	Material kalt zu 25-mm-Stäben gezogen	37,8	70,0	70,7	10,9	65,4
3	Draht von 12,5 mm Durchmesser . .	43,6	—	56,6	34,0	71,0
4	,, ,, 4,7 ,, . .	62,9	—	73,6	11,5	59,2
5	,, ,, 1,5 ,, . .	80,2	—	89,3	8,0	60,5
6	,, ,, 0,75 ,, . .	89,6	—	98,0	6,0	42,4

b) Monelmetall, direkt aus Rohnickelkies hergestellt (25 bis 30 vH Kupfer, 67 vH Nickel und etwa 5 vH andere Metalle), hauptsächlich Eisen, Mangan, Si-

---

[1]) Das Würfelnickel kann mit einem Zusatz von 2 vH Mangan geliefert werden. Nach dem Verschmelzen beträgt der Reingehalt solchen Nickels etwa 1,5 vH.

Eigenschaften. — Hauptwerkstoffe. — Nickel und seine Legierungen.

tafel 29.

Normenblatt für Nickel.

Verwendbarkeit	Reingehalt und übliche Zusätze im raffinierten bzw. verarbeiteten Zustande			Physikalische Eigenschaften des geglühten Walzerzeugnisses			Bearbeitungsmöglichkeit
	Reingehalt vH	Mn vH	Mg vH	Spez. Gew.	Bruchfest. kg/mm²	Dehnung vH	
für Schmiedstücke, Bleche, Stangen, Drähte und Rohre	98/99 97/98	— 1,0	00,5 0,05	8,6—8,9 oder 8,6—8,8	42 44	32 32	warm u. kalt, schmied- walz- und preßbar
für Guß- und Walzanoden	98/99	—	0,05	—	—	—	
für sämtliche Legierzwecke	—	—	—	—	—	—	
wie bei a und b, ausgenommen das Verschmelzen und Legieren im Tiegel . .	98/99 97/98	— 1,0	0,05 0,05	8,6—8,9 oder 8,6—8,8	42 44	32 32	warm u. kalt, schmied-, walz- und preßbar
für alle Legierzwecke, ausgenommen solche, bei welchen besondere Ansprüche an den Reingehalt gestellt werden . . .	—	—	—	—	—	—	
wie bei a und b . .	99 98/99	— 1,0	0,05 0,05	8,9 oder 8,6—8,9	40 42	35 35	warm u. kalt, schmied-, walz- und preßbar

lizium und Kohlenstoff, ist gekennzeichnet durch große Beständigkeit ätzenden Einflüssen gegenüber und durch hohe Festigkeit, sowie durch gute Reckbarkeit. Als Guß hat es eine Zugfestigkeit von 30 bis 39 kg/mm². Für gerecktes Material gelten die nachstehenden Werte[1]):

- Festigkeit . . . . 55 bis 66 kg/mm²
- Elastizitätsgrenze . . . . 25 kg/mm²
- Dehnung . . . . etwa 30 vH
- Querschnittsverminderung . . . . . etwa 32 vH
- Schmelzpunkt . . . . 1360°
- Spezifisches Gewicht . . . . 8,87, gewalzt 8,93
- Elektrische Leitfähigkeit . . . . . . 4 vH (Kupfer = 100 vH)
- Wärmeleitung . . . . $1/5$ der des Kupfers
- Schwindung . . . . 2 vH
- Härte des gegossenen Metalles . . . 20 bis 23 (Shore)
- Härte des gewalzten Metalles . . . . 102 (Brinell)

Der hohe Schmelzpunkt und das sehr beträchtliche Schwindmaß bedingen eine Behandlung beim Formen und Gießen, die der des Stahles nahe verwandt ist und von der gewöhnlicher Metallegierungen beträchtlich abweicht. Der

---

[1]) Metallbörse 1921, S. 2089.

Schmelzpunkt (1360°) liegt zwischen dem durchschnittlichen Gußeisens (1200 bis 1240°) und dem von Stahl (1350 bis 1400°), weshalb die gewöhnlichen Metallgießereiöfen zum Schmelzen von Monelmetall nicht ausreichen.

Weitere Werte über Bruchfestigkeit, Streckgrenze und Dehnung für Monelmetall als Turbinenschaufelmaterial (aus Lasche, Konstruktion und Material) bei Dampftemperatur s. Fig. 37.

Die Legierungen nach Zahlentafel 31 werden hauptsächlich für Widerstandsdrähte verwendet.

Zahlentafel 31.

Metall	Kupfer vH	Nickel vH	Bemerkungen
Konstantan . . .	60	40	
Nickelin	68	32	
Manganin	58	41	1 vH Mangan

Legierungen mit Messing.

Neusilber auch Nickelmessing. Zusammensetzung je nach Verwendungszweck ganz erheblich wechselnd von 40 bis 68 vH Kupfer, von 11 bis 35 vH Nickel und 17 bis 36 vH Zink. Neusilber ist etwas härter und nicht ganz so geschmeidig wie Messing. Es wird wie Messing vielfach kalt gereckt, bedarf aber noch öfters des Ausglühens wie Messing, um geschmeidig zu bleiben. Für Eisen und Stahl stellt es ein sehr geeignetes Schlaglot dar. Nach Guillet ergeben sich für Nickelmessing Festigkeiten bis zu 65 kg bei 20 vH Dehnung und 8 bis 10 mkg/cm² Kerbzähigkeit. Nach O. Bauer werden in hartgezogenen Neusilberdrähten sogar Festigkeiten von 75 kg erreicht.

Weitere Werte über Nickelmessing als Turbinenmaterial (aus O. Lasche, Konstruktion und Material) s. Fig. 37.

Legierungen mit Leichtmetallen.

(S. unter Leichtmetalle.)

Gefüge der Nickellegierungen.

Das Gefüge der Nickellegierungen, die fast immer Vielfachlegierungen sind, stellt für den Umfang dieses Buches ein zu umfangreiches Gebiet dar und soll daher in diesem Zusammenhang nicht erörtert werden.

IV. Zink (Zn) und seine Legierungen.

Schmelzpunkt 419°, spez. Gewicht 7,10 bis 7,19.

Vorkommen und Gewinnung. Vorkommen als Zinkblende und Galmei. Wird mit Kohle (Zinkblende vorher abgeröstet) in Destillationsöfen reduziert. Das in den Vorlagen verflüssigte Rohzink wird nochmals umgeschmolzen.

Chemische Eigenschaften. Handelszink durch Blei, Kadmium und Eisen verunreinigt, ebenso können Zinn, Kupfer, Arsen, Antimon, Silizium u. a. sich darin finden. Man unterscheidet nach den Normenvorschlägen:

1. Feinzink mit 99,7 bis 99,9 vH Zink.
2. Hüttenzink, hierunter
    a) Sonderzink mit 99,5 bis 99,7 vH Zink.
    b) Raffiniertes Hüttenzink von 99,5 vH abwärts.
    c) Unraffiniertes Zink.

(Zwischen b und c wurde zunächst eine Grenze nicht festgelegt.

Blei veranlaßt Saigern und legiert sich eigentlich nur schlecht mit dem Zink; immerhin finden sich darin mitunter mehrere Prozente; für Raffinadzink soll der Gehalt jedoch 1 vH nicht wesentlich übersteigen. Kadmium findet sich nur in geringen Mengen und wirkt härtend. Eisen bildet mit dem Zink bis zu 6 bis 8 vH eine schwer schmelzbare Legierung, das Hartzink. Im Raffinadzink sind nur geringe Mengen bis 0,2 vH erwünscht. Zinn findet sich nur in geringeren Mengen, macht aber schon bei 1 vH das Zink spröde. Aluminium steigert Festigkeit und Zähigkeit, ruft aber leicht Entmischungen hervor.

Die übrigen eingangs genannten Beimengungen kommen nur in Spuren vor.

Von großer Bedeutung ist die verhältnismäßig große Widerstandsfähigkeit des Zinks gegenüber chemischen Einflüssen, so daß man Überzüge von Zink als Oberflächenschutz für empfindliche Metalle mit Vorliebe verwendet[1]). Zink verdampft schon bei geringer Überhitzung (Schmelzpunkt 419°) leicht. Die Dämpfe haben schon bei etwa 500° große Neigung zur Oxydation.

Mechanische Eigenschaften. Bei gewöhnlicher Temperatur hart und spröde, zwischen 90 bis 110°, 135 bis 160° jedoch gut reckbar. Gußzink hat nur sehr geringe Festigkeit, 2 bis 3 kg/mm^2, ist grobkristallinisch und hat fast gar keine Dehnung[2]). Durch Auswalzen zu Blechen erreicht das Zink eine Steigerung der Festigkeit auf 25 kg/mm^2, der Dehnung auf 15 bis 18 vH. Für Walzzink mit 45 bis 55 mm stellte E. H. Schulz folgende mechanische Eigenschaften fest:

Zerreißfestigkeit . . . . 14—15 kg/mm^2
Dehnung . . . . 20—35 vH
Härte Brinell . . . . 44—52
Kerbzähigkeit . . . . 0,6—0,75 mkg/cm^2.

Für Preßzink nach dem Dickschen Verfahren hergestellt, wurden folgende Werte gleichfalls von Schulz ermittelt:

Zerreißfestigkeit . . . . 17 kg/mm^2
Dehnung . . . . 20—60 vH
Härte Brinell . . . . 40—50
Kerbzähigkeit . . . . 0,5—0,8 mkg/cm^2.

Gefüge. Einige Bilder gegossenen und gepreßten Zinks gibt E. H. Schulz in der oben genannten Untersuchung.

Zinklegierungen.

Zink hat vor allem während des Krieges sowohl rein als auch in seinen Legierungen im gegossenen und gereckten Zustand eine recht erhebliche Rolle als Ersatzmaterial für andere Werkstoffe gespielt, zumal da der Preis verhältnismäßig niedrig ist.

Gußzinklegierungen.[3])

Chemische Eigenschaften.

Als Gußzinklegierungen haben sich einige Kupferaluminiumlegierungen bewährt, deren günstigste etwa einem Gehalt von 6 vH Kupfer und 3 vH Aluminium entspricht. Für Spritzguß eignet sich nach amerikanischen Erfahrungen eine Legierung von 87,5 vH Zink, 4 vH Kupfer, 8 vH Zinn und 0,5 vH Aluminium.

Mechanische Eigenschaften.

E. H. Schulz berichtet in der Zeitschrift für Metallkunde, Jahrg. 1921, S. 177, über die Härte, Biegefestigkeit, Zerreißfestigkeit und Bruchaussehen von Gußlegierungen.

Weitere Angaben enthält die Arbeit von E. H. Schulz und M. Waehlert „Studie über die hochzinkhaltigen Kupfer-Aluminium-Zinklegierungen", Zeitschrift Metall und Erz 1919, Heft 8, S. 170.

---

[1]) S. Teil II, Absatz: Oberflächenschutz.
[2]) Metall u. Erz, Jahrg. 1916, Heft 12. Neue Erfahrungen über Wege zur Veredelung des Zinks, Dr.-Ing. E. H. Schulz.
[3]) Messinge und Bronzen unter Kupferlegierungen.

Für Spritzguß der vordem genannten chemischen Zusammensetzung wird eine Zerreißfestigkeit von 11,34 kg/mm^2 bei 2 vH Dehnung und 64,6 Brinellhärte genannt[1]).

Reckbare Zinklegierungen:
1. Legierungen mit Kupfer und Kupferzinn s. u. Kupferlegierungen.
2. Legierungen mit Leichtmetallen s. u. Aluminiumlegierungen.
3. Legierungen mit Zinn s. u. Teil II, Nahtverbindungen, Lote.
4. Legierungen mit Zinn, Antimon s. u. Lagermetalle.

Gefüge. Über das Gefüge der Kupferzinklegierungen ist unter Kupferlegierungen bereits berichtet. Eine Studie über die Gefügeausbildung hochzinkhaltiger Kupferzinkaluminiumlegierungen findet sich in „Metall und Erz", Jahrg. 1919, Heft 8, von Dr.-Ing. E. H. Schulz und Dr.-Ing. M. Waehlert.

V. Zinn (Sn), Antimon (Sb) nebst Legierungen.

Zinn: Schmelzpunkt 232, spez. Gewicht 7,3 bis 7,5. Antimon: Schmelzpunkt 630, spez. Gewicht 6,62.

Zinn-Gewinnung. Aus Zinnstein SnO_2 meist neben Wolfram gewonnen. Zinngehalt unter 1 vH, daher zunächst aufbereitet. Später reduzierendes Schmelzen im Flamm- oder Schachtofen. Zinn noch verunreinigt, daher Reinigen durch Aussaigern und Polen. Gewinnung aus Weißblechabfällen durch Elektrolyse oder Entzinnung mit Chlorgas.

Antimon-Gewinnung. Hierzu dient das als Antimonglanz bekannte Sulfid $Sb_2 S_3$. Durch Rösten wird das Sulfid in Oxyd übergeführt und durch reduzierendes Schmelzen Antimon gewonnen oder durch Niederschlagarbeit (Schmelzen des Sulfids mit Eisen). Rohantimon durch Weiterschmelzen raffiniert.

Chemische Eigenschaften. Zinn: Sehr widerstandsfähig gegen chemische Einflüsse und daher in reichlichem Maße als Oberflächenschutz sowohl als Überzug als auch in dünnen Blättern als Packumschlag (Stanniol) verwendet. Mit Eisen legiert sich Zinn in ähnlicher Weise wie das Zink und bildet mit ihm eine harte und spröde Legierung mit etwa 7 bis 10 vH Eisengehalt. Wolfram und Molybdän kommen in geringen Mengen durch die Erze in das Zinn. Im geschmolzenen Zustand oxydiert sich das Zinn leicht, die gebildete Zinnsäure wird vom Zinnbad gelöst und macht dieses dickflüssig.

Die Reinheit des Zinns erstreckt sich auf etwa 98 bis 99,9 vH. Nach den Vorschlägen des Normenausschusses soll Zinn nach dem Reinheitsgehalt bezeichnet werden, also z. B. 99er Zinn bei einem Gehalt von 99 vH Zinn. Genanntes Zinn soll technisch eisenfrei sein. Über den Einfluß des Schwefels finden sich keine Angaben.

Antimon. Das Antimon kommt als Werkstoff an sich für die Verwendung nicht in Frage, legiert sich aber mit den meisten Metallen und macht sie hart (und spröde) (s. auch unter Absatz Lagermetalle und Absatz Blei).

Mechanische Eigenschaften. Bei höheren Temperaturen verschwindet die Reckbarkeit des Zinns, so daß es sich bei etwa 200° pulverisieren läßt. Im reinen Zustand kommen Zinn und Antimon als Werkstoffe[2]) für den Maschinenbauer nicht in Betracht, und Unterlagen über ihre mechanischen Eigenschaften sind daher wenig vorhanden. Die Hauptverwendung finden die Zinnlegierungen in den Bronzen, die bereits unter Kupfer Berücksichtigung gefunden haben. Gemeinschaftlich legiert sind Zinn und Antimon mit anderen Metallen in den sogenannten „Lagermetallen".

VI. Die Lagermetalle.
Allgemeines.

Es ist die Aufgabe der Lagermetalle:
1. den Druck der bewegten Teile in möglichst gleichmäßiger Verteilung aufzunehmen und auf den Lagerkörper zu übertragen;

---
[1]) Zeitschr. f. Materialkunde, Jahrg. 1921, S. 185.
[2]) Mit Ausnahme des Oberflächenschutzes bei Zinn.

Eigenschaften. — Hauptwerkstoffe. — Die Lagermetalle. 417

2. hierbei dem Schmiermittel eine so günstige Oberflächenverteilung zu geben, daß die entstehende Reibung auf ein Mindestmaß beschränkt wird;
3. die auftretende Erwärmung auch im ungünstigsten Fall noch möglichst weitgehend aufzunehmen, ohne daß die Lagerschalenform zerstört wird;
4. einen möglichst geringen Verschleiß der bewegten Teile zu verursachen.

Die Forderungen 3 und 4 begrenzen die mechanischen Eigenschaften der Lagermetalle auf ein ziemlich enges Gebiet.

Ungeklärt ist noch, welches der unter Teil I genannten Prüfverfahren für die Prüfung der Lagermetalle am besten geeignet ist. Immerhin scheint es, als ob die Härteprüfung hier noch die brauchbarste Prüfung wäre, obwohl ein direkter Zusammenhang zwischen ihr und dem Verschleiß nicht besteht. Der Forderung 2 entspricht nach den bestehenden Ansichten wohl am besten eine Legierung, die aus einem Gemenge von härteren Kristallen besteht, die in weicherer Grundlage gebettet sind. Die härteren Stellen tragen hierbei, während die weichere Grundlage etwas zurücksteht und hierbei dem Öl Gelegenheit gibt, die härteren Stellen allseitig zu umspülen[1]). Die Forderung 3 bedingt einen möglichst hoch liegenden unteren Erweichungspunkt, damit bei vorübergehend stärkerer Erhöhung der Reibung und damit der Temperatur das Lager noch möglichst lange seine Form behält und sich nicht verdrückt oder ausläuft.

Es besteht sonst die Gefahr, daß beim Warmwerden des Lagers zu häufig Heißläufer auftreten. In dieser Beziehung sind Bleikalzium- und Bleibariumlegierungen günstig, da der unterste Erweichungspunkt noch über dem Verdampfungspunkt des Schmieröls liegt, so daß die Erwärmung des Lagers sich durch Öldämpfe anzeigt, ehe ein zu starkes Weichwerden der Legierung eintritt.

Chemische Zusammensetzung. Für sehr hoch beanspruchte Lager und Gleitstellen kommen in erster Linie Rotguß und Bronzen in Frage, von denen eine ganze Reihe von Legierungen als Lagermetalle bezeichnet werden. Es sei hier auf die unter Kupferzinnzink genannten einzelnen Zusammensetzungen hingewiesen. Mitunter erhalten diese Legierungen noch beträchtliche Gehalte an Blei, wie sie in Deutschland als Dommeldinger Elektrobronze und in Amerika mit 15 bis 20 vH Bleigehalt hergestellt werden. Auch die Delta-, Durana- und ähnliche Metalle (s. unter Kupferzinnlegierungen) kommen als Lagermetalle in Frage.

Ferner ist weiches Gußeisen mitunter mit Erfolg verwendet worden.

Für die große Mehrzahl der Lagermetalle höherer Beanspruchung verwandte man jedoch vor 1914 meist Zinnantimonlegierungen etwa von der Zusammensetzung des Regelmetalls der Reichseisenbahnen 83,3 vH Zinn, 5,6 vH Kupfer, 11,1 vH Antimon. Hierzu kam mitunter bei ähnlichen Legierungen noch ein Bleigehalt bis etwa 8 vH. Einige Analysen seien nachstehend vermerkt:

Zahlentafel 32a.

	Cu	Sn	Sb
1	9,5	77	13,5
2	8	78	14
3	4,65	86	9,3
4	8	80	12

Sehr eingehende Untersuchungen über diese Metalle hat das Materialprüfungsamt in Lichterfelde angestellt und in seinen Mitteilungen veröffentlicht. Die Untersuchungen erstrecken sich auf das Regelmetall und Rotgußlagermetall (84 vH Cu, 15 vH Zinn, 1 vH Zink)[2]).

---

[1]) Ob diese Theorie wirklich in allen Fällen (z. B. bei den Blenagermetallen) unbedingt zutrifft, bleibt noch abzuwarten.
[2]) Mitteilungen des Mat.-Prüf.-Amts Lichterfelde 1911, S. 29, 63.

Dubbel, Betriebstaschenbuch. 27

Die hohen Preise des Zinns und der Mangel an diesem Metall im Weltkrieg veranlaßten die Einführung von Ersatzmetallen, die in erster Linie in Blei- oder Bleiantimonlegierungen gesucht wurden. So wurde als Einheitsmetall des Deutschen Staatsbahnwagenverbandes das sogenannte Einheitsmetall mit 80 vH Blei, 15 vH Antimon und 5 vH Zinn verwendet. Es stellte sich jedoch bald heraus, daß dieses Material zu stark zu Saigerungen neigte und dementsprechend vielfach zu weiche Eingüsse und Heißläufer ergab. Durch Zusatz von Kupfer wurde diesem Übelstand abgeholfen. Sehr eingehende Untersuchungen über das ganze System Blei-Zinn-Antimon hat das Materialprüfungsamt in den Verhandlungen des Vereins zur Förderung des Gewerbefleißes im Jahr 1914 veröffentlicht. Neuerdings ist es gelungen, Bleilegierungen zu verwenden, die Zinn und Antimon nicht oder nur in geringen Mengen aufweisen. Sie setzen sich also fast nur aus Inlandserzeugnissen zusammen. Es handelt sich hierbei um das Lurgimetall, eine Bleibariumverbindung mit etwa 95 vH Blei und 2 bis 4 vH Barium und das Kalziummetall mit etwa 91 vH Blei und 3 bis 3,5 vH Kalzium[1]). Auch Zinklegierungen sind in größerem Umfang als Lagermetalle zur Verwendung gelangt (50 bis 60 vH Zink, Rest Blei, Antimon und Zinn).

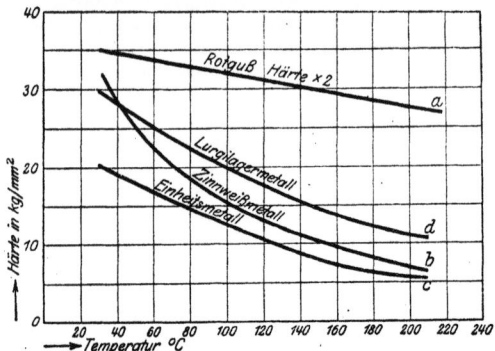

Fig. 44. Härteabnahme verschiedener Lagermetalle in der Wärme.

Die Lagermetalle werden im allgemeinen bei etwa 500° vergossen, Lurgimetall bei 430°, Kalziummetall bei dunkler Rotglut. Bei den Bleilagermetallen nach Art des Einheitsmetalls empfiehlt sich ein gutes Durchrühren vor dem Vergießen.

Die mechanischen Eigenschaften. Die Härte nach Brinell der Rotgußlegierungen liegt bei etwa 60 bis 85 (Gußeisen weich 90 bis 100), die der Bleilagermetalle Kalzium und Barium etwa bei 25 bis 40, die des Regelmetalls bei etwa 25 bis 32, die des Einheitsmetalls bei 20 bis 28, die des Aalener und ähnlicher Metalle bei 25 bis 29. Bei Erwärmung fällt die Härte ziemlich gleichmäßig ab, und zwar langsamer bei Kalzium- und Lurgilagermetall, schneller bei den übrigen Metallen einschl. des Regelmetalls. Fig. 44 zeigt die entsprechende Zusammenstellung nach Czochralski und Welter. Die Zähigkeit der Bleilagermetalle bei Schlag- und Druckversuchen ist größer als die der anderen Legierungen.

Fig. 26 Taf. IV zeigt das Gefüge eines Regelmetalls, in dem Kupferzinnnadeln und würfeligen Zinnantimonkristalle und die zinnreiche Grundmasse zu beobachten sind.

Fig. 27 Taf. IV: Gefüge einer Aalener Legierung, Kupferzinnnadeln, Zinnantimonmischkristalle, Bleieutektikum.

Ähnlich ist das Gefüge des Einheitsmetalls mit Kupferzinnnadeln, Zinnantimonmischkristallen (infolge des niedrigeren Zinngehaltes in geringerer Zahl als in Fig. 27 Tafel IV) und Bleieutektikum.

Fig. 28 Taf. IV: Gefüge einer Kalziumlegierung, in der weiße Pb_3Ca-Kristalle und kleine Kupferzinnkristalle den härteren Gefügebestandteil bilden.

---

[1]) S. auch das Buch Czochralski-Welter, Lagermetalle. Verlag von Julius Springer, Berlin.

Fig. 29 Taf. IV: Gefüge einer Bleibarium- (Lurgi-) Legierung, in der Bleibarium und weiße Bleikalziumkristalle die härteren Gefügebestandteile nach Angabe Czochralskis bilden (s. Lagermetalle von Czochralski und Welter, Verlag v. Julius Springer, Berlin 1920).

VII. Blei (Pb) und seine Legierungen.

Schmelzpunkt 327°, spez. Gewicht 11,34.

Gewinnung. Hauptsächlich gewonnen aus Bleiglanz und Weißbleierz. Zunächst Verblasen der Erze im Konverter. Röstprozeß ohne Wärmezuführung. Das Röstgut wird im Schachtofen reduzierend verschmolzen. Das hierbei gewonnene Rohblei enthält noch andere Metalle, namentlich Kupfer, Zinn, Arsen, Antimon und Silber. Diese Metalle werden teils durch Aussaigern, teils durch Röstprozesse entfernt.

Mechanische Eigenschaften. Blei ist sehr weich, hat etwa nur die Brinellhärte 4,6, gleichzeitig sehr biegsam, Dehnung etwa 40 bis 50 vH bei einer Festigkeit von 3 kg/mm^2 und wird unlegiert vielfach zu Leitungen verwendet.

Chemische Zusammensetzung. Fast alle Zusätze üben auf Blei eine härtende Wirkung aus, so Antimon, Zinn, Nickel, Natrium, Kalzium, Magnesium, Quecksilber, Phosphor.

Bleiantimonlegierungen.

Mechanische Eigenschaften. Die Steigerung der Härte von Bleiantimonlegierungen zeigt die Zahlentafel 32 b [1]).

Zahlentafel 32 b.
Kugeldruckhärte $P\,0{,}05$ der Blei-Antimonlegierungen.

Blei	Antimon	Kugeldruckhärte
vH	vH	P 0,05
100	—	4,2
97,5	2,5	8,4
95	5	15
91	9	15,5
87	13	16,5
70	30	20,3
40	60	24,6
10	90	33,2
—	100	33

Diese Legierungen saigern leicht und bei unvorsichtiger Herstellung zeigen die daraus hergestellten Gegenstände oft erhebliche Antimonverluste durch Entmischung. Die Härte ist dann entsprechend gering und daher auch oftmals der Verschleiß größer als erwartet. Mit Zusätzen von Zinn und Kupfer läßt sich die Härte noch beträchtlich steigern; diese Legierungen werden als Lettern- und Lagermetalle häufig verwendet.

Über Lagermetalle s. unter Absatz Lagermetalle.

Legierungen des Bleis mit Kalzium und Barium.

Diese Legierungen haben bisher nur als Lagermetalle Anwendung gefunden und sind daher unter diesem Absatz behandelt.

Bleizinnlegierungen.

Die Bleizinnlegierungen werden als Geräte und Lote (s. auch Teil II unter Nahtarbeiten) vielfach verwendet. Über ihre mechanischen Eigenschaften finden sich jedoch nur wenig Angaben.

---

[1]) Aus O. Bauer, Legierungen.

Die Härtesteigerung des Bleies durch Zinnzusatz gibt Reinglaß in nachstehender Tabelle:

Sn vH	0	10	20	30	40	50	60
Härte	3,90	10,10	12,16	14,46	15,76	14,90	14,58
Sn vH	66	67	68	70	80	90	100
Härte	16,66	15,4	14,58	15,84	15,20	13,25	4,14

Gefüge der Bleilegierungen. Die Zinnantimonlegierungen zeigen eine Erstarrung nach Fig. 26, Teil II. Der eutektische Punkt liegt bei einem Antimongehalt von 13 vH. Mit steigendem Antimongehalt werden die Legierungen schnell spröde. Legierungen über 25 vH Antimon werden daher nicht erzeugt. Über das Gefüge der Bleiantimonzinnlegierungen und der Blei-Kalzium- und Blei-Bariumlegierungen s. unter Lagermetalle.

VIII. Die Leichtmetalle: Aluminium (Al) und Magnesium (Mg) sowie ihre Legierungen.

Die Leichtmetalle haben durch die Entwicklung des Flugzeugbaues ganz außerordentlich an Bedeutung gewonnen, und es steht zu erwarten, daß ihnen im Maschinenbau trotz mancher Nachteile noch ein weites Feld erschlossen wird.

Vorkommen und Gewinnung. Aluminium. Tonerde, die in einer Schmelze von Natrium-Aluminiumfluorid gelöst ist[1]), wird zwischen Kohlenelektroden aus möglichst reinem Stoff durch Elektrolyse zerlegt. Ein Becken mit rechteckigem Querschnitt und etwa 40 cm Tiefe aus hartgebrannter, gestampfter Elektrodenmasse dient (am negativen Pol, Gleichstrom) als Elektrolysengefäß. Der Schmelzfluß wird durch Widerstandsheizung warmgehalten (900 bis 950°). Das ausgeschiedene Aluminium wird alle 2 bis 3 Tage ausgeschöpft und nach dem Umschmelzen (wegen der Gasaufnahme möglichst niedrige Temperatur, nicht über 800°) in Barren vergossen.

Magnesium. Das Magnesium wird gleichfalls durch Elektrolyse aus Magnesiumsalzen gewonnen, und zwar hauptsächlich aus dem Karnallit (einer Chlormagnesiumkalziumverbindung) [2]).

Chemische Zusammensetzung und mechanische Eigenschaften. Aluminium: Schmelzpunkt 654 bis 660° im reinen Zustand; Legierungen 680 bis 720°; spezifisches Gewicht gegossen 2,64, gewalzt 2,70.

Technisches Aluminium hat einen Reinheitsgrad von 96 bis 98 vH gegenüber besonders reinem Aluminium mit 99,5 vH [3]). Gegossen hat es 10 bis 12 kg/mm² Festigkeit, 3 kg/mm² Streckgrenze, 3 (— 12?) vH Dehnung, gewalzt: Festigkeit 10 bis 12 kg/mm², Dehnung 12 bis 35 vH, Härte nach Brinell 33, Kerbzähigkeit 4 bis 5 mkg/cm². Die elektrische Leitfähigkeit ist etwa halb so groß wie die des Kupfers. Das Aluminium ist bei etwa 600° brüchig und spröde, so daß es zu zerstampfen ist. Durch Recken (Walzen, Ziehen, Pressen usw.) ist das Aluminium gut zu verarbeiten (500°). Über den Einfluß der Kaltbearbeitung auf Härte, Festigkeit und Dehnung gibt Zahlentafel 33[4]) eine Übersicht.

Zahlentafel 34 gibt den Einfluß des Ausglühens nach dem Kaltrecken auf Festigkeit und Dehnung wieder[5]).

---

[1]) Metallkunde 1921, S. 333. Dr.-Ing. Sterner-Rainer, Gegenwart und Zukunft der deutschen Aluminiumindustrie.
[2]) Elektrolytische Gewinnung von Magnesium, Metallbörse, Jahrg. 22, S. 555.
[3]) Nach Normungsvorschlägen soll haben:
 1. Reinaluminium Al 99,5 > 99,5 vH
 2. Garantiealuminium Al 99 > 99 vH
 3. Hüttenaluminium Al 98,5 ≧ 98,5 vH.
[4]) Aus den Naturwissenschaften. Verlag von Julius Springer, Berlin, Jahrgang 1920. Stand der Leichtmetallindustrie. Von Dr.-Ing. E. H. Schulz.
[5]) Mitteilungen aus dem Mat.-Prüf.-Amt zu Berlin-Lichterfelde-West, Jahrg. 1915, S. 146.

Eigenschaften. — Hauptwerkstoffe. — Die Leichtmetalle: Aluminium usw.   421

Zahlentafel 33.

Behandlung	Zerreißfestigkeit kg/mm²	Dehnung vH	Härte (nach Brinell)
Blech, 7 mm stark, geglüht	11	31,9	27
Kalt auf 5,7 mm gewalzt	11,5	13,5	38
,, ,, 5,0 ,, ,, ...	13,2	7,8	43
,, ,, 4,2 ,, ,, ...	14,6	8,9	45
,, ,, 3,2 ,, ,, ...	15,2	6,1	48
,, ,, 2,1 ,, ,, ...	16,3	6,6	58

Zahlentafel 34.

Behandlung	Zerreißfestigkeit kg/mm²	Dehnung
Kalt gereckt	18,75	6,3
Auf 100° angelassen	18,20	6,5
,, 200° ,, ...	14,85	6,4
,, 300° ,, ...	8,85	37,7
,, 400° ,, ...	9,30	36,6
,, 500° ,, ...	9,85	31,0

Neuerdings wird Aluminium als Überzug verwendet, um Metalle gegen Oxydation zu schützen. Es bildet sich in der Hitze aus dem Aluminiumüberzug das Oxyd (Al_2O_3), das sehr widerstandsfähig ist und das überzogene Metall vor Oxydation schützen soll. Praktische Erfahrungen mit derartigen Überzügen dürften noch wenig vorliegen. Aluminium ist gegenüber der Einwirkung des Wassers unbeständig. Je stärker es gereckt ist, desto mehr unterliegt es dem Angriff. Anwärmen (z. B. schon im kochenden Wasser) verringert die Neigung gereckter Fabrikate zur Korrosion schon beträchtlich. Einfetten mit Vaseline bietet einen gewissen Schutz, dagegen wirken sonstige Schutzanstriche, wie Lackfarben, nicht schützend. Kali- und Natronlauge greifen Aluminium gleichfalls stark an.

Lästig ist noch eine Eigenschaft des Aluminiums bei der Bearbeitung durch Spanabheben, es „schmiert". Zusätze anderer Metalle, oft schon in geringer Menge, setzen die Neigung zum Schmieren meist herab. Aluminium schwindet stark. Erforderlich ist also für den Guß Auswahl weitestgehend nachgiebiger Formsande, möglichst lockere Kerne, Vorkehrungen, um unmittelbar nach dem Gusse vorspringenden Teilen von Abgüssen alle Schwindungshemmnisse aus dem Wege zu räumen, ausgiebige Verwendung von Schreckschalen und umfangreiche Anordnung von Füllköpfen und Nachsaugetrichtern.

Magnesium. Schmelzpunkt 650°. Dem spezifischen Gewicht (1,75) nach noch leichter als Aluminium, verhält sich im allgemeinen ähnlich wie Aluminium, ist jedoch noch stärker angreifbar als dieses.

Die Legierungen des Aluminiums und Magnesiums.

(Gruppiert nach dem Normungsentwurf.)

Aluminium und Kupfer[1]).

Chemische Zusammensetzung. a) Gegossen: 6 bis 12 vH Cu, Rest Aluminium. Verwendung für Gußteile an Automobilen und im Flugzeugbau, ferner Bestecke.

---

[1]) Kupferreiche Aluminiumlegierungen s. unter Kupfer.

b) **Gereckt:** 1 bis 6 vH Kupfer, Rest Aluminium. Verwendung für Bleche, Bänder, Stangen, Profile und Drähte.

c) **Duraluminium:** Legierung mit Aluminium und Kupfer bei Zusatz von etwa 0,7 vH Magnesium und bis zu 0,8 vH Mangan neben etwa 5 vH Kupfer. Die Zusammensetzung schwankt, charakteristisch ist der Gehalt an Magnesium.

Mechanische Eigenschaften. Mit Ausnahme der Gußlegierungen sind alle Legierungen leicht reckbar.

Gegossene Legierungen mit 8 bis 12 vH Kupfer haben Festigkeiten von 12 bis 15 kg/mm^2 und Dehnungen von 0 bis 3 vH.

Gereckte Legierungen[1]. Die Zerreißfestigkeit erhöht sich bei geringen Kupfergehalten bis etwa 4 vH von 10 auf 18 kg und steigt bei höherem Gehalt nur noch langsam weiter; die Dehnung fällt von 34 auf etwa 23 vH und sinkt dann langsamer. Die Härte steigt von 29 auf etwa 48 und dann langsam weiter an. Das Bruchgefüge wird mit zunehmendem Kupfergehalt feinkörniger. Die Legierungen scheinen wetterbeständig zu sein.

c) **Duraluminium.** Die über Duraluminium mitgeteilten Werte schwanken ganz beträchtlich. Bekannt ist, daß die Legierung eine ganz erhebliche Wertsteigerung durch eine Art Härtung erfahren kann. Man erhitzt zu diesem Zweck auf etwa 4 bis 500° und kühlt je nach dem Verwendungszweck mehr oder weniger schnell ab. Unmittelbar nach dieser Behandlung ist zunächst eine Wertsteigerung nicht zu beobachten. Sie setzt jedoch nach mehreren Stunden ein und bewirkt — offenbar übt hier die Tagestemperatur eine Art Anlaßwirkung aus — in Härte, Festigkeit und Dehnung ganz beträchtliche Zunahmen. Es lassen sich alsdann Festigkeiten von 36 bis 48 kg/mm^2 bei 20 bis 30 kg/mm^2 Streckgrenze und Dehnungen von 17 bis 25 vH erreichen. Nach etwa 5 Tagen ist das Höchstmaß der veredelnden Wirkung erreicht.

Durch Kaltreckung allein werden ebenfalls hohe Festigkeiten, aber bei geringer Dehnung erzielt. O. Bauer berichtet, daß eine Duraluminlegierung von 26 kg/mm^2 Festigkeit und 17 vH Dehnung bei 70 Brinellhärte sich durch Kaltbearbeiten und Veredeln auf 41 kg/mm^2 bei 23 vH Dehnung und 110 Härte verbessern ließ. Durch weiteres Kaltwalzen wurde eine Festigkeit von 53 kg/mm^2 bei 3 vH Dehnung und 158 Brinellhärte erzeugt. In dem schon mehrfach genannten Buch: „Die Legierungen" sind auf S. 232 noch eine ganze Reihe von Werten von Duraluminlegierungen angegeben, die sich innerhalb der oben erwähnten Grenzen halten.

Beachtenswert ist, daß sich diese Eigenschaften schon bei verhältnismäßig niedrigen Temperaturen infolge der Anlaßwirkung stark erniedrigen. Bis 100° ist der Abfall noch nicht beträchtlich, steigt aber von 150° schnell an.

Eine sehr umfangreiche Studie über gewalzte Duraluminlegierungen (10-mm-Bleche) veröffentlicht Dr.-Ing. E. H. Schulz in der Zeitschrift „Metall und Erz" 1917, S. 125. Einige Ergebnisse enthält die nachstehende Tafel. Probe *A* bestand aus Handelsaluminium; *B II* war das gleiche Material wie *B I*, jedoch veredelt (Glühprozeß). Die Arbeit enthält weiter noch Angaben über den Einfluß der Kaltbearbeitung auf die mechanischen Eigenschaften und die Korrosion derartiger Legierungen.

Zahlentafel 35.

Probe	Al	Sn	Cu	Mg	Mn	Festigkeit kg/mm^2	Streckgrenze kg/mm^2	Dehnung vH	Brinell-Härte	Kerbzähigkeit kg/mm^2	Spez. Gew.
A	98,66	—	—	—	—	10,5	—	12,0	33	3,7	2,72
B I	90,43	7,10	0,82	0,43	0,25	35,3	29,7	9,4	83	0,7	2,88
B II	90,43	7,10	0,82	0,43	0,25	38,3	25,0	15,9	86	1,2	2,88
C	94,05	—	4,12	0,44	0,40	40,3	26,5	18,5	96	2,0	2,86

[1] Nach H. Schirmeister, Stahl u. Eisen, 1915, S. 649.

Kupferzinkaluminium und Zinkaluminium.

Chemische Zusammensetzung.

a I) Kupferzinkaluminium gegossen: 15 bis 18 vH Zink, 2,5 bis 4 vH Kupfer, Rest Aluminium. Für Automobilteile, Apparate und Flugzeugbau verwendbar.

a II) Zinkaluminium gegossen: 10 bis 20 vH Zink, Rest Aluminium. Verwendung wie a I.

b I) gereckt: 8 bis 11 vH Zink, 0,5 bis 1,5 vH Kupfer, Rest Aluminium. Für Bleche, Bänder, Stangen, Profile und Drähte verwendbar.

b II) gereckt: 5 bis 11 vH Zink, Rest Aluminium. Verwendung wie b I.

Mechanische Eigenschaften.

Gegossene Legierungen: Für gegossene Kupferzinkaluminiumlegierungen werden etwa die gleichen mechanischen Eigenschaften genannt wie für die Kupferzinklegierungen, im Mittel etwa 14 kg/mm² Festigkeit, Dehnung bis 3 vH.

Dr.-Ing. E. H. Schulz gibt in dem schon mehrfach genannten Aufsatz über den Stand der Leichtmetallindustrie[1]) einige Legierungen an, die Festigkeit von 14 bis 15 kg/mm² bei 3 bis 6 vH Dehnung ergeben. Sie enthielten etwa 93 vH Al, 4 vH Cu, 2 vH Zn, 1 vH Fe oder 85 vH Al, 0,5 vH Cu, 14,5 vH Zn.

Nach „Stahl und Eisen" 1921, S. 409 hatte eine in England verwendete Legierung von 13,5 vH Zn, 2,75 vH Cu und 83,75 Al in Sandguß eine Festigkeit von 17,32 kg/mm² bei einer Dehnung von mehr als 1 vH ergeben.

Gereckte Legierungen: Aluminiumzinklegierungen lassen sich gut bearbeiten, schwinden aber beim Gießen stark; der Zusatz von Kupfer wirkt hier allerdings günstig. Die Festigkeit steigt erst von etwa 8 bis 12 vH Zink stärker an, während die Dehnung noch fast erhalten bleibt.

Werte von reinen Kupferzinkaluminiumlegierungen finden sich in der Literatur selten, meist enthalten diese Legierungen noch Magnesium. Hanszel gibt die Festigkeit einer Preßlegierung mit 3 vH Zn, 2 vH Cu, Rest Al zu 23 kg/mm², die Dehnung mit 12 vH an. — Bei höheren Zinkgehalten liegt die Festigkeit der Aluminiumzinklegierungen aber noch beträchtlich höher, auch werden günstigere Dehnungswerte angegeben. Das spezifische Gewicht nimmt bis etwa

Zahlentafel 36.

Zusammensetzung der Leg.		Behandlung	Ergebnisse der Zugversuche			
Al vH	Zn vH		Zugfestigkeit kg/mm²	Elastizitätsgrenze kg/mm²	Dehnung vH	Kontraktion vH
94,7	5,3	unbehandelt	7,9	4,2	8,5	23,8
		geschmiedet	13,6	11,5	19	63,7
		geschmiedet und geglüht	9,6	2,5	30	74
89,8	10,2	unbehandelt	8,3	6,5	2,5	11
		geschmiedet	18,2	10,7	33,5	55,4
		geschmiedet und geglüht	14,8	4,5	38	64,5
84,0	16,0	unbehandelt	17,1	10,4	2	4,2
		geschmiedet	25,4	18,1	23	47,4
		geschmiedet und geglüht	23,2	7,5	28	41
79,0	21,0	unbehandelt	18,36	17,1	1	3,9
		geschmiedet	31,3	22,1	11	27
		geschmiedet und geglüht	31,5	21,4	14,5	36,5

---

[1]) Die Naturwissenschaften 1920, S. 170. Verlag von Julius Springer, Berlin.

15 vH Zn noch nicht stark zu, doch sind die zinkreichen Legierungen weniger wetterbeständig.

Von den spezifisch leichteren haben hauptsächlich die Legierungen mit 12 bis 14 vH Zink Interesse, die bei 20 kg/mm² Festigkeit noch fast die gleiche Dehnung wie reines Aluminium besitzen.

Mechanische Werte über Aluminiumzinklegierungen gibt Reinglaß in seinem schon mehrfach genannten Werk, S. 149 (s. Zahlentafel 36).

Zinnkupferaluminium.

Chemische Zusammensetzung. Gegossen: 4 bis 8 vH Cu, 3 bis 5 vH Sn, Rest Aluminium. Verwendung: Zünderkörper und Automobilteile.

Gereckt: 4 bis 6 vH Cu, 1,5 bis 4 vH Sn, Rest Aluminium. Verwendung: Stangen für Automatenarbeit.

Mechanische Eigenschaften. Für gerecktes Zinnkupferaluminium finden sich ebenso wie für die gegossenen Legierungen derselben Zusammensetzung nur wenige Angaben. Hanszel berichtet in der Zeitschrift für Metallkunde 1921, S. 320 über eine Legierung von 2,5 bis 3,5 vH Sn, 2 bis 3 vH Cu, Rest Al, die eine Festigkeit von 28 kg/mm² bei 8 vH Dehnung für Rundstangen von 8 mm Durchmesser ergab.

Für gegossenes Material nennt E. H. Schulz eine Legierung von 92 vH Al, 2 vH Cu und 6 vH Sn, die er als gut bearbeitbar bezeichnet, ohne nähere Werte anzugeben.

Zinnaluminiumlegierungen.

Derartige Legierungen ohne Kupferzusatz hat Schirmeister untersucht und berichtet hierüber in seinem schon mehrfach erwähnten Aufsatz folgendes:

Zinn ist leicht und in jedem Verhältnis in Aluminium löslich. Das Bruchgefüge ist strahlig mittelkristallinisch. Die Reckbarkeit wird beträchtlich herabgesetzt. In der Wärme bis zu 200° herunter blättern die Legierungen auf. Das Kaltrecken unterhalb der genannten Temperatur bereitet keine Schwierigkeiten. Die Festigkeit steigt bis zu 10 vH Sn nur wenig an, die Dehnung fällt ziemlich schnell.

Nickelaluminium.

Chemische Zusammensetzung. Gegossen: 7 bis 10 vH Nickel, Rest Al. Verwendung für dickwandige Gehäuse ohne besondere mechanische Beanspruchung, die der Oxydation ausgesetzt sind.

Gereckt: 0,5 bis 3 vH Nickel, Rest Al. Verwendung für Bleche, Hohlkörper, Bänder, Stangen, Profile, Rohre, Drähte.

Mechanische Eigenschaften. Für gegossene Nickelaluminiumlegierungen sind dem Verfasser Werte bisher nicht bekannt. In der Zeitschrift für Metallkunde 1920, S. 319 wird darauf hingewiesen, daß eine Legierung mit 1,2 vH Nickel, 2,8 vH Kupfer, 8 vH Zink, Rest Aluminium den Bedingungen des Reichsmarineamts (16 kg/mm² Festigkeit auf 100 mm Meßlänge und 3 vH Dehnung) entsprochen habe.

Für gereckte Nickelaluminiumlegierungen enthält die Arbeit Schirmeisters Angaben. Hiernach sind praktisch verwendbar nur Legierungen bis etwa 12 vH Nickel. Die Festigkeit hat bei etwa 4 vH den günstigsten Wert von etwa 15 kg/mm² erreicht, die Dehnung ist hier aber bereits von 34 auf 25 vH gefallen und fällt mit weiter steigendem Nickelgehalt noch schneller ab. Die Härte ist bei 4 vH Nickel von 29 bei Aluminium auf 44 gestiegen.

Magnesiumaluminium.

Chemische Zusammensetzung.

a) gegossen: 1,5 bis 4 vH Magnesium, Rest Aluminium. Verwendung: Motorgehäuse.

Eigenschaften. — Hauptwerkstoffe. — Die Leichtmetalle: Aluminium usw.

b) gereckt: 2 bis 6 vH Magnesium, Rest Aluminium. Verwendung für Stangen und Drähte.
c) Elektron: gegossen und gereckt etwa 90 vH Magnesium.
Mechanische Eigenschaften[1]). Gegossene Legierungen. Legierungen mit 3 bis 25 vH Magnesium werden als Magnalium bezeichnet. Mechanische Werte von gegossenem Magnalium gibt Reinglaß in seinem genannten Werk gemäß Zahlentafel 37.

Zahlentafel 37.

Magnesium-gehalt vH	Elastizitäts-modul t/cm²	Fließ-grenze kg/mm²	Bruch-grenze kg/mm²	Dehnung vH	Querschnitts-verminderung vH
0	659	3,0	9,3	6,7	2
2	683	5,3	14,1	3,0	4,5
3	710	6,3	21,1	6,5	8
4	730	5,5	16,6	2,5	5
4	716	6,4	24,3	7,3	8
6	592	4,5	10,4	1,7	3
10	692	11,3	24,5	2,0	4,5
14	622	11,8	18,1	0,3	0
22	637	14,0	16,6	0	0
30	578	—	5,7	0	0

Von den gegossenen Legierungen ist das Elektronmetall (meist noch mit Zink legiert) als besonders leicht bekannt. Spezifisches Gewicht 1,8. Zerreißfestigkeit 14 bis 16 kg/mm² bei 3 bis 4 vH Dehnung. Das Material ist aber wie fast alle Magnesiumlegierungen stärker luftempfindlich. Die Brennbarkeit der Späne, deren Gefahr allerdings meist überschätzt wird, verlangt Vorsicht beim Bearbeiten[2]).

Gereckte Legierungen. Die Legierungen sind nur bis zu einem Gehalt von höchstens 7 vH Mg verarbeitbar. Die mit steigendem Gehalt erreichte Veränderung der Festigkeit, Dehnung und Härte gibt

Zahlentafel 38.

Nr.	Gehalt vH	Zugfestig-keit kg/mm²	Dehnung vH	Härte	Art des Walzens
0	0,0	10,5	34	29	
22	0,3	10,9	34	33	
23	0,6	11,4	33	33	
24	1,2	11,2	33	33	
25	1,6	11,4	33	34	rd. 450 langsam 25/16/9/4/1,4 mm
26	2,6	15,3	25	42	
27	4,0	21,1	22	54	
28	6,0	29,4	21	69	
29	7,5	11,5	29	33	rd. 500° schnell 25/13/7/3/1,4 mm

Gepreßtes Elektronmetall hat nach E. H. Schulz eine Festigkeit von 35 kg/mm² bei 10 bis 18 vH Dehnung. Nach Hanszel (Zeitschrift für Metallkunde 1921, Maiheft) kommen hierfür Festigkeiten von 25 bis 28 kg/mm² bei

---
[1]) Ausführliche Angaben über die Eigenschaften von Magnesiumlegierungen finden sich in Gießereizeitung 22, Heft 12, S. 189.
[2]) Näheres s. E. H. Schulz, „Entwicklung und gegenwärtiger Stand der Leichtmetallindustrie", aus Naturwissenschaften 1920, S. 166.

15 bis 20 vH Dehnung und 0 bis 1 mkg/cm² Kerbzähigkeit und eine Härte von 46 bis 48 (Brinell) in Frage.

Gezogenes und gewalztes Elektron hat nach Reinglaß 30 bis 32 kg/mm² bei 10 bis 12 vH Dehnung und 25 kg/mm² Streckgrenze. Derselbe Verfasser gibt Werte von gewalztem Magnalium an, die in der Zahlentafel 39 enthalten sind.

Zahlentafel 39.

Mg-Gehalt vH	Lage des Stabes	Elastizitätsmodul t/cm²	Fließgrenze kg/mm²	Bruchgrenze kg/mm²	Dehnung vH	Querschnittsverminderung vH
0	—	—	—	23,5	4,3	3
3	längs	677	23,6	32,9	6,0	38
3	quer	691	14,4	20,4	5,3	36,5
4	längs	676	4,2	14,5	17,6	35
4	quer	685	4,2	14,3	17,6	27
6	längs	672	7,9	25,5	13,3	22
6	quer	617	9,6	21,1	8,1	11
100	längs	—	19,2	23,2	11,1	14,24

8. Siliziumaluminiumlegierungen.

Gegossen. (Normenvorschlag besteht nicht.) Ganz neuerdings hat die Metallbank Frankfurt a. M. eine Siliziumaluminiumgußlegierung in den Handel gebracht, die nach den Angaben der Firma[1]) bei einer Festigkeit von 23 kg/mm² noch 5 bis 10 vH Dehnung aufweist. Die Härte (Brinell) beträgt 60 bei Zimmertemperatur, 20 bis 25 bei 350°. Die Legierung erhält diese günstigen Werte durch ein besonderes Veredelungsverfahren. Der Siliziumgehalt beträgt etwa 11 bis 14 vH, das spezifische Gewicht 2,5. Die Wetterbeständigkeit dieser Legierung kann als günstig angesehen werden.

Gereckt. Nach den Untersuchungen Schirmeisters sind Siliziumaluminiumlegierungen bis zu 20 vH reckbar. Die günstigsten Werte liegen bei einem Siliziumgehalt von etwa 7 vH mit etwa 15 kg/mm² Festigkeit und 25 bis 28 vH Dehnung.

Gefüge.

Auf eine Erörterung der sehr vielseitigen Gefügeausbildung der Aluminiumlegierungen soll nicht weiter eingegangen werden, da eine wesentlich ausgedehntere Einführung in die Metallographie erforderlich wäre, die in diesem Buchabschnitt nicht gegeben werden kann. Hingewiesen sei auf die schon mehrfach genannte Arbeit von E. H. Schulz und M. Waehlert, ferner auf das Buch von Reinglaß.

IX. Die Hölzer.

a) Mechanische Eigenschaften.

Für geradfaserige und fehlerfreie harte Hölzer ist die zulässige Zugspannung in der Längsrichtung 100 kg/cm² und höher anzunehmen, die Druckspannung 80 kg/cm² und weniger. Quer zur Faserrichtung betragen Zug-, Druck- und Scherfestigkeit vielfach nur 10 vH obiger Werte.

Über die Festigkeit hölzerner Leitungsmasten (für die elektrische Industrie) berichtet F. Moll (Elektrotechn. Zeitschr. 1921, S. 1424), daß die Festigkeiten fast nur vom Durchmesser abhängen und von der Länge wesentlich weniger beeinflußt werden. Nicht imprägnierte Masten halten nur 5 Jahre, gegenüber einer Lebensdauer von 16 bis 20 Jahren bei imprägnierten Masten.

Die Elastizität ist eine besondere Eigenschaft gewisser Holzarten; sie hängt wesentlich von dem gleichmäßigen, glattfaserigen Wuchse des Stammes ab. Sehr

---

[1]) Hersteller Rautenbach, Solingen. S. auch Czochralski, Zeitschr. f. Metallkunde 1921, S. 507.

biegsames Holz pflegt sich gut spalten zu lassen, weil die Fasern der Jahresringe glatt nebeneinander liegen, und sich leicht voneinander trennen. Andererseits ist die geringe Spaltbarkeit mancher Hölzer eine besonders geschätzte Eigenschaft, wie beim Pock- und Weißbuchenholz[1]). Die weichen, saftreichen Hölzer übertreffen an Biegsamkeit alle übrigen, aber auch harte, wenig schmiegsame Holzarten lassen sich durch Erwärmen zu außerordentlicher Biegsamkeit herrichten, so die sonst als spröde bekannte Rotbuche und Eiche.

Die Druckfestigkeit der Hölzer sowie die Biegefestigkeit zeigen die Zahlentafeln 40 und 41[2]):

Zahlentafel 40. Vergleich von Druckfestigkeitszahlen.

Druck in Richtung der Faser.

Material	Spezifisches Gewicht	Höchstbelastung kg/cm^2
Deutsche Eiche, mild	0,60	195
,, ,, ,,	0,63	277
,, ,, groß	0,85	327
,, ,,	0,66	262
,, ,, ,,	0,67	278
Japanische Eiche	0,69	291
,, ,,	0,67	297
Slavonische Eiche	0,63	264
,, ,,	0,62	269
Japanische Eiche	0,76	352
Bongosi	1,08	607
Jarrah	0,94	321
Esche[3])	—	405
Kiefer[4])	—	280
Fichte[4])	—	245
Buche[4])	—	302

Über Druck quer zur Faser berichtet Stamer in den Mitteilungen aus dem Materialprüfungsamt, Jahrgang 1920, S. 32.

„Die gefundenen Querfestigkeiten bewegen sich zwischen einem Mindestwert von 24 und einem Höchstwert von 52 kg/cm^2 und sind im allgemeinen auch größer bei den Proben, die höhere Druckfestigkeit in Faserrichtung zeigten. Indessen ist das Verhältnis beider Festigkeiten durchaus nicht konstant, sondern das Verhältnis Druckfestigkeit parallel zu Druckfestigkeit quer schwankt zwischen 7 bis 18, und zwar wächst allgemein der Wert mit abnehmender Jahrringbreite. Leider wird wegen der Umständlichkeit des Ausmessens das viel wichtigere Maß des Spätholzteils an der Breite der Jahrringe fast nie ermittelt, das wahrscheinlich die Möglichkeit zu einer besseren Auswertung der Ergebnisse bieten würde. Die Festigkeitszahlen hängen wesentlich vom Feuchtigkeitsgehalte des Holzes ab, nasse Hölzer haben erheblich geringere Festigkeit.

Der Einfluß der Feuchtigkeit scheint hierbei für beide Richtungen, quer und längs, gleichstark zu sein.

Die Härte des Holzes wechselt vielfach. Langsam gewachsene Bäume mit wenig Sommerholz sind härter, älteres Holz ist härter als der Splint. Stücke aus dem unteren Stammende enthalten reiferes Holz.

---

[1]) Nach W. Kuntze, Lagervorräte, Bau- und Betriebsstoffe der Eisenbahnen. Kreidels Verlag. Wiesbaden 1914.
[2]) Aus Hawa-Nachrichten, Heft 5, 1921.
[3]) Versuch des Materialprüfungsamtes Gr.-Lichterfelde.
[4]) Nach Taschenbuch „Hütte".

Zahlentafel 41. Vergleich der Zahlen für Biegungsspannung.

Material	Spezifisches Gewicht	Richtung der Kraft			Biegungsspannung beim Bruch kg/cm²
Deutsche Eiche, mild	0,59	radial	zu den	Jahresringen	325
,, ,, ,,	0,65	tangential	,, ,,	,,	306
,, ,, ,,	0,67	schräg	,, ,,	,,	384
,, ,, ,,	0,65	,,	,, ,,	,,	441
,, ,, ,,	0,72	radial	,, ,,	,,	679
,, ,, grob	0,68	,,	,, ,,	,,	574
,, ,, ,,	0,75	tangential	,, ,,	,,	623
,, ,, ,,	0,68	,,	,, ,,	,,	594
,, ,, ,,	0,82	schräg	,, ,,	,,	542
Japanische Eiche	0,71	tangential	,, ,,	,,	479
,, ,,	0,73	radial	,, ,,	,,	504
,, ,,	0,64	schräg	,, ,,	,,	447
Slavonische Eiche	0,60	tangential	,, ,,	,,	439
,, ,,	0,65	,,	,, ,,	,,	508
,, ,,	0,71	radial	,, ,,	,,	514
Russische Eiche	0,76	tangential	,, ,,	,,	604
,, ,,	0,77	radial	,, ,,	,,	747
,, ,,	0,68	schräg	,, ,,	,,	619
Amerikanische Eiche	0,66	,,	,, ,,	,,	616
,, ,,	0,66	radial	,, ,,	,,	648
,, ,,	0,79	,,	,, ,,	,,	669
,, ,,	0,87	tangential	,, ,,	,,	643
,, ,,	0,54	,,	,, ,,	,,	530
Pitch-pine	0,88	schräg	,, ,,	,,	540
,,	0,87	,,	,, ,,	,,	525
,,	0,81	,,	,, ,,	,,	504
,,	0,86	,,	,, ,,	,,	832
,,	0,82	,,	,, ,,	,,	829
Jarrah	0,85	,,	,, ,,	,,	806
,,	0,82	,,	,, ,,	,,	804
Bongosi	—	,,	,, ,,	,,	1077
,,	—	—	— —	—	1484
,,	—	—	— —	—	1272
Jarrah, getrocknet	—	—	— —	—	572
,, ,,	—	—	— —	—	628
,, ,,	—	—	— —	—	539
Esche[1])	—	—	— —	—	945

Der Härte nach kann man bei Hölzern 8 Klassen unterscheiden [2]):
1. Steinhart: Pockholz, Ebenholz und andere tropische Hölzer, von denen neuerdings besonders Grenadilleholz, Grünherz, Quebracho und das Kameruner Eisenholz Bongosi zu nennen sind.
2. Beinhart: Beinholz, Sauerdorn, Buchs, Syringe und viele Eukalyptusarten.
3. Sehr hart: Mandelbaum, Weißdorn, Schwarzdorn und die Hartriegelarten. (Hainbuche setzen wir hierher.)
4. Hart: Maßholder und andere Ahorne, Wildkirsche, Mehlbaum, Kreuzdorn (große Eiche).

---

[1]) Materialprüfungsamt Gr.-Lichterfelde.
[2]) Aus „Hawa"-Nachrichten, S. 179, Jahrg. 21, Februarheft.

5. Ziemlich hart: Esche, Maulbeerbaum, Stechpalme, Platane, Zwetsche, Zerreiche, Robinie, Ulmenarten.
6. Etwas hart: Silberahorn, Edelkastanie, Rotbuche, Nußbaum, die milden Eichenarten, Birn- und Apfelbaum, Vogelbeere.
7. Weich: Kiefer (Föhre), Fichte und Tanne, Roßkastanie, Erle, Birke, Hasel, Wachholder, Traubenkirsche, Mandel- und Salweide.
8. Sehr weich: Weymuthkiefer, Espe und andere Pappeln, Weißlorbeer- und Knackweide, Linde.

b) Gefüge.

Aus der Anordnung, in der die Zellen und Poren lagern, ergeben sich Gefüge, Härte und andere Eigenschaften des Holzes.

Die nahe der Mittellinie des Stammes liegenden Fasern nennt man Mark, die um das Mark gelagerten Kernholz, die äußeren, den Zuwachs der letzten Jahre enthaltenden, den Splint.

Gewöhnlich ist das junge Holz, der Splint, lichter gefärbt als das alte Kernholz. Beide zeigen auch in ihrem Verhalten äußeren Einflüssen gegenüber oft große Verschiedenheiten.

Im Marke der Laub- und Nadelhölzer sind die Zellen, abweichend von der sonstigen Anordnung, wagerecht gelagert. In Hölzern der gemäßigten Zonen lagern sie sich röhrenförmig um das Mark herum ab, so daß man das Alter des Baumes erkennen kann. In Hölzern der heißen Zone sind diese Jahresringe dagegen nicht oder nur unvollkommen erkennbar.

Den Querschnitt durch das Holz bezeichnet man als Hirnholz, den Radiallängsschnitt (Mittelbrett) als Spiegel, den sonstigen Längsschnitt als Seitenoder Langholz.

Das durchschnittliche spezifische Gewicht enthält Zahlentafel 42, ebenso eine Übersicht über das Gewicht pro m³ Holz der jeweiligen Herkunft [1]).

Zahlentafel 42. Durchschnittlich besitzen die Hölzer folgende spezifische Gewichte:

	Sehr leicht	Leicht	Ziemlich schwer	Mittelschwer	Schwer	Sehr schwer
60° C getrocknet	0,40 bis 0,49	0,50 bis 0,59	0,60 bis 0,69	0,70 bis 0,79	0,86	0,90
110° C gedorrt	0,30 bis 0,40	0,40 bis 0,50	0,50 bis 0,60	0,60 bis 0,70	0,70 bis 0,80	0,80 u. höher

Bezieht man das Gewicht der Hölzer auf den Rauminhalt, so kann man etwa für 1 m³ annehmen:

Sehr leicht	Leicht	Ziemlich schwer	Mittelschwer	Schwer	Sehr schwer
290 bis 380 kg	385 bis 480 kg	480 bis 550 kg	550 bis 580 kg	580 bis 675 kg	675 bis 770 kg

c) Haltbarkeit.

Die Haltbarkeit des Holzes im gefällten Zustand ist im wesentlichen eine Frage des Oberflächenschutzes und der Behandlung vor der Bearbeitung und während des Gebrauches. Je dichter, harzreicher und frei von wasserlöslichen Bestandteilen ein Holz ist, desto besser wird es einer Zerstörung durch wechselnde Wasseraufnahme widerstehen. Durch starkes Austrocknen wird die Holzfaser

---
[1]) Aus „Hawa"-Nachrichten, S. 179, Jahr. 21, Februarheft.

verdichtet, durch Auslaugen werden Salze und organische Stoffe beseitigt, durch Einführen fäulniswidriger Flüssigkeiten wird das Eindringen von Pilzwucherungen und Kerbtieren verhindert, und durch äußeren Anstrich oder Politur wird dem Eindringen von Luft und Feuchtigkeit begegnet.

d) Handelsbezeichnung.

Runde, wenig behauene Stämme ohne Wipfel und Äste bezeichnet man als Rund- oder Ganzholz, schwächere Ganzhölzer heißen Stangen-, Gruben- oder Krummholz. In zwei Teile der Länge nach zersägte Ganzhölzer werden als Halbhölzer, in vier Teile zerlegte als Viertel- oder Kreuzhölzer bezeichnet. Bei weiterer Zerlegung entsteht Spalt-, Schnitt- oder Klobenholz.

Die Erzeugnisse der Sägewerke, wie Balken, Bohlen, Bretter usw. werden als Schnittholz bezeichnet.

Allgemeine Anforderungen an Nutzhölzer[1]).

Das Nutzholz muß im Winter gefällt, gesund, lufttrocken, möglichst astfrei, geradfaserig, zäh, fest und frei von Rissen sein. Die Bretter und Bohlen sollen gerade und möglichst ohne Kernröhren, auf der Flachseite und Kante nicht überspänig und nicht aus den Zopfenden geschnitten sein.

β) Hilfswerkstoffe.

I. Schmiermittel[2]).

a) Eigenschaften und Prüfung der Öle.

Zur Vermeidung zu großer Reibung zwischen zwei aufeinander gleitenden Körpern müssen die Öle eine möglichst ausgedehnte, dabei aber äußerst dünne zusammenhängende Schicht bilden, auf der der gleitende Körper gewissermaßen schwimmen kann. Das Öl darf in seiner Zusammensetzung auch nicht chemisch auf die gleitenden Stoffe einwirken. Hieraus ergeben sich folgende Anforderungen:
1. Richtige Zähflüssigkeit (Viscosität) auch in der Kälte;
2. Wärmebeständigkeit, sowohl hinsichtlich etwaiger Zersetzung, als auch etwaiger Entflammung;
3. möglichste Reinheit.

Zur Bestimmung dieser Eigenschaften entwickelten sich folgende Prüfverfahren:

1. Zähflüssigkeit.
- a) Viskosimeter nach Engler-Holde. Bestimmung der Ausflußgeschwindigkeit bei 20, 50 und 100°.
- b) Bestimmung des Erstarrungspunktes (Stockpunktes. Verfahren nach Stern-Sonnborn.) Die Temperatur, bei der sich beim Neigen eines mit Öl gefüllten Glases in einer Kältemischung keine sofort sichtbare Bewegung zeigt, gilt als Stockpunkt.
- c) Spezifisches Gewicht. Bestimmung mit Aräometer, Pyknometer oder Mohrscher Wage.
- d) Reibungswage. Eine Welle wird von einem gewichtbelasteten Pendel umschlossen. Je weiter dieses bei bestimmter Umlaufzahl ausschlägt, also von der Drehung der Welle durch Reibung mehr mitgenommen wird, desto ungünstiger die Zähflüssigkeit.

2. Wärmebeständigkeit.
Bestimmung des Flamm- und Brennpunkts nach dem in verschiedenen Ausführungen bestehenden Apparat von Markussohn.

---

[1]) Nach Kuntze, Holz s. die vorhergehenden Anmerkungen.
[2]) Vgl. das Buch: Richtlinien für den Einkauf und die Prüfung von Schmierölen. Verlag Stahleisen, Düsseldorf, 1921.

Eigenschaften. — Hilfswerkstoffe. — Schmiermittel. 431

3. Reinheitsgrad.
a) Fleckprobe. Beobachtung der Erscheinungen beim Verlaufen eines Öl- oder Fettfleckes auf Filterblättchen.
b) Bestimmung der freien Säure mittels geeigneter säureempfindlicher Reagentien.
c) Verseifungsprobe. Bestimmung der Kalilauge, die zur Verseifung von 1 g Öl erforderlich ist. Hieraus Schluß auf die Menge der vorhandenen pflanzlichen und tierischen Öle und Fette.

4. Sonstige Sonderbestimmungen[1]).

Grenzen für spezifisches Gewicht reiner Mineralöle.

Spindelölviscosität	2,6 bis	4	bei 20° C	0,925
„	4 „	8	„ 20° C	0,940
Maschinenölviscosität	2,5 „	6	„ 50° C	0,950
„	6 „	12	„ 50° C	0,965
Zylinderöl				0,980

Grenzen für Viscosität[1]).

Spindelöl	3,0 bis	3,8 bei	20° C
Maschinenöl	7,5 „	8 „	20° C
Zylinderöl	4,5 „	5 „	100° C

Einzelangaben für die verschiedenen Öle enthalten die Richtlinien des Verlags Stahleisen[1]).

b) Einteilung und Kennzeichnung.

1. Schmieröle aus Erdöl[2]).

a) Destillate.
Erzeugnisse der Destillation von Erdöl, die durch Verdampfen und Wiederverdichten gewonnen werden.
Aussehen: Im Tropfen durchscheinend.
Säuregehalt: Frei von Mineralsäuren.
Gehalt an Hartasphalt: 1 vH.
Sonstige Eigenschaften: Technisch wasserfrei, in Benzol ohne Rückstand löslich, auf gehärtetem Filtrierpapier gleichmäßig durchscheinend.

b) Raffinate (Filtrate gelten auch als Raffinate) sind ausschließlich Erzeugnisse aus Erdölen, die von verharzenden, sauren und basischen Bestandteilen befreit sind.
Aussehen: Klar, im 15-mm-Reagensglas durchscheinend.
Säuregehalt: Nicht über 0,1 vH als SO_3 berechnet (bei compoundierten Ölen liegt die Säurezahl naturgemäß höher).
Sonstige Eigenschaften: Technisch frei von Wasser und in Normalbenzin klar löslich.

c) Rückstandsöle stammen aus der Produktion, die bei der ersten Destillation des Rohstoffes in der Blase zurückbleiben.
Aussehen: Wenig oder nicht durchscheinend.
Säuregehalt: Frei von Mineralsäuren.
Asphaltgehalt: Hartasphalt nicht über 2 vH.
Sonstige Eigenschaften: Technisch wasserfrei, frei von mechanischen Verunreinigungen und auf gehärtetem Filtrierpapier noch durchscheinend.

---

[1]) Vgl. das Buch: Richtlinien für den Einkauf und die Prüfung von Schmierölen. Verlag Stahleisen, Düsseldorf, 1921.
[2]) Schmieröle aus Pflanzen wie Rüböl, Baumöl u. a., s. Taschenbuch Dubbel, Taschenbuch für den Maschinenbauer. Der hohe Preis schließt diese Öle meist für Schmierzwecke aus.

2. Schmieröle aus Braunkohle, Schiefer und Steinkohle sind Erzeugnisse der Destillation der Teere aus diesen Stoffen.

Eigenschaften: Frei von mechanischen Verunreinigungen und technisch frei von kyistallinischen Ausscheidungen.

3. Mischöle sind alle Öle, die durch Mischung der verschiedenen Öle der Klassen 1 und 2 untereinander oder durch Zusätze anderer Art hergestellt sind. Als zusammengesetzte Öle gelten auch solche, die durch Zusatz von Erdölpech, Weichpech der Goudron gewonnen sind. Zusätze von Steinkohlenteer und Steinkohlenteerpech sind nicht zulässig.

Compoundierte Öle, d. h. reine Mineralöle mit Zusätzen fetter Öle oder Fettsäure vegetabilischer oder animalischer Herkunft, fallen nicht unter den Begriff: Mischöle.

4. Schmierfette (konsistente Fette) sind Schmiermittel von gleichmäßigem Gefüge, die bei gewöhnlicher Temperatur fest oder salbenartig sind, sich beim Lagern nicht entmischen und an der Luft bei gewöhnlicher Temperatur nicht eintrocknen.

Der Wassergehalt der Schmierfette soll nicht höher sein, als bei Herstellung der Fette unvermeidlich ist und 10 vH keinesfalls überschreiten.

5. Graphit, sehr rein und fein geschlämmt, wird gelegentlich mit anderen Schmiermitteln gemischt zu Schmierzwecken verwendet. Welche Einwirkung im einzelnen hierbei auf Rechnung des Graphits zu setzen ist, scheint noch nicht ganz geklärt. Um wesentliche Verwendungszwecke handelt es sich bei Schmierung mit Graphit wohl kaum.

6. Bohröle. Die Zusammensetzung und Verwendung der Bohröle behandelt „Die Werkzeugmaschine", Jahrg. 1921, S. 631, wie folgt[1]):

Die Haupteigenschaft aller Bohr- und Schraubenschneidöle muß darin bestehen, daß die Rostbildung an den Maschinenteilen ausgeschlossen bleibt, weitgehende Verdünnung eines solchen Öls mit Wasser aber möglich ist. Höchste Schmierkraft, unbegrenzte Haltbarkeit in der Farbe und Emulgierbarkeit und restlose Löslichkeit in Wasser ohne Ölausscheidung sind weitere zu fordernde Eigenschaften.

Wenn Bohröle bei tiefer Temperatur Seife ausscheiden, so ist mit Sicherheit anzunehmen, daß konzentriert wässerige Lösungen von Rizinusöl darin enthalten sind. Da diese Ausscheidungen die Zirkulationsröhren verstopfen, sollte kein mit Kalilauge verseiftes Rizinusöl Verwendung als Bohrölzusatz finden, vielmehr ist besonders zweckmäßig die Verwendung von Bohrölen, die aus Mineralölen und Ölein bestehen und einen geringen Zusatz von Spiritus und Alkali erhalten, um das Öl zu klären bzw. um es neutral oder schwach alkalisch zu halten.

Mehr als je bedient man sich bei der Bohrölfabrikation alter Abfallöle, Tropföle usw. Diese sind natürlich nur brauchbar, wenn vorher der darin enthaltene Schmutz restlos entfernt wird. Es gibt besondere Präparate, die man mit solchen Abfallölen vermischen kann.

Die einfachste Art der Zusammenstellung größerer Mengen zu baldigem Gebrauch ist das Zusammenkochen gereinigter Abfallöle mit stark alkalisch hergestelltem Wasser.

II. Schleifmittel.

Schleifen ist im eigentlichen Sinne lediglich ein Abfräsen feinster Späne, so daß für das menschliche Auge Bearbeitungsriefen nur noch wenig erkennbar sind. Bezweckt man eine besonders hochgradige Glättung der Bearbeitungsfläche, so bezeichnet man den entsprechenden Bearbeitungsvorgang als Polieren und unterscheidet hierbei Mattpolitur, Glanzpolitur und Hochglanzpolitur. Die Eigenart des Schleif- und Poliervorganges bringt es mit sich, daß die Schneidkanten und Schneidzähne äußerst fein sein müssen, so fein, daß eine Herstellung eines Fräsers im eigentlichen Sinne nicht mehr möglich wäre. Man hilft sich, indem man Körnchen sehr harter Stoffe in eine weichere Masse einbettet. In der „Korngröße" hat man nun den Grad der Feinheit der betreffenden Schleifarbeit in der Hand. Die Körnungsnummer wird nach der Maschenzahl des zur Sichtung gebrauchten Siebes bestimmt. Unvermeidlich ist bei dieser Art der Bearbeitung ein ziemlich großer Verlust der Schleifkörner durch Ausreißen. Maßgebend für den Erfolg des Schleifens sind also Form und Zusammensetzung der Schleifkörner und Festigkeit und Haltbarkeit des Bindemittels.

---

[1]) Nur auszugsweise wiedergegeben.

a) Material der Schleifkörner.

Für die Schleifkörner verwendet man nur Materialien mit möglichst großer Härte (7 bis 9) und scharf winkligen Kanten; es sind dies der Quarz und der Korund. Je nach Art der Herstellung unterscheidet man natürliche und künstliche Schleifmittel. Im einzelnen verwendet man

1. Quarzitische oder kieselsäurehaltige Schleifmittel:
   a) Natürliche: Quarzit, Quarzsandsteine, Kieselerden;
   b) künstliche:
      1) Karborundum oder Siliciumcarbid, im elektrischen Ofen aus Quarz und Koks hergestellt;
      2) Glas;
      3) Bimsstein.
2. Tonerdehaltige Schleifmittel:
   a) Natürliche: Korund mit 95 vH Tonerde, Schmirgel mit 60 vH Tonerde und Tonschiefer;
   b) künstliche: Im elektrischen Ofen hergestellte Korunde mit wechselndem Tonerde(Al_2O_3)gehalt, Elektrit, Korubin, Alundum.

b) Form und Material der Schleifwerkzeuge.

Schleifräder.

Die gegebene Form ist zunächst die dem Fräser nachgeahmte Form des Schleifrades, in dem das Korn durch das Bindemittel zusammengehalten ist. An dieses sind folgende Anforderungen zu stellen: Hohe mechanische Festigkeit zur Sicherung des Schleifrades gegen den Einfluß der Zentrifugalkraft, hohe „Scheibenhärte", d. h. Widerstand gegen Ausbrechen der Schleifkörner, Beständigkeit gegenüber Feuchtigkeit, keine Zerstäubung unter der abscherenden Arbeit des Werkstücks, Porosität. Poröses, nicht zu „hartes" Bindemittel steht stets hinter dem Schleifkorn etwas zurück, weil es sich stärker abnutzt und ein abgenutztes Schleifkorn nicht zu lange festhält. Gerade dadurch aber wird dem Schleifkorn Gelegenheit gegeben, seine spanabhebende Wirkung gut zur Geltung zu bringen. Allgemein verwendet man aus diesem Grunde für hartes Material „weiche" Scheiben und umgekehrt.

Erhärtung des Bindemittels durch Abbinden auf kaltem Wege, wobei das Bindemittel zementartig oder als Harz zusammengesetzt sein kann oder — und letzteres häufiger — auf keramischem Wege durch Brennen. Man unterscheidet unter den Schleifrädern Scheiben für Naß- und Trockenschliff.

Schleifleinen.

Das Schleifmittel wird in ziemlich feiner Form durch Leim auf Leinen oder Papier festgehalten — Schmirgelleinen, Schmirgelpapier.

Sandstrahl.

Der Schleifstaub, in letzterem Fall meist grob gekörnter Sand, wird mittels Druckluft gegen das Werkstück geschleudert.

III. Dichtungsmittel.

a) Leder.

Eigenschaften.

Wesentliche Eigenschaften des Leders sind die Festigkeit, die Zähigkeit und die Gleichmäßigkeit. Je nach Verwendung sind die Vorschriften für diese Eigenschaften verschieden. Für den Maschinenbauer kommt das Leder hauptsächlich für Riemen und Dichtungen in Frage. Allgemein kann gesagt werden, daß ungleiche Stellen und vor allem Schnitte und Löcher — letztere veranlaßt durch Insekten schon beim lebenden Tier — im Leder nicht vorhanden sein dürfen. Brüchigkeit auf der Narbenseite rührt her von zu großer Wärme bei der Vorbehandlung oder beim Lagern und ist gleichfalls als Fehler zu betrachten.

Dehnbarkeit und Zerreißfestigkeit sind für Riemenleder von einzelnen Behörden vorgeschrieben, und zwar Festigkeit mindestens 2,5 kg/mm^2, Dehnung höchstens 18 vH.

Gefüge.

Die äußere Schicht der Tierhaut, soweit sie Haare enthält, und die Unterseite bestehen aus lockeren Zellen und sind für Verwendung zu Leder ungeeignet. Die Häute werden daher — nach der Reinigung von anhaftenden Knochen und anderen Teilen im fließenden Wasser und dem Strecken — von Ober- und Unterhaut befreit. Sie führen dann den Namen „Blößen" und werden nun gegerbt.

Durch Einlagerung des Gerbstoffes zwischen die Hautfasern wird verhindert, daß die Fasern weder zu einer harten Masse zusammentrocknen, noch faulen.

Die Gerbstoffe werden den holzbildenden Pflanzen (Eichenrinde) entnommen, soweit Lohgerberei in Frage kommt. Für die Weißgerberei verwendet man Mineralien (Chromgerberei). Die Sämischgerberei mit tierischen Fetten hat für den Maschinenbauer kaum Interesse. Die Gewichtszunahme beim Gerben beträgt meist bis zu 33 vH (Beschwerung).

Handelsbezeichnungen.

Sohlleder. Starkes Rindleder, hart und fest, auf der Narben- und Fleischseite glatt gewalzt oder gehämmert. Für die Verwendung zu Dichtungen, Scheiben, Stulpen usw. unterbleibt das Walzen oder Hämmern, das Sohlleder ist dann weich.

Halbsohlleder. Häute von schwächeren Tieren und geringerer Güte, für Geschirre, Verdecke und sonstige Zwecke verwendbar.

Riemenleder: Nur der mittlere Teil der Haut, die Kerntafel, wird zu Maschinenriemen verwendet. Nach dem Fertigstellen wird das Leder mit 10 bis 15 vH seines Gewichtes gefettet. Der Verlust beim Trocknen soll höchstens 15 H, der Aschengehalt nur 1 vH betragen. (Über Zugfestigkeit siehe unter Eigenschaften.)

Zugfestigkeit ist an sich noch kein Zeichen besonderer Güte, da unvollkommen durchgegerbtes Leder fester ist als „gares".

Saffianleder (aus Ziegenfellen) hat im Maschinenbau kaum Verwendung.

Die **Putz- und Waschleder** sind Schaffelle, sämisch gar gerbt und unempfindlich gegen Feuchtigkeit und Trockenheit. Bessere Putzleder werden auch aus Ziegen-, Hirsch- und Rehfellen gefertigt.

b) Kitte.

Sie finden Anwendung zum Ausfüllen von Fugen und Löchern, teilweise auch zu Dichtungszwecken. Einige Kitte nachstehend[1]:

Für Gußstücke:

1. Mischung aus folgenden Teilen: 1 Talg, 2 Harz, 8 Wachs, 24 Eisenfeilspäne.
2. Anteile: 100 Wasser, 15 Salmiak, 15 Schwefelblüte, 2 Roggenmehl.
3. Feuerfester Kitt: 4 Eisenfeilspäne, 2 Ton, 1 Schamottemehl mit Kochsalzlösung, teigig angerührt.
4. Rostkitt: 1 Schwefel, 2 Salmiak, 10 Eisenfeilspäne, mit Essig angerührt.
5. Mennigekitt: 2 Mennige, 5 Bleiweiß mit Leinölfirnis angerieben, eignet sich für Dichtung gegen Gas.
   Bleifreie Kitte: Mastigkitt, Veronit u. a.

---

[1] Nach Dubbel, Taschenbuch für den Maschinenbau. Abs. Stoffkunde, S. 566. Verlag von Julius Springer.

Elektrisches Schweißen.

Bearbeitet von Oberingenieur Karl Meller, Berlin-Siemensstadt.

a) Widerstandsschweißen.

1. Punktschweißung. Bei diesem Verfahren werden zwei Gegenstände, z. B. zwei Bleche, an einzelnen Punkten in der Weise zusammengeschweißt, daß durch die zu verschweißende Stelle ein elektrischer Strom hindurchgeleitet wird. Dadurch wird das Material an dieser vom Strom durchflossenen Stelle bis zur Schweißtemperatur erwärmt, worauf dann das Zusammenschweißen durch Zusammenpressen erreicht wird.

Fig. 1 zeigt die grundsätzliche Anordnung bei einer Punktschweißung. a und b sind die Elektroden, die auf die zu verschweißenden Bleche c und d an der zu verschweißenden Stelle aufgesetzt werden. Die Elektroden dienen gleichzeitig zur Stromzufuhr und zum Zusammenpressen der Bleche. Stromdurchgang ist nur dann möglich, wenn an der Berührungsstelle der beiden Bleche ein leitender Kontakt stattfindet. Verrostete und zundrige Bleche, die einen Kontakt nicht zulassen, können dementsprechend nicht geschweißt werden. Die Schweißspannung zwischen den Elektroden ist sehr niedrig, sie beträgt je nach Stärke der Bleche etwa 2 bis 5 Volt. Die Stromstärke muß hingegen sehr hoch sein und ist gleichfalls von der Stärke der Bleche abhängig. Zur Erzeugung der erforderlichen Schweißspannung und Stromstärke muß daher immer ein besonderer Transformator zwischen das Netz und die Elektroden geschaltet werden.

Fig. 2 gibt die Abhängigkeit des Stromverbrauchs und der Schweißzeit von der gesamten schweißbaren Eisenblechstärke.

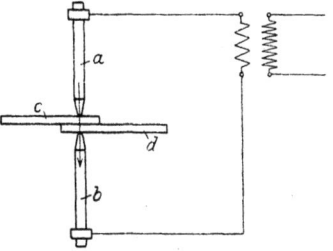

Fig. 1. Punktschweißung.

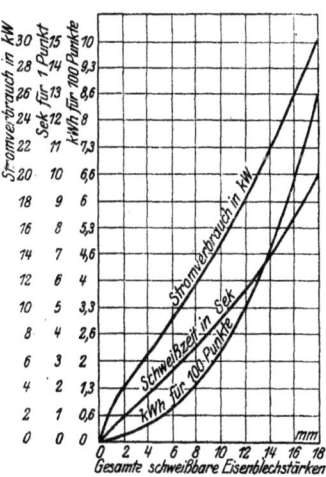

Fig. 2. Abhängigkeit des Stromverbrauches und der Schweißzeit von der Eisenblechstärke.

Aufbau einer Punktschweißmaschine. Auf einem gußeisernen kastenförmigen Fuß sitzt das Gehäuse, in dem der luft- und wassergekühlte Transformator untergebracht ist. Die beiden wassergekühlten Elektroden sind an besonderen Auslegern angebracht, die meist verstellbar sind, damit auch sperrige Gegenstände geschweißt werden können. Der zu verschweißende Gegenstand wird auf die untere Elektrode aufgelegt und hierauf die obere Elektrode durch Treten eines Fußhebels angesetzt. Durch weiteres Abwärtsdrücken des Fußhebels wird der Schalter für das Einschalten des Schweißstromes betätigt und gleichzeitig der Druck der Elektroden verstärkt. Beim Loslassen wird erst der Schalter geöffnet und dann die obere Elektrode abgehoben. Hierauf wird der zu verschweißende Gegenstand bis zu dem nächsten Schweißpunkt auf der unteren

Elektrode verschoben, worauf durch das Herabdrücken des Hebels die nächste Schweißung vorgenommen werden kann. Bei kleineren Maschinen kann auch der gußeiserne Ständer entfallen und der Kasten mit dem Transformator und dem Auslegern auf einen normalen Arbeitstisch gesetzt werden. Zum Einstellen der einzelnen Spannungen beim Schweißen verschiedener Blechstärken dient meist ein unterhalb des Transformators angebrachter Stufenschalter.

2. Nahtschweißmaschine. Werden die Elektroden a und b als Rollen ausgebildet (Fig. 3), so können die zu verschweißenden Bleche fortlaufend unter den

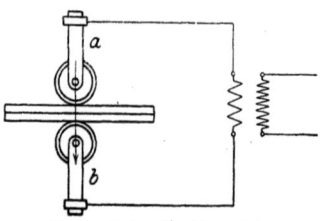

Fig. 3. Nahtschweißmaschine.

Elektroden durchgezogen werden. Es werden dann nicht einzelne Punkte geschweißt, sondern es entsteht eine fortlaufende Naht. Dabei können die Rollen entweder so eingestellt werden, daß sie in der Längsrichtung der Elektrodenhalter, oder derart, daß sie in der Querrichtung sitzen. Die Nahtschweißung wird dort angewandt, wo es auf dichte Schweißung ankommt, also z. B. bei den Nähten von Gefäßen. Grundsätzlich kann jede Punktschweißmaschine auch für Nahtschweißung verwendet werden, wenn an Stelle der runden Elektroden entsprechende Elektrodenrollen eingesetzt werden, die eine Vorrichtung zum Drehen erhalten müssen. Diese Elektroden können entweder von Hand oder selbsttätig, sei es durch Riemen von der Transmission aus oder durch einen kleinen besonderen Elektromotor, gedreht werden.

3. Stumpfschweißen. Beim Stumpfschweißen kommt es darauf an, zwei Gegenstände, z. B. zwei Rundprofile, c und d (Fig. 4) an einer Stelle zu verschweißen.

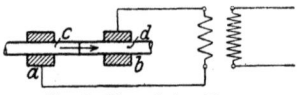

Fig. 4. Stumpfschweißung.

Auch hier wird die Schweißstelle durch den Strom unter gleichzeitigem Anpressen der zu verschweißenden Gegenstände erwärmt. Grundsätzlich gleicht also eine Stumpfschweißmaschine im Wesen einer Punktschweißmaschine, nur liegt der hauptsächliche Unterschied in der Durchbildung der Elektroden a und b, die zum Einspannen der zu verschweißenden Gegenstände eingerichtet sein müssen. Auch ist die Leistung dieser Maschinen meist größer als die der Punktschweißmaschinen, da mit Rücksicht auf die größeren Querschnitte eine bedeutend größere Stromstärke erforderlich wird. Dementsprechend wird bei den größeren Maschinen durch Betätigung besonderer Handräder angepreßt.

Außer diesen für verschiedene Arten der Arbeit verwendbaren Maschinen gibt es noch Sondermaschinen, die nur für bestimmte Arbeiten durchgebildet sind; solche sind z. B. Ketten-Schweißmaschinen zum elektrischen Schweißen der Kettenglieder, oder Maschinen zum Schweißen von Automobilfelgen.

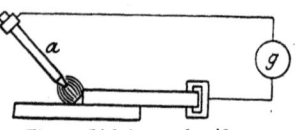

Fig. 5. Lichtbogenschweißung.

b) Elektrisches Lichtbogenschweißen.

Das Lichtbogenschweßen unterscheidet sich grundsätzlich von dem Widerstandsschweißen dadurch, daß hier eine Füllmasse zum Verschweißen der Gegenstände mittels des elektrischen Lichtbogens niedergeschmolzen wird. Von dem elektrischen Lichtbogenschweißverfahren hat sich das nach Slavianoff fast allgemein eingeführt. Hierbei wird der eine Pol einer elektrischen Energiequelle g (Fig. 5) an den zu verschweißenden Gegenstand angeschlossen, der zweite an eine bewegliche Elektrode a, wobei dann zwischen dem Gegenstand und der Elektrode ein elektrischer Lichtbogen aufrecht erhalten wird. Der elektrische Lichtbogen entwickelt eine sehr hohe Temperatur von etwa 3000 bis 3500°. Infolge dieser Temperatur wird die Elektrode flüssig und kann nunmehr als Füllmasse an der zu verschweißenden Stelle, die durch den Lichtbogen auch sehr stark erhitzt wird, aufgetragen werden. Die Elektrode kann aus verschiedenem Material sein. Für die gewöhnliche Schweißung verwendet man Flußeisenstäbe, die zur Verhinderung der Oxydation beim Schweißprozeß mit einer besonderen Masse überzogen sind. Die Zusammensetzung dieser Masse wird von den herstellenden Firmen geheim gehalten. Bei Gußeisenschweißung können, sobald es sich um größere Schweißstellen handelt, mit Vorteil gußeiserne Elektroden verwendet werden. Je nach dem Schweißprozeß muß am Lichtbogen eine Spannung von etwa 20 bis 45 Volt einstellbar sein. Die Stromstärke richtet sich nach der auszuführenden Schweißarbeit; schwächere Bleche werden z. B. mit kleinerer Stromstärke von etwa 100 Amp und noch weniger geschweißt; größere mit Stromstärken von 500 bis 700 Amp. Da es beim Schweißen schwierig ist, den Abstand von der Elektrode dauernd gleich zu halten, so muß die sogenannte Leerlaufspannung beim Schweißen möglichst hochgehalten werden, um ein häufiges Abreißen des Lichtbogens zu verhindern. Die Leerlaufspannung stellt sich dann ein, wenn der Lichtbogen abreißt. Gebräuchlich sind Leerlaufspannungen zwischen 60 und 110 Volt. Bei Schweißanlagen, die vom Netz gespeist werden, wird die Leerlaufspannung beim Schweißen auf die geringste Schweißspannung durch Vorschalten eines Widerstandes abgedrosselt, indem die überschüssige Spannung vernichtet wird. Soll also z. B. mit 25 Volt geschweißt werden und beträgt die Netzspannung 110 Volt, so müssen 85 Volt vernichtet werden, also etwa 77 vH. Die Verluste werden um so größer, je höher die Netzspannung ist. Man verwendet daher sogenannte Schweißdynamos, die mit einem bedeutend besseren Wirkungsgrad arbeiten. Diese Schweißdynamos müssen entsprechend den Bedingungen des elektrischen Schweißens so gebaut sein, daß ihre Schweißspannung in den Grenzen von etwa 20 bis 45 Volt einstellbar ist, daß sie eine hohe Leerlaufspannung haben und die auftretenden Kurzschlüsse, die durch die Berührung der Elektroden mit dem zu verschweißenden Gegenstand entstehen, aushalten können. Am gebräuchlichsten ist für diese Dynamos die Gegenkompoundschaltung und die Krämer-Schaltung. Bei der Krämer-Schaltung sind drei Wicklungen vorhanden, und zwar eine selbsterregte, eine fremderregte Nebenschlußwicklung und eine Gegenkompoundwicklung. Diese Anordnung ermöglicht Schweißen mit gleichbleibendem Strom, der eingestellt werden kann unabhängig von den Spannungsschwankungen, die infolge des näheren oder weiteren Elektrodenabstandes während des Schweißvorganges auftreten. Bei der Gegenkompoundmaschine ändert sich die Schweißstromstärke etwas in Abhängigkeit von den Spannungsschwankungen. Die Krämer-Schaltung hat den Nachteil, daß infolge der drei Wicklungen die Maschine nicht so schnell anspricht wie die Gegenkompoundmaschine, infolgedessen treten Funkenbildungen bei Kurzschlüssen an der Maschine auf. Da diese nachteilig auf die Lebensdauer des Kollektors der Maschine einwirken, so verwendet man bei der Krämer-Schaltung noch einen Vorschaltwiderstand, die sogenannte Drosselspule, wodurch die Wirtschaftlichkeit gegenüber der Einfachkompoundmaschine verschlechtert wird, die viel schneller anspricht und daher keine Drosselspule braucht. Die Schweißdynamo wird in den meisten Fällen von einem Elektromotor angetrieben. Da es fast immer erwünscht ist, diesen Umformer leicht zu transportieren, so setzt man ihn auf eine mit Rädern versehene Grundplatte. Der von den SSW gebaute Umformer ist ventiliert gekapselt, kann daher auch im Freien aufgestellt werden.

Antrieb der Schweißdynamo auch durch Riemen oder durch Benzinmotor. Schweißen mit Wechselstrom ist ebenfalls möglich. Der Lichtbogen läßt sich aber nicht so leicht aufrecht erhalten, und daher ist dieses Verfahren nicht gebräuchlich. Der Schweißer muß gegen die schädlichen Strahlen des Lichtbogens geschützt werden. Hierzu dienen besondere mit farbigen Schutzgläsern versehene Schutzschilder, Schweißerkappen und geeignete Schweißerhandschuhe.

Werkzeugmaschinen.

Bearbeitet von Willi Mitan, Ingenieur der Fritz Werner A.-G.,
Berlin-Marienfelde.

I. Allgemeines.

a) Auswahl.

Die Werkzeugmaschine hat die Aufgabe, dem Arbeitsstück die gewünschte Form zu geben. Das ist in technischer Hinsicht in allen Fällen in vollkommener Weise möglich. Fraglich ist hingegen, ob der eingeschlagene Weg auch wirtschaftlich der günstigste ist. Technisch richtige Fertigung bedeutet infolge des höheren Preises der vollkommeneren Maschinen durchaus noch nicht wirtschaftlich richtige Fertigung. Um beide Forderungen miteinander vereinigen zu können, muß der Maschinenpark der Fertigung angepaßt sein. Fabriken, die nur wenige Arten von Gegenständen, dafür aber in größeren Mengen herstellen, brauchen eine ganz andere Maschinenausrüstung, als Betriebe, die die verschiedenartigsten Maschinen in kleineren Stückzahlen bauen. Aus dieser Verschiedenartigkeit der Herstellungsbedingungen ergibt sich die erste Frage, die bei der Auswahl einer Werkzeugmaschine zu lösen ist und die kurz gefaßt lautet:

„Sondermaschine oder normale Werkzeugmaschine?"

Damit sie richtig beantwortet wird, ist sorgfältig zu überlegen, welche Arbeiten auf der Maschine vorgenommen und welche Stückzahlen hergestellt werden sollen. Die Entscheidung hierüber hängt in erster Linie von der Art und dem Umfang des Betriebes ab. Ist die Form der Gegenstände von solcher Art, daß ihre Bearbeitung auf der normalen Werkzeugmaschine nicht möglich ist oder sind die herzustellenden Stückzahlen sehr groß, so wird man sich für eine Sondermaschine entscheiden. In diesem Falle hat man freie Hand und kann die Konstruktion der Maschine so zweckentsprechend wie möglich ausführen. Daraus ergibt sich eine größere Leistung, so daß die Sondermaschine trotz höherer Anschaffungskosten wirtschaftlicher arbeiten wird als die normale Werkzeugmaschine, zumal sie fast immer von einem angelernten Mann bedient werden kann. Wo die Grenze der Wirtschaftlichkeit liegt, muß von Fall zu Fall entschieden werden; feste Regeln lassen sich hierfür nicht aufstellen. Im allgemeinen kann man sagen, daß die Sondermaschine sich um so eher bezahlt machen wird, je größer die anzufertigenden Stückzahlen sind. Für die hierfür aufzumachende Kalkulation darf jedoch nicht der Stücklohn die Grundlage bilden, sondern stets nur die Summe von Stücklohn und Unkosten. Werden nur die Löhne einander gegenübergestellt, so führt dies oft zu ganz falschen Schlüssen, da es vorkommen kann, daß die Ersparnisse an Löhnen durch die höheren Unkosten der Sondermaschine wieder aufgezehrt werden. Im allgemeinen wird die Sondermaschine nur für größere Betriebe mit ausgesprochener Massenfertigung in Frage kommen. Hier wird sie dann allerdings meist auch ganz erhebliche Ersparnisse im Gefolge haben.

In der Mehrzahl der Fälle wird die Entscheidung jedoch zugunsten der normalen Werkzeugmaschine fallen. Der Begriff „normale Werkzeugmaschine" ist nun allerdings ziemlich unbestimmt. Zwischen den entsprechenden Modellen der einzelnen Firmen bestehen oft ganz erhebliche Unterschiede, sowohl in der Ausstattung als auch im Gewicht, von der Ausführung ganz zu schweigen. Fräsmaschinen z. B. werden mit Selbstgang in einer, zwei oder drei Richtungen gebaut, Drehbänke mit Zug- oder Leitspindel oder mit beiden, Bohrmaschinen mit und ohne Gewindeschneideinrichtung usw. Die Werkzeugmaschinenfabriken sind den Wünschen der Kundschaft oft in einer Weise entgegengekommen, die durchaus nicht gerechtfertigt ist. Die neuzeitliche Fertigung verlangt die Auflösung des Bearbeitungsganges und die Unterteilung in mehrere Einzeloperationen. Die Universalmaschinen, auf denen alles mögliche hergestellt werden kann, werden höchstens in kleineren Werkstätten vollkommen ausgenutzt. Für die größeren Betriebe bilden die vielen Sonderausstattungen, die zu den Universalmaschinen gehören, eine ganz unnötige Belastung des Maschinenkontos; sie treiben nur die Unkosten in die Höhe, da sie zum größten Teil brach liegen. Die meisten Betriebsingenieure neigen dazu, möglichst vielseitige Maschinen anzuschaffen, da das Vorhandensein vieler derartiger Maschinen die Disposition naturgemäß erleichtert. Hier muß aber die Rücksicht auf die Wirtschaftlichkeit des Betriebes allen anderen Erwägungen vorangehen.

Für den Umfang der Ausrüstung ist, wie bereits gesagt, die Größe des Betriebes von ausschlaggebender Bedeutung. Eine kleinere Werkstatt, die nur wenige Maschinen besitzt, wird eine möglichst universelle Maschine wählen, um allen Anforderungen gewachsen zu sein. Mittlere und große Betriebe mit umfangreichem Maschinenpark können einfachere Modelle nehmen. Hier genügt es, wenn einige wenige Maschinen alle Ausrüstungen, die katalogmäßig geführt werden, haben. Bei den übrigen Maschinen werden diese Einrichtungen selten oder nie benutzt. Sie haben weiter den Nachteil, daß sie die Maschine unübersichtlicher und empfindlicher machen. Es ist eine weder technisch noch wirtschaftlich zu rechtfertigende Tatsache, daß in den meisten Werkstätten sämtliche Drehbänke mit Leitspindeln ausgerüstet sind, obgleich im Durchschnitt fast 90 vH aller Dreharbeiten ohne Benutzung der Leitspindel ausgeführt werden. Ebenso verhält es sich mit den Selbstgängen der Fräsmaschinen. In der Mehrzahl der Fälle genügt hier der Selbstgang des Tisches. Eine Ausnahme hiervon machen höchstens die schwereren Maschinen, bei denen das Verstellen des Konsols von Hand sehr anstrengend und zeitraubend ist.

Ist die Frage der Ausrüstung entschieden, so folgt die Wahl der Größe. Diese ist durch zwei Umstände bedingt, einmal durch die Abmessungen der herzustellenden Teile und dann durch die Zugabe für die Bearbeitung. Die Abmessungen der Arbeitsstücke legen auch die Hauptmaße der Maschinen fest. Die Bearbeitungszugabe spielt insofern eine Rolle, als sich hiernach das Gewicht der Maschine richtet. Hat man ständig schwere Schnitte zu nehmen, z. B. bei roh vorgeschmiedeten Stücken oder bei Herstellung von Gegenständen aus dem Vollen, so wird man sich für eine kräftige Ausführung entscheiden. Bei Teilen, die im Gesenk geschmiedet sind, sowie bei geringer Bearbeitungszugabe genügt dagegen ein leichteres Modell der gleichen Größe, das dann natürlich auch entsprechend billiger ist. Leichtere Maschinen haben außerdem den Vorteil, daß sie handlicher sind. Sie sind daher auch da angebracht, wo nur gelegentlich eine größere Bearbeitungszugabe abzunehmen ist. Es müssen dann eventuell mehrere Schnitte genommen werden.

Die nächste zu entscheidende Frage ist die des Antriebes.

1. Stufenscheiben oder Einscheibenantrieb.

Der Streit darüber, welche der beiden Antriebsarten zweckmäßiger ist, ist heute wenigstens bis zu einem gewissen Grade entschieden. Wenn überhaupt einmal der Gedanke auftauchen konnte, die Stufenscheibenmaschine als veraltet zu verwerfen, so war dies der unrichtigen Bauart zuzuschreiben. Früher und leider zum Teil auch heute noch werden Werkzeugmaschinen mit Antriebscheiben von kleinem Durchmesser und geringer Breite benutzt. Die Riemengeschwindigkeit betrug selten mehr als 1,5 m/sek. Die Maschinen waren damit zwar den Beanspruchungen bei gewöhnlichem Kohlenstoffstahl gewachsen, den wesentlich höheren Anforderungen, die der Schnellschnittstahl stellte, konnten sie jedoch nicht annähernd genügen. Die Folge dieses Versagens war, daß gleich die ganze Antriebsart in Verruf kam und die allgemeine Vorliebe sich den Einscheibenmaschinen zuwandte. Nur wenige Firmen hatten den Mut, gegen den Strom zu schwimmen. Sie stellten Versuche an und fanden dabei sehr bald, daß auch die Stufenscheibenmaschinen den Anforderungen des Schnellstahles vollauf gewachsen waren, wenn ihre Antriebe entsprechend kräftig bemessen wurden. Es war eben nicht die Art des Antriebes, die versagt hatte, sondern die unzweckmäßige Ausführung. Eine richtig konstruierte Stufenscheibenmaschine kommt in ihrer Zerspanungsleistung den Einscheibenmaschinen ziemlich nahe. Der Antrieb durch Stufenscheibe ist daher auch heute noch durchaus zeitgemäß. Er besitzt dem Einscheibenantrieb gegenüber sogar noch eine Reihe von Vorzügen; die wichtigsten hiervon sind der wesentlich niedrigere Preis und die größere Einfachheit, aus der sich eine größere Betriebssicherheit ergibt. Ein Nachteil ist die geringere Riemengeschwindigkeit, die die Ursache dafür ist, daß die Leistungen der Einscheibenmaschine doch nicht ganz erreicht werden. Gerade auf den großen Stufen, wo die höchsten Leistungen verlangt werden, läuft der Riemen am langsamsten.

Bei den Einscheibenmaschinen ist die Geschwindigkeit erheblich größer; sie beträgt meist 8 bis 10 m/sek. Es wird hier also eine wesentlich größere Arbeit in die Maschine geleitet; infolge der größeren Anzahl der leer mitlaufenden Räder wird diese Arbeit jedoch nicht restlos zur Zerspanung nutzbar gemacht. Ein weiterer Vorteil besteht darin, daß der Riemen ständig in seiner Lage bleibt; er besitzt daher eine größere Lebensdauer, als der oft umgelegte Riemen der Stufenscheibenmaschine. Auch das Nachspannen braucht nicht so häufig vorgenommen zu werden wie bei diesem. Die Hauptnachteile der Einscheibenmaschine liegen in dem hohen Preis und in der größeren Empfindlichkeit. Die Einrichtungen für den Geschwindigkeitswechsel bilden trotz sorgfältigster Ausführung immer eine gewisse Gefahrenquelle, so daß es namentlich bei Bedienung durch ungelernte Leute häufiger zu Störungen kommt als bei den einfacheren Stufenscheibenmaschinen. Weitere Nachteile sind der höhere Kraft- und Ölverbrauch, der im Verein mit dem größeren Anlagekapital einen höheren Unkostensatz zur Folge hat. Wo jedoch dauernd schwere Schnitte zu nehmen sind, werden diese Nachteile durch die höheren Leistungen der Einscheibenmaschinen wieder ausgeglichen.

Die zweckmäßigste Grenze zwischen beiden Antriebarten liegt bei etwa 5 bis 6 PS. Maschinen mit einem Leistungsbedarf von über 6 PS werden vorteilhaft als Einscheibenmaschinen ausgeführt, für kleinere Leistungen ist der Stufenscheibenantrieb vorzuziehen.

Im übrigen sei hierfür auf den Abschnitt „Einzel- oder Gruppenantrieb?" verwiesen.

2. Antrieb durch Regelmotor.

Eine Sonderstellung unter den verschiedenen Antriebsarten nimmt der Antrieb durch Regelmotor ein, der in verschiedenen Konstruktionen gebaut wird. Bei der einfachsten Ausführungsform tritt der Motor an die Stelle der Stufenscheibe. Die Drehzahl, die bei der normalen Maschine durch Umlegen des Riemens oder durch Einschalten eines anderen Rädervorgeleges geändert wird, wird hier durch Änderung der Drehzahl des Motors eingestellt. Bei den meisten der bisher ausgeführten Bauarten bildet der Motor jedoch keinen Teil der Maschine, sondern ist nachträglich in ein sonst normales Modell hineingebaut worden. Die eigentliche Regelmotor-Werkzeugmaschine, bei der der Motor organisch mit der Maschine verbunden ist und deren Konstruktion von vornherein auf seine Verwendung zugeschnitten ist, besteht bisher nur in ganz wenigen Ausführungen. Das bekannteste Beispiel hierfür ist die Rabomamaschine, bei der die Bohrspindel durch einen Vertikalmotor angetrieben wird, während alle übrigen Bewegungen durch besondere Motore betätigt werden. Stufenscheiben, Riemen und sonstige Übertragungsglieder fehlen ganz.

Die Vorteile der Regelmotormaschine bestehen vor allem in der mühelosen Herstellung der günstigsten Schnittgeschwindigkeit und damit in der denkbar wirtschaftlichsten Arbeitsweise. Die gewünschte Drehzahl wird nicht nur annähernd richtig eingestellt, wie dies bei Maschinen mit bestimmten festliegenden Drehzahlen der Fall ist, sondern genau. Sie läßt sich daher mühelos der Härte des Werkstoffes anpassen. Die auf diese Weise erzielten Zeitersparnisse sind so bedeutend, daß sich diese Maschinenart, wenn vielleicht auch langsam, so doch sicher, durchsetzen wird, wenigstens soweit größere Leistungen in Frage kommen. Die Widerstände, die sich ihr heute noch entgegenstellen, liegen vor allem in den hohen Preisen für die Regelmotore. Die zunehmende Vereinheitlichung der Stromart und der Spannung in den Betrieben wird jedoch auch hierauf günstig einwirken und damit der Einführung der Regelmotormaschine den Weg freimachen. Das Anlagekapital, das derartige Maschinen erfordern, wird allerdings immer höher sein als das einer normalen Werkzeugmaschine. Der höhere Unkostensatz, der sich hieraus ergibt, wird jedoch durch die Ersparnis an Löhnen reichlich wieder aufgewogen.

Beim Vorschub hat sich zwischen beiden Antriebsarten ein ähnlicher Wettkampf abgespielt. Hier war aber der Riemenantrieb wegen der geringen Achsenabstände von vornherein im Nachteil, so daß die neueren Maschinen fast durchweg Räderkasten für den Vorschub besitzen. Eine Ausnahme hiervon bilden höchstens die ausgesprochenen Massenfertigungsmaschinen, die stets mit dem gleichen Vorschub laufen. Hier genügt der Riemenantrieb, der dann allerdings entsprechend kräftig bemessen sein muß. In neuerer Zeit geht man aber auch hier bereits dazu über, den Vorschub durch Wechselräder zu bewirken, die je nach der gewünschten Geschwindigkeit ausgesucht werden. Derartige Konstruktionen haben den Vorzug großer Billigkeit; der Nachteil, daß der Vorschubwechsel länger dauert als beim Riemenantrieb, spielt keine Rolle, da eine Änderung ja nur sehr selten erforderlich ist.

b) Konstruktive Ausbildung.

Die Beurteilung einer Werkzeugmaschine nach betriebstechnischen Gesichtspunkten ist für den Nichtspezialisten ziemlich schwierig. Die Fülle der Konstruktionen wirkt oftmals verwirrend, so daß einige Fingerzeige gegeben werden sollen.

Der Antrieb muß genügend kräftig sein und zu den übrigen Abmessungen der Maschine im richtigen Verhältnis stehen. Besonders bei Stufenscheibenmaschinen ist hierauf zu achten. Die Kennzeichen einer gut konstruierten Stufenscheibenmaschine sind: großer Durchmesser der Antriebsstufenscheibe, große Breite der Stufen und geringe Unterschiede in den Stufendurchmessern. Sind diese Unterschiede sehr groß, so ergeben sich kleine Umschlingungsbögen und damit ungünstige Übertragungsverhältnisse. Die notwendige Anzahl der Spindelgeschwindigkeiten muß unter Umständen durch Einbau mehrerer Rädervorgelege erhalten werden. Die Baulänge soll tunlichst kurz sein, um ein Durchbiegen der Spindel infolge des Riemenzuges zu verhindern. Die geringste Riemengeschwindigkeit soll möglichst nicht unter 4 m/sek betragen.

Einscheibenmaschinen sollen eine Riemengeschwindigkeit von mindestens 8 m/sek und eine Scheibenbreite von etwa einem Viertel des Durchmessers haben. Hier ist auch die Art des Wechsels von Wichtigkeit. Kann diesen während des Ganges vorgenommen werden, so wird natürlich viel Zeit gespart, da die Maschine nicht erst jedesmal stillgesetzt zu werden braucht. Restlos wird diese Forderung jedoch nur von Reibungskupplungen erfüllt, die bei sorgfältiger Ausführung Kräfte bis etwa 15 PS mit Sicherheit übertragen. Klauenkupplungen und radial einschwenkbare Räder lassen sich nur bei geringer Geschwindigkeit während des Ganges schalten. Einige Firmen haben versucht, diesen Übelstand durch Verwendung eines zugespitzten Zahnprofiles zu beseitigen. Derartige Getriebe kommen jedoch nur für geringe Kräfte in Frage, für den Hauptantrieb jedenfalls nicht.

Drehzahlen und Vorschübe müssen dem Arbeitsbereich der Maschine angepaßt sein. Bei einer Drehbank z. B. muß die kleinste Drehzahl soweit heruntergedrückt sein, daß ein Arbeitsstück vom größten einspannbaren Durchmesser noch mit der richtigen Schnittgeschwindigkeit bearbeitet werden kann. $\left(n_{\min} = \dfrac{v_{\min} \cdot 1000}{d_{\max} \cdot \pi}\right)$. Umgekehrt muß ein Arbeitsstück vom kleinsten Durchmesser durch Einschalten der größten Drehzahl noch auf die erforderliche Schnittgeschwindigkeit gebracht werden können. $\left(n_{\max} = \dfrac{v_{\max} \cdot 1000}{d_{\min} \cdot \pi}\right)$. Zwischen den beiden so gefundenen Grenzdrehzahlen sind möglichst viel weitere Drehzahlen erwünscht. Je größer ihre Anzahl ist, desto wirtschaftlicher arbeitet die Maschine. Den Grund hierfür erkennt man bei Betrachtung des in Fig. 1 dargestellten sog. „Sägendiagrammes", das hier für eine Fräsmaschine aufgestellt worden ist. Auf der Ordinate ist die Schnittgeschwindigkeit in m/min, auf der Abszisse der Fräserdurchmesser in mm abgetragen. Die 9 Drehzahlen der Maschine

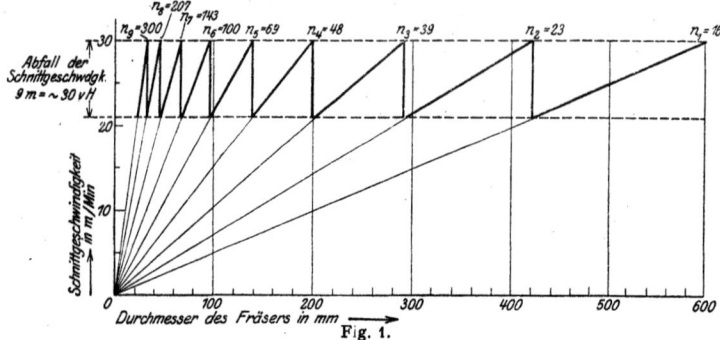

Fig. 1.

sind unter Benutzung der Gleichung für die Schnittgeschwindigkeit $v = \dfrac{d \cdot \pi \cdot n}{1000}$ eingezeichnet worden. Bei gegebener Schnittgeschwindigkeit und gegebenem Fräserdurchmesser findet man die richtige Drehzahl durch Errichten von Loten in den beiden gegebenen Punkten. Der Schnittpunkt der beiden Lote liegt entweder unmittelbar auf einer der die Drehzahlen darstellenden Geraden, oder aber zwischen zwei Geraden, Im ersteren Fall erhält man bei Einschaltung der betreffenden Drehzahl genau die gewünschte Schnittgeschwindigkeit. Liegt der Schnittpunkt jedoch zwischen zwei Geraden, so bleibt nichts weiter übrig, als die darüber oder darunter liegende Gerade, d. h. also die nächst höhere oder niedrigere Drehzahl zu nehmen. Man arbeitet dann entweder mit einer zu hohen Schnittgeschwindigkeit, was zur Folge hat, daß das Werkzeug schnell stumpf wird, oder aber die Schnittgeschwindigkeit ist zu klein, so daß die Bearbeitung länger dauert. Die mögliche Abweichung von der richtigen Geschwindigkeit wird nun um so größer sein, je weiter die Geraden auseinander liegen. Da die äußersten Geraden, d. h. also die Grenzdrehzahlen, durch die Abmessungen der Maschine wenigstens annähernd festgelegt sind, so wird die richtige Geschwindigkeit um so genauer eingehalten werden, je geringer die Abstände zwischen den einzelnen Geraden sind, d. h. je mehr Drehzahlen vorgesehen sind. Der Verlust, der beim Übergang von der einen Geschwindigkeit auf die andere entsteht, heißt der Schnittgeschwindigkeitsabfall. Er berechnet sich zu $\dfrac{\varphi - 1}{\varphi}$, wenn φ den Quotienten der Drehzahlreihe bezeichnet. Dieser Wert wird als „Gruppensprung" bezeichnet. Bei guten Maschinen darf der Abfall höchstens 30 vH betragen. Je geringer er ist, desto wirtschaftlicher arbeitet die Maschine. Am günstigsten liegen die Verhältnisse in dieser Beziehung bei der Regelmotormaschine, da diese die Herstellung jeder beliebigen Drehzahl innerhalb der Grenzen ihres Regelbereiches gestattet.

Das Diagramm zeigt ferner, warum die Forderung nach einer geometrischen Abstufung der Drehzahlen berechtigt ist. Bildeten diese keine solche Reihe, so würde sich das in dem Diagramm dadurch zeigen, daß eine unregelmäßige Säge entstände (Fig. 2). In diesem Falle wäre der Schnittgeschwindigkeitsabfall überall verschieden. Die Maschine würde also bei gewissen Durchmessern sehr günstig arbeiten, bei anderen dafür um so ungünstiger. Genau so liegen die Verhältnisse, wenn statt der geometrischen eine arithmetische Reihe verwendet wird (Fig. 3). Hier ist der Geschwindigkeitsabfall bei den hohen Drehzahlen sehr gering, während er bei den niedrigeren Drehzahlen dafür um so höher ist.

Bei Beurteilung der Werte für den Vorschub muß man sich zunächst klar machen, ob die Maschine zum Schruppen, zum Schlichten oder für beide Zwecke bestimmt ist. Bei ausgesprochenen Schruppmaschinen müssen die Vorschübe relativ groß sein, bei Schlichtmaschinen können sie kleiner sein. (Über die Größe der Werte s. Teil III.) Die Mehrzahl der Werkzeugmaschinen dient zum Schruppen

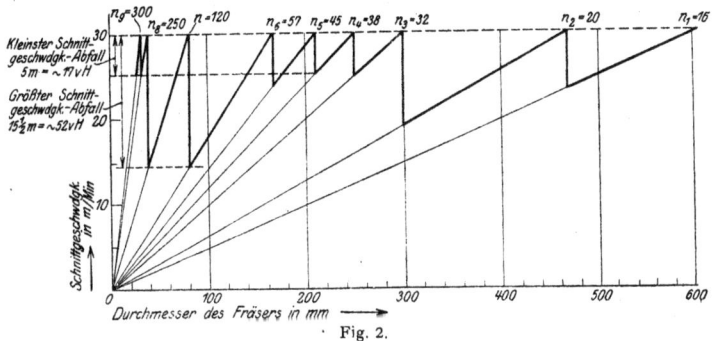

Fig. 2.

und Schlichten, die Größe der Vorschübe wird daher stets ein Kompromiß zwischen den beiden eben genannten Forderungen sein.

Zum Wechseln der Vorschubgeschwindigkeit bedient man sich derselben Mittel wie beim Hauptantrieb: Verschieben des Riemens auf der Stufenscheibe oder Räderwechsel. Wo Riementriebe zur Verwendung gelangen, müssen die Scheiben entsprechend groß bemessen sein; bei zwangläufigen Antrieben ist die erforderliche Durchzugskraft auf jeden Fall gewährleistet. Bezüglich der verschiedenen Ausführungen gilt das bei den Hauptantrieben Gesagte. Klauenkupplungen und radial einschwenkbare Räder lassen sich nur bei geringer Geschwindigkeit schalten, Verschieberäder nur bei Stillstand der Maschine. Ziehkeilgetriebe können zwar während des Ganges geschaltet werden, ratsam ist dies jedoch nicht, da der beim Einschnappen des Keiles entstehende Stoß diesen und die Ziehkeilwelle stark beansprucht, so daß es sehr leicht zu Brüchen kommt. Auch hier ist es also empfehlenswert, nur bei Stillstand zu schalten. Wechselgetriebe mit Reibungskupplungen werden wegen ihrer hohen Kosten für die Vorschubübertragung so gut wie gar nicht verwendet. Für die Abstufung der Vorschübe gilt das bei den Drehzahlen Gesagte. Um wirtschaftlich arbeiten zu können, ist es wünschenswert, daß die Vorschübe eine geometrische Reihe bilden, bei der der Quotient φ möglichst klein gewählt ist. Bei zu großem Gruppensprung wird die Maschine nicht richtig ausgenutzt; es kann dabei sehr leicht der Fall eintreten, daß der eingestellte Vorschub zu klein ist, während der nächstfolgende bereits nicht mehr durchgezogen wird. Je dichter nun die einzelnen Werte zusammenliegen, desto geringer wird der auf diese Weise entstehende Verlust sein. Auch hier zeigt sich wieder der Vorteil des Regelmotors, der gestattet, den Vorschub unabhängig von irgendwelchen festen Werten bis zur vorteilhaftesten Größe zu steigern und damit die Bearbeitungszeit auf ein Mindestmaß zu verringern.

Konen, Kopfgewinde und die sonstigen zur Befestigung der Werkzeuge dienenden Teile der Werkzeugmaschinen sollen in den einzelnen Betrieben möglichst gleichartig sein. Leider sind wir von diesem Idealzustand noch weit entfernt, da die großen Werkzeugmaschinenfabriken fast alle ihre eigenen Konen haben. Die Käufer sind daher meist gezwungen, entweder die neuangeschafften Maschinen selbst nachzuarbeiten, oder aber ein unverhältnismäßig großes Lager von Dornen, Futtern usw. zu unterhalten. Nur bei den Bohrmaschinen ist durchweg der Morsekegel in Benutzung. Vor kurzem hat jedoch der Normenausschuß der Deutschen Industrie beschlossen, einen einheitlichen Spindelkonus für sämtliche Werkzeugmaschinen einzuführen.

Bestrebungen zur Normung der Spindelgewinde sind ebenfalls im Gange.

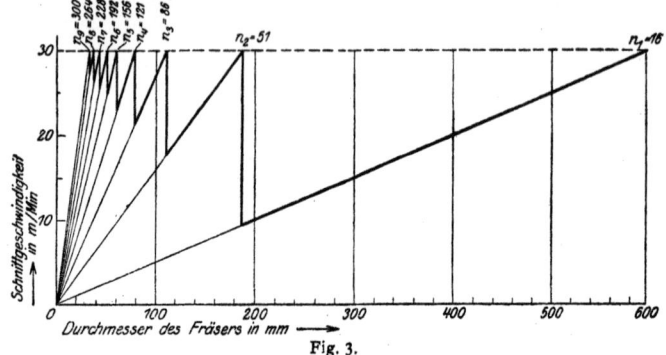

Fig. 3.

Die Verbraucher, die ja selbst das größte Interesse an dieser Vereinheitlichung haben, können diese Bestrebungen in wirksamster Weise unterstützen, wenn sie bei Bestellung die Lieferung von Maschinen mit genormtem Konus zur Bedingung machen. Nach dem Beschluß des Normenausschusses sollen für sämtliche Werkzeugmaschinen je nach der Größe die Morsekegel 0 bis 5 verwendet werden, darüber hinaus der metrische Kegel 50, dann der Morsekegel 6 und für noch schwerere Maschinen die metrischen Kegel 70 und 90. Für ganz kleine Maschinen, für die der Morsekegel Nr. 0 bereits zu groß ist, kommen die metrischen Kegel Nr. 4 bis 6 zur Verwendung.

Für die sonstige bauliche Durchbildung der Maschine gelten folgende Regeln: Sämtliche Bedienungshebel der Maschine sollen so angeordnet sein, daß der Arbeiter sie von einer Stelle aus erreichen kann. Eine Ausnahme ist nur für diejenigen Griffe zulässig, die sehr selten gebraucht werden. Die verschiedenen Geschwindigkeiten, Vorschübe, Selbstgänge usw. müssen gegenseitig verriegelt sein, damit bei Unaufmerksamkeit oder Unerfahrenheit des Arbeiters keine Brüche in den Getrieben entstehen können. Bei Maschinen, bei denen der Vorschub unabhängig vom Hauptantrieb ist, muß eine Einrichtung vorgesehen sein, die den Vorschub bei Stehenbleiben des Hauptantriebes selbsttätig stillsetzt. Maschinen mit hin- und hergehender Schnittbewegung müssen Sicherheitsanschläge haben, um ein Herausfahren des Tisches unmöglich zu machen. Wenn Stahl verarbeitet werden soll, müssen die Maschinen mit Ölpumpe und mit geeigneten Einrichtungen zum Auffangen des Schmiermittels versehen sein. Am besten eignen sich Räderpumpen für diesen Zweck; für größere Wassermengen werden auch Schleuderpumpen verwendet. Die früher viel benützten zweiflügeligen Pumpen sind empfindlich gegen Verunreinigungen; sie kommen für leistungsfähige Maschinen daher nicht mehr in Frage. Sämtliche Stellspindeln sollen mit Skalaringen und deutlich sichtbarer Bezeichnung „1 Strich = ... mm" versehen sein. Besondere Beachtung ist der konstruktiven Durchbildung der Schmiereinrichtungen zuzuwenden. Am besten ist es, wenn sämtliche Ölstellen eines Organes von einem gemeinsamen Behälter aus geölt werden, da hierbei nicht die Gefahr besteht, daß der Arbeiter einzeln liegende Schmierstellen zu schmieren vergißt. Wo einzeln liegende Ölstellen unvermeidlich sind, müssen sie durch aufgesetzte Öler verschlossen sein, damit keine Späne hineinfallen können. Schneckengetriebe sind dicht einzukapseln, damit die Schnecke in Öl laufen kann. Bei schwereren Werkzeugmaschinen empfiehlt sich das Anbringen selbsttätiger Schmiereinrichtungen nach Art der bekannten Boschöler.

Jede Maschine soll mit einem großen, deutlich lesbaren Schild mit den notwendigen Angaben über die Größe der herstellbaren Geschwindigkeiten und Vorschübe, sowie über die Art, wie die Hebel hierfür zu legen sind, versehen sein.

Sämtliche Maschinen, gleichgültig, welcher Art sie sind, sollen Aussparungen in der Unterseite der Grundplatte oder der Füße haben, damit sie beim Weiterbewegen bequem mit der Brechstange angehoben werden können. Das Vorhandensein der nötigen Schutzvorrichtungen sollte eigentlich selbstverständlich sein, trotzdem ist es auch hier empfehlenswert, sich von der Einhaltung der in Frage kommenden Vorschriften zu überzeugen, damit sich später keine Unannehmlichkeiten mit der Gewerbeinspektion ergeben. Für Schlüssel und lose Zubehörteile soll nach Möglichkeit ein Aufbewahrungsraum im Ständer vorhanden sein. Wo dies aus konstruktiven Gründen nicht möglich ist, empfiehlt sich Aufstellung eines besonderen Werkzeugschrankes.

Einzel- oder Gruppenantrieb.

Die Frage, ob Einzel- oder Gruppenantrieb vorteilhafter ist, gehört zu denjenigen, die in der Fachliteratur am häufigsten behandelt worden sind. Trotz der vielen Ausführungen hierüber ist jedoch eine allgemein gültige Lösung bisher noch nicht gefunden worden. Umfang und Art des Betriebes sowie die örtlichen Verhältnisse sind hierbei von so erheblichem Einfluß, daß sich feste Regeln gar nicht aufstellen lassen. Es können daher auch hier nur die allgemeinen Gesichtspunkte dargestellt werden. Soweit die elektrotechnische Seite in Betracht kommt, ist die Frage bereits ausführlich auf S. 215 u. f. behandelt worden; vom Standpunkt des Werkzeugmaschineningenieurs sei hier noch folgendes hinzugefügt:

Der Einzelantrieb macht die Werkstatt von Riemen frei und gewährleistet eine große Übersichtlichkeit. Er sichert den Maschinen eine hohe Leistung. Die Kosten für Anschaffung und Wartung der Transmissionen und Deckenvorgelege fallen fort. Riemenbedarf und Riemenverschleiß sind denkbar gering, da entweder durch Rädervorgelege, Zahnketten usw. oder durch ganz kurze Riementriebe unmittelbar vom Motor aus angetrieben wird. Maschinen, die nur selten gebraucht werden, können ohne weiteres stillgesetzt werden, so daß erheblich an Stromkosten gespart wird. Umgekehrt braucht bei Nachtarbeit oder bei Überstunden immer nur die Maschine zu laufen, die gebraucht wird; ein Mitlaufen von Transmissionssträngen ist dabei nicht erforderlich. Ein weiterer Vorzug besteht in der vollständigen Unabhängigkeit bei der Aufstellung. Soll eine Maschine versetzt oder neu aufgestellt werden, so kann dies ohne weiteres geschehen; Rücksicht auf vorhandene Transmissionsstränge braucht nicht genommen zu werden.

Die Nachteile des Einzelantriebes liegen in den hohen Kosten für die große Zahl der Einzelmotore und in dem hohen Unkostensatz, der sich hieraus ergibt. Die Zahl der Störungen ist größer als beim Gruppenantrieb und zwar sowohl bei der elektrischen Ausrüstung, wie an der Maschine selbst.

Der Motor für den Einzelantrieb muß natürlich durch den Maschinenarbeiter selbst bedient werden. Namentlich da, wo die Leute öfter wechseln, wird es infolgedessen auch öfter zu Störungen infolge von Fehlschaltungen kommen. Die gleiche Gefahr ist bei den Maschinen selbst vorhanden, die erheblich empfindlicher sind als die einfacheren Stufenscheibenmaschinen. Handelt es sich um Maschinen, die nachträglich für Einzelantrieb umgebaut worden sind, so sind Fehlgriffe allerdings nicht so leicht möglich, dafür ist dann aber die Arbeitsweise um so ungünstiger. Der Hauptvorteil der Einscheibenmaschine, die hohe Riemengeschwindigkeit, fehlt hierbei; der Riementrieb ist außerordentlich kurz und macht den Einbau einer besonderen Spanneinrichtung, der sog. Wippe, erforderlich.

Der Hauptvorteil des Gruppenantriebes besteht darin, daß der Gruppenmotor weit schwächer gewählt werden kann als der Summe der Einzelleistungen der angeschlossenen Maschinen entspricht. Die Mehrkosten für Transmissionen, Deckenvorgelege usw. werden daher durch Ersparnisse in der Anschaffung des Motors wieder ausgeglichen. Störungen durch Fehlschaltungen können kaum vorkommen, da der Gruppenmotor durch einen besonders damit beauftragten Mann bedient werden kann.

Nachteile des Gruppenantriebes sind die Beeinträchtigung der Übersichtlichkeit der Werkstatt, die Kosten für Anbringung und Wartung der Transmissionen und Vorgelege, sowie der erheblich größere Riemenbedarf. Auch der Eigenverbrauch dieser Teile spielt namentlich bei nicht sehr sorgfältig ausgeführten Anlagen eine Rolle. Ein weiterer Mangel ist, daß bei einer Motorstörung gleich eine ganze Anzahl von Maschinen ausfällt, Überstunden an einzelnen Maschinen machen stets das Mitlaufen des ganzen Transmissionsstranges erforderlich. Umstellungen von Maschinen können nur mit Rücksicht auf die vorhandenen Wellenstränge vorgenommen werden.

Wägt man beide Antriebsarten gegeneinander ab, so ergibt sich, daß der Gruppenantrieb wenigstens für kleinere Maschinen den Vorzug verdient. Wo der Einzelantrieb anzufangen hat, hängt von der Eigenart des Betriebes ab und muß von Fall zu Fall festgestellt werden. Im allgemeinen wird die Grenze zwischen beiden Antriebsarten bei etwa 5 bis 6 PS liegen. Maschinen mit geringerem Kraftbedarf lassen sich nur in ganz seltenen Fällen in wirklich vorteilhafter Weise für den Einzelantrieb einrichten.

Über die elektrische Ausrüstung der Werkzeugmaschinen ist folgendes zu sagen:

Drehstrom ist für Motore mit feststehender Drehzahl sehr vorteilhaft, da Bedienung und Unterhaltung hierbei außerordentlich einfach sind. Am besten eignen sich Motore mit Schleifringanker für den Antrieb von Werkzeugmaschinen; nur für ganz kleine Leistungen bis etwa 1 PS werden Kurzschlußmotore verwendet. Für Regelmotore ist Drehstrom dagegen nicht zu empfehlen, da ihre Leistung bei Abwärtsregelung sinkt und zwar ungefähr proportional der Drehzahl. Um die Werkzeugmaschine voll ausnutzen zu können, ist man daher gezwungen, einen Motor zu wählen, der bereits bei der Anfangsdrehzahl die erforderliche Leistung hat, d. h. eine unverhältnismäßig große Type, die dann natürlich auch entsprechend teurer ist. Drehstrom ist also nur da angebracht, wo Gruppenantrieb oder auch Einzelantrieb mit Motoren feststehender Drehzahl verwendet werden soll.

Größe des Motors.

Die richtige Wahl des Motors — gleichgültig ob Gruppen- oder Einzelantrieb verwendet wird — ist von erheblichem Einfluß auf die Wirtschaftlichkeit des Betriebes. Ein zu schwacher Motor arbeitet mit schlechtem Wirkungsgrad, da er zur Erzielung der erforderlichen Leistung dauernd überlastet werden muß. Das hat außerdem auch noch den Nachteil, daß es häufiger als sonst zu Störungen kommt. Ist der Motor zu stark, so wird er nicht voll ausgenutzt; der Wirkungsgrad ist also auch in diesem Fall schlecht. Hierzu kommt, daß ganz unnötigerweise ein höheres Anlagekapital verzinst werden muß.

Nun die Wahl selbst: Bei Maschinen mit Einzelantrieb ist sie ziemlich einfach. Die erforderliche Leistung kann ohne weiteres dem Katolog entnommen werden; die Werte sind, wenigstens soweit führende Firmen in Frage kommen, durchaus zuverlässig, da sie fast immer das Ergebnis praktischer Versuche darstellen. Anders beim Gruppenantrieb. Hier würde die Zusammenzählung des Arbeitsbedarfes der einzelnen Maschinen zur Folge haben, daß ein viel zu starker Motor herauskommen würde. Ein Motor von der auf diese Weise errechneten Leistung würde nur angebracht sein, wenn tatsächlich sämtliche Maschinen dauernd mit ihrer Höchstleistung laufen würden. Das ist im praktischen Betriebe natürlich niemals der Fall. Weiter ist auch noch der Einfluß der Transmission zu berücksichtigen, die in gewissem Umfange als Schwungrad wirkt. Für die Bemessung der Motorleistung ist daher nicht die Summe der Einzelleistungen zugrunde zu legen, sondern nur der durchschnittliche Bedarf der einzelnen Maschinen. Im allgemeinen kann die Motorleistung mit etwa 50 bis 70 vH der Summe der Einzelleistungen angenommen werden.

Über die Größe der einzelnen Gruppen ist zu bemerken: Je mehr Maschinen zu einer Gruppe vereinigt werden, desto besser ist der Wirkungsgrad des Motors, desto geringer sind die Kosten für Anschaffung, Gründung, Zuleitung usw. Auf der anderen Seite ergeben sich aus der Wahl eines großen Motors aber sehr lange Transmissionsstränge, mehrfache Riemenübersetzungen und als Folge hiervon auch größere Verluste. Ferner bewirkt eine Störung am Motor sofort eine umfangreiche Betriebsunterbrechung. Ein weiterer Nachteil ist, daß die ganze Transmission mitlaufen muß, wenn einmal an einigen Maschinen Überstunden gemacht werden müssen. Die Größe der einzelnen Gruppen wird vorteilhaft so gewählt, daß sich für schwerere Maschinen ein Motor von etwa 30 bis 40 PS ergibt und für leichtere ein solcher von etwa 10 bis 15 PS. Es werden dann im Durchschnitt etwa 10 bezw. 20 Maschinen auf eine Gruppe entfallen. Diese Zahlen stellen ein Kompromiß zwischen den Vor- und Nachteilen des Gruppenantriebes dar. Auf der einen Seite werden die Ersparnisse erzielt, die sich aus der Verwendung des Gruppenmotors ergeben, während doch auf der anderen Seite dafür gesorgt ist, daß die Nachteile dieser Antriebsart nicht allzu groß werden können.

Wer Regelmotore benutzen will, muß Gleichstrom wählen. Hier ist die Leistung auf dem ganzen Regelbereich gleich, so daß verhältnismäßig kleine Modelle verwendet werden können. Die Anschaffungskosten sind daher wesentlich geringer als bei einem Drehstrommotor mit entsprechender Leistung. Hierzu kommt, daß auch der Stromverbrauch günstiger ist; die auf diese Weise erzielten Ersparnisse sind so bedeutend, daß sich sogar die Aufstellung einer Umformeranlage zur Erzeugung des benötigten Gleichstromes lohnt, zumal dessen Vorhandensein für viele Zwecke, wie z. B. für elektromagnetische Aufspannfutter, ohnehin erforderlich ist.

Anordnung des Motors.

Der Platz für die Motore richtet sich nach der Konstruktion der anzutreibenden Werkzeugmaschinen. Bei Einscheibenmaschinen wird er fast stets vorgeschrieben sein, so daß keine Wahl bleibt. Bei Gruppenantrieben wird der Motor entweder auf den Flurboden gestellt oder auf das Gerüst gesetzt, das die Transmission trägt, vorausgesetzt natürlich, daß hier genügend Raum vorhanden ist. Die erste Art hat den Vorzug, daß der Motor bequem zugänglich ist, dafür aber den Nachteil des größeren Platzbedarfes. Wer mit dem Platz sparen muß, wird daher der zweiten Art den Vorrang geben, zumal der dann notwendige wagerechte Riementrieb auch noch günstiger arbeitet. Diese Anordnung wird hauptsächlich für Hallenbauten in Frage kommen. Wo sie gewählt wird, muß aber dafür gesorgt werden, daß der Motor bequem zugänglich ist. Am besten werden dann Laufstege zwischen den einzelnen Motoren angeordnet. Bei Drehstrommotoren muß weiter eine von unten zu betätigende Bürstenabhebevorrichtung vorgesehen werden.

c) Anordnung in der Werkstatt.

Die oft gehörte Forderung, die Maschinen so aufzustellen, daß sich möglichst geringe Transportwege für die Arbeitsstücke ergeben, ist durchaus nicht so wichtig, da die Gegenstände in gut geleiteten Betrieben doch nach jeder Operation erst durch die Revision gehen müssen. Viel richtiger ist es, die gleichartigen Maschinen zusammenzufassen und gruppenweise aufzustellen. In der Fräserei z. B. wird man sämtliche Ständerfräsmaschinen zu einer Gruppe vereinigen, ebenso sämtliche Senkrechtfräsmaschinen. Weitere Unterabteilungen können durch Zusammenfassung aller Planfräsmaschinen, aller Langlochfräsmaschinen usw. gebildet werden. In der Dreherei wird man besondere Gruppen machen aus den Bolzendrehbänken, den Leitspindelbänken, den Kopfdrehbänken, in der Schleiferei aus den Rundschleifmaschinen, den Lochschleifmaschinen, den Planschleifmaschinen usw. Verfährt man in dieser Weise, so erleichtert man sich die Disposition und die Terminverfolgung ganz ungemein, da man die Arbeitsstücke immer nur an einer bestimmten Stelle zu suchen braucht. In größeren Betrieben kann man die so geschaffenen Unterabteilungen auch noch einem besonderen Vorarbeiter unterstellen und den Meister dadurch entlasten. Ein weiterer Vorteil dieser Art der Anordnung ist die größere Genauigkeit der Selbstkostenberechnung. Es ist hierbei sehr leicht, die Unkostensätze für die einzelnen Maschinengruppen getrennt zu ermitteln.

Die einzelnen Maschinen sollen so aufgestellt werden, daß neben jedem Platz zum Ablegen der Arbeitsstücke vorhanden ist. Zwischen je zwei Reihen von Maschinen muß ein Weg für den Verkehr und den Transport der Arbeitsstücke frei bleiben. Bei der Bemessung des Platzbedarfes für die einzelnen Maschinen ist zu berücksichtigen, daß dieser stets erheblich größer ist als die Bodenfläche der Maschine. Weiter ist bei der Aufstellung auf die Aufspannungsmöglichkeiten Rücksicht zu nehmen. Maschinen zur Bearbeitung schwerer Gegenstände müssen unter der Kranbahn liegen, bei mittleren Maschinen genügt ein in der Nähe angebrachter Drehkran oder Flaschenzug. Derartige Maschinen sollen möglichst nahe den Transportgleisen stehen. Maschinen, die Stangenmaterial verarbeiten (Automaten, Revolverbänke, Abstechmaschinen), dürfen nicht in einer Geraden aufgestellt werden, da sonst das Material nicht eingeführt werden kann. Sie müssen etwas schief zur Richtung der Transmission gestellt werden. Wie groß der Winkel ist, hängt von der Größe der Maschine ab und muß ausgeprobt werden; im allgemeinen wird ein Winkel von 10° genügen. Bei Maschinen mit hin- und hergehendem Tisch, besonders bei Hobelmaschinen, muß zwischen der äußersten Stellung des Tisches und der Wand bzw. zwischen je zwei Maschinen, so viel Platz bleiben, daß ein Mann bequem stehen kann, damit keine Unglücksfälle eintreten können. Maschinen, zu deren Bedienung viel Licht erforderlich ist, wie z. B. Schleifmaschinen, sind in der Nähe der Fenster aufzustellen. Bei Schleifmaschinen ist auch noch darauf zu achten, daß der Boden nicht zittert, da alle Vibrationen die Sauberkeit der Arbeit beeinträchtigen. Geringe Erschütterungen, die man sonst gar nicht wahrnimmt, sind oft die Ursache für Mißerfolge, namentlich bei der Anfertigung hochwertiger Arbeiten, wie z. B. beim Schleifen von Lehrdornen.

d) Anlieferung und Aufstellung.

Wenn eine Werkzeugmaschine angeliefert wird, so prüfe man zunächst, ob sie auf dem Transport keinen Schaden erlitten hat. Dann überzeuge man sich an Hand der Bestellung, ob sie gemäß der Vereinbarung geliefert worden ist, d. h. ob alle Angaben über Wege, mitzuliefernde Zubehörteile usw. auch tatsächlich eingehalten worden sind. Bei etwaigen Abweichungen mache man der Lieferfirma sofort Mitteilung.

Vor dem Abladen vergewissere man sich, ob die vorgesehenen Hebevorrichtungen auch ausreichende Stärke besitzen; das Gewicht der Maschine geht aus dem Lieferschein hervor. Zum Heben dürfen nur Hanfseile benutzt werden, da Drahtseile und Ketten zum Gleiten neigen. Sie haben außerdem den Nachteil, daß sie bearbeitete Flächen sehr leicht beschädigen. Die Seile sollen so um die Maschine geschlungen werden, daß sie an den Hauptteilen (Bett, Ständer usw.) angreifen. Besondere Aufmerksamkeit ist darauf zu richten, daß das Seil sich nicht gegen herausragende, schwache Teile legt, da diese sonst leicht verbogen werden. Beim Anheben ist darauf zu achten, daß die Maschine ihre natürliche Lage behält; etwa notwendig werdende Schwerpunktverschiebungen können durch Verstellen des Tisches, des Supportes usw. bewirkt werden. Steht für die Weiterbeförderung der Maschine in die Werkstatt kein Kran zur Verfügung, so rolle man sie auf Rundeisen weiter, sorge jedoch dafür, daß sie dabei nicht von den Walzen herunterkippt, da jedes Stauchen die Genauigkeit empfindlich beeinträchtigt.

Aufstellen.

Maßgebend für die Aufstellung ist der zu jeder Maschine mitgelieferte Aufstellungsplan, dessen Angaben genau zu beachten sind. Die Art der Aufstellung richtet sich nach der Größe der Maschine. Schwerere Maschinen, d. h. solche über 2000 kg Gewicht, werden zweckmäßig auf ein besonderes Fundament gesetzt, dessen Größe nach dem Gewicht der Maschine zu bemessen ist. Bei leichteren Maschinen genügt es, wenn sie unmittelbar auf den Fußboden gesetzt werden. Hierbei ist jedoch Voraussetzung, daß der Bodenbelag praktisch unveränderlich ist. Asphalt entspricht dieser Bedingung nicht; er ist zu weich und gibt unter dem Gewicht der Maschine nach. Auch Holz ist nicht brauchbar, da es sich beim Feuchtwerden wirft und so auch ein Verziehen der Maschine herbeiführt. Eine Ausnahme hiervon macht nur der Stabfußboden, wenn er aus schmalen Hartholzlatten zusammengesetzt ist und sich in gutem Zustande befindet. Ziegelsteine sind brauchbar, wenn sie hart gebrannt und auf einer Unterlage von Mörtel oder Zement verlegt sind. Ist der Fußboden nicht einwandfrei, so muß er an den Auflagestellen aufgebrochen werden, bis die Unterlage zum Vorschein kommt. Die entstandene Öffnung wird dann mit Zement ausgegossen.

Vor der Aufstellung muß der Untergrund, gleichgültig, ob es sich um ein besonderes Fundament oder nur um ausgegossene Auflagestellen handelt, vollständig erhärtet sein. Hierauf ist ganz besonders zu achten, da jede zu früh vorgenommene Belastung ein ungleichmäßiges Setzen des Fundamentes und damit auch ein Verziehen der Maschine zur Folge hat. Fundamente für Maschinen bis etwa 3000 kg Gewicht brauchen zum vollständigen Abbinden 4 bis 5 Tage, größere entsprechend länger.

Ist die Maschine an Ort und Stelle gebracht, so wird sie gründlich gesäubert. Das Rostschutzmittel, mit dem die Maschinen vor dem Versand gewöhnlich angestrichen werden, wird am besten durch Abwaschen mit Petroleum entfernt. Staub und Schmutz werden mit trockenen Putzlappen abgewischt; Putzwolle ist hierfür nicht zu empfehlen, da sie zu sehr fasert. Einfachere Maschinen werden zur gründlicheren Reinigung zweckmäßig auseinandergenommen. Bei komplizierteren Maschinen darf dies nur geschehen, wenn ein tüchtiger Werkzeugmaschinenschlosser vorhanden ist, der sie wieder zusammensetzen kann. Wo das nicht der Fall ist, verzichtet man besser auf das Auseinandernehmen und reinigt die Maschine so. Unter keinen Umständen darf jedoch die Lagerung der Arbeitsspindel herausgenommen werden, da sie nur mit großen Schwierigkeiten wieder genau in die ursprüngliche Lage gebracht werden kann.

Nach vollständiger Säuberung werden sämtliche Teile mit gutem, säurefreiem Mineralöl eingefettet. Hierauf wird mit dem Ausrichten begonnen.

Sorgfältiges Ausrichten der Maschinen ist unerläßlich, da sonst niemals genaue Arbeit erzielt werden kann. Gar nicht oder schlecht ausgerichtete Maschinen geben außerdem viel häufiger Anlaß zu Betriebsstörungen als ordnungsmäßig aufgestellte. Es findet hier ein Ecken und Zwängen in den Lagerstellen und Führungen statt, das einen erhöhten Kraftverbrauch und in besonders schlimmen Fällen ein Fressen der bewegten Teile verursacht. Klagen über ungleichmäßigen Gang oder ungenaues Arbeiten haben in den meisten Fällen ihren Grund nicht in der mangelhaften Ausführung, sondern in dem schlecht oder gar nicht vorgenommenen Ausrichten.

Das Ausrichten wird mit Hilfe einer Wasserwage vorgenommen, deren Empfindlichkeit sich nach dem Genauigkeitsgrad der Maschine richtet. Für erstklassige Präzisionswerkzeugmaschinen werden Wagen mit einer Empfindlichkeit von 0,08 bis 0,12 mm/m benutzt. Diese Angabe bedeutet, daß ein Ausschlag der Blase um einen Teilstrich einer Neigung der untersuchten Fläche von 0,08 bzw. 0,12 mm auf 1 m Länge entspricht. Für eine beliebige Länge errechnet sich die Neigung hiernach zu $N = \dfrac{\text{Empfindlichkeit} \times \text{Blasenausschlag} \times \text{Meßlänge}}{1000}$.

Für Werkzeugmaschinen gewöhnlicher Güte ist die Empfindlichkeit entsprechend geringer, sie beträgt hier etwa 0,25 bis 0,50 mm/m. Wasserwagen größerer Empfindlichkeit sind zwecklos, da die Herstellungsgenauigkeit auch der besten Maschinen unterhalb der von ihnen gemachten Angaben liegt.

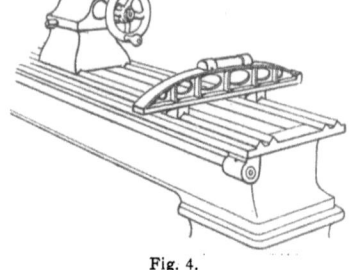

Fig. 4.

Jede Wage muß ein Schildchen mit der Angabe ihrer Empfindlichkeit haben; Instrumente, die diesen Vermerk nicht tragen, sind nur nach vorheriger Eichung zu benutzen.

Die Wasserwagen dürfen zum Ausrichten nur auf die geschabten Gleitflächen der Maschinen gesetzt werden, da diese für die Arbeitsgenauigkeit maßgebend sind. Bei Maschinen mit ebenen, wagerechten Gleitflächen ist dies ohne weiteres möglich, für Maschinen mit senkrechten Flächen benutzt man zweckmäßig eine Winkelwasserwage. Bei Maschinen mit Prismaführung, wie z. B. bei Drehbänken und Schleifmaschinen, darf die Wage nicht unmittelbar auf das Führungsprisma gesetzt werden, da dessen Kanten nur gehobelt sind. Maßgebend für die Arbeitsgenauigkeit sind hier die Gleitflächen der Prismen, die daher auch zum Ausrichten benutzt werden müssen. Hier werden genau geschabte Prismastücke von entsprechender Form verwendet, die auf die Prismaführungen gesetzt werden, und deren Oberfläche dann zum Auflegen der Wasserwage benutzt wird (Fig. 4).

Sämtliche Maschinen müssen sowohl in der Quer- als auch in der Längsrichtung ausgerichtet werden, da nur bei dieser Art der Prüfung die Gewähr dafür gegeben ist, daß kein Verwinden des Maschinengestelles stattgefunden hat. Es wird hierbei in der Weise verfahren, daß zunächst die eine Seite der Maschine, bei einer Schleifmaschine z. B. das vordere Prisma, genau ausgerichtet wird. Hierauf wird die Wasserwage quer gesetzt, so daß sie auf beiden Führungen aufliegt und der Ausschlag geprüft. Spielt die Wage dabei ein, so steht das Bett genau wagerecht; zeigt sich jedoch ein Ausschlag, so muß das hintere Prisma entsprechend unterkeilt werden. Diese Messung wird nun in Abständen von etwa 500 mm auf der ganzen Länge des Bettes wiederholt; überall, wo sich ein Ausschlag zeigt, wird unterkeilt. Sobald das Bett in der Querrichtung an allen Stellen stimmt, wird die Längsrichtung noch einmal geprüft. Zeigen sich hierbei — was meist der Fall sein wird — wieder Abweichungen, so wird das Ausrichten so lange fort-

Allgemeines. — Anlieferung und Aufstellung.

gesetzt, bis die Wage in beiden Richtungen an allen Stellen gleichmäßig einspielt. Ebenso, wie hier für eine Schleifmaschine beschrieben, ist das Verfahren bei allen Maschinen ähnlicher Bauart, also bei Drehbänken, Revolverdrehbänken, Hobelmaschinen, Spindelbohrmaschinen usw.

Bei Maschinen mit senkrechter Arbeitsspindel, wie z. B. bei Bohrmaschinen, wird zunächst die Grundplatte nach der Wasserwage ausgerichtet. Hierauf wird ein Fühlhebel oder eine rechtwinklig umgebogene Reißnadel in die Arbeitsspindel gesetzt, und zwar so, daß die Spitze gegen die Spindelachse um etwa 300 mm versetzt ist. Dann wird die Spindel so weit gesenkt, bis die Spitze die Oberfläche eines auf die Grundplatte gesetzten Endmaßes berührt (Fig. 5). Nun wird die Spindel um 180° gedreht und die Entfernung zwischen Platte und Spitze mit dem Endmaß abgefühlt. Stimmt das Maß, so steht die Spindel in dieser Ebene senkrecht, andernfalls wird der Ausleger, auf dem die Säule steht, so lange unterkeilt, bis die richtige Lage erreicht ist. Dann wird dieselbe Messung in einer zur ersten um 90° versetzten Ebene vorgenommen. Zum Schluß wird die Grundplatte noch einmal geprüft und im Bedarfsfalle nachgerichtet.

Maschinen, die eine Teleskopspindel haben, werden zunächst nach der Oberfläche des Winkeltisches ausgerichtet. Wenn die richtige Lage erreicht ist, wird geprüft, ob das Konsol sich auf dem ganzen Wege gleichmäßig heben und senken läßt. Ist das der Fall, so steht die Maschine richtig. Geht der Winkeltisch jedoch schwer oder ungleichmäßig, so ist dies ein Zeichen für das Klemmen der Spindel. Die Ursache hierfür liegt dann stets in einem Durchhängen der Grundplatte. Der Fehler muß durch Unterkeilen der Grundplatte in der Mitte beseitigt werden; hierbei ist jedoch darauf zu achten, daß die übrigen Keile ihre Lage nicht verändern.

Als Werkstoff für die Keile ist Eisen zu verwenden. Holz ist nicht brauchbar, da es zu weich ist und sich unter der Einwirkung der Feuchtigkeit auch zu leicht verzieht. Die Keile sollen eine Breite von mindestens 50 mm und einen Anzug von 1 : 20 aufweisen. Sie sind so eng zu setzen, daß ein Durchhängen der Maschinen ausgeschlossen ist, etwa in Abständen von 400 mm bis 500 mm.

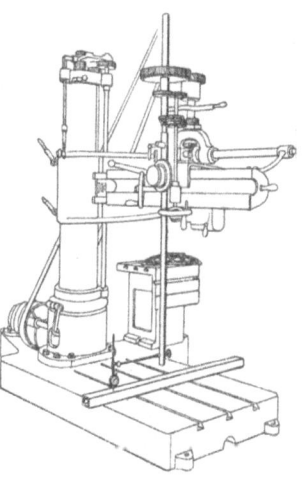

Fig. 5.

Die fertig aufgestellte Maschine wird zweckmäßig untergossen, um ihre Lage zu sichern. Bei schwereren Maschinen, namentlich bei Schleifmaschinen, muß dies unbedingt geschehen. Als Ausgußmasse wird am besten reiner Zement verwendet.

Sorgfältig aufgestellte und untergossene Maschinen stehen in ihrer Lage fest, so daß sich das Einsetzen von Steinschrauben erübrigt. Wo diese trotzdem noch verwendet werden sollen, ist besonders darauf zu achten, daß die Maschinen an den Auflagestellen nicht hohl liegen, da sonst durch das Anziehen der Bolzen unweigerlich ein Verziehen eintritt. Wird auf das Vergießen verzichtet, so müssen wenigstens die Keile in ihrer Lage gesichert werden. Dies geschieht am einfachsten durch Umgießen mit Zementbrei.

Die Deckenvorgelege müssen genau parallel zur Achse der Maschine befestigt werden. Bei Maschinen mit Stufenscheibenantrieb wird zweckmäßig ein Riemenumleger angebracht. Das Umlegen des Riemens mit der Stange verringert seine Lebensdauer und beansprucht außerdem mehr Zeit. Die Ausrückerstange soll gerade so lang sein, daß sie in bequemer Reichhöhe liegt. Bei längeren Maschinen wird sie zweckmäßig noch mit einer wagerechten Verlängerung versehen, damit der Arbeiter die Maschine von jeder Stelle aus stillsetzen kann. Bei sehr langen Maschinen empfiehlt es sich, noch eine zweite Ausrückerstange anzubringen, die dann mit der ersten durch ein Querholz verbunden wird.

e) Prüfung der Genauigkeit.

Wie bereits erwähnt, werden im Werkzeugmaschinenbau zwei Klassen von Maschinen unterschieden: Präzisionsmaschinen mit genau vorgeschriebenen, sehr engen Toleranzen und Maschinen geringerer Genauigkeit, sogenannte Handelsware. Die Prüfung der Maschinen auf Einhaltung bestimmter Genauigkeiten wird dem Empfänger in den meisten Fällen nicht möglich sein, da hierzu geschulte Leute und eine ganze Anzahl von Geräten erforderlich sind, wie sie nur die Werkzeugmaschinenfabriken besitzen. Der Gegenstand soll daher hier nur ganz kurz behandelt werden.

An Werkzeugen zur Vornahme der Prüfung sind erforderlich: Eine Wasserwage mit einer Empfindlichkeit von 0,08 bis 0,12 mm/m, eine sauber geschabte Tuschierplatte, eine größere Anzahl genau laufender Prüfdorne und mehrere Fühlhebel mit einer Skalateilung von 0,01 mm. Die Prüfdorne sind zur Vermeidung des Durchhängens hohl auszuführen, die Fühlhebel sollen breite Auflageflächen und möglichst starke Säulen haben, damit die Genauigkeit der Messungen nicht durch Federungen des Gestelles beeinträchtigt werden kann.

Die Prüfungen, um die es sich im Werkzeugmaschinenbau handelt, werden sich in der Hauptsache auf folgende Fälle beschränken:

Prüfung ebener Flächen.

Geschabte Flächen werden durch Aufreiben der mit Tuschierfarbe eingeriebenen Tuschierplatte auf die zu untersuchende Fläche geprüft. Je dichter hierbei die tragenden Flächenteilchen aneinander liegen, desto genauer ist die Fläche. Bei gehobelten oder gefrästen Flächen wird eine Wasserwage sowohl in der Längsrichtung als auch in der Querrichtung in kurzen Abständen auf die Fläche gesetzt.

Prüfung zweier Flächen, die winklig zueinander liegen.

Hierfür kommen mehrere Verfahren in Frage.

Bei dem ersten wird eine normale Wasserwage auf die wagerechte und eine Winkelwasserwage auf die senkrechte Fläche gesetzt. Zeigen beide Blasen gleichen Ausschlag, so stehen die Flächen genau winklig zueinander. Selbstverständlich müssen die hierbei benutzten Wasserwagen gleiche Empfindlichkeit haben.

Bei dem zweiten Verfahren wird ein genauer Anschlagwinkel auf die wagerechte Fläche gesetzt, dessen freier Schenkel dann mittels eines auf die senkrechte Fläche gesetzten Fühlhebels abgefühlt wird.

Prüfung der Lage einer Spindel.

Spindeln, deren Achsen winklig zu einer Fläche liegen sollen, werden durch Einsetzen eines genau laufenden Prüfdornes in den Kegel der Spindel und Befestigen eines Fühlhebels an diesem geprüft. Durch Drehen der Spindel und Beobachten der Fühluhr lassen sich alle Abweichungen von der vorgeschriebenen Lage ohne weiteres feststellen (Fig. 6).

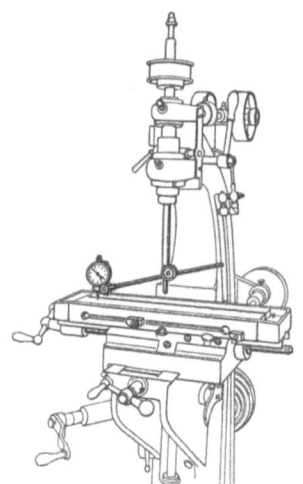

Fig. 6.

Allgemeines. — Prüfung der Genauigkeit.

Bei Spindeln, deren Achse parallel zu einer Fläche liegen sollen, wird in ähnlicher Weise verfahren. Der Fühlhebel wird hier jedoch nicht an dem Dorn befestigt, sondern auf die Fläche gestellt und mit dem Fühlstift gegen den Dorn geschoben (Fig. 7). Die Ungenauigkeit wird in ähnlicher Weise wie vorher durch Verschieben des Fühlhebels auf der Fläche festgestellt.

Prüfung der Lage zweier Spindeln zueinander.

Liegen die Spindeln in einer Achse, so wird ein genau laufender Prüfdorn zwischen die Spitzen genommen und ein Fühlhebel auf eine parallel dazu liegende Fläche gesetzt. Durch Abfühlen der Höhen- und Seitenlage des Dornes lassen sich etwaige Abweichungen in der Parallelität der beiden Spindelachsen ohne weiteres feststellen. Bei Maschinen, bei denen eine geeignete Fläche nicht vorhanden ist, wird ein Konusdorn in die eine Spindel gesetzt, während auf der anderen ein Umschlagfühlhebel (Fig. 8) befestigt wird, der mit seinem Taststift den ersten Dorn berühren muß. Beide Achsen stimmen genau überein, wenn der Fühlhebel beim Drehen der Spindel überall den gleichen Ausschlag zeigt.

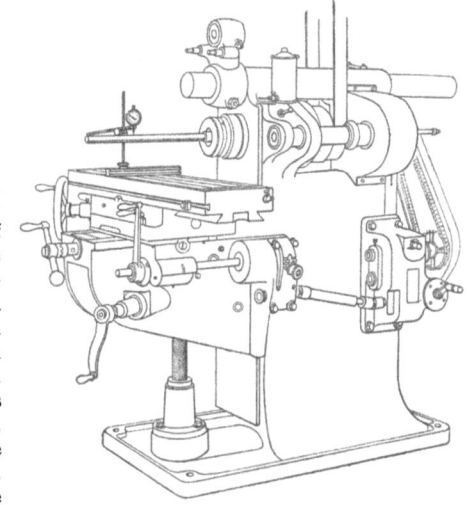

Fig. 7.

Liegen die Spindeln senkrecht zueinander, so wird parallel zu einer von ihnen eine Hilfsfläche angeordnet und in der oben beschriebenen Weise von dieser aus geprüft.

Als normale Meßlänge gilt im Präzisionswerkzeugmaschinenbau die Länge von 300 mm. Auf dieses Maß werden fast alle Angaben bezogen. Nachstehend die wichtigsten der für hochwertige Maschinen üblichen Toleranzen:

Die Achsen der Arbeitsspindeln dürfen gegenüber den Aufspannflächen der Maschinen keine größere Abweichung als 0,02 mm haben.

Aufspannuten in Tischen usw. sollen zur Führung des Tisches nicht mehr als 0,02 mm abweichen. Quer zur

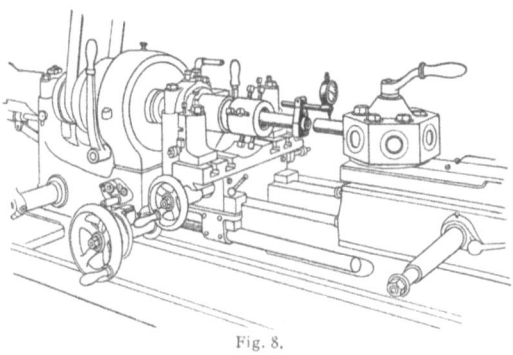

Fig. 8.

Arbeitsspindel gemessen beträgt die größte zulässige Abweichung 0,02 mm/150 mm Umschlag) (Fig. 9).

Bei doppelspindeligen Maschinen beträgt die größte zulässige Abweichung zwischen den Achsen 0,02 mm.

Reitstock- und Spindelkastenachse dürfen in der Höhe bis zu 0,02 mm abweichen; in der Seitenrichtung müssen sie genau stimmen.

Die Kegel der Arbeitsspindel dürfen nicht mehr als 0,02 mm schlagen, gemessen auf 300 mm Länge, die Bunde nicht mehr als 0,01 mm, gemessen auf je 100 mm Durchmesser.

Die Teilgenauigkeit von Universalteilköpfen muß mindestens $1\,^1/_2$ Minuten betragen; die besten Teilköpfe haben eine Genauigkeit von etwa 30 bis 40 Sekunden.

Die Lagerstellen der Arbeitsspindeln müssen auf 0,003 mm genau rundlaufen.

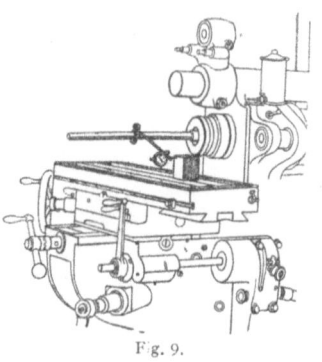

Fig. 9.

Die Bohrungen der Revolverköpfe sollen von der Achse der Arbeitsspindel sowohl in der Höhe als auch seitlich nicht mehr als 0,02 mm abweichen.

Betten dürfen auf 2000 mm Länge nicht mehr als 0,02 mm hohl oder ballig sein.

Die angegebenen Abweichungen beziehen sich, wenn nicht anders bemerkt, auf 300 mm Länge.

f) Inbetriebnahme.

Wenn die Maschine aufgestellt ist, werden die Riemen aufgelegt. Damit ein Fressen der Lager vermieden wird, dürfen die Riemen zuerst nicht zu stramm angezogen werden. Es ist besser, nach einiger Zeit noch einmal nachzuspannen. Riemen für Scheiben bis 80 mm Breite werden 5 mm, solche für breitere Scheiben 10 mm schmäler gemacht.

Schnellaufende Riemen, d. h. solche mit einer Geschwindigkeit von über 5 m/sek, müssen geleimt werden. Das ist besonders bei Schleifmaschinen nötig, da alle Schläge und Erschütterungen sich auf das Arbeitsstück übertragen. Bei geleimten Riemen ist darauf zu achten, daß die Verbindungsstelle nicht mit der Spitze gegen die Scheibe läuft.

Wenn die Riemen aufgelegt sind, werden sämtliche Lagerstellen mit nicht zu dickflüssigem Mineralöl gefüllt. Für Schleifspindeln und ähnliche Teile muß dünnflüssigeres Öl verwendet werden, da die Spindeln sonst sehr bald festsitzen. Der Grund hierfür liegt in der hohen Umdrehungszahl und der dadurch bedingten starken Erwärmung und Ausdehnung der Spindeln. Der Raum zwischen Spindel und Lager wird dabei so gering, daß die erforderliche Ölschicht überhaupt nur bei einem ganz dünnflüssigen Öl erhalten werden kann. — Verdeckte Führungen werden durch Zurückkurbeln des Schlittens bloßgelegt und durch tropfenweises Aufbringen und Verreiben des Öles mit der Hand geschmiert. Schnecken- und Zahnrädergetriebe, die in geschlossenen Gehäusen laufen, müssen ebenfalls gut geölt werden. Hier wird am besten durch Füllen der Kästen mit gutem Zylinderöl geschmiert. Bei langsam laufenden Getrieben genügt auch schon die Schmierung mit reinem, säurefreiem Fett, dem etwas Grafit zugesetzt worden ist. Staufferbuchsen werden mit Fett gefüllt und kräftig angezogen. Auf die Schmierung der Kugellager sei besonders hingewiesen, da die Werkstatt häufig der Ansicht ist, daß Wälzlager nicht geschmiert zu werden brauchen.

Das Deckenvorgelege wird durch Ausspülen der Ringschmierlager mit Petroleum und Füllen mit Öl betriebsfertig gemacht. Besondere Aufmerksamkeit ist dabei auf die Schmierringe zu richten. Diese müssen sich leicht und frei auf der Welle drehen, da sie sonst nicht mitlaufen und infolgedessen auch kein Öl fördern können. Die Losscheiben werden je nach der Konstruktion durch Einfüllen von Öl in die Kammer oder durch Anziehen der Staufferbüchse geschmiert. Losscheiben, die auf Rollen- oder Kugellagern laufen, werden durch Einpressen von festem Fett oder von Vaseline geschmiert.

Sämtliche zum Schmieren von Werkzeugmaschinen benutzten Öle, Fette usw. müssen frei von harzbildenden Bestandteilen und besonders von Säuren sein.

Am besten geeignet zur Schmierung von Werkzeugmaschinen sind gute Mineralöle. Die Viskosität soll etwa 4 bis 5 Englergrade betragen; nur das zum Schmieren von Schleifspindeln verwendete Öl muß eine größere Viskosität — etwa 1,5 bis 2° — haben. Stauffer- und ähnliche Fette sollen einen Schmelzpunkt von mindestens 70° haben, damit sie unter der Einwirkung der Lagertemperatur nicht flüssig werden.

Wenn die Maschine vollständig geschmiert ist, wird langsam am Riemen gezogen. Läßt sie sich hierbei gleichmäßig drehen, so wird sie eingerückt, und zwar zunächst mit dem langsamsten Gang. Nach einiger Zeit wird auf die größte Geschwindigkeit umgeschaltet. Die Lager dürfen hierbei auch nach längerem Lauf nicht wärmer als handwarm werden. Werden sie heiß, so beweist dies, daß die Maschine entweder nicht richtig ausgerichtet ist, oder daß die Lager zu stramm angestellt sind. Das Nachstellen eines Arbeitsspindellagers erfordert immerhin einige Erfahrung und sollte daher nur von einem mit der Bauart genau vertrauten Mann vorgenommen werden, da es sonst mehr schadet als nützt.

Die übrigen Bewegungen werden zunächst durch Betätigung von Hand geprüft; zeigen sich hierbei keine Anstände, so werden sie der Reihe nach eingeschaltet. Zum Schluß werden die selbsttätigen Auslösungen durchgeprobt. Wenn nach etwa einstündigem Probelauf keine Störungen aufgetreten sind, kann die Maschine dem Arbeiter übergeben werden.

g) Wartung.

Gute Arbeit kann nur von einer gut instandgehaltenen Maschine verlangt werden. Sorgfältigste Wartung der Werkzeugmaschinen ist daher Vorbedingung zur dauernden Erlangung befriedigender Ergebnisse. Hierzu gehört vor allem die schonendste Behandlung aller Führungen usw. Arbeitsstücke und Werkzeuge dürfen niemals auf die Gleitflächen der Maschine gelegt werden. Für das Ablegen sind vielmehr besondere Auflagebretter oder Werkzeugtische vorzusehen. Das Aufschrauben von Futtern auf die Arbeitsspindel, das Einsetzen von Dornen usw. darf nur nach sorgfältiger Reinigung der Sitze geschehen. Jede Gewaltanwendung hierbei ist zu vermeiden. Um ein sicheres Lösen des Futters nach dem Gebrauch zu gewährleisten, empfiehlt es sich, beim Aufschrauben einen Papierring zwischen Futterflansch und Arbeitsspindelbund zu legen.

Ein weiterer wichtiger Punkt ist die Schmierung. Jeden Morgen vor Beginn der Arbeit ist die Maschine zu schmieren. Geschieht dies regelmäßig, so genügen jedesmal wenige Tropfen. Nur bei sehr schnellaufenden Wellen ist eine mehrmalige Schmierung am Tage erforderlich. Staufferbuchsen sind regelmäßig anzuziehen. Die Öllöcher sollen stets verschlossen sein, damit keine Späne und kein Staub in die Lagerstellen eindringen können. Hierauf wird leider auch von vielen Werkzeugmaschinenfirmen noch viel zu wenig Gewicht gelegt.

Allwöchentlich ist die Maschine gründlich zu reinigen. Beim Verarbeiten von Guß und Bronze wird sie zunächst trocken gereinigt und dann mit Petroleum abgewischt. Beim Arbeiten mit Öl muß sie nach dem Entfernen des Öles ebenfalls mit Petroleum abgerieben werden, da das Öl sonst in den Führungen usw. stehen bleibt und dort verharzt. Ist bei der Bearbeitung Seifen- oder Sodawasser verwendet worden, so muß am Schlusse jeder Schicht gereinigt werden. Mindestens müssen die Wasserflecken abgewischt und die blanken Teile der Maschine mit einem öligen Lappen abgerieben werden, damit sich kein Rost ansetzen kann.

Auch für die Übertragungsglieder, also hauptsächlich für die Riemen und Ketten, ist sorgfältigste Wartung erforderlich. Lederriemen halten sich am besten, wenn sie etwa einmal jährlich mit schwacher Sodalösung oder heißem Wasser abgebürstet und hiernach mit gutem, reinem Rindertalg eingefettet werden. Das Einfetten muß auf beiden Seiten vorgenommen werden; es bietet gleichzeitig auch den besten Schutz gegen das Gleiten, ohne doch den Riemen nachteilig zu beeinflussen. Richtig behandelte Riemen besitzen eine Lebensdauer von 10 Jahren und mehr. Von den übrigen gegen das Gleiten angepriesenen Mitteln sind nur sehr wenige brauchbar. Vollständig zu verwerfen ist die Verwendung von Kolophonium und ähnlichen klebrigen Stoffen. Hier wird der Riemen beim Laufen dauernd von der Scheibe abgerissen, wodurch seine Haltbarkeit ganz empfindlich beeinträchtigt wird.

Krumme Stellen in sonst guten Riemen werden durch Anfeuchten der kurzen Seite mit heißem Wasser und Beklopfen mit einem Holzhammer ausgerichtet. Während des Klopfens muß der Riemen an der kurzen Seite langsam angespannt werden.

Ölgetränkte Riemen werden durch Abreiben mit heißer Schlemmkreide wieder brauchbar gemacht. Nach dem Entfetten müssen sie jedoch noch einmal gestreckt werden, da sie sich sonst zu stark verziehen.

Kettengetriebe dürfen noch weniger als Riemen sich selbst überlassen bleiben. Da die Ketten meist offen laufen, so bedecken sie sich in kurzer Zeit mit einer dicken Schicht von Schmutz und Staub. Die Folge hiervon ist ein schneller Verschleiß, und zwar auch dann, wenn regelmäßig geschmiert wird. Das Schmiermittel ist dann nämlich gar nicht mehr imstande, die Schmutzschicht zu durchdringen und kommt infolgedessen überhaupt nicht mehr auf die Kettenbolzen. Um diese Nachteile zu verhüten, müssen die Ketten etwa alle 3 Monate abgenommen und durch Einlegen in Petroleum gründlich gereinigt werden. Die Schmierung erfolgt am besten nach dem Wiederaufbringen durch dickflüssiges Maschinenöl, das bei langsamer Drehung des Getriebes mit einem Pinsel auf der Innenseite der Kette aufgetragen wird.

II. Der Kraftbedarf der Werkzeugmaschinen.

Der Kraftbedarf einer Werkzeugmaschine in PS ist $N = \dfrac{P \cdot v}{60 \cdot 75 \cdot \eta}$. Hierin bezeichnet P den Schnittdruck in kg, v die Schnittgeschwindigkeit in m/min und η den Wirkungsgrad der Maschine. Der Schnittdruck ist abhängig von der Härte des zu bearbeitenden Werkstoffes und von dem Zustand des Werkzeuges, der Wirkungsgrad richtet sich nach der Bauart der Maschine und nach ihrer sonstigen Beschaffenheit. Hieraus geht bereits hervor, daß die Berechnung des Kraftbedarfes reichlich unsicher ist und nur in der Hand eines mit den in Frage kommenden Verhältnissen Vertrauten zu einigermaßen brauchbaren Ergebnissen führen kann.

Über die Verteilung der eingeleiteten Arbeit ist zu sagen, daß in allen Fällen der Hauptantrieb den größten Teil der Kraft verbraucht, der Vorschub benötigt nur etwa $1/20$ bis $1/10$ der gesamten Arbeit. Der Wirkungsgrad der Werkzeugmaschinen schwankt zwischen 60 und 90 vH, genauere Angaben lassen sich hierüber nicht machen, da Konstruktion und Zustand der Maschinen von ausschlaggebendem Einfluß hierauf sind.

Die folgenden Seiten enthalten Angaben über den Kraftbedarf der wichtigsten Werkzeugmaschinen. Die Werte sind so gewählt, daß sie den Verhältnissen des Betriebes entsprechen. Da die Ausführungen der einzelnen Firmen sehr stark von einander abweichen, sind außer den Hauptabmessungen auch noch die Durchschnittsgewichte der Maschinen angegeben. Für leichtere Modelle ist der Kraftbedarf entsprechend geringer, für schwerere entsprechend höher.

Der Kraftbedarf der Werkzeugmaschinen.

Drehbänke.

mit Stufenscheibenantrieb			mit Einscheibenantrieb.		
Spitzenhöhe × Spitzenentf. mm	Gewicht kg	Kraftbedarf PS	Spitzenhöhe × Spitzenentf. mm	Gewicht kg	Kraftbedarf PS
150 × 500	450	0,75			
175 × 750	950	1 bis 2	175 × 750	1 200	2
200 × 1000	1250	2 ,, 3	200 × 1000	1 600	4 bis 5
250 × 1500	2000	3 ,, 4	250 × 1500	2 400	5 ,, 7
300 × 2000	3200	5 ,, 6	300 × 2000	4 000	8 ,, 10
400 × 2500	5000	7 ,, 8	400 × 2500	6 000	10 ,, 12
			500 × 3000	15 000	12 ,, 15

Senkrechtdreh- und Bohrwerke.

Planscheibendurchmesser mm	Gewicht kg	Kraftbedarf PS
600	1 800	4
750	2 750	5
950	4 500	6 bis 8
1300	7 500	8 ,, 10
1600	12 000	10 ,, 12
2000	18 000	12 ,, 15

Wagerechtfräs- und Bohrwerke.

Spindeldurchmesser mm	Gewicht kg	Kraftbedarf PS
60	3 000	3 bis 4
75	3 500	4 ,, 5
100	8 500	5 ,, 7
125	14 000	7 ,, 9
150	25 000	9 ,, 12

Revolverbänke und Einspindelautomaten.

Größter Materialdurchlass mm	Kraftbedarf PS
10	0,75
15	1
20	1 bis 1,5
28	1,5 ,, 2
38	2 ,, 2,5
50	3 ,, 3,5
60	4 ,, 5

Gewindeschneidmaschinen.

Größter zu schneidender Gewindedurchmesser	Gewicht kg	Kraftbedarf PS
$3/4''$ Wh	450	0,75
$1 1/2''$,,	600	1,5
$2 1/2''$,,	900	2,5

Ständerbohrmaschinen.

Größter Bohrdurchmesser mm	Kegel in der Spindel	Gewicht kg	Kraftbedarf PS
8	Morse 1	80	0,3
12	,, 1	125	0,5
15	,, 2	180	0,75
22	,, 3	350	1,5
32	,, 4	475	2 bis 3
50	,, 4	1000	4 ,, 5
75	,, 5	1800	6 ,, 7

Schleifmaschinen.

1. Rundschleifmaschinen.

Größter Schleifdurchm. (bei Benutzung der Setzst.) u. größte Schleiflänge mm	Breite u. Durchm. der Schleifscheibe mm	Gewicht kg	Kraftbedarf PS
40 × 200	10 × 150	450	1 bis 1,5
60 × 500	15 × 250	900	2 ,, 3
70 × 750	25 × 300	1500	3 ,, 4
80 × 1000	35 × 350	2300	5 ,, 7
100 × 1500	50 × 450	3500	7 ,, 9
150 × 1500	50 × 500	4500	9 ,, 11
200 × 2000	60 × 600	6000	11 ,, 13
250 × 2500	60 × 600	7500	15 ,, 18

2. Innenschleifmaschinen.

Größter Schleifdurchm. und größte Schleiftiefe mm	Bauart	Gewicht kg	Kraftbedarf PS
25 × 50	mit fester Spindel	350	0,75
50 × 100	,,	450	1
100 × 200	,,	850	1,5
150 × 300	,,	1500	2,5
150 × 300	m. Planetenspindel	1500	3
200 × 450	,,	2500	4
350 × 600	,,	4000	5 bis 6
400 × 1000	,,	6000	8 ,, 10

Der Kraftbedarf der Werkzeugmaschinen. 459

3. Flächenschleifmaschinen (mit wagerechter Spindel).

Tischfläche mm	Gewicht kg	Kraftbedarf PS
150 × 450	450	2
200 × 600	700	2,5
250 × 750	800	3
350 × 1000	1100	4
500 × 1000	1500	5
600 × 1200	2500	6— 8
850 × 1800	3700	8—10

Fräsmaschinen.

1. Wagerecht- und Universalfräsmaschinen.

mit Stufenscheibenantrieb			mit Einscheibenantrieb		
Tischfläche mm	Gewicht kg	Kraftbedarf PS	Tischfläche mm	Gewicht kg	Kraftbedarf PS
150 × 450	330	0,75	—	—	—
200 × 600	600	1	—	—	—
225 × 800	900	1,5	—	—	—
250 × 1000	1200	2	250 × 1000	1250	3
275 × 1150	1500	2,5 bis 3	275 × 1150	1650	4
300 × 1300	1900	3 ,, 4	300 × 1300	2200	4 bis 5
350 × 1500	2500	4 ,, 5	350 × 1500	3200	6 ,, 7
400 × 1700	3200	5 ,, 6	400 × 1700	4000	8 ,, 10
			500 × 1800	4700	10 ,, 12

2. Senkrechtfräsmaschinen.

150 × 450	380	1	—	—	—
200 × 750	1200	1,5	—	—	—
250 × 1000	1700	2 bis 3	—	—	—
300 × 1200	2200	3 ,, 4	300 × 1200	2400	5 bis 6
350 × 1300	2800	4 ,, 5	350 × 1300	3200	6 ,, 8
400 × 1400	3500	5 ,, 6	425 × 1600	4500	8 ,, 10
			500 × 1800	7000	10 ,, 12

3. Planfräsmaschinen.

180 × 600	1000	2
250 × 900	1500	2,5 bis 3
350 × 1500	2800	4 ,, 6
500 × 2000	4500	7 ,, 10

Räderfräsmaschinen (Teil- und Abwälzmaschinen).

Größte zu fräsende Teilung (Gußeisen ohne Vorfräs.) Modul	Gewicht kg	Kraftbedarf PS
3	650	1
6	1400	1,5 bis 2
9	2200	2 ,, 3
12	3000	4 ,, 5
15	5000	6 ,, 8
20	9000	9 ,, 12

Hobelmaschinen.

Durchgang mm	Hobellänge mm	Gewicht kg	Kraftbedarf PS
500 × 500	800	1 600	2 bis 3
650 × 650	1000	2 400	3 ,, 4
850 × 850	1500	4 500	5 ,, 7
1000 × 1000	2000	6 000	7 ,, 9
1250 × 1250	2500	8 500	10 ,, 12
1500 × 1500	3000	12 000	12 ,, 15
1800 × 1800	3500	18 000	15 ,, 18

Wagerechtstoßmaschinen.

Tischfläche mm	Größter Hub mm	Gewicht kg	Kraftbedarf PS
250 × 350	300	475	1
275 × 380	350	650	1,5
300 × 450	450	900	2
350 × 550	550	1400	2,5
400 × 650	650	1850	3

Senkrechtstoßmaschinen.

Größter Hub mm	Gewicht kg	Kraftbedarf PS
20	350	0,5
50	450	0,75
100	800	1
150	1000	1,5
200	1300	1,75
250	1600	2
300	2100	2,5
350	2700	2,75
400	3200	3
450	4100	3,5
500	5000	4

Keilnutenziehmaschinen.

Größte zu ziehende Breite und Länge mm	Gewicht kg	Kraftbedarf PS
15 × 200	180	1,5
25 × 300	360	2
40 × 450	1200	2,5
50 × 600	1500	3
65 × 750	2200	3,5
75 × 1200	3500	4 bis 5

Abstechbänke.

Größter abzustechender Durchmesser mm	Gewicht kg	Kraftbedarf PS
80	600	0,75
125	1100	2
175	2000	4

III. Die Ausnutzung der Werkzeugmaschinen.

Zweckentsprechende Maschinen und leistungsfähige Werkzeuge allein geben noch nicht die Gewähr für wirtschaftliche Fertigung. Zum Erreichen dieses Ziels bedarf es vielmehr vollkommener Ausnutzung aller vorhandenen Einrichtungen. Bei jedem Auftrag ist zu unterscheiden zwischen den Arbeiten vorbereitender Art und der Ausführung im Betriebe. Die vorbereitenden Arbeiten beginnen bereits mit der Aufgabe der Bestellung an die Werkstatt. Je größer die aufgegebene Stückzahl ist, desto geringer sind die Herstellungskosten je Stück; auf der anderen Seite nehmen aber die Kosten für die Lagerhaltung, die Zinsverluste für das festgelegte Kapital usw. erheblich zu. Hier die richtige Grenze einzuhalten und die Höhe der Bestellung dem vorhandenen Maschinenpark anzupassen, ist eine schwierige und undankbare Aufgabe für den Verwaltungsingenieur. Je besser sie gelöst wird, desto günstiger wird die Ausnutzung der Werkzeugmaschinen sein.

Den Betriebsleiter interessiert die Frage freilich weniger, ihm wird die Stückzahl stets vorgeschrieben sein. Seine Aufgabe besteht darin, den ihm erteilten Auftrag so gut und billig wie möglich auszuführen. Auch seine Tätigkeit hat bereits bei der Vorbereitung des Auftrages einzusetzen. Die Anfertigung der Einzelteile muß wenigstens in großen Zügen durchgesprochen, benötigte Werkzeuge und Vorrichtungen müssen rechtzeitig bestellt werden, damit es später keine unliebsamen Verzögerungen gibt. In größeren Betrieben kann der Betriebsleiter diese Arbeit selbstverständlich nicht mehr allein ausführen; an seine Stelle tritt dann das Arbeitsverteilungsbureau, das im Verein mit der Vorkalkulation den Bearbeitungsgang festlegt und die Verteilung der Arbeit auf die einzelnen Werkstätten und Maschinen regelt. Zur Lösung dieser Aufgabe ist oft ein Vergleich zwischen verschiedenen Fertigungsarten notwendig. In der Einleitung wurde bereits gesagt, daß hierzu auch die Unkosten mit herangezogen werden müssen, da der Vergleich der Löhne oft zu ganz falschen Schlüssen führt. Es genügt nicht, mit dem Durchschnittsunkostensatz des ganzen Betriebes zu rechnen, sondern es ist unbedingt nötig, die Sätze der einzelnen Abteilungen, wenn irgend möglich die der einzelnen Maschinengruppen in die Rechnung einzusetzen. Wie groß die Unterschiede hier sein können, zeigt die folgende Aufstellung, die die Unkostensätze einer führenden norddeutschen Maschinenfabrik enthält:

   Schlosserei . . . . . . 100 vH
   Dreherei . . . . 120 „
   Vertikalbohrerei . . . 150 „
   Hobelei . . . . 150 „
   Horizontalbohrerei . . . 155 „
   Schleiferei . . . . . . 165 „
   Fräserei. . . . . . . 175 „
   Revolverbohrerei . . . . 185 „
   Revolverdreherei . . . 200 „
   Räderfräserei . . . . . 220 „
   Gewindefräserei . . . . 275 „
   Rundfräserei . . . . . 385 „
   Automatenabteilung . . 450 „

Die Aufstellung zeigt jedoch nur das Verhältnis, in dem die Unkostensätze zueinander stehen; die absolute Höhe der Sätze ist eine andere. Jedenfalls ersieht man aber daraus, wie einschneidend der Vergleich zwischen verschiedenen Fertigungsarten durch die verschiedene Höhe der Unkosten beeinflußt wird. Beträgt z. B. der Stücklohn für das Drehen eines Rades 1 ℳ. so dürfen in der Revolverdreherei dafür höchstens 73 Pfg. gezahlt werden. Die Selbstkosten betragen dann in beiden Fällen 2,20; ℳ um Ersparnisse zu erzielen, müßte der Stücklohn für den Revolverdreher also noch geringer sein. Das Beispiel genügt wohl bereits, um zu zeigen, wie sehr eine genaue Selbstkostenberechnung die Fertigung und damit auch die Ausnutzung der Werkzeugmaschinen beeinflußt. Bei richtiger Durchführung solcher Rechnungen wird sich auch oft ergeben, daß es billiger ist, bestimmte Teile von auswärts zu beziehen, als im eigenen Betriebe herzustellen. Es sei hier nur an die genormten Teile erinnert.

Sind Bearbeitungsfolge und Stücklohn festgesetzt, so geht der Auftrag in die Werkstatt. Hier ist es Sache des Betriebsleiter und Meister, dafür zu sorgen, daß die einzelnen Arbeiten nun auch wirklich in der vorgeschriebenen Weise ausgeführt werden. Wird aus Bequemlichkeit oder aus sonst einem Grunde davon abgewichen, so ist fast immer eine Verteuerung die Folge. Gerade die Werkstattbeamten sind in den seltensten Fällen in der Lage, die tatsächlichen Selbstkosten zu übersehen; sie neigen stets dazu, nur die Löhne miteinander zu vergleichen und disponieren infolgedessen oft falsch. Ist die Organisation richtig, so haben sie mit der Verteilung der Arbeit auch gar nichts zu tun. Ihre Aufgabe besteht vor allem in der Überwachung der einzelnen Arbeiter und Maschinen, sowie in der Sorge für die Einhaltung der Liefertermine.

Der Ausnutzung der Werkzeugmaschinen durch Einstellung der günstigsten Werte für Schnittgeschwindigkeit und Vorschub wird in fast allen Werkstätten noch zu wenig Wert beigemessen. Man begnügt sich meist mit der Überzeugung, daß der Mann ja schon durch den Stücklohn gezwungen wäre, die höchste Leistung aus der Maschine herauszuholen. Daß dies durchaus nicht zutrifft, haben Taylor und nach ihm viele andere bewiesen. Meist wählen die Arbeiter zu geringe Vorschübe und etwas zu hohe Schnittgeschwindigkeiten, und zwar auch bei solchen Werkstücken, die hohe Vorschübe aushalten. Hier kann eine vernünftige Anleitung und eine dauernde Überwachung der Maschinen und Werkzeuge viel Zeit ersparen. Ein weiterer Vorteil dieser Kontrolle besteht darin, daß der Vorkalkulation wirklich einwandfreie Unterlagen für die Berechnung der Stücklöhne gegeben werden. Die in jüngster Zeit so stark empfohlenen „Zeitstudien" sind schließlich nichts anderes als ein weiterer Ausbau dieses von führenden Maschinenfabriken bereits seit längerer Zeit geübten Verfahrens.

Für die Ausnutzung der spanabhebenden Werkzeugmaschinen gelten folgende allgemeine Regeln:

Die zu bearbeitenden Teile sollen eine möglichst reine Oberfläche haben. Zunder, Sand und sonstige Verunreinigungen bewirken ein vorzeitiges Stumpfwerden der Werkzeuge und damit einen Verlust an Zeit. Dies gilt ganz besonders für Gußstücke. Es empfiehlt sich daher, die Gegenstände vor dem Bearbeiten auf dem Sandstrahlgebläse zu reinigen, oder besser noch mit verdünnter Schwefelsäure zu beizen (Verdünnung 1:20, Einwirkung je nach Größe 8 bis 24 Stunden). Die Säure löst den Sand von den Gußstücken ab, so daß er mit einem Wasserstrahl abgespült werden kann.

Die Schnittgeschwindigkeit soll nicht bis zur äußersten Grenze gesteigert werden, da die Schneiden der Werkzeuge dabei zu schnell stumpf werden. Die Zeit, die durch Verwendung der hohen Geschwindigkeit gewonnen wird, geht dann durch das häufigere Nachschleifen der Werkzeuge wieder verloren. Es ist viel wirtschaftlicher, mit einer mittleren Geschwindigkeit zu arbeiten und dafür den Vorschub bis zur Höchstgrenze zu steigern.

Wo viel Material zu zerspanen ist, ist es im allgemeinen günstiger, mit großer Schnittiefe und geringem Vorschub zu arbeiten als umgekehrt. Eine Ausnahme hiervon macht nur die Fräserei.

Bei Werkstoffen, die nicht trocken bearbeitet werden können, ist zwischen Schrupp- und Schlichtarbeit zu unterscheiden. Beim Schruppen muß die entstehende Wärmemenge abgeführt werden, beim Schlichten soll nur die Reibung zwischen Werkstück und Werkzeug vermindert werden, damit eine möglichst saubere Oberfläche entsteht. Hieraus ergeben sich die Anforderungen, die an die Schmierflüssigkeit zu stellen sind. Für Schrupparbeiten genügte eigentlich reines Wasser; da die Teile dabei jedoch rosten würden, so muß ihm etwas Seife oder wasserlösliches Bohröl zugesetzt werden. Der Prozentsatz ist verschieden; er braucht jedoch immer nur so hoch zu sein, daß Rosten mit Sicherheit vermieden wird. Bei Schlichtarbeiten dagegen müssen reibungvermindernde Stoffe verwendet werden, am besten also Öl. Da dies jedoch zu teuer ist, so begnügt man sich meist mit einem Seifenwasser von höherem Seifengehalt. Nur für hochwertige Arbeiten wird Pflanzenöl (meist Rüböl) benutzt. Für sehr harte Werkstoffe kommt auch Lardöl, Fischtran oder Rizinusöl in Frage. Allerdings nur da, wo besonders hohe Anforderungen gestellt werden, wie z. B. bei den Kopfgewinden der Arbeitsspindeln von Werkzeugmaschinen.

Die folgenden Seiten enthalten ausführliche Angaben über die wirtschaftlichsten Geschwindigkeiten und Vorschübe, sowie über die geeignetsten Schmiermittel.

Drehen.

Die frühere beherrschende Stellung der Drehbank ist in den letzten 15 Jahren stark erschüttert worden. Die in dieser Zeit einsetzende Reihenherstellung hat eine erhebliche Umwälzung in der Fertigungstechnik zur Folge gehabt. Während früher mehr als die Hälfte aller Gegenstände auf der Drehbank hergestellt wurde, erfolgt die Bearbeitung heute zum großen Teil auf besonders hierfür gebauten Maschinen, so daß das Verwendungsgebiet der Drehbank sich erheblich verkleinert hat. Es werden benutzt:

zur Herstellung von Maschinenteilen, die von Stangenmaterial gemacht werden können: Revolverbänke und Automaten;

zur Herstellung von geschmiedeten oder gegossenen Massenteilen: Halbautomaten;

zur Herstellung von zentrisch liegenden Bohrungen: Revolverbohrmaschinen wagerechter oder senkrechter Bauart (Chuckingmaschinen);

zur Herstellung von Gewindespindeln: Gewindefräsmaschinen;

zur Herstellung lehrenhaltiger Wellen, Spindeln usw.: Rundschleifmaschinen.

Während die letztgenannten drei Arten von Maschinen in allen Fällen billiger arbeiten als die Drehbank, hängt die Wirtschaftlichkeit der Revolverbänke, Halb- und Vollautomaten ganz und gar von der Stückzahl ab. Sie sind ausgesprochene Massenfertigungsmaschinen, die zu ihrer vollen Ausnutzung schwieriger und teurer Werkzeugausrüstungen bedürfen.

Über die Ausnutzung von Drehbänken, Revolverbänken und Automaten ist folgendes zu sagen: Sämtliche Werkzeuge sind so kurz und knapp wie möglich einzuspannen, damit sie nicht federn können. Die Schnittgeschwindigkeit kann um so größer genommen werden, je kleiner der Spanquerschnitt und je ausgiebiger die Kühlung ist. Ein ausgezeichnetes Hilfsmittel zur Ermittlung der wirtschaftlichsten Leistung einer Drehbank ist der Hipplersche Rechenschieber[1], der diese Abhängigkeit in angemessener Weise berücksichtigt. Die errechneten Geschwindigkeiten sind allerdings reichlich hoch. Voraussetzung zu ihrer Einhaltung im Dauerbetriebe ist die Verwendung eines ausgezeichneten Schnellschnittstahles und eine ausgiebige Kühlung.

---

[1] Vgl. Hippler, Die Dreherei und ihre Werkzeuge. Verlag von Julius Springer, Berlin.

Schnittgeschwindigkeiten:

Werkstoff	Werkzeugstahl		Schnellschnittstahl	
	Schruppen m/min	Schlichten m/min	Schruppen m/min	Schlichten m/min
Masch.-Stahl				
40 bis 50 kg/mm²	11 bis 12	18 bis 20	20 bis 22	25 bis 28
50 „ 60 „	10 „ 11	16 „ 18	18 „ 20	22 „ 25
60 „ 70 „	9 , 10	14 , 16	16 ., 18	20 „ 22
70 „ 80 „	8 „ 9	12 „ 14	14 „ 16	18 „ 20
Gußstahl:				
mittel	7 „ 9	9 „ 12	12 „ 15	15 „ 18
hart	5 „ 7	6 „ 9	9 „ 12	12 „ 15
Gußeisen:				
weich	12 „ 14	14 „ 16	15 „ 18	18 „ 24
mittel	9 „ 12	12 „ 14	12 „ 15	15 „ 18
hart	7 „ 9	10 ., 12	9 „ 12	12 „ 15
Temperguß:				
weich	12 „ 14	16 „ 18	18 „ 22	24 „ 28
mittel	9 „ 12	14 „ 16	15 „ 18	20 „ 24
hart	7 „ 9	12 „ 14	12 „ 15	18 „ 20
Stahlguß:				
weich	9 „ 10	14 „ 16	15 „ 18	22 ., 25
mittel	8 „ 9	12 „ 14	12 „ 15	18 „ 22
hart	7 „ 8	9 „ 12	10 „ 12	16 „ 18
Bronze und Messing:				
weich	25 „ 30	30 „ 35	32 „ 40	60 „ 70
mittel	20 „ 25	25 „ 30	26 „ 32	50 „ 60
hart	15 „ 20	20 „ 25	20 „ 26	40 „ 50
Kupfer	35 „ 45	45 „ 55	50 „ 60	60 „ 70
Aluminium	50 „ 60	60 „ 75	70 „ 90	100 „ 120

Vorschübe: Beim Schruppen je nach Spantiefe und Maschinenstärke. Beim Schlichten von Gußeisen etwa 0,3 bis 0,6 mm, von allen übrigen Werkstoffen 0,05 bis 0,1 mm. Beim Schlichten mit Formstählen nimmt man etwa 0,05 bis 0,1 mm.

Gewindeschneiden.

Maßgebend für die Entscheidung, auf welcher Maschinenart ein Gewinde herzustellen ist, sind die Anforderungen, die an die Genauigkeit der Steigung gestellt werden. Für sehr genaue Steigungen kommt nur die Leitspindeldrehbank in Frage. Transportspindeln und Befestigungsgewinde können auf Gewindefräsmaschinen, Revolverbänken, Gewindeschneidmaschinen usw. hergestellt werden.

An Werkzeugen werden verwendet:
    für Außengewinde:
        auf Drehbänken: Gewindestähle und Strehler; auf Revolverbänken und Automaten: Strehler, Schneideisen und Gewindeschneidköpfe; auf Gewindeschneidmaschinen: Gewindeschneidköpfe.
    für Innengewinde:
        auf Drehbänken, Revolverbänken und Automaten: Strehler und Gewindebohrer; auf Bohrmaschinen: Gewindebohrer.

Gewindeschneiden mit Einzelstahl oder Strehler:

In den meisten Werkstätten wird der Einzelstahl verwendet, der nur eine geringe Leistungsfähigkeit besitzt. Vorteilhafter ist die Verwendung von Gewindestrehlern, die mehrere Schneidzähne nebeneinander haben, von denen jeder Zahn immer etwas tiefer schneidet als der vorhergehende. Die Arbeitszeit wird dadurch erheblich abgekürzt. Muß die Steigung des Gewindes genau stimmen, so ist es allerdings notwendig, die letzten Späne mit einem Einzelstahl zu nehmen, da die Strehler infolge des Härtens sich gewöhnlich etwas verziehen. Wird das Gewinde mit dem Einzelstahl fertiggeschnitten, so empfiehlt sich die Verwendung eines Schulterstahles, um eine gleichmäßige Abrundung der Kanten zu erzielen.

Schnittgeschwindigkeit:

Werkstoff	m/min
für Stahl und Guß	4 bis 6
für Bronze und Messing	7 „ 9

Höhere Geschwindigkeiten sind nicht ratsam, da das Gewinde dabei leicht reißt. Auch die Verwendung von Schnellschnittstahl gestattet keine höheren Werte; der Vorteil liegt hierbei nur in der größeren Lebensdauer der Werkzeuge.
Spantiefe:
für das Ausstechen . . . . 0,1 bis 0,3 mm
für das Schlichten . . . . 0,04 „ 0,06 „
Beim Ausstechen soll nur eine Flanke des Gewindestahles arbeiten.
Bei Trapezgewinden gröberer Steigung müssen Grund und Flanken einzeln geschlichtet werden.

Gewindeschneiden mit Schneideisen und Schneidköpfen.

Die mit Gewinde zu versehenden Zapfen müssen im Durchmesser etwas schwächer sein, als das Gewinde sein soll, da die Eisen sonst unsauber schneiden. Für das Schwächerdrehen gelten folgende Werte:

Gewindedurchmesser		Untermaß
1/8 bis 3/16"	3 bis 5 mm	0,05 bis 0,1 mm
1/4 „ 3/8"	6 „ 10 „	0,1 „ 0,15 „
7/16 „ 5/8"	11 „ 16 „	0,15 „ 0,2 „
3/4 „ 1"	18 „ 25 „	0,2 „ 0,25 „
1 „ 1 1/4"	26 „ 32 „	0,25 „ 0,35 „

Gewinde bis etwa 5/8" (16 mm) werden mit einem Eisen fertig geschnitten, darüber hinaus empfiehlt sich die Verwendung eines Vorschneideisens. Auch Schneidköpfe können hierfür Verwendung finden. Für Gußstahl ist das Arbeiten mit Schneideisen nicht zu empfehlen.

Gewindeschneiden mit Gewindebohrer.

Das Kernloch darf nicht zu eng gebohrt sein, da der Gewindebohrer sonst zu leicht abbricht. Man gibt ihm meist ein Übermaß von 0,1 bis 0,2 der Gewindehöhe.

Schnittgeschwindigkeit für Schneideisen und Gewindebohrer:

Werkstoff	bis 3 mm Ø m/min	3 bis 10 mm Ø m/min	über 10 mm Ø m/min
G.-E., M.-St., T.-G., weich	2 bis 3	3 bis 5	6 bis 8
„ „ „ hart	1,5 „ 2	2 „ 3	3 „ 4
Bronze und Messing	4 „ 7	8 „ 10	10 „ 15

Dubbel, Betriebstaschenbuch.

Die niedrigeren Werte für die kleinen Durchmesser sind nötig, um das Abbrechen der Gewindebohrer bzw. das Ausreißen der Schneideisen zu verhüten.

Kühlmittel: Seifenwasser, für sehr hochwertige Arbeiten auch Rüböl. Sehr harte und leicht reißende Werkstoffe werden mit Lardöl, Fischtran oder Terpentin geschnitten. Auch Rizinusöl sowie eine Mischung von 1 Teil Lardöl und 2 Teilen Petroleum hat sich bewährt. Gußeisen wird in manchen Werken trocken geschnitten; will man ein besonders sauberes Gewinde erzielen, so kann man ein Gemenge von Wachs und Talg verwenden.

Gewindefräsen siehe Abschnitt Fräserei.

Bohren und Reiben.

Auch in der Bohrerei hat die Massenfertigung eine gewisse Arbeitsteilung zur Folge gehabt. Es werden verwendet:

für Löcher, die genau parallel oder winklig zu einer Fläche liegen müssen: Wagerechtbohrwerke;

für zentrisch liegende Löcher, wie die Bohrungen von Riemenscheiben, Zahnrädern, Buchsen usw.: Revolverbohrmaschinen wage- oder senkrechter Bauart (Chuckingmaschinen);

für Löcher, die im Verhältnis zu ihrem Durchmesser sehr lang sind (Hohlspindeln, Gewehrläufe usw.): Spindelbohrmaschinen;

für alle übrigen Löcher: Senkrechtbohrmaschinen.

An Werkzeugen werden verwendet: Spiralbohrer, Drei- und Vierlippensenker, Bohrstangen, Spindelbohrer, Flach-, Kanonen- und Hohlbohrer. Man nimmt:

für Löcher, die aus dem Vollen gebohrt werden, Spiralbohrer. Bohrungen, die größer sind als der größte Spiralbohrer, müssen mit dem Senker oder der Bohrstange aufgebohrt werden;

für vorgegossene Löcher Drei- oder Vierlippensenker; Spiralbohrer sind hierfür nicht verwendbar, da sie zu leicht verlaufen. Beim Arbeiten mit Senkern wird das vorgegossene Loch mit der Bohrstange aufgebohrt, bis der Senker genügend Führung hat. Der Gebrauch der Senker empfiehlt sich auch aus wirtschaftlichen Gründen, da für größere Löcher Aufstecksenker benutzt werden können, die erheblich billiger sind wie Spiralbohrer. Für sehr genaue Arbeiten muß das ganze Loch — unter Umständen mehrere Male — mit der Bohrstange aufgebohrt werden, da auch die Senker sich immer noch etwas abdrücken.

für Löcher in Spindeln, Läufen usw. besondere Spindelbohrer. Diese sind mit zwei Kanälen versehen, von denen der eine geschlossene der Schneide die Kühlflüssigkeit zuführt (Druck 20 bis 25 kg/mm^2), während der offene zum Herausspülen der Späne dient. Ein Zurückziehen des Bohrers ist hierbei also nicht nötig.

Flach-, Kanonen- und Hohlbohrer finden nur für Sonderzwecke Verwendung.

Sollen die Löcher lehrenhaltig sein, so müssen sie aufgerieben werden. Zum Aufreiben dienen entweder feste oder nachstellbare Reibahlen. Die letztgenannten haben den Vorteil, daß sie der Abnutzung entsprechend nachgestellt werden können; sie sind infolgedessen wirtschaftlicher als feste Reibahlen. Für die verschiedenen Sitzarten muß eine entsprechende Zahl von Reibahlen angeschafft werden; eine Einstellung der Werkzeuge von Fall zu Fall ist unvorteilhaft, da sie nach jedesmaligem Verstellen erst wieder auf Rundlaufen geprüft werden müssen.

Für Löcher in Gußeisen und Bronze empfiehlt sich die Verwendung zweier Reibahlen, von denen die erste zum Vorreiben dient, während die zweite die Bohrung lehrenhaltig fertigreibt. Die Vorreibahle läßt je nach dem Durchmesser etwa 0,06 bis 0,1 mm stehen.

Löcher, die gerieben werden sollen, werden mit folgenden Untermaßen gebohrt:

Die Ausnutzung der Werkzeugmaschinen. — Bohren und Reiben.

Durchmesser mm	Spiralbohrer, Dreilippensenker mm	Vierlippensenker mm
bis 1,2	0,05	—
1,3 ,, 1,6	0,1	—
1,7 ,, 3,0	0,15	—
3,1 ,, 6,0	0.2	—
6,1 ,, 18	0,3	—
19 ,, 30	0,4	0,3
32 ,, 50	0,5	0,4

Es empfiehlt sich dabei, die Bohrer für Gußeisen und Stahl getrennt aufzubewahren, da Bohrer, die für Guß benutzt worden sind, beim Bohren von Stahl leicht fressen und abbrechen.

Schnittgeschwindigkeit:

Werkstoff	Werkzeugstahl m/min	Schnellschnittstahl m/min
Masch.-Stahl:		
40 bis 50 kg/mm^2	9 bis 10	22 bis 25
50 ,, 60 ,,	8 ,, 9	20 ,, 22
60 ,, 70 ,,	7 ,, 8	18 ,, 20
70 ,, 80 ,,	6 ,, 7	15 ,, 18
Gußstahl:		
mittel	6 ,, 8	12 ,, 14
hart	4 ,, 6	10 ,, 12
Gußeisen:		
weich	7 ,, 9	16 ,, 18
mittel	6 ,, 7	14 ,, 16
hart	5 ,, 6	12 ,, 14
Temperguß u. Stahlguß:		
weich	10 ,, 12	20 ,, 25
mittel	8 ,, 10	16 ,, 20
hart	6 ,, 8	12 ,, 16
Bronze und Messing:		
weich	28 ,, 32	40 ,, 45
mittel	24 ,, 28	35 ,, 40
hart	20 ,, 24	30 ,, 32

Zweckmäßige Vorschübe.

Durchm. d. Bohrer in mm	1—4	4—10	10—20	20—40	40—100

Bohrer aus Werkzeugstahl.

Für alle Werkstoffe mm/Umdr.	0,08	0,1 bis 0,125	0,175	0,225	0,275

Bohrer aus Schnellschnittstahl.

Für Masch.-Stahl, Temper- und Stahlguß mm/Umdr.	0,1	0,25	0,4	0,45	0,5
Für Gußeisen und Bronze ,,	0,2	0,4	0,6	0,7	0,8

Schnittgeschwindigkeit beim Reiben:
für alle Werkstoffe etwa 6 bis 8 m/min.

Auch bei Messern aus Schnellschnittstahl wird zweckmäßig keine höhere Geschwindigkeit genommen; der Vorteil liegt hier hauptsächlich in der längeren Lebensdauer der Messer.

Vorschübe beim Reiben: für Masch.-Stahl, Temper- und Stahlguß 0,2 bis 1 mm Umdr. (etwa gleich dem Vorschub der Bohrstange); für Gußeisen und Bronze bis zu 10 mm/Umdr.

Schmiermittel: Seifenwasser, für hochwertige Arbeiten Lardöl, Rizinusöl oder Fischtran.

Spindelbohrmaschinen.

Schnittgeschwindigkeit:
wie beim Arbeiten mit Spiralbohrern.

Vorschub:
- beim Bohren von Masch.-Stahl . . . . 10 bis 15 mm/min
- ,, ,, ,, Gußstahl . . . . 6 ,, 10 ,,
- beim Reiben von Masch.-Stahl . . . . 60 ,, 100 ,,
- ,, ,, ,, Gußstahl . . . . 35 ,, 80 ,,

Kühlmittel:
Seifenwasser oder Rüböl (Druck 20 bis 25 kg/mm²).

Schleifen.

Das Schleifen ist das jüngste aller Arbeitsverfahren. Darauf ist es wohl zurückzuführen, daß es noch lange nicht die Verbreitung findet, die ihm nach seiner Leistungsfähigkeit zukommt. Die Schleifmaschine ist eine vollwertige Werkzeugmaschine, die imstande ist, ganz erhebliche Werkstoffmengen zu zerspanen. Wirtschaftliche Fertigung ist ohne Schleifmaschine undenkbar. Wenn in der Praxis oft gegenteilige Anschauungen laut werden, so ist dies meist auf die Verwendung ungeeigneter Scheiben und auf den Mangel an Erfahrung zurückzuführen. Das Schleifen erfordert wie jedes andere Arbeitsverfahren eine gewisse Vertrautheit mit seinen Eigenheiten. Wo diese vorhanden ist, wird auch der Erfolg nicht ausbleiben.

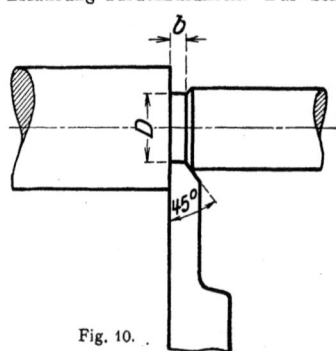

Fig. 10.

Rundschliff.

Vorbereitung der Arbeitsstücke:

Arbeitsstücke anbohren und sauber zentrieren. Die Körnerlöcher müssen genau den gleichen Winkel haben wie die Spitzen, weil das Arbeitsstück sonst beim Schleifen Flächen auf dem Umfang (Zittermarken) bekommt. Dann mit grobem Vorschub (je nach dem Durchmesser 0,3 bis 1 mm/Umdr.) überschruppen und Ansätze einstechen mit einem Stahl nach Fig. 10. (Maß D = Nennmaß minus 0,1 mm.) Bei Wellen, die eine Längsnut besitzen, muß diese durch eine eingelegte Holzlatte verschlossen werden, da das Stück sonst nicht genau rund wird. Die Latte wird mit übergeschliffen und nach Fertigstellung des Teiles wieder herausgenommen. Nur wenn die Setzstöcke tadellos in Ordnung sind, kann auch ohne Latte geschliffen werden. Schleifzugabe und Einstichbreite nach folgender Tafel:

Durchmesser mm	Schleifzugabe		Einstichbr. B mm
	f. weiche Teile mm	f. harte Teile mm	
6 bis 18	0,2 bis 0,4	0,35 bis 0,55	1,5
20 ,, 40	0,25 ,, 0,45	0,45 ,, 0,65	2
42 ,, 60	0,3 ,, 0,55	0,6 ,, 0,8	2,5
62 ,, 100	0,35 ,, 0,60	0,7 ,, 0,9	3
100 ,, 150	0,4 ,, 0,7	0,8 ,, 1,1	3,5

Die Ausnutzung der Werkzeugmaschinen. — Schleifen.

Bei gehärteten Teilen ist zu überlegen, ob der Einstich vorgenommen werden darf. Wenn die Längen genau stimmen müssen, muß der Einstich unterbleiben; der Ansatz wird dann mit der Scheibe ausgeschliffen.

Setzstöcke:

Längere Wellen müssen durch Setzstöcke abgestützt werden. Für die meisten Arbeiten genügen Setzstöcke nach Fig. 11. Werkstoff der Backen: Weißbuchenholz, 48 Stunden in Leinöl getränkt. Für Teile, die genau rund sein müssen, empfehlen sich Setzstöcke nach Fig. 12. Werkstoff der Backen: Hartguß oder gehärteter Stahl. Die Rundung muß dabei genau mit dem zu schleifenden Durchmesser ausgeschliffen sein.

Die Setzstöcke dürfen nur angesetzt werden, wenn das Arbeitsstück genau rund läuft; im Notfalle muß die Anlagestelle erst vorgeschliffen werden. Das Nachstellen muß gleichmäßig vorgenommen werden, damit alle Backen anliegen. Die Zahl der Backen richtet sich nach dem Durchmesser und der Länge des Arbeitsstückes. Im Durchschnitt wird etwa alle 150 mm ein Setzstock angesetzt. Die nachstehende Tafel gibt einen Anhalt dafür:

Zahl der Setzstöcke.

Durchmesser des Arbeitsstückes	Länge des Arbeitsstückes									
	150	300	450	600	750	900	1050	1200	1500	1800
12 bis 19	1	2	3	4	5	7	8			
20 „ 25		1	2	3	4	5	6	7		
26 „ 35		1	2	2	3	4	5	5	7	
36 „ 48		1	1	2	2	3	4	4	5	7
50 „ 62			1	1	2	2	3	3	4	5
65 „ 75			1	1	2	2	2	3	4	5
78 „ 100			1	1	1	2	2	2	3	4
105 „ 125				1	1	1	2	2	3	3
130 „ 150				1	1	1	1	2	2	3
155 „ 200					1	1	1	1	2	2
210 „ 250						1	1	1	1	2

Innenschliff:

Aufspannung im Topf- oder Dreibackenfutter; bei schwachwandigen Teilen, die leicht verspannt werden können, müssen die Spanneisen auf die Stirnfläche gesetzt werden. Zugabe nach folgender Tafel:

Lochdurchmesser mm	Zugabe für	
	harte Buchsen mm	weiche Buchsen mm
10 bis 40	0,08 bis 0,12	0,08 bis 0,12
42 „ 60	0,13 „ 0,17	
62 „ 80	0,17 „ 0,24	0,13 „ 0,18
82 „ 100	0,22 „ 0,29	
105 „ 120	0,25 „ 0,35	0,17 „ 0,23
125 „ 150	0,30 „ 0,40	

Diese Zugaben sind sehr gering und machen sorgfältiges Ausrichten zur Bedingung; die dafür aufgewendete Zeit wird aber beim Ausschleifen wieder gespart.

Auswahl der Schleifscheibe:

Harte Scheiben für weiche Werkstoffe und kleine Berührungsflächen, weiche Scheiben für harte Werkstoffe und große Berührungsflächen. Diese Regel gibt jedoch nur einen allgemeinen Anhaltspunkt, da auch Breite und Durchmesser der Scheibe von Einfluß auf ihre Auswahl sind. Die Tafel gibt eine Zusammenstellung der für die angegebenen Arbeiten am besten geeigneten Scheiben nach Härte und Korn. Zugrunde gelegt sind hierbei die Bezeichnungen von Norton,

Werkstoff	Bezeichnung der Scheibe für			
	Rundschliff	Innenschliff	Planschliff	Scharfschl.
Weicher Stahl	24 K., komb. 60 L bis M	46 I.	24 K., 36 K.	—
Gehärteter Stahl . . .	40 H., 46 K.	40 H., 46 I.	36 H., 36 K.	46 K.
Gußeisen	24 K., komb. 36 I., 36 K.	36 H.	36 K.	—
Bronze	24 M., 30 M.	36 K.	—	—
Aluminium	40 I.	46 H.	36 H.	—

Wechsel der Scheibe zwischen Schruppen und Schlichten ist nicht erforderlich; es genügt, die Scheibe feiner abzuziehen.

Ungeeignete Scheiben sind bald zu erkennen: Wird die Scheibe sehr schnell stumpf, so ist sie zu hart; wird sie unrund, so ist sie zu weich. Eine richtig ausgewählte Scheibe gibt hellgelbe Funken und verursacht ein feines zischendes Geräusch. Dunkelrote Funken und Brummen sind ein Zeichen dafür, daß die Scheibe stumpf ist oder sich für die Arbeit überhaupt nicht eignet.

Abziehen der Scheibe:

Die Scheibe muß abgezogen werden, sobald sie anfängt, stumpf oder unrund zu werden. Der hierzu verwendete Diamant muß scharfkantig sein, da er sonst

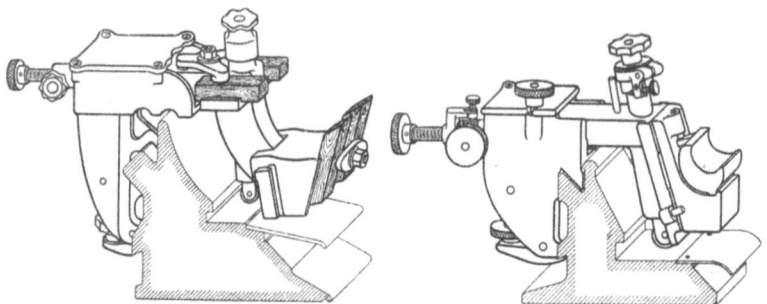

Fig. 11.   Fig. 12.

nicht greift oder gar platzt. Er soll genau radial stehen. Geschwindigkeit der Scheibe wie beim Schleifen. Je sauberer der Schliff werden soll, desto feiner muß die Scheibe abgezogen werden.

Kühlmittel:

Trockenschliff kommt für Massenfertigung nicht in Frage. Je mehr Kühlflüssigkeit dem Arbeitsstück zugeführt wird, desto besser. Man verwendet:

für Stahl, Gußeisen und Bronze:

Sodawasser (etwa 3 bis 4 kg Soda auf 100 ltr Wasser). Zum Schlichten empfiehlt sich ein Zusatz von $1/2$ bis 1 kg Öl hierzu.

für Aluminium:

50 ltr Petroleum, 50 ltr dünnflüssiges Mineralöl.

Die Kühlflüssigkeit soll die Scheibe in breitem, kräftigem Strahl treffen; die Ausflußöffnung muß deshalb mit einer Strahlkappe versehen sein.

Umfangsgeschwindigkeit der Schleifscheibe:

    für Rundschleifen . . . . . . 30 m/sek
    „ Innenschleifen . . . . . . 22 bis 25 m/sek
    „ Scharfschleifen . . . . . . 25 m/sek
    für Flächenschleifen:
    mit der Stirnfläche der Scheibe . . . . 18 bis 22 m/sek
    „ „ Peripherie „ „ . . . . 22 „ 25 „
    „ Segmentschleifscheiben (Diskusscheiben) bis 40 „

Geschwindigkeit des Werkstückes.

Werkstoff	Rundschliff m/min	Innenschliff m/min	Planschliff m/min
Weicher Stahl:			
schruppen . . .	8 bis 10	15 bis 20	
schlichten . . .	12 „ 14		
Gehärteter Stahl:			
schruppen . . .	8 „ 10	18 „ 22	
schlichten . . .	14 „ 16		
Gußeisen:			8 bis 14
schruppen . . .	10 „ 12	18 „ 22	
schlichten . . .	14 „ 16		
Messing:			
schruppen . . .	14 „ 16	28 „ 32	
schlichten . . .	18 „ 20		
Aluminium:			
schruppen . . .	14 „ 16	32 „ 35	
schlichten . . .	18 „ 20		

Vorschub des Tisches je Umdrehung des Werkstückes:
    beim Schruppen . . $1/2$ bis $2/3$ Scheibenbreite,
    „ Schlichten . . . $1/3$ „ $1/4$ „
Der Vorschub kann um so größer genommen werden, je kleiner die Umfangsgeschwindigkeit des Werkstückes ist.

Spantiefe:
    beim Schruppen . . . 0,03 bis 0,06 mm/Hub,
    „ Schlichten . . . 0,005 „ 0,01 „

Die Spantiefe kann um so größer genommen werden, je gröber die Scheibe ist. Für das Schlichten läßt man etwa 0,03 bis 0,05 mm im Durchmesser stehen.

Polieren.

Das Polieren (richtiger Feinschleifen) dient zur Fertigstellung von Gegenständen, die eine sehr große Genauigkeit haben müssen, in der Hauptsache also zum Fertigmachen von Lehren. Als Schleifmittel wird für das Vorschleifen Schmirgelpulver mit Vaseline oder Öl angerieben verwendet; für das Fertigschleifen nimmt man fein geschlemmten Staubschmirgel oder Polierrot. Zum Festhalten des Poliermittels dient der „Schleifträger". Zum Polieren von ebenen Flächen und größeren Zylindern nimmt man hierfür meist weiches Gußeisen, für kleinere Zylinder und Bohrungen dagegen Kupfer. Für das Polieren von Gewindelehren werden ebenfalls gußeiserne Muttern verwendet, nur für feinere Steigungen kommt auch hier Kupfer in Frage.

Die Zugabe für das Polieren beträgt etwa 0,004 bis 0,008 mm, die Umfangsgeschwindigkeit 20 bis 25 m/min.

Schwabbeln.

Unter Schwabbeln versteht man das freihändige Schleifen und Polieren von Gegenständen aus dem Rohen, z. B. von Hebelgriffen. Nachstehend die Arbeitsweise:

1. Operation: Grobschleifen — Schmirgelscheibe grober Körnung.
2. Operation: Vorschleifen — Filzscheibe mit grobem Schmirgel beleimt.
3. Operation: Blankschleifen — Holzscheibe mit Leder bekleidet. Die Arbeitsstücke werden hierfür mit einem Brei von Talg und Schmirgel eingerieben.
4. Operation: Fertigschleifen — rotierende Bürste. Die Arbeitsstücke werden hierfür mit Öl und Schmirgel eingerieben.

5. Operation: Polieren — Schwabbelscheibe aus kreisförmigen Flanellappen zusammengesetzt. Die Arbeitsstücke werden hierfür mit Putzstein eingerieben. Umfangsgeschwindigkeit für Operation 1 bis 5: 25 bis 30 m/sek.

Hobeln.

Das Hobeln ist ein ziemlich unwirtschaftliches Bearbeitungsverfahren, da die Leerzeiten dabei prozentual ziemlich groß sind. Man hat infolgedessen versucht, die Maschinen dadurch wirtschaftlicher zu machen, daß man besondere Stahlhalter herstellte, die auch auf dem Rückweg schnitten. Die bisher bekannt gewordenen Bauarten litten jedoch alle an irgendeinem Mangel, so daß sie sich nicht behaupten konnten. Um die Maschinen besser auszunutzen, bleibt nichts weiter übrig, als einen oder mehrere Supporte zu benutzen, ein Verfahren, das jedoch nicht für alle Arbeitsstücke anwendbar ist. Ein weiterer Nachteil ist, daß die Schnittgeschwindigkeit nicht bis zur vollen Ausnutzung der Leistungsfähigkeit des Schnellschnittstahles gesteigert werden kann. Namentlich bei schweren Tischhobelmaschinen sind die bewegten Massen so groß, daß bei Verwendung der üblichen Riemenumsteuerung der Schnittgeschwindigkeit ziemlich niedrige Grenzen gezogen sind. Besser sind in dieser Hinsicht die Maschinen mit Antrieb durch Umkehrmotor, die dann auch meist mit mehreren Geschwindigkeiten arbeiten.

Schnittgeschwindigkeit:

Werkstoff	Werkzeugst. n/min	Schnellschnittst. m/min
Maschinenstahl:		
40 bis 50 kg/mm²	10 bis 12	15 bis 18
50 „ 60 „	8 „ 10	12 „ 15
60 „ 70 „	6 „ 8	10 „ 12
70 „ 80 „	5 „ 6	8 „ 10
Gußstahl	4 „ 6	6 „ 8
Gußeisen:		
weich	8 „ 10	10 „ 12
mittel	6 „ 8	8 „ 10
hart	5 „ 6	7 „ 8
Temperguß, Stahlguß:		
weich	8 „ 10	12 „ 15
mittel	6 „ 8	10 „ 12
hart	5 „ 6	8 „ 10
Bronze	10 „ 12	15 „ 20
Messing	14 „ 18	22 „ 28
Aluminium	15 „ 20	25 „ 30

Die hohen Geschwindigkeiten kommen nur für die Shapingmaschinen in Frage, da die höchste Geschwindigkeit bei Tischhobelmaschinen mit Riemenumsteuerung meist nur 12 m/min und bei Maschinen mit Umkehrmotor etwa 16 m/min beträgt.

Vorschub:
Der Vorschub richtet sich nach der Spantiefe und der Stärke der Maschine. Beim Schruppen können bis zu 5 mm Hub genommen werden, beim Schlichten nimmt man für Gußeisen, wenn ein breiter Stahl verwendet wird, 8 bis 12 mm/Hub, für alle übrigen Werkstoffe etwa 0,4 bis 0,6 mm.

Kühlung:
Bearbeitung trocken, da der Stahl während des Rücklaufes nicht schneidet und sich infolgedessen auch nicht so stark erwärmen kann wie der ununterbrochen arbeitende Drehstahl.

Stoßen.

Das Stoßen sollte auf die Fälle beschränkt bleiben, in denen eine Bearbeitung auf anderem Wege nicht möglich ist, also in der Hauptsache auf das Ausarbeiten von Formen. Für die Herstellung von Nuten, Vierkantlöchern und ähnlichen Querschnitten ist das Räumverfahren bedeutend wirtschaftlicher, namentlich, wenn es sich um größere Stückzahlen handelt.

S c h n i t t g e s c h w i n d i g k e i t wie beim Hobeln; nur beim Stoßen von Keilnuten muß die Geschwindigkeit verringert werden und zwar auf etwa die Hälfte der angegebenen Werte, da die scharfe Ecke des Stahles sonst nicht stehen bleibt.

V o r s c h u b. Beim Stoßen von Keilnuten nimmt man 0,1 bis 0,2 mm/Hub, und zwar werden Nuten bis etwa 15 mm Breite mit einem Stahl von entsprechenden Abmessungen hergestellt. Bei breiteren Nuten werden mehrere Schnitte genommen, der Vorschub kann dabei bis auf etwa 0,35 mm/Hub gesteigert werden.

K ü h l u n g ist aus den gleichen Gründen wie bei der Hobelmaschine nicht erforderlich.

Fräsen.
1. Flächenfräsen.

Die Wirtschaftlichkeit des Flächenfräsens wird häufig überschätzt. Bei der Entscheidung, ob eine Arbeit auf der Hobelmaschine oder auf der Fräsmaschine auszuführen ist, spielen Stückzahl und Höhe des Unkostensatzes eine erhebliche Rolle. Im allgemeinen kann man sagen, daß bei Einzelanfertigung die Hobelmaschine billiger arbeitet, während bei Massenfertigung die Fräsmaschine vorzuziehen ist.

Für die verschiedenen Werkzeuge gilt folgendes: Für Schrupparbeiten verwendet man Messerköpfe und spiralgenutete Walzenfräser mit grober Teilung. Zur Ausführung von Schlichtarbeiten dienen Walzenstirn- und Walzenfräser mit feinerer Teilung. Schruppfräser größerer Breite erhalten Spanbrechernuten. Die Steigung der Spirale soll so gewählt sein, daß der Fräsdruck auf die Spindel wirkt, nicht entgegengesetzt. Walzenfräser mit geraden Nuten sollten wegen ihres ruckweisen Angreifens überhaupt nicht mehr verwendet werden. — Wo nur grob gezahnte Fräser zur Verfügung stehen, kann ein sauberer Schlichtschnitt auch durch eine entsprechende Steigerung der Schnittgeschwindigkeit bei gleichzeitiger Verringerung des Vorschubes erzielt werden.

Wenn irgend angängig, verwende man Fräser mit gefrästen Zähnen; hinterdrehte Fräser sind nur für Profilarbeiten am Platze. Die Arbeitsstücke sind so aufzuspannen, daß die Entfernung der zu fräsenden Flächen von der Tischfläche möglichst gering ist. Je größer sie ist, desto unruhiger arbeitet die Maschine, desto unsauberer sind die gefrästen Flächen, desto höher ist der Kraftverbrauch.

S c h n i t t g e s c h w i n d i g k e i t:

Der Unterschied in der Geschwindigkeit zwischen Fräsern aus Schnellschnittstahl und solchen aus Werkzeugstahl ist nicht so groß wie bei den übrigen Werkzeugen. Die meisten Handbücher geben übertrieben hohe Werte für die Schnittgeschwindigkeiten an, die sich im normalen Betriebe nur unter ganz besonders günstigen Verhältnissen einhalten lassen. Der Hauptvorteil der Schnellschnittstahlfräser liegt in der größeren Lebensdauer der Schneiden. Die Werkzeuge brauchen nicht so oft nachgeschliffen zu werden. Daher sind auch die Verluste durch Stillstand nur sehr gering.

V o r s c h u b : Je nach Spantiefe und Maschinenstärke. Beim Schruppen große Vorschübe und geringe Schnittgeschwindigkeit, beim Schlichten kleine Vorschübe und hohe Schnittgeschwindigkeit. Für gewöhnliche Schlichtarbeiten in Gußeisen ist $s = 30$ bis 35 mm/min.

S p a n t i e f e: Beim Schruppen: Je nach Bearbeitungszugabe und Maschinenstärke. Am wirtschaftlichsten ist eine Spantiefe von 3 bis 4 mm. Bei sehr großen Bearbeitungszugaben ist es vorteilhafter, mehrere flache Schnitte mit größerem

Schnittgeschwindigkeit.

Werkstoff	Werkzeugstahl		Schnellschnittstahl	
	Schruppen	Schlichten	Schruppen	Schlichten
	m/min		m/min	
Maschinenstahl				
40 bis 50 kg/mm²	15 bis 18	18 bis 20	18 bis 22	25 „ 28
50 „ 60 „	12 „ 15	15 „ 18	15 „ 18	22 „ 25
60 „ 70 „	10 „ 12	12 „ 15	12 „ 15	18 „ 22
70 „ 80 „	8 „ 10	10 „ 12	10 „ 12	15 „ 18
Gußstahl:				
mittel	5 „ 6	8 „ 10	6 „ 8	10 „ 12
hart	4 „ 5	6 „ 8	5 „ 6	8 „ 10
Gußeisen:				
weich	10 „ 12	12 „ 15	12 „ 15	18 „ 20
mittel	7 „ 9	10 „ 12	9 „ 12	15 „ 18
hart	5 „ 6	8 „ 10	6 „ 8	12 „ 15
Temperguß:				
weich	12 „ 15	18 „ 20	18 „ 20	22 „ 25
mittel	10 „ 12	15 „ 18	15 „ 18	20 „ 22
hart	8 „ 10	12 „ 15	12 „ 15	18 „ 20
Stahlguß:				
weich	10 „ 12	12 „ 15	12 „ 15	18 „ 20
mittel	7 „ 9	10 „ 12	9 „ 12	15 „ 18
hart	5 „ 6	8 „ 10	6 „ 8	12 „ 15
Bronze u. Messing:				
weich	18 „ 20	25 „ 28	25 „ 28	35 „ 40
mittel	15 „ 18	20 „ 25	22 „ 25	30 „ 35
hart	12 „ 15	15 „ 20	18 „ 22	25 „ 30
Aluminium:				
weich	80 „ 100	100 „ 120[1]	100 „ 120	120 „ 150[1]
mittel	60 „ 80	80 „ 120	80 „ 100	100 „ 120
hart	50 „ 60	60 „ 80	60 „ 80	80 „ 100

Vorschub zu nehmen, als einen tiefen Schnitt mit geringem Vorschub. Beim Schlichten nehme man Spantiefen von 0,2 bis 0,4 mm.

Kühlmittel: Für die meisten Arbeiten Seifenwasser oder wasserlösliches Bohröl. Für Schrupparbeiten in besonders zähem Werkstoff und für sehr hochwertige Schlichtarbeiten Rüböl.

2. Gewindefräsen:

Das Gewindefräsen hat in den letzten Jahren eine große Verbreitung erlangt. Es ist trotz hoher Unkosten im allgemeinen billiger als das Gewindeschneiden auf der Drehbank und daher für viele Arbeiten durchaus am Platze. Wo es sich jedoch um Spindeln handelt, deren Steigung genau stimmen muß, ist es nicht zu brauchen. Da die ganze Gewindetiefe mit einem, höchstens zwei Schnitten herausgenommen wird, entsteht eine erhebliche Erwärmung an der Schnittstelle, die Fehler in der Steigung zur Folge hat. Genaue Spindeln dürfen daher nur vorgefräst werden, das Fertigschneiden muß auf der Drehbank vorgenommen werden. Lange Gewinde werden mittels eines Scheibenfräsers vom Profil des Gewindeganges gefräst, kurze Gewinde mit einem walzenförmigen Fräser, der Rillen vom Profil des zu schneidenden Gewindes besitzt. Das Arbeitsstück wird damit in einer Umdrehung fertiggestellt.

Schnittgeschwindigkeit:
für Maschinenstahl von 50 kg/mm² 22 bis 25 m/min
                  „ 60 „   18 „ 22 „

---

[1]) Wird meist mit einem Schnitt fertiggefräst.

Die Ausnutzung der Werkzeugmaschinen. — Fräsen.

Vorschub je nach Maschinenstärke und Anforderung an die Sauberkeit.
Für Durchschnittsarbeiten kann man folgende Werte annehmen:

Steigung		mm/min
Steigung	3 mm	125 mm/min
,,	5 ,,	100 ,,
,,	7,5 ,,	80 ,,
,,	10 ,,	60 ,,
,,	12 ,,	45 ,,
,,	15 ,,	30 ,,

Für kurze Spitzgewinde 40 bis 50 mm/min.
Kühlmittel: Seifenwasser, für sehr saubere Arbeiten Rüböl.

3. Rundfräsen:

Das Rundfräsen erscheint bei oberflächlicher Betrachtung sehr vorteilhaft, ist es jedoch nur sehr bedingt, da es mit einem sehr hohen Unkostensatz arbeitet. Wirklich lohnend ist es nur bei sehr schwierigen Profilteilen, die in großen Mengen hergestellt werden und an deren Genauigkeit nicht allzu hohe Anforderungen gestellt werden. Sollen die Teile maßhaltig sein und genau laufen, so müssen mindestens drei Schnitte genommen werden, und dann geht die Ersparnis zum größten Teil wieder verloren. Die Genauigkeit beträgt bei sehr sorgfältigem Arbeiten etwa $\pm 0,03$ mm.

Schnittgeschwindigkeit:
Hierfür gelten dieselben Werte wie für das Flächenfräsen.

Vorschub.

	Gußeisen, Bronze mm/min	M. St. Temperguß mm/min
Schruppen	40 bis 50	20 bis 30
Schlichten	50 ,, 70	30 ,, 40

Kühlmittel: Seifenwasser (nur bei sehr hartem Werkstoff erforderlich).

Räderherstellung.

Stirnräder: Bearbeitung nach dem Teil- oder dem Wälzverfahren. Vollkommen einwandfreie Räder gibt keins der beiden Verfahren, da die Fräser sich beim Härten immer etwas verziehen. Beim Teilverfahren kommt noch die durch die Arbeitsweise bedingte ungleichmäßige Erwärmung hinzu. Räder, an die sehr hohe Anforderungen in bezug auf ruhigen und gleichmäßigen Gang gestellt werden, müssen daher gehobelt werden. Die Leistungsfähigkeit ist bei beiden Fräsverfahren annähernd die gleiche.

Schnittgeschwindigkeit wie beim Flächenfräsen.

Vorschübe beim Teilverfahren.

Modul	Gußeisen, Bronze mm/min	Masch.-Stahl. Temperguß mm/min
bis 1,75	90 bis 100	80 bis 90
2 ,, 2,75	85 ,, 95	70 ,, 80
3 ,, 3,75	80 ,, 90	60 ,, 70
4 ,, 4,5	70 ,, 80	50 ,, 60
5 ,, 5,5	60 ,, 70	40 ,, 50
6 ,, 7,5	50 ,, 60	30 ,, 35
8 ,, 9,5	40 ,, 50	25 ,, 30
10 ,, 12	30 ,, 40	20 ,, 25

Diese Werte gelten für selbsttätige Räderfräsmaschinen; sie hängen ab von der Stärke der Maschine und von den Anforderungen an die Sauberkeit der Flanken. Für Universalfräsmaschinen ist etwa die Hälfte dieser Werte zu nehmen.

Räder aus Maschinenstahl und Temperguß werden gewöhnlich mit zwei Schnitten fertiggestellt, für das Schlichten läßt man etwa 0,3 bis 0,5 mm stehen. Bei Rädern aus Gußeisen und Bronze nimmt man meist nur einen Schnitt. Nur wenn die Stärke der Maschine nicht ausreicht oder besonders hohe Anforderungen an die Sauberkeit der Flanken gestellt werden, wird noch ein zweiter Schnitt genommen. Für den Schlichtschnitt kann der Vorschub dann etwas höher gewählt werden.

Vorschübe beim Abwälzverfahren:

Modul	Gußeisen und Bronze mm/Umdr.	Masch.-St. u. Temperguß mm/Umdr.
bis 2	2,0 bis 2,2	1,4 bis 1,5
2,5 „ 4	1,8 „ 2,0	1,2 „ 1,4
4,5 „ 6	1,6 „ 1,8	0,8 „ 1,0
6,5 „ 8	1,4 „ 1,6	0,5 „ 0,7
8,5 „ 10	1,2 „ 1,4	0,4 „ 0,5
10,5 „ 12	1,0 „ 1,2	0,3 „ 0,4

Die angegebenen Werte sind selbstverständlich nur Durchschnittswerte; neben der Stärke der Maschine und den Anforderungen an die Sauberkeit spielt auch der Durchmesser der Bohrung, bzw. des Aufspanndornes eine erhebliche Rolle.

Auch beim Wälzverfahren werden Guß- und Bronzeräder meist mit einem Schnitt fertiggefräst, bei Stahl- und Tempergußrädern wird etwa von Modul 4 ab gewöhnlich noch ein zweiter Schnitt genommen. Hierfür bleiben etwa 0,2 bis 0,3 mm stehen.

Schneckenräder.

Hierfür kommen zwei Verfahren in Frage. Beim ersten wird ein Schneckenfräser von zylindrisch-walzenförmiger Gestalt verwendet, der einen Vorschub in Richtung des Halbmessers des Schneckenrades erhält (Radialverfahren). Beim zweiten Verfahren besitzt der Fräser konisch-walzenförmige Gestalt und schiebt in Richtung der Tangente vor (Tangentialverfahren). Im allgemeinen wird das erste Verfahren für niedrige Steigungen verwendet, das zweite für hohe Steigungen.

Schnittgeschwindigkeit wie beim Abwälzverfahren.

Vorschub.

	Radialverfahren mm/Umdr.	Tangentialverfahren mm/Umdr.
Modul 4 einfach	0,14 bis 0,18	1,5 bis 1,8
„ 6 „	0,12 „ 0,15	1,4 „ 1,6
„ 8 „	0,1 „ 0,14	1,3 „ 1,5
„ 10 „	0,09 „ 0,12	1,2 „ 1,4
„ 12 „	0,08 „ 0,1	1,1 „ 1,3
„ 14 „	0,07 „ 0,09	1,0 „ 1,2
„ 16 „	0,06 „ 0,08	0,8 „ 1,0

Für doppelte und dreifache Steigungen ist der Vorschub entsprechend geringer zu wählen.

Zähne-Hobeln.

Für das Hobeln von Stirn- und Kegelrädern empfiehlt sich ein Vorfräsen der Zahnlücken, um die Hobelstähle zu schonen. Fertigstellung entweder mit einem Einzelstahl oder einem Kammstahl; der letztere entspricht in seiner Verwendung etwa dem Strehler beim Gewindeschneiden. Er ist daher auch leistungsfähiger als der Einzelstahl, liefert aber nicht ganz genaue Räder, da er sich beim Härten immer etwas verzieht.

Schnittgeschwindigkeit 10 bis 15 m/min.

Die Ausnutzung der Werkzeugmaschinen. — Räderherstellung.

Vorschübe:

	Einzelstahl mm/Hub	Kammstahl mm/Hub
Vorschub für vorgefräste Räder:		
bis Modul 3	1,2 bis 1,5	0,8 bis 1,0
über „ 3	0,7 „ 1,0	0,4 „ 0,6
für Hobeln aus dem Vollen:		
bis Modul 3	0,8 bis 1,0	0,5 bis 0,8
über „ 3	0,5 „ 0,8	0,3 „ 0,5

Räumen.

Der Hauptvorzug des Räumverfahrens liegt in der vollkommenen Gleichmäßigkeit und Genauigkeit der damit hergestellten Teile. Die Wirtschaftlichkeit hängt von der Menge der herzustellenden Gegenstände und der Schwierigkeit der Form ab. Die Räumnadeln sind sehr teuere und empfindliche Werkzeuge, so daß das Verfahren nicht überall angebracht ist.

Schnittgeschwindigkeit: Für Maschinenstahl, Gußeisen und Bronze etwa 2 m/min, für Gußstahl und für Spezialstahl etwa 1 bis 1,5 m/min. Die Spantiefe ist durch die Form der Räumnadel gegeben; sie beträgt bei Stahl etwa 0,025 bis 0,04 mm/Zahn, bei Gußeisen und Bronze 0,05 bis 0,1 mm. Ist sehr viel Material auszuräumen, so müssen mehrere Nadeln verwendet werden. Mehr als drei Nadeln werden jedoch selten genommen.

Kühlmittel: Lardöl, für sehr zähe Werkstoffe mit der gleichen Menge Petroleum vermengt. Für Gußeisen und Bronze genügt Seifenwasser.

Abstechen und Abschneiden.

Beide Arbeitsverfahren stehen in scharfem Wettbewerb miteinander. Im allgemeinen kann man sagen, daß die Abstechmaschine für Rundmaterial bis etwa 100 mm Durchmesser wirtschaftlicher arbeitet als die Kaltsäge. Für stärkere Stangen vor allem für unregelmäßige Querschnitte (Winkeleisen, Schienen, T-Eisen usw.) verdient dagegen die Kaltsäge den Vorzug. Für rechteckige Querschnitte, wie z. B. Flacheisen sind die sogenannten Bügelsägen am vorteilhaftesten.

Schnittgeschwindigkeit:

Werkstoff	Werkzeugstahl m/min	Schnellschnittstahl m/min
Maschinenstahl:		
40 bis 50 kg/mm²	14 bis 15	18 bis 22
50 „ 60 „	12 „ 15	16 „ 18
60 „ 70 „	10 „ 12	14 „ 16
70 „ 80 „	7 „ 9	12 „ 14
Gußstahl	7 „ 9	12 „ 14

Diese Werte gelten sowohl für Abstechmaschinen wie für Sägen.

Vorschübe:

Werkstoff	Abstechmasch. mm/Umdr.	Kaltsäge Abzuschneidender Durchmesser mm/min.					
		100	150	200	250	300	350
Maschinenstahl:							
40 bis 50 kg/mm²	0,45 bis 0,60	45	35	30	25	20	15
50 „ 60 „	0,35 „ 0,45	40	30	25	20	15	12
60 „ 70 „	0,25 „ 0,35	35	25	20	15	12	10
70 „ 80 „	0,15 „ 0,25	30	20	15	12	10	8
Gußstahl	0,15 „ 0,25	30	20	15	12	10	8

Kühlmittel: Seifenwasser, für sehr zähe Werkstoffe Rüböl.

Werkzeuge.

Bearbeitet von Willi Mitan, Ingenieur der Fritz-Werner-A.-G,
Berlin-Marienfelde.

I. Baustoffe und ihre Prüfung.

Als Baustoffe werden verwendet:
Werkzeugstähle.
Legierte Stähle.
Schnellschnittstähle.
Sonderstoffe.

Werkzeugstahl wird benutzt zur Herstellung sämtlicher Schneidwerkzeuge; seine Zusammensetzung schwankt etwas je nach dem Verwendungszweck der Werkzeuge. Für Dreh- und Hobelstähle, Fräser, Bohrer, Senker usw. nimmt man einen Stahl mit etwa 1,1 bis 1,3 vH Kohlenstoff und geringem Gehalt an Mangan und Silizium (höchstens 0,4 bzw. 0,3 vH). Werkzeuge, die stärkere Schläge auszuhalten haben, wie z. B. Gesenke, Meißel, Durchschläge usw., werden vorteilhaft aus einem Siliziumfederstahl von etwa folgender Zusammensetzung angefertigt: Kohlenstoff bis 0,7, Mangan bis 0,5 und Silizium 1,2 bis 1,4 vH.

Legierte Stähle werden ebenfalls zur Herstellung von Schneidwerkzeugen benutzt. Sie haben den gewöhnlichen Kohlenstoffstählen gegenüber den Vorzug, daß sie härter sind und daher länger schneidhaltig bleiben wie diese. Ihr Kohlenstoffgehalt ist meist etwas geringer als der des gewöhnlichen Werkzeugstahles; als Beimengung enthalten sie meist Wolfram oder Chrom in Mengen bis 6, bzw. 3 vH.

Schnellstahl dient zur Anfertigung von Hochleistungswerkzeugen; sein Kohlenstoffgehalt beträgt im Mittel 0,5 bis 0,7 vH. Die Überlegenheit gegenüber dem gewöhnlichen Werkzeugstahl erhält er durch die Anwesenheit erheblicher Mengen von Wolfram, Chrom, Vanadium, Kobalt oder Molybdän. Nach den Beschlüssen des Deutschen Präzisionswerkzeug-Verbandes soll jedoch als Schnellschnittstahl nur ein Material bezeichnet werden, das mindestens 14 bis 17 „Legierungseinheiten" enthält, wobei unter „Legierungseinheiten" die äquivalenten Mengen der zur Veredlung zugesetzten Stoffe verstanden werden. Nach den angestellten Versuchen entsprechen sich in ihrer Wirkung auf den Stahl ungefähr 1 vH Wolfram, 0,5 vH Molybdän oder Kobalt und 0,33 vH Vanadium. Von den Legierungseinheiten müssen jedoch mindestens 14 Wolfram sein. Ein Stahl mit 17 Legierungseinheiten könnte demnach z. B. folgende Zusammensetzungen haben: 14 vH Wolfram und 1,5 vH Molybdän oder 14 vH Wolfram und 1,5 vH Kobalt oder 14 vH Wolfram und 1 vH. Vanadium. Alle drei Sorten wären als gleichwertig anzusprechen.

Neben den bisher angeführten Stoffen hat sich nun in neuerer Zeit noch eine Reihe von **Sonderstoffen** Eingang in die Praxis verschafft, wenn auch bisher nur in bescheidenem Umfange. An erster Stelle ist hier das Stellit zu nennen, eine Legierung von ungefähr folgender Zusammensetzung: 50 vH Kobalt, 20 vH Chrom, 18 vH Molybdän, 9,7 vH Wolfram und 2 vH Kohlenstoff. Sein Hauptvorzug liegt darin, daß es eine um 75 bis 100 vH höhere Schnittgeschwindigkeit verträgt wie die besten Schnellschnittstähle. Da es jedoch sehr spröde ist, so ist es nur für geringe Spanquerschnitte verwendbar. Es wird in Form von Einsetzstählen mit quadratischem Querschnitt geliefert, neuerdings auch in Form der bekannten „Jägerstähle". Auch mit einem anderen Baustoff, dem Cooperit, einer Legierung aus Nickel, Wolfram, Molybdän, Silizium, Aluminium und Zirkon, sind erfolgreiche Versuche unternommen worden. In jüngster Zeit ist noch das Volomit auf dem Markt erschienen, ein Wolframkarbid, das hauptsächlich als Ersatz für Diamanten, z. B. in der Gesteinsbohrerei, ferner zum Abdrehen von Papierwalzen Verwendung findet. Weiter wären hier noch zu erwähnen die Bemühungen englischer und amerikanischer Stahlwerke zur Gewinnung eines gießbaren Schnellstahls. Wie amerikanische Fachzeitschriften berichten, haben sich gegossene Schnellstahlfräser hervorragend bewährt. Der bei diesen Versuchen verwendete Stahl enthielt 21 vH Wolfram, 5 vH Chrom und 1,5 vH Vanadium. Wieweit die amerikanischen Angaben zutreffen, muß abgewartet werden; die Aufgabe, einen gießbaren Schnellschnittstahl zu finden, erscheint jedenfalls nicht unlösbar.

Prüfung der Baustoffe.

Werkzeugstahl und Schnellschnittstahl weisen in ihrem Aussehen keinerlei Unterschiede auf, so daß es dem fertigen Werkzeug nicht anzusehen ist, woraus es besteht. Die eingestempelte Bezeichnung „Schnellschnittstahl" bietet jedenfalls nicht unbedingten Schutz gegen Irrtümer und Übervorteilungen beim Kauf. Sorgfältige Prüfung ist daher unerläßlich, um sich vor Schaden zu schützen. Am zweckmäßigsten und umfassendsten ist selbstverständlich die chemische Untersuchung. Hierzu muß das Werkzeug jedoch angebohrt werden, so daß es unbrauchbar wird. Diese Art der Prüfung kann daher nur in Ausnahmefällen in Betracht kommen, zumal nur wenige Maschinenfabriken über entsprechend eingerichtete Laboratorien verfügen. Als Ersatz hierfür können zwei andere Prüfungsarten dienen, die Funkenprobe und die Untersuchung mit Hilfe des spezifischen Gewichtes. Bei der ersteren wird das Werkzeug leicht gegen einen Schleifstein gehalten und die entstehende Funkengarbe beobachtet. Ist sie lebhaft und von hellgelber Farbe, so handelt es sich um einen gewöhnlichen Werkzeugstahl. Geringe Funkenbildung und rötliche Farbe sind das Kennzeichen für Schnellschnittstahl. In der Hand des Geübten liefert die Funkenprobe durchaus einwandfreie Ergebnisse. Für den nicht damit Vertrauten ist jedoch das zweite Verfahren, das die Unterschiede im spezifischen Gewicht ausnutzt, empfehlenswerter. Hierbei wird erst das absolute Gewicht G_1 des zu untersuchenden Stückes festgestellt und dann das Gewicht G_2 im Wasser. Das spezifische Gewicht ist dann $\gamma = \dfrac{G_1}{G_1 - G_2}$. Da Schnellschnittstahl erheblich schwerer ist als gewöhnlicher Werkzeugstahl, so läßt sich mit diesem Verfahren der Baustoff eines Werkzeuges einwandfrei feststellen. Voraussetzung hierfür ist jedoch, daß der Stahl in der Hauptsache mit Wolfram legiert ist, da das spezifische Gewicht der übrigen Beimengungen (Chrom, Kobalt usw.) nicht wesentlich verschieden von dem des Eisens ist. Der Wolframgehalt dagegen ändert das spezifische Gewicht des Stahles sofort, da Wolfram ein außerordentlich hohes spezifisches Gewicht (19,22) hat.

Die Größe des ermittelten spezifischen Gewichtes gibt gleichzeitig auch ein Mittel an die Hand, wenigstens ungefähr den Wolframgehalt eines Stahles zu bestimmen. Tafel 1 gibt einige Angaben hierüber:

Tafel 1.

Spezifisches Gewicht	Wolframgehalt vH
8,1	5
8,3	10
8,6	15
8,7	17
8,9	20

Ein anderer Punkt, der die Verwendbarkeit eines Werkzeuges weitgehend beeinflußt, ist seine Härte. Die Prüfung erfolgt am besten mit Hilfe eines Skleroskopes. Die Feile ist unzuverlässig, da sie nur erkennen läßt, ob das zu prüfende Stück härter oder weicher ist als die Feile. Beim Arbeiten mit dem Skleroskop darf jedoch nur das mit der Diamantspitze versehene Hämmerchen verwendet werden, da der Weichmetallhammer ganz andere Rückprallhöhen ergibt. Die Härte angelassener Gußstahlwerkzeuge soll 70 bis 80 Punkte betragen, die nicht angelassener etwa 90 bis 100. Für Schnellstahlwerkzeuge liegen die zu erreichenden Höhen bei 60 bis 70, bzw. 75 bis 80 Punkten.

II. Arten der Werkzeuge.

Im folgenden ist eine kurze Zusammenstellung der am häufigsten gebrauchten Werkzeuge mit ihren Vorzügen und Nachteilen gegeben, ferner die Angaben, deren Kenntnis für den Betriebsmann von Wichtigkeit ist.

Um Klarheit über die verschiedenen Bezeichnungen zu erhalten, sei noch bemerkt:

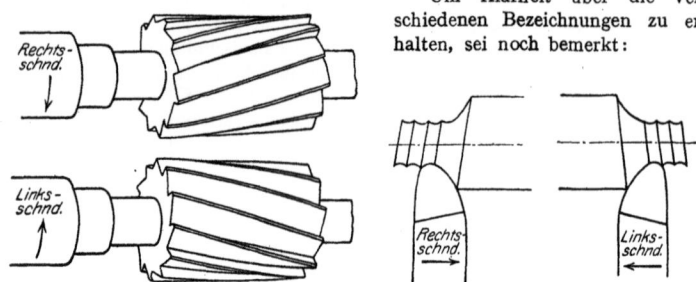

Fig. 1 bis 4. Bezeichnung der Schnittrichtung.

Schnittrichtung. Bei Werkzeugen mit sich drehender Schneide (z. B. bei Fräsern, Bohrern usw.) nennt man
rechtsschneidend ein Werkzeug, das vom schwachen Spindelende aus gesehen, sich im Uhrzeigersinne dreht (Fig. 1);
linksschneidend ein Werkzeug, das, vom schwachen Spindelende aus gesehen, sich im entgegengesetzten Sinne dreht (Fig. 2);
bei Werkzeugen mit feststehender Schneide (Dreh- und Hobelstählen),
rechtsschneidend ein Werkzeug, das, vom Schaft aus gesehen, seine Schneide auf der rechten Seite hat (Fig. 3);
linksschneidend ein Werkzeug, das, vom Schaft aus gesehen, seine Schneide auf der linken Seite hat (Fig. 4).

Schnittwinkel. Alle Werkzeuge müssen, um freischneidend zu sein, an der Schneidkante hinterarbeitet sein. Fig. 5 bis 13 zeigen schematisch eine Zusammenstellung der gebräuchlichsten Werkzeuge. Man erkennt daraus, daß die Grundform der Schneide bei allen Werkzeugen wiederkehrt; es lassen sich daher für die hauptsächlich in Frage kommenden Winkel auch gemeinsame Bezeichnungen festlegen. Es seien genannt:
der Winkel α, unter dem die Schneide gegen das Material gesetzt wird, der Anstell- oder Rückenwinkel;
der Winkel β, unter dem die Späne abfließen, der Brustwinkel;
der Winkel γ, der von den beiden Schneiden eingeschlossen wird, der Schneiden- oder Meißelwinkel;
die Fläche R die Rückenfläche oder der Stahlrücken;
die Fläche B die Brustfläche oder die Stahlbrust.

Die Größe der Schnittwinkel ist abhängig von dem zu bearbeitenden Werkstoff. Je härter das Material ist, je mehr Widerstand es seiner Zerspanung entgegengesetzt, desto widerstandsfähiger muß auch die Schneide sein. Umgekehrt kann sie um so schwächer gemacht werden, je weicher der Werkstoff ist. Eine

Änderung ihrer Widerstandsfähigkeit ist aber nur möglich durch Änderung des Schneidenwinkels γ. Andererseits darf aber die Summe von $\alpha + \beta + \gamma$ nicht größer sein als 90°, da die Schneide sonst zu drücken beginnt. Jede Vergrößerung von γ hat daher zwangläufig ein Kleinerwerden von α oder β zur Folge. Als allgemeine Regel für die Ausbildung der Schneiden ergibt sich sonach: Je härter ein Werkstoff ist, desto größer muß der Schneidenwinkel des zu seiner Bearbeitung dienenden Werkzeuges gewählt werden, desto kleiner werden aber Anstell- und Rückenwinkel; je weicher ein Werkstoff ist, desto kleiner muß der Schneidenwinkel gemacht werden und desto größer werden Anstell- und Rückenwinkel. Die Größe der verschiedenen Winkel wird bei Besprechung der einzelnen Werkzeuge behandelt. Die dort angegebenen Werte können aber selbstverständlich immer nur Durchschnittswerte darstellen. die je nach der Zähigkeit des zu bearbeitenden Werkstoffes ein Abweichen nach oben oder unten erforderlich machen.

Ein anderer wichtiger Punkt, der beim Entwurf von Schneidwerkzeugen beachtet werden muß, ist die beim Zerspanen entstehende Wärme. Je größer der Spanquerschnitt ist, desto mehr Wärme entsteht. Sie auf dem schnellsten

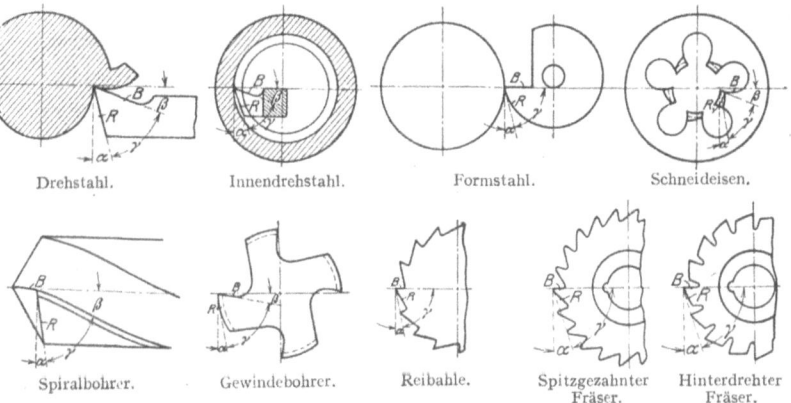

Fig. 5 bis 13. Bezeichnung der Schnittwinkel.

Wege abzuführen, ist von höchster Wichtigkeit, da sie sonst im Werkzeug verbleibt und dessen Schneiden ausglüht. Praktisch wird die Wärme durch eine ausgiebige Kühlung des Werkzeuges abgeleitet. Aber auch beim Entwurf sollte schon darauf Rücksicht genommen werden durch Verwendung großer Querschnitte und durch möglichst breite und lange Auflageflächen.

a) Drehstähle[1]).

Die Formen der Drehstähle sind so mannigfaltig, daß hier nur grundlegende Angaben gemacht werden können. Nach der Form der Schneide unterscheidet man Stähle mit paralleler Schneide und Stähle mit schiefer Schneide. Bei den erstgenannten liegt die Schneidkante parallel zur Auflagerung des Schaftes, bei den Werkzeugen mit schiefer Schneide bildet sie einen Winkel mit ihr. Weiter unterscheidet man Stähle mit gerader Schneide und Stähle mit gebogener Schneide. Stähle mit gerader Schneide sind leicht zu schleifen und schneiden auch besser, da sie den Span leichter lockern; nachteilig ist, daß die damit bearbeiteten Flächen sehr rauh sind. Die gebogene Schneide dagegen hat den Vorteil, daß sie auch bei sehr schweren Schnitten ruhig arbeitet und saubere Flächen ergibt. Die Mehrzahl

---

[1]) Vgl. Simon, Die Schneidstähle, Verlag Julius Springer. Hippler, Die Dreherei und ihre Werkzeuge, Verlag Julius Springer.

Dubbel, Betriebstaschenbuch.

der im Gebrauch befindlichen Stähle hat daher eine schiefe, gebogene Schneide. Da diese Art von Stählen sowohl mit der vorderen als auch mit der seitlichen Schneide arbeitet, so muß sie auch mit zwei Anstellwinkeln ausgeführt werden, einem vorderen und einem seitlichen.

Die Winkel richten sich nach der Zähigkeit des zu bearbeitenden Werkstoffes; sie sind so zu wählen, daß die Schneide ruhig arbeitet und eine möglichst lange Lebensdauer hat. Tafel 2 enthält Angaben hierüber für die am häufigsten vorkommenden Werkstoffe. Die angegebenen Werte gelten für die Winkel in der Ebene senkrecht zur Hauptschneide.

Tafel 2. **Schnittwinkel für Schruppstähle.**

Werkstoff	Messing, Rotguß usw.	Schmiedeeisen, weicher Stahl	mittelharter Stahl, mittelharter Guß	Hartguß
Anstellwinkel in Grad	8 bis 15	6 bis 12	5 bis 10	3 bis 6
Brustwinkel in Grad	20 „ 30	12 „ 25	6 „ 15	0 „ 6

Schnittwinkel für Schlichtstähle.

Werkstoff	Messing, Rotguß usw.	Schmiedeeisen, weicher Stahl	mittelharter Stahl, mittelharter Guß	Hartguß
Anstellwinkel in Grad	3 bis 8	2 bis 6	2 bis 5	bis 3
Brustwinkel in Grad	„ 30	6 „ 12	4 „ 10	0

Abstechstähle erhalten einen vorderen Anstellwinkel von 10 bis 12° und einen seitlichen Anstellwinkel von 3°; der Brustwinkel beträgt meist 0°, nur bei sehr weichen Werkstoffen, wie Kupfer oder Aluminium, geht man bis zu etwa 10°.

Über die sonstige Ausbildung der Stähle ist noch zu bemerken: Stähle aus Werkzeugstahl werden aus einem viereckigen Schaft ausgeschmiedet, roh vorgeschliffen und dann gehärtet und fertiggeschliffen. Bei Werkzeugen aus Schnellschnittstahl ist dies jedoch zu teuer, man schweißt über Plättchen aus diesem Material auf einen Schaft aus Flußeisen auf (Fig. 14). Als Schweißpulver dient ein Gemisch von Eisenfeilspänen und Borax im Verhältnis 1 : 1, dem gewöhnlich auch noch etwas Soda zugefügt wird. Vorwärmen bei etwa 1000°, das eigentliche Schweißen, das am besten unter einer kleinen Presse vorgenommen wird, findet bei 1200 bis 1300° statt. Gründliche Reinigung der Flächen vor dem Auflegen des Plättchens ist Bedingung für das Gelingen der Schweißung.

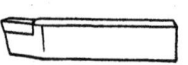

Fig. 14. Stahl mit aufgeschweißtem Plättchen aus Schnellstahl.

Auch durch Löten kann verbunden werden, und zwar wählt man hierfür am besten reines Kupfer. Bei dieser Art der Verbindung ist die Gefahr des Mißlingens jedoch erheblich größer als beim Schweißen, da das Kupfer schon bei 1080° schmilzt und daher leicht aus der Fuge herausläuft.

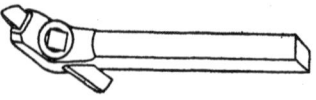

Fig. 15. Stahlhalter für Einsetzstähle.

Ein anderer, leider noch ziemlich wenig benutzter Weg zur Werkstoffersparnis ist die Verwendung von Stahlhaltern für Einsetzstähle, die in gerader Ausführung, sowie rechts- und linksgekröpft zu haben sind (Fig. 15). Diese Halter sind außerordentlich praktisch und wenigstens für kleine und mittlere Bänke den aufgeschweißten Stählen vorzuziehen, da die Einsetzstähle sich in ihnen fast restlos aufbrauchen lassen. Für beide Arten, für die Schweißplättchen sowohl wie für die Einsetzstähle, hat der Normenausschuß bestimmte Abmessungen festgelegt, die in der nachstehenden Tafel 3 enthalten sind.

Arten der Werkzeuge. — Drehstähle.

Tafel 3. **Schneidstähle.** Querschnitte für Schäfte und Aufschweißplättchen.

Maße in mm

Schaftquerschnitte für Vollstähle, Einsteckstähle, Stahlhalter und Aufschweißstähle				Querschnitte für Aufschweißplättchen
Rund	Quadratisch	Rechteckig		
4	4 × 4	4 × 8		
6	6 × 6	6 × 10 6 × 12		
8	8 × 8 9 × 9	8 × 12 8 × 15		
10	10 × 10	10 × 15 10 × 20		
12	12 × 12	12 × 18	12 × 25	4 × 12
15	15 × 15	15 × 25	15 × 30	4 × 15
(18)	(18)			
20	20 × 20	20 × 30	20 × 40	5 × 20
25	25 × 25	25 × 40	25 × 50	6 × 25
30	30 × 30	30 × 50	30 × 60	8 × 30
40	40 × 40	40 × 60		10 × 40
50	50 × 50			10 × 50
				12 × 60

Die eingeklammerten Größen sind möglichst zu vermeiden.

Bei profilierten Schäften sind die angegebenen Höhen einzuhalten. Die Breiten dagegen können unterschritten werden.

Die angegebenen Werte sind Größtmaße.

Zum **Innendrehen** bedient man sich besonderer Innendrehstähle oder der Bohrstangen. Die Innendrehstähle werden meist aus Rund- oder Vierkantmaterial ausgeschmiedet und am vorderen Ende mit einer hakenförmigen Schneide versehen. Diese wird am besten so angeordnet, daß ihre Vorderkante mit der Achse der Bohrung einen Winkel von 30° bildet (Fig. 16). Das hat den Vorteil, daß der Stahl nie einhaken kann und daß der Span sich frei nach der Mitte abrollt. Eine Ausnahme hiervon machen nur die Stähle, die zum Ausbohren von Sacklöchern bestimmt sind; bei ihnen muß die Schneide mit der Achse einen Winkel von 90° einschließen (Fig. 17), da sonst am Grunde des Loches eine stumpfe Ecke stehen bleibt.

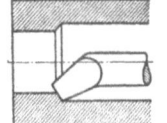
Fig. 16. Bohrstahl für durchgehende Löcher.

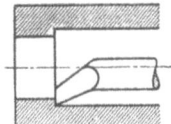
Fig. 17. Bohrstahl für Sacklöcher.

Geschmiedete Innenstähle haben die gleichen Nachteile wie die Außenstähle; sie gebrauchen zu ihrer Anfertigung viel hochwertigen Werkstoff. Um hieran zu sparen, benutzt man die gleichen Mittel wie im vorigen Abschnitt besprochen. Man schweißt entweder ein Plättchen aus Schnellstahl auf oder verwendet besondere Halter für die Stähle. Eine besondere Ausführung der ersten Art zeigt Fig. 18, bei der ein scheibenförmiges Plättchen aus Schnellschnittstahl stumpf gegen einen Schaft von rundem Querschnitt geschweißt worden ist.

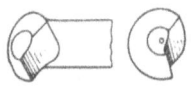

Fig. 18. Allseitig hinterdrehter Innendrehstahl.

Die Schneide ist allseitig hinterdreht, so daß das Werkzeug eine ausgezeichnete Schneidwirkung besitzt. Die zweite Art ist in den Fig. 19 und 20 dargestellt. Fig. 21 zeigt einen Halter, der in seiner Form ungefähr den Stahlhaltern für Außendrehstähle entspricht. Fig. 22 stellt das am häufigsten gebrauchte Werkzeug zum Innendrehen dar, die Bohrstange. Auch hierfür gibt es verschiedene Ausführungsformen, je nachdem, ob Sacklöcher oder durchgehende Bohrungen herzustellen sind. Sie unterscheiden sich im wesentlichen durch die Lage des Messers sowie durch die Anordnung der Druckschraube.

Ein Nachteil aller Innendrehwerkzeuge ist ihre mangelhafte Unterstützung. Sie müssen weit herausgespannt werden, so daß sie sich beim Arbeiten leicht durchbiegen und federn. Dieser Nachteil macht sich um so mehr bemerkbar, je länger das Werkzeug im Verhältnis zu seinem Durchmesser ist. Der Spanquerschnitt muß daher hierbei geringer gewählt werden als beim Außendrehen.

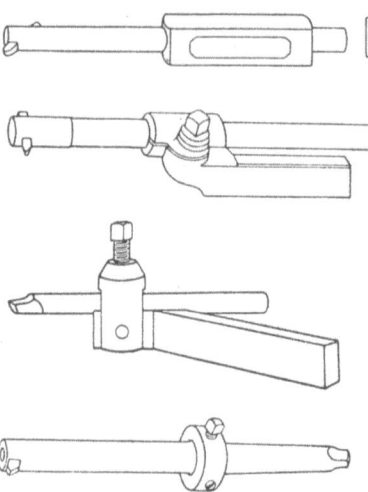

Fig. 19 bis 22. Halter und Bohrstange.

Der Anstellwinkel beträgt für Gußeisen etwa 10°, für Stahl 12 bis 15° und für Messing bis 20°.

Eine Sonderausführung der Drehstähle bilden die sogenannten **Formstähle,** die besonders auf Revolverbänken und Automaten benutzt werden. Man unterscheidet hier zwei Arten, gerade (prismatische) Formstähle (Fig. 23) und runde (Fig. 24). Gerade Stähle sind in der Herstellung meist schwieriger als runde und gestatten nicht eine so weitgehende Ausnutzung wie diese. Sie werden in der Hauptsache für breitere Teile benutzt. Für schmalere Profile nimmt man runde Stähle, die auf der Drehbank hergestellt und im Bedarfsfalle auch aus mehreren Teilen zusammengesetzt werden können. Sie lassen sich fast ganz aufbrauchen und sind daher bedeutend wirtschaftlicher als gerade Formstähle. Bei beiden Ausführungsformen liegt die Schneidbrust meist wagerecht, der Brustwinkel ist also gleich 0. Damit der Stahl freischneidend sei, darf die Rückenfläche nicht senkrecht zur Schneidbrust liegen, sondern es muß ein Anstellwinkel vorgesehen werden, dessen Größe sich nach der Zähigkeit des zu bearbeitenden Werkstoffes richtet. Man wählt

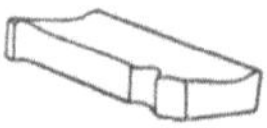

Fig. 23. Gerader Formstahl.

für Gußeisen . . . . . . etwa 6°,
„ harten Stahl . . . . „ 8°,
„ weichen Stahl . . . „ 10°,
„ Messing usw. . . . . „ 12 bis 15°.

Beim geraden Stahl ist die Erzielung dieses Winkels sehr einfach; man arbeitet die Rückenfläche von vornherein unter dem gewünschten Winkel ein. Beim runden Stahl erreicht man das Ziel dadurch, daß man die Schneidbrust nicht wie bei einem Fräser radial, sondern etwas unter Mitte legt. Das Maß dieser Verlagerung hängt ab von der Größe des gewählten Anstellwinkels und vom Halbmesser R des Formstahles. Es errechnet sich zu $r = R \sin \alpha$ (Fig. 25). Die Schneidbrust muß danach also stets Tangente an einem Kreis mit dem Halbmesser r sein. Beim Einstellen muß der Stahl dann auch stets um das Maß r über Mitte gestellt werden.

Durch diese Verschiebung der Schneidkante tritt jedoch eine Verzerrung des Stahlprofiles ein. Will man die dadurch entstehenden Fehler vermeiden, so ist den Stählen von vornherein ein entsprechend korrigiertes Profil zu geben, das zeichnerisch oder analytisch ermittelt werden kann[1]).

Die Formstähle werden bei beiden Arten an der Brustfläche nachgeschliffen.

Fig. 24. Runder Formstahl.

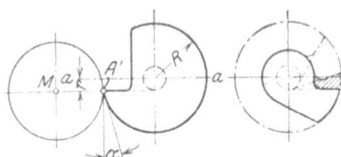

Fig. 25. Einstellung des runden Formstahles.

Fig. 26. Runder Formstahl, stark abgenutzt.

Der gerade Stahl wird so eingespannt, daß seine Brust parallel zur arbeitenden Fläche der Schleifscheibe liegt, beim runden Stahl muß dafür gesorgt werden, daß die Schneidbrust immer Tangente an den vorhin erwähnten Kreis mit dem Halbmesser r bleibt. Fig. 26 zeigt einen stark abgenutzten Stahl; sie deutet gleichzeitig die Art an, wie das Nachschleifen vorgenommen wird.

b) Hobelstähle.

Die in der Hobelei benutzten Stähle haben zum großen Teile die gleichen Formen wie die Drehstähle. Die dort gemachten Angaben über die Konstruktion treffen daher im großen und ganzen auch auf die Hobelstähle zu. Die Schnittwinkel sind hier jedoch etwas kleiner; man wählt für Schruppstähle einen Anstellwinkel von etwa 6°, für Schlichtstähle einen solchen von etwa 3 bis 4°. Die Stähle werden meist mit gebogener Schneide ausgeführt. Diese Form hat den Vorteil, daß beim Schruppen das Material nicht so leicht umbricht und beim Schlichten die Oberfläche sauberer wird. Eine Ausnahme hiervon machen nur die zum Schlichten von Gußeisen dienenden sogenannten Schippenstähle, bei denen die Schneide geradlinig ist und rechtwinklig zur Hobelrichtung liegt.

Stähle, die zum Einstechen von Nuten dienen, werden nach hinten zu um 1 bis 2° hinterschliffen; der seitliche Anstellwinkel beträgt 2 bis 3°.

c) Werkzeuge zum Gewindeschneiden[2]).

Was zunächst die **Außengewinde** betrifft, so unterscheidet man
einfache Gewindestähle,
Schulterstähle,
federnde Gewindestähle,
Schneidzähne,
Strehler,
Schneideisen und
Schneidköpfe.

Die **einfachen Gewindestähle** (Fig. 27) werden meis aus dem Vollen geschmiedet. Sie haben die Gewindelücke als Profil, das vom Dreher durch freihändiges Schleifen hergestellt wird. Ihr Hauptnachteil besteht darin, daß die Spitze sehr schnell stumpf wird, namentlich, wenn die Zustellung senkrecht zur Achse des Gewindes erfolgt. Um die Spitze zu schonen, sollte die Zustellung daher stets parallel zur Flanke des Gewindes vorgenommen werden, zumal der

---
[1]) Werkstatttechnik 1916, S. 96 u. flgde. und 488.
[2]) Ausführlicheres siehe Müller, Gewindeschneiden, Verlag Julius Springer, Berlin.

Stahl dann auch noch ruhiger arbeitet. Als weiterer Nachteil ist zu erwähnen, daß die Abrundungen des Gewindes vom Stahl nicht mitgeschnitten werden, sondern vom Dreher nach dem Gefühl hergestellt werden müssen. Der Anstellwinkel der Gewindestähle beträgt 12 bis 15°, der Brustwinkel 0°. Nachschleifen genau wie bei jedem anderen Formstahl an der Brustfläche.

Fig. 27. Einfacher Gewindestahl.

Fig. 28. Schulterstahl.

Bei den **Schulterstählen** (Fig. 28) ist man unabhängig vom Gefühl des Drehers, da sie die Abrundungen des Gewindes gleich mit schneiden. Sie sind dafür aber in der Herstellung schwieriger als die einfachen Stähle. Bezüglich der Schnittwinkel und des Nachschleifens gilt das bei der vorigen Art Gesagte.

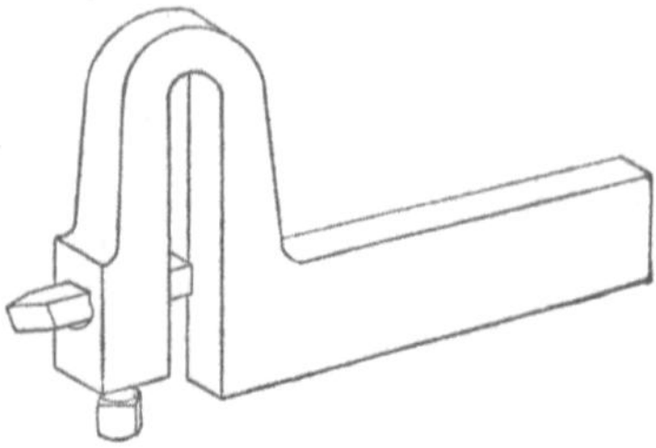

Federnde Gewindestähle werden verwendet, wenn das zu bearbeitende Material sehr filzig ist. Ihre Bauart geht aus Fig. 29 hervor. Der U-förmig gestaltete Halter trägt einen Einsetzstahl vom Profil des zu schneidenden Gewindes. Er federt, sobald eine Änderung des Schnittdruckes eintritt, etwas vom Gewinde ab, so daß es nicht zum Einhaken kommen kann. Auch für die weiter unten besprochenen Schneidzähne sind derartige Halter im Gebrauch.

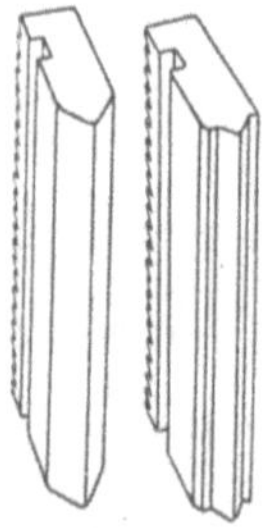

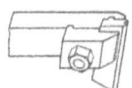

Fig. 29. Federnder Stahlhalter.

Schneidzähne (Fig. 30) sind in der Anschaffung zwar teurer, im Gebrauch dafür aber billiger als einfache Gewindestähle. Sie sind genau wie prismatische Formstähle ausgeführt und werden wie diese in Verbindung mit einem Halter benutzt (Fig. 31). Die Formgebung durch den Dreher fällt hierbei also vollständig weg, sie werden lediglich an der Brustfläche geschliffen. Vorteilhaft ist weiterhin, daß sie sich außerordentlich bequem einstellen lassen. Der Anstellwinkel beträgt wieder 12 bis 15°, der Brustwinkel 0°.

Fig. 30. Gewindeschneidzähne.

Fig. 31. Halter für Gewindeschneidzähne.

Bei sämtlichen bisher genannten Gewindeschneidwerkzeugen ist die Leistungsfähigkeit verhältnismäßig gering; um sie zu erhöhen, sind de **Strehler** (Fig. 32) konstruiert worden. Bei ihnen verteilt si cụdie Arbeit des Ausstechens auf mehrere Zähne, so daß der einzelne Zahn nicht so stark beansprucht wird. Sie sind ausgezeichnet für die Massenherstellung, versagen aber, sobald hohe Anforderungen an die Genauigkeit der Steigung gestellt werden, da sie sich beim Härten immer etwas verziehen. Auch für Gewinde, die bis an einen Ansatz geschnitten werden müssen, sind sie nicht zu brauchen, da die letzten Gewindegänge nicht mehr voll ausgeschnitten werden. Zum Einspannen wird ein ähnlicher Halter wie bei den Schneidzähnen benutzt. Über Schnittwinkel und Nachschleifen gilt das bei den übrigen Arten Gesagte.

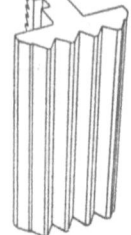

F g. 32. Gewindestrehler.

Fig. 33. Schneideisen.

Bei allen Gewindestählen ist darauf zu achten, daß sie genau auf Mitte stehen, da sonst eine Verzerrung des Gewindeprofils entsteht.

Die bisher beschriebenen Werkzeuge dienen in der Hauptsache zur Herstellung von Gewinden auf der Drehbank. Für Revolverbänke und Automaten kommen sie kaum in Betracht. Hier werden fast ausschließlich Schneideisen und Schneidköpfe verwendet.

Beim **Schneideisen** (Fig. 33) erfolgt der Vorschub dadurch, daß die mittleren Gewindegänge sich auf die bereits geschnittenen aufschrauben. Aus dieser Arbeitsweise ergibt sich bereits, daß die Steigung solcher Gewinde nicht allzu genau sein kann; auch an ein genaues Laufen ist dabei nicht zu denken. Für kurze Befestigungsgewinde usw. kann dieser Nachteil jedoch unbedenk-

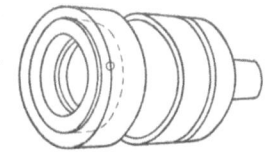

Fig. 34. Halter für Schneideisen.

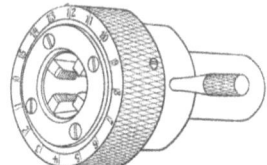

Fig. 35. Gewindeschneidkopf.

lich mit in den Kauf genommen werden. Der Vorteil der Schneideisen liegt in ihrer großen Leistungsfähigkeit. Sie sollen im Durchmesser möglichst klein gemacht werden, damit die zur Aufnahme dienenden Kapseln (Fig. 34) nicht zu groß werden. Die Breite wird ungefähr gleich dem Gewindedurchmesser gemacht. Der Normenausschuß der Deutschen Industrie ist zur Zeit mit der Normung der Eisen beschäftigt. Die Zahl der Spanlöcher soll so groß sein, wie es die Rücksicht auf die Festigkeit der stehenbleibenden Stollen gestattet. Je größer sie ist, desto mehr Schneiden sind vorhanden, desto länger bleiben die Eisen also scharf. Die Spanlöcher sollen im Durchmesser recht groß sein, damit die Späne austreten können und das Öl ungehinderten Zutritt findet. Der Anschnitt wird doppelseitig ausgeführt, damit die Eisen von beiden Seiten benutzt und möglichst lange gebraucht werden können. Seine Länge richtet sich nach der Höhe der Gewindegänge; sie beträgt im Mittel etwa zwei Gänge. Für den Anstellwinkel ist die Härte des zu bearbeitenden Werkstoffes maßgebend; er beträgt für harte Materialien etwa 12 bis 15°, für weichere 18 bis 22°. Die Größe des Brustwinkels ist bei hartem Stahl 0°, d. h. die Schneidbrust verläuft genau radial, bei weicheren Materialien wächst sie bis etwa 15°.

Gewindeschneidköpfe (Fig. 35) haben den Vorzug, daß sie auch für gröbere Gewinde zu brauchen sind, und daß das Nachschleifen der einzelnen Backen leichter ist als das Schärfen eines Schneideisens. Der Nachteil, daß das Gewinde nicht läuft, ist aber

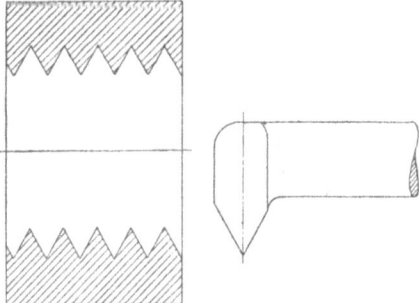

Fig. 36. Stahl für Innengewinde.

auch bei ihnen vorhanden. Die Steigungsfehler lassen sich dadurch verringern, daß man den Schneidkopf durch eine Leitspindel vorschiebt. Im allgemeinen haben jedoch nur die größeren Gewindeschneidmaschinen derartige Einrichtungen.

Für die Herstellung von **Innengewinden** sind 5 Arten von Werkzeugen in Gebrauch:

Innengewindestähle,
Bohrstangen,
Scheibenstähle,

Innengewindestrehler und
Gewindebohrer.

Am einfachsten in der Herstellung sind die **Innengewindestähle** (Fig. 36), die meist aus Rundmaterial von entsprechendem Durchmesser ausgeschmiedet werden. Billiger und vielseitiger in ihrer Anwendung sind die **Bohrstangen** mit eingesetzten Stählen vom Profil des Gewindeganges (Fig. 37). **Scheibenstähle** werden verwendet, wenn die Abrundungen des Gewindes gleich mitgeschnitten werden sollen (Fig. 38). Die beiden letzten Arten, **Innengewindestrehler** (Fig. 39 und 40) und Gewindebohrer (Fig. 41), sind in der Hauptsache für die Massenfertigung bestimmt. Sie leisten hierin sehr gute Dienste, so lange es sich nur um hohe Leistungen handelt. Wo jedoch besonders hohe Anforderungen an die Genauigkeit der Steigung gestellt werden, versagen sie infolge des beim Härten unvermeidlichen Verziehens.

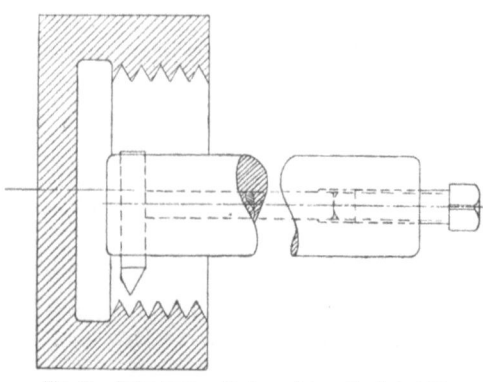

Fig. 37. Bohrstange mit eingesetztem Gewindestahl.

Die handelsüblichen Gewindebohrer weisen oft Abweichungen in der Steigung von 0,3 mm/Zoll und mehr auf. Beim Schneiden sehr langer Gewinde kann sich dieser Fehler unter Umständen sehr unliebsam

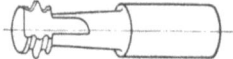

Fig. 38. Scheibenstahl für Innengewinde.

Fig. 39. Gewindestrehler für Handgebrauch.

bemerkbar machen. In solchen Fällen bleibt oft nichts anderes übrig, als sich selbst einen neuen Bohrer zu machen und ihn von vornherein entsprechend verlängert zu schneiden.

Die Stähle und Strehler sind konstruktiv wie die Werkzeuge zum Herstellen von Außengewinden auszubilden. Auch für das Nachschleifen und für die An-

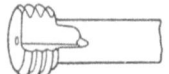
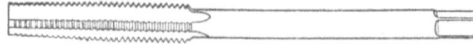

Fig. 40. Gewindestrehler für Maschinengebrauch.

Fig. 41. Maschinengewindebohrer.

wendung gelten die gleichen Regeln; die Stähle müssen genau auf Mitte und parallel zur Drehachse stehen, da sonst Verzerrungen des Gewindeprofiles unvermeidlich sind.

Gewindebohrer werden als
Handgewindebohrer,
Muttergewindebohrer,
Backengewindebohrer und
Schneideisengewindebohrer ausgeführt.

Der Verwendungszweck der einzelnen Arten geht aus der Bezeichnung hervor. Sie werden am besten mit 4 Nuten ausgeführt. Bohrer mit 3 Nuten sind im Durchmesser nicht ohne weiteres nachzumessen. Bei 5 Nuten dagegen wird der

Querschnitt schon erheblich geschwächt, wenigstens wenn die Nuten so bemessen werden, daß genügend Raum für die Späne vorhanden ist. Der Brustwinkel beträgt gewöhnlich 0°, nur bei sehr zähen Werkstoffen macht man ihn größer, indem man die Schneidbrust hohl ausschleift. Man geht hierbei bis zu 15°, für Aluminium sogar bis 25°.

Gewindebohrer größeren Durchmessers, namentlich solche für Trapezgewinde, erfordern beim Gebrauch einen erheblichen Kraftaufwand. Um ihn zu verringern und ein leichteres Arbeiten zu erzielen, pflegt man solche Bohrer zu hinterdrehen. Die Hinterdrehung darf aber nicht sofort an der Schneide beginnen, da der Bohrer dann beim Nachschleifen seinen Nenndurchmesser verlieren würde. In der Praxis läßt man den Zahn gewöhnlich auf $1/3$ seiner Länge zylindrisch und hinterdreht nur die letzten beiden Drittel.

Ein anderes Verfahren, um ein besseres Schneiden des Bohrers zu erzielen, besteht darin, den konischen Anschnitt zu hinterdrehen, und zwar auf der ganzen Zahnbreite. Der zylindrische Teil des Bohrers bleibt dabei unverändert.

Das Hinterdrehen wird am besten nicht nur am Rücken des Gewindes vorgenommen, sondern auch im Grunde und an den Flanken. Größe der Hinterdrehung etwa 0,2 bis 0,4 mm, je nach dem Durchmesser.

Bei ganz hinterdrehten Bohrern darf der Hinterdrehwinkel nur sehr klein sein; stärkere Hinterdrehung ist nur zulässig, wenn der Bohrer zwangläufig geführt wird.

d) Bohrwerkzeuge.

Die hauptsächlichsten Arten sind:
Spitzbohrer,
Kanonenbohrer,
Spindelbohrer,
Bohrer mit geraden Nuten,
Spiralbohrer,
Senker,
Zentrierbohrer,
Bohrstangen.

Die ersten beiden Arten haben seit der Einführung des Spiralbohrers erheblich an Verbreitung eingebüßt, sie kommen für die neuzeitliche Fertigung kaum mehr in Frage.

Der **Spitzbohrer** (Fig. 42) besteht aus Flachmaterial und hat eine genau zentrisch angeschliffene Spitze. Der Spitzenwinkel beträgt im allgemeinen 116°, für weichere Werkstoffe wird er kleiner gemacht, für härtere größer. Der Hinterschliffwinkel der Schneiden richtet sich ebenfalls nach dem Werkstoff; Werkzeuge, die zum Bohren von weichem Material bestimmt sind, erhalten einen Hinterschliff von 6 bis 7°, solche für harten Werkstoff werden um 4 bis 5° hinterschliffen. Die Leistungsfähigkeit der Spitzbohrer ist gering; sie werden hauptsächlich in Bohrknarren benutzt, da sie ziemlich unempfindlich gegen Schiefhalten sind. Beim Schleifen ist darauf zu achten, daß die Spitze genau zentrisch wird, da der Bohrer sonst nicht einwandfrei arbeitet.

Kanonenbohrer (Fig. 43) dienen hauptsächlich zum Bohren tieferer Löcher. Sie besitzen die Form eines nach hinten zu schwach konischen Zylinders, dessen obere Hälfte der Länge nach weggeschnitten ist. Infolge ihrer sicheren Führung haben sie wenig Neigung zum Verlaufen. Die Schneide soll genau winklig zur Achse des Bohrers stehen. Für den Hinterschliff wählt man je nach der Zähigkeit des zu bohrenden Werkstoffes einen Winkel von 5 bis 8°. Auch bei diesen Bohrern ist die Leistung nicht sehr groß; nachteilig ist weiterhin, daß die zu bearbeitenden Stücke immer erst mit einem anderen Bohrer angebohrt werden müssen, damit der Kanonenbohrer Führung bekommt.

Spindelbohrer (Fig. 44) dienen zum Bohren sehr tiefer Löcher. Sie haben zwei Kanäle, einen geschlossenen, durch den der Schneide unter hohem Druck die Kühlflüssigkeit zugeführt wird und einen offenen, durch den die

Späne wieder herausgespült werden. Mit Hilfe dieser Bohrer lassen sich auch sehr tiefe Löcher bohren, ohne daß der Bohrer zurückgezogen zu werden braucht. Die Spannut wird gerade ausgeführt; sie soll bis auf die Mitte des Bohrers gehen und einen Winkel von ungefähr 70° einschließen. Die Stirnschneide bildet gewöhnlich keine gerade Linie, sondern ist gebrochen; der Hinterschliff beträgt 8 bis 10°, wobei die äußere Schneide den stärkeren Hinterschliff bekommt. Zur Ersparnis von Werkstoffen stellt man den Bohrer häufig aus Maschinenstahl her und schraubt eine Schneide aus Guß- oder Schnellschnittstahl auf. Im allgemeinen arbeiten derartige Bohrer jedoch unruhiger als aus dem Vollen hergestellte.

Bohrer mit geraden Nuten (Fig. 45) kommen in der Hauptsache nur für das Bohren von dünnen Blechen in Frage. Sie haben den Vorteil, daß sie nicht so leicht einhaken, wenn sie aus dem Material heraustreten, wie die Spiralbohrer. Der Spitzenwinkel beträgt, je nach der Festigkeit des Werkstoffes, 90 bis 116°. Die kleineren Werte gelten wieder für weichere Materialien; für Kupferblech z. B. wählt man einen Winkel von 90 bis 95°.

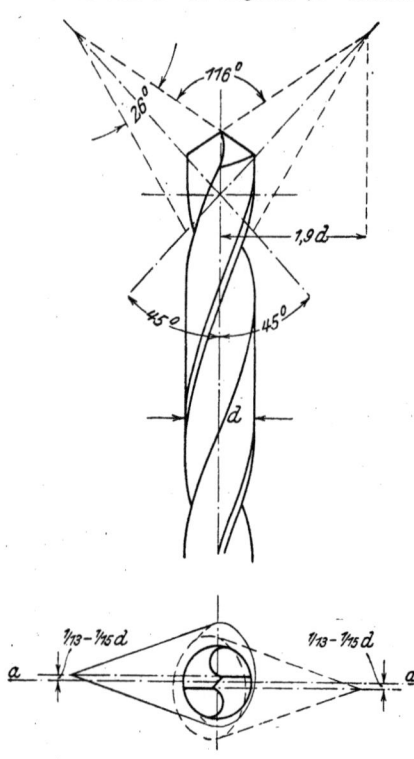

Fig. 47. Konstruktion des Spiralbohrers.

Spiralbohrer (Fig. 46) sind die am häufigsten zur Herstellung von Löchern gebrauchten Werkzeuge. Rein geometrisch betrachtet, stellt der Spiralbohrer die Durchdringung eines Zylinders mit zwei Kegeln dar, deren Achsen senkrecht zueinander stehen (Fig. 47). Die Schneidkanten werden durch einen Schnitt der Spiralnuten mit diesen Kegeln gebildet; das Profil der Nuten soll so gewählt sein, daß diese Schnittlinien gerade Schneidkanten ergeben[1]). Der Spitzenwinkel der Kegel soll 26° betragen, die Entfernung von der Symmetrielinie $a-a$ des Zylinders $1/_{13}$ bis $1/_{15} d$, die der Kegelspitzen von der Bohrerachse $1{,}9\,d$, gemessen in der Symmetrieebene $a-a$. Aus diesen Abmessungen ergibt sich für die Schneiden des Bohrers ein Spitzenwinkel von 116°, ein Wert, der nach der praktischen Erfahrungen für die meisten Arbeiten am besten geeignet ist.

Sind ausschließlich weiche oder harte Werkstoffe zu bohren, so kann der Winkel auch kleiner oder größer gewählt werden. Dabei ist aber zu beachten, daß sich dann auch die Form der Schneiden ändert. Solange die Änderung des Spitzenwinkels nicht erheblich ist, spielt dies keine Rolle; bei starker Verkleinerung oder Vergrößerung muß aber auch die Nutenform entsprechend geändert werden, da der Bohrer sich sonst zu schnell abnützt.

Vgl. Werkstattstechnik 1911, S. 559 und folgende.

Arten der Werkzeuge. — Bohrwerkzeuge.

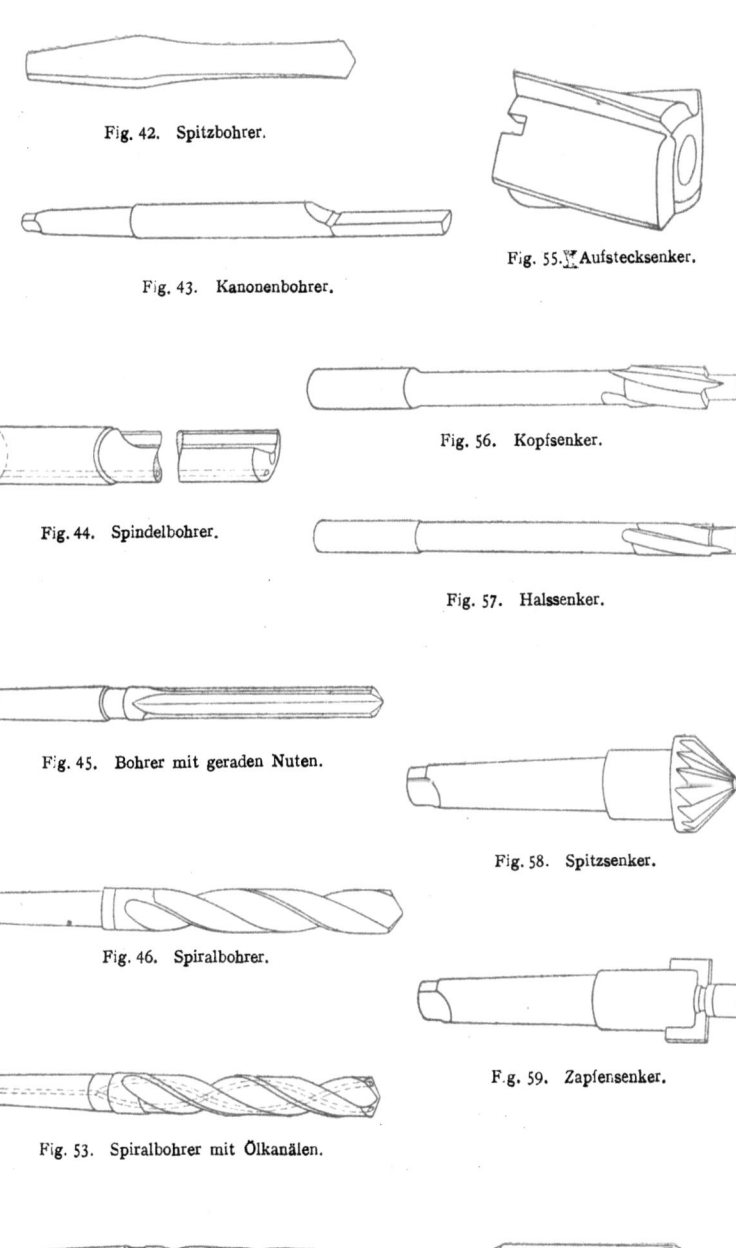

Fig. 42. Spitzbohrer.

Fig. 43. Kanonenbohrer.

Fig. 55. Aufstecksenker.

Fig. 44. Spindelbohrer.

Fig. 56. Kopfsenker.

Fig. 57. Halssenker.

Fig. 45. Bohrer mit geraden Nuten.

Fig. 58. Spitzsenker.

Fig. 46. Spiralbohrer.

Fig. 59. Zapfensenker.

Fig. 53. Spiralbohrer mit Ölkanälen.

Fig. 54. Spiralsenker.

Fig. 60. Zentrierbohrer.

Der Steigungswinkel der Spiralnuten beträgt bei den meisten Fabrikaten 28 bis 30°. Schärfen der Bohrer an der Spitze durch Hinterschleifen der beiden Schneiden. Der Hinterschliffwinkel soll am äußeren Umfange etwa 6° betragen, nach der Mitte zu wird er größer. Da von der Gleichmäßigkeit des Anschliffes die Leistung des Bohrers zum größten Teil abhängt, so **darf der Bohrer unter keinen Umständen freihändig geschliffen werden**, da es dabei unmöglich ist, eine einwandfreie Spitze zu erhalten. Drei der beim Schleifen von Hand am häufigsten auftretenden Fehler sind in Fig. 48 bis 50 dargestellt. In allen drei Fällen schneidet der Bohrer einseitig; es kommt daher sehr bald zu einem Anfressen der Fase und im weiteren Verlauf zu einem Bruch des Bohrers.

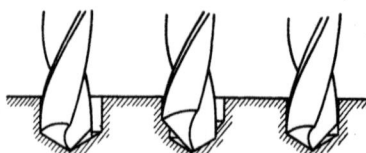

Fig. 48 bis 50. Fehler beim Anschleifen der Spiralbohrer.

Um diese Übelstände zu vermeiden, bedient man sich am besten einer besonderen Spiralbohrerschleifmaschine, die zwangläufig den richtigen Anschliff erzeugt.

Wenn der Bohrer richtig geschliffen ist, so muß sich für den Winkel zwischen der Symmetrielinie a—a (Fig. 51) und der Querschneide ein Winkel von 55° ergeben. Ist der Winkel kleiner, so schneidet der Bohrer zu sehr frei; ist er größer, so drückt er, und zwar um so stärker, je mehr der Winkel sich einem rechten nähert.

Die Schneide S schneidet nicht, sie drückt nur. Um ihren Einfluß möglichst gering zu halten, ist daher ihre Verkürzung empfehlenswert, was durch das Anspitzen des Bohrers geschieht. Bei dieser Arbeit dürfen jedoch die Hauptschneiden nicht verletzt werden, da das Werkzeug dann selbstverständlich weniger leisten würde. Fig. 52 zeigt einen richtig und einen falsch angespitzten Bohrer.

Eine Sonderausführung der Spiralbohrer sind die Bohrer mit Ölkanälen (Fig. 53), die jedoch verhältnismäßig selten angewendet werden. Bei den geringen für Spiralbohrer in Frage kommenden Bohrtiefen läßt sich die Kühlflüssigkeit der Schneide auch ebensogut durch eine der Nuten zuführen.

Spiralsenker (Fig. 54) entsprechen in ihrer Konstruktion den Spiralbohrern Der wesentlichste Unterschied diesen gegenüber besteht darin, daß sie kein

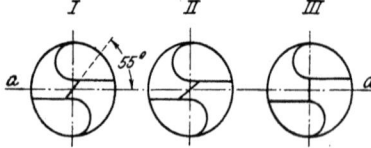

Fig. 51. Fehler beim Anschleifen der Spiralbohrer.

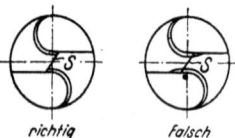

Fig. 52. Fehler beim Anschleifen der Spiralbohrer.

Sditze, dafür aber drei Schneiden haben. Infolge der fehlenden Spitze sind sie nur für vorgegossene oder vorgebohrte Löcher zu brauchen, leisten hier dafür aber erheblich mehr als ein Spiralbohrer. Ein weiterer Vorzug ist, daß sie infolge der größeren Schneidenzahl eine bessere Führung im Loch und daher weniger Neigung zum Verlaufen haben. Der Steigungswinkel der Spiralnut ist wie beim Spiralbohrer etwa 28 bis 30°. Der Spitzenwinkel beträgt 116°, der Hinterschliffwinkel etwa 6°. Bedingung für einwandfreies Arbeiten der Senker ist vollkommen gleichmäßiger Anschliff aller drei Schneiden.

Eine Sonderform der Senker sind die **Aufstecksenker** (Fig. 55), die besonders zum Aufbohren größerer Löcher verwendet werden. Sie haben vor den Spiralbohrern die gleichen Vorzüge wie die gewöhnlichen Spiralsenker und sind außerdem noch billiger. Die Steigung der Spirale beträgt meist 12 bis 15°, der

Spitzenwinkel 116°, der Hinterschliffwinkel 6°. Auch bei dieser Art von Werkzeugen ist besondere Aufmerksamkeit auf das Nachschleifen der Schneiden zu richten. Nur wenn sie alle vollkommen gleichmäßig sind, ist ein befriedigendes Ergebnis zu erzielen.

Kopfsenker (Fig. 56) dienen zur Herstellung der Aussenkung für den Schraubenkopf.

Halssenker (Fig. 57) zur Herstellung der Aussenkung für den Schraubenhals. Beide Werkzeuge haben einen Führungszapfen vom Durchmesser des Kernloches der Schraube und in ihrem schneidenden Teil vier Nuten mit einer Steigung von 12 bis 15°. Die Schneiden liegen winklig zur Achse, der Spitzenwinkel beträgt also 180°. Für den Hinterschliff wird ein Winkel von 4 bis 6° benutzt.

Spitzsenker (Fig. 58) dienen zum Abfasen der Kanten eines Loches; sie werden meist mit einer größeren Anzahl von Nuten (12 bis 16) ausgeführt, da bei weniger Nuten sehr leicht die Schneiden ausbrechen. Der Spitzenwinkel beträgt gewöhnlich 90°, der Hinterschliffwinkel 4 bis 6°.

Messerstangen oder Zapfensenker (Fig. 59) dienen zum Anschneiden von Augen und ähnlichen Flächen und werden meist auf Bohrmaschinen benutzt. Ihre Messer sind auswechselbar und schneiden nur an der Stirnseite. Damit sie richtig angreifen können, müssen sie einen Führungszapfen für das anzuschneidende Loch haben. Ist das nicht der Fall, so weichen sie seitlich aus und brechen ab. Nachschleifen an der Stirnseite der Messer; für den Hinterschliff wird ein Winkel von etwa 5° benutzt.

Zentrierbohrer, Fig. 60, dienen zum gleichzeitigen Anbohren und Ansenken von Wellen u. dgl. Sie stellen eine Vereinigung von Spiralbohrer und Spitzsenker dar. Für das Nachschleifen gelten dieselben Werte wie für Spiralbohrer.

Über **Bohrstangen** wurde bereits beim Abschnitt Innendrehstähle gesprochen.

e) Werkzeuge zum Reiben.

Zum Glätten und Maßhaltigmachen der gebohrten Löcher bedient man sich der Reibahlen. Man unterscheidet hier drei Gruppen:

Feste Reibahlen;
nachstellbare Reibahlen;
Reibahlen mit aufgeschraubten Messern.

Feste Reibahlen (Fig. 61 und 62) sind in der letzten Zeit etwas zurückgedrängt worden. Sie haben vor allen Dingen den großen Nachteil, daß sie bei längerem Gebrauch ihr Maß verlieren und dann nur noch durch Nachschleifen auf den nächstkleineren Normaldurchmesser verwertet werden können. Der billigere Preis wird daher durch den stärkeren Verschleiß zum größten Teil wieder wett gemacht. Wenn sie trotzdem in vielen Fabriken noch Verwendung finden, so liegt der Grund dafür wohl hauptsächlich in der etwas schwierigeren Instandhaltung der nachstellbaren Reibahlen.

Nachstellbare Reibahlen (Fig. 63 bis 68) sind jedenfalls wirtschaftlicher, da die durch den Gebrauch entstehende Abnutzung innerhalb gewisser Grenzen wieder ausgeglichen werden kann. Ein Verstellen der Messer zur Vergrößerung oder Verringerung des Durchmessers kommt dagegen nicht in Frage, da durch häufiges Verstellen das genaue Rundlaufen der Messer beeinträchtigt wird. Es müssen also z. B. für die verschiedenen Sitzarten eines Passungssystems auch verschiedene Reibahlen vorrätig gehalten werden; die Zahl der benötigten Reibahlen ist also genau die gleiche wie bei der Verwendung fester Werkzeuge.

Reibahlen mit aufgeschraubten Messern (Fig. 69 und 70) sind ein Mittelding zwischen den festen und den verstellbaren Reibahlen. Wenn sie nicht mehr maßhaltig sind, müssen die Messer losgeschraubt und durch Unterlegen von Papier oder dünnem Blech höher gebracht werden, bis der Durchmesser wieder erreicht ist. Diese Arbeit ist jedenfalls erheblich schwieriger auszuführen als das Verstellen der Messer an den nachstellbaren Reibahlen und bedingt fast regelmäßig ein Rundschleifen. Man findet diese Art von Werkzeugen daher verhältnismäßig selten.

Nach der Art des Gebrauches unterscheidet man zwischen Handreibahlen und Maschinenreibahlen. Beide Arten werden sowohl mit festen als auch mit nachstellbaren Messern ausgeführt; Reibahlen mit aufgeschraubten Messern sind dagegen nur als Maschinenreibahlen zu haben. Das hervorstechendste Kennzeichen der Handreibahlen ist die wesentlich größere Schnittlänge.

Ausführung. Als Zahnform für den Maschinenbau kommt nur die gerade genutete Reibahle in Betracht. Spiralgenutete Reibahlen (Fig. 71) sind teurer und nur mit Schwierigkeiten scharf zu halten. Auch das Messen des Durchmessers ist erheblich erschwert. Die Spirale übt in jedem Fall eine ungünstige Wirkung aus. Sind Drall und Schnittrichtung gleich, so zieht sich die Reibahle in das Loch hinein, wodurch es leicht zu einem Bruch des Werkzeuges kommen kann. Haben sie dagegen verschiedene Richtung, so steigt der Kraftverbrauch erheblich an, was ebenso unerwünscht ist. Der einzige Vorteil der spiralgenuteten Reibahlen ist, daß auch genutete Löcher gerieben werden können. Da sich etwa notwendige Nuten jedoch stets nachträglich einarbeiten lassen, so fällt dieser Vorteil nicht ins Gewicht. Eine Ausnahme machen nur die Reibahlen, die im Kesselbau und ähnlichen Betrieben benutzt werden. Hier sind gerade genutete Reibahlen nicht zu brauchen, da die Löcher in den Blechen oft nicht genau übereinander liegen. Man verwendet daher hier Reibahlen, die zur Erleichterung des Einführens am vorderen Ende stark konisch ausgeführt und mit Nuten von starkem Drall (etwa 30°) versehen sind. Durch diese Form wird das sonst leicht eintretende Festsitzen im Loch vermieden.

Die Zähnezahl der Reibahle ist nur insofern von Bedeutung, als sich bei Vorhandensein einer geraden Zahl von Nuten der Durchmesser leichter messen läßt. Für die Sauberkeit der gebohrten Löcher spielt es dagegen keine Rolle, ob die Reibahle eine gerade oder eine ungerade Zähnezahl besitzt.

Dagegen ist die Teilung von größter Wichtigkeit. Ist nämlich die Teilung auf dem ganzen Umfange gleichmäßig, so kann eine harte oder erhabene Stelle in der Wandung des Loches niemals herausgerieben werden, da der angreifende Zahn auf der gegenüberliegenden Seite stets von der gleichen Stelle aus unterstützt wird. Der Erfolg ist, daß der an dieser Stelle stehende Zahn in das Material hineingedrückt wird, d. h., daß ein unsauberes Loch entsteht. Ist die Teilung dagegen ungleich, so ist auch der Unterstützungspunkt beim Angreifen der hohen Stelle jedesmal ein anderer; die Löcher werden daher sauber und glatt. Die Teilung soll so ausgeführt werden, daß zwei Messer sich einander gegenüber stehen, damit der Durchmesser gemessen werden kann.

Die nachstellbaren Reibahlen werden durchweg mit geraden Nuten und ungleicher Teilung ausgeführt. Die Unterschiede zwischen den einzelnen Arten liegen lediglich in der Konstruktion. Hierüber kurz folgendes:

Bei sämtlichen nachstellbaren Reibahlen soll die Spitze des Kegels, den die Schlitze für die Messer bilden, nach dem vorderen Ende der Reibahle zeigen, da bei entgegengesetzter Lage der Querschnitt der Reibahlen zu sehr geschwächt wird. Dies trifft namentlich für die Aufsteckreibahlen zu. Man unterscheidet:

Reibahlen mit eingesetzten Messern;
Reibahlen mit eingesetzten Messern und Muttern am oberen Ende;
Reibahlen mit eingesetzten Messern und Muttern an beiden Enden;
Reibahlen mit eingesetzten Messern, Muttern am oberen Ende und Klemmstücken.

Reibahlen mit eingesetzten Messern (Fig. 63) genügen bei sorgfältiger Ausführung für Löcher bis etwa 25 mm Durchmesser vollkommen, vorausgesetzt, daß die Zugabe für das Reiben und die Form des Anschnittes richtig gewählt sind. Diese Werkzeuge können auch als Grundreibahlen Verwendung finden. Die Nachstellbarkeit beträgt etwa 0,3 mm. Nachteilig ist, daß das gleichmäßige Verstellen der Messer schwierig ist.

Arten der Werkzeuge. — Werkzeuge zum Reiben.

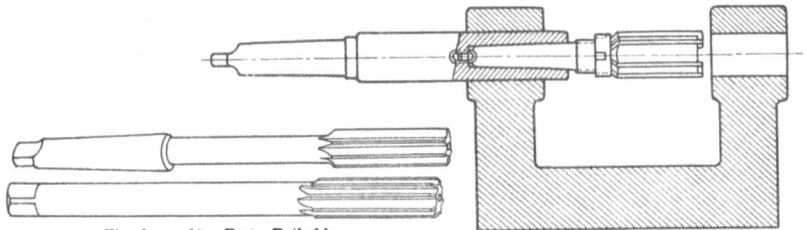

Fig. 61 u. 62. Feste Reibahlen.

Fig. 72. Gebrauch der Führungsreibahle.

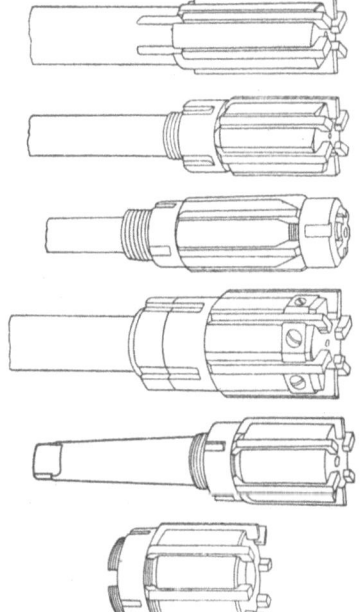

Fig. 63 bis 68. Nachstellbare Reibahlen.

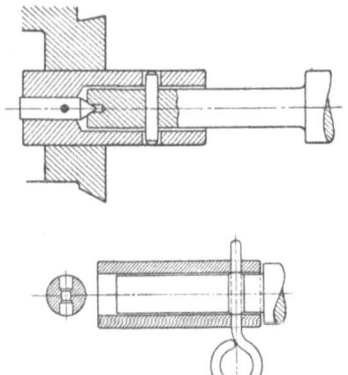

Fig. 73. Halter für Aufsteckreibahlen.

Fig. 74 u. 75. Muster für pendelnde Aufhängung von Reibahlen.

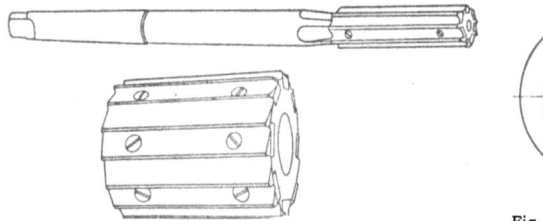

Fig. 69 u. 70. Reibahlen mit aufgeschraubten Messern.

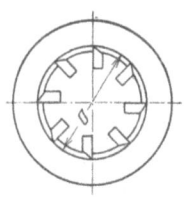

Fig. 76. Prüfung der gewetzten Reibahle.

Fig. 71. Spiralgenutete Reibahle.

Reibahlen mit eingesetzten Messern und Muttern am oberen Ende (Fig. 64) sind gleich gut geeignet für kleine wie für große Löcher. Sie sind ebenfalls als Grundreibahlen verwendbar und haben eine Nachstellbarkeit von etwa 0,3 bis 0,4 mm. Das Nachstellen ist etwas einfacher als bei der ersten Art, da die Mutter als Anschlag benutzt werden kann.

Reibahlen mit eingesetzten Messern und je einer Mutter am oberen und unteren Ende (Fig. 65) sind nur für Durchgangslöcher zu brauchen. Diesem Nachteil steht aber der große Vorteil gegenüber, daß sie innerhalb viel weiterer Grenzen nachstellbar sind (je nach dem Durchmesser 1 bis 2 mm). Das Verstellen der Messer ist außerordentlich einfach.

Reibahlen mit eingesetzten Messern, Muttern am oberen Ende und Klemmstücken (Fig. 66) haben gegenüber der einfachen Ausführung ohne Klemmstücke keinerlei Vorteil. Kommt es wirklich einmal zu einem Einhaken der Messer, so halten die kleinen Schrauben der Klemmstücke auch nicht mehr, sondern reißen glatt ab. Sie haben daher gar keinen Zweck, sondern verteuern die Reibahle nur. Die Nachstellbarkeit dieser Ausführungsart schwankt zwischen 0,3 und 0,6 mm, je nach dem Durchmesser.

Die bisher aufgeführten Reibahlen waren zur Herstellung von durchgehenden und von Sacklöchern bestimmt. Zum Aufreiben hintereinanderliegender Löcher benutzt man **kurze Führungsreibahlen** (Fig. 67). Diese haben einen ganz kurzen Konus, mit dem sie in eine genau laufend geschliffene Führungshülse gesteckt werden (vgl. Fig. 72). Sie werden in der Hauptsache auf Wagerechtbohrwerken und beim Arbeiten mit Vorrichtungen benutzt. Ausführung sowohl als feste wie als nachstellbare Reibahle. Für die Konstruktion gilt das dort Gesagte.

Befestigung. Die Reibahlen können in verschiedener Weise befestigt werden. Dementsprechend werden unterschieden:

Reibahlen mit zylindrischem Schaft (Fig. 62),
Reibahlen mit konischem Schaft (Fig. 61),
Aufsteckreibahlen (Fig. 68 und 70).

Bei den ersten beiden Ausführungsarten wird die Reibahle entweder unmittelbar in die Maschinenspindel gesteckt oder unter Benutzung einer Spannhülse. Aufsteckreibahlen werden durch einen Halter mit konischem Zapfen befestigt, dessen Steigung nach den Beschlüssen des Normenausschusses 1:30 betragen soll. (Fig. 73.)

Alle diese Befestigungsarten haben jedoch einen Nachteil: Fluchten nämlich Werkstück- und Reibahlenachse nicht ganz genau, so reibt die Reibahle größer als ihr Maß ist. Damit dies verhütet werde, muß die Reibahle pendelnd aufgehängt werden. Hierfür gibt es nun zwar eine ganze Anzahl von Konstruktionen, aber keine, die ihren Zweck ganz erfüllt. Brauchbare Bauarten sind in Fig. 74 und 75 dargestellt.

Herrichtung. Die Werkzeugfabriken liefern die Reibahlen nur scharf geschliffen; der Durchmesser liegt ungefähr in der Mitte zwischen dem Größtmaß und dem Kleinstmaß. Das Schnittfertigmachen erfolgt durch Wetzen der schmalen, beim Scharfschleifen stehengebliebenen Fase mittels eines Ölsteines, der wie eine Feile gehandhabt wird. Hierbei ist darauf zu achten, daß alle Schneiden gleichmäßig angegriffen werden; vor allem muß der Anschnitt gleichmäßig sein. Die fertiggewetzte Reibahle wird durch einen Ring mit entsprechender Bohrung geprüft, in dem alle Schneiden gleichmäßig anliegen müssen (Fig. 76). Am besten überzeugt man sich durch Probereiben eines Loches davon, ob die Reibahle einwandfreie, lehrenhaltige Löcher erzeugt.

Das Wetzen muß verschieden vorgenommen werden, je nach dem Werkstoff, der gerieben werden soll. Handreibahlen erhalten einen langen konischen Anschnitt, hinten werden sie zylindrisch gemacht; Maschinenreibahlen für Werkstoffe, die lange Späne ergeben (Stahl, Schmiedeeisen usw.), sind vorn ein kurzes Stück zylindrisch und fallen nach hinten zu schwach konisch ab; Maschinenreibahlen für Werkstoffe, die kurze, bröcklige Späne ergeben (Gußeisen, Bronze

Arten der Werkzeuge. — Werkzeuge zum Reiben. 497

usw.) sind vorn und hinten konisch und nur in der Mitte zylindrisch. Die Zahlentafeln 4 bis 6 enthalten die genauen Werte.

Tafel 4. **Handreibahlen** (Form nach Fig. 77).

D mm	L_1 mm	d mm	Hinterschliff
bis 20	$1/3\,L$	D minus 0,04	} $3°$ bis $5°$, je nach dem Werkstoff
22 ,, 35	$1/3\,L$	D ,, 0,05	
36 ,, 60	$1/3\,L$	D ,, 0,06	

Tafel 5. **Maschinenreibahlen für Stahl, Schmiedeeisen usw.** (Form nach Fig. 78).

D mm	L_1 mm	d mm	r mm	Hinterschliff
bis 20	$1/10\,L$	D minus 0,04	0,5	$5°$
22 ,, 35	$1/10\,L$	D ,, 0,05	0,75	$5°$
36 ,, 60	$1/10\,L$	D ,, 0,06	1,0	$5°$
62 ,, 100	$1/10\,L$	D ,, 0,08	1,5	$5°$
über 100	$1/10\,L$	D ,, 0,10	2,0	$5°$

Tafel 6. **Maschinenreibahlen für Gußeisen, Bronze usw.** (Form nach Fig. 79).

D mm	$L_1 = L_3$ mm	L_2 mm	d mm	Hinterschliff
bis 20	$3/10\,L$	$4/10\,L$	D minus 0,04	$3°$
22 ,, 35	$3/10\,L$	$4/10\,L$	D ,, 0,05	$3°$
36 ,, 60	$3/10\,L$	$4/10\,L$	D ,, 0,06	$3°$
62 ,, 100	$3/10\,L$	$4/10\,L$	D ,, 0,08	$3°$
über 100	$3/10\,L$	$4/10\,L$	D ,, 0,1	$3°$

Die Breite der beim Scharfschleifen stehenbleibenden Fase soll ungefähr $1/10\,D$ betragen, der Winkel zwischen der Brust der Messer und der gewetzten Fase $89°$.

Die angegebenen Formen sollten zur Verhütung von Mißerfolgen unbedingt beibehalten werden. Eine Ausnahme ist nur für Gußreibahlen zulässig, wenn es sich darum handelt, Sacklöcher oder stark poröse Werkstücke zu reiben. Im ersten Fall nimmt man dann Reibahlen nach Fig. 78, im zweiten Fall wetzt man die Reibahle so, daß vorn eine scharfe Ecke entsteht. Das Werkzeug wirkt dann wie ein Fingerfräser und läßt sich nicht so leicht aus seiner Richtung drücken.

Nachstellung. Bei festen Reibahlen ist kein Ausgleichen der Abnützung möglich. Zu klein gewordene Reibahlen können jedoch noch nutzbringende Verwendung als Vorreibahlen finden. Sind sie auch hierfür zu schwach geworden, so müssen sie auf das nächste Maß heruntergeschliffen werden. Nachstellbare Reibahlen werden in folgender Weise nachgestellt:

Bei den Reibahlen ohne Mutter durch Zurückklopfen der Messer mittels eines Holzhammers von der Stirnseite aus;

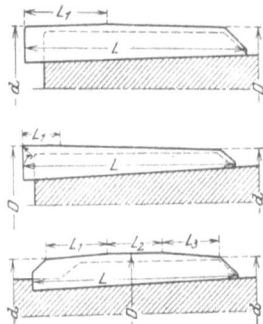

Fig. 77 bis 79. Anschnittformen der Reibahlen.

bei den Reibahlen mit Mutter am hinteren Ende durch Lösen der Muttern und Zurückklopfen der Messer, wobei die Mutter als Anschlag benutzt wird;

bei den Reibahlen mit je einer Mutter am vorderen und hinteren Ende durch Lösen der hinteren und Anziehen der vorderen Mutter;

Dubbel, Betriebstaschenbuch.

bei den Reibahlen mit Muttern und Klemmstücken durch Lösen der Mutter und der Schrauben für die Klemmstücke und durch Zurückklopfen der Messer, wobei wieder die Mutter als Anschlag benutzt wird.

Bei allen Reibahlen, mit Ausnahme derjenigen, die am vorderen und hinteren Ende je eine Mutter haben, ist nach dem Verstellen zu prüfen, ob die Messer auf dem Grunde des Schlitzes aufliegen. Wenn das nicht der Fall ist, müssen sie mit einem Holzhammer hineingeklopft werden. Die Gleichmäßigkeit der Verstellung wird wieder mit einem Ring geprüft. Bei stärkerer Verstellung wird fast immer ein Rundschleifen erforderlich sein, um sämtliche Messer zum Anliegen zu bringen.

f) Fräser.

Fräser dienen zum Bearbeiten ebener und gekrümmter Flächen von beliebiger Form. Sie sind in den verschiedensten Ausführungen und Größen im Handel zu haben.

Fräser werden ausgeführt als:
>Spitzgezahnte Fräser;
>hinterdrehte Fräser;
>Messerköpfe;

Spitzgezahnte Fräser (Fig. 80 bis 87) dienen in der Hauptsache zum Herstellen ebener Flächen. Ihre Zahnform wird lediglich durch Fräsen erzeugt. Um das Freischneiden der Kanten zu erzielen, werden die einzelnen Zähne am Rücken hinterschliffen. In dieser Schleifweise liegen bereits alle Vor- und Nachteile der spitzgezahnten Fräser begründet. Der Vorteil besteht darin, daß es dabei sehr leicht ist, einen genau laufenden Fräser zu erhalten. Nachteilig ist dagegen, daß die einzelnen Zähne dabei immer niedriger und die Zwischenräume zwischen ihnen immer kleiner werden, so daß für die Späne bald kein Platz mehr vorhanden ist. Die Fräser müssen daher von Zeit zu Zeit aufgearbeitet werden, was durch Ausglühen und durch Tieferfräsen der Nuten geschieht. Es gibt folgende Hauptarten:

>Walzenfräser (Fig. 80),
>Walzenstirnfräser (Fig. 81),
>Winkelfräser (Fig. 82),
>Scheibenfräser (Fig. 83),
>Sägen (Fig. 84),
>Schaftfräser (Fig. 85),
>Langlochfräser (Zweischneider) (Fig. 86),
>T-Nutenfräser (Fig. 87).

Bei sämtlichen Arten wird durch Hinterschleifen der einzelnen Zähne nachgeschliffen. Der Hinterschliffwinkel richtet sich nach der Zähigkeit des zu bearbeitenden Werkstoffes und beträgt für harte Materialien etwa 5°, für weichere etwa 7°. Diese Angaben beziehen sich auf Schruppfräser; Schlichtfräser erhalten einen geringeren Hinterschliff (etwa 3°), da sie sonst sehr leicht unsauber arbeiten.

Hinterdrehte Fräser (Fig. 88 bis 93), vor allem zur Bearbeitung gekrümmter Flächen bestimmt, sind ohne weiteres freischneidend, da der Zahnrücken infolge der Hinterdrehung nach hinten zu abfällt. Die Hinterdrehung wird gewöhnlich so ausgeführt, daß der Anstellwinkel 8 bis 10° beträgt. Der Hauptvorteil der hinterdrehten Fräser liegt darin, daß sie infolge ihres viel stärkeren Zahnquerschnittes das Abnehmen stärkerer Späne gestatten und beim Nachschleifen ihr Profil unverändert beibehalten. Sie eignen sich daher besonders zur Herstellung von Formteilen. Nachteilig ist ihr erheblich höherer Preis und die Schwierigkeit, sie genau laufend zu schleifen.

Die am häufigsten gebrauchten Arten sind:
>Formfräser für Werkzeugnuten (Fig. 88 und 89),
>Formfräser für Halbkreisprofile (Fig. 90 und 91),
>Zahnformfräser (Fig. 92),
>Abwälzfräser (Fig. 93).

Arten der Werkzeuge. — Fräser.

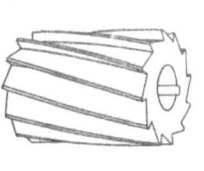
Fig. 80. Walzenfräser.

Fig. 81. Walzenstirnfräser.

Fig. 82. Winkelfräser.

Fig. 83. Scheibenfräser.

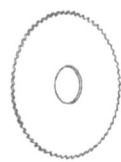
Fig. 84. Sägefräser.

Fig. 85. Schaftfräser.

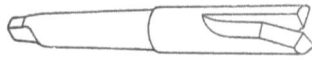
Fig. 86. Zweischneider.

Fig. 87. T-Nutenfräser.

Fig. 88 u. 89. Formfräser für Werkzeugnuten.

Fig. 90. Konvexer Radiusfräser.

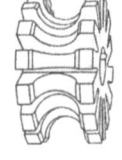
Fig. 91. Konkaver Radiusfräser.

Fig. 92. Zahnformfräser.

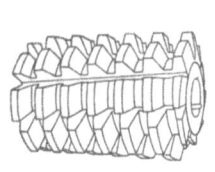
Fig. 93. Abwälzfräser.

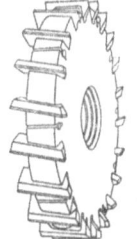
Fig. 94. Messerkopf m. schebenförmigen Messern.

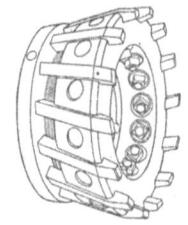
Fig. 95. Messerkopf mit eingesetzten V.erkantstählen.

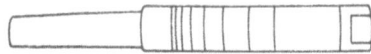
Fig. 96. Fräsdorn ohne Führungszapfen.

Fig. 98. Dorn für Aufsteckfräser.

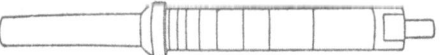
Fig. 97. Fräsdorn mit Führungszapfen.

Hierzu treten noch die für Sonderzwecke erforderlichen vielen Formen.
Bei sämtlichen Arten wird an der Zahnbrust nachgeschliffen. Die Brust muß dabei stets ihre radiale Lage behalten; geschieht dies nicht, so tritt eine Verzerrung des Fräserprofiles ein. Die Folge davon ist, daß alle damit gefrästen Teile unrichtige Abmessungen bekommen.

Messerköpfe (Fig. 94 und 95), zum Bearbeiten größerer ebener Flächen dienend, sind eigentlich nur eine Sonderform der spitzgezahnten Fräser, denen sie auch in der Art des Nachschleifens gleichen. Ihr Hauptvorzug gegenüber einem gleichgroßen Stirnfräser besteht in ihrer größeren Wirtschaftlichkeit. Wenn die Messer abgenutzt sind, können sie ohne weiteres durch neue ersetzt werden; der Körper — meist Gußeisen oder Maschinenstahl — kann weiter verwendet werden. Namentlich bei der Benutzung von Schnellschnittstahl fällt dieser Umstand erheblich ins Gewicht. Es gibt zwei Hauptarten:

Messerköpfe mit scheibenförmigen Messern (Fig. 94);
Messerköpfe mit eingesetzten Vierkantstählen (Fig. 95).

Für große Schruppleistungen ist die zweite Art besser geeignet, da die Messer hierbei außer durch die Schrauben auch noch durch die Gegenmutter gehalten werden. Vor allem aber sind die Reibungsverhältnisse hierbei infolge der geringeren Messerbreite viel günstiger. Messerköpfe werden in derselben Weise wie spitzgezahnte Fräser nachgeschliffen. Für den Hinterschliff gelten ebenfalls die dort angegebenen Werte.

Konstruktive Ausführung. Zahnteilung. Je größer die Leistung ist, die einem Fräser zugemutet wird, desto größer muß seine Zahnteilung sein, um Platz für die abgehobenen Späne zu schaffen und den Kraftbedarf nicht zu groß werden zu lassen. Schruppfräser erhalten daher eine grobe, Schlichtfräser eine feinere Teilung. Jurthe und Mietzschke geben in ihrem Handbuch der Fräserei[1]) folgende Formeln für die Zähnezahl an: für spitzgezahnte Fräser $Z = 4 + \frac{D}{6}$; für hinterdrehte Fräser $Z = 7 - \frac{D-20}{9}$. Um den Werkzeugpark nicht zu groß werden zu lassen, wird man im allgemeinen einen Mittelweg einschlagen und Fräser mit mittelgrober Teilung anschaffen. Damit lassen sich sowohl Schrupp- als auch Schlichtarbeiten zur Zufriedenheit ausführen. Wenn die Schlichtarbeit nicht sauber genug ausfällt, so kann durch Vergrößern der Schnittgeschwindigkeit und Verkleinern des Vorschubes leicht Abhilfe geschaffen werden.

Nutenform. Hierfür gibt es zwei Arten, gerade Nuten und spiralförmige Nuten. Fräser mit geraden Nuten arbeiten ruckweise, da jeder einzelne Zahn sofort mit seiner ganzen Breite zum Schnitt kommt und nach Abheben des Spanes ebenso plötzlich wieder aus dem Material heraustritt, so daß es jedesmal einen Stoß gibt. Gerade Nuten werden daher nur für Fräser von geringerer Breite verwendet, sowie für hinterdrehte Fräser, bei denen das Schleifen sonst zu schwierig wird. Für alle anderen Arbeiten, besonders aber für Walzen- und Schaftfräser, kommen nur Spiralnuten in Frage. Die Spiralsteigung hat den Vorteil, daß jeder einzelne Zahn sich allmählich in das Material hineinschält und sich ebenso allmählich wieder herausdreht, so daß jede Erschütterung der Maschine vermieden wird. Ein Nachteil ist, daß durch den Angriff der Spiralzähne ein achsialer Druck entsteht. Das hat jedoch nichts weiter auf sich, da bei allen neuzeitlichen Fräsmaschinen für die Druckaufnahme in vollkommen ausreichender Weise gesorgt ist. Es muß aber darauf geachtet werden, daß der Druck auch wirklich auf die Spindel wirkt und nicht in entgegengesetzter Richtung. Ein rechtsschneidender Fräser muß also mit Linksspirale, ein linksschneidender mit Rechtsspirale ausgeführt werden. Wird diese Regel nicht beachtet, so fängt die Maschine sehr leicht an zu brummen; Schaftfräser, die kein Anzuggewinde haben, können dabei sogar aus der Frässpindel herausgezogen werden. Bei sehr breiten

---

[1]) 5. Auflage. Berlin 1919. Verlag von Julius Springer.

Walzenfräsern hilft man sich auch wohl in der Weise, daß man den Fräser aus zwei Teilen zusammensetzt, von denen der eine Rechtsspirale, der andere Linksspirale hat; die Drücke heben sich dann gegenseitig auf.

Die Steigung der Spirale schwankt bei den meisten Ausführungsarten zwischen 12 und 15°; einzelne Firmen verwenden auch höhere Werte. So haben z. B. die bekannten Tenaxfräser der Firma Stock einen Steigungswinkel von 45°. Auch bei den Messerköpfen empfiehlt sich ein Schrägstellen der Messer, und zwar um etwa 6 bis 12°, je nach der Zähigkeit des zu bearbeitenden Werkstoffes.

Teilen des Spanes. Um bei breiten Schnitten den Span zu unterteilen und den sonst durch Zerreißen des abgenommenen Spanes entstehenden hohen Kraftbedarf zu verringern, werden die Schruppfräser häufig mit Spanbrechernuten versehen. Wenn diese Nuten ihren Zweck wirklich erfüllen sollen, so müssen sie an den Seiten hinterarbeitet sein, da sonst an der einen Seite ein Schnittwinkel entsteht, der größer als 90° ist, so daß es bald zu einer Beschädigung der Schneide an dieser Stelle kommt.

Befestigung durch:

Fräsdorne ohne Führungszapfen (Fig. 96),
Fräsdorne mit Führungszapfen (Fig. 97),
Aufsteckdorne (Fig. 98).

Für einwandfreie Arbeit müssen die Dorne genau laufen. Ferner müssen die Beilegeringe genau planparallel geschliffen sein, da die Dorne sonst beim Anziehen der Fräsdornmutter krumm gezogen werden und anfangen zu schlagen. Die Folge davon ist ein Ausbrechen der Fräserzähne. Wenn irgend möglich, benutze man Dorne mit Mitnehmerflächen, da dabei ein Drehen in der Spindel und damit auch eine Beschädigung der Maschine mit Sicherheit vermieden wird. Hat die Maschine einen Gegenhalter, so sollten nur Dorne mit Führungszapfen verwendet werden, um ein Verbiegen der Dorne zu verhüten. Für die Anschlußmaße bestehen bisher leider noch keine Normen, so daß ein Austausch von Dornen verschiedener Herkunft auch dann nicht möglich ist, wenn die Kegel der Maschinen übereinstimmen. Der Normenausschuß des Vereins Deutscher Werkzeugmaschinenfabriken ist jedoch zur Zeit mit dem Festlegen dieser Maße beschäftigt.

g) Schleifscheiben.

Die Schleifscheibenindustrie ist heute in der Lage, ihren Abnehmern für alle Zwecke geeignete Scheiben zu bieten. Wo beim Schleifen Mißerfolge auftreten, liegt die Ursache fast immer in der Verwendung ungeeigneter Scheiben. Die Kenntnis der Arbeitsweise einer Schleifscheibe ist daher von größter Wichtigkeit für die richtige Auswahl.

An **Rohstoffen** zur Herstellung der Scheiben werden verwendet: Schmirgel, Korund und Siliciumcarbid.

Schmirgel ist ein Naturprodukt, das in Kleinasien und auf der Insel Naxos gefunden wird. Es ist ein Aluminiumoxyd, dessen Härte abhängig ist von den Verunreinigungen, die es enthält. Sie schwankt zwischen 6 und 8.

Korund findet sich ebenfalls in der Natur und zwar hauptsächlich in Kanada. Es ist ein bedeutend reineres Aluminiumoxyd als Schmirgel und hat eine Härte von etwa 9 Punkten. Seit etwa 20 Jahren wird es auch künstlich hergestellt und unter den verschiedenartigsten Namen (Alundum, Elektrit, Elektrorubin, Krisalox usw.) auf den Markt gebracht. Die Härte des künstlich erzeugten Korunds beträgt etwa 9,3 Punkte.

Siliciumcarbid wird in der Natur nicht gefunden, sondern auf künstlichem Wege hergestellt. Es findet unter den Bezeichnungen Karborundum, Cristolon, Karborilit, Karborid, Kohinur, Kricarcil usw. ausgedehnte Verwendung bei der Herstellung der Schleifscheiben. Seine Härte schwankt zwischen 9,5 und 9,7 Punkten.

Für die Beurteilung einer Scheibe kommen in der Hauptsache zwei Gesichtspunkte in Betracht: Härte und Körnung.

Bestimmend für die **Härte** einer Schleifscheibe ist weniger der Stoff, aus dem die einzelnen Schleifkristalle bestehen, als vielmehr die Bindung, d. h. die Masse, die die Körnchen zu einer festen Scheibe vereinigt. Die Härte muß je nach dem Verwendungszweck verschieden groß sein. Man erreicht dies durch Änderung in der Zusammensetzung der Bindung. Die Festigkeit des Bindemittels soll nämlich so bemessen sein, daß die Schleifkörnchen festgehalten werden, solange sie gut schneiden. Sobald sie stumpf werden, sollen sie jedoch durch den dann am Umfang der Schleifscheibe auftretenden größeren Widerstand herausgebrochen werden, um neuen scharfen Körnern Platz zu machen. Die Härte einer Scheibe ist also bestimmt durch die Festigkeit des Bindemittels. Ist harter Werkstoff zu schleifen, so stumpfen die einzelnen Schleifkristalle sich verhältnismäßig schnell ab; sie müssen deshalb von der Bindung rechtzeitig freigegeben werden, damit sie herausbrechen und dafür scharfe Körner zum Vorschein kommen. Die Bindung darf daher nicht zu fest sein, d. h. also, es muß eine „weiche" Scheibe verwendet werden. Beim Schleifen von weichem Werkstoff hingegen muß das Bindemittel die einzelnen Schleifkristalle viel länger festhalten, da diese sich auf dem weichen Werkstoff nicht so schnell abstumpfen. Hierfür kommt also nur eine feste Bindung, d. h. eine harte Scheibe in Frage.

Gegenüber diesem Einfluß der Bindung spielt die Härte der Schleifkörperchen eine geringere Rolle, zumal die zur Herstellung der Schleifscheiben benutzten hochwertigen Rohstoffe sich nur sehr wenig in der Härte unterscheiden. Immerhin muß man natürlich die Scheibe auch in dieser Hinsicht nach dem zu schleifenden Werkstoff auswählen.

Der zweite Faktor, der die Leistung einer Schleifscheibe beeinflußt, ist die Größe der einzelnen Schleifkörperchen, die **„Körnung"**. Sie muß so groß gewählt werden, daß die abgenommenen Späne die Poren nicht verstopfen können, da sonst die Schneidfähigkeit aufhört. Auf die Beschaffenheit der Oberfläche ist die Körnung dagegen ohne besonderen Einfluß, da man es in der Hand hat, durch Steigerung der Umfangsgeschwindigkeit der Scheibe in der Zeiteinheit die gleiche Anzahl von Körnchen zum Schnitt zu bringen. Die Verhältnisse liegen hier genau so, wie bei den Schruppfräsern mit grober Teilung, die durch Einschalten einer größeren Schnittgeschwindigkeit ebenfalls zum Schlichten benutzt werden können.

Bei den **Bindungen** der Schleifscheiben wird unterschieden zwischen mineralischer, vegetabilischer und keramischer Bindung.

Als mineralische Bindung wird gewöhnlich eine Magnesitverbindung benutzt, die die Herstellung der Scheiben auf kaltem Wege oder doch wenigstens bei geringer Temperatur gestattet. Derartig gebundene Scheiben sind jedoch nur für Trockenschliff zu brauchen. Sie werden hauptsächlich zum Schleifen sehr feiner Schneiden benutzt, bei denen die Gefahr des Anlaufens besteht (Rasiermesser, Hobelmesser).

Die vegetabilische Bindung erfolgt durch Zusatz von Öl, Gummi, Leim oder Schellack. Ihr Hauptvorzug besteht darin, daß die damit gebundenen Scheiben eine gewisse Elastizität besitzen, so daß sie sich besonders für dünne Profile, z. B. für Sägenschärfscheiben eignen; man spricht deshalb auch von elastischer Bindung (Gummischeiben, Parascheiben).

Für die keramische Bindung bildet der gewöhnliche Ton in seinen verschiedenen Zusammensetzungen das Ausgangsmaterial. Beim Brennen der Scheiben sintert er zusammen, so daß ein außerordentlich poröses Gefüge entsteht. Die Poren nehmen das Wasser auf und zerstäuben es beim Schleifen, so daß immer eine gewisse Kühlung vorhanden ist. Weitaus die meisten Scheiben, die in der Industrie Verwendung finden, sind keramisch gebunden. Auf sie beziehen sich die folgenden allgemeinen Regeln für die **Auswahl** der Schleifscheiben.

Harte Werkstoffe und große Berührungsflächen erfordern weiche Scheiben; weiche Werkstoffe und kleine Berührungsflächen dagegen harte Scheiben.

Arten der Werkzeuge. — Schleifscheiben.

Zahlentafel 7. Körnungen.

Die Körnungen werden nach dem Vorbild der Norton Grinding-Co. von den meisten deutschen Firmen durch Zahlen bezeichnet, die der Maschenzahl des Siebes entsprechen, das zum Sortieren des zerkleinerten Schleifmaterials dient. Körner, die z. B. durch ein Sieb mit 20 Maschen auf 1" Länge hindurchgehen, durch das nächstfeinere mit 24 Maschen je Zoll dagegen nicht, werden mit Körnung 20 bezeichnet.

Marke	Sehr grob				Grob				Mittelgrob				Fein				Sehr fein		
Norton Grinding-Co.	10	12	14	16	20	24	30	36	46	50	60	70	80	90	100	120	150	180	200
Naxos-Union	—	12	14	—	20	24	—	—	40	50	—	—	80	90	100	120	—	180	200	220
Mayer & Schmidt neue Bezeichnung	—	11	12	16	—	20	30	40	60	—	70	80	—	100	100	120	120	140	140	180	140	180	250
Mayer & Schmidt alte Bezeichnung	—	1 eg	1 eg	1 g	—	—	1	2	2½	3½	—	4	4½	4¾	5	—	5	5¼	5½g	5¼	5½	5¾	—
Hannover-Hainholz	16	15	14	13	—	11	10	9	—	—	7	—	5	—	5 f	2	3	1	0	00	000	0000
Verein. Carb. u. Elektr.-Werke	10	12	14	16	—	20	24	30	36	—	46	50	60	70	—	80	90	100	120	150	180	200
Richard Hoppe	14	13	12	10	—	—	9	8	7	6	—	5	4	3	2	1½	1	01	0	00	000	0000
Orion Schleifmittelwerke	10	12	14	16	—	20	24	30	36	—	46	50	60	70	—	80	90	100	120	150	180	200
Dr. Rudolf Schönherr	—	—	—	12	—	18	20	25	30	—	40	45	55	60	—	70	80	10/100	120	150	200	—

Die Bezeichnung „cb" oder comb" (Kombinationsscheibe) bedeutet, daß die Scheibe grobe und feine Körner gemischt enthält. Es ist ungefähr 10 comb = 14, 14 comb = 20, 20 comb = 30, 24 comb = 46, 30 comb = 60, 50 comb = 80, 60 comb = 100.

Gehärteter Stahl und ungehärteter Stahl, sowie Glas werden mit Korundscheiben geschliffen. Zum Bearbeiten von Grauguß, Hartguß, sowie der Legierungen aus Kupfer und Aluminium, ferner von Marmor, Hartgummi, Granit, Porzellan, Horn usw. nimmt man besser Siliciumcarbidscheiben.

In der **Bezeichnung** der Schleifscheiben nach Härtegrad und Körnung besteht leider keine Einheitlichkeit. Die meisten Schleifmittelwerke haben sich eigene Bezeichnungen gemacht, so daß ein Vergleich der Scheiben verschiedener Herkunft nur mit Schwierigkeiten möglich ist. Die nachstehenden beiden Tafeln enthalten Gegenüberstellungen der Härtegrade und der Körnungen der Norton Grinding Co. mit denen der führenden deutschen Fabriken.

Zahlentafel 8. Härte-

Marke	Außergewöhnlich weich				Sehr weich			Weich				
Norton Co. (keram. Bdg.)	—	—	—	— E	F	—	—	G	H	— I	J	K	—	— L	M
Norton Co. (elast Bdg.)	—	—	—	—	—	—	—	—	—	—1	$1^1/_2$	2	—	— $2^1/_2$	3
Mayer Union	—	—	—	—	—	— F	G	H	I	—	J	K	L	— —	M
Mayer & Schmidt	—	—	—	—	—	— F	G	H	I	—	J	K	L	M —	—
Hannover-Hainholz	A	B	C	D	—	— E	F	G	H	— I	J	K	L	— —	M
Verein. Carb.- u. Elektr.-Werke neue Bez.	—	—	—	— E	F	—	—	G	H	— I	J	K	—	— L	M
alte Bez.	—	—	—	— W	$^1/_2$W	—	— $^1/_4$H	$^3/_8$H	$\overline{^1/_2H}$	$^5/_8$H	—	— $\overline{^3/_4H}$	
Richard Hoppe	—	—	— D	E	F	G	—	—	H	I	—	K	L	M —	—
Orion-Schleifmittelwerke	—	—	—	—	—	—	—	—	—	W	WJ	WK	WL	— —	M
Dr. Rudolf Schönherr	—	—	—	—	—	—	—	—	—	—	E	—	— J,K,M	O

Eine Anleitung zur Auswahl der Schleifscheiben gibt die Tafel 9.

Die **Befestigung** der Scheiben muß mit einiger Aufmerksamkeit geschehen, damit sie dabei nicht verspannt werden und springen. Die Bohrung soll etwa $^1/_2$ bis 1 mm Luft haben und mit Blei ausgegossen sein, um einer etwaigen Erwärmung der Schleifspindel Rechnung tragen zu können. Die Scheibe wird durch zwei Flanschen befestigt, deren Durchmesser etwa $^4/_{10}$ des Scheibendurchmessers betragen soll. Um ein Verspannen der Scheiben zu verhüten, empfiehlt es sich, zwischen Flanschen und Scheibe einige etwa 2 mm starke Ringe aus weicher Pappe zu legen. Etwaige Unregelmäßigkeiten in der Stärke der Scheibe werden dadurch ausgeglichen. Noch besser ist es, die Stirnfläche der Flanschen mit Weichmetall auszugießen.

Größere Schleifscheiben müssen dynamisch ausgewuchtet werden, da es sonst unmöglich ist, einen sauberen Schliff zu erhalten. Das Auswuchten muß von Zeit zu Zeit wiederholt werden, da die Scheiben nicht vollkommen homogen sind und bei fortschreitender Abnutzung immer wieder Unbalanz bekommen. Wo die Einrichtungen zum Auswuchten nicht zur Verfügung stehen, kann man sich, wenn der Schliff nicht sauber wird, dadurch helfen, daß man Scheiben kleineren Durchmessers oder geringerer Breite benutzt. Die Masse der Scheibe wird dadurch kleiner und die Schleifspindel ist imstande, den dadurch geringer gewordenen Vibrationen zu widerstehen. Die gefürchteten „Zittermarken" lassen sich auf diese Weise oftmals beseitigen oder doch wenigstens verringern.

Arten der Werkzeuge. — Schleifscheiben.

Instandhaltung. Scheiben, die nicht mehr zufriedenstellend arbeiten, müssen abgezogen werden. Hierzu dient das Abdrehwerkzeug, ein Diamantsplitterchen in geeigneter Fassung, mit dem die stumpfe Schicht entfernt wird, so daß neue scharfe Körner zum Angriff gelangen. Das Abrichten erfolgt bei normaler Schleifscheibengeschwindigkeit und unter reichlicher Wasserzufuhr.

Der Diamant kann in verschiedener Weise gefaßt werden. Geeignete Ausführungen sind in den Fig. 99 und 100 dargestellt. Bei der ersten Ausführungsform wird in einem runden Kupferputzen ein kleines Sackloch von der ungefähren Größe des Diamanten gebohrt und das Splitterchen dann durch Blumendraht

grade.

Mittel				Hart							Sehr hart							Außergewöhnl. hart			
N	—	—	—	O	P	Q	R	—	—	—	S	T	U	V	—	—	—	—	W	X	Y	Z
	3½				4		5	—	—	—	6	7										
N	O	—	—	—	P	Q	R	—	—	—	S	T	U	—	—	—	—	—	—	—	—	—
N	O	P	Q	—	—	—	R	S	T	—	—	—	U	V	W	—	—	Z	—	—	—	—
N	O	P	—	—	—	Q	R	S	T	—	—	—	U	V	W	X	—	—	—	—	Y	Z
N	—	—	—	O	P	Q	R	—	—	—	S	T	U	V	—	—	—	—	W	X	Y	Z
⁷⁄₈H	—	—	—	H	H1	H2	H3	—	—	—	H4											
N	O	P	Q	—	—	—	R	S	T	U	—	—	—	V	W	X	—	—	—	—	Y	Z
MN	MO	MP	—	—	—	H	HR	HS	HT	—	—	—	HU	—	HW	—	HY	HZ	—	—	—	—
—	—	—	—	Q-S	S-U	—	W	—	—	—	W-Z	—	—	—	—	—	—	—	—	—	—	—

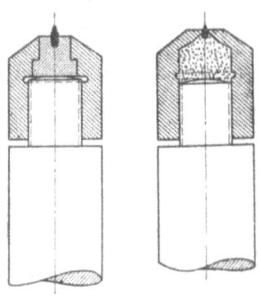

Fig. 99 u. 100.
Das Fassen der Abbruch-Diamanten.

darin festgekeilt. Endgültige Befestigung durch Hartlöten. Diese Fassung hat den Nachteil, daß der Diamant bei nicht sehr sorgfältig ausgeführter Lötung leicht ausbricht und verloren geht. Ein weiterer Nachteil ist, daß ein Umsetzen nach dem Stumpfwerden nicht möglich ist. Fig. 100 zeigt eine Ausführungsform, bei der diese Übelstände nicht eintreten können. Hier wird die Überwurfmutter zunächst mit einem kleinen Bohrer so angebohrt, daß die Spitze gerade aus dem Material heraustritt. Hierauf wird mit einem größeren Bohrer ausgebohrt. Der Diamant wird von innen hineingelegt, so daß er mit seiner Spitze aus dem Löchelchen heraussieht. Der Hohlraum der Mutter wird mit kleinen Stücken Weichblei gefüllt und die Mutter dann auf den Halter geschraubt. Das Blei preßt sich dabei fest zusammen und umschließt auf diese Weise den Diamanten vollkommen. Ein Ausbrechen ist nicht möglich. Soll der Diamant umgesetzt werden, so braucht man nur die Mutter loszuschrauben und die Bleipackung herauszunehmen.

Tafel 9.
Anleitung zur Auswahl von Schleifscheiben[1]).

Ker. = Keramische Scheiben. Sil. = Silicat-Scheiben. El. = Elastische Scheiben.

Art der Schleifarbeit und Schleifverfahren	Korund-Schleifscheiben					Siliciumcarbid-Schleifscheiben				
	Körnung	Härte	Körnung	Härte	Bindemittel	Körnung	Härte	Körnung	Härte	Bindemittel
Aluminium	30—6	bis	46—4		El.	20—R	bis	24—P		Ker.
Dreh- und Hobelstähle, Freihandschleifen	{24—P	„	36—P		Sil.					
	{20—O	„	36—O		Ker.					
Maschinelles Schleifen . . .	20—L	„	30—L		„					
Fräser, Schleifen	46—K	„	60—I		„					
Gesenkschmiedestücke Freihandschleifen	20—R	„	30—P		„					
Gummi, Rundschleifen . .	30—K	„	50—I		„	30—M	„	50—K		„
Gußeisen, Flächenschleifen .	16—K	„	46—H		Sil.	16—L	„	30—I		„
„ Rundschleifen . .	24—K	„	24—J		Ker. Comb.	30—L	„	46—J		„
„ große Gußstücke Freihandschleifen .	16—R	„	20—Q		„	16—S	„	24—Q		„
„ kleinere Gußstücke Freihandschleifen .	24—R	„	30—P		„	20—S	„	30—Q		„
„ Kokillenguß Freihandschleifen .	20—U	„	30—P		„	20—Q	„	30—Q		„
Gußstücke Innenschleifen .	—		—			30—Q		—		„
Holzbearbeitungswerkzeuge .	46—M	„	60—K		„					
Innenschleifen von Automobilzylindern, aus Gußeisen	—		—			30—L	„	60—I		„
Innenschleifen von Automobilzylindern, aus gehärt. Stahl	46—M	„	60—J		„					
Kupfer	36—4	„	60—2½		El.					
Marmor, fertig schleifen . .	180—I	„	200—I		Ker.					
„ grob „ . .	—		—			30—M	„	46—J		„
Messer, (Papier-), selbsttätig zu schleifen	36—K	„	60—J		„					
Messer (Hobelmaschinen-), selbsttätig zu schleifen . .	30—K	„	60—J		{Sil. Ker.					
Scheren und Schermesser . .	30—M	„	60—J		„					
Messing- oder Bronzeguß, große Stücke.	—		—			20—R	„	24—Q		„
kleinere Stücke	—		—			24—R	„	36—P		„
Perlmutter, fein schleifen . .	—		—			100—P	„	150—M		„
„ grob „ . .	—		—			30—U	„	50—P		„
Porzellan. „ „ . .	—		—			36—R	„	50—O		„
Rasiermesser, schleifen und hohlschleifen	46—O	„	120—H		„					
Reibahlen, Gewindebohrer, Fräser usw., Handschleifen	46—M	„	60—K		„					

[1]) Nach Angaben der Norton Grinding-Co.

Tafel 9 (Fortsetzung).
Anleitung zur Auswahl von Schleifscheiben[1]).
Ker. = Keram sche Sche ben. Sil. = Silicat-Scheiben. El. = Elastische Scheiben.

Art der Schleifarbeit und Schleifverfahren	Korund-Schleifscheiben			Siliciumcarbid-Schleifscheiben		
	Körnung	Härte	Körnung	Härte	Bindemittel
	Körnung	Härte	Körnung	Härte	Bindemittel

Art der Schleifarbeit und Schleifverfahren	Korund-Schleifscheiben			Siliciumcarbid-Schleifscheiben		
	Körnung / Härte	Körnung / Härte	Bindemittel	Körnung / Härte	Körnung / Härte	Bindemittel
Reibahlen, Gewindebohrer, Fräser usw., Maschinenschliff	46—M bis	60—J	Ker.			
Sägen, schleifen und schärfen	46—M „	50—M	„			
„ Kaltsägen	60—Q „	60—O	„			
Schmiedb. Guß, große Stücke	14—U „	20—P	„	16—S bis	20—R	Ker.
„ „ kleine „	20—R „	30—P	„	20—S „	30—Q	„
Spiralbohrer, Handschleifen .	46—M „	60—M	„			
„ auf Spezialmaschinen	36—M „	60—K	„			
Spiralfedern, Enden abschleifen	16—R „	20—Q	„			
Stahl (weich), Rundschleifen	24—N „	24—L	„			
	Comb.					
„ „ „	46—N „	60—L	„			
„ „ Flächenschleifen	24—K „	36—H	„			
„ (gehärtet), Rundschleifen	24—K „	24—J	„			
	Comb.	Comb.				
„ „ „	46—L „	60—J	„			
„ „ Flächenschleifen	16—K „	46—H	{Sil. Ker.}			
Walzen (Gußeisen) Naßschleifen	24—M „	36—J	„	24—M „	36—J	„
Walzen (Kokillenguß), fertig schleifen	70—2 „	70—1½	El.	70—2 „	80—1¼	El.
Walzen (Kokillenguß), grob schleifen	24—M „	36—J	Ker.	24—M „	46—J	Ker.

III. Instandhaltung.

Stumpfe Werkzeuge liefern unsaubere Arbeit und erhöhen den Kraftverbrauch der Maschine, unrichtig geschliffene schneiden schlecht und nutzen sich sehr schnell ab. Rechtzeitiges und richtiges Nachschleifen sind daher die Vorbedingungen für wirtschaftliches Arbeiten. Beide Forderungen können jedoch nur erfüllt werden, wenn eine eigens für diesen Zweck gebaute Maschine vorhanden ist, die auch in bezug auf die Ausführung allen Anforderungen entspricht. Die Scharfschleifmaschine ist keine Hilfsmaschine, sondern eine vollwertige Werkzeugmaschine; nach den für diese geltenden Regeln müssen auch bei ihr Bauart, Leistung und Preis beurteilt werden.

Abgesehen von den zum freihändigen Anschleifen von Dreher- und Schlosserwerkzeugen dienenden gewöhnlichen Schleifsteinen sind in der Hauptsache folgende Arten von Scharfschleifmaschinen zu unterscheiden:

Schleifmaschinen mit Winkelanstellung,
Schleifapparate mit Kupferscheibe,
Spiralbohrerschleifmaschinen,
Universalwerkzeugschleifmaschinen.

---

[1]) Nach Angaben der Norton Grinding-Co.

508   Werkzeuge.

Schleifmaschinen mit Winkelanstellung dienen ausschließlich zum Schleifen von Dreh- und Hobelstählen. Sie haben vor den gewöhnlichen Schleifsteinen den Vorzug, daß sie die gewünschten Schnittwinkel zwangläufig erzeugen. Die zu schleifenden Stähle werden in einen Halter gespannt, der sich unter jedem beliebigen Winkel zur Schleifscheibe einstellen läßt. Eine Schwenkvorrichtung gestattet das Vorbeiführen der Stähle an der Scheibe. Das bekannteste Modell dieser Art ist die auch in Deutschland häufiger zu findende Gisholtschleifmaschine.

Die Schleifapparate mit Kupferscheibe dienen zum Schleifen von Gewinde- und anderen Formstählen. Sie arbeiten außerordentlich genau und geben eine sehr feine, saubere Schneide. Als Schleifträger dient eine Kupferscheibe, auf der das Schleifmittel, sehr feiner Schmirgel, mit Öl in geeigneter Weise aufgetragen worden ist.

Spiralbohrerschleifmaschinen sind ausgesprochene Sondermaschinen, welche die beiden Winkel, die die Leistung des Bohrers bedingen, zwangläufig erzeugen.

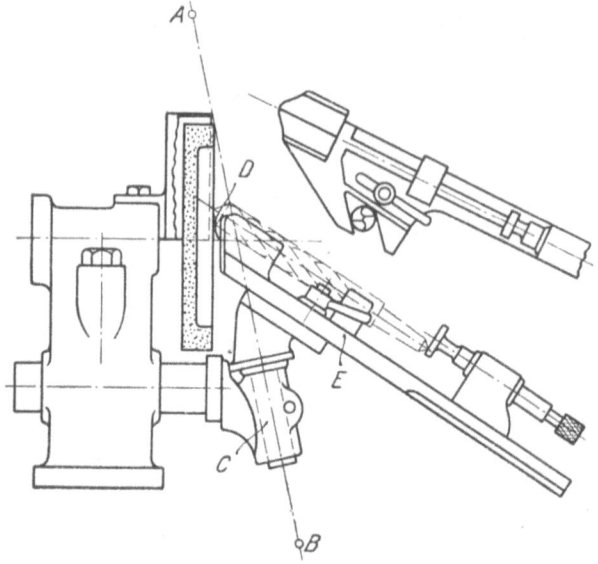

Fig. 101. Spiralbohrer-Schleifeinrichtung.

Der Grundgedanke einer derartigen Maschine ist in Fig. 101 dargestellt. Hierin ist der Spitzenwinkel des Bohrers durch die Lage der Achse $A—B$ des Drehzapfens C festgelegt. Der Hinterschliffwinkel dagegen muß von Fall zu Fall eingestellt werden, was eine an der Seite angebrachte Lehre ermöglicht, in die der Bohrer hineingesteckt werden muß. Sie besteht aus zwei Backen, einer beweglichen, die mit der Auflage des Bohrers fest verbunden, und einer festen, die an dem Drehzapfen angebracht ist. Ist ein kleiner Bohrer zu schleifen so muß man die bewegliche Backe der festen nähern, bei einem großen Durchmesser muß man sie wieder entfernen. Da die bewegliche Backe nun fest mit der Auflage verbunden ist, so verschiebt sich dabei auch gleichzeitig die vorderste Kante der Auflage und mit ihr auch die Zunge D, an der die Bohrerspitze anliegt. Bei kleinen Bohrern liegt die Auflagekante also nahe der Achse des Drehzapfens, bei größeren entfernt sie sich von dieser. Durch die schräge Anordung der Backen ist erreicht, daß die Stärke des Hinterschliffs stets dem Durchmesser des Bohrers entspricht.

Arten der Werkzeuge. — Instandhaltung.

Universalwerkzeugschleifmaschinen sind, wie der Name schon sagt, die vielseitigsten aller Schleifmaschinen. Die Anforderungen, die an eine gute Werkzeugschleifmaschine gestellt werden müssen, sind folgende:

Die Einspannvorrichtungen müssen möglichst vielseitig sein, damit die verschiedenartigsten Werkzeuge geschliffen werden können.

Die Starrheit der Aufnahme muß bei sämtlichen Einstellungen unbedingt gewährleistet sein.

Die gewünschten Schnittwinkel müssen ohne Schwierigkeiten einstellbar sein.

Da die Mehrzahl aller Scharfschleifarbeiten auf der Universalmaschine ausgeführt wird, so soll hier auf diese Maschinenart etwas näher eingegangen werden. Was zunächst die Frage „Trocken- oder Naßschliff?" betrifft, so kann sie unbedenklich zugunsten des Trockenschliffes beantwortet werden. Das Naß-

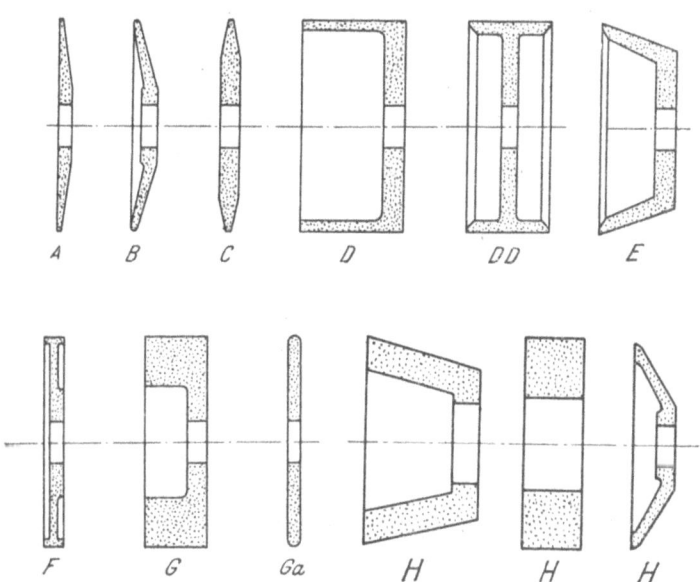

Fig. 102. Formen der Werkzeugschleifscheiben.

schleifverfahren hat den Nachteil, daß sich leicht feine Haarrisse an den Schneiden bilden, die die Lebensdauer der Werkzeuge empfindlich beeinträchtigen. Namentlich beim Schleifen von Werkzeugen aus Schnellschnittstahl macht sich diese Erscheinung unliebsam bemerkbar. Hierzu kommt, daß eine Universalwerkzeugschleifmaschine eine so vielseitige Einstellbarkeit im Gegensatz zur reinen Rundschleifmaschine haben muß, daß sie ihre Genauigkeit sehr bald einbüßen würde, wenn sie dauernd von einem Wasserstrom überspült würde. Der einzige Nachteil des Trockenschleifens besteht darin, daß die Schneiden leicht ausgeglüht werden können. Diese Gefahr besteht jedoch nur bei unsachgemäßem Vorgehen. Für das Schleifen von Präzisionswerkzeugen werden daher fast ausschließlich Trockenschleifmaschinen benutzt.

In der Auswahl der Schleitscheiben sollte man sich auf wenige Formen beschränken. Der Verband Deutscher Schleifmittelwerke hat hier eine Normung vorgenommen und eine Anzahl von Formen festgelegt, die zum Schleifen der gängigen Werkzeuge vollkommen ausreicht. (Vgl. D. I. N. Nr. 181 bis 185.)

Es sind dies die in Fig. 102 dargestellten Arten, von denen jede einzelne wiederum in mehreren Größen zu haben ist. Es sollen verwendet werden:

Form A   für spitzgezahnte und hinterdrehte Fräser;
„   B   desgleichen;
„   C   für spiralgenutete hinterdrehte Fräser;
„   D   für spitzgezahnte Fräser und Reibahlen;
„   DD desgleichen;
„   E   zu Schleifarbeiten für Vorrichtungen;
„   F   zum Schleifen von Lehren;
„   G   zum Schleifen von Spiralbohrern;
„   Ga zum Anspitzen der Schneidlippen von Spiralbohrern.
Formen H zum Schleifen von Dreh- und Hobelstählen und von Holzbearbeitungswerkzeugen.

Für das S c h l e i f e n d e r W e r k z e u g e sind folgende R e g e l n zu beachten:

Die Werkzeuge sollen nicht zu stark abgenutzt werden; es ist viel wirtschaftlicher, häufiger zu schleifen und dabei nur wenig Material von der Schneide abzunehmen, als umgekehrt selten zu schärfen und dann starke Schleifspäne zu nehmen.

Werkzeuge, die trotz dieser Regel aus irgendeinem Grunde stark abgenutzt worden sind, müssen zunächst rundgeschliffen werden, da sie sonst nicht zum

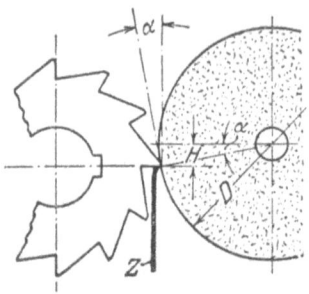 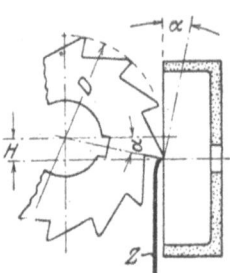

Fig. 103.   Fig. 104.

Laufen zu bringen sind. Beim nachfolgenden Schärfen hat man dann nur darauf zu achten, daß vom Rundschliff an allen Stellen gleichmäßig viel stehen bleibt.

Starkes Anpressen an die Scheibe ist zu vermeiden; das Werkzeug darf nur leicht überschliffen werden. Um die Abnutzung gleichmäßig auf alle Zähne zu verteilen, empfiehlt es sich, die Zähne nicht mit einemmal fertig zu schleifen sondern nach mehrmaligem Überschleifen eines Zahnes den nächsten vorzunehmen, und erst wenn sämtliche Zähne wiederholt überschliffen worden sind, das Werkzeug fertigzuschärfen. Dieses Verfahren gewährleistet das genaue Rundlaufen der Werkzeuge.

Jedes Werkzeug ist während des Schleifens zu unterstützen. Die hierzu dienende Zahnauflage muß stets gegen den Rücken des zu schleifenden Zahnes gesetzt werden, da das Werkzeug sonst nicht rundläuft. Form und Abmessungen der Zahnauflage sind nach der Art des Werkzeuges auszuwählen.

Die Dorne, die zum Aufspannen der Werkzeuge benutzt werden, müssen in kurzen Zwischenräumen auf Rundlaufen untersucht werden, damit die geschliffenen Teile nicht schlagen.

Die E i n s t e l l u n g d e r M a s c h i n e richtet sich nach ihrer Bauart; sie geht aus den Anleitungen hervor, die die Erzeugerfirmen ihren Lieferungen mitgeben. Hier sei nur auf die beiden am häufigsten vorkommenden Fälle eingegangen. Bei spitzgezahnten Werkzeugen geschieht die Einstellung durch eine Veränderung der Lage von Werkstück und Schleifscheibe, wie dies in Fig. 103 und 104 dar-

Arten der Werkzeuge. — Instandhaltung.

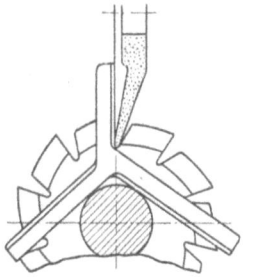

Fig. 105. Lehre zum Einstellen der Schleifscheibe beim Schärfen hinterdrehter Fräser.

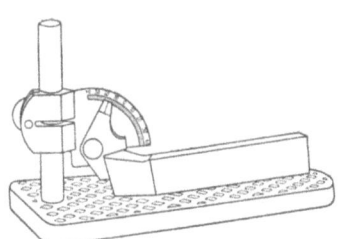

Fig. 106. Apparat zum Messen von Schneidwinkeln.

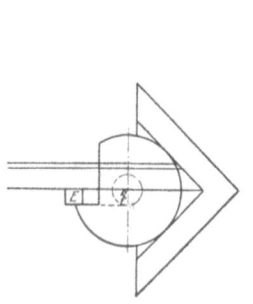

Fig. 107. Prüfen des Anschliffes von Formstählen.

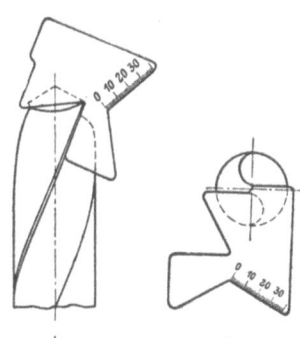

a   b   c

Fig. 108 a—c. Einfache Prüflehre für Spiralbohrer.

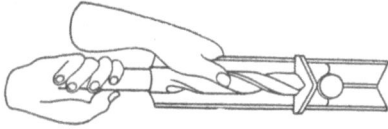

Fig. 109. Lehre zum Prüfen des Anschnittes von Spiralbohrern.

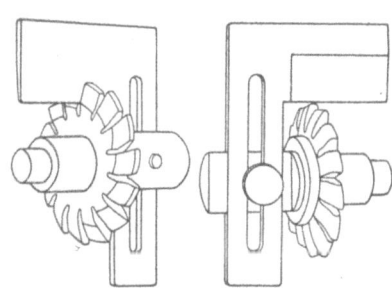

Fig. 110. Lehre zum Prüfen hinterdrehter Fräser.

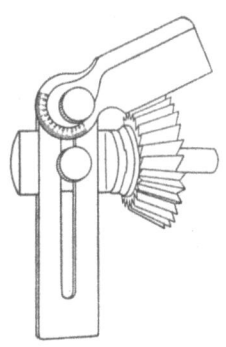

Fig. 111. Lehre zum Prüfen hinterdrehter Fräser (verbesserte Ausführung).

gestellt ist. Das Maß der Verstellung errechnet sich in einfachster Weise zu $H = \dfrac{D}{2} \sin \alpha$, wobei D bei der Verwendung von Topfscheiben den Durchmesser des Werkzeuges und bei der Verwendung von Tellerscheiben den Durchmesser der Schleifscheibe bezeichnet. Tafel 7 enthält die Werte für H für die verschiedenen Durchmesser und Hinterschliffwinkel.

Tafel 10. **Zahlentafel für den Hinterschliff.**

Durchmesser D mm	Einstellhöhe H für einen Hinterschliffwinkel von					Durchmesser D mm	Einstellhöhe H für einen Hinterschliffwinkel von				
	3°	4°	5°	6°	7°		3°	4°	5°	6°	7°
6	0,16	0,21	0,26	0,31	0,37	65	1,70	2,27	2,83	3,40	3,96
8	0,21	0,28	0,35	0,42	0,49	70	1,83	2,44	3,05	3,66	4,27
10	0,26	0,35	0,44	0,52	0,61	75	1,96	2,62	3,27	3,92	4,57
12	0,31	0,42	0,52	0,63	0,73	80	2,09	2,79	3,49	4,18	4,88
14	0,37	0,49	0,61	0,73	0,85	85	2,22	2,97	3,71	4,44	5,18
16	0,42	0,56	0,70	0,84	0,98	90	2,35	3,14	3,92	4,70	5,49
18	0,47	0,63	0,78	0,94	1,10	95	2,48	3,32	4,14	4,96	5,79
20	0,52	0,70	0,87	1,05	1,22	100	2,62	3,49	4,36	5,23	6,10
22	0,58	0,77	0,96	1,15	1,34	110	2,88	3,84	4,80	5,75	6,70
25	0,65	0,87	1,09	1,31	1,52	120	3,14	4,19	5,23	6,27	7,31
28	0,73	0,98	1,22	1,46	1,71	130	3,40	4,54	5,67	6,79	7,92
30	0,78	1,05	1,31	1,57	1,83	140	3,66	4,89	6,10	7,32	8,53
35	0,92	1,22	1,53	1,83	2,13	150	3,92	5,24	6,54	7,84	9,14
40	1,05	1,40	1,74	2,09	2,44	160	4,18	5,58	6,98	8,36	9,75
45	1,18	1,57	1,96	2,35	2,74	170	4,45	5,93	7,41	8,88	10,36
50	1,31	1,75	2,18	2,61	3,05	180	4,71	6,28	7,85	9,41	10,97
55	1,44	1,92	2,40	2,87	3,35	190	4,97	6,63	8,28	9,93	11,58
60	1,57	2,09	2,62	3,14	3,66	200	5,23	6,98	8,72	10,45	12,19

Beim Schleifen von Werkzeugen mit hinterdrehten Zähnen muß, wie bekannt, an der Zahnbrust nachgearbeitet werden. Hierbei ist darauf zu achten, daß die schneidende Kante der Scheibe genau radial steht. Zu ihrer genauen Einstellung dient die in Fig. 105 dargestellte Lehre, deren Anwendung ohne weiteres klar ist.

Die Prüfung der geschliffenen Werkzeuge erfolgt in den meisten Fällen nur durch das Auge. Besser und zuverlässiger sind Lehren oder besondere Meßinstrumente, die es in den verschiedensten Ausführungen gibt. Zum Messen der Schneidwinkel von Dreh- und Hobelstählen bedient man sich mit Vorteil des Simonschen Apparates[1]), der in Fig. 106 dargestellt ist. Für gerade Formstähle kann die Schmiege Verwendung finden, für runde ein Zentrierwinkel in Verbindung mit einem Endmaß E, dessen Stärke gleich dem Überführungshalbmesser r ist (Fig. 107). Spiralbohrer prüft man mit Hilfe der in Fig. 108 gezeigten Lehre, die in drei verschiedenen Messungen die Größe des Spitzenwinkels, des Hinterschliffwinkels und die Lage der Querschneide zu kontrollieren gestattet. Noch geeigneter für diesen Zweck ist die Lehre nach Fig. 109, die auf Umschlag benutzt wird und auch sehr kleine Abweichungen anzeigt. Zum Prüfen der radialen Lage der Zahnbrust hinterdrehter Fräser dient die in Fig. 110 dargestellte Lehre, die auch gleichzeitig zur Kontrolle des Rundlaufens der einzelnen Zähne benutzt werden kann. Eine verbesserte Ausführung hiervon zeigt Fig. 111; mit dieser Lehre läßt sich außer den angegebenen Messungen auch noch der Winkel von Gradfräsern nachprüfen.

---

[1]) Vgl. Betrieb, Jahrgang 1921, S. 863.

Fabrikorganisation.

Bearbeitet von Prof. Dr.-Ing. E. Sachsenberg, Dresden
und Dr.-Ing. Otto Kienzle, Berlin-Südende.[1]

I. Grundzüge der Fabrikorganisation.

Die Organisation der Fabrik ist etwas durchaus Gleitendes. Sie richtet sich nicht nur nach den verschiedenen Arten der herzustellenden Waren, nach der räumlichen Lage von Werkstätten zueinander, nach der Möglichkeit des Warentransports, sondern sie muß sich auch vor allen Dingen den im Werk tätigen Personen anpassen. Ein Werk organisieren heißt eigentlich nur, die Beschäftigung der Menschen, die Belastung der Maschinen und die Wege der zu bearbeitenden Materialien so zu regeln, daß bei geringstem Aufwand keine Reibungen entstehen und die Übersicht über Kosten, Herstellung, inneren und äußeren Geldumlauf jederzeit gewahrt bleibt. Man könnte hierzu in gewissem Sinne noch als Ergänzung die äußere Organisation rechnen, die sich mit Vertrieb, Kundenverkehr und Reklame beschäftigt.

Die Arbeiter.

Der wichtigste Faktor, auf dem die Möglichkeit einer Organisation überhaupt beruht, ist der Arbeiter. Es ist daher notwendig, bereits bei der Anlage des Werkes auf die vorhandenen Fähigkeiten und die Menge des zur Verfügung stehenden Arbeiterstandes Rücksicht zu nehmen. Man wird natürlich auf dem Lande oder in größerer Entfernung von der Großstadt billiger produzieren, wenn es möglich ist, den notwendigen Arbeiterstamm heranzuziehen. Auf dem Lande wird der Arbeiter Gelegenheit finden, sich billiger zu ernähren und gelegentlich für den eigenen Hausstand zu erzeugen. Die Gefahr ist hier jedoch, daß es meist nicht möglich ist, nach solchen Gegenden den notwendigen Arbeiterstand, besonders von gelernten Arbeitern, heranzuziehen, selbst wenn durch Bau von Kolonien für ausreichende und angenehme Wohngelegenheit gesorgt ist. Es gibt eine große Reihe von Werken, die durch eine derartige unvorsichtige Anlage dauernd in Schwierigkeiten bleiben. Man wird auch meistens aus Frachtrücksichten gezwungen sein, in die Nähe von vorhandenen Industrierevieren zu gehen, wo diese Schwierigkeiten behoben sind. Die Arbeiter werden heute meist durch die örtlichen, paritätisch geordneten Arbeitsnachweise eingestellt, durch die sämtliche Meldungen zu gehen haben. Ein großer Teil der Industrie hat sich allerdings noch seine alten Arbeitgebernachweise erhalten, es ist aber anzunehmen, daß deren Stellung mit der Zeit immer weniger bedeutend werden wird. Der Arbeitgebernachweis sichert beste Auswahl der sich Anbietenden gemäß den Interessen der angeschlossenen Industrie. Meist werden aber die besten Handwerker diese Nachweise nicht besuchen. Die paritätischen Arbeitsnachweise pflegen die Arbeiter genau nach der Meldenummer zu vermitteln. Das Werk ist allerdings in der Lage, die vermittelten Arbeiter zurückzuweisen und weitere Vermittlungen anzufordern, es hält aber außerordentlich schwer, bestimmte

---

[1] Von Professor Dr.-Ing. E. Sachsenberg sind bearbeitet: Grundzüge der Fabrikorganisation, das Kalkulationswesen, das Betriebsbüro, das Bestellwesen, Festsetzung und Überwachung der Termine. Von Dr.-Ing. Otto Kienzle sind bearbeitet: Konstruktionsbüro, Zeichnungswesen, Passungen, Normung, Fabrikationsbüro, Bearbeitungsfolgen, Vorrichtungen Lehren.

gewünschte Leute, die sich für besondere Arbeiten eignen, zu erhalten. Es ist auf die Dauer auch kaum möglich, solche Arbeiter fernzuhalten, deren Einstellung man aus betrieblichen Gründen nicht wünscht. Es gibt einige Möglichkeiten, bestimmte Arbeitergruppen, die man bei Verminderung der Arbeitsgelegenheit entlassen mußte, wieder einzustellen, dies ist aber auch die einzige Erleichterung, im übrigen wird man sich mit den Zuständen abzufinden haben.

Wenn der Arbeiter eingestellt wird, so wird ihm die Arbeitsordnung, seine Fabrikmarke oder Stempelkarte gegen Quittung ausgehändigt. Seinerseits muß er die Invalidenkarte, Steuerkarte und Krankenkassenbuch einreichen. Besonders wichtig für den Betrieb ist die Arbeitsordnung. Es sei deshalb hier eine solche, wie sie in letzter Zeit zwischen Arbeitnehmer- und Arbeitgeberverbänden abgeschlossen ist, abgedruckt.

Arbeits-Ordnung.
Gemäß Vereinbarung zwischen Verband und Verband.

Nachstehende Arbeitsordnung für Arbeitgeber und Arbeiter gültig, gemäß den Bestimmungen der Gewerbeordnung und des Betriebsrätegesetzes vereinbart, tritt am .... in Kraft. Tarifliche Bestimmungen gehen entgegengesetzten Bestimmungen der Arbeitsordnung vor.

§ 1.
Beginn des Arbeitsverhältnisses.
Einstellung erfolgt durch Betriebsleitung oder deren Beauftragte. Einstellung zu vorübergehender Arbeit ist ausdrücklich zu vereinbaren.

§ 2.
Jeder Arbeiter erhält Arbeitsordnung gegen Quittung. Empfang ist schriftlich zu bestätigen. Erst nach Bestätigung beginnt Arbeitsverhältnis.
Wöchnerinnen müssen eine Schonzeit von 8 Wochen überstanden haben.

§ 3.
Ausweispapiere, besonders Entlassungsschein, Steuerkarte, Quittungskarte sind vorzulegen. Eventuelle neue Wohnung bei Wohnungswechsel ist sofort anzugeben, ebenso alle geforderten Personalangaben mitzuteilen.
Arbeiter hat der Krankenkasse anzugehören, zu der der Arbeitgeber den Beitrag zahlt.

§ 4.
Auflösung des Arbeitsverhältnisses.
Auflösung von jeder Seite unbeschadet der Rechte des Arbeiters und § 84 bis 90 des BGB. jederzeit sowohl bei Beschäftigung in Zeitlohn wie Stücklohn möglich. Eventuelle Kündigungsfristen sind schriftlich zu vereinbaren. Bestimmungen der Gewerbeordnung über fristlose Entlassungen bleiben unberührt.
Sofortige Entlassung ist in allen in § 29 der Arbeitsordnung besonders aufgeführten Fällen möglich. Entlassungen aus den dort angeführten Gründen werden nicht als eine durch das Verhalten des Arbeiters nicht bedingte unbillige Härte im Sinne des § 84, Ziffer 4 des BGB. angesehen.

§ 5.
Nach Austritt erhält der Arbeiter baldmöglichst hinterlegte Papiere und rückständigen Lohn; auch Zeugnis auf Verlangen.

§ 6.
Vor Austritt sind sämtliche Papiere, Arbeitsordnung, Dienstvorschriften, Maschinen und Werkzeuge ordnungsgemäß zurückzuliefern. Nicht zurückgelieferte sind zu ersetzen. Ersatzsumme darf am Lohn gekürzt werden.

§ 7.
Arbeitszeit.
Regelmäßige wöchentliche Arbeitszeit für alle Arbeiter über 16 Jahren 48 Stunden ausschließlich Pausen. Sie beginnt .... und endigt ....

§ 8.
Veränderungen der Arbeitszeit und Pausen sind mit dem Arbeiterrat zu vereinbaren, durch Anschlag bekanntzugeben

§ 9.
Nacht-, Über-, Sonntag- und Feiertagarbeit. Entlohnung gemäß tariflichen Bestimmungen. Nach Vereinbarung über ihren Umfang mit dem Arbeiterrat liegt Verpflichtung zur Leistung dieser Stunden vor. Überarbeit ist möglichst am Tage vorher bekanntzugeben.
In Notfällen ist Arbeiter verpflichtet, andere Arbeit zu leisten als die, für die er angenommen ist. Bezahlung erfolgt in diesem Falle gemäß der für diese Arbeiten im Tarifvertrag vorgesehenen Entlohnung.

§ 10.
Beginn und Ende der Arbeitszeiten durch Fabriksignal. Für Arbeitszeit Werkuhr maßgebend.

§ 11.
Lohnberechnung: Entlohnung gemäß Tarif. Lohnhöhe bei Anstellung mitzuteilen.

§ 12.
Nicht geleistete Arbeit wird nur in besonderen, im Tarif oder Gesetz vorgesehenen Fällen bezahlt.

§ 13.
Bei Ausscheiden vor regelmäßiger Lohnzahlung wird Verdienst nach Feststellung des Betrages ausbezahlt. Stücklohnberechnung nach tariflichen Bestimmungen. Auf Wunsch kann in diesem Falle Lohnbetrag postfrei übersandt werden.

§ 14.
Lohnperiode 14 Tage.

§ 15.
Lohnauszahlung am Freitag in verschlossenen Lohndüten.

§ 16.
Vor Beginn von Akkordarbeit muß Stücklohnzettel dem Arbeiter ausgehändigt sein.

§ 17.
An dem dem Lohntage folgenden Freitag erfolgt Abschlagszahlung in Höhe des durchschnittlichen Wochenverdienstes. Fällt Lohntag auf Feiertag, Löhnung am vorhergehenden Werktag. Lohnsummen können unter Ausgleich bei der nächsten Lohnzahlung abgerundet werden. Einsprüche gegen falsche Berechnung des Lohnes nur binnen 24 Stunden, Einspruch gegen falsche Auszahlung nur sofort gültig.

§ 18.
Abzüge: die gesetzlichen.

§ 19.
Lohnreste, die binnen 6 Monaten nicht erhoben sind, verfallen zugunsten der Arbeiter-Unterstützungskasse.

§ 20.
Allgemeine Vorschriften: Verpflichtung des Arbeiters, Arbeiten ordnungsgemäß nach Weisung seiner Vorgesetzten auszuführen, Fehler und Verluste sowie Verhinderung an der Arbeit rechtzeitig zu melden. Geschäfts- und Betriebsgeheimnisse sind zu wahren.

§ 21.
Werkzeuge sind sachgemäß zu behandeln und im verschließbaren Schrank aufzubewahren. Verluste sofort zu melden. Allgemeine Werkzeuge wenigstens wöchentlich einmal, Sonderwerkzeug sofort nach Arbeit abzuliefern.

§ 22.
Jeder Schaden, der vorsätzlich oder infolge grober Fahrlässigkeit hervorgerufen wird, ist der Fabrik zu ersetzen. Die betreffenden Summen dürfen am Lohn abgehalten werden.

§ 23.
Arbeiter verpflichtet sich, den zwischen Betriebsleitung und Arbeiterrat vereinbarten Bestimmungen zur Erhaltung von Ordnung, Sicherheit, Leben und Eigentum zu folgen. Verboten ist
Mitbringen geistiger Getränke,
Rauchen,
Unbefugtes Verweilen in anderem als dem Betreffenden zugewiesenen Arbeitsraum,
Streit, Schlägerei.
Mitnehmen von Werkzeugen und Zeichnungen,
Einführen von Fremden,
Anfertigen von Privatarbeiten,
Sammeln von Unterschriften und Beiträgen,
Verbreiten von Druckschriften und Flugblättern in der Fabrik,
Unbefugter Handel in der Fabrik.

§ 24.
Versäumte Arbeit: Anträge auf Urlaub 2 Tage vorher anbringen.

§ 25.
Bei Erkrankung ist Krankenschein zu verlangen. Bei schuldhafter Unterlassung der Krankmeldung während 3 Tagen gilt Arbeitnehmer als entlassen.

§ 26.
Kontrolleinrichtungen sind zu benützen; Lehrlinge haben vor Weggang zur Fortbildungsschule sich beim Meister abzumelden.

§ 27.
Bei Ausgang aus der Fabrik hat sich jeder auf Mitnahme ihm nicht gehöriger Gegenstände kontrollieren zu lassen.

§ 28.

Beschwerden sind nur auf dem Instanzenweg anzubringen, zuerst beim nächsten Vorgesetzten, dann bei der Betriebsleitung. Erst wenn hier befriedigende Erledigung nicht möglich, kann sich der Arbeiter beschwerdeführend an Arbeiterrat wenden.

§ 29.

Sofortige Entlassung ohne Einhaltung der Kündigungsfrist tritt in folgenden Fällen ein:
1. Wenn Arbeiter trotz Verwarnung innerhalb 6 Monaten gegen denselben Punkt der Arbeitsordnung verstößt.
2. Bei groben Tätlichkeiten gegen Mitarbeiter.
3. Trunkenheit während der Arbeit.
4. Bei Anfertigung von Privatarbeiten.
5. Bei groben Vernachlässigungen der Unfallverhütungsvorschriften.
6. Bei Mißbrauch der Kontrolleinrichtungen.

Es sei besonders auf die Arbeitszeit hingewiesen, die heute als achtstündige am besten nur mit einer kurzen Mittagspause festgesetzt wird. Welchen Einfluß weitere Pausen auf die Leistungen haben würden, zeigt Diagramm Fig. 1, das die Leistungen von etwa 30 Nietkolonnen am Preßluftverbrauch gemessen darstellt. In dem Diagramm ist nachgewiesen, und zwar durch selbsttätige Aufzeichnung an der Druckleitung, daß die Pausen fast stets wenigstens auf ihre doppelte Länge ausgedehnt werden und diese Zeit der Fabrik verloren geht.

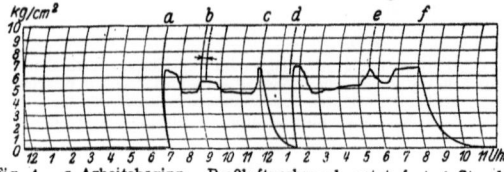

Fig. 1. *a* Arbeitsbeginn. Preßluftverbrauch setzt fast 1 Stunde später ein. *b* Pausenlänge. Verbrauch setzt ¹/₂ Stunde später als Pausenende ein. *c* Beginn der Mittagspause. Verbrauch hört ¹/₄ Stunde früher auf. *d* Wiederbeginn der Arbeitszeit. Verbrauch ¹/₂ Stunde später.

Auf den Nachwuchs der Arbeiter beginnt man heute einen größeren Wert zu legen als noch vor wenigen Jahren. Die Einrichtung von Lehrlingswerkstätten und Lehrlingsschulen wird bei allen größeren Werken betrieben. Die früher übliche Art, daß der Lehrling von vornherein in der Werkstatt mitarbeitete, hat sich als nicht sehr günstig erwiesen, weil die arbeitenden Handarbeiter sich nicht gern durch Unterricht der Lehrlinge stören ließen und diese mehr zu Lauf- und Handlangerdiensten benutzten. Die Einstellung in eine besondere Werkstätte, wo die Lehrlinge durch die besten Vorarbeiter in den einfacheren Fertigkeiten ihres Handwerks gesondert unterwiesen werden, hat sich außerordentlich bewährt. Die Lehrlinge kommen mit verhältnismäßig großer Handfertigkeit in die Werkstatt, und lassen sich dann auch leicht in Montagekolonnen weiter ausbilden. Bei guten Fortbildungsschulen, die auf die Erfordernisse der Industrie Rücksicht zu nehmen pflegen, ist es nicht notwendig, die Lehrlinge noch besonders zu unterrichten. Größere Werke richten jedoch auch hier eigene Lehrlingsschulen ein, in denen neben den üblichen Fächern der Fortbildungsschule die besonderen Erfordernisse des Sonderberufs besser berücksichtigt werden. Derartige Schulen geben den Werken auch eine größere Autorität und stärkeren Einfluß auf die Erziehung der Lehrlinge und stärken vor allen Dingen die Kameradschaftlichkeit der Lehrlinge unter sich, sowie die Anhänglichkeit an die betreffende Firma.

Die Lehrlinge werden heute meist nicht nur auf Grund der Schulzeugnisse ausgewählt, sondern nach Vornahme besonderer psycho-technischer Untersuchungen, bei denen die Sinnestüchtigkeit, Handgeschicklichkeit, konstruktive Fähigkeit und noch eine große Zahl anderer Eigenschaften der einzustellenden Knaben mittels wissenschaftlichen Methoden so geprüft werden, daß man die geeigneten Knaben jederzeit leicht herausfindet. Der Lehrvertrag ist von einer gewissen Wichtigkeit, weil er die Rechte und Pflichten der Lehrlinge scharf umschreibt und so Reibungen ausschaltet. Es sei daher ein kurzer Auszug eines solchen ohne weitere Besprechung hierher gesetzt.

Grundzüge der Fabrikorganisation. — Die Arbeiter.

Lehrvertrag.

Zwischen .... zu . ... einerseits und dem .... zu ...., vertreten durch seinen Vater — Mutter — Vormund .... zu .... andererseits wird folgender Lehrvertrag geschlossen.

Wird der Lehrling durch einen Vormund vertreten, so ist die nach § 1829 in Verbindung mit § 1822 in Ziffer 6 BGB. erforderliche Genehmigung des Vormundschaftsgerichts bis zum .... 19.. beizubringen, andernfalls behält sich die Firma vor, vom Lehrvertrag zurückzutreten.

§ 1. Ausbildungspflicht des Lehrherrn.

Die .... nimmt den .... in ihr Werk .... als .... auf und verpflichtet sich, ihn in den bei ihrem Betriebe vorkommenden Arbeiten seines Faches den Zwecken der Ausbildung entsprechend zu unterweisen und ihm Gelegenheit zu geben, sich nach seinen Fähigkeiten zu einem tüchtigen .... heranzubilden.

§ 2. Dauer der Lehrzeit.

Die ..jährige Lehrzeit läuft vom .... bis zum .... Hiervon gelten die ersten drei Monate als Probezeit, während welcher beide Parteien durch einfache, fristlose Kündigung, unter Ausschluß jedes Entschädigungsanspruches vom Vertrage zurücktreten können; erfolgt eine Kündigung nicht, so setzt sich das Lehrverhältnis stillschweigend fort.

Bleibt der Lehrling während der Lehrzeit infolge Krankheit, Unfall, militärischer Einberufung oder aus sonstigen bei ihm liegenden Gründen mehr als 14 Arbeitstage im Jahre von der Arbeit fern, so ist die Firma berechtigt, eine entsprechende Verlängerung der vereinbarten Lehrzeit, aber höchstens um die Anzahl der gesamten versäumten Arbeitstage zu verlangen.

§ 3. Vergütung für den Lehrling.

Die Firma gewährt dem Lehrling als Vergütung Stundenlöhne gemäß Kollektivabkommen für die Metallindustrie in ...., zurzeit

im ersten Lehrjahre ..... ℳ Stundenlohn
„ zweiten „ ..... „ „
„ dritten „ ..... „ „
„ vierten „ ..... „ „

§ 4. Pflichten des Lehrlings.

Der Lehrling hat sich innerhalb und außerhalb der Fabrik bescheiden und sittsam zu betragen, den Beamten, Meistern und Arbeitern der Firma jederzeit die schuldige Achtung zu erweisen und zu seinen Mitlehrlingen ein gutes, kameradschaftliches Verhältnis zu pflegen.

Allen Anordnungen seiner Vorgesetzten hat der Lehrling willig und genau nachzukommen, auch hat er die Bestimmungen der für ihn geltenden Arbeitsordnung und die Unfallverhütungsvorschriften gewissenhaft zu beachten.

Ohne Erlaubnis der Firma darf der Lehrling während seiner freien Zeit für Entgelt anderweitige Beschäftigung nicht ausüben.

Der Lehrling ist verpflichtet, die für ihn geltende Arbeitszeit pünktlich einzuhalten, seine Arbeiten fleißig und gewissenhaft auszuführen, die Betriebseinrichtungen mit größter Sorgfalt zu behandeln, über alle Geschäftsverhältnisse und Arbeitsverfahren gegen Dritte strengstes Stillschweigen zu beobachten, überhaupt das Interesse der Firma in jeder Beziehung zu wahren. Für vorsätzlich, mutwillig oder fahrlässig angerichteten Schaden kann sich die Firma auch an der Vergütung des Lehrlings schadlos halten. Grober Vertrauensbruch des Lehrlings berechtigt die Firma zur sofortigen Entlassung.

Der Lehrling ist nach den behördlichen Bestimmungen und etwaigen Anordnungen seiner Firma verpflichtet, den vorgeschriebenen Schulunterricht sowie sonstiger Ausbildung von Körper und Geist dienende Veranstaltungen regelmäßig und pünktlich zu besuchen; er hat alle dabei erhaltenen Zeugnisse unverzüglich der Firma vorzulegen. Alle Lehrer der Schulen, die der Lehrling besucht, sowie alle bei seiner Ausbildung beteiligten Personen sind Vorgesetzte des Lehrlings.

Der Lehrling gehört der Krankenkasse an, die nach der Reichsgewerbeordnung für das Werk in Betracht kommt. Die vom Lehrling zur Krankenkasse sowie zur Invaliditäts- und Altersversicherung zu zahlenden Beiträge werden von den ihm gewährten Vergütungen abgezogen.

Ist der Lehrling gezwungen, von der Arbeit, dem Schulunterrichte oder irgendwelchen Veranstaltungen, an denen er teilnehmen soll, fernzubleiben, so hat er seinen Vorgesetzten unverzüglich den Grund seines Fernbleibens glaubhaft nachzuweisen. Unberechtigtes Fernbleiben wird nachdrücklich bestraft.

Will der Lehrling Vereinigungen irgendwelcher Art beitreten, so hat er vorher die ausdrückliche Erlaubnis seiner Firma dazu einzuholen. Die Firma behält sich das Recht vor, den Beitritt zu Vereinigungen und die Beteiligung an Veranstaltungen derselben zu verbieten und den Lehrling im Falle der Zuwiderhandlung zu entlassen.

§ 5. Pflichten des gesetzlichen Vertreters.

Der gesetzliche Vertreter des Lehrlings verpflichtet sich, dafür zu sorgen, daß das Betragen des Lehrlings außerhalb der Arbeitszeit überwacht wird, daß er zu einem ordentlichen, gesitteten Lebenswandel und zur Erfüllung der aus dem Lehrvertrag ihm obliegenden Verpflichtungen angehalten wird, und übernimmt es ferner, für angemessene Wohnung, Kleidung und Beköstigung des Lehrlings zu sorgen.

Er erklärt sich weiter damit einverstanden, daß das der Firma zustehende Erziehungsrecht auf die mit der Ausbildung des Lehrlings ausdrücklich betrauten Personen übertragen wird und verpflichtet sich, deren Bemühungen in der Erziehung des Lehrlings nach Kräften zu unterstützen.

Der Vater und, wenn ihm die elterliche Gewalt nicht zusteht, die Mutter des Lehrlings haftet für diejenigen Schädigungen, die der Lehrling dem Lehrherrn zufügt, oder für die der Lehrherr aufzukommen hat, als Gesamtschuldner mit dem Lehrling zusammen.

§ 6. Allgemeine Bestimmungen und Auflösung des Lehrvertrages.

Soweit in diesem Vertrage nichts anderes bestimmt ist, regelt sich das Lehrverhältnis nach der Reichsgewerbeordnung, insbesondere nach den im Anhange zu § 6 des Lehrvertrages aufgeführten Bestimmungen, der Arbeitsordnung der Firma und den Satzungen der von der Firma für den Lehrling bestimmten Krankenkasse.

Nach Ablauf der Probezeit kann das Lehrverhältnis außer in den in § 4 des Lehrvertrages angeführten Fällen vorzeitig gelöst werden, wenn ein gesetzlicher Auflösungsgrund nach den im Anhange zusammengestellten Bestimmungen der Reichsgewerbeordnung vorliegt; ferner dann, wenn die Firma gezwungen ist, den Betrieb ganz oder teilweise einzustellen.

Bei Betriebsstörungen, Arbeitseinschränkungen, Streiks, Aussperrungen und in sonstigen Ausnahmefällen behält sich die Firma das Recht vor, den Lehrling nach den Betriebsmöglichkeiten zu beschäftigen oder zu beurlauben, ohne daß daraus das Recht der einseitigen Auflösung des Lehrvertrages hergeleitet werden kann.

Gerichtsstand für alle Ansprüche aus diesem Vertrage ist der Sitz der Firma.

Dieser Vertrag ist doppelt ausgefertigt. Die Unterzeichneten bescheinigen durch eigenhändige Namensunterschrift, daß sie mit den Bestimmungen desselben einverstanden sind und sie, ebenso wie die Bestimmungen des nach der Unterschrift folgenden Anhanges, als bindend anerkennen. Eine Ausfertigung ist dem gesetzlichen Vertreter des Lehrlings ausgehändigt worden.

Ort und Datum: ....

Die Firma: Der Lehrling

....

Der gesetzliche Vertreter des Lehrlings:

....

Dresden-A., den .... 192.

Von besonderem Wert für ein Werk ist auch die richtige Behandlung der Lohnfragen. Diese werden heute meist in den Tarifen zwischen den Verbänden geregelt. Für das Werk selbst bleibt aber bei der Einklassierung der betreffenden Leute in Gemeinschaft mit dem Arbeiterrat noch ein sehr weites Feld. Man versuche die besseren Leute so hoch wie möglich einzusetzen, um sie in ihren Leistungen anzuspornen und dem Werk zu erhalten. Bei der Angleichung der Lohnstufen aneinander, welche die leistungsfähigeren Leute den weniger leistungsfähigen immer mehr nähert, ist eine Ausnutzung aller Zulagemöglichkeiten für die besseren Leute anzustreben. Durch richtige Bemessung der Akkorde ist eine weitere Förderung der tüchtigen Kräfte zu erreichen. Das Arbeiten in Akkord ist in deutschen Fabriken meist gebräuchlich und besteht darin, daß für die Fertigstellung einer bestimmten Arbeit ein bestimmter Preis ohne Rücksicht auf die für die Arbeit verbrauchte Zeit ausgesetzt ist. Wenn der Mann also sehr schnell arbeitet, steigt der Verdienst entsprechend. Bei schlechter und langsamer Arbeit kann unter Umständen weniger verdient werden als im einfachen Lohn. Es wird hier also die Geschicklichkeit gefördert, wenn der Arbeiter zur Betriebsleitung das Vertrauen hat, daß er bei höherem Verdienst bei der nächsten Festsetzung der Akkorde nicht gedrückt wird. Man soll daher vermeiden, in einem einmal sorgfältig festgesetzten Akkord irgend etwas zu ändern. Ist man infolge fehlerhafter Bestimmung trotzdem dazu genötigt, so zerlege man den Akkord lieber in Einzelakkorde oder ändere die Konstruktion oder das Arbeitsverfahren. Die neueren Tarifverträge haben meistens eine Tendenz, welche die Ausführung von Arbeiten im Akkord erschweren oder ganz unmöglich machen. Es wird darin die Garantie eines Mindestverdienstes auf Akkordarbeiten verlangt. Dieser Mindestverdienst wird nicht nur auf dem normalen Tagelohn basiert, sondern sichert dem Mann gewöhnlich noch einen gewissen Prozentsatz über den Tagelohn auf Akkordarbeiten zu. Man wird daher genötigt sein, den Akkord nur an solche Leute zu vergeben, von denen man mit Sicherheit weiß, daß sie erheblich mehr als den gewährleisteten Mindestverdienst bei der Arbeit herausholen, denn andernfalls hat man nur einen Lohn mit Prämie. Wo man durch derartige Tarifverträge an der Festsetzung der Akkorde nicht behindert ist, soll man nach Möglichkeit nur ein Lohnsystem in der ganzen Fabrik anwenden, d. h. entweder in Lohn oder in Akkord arbeiten lassen. Man macht dadurch einmal ein Verbuchen von Akkordstunden auf Lohn unmöglich und erleichtert die Verrechnung und Kontrolle in der Nachkalkulation wesentlich. Das sogenannte Schieben von Akkord auf Lohn und auch von einem guten Akkord auf einen schlechteren muß möglichst unterdrückt werden und ist teilweise dadurch zu vermeiden, daß man möglichst kleine Akkorde gibt und jedem Arbeiter nur eine einzige Arbeit vorgibt, deren Beendigung der Meister zu bescheinigen hat. Die Art der Festsetzung der Akkorde wird später bei dem Kapitel „Vorkalkulation" näher besprochen werden.

Außer dem reinen Stücklohn oder Akkord kommen andere Lohnsysteme zur Zeit kaum in Frage, da ihre Berechnung schwieriger ist und sie daher auch vom Arbeiter mißtrauisch aufgenommen werden würden. Es haben sich auch keine erheblichen Schäden in dem Akkordsystem gezeigt, so daß eine Abänderung notwendig wäre. Zu erwähnen wäre höchstens noch Taylors Prämiensystem, das im Grunde genommen einen verschärften Akkord darstellt, aber nur dann anwendbar ist, wenn ein Mindestlohn nicht garantiert ist und sehr genaue Zeitmessungen vorliegen, so daß irgendein Zweifel an der Möglichkeit der Fertigstellung einer bestimmten Arbeit in einer bestimmten Zeit nicht vorliegt. Taylor schlägt unter gewissen Verhältnissen ein Vorgehen vor, das an einem Beispiel erläutert werden mag. Der betreffende Arbeiter erhält z. B. für die Anfertigung einer Türklinke innerhalb 3 Stunden 15 Mark. Wenn er diese Klinke nicht in 3 Stunden, sondern bereits in 2 Stunden fertigstellt, erhält er nicht 15 Mark, sondern 18 Mark. Wenn er aber mehr Zeit braucht als 3 Stunden, die als Normalzeit angenommen wird, so erhält er wieder nicht 15 Mark, sondern nur 12 Mark. Es ist hierbei die Verdienstmöglichkeit bei guter Arbeit wesentlich gesteigert, bei schlechter Arbeit wesentlich verringert.

Die Meister.

Bevor noch auf das allgemeine Bild einer Werkorganisation hier eingegangen wird, soll noch kurz die Stellung der Meister dargelegt werden. Auch der Meister ist noch mehr ausführendes Organ einer Organisation als für diese bestimmend. Er hat eine außerordentlich schwierige Stellung, weil er seiner ganzen Ausbildung und Vorbildung nach eigentlich zur Arbeiterschaft gehört, während er seiner Stellung nach die Interessen der Firmenleitung zu vertreten hat. Diese zwiespältige Stellung belastet ihn sehr stark, weil er oft gezwungen ist, seine früheren Arbeitskollegen entgegen seinem eigenen Empfinden zu bestimmten Leistungen zu bewegen. Es ergibt sich hieraus schon die Frage, ob es richtig ist, den Meister aus der eigenen Arbeiterschaft des Werkes auszuwählen oder von dritter Seite hereinzuziehen. Der fremde Meister wird höhere Autorität haben, manches neue Verfahren kennen. Seine Auswahl wird jedoch nicht so sicher sein, wie die Beförderung der Vorarbeiter des eigenen Werkes. Die Schwierigkeit der Stellung des Meisters liegt außerdem darin, daß er sich durch besonders scharfe Arbeit zu seinem Posten geeignet machen muß und auf diesem selbst so viele Einzelaufgaben vorfindet, daß er dauernd übermüdet ist und daher instinktmäßig jeder Neuerung leicht Schwierigkeiten in den Weg legt, weil er weitere, für ihn oft unerträgliche Belastung fürchten muß. Man hat daher in letzter Zeit den Meister nicht mehr mit der Leitung einer einzelnen Werkstatt und allen dazu gehörigen Aufgaben betraut, sondern ihm einen Teil dieses Aufgabenkreises abgenommen. Man stellt Revisoren ein für die Abnahme der Arbeit, Werkstattschreiberinnen zur Entlastung des Meisters von Schreibarbeit. Man gibt dem Meister meist bereits vorgeschriebene Akkordscheine in die Hand und besetzt in ganz modern geleiteten Fabriken bereits seine Maschinen von der Zentrale aus. Man nimmt ihm also die Sorge der Disposition über seine Werkstatt ab. Es bleiben ihm immer noch genügend Aufgaben, so die richtige Anleitung seiner Leute, die Überwachung der Arbeitsvorgänge, Vorschläge von Neuerungen u. dgl. Es ist daher notwendig, daß an diese äußerst wichtigen Stellen Leute mit großer Energie und reichem Können gestellt werden.

Entwicklungsstufen der

	1. Geschäftsbuchhaltung.	Betrieb						
		Arbeitsvorbereitung				Werkskontrolle		
		2. Auftrags- u. Zeichnungswesen.	3. Vorkalkulation.	4. Vorrichtungs- und Werkzeugbau.	5. Arbeitsverteilung.	6. Lieferzeitkontrolle.	7. Kontrolle der Fabrikation.	8. Kontrolle der Fabrikationsmittel.
Grundlage der Arbeit ist die Auftragsnummer oder eine entsprechende Nummer.	Führung von Büchern lt. Handelsgesetzbuch § 38/40 vorgeschrieben, sowie Jahresbilanz. Führung weiterer Bücher als gesetzlich vorgeschrieben.	Keine Zeichnungen sondern nur Schablonen und Modelle. Zusammenstellungszeichnungen (Zeichnungen des vollständigen Erzeugnisses) ohne Stücklisten. Gruppenzeichnungen (Zusammenstellung von Einzelteilen, so wie sie bei der späteren Montage zusammengefügt werden) ohne Stücklisten.	Keine Vorkalkulation, da Zeitlohn.	Vorrichtungen fehlen. Besondere Stelle fertigt auf Anforderung der Werkstatt die Vorrichtungen an.	Arbeitsverteilung fehlt. Arbeitsverteilung durch Meister ohne Zahlenunterlagen auf Grund des Augenscheins. Zeichnungen oder Stücklisten gehen gewohnheitsmäßig direkt von ausgebender Stelle stets an die gleiche fabrizierende Stelle. Meister disponieren auf Grund von Zahlenunterlagen über Besetzung der Maschinen.	Lieferzeit-Kontrolle fehlt. Verfolgung d. festgelegten Lieferzeiten nur bei Reklamationen. Verfolgung der Lieferzeiten nur bei überschrittenen Terminen. Terminjäger für gelegentl. Einzelteile, auf deren rechtzeitige Fertigstellung besonders Wert gelegt wird.	Kontrolle der Fabrikation fehlt. Die fertiggestellten Erzeugnisse (Endprodukte) werden stichprobenweise kontrolliert. Jedes fertiggestellte Erzeugnis (Endprodukt) wird durch Revisor oder auf Prüfstand nach Werks- oder Verbandsvorschriften geprüft.	Kontrolle der Fabrikationsmittel, soweit gesetzl. Vorschriften bestehen (Unfallverhütung, Dampfkessel - Revision). Gelegentl. wirtschaftliche Revision in bezug auf die weiter unten aufgeführten Punkte oder einen Teil derselb. Ständige wirtschaftliche Revision in bezug auf die weiter unten aufgeführten Punkte oder einen Teil derselb. Zu den oben an 2. und 3. Stelle genannten Revisionen gehören u. a. die nachstehend angeführten Arbeiten: a) Revision der Gebäude, b) Kohlenprüfung (siehe Einkauf), c) Prüfung der Heizgase (z. B. Orsat-Apparat), d) Indizieren der Dampfmaschinen, e) Prüfung d. elektr. Kraftanlage, f) Revision d. elektr. Installation, g) Transmissionsprüfung in bezug auf Reibungsverluste (Leerlaufs-u. Vollastverluste), h) Transmissionsprüfung in bezug auf Schmierung der Lager und Ausrichten der Welle, i) Riemenprüfung, k) Dauer der Besetzung der Werkzeugmaschinen, l) Genauigkeitsprüfung d. Maschinen, m) Prüfung der Werkzeuge, Vorrichtungen u. Geräte, n) Einheitliche Betriebsmittelstatistik.
Grundlage der Arbeit ist die Stückkosten zu Gunsten der oder einer zweiten Aufteilung sowie die Auftragsnummer.	Monatliche Abrechnung. Zusammenstellung der Selbstkosten nach fremden u. eigenen Aufträgen usw.	Gruppenzeichnungen (Zusammenstellung von Einzelteilen, so wie sie bei der späteren Montage tatsächlich zusammengefügt werden) mit Stücklisten. Stücklistenzeichnungen (Zeichnungen des einzelnen Teiles allein) mit Stücklisten. Bestimmung des wirtschaftlichsten Fabrikationsquantums für die Erzeugnisse.	Schätzung im Büro auf Grund alter Ausführungen. Benutzung v. Tabellen und Schätzungen im Büro. Rechnen mit besond. Hilfsmitteln. Zeitstudien. Probeherstellung b. Massenfabrikation und kunstgewerbl. Erzeugung.	Sämtl. Zeichnungen passieren den Vorrichtungs- und Werkzeugbau; es werden nur die wichtigsten Vorrichtungen und Werkzeuge ausgewählt.	Systematische Verteilung der Arbeit, zentralisiert od. dezentralisiert, planmäßige Verteilung bis zum Gruppenführer auf Grund der Belastung der Maschinen. Systematische Verteilung der Arbeit, zentralisiert od. dezentralisiert, planmäßige Verteilung bis zum Einzelarbeiter auf Grund der Belastung der Maschine. Arbeitspläne f.alle Teile, mit Angabe sämtl. Werkzeuge und Vorrichtungen.	Systematische Terminverfolgung der Einzelteilgruppen und Einzelteile, zentralisiert oder dezentralisiert. Verwendung von Toleranzlehren (objektive Prüfung). Prüfung jeder Operation und jedes Einzelganges in derselben Stufung wie bei den Einzelteilen.	Prüfg. d. Einzelteile durch Meister -(subjektive Prüfg.). Prüfg. d. Einzelteile durch Revisor (subjektive Prüfg.).	
Beziehungen		3, 4, 7, 11	2, 4, 5, 12	2, 3. 5	2, 3, 4	5	2, 8	10, 12
Die nebenstehenden Organisationselemente stehen in bezug auf Vorkommen außerhalb dazu gehörenden Stufenteilen.	Statistik.	Schaffung einer besonderen Zeichnungskontrollstelle für die Richtigkeit der Zeichnungen u. für die Kontrolle der richtigen Verwendung von Normalien.			Bestimmung des wirtschaftlichen Fabrikationsquantums für die Einzelteile bei Zerlegung in Lose.			

Dasjenige Personal, das über dem Meister steht, hat nun die in den folgenden Kapiteln zu besprechenden Organisationsformen auszuwählen, durchzuführen und zu überwachen. Von seiner Initiative und vor allen Dingen von seinem Können hängt die Durchführungsmöglichkeit der Ordnung eines größeren Betriebes ab. Welche Entwicklungsstufen der Organisationsglieder in Betrieben von verschiedener Größe, verschiedener Art der inneren Entwicklung und verschiedener Ausbildung der Fabrikation selbst möglich sind, zeigt folgende Tafel, die der Zeitschrift „Betrieb", Jahrg. 1920/21, Nr. 6 entnommen ist und von Professor

Organisationsglieder.

Betrieb								Vertrieb
Betriebsverwaltung					Personalwesen			
9. Lohnwesen.	10. Einkauf.	11. Betriebs-Lagerwesen*).	12. Selbstkosten-rechnung.	13. Betriebsbuch-haltung u. Un-kostenrechnung.	14. Personal-Anstellung.	15. Personal-Zeit-kontrolle.	16. Offert-kalkulation.	17. Verkauf.
Beachtung der gesetzlichen Vorschriften in bezug auf Nachweis der Zusammensetzung der bei der Lohnzahlung gemachten Abzüge.	Einkauf des Materials auf Anfordern des Meisters.	Kein Anforderungsschein, keine Lagerbuchhaltung.	Selbstkostenrechnung fehlt. Gelegentliche summarische Verrechnung mittels gemeinsamen Zuschlages zu den direkten Löhnen.	Betriebsbuchhaltung fehlt, in der Geschäftsbuchhaltung wird jedoch ein Konto „Betrieb" zur Verbuchung sämtlicher Aufwendungen des Betriebes geführt.	Einstellung des Personals durch nächsten Vorgesetzten.	Kontrolle für pünktliches Einhalten der Arbeitszeit durch Aufsichtsperson.	Preisfestsetzung fehlt bei Auftragsannahme und erfolgt erst bei Lieferung.	Mit dem Verkauf hängen zusammen die nachstehenden Aufgaben, auf deren Gliederung vorläufig nicht näher eingegangen werden soll.
Aufschreibung der gearbeiteten Stunden auf Schiefertafel durch Meister.	Feststellung des Materialbedarfes und Bestellung bei Eingang des Auftrages.	Aufschreibungen d. Ausgebers. Vom Meister oder Arbeiter geschriebener Anforderungsschein und Aufschreibungen des Ausgebers.	Gelegentliche summarische Verrechnung besonderer Zuschläge oder Sätze für die einzelnen Arbeitsarten.		Zentralisierte Personaleinstellung durch Arbeitsannahme oder Personalchef auf Grund subjektiver Beurteilung.		Schätzung des Preises vor Annahme des Auftrages.	Reklamewesen.
Einschreiben der gearbeiteten Stunden in Lohnbücher durch Arbeiter.	Prüfung des Materials nach Eingang.	Vom Meister od. Arbeiter geschrieb. Anforderungsschein, Aufschreibungen nicht durch Ausgeber, sondern durch Lagerverwalter.	Summarische Verrechnung sämtlicher Arbeiten mittels besonderer Zuschläge oder Sätze für die einzelnen Arbeitsarten.		Führung getrennter Bücher oder Konten für Material-, Lohn- und sonstige Aufwendungen des Betriebes.		Festsetzung des Preises unter Berücksichtigung des Preises der Konkurrenz.	Bearbeitung von Interessenten und Kunden.
Ausstellung v. Zetteln für jeden Arbeitsauftrag durch Arbeiter								
Ausstellung v. Zetteln für jeden Arbeitsauftrag durch Meister, Zeitangaben (Arbeitsanfang und Arbeitsschluß) werden durch Arbeiter eingetragen.		Vom Meister od. Arbeiter geschrieb. Anforderungsschein, Aufschreibungen nicht durch Ausgeber, sondern durch Lagerverwalter, Führung einer Kontrollkartei außerhalb des Lagers.	Monatliche Abstimmung d. Herstellungskosten mit der Betriebsbuchhaltung.		Zentralisierte Personaleinstellung durch Arbeiterannahme oder Personalchef auf Grund einheitlicher Richtlinien für Einstellung.	Kontrolle durch Markenkästen bei Aufschreibungen v. Nichteinhaltender Arbeitszeit durch Meister oder Pförtner.	Schätzung des Preises auf Grund früherer Ausführung.	Vertreterwesen.
Ausstellung v. Zetteln für jeden Arbeitsauftrag durch Büro, Zeitangaben (Arbeitsanfang und Arbeitsschluß) werden durch Arbeiter eingetragen.	Einkauf des Materials auf Vorrat. Feststellung des wirtschaftlichsten Einkaufsquantums.	Auf Grund der Stücklisten im Büro oder im Lager geschriebene Anforderungsscheine, Aufschreibungen im Lager durch Lagerverwalter, Führung einer Kontrollkartei außerhalb des Lagers.	Gelegentliche oder regelmäßige Verrechnung d. Herstellungskosten für die einzelnen Stücke (Stückrechnung). Gegenüberstellung der Ergebnisse der Stückrechnung mit d. Werten d. Vorkalkulation.	Möglichster Abschluß der Bücher der Betriebsbuchhaltung und Abstimmung mit der Geschäftsbuchhaltung.	Eignungsprüfung von Arbeitern in Stichproben.		Detaillierte Ausarbeitung des Angebots ausnahmslos für alle Teile bei genauer Durchrechnung.	Filialwesen. Ständige Abschlüsse.
Ausstellung v. Zetteln für jeden Arbeitsauftrag durch Büro, Zeitangaben (Arbeitsanfang und Arbeitsschluß) werden durch Stempelung bei Empfang bezw. Rückgabe eingetragen.	Eindeutige Fixierung der Qualität des Materials bei Bestellung.		Gelegentliche oder regelmäßige Verrechnung d. Herstellungskosten mit den bei der Angebotskalkulation benutzten Werten.	Monatliche Aufgliederung der indirekten Kosten nach Orten und Art bei gleichzeitiger Kontrolle und Beurteilung der Veränderungen.	Eignungsprüfung bei Einstellung der Arbeiter u. Büroangestellten.	Kontrolle der Arbeitszeit durch Zeitkontrolluhren.	Aufgabe des Preises auf Grund v. Probeausführungen (in bestimmten Fällen möglich).	Verkaufsgenossenschaft. Statistik.
12, 13, 15	2, 8	2, 10, 12	2, 3, 9, 10, 11, 13	1, 9, 10, 11, 12	—	14		
Statistik.	Einkaufsgenossenschaft.	Statistik. *) Zum Betriebslager gehört nicht das besonders organisierte Vorrats- u. Verkaufslager.		Statistik.				

Schilling und Dipl.-Ing. Goerlitz aufgestellt wurde. Die beiden Verfasser versuchen hier die einzelnen Möglichkeiten der Organisation der verschiedensten Betriebe aufzustellen und durch Horizontaleinteilung festzulegen, wie weit man bei jeder Art von Betrieb in der Durchführung von Organisationsformen in den einzelnen Betrieben gehen soll. Die Verfasser bezeichnen ihre Aufstellung selbst nur als einen Versuch. Dieser ist aber so gut gelungen, daß er unter Vorbehalt späterer, vielleicht sogar erheblicher Abänderungen heute die beste Übersicht über die Möglichkeiten der modernen Organisation gibt. Die Abgrenzung, wie weit die Organisation in den einzelnen Betrieben getrieben werden soll, ist hier beiseite gelassen, weil sie nur für gewisse Gesichtspunkte gegeben war und für einen allgemeinen Überblick eine solche nur verwirrend wirken könnte. Die einzelnen Rubriken der Werkskontrolle und Betriebsverwaltung usw. werden in den folgenden Kapiteln besprochen werden. Das Personalwesen ist, soweit es die Arbeiter betrifft, bereits behandelt, auf die übrigen wichtigeren Abschnitte wird hier noch einzugehen sein.

Überwachung der Arbeitszeit.

Es sei hier zunächst kurz auf die Kontrolle der Arbeitszeiten für Arbeiter und Personal hingewiesen. Man hat die Markenkontrolle und die Kontrolle durch Zeitkontrolluhren. Andere Verfahren kommen für größere Betriebe nicht in Betracht. Die Markenkontrolle besteht darin, daß der Arbeiter beim Eingang in das Werk eine mit seiner Nummer versehene Marke aus einem Kasten nimmt, daß der Kasten mit Beginn der Arbeitszeit abgeschlossen wird, und die übrigen Marken als fehlend oder verspätet zu buchen sind. Diese Buchungen werden mit den Vermerken der Meister auf den Tageszetteln verglichen und hiernach in der Löhnung verwandt. Die zweite Möglichkeit bietet eine Uhr, die auf einer Karte des betreffenden Arbeiters die Eingangszeit selbsttätig stempelt. Die Karte wird bei Eintritt in das Werk in einen dafür bestimmten Schlitz der Uhr gesteckt und erhält den betreffenden Zeitstempel an der richtigen Stelle durch Druck auf einen Knopf oder Zug an einem Hebel. Man kann die Zeitkarte entweder als Wochenkarte oder Tageskarte anwenden, am bequemsten wird es sein, wenn die Tage Montag, Mittwoch und Freitag auf der einen Karte, die Tage Dienstag, Donnerstag und Sonnabend auf der anderen Karte gestempelt werden, so daß die Karten an dem freien Zwischentag in der Lohnabteilung ausgetragen werden können. Die Uhren und Markenkästen werden am besten nicht am Werkeingang, sondern am Eingang der Werkstätte aufgestellt, so daß der Mann pünktlich im Werksanzug in seiner Werkstatt antreten muß und diese auch erst beim Zeitsignal zum Waschen verlassen kann.

Schriftverkehr.

In allen Firmen, welche die Größe der kleinen Handwerksbetriebe überschreiten, ist es notwendig, alle inneren Anordnungen schriftlich festzulegen, sowie sämtliche Abmachungen mit Außenstehenden, ebenso Angebote und ähnliche Dinge nur schriftlich zu erledigen. Die Hauptarbeit für die leitenden Angestellten in dieser Beziehung pflegt sich auf die Morgen- und Abendstunden zu verteilen. Man hat nun Wert darauf zu legen, daß die eingehende Post möglichst schnell von denjenigen Abteilungen, für die sie bestimmt ist, gelesen wird, und außerdem dafür, daß die ersten leitenden Stellen über den Gesamteingang in seinen wichtigsten Punkten schnell und eingehend unterrichtet werden. Hierfür ist eine Verteilung der eingehenden Post notwendig. Es gibt mehrere Möglichkeiten, die verteilte Post zur Kenntnis aller Interessenten zu bringen. Entweder gibt man die Originale durch die leitenden Stellen, allerdings bereits gesichtet, an die betreffende Abteilung oder man fertigt von sämtlichen Eingängen mehrfache Abschriften an, und läßt diese in einem Exemplar der Direktion, in einem zweiten der betreffenden Abteilung und in weiteren Exemplaren den Abteilungen zugehen, die sich hierfür interessieren. In ersterem Falle wird bei einer richtigen Buchung der Post die Erledigung schneller gehen, allerdings die Verlustmöglichkeit einzelner vielleicht wichtiger Originale nicht zu vermeiden sein. Außerdem wird dann eine Verzögerung eintreten, wenn in dem gleichen Originalschreiben, was stets zu vermeiden ist, mehrere verschiedene Angelegenheiten behandelt sind. Wenn die Originale zunächst abgeschrieben werden, so können sie nachher direkt in der Registratur abgelegt und in der noch zu beschreibenden Kartei als unerledigt vermerkt werden. In beiden Fällen ist eine Postbesprechung von Wert. Zu diesem Zwecke geht die gesamte Post, gesichtet nach Abteilungen, am besten in einen größeren Raum, und wird dann dort von allen Beteiligten zu gleicher Zeit gelesen. Es lassen sich so durch gründliche Aussprachen sämtliche auftauchenden Zweifel zwischen den Abteilungen direkt erledigen, außerdem erhält jeder Abteilungsleiter dadurch, daß er auch die Post der anderen Abteilungen einsehen kann, einen gewissen Überblick über deren Tätigkeit für den Vertretungsfall. Wichtig ist, daß jeder, der ein Schreiben gelesen hat, dieses mit seinem Zeichen und Datum versieht, um stets den Nachweis erbringen zu können, in welchen Händen die Schreiben gewesen sind. Der schnellen Übersicht wegen können sich hier die einzelnen Angestellten verschiedener Farben bedienen, so daß z. B. die Direktion braun abzeichnet, die anderen Herren grün, blau, schwarz usw. Wertvoll ist zuweilen für die leitenden Herren Ausfertigung von Postauszügen. Diese können allerdings nur von vollkommen eingearbeiteten, zuverlässigen Personen ausgeführt werden. Die wichtigsten Briefe werden mit Anschrift, Zeichen und kurzer Inhaltsangabe in eine Liste eingetragen, unter Umständen ist hier ganz kurz ein Vorgang anzuführen und eine Spalte für die Antwort freizulassen. Die Briefauszüge werden im Doppel den betreffenden Herren auch auf einer Reise zugestellt. Ein Exemplar hält er zurück, eines gibt er mit seinen Bemerkungen versehen an die Hauptschreibstelle, so daß eine oberflächliche Erledigung auch in Abwesenheit stattfinden kann. Solche Briefauszüge sichern stets eine gute Übersicht, selbst bei stärkstem Posteingang.

Die herausgehenden Briefe müssen von den einzelnen Abteilungen selbst ausgehen und am besten zunächst die Unterschrift des Abteilungsvorstandes, wenn dieser nicht zeichnungsberechtigt ist, wenigstens sein Zeichen tragen, und dann, am besten von dem verantwortlichen Direktor, gegengezeichnet werden. Es ist besonders darauf zu achten, daß kein Brief diesen Weg umgeht und als Privatbrief behandelt wird, was besonders beim Vorliegen von Konstruktions- oder Einkaufsfehlern gern gemacht wird. Außerdem müßte jedes Telephongespräch, jedes Telegramm unter allen Umständen schriftlich bestätigt werden. Die Bestätigung der Telephongespräche kann in großen Firmen durch Mithörstellen gesichert werden, welche die Gespräche aufnehmen und sie brieflich durch die verantwortlichen Stellen durchleiten. Der Klarheit wegen muß der Briefkopf selbst eine ganz bestimmte Form haben. Er soll mindestens die genaue Firmenbezeichnung, Adresse, Telegrammadresse, Postanschrift enthalten, ferner noch einen im Druck besonders hervorgehobenen Raum, in dem Abteilungsnummer und Kartennummer des betreffenden Briefes bezeichnet sind, um in der Antwort besser den Vorgang finden zu können. Der hierunter abgedruckte Briefkopf gibt ein Bild, wie ein solcher am besten eingerichtet ist. Die Einkaufsabteilung muß natürlich

Briefkopf.

Erich Friedr. Schmidt
G. m. b. H.
Maschinenfabrik, Dresden.

Dresden-A., den .... 192...
Pillnitzerstraße 13—15.
Drahtanschrift: Maschinenschmidt Dresden.
Drahtschlüssel: Staudt & Hundius.
Fernruf: 64 103.
Bankverbindung: Deutsche Bank,
   Filiale Dresden.
Postscheckkonto: Dresden Nr. 53 914.
Bureaustunden: 8—12 und 2—6 Uhr.
Anschrift der Bahnsendungen:
   Dresden-Friedrichstadt.

| Abt. ..... Mappe Nr. ... |
In der Antwort bitte zu wiederholen.

An
....
....

noch Briefköpfe mit Verladungsort, Zustellungsbahnhof besitzen und ebenso Briefe, auf denen die Lieferungsbedingungen, auf die besonders hinzuweisen ist, vorgeschrieben sind. Soweit als irgend möglich, ist überhaupt von dem Vordruck, um alles unnötige Schreibwerk zu vermeiden, bei Besuchsanzeigen, Empfangsanzeigen und ähnlichen Schreiben Gebrauch zu machen. Hier ist überall am besten kopierbarer Vordruck anzuwenden.

Ob man in einem Geschäft einen fremdsprachlichen Korrespondenten nötig hat, ist von Fall zu Fall zu entscheiden; meistens wird es billiger sein, fremdsprachliche Übersetzungen außerhalb anfertigen zu lassen, wenn sie nicht einen beträchtlichen Teil des Briefeingangs ausmachen.

Der Briefausgang wird entweder dadurch kontrolliert, daß von jedem Brief ein Durchschlag angefertigt wird, der abgelegt wird, oder Abdruck von fertig geschriebenen Briefen abgenommen wird. Letzteres ist sicherer, da die Unterschrift und etwaige Verbesserungen in dem Abdruck enthalten sind, während dies beim Durchschlagsverfahren nur bei sehr sorgfältiger Durcharbeit der Durchschläge möglich ist. Die Postaufgabe der Kopien dauert etwas länger, weil diese noch nach Leistung der Unterschrift hergestellt werden müssen. Es ist leicht möglich, daß einzelne Briefe an irgendeiner mitzeichnenden Stelle festgehalten werden oder verloren gehen. Auch kommt es vor, daß Briefe nicht mit durchgeschlagen oder kopiert werden. Um dies zu vermeiden, kann man sämtliche Briefe einer Abteilung für einen Tag laufend durchnumerieren und dann am nächsten Morgen nachprüfen, ob alle für die Abteilung laufenden Nummern vorhanden sind. Fehlt eine Nummer, ist sofort festzustellen, ob der betreffende Brief liegengeblieben oder ob er nur nicht kopiert ist. Im letzten Falle läßt sich die Kopie, wenigstens teilweise, aus dem Stenogramm ersetzen. Bei diesem Verfahren kann es nur vorkommen, daß die letzten Nummern verloren gehen, wenn die Abteilungen nicht einen Zettel mit Angabe der letzten Nummern an die Kontrollstelle abends einreichen. Beim Kopierverfahren müssen die Nummern natürlich mitkopiert werden. Die Ausgangskontrolle durch die Portokasse wird heute in den meisten Firmen nicht mehr möglich sein, da man die einzelnen Briefe der Zeitersparnis halber nicht mehr einzutragen pflegt, sondern durch Frankiermaschinen oder Kontrollstempel die Abrechnung der Porti sichert. Man kann dann nur noch die Zahl der herausgegangenen Briefe nachträglich feststellen.

Im inneren Schriftverkehr ist es wertvoll, daß alle Anordnungen Unterschriften der anordnungsberechtigten Personen tragen und abteilungs- oder sachweise in Mappen abgelegt werden. Die Abschriften gehen dann durch die einzelnen Büros und Werkstätten, und die Beamten haben unter Gegenzeichnung davon Kenntnis zu nehmen. Anordnungen für die Arbeiterschaft werden am besten am schwarzen Brett jeder Werkstatt veröffentlicht, während Meister und Betriebsleiter vorher von derartigen Anordnungen Kopie zu erhalten haben. Gewisse Anordnungen werden am besten von Zeit zu Zeit wiederholt. Hierfür ist ein Erinnerungsbuch in folgender Weise anzulegen. In dieses können, wie das

15. November 1916.

Lfd. Nr.	Jr.-Nr.	Betrifft	Erledigungsvermerk
1	446	Betrifft Verbot wegen Rauchens in den Werkstätten.	Erledigt der Betriebsingenieur.
2	1420	Betrifft Versuch mit Preßluftwerkzeugen.	Noch nicht erledigt; vertagt auf 15. 12. 16.

Beispiel zeigt, auch unerledigte Versuche und sonstige noch zu erledigende Angelegenheiten eingetragen werden.

Im neuzeitlichen Geschäftsverkehr kommt das handschriftliche Aufsetzen von Briefen oder Kladden kaum noch in Frage. Das Verfahren eignet sich nur noch für schwierige Verträge oder Gutachten. Im allgemeinen wird man überall

Grundzüge der Fabrikorganisation. — Schriftverkehr.

zum Diktat in das Stenogramm oder Maschinen schreiben können. Die Beamten sind dahin zu erziehen, daß sie nur auf diese Weise ihre Briefe aufgeben, weil hierdurch wesentlich an Zeit gespart wird und die Ausdrucksfähigkeit eine bessere wird. Auch die Sprechmaschine, ein geteilter Aufnehmer und Sprecher, hat sich schon vielfach eingeführt und kann überall da empfohlen werden, wo sich die aufgebenden Herren an eine deutliche Sprechweise und klare Ausdrucksweise gewöhnen können. Der Apparat arbeitet genau wie ein Phonograph, läßt sich aber in der Geschwindigkeit regeln, wiederholt auch beliebig durch Zurückstellen jeden Satzteil. Er bedeutet eine wesentliche Entlastung sowohl der aufgebenden wie der aufnehmenden Personen, weil die Betreffenden in der Zeit voneinander unabhängig werden und auch eine Briefaufgabe bei der Reise möglich ist. Die Aufnahmewalzen werden von der Reise dem betreffenden Geschäft zurückgeschickt zum Niederschreiben. Außerdem erzieht der Apparat zum klaren Durchdenken aller Briefe, weil Verbesserungen immer unangenehm sind. Der Betrieb derartiger Vorrichtungen ist heute nicht mehr so teuer, daß sich die Anschaffung nicht lohnen würde, weil sich die Walzen verhältnismäßig häufig benutzen und abschleifen lassen.

Sämtliche Ein- und Ausgänge sind in einer Zentrale aufzubewahren, um die Kontrolle über die Erledigung zu sichern. Am besten geschieht dies in der Weise, daß der Brief, bevor er an irgendeine Stelle weitergegeben wird, in eine Karte etwa nach Fig. 2 eingetragen wird. Auf dieser Karte ist dann die Abteilung bezeichnet, in die er zu gehen hat. Jede Firma, mit der man im Briefwechsel steht, erhält ihre Sonderkarte, wenn diese gefüllt ist, weitere. Die Karten werden alphabetisch abgelegt. Ist ein Brief erledigt, was entweder durch Rückgabe des Originals mit Erledigungsvermerk des Abteilungsleiters oder mit Durchgang der Antwortkopie durch die Registratur nachzuweisen ist, so werden Original und Kopie in einer Mappe abgelegt und der Erledigungsvermerk in die Karte eingetragen. Alle Schreiben, die etwa älter als zwei Wochen unerledigt sind,

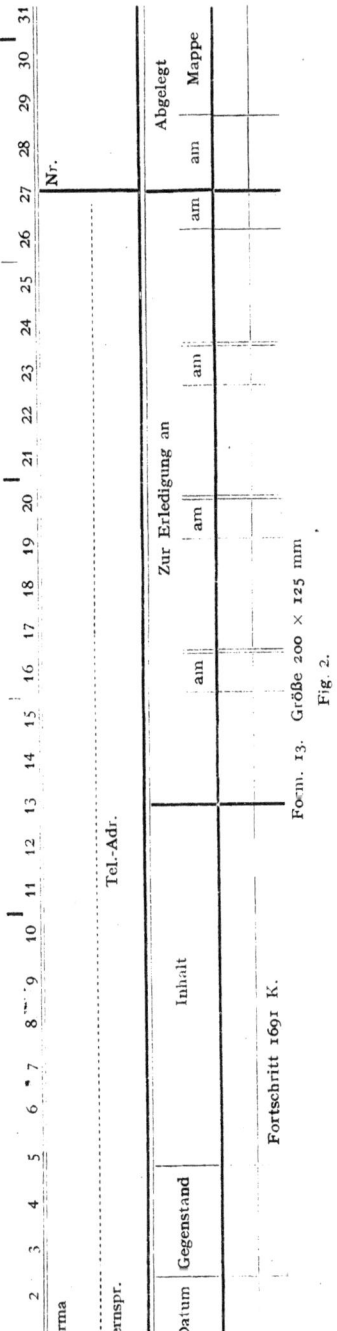

Form. 13. Größe 200 × 125 mm Fig. 2.

werden von dieser Stelle aus angemahnt. Originalschreiben trägt man der Klarheit halber am besten schwarz, Antwortschreiben mit roter Tinte ein, damit man sofort die Übersicht hat, ob ein Schreiben beantwortet ist oder nicht beantwortet zu werden braucht.

Die Ablegung sowohl der Originalschreiben wie der Ausgangskopien, am besten zusammen, geschieht in Mappen. Hierfür sind die neuen Kippordner zu empfehlen, weil sie im Gegensatz zu dem früher üblichen keine Herausnahme der Briefe verlangen, sondern ein Durchblättern im liegenden Zustande in Buchform gestatten. Man kann nun die Briefe entweder alphabetisch nach Firmen, und hier wieder nach Zeit oder nach behandelten Gegenständen ablegen. Meistens werden soviel verschiedene Geschäfte in Frage kommen, daß die alphabetische Ablage ein schnelleres Wiederauffinden und weniger Irrtümer mit sich bringt. Die Ablage nach Sachen ist nur bei Prozessen und ganz umfangreichen Gegenständen, wie Großmaschinen und Schiffen, zum Teil zu empfehlen. Auch hier ist es meist günstiger, daß man alphabetisch ablegt und von denjenigen Schreiben, die solche Dinge betreffen, Kopien herstellt und diese zusammenfaßt. Die Ablegeregistratur besteht bei alphabetischem Ablegen in Mappen, die einmal Anfangsbuchstaben (z. B. A bis C) der in ihnen enthaltenen Schreiben deutlich aufgedruckt erhalten und dann fortlaufend numeriert werden. Man numeriert über das Jahr hinweg, so daß in mehreren Jahren Mappen von 1 bis 10 000 und weitere entstehen können. Es hat dies den Zweck des leichteren Auffindens bei langdauerndem Schriftverkehr in gleicher Sache. Auf der betreffenden Karte der Firma ist immer die Mappennummer bezeichnet, so daß diese auch nach Jahren schnell auffindbar bleibt. Vorsichtig muß man bei diesem Verfahren nur sein in der Anlage der ersten Alphabetmappen. Es wird selbstverständlich von dem Buchstaben S mehr Schriftverkehr einlaufen, als von dem Buchstaben X. Man wird daher genötigt sein, nur eine Mappe für X, Y, Z hinzustellen, während man z. B. zehn Mappen für S rechnet. Der Buchstabe S würde dann z. B. die Mappen 54 bis 64 enthalten. Wenn man nicht genügend Mappen vorgesehen hat, so ist Zwischenschieben weiterer Mappen vor Jahresschluß notwendig und man erhält dann z. B. die Mappe 64a, b, c, was zu Unklarheiten führen kann. Hat man zuviel Mappen vorgesehen, so müssen dieselben am Jahresende halbgefüllt oder leer abgelegt werden, weil man die betreffenden Nummern nicht mehr löschen kann.

Vorteilhaft ist es auch, durch Bezeichnung der Briefe als sehr eilig, eilig und mindereilig eine gleichmäßige Beschäftigung der Schreibzentrale herbeizuführen. Die sehr eiligen müssen am gleichen Tage, die eiligen mindestens am nächsten Tage und die mindereiligen spätestens in 3 bis 4 Tagen herausgehen. So önnen die meist minderbelasteten Vormittagsstunden für die Erledigung der letzteren mit ausgenutzt werden.

Lagerhaltung.

Wenn man sieht, welchen großen Raumbedarf die Läger und sämtliche Zwischenläger in modernen Fabriken beanspruchen, so kann man sich fragen: wozu ist ein Lager überhaupt notwendig? Daß es in diesem Umfange eingeführt wird, trotz aller Platz- und Unterhaltungskosten, beweist seine Wichtigkeit. Das Lager ist notwendig, um den stetigen Gang der Fabrikation zu sichern, und zwar dadurch, daß für größere Aufträge notwendige Material laufend zur Hand ist, ferner dazu, um eine Abrechnung zu ermöglichen und dann, um bei stark schwankenden Konjunkturen eine einigermaßen gleichmäßige Preisgrundlage sichern zu können. Das sind die Hauptzwecke der reinen Materialläger. Die Zwischenläger dienen als Ausgleich zwischen den verschiedenen Werkstätten, da gewisse Teile schneller fertig werden, als sie in der nächsten Werkstatt gebraucht werden. Sie können auch als Revisionsstellen zu gleicher Zeit mit ausgenutzt werden. Außer der Sicherung des Materials und der Erleichterung der später zu beschreibenden Terminverfolgung haben auch diese den Zweck, die Abrechnung zu erleichtern. Man kann sich nun fragen, ob die Zentralanlage der Hauptläger oder deren Unterteilung richtiger ist. Wenn man bereits in einem mittleren Werk nur ein Hauptlager haben will, so ergibt dies bei der Heranschaffung der Materialien zu den Verarbeitungsstellen erhebliche Wege. Es hat aber auf der anderen Seite den Vorteil, daß der allgemeine Vorrat geringer gehalten werden kann, weil sich die Vorräte der einzelnen Abteilungen gegeneinander ausgleichen. Die Übersicht ist für die Leitung besser und die Verrechnung geht etwas schneller. Sobald jedoch die Wege zu groß werden, ist man zur Dezentralisation gezwungen. Man hat hier jedoch wieder den Vorteil, daß die Lagerverwaltung sich auf Sonderheiten, die nur in diesem Lager vorhanden sind, einarbeitet und daß die Abnahme und Ausgabe mit größerer Sicherheit erfolgt. Wichtig ist jedoch, daß die Verwaltung der Läger in einer Hand bleibt. Die einzelnen Waren, die in den Lägern aufbewahrt werden. sind zu unterteilen in

1. Vorratsmaterialien, die im Betrieb selbst gebraucht werden,
2. Vorratsmaterialien, die auf Kommission verarbeitet werden,
3. für bestimmte Kommissionen bestellte Waren,
4. übriggebliebene Gegenstände, soweit sie nicht allgemein Verwendung finden.

Es ist wichtig, daß der Betrieb über alle unter 3. eingegangenen Gegenstände durch ein Buch dauernd auf dem laufenden gehalten wird. Es geschieht dies am besten durch ein Terminbureau, das auch die Zwischenläger behandelt.

Die Lagerbuchführung geschieht vorteilhaft in Kartenform. Auf der Karte Fig. 3 wird Eingang und Ausgang vermerkt und

Gegenstand								Mindestmenge				Lagerort			
Eingang				Ausgang											
Dat.	Kom.-Nr.	Stück	Gewicht	Dat.	Kom.-Nr.	Stück	Gewicht	Dat.	Kom.-Nr.	Stück	Gewicht	Dat.	Kom.-Nr.	Stück	Gewicht
					Transpt.				Transpt.				Transpt.		
	Transpt.				Transpt.				Transpt.				Transpt.		

Form. 24. Größe 235 × 170 mm.

Fig. 3.

die Differenz gezogen, so daß man jederzeit feststellen kann, welche Mengen eines bestimmten Gegenstandes am Lager sind. Die Karten erhalten am besten verschiedene Farben, um die einzelnen Materialsorten schnell herausfinden zu können. Bei Dezentralisation der Hauptläger sollte für jedes Lager eine besondere Kartei gehalten werden. Es ist nicht ratsam, die Karten in dem Lager selbst führen zu lassen, weil dies zu Fälschungen verführt, wenn sich Differenzen zwischen Karte und wirklichem Bestande herausstellen. Der Eingang auf diesen Karten wird aus der Rechnung, deren Mengenkontrolle vom Lager zu übernehmen ist, eingetragen. Wenn man die Verzögerung, die durch Austragung aus der Rechnung entsteht, vermeiden will, so lasse man durch das Lager besondere farbige Eingangszettel ausstellen, die sofort beim Eingang einer bestimmten Warenmenge zur Kontrollstelle gegeben werden. Diese Eingangszettel müssen dann später mit der Rechnung verglichen werden.

Die Waren dürfen, genau wie im Ladengeschäft, nur gegen Bargeld ausgegeben werden. Das Geld wird in der Fabrikation durch einen Materialzettel irgendwelcher Form vertreten. Der Materialzettel kann auf verschiedene Art hergestellt werden. Bei wenig durchorganisierten Betrieben und bei Reparaturbetrieben, bei denen sich der Materialverbrauch von vornherein schwer übersehen läßt, erhält der Meister das Recht, einen Materialzettel auszustellen. Er hat hierfür besondere Vordrucke. Es ist jedoch darauf zu achten, daß die Zettel, besonders die Zahlen, mit Kopierstift oder Tinte ausgeschrieben werden, möglichst in schraffiertem Felde, damit nachträgliche Verbesserungen nicht mehr gemacht werden können. Alle geänderten oder undeutlich ausgeschriebenen Zettel sind zunächst vom Lager, wenn dies hier nicht geschehen ist, von der Zentralstelle zurückzuweisen und zu ersetzen. Diese Zettel müssen außer der genauen Bezeichnung des auszugebenden Materials auch dessen Nummer erhalten, weil sonst meist Ausdrucksverwechselungen vorkommen. Man gibt zu diesem Zwecke jedem einzelnen Material, das man im Lager führt, eine besondere Nummer, so daß man z. B. genau weiß, daß man bei Nr. 3210 Messingschrauben mit rundem Kopf $3/8$ Zoll 20 mm lang vor sich hat und bei der nächsten Nummer vielleicht dieselben Schrauben mit flachem Kopf. Bei genormtem Material wählt man als Lagernummer vorteilhaft die Normenbezeichnung. Hierfür bekommen alle die Stellen, welche die Zettel ausschreiben, Listen, in denen die Numerierung der Materialien festgelegt ist. Im allgemeinen wird man gut tun, allen gleichartigen Materialien beieinanderliegende Nummergruppen zu geben und zu diesem Zweck hinter jeder Nummergruppe eine größere Anzahl von Nummern frei zulassen, um neueingeführte Sorten nachträglich noch einfügen zu können.

Wo man in der Organisation schon weiter ist und nach dem Stücklisten-Verfahren arbeitet, kann das Material vom Lager direkt gemäß den Anweisungen der Stückliste aufgegeben, auf der Stückliste abgestrichen und vom Abholer quittiert werden. Die einfachste Form der Quittung ist hier auch wieder die, daß der Meister mit der Übersendung der Stückliste gleich ausgefüllte Materialzettel erhält. Am besten werden diese als Doppel gegeben, so daß das Lager den einen als Beleg behält, den anderen zur Lagerbuchhaltung und Lagernachkalkulation gibt. Um Irrtümer beim Abschreiben zu vermeiden und Schreibarbeit zu sparen, können diese Zettel von der Stückliste entweder im Abzugsverfahren oder im Durchschreibverfahren hergestellt werden. Derartige Zettel dürfen aber nicht nur für die allgemeinen Lagermaterialien, sondern müssen auch für solche Gegenstände gegeben werden, die für bestimmte Kommissionen von auswärts beschafft sind, damit die Kalkulation auch diese Gegenstände mit erfaßt. Wenn man Stichproben an Hand der Lagerkarte machen will, muß man alle die Zettel, die zur Buchung noch unterwegs sind, mit berücksichtigen, weil sich sonst Fehlmengen zeigen. Um Verluste von Belegzetteln zu vermeiden und für solche Stichproben eine schnelle Übersicht zu geben, ist es am besten, wenn die Abforderungszettel mit der Numeriermaschine von dem Ausgabebeamten laufend numeriert und in Bündeln täglich weitergegeben werden. Es muß bei Ausstellung der Abforderungszettel darauf geachtet werden, daß sie die Mengen immer mit gleichen Maßen bezeichnen. Man gibt denselben Gegenstand entweder nach Zahl, nach Maß resp. Hohlmaß oder Gewicht aus. Es ist nicht angängig, einmal 100 m Bindfaden, einmal ein Knäuel Bindfaden abzufordern, weil damit Eingang und Ausgang nicht abzustimmen sind. Wenn man es einrichten kann, ist es am günstigsten, das Ausgabemaß so zu bestimmen, wie man einkauft, weil man dann beim Eingang die Rechnungsmengen nicht auf ein neues Maß umzurechnen braucht. Es ist selbstverständlich, daß man im Lager die Gegenstände, die man am häufigsten ausgibt, in der Nähe der Ausgabe unterbringt und gleichartige Gegenstände im Zusammenhang lagert. Die Fächer erhalten am besten die Nummern, die den in ihnen liegenden Materialien gegeben sind.

Man kann die Ausgabe der Materialien mit Hol- oder Bringsystem einrichten. Bei guter Disposition ist es möglich, daß der Meister die von ihm benötigten Materialien nicht mehr abholen läßt, sondern daß sie ihm rechtzeitig vom Lager zugeschickt werden. Wenn das Terminbüro richtig arbeitet, erhält das Lager von ihm rechtzeitig die Abforderungszettel und sendet diese mit dem betreffenden Material zum Meister. Dieser quittiert, und der Zettel wird durch das Lager weitergegeben. Hierdurch werden viel Transportkolonnen gespart, denn die Zeit der für das Lager notwendigen Transportarbeiter wird viel besser ausgenutzt, als man die Transportarbeiter einzelner Abteilungen ausnutzen kann. Bei schweren Gegenständen, wie Eisenplatten und bei solchen, wo es auf die Güte besonders ankommt, wird man allerdings vom Holen nicht abkommen können, weil hier entweder größere Transportkolonnen oder besondere Kenntnis der betreffenden Arbeit, für die das Material bestimmt sind, notwendig ist. So wird z. B. der Tischler gern sein Holz vom Holzlager selbst abholen, weil er besser in der Lage ist, das gerade für die vorliegende Aufgabe passende Holz herauszusuchen, ohne allzuviel Verschnitt zu machen.

Die Zwischenläger haben im Gegensatz zu den Hauptlägern nur den Zweck, die in einer Werkstatt fertiggestellten Teile so lange aufzunehmen, bis sie zum nächsten Bearbeitungsgang von der anderen Werkstatt abgeholt werden. Sie dienen einmal als Arbeitspuffer und dann sichern sie die gute Erhaltung der betreffenden Gegenstände. Gemäß ihrer Bestimmung lagern sie in anderer Form. Vor allen Dingen ist eine Lagerbuchführung über ihre Bestände nicht notwendig, da sie durch die Terminkartei ersetzt werden kann. Auch die Gegenstände lagern hier nicht unter laufender Nummer. Am wichtigsten ist die Lagerung in dem Teillager, aus dem die Montageabteilung arbeitet. Hier werden am besten alle Einzelteile für eine Gruppe gemeinschaftlich aufbewahrt, so daß der Montagemeister nur eine Quittung für die betr. Gruppe herzugeben braucht und damit alle Teile einschl. Schrauben u. dgl. für die Arbeit auf einmal erhält. Dieses Zwischenlager hat auch vom Hauptlager durch Anforderungszettel alle für die Montage einer bestimmten Gruppe notwendigen Einzelteile anzufordern und bereitzulegen, so daß die Montageabteilung nur aus diesem Lager entnimmt.

Selbstverständlich müssen auf den Hauptlägern alle vorgesehenen Mengen mit Sicherheit vorhanden sein. Hierfür dient die Bezeichnung „Mindestmenge" in Fig. 3. Diejenigen Stellen, die den Lagerbestand an Hand der Karte nachprüfen und auf dem laufenden halten, haben darauf zu achten, daß die in der Karte eingesetzte Mindestmenge nicht unterschritten ist, ohne daß eine neue Bestellung mindestens in Höhe der Höchstmenge wieder herausgeht. Durch die tägliche Abschreibung der ausgegebenen Mengen wird auf die Erreichung der betreffenden Grenze aufmerksam gemacht. Die Mindestmenge wird so bestimmt, daß sie für die Versorgung der Fabrik noch etwa auf drei Monate ausreicht. Bei sehr wertvollem Material und bei solchem, dessen Beschaffung in kürzerer Zeit mit Sicherheit erwartet werden kann, wird die Mindestmenge entsprechend niedriger angesetzt. Verfügt man bereits über auszugebende Materialmengen in der Stückliste, so kann die Bereitstellung auf der Lagerkarte mit vermerkt werden, so daß man die bereitgestellten Mengen vom Bestand mit abziehen kann. Man erhält dann Lagerbestand, sowie bereitgestellte Mengen und verfügt nur noch über die Differenz aus beiden, so daß man auch bei stärkerem Verbrauch rechtzeitig an die Erreichung der Mindestgrenze erinnert wird. Die Höchstgrenze der Beschaffungsmengen wird erfahrungsgemäß so bestimmt, daß immer für eine gewisse Verbrauchszeit eingedeckt ist und dabei günstigste Einkaufsbedingungen gesichert sind.

Auch in den am besten verwalteten Lagern kommen naturgemäß Fehlmengen, auch wohl überschießende Mengen vor. Wo dies nicht der Fall ist, kann man mit Sicherheit annehmen, daß betrogen wird. Man hilft sich hier dadurch, daß die Fehlmengen auf einem Materialabforderungszettel, der in diesem Falle von der Direktion gegengezeichnet ist, über Unkostenverbrauch gebucht werden und daß die Mehrmengen durch gleiche Materialeingangszettel als Neueingang eingestellt werden.

Die fertiggestellten Teile kommen am besten in ein Versandlager, das von den anderen Lagern getrennt gehalten wird. Auch die Verpackungsabteilung und Kistenmacherei werden hier in der Nähe eingerichtet. Das Versandlager erhält zweckmäßig Stücklisten und eine Dispositionskartei, aus der die Verwendung jeder einzelnen Maschine oder jedes Maschinenteiles, die in dieses Lager hineinkommen, zu ersehen ist. In der Versandkartei müssen vor allen Dingen Lieferungsbedingungen, Zahlungsbedingungen, Anforderungswege und -art festgelegt sein. Da hier die Frachten am genauesten bekannt sind, kann diese Abteilung auch zugleich die Frachtenkontrolle für den Eingang mit übernehmen. Zu diesem Zwecke legt sie sich ein Frachtenbuch an, in dem Datum, laufende Nummer, Art der Sendung, Wagennummern, Absender, Gewicht und Frachtkosten vermerkt sind. Durch Addition der Frachtkosten kann sie dann den Stand des Frachtenkontos dauernd im Auge behalten und Neueinzahlungen bei Gefahr der Überschreitung des Bahnkredits veranlassen, außerdem Frachtreklamationen und Rückerstattungen einleiten und das vom Absender angegebene Gewicht mit dem beim Eingang ermittelten Gewicht vergleichen. Außer dem Frachtenkontrollbuch ist hier als wichtigstes Buch das Versandbuch zu führen, aus dem zu ersehen ist, wann und auf welchem Wege die einzelnen Gruppennummern abgesandt worden sind.

Alle in der Fabrik angefertigten Normteile, die nicht nur zu einem Maschinentyp gehören, sondern allgemein verwandt werden, sind am besten in einem sogenannten Normteillager zu verwalten. Dieses Lager kann selbstverständlich mit dem Hauptlager in enger Verwaltungsgemeinschaft stehen, nur ist eine Abtrennung insofern ratsamer, weil die Übersicht über die vorhandenen Normteile dadurch besser ist und auch die Neuanfertigung leichter eingeleitet werden kann. Hat z. B. eine Werkstatt weniger zu tun und wünscht Arbeit, so kann der betreffende Betriebsleiter im Normteillager zusehen, ob nicht gewisse Normteilvorräte an die Mindestgrenze herankommen und auf Grund dieser Besichtigung neue Aufträge erbitten. Außerdem pflegt eine solche gesonderte Behandlung der Normteile dazu anzuregen, immer weitere Einzelteile zu normen. Das Normteillager kann sich in diesem Sinne sogar in gewisser Weise zu einer Art Zwischenlager auswachsen, in dem nicht mehr nur Einzelteile, sondern bereits gruppenweise fertiggestellte zusammengestellte Teile, wie Spindelstöcke, Räderkästen u. dgl. lagern, die für mehrere Maschinentypen Verwendung finden sollen.

Kohlenlager und Werkzeuglager müssen gesondert behandelt werden, ersteres, weil eine Ein- und Ausgangsverbuchung hier meist auf Schwierigkeiten stoßen wird, letzteres, weil die hier entnommenen Werkzeuge als Eingänge immer wieder zurücklaufen. Beim Kohlenlager ist von jeder Einzelbuchung der Ausgänge, d. h. der verfeuerten Mengen in allen solchen Firmen, die nur Kraft für sich selbst herstellen, abzuraten. Man bucht nur die Eingänge, und schreibt diese sofort über Betriebsunkosten ab. Man erhält dadurch ein sicheres Bild über den

Verbrauch, wenn es auch in den einzelnen Monaten reichlich verschoben wird, da sich Monate mit starken Eingängen und solche mit ganz schwachen zu folgen pflegen. Bei der Aufnahme genügt dann eine möglichst genaue Schätzung der vorhandenen Lagermengen, wodurch dann der Jahresbedarf fast einwandfrei festgestellt wird.

Bei den Werkzeuglägern hat man zu unterscheiden zwischen Werkzeughauptlager und den Einzellägern für Gebrauchswerkzeuge. In das Werkzeughauptlager kommen alle Werkzeuge hinein, die für den Gesamtbedarf der Fabrik beschafft, aber noch nicht im Gebrauch sind. Von diesem fordern die einzelnen Werkzeuggebrauchläger der Werkstätten die benötigten Werkzeugmengen an. Erst bei der Abforderung werden diese Werkzeuge auf Betriebsunkosten der betreffenden Werkstatt verbucht. Man erreicht dadurch eine verhältnismäßig große Reserve an Werkzeugen, ohne zugleich die Betriebsunkosten mehr als nötig belasten zu müssen und kann doch die Reserve geringer halten, als wenn jede einzelne Werkstatt für ihre eigenen Reserven in ihrem Werkzeuglager sorgen müßte. Die Gebrauchswerkzeugläger buchen dann nicht mehr über Betriebsunkosten, sondern geben die Werkzeuge auf Werkzeugmarken aus, soweit sie nicht zum eisernen Bestand der betreffenden Arbeiter gehören. Den eisernen Bestand erhält jeder Arbeiter einmal bei Eintritt in die Fabrik, und zwar in Form eines Werkzeugkastens, der das von ihm laufend benötigte Werkzeug enthält. Dieser Kasten wird am besten mit der Nummer des betreffenden Arbeiters und das gesamte in diesem Kasten befindliche Werkzeug auch mit seiner Nummer gestempelt. Der Arbeiter bescheinigt in einem Werkzeugbuch den Empfang der genannten Werkzeuge, die er beim Abgang in normalem Zustande wieder abzuliefern hat. Zerbrochenes oder in Verlust geratenes Werkzeug wird — je nachdem, ob Schuld vorliegt oder nicht — kostenfrei oder gegen Ersatz der Kosten auf eine Quittung des Meisters hin ersetzt. Es hat sich meist als praktisch erwiesen, diese Werkzeugkästen nicht in jedem Falle einzeln zusammenzustellen, sondern in zusammengestelltem Zustande im Lager für Gebrauchswerkzeuge für die betreffende Werkstatt bereit zu halten. Wenn man in eine Werkstatt im Höchstfalle etwa 100 Schlosser einzustellen beabsichtigt, hält man etwa 100 Werkzeugkästen mit den entsprechenden Nummern bereit. Wenn man dann nur 50 Mann beschäftigt, wird man allerdings noch weitere 50 Kästen in Vorrat haben. In der einmaligen Beschaffung und Verzinsung ist man dadurch ziemlich stark belastet. Man kann aber auch bei größeren Einstellungen die Leute schnell abfertigen und ist in der Lage, zurückgegebene Kästen in aller Ruhe wieder in Ordnung zu bringen, so daß meist durch die gewonnene Zeit der Mehraufwand mehr als ausgeglichen wird.

Verkauf.

Beim Verkauf hat man zu unterscheiden zwischen einem solchen von größeren Einzelobjekten und dem von Massenartikeln, dann zwischen direktem und indirektem Verkauf, schließlich zwischen Lieferung an Außenstehende und Lieferung nur an ein befreundetes Werk. Bei größeren Einzelobjekten sind meist Sonderverträge erforderlich, auch ist eine eingehende Bearbeitung des Kunden oft seitens der Direktion erwünscht. Derartige Verträge müssen außerordentlich vorsichtig abgefaßt werden, weil sie bei unklarer Fassung leicht zu Streitigkeiten Anlaß geben. Ganz anders verkaufen sich die Massenartikel. Hier ist der Vertreter am Platze, der die vielen einzelnen Kunden immer wieder bearbeitet und zum gleichmäßigen Bezug ermuntert. Er wird auch die Lieferungen der Konkurrenten beobachten und dem Werk dauernd Mitteilung zu machen haben, wenn hier Veränderungen vor sich gehen, die ein Folgen der betreffenden Firma besonders bei Veränderungen in der Güte erforderlich machen. Es werden hier dem Vertreter am besten gewisse Normalverträge oder Normalverkaufsbedingungen in die Hand gegeben, an denen er nicht vorbeigehen darf. Diese Bedingungen enthalten auch Mindestpreise, die nicht unterschritten werden dürfen.

Man kann in Ausnahmefällen dem Vertreter gestatten, von seiner Provision dem Kunden noch einen Teil abzugeben, um auch diesen Mindestpreis noch zu unterschreiten. Am besten ist es, den Vertreter selbst daran zu interessieren, mit den Preisen nicht zu weit herunterzugehen. Am leichtesten ist das dadurch zu erzielen, daß man ihn an Preisunterschieden, die er über den Mindestpreis erhält, beteiligt, und zwar je höher, desto größer der Unterschied wird. Man kann ihm vom Mehrpreis z. B. bei 5 vH Übergewinn etwa 10 vH von diesem ab geben und bei wesentlich höherem Übergewinn bis zur Hälfte; so wird ein Vertreter immer auf gute Preise halten. Vielfach genügen die Kräfte der einzelnen Vertreter nicht mehr, es werden Vertreterbüros erforderlich, die Projekte an Ort und Stelle ausarbeiten und bindende Preise abgeben dürfen. Hier ist der eben genannte Grundsatz besonders wertvoll, weil die Büros durch geschickte Bearbeitung des Projektes meist in der Lage sind, wesentlich günstiger abzuschneiden, ohne den niedrigen Preis der Konkurrenz zu überschreiten. Vertreter und Büros müssen selbstverständlich eingehend unterrichtet und kontrolliert werden, und zwar zweckmäßig durch Karteien, die in der Zentrale geführt werden. In diesen Karteien hat jeder einzelne in Frage kommende Kunde seine eigene Karte. Auf dieser werden die geeigneten Besuchstermine vermerkt und den Vertretern hiernach die Besuchsreisen ausgearbeitet. Aus den Gegenberichten geht dann hervor, ob die betreffenden Besuche Erfolg hatten oder nicht, und in welcher Richtung Erfolge zu erwarten sind. Hiernach wird der Kunde weiterbearbeitet und läßt sich hierbei auch z. B. graphisch der Beschäftigungsgrad der einzelnen Vertreter und ihr Erfolg gut kontrollieren und ungeeignete Kräfte entfernen. Außerdem wird ein Ausgleich in den einzelnen Vertreterbezirken möglich. Die Vertreter, deren Abschlußzahl langsam und stetig zunimmt, ohne daß ihre Besuchszahl zu steigen braucht, eignen sich später für die Stellen als Generalvertreter. Trotz bester Vorbearbeitung und Organisation wird es oft nicht zweckmäßig sein, an allen Stellen, besonders im Ausland, einen direkten Verkauf einzuleiten. Firmen mit Massenfabrikation, z. B. unsere chemische Industrie, die großen Eisenverbände, die Kohlenverbände, schließen sich deshalb zusammen, um durch ein Syndikat oder eine ähnliche Verkaufsorganisation ihre Waren indirekt abzusetzen. Es ist nun möglich, diesen indirekten Verkauf auf die gleichen Waren zu beschränken und hier eine Zuweisung eintreten zu lassen. Eine große Verkaufsorganisation verkauft z. B. 2 Millionen t Kohlen und verteilt diese nach einem bestimmten Schlüssel auf ihre angeschlossenen Werke, oder man dehnt die Verkaufsorganisation auf verschiedenartige Artikel aus. Das letztere ist meist bei Auslandsvertretungen der Fall. Hier bearbeitet eine gut eingeführte Vertretung z. B. Maschinen, Garne, Waggons usw. Für jede Firma wird nur ihr Sondergebiet bearbeitet, so daß ein Wettbewerb bei der Verkaufsorganisation nicht in Frage kommt. Trotz alledem wird ein derartiger Verkauf häufig wesentlich billiger und besser arbeiten als eine für den Sonderartikel eingerichtete Verkaufsstelle. Eine besondere Art der Lieferung scheint sich in den letzten Jahren immer mehr ausgebreitet zu haben. Sie tritt bei den Inhabern guter Patente zutage. Die betreffenden Firmen verkaufen irgendeine Vorrichtung, die geschützt ist, verlangen aber, daß dieser Apparat nur mit einem Stoffe betrieben wird, der von ihnen zu liefern ist. Sie erreichen dadurch dauernde Lieferungsverträge. So wurden z. B. die Schneidapparate für Sauerstoff-Wasserstoff von der Chemischen Fabrik Griesheim nur unter der Bedingung vertrieben, daß die zu verbrauchenden Gase nur von dieser Stelle oder befreundeten Stellen bezogen wurden.

In letzter Zeit ist der Verkauf noch in anderer Weise organisiert worden. Größere Werke pflegen sich, wie man sagt, vertikal zu organisieren, d. h. es schließt sich eine große Menge von Werken zusammen, die in Produkten voneinander abhängen. So geht eine Kohlenzeche mit einer Hütte, diese mit einem Grob- und Feinblechwalzwerk und jenes wieder mit einer Brückenbaufirma zusammen, so daß sich die betreffenden Werke zum allergrößten Teil nur gegenseitig beliefern. Derartig organisierte Werke sind daher in der Lage, in schlechten Geschäftszeiten an mehreren Stellen auf Verdienst zu verzichten und sich ständig größere Aufträge zu sichern, weil sie noch günstig unter der allgemeinen Marktlage arbeiten können. Sie verteilen sozusagen das Wagnis, zumal dann, wenn einzelne Abteilungen noch guten Geschäftsgang haben, während andere bereits darniederliegen.

Reklame.

Ein wichtiges Hilfsmittel für den Verkauf ist die Reklame. Sie wird von vielen Firmen noch nicht genügend eingeschätzt oder unrichtig angewandt. Es gibt die verschiedensten Arten, unter denen die folgenden hervorgehoben zu werden verdienen. Die üblichste Reklame ist die Anzeige in Fachzeitschriften und Tageszeitschriften. Ihrer bedienen sich fast alle Firmen, viele mit Erfolg. Ihre Wirksamkeit hängt von der häufigen Wiederholung an gleicher Stelle, vom Einrücken an hervorragendem Platz, z. B. auf der rechten Seite, und von ihrer eigenen Ausgestaltung ab. Wenige typische Worte, ein zugkräftiges Bild und besonders ein leicht merkbares Stichwort wirken mehr als lange Erklärungen.

Noch günstiger ist meist ein Aufsatz über die Anlage einer Firma in einer täglichen Zeitschrift. Er wird jedoch im allgemeinen teuer und muß sehr geschickt abgefaßt werden, wenn er wirken soll. Bei ganz besonders geschickter Abfassung und allgemein interessierenden Fabrikaten ist meist eine freie Einrückung zu erzielen.

Für einen räumlich beschränkten Kreis und kurzzeitige Wirksamkeit kommen das Plakat und die Schaufensterreklame in Frage. Hier hängt es vom Geschick des betreffenden Künstlers ab, eine derartige Reklame möglichst wirksam zu gestalten, ohne marktschreierisch zu wirken. Regeln lassen sich vom organisatorischen Standpunkt aus hier nicht aufstellen.

Noch viel zu wenig wird der Film als Reklamemittel benutzt. Firmen, welche Rundgänge durch ihre Werkstätten filmen lassen, tun dies meist, ohne den wirklichen Sinn des Filmes genügend zu berücksichtigen. Das Technische eines Gegenstandes interessiert ein Publikum nur dann, wenn es leichtverständlich dargestellt wird. Vor allen Dingen auch dürfen die Filme nicht zu schnell vorgeführt werden. Auch der Trickfilm muß eingesetzt werden, wo die Vorgänge, die in der normalen Fabrikation nicht genau zu sehen sind, eingezeichnet werden. Dann muß man auch dem Ablenkungsbedürfnis während des Spiels entgegenkommen. Man kann z. B. während des Rundganges in dem betreffenden Werk den Film einmal möglichst langsam laufen lassen mit den beigeschriebenen Worten: „So arbeitet man bei einer Konkurrenz..." Man läßt ihn dann ganz schnell laufen unter der Überschrift: „So arbeitet man in den Werken..." Derartige Mittel pflegen außerordentlich stark zu wirken.

Bei größeren Objekten und solchen von besonderem Wert oder Güte pflegt der persönliche Brief eine gute Wirkung zu haben. Arzneimittel können in einem derartigen Schreiben z. B. an die Ärzte beigefügt sein. Es ist wichtig, daß das Schreiben nicht den Eindruck eines gedruckten Rundschreibens macht. Die neuen Vervielfältigungsmaschinen gestatten, trotzdem sie mit Druckverfahren arbeiten, eine der Schreibmaschinen durchaus ähnliche Darstellung.

Statistik.

Bei der Kontrolle der Vertreter wurde bereits erwähnt, daß die zeichnerische Aufstellung ihrer Leistungen eine gute Übersicht über die Wirksamkeit ermöglicht. Dies tritt in allen Fällen, sowohl im inneren wie im äußeren Verkehr, wieder hervor. Man kann aber nicht genug zur Benutzung teils tabellarischer, teils graphischer Zahlenzusammenstellungen raten, da die Geschäftsleitung nur hierdurch in der Lage ist, die Wirksamkeit der einzelnen Abteilungen ihrer Firma dauernd zu überwachen. Hier seien nur einzelne kurze Beispiele angeführt.

Es werden häufig im Betrieb bei Akkordarbeit wesentlich mehr Nieten bezahlt, als tatsächlich von den betreffenden Kolonnen geschlagen sind. Die Meister zählen nicht genau oder werden durch Auslöschen ihrer Zeichen von den Kolonnen zum Doppelzählen veranlaßt. Eine Zusammenstellung der im Lager für die betreffende Arbeitsnummer ausgegebenen Nieten mit den bezahlten deckt den Fehler sofort auf. Wenn die Zeichnungen aber so sauber durchgeführt sind, daß die einzelnen Nietreihen durchgezählt werden können, so kann schon in der Stückliste die endgültige Nietzahl angegeben werden, so daß eine Gegenüberstellung dieser Zahl mit der anderen der betreffenden Akkordscheine genügt. Bei großen Gegenständen kann man die Verteilung der Arbeiter in den einzelnen Baustadien durch Kurven gut übersehen. Die Arbeiterzahlen werden von der Standlinie aus aufgetragen, man kann dann noch nachträglich beurteilen, ob die Leute richtig angesetzt waren, ob auf Zeichnungen gewartet werden mußte und ob Fehler im Entwurf oder Ausführung vorliegen (s. a. Fig. 4).

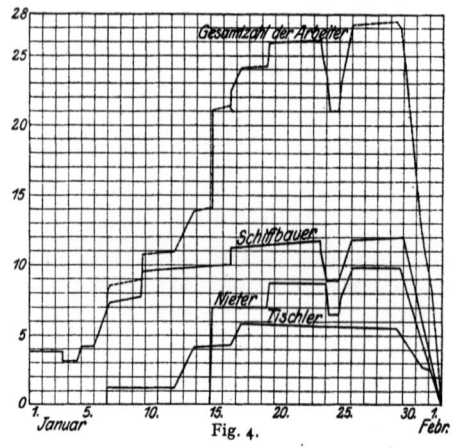

Fig. 4.

Man kann in Zukunft für alle ähnlichen Bauten die Gesamtstunden, auch bei veränderter Arbeiterzahl, ebenso die Fertigstellungszeit beurteilen. Auch für die Beurteilung der Bilanz ist eine Gegenüberstellung der Rechnungsbeträge mit den Ausgaben an Material und Lohn von Wichtigkeit. Man wird daraus ersehen, ob die allgemeinen Unkosten der Firma im Jahresverlaufe eine regelrechte Abdeckung erfahren haben. Ferner ist eine Zusammenstellung des Verlust- und Gewinnkontos in den einzelnen Jahren, wie sie z. B. nebenstehend abgedruckt ist, von außerordentlichem Wert. Es läßt sich ganz genau die Bewegung der einzelnen Konten erkennen

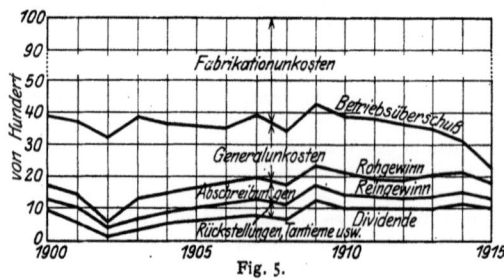

Fig. 5.

und Fehler bereits in ihrem Entstehen wieder gutmachen. Empfehlenswert sind auch zeichnerische Bilanzzusammenstellungen über mehrere Jahre hinweg. So lassen sich das Verhältnis von Betriebsüberschuß zum Rohgewinn, Reingewinn und Dividende und das richtige Verhältnis der Abschreibungen zum Aktienkapital und die Anlagewerte außerordentlich klar darstellen. Große Kaufhäuser haben oft eine graphische Statistik der Verkaufsleistungen der einzelnen Verkäuferinnen, aus denen die Spitzenleistungen sich sehr schnell übersehen lassen und so die Auswahl der geeigneten Persönlichkeiten wesentlich erleichtert wird. Es kann nur empfohlen werden, auf allen diesen Gebieten die graphische Statistik immer weiter auszubilden und zu verfeinern.

Im allgemeinen können die hier angegebenen Methoden für alle Arten von Fabrikationen sinngemäß benutzt werden. Sie müssen natürlich der Eigenart des Materials sowohl nach seiner Menge wie nach seiner Gefährdung angepaßt werden und auch darauf Rücksicht nehmen, mit welchen Vorräten im allgemeinen zu rechnen ist.

Man hat auch nicht bei allen Arten von Fabriken die Einteilung in Büros, wie sie hier im folgenden noch gezeigt werden soll, nötig, zumal dann nicht, wenn es sich um Massenfabrikate einer ganz bestimmten Art, wie bei Mühlen, Spinnereien, Brauereien usw. handelt. Das abwechslungsreichste Bild bieten im allgemeinen die Maschinenfabriken und es seien daher im folgenden die Tätigkeitsgruppen für Maschinenfabriken besonders bezeichnet und durchgesprochen, da man aus ihnen durch Vereinfachung eigentlich sämtliche Organisationsformen ableiten kann. Man unterscheidet hier:

a) Konstruktion. Hierbei handelt es sich um Berechnungen, Anstellung von Versuchen, Konstruktionen, Herstellung von Werkstattzeichnungen sowie Stücklisten.

b) Normung. Sie befaßt sich mit dem Aufstellen von Normen sowie Kontrolle der Zeichnungen und ihre Durchsicht auf Verwendung derselben.

c) Kalkulation. Sie umfaßt Vorkalkulation und Nachkalkulation zur Feststellung der Preise vor Beginn der Arbeiten und nach deren Fertigstellung.

d) Arbeitsvorbereitung. Ihre Aufgabe ist die Festlegung der Arbeitsgänge, Angabe der dazu benötigten Vorrichtungen, Lehren und Werkzeuge, sowie Konstruktion der Vorrichtungen, der Sonderlehren und der Sonderwerkzeuge.

e) Betrieb. Hier wird die Durchführung der Fabrikation, und zwar durch Ausfertigung der Bestellungen an die eigenen Werkstätten und an Fremde zur Lieferung, Unterhaltung der Betriebsmittel, Überwachung der Fabrikate, in bezug auf Güte, Beachtung der Fabrikationsvorschriften und Einhaltung der Termine zu besprechen sein.

Naturgemäß ist in der Praxis diese Einteilung nicht überall streng einzuhalten, sie ist gerade hier gewählt, um die verschiedenen Tätigkeiten mit einiger Übersichtlichkeit darzustellen.

Verlust- und Gewinnkonto	1904	1904/05	1905/06	1906/07	1907/08	1908/09	1909/10	1910/11	1911/12	1912/13
Handlungsunkosten Konto										
Invalidenversicherungs- ,,										
Krankenversicherungs- ,,										
Reisespesen- ,,										
Gehälter- ,,										
Pacht ,,										
Berufsgenossensch.-Beitrags- ,,										
Verbands- u. Vereinsbeitrags- ,,										
u. s. f.										

Fig. 6.

II. Das Konstruktionsbüro.

Das Konstruktionsbüro hat, im Endzweck betrachtet, die Herstellung von Werkstattzeichnungen zur Aufgabe, die gestalten, ein Erzeugnis einerseits in bester Güte hinsichtlich seiner Funktionen, andererseits auf die wirtschaftlichste Weise herzustellen. Es ist natürlich, daß das Kalkulationsbüro im Hinblick auf letzteres sich der Mitarbeit des Konstruktionsbüros bedienen muß. Seine Aufgaben im einzelnen sind die Berechnung und Konstruktion von Maschinen, Ausarbeitung von Erfindungen bis zur Patentanmeldung, Anstellung von Versuchen, Ausarbeitung von Angebotszeichnungen, Verfolgen der einschlägigen Literatur (womöglich in Karteiform), Beobachtung der Bauarten der Konkurrenz. Nach den meist in Zusammenstellungs- und Gruppenzeichnungen festgelegten Grundzügen der Konstruktion beginnt die Durcharbeitung. Hierbei ist bereits zu beachten, welches Passungssystem man wählt (s. S. 564); es ist auf abstrakte Normen (s. S. 575), genormte Einzelteile (s. S. 581) und gegebenenfalls auf Teile Rücksicht zu nehmen, die von anderen Maschinentypen übernommen werden können (s. S. 582). Zur Beachtung der letzteren Gesichtspunkte bedient sich das Konstruktionsbüro der Unterlagen des Normenbüros; die Durchführung der Normungsgrundsätze, die dem einzelnen Konstrukteur oft unbequem, aber für die Wirtschaftlichkeit der Erzeugung mitunter ausschlaggebend sind, wird zweckmäßigerweise dadurch gewährleistet, daß das Normenbüro alle Zeichnungen prüft, wie dies auf S. 582 noch näher ausgeführt wird.

Liegen die endgültigen Gruppenzeichnungen fest, so werden die Einzelteile herausgezeichnet und in Verbindung damit die Stückliste aufgestellt. Näheres hierüber s. Kapitel „Zeichnungswesen".

Bei den Einzelteilen sind nun zu den aus den Konstruktionszeichnungen hervorgegangenen Maßen die zulässigen Abweichungen zuzufügen und die Bearbeitung anzugeben. Beides erfordert eine genaue Kenntnis der Fabrikation und der vorhandenen Fabrikationshilfsmittel. Darum soll die Werkstatt dem Konstrukteur jederzeit zugängig sein. Trotzdem kann von diesem nicht verlangt werden, daß er alle fabrikationstechnischen Gesichtspunkte beachtet, da er dann auch gleichzeitig Werkzeuge, Vorrichtungen und Lehren mitentwerfen müßte. Da hierzu aber besondere Fachkenntnisse nötig sind und der Entwurf der Einrichtungen und Lehren daher dem Fabrikationsbüro zusteht, so soll auch dieses die Zeichnungen vor endgültiger Fertigstellung prüfen.

Folgende Fragen muß sich der Konstrukteur in bezug auf die Werkstätten auf alle Fälle vorlegen:

Sind zur Herstellung der größten Stücke genügend große Maschinen oder Gießeinrichtungen vorhanden?

Können auch die sperrigsten Stücke ohne weiteres in den Werkstätten transportiert werden?

Sind die Krane kräftig genug?

Sind die Montageräume ausreichend?

Die Richtigkeit der Zeichnungsmaße sollte unter allen Umständen erst nach Fertigstellung aller Zeichnungen geprüft werden (Maßkontrolle); es ist stets gefährlich, einzelne Zeichnungen vorweg zu nehmen, da sich oft im letzten Augenblick noch Änderungen notwendig machen. Die Maßkontrolle wird in größeren Büros von einem dazu besonders befähigten Angestellten vorgenommen; in kleineren Büros kontrollieren sich die verschiedenen Konstrukteure gegenseitig; niemals aber sollte die Maßkontrolle dem überlassen werden, der die Zeichnung hergestellt hat. Die beste Kontrolle für die richtige Größe aller Teile erhält man, wenn Teil für Teil von den Einzelzeichnungen weg in die Zusammenstellungszeichnung eingezeichnet wird.

a. Das Zeichnungswesen.

1. Formate der beschnittenen Pausen und Drucke.

Nach DI Norm 5 (Zahlentafel I). Hierbei beziehen sich die Bezeichnungen der ersten Reihe auf die allgemeine Formatnorm (DI Norm 476).

2. Zeichnungsarten.

Eine Zeichnung ist je nach ihrem Zweck nach verschiedenen Grundsätzen auszufertigen und einzuordnen. Man unterscheidet folgende Arten:

Entwurfszeichnungen; sie werden nach Gutdünken als Ansichts- oder Schnittzeichnungen ausgeführt, enthalten zumeist nicht alle Einzelheiten, sind dagegen mit den wichtigsten Maßen zu versehen. In der Aufschrift empfiehlt es sich, das Wort „Entwurf" zuzufügen und die Reihenfolge der Entwürfe (1. Entwurf usw.), sowie das jeweilige Hauptmerkmal zu kennzeichnen.

Angebotszeichnungen; Format bei Darstellung von Maschinen und Apparaten 297 × 210 oder 420 × 297 mm; sie enthalten keine Einzelheiten, jedoch die Montagemaße (Fundamentmaße, Raumbedarf usw.).

Versuchszeichnungen entbehren noch der fabrikationsmäßigen Durcharbeitung, enthalten aber alle Einzelteile mit Maßen und eine Stückliste. Hierbei sind zwecks Beschleunigung und Ersparnis von Kosten Normteile in größtem Umfang heranzuziehen.

Gesamt-Zusammenstellungszeichnungen. Sie dienen zur Kontrolle des richtigen Zusammenpassens aller Einzelteile und müssen diese daher lückenlos enthalten. Die Abmessungen der Einzelteile sind dabei nach den Maßzahlen der Teilzeichnungen in die Zusammenstellungszeichnung zu übertragen. Zu jedem Teil wird die Teilnummer (s. a. S. 540) eingetragen. Dies dient besonders zu dem Zweck eines ordnungsmäßigen Zusammenbaues. Es werden nur Hauptmaße und Zusammenbaumaße angegeben.

Gruppenzusammenstellungszeichnungen. Bei großen Gegenständen werden Zusammenstellungszeichnungen für einzelne Gruppen nach den vorstehend angegebenen Gesichtspunkten angefertigt. Die Gesamt-Zusammenstellungszeichnung kontrolliert dann nur noch das Zusammenpassen der einzelnen Gruppen, für deren Zusammenbau Montagemaße anzugeben sind.

Gesamt-Ansichtszeichnungen dienen zur Übersicht der Anordnung der Außenteile, Bedienungshebel usw., sowie zur Prüfung des guten Aussehens. Innerhalb der Zeichnung sollen keinerlei Maße angegeben werden, da diese das Bild stören; auch Teilnummern sind hier im allgemeinen wegzulassen; höchstens können außerhalb des Bildes einige Hauptmaße angegeben werden.

Werkstattzeichnungen. Hierbei ist grundsätzlich jeder Einzelteil gesondert zu zeichnen. Dabei ist alles anzugeben, was zur Herstellung dieses Teiles notwendig ist, nämlich alle, auch nebensächliche Maße, Toleranzen für alle Paßmaße, Hilfsmaße für Zwischen-Arbeitsgänge (z. B. Lochmaß für Spiralbohrer bei Muttergewinden), Maßstab der Darstellung, Werkstoff, Art der Bearbeitung, Teilnummer und Nummer der Gruppen- oder Gesamt-Zusammenstellungszeichnung; einzelnes hierüber s. unter „Darstellungen auf Zeichnungen".

Zahlentafel I, Zeichnungsformate.

Bezeichnung	A 0	A 1	A 2	A 3	A 4[1]	A 5[2]
Größe	1189 × 841	841 × 594	594 × 420	420 × 297	297 × 210	210 × 148

Nach dem einen Verfahren sind die Einzelteile auf großen Formaten (Sammelzeichnungen) nach dem Teilblattverfahren derart anzuordnen, daß die Teilblätter ausgeschnitten werden können. Hierzu eignen sich besonders die Formate 841 × 594 und 594 × 420 mm; die ausgeschnittenen Teilzeichnungen stimmen genau mit den Formaten der Zahlentafel 1 überein. Ein Beispiel der Aufteilung zeigt Fig. 7. Für jeden Teil werden je nach Größe 1, 2 oder 4 Felder benutzt. Auf dem größeren Format entsteht durch fortgesetzte Halbierung das kleinste Teilblatt 210 × 148. Auf

---
[1] Dies ist gleichzeitig Normalblattformat.
[2] Dies ist gleichzeitig ein wichtiges Karteiformat, das besonders für Laufkarten, Werkzeugkarten, Modellkarten wichtig ist, weil es gestattet, Zeichnungen dieser Größe oder der vorhergehenden Größe in gefaltetem Zustand darauf aufzukleben oder in die Kartei einzustellen.

jedem Teilblatt ist außer den vorgenannten Daten die Nummer der Sammelzeichnung anzugeben.

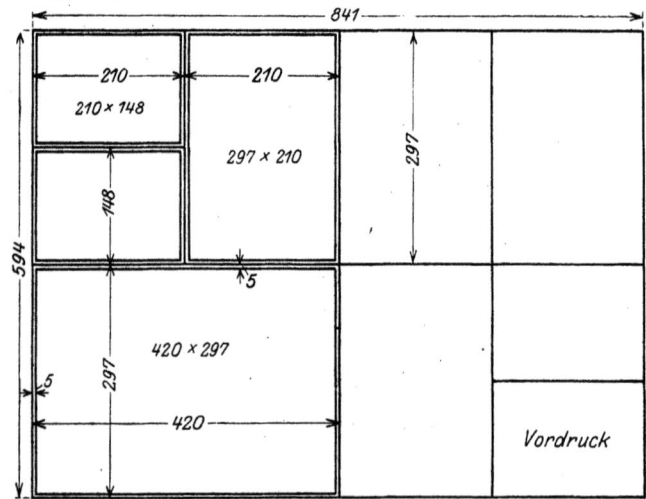

Fig. 7. Einteilung einer Sammelzeichnung.

Das andere, vollkommenere Verfahren besteht darin, daß jeder Teil auf ein einzelnes Blatt gezeichnet wird. Ein Mehr an Zeichenarbeit entsteht kaum, sofern für die Zeichnungen Vordrucke, entsprechend Fig. 8, verwendet werden. Ein Vorteil ist die Möglichkeit, bei Änderungen von jedem einzelnen

Hierzu gehören: Zeichn. Nr. Stückliste Nr.						Type:	
c				f			
b				e			
a				d			
Nr.	Änderung:	Datum:	Name:	Nr.	Änderung:	Datum:	Name:
	Datum:	Name:	Unterschriften:				
Gezeichnet:					(Firma)		
Geprüft:							
Norm gepr.:							
Maßstab:					(Nummer)		
	(Aufschrift)				Ersatz für:		
					Ersetzt durch:		

Fig. 8. Vordruck für Zeichnungsblätter in der rechten unteren Ecke.

Teil Blaupausen anzufertigen und nur die geänderte Zeichnung mit einem Index (s. S. 545) zu versehen.

Patentzeichnungen. Format 21 × 33 cm. Die Abbildungen hierauf sind laufend zu numerieren; die einzelnen Teile sind mit Bezugszeichen (womöglich Buchstaben) zu versehen. Textliche Ergänzungen sind unzulässig, höchstens dürfen kurze Angaben, wie z. B. „offen", „zu" bei der Stellung eines Hahngriffs gemacht werden. Jede Zeichnung muß die Unterschrift des Anmelders tragen.

Bei Patentanmeldungen sind zwei genau übereinstimmende Zeichnungen, und zwar eine als pausfähiges Original und eine andere auf weißem Karton, einzureichen.

Bei Gebrauchsmusteranmeldungen kann die Kartonzeichnung durch ein pausfähiges Original ersetzt werden. Falls ein Musterstück vorgelegt wird, kommt die zweite Zeichnung in Wegfall.

Normblätter s. S. 577.

3. Stückliste.

Zu den Zeichnungen gehört als wichtigstes Bindeglied aller Einzelzeichnungen die Stückliste. Sie bildet die Grundlage für die ganze Fabrikation, denn nach ihr richten sich die gesamte Arbeitsvorbereitung, Vorkalkulation, Bearbeitungsfolgen, Akkordkarten, Material- und Einzelteilbestellung, Terminkontrolle und schließlich der Zusammenbau und die Nachkalkulation. Die Stückliste enthält in laufender Folge alle zu einer Maschine oder einem Apparat gehörigen Einzelteile nach Benennung, Teilnummer und Anzahl. Sie gehört im allgemeinen nicht auf die Zeichnung (es sei denn für Versuchsausführungen, einmal auszuführende Vorrichtungen u. dgl.), sondern auf einzelne Blätter, gemäß Fig. 9. Die darauf verzeichneten Teile können dreierlei Art sein:

Teile, für die einzelne Zeichnungen vorhanden sind. Hierfür sind in der Stückliste in der Spalte „Zeichnungsnummer" die Nummern der Einzelzeichnungen anzugeben; wenn irgend möglich, sind diese auch als Lagernummer zu verwenden.

Normteile; hierfür sind in derselben Spalte die Nummern der betreffenden Normblätter anzugeben und in der Spalte „Abmessungen" die auf dem Normblatt vorgeschriebene Normteilbezeichnung (s. S. 576). Gehört zur Normteilbezeichnung auch der Werkstoff (z. B. Sechskantschraube „$^5/_8$ × 80 DIN 61 Messing"), so ist dieser in der Spalte „Abmessungen" zu wiederholen.

Teile, die katalogmäßig von außerhalb bezogen werden (Kugellager, Öler usw.); hierfür ist, sofern keine allgemeine Handelsbezeichnung besteht, der Lieferer anzugeben.

Wird eine Maschine oder ein Apparat derselben Größe in verschiedenen Ausführungsarten $a, b, c \ldots$ ausgeführt, so bringt man in der Stückliste verschiedene Spalten für „Stückzahl" an, und zwar je eine für jede Ausführungsart. Die Stückliste enthält dann alle Teile, die zu sämtlichen Ausführungsarten gehören; zu welcher Ausführungsart und wie oft jeder Teil dazu gehört, wird durch Angabe der Stückzahl in der betreffenden Spalte bestimmt (Fig. 9). Änderung der Stückliste s. unter Zeichnungsänderung S. 545.

Nicht unwichtig ist, rechts oben neben der Blattnummer anzugeben, aus wieviel Blättern die gesamte Stückliste besteht, damit man stets weiß, ob etwaige weitere Blätter fehlen oder nicht. Die Numerierung der Stücklisten geschieht entweder laufend oder entspricht den Nummern der betreffenden Zusammenstellungszeichnungen.

Für die Zwecke der Vorkalkulation (s. S. 614) wird, sofern nicht jedes einzelne Stück auf einer besonderen Karte „kalkuliert" wird, an die Stückliste eine Fahne angeklebt, die eine Reihe von Spalten für die verschiedenen Arbeitsgänge, wie Abstechen, Zentrieren, Vordrehen, Fertigdrehen, Schleifen, Gewindeschneiden, Bohren, Fräsen, Hobeln usw. enthält. In jede dieser Spalten werden Arbeitszeiten, Stundenlöhne und Akkorde eingetragen und in den Schlußspalten Gesamtzeiten und Gesamtpreise ermittelt. Eine Spalte wird für Materialkosten vorgesehen.

In ähnlicher Weise klebt die Nachkalkulation (s. S. 620) eine Fahne an, in der Materialmengen, Materialpreise und die tatsächlich aufgewandten Löhne und darauf entfallenden Unkostenzuschläge getrennt nach Abteilungen (Dre-

Stückliste zu
Flügelpumpe 150×60

Nr. *1217*
Stückliste besteht aus *1*. Blatt. | Blatt *1*
Hierzu Zusammenstellungs-Zchng. Nr. *2 P 401*

Teilgruppe: ....
Ausführung: a: *ohne Anschlußstück*
          b: *mit Winkelanschlußstück*
          c: ....

| Stückzahlen | | | Teil-Nr. | Bennenung | Zeichnungs-Nr. | Werkstoff | Form u. Abmessung Model Nr. | Gewicht kg |
a	b	c						
1	1		1	Gehäuse	2 P 402	Gußeisen	2 P 402	
1	1		2	Deckel	3 P 285	Gußeisen	3 P 285	
1	1		3	Welle	4 P 104	Flußstahl		
1	1		4	Einsatzstück	4 P 105	Bronce	4 P 105	
1	1		5	Halterschraube	5 P 87	Fl. Eisen		
1	1		6	Flügel	4 P 106	Bronce	4 P 106	
1	1		7	Dichtungsstreifen	5 P 88	Leder		
1	1		8	Stopfbuchse	5 P 89	Messing		
1	1		9	Überwurfmutter	K 17	Messing	1/2" Norm K 17	
4	4		10	Stiftschrauben	K 1	Fl.-Eisen	3/8×40 DIN 411	
1	1		11	Hebel	4 P 107	Fl.-Eisen		
4	4		12	Sechskantmutter	K 2	Fl.-Eisen	3/8 DIN 70	
—	1		13	Winkelanschlußstück	4 P 108	Gußeisen	4 P 108	
—	2		14	Sechskantschraube	K 3	Fl.-Eisen	1/2×30 DIN 61	
—	2		15	" mutter	K 2	Fl.-Eisen	1/2 DIN 70	
1	1		16	Öler	—	—	Hommel, Mainz Nr. 6	

Änderungsvermerke: ....

Bemerkungen: ....

Unterschriften: ....

	Datum:	Name:
Geschrieben:	7. I. 20.	*Vormelher*
Geprüft:	14. I. 20.	*Senst*
Norm gepr.:	15. I. 20.	*Görner*

Fabriknorm
Berlin W 62

Stückliste Nr.:
1217

Heft-Rand

herei, Fräserei usw.) aufgeführt werden, um in Schlußspalten Gesamtlöhne und unter Hinzunahme der Unkosten und Materialkosten die gesamten Selbstkosten zu ergeben.

4. Anfertigung der Zeichnungen.

Zwecks Ersparnis an Papier und Zeichenarbeit sind käufliche Vordrucke in den oben angegebenen Formaten und ähnlich Fig. 8 zu verwenden. Aufzeichnung in Bleistift oder Tusche; auch in ersterem Falle sind Maßzahlen, Maßpfeile und Teilnummern in Tusche anzulegen. Das Papier soll fest sein und Radieren vertragen, ohne daß Tuschlinien auf der Radierstelle fließen, weiterhin durchsichtig sein, damit man in der Blaupauserei mit möglichst geringer Belichtungszeit auskommt. Es ist großer Wert darauf zu legen, daß stets dasselbe Papier verwendet wird, da sonst gemeinsam im Lichtpausapparat gepauste Zeichnungen verschieden helle Lichtpausen ergeben.

Linien (s. a. DINorm 15): Man unterscheidet:

Vollinien für sichtbare Kanten und Umrisse, Querschnitte von Armen u. dgl., die in die Zeichnungsebene gedreht sind, anzudeutende Nachbarteile, Maßbegrenzungslinien und Maßlinien, Grenzstellungen bei Hebeln, Griffen usw., Schraffieren von Schnittflächen.

Strichlinien für unsichtbare Kanten und Umrisse (Einzelstriche nicht zu kurz!) und gewisse Sinnbilder.

Strichpunktlinien für Mittellinien, gewisse Sinnbilder, Teile, die vor dem dargestellten Gegenstand liegen, Bearbeitungszugaben bei Schmiedestücken, zur Angabe von Schnittebenen.

Freihandlinien für Sprengfugen und Bruchkanten, Holzquerschnitte und Holzoberflächen.

Beschriftung in schräger Blockschrift (Buchstaben und Ziffern s. DINorm 16); hierfür bestehen die Bahrschen Schablonen; geübte Zeichner schreiben die Blockschrift freihändig mit der Relisfeder von Heintze & Blankertz.

5. Darstellungen auf Zeichnungen.

Maßstäbe: 10 : 1; 5 : 1; 2 : 1; 1 : 1; 1 : 2,5; 1 : 5; 1 : 10; 1 : 20; 1 : 50; 1 : 100.

Ansichten und Schnitte. Die verschiedenen Ansichten sind gemäß DINorm 6 gegenseitig so anzuordnen, daß man den Gegenstand aus seiner ersten Stellung z. B. nach rechts umklappt und die neue Ansicht rechts von der ersten zeichnet (deutsches Verfahren gegenüber dem amerikanischen). Fig. 10 stellt dies dar. Muß eine Ansicht ausnahmsweise auf der unrichtigen Seite gezeichnet werden, so ist dabei die Sehrichtung durch einen Pfeil anzudeuten (mit Buchstaben) und zuzuschreiben: „Ansicht in Richtung A". Werden Schnitte aus Raummangel nicht in obiger Weise neben oder unter der Hauptdarstellung gezeichnet, so ist durch Pfeile an den Schnittlinien anzudeuten, nach welcher Seite der Schnitt geklappt gedacht ist. Fig. 11 zeigt, daß der eine Schnitt nach rechts geklappt (von links gesehen) ist; beim linken Schnitt gilt das Umgekehrte.

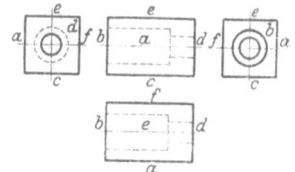

Fig. 10. Anordnung der Ansichten.

Maße sind in die unterbrochene Maßlinie einzuschreiben, und zwar jedes Maß nur einmal auf jeder Zeichnung und in der Ansicht, die über die Form des Gegenstandes an der Maßstelle den klarsten Aufschluß gibt. Die Maße sind dem Herstellungsgang entsprechend einzutragen. Maßbegrenzungslinien sollen Maßlinien nicht schneiden. Bei Durchmessern ist in der Ansicht, in der nicht die Kreisform gezeichnet

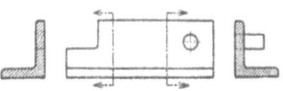

Fig. 11. Anordnung der Schnitte.

ist, das Zeichen ⌀ erhöht neben die Maßzahl zu setzen; bei Halbmessern wird geschrieben: r 10.

Gewindeabkürzungen treten vor die die Gewindegröße bezeichnende Zahl; es bedeuten:

kein Buchstabe mit Zollbezeichnung — Whitworthgewinde, z. B. $^5/_8''$.
G mit Zollbezeichnung — Gasgewinde, z. B. $G\, ^1/_4''$.
W mit Millimeterbezeichnung (Durchmesser) und Gangzahl = Whitworth-Feingewinde, z. B. $W\, 50 \times 14$.
M mit Millimeterbezeichnung (Durchmesser) = Metrisches (S. I.) Gewinde, z. B. $M\, 16$.
M mit Millimeterbezeichnung (Durchmesser) und Steigung = Metrisches Feingewinde, z. B. $M\, 16 \times 1{,}25$.

	Oberflächenbeschaffenheit	Ausführung	Anwendungsbeispiele
Fig. 25.	Rohbleibende Oberfläche Ohne Bearbeitungszugabe	Gußhaut, Walzhaut, geschmiedete, gezogene Flächen usw. Nicht bearbeitet	Freie Flächen an Maschinen und Apparateteilen
Fig. 26. Ein „Ungefähr"-Zeichen.	Glatte Oberfläche, möglichst ohne Nacharbeit Ohne Bearbeitungszugabe	Sauber gegossen, geschmiedet, gepreßt; nur im Notfalle durch Meißeln, Feilen, Schleifen nachgeglättet (gekratzt)	Auflageflächen bei Schraubenaugen und Verschlußklappen, Blechabdeckungen und -verkleidungen, Preß- und Stanzteile
Fig. 27.	Schruppfläche, wie sie durch Schruppen oder Grobschlichten entstanden ist Mit Bearbeitungszugabe		Vorbearbeitete Teile, Sohlflächen von Lagern, Oberflächen von Grundplatten, Stirnflächen von Naben, Innenflächen von Kolbenringen, Schraubenschäfte, die nicht eingepaßt werden
Fig. 28.	Schlichtfläche, wie sie durch Schlichten oder Feinschlichten entstanden ist. Mit Bearbeitungszugabe	gefeilt, gehobelt, gefräst, gedreht, gerieben, geschliffen	Flächen ohne Paßangabe, die ein sauberes Aussehen bei nur mittlerer Oberflächengüte erhalten sollen, z. B. freie Stellen und Stirnflächen bei blanken Wellen und Spindeln, Seitenflächen an blanken Kurbeln Flächen mit Paßangabe oder mit einem Zusatz für Sonderbearbeitung, die eine höhere Oberflächengüte aufweisen müssen, z. B. Zylinderbohrungen, Schieberspiegel, Meß- und Werkzeugflächen

Sonderbearbeitungen (Einschleifen, Schaben usw.) oder Sonderbehandlungen (Härten, Oxydieren, Lackieren usw.) sind wörtlich hinzuzuschreiben.

Trapgew. mit Millimeterbezeichnung, (Durchmesser) und Steigung = Trapezgewinde, z. B. Trapgew. 60 × 10.

Säggew. mit Millimeterbezeichnung = Sägengewinde (entspr. Trapezgewinde). Weiteres über Maßeintragung s. DINorm 406.

Sinnbilder. Eine große Anzahl häufig wiederkehrender Gegenstände (Schrauben, Nieten, Zahnräder) werden nicht nach ihrer wirklichen Ansicht dargestellt, sondern durch Sinnbilder (DINorm 23 nach Fig. 12 bis 24).

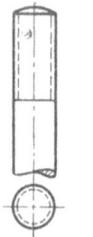
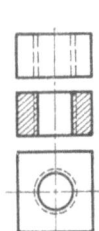
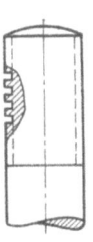
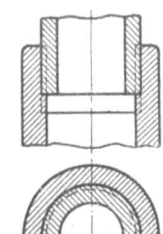

Fig. 12. Spitzgewinde a. Schraube.   Fig. 13 u. 14. Spitzgewinde in Mutter.   Fig. 15. Flachgewinde.   Fig. 16 u. 17. Spitzgewinde zusammengeschraubter Körper.

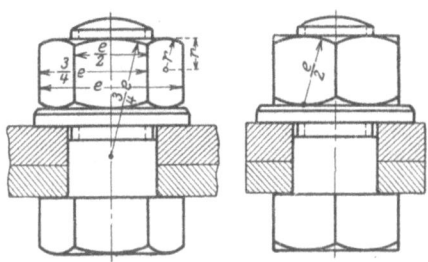
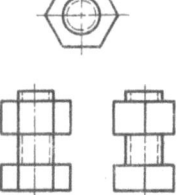

Fig. 18 u. 19. Sechskantschraube mit Mutter.   Fig. 20—22. Sechskantschraube mit Mutter in vereinfachter Darstellung.

Bearbeitungszeichen. Oberflächenzeichen werden nach Fig. 25 bis 28 in folgender Aufstellung, entsprechend DINorm 140, verwendet.

Die Genauigkeit wird durch Eintragen der Abmaße angegeben; dies sind die Unterschiede zwischen den für ein Maß zulässigen Grenzmaßen und dem Nennmaß, und zwar ist das obere Abmaß der Unterschied zwischen dem oberen Grenzmaß (zulässiges Größtmaß) und dem Nennmaß; unteres Abmaß der Unterschied zwischen dem unteren Grenzmaß (zulässiges Kleinstmaß) und dem Nennmaß. Jedes Nennmaß hat also zwei Abmaße. Dabei ist Nennmaß das abgerundete Millimetermaß, mit dem man die Größe des vorliegenden Paßmaßes bezeichnet oder benennt. Der Unterschied zwischen Größt- und Kleinstmaß und somit auch zwischen den Abmaßen ist die Toleranz.

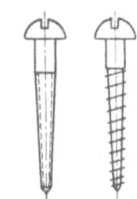

Fig. 23 und 24. Holzschraube.

Beispiele:

	1	2	3	4	5	6
Toleriertes Maß	$50 \pm 0{,}1$	$40 ^{+0,2}_{-0,1}$	$84 ^{+0,5}_{+0,3}$	$22 ^{-0,10}_{-0,12}$	$20 + 0{,}1$	$18 _{-0,05}$
Nennmaß	50	40	84	22	20	18
Größtmaß	50,1	40,2	84,5	21,90	20,1	18,0
Kleinstmaß	49,9	39,9	84,3	21,88	20	17,95
Toleranz	0,2	0,3	0,2	0,02	0,1	0,05

In den Fällen 5 und 6 ist ein Abmaß = 0, es wird daher fortgelassen; das andere Abmaß gibt hier zugleich die Größe der Toleranz an. Dies kann mit einer anderen Schreibweise stets erreicht werden, nämlich wenn man nicht das Nennmaß, sondern ein Grenzmaß anschreibt, z. B. in Fall 2 = $40{,}2^{-0{,}3}$, in Fall 3 = $84{,}3^{+0{,}2}$. Dabei ist bei Innenmaßen (Bohrungen usw.) stets das Kleinstmaß anzuschreiben (Fall 3 = 84,3), bei Außenmaßen (Wellen, Flachmaterial usw.) stets das Größtmaß (Fall 2 = 40,2). Dies hat für die Bearbeitung den Vorteil, daß die Maße angeschrieben sind, die bei der Spanabnahme zuerst erreicht werden; für eine Überschreitung steht sodann die ganze angeschriebene Toleranz zur Verfügung.

Bei normalen Passungen (s. bes. Abschnitt S. 551) wird die Genauigkeit durch Buchstabenabkürzungen gemäß Tafel 16, auf S. 563 angegeben. Diese ersetzen die Genauigkeitsgrenzen für alle Maße eines bestimmten Zweckes, z. B. die Abkürzung „L" bedeutet bei einem Wellendurchmesser von 15 mm die Abmaße —0,018, bei 85 mm $\emptyset$ —0,035. Das abgekürzte Passungszeichen wird erhöht neben die Maßzahl gesetzt, und zwar bei Durchmessern hinter das Durchmesserzeichen, z. B. 15 $\emptyset^L$.

6. Numerierung.

In jeder Konstruktionsabteilung ist ein Zeichnungsnummernbuch zu führen, in das die Zeichnungen nach zeitlicher Reihenfolge eingetragen werden; Doppelbenutzung einer Zeichnungsnummer wird dadurch ausgeschlossen.

Im allgemeinen sind zwei Verfahren der Zeichnungsnumerierung üblich:

Reine fortlaufende Nummernbezeichnung. Alle Zeichnungen erhalten fortlaufende Nummern. Verschiedene Abteilungen benutzen verschiedene Nummernserien.

Sinnfällige Zeichnungsbezeichnung. Die Zeichnungsgröße wird als Ziffer an erster Stelle angegeben. Da die Nummern von Einzelzeichnungen gleichzeitig auch als Modell- und Lagernummern verwendet werden sollen, kennzeichnen sie dann gleichzeitig auch die Größe des Stücks, daher kommen je kleine Teile, kleine Modelle usw. zusammen, was die Übersichtlichkeit und Raumersparnis im Lager erhöht.

Ein Kennbuchstabe unterscheidet die verschiedenen Zeichnungen für verschiedene Erzeugnisgattungen, z. B. M = Motoren, S = Schalter, P = Pumpen. Das ist besonders wichtig, wenn diese Gegenstände in getrennten Büros konstruiert werden. Diese Maßnahme ist natürlich auch in Verbindung mit der fortlaufenden Bezeichnung möglich.

Selbst die laufende (Zähl-) Nummer kann noch eine besondere Bedeutung erhalten, indem man z. B. den Tausender- oder Zehntausenderziffern Gruppen zuordnet, z. B. 10 000 bis 19 999 Glühkopfmotoren, 20 000 bis 29 999 Dieselmotoren usw.; in diesen Fällen ist „1" kennzeichnend für die erste, „2" kennzeichnend für die zweite Gruppe.

Eine ganze Zeichnungsnummer lautet also z. B.:

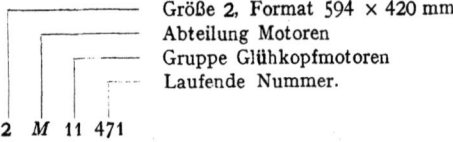

Größe 2, Format 594 × 420 mm
Abteilung Motoren
Gruppe Glühkopfmotoren
Laufende Nummer.

2 M 11 471

Dieses Verfahren, das jeweilig den besonderen Bedürfnissen anzupassen ist, führt dazu, daß z. B. im Fach 2 M 11 200—11 999 die Zeichnungen nur von Teilen ähnlicher Größe zu Glühkopfmotoren zusammen liegen; dadurch wird das Aufsuchen ähnlicher Teile ganz wesentlich erleichtert.

Ist ein Gegenstand zu groß, als daß er auf einem Blatt dargestellt werden könnte, so wird die Darstellung auf mehrere Blätter gleicher Größe verteilt, die, da

Das Konstruktionsbüro. — Das Zeichnungswesen. 545

sie zusammen ein Ganzes bilden, die gleiche Nummer, aber dazu den Zusatz „Blatt 1", „Blatt 2" usw. erhalten.

Werkstattzeichnungen zu Normteilen erhalten als Nummern am besten die Bezeichnung des Normteils selbst, z. B. 32 × 8 Norm 287 (s. S. 576).

Patentzeichnungen, die alle die gleiche Größe haben, sind statt mit der Zahl der Zeichnungsgröße mit P zu kennzeichnen, z. B. $P\,M$ 10 117.

Zeichnungsänderung. Eine Zeichnungsnummer muß eine Zeichnung völlig eindeutig kennzeichnen. Eine Änderung der Zeichnung muß daher auch in der Nummer zum Ausdruck kommen. Gemäß Fig. 8 sind im Kopf der Zeichnung Spalten für Änderungsvermerke vorgesehen; sie sind mit a, b, c usf. gekennzeichnet. Dieser Änderungsindex muß bei Nennung einer Zeichnungsnummer stets mit genannt werden, z. B. 1 P 4718, Änder. b, oder kürzer: 1 P 4718 b.

Der Änderungsindex ist außerdem an der geänderten Stelle der Zeichnung und auf der Stückliste anzugeben. Wird erheblich geändert, so ist eine neue Zeichnung anzufertigen und dabei in der Spalte „Ersatz für" die alte Zeichnungsnummer anzugeben. Die alte ersetzte Zeichnung erhält in der Spalte „Ersetzt durch" die Nummer der neuen Zeichnung.

Bei erheblichen Änderungen führt folgendes Verfahren zeichnerisch am schnellsten zum Ziel: Man macht von der zu ersetzenden Zeichnung ein Sepia-Negativ (weiße Linien auf braunem Grund) und deckt darauf die zu ändernden Linien, sowie die Zeichnungsnummer mit Tusche ab (zweimal mit Tusche übermalen). Von diesem Negativ macht man einen weiteren Abzug (Sepia-Positiv, braune Linien auf weißem Grund), der nur noch die nicht zu ändernden Teile der Zeichnung enthält; dazu trägt man mit Tusche die geänderten Teile auf und hat somit eine neue Zeichnung, die infolge des dünnen Papiers vollkommen pausfähig ist.

Die Stückliste selbst enthält einen Änderungsindex nicht, wenn zur Zeichnungsnummer eines Einzelteils nur ein Änderungsindex tritt, sondern nur dann, wenn sich eine Stückzahl oder ein Werkstoff ändert oder ein Teil durch einen anderen ersetzt wird.

Jede Zeichnungsänderung muß äußerst sorgfältig behandelt werden; sie muß überall hindringen, wo eine Vervielfältigung der betreffenden Originalzeichnung ist. Außerdem muß geprüft werden, ob durch die Änderung die Zusammenstellungszeichnung, eine Anschlußzeichnung, eine Lehren-, Werkzeug- oder Vorrichtungszeichnung zu ändern ist. Hierzu dient die Zeichnungskartei (s. nächsten Abschnitt).

7. Aufbewahrung und Verwaltung.

Die Zeichnungen sind nach Größen abzulegen, dadurch wird nicht nur an Raum gespart, sondern auch vermieden, daß sich kleine Zeichnungen zwischen größeren nach hinten schieben können und damit schwer auffindbar werden.

Bei dem in Abschnitt 6 zuerst erwähnten rein fortlaufenden Numerierungsverfahren (S. 544) muß sowohl im Zeichnungsnummernbuch wie auf der Zeichnungskarte (s. unten) vermerkt werden, welche Größe jede Zeichnung hat. Bei der zweiten, sinnfälligen Bezeichnung fällt diese Maßnahme weg, da die Größe aus der Zeichnungsbezeichnung schon hervorgeht.

Zum Auffinden bestimmter Zeichnungen dient bei umfangreichen Zeichnungsregistraturen eine einfache Sachkartei, bei der man etwa unter „Stopfbuchsen" die Nummern aller Stopfbuchsenzeichnungen findet usw. Bei der zweiten Bezeichnungsweise ist sie oft nicht notwendig, weil dabei nicht nur gleichartige Konstruktionen, sondern innerhalb derselben auch Teile gleicher Größenordnung zusammenliegen.

Unabhängig davon empfiehlt sich aber zur dauernden Überwachung des Zeichnungswesens eine Kartei, die über folgende Fragen Auskunft geben muß:

a) Verbleib der Originalzeichnung (im Schrank, in der Pauserei, oder bei der Änderung), durch verschiedenfarbige Reiter zu kennzeichnen;

Dubbel, Betriebstaschenbuch. 35

b) welche Zusammenstellungszeichnung zu einer Einzelteilzeichnung gehört;
c) welche Zeichnungen die Anschlußteile enthalten;
d) ob eine Änderung in allen Belangen durchgeführt ist (s. oben).
e) Verbleib der Pausen;
f) ob bei einer Änderung alle Pausen besitzende Stellen geänderte Pausen erhielten;
g) ob Sepiazeichnung im Archiv niedergelegt ist. (Um bei Bränden nicht die unersetzlichen Zeichnungen einzubüßen, sollte von jeder Zeichnung ein Sepia-Abzug in einem besonderen, feuersicheren Archiv aufbewahrt werden.)

b) Passungen.

Das körperliche Verhältnis zwischen zusammenpassenden Teilen heißt man kurz „Passung".

Insbesondere bedeutet Passung den Sollzustand, den zwei voneinander unabhängig, aber nach Toleranzen gefertigte Körper nach ihrem Zusammenbau aufweisen sollen, z. B. gegenseitiges leichtes Laufen. Die Passung ist somit das Ziel der Austauschbarkeit, die eine der Hauptforderungen neuzeitlicher Herstellung darstellt.

Es sind hierbei zu unterscheiden:

ineinanderpassende Körper (zylindrische, kegelige, flache, Gewinde);

aneinanderpassende Körper (Lagerhöhe von Motor und Arbeitsmaschine, Teilung von Flanschlöchern u. dgl.).

1. Toleranzen.

Toleranzen bilden die Genauigkeitsvorschriften für die Werkstatt; über ihre Eintragung s. S. 543. Ihre Größe wird durch zweierlei bestimmt: erstens muß eine Toleranz so groß sein, daß sie bei wirtschaftlichem Herstellungsverfahren noch eingehalten werden kann; zweitens darf sie nicht größer sein, als daß jedes danach hergestellte Werkstück nicht seinen Zweck erfüllt, d. h. in seinem Gegenstück weder eine zu weite noch zu enge Passung ergibt.

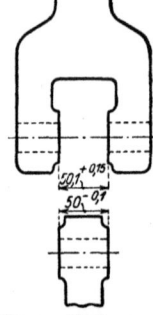

Fig. 29. Flachpassung zwischen Gabel und Stangenauge.

Bei Beurteilung des Zusammenpassens zweier durch die Angabe von Grenzmaßen oder Abmaßen (s. S. 543) tolerierter Stücke müssen also die Grenzfälle der möglichen Passungen berücksichtigt werden, und zwar müssen beide Grenzfälle noch befriedigende Passungen ergeben; andernfalls sind die Toleranzen zu verringern und die Grenzmaße zu ändern.

Beispiel: Eine Gabel (Fig. 29) hat innen die Grenzmaße 50,25 und 50,1 mm (Toleranz 0,15); die einzufügende Stange hat eine Augenbreite mit den Grenzmaßen 50,0 und 49,9 mm (Toleranz 0,1).

Die äußersten Fälle sind nun:
Weiteste Gabel mit schmalstem Stangenauge:
   Größtes Spiel . . . . 50,25 — 49,9 = 0,35 mm ⎫ Unterschied
Engste Gabel mit breitestem Stangenauge: ⎬ 0,25 mm
   Kleinstes Spiel . . . 50,1 — 50,0 = 0,1 mm ⎭

Der Unterschied dieser Spiele (größtmögliche Spielschwankung) wird allgemein „Passungstoleranz" genannt und bezeichnet den Grad der Verschiedenartigkeit, den eine durch gewisse Grenzmaßpaare festgelegte Passung aufweisen kann. Die Passungstoleranz ist gleich der Summe der Einzeltoleranzen der zusammenzufügenden Stücke.

Dieser Satz gilt grundsätzlich für alle Arten von Passungen. Abmaße s. S. 543.

Temperatur. Da alle Körper ihre Abmessungen mit der Temperatur ändern, so ist es nötig, die Maße allgemein auf eine bestimmte Temperatur zu beziehen. Diese Bezugstemperatur ist nach DINorm 102 auf 20° C festgesetzt. Sollen zwei Körper, insbesondere solche mit verschiedenen Ausdehnungskoeffizienten, bei einer bestimmten Temperatur, z. B. 75°, eine bestimmte Passung ergeben, so sind die Abmaße auf 20° zurückzurechnen, da im allgemeinen bei dieser Temperatur gemessen wird und die Lehren bei 20° ihre Sollmaße haben.

2. Zylindrische Passungen.

Je nachdem zwei zusammenzufügende Körper (Welle und Bohrung) gegenseitig ruhen oder sich bewegen sollen, spricht man von Ruhe- und Bewegungspassungen. Innerhalb derselben unterscheidet man festere und losere Verbindungen als verschiedene Sitze. Bewegungssitze (Laufsitze) entstehen, wenn auch im äußersten Grenzfall ein Spiel zwischen beiden Teilen entsteht. Ein Bewegungssitz im ganzen ist gekennzeichnet durch das kleinste und größte mögliche Spiel. Das kleinste Spiel ist hierbei der Unterschied zwischen Kleinstmaß der Bohrung und Größtmaß der Welle; das größte Spiel ist der Unterschied zwischen Größtmaß der Bohrung und Kleinstmaß der Welle, s. Fig. 30.

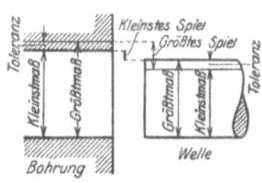

Fig. 30. Bewegungssitz.

Vollkommene Ruhesitze (Preßsitze) entstehen, wenn auch im äußersten Grenzfall die Welle gegenüber der Bohrung ein Übermaß aufweist. Ein Ruhesitz im ganzen ist daher durch das größte und kleinste mögliche Übermaß gekennzeichnet. Das größte Übermaß ist der Unterschied zwischen Größtmaß der Welle und Kleinstmaß der Bohrung; das kleinste Übermaß ist der Unterschied zwischen Kleinstmaß der Welle und Größtmaß der Bohrung (Fig. 31).

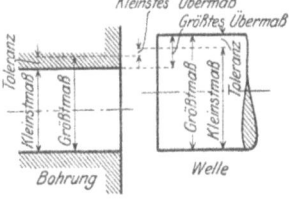

Fig. 31. Vollkommener Ruhesitz.

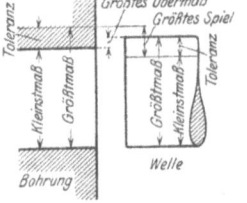

Fig. 32. Unvollkommener Ruhesitz.

Zwischen diesen vollkommenen Ruhesitzen und den Bewegungssitzen gibt es Sitze, bei denen im einen Grenzfall ein Spiel (Unterschied zwischen Größtmaß

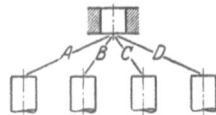 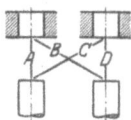 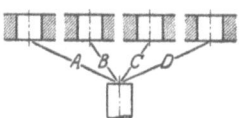

Fig. 33. 3 Arten von Passungssystemen.

der Bohrung und Kleinstmaß der Welle), im anderen Grenzfall ein Übermaß der Welle (Unterschied zwischen Größtmaß der Welle und Kleinstmaß der Bohrung) auftritt. Auch diese Sitze sind Ruhesitze (Fig. 32), bei denen man aber die Möglichkeit des unter Umständen auftretenden Spiels nie aus dem Auge verlieren sollte.

Gütegrade. Je nachdem der Verwendungszweck eine kleinere oder größere Passungstoleranz verlangt, verwendet man verschiedene Gütegrade: Edelpassungsgrad, Feinpassungsgrad, Schlichtpassungsgrad, Grobpassungsgrad, Weitpassungsgrad. Ruhesitze verlangen stets eine kleine Passungstoleranz und sind daher — mit Ausnahme geschlitzter und geteilter Naben — nur mit Edel- und Feinpassungsgrad zu erhalten.

35*

548 Fabrikorganisation.

Passungssysteme. Die systematische Verbindung der verschiedenen Sitze ist auf verschiedene Arten möglich, die in Fig. 33 a bis c schematisch dargestellt sind.

a) **Einheitsbohrungssystem.** In jedem Gütegrad sind die Bohrungen der verschiedenen Durchmesser jeweils einheitlich. Die Wellen werden verschieden stark gemacht.

b) **Verbundsystem.** Verschiedene Bohrungen werden je mit verschiedenen Wellen paarweise zusammengefügt.

c) **Einheitswellensystem.** In jedem Gütegrad sind die Wellen der verschiedenen Durchmesser jeweils einheitlich; die Bohrungen werden verschieden weit gemacht.

3. Lage der Null-Linie.

Der Ausdruck „Null-Linie" rührt von der graphischen Darstellung der Abmaße her (Fig. 35, S. 556); Null-Linie bedeutet also das Abmaß 0. Die Abmaße 0 — die Null-Linie — haben folgende grundsätzliche Bedeutung:

Im System der Einheitswelle haben die Wellen der verschiedenen Gütegrade das obere Abmaß 0, d. h. ihr Größtmaß ist gleich dem Nennmaß und ihr Toleranzgebiet schließt sich nach unten an die „Null-Linie" an, die somit dessen „obere Begrenzungslinie" bildet (Fig 36, S. 557).

Im System der Einheitsbohrung haben die Bohrungen der verschiedenen Gütegrade das untere Abmaß 0, d. h. ihr Kleinstmaß ist gleich dem Nennmaß und ihr Toleranzgebiet schließt sich nach oben an die „Null-Linie" an, die somit dessen „untere Begrenzungslinie" bildet (Fig. 35, S. 556).

Steckt man Wellen und Bohrungen, deren Toleranzgebiete so liegen, zusammen, so entsteht eine Passung (Sitz), die ein kleinstes Spiel 0 und ein größtes Spiel gleich der Summe der beiden Toleranzen aufweist. Dies ist in jedem Fall ein Sitz, bei dem die Teile von Hand zusammengesteckt werden können. Es ist

	im Edelpassungsgrad	der „Edelgleitsitz",
	„ Feinpassungsgrad	„ „Gleitsitz",
	„ Schlichtpassungsgrad	„ „Schlichtgleitsitz",
	„ Grobpassungsgrad	„ „Stecksitz" (Sitz g 1).

Somit stimmt bei diesen Gütegraden jeweils

die Gleitsitzwelle des Einheitsbohrungssystems mit der Einheitswelle und
die Gleitsitzbohrung des Einheitswellensystems mit der Einheitsbohrung

überein.

Der Grundsatz der „Null-Linie als Begrenzungslinie" gilt für alle Fälle, wo Teile ineinander gefügt werden. (Wellen in Bohrungen, Vier-, Sechs-, Achtkante in Schraubenschlüsseln, Federkeile in Keilnuten, Schrauben in Muttern), und zwar jeweils für einen der beiden zusammenzufügenden Teile.

Ist die Gattung der Teile mit Außenmaß die ausschlaggebende (gezogenes Material oder z. B. Grundsatz der Einheitlichkeit für verschiedene Passungen), so wird hierfür die „Null-Linie als obere Begrenzungslinie" gewählt (System der Einheitswelle). Ist die Gattung der Teile mit Innenmaß die ausschlaggebende (z. B. Grundsatz der Einheitlichkeit für verschiedene Passungen), so wird hierfür die „Null-Linie als untere Begrenzungslinie" gewählt (System der Einheitsbohrung).

4. Paßeinheit.

Abmaße und Toleranzen für bestimmte Zwecke ändern ihre Größe mit dem Durchmesser D, und zwar ist ein Abmaß

$$a = \frac{c}{200}\sqrt[3]{D}$$

wobei c eine für die verschiedenen Sitze verschiedene Konstante bedeutet. Mit $c = 1$ erhält man die Einheit $\dfrac{1}{200}\sqrt[3]{D}$ und bezeichnet diese als Paßeinheit, abgekürzt PE. Diesen Ausdruck verwendet man, indem man z. B. sagt, eine Laufsitzwelle im Einheitsbohrungssystem habe das obere Abmaß -3 PE, das untere Abmaß -5 PE oder abgekürzt die Abmaße $\dfrac{-3\ \text{PE}}{-5\ \text{PE}}$. Für den einzelnen Durchmesser sind die Abmaße aus obiger Formel zu errechnen, indem für c die

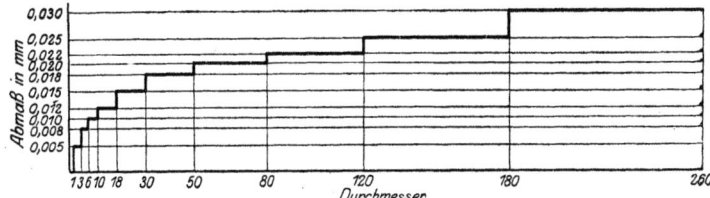

Fig. 34. Millimeterwerte einer Paßeinheit.

entsprechende Anzahl der Paßeinheiten samt Vorzeichen + oder — eingesetzt wird. Die sich ergebenden Werte sind in den DINormen einheitlich abgerundet. Der Wert für 1 PE ist durch die Kurve Fig. 34 dargestellt. Diese Figur stellt gleichzeitig die Größe der Toleranz für die verschiedenen Durchmesser der Einheitswelle des Feinpassungsgrades dar.

Zahlentafel 2 gibt die abgerundeten Werte für alle gebräuchlichen Paßeinheitsreihen wieder. Die für die genormten Sitze benutzten Reihen sind durch gekennzeichnet.

Diese Tafel wird bei jeder Art der Aufstellung von Abmaßen verwendet, sofern man nicht normale Sitze besitzt; hat man z. B. für einen bestimmten Zweck festgestellt, daß für ein Nennmaß von 60 mm ein Abmaß $-0{,}08$ lauten soll, so findet man dieses in der Reihe 4 PE und bemerkt sich, daß für diesen

Zahlentafel 2. Paßeinheitsreihen.

Paß-einheiten	1÷3	über 3÷6	über 6÷10	über 10÷18	über 18÷30	über 30÷50	über 50÷80	über 80÷120	über 120÷180	über 180÷260	Paß-einheiten
0,5*	0,003	0,004	0,005	0,006	0,008	0,009	0,01	0,011	0,013	0,015	0,5
1*	0,005	0,008	0,01	0,012	0,015	0,018	0,02	0,022	0,025	0,03	1
1,5*	0,008	0,012	0,015	0,018	0,022	0,025	0,03	0,035	0,04	0,045	1,5
2*	0,012	0,015	0,02	0,025	0,03	0,035	0,04	0,045	0,05	0,06	2
3*	0,018	0,025	0,03	0,035	0,045	0,05	0,06	0,07	0,08	0,09	3
4	0,025	0,03	0,04	0,05	0,06	0,07	0,08	0,09	0,11	0,12	4
5*	0,03	0,04	0,05	0,06	0,07	0,08	0,1	0,12	0,14	0,15	5
6	0,035	0,05	0,06	0,07	0,08	0,1	0,12	0,14	0,16	0,18	6
8*	0,05	0,06	0,08	0,1	0,12	0,14	0,16	0,18	0,21	0,24	8
10*	0,05	0,08	0,1	0,1	0,15	0,15	0,2	0,2	0,25	0,25	10
12	0,08	0,1	0,12	0,15	0,2	0,2	0,25	0,3	0,3	0,35	12
15*	0,08	0,1	0,15	0,2	0,25	0,25	0,3	0,35	0,4	0,45	15
20*	0,1	0,15	0,2	0,25	0,3	0,35	0,4	0,45	0,5	0,55	20
25	0,15	0,2	0,25	0,3	0,35	0,4	0,5	0,6	0,65	0,75	25
30*	0,18	0,25	0,3	0,4	0,45	0,5	0,6	0,7	0,8	0,9	30
40	0,25	0,3	0,4	0,5	0,6	0,7	0,8	0,9	1	1,2	40
50	0,3	0,4	0,5	0,6	0,7	0,8	1	1,2	1,4	1,5	50

Zweck stets diese Reihe anzuwenden ist. Damit wird eine einheitliche Festlegung von Abmaßen von vornherein gewährleistet.

Besonders viel verwendete Reihen sind folgende:

+ 10 PE Oberes Abmaß der Einheitsbohrung des Grobpassungsgrades.
+ 3 PE   „   „   „   „   „   Schlichtpassungsgrades.
+ 1,5 PE „   „   „   „   „   Feinpassungsgrades.
+ 1 PE   „   „   „   „   „   Edelpassungsgrades.
  0 PE {Unteres Abmaß aller Einheitsbohrungen,
       {Oberes   „   „   Einheitswellen,
− 1 PE Unteres Abmaß der Einheitswelle des Edel- und Feinpassungsgrades.
− 3 PE {   „   „   „   „   „   Schlichtpassungsgrades.
       {Unteres Abmaß von gezogenem Silberstahl und präzis gezogenem Fluß- und Keilstahl.

Zahlentafel 3. Edelpassungsgrad-Einheitsbohrung.
Maße in mm.

Sitze		Durchmesserbereich								Paß-einheiten
		1÷3	über 3÷6	über 6÷10	über 10÷18	über 18÷30	über 30÷50	über 50÷80	über 80÷120	
Einheitsbohrung eB	oberes Abmaß	+0,005	+0,008	+0,01	+0,012	+0,015	+0,018	+0,02	+0,022	+1
	unteres Abmaß	0	0	0	0	0	0	0	0	0
Gleitsitz G	oberes Abmaß	0	0	0	0	0	0	0	0	0
	unteres Abmaß	−0,005	−0,008	−0,01	−0,012	−0,015	−0,018	−0,02	−0,022	−1
Schiebesitz S	oberes Abmaß	+0,003	+0,004	+0,005	+0,006	+0,008	+0,009	+0,01	+0,011	+0,5
	unteres Abmaß	−0,003	−0,004	−0,005	−0,006	−0,008	−0,009	−0,01	−0,011	−0,5
Haftsitz H	oberes Abmaß	+0,005	+0,008	+0,01	+0,012	+0,015	+0,018	+0,02	+0,022	+1
	unteres Abmaß	0	0	0	0	0	0	0	0	0
Festsitz F	oberes Abmaß	+0,012	+0,015	+0,02	+0,025	+0,030	+0,035	+0,04	+0,045	+2
	unteres Abmaß	+0,005	+0,008	+0,01	+0,012	+0,015	+0,018	+0,02	+0,022	+1
Bohrung					Wellen					

Das Konstruktionsbüro. — Passungen. 551

— 10 PE Unteres Abmaß der Einheitswelle des Grobpassungsgrades.
„ „ von genau gezogenem Flußstahl und Messing.
— 15 PE „ „ von handelsüblich gezogenem Flußeisen, Flußstahl, Messing, Sechskanteisen für Schrauben und Muttern.

5. Die DINormen für Passungen.

Die DINormen für Passungen haben den Zweck:
alle Normteile austauschbar zu machen,
die Grenzlehren zu vereinheitlichen,
allen Betrieben eine einheitliche Grundlage für den Austauschbau zu geben.

Da nach diesen Normen die Normteile toleriert werden, so müssen die einbauenden Werkstätten die Gegenstände ebenfalls nach den Abmaßen der Passungsnormen anfertigen, da sonst kein richtiger Sitz erzielt wird.

Zahlentafel 4. Edelpassungsgrad-Einheitswelle. Maße in mm.

Sitze		Paß-einheiten	Durchmesserbereich 1÷3	über 3÷6	über 6÷10	über 10÷18	über 18÷30	über 30÷50	über 50÷80	über 80÷120
Einheitswelle W	oberes Abmaß	0	0	0	0	0	0	0	0	0
	unteres Abmaß	−1	−0,005	−0,008	−0,01	−0,012	−0,015	−0,018	−0,02	−0,022
Edelgleitsitz eG	oberes Abmaß	+1	+0,005	+0,008	+0,01	+0,012	+0,015	+0,018	+0,02	+0,022
	unteres Abmaß	0	0	0	0	0	0	0	0	0
Edelschiebesitz eS	oberes Abmaß	+0,5	+0,003	+0,004	+0,005	+0,006	+0,008	+0,009	+0,01	+0,011
	unteres Abmaß	−0,5	−0,003	−0,004	−0,005	−0,006	−0,008	−0,009	−0,01	−0,011
Edelhaftsitz eH	oberes Abmaß	0	0	0	0	0	0	0	0	0
	unteres Abmaß	−1	−0,005	−0,008	−0,01	−0,012	−0,015	−0,018	−0,02	−0,022
Edelfestsitz eF	oberes Abmaß	−1	−0,005	−0,008	−0,01	−0,012	−0,015	−0,018	−0,02	−0,022
	unteres Abmaß	−2	−0,012	−0,015	−0,02	−0,025	−0,03	−0,035	−0,04	−0,045
Welle / Bohrungen										

Zahlentafel 5. Feinpassungsgrad-Einheitsbohrung.
Maße in mm.

	Sitze		1÷3	über 3÷6	über 6÷10	über 10÷18	über 18÷30	über 30÷50	über 50÷80	über 80÷120	über 120÷180	über 180÷260	über 260÷360	über 360÷500	Paß-einheiten
Bohrung	Einheitsbohrung B	oberes Abmaß	+0,008	+0,012	+0,015	+0,018	+0,022	+0,025	+0,03	+0,035	+0,040	+0,045	+0,050	+0,060	+1,5
		unteres Abmaß	0	0	0	0	0	0	0	0	0	0	0	0	0
Wellen	Weiter Laufsitz WL	oberes Abmaß	−0,03	−0,04	−0,05	−0,06	−0,07	−0,08	−0,10	−0,12	−0,14	−0,15	−0,17	−0,2	−5
		unteres Abmaß	−0,05	−0,06	−0,075	−0,09	−0,11	−0,13	−0,15	−0,18	−0,2	−0,22	−0,25	−0,28	−7,5
	Leichter Laufsitz LL	oberes Abmaß	−0,018	−0,025	−0,03	−0,035	−0,045	−0,05	−0,06	−0,07	−0,08	−0,09	−0,1	−0,12	−3
		unteres Abmaß	−0,03	−0,04	−0,05	−0,06	−0,07	−0,08	−0,10	−0,12	−0,14	−0,15	−0,17	−0,2	−5
	Laufsitz L	oberes Abmaß	−0,008	−0,012	−0,015	−0,018	−0,022	−0,025	−0,03	−0,035	−0,04	−0,045	−0,05	−0,06	−1,5
		unteres Abmaß	−0,018	−0,025	−0,03	−0,035	−0,045	−0,05	−0,06	−0,07	−0,08	−0,09	−0,1	−0,12	−3
	Enger Laufsitz EL	oberes Abmaß	−0,003	−0,004	−0,005	−0,006	−0,008	−0,009	−0,01	−0,011	−0,013	−0,015	−0,018	−0,02	−0,5
		unteres Abmaß	−0,008	−0,012	−0,015	−0,018	−0,022	−0,025	−0,03	−0,035	−0,04	−0,045	−0,05	−0,06	−1,5
	Gleitsitz G	oberes Abmaß	0	0	0	0	0	0	0	0	0	0	0	0	0
		unteres Abmaß	−0,005	−0,008	−0,01	−0,012	−0,015	−0,018	−0,02	−0,022	−0,025	−0,03	−0,035	−0,04	−1
	Schiebesitz S	oberes Abmaß	+0,003	+0,004	+0,005	+0,006	+0,008	+0,009	+0,01	+0,011	+0,013	+0,015	+0,018	+0,02	+0,5
		unteres Abmaß	−0,003	−0,004	−0,005	−0,006	−0,008	−0,009	−0,01	−0,011	−0,013	−0,015	−0,018	−0,02	−0,5
	Haftsitz H	oberes Abmaß	+0,005	+0,008	+0,01	+0,012	+0,015	+0,018	+0,02	+0,022	+0,025	+0,03	+0,035	+0,04	+1
		unteres Abmaß	0	0	0	0	0	0	0	0	0	0	0	0	0
	Festsitz F	oberes Abmaß	+0,012	+0,015	+0,02	+0,025	+0,03	+0,035	+0,04	+0,045	+0,05	+0,06	+0,07	+0,08	+2
		unteres Abmaß	+0,005	+0,008	+0,01	+0,012	+0,015	+0,018	+0,02	+0,022	+0,025	+0,03	+0,035	+0,04	+1

Das Konstruktionsbüro. — Passungen. 553

Zahlentafel 6. Feinpassungsgrad-Einheitswelle.
Maße in mm.

Sitze		$1 \div 3$	über $3 \div 6$	über $6 \div 10$	über $10 \div 18$	über $18 \div 30$	über $30 \div 50$	über $50 \div 80$	über $80 \div 120$	über $120 \div 180$	über $180 \div 260$	über $260 \div 360$	über $360 \div 500$	Paßeinheiten
Einheitswelle W	oberes Abmaß	0	0	0	0	0	0	0	0	0	0	0	0	0
	unteres Abmaß	-0,005	-0,008	-0,01	-0,012	-0,015	-0,018	-0,02	-0,022	-0,025	-0,03	-0,035	-0,04	-1
Weiter Laufsitz WL	oberes Abmaß	+0,05	+0,06	+0,08	+0,10	+0,12	+0,14	+0,16	+0,18	+0,21	+0,24	+0,27	+0,30	+8
	unteres Abmaß	+0,03	+0,04	+0,05	+0,06	+0,07	+0,08	+0,10	+0,12	+0,14	+0,15	+0,17	+0,20	+5
Leichter Laufsitz LL	oberes Abmaß	+0,035	+0,045	+0,055	+0,065	+0,08	+0,095	+0,11	+0,13	+0,15	+0,17	+0,19	+0,22	+5,5
	unteres Abmaß	+0,018	+0,025	+0,03	+0,035	+0,045	+0,05	+0,06	+0,07	+0,08	+0,09	+0,1	+0,12	+3
Laufsitz L	oberes Abmaß	+0,02	+0,03	+0,035	+0,04	+0,05	+0,06	+0,07	+0,08	+0,095	+0,105	+0,12	+0,14	+3,5
	unteres Abmaß	+0,008	+0,012	+0,015	+0,018	+0,022	+0,025	+0,03	+0,035	+0,04	+0,045	+0,05	+0,06	+1,5
Enger Laufsitz EL	oberes Abmaß	+0,012	+0,015	+0,02	+0,025	+0,03	+0,035	+0,04	+0,045	+0,05	+0,06	+0,07	+0,08	+2
	unteres Abmaß	+0,003	+0,004	+0,005	+0,006	+0,008	+0,009	+0,01	+0,011	+0,013	+0,015	+0,018	+0,02	+0,5
Gleitsitz G	oberes Abmaß	+0,008	+0,012	+0,015	+0,018	+0,022	+0,025	+0,03	+0,035	+0,04	+0,045	+0,05	+0,06	+1,5
	unteres Abmaß	0	0	0	0	0	0	0	0	0	0	0	0	0
Schiebesitz S	oberes Abmaß	+0,005	+0,008	+0,01	+0,012	+0,015	+0,018	+0,02	+0,022	+0,025	+0,03	+0,035	+0,04	+1
	unteres Abmaß	-0,003	-0,004	-0,005	-0,006	-0,008	-0,009	-0,01	-0,011	-0,013	-0,015	-0,018	-0,02	-0,5
Haftsitz H	oberes Abmaß	+0,003	+0,004	+0,005	+0,005	+0,008	+0,009	+0,01	+0,011	+0,013	+0,015	+0,018	+0,02	+0,5
	unteres Abmaß	-0,005	-0,008	-0,01	-0,012	-0,015	-0,018	-0,02	-0,022	-0,025	-0,03	-0,035	-0,04	-1
Festsitz F	oberes Abmaß	-0,003	-0,004	-0,005	-0,006	-0,008	-0,009	-0,01	-0,011	-0,013	-0,015	-0,018	-0,02	-0,5
	unteres Abmaß	-0,012	-0,015	-0,02	-0,025	-0,03	-0,035	-0,04	-0,045	-0,05	-0,06	-0,07	-0,08	-2
Welle					Bohrungen									

Zahlentafel 7. Schlichtpassungsgrad - Einheitsbohrung. Maße in mm.

	Sitze		1÷3	über 3÷6	über 6÷10	über 10÷18	über 18÷30	über 30÷50	über 50÷80	über 80÷120	über 120÷180	über 180÷260	über 260÷360	über 360÷500	Paßeinheiten
Bohrung	Einheitsbohrung sB	oberes Abmaß	+0,018	+0,025	+0,03	+0,035	+0,045	+0,05	+0,06	+0,07	+0,08	+0,09	+0,10	+0,12	+3
		unteres Abmaß	0	0	0	0	0	0	0	0	0	0	0	0	0
Wellen	Weiter Schlichtlaufsitz sWL	oberes Abmaß	-0,03	-0,04	-0,05	-0,06	-0,07	-0,08	-0,10	-0,12	-0,14	-0,15	-0,17	-0,20	-5
		unteres Abmaß	-0,06	-0,08	-0,10	-0,12	-0,15	-0,18	-0,20	-0,25	-0,28	-0,32	-0,35	-0,40	-10,5
	Schlichtlaufsitz sL	oberes Abmaß	-0,008	-0,012	-0,015	-0,018	-0,022	-0,025	-0,03	-0,035	-0,04	-0,045	-0,05	-0,06	-1,5
		unteres Abmaß	-0,03	-0,04	-0,05	-0,06	-0,07	-0,08	-0,10	-0,12	-0,14	-0,15	-0,17	-0,20	-5
	Schlichtgleitsitz sG	oberes Abmaß	0	0	0	0	0	0	0	0	0	0	0	0	0
		unteres Abmaß	-0,018	-0,025	-0,03	-0,035	-0,045	-0,05	-0,06	-0,07	-0,08	-0,09	-0,10	-0,12	-3

Zahlentafel 8. Schlichtpassungsgrad - Einheitswelle.

	Sitze		1÷3	über 3÷6	über 6÷10	über 10÷18	über 18÷30	über 30÷50	über 50÷80	über 80÷120	über 120÷180	über 180÷260	über 260÷360	über 360÷500	
Welle	Einheitswelle sW	oberes Abmaß	0	0	0	0	0	0	0	0	0	0	0	0	0
		unteres Abmaß	-0,018	-0,025	-0,03	-0,035	-0,045	-0,05	-0,06	-0,07	-0,08	-0,09	-0,10	-0,12	-3
Bohrungen	Weiter Schlichtlaufsitz sWL	oberes Abmaß	+0,06	+0,08	+0,10	+0,12	+0,15	+0,18	+0,2	+0,25	+0,28	+0,32	+0,35	+0,4	+10,5
		unteres Abmaß	+0,03	+0,04	+0,05	+0,06	+0,07	+0,08	+0,10	+0,12	+0,14	+0,15	+0,17	+0,20	+5
	Schlichtlaufsitz sL	oberes Abmaß	+0,03	+0,04	+0,05	+0,06	+0,07	+0,08	+0,10	+0,12	+0,14	+0,15	+0,17	+0,20	+5
		unteres Abmaß	+0,008	+0,012	+0,015	+0,018	+0,022	+0,025	+0,03	+0,035	+0,04	+0,045	+0,05	+0,06	+1,5
	Schlichtgleitsitz sG	oberes Abmaß	+0,018	+0,025	+0,03	+0,035	+0,045	+0,05	+0,06	+0,07	+0,08	+0,09	+0,10	+0,12	+3
		unteres Abmaß	0	0	0	0	0	0	0	0	0	0	0	0	0

Das Konstruktionsbüro. — Passungen.

Zahlentafel 9. Grobpassungsgrad-Einheitsbohrung.
Maße in mm.

Sitze		Durchmesserbereich												Paß-einheiten
		1÷3	über 3÷6	über 6÷10	über 10÷18	über 18÷30	über 30÷50	über 50÷80	über 80÷120	über 120÷180	über 180÷260	über 260÷360	über 360÷500	
Einheitsbohrung gB	oberes Abmaß	+0,05	+0,08	+0,1	+0,1	+0,15	+0,15	+0,2	+0,2	+0,25	+0,25	+0,3	+0,35	+10
	unteres Abmaß	0	0	0	0	0	0	0	0	0	0	0	0	0
Sitz g 4	oberes Abmaß	−0,1	−0,15	−0,2	−0,25	−0,3	−0,35	−0,4	−0,45	−0,5	−0,55	−0,6	−0,7	−20
	unteres Abmaß	−0,18	−0,25	−0,3	−0,4	−0,45	−0,5	−0,6	−0,7	−0,8	−0,9	−1,0	−1,1	−30
Sitz g 3	oberes Abmaß	−0,05	−0,08	−0,1	−0,1	−0,15	−0,15	−0,2	−0,2	−0,25	−0,25	−0,3	−0,35	−10
	unteres Abmaß	−0,1	−0,15	−0,2	−0,25	−0,3	−0,35	−0,4	−0,45	−0,5	−0,55	−0,6	−0,7	−20
Sitz g 1	oberes Abmaß	0	0	0	0	0	0	0	0	0	0	0	0	0
	unteres Abmaß	−0,05	−0,08	−0,1	−0,1	−0,15	−0,15	−0,2	−0,2	−0,25	−0,25	−0,3	−0,35	−10
Bohrung														
Wellen														

Zahlentafel 10. Grobpassungsgrad-Einheitswelle.

Sitze		1÷3	über 3÷6	über 6÷10	über 10÷18	über 18÷30	über 30÷50	über 50÷80	über 80÷120	über 120÷180	über 180÷260	über 260÷360	über 360÷500	Paß-einheiten
Einheitswelle gw	oberes Abmaß	0	0	0	0	0	0	0	0	0	0	0	0	0
	unteres Abmaß	−0,05	−0,08	−0,1	−0,1	−0,15	−0,15	−0,2	−0,2	−0,25	−0,25	−0,3	−0,35	−10
Sitz g 4	oberes Abmaß	+0,18	+0,25	+0,3	+0,4	+0,45	+0,5	+0,6	+0,7	+0,8	+0,9	+1,0	+1,1	+30
	unteres Abmaß	+0,1	+0,15	+0,2	+0,25	+0,3	+0,35	+0,4	+0,45	+0,5	+0,55	+0,6	+0,7	+20
Sitz g 3	oberes Abmaß	+0,1	+0,15	+0,2	+0,25	+0,3	+0,35	+0,4	+0,45	+0,5	+0,55	+0,6	+0,7	+20
	unteres Abmaß	+0,05	+0,08	+0,1	+0,1	+0,15	+0,15	+0,2	+0,2	+0,25	+0,25	+0,3	+0,35	+10
Sitz g 1	oberes Abmaß	+0,05	+0,08	+0,1	+0,1	+0,15	+0,15	+0,2	+0,2	+0,25	+0,25	+0,3	+0,35	+10
	unteres Abmaß	0	0	0	0	0	0	0	0	0	0	0	0	0
Welle														
Bohrungen														

Abmaße und Toleranzen für alle Sitze und Gütegrade enthalten die Zahlentafeln 3 bis 10. Übersichtliche zeichnerische Darstellungen für die beiden Systeme Einheitsbohrung und Einheitswelle geben Fig. 35 und 36. Als Ordinaten sind hierbei die Abmaße nicht wie in Fig. 34 in mm, sondern in Paßeinheiten aufgetragen.

Aus diesen Darstellungen geht insbesondere folgendes hervor:

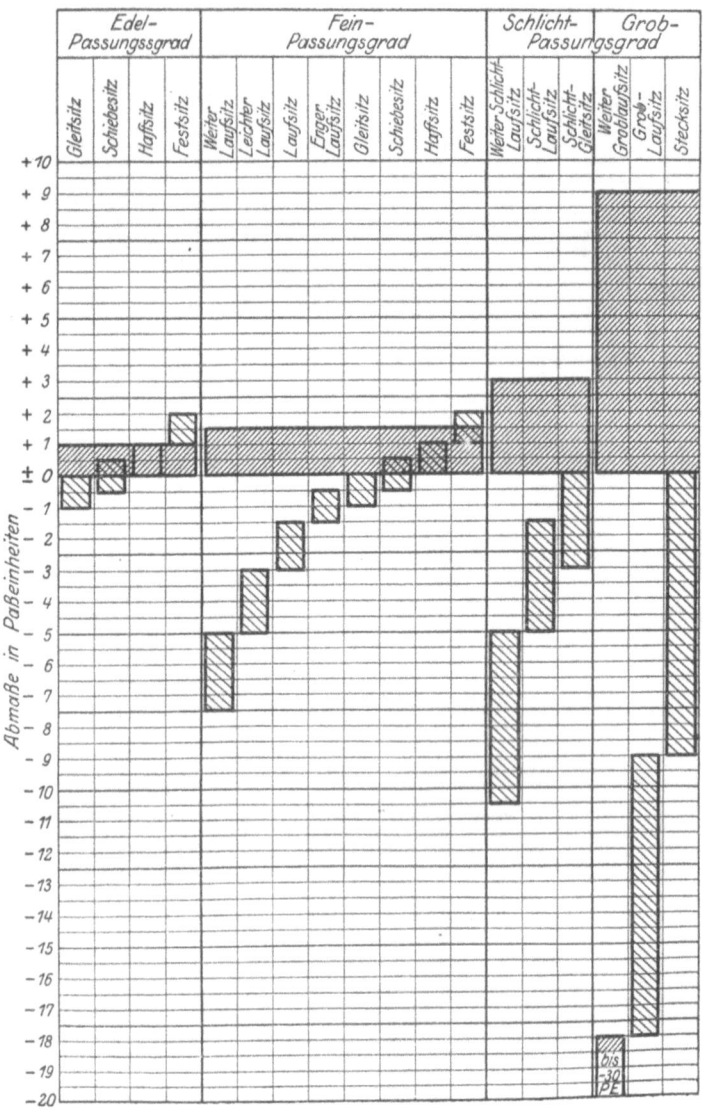

Fig. 35. Die Sitze des Einheitsbohrungssystems n Paßeinheiten dargestellt.

Das Konstruktionsbüro. — Passungen.

a) Im System der Einheitsbohrung (Fig. 35) können Bohrungen und Gleitsitz- oder Laufsitzwellen aus verschiedenen Gütegraden zusammengefügt werden, wobei der erzielte Sitz mindestens dem des gröberen der Gütegrade, aus denen Bohrung und Welle entnommen sind, entspricht. Die Passungstoleranz (Unterschied zwischen größtem und kleinstem Spiel) liegt dabei zwischen den Passungstoleranzen der entsprechenden Sitze der beiden Gütegrade. Man

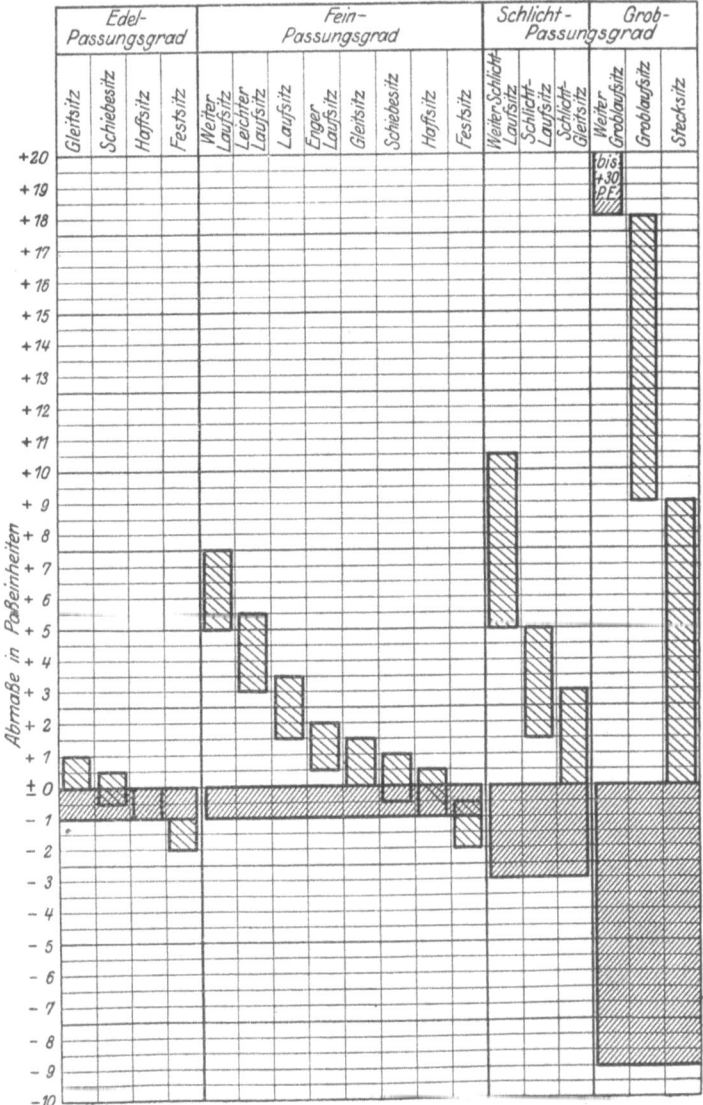

Fig. 36. Die Sitze des Einheitswellensystems in Paßeinheiten dargestellt.

gibt in solchen Fällen die größere Toleranz dem Stück, das schwieriger herzustellen ist.

Beispiel: Bohrung und Welle 20 mm auf Revolverbank hergestellt: Bohrung wird nachgerieben und erhält die Abmaße der Feinpassung $+ \,^{1,5}_{0}$ PE oder $+\,^{0,022}_{0}$ mm, Welle wird gedreht und erhält die Abmaße des Schlichtlaufsitzes $-\,^{1,5}_{5}$ PE oder $-\,^{0,02}_{0,07}$. Spiel 0,02 bis 0,092 mm.

b) Im System der Einheitswelle (Fig. 36) können umgekehrt Wellen und Gleitsitz- oder Laufsitzbohrungen aus verschiedenen Gütegraden zusammengesteckt werden.

Beispiel: Welle 40 mm Durchmesser, gezogener Flußstahl, hat die Abmaße $\,^{0}_{-10}$ PE oder $\,^{0}_{-0,15}$ mm, Bohrung erhält die Abmaße des weiten Schlichtlaufsitzes $+\,^{10,5}_{+\ 5}$ PE oder $+\,^{0,18}_{+0,08}$ mm Spiel 0,08 bis 0,33 mm.

c) In besonderen Fällen kann unter Abweichung von den beiden Systemen eine beliebige Bohrung aus dem Einheitswellensystem mit einer beliebigen Welle aus dem Einheitsbohrungssystem zusammengefügt werden.

Beispiel: Ein Gabelbolzen 15 mm, der in den beiden nach Einheitsbohrung hergestellten Bohrungen der Gabel mit Haftsitz sitzt, wird nach „Haftsitz" glatt durchgeschliffen. Damit die in der Mitte sitzende Bohrung beweglich ist, muß sie weiter gerieben werden, z. B. nach Laufsitz Einheitswelle. Die Abmaße sind für die Bohrung $+\,^{3,5}_{+1,5}$ PE oder $+\,^{0,040}_{+0,018}$ mm, für die Welle $+\,^{1}_{0}$ PE oder $+\,^{0,012}_{0}$ mm. Spiel 0,006 bis 0,04 mm.

6. Die Anwendung der verschiedenen Sitze.

Es kann nicht allgemein gesagt werden, welcher Sitz in einzelnen Fällen anzuwenden ist, da Güteansprüche und Rücksichten auf den Zusammenbau selbst in ähnlichen Fällen zu verschiedenen Sitzen führen.

Maßgebend sind die in Spalte 2 gegebenen Definitionen oder die in Spalte 3 aufgeführten Beispiele oder das größte und kleinste mögliche Spiel bzw. Übermaß. Bestehen dann noch Zweifel, so hat der Versuch zu entscheiden.

1. Feinpassungsgrad.

Sitz	Kennzeichen	Verwendung für
Weiter Laufsitz *WL*	Teile bewegen sich mit sehr reichlichem Spiel ineinander.	Genaue Transmissionen und Vorgelege, sehr schnellaufende Maschinen; Sonderfälle, in denen ein großes Spiel mit großer Genauigkeit eingehalten werden soll.
Leichter Laufsitz *LL*	Teile bewegen sich mit reichlichem Spiel ineinander.	Mehrfach gelagerte Wellen an Werkzeugmaschinen; mehrfach gelagerte Kurbelwellen; Losscheiben, Maschinenlager; Zentrifugalpumpen; schnellaufende Gleichstrommotoren.
Laufsitz *L*	Teile bewegen sich mit merklichem Spiel ineinander.	Wellen in Schneckenradgetrieben; Kreuzkopfzapfenlager; Pleuelstangen auf Kurbelwellen; Exzenterbügel; Spindellager an Fräsmaschinen und Drehbänken; Bohrspindeln; Schaftwelle in Schnecke oder Zahnrad; verschiebbare Klauenkupplungen; Steuerrollen auf Rollenbolzen.

1. Feinpassungsgrad (Fortsetzung).

Sitz	Kennzeichen	Verwendung für
Enger Laufsitz *EL*	Teile bewegen sich ohne merkliches Spiel ineinander.	Fast nur im Werkzeugmaschinenbau und präzisesten Apparatebau. Schubzahnräder im Wechselgetriebe; Indexstift am Teilkopf in Führungsbuchse; Indikatorkolben; Spindellager an Patronenbänken; Kolbenbolzen in Pleuelstangen.
Gleitsitz[1] *G*	Teile lassen sich noch von Hand aufschieben, haben aber kein merkliches Spiel und dürfen nicht ineinander rotieren.	Wechselräder; Fräser auf dem Dorn; Pinolen im Reitstock; Indexzapfen vom Teilkopf in Teilscheibe; Gegenspitzenarme bei Fräsmaschinen; seitlich einzuschiebende Nockenwellenlager; Handräder auf Spindeln; Druckkugellager außen; Dreibackenfutter auf Bund an Drehbankspindeln; geschlitzte Naben genauester Ausführung (Gegenhalter an Fräsmaschinen). Kugellageraußenpassungen siehe Zahlentafel 15.
Schiebesitz[1] *S*	Teile lassen sich von Hand oder mit leichten Hammerschlägen aufbringen.	Teile, die eigentlich fest sitzen, aber leicht aufzubringen und abzunehmen sein sollen. Befestigung des zylindrischen Kolbenstangenansatzes im Kreuzkopf; Kreiselräder auf Pumpenwellen; Exzenter auf Welle; Gabelzapfen; Handräder auf Spindeln; Kolbenbolzen in Kolben; Werkzeugzapfen in Revolverkopf; genaue Zentrierungen.
Haftsitz[1] *H*	Teile sitzen meist fest, können aber auch etwas leichter sitzen. Aufbringen mit Hammer oder Handdornpresse. Sicherung gegen Verdrehen und Verschieben notwendig.	Der Haftsitz ist etwa derselbe Sitz, wie bei Loewe-Schlesinger der Festsitz. Steuerräder; Zahnräder, Kegelräder; Riemenscheiben; einteilige Lagerbuchsen, die bei dem Auseinandernehmen der Maschine entfernt werden müssen; Kollektornabe auf Elektromotorwelle. Kugellagerinnenpassungen s. Zahlentafel 15.
Festsitz[1] *F*	Teile sitzen fast stets fest. Aufbringen mit Hammer oder leichten Pressen. Bei Kraftübertragung Sicherung gegen Verdrehen notwendig.	Winkelhebel; Zahnräder; Kreiselräder auf Pumpenwellen; Bohrbuchsen.
Preßsitz *P*	Teile sitzen unter allen Umständen sehr fest. Aufbringen mit Pressen. Bei starker Drehbeanspruchung Sicherung gegen Verdrehen zu empfehlen.	Bronzekränze auf gußeisernen Zahn- und Schneckenrädern; Lagerbuchsen in Gehäusen, in Zahnrädern, in Pleuelstangen usw.; Kupplungen; Spitzringe, Ankernaben auf Elektromotorenwellen.

[1]) Für diese Sitze ist der Edelpassungsgrad anzuwenden, wenn an die Gleichmäßigkeit der Sitze (möglichst keine Passungstoleranz) besonders hohe Anforderungen gestellt werden.

2. Schlichtpassungsgrad.

Sitz	Kennzeichen	Verwendung für
Weiter Schlichtlaufsitz *sWL*	Teile laufen mit reichlichem Spiel ineinander.	Achsbuchsen für Fuhrwerke; Lager für lange Laufwellen von Kranen; Transmissionslager; Deckenvorgelege; Druckring auf Welle (nicht mitlaufend); Lagerstellen an Steuerwellen von Lokomotiven. Breite der Kolbenringe an Lokomotivkolben.
Schlichtlaufsitz *sL*	Teile laufen ineinander, wobei das Spiel gering oder auch reichlich sein kann.	Achsbuchsen für Kraftwagen; Leerlaufscheiben; Drehbolzen in elektrischen Apparaten; Zug- oder Leitspindel in Außenlager; Federbolzen an Automobilen; Lenkerbolzen und Kreuzkopfbolzen an Lokomotiven.
Schlichtgleitsitz *sG*	Teile lassen sich von Hand zusammenstecken. Sie können eng sitzen oder auch einige hundertstel mm Spiel haben.	Stellringe für Transmissionen und allgemeinen Maschinenbau, Handkurbeln im allgemeinen Maschinenbau; Distanzbuchsen für Kugellager; Hebel an Steuerwellen von Lokomotiven. Geschlitzte Naben (Hebel an Schnellpressen, Bürstenhalter an Elektromotoren).

3. Grobpassungsgrad.

Sitz	Kennzeichen	Verwendung für
Weiter Groblaufsitz *g 4*	Teile sitzen äußerst locker ineinander und laufen mit einem stets reichlichen Spiel.	Schnappstifte für Umschalthebel; Reglerwelle an Lokomotiven; Scharniere von Rauchkammertüren, Feder- und Bremsgestänge von Eisenbahn- und Straßenfahrzeugen.
Groblaufsitz *g 3*	Teile laufen ineinander mit einem stets reichlichen Spiel.	Lager für landwirtschaftliche Maschinen auf unebenem Boden. Bolzen am Reglergestänge von Lokomotiven. Lager hauswirtschaftlicher Maschinen; versplintete Gabelbolzen am Bremsgestänge von Kraftfahrzeugen. Schnappstifte für Umschalthebel.
Stecksitz *g 1*	Teile lassen sich von Hand zusammenstecken, sie können eng sitzen, aber auch wackeln.	Distanzbuchsen im Maschinenbau; Teile, die zusammengesteckt und nachher verschweißt werden; Teile des Grobmaschinenbaues, die auf der Welle festgestiftet, festgeschraubt oder festgeklemmt werden.

Normen für „Preßsitze" bestehen noch nicht. Zahlentafel 11 und 12 enthalten Erfahrungswerte für den auf Seite 559 erwähnten Preßsitz des Feinpassungsgrades. Beim Einpressen dünnwandiger Buchsen und in einer Reihe von Sonderfällen sind größere Übermaße anzuwenden. Zum Aufbringen von Kurbelwangen und ähnlichen festen Verbindungen dient ein Sitz, bei dem die Welle ein Übermaß von $1/1000$ des Durchmessers hat.

Das Konstruktionsbüro. — Passungen.

Zahlentafel 11. Preßsitz im Einheitsbohrungssystem (Feinpassung).
Maße in mm.

Durchmesser-Bereich	1÷3	über 3÷6	über 6÷10	über 10÷18	über 18÷30	über 30÷50	über 50÷80	über 80÷120	über 120÷180	über 180÷260	über 260÷360	über 360÷500
oberes Abmaß der Welle	+0,015	+0,022	+0,030	+0,038	+0,045	+0,060	+0,075	+0,090	+0,105	+0,130	+0,155	+0,180
unteres Abmaß der Welle	+0,010	+0,015	+0,020	+0,025	+0,032	+0,040	+0,055	+0,065	+0,080	+0,100	+0,120	+0,140
größtes rechnerisches Übermaß	0,015	0,022	0,030	0,038	0,045	0,060	0,075	0,090	0,105	0,130	0,155	0,180
kleinstes rechnerisches Übermaß	0,002	0,003	0,005	0,007	0,010	0,015	0,025	0,030	0,040	0,055	0,070	0,080

Zahlentafel 12. Preßsitz im Einheitswellensystem (Feinpassung).

Durchmesser-Bereich	1÷3	über 3÷6	über 6÷10	über 10÷18	über 18÷30	über 30÷50	über 50÷80	über 80÷120	über 120÷180	über 180÷260	über 260÷360	über 360÷500
oberes Abmaß der Bohrung	−0,007	−0,010	−0,015	−0,020	−0,025	−0,035	−0,045	−0,055	−0,065	−0,085	−0,105	−0,120
unteres Abmaß der Bohrung	−0,015	−0,022	−0,030	−0,038	−0,045	−0,060	−0,075	−0,090	−0,105	−0,130	−0,155	−0,180
größtes rechnerisches Übermaß	0,015	0,022	0,030	0,038	0,045	0,060	0,075	0,090	0,105	0,130	0,155	0,180
kleinstes rechnerisches Übermaß	0,002	0,002	0,005	0,008	0,010	0,017	0,025	0,033	0,040	0,055	0,070	0,080

Da eine durch Toleranzen hervorgerufene Schwankung des Übermaßes die Festigkeit der Verbindung erheblich beeinflußt, so wird hier meist auf diese verzichtet und nach Herstellung der Bohrung deren Durchmesser durch Stichmaß abgenommen und die Welle um $^1/_{1000}\,D$ stärker geschliffen. Diese Übermaße werden auch gewöhnlich für Schrumpfsitze angewandt.

Zahlentafel 13. Abmaße für Schlichtpreßsitzwelle im Einheitsbohrungssystem.

Welle für Schlichtpreßsitz	Durchmesserbereich					
	6÷10	über 10÷18	über 18÷30	über 30÷50	über 50÷80	über 80÷120
Oberes Abmaß	—0,05	—0,065	—0,075	—0,09	—0,11	—0,14
Unteres Abmaß	—0,08	—0,10	—0,12	—0,14	—0,17	—0,21

Zahlentafel 14. Abmaße für Schlichtpreßsitzbohrung im Einheitswellensystem.

Bohrung für Schlichtpreßsitz	Durchmesserbereich					
	6÷10	über 10÷18	über 18÷30	über 30÷50	über 50÷80	über 80÷120
Oberes Abmaß	+0,08	+0,10	+0,12	+0,14	+0,17	+0,21
Unteres Abmaß	+0,05	+0.065	+0,075	+0,09	+0,11	+0,14

Preßsitze für die Außendurchmesser von Messingbuchsen können auch im Schlichtpassungsgrad erzielt werden. Zahlentafel 13 und 14 geben Erfahrungswerte hierfür.[1])

Die Passungen für Kugellager fallen nicht unter die normalen Fälle. Die Querkugellager haben im Außen- und Innendurchmesser sehr feine Toleranzen, wie aus folgender Zahlentafel 15, Reihe 1 hervorgeht.

Zahlentafel 15. Abmaße für Kugellager und ihre Gegenstücke

		Durchmesser						
		über 10÷18	über 18÷30	über 30÷50	über 50÷80	über 80÷120	über 120÷180	über 180÷260
1	Kugellager (Innen- und Außenring) oberes Abmaß	0	0	0	0	0	0	0
	unteres Abmaß	—0,01	—0,01	—0,013	—0,018	—0,022	—0,025	—0,03
2	Welle (festsitzend) oberes Abmaß	+0,006	+0,008	+0,012	+0,015	+0,018	+0,02	+0,022
	unteres Abmaß	0	0	0	0	0	0	0
3	Bohrung verschiebbar[2]) oberes Abmaß	+0,006	+0,008	+0,009	+0,010	+0,011	+0,025	+0,030
	unteres Abmaß	—0,006	—0,008	—0,009	—0,010	—0,011	—0,013	—0,015

Die Querkugellager werden im allgemeinen so eingebaut, daß der Innenring auf der Welle festsitzt, während der Außenring in der Bohrung gerade noch verschiebbar sein soll. Dabei muß der Innenring unter allen Umständen festsitzen. Damit die Pressung nicht zu groß wird, werden die in Tafel 15, Reihe 2,

---

[1]) Dieser Sitz wird auch mit Vorteil für geteilte Naben (Riemenscheiben, Schalenkupplungen) angewandt.

[2]) Bis 120 Edelschiebesitz, darüber Schiebesitz.

angegebenen Maße empfohlen. Diese Abmaße liegen innerhalb derer der Haftsitzwelle. Eine danach geschliffene Welle ergibt also in einer beispielsweise neben dem Kugellager angeordneten Nabe mit Einheitsbohrung des Feinpassungsgrades einen Haftsitz. Größere Wellentoleranzen, nämlich die Abmaße $\pm$ 0,5 PE (Schiebesitzwelle), kann man bei nicht so hohen Anforderungen anwenden; unter Umständen sind die Kugellager nach den Wellen auszuwählen.

Im Außendurchmesser soll nie eine Klemmung auftreten können; wird die Bohrung als Einheitsbohrung des Edel- oder Feinpassungsgrads ausgeführt, so kann aber das größtmögliche Spiel unzulässig groß werden. Daher wird

Zahlentafel 16. **Abgekürzte Bezeichnungen der Gütegrade und Sitze**[2]).

	Einheitsbohrung						Einheitswelle				
		Gütegrad						Gütegrad			
Gütegrade	Benennung	Edel-passung	Fein-passung	Schlicht-passung	Grob-passung	Gütegrade	Benennung	Edel-passung	Fein-passung	Schlicht-passung	Grob-passung
	Abgekürztes Kennzeichen	e	—	s	g		Abgekürztes Kennzeichen	e	—	s	g
	Kennzeichen der Bohrung	eB	B	sB	gB		Kennzeichen der Welle	eW	W	sW	gW
Bezeichnung der Sitzarten, gleichzeitig Kennzeichen der Welle	Bewegungssitze	Weiter Laufsitz	—	WL	sWL	g 4	Bezeichnung der Sitzarten, gleichzeitig Kennzeichen der Bohrung	Bewegungssitze	Weiter Laufsitz	—	WL	sWL	g 4
		Leichter Laufsitz	—	LL	—	g 3			Leichter Laufsitz	—	LL	—	g 3
		Laufsitz	—	L	sL	—			Laufsitz	—	L	sL	—
		Enger Laufsitz	—	EL	—	—			Enger Laufsitz	—	EL	—	—
		Gleitsitz	G	G	sG	g 1			Gleitsitz	eG	G	sG	g 1
	Ruhesitze	Schiebesitz	S	S	—	—		Ruhesitze	Schiebesitz	eS	S	—	—
		Haftsitz	H	H	—	—			Haftsitz	eH	H	—	—
		Festsitz	F	F	—	—			Festsitz	eF	F	—	—
		Preßsitz	P	P	—	—			Preßsitz	eP	P	—	—
	Farbe des Gütegrades für die Lehre	Kornblumen-blau[1])	Schwarz	Gelb	Hell-grün		Farbe des Gütegrades für die Lehre	Kornblumen-blau	Schwarz	Gelb	Hell-grün

sie zweckmäßig nach Reihe 3 der Zahlentafel 15 ausgeführt; beim Zusammenbau ist es dann nötig, zu jeder Bohrung ein passendes Kugellager auszuwählen, damit in den engeren Bohrungen kleinere Kugellager noch verschiebbar sind.

Tafel 16 bringt eine Übersicht aller für die genormten Passungen geltenden abgekürzten Bezeichnungen, wie sie zur Abkürzung auf Zeichnungen (s. S. 544) und zur Bezeichnung der Lehren (s. S. 613) verwendet werden. Die Lehren für die verschiedenen Gütegrade werden außerdem durch die in der letzten Reihe dieser Tafel angegebenen Farben gekennzeichnet.

---

[1]) Gilt nur für die Lochlehren, da die Rachenlehren der Feinpassung entnommen sind.
[2]) Die Grenzlehren erhalten dieselben abgekürzten Bezeichnungen. Da jedoch die Grenzlehrdorne eB und eG, B und G, s B und sG, gB und g1, sowie die Grenzrachenlehren W und G, eW und sG, gW und g1 paarweise gleich sind, wie aus den Diagrammen Fig. 35 und 36 hervorgeht, so erhalten diese beide Bezeichnungen in der Form: B = G: sW = sG usw.

7. Anwendung der Systeme Einheitsbohrung und Einheitswelle.

Die Parallelnormung der beiden, auf S. 556 und 557 dargestellten Systeme Einheitsbohrung (*EB*) und Einheitswelle (*EW*) macht es erforderlich, daß jedes Werk sich für das eine oder das andere entscheidet.

Die Entscheidung ist abhängig von
der Bauart der erzeugten Maschinen,
der Ausstattung der Werkstatt,
der Art der Fertigung (Einzel-, Reihen- oder Massenfertigung).

Es sind dabei folgende Gesichtspunkte zu beachten:

a) Beschaffungskosten der Lehren.

Bei x Sitzen erfordert das *EB*-System für einen Durchmesser einen Grenzlehrdorn und x Grenzrachenlehren, das *EW*-System dagegen 1 Grenzrachenlehre und x Grenzlehrdorne. Da letztere teurer sind, so wird der Lehrenbestand bei *EB* etwas billiger. Dazu kommt, daß bei Einführung die Wellen zunächst noch mit Schraublehren (Mikrometern) gemessen werden können, man also zur Not im Anfang oder auch später bei Versuchsausführungen zunächst nur mit den Lehrdornen auskommen kann.

Freilich ist es dringend zu empfehlen, zwecks dauernder Überwachung der Grenzrachenlehren zu jeder derselben zwei Meßscheiben zu führen. Dies erhöht schon bei doppelter Grenzlehrengarnitur die Lehrenkosten bei *EB* über die bei *EW*.

b) Unterhaltungskosten der Lehren.

Da in einer bestimmten Zeit bei beiden Systemen im ganzen gleich viele Löcher und gleich viele Wellen gemessen werden, ist der Gesamtverschleiß und damit die Nacharbeit und der Ersatz gleich.

c) Beschaffungskosten der Bearbeitungs- und Hilfswerkzeuge (Reibahlen, Aufspanndorne).

Bei präziser Fabrikation (Edel- und Feinpassungsgrad) müssen für die drei Werkstoffgruppen Stahl, Gußeisen und Weichmetalle verschiedene Reibahlen für jede Toleranzbohrung geführt werden.

Das System *EW* hat nun für jeden Durchmesser mehrere Toleranzbohrungen gegenüber der einen bei *EB*, braucht also pro Durchmesser ein Mehrfaches an Werkzeugen von dem für *EB* nötigen Bestand. Dies erfordert bei *EW* viel höhere Beschaffungskosten. Bezüglich der Aufspanndorne tritt dies besonders da in Erscheinung, wo viele Zahnräder gefräst werden, also im Werkzeugmaschinen- und Kraftfahrzeugbau. Hier wird zudem die Fräsarbeit durch das häufige Umwechseln der Dorne für Bohrungen gleicher Nenndurchmesser, aber verschiedener Abmaße verteuert. Auch können gleiche Zahnräder, die sich nur in den Bohrungsabmaßen unterscheiden, allzu leicht verwechselt werden. Allerdings darf keineswegs angenommen werden, daß man bei *EW* soviel mal mehr Lochwerkzeuge als bei *EB* braucht, als man Sitze hat. Bei den einzelnen Maschinengattungen kommen z. B. Laufsitze nur in Messing und Gußeisen, Ruhesitze nur in Gußeisen und in Stahl vor. Bei 2 Lauf- und 2 Ruhesitzen würde man also bei *EB* 3 Reibahlen pro Durchmesser brauchen, bei *EW* aber nicht etwa 4×3, sondern $4 \times 2 = 8$. Häufig kommen die verschiedenen Sitze auch gar nicht je bei den gleichen Durchmessern vor, so daß die Reibahlenzahl bei *EW* praktisch noch niedriger ist. Blei flotter Fabrikation braucht man außerdem zu den 3 *EB*-Reibahlen natürlich pro Reibahle mehr Reservereibahlen, als bei *EW*, da sich hier der Verschleiß auf eine größere Anzahl von im Gebrauch befindlichen Reibahlen verteilt.

d) Unterhaltungskosten der Bearbeitungswerkzeuge.

Das Mehr an Werkzeugen bei *EW* macht deren Verwaltung schwieriger und erfordert besser gebildetes Personal zum Einordnen und Herausgeben der nur durch die Sitzbezeichnungen sich unterscheidenden Reibahlen. Die Möglichkeit, bei EW eine Reibahle von einem lockeren auf einen festeren Sitz nachzuschleifen, sollte wegen der damit verknüpften Schwierigkeiten nur wenig in Rechnung gesetzt werden. Sie fällt weg, sobald man nachstellbare Reibahlen verwendet. Im ganzen ist der Verschleiß, wie bei b, in beiden Systemen derselbe.

Werden in einer Fabrikation viele Bohrungen geschliffen, so verlieren die die Lochbearbeitungswerkzeuge betreffenden Gesichtspunkte an Bedeutung.

e) Bearbeitungskosten.

1. der Bohrungen. Hier bietet das EW-System Vorteile, da die Laufbohrungen dieses Systems größere Toleranzen haben als die Einheitsbohrungen und daher weniger Ausschuß entsteht. Auch können solche Bohrungen unter Umständen auf der Maschine fertiggerieben werden, während jene mit kleinerer Toleranz ein Nachreiben mit der Handreibahle erfordern.

2. der Wellen. Das System der Einheitswelle ermöglicht die Verwendung völlig glatt geschliffener bzw. gezogener Wellen.

Bei ersteren werden an Dreh- und Schleiflöchern je nach den Abmessungen 20 bis 50 vH erspart. (Beispiel Gabelbolzen Fig. 37.)

Anderseits sind bisweilen wegen des Zusammenbaues (Überschieben eines festsitzenden Teiles über ein langes Wellenstück) Absätze nötig; diese können bei EW nur durch Absetzen von einem Nenndurchmesser auf den anderen hergestellt werden, während bei EB der Schleifabsatz zwischen der Festsitzstelle und Laufsitzstelle (Beispiel s. Fig. 37) genügt. In letzterem Fall ist die Dreharbeit bei EB geringer, da der Absatz nur durch Schleifen hergestellt wird.

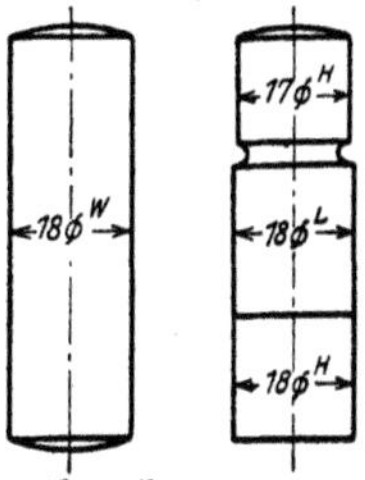

Gezogene Wellen gibt es nur mit den Genauigkeiten des Schlichtpassungs und Grobpassungsgrads; da diese gar keine Bearbeitung erfordern, sollte in diesen Gütegraden stets versucht werden, nach Einheitswelle zu konstruieren.

f) Materialaufwand.

Fig. 37. Gabelbolzen nach Einheitswelle und Einheitsbohrung.

Für die Wellen wird um so weniger Rohmaterial verbraucht, je weniger Drehabsätze entstehen, da die Zerspanungsarbeit mit der Zahl der Absätze wächst. Im allgemeinen ist hier also die EW im Vorteil. Ferner spricht folgendes für die EW: Kraftwellen leiten häufig an einem Ende die Kraft ein und sind dort nach dem einzuleitenden Drehmoment berechnet. Zumeist genügt es, in bezug auf Festigkeit sie mit diesem Querschnitt nach EW glatt durchzuführen. Die EB würde hier Absätze und damit stärkere Lager usw., also wesentlich mehr Material erfordern.

Diese Gesichtspunkte sind bei jeder Fabrikation gegenseitig abzuwägen. In erster Linie sind dabei die Bearbeitungskosten maßgebend, sodann der Materialaufwand und dann die Anschaffungskosten der Werkzeuge. Erst in letzter Linie kommen die übrigen Gesichtspunkte.

Bei Massenanfertigung gilt dies unbedingt, bei Reihenfertigung noch zur Hauptsache. Jedoch werden schon hier, wenn viele verschiedene Maschinen hergestellt werden, die Werkzeugkosten eine große Rolle spielen; bei Einzelfertigung rücken diese unter Umständen sogar an die erste Stelle, da die Kosten für ein Werkzeug vielleicht schon bei wenigen Maschinen abgeschrieben werden müssen und mehr ins Gewicht fallen, als Ersparnisse bei der Bearbeitung.

Allgemeine Erfahrungen liegen für folgende Fabrikationszweige vor:

Drehbänke und Fräsmaschinen	— Einheitsbohrung
Bohrmaschinen	— Einheitswelle
Automobilbau	— Einheitsbohrung
Lokomotivbau	—

Landwirtschaftl. Feldmaschinen — Einheitswelle
Transmissionen — ,,
Textilmaschinen — ,,

8. Bearbeitungszugaben.

Wellen, die nach dem Drehen geschliffen werden, sollten mit ganz bestimmten Bearbeitungszugaben (Schleifzugaben) gedreht werden. Auch hierfür empfiehlt sich die Benutzung von Grenzlehren; man erhält dadurch die Gewähr, daß einerseits beim Schleifen nicht zuviel Material weggenommen werden muß und andererseits mindestens genügend Material zum Wegschleifen der Drehriefen und Unrundheiten verbleibt. Größtzugaben samt Toleranzen sind dem Diagramm, Fig. 38, zu entnehmen; dies gilt jedoch nur für ungehärtete Teile; zu härtende Teile sind jeweils mit der nächst größeren Zugabe zu drehen.

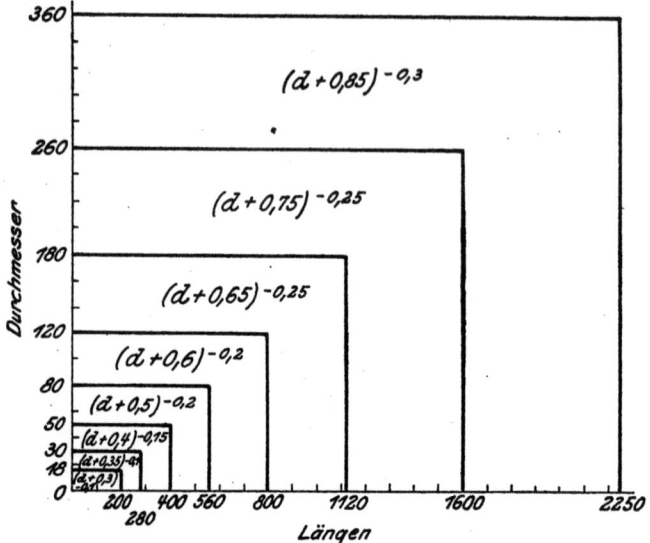

Fig. 38. Zugaben für zu schleifende Wellen.

Bohrungen bis etwa 50 mm werden mit Untermaß-Spiralbohrern gebohrt. Werden vorgebohrte Löcher mit dem Senker aufgebohrt, so können die Untermaße etwas geringer als bei Spiralbohrern gewählt werden. Größere Bohrungen werden vorgedreht, und zwar mit den gleichen Untermaßen, die in Fig. 38 als Zugaben für Wellen angegeben sind.

In gewissen Fällen dienen so vorgearbeitete Zapfen und Bohrungen zur Aufnahme in Vorrichtungen; wenn diese Aufnahmen genau sein müssen, dann sind die Toleranzen viel kleiner zu nehmen, nämlich so wie im Feinpassungsgrad.

III. Normung.

a) Zweck und Geltungsbereich.

Die Normung hat zum Zweck:

1. Verbilligung der industriellen Erzeugnisse.

Durch Aufheben kleiner Unterschiede formähnlicher Körper wiederholt sich die einzelne Form in ihrem Vorkommen häufiger und kann dadurch in größeren

Stückzahlen und daher billiger hergestellt werden. Ferner wird dadurch die Lagerhaltung (s. a. S. 526) vereinfacht. Auch die Normung nur einzelner Abmessungen, d. h. die Beschränkung auf eine bestimmte Auswahl von Durchmessern, Schlüsselweiten, Gewinde, Kegeln, Halbmessern usw. verbilligt die Erzeugnisse, da sie die Zahl der verschiedenen Werkzeuge (Reibahlen, Bohrer, Bohrbuchsen, Dorne, Lehren, Formstähle), sowie Ausgangsmaterialien (Walzeisen, gezogene Metalle, Sechskanteisen) erheblich verringert.

2. Austauschbarkeit von Erzeugnissen verschiedener Herkunft.

Hierdurch wird der Bezug von Maschinenteilen erleichtert, die ein Werk von außerhalb bezieht (Schrauben, Stifte, Armaturen, Zündapparate für Motoren). Ferner wird die Benutzung von Gebrauchsgegenständen erleichtert, indem Ersatzteile leicht an beliebiger Stelle zur Verfügung stehen (elektrische Glühlampen, Luftreifen für Automobile, Werkzeuge für Werkzeugmaschinen, Zündkerzen).

Nach dem Geltungsbereich sind folgende drei Arten von Normen zu unterscheiden:

a) Deutsche Industrie-Normen (DINormen, herausgegeben vom Normenausschuß der deutschen Industrie, Berlin NW 7). Sie gelten für die gesamte deutsche Industrie und umfassen:

abstrakte Normen: Durchmesser, Kegel, Halbmesser, Schlüsselweiten, Rohrweiten, Gewinde, Passungen, Querschnitte, Werkstoffe.

Normteile: Schrauben, Muttern, Unterlegscheiben, Splinte, Schraubensicherungen, Stifte, Niete, Keile, Kugellager, Rohre, Rohrverschraubungen, Armaturen, gezogene Metalle, Griffe, Handräder, Werkzeuge u. a.

b) Fachnormen. Sie umfassen Teile, die sich nur bei bestimmten Erzeugnisgattungen wiederholen. Fachnormen bestehen für folgende Fachgebiete:

Transmissionen
Landwirtschaftliche Maschinen } (herausgegeben vom Normenausschuß der deutschen Industrie).
Elektrotechnik

Werkzeugmaschinen (Verein deutscher Werkzeugmaschinenfabriken, Charlottenburg).
Handelsschiffe (Handelsschiff-Normenausschuß, Hamburg 13).
Kellereimaschinen (Kellereimaschinenverband, Charlottenburg).
Kraftfahrzeuge (Verein Deutscher Motorfahrzeugindustrieller, Berlin W 8).
Lokomotiven (Lokomotiv-Normenausschuß, Hanomag, Hannover).
Eisenbahnwagen (Wagennormenausschuß, Charlottenburg).

c) Werknormen. Sie umfassen alle Normen, die in einem einzelnen Werk gebraucht werden; soweit für einzelne Abmessungen oder Teile DINormen oder Fachnormen bestehen, sind diese vollständig oder auszugsweise zu übernehmen. Erst solche Teile, die lediglich für den Umfang eines einzelnen Werkes Geltung haben, bilden die Werksnormen im engeren Sinne (über ihre Ausarbeitung s. S. 570).

b) Das Normenbüro.

Seine Aufgaben sind:
Schaffung und Fortbildung der Werknormen.
Pflege der Beziehungen zu DINormen und Fachnormen.
Prüfung der Konstruktionszeichnungen und Stücklisten auf Berücksichtigung der Normen. Vereinheitlichung besonderer Konstruktionsteile (Entlehnungsteile).
Mitwirkung bei der Typisierung.

Neben diesen technischen Aufgaben werden dem Normenbüro häufig noch organisatorische Arbeiten zugeteilt, die in der Aufstellung von Regeln für das Bestellwesen, Prüfung der Vordrucke auf Einheitlichkeit des Formats, Aufbaus und der Handhabung, Vereinheitlichung der Benennungen und Förderung aller sonstigen Vereinheitlichungsbestrebungen bestehen. Unbedingt ist es Sache des

Zahlentafel 17. Geometrische Zahlenreihen für die Normung.

Glied Nr.	Genauer Wert	Zahl der Stufen zwischen 10 und 100										
		80	40	27	20	16	13	10	8	6	5	4
0	10 000	10,0	10	10	10	10	10	10	10	10	10	10
1	10 292	10,3										
2	10 592	10,6	10,6									
3	10 902	10,9		10,9								
4	11 220	11,2	11,2		11,2							
5	11 548	11,5				11,5						
6	11 885	11,9	11,9	11,9			11,9					
7	12 232	12,2										
8	12 589	12,6	12,6		12,6			12,6				
9	12 957	13,0		13,0								
10	13 335	13,3	13,3			13,3			13,3			
11	13 725	13,7										
12	14 125	14,1	14,1	14,1	14,1		14,1					
13	14 538	14,5								14,5		
14	14 962	15,0	15,0									
15	15 399	15,4		15,4		15,4						
16	15 849	15,8	15,8		15,8			15,8			15,8	
17	16 312	16,3										
18	16 788	16,8	16,8	16,8			16,8					
19	17 278	17,3										
20	17 783	17,8	17,8		17,8	17,8			17,8			17,8
21	18 302	18,3		18,3								
22	18 837	18,8	18,8									
23	19 387	19,4										
24	19 953	20,0	20,0	20,0	20,0		20,0	20,0				
25	20 535	20,5				20,5						
26	21 135	21,1	21,1							21,1		
27	21 752	21,7		21,7								
28	22 387	22,4	22,4		22,4							
29	23 041	23,0										
30	23 714	23,7	23,7	23,7		23,7	23,7		23,7			
31	24 406	24,4										
32	25 119	25,1	25,1		25,1			25,1			25,1	
33	25 852	25,8		25,8								
34	26 608	26,6	26,6									
35	27 384	27,4				27,4						
36	28 184	28,2	28,2	28,2	28,2		28,2					
37	29 007	29,0										
38	29 854	29,9	29,9									

39	30 726	30,7		30,7						30,7	
40	31 623	31,6	31,6		31,6	31,6		31,6	31,6			31,6
41	32 546	32,5										
42	33 497	33,5	33,5	33,5			33,5					
43	34 475	34,5										
44	35 482	35,5	35,5		35,5							
45	36 518	36,5		36,5		36,5						
46	37 584	37,6	37,6									
47	38 681	38,7										
48	39 811	39,8	39,8	39,8	39,8		39,8	39,8			39,8	
49	40 973	41,0										
50	42 170	42,2	42,2			42,2			42,2			
51	43 401	43,4		43,4								
52	44 668	44,7	44,7		44,7					44,7		
53	45 973	46,0										
54	47 315	47,3	47,3	47,3			47,3					
55	48 697	48,7				48,7						
56	50 119	50,1	50,1		50,1			50,1				
57	51 582	51,6		51,6								
58	53 089	53,1	53,1									
59	54 539	54,6										
60	56 234	56,2	56,2	56,2	56,2	56,2	56,2		56,2			56,2
61	57 876	57,9										
62	59 566	59,6	59,6									
63	61 306	61,3		61,3								
64	63 096	63,1	63,1		63,1			63,1			63,1	
65	64 938	64,9				64,9				64,9		
66	66 834	66,8	66,8				66,8					
67	68 786	68,7										
68	70 795	70,8	70,8		70,8							
69	72 862	72,8		72,8								
70	74 990	75,0				75,0			75,0			
71	77 180	77,2										
72	79 433	79,4	79,4	79,4	79,4		79,4	79,4				
73	81 752	81,8										
74	84 140	84,1	84,1									
75	86 596	86,6		86,6		86,6						
76	89 125	89,1	89,1		89,1							
77	91 728	91,7										
78	94 406	94,4	94,4	94,4			94,4			94,4		
79	97 163	97,1										
80	100 000	100,0	100	100	100	100	100	100	100		100	100

Normenbüros, Regeln für die Anfertigung und Numerierung der Zeichnungen (Zeichnungsnormen s. a. S. 541), Kennzeichnung von Werkstoffen und Modellen aufzustellen.

1. Schaffung und Fortbildung von Werknormen.

Abstrakte Normen, auch Grundnormen genannt, bestehen in Reihen von **Einheitsabmessungen**, die auf alle Konstruktionsteile zwecks Beschränkung der für die Herstellung notwendigen Lehren und Werkzeuge, sowie der verschiedenen Stangenquerschnitte anzuwenden sind, ferner in **Genauigkeitsvorschriften** (Passungen und Toleranzen) und in Festlegung einheitlicher **Werkstoffe**.

Für die Einheitsabmessungen bestehen bereits DINormen, die ganz oder auszugsweise im eigenen Werk zu verwenden sind.

Im allgemeinen sind bei der Bildung von Größenreihen geometrische Zahlenreihen zugrunde zu legen. Entsprechend dem Dezimalsystem unterteilt man den Bereich zwischen 10 und 100 in verschiedene feine geometrische Stufen. Bildet in einer solchen von 10 ausgehenden Reihe die Zahl 100 das $n$te Glied, so spricht man von einer n stufigen Reihe; der Faktor (Stufensprung) der geometrischen Reihe ist dann $\sqrt[n]{10}$ und ein beliebiges Glied derselben (das $m$te)

$$x_m = 10 \sqrt[n]{10}^m .$$

Wird eine solche Reihe mit demselben Faktor über 100 hinaus fortgesetzt (also $m > n$) so entsteht der Wert

$$x'_m = 10 \sqrt[n]{10}^{(m-n)+n} = 10 \sqrt[n]{10}^{(m-n)} \cdot \sqrt[n]{10}^n = 10 \cdot 10 \sqrt[n]{10}^{(m-n)}$$
$$= 100 \sqrt[n]{10}^{(m-n)} .$$

Da m und n ganze Zahlen sind, so entsteht ein Zehnfaches eines Zahlenwertes aus der Reihe zwischen 10 und 100. Die Zahlenwerte dieser Reihe wiederholen sich also, indem jeweils nur das Komma versetzt wird. Zahlentafel 17 gibt, ausgehend von einer Reihe mit 80 Gliedern zwischen 10 und 100 (achtziger Reihe), eine Anzahl solcher Reihen mit verschieden feinen Abstufungen; die meistgebräuchlichen, nämlich die 5er, 10er, 20er und 40er Reihe sind durch Fettdruck im Kopf gekennzeichnet.

Wünscht man z. B. eine Reihe von Teilen zwischen 10 und 50 mm in 8 Größen regelmäßig abzustufen, so findet man in Reihe 10 die entsprechenden Werte. Die ganz genauen Werte können aus der zweitletzten Spalte von rechts abgelesen werden. Wäre die gleiche Aufgabe für Teile von 1 bis 5 mm zu lösen, so wäre das Komma jedes Wertes um eine Stelle nach links zu rücken.

Liegt der Zehner- oder Hunderterwert innerhalb der gesuchten Reihe, sollen z. B. Durchmesser von 70 bis 140 mm regelmäßig abgestuft werden, so zählt man erst von 70 bis 100 und dann von 10 bis 14, indem man hier das Komma um eine Stelle nach rechts versetzt; man findet die Werte 70,8 — 79,4 — 86,6 — 94,4 — 100 — 112 — 126 — 141.

Diese Werte sind nun in zweckmäßiger Weise abzurunden. Hierzu dient Zahlentafel 18, die in Spalte 5 die Normaldurchmesser nach DINorm 3[1]) und in den vorderen Spalten noch weiter ausgesuchte „Vorzugsmaße" enthält, die den abgerundeten Werten der oben bereits besonders erwähnten Reihen 5, 10, 20 und 40 von Zahlentafel 17 entsprechen. Diese Tafel „Vorzugsmaße" weist darauf hin,

a) daß für die Hauptmaße von Typen, für die Reihen gebildet werden, womöglich eine dieser vier Stufungen zu verwenden ist;

---

[1]) S. a. Dubbel, Taschenbuch für den Maschinenbau, S. 575.

Zahlentafel 18.

Vorzugsmaße und Normaldurchmesser.

Reihe 1	Reihe 2	Reihe 3	Reihe 4	Normaldurchmesser	1	2	3	4	Normaldurchmesser
1	1	1	1	1				42	42
	1,2	1,2	1,2						44
1,6	1,6	1,6	1,6	1,5			45	45	45
	2	2	2	2					46
2,5	2,5	2,5	2,5	2,5				48	48
	3	3	3	3		50	50	50	50
		3,5	3,5	3,5				52	52
4	4	4	4	4			56	56	55
		4,5	4,5	4,5					58
	5	5	5	5				60	60
		5,5	5,5						62
6	6	6	6	6	64	64	64	64	65
		7	7	7				68	68
	8	8	8	8					70
		9	9	9			72	72	72
10	10	10	10	10				75	75
		11	11	11					78
	12	12	12	12		80	80	80	80
		13	13	13					82
		14	14	14				85	85
		15	15	15					88
	16	16	16	16			90	90	90
		17	17	17					92
	18	18	18	18				95	95
		19	19	19					98
	20	20	20	20	100	100	100	100	100
		21	21	21				105	105
	22	22	22	22			112	112	110
			23	23					115
		24	24	24				118	120
25	25	25	25	25		125	125	125	125
			26	26				132	130
			27	27					135
		28	28	28			140	140	140
		30	30	30					145
	32	32	32	32				156	150
			33	33					155
		34	34	34	160	160	160	160	
			35	35					165
		36	36	36				170	170
		38	38	38					175
40	40	40	40	40			180	180	180

Zahlentafel 18. (Fortsetzung).
Vorzugsmaße und Normaldurchmesser.

Reihe 1	Reihe 2	Reihe 3	Reihe 4	Normaldurchmesser	1	2	3	4	Normaldurchmesser
				185				340	340
			190	190					350
				195			360	360	360
	200	200	200	200					370
				210				380	380
		225	225	220					390
				230	400	400	400	400	400
			240	240					410
250	250	250	250	250				420	420
				260					430
		265		270					440
		280	280	280			450	450	450
				290					460
			300	300					470
				310				480	480
	320	320	320	320					490
				330		500	500	500	500

b) daß für Paßdurchmesser auch bei anderer Stufung nur die Zahlen aus Spalte 5 zu nehmen sind. In diesem Falle sind Vorzugsmaße wie 56, 64, 112 usw., die sonst wegen der regelmäßigen Stufung nicht entbehrt werden können, durch die in Klammer daneben gesetzten Normaldurchmesser zu ersetzen.

Normaldurchmesser sind grundsätzlich anzuwenden:
a) für Bohrungen, die mit Reibahlen ausgerieben, mit Grenzlehrdornen geprüft, auf Spanndornen aufgenommen werden;
b) für Wellen, die mit Grenzrachenlehren geprüft werden;
c) für alle runden Teile, die aus blankgezogenem Rundmaterial derart hergestellt werden, daß ihre Außendurchmesser, wie Handgriffe, Knöpfe, Gabelbolzen, Ringmuttern usw. unbearbeitet bleiben. Ist man hierbei z. B. stets auf die Reihe 3 (Zahlentafel 18) gekommen, so hat man im Stangenlager höchstens die in dieser Reihe enthaltenen Durchmesser; daraus erhellt die große Ersparnis bei Benutzung der Vorzugsreihen. Sinngemäß gilt dasselbe für die unter a) und b) erwähnten Werkzeuge, Aufnahmedorne und Grenzlehren.

Zahlentafel 19 enthält gemäß DINorm 475 die normalen Schlüsselweiten und damit die Abmessungen gewalzten und gezogenen Sechskantmaterials; sie sind sinngemäß auch auf mit Schlüsseln betätigte Vierkante (also nicht Werkzeugvierkante, diese s. DINorm 10) anzuwenden. Diese Reihe enthält einige Werte, die in Zahlentafel 18 nicht enthalten sind, weil hier Übereinstimmung mit den Schlüsselweiten der Zoll-Länder (Amerika, England) erzielt werden mußte.

Anzuwenden sind sie für Schrauben und Muttern aller Art, für alle mit Gewinde versehenen Teile, die mit Vier- oder Sechskant festgeschraubt werden, für Stellspindeln aller Art (Fig. 39—42).

Zahlentafel 20 (DINorm 250) gibt die Reihe der normalen Halbmesser wieder; die fettgedruckten Werte sind zu bevorzugen. Muß in besonderen Fällen von dieser Reihe abgewichen werden, so ist doch stets ein Wert gleich der Hälfte

Zahlentafel 19. Schlüsselweiten nach DINorm 475.
Maße in mm.

Schlüssel-weite	4 kant			6 kant	8 kant	Rund
				~	~	
s	e	d	r	e_1	e_2	d_1
3	4	4,1	0,2	3,5	—	3,5
3,5	4,5	4,8	0,2	4	—	4
4	5	5,5	0,2	4,6	—	4,5
4,5	6	6,2	0,2	5,2	—	5
5	6,5	6,9	0,2	5,8	—	6
5,5	7	7,6	0,2	6,4	—	7
6	8	8,3	0,2	6,9	—	7
7	9	9,5	0,5	8,1	—	8
8	10	10,9	0,5	9,2	—	9
9	12	12,3	0,5	10,4	—	10
10	13	13,7	0,5	11,5	—	12
11	15	15,1	0,5	12,7	—	13
(12)	16	16,6	0,5	13,8	—	14
14	18	19	1	16,2	—	16
17	22	23,2	1	19,6	—	19
19	25	26,1	1	21,9	—	22
22	28	29,5	2	25,4	—	25
(24)	30	32,3	2	27,7	—	28
27	35	36,5	2	31,2	—	32
(30)	40	40,8	2	34,6	—	35
32	42	43,6	2	36,9	—	38
36	48	49,3	2	41,6	—	42
41	55	56,3	2	47,3	44,3	48
46	60	62,6	3	53,1	49,8	52
50	65	67,4	4	57,7	54,1	58
55	72	74,5	4	63,5	59,5	65
60	78	81,5	4	69,3	65	70
65	85	88,6	4	75	70,4	75
70	92	95,7	4	80,8	75,7	82
75	98	102	5	86,5	81,2	88
80	105	109	5	92,4	86,6	92

eines Normaldurchmessers zu wählen; der Grund hierfür liegt darin, daß dann jeder konkave Drehstahl oder Fräser nach einem normalen Lehrdorn hergestellt werden kann; auch die Form des konvexen Drehstahles läßt sich durch Anlegen eines solchen genau prüfen und bedarf keiner Sonderlehre. Fig. 43 bis 50 geben einige Anwendungsbeispiele.

Für Gewinde bestehen folgende Normen:

a) Whitworth-Gewinde mit Spitzenspiel, DINorm 12. Beim Schraubenprofil sind die runden Spitzen abgenommen; beim Mutterprofil ist ebenso an den Spitzen ein Spiel vorgesehen, damit ausschließlich die Flanken zum Tragen kommen. Da es unter $^1/_2''$ sehr grobe Steigun-

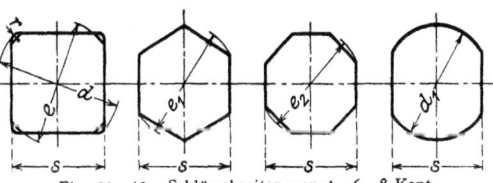

Fig. 39—42. Schlüsselweiten von 4-, 6-, 8-Kant- und Rundmaterial.

gen aufweist, so empfiehlt es sich, bis einschließlich 10 mm Durchmesser das unter b) genannte metrische Gewinde zu benutzen, das in Zukunft bis 10 mm als das einzige normale Gewinde gelten soll.

Zahlentafel 20. Normale Halbmesser.

0,2	1,25	6	22	60
0,3	1,5	8	25	70
0,4	2	10	30	80
0,5	2,5	12	35	90
0,6	3	15	40	100
0,8	4	18	90	—
1	5	20	50	—

b) **Metrisches (S. I.) Gewinde**, DI Norm 13 und 14, geht von 1 mm ab und ersetzt bis 10 mm das Löwenherzgewinde vollkommen, da es dessen Steigungen übernommen hat. Es wird durchweg im Kraftfahrzeugbau, in der Feinmechanik, vielfach im Werkzeugmaschinenbau verwendet.

c) **Gasgewinde** ist ein englisches Gewinde mit Whitworth-Profil, das besonders für Rohre und Rohrarmaturen Anwendung findet und im Sinne der Einheitlichkeit zweckmäßigerweise auch in den Werken, die sonst das Whitworth-Gewinde haben, als Feingewinde benutzt wird.

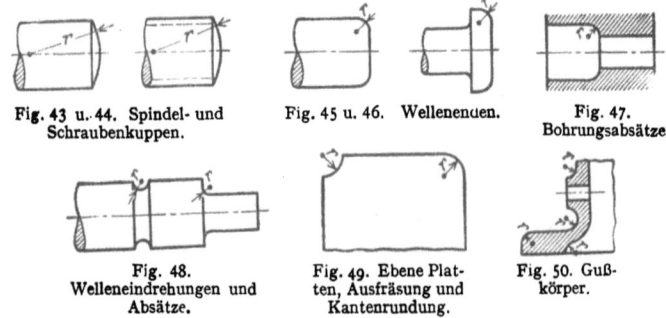

Fig. 43 u. 44. Spindel- und Schraubenkuppen.

Fig. 45 u. 46. Wellenenden.

Fig. 47. Bohrungsabsätze.

Fig. 48. Welleneindrehungen und Absätze.

Fig. 49. Ebene Platten, Ausfräsung und Kantenrundung.

Fig. 50. Gußkörper.

d) **Metrisches Feingewinde**, DINorm 243, dient als Konstruktionsfeingewinde und wird durchweg im Werkzeugmaschinenbau, Kraftfahrzeugbau und in der Feinmechanik verwendet.

e) **Metrisches Feinfeingewinde**, DINorm 241, dient als Rohrgewinde und wird im Werkzeugmaschinenbau wie bei d) verwendet.

f) **Trapezgewinde**, DINorm 103, mit einem Gewindewinkel von 30° für Bewegungsspindeln. Es ersetzt die Flachgewinde, vor denen es den Vorzug größerer Festigkeit und genauerer Herstellung durch Fräsen hat.

g) **Rundgewinde**, DINorm 405, für Armaturenspindeln. Besondere Rundgewinde liegen fest für Glühlampen und Kühlerfüllschrauben an Kraftfahrzeugen (Kraftfahrbaunorm G 401).

Für normale Kegel gilt DINorm 254; auf sie ist wegen einheitlicher Werkzeuge und Lehren stets zurückzugreifen.

Diese abstrakten Normen sind ganz oder auszugsweise in jedes Werknormenbuch zu übernehmen; sie können je nach Bedarf noch durch Reihen für Drähte, Flach- und Vierkantquerschnitte, Träger- und Spezialprofile ergänzt werden.

Bezüglich der Passungen (Näheres s. S. 551), für die durchweg DINormen bestehen, hat das Normenbüro die Aufgabe zu entscheiden, ob für das Werk Einheitsbohrung oder Einheitswelle in Betracht kommt, ob beide Systeme in verschiedenen Abteilungen anzuwenden sind oder ob schließlich ein System als Hauptsystem geführt und für bestimmte Zwecke Kombinationen von Lehren aus dem E. B.-System mit solchen aus dem E. W.-System notwendig sind. Sodann sind die für das Werk nötigen Gütegrade und Sitze festzulegen, gegebenenfalls manche Sitze nur für bestimmte wenige Durchmesser.

Für die Werkstoffe sind, solange DINormen noch nicht bestehen, von den einzelnen Werken im Benehmen mit den Werkstofflieferern, einheitliche Bezeichnungen nach den Eigenschaften (womöglich unter Bezugnahme auf den Verwendungszweck) festzulegen; diese sind in Stücklisten, sowie auf allen Normblättern der Klasse B anzuwenden. Auch die Farben, mit denen Stangenmaterial am Lager gekennzeichnet wird, sind in diese Normen einzubeziehen.

Die abstrakten Normen sind grundsätzlich für jedes Werkstück anzuwenden die Vereinheitlichung ist dabei nur eine ideelle, indem sie eigentlich erst

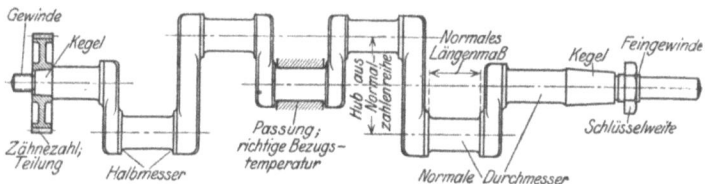

Fig. 51. Die Anwendung abstrakter Normen bei einer Kurbelwelle.

bei den Werkzeugen und den Rohstoffen in Erscheinung tritt; ein Beispiel über die Anwendung der abstrakten Normen zeigt Fig. 51. Besonders sorgfältig sind sie bei den Normteilen selbst anzuwenden.

Normteile sind entweder in allen Abmessungen festzulegen, oder es werden nur gewisse Anschlußmaße genormt. Unter Umständen wird letzteres als Vorstufe für die spätere Festlegung aller Abmessungen gemacht (z. B. Gewindezapfen von Schmierbuchsen).

Umfang der Normung. Als Normteil kann jeder Teil angesehen werden, der sich entweder an verschiedenen Maschinengattungen oder an verschiedenen Größen derselben Maschinengattung wiederholt oder sich voraussichtlich bei späteren Konstruktionen wiederholen wird. Es kann sich hierbei sowohl um Teile der Verkaufserzeugnisse, wie auch der eigenen Betriebseinrichtungen (z. B. Werkzeuge, Vorrichtungen, Fördermittel, Aufbewahrungsschränke) handeln.

Vorgehen bei der Normung. Sofern keine Konstruktionstabellen oder Lagerlisten bestehen, sind die zu normenden Teile aus allen noch zur Ausführung bestimmten Konstruktionszeichnungen herauszuziehen und nach Größen zu ordnen (am besten mit Hilfe einer einfachen Kartei). Dabei ist jeweils anzugeben, bei welcher Maschine und wie oft der Teil daran vorkommt, ob dafür ein Modell, Gesenk, Bearbeitungsvorrichtung, Sonderwerkzeug besteht, und welches gegebenenfalls der Lagerbestand ist.

Sodann ist festzustellen, mit wieviel Größen man voraussichtlich in dem ermittelten Bereich auskommen kann; nun wird das kennzeichnende Maß des Normteils (z. B. Gewindedurchmesser bei Tragöse, Griffdurchmesser bei Handgriffen, Außendurchmesser bei Laufrad, Breite bei Bremsband) nach einer der geometrischen Zahlenreihen, Zahlentafel 17, gestuft. Dann wird geprüft, welche der bisherigen Größen in der Nähe dieser Stufen liegen. Je nachdem man auf Nachbarteile in der Konstruktion, vorhandene Modelle, Gesenke usw. Rücksicht nehmen muß, wird man mehr oder weniger große Abweichungen von jenen Reihenwerten zulassen. Stets aber sind die oben angeführten abstrakten Normen zu beachten.

Jedes Normblatt soll grundsätzlich nur eine Art von Teilen enthalten. Diese sind nach kennzeichnenden Maßen zu ordnen; wenn irgend möglich soll das kennzeichnende Maß am Normteil meßbar sein. Nur in Ausnahmefällen kann entsprechend dem Verwendungszweck ein anderes Maß gewählt werden (z. B. Wandarm für eine Transmissionsleitung von 70 mm Durchmesser: kennzeichnend ist das Maß 70).

In bezug auf unterscheidende **Bezeichnung der Normteile** eines Blattes sind folgende Fälle zu unterscheiden:

a) Es gibt nur eine Ausführungsart; jede Größe ist durch eine einzige Maßzahl von jeder anderen unterschieden.

Beispiel: Schalenkupplung 70 mm.

b) Es gibt mehrere Ausführungsarten; innerhalb jeder Ausführungsart ist jede Größe wie oben durch eine einzige Maßzahl von jeder anderen unterschieden.

Beispiel: Feste Ballengriffe, Ausführung A mit zylindrischem Zapfen, Ausführung B mit Gewindezapfen. Bezeichnung eines Griffes mit 25 mm Durchmesser: Fester Ballengriff A 25.

c) Es gibt eine Ausführungsart; die Normteile stufen sich nach zwei Abmessungen ab, z. B. gibt es zu demselben Durchmesser verschiedene Längen, die bei anderen Durchmessern wiederkehren.

Beispiel: Sechskantschraube mit $^5/_8$" Gewinde und 40 mm Schaftlänge. Sechskantschraube $^5/_8$ × 40.

d) Es gibt mehrere Ausführungsarten: die Normteile stufen sich nach zwei Abmessungen ab. Da hierbei die Bezeichnung zu lang und unübersichtlich würde werden hier die verschiedenen Ausführungsarten auf verschiedene Normblätter auseinandergezogen.

Beispiel: Senkschrauben mit und ohne Linse werden auf zwei getrennten Normblättern „Senkschrauben" und „Linsensenkschrauben" festgelegt.

Die Bezeichnung ist also grundsätzlich höchstens zweidimensional (Ausführungsform und ein Maß oder zwei Maße); sie setzt sich zusammen aus:

Benennung, Ausführungsart (abgekürzt mit großen Buchstaben A, B, C...), kennzeichnender Größe, Werkstoff (dieser nur, wenn ein Normteil aus verschiedenen Werkstoffen bestehen kann) und Normblattnummer.

Legt man für gleiche Teile verschiedener Werkstoffe (z. B. Senkschrauben aus Eisen und Messing) verschiedene Normblätter an, so daß auf jedem der Werkstoff eindeutig ist, so fällt er in der Bezeichnung stets weg (s. a. Kennzeichnung der benutzten Normteile), da er durch die Normblattnummer bereits bestimmt ist. Im Interesse eindeutiger und kurzer Lagerbezeichnungen ist dies stets anzustreben.

Sind dieselben Teile in verschiedenen Gütegraden vorhanden (z. B. Zylinderstifte als Paßstifte nach Feinpassung, als Gabelbolzen aus gezogenem Rundmaterial nach Grobpassung), so ist für jeden Gütegrad ein besonderes Normblatt anzulegen und die Benennung womöglich unterschiedlich zu wählen.

Ausführung des Normblattes. Format und Vordruck siehe Fig. 52. Von den drei oberen Feldern nimmt das rechte die Normblattnummer (s. a. Abschnitt Numerierung) auf, das mittlere die Überschrift, die eindeutig sein soll und neben der eigentlichen Benennung noch eine Ergänzung (z. B. besonderer Verwendungszweck) enthalten kann; das linke Feld wird geteilt; in der oberen Hälfte nimmt es die Firma, in der unteren einen Hinweis auf den Ursprung des Normblattes auf; dieser Ursprung kann in einer veröffentlichten DINorm oder einer

Norm eines Fachausschusses oder einer Norm eines anderen Werkes bestehen; es ist stets wichtig, diesen Ursprung zu kennen, falls sich irgendwelche Änderungen notwendig machen.

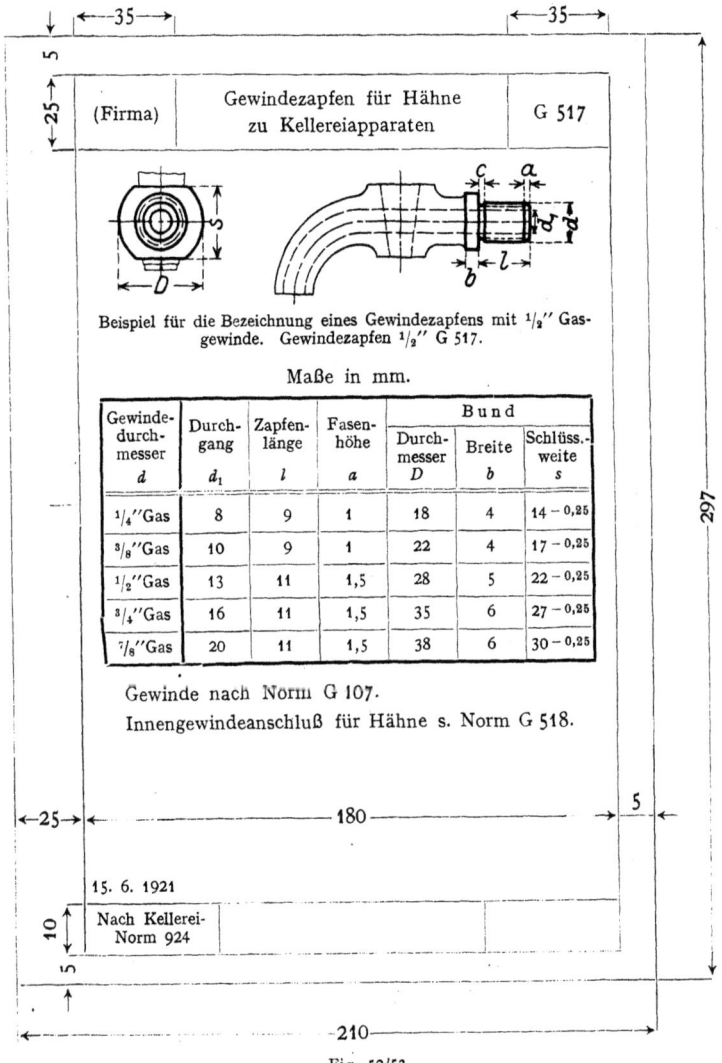

Fig. 52/53.

Wenn allerdings, was unbedingt zu empfehlen ist, ein genaues Ursprungs- und Entstehungsprotokoll über jedes Normblatt geführt wird, ist die Ursprungsangabe auf dem Normblatt nicht unbedingt nötig

Im unteren Feld sind Teile für den Ausgabetag, die Unterschriften, Änderungsvermerke und rechts unter Umständen für Seitenzahlen zur Einordnung im Normenbuch vorzusehen, falls die Normblattnummer nicht zum Einordnen benutzt wird.

Der Inhalt des Normblattes besteht im allgemeinen aus Zeichnung, Maßtabelle und Text. Die Zeichnung sei klar und deutlich; sie stelle einen der durch die Maßtabelle bestimmten Normteile in wahrer Größe oder maßstäblich verkleinert oder vergrößert dar. Falls ein Normblatt nicht mehr als zwei oder drei Teile enthält, ist jeder Teil mit zahlenmäßig eingetragenen Maßen darzustellen. Bei mehr Teilen werden die veränderlichen Maße durch Buchstaben, die bei allen Teilen gleichen Maße durch Zahlen eingetragen. Übereinstimmende Maße sind zu vermeiden; Maße, die an verschiedenen Stellen bei jedem Teil paarweise gleich sind, werden mit verschiedenen Buchstaben bezeichnet, und neben der Zeichnung, z. B. $e = k$, angegeben, in der Zahlentafel erscheint dann nur k. Es ist darauf zu achten, daß die Zahl der verwendeten Buchstaben möglichst gering ist.

Die Maße werden im allgemeinen mit kleinen Buchstaben bezeichnet; die Buchstaben d, b, h, l, r werden für Durchmesser, Breite, Höhe, Länge, Halbmesser vorbehalten; kommen mehrere Durchmesser usw. vor, so fügt man Zeiger hinzu: d_1, d_2. Sind Außen- und Innendurchmesser oder wichtige und unwichtige Durchmesser zu unterscheiden, so wählt man für erstere D, D_1 im Gegensatz zu d, d_1; Gesamtlänge und Breiten werden entsprechend mit L und B bezeichnet.

Sind an einem Normteil nur gewisse Anschlußmaße genormt, so werden nur die Linien stark angezogen, die durch die betreffenden Maße bestimmt sind; der übrige Teil der Zeichnung ist dünn auszuziehen (Fig. 53).

Die Maßtabelle ist im allgemeinen so anzuordnen, daß im Kopf die Buchstaben untergebracht sind; dabei ist anzustreben, jedem Buchstaben eine sinnfällige Benennung zuzuordnen (Höhe, Nutbreite, Nuttiefe usw.), da dies das Auffinden der Maße außerordentlich erleichtert.

Die für die Kennzeichnung des Normteils ausschlaggebenden Maße sind zuerst aufzuführen und durch starke Linien hervorzuheben; sodann sind die Buchstaben alphabetisch anzuordnen; doch ist es zulässig, die Buchstaben d und l herauszuziehen, falls diese Maße vor den andern wichtig sind. Sind die Zahlenwerte für ein Maß bei einigen aufeinanderfolgenden Größen gleich, so ist die Zahl nur einmal zu schreiben, und zwar entweder in die Mitte des Geltungsbereichs, oder sie ist durch Striche zu wiederholen; es ist sehr wichtig, der Tabelle sofort anzusehen, welche Maße sich nicht von Größe zu Größe ändern.

Bei Normteilen, die sich nach zwei Abmessungen abstufen (z. B. Schrauben nach Durchmesser und Längen) ist der Kopf der Tabelle senkrecht anzuordnen (Fig. 54).

Der Text hat zu enthalten:
1. ein Bezeichnungsbeispiel (s. a. Bezeichnung S. 576).
2. über der Maßtabelle die Worte: „Maße in mm".
3. Bearbeitungs- und Toleranzangaben.
4. Werkstoff.
5. Hinweis auf andere Normblätter, die zur Herstellung des Normteils nötig sind oder die Teile enthalten, die mit den auf dem vorliegenden Normblatt dargestellten zusammen benutzt werden.
6. Erläuterungen zu einzelnen Maßbuchstaben oder Maßen.
7. Sonstige Erläuterungen nur, soweit unbedingt notwendig.
8. eine Stückliste, falls das dargestellte Stück aus mehreren Teilen besteht.

Beispiele für das eben Gesagte zeigen die Fig. 52 bis 54.

Für die Überwachung der ausgegebenen Normblätter zum Zweck des Einziehens bei Änderungen gilt das auf S. 545 von den Zeichnungen Gesagte. Bei wesentlichen Änderungen ist es vorteilhaft, das Blatt mit einer neuen Nummer zu versehen.

Die Normenbücher sind im allgemeinen an folgende Stellen zu geben:

Direktion, Konstruktionsbüro, Vorrichtungs- und Werkzeugbüro, Betriebsbüro, Vorkalkulation (zur einmaligen Niederlegung der Bearbeitungszeiten von Normteilen), Einkauf und Lager.

| Lang & Co. Minden | Blanke Sechskantschrauben. Metrisches Gewinde 3÷10 mm | Norm 5107 |

Beispiel für die Bezeichnung: Sechskantschraube
10×45 DIN 81 Flußeisen.

Maße in mm.

Gewinde .... d	3	4	5	6	8	10
Kernquerschnitt mm²	2,306	3,028	3,888	4,610	6,264	7,916
Kuppenhalbmesser r_1	2,5	3	4	5	6	8
Ausrundung ... r_2	—	—	—	—	0,5	0,5
Kopfhöhe .... k	2	2,8	3,5	5	6	7
Schlüsselweite .. s	6 − 0,1	8 − 0,15	9 − 0,15	11 − 0,2	14 − 0,2	17 − 0,2
Eckenmaß .... e	6,9	9,2	10,4	12,7	16,2	19,6
Gewindelänge .. b	10	15	18	20	25	32

Werkstoff	$d=3$ Eisen	$d=3$ Messing	$d=4$ Eisen	$d=4$ Messing	$d=5$ Eisen	$d=5$ Messing	$d=6$ Eisen	$d=6$ Messing	$d=8$ Eisen	$d=8$ Messing	$d=10$ Eisen	$d=10$ Messing
Länge l	6											
	8			8								
	10			10	10	10						
	12			12	12	12	12					
	15			15	15	15	15					
				18	18	18	18	18	18		18	
				20	20	20	20	20	20		20	
					22	22	22	22		22		
					25	25	25	25		25		
							28	28		28		
						30		30	30		30	
								35	35			
								40	40			
											45	
											50	

Werkstoffe: Flußeisen Norm 3114, Messing Norm 3231.
Gewinde nach Norm 2203.

20. 1. 1921.

Nach DINorm
81 Bl. 1 v. 1.4.20

Fig. 54.

Fortbildung der Normen. Für alle sich auf den Konstruktionszeichnungen (deren Durchsicht s. S. 582) wiederholenden Teile werden Karten geführt, auf diesen wird der betreffende Teil skizziert, die Maße werden unter Angabe der Zeichnungsnummer, der Stückliste, Teilzahl und der Häufigkeit des Vorkommens in Tabellen angegeben.

Sobald sich öftere Wiederholung zeigt oder eine Typenreihe entsteht, muß die Normung unter Befolgung obiger Grundsätze einsetzen. Nach Herausgabe eines Normblattes sind die früheren Zeichnungen dieser Teile aus dem Gebrauch

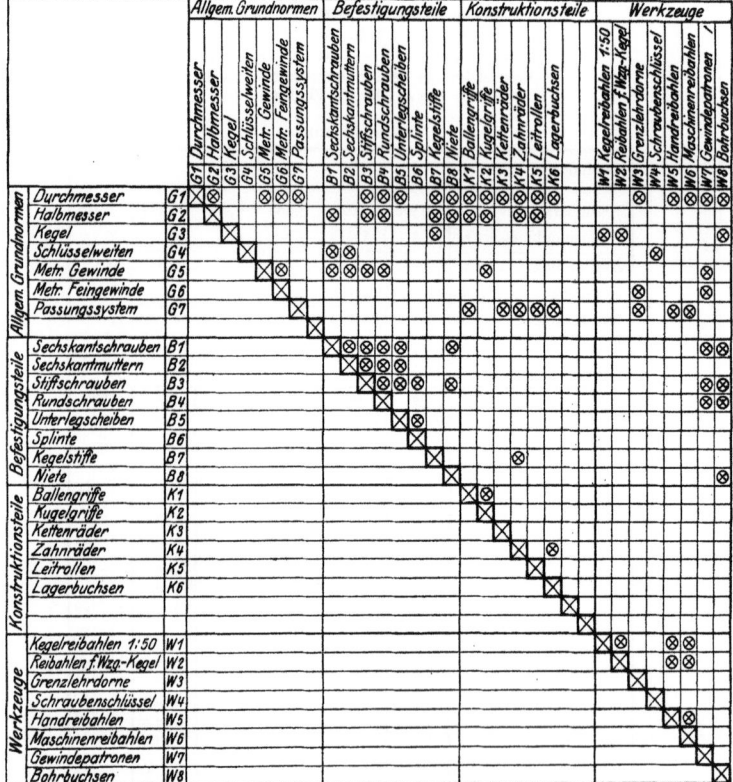

Fig. 55. Graphischer Plan zur Überwachung der Abhängigkeit der Normen voneinander.

zurückzuziehen und die Stücklisten, sowie die Teilnummern in den Zusammenstellungszeichnungen zu ändern.

Einteilung von Werknormen. Es ist für das Einordnen und Auffinden der einzelnen Normen vorteilhaft, sie in Gruppen einzuteilen, die mit Buchstaben bezeichnet werden. In jedem Normenbuch sind folgende Gruppen notwendig:

G — Grundnormen.
W — Werkzeugnormen.
Z — Zeichnungsnormen.

Aus den Konstruktionsteilen wird mit Vorteil eine Gruppe

B — Befestigungsteile

herausgezogen, die alle Schrauben, Muttern, Splinte, Stifte, Keile usw. enthält.

Ist die Fabrikation einheitlich, so können die noch verbleibenden Sonderteile unter
K — Konstruktionselemente
verbleiben; bei mehreren Erzeugnissen werden sie nach desen aufgeteilt, z. B.
M — Motorbauteile.
S — Schalterbauteile.
L — Leitungsbauteile.
Zieht man ein reines Zahlensystem vor, so ist das a. a. O. beschriebene Dezimalsystem von Vorteil.

Abhängigkeit der Normen voneinander. Die wirtschaftliche Wirkung der Normen ist die beste, wenn sie unter sich keine Widersprüche aufweisen; z. B. muß der Durchmesser eines aus gezogenem Material hergestellten Normteils in der Durchmesserreihe der gezogenen Stangen enthalten sein; oder eine Kegelbohrung muß so bemessen sein, daß sie mit einer etwa nach anderen Normteilen genormten Kegelreibahle gerieben werden kann oder ein Normteil (z. B. eine geschlitzte Sechskantschraube) muß sich aus einem anderen (z. B. ungeschlitzter Sechskantschraube) herstellen lassen, oder es muß eine Toleranz gewählt werden, die für dasselbe Maß schon anderweitig besteht und für die eine Grenzlehre vorliegt, oder endlich ein Normteil muß zum Gegenstück passen.

Gewährleistet wird die Beachtung dieser sich über Erwarten weit verzweigenden Abhängigkeit der Normen voneinander durch ein graphisches Verfahren, ausgearbeitet von Fabriknorm, Berlin W 62, gemäß Fig. 55. Jede Abhängigkeit kommt hier nur einmal zum Ausdruck; besteht zwischen zwei Normen eine Abhängigkeit, sei sie auch nur loser Natur, so wird in das Feld der betreffenden, sich kreuzenden Spalten ein Zeichen gemacht; ist die Abhängigkeit nachher berücksichtigt worden, so ist dieses Zeichen mit einem Kreis umringt. Bei einer größeren Anzahl von Normblättern wird dieser graphische Plan in einzelne Blätter aufgeschnitten.

2. Beziehung zu DINormen und Fachnormen.

Soweit DINormen bzw. Normen eines bestimmten Industriezweiges (Fachnormen) bestehen, sind diese ganz oder auszugsweise zu übernehmen; besonders gilt dies für die abstrakten Normen (s. S. 570). Das Festhalten an Zahlentafel 18, „Vorzugsmaße", hat bei der Ausarbeitung von Werknormen den besonderen Zweck, daß bei späterer Normung für die Allgemeinheit stets angestrebt werden wird, auf diesen Maßen aufzubauen; somit hat das Werk, das diese Maßnahme schon seinerseits beachtet hat, die Aussicht, später am wenigsten ändern zu müssen.

Werden die Werknormen in das Werknormenbuch nach rechts unten angeschriebenen Seitenzahlen eingereiht, so ist ein DINorm- oder Fachnormblatt nur mit dieser Seitennummer (s. Abschnitt „Einteilung") zu versehen.

Die Bestellbeispiele für Teile, die sich auf den DINormen befinden, sind auf alle Fälle, d. h. ohne Rücksicht auf die eigene Normblattbezeichnung, nach der DINorm zu wählen (Fig. 54). DINormteile müssen überall, wo sie vorkommen, die gleiche Bezeichnung tragen.

Besser, als eine DINorm oder Fachnorm ganz zu übernehmen, ist es häufig, für den eigenen Gebrauch nur Auszüge daraus zu benutzen. Größen, die in den Konstruktionen bereits benutzt sind, werden durch einen schrägen Strich in dem Feld ihrer Größenbezeichnung gekennzeichnet. Sind solche Teile am Lager, so wird jenes Dreieck ausgefüllt (Fig. 54).

Zur Einführung von DINormen oder Fachnormen, die von bisherigen Werksnormen abweichen und damit eine Änderung der Stücklisten bedingen, bedient man sich im Konstruktionsbüro einer sog. Umwandlungstafel, in der man für denselben Verwendungszweck bisherige Werknorm und neue DINorm oder Fachnorm nebeneinandersetzt. Zahlentafel 21 bringt ein Beispiel für Schrauben

Diese Tafel besagt, daß überall da, wo in der Stückliste eine Schraube nach der Werknorm *B 4* aufgeführt ist, die daneben angegebene Schraube nach DINorm 61 zu verwenden ist. Sind die alten und neuen Teile nicht gegenseitig austauschbar, so sind die Konstruktionen in solchem Zeitpunkt auf die neuen Normen umzustellen, wo alte Normteile nicht mehr auf Lager liegen.

Zahlentafel 21.

Umwandlungstafel. Sechskantschrauben, Flußeisen.

Durchmesser	Klemmlänge	Bis jetzt Werknorm *B* 4	Nunmehr (nach 1. 2. 1922) D I Norm 61
$1/_2$"	40	$1/_2$" × 55	$1/_2$" × 55
	42	$1/_2$" × 58	$1/_2$" × 60
	45	$1/_2$" × 62	$1/_2$" × 60
	48	$1/_2$" × 62	$1/_2$" × 65
	50	$1/_2$" × 68	$1/_2$" × 65
	52	$1/_2$" × 68	$1/_2$" × 70
	55	$1/_2$" × 72	$1/_2$" × 70
	58	$1/_2$" × 72	$1/_2$" × 75

3. Prüfung der Zeichnungen und Stücklisten.

Vereinheitlichung besonderer Konstruktionsteile.

Soll die Normung lebendig bleiben, so muß das Normenbüro in ständiger Fühlung mit Konstruktionsbüro und Werkstatt bezw. Betriebsbüro stehen, ja es ist häufig geradezu zur Vermittlerrolle zwischen diesen beiden berufen.

Soll es auf das Konstruktionsbüro ständig im Sinne der Normung einwirken, so muß es andererseits vom Betrieb dauernd die Anregung zu herstellungstechnischen Vereinfachungen erhalten.

Die Einwirkung auf die Konstruktion wird dadurch gewährleistet, daß das Normenbüro alle Konstuktionszeichnungen und Stücklisten zur Prüfung erhält. Dabei hat es zu achten auf:

die Anwendung der abstrakten Normen (s. S. 570) bei allen Konstruktionsteilen;

die Verwendung genormter Teile und normengerechte Bezeichnung in der Stückliste;

normengerechte Ausführung der Zeichnungen (s. a. S. 541);

die Benutzung von „Entlehnungsteilen".

Entlehnungsteile.

An sich wiederholenden Werkstücken gibt es neben den Normteilen häufig Teile, die von einer schon bestehenden Konstruktion entlehnt und zu einer neuen benutzt werden. Diese werden daher zweckmäßig als „Entlehnungsteile" bezeichnet.

Ihr wirtschaftlicher Vorteil liegt in der Möglichkeit, schon vorhandene Hilfseinrichtungen zu ihrer Erzeugung zu benutzen, und zwar a) Modelle, b) Gesenke, c) Bearbeitungsvorrichtungen, d) Sonderwerkzeuge, e) Sonderlehren

Dieser Zweck, wenigstens hinsichtlich c bis e, wird häufig schon erreicht, wenn ein Teil eines Stückes (etwa ein Anschlußflansch) gleich dem entsprechenden Teil eines anderen Stückes gemacht wird.

Das Normenbüro muß daher über vollständige und übersichtliche Karteien jener fünf Sorten von Hilfseinrichtungen verfügen. Sind diese Karteien im Normenbüro anstatt im Fabrikationsbüro, so hat dies den Vorteil, daß schon bei der ersten Prüfung der Konstruktion dieser Gesichtspunkt zur Geltung kommt; die Mehrarbeit für das Normenbüro ist hierbei verhältnismäßig gering, da es ohnehin die Aufgabe hat, alle Konstruktionszeichnungen auf Normen zu prüfen; dagegen fällt bei dieser Einteilung dem Fabrikationsbüro nur mehr die Konstruktion völlig neuer Hilfseinrichtungen zu.

4. Mitwirkung bei der Typisierung.

Viele industriellen Erzeugnisse werden in verschiedenen Größen gefertigt. Die Reihe verschiedener Größen, die das gesamte Bedarfsgebiet zu decken hat, wird dann die geringste Anzahl verschiedener Größen enthalten, wenn diese regelmäßig abgestuft sind. Diese Aufgabe der regelmäßigen Abstufung, die Typisierung, erfordert das Mitwirken des Normenbüros insofern, als dabei eine Reihe normungstechnischer Forderungen von vornherein zu berücksichtigen sind. Besonders wichtig ist es dabei, daß die Bildung von Normteilreihen und Maschinentypenreihen nach einheitlichen Gesichtspunkten vorgenommen wird.

IV. Das Fabrikationsbüro.

Aufgabe des Fabrikationsbüros im weitesten Sinne ist die **technische Vorbereitung der Fabrikation**. Dazu gehört die Einrichtung der Werkstatt, Beschaffung und Aufstellung der Werkzeugmaschinen, Ausstattung der Werkstatt mit Transportmitteln, Bereitstellung der normalen und besonderen Werkzeuge und Lehren, Entwurf der Bearbeitungsvorrichtungen.

Zur Beurteilung dessen, was in dieser Beziehung bereitzustellen ist, erhält es vom Konstruktionsbüro die Werkstattzeichnungen und Stücklisten, und zwar vor ihrem endgültigen Abschluß. Auf Grund derselben stellt es die **Bearbeitungsfolgen** der einzelnen Teile fest. Hierbei zeigt es sich häufig, daß gewisse Teile etwas umgeformt werden müssen, Angüsse zum Spannen erhalten müssen u. dgl.; sodann werden für jeden **Arbeitsgang** die dafür in Betracht kommenden Maschinen, Vorrichtungen, Werkzeuge und Lehren bestimmt. Auf Grund genauer Karteien hierüber wird angestrebt, bereits vorhandene Fabrikationshilfsmittel (Maschinen, Werkzeuge, Vorrichtungen) zu benutzen, um nicht durch Neubeschaffung die Herstellungskosten unnötig zu erhöhen und die Herstellungszeit zu verlängern.

Alle dadurch begründeten Änderungen an den Konstruktionszeichnungen werden dem Konstruktionsbüro zur Berücksichtigung beim endgültigen Abschluß der Zeichnungen mitgeteilt.

a) Bearbeitungsfolgen.

Die Bearbeitungsfolgen sind somit die Grundlagen für die gesamte Fabrikation. Sie dienen außer zur Bereitstellung der Betriebsmittel (bei großen Aggregaten z. B. großen Karusselbänken ist dies wegen der Belegung solcher Maschinen auch für die Terminabgabe wichtig, s. S. 627), auch als Unterlagen für die Vorkalkulation.

Die Bearbeitungsfolge gibt an, in welcher Reihenfolge die einzelnen Bearbeitungen (Arbeitsgänge) an einem Werkstück vorzunehmen sind. Ein Arbeitsgang umfaßt bei Bearbeitung durch Spanabnahme die Herstellung irgendeiner Fläche, gleichgültig, ob diese nur als Zwischenergebnis oder als Endergebnis betrachtet wird. Insofern wird jeder Arbeitsgang mit einem Werkzeug vollzogen. Führen aber mehrere Werkzeuge, die in einem Werkzeugträger befestigt sind, gleichzeitig Schnitte aus (Mehrfachwerkzeuge), so ist ein Arbeitsgang gleichbedeutend mit einer Vorschubbewegung. Bei Bearbeitung durch Formen (Schmieden, Ziehen, Pressen) besteht ein Arbeitsgang in jeder mit einem Werkzeug erfolgten Formänderung.

Muster für Bearbeitungsfolgen zeigen Fig. 56 und 57. Auf ersterer sind sämtliche Arbeitsgänge verzeichnet, die zur Fertigstellung eines Stückes gehören. Bei jedem Arbeitsgang ist eine Skizze angegeben, und darauf die zu bearbeitende

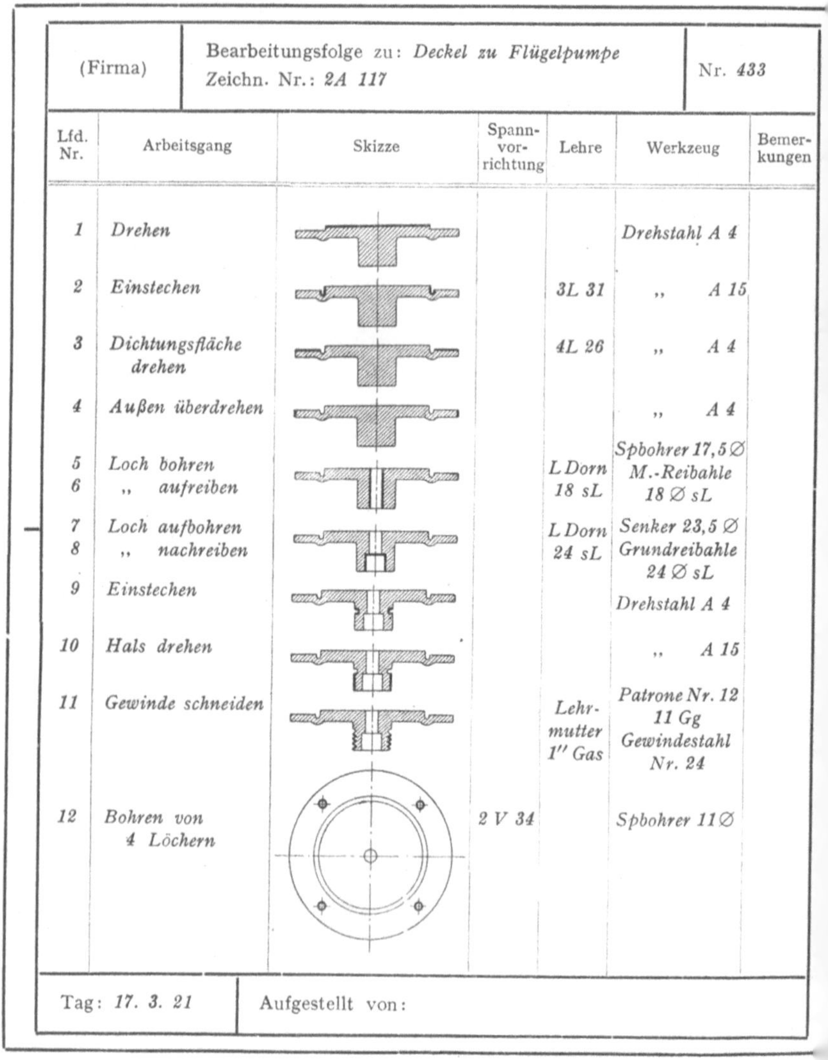

(Firma)	Bearbeitungsfolge zu: *Deckel zu Flügelpumpe* Zeichn. Nr.: *2A 117*					Nr. *433*
Lfd. Nr.	Arbeitsgang	Skizze	Spannvorrichtung	Lehre	Werkzeug	Bemerkungen
1	Drehen				Drehstahl A 4	
2	Einstechen			3L 31	,, A 15	
3	Dichtungsfläche drehen			4L 26	,, A 4	
4	Außen überdrehen				,, A 4	
5	Loch bohren			L Dorn 18 sL	Spbohrer 17,5 ⌀ M.-Reibahle 18 ⌀ sL	
6	,, aufreiben					
7	Loch aufbohren			L Dorn 24 sL	Senker 23,5 ⌀ Grundreibahle 24 ⌀ sL	
8	,, nachreiben					
9	Einstechen				Drehstahl A 4	
10	Hals drehen				,, A 15	
11	Gewinde schneiden			Lehrmutter 1″ Gas	Patrone Nr. 12 11 Gg Gewindestahl Nr. 24	
12	Bohren von 4 Löchern			2 V 34	Spbohrer 11 ⌀	
Tag: *17. 3. 21*	Aufgestellt von:					

Fig. 56. Bearbeitungsfolge für einen Deckel zu einer Flügelpumpe.
(Format 297 × 210.)

Fläche stark ausgezogen. Wichtig ist die Angabe der zu jedem Arbeitsgang gehörigen Spannvorrichtungen, Lehren und Werkzeugen. Diese Liste ist nicht mit einer Unterweisungskarte oder einer Arbeitskarte zu verwechseln; auf diesen

Das Fabrikationsbüro. — Bearbeitungsfolgen. 585

werden vielmehr jeweils diejenigen Arbeitsgänge der gesamten Bearbeitungsfolge zusammengefaßt, die auf einer Maschine in unmittelbarer Folge erledigt werden, und außerdem durch genaue Angabe der Handgriffe und Handarbeiten ergänzt. Dagegen wird diese Liste für die Zwecke der Vorkalkulation (s. S. 614) mit einer Fahne versehen, die neben jedem Arbeitsgang Handzeiten, Maschinenzeiten und Gesamtzeiten anzugeben gestattet.

Soll die Bearbeitungsfolge auf der Unterweisungs- oder Arbeitskarte unmittelbar angebracht werden, so wird sie gemäß Fig. 57 in einzelne Blätter unterteilt. Das einzelne Blatt enthält nun die Arbeitsgänge, die zur Erreichung einer „Be-

Gegenstand: *Deckel zu Flügelpumpe TP 22*						Bearbeitungsstufe: *1*
Zeichn. Nr.: *2P 117*			Teil Nr. *10*			Zahl der Bearbeitungs-
Bearbeitungsmaschine: *D 22*			Abt.: *Dreherei*			stufen: *3*

Lfd. Nr.	Arbeitsgang	Riemen- stellung	Vorschub pro Um- drehung mm	Spann- vorrichtung	Lehre	Werkzeug	Skizze
1	*Drehen*	*3 m*	*0,3*		—	Stahl A *4*	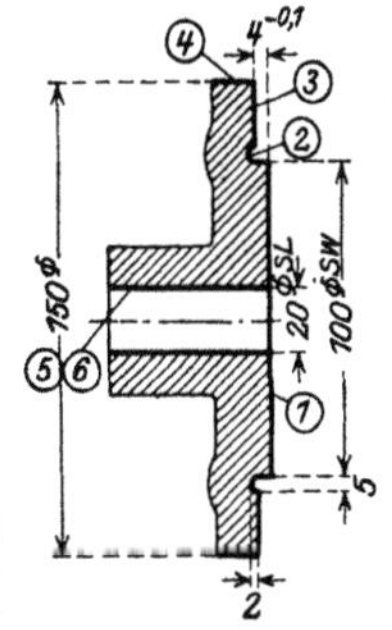
2	*Einstechen*	*3 m*	—		*GR 100 s W*	„ A *15*	
3	*Dichtungsfläche drehen*	*3 m*	*0,3*	Spannpatrone	*4 L 26*	„ A *4*	
4	*Außen über- drehen*	*3 m*	*Hand*		—	„ A *4*	
5	*Loch bohren*	*3 0*	„		—	*Sp. B. 19,5*	
6	*Loch aufreiben*	*3 m*	„		*GD 20 sL*	*MR 20 s L*	

Tag: *29. 6. 1921*	(Firma)	Bearbeitungs-
Von: *Merner*		folge Nr.: *2P 117, 1*

Fig. 57. Arbeitsgänge zu einer Bearbeitungsstufe. (Format 210×148.)

arbeitungsstufe" gehören; hier ist in der Arbeitsvorbereitung noch weiter gegangen, indem die Maschine, Riemenstellung und Vorschub vorgeschrieben werden; außerdem sind in der Skizze alle Bearbeitungsmaße angegeben, so daß eine besondere Zeichnung nicht mehr notwendig ist.

Praktisch wird man je nach den besonderen Verhältnissen sich mehr dem einen oder dem anderen Muster nähern oder sie in geeigneter Form verquicken.

Voraussetzung für eine wirtschaftlich richtig aufgestellte Bearbeitungsfolge ist eine vollkommene Werkstattzeichnung, die über Form, endgültigen Bearbeitungszustand, Werkstoff und einzuhaltende Genauigkeiten Auskunft geben muß. Maßgebend für das zu wählende Arbeitsverfahren ist sodann die zu erzeugende Stückzahl, danach die vorhandenen Betriebsmittel, und schließlich die Unkostenzuschläge der verschiedenen Betriebsabteilungen (s. a. S. 618). Bei niedrigen Stückzahlen wird man mit vorhandenen Werkzeugen und Maschinen auszukommen versuchen; erst größere Mengen gestalten die Benutzung von Sonderwerkzeugen und Vorrichtungen und sehr große Mengen den Bau von Sondermaschinen wirtschaftlich. Von den Sonderwerkzeugen und -Maschinen ist dabei pro Stück ein anteiliger Kostensatz in solcher Höhe einzusetzen, daß sie nach Erledigung der Serie abgeschrieben sind. Nur wenn trotzdem die Gestehungskosten pro Stück kleiner werden als bei Benutzung normaler Werkzeuge und Maschinen, wird man zu Sondereinrichtungen greifen.

Bei Benutzung von Spannvorrichtungen ist die Bearbeitungsfolge so zu wählen, daß die Aufnahme womöglich an derselben Stelle geschieht, und daß diese Stelle gegebenenfalls in einem ersten Arbeitsgang für diesen Zweck vorbereitet wird. Maßgebend für die Wahl der Art der Aufnahme sind im allgemeinen die Genauigkeitsanforderungen, die an die gegenseitige Lage von Löchern, Kanten, Zapfen und Flächen gestellt werden. Weiteres s. unter Bearbeitungsvorrichtungen.

b) Bearbeitungsvorrichtungen.

1. Allgemeines.

Bearbeitungsvorrichtungen haben den Zweck, das Anreißen und Ankörnen zu ersparen, die zum richtigen Einspannen und zum Ausspannen nötige Zeit (Spannzeit) abzukürzen, bei unregelmäßig geformten Werkstücken das Aufspannen überhaupt zu ermöglichen, die Genauigkeit der bearbeiteten Stücke zu steigern und dadurch ihre Austauschbarkeit herbeizuführen.

Für den Ersatz des Anreißens und Ankörnens sind zwei Bedingungen zu erfüllen:

a) die Vorrichtung nimmt das Arbeitsstück an solchen Flächen auf, zu denen die zu bearbeitende Fläche möglichst genau stimmen soll;

b) sie enthält Schablonen, die wiederum zu jener Spannfläche in einer unveränderlichen Lage stehen (Bohrschablonen mit Bohrbuchsen, Frässchablonen zum richtigen Ansetzen des Fräsers).

Die Einspannzeit wird dadurch abgekürzt, daß die Vorrichtung so ausgestaltet wird, daß das Arbeitsstück nur eingelegt zu werden braucht und danach mit denkbar wenigen, womöglich unmittelbar von Hand zu betätigenden Spannelementen (s. S. 591) festgespannt wird. Zur Abkürzung der Ausspannzeit dienen häufig Auswerfervorrichtungen (s. S. 595).

Für die gleichmäßige Maßausführung (Austauschbarkeit) sind folgende Bedingungen zu erfüllen:

a) die Aufnahme des Werkstückes (s. S. 589) muß eindeutig sein; es darf nicht möglich sein, ein Werkstück in verschiedenen Lagen in die Vorrichtungen einzulegen, es sei denn, daß es die gleiche Symmetrieebene besitzt wie die Vorrichtung.

b) Das Werkstück muß, wenn es noch roh ist, an drei Punkten aufliegen. Sind mehr Auflagepunkte erforderlich, so müssen die übrigen verstellbar sein. Sind geeignete Auflagepunkte am Werkstück nicht vorhanden, so müssen Augen u. dgl. angegossen werden; nach erfolgter Bearbeitung werden diese leicht durch Hobeln, Fräsen usw. entfernt.

c) Das Werkstück darf durch die Spannelemente nicht verspannt werden.

d) Ist eine Fläche schon bearbeitet, und sollen die weiteren Bearbeitungsflächen eine bestimmte Lage zu dieser haben, so muß die Aufnahme in allen Vorrichtungen unbedingt an jener Fläche erfolgen. Diese darf also während der ganzen Bearbeitung in Vorrichtungen ihre Gestalt nicht ändern. Ist die Aufnahmefläche eine gedrehte oder gebohrte Fläche, so muß sie mit möglichst großer Genauigkeit hergestellt werden, damit sie auf dem Aufnahmedorn ohne nennenswertes Spiel sitzt. Gegebenenfalls ist eine solche Fläche erst am Schluß der Bearbeitung auf ihr endgültiges Maß zu bringen. Ist ihre genaue Bearbeitung nicht leicht möglich, so muß der Aufnahmedorn als Expansionsdorn (bzw. als nachgibige Spannbuchse) ausgebildet sein, um Durchmesserunterschiede auszugleichen.

e) Das Werkstück soll in einer Einspannung so weit als möglich fertigbearbeitet werden. Dieser Grundsatz gilt jedoch mehr für Bohrvorrichtungen als für Fräsvorrichtungen.

f) Ist bei Gußstücken durch Bearbeiten der ersten Fläche (Wegnehmen einer Gußhaut) ein Verziehen nach dem Ausspannen zu befürchten, so muß das Ausspannen vorgenommen werden und die betreffende Fläche durch eine zweite Bearbeitung ihre endgültige Form erhalten, besonders wenn sie als Aufnahme für die weitere Bearbeitung dient.

g) Die sich beim Gebrauch der Vorrichtung abnutzenden Teile müssen so konstruiert sein, daß sie sich ohne Änderung eines für die Bearbeitung wichtigen Maßes ersetzen lassen.

h) Sind mehrere gleiche Vorrichtungen im Gebrauch, so ist ihre Übereinstimmung durch eine Hilfslehre (Urlehre) zu gewährleisten.

Die Wirtschaftlichkeit einer Vorrichtung ist maßgebend für ihre Konstruktion; sie ergibt sich aus dem Verhältnis der durch sie bei der Bearbeitung ermöglichten Ersparnisse zu den eigenen Kosten.

Die Ersparnisse werden gemacht:

a) Durch Wegfall des Anreißens und Ankörnens.

b) Durch Abkürzung der Spannzeit oder durch deren Wegfall, indem während der Bearbeitung eines Stückes ein anderes ein- bzw. ausgespannt wird.

c) Durch Herabsetzen der Arbeitszeit, indem entweder mehrere Werkzeuge gleichzeitig arbeiten, oder das Einarbeiten des Werkzeuges bis zur vollen Schnittfläche bei Hintereinanderbearbeitung (Fräsereinlauf, Bohren aufeinandergespannter Teile) wegfällt.

d) Durch Herabsetzung der Ausschußziffer.

e) Durch Ersatz gelernter Arbeitskräfte durch ungelernte.

f) Durch die Möglichkeit, daß ein Arbeiter bei Anwendung von Vorrichtungen mehr Maschinen bedient als ohne Vorrichtungen.

g) Durch Wegfall des Prüfens und der Prüflehren, da durch die Vorrichtung die Einhaltung gewisser Maße ohnehin gewährleistet wird.

Diese Ersparnisse werden um so größer, je größer die Stückzahl der bearbeiteten Stücke ist und je mehr die Vorrichtung den eben genannten Gesichtspunkten Rechnung trägt. Freilich steigern sich damit in manchen Fällen ihre Herstellungskosten; häufig wird man vor der Wahl stehen, eine einfache Vorrichtung zu entwerfen, die besonders den Punkten *a*, *d* und *g* Rechnung trägt, oder eine solche, die in höchster Vervollkommnung des Arbeitsganges besonders die Punkte *b*, *c* und *e* berücksichtigt. Oft ist zu entscheiden, ob eine Vorrichtung zur Aufnahme von nur einem Arbeitsstück oder aber von mehreren dienen soll (**Mehrfachspannvorrichtungen**); bei diesen wird außer an Aufspannzeit je Stück auch noch an Bearbeitungszeit gespart, indem das Werkzeug ohne Leergang nach Verlassen eines Werkstückes sofort das nächste angreift, oder indem mehrere Werkzeuge gleichzeitig arbeiten; bei Fräsvorrichtungen spart man dadurch im besonderen dem Fräsereinlauf (s. S. 601).

Mehrfachvorrichtungen können entweder so gebaut sein, daß zunächst alle Werkstücke eingespannt und dann alle bearbeitet werden, oder aber so, daß während der Bearbeitung eines Werkstückes das nächste eingespannt wird; dieses wird nach der Bearbeitung des ersteren durch Drehen oder Verschieben der Vorrichtung unter das Werkzeug gebracht, so daß jenes frei wird, ausgespannt und an seiner Stelle ein neues Stück eingespannt werden kann (**abwechselnde Vorrichtung**).

Eine dritte Art der Mehrfachvorrichtungen ist die **stetig arbeitende**, wie sie an Rundfräsmaschinen verwendet wird, s. Fig. 127. In einen Kreis von sich wiederholenden Spannstellen werden die unter dem Fräser durchlaufenden Werkstücke eingespannt. Nach dem Durchlauf wird jedes Stück einzeln herausgenommen und sofort ein neues zu bearbeitendes an seine Stelle gebracht; dieses kommt durch das stetige Weiterlaufen des Rundtisches schließlich wieder unter den

Fräser und wird nach Beendigung des Kreislaufes wieder herausgenommen. Es ist dies die wirtschaftlichste Art der Bearbeitung, da hierbei die Bearbeitungszeit fast genau gleich der Schnittzeit ist und die Spannzeit nicht dazugezählt werden muß, da gleichzeitig gespannt und geschnitten wird.

In allen diesen Fällen sind die Kosten für die Vorrichtung und die Konstruktions- und Ausführungskosten, einschließlich Aufpassen auf die Bearbeitungsmaschine, sowie die Ersparnisse bei der Bearbeitung möglichst genau abzuschätzen und dann die Ausführung derjenigen Vorrichtung zu wählen, deren Kosten am meisten unter den Ersparnissen liegen. Dabei ist noch zu berücksichtigen, ob das zu bearbeitende Werkstück nur einmal in einer bestimmten Serie gefertigt wird oder ob späterhin mit einer weiteren Erzeugung zu rechnen ist.

Unter Umständen kann auch durch Vereinheitlichung mehrerer ähnlicher Werkstücke eine so große Serie genommen werden, daß sich die beste Bearbeitungsvorrichtung lohnt.

Auf alle Fälle ist die Vorrichtung so einfach als möglich zu halten. Bei kleineren Serien ist dies besonders wichtig. Außer den Kosten ist es häufig die Zeit bis zum Beginn der Fabrikation, die zu möglichster Einfachheit drängt; dann muß vor allem versucht werden, ohne Modell auszukommen und dafür Reste von eisernen Platten oder Profileisen, runde Scheiben u. dgl. zu benutzen; ferner ist die Verwendung normaler Teile von Wichtigkeit. Die Zahlentafeln 22 bis 26 geben für einige davon Form- und Abmessungen an.

Verwickelte Aufspannmechanismen sind womöglich zu vermeiden: die einzelnen Teile sind so zu formen, daß sie entsprechend den an die Vorrichtung gestellten Genauigkeitsansprüchen leicht hergestellt werden können.

Keine Vorrichtung sollte entworfen werden, ohne daß die Bearbeitungsfolge (s. S. 584) festliegt; denn ihre Konstruktion richtet sich danach, welche Arbeitsgänge das aufzunehmende Werkstück schon durchgemacht hat.

Im folgenden werden noch einige allgemeine Gesichtspunkte angegeben, die bei der Konstruktion einer Vorrichtung zu beachten sind:

Für die bei einer Vorrichtung genau einzuhaltenden Maße sind in den Zeichnungen unbedingt Toleranzen einzutragen, da sonst die Werkstatt diese Maße nicht von den übrigen zu unterscheiden vermag.

Der durch das Werkzeug erzeugte Arbeitsdruck soll stets gegen eine feste Aufnahmefäche, nie gegen ein Spannorgan gerichtet sein. Die Unterstützung soll möglichst nahe an der Bearbeitungsfläche liegen. Durch kräftige Ausführung der durch den Schnittdruck (zu dem meist der Spanndruck hinzukommt) beanspruchten Teile ist ein Zittern bei der Bearbeitung zu vermeiden.

Vorrichtungen, die hin- und hergeschoben, getragen oder geschwenkt werden müssen, sollen nicht zu schwer sein. Durch zweckmäßigen Rippenguß und Aussparungen in den Wänden kann man das Gewicht ohne Beeinträchtigung der Festigkeit gering halten. Schwere hin- und herzubringende Vorrichtungen müssen mit Rollen versehen sein, mittels deren sie auf Schienenführungen verschoben werden.

Häufig ist es notwendig, ein in einer Vorrichtung bearbeitetes Werkstück auf Maß zu prüfen, ohne es auszuspannen; in diesem Fall ist entweder an der Vorrichtung eine Hilfsmaßfläche oder aber eine Aussparung vorzusehen, die gestattet, den Abstand der neubearbeiteten Fläche von einer schon früher bearbeiteten zu messen. Das Messen kann oft wegfallen, wenn durch Anschläge oder Paßstifte dafür gesorgt wird, daß die Vorrichtung ohne weiteres in die richtige Lage auf der Maschine gelangt.

Lose Teile bilden stets eine gewisse Gefahr insofern, als sie leicht verloren gehen. Lose Schlüssel sind womöglich zu vermeiden; wenn dies nicht möglich ist, soll entweder ein normaler Schlüssel zur Anwendung kommen, oder wenn ein Sonderschlüssel nötig ist, soll er durch eine Kette an der Vorrichtung unverlierbar angebracht sein.

Sind für eine Vorrichtung, die zur Bearbeitung verschiedener Größen einer Werkstückart dienen soll, gewisse Teile (Einsteckbohrbuchsen, Aufnahmedorne, Unterlagen) in verschiedenen Abmessungen vorgesehen, derart, daß bald das eine, bald das andere an einer bestimmten Stelle angebracht wird, so soll der andere (lose) Teil an der Vorrichtung irgendwie unverlierbar eingesteckt oder eingelegt werden können (s. a. Fräsvorrichtung gemäß Fig. 114, S. 602.

Dem Schmutz- und Spanschutz ist besondere Aufmerksamkeit zu schenken. Vor allem sind die Auflageflächen so anzuordnen, daß sich weder Schmutz noch Späne darauf ansammeln können. An scharfen Ecken sind gemäß Fig. 58 Schmutznuten in der Form *a* oder *b* vorzusehen. Die Auflagepunkte sollen freiliegen; an den Stellen, wo bei der Bearbeitung Späne auffallen, soll die Vorrichtung Aussparungen haben, durch welche die Späne herausfallen oder künstlich entfernt werden können. Damit sie nun nicht auf dem Maschinentisch die Aufspannuten verstopfen, ist es zweckmäßig, die Vorrichtung selbst mit einem Spänefang zu versehen. Empfindliche Organe, wie z. B. Indexe, werden am besten verdeckt angebracht, d. h. entweder in den Vorrichtungskörper eingebaut oder mit einem Schutzblech abgedeckt.

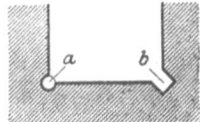

Fig. 58. Schmutznuten.

2. Die Aufnahme der Werkstücke in Vorrichtungen.

Für die Festlegung der gegenseitigen Lage zwischen Werkstück und Vorrichtung gibt es zwei Möglichkeiten:

a) Das Werkstück wird mit seiner äußeren Form nach der entsprechenden gleichen Form der Vorrichtung ausgerichtet.

b) Das Werkstück wird gegen feste Anschläge gespannt, was die Regel ist.

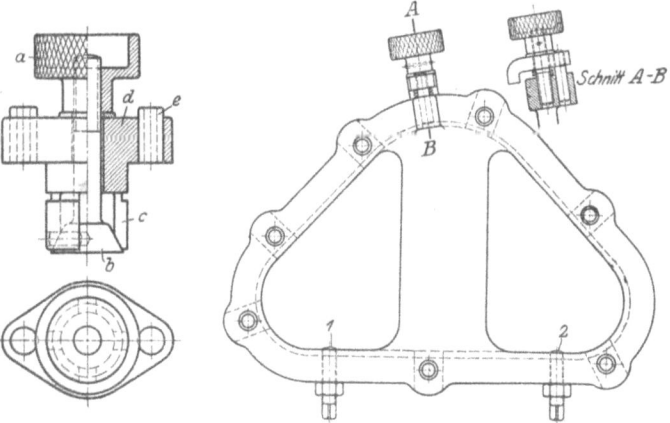

Fig. 59 u. 60. Flanschbohrvorrichtung. Fig. 61. Bohrvorrichtung für Radkastendeckel.

Ein Beispiel für *a* ist die in Fig. 59 und 60 dargestellte, zum Bohren des an eine Maschine angegossenen Flansches dienende Vorrichtung, die genau die Flanschform besitzt, nach dieser ausgerichtet und sodann mittels der Handmutter *a*, dem Spannkegel *b* und der Spannhülse *c* in dem Flanschloch festgespannt wird. Eine Übergangsform zwischen den beiden Aufnahmearten bildet die in Fig. 61 dargestellte Bohrvorrichtung für einen Radkastendeckel. Die Anschläge 1 und 2 sind so lange fest, als gleichmäßige Gußstücke zur Verfügung stehen. Für den Fall, daß aber größere Abweichungen vorkommen, sind diese Anschläge verstellbar, damit die Vorrichtung der „Kontur" des zu bohrenden Deckels angepaßt werden kann.

Feste Anschläge sollen gewöhnlich in einer Anzahl von drei vorhanden sein. Eine Ausführungsform, Schraube mit Gegenmutter, zeigt Fig. 61 (Teil 1), einige andere Fig. 62, und zwar a eine Anschlagleiste, b einen eingepreßten Bolzen und c einen eingeschraubten Bolzen.

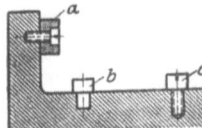

Fig. 62. Feste Anschläge.

Verstellbare Anschläge kommen in Betracht, wenn ein Werkstück außer an den üblichen drei Auflageflächen noch an weiteren unterstützt werden soll, oder wenn jedes Werkstück eingestellt werden soll. Dem letzteren Zweck dient eine Ausführung nach Fig. 63. Die durch einen Querstift zu drehende Stellschraube a unterstützt mit ihrer abgerundeten Spitze das Werkstück. Die Gegenmutter b ist hohl ausgesenkt und führt in der Senkbohrung den Kopf der Stellschraube, so daß das Gewinde vor Schmutz und Spänen vollkommen geschützt ist (diese Anordnung der Gegenmutter ist wesentlich, denn nur so trägt die Mutter die Gewindegänge, während sie sonst im Gußkörper c getragen werden müßten).

Federnde Anschläge zeigen Fig. 64 und 65. Bei Fig. 64 wird der Anschlagbolzen a durch eine Feder b an das Werkstück angelegt und mit der Schraube c,

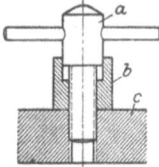 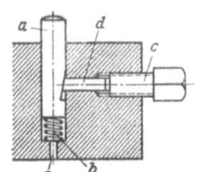 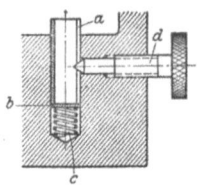

Fig. 63—65. Verstellbare Anschläge.

die das Druckstück d an den Bolzen a andrückt, in seiner Lage festgehalten. Ein Herausspringen des Bolzens a wird durch die seitlich angefräste Aussparung vermieden, in die das Druckstück d eingreift. Diese schräge Fläche dient gleichzeitig dazu, d zurückzuschieben, wenn der Anschlag tiefer eingestellt wird. Das Loch e zum Auslassen der Luft darf nicht vergessen werden. Bei Fig. 65 ist der Anschlagbolzen durch ein geschlitztes Rohr a ersetzt, das unter Vermittlung der Scheibe b von der Feder c nach oben gedrückt wird. Die Feststellung geschieht durch Einschrauben der Spitzschraube d.

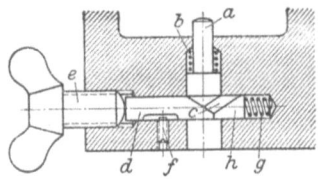

Fig. 66. Verstellbarer Anschlag.

Bei Fig. 66 wird umgekehrt der Anschlag a an das Werkstück von Hand angestellt, und das Zurückschieben besorgt die Feder b. Anschlag a wird durch die schräge Fläche c am Druckstück d angehoben, sobald dieses durch die Schraube e verschoben wird. d wird durch die Schraube f gegen Verdrehen gesichert; durch die Feder g wird unter Vermittlung des Stückes h das Druckstück d beim Lösen der Schraube e zurückgeschoben.

Andere verstellbare Anschläge kann man durch Kombination der aus den Fig. 63 bis 66 ersichtlichen Elementen bilden. Die verhältnismäßig empfindlichen Mechanismen sind gegen Schmutz zu schützen und so anzubringen, daß die Späne nicht unmittelbar darauf fallen können.

Das Fabrikationsbüro. — Bearbeitungsvorrichtungen.

3. Die Spannelemente.

Als Spannelemente kommen im Vorrichtungsbau vor allem folgende in Betracht:

1. **die Schraube**, und zwar in Verwendung:
   a) allein als Druckschraube,
   b) mit Brücke,
   c) mit Spanneisen,
   d) mit Hebel,
   e) mit Klappe.
2. der Keil,
3. das Exzenter,
4. der Spannkegel,
5. der durch Druckluft betätigte Kolben.

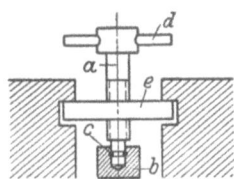

Fig. 67. Spannschraube in Brücke.

Die Druckschraube wirkt unmittelbar auf das Werkstück; um dieses zu schonen, erhält sie gemäß Fig. 67 einen Spannschuh b, in dem sie frei drehbar ist; die Querstifte c sorgen für Mitnahme beim Zurückdrehen der Spannschraube. Der Knebel d ist im allgemeinen fest; er wird lose ausgeführt, wenn er zur Seite geschoben werden muß, um z. B. ein Bohrbuchsenloch freizugeben. Das Gewinde im Spannkörper soll möglichst lang sein, weil es durch die häufige Benutzung stark beansprucht wird.

Sechs- oder Vierkantschrauben sind möglichst zu vermeiden, weil sie einen Schlüssel bedingen (s. a. S. 588, über die Vermeidung loser Teile). Wenn sie trotz-

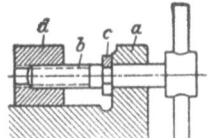 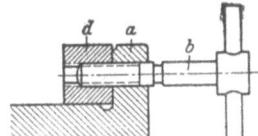 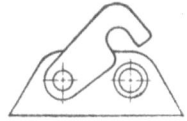

Fig. 68—70. Schnellspannschraube.

dem notwendig werden, sollten sie nicht unter $1/2''$ genommen werden, weil schwächere Schrauben mit dem Schlüssel leicht von Hand abgerissen werden. Die Ausbildung als Spannbohrbuchse zeigt Fig. 97, S. 597. Ferner kann die Spannschraube als Hakenschraube verwendet werden.

Da das Hin- und Herschrauben viel Zeit beansprucht, benützt man **Schnellspannarten**. Diese beruhen zumeist darauf, daß eine rasche, axiale Verschiebung des Spannschraubengewindes bewirkt wird. Meist erfolgt dies durch Auslösen. Ein Beispiel zeigen die Fig. 68 bis 70. In Fig. 68 ist die im Böckchen a geführte Schraube b durch die eingelegte Klinke c am Verschieben verhindert; beim Drehen schiebt sie also den Spannschuh d vor. Soll die Schraube a schnell zurückgezogen werden, so braucht man nur die Klinke c herauszuklappen, wie Fig. 69 und 70 zeigen.

Eine andere Art der Schnellspannung stellt die Druckschraube mit Brücke dar. Häufig sitzt die Druckschraube nicht im Vorrichtungskörper, sondern gemäß Fig. 67 in einer Brücke, die jeweils weggenommen wird, um das Werkstück einlegen und herausnehmen zu können. Das Wegnehmen geschieht entweder durch Verschieben in geraden Schlitzen oder durch Drehen, indem die Brücke gemäß Fig. 71 in eine runde Eindrehung durch zwei Aussparungen eingelegt wird. Ein Stift verhindert ein zu weites Verdrehen.

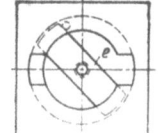

Fig. 71. Bajonettbefestigung der Spannbrücke.

Dabei kommt es häufig vor, daß in der Brücke noch Bohrbuchsen aufgenommen sind.

Eine andere Art der Brücke zeigt Fig. 72. Hier ist die Brücke zum Wegschwenken; auf die Ausbildung der Aussparung ist zu achten.

Die Schraube mit Spanneisen ist eine der häufigsten Spannarten. Ihr Prinzip zeigt Fig. 73. Dabei ist die Schraube c am besten ausgenützt, wenn das Hebelverhältnis der Gegenkräfte $a : b$ möglichst klein ist; d. h. die Schraube c ist so nah wie möglich an das Werkstück d heranzurücken. Eine Feder e verhindert das Spanneisen f am Herunterfallen, wenn das Werkstück d weggenommen wird. Die Kugelscheibe g findet Anwendung, wenn die Werkstückhöhen stark verschieden sind, so daß das Spanneisen unter Umständen schräg steht. Ein solches Spanneisen kann auf verschiedene Weise gelöst werden. Am umständlichsten ist das Herausschrauben der Mutter mit nachfolgendem Herausnehmen des Spanneisens; einfacher ist es, das Spanneisen zu drehen. Dabei ist gemäß Fig. 74 eine Ecke abzunehmen, damit das Spanneisen nicht ganz um 90° gedreht werden muß. g sind begrenzende Anschlagstifte.

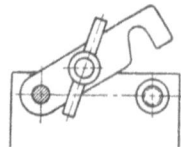

Fig. 72. Spannschraube in Klappe.

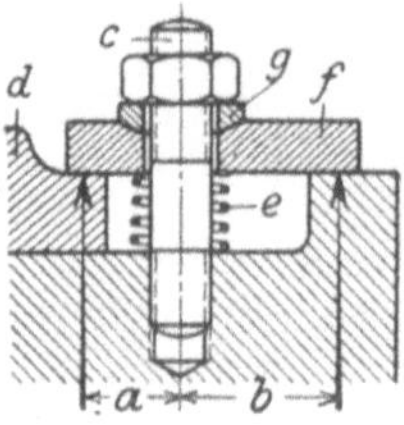

Fig. 73. Spanneisen.

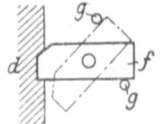

Fig. 74. Spanneisen zum Wergdrehen.

Fig. 75. Spanneisen mit Längsschlitz.

Auch kann das Spanneisen einen Längsschlitz haben, der ein Wegziehen in der Längsrichtung gestattet (Fig. 75) Dabei ist darauf zu achten, daß der gefährliche Querschnitt nicht zu schwach ausfällt.

Fig. 76 zeigt die Ausgestaltung des Spanneisens als Schelle a; b ist eine Bohrbuchse.

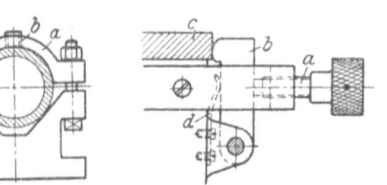

Fig. 76. Spanneisen als Schelle.

Fig. 77. Spannung durch Schraube und Hebel.

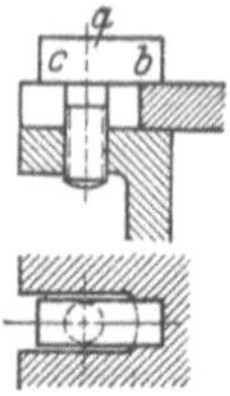

Fig. 78 u. 79. Vorreibschraube.

Sozusagen auch eine Spanneisenart ist die Schraube mit Hebel, die ebenfalls häufig Anwendung findet, nämlich wenn das Werkstück frei liegen soll. Ein Beispiel zeigt Fig. 77, wo die Druckschraube a den Hebel b gegen das Werkstück c drückt; d ist eine Abdrückfeder.

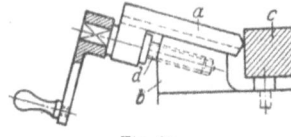

Fig. 80.

Die Schraube mit Klappe wird gemäß Fig. 103, S. 599, viel bei Bohrvorrichtungen angewendet.

Statt der Klappschraube nach Zahlentafel 22 wird häufig auch eine Vorreibschraube a nach Fig. 78 und 79 genommen. Dabei ist es von Vorteil, den Lappen b länger zu machen als den Lappen c, damit auch in der gezeichneten Stellung ein Spannen möglich ist.

Auch bei den beiden letztgenannten Spannarten ist das oben angeführte Hebelgesetz streng zu beachten.

Die Schraube mit Schieber ist in ihren Grundzügen in Fig. 80 dargestellt; der Schieber a führt sich in einer V- oder T-Nut des Böckchens b. Er wird durch Drehen der Trapezgewindespindel d gegen das Werkstück c gedrückt.

Das Fabrikationsbüro. — Bearbeitungsvorrichtungen.

2. Der Keil wird entweder unmittelbar nach Fig. 81 zum Spannen des Werkstückes verwendet, teils mit Schraube nach Fig. 82 und 83. Bei Vorrichtung Fig. 82 wird der Keil a durch die Schraube b an der Keilfläche c entlang geführt und dadurch gegen das Werkstück d gedrückt. Auch in Verbindung mit Hebeln

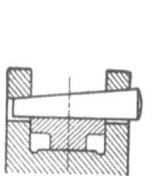
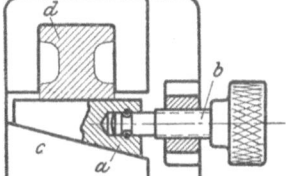
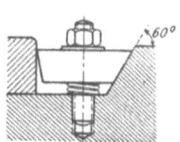

Fig. 81. Spannkeil.   Fig. 82. Spannkeil mit Schraube.   Fig. 83. Keilartiges Spanneisen.

wird der Keil gerne benutzt. Eine Paarung mit Klemmbuchsen zeigt die Vorrichtung Fig. 121 S. 603.

3. Das Exzenter findet als Exzenterscheibe oder -Welle a nach Fig. 84 Anwendung, indem es durch den Handgriff b gegen das Werkstück c gedrückt wird.

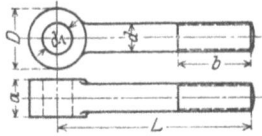

Zahlentafel 22.

Klappschrauben.

Gewinde d	M 4	M 6	M 8	M 10	$1/2''$	$5/8''$	$3/4''$
Durchmesser d	4	6	8	10	13	16	19
„ d_1	4	6	8	10	13	16	20
„ D	7	10	14	17	22	27	34
a	6	8	10	12	15	18	21
Gewinde-Länge b	Gesamtlänge L						
10	30	30					
15	40	40	40	40			
20	50	50	50	50	50		
30			64	64	64	64	
35			80	80	80	80	80
40				100	100	100	100
50						125	125
55							150
85							200

Abmaße für die Bohrung d_1 nach „sL".

In Verbindung mit einem Hebel d, ähnlich Fig. 85, erweitert sich sein Anwendungsgebiet erheblich.

Eine andere Verwendung ist die als Exzenterklinke, die durch Fig. 86 wiedergegeben wird. Im Deckel a ist der Klinkenhebel b drehbar angeordnet; er faßt mit der Exzenterfläche c hinter den festen Bolzen d und zieht somit den Deckel a fest auf das Werkstück e, das dadurch festgespannt wird.

Dubbel, Betriebstaschenbuch.

Das Exzenter eignet sich nur, wenn die einzuspannenden Werkstücke in dem für das Spannen in Betracht kommenden Maße nur geringe Abweichungen aufweisen, denn der Spannweg ist im Verhältnis zum Weg des Griffes ein äußerst ge-

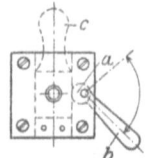

Fig. 84. Spannung unmittelbar durch Exzenter.

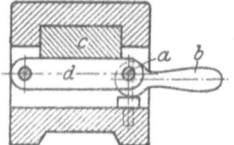

Fig. 85. Spannung mittelbar durch Exzenter.

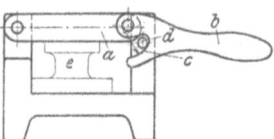

Fig. 86. Exzenterklinke.

ringer. Andererseits ist die Exzenterspannung eine ausgezeichnete Schnellspannart.

4. Der Spannkegel wird bei der Aufnahme von Körpern an äußeren oder inneren Zylinderflächen benutzt. Die Hauptverwendung ergibt sich bei Drehvorrichtungen (s. Fig. 132—138 S. 607/08), doch können die dabei verwendeten Elemente (geschlitzte oder geteilte Spannkegel, kegelig verschiebbare Spannbacken) ebenso auch bei Bohr-, Fräs- und anderen Vorrichtungen Verwendung finden (s. a. Fig. 59 S. 589).

Zahlentafel 23.

Kugelscheiben und Kugelpfannen.

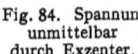

Schraube	d	D	d_1	d_2	D_1	R	a	b	e
$1/2''$	14	28	17	30	32	30	6	8	2
$5/8''$	17	34	20	36	38	35	7	10	2,5
$3/4''$	20	40	24	43	46	40	8,5	12	3
$7/8''$	23	45	26	48	52	50	10	14	3,5
$1''$	27	52	30	56	60	60	12	16	4

5. Bei der Druckluftspannung werden Kolben durch Steuerung von Druckluft hin- und herbewegt. Dabei betätigen sie Spannschieber, Hebel, Exzenter, Keilstücke, wie sie oben beschrieben wurden. Solche Vorrichtungen müssen mit größter Genauigkeit ausgeführt werden und stellen sich sehr teuer; sie kommt nur bei reiner Massenherstellung in Betracht.

In der Praxis ergeben sich für jedes Spannelement die verschiedensten Anwendungen; sehr häufig kommen auch Vereinigungen zwischen diesen in Betracht; in jedem Fall ist festzustellen, welches Element das Werkstück unter Anpassung an den vorhandenen Konstruktionsraum sicher spannt und Spannung sowie Entspannung möglichst rasch vollzieht.

Indexe.

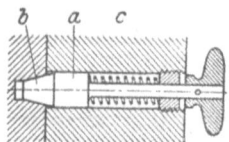

Fig. 87. Indexstift.

Wo verschiebbare oder schwenkbare Bohr- und Aufspannplatten (s. Fig. 121 S. 603) sowie drehbare Vorrichtungen aller Art in bestimmten Lagen genau festzuhalten sind, werden Indexe verwendet. Vorherrschend sind die zwei Ausführungen Fig. 87 und 88. Bei ersterer ist ein abgesetzter Indexstift a mit Konus b im festen Teil c der Vorrichtung geführt. Die Feder drückt den Indexstift in den beweglichen Teil e. Zwecks Verstellen des letzteren zieht man den Stift a mittels des Knopfes heraus und läßt ihn im nächsten Loch wieder einschnappen. Ist e eine runde Scheibe (Teilscheibe), so ist die Achse von a bald senkrecht, bald parallel zur Teilscheibenachse e. In letzterem Falle wird der Knopf gemäß Fig. 106 häufig durch ein Exzenter ersetzt.

Die andere Art, Fig. 88, besteht in einem Hebel a, der durch die Feder b in eine Rast c am beweglichen Teil d gedrückt wird. Eine ähnliche Konstruktion zeigt Fig. 89, wo dieselben Bezeichnungen gelten. Niemals darf der Index dem Arbeitsdruck ausgesetzt werden;

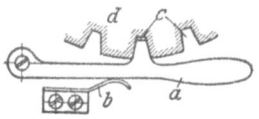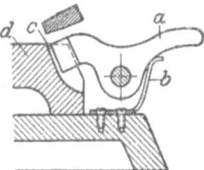

Fig. 88 und 89.
Rasthebel als Index.

nachdem durch ihn die Lage des verschieblichen Teils fixiert ist, ist dieses durch ein besonderes Spannelement (Schraube) festzustellen.

Auswerfer

beschleunigen den Wechsel der Werkstücke sehr. Sie kommen bei solchen Teilen in Betracht, die nicht ohne weiteres aus der Vorrichtung herausgenommen werden können oder bei denen das Herausnehmen von Hand eine unwillkommene Verzögerung bedeuten würde. Ein Beispiel zeigt Fig. 90. Das Werkstück a ist durch den wegklappbaren Deckel b im Ankerteil c festgespannt. Zwecks Auswerfens wird der gefederte Bolzen d durch den Hebel e nach oben gestoßen. Unter Umständen verzichtet man auf den Hebel

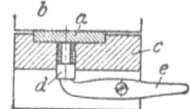

Fig. 90. Auswerfer.

und läßt die Teile selbsttätig nach Wegnahme der Spannelemente durch gefederte Teile auswerfen.

Normen für Vorrichtungen

erleichtern und beschleunigen die Herstellung außerordentlich; wo viele Vorrichtungen gebraucht werden, lohnt es sich, Bohrbuchsen, Kugelscheiben, Knebelschrauben, gegebenenfalls auch ganze Indexe auf Lager zu legen. Gebräuchliche Abmessungen geben die Zahlentafeln 22—27.

4. Bohrvorrichtungen.

a) Bohrbuchsen.

Das Hauptelement für Bohrvorrichtungen ist die Bohrbuchse, die den Spiralbohrer über dem zu bohrenden Loch zu führen hat. Je nach dem besonderen Zweck wird dieses Element verschieden ausgebildet.

1. Feste Bohrbuchsen werden gemäß Zahlentafel 24 zylindrisch oder nach Zahlentafel 25 (S. 597) kegelig ausgeführt. Die erstere Art ist die allgemein übliche; die zweite hat den Vorteil, daß die Bohrbuchse stets fest sitzt und beim Auswechseln nach erfolgter Abnutzung leichter herausgeschlagen werden kann und dabei die Lochwandung nicht verletzt; dagegen bedarf der kegelige Sitz besonderer Werkzeuge; kommt beim Einschlagen Schmutz zwischen Lochwandung und Bohrbuchse, so sitzt die kegelige Buchse schräg, was bei der zylindrischen nicht vorkommen kann. Normale Abmessungen für beide Bohrbuchsenarten sind aus Zahlentafel 24 und 25, S. 596 zu entnehmen. Darnach sind Bohrbuchsen mit vorgebohrtem Loch in gehärtetem Zustand auf Lager zu halten und erst beim Einbau auf Maß zu bringen und zu härten. Von den zylindrischen werden gewöhnlich die mit dem kleineren Außendurchmesser benutzt; die Buchsen mit größerem Außendurchmesser werden nur verwendet, wenn der Lochabstand in der Vorrichtung nachgearbeitet werden muß, was nur durch Vergrößerung der Bohrung erreicht werden kann.

Wenn zwei Bohrlöcher so nahe zusammen liegen, daß zwei Bohrbuchsen nicht nebeneinander Platz haben, so verwendet man Doppelbuchsen nach Fig. 91 und 92. Berühren sich beide Bohrlöcher oder überschneiden sie sich gar, so hilft eine drehbar angeordnete Buchse mit exzentrisch liegendem Loch.

Muß die Bohrerführung wesentlich tiefer liegen als die Wand der Vorrichtung, so benutzt man lange, im oberen Teil erweiterte Bohrbuchsen nach Fig. 93. Bei Raumknappheit wird auf Bohrbuchsen verzichtet, indem die Bohrerführungen in flache Stahlstücke eingearbeitet werden.

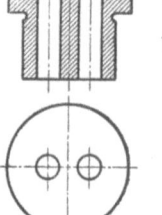

Fig. 91 und 92. Doppelbohrbuchse.

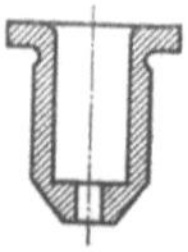

Fig. 93. Bohrbuchse mit tiefliegender Bohrerführung.

2. **Einsteckbohrbuchsen** werden benutzt, wo es sich darum handelt, während der Bearbeitung eines Werkstückes die Bohrbuchse herauszunehmen, um ein Loch aufzureiben, zu versenken, anzusenken oder mit Gewinde zu versehen. Die Einsteckbohrbuchsen sind daher mit einem gerändelten Rand versehen und sitzen nach Fig. 94 genau, aber gleitend passend in einer Grundbüchse. Gegen Drehen und Herauswandern gibt es eine große Anzahl von Sicherungen; empfehlenswert sind die nach Fig. 95 und 96. Bei Raumknappheit werden die gleichen Sonderformen wie bei 1. benutzt.

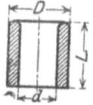

Zahlentafel 24.
Zylindrische Bohrbuchsen nach DINorm 179 (Entwurf 2).
Maße in mm.

Bohrung d	Außendurchmesser D			Buchsenlänge L		Abrundung	
	normal	groß[1])	Schleifzugabe mindest.	klein	groß	innen	außen
bis 0,5	2,5	3	0,2	6	9	0,9	0,1
über 0,5 ,, 1	3	4	0,25	6	10	0,9	0,1
,, 1 ,, 1,5	4	5	0,25	7	10	1,0	0,25
,, 1,5 ,, 2	5	6	0,25	7	11	1,2	0,3
,, 2 ,, 2,5	6	7	0,3	8	11	1,2	0,5
,, 2,5 ,, 3	7	8	0,3	8	12	1,2	0,5
,, 3 ,, 4	8	9	0,3	8	12	1,2	0,5
,, 4 ,, 5	9	10	0,3	8	12	1,2	0,5
,, 5 ,, 6	10	12	0,35	9	14	1,5	0,5
,, 6 ,, 7	12	14	0,35	9	16	1,5	1
,, 7 ,, 8	14	16	0,35	10	18	1,5	1
,, 8 ,, 10	16	18	0,35	12	20	1,5	1
,, 10 ,, 12	18	20	0,4		22	1,5	1
,, 12 ,, 15	22	24	0,4		25	1,5	1
,, 15 ,, 18	26	28	0,4		28	1,5	1
,, 18 ,, 22	30	32	0,5		32	1,5	1
,, 22 ,, 25	34	36	0,5		32	3,5	1

Beide Arten von Bohrbuchsen sollen entweder auf dem Werkstück aufsitzen oder aber reichlichen Raum für das Abgehen der Späne lassen. Ersteres ist natürlich nur bei bereits an den Flächen bearbeiteten Stücken möglich. Bei Gußeisen sollen die Abstände a mindestens folgende Beträge erreichen (d = Durchmesser):

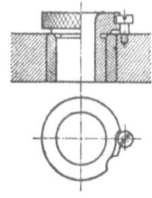

Fig. 94 u. 95. Einsteckbohrbuchse mit Schraubensicherung.

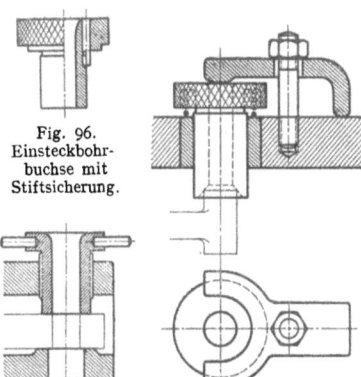

Fig. 96. Einsteckbohrbuchse mit Stiftsicherung.

d	4	6	8	10	12	15	20	25
a	3	4	4,5	5	6	7	9	11.

3. **Spannbohrbuchsen.** Bohrbuchsen werden häufig mangels anderer Möglichkeiten zum Einspannen der Werkstücke benutzt; sie werden entweder nach Fig. 97 als Gewindebohrbuchsen benutzt oder nach Fig. 98 und 99 mit gabelförmigem Spanneisen auf das Werkstück gedrückt. Sollen die Löcher in die Mitte von Augen

Fig. 97. Gewindebohrbuchse.

Fig. 98 u. 99. Spannbohrbuchse.

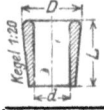

Zahlentafel 25.

Kegelige Bohrbuchsen nach DINorm 180 (Entwurf 2). Maße in mm.

Bohrung d	Außendurchmesser D	Buchsenlänge L		Abrundung	
		klein	groß	innen	außen
bis 0,5	2,5	6	9	0,9	0,1
über 0,5 ,, 1	3	6	10	0,9	0,1
,, 1 ,, 1,5	4	7	10	1,0	0,25
,, 1,5 ,, 2	5	7	11	1,2	0,3
,, 2 ,, 2,5	6	8	11	1,2	0,5
,, 2,5 ,, 3	7	8	12	1,5	0,5
,, 3 ,, 4	8	8	12	1,5	0,5
,, 4 ,, 5	9	8	12	1,5	0,5
,, 5 ,, 6	10	9	14	1,5	0,5
,, 6 ,, 7	12	9	16	1,5	1
,, 7 ,, 8	14	10	18	2,0	1
,, 8 ,, 10	16	12	20	2,0	1
,, 10 ,, 12	18		22	2,0	1
,, 12 ,, 15	22		25	2,5	1
,, 15 ,, 18	26		28	3,0	1
,, 18 ,, 22	30		32	3,0	1
,, 22 ,, 25	34		32	3,5	1

kommen, so werden diese Bohrbuchsen, wie aus Fig. 98 ersichtlich, ausgesenkt und zentrieren so das Werkstück.

b) Bohrplatten.

In einfachen Fällen besteht eine Bohrvorrichtung lediglich aus einer mit Bohrbuchsen versehenen Bohrplatte, die in geeigneter Weise am Werkstück befestigt wird. Beispiele s. Fig. 61 S. 589 (Radkastendeckel), Fig. 59 und 60 S. 589 (Flanschbohrvorrichtung).

Bei der ganz einfachen Flanschbohrvorrichtung nach Fig. 100 und 101 genügt Anlegen an das Werkstück. Dabei dient die Ausdrehung a zum Zentrieren an dem mit Ansatz versehenen Flansch I und der Ansatz b umgekehrt zum Zentrieren in der mit Ausdrehung des Flansches II. Damit sich die Bohrplatte nach dem Bohren des ersten Loches nicht dreht, wird ein Fixierstift durch Bohrbuchse und gebohrtes Loch gesteckt.

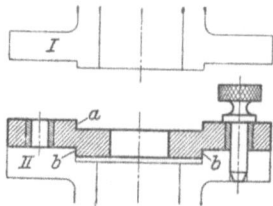

Fig. 100 u. 101. Bohrplatte für Rohrflansche.

Bohrplatten werden häufig als lose Platten auf Bohrkästen verwendet, in denen die Werkstücke eingespannt sind; sie sind durch zwei Paßstifte in ihrer Lage gesichert und finden vor allem Anwendung, wenn Löcher in kleinem Abstand zu bohren sind, so daß es nicht möglich ist, etwa im Deckel eines Bohrkastens (s. diesen) für alle Löcher Bohrbuchsen unterzubringen. In diesen Fällen sieht man entweder mehrere Bohrplatten vor, die man nacheinander benutzt, oder man verschiebt die Bohrplatte um ein gewisses Stück und fixiert sie in einem zweiten Paar von Paßlöchern auf denselben Paßstiften wie vorher. Fig. 102 zeigt, daß die Löcher A, B und C gebohrt werden sollen; für A und B sitzt die Platte mit ihren Paßlöchern 1, für Loch C mit ihren Paßlöchern 2 in den Paßstiften $a\,a$. So ist es möglich, die dritte Bohrbuchse in erheblichem Abstand von A und B anzubringen. Paßstifte führt man zweckmäßigerweise mit verschiedenen Durchmessern oder in nicht symmetrischer Lage aus, so daß es nicht möglich ist, die Bohrplatte verkehrt aufzusetzen. Sind naheliegende Löcher im Kreis angeordnet, so macht man die Bohrplatte drehbar und sichert sie in verschiedenen Lagen durch Indexstifte.

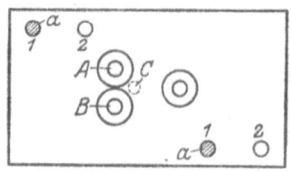

Fig. 102. Verschiebbare Bohrplatte.

c) Bohrkästen.

Bohrkästen bilden die häufigste Form der Bohrvorrichtungen. Sie sind notwendig, sobald Löcher in verschiedenen Ebenen zu bohren sind. Sie bestehen gewöhnlich aus Gußstücken, die entsprechend dem Werkstück konstruiert sind. Es ist notwendig, daß mindestens eine Seite offen ist, um die Späne entfernen und die richtige Lage des Werkstücks, sowie das Arbeiten des Werkzeugs beobachten zu können. Auf der den Bohrbuchsen gegenüberliegenden Seite sind 4 Füße angeordnet; bei 3 Füßen würde man nämlich nicht merken, wenn unter einem Fuß Späne oder dgl. liegen und die Vorrichtung schräg stehen würde. Die Füße können entweder angegossen oder angeschraubt sein. Für letztere s. Fig. zu Zahlentafel 26.

Zum Einbringen des Werkstückes ist meist eine Wand abnehmbar angeordnet. Zum Spannen dienen die oben beschriebenen Spannelemente. Die Aufnahmeflächen sind so anzuordnen, daß sich keine Bohrspäne auf ihnen ansammeln können. Unter dem zu bohrenden Loch soll der Bohrkasten eine Öffnung haben, durch die die Späne ausfallen können.

Fig. 103 stellt einen aus der Automobil- und Motorenfabrikation entnommenen Fall dar, wo in ein Vergasergehäuse Löcher von oben, von unten und

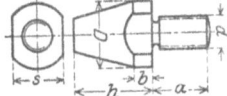

Zahlentafel 26.
Füße für Vorrichtungen.

Gewinde d	$M\,6$	$M\,8$	$M\,10$	$^1/_2''$	$^5/_8''$	$^3/_4''$
Durchmesser D	12	16	19	22	25	32
Schlüsselweite s	10 − 0,15	14 − 0,2	17 − 0,2	19 − 0,25	22 − 0,25	27 − 0,25
Gesamtlänge l	18	22	27	37	48	62
Fußhöhe h	10	12	15	22	30	40
Gewindelänge a	8	10	12	15	18	22
Bundhöhe b	5	6	7	8	10	11
Kegelwinkel	60°	60°	60°	75°	75°	80°

schräg von der Seite zu bohren sind. Für die oberen Löcher sitzen die Bohrbuchsen $a\,a$ im Deckel b, der mit der Vorreibschraube c festgehalten wird. Als Unterstützung werden die Füße $d\,d$ benutzt. Als Gegenlage zu der Bohrbuchse e dienen die Füße $f\,f$. Schließlich ist der Bohrkasten beim Bohren durch die Buchse g auf die Füße $h\,h$ zu stellen. Bedingung für solche Ausführungen ist, daß die Bohrrichtung die Unterlage stets zwischen den Kastenfüßen trifft.

Ein anderes Verfahren besteht darin, daß für die schrägliegenden Löcher keine besonderen Füße vorgesehen werden, da deren Bearbeitung oft teuer ist und das Modell verwickelt wird. Man stellt gemäß Fig. 104 und 105 den mit rechtwinklig zueinander liegenden Füßen versehenen Bohrkasten in einen winkeligen Untersatz u. Hat man eine kleine Radialbohrmaschine, die einen um eine wagerechte Achse drehbaren Tisch hat, so kann man den Untersatz sparen und an seiner Stelle den Tisch schräg stellen und in seinen T-Nuten einen Anschlag befestigen.

Eine dritte Möglichkeit besteht darin, eine solche Vorrichtung schwenkbar zu machen und die

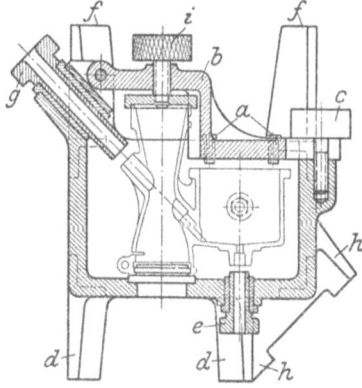

Fig. 103. Bohrvorrichtung für Vergasergehäuse.

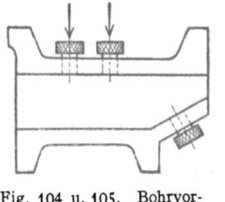
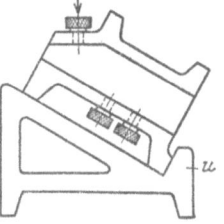

Fig. 104 u. 105. Bohrvorrichtung ohne und mit Untersatz.

verschiedenen Bohrebenen durch eine Teilscheibe mit Index einzustellen. Ein Beispiel, bei dem der Deutlichkeit halber alle Spannelemente weggelassen sind, zeigen Fig. 106 und 107. Der Bohrkasten a ist um zwei Zapfen $b\,b$ schwenkbar; an der linken Seite befindet sich die Teilscheibe c mit einem Index ähnlich Fig. 87, S. 594; nach Einschnappen des Indexstiftes erfolgt das Feststellen durch die Schrauben $d\,d$, da der Indexstift niemals dem Bohrdruck ausgesetzt werden darf. Da solche Vorrichtungen häufig für große komplizierte Werkstücke verwendet werden, fallen sie sehr schwer aus und werden darum fahrbar gemacht.

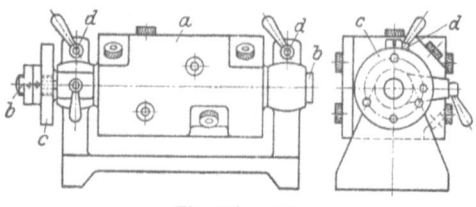

Fig. 106 u. 107.

Es ist fast die Regel, daß bei einem Werkstück mehrere Löcher zu bohren sind; diese Gesamtbohrarbeit kann in verschiedener Weise vorgenommen werden.

a) Es wird unter einer einspindeligen Bohrmaschine ein Loch nach dem anderen gebohrt; dies ist jedoch wegen Ausnutzung von Schnittgeschwindigkeit und Vorschub nur vorteilhaft, wenn alle Löcher annähernd gleichen Durchmesser haben. Zum raschen Auswechseln der Spiralbohrer bedient man sich eines Schnellwechselfutters nach Fig. 108. Der Schaft a besitzt unten eine Glocke b, über die sich die Hülse c schiebt. d ist das gegen ein anderes auszuwechselnde Futter. Es wird während des Laufens der Bohrspindel hineingestoßen; die in Löchern b befindlichen Kugeln e, die durch die Zentrifugalkraft nach außen gedrückt werden, werden durch Herabschieben von c in die Aussparungen $f\,f$ von d gedrückt und bewirken so eine sichere Mitnahme.

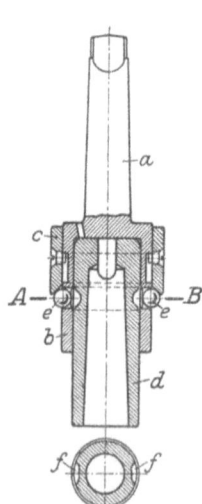

Fig. 108. Schnellwechselbohrfutter.

b) Man stellt mehrere Bohrmaschinen nebeneinander, von denen jede nur einen bestimmten Durchmesser bohrt. Entweder wandert nun der Arbeiter mit seiner Vorrichtung unter allen Bohrspindeln vorbei; oder aber man beschafft so viel Vorrichtungen, als Bohrmaschinen vorhanden sind, und dazu noch eine zum Aus- und Einspannen und eine als Reserve. Dann steht an jeder Bohrmaschine ein Arbeiter, empfängt die Vorrichtung mit eingespanntem Stück, bohrt das Loch und gibt das Ganze an den nächsten weiter. Naturgemäß richtet sich das Tempo nach dem langsamsten Arbeitsgang. Eine Störung an einer Maschine beeinflußt die ganze Reihe.

Wenn im ersteren Falle mehr als 3 oder 4 Durchmesser zu bohren sind, benutzt man eine Mehrspindelbohrmaschine mit voneinander unabhängigen Spindeln.

c) Liegen alle Löcher senkrecht zu einer Ebene, so benützt man eine Vielspindelbohrmaschine, bei der sich alle Spindeln zwangläufig miteinander drehen und vorschieben. Die Spindeln lassen sich leicht in jede gegenseitige Lage bringen und ermöglichen so eine äußerst rasche Arbeit.

Die zuletzt genannte Möglichkeit kann man zu Mehrfachbohrvorrichtungen ausnützen, indem man z. B. 12 Stücke, die je ein Loch erhalten, nebeneinander einspannt und die 12 Löcher gleichzeitig bohrt. Die gegenseitige Anordnung kann dabei geradlinig, zickzackförmig, kreislinig sein.

5. Fräsvorrichtungen.

Der Weg, den ein Walzenfräser zum Fräsen einer Fläche von der Länge L zurücklegen muß, beträgt nach Fig. 109 $L + l$, wobei l der Weg ist, welchen der Fräser braucht, um mit seinem tiefsten Punkt die endgültig zu erzeugende Fläche zu erreichen. Es ist $l = \sqrt{t(d-t)}$. Das Diagramm Fig. 109 gestattet,

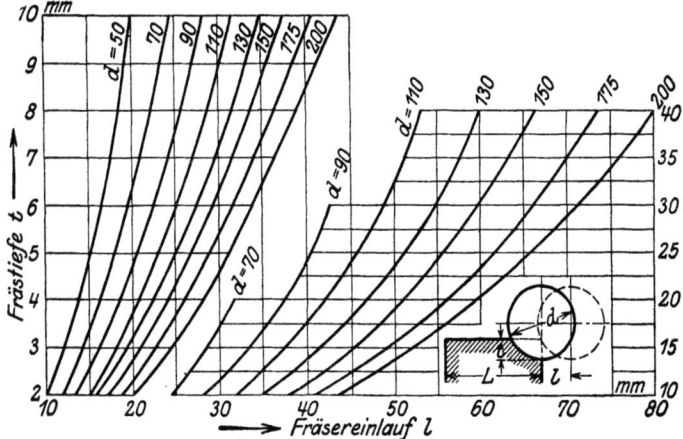

Fig. 109. Fräsereinlauf bei Walzenfräsern.

diese zusätzlichen Wege für die verschiedenen Frästiefen und Durchmesser von Walzenfräsern abzulesen.

Diagramm Fig. 110 gilt für Stirnfräser; hier errechnet sich l aus der Formel $l = \dfrac{d}{2} - \sqrt{\dfrac{d^2}{4} - x^2}$,

wobei x die seitliche Entfernung des äußersten zu bearbeitenden Werkstückpunktes von der Fräsermitte ist. Beide Diagramme dienen dazu, bei Konstruktion von Fräsvorrichtungen und den zugehörigen Fräsern den günstigsten Fräserdurchmesser zu ermitteln und festzustellen, ob durch das Hintereinanderspannen der Werkstücke an Fräsweg gespart wird, ob diese Ersparnis so groß ist, daß sich eine Mehrfachspannvorrichtung lohnt u. dgl.

Viele Fräsvorrichtungen haben den Zweck, diesen zusätzlichen Fräsweg dadurch zu ersparen, daß eine größere Anzahl von Werkstücken hintereinander aufgespannt wird, so daß der Fräser das zweite Arbeitsstück bereits angreift, solange das erste

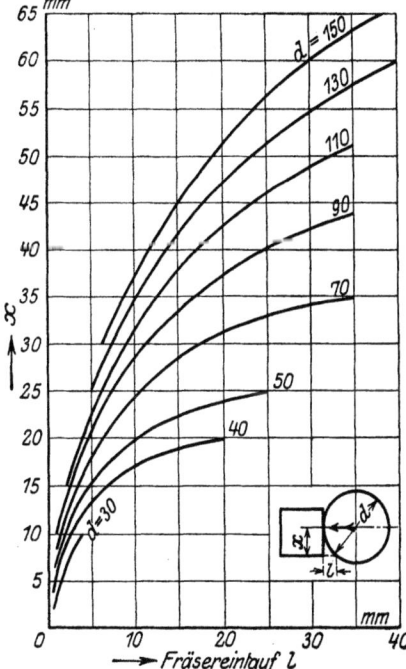

Fig. 110. Fräsereinlauf bei Stirnfräsern.

noch gar nicht ganz fertig gefräst ist. Bei solchen Anordnungen lassen sich Ersparnisse von 20 bis 40 vH der Bearbeitungszeit erzielen. Ein Beispiel dafür ist Fig. 111—113, wo profilierte Stahlstücke zusammen aufgespannt sind.

Da die Stücke paarweise von beiden Seiten gegen die feste Leiste *a* aufgespannt sind, so kann das erste gefräste Paar durch Lösen der Spannschrauben *d* und *k* herausgenommen werden, solange die anderen noch gefräst werden. Nach dem Fertigfräsen des letzten Stückes kann also ein inzwischen neu eingespanntes Paar wieder vor den Fräser gekurbelt werden. So kann die Maschine ununterbrochen arbeiten und wird dadurch auf das vollkommenste ausgenutzt.

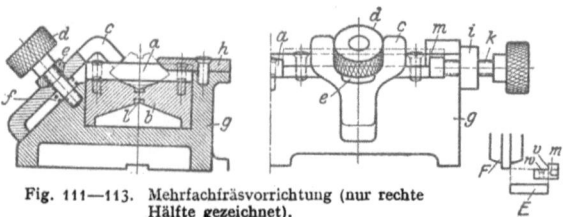

Fig. 111—113. Mehrfachfräsvorrichtung (nur rechte Hälfte gezeichnet).

Diese Vorrichtung weist noch auf einen anderen wichtigen Gesichtspunkt hin, nämlich die Benutzung einer Vorrichtung für verschiedene Größen von Werkstücken. Die Stücke der größeren Type haben denselben Winkel, jedoch nur einen größeren Außenhalbmesser. Die eine Möglichkeit, eine solche Vorrichtung für zweierlei Größen zu benutzen, besteht darin, sie zunächst für die größere Type zu bauen und gemäß Fig. 114 für die kleinere ein Einsatzstück *a* in den Vorrichtungskörper *g* einzulegen. Dies hat jedoch den Nachteil, daß beim Fräsen der großen Stücke das Stück *a* lose herumliegt.

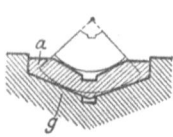

Fig. 114. Einsatzstück für kleinere Werkstücke.

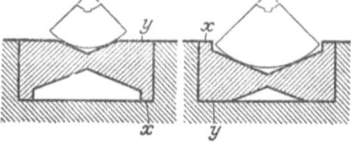

Fig. 115 u. 116. Einsatzstück für alle Werkstücke.

Daher benutzt man die andere Möglichkeit, ein Einsatzstück *b*, Fig. 115, vorzusehen, das für beide Typen Verwendung findet, also nie beiseite zu legen ist. Gemäß Fig. 115 und 116 steht es bald auf den Leisten *x*, bald auf den Flächen *y* im Vorrichtungskörper *g*. Solche Einsatzstücke haben auch den Vorteil, daß sie nach Verschleiß leicht ersetzt werden können, ohne daß es nötig würde, die ganze Vorrichtung nachzuarbeiten.

Ein anderes Prinzip einer mehrfachen Fräsvorrichtung zeigen Fig. 117 und 118. In einem Bock *a* ist eine mit genau quadratischem Vierkantkopf *b* versehene Welle *c* durch das Handrad *d* drehbar angeordnet. Seine vier Seitenflächen dienen gleichermaßen zum Aufspannen von Werkstücken, besonders von solchen kleiner Abmessungen und werden jeweils nach deren besonderer Form ausgebildet. Während der Fräser auf einer Seite, z. B. unten arbeitet, kann man auf der gegenüberliegenden Seite das oder die Werkstücke bequem aufspannen und durch neue ersetzen. Nach jedem Durchgang wird die Spindel nach Lösen des Kugelgriffes *f* und des Indexes *e* um 90° gedreht und in der neuen Lage durch diese Teile wieder festgehalten.

Fig. 117 u. 118. Schwenkbare Fräsvorrichtung.

Die in Fig. 119 und 120 dargestellte Vorrichtung[1]) zeigt die Nebeneinanderanordnung gleicher Stücke, wodurch in einem Durchgang mehrere Arbeitsstücke fertiggestellt werden. Im vorliegenden Fall wurde das Profil der Stücke w in einer anderen Vorrichtung mit einem Profilfräser erzeugt, solange die Stücke noch nicht voneinander getrennt waren. Die Trennung und gleichzeitig damit das Fertigfräsen der Seitenflächen werden nun in der Vorrichtung Fig. 119 und 120 vorgenommen.

Sollen in dieser Weise Profile in nebeneinandergespannte Werkstücke eingefräst werden, so darf nicht vergessen werden, daß sich dabei die Fräser unter Umständen ungleichmäßig abnutzen und daher auf verschiedene Durchmesser nachgeschliffen werden. Ja, bei hinterdrehten Fräsern ist es überhaupt schwierig, Fräser genau gleicher Durchmesser zu erzeugen. Deshalb empfiehlt es sich, da, wo es auf hohe Genauigkeit ankommt,

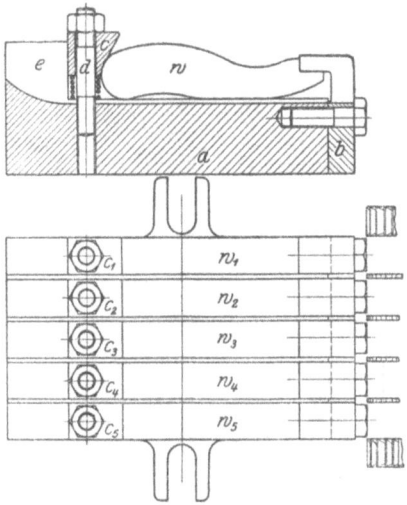

Fig. 119 u. 120. Aufspannvorrichtung zum Trennen profilierter Werkstücke.

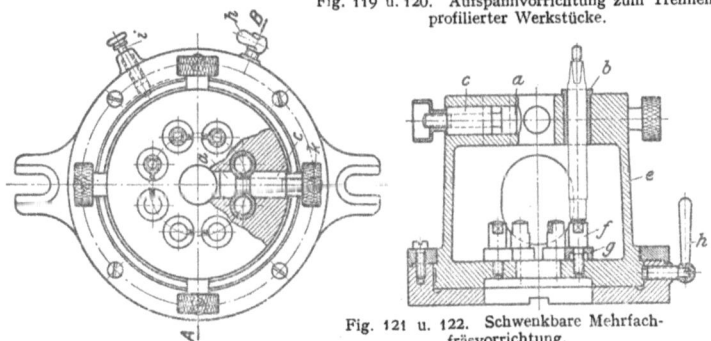

Fig. 121 u. 122. Schwenkbare Mehrfachfräsvorrichtung.

die Aufnahme für alle außer dem ersten Werkstück in der Höhe verstellbar zu machen, um sie dem Fräserdurchmesser anzupassen.

Beide Arten, Hintereinander- und Nebeneinanderspannen, finden ihre gleichzeitige Anwendung bei Vorrichtungen, von denen Fig. 121 und 122 ein Beispiel bringen. An je 8 Spindeln sollen Vierkante angefräst werden. Festspannung paarweise durch Klemmbuchsen. In einem Durchgang durch den in Fig. 123 dargestellten Fräsersatz werden je zwei Flächen an jeder Spindel gefräst; darnach wird die Vorrichtung geschwenkt, mittels des Indexes i eingestellt und mittels der Druckschraube h festgespannt, letzteres, um den Index von jedem seitlichen Druck zu entlasten.

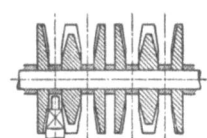

Fig. 123. Fräsersatz zu Vorrichtung Fig. 121/122.

---

[1]) Entnommen aus Jurthe-Mietzsche, Handbuch der Fräserei. Verlag von Julius Springer, Berlin 1919.

Mehrere Spindeln können auch für jede Spindel einzeln geschwenkt werden, indem man gemäß Fig. 124 und 125[1]) durch eine Schnecke f die vier Spindeln, welche die mit Sechskant zu versehenden Werkstücke a in Spannfuttern i — h — l aufnehmen, um einen gewissen Winkel dreht. Dieser wird mittels des Indexes p auf der Teilscheibe O festgestellt.

Eine **stetig arbeitende Fräsvorrichtung**, die auf den Rundtisch einer Senkrechtfräsmaschine aufgespannt wird, zeigen Fig. 126 und 127[2]). Auch hier findet sich eine Kombination von Hintereinander- und Nebeneinanderspannen. Je vier Ventilkegel werden, wie aus Schnitt C—D hervorgeht, mit einer Spannschraube und zwei Spanneisen festgespannt, was ohne weiteres geschehen kann, solange andere Gruppen sich unter dem Fräser befinden. Dabei ist der obere Teil der Vorrichtung abnehmbar, und es kann für andere Werkstücke ein anderes Oberteil aufgesetzt werden.

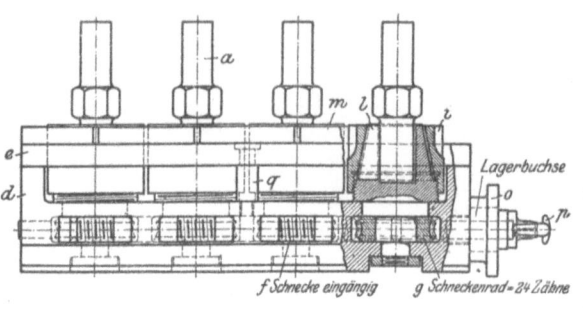

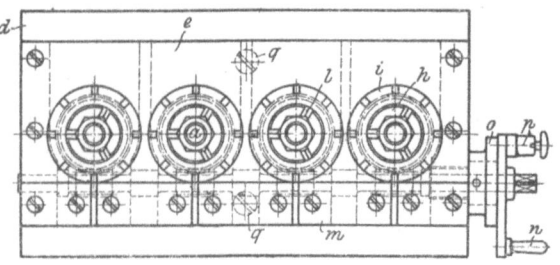

Fig. 124 und 125.

Bei Anwendung solcher Vorrichtungen ist es zweckmäßig, zwischen dem Fräser und dem mit Ein- und Ausspannen beschäftigten Arbeiter ein Schutzblech anzubringen, das verhindert, daß er mit seiner Hand dem arbeitenden Fräser zu nahe kommt.

Fräsvorrichtungen für einzelne Stücke können in sehr vielen Fällen durch den **Maschinenschraubstock** ersetzt werden; dieser erhält, soweit nötig, besonders geformte Backen, die eine richtige Aufnahme gewährleisten und stellt somit wegen seiner allgemeinen Verwendbarkeit ein sehr wirtschaftliches Hilfsmittel beim Fräsen dar.

Beim Nebeneinanderspannen von Werkstücken ist darauf zu achten, daß stets von einer Seite aus festgespannt werden kann, wie dies in Fig. 126 und 127 gezeigt ist.

Zum **richtigen Anstellen des Fräsers** kann man sich verschiedener Methoden bedienen:

1. Man spannt ein **Urstück** aus gehärtetem Stahl, das genau das Profil des fertigen Werkstücks aufweist, in die Vorrichtung an Stelle des Werkstückes ein und stellt den Frästisch bzw. die entsprechenden Anschläge für die vertikale und die horizontale querlaufende Tischverstellung darnach ein. Darnach wird das Urstück wieder entfernt und an seine Stelle treten die Werkstücke.

---

[1]) Entnommen aus Lich, Vorrichtungen 1921. Verlag von Julius Springer, Berlin.
[2]) Entnommen aus Bussien & Friedrichs, Vorrichtungsbau. Verlag M. Krayn, 1919.

Das Fabrikationsbüro. — Bearbeitungsvorrichtungen.

2. Man befestigt an der Fräsvorrichtung gemäß Fig. 128[1]) eine Schablone x, nach der die Vorrichtung an den Fräser angestellt wird. Dieses Verfahren

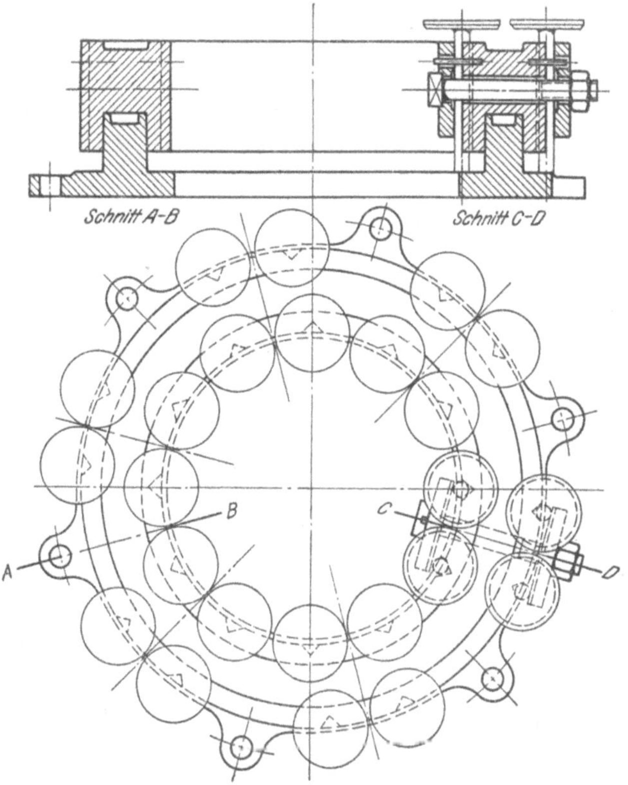

Fig. 126 u. 127. Stetig arbeitende Fräsvorrichtung.

ist sehr vorteilhaft, sofern die Eigenart der Vorrichtung, wie im vorliegenden Fall, gestattet, die Schablone in solcher Entfernung vom Werkstück anzubringen, daß der Fräser beim Arbeiten nicht mit der Schablone in Berührung kommt, denn sonst wird sowohl die gehärtete Schablone wie auch der Fräser allzuleicht beschädigt.

3. Man sieht an der Vorrichtung Paßflächen vor, und zwar eine für die Höheneinstellung und eine für die seitliche Einstellung des Fräsers. Die Vorrichtung Fig. 111 und 112

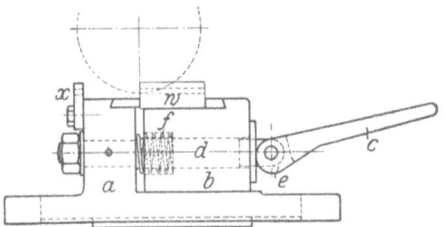

Fig. 128. Exzenterspannvorrichtung mit Einstellschablone.

zeigt am gehärteten Paßstück m, dessen seitliche Ansicht samt dem Fräser in Fig. 113 dargestellt ist, zwei solche Flächen v, w. Die seitliche Einstellung er-

---

[1]) Entnommen aus Jurthe-Mietzsche, Handbuch der Fräserei. Verlag Julius Springer, Berlin 1919.

folgt von der Fläche v aus mit Hilfe des Endmaßes E, das zwischen den Fräser und die Fläche v gelegt wird. Die Höhe wird bei dem dargestellten Fall unmittelbar auf der Fläche w eingestellt; in anderen Fällen kann auch hier ein Endmaß zur Anwendung gelangen.

Das Verfahren 2 ist das sicherste; jedoch finden je nach Art der Vorrichtung und ihrem besonderen Zweck auch die Verfahren 1 und 3 häufige Anwendung.

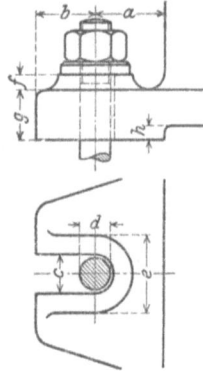

Zahlentafel 27.

Befestigungsaugen.

d	a	b	c	e	f	g	h
$1/2''$	25	20	15	30	5	20	5
$5/8''$	30	25	19	35	5	24	5
$3/4''$	35	28	22	42	8	30	8
$7/8''$	40	30	25	48	8	32	8
$1''$	50	35	30	56	10	36	10
$1 1/4''$	60	45	36	68	10	40	10

Da es oft schwierig ist, mit dem Auge genau festzustellen, ob der Fräser die Paßfläche genau berührt, legt man ein sehr feines Papier, am besten Zigarettenpapier, zwischen Fräser und Paßfläche; erst in dem Augenblick, wo sich dies nicht mehr herausziehen läßt, ist man sicher, daß der Fräser genau eingestellt ist.

Alles was für Fräsvorrichtungen ausgeführt wurde, gilt sinngemäß auch für Hobelvorrichtungen; bei diesen kommt natürlich gleichzeitiges Spannen und Hobeln nicht in Betracht. Hobelvorrichtungen werden, um die nutzlose Rücklaufzeit zu vermeiden, wenn möglich durch Drehvorrichtungen ersetzt, bei denen auf großen Planscheiben die Werkstücke wie auf einem Rundfrästisch, vgl. Fig. 127, angeordnet sind.

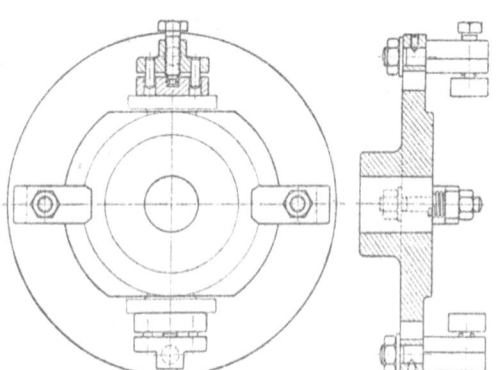

Fig. 129. Spannvorrichtung für Drehbank.

6. Drehvorrichtungen.

Außer den eben erwähnten Mehrfach-Drehvorrichtungen benützt man Drehvorrichtungen für Einzelstücke stets, wenn die Werkstücke nicht zentrisch in Zwei- oder Dreibackenfutter oder zwischen den Spitzen aufgenommen werden können. Die Drehvorrichtung wird entweder durch ein Spanngehäuse gebildet, das auf einer Planscheibe durch Zentrieransatz zentriert wird, oder durch ein Spezialfutter, das auf die Drehbankspindel aufgeschraubt wird und mit den besonderen Spannorganen versehen ist. Ein Beispiel dafür zeigt Fig. 129.

Auf dem Futter sind zwei Haltestücke angebracht, die Spannschrauben tragen. Diese betätigen die Spannbacken, die zwischen sich das auszubohrende Gehäuse aufnehmen. Zwei Spanneisen halten dieses in axialer Richtung fest.

Wenn der Schwerpunkt der Vorrichtung samt eingespanntem Werkstück außerhalb der Drehachse liegt, so muß durch Gegengewichte für Gleichgewicht gesorgt werden.

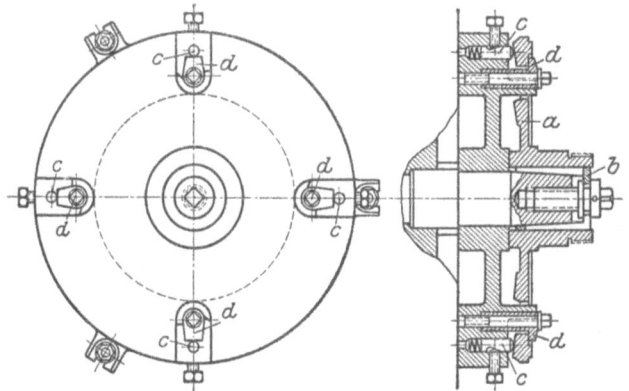

Fig. 130 u. 131. Drehvorrichtung mit Kegelinnenspannung.

Für das Anstellen des Drehstahles bzw. der seinen Vorschub begrenzenden Anschläge, gilt das unter „Fräsvorrichtungen" Gesagte.

Eine auf eine Planscheibe gespannte Drehvorrichtung zeigen Fig. 130 und 131. Das Werkstück a wird innen mit einer expandierenden Buchse b gespannt, außen durch die verstellbaren Anschlagstifte c unterstützt und mittels der Drehnasen d dagegen gespannt.

Spannfutter und Spanndorne.

Spannfutter besonderer Konstruktion werden benutzt, wenn es nicht möglich oder zu zeitraubend ist, ein gewöhnliches Zwei- oder Dreibackenfutter zu benutzen. Ein häufig benutzter Grundgedanke ist in Fig. 132 dargestellt. In einem Futter a, das mit dem Gewinde b auf die Drehbankspindel geschraubt wird, befindet sich eine

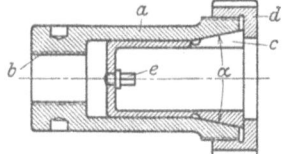

Fig. 132. Drehfutter mit kegeliger Spannbuchse.

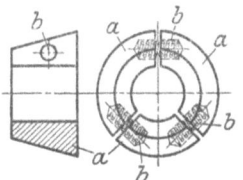

Fig. 133 u. 134. Geschlitzte Spannbuchse.

vorne kegelige, dreifach geschlitzte Buchse c; diese wird nach Einlegen des Werkstückes durch die Überwurfmutter d in den Kegel hineingedrückt und spannt so das Werkstück. Ist ein Längsanschlag erwünscht, so macht man die Buchse, wie dargestellt, geschlossen und setzt eine Schraube e ein. Kegelwinkel α wird mit 30° ausgeführt. Man kann gemäß Fig. 133 und 134 die drei Spannbacken a auch ganz trennen und durch Zwischenlegen von Federn b beim Lösen ihr Auseinandergehen bewirken.

Die Spanndorne werden entweder als lose Dorne zwischen Spitzen benutzt oder als fliegende auf das Aufnahmegewinde der Drehbankspindel aufgeschraubt.

Als Spannelement wird zumeist der Kegel benutzt, so in Fig. 135. Die Mutter *a* drückt eine einmal geschlitzte Buchse *b* auf den Kegeldorn *e* und spreizt sie so nach außen, das Werkstück *d* spannend. Besser ist eine dreifach geschlitzte Buchse nach Fig. 136 und 137, da sie sich gleichmäßiger ausdehnt. Wichtig ist, daß der spannende Kegel beim Spannen nicht gedreht wird. Deshalb erfolgt in Fig. 135 die Drehung durch eine von der Spannhülse getrennte Mutter. Denselben Grundsatz zeigt die Vorrichtung Fig. 138, die zum Spannen in Sacklöchern benutzt wird. Der im vorne geschlitzten Spannfutter *a* bewegliche Kegelspanndorn *b* wird durch mehrere Stifte *c*, welche durch Schlitze *d* hindurchreichen, unter Vermittlung von Rollen *e* von dem Handrad *f* mitgenommen, das zum Spannen auf dem Gewinde *g* des Futters *a* gedreht wird. Zum Einbringen der Stifte und Rollen dient die mit Schraubstopfen *h* verschlossene Bohrung. Es ist zu beachten, daß sich alle einseitig geschlitzten Buchsen nicht parallel, sondern leicht konisch nach außen erweitern; am offenen Ende sind sie daher um einige hundertstel Millimeter dünner zu schleifen. Für sehr lange Naben benutzt man zwei hintereinander angeordnete Kegel.

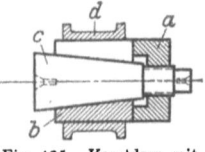

Fig. 135. Kegeldorn mit einfach geschlitzter Spannbuchse.

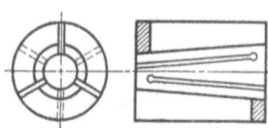

Fig. 136 u. 137. Von beiden Seiten geschlitzte Spannbuchse.

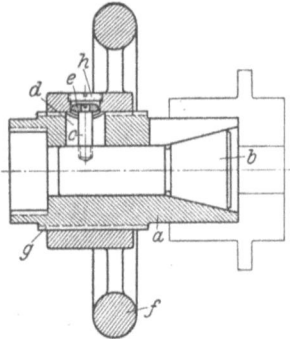

Fig. 138. Innenspannfutter.

Fig. 139 und 140 zeigen an Stelle des Kegels drei in schrägen Schlitzen des Dornes *a* gleitende Backen *b*, die durch eine mit Ausdrehung versehene Mutter *d* angezogen werden.

Ein ganz anderes Prinzip ist das des Spreizringes. Er (*a*) liegt gemäß Fig. 141 und 142 im Dorn *b*. Zum Spreizen dient der um den Bolzen *c* drehbare Hebel *d*, der von der verdeckt liegenden Vierkantschraube *e* niedergedrückt wird. Da die Schneide *f* des Hebels *d* zur Mitnahme dient, muß er seitlich

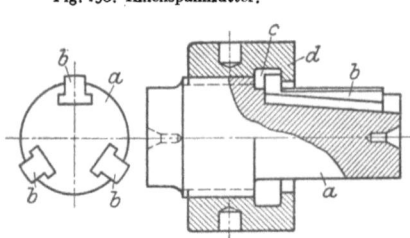

Fig. 139 u. 140. Drehdorn mit schräggleitenden Spannleisten

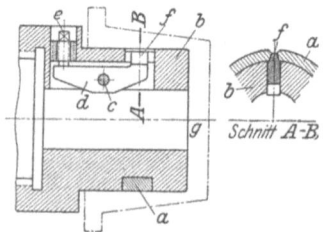

Fig. 141 u. 142. Innenspannfutter mit Spannhebel und Spreizring.

genau eingepaßt sein. Diese Vorrichtung dient wiederum zur Aufnahme in Sacklöchern; bei offenen Bohrungen kann man von der Seite *g* des Dorns aus geeignete Spreizelemente betätigen.

c) Lehren.

1. Allgemeines.

Lehren sind Meßwerkzeuge, welche auf bestimmte Maße abgestimmt sind und feststellen, ob das zu prüfende Werkstück das (verlangte) Lehrenmaß hat oder nicht. Die Lehre hat vor dem verstellbaren Universalmeßwerkzeug (Maßstab, Schieblehre, Schraublehre) folgende Vorzüge:

a) Fehlerquellen sind fast ganz ausgeschlossen, da das Ablesen von Maßzahlen wegfällt.

b) Das Messen geht rascher vor sich, da kein bestimmtes Maß eingestellt zu werden braucht.

c) Das Messen kann auch durch Ungeübte vorgenommen werden.

Deshalb werden Lehren auch für ungenaue Messungen immer benutzt, wenn es sich um größere Mengen gleicher Werkstücke handelt.

Außer für Meßwerkzeuge ist der Begriff „Lehren" auch gebräuchlich für Einstellstücke, die zum Anstellen der Werkzeuge und Vorrichtungen dienen. Diese Einstellehren haben häufig die Gestalt des Werkstückes, wenigstens insoweit, als die Einstellung dies erfordert. Sie sind aus gehärtetem Stahl gefertigt und werden zunächst an Stelle der Werkstücke in Maschinen oder Vorrichtungen eingespannt; z. B. Kegeleinstellehrdorne zur Erzielung der richtigen Schrägstellung des Supportes.

Einen ähnlichen Charakter haben Urlehren, nach denen eine Mehrzahl gleicher Vorrichtungen gefertigt werden (s. a. S. 587, h).

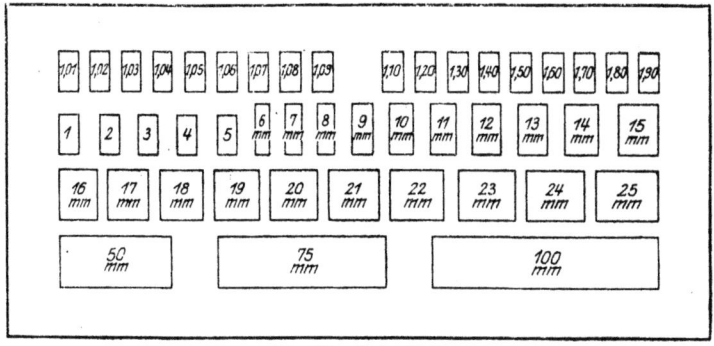

Fig 143. Endmaßsatz.

Prüflehren werden entweder als Normallehren oder als Grenzlehren ausgeführt.

Normallehren sollen, soweit sie Durchmesser- und Längenprüfungen bezwecken, nicht zum Messen der Werkstücke verwendet werden, sondern nur als Urlehren zum Justieren anderer Meßwerkzeuge dienen. In erster Reihe stehen die Feinmeßblöcke (Parallelendmaße), die es im Handel mit verschiedenen Genauigkeiten gibt. Die besten Meßblöcke besitzen eine Genauigkeit von $\pm \frac{1}{100\,000}$ der Länge (von 20 mm ab!). Die Maße sind für Messungen in Sätzen von 31, 46, (s. Fig. 143), 75 oder 102 Stück so abgestuft, daß zwischen 2 und 100 mm alle Maße von hundertstel zu hundertstel Millimeter zusammengestellt werden können. Je größer der Satz, desto reicher sind die Kombinationsmöglichkeiten, desto rascher kann man jede Kombination zusammenstellen und desto weniger Feinmeßblöcke braucht man zum einzelnen Maß. Durch Hinzunahme eines Meßblocks 1,005 mm kann man von halb- zu halbhundertstel Millimeter abstufen; durch weitere Hinzunahme von 1,001, 1,002 bis 1,009 von tausendstel zu tausendstel.

Meßblöcke niedrigerer Genauigkeitsklassen werden in der Werkstatt zum Einstellen von Anschlägen, Werkzeugen usw. verwendet.

Mit den Feinmeßblöcken, von denen in jedem Werk ein Satz als Urmaße vorhanden sein sollte, werden auf der Meßmaschine oder mit dem Hirth - Minimeter[1]) andere Längenmaße, Lehrdorne usw. verglichen. Rachenlehren werden oft unmittelbar mit Feinmeßblöcken geprüft, indem man diese zwischen die Meßbacken schiebt.

Hierfür werden aber besser Meßscheiben genommen, Fig. 144, die das Sollmaß der Rachenlehre besitzen und mit einem Druck (einschl. Eigengewicht) von etwa 0,5 kg sich zwischen die Meßbacken einführen lassen sollen.

Meßscheiben dienen auch zum Einstellen und Prüfen von Mikrometern. Ihr Maß sollte bei Mikrometern für mehr als 25 mm in der Mitte des Meßbereiches des Mikrometers liegen, damit dessen Längsfehler sich nicht über die ganze Schraubenlänge addieren.

Fig. 144. Meßscheibe.

Normallehrdorne und Normallehrringe sollten nicht in der Werkstatt verwendet werden, denn sie überlassen es ganz dem Gefühl des Arbeiters, wie weit das Loch ausfällt, in das der Normallehrdorn hineingeht, und wie dünn die Welle wird, über die sich der Normallehrring überschieben läßt.

Normallehren werden aber vielfach als Formlehren zur Prüfung von Werkstücken verwendet, d. h. die Formlehre erhält genau die auf der Zeichnung für das Werkstück angegebenen Maße. Die Werkstücke sollen nun „lehrenhaltig" ausfallen, d. h. ihre Form soll mit der der Formlehre übereinstimmen. Außer reinen Formlehren, Fig. 145, wozu auch Winkellehren und Rundungslehren gehören, rechnet man dazu Normalkegellehren, Normalgewindelehren usw.

Fig. 145. Formlehre.

Für die Prüfung von Längenabmessungen sollten, soweit irgend möglich, Grenzlehren benutzt werden, d. h. Lehren, die nicht ein Maß, sondern zwei Maße, nämlich ein Größt- und ein Kleinstmaß enthalten (s. a. S. 543).

Alle Lehren sind an den Meßflächen zu härten und zu polieren; Markenstriche sind fein einzuätzen. Jede Lehre muß eine Beschriftung tragen, die entweder in einer Nummer besteht oder unmittelbar auf das zu „lehrende" Werkstück hinweist; das zu lehrende Maß oder bei Grenzlehren die Grenzmaße sollen unter allen Umständen auf der Lehre aufgeschlagen sein. Auf den Lehrenzeichnungen sind für die eigentlichen Lehrenmaße, das sind die Abmessungen, mit denen das Maß der zu lehrenden Werkstücke geprüft wird, Toleranzen anzugeben. Bei Grenzlehren nimmt man als Lehrentoleranz 5 bis 10 vH der dem Werkstück zugebilligten Toleranz.

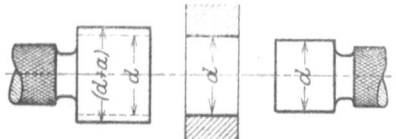

Fig. 146 a—c.
a) Gutseite des Betriebslehrdorns.
b) Werkstück mit engster Bohrung.
c) Gutseite des Abnahmelehrdorns.

Fig. 147. Lehrentoleranz und Abnutzung bei Lehrdornen.

Es ist stets mit der Abnutzung der Lehren zu rechnen; zweckmäßigerweise wird die zulässige Abnutzung von vornherein festgelegt. Sollen lehrenhaltige Teile einem fremden Abnehmer geliefert werden, so müssen sie, auch wenn sie nach abgenutzten Lehren hergestellt sind, doch noch zu neuen Lehren des Abnehmers passen. Daher wählt man, wie in Fig. 146 a bis c angedeutet, z. B. Betriebslehrdorne um das Abnutzungsmaß a stärker als den kleinsten für das Loch vorgeschriebenen Durchmesser. Bei Rachenlehren gilt natürlich das umgekehrte.

Die Lehrentoleranz wird bei solchen Lehren entgegengesetzt der Abnutzung genommen, Fig. 147, so daß der Abnutzungsbereich durchschnittlich vergrößert wird. Über Herstellungsgenauigkeit normaler Grenzlehren s. DINorm 168.

---

[1]) Fortuna-Werke G. m. b. H., Stuttgart-Cannstatt.

2. Konstruktionen für Grenzlehren.

Man kann zwei Hauptgruppen unterscheiden, nämlich Grenzlehren, bei denen der **Markenstrich** eines beweglichen Teiles zwischen zwei Markenstrichen auf einem festen Teil liegen muß, wenn das Maß eingehalten ist. Die andere Art bilden die **Endmaßlehren**, bei denen die beiden Grenzmaße durch die Enden fester Körper dargestellt werden.

a) **Strichlehren.** Der grundsätzlich einfachste Fall ist in Fig. 148 dargestellt. Die Länge des Werkstückes w muß zwischen den Grenzmaßen

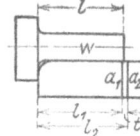

Fig. 148. Einfache Strichlehre.

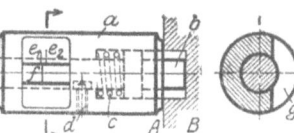

Fig. 149 u. 150. Tiefenlehre mit Markenstrich.

l_1 und l_2 ausfallen, d. h. die Endkante muß zwischen den beiden Markenstrichen a_1 und a_2 liegen, deren Entfernung gleich der für l zugelassenen Toleranz t ist.

Eine sehr gebräuchliche Lehre, die zum Messen des Abstandes zweier nach derselben Seite offenen Flächen dient und als Tiefenlehre, Ansatzlehre u. dgl. verwendet werden kann, ist in Fig. 149 und 150 dargestellt. In einem Körper a ist ein mit Bund versehener Meßbolzen b verschiebbar angeordnet. Er wird durch die Feder c so weit herausgedrückt, als die Festhalteschraube d gestattet. Beim Messen des Abstandes der Flächen A und B wird er von dem Werkstück zurückgedrückt. Wenn das Werkstück richtig ausgeführt ist, muß er so stehen, daß der auf ihm angebrachte Markenstrich f zwischen den in der Einfräsung g des Körpers a angebrachten Markenstrichen e_1 und e_2 liegt. Wenn die Markenstriche e_1 und e_2,

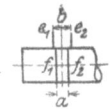

Fig. 151. Je zwei Markenstriche zwecks größerer Deutlichkeit.

deren Abstand gleich der Toleranz ist, bei einer kleinen Toleranz so nahe zusammenfallen, daß die Ablesbarkeit stark leidet (was bei 0,3 mm bereits zutrifft), so zieht man sie gemäß Fig. 151 auf den Abstand b auseinander und bringt auf dem Meßbolzen statt des einen Markenstriches f deren zwei, f_1 und f_2 an, die um den Abstand $a = b - t$ auseinanderliegen. Der Weg, vom Übereinstimmen von f_1 und e_1 bis zum Übereinstimmen von f_2 und e_2 ist also wiederum gleich der Toleranz t. Fig. 152 zeigt die Verwendung zweier Markenstriche bei einer Kegellehre. Das Ende der Kegelbohrung muß zwischen diesen Markenstrichen liegen.

Als Strichgrenzlehre kann jedes mit Strichteilung versehene Meßwerkzeug benutzt werden, sofern man in der beschriebenen Weise auf dem festen Teil zwei Markenstriche, auf dem beweglichen Teil einen Markenstrich besonders kennzeichnet, derart, daß bei eingehaltener Toleranz der eine zwischen den beiden anderen liegt. Dies wird sehr häufig bei Meßuhren, neuerdings auch bei Mikrometern gemacht. Diese beiden Meßwerkzeuge werden im übrigen in dieser Weise häufig in Spezialmeßvorrichtungen eingebaut, die somit zu Grenzmeßwerkzeugen werden.

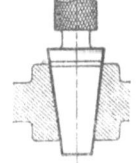

Fig. 152. Grenzlehre für Innenkegel.

b) **Endmaßlehren.** Die einfachste Form zeigt Fig. 153, bei der sozusagen zwei Parallelendmaße mit den Höhen a und b hintereinander eingeordnet sind. Die dargestellte Lehre dient zum Prüfen des Abstandes der seitlichen Begrenzungsflächen von Schlitzen und Keilnuten.

Fig. 153. Grenzflachlehre.

Die Lehre nach Fig. 154 dient genau demselben Zweck wie die oben beschriebene nach Fig. 149 und 150, jedoch ist die Strichmessung ersetzt durch eine Endmessung, indem der in dem Gehäuse a bewegliche Meßbolzen b an seinem Ende zwei Flächen f_1 und f_2 besitzt, die zur Endfläche des Gehäuses a bei eingehaltenem

Werkstückmaß so stehen müssen, daß die Fläche f_2 tiefer, die Fläche f_1 höher liegt als e. Der Unterschied zwischen f_1 und f_2 ist wiederum die Toleranz t. Diese

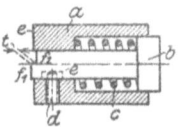

Fig. 154. Tiefenlehre mit Endmessung.

Grenzlehre gestattet eine wesentlich genauere Messung als die mit Strichen versehene, sofern man nicht mit dem Auge, sondern mit dem Gefühl der Fingerspitzen feststellt, ob die oben genannte Bedingung erfüllt ist. Eine Toleranz von 0,02 mm kann ohne Schwierigkeit festgestellt werden.

Die wichtigsten Endmaßgrenzlehren sind die Grenzlehrdorne, Fig. 155, die flachen Grenzlochlehren, Fig. 156, und die Kugelendmaße, Fig. 157, die Grenzrachenlehren, Fig. 158 und 159. Der Grenzlehrdorn hat zwei Meßzylinder, nämlich eine Gutseite, die sich leicht in ein Loch einführen

Fig. 155. Grenzlehrdorn.

lassen muß und eine Ausschußseite, die nicht hineingehen, sondern höchstens anpassen darf. Ihr Durchmesser unterscheidet sich um die für das Loch zugelassene Toleranz; die Ausschußseite ist kürzer als die Gutseite. Außerdem ist sie bei den Grenzlehrdornen nach DINormen noch dadurch von der Gutseite unterschieden, daß in dem hinter ihr liegenden Hals eine farbige Eindrehung angebracht ist, deren Farbe

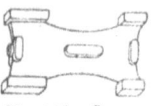

Fig. 156. Grenzflachlochlehre.

den Gütegrad (s. a. S. 563) kennzeichnet. Bei Durchmessern über 100 mm würden die Grenzlehrdorne zu schwer, weshalb man die Grenzlochlehre, Fig. 156, verwendet. Die Meßflächen sind zylindrisch und bilden sozusagen einen Ausschnitt aus einem Grenzlehrdorn. Die Ausschußseite ist wiederum kürzer als die Gutseite. Bei Abmessungen über 150 mm teilt man diese Lehre und gibt jeder Seite einen besonderen Griff. Dann wird zur Kennzeichnung der Ausschußseite außerdem in roter Strich zwischen den Meßbacken angebracht. Der Gütegrad wird durch die Farbe der ganzen Lehre gekennzeichnet. Bei Durchmessern über 260 mm

Fig. 157. Kugelendmaß.

benützt man ein Paar von Kugelendmaßen nach Fig. 157, deren Länge um die Werkstücktoleranz verschieden ist. Das größere (Ausschußseite) erhält neben der Eindrehung a, deren Farbe den Gütegrad kennzeichnet, eine zweite Eindrehung in roter Farbe.

Die Grenzrachenlehren werden im allgemeinen als Doppelrachenlehren nach Fig. 158 ausgebildet; die Gutseite muß über ein Werkstück ohne Druck gehen; die Ausschußseite darf nicht darüber gehen, sondern höchstens anschnäbeln. Sie ist von der Gutseite durch zwei Merkmale unterschieden, nämlich durch die rote Farbe des Rachens und Abschrägung der Meßbacken. Diese beträgt 20 bis 25° (gemessen gegen die Verbindungslinie der beiden Backen). Die

Fig. 158. Doppelmäulige Grenzrachenlehre.

Farbe der Rachenlehre kennzeichnet wiederum den Gütegrad. Bei Abmessungen über 100 mm wird der Doppelrachen in zwei Einzelrachenlehren geteilt. Teilweise verwendet man auch, und zwar schon von den kleinen Durchmessern an, Grenzrachenlehren, die beide Meßseiten in einem Rachen vereinigen, derart, daß

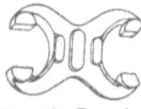

Fig. 159. Einmäulige Grenzrachenlehre.

die engere Ausschußseite unmittelbar hinter der Gutseite liegt, Fig. 159.

Fig. 160 zeigt nach dem gleichen Grundsatz eine Grenzrachenlehre mit auswechselbarem und nachstellbarem Meßzapfen. Bei diesem ist es möglich, die Abnutzung dadurch auszugleichen, daß die Meßzapfen nachgestellt und frisch poliert werden, jedoch sollte dies nur in der Lehrenfabrik gemacht werden, weil sonst die Gefahr besteht, daß die Meßflächen uneben und nicht parallel werden.

Es gibt in dieser Ausführung auch Grenzrachenlehren mit verstellbarem Meßzapfen, derart, daß man mit einem Satz von 10 Stück z. B. einen Durchmesserbereich von 10 bis 100 mm vollkommen beherrscht. Diese Grenzrachenlehren sind dann von Vorteil, wenn man darauf Wert legt, bei einer neuen Einrichtung rasch für die ersten Wochen Grenzrachenlehren zu haben. Für den Dauerbetrieb sind die Grenzrachenlehren nach Fig. 157 vorzuziehen, weil sie größere Meßflächen haben und eine willkürliche Verstellung ausgeschlossen ist.

Die auf den Lehren zur Kennzeichnung der verschiedenen Gütegrade anzubringenden Farben sind folgende:

Kornblumenblau für den Edelpassungsgrad (nur Bohrungslehren, da dazugehörige Wellenlehren nach Feinpassung),
Schwarz für Feinpassungsgrad,
Bräunlich Gelb für Schlichtpassungsgrad,
Hellgrün für Grobpassungsgrad.

Fig. 160. Einmäulige Grenzrachenlehre mit nachstellbaren Meßzapfen.

Grenzrachenlehren, die zum Messen von vorgedrehten Wellen dienen, die nachher geschliffen werden, erhalten eine graue Farbe.

Im übrigen sind auf allen normalen Lehren folgende Angaben angebracht:

Nennmaß,
die beiden Abmaße,
die Worte: Gut- und Aussch.,
als Abkürzung für Gut- und Ausschußseite.
Ein Abkürzungszeichen für den Passungssitz,
20° als Angabe der Bezugstemperatur (s. S. 546)

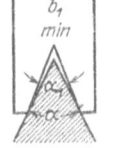

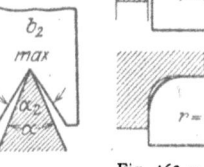

Fig. 161 u. 162. Grenzmessung von Winkeln.

Fig. 163 u. 164. Grenzmessung von Ausrundungen.

c) Auch gewisse Formlehren können nach dem Prinzip der Grenzmessung ausgestaltet werden. So zeigen Fig. 161 und 162, wie bei einem winkeligen Stück a durch zwei Lehren b_1 und b_2 festgestellt wird, ob der Winkel α zwischen den beiden Grenzwinkeln α_1 und α_2 liegt. Beobachtet wird der zwischen a und den Lehren entstehende Lichtspalt.

Die Grenzmessung von Halbmessern kann nach Fig. 163 und 164 vorgenommen werden. Auch hier zeigen die Lichtspalte, ob der Halbmesser am Werkstück innerhalb der beiden Grenzen liegt.

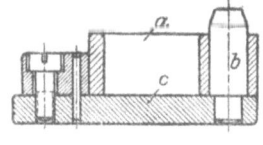

Das Prinzip der Grenzmessung sollte bei jeder Massenfabrikation unter allen Umständen angewandt werden. Fig. 165 und 166 zeigen ein Beispiel für einen Spezialfall. Ein Werkstück a soll einen Halbmesser r, der zwischen den Grenzmassen r_1 und r_2 liegt, haben. Es wird mit seiner Paßbohrung auf einen Dorn b gesteckt, der in einer Grundplatte c festsitzt. Diese trägt zwei Meßstücke, d_1 und d_2 derart, daß zwischen ihren Endflächen und dem Mittelpunkt die Grenzmaße r_1 und r_2 festgelegt sind.

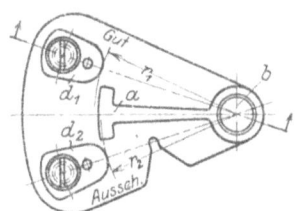

Fig. 165 u. 166. Grenzmessung in einem Sonderfall.

Auch hier ist es vorteilhaft, die Ausschußseite durch ein sichtbares und fühlbares Kennzeichen von der Gutseite zu unterscheiden. Im vorliegenden Fall ist dies durch einen Einschnitt an der Ausschußseite geschehen. Das Werkstück muß sich zwischen b und d_1 glatt durchschwenken lassen, während es zwischen b und d_2 nicht durchgehen darf. Voraussetzung für eine richtige Messung in solchen Fällen ist, daß die Bohrung genau ist und schon vorher mittels Grenzlehrdorn auf Richtigkeit geprüft wurde.

d) Auch auf elektrischem Wege sind Grenzmessungen möglich, indem sich ein Hebel, der auf einer Seite das Werkstück berührt, auf seiner anderen Seite entweder den einen oder den anderen zweier Stromkreise durch Berühren schließt, je nachdem, ob das Werkstück zu groß oder zu klein ist. Mit solchen Instrumenten hat man bisher nur bei sehr großen Toleranzen gute Erfahrungen gemacht.

Die verschiedenen Arten der Lehren weisen darauf hin, daß jede Lehre nach der Größe der zu prüfenden Toleranz sowie nach der Herstellungsmöglichkeit auszuwählen ist.

d) Das Kalkulationswesen.

1. Die Vorkalkulation.

Neben der Bestimmung der Bearbeitungsfolgen und dem Entwurf der Vorrichtungen und Lehren kann man das Fabrikationsbüro mit der Erledigung der Vorkalkulation beauftragen. Es scheint jedoch im allgemeinen geschickter, das Vorkalkulationsbüro frei neben dem Fabrikationsbüro arbeiten zu lassen, weil seine Aufgaben im Grunde genommen denen des Fabrikationsbüros parallel laufen. Die Vorkalkulation hat zwei vollkommen getrennte Zwecke zu verfolgen und hat ihre Aufgabe nach diesen Zwecken getrennt durchzuführen. Einmal legt sie, und zwar am besten gleich auf einer an die Stücklisten[1]) angehängten Fahne, die einzelnen Arbeitsfolgen für jeden auf der Stückliste verzeichneten Gegenstand fest. An Hand dieser Arbeitsfolgen stellt sie auf Grund irgendwelcher nachher noch zu besprechender Beobachtungen die Zeit fest, die für die Ausführung des einzelnen Arbeitsvorganges nötig erscheint. Die Bestimmung dieser Zeit ist für die Fabrikation in der Werkstatt notwendig, zumal für die Festsetzung der Akkorde, und könnte Werkstättenkalkulation genannt werden im Gegensatz zu der weiterhin noch zu besprechenden Angebotskalkulation. Für die Festlegung der Zeit der einzelnen Arbeitsgänge stehen mehrere Wege zur Verfügung. Man kann zunächst diese Zeit ganz roh aus der Erfahrung heraus schätzen. Hierzu gehört wenigstens, daß der Kalkulationsbeamte ein erfahrener Werkstättenmann ist. Die Schätzung wird bei einfach sich immer wiederholenden Arbeiten zu einem verhältnismäßig sicheren Ergebnis führen, zumal wenn sie durch entsprechende Erfahrungstafeln genügend unterstützt wird. Sie wird aber stets zu Fehlern führen, wenn neuartige Teile, neuartige Arbeitsmethoden oder besonders schwieriges Material in Frage kommt. In diesem Falle werden die Arbeitszeiten, die dem Vorkalkulationsbüro angegeben sind, entweder nicht mehr einzuhalten sein und zu Streitigkeiten bei der Aufstellung von Akkorden führen oder sie werden so reichlich sein, daß die Konkurrenzfähigkeit der Firma in Frage gestellt wird. In solchen Fällen und auch dann, wenn man irgend Zeit und Personal für eine Werkstättenvorkalkulation zur Verfügung hat, soll man zur zweiten Möglichkeit, die Arbeitszeiten festzustellen, d. h. zur wirklichen Berechnung derselben, übergehen. Hierzu gehören natürlich grundlegende Beobachtungen, die an Hand der vorhandenen Tabellen und der zur Verfügung stehenden Maschinen wenigstens Einzelwerte festlegen, auf Grund derer sich Vergleichswerte aufstellen lassen. Man wird z. B. bei verschiedenen Bänken und Materialien feststellen müssen, welche Zeit man für die Bearbeitung gewisser Flächen notwendig hat und diese Flächen nachher in Beziehung zu den Flächen der neu zu bearbeitenden Stücke setzen müssen. Man wird ferner Handarbeitszeiten unter gewissen Bedingungen beobachten müssen, um auch diese richtig einsetzen zu können. Hierbei ist besonders zu bemerken, daß die Schnittgeschwindigkeitstabelle der verschiedenen Lehrbücher und Firmen, auf die man sich zunächst bei der Feststellung der Maschinenleistungen zu stützen pflegt, so große Unter-

---

[1]) Dies gilt im allgemeinen für eine Fabrikation, bei der die Arbeitsgänge nicht ganz scharf getrennt und durchgearbeitet werden können. Bei schärfster Unterteilung in Massenfabrikation kann man anstatt der Stücklisten auch die im Abschnitt „Stücklisten" erwähnten besonderen Karten für jeden Arbeitsgang für die Vorkalkulation verwenden.

schiede in ihren Angaben aufweisen, daß sie nur für eine ganz rohe allererste Berechnung brauchbar erscheinen und sofort für die Bedingungen der Sonderherstellung nachgeprüft werden müssen. Auch auf Mittelwerte aus diesen Zahlentafeln kann man sich heute noch nicht verlassen. Sehr unterstützt wird man bei der Berechnung von Schnittzeiten durch Fluchtlinientafeln, die im Handel zu haben sind und aus denen man die Schnittzeiten unter den verschiedensten Bedingungen ablesen kann. Noch sicherer und schneller arbeitet man mit dem sog. „Schnellkalkulator" (System Bloch), der in Fig. 167 abgebildet ist, und bei dem man für Drehen, Hobeln, Fräsen mit nur vier Einstellungen die Schnittzeit findet. Die Arbeitszeiten werden nun am besten nicht in großen Gruppen, sondern vollkommen unterteilt eingesetzt, so daß man die einzelnen Glieder, aus

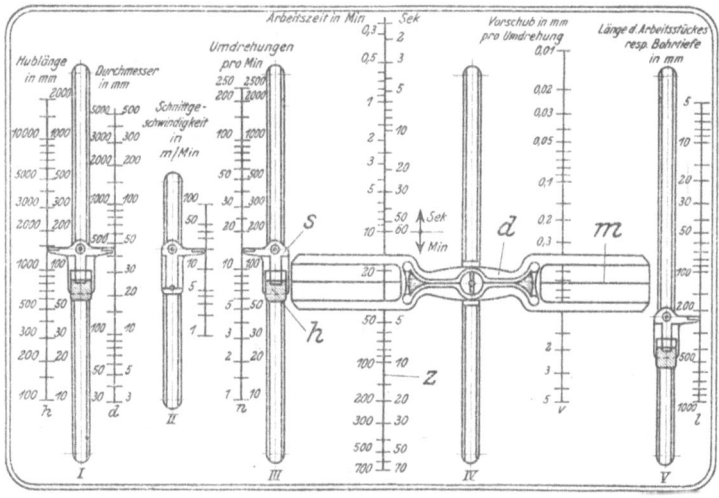

Fig 167. Der Apparat dient bei der Vorkalkulation von Dreh-, Bohr-, Hobel-, Fräs-, Gewindefräs-, Gewindeschneidarbeiten usw. zur raschen Berechnung von Maschinenzeiten.
In einer in einen Eichenholzkasten eingebauten Messingplatte befinden sich die Schlitze I bis V, in denen Schieber s mit Zeigern und Hangriffchen h laufen. Diese sind unter der Platte durch Führungsstücke verbunden.
Man stellt von Hand auf I und V bei Dreharbeiten Durchmesser und Drehlänge, bei Hobelarbeiten Hub und die Breite ein. Hierauf wird auf II die Schnittsgeschwindigkeit eingestellt und schließlich der Drehzeiger d mit dem Markenstrich m rechts auf den Vorschub (Skala v) eingestellt, wobei links auf Skala z sofort die Zeit abgelesen werden kann.

denen eine Gesamtarbeitszeit entstanden ist, jederzeit vergleichen kann. Man hat dann auch nicht nötig, bei Änderung einer einzelnen Vorrichtung oder Verbesserung eines einzelnen Handgriffs die ganze Kalkulation umzuwerfen, sondern man wird nur dieses einzelne Glied neu einsetzen. Die Methode der Berechnung der Arbeitszeit wird bei den meisten Firmen innegehalten werden müssen, da die Gelegenheit zur Messung dieser Zeiten entweder wegen der Art der Fabrikation oder wegen Mangel an Erfahrung noch nicht möglich ist. Diese dritte Art der Vorkalkulation, das Messen, führt zur modernsten Zeitbestimmung mittels Zeitstudien[1] hin. Um Zeitstudien durchführen zu können, ist es stes erwünscht, daß man größere Mengen gleichartiger Stücke auszuführen hat. Man kann die Ergebnisse dieser Studien auch auf die verschiedenartigsten Ausführungen anwenden, es erfordert dies aber eine so große Summe von vorherigen Erfahrungen,

---

[1] Michel, Wie macht man Zeitstudien? Verl. d. V. d. Ing.

daß erst ein ganz langsamer Übergang zu einer solchen Kalkulationsmethode möglich erscheint. Wenn man aber eine große Menge gleichartiger Gegenstände hat, wie das in der Massenfabrikation der Fall ist, so ist es besser, die Bestimmung der Arbeitszeiten zunächst nicht durch Berechnung, sondern durch Messung bei Probeausführungen festzulegen. Es ist möglich, daß sich der Arbeiter im Anfang gegen derartige Messungen sträubt, weil er ein Höherdrücken seiner Leistungsfähigkeit fürchtet. Man wird daher versuchen müssen, die Messungen im Einvernehmen mit der Arbeiterschaft durchzuführen und das Fabrikationsverfahren bei diesen Probebetrieben zu verbessern. Wenn man die Leistungen in die kleinstmöglichen Bewegungselemente zerlegt, wird auch sehr bald jeder Widerstand, der sich in einer Verschleppung der Arbeit zeigen sollte, ausgeschaltet werden, da die Verschleppung gewöhnlich nicht in der Einzelbewegung, sondern durch Zwischenschaltung unnötiger Pausen herbeigeführt wird. Man wird bei dieser Art der Festlegung auch die Zeiten auseinander zu halten haben, die für das Einrichten der Maschinen, für das Aufsetzen der Lehren und ähnliche Arbeiten, also für die ganze Serie nur einmal, verwendet werden müssen und die Zeiten, die für die Bearbeitung jedes einzelnen Stückes notwendig sind. Die erste Art, die am besten auf dem Akkordzettel auch besonders behandelt wird, braucht für die Serie nur einmal bezahlt zu werden, während die zweite mit der Stückzahl zu multiplizieren ist. Hierin liegt denn auch der Vorteil der Ausführung möglichst großer Mengen gleicher Art. Zusammenfassend kann man hier wohl sagen: die Schätzung kommt nur für sehr verwickelte, einmalige Arbeit in Frage, an die man mit der Berechnung nicht heran kann. Die Berechnung wird von den meisten Firmen durchgeführt werden und sollte sich auf möglichst großes Erfahrungsmaterial stützen. Die Zeitmessung wird in den modernsten Betrieben, besonders denen der Massen- und Serienfabrikation, von besonderem Vorteil sein. Ihre Ausführung bedarf jedoch einer langen Zeit.

Die auf eine dieser Arten gewonnenen Ergebnisse werden nun vom Vorkalkulationsbüro entweder in die Stücklisten oder in eine besondere Anweisungskarte eingesetzt und zur Festsetzung der Akkorde benutzt. Um den Meistern die Schreibarbeiten abzunehmen, ist es zu empfehlen, die Akkordscheine gleich im Vorkalkulationsbüro auszuschreiben und den Meistern zu übermitteln. Diese setzen dann nur noch den Namen des betreffenden Arbeiters ein und geben die Arbeit vor. Die Akkordpreise entstehen aus den ermittelten Zeiten, multipliziert mit den Tariflöhnen und gewissen, meist in den Tarifen festgesetzten Zuschlägen. Letztere bestehen gewöhnlich darin, daß eine Stunde nicht zu 60, sondern nur zu 50 Minuten gerechnet wird und außerdem noch ein prozentualer Zuschlag für Fehlgriffe und unnötige Wartezeit zugeschlagen wird. Weil diese Zuschläge unter allen Umständen noch gemacht werden müssen, ist es aber notwendig, daß die vorher festgesetzten Zeiten derartige Zuschläge nicht schon bereits enthalten; andernfalls würden sie zweimal gerechnet. Wenn man die Anweisungskarten den Meistern zur Berechnung der Akkorde heruntergibt, so ist es günstiger, die Zuschläge bereits vorher einzukalkulieren und den Meistern nur noch die Multiplikation des Lohnes mit der betreffenden Zeit zu überlassen. Dies ist dann vorteilhafter, wenn nicht von vornherein über den einzelnen Mann verfügt werden soll und der Meister Freiheit hat, die Arbeit in seiner Werkstatt nach eigenem Ermessen zu verteilen.

Auch für den Verkauf hat das Vorkalkulationsbüro zu arbeiten und hierzu die gewonnenen Unterlagen zu benutzen. Es handelt sich aber für die Festlegung von Angebotspreisen nicht mehr darum, die Arbeitszeiten als solche allein zu ermitteln, sondern den Gesamtpreis eines Stückes festzustellen. In einfachster Form setzt sich dieser Gesamtpreis aus folgenden Einzelsummen zusammen:

1. Preis des verwendeten Materials. 2. Kosten der darauf verwandten Arbeit. 3. Zuschläge aus Unkosten. 4. Zuschläge aus Verwaltung. 5. Verkaufsspesen. 6. Verdienst. Man kann die Kosten zu 3 bis 5 unter der Summe „Allgemeine Unkosten" zusammenfassen, so daß die Formel dann lauten würde:

Masch.-Nr. 13 III A	**Benennung:** u. Stückzahl 40 Kurventrommeln zum Revolverkopf		**Auftrag Nr.** 21785
Los - Nr. 1205	Teil Nr. 373	Mod. Nr. 152 / Zeichnung Nr. 396/13 XI A	

Anweisungskarte

ausgestellt von: Reicher
Datum 15. 10. 21
Betriebs-Ing. Berg

Werkstatt Nr.	Operation	Arbeits-karte Nr.	auf Maschine Type	Werkzeug oder Vorrichtung Nr.	Schnitt-geschw. od. Hubzahl	Vorschub mm/Umdr.	Gültig für 1 Stück Stund.	Gültig für 1 Stück Min.	Insgesamt Stund.	Insgesamt Min.	Termin
14	beizen	11 801	—	—	—	—	—	—	—	—	10. 11. 21
21	drehen	11 802	43 IVa	2384	20 m/min	0.8 0,3	3	10	126	40	22. 11. 21
23	Gewindelöcher außen	11 803	12 VII	Splr. 16 ∅			—	40	26	40	25. 11. 21
	dto. in Nabe bohren	11 804	16 VII	Spir. 12 ∅			—	22	14	20	28. 11. 21
	außen Gewinde schneiden	11 805	32 XI	18. S. I			—	30	20	—	1. 12. 21
	Nabe Gewinde schneiden	11 806	32 XI	14. S. I			—	21	14	—	3. 12. 21
25	Nute stoßen	11 807	84 XIV	2385			—	22	14	20	5. 12. 21
28	außen schleifen	11 808	126 XVII	—	42 m/min	0.2	—	40	26	40	7. 12. 21
34	Revidieren	11 809									12. 12. 21
6	Teilelager	—									13. 12. 21

Fig. 168.

Gesamtselbstkosten = Material + Lohn + allgemeine Zuschläge.
Verkaufspreis = Material + Lohn + allgemeine Unkosten + Verdienst.

Die Materialpreise werden am besten aus den Preisbüchern herausgenommen. Über jede im Lager geführte Materialsorte wird ein besonderes Konto geführt. Dieses Konto enthält die Mengen der eingelaufenen Materialien nach Posten getrennt und deren Preis. Man kann an Hand des Lagerbestandes einen mittleren Preis des zur Zeit im Lager befindlichen Materials feststellen und diesen für die Vorkalkulation zugrunde legen. Einfacher und meist sicherer arbeitet man, wenn man hierfür den täglichen Preis einsetzt, wenigstens dann, wenn dieser nicht wesentlich unter dem Einkaufspreis der vorhandenen Lagerbestände liegt. Zu diesem Materialpreis sind aber Zuschläge nötig. Man hat z. B. bei Blechen, bei Holz und ähnlichen Gegenständen mit Verschnitt zu rechnen, d. h. Abfall, der bei der Verarbeitung übrig bleibt und nachher einen wesentlich geringeren Wert hat. Bei Schmiedestücken und Gußstücken muß man die Bearbeitungszugaben berücksichtigen, die notwendig sind und zunächst bei Bezug des rohen Stücks bezahlt werden müssen. Dann kommen Fracht, Zölle, Lager- und Transportspesen hinzu, so daß sich der endgültige, in eine Vorkalkulation einzusetzende Materialpreis aus allen diesen Preisen zusammensetzt. Will man sich die Feststellung des Materialpreises vereinfachen, so kann man bei größeren Objekten sagen: Man nimmt Material + Fracht und Spesen + 5 vH oder 10 vH vom Materialpreis, in diesem hat man dann den erfahrungsgemäßen Abfall nach jahrelanger Festlegung mit erfaßt.

Die Feststellung der Arbeitskosten ist bereits besprochen und kann in der Höhe eingesetzt werden, in der sie im Akkordschein erscheint. Bei der Vorkalkulation wird man sich hier allerdings einen Posten für Unvorhergesehenes sichern müssen, da Ausschuß oder besonders schwierig zu bearbeitendes Material nicht zu den Seltenheiten gehören.

Die Zuschläge aus Unkosten setzen sich im allgemeinen zusammen aus allen Sonderkosten der Werkstätten, die nicht auf das einzelne Stück verrechnet werden können. Man kann hierzu zunächst die Zeichnungskosten rechnen, dann z. B. Verzinsung von Grund und Boden, der Baulichkeiten, Maschinen und Werkstätten, Abschreibungen auf diese, Kraftverbrauch für Bearbeitung, Beleuchtung, Heizung, Materialverbrauch, z. B. Kohlen, Sand, Koks, Öl, Putzlappen, Kosten für Aufsicht. Alle diese Kosten hat man gewöhnlich in einer Sonderkalkulation zusammengefaßt und zum Umsatz in Beziehung gesetzt. Wie sie im einzelnen verbucht und gerechnet werden sollen, wird hier noch gezeigt werden. Zum Zwecke der Vorkalkulation genügt es zu wissen, daß sie vorhanden sind und daß sie durch einen prozentualen Zuschalg zu den verwendeten Löhnen zu fassen sind. Wenn man z. B. mit einer Lohnsumme aus dem Umsatz von einer Million Mark zu rechnen hat, so würde man in der Vorkalkulation zum Lohn 100 vH in rohester Form zuzuschlagen haben, wenn man eine Million Unkosten unterzubringen hat. Es ist hierbei jedoch darauf zu achten, daß gerade dieser Zuschlag nicht für das ganze Werk der gleiche sein darf, weil sich sonst erhebliche Fehler in der Selbstkostenberechnung ergeben würden. Es sind z. B. in der Gießerei und Dreherei die Werkstättenunkosten für Kohlen, Abschreibungen an Maschinen, Abnutzung der Kräne wesentlich höher als in der Handschlosserei. Man muß also diese Unkosten für jede Werkstatt gesondert aufstellen, wenn man zu einwandfreien Ergebnissen kommen will.

Die Zuschläge aus Verwaltung können in ähnlicher Weise auf den Gesamtpreis aufgeschlagen werden. Sie betreffen jedoch das ganze Werk und setzen sich zusammen aus den Gehältern der Beamten, soweit sie nicht in den einzelnen Werkstätten speziell beschäftigt sind, dann aus Soziallasten, Steuern, Bank- und Hypothekenschulden, Porti u. dgl. Auch diese Summen sind aus der Buchhaltung bekannt und können wiederum zur Jahreslohnsumme in Beziehung gesetzt werden und als Aufschlag zu den Löhnen in der Vorkalkulation erscheinen. Sie verteilen sich aber

Das Fabrikationsbüro. — Das Kalkulationswesen.

gleichmäßig auf sämtliche Werkstätten und erscheinen daher bei jeder Werkstatt in gleicher Höhe.

Über Verkaufsspesen ist dasselbe zu sagen. Auch sie verteilen sich auf alle Fabrikate einer Firma gleichmäßig, wenn nicht bei großen Firmen für eine Sonderfabrikation besondere Organisationen für den Verkauf geschaffen worden sind.

Bei Fabriken, die mit großen und teueren Bearbeitungsmaschinen oder mit sehr verschiedenartigen Maschinen — z. B. stark abgeschriebenen und ganz neuen — arbeiten, oder die viel Automatenarbeot haben, wird man genötigt sein, neben dem Preis für Arbeit noch einen Preis für die Arbeit der Maschine selbst einzusetzen, d. h. Maschinenstunden zu berechnen. Wenn man dies nicht tut, würde man zu vollkommen falschen Ergebnissen kommen und große komplizierte Gegenstände sowie Automatenarbeit zu billig, die einfache Arbeit zu teuer berechnen. Man denke sich z. B., daß ein Dreher eine Walze für eine Tonröhrenpresse auf einer alten Maschine bearbeitet, die nicht sehr genau sein braucht, und ein anderer Dreher bearbeitet einen Zylinder auf einem modernsten Schleifwerk. Beide Arbeiten würden 4 Stunden beanspruchen. Wenn man jetzt als Preis für die Bearbeitung 4 Stunden Arbeitszeit + 200 vH Werkstättenunkostenzuschlag berechnet, so wäre die Walze viel zu teuer geworden, der Zylinder wesentlich zu billig, denn in einem Falle sind die Kosten der alten Maschine für Abschreibung und Kraft viel geringer als im anderen Falle. Die Firma würde also voraussichtlich soviel Aufträge auf Zylinder und ähnliche Arbeiten erhalten, daß sie diese gar nicht erledigen kann, während die Aufträge auf Walzen, die vielleicht früher sehr guten Verdienst abgeworfen haben, vollständig aufhören würden. Ähnlich wird es bei Automatenarbeit sein. Ein Einrichter bedient 7 Automaten. Die Maschinen sind an sich sehr hochwertig. Er wird aber im Durchschnitt in jeder Stunde nur den siebenten Teil dieser Stunde auf den betreffenden Automaten, der die ganze Zeit mitläuft, aufschreiben können. Es träte hier der Fall ein, daß sogar die Arbeitszeit des Bedienungsmannes hier so kurz würde, daß selbst mit erhöhten Aufschlägen auf diese die wirklichen Kosten, die bei der Herstellung der betreffenden Stücke entstehen, nicht mehr erfaßt werden können. Man wird also genötigt sein, in derartigen Fällen Maschinenarbeitsstunden außer den Löhnen und Werkstättenzuschlägen mit einzusetzen; man muß nur dann darauf achten, daß die Werkstätten selbst diese Maschinenstunden nicht nochmals mit erfassen. Die Maschinenstunden werden am einfachsten in folgender Weise festgestellt: Man setzt die durchschnittliche Jahresbeschäftigungszeit in Stunden in Beziehung zum Wert der Maschine und zum Kraftbedarf. Dieser, sowie die Abschreibung und Verzinsung für den Wert muß die durch Jahresarbeitsstunden gedeckt werden. Hierbei soll man aber vorsichtig vorgehen, denn der Wert der Maschine nach der Bilanz ist nicht ihr Leistungswert. Eine noch in gewisser Weise leistungsfähige Maschine, die auf eine Mark abgeschrieben ist, würde in diesem Falle immer billiger arbeiten, als eine ganz moderne Maschine, die noch zu vollem Preise zu Buche steht. Der Zeit- und Leistungswert muß hier maßgebend sein, weil sonst in dem einen Falle nicht nur zu billig kalkuliert wird, sondern die Werkstatt auch ein Interesse daran haben würde, auf alten abgeschriebenen Maschinen zu arbeiten, anstatt moderne neue Maschinen auszunutzen. Derartige Fälle können häufig in der Praxis beobachtet werden. Sie zeigen, daß die Betriebsleitung nicht fähig ist, nach großen Gesichtspunkten zu arbeiten und daß außerdem Kalkulationsfehler vorliegen.

Für den Verkauf wird die Vorkalkulation die nach den oben dargelegten Gesichtspunkten festgestellten Preise der Geschäftsleitung einzureichen haben. Diese kann je nach der Lage der Verhältnisse einen Gewinn aufschlagen, auf den Gewinn ganz verzichten oder auch vom Selbstkostenpreis noch Nachlässe eintreten lassen. Es werden hierbei folgende Gesichtspunkte zu berücksichtigen sein, deren Unterlagen von der Vorkalkulation gegeben werden. Ist das Werk schwach beschäftigt, so bleibt ein gewisser Teil der allgemeinen Unkosten bestehen. Er würde also prozentual erhöhte Zuschläge zu der geringeren Lieferungsmenge bedingen. Folgt man dieser Tendenz, so wird man bald vollständig konkurrenzunfähig werden und noch weniger Aufträge erhalten. Man wird sich also die Unterlagen dafür zu beschaffen haben, ob man günstiger abschneidet, wenn man mit verringerten Zuschlägen, also mit einem gewissen Verlust abschließt, oder ob man besser ganze Abteilungen vollständig schließt.

Es muß daher zugleich mit der Vorkalkulation noch eine Statistik über den Beschäftigungsgrad der betreffenden Werkstätten zu der Zeit, in der das Stück angefertigt werden müßte, mit vorgelegt werden. Da sich die laufenden Unkosten aus den reinen Betriebsunkosten, das heißt denen, die durch den Betrieb entstehen und mit der Erhöhung des Betriebes wachsen, und dauernden Unkosten, das heißt denen, die auch ohne Betrieb entstehen würden, zusammensetzt, so muß auf die Besetzung der Werkstätten bei der Aufstellung von Vorkalkulationen Rücksicht genommen werden. Gebäudemiete, Abschreibungen, Verzinsung und Steuern, Anteile für Beamtengehälter usw. müssen etwa in derselben Höhe bezahlt werden, ob der Betrieb in vollem Gang ist, oder nur wenige Maschinen betrieben werden. Es kann daher ein so niedriger Beschäftigungsgrad eintreten, daß bei ihm trotz sinkender Betriebskosten der Verlust größer ist als bei einem anderen Beschäftigungsgrad, der wenigstens so hoch ist, daß die dauernden Unkosten noch mit gedeckt werden. Es müssen daher vom Vorkalkulationsbureau bei schlechter Beschäftigung noch Mindestpreise aufgestellt werden, in denen bei einem bestimmten Beschäftigungsgrad der Werkstatt wenigstens die dauernden Unkosten noch enthalten sind, während die einmaligen Unkosten nicht mehr voll herausgeholt werden können. Die Firma wird bei diesen Preisen allerdings mit Verlust arbeiten; der Verlust wird jedoch geringer sein, als wenn weniger oder gar nicht gearbeitet würde. Damit diese Preise nun unnötig niedrig angesetzt werden, ist es Pflicht des Vorkalkulationsbüros, die Preise der Konkurrenz laufend zu beobachten. Es kann dies durch Kontrolle der Kataloge und statistische Zusammenstellungen der Ausschreibungsergebnisse geschehen.

2. Die Nachkalkulation.

In der gleichen Weise wie die Vorkalkulation wird auch die Nachkalkulation in zwei verschiedene Abschnitte zu trennen sein. Sie wird einmal mit Hilfe der Akkordscheine oder der Tageszettel festzustellen haben, ob die von der Vorkalkulation angesetzten Arbeitszeiten wirklich eingehalten sind, und ob in dem Falle, wo dies nicht möglich war, die Genehmigung der Betriebsleitung zur Überschreitung eingeholt ist. Dann wird sie laufend die allgemeinen Unkosten zu kontrollieren und zu verteilen haben, und schließlich feststellen müssen, ob die für den Verkauf angegebenen Preise der Vorkalkulation sich mit den wirklich entstandenen Kosten decken. Für die letzte Aufgabe hat sie zu unterteilen zwischen Materialkosten und Lohnkosten. Die einen erhält sie aus der Werkstatt, die anderen beim Lager. Es wird der Einfachheit wegen richtig sein, die Nachkalkulation auf einem Abdruck des gleichen Formulars vorzunehmen, auf die Vorkalkulation aufgeschrieben ist, so daß Vor- und Nachkalkulation gegenüberstehen und bei großen Unstimmigkeiten die Gesamtkalkulation sofort der Direktion vorgelegt werden kann, damit der Fehler, der entweder in der Werkstatt oder bei der Vorkalkulation geschehen ist, festgestellt und abgeändert werden kann. Die Nachkalkulation besteht grundsätzlich aus einer richtigen Summierung von Angaben einer dritten Stelle. Ein Gegenstand hat, wie bereits früher erwähnt, eine bestimmte Kommissionsnummer und Teilnummer. Die Aufzeichnungen, die unter dieser Nummer erscheinen, werden zusammengestellt und müssen sowohl in ihren Einzelheiten als im ganzen die von der Vorkalkulation angegebenen Zeiten und Werte ergeben. Es ist hier eine Sicherheit dagegen zu schaffen, daß keine Austragungen vergessen werden. Diese liegt einmal darin, daß in der auch bei der Nachkalkulation vorliegenden Stückliste alle Arbeitsgänge eingetragen sind und jeder einzelne Arbeitsgang auch gemäß eines vorliegenden Akkord- oder Lohnzettels ausgeführt sein muß. Er kann bei der Stück liste dann, wenn er ausgetragen ist, mit Blei durchstrichen werden. Außerdem ist es zu empfehlen, diejenigen Akkord- und Lohnscheine, deren Endsumme in der Nachkalkulation ausgetragen ist, mit einem farbigen Merkstempel zu versehen. Hierdurch vermeidet man bei verwickelten Kalkulationen einmal Doppelaustragungen und dann ein Vergessen einzelner Austragungen. Sehr günstig ist es, wenn ein Betrieb so arbeitet, daß man die Nachkalkulation **vor die Lohnabteilung** vorschalten kann. Man würde in diesem Falle alle Akkord- und Lohnzettel zunächst durch Revision, dann durch Nachkalkulation laufen lassen und wenn sie hier ausgetragen sind, erst zur Löhnung anweisen. Die Durchführung dieses Systems ist nur dann möglich, wenn die Nachkalkulation die Austragungen täglich so vornehmen kann, daß sich jeder Zettel schon am nächsten Tag in Händen der Lohnabteilung befindet. Rückstände können auf diesem Wege nicht vorkommen, und man weiß bereits vor Auszahlung der Löhnung, welche Summen jedes einzelne Stück gekostet hat. Hierbei ist natürlich notwendig, daß die Nachkalkulation mit genau denselben Kommissionsnummern und Unterteilnummern arbeitet wie die Vorkalkulation, damit die Werte sich vollständig gegenüberstehen.

Es wäre nun noch einiges über die Aufstellung der Betriebsunkosten zu sagen, die sowohl Vorkalkulation wie Nachkalkulation zur Feststellung der prozentualen Zuschläge, d. h. entweder nur monatlich einmal oder jährlich einmal, benötigen, die aber zur Ausgleichung des Lohnkontos für die Buchhaltung genau so rechtzeitig erfaßt werden müssen, wie alle anderen Summen. Die Betriebsunkosten werden am besten für die einzelnen Werkstätten gesondert aufgestellt. Jede Werkstatt bekommt ihr Signal, z. B. Schlosserei Sch., Tischlerei T., Kupferschmiede K. usw.

Auf diese Weise erhält jede Werkstatt zunächst ihr Sonderkonto. Es genügt aber nicht, die Konten nur für die einzelnen Orte, in denen sie entstehen, aufzuteilen, weil dann der Grund plötzlicher Ausgabesteigerungen oder unerklärlicher Verminderungen nicht aufzudecken ist. Es ist daher nötig, diese Konten noch nach Art ihrer Entstehung weiter aufzuteilen. Man würde z. B. sagen:

Verbrauch an Reinigungsmaterial . . . Nr. 1
Beleuchtung . . . . „ 2
Kraftverbrauch . . . . „ 3
Werkzeugverbrauch . . . . „ 4
Lohn für Reinigung . . . . „ 5
Lohn für Reparaturen . . . . „ 6

Man wird also die Konten einmal nach Materialverbrauch und Lohnverbrauch zu trennen haben und dann weiter unterteilen müssen. Die Grenzen dieser Unterteilung sind dem vorliegenden Betrieb anzupassen. Wenn wesentliche Schreibarbeiten nicht entstehen, ist eine reichliche Unterteilung vorteilhaft. Wertvoll ist es, wenn man diese Unterteilung nach Arten in allen Werkstätten in gleicher Art vornimmt, so daß man durch Summierung der Posten auch das Material für Reinigung in der ganzen Fabrik zusammenstellen kann, ebenso durch Zusammenstellung von Nr. 5, den Verbrauch an Lohn für Reinigung in der gesamten Fabrik findet. Ein solches Schema sieht dann ungefähr wie umstehende Tafel aus.

Wenn man sich die mittleren Summen der Einzelkonten aus mittleren Jahren nimmt, so hat man Reihenzahlen, bei deren Überschreitung besondere Aufmerksamkeit durch den Betrieb notwendig wird. Um nun die wirklichen Unkosten der herstellenden Werkstätten zu erfassen, genügt nicht, die in ihnen selbst entstandenen Kosten zu verbuchen. Man muß diese Werkstätten auch noch mit den Kosten derjenigen Werkstätten belasten, die nicht für den Verkauf herstellen, sondern nur zur Aufrechterhaltung des Betriebes der anderen Werkstätten dienen. Solche Betriebe sind z. B. die Zentrale zur Herstellung des elektrischen Stromes und die Werkzeugmacherei, vielfach auch Transportkolonnen, die für mehrere

Monat			Sch. 26. Dampfheizungs-Unterhaltung		Sch. 27. Wascheinrichtungs-Unterhaltung		Sch. 28. Wasserleitungs-Unterhaltung		Sch. 36 Aufr. u. Reinig.	Sch. 6. Heftschrauben-Unterhaltung		Sch. 18. Werkzeug-Maschinen-Unterhaltung			Summa	Summa	Summa
			Material	Lohn	Material	Lohn	Material	Lohn	Lohn	Material	Lohn	Material	Reinig. Lohn	Repar. Lohn	Material	Löhne	Material und Löhne
1911/12 } Monats-																	
1912/13 } durchschnitt																	
1913/14 } im Jahre																	
Monatsdurchschnitt																	
1914/15 *Januar*																	
Februar																	
usf.																	

Fig. 169.

Werkstätten arbeiten. Die Kosten der Zentrale werden am besten nach Kraftverbrauch aufgeteilt. Die Verbuchung der Kosten der Werkzeugmacherei ist schwieriger, entweder kann man sie gemäß dem Wert des entnommenen und ausgebesserten Werkzeugs unterteilen, dann muß man dieses Werkzeug jedoch kalkulieren. Besser verteilt man diese Kosten gemäß der beschäftigten Arbeiterzahl oder dem Flächeninhalt der betreffenden Werkstatt. Mit den Handlungsunkosten belastet man die Werkstätte als solche besser nicht, sondern die Erzeugnisse direkt.

V. Das Betriebsbüro.

a) Das Bestellwesen.

Eine wichtige Aufgabe des Betriebsbüros ist das Bestellwesen. Von seiner günstigen, richtigen und pünktlichen Erledigung hängt einmal die gleichmäßige Beschäftigung der Werkstätten und rechtzeitige Lieferung, auf der anderen Seite ein großer Teil des geldlichen Erfolges des betreffenden Betriebes ab. Es sind also drei Gesichtspunkte im Auge zu behalten, einmal die Zeit, dann die Güte der Ware und drittens der Preis. In gewisser Weise werden Punkt 2 und 3 voneinander abhängen. Das Bestellbüro kann die Ermächtigung der Bestellung auf zwei verschiedenen Wegen erhalten, einmal durch die Stückliste, und dann durch Meldungen des Lagers. Auf der Stückliste sind die Teile verzeichnet, die von auswärts bezogen werden müssen. Wenn die Stückliste bereits die Termindispositionen enthält, ist auch der gewünschte Liefertermin festgelegt, jedenfalls wird das Bestellbüro genötigt sein, sich mit dem Terminbüro, das die Stückliste auch erhalten hat, in Verbindung zu setzen. Die Güte und Beschaffenheit der Ware ist eindeutig in der Stückliste und Zeichnung festgelegt. Es ist hier nur gelegentlich eine Rücksprache mit der Werkstatt notwendig, die vielleicht bestimmte Eigenheiten einzelner Materialien wegen des in einer Werkstattüblichen Bearbeitungsvorganges wünscht. Den Preis hat das Bestellbüro selbst zu erfragen und zu verantworten. Um ihm die Anfrage zu ermöglichen, erhält es zugleich mit der Stückliste für jedes einzelne, von außerhalb zu beschaffende Stück einen

Satz von 6 bis 10 Blaupausen, in denen alle Bedingungen genau bezeichnet sind. Geht die Bestellung vom Lager aus, so handelt es sich um einen Satz von Lagerware. Das Lager hat, wie früher bereits bemerkt, für alle diejenigen Materialien, die laufend vom Lager abgerufen werden, Minimalbestände. Wenn diese erreicht sind, so gibt es automatisch an das Bestellbüro eine Nachricht, worin um Ergänzung des Bestandes Nr. ... auf den Höchstbestand gebeten wird. Die Beschaffenheit und Abmessung dieser Lagerware ist dem Bestellbüro aus dort vorhandenen Lagerbüchern genau bekannt. Um unnötige Schreibereien zu vermeiden, hat das Bestellbüro Anfragevordrucke, die alle Einkaufsbedingungen, Zahlungen, Lieferstationen usw. im Vordruck enthalten. Eine solche vorgedruckte Anfrage wird mit der Blaupause zusammen herausgeschickt, und zwar an verschiedene Firmen, deren Bestimmungen nachher noch besprochen werden sollen. Ein solcher Anfragevordruck kann etwa folgendermaßen lauten:

Firmen-Name	Berlin N 87, ...
	Straße u. Nummer
Bestell-Nr.	Drahtanschrift: ....
Kartei-Nr.	Drahtschlüssel: ....
	Fernruf: ....
Kartei vermerkt: Datum	Bank-Konto: ....
Name	Postscheck-Konto: ....
	Bahnstation: ....

Wir bitten Sie um ein Angebot auf nachstehende Gegenstände unter Angabe der kürzesten Lieferfrist gemäß umstehender Liefer- und Zahlungsbedingungen verpackt frei Werk—Bahnstation....................

Stückzahl	Benennung	Metall	Beilage: Zeichnung Nr.	Bemerkungen
1	Gußbocke	Gußeisen	A IV 106	Weicher Guß! Modell hier vorhanden.

Hochachtungsvoll

(Firma und Unterschrift)

Fig. 170.

Es ist wichtig, daß die Fassung der Anfrage eine äußerst scharfe ist, so daß nur eine Ware von ganz bestimmter Güte und Beschaffenheit an einem genau festgelegten Orte angeboten werden kann. Außerdem muß stets eine bestimmte Lieferzeit sowie Anerkennung der Bedingungen der Firmen verlangt werden. Es wird nicht bei allen Waren möglich sein, diese Firmenbedingungen für die Lieferung in jedem Falle durchzusetzen, es ist aber immer anzustreben, Normallieferungsverträge zu erzielen. Etwas abweichend von der Anfrage einlaufende

Angebote, sei es z. B., daß die Ware unverpackt angeboten wird, die verpackt verlangt ist, sind vor Zuschlagserteilung zu klären und mit den anderen Angeboten in Vergleich zu ziehen. Es kommen hier verschiedene Arten von Einkaufsmöglichkeiten vor, entweder kann man Gesamtabschlüsse tätigen, in denen man sich größere Mengen einer bestimmten Ware oder größere Gruppen von Waren oder laufende Lieferung abzurufender Ware sichert, oder man kann zur Einzelbestellung übergehen. Bei Nieten, Nägeln, Schrauben und dergleichen wird man gewisse Mengen abschließen. Bei Guß tut man oft besser, mit einer bestimmten Firma, deren Lieferung als gut und sicher erkannt worden ist, einen laufenden Lieferungsvertrag zu schließen. Der Vertrag kann etwa die Form haben, daß die betreffende Firma nach Anlieferung der Modelle zu bestimmten, vom Roheisenpreis und Lohn abhängigem Kilopreis ohne weitere Verhandlungen die Abgüsse liefert. Hierbei muß besonders darauf geachtet werden, daß der Zeitabstand zwischen Anlieferung des Modelles und Anlieferung der Ware festgelegt wird. Derartige Abschlüsse wirken auf die Dauer meist günstiger als das Einkaufen an verschiedenen Stellen, einmal daher, weil man mit Sicherheit Qualitätsware erhält, die Termin- und Arbeitsstörungen in den Werkstätten nicht notwendig macht, und weil ein dauernder Lieferer auch einen höheren Wert auf gute Geschäftsverbindung legt und seine Abnehmer stets besser bedienen wird, als ein einmaliger Lieferer. Dasselbe, was hier für die Lieferungsabschlüsse gesagt ist, gilt auch für den einmaligen Abschluß größerer Mengen. Nur ist in letzterem Falle die Abnahmeprüfung schwieriger und bedarf größerer Sorgfalt als bei laufenden Lieferungen. Um ganz große Mengen zur Anfrage stellen zu können, ist oft Zusammenschluß der einzelnen Firmen vorteilhaft, weil sie hierbei meist billiger und auch gleichmäßiger bedient werden.

Ob man das Bestellbüro mit der Abschlußpolitik selbständig betrauen oder das Abschlußwesen von der Direktion aus behandeln will, hängt ganz von der Persönlichkeit des ersten Einkäufers ab. Ein zuverlässiger, in seinem Fach erfahrener Mann wird die Abschlüsse oft sicherer tätigen als die Direktion selbst. Bei noch nicht erprobten Kräften ist ein Abschluß durch die Direktion notwendig. Eine Firma, die auf Fabrikation eingestellt ist, muß jedoch in ihren Abschlüssen außerordentlich vorsichtig sein. In normalen Zeiten pflegte man sich bei Eisen, Kohle, Stroh, Holz u. dgl. meist für einen Jahresbedarf einzudecken, weil man die Entwicklung der Preise ziemlich genau übersehen konnte. Man deckte diesen Jahresbedarf selbstverständlich nicht ein, solange ein starkes Sinken der Preise bemerkbar war. Es waren aber im allgemeinen untere Grenzen bekannt, unter die auf die Dauer gewisse Sorten von Materialien nicht heruntergingen; wenn sich das betreffende Material in dieser Preislage bewegte oder gar wieder anzog, konnte man ruhig recht große Abschlüsse tätigen. Die Verhältnisse haben sich heute vollständig geändert. Man hat jetzt in den Materialien mit großem Verbrauch, die früher der Spekulation gar nicht unterworfen waren, fast dieselben Verhältnisse, die man früher auf dem Kupfer- und Zinnmarkt traf, d. h. bei Materialien, deren Mengen so gering waren, daß sie in den Händen gewisser Machtgruppen festgehalten werden konnten. Es ist daher heute nicht mehr so sehr zu empfehlen, sich durch langfristige Abschlüsse zu binden, weil man die Preisentwicklung überhaupt nicht mehr beurteilen kann. Es wäre möglich, daß die Preise derartig fortlaufen, daß das Bestehen der Firma durch einen langfristigen Abschluß, besonders mit nicht festen Preisen, gefährdet werden könnte. Anders ist allerdings die Sachlage, wenn man einen Lieferungsvertrag auf große Mengen von Gütern zum festen Preise übernommen hat. Diese Güter sind auf der heutigen Materialbasis kalkuliert, und es empfiehlt sich, das Material auch wirklich zu den Preisen zu sichern, zu denen man es in die Vorkalkulation eingestellt hat.

Wo soll man nun anfragen?

Für große Mengen wird oft der Weg der öffentlichen Ausschreibung in Fachblättern gewählt. Man erhält hier nicht nur sehr große Unterschiede in den Preisen, sondern auch in den Proben, so daß genaueste Prüfung notwendig ist. Meist wird man einen Lieferer erhalten, der sich verkalkuliert hat und die Ware zu billig abgibt; dieser wird demnach später versuchen, bei der Lieferung seinen Schaden wieder gutzumachen. Eine öffentliche Ausschreibung erscheint daher nur dann empfehlenswert, wenn man nicht der billigsten, sondern einer Firma in mittlerer Lage bei bester Beschaffenheit der Ware bestellt. Es ist sogar zu überlegen, ob es nicht richtig ist, diese Absicht in der Ausschreibung bereits kundzugeben, weil sich sonst die besten Firmen von derartigen Ausschreibungen zurückzuhalten pflegen. Anstatt der öffentlichen Ausschreibung ist die beschränkte Ausschreibung auf 3 bis 4 bekannte Firmen mehr zu empfehlen. Man soll jedoch gleich hierbei beachten, daß man solche Firmen wählt, die ungefähr gleiche Lieferungsfähigkeit und gleiche Frachtbasis haben. Die Angebote werden sich dann meist in normalen Lagen bewegen. Bei der Bestellung wird zu überlegen sein, ob nicht in diesem Falle vielleicht der Meistfordernde gerade für die Lieferung günstig ist, weil seine Probe entweder dem Herstellungsverfahren am besten angepaßt ist oder in der Güte so weit über den anderen steht, daß eine gewisse Mehrzahlung nur berechtigt ist. Man kann u. a. bei gewissen Waren auf Anfragen überhaupt verzichten. In diesem Falle muß man natürlich einen Lieferer kennen, der stets preiswert und in gleichmäßiger Güte liefert. Dann und wann ist aber auch in diesem Falle eine Kontrollanfrage erwünscht, eine Kontrollieferung noch besser, damit sich der Lieferant nicht allzu sicher fühlt und die Firma, deren Preis zur Kontrolle dienen soll, nicht merkt, daß sie nur zu diesem Zwecke bemüht wurd und sich mit festen Lieferern in Verbindung setzt. Im letzteren Falle wäre es möglich, daß sich die zur Kontrolle angefragte Firma als Schutzpreis einen Teil des Verdienstes des alten Lieferanten sichert. Der Besteller trägt dann den Unterschied.

Bei gewissen Waren ist besonders in der jetzigen Zeit der Frachtunterschied ausschlaggebend. Man wird z. B. seine Anfragen auf größere Mengen Eisen, Kohle, Holz in solche Gegenden zu richten haben, die für den Lieferort so günstig wie möglich liegen, die selbst Bahn- bzw. Wasserverbindung haben. Um ein Beispiel zu nehmen, fragt man z. B. Eichenholz am besten in den Gegenden an, wo sich größere Eichenwaldungen befinden. Eine Beschaffung derartiger Karten, die über die Lage gewisser Materialien Auskunft geben, wird sich bei häufigerem Bedarf immer lohnen. Wenn die betreffenden Waldungen zu weit von einer Wasserstraße oder Bahn abliegen, wird auch hier meist eine Anfrage zu keinem günstigen Ergebnis führen, weil die Frachten dann meistens zu bedeutend wären. Man hat also die Verkehrsverhältnisse neben den Ursprungsverhältnissen zu berücksichtigen.

Man wird oft genötigt sein, fertige Teile zu bestellen, die nachher in die im eigenen Betrieb hergestellten Stücke passen sollen. Hierfür ist es notwendig, daß man sie seinem Toleranzsystem einordnet. Es ist hier etwa folgendes im Auge zu behalten: Bei normalen Passungen (s. S. 551) wird man die Genauigkeit nach den D.-J.-Normen für Passungen vorschreiben. Hierbei werden die Abmaße durch einen Buchstaben gekennzeichnet. Z. B. bedeutet bei einem Bolzen 35 L, daß der Bolzen zwischen den Maßen 34,978 und 34,955 ausfallen soll. Es ist jedoch dem Lieferer gestattet, die für seine Lehren zugelassenen Abnutzungen, in diesem Falle 0,006 mm, auszunutzen, so daß das größte Maß eines solchen Bolzens 34,984 sein kann.

Handelt es sich nicht um normale Passungen, so werden die beiden Abmaße (s. S. 543) zahlenmäßig eingetragen. Diese stellen alsdann Garantiewerte dar und müssen unter allen Umständen eingehalten werden. Hier ist es Sache des Lieferanten, seine Lehren so zu gestalten, daß sie trotz Abnutzung die vorgeschriebenen Grenzmaße gewährleisten.

Die Abteilung, die für die Bestellung des Materials sorgt, hat auch die Verpflichtung, den Eingang desselben zu überwachen. Zu diesem Zwecke wird am besten eine Kartei angelegt. Diese Kartei (Terminüberwachungskartei für Lieferungen) gemäß umstehender Form wird die Kommissionsnummer, für die das betreffende Stück bestellt ist, zu enthalten haben. Wenn man auch für das

Januar						Februar						März					
5	10	15	20	25		5	10	15	20	25		5	10	15	20	25	

April					Mai					Juni					Juli				
5	10	15	20	25	5	10	15	20	25	5	10	15	20	25	5	10	15	20	25

August					September					Oktober					November					Dezember				
5	10	15	20	25	5	10	15	20	25	5	10	15	20	25	5	10	15	20	25	5	10	15	20	25

Firma: ....

Auf-trags-Nr.	Stück-zahl	Benennung	Material	Anfrage		Bestellung		Bestätigt		Angemahnt		Teil-lieferung	Teil-lieferung	Teil-lieferung	Rest-lieferung	Be-merkungen
				Dat.	Nr.	Dat.	Nr.	Dat.	Termin	1	2					
20198	4	Gußböcke A IV 106	Gußeisen	1. 10. 21	20198/168	15. 11. 21	20198/168	25. 11. 21	10. 2. 22	6. 2. 22		9. 2. 22	16. 2. 22		1. 3. 21	

Fig. 171.

Lager bestellt, so sind diese besser in einer anderen Farbe, z. B. rot, einzutragen, dann die Hauptangaben über das Stück, wie Abmessungen, Materialart, besondere Bedingungen, dann die Namen der Firmen, bei denen angefragt ist, der Name der liefernden Firma und einige Reihen für den Termin der Teillieferung und einen für endgültige Lieferung. Die Karten können entweder nach den Anfangsbuchstaben der liefernden Firma oder nach Materialart geordnet werden oder, wenn die Firma sehr große Maschinen liefert, zu denen viele einzelne Teile gehören, nach Kommissionen geordnet aufbewahrt werden. Sie tragen zweckmäßig an der oberen Kante eine Datumeinteilung, auf der Reiter angebracht werden können. Acht Tage vor Fälligkeit der Lieferung wird der erste Reiter gesetzt. Wenn man Wert auf genaue Einhaltung der Liefertermine legt, mahnt man am besten bereits vor Fälligwerden des Liefertermins. Wenn die Einhaltung des Liefertermins nicht so dringend ist, kann man den Reiter auch auf den Liefertermin selbst ansetzen und an diesem Termin mahnen. Man sollte dann aber sofort die Inverzugsetzung aussprechen, etwa in folgender Form:

Kommissions-Nummer...
Betrifft unsere Bestellung
vom ....

„Sie haben den uns zugesagten Liefertermin nicht eingehalten. Wir geben Ihnen ..... Tage Nachfrist und setzen Sie hiermit in Verzug.“

Bei wichtigen Lieferungen sollte diese Inverzugsetzung eingeschrieben ergehen. Die Inverzugsetzung macht den Lieferanten für etwaige Schäden haftbar und wirkt in den meisten Fällen.

Die gleiche Karte kann durch die genügende Zahl von Reihen für Teillieferungen zugleich als Kontrollkarte bei größeren Abschlüssen benutzt werden. Wenn man die gesamt zu liefernden Mengen in die erste Reihe einsetzt und die eingehenden Mengen nun regelmäßig absetzt, hat man jederzeit die Übersicht über das, was eingelaufen ist, und das, was man noch zu fordern hat. Man hat außerdem die Übersicht über die Zeiten des Eingangs von Teillieferungen.

Das Bestellbüro muß dafür sorgen, daß auch die aufgebenden Abteilungen, also entweder das Technische Büro oder der Betrieb oder das Lager, von dem Herausgehen von Bestellungen Kenntnis erhalten und den Eingang der Lieferung erfahren. Beides kann durch Anlegen von Bestellbüchern geschehen, wenn die anfordernden Abteilungen ihre Bestellungen in Bücher eintragen, die etwa die gleichen Einteilungen enthalten wie die oben genannte Karte. Man würde eine Spalte „vorgeschlagene Firmen" einzusetzen haben. Das Bestellbüro trägt das Datum der Anfrage und das Datum der Bestellung ein. Die Bücher sind doppelt vorhanden, das eine liegt im Bestellbüro, das andere bei der aufgebenden Stelle. Die Bücher wechseln täglich. Hierdurch erhalten beide Teile die gewünschten Nachrichten, während die Übersichtskontrolle in der Kartei des Bestellbüros ruht. Für ganze Abschlüsse ist dies Verfahren nicht gut brauchbar. Hier muß es genügen, wenn die Teillieferungen im Bestellbüro selbst kontrolliert werden.

Die Nachricht vom Eingang der Lieferungen erhalten die aufgebenden Abteilungen besser nicht erst durch das Bestellbüro, sondern direkt vom Eingangslager. Von diesem erhält auch das Bestellbüro Nachricht. Bei einer Bestellung wird von der zu liefernden Firma ein Avis in doppelter oder dreifacher Ausfertigung verlangt. Dieses wird vom Eingangslager kontrolliert und ein Exemplar dem Bestellbüro, das zweite der aufgebenden Abteilung zugesandt, während das Lager das dritte als eigenen Beleg zurückbehält. Es ist zu empfehlen, daß sich der Beamte, der die Bestellung herausgibt, das Material, allerdings ohne jedes Kontrollrecht, bei der Lieferung ansieht. Er wird einmal dadurch eine gewisse Materialkenntnis erhalten und dann sich davon überzeugen können, ob die von ihm ausgewählte Firma auch hochwertige Ware liefert.

Es ist hier noch die Frage zu besprechen, ob eine Rücksprache mit Vertretern erwünscht ist. Derartige Rücksprachen kosten äußerst viel Zeit, müssen aber gelegentlich zwecks besserer Information vorgenommen werden. Es ist deshalb notwendig, daß der betreffende Beamte von Zeit zu Zeit die Vertreter der liefernden Firma empfängt und sich die Vorteile der zu liefernden Waren eingehend erklären läßt. Beim nächsten Empfang wird er den anderen Vertretern bereits sagen können, daß die Waren der Konkurrenz die und die Vorteile haben. Man wird diese dadurch zur Äußerung zwingen, entweder die entsprechenden Vorteile auch ihrer Waren zu gewährleisten oder die Eigenschaften der Konkurrenzwaren mit Begründung anzuzweifeln. Man erhält dadurch eine gute Warenkenntnis, außerdem wird man ständig auf die auftauchenden Neuheiten aufmerksam gemacht.

b) Festsetzung und Überwachung der Termine.

Die Termine sind in den verschiedenen Arten von Firmen in ganz verschiedener und der Eigenart der Betriebe angepaßter Art festzusetzen. Es gibt mehrere Möglichkeiten:

1. Man kann sämtliche Termine für alle Einzelarbeiten an einem Gegenstand bereits vor Beginn der Arbeit festlegen, hiernach einen Terminplan aufstellen und die Aufnahmefähigkeit und weitere Belastung der Werkstätte entsprechend einrichten. Diese Methode wird vor allen Dingen angewandt werden müssen in solchen Firmen, die große Einzelgegenstände ausführen, z. B. bei Schiffswerften,

Man wird hier sofort nach Beendigung der Zeichnungen die Termine für ein ganzes Schiff, Kesselanlage und Maschine aufstellen müssen und auf genaueste Innehaltung der Termine halten, damit nicht ganz wichtige Werkstätten vollständig still gelegt werden, weil die zuarbeitenden Werkstätten ihre Termine nicht eingehalten haben. Es handelt sich hier allerdings meistens um so große Objekte, daß kleine Versäumnisse, ein Versagen einzelner Maschinen, kürzere Streiks auf die Innehaltung des Termines für das große Teilobjekt kaum von Einfluß sein werden.

In welcher Form ein derartiger Terminplan am besten eingerichtet wird, zeigt z. B. Fig. 172. Man kann hier genau sehen, wie die Disposition in den einzelnen Werkstätten nebeneinander zu laufen hat, jedoch so, daß bestimmte Fertigstellungstermine sich immer decken, so daß die nächste mit den beiden vorhergehenden Werkstätten zusammenarbeitende Abteilung rechtzeitig alles Material zugebracht erhält. Man hat gerade bei derartig großen Gegenständen nicht die Möglichkeit, die Zwischenlager und Stapelung des Materials anzuwenden, wodurch die einzelnen Werkstätten größere Dispositionsfreiheit erhalten. Es muß hier, da die Objekte zu groß sind, tatsächlich damit gerechnet werden, daß das eine an dem Termin fertig ist, wenn auch das andere bereit ist zur Weitermontage. Hier Einzeltermine für jeden einzelnen Bearbeitungsfall anzusetzen, würde Schwierigkeiten machen. Verantwortlich für die Herstellung der Einzelteile, sei es der Gußteile, der ganzen Maschine, des Kessels oder des Schiffskörpers ist in diesem Falle ein Betriebsleiter und dieser hat in den ihm unterstellten Werkstätten selbst wieder weiter zu disponieren. Es wird also ratsam sein, den Termingesamtplan sowohl jedem Betriebsleiter wie jedem einzelnen Meister zugänglich zu machen und diese im großen für die Innehaltung der betreffenden Termine haftbar zu machen, sie aber in ihrer Dispositionsfreiheit im einzelnen weder zu stören noch eingehend zu überwachen. Hierdurch wird aber die Festsetzung des Generalplanes, die aus Beratungen zwischen der Direktion, dem Betriebsdirektor sowie den einzelnen Betriebsleitern und Meistern hervorgeht, besonders schwierig sein. Es wird sich jeder einzelne Beteiligte, allerdings an Hand eingehender Erfahrungen, seine Termine abschätzen müssen. Dann liegt die Gefahr vor, daß sich jeder eine zu große Sicherheit einkalkuliert, so daß der Gesamttermin zu lange hinausgeschoben wird. Sache der Betriebsleitung ist es, den Gesamttermin in vernünftiger Weise soweit abzukürzen, als alte Erfahrungen oder neue Arbeitsmethoden dies gestatten.

2. Die zweite Art der Terminfestsetzung verlangt eine genaue Disposition über jeden einzelnen Arbeitsgang. Sie bedingt genaue Zeitbestimmung und Maschinenbesetzungspläne. Als Grundlage kann hier entweder die Leistungsfähigkeit der einzelnen Zusammenstellungskolonnen oder die Aufnahmefähigkeit der vorhandenen Maschinensätze dienen. Die Übersicht des Betriebsleiters wird durch Maschinenbesetzungstafeln erleichtert.

Jede Maschine erhält eine Gruppennummer, sowie in der Gruppe ihre fortlaufende Maschinennummer. Die Besetzungstafel umfaßt gewöhnlich nur eine Gruppe gleichartiger Maschinen. Für jede Maschine wird eine Vertikalreihe vorgesehen, für die Zeiten: Tage, Wochen oder Monate werden Querreihen über sämtliche Maschinenfelder eingezeichnet. Ob man nach Tagen oder längeren Zeiträumen verfügt, hängt von der Feinheit der Disposition ab. Es werden nun die vorhandenen Aufträge nach Arbeitsarten unterteilt. Für jede Arbeitsart werden Arbeitszettel ausgeschrieben, die aus der Zusammenstellung der Stücklisten herausgenommen werden können. Es fallen somit sämtliche Hobelarbeiten auf eine bestimmte Menge von Auftragskarten, und diese werden entweder an sich oder in stark verkleinerter Kopie auf die Maschinenbesetzungstafeln verteilt. Hieraus kann man eine gleichmäßige Verteilung der Arbeiten auf jede einzelne Maschine leicht bewirken und jederzeit übersehen, auf wie lange Zeit mit den vorhandenen Aufträgen die betreffende Abteilung beschäftigt ist. Am besten, bei den feinsten Einrichtungen, wird man so arbeiten, daß der betreffende Meister täglich die am nächsten Tag zu er-

Das Betriebsbüro. — Festsetzung und Überwachung der Termine. 629

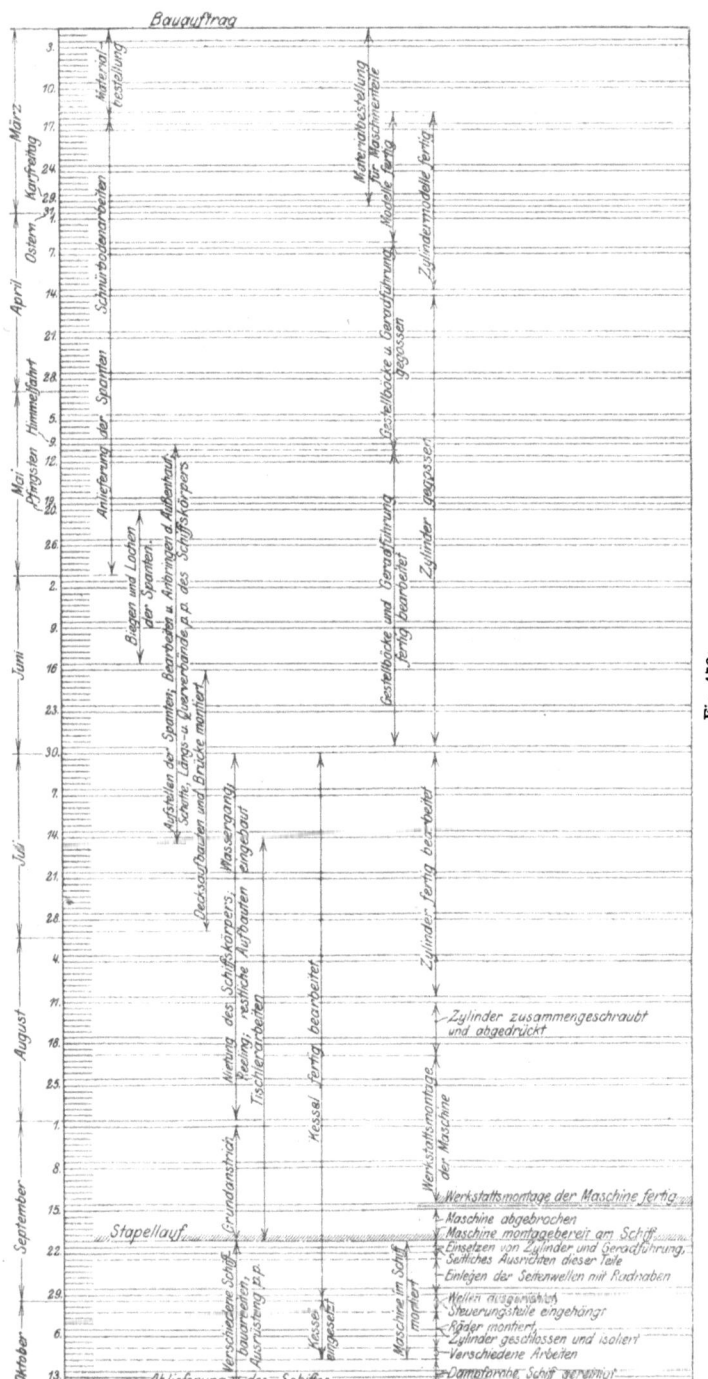

Fig. 172.

ledigenden Aufträge an Hand der Maschinenbesetzungstafel zugeteilt erhält und am Abend zu melden hat, welche Aufträge noch nicht fertiggestellt werden konnten und aus welchen Gründen. Der Arbeitsverteiler, der hier zu gleicher Zeit Terminkontrolleur ist, braucht unter allen Umständen, wie sich auch bei den komplizierten Verfahren noch zeigen wird, ein Signal, wie weit die betreffende Arbeit vorgeschritten ist und welche Abteilung diese vollendet hat. In dem eben dargestellten Falle bildet das Signal die Meldung des Meisters. Eine Terminüberwachung ist in diesem Falle verhältnismäßig einfach, weil der Terminüberwacher zu gleicher Zeit Disponent ist. Er muß sich zwar ein Bild darüber machen, wie er in den nächsten Tagen und nächsten Wochen seine Maschinen besetzt und welche Teile ihm geliefert werden, er hat aber nicht nötig, auf lange Sicht hinaus für das Ineinandergreifen großer Werkstätten Sorge zu tragen. Die notwendigen Bearbeitungszeiten werden ihm auch in diesem Falle von der an anderer Stelle besprochenen Vorkalkulation in den Stücklisten gegeben, so daß er nur die Zeiten rechtzeitig innezuhalten hat.

Schwieriger wird das Verfahren, wenn man von einer Stelle aus auch für das Ineinandergreifen verschiedener Werkstätten sorgen will. Man tut dann gut, sich Terminüberwachungskarten z. B. von der Form nach Fig. 173 anzulegen. Die Terminkarte entsteht aus der Ausarbeitung der Arbeitsgänge (s. a. S. 584), die in den Stücklisten festgesetzt sind und berücksichtigt den Besetzungsgrad der verschiedenen Werkstätten. Aus nebenstehendem Formular ist zu ersehen, wie für jeden einzelnen Teil einmal die Bearbeitungsfolge und die einzelnen Bearbeitungszeiten bemerkt sind. Die Zeiten sind dann unter Einschaltung von je 1 bis 3 Dispositionstagen zwischen den einzelnen Werkstätten für Transport und Revision aneinander gereiht und führen zu einem Schlußtermin für den einzelnen Teil. Die Schlußtermine sämtlicher, für ein Gesamtobjekt notwendiger Einzelteile haben sich zu decken und werden unter der Terminkarte des Gesamtobjektes oder einer Serie abgelegt. Der Termindisponent wird nun folgendermaßen vorgehen: Soweit die einzelnen Terminkarten fertiggestellt sind, wird er sämtliche Akkordscheine oder Arbeitsaufträge für alle Arbeitsgänge und die einzelnen Werkstätten ausschreiben. Diese Akkordscheine werden hinter der Terminkarte abgelegt und der erste mit einer Begleitkarte für das Stück in die erste Werkstatt gegeben. Es ist nun notwendig, daß dem Terminüberwacher wieder ein Signal gegeben wird, wann die betreffende Arbeit vollendet ist und in der Revision abgenommen wird. Dies ist auf die verschiedensten Arten möglich. Es kann bestimmt werden, daß der Akkordzettel nach Beendigung und Revision zunächst zur Terminkontrolle zurückläuft, bevor er zur Lohnabteilung zur Abrechnung gebracht wird. Der durchlaufende Akkordzettel bildet in diesem Falle das Signal, er muß auf der Terminkarte abquittiert werden und ein neuer Akkordzettel an die Werkstatt gehen, diesmal ohne Begleitkarte, weil die Begleitkarte beim Stück bleibt. Der Akkordzettel geht dann nach Austragung sofort zum Lohnbüro. Ist der Termin nicht eingehalten, so wird dies der Terminüberwachungsbeamte dadurch finden, daß er auf der betreffenden Terminkarte an dem bestimmten Datum die Abbuchung nicht vornehmen kann. Es ist dann notwendig, einen Erinnerungszettel, der bei der Terminkarte liegt, an den Meister zu schicken. Auf diesem Erinnerungszettel hat der Meister den Grund der Verspätung anzugeben und den neuen Fertigstellungstermin festzusetzen. Nach diesem neuen Termin ist die Gesamtterminkarte wenigstens in Blei abzuändern, soweit nicht angenommen werden darf, daß die nächsten Werkstätten das Versäumnis nachholen können. Die Terminkarte wird am besten mit Reitern versehen, die jedesmal an dem Termin stecken, an dem der nächste Akkordschein einlaufen muß, so daß man täglich eine Übersicht über die fehlenden Daten hat. Man wird aber hierbei jedoch keine Übersicht über den Stand des ganzen Arbeitsprogramms einer Serie erhalten können. Wenn man dies will, ist es geschickter, anstatt der Reiter die Terminkarte mit vorstehenden Ohren zu versehen. An jedem Ohr steht der betreffende Arbeitsgang vorgemerkt, z. B. Anfertigung der

Das Betriebsbüro. — Festsetzung und Überwachung der Termine. 631

Zeichnung, Materialeingang, schruppen, schlichten, schleifen usw. Wenn man dann sämtliche Terminkarten hintereinandersteckt und anstatt der Austragung der Akkordzettel einfach diejenigen Ohren der Karte abschneidet, welche die betreffenden Arbeitsgänge enthalten, die bereits erledigt sind, so hat man mit

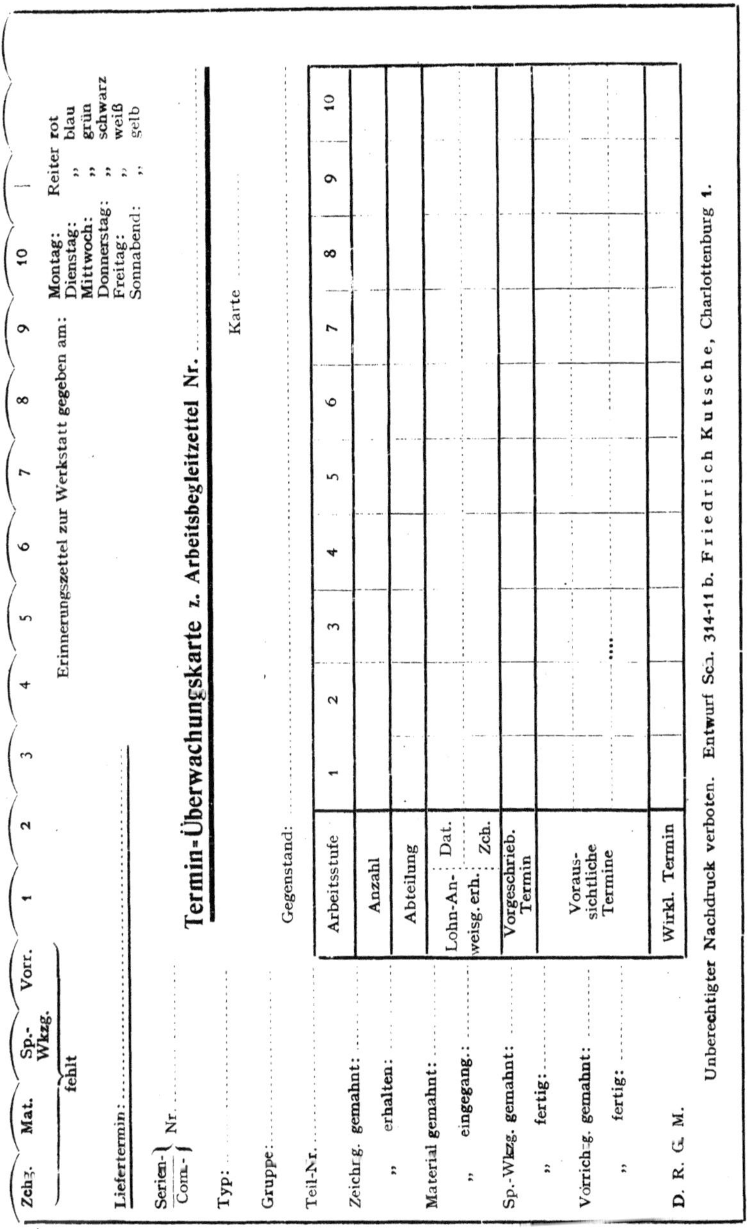

Fig. 173.

einem Blick auf den Kasten der Serie ein genaues Bild darüber, wie der gesamte Stand der Arbeiten in der betreffenden Serie ist. Man wird allerdings dann genötigt sein, die Karten ständig durchzublättern, um auf die überschrittenen Termine aufmerksam zu werden. Dieses ganze System gibt zwar von vornherein einen ungefähren Überblick über die Gesamttermine, legt aber nicht sämtliche Werkstätten auf bestimmte Termine fest, sondern läßt es in der Hand des Betriebsleiters und Terminüberwachungsbeamten, die Termine von sich aus zu verschieben, wenn irgendwelche Verzögerungen eintreten. Die ganze Art und Weise der Einrichtung ist also gewissermaßen noch weich.

Man kann nunmehr die Einrichtung noch so treffen, daß das System vollständig starr wird. Wenn man z. B. der Begleitkarte einen angelochten Anhänger für jeden Arbeitsvorgang gibt und eine zweite gleiche Karte für das Terminüberwachungsbüro ausschreibt. Jeder Anhänger trägt das von vornherein bestimmte Eingangsdatum. Die Begleitkarte bleibt beim Stück. Der Anhänger wird abgerissen, wenn die Teilarbeit fertig ist, und in eine Büchse beim Meister geworfen. Diese Anhänger werden täglich zur Terminüberwachungsstelle gebracht und dort mit den Anhängern an der Stammkarte verglichen. Hierdurch kann der Überwachungsbeamte jederzeit feststellen, ob ein Termin eingehalten ist. Er hätte also täglich die bei ihm lagernden Begleitkarten (für jedes Stück nur eine) durchzusehen und jeden fehlenden Abriß anzumahnen. Die Übersicht über die sämtlichen Arbeitsgänge in einer Serie ist hier nur durch Durchsicht aller einschlägigen Begleitkarten festzustellen. Auf die fehlenden Daten kann wieder durch Reiter aufmerksam gemacht werden. Der Nachteil einer solchen Anordnung ist, daß bei überschrittenem Termin sämtliche nachstehenden Termine und zwar auch auf der Begleitkarte in der Werkstatt geändert werden müssen. Man verwendet also diese Anordnung am besten nur dort, wo Terminverspätungen ganz ungewöhnlich sind oder wo man in der Lage ist, die Termine selbst soweit zu setzen, daß Verspätungen unter normalen Verhältnissen gar nicht zu erwarten sind.

Wie bestimmt man nun einen Termin überhaupt?

Es werde z. B. eine Serie von 6 Fräsmaschinen angenommen. Man kann folgendermaßen vorgehen: wenn die Werkstätten gegenseitig so bemessen sind, daß alle in einer Werkstatt zu erledigenden Aufträge von den anderen Werkstätten rechtzeitig mit den Zubehörteilen versehen werden können, so kann man den Termin nach der Leistungsfähigkeit der Montage-Kolonnen bemessen. Man hat z. B. zehn eingearbeitete Montage-Kolonnen zur Verfügung. Von diesen ist eine in der Lage, die 6 Fräsmaschinen innerhalb von 6 Wochen fertigzumontieren. Diese Kolonne ist noch bis zum 15. August beschäftigt. Man hat dann dafür zu sorgen, daß zum 15. August alle Zubehörteile für die 6 Fräsmaschinen im Zwischenlager für diese Kolonne bereit liegen und daß nach weiteren 6 Wochen die Zubehörteile für eine nächste Serie zur Verfügung stehen. In dieser Form kann man an Hand eines Kalenders über alle Montagekolonnen verfügen und weiß dann, welche Serien man an den einzelnen Daten zur Verfügung hat und für welche Zubehörteile die anderen Werkstätten zu bestimmten Terminen zu sorgen haben. Man kann sich so ein Jahresprogramm aufstellen und über seine Maschinen im Verkauf mit ziemlicher Sicherheit auf lange Zeit hinaus disponieren. Man könnte diese Art der Disposition als Zugsystem bezeichnen, da die betreffenden Kolonnen die Zubehörteile sozusagen von Termin zu Termin an sich heranziehen.

Man kann auch umgekehrt vorgehen, besonders dann, wenn die Leistungsfähigkeit der Montagekolonnen mit der der Bearbeitungswerkstätte der Einzelteile nicht genau abgewogen ist, oder wenn man der Ansicht ist, daß die Montagekolonnen beliebig verstärkt oder geschwächt werden können. In diesem Fall wird man von der Maschinenbesetzungstafel ausgehen und sehen, welche Menge von einzelnen Zubehörteilen man in den Werkstätten zu bestimmten Terminen fertigstellen kann. Diese Mengen sind so abzuwägen, daß sie stets geschlossene

Das Betriebsbüro. — Festsetzung und Überwachung der Termine. 633

Serien ergeben. Man sagt nun, die zugearbeiteten Einzelteile müssen auch in bestimmten Zeiträumen fertigmontiert werden. Man **schiebt** also sozusagen in diesem Falle die Montagekolonnen — Schubsystem. Es ist an sich gleichgültig, in welcher Art und Weise man die Leistungsfähigkeit feststellt und für die Versorgung der Werkstätten mit Arbeit einrichtet. Als Schlußergebnis wird sich immer zeigen, daß man bestimmte Mengen von Objekten an gewissen Terminen zur Verfügung hat. Es ist nun wichtig, daß die Verkaufsorganisation

Fig. 174.

Bestelltafel

Jahr ....

Termin	Auftr.-Nr.	Auftr.-Nr.	Auftr.-Nr.	Auftr.-Nr.	Auftr.-Nr.	Auftr.-Nr.	Auftr.-Nr.	Auftr.-Nr.	Auftr.-Nr.	Auftr.-Nr.	Auftr.-Nr.	Auftr.-Nr.
	Aufträge in Arbeit											
Januar												
Februar												
März usf. bis Dezbr.												
	Verkaufte Aufträge											
Januar												
Februar												
März usf. bis Dezbr.												

In jedem Fach ist ein Haken eingeschraubt, an dem die Karten angehängt werden können, hier an die Terminüberwachung angeschlossen wird. Allwöchentlich haben sämtliche Verkäufer vom Terminbureau eine Mitteilung zu erhalten: ,,Wir haben zur Verfügung von Typ N N 10 Maschinen am 1. August, weitere 10 Maschinen am 1. September, hiervon verkauft 8 Maschinen, verkäuflich am 1. August 2 Maschinen sofort, 10 Maschinen mit 4 Wochen Lieferzeit, weitere 10 Maschinen.." Hier ist der Termin der späteren Disposition einzusetzen. Jeder Verkäufer kann dann seinen Kunden gegenüber genaue Liefertermine angeben. Erleichtert wird eine Mitteilung an den Verkäufer noch dadurch, daß sich das Terminbüro sogenannte Bestelltafeln einrichtet. Diese Tafeln (Fig. 175) werden am besten in senkrechten Kolonnen, die einzelnen angefertigten Serien enthaltend, in wagerechten Kolonnen nach Zeit unterteilt. Man schreibt dann bestellte Serien, z. B. auf grüne Zettel und hängt diese auf den voraussichtlichen Fertigstellungstermin, bereits fertige Serien auf rote Zettel, und zwar erhält am besten jede einzelne Maschine einen besonderen Zettel. Der untere Teil der Tafel zeigt die bereits erfolgten Dispositionen. Wenn z. B. alle roten Zettel auf dem unteren Teil der Tafel hängen, so sind alle Lagermaschinen bereits verkauft. Wenn eine Maschine versandt wird, wird ihr Zettel von der Tafel entfernt. Wenn im Bau befindliche Maschinen bereits verkauft sind, so werden auch die grünen Zettel auf die untere Tafelhälfte gehängt. Man kann hierdurch sehen, über welche Menge von Maschinen man zu bestimmten Terminen verfügen kann. Es ist auch sehr einfach, daß man bei eiliger Disposition einen bereits weggehängten Zettel wieder umhängt und eine frühere Bestellung auf eine spätere Serie verlegt, ohne daß irgendwelche Schreibarbeiten dabei nötig werden. Wichtig ist dann allerdings, daß man in den Werkstätten die Kommissionsnummer nicht auf die einzelnen Maschinen, sondern auf das gesamte Los gibt.

Anlage und Einrichtung der Fabriken.

Baukonstruktionen.

Bearbeitet von Geh. Reg.-Rat Prof. W. Franz-Charlottenburg.

Der Bedarf gewerblicher Unternehmen an Bauwerken und baulichen Herrichtungen ist nach Betriebsart, Herstellungsverfahren und Örtlichkeit sehr verschieden. Unter den für die Rohstoffveredelung und Warenherstellung vorwiegend benutzten Gebäuden (Werkstätten, Lager u. a.) lassen sich drei Formen unterscheiden: Geschoßbauten (Hochbauten), Flachbauten und Hallenbauten. Ihre Elemente sind Wand, Stütze, Decke und Dach; die wichtigsten Baustoffe, aus denen sie hergestellt werden: Holz, Stein und Eisen. Besondere Bedeutung hat die Verwendung einer aus den beiden letztgenannten gebildeten Verbundkonstruktion, Eisenbeton.

I. Baustoffe.

a) Holz.

Bauholz: vorherrschend deutsche Kiefer (auch die weicheren Nadelhölzer Fichte und Tanne); gegen die übrigen Baustoffe im allgemeinen zurücktretend, für einige Zwecke jedoch vorwiegend verwendet — so z. B. in der Kaliindustrie zu Lagergebäuden für Rohsalz, in der chemischen Industrie, in Färbereien und überall da, wo Eisen unter der Einwirkung von Gasen, Dämpfen und Dünsten stark rostet und durch Anstriche nicht ausreichend geschützt werden kann (Vgl. Fig. 27, 28, 31 u. a.). Anwendungsgebiete für Rundholz sind Hilfskonstruktionen, Gerüste, Masten u. a.; für Schnittholz: Deckengebälke leicht belasteter Werkstätten und Lager (in letzteren auch Stützen aus Holz). Die Verwendung für Dachkonstruktionen hat unter der Eisennot der Kriegsjahre und nach Ausbildung neuer Formen zugenommen. Als Brett (Bohle, Diele) findet Nadelholz ausgedehnte Verwendung zu Fußbodenbelag und im inneren Ausbau. Wertvolle Eigenschaften sind leichte Bearbeitungsmöglichkeit und geringes Gewicht — Kiefer lufttrocken 600 bis 700 kg/m^3, Fichte und Tanne 550 bis 600. Geringe Festigkeit schließt die Verwendung in vielen Fällen aus. Zulässiger Zug (in astfreiem Holz parallel zur Faser) 100 bis 120 kg/cm^2; zulässiger Druck senkrecht zur Faser 60 bis 80 kg/cm^2. Schubfestigkeit parallel zur Faser gering. Der Verwendung von Holz sehr oft hinderlich ist seine Brennbarkeit. Schutz gegen Feuer durch Anstrich mit Wasserglas, besser mit Universal-Fix (U-Fix). Die Vergänglichkeit (durch Fäulnis und Schwamm) ist bei Verwendung von gesundem und gut behandeltem Holz nicht so groß, wie oft angenommen wird. Schutz durch Anstriche oder durch Tränkung mit Ölen und Salzen. Sicherung gegen Schwamm durch trockene Lagerung mit Luftwechsel.

b) Stein.

Natürlicher Stein: Granit, Druckfestigkeit je nach Herkunft 1000 kg/cm^2 und mehr; zulässig in Quadern höchstens $1/_{10}$. Kalkstein, 200 bis 1500 kg/cm^2; zulässig in Quadern und großen Werkstücken 25 kg, in Kalksteinmauerwerk mit Kalkmörtel (s. unten) 5 kg, mit Zementmörtel 12 kg. Sandstein, 200 bis 2000; zulässig bis etwa 30 kg.[1]) Gewinnung als Findling oder (häufiger) als Bruchstein. Wichtig Wetterbeständigkeit und Lagerhaftigkeit. Gewicht meist über 2000 kg/m^3. **Künstlicher** Stein: Ziegelstein, aus Ton, Lehm, gebrannt. Normalformat 25 · 12 · 6,5 cm — andere Maße selten. Gewicht 1500 bis 1800 kg/m^3. Druckfestigkeit des einzelnen Steines meist mehr als 100 kg/cm^2; zulässig nur etwa $1/_{10}$ (s. Ziegelmauerwerk).

Für besondere Ausführungen (Decken, Gewölbe, Schornsteine) Formsteine. Der gewöhnliche volle Ziegelstein als Mauerstein oder Hintermauerungsziegel bezeichnet — zum Unterschied von Verblendziegel. Herstellung des Formlings durch Maschinen: Maschinenstein; seltener von Hand in Formkasten (Handstrichstein). Brennen in ungedeckten Meilern zu Feldsteinen (ungleich gebrannt, unansehnlich, billiger) oder in Ringöfen, Ringofenstein. Außer den Vollsteinen werden leichtere poröse Steine gebrannt (Poren durch Abbrand von dem Rohstoff beigemengten brennbaren Stoffen, wie Sägespäne, Torf u. a.). Gewicht 1150 bis 1350 kg/m^3. Gewichtsminderung auch durch ausgesparte Höhlungen (Lochstein); Gewicht 1000 bis 1200 kg/m^3. Der Klinker, fest und dicht, entsteht durch Brennen von Formlingen aus guter Rohmasse bis zur Sintergrenze. Eisenklinker aus besonders gutem, eisenoxydhaltigem Lehm und Ton ist sehr fest, dicht und hart. Druckfestigkeit höher als 300 kg/cm^2.

Nicht durch Brennen hergestellte **künstliche** Mauersteine sind: Der Kalksandstein (auch Kalksandziegel genannt), aus Kalk und Sand gepreßter Formling in Ziegelsteinformat, der unter 7 bis 9 at Dampfdruck zu einem dem Ziegelstein gleichwertigen Mauerstein erhärtet. Druckfestigkeit mindestens 140 kg/cm^2.[2])

Der (rheinische) Schwemmstein, aus hydraulischem (s. unten) Kalk und Bimssand (Auswurf der Eifelvulkane in das Neuwieder Becken links und rechts des Rheins); handgeformt im Format 25 · 12 · 9,5 cm u. a. Gewinnung im Sommerbetrieb, Erhärtung an der Luft. Besondere Vorzüge sind geringes Gewicht (850 kg/m^3), Porosität (der Stein ist nagelbar), Isolierfähigkeit, Wärmehaltung und Schalldämpfung. Druckfestigkeit etwa 30 kg; zulässig nur 3 bis 4 kg.[3])

Der Schlackenstein: aus Kalk und granulierter Hochofenschlacke handgeformt, an der Luft erhärtet, schwerer als Ziegelstein, sonst mit ähnlichen Eigenschaften. Verwendung (wie beim Schwemmstein) auf die Landesteile in der Nähe der Hochofenwerke beschränkt.

Mauerwerk: eine mehr oder minder regelmäßige Schichtung von natürlichen und künstlichen Steinen, die durch Mörtel verkittet sind. Festigkeit durch die Art der Lagerung (Steinverband) und durch die Güte der Mörtelstoffe bedingt. Als Trockenmauerwerk wird eine Schichtung von natürlichen Steinen bezeichnet, deren Fugen und Hohlräume mit Erde, Moos u. a. ausgefüllt sind. Tragfähigkeit des letzteren gering.

Mörtel: Gemenge von Bindemittel (Kittmittel) und Sand, mit Wasser angemacht — füllt Zwischenräume zwischen den Steinen, gleicht Unebenheiten aus und erhärtet unter Verkittung der Steinmassen[4]). Wichtigste Bindemittel sind Kalk und Zement. Der erstere wird aus natürlichem Kalkstein durch Brennen zerkleinerter Stücke gewonnen. Ist der Rohstein frei von Beimengungen, so ergibt das in Wagenladungen käufliche Brenngut (der gebrannte Kalk) durch Löschen zu Kalkbrei und nachheriges Ablagern in einer Erdgrube (eingesumpft) den zum

---

[1]) Vgl. auch Hirschwald, Handbuch der bautechn. Gesteinsprüfung, Berlin 1912.
[2]) Näheres durch den Verein der Kalksandsteinfabriken, Berlin.
[3]) Näheres durch das Schwemmsteinsyndikat, Neuwied a, Rh.
[4]) Schoch, die Aufbereitung der Mörtelmaterialien, Berlin, Verlag der Tonindustriezeitung.

Gebrauch fertigen weißen Mörtelstoff **Weißkalk** (Fettkalk, Grubenkalk, Sumpfkalk) in teigigem Zustand. Aus 1 m³ gebranntem Kalk etwa 1,25 bis 1,5 m³ Kalkteig. Verschieden hiervon der aus einem tonhaltigen Stein gebrannte **Magerkalk** (Graukalk, Schwarzkalk), der nach dem Brennen entweder kleinstückig oder vermahlen zum Versand kommt in Säcken, Sackkalk,) und beim Löschen nicht oder nur wenig aufgeht.

Verwendung von Kalkteig oder Sackkalk im Verhältnis von 1 Raumteil desselben mit 2 bis 3 Raumteilen scharfen, sauberen Sandes zu Kalkmörtel. Ergiebigkeit: 4,2 hl Kalk und 0,84 m³ Sand = 1000 ltr Mörtel. Derselbe erhärtet in den Mauerwerksfugen durch Aufnahme von Kohlensäure der durch die Sandporen Zugang findenden Luft zu einem Karbonat. Der nur bei Luftzutritt, also unselbständig erhärtende Kalkteig-Sandmörtel heißt **Luftmörtel** im Gegensatz zu dem unten genannten, selbständig (also auch unter Luftabschluß, insbesondere unter Wasser) erhärtenden **hydraulischen Mörtel** (Wassermörtel). Mauern von mehr als 1 m Stärke werden bei Verwendung von Luftkalk im Innern nur sehr langsam (erst nach Jahren) fest; reiner Kalkmörtel deshalb für dicke Mauern unzweckmäßig und bedenklich. Beschleunigung der Erhärtung und Erhöhung der Druckfestigkeit durch Zusätze von **Traß** (s. unten) oder **Zement**. Kalkmörtel mit Zementzusatz wird als verlängerter Zementmörtel bezeichnet.

Zement wird im wesentlichen aus Kalk und kieselsäurehaltigem Ton hergestellt, deren Gemisch bis zur Sinterung gebrannt und deren Kieselsäure hierbei aufgeschlossen und bindefähig wird, sodaß sich bei der Verwendung als Mörtelstoff (nach Zusatz von Wasser) Kieselsäure-Kalkverbindungen (Silikate) bilden können, die eine rasche und weitgehende Erhärtung und Verkittung bewirken. Zement deshalb das wertvollste (aber auch teuerste) Bindemittel für Mörtel zu Mauerwerk mit großen Stärken, für Grundmauern und für Mauerwerkskörper, die schon vor ihrer vollständigen Erhärtung von Wasser bedeckt werden. Die bald nach der Mörtelherstellung einsetzende Abbindung (Erhärtung) kann durch Zusätze verlangsamt oder beschleunigt werden: langsam abbindender und rasch abbindender Mörtel. Zusatz von Alkalien, z. B. von Soda, beschleunigt die Abbindung. Da hierbei gleichzeitig Wärmeentwicklung eintritt, ist hiermit ein Mittel gegeben, das die Verwendung des Mörtels bei Frost bis etwa — 4° C ermöglicht. Erfindung der Zementherstellung in England um 1800. **Portlandzement** (so genannt nach der englischen Landschaft) ist eine Qualitätsbezeichnung[1]). Versand in Säcken oder Fässern (170 kg netto), kann trocken und zugfrei lange gelagert werden, ohne an Güte zu verlieren. Wichtige Forderung: Festigkeit und Raumbeständigkeit. Ein Mörtelgemisch von 1 Raumteil Zement und 3 Raumteilen Sand soll nach 28 Tagen eine Druckfestigkeit von 250 kg/cm² erreichen. Außer Portlandzement wird verwendet: **Eisenportlandzement** (aus sehr fein gemahlenem Kalkstein und Hochofenschlacke gebrannt, gemischt mit basischer Hochofenschlacke) und **Hochofenzement** (granulierte Hochofenschlacke, vermahlen mit gebrannten, zur Portlandfabrikation hergestellten Formlingen aus Ton und Kalk) — beide an Güte dem Portlandzement annähernd gleich. **Schlackenzement** (aus granulierter Hochofenschlacke und Kalkpulver) nicht gebrannt, minderwertig, aber bei geringerer Anforderung an Druckfestigkeit verwendbar.

Hydraulische (selbständig erhärtende) Mörtel lassen sich auch durch sogenannte **hydraulische Zuschläge** zum Luftkalkmörtel gewinnen. Hydraulische Zuschläge sind Stoffe, die bindefähige Kieselsäure enthalten, wie Hochofenschlacke und **Traß**.

---

[1]) Portlandzement ist ein hydraulisches Bindemittel mit nicht weniger als 1,7 Gewichtsteilen Kalk (CaO) auf 1 Teil lösliche Kieselsäure (SiO_2) plus Tonerde (Al_2O_3) plus Eisenoxyd (FeO_3) hergestellt durch feine Zerkleinerung und innige Mischung der Rohstoffe, Brennen bis mindestens zur Sinterung und Feinmahlen. Dem Portlandzement dürfen nicht mehr als 3 vH Zusätze zu besonderen Zwecken gegeben werden. Der Magnesiagehalt darf höchstens 5 vH, der Gehalt an SO_3 nicht mehr als 2,5 vH in geglühtem Portlandzement betragen. (Nach den „Normen für einheitliche Lieferung und Prüfung von Portlandzement, aufgestellt von dem Verein Deutscher Portlandzementfabrikanten".)

Traß ist erstarrte, trachitische Spaltlava (aus den Eifelvulkanen im Nettetal bei Andernach, Firma: Gerhard Herfeld in Plaidt bei Andernach a. Rh.). Traß wird auch im bayerischen Rieß, Kesseltal, (Bayer. Traßwerke A.-G., München) gewonnen. Ein Teil des hohen Gehaltes an Kieselsäure verursacht bei Mischung mit Kalk die Bildung von kieselsaurem Kalk. Traß ist kein **selbständig erhärtendes Bindemittel** und bei Lagerung, auch im Freien, unempfindlich wie Sand. Traß macht den Luftkalkmörtel nicht nur hydraulisch, sondern auch druckfester und dichter. Zementmörtel wird durch Traßzusatz ebenfalls dichter und dazu elastischer. Vorteilhafte Mischungen im Raumteilen:

1,5 Traß, 1 Kalkteig,   2,5 Sand: Druckfestigkeit nach 28 Tagen   80 kg/cm^2
0,6 Traß, 1 Portlandzement, 4 Sand: „   „ 28 „   290 kg/cm^2

Zweckmäßige Mischungsverhältnisse für die einzelne Verwendung wichtig.
Hydraulische Eigenschaften hat auch der oben erwähnte Ton enthaltende Kalk (hydraulischer Kalk).

Bruchsteinmauerwerk, Mindeststärke 30 cm. Steine auf die Fläche legen, auf der sie im Bruch (vor dem Ausbruch) lagen, nicht auf Spalt. Verwendung für Grundmauern (Fundamente s. unten), Futtermauern und Stützmauern (z. B. Ufermauern), auch für aufgehendes Mauerwerk, Umfassungsmauern und Innenmauern (selten). Bruchsteinmauerwerk im allgemeinen für Hochbauten ungeeignet. Verbrauch an lose aufgeschichteten Bruchsteinen das 1,3fache, Mörtelverbrauch $1/3$ des Raumgehaltes fertigen Mauerwerks. Für dicke Mauern und (bald nach Fertigstellung) von Luft abgeschlossene Mauerteile (z. B. Grundmauern unter der Erde) hydraulischer Mörtel zweckmäßig.

Ziegelmauerwerk aus guten Steinen für die meisten Zwecke bestes Mauerwerk. Nach Regeln geordnete Lagerung der Steine. Für besondere Fälle Einlage von Flacheisen zur Aufnahme von Zugspannungen. Zulässige Beanspruchung: mit Hintermauerungssteinen in Kalkmörtel bis 10 kg/cm^2 je nach Güte der Steine; in verlängertem Zementmörtel bis 12 kg; Klinker in Zementmörtel bis 20 kg. Erforderlich für 1 m^3 Mauerwerk 400 ganze Steine und 0,28 m^3 Mörtel. Gewicht in Klinkern und Schlackensteinen 1900 kg/m^3, in Hintermauerungssteinen und Kalksandsteinen 1800, in Schwemmsteinen 1000.

Beton, Betonmauerwerk, ist als Mauerwerk aus natürlichen Steinen (Kies, Schotter oder Kleinschlag — auch Brocken bester Ziegelsteine) zu bezeichnen, die in ganz unregelmäßiger Lagerung mit Mörtel verkittet sind, oder als Grobmörtel, der neben Grobkorn auch feinkörnigen Sand enthält. Meist wird als Bindemittel Portlandzement verwendet. Verwendbar aber auch Kalk mit Zuschlägen. Je nach der Stärke des herzustellenden Mauerwerks können auch Steine bis zu Kopfgröße in die Betonmasse eingebettet werden. Das Verhältnis von Bindemittel zu Sand und Kies (oder Steinschlag) bleibt etwa in den Grenzen 1 : 1 . 1, bis 1 : 6 : 12, abhängig von den zu fordernden Eigenschaften (Festigkeit, Dichtigkeit u. a.). Zur Erzielung genügender Güte müssen die 35 bis 40 vH großen Hohlräume zwischen den gröberen und großen Zuschlägen durch Mörtel (Kittmasse und Sand) ausgefüllt sein. Es geben in Raumteilen

1 Zement + 2 Sand + 4 Kies (oder Steinschlag) = rd. 4,4 Beton,
1   „   + 3   „   + 6   „   „   „   = „ 6,6   „
1   „   + 4   „   + 8   „   „   „   = „ 8,8   „
1   „   + 5   „   + 10   „   „   „   = „ 11,3   „

Über Zementverbrauch und die zu erzielende Druckfestigkeit gibt Zahlentafel 1 eine Übersicht.

Der Beton wird zwischen Lehren (Schalungen) mittels Stampfen (Stampfbeton) oder unter Wasser durch Schüttung mittels Schüttrichter (Schüttbeton) hergestellt. Stampfbeton dichter, fester und zuverlässiger als Schüttbeton. Verwendung für Grundmauern und Gründungen in Fundamentgruben, auch ohne besondere Schalung, für in die Erde einzubettende Baugebilde der verschiedensten

Art (Gerinne, Behälter, einzelne Fundamentkörper), sowie für aufgehendes Mauerwerk. Wo es auf größere Dichtigkeit ankommt und wo der Beton chemischen Einwirkungen von außen (z. B. durch Öl) ausgesetzt ist, empfiehlt sich Zusatz von Traß.

Zahlentafel 1.

Mittelguter Beton für Fundamente unter durchlaufenden Mauern und für Fundamentplatten.

Mischung in Raumteilen	kg Zement auf 1 m³	Druckfestigkeit nach 28 Tagen in kg/cm²
1 Zement, 15 Flußkies	100	40— 70
1 ,, 10 ,,	160	70—120
1 ,, 8 ,,	200	90—150
1 ,, 7 ,,	230	110—180
1 ,, 6 ,,	260	130—200
1 ,, 5 ,,	320	180—250
1 ,, 4 ,,	400	220—300

c) Eisen.

Bauwerks-Flußeisen; als Formeisen (und Stabeisen) umfassende Verwendung im Geschoßbau, Flachbau und Hallenbau zu Stützen, Trägerdecken und Dachbindern, im Bau von Gerüsten und Leitungsträgern und im Behälterbau. Verbundene Konstruktionen vorherrschend, aber auch großer Verbrauch von Vollwandträgern. (Über Lieferbedingungen der Walzwerke vgl. „Eisen im Hochbau", ein Taschenbuch mit Zeichnungen, Tabellen und Angaben über die Verwendung von Eisen im Hochbau, herausgegeben vom Stahlwerksverband zu Düsseldorf, Verlag Julius Springer.) Verwendbarkeit von Gußeisen nur noch zu Stützen. Vorzüge des Eisens sind neben großer Festigkeit (Gußeisen: zulässig Druckspannung 500 kg/cm²; Flußeisen: zulässige Zugspannung rd. 1200 kg/cm²). Gleichmäßigkeit des Gefüges, Zuverlässigkeit und Dauerhaftigkeit — letztere jedoch nur bei gutem Schutz gegen Rost. Im Feuer mit nicht zu großer Hitzeentwicklung steht Eisen gut, versagt aber oft überraschend in großer Glut (500° C). Wo die Gefahr erheblicher Erwärmung besteht, sind Ummantelungen der Eisenkonstruktionen erforderlich. Ausdehnung von Walzeisen bei Erwärmung um je 100° C etwa $1/_{840}$ der ursprünglichen Länge. Wo eiserne Unterzüge trotz Wärmeschutz (oder beim Versagen des letzteren) sich stark ausdehnen und das Mauerwerk ihrer Auflager (z. B. in Außenwänden) verdrücken können, sind besondere Maßnahmen erforderlich[1]). Über Eisenkonstruktionen im übrigen vgl. Geußen, Die Eisenkonstruktionen, ein Lehrbuch für Schule und Zeichentisch, Berlin 1918, Verlag Jul. Springer.

d) Eisenbeton.

Die in Frankreich schon in den 60er Jahren des vorigen Jahrhunderts bekanntgewordene Verwendung von Beton als Umhüllung von Eisengerippen durch Monier u. A. hat (seit den 80er Jahren) zur Ausbildung einer Bauweise geführt, bei der Eiseneinlagen geringen Querschnittes in die Betonmasse wesentlich größeren Querschnittes bewußt und mit der Absicht eingelegt wurden, Zug- und Schubbeanspruchungen dem Eisen zuzuleiten, während der Druck vom Beton aufgenommen wird. Eiseneinlagen also immer da, wo unter verschiedenen Laststellungen Zug und Schub auftreten kann. Die Verwendung von Eiseneinlagen zur Aufnahme von Druck nur in Ausnahmefällen. Betonmischung 1 : 3 bis 1 : 4. Haftvermögen von Eisen und Beton (im wesentlichen durch das Zusammenziehen des erhärtenden Beton und das dadurch bewirkte Einklemmen der Eisen verursacht) wird durch Unebenheiten der Eisenoberfläche durch Endhaken und

---

[1]) Hagn, Schutz von Eisenkonstruktionen im Feuer, Berlin 1904.

Abbiegungen der Eisen verstärkt. Wasserzusatz reichlicher, um die vollständige Einhüllung der Eiseneinlagen in der plastischen Masse sicherer zu erreichen, als dies bei Verwendung von erdfeuchter Masse möglich ist. Hartes Wasser besser als weiches brackiges. Moorwasser schädlich. Zur Sicherung gegen Rost muß die Eiseneinlage überall und dauernd durch eine mindestens 10 mm starke Betonschicht gedeckt sein. Zum Schutz gegen Feuer mit starker Glut ist eine Deckung von mindestens 2,5 cm erforderlich. Vgl.: Bestimmung für Ausführung von Bauwerken aus Beton und Eisenbeton vom 13. I. 1916. Verlag Ernst & Sohn. Berlin 1920.

Das Anwendungsgebiet der Eisenbetonbauweise ist unbegrenzt. Vorzüge: Große Anpassungsfähigkeit, Unempfindlichkeit, geringe Unterhaltungskosten. Von den Nachteilen ist starke Schallübertragung hervorzuheben. Änderungen, Umbauten, Beseitigung sind durch den monolithischen Charakter erschwert. Aufräumungsarbeiten nach Brandunfällen zeitraubend und teuer.

II. Bauelemente.

a) Grundmauern.

Zur Übertragung ihrer Last auf den Baugrund bedürfen alle Bauwerke und Bauwerksteile der Vermittlung eines besonderen Baukörpers, des Fundamentes, das meist ganz aus Mauerwerk hergestellt wird. Da die Tragfähigkeit des verwendbaren Baugrundes zwischen etwa 1 kg/cm² und 10 kg/cm² schwankt, die untersten belasteten Bauteile jedoch gewöhnlich über dieses Maß hinaus beansprucht werden müssen, so wird das Fundament entweder als eine absatzweise Vergrößerung der untersten Querschnittsfläche dieser Bauteile, Fig. 1, oder als eine unter dem ganzen Bauwerk durchgehende Platte, wie in Fig. 50, gebildet. Die Tragfähigkeit wächst im allgemeinen mit der Tiefe. Besondere Gründungsverfahren bei tiefliegendem, tragfähigen Baugrund[1]). Gründung von größter Bedeutung für die Standfestigkeit des Bauwerkes. Vorsicht in Hinsicht auf die Ungleichmäßigkeit des Baugrundes überall geboten. Zuverlässige Bodenuntersuchung lohnt immer. Absinken eines Bauwerkes (auch um einige cm) nicht so bedenklich und nachteilig, als ungleiche Sackungen infolge Nachgeben des Bodens an einzelnen Stellen.

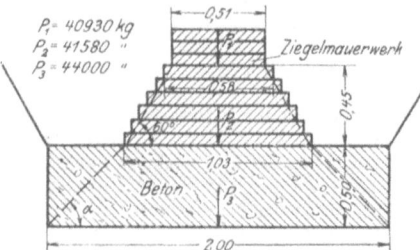

Fig. 1. Betonfundament unter einer Ziegelsteinmauer. Betonmischung 1:4 bis 1:15. Winkel $\alpha = 45°$.

Schutz gegen Erdfeuchtigkeit. Mit dem Erdboden in Berührung kommendes Mauerwerk saugt Erdfeuchtigkeit auf. Aufsteigen derselben sowie Eindringen von Flüssigkeiten anderer Herkunft ist an jedem gefährdetem Bauteil durch Isolierungen abzuwehren — am einfachsten durch Einlage von Isolierpappe in wagerechte Fugen und durch dichte Aufstriche auf senkrechte Mauerwerksflächen im Anschluß an eine wagerechte Isolierung. Isolierungen gegen Grundwasser (wenn der Bauteil, bzw. der Nutzraum in Grundwasser eingesenkt bleibt) nur unter großer Sorgfalt möglich — gewöhnlich Herstellung von wasserfreier Baugrube erforderlich; auch durch Grundwassersenkung[2]).

---

[1]) Vgl. Brennecke, Der Grundbau, Berlin 1906.
[2]) Vgl. Prinz, Handbuch der Hydrologie, Berlin 1919. Kress, Der heutige Stand des Grundwasserhaltungsverfahrens. Mitt. a. d. Gesellsch. Siemens und Halske, Siemens-Schuckertwerke 1914.

b) Die Wand.

Außenwand und tragende (belastete) Innenwand, meist aus Ziegelmauerwerk, Fig. 2. Erfahrungsregeln für die Wandstärken: Durch Decken belastete Umfassungswände im obersten Geschoß (unter dem Dachgeschoß) 38 cm ($1^1/_2$ Stein), in den darunter folgenden Geschossen 38 cm, 51 cm, 51 cm, 64 cm, 77 cm — vorausgesetzt, daß die Wandöffnungen (Fenster) nur mäßig groß und die Innenräume keine größeren Abmessungen als 9 m Länge, 6 m Tiefe und 4 m Höhe haben, daß also die Außenwand durch Zwischenwände gut versteift ist. Bei größeren Öffnungen und wenigen Versteifungen (wie im Werkstättenbau und im Lagerhausbau) ist die Verstärkung um $1/_2$ Stein in jedem folgenden Geschoß erforderlich. Muß die Umfassungswand in schmale Pfeiler und Fensterflächen größter Breite aufgelöst werden (siehe Geschoßbauten Fig. 46—49 u. a.), erhalten die ersteren meist viel größere Stärke. Die belastete Mittelmauer ist in den drei obersten Ge-

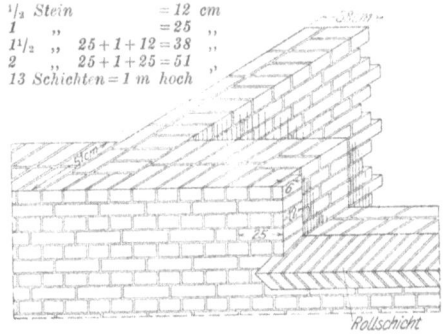

$1/_2$ Stein $= 12$ cm
$1\ \ \ ,,\ \ \ \ \ \ \ \ \ \ \ = 25\ \ ,,$
$1^1/_2\ \ ,,\ \ \ \ 25+1+12 = 38\ \ ,,$
$2\ \ \ ,,\ \ \ \ 25+1+25 = 51\ \ ,,$
$13\ Schichten = 1\ m\ hoch$

Fig. 2. Ziegelmauerwerk (in Kreuzverband); Umfassungsmauer mit Fensteröffnung. Geneigte Rollschicht als Sohlbank.

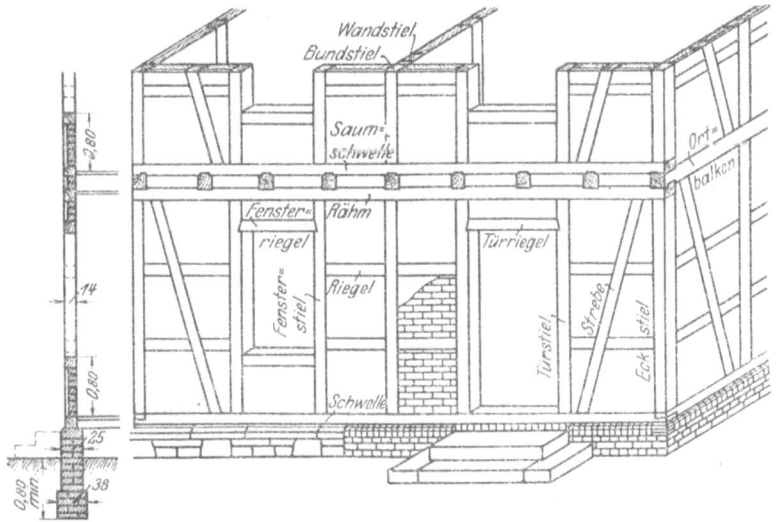

Fig. 3. Holzfachwerk mit $1/_2$ Stein starker Ausmauerung, auf Sockelmauerwerk (Bruchsteinmauer oder Ziegelmauer mit Rollschicht).

schossen je 38 cm stark, darunter 51 cm, 51 cm, 64 cm; eine zweite, der tragenden in kleinem Abstand (Flurbreite) parallele Mittelwand kann schwächer sein. Innere Treppen(haus)wände von Werkstätten und Lagern erhalten in den drei obersten Geschossen (und wenn die Treppe in das Dachgeschoß führt, auch hier)

Dubbel, Betriebstaschenbuch.

25 cm Stärke, darunter 38 cm, 38 cm, 51 cm. Die zur Versteifung nötigen Wände müssen mindestens 25 cm stark sein. Trennwände in Räumen von weniger als 4 m Höhe und 6 m Tiefe können in 4 Geschossen übereinander 12 cm stark sein, wenn sie in jedem Gebälk gegen Ausbiegung geschützt sind.

Die **Holzfachwerkwand** aus einem Gerippe von senkrechten Stielen, Stäben, wagrechten Schwellen, Riegeln (Hölzer von 12/12 cm), deren Gefache mit $^1/_2$ Stein starkem Ziegelmauerwerk ausgemauert werden, läßt sich als Teilwand (auch tragend) gut verwenden (Fig. 3). Als Außenwand für Dauer- und Behelfsbauten genügt sie nur bescheidenen Ansprüchen an Wärmehaltung und Trockenheit. Schwelle untermauert; zum Schutz gegen Erdfeuchtigkeit und Tropfwasser mindestens 20 cm über Boden legen.

Tragfähiger und haltbarer ist die **Eisenfachwerkwand** mit Walzeisen, häufig auch als vorläufige Abschlußwand großer Hallen (vgl. Fig. 90). Sie ist auch gut verwendbar, wo massive Steinwände durch starke Bodenerschütterung rissig werden, z. B. als Umfassung von Schmieden mit Hammerbetrieb. Leichte innere Trennwände werden aus Gipsdielen, Brettholz, Bimsdielen (Bimskies, Neuwied) und anderen plattenförmigen Gebilden (bei größeren Längen und Höhen mit Versteifungen durch Holzstiele oder Walzeisen) oder aus verspanntem Maschenwerk mit Mörtelbewurf hergestellt. Letztere auch freitragend, d. h. ihre Unterlage nicht belastend, seitlich oder von oben angehängt. Durch senkrechte und wagerechte Eiseneinlagen nach Fig. 4 kann auch eine Ziegelsteinwand mit hochkant gestellten Steinen (also 6,5 cm stark) freitragend werden. Die rasche Herstellung (und Beseitigung) von Leichtwänden ist überall da von Bedeutung, wo infolge von Betriebsänderungen häufigere Änderungen der Raumgrößen nötig werden. (Vgl. auch unten Innerer Ausbau.)

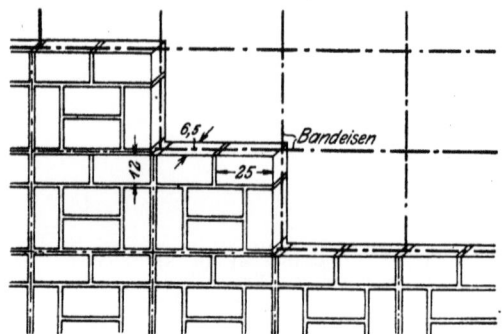

Fig. 4. Leichte (freitragende) Wand nach Prüß: hochkantig gestellte Ziegelsteine mit Bandeiseneinlagen.

c) Die Stütze.

Ein Bauelement in senkrechter Stellung, meist bestehend aus einem Schaft kleineren Querschnittes (mit Fuß und Kopf), beansprucht auf Druck und Knickung, wird sowohl in Mauerwerk (und als Monolith), wie in Holz, Eisen und Eisenbeton ausgeführt.

Die gemauerte Stütze in rechteckigem Querschnitt als **Mauerwerkspfeiler**, in rundem als **Säule** bezeichnet, bedingt besten Stein und Zementmörtel für Druckbeanspruchungen zwischen 10 und 20 kg/cm^2 und eine größere Querschnittsfläche, so daß bei zentrischer Last Biegungen ausgeschlossen sind; die Fensterpfeiler der Geschoßbauten (s. unten Fig. 52, 53 u. a.) haben den Charakter solcher Steinstützen; auch die Pfeiler unter den Mittelstützen.

Holzstütze. Schaft bestehend aus einem einzelnen Vierkantholz gleichbleibenden Querschnittes (oder aus einer Mehrzahl solcher); darüber mit Kopfbändern (und Sattelholz) ein die Last übertragender horizontaler Unterzug. Steht Stütze über Stütze (z. B. in Geschoßbauten), so ist es nicht zweckmäßig, die obere Stütze auf den auf der unteren Stütze aufruhenden Unterzug zu stellen (weil Hirnholz in Langholz sackt); besser, man bildet den Schaft aus zwei Hölzern oder mehr und läßt in dem Stützenzug jeweils mindestens ein Holz ungestoßen über den Kreuzungspunkt (durch zwei Stockwerke) durchgehen. Der Unterzug (auch in zwei Hälften zerlegt) wird sekundär angegliedert (Fig. 5 u. 6). Als Sicherung gegen Feuer kann die Holzstütze mit Mörtelputz auf Drahtmaschen umhüllt werden (für die Erhaltung gesunden Holzes wegen der Luftabsperrung nicht günstig). Empfehlenswert ist, den Querschnitt allseits um etwa 2 cm stärker zu bemessen, als nach Rechnung nötig; die im Feuer sich bildende Kohlenkruste (aus dem Holzüberschuß) hält raschen Verfall auf.

Gußeiserne Stütze. Schaft meist als Hohlzylinder von 10 bis 40 cm äußerem (gleichbleibendem) Drm); die Wandstärke (von etwa $^1/_{10}$ des Durchmessers) soll

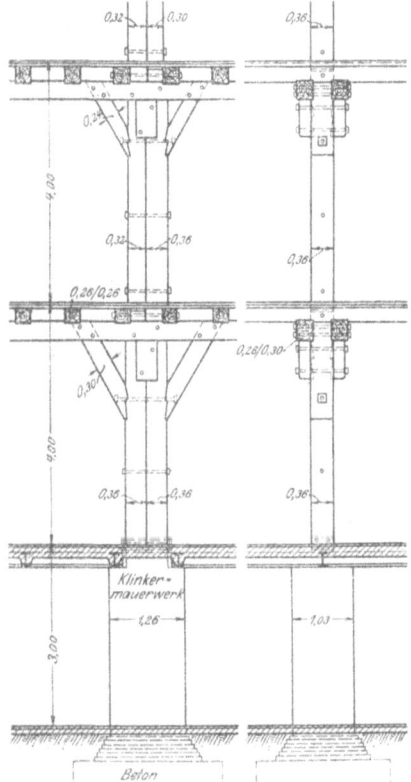

Fig. 5. Holzstütze. Schaft zweiteilig: geteilter Unterzug auf Knaggen gelagert.

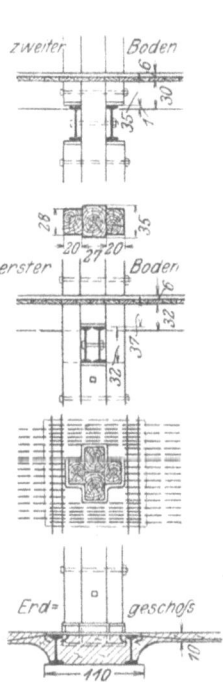

Fig. 6. Holzstütze. Schaft aus mehreren Hölzern (Bündelstütze). Unterzug aus Walzeisen.

überall gleich sein. Prüfung durch Anbohrung. Größte Längen etwa 6 m und nur in der Höhe eines Geschosses. Die darüberstehende Stütze greift muffenartig über das abgedrehte Kopfende der unteren (Fig. 7 u. 8). Die auf angegossenen Konsolen aufzunehmenden Unterzüge und Deckenträger sind möglichst nahe an den Schaft heranzuführen. Zuganker und Laschen der Unterzüge entweder um den Stützenschaft herum oder durch ihn hindurchgeführt. Die Befestigung von Anhängen, z. B. von Transmissionslagern an Gußstützen, muß in der Gußform vorgesehen sein; sonst nur durch Umlegen von Bändern möglich (mangelhaft). Schutz gegen Feuer s. oben. Verwendung von gußeisernen Stützen wirtschaftlich nur,

644 Baukonstruktionen.

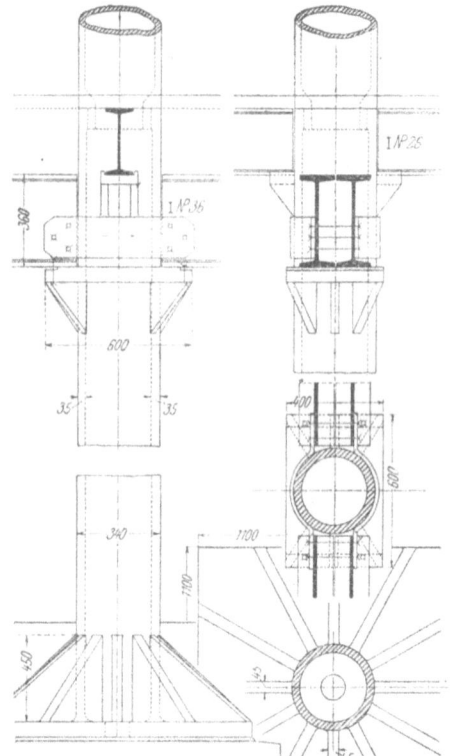

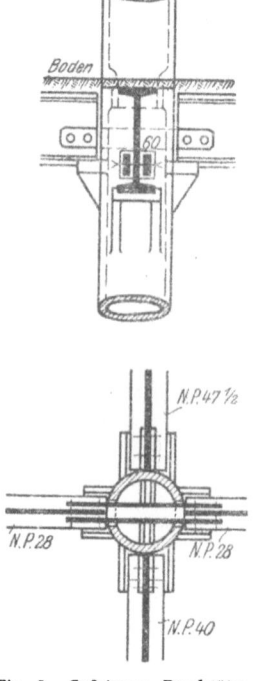

Fig. 7. Gußeiserne Rundstütze zur Aufnahme von 2 Unterzügen INP 36 und 2 Deckenträgern INP 26. Zuglaschen um den Schaft gelegt. Deckenträger in Höhe des Unterzugoberflansches.

Fig. 8. Gußeiserne Rundstütze für 2 Unterzüge I N. P. 47½ und I N.P. 40, sowie für 2 Deckenträger I N. P. 26. Oberflansch der letzteren in Höhe Oberflansch der ersteren. Zuglaschen gehen durch den Stützenschaft.

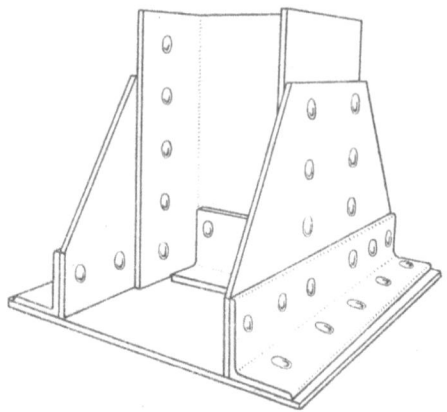

Fig. 9. Stützenfuß. Der hier aus einem einzigen (breitflanschigen) I-Eisen gebildete Schaft ist mittels trapezförmigen Blechs und Winkeln mit einer rechteckigen Fußplatte versteift. Rechts Ankerloch in der Fußplatte.

wenn eine größere Anzahl gleicher Form benötigt wird. Zweckmäßiger im allgemeinen ist die **Schmiedeeiserne Stütze.**

Am einfachsten wird der Schaft aus einem einzelnen Walzeisen (am besten breitflanschiges I) hergestellt, wie in Fig. 66—70; hier ist das Fußende mit Winkelbesäumung (ohne Fußplatte) auf einem Werkstein frei aufgestellt und in der Fundamentgrube mit Beton umstampft. Meist wird der Fuß nach Fig. 9 gebildet. Häufige Form für den Schaft aus 2 U-Eisen nach Fig. 10. Zahlreiche Möglichkeiten der Verwendung von zwei (und mehr) Eisen zur Schaftbildung nach Fig. 11. Die Einzelprofile der mehrteiligen Stützen werden in bestimmten Abständen durch Bleche (Lamellen) zwischen den Eisen oder außen auf den Flanschen oder aber durch wagerechte und diagonale Flach- und Winkeleisen (auch Gitterwerk) zu einer Einheit verbunden. Abstände höchstens so groß, daß das freie Einzelprofil die ihm zukommende Last ohne Knickgefahr tragen kann. Kopfbildung nach Fig. 12. Bei Stützen, die durch mehrere Geschosse hindurchgehen, erfolgt die Aufnahme von Unterzügen und Deckenträgern entweder durch angenietete Winkelkonsolen auf der Außenseite des Schafts und seitliche Winkellaschen, wie in Fig. 13, oder durch Einlagerung zwischen den Schaftteilen, wie in Fig. 14 u. 15, oder durch Konsolen, die mit Hilfe eingeschobener Tragbleche, wie in Fig. 16, geschaffen werden.

Das in einem Geschoß erforderliche Schaftprofil wird gewöhnlich nur auf die Höhe von einem oder zwei Geschossen beibehalten; je nach Form, Zahl und Größe der verwendeten Profile kann der Stoß dann nach Fig. 16 oder nach Fig. 17 gebildet werden. Die letztere Form (Abschluß der unteren Stütze durch Kopfplatte, auf der die Fußplatte der oberen verschraubt wird) ist für alle Querschnittsprofile passend. In einzelnen Fällen läßt sich unter Beibehaltung gleicher Grundform der für die oberste Stütze erforderlichen Profile eine Verstärkung nach unten durch Vergrößerung des Querschnittes (und Vergrößerung des Trägheitsmomentes) erreichen (Fig. 18).

Häufig müssen die Stützen Kranschienen aufnehmen (vgl. unten, Hallenbauten). Querschnittsbeispiele für vereinigte Kran- und Dachstützen in Fig. 19 u. 20,

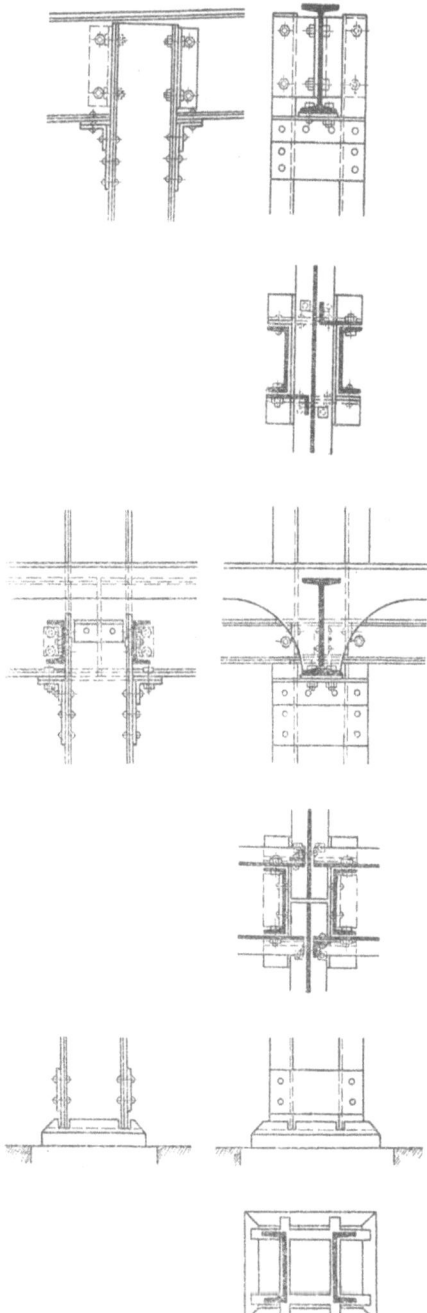

Fig. 10. Stütze aus 2 U-Eisen, auf Grundplatte frei aufstehend.

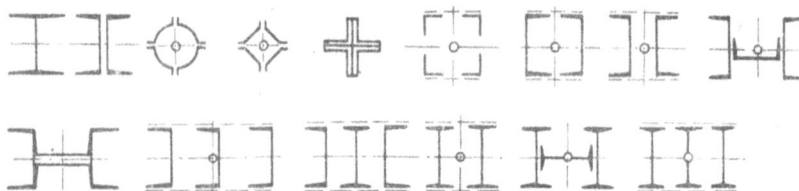

Fig. 11. Schaftformen von Stützen in Geschoßbauten.

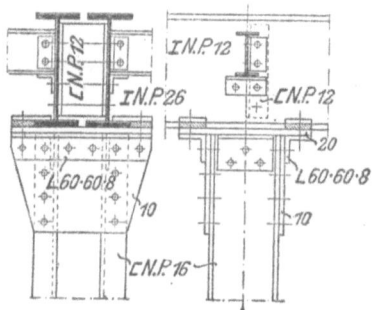

Fig. 12. Stützenkopf für die Auflagerung von zwei I N.P. 26. Kopfplatte, Trapezblech und Besäumungswinkel. Aus Kersten: „Der Eisenhochbau" 1915 S. 129 Abb. 297. Ernst & Sohn, Berlin.

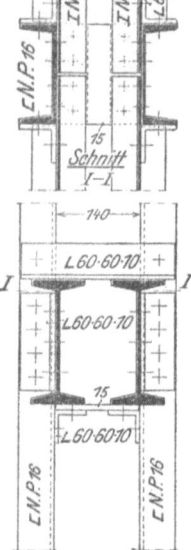

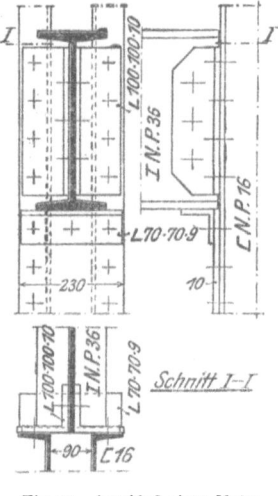

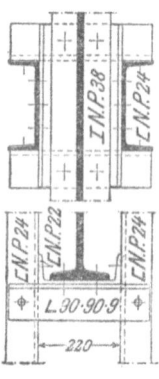

Fig. 13. Anschluß eines Unterzuges I N.P. 36 an einen Stützenschaft aus 2 U-Eisen mittels Winkelkonsolen und Winkellaschen. Flansch des Unterzuges größer als der Abstand der Schaftteile. Aus Kersten: „Der Eisenhochbau" 1915 S. 128, Abb. 284. Ernst & Sohn, Berlin.

Fig. 14. Stützenschaft aus 2 U-Eisen, zwischen die ein Unterzug I N. P. 38 eingeschoben werden kann. Aus Kersten: „Der Eisenhochbau" 1915, S. 128, Abb. 290. Ernst & Sohn, Berlin.

Fig. 15. Von den zwischen den U-Eisen aufzunehmenden 2 I-Eisen sind Flanschteile abgearbeitet; ihre Stege sind mit den U-Eisen vernietet. Auflagerung der bleibenden Unterflansche auf Winkeln mit Blechüberlage. Aus Kersten: „Der Eisenhochbau" 1915 S. 128, Abb. 287. Ernst & Sohn, Berlin.

Bauelemente. — Die Stütze.

Vorzüge der schmiedeeisernen Stütze sind große Anpassungsfähigkeit und Möglichkeit, jederzeit Anhänge zu befestigen.

Die **Stützen in Eisenbeton** sind prismatische (quadratisch, vieleckig — auch dreieckig) oder zylindrische. Betonkörper mit eingebetteten Senkrechteisen, welch letztere durch wagerechte Bügel umfaßt sind. Statt der Bügel auch schraubenförmige Drahtverschnürung. Auf gewachsenem Boden wird der Druck durch einen in ihrer Unterfaser eisenbewehrte rechteckige oder vieleckige Betonplatte übertragen, die als umgekehrtes in das untere Stützenende eingespanntes Konsol wirkt. Die Senkrechteisen reichen in die Fundamentplatte hinein; unteres Ende umgebogen oder stumpf auf einem Flacheisenrost stehend. Keine besondere Kopfausbildung; Übergang der Stützeneisen in die aufliegenden wagrechten Bauglieder oder in die darüberstehende (meist schwächere) Stütze gleicher Querschnittform (vgl. Fig. 50).

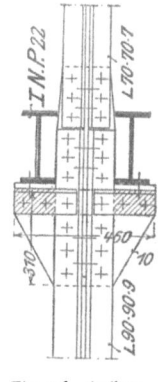

Fig. 16. Auflagerung der Unterzüge seitlich des Stützenschaftes auf Konsolen. Schaft aus 4 kreuzweise angeordneten Winkeleisen zusammengesetzt. Die 4 kleineren Profile des Obergeschosses sind unter Vermittlung der Einlagebleche unmittelbar auf die größeren des Untergeschosses gestellt.

Aus Kersten: „Der Eisenhochbau" 1915 S. 128, Abb. 285. Ernst & Sohn, Berlin.

d) Die Decke.

Verwendet werden Holzbalken (mit und ohne Zwischendecke), Eisengebälk mit zahlreichen Formen der Zwischendecke) sowie Eisenbetonkonstruktionen. Von Wohnungen, kleinen Verwaltungsgebäuden und gering belasteten Lagern abgesehen (für welche die Holzdecken trotz Brennbarkeit und Durchlässigkeit genügen), ist für die meisten Gebäude die Massivdecke schon ihrer größeren Tragfähigkeit wegen geboten. Sie wird ausgeführt für Lasten bis zu etwa 5000 kg/m². Die Nutzlast in den meisten gewerblichen Arbeitsräumen beträgt etwa 500 bis 2500 kg/m², das Eigengewicht 250 bis 300 kg/m². Die Gesamtlast (Eigengewicht plus Nutzlast) also etwa 750 bis 2800 kg/m². Die Baupolizei verlangt Nachweis für den Einzelfall. Für die Wahl der Konstruktion sind bestimmend außer den Kosten: Tragfähigkeit, Feuersicherheit, Möglichkeit der Befestigung von Anhängen, nachträgliche Ausführung von Durchbrüchen (z. B. für Fallrohrleitungen und Elevatoren), Aussehen von unten, Befestigung des Fußbodenbelages, Schallsicherheit, Dämpfung von Schwingungen u. a.

Unter den mehr als 100 Einzel-

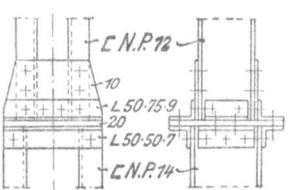

Fig. 17. Stoßbildung. Die untere Stütze durch Kopfplatte abgeschlossen. Auf letzterer setzt sich die obere Stütze mit Fußplatte auf. Der Querschnitt der oberen unabhängig von dem der unteren. Aus Kersten: „Der Eisenhochbau" 1915 S. 124, Abb. 279. Ernst & Sohn, Berlin.

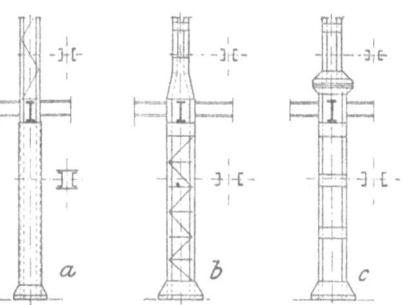

Fig. 18. Übergang der Schaftform zweier Geschosse. a) Verstärkung des gleichbleibenden Schaftes durch Aufnieten durchgehender Bleche im Untergeschoß. b) Verstärkung der aus gleichen Walzprofilen gebildeten Stütze durch größeren Abstand der Schaftteile im Untergeschoß. c) Stoßbildung nach Fig. 17. Aus Kersten: „Der Eisenhochbau" 1915 S. 124, Abb. 281. Ernst & Sohn, Berlin.

Fig. 19. Schaftformen von Stützen in Hallenbauten.

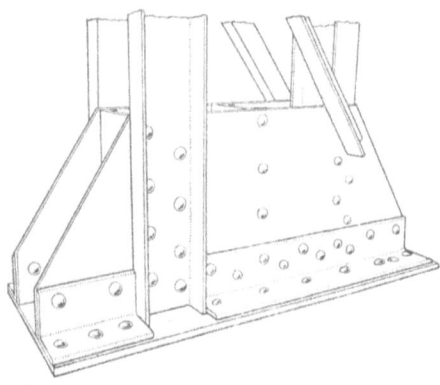

Fig. 20. Fuß einer Hallenstütze für Dach (2 U-Eisen) und Kranbahn (I-Eisen).

formen der Zwischendecken zwischen I-Trägern lassen sich unterscheiden: solche ohne Eiseneinlage von denen mit Eiseneinlagen und weiter solche mit unebenen (gewölbte bzw. gestelzte Kappen) von denen mit ebener Untersicht. In Fig. 21 a bis f sind einige der gebräuchlichsten Konstruktionen wiedergegeben. Der Kiesbeton in Fig. 21 a kann für kleinere Spannweiten und geringe Lasten durch Leichtbeton mit zulässiger Druckbeanspruchung von 5 kg (Schlacken, Bimskies) ersetzt werden.

Belastungen nach folgenden Zahlentafeln 2 bis 4[1]).

Zahlentafel 2.
Leichtbeton, 5 kg/cm² zulässiger Druck.

Gewölbe-stärke im Scheitel	Maximale Spannweiten in Metern bei Gesamtlasten (Eigengewicht plus Nutzlast in kg/m²)					
	500	600	700	800	900	1000
10 cm	2,10	1,84	1,68	1,58	1,49	1,42
12 cm	2,18	2,00	1,85	1,73	1,63	1,55
15 cm	2,74	2,50	2,32	2,18	2,04	1,94

Zahlentafel 3.
Kiesbeton, 15 kg/cm² zulässiger Druck.

Gewölbe-stärke im Scheitel	Maximale Spannweiten in Metern bei Gesamtlasten (Eigengewicht plus Nutzlast) in kg/m²						
	750	850	1000	1250	1500	1750	2000
10 cm	2,83	2,66	2,54	2,20	2,00	1,85	1,73
12 cm	—	2,91	2,68	2,40	2,19	2,03	1,90
15 cm	—	—	3,35	3,00	2,75	2,54	2,07

Zahlentafel 4.
Normalvollziegel, zulässiger Druck 12 kg/cm².

Stein-stärke	Maximale Spannweiten in Metern bei Gesamtlasten (Eigengewicht plus Nutzlast) in kg/qm.					
	750	1000	1500	2000	2500	3000
½ Stein 12 cm	2,76	2,40	1,93	1,70	—	—
1 Stein 25 cm	—	—	2,84	2,45	2,19	2,00

[1]) Aus „Eisen im Hochbau", Taschenbuch, herausgeg. vom Stahlwerksverband, Berlin 1920.

Zur Ausführung nach Fig. 21 b werden sowohl Vollsteine in Normalformat (und zwar $^1/_2$ Stein starke und 1 Stein starke Kappe), als auch Hohlsteine, Schwemmsteine u. a. verwendet.

Gewölbte Kappen, 1 Stein stark, sind bis 4 m Spannweite ausgeführt worden, vgl. Fig. 49. Für die Belastungen der Konstruktionen Fig. 21 e bis f, vgl. „Hütte", ferner „Eisen im Hochbau"; Siebert, „Bautechnische Regeln und Grundsätze"; Förster, „Taschenbuch für Bauingenieure". Amtliche Bestimmungen über die Berechnung von Decken mit Eiseneinlagen durch die Baupolizeibehörden; desgleichen für Eisenbetonkonstruktionen.

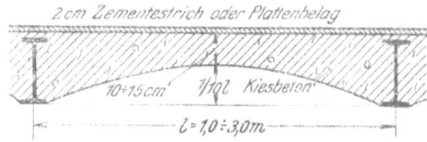

a) Kiesbetonkappe mit gewölbter Untersicht.

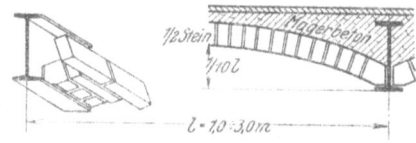

b) Preußische Kappe in Ziegel.

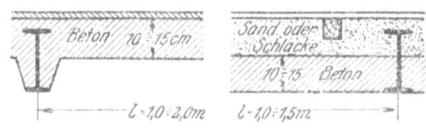

c) Links: gestelzte Betonkappe, rechts: ebene Betonplatte auf Unterflansch.

e) Das Dach.

Von seinen zwei Hauptteilen, dem Dachgerüst (Dachstuhl) und der Dachdeckung (Dachhaut), soll das erstere tragfähig, die letztere wetterdicht sein. Viele Dachformen. Häufig: das Satteldach mit ebenen, gebrochenen oder gebogenen Flächen und das Sheddach (Sägeshed und Laternenshed); seltener Pultdach, Kuppeldach u. a.

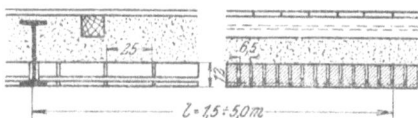

d) Kleinesche ebene Kappe auf Unterflansch; hochkantig gestellte Flacheiseneinlagen in jeder (oder in jeder zweiten) von Flansch zu Flansch durchlaufenden Fuge.

Dachgerüst: aus a) Holz, b) Eisen, c) Eisenbeton.

a) Der Dachstuhl wird über einer Balkenlage abgestützt (stehend oder liegend) oder zwischen Umfassungswänden (und Mittelstützen) frei gespannt. In Fig. 22 liegen die Sparren auf Pfetten, Pfettendach. Die Pfetten sind von Stielen getragen und diese gemeinsam mit einem Sparrenpaar durch eine zugaufnehmende Zange (Doppelholz) gefaßt. Die Zange ist unentbehrlicher Teil der Konstruktion. Der Stuhl (Binder)

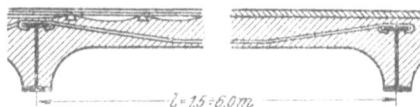

e) Links: gestelzte Kleinesche Platte, rechts: Kleinesche Platte auf angenieteten Winkeleisen; der untere Teil des Deckenträgers bleibt frei. Erleichterung der Befestigung von Anhängen.

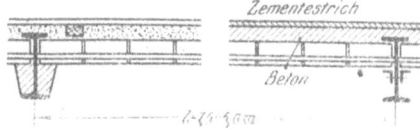

f) Voutenplatte nach Koenen.

Fig. 21 a—f. Trägerdecken.

wiederholt sich in Abständen von 3 bis 5 m. Durch Heben der Fußpfette nach Fig. 23 entsteht das Dach mit Drempel. Entwurf: Man zeichne Querschnitt mit Sparrenpaar und trage die Pfetten so ein, daß Sparren nicht mehr als 4,50 m frei liegen und nicht mehr als 2,50 m überragen. Eine notwendige Firstpfette wird nach Fig. 24 unterstützt.

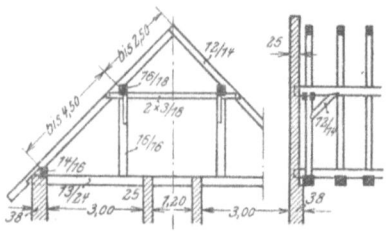

Fig. 22. Einfacher Binder für ein Satteldach mit ebenen Flächen; die Sparren liegen auf zwei Mittelpfetten (Pfettendach), die Pfetten auf Stielen. Letztere stehen auf einzelnen Balken des obersten Deckengebälkes.

Fehlt ein Gebälk, auf dem Stiele und Streben aufstehen können, so muß das Dachgerüst freigespannt werden — in älterer Art unter Verwendung von Hänge- und Sprengwerken nach Fig. 25 u. 26 oder mit neueren Formen. Die letzteren sind den Eisenkonstruktionen (s. d.) nachgebildet. Fachwerke oder Vollwandgebilde. Beispiele: 1. Der Stephanbinder (Stephandachges. m. b. H., Düsseldorf), Fig. 27 u. 28, ist ein elastischer Bogen mit parallelen, aus mehreren Bohlenhölzern gebildeten Gurten (dazwischen hölzerne Diagonalstäbe) für Spannweiten bis zu 30 m. 2. Ausführungen der Deutschen Holzbauwerke Carl Tuchscherer A.-G., Ohlau in Schlesien. Fig. 29; 3. Ausführungen der Firma Adolf Sommerfeld, Berlin, Fig. 30. Andere Holzbaufirmen mit Sonderkonstruktionen sind: Arthur Müller, Bauten und Industriewerke (Ambi), Berlin-Johannistal, Meltzer in Darmstadt, Karl Kübler in Stuttgart, Christoph & Unmak A.-G. in Niesky, Schlesien. Die Konstruktionen unterscheiden sich in der Gestaltung der Knotenpunkte und in der Verwendung von besonderen Verbindungsmitteln. Unter den vollwandigen Dachbindern sind die der Otto Hetzer A.-G., Weimar, zu nennen. Sie werden aus mehreren für Zug und Druck besonders ausgesuchten Hölzern hergestellt, die durch wetterfesten Kitt verbunden sind (Fig. 31).

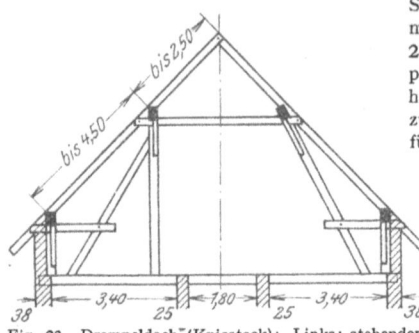

Fig. 23. Drempeldach (Kniestock): Links: stehender Stuhl; rechts: liegender Stuhl.

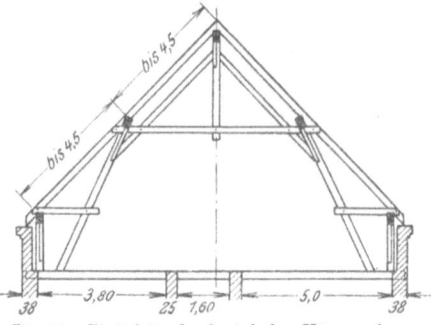

Fig. 24. Firstpfette durch einfaches Hängewerk getragen; das Zugorgan des Hängewerkes ist durch die beiden Zangenhölzer des darunterliegenden Stuhls ersetzt.

Die für Flachbauten wichtigste Form ist das Sägesheddach nach Fig. 32 u. 33 (Sägeshedbinder für kleine Spannweiten bis 9 m. Vgl. auch unten, Flachbauten.

Bauelemente. — Das Dach. 651

d) Eisen. Grundform für Fachwerkbinder nach Fig. 34. Fig. 35 zeigt den einfachsten Vollwandbinder aus einem Walzeisen z. B. I N. P. 38 für Spannweiten bis etwa 14 m. Entwurf der Fachwerkbinder: Wahl von Neigung und Form des Obergurtes (eben, gebrochen, gebogen) Bestimmung der Knotenpunkte auf dem

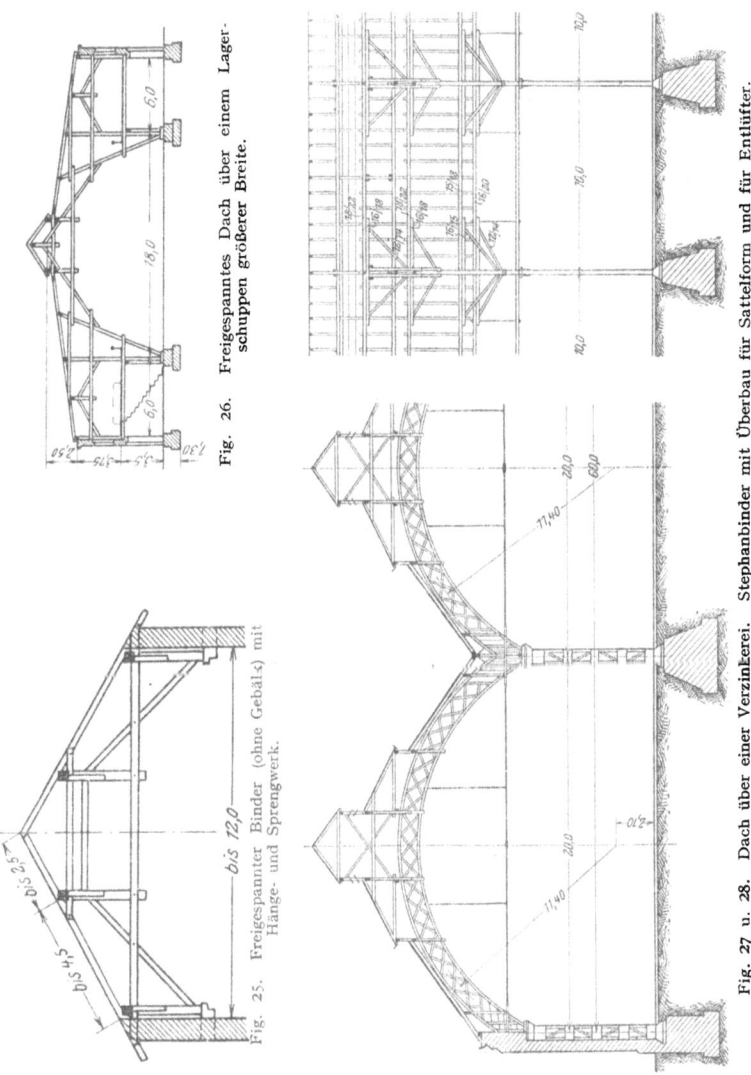

Fig. 26. Freigespanntes Dach über einem Lagerschuppen größerer Breite.

Fig. 25. Freigespannter Binder (ohne Gebälk) mit Hänge- und Sprengwerk.

Fig. 27 u. 28. Dach über einer Verzinkerei. Stephanbinder mit Überbau für Sattelform und für Entlüfter.

Obergurt in Abständen von etwa 2,5 bis 3,5 m; sodann Einsetzen von Füllstäben (Senkrechte und Diagonalen oder Lotrechte und Diagonalen), Fig. 36. Aufsätze für Belichtung und Lüftung. Viel verwendet wird der trapezförmige Binder, dessen Steilfläche in Glas gedeckt wird. Neben dem Sägesheddach mit Spann-

652　　　　　　　　　　　Baukonstruktionen.

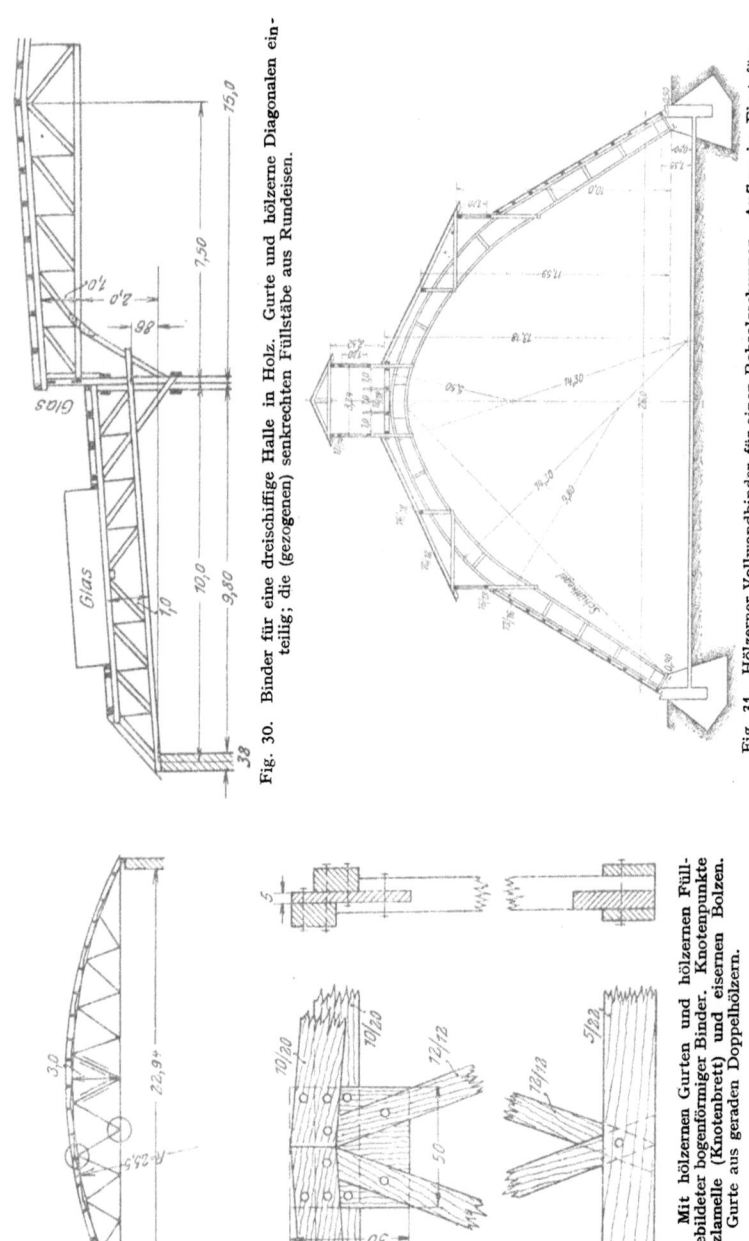

Fig. 30. Binder für eine dreischiffige Halle in Holz. Gurte und hölzerne Diagonalen einteilig; die (gezogenen) senkrechten Füllstäbe aus Rundeisen.

Fig. 31. Hölzerner Vollwandbinder für einen Rohsalzschuppen. Aufbau im First für Transportband und Laufgang.

Fig. 29. Mit hölzernen Gurten und hölzernen Füllstäben gebildeter bogenförmiger Binder. Knotenpunkte mit Holzlamelle (Knotenbrett) und eisernen Bolzen. Gurte aus geraden Doppelhölzern.

weiten bis etwa 9 m, Fig. 37 u. 38, das Laternensheddach, Fig. 39 u. 40. Für schneereiche Gegenden Sägesheddach mit Gängen, auf denen Schnee abgekarrt werden kann, Fig. 41.

c) Eisenbeton bietet für die Bildung der Tragkonstruktion der Dächer seine besondere Eigenschaft der Anpassungsfähigkeit. In Eisenbeton sind alle Dachformen in gleich guter Weise ausführbar. Das Dachgerüst für

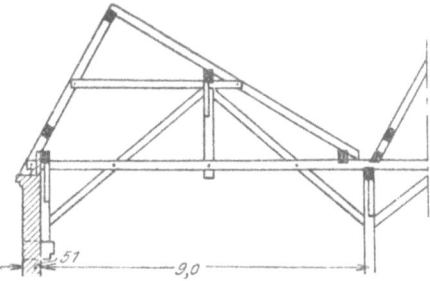

Fig. 32. Sägeshedbinder für Spannweiten bis 9 m; eine Mittelpfette von einem Hänge- und Sprengwerk getragen.

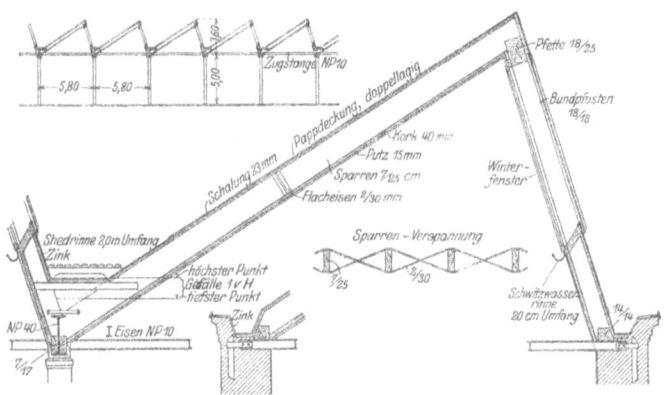

Fig. 33. Sägesheddach mit enggestellten Bohlenpaaren an Stelle von Bindern. In der Lichtfläche sind die Bohlen zugleich die Sprossen für die Glasscheiben. Flacheisenzugband. Keine lichtsperrenden Hölzer.

Flachdächer unterscheidet sich von einer Decke nur durch die Neigung (vgl. Fig. 42 u. 50). Sägesheddach für Spannweiten bis etwa 8 m nach Fig. 43, auch ohne lichtsperrendes Zugglied. Laternenshed nach Fig. 44 u. 44 a. Große Spannweiten mit mehreren Lichtaufsätzen (gute Lichtverteilung) nach Fig 45.

III. Gebäudeformen.

a) Geschoßbauten.

Die weitgehendste Ausnutzung der bebauten Bodenfläche wird durch Anordnung von mehreren Geschossen auf gleichen Fundamenten und unter demselben Dach ermöglicht; die Geschoßdecken liegen auf Mauern, bzw. Mauerwerkspfeilern und Mittelstützen. Natürliche Belichtung durch Fenster der Umfassungswände. Sofern die einzelnen Räume eines Geschoßbaues der Fertigung (und der Verwaltung) dienen, ist der Grad der geforderten Helligkeit in erster Linie ent-

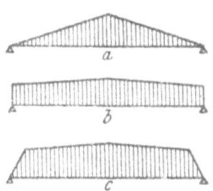

Fig. 34. Schema für eiserne Fachwerkbinder. Spannweiten bis etwa 24 m. a) für Satteldach beliebiger Neigung. b) für Flachdach. c) für Satteldach mit gebrochenem Obergurt. Steilfläche in Glas zu decken.

Fig. 35. Schema für Vollwandbinder (I N.P.). Spannweiten bis etwa 14 m.

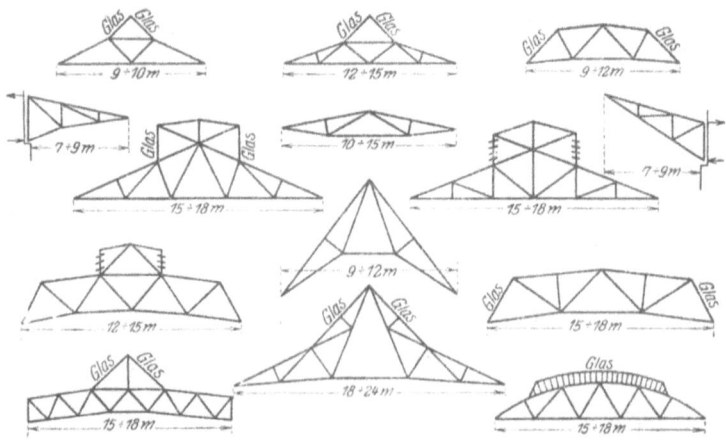

Fig. 36. Eiserne Dachbinder. Stabsysteme.

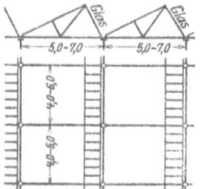

Fig. 37. Sägeshed für Spannweiten bis 7 m.

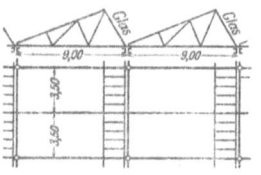

Fig. 38. Sägeshed für Spannweiten bis 9 m und Stützenweiten von 2 × 3,50 m.

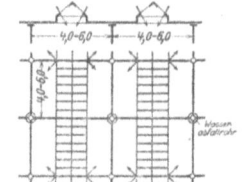

Fig. 39. Laternenshed. Schema für Querschnitt und Grundriß.

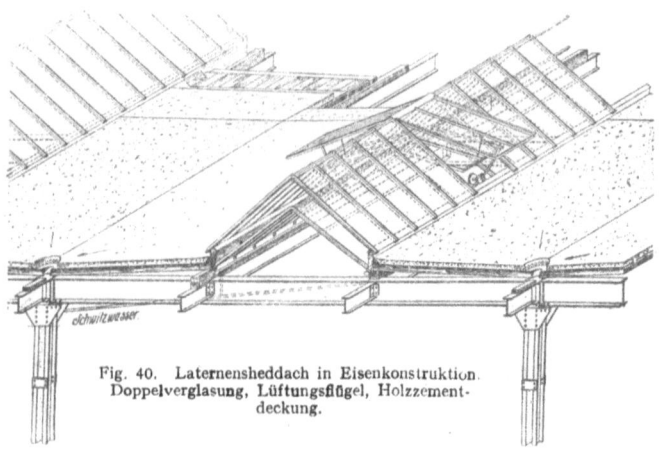

Fig. 40. Laternensheddach in Eisenkonstruktion. Doppelverglasung, Lüftungsflügel, Holzzementdeckung.

Gebäudeformen. — Geschoßbauten.

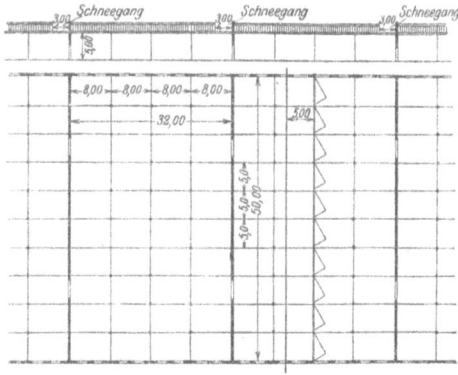

Fig. 41. Sägesheddach mit Gängen zum Abkarren von Schnee.

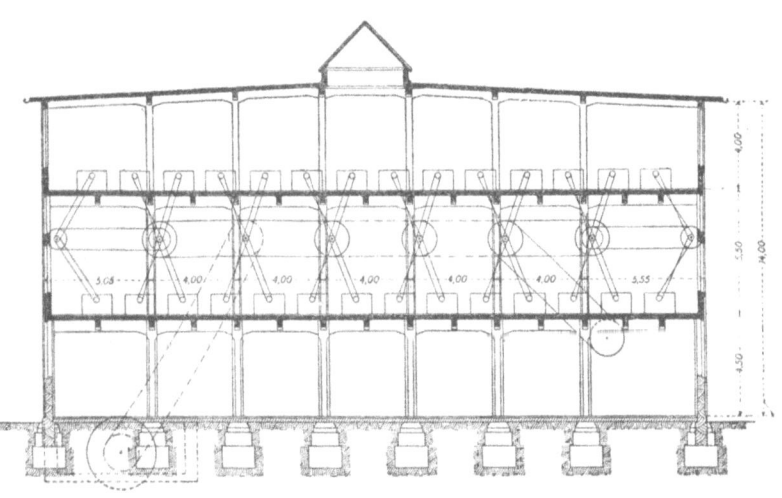

Fig. 42. Flaches Dach (Dachdecke) in Eisenbeton. Aus Mörsch: „Der Eisenbetonbau" 1912 S. 423, Abb. 439. Konr. Wittwer, Stuttgart.

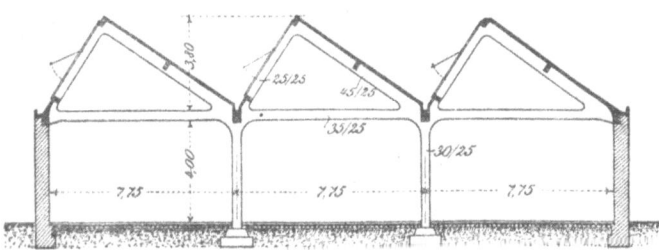

Fig. 43. Sägesheddach in Eisenbeton. Der wagerechte Verspannungsbalken kann für die Befestigung von Anhängen verwendet werden. Aus Mörsch: „Der Eisenbetonbau" 1912 S. 424, Abb. 442. Konr. Wittwer, Stuttgart.

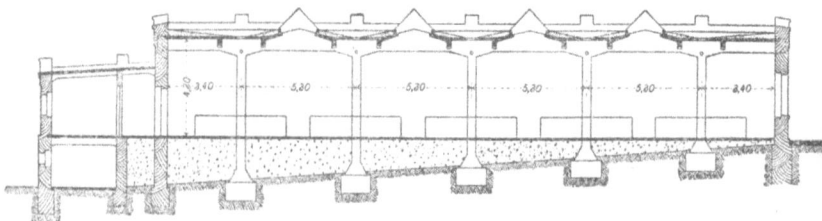

Fig. 44. Laternensheddach in Eisenbeton. Aus Mörsch: „Der Eisenbetonbau" 1912 S. 425, Abb. 443 Konr. Wittwer, Stuttgart.

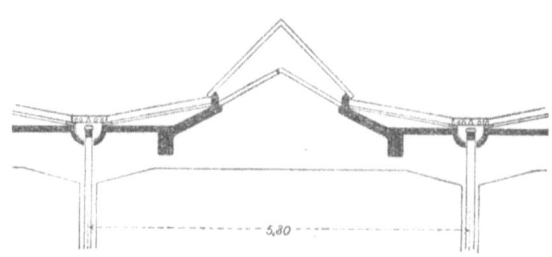

Fig. 44a. Laternensheddach in Eisenbeton. Aus Mörsch: „Der Eisenbetonbau" 1912 S. 425, Abb. 443. Konr. Wittwer, Stuttgart.

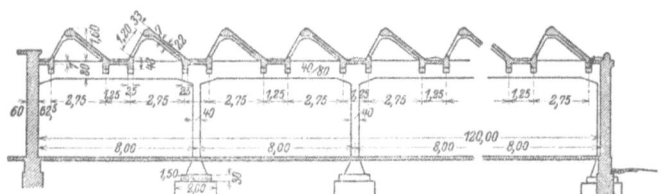

Fig. 45. Sägeshedkonstruktion in Eisenbeton auf einem Unterzug großer Spannweite.

scheidend für die Gebäudekonstruktion. Die Räume sind um so besser belichtet, je höher, und um so schlechter, je tiefer sie sind. Die Höhe der einzelnen Geschosse (die nach Zweckbestimmung untereinander verschieden sein kann und meist in dem untersten Geschoß größer ist als in den oberen) wird mit etwa 5 m herabgehend bis auf etwa 3 m bemessen. Abgesehen von der natürlichen Belichtung ist hierfür die Ausstattung mit Kranen, Kraftleitungen, Vorgelegen und sonstigen Anhängen an der Raumdecke bestimmend. Die Höhe überschreitet nur in besonderen Fällen das Maß von 5 m. Die Raumtiefe dagegen ist bei den einzelnen Gewerbezweigen sehr verschieden. Für Geschoßbauten, die zweiseitig belichtet sind, schwankt sie zwischen 12 m und 36 m. Das größte Maß ist in der Textilindustrie (Baumwollspinnerei) zulässig. Den größten Helligkeitsgrad und damit die geringste Raumtiefe verlangt die Feinmechanik. Für den Bau von Apparaten und Kleinmaschinen sind Raumtiefen bis zu 18 m zulässig. Bei diesem Höchstmaß ist aber damit zu rechnen, daß an trüben Tagen öfters künstliches Licht nötig ist. Häufig ist das Maß von 15 m gewählt worden. Bei den Tiefen von 12—18 m ist nur eine Reihe von Stützen in Raummitte nötig (Fig. 46—49, 54 u. a.). Die Umfassungswände bestehen aus kräftigen Mauerwerkspfeilern geringster Breite (und größerer Tiefe) mit dazwischen gestellten breiten Fenstern auf schwachem Brüstungsmauerwerk. Mit wenigen Ausnahmen werden die Decken von Werkstätten und Lagern mit Eisengebälk, wie in Fig. 46 bis 49, oder in Eisenbeton, wie in Fig. 50, ausgeführt. Für Eisengebälk sind die in Fig. 46 und 47 dargestellten Formen vorherrschend. Dabei ist die Stützenentfernung gleich der Pfeilerentfernung: 4 bis 5 m. Werden die Pfeiler enger gestellt, d. h. die Fensterachsen-

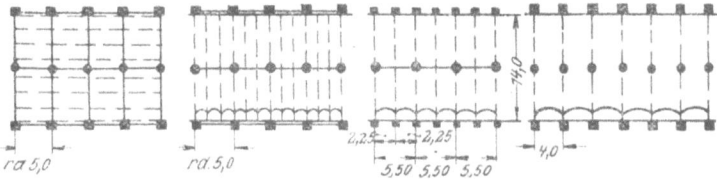

Fig. 46—49. Grundrisse von Geschoßbauten mit nur einer Reihe eiserner Stützen unter Massivdecken; 46) auf jedem Pfeiler eine Stütze, Unterzug parallel den Umfassungswänden; 47) auf jedem Pfeiler eine Stütze, Unterzüge senkrecht zu den Umfassungswänden; 48) zwei Pfeiler im Stützenfeld, Unterzug parallel den Umfassungswänden; 49) auf jedem Pfeiler eine Stütze, Deckenfeldbreite = Stützenfeldbreite; nur Deckenträger erforderlich.

entfernung kleiner, wie in Fig. 48, so wird es möglich, bei entsprechender Spannweite der Zwischendecke sämtliche Deckenträger auf Pfeiler aufzulagern. Bei einem Stützenabstand bis etwa 4 m, wie in Fig. 49, und einer Deckenfeldbreite gleichen Maßes sind nur noch Deckenträger (keine Unterzüge) erforderlich.

Die Decke der Geschoßbauten in Eisenbeton wird meist in der Weise gegliedert, daß Unterzüge (wie in Fig. 50 von den Umfassungswänden über die Stützen verlaufend) eine Rippenplatte tragen. Seit kurzem ist daneben eine Decke mit ganz ebener Untersicht (ohne Unterzüge und Rippen — trägerlos) in Aufnahme gekommen, deren Stützen mit pilzähnlichem, stark ausladendem Kopf die aufliegende glatte Deckenplatte tragen. Pilzdecke. Durch die ebene Unterfläche wird die Lichtrückstrahlung verbessert und die ungehinderte Durchführung von Deckenanhängen ermöglicht (Fig. 51).

Eine Schwierigkeit macht die richtige Querschnittsbemessung der Pfeiler, deren Ansichtsfläche in allen Geschossen gleiche Breite behält. Bei gleicher Druckfestigkeit des Mauerwerks in allen Geschossen und bei Verwendung

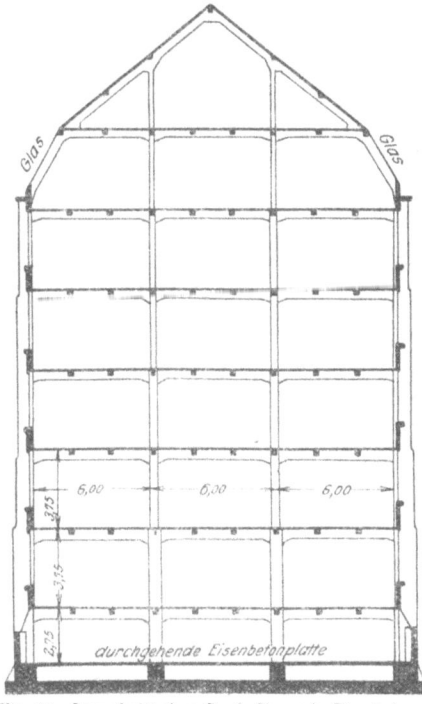

Fig. 50. Querschnitt eines Geschoßbaues in Eisenbeton mit 2 Stützenreihen; gleiche Feldweiten von je 6 m.

gleichen Baustoffes muß die Pfeilertiefe im untersten Geschoß am größten sein; in Anpassung an die geringeren Lasten kann sie in jedem folgenden oberen Geschoß abnehmen. Sie ist im obersten Geschoß am geringsten. Nimmt man bei einer durchgehenden Pfeilerbreite von 77 cm im obersten Geschoß eine Tiefe von 51 cm an und stellt nach Fig. 52 das Fenster an einen Anschlag, der 12 cm hinter der Außenfläche liegt (wie bei Wohn-, Verwaltungs- und Lagergebäuden u. a.), so ergibt sich der für Werkstätten nachteilige Umstand, daß Pfeilerinnenfläche und Fensterbrüstungsfläche nicht bündig liegen; bei einer Brüstungsmauerstärke

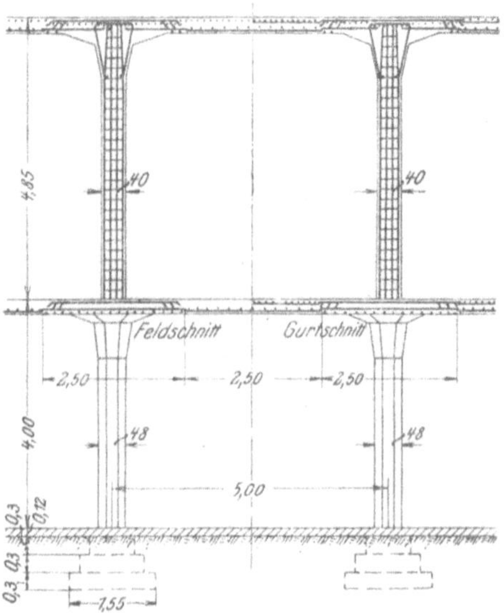

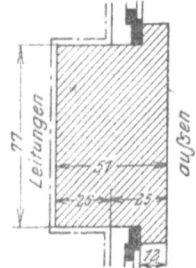

Fig. 51. Ausschnitt aus einem Geschoßbau. Eisenbetondecke mit ebener Untersicht auf Stützen mit pilzähnlichem, stark ausladendem Kopf. Pilzdecke.

Fig. 52. Pfeiler eines Geschoßbaues. Innenfläche nicht bündig mit Brüstung; Pfeiler springt störend nach innen vor. Leitungen müssen gekröpft werden.

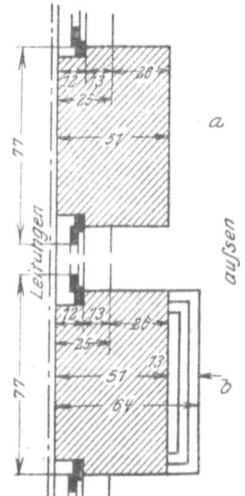

Fig. 53. Pfeiler innen bündig mit Brüstung; Verstärkung im unteren Geschoß nach außen.

von 25 cm springt der Pfeiler 26 cm nach innen vor. Das ist für die Stellung von Werkbänken störend und zwingt dazu, alle Leitungen, die auf der Brüstungsfläche verlegt werden, zu kröpfen. Vermeidung dieses Mißstandes durch Anordnung des Anschlags nach Fig. 53a; im darunterliegenden Geschoß nach Fig. 53b. Der Pfeiler wird nach außen verstärkt. (Vgl. auch Fig. 54 und 55.) Bei dieser Anordnung bleiben die Fenster aller Geschosse in einer senkrechten Ebene; Pfeilerinnenfläche und Brüstung sind bündig. Möglich ist auch die Beibehaltung der Pfeilervorderfläche; setzt man dabei die Brüstung bündig mit Pfeilerinnenfläche, so werden nach Fig. 56 die unteren Fenster (b) von den oberen (a) überkragt. (Vgl. auch Fig. 57 und 58.) Um den Lichteinfall, der durch die weit vorspringenden Pfeiler behindert wird, zu verbessern, können die Pfeilerecken nach Fig. 59 gebrochen, auch gerundet werden.

Die Höhe der Gebäude ist in Deutschland durch Baugesetze (Bauordnungen für den Bereich einer Gemeinde, eines Kreises, Regierungsbezirks, Landesteils usw.) beschränkt; bestimmend sind die Straßenbreite und der Abstand von benachbarten vorhandenen oder in der Zukunft zu errichtenden Gebäuden. Oberkante Hauptgesims darf eine Höhe erreichen, die gleich ist der Breite der vorliegenden Straße oder dem Abstande vom Nachbargebäude — oft aber auch mehr; im übrigen Bestimmungen über die Mindesthöhe der zu dauerndem Aufenthalt von Menschen bestimmten Räume, Geschoßzahl, Form des Daches, Dachaufbauten u. a. Gültige Bauordnung rechtzeitig einsehen!

Untereinander verbunden und zugänglich werden die Geschosse durch Treppen, Aufzüge u. a. Besonders wichtig die ersteren. Alle Bauordnungen enthalten einzelne Angaben über deren Zahl, Lage, Breite, Steigungsverhältnis und Konstruktion. Danach soll kein Arbeitsplatz mehr als 30 m von der nächsten Treppe entfernt, jeder größere Raum von zwei Treppen aus zugänglich sein, die Treppe eine Mindestbreite haben, die nach der Zahl der Belegschaft der Wohn- und Arbeitsstätten zu erhöhen ist usw. Bedeutung der Treppen für die Bekämpfung von Schadenfeuer. Für hohe Geschoßbauten empfiehlt es sich, wenn irgend möglich, die erforderlichen Treppen auf zwei gegenüberliegenden Langseiten zu verteilen, um bei jeder Windrichtung einen Teil der Treppen des brennenden Bauwerkes rauchfrei zu halten. Von großer Bedeutung ist die Lage der Treppe (des Treppenhauses) in Hinsicht auf die Verwendung der Geschoßräume. Wo das ganze Geschoß oder der an eine Treppe anschließende Raum als große durchlaufende Werkstätte benutzt werden soll, wie in Fig. 60, ist es geboten, das Treppenhaus nur so weit in diesen Raum einspringen zu lassen, daß der innere Lastenverkehr, die Aufstellung von Werkzeug-

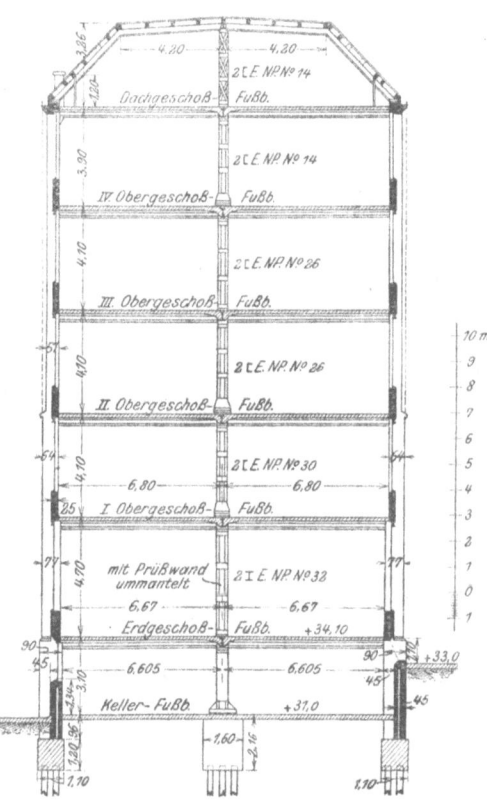

Fig. 54. Geschoßbau: 7 Geschosse, einschl. Untergeschoß (Keller) und Dachgeschoß. Querschnitt durch das „Wernerwerk" der Siemens & Halske A.-G. Berlin-Siemensstadt. Vgl. auch Fig. 62.

maschinen und die Verwendung notwendiger Betriebsmittel möglichst wenig behindert werden. In der Werkstätte nach Fig. 60 (mit einem Mittelgang zwischen zwei Stützenreihen) ist deshalb das im Lichten 7,01 m lange Treppenhaus so weit vor die Umfassungswand ausspringend, daß der Mittelgang frei bleibt. Häufig wird das Treppenhaus in einen Anbau gelegt, um den Hauptraum (Werksaal) ganz frei zu halten von festen Einbauten (Fig. 61). An die von Feuer besonders bedrohten, stark belegten Geschoßbauten werden auch ganz einfache, nicht umwandete Treppen in Eisen oder in Eisenbeton von außen angelegt, die im Notfalle durch die Fenster oder besondere Türen betreten und zum Abstieg benutzt werden können. Nottreppen.

Erweiterungsfähig sind Geschoßbauten entweder durch Verlängerungen oder durch Anfügen von Querbauten. Eine spätere Erhöhung durch Aufsetzen von Geschossen ist — wenn überhaupt zulässig und bei der Bemessung der Unterkonstruktion vorgesehen — durch die Rücksicht auf die in Benutzung befindlichen Geschosse sehr erschwert. Ist bei beschränkter Geschoßzahl auch die

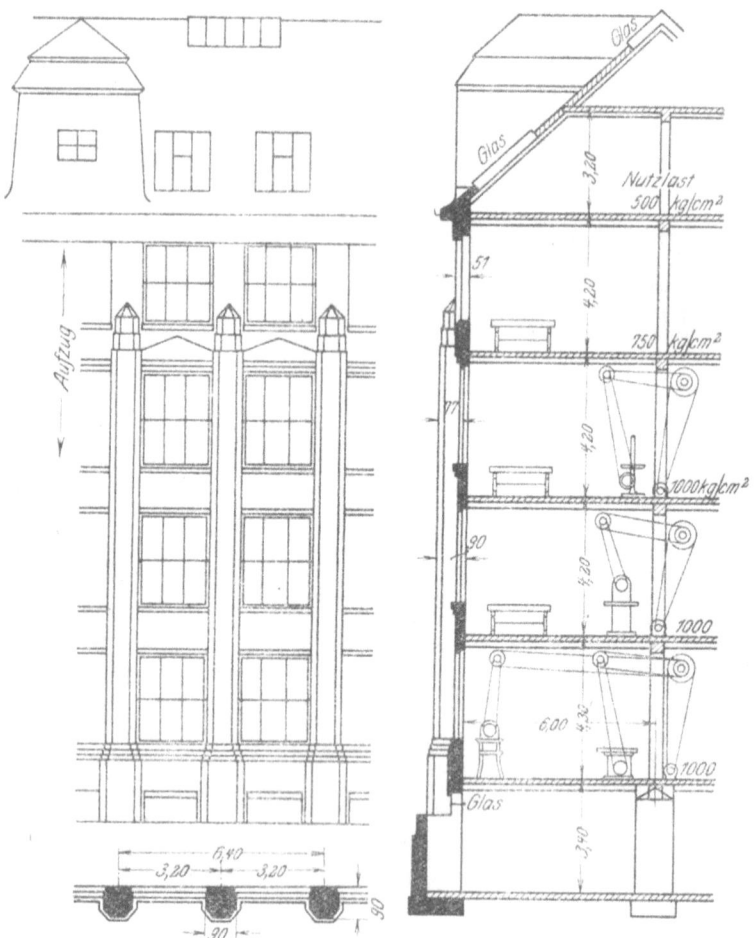

Fig. 55. Geschoßbau; Holzbearbeitungswerkstätten.

Länge (mehr als 100 m selten) begrenzt, so wird ein größeres Flächenbedürfnis durch Anbauten oder durch Reihung von zwei und mehr durch Querbauten verbundenen Geschoßbauten befriedigt. In Fig. 61 ist das Schema für Anbauten an einen großen von Einbauten freien Werksaal gegeben; die Anbauten enthalten kleinere Arbeitsräume, Treppen, Aufzugschachte, Aborte, Kleiderablagen u. a. Für die Reihung hat Baurat Janisch im „Wernerwerk" der Siemens & Halske Akt.-Ges., Fig. 62 und 64, ein gutes Vorbild geschaffen. Gleiche Form zeigen das

Gebäudeformen. — Geschoßbauten. 661

kleinere Werkstättengebäude nach Fig. 63 und der Entwurf einer sehr großen Anlage (Fig. 65).

b) Flachbauten.

Vor einem Jahrhundert, im Anfang der gewerblich-industriellen Entwicklung, war die Bautechnik bei Erstellung von Geschoßbauten noch ganz auf Holz als Deckenbaustoff angewiesen. Eine gegen Erschütterungen der häufiger werdenden Maschinen (z. B. Webstühle) widerstandsfähige, feste Gebälkdecke war nur bei enger Stützenstellung und kleinen Raumtiefen zu erreichen. Zu der Raumengung kamen Schwierigkeiten in der Belichtung. Man schaffte sich deshalb (besonders

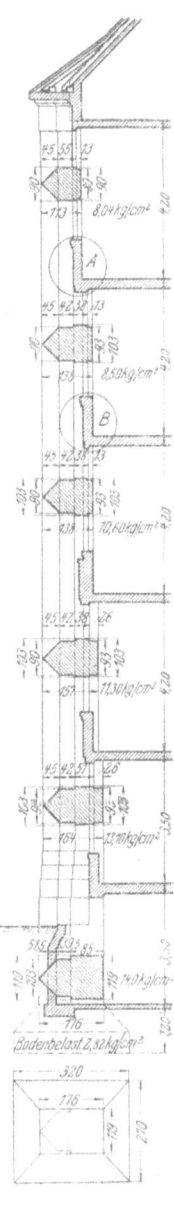

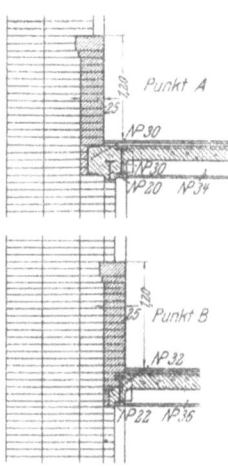

Fig. 58. Zu Fig. 57.

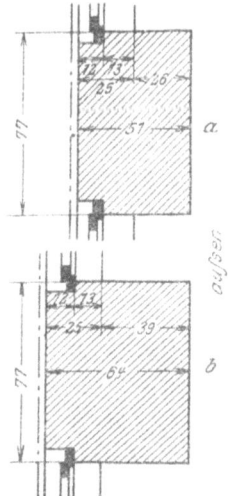

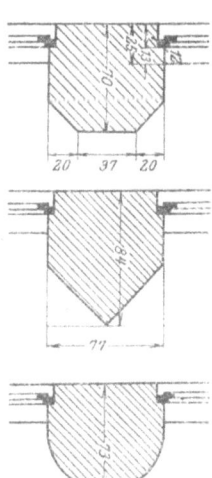

Fig. 56. Pfeilervorderfläche ohne Absätze: Verstärkung nach innen. Pfeilerinnenfläche bündig mit Brüstung. Fenster nicht in einer Senkrechtebene.

Fig. 57. Schnitt durch die Fensterwand eines Geschoßbaues. Pfeiler nach innen abgesetzt und in zwei Geschossen nicht bündig mit der Brüstung. Fenster im obersten Geschoß vorgekragt.

Fig. 59. Pfeilerformen.

in der Textilindustrie) ebenerdige Arbeitssäle größerer Ausdehnung, die durch gleichmäßig verteilte Öffnungen in der Dachdecke belichtet wurden. In England sind die Räume shed genannt worden; die Bezeichnung ist auch in Deutschland

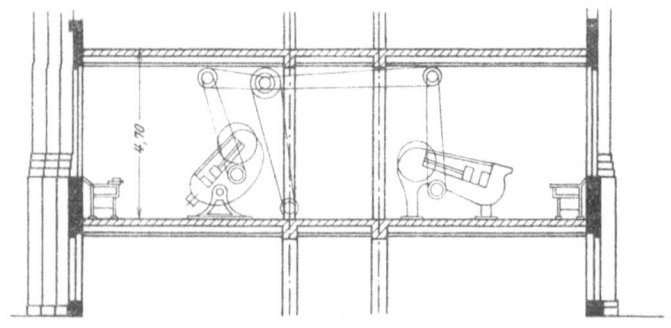

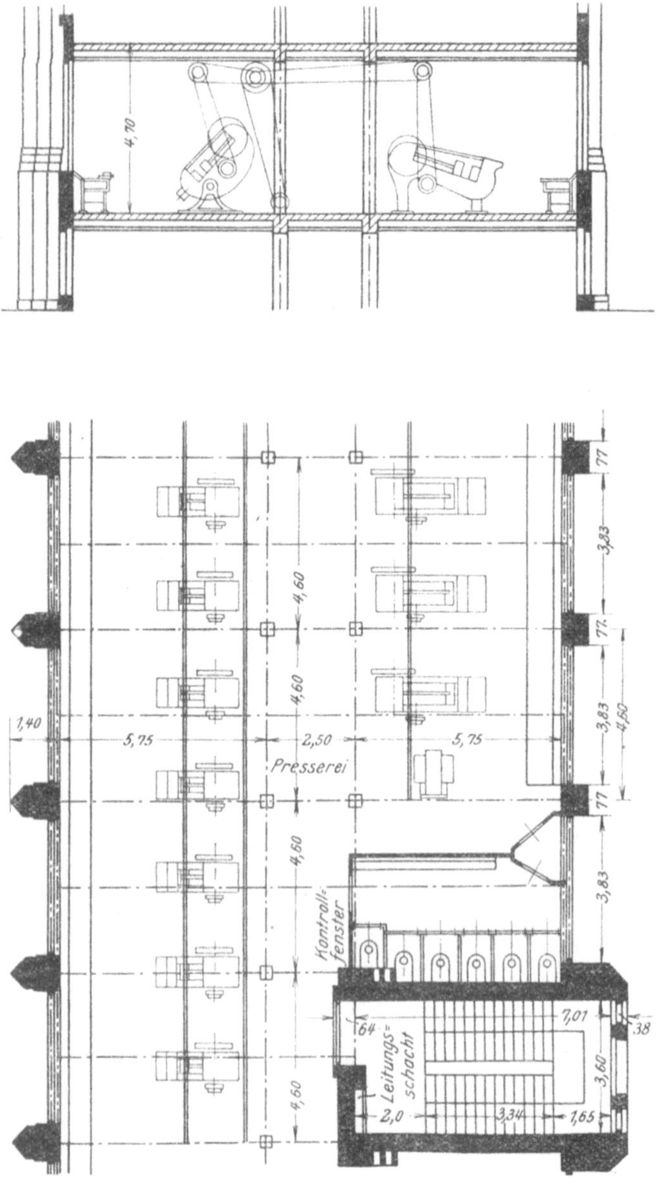

Fig. 60. Schnitt und Grundriß einer Werkstätte in einem Geschoßbau. Zwei Stützenreihen. Werkbankreihen vor den Fenstern. Das Treppenhaus vor die Umfassungswand so weit vorgezogen, daß der Mittelgang der Werkstätte frei bleibt.

gebräuchlich geworden. Für die bis gegen Ende des vorigen Jahrhunderts vorherrschende Form des Sägesheddaches (in Holz, später auch in Eisen und in Eisenbeton) sind in Fig. 32, 33, 37 u. a. Beispiele gegeben. Seit den 80er Jahren des vorigen Jahrhunderts werden daneben Laternensheddächer, Fig. 39, 40 u. a., gebaut, die einige Vorzüge vor den älteren Formen haben: die Dachfläche ist

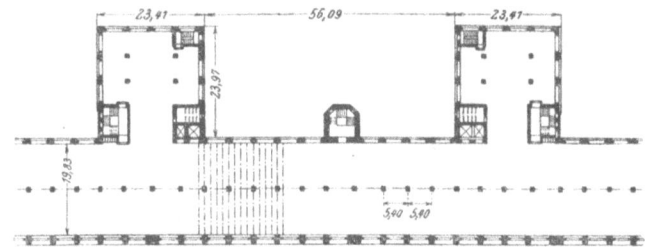

Fig. 61. Teilgrundriß eines Geschoßbaues mit langem, von Einbauten freibleibendem, durchlaufenden Werksaal in jedem Geschoß und mit Anbauten für Treppen und Nebenräume.

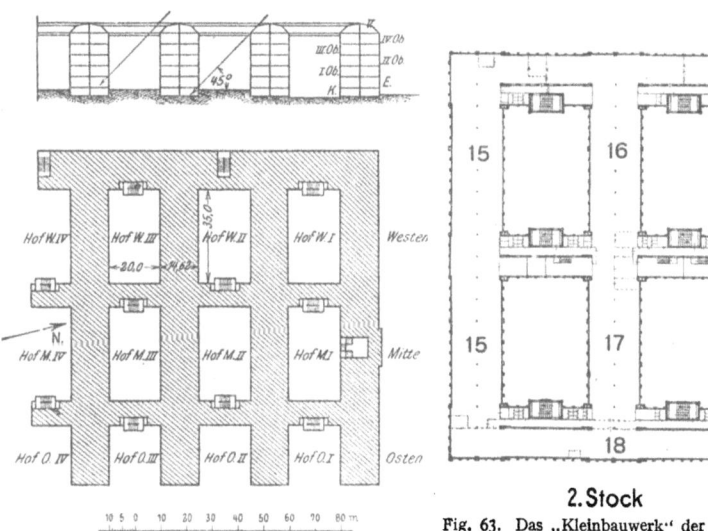

Fig. 62. Das „Wernerwerk" der Siemens & Halske-A.-G. Berlin-Siemensstadt. Querschnitt und Grundriß. Vgl. auch Fig. 54. Reihung von langen, im Lichten rund 14 m breiten Werksälen. Verbindungsbauten mit Treppen und Nebenräumen. Lichthöfe 20 : 35 m. Erweiterungsmöglichkeit nach 2 Richtungen.

Fig. 63. Das „Kleinbauwerk" der Siemens-Schuckert-Werke, Berlin-Siemensstadt. Reihung von drei Werksälen mit Verbindungsbauten. Geschoßbau (7 Geschosse) nach 4 Seiten freistehend. Grundriß des zweiten Obergeschosses, enthaltend Werkstattsgruppen für: 15) Schalterbau, 16) Automaten und Revolverdreherei, 17) Schraubendreherei, 18) Prüfung und 19) Sicherungsbau.

kleiner (und damit der Wärmeverlust geringer), die Glasflächen sind leichter zugänglich, die wagerechte Lage der Dachträger erleichtert die Befestigung von Anhängen; es ist aber auch der Schutz gegen lästiges Südlicht erschwert.

In neuerer Zeit sind zur Überdachung von Shedräumen auch ganz flache Satteldächer nach Fig. 66 bis 70 und 71 bis 76 verwendet worden. Diese Form der Dachbildung über einem großen Shedraum gewährt den Vorteil, das Dachwasser nicht in zahlreichen Tiefstpunkten der Dachfläche sammeln und mit vielen Abfallrohren durch die Räume abführen zu müssen. Die Abführung über Traufen und außenliegende Fallrohre vereinfacht die Ausführung. Das ganze

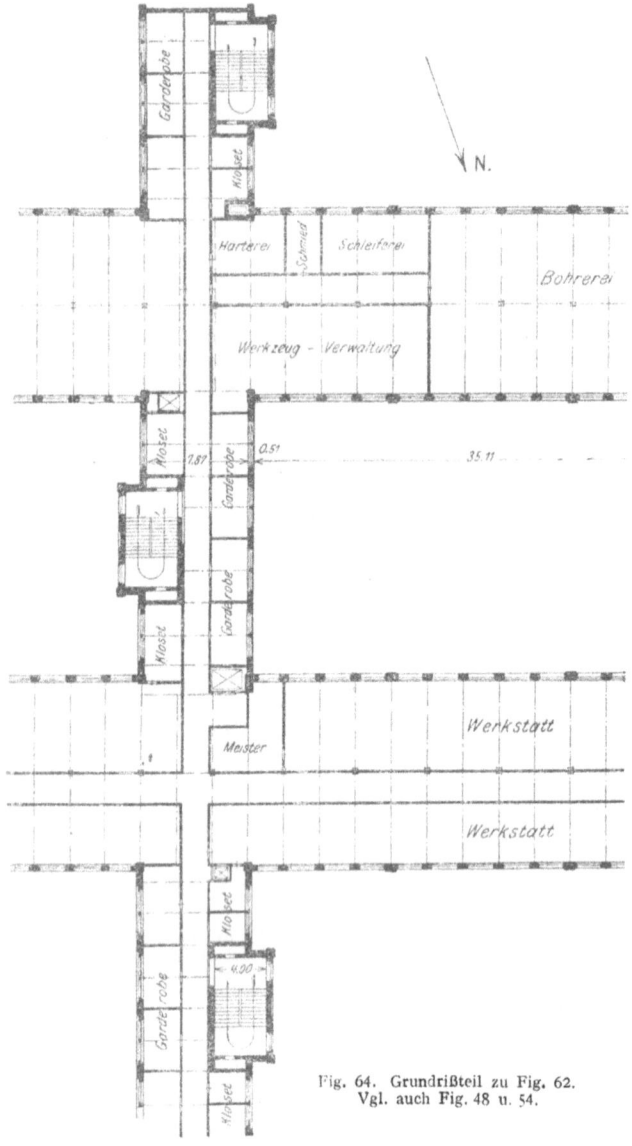

Fig. 64. Grundrißteil zu Fig. 62.
Vgl. auch Fig. 48 u. 54.

Gebäude ist natürlich in der Breite beschränkt. Es lassen sich aber bei geringstem Gefälle von 6 vH., wie in Fig. 66, doch erhebliche Breiten erreichen, die dem praktischen Bedürfnis meist genügen.

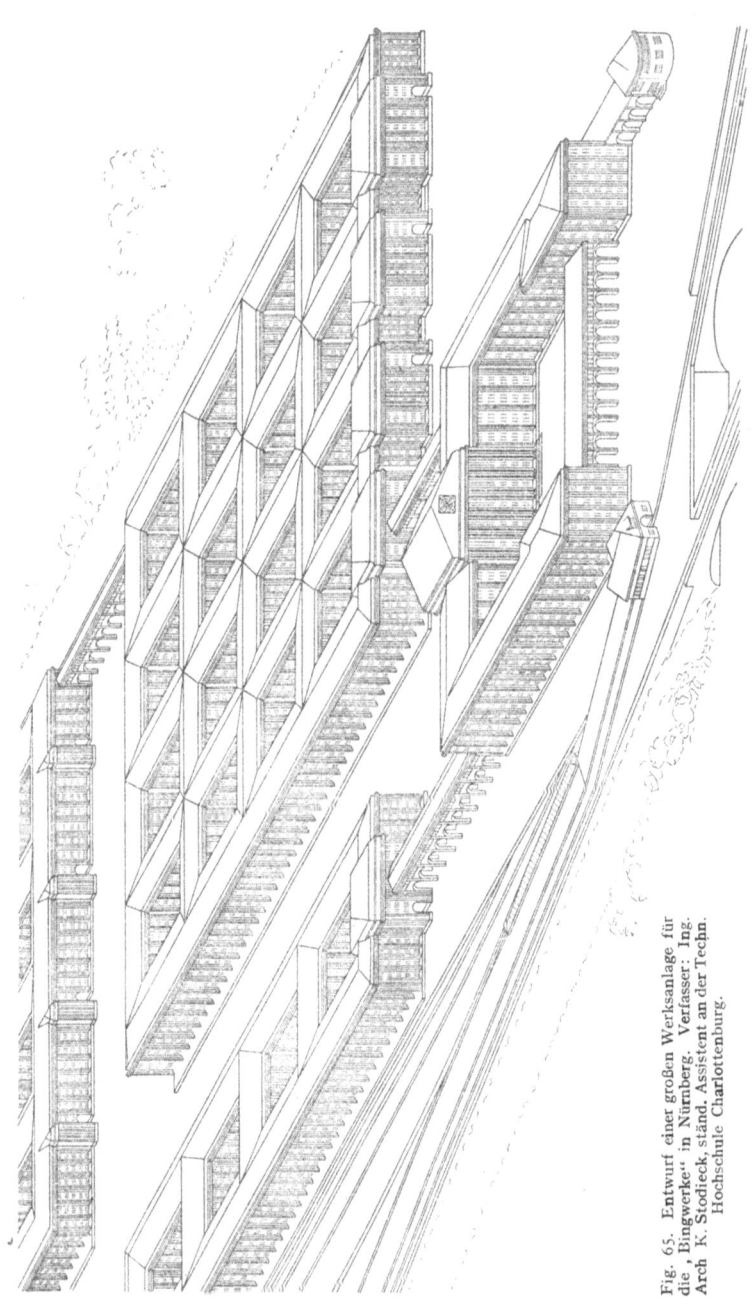

Fig. 65. Entwurf einer großen Werksanlage für die „Bingwerke" in Nürnberg. Verfasser: Ing. Arch K. Stodieck, ständ. Assistent an der Techn. Hochschule Charlottenburg.

Bei den Ausführungen nach 66 bis 76 besteht die Dachdecke aus leichten, dünnen Bimsbetonplatten zwischen eisernen Trägern (I N P 20 bis 22) mit Feldweiten von 2,00 bis 3,00 m. Die Platten haben Eiseneinlagen und sind mit Pappe

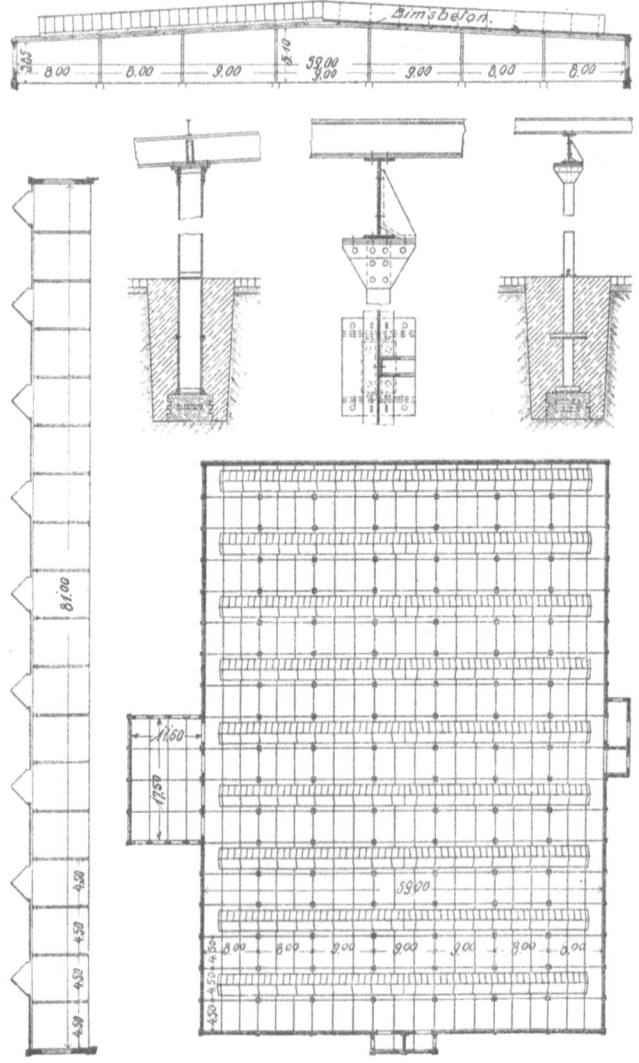

Fig. 66—70. Flachbau mit Satteldach (Neigung 6°). Vollwandbinder, darüber eisenbewehrte Leichtbetonkappen (mit Pappdeckung) zwischen I-Trägern. Kragträger. Glashaube in jedem zweiten Binderfeld.

(doppellagig) gedeckt. Die Deckenträger liegen auf je zwei Bindern auf, kragen aus in das anschließende Binderfeld und tragen die (in jedem zweiten Binderfeld aufgesetzte) Glashaube.

Gebäudeformen. — Flachbauten. 667

Wichtig ist die Lage und Befestigung von Kraftleitungen und Vorgelegen. Während bei den erstgenannten Dachformen (Säge- und Laternensheddach) die Befestigung an Binderuntergurten bzw. an den wagerechten Teilen des Dachge-

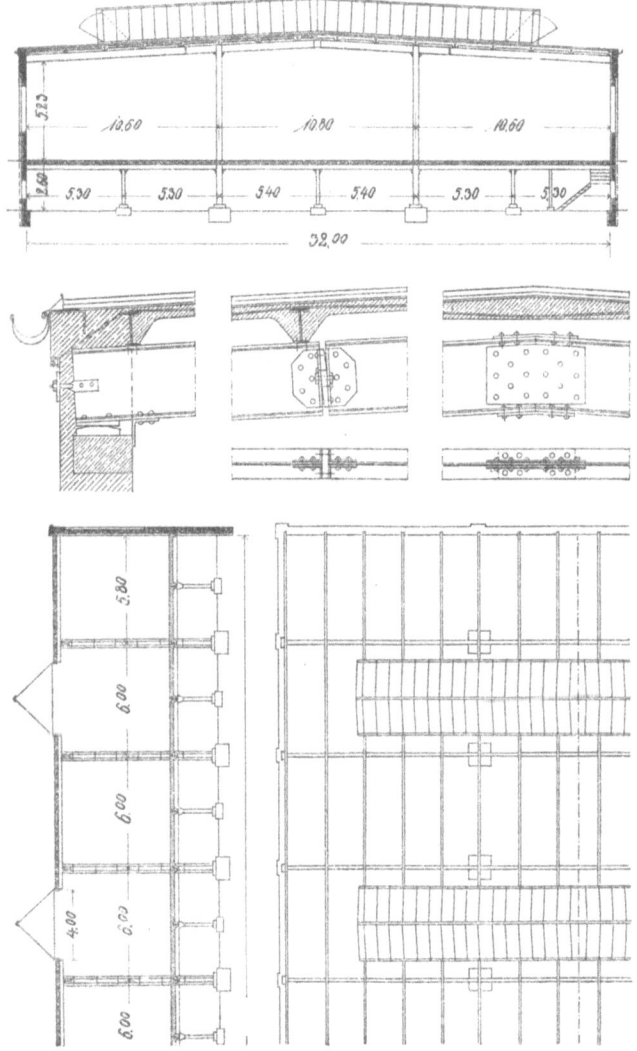

Fig. 71—76. Flachbau geringer Breite mit durchgehendem Untergeschoß; in letzterem Zwischenstützen zur Verbilligung oder Verstärkung des eisernen Gebälkes. Belichtung des Untergeschosses mangelhaft[1]).

rüstes möglich ist, ist unter den geneigten Vollwandbindern und Dachflächen die Anlage eines besonderen Gerüstes nötig. Dieses wird gewöhnlich aus Walz-

---
[1]) Durch Versehen sind die Lichtschächte vor den Untergeschoßfenstern nicht gezeichnet.

eisen (I N P 20) gebildet, die, wie aus Fig. 77 bis 81 ersichtlich, auf den Stützen aufgelegt werden — in den Umfassungswänden auf Mauerwerkspfeilern. In der Ausführung nach Fig. 77 bestehen die Stützen aus einem I-Eisen; die parallel der Firstlinie verlaufenden Stützenreihen stehen in Abständen von 7,00 m und die Stützenentfernung beträgt ebenfalls 7,00 m. In der Stützenreihe ist in Höhe

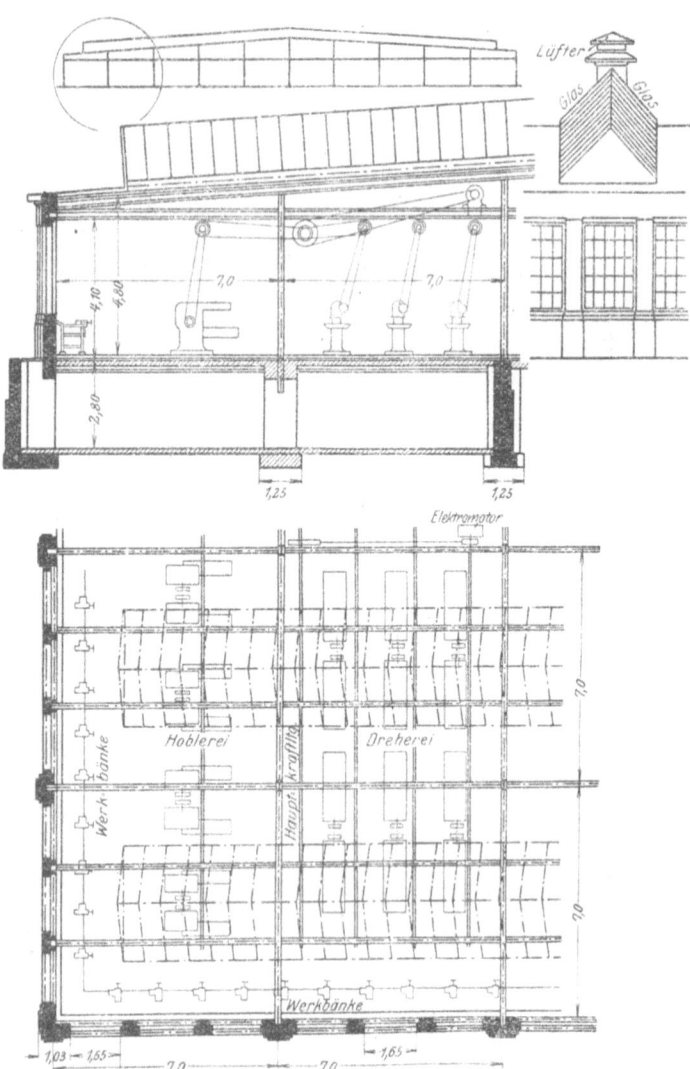

Fig. 77. Flachbau mit Satteldach. Stützenreihen in Abständen von 7 m. Stützenentfernung (Binderweite) 7 m. Stützenschaft aus einem I - Eisen. Kraftleitungsträger in Abständen von 7/3 m und in Höhe von 4 m über Fußboden. Pfeiler der Umfassungswand nach Maßgabe der Kraftleitungsträger. Untergeschoß in Breite von 2×7 m,

Gebäudeformen. — Flachbauten. 669

von 4,00 m über Fußboden ein I-Eisen verlegt, das beiderseits in seinem Steg je 2 I-Eisen aufnimmt, die mit parallelen, gleich hochliegenden, an den Stützenschaft unmittelbar angeschlossenen I-Eisen Felder von $^7/_8$ m Breite bilden. An den Unterflanschen dieser in Entfernungen von $^7/_8$ m verlegten Walzeisen sind die Lagerböcke von Kraftwellen (angetrieben durch einen auf dem Kraftleitungsgerüst

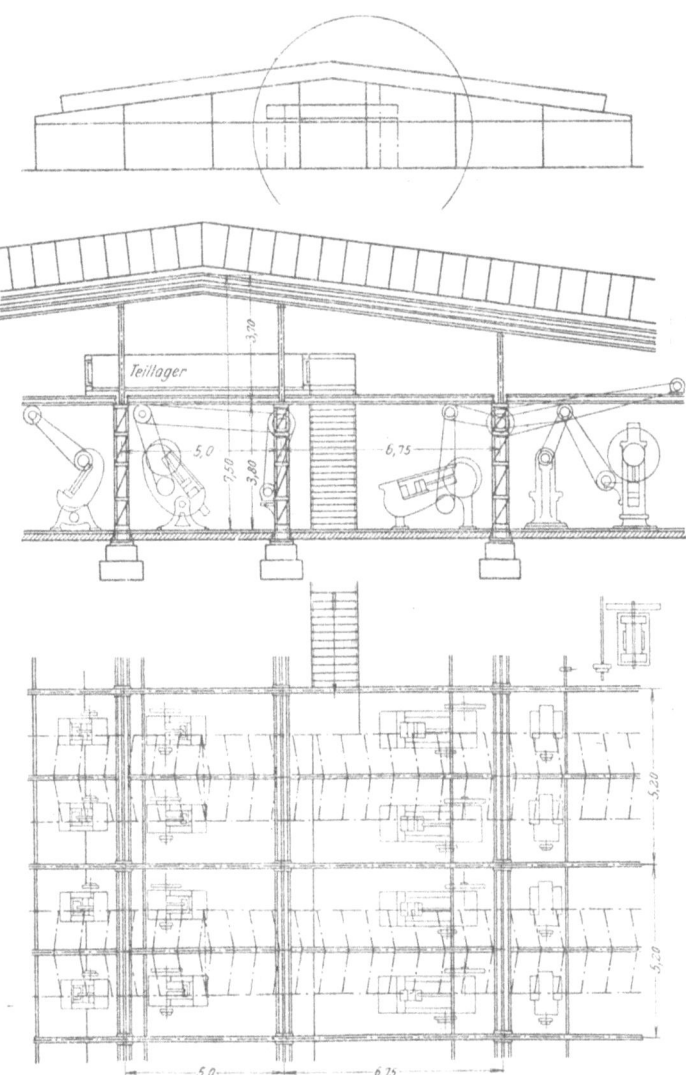

Fig. 78. Flachbau mit Satteldach. Stützenreihen in Abständen von 6,75 m, Stützenentfernung (Binderweite) 5,20 m. Stütze zweiteilig bis zur Höhe von 3,80 m. Hauptkraftleitung in der Achse der Stützenreihe.

sitzenden Elektromotor) und Vorgelegen angehangen. Diese Walzeisen sind gewöhnlich zwei U-Eisen, vgl. Fig. 81. Stützen meist aus 2 Schaftteilen bis zur Höhe der Auflagerungen des Kraftleitungsgerüstes, wie in Fig. 78 bis 81.

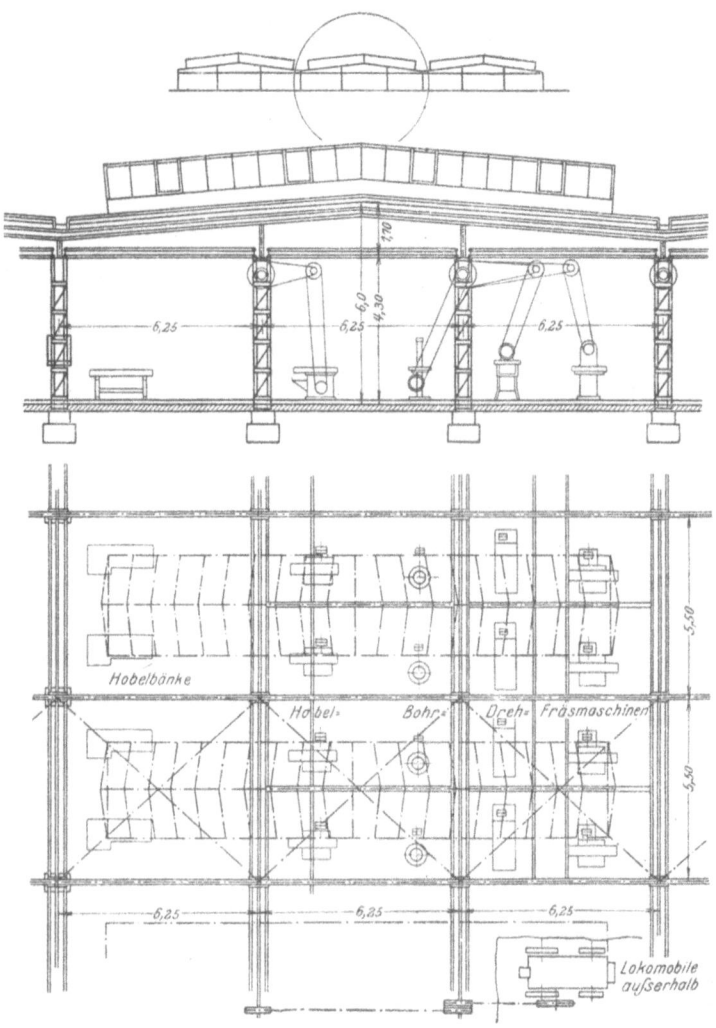

Fig. 79. Drei Flachbauräume unter Satteldächern aneinander gereiht. Kraftleitungsgerüst ähnlich dem in Fig. 78.

Ein häufig angeordnetes Untergeschoß kann nur bei geringer Breite des Shedraumes ausreichend belichtet werden und nur, wenn dessen Fußboden um mindestens 1 m über das anschließende Gelände herausgehoben wird. (Vgl. Fig. 82.) Unter breiten Flachbauten wird deshalb zweckmäßig nur ein Streifen von zwei oder drei Feldbreiten (von der Außenwand bis zur zweiten oder dritten Stützenreihe) mit Untergeschoß versehen. (Vgl. Fig. 77.) Treppen erforderlich.

Die im Flachbau leicht erreichbare Weiträumigkeit kann zum Nachteil werden, wenn sich z. B. durch Sonnenbestrahlung der Dachflächen in dem großen Raum

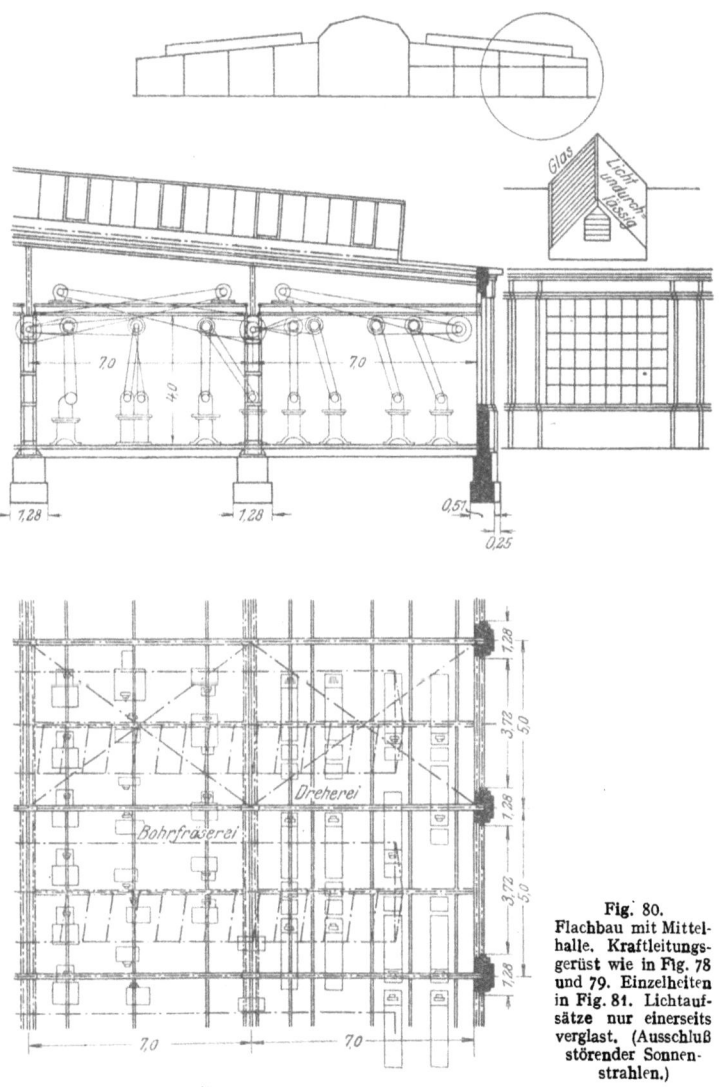

Fig. 80. Flachbau mit Mittelhalle. Kraftleitungsgerüst wie in Fig. 78 und 79. Einzelheiten in Fig. 81. Lichtaufsätze nur einerseits verglast. (Ausschluß störender Sonnenstrahlen.)

stark fühlbare Luftbewegungen (Zug) einstellen; Schutzmittel sind Teilwände und auf größere Länge durchlaufende Einbauten (z. B. für Teillager, Werkzeugmacherei, Kleiderablagen).

Auch gegen Ausbreitung von Feuer sind Mauerwerkwände, die in ihrem unteren Teil große Verkehrsöffnungen haben können, wertvoll.

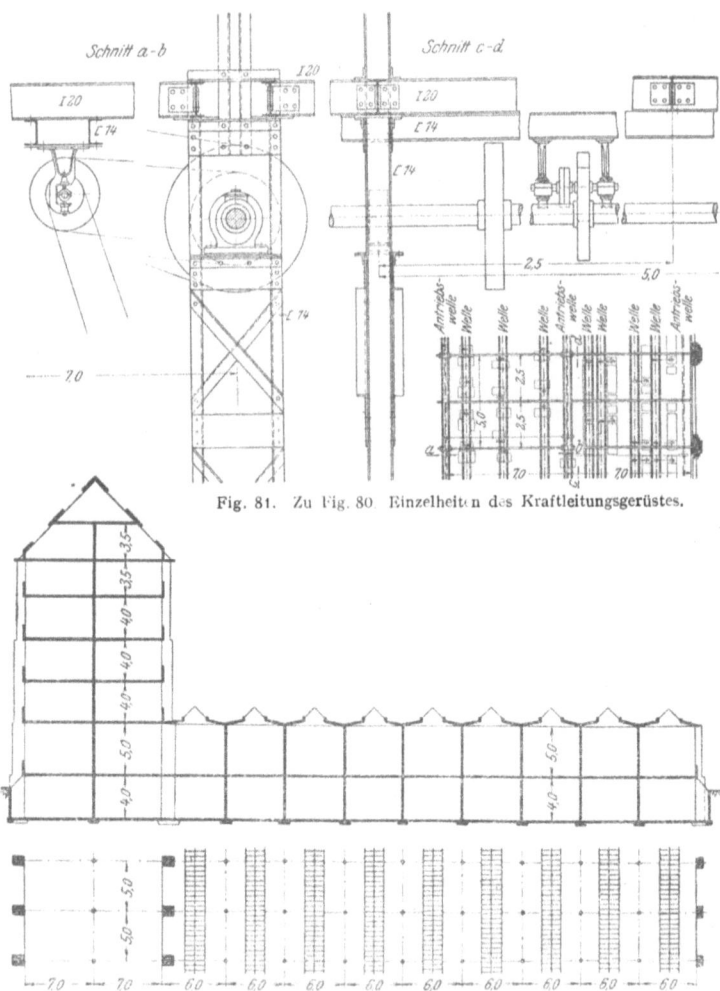

Fig. 81. Zu Fig. 80 Einzelheiten des Kraftleitungsgerüstes.

Fig. 82. Flachbau im Anschluß an einen Hochbau. Fußboden des Erdgeschosses etwa 1 m über Gelände. Rampen für Einfahrt erforderlich.

c) Hallenbauten.

Die Halle ist die geeignete Raumform für Werkstätten, in denen große (schwere und hohe) Werkzeugmaschinen und hohe Apparate aufzustellen oder in denen Werkstücke unter Lauf-, Konsol- und Drehkranen zu bearbeiten und zusammenzubauen sind. Sie ist geboten für Stahl- und Walzwerke, Eisen- und Metallgießereien, Eisenbauwerkstätten, Maschinenfabriken, Lokomotiv- und Wagenbauanstalten, Glashütten, Holzsägewerke, Krafthäuser (Kessel- und Kraftmaschinen), sowie für viele Arbeitsstätten der chemischen Industrie — aber auch als Lagerstätte mit großer Stapel- oder großer Schütthöhe.

Gebäudeformen. — Hallenbauten. 673

Die Halle ist einschiffig, wie im Kapitel „Werkstattförderwesen" Fig. 98, 99, 103, mit Breiten bis 45 m, oder zweischiffig wie in Fig. 83, oder dreischiffig wie in Fig. 83 a, b, c, e und f. Die letztere Anordnung ist die häufigste. Hierbei erhält das Mittelschiff meist eine größere Höhe, als die Seitenschiffe. Lage und Ausmaß der Lichtöffnungen von großer Bedeutung. Außer durch die in den Umfassungswänden möglichen Fenster ist eine mehr oder weniger wirkungsvolle Belichtung durch Oberlicht in verschiedener Form zu gewinnen und zwar durch 1. Verglasung der (ganzen) über die Seitenschiffe herausgehenden, senkrechten Wandflächen des Mittel-

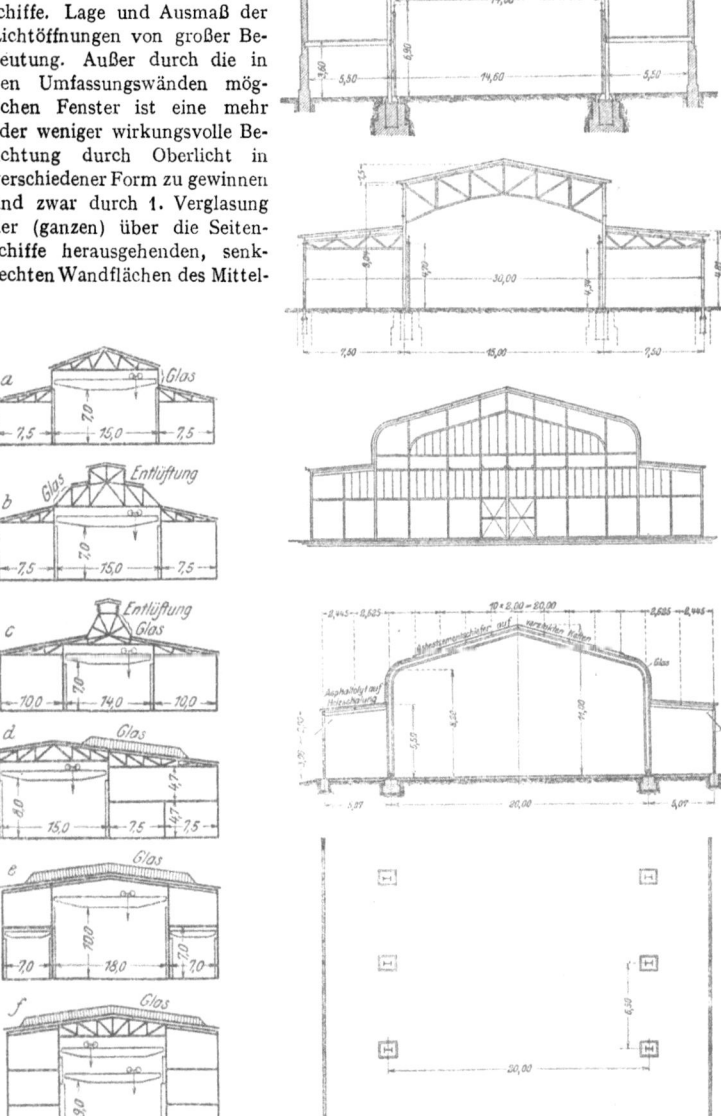

Fig. 83 a—f. Zwei- und dreischiffige Hallen.

Fig. 84—88. Dreischiffige Hallen mit verschiedener Belichtung.

Dubbel, Betriebstaschenbuch. 43

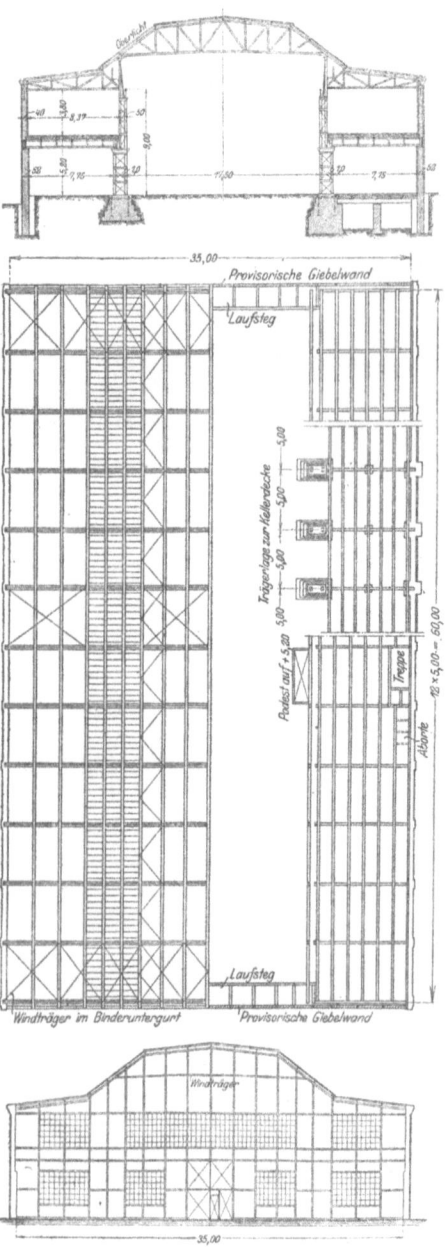

Fig. 89—91. Dreischiffige Halle. Oberlicht der Mittelhalle über die Seitenhalle fortgeführt.

schiffs wie in Fig. 83a, 85, 95, 96, 97, 98, hohes Seitenlicht; 2. Glashauben, Laternen und sonstige Glasaufsätze, die entweder über (parallel) der First, 83 c, 83 e, und dann gewöhnlich ununterbrochen auf die ganze Länge des Gebäudes, oder quer zur Firstlinie, wie in Fig. 83 d, e, f, 92, 93 u. a. angeordnet werden. Die quergesetzten sattelförmigen Oberlichte werden dicht nebeneinander gereiht oder (häufiger) in Abständen nach Maßgabe des Lichtbedürfnisses in jedem oder in jedem zweiten Binderfeld aufgesetzt.

Die Stütze, das wichtigste Bauelement der Hallen, steht in Entfernungen von 3 bis 6 m oder einem Mehrfachen dieser Maße. Bei großen Stützenabständen sind hohe Träger (Vollwand oder Fachwerk) für Kranschienen erforderlich. Auch die enger (3 bis 6 m) gestellten Dachbinder müssen hierauf abgestützt werden. Einige Querschnittsformen dreischiffiger (und zweischiffiger) Hallen in einfachster Darstellung geben die Fig. 83 a bis f, 84, 85, 86 u. a., und zwar mit Hauptschiffweiten von 12 bis 18 m. Die Formen sind für dreischiffige Anlagen größerer Spannweite nicht wesentlich verschieden (Fig. 92). Statt größerer Spannweite kann bei größerem Flächenbedarf auch eine Reihung von großen Hallen mit kleineren (letztere mit Galerien), wie in Fig.93 unter einem breiten Satteldach oder wie in Fig. 94 bis 97 mit abgesetzten Dächern erfolgen. Auch bei diesen Formen steht immer die Frage der Belichtung aller Arbeitsflächen im Vordergrund der Erwägungen.

Galerien erfordern natürlich Treppen; Lastenförderung in der Wagrechten und in der Senkrechten durch Krane. Zum Abstellen der Lasten auf den Galerien kragen diese in das Kranfeld der Haupthalle aus oder sind (an den Stirnseiten) durch Übergänge quer zur Haupthalle, also unter dem Kran, verbunden. Über Werkstattförderwesen s. S. 742.

Vorherrschend werden Hallenbauten in Eisen und Ziegelmauerwerk ausgeführt. Umfassungs- und Stirnwände auch in Eisenfachwerk; eine Stirnwand vor bzw. hinter dem letzten Binder so angesetzt (durch Schrauben), daß sie bei notwendigen Verlängerungen der Halle ohne Änderung der Stützen,

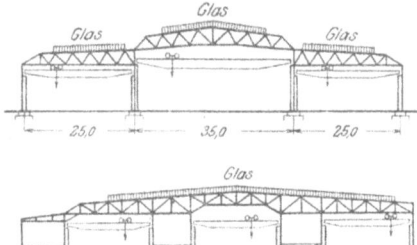

Fig. 92 u. 93. Dreischiffige Hallen nach Ausführung der MAN-Nürnberg-Gustavsburg.

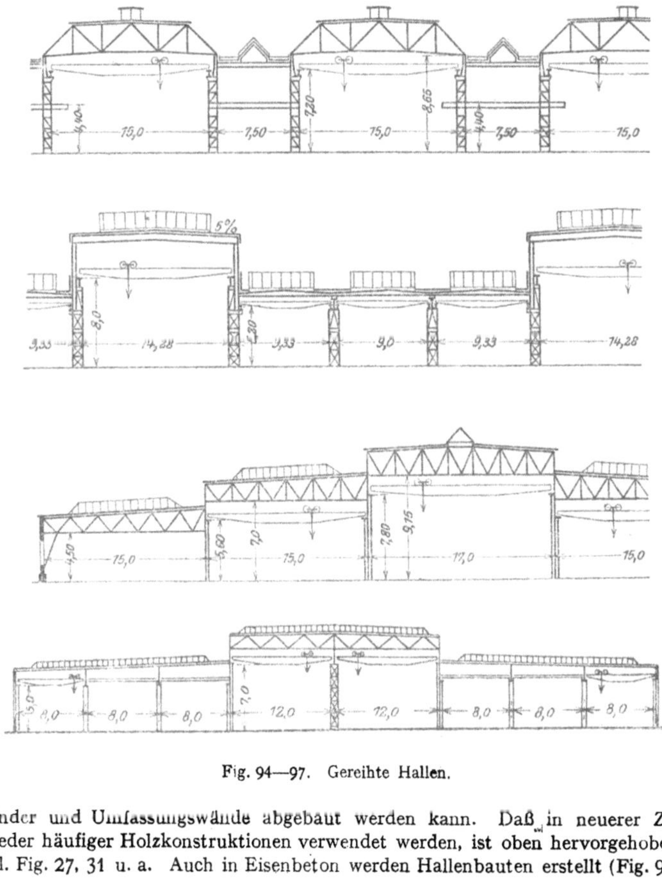

Fig. 94—97. Gereihte Hallen.

Binder und Umfassungswände abgebaut werden kann. Daß in neuerer Zeit wieder häufiger Holzkonstruktionen verwendet werden, ist oben hervorgehoben; vgl. Fig. 27, 31 u. a. Auch in Eisenbeton werden Hallenbauten erstellt (Fig. 98).

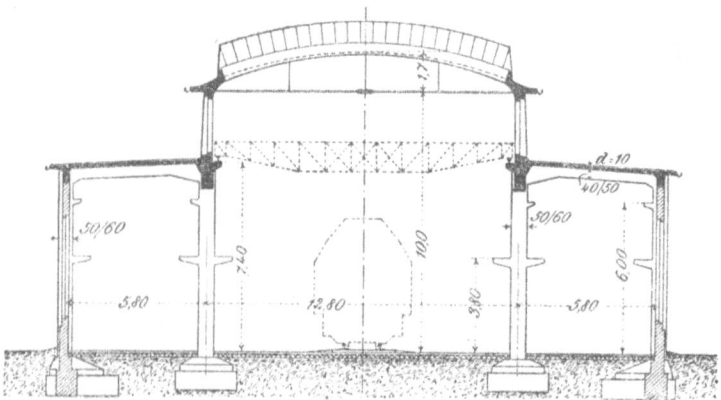

Fig. 98. Dreischiffiger Hallenbau in Eisenbeton. Aus Mörsch: „Der Eisenbetonbau" 1913, S. 431, Abb. 456, Konr. Wittwer, Stuttgart.

IV. Innerer Ausbau.

Der innere Ausbau der Fabrikgebäude ist im allgemeinen einfach; er muß jedoch immer in Hinblick auf starke Beanspruchungen, denen fast alle Einzelteile unterworfen sind, durchgeführt werden. Er erfordert auch überall da besondere Aufmerksamkeit, wo ein Ineinandergreifen von Ausbauarbeiten mit den Arbeiten der Betriebseinrichtung, der Maschinenaufstellung u. a. notwendig wird. Zum inneren Ausbau gehören: Zwischenwände und andere Raumabschlüsse, Fenster, Türen und Tore, Fußbodenbelag und insbesondere die Kraftleitung.

a) Wände und Raumabschlüsse.

Die im Rohbau fertiggestellte, feste, gemauerte Wand als dauernde Raumbegrenzung unterliegt verschiedener Behandlung. In den meisten Werkstätten, Lagern und Verwaltungsräumen erhält sie Kalkputz (auch Gipsputz); wo mit ganz billigen Mitteln die Raumhelligkeit vergrößert werden soll und ein geringerer Grad von Sauberkeit verlangt wird, ist ein (weißer) Kalkanstrich ausreichend. Auch mit Verfugung oder selbst ohne diese genügt die rohe Ziegelmauer für viele Verwendungszwecke. Die Fugen voll zu mauern, bzw. die Wand zu glätten, empfiehlt sich überall da, wo Lagergut nicht in den Fugen haften bleiben darf und wo Ablagerung von Staub störend ist. Von besonderer Bedeutung für den Fabrikbau sind solche Wandkonstruktionen, die (bei geringem Gewicht) sich rasch einbauen und ebenso wieder entfernen lassen. Leichte Zwischenwände werden dort verwendet, wo die Raumbenutzung raschem Wechsel unterworfen ist — wenn die Fertigung sich ändert, wenn einzelne Werkstätten zu verlegen oder zu erweitern sind und aus anderen Gründen. Weniger als bei anderen Zweckbestimmungen läßt sich bei der Warenherstellung übersehen, welches Flächenbedürfnis für den einzelnen Arbeitsvorgang in naher Zukunft vorhanden sein wird. Deshalb müssen Fabriken nicht nur nach außen erweiterungsfähig sein, sondern auch im Innern Raumverschiebungen durch Unterteilungen großer oder durch Zusammenfassung kleiner Räume d. h. durch nachträgliche Einfügung oder Beseitigung von Zwischenwänden zulassen.

Solche Zwischenwände werden als Holz- oder Eisenfachwerkkonstruktionen mit Ausmauerung oder aus Mauerwerk mit Eiseneinlagen hergestellt. Die Eisenbewehrung macht die Wand steif (widerstandsfähig gegen seitliche Beanspruchung) und freitragend. (Vgl. Fig. 4.)

Für Zwischenwände ganz kurzer Spannweite und geringer Höhe oder solche, die auf tragfähiger Unterlage aufgesetzt werden können, ist natürlich auch Mauerwerk ohne Eiseneinlage verwendbar. Ganz leichte und dünne Raumabschlüsse können entweder aus Mörtel mit Hilfe einer einseitigen Lehre (Luginowand der Firma Lugino & Co., Berlin Wilmersdorf) oder aus plattenförmigem Material z. B. Gipsdielen aufgebaut werden. Ein sehr haltbares Material für diese Zwecke ist die Duroplatte (Duroplattenwerk G. m. b. H. Berlin), die aus Gips, Kokosfasern und imprägnierten Holzfasern mit Zusatz von Duromasse (Zusammensetzung nicht bekannt) unter hohem Druck hergestellt werden. Die Fugen werden untereinander durch Leimgips verbunden, dem zur Erzielung besonderer Härte ebenfalls Duromasse beigegeben werden kann. Durch Überlagen von präparierten Jutestreifen können die Fugen noch besonders gedichtet werden. Die Platten werden in Größen von 150/100 cm und verschiedenen Stärken hergestellt; sie sind trocken, nagelbar und können mit der Säge bearbeitet werden. Die Möglichkeit, Anhänge ohne Dübel befestigen zu können, das Fehlen metallischer Einlagen und die Feuersicherheit machen diese Platten geeignet für Zwischenwände in Räumen mit elektrischen Apparaten (Zellenwände, Schalttafeln, Blitzschutzplatten).

Eine gut nagelbare Wand (von geringem Gewicht) läßt sich auch mit rheinischen Schwemmsteinen (Schwemmsteinsyndikat Neuwied am Rh.) herstellen.

Wo die Notwendigkeit häufiger Verschiebung von Zwischenwänden vorauszusehen ist, wird man diese aus größeren Holzrahmen (mit Holz- und Glasfüllungen) zusammenbauen.

b) Fenster.

Für die Rahmung der Lichtöffnungen ist Holz nur insoweit zu verwenden, als nicht besondere Anforderungen an Festigkeit, Haltbarkeit, Feuersicherheit u. a. gestellt werden — also nur für kleine und mittelgroße Fenster, die weder größerem Winddruck noch den zerstörenden Einflüssen von Gasen und Dämpfen ausgesetzt sind (Werkstätten mit kleinen Lichtöffnungen in trockenen Betrieben, Lager- und Verwaltungsräume ohne Feuergefahr). In anderen Fällen ist Eisen als Baustoff für Rahmen und Sprossen vorzuziehen. Das Eisen ist, sofern es durch gut erhaltene Anstriche dauernd gedeckt ist, gegen die Einflüsse der Witterung sowohl wie gegen Gase und Ausdünstungen der meisten (nicht aller) Betriebe sehr widerstandsfähig. Das gilt sowohl für gußeiserne Fenster, wie für solche aus Walzeisen und aus Stahlblechen.

Das gußeiserne Fenster ist bei dem Fehlen von Verbindungsstellen und mit dem überall gleichbleibenden Querschnitt sehr wetterbeständig. Die Scheiben haben auch überall gutes Auflager; es ist aber empfindlich gegen Stoß (Bruchgefahr während des Transportes) und bei dem Mangel an Zug- und Biegungsfestigkeit nur in geringeren Größen verwendbar. Der Einbau von beweglichen Teilen (Lüftungsflügeln) ist erschwert.

Große Fenster mit hohen Windbeanspruchungen kann man nur in Schmiedeeisen ausführen.

Um die in unmittelbarer Nähe der Fenster tätigen Arbeiter (besonders Bank-Arbeiter und -Arbeiterinnen, die empfindlich sind) vor Zugluft zu schützen, müssen alle Anschlüsse gut (mit Mörtel, auch mit Hanf- und Gummischnur) gedichtet sein.

Eine wichtige Forderung bei Fenstern in Werkstätten und Lagern ist die Möglichkeit, durch bewegliche Fensterteile Abluft abführen und Frischluft in ausreichender Menge zuführen zu können.

Auch der Schutz gegen Sonnenbestrahlung ist zu beachten. Ein einfaches Schutzmittel sind Kalkanstriche oder Vorhänge, z. B. Holzdrahtvorhänge der Firma A. Boeck & Co., Berlin.

Wie den Glasdeckungen und Oberlichtkonstruktionen ist auch dem Fenster stets besondere Sorgfalt zuzuwenden, einmal weil alle diese Konstruktionen in ihren Einzelheiten schwierig durchzubilden sind und sodann, weil eine gute Belichtung mit natürlichem Licht für fast alle Arbeiten sehr wertvoll ist. Schon um an künstlichem Licht zu sparen, werden die Arbeitsräume so reichlich wie möglich mit Tageslicht versehen. Reichliche Belichtung fördert Reinlichkeit und Ordnung. Dieserhalb ist es auch wichtig, die dauernde Reinhaltung der Glasflächen durch bequeme Zugänglichkeit der Fenster zu erleichtern. Wo die Glasflächen nicht anders zu erreichen sind, ist die Anlage besonderer Gänge, Leitern und dergleichen zu erwägen. Die Lüftungsflügel sind über große Fensterflächen in der Weise zu verteilen, daß alle feststehenden Glasflächen zwecks Reinigung durch die Öffnungen erreichbar sind.

Erste Ausführung, sowie dauernde Unterhaltung (Glasbruch) werden verbilligt, wenn für alle Fenster möglichst gleiche Scheibengrößen gewählt werden. In größeren Fabriken ist ein Mann mit der Unterhaltung dauernd zu beschäftigen.

c) Türen und Tore.

Von Türen und Toren der Werkstätten und Lagerräume wird hohe Festigkeit des Baustoffes, Dauerhaftigkeit der Beschläge, Dichtigkeit des Anschlusses und oft auch Feuersicherheit verlangt. Größere Bedeutung als die Holztüren haben die Metalltüren, insbesondere die aus Eisenblechen hergestellten Abschlüsse. Zur Verwendung kommen vorwiegend Klapp- bzw. Flügeltüren (einflügl. und zweiflügl.) sowie Schiebetüren.

Bei der Bemessung der Öffnungen ist immer zu beachten, ob diese nur für Personenverkehr oder auch für den Verkehr mit Traglasten, Wagen und anderen Transportmitteln bestimmt sind. Eine einflügliche Tür von 1,10 m Lichtweite (Höhe 2,20 m) ist ausreichend für gewöhnlichen Personenverkehr, sowie für den Verkehr mit Schiebekarren und Schmalspurwagen (auch für den Transport von Werkbänken und anderen kleineren Einrichtungsgegenständen). Für die Lichtweite einer Türöffnung mit 2 Flügeln (Höhe 2,50 m) ist ein Maß von wenigstens 1,50 m zu wählen, damit beim Öffnen nur eines Flügels 0,75 m Lichtmaß vorhanden ist. Für größere Fuhrwerke sind wenigstens 2,50 m erforderlich; Höhe wenigstens 3,00 m. In große Flügel- oder Schiebetore baut man zur Erleichterung stärkeren Verkehrs von Einzelpersonen zweckmäßig eine kleinere Flügeltür ein. Die Lichtmaße der Öffnungen für normalspurige Eisenbahnfahrzeuge werden mit 4 bis 4,25 m Breite und mindestens 4,80 m Höhe zu wählen sein. Das Mindestmaß der Breite ist 3,35 m. Sofern die Lage des Gleises (insbesondere auch die Höhenlage) sich im voraus nicht genau genug bestimmen läßt, wird es sich empfehlen, Spielraum zu lassen. Eine Vergrößerung des genannten Breitenmaßes auf etwa 4,50 m ist mit Rücksicht auf den Rangierverkehr, bei dem ein Durchschlupfen zwischen Wagen und Türlaibung möglich sein muß, zweckmäßig.

Eiserne Flügeltüren. Der Flügel wird aus Wellblech oder (besser) aus besäumtem bzw. in einen Rahmen gelegtem glattem Blech gebildet und auf drei Langbändern (auch mit Fitschbändern) in eine starke eiserne Zarge eingehangen. Die Zarge besteht aus Winkeleisen, welche die beiderseitigen Ecken der Leibung umfassen, durch Flacheisenbänder verbunden und in dem Mauerwerk durch Anker gehalten sind. Die Flacheisenverbindungen dieser Zargen sind in den Aussparungen mit der äußeren Mauerfläche bündig gelegt und samt den Ankern gut in Zementmörtel zu vergießen. Genaues Einspannen der (geschlossenen) Türe vor dem Vergießen ist erforderlich. Der Flügel kann nach außen oder in die Laibung aufschlagen; in letzterem Falle ist natürlich der Auftrag des Flügels bei der Bemessung der Lichtweite zu berücksichtigen.

Da die einfache Eisenblechtür starkem Schadenfeuer nicht standhält — sie wird verbogen und gibt den Stichflammen Durchgang — werden bei der Notwendigkeit feuersicheren Abschlusses Feuerschutztüren verwendet. Diese werden aus zwei Blechplatten mit einer etwa 30 mm starken feuer- und raumbeständigen Zwischenlage hergestellt, die ebenfalls in einem starken Rahmen (Walzeisen) eingespannt sind; sie schlagen auch in einen gemauerten Falz oder (besser) in eine Winkel- bzw. Profileisenzarge. Beständigkeit in hoher Feuertemperatur, rauch- und flammendichtbleibender Anschluß an die Zarge bzw. den Anschlag ist Haupterfordernis. Die Deutschen Metall-Türenwerke Brackwede i.W. führen derartige Türen aus.

Schiebetüren. Wo die raumsperrenden Klappflügel hinderlich sind, werden die Türen seitlich (selten senkrecht) verschiebbar ausgeführt. Der dauernd leichte Gang einer Schiebetür ist, abgesehen von der Verwendung eines möglichst reibungsfreien, gegen Staub und Rost möglichst unempfindlichen Gehänges, insbesondere davon abhängig, daß die (oft mehrere Hundert Kilogramm schwere) Tür genau senkrecht hängend auf ihre genau wagerecht verlegte Laufschiene aufgebracht wird.

Schiebetüren werden (auch zum Verschluß größerer Öffnungen) zweckmäßig nur einteilig (nicht zweiteilig) ausgeführt. Die Türtafel läuft nur nach einer Seite und schlägt beim Öffnen an einen in der Gebäudewand gut verankerten Puffer. Ist die Türöffnung so groß, daß die Tür in ganzer Größe nicht zur Baustelle gebracht werden kann, muß sie in zwei Teile verlegt und vor dem Einhängen zusammengesetzt werden.

Bei Verwendung entsprechender Baustoffe können auch Schiebetüren feuersicher gemacht werden.

Für besonders große Öffnungen werden statt der raumsperrenden Flügeltore auch Falttore verwendet. Es sind dies Tore, die durch eine kombinierte Schiebe- und Drehbewegung derart betätigt werden, daß ihre Flügel sich beim Öffnen mehrfach zusammenfalten lassen. Damit wird bei großen Flügeltoren die unvermeidliche Raumsperrung (innen oder außen) vermieden und gleichzeitig auch (bei Führung in Kugellagern) eine leichte Handhabung erzielt. Bei Toren bis zu etwa 5 m Höhe ist Betätigung von Hand möglich; für größere Höhen kann eine mechanische Bewegungsvorrichtung zuHilfe genommen werden.

d) Befestigung von Kraftwellenleitungen und sonstigen Anhängen.

Die Art der Befestigung von Anhängen für Antriebswellen, Vorgelege u. a. an Wänden, Stützen und insbesondere an Decken ist abhängig von Baustoff und Konstruktionsform. Holzschrauben und Schraubenbolzen sind die meist verwendbaren Mittel für Befestigung auf Holz. Auf Mauerwerk werden vorher eingemauerte oder nachträglich eingesetzte Ankereisen verschiedener Art verwendet. Nachträgliche Befestigung an gußeisernen Stützen mittels umgelegter Bänder, an Walzeisen durch Nietung. Ist in Eisengebälkdecken Steg und Unterflansch etwa durch Beton umhüllt, so wird dieser unbedenklich an den Befestigungsstellen abgeschlagen, um Nietlöcher zu bohren oder Klemmschrauben aufzusetzen.

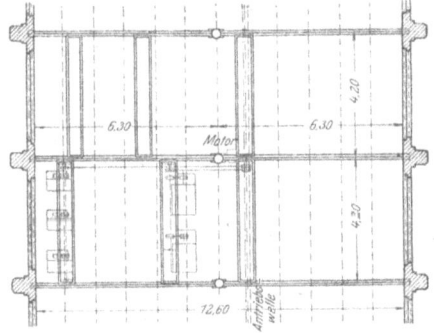
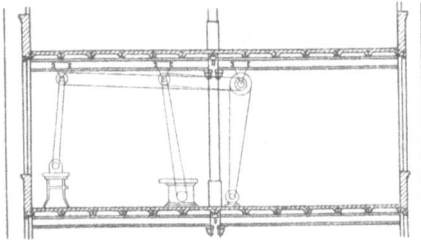

Fig. 99 und 100. Lagerböcke von Antriebwelle und Vorgelegen an den Unterzügen einer Geschoßdecke. Vgl. auch Fig. 101—104.

Leicht lassen sich Vorgelege an Eisengebälkdecken befestigen, wenn nicht ummantelte Unterzüge wie in Fig. 99 bis 105 unter dem Eisengebälk liegen. Die Lagerböcke sind hier an ein Paar I-Eisen oder [-Eisen und letztere auf den Unterflanschen von Unterzügen aufgeklemmt.

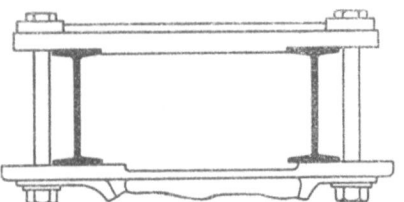

In gleicher Weise läßt sich dies auch auf den Unterflanschen von (hohen) Deckenträgern ausführen, wenn die Zwischendecken hier auf angenieteten Winkeln aufliegen.

Zur bequemeren Anbringung unter dem Unterflansch (statt auf diesem) werden auch Walzprofile besonderer Art hergestellt. So z. B.

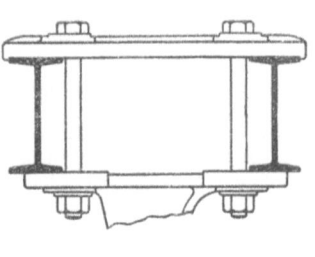

die Kraftleitungs- und Vorgelegeträger der Deutschen Kahneisen-Gesellschaft Jordahl & Co., Berlin W 35 (Fig. 106 bis 111). Die Eisen können mittels Hängebügel und winkelförmigen Hängebolzen an den Unterflansch von Deckenträgern befestigt werden, und zwar sowohl quer (Fig. 108) als auch in der Achse des Flansches (Fig. 109). Das in der Rille mittels doppelseitigen (Fig. 110)

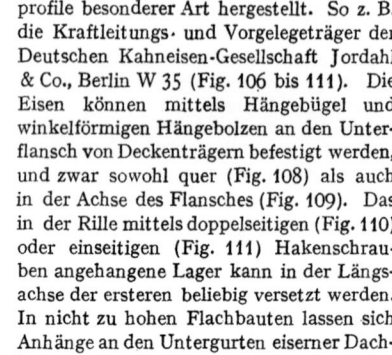

oder einseitigen (Fig. 111) Hakenschrauben angehangene Lager kann in der Längsachse der ersteren beliebig versetzt werden. In nicht zu hohen Flachbauten lassen sich

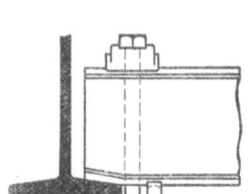

Anhänge an den Untergurten eiserner Dachbinder befestigen. Ist die Höhe zu groß und soll das nur leichte Dach vor Erschütterungen bewahrt bleiben, so wird nach Bedarf ein besonderes Gerüst wie in Fig. 81 eingebaut. Die daselbst eingeschriebenen Stärken der Walzeisen genügen auch für zahlreiche Vorgelege und stärkeren Riemenzug.

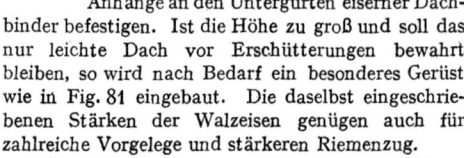

Die Befestigung von Anhängen an Stützen, Decken und Dachwerk von Eisenbeton ist im all-

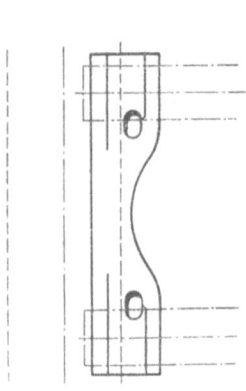

Fig. 101—104. Einzelheiten der Befestigung von Wellenlagern an Geschoßdecken.

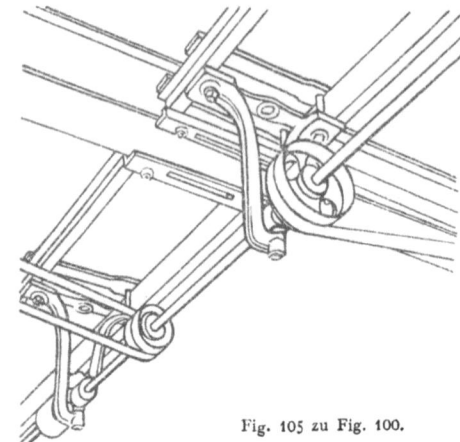

Fig. 105 zu Fig. 100.

Innerer Ausbau. — Befestigung von Kraftwellenleitungen usw. 681

gemeinen nicht so einfach, wie bei freiliegenden Walzeisen, weil die ganz zuverlässige Verbindung auch hier ein tieferes Eingreifen in die Betonmasse bedingt und das gewöhnlich nur möglich ist, wenn entsprechende Durchlochungen (Bolzenlöcher) vorhanden oder wenn sonstige Vorkehrungen getroffen sind. Ist

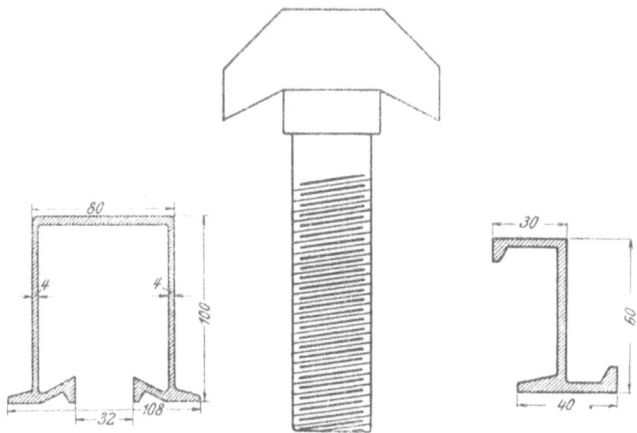

Fig. 106 u. 106a. Kraftleitungsträger. (Walzlänge 12—15 m) der Deutschen Kahneisen-Ges. System Jordahl. Befestigung von Anhängen mittels besonderer in die Rille des Trägers von unten her einzuhängender Schraubenbolzen.

Fig. 107. Vorgelege träger, System Jordahl.

letzteres nicht der Fall, so können auch wohl nachträglich Löcher gestemmt werden (mühsam und teuer); am besten werden dann z. B. Wellenlager nach Fig. 112 befestigt, so daß die dünnere Deckenplatte einer Rippe durchstoßen und der anzuhängende Lagerbock mit seiner Sohlplatte durch die Schraubenbolzen fest an die Rippe gepreßt wird.

Wenn die Lage der Anhänger im voraus genau bestimmt werden kann (was selten der Fall ist), so lassen sich durch Einbettung von Rohrstücken in die Betonmasse, wie in Fig. 113 u. 114, die erforderlichen Löcher für Anker und Bolzen aussparen; es kann auch dem eisenbewehrten Betonkörper z. B. durch Konsolen wie in Fig. 98 und 115 die zur Aufnahme von Lagern und dergleichen notwendige Form gegeben werden. Liegen nur die Achsen für die zukünftigen Anhänge fest, z. B. unter Balken und Rippen, so kann durch Einlage

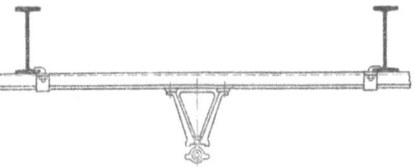

Fig. 108. Verwendung von Kraftleitungsträgern nach Fig. 106 unter I-Trägern in Querrichtung.

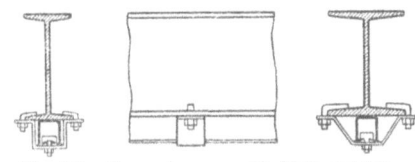

Fig. 109. Verwendung von Kraftleitungsträgern nach Fig. 106 unter I-Trägern in Längsrichtung.

einer genügend großen Zahl von Eisenrohrstücken mit Innengewinde (Fig. 116) die Möglichkeit der Befestigung geschaffen werden. Diese Rohrstücke werden zunächst auf der Schalung festgeschraubt und so während der Einstampfarbeit in ihrer Lage gehalten; vor der Ausschalung braucht nur die Behelfschraube gelöst zu werden.

Ähnlich den vorerwähnten unter Eisen- (und Holz-) Gebälk zu verlegenden Walzeisen stellt die Kahneisengesellschaft auch solche her, die auf ganzer Höhe im Beton eingelassen und verankert werden. Zu diesem Zweck haben die U-för-

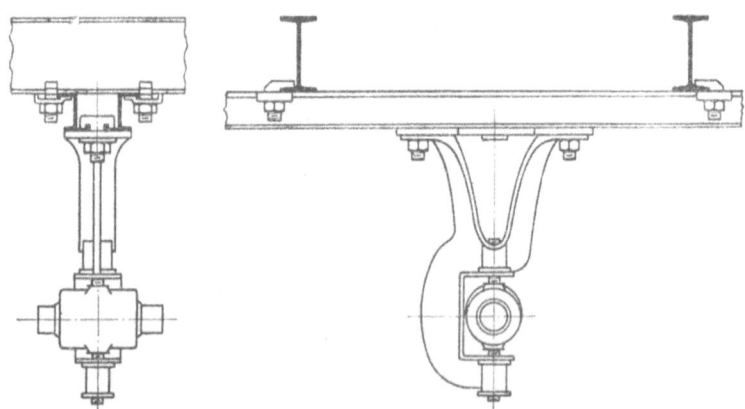

Fig. 110. Verwendung von Vorgelegeträgern System Jordahl (Fig. 107) unter I-Trägern. Befestigung des Lagerbockes mit nur 2 Hakenbolzen.

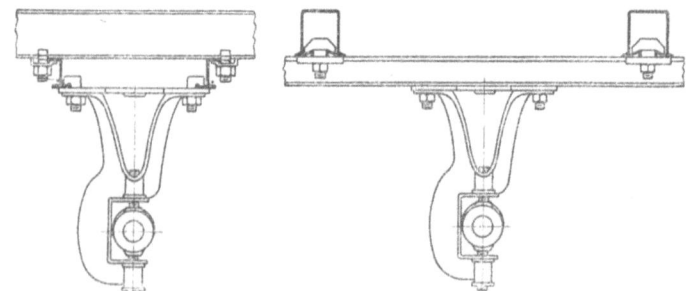

Fig. 111. Verwendung von Vorgelegeträgern (Fig. 107) unter Kraftleitungsträgern (Fig. 106). Befestigung der Lagerböcke mit je 4 Hakenbolzen.

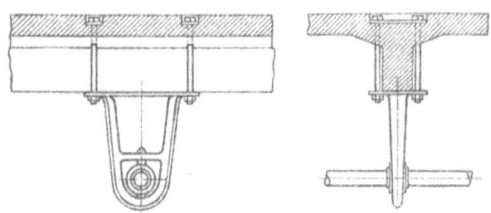

Fig. 112. Befestigung von Anhängen an Eisenbetonbalken. Aus A. Günther: „Die Befestigung von Transmissionen in Eisenbetonbauten." Werkstattstechnik 1914 S. 221 und f. Fig. 40 und 41.

migen Eisen in Abständen von etwa 25 cm Schlitze im oder unmittelbar unter dem Oberflansch, durch welche flache Bügel durchgreifen (Fig.117), die eine tiefe Verankerung (bei auf Biegung beanspruchten Baugliedern bis in die Druckzone) gewährleisten und zudem auch schräggerichtete Zug- (Schub)kräfte aufnehmen können. Gegen Rost von der Luftseite werden sie durch Anstriche geschützt. Sie nehmen die Anhänge an beliebiger Stelle durch besonders geformte Schraubenbolzen auf. Die Eisen können auch in senkrechter oder schräger Anordnung, z. B. in Stützen und Wänden, verwendet werden.

Innerer Ausbau. — Befestigung von Kraftwellenleitungen usw. 683

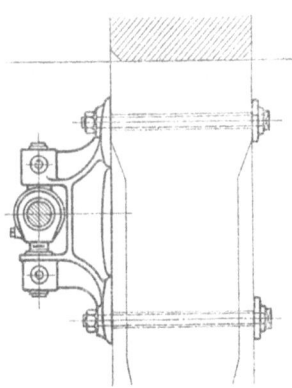

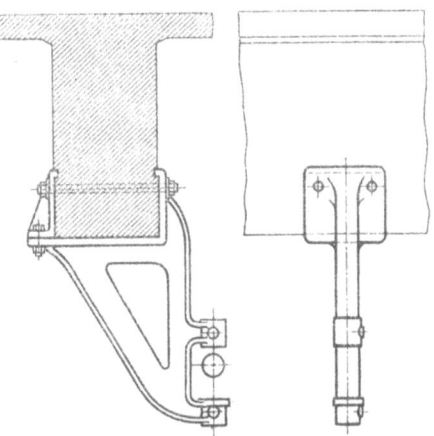

Fig. 113. Befestigung eines Wellenlagers an einer Eisenbetonstütze. Aus A. Günther: „Die Befestigung von Transmissionen in Eisenbetonbauten." Werkstattstechnik 1914, S. 221 und f. Fig. 26.

Fig. 114. Befestigung eines Lagerbockes an einem Eisenbetonbalken. Aus A. Günther: „Die Befestigung von Transmissionen in Eisenbetonbauten." Werkstattstechnik 1914, S. 221 und f. Fig. 34 und 35.

Von besonderer Bedeutung ist ein]-förmiges Einlageeisen gleicher Zweckbestimmung, das zugleich als Bewehrungseisen neben anderen Eiseneinlagen zur Wirkung kommt (Fig. 118 und 119). Das Eisen wird so am Rande der Eisenbetonunterzüge oder Rippen, und zwar beiderseits der übrigen für die Bewehrung nötigen Einlagen, angeordnet, daß es von den Bügeln derselben eingeschlossen und vom Beton vollständig umhüllt ist. Es kann durch Abstemmen der Betonumhüllung an beliebiger Stelle so weit freigelegt werden, daß ihm eine Hakenschraube aufgelegt werden kann, mit welcher der Anhang zu befestigen ist. Durch nachträgliches Verkleiden mit Zementmörtel wird das Einlageeisen (und ein Teil der Hakenschraube) wieder gedeckt.

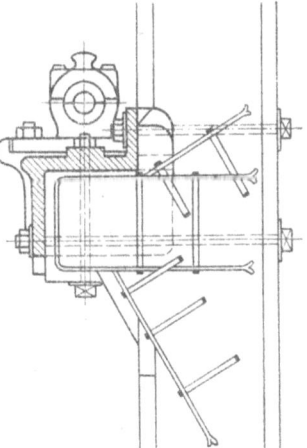

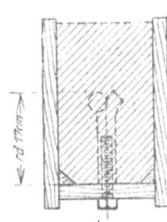

Fig. 115. Wellenlager auf einem Kragansatz einer Eisenbetonwand. Aus A. Günther: „Die Befestigung von Transmissionen in Eisenbetonbauten." Werkstattstechnik 1914, S. 221 und f. 28.

Fig. 116. Befestigung von Anhängen an Eisenbeton mittels Rohrstücken mit Innengewinde. Aus A. Günther: „Die Befestigung von Transmissionen in Eisenbetonbauten." Werkstattstechnik 1914 S. 221 und f. Fig. 58.

e) Der Fußbodenbelag.

Die Bestimmung über den Belag des Bodens in Werkstätten, Lagern und Verwaltungsräumen ergibt sich vorwiegend aus der Raumbenutzung; mitbestimmend ist die Art der Unterlage (Erdboden oder Gebälkdecke). Die in Betracht kommenden Ausführungsformen sind: 1. Brettholz (Kiefer, Tanne, Buche) als Fußbodendielen und Riemen verschiedener Stärke von etwa 2 cm bis 8 cm, die auf Gebälk (Holzgebälkdecke) oder auf Lagerhölzern (8/8 bis 16/16 cm) aufgenagelt werden. (Vgl. Fig. 21.) Die Verlegung von Lagerhölzern ist sowohl unmittelbar

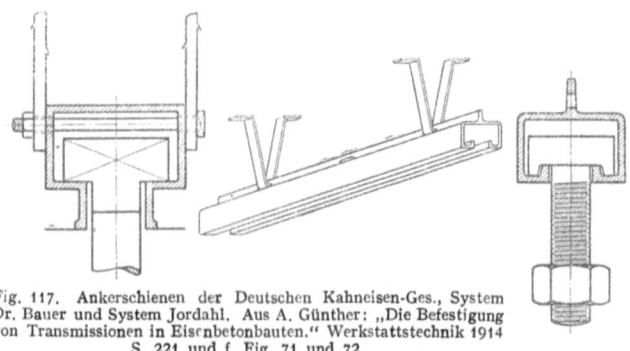

Fig. 117. Ankerschienen der Deutschen Kahneisen-Ges., System Dr. Bauer und System Jordahl. Aus A. Günther: „Die Befestigung von Transmissionen in Eisenbetonbauten." Werkstattstechnik 1914 S. 221 und f. Fig. 71 und 72.

auf (trockenem) Erdboden wie auf Decken in Massivkonstruktion möglich. Ist der Boden nicht vollkommen trocken zu halten, so empfiehlt sich die Unterlage einer 8 bis 15 cm starken Schicht aus Magerbeton (Kies oder Schlackenbeton 1 : 12) die zur weiteren Sicherung gegen aufsteigende Feuchtigkeit abzudichten ist (Belag von Dachpappe, Einlage von Isolierpappe). Der Brettholzbelag kann in allen Fällen einlagig oder doppellagig sein. In letzterer Form wird eine stärkere Dielung (Kiefer) mit 24 mm starken, sauber bearbeiteten kurzen Riemen belegt. Oberbelag (nach Beschädigungen) auswechselbar, widerstandsfähig, eben, glatt; es können leichtere Maschinen und Apparate ohne weiteres aufgestellt und (durch Schrauben) befestigt werden.

Über Eisengebälk kann bei fehlender Zwischendecke (z. B. in Mühlen) ein Brettholzbelag auch unter Vermittlung von schmalen Bohlen, die auf den Oberflanschen der Träger (Bohlenbreite = Flanschbreite) aufgeschraubt sind, aufgenagelt werden.

Holzpflaster. Reihung von etwa 8 bis 15 cm hohen gleichgeformten Holzstöckel mit rechteckiger Oberfläche (Breite 7 bis 13 cm, Länge 12 bis 25 cm); Holzfaser senkrecht. Längsfugen durchgehend, Querfugen versetzt. Alle Fugen (5 mm) mit Teerpech oder mit dünnflüssigem Zementmörtel (1 : 2) vergossen. Die Verlegung auf Erdboden, also in ebenerdigen Räumen (z. B. Hallen) bedingt eine 10 bis 30 cm starke Betonunterbettung. Unterbettung um so stärker, je schwerer der Betrieb. Zum Schutz gegen aufsteigende Erdfeuchtigkeit werden die Stöckel vor dem Verlegen mit ihrer Unterfläche in heißen Teer oder Asphalt getaucht.

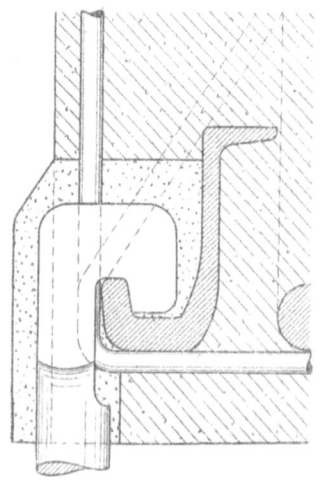

Fig. 118. L-Schiene der Deutschen Kahneisengesellschaft, eingelegt neben anderen Bewehrungseisen eines Eisenbetonbalkens, bestimmt zur Befestigung von Anhängen mittels Hakenschrauben.

Innerer Ausbau. — Der Fußbodenbelag.

Vorzüge des Holzbodens (Brett und Stöckel) ist geringere Wärmeableitung; fußwarm; deshalb vom stehenden Arbeiter bevorzugt. Fallende Werkstücke und Werkzeuge werden auf Holzfußboden nicht so leicht beschädigt, wie auf hartem, sprödem Belag.

Steinholz (Xylolith und Benennungen wie Doloment, Terralith u. a.), eine aus Holz (Säge)mehl mit erdigem Bindestoff bestehende zunächst lockere weiche Masse, die auf fester Unterlage aufgetragen und geglättet wird. Oberfläche fast wasserdicht. Fugen frei, fußwarm, feuersicher, leicht sauber zu halten. Risse auf nachgiebiger Unterkonstruktion unvermeidbar. In Lagern und Werkstätten mit ungleichem Verkehr und besonders in Verwaltungsräumen verwendbar.

Steinpflaster; vgl. unten, Straßen; verwendbar auf gewachsenem Boden (z. B. in Schmieden), sehr

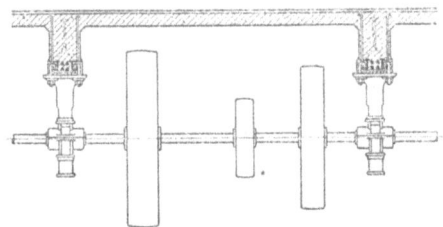

Fig. 119. Anhang einer Kraftwelle unter Rippen einer Eisenbetondecke mit L-Schiene, vgl. Fig. 118.

widerstandsfähig unter starkem Verkehr; harte Oberfläche, unempfindlich gegen Wasser, Säuren und andere Agentien, fußkalt.

Plattenbelag: natürlicher Stein, künstlicher Stein, Beton, gebrannter Ton u. a. In größeren Stärken unmittelbar auf gewachsenem Boden (mit Sandunterbettung) oder auf fester Unterkonstruktion. Widerstandsfähigkeit abhängig von Steinart, meist unempfindlich gegen Säuren und Öl. Als Fliese (glatt, sauber, enge Fugen) auch zu Wandbelag geeignet.

Gußasphalt; auf fester Unterlage (Beton). Fußwarm, wasserundurchlässig, unempfindlich gegen die meisten chemischen Einwirkungen, aber unter warmer Luft weich werdend.

Zementestrich; auf fester Unterlage (Beton, Ziegelstein, Mauerwerk). Portlandzementmörtel 1 : 3, aufgestrichen, geglättet, Oberfläche kann durch Beimengung von Eisenfeilspänen (frei von Öl) u. a. gedichtet und gehärtet werden. Unter starkem Verkehr staubbildend, empfindlich gegen Öl, fleckend, fußkalt.

V. Außenanlagen.

a) Freiflächen.

Der von Gebäuden freibleibende Teil des Werkgrundstücks (die Flächen zwischen den fertigen Gebäuden) werden als Lagerflächen, z. B. nächst der Eisengießerei als Lager für Formkasten, oder als Arbeitsflächen die nur bei gutem Wetter oder nur bei Auftragshäufung benutzt, oder sie werden für Wege verwendet. Die Lagerfläche bedarf nur selten einer besonderen Behandlung, die Arbeitsfläche ist oft mit einem Belag (Pflaster, Platten) zu versehen und muß geregelten Wasserabfluß haben. Über die Behandlung der Wege siehe folgenden Absatz. Was zwischen den vorgenannten Flächen unverwendet liegen bleibt, wird zweckmäßig als Grünfläche (mit Rasen, auch mit Strauch und Baum) verwendet.

b) Straßen.

Die erforderlichen Verbindungs- und Verkehrswege sind nach Zweck und Bedeutung in verschiedener Weise zu gestalten. Ihre Breite beträgt für Fuhrverkehr in zwei Richtungen mindestens 5 m. Fahrwege sind meist zu befestigen und zu entwässern. Befestigung mit a) 10 bis 20 cm hoher Schicht von Kesselschlacke oder Kies auf gewachsenem Boden (nur für ganz leichten Verkehr),

b) **Makadam** (nach Mac Adam), bestehend aus einer 20 bis 25 cm starken Schicht von Kleinschlag (Schotter), die festgewalzt wird (für leichten Verkehr), c) 10 bis 20 cm hoher Packlage (Gestück, Stückung) von Bruchsteinen oder dichter und fester Hochofenschlacke und einer aufzuwalzenden Kleinschlagdecklage von etwa 6 bis 12 cm (b und c Schotterstraßen), d) Teerschotter auf Packlage: der Decklage aus Schotter und Kies (Grand) ist Teer oder Pech beigemengt, um Staubbildung zu mäßigen und die Oberfläche zu dichten und zu glätten (b bis d Chaussierung). e) Pflasterung mit natürlichen oder künstlichen Steinen. In der ersten Anlage teurer als Chaussierung, Unterhaltungskosten geringer. Bei der Steinpflasterung ist die Güte abhängig von 1. Steinform (und Steinart), 2. Unterbettung. Für nicht zu schweren Verkehr genügt eine Pflasterdecke aus annähernd würfelförmigen (geschlagenen) Steinen von 8 bis 10 cm Seitenlänge auf gut gewalztem Planum des gewachsenen und 2 cm och bekiesten Bodens aufgesetzt und leicht gerammt (Kleinpflaster). Zur Sicherung gleichmäßiger Drucklastübertragung auf nicht gleichmäßigen Boden und zur Erhöhung der Tragfähigkeit kann eine 8 bis 12 cm starke Betonsohle als Unterbettung gewählt werden. Bei der Pflasterung mit großen Steinen (10 bis 20 cm Höhe) ist das Pflaster aus Findlingen und nur wenig bearbeiteten Bruchsteinen in unregelmäßigem Verband von dem 1. Reihen-, 2. Kopfstein- und 3. Würfelpflaster zu unterscheiden. Ersteres trägt wohl schwere Verkehrslasten, verzerft aber seiner unebenen Oberfläche wegen so viel an Zugkraft, daß es bei stärkerem Verkehr kaum wirtschaftlich wird. Die unter 1 bis 3 genannten Pflasterarten bedingen mehr oder minder regelmäßig bearbeitete Steine; beim Würfelpflaster, dem teuersten und besten Pflaster, haben die vollkommen rechteckig bearbeiteten Steine gleiche Länge, Breite und Höhe, ihre Satzfläche ist gleich der Kopffläche; sie lassen sich nach Verschleiß der Kopffläche umdrehen. Bei dem Kopfsteinpflaster ist die Satzfläche kleiner als die Kopffläche, sie haben also Verjüngung nach unten. Je kleiner die Satzfläche, um so geringer die Güte des Pflasters. Erhöhung der Tragfähigkeit durch gute Unterbettung. f) Holzpflaster; aus Holzstöckel (rechteckige kleine Klötze) gleicher Höhe und gleicher Breite (Hirnholzkopffläche = Satzfläche) mit durchgehenden Querfugen und versetzten Längsfugen auf Betonunterbettung verlegt. Fugen mit Teerpech oder mit Zementverguß. Wichtig ist Gleichmäßigkeit des Holzes (gleiche Herkunft, gleich große Abnutzung). Ausreichendes Quergefälle für schnelle Regenwasserabführung, das für alle Straßendecken wichtig ist, ist hier besonders nötig. Ausdehnung und Werfen durch aufgesaugtes Wasser; Dehnungsfuge am Rande durch Ton zu schließen. g) Zementmakadam; Deckschicht aus Steinschlag, durchsetzt mit Zementmörtel, die auf guter fester Betonunterbettung aufgestampft wird. Wärmedehnungsfugen nötig. h) Stampfasphalt; Stampfbeton-Unterbettung. Deckschicht (8 cm) aus lockerem, erhitztem Asphaltstein(mehl), das durch Stampfen zu einer etwa 5 cm starken dichten Decke wird. Unterbettung Beton, 15 bis 20 cm. i) Gußasphalt; Deckschicht aus einer geschmolzenen, zähen Masse von Sand, Trinidadasphalt und Kalksteinpulver auf Betonunterlage wie vor.

Ob neben der Fahrbahn ein besonders abgegrenzter (Bordstein) Fußweg erforderlich, muß in jedem Falle erwogen werden. Fußweg (einseitig, zweiseitig) immer nur mit leichterer Befestigung. Wasserrinne (mit Längsgefälle) zwischen Fahrweg und Fußweg oder seitlich des letzteren; im letzteren Fall durchgehendes Quergefälle und Randgraben. Wasserfortführung (Vorflut) sorgfältig prüfen.

c) Schienenweg, Anschlußgleis.

(Vgl. „Werkstattförderwesen"; dort sind Angaben über Gleisanlage, Weichen, Drehscheiben, Güterwagen, Lokomotiven, Spille und sonstige Betriebsmittel gemacht.) Die Amtsstellen der Eisenbahn, an deren Netz angeschlossen wird, haben öffentlich bekanntgegebene Einzelbestimmungen aufgestellt über Spurweite des Gleises, dessen Krümmungshalbmesser, Längsgefälle und Weichen. Bei der Einzelplanung des Anschlußgleises gilt es, dieses und seine Abzweigungen möglichst ohne Einbau von Drehscheiben an die einzelnen Lagerflächen (Freilager) an und in die

Gebäude zu führen. Über die für Be- und Entladung zweckmäßigen Krane, Hebezeuge und dgl. vgl. Werkstattförderwesen. Lage zu den Gebäuden kann verschieden sein: 1. Gleis bestreicht (unter Einhaltung der Bestimmungen über die Umgrenzung des lichten Raumes) das Gebäude langseits; a) der unterste Arbeitsboden in Gleishöhe, keine besonderen Ladeeinrichtungen, b) dieselbe Schienenlage, Krane und sonstige Förderungsanlagen erleichtern den Ladeverkehr z. B. nach Fig. 120.

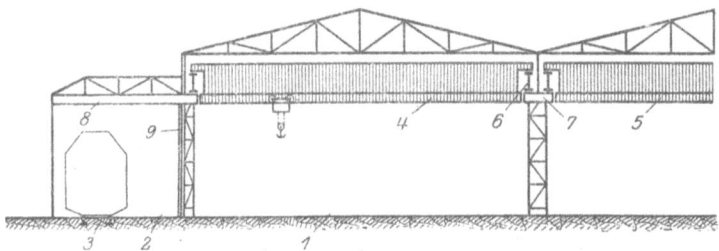

Fig. 120. Vollbahngleis längsseits eines Hallenbaues. Ladeanlage mit Laufkatzen. *1* Werkstätte. *2* Abstellfläche. *3* Vollgleis. *4* und *5* Laufkrane der Hallenschiffe mit Laufbahnen für eine Katze. *7* und *8* feste Laufbahnstrecken für die Katze. Aus Buff „Werkstattbau" 1921, S. 10, Abb. 10c. Springer, Berlin.

c) Der unterste Arbeitsboden 1,10 m über Schienenoberkante; Laderampe. 2. Gleis ist achsial in das Gebäude (z. B. in ein Hallenschiff) eingeführt. Ladeverkehr durch Laufkrane. Flügel- oder Schiebetore mindestens 4,80 m hoch, vgl. S. 678 3. Gleis außenseits quer zur Gebäudehauptachse; Möglichkeit der Vorstreckung der Hallenkranbahn. Öffnung in der Stirnwand erforderlich, deren

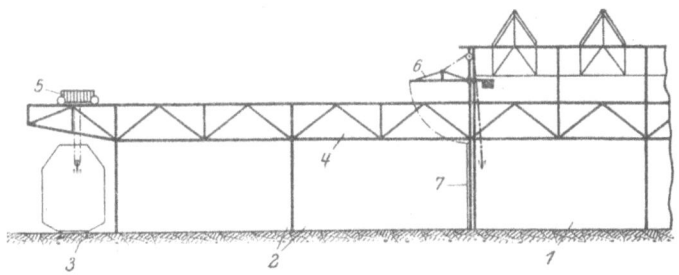

Fig. 121. Hallenkranbahn durch die Gebäudestirnwand hindurchgeführt. *1* Hallenschiff. *2* Lager- und Abstellplatz. *3* Gleis. *4* Kranbahn. *5* Laufkran. *6* Torklappe. *7* Hallentor. Aus Buff: „Werkstattbau" 1921, S. 10, Abb. 10d. Springer, Berlin.

Verschluß durch Torklappe mit wagerechter Drehachse (Fig. 121). 4. Gleis wird quer zur Hauptachse in das Gebäude eingeführt.

Neben der Vollspuranlage auch Gleisanlagen mit Schmalspur. Vgl. Werkstattförderwesen. Daselbst auch Angaben über Außenförderanlagen, Hofkrane, fahrbare Drehkrane, Kipperanlagen und sonstige Einrichtungen, die dem Verkehr außerhalb der Gebäude dienen.

d) Wasserversorgung.

Jede Werkanlage erhält wenn möglich Anschluß an ein öffentliches Trinkwasserwerk. Rohrdmr. auch in Hinsicht auf Werkserweiterung ausreichend groß wählen. Wassermesser in der Nähe der Anschlußstelle, frostsicher. Wo Wasserversorgung dieser Art nicht möglich oder wo außerdem aus Gründen der Wirtschaftlichkeit und der Sicherheit eine werkeigene Versorgungsanlage erstellt werden soll, sind sorgfältige Vorarbeiten über die Gewinnung von Wasser außerhalb oder innerhalb des Werkgrundstückes erforderlich. In größerer Höhenlage zu gewinnendes Wasser, das der höchsten Verbrauchsstelle in natürlichem Gefälle zugeleitet werden kann, ist wertvoller als Grundwasser. Für die Gewinnung und Verwendung des letzteren künstliche Hebung (Pumpwerk). Feststellung über Ergiebigkeit der Quellen und des Grundwasserstroms, über Wassereigenschaften und besonders über Härte, Temperatur und Reinheit, ob verwendbar zu menschlichem Genuß, zur Kesselspeisung, zur Kühlung u. a. Als Trinkwasser kommt mit ganz seltenen Ausnahmen nur Quellwasser und (aufzupumpendes) Grundwasser in Betracht. Wasser für Kühlzwecke (z. B. der Wärmekraftanlagen) und Wasser für die verschiedensten Zwecke der Arbeitsverfahren kann gegebenenfalls auch Wasserläufen entnommen werden. Besondere Entnahmebauwerke; dabei zu beachten: Schutz gegen Zerstörung durch Hochwasser, Sicherung gegen Versandung (Verstopfung) der Entnahmeleitung. Ob getrennte Anlagen für Trinkzwecke (sowie einzelne Sonderzwecke) und solche für die anderen Zwecke (Fertigung, Feuerbekämpfung, Kühlen, Reinigen usw.) nötig sind, ist im Einzelfalle zu erwägen. Trennung wegen der Möglichkeit der Verwechselung und der Vermehrung der Leitungen und Zapfstellen im allgemeinen nicht erwünscht. Zweckmäßig für die Mengenberechnung kann es sein, jedem Gebäude (Werkabteilung) bei der Abzweigung aus dem Hauptrohr einen besonderen Messer zu geben. Anordnung als Ringleitung, die das ganze bebaute Gelände durchzieht, schützt vor größeren Störungen bei Rohrbruch.

In den Quellwasserleitungen wie in den Anlagen mit Pumpwerken sind meist Sammler und Ausgleichbehälter nötig. Dieselben als Erdbehälter (Beton) oder als Turmbehälter (Eisen oder Eisenbeton). Hochbehälter in Geschoßbauten z. B. über dem Treppenhaus. Kleine Behälter auch als sogenannte Schornsteinbehälter. Über Rückkühlwerke, Kühlteiche und dgl. siehe S. 152.

e) Grundstücksentwässerung.

Alle Grundstücke und Grundstücksteile müssen die Möglichkeit haben, sowohl die Niederschläge wie insbesondere die für den Arbeitsprozeß künstlich zugeleiteten Wassermengen als Abwasser ableiten zu können; sie müssen Vorflut haben. Die Lage an einem Wasserlauf, in den alle flüssigen Abgänge rasch abgeleitet werden können, ist ein besonderer Vorzug; dies ganz besonders, wenn die Selbstreinigungskraft des Vorfluters so groß ist, daß auch unreine Abwasser ohne Einschaltung umständlich und teuer arbeitender Abwasserreinigungsanlagen eingeleitet werden können.

Ableitung der Niederschläge, die nicht auf den unbebauten Teilen des Grundstückes versickern, durch offene Wasserrinnen (die bis zum Vorfluter fortzuführen sind) oder durch in den Boden eingelegte Kanalleitungen. Bei beiden richtiges Gefälle und Leistungsfähigkeit wichtig. Unzureichendes Gefälle, ungenügender Querschnitt und der hierdurch verursachte Rückstau können zu großen Mißständen und Schäden führen.

Ob alle Abwasser, einschließlich der Fäkalien und der sonstigen stark verunreinigten Abgänge, gemeinsam abgeführt werden können, ist im Einzelfalle besonders zu erwägen. Innerhalb von kanalisierten Städten ist deren Entwässerungssystem maßgebend: Trennsystem oder Sammelsystem (Mischsystem, Schwemmkanalisation). Zu prüfen ist hierbei auch, ob die Leitungen der öffentlichen Straßen, an die angeschlossen werden soll, genügende Leistungsfähigkeit haben; oft können die großen Mengen einer gewerblichen Anlage (z. B. erwärmtes Kühlwasser) von den vorhandenen Straßenkanälen nicht aufgenommen werden. Frühzeitige Anfrage beim Stadtbauamt! Oft wird es auch nötig sein, zur Sicherung der Kanalwandungen des gemeindlichen Netzes vor chemischen Agentien des gewerblichen Abwassers, dieses vor dem Verlassen des Grundstückes einer Reinigung (z. B. Einsäuerung) zu unterziehen. Wahl der richtigen Lage dieser Anlage wichtig. Natürlich müssen auch die eigenen Rohrleitungen innerhalb des Werkgrundstückes vor Zerstörungen durch die flüssigen Abgänge geschützt werden. Auch wo nicht an eine öffentliche Entwässerungsanlage angeschlossen werden kann, ist zu prüfen, ob Trennung der stark verunreinigten Abwasser von anderen geboten ist. Wo der Vorfluter unreine Abgänge nicht aufnehmen kann, ist Kläranlage nötig. Sehr verschiedene Formen je nach der Art und Zusammensetzung der Abwässer. Zuziehung eines Sachverständigen zweckmäßig.

VI. Stellung der Gebäude.

Für die Stellung der Gebäude auf gegebenem Grundstück ist in erster Linie der Arbeitsverlauf bestimmend. Die Lager von Rohstoffen, Halberzeugnissen und Hilfsstoffen, die Werkstätten für Formgebung und Zusammenbau, die Räume

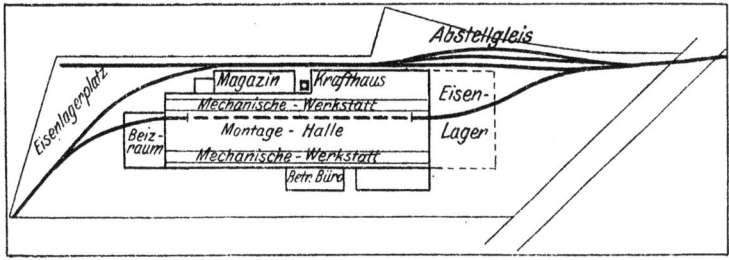

Fig. 122. Werkstätte für Eisenbau.

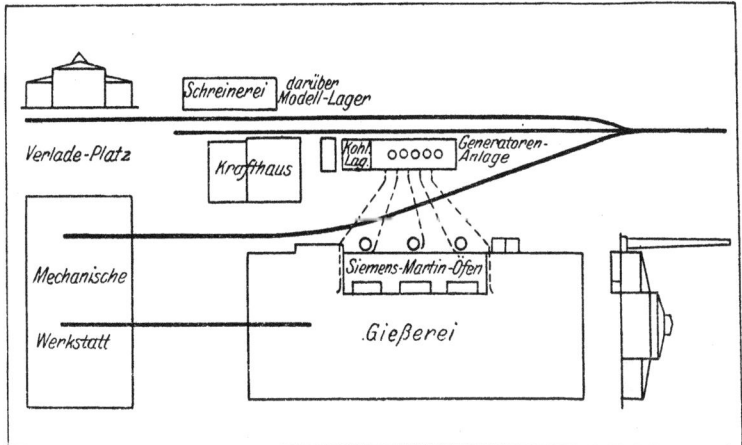

Fig. 123. Stahlgußwerk.

für Prüfung und Versand, dazwischen die Hilfsanlagen und Verwaltungsgebäude müssen immer so angeordnet werden, daß die Durchleitung von Werkstoff, Werkzeug und Fertigerzeugnis auf kürzestem und billigstem Wege im Gleichstrom und unter Vermeidung störenden und verteuernden Gegenstroms vor sich gehen kann. Vgl. Werkstattförderwesen, Fig. 83. Dieser Verlauf erfolgt in den meisten Gewerben vorwiegend in wagerechten Linien, öfters aber auch in senkrechten und wagerechten (wie z. B. in Mühlen). Für Werkstätten der Eisenbearbeitung sind in Fig. 122 bis 127 Beispiele gegeben:

1. Werkstätte für Eisenbau, Fig. 122. Der Ausgangsstoff (Stabeisen, Formeisen, Bleche) kommt von rechts über ein Anschlußgleis; Eisenbahnwagen in das Lager einfahrend (daselbst Entladekran), kann auch in die anschließende Hauptbe-

arbeitungswerkstätte einfahren. Ausstattung der letzteren mit Bohr-, Biege-, Nietmaschinen u. a. Seitlich (rechts der Stromlinie) Schmiede für Bearbeitung von Kleinteilen, Lager von Kleineisenzeug und Hilfsstoffen, die auf außenseits

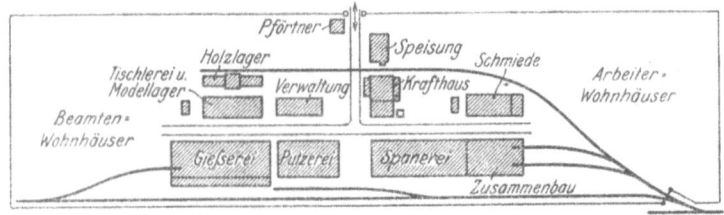

Fig. 124.

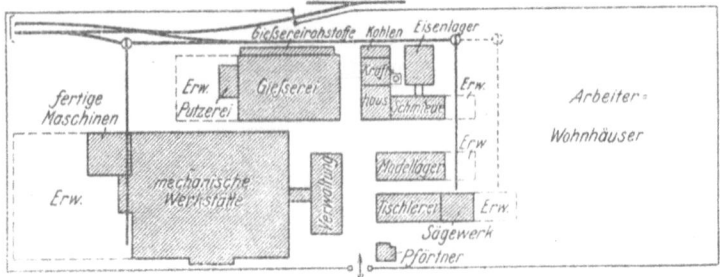

Fig. 125.

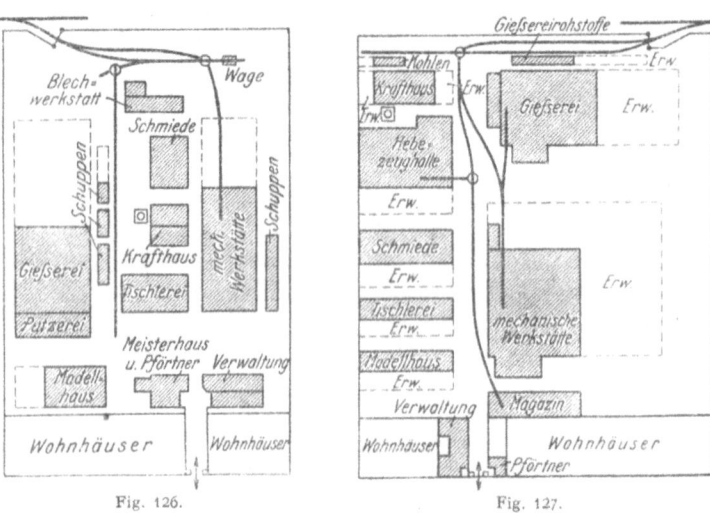

Fig. 126.   Fig. 127.

liegendem Gleis angefahren werden. Auf diesem auch Zufuhr der Kohle zum Krafthaus. Linksseits der Haupthalle liegen Räume für Verwaltung (Konstruktionsbüro, Arbeiterraum), der Haupthalle angeschlossen (in der Stromlinie) ein Raum für Nachbehandlung des Fertigerzeugnisses (eiserne Binder, Brückenträger) durch Waschen, Beizen, Anstreichen. Daselbst Versand. Abführung außenseits über die Abstellgleise, auf denen mehrere Eisenbahnwagen zum Abholen durch Lokomotive der Reichsbahn bereitgestellt werden können.

2. **Stahlgußwerk.** Fig. 123. Roh- und Hilfsstoffe: Roheisen, Schrott, Kohlen, Holz. Freilager zwischen Generatorenhaus und Gießerei (für Gießereistoffe) von Gleisabzweigung durchsetzt, die zugleich der Abfuhr der Erzeugnisse aus der mechanischen Werkstatt dient.

3. Die Fig. 124 bis 127 sollen die mögliche Gebäudestellung annähernd gleich großer Maschinenfabriken auf annähernd gleich großen und gleich geformten Grundstücken erläutern und zwar für verschiedene Lage des Anschlußgleises und verschiedene Reihung der Hauptgebäude.

Fig. 124. Anschluß parallel der Grundstückshauptachse; zwei Reihen Gebäude in gleicher Richtung hintereinander.

Fig. 125. Anschluß wie vorher; Hauptgebäude nebeneinandergestellt.

Fig. 126. Anschluß senkrecht zur Grundstückshauptachse. Hauptgebäude parallel der Grundstückshauptachse und nebeneinander gestellt.

Fig. 127. Anschluß wie vorher; Hauptgebäude nebeneinander und senkrecht zur Grundstückshauptachse.

Außer dem Grundsatz vom Gleichstrom sind andere Beziehungen zwischen den einzelnen Werkstätten und sonstigen Gebäuden für deren Stellung mitbestimmend; das Verwaltungsgebäude enthält die Arbeitsräume für kaufmännische und technische Verwaltung (in kleineren und mittelgroßen Werken auch die Betriebsverwaltung); in ihm werden aber auch die Geschäfsbesuche von Kunden und Lieferern empfangen. Es soll deshalb in der Nähe eines Werkeingangs und andererseits nicht weit entfernt von den Hauptwerkstätten liegen. Die Werkfremden sollen das Gebäude erreichen können, ohne Einblick in das Werkinnere nehmen zu können. Bei großen Werken (mit großer räumlicher Ausdehnung) sind für die Betriebsverwaltung, die die nächste Verbindung mit den Werkstätten haben muß, besondere Räume in den einzelnen Werksabteilungen nötig; die Stellung des Hauptverwaltungsgebäudes wird damit in seiner Lage zu den Hauptwerkstätten unabhängiger. In seiner Nähe erwünscht die Modelltischlerei und das Modellager (Beziehung zwischen diesem und dem Konstruktionsbüro. Vergl. die Figuren). Unerwünscht ist die Nähe der staubenden und lärmenden Betriebe, wie der Eisengießerei, Blechbearbeitungswerkstätte, Schmiede (Dampfhammer). Stellung windabwärts. Beziehungen zwischen Tischlerei, Modellager und Eisengießerei. Das Krafthaus ist — wenn hier elektrischer Licht- und Kraftstrom erzeugt wird — unabhängig von der Lage der Hauptwerkstätten. Gleisverbindung für Brennstoffzufuhr wichtig. Schmiede mit Dampfhammer nahe dem Kesselhaus; dieses nahe Holzbearbeitung, wenn große Massen von Holzabfällen verfeuert werden. Meist sind noch zahlreiche andere Beziehungen im Einzelfall zu werten und nach ihrer Wichtigkeit zu ordnen, um hiernach die richtige Stellung wählen zu können. Für den ersten Entwurf empfiehlt sich, jedes Gebäude im Grundriß seiner mutmaßlich besten Gestaltung aufzuzeichnen (in gleichem Maßstab), den Grundriß auszuschneiden und die Ausschnitte auf dem Lageplan so lange zu verschieben, bis eine befriedigende Stellung gefunden ist.

VII. Vorarbeiten.

Der Planung gewerblicher Betriebsstätten gehen — sofern die Anlage nicht an einen bestimmten Ort gebunden ist — zum Zwecke der Platzwahl Erwägungen über Rohstoffgewinnung, Energieversorgung, Absatzmöglichkeiten, Arbeiter, Steuern u. a. voraus, die hier nicht zu erörtern sind.

Ist die Entscheidung für einen engeren Bezirk (Landesteil, Ortsgemeinde) gefallen, so sind weiter für die Bauplatzwahl von Bedeutung:

Größe und Form des Werkgrundstückes. Die meisten Unternehmungen rechnen mit der Möglichkeit späterer Vergrößerung und sind deshalb auf frühzeitige Sicherung des Erweiterungsgeländes hingewiesen. Die für die erste Anlage erforderliche Bauplatzgröße bemißt sich aus der für Gebäude, Freilager und ungedeckte Arbeitsstätten erforderlichen Fläche, der ein Zuschlag von 50 bis 100 vH für Wege u. a. zu machen ist. Wieviel darüber hinaus zweckmäßig erworben werden sollte, kann nur aus den Umständen des Einzelfalles entschieden werden. Hierbei sprechen mit die Höhe der verfügbaren Mittel und die größere oder geringere Wahrscheinlichkeit späteren Flächenbedarfes. Große über den nächsten Bedarf hinaus erworbene Flächen können vorläufig als Acker- und Gartenland für Arbeiter und Angestellte verwendet werden. Die Notwendigkeit werkeigener Arbeiter- und Angestelltenwohnungen ist gleichzeitig zu prüfen.

Für die zweckmäßigste Form lassen sich allgemeingültige Regeln nicht aufstellen. Das geradlinig begrenzte Rechteck ist nicht immer die beste Form — noch weniger das Quadrat. Das Bedürfnis ist in den einzelnen Gewerbezweigen sehr verschieden. Ob die vorliegende Grundstücksform vorteilhaft ist oder nicht, läßt sich nur im Zusammenhang mit Umfang und Art der in Aussicht genommenen Bebauung entscheiden. Durch geschickte Gebäudestellung lassen sich Unregelmäßigkeiten in der Begrenzung (z. B. ausspringenden Flächen) vorteilhaft ausnutzen.

Lage im Ortsbering. In schon bebauter Umgebung, insbesondere in Städten, ist mit etwaiger Einwendung der Nachbarn zu rechnen. Viele Städte haben durch ortsstatutarische Bestimmungen Zonen festgelegt, in denen die Ansiedelung von Gewerbebetrieben ausgeschlossen bleiben soll, einige auch solche, in denen der Anbau ohne weiteres Zustimmung und Förderung findet. Einem besonderen Verfahren unterliegen Anlagen, aus denen starke Störungen der Nachbarschaft zu befürchten sind; sie sind in § 16 der Reichsgewerbeordnung aufgezählt.

Anschluß an das öffentliche Straßennetz, an Eisenbahn und Wasserstraße. Das Grundstück soll mindestens eine für Fuhrwerke ausreichende Verbindung mit einer öffentlichen Straße haben, es braucht aber nicht auf längere Strecke an der Straße zu liegen. Ist Anschluß an die Eisenbahn (Reichsbahn, Privatbahn, Kleinbahn) nötig, so ist die Anschlußmöglichkeit sorgfältig zu prüfen. Die Lage an der vorhandenen Eisenbahn genügt nicht für die Sicherheit, daß ein Anschluß möglich ist. Auf freier Strecke (außerhalb der Station) kann der Anschluß oft überhaupt nicht oder nur einerseits der Schienenbahn gewährt werden; oft muß die Anschlußweiche auf der entfernten Station eingebaut und ein langes Anschlußgleis auf erbreitertem Bahnkörper hergestellt werden. Daß ein Grundstück mit langer Seite parallel dem Stammgleis bzw. dem Anschlußgleis liegt, wie in Fig. 124 u. 125, ist günstiger als die Lage in Fig. 126 u. 127. Ein Eisenbahnanschluß ist im allgemeinen schon zweckmäßig, wenn die täglich zu- und abzuführenden Mengen ein Ladegewicht von zweimal 10 t erreichen; er ist nötig bei größeren Mengen und hohen Einzellasten. Anschluß an leistungsfähige Wasserstraßen müssen nur solche Betriebe suchen, die auf großen Rohstoffbezug von Übersee und über anschließende Wasserstraßen angewiesen sind (wie Eisenhüttenwerke, Getreide- und Ölmühlen, gewisse chemische Fabriken) oder die die Wasserstraße in zwei Richtungen verwenden können.

Oberflächengestalt. Ebene Grundstücke sind wertvoller als solche mit größeren Höhenunterschieden. Diese lassen sich ausnahmsweise ausnutzen — z. B. für die Zubringung von Eisen und Koks auf die Gichtbühne der Eisengießerei, wenn diese an den Gefällsbruch herangerückt werden kann. Auf unebenem Gelände sind oft teure Erdbewegungen nötig. Auf einem Grundstück mit Vertiefungen können letztere, soweit dies mit der Stellung der geplanten Gebäude verträglich, zunächst erhalten bleiben; sie werden in den ersten Jahren des Betriebs mit wertlosen Abfallstoffen allmählich aufgefüllt. Liegt das Grundstück im Mittel auf Straßenhöhe, so muß ein um mindestens 10 bis 50 cm (je nach Grundstückstiefe) höheres Planum hergestellt werden, um Wasserablauf nach der Straße hin zu ermöglichen, die gewöhnlich durch seitliche Abflußgräben oder in unterirdischen Abflußleitungen Vorflut gewährt. Gute Vorflut wirkt werterhöhend.

Grundwasserstand. Tiefer Grundwasserstand in den Grenzen von 4 bis 6 m unter Planum ist im allgemeinen vorteilhafter als hoher. Überschreitet der höchste Grundwasserstand das vorgenannte Maß, sind für die meisten Untergeschosse oft besondere Dichtungen nötig. Über werkeigene Wassergewinnung siehe oben, Wasserversorgung.

Tragfähigkeit des Baugrundes. In Hinsicht auf die Gründungskosten ist ein guter Baugrund um so wertvoller, je schwerer die geplanten Bauwerke und je stärker die Erschütterungen aus dem Maschinenbetrieb sind. Hohes Grundwasser verteuert die Gründung und erschwert die Dämpfung von Stößen. Vorsicht vor aufgeschüttetem Boden. Sehr unbequem können Reste alter Fundamente werden.

Man ziehe den entwerfenden Ingenieur-Architekt schon beim Grundstückskauf zu, befrage, wenn irgend möglich, ortskundige Sachverständige (Stadtbaumeister), sehe rechtzeitig die gültigen Bebauungspläne und die Bauordnung ein; man verständige frühzeitig Baupolizei und Gewerbeaufsichtsbehörde. Man plane sorgfältig und nicht übereilt, fange das Bauwerk erst an, wenn der Entwurf wirklich feststeht, baue dann aber auch ohne Zeitverlust.

Heizung, Lüftung, Entstaubung, Beleuchtung.

I. Heizung.

Bearbeitet von H. Dubbel.

Die Heizung hat den Zweck, die durch den Luftwechsel neu eintretende Frischluftmenge auf die Innentemperatur zu erwärmen und die Wärmeverluste zu ersetzen, die infolge Wärmedurchgang durch die den Raum begrenzenden Flächen entstehen. An besonders kalten Tagen wird man den Luftwechsel vermindern, um genügend hohe Temperatur zu erhalten.

Die Temperatur soll in möglichst engen Grenzen, höchstens um etwa 2° C, schwanken, die Wärme möglichst gleichmäßig im Raume verteilt sein. Letztere Forderung verlangt Teilung der Heizkörper und ihre Aufstellung an den Außenwänden in der Nähe der Fenster.

Als Temperaturen werden empfohlen:
etwa 12° C für Grobarbeiten (Kesselschmieden, Eisenbau),
„ 15° C für Arbeiten ohne stärkere körperliche Bewegung (Drehereien, Fräsereien),
„ 18° C für feinmechanische und Büroarbeiten

In Räumen, in denen der Aufenthalt nur ein vorübergehender ist (Gänge, Waschräume, Abortanlagen), soll die Temperatur 6 bis 8° C betragen. Räume, in denen Wasserleitungen liegen, sollen zur Verhinderung des Einfrierens ebenfalls stets einige °C + haben. Für Lagerräume, in denen sich Menschen nicht dauernd aufhalten, genügen etwa 5° C.

Die Größe der Wandungsverluste wird durch den Unterschied zwischen Innen- und Außentemperatur, die Wärmedurchgangsziffer und die Größe der Flächen bestimmt. Durch 1 m² Gebäudefläche gehen pro 1° C Temperaturunterschied verloren:

bei Ziegelmauerwerk von 380 mm Stärke . . . . 1,3 cal
„   „   „ 250 „   „   . . . . 1,7 „
„   „   „ 120 „   „   . . . . 2,4 „
„ Doppelfenstern mit weitem Zwischenraum . . . . 2,3 „
„ Einfachfenstern mit doppelten Scheiben . . . . 3,7 „
„ Einfachfenstern mit einfachen Scheiben . . . . 5,0 „
„ Holz-Zementdach . . . . 1,3 „
„ Wellblechdach ohne Schalung . . . . 10,4 „

Überschläglich kann als Wärmebedarf gesetzt werden:

30 bis 35 cal/h/m³ bei Shedbauten,
20 bis 25 cal/h/m³ bei Geschoßbauten.

Die Zahl der Heiztage im Jahr ist von der Höhe der geforderten Temperatur abhängig, z. B. bei 18° bedeutend größer als bei 12°.

Für die Berechnung der Heizanlage kommt auch die Zeit des Anwärmens in Betracht.

Nach Dr. Deinlein sind für Übertragung von 100 000 kcal bei verschiedenen Arten der Heizung und Wärmeaustauschapparate die folgenden Heizflächen nötig.

Diese Zahlen geben nur einen Anhalt, da der Wärmedurchgang in hohem Maße von den Geschwindigkeiten der Luft, bzw. des Wassers abhängig ist.

	Heizdampf, bzw. Abgastemperatur	Temperatur des zu heizenden Mittels	Wärmedurchgangszahl	Bei Übertragung von 100 000 kcal erforderliche Heizfläche
Hochdruckdampfheizung	120°	15°	5 bis 10	rd. 125 m²
Niederdruckdampfheizung durch Abdampf von 1 at abs.	100°	15°	5 bis 10	,, 160 m²
Warmwasserheizung........ Vakuumdampfheizung......	60 bis 80°	15°	5 bis 10	,, 240 ,,
Wärmeaustauschapparat für Dampf-Warmwasserheizung ..	100°	80°	1700	,, 3 ,,
Lufterhitzung				
a) Lufterhitzung durch Vakuumdampf	60 bis 80°	15°	36	,, 50 ,,
b) durch Auspuffdampf ...	100°	15°	36	,, 33 ,,
c) durch Kesselabgase.....	300 bis 150°	15°	10	,, 48 ,,
d) durch Auspuffgase von Gasmaschinen	450 bis 150°	15°	10	,, 35 ,,

Die Fabrikheizung ist stets im engsten Zusammenhang mit der Wärmekraftanlage zu behandeln, in den meisten Betrieben ist wenigstens während des Winters der Bedarf an cal für die Heizung bedeutend größer als der für die Krafterzeugung, so daß oft genug die Kraftanlage zum Anhängsel der Fabrikheizung wird, während das Verhältnis meist umgekehrt behandelt wird. In den folgenden Ausführungen ist als Wärmequelle nur Abwärme vorausgesetzt[1].

Heizung durch elektrischen Strom, Gas und Öfen sind in größeren Betrieben nur als Aushilfe zu finden (so z. B. elektrische Heizung in den Kranführerbuden von Außendienstkranen, Gasöfen in Bürogebäuden zur Temperaturerhöhung an besonders strengen Wintertagen). Ofenheizung ist feuergefährlich, umständlich in der Bedienung und erzeugt ungleichmäßige Wärmeverteilung.

Warmwasserheizungen

werden meist als Niederdruckwarmwasserheizung mit offenem Ausdehnungsgefäß und Temperaturen bis 100° ausgeführt (Vorlauftemperatur = 90°, Rücklauftemperatur = 70°). Bei den „Schwerkraft"-Heizungen wird der Wasserumlauf durch den Unterschied zwischen Vor- und Rücklauftemperatur hervorgerufen, bei großen Anlagen werden zur Überwindung der Reibung „Umwälzpumpen" in den Rücklauf eingeschaltet und derart kleinere Rohrdurchmesser bzw. größere Geschwindigkeiten ermöglicht. Wasserverluste werden zweckmäßig durch Kondensat ersetzt.

Wärmequellen: Abwärme der Dampfkessel (Wassererwärmung im Ekonomiser, die starke Beeinträchtigung des Wärmeüberganges durch Rußansatz ist besonders zu beachten) oder Abwärme von Dampfmaschinen (Ausnutzung von Zwischendampf, Abdampf bei den sog. Dampfwarmwasserheizungen, Verwertung des Kondensationskühlwassers).

Abdampfturbinen eignen sich wegen der starken Zunahme ihres Dampfverbrauches mit sinkender Luftleere nicht zur Verwertung des Kondensationskühlwassers, wie H. Karthaus in Z. 1921, S. 1384 nachweist.

---

[1] In dem Ausführungsbeispiel b), S. 697, kann der Niederdruckkessel ohne weiteres durch eine Abwärmequelle ersetzt gedacht werden.

Heizung. — Warmwasserheizungen. 695

Vorteile: Oberflächentemperatur unter 100°, daher keine Staubversengung. Gleichmäßige Wärmeabgabe infolge der großen, im Wasser aufgespeicherten Wärmemenge. Leichte Änderung des Wärmegrades durch Einstellung des Wasserdurchflusses. Geräuschloser Betrieb. Infolge der tiefen Temperaturzone ermöglicht die Warmwasserheizung Wärmetransport mit geringen Verlusten, wodurch sie sich besonders als Fernheizung eignet. Für die Verwertung der Abwärme von Gas- und Dieselmaschinen kommt sie mehr als andere Heizungsarten in Betracht.

Nachteile: Infolge der niedrigen Oberflächentemperatur sind große Heizflächen erforderlich, daher hohe Anlagekosten. Die Wärmeaufspeicherung verursacht langsames Hochheizen und langsames Erkalten.

Ausführungsbeispiele. Das Abwärmeheizwerk der Neuen Technischen Hochschule in Dresden versorgt vier ältere Gebäude mit Heizdampf, ein neueres, fernerliegendes Institut mit Warmwasser. Zwischen Anzapfvakuumturbine und Kondensator ist ein das Warmwasser liefernder Vorkondensator eingeschaltet, in dem der gesamte Abdampf bis auf etwa 5 vH seiner Menge kondensiert. Prof. Lewicki stellte an dieser Anlage folgende Vergleichsversuche an:
1. Die Heizungen werden mit Frischdampf betrieben, die Turbine läuft mit bester Luftleere. Thermischer Wirkungsgrad des getrennten Betriebes 51 vH.
2. Die Turbine liefert Anzapfdampf zum Betrieb der Heizungen und läuft mit bester Luftleere. Thermischer Wirkungsgrad 64 vH.
3. Die Turbine liefert Anzapfdampf zum Betrieb der Heizungen und Vakuumabdampf zum Betrieb der Fernwasserheizung. Thermischer Wirkungsgrad rd. 80 vH (Oberingenieur A. Schulze in Heft 4 „Sparsame Wärmewirtschaft", Verlag des Ver. deutsch. Ing.). Über eine weitere Anlage, in der das Kühlwasser zur Warmwasserheizung benutzt wurde, berichtet L. Meyers in der Z. Ver. deutsch. Ing. 1910, S. 244. Vorlauftemperatur 60 bis 70°, Rücklauftemperatur 40 bis 50°.
b) Warmwasserheizung des Verwaltungsgebäudes, des Lohnbureaus und der Speisehalle der Maschinenfabrik Eßlingen. Eine elektrisch angetriebene 5 PS-Kreiselpumpe mit 10 ltr/sek bei 20 m manometrischer Förderhöhe bewegt das Wasser mit 2 m/sek Geschwindigkeit zwischen dem Gebäude und einem durch Abdampf geheizten Gegenstrom-Vorwärmer von 43 m² Oberfläche. Temperaturen 90 und 70°. Größte Wasserumlauflänge etwa 550 m. Lichte Weite der Zu- und Rücklaufleitung des 20 000 m³ umfassende und 520 000 cal erfordernde Hauptgebäudes nur 82,5 mm, Anschlußleitung der Radiatoren mit 15 m² Heizfläche nur 13 mm l. W. (Widmaier, Z. Ver. deutsch. Ing. 1912, S. 897).
c) Anlage in der Stickerei Reichenbach & Co., Wyl, Schweiz, gebaut von Gebr. Sulzer. Das Kühlwasser läuft aus dem 80-PS-Dieselmotor sichtbar in einen Trichter aus und gelangt in den neben der Pumpe aufgestellten Behälter, aus dem es von der Pumpe entweder zuerst durch den Abgasverwerter oder im Sommer geradewegs bis auf den Dachboden gedrückt wird. Von dort durchfließt es während der Heizperiode die Warmwasserheizung des Gebäudes oder wird im Sommer zur Ersparnis von Kaltwasser in einem auf dem Dach angebrachten Gradierwerk gekühlt. Zur Vermeidung zu hoher Temperatursteigerung im Motor mischt man dem Rücklaufwasser nötigenfalls eine entsprechende Menge Kaltwasser selbsttätig zu.
Die Ausführung der „Dampfwarmwasserheizungen", bei denen das Wasser durch sorgfältig entölten Zwischen- oder Abdampf erwärmt wird, ist die gleiche wie vorstehend angegeben.

Dampfheizung.

Heizung durch Niederschlagen des Dampfes an den Wandungen des Heizkörpers, wobei die Verdampfungswärme frei wird. 1 kg Heizdampf gibt ungefähr 550 kcal ab.

Rasches Hochheizen infolge geringer Wärmespeicherung.

Hochdruckdampfheizungen arbeiten für Fernheizungen mit 6 bis 8 at, in Raumheizung mit 0,5 bis 1 at Überdruck. Im letzteren Fall Verwendung von Gegendruck- oder Zwischendampf, doch sind auch Dampfmaschinen mit Gegendruck bis zu 6 at für Fernheizbetrieb gebaut worden. Vorteile: Infolge des hohen Druckes enge Leitungen, infolge der hohen Temperatur kleine Heizflächen. Nachteile: Staubversengung, Geräusche im Betrieb. Rohrleitungen und Heizkörper sind durch Kondenstöpfe zu entwässern, die das Durchschlagen des Dampfes verhindern müssen. Rückleitung der Kondenswässer durch natürliches Gefälle oder Pumpen zum Kessel.

Niederdruckdampfheizungen, für Fabrikgebäude viel in Verwendung, arbeiten mit 0,05 bis 0,1, seltener bis 0,2 at Überdruck. Vorteile und Nachteile ähnlich wie vorhin.

Bei Auspuffheizungen läßt sich die Reichweite der Wärmeübertragung durch Anschluß eines Unterdruckgebietes bedeutend erweitern. Neuerdings wird der Vakuumdampfheizung — s. S. 163 — erhöhte Beachtung zugewendet. Regelung der Temperatur bei der indirekten Heizung durch Beeinflussung der angewärmten Luftmenge, bei direkter Heizung durch zeitweisen Betrieb (Ein- und Ausschalten der gesamten Heizanlage) oder durch Absperren von einzelnen Teilen der Heizfläche. In letzterem Fall führen Überdruckautomaten bei einer einstellbaren geringen Steigerung des Druckunterschiedes zwischen Hin- und Rückleitung den überschüssigen Dampf selbsttätig unmittelbar zum Kondensator ab.

Die Abdampftemperatur kann durch Verschlechtern der Luftleere mittels einstellbarer Luftzufuhr infolge gleichzeitiger Zunahme des Dampfverbrauches erhöht werden. Bei Neuanlagen ist die größere Empfindlichkeit der Verbundmaschine gegenüber der Einzylindermaschine bezüglich Verschlechterung der Luftleere zu beachten.

Die Heizkörper sollen bei Dampfheizungen glatte Rohre oder glatte Strahlkörper (Radiatoren) sein. Rippenheizkörper sind billiger, wirken aber als Staubsammler, außerdem brechen die Rippen leicht ab. Rippenheizkörper sollen deshalb nur unter Werkbänken oder in Verschalungen angeordnet werden. Ausführung der Heizkörper zur Vergrößerung der Wärmeabgabe mit dunkler, rauher Oberfläche. Zur Vermeidung von Wärmeverlusten sind die Heizkörper mit Abstand von der Wand aufzustellen, heller Anstrich der Wand strahlt die Wärme zurück. Um die Temperatur regeln zu können, sind die Heizkörper mit zwei Hähnen zu versehen, von denen der erste für eine bestimmte Drosselung konstant eingestellt wird, während der zweite zur Einstellung dient.

Die Heizkörper sind tief anzuordnen, trotzdem höhere Lage die Bodenfläche günstiger ausnutzen läßt. Die sich erwärmende Luft steigt infolge ihres geringeren spezifischen Gewichtes nach oben, so daß bei Anordnung der Heizkörper im oberen Teile des Raumes die Luft dort sehr stark erwärmt wird, ohne dem Arbeiter zugute zu kommen. Es treten starke Wärmeverluste

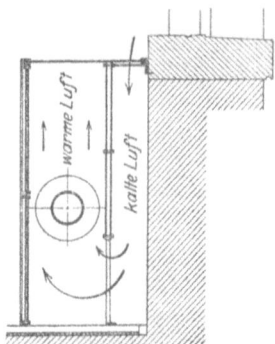

Fig. 1. Anordnung des Heizkörpers.

an den Decken und an den oberen Wandungen ein, und der entstehende Überdruck bewirkt kräftigen Luftzug bei sich öffnenden Türen.

Die in den oberen Schichten am Dach der Shedbauten sich abkühlende Luft löst sich dort mitunter ab und strömt unter Durchdringung der wärmeren Luftschicht zu Boden. Diese Störung läßt sich durch mäßige Beheizung der Dachfläche vermeiden, indem z. B. die nicht isolierten Dampfzuleitungsrohre am Dache entlang geführt werden. Eine derartige Beheizung verhindert auch das Schweißwasser und verbessert die Lichtverhältnisse durch Abschmelzen des Schnees. S. Fig. 3. Eine sehr zweckmäßige, zur Heizung und Lüftung nach Fig. 2 gehörende Anordnung des Heizkörpers zeigt Fig. 1. Der wagerecht liegende Rippenheizkörper ist in einem bis zum Fenster reichenden und oben mittels durchlöcherter Decke abgeschlossenen Blechkasten untergebracht. Die an den Fenstern abgekühlte Luft wird angewärmt, steigt zur Decke und mischt sich dort mit der aus geschlitzten Blechrohren austretenden kalten Luft. Der Temperaturunterschied zwischen Boden und Decke beträgt nur 2° C. Die Arbeiter werden bei dieser Anordnung nicht von der vom kalten Fenster niedersinkenden Luft getroffen und ebensowenig durch ausstrahlende Wärme belästigt. Mit Staub angereicherte Luft wird nicht zum Heizkörper gesaugt (Widmaier, Z. Ver. deutsch. Ing. 1912, S. 986).

Ausführungsbeispiele. a) Bei der von Eberle eingerichteten Dampfanlage der „Münchner Neuesten Nachrichten" (Z. Ver. deutsch. Ing. 1910) wird der 300 PS-Verbundkondensationsmaschine Zwischendampf von 0,90 at entnommen, der nach Durchfluß eines Dampfentölers zu einem Niederdruckdampfverteiler strömt, in dem durch ein Druckminderventil der Druck auf 0,1 bis 0,2 at herabgesetzt wird. Das Dampfwasser der Heizung wird in den Speisebehälter geleitet, durch Holzwolle gefiltert und sodann zusammen mit dem vom Reiniger kommenden Zusatzwasser in den Kessel durch Pumpen gefördert, deren Abdampf das Speisewasser erwärmt.

Betrieb der Maschine mit Auspuff war im vorliegenden Fall ausgeschlossen, da dadurch der Maschinenverbrauch zu stark gesteigert worden wäre.

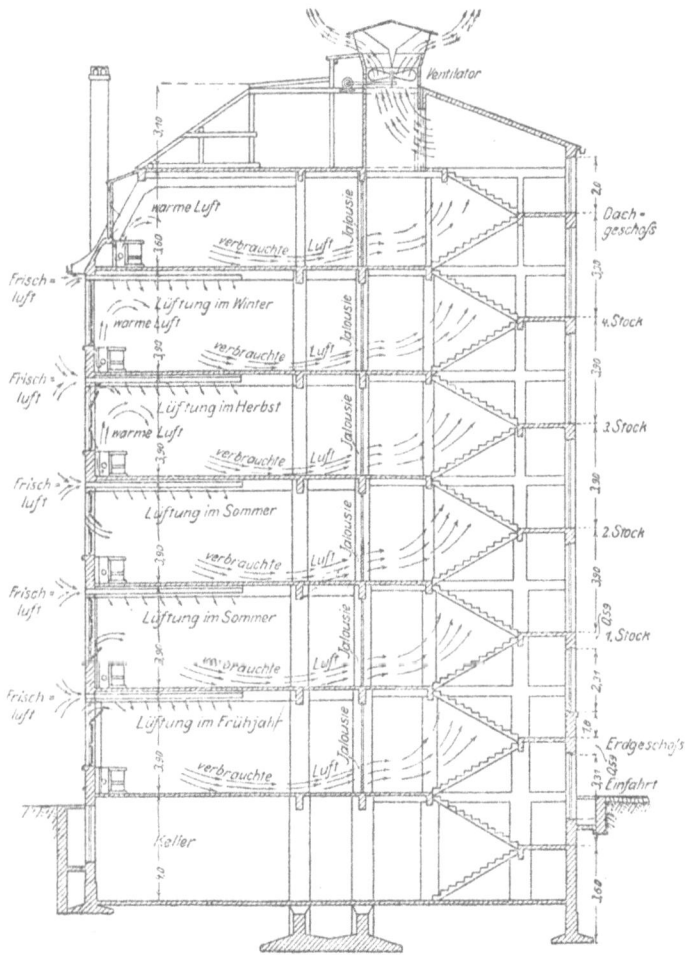

Fig. 2. Heizung und Lüftung der elektrot. Fabrik Rob. Bosch in Stuttgart.

b) Niederdruckdampfheizung in dem Hallenbau der Motorenfabrik Benz & Co, Mannheim-Waldhof. Ausführung von Gebr. Sulzer (M. Hottinger, Z. Ver. deutsch. Ing. 1910, S. 504) (Fig. 3). Die Niederdruckkessel dieses nur durch Gasmaschinen angetriebenen Werkes liegen fast genau in der Mitte der Gesamtanlage. Infolge der Aufstellung 6 m unter Boden läuft das Dampfwasser mit natürlichem Gefälle in die Kessel zurück. Dampfüberdruck am Beginn der Frischdampfleitung 0,25 bis 0,3 at.

Der Dampf wird von den Hauptleitungen aus durch senkrechte, an Wände oder Pfeiler gelegte Abzweigrohre zugeleitet. Jeder Wandheizkörper hat besonderen regelbaren Abschluß, sowie Kondensationswasserableiter; die Pfeilerheizkörper sind gruppenweise regel- und abschließbar, je zwei zusammen haben einen Kondensationswasserableiter.

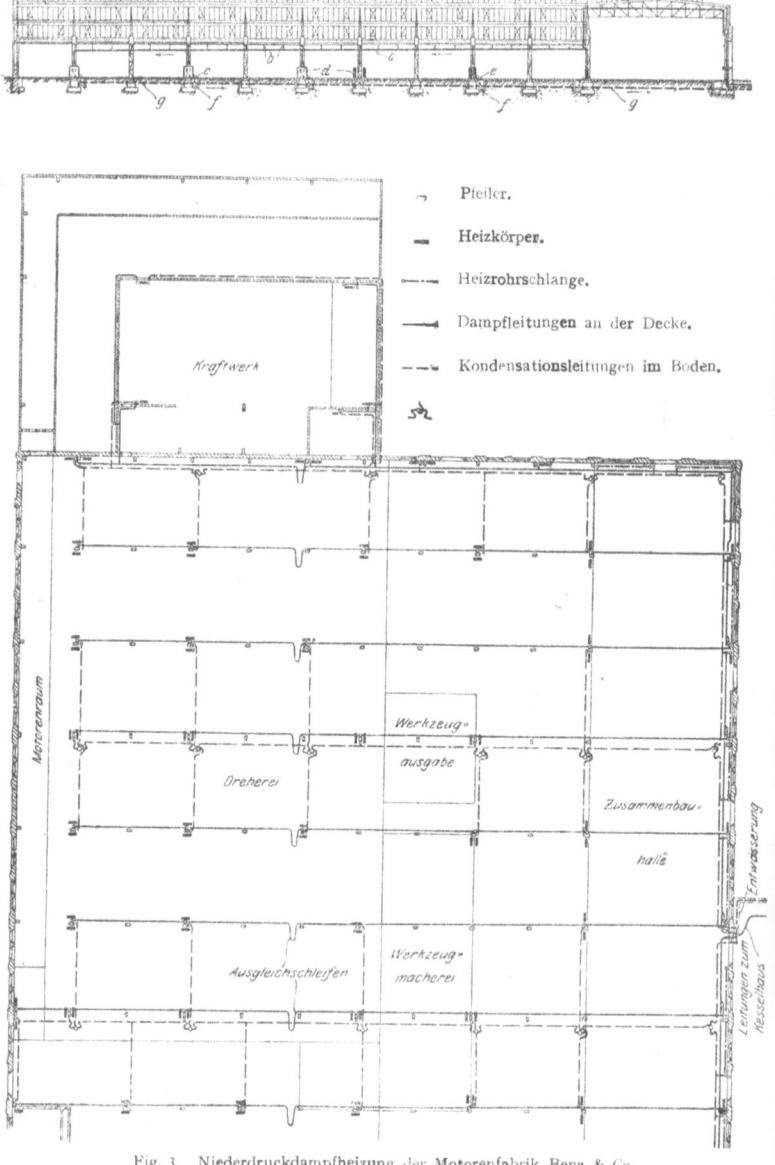

Fig. 3. Niederdruckdampfheizung der Motorenfabrik Benz & Co.

a = Luftsauger.
b = Aufhängeschleifen.
c = Dampfzuleitung.
d = Heizkörper.
e = Schachtdeckel.
f = Prüftopf.
g = Kondensationswasserleitung.

Heizung der Oberlichter durch nichtisolierte Dampfzuleitungsrohre.

Die gußeisernen Kondensationswasserleitungen sind im Boden so gebettet, daß nur die Flanschen mit Backsteinen ummauert sind und sich so verschieben können. Ausdehnung der Rohre über 30 m Länge durch Rohrschleifen. In gemauerten, abgedeckten Schächten sind zum Erkennen von Rohrbrüchen oder Verstopfungen Prüftöpfe eingebaut, an welche die Leitungen federnd angeschlossen sind.

(Niederdruckdampfkessel sind nicht genehmigungspflichtig, wenn das 80 mm weite Standrohr höchstens 5 m über Wasserstand endigt.)

c) Versuche an einer von Franz Wagner, Crimmitschau, gelieferten Vakuumheizung, angestellt vom Bayerischen Revisionsverein.

Leistung der Maschine: 158,5 PS bei angeschlossener, 155,7 PS bei abgestellter Heizung.

Stündliche Heizleistung: 780 000 cal.

Luftleere im Kondensator	Temperatur in der		Luftleere		Druckverbrauch der Heizung	Bemerkung
	Heizleitung	Kondensatrückleitung	Heizleitung	Kondensatrückleitung		
cm	°C		cm		cm	
67,6	52	39	60,3	65,7	5,4	Maschine arbeitet auf Heizung, Überdruckautomat abgeflanscht.
62,0	—	—	—	—	—	Frischdampfheizung angestellt; Maschine unabhängig von der Heizung
65,0	50	44	61,2	63,6	2,4	Maschine arbeitet auf Heizung. Überdruckautomat eingeschaltet. Kein Frischdampfzusatz.

Bei Arbeiten der Maschine auf Heizung mit Frischdampfzusatz öffnet der Überdruckautomat bei 7 cm = 0,095 at Druckunterschied zwischen Heizungs- und Kondensatrückleitung.

Wie die Zahlentafel zeigt, ist bei angeschlossener Heizung die Luftleere um 5,6 cm besser als bei unabhängig betriebener Maschine. Der Druck hinter dem Niederdruckkolben war in beiden Fällen gleich.

Luftheizungen.

Die Luft wird durch Ventilatoren mit 10 bis 18 m/sek Geschwindigkeit an Heizkörpern vorbeigeführt, so daß auch bei höherer Oberflächentemperatur Staubteile nicht zur Verbrennung gelangen können, während bei niedrigerer Temperatur die Oberfläche infolge der starken Wärmeabgabe an die lebhaft bewegte Luft nur mäßig bemessen zu werden braucht.

Liegt die Wärmequelle zentral oder ist sie — wie bei Lufterwärmung durch Kondensatoren oder Ekonomisern — an einen bestimmten Ort gebunden, so wird die erwärmte Luft durch Kanäle oder Blechrohre den Verbrauchsstellen zugeführt. In anderen Fällen und namentlich bei ausgedehnten Anlagen wird die Luft durch einzelne Heizkörper an Ort und Stelle selbst erwärmt. Einzellufterhitzer sind oft da bequem, wo der verfügbare Raum durch Einbauten oder Transmissionen beengt ist.

Bei zentralen Anlagen Antrieb der Lüfter zweckmäßig durch Dampfturbinen, deren Abdampf zur Lufterwärmung verwendet wird, bei Einzelanordnung am besten elektrischer Antrieb. Als Lufterhitzer werden verwendet: Röhrenkessel, bei denen die Luft durch das Röhrenbündel strömt, der Dampf außen vorbeistreicht; Lamellenkaloriferen oder meist guß- oder schmiedeeiserne Rippenrohren, an deren Ummantelung sich der Lüfter unmittelbar anschließt.

Einzellufterhitzer lassen sich in beliebiger Höhe der Werkstätten ohne Beanspruchung der oft wertvollen Bodenfläche anordnen. Aufstellung derart, daß die erwärmte Luft gegen Stellen, an denen durch Fenster oder Türen kalte Luft eindringen kann, gerichtet ist. Zugwirkungen werden dadurch vermieden. Derartige Einzellüfter, deren Reichweite bis 20 m beträgt, werden für Leistungen von 30 000 bis 200 000 kcal/h und Kraftbedarf bis 4 PS gebaut.

Wärmequellen: Frisch-, Zwischen-, Abdampf, Rauchgase. Fig. 4 zeigt die Ausführung eines „Luftkondensators" mit gußeisernen Rippenrohren nach Balcke. Als Kühlmittel dient die durch Lüfter an den Rippenrohren vorbeigeblasene Luft. Die Daqua-Luftkondensatoren von Danneberg & Quandt werden mit schmiedeeisernen Heizrohren ausgeführt. Eine andere Ausführung von Balcke zeigt schematisch Fig. 5. Der Lufterhitzer ist zwischen Niederdruckzylinder

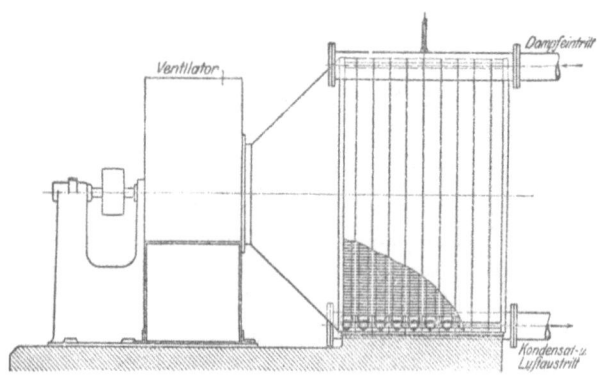

Fig. 4. Luftkondensator.

und Kondensator eingeschaltet, so daß er diesen als Vorkondensator entlastet. Die Luftleere nimmt hierbei meist zu.

Rauchgas-Ausnutzungsanlagen baut „Abas", Berlin. Der Lüfter drückt die angesaugte Luft in dünnen Schichten durch die schmiedeeisernen Taschen eines „Taschenlufterhitzers". Die Rauchgase, welche die Hohlräume zwischen den Taschen im Gegenstrom durchziehen, treten entweder in den Schornstein oder

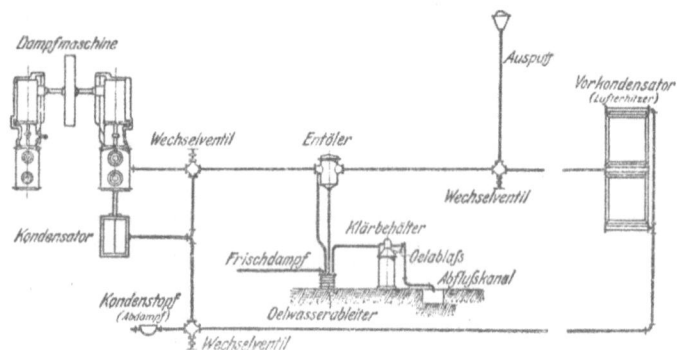

Fig. 5. Abwärmeverwertung nach Balcke.

in eine Saugzuganlage. Im letzteren Fall können die Gase auf rd. 150° C abgekühlt werden (vgl. Fig. 10).

Regelung bei Zentralanlagen in der Art, daß einzelne Abteilungen der Heizkammer in oder außer Betrieb gesetzt werden. Bei Unterdruckheizungen vermindert man die Luftleere und arbeitet mit höheren Auspufftemperaturen. S. auch S. 696. An besonders kalten Tagen wird auf Auspuffbetrieb umgestellt, vorausgesetzt, daß hierbei zur Vermeidung allzu großen Abdampfverlustes der größere Teil des Abdampfes in der Heizung niedergeschlagen wird. Bei Temperaturen über 0 °C läßt man den Ventilator langsam laufen, ebenso setzt man bei Antrieb durch Dampfturbinen deren Umlaufzahl herab, wodurch weniger Luft gefördert, außerdem weniger Abdampf zugeführt wird. Bei steigender Außentemperatur kann auch die Dampfzufuhr zur Turbine gedrosselt werden, wobei der Abdampfdruck infolge der im Verhältnis zur Dampfmenge größeren Kühlfläche fällt und der Abdampf restlos kondensiert wird. Bei weiterer Drosselung nimmt die Turbinenleistung ab.

Bei Einrichtungen mit Einzellufterhitzern werden einige dieser außer Betrieb gesetzt. Bei sehr geringem Wärmebedarf wirken die Lufterhitzer nach Abstellen der Lüfter wie örtliche Heizkörper. Bei der oben erwähnten Abas-Heizung wird in der Weise geregelt, daß Drosselklappen in den Warmluft-Ausblasestutzen verstellt werden.

Die Warmluft-Austrittstutzen werden häufig bis auf etwa 1,5 m Höhe herabgeführt, bei verhältnismäßig niedrigen und nicht besonders breiten Räumen werden an den Verteilungsleitungen nur kurze, wagerechte Ausblasestutzen angebracht. In Fabrikhallen verwendet man schräg nach unten gerichtete Ausblasestutzen mit Mündung 3 bis 3,5 m über Fußboden. Senkrecht nach unten gerichtete Stutzen werden am Ende perforiert, wodurch die Warmluft fein verteilt in die Halle tritt.

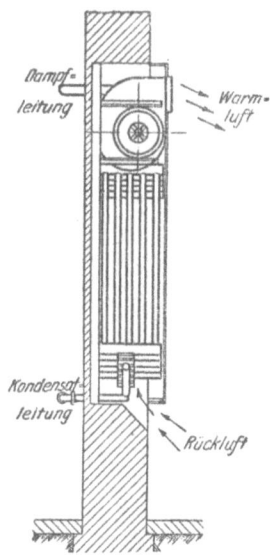

Fig. 6. Heizapparat in Mauernische.

Ausführungsbeispiele. Fig. 6[1]). Heizung der Werfthalle der Fliegerstation Sofia. Apparat in Mauernische eingebaut. Die Warmluft erhält nach Austritt aus dem Gebläse durch einstellbare Leitbleche die erforderliche Richtung.

Fig. 7 zeigt einen Einzelapparat, der je nach Bedarf Umluft oder Frischluft liefert und während des Sommers auch zur Lüftung des Raumes dienen kann[1]).

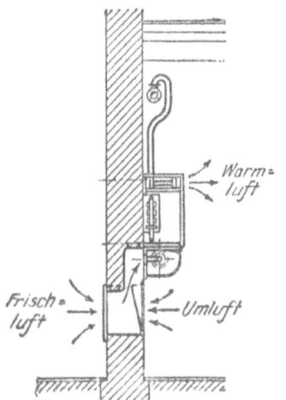

Fig. 7. Einzelheizapparat.

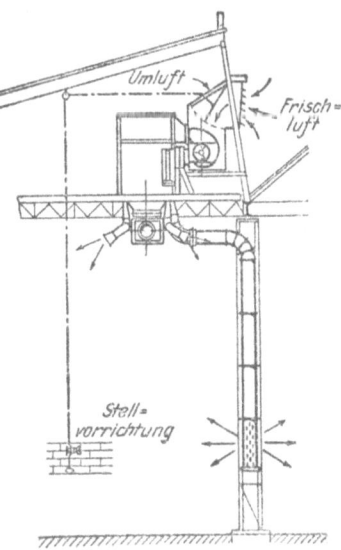

Fig. 8. Im Dach angeordneter Heizapparat.

In Fig. 8 — Heizung einer Waggonfabrik mit etwa 85 000 m³ Rauminhalt — sind die Einzelvorrichtungen im Dach eingebaut und verteilen die Luft sowohl durch herabgeführte,

[1]) Z. Ver. deutsch. Ing. 1920, S. 370.

gelochte Ausblasestutzen, die in 0,5 bis 1,5 m Höhe liegen, wie auch unmittelbar durch kurze Ansatzstücke[1]).

Fig. 9 zeigt die Heizanlage der von K. Bernhard gebauten Halle einer Dieselmaschinenfabrik in Glasgow[1]). Der Dampf wird vom Kesselhaus mit 8 at zu den verschiedenen Heizkammern in der Halle geführt und dort auf 5 at entspannt. Die angewärmte Luft wird durch elektrisch angetriebene Lüfter in die Halle gedrückt. Die Warmluft wird durch Blechrohre geführt, die innerhalb der Eisenkonstruktion unauffällig so geordnet sind, daß sie weder den Bauverkehr noch das Aussehen der Halle beeinträchtigen.

Fig. 10. Zentrale einer Großraum-Heizungsanlage, bei der die Abgase von 350° mehrerer Industrieöfen ausgenutzt werden. Als Aushilfe und zur Unterstützung der Lufterhitzer, deren Leistungsfähigkeit eine Mill. kcal/h beträgt, ist ein Dampflufterhitzer vorgesehen. In den unteren Teil des Schornsteins ist eine Zunge eingebaut, um die aus den Industrieöfen und der Dampfkesselanlage kommenden Rauchgase in gleicher Richtung zu vereinigen und Stoßwirkungen zu vermeiden. Die Luft für den Dampflufterhitzer, dessen Heizfläche durch die Abdampf der den Ventilator d antreibenden Hochdruckturbine geheizt wird, wird durch einen Dachaufsatz aus dem Freien entnommen. Der Taschenlufterhitzer ist oberhalb des Rauchgaskanals angeordnet, so daß er durch Umstellung zweier Drehklappen aus dem Rauchgasweg ganz ausgeschaltet werden kann.

Zusammengefaßt ergeben sich als Vorzüge der Luftheizung: Keine Beanspruchung an Bodenfläche, kurze Zeit zum Hochheizen. Gute Erwärmung der Luftschicht am Boden, daher geringerer Wärmedurchgang durch höher liegende

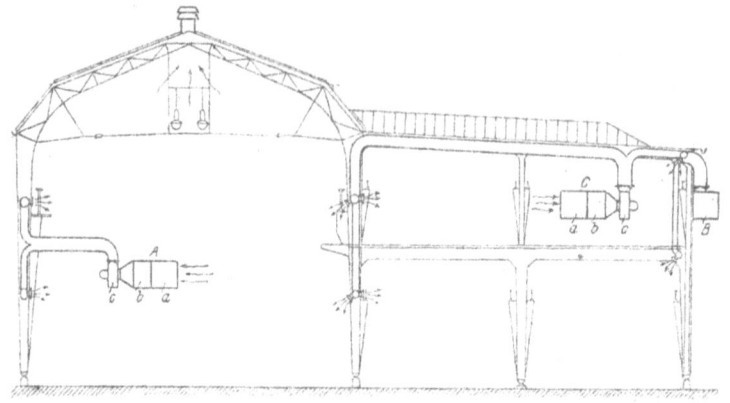

Fig. 9. Heizung einer Halle für Dieselmaschinenbau.
A, B, C = Heizkammern, a = Umlaufkappe, b = Erhitzer, c = Ventilator.

Gebäudeteile. Bequeme Regelung. Verwendung der Anlage im Sommer zu Lüftungszwecken. Diesen Vorteilen steht als Nachteil der Kraftbedarf der Lüfter gegenüber.

In Wasserkraftwerken kann die aus den elektrischen Generatoren mit 50 bis 55° C austretende Kühlluft zur Heizung verwendet werden. Bei offenen Generatoren läßt man diese Luft zuerst in den Maschinenraum austreten und führt sie von hier durch Lüfter den u. U. zu erwärmenden Nebenräumen zu. Hierbei werden jedoch zur Erzielung einer bestimmten Heizwirkung große Lüfter, Kanalquerschnitte usw. nötig, auch kann die Luft nur zur Erwärmung solcher Räume verwertet werden, deren Temperatur einige Grad unter Maschinenraumtemperatur bleiben darf. Bei offenen Generatoren liegt die Gefahr der Überheizung im Sommer vor.

Bei geschlossenen Generatoren steht die Luft unmittelbar für Heizung in hochwertiger Form zur Verfügung; sie wird in einen Sammelkanal entweder durch Ventilatorwirkung des Läufers oder durch besondere Gebläse gefördert.

Bei Generatoren ist damit zu rechnen, daß etwa 5 vH der elektrischen Leistung in Wärme umgesetzt werden. Einem Kraftwerk von 1000 kW stehen somit 1000·0,05·860 = 43 000 kcal für die Heizung zur Verfügung. (Hottinger, Schweiz. Bauztg. 1921, Nr. 22.)

Wärmespeicherung.

Bei der Verwendung von Maschinendampf ist der Phasenunterschied zwischen Dampfabgabe seitens der Maschine und dem Dampfbedarf der Heizung zu beachten. In den Morgenstunden muß vor Beginn der Arbeitszeit mit

---

[1]) Z. des V. d. Ing. 1920, S. 370.

gedrosseltem Frischdampf geheizt werden, während in den späten Nachmittagsstunden namentlich die für Lichterzeugung verbrauchte Dampfmenge oft nicht Verwendung finden kann. Bei Warmwasserheizungen läßt sich diese überschüssige Wärme aufspeichern; diesem Zweck dienen bei der oben erwähnten Anlage der Technischen Hochschule Dresden vier gut umhüllte Behälter mit je 8 m³ Inhalt, in denen sich $2^1/_2$ Mill. kcal speichern lassen, die am Morgen sehr rasches Anheizen ermöglichen. Die Speicher, deren Wirkungsgrad nahezu 100 vH ist, werden in einfachster Weise durch Öffnen und Schließen eines Wechselventils ge- und entladen.

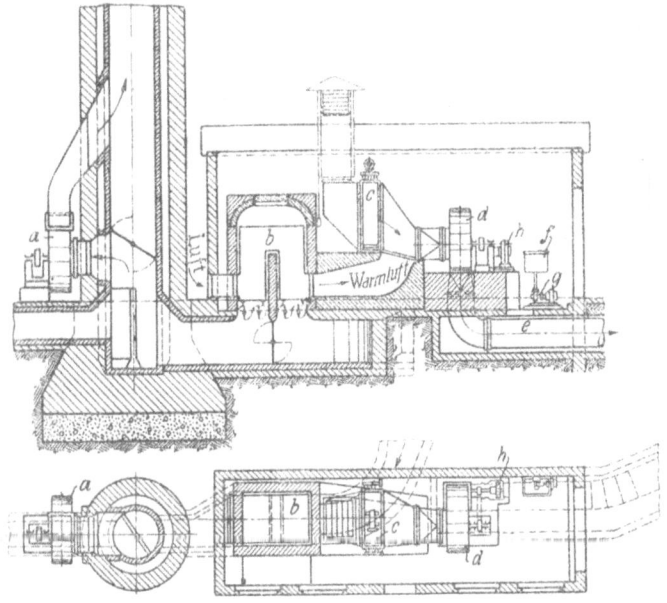

Fig. 10. Heizungszentrale. Großraumheizung mit Abgasverwertung von Industrieöfen.

a = Saugzugventilator, b = Taschenlufthitzer, c = Dampflufthitzer, d = Heizventilator, e = Warmluftkanal, f = Kondenswasser-Sammelbehälter, g = Rückspeisepumpe, h = Dampfturbine zum Antrieb von d. (Ausführung Abas, Berlin.)

In gleicher Weise ermöglicht der Ruths - Speicher, S. 185, Aufspeicherung des Dampfes für Dampfheizungen.

Auch Wasserkraftwerke, die billigen Abfallstrom liefern können, bedienen sich in schweizerischen Anlagen mit Vorteil der Wärmespeicher, die über Nacht geladen werden[1]). Die Wärme kann in Form von Hoch- oder Niederdruckdampf, heißem Wasser oder warmer Luft entnommen werden. Als Speichermaterial wird meist Wasser, vielfach werden auch feste, gut wärmeleitende Stoffe, wie Quarzsand, Specksteinmasse, Schamotte u. a. verwendet, deren spezifische Wärme sehr groß ist. Diese festen Stoffe eignen sich besonders für Nieder- und Mitteldruckdampfheizungen, wobei die Speicher mit Rippen aus gut leitendem Material, z. Eisen, zu versehen sind.

---

[1]) Z. Ver. deutsch. Ing. 1921, S. 88. — Hottinger, Beitrag zur Berechnung von Wärmespeichern. Archiv für Wärmewirtschaft. 1921, S. 173 (Heft 12). — Warmwasser- und Dampfheizanlagen mit Wärmespeicherung, ebenda S. 187.

Besteht der Inhalt beispielsweise aus 2 t Eisen und 9,5 t Quarzsand und wird von 550° auf 300° C heruntergekühlt, so daß mit einer mittleren spezifischen Wärme des Eisens von rd. 0,13 und des Quarzsandes von 0,29 gerechnet werden kann, so ergibt sich eine Wärmeabgabe einschließlich der Verluste von $(2000 \cdot 0{,}13 + 9500 \cdot 0{,}29) \cdot 250 = 754\,000$ kcal.

Die Stromzufuhr wird selbsttätig durch Temperaturschalter, die durch Thermoelemente ausgelöst werden, unterbrochen.

II. Entstaubung und Lüftung.

Bearbeitet von Oberingenieur Otto Brandt, Charlottenburg.

Gesundheitliche Verhältnisse. In zahlreichen Industrien entstehen bekanntlich bei einer Reihe von Arbeitsvorgängen der mechanischen Bearbeitung von Metallen und Holz große Mengen Staub und Rauch, sowie beim Beizen und Ätzen von Metallen Gase und Dämpfe, durch welche die Abwickelung der Arbeitsvorgänge und die Gesundheit der Arbeiter in schädlicher Weise beeinflußt werden. Da Staub, Rauch, säurehaltige Gase und Dämpfe außerordentlich reizend auf die Atmungsorgane einwirken, schließlich zu deren Erkrankung führen, und auch die Übersicht des Betriebes beeinträchtigen, so ist die Abführung derselben sowohl aus hygienischen wie auch aus betriebstechnischen Gründen, sowohl im Interesse der Arbeiter wie auch der Arbeitgeber notwendig. Letztere werden in Deutschland durch § 120a der Reichsgewerbeordnung und durch verschiedene Vorschriften der Berufsgenossenschaften angehalten, für Reinhaltung der Luft in den Arbeitsräumen ihrer Betriebe zu sorgen.

Der Beseitigung von Staub, säurehaltigen Gasen und Dämpfen aus Arbeitsräumen ist deshalb ein besonderes Interesse entgegenzubringen, weil ein erwachsener Mensch 8 bis 9 l/min Luft aufnimmt. Anorganischer Staub, wie er bei der Formsandaufbereitung und der Metallschleiferei auftritt, besteht aus zackigen, eckigen und spitzen Molekülen. Gelangt derartiger Staub durch die Atmung in die Atmungswege, so wird die diese auskleidende Gewebeschicht verletzt, die Staubmoleküle bohren sich in das Gewebe der Atmungswege ein und führen schließlich zu Erkrankungen der Atmungsorgane sowie zu vorzeitiger Herabminderung der körperlichen Widerstandskraft. Typische Krankheiten der solchem Staub ausgesetzten Arbeiter sind Hals- und Kehlkopfkrankheiten, Bronchitis, Erkrankung der Luftröhre, Tuberkulose.

Holzstaub, wie bei der mechanischen Bearbeitung des Holzes auftretend, besteht aus spitzen Fasern mit zerrissenen scharfen Rändern und feinen Häkchen. Das fortgesetzte längere Einatmen von Holzstaub während der Arbeitszeit zeitigt im allgemeinen dieselben Erkrankungen wie das Einatmen von anorganischem Staub. Holzstaub von verschiedenen fremdländischen Hölzern kann außerdem durch Eindringung in die Drüsenöffnungen der Haut jene verstopfen, reizen und so zu Hauterkrankungen führen.

Besondere Aufmerksamkeit erfordert in der Metallindustrie noch die Abführung der nitrosen Gase. Diese entweichen beim Eintauchen von Metallgegenständen in die Beize beim Gelbbrennen, ebenso beim Herausnehmen und Abspülen der Gegenstände in Wasser und treten als mehr oder minder dichte braunrote Dämpfe in die Luft des Arbeitsraumes. Unter nitrosen Gasen versteht man ein Gemisch von salpetriger Säure, Untersalpetersäure, Salpetrigsäureanhydrid und Stickstoffoxyden.

Längeres Einatmen nitroser Gase verursacht als erste Wirkung starken Hustenreiz und trockenes, stechendes Gefühl im Rachen. Daran schließt sich gewöhnlich zunehmende Erkrankung der Lunge. Eigentümlich ist bei dem Einatmen von nitrosen Gasen, daß zuweilen erst nach sechs oder mehr Stunden Übelkeit, Hals- und Brustschmerzen, heftige Atemnot eintreten. Mehrfach sind auch Fälle beobachtet worden, wo Personen, die der Einatmung nitroser Gase ausgesetzt waren, tödlich erkrankten[1]).

In Erkenntnis dieser Gefährlichkeit nitroser Gase auf den menschlichen Organismus wurden 1911 in Preußen „Grundsätze für die gewerbepolizeiliche Überwachung der Metallbeizereien (Metallbrennen)" aufgestellt. Des weiteren wurden zum Schutze der Gesundheit der mit der Herstellung elektrischer Bleiakkumulatoren beschäftigten Arbeiter 1908 Vorschriften vom Bundesrat erlassen.

Um nun den Arbeitern im Sinne aller dieser Vorschriften weitmöglichsten Schutz gegen Staub, Rauch und säurehaltigen Gasen angedeihen zu lassen, bedarf man der Entstaubungs- und Lüftungsanlagen.

Forderungen an Lüftungs- und Entstaubungsanlagen. Wo derartige gewerbehygienische Anlagen errichtet werden sollen, ist zu beachten:

1. Es ist vollkommenes Erreichen des Zweckes mit kleinsten Luftmengen anzustreben.
2. In jedem Falle ist die unbedingt für die Absaugung nötige Luftmenge festzustellen, der sich hieraus ergebende Luftwechsel des betreffenden Arbeitsraumes zu ermitteln und bei bestehenden Heizungsanlagen zu prüfen, ob diese unter Berücksichtigung des größeren Luftwechsels ausreichend sind.

---

[1]) Jahresberichte der preußischen Regierungs- und Gewerberäte 1896, S. 81; 1899 S. 61 und 1903 S. 94.

3. Erzielt die Absaugung von Spänen und Staub aus einer Werkstatt mehr als fünffachen Luftwechsel des betreffenden Arbeitsraumes, so muß im Winter zweckmäßig für mechanische Luftzufuhr gesorgt werden. Ausgenommen sind die Fälle, in denen man aus angrenzenden größeren Arbeitshallen genügend Ersatzluft entnehmen kann oder aber durch Einschaltung eines Filters die Möglichkeit hat, nach Reinigung der Staubluft diese wieder in den Arbeitsraum zurückzuführen.

4. Aufstellung von Heizkörpern mit besonderen Luftzuführungsöffnungen für das selbsttätige Nachsaugen der Ersatzluft ist wegen der sich hierdurch ergebenden Anstände, wie Zugerscheinungen usw., zweckmäßig zu unterlassen.

In Fig. 2, S. 697, ist die Entlüftung der Fabrik Robert Bosch in Stuttgart dargestellt. Ein Ventilator mit senkrechter Welle, im Dach angeordnet, saugt die verbrauchte Luft durch Schlitze (Jalousien) im unteren Teil der nach dem Treppenhaus gelegenen Türen ab. Der hier dadurch verursachte Luftzug ist wegen des nur vorübergehenden Aufenthaltes von Personen im Treppenhaus ohne Bedenken. Im Winter wird die Frischluft durch Blechrohre aus dem Freien angesaugt, die —6 m lang —3,5 bis 4 m voneinander entfernt sind. Zur Vermeidung jeglichen Luftzuges tritt die Luft durch schmale Längsschlitze aus den Rohren aus. Im Sommer außerdem Luftzufuhr durch die Fenster, deren drei Flügel um wagerechte Achsen drehbar sind. Luftwechsel im Winter dreimal, im Sommer häufiger.

Entstaubungsanlagen für Metallschleifereien.

Die wichtigsten Einzelteile einer mechanischen Entstaubungsanlage für Metallschleifereien sind: Exhaustor mit Antriebvorrichtung, Saug- und Druckrohrleitung. Bei der Ausführung der Saug- und Druckrohrleitung ist besonders darauf zu achten, daß die Rohre in möglichst spitzem Winkel, am besten unter 5°, zusammengeführt werden, um Wirbel und Stöße bei dem abgesaugten Luftstrom zu vermeiden, da diese große Kraftverschwendung bedingen. Abzweigrohre sind nur in Richtung der Saugwirkung anzuordnen. Zum sicheren Weitertransport der abgesaugten Späne in dem Rohrnetz einer Entstaubungsanlage soll die als Fördermittel dienende Luft mindestens 16 m/sek, höchstens 25 m/sek. Geschwindigkeit haben, um die Wirtschaftlichkeit der Anlage infolge zu hohen Kraftbedarfes nicht in Frage zu stellen.

Die Saugrohrleitung besteht im wesentlichen aus den Saug- bzw. Auffangehauben, an die sich die eigentliche Saugrohrleitung anschließt. Die Druckrohrleitung beginnt mit einem Paßstück als Übergang von dem viereckigen Ausblas des Exhaustors zum ersten Rohrschuß der Druckrohrleitung. Auf das Paßstück folgt dann eine Anzahl Rohrschüsse, deren letzter durch ein zweites Paßstück mit dem Staubabscheider verbunden wird.

Ein Zentrifugalabscheider setzt sich aus einem großen Blechzylinder mit unten angesetztem Kegel und oben an den Blechzylinder tangential angeschlossenem Druckrohranschlußstück zusammen. Im Innern des Zentrifugalabscheiders ist ein Spiralmantel angeordnet. Der Abscheider wirkt in folgender Weise: Der mit Staub durchsetzte Luftstrom tritt aus der Druckrohrleitung oben in den Abscheider ein. In diesem nimmt der eingeblasene Luftstrom eine drehende Bewegung nach unten an, wobei sich der mitgeführte Staub infolge Verminderung der Luftgeschwindigkeit absetzt, während die Luft oben austritt. Aus dem Abscheider fällt der Staub durch ein kurzes Rohr in eine Staubkammer.

Anlagen mit Staubrückgewinnung. Bei Anlagen zur Rückgewinnung wertvollen Staubes tritt an Stelle des Zentrifugal-Staubabscheiders ein Staubfilter (Fig. 11 und 12). Im wesentlichen bestehen beispielsweise die Daqua-Filter[1]) aus einem schrankartigen Gehäuse aus Holz oder Eisen. Das Gehäuse ist in Abteilungen, die je 8 oder mehr konische Filterschläuche enthalten, eingeteilt.

---
[1]) Ausführung von Danneberg & Quandt, Berlin.

Die Filterschläuche einer Abteilung sind immer an einem gemeinsamen Hängewerk befestigt. Die Schläuche aus staubdichtem luftdurchlässigem Spezialfiltertuch sind unten offen und am Kopfe oder Deckel verschlossen. Der Staubeintritt in das Filter wird durch ein Verteilrohr am Fuß geregelt. Die Staubluft tritt von diesem Verteilrohr durch den Rumpf oder Abteilkanal von unten in das Innere der Filterschläuche ein, die Luft durchstreicht das Gewebe und gelangt gereinigt durch den Saugstutzen zu einem am Kopf befindlichen gemeinsamen Saugkanal für alle Abteilungen des Filters und wird von hier dem Exhaustor zugeführt, der sie ins Freie oder in den Arbeitsraum fördert. Der Staub setzt sich an die inneren Wandungen der Filterschläuche und reichert sich hier an. Durch eine selbsttätige Schaltvorrichtung werden die während des Filtervorganges glatt gezogenen Schläuche plötzlich entspannt. Hierdurch kommt der Traghebel, an dem die Schläuche befestigt sind, in den Bereich eines Nockenrades, das durch Anheben und plötzliches Fallenlassen eine rüttelnde Bewegung des Schlauchsystems einer Abteilung hervorruft. Diese rüttelnde, staublösende Bewegung wird durch einen Gegenluftstrom unterstützt, der infolge des im Filter herrschenden Überdruckes durch Öffnen einer Klappe im Saugstutzen und gleichzeitiges Absperren der Filterabteilung von dem gemeinsamen Saugrohr am Kopf des Filters entsteht. Die Außenluft wird dadurch veranlaßt, durch die Poren der Filterschläuche und den Rumpf bzw. Abteilkanal ihren Weg nach den übrigen Filterabteilungen und von dort zum Exhaustor zu nehmen. Hierdurch lockert sie die durch Schütteln allein sich nicht lösenden

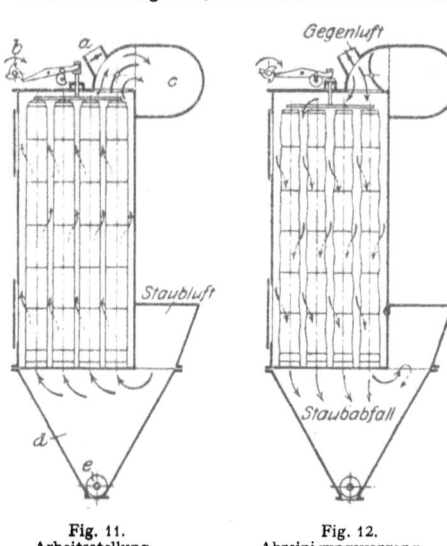

Fig. 11. Arbeitsstellung. Fig. 12. Abreinigungsvorgang.
a = Saugstutzen, b = Hängewerk, c = Saugkanal, d = Rumpf, e = Staubsammelschnecke.

Staubteilchen und führt diese mit den übrigen nach unten in den Staubsammelrumpf. Der gesammelte Staub wird durch eine Schnecke oder einen Sackstutzen durch Zwischenschaltung einer Staubschleuse aus dem Filter entfernt und entweder dem Material zugeführt oder für sich gesammelt, während die zum Abreinigen verwendete Gegenluft in den Nebenabteilen wie die angesaugte Staubluft gereinigt wird. Die Abreinigung geht abteilungsweise vor sich, die Saugwirkung an den Staubquellen wird infolgedessen nicht unterbrochen.

Anlagen zur Absaugung von Rauch, Gasen und Säuredämpfen setzen sich aus fast den gleichen Einzelteilen wie die Entstaubungsanlagen zusammen, nur daß der Zentrifugalabscheider bzw. das Staubfilter fortfällt und bei Säuredämpfabsaugung teilweise säurefeste Teile verwendet werden.

Anlagen in Holzbearbeitungswerkstätten.

Bei den für Spänetransport und Entstaubungsanlagen zur Verwendung gelangenden Exhaustoren ist darauf zu achten, daß die Schaufelung besonders ausgebildet wird. So sind Exhaustoren mit feinteiliger Schaufelung für Spänetransport unzweckmäßig, da bei ihnen sich die Späne zu leicht an den Flügeln

Entstaubung und Lüftung. 707

festsetzen würden und sie nach und nach ganz verstopfen können. Tritt dies ein, so läßt die Leistung des Exhaustors nach, und dieser läuft dann nicht mehr gleichmäßig und schwingungsfrei.

Neben dem Exhaustor und dem Zentrifugal-Späne- und Staubabscheider ist die Ausbildung und Anordnung der Saug- bzw. Auffangehauben, sowie der Teile von Saug- und Druckrohrleitung für die Wirkung und den Kraftverbrauch der Anlage von Wichtigkeit. Die Saug- und Auffangehauben, die mit den Abzweigrohren der Saugrohrleitung in Verbindung stehen, müssen an den Holzbearbeitungsmaschinen so angeordnet werden, daß sie den Arbeitern in keiner Weise hinderlich sind, die Unfallgefahr nicht erhöhen, sondern nach Möglichkeit gleichzeitig als Schutzvorrichtung gegen Betriebsunfälle wirken. Die richtige Gestaltung und Anpassung der Saug- und Auffangehauben, die aus starkem Eisenblech hergestellt werden, ist von wesentlichem Einfluß auf die Leistung der Anlage. Die Hauben müssen nach Möglichkeit dicht an die Lager, Druckwalzen oder Druckhauben der betreffenden Holzbearbeitungsmaschinen anschließen,

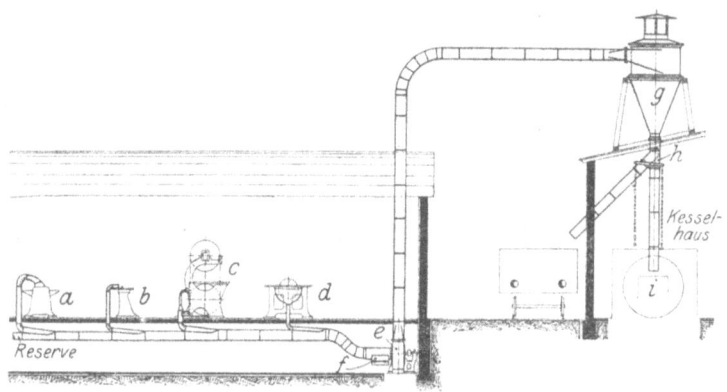

Fig. 13.
a = Dicktenhobelmaschine, b = Fräse, c = Bandsäge, d = Kreissäge, e = Exhaustor, f = Holzabscheider, g = Zentrifugal-Späne- und Staubabscheider, h = Umschaltkasten, i = Vorfeuerung.

damit die vom Exhaustor angesaugte Luft das Arbeitsstück ringsum bestreicht. Die Hauben sind möglichst so anzuordnen, daß die zentrifugale Wirkung der Werkzeuge den Exhaustor in seiner Wirkung unterstützt und nicht dieser entgegenarbeitet.

Bei einer Kreissäge werden die Hauben zweckmäßig derart ausgebildet, daß die Haube das Sägeblatt vollständig verdeckt und nur die vordere Haubenseite offen ist, wo das Holz zugeführt wird.

In ähnlicher Weise sind auch die Hauben für Holzfräsmaschinen und Hobelmaschinen auszubilden und anzuordnen.

Bei Verwendung einer Anzahl von Sägeblättern, Fräsern oder Messerwellen von verschiedener Größe und Gestalt auf einer Maschine empfiehlt sich Anordnung verstellbarer Hauben.

Je nach den örtlichen Verhältnissen kann die Hauptsaugrohrleitung unterirdisch oder oberirdisch verlegt werden.

Die unterirdische Verlegung bietet den Vorteil, daß bei ungünstigen Lichtverhältnissen der Arbeitsraum nicht noch mehr verdunkelt oder bei Platzmangel nicht noch mehr verkleinert wird. Die unterirdische Verlegung kann in der Weise durchgeführt werden, daß die Saugrohrleitung an der Decke eines unter dem Arbeitsraum befindlichen Kellers oder anderen Raumes oder in besonderen Fußbodenkanälen angeordnet wird.

45*

Bei oberirdischer Verlegung kann die Leitung an der vorhandenen Eisenkonstruktion des Arbeitsraumes mittels Rohrschellen und Trägerklammern befestigt werden.

Spänetransport- und Entstaubungsanlagen mit Exhaustorbetrieb werden für Transportlängen bis 300 m und Transporthöhen bis 30 m ausgeführt.

Ausführungsbeispiel (Fig. 13). Die Anlage dient zum Entfernen von Holzspänen und Staub von einer Dickenhobelmaschine, Fräse, Bandsäge und Kreissäge.

Der zwischen Saug- und Druckrohrleitung eingeschaltete Exhaustor saugt die an den Holzbearbeitungsmaschinen entstehenden Späne und Staub durch die Saug- bzw. Auffanghauben und Saugrohrleitungen an und drückt sie mittels der Druckrohrleitung in den Zentrifugal-Späne- und Staubabscheider. Dieser hat die Aufgabe, den als Fördermittel zum Weitertransport der Späne und des Staubes benutzten Luftstrom nach beendetem Transport wieder vom angesaugten Material zu trennen.

Bei Anlage nach Fig. 13 ist zwischen Ende Saugrohrleitung und Exhaustor ein Holzabscheider geschaltet, der dazu dient, mitgerissene größere Holzstücke, die den Exhaustor beim Passieren beschädigen könnten, selbsttätig abzuscheiden. Die Wirkung des Holzabscheiders ist folgende: Die in die Saugrohrleitung gelangten Holzstücke gleiten oder rollen auf dem Boden der Leitung entlang und fallen vermöge ihrer größeren Schwere in die Öffnung des Holzabscheiders. Zur Entfernung der aufgefangenen Holzstücke hat der Holzabscheider unten zwei zusammenschlagende Türen, die gewöhnlich so konstruiert sind, daß sie selbsttätig durch die angesaugte Luft geschlossen werden. Bei Stillstand des Exhaustors öffnen sich diese Türen und hierbei fallen die aufgefangenen Holzstücke heraus. Um ein zu dichtes Schließen der Türen zu verhindern, werden häufig an den unteren Längsseiten der Türen in 8 bis 10 mm Abstand kleine Blechstücke angenietet. Durch die so entstehenden Luftschlitze tritt dann beim Betrieb der Anlage ein Luftstrom in den Holzabscheider ein und verhindert in diesem das Ablagern der Späne, doch ist der Luftstrom nicht stark genug, die aufgefangenen Holzstücke wieder in die Saugrohrleitung zu heben.

Einen weiteren wichtigen Zweig in der gewerblichen Gesundheitspflege stellt auch die Ableitung von Dämpfen beim Schmelzen, Abschlacken und Gießen von Metallen, sowie der Rauchgase aus Schmieden dar.

Anlagen in Gießereien.

Für Metallgießereien kommen zur Absaugung der aufsteigenden Gießdämpfe, je nach der Art Schmelzöfen und Anordnung der Gießstellen, entweder feststehende Auffanghauben, Schwenkhauben oder Kranhauben in Betracht, die durch eine Sammelrohrleitung mit einem Exhaustor in Verbindung stehen. Fig. 14 zeigt eine Entstaubungsanlage in einer Formerei. Der Arbeitsvorgang erfolgt bei dieser Anlage unter zwei, zu Auffanghauben ausgebildeten Brettverschlägen. Oberhalb dieser Auffanghauben befinden sich die Saugrohrleitungen, die in eine Hauptrohrleitung einmünden.

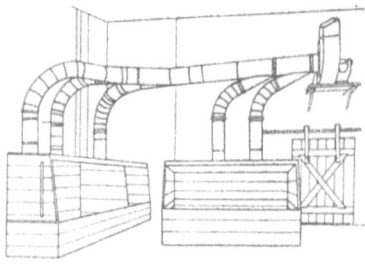

Fig. 14. Entstäubungsanlage in einer Gießerei.

Die Hauptrohrleitung führt zum Exhaustor, der den beim Ausklopfen der Formkästen aufwirbelnden Staub sofort absaugt.

Fig. 15 stellt eine Metallschleiferei mit Entstaubungsanlage dar. Mit Rücksicht darauf, daß der Staub von den Schleifscheiben tangential abgeschleudert wird, sind an den Entstehungsstellen besondere Auffanghauben angebracht, so daß der von den Schleifscheiben erzeugte Luftstrom für die Absaugung der Staubluft mit ausgenutzt wird. Es empfiehlt sich, die Auffangehaube seitlich mit aufklappbaren Wänden zu versehen, damit auf einfache Weise Schleifscheiben ausgewechselt werden können.

Absaugen von Säuredämpfen. Besondere Beachtung erfordert noch in der Metallindustrie die Beseitigung der Säuredämpfe, die beim Beizen, Gelbbrennen und Ätzen von Gegenständen aus Kupfer, Messing, Bronze und sonstigen Legierungen entstehen.

Das Prinzip einer Säuredämpfeabsaugung, und zwar von nitrosen Gasen, wie sie beim Gelbbrennen auftreten, läßt Fig. 16 erkennen. Die hier aus den Säure- und Spülgefäßen austretenden giftigen Dämpfe werden durch einen seitlich angeordneten Saugkanal mit Saugschlitzen nach unten abgesaugt. Um das Austreten der Säuredämpfe beim Herausnehmen der gebeizten Metallteile möglichst zu verhindern, ist oberhalb der Beizbottiche an den vorderen Seiten eine Schutzwand vorgesehen. Da die gebeizten Gegenstände in kaltem Wasser abgespült werden, so hat diese Dunstabsaugungsanlage keine Auffangehauben.

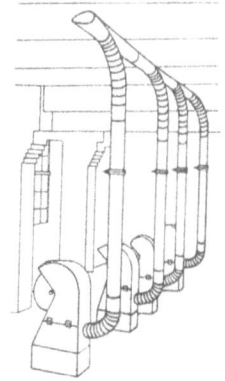

Fig. 15. Metallschleiferei mit Entstaubungsanlage.

Werden dagegen die gebeizten Gegenstände in warmem Spülwasser abgespült, so verwendet man bei den zu diesem Zweck bestimmten Dunstabsaugungsanlagen Auffangehauben. Auf diese Weise wird gleichzeitig auch der aus den Spülgefäßen entstehende Wasserdampf mit beseitigt.

Die bei einer derartigen Anlage mittels eines säurefesten Holzexhaustors abgesaugten Säure- und Wasserdämpfe werden durch eine Tonrohrleitung in entsprechender Höhe über dem Dach ins Freie ausgeblasen.

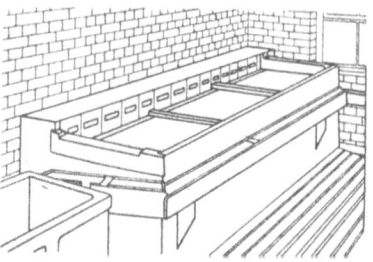

Fig. 16. Absaugen von Säuredämpfen.

Statt direkter Absaugung kann für die Absaugung von Dämpfen, die Material leicht angreifen, eine indirekte Absaugung angewandt werden, indem mittels eines gewöhnlichen Ventilators und einer Steinzeugdüse ein treibender Luftstrom erzeugt wird, der die Dämpfe durch einen Steinzeug-Abzugschlot absaugt.

III. Fabrikbeleuchtung.

Bearbeitet von Dr. H. Lux, Beratender Ingenieur. V. B. J., Berlin.

Die photometrischen Grundbegriffe. Nach der Hypothese von der Wellennatur des Lichtes ergibt sich, daß die von einer punktförmigen Lichtquelle ausgesandte Lichtwelle sich in einem homogenen und isotropen Medium nach allen Richtungen des Raumes gleichmäßig, d. h. auf konzentrischen Kugelschalen, ausbreiten muß. Wie jede andere Welle, so transportiert auch die Lichtwelle auf ihrem Ausbreitungswege Energie. Hieraus folgt dann sofort, daß die Energiedichte auf konzentrischen Kugelschalen mit dem Quadrate des Radius abnehmen muß. — Als gestrahlte Energie ist die Lichtaussendung natürlich ebenso wie jede andere gestrahlte Energie eine Zeitfunktion, und die von der punktförmigen Lichtquelle in einem bestimmten Zeitraume ausgestrahlte Lichtmenge muß die Dimension einer Arbeitsgröße haben. — Diese Aussage steht nun, soweit es sich um die rein physiologische Lichtempfindung handelt; mit der Erfahrung in einem augenfälligen Widerspruche, denn die Lichtempfindung wächst mit der Zeitdauer der Lichteinwirkung (abgesehen von der sehr kurzen Zeit, die zwischen dem Beginn des Reizes und dem Bewußtwerden der Empfindung verläuft), nicht an, und die Lichtempfindung hört auch sofort mit dem Ausbleiben des Lichtstrahles auf. Es findet also keine Aufspeicherung statt. Für die Lichtempfindung kann deshalb auch nicht die Lichtmenge (die auch Lichtabgabe genannt wird), d. h. die Energie oder Arbeitsgröße maßgebend sein, sondern lediglich die Lichtleistung, die Lichtmenge in der Zeiteinheit. — Diese Lichtleistung wird mit dem wenig glücklichen Ausdrucke „Lichtstrom" bezeichnet, wobei weder an den zur Erzeugung des Lichtes benutzten elektrischen Strom, noch auch überhaupt an ein Strömen gedacht werden darf.

Die Einheit des Lichtstromes ist das Lumen (Lm.).

Die Kenntnis des Lichtstromes ist neben der Kenntnis der zur Lichterzeugung aufgewandten energetischen Leistung (in Watt oder cal/sek) zur Wertung der Lichtquellen untereinander unentbehrlich. Hierbei ist es gleichgültig, ob der Lichtstrom sich frei und gleichmäßig durch den ganzen Raum verteilt, oder ob er einseitig gerichtet ist, wie etwa durch einen Reflektor oder Scheinwerfer.

Das Beispiel des Scheinwerfers kennzeichnet den Fall der ungleichmäßigen Verteilung des Lichtstromes im ganzen Raume, und es lassen sich deshalb anschaulich zwei andere wichtige photometrische Größen aus dem Lichtstrombegriffe ableiten: Die Lichtintensität und die Beleuchtung.

Da alle unsere Lichtquellen räumliche Ausdehnung haben, von einem mathematischen Punkte also weit entfernt sind, so gelangen in die verschiedenen Richtungen des Raumes verschieden große Lichtströme, d. h. die Lichtstromdichte in den verschiedenen Strahlungswinkeln, bzw. den verschiedenen Raumwinkeln ist verschieden. Die Lichtstromdichte, meist Lichtstärke oder Intensität des Lichtes genannt, wird demnach durch das Verhältnis des Lichtstromes zum Raumwinkel gekennzeichnet. Es besteht also die Beziehung:

$$\text{Lichtstärke} = \frac{\text{Lichtstrom}}{\text{Raumwinkel}}; \qquad J = \frac{\Phi}{\omega}.$$

Für eine Lichtquelle mit gleichmäßiger Lichtstromdichte im ganzen Raume ist $\Phi = 4\pi J$, da der volle Raumwinkel ω den Wert 4π hat.

Für die technische Ausnutzung von Lichtquellen ist es von großer Bedeutung, die Verteilung der Lichtstromdichte im Raume zu kennen. Das Beispiel des Scheinwerfers macht das ohne weiteres einleuchtend. Hier ist der gesamte Lichtstrom in einem verhältnismäßig kleinen Raumwinkel konzentriert, und nur in dem von diesem Raumwinkel eingehüllten Raumteile kann das Licht überhaupt ausgenützt werden, während der größte Teil des Raumes vollständig im Dunklen liegt. Wenn auch nicht ganz so kraß, so doch ähnlich liegen die Verhältnisse bei einer Lichtquelle, die mit einem Reflektor oder einer nur beschränkt Licht durchlassenden Glocke versehen ist. Aber selbst bei den nackten Lichtquellen hängt die Verteilung der Lichtstromdichte im Raume von der geometrischen Gestalt des leuchtenden Körpers ab. Bei einfachen geometrischen Formen kann man die Lichtstromverteilung im Raume mathematisch ableiten; im allgemeinen muß man diese Verteilung jedoch messend verfolgen. Da die meisten leuchtenden Körper annähernd Umdrehungskörper sind, so genügt es, diese Messungen in einer einzigen, beliebigen Meridianebene durchzuführen, indem man die unter verschiedenen Ausstrahlungswinkeln vorhandenen Lichtstärken bestimmt. Trägt man dann in willkürlicher Maßeinheit die unter den einzelnen Winkeln gemessenen Lichtstärken in ein Polarkoordinatensystem ein, und verbindet die Endpunkte der Vektoren, so erhält man eine Polarkurve, die kennzeichnend für die Lichtverteilung im Raume bei der gemessenen Lichtquelle ist. Eine solche Lichtverteilungskurve für eine gewöhnliche Metallfadenlampe ist in Fig. 17 dargestellt.

Die Kenntnis solcher Lichtverteilungskurven ist besonders wichtig für die Berechnung und die Anwendung von Reflektoren. Handelt es sich darum, einzelne Lichtquellen mit untereinander gleichen Lichtverteilungskurven zu vergleichen, also beispielsweise Wolframvakuumlampen unter sich, oder Gasglühkörper usw. so genügt für diesen Fall die Angabe der gemessenen Lichtstärke in einer bevorzugten Richtung, etwa in der wagerechten. Sowie man aber Lampen mit untereinander sehr verschiedenen Lichtverteilungskurven, etwa Wolframvakuumlampen mit Gasfüllungslampen miteinander vergleichen will, genügt die Angabe der wagerechten Lichtstärke allein nicht mehr, wie aus einem Vergleiche der Fig. 18 mit Fig. 17 zu ersehen ist. Man ist dann eben gezwungen, auf den gesamten ausgesandten Lichtstrom zurückzugehen. Erinnert man sich aber an die Beziehung $\Phi = 4\pi J$ für den Lichtstrom einer Lampe mit gleichmäßiger Verteilung der Lichtstromdichte im ganzen Raume, so kann man auch für eine Lichtquelle mit recht unregelmäßig gestalteter Lichtverteilungskurve den Begriff der mittleren Lichtstärke, wie sie bei Lichtquellen, die als Umdrehungskörper aufzufassen sind, durch Integration über eine Fläche gewonnen wird, einführen. Hierzu ist es allerdings erforderlich, die unter verschiedenen Winkeln gemessenen Lichtstärken in ein rechtwinkliges Koordinatensystem zu übertragen, indem als Abszissen die sinus der Winkel eingetragen werden. Der so gewonnene Wert wird „mittlere räumliche (sphärische) Lichtstärke" genannt und mit J_0 bezeichnet.

Aus bestimmten Gründen muß für die Einheit der Lichtstärke eine willkürliche Größe genommen werden, die nur so

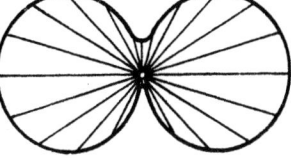

Fig. 17. Lichtverteilungskurve einer Metallfadenlampe.

Fig. 18. Lichtverteilungskurve einer Gasfüllungslampe.

definiert werden muß, daß sie jederzeit reproduziert werden kann. Hierfür dient in Deutschland die von v. Hefner-Alteneck angegebene Amylacetatlampe, deren Lichtstärke in wagerechter Richtung bei 40 mm Flammenhöhe eine „Hefnerkerze" (HK) genannt wird. Will man ausdrücken, daß die Wertangaben sich auf mittlere räumliche Lichtstärken beziehen, so schreibt man HK_0.

Von dem Beispiele des Scheinwerfers ausgehend, kommt man auch sofort zu dem Begriffe der „Beleuchtung". Der Gegenstand, auf den der Scheinwerferstrahl fällt, wird beleuchtet. Die Stärke der Beleuchtung oder kurz der „Beleuchtung" wächst mit dem auffallenden Lichtstrome, bzw. der Lichtstromdichte. Aus dem Scheinwerferbeispiele erkennt man dann aber auch sofort noch, daß die „Beleuchtung" um so stärker wird, je kleiner die von dem ganzen Strahlenbündel getroffene Fläche ist, daß sie dagegen um so geringer wird, je größer die getroffene Fläche ist, auf der sich der ganze Scheinwerferstrahl ausbreitet. Bezeichnet man die Beleuchtung mit ε, die getroffene Fläche mit F, so erhält man:

$$\Phi = \varepsilon \cdot F \quad \text{oder} \quad \varepsilon = \frac{\Phi}{F},$$

da aber $\Phi = 4\pi J_0$, so ist auch $\varepsilon = 4\pi J_0/F$, für die Beleuchtung einer im Abstande r von der Lichtquelle belegenen Kugelfläche ist $F = 4\pi r^2$, also

$$\varepsilon = \frac{J_0}{r^2}.$$

Durch das Einsetzen des Wertes J_0 in die Formel ist schon angedeutet, daß es sich um eine mittlere Beleuchtung handelt. In Wirklichkeit wird die Beleuchtung, wie sich ohne weiteres aus der Betrachtung der Lichtverteilungskurven ergibt, an verschiedenen Stellen der Kugelfläche sehr verschiedene Werte annehmen. Die Beleuchtung wird ungleichförmig ausfallen. Das Verhältnis der stärksten Beleuchtung zur schwächsten auf der gleichen Fläche nennt man die „Ungleichmäßigkeit" der Beleuchtung. — War schon bei der Beleuchtung der Kugelfläche von einer in ihrem Mittelpunkte angeordneten Lichtquelle wegen der unregelmäßigen Gestalt der Lichtverteilungskurve die Ungleichmäßigkeit der Beleuchtung notwendig in Kauf zu nehmen, obwohl alle Lichtstrahlen senkrecht auf die Kugelfläche fielen, so ist die Ungleichmäßigkeit der Beleuchtung ebener Flächen durch das Cosinus-Gesetz begründet. Auch hier erleichtert das Beispiel des Scheinwerfers die unmittelbare Anschaulichkeit des Gesetzes. Eine senkrecht zum Scheinwerferstrahl angeordnete Fläche, die den ganzen Strahl auffängt, ist zugleich auch die kleinste beleuchtete Fläche; die Lichtstromdichte hat deshalb auch hier ihr Maximum. Liegt die beleuchtete Fläche dagegen schräg zur Strahlenrichtung, so wächst die Größe der getroffenen Fläche mit dem cosinus des Einfallswinkels, und die Lichtstromdichte, bzw. die Beleuchtung nimmt dementsprechend mit dem cos des Einfallswinkels ab. Das gilt ganz allgemein. Die allgemeine Formel für die Beleuchtung wäre dementsprechend:

$$\varepsilon = \frac{J_0 \cos \alpha}{r^2}.$$

Die Einheit der Beleuchtung ist vorhanden, wenn $J_0 = 1$ HK und $r = 1$ m ist; diese Einheit wird 1 Lux (1 lx) genannt, (früher 1 Meterkerze).

Die Größe der Beleuchtung ist in erster Linie bestimmend für den Eindruck der Helligkeit, den eine beleuchtete Fläche macht; wesentlich mitbestimmend für den Helligkeitseindruck ist aber auch das Rückstrahlungsvermögen der beleuchteten Fläche oder des Gegenstandes. Ein absolut schwarzer Körper, der alle Strahlen absorbiert und nichts reflektiert, wäre auch im prallen Sonnenlichte dunkel. Aber da selbst Ruß noch immer etwa 2 bis 5 vH. des auffallenden Lichtes reflektiert, so kann ein beruhter Schornsteinfeger im Sonnlichte heller wirken als ein neben ihm im Schatten stehender bepuderter Müller. Bei der Bemessung der Beleuchtung in Innenräumen ist deshalb jeweils auch das Rückstrahlungsvermögen der Wände, Decken und Fußböden zu berücksichtigen, und, in größerem Maße als es bisher geschieht, auch das Rückstrahlungsvermögen der verarbeiteten Stoffe.

Bei der Bestimmung der Beleuchtung in Innenräumen wird meist die Beleuchtung der horizontalen Fläche in 1 m Abstand vom Fußboden allein berücksichtigt; sie wird „Horizontalbeleuchtung" genannt. Von Wichtigkeit in einer Reihe von Fällen ist aber auch die Beleuchtung der vertikalen Flächen. Das gilt vor allem von solchen Räumen, in denen Maschinen mit großer Höhenausdehnung vorhanden sind, ferner für Räume mit ausgedehnten Transmissionsanlagen und für Montagehallen für Maschinen.

Als letztes, aber bei unseren modernen Lichtquellen mit sehr kleiner und dabei sehr hoch temperierter strahlender Fläche wichtiges Charakteristikum ist schließlich noch deren „Flächenhelle" zu betrachten, die manchmal auch Glanz genannt wird, und für die jetzt von W. Wißmann die sehr treffende Bezeichnung „Leuchtdichte" vorgeschlagen wurde. Die Flächenhelle oder Leuchtdichte wird definiert durch die maximale Lichtstärke der Lichtquelle bezogen auf die scheinbare Größe der Fläche der Lichtquelle, d. h. deren Projektion in der Sehrichtung. Sie wird ausgedrückt durch HK/cm².

Die gegenwärtige Lage. Hinter den bedeutenden Fortschritten bei der Erzeugung künstlichen Lichtes ist die Anwendung der Lichtquellen in weitem Abstande zurückgeblieben, und bedauerlicherweise ist gerade in den Kreisen, die beruflich mit der Anwendung und Verteilung des Lichtes zu tun haben, bei den Architekten und Installateuren, die Kenntnis von den bei der Beleuchtung zu erfüllenden Aufgaben nur recht mangelhaft vorhanden. Sie halten die Aufgabe für gelöst, wenn sie einen Raum mit Seiten- und Oberlichtfenstern für die

Tagesbeleuchtung versehen und mit einer Anzahl von Lampen für die Abendbeleuchtung. Bei der Bemessung der Fensteröffnungen, und ebenso bei der Wahl der Lampen ihrer Zahl und Größe nach, wird in der überwältigenden Mehrzahl der Fälle lediglich nach mißverstandenen Faustregeln gearbeitet. Beleuchtungstechnische Erwägungen oder gar Berechnungen spielen zur Zeit noch eine ganz untergeordnete Rolle. Das betrübende Resultat ist denn auch eine erschreckend große Zahl völlig verfehlter Anlagen, gleichgültig, ob es sich um die Beleuchtung von Wohnräumen, Büros, Schulen, Kirchen, Festsälen oder Fabriken handelt.

Ein entschiedener Wandel vollzog sich erst, als die Beleuchtungstechnischen Gesellschaften Amerikas und später Englands gegründet wurden, die planmäßig und in großem Stile aufklärend wirkten. Die allgemeinen Bedingungen für eine gute Beleuchtung wurden systematisch untersucht, zugleich wurden programmatische Forderungen aufgestellt, die sich in einigen industriellen Staaten Nordamerikas zu gesetzgeberischen Handlungen verdichteten, während in Großbritannien, unter entscheidender Mitwirkung der dortigen Beleuchtungstechnischen Gesellschaft, von einer Kommission des Ministeriums des Inneren die bestehenden Zustände in der englischen Farbikbeleuchtung eingehend untersucht wurden.

Die im Jahre 1912 in Deutschland gegründete Deutsche Beleuchtungstechnische Gesellschaft hat sich seit ihrer Nürnberger Tagung im Jahre 1916 dem Studium praktischer Fragen, insbesondere der Anwendung des Lichtes und der Beleuchtung zugewandt. Zu diesem Zwecke trat sie mit Architekten, Gewerbeaufsichtsbeamten, Hygienikern und Augenärzten in Zusammenarbeit, die zunächst die Herausgabe scharf umrissener Leitsätze für die Beleuchtung von Innenräumen als Ergebnis zeitigte. Diese Leitsätze bilden gewissermaßen das Gerippe für die gesetzgeberische Regelung der Beleuchtungsfragen überall dort, wo ein behördliches Eingreifen möglich ist, also vornehmlich in Schulen, in den der Gewerbeaufsicht unterstellten Betrieben und dort, wo die Polizei im Interesse der öffentlichen Ordnung und Sicherheit das Recht zum Eingreifen besitzt; also beispielsweise bei der Regelung der Schaufensterbeleuchtung, der Reklamebeleuchtung, der Beleuchtung von Fahrzeugen und schließlich bei der öffentlichen Beleuchtung überhaupt.

Die Forderungen der D. B. G. Die erwähnten Leitsätze der Deutschen Beleuchtungstechnischen Gesellschaft beginnen mit der Forderung, „daß jeder Raum eine seinen Zwecken entsprechende Beleuchtung erhalten muß, die entweder eine Allgemeinbeleuchtung oder eine Platzbeleuchtung oder eine Vereinigung beider sein kann. Die Allgemeinbeleuchtung soll es dabei ermöglichen, sich mit Sicherheit im Raume zu bewegen und Gegenstände zu erkennen; bei der Arbeits- oder Platzbeleuchtung muß es möglich sein, die jeweiligen Arbeiten mühelos und ohne Augenanstrengung zu verrichten." Ist für einen Arbeitsraum keine besondere Platzbeleuchtung vorgesehen, so muß die Allgemeinbeleuchtung auch die letztere Bedingung erfüllen. Die geforderte Beleuchtung soll aber nicht nur ausreichend, sie soll auch gut sein. Eine „gute" Beleuchtung ist dann vorhanden, wenn sie hinsichtlich des Richtungssinnes in den beleuchteten Räumen und auf den Arbeitsplätzen, der Verteilung und der Lichtfarbe in Art und Größenordnung der Beleuchtung durch diffuses Tageslicht in gut erhellten Innenräumen möglichst entspricht. Diese Bedingung wird bisher nur in sehr seltenen Ausnahmefällen vollständig erfüllt. Da das menschliche Auge die Fähigkeit besitzt, sich sehr starken Helligkeitsunterschieden anzupassen, so bleibt im allgemeinen die Beleuchtung durch künstliches Licht hinsichtlich ihrer Stärke weit hinter den Werten zurück, die eine gute Tageslichtbeleuchtung liefert. Andererseits ist mit den gegenwärtigen Lichtquellen jede gewünschte Beleuchtungsstärke zu erzielen. Wenn trotzdem auch heute noch die künstliche Beleuchtung in jeder Beziehung hinter der natürlichen zurückbleibt, so liegt das hauptsächlich an der in weiten Kreisen noch immer mangelnden Erkenntnis, daß bei einer geringeren Beleuchtung die geleistete Arbeit unmöglich die Güte und Menge der bei guter Beleuchtung geleisteten erreichen kann. — Die von den Leitsätzen der D. B. G. aufgestellten Normen für die Mindestbeleuchtung stehen hinter den wünschenswerten Werten weit zurück, da es sich nur um Mindestforderungen für eine Übergangszeit handelt, um bei der Umstellung alter Beleuchtungseinrichtungen auf neue alle wirtschaftlichen Härten zu vermeiden.

Hinsichtlich der Beleuchtungsstärke hat die D. B. G. die nachstehenden Forderungen gestellt:

Erforderliche Beleuchtung in Fabriken und Werkstätten.

	n. d. Leitsätzen der D. B. G. lx	wünschenswerte Werte lx
Allgemeinbeleuchtung:		
Räume von untergeordneter Bedeutung	1	5
Vorplätze, Treppenhäuser, Korridore	5	10—25
Arbeitsräume	10	25
Arbeits- bzw. Platzbeleuchtung:		
für grobe Arbeiten	10	15—35
für gröbere Arbeiten, bei denen auf Einzelheiten zu achten ist	25	25—60
für Feinarbeiten	—	60—100
für feinste Arbeiten	50	100—150

(Zum Vergleich sei angegeben, daß an einem guten Fensterplatze im Sommer bei diffuser Beleuchtung 500 lx und mehr vorhanden sind!)

Die Beleuchtungsstärke bestimmt aber nicht allein die Güte der Beleuchtung; es ist vielmehr darauf zu achten, daß die Beleuchtung stetig ist, also keine störenden zeitlichen und örtlichen Schwankungen aufweist.

Bezüglich der zeitlichen Schwankungen, wie sie hauptsächlich bei Wechselstromanlagen vorkommen, ist zu bemerken, daß im allgemeinen bei dünndrähtigen Glühlampen nicht unter 30 Perioden heruntergegangen werden soll. Bei Niederspannungslampen für hohe Stromstärken, die dementsprechend recht dicke Drähte aufweisen, kann man unter Umständen bis auf 20 Perioden heruntergehen. Man wird also in Kraftübertragungsanlagen, die zweckmäßig mit einer niedrigen Periodenzahl arbeiten, vorteilhaft besondere Niederspannungstransformatoren für die einzelnen Lampen oder die ganze Beleuchtungsanlage anwenden, wobei bei Mehrphasenstrom die Lampen in einem Raume möglichst gleichmäßig auf alle Phasen zu verteilen sind. — Bei Wechselstrom-Bogenlampen darf man keinesfalls unter 50 Perioden heruntergehen.

Bezüglich der erträglichen Helligkeitsunterschiede auf beleuchteten Flächen können die folgenden Angaben auf Grund eigener Untersuchungen als ungefährer Anhalt gelten: Läßt man für feine und feinste Arbeiten eine Anpassungszeit von 0,2 sek., für mittelfeine eine solche von 0,5 sek. und für gröbere eine solche von 1 sek. zu — in der Praxis wird man wahrscheinlich noch viel weiter gehen können —, so können bei Beleuchtungen, wie sie für Uhrmacher, Präzisionsmechaniker, Zeichner usw. erforderlich sind, von Stelle zu Stelle Ungleichförmigkeiten von 1 : 5 bis 1 : 8, bei sehr guter Beleuchtung sogar 1 : 10 noch zugelassen werden. Bei Beleuchtungen, wie sie in Büros, in Schulen, auf Feinmechaniker-Arbeitsplätzen, bei Präzisionsdrehbänken, Stickereien usw. vorkommen, sind Ungleichförmigkeiten von 1 : 15 bis 1 : 25, je nach der Helligkeit der dunkelsten Stellen auf der Arbeitsfläche, nicht zu beanstanden, und für ganz grobe Arbeiten kann man Ungleichförmigkeiten von 1 : 25 bis 1 : 35 noch zulassen. — Diese Zahlen haben für die Beleuchtungspraxis deshalb Bedeutung, weil sie angeben, bis zu welchem Grade Schlagschatten, die von Transmissionen, großen Maschinen, Säulen und anderen baulichen Konstruktionsteilen auf den Arbeitsplatz fallen, aufzuhellen sind.

In engem Zusammenhange mit der Forderung einer bestimmten Minimalbeleuchtung steht auch die andere Forderung: durch die Anordnung der Lichtquellen jede Blendung auszuschließen, eine Forderung, der gerade in Fabrikbeleuchtungsanlagen fast durchweg zuwider gehandelt wird, wo unabgeschirmte Lampen aller Art ihre Strahlen direkt in die Augen der Arbeitenden werfen können. — Bei der mittleren Beleuchtung, wie sie in Fabrikräumen und Werkstätten herrschen soll, darf die Leuchtdichte einer Lampe keinesfalls mehr als 0,75 HK/cm² betragen, das ist etwa die Flächenhelle einer mattierten Wolframlampe; nach Möglichkeit soll man sogar weit darunter bleiben. Alle unsere gebräuchlichen Lichtquellen besitzen aber eine weit darüber hinausgehende Flächenhelle, so daß sich hieraus die Forderung ergibt, bei Platzbeleuchtung keine Lichtquelle unabgeschirmt zu benutzen. Bei der Allgemeinbeleuchtung dagegen können unabgeschirmte Lampen mit einer Leuchtdichte von weniger als 5 HK/cm² — entsprechend der Flächenhelle eines Gasglühkörpers — gerade noch zugelassen werden. Lichtquellen mit einer höheren Flächenhelle müssen unbedingt abgeschirmt oder in lichtstreuende Gläser eingeschlossen oder so angebracht werden, daß der Winkel des Sehstrahles gegen die wagerechte Ebene mehr als 30° beträgt.

In sinngemäßer Abänderung sind die gleichen Bedingungen auch bei der Beleuchtung durch Tageslicht zu erfüllen, von diesem insbesondere deshalb, weil ja in der überwiegenden Mehrzahl der Fälle die Fabrikarbeit bei Tage geleistet wird, die künstliche Beleuchtung also nur mehr als Aushilfsbeleuchtung in Betracht kommt.

Die Beleuchtung mit Tageslicht. Im Gegensatz zur Beleuchtung mit Kunstlicht haben wir bei der natürlichen Beleuchtung kein Mittel, das Vorhandensein einer bestimmten Beleuchtung an einem gegebenen Platze jederzeit zu gewährleisten, da wir keinen Einfluß auf die enormen Helligkeitsschwankungen haben. Änderungen der Beleuchtung im Freien zwischen 1300 und 30 000 Lux, je nach der Stellung und Dichte der Bewölkung, können sich innerhalb weniger Augenblicke vollziehen, und in entsprechender Weise folgt die Innenbeleuchtung den Schwankungen der Außenbeleuchtung. Aber man kann wenigstens das Verhältnis festlegen, das zwischen der Beleuchtung eines Arbeitsplatzes und der jeweiligen Himmelshelligkeit vorhanden sein muß. Legt man dieses Verhältnis zu 0,05 fest, so wird man nach den durch Jahrzehnte fortgesetzten Tageslichtbeobachtungen selbst an den dunkelsten Dezembertagen — normale Witterungsverhältnisse vorausgesetzt — in der Zeit von 9½ Uhr vormittags bis 2½ Uhr nachmittags immer eine Platzbeleuchtung von 25 Lux erhalten; in den lichtreicheren Jahreszeiten natürlich entsprechend mehr und durch längere Zeit hindurch. — Auf Grund dieser Bedingung sind Größe und Anordnung der Fensteröffnungen sowie die Raumtiefe zu berechnen.

Beleuchtung mit Kunstlicht. Die Erfüllung der aufgestellten Forderungen ist bei der Fabrikbeleuchtung schwieriger als bei jeder anderen Raumbeleuchtung, weil von Fabrik zu Fabrik, ja selbst innerhalb derselben Fabrik von Raum zu Raum die mannigfachsten Abweichungen in der Raumgestaltung, in der Anordnung von Maschinen, Transmissionen usw. zu berücksichtigen sind; der Zustand von Wänden und Decken muß in Betracht gezogen werden; Tragsäulen und Pfeiler, Laufkräne, hohe, stark gegliederte Maschinen, schließlich die Arbeitsstücke selbst verhindern den freien Durchblick durch die Werkstätten und Montagehallen und treten als schattenwerfende Gegenstände in Erscheinung. Mit schematischen Vorschriften und einfachen Faustregeln wird es deshalb auch nie gelingen, einen Fabrikraum zweckmäßig und gut zu beleuchten. Man wird immer nur von Fall zu Fall entscheiden können. Deshalb aber ist es auch unbedingt erforderlich, daß die Entwürfe nicht einem beliebigen Betriebsingenieur oder Installateur überlassen werden, sondern daß in allen wichtigeren Fällen immer ein erfahrener Beleuchtungsfachmann herangezogen wird. — Ganz besondere Aufmerksamkeit ist der Verhinderung von Blendung zu widmen, die nur zu leicht die Ursache von schweren Unfällen werden kann. Aber selbst wenn in sorgfältiger Weise die Lichtquellen von hoher Flächenhelle den Blicken entzogen sind, können sie doch noch indirekt blendend wirken, denn bei allen Maschinen sind spiegelnde Flächen vorhanden, bei der Metallbearbeitung auch an den Werkstücken selbst, die unter Umständen das reflektierte Bild der Lichtquelle in das Auge des Arbeiters werfen können. Die Vermeidung der Blendung durch spiegelnde Flächen macht in den meisten Fällen größere Schwierigkeiten, als die Ausschaltung der Blendung durch die Lichtquellen selbst. — In vielen Fällen ist die Beleuchtung auch der Art der Arbeit anzupassen, so daß die Beleuchtungsstärke sogar in demselben Raume geändert werden muß, je nachdem helle oder dunkle Stoffe zur Verarbeitung kommen, wie z. B. in Webereien. — Man ist daher gezwungen, von Fall zu Fall besondere Entscheidungen zu treffen und kann nur ganz allgemeine Richtlinien für die verschiedenen Typen von Fabrikräumen aufstellen.

In Etagenräumen, in denen naturgemäß nur leichtere Maschinen aufgestellt werden können, und wo man meist auch weiße Decken und Wände zur Verfügung haben wird, kommt für die Allgemeinbeleuchtung in erster Linie halbindirekte Beleuchtung in Frage. Bei dieser Beleuchtungsart, für die eine ganze Reihe zweckmäßiger Armaturen zur Verfügung steht, wird ein Teil des Lichtstromes, etwa $1/_3$ bis $1/_2$, durch Mattglas- oder Milchglasschalen direkt in den Raum nach unten geworfen. Der Rest wird zunächst von diesen Schalen an die Decke und die oberen Wandteile reflektiert, und gelangt erst von diesen, diffus zurückgeworfen, in den Raum. Je nach der Aufhängehöhe der Beleuchtungskörper und nach der Gestaltung der reflektierenden Schalen kann man den direkten oder indirekten Anteil des Lichtstromes ändern, und ebenso kann man bald das diffuse Wandlicht, bald das diffuse Deckenlicht besonders betonen. Man hat es so in der Hand, durch Anordnung der Lichtquellen in halb indirekt wirkenden Beleuchtungskörpern den verschiedensten Ansprüchen zu genügen. Wo die Arbeiten im wesentlichen in horizontalen Flächen ausgeführt werden, also etwa in Webereien, Tischlereien, Druckereien und Setzereien, bei Metall- und Holzbearbeitungsmaschinen wird man den direkt gestrahlten Anteil möglichst groß machen; dort, wo auch vertikale oder stark geneigte Arbeitsflächen beobachtet werden müssen, ist ein stärker indirektes Licht am Platze, also in Spinnereien, im Maschinenbau, in Klempnereien, in Montageräumen, beim Stanzen und Fräsen, überhaupt bei allen Maschinen, bei denen auf und nieder gehende Teile vorhanden sind. In Räumen mit zahlreichen Riementransmissionen ist ein starkes Deckenlicht zweckmäßiger als starkes Wandlicht — In Räumen mit freiem Durchblicke können auch direkt wirkende, natürlich gut abgeblendete Beleuchtungskörper, wie die einstellbaren Wiskottreflektoren, breitstrahlende oder je nach der Raumgestaltung auch tiefstrahlende Kandemarmaturen zweckmäßige Verwendung finden.

In Räumen mit großen Oberlichtfenstern, also in Shedbauten, in Fabrikhallen mit offener Dachkonstruktion oder sog. Dachlaternen ist die Anwendung der gewöhnlichen, halbindirekten Beleuchtung unmöglich, weil die erforderlichen weißen reflektierenden Decken und Wände vollständig fehlen. Die halbindirekte Beleuchtung, die auch hier in vielen Fällen die gegebene ist, kann deshalb auch nur mit besonders ausgebildeten Armaturen, wie sie beispielsweise von Dr.-Ing. Schneider & Co. herausgebracht werden, erzielt werden. Diese Art von Fabrikräumen, also insbesondere Hüttenwerke, Gießereien, Eisenkonstruktionswerkstätten, Montagehallen, Walzwerke, Drahtziehereien, Schmieden sind die eigentliche Domäne der direkten Beleuchtung. Hier ist in erster Linie die Art der auszuführenden Arbeiten bestimmend für die Wahl der anzuwendenden Beleuchtungskörper. In Eisenkonstruktionswerken kann auf eine möglichst gleichmäßige Verteilung des Lichtes eher verzichtet werden, als z. B. in Montagehallen für Lokomotiven. Im ersteren Falle wird man daher mit wenigen sehr starken Lichtquellen auskommen, während man im zweiten Falle zweckmäßiger mehr und gleichmäßig in der ganzen Halle verteilte kleinere Lampen aufhängen wird. Aber auch in den Räumen, in denen die niedrigsten Ansprüche an die Güte der Beleuchtung gestellt werden, muß durch die Aufhängung der Lichtquellen und ihre Unterbringung in geeigneten Armaturen dafür gesorgt werden, daß jede Blendung ausgeschlossen ist. Leider wird in bezug auf diesen Punkt am meisten gesündigt, selbst von unseren allerersten Beleuchtungsfirmen.

Die Anordnung der Lichtquellen und ihre Aufhängehöhe richten sich nach den Abmessungen der zu beleuchtenden Räume, nach ihrer Unterteilung durch Träger und Pfeiler, nach der Aufstellung der Arbeitsmaschinen bzw. nach den auszuführenden Arbeiten, und nicht zum mindesten nach der Wirtschaftlichkeit der Anlage. Mit vielen kleinen Lampen in regelmäßiger Anordnung erzielt man leichter eine gleichmäßige Beleuchtung, als mit wenigen, aber lichtstarken Lampen. Da aber Glühlampen von 150 Watt aufwärts nur 0,7 Watt/HK_0 verbrauchen, 60-Watt-Lampen dagegen 1 bis 1,4 Watt/HK_0, da die Bedienung und Instandhaltung einer geringeren Lampenzahl nicht unbeträchtlich an Unterhaltungskosten spart, so wird man, wo es irgend angängig ist, nicht mehr Lampen wählen, als für die ausreichende Beleuchtung und die Güte hinsichtlich Gleichmäßigkeit, Abwesenheit scharfer Schlagschatten usw. gerade ausreichend ist. Freilich wird man dann oft gezwungen sein, von einer symmetrischen Anordnung der Lampen abzugehen und die Aufhängepunkte nach den Einrichtungen in den Fabrikräumen, der Aufstellung der Werkzeug- oder Umformmaschinen und den auszuführenden Arbeiten zu bestimmen.

In denjenigen Fabriken, in denen nur gröbere und mittelfeine Arbeiten auszuführen sind, wird sich eine besondere Platzbeleuchtung meist vollständig erübrigen; nur für das Einrichten der Maschinen wird sie aushilfsweise erforderlich werden, wozu sich bewegliche Handlampen im allgemeinen gut eignen, aber nur dann, wenn bei ihnen die Glühlampen durch einen geeigneten Reflektor abgeschlossen sind, durch den das Auge geschützt, gleichzeitig aber auch die Beleuchtungswirkung am Arbeitsplatze wesentlich verstärkt wird. — In Werkstätten, in denen feinere Arbeiten auszuführen sind, wird eine besondere Platzbeleuchtung nicht entbehrt werden können. Ganz unzweckmäßig sind hier die noch allgemein angewandten Lampen in kegelförmigen Reflektoren, aus denen die Glühbirnen zu einem großen Teile unabgeschirmt herausragen. Solche Lampen sind schlechthin zu verwerfen, da sie die Augen direkt schädigen und auch nur eine recht unvollkommene Beleuchtung des Arbeitsplatzes ermöglichen. Befinden sich solche blendenden Lichtquellen unmittelbar im Gesichtsfelde, so ist jede scharfe Unterscheidung von Einzelheiten gänzlich ausgeschlossen. Zweckmäßig können nur die in ganz heruntergezogenen konischen und parabolischen Reflektoren eingeschlossenen Lampen verwandt werden, wobei auf die Beweglichkeit des Reflektors ganz besonderer Wert zu legen ist. Ganz sinnlos ist die Anwendung offener Lampen, denn hier fällt der Hauptteil des Lichtstromes nicht auf das Gesicht des Arbeiters und nicht auf das Werkstück. Aus rein physiologischen Gründen wird dazu noch die Helligkeit des Werkstückes weiter dadurch subjektiv vermindert, daß infolge direkter Bestrahlung die Pupille übermäßig stark zusammengezogen ist.

Bei der Anwendung hoher Beleuchtungsstärken zur Platzbeleuchtung ist darauf zu achten, daß auch die Allgemeinbeleuchtung ausreichend hoch ist, um Kontrastbeleuchtung zu vermeiden, die die Sehfähigkeit beträchtlich herabsetzt.

Vom Standpunkte des Beleuchtungshygienikers sind die aufgestellten Bedingungen ganz selbstverständlich. Sie sollten es aber auch für jeden sein, der eine beleuchtungstechnische Aufgabe zu lösen hat. Man muß sich dann freilich darüber klar sein, daß das beliebte, schematische Vorgehen nirgends weniger am Platze ist, als bei dem Entwurfe und der Ausführung einer Fabrikbeleuchtung; denn hier handelt es sich durchweg um gewaltige wirtschaftliche Werte, die durch eine armselige oder schlechte Beleuchtung gefährdet werden, und um die Gesundheit der Arbeiter.

Transmissionen.

Bearbeitet von H. Dubbel.

a) Wellen.

Baustoff: Siemens-Martin-Flußeisen bei Wellen unter 150 mm, Stahl bei Durchmesser über 150 mm. Es empfiehlt sich, die Wellen nach dem Drehen und Nuten nochmals zu richten. Herstellung nach Grenzlehren mit einer Genauigkeit $\pm$ 0,025 mm. Höchste zulässige Durchbiegung 0,3 mm auf 1 m Länge. Zur Verhinderung des Verbiegens bei Versand und Einbau ist die Wellenlänge bis zu 45 mm Dmr nicht über 5,5 m, bis zu 55 mm nicht über 6 m, bei stärkeren Durchmessern nicht über 6950 mm zu wählen, da Wellenlängen > 7 m höhere Frachtsätze bedingen. Jedes Wellenstück soll in mindestens zwei Lagern ruhen. Bei schweren Antrieben mit auf Biegung beanspruchten Wellen sind diese als geschmiedete oder aus dem Vollen gedrehte „Fassonwellen" auszuführen, die Absätze in den Durchmessern entsprechen der Nutentiefe, um das Eintreiben der Keile zu erleichtern. Bei langen Wellensträngen können die Wellenstücke am Ende der Kraftabgabe entsprechend schwächer gehalten werden.

Umlaufzahl, Lagerentfernung. Mit wachsender Umlaufzahl nehmen Abmessungen und Anlagekosten ab, ebenso die Riemscheibendurchmesser, wodurch eine Grenze gesetzt ist. Für schwere Triebwerke und langsamlaufende Maschinen ist $n = 100$ bis 150 Uml/min, für leichte Werkzeugmaschinen $n = 150$ bis 250, für Holzbearbeitungsmaschinen und Textilmaschinen $n = 250$ bis 400. Berechnung glatter Wellen nur auf Verdrehung s. Zahlentafel 1.

Bestimmung des (theoretischen) Wellendurchmessers.
Es bezeichne:
P die auf Drehung wirkende Kraft in kg,
R den Hebelarm, an dem P wirkt, in m,
N die Anzahl der zu übertragenden Pferdestärken,
n die Anzahl der Umdrehungen in der Minute,
d den Durchmesser der auf Verdrehung beanspruchten Welle in mm.

Es ist $PR = \dfrac{75 \cdot 60 N}{2 \pi n} = 716{,}2 \dfrac{N}{n}$. (Vergl. Zahlentafel 5, S. 727.)

Bei glatten Transmissionswellen berechne man d so, daß die Verdrehung der Welle für den laufenden Meter $1/4$ Grad beträgt; man erhält demnach mit Rücksicht auf die Verdrehung:

$$d = 23{,}2 \sqrt{PR} \quad \text{oder} \quad 120 \sqrt[4]{\dfrac{N}{n}}.$$

Bei Anordnung der Antriebscheiben in unmittelbarer Nähe der Lager sind für die Lagerentfernungen die in folgender Zahlentafel angegebenen Werte a, bei Anordnung der Scheiben an beliebiger Stelle zwischen zwei Lagern die Werte b (in m) zu wählen.

Wellen-Dmr.:	30 bis 45	50 bis 65	70 bis 85	90 bis 150
a:	1,75	2,50	3,00	3,50
b:	1,50	2,00	2,50	3,00

In der Nähe der Antriebe wird der Abstand kleiner genommen, um Verbiegen der Welle beim Nachspannen der Riemen und Seile zu verhindern.

Absätze. Sind Wellen verschiedenen Durchmessers miteinander zu verbinden, so ist bei Anwendung von Hülsen- und Schalenkupplungen das stärkere Wellenende um höchstens 20 vH abzusetzen.

Wellen. 719

Sicherung gegen axiales Verschieben; Ermöglichung der Ausdehnung. Bei Verwendung von Ölkammerlagern sind die bei Lagern mit gewöhnlicher Schmierung zulässigen außerhalb der Lagerkörper angeordneten Stellringe zu vermeiden, da sie an der äußeren Lauffläche kein Öl erhalten und Warmlaufen verursachen würden. Festlegen der Wellen daher durch aufgeschweißte oder warm aufgezogene Bunde, die im Innern der „Sparlager" laufen und gleichzeitig als Ölringe dienen. Bei Sparlagern mit festen Schalen werden die Bunde häufig gegen die Schalenstirnflächen gelegt und von den

Zahlentafel 1.

Ermittlung der Wellendurchmesser bei gegebener Leistung in Pferdestärken und Umlaufzahl.

Pferde-stärken	Umlaufzahl in der Minute													
	40	60	80	100	120	140	160	180	200	225	250	275	300	350	400
1	50	45	45	40	40	35	35	35	35	35	35	30	30	30	30
2	60	55	50	50	45	45	40	40	40	40	40	35	35	35	35
3	65	60	55	50	50	50	45	45	45	45	40	40	40	40	40
4	70	65	60	55	55	50	50	50	50	45	45	45	45	40	40
5	75	65	60	60	55	55	55	50	50	50	50	45	45	45	45
6	75	70	65	60	60	55	55	55	50	50	50	50	50	45	45
7	80	75	70	65	60	60	55	55	55	55	55	50	50	50	45
8	85	75	70	65	65	60	55	55	55	55	55	50	50	50	50
9	85	75	70	70	65	65	60	60	55	55	55	50	50	50	50
10	85	80	75	70	65	65	60	60	60	55	55	55	55	50	50
11	90	80	75	70	70	65	65	60	60	60	55	55	55	55	50
12	90	85	75	75	70	65	65	60	60	60	55	55	55	55	50
13	95	85	80	75	70	70	65	65	65	60	60	60	55	55	55
14	95	85	80	75	75	70	70	65	65	60	60	60	60	55	55
15	95	85	80	75	75	70	70	65	65	65	60	60	60	55	55
16	100	90	85	80	75	70	70	70	65	65	65	60	60	60	55
17	100	90	85	80	75	75	70	70	65	65	65	60	60	60	55
18	100	90	85	80	75	75	70	70	70	65	65	65	60	60	60
19	100	90	85	80	80	75	75	70	70	65	65	65	65	60	60
20	105	95	85	85	80	75	75	70	70	70	65	65	65	60	60
25	110	100	90	85	85	80	80	75	75	70	70	70	65	65	60
30	115	105	95	90	85	85	80	80	75	75	75	70	70	65	65
35	120	105	100	95	90	85	85	80	80	80	75	75	75	70	70
40	120	110	105	100	95	90	85	85	85	80	80	75	75	70	70
45	125	115	105	100	95	95	90	85	85	85	80	80	75	75	70
50	130	115	110	105	100	95	90	90	85	85	85	80	80	75	75
55	130	120	110	105	100	95	95	90	90	85	85	80	80	75	75
60	135	120	115	110	105	100	95	95	90	90	85	85	85	80	75
65	140	125	115	110	105	100	100	95	95	90	90	85	85	80	80
70	140	125	120	110	105	105	100	95	95	90	90	90	85	85	80
80	145	130	120	115	110	105	105	100	100	95	95	90	90	85	85
90	150	135	125	120	115	101	105	105	100	100	95	95	90	90	85
100	155	140	130	120	115	115	110	105	105	100	100	95	95	90	85
110	155	140	130	125	120	115	110	110	105	105	105	100	95	90	90
120	160	145	135	130	120	120	115	110	110	105	100	100	100	95	90
130	165	150	140	130	125	120	115	115	110	105	105	100	100	95	95
140	165	150	140	135	125	120	115	110	110	110	105	105	100	100	95
150	170	155	145	135	130	125	120	115	110	110	110	105	105	100	95
160	170	155	145	135	130	125	120	115	115	110	105	105	100	100	100
170	175	160	145	140	135	130	125	120	115	110	110	105	105	100	100
180	175	160	150	140	135	130	125	120	120	115	115	110	105	105	100
200	180	165	155	145	140	135	130	125	120	120	115	115	110	105	105
225	185	170	160	150	145	135	130	125	120	120	115	115	110	105	105
250	190	175	160	155	145	140	135	135	125	120	120	115	115	110	110
275	195	180	165	155	150	145	140	135	130	125	120	120	115	110	110
300	200	180	170	160	155	145	145	140	135	130	130	125	120	120	115
325	205	185	170	165	155	150	145	140	140	135	130	125	125	120	115
350	210	190	175	165	160	155	150	145	140	135	135	130	125	120	120
375	210	195	180	170	160	155	150	145	140	135	130	130	125	120	120
400	215	195	180	170	165	160	155	150	145	140	135	135	130	125	120

Ölfängern umfaßt. Bei jedem Wellenstrang darf nur ein Bund bzw. Bundpaar angeordnet werden in möglichster Nähe des Hauptantriebes und der lösbaren Kupplungen so, daß sich der Wellenstrang bei Temperaturveränderungen frei ausdehnen kann. (Ausdehnung einer 1 m langen Welle beträgt bei 100° C Temperatursteigerung 1 mm). Temperaturschwankungen sind bei Wellen mit Zahnradtrieben, Riemscheiben mit Anpreßvorrichtungen, Hohlwellen mit Ausrück-Kupplungen usw. durch Einbau von Ausdehnungskupplungen zu berücksichtigen.

Die Wellen können durch Aufbringen von 3 bis 4 mm starken Pappringen sauber gehalten werden, deren Bohrung ≃ 1,5fachem Wellen-Dmr. Infolge der Drehung wandern diese Ringe hin und her und säubern die Welle von Schmutz.

b) Kupplungen.

Diese sind, vom Antrieb ausgehend, stets hinter den Lagern anzuordnen, damit die angeschlossenen Wellen ohne Betriebsstörung abgekuppelt werden können.

a) Feste Kupplungen. Für leichte Wellenstränge: Hülsenkupplung oder Schalenkupplung, letztere auch mitunter für schwerere Stränge, wenn die größeren Transportschwierigkeiten einzelner Wellen mit fest aufgezogenen Scheibenkupplungen umgangen werden sollen. Bei beiden Kupplungen müssen die Wellen-Dmr. genau übereinstimmen.

Die Sellers - Kupplung ermöglicht bequeme Verbindung neuer Wellen mit vorhandenen, nicht genau gedrehten Wellen. Anordnung von zwei gegenüberliegenden Schaulöchern in der Mitte des äußeren Körpers empfiehlt sich zur Feststellung beim Einbau, daß der Stoß der Wellen in der Mitte der Kupplung liegt. Für schwere Wellen findet vielfach die Scheibenkupplung Verwendung, die in vorgedrehtem Zustand warm aufgezogen oder hydraulisch aufgepreßt und dann erst fertig gedreht wird. Lager und alle auf die Welle zu befestigenden Teile sind bei Verwendung dieser Kupplung zweiteilig auszuführen. Besonders vorteilhaft als „Reduktionskupplung" zur Verbindung von Wellen verschiedener Durchmesser. Eingepaßte Schrauben, nur auf Schub beansprucht, eignen sich für Übertragung besonders großer Drehmomente, für wechselnde Drehrichtung empfehlen sich konische, eingeschliffene Verbindungsbolzen. Scheibenkupplungen mit Zwischenstück ermöglichen leichtes Auskuppeln von Teilen des Wellenstranges, die für längere Zeit außer Betrieb gesetzt werden sollen.

b) Bewegliche Kupplungen. Ausdehnungskupplungen machen Längenänderungen der Welle durch Temperaturschwankungen unschädlich und verhindern bei sehr langen Wellensträngen an den Lagern Eindringen von Schmutz an der einen Seite und Ölaustritt an der anderen Seite. Zur Beschränkung der Verschiebung in der Ausdehnungskupplung ist es häufig durchführbar, die Ausdehnungskupplung und die Wellenbunde so anzuordnen, daß nur ein Teil der Ausdehnung auf die Kupplung, der Rest auf den frei beweglichen Strangteil entfällt. Zur Entlastung der Bundlager von axialen Drucken ist häufiges Einfetten der Kupplungsgleitflächen oder Anordnung dieser in einem Ölbad erforderlich. Bei Einbau ist Spiel der Kupplungshälften gegeneinander der voraussichtlichen Dehnung entsprechend vorzusehen. Elastische Kupplungen finden Verwendung bei Wellen, deren Mittellinien geringe Abweichungen aufweisen; die Übertragung von Stößen auf die angetriebene Welle wird vermieden. Diese Kupplungen sind elektrisch isolierend und eignen sich daher besonders zur Verbindung von Elektromotoren mit Arbeitsmaschinen.

c) Ausrückbare Kupplungen. Klauenkupplungen sind nur während des Stillstandes auszurücken und genügen nur für kleine Umlaufzahlen und Kräfte. Die zentrische Lage der Kupplungshälften ist durch einen Ring zu sichern. Anordnung der fest aufgekeilten Kupplungshälfte auf der stets laufenden Welle. Die Wellenenden sind zur Vermeidung des Durchhängens dicht hinter den Kupplungshälften

Kupplungen. 721

durch Lager zu unterstützen. Nachteilig ist die starke Beanspruchung des die ausrückbare Kupplungshälfte mitnehmenden Federkeiles.

Bei der Hildebrandt-Kupplung ist sowohl der treibende als der getriebene Teil aufgekeilt, die Kraftübertragung wird durch einen auf letzterem gleitenden Kupplungsring vermittelt, dessen Klauen im eingerückten Zustand in die entsprechenden Klauen der getriebenen Kupplungshälfte eingreifen. Infolge der Abnutzung der Klauenflächen beim Ausrücken schrägen diese ab, dadurch Neigung zum selbsttätigen Ausrücken und Ausüben eines Druckes auf den Ausrückring, der zur Verhinderung übermäßiger Erwärmung seitlich zu schmieren ist.

Bei Richtungswechsel der Umfangskraft sind Klauenkupplungen zu vermeiden.

Reibungskupplungen können während des Betriebes ein- und ausgerückt werden. Zu schnelles Einrücken verursacht starke Beanspruchungen und Stöße infolge der auftretenden Beschleunigungskräfte, zu langsames Einrücken Abnutzung der gleitenden Flächen. Die Reibung wird entweder durch Gleiten von Eisen auf Eisen oder von Holz auf Eisen hervorgerufen, im ersteren Fall ist häufigeres Schmieren der Reibflächen mit Öl erforderlich. Bei Anordnung der Mitnehmerscheibe mit Ausrückmuffe auf der stets laufenden Welle ist das die Bremsklötze betätigende Gestänge durch Gegengewichte gegen die Fliehkraft auszugleichen, um selbsttätiges Einrücken zu vermeiden. Lage des Gestänges nach dem Einrücken so, daß die Kupplung selbstsperrend wirkt und der Schleifring vom Druck entlastet ist.

Mitunter sind die Reibungskupplungen als „Sicherheitskupplungen" wirksam, indem sie bei Überlastung nachgeben und diese derart verhüten. Ist ein Wellenstrang mit fortwährend laufen-

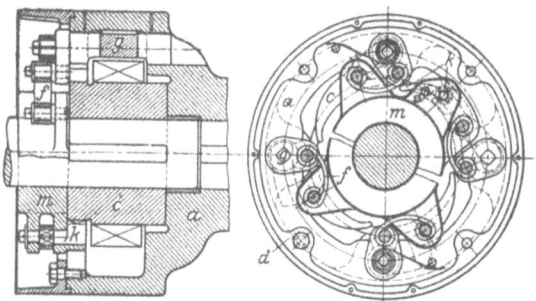

Fig. 1. Kraftmaschinenkupplung.

der Antriebscheibe zeitweise zu kuppeln, so wird der Gehäuseteil der Kupplung direkt mit der Scheibe verbunden und Mitnehmerscheibe mit Ausrückmuffe auf Welle gesetzt. Für Übertragung größerer Kräfte wird für gleichen Zweck Anordnung einer Hohlwelle erforderlich, die von besonderen Lagern getragen wird. Bei gußeisernen Hohlwellen Spielraum zwischen dieser und durchlaufender Welle 5 bis 7,5 mm, bei Hohlwellen aus geschmiedetem Stahl ausgebohrt, für große Abmessungen, Spielraum 2,5 bis 5 mm.

Reibungskupplungen ohne ausbalanzierte Bremsklötze werden bei Durchmessern bis 1200 mm durch Handhebel mit 5 bis 8facher Übersetzung geschaltet, bei größeren Kupplungen werden Zahnstangenausrücker mit Hand- oder Kettenrad oder auch Spindelausrücker vorgesehen, letztere verursachen infolge des langsamen Ein- und Ausrückens bei Kupplungen mit Holzfutter vorzeitige Abnutzung, sind also hier zu vermeiden. Zur sicheren Entlastung des Schleifringes vom Spindeldruck sind Spindelausrücker nach dem Einrücken der Kupplung um etwa $^1/_2$ Umdrehung zurückzudrehen.

Elektrische Ausrückvorrichtungen ermöglichen schnelle Außerbetriebsetzung von beliebigen Stellen der Werkstatt aus.

Motorenkupplungen finden hauptsächlich da Verwendung, wo Wärmekraftmaschine und Wasserkraftmaschine zusammen arbeiten. Zweck dieser Kupplungen ist, in erster Linie die billigere Betriebskraft für die Gesamtleistung heranzuziehen, während die teurere Betriebskraft nur zur Ergänzung dient. Durch einseitigen Kraftschluß ist das Mitschleppen der einen Maschine durch die andere zu verhindern.

Dubbel, Betriebstaschenbuch. 46

Fig. 1 zeigt die Bauart Lohmann & Stolterfoht, die mit kleinen Nebenzähnen versehen ist, welche die großen Klinken bei Voreilen des Hauptmotors ausheben. Das bei den bekannten Uhlhorn - Kupplungen auftretende Geräusch und die damit verbundene Abnutzung werden vermieden.

Auf der Antriebswelle des Hauptmotors ist der mit vier großen Zähnen und vier kleinen Nebenzähnen versehene Stahlkörper c, auf der Hilfsmotorwelle Gehäuse a festgekeilt. Die in diesem gelagerten Klinken g werden durch Federn nach außen gedrückt und sind mittels der Hebel f an den lose auf der Welle sitzenden Ring m angeschlossen. An m ist eine kleine Sperrklinke h drehbar gelagert, die solange über die kleinen Nebenzähne von c gleitet, als c schneller läuft als a. Wächst die Belastung und nimmt infolgedessen die Geschwindigkeit von c ab, so kommt — da die Geschwindigkeit von a bzw. des Hilfsmotors annähernd konstant ist — Klinke h mit dem Nebenzahn von c in Eingriff. Ring m wird auf der Welle gedreht, Klinken g mittels f nach innen gezogen. Nunmehr wirkt der Hilfsmotor mittels der Klinken g treibend auf c und unterstützt den Hauptmotor so lange, bis die Geschwindigkeit von c wieder zunimmt, wodurch sich die Kupplung selbsttätig löst.

Weitere Ausführungsart: Ohnesorge - Kupplung der Bamag-Dessau. Das selbsttätige Öffnen und Schließen der Kupplung wird geräuschlos und stoßfrei durch ein Verbund-Differentialgesperre bewirkt.

c) Lager.

Die heute allgemein eingeführten „Sparlager" mit selbsttätigem Ölumlauf werden für geringere Beanspruchungen mit gußeisernen Lagerschalen versehen, bei höherer Belastung werden die Lagerschalen mit Legierungen ausgegossen.[1])

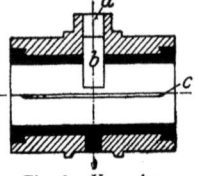

Fig. 2. Versuchslagerschale.

Als solche kommen für Transmissionslager Einheitsmetall, Zinnweißmetall und Lurgilagermetall in Betracht, die durchschnittlich folgendes Mischungsverhältnis zeigen:

	Sn	Sb	Cu	Pb
Zinnweißmetall	80	15	5	8 vH
Einheitsmetall	5	15	0	80 „

Die Hauptbestandteile des Lurgilagermetalls sind Blei, außerdem 2 bis 4 vH Barium, 0,5 bis 1 vH andere Bestandteile.

Zur Erzielung der erforderlichen Haftfähigkeit von Lagermetall und Schale sind namentlich bei schwerer belasteten Bleilagermetallen weitgehende Maßnahmen zu treffen: Schwalbenschwanznuten, konisch erweiterte Bohrungen, Skelette; erstere sollen nicht nur axial, sondern auch quer angebracht sein.

Versuche[2]), an einem Ringschmierlager nach Fig. 2 von 38,4 cm² Auflagefläche angestellt, zeigten folgende Ergebnisse:

Zahlentafel 2.
Versuchsergebnisse mit Lagermetallen auf Prüfständen bei Verwendung mittlerer Zapfendrucke.

Uml/min	Gleitgeschwindigkeit v m/sek	Lagerdruck p kg/cm²	pv	Metall			Lurgilagermetall
				Rotguß	Weißmetall	Einheitsmetall	
				Temperatur der Lager in ° C			
300	0,63		6	32,0	28,0	—	27,0
500	1,05	9,5	10	39,5	35,0	—	30,5
1000	2,1		20	54,0	43,0	—	42,0
1300	2,7		26	62,0	46,0	—	47,0
300	0,63		15	35,0	32,5	—	33,0
500	1,05	23,8	25	44,0	40,0	—	37,5
1000	2,1		50	60,0	53,0	—	49,5
1300	2,7		65	69,0	59,0	—	53,5
300	0,63		30	(51,0)	37,0	—	37,0
500	1,05	47,8	50	56,0	(51,0)	—	47,0
1000	2,1		100	81,0	61,0	—	58,0
1300	2,7		130	95,0	71,0	—	65,5

[1]) S. auch „Die Lagermetalle", S. 416.
[2]) Lagermetalle und ihre technologische Bewertung. Von S. Czochralski und G. Welter Berlin 1920. Verlag Julius Springer.

Hiernach verhält sich Zinnweißmetall günstiger als Rotguß, das günstigste Verhalten zeigt das Lurgilagermetall.

Als Spielraum („Ölluft") zwischen Welle und Schale werden zur Ermöglichung des Ölumlaufes und der Wärmeableitung folgende Werte empfohlen:

Lager-Dmr. mm	Zapfen-Dmr. mm	Ölluft mm
40	39,9	0,1
80	79,8	0,2
> 100	—	> 0,3

Auf alle Fälle ist bei der Lagerung der Schalen im Lagerkörper darauf zu achten, daß zur Vermeidung übermäßiger Kantenpressung die Lagerschalen der stets stattfindenden Durchbiegung der Welle folgen können. Meist Ausführung der Lager mit Kugelgelenk, sonst Auflagerung der Lagerschalen in der Mitte des Lagerkörpers mit s c h m a l e r Arbeitsleiste. Bei s c h w e r e n Wellen, bei Lagerung schwerer, ausrückbarer Kupplungen und bei Auftreten starker, seitlicher Züge sind Lager mit festen Schalen oder Lager, bei denen die Schalen a m g a n z e n U m f a n g in einer Kugelfläche anliegen, vorzuziehen. Stärkere, axiale Kräfte, wie sie bei konischen Zahnradtrieben auftreten, können nicht durch einzelne Bunde oder Stellringe aufgenommen werden, sondern sind durch Kammlager aufzunehmen.

S c h m i e r u n g u n d Ö l n u t e n. Schmierung durch konsistente und viskose Schmiermittel. Staufferbuchsen sollen auch bei Anordnung von Gewicht- oder Federnachstellung nicht zur Anwendung gelangen.

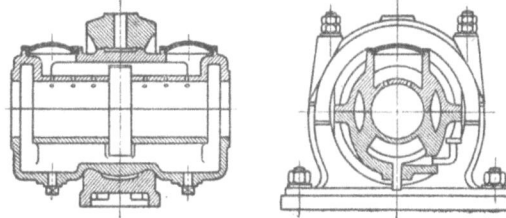

Fig. 3. Wülfel-Lager mit festem Schmierring.

Am gebräuchlichsten ist Ringschmierung mit festem oder losem Ring. Feste Ringe sind wegen größerer Zuverlässigkeit vorzuziehen, da lose Ringe bei geringster Schrägstellung der Welle, bei Erzitterungen oder Stößen hängenbleiben, so daß die Ölförderung versagt. Ein Nachteil der Ringschmierlager ist die in ihnen festgelegte große Ölmenge, deren Verharzung die Ersparnis verringert und die Leerlaufarbeit im Laufe der Zeit steigert.

Nachfüllen des Öls während des Betriebes ist zu vermeiden, da sich hierbei das Öl im Lager verteilt und leicht zuviel einläuft, so daß bei Stillstand der Transmission das überflüssige Öl ausläuft. Ölnuten verringern die Pumpwirkung des Zapfens und dessen Auflagefläche, auch wird das Öl an den Kanten der Nuten abgestreift. Einige führende Firmen führen deshalb Ölnuten nicht mehr aus. Die Kanten in der Teilfuge der Lagerschalen sind keilartig zu vertiefen.

Zweckmäßig ist Anordnung von Ölstandsgläsern.

Fig. 3 zeigt das sehr zweckmäßige Lager mit festem Ölring von W ü l f e l. Ein fester Ölring bringt das Öl nach oben, das dann durch Zuführungslöcher dem Zapfen zufließt.

In Fig. 4 ist das D u f f i n g sche Sparlager dargestellt.[1]) Am Ende der Lauffläche sind in Ausnehmungen der unteren Lagerschale ein Kapillar-Ölaufnehmer a und ein Ölabstreifer b derart angeordnet, daß das Öl in zwei Streifen entsprechend der Richtung der in die obere Lagerschalenhälfte eingeschnittenen Fördernuten c schraubenlinienartig von der Welle mitgenommen und in der Mitte der Lagerlänge an den Schmiersack d, von dem aus die Ölschicht gebildet wird, abgegeben wird. Die beiden Ölkammern sind durch eine Längsbohrung miteinander verbunden. Bei Versuchen lief die Welle längere Zeit bei 27 kg/cm² Flächenbelastung und 2,2 m/sek Umlaufgeschwindigkeit, ohne daß die Temperatur über 55° stieg.

Das Lager eignet sich besonders zum Umbau vorhandener Transmissionslager in solche mit Sparschmierung, vorausgesetzt, daß die Lagerkörper zur Unterbringung der etwas stärkeren Lagerschalen ausreichen.

[1]) Z. d. V. d. I. 1921, S. 97.

Für Lager, die nur zeitweilig laufen, hat sich die Calypsol-Schmierung nach Fig. 5 [1]) bewährt. Die Innenwände des Calypsolbehälters werden mit Dochtgarn ausgekleidet, der freibleibende Raum mit Calypsolfett gefüllt.

Diese Fettkammerschmierung wirkt insofern selbstregelnd, als um so mehr Fett mitgenommen wird, je höher die Lagertemperatur steigt. Damit das Fett nicht an den Wandungen der Kammer hängen bleibt, soll sich diese nach unten erweitern, womit die fettberührte Lagerfläche zunimmt.

Transmissionskugellager werden als Querlager ausgeführt, Längslager sind ungebräuchlich. Querlager mit Laufrillen im Innen- und Außenring können ohne Gefahr der Verklemmung neben dem Radialdruck auch einen gewissen Axialdruck übertragen, wobei zweckmäßig der listenmäßig zulässige Radialdruck ermäßigt wird. Die Lager sind möglichst einreihig auszuführen, da bei zwei Reihen meist nur eine Reihe wirklich trägt. Kugellagertransmissionen erfordern keine Stellringe; die Welle wird gegen axiale Verschiebung gesichert, indem bei einem zweckmäßig in der Mitte des Wellenstranges gelegenen Lager von stärkerer Ausführung der Außenring seitlich festgelegt

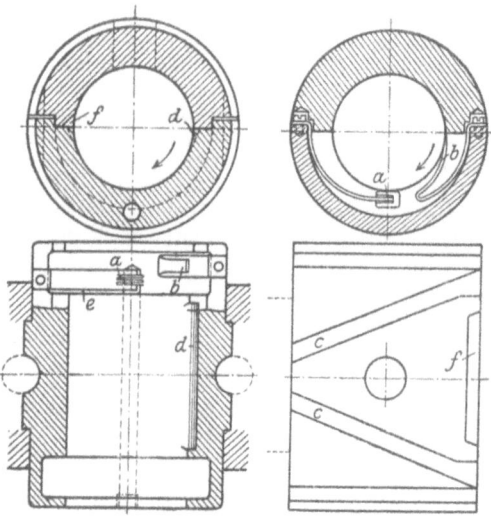

Fig. 4. Duffing'sches Sparlager.

wird. In den übrigen Lagern soll der Außenring seitliches Spiel zum Ausgleich etwaiger Montageungenauigkeiten und zur Ermöglichung von Längenänderungen durch Temperaturschwankungen haben.

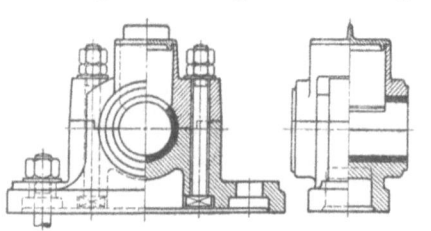

Fig. 5. Lager für Starrschmiere.

Herstellung mit außen zylindrischen Außenringen, mit kugelballigen Außenringen oder mit Einstellringen (Fig. 6).[2]) Die beiden letzteren Ausführungen sind bei stärkeren Wellendurchbiegungen oder bei möglicher Schiefstellung der Welle gegen das Lagergehäuse zu wählen. Für grobe Einstellung bei der Montage der Hängelager genügt die kugelballige Ausbildung des Gehäuses. Für die Befestigung der Querlager auf langen durchgehenden Wellen werden Spannhülsen vorgesehen. Damit die Spannhülse sich selbsttätig anzieht, muß die Mutter entgegengesetzt der Drehrichtung der Welle eingeschraubt werden.

Es ist darauf zu achten, daß Deckel und Lagerkörper in der Trennungsfuge aufeinanderliegen, damit beim Anziehen der Deckelschrauben der Außenring nicht oval gedrückt wird. Abdichtung der Welle am Austritt aus dem Gehäuse durch Einlegen eines ölgetränkten Filzringes in eine hierfür eingedrehte Rille (Fig. 6).

---

[1]) Ausführung: Lohmann & Stolterfoht, Witten-R.
[2]) Ausführung: Erste Automat. Gußstahlkugellagerfabrik vorm Fr. Fischer, Schweinfurt.

Namentlich bei nur einreihigen Kugelhängelagern ist verkippende Beanspruchung der Lager zu vermeiden, da durch die Schiefstellung des Außenringes gegen den Innenring Klemmungen entstehen. Eine solche zeigt Fig. 7, veranlaßt durch Fundamentsenkung. Vorbeugung durch Querlager mit Einstellring, Fig. 6.

Schmierung am besten durch ungebleichte, säurefreie Vaseline, mit der das Gehäuse beim Einbau gefüllt wird. Nachfüllung erst nach Jahresfrist nötig. Bei $n > 1000$ Uml/min sind säurefreie Mineralöle zu verwenden. (Nachweis des Säuregehaltes: Ein mit dem Schmiermaterial getränkter Lappen wird um ein blankes Stahlstück gewickelt und das Ganze der Luft ausgesetzt. Hierbei dürfen sich nach einigen Tagen keine Säureflecke zeigen. Oder: Mischung des Öls mit zwei Teilen destillierten Wassers und Eingießen einiger Tropfen Methylorange in die Lösung. Bei Rotfärbung ist Säure vorhanden.) Harzig und ranzig werdende vegetabilische und animalische Öle eignen sich nicht. Unreinigkeiten im Öl wirken wie Schmirgel, das Aussehen der Kugeln wird matt und das Lager bekommt Spiel.

Bei Anwendung der Kugellager auf Vorgelege werden keine Spannhülsen verwendet, sondern es wird — falls die Welle gedreht oder geschliffen ist — der Innenring direkt auf der Welle befestigt. Bei gezogenen Wellen ist diese Befestigung wegen der nicht genügend engen Toleranz unzulässig. Besondere Vorteile weist die Kugellagerung bei Leerlaufscheiben auf.

Für Temperaturen über 100 bis 150°, für Lager, die ständig in Wasser laufen oder Säuredämpfen ausgesetzt sind, sind Kugellager nicht zu verwenden. Vorteile: Geringer Reibungskoeffizient, ungefähr 0,0011 bis 0,0018, der größere Wert gilt für schwächer belastete Lager. Sehr leichtes

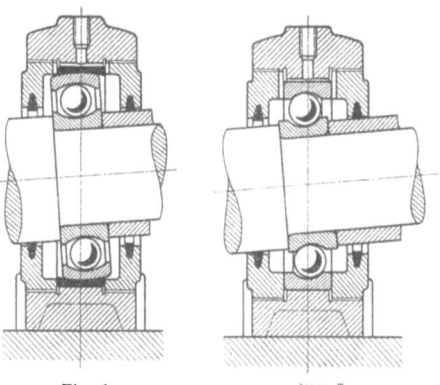

Fig. 6.   Fig. 7.

Anlaufen, da Reibungskoeffizient der Ruhe praktisch gleich dem der Bewegung, was von besonderer Bedeutung für Maschinen mit oft aussetzendem Betrieb ist. Kleiner Schmiermittelverbrauch, geringe Baubreite, keine Wellenabnutzung. Nachteile: Da Kugellagerringe nur einteilig hergestellt werden können, so sind sämtliche Riemscheiben usw. zweiteilig auszuführen. Um das Auswechseln der Kugellager zu ermöglichen, sind die Wellenenden durch Schalenkupplungen miteinander zu verbinden.

Bemessung: Bei der Bestimmung der Abmessungen wird für Gleitlager eine Kraft = $3 P$, für Kugellager = $5 P$ angenommen, worin P = Umfangskraft.

Untersuchungen an Lagern von 65 mm Dmr., an der Universität in Wisconsin ausgeführt, ergaben die folgenden Zahlen (Ringschmierlager: $l = 4 d$):

Zahlentafel 3.

Umfangsgeschwindigkeit der Welle 45 m/min, entsprechend 235 Uml/min

Lagerart	Lagertemperatur 25°	38°	Lagertemperatur 25°	38°	Lagertemperatur 25°	38°
	Reibungskoeffizient		Reibungskoeffizient		Reibungskoeffizient	
Kugellager	0,0025	0,0019	0,0022	0,0018	0,0020	0,0016
Ringschmierlager . .	0,0112	0,0075	0,0082	0,0058	0,0070	0,0051

In der folgenden Zahlentafel ist der relative Kraftbedarf zur Überwindung der Reibung wiedergegeben.

Zahlentafel 4.

Lagerart	$n = 157$ Uml/min $v = 30$ m/min Lagertemperatur		$n = 470$ Uml/min $v = 90$ m/min Lagertemperatur	
	25°	38°	25°	38°
Kugellager	1	1	1	1
Ringschmierlager . .	3,0	3,6	4,5	4,0

d) Riementrieb.

1. Material der Riemen.

Lederriemen. Auflegen auf die Scheibe mit der Fleischseite, die der schärferen Beanspruchung, welche die innere Riemenseite erfährt, besser entsprechen kann. Vor dem Auflegen ist der Riemen durch eine Streckmaschine oder in der Weise zu strecken, daß in den aufgehängten, verbundenen Riemen nach und nach Gewichte bis zum fünffachen der zu übertragenden Umfangskraft hineingelegt werden.

Von Zeit zu Zeit ist der Riemen mit lauwarmem Seifenwasser oder einer schwachen Sodalösung abzuwaschen, wobei darauf zu achten ist, daß der Riemen nicht einweicht, d. h. das Wasser nicht in das Innere des Riemens dringt. Durch zeitweiliges Einfetten beider Riemenseiten schwillt der Riemen an, kürzt sich, und das Gleiten wird verhindert. Harzige Mittel, wie Kolophonium, sind zu vermeiden, da sie das Leder hart und spröde machen und die Scheiben verschmutzen, auch Mineralöl ist für Riemen schädlich.

Zu fette Riemen werden durch Auftragen eines mit Benzin aus gepulvertem Ton dick angerührten Breies entfettet; nach Antrocknung dieser Masse wird sie abgebürstet, ein Verfahren, das unter Umständen mehrere Male zu wiederholen ist. Mineralöl wird durch erhitzte Schlemmkreide aus Riemen entfernt, es beansprucht dies mehrere Tage, worauf der Riemen auf der Einlaufmaschine zu strecken ist.

Krumme Stellen im Riemen werden durch Anfeuchten der kurzen Seite mit warmem Wasser und Klopfen mit leichtem Holzhammer unter gleichzeitigem Anspannen des Riemens beseitigt.

Lebensdauer eines richtig behandelten Lederriemens je nach der Beanspruchung 10 bis 20 Jahre.

Der untere Riemen soll treiben, um größeren Umspannungsbogen der Scheibe zu erhalten.

Baumwollriemen sind geschmeidiger als Lederriemen, dehnen sich aber stärker. Für Verwendung in feuchten Räumen sind sie nur nach Imprägnierung mit Leinöl geeignet, wodurch jedoch die Elastizität verlorengeht. Baumwollriemen können wie alle gewebten Riemen in großer Breite und endlos angefertigt werden.

Gummiriemen, aus mehreren Lagen gummidurchtränkten Baumwollstoffes hergestellt, werden in Räumen verwendet, in denen sie mit Laugen, Säuren usw. oder deren Dämpfen in Berührung kommen.

Balatariemen, ebenfalls endlos herstellbar, sind gegen Hitze sehr empfindlich.

Riemenverbindung. Zu den festen Verbindungen gehören die durch Leimen, Nähen, Nieten u. dgl., lösbar sind die Verbindungen durch Riemenschlösser und Drahthaken. Die Drehrichtung ist zu berücksichtigen, damit die Verbindungsstelle nicht gegen den Scheibenkranz läuft und ruckweisen Lauf verursacht, der den Riemen rasch zerstört. „Krallen" sollen nur bis 150 mm

Riemenbreite und mit Rücksicht auf die Fliehkraft bis zu $v = 10$ m/sek verwendet werden. Besser nähen mit dünnen, zähen Riemen oder Leimen der abgeschrägten Enden. Der Leim soll in warmen Räumen etwa 3 Stunden, sonst die doppelte Zeit trocknen.

2. Berechnung und Beanspruchung des Riemens. Es ist:

$$N = \frac{P \, v}{75},$$

hierin bedeutet:

N die Anzahl der zu übertragenden PS,
P die nutzbare Umfangskraft,
v die Riemengeschwindigkeit in m/sek,
$v = \dfrac{d \, \pi \cdot n}{60}$, wenn $d =$ Riemscheibendurchmesser,
$n =$ Umlaufzahl der Riemscheibe.

Dann ist:

$$P = b \cdot \delta \cdot k$$

mit $k = 10$ bis 15 kg/cm² = Beanspruchung des Riemenquerschnittes.

In Zahlentafel 5 ist P aus den gegebenen Werten N und v berechnet.

Zahlentafel 5.

Bestimmung der Umfangskraft P, wenn die Pferdestärken N und die Umfangsgeschwindigkeit v gegeben oder errechnet sind.

N	Umfangsgeschwindigkeit v in m/sek												
	2,5	5	8	10	12	14	16	18	20	22	24	26	28	30
5	150	75	47	38	31	27	23	21	19	17	16	14	13	12
10	300	150	94	75	63	54	47	42	38	34	31	29	27	25
15	450	225	141	113	94	80	70	63	56	51	47	43	40	38
20	600	300	188	150	125	107	94	83	75	68	63	58	54	50
25	750	375	234	188	156	134	117	104	94	85	78	72	67	63
30	900	450	281	225	188	161	141	125	113	102	94	87	80	75
35	1050	525	328	263	219	188	164	146	131	119	109	101	94	88
40	1200	600	375	300	250	214	188	167	150	136	125	115	107	100
45	1350	675	422	338	281	241	211	188	169	153	141	130	120	113
50	1500	750	469	375	313	268	234	208	188	170	156	144	134	125
55	1650	825	516	413	344	295	258	229	206	188	172	159	147	138
60	1800	900	562	450	375	321	281	250	225	205	188	173	160	150
65	1950	975	609	488	406	348	305	271	244	222	203	188	174	163
70	2100	1050	656	525	438	375	328	292	263	239	219	202	187	175
75	2250	1125	703	563	469	402	352	313	281	256	234	216	200	188
80	2400	1200	750	600	500	429	375	333	300	273	250	230	214	200
85	2550	1275	797	638	531	455	398	354	319	290	266	245	228	213
90	2700	1350	844	675	563	482	422	375	338	307	281	260	242	225
95	2850	1425	891	713	594	509	445	396	356	324	297	274	255	238
100	3000	1500	938	750	625	536	469	417	375	341	313	288	268	250
110	3300	1650	1031	825	688	589	516	458	413	375	344	317	295	275
120	3600	1800	1125	900	750	643	562	500	450	409	375	346	322	300
130	3900	1950	1219	975	813	696	609	542	488	443	406	375	348	325
140	4200	1200	1312	1050	875	750	656	583	525	477	438	404	375	350
150	4500	2250	1406	1125	938	804	703	625	563	511	469	433	400	375
160	4800	2400	1501	1200	1000	858	750	667	600	546	500	461	430	400
170	5100	2550	1594	1275	1063	911	797	708	638	580	531	490	455	425
180	5400	2700	1688	1350	1125	964	844	750	685	614	563	519	480	450
190	5700	2850	1781	1425	1188	1018	891	792	713	648	594	548	510	475
200	6000	3000	1875	1500	1250	1071	938	833	750	682	625	577	540	500
220	6600	3300	2062	1650	1375	1179	1031	917	825	750	688	635	590	550
240	7200	3600	2250	1800	1500	1286	1125	1000	900	818	750	692	645	600
260	7800	3900	2438	1950	1625	1393	1219	1083	975	886	813	750	700	650
280	8400	4200	2625	2100	1750	1500	1312	1167	1050	954	875	808	705	700
300	9000	4500	2812	2250	1875	1607	1406	1250	1125	1023	938	865	805	750

Vielfach wird nicht mit der Beanspruchung pro cm² Querschnitt, sondern pro cm Riemenbreite gerechnet. In den Zahlentafeln 6 bis 7 und 8 bis 9 sind nach C. O. Gehrckens-Hamburg und Luckhaus-Duisburg die zulässigen Beanspruchungen bzw. die übertragbare Kraft pro cm Breite in kg angegeben. Wie

Zahlentafel 6 und 7.

Nutzbelastung in kg/cm nach C. Otto Gehrckens.

Einfache Riemen.

Dmr. der kleinen Scheibe in mm	Bei v = 3	5	10	15	20	25	30	40	50 m/sek.
100	2	2,5	3	3	3,5	3,5	3,5	3,5	3
200	3	4	5	5,5	6	6,5	6,5	6,5	6,5
300	4	5	6	7	7,5	8	8,5	9	9
400	5	6	7	8	9	9,5	10	10,5	11
500	6	7	8	9	10	10,5	11	11,5	12
600	7	8	9	10	11	12	12,5	13	13,5
750	8	9	10	11	12	12,5	13	13,5	14
1000	9	10	11	12	13	13,5	14	14,5	15
1500	10	11	12	13	13,5	14	14,5	15	15,5
2000	11	12	13	13,5	14	14,5	15	15,5	16

Doppel-Riemen.

Dmr. der kleinen Scheibe in mm	Bei v = 3	5	10	15	20	25	30	40	50 m/sek.
300	5	6	7	8	9	10	10	10	10
400	6,5	8	9	10	11	11,5	12	12,5	12,5
500	8	9,5	11	12	13	13	13,5	14	14
600	9,5	11	12	13	15	15	16	16,5	17
750	11	12,5	14	15,5	17,5	17,5	18,5	19,5	20
1000	13	15	17	19	20	21	22	23	24
1500	15	17	19	21	23	25	26	27	28
2000	17	19	21	23	25	27	29	28	30

Zahlentafel 8 und 9.

Riemenberechnung für Spannrollentriebe.

PS pro 100 mm Breite für Spannrollen-Riemen (nach Luckhaus-Duisburg).

	Einfache Riemen								Doppel-Riemen								
Dmr. der kleinen Scheibe	Riemengeschwindigkeit in m/sek								Dmr. der kleinen Scheibe	Riemengeschwindigkeit in m/sek							
	5	7,5	10	12,5	15	20	25	30		5	7,5	10	12,5	15	20	25	30
100	2	3,9	6,7	8,5	11	16	21,7	28	400	6,7	10,6	14,7					
200	3	5,5	8,8	12	15,5	22,8	30	40	500	7,5	12	17,3	24	30	42,7	56,7	
300	4,5	7,3	11,3	14,5	19	28	38	48	750	8	14,8	20	27	34	48	63,3	80
400	5,2	8,4	12,9	16,5	22	31,5	43	55	1000	9,3	16,8	25,3	34	42	58,7	76,7	100
500	6	9,8	14,7	19,2	24	34,7	46,7	60	1250	9,6	17,4	26,6	35,8	44	61,3	81,7	105
750	6,5	10,5	15,9	20,5	26,3	37,1	50,5	65	1500	10	18	28	37,6	46	65,3	86,6	110
1000	7	11,8	17,3	22,2	28	40	53,3	68	1750	10,3	18,7	29,8	38,8	48	68,6	91,6	115
1250	7,1	11,9	17,5	22,6	28,5	40,5	54,1	69	2000	10,7	19,5	30,7	40	50	72	96,7	120
1500	7,1	12	17,7	23	29	41,2	55	70									
1750	7,2	12	18	23,3	29,4	41,9	55,9	71									
2000	7,3	12,1	18,2	23,7	30	42,7	56,7	72									

Riemenberechnung für Normaltriebe.
PS pro 100 mm Breite (nach Luckhaus-Duisburg).

	Einfache Riemen								Doppel-Riemen							
Dmr. der kleinen Scheibe	Riemengeschwindigkeit in m/sek.							Dmr. der kleinen Scheibe	Riemengeschwindigkeit in m/sek.							
	5	7,5	10	12,5	15	17,5	20	25		5	7,5	10	12,5	15	17,5	20	25
100	1,8	2,6	4,2	5,3	6,3	7,7	9,8	12,2	500	6,3	10	13,9	18,2	23,1	28,3	34	45,5
200	2,8	4,7	7	9,2	11,5	14	16,8	22,8	750	7,5	12	17	23	29	35	41,5	55
300	3,7	6,1	8,8	11,7	15	18,4	22	30,5	1000	8,4	13,5	19,6	26,5	33,5	40	47,5	63,5
400	4,5	7	10,3	13,6	17,5	21,5	26	35,5	1250	9	15	22	29,5	38	45	53	70
500	4,9	7,9	11,2	14,8	18,9	23	28	38,5	1500	9,5	16	24,2	32,5	41	49,5	58	76
750	5,6	9	13	17	21,5	26	31	42	1750	10	17,2	26,2	35,1	45	53,3	62,7	83,5
1000	5,9	9,8	14	18,3	23	28	33,5	45,4	2000	10,5	18,4	28	37,5	48	57	68	88
1250	6,3	10,4	14,9	19,2	24,3	29,5	35,4	48									
1500	6,6	10,8	15,6	20,3	25,5	31	36,9	50									
1750	6,8	11,3	16,3	21,3	26,7	32	38,1	51,5									
2000	7	11,5	16,8	22	27,2	33	39	53									

Beispiel. Von einer Transmission mit $n_1 = 100$ Uml/min sollen 12 PS auf eine zweite mit $n_2 = 220$ übertragen werden. Durchmesser der getriebenen Scheibe $D_2 = 700$ mm. Sonach Durchmesser der treibenden Scheibe bei 2 vH Gleitverlust:

$$D_2 = 700 \cdot \frac{220}{100(1-\psi)} = 700 \cdot \frac{220}{100 \cdot 0,98} \simeq 1570 \text{ mm}.$$

Riemengeschwindigkeit: $\quad v = \dfrac{1,57 \cdot \pi \cdot 100}{60} \simeq 8,2$ m/sek.

Umfangskraft: $\quad P = \dfrac{75 \cdot 12}{8,2} \simeq 110$ kg.

Übertragbare Kraft pro cm Breite = 13 kg/cm bei Doppelriemen angenommen.

Riemenbreite: $\quad b = \dfrac{110}{13} \simeq 85$ mm.

ersichtlich, wächst dieser Wert mit der Riemengeschwindigkeit, wie in Fig. 8 dargestellt. Neuere Versuche, von denen die von Skutsch besonders bemerkenswert sind, scheinen zu beweisen, daß die Zunahme der Belastungsfähigkeit nur bis etwa 20 m/sek steigt. Die Kurve nach Barth gibt die in Amerika herrschende Anschauung wieder. Die Sachlage ist jedoch durchaus noch nicht geklärt, und es empfiehlt sich, bis auf weiteres mit den von großen, zuverlässigen Firmen angegebenen Werten zu rechnen.

Riemen mit zu hoher Belastung werden dem Betriebe für eine gewisse Zeit immer gewachsen sein, müssen aber häufiger nachgespannt werden, was ihre Lebensdauer verkürzt.

3. Anordnung. Ausführung der Riementriebe mit Dehnungsspannung oder Belastungsspannung. Im ersteren Fall ist der Riemen mit einer die Lager stark belastenden Vorspannung gleich

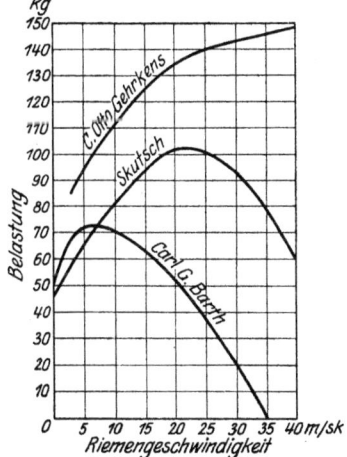

Fig. 8. Belastnng eines Riemens von 1 Quadratzoll = 6,45 cm² Querschnitt nach Barth, Skutsch und Gehrckens.[1]

einem Vielfachen der Umfangskraft aufzulegen, damit er im Betrieb die zur Übertragung erforderliche Spannung behält; im zweiten Fall werden Spannrollen eingeschaltet, welche die Spannung ohne Kürzung konstant halten.

---
[1]) Bender, Z. des V. d. I. 1920, S. 227.

Riemengeschwindigkeit. Übersetzung. Das Übersetzungsverhältnis soll 5 : 1 bis höchstens 6 : 1 betragen, um den vom Riemen umspannten Bogen nicht zu stark zu verkleinern. Spannrollen — s. diese — lassen größere Übersetzungen zu. Ist die antreibende Scheibe die kleinere — Übersetzung ins Langsame —, so ist die Riemenbreite $\frac{1}{8}$ bis $\frac{1}{2}$ breiter als nach obiger Berechnung zu nehmen, da in diesem Fall das gespannte Trum um die kleine Scheibe gebogen werden muß.

Der „Schlupf" beträgt je nach Übersetzung, Beanspruchung und Steilheit des Triebes 1 bis 5 vH.

Riemengeschwindigkeit im allgemeinen nicht über 20 bis 25 m/sek. Bei Geschwindigkeiten von 30 m/sek und mehr starke Beanspruchungen der Scheiben.

Achsenentfernung. Für Riemen bis 100 mm Breite etwa 5 m, für breitere Riemen bis etwa 10 m. Mit Hilfe von Spann- und Leitrollen können diese Abstände auf das doppelte vergrößert werden.

Gekreuzte Riemen. Achsenabstand womöglich so, daß die Entfernung vom Kreuzungspunkt bis zur nächsten Scheibe mindestens gleich der zehnfachen Riemenbreite ist. Die Belastung ist wegen Verdrehung und Reibung des Riemens um 10 bis 30 vH geringer als beim offenen Riemen zu wählen. Steigung bis äußerst 10°, da bei größerer Steigung der Riemen beim Anlassen abfällt.

Halbgeschränkte Riementriebe sind nur da anzuwenden, wo die Achsenentfernung im Verhältnis zum Scheibendurchmesser und zur Riemenbreite genügend groß ist. Halbschränkung läßt bei Antrieb von einer Welle Rechts- und Linkslauf der Arbeitsmaschinen zu. Die treibende und die getriebene Scheibe, namentlich letztere, sind breiter als beim gerade laufenden Riemen zu wählen. Achsenentfernung gleich zwanzigfacher Riemenbreite, mindestens gleich vierfachem Durchmesser der größeren Scheibe. Gehrckens empfiehlt Verwendung gerade gedrehter Scheiben, da der Riemen die Scheibe seitlich verläßt. Bei unter 90° geschränkten Trieben ist eine kleine Wölbung empfehlenswert, um den hin und her wandernden Riemen zu halten.

Riemscheiben. Riemscheibendurchmesser mindestens = 100fachem der Riemenstärke. Möglichst große Durchmesser, um den Achsendruck zu verringern und da bei kleinen Scheiben infolge Schlupfes Kraftverlust und Erwärmung entstehen. Kranzbreite $B = 1,1 \times$ Riemenbreite $+ 10$ mm für offene Riementriebe, für geschränkte sind größere Breiten zu nehmen. Führung des Riemens durch Kranzwölbung, die nicht zu stark sein darf, da sonst der Riemen unsicher läuft und in der Mitte zu stark gestreckt wird. Meist Wölbungshöhe $= \frac{1}{4}\sqrt{B}$ bis $\frac{1}{8}\sqrt{B}$. Gegenscheiben zu Fest- und Losscheiben werden mit gerade gedrehtem Kranz ausgeführt; bei mehr als 300 mm Breite wird es billiger, zwei oder mehr Scheiben nebeneinander zu setzen. Breitere Riemen erschweren die Überführung des Riemens von der Fest- auf die Losscheibe, und der Riemen leidet durch Schleifen an der Riemengabel, daher besser Anordnung ausrückbarer Kupplungen. Riemscheiben sind möglichst geteilt herzustellen, was bei Verwendung von Kugellagern und einigen Kupplungen — wie Scheibenkupplungen — unerläßlich ist. Die Scheiben sind in den Armen, nicht im Kranz zwischen den Armen zu teilen, um die Wirkung der durch die Verbindung hervorgerufenen Fliehkraft direkt aufzunehmen. Losscheibenbohrungen sind zur Sicherung seitlicher Schmierung um $\frac{1}{10}$ bis $\frac{1}{5}$ mm größer zu halten als Wellen- oder Leerlaufbüchsendurchmesser. Bei Breiten von mehr als 300 mm ist zweckmäßig Doppelarmsystem vorzusehen. Befestigung auf der Welle durch Nuten-, Flächen-, Hohlkeil oder durch Klemmen, wobei Bohrung um 0,1 bis 0,2 mm kleiner als Welle sein soll. Nabenlänge $= 2,5$ bis $3,5 \times$ Wellendurchmesser. Flender & Co., Düsseldorf, führt zweiteilige Scheiben mit größtmöglicher Grundbohrung aus und macht sie durch Einsetzen vierteiliger Gußbüchsen für kleinere Bohrungen passend.

Schmiedeeiserne Riemenscheiben haben als Arme runde Stäbe, die mit einem Ende in die Nabe eingegossen, am anderen Ende mittels angeschmiedeter Lappen mit dem aus Blechstreifen hergestellten Kranz vernietet sind.

Holzriemscheiben sind billiger und rd. 50 vH leichter als eiserne Scheiben, weisen geringeren Schlupf auf und werden ohne Keil durch Aufklemmen befestigt.

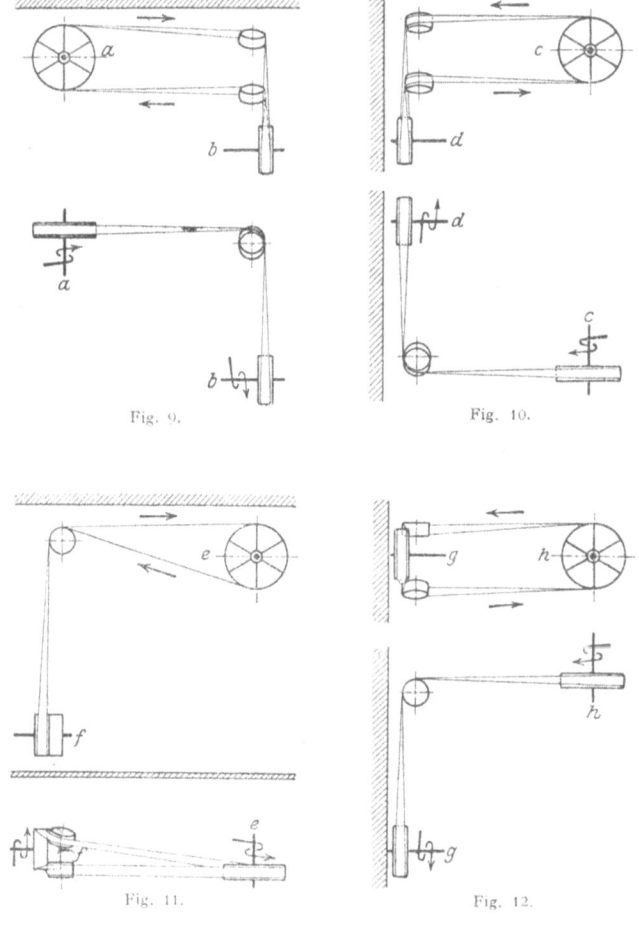

Fig. 9. Tangential-Deckenriemenleiter.
Fig. 10. Tangentialwandriemenleiter.
Fig. 11. Deckenriemenleiter.
Fig. 12. Wandriemenleiter.
(Nach Wülfel, Hannover.)

Ausführung bis 225 mm als Hohlscheibe, Durchmesser bis 10 m. Durch besonderes Behandlungsverfahren werden Holzriemscheiben auch für feuchte Räume geeignet gemacht.

Riemenleiter erfordern Verwendung geleimter oder endlos hergestellter Riemen. Schmierung durch selbsttätigen Ölumlauf. Ausführung ohne Ränder, da der Riemen auf diese klettert und reißt. Zum Auflegen endloser Riemen sind die Rollen fliegend anzuordnen, Riemenhalter verhindern Störungen durch Herabfallen des Riemens. Für genaue Einstellung sind die Rollen wie die zugehörigen Riemscheiben mit einem Mittelriß zu versehen.

Nachstehende Zahlentafel 10 gibt (nach Eisenwerk Wülfel) die zulässigen niedrigsten und höchsten Umlaufzahlen n der Rollen an:

Zahlentafel 10.

Riemenbreite mm	Senkrechte Rollenachse n		Wagerechte Rollenachse n		
	min	max	min	bei einem Rollen-Dmr. von max	
				300 bzw. 310 mm	400 mm
75 bis 100	200	1000	50	1000	900
125 „ 150	220	800	50	800	700
175 „ 200	230	650	—	—	—
225 „ 250	230	550	—	—	—
275 „ 300	230	500	—	—	—

Tangentialriemenleiter (Fig. 9 und 10)[1]) weisen Verstellbarkeit der Rollen bis zu 30° von der Wagerechten nach oben und unten ab, bei schwachen Deckenkonstruktionen ist in Richtung des resultierenden Riemenzuges eine Zugstange anzubringen. Tangentialriemenleiter haben gegenüber Winkelräder, die sie ersetzen können, den Vorzug besseren Wirkungsgrades und geräuschlosen Ganges, auch brauchen die Wellen nicht annähernd bis zum Schnittpunkt durchgeführt zu werden. Da Lage der Wellenmitten in einer Ebene nicht erforderlich, so haben Senkungen eines Wellenmittels keine schädlichen Folgen. Riemenleiter dieser Art sind bei genügender Achsenentfernung auch bei gekreuzten Riemen anwendbar.

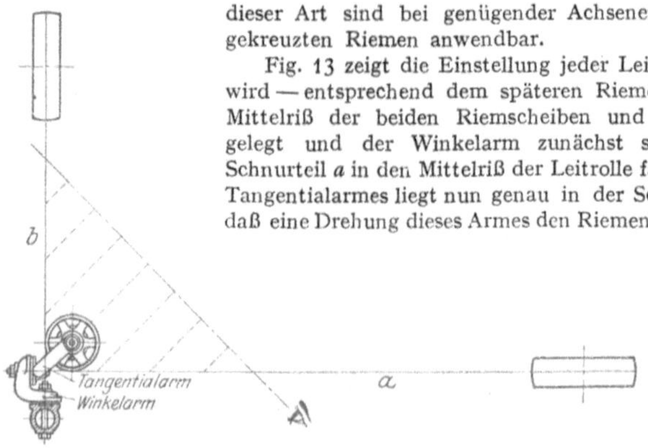

Fig. 13 zeigt die Einstellung jeder Leitrolle. Schnur a—b wird — entsprechend dem späteren Riemenlauf — über den Mittelriß der beiden Riemscheiben und über die Leitrolle gelegt und der Winkelarm zunächst so eingestellt, daß Schnurteil a in den Mittelriß der Leitrolle fällt. Die Achse des Tangentialarmes liegt nun genau in der Schnurrichtung a, so daß eine Drehung dieses Armes den Riemenlauf a nicht ändert. Hierauf Drehung des Tangentialarmes, bis auch Schnurteil b in den Mittelriß der Rolle fällt. Durch Visieren kann man sich davon überzeugen, daß die aufeinanderfolgenden Schnurteile a—b sowohl miteinander als auch mit dem Mittelriß der Leitrolle zusammenfallen, d. h. in einer Ebene liegen.

Fig. 13. Einstellung der Leitrolle (nach Wülfel).

Die Tangentialwandriemenleiter, Fig. 10, unterscheiden sich von den Tangentialdeckenriemenleitern, Fig. 9, dadurch, daß jeder Winkelarm eine besondere Fußplatte für die Befestigung an der Wand hat.

Deckenriemenleiter. Die konvexen Kugelsegmente der wagerecht einstellbaren Arme passen in entsprechende konkave Aussparungen der Deckenplatten, so daß eine Abweichung von 17° erreichbar ist.

---

[1]) Fig. 9 und 10 nach Eisenwerk Wülfel.

Die Lage der das ziehende Trum führenden Rolle ist dadurch bestimmt, daß die Rolle mit der Antriebscheibe in einer Flucht liegen und gleichzeitig das ziehende Trum lotrecht auf die Rolle auflaufen muß. Bei Maschinenantrieben mit Fest- und Losscheibe muß auf die Fuge zwischen beiden gelotet werden. Fortleitung der Schnur über den Mittelriß der zweiten Rolle zurück nach der Antriebscheibe legt die Lage dieser zweiten Rolle fest; Schrägstellung der Rolle so, daß deren Mittelriß ähnlich wie bei den Tangentialdeckenriemleitern mit diesen Schnurteilen in einer Ebene liegt. Zur Verringerung der Ablenkung des von der Transmissionsscheibe ablaufenden Riemens soll die Leitrollenentfernung um so kleiner sein, je geringer die Entfernung bis zur Transmission ist (Fig. 11). Die Rollenentfernung darf jedoch nicht zu klein sein, da sonst die Rollen zu stark geneigt sein müssen. Nachspannen des Riemens wird durch eine im losen Trum eingebaute Spannrolle vermieden, die an einem Arm des Riemenleiters freischwingend angeordnet ist. Regelung der Belastung durch Laufgewicht.

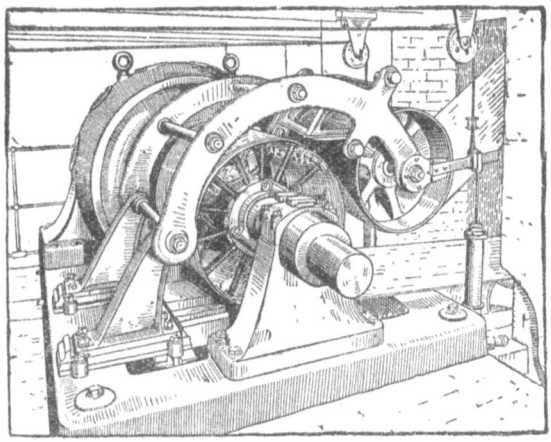

Fig. 14. Schwingachse der Hebel abseits von der Welle.[1]

Wandriemenleiter, Fig. 12, besitzen im Gegensatz zu Fig. 11 keinen Winkelarm; eine Verstellung der Rollen nach oben und unten um 30° ist möglich.
Spannrollen[2]) (Fig. 14). Vorzüge:
Übersetzungsverhältnisse bis 1 : 15 und mehr,
geringste Achsenentfernungen,
Wegfall des Kürzens infolge selbsttätigen Spannens des Riemens,
geringster Gleitverlust durch Riemenrutsch,
schmalere Riemen, da günstigere Beanspruchung,
hoher Wirkungsgrad, geringere Achsen- und Lagerbelastungen,
Ersparnis an Raum und Betriebskosten.

Der bei Spannrollentrieben verwendete Riemen muß geleimt hergestellt, aus bestem Kernleder gefertigt, beiderseits glatt und sehr schmiegsam sein, da er Krümmungen nach entgegengesetzten Seiten erleidet. Letzterer Nachteil wird jedoch dadurch aufgehoben, daß die bei Spannrollentrieben vorhandene konstante Belastung des gezogenen Riementrums infolge des großen Umschlingungsbogens bis auf $1/10$ der Umfangskraft vermindert werden kann, so daß der Achsdruck nur etwa 1,1 P beträgt gegenüber 3 P bei normalem Trieb. Spannrollen

---
[1]) Ausführung Lohmann und Stolter, Fchb. Witten.
[2]) Bender, Z. d. V. d. I. 1920, S. 256.

werden im schlaffen Riementrum in unmittelbarer Nähe der kleineren Scheibe — gleichviel ob diese die treibende oder getriebene Scheibe ist — möglichst um deren Achse schwingend angeordnet, und zwar fliegend bei Riemenbreiten bis zu etwa 225 mm, so daß der Riemen bequem aufgelegt und abgenommen werden kann.

Bei durchgehenden Wellen sind die der kleineren Scheibe nächstliegenden Wellenlager mit „Schnaufen" zu versehen, d. h. mit Angüssen, deren bearbeitete Außenflächen zur Lagerung der Spannrollenarme dienen, während die Innenbohrung dem Wellenstrang Durchgang ermöglicht.

Ausführung der Spannrollen mit Kugellagern und selbsttätiger Schmierung, Rollen von großem Durchmesser schonen den Riemen und vermindern die Zapfengeschwindigkeit.

Das Hüpfen der Rolle bei stoßweiser Belastung, wie bei Kompressoren, Pumpen usw., ist durch Schwingungsdämpfer zu beseitigen, die als einstellbare Ölbremsen ausgeführt werden. Ein mit dickflüssigem Öl angefüllter Zylinder wird durch den Kolben in zwei Räume zerlegt, die durch Umführungskanäle, in die Drosselschrauben eingebaut sind, miteinander in Verbindung stehen.

Rollenbelastung durch Federn statt durch Gewichte ist wegen der Möglichkeit von Resonanzerscheinungen zu verwerfen. Umschlingungswinkel bis zu 270°, dieser wird durch das Längen des Riemens selbsttätig vergrößert.

Kreisriementrieb. Über einen mit 30 m/sek Geschwindigkeit arbeitenden Kreistrieb mittels über Leit- und Spannrollen geführten Riemens berichtet Kutzbach in Z. 1921, S. 677.

e) Seiltrieb.

1. Das Seil wird in der Regel aus Hanf hergestellt, Baumwollseile sind wegen ihrer größeren Elastizität bei kleinen Scheiben, geringen Achsenabständen oder senkrechten Trieben vorzuziehen, dürfen aber nicht der Feuchtigkeit ausgesetzt werden. Im Freien laufende Manila- oder Baumwollseile werden imprägniert, indem sie durch eine Lösung von 100 g Seife in 1 ltr Wasser hindurchgezogen und dann getrocknet werden, hierauf werden sie mit dünnem, heißen Teer gestrichen. Verbindung der Seilenden am vorteilhaftesten durch Spleißen, wofür bei Rundseilen 3 bis 3,5 m, bei Quadratseilen etwa 5 m zuzugeben sind. Vor dem Auflegen sind die Seile gut zu strecken und zu trocknen, von Zeit zu Zeit sind sie einzufetten.

Quadratseile in stumpfwinkligen Rillen sind den Rundseilen in spitzwinkligen Rillen vorzuziehen. Seile letzterer Art legen sich bei straffem Auflegen nach star-

Zahlentafel 11. Anwendung von Quadratseilen.[1])

Der Quadratseile			Kleinster Scheiben-Drm.	Ungefähre Stärke der entspr. Rundseile	Ein Seil überträgt Pferdestärken bei einer Beanspruchung per cm² von								
					6 kg			7 kg			8 kg		
Stärke	Querschnitt	Gewicht per m			und Seilgeschwindigkeit pro Sek.			und Seilgeschwindigkeit pro Sek.			und Seilgeschwindigkeit pro Sek.		
mm	cm²	rd.kg	mm	mm	10 m	15 m	20 m	10 m	15 m	20 m	10 m	15 m	20 m
25	6,25	0,55	375	28	5	7,4	10	5,7	8,6	11,4	7	10,5	14
30	9	0,90	450	35	7	10,5	14	8,4	12,6	16,8	9,6	14,4	19,2
35	12,25	1,10	700	40	10	14,6	20	11,3	17	22,6	13	19,5	26
40	16	1,45	800	45	13	19	26	15	22,5	30	17	25,5	34
45	20,25	1,75	900	50	16	24	32	19	28,5	38	21,5	32,2	43
50	25	2,15	1100	56	20	30	40	23,3	35	46,5	26,6	40	53,2
55	30,25	2,70	1400	62	24	36	48	28,3	42,5	56,5	32,4	48	64

Das Gewicht von Seilen, die gegen Witterungseinflüsse imprägniert geliefert werden, ist etwa 10 vH höher. — Sämtliche Gewichte verstehen sich mit einer Toleranz von 5 vH.

---

[1]) Nach A.-G. für Seilindustrie vorm. F. Wolff, Mannheim.

Seiltrieb. 735

Zahlentafel 12. Anwendung von Hanf-Transmissionsseilen.[1])

Der Seile Durchmesser	Querschnitt	Kleinste Scheibendurchmesser	Ein Seil überträgt Pferdestärken bei einer Beanspruchung pro cm² von											
			6 kg			7 kg			8 kg			9 kg		
			und Seilgeschwindigkeit pro Sek.			und Seilgeschwindigkeit pro Sek.			und Seilgeschwindigkeit pro Sek.			und Seilgeschwindigkeit pro Sek.		
mm	cm²		10 m	15 m	20 m	10 m	15 m	20 m	10 m	15 m	20 m	10 m	15 m	20 m
30	7,07	700	5,5	9	11	7	10	14	8	12	16	8	12	16
35	9,62	750	8	12	16	9	13,5	18	10	15	20	11	16,5	22
40	12,56	850	10	15	20	12	17,5	24	13	20	26	14	21	28
45	15,90	1000	12	18	24	15	22	28	17	25	34	19	28,5	38
50	19,63	1200	16	25	32	18	27,5	36	20	30	40	24	36	48
55	23,76	1350	20	30	40	22	33,5	44	25	37	50	28	42	56
60	28,27	1500	23	35	46	26	40	52	30	45	60	34	51	68

ker Abnutzung leicht tiefer in die Rille ein als Nachbarseile, so daß sie bei ungleichen Scheibendurchmessern gegenüber den Nachbarseilen ein anderes Übersetzungsverhältnis aufweisen, wodurch starke Reibungsverluste entstehen. Der Rillenwinkel ist deshalb groß zu wählen und ein mit großen Flächen aufliegendes Seilprofil zu nehmen, dessen Schwerpunktlage sich auch bei eingetretener Abnutzung nicht wesentlich verschiebt.

Drahtseile sind zur Verhinderung des Abscheuerns und Rostens alle drei bis sechs Wochen mit Leinöl zu schmieren, oder man kocht Graphit in Talg oder Goudron und trägt diese Masse mit einer Bürste auf. Zur Anwendung gelangen nur Drahtseile mit Hanfseelen, Drahtseile mit Drahtseelen haben sich nicht bewährt.

2. Berechnung der Seile. Auf den vollen Querschnitt bezogen wird die zulässige Beanspruchung $k_z = 8$ bis 10 kg/cm² bei Baumwollseilen, $k_z = 8$ bis 12 kg/cm² bei Hanfseilen gewählt. S. Zahlentafel 11 und 12.

Drahtseile berechnet Wülfel nach der Formel $q = \dfrac{P}{2L-20}$, worin q = Seilgewicht für 1 lfd. m, P = Umfangskraft, L = Achsenabstand in m.

Zahlentafel 13 für q.

Seil-Dmr. mm	9	10	11	12	13	14	15	16	18	20	22	24	26
q kg/m	0,26	0,31	0,38	0,45	0,51	0,61	0,7	0,79	0,91	1,15	1,3	1,46	1,8

3. Anordnung auch hier mit Dehnungs- und Belastungsspannung. Sollen die Seile längere Zeit ohne Nachspleißen laufen, so muß die Vorspannung, für welche Achsen und Lager zu berechnen sind, sehr erheblich sein, sie beträgt oft bis zum 15fachen der Nutzspannung, nur bei wagerecht laufenden längeren Seiltrieben genügt das Eigengewicht zum Erreichen der erforderlichen Spannung. Triebe mit zwei schwächeren Seilen sind wegen größerer Betriebssicherheit den einseiligen Trieben vorzuziehen. Ziehende Seile sind nach unten hin zu verlegen, um den umspannten Bogen zu vergrößern. Auch stört Durchhang des oberen Seiles weniger, darf aber nicht zur Berührung der unteren Seile führen. Bei Seiltrieben mit Belastung wird ein endloses Seil verwendet, das so oft um die Scheiben geschlungen wird, wie bei Dehnungsspannung einzelne Seile notwendig sein würden. Dieses endlose Seil wird mittels einer auf Wagen oder Schlitten ruhenden Spannrolle gespannt. Diese Kreisseiltriebe haben den Nachteil, daß bei Bruch an nur einer Stelle der Betrieb stillzusetzen ist.

Nach jeder Umspannung einer getriebenen Scheibe wird das Seil erneut auf die treibende Scheibe zurückgeführt. Die Vorspannung ist gering, Lager und

---

[1]) Nach A.-G. für Seilindustrie vorm. F. Wolff, Mannheim.

Wellen sind weniger belastet, Längenänderungen des Seiles bleiben ohne Einfluß.

Mitunter werden für Kreisseiltriebe die Rillen vollkommen rund ausgedreht, so daß die Seile auf dem Rillenboden auflaufen, und sich die Spannungen, die bei den verschiedenen Windungen in das Seil kommen, ausgleichen können.

Kreisseiltriebe arbeiten nicht so wirtschaftlich wie Paralleltriebe, sie werden nur noch da angewendet, wo infolge örtlicher Verhältnisse nicht der nötige Durchhang möglich ist oder die Seile — wie bei Vertikaltrieben, großem Übersetzungsverhältnis und kleinem Achsenabstand — sehr straff sein müssen.

Bei Vertikaltrieben mit Parallelseilen soll sich womöglich die größere Scheibe unten, die kleinere oben befinden, weil sonst der umspannte Bogen zu klein wird.

Seilgeschwindigkeit $v = 20$ bis 25 (bis 30) m/sek, bei größeren Geschwindigkeiten liegt die Gefahr vor, daß die Seile infolge der Fliehkraft aus den Rillen springen.

Übersetzungsverhältnis höchstens 1 : 5, starke Übersetzungen erfordern infolge Verkleinerung des Umspannungsbogens an der kleineren Scheibe Vermehrung der Seilzahl. Bei Drahtseilen sind größere Übersetzungen unzulässig.

Seilschlupf ist geringfügig, beträgt selbst bei Übersetzung auf sehr kleine Scheiben höchstens 1,5 bis 2 vH.

Achsenabstand soll bei Hanfseilen mindestens gleich der Summe der beiden Seilscheibendurchmesser sein, höchstens 30 m betragen. Diese Entfernung stellt den geringsten Betrag für Drahtseile dar. Bei diesen soll 100 bis 150 m Seilscheibenentfernung nicht überschritten werden, sonst Zerlegung in einzelne Triebe.

Seilspannrollen ermöglichen Fortfall der starken Vorspannung neuer Seile und des Nachspleißens. Die Seile können höher belastet werden, das starke Schleudern entlasteter Seile wird vermieden, die Seilspannung kann bequem eingestellt werden.

Seilscheiben. a) Hanfseilscheiben. Bei Hanfrundseilen ist die 30fache Seilstärke gleich kleinstem Scheibendurchmesser. Bezüglich Scheibendurchmesser bei Quadratseilen gibt die A.-G. für Seilindustrie vorm. Ferd. Wolff-Mannheim das Sovielfache der Seilstärke an, als Seilgeschwindigkeit v in m/sek beträgt, bei $v < 20$ m/sek mindestens das 20fache der Seilstärke, vorausgesetzt, daß das Seil die Scheibe nicht mehr als einmal in der Sek. passiert. Annähernd das gleiche gilt für Baumwollrundseile.

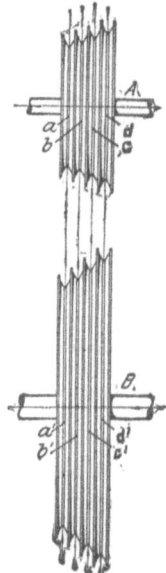

Fig. 15. Konischer Seilscheibentrieb.[1])

Konische Seilscheiben nach Fig. 15 haben Rillenpaare von verschiedenem Durchmesser, aber gleichem Übersetzungsverhältnis. Nach dem Längen der Seile im Betrieb wird jedes Seil in die benachbarte größere Rille eingelegt, dadurch wird das Seil auf Rille $d\,d'$ frei und soviel gekürzt, daß es in Rille $a\,a'$ paßt. (Ausführung Wolff-Mannheim.)

b) Drahtseilscheiben. Durchmesser soll nicht unter dem 150fachen Seildurchmesser genommen werden. Mitunter Ausfütterung der Scheiben mit Hirnleder, die drei Jahre und mehr hält. Weniger eignet sich zum gleichen Zweck Weiden- und Pappelholz, während Guttapercha und Kork nicht widerstandsfähig genug sind.

Tragrollendurchmesser werden mit etwa dem 0,8fachen des Scheibendurchmessers ausgeführt.

f) Stahlbandtrieb.

Die kleine Dehnungsziffer verursacht zwar geringen Gleitschlupf, macht aber andererseits den Stahlbandtrieb sehr empfindlich gegen Ausführungsfehler. Die

---

[1]) Ausführung Wolff, Mannheim.

Nachgiebigkeit gegen Temperaturschwankungen ist infolge der hohen Wärmeausdehnungsziffer unzulässig gering. Für kleinere Leistungen, besonders wenn Ausrückbarkeit, Halbkreuzlauf usw. verlangt werden, ist das Stahlband nicht geeignet. Besondere Schwierigkeiten machte die Endverbindung. Das bisher verwendete Schloß verursachte starke Schläge, die zerstörend auf den Belag der Scheibe wirkten. Stumpfschweißung ist wegen der starken Materialänderung an der Schweißstelle nicht anwendbar.

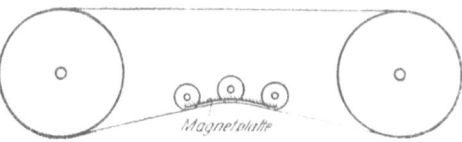

Fig. 16. Stahlbandtrieb (Eloesser) mit Spannrollen.

Neuerdings wird das Schloß durch eine Überlappungsnietung ersetzt, die nur doppelt so viel wiegt wie das gleich lange Band. Geschwindigkeiten bis 50 m/sek scheinen zulässig zu sein.

Fig. 16 zeigt den neuen Spannrollenantrieb. Zur Vermeidung der Überanstrengung des Bandes sind mehrere Parallelrollen angeordnet. Diese laufen auf der inneren Seite des Bandes, die infolge der Vernietung allein glatt ausgeführt werden kann. Eine Magnetbahn, die das Band gegen die Leitrollen anpreßt, verhindert Verkleinerung des Umfassungswinkels (Betrieb 1921, S. 558).

g) Kettenräder, Zahnrad- und Schneckengetriebe.

Kettenräder werden bei Achsenentfernungen verwendet, die für Zahnräder zu groß, für Riementrieb zu klein sind. Kettentriebe sind gegen Hitze und Feuchtigkeit unempfindlich. Ausführung mit Rollen- oder Zahnketten (nach Renold). Zum Ausgleich der Längenänderung ist entweder eine Achse verschiebbar oder ein Spannrad, ähnlich dem Lenixgetriebe, anzuordnen. Für Schmierung genügt Tropfschmierung, bei $v > 6{,}5$ m/sek Lagerung in Ölbad erforderlich. Es empfehlen sich als günstige Geschwindigkeiten: $v = 6$ m/sek für Zahn-, $v = 4$ m/sek für Rollenketten.

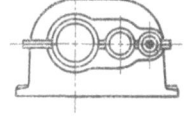

Übersetzung für Rollenketten bis 1 : 7, wobei kleinste Radzähnezahl = 10, Achsenabstand $\geq 1{,}5$ ×Dmr. des großen Rades $\leq$ 3 bis 4 m. Kraftübertragung bis 200 PS. Übersetzung für Zahnketten bis 1 : 6,5 (ausnahmsweise bis 1 : 8). Kleinste Zähnezahl 15, Achsenabstand im Mittel 50 × Teilung. Kraftübertragung bis 500 PS.

Die meist offen laufenden Kettentriebe werden im Laufe der Zeit mit einer starken Schmutzschicht bedeckt, durch die das Schmiermittel nicht hindurchdringen kann. Ketten sind deshalb etwa alle 3 Monate durch Einlegen in Petroleum gründlich zu reinigen, hierauf Auftragen dickflüssigen Mineralöls durch Pinsel auf Ketten-Innenseite.

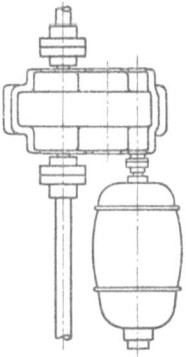

Fig. 17. Transmissionsantrieb durch Elektromotor und Zahnräder.

Zahnräder gelangen im Transmissionsbau selten zur Verwendung. (Kegelradantriebe bei Turbinen.) Thyssen & Co. bauen Getriebe mit gehärteter und geschliffener Maagverzahnung, durch deren Vermittlung gekapselte Elektromotore, an Decken oder Wänden aufgehängt, die Transmission antreiben. Fig. 17 zeigt die Anordnung beim Antrieb in der Mitte der Welle. In diesem Fall wird die Achsenentfernung durch Einschaltung eines Zwischenrades soweit vergrößert, daß die Transmissionswelle am Motor vorbeigeht.

Ausführung der Zahnräder meist mit Evolventenverzahnung, Zykloiden werden nur noch bei sehr kleinen Zähnezahlen verwendet. Kleinste Zähnezahl bei Evolventenrädern $z_{min} = 20$, bei korrigierten Evolventenrädern $z_{min} = 8$, bei Zykloiden $z_{min} = 3$.

Übersetzung: bis 1 : 7 bei Triebwerkrädern, 1 : 10 bei Krafträdern (sonst zu kurze Eingriffslinie).

Umfangsgeschwindigkeiten:

    4 bis 5 m/sek   bei gußeisernen Rädern,
    8 bis 9 m/sek   bei Deltametall und Bronze auf Gußeisen oder Stahl,
  10 bis 15 m/sek   bei Rohhaut oder Vulkanfiber auf Gußeisen oder Stahl.

Wirkungsgrade:

  $\eta = 0{,}90$ bis $0{,}95$ bei rohen, gegossenen Zähnen,
  η bis $0{,}97$ bei bearbeiteten Zähnen.

Baustoff: Meist Gußeisen, auch Stahlguß, Flußstahl, Bronze. Wird besonders ruhiger Gang verlangt, so wird das kleine Rad aus Rohhaut, Vulkanfiber, Papier hergestellt, oder man setzt in das größere Rad Holzzähne ein. Pfeilzahnräder, bei denen der Eingriff allmählich und deshalb sanfter vor sich geht, ergeben ebenfalls ruhigeren Lauf. η bis $0{,}98$.

Fig 18 zeigt das Steinrücksche Getriebe mit doppeltem Vorgelege, das gleichachsigen Zusammenbau der zu kuppelnden Maschinen bei Übersetzungen von 4 : 1 bis 52 : 1 ermöglicht. $\eta = 0{,}97$ bei Versuchen ermittelt.

Schneckengetriebe gelangen besonders da zur Verwendung, wo Selbstsperrung verlangt wird. Zu diesem Zweck darf der Steigungswinkel der Schnecke bei Kugellagerung nicht größer als 5°, bei Gleitlagerung nicht größer als 6°45′ sein. Verzahnung nur in Evolventen.

Erhöhung der Gangzahl vergrößert den Wirkungsgrad, Vermehrung der Zähnezahl begünstigt die Wärmeabfuhr.

Pekrungetriebe. Globoidschnecken sind hohl geschnittene Schnecken von einer Form, wie sie sonst erst nach längerer Abnutzung entsteht, womit großflächige Zahnanlage erreicht wird.

Das eigentliche Pekrungetriebe besteht aus einer Globoidschnecke in Verbindung mit einem Rad, dessen Zähne aus Rollen bestehen (Fig. 19). Dieses wirkt nicht selbsthemmend, Selbsthemmung wird durch Einbau einer Drucklagerbremse erreicht.

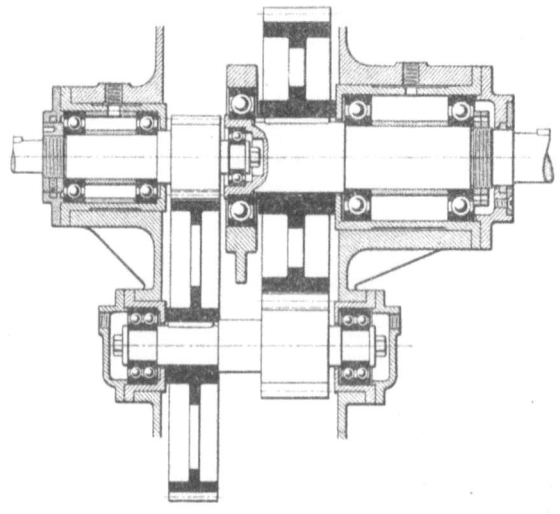

Fig. 18. Steinrück-Getriebe.

Pekrungetriebe übertragen bis 300 PS und werden mit Übersetzungsverhältnissen 3 : 1 bis 20 : 1 hergestellt.

Wirkungsgrade:

$\eta = 0{,}60$ für eingängige Schnecken,
$\eta = 0{,}75$ für zweigängige Schnecken,
$\eta = 0{,}8$ für dreigängige Schnecken,
$\eta = 0{,}8$ für Globoidgetriebe,
$\eta = 0{,}95$ für Pekrungetriebe.

Umfangsgeschwindigkeit bis 4 m/sek.

Überschlägige Berechnung der Transmissionsverluste[1]).

Leerlaufverbrauch der Lager:

$$V = P \cdot v \cdot \mu \text{ mkg} \qquad \text{oder} \qquad P v \mu \cdot \frac{736}{75} \text{ Watt.}$$

$$\mu = \sqrt{\frac{n}{p}} \cdot k .$$

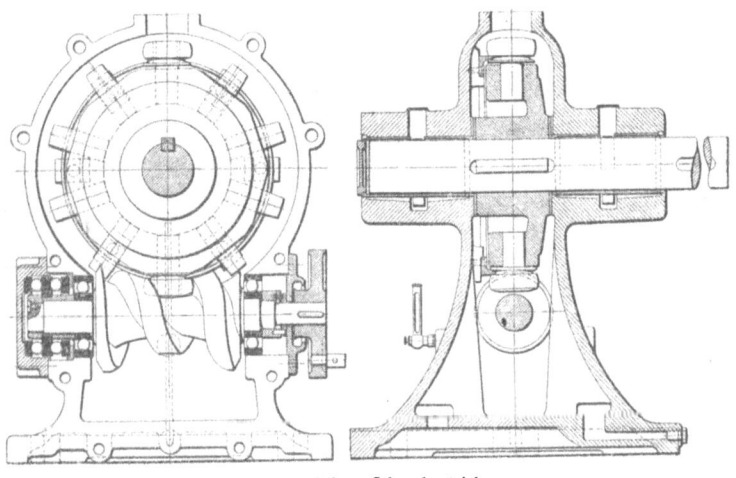

Fig. 19. Pekrun-Schneckentrieb.

Hierin bedeuten:

P = Lagerbelastung in kg,
v = Zapfengeschwindigkeit in m/sek,
μ = Reibungskoeffizient,
n = Uml/min,
p = spezifischer Lagerdruck in kg/cm²,
k = Konstante, abhängig von Schmierung und Lagerbauart, im Mittel $k = 0{,}0025$.

Mit diesem Wert k, $p = \dfrac{P}{d l}$ (d = Lagerbohrung in cm, l = Schalenlänge in cm), $l = 4 d$ und $v = \dfrac{d \pi \cdot n}{60.100}$ wird

$$V_1 = d^2 n^{\frac{3}{2}} \cdot | P_g + P_R \cdot 0{,}256 \cdot 10^{-4} \text{ Watt.}$$

P_g = Belastung des Lagers durch Gewicht von Welle und Riemenscheibe,
P_R = Lagerbelastung durch Riemenzug, im Mittel $P_R : P_g = 1{,}5$.

Wird $| \overline{P_g + P_R}$ proportional d gesetzt, so folgt schließlich:

$$V_1 = d^2 \cdot n^{\frac{3}{2}} 6 \cdot 10^{-5} \text{ Watt.}$$

In Zahlentafel 14 sind nach dieser Formel die Verluste berechnet. Es wird bei n_1 Lagern der Gesamtverlust

$$V = n_1 \cdot A .$$

---

[1]) G. Schönwald, Der Betrieb, 1921. Heft 13.

Zahlentafel 14.

Leerlaufverlust A der Ringschmierlager in Watt.

Wellendmr. in mm	Umlaufzahlen						
	100	150	200	250	300	400	500
30	1,6	3,0	4,6	6,5	8,5	13,0	18,0
35	2,6	4,8	7,3	10,3	13,5	20,5	29,0
40	3,9	7,1	11,0	15,5	20,0	31,0	43,5
45	5,5	10,1	15,5	22,0	28,5	44,0	62
50	7,6	14	21,5	30	39,5	60,5	85
55	10,2	18,5	28,5	40,5	52,5	81	115
60	13	24	37	52	68	105	145
65	16,5	31	47	66	86	135	185
70	21	38	59	85,2	110	165	230
75	25,5	47	72,5	100	135	205	285
80	31	57	87,5	125	160	250	350
85	37	68,5	105	150	195	295	415
90	44	81,5	125	175	230	350	500
95	52	95	145	205	270	415	580
100	60,5	110	170	240	315	485	680
110	80	145	230	315	415	640	900
120	105	190	295	415	545	840	1150

Riemenverluste. Aus einer von Dr. Stiel aus den Kammererschen Versuchen berechneten Zusammenstellung folgt die Kurve nach Fig. 20. Bei 5 m/sek mittlerer Riemengeschwindigkeit folgt ein Verlust von 5 bis 6 Watt/cm, der auf 8 Watt/cm erhöht werden soll, da die Riemscheiben meist kleineren Durchmesser als die des Versuches Kammerer aufweisen. Hierzu soll noch ein konstanter Betrag addiert werden, da bei Leerlauf der Transmission meist noch eine Leerscheibe auf dem Vorgelege mitläuft. Zahlentafel 15 zeigt die derart erhaltenen Werte B. Es ist bei n_2 Riemen:

$$V_2 = n_2 \cdot B.$$

Antriebverlust. Voraussetzung: elektr. Gruppenantrieb. Mittlere Riemengeschwindigkeit: 9 bis 10 m/sek. Verlust (nach Fig. 20) $B = 10$ Watt/cm; da bei 10 m Riemengeschwindigkeit pro 1 cm Riemenbreite etwa 700 Watt übertragen werden, beträgt der Verlust rd. 1,5 vH der Nutzleistung. Nach Zahlentafel 16 kann Motorleerlauf einschl. 1,5 vH Riemenverlust angenähert bestimmt werden, indem je nach „Schildleistung" des Motors der Beiwert c ermittelt und mit der Schildleistung multipliziert wird.

Beispiel: Bestimmung der Verluste einer Anlage nach Fig. 21.

Fig. 20. Riemenverlust in Abhängigkeit von der Riemengeschwindigkeit.

Haupttransmission. Dmr. 65 mm, $n = 150$, 6 Lager, 5 Riemen durchschnittlich 90 mm breit. Sonach:

$n_1 = 6$,
$n_2 = 5$,
$A = 31,0$,
$B = 82$.

Nebentransmission I. Dmr. 35 mm, $n = 200$, 2 Lager, 1 Riemen 50 mm breit, sonach:

$n_1 = 2$,
$n_2 = 1$,
$A_1 = 7,3$,
$B_1 = 50$.

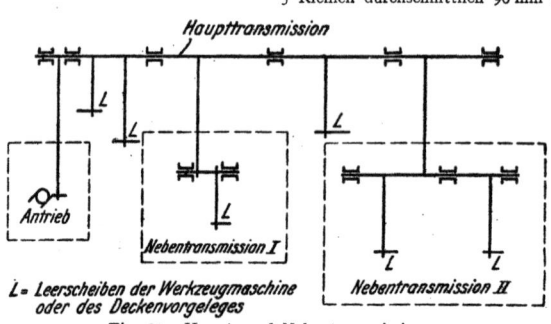

L = Leerscheiben der Werkzeugmaschine oder des Deckenvorgeleges

Fig. 21. Haupt- und Nebentransmissionen.

Nebentransmission II. 50 mm Dmr., $n = 250$, $n_1 = 3$, $n_2 = 2$, $A_2 = 30$, $B_2 = 58$.

Für 10 kW-Motor ist $c = 85$.

$V = 85 \cdot 10 + 6 \cdot 31 + 5 \cdot 82 + 2 \cdot 7,3 + 1 \cdot 50 + 3 \cdot 30 + 2 \cdot 58 = 1706$ Watt

= 17,1 vH der installierten Leistung einschließlich Antriebverlust, 8,6 vH ohne diesen.

Kettenräder, Zahnrad- und Schneckengetriebe.

Zahlentafel 15.

Durchschnittl. Riemenbreite mm	30	35	40	45	50	55	60	65	70	75
Riemenverlust B ..... Watt	34	38	42	46	50	54	58	62	66	7

Durchschnittl. Riemenbreite mm	80	85	90	100	110	120	150	200	250	300
Riemenverlust B ..... Watt	74	78	82	90	98	106	130	170	210	250

Zahlentafel 16.

kW installiert	c
20 kW und darüber	65
20 ÷ 15	65 ÷ 70
15 ÷ 10	70 ÷ 85
10 ÷ 8	85 ÷ 110
8 ÷ 5	110 ÷ 145
5 ÷ 3	145 ÷ 185

Betriebsüberwachung. Im Betrieb 1921, Heft 13 wird das Anlegen einer Kartei für alle Transmissionen und Vorgelege empfohlen, die zweckmäßig auch Ersatzteile umfaßt. Die Karteiblätter für Transmissionen können aus Doppelblättern bestehen. Auf S. 1 und 2 befindet sich ein Verzeichnis der Einzelteile, sowie eine Aufstellung der an den Strang angeschlossenen Vorgelege und Werkzeugmaschinen zur Angabe des Kraftbedarfs, S. 3 enthält Vermerke über die regelmäßig vorzunehmende Reinigung und Kontrollmessung, auf S. 4 werden Änderungen und Ausbesserungen an der Transmission eingetragen. Alle Unzweckmäßigkeiten im Antrieb, beispielsweise zu niedrige Umlaufzahlen der Transmission, gibt die Kartei an.

Die zur Eintragung von Riemenausbesserungen bestimmte Kartei läßt zu starkes Anspannen der Riemen erkennen, da alle Ausbesserungen durch die Bestellzettel gemeldet werden.

Werkstattförderwesen.

Bearbeitet von Dipl.-Ing. Richard Hänchen.

Die Grundlagen der wirtschaftlichen Förderung[1]) sind im wesentlichen ein ständiger, in einer Richtung durch das Werk gehender Fluß der Rohstoffe und Werkstücke, eine sorgfältige Anpassung des Förderganges an den Arbeitsgang und an die örtlichen Verhältnisse, kurze Förderwege (unter Vermeidung von Rücktransporten), weitgehende Ausschaltung der Handförderung, sowie eine planmäßige Regelung aller Förderarbeiten unter einheitlicher Leitung.

Durch ein derart ausgebautes Werkstattfördersystem werden Stockungen in der fortlaufenden Förderung vermieden. Diese haben infolge der unterbrochenen Belieferung der Arbeitsmaschinen mit Rohstoffen und Werkstücken mehr oder weniger große Betriebsstörungen zur Folge, die nicht nur die Erzeugung zeitweise hemmen, sondern auch die Disziplin und Arbeitsfreudigkeit des Werkstättenpersonals ungünstig beeinflussen.

Den folgenden Ausführungen ist das Werkstattförderwesen der Maschinenfabriken und verwandten Betriebe zugrunde gelegt, da sich dieses durch die vielseitige Art der zu fördernden Güter auszeichnet. Auf Betriebe anderer Herstellungszweige sind die gemachten Ausführungen sinngemäß anzuwenden. In Rücksicht auf solche Industriezweige, wie die Zerkleinerungsindustrie, die chemische Industrie u. a., in denen vorwiegend Schüttgüter zu fördern sind, wurden die hierfür in Betracht kommenden Dauerförderer eingehender und vom wirtschaftlichen Standpunkt aus betrachtet.

I. Die Förderarbeiten im Werkstättenbetriebe.

Fig. 1 gibt als Beispiel das Schema des Arbeits- und Förderganges einer Maschinenfabrik mit Eisengießerei und Eisenbauwerkstätte. Die dem Transportgang des Werkes entsprechenden laufenden Förderarbeiten sind folgende[2]).

1. Anfuhr der Brennstoffe, Rohstoffe, Halbfertigerzeugnisse und sonstigen Werkbedarfsmittel; Weiterleitung zu den Lagern.
2. Entladen der angekommenen, unter 1. aufgeführten Güter.
3. Förderung der Werkbedarfsmittel von der Eingangs- und Versandhalle zum Magazin.
4. Bedienung der Lagerplätze.
5. Förderung der Brennstoffe, Rohstoffe, Halbfertigerzeugnisse und sonstigen Werkbedarfsmittel zu den Verbrauchs- bzw. Verarbeitungsstätten.
6. Förderung von Werkstätte zu Werkstätte und zu den Lagerräumen.
7. Förderung im Kesselhause und Kraftwerk.
8. Förderung in den Fertigungswerkstätten:
    a) Tischlerei; b) Gießerei; c) Schmiede; d) Bearbeitungswerkstätte; e) Eisenbauwerkstätte; f) Zusammenbauwerkstätte einschließlich Prüfstelle und Lackiererei.
9. Förderung in den Lagerräumen.
10. Förderung der Fertigerzeugnisse zur Eingangs- und Versandhalle.

---

[1]) „Der Betrieb" 1920, S. 385 u. 405. — Desgl. 1921, S. 137.
[2]) „Der Betrieb" 1920, S. 386.

11. Verladung der zu versendenden Erzeugnisse und der Nebenprodukte (Späne, Asche u. dgl.).
12. Abfuhr der Fertigerzeugnisse und Nebenprodukte.

Das An- und Abfuhrwesen umfaßt die laufenden Förderarbeiten unter 1. und 12. Für die Durchführung kommen, von werkeigenen Fuhrwerken und Motorlastwagen abgesehen, die öffentlichen Verkehrsmittel (Eisenbahnen und Wasserstraßen) in Frage. Das An- und Abfuhrwesen wird nur soweit behandelt, als es sich um den Anschluß des Werkes an die Eisenbahn und um werkeigene Bahnbetriebsmittel handelt.

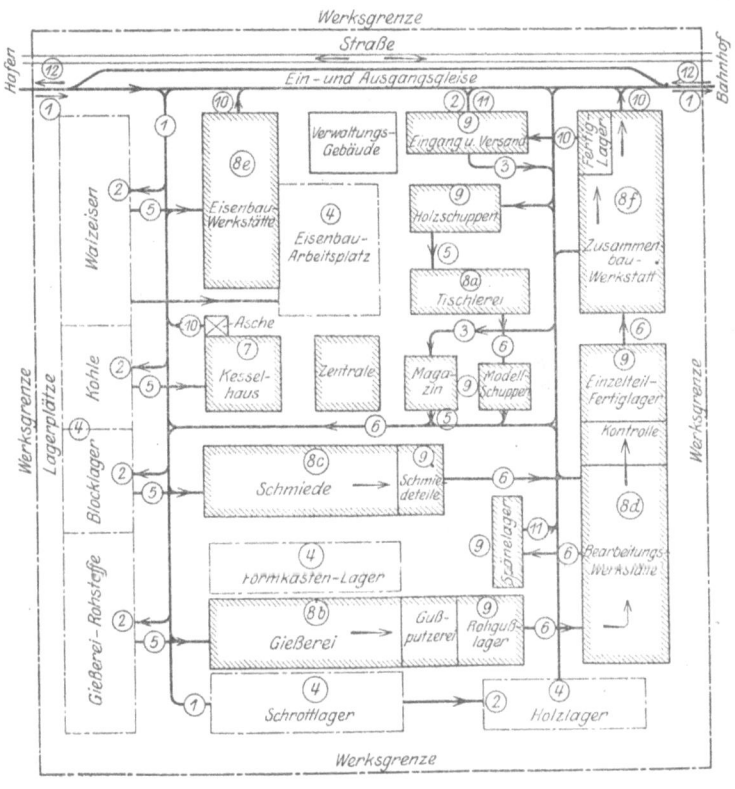

Fig. 1.

Unter den Begriff „Werkstattförderwesen" fallen alle, innerhalb der Werkgrenzen auszuführenden laufenden Förderarbeiten (2 bis 11 der vorstehenden Aufstellung). Sie werden für die weitere Betrachtung in folgende Hauptarbeitsgebiete zusammengefaßt:
    a) Werkstätten-Außenverkehr (Förderung außerhalb der Werkstätten).
        1. Umladeverkehr. 2. Platzverkehr. 3. Lagerplatzbedienung.
    b) Werkstätten-Innenverkehr (Förderung innerhalb der Werkstätten).
        1. Kesselbekohlung und -Entaschung. 2. Förderung in den Fertigungswerkstätten. 3. Förderung in den Lagerräumen (geschlossenen Lagern).
Sonstige Förderarbeiten: Brief-, Bücher- und Paketförderung im Werke.

II. Die Werkstattförderer.

Nach ihrer **Arbeitsweise** kann man die Hebe- und Fördermittel im Werkstättenbetriebe einteilen in:[1])
Zeitweise (mit Unterbrechung) arbeitende Förderer und
stetig arbeitende Förderer oder Dauerförderer.

Bei den ersteren ist die Dauer der Inanspruchnahme verhältnismäßig kurz, worauf eine mehr oder minder große Ruhepause eintritt. Diese den Betriebsanforderungen entsprechende Arbeitsweise ist naturgemäß im Vergleich zu den Dauerförderern wenig wirtschaftlich. Im Gegensatz zu den stetig arbeitenden Förderern sind die zeitweise arbeitenden meist nicht voll belastet.

Die stetig arbeitenden Förderer erzielen infolge ihrer ununterbrochenen Bewegung, trotz kleinerer Arbeitsgeschwindigkeiten, verhältnismäßig hohe Leistungen. Weitere Vorteile: geräuschloser Betrieb und geringe Bedienungs- und Wartekosten.

Je nach der **Förderrichtung** werden unterschieden:
wagerechte (und schwach geneigte) Förderung,
senkrechte Förderung (Hubförderer) und
wagerechte und senkrechte Förderung.

Hierzu kommen noch Vorrichtungen für stark geneigte Förderung (Schrägaufzüge, Elevatoren u. dgl.). Bei verschiedenen Transportvorrichtungen kann auch in Kurven gefördert werden, die in einer wagerechten oder senkrechten Ebene liegen. Becherwerke gestatten bei entsprechender Bauart auch Förderung in Raumkurven (Spiralbecherwerke).

Antrieb von Hand oder motorisch. Von Hand bediente Förderer sind meist unwirtschaftlich und kommen nur dann in Frage, wenn es sich um kleine Tragkräfte, kurze Förderwege oder seltene Benutzung des Fördermittels handelt.

Von den motorischen Antriebsarten nimmt der elektrische Antrieb infolge der bequemen Fortleitung des Stromes, der Eigenschaften der Motoren und seiner Wirtschaftlichkeit die erste Stelle ein. Andere Antriebsarten, wie Transmissions-, Dampf-, Druckwasser- und Druckluftantrieb finden nur noch gelegentliche Anwendung.

Der elektrische Antrieb ermöglicht für die verschiedenen Hebe- und Transportvorrichtungen hohe Fördergeschwindigkeiten und trägt daher zur Produktionserhöhung bei. Letztere ist u. a. darauf zurückzuführen, daß der Arbeiter nicht wie beim Handbetrieb allmählich ermüdet und seine Leistung gegen Ende der Arbeitszeit erheblich sinkt. Hammond[2]) hat beobachtet, daß der Arbeiter, wenn er in den letzten Arbeitsstunden anfängt müde zu werden, dazu neigt, mehrere Minuten verstreichen zu lassen, bevor er sich entschließt, eine schwere Last mittels Handkette und Haspelrad zu heben, während er ein motorisch betriebenes, leicht bedienbares Hebezeug ohne Zeitverlust in Betrieb setzt. Vorgenommene Zeitstudien haben ergeben, daß dieses psychologische Moment für den Betriebsfachmann sehr beachtenswert ist.

a) Zeitweise (kurzzeitig) arbeitende Förderer.
1. Mittel für wagerechte und schwach geneigte Förderung.
Gleislose Förderer[3]).

Der gleislose Transport dient zur Förderung leichterer Lasten bis etwa 2000 kg. Hauptvorteile: Örtliche Unabhängigkeit, große Beweglichkeit auch in schmalen Gängen und Kurven mit kleinen Krümmungshalbmessern, geringe Anlagekosten infolge Fortfall von Gleisen, Weichen und Drehscheiben. Die

---
[1]) „Der Betrieb" 1920, S. 386.
[2]) Maschinery 1917, S. 941—958. Transportmittel in der Werkstatt.
[3]) „Der Betrieb" 1920, S. 387.

Die Werkstattförderer. — Zeitweise (kurzzeitig) arbeitende Förderer. 745

Anwendung der gleislosen Förderer setzt einen glatten und ebenen Fußboden voraus. Ihr Hauptarbeitsfeld sind daher die Werkräume. Um mittels des gleislosen Transportes kleine und mittlere Lasten von den Lagern zu den Werkstätten, sowie von Werkstätte zu Werkstätte fördern zu können, sind entsprechende Straßen erforderlich.

Die gleislosen Werkstattförderer arbeiten nur dann vorteilhaft, wenn sie durch einen Mann gefahren werden können. Leichte Bauart, geringer Fahrwiderstand und leichte Lenkbarkeit sind daher für ihre Ausführung maßgebend. Ein möglichst geringer Fahrwiderstand erfordert genügend große Laufrollendurchmesser, auch sind statt Gleitlagern Kugel- oder Rollenlager anzuordnen. Zum Aufnehmen auftretender Stöße erhalten die Laufrollen Bereifung aus Gummi, Vulkanfiber u. dgl. Lenkrollen erleichtern die Lenkbarkeit.

Bei Fahren mit einem Mann kommt Handbedienung nur für Lasten bis etwa 1500 kg in Frage. Zur Förderung schwererer Lasten, insbesondere für längere Transportwege, verwendet man in neuerer Zeit elektrisch betriebene Werkstattförderwagen mit Stromsammlerbatterie.

Von Hand bediente Förderkarren und -wagen.

Einfache Transportgeräte, wie Rollkarren, Stechkarren, Kohlenwagen für Kesselhäuser u. a. sind allgemein bekannt. Sie werden den verschiedensten Transportanforderungen und Fördergütern angepaßt und zeigen in ihrer Ausführung große Mannigfaltigkeit.

Hubtransportkarren dienen im Werkstättenbetriebe zur Förderung von Arbeitskästen mit Kleinteilen (Schrauben, Fittings, Stanz- und Preßteile, kleine Gußstücke, Späne u. dgl.) und gestatten ein leichtes und bequemes Aufnehmen und Absetzen der Arbeitskästen, ohne daß sich der Arbeiter bücken muß.

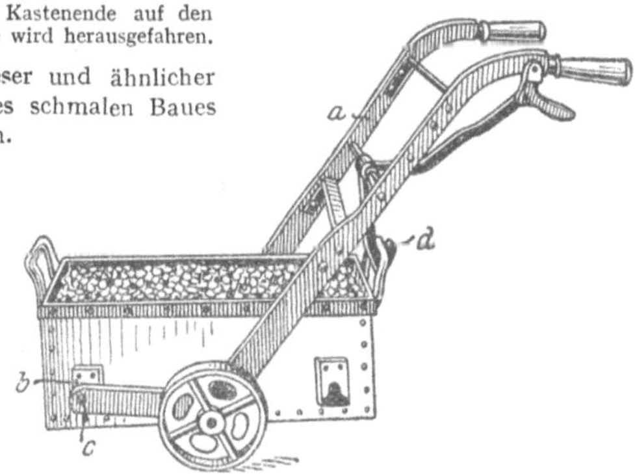

Fig. 2, Hubtransportkarre von O. Krieger, G. m. b. H., Dresden. Die Karre wird mit hochgehaltener Deichsel a so unter die Aussparungen der vorderen seitlichen Platten b des Arbeitskastens gefahren, daß die am vorderen Rahmenende angebrachten Zapfen c sich beim Niederdrücken der Deichsel in die Plattenaussparungen legen und das vordere Kastenende tragen. Wird dann die Deichsel weiter niedergedrückt, so kann der Haken d am hinteren Kastengriff eingehängt werden und die Karre ist fahrtbereit. Soll der Kasten abgegeben werden, so wird die Deichsel wird nun das vordere Kastenende auf den Boden aufgesetzt, und die Karre wird herausgefahren.

Hubtransportkarren dieser und ähnlicher Bauart können infolge ihres schmalen Baues sehr enge Gänge befahren.

Transportwagen mit fester Ladeplatte (Plateau- oder Tafelwagen) werden zu den verschiedensten Zwecken verwendet und sind im allgemeinen auf vier Rädern, bei kleinerer Tragkraft auch auf drei Rädern fahrbar. Zum Befahren von Kurven sind sie mit Lenkrollen oder mit Drehgestellen ausgerüstet.

Fig. 2.

Bei den Plateauwagen mit feststellbarer Deichsel[1]) ist die Deichsel in senkrechter oder schräger Lage verriegelbar. Die Wagen können daher auch bei schräger Deichselstellung geschoben werden, was zur Förderung von Stangen-

---

1) E. Wagner, Reutlingen.

material vorteilhaft ist. Sie werden für Tragkräfte von 500, 750 und 1000 kg gebaut und auch mit Kastenaufsatz ausgeführt.

Für besondere Zwecke erhalten die Transportwagen dem Fördergut angepaßte Ladegestelle (z. B. Transportwagen für Achsen, Walzen u. dgl., Hordenwagen zur Beförderung von Gießereikernen).

Zur Förderung von Kleinteilen, Spänen, Schüttgütern werden die Plateauwagen auch mit kippbarem Kastenaufsatz ausgeführt.

In den Bearbeitungswerkstätten und Lagerräumen leisten kleine, auf Lenkrollen fahrbare Kastenwagen zum Transport von Maschinenteilen (kleinen Guß- und Werkstücken) gute Dienste. Derartige Wagen werden für Bedienung durch einen Arbeiter für Tragkräfte von 500 bis höchstens 750 kg gebaut. Der Kasten wird in Rücksicht auf Dauerhaftigkeit aus Stahlblech hergestellt und erhält am oberen Rande Handleisten. Um ein Bücken des Arbeiters beim Entnehmen der Arbeitsstücke zu vermeiden, gibt man dem Kasten zweckmäßig erhöhten Boden.

Hubtransportwagen oder Anhubwagen. Durch die Verwendung von Hubtransportwagen mit heb- und senkbarer Plattform und in Verbindung mit einer Anzahl Ladegestelle wird die Be- und Entladung von Hand gespart.

Arbeitsweise: Der Hubtransportwagen (Fig. 3) fährt mit hochgestellter Deichsel a und mit gesenkter Plattform b unter das Ladegestell c. Durch Niederdrücken der Deichsel wird die Plattform um den Hub h gehoben und das Ladegestell wird mit dem Fördergut aufgenommen (Fig. 4).

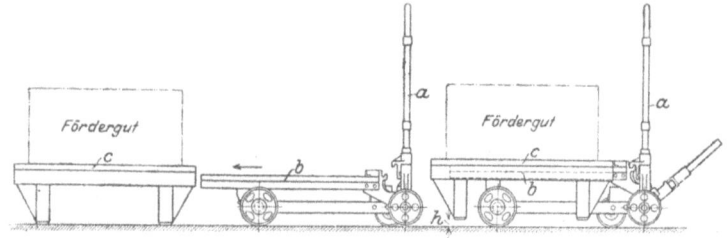

Fig. 3 und 4.

Nach dem Aufnehmen ist das Hubwerk gegen Senken verriegelt, die Deichsel ist freigegeben und der Wagen fahrtbereit. An der Entladestelle wird das Hubwerk entriegelt und die Plattform senkt sich unter der Einwirkung einer Bremse langsam und stoßfrei, wodurch das Ladegestell samt dem Fördergut auf den Fußboden abgesetzt wird. Nachdem der Wagen aus dem Ladegestell herausgezogen ist, können ein oder mehrere leere Ladegestelle aufgenommen und an die Beladestelle zurückgefahren werden.

Der Hubtransportwagen nach Fig. 3 und 4[1]) wird in drei Größen für 500, 750 und 1000 kg Tragkraft geliefert. Hub der heb- und senkbaren Ladeplatte 50 mm. Das Hubwerk selbst ist derart ausgeführt, daß ein Mann ohne besondere Anstrengung die Höchstlast anheben kann.

Die Hubtransportwagen haben in Amerika ausgedehnte Verwendung gefunden und werden auch in deutschen Betrieben mehr und mehr eingeführt. Vorteile gegenüber gewöhnlichen Transportwagen: Die bei diesen erforderliche Ladearbeit kommt in Fortfall. Dies ist besonders wichtig, da erfahrungsgemäß das Be- und Entladen der Wagen bedeutend mehr Zeit und Arbeitskräfte erfordert, als der Transport des Fördergutes auf eine bestimmte Wegstrecke. Durch Zeitstudien wurde nachgewiesen[2]), daß es etwa viermal so lange dauert, einen Wagen zu be- oder entladen, als die Last auf eine durchschnittliche Strecke zu befördern. Jeder Hubtransportwagen erspart daher die Löhne von vier Transportarbeitern.

Durch die Verwendung entsprechend ausgebildeter und in genügender Anzahl beschaffter Ladegestelle (je nach den Transportverhältnissen 50 bis 100

---

[1]) Der Firma E. Wagner, Reutlingen.
[2]) Machinery 1917, S. 941, Hammond, Transportmittel in der Werkstatt.

Stück für einen Wagen) sind die Hubtransportwagen zur schnellen Beförderung von Lasten verschiedenster Form und Beschaffenheit geeignet. Die Beschaffung mehrerer gewöhnlicher Transportwagen wird dadurch überflüssig. Auch wird erheblich an Bodenfläche gespart. Die nicht in Gebrauch befindlichen Ladegestelle nehmen, aufeinander gestapelt, ebenfalls wenig Bodenfläche ein.

Die Anschaffungskosten der Hubtransportwagen machen sich infolge der großen Ersparnis an Zeit und Arbeitslöhnen sehr schnell bezahlt.

Fig. 5 bis 13[1]) geben einige, für die Benutzung in Maschinenfabriken und anderen Betrieben kennzeichnende Ausführungen von Ladegestellen:

Fig. 5. Zwecks Raumersparnis aufeinandergestapelte Ladegestelle mit glatter Plattform.
Fig. 6. Ladegestell mit seitlichen Dreieckleisten zur Vermeidung des Abrollens runder Arbeitsstücke. Statt seitlich können diese Leisten auch am vorderen und hinteren Ende der Platte angeordnet werden.
Fig. 7. Ladegestell mit Stirnwänden.
Fig. 8. Ladetisch mit zwei Etagen, Bücken des Arbeiters vermeidend.

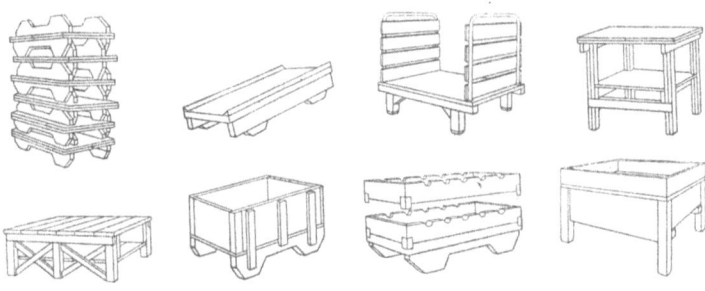

Fig. 5—13.

Fig. 9. Ladegestell zum Aufschrauben von Werkzeugmaschinengestellen zwecks Montieren und Befördern der fertigen Maschine zum Lager.
Fig. 10. Ladekasten für Kleinteile.
Fig. 11. Aufeinandersetzbare Ladekästen.
Fig. 12. Ladekasten mit erhöhtem Boden, vermeidet Bücken des Arbeiters.
Fig. 13. Ladegestell für Kraftwagenachsen.

Fahr- und lenkbare Aufzüge werden hauptsächlich in Lagerräumen verwendet, wo sie zum Fördern und Stapeln von Kisten, Fässern, Ballen u. dgl. dienen. Im Werkstättenbetriebe benützt man sie zur Beförderung von Gesenken und zum Hochheben der Deckenvorgelege beim Montieren derselben. Bei kleinen Hubhöhen, und wenn ortfeste Aufzüge nicht verwendbar sind, leisten diese fahrbaren Aufzüge zum zeitweisen Befördern von Material und Werkstücken aus einem tiefer liegenden Raum in einen höheren, bzw. umgekehrt, gute Dienste. Tragkraft 500 und 750 kg. Hubhöhe etwa 5 m.

Ausführungsarten siehe Der Betrieb 1920, S. 392, und 1921, S. 187.

Fahr- und lenkbare Werkstättenkrane. Die fahr- und lenkbaren Werkstättenkrane gestatten die Beförderung von Arbeitsstücken durch schmale Gänge und ermöglichen ein bequemes Auf- und Absetzen der Arbeitsstücke an den Werkzeugmaschinen. Sie sind hauptsächlich da angebracht, wo gewöhnliche Krane oder Hängebahnen in Rücksicht auf örtliche Verhältnisse nicht anwendbar sind, oder wo nur zeitweise Beförderung in Frage kommt und die Anordnung besonderer Hebezeuge daher nicht gerechtfertigt ist.

---

[1]) Fig. 5, 6, 8—11 u. 13, Barett Cravens Co., Chicago.
Fig. 7 u. 12, E. Wagner, Reutlingen.

Fig. 14 gibt die schematische Darstellung eines fahr- und lenkbaren Werkstättenkranes[1]).

Auf dem niedrigen, auf der Lastaufnahmeseite offenen Fahrgestell *a* ist der Kranausleger *b* fest aufgesetzt. Das Fahrgestell hat zwei festgelagerte Laufräder *c* und ein zweirädriges Drehgestell *d*, an dem die Deichsel *e* angeordnet ist. Das Hubwerk *f* wird durch eine Kurbel *g* angetrieben und hat Schneckenübersetzung mit Drucklagerbremse. Infolge des niedrigen Fahrgestells kann der Kran mit diesem unter das Bett einer Drehbank fahren und Werkstücke auf Bankmitte aufsetzen oder abnehmen.

Ausführung des Kranes in fünf Größen von 500 bis 3000 kg Tragkraft bei 700 bis 1000 mm Auslandung und 1800 bis 2200 mm Hubhöhe. Die fahr- und lenkbaren Werkstättenkrane werden in verschiedenen, besonderen örtlichen Verhältnissen Rechnung tragenden Ausführungen hergestellt. Ihre Verwendungsfähigkeit wird dadurch gesteigert, daß der Kranausleger auf dem entsprechend ausgebildeten Fahrgestell drehbar angeordnet wird. Auch können sie mit elektrischem Antrieb ausgerüstet werden.

Elektrisch betriebene gleislose Fördermittel.

Elektrische Transportwagen. Zur regelmäßigen Förderung schwerer Lasten (1500 bis etwa 2000 kg), für höhere Leistungen und größere Förderstrecken verwendet man zweckmäßig elektrisch betriebene Transportwagen, deren Motor durch eine Stromsammlerbatterie gespeist wird. Vorteil: schnellere Beförderung. Nachteil: hohe Beschaffungskosten; auch erfordern sie höhere Betriebs- und Unterhaltungskosten als die Handwagen. In vielen Fällen und bei entsprechenden Betriebsverhältnissen sind sie jedoch trotz dieser höheren Kosten den Handtransportwagen überlegen.

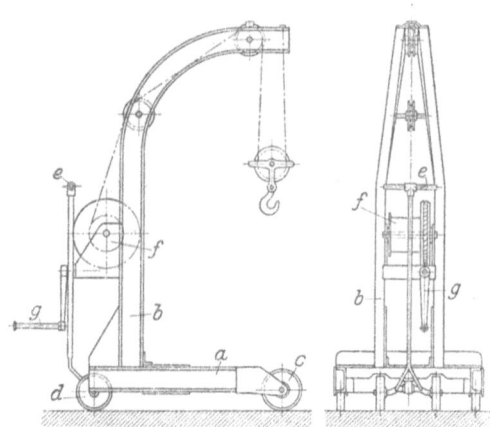
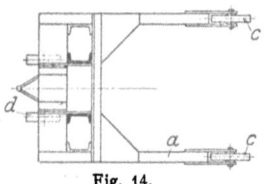

Fig. 14.

Fig. 15 und 16 zeigen zwei elektrisch betriebene Werkstättenwagen amerikanischer Bauart beim Befördern von Maschinenteilen. Die lenkbar am Fahrgestell angeordneten Laufräder sind mit Gummireifen versehen. Der Fahrmotor arbeitet mittels entsprechender Übersetzung auf die vorderen Laufräder, die Batterie ist in Fig. 15 über dem Motor und am Führerstand angeordnet.

Bei dem Wagen Fig. 15[2]) steht der Führer der Fahrtrichtung entsprechend, mit dem Rücken gegen den Wagen zugewendet, auf der Plattform und setzt den einen Fuß auf den Bremstritt. Die Bremse ist für gewöhnlich angezogen und wird während des Fahrens durch Niederdrücken des Bremstrittes gelüftet. Der Führer bedient mit der einen Hand den Hebel zum Lenken des Wagens und mit der anderen den Steuerhebel des Kontrollers, der für Vorwärts- und Rückwärtsfahren je drei Schaltstellungen hat. Der in der Figur dargestellte Wagen hat einen Kastenaufsatz und eine Tragkraft von etwa 1800 kg. Ohne Kastenaufsatz beträgt die Ladefläche 1600 × 1000 mm bei einer Höhe der Ladeplatte von 300 mm vom Fußboden. Der Wagen fährt mit einer Geschwindigkeit von 1,5 bis 9 km/h und kann Kurven von 2,5 m kleinstem (äußeren) Halbmesser befahren. Leistung des Fahrmotors 32 PS.

Der in Fig. 16 wiedergegebene Werkstattwagen[3]) ist in seiner Bauart ähnlich, jedoch ist die Batterie unterhalb des Wagenrahmens aufgehängt. Im Gegensatz zur Fahrtrichtung des Wagens in Fig. 15 steht der Führer so auf der Plattform, daß er dem Wagen das Gesicht zuwendet.

---

[1]) Ausführung Paul Weyermann G. m. b. H., Berlin-Tempelhof.
[2]) Bauart der Automatic Transportation Co., Buffalo.
[3]) Bauart der Elwell-Parker Electric Co., Cleveland.

Die Werkstattförderer. — Zeitweise (kurzzeitig) arbeitende Förderer. 749

Zur Förderung von Masseln, Kleinteilen und Schüttgütern und zum selbsttätigen Entladen derselben werden die Wagen auch mit kippbarem Kastenaufsatz ausgeführt.

Die Bedienung der elektrischen Transportwagen ist äußerst einfach, so daß ein ungelernter Arbeiter in wenigen Stunden als Wagenführer ausgebildet werden kann. Fahrgeschwindigkeit des beladenen Wagens bei glattem, ebenem Boden 7,5 bis 9 km/h. Mit einer Ladung der Batterie kann ein Gesamtweg von 30 bis 38 km zurückgelegt werden. Ist die Batterie erschöpft, so wird sie entweder über Nacht, ohne Entfernung aus dem Wagen, geladen, oder sie wird gegen eine geladene ausgewechselt.

Die AEG stellt einen elektrischen Transportwagen für 1500 kg Tragkraft und mit einer Ladefläche von 2300 × 1300 mm her. Fahrgeschwindigkeit bis 7 km/h. Arbeitsverbrauch 280 Wattstunden für den Wagenkilometer bei 25 km täglicher Leistung.

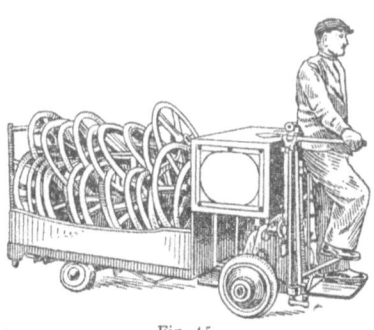

Fig. 15.

Elektrisch betriebene Hubtransportwagen. Haben die Hubtransportwagen (s. S. 746) schwerere Lasten (1000 bis 2000 kg) zu fördern und größere Entfernungen zurückzulegen, so empfiehlt sich elektrischer Antrieb. Die elektrisch betriebenen Hubtransportwagen sind in amerikanischen Betrieben zahlreich in Gebrauch.

Elektrisch betriebene Transportwagen mit aufgebautem Drehkran gestatten dem Wagenführer das Aufnehmen und Abladen von Einzellasten außerhalb des Bereiches von Kranen und anderen Hebemitteln. Tragkraft und Ausladung des Drehkranes sind jedoch in Rücksicht auf die Kippmöglichkeit des Wagens beschränkt.
Ausführungsart siehe Der Betrieb 1920, S. 391, Bild 21.

Lastzüge mit elektrischen Triebwagen.

Fig. 16.

Sind sperrige Güter, wie Stangenmaterial, große Bleche u. dgl. zu fördern, so haben die gewöhnlichen, elektrisch betriebenen Werkstattwagen nicht genügend Ladefläche. In solchen Fällen ist der Transport durch Lastzüge, die von einem elektrischen Triebwagen mit Stromsammlerbatterie gezogen werden, empfehlenswerter. Diese Förderart setzt, um wirtschaftlich zu sein, größere Förderstrecken und eine gute Ausnutzung der Transportmittel voraus, da die Triebwagen in ihrer Beschaffung teuer sind.

Fig. 17[1]) zeigt einen Motorlastzug bei der Beförderung von Stangenmaterial. Der Triebwagen ist mit lenkbaren Laufrädern ausgerüstet und kann Kurven von sehr kleinem Krümmungshalbmesser befahren. Der Fahrmotor arbeitet mittels einer Schneckenübersetzung auf die hintern Laufräder und wird durch eine Batterie von 450 Ampere-Stunden gespeist, die federnd auf dem Wagenrahmen aufgesetzt ist. Die Steuerung des Triebwagens ist ähnlich wie die eines gewöhnlichen Kraftwagens. Auf dem Batterieschutzkasten ist der Führersitz angeordnet und links von diesem der Kontrollerhebel. Zum Lenken des Wagens dient ein einfacher, wagerecht verstellbarer Hebel. Zu Füßen des Führers sind zwei Tritthebel vorgesehen, von denen der eine die Verbindung zwischen Batterie und Motor herstellt, während der andere zum Lüften der Bremse dient.

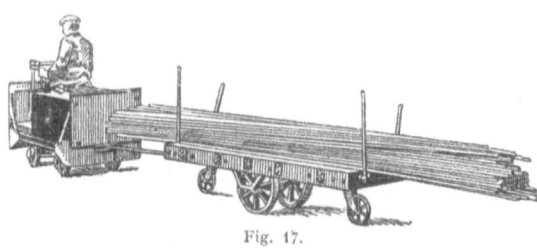

Fig. 17.

Die Zugkraft des Triebwagens beträgt auf ebenem Boden etwa 180 kg und die Fahrgeschwindigkeit bei voller Belastung 8,5 bis 9 km/h. Dienstgewicht des Wagens etwa 1300 kg.

Der Anhänger in Fig. 17 ist ein Plattformwagen mit vier Rungen, dessen mittlere Laufräder fest am Wagenrahmen angeordnet sind, während die vordere und hintere Rolle zum Befahren von Kurven als Lenkrollen ausgebildet sind.

Der Motorlastzug kann, der Zugkraft des Triebwagens entsprechend, auch aus mehreren Anhängern zusammengestellt sein. Die Kupplungen werden entweder von Hand bedient, oder sie wirken selbsttätig. Die Bedienung der Triebwagen ist äußerst einfach, erfordert nur kurzes Anlernen des Führers und kann auch durch schwächliche Personen oder durch Frauen geschehen.

Eine Leistungssteigerung der Motorlastzüge wird dadurch erreicht, daß man die Wagenkästen der Anhänger nicht fest mit dem Rahmen verbindet, sondern auf diesen nur lose aufsetzt. Beladene Kästen können dann durch einen Kran abgenommen und gegen leere ausgewechselt werden.

Doppelsitzige Triebwagen[2]) bieten den Vorteil, daß der Wagen, ohne umdrehen zu müssen, an die Anhänger anfahren kann. Sie eignen sich für hohe Transportleistungen.

Elektrische gleislose Transportmittel der A. E. G. (Transportwagen, Hubtransportwagen, Transportwagen mit aufgebautem Drehkran und Elektroschlepper) siehe „A. E. G.-Mitteilungen" 1922, S. 25.

Standbahnen, ebenerdige Bahnen.
Vollspurige Werkbahn.
Gleisanlage.
Anschluß an die öffentlichen Schienenwege.

Für den Anschluß des Werkbahnnetzes an die Reichseisenbahn sind — bis zur einheitlichen Regelung — die besonderen landesgesetzlichen Bestimmungen maßgebend.

Bestimmungen für Preußen:
„Gesetz über Kleinbahnen und Privatanschlußbahnen" vom 28. Juli 1892 (KGz.).
Hierzu „Ausführungsanweisung" (KGzA.) und „Betriebsvorschriften für nebenbahnähnliche Kleinbahnen mit Maschinenbetrieb" vom 13. August 1898 (Br. f. Kl.).
„Betriebsvorschrift für Privatanschlußbahnen" vom 30. April 1902 (Br. f. P.)[3])
Für die früheren bayerischen Staatseisenbahnen (Rechtsrh. Netz) gelten zurzeit noch die „Allgemeinen Bestimmungen für die Herstellung und Benutzung von Industriegleisen" (Ludwigshafen a. Rh., April 1917).
Hardung gibt in der Zeitschrift „Der Betrieb"[4]) an, welche Maßnahmen und Vorarbeiten zu erledigen sind, um eine bestehende bzw. neu zu errichtende Fabrikanlage durch einen Gleisanschluß an eine in der Nähe befindliche Haupt- oder Nebeneisenbahn anzuschließen.

---

[1]) Elwell-Parker Electric Co., Cleveland.
[2]) Der Betrieb 1920, S. 392.
[3]) E. V. Bl. 1902, S. 213.
[4]) 1921, Heft 23, S. 747.

Gleis-Unterbau siehe Förster Taschenbuch f. Bauing.,' 4. Aufl. 1921,

Spurweite (im geraden Gleise, zwischen den Fahrkanten und 14 mm unter Schienenoberkante gemessen): 1435 mm[1]).

Die Umgrenzung des lichten Raumes ist in Fig. 18 wiedergegeben.

Gleisentfernung. Die Entfernung zweier nebeneinanderliegender Gleise muß (von Gleismitte bis Gleismitte gemessen) auf der freien Strecke des Anschlußgleises mindestens 3,5 m, für Abstellgleise im Werk mindestens 4 m und auf Anschlußbahnhöfen mindestens 4,5 m betragen.

Gleiskrümmungen. Für Anschlußgleise, die von Hauptbahnlokomotiven befahren werden, beträgt der kleinstzulässige Krümmungshalbmesser 180 m. Sollen Nebenbahnlokomotiven und Wagen mit über 4,5 m festem Radstand auf das Anschlußgleis übergehen, so ist der kleinste Halbmesser 140 m. Überhaupt zulässiger kleinster Krümmungshalbmesser (für Nebenbahnlokomotiven und Wagen mit höchstens 4,5 m festem Radstand) 100 m.

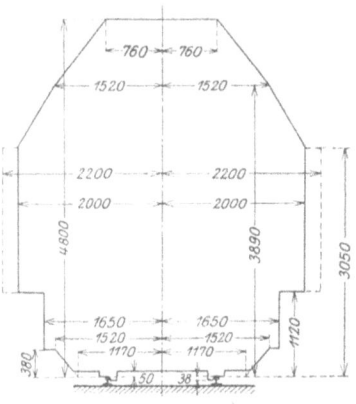

Fig. 18.

In Gleiskrümmungen unter 500 m Halbmesser ist eine Spurerweiterung vorzusehen. Eine Spurüberhöhung ist bei der geringen Fahrgeschwindigkeit auf dem Anschlußgleis und Werkbahnnetz im allgemeinen nicht erforderlich.

Längsneigung nicht mehr als 1 : 40 (25⁰/₀₀).

Größter zulässiger Raddruck. Der größte ruhende Raddruck beträgt 7 t, bei genügend starkem Oberbau bis 8 t.

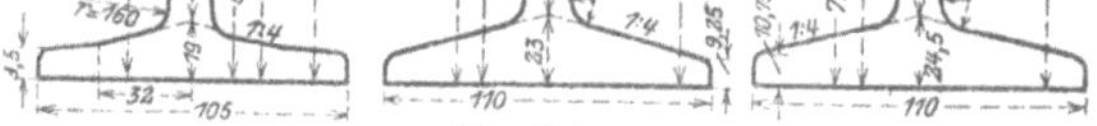

Schienen. In der Regel breitfüßige Vignol-Schienen; für versenkt anzuordnende Schienen auch Rillenschienen (Bauart Phoenix). Fig. 19 a bis c geben die Querschnitte und Maße der drei wichtigsten Schienenprofile der früheren preußischen Staatsbahnen. Werkstoff: Flußstahl mit K_z = 60 bis 70 kg/mm². Schienenlänge: 10 bis 12 m und mehr.

Fig. 19 a—c.

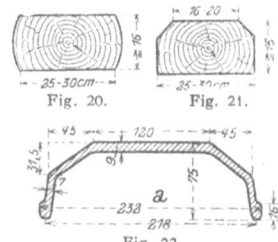

Fig. 20. Fig. 21.

Fig. 22.

Schwellen. Die Schienen werden mittels Unterlegplatten und Hakennägeln oder Sonderschrauben auf den quer zu den Gleisen liegenden Schwellen befestigt. Die Schwellen sind entweder Holzschwellen (Baumkantschwellen Fig. 20, allseitig bearbeitete Schwellen Fig. 21) oder eiserne Schwellen nach Fig. 22.

Stoßverbindung stumpf, durch Laschen und Schrauben.

---

[1]) Bei schmalspurigen Nebenbahnen 1000 oder 750 mm.

Weichen und Gleiskreuzungen.

Einfache Weichen. Bei diesen zweigt nur ein Gleis aus dem geraden oder gekrümmten Stammgleis ab.

Ausweichungen aus dem geraden Stammgleis. Linksweiche Fig. 23, Rechtsweiche Fig. 24.

a Stammgleis, b Zweiggleis, c Weichenzunge (Fig. 23). d Herzstück und e Zwangsschiene. α ist der Weichenwinkel (z.B. cotg $\alpha = 8$). L = Weichenlänge (von Weichenstoß zu Weichenstoß).

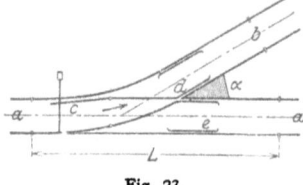

Fig. 23.

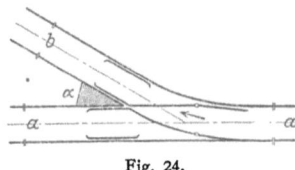

Fig. 24.

Zwischen den beiden zusammenlaufenden Gleisen der Weichen sind an den Stellen Merkzeichen (Markierpfähle) anzubringen, an denen die Gleismittenentfernung 3,5 m beträgt. Über diese Merkzeichen hinaus dürfen keine Wagen abgestellt werden.

Ausweichungen aus dem gekrümmten Stammgleis.

Als Beispiel ist die symmetrische zweiseitige Bogenweiche gegeben (Fig. 25). a Stammgleis, b_1 und b_2 Zweiggleise.

Doppelweichen. Aus dem in der Regel geraden Stammgleis zweigen zwei Gleise ab.

Fig. 26 zeigt eine symmetrische (dreiteilige oder dreischlägige) Weiche. a Stammgleis, b_1 und b_2 Zweiggleise.

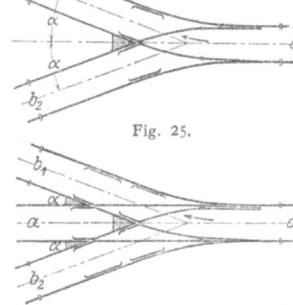

Fig. 25.

Fig. 26.

Gleiskreuzungen. Fig. 27[1]) gibt eine schiefwinkelige Gleiskreuzung mit zwei Herzstücken und zwei Kreuzungsstücken. Bei rechtwinkeliger Gleisüberschneidung sind alle vier Schienenkreuzungsstücke einander gleich.

Gleisverbindungen. Aus den verschiedenen Weichenarten lassen sich Gleisverbindungen herstellen, die den Verkehrsanforderungen und den örtlichen Verhältnissen angepaßt werden.

Fig. 28[2]). Verbindung zweier paralleler Gleise (einfache Gleisverbindung).

Fig. 29. Einfache (einseitige) Kreuzungsweiche.

Fig. 30. Doppelte (gekreuzte) Gleisverbindung oder Weichenkreuz.

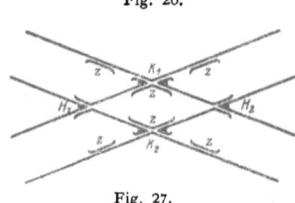

Fig. 27.

Drehscheiben (Fig. 31a und b). Ihre Anwendung ist gegeben, wenn Weichen der Unterschreitung der zulässigen Gleiskrümmungshalbmesser wegen nicht angeordnet werden können. Von der Verwendung von Drehscheiben im Anschlußgleis sieht man im allgemeinen ab, da Störungen im Betriebe der Drehscheibe den gesamten Werkeingangs- und Ausgangsverkehr stillegen. Durchmesser der Drehscheiben:

16 m für Hauptbahnlokomotiven,
12 m für Nebenbahnlokomotiven,
5 m für gewöhnliche Güterwagen mit 4,5 m festem Radstand.

---

[1]) Förster, Taschenb. f. Bauing., Abschn. Eisenbahnwesen.
[2]) In den Fig. 28 bis 30 sind die Gleise durch einfache Linien dargestellt.

Die Wagendrehscheiben der Werkgleisanlagen werden in der Regel von Hand mittels eines schräg an der Scheibe angeordneten Drehbaumes oder durch ein Drehwerk mit Kurbelantrieb bewegt. Steht der Wagen genau auf Mitte Scheibe und ist der Spurzapfen richtig eingestellt, so genügt zum Drehen eines normalen, vollbeladenen Güterwagens ein Mann.

Werden Eisenbahnwagen im Werke durch ein Spill oder eine Verschiebewinde verschoben, so können diese auch zum Drehen der Scheibe selbst verwendet werden.

Schiebebühnen sind entweder versenkt (Fig. 32) oder unversenkt mit Auflaufzungen *a* (Fig. 33).

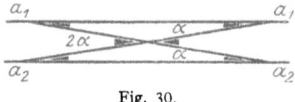

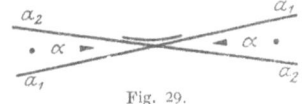

Fig. 29.   Fig. 30.

Versenkte Schiebebühnen vermeidet man im allgemeinen im Werkbetriebe wegen der etwa 0,5 m tiefen Grube.

Unversenkte Schiebebühnen sind baulich schwieriger auszuführen als versenkte.

Bei lebhafterem Werksverkehr werden die Schiebebühnen elektrisch angetrieben. Zum Heranholen und Abstoßen der Wagen rüstet man die Schiebebühnen zweckmäßig mit Verschiebewinden (s. S. 757) aus.

Wegübergänge. Bei Sicherung durch Schranken darf kein Teil der Schranke weniger als 2,50 m von Gleismitte entfernt sein.

Einfahrttore. Lichte Weite der Einfahrttore der Werkgebäude 3,8 m, Höhe mindestens 4,8 m.

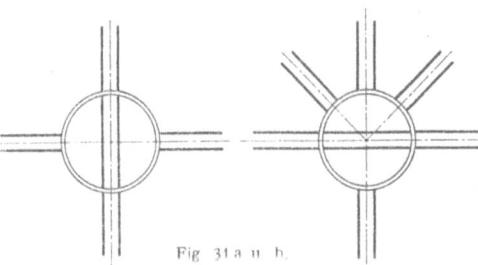

Fig. 31 a u. b.

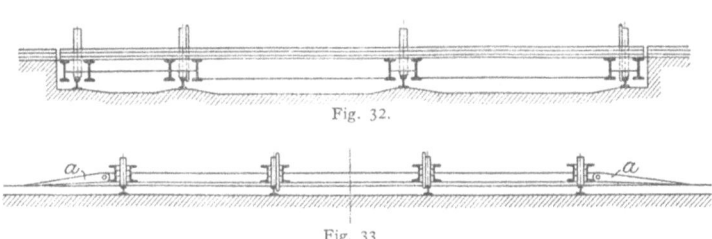

Fig. 32.

Fig. 33.

Eisenbahnwagen.

Die auf dem vollspurigen Werkgleisnetz verkehrenden Wagen sind meist Eigentum der Eisenbahnverwaltung. Betriebe mit ausgedehntem Güterverkehr besitzen werkeigene Wagen, die entweder nur dem Werkverkehr dienen oder als Sonderwagen für bestimmte Fördergüter auf die Staatsbahn übergehen[1]). Im letzteren Falle müssen sie hinsichtlich ihrer baulichen Ausbildung den einschlägigen Bestimmungen für den Übergang auf das Reichseisenbahnnetz genügen.

---

[1]) Die im Verkehr stehenden, in Privatbesitz befindlichen Güterwagen betragen kaum 2 bis 3 vH des staatlichen Wagenparks.

Für die von der Eisenbahnverwaltung überlassenen Wagen sind, solange sie auf dem Werk stehen, Wagenstandgelder zu entrichten.

Die Wagenstandgeldersätze betragen vom 17. Oktober 1921 ab:

für die ersten 24 Stunden . . . . 100 ℳ
für die zweiten 24 Stunden . . . . 150 „
für jede weiteren 24 Stunden . . . . 250 „

Hierbei werden die angefangenen 24 Stunden als voll gerechnet.

Güterwagenbauarten für industrielle Zwecke.

Für industrielle Zwecke kommen sowohl bedeckte Wagen (für witterungsempfindliche Güter) als auch offene Wagen in Betracht. Zu letzteren sind noch die Plattformwagen für Fahrzeuge und Schienen, die Schemelwagen für Langholz und Walzeisenträger von größer Länge, die Tiefladewagen, die Selbstentlader und die Erztransportwagen zu rechnen. Wagen mit Klappdeckeln (Deckelwagen) für Kalk, Salze u. dgl., sowie Kesselwagen für Flüssigkeiten und Gase stehen zwischen den bedeckten und den offenen Wagen.

Fig. 34.

Ladegewicht gleich größter Nutzlast, liegt bei den normalen Güterwagen zwischen 12,5 und 35 t. Wagen unter 15 t Ladegewicht werden nicht mehr gebaut. Bedeckte Güterwagen haben in der Regel ein Ladegewicht von 12,5 oder 15 t, Kohlenwagen gegenwärtig meist 20 t und Plattformwagen 30 oder 35 t und mehr. Für besondere Zwecke sind Tiefladewagen bis 135 t Ladegewicht in Umlauf[1]).

Damit man im Betriebe das Ladegewicht sofort erkennt, tragen die Güterwagen als Unterscheidungsmerkmale die in Fig. 34 wiedergegebenen Ladegewichtszeichen, die die Tohnenzahl der Nutzlast angeben.

Raddruck und Achsenzahl. Raddruck im allgemeinen nicht über 7 t. Wagen mit großem Ladegewicht und entsprechendem Eigengewicht haben höhere Achsenzahl. In Rücksicht auf leichten Lauf der Wagen in Krümmungen werden bei vier- und sechsachsigen Wagen je zwei bzw. drei Achsen in einem Drehgestell angeordnet. Bei dreiachsigen Wagen ist die Mittelachse seitlich verschiebbar. Hinsichtlich der Achsenanordnung ist zwischen Wagen mit festem Radstand, solchen mit Lenkachsen und Drehgestellwagen zu unterscheiden.

Radstand. Der kleinste zulässige feste Radstand beträgt für Hauptbahnen 2,5 m. Größter Radstand in Rücksicht auf das Befahren der Krümmungen 4,5 m. Wagen mit Lenkachsen und einem Radstand über 4,5 m müssen nach internationaler Vereinbarung bei der Radstandsanschrift das Zeichen ←○→ aufweisen.

Amtliche Bezeichnung der Wagen. Die Güterwagen der Eisenbahnverwaltung tragen Bezeichnungen, die die Gattung der Wagen, deren Achsenzahl, Tragkraft usw. kennzeichnen. Die wesentlichsten Bezeichnungen der für industrielle Zwecke in Frage kommenden Güterwagen sind kurz folgende:

1. Kennbuchstaben für Gattung und Verwendungszweck:

O = offene Güterwagen mit hölzernen oder eisernen Wänden von mehr als 0,4 m Höhe (zum Versand von Schüttgütern).
R = Rungenwagen, offene Wagen, etwa 10 m lang mit niedrigen Seitenwänden und langen, auswechselbaren Rungen (zum Transport von sperrigen und leichten Gütern).
H = Holzwagen. Offene Wagen mit Drehschemeln und vielfach eisernen Rungen zum Stammholztransport und daher einzeln oder paarweise verwendbar.
S = Schienenwagen, meist ohne Seitenwand, jedoch mit eisernen Rungen; Länge 9 m und mehr (Zum Versand von Schienen und sonstigem Walzeisen, Maschinenteilen und anderen schweren, sperrigen Gütern).
K = Kalkdeckelwagen (zum Transport witterungsempfindlicher Güter wie gebrannter Kalk, Salze u. dergl.)
G = Bedeckte Güterwagen zum Transport aller gegen Witterungseinflüsse zu schützender Güter.
N = Bedeckte Güterwagen mit Luftdruckbremse.

---

[1]) Krupp'sche Mitteilungen 1921, S. 203.
Finkh, Regelspurige Schwerlastwagen.

2. **Besondere Kennbuchstaben innerhalb der allgemeinen Gattung:**

k = mit Kopfklappen (aufklappbaren Stirnwänden), ein Entladen durch Kipper ermöglichend.
m = Ladegewicht von rd. 15 t.
mm = ,, ,, ,, 20 t.
n = Ausrüstung des Wagens mit Luftbremse oder Bremsleitung.
r = mit eisernen Seitenrungen.
l = Lademaß, das für besondere Typen festliegt.
Z = Drehschemel mit Eisenzinken.
[u] = für militärische Zwecke unbrauchbar.

In Privatbesitz industrieller Werke befindliche und auf dem Staatsbahnnetz zum Verkehr zugelassene Wagen tragen hinter der Wagennummer noch die Bezeichnung [P].

Größenverhältnisse, Lade- und Eigengewichte einiger Güterwagenbauarten.

Bedeckte Güterwagen. Schiebetüren 1,95 m hoch, 1,5 m breit. Höhe der Ladefläche über Schienenoberkante: 1222 mm. Ladegewicht meist 12,5 und 15 t. Bedeckte Wagen mit mehr als 24 m^2 Bodenfläche werden als großräumig bezeichnet und für besonders sperrige Güter gestellt (Güterwagenverordnung § 110).

Offene Güterwagen. Zweiflügelige Drehtüren 1,5 m breit, Stirnwände herausnehmbar oder an der Oberkante drehbar mit Verschluß durch Daumenwelle. Ladegewicht: Meist 15 und 20 t.

Plattformwagen sind entweder mit herausnehmbaren niederen Bordwänden oder mit Rungen aus Holz oder Eisen ausgerüstet. Zweiachsige Rungenwagen von 15 t haben 10,2 oder 13,1 m Plattformlänge. Vierachsige Wagen für größere und längere Lasten (Brückenträger u. dgl.) haben 11,3 bis 14,25 m Plattformlänge. Ihre Drehgestelle lassen sich unter dem Wagenrahmen vollständig durchschwingen, so daß die Wagen auch über kleine Drehscheiben verstellt werden können. Ladegewicht bis 90 t.

Die sog. Schienenwagen (Verbandsschienenwagen) haben 15 m Plattformlänge, 10 m Abstand der Drehgestellmitten und 35 und 40 t Ladegewicht.

Zur Förderung besonders sperriger Güter ist der Laderaum unter die übliche Bodenhöhe von 1222 m über Schienenoberkante zu vertiefen. Derartige Tiefladewagen, die hauptsächlich dem Transport großer elektrischer Maschinen, sowie nicht vollspuriger, für das Ausland bestimmter Lokomotiven dienen, sind vier- bis sechzehnachsig und haben Ladegewichte von 25 bis 105 t, in Sonderbauart bis 135 t[1]).

Selbstentlader bezwecken ein schnelles Entladen der Wagen von Schüttgütern (Kohle, Koks, Sand u. dgl.). Sie werden in verschiedenen Bauarten, als Bodenentlader, Seitenentlader oder Boden- und Seitenentlader, ausgeführt. Zu ihrer Entladung bedürfen sie hochverlegter Gleise oder unter Schienenoberkante angeordneter Bunker. Der fast kostenlosen Entladung des Selbstlader steht jedoch der große Nachteil gegenüber, daß sie in einer Richtung leer laufen müssen, was besonders beim Zurücklegen großer Entfernungen nachteilig ist.

Das Bestreben, den Leerlauf der Selbstentlader zu vermeiden und sie als gewöhnliche offene Güterwagen auch zum Stückguttransport zu verwenden, hat zu zwei für den allgemeinen Eisenbahnbetrieb brauchbaren Bauarten, dem Selbstentlader Bauart Malcher (Oberschlesische Eisenbahnbedarfs-A.-G.) und der Bauart Ziehl (Fried. Krupp A.-G., Essen), geführt.

Veröffentlichungen: Das deutsche Eisenbahnwesen der Gegenwart. Band I, S. 165 Güterwagen. — Hawa-Nachrichten, 1919 Heft 1, S. 20. Schneider, Hawa-Sonderfahrzeuge. — Desgl. 1921, S. 362. Billinger, die Normaltypen der Deutschen Reichseisenbahn. — Krupp'sche Monatshefte 1921, S. 37. Lorenz, Als Selbstentlader verwendbare Güterwagen. — Desgl. 1922, S. 13. Finkh und Krüger, Regelspurige Selbstentladewagen für restlose Entleerung des Ladegutes nach der einen oder anderen Gleisseite.

---

[1]) Krupp'sche Monatshefte 1921, S. 203.
Finkh. Regelspurige Schwerlastwagen.

Verschiebemittel für Eisenbahnwagen.

Verschiebelokomotiven. Dampflokomotiven sind nur bei lebhaftem Wagenverkehr und bei ausgedehntem Gleisnetz von Vorteil und finden heute vorwiegend Verwendung in kohlenreichen Gebieten.

Sind in der Nähe des Verschiebebereichs leicht entzündbare Güter gelagert, so sind feuerlose Dampflokomotiven zu verwenden, die von einer ortfesten Kesselanlage aus gespeist werden. Sie haben geringe Wärmeverluste und sind wirtschaftlicher als gewöhnliche Dampflokomotiven.

Dampflokomotiven werden auch mit aufgebautem Drehkran ausgeführt und dann zu Umladearbeiten herangezogen[1]).

Motorlokomotiven haben den Vorteil sofortiger Betriebsbereitschaft, verbrauchen während der Arbeitspausen keinen Brennstoff und haben den Dampflokomotiven von gleicher Leistung gegenüber ein geringeres Dienstgewicht.

Die Oberurseler Motorlokomotiven sind mit einem Einzylindermotor ausgerüstet, der mit Benzin, Benzol, Spiritus oder auch mit Petroleum betrieben werden kann. Er arbeitet mittels eines umschaltbaren Stirnrädergetriebes auf die Laufachsen der Lokomotive. Die Übersetzung des Getriebes richtet sich nach der Fahrgeschwindigkeit, die 5 und 10 km oder 4 und 8 km und, wenn gewünscht, auch 15 km/h betragen kann. Ingangsetzen der Lokomotive durch Einrücken einer Doppelreibungskupplung, nachdem die Räderübersetzung auf Vor- oder Rückwärtsgang eingestellt ist. Verminderung des Brennstoffverbrauches in Betriebspausen durch Veränderung der Zylinderfüllung und Herabsetzung der Drehzahl. Die Lokomotiven werden in verschiedenen Größen von 8 bis 50 PS geliefert.

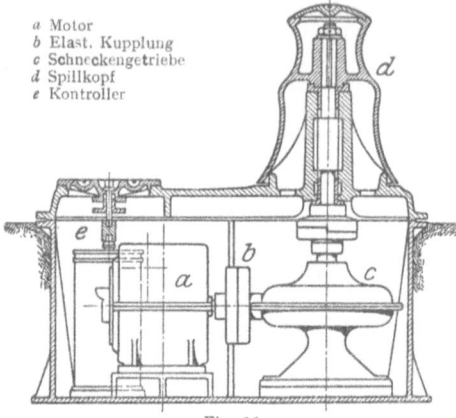

a Motor
b Elast. Kupplung
c Schneckengetriebe
d Spillkopf
e Kontroller

Fig. 35.

Die Motorlokomotiven arbeiten wirtschaftlich, benötigen keinen geprüften Lokomotivführer und sind besonders angebracht, wenn es sich um kürzere Fahrstrecken (unter 200 m) handelt und im Verschiebebetrieb größere Pausen eintreten.

Elektrische Lokomotiven. Speisung des Fahrmotors entweder mittels Schleifbügels von einer Oberleitung aus oder durch eine Batterie, deren Gewicht den Adhäsionsdruck der Lokomotive erhöht. Steuerung der elektrischen Lokomotiven durch einen mehrstufigen Kontroller mit Bremsschaltung. Die elektrischen Lokomotiven sind im allgemeinen vorzuziehen.

Fahrbare Dampfkrane und elektrisch betriebene fahrbare Drehkrane sind, mit Zughaken und Puffern ausgerüstet, ein ausgezeichnetes Verschiebemittel bei nicht zu lebhaftem Wagenverkehr. Diese Lokomotivkrane sind sowohl zu Umladearbeiten als auch zum Verschieben von Wagen gleich geeignet und werden daher im Werkbetriebe viel angewendet. Dampfkrane und elektrisch betriebene Lokomotivkrane s. S. 787.

In kleinen und mittleren Werken empfiehlt sich Ausrüstung der Gleisanlage mit einem Spill, einer Verschiebewinde oder einer Verschiebeanlage mit endlosem Seil. Diese durchweg elektrisch angetriebenen Verschiebemittel können mit ihrem System von Umlenkrollen dem vorhandenen Gleisnetz leicht angepaßt

---

[1]) A. Borsig G. m. b. H., Berlin-Tegel.

Die Werkstattförderer. — Zeitweise (kurzzeitig) arbeitende Förderer.

werden, besitzen große Manövrierfähigkeit und erfordern nur geringe Anschaffungs- und Bedienungskosten. Infolge der mit ihnen erzielbaren hohen Ersparnisse an Verschiebelöhnen machen sie sich schnell bezahlt und werden daher mehr und mehr im Werkbetriebe eingeführt.

Elektrisch betriebene Spille. Das Spill, dessen Bauart aus Fig. 35 ersichtlich ist, wird in Gang gesetzt und der Arbeiter legt ein mittels Haken an dem Wagen eingehängtes Drahtseil in einer oder mehreren Umschlingungen um den Spillkopf. Er kann dann bei kleinem Zug am Seil und infolge der Seilreibung am Spillkopf eine große Zugkraft an den Wagen ausüben und diese verschieben. Sind die Wagen in entgegengesetzter Richtung in Gang zu setzen, so wird das an ihnen eingehängte Seil um eine Umlenkrolle gelegt.

Das in Fig. 35[1]) dargestellte Spill ist doppelköpfig und gestattet daher die Anwendung zweier Seilgeschwindigkeiten bei entsprechender Zugkraft. Der Kontroller wird entweder durch Steckschlüssel oder durch Fußtritt bedient. Umsteuern des Spillmotors ist nicht erforderlich, da beide Bewegungsrichtungen des Seiles durch Rechts- oder Linksumlegen am Spillkopf erreicht werden. Ebenso ist eine Bremse überflüssig, da die zu bewegende Last durch Abwerfen des Seiles vom Spill getrennt werden kann.

Die elektrisch betriebenen Spille werden sowohl für Gleichstrom als auch für Drehstrom gebaut.

Zahlentafel 1.

Zugkräfte, Seilgeschwindigkeiten und Motorleistungen der Spille[1]).

Zugkraft	kg	300	500	1000	1500	2000	3000
Seilgeschwindigkeit	m/min	30—45	30—45	30	30	30	25
Motorleistung	PS	3,5—5,5	5,5—8	9	12	18	24

Für Zugkräfte über 1000 kg sind die Spille doppelköpfig.

Die Spille werden bis Kastenoberkante versenkt eingebaut (Fig. 35). Bei den neueren Ausführungen ist entweder der Spillkopf zwecks Untersuchung des Triebwerkes umklappbar (Demag) oder das ganze Spill ist als Klappspill ausgebildet und um eine wagerechte Achse des halbzylindrischen Gehäuses umklappbar. (J. Vögele, Mannheim, und Fried. Krupp, Grusonwerk, Magdeburg.)

Vögele-Mannheim führt die Spille auch mit einer selbsttätigen Seilaufwicklung aus, die in einem Betonschacht neben dem Spill untergebracht ist. Diese Bauart gestattet die Anwendung von Seillängen bis zu 300 m, während bei Spillen ohne selbsttätige Seilaufwickelung die größte Seillänge höchstens 120 m beträgt.

Zur Bestimmung des Seilzuges eines Spills kann man bei gut laufenden Wagen, sachgemäß verlegtem Gleis mit einer Zugkraft von etwa 10 kg für 1 t Fahrgewicht rechnen. Hierbei sind jedoch nur Gleiskrümmungen größeren Halbmessers (nicht unter 100 m) zulässig.

Verschiebewinden. Da der Arbeitsbereich der Spille mit selbsttätiger Seilaufwickelung beschränkt ist, so verwendet man für größere Fahrstrecken Verschiebewinden, bei denen mit Seillängen bis etwa 400 m noch bequem gearbeitet werden kann. Bei den Verschiebewinden wird das über Umlenkrollen geführte Seil an den zu fahrenden Wagenzug angehängt und auf der Seiltrommel der in Gang gesetzten Winde aufgewickelt.

Fig. 36 gibt die neueste Bauart einer elektrisch betriebenen Verschiebewinde[2]) von 2000 kg Zugkraft und 60 m/min mittlerer Seilgeschwindigkeit.

Der Elektromotor a arbeitet mittels zweier Stirnrädervorgelege b und c auf die Trommelwelle. Die eingekapselte Trommel d sitzt lose auf ihrer Welle und kann durch eine Reibungskupplung i mit dem Triebwerk gekuppelt werden. Der Anpressungsdruck der Kupplung ist durch eine einstellbare Feder so bemessen, daß die Kupplung bei Überschreiten der höchsten Zugkraft zu schleifen beginnt.

Um das verhältnismäßig lange Verschiebeseil e ordnungsgemäß aufwickeln zu können, erhält die Winde eine selbsttätige Seilaufwickelungsvorrichtung, mit der noch eine Seilauswurfvorrichtung verbunden ist, die das Seil selbsttätig von der Trommel abzieht, so daß es von der Bedienungsmannschaft leicht fortgezogen werden kann. Beim Austragen des Seils sind daher keinerlei Widerstände im Triebwerk zu überwinden, so daß also lediglich das Seilgewicht fort-

---

[1]) Demag.
[2]) Ausführung Rheiner Maschinenfabrik Windhoff A.-G., Rheine (Westfalen).

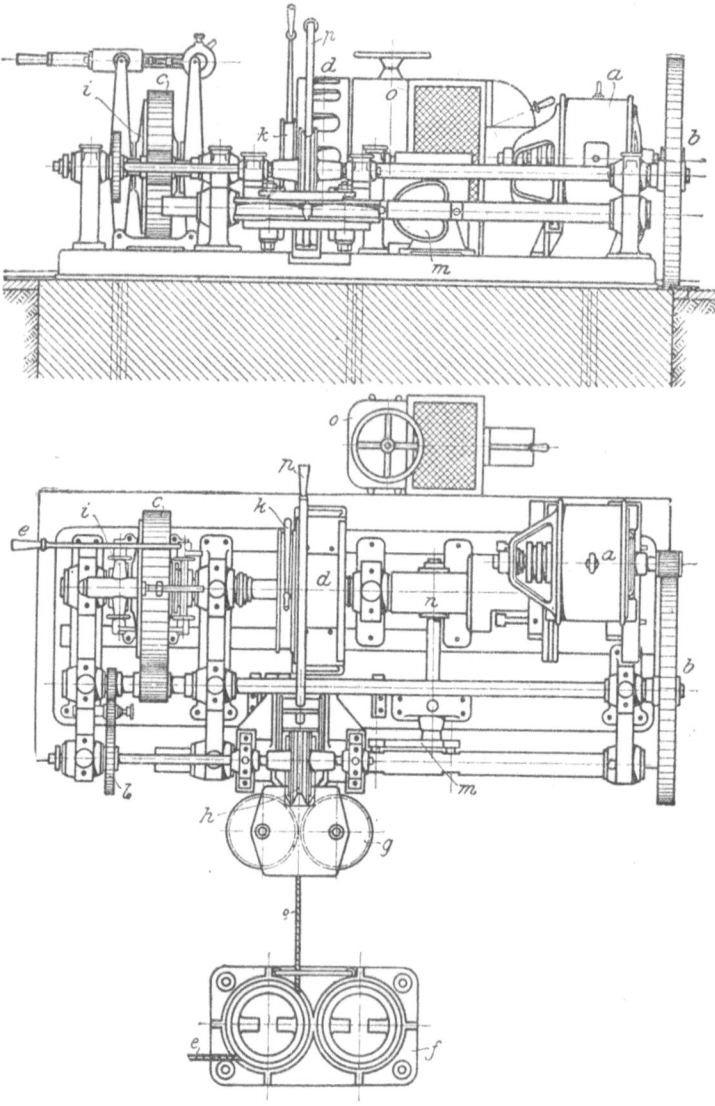

Fig. 36. Elektrisch betriebene Verschiebewinde. *a* Elektromotor. *b* und *c* Stirnrädervorgelege. *d* Seiltrommel. *e* Zugseil. *f* Feste Leitrollen vor der Winde. *g* Leitrollen, parallel zur Trommel verschiebbar. *h* Seilauswurfrolle. *i* Reibungskupplung. *k* Bandbremse. *l* Antrieb der Seilauswurfrolle. *m* Herzscheibe zum Verschieben der Leitrollen *g* und der Seilauswurfrolle *h*. *n* Schneckengetriebe zum Antrieb der Herzscheibe. *o* Anlasser mit Widerstand und Hebelausschalter. *p* Bedienungshebel für die Seilauswurfrolle.

Die Werkstattförderer. — Zeitweise (kurzzeitig) arbeitende Förderer. 759

zuschleppen ist. Ein Nachlaufen der Trommel beim Auf- und Abwickeln des Seiles wird durch eine Bandbremse verhindert, die auch ein Abbremsen von im Gefälle laufenden Wagen ermöglicht.

Die Winde wird mit ihrer Trommelwelle parallel zum Gleis aufgestellt und ist zum Schutze gegen Witterungseinflüsse in einem mit Fenstern versehenen Wellblechhäuschen untergebracht.

Bei der angegebenen Zugkraft von 2000 kg können mit der Winde acht vollbeladene 15 t-Wagen verschoben werden, was einer Gesamtlast von 200 bis 250 t entspricht.

Ist eine Verschiebewinde zwischen zwei dicht nebeneinander liegende Gleise aufzustellen, so wird sie in Rücksicht auf das Durchgangsprofil der Betriebsmittel (s. S. 751) versenkt in einem Betonschacht angeordnet. Der Anlasser wird von oben durch einen Steckschlüssel bedient, während Bremse und Trommelausrückung durch einen Fußtritt betätigt werden. Bei dieser Anordnung ist gute Abdeckung und Schutz gegen Feuchtigkeit Hauptbedingung.

Die zum Versetzen der Wagen auf andere Gleise dienenden Schiebebühnen rüstet man in neuerer Zeit, um die Wagen bequem auf die Bühne heranziehen und abstoßen zu können, mit Verschiebewinden aus.

Verschiebeanlagen mit endlosem Seil. Ihre Anwendung ist dann gegeben, wenn es sich um langgestreckte Anschlußgleise und Gleisanlagen mit wenig Weichen, Drehscheiben, Schiebebühnen und Wegübergängen handelt. Verschiebeanlagen mit endlosem Seil bieten den Spillen und Verschiebewinden gegenüber den Vorteil, daß die Wagen sowohl in beiden Richtungen als auch von verschiedenen Stellen aus gleichzeitig verschoben werden können.

Das Hilfsseil wird durch einen Haken am Wagen eingehängt und mit dem endlosen, stets umlaufenden Seil durch einen Greifer gekuppelt, wodurch die Wagen in Richtung des Seillaufes verschoben werden. Sollen die Wagen in der entgegengesetzten Richtung bewegt werden, so wird das Hilfsseil mit dem andern, entgegengesetzt laufenden Strang gekuppelt.

Der Antrieb, an geeigneter Stelle der Gleisanlage angeordnet, arbeitet mittels Treibscheiben auf das Seil und ist zur Erzielung eines möglichst gleichmäßigen Kraftbedarfs mit einem Schwungrad ausgerüstet. Eine elastische Reibungskupplung ermöglicht, daß das Schwungrad seine lebendige Kraft allmählich auf das Zugseil überträgt. Dieses ist auf der Strecke in Tragrollen gelagert und an den Krümmungen sind doppelrillige Lenkrollen angeordnet, deren Form derart ist, daß sie der Seilgreifer ohne weiteres passieren kann. An Gleiskreuzungen ist das Seil unterführt, und am Antrieb und der Seilrückleitung ist eine Spannvorrichtung angeordnet.

Zum Schutz des Seiles gegen Witterungseinflüsse ist eine selbsttätige Seilschmierung vorgesehen.

Über Seilverschiebeanlagen siehe: Ind. u. Techn. 1921, S. 271, Hänchen, Verschiebemittel f. Eisenbahnwagen. — Kruppsche Monatshefte 1921, S. 157, Elektrisch betriebene Spille.

Schmalspurige Werkbahn.

Gleisanlage. Spurweite. Für Werkstättenbetriebe übliche Spurweite 600 mm. Sind regelmäßig schwerere Lasten zu fördern, so kommen Spurweiten von 750 und 1000 mm in Betracht.

Gleiskrümmungen. Große Krümmungshalbmesser sind anzustreben. Der kleinste zulässige Krümmungshalbmesser ist durch den Radstand der Betriebsmittel gegeben. Bei Vignolschienen von 600 mm Spurweite und Wagen mit etwa 600 mm Radstand sind 4 m und bei 1000 mm Radstand 10 m kleinster Halbmesser zuzulassen.

Spurerweiterung in den Gleiskrümmungen bei 600 mm Spur etwa 10 mm.

Schienen. Für freiliegende Gleise werden gewöhnliche Vignolschienen (Fig. 37) und für versenkte Gleise auch Rillenschienen Bauart Phönix Nr. 0 (Fig. 38) verwendet. Werkstoff der Schienen: Flußstahl mit $K_z = 50$ bis

60 kg/mm². Maßgebend für die Wahl ist der größte Raddruck der Betriebsmittel und die Schwellenentfernung, die etwa zwischen 0,75 und 1 m angenommen wird.

Zahlentafel 2.

Abmessungen, Gewichte und Widerstandsmomente von Vignol-Schienen (Fig. 37).

Schienenhöhe	h	60	65	70	80	90	93	100	mm
Kopfbreite	b	20	25	30	34	36,5	40	45	,,
Fußbreite	b_1	40	50	55	65	69,5	80	85	,,
Gewicht	g	5	7	9	12	15	15,9	20	kg/lfd. m
Widerstandsmoment	W	10	15	22	34	45	51,5	65	cm³

Schienenprofile unter 70 mm Höhe sollte man für Werkstättengleise nicht verwenden, da die Schienen sich sonst zu leicht verbiegen.

Schwellen. S. Fig. 20 bis 22, S. 751.

Die Schienen werden durch Flachlaschen oder Z-Laschen miteinander verschraubt. Befestigung der Schienen auf den Holzschwellen durch Hakennägel oder Schwellenschrauben, bei eisernen Schwellen mittels Klemmplatten. Erzielung der erforderlichen Innenneigung der Schienen (1 : 20) durch Dechseln der Holzschwellen oder Anordnung geneigter Unterlagplatten.

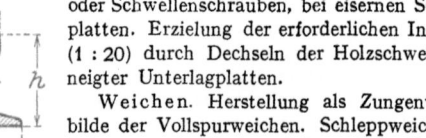

Fig. 37.

Weichen. Herstellung als Zungenweichen nach dem Vorbilde der Vollspurweichen. Schleppweichen, Weichen mit festen Spitzen und Kletterweichen sind für den Werkbahnbetrieb ungeeignet.

Geometrische Anordnung der Weichen s. S. 752.

Bei dem schmalspurigen Gleisnetz sucht man sich möglichst auf einfache Weichen (Rechtsweiche und Linksweiche) zu beschränken und vermeidet Doppelweichen. Verbindung zweier paralleler Gleise durch einfachen oder doppelten Gleiswechsel.

Die Vorrichtung zum Umstellen der Weichenzungen ist ähnlich wie bei den Straßenbahnweichen und in einem unterirdischen Stellkasten angeordnet. Bei Gleisen größerer Spurweite werden mitunter versenkt eingebaute Stellböcke verwendet.

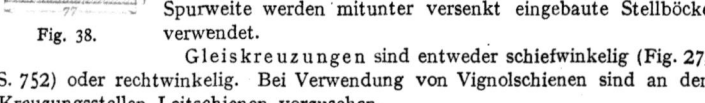

Fig. 38.

Gleiskreuzungen sind entweder schiefwinkelig (Fig. 27, S. 752) oder rechtwinkelig. Bei Verwendung von Vignolschienen sind an den Kreuzungsstellen Leitschienen vorzusehen.

Drehscheiben[1]) sind womöglich durch Weichen von kleinstzulässigem Krümmungshalbmesser zu ersetzen. Dies gilt besonders für schmalspurige Werkbahnen mit lebhafterem Verkehr, die von elektrischen Triebwagen oder Lokomotiven befahren werden.

Schiebebühnen kommen für Schmalspurnetze weniger in Frage. Ist jedoch deren Anwendung gegeben, so sind unversenkte Schiebebühnen mit Auflaufzungen (Fig. 33) den versenkten vorzuziehen.

Weiteres, insbesondere Veranschlagung schmalspuriger Fabrikgleisanlagen s. Werkstattstechnik 1915, S. 199, Santz, Gleisanlagen in Fabriken.

Betriebsmittel. Zur Förderung von Stückgütern werden Plattformwagen verwendet, die je nach Art des Fördergutes auch mit Rungen, Stirnwänden oder mit abnehmbarem Kastenaufsatz ausgerüstet sind.

Langholz, Schienen oder Träger von großer Länge werden zweckmäßig auf je zwei Sonderwagen befördert, auf deren Plattform zur Einstellung in den Gleiskrümmungen ein Drehschemel angeordnet ist.

Fig. 39: Drehschemelwagen für 630 mm Spur und 10 t Belastung zum Transport langer und durchhängender Walzeisenprofile[2]).

---

[1]) Siehe S. 752.
[2]) Werkstattstechnik 1921, S. 507. Lobeck, Sonderlade- und Fördereinrichtungen für Krane und Eisenbahnwagen.

Für Schüttgüter (Kohle, Koks, Erz, Sand u. dgl.) erhalten die Wagen Kastenaufsatz. Zum schnellen Entleeren des Ladegutes wird der Kasten entweder seitlich oder nach der Stirnseite gekippt. Für besondere Zwecke verwendet man auch Bodenentlader.

Siehe v. Hanffstengel, Förderung der Massengüter, 2. Aufl., 2. Bd., S. 5. Wagen für Massengüter.

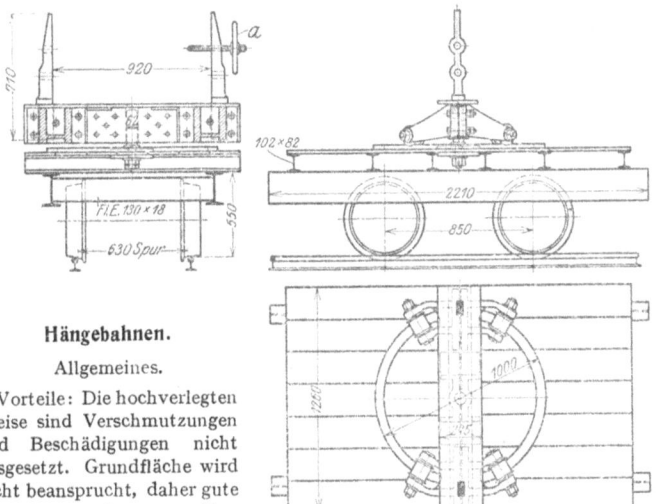

Hängebahnen.

Allgemeines.

Vorteile: Die hochverlegten Gleise sind Verschmutzungen und Beschädigungen nicht ausgesetzt. Grundfläche wird nicht beansprucht, daher gute Ausnutzung des zur Verfügung stehenden Raumes. Keine Behinderung des Verkehrs auf ebener Erde. Gute Anpassung an die örtlichen Verhältnisse im Innern der Werkgebäude. Sie können beliebig verzweigt werden und lassen Krümmungshalbmesser bis auf 2 m herab zu. Der Kraftbedarf zum Verschieben der Wagen ist wesentlich geringer als bei den Schmalspurbahnen. Dagegen erfordern sie etwas höhere Kosten für die Gleisanlage als diese.

Fig. 39.

Die Fahrbahn der Hängebahnen wird im Freien an eisernen Stützen aufgehängt. Innerhalb der Werkgebäude wird sie an den I-Trägern oder Betonbalken der Dachkonstruktionen befestigt.

Bei den Hängebahnen im engeren Sinne (Hand- oder Elektrohängebahnen) verwendet man in der Regel sog. Doppelkopfschienen, die mittels eines Hängebahnschuhs nach Art von Fig. 40 an der Tragkonstruktion aufgehängt sind und auf deren Obergurt die Wagen laufen. Zur Förderung schwerer Lasten und bei größeren Aufhängespannweiten sind die Doppelkopfschienen nicht genügend tragfähig und man benutzt daher I-Träger mit aufgesetzten Breitfußschienen. Im Gegensatz zu diesen einschienigen Hängebahnen stehen die zweischienigen, deren Fahrbahn aus zwei I-Trägern oder [-Eisen besteht[1]).

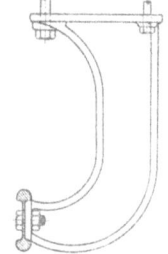

Fig. 40.

Durch die Anordnung von Gleiskreuzungen, Weichen und Drehscheiben ist das Hängebahnnetz beliebig verzweigbar. Bauarten von Hängebahnweichen und Drehscheiben (für Doppelkopfschienen) s. Aumund, Hebe- und Förderan-

---

[1]) Z. B. Hängebahnen, Bauart Kaiser.

lagen, 1. Bd., S. 59. Selbsttätige Hängebahnweiche und -Drehscheibe s. „Der Betrieb" 1920, S. 397.

Zu den Hängebahnen im weiteren Sinne sind auch die erhöht angeordneten Laufbahnen zu rechnen, deren Schienen meist I-Träger sind und von gewöhnlichen Laufkatzen oder Laufwinden befahren werden. Sie kommen vorwiegend für kürzere Fahrstrecken innerhalb der Werkgebäude in Betracht.

I-Trägerbahnen mit Laufkatzen oder Laufwinden.

Sie ermöglichen bei einem Geringstaufwand an Anlagekosten wagerechte und senkrechte Bewegung der Last. Die Laufkatzen bzw. Laufwinden sind in der Regel auf dem Untergurt, seltener auf dem Obergurt der I-Trägerbahn fahrbar.

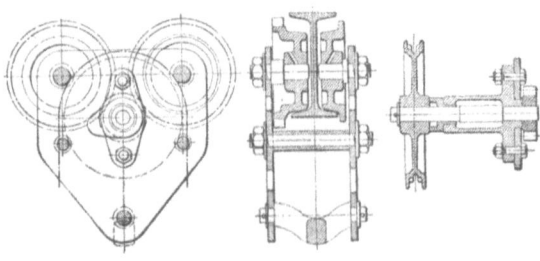

Fig. 41.

Fig. 41 zeigt eine einfache, von Hand bediente Untergurt-Laufkatze zum Einhängen eines Flaschenzuges. Antrieb des Fahrwerks durch Kette und Haspelrad. Laufkatzen ohne Antrieb nur für Tragkräfte bis 1000 kg.

Untergurt-Laufwinden für Handbedienung (durch Kette und Haspelrad) werden mit Stirnräder- oder Schneckenhubwerk und für Tragkräfte bis etwa 5000 kg ausgeführt.

Für größere Förderwege sind Handlaufwinden nicht zu empfehlen und man verwendet daher Elektrolaufwinden, bei denen die Kontroller an dem Windenfahrgestell angebaut sind und vom Fußboden aus durch Zugschnüre betätigt werden.

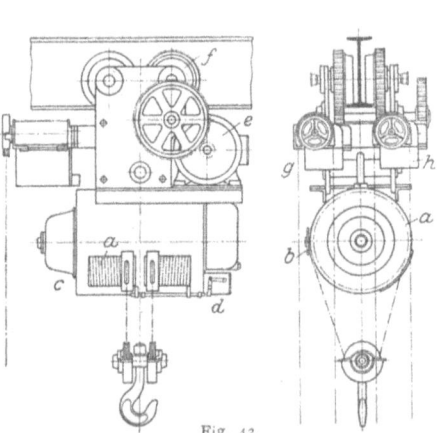

Fig. 42.

Fig. 42 läßt die Bauart einer Untergurt-Elektrolaufwinde[1]) neuerer Ausführung erkennen.

a ist die Trommel und b die Ausgleichrolle des Zwillingsrollenzuges, der ein genau senkrechtes Aufsteigen der Last gewährleistet, c Hubmotor, d Stromunterbrechung für höchste Hakenstellung, e Fahrmotor, der mittels doppelter Stirnräderübersetzung auf die angetriebenen Laufräder f arbeitet, g und h durch Zugschnüre bediente Steuerapparate.

Diese Demag-Elektrolaufwinden werden in fünf Größen für 500, 1000, 2000, 3000 und 5000 kg Tragkraft gebaut. Da für kurze Fahrstrecken der motorische Antrieb nicht angebracht ist, werden die Winden auch mit Handfahrwerk und elektrischem Hubwerk hergestellt.

Die elektrisch betriebenen Untergurt-Laufwinden werden für schwerere Lasten und größeren Radstand mit zwei Drehgestellen aufgeführt. Je nach dem Abstand der Drehzapfenmittel können sie dann Krümmungen von 2,5 bis 3,5 m kleinstem Halbmesser befahren.

---

[1]) Ausführung Demag, Duisburg.

Die Werkstattförderer. — Zeitweise (kurzzeitig) arbeitende Förderer. 763

Handelt es sich um größere Fahrgeschwindigkeiten, so baut man an der Winde ein Führerhaus an, in dem die Steuerapparate aufgestellt sind.

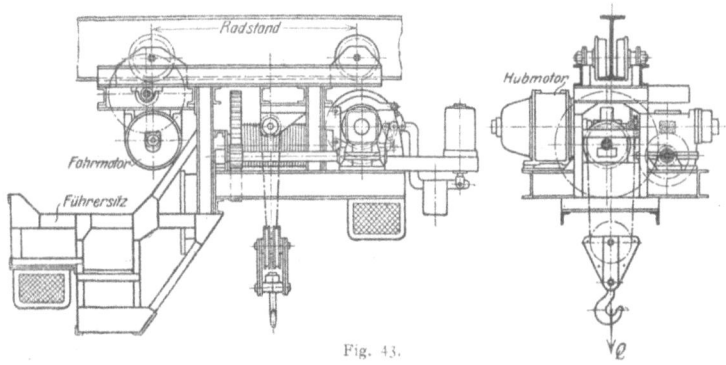

Fig. 43.

Fig. 43 zeigt eine Führersitz - Laufwinde von 5 t Tragkraft[1]). Arbeitsgeschwindigkeiten: Heben 5 m/min, Windenfahren 60 m/min.
Führerstandlaufwinde mit Greiferwindwerk s. Dubbel, Taschenbuch für den Maschinenbau, 3. Aufl., S. 1189.

Handhängebahnen

kommen für kleine und mittlere Leistungen in Frage. Da sie billiger in der Herstellung sind als Schmalspurwagen gleicher Tragkraft, so werden die höheren Anlagekosten der Hängebahngleisanlage teilweise ausgeglichen und man kann die gesamten Anlagekosten einander annähernd gleichsetzen. Höhe der Handhängebahnschienen über Fußboden so, daß die Arbeiter die Wagen in Handhöhe fortschieben können. Bei sachgemäßer Bauart und Ausführung mit Kugellagern kann ein Arbeiter eine Gesamtlast von 2000 kg ohne Anstrengung verschieben.

Die Handhängebahnwagen werden in ihrer Bauart den verschiedensten Fördergütern angepaßt. Fig. 44 zeigt z. B. einen Handhängebahnwagen zum Transport von Gießpfannen (J. Pohlig, Köln). Zum Heben und Senken von Lasten werden die Hängebahnwagen auch mit einem Hubwerk ausgerüstet, das durch Kette und Haspelrad bedient wird.

Fig. 44.

Ausführungen von Handhängebahnwagen für verschiedene Fördergüter s. Pietrkowski, „Der Betrieb" 1920, S. 398 u. f.

Kreuzt der niedrige Schienenstrang einer Handhängebahn ein Werkgleis oder eine Fabrikstraße, so wird der Verkehr auf diesen nicht beeinträchtigt,

[1]) Gebr. Bolzani, Berlin N.

wenn man in der Hängebahngleisanlage ein aufklappbares Schienenstück anordnet. Der gleiche Zweck wird durch ein heb- und senkbares Gleisstück erreicht, das in einem torartigen Gerüst geführt ist (J. Pohlig A.-G., Köln).

Arbeitsverbrauch und Wirtschaftlichkeit der Handhängebahnen s. Aumund, Hebe- und Förderanlagen, 1. Bd., S. 62.

Elektrohängebahnen.

Für höhere Leistungen und größere Förderstrecken verwendet man in neuerer Zeit allgemein die Elektrohängebahnen. Innerhalb der Werkgebäude findet die Elektrohängebahn hauptsächlich Anwendung bei der Förderung der Kohle und der Beschickung der Kessel, zur Entfernung der Asche aus den Kesselhäusern, in den Gießereien zur Förderung von Brenn- und Rohstoffen, Sand, flüssigem Eisen und zur Kupolofenbegichtung. Infolge des selbsttätigen Betriebes der Elektrohängebahnen sind zur Bedienung nur wenig Arbeitskräfte erforderlich.

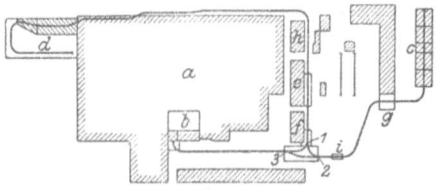

Fig. 45. Elektrohängebahn in einem Gußstahlwerk (Grundriß)[1]. *a* Gießerei. *b* Kesselhaus. *c* Lagerschuppen (Kohle, Koks und Sand). *d* Kohlenschuppen. *e* Sandschuppen. *f* Sandmühle. *g* Sandgrube. *h* Tischlerei. *i* Wage. 1—3 Hängebahn-Weichen.

Die Anordnung der Gleise, Weichen und Drehscheiben ist im wesentlichen die gleiche wie bei den Handhängebahnen.

Bei kurzer Förderstrecke und kleineren stündlichen Leistungen Ausführung als Pendelbahn (Fig. 45). Für den Verkehr auf dieser genügt meist ein Wagen, der in bestimmten Zeitabständen zwischen den beiden Endpunkten der Bahn verkehrt.

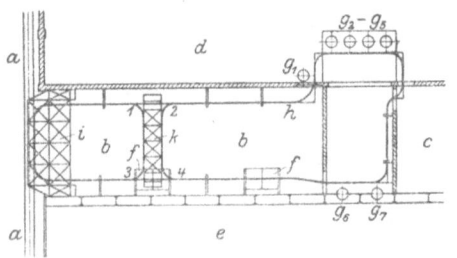

Bei großen Entfernungen und höheren Förderleistungen Ausführung als Ring- oder Schleifenbahn (Fig. 45), die von mehreren Hängebahnwagen befahren wird.

Krümmungshalbmesser der Fahrbahn bis herab auf 3 m.

Fig. 46. Elektrohängebahn zur Kupolofenbegichtung (Grundriß)[2]. *a* Anfuhrgleis. *b* Lagerplatz. *c* Alte Gießerei. *d* Gießerei I. *e* Neue Gießereihalle. *f* Koksbunker. g_1—g_7 Kupolöfen. *h* Gleisanlage. *i* Tragkonstruktion zu *h*. *k* Fahrbare Gleisbrücke. 1—4 Übergangsweichen.

Da die Elektrohängebahn eine Adhäsionsbahn ist, so werden zur Überwindung der Höhenunterschiede, falls diese nicht von Elektrowindenwagen bewältigt werden, senkrechte Aufzüge oder Schrägaufzüge benutzt, unter Umständen auch Spiralaufzüge und Schrägstrecken mit Seilzug.

Zum Transport von Schüttgütern und Massenteilen werden die Wagen mit Fördergefäßen (Kippkübeln oder Klappgefäßen) ausgeführt. Der Anwendungsbereich wird durch Ausrüstung der Wagen mit elektrisch betriebenem Hubwerk wesentlich vergrößert, so daß die Last bzw. das Fördergefäß jederzeit gehoben oder gesenkt werden kann (Elektrowindenbahn).

Fig. 47 zeigt als Beispiel einen Elektrowindenwagen, Bauart Bleichert, mit Kippkübel.

---

[1] A. Bleichert & Co., Leipzig-Gohlis.
[2] Ausführung A. Borsig G. m. b. H., Berlin-Tegel. Gebaut von Bleichert & Co.

Die Werkstattförderer. — Zeitweise (kurzzeitig) arbeitende Förderer. 765

Für selbsttätiges Aufnehmen von Schüttgütern Ausführung auch mit Selbstgreifern und entsprechend ausgebildetem Windwerk.

Je nach Art des Fördergutes und der gegebenen Fördermenge können durch einen Elektrohängebahnwagen Lasten von wenigen hundert kg bis zu 5000 kg und mehr befördert werden.

Fahrgeschwindigkeit in der Regel zwischen 1 und 2 m/sek.

Als Stromart kommt sowohl Gleichstrom als auch Drehstrom in Frage. Welcher von den beiden Stromarten der Vorzug zu geben ist, bedarf jeweils einer genauen Untersuchung und Wirtschaftlichkeitsrechnung. Im allgemeinen gestaltet sich bei Gleichstromantrieb die gesamte Zuführungs- und Schaltungsleitung einfacher und billiger als bei Drehstromantrieb. Bei Anschluß des Werkes an ein Drehstromnetz ist zu entscheiden, ob die Ersparnis an einfacher Stromzuleitung und Schaltung größer ist als die Kosten eines Umformers.

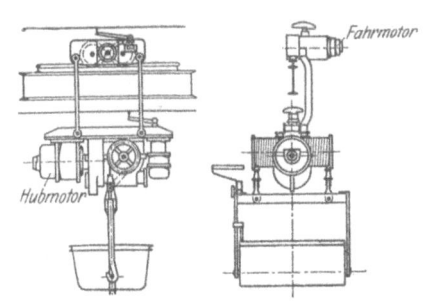

Betrieb der Elektrohängebahnen ist derart, daß jeder Wagen für sich und unabhängig vom anderen in Bewegung gesetzt wird und die Strecke dann selbsttätig und ohne Aufsicht durchläuft. Die Wagen halten an den vorgeschriebenen Haltestellen von selbst an oder durch Fernsteuerung.

Bei Pendelbahnen wird die Fahrtrichtung an der Entladestelle selbsttätig umgeschaltet. Einschalten des Stromes für die Infahrtsetzung der Wagen an den Haltestellen entweder durch Zugschalter oder Fernsteuerung.

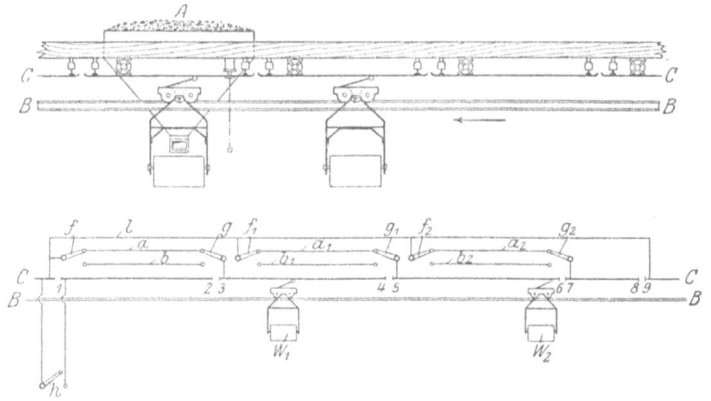

Fig. 48.

Selbsttätiger Betrieb der Ring- oder Schleifenbahnen macht Innehalten eines gewissen Wagenabstandes erforderlich. Zu diesem Zwecke rüstet man die Elektrohängebahnen mit geeigneten Sicherheitsvorrichtungen (Blocksicherungen oder Zugdeckungen) aus, die in neuerer Zeit eine weitgehende Durchbildung erfahren haben.

Arbeitsweise (Fig. 48)[1]: W_1 und W_2 sind zwei aufeinander folgende Wagen, die auf der Hängebahnschiene $B-B$ fahren. Der Strom wird den Wagen von der Schleifleitung $C-C$ aus zugeführt, die in einzelne Strecken 1—2, 3—4 usw. unterteilt ist. Die Schleifleitung erhält ihren

---

[1]) A. Bleichert & Co., Leipzig-Gohlis.

Strom von der Hauptleitung über zwei ebenfalls in Strecken a bzw. b, a_1 bzw. b_1 usw. unterteilte Hilfsleitungen, die durch die mit Armkreuzen (s. Fig. 48 oben) verstellbaren Schalter f, g; f_1, g_1 usw. abwechselnd ein- und ausgeschaltet werden.

Fährt z. B. der Wagen W_1 auf der Strecke 3—4, so ist die darauf folgende Strecke 5—6, die durch den Schalter g_1 mit der Hilfsstrecke b_1 verbunden ist, stromlos. Der Wagen W_2 kann daher erst dann weiterfahren, wenn der Wagen W_1 das zugehörige Armkreuz gedreht und den Schalter f_1 auf die Hilfsleitung b_1 gestellt hat. Der Strom fließt dann von der Hauptleitung über den Schalter f_1, die Hilfsleitung b_1 und den Schalter g_1 nach der Strecke 5—6. Inzwischen hat der Wagen W_1 bei der Einfahrt in die Blockstrecke 1—2 den Schalter g von der Hilfsleitung a auf die Hilfsleitung b umgestellt und die hinter ihm liegende Strecke 3—4 stromlos gemacht. Der darauf folgende Wagen W_2 fährt inzwischen in die Strecke 3—4 ein und stellt während der Fahrt den Schalter f_2 auf a_2 und den Schalter g_1 auf a_1, wodurch die Strecke 7—8 Strom erhält, während 5—6 stromlos wird. Auf der, durch den Wagen W_1 stromlos gemachten Strecke 3—4 bleibt der Wagen W_2 stehen, bis der Block freigegeben ist.

Die Wagen werden auf der Strecke 1—2 von einem Schütttrumpf A aus dadurch beladen, daß der Schieber des Schütttrumpfauslaufs geöffnet wird. Der Wagen wird dann durch einen einfachen Zugschalter auf Fahrt geschickt und stellt beim Verlassen des Blockes 1—2 den Schalter f von a auf b um, wodurch die darauf folgenden Wagen absatzweise nachrücken.

Blocksicherung der Weichen (Vorwärts- und Rückwärtsweiche) s. Aumund, Hebe- und Förderanlagen, 1. Bd., S. 66 u. f.

Zum Umkehren der Fahrtrichtung an den Endhaltestellen der Pendelbahnen dient ein an dem Wagen angeordneter Schalter[1]), der an der Haltestelle durch einen ortfesten Anschlag gedreht wird. Hierdurch wird die Stromrichtung des Motors umgekehrt.

Außer diesen von den Wagen selbst betätigten Steuerungen, die hauptsächlich für einfache Elektrohängebahnen verwendet werden, kommen für Elektrowinden- und Elektrogreiferbahnen, die sich auch in senkrechter Richtung bewegen, die sog. **Fernsteuerungen** in Betracht, welche die verschiedenen Bewegungen von einer beliebigen Stelle aus einleiten.

Veröffentlichungen über Hängebahnen: St. u. E. 1909, S. 1377, Schmidt, Elektrische Hängebahnen in Gießereien. — Desgl. 1913, S. 607, Hängebahn mit Schubvorrichtung. — Desgl. 1913, S. 899, Leber, Verwendung und neuere Anordnung der Zweischienenhängebahn. — Desgl. 1914, Wettich, Neuere Elektrohängebahnen in Gießereien. — Werkstattstechnik 1915, S. 493, Santz, Hängebahnen in Fabriken. — Desgl. 1919, S. 161, Hermanns, Interessante Hängebahnanlage zur Beförderung von Geschoßhülsen. — Zeitschr. f. prakt. Masch. 1915, S. 1, Nuß, Aus den Werkstätten der Neckarsulmer Fahrzeugwerke. — Desgl. 1919, S. 391, Viall, Interessante Einzelheiten an Fabrikhängebahnen. — Fördertechn. u. Frachtverk. 1919, S. 120, Speck, Moderne Elektrohängebahnen (für Drehstrombetrieb). — El. Kr. u. B. 1919, S. 45, Dörr, Über Blockierung und Fernsteuerung von Elektrohängebahnen. — Ind. u. Techn. 1920, S. 184, Hänchen, Elektrohängebahnen im Gießereibetriebe.

2. Senkrechte Förderer (Hubförderer).

Hebewerkzeuge

nur für kleine Hubhöhen (bis etwa 500 mm). Verwendung vorwiegend für Montagearbeiten. Gedrängte Bauart und geringes Eigengewicht sind in Rücksicht auf Tragbarkeit Haupterfordernis.

Zahnstangenwinden. Tragkraft 1,5 bis 20 t. Hub 0,3 bis 0,5 m. Antrieb durch Kurbel. Gewicht je nach Tragkraft und Ausführung 16 bis 100 kg.

Sonderausführungen: Amerikanische Hebelwinde Bauart Barett (H. de Fries, Düsseldorf). — Zahnstangen-Zugwinden für größeren Hub und zum Aufnehmen von nicht zu schweren Arbeitsstücken an den Werkzeugmaschinen verwendbar (Schuchardt & Schütte, Berlin).

Schraubenwinden. Tragkraft 5 bis 20 t. Hub 0,24 bis 0,37 m. Gewicht 20 bis 60 kg. Antrieb meist durch Ratsche. Spindel selbsthemmend, daher schlechter Wirkungsgrad (30 bis 40 vH).

Schraubenschlittenwinden gestatten noch ein wagerechtes Verschieben der Last. Verschiebung je nach Tragkraft und Ausführung: 0,2 bis 0,4 m.

Druckwasserhebeböcke (Daumenkräfte und Hebeknechte) dienen zum Heben und Verschieben schwerer Lasten, sowie zum Ausrichten schwerer Werkstücke an Bearbeitungsmaschinen, Auf- und Lospressen von Rädern u. dgl.

---

[1]) A. Bleichert & Co., Leipzig. D. R. P. 151 816.

Arbeitsweise nach Art der Druckwasserpresse. Druckerzeugung durch eine mittels Handhebel angetriebene einfach wirkende Pumpe. Gefrieren des Druckwassers wird durch Beigabe von Glyzerin verhindert. Wirkungsgrad 60 bis 70 vH. Bei den Daumenkräften stützt sich die Last auf den auf- und abbewegbaren Stempel. Tragkraft 20 bis 200 t. Hub je nach Tragkraft und Ausführung 180 bis 500 mm. Gewicht 85 bis 300 kg (Fried. Krupp, Grusonwerk, Magdeburg).

Im Gegensatz zu den Daumenkräften wird bei den Hebeknechten die Last durch das sich bewegende Gehäuse entweder durch den Kopf desselben oder durch eine am Gehäuse angebrachte Pratze getragen, die aber nur zur Hälfte der Tragkraft beansprucht werden darf. Tragkraft 3 bis 60 t. Hub 200 bis 315 mm. Gewicht: 30 bis 160 kg.

Druckluft-Zylinderhebezeuge (pneumatische Winden).

Verwendung nur bei Vorhandensein einer Druckluftzentrale für andere Zwecke.

Unmittelbar wirkende Drucklufthebezeuge (Druckluftzylinder) werden am Haken von Laufwinden oder Kranen aufgehängt. Sie arbeiten ruhig und stoßfrei, sind einfach in ihrer Arbeitsweise und Bedienung, lassen jedoch nur einen beschränkten Hub zu.

Hub (normal) 1250 mm. Hubkraft bei 6 bzw. 7 atm. Luftdruck 375 bis 7400 kg bzw. 440 bis 8500 kg. Luftverbrauch 0,058 bis 0,937 m^3 für den Hub (Maschinenfabrik Oberschöneweide).

Die Drucklufthebezeuge sind, da sie gegen Schmutz und Staub abdichten, besonders für Gießereibetriebe zum Heben und Senken der Formkästen und Ausheben der Schmelztiegel aus den Öfen geeignet.

Druckluft-Zylinderhebezeuge werden in Verbindung mit einem Rollenzug auch wagerecht angeordnet.

Flaschenzüge.

1. **Von Hand bediente Flaschenzüge.** Handantrieb s. S. 744.

Faktoren - Flaschenzüge (Huborgan meist Hanfseil) sind bei einmänniger Bedienung nur für Lasten bis etwa 250 kg brauchbar. Im Werkstättenbetriebe zieht man ihnen, auch für kleinere Lasten, allgemein die Kettenflaschenzüge vor, die eine größere Übersetzung ermöglichen und die Last in jeder Höhenlage festhalten

Differential - Flaschenzüge werden wegen ihres geringen Wirkungsgrades, der zwischen 30 und 50 vH liegt, nicht mehr angewendet.

Schraubenflaschenzüge (Schneckenflaschenzüge) sind ein vollwertiges und betriebsicheres Hebemittel. Da sie in verschiedenen Größen und in großen Reihen hergestellt werden, so ist ihr Preis ein verhältnismäßig niedriger.

Tragkraft 300 bis 15 000 kg; Hub 3 bis 6 m. Wirkungsgrad in eingelaufenem Zustande 55 bis 65 vH. Huborgan: Kalibrierte Rundeisenkette, über 10 t Tragkraft Gelenkkette.

Übersetzungsmittel zwischen Kettennuß und Haspelrad: Doppelgängiges Schneckengetriebe, bei dem der durch die Last auf die Schneckenwelle ausgeübte Längsdruck zur Betätigung der Drucklagerbremse benutzt wird. Die verschiedenen Bauarten unterscheiden sich lediglich durch die Art der Drucklagerbremse (Becker, Piechatzek, Weiler, Bolzani u. a.). Schraubenflaschenzüge mit ausrückbarem Schneckenrade ermöglichen schnelles Senken der Last, sind jedoch in baulicher Hinsicht umständlich und auch im Preis wesentlich höher als die einfachen Schraubenflaschenzüge.

Stirnradflaschenzüge arbeiten mit einfacher oder mehrfacher Stirnräderübersetzung, dadurch günstigerer Wirkungsgrad (70 bis 80 vH). Der zur Betätigung der Lastdruckbremse erforderliche Längsdruck der Antriebwelle wird durch Schrägstellung der Zähne oder durch ein flachgängiges Gewinde hervorgerufen.

Die Stirnradflaschenzüge ermöglichen schnelleres Heben und Senken der Last als die Schraubenflaschenzüge und werden daher im Werkstättenbetriebe allgemein angewendet. Weitere Vorteile: niedrige Bauhöhe und geringes Eigengewicht.

Tragkraft 250 bis 5000 kg, bei einigen Bauarten bis 10 000 kg.

2. Elektrisch betriebene Flaschenzüge

arbeiten mit großer Hubgeschwindigkeit und sind bequem und ohne Kraftaufwand bedienbar. Trotz höherer Anlagekosten sind sie in den meisten Fällen wirtschaftlicher als die Handflaschenzüge. Im Werkstättenbetriebe sind sie ein unentbehrliches Hubfördermittel, das die langsam arbeitenden Handflaschenzüge mehr und mehr verdrängt. Ausrüstung je nach Bedarf mit Gleichstrom- oder Drehstrommotor.

Der Kontroller zum Steuern des Motors wird entweder am Flaschenzuggehäuse angebaut und vom Fußboden aus durch Zugschnüre gesteuert oder an beliebiger Stelle in Reichweite des den Flaschenzug bedienenden Arbeiters befestigt. Huborgan Gelenkkette; in neuerer Zeit wird das Drahtseil bevorzugt.

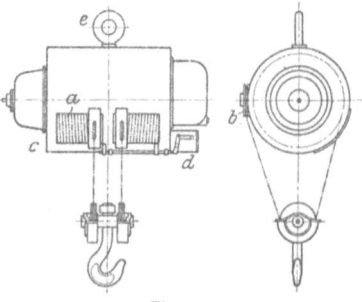

Fig. 49.

Die Elektroflaschenzüge der Demag (Fig. 49) sind mit Drahtseiltrommel und Ausgleichrolle ausgerüstet und sichern infolge der Zwillingsanordnung des Rollenzuges genau senkrechtes Aufsteigen der Last. *a* Trommel, *b* Ausgleichwelle, *c* Hubmotor, *d* Stromunterbrechung für höchste Hakenstellung. Für Tragkräfte bis 3 t wird eine Drucklagerbremse, über 3 t eine gewichtbelastete, elektromagnetisch gelüftete Bandbremse verwendet.

Zahlentafel 3. Elektroflaschenzüge.

Tragkraft	500	1000	2000	3000	5000 kg
Hub	6	7	7	7	7,5 m
Hubgeschwindigkeit	7	6	4	4	4 m/min
Gewicht (einschl. Anlasser)	140	200	300	320	560 kg

Die Elektroflaschenzüge können an jeden beliebigen, von Hand bedienten Kran aufgehängt oder eingebaut werden. Unterflansch-Laufkatzen mit Handfahrwerk und eingebautem Elektroflaschenzug sind für kürzere Fahrstrecken ein ausgezeichnetes Hebe- und Fördermittel, das unter den verschiedensten örtlichen Verhältnissen verwendbar ist.

Unterflansch-Elektrolaufwinden s. S. 762.

3. **Druckluftflaschenzüge** arbeiten mit Druckluftmotor und werden von der Maschinenfabrik Oberschöneweide für eine Tragkraft von 3 t gebaut. Infolge hohen Luftverbrauches ziemlich teurer Betrieb. Verwendung daher nur unter besonderen Umständen und wenn der Luftverbrauch keine Rolle spielt.

Veröffentlichungen über Flaschenzüge: E.T.Z. 1908, S. 391: Elektrisch betriebene Flaschenzüge. — El. u. Masch. 1911, S. 731: Hermanns, Moderne Kleinhebezeuge mit elektr. Betrieb. — Förd.-Techn. 1911, S. 21: Wintermeyer, Sonderausbildung von Flaschenzügen unter Berücksichtigung des elektr. Antriebes. — Desgl. 1913, S. 145: Flaschenzug der Firma F. Piechatzek. — Dingl. Polyt. Journ. 1913, S. 385: Wintermeyer, Der moderne Flaschenzug in Werkstättenbetrieben. — Werkst.-Technik 1917, S. 363: Kroll, Selbsthemmender Stirnräder-Flaschenzug. — Schweiz. Bauzeitung 1920, S. 29: Blüthe, Die Bedeutung d. elektr. betr. Kleinhebezeuge f. d. Industrie.

Ortfeste Winden.

Zu Hubarbeiten dienende ortfeste Winden, wie von Hand bediente Bockwinden und Wandwinden, Reibungswinden mit Transmissionsantrieb oder elektrischem Antrieb (Speicherwinden), spielen im Werkstättenbetriebe eine

Die Werkstattförderer. — Zeitweise (kurzzeitig) arbeitende Förderer.

ganz untergeordnete Rolle. Dagegen werden elektrisch betriebene ortfeste Winden als Spills und Rangierwinden verwendet. S. S. 757. Verschiebemittel für Eisenbahnwagen.

Aufzüge.

Allgemeines.

Für den Bau und Betrieb der Aufzüge ist die „Polizeiverordnung, betreffend die Einrichtung und den Betrieb von Aufzügen (Fahrstühlen) in Preußen" maßgebend[1]). Die Vorschriften der übrigen Staaten des Reiches weichen von den für Preußen geltenden nur in wenigen Einzelheiten ab.

In den Geltungsbereich der Polizeiverordnung (Titel I) fallen alle Aufzugvorrichtungen, deren Fahrkörbe, Kammern oder Plattformen zwischen festen Führungen bewegt werden, sofern ihre Hubhöhe 2 m übersteigt. Nicht in den Geltungsbereich fallen die Aufzüge in den den Bergbehörden unterstehenden Betrieben, ferner Schrägaufzüge, die nicht zwischen festen Führungen, sondern auf Führungen laufen, und Paternosterwerke für Lasten.

Einteilung der Aufzüge (Titel II) in: Personen- und Lastenaufzüge.
Zu ersteren gehören auch die Aufzüge mit Führerbegleitung.
Die Aufzüge werden von den behördlichen Sachverständigen geprüft und abgenommen. In Betrieb befindliche Aufzüge sind regelmäßigen Prüfungen unterworfen (Titel VI, § 33 bis 37 der Polizeiverordnung). Über Betrieb der Aufzüge siehe Titel V der genannten Verordnung.

Antriebsarten der Aufzüge.

Handantrieb nur bei Förderung leichter Lasten, bei geringer Förderhöhe oder bei seltener Benutzung. Antrieb durch Kurbel oder Haspelrad mit Hanfseil. Für Bedienung der Handaufzüge durch einen Mann kann man mit einer größten Tragkraft von 500 kg bei etwa 0,5 m/min Geschwindigkeit rechnen. Handaufzüge größerer Tragkraft (bis etwa 1000 kg) erfordern zwei bis drei Mann. Ihr Betrieb ist daher trotz geringerer Beschaffungskosten den motorisch betriebenen Aufzügen gegenüber, besonders bei mittlerem und größerem Hub sowie öfterer Benutzung, kostspielig.

Druckwasserantrieb spielt bei der allgemeinen Verbreitung der Elektrizität im Aufzugbau nur noch eine untergeordnete Rolle. Seine Anwendung kommt auch, wenn bereits zu anderen Zwecken eine Druckerzeugungsstelle vorhanden ist, nur unter besonderen Umständen in Frage. Hauptvorteile: einfacher Bau, ruhiger, sanfter Gang, hohe Betriebssicherheit und verhältnismäßig geringe Wartung. Nachteil: Der Kraftverbrauch entspricht auch bei kleinen Lasten der vollen Tragkraft. Sie arbeiten für geringe Hubhöhen unmittelbar und für größere mittelbar (durch Einschaltung eines umgekehrten Faktorenflaschenzuges). Während man von dem unmittelbaren Antrieb noch bei kleinen Hubhöhen Gebrauch macht, sieht man von der Anwendung der mittelbaren Druckwasseraufzüge zugunsten der elektrischen Aufzüge allgemein ab.

Riemenbetrieb (Transmissionsantrieb). Liegt eine Transmissionswelle in nächster Nähe des aufzustellenden Aufzuges, so kann der Aufzug mit offenem und gekreuztem Riemen angetrieben werden. Verwendung der Riemenbetriebaufzüge ausschließlich zur Förderung von Lasten, unter Umständen mit Führerbegleitung. Tragkraft im allgemeinen nicht über 1500 kg, Geschwindigkeit bei selbsttätigem Anhalten 0,1 bis 0,3 m/sek, bei Führerbegleitung mehr. Wirkungsgrad etwa 30 bis 40 vH. Steuerung, je nachdem Führerbegleitung vorhanden oder nicht, durch ein innerhalb oder außerhalb des Aufzuges angeordnetes Steuerseil oder Gestänge. Dieses verdreht die Steuerscheibe dem jeweiligen Fahrsinn gemäß und betätigt so die Riemenverstellung. Sicherheitsvorrichtungen bei Transmissionsaufzügen s. die einschlägigen Bestimmungen der Polizeiverordnung.

Elektrischer Antrieb. Stromart: Gleichstrom. Drehstrom und einphasiger Wechselstrom.

---

[1]) Abgedruckt in Aumund, Hebe- und Förderanlagen, 1. Bd., S. 275. Erläutert von H. Jäger, Berlin 1910, Verlag Carl Heymann.

Dubbel, Betriebstaschenbuch.

Die Aufzüge im Werkstättenbetriebe.

Im Werkstättenbetriebe werden Personenaufzüge, hauptsächlich jedoch Lastenaufzüge verwendet.

Höchstzulässige Geschwindigkeit nach der Polizeiverordnung 1,5 m/sck[1]). Höhere Geschwindigkeiten bedürfen rbehördlicher Genehmigung. Normale Fahrgeschwindigkeiten: Personenaufzüge bis etwa 0,7 m/sek; Lastenaufzüge 0,2 bis 0,5 m/sek. Eine entsprechende Vorrichtung (Geschwindigkeitsregler) verhindert Überschreitung der zulässigen Geschwindigkeit.

Aufzüge mit Geschwindigkeitsbremse dürfen nach Loslösung oder Bruch der Tragorgane höchstens mit einer Geschwindigkeit von 1,5 m/sek niedergehen; solche mit Fangvorrichtung müssen sich festklemmen, nachdem sie nicht über 0,25 m tief gefallen sind.

Auf Bremsfahrstühle und Ablaßvorrichtungen, die durch das Gewicht der Last nach unten bewegt werden, finden diese Vorschriften keine Anwendung.

1. Personenaufzüge. Das Gewicht einer Person ist mit 75 kg einzusetzen. Bestimmungen für die Einrichtung von Personenaufzügen s. Titel IV der Polizeiverordnung.

Steuerung der elektrischen Personenaufzüge. In Gebäuden mit wenig lebhaftem Verkehr Ausrüstung der Aufzüge mit Druckknopfsteuerung, die einfach und sicher in der Bedienung ist. Aufzüge mit Druckknopfsteuerung können ohne Führer und ohne besondere Übung benutzt werden (Selbstfahrer).

Bei regem Verkehr sieht man Hebel- oder Kabinensteuerung vor; Bedienung durch geprüften Aufzugführer vorgeschrieben.

In Gebäuden mit starkem dauernden Verkehr verwendet man vorteilhaft sog. Paternosteraufzüge. Sie sind Dauerförderer und ermöglichen bei ununterbrochener Bewegung der Kabinen Ein- und Aussteigen während der Fahrt. Infolge Wegfalls der Wartezeit sind diese Aufzüge von großer Leistungsfähigkeit (etwa 2500 Personen täglich) bei hoher Betriebssicherheit und geringem Verschleiß. Unterhaltungskosten niedrig. Jeder Fahrkorb bietet Raum für ein bis zwei Personen. Fahrgeschwindigkeit etwa 0,25 m/sek.

Über Personenaufzüge s. Aumund, Hebe- und Förderanlagen, 1. Bd., S. 273. — Bethmann, Der Aufzugbau, S. 590.

2. Lastenaufzüge. Besondere Bestimmungen für Lastenaufzüge s. Titel IV der Polizeiverordnung unter B. Lastenaufzüge mit Führerbegleitung fallen hinsichtlich des Baues und der Sicherheitsvorrichtungen unter die Bestimmungen der Personenaufzüge.

Die Fahrkörbe der den senkrechten Verkehr in den Werkgebäuden vermittelnden Lastenaufzüge werden entweder von gleislosen Transportmitteln oder von Schmalspurwagen befahren. Im letzteren Falle sind auf dem Boden des Fahrkorbes Schienen angeordnet.

Steuerung für Lastenaufzüge bei mäßiger Geschwindigkeit durch Seil. Das Steuerorgan (Seil, Kette oder Gestänge) ist bei reinen Lastenaufzügen außerhalb des Aufzuges angeordnet, bei Lastenaufzügen mit Führerbegleitung geht der eine Strang des Steuerseiles durch den Fahrkorb. Schneller laufende Aufzüge mit Führerbegleitung erhalten Handrad- oder Kurbelsteuerung. Außer diesen mechanischen Steuerungen verwendet man neuerdings auch rein elektrische Steuerungen.

Bei den Doppelaufzügen gleichen sich die Gewichte der beiden Fahrkörbe gegenseitig aus, so daß nur die Nutzlast zu heben ist. Sie sind dann angebracht, wenn nur eine obere und untere Ladestelle vorhanden ist.

Anordnung der Aufzüge entweder innerhalb des Gebäudes, im Treppenauge, an einer äußeren Gebäudewand oder freistehend.

Mitunter werden des fertiggestellten Gebäudes wegen oft abnormale Aufzugskonstruktionen erforderlich, die einen großen Arbeits- und Kostenaufwand bedingen. Es ist daher bei Projektierung eines Gebäudes dringend zu empfehlen, eine Aufzugsfirma zu Rate zu ziehen, damit der für einen normalen Aufzug nötige Schacht richtig angeordnet und die erforderlichen Maße innegehalten werden.

---

[1]) Titel III, § 11.

Die Werkstattförderer. — Zeitweise (kurzzeitig) arbeitende Förderer. 771

Bau und Ausführung der Lastenaufzüge s. Bethmann, Aufzugsbau, S. 581.
Veröffentlichungen über Aufzüge: Fördertechn. u. Frachtverk. 1911, S. 79: Elektr.
betr. Kohlenaufzüge. — Desgl. 1913, S. 150: Aufzugsanlagen mit selbsttätiger Schmierung der
Führungsschienen. — El. Kr. & B. 1906, S. 329: Kammerer, Vergleichsversuche an Aufzugsanlagen. — Desgl. 1909: Mühlmann, Arbeitsverbrauch eines hydraulischen und eines elektr.
betr. Personenaufzuges. — Z. f. El. u. Masch. 1917, S. 549: Dub, Über Aufzüge. — Z. f. Dampfk.
u. Masch. 1914, S. 102: Ritz, Eektr. Steuerung von Aufzügen. — Desgl. S. 105: Kasten: Der
Betrieb von Aufzügen. — Schweiz. Bauz. 1913, S. 7: Feld, Neuerungen im Bau elektr. Aufzüge

3. Mittel zur wagerechten und senkrechten Förderung.

Schrägaufzüge s. S. 769. Aufzüge. — Fahr- und lenkbare Aufzüge und Krane, elektrisch betriebene Tansportwagen mit aufgebautem Drehkran s. S. 744. Gleislose Förderer. — Hängebahnen mit Einzelantrieb der Wagen und mit Hubwerk s. S. 761. Hängebahnen.

Krane.

Allgemeines.

Nach ihrem Verwendungszweck unterscheidet man Außendienstkrane (Umlade- und Lagerplatzkrane) und Innendienstkrane (Krane in Fertigungswerkstätten, Generatorenräumen und Kraftwerken).

Der Betriebsart entsprechend unterscheidet man zwischen Kranen für normalen Betrieb und Kranen für schweren Betrieb.

Zu den ersteren gehören die im Werkstättenbetrieb verwendeten Krane, die meist nicht bis zu ihrer vollen Tragkraft beansprucht werden und deren Betriebszeit selten über 8 bis 12 Stunden hinausgeht.

Als Krane der zweiten Art sind die der Hochofen-Stahl- und Walzwerke anzusehen, die ununterbrochen arbeiten und fast immer Lasten bis zur Grenze ihrer Tragkraft fördern. Diese Krane arbeiten naturgemäß wirtschaftlicher als die der normalen Betriebe.

Handbedienung kommt nur für leichte Lasten, kurze Förderwege oder selten auszuführende Bewegungen in Betracht. Handantrieb s. S. 744, Antrieb der Werkstattförderer.

Krane mit Dampfantrieb werden nur im Werkstätten-Außendienst verwendet. Sie sind auf Normalspur fahrbare Drehkrane und dienen im Platzverkehr zu Umladearbeiten und zum Verschieben der Eisenbahnwagen.

Die Werkstättenkrane sind in ihrer großen Mehrzahl (etwa zu 80 vH) elektrisch angetrieben. In besonderen Fällen sind Krane mit gemischtem Antrieb (Hand- und elektrischem Antrieb) zweckmäßig.

Lastaufnahmemittel.

Große und schwere Einzelteile werden mittels Schlingketten oder -Seilen unmittelbar am Kranhaken aufgehängt[1]).

In Gießereien sowie zum Transport von Stabeisen, Rohren usw. benutzt man Lastbalken (Traversen), die entweder am Kranhaken eingehängt werden oder mit zwei Kranflaschen organisch verbunden sind. Das Fördergut wird dann an mehreren Stellen des Lastbalkens aufgehängt.

Um das zeitraubende Anlegen der Schlingketten zu vermeiden, verwendet man zum Aufnehmen gleichartiger und in größeren Mengen vorkommender Stückgüter zweckmäßig mechanische Vorrichtungen, wie Zangen, Pratzen u. dgl. Während die mechanischen Lastaufnahmevorrichtungen in den Stahl- und Walzwerken bereits seit langem den gestellten Transportanforderungen voll entsprechen, ist dies im Werkstättenbetriebe nur in beschränktem Maße der Fall. Im Hinblick auf die neuzeitige Leistungssteigerung und die zu bewältigenden größeren Fördermengen ist es geboten, der Anwendung und Ausbildung geeigneter mechanischer Lastaufnahmemittel größere Aufmerksamkeit als seither zuzuwenden.

---

[1]) Belastungen von Hanfseilen, Drahtseilen und Ketten s. Werkstattstechnik 1917 S. 177. — Anweisungen für Kranführer und Anbinder s. „Der Betrieb" 1921, Mitteilungen der B. T. A. S. 146—147.

Lasthebemagnete. Der leicht und bequem bedienbare Lasthebemagnet kann ohne weiteres an jedem elektrisch betriebenen Kran aufgehängt werden. Seine Verwendung beschränkt die teure Handarbeit beim Umladeverkehr auf einen Kleinstwert. Die hierbei gemachten Ersparnisse sind ganz erheblich, so daß sich die Magnete meist in kurzer Zeit bezahlt machen.

Für die Förderung durch Magnete kommen im allgemeinen in Betracht: Eisen- und Stahlblöcke, Gußteile, Walzeisen verschiedenster Art (Stangen, Schienen, Träger, Bleche u. dgl.), Röhren, Stahlbrocken, Masseln, Schrott, Späne u. a. Die Magnete sind besonders zum Aufnehmen der drei letztgenannten Güter vorteilhaft, da deren Verladung von Hand nur unter hohen Kosten möglich ist.

Die Lasthebemagnete erfordern Gleichstrom. Bei Drehstrom Aufstellung eines Umformersatzes notwendig. Die am meisten angewendete Form ist die des **Rundmagneten** mit ebener Polfläche (Fig. 50).

Die runden Lasthebemagnete werden für Tragkräfte bis zu 27 000 kg gebaut. Diese Tragkräfte gelten jedoch nur für das Aufnehmen massiver größerer Eisenkörper von glatter Form, wie Blöcke, Gußteile u. dgl. Beim Aufnehmen kleinerer Teile mit unregelmäßiger Oberfläche sinkt die Tragkraft außerordentlich und ist bei Guß- und Schmiedeeisenspänen am geringsten.

Nachstehende Zahlentafel gibt die Tragkräfte eines runden Lasthebemagneten[1]) für verschiedene eiserne Fördergüter sowie den Prozentsatz dieser Tragkräfte, bezogen auf die Tragkraft an Einzelblöcken, für normale Verhältnisse. Der Magnet hat einen Durchmesser von 750 mm und wiegt mit Kupferwickelung 600 kg und mit Aluminiumwicklung 500 kg. Seine Stromaufnahme beträgt rund 2 kW.

Zahlentafel 4.

Art des Fördergutes	Tragkraft	
	kg	vH
Einzelblöcke	6000	100
Fallbirnen	1500	25
Walzwerkschrott, Stahlbrocken	450	7,5
Roheisenmasseln	400	6,7
Kernschrott, kleinstückig	200	3,3
Gußspäne	120	2
Schmiedeeisenspäne, zerkleinert	130	2,2
desgl. unzerkleinert	50	0,83

An Blechtafeln (Tafelgröße etwa 2000 × 1000 mm) kann der Magnet aufnehmen:

Bleche bis 5 mm Stärke 5 bis 6 Stück
Bleche bis 10 mm Stärke 3 bis 4 Stück
Bleche bis 25 mm Stärke 1 bis 2 Stück

Die Angaben gelten jedoch nur für ebene Blechtafeln; für krumm geworfene Bleche ist die Tragkraft geringer.

Da besonders langlockige Späne von dem Magneten nur in kleiner Menge aufgenommen werden und beim Versand viel Laderaum einnehmen, ist vorherige Zerkleinerung der Späne vorteilhaft[2]).

Auf die Tragkraft des Magneten ist die Temperatur von geringem Einfluß; heiße Eisenstücke können bei Temperaturen bis etwa 500° C noch mit genügender Sicherheit befördert werden. Dagegen verringert der Mangangehalt des Eisens die Tragkraft des Magneten außerordentlich. Eisen mit etwa 7 vH Mangangehalt wird von Magneten nicht mehr getragen.

---

[1]) Type La 7,5 des Magnetwerks G. m. b. H., Eisenach.
[2]) „Der Betrieb" 1920, Heft 3, S. 70. Philipp, Zerkleinerung der Eisen-, Stahl- und Metallspäne

Die Werkstattförderer. — Zeitweise (kurzzeitig) arbeitende Förderer.

Zum Aufnehmen von Trägern, Schienen u. dgl. verwendet man Magnete von rechteckiger Form (Flachmagnete) oder hufeisenförmige Magnete mit schmalen Polflächen. Magnete mit beweglichen Polen fördern Eisenstücke mit ungleichförmiger Oberfläche, geordnet liegende Knüppel u. dgl. Ihre Polfinger stellen sich den kleinen Höhenunterschieden entsprechend ein, wodurch die Wirkung erheblich gesteigert wird.

Beim Transport von Schienen, Trägern und Stangen, werden in Rücksicht auf die große Länge des Fördergutes zwei Magnete an einem Querstück aufgehängt. Zur Förderung langer, durchhängender Blechtafeln werden zur Vermeidung des Durchhanges und je nach der Breite und Länge der Tafeln zwei, vier oder sechs an einem Querstück hängende Magnete verwendet.

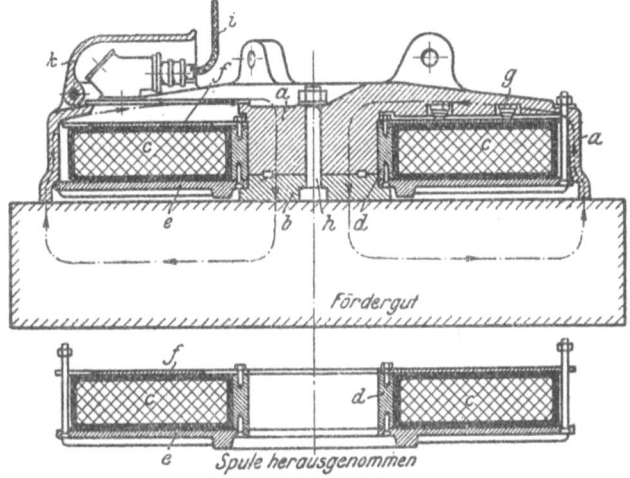

Fig. 50[1]). Runder Lasthebemagnet mit herausnehmbaren Spulen. *a* Magnetgehäuse. *b* Polschuh. *c* Spule. *d* Polring. *e* Grundplatte. *f* Deckplatte. *g* Federn. *h* Polschrauben. *i* Kabel. *k* Schutzhaube zum Kabelanschluß.

Eine bemerkenswerte Neuerung auf dem Gebiete der Lasthebemagnete stellt der elektromagnetische Selbstgreifer der Demag dar. Bei diesem sind drei Flachmagnete gelenkig miteinander verbunden und werden greiferartig bewegt. Fördergüter von hohem magnetischen Widerstand, wie schmiedeeiserne Drehspäne, sperriger Schrott u. dgl. werden daher sowohl mechanisch als auch elektromagnetisch aufgenommen. Der elektromagnetische Selbstgreifer ist für Fördergüter der genannten Art außerordentlich vorteilhaft, da die Tragfähigkeit eines gewöhnlichen Magneten in sperrigem Schrott und Eisenspänen sehr gering ist.

Unangenehme und kostspielige Störungen im Magnetbetrieb werden mitunter durch das Durchbrennen der Spulen hervorgerufen. Vergißt der Kranführer, den Magneten über Nacht oder bei Schichtwechsel auszuschalten, so erhitzt sich die Spule derart, daß die Isolation derselben verkohlt. Die Spule muß daher erneuert werden, was bei einem großen, zum Verladen von Schrott dienenden Magneten auch bei Verwendung des Altmaterials mit großen Kosten verknüpft ist.

Durch die Verwendung der Wärmeschutzpatrone der Demag (Fig. 51)[1]) werden derartige kostspielige Betriebsunterbrechungen vermieden.

Die Wärmeschutzpatrone wird so in den Magneten geschraubt, daß sie die Spule berührt, wodurch die Wärme der Spule unmittelbar auf die Patrone übertragen wird. Steigt die Außenwärme auf 70 bis 75°, was einer

---
[1]) „Der Betrieb" 1921. S. 157 u. f.

Innenwärme von 100 bis 120° entspricht, so unterbricht die Patrone die Stromzuführung und verhindert ein weiteres Ansteigen der Spulentemperatur. Nach Einsetzen einer neuen Patrone in den genügend abgekühlten Magneten kann der Betrieb ohne weiteres wieder aufgenommen werden.

Da sich die Wärmeschutzpatrone in alle Lasthebemagnete einbauen läßt, ist die Möglichkeit geboten, den Magnetbetrieb von der Zuverlässigkeit und dem guten Willen des Kranführers unabhängiger zu machen.

Ein Nachteil der Lasthebemagnete liegt darin, daß die Last nicht mit vollkommener Sicherheit festgehalten wird, da bei unbeabsichtigt eintretender Stromunterbrechung das Fördergut abstürzen kann. Diese Tatsache ist jedoch kein Hindernis für eine weitgehende Verwendung der Lasthebemagnete, da Unfälle verhältnismäßig selten sind. Von der Anwendung von Sicherheitsvorrichtungen, die das Gut zangenartig umfassen und bei etwaiger Stromunterbrechung festhalten, ist man in den letzten Jahren mehr und mehr abgekommen, da diese Vorrichtungen meist hinderlich sind. Wegen der Möglichkeit des Abstürzens der Last verwendet man daher die Magnete nicht zur Förderung wertvollen Gutes, auch vermeidet man es, mit dem belasteten Magneten über Arbeitsmaschinen u. dgl. zu gehen. Vor allem ist es jedoch erforderlich, daß die Bedienungsmannschaft stets außerhalb des Arbeitsbereiches des Magneten bleibt, damit Personenbeschädigungen nicht vorkommen.

Fördergefäße für Schüttgüter.

Kippkübel sind zweckmäßig, wenn das Fördergut (Kohle, Erz u. dgl.) stets in derselben Höhe, in Behälter u. dgl., abzugeben ist.

Klappgefäße können in jeder Höhenlage entleert werden. Bedienung der Entleerungsvorrichtung vom Führerstande aus.

Bauliche Ausführung mit aufklappbarem Boden, mit Seitenklappen oder mit aufklappbaren halbzylindrischen Gefäßhälften (Klappmulden).

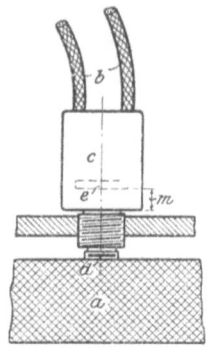

Fig. 51. *a* ist die zu schützende Spule, *b* das Stromzuführungskabel, *c* die Patrone, *d* eine Glimmerscheibe und *e* die Kontaktscheibe. Das Maß m ist bei geöffnetem Kontakt 7 mm und bei geschlossenem Kontakt 15 mm.

Klappmulden sind für schweres Fördergut, wie Erz u. dgl., möglichst flach zu bauen, damit das Fördergut beim Einschaufeln nicht unnötig hoch gehoben werden muß.

Rauminhalt der Klappmulden 1 bis 2 m³, für besondere Zwecke auch mehr.

Selbstgreifer nehmen im Gegensatz zu den Kippkübeln und Klappgefäßen das Fördergut selbsttätig auf.

Ausführung als Einseilgreifer oder Zweiseilgreifer. Einseilgreifer sind nur in bestimmter (einstellbarer) Höhenlage entleerbar und können, da sie kein besonderes Windwerk erfordern, im Haken jedes beliebigen, elektrisch betriebenen Kranes aufgehängt werden.

Zweiseilgreifer sind in jeder Höhenlage entleerbar, bedürfen jedoch, ihrer Arbeitsweise entsprechend, eines besonderen Windwerks mit zwei Trommeln (Hub- und Entleerungstrommel). Einseilgreifer sind angebracht, wenn nur zeitweise Schüttgüter umzuladen sind. Für größere Leistungen und für flotten Ladebetrieb zieht man allgemein die Zweiseilgreifer vor.

Die Bauart der Selbstgreifer hängt vor allem von der Art des Fördergutes ab. Für höchste Leistungsfähigkeit sind sie hauptsächlich dem spezifischen Gewichte, der Stückgröße und der Härte des Fördergutes anzupassen.

Greifer leichter Bauart werden zur Förderung von Kohle und Koks von nicht zu harter und zu grobstückiger Beschaffenheit, leichteren mulmigen Erzen, chemischen Roh- und Fertigprodukten (Salze u. dgl.) verwendet.

Die Werkstattförderer. — Zeitweise (kurzzeitig) arbeitende Förderer. 775

Greifer mittelschwerer Bauart dienen zum Umladen von harter, grobstückiger Kohle, mittelschweren Erzen, Klinker, Kies, Sand u. dgl.

Greifer schwerer Bauart kommen zur Förderung von hartem, grobstückigem Erz und anderen schwer greifbaren Schüttgütern in Betracht.

Fig. 52 zeigt einen Zweiseilgreifer neuzeitiger Bauart[1]). a sind die Greiferschaufeln, deren Drehpunkte b an dem auf- und abbewegbaren Querstück c angeordnet sind. Die Lenker d greifen bei e an den Schaufeln und bei f am Greiferkopf an. Die festen Rollen g des Schließflaschenzuges sind im Greiferkopf und die losen Rollen h in dem auf- und abbewegbaren Querstück gelagert. i sind die Hub- und k die Entleerungsseile. Die Figur gibt den Greifer in geschlossenem und geöffnetem Zustande.

Die in der Fig. 52 gekennzeichnete Greiferbauart wird ihrer mannigfachen Vorteile wegen in neuerer Zeit von verschiedenen Hebezeugfirmen bevorzugt.

Die Demag führt diesen Greifer in mittelschwerer Bauart in folgenden Größen aus.

Zahlentafel 5.

Inhalt	1	$1^1/_4$	$1^1/_2$	$1^3/_4$	2	$2^1/_4$	$2^1/_2$	$2^3/_4$	m³
Gewicht	2500	2800	3000	3300	3600	4000	4600	5200	kg
Tragkraft des Kranes	4250	5000	5750	6250	7000	8000	9000	10000	„

Weitere bewährte Greiferausführungen: Jäger-Greifer (besonders für Kohle geeignet), Bauart Pohlig, Bauart Palm (Ges. f. Hebezeuge, Düsseldorf), Laudi-Greifer u. a.

Sonderbauarten. Bei dem Doppelkübelgreifer (Volkenborn-Greifer der J. Pohlig A.-G.) stoßen die beiden Schneiden der kübelartigen Schaufeln nicht zusammen, sondern überdecken sich nur. Verwendung vorwiegend für Erz und Koks. Vorteil: das Gut wird beim Schließen des Greifers nicht zu sehr zerdrückt.

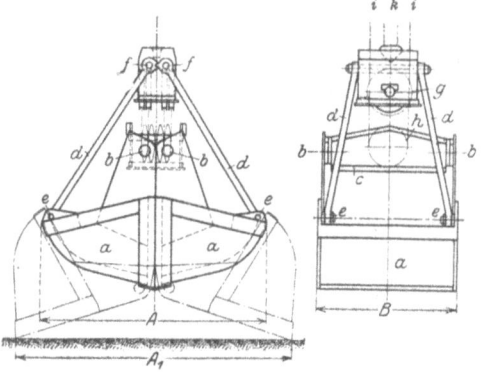

Fig. 52.

Elektromotorgreifer werden durch einen angebauten Motor mit entsprechendem Triebwerk geschlossen. Bauarten: MAN und Demag.

Die Motorgreifer haben große Schließkraft, sind einfach bedienbar und können an dem Haken jedes elektrischen Kranes aufgehängt werden. Anwendung bei zeitweiser Förderung von Schüttgütern.

Rundholzgreifer dienen zum Aufnehmen und Umladen von gleichmäßig gestapelten Rundhölzern gleicher Länge.

Ausführung: Demag und Mohr & Federhaff, Mannheim.

Weiteres über Selbstgreifer s. Aumund, Hebe- u. Förderanl., 1. Bd., S. 210. — Dubbel, Taschenbuch f. d. Maschinenbau, 3. Aufl. — v. Hanffstengel, Förderung der Massengüter, 2. Aufl., 2. Bd., S. 201.

Fördergefäße für flüssiges und heißes Gut.

Förderung des flüssigen Eisens in der Gießerei durch Hand-, Scher- oder Kranpfannen und Gießtrommeln, die in Flußeisen ausgeführt werden. Kleine Pfannen werden innen mit Lehm ausgeschmiert, Pfannen von größerem Inhalt werden mit feuerfesten Steinen ausgemauert.

Handpfannen mit angenietetem Stiel kommen nur für kleine Mengen flüssigen Gutes — 15 bis 25 kg Inhalt — in Frage.

Scherpfannen, die durch zwei oder drei Mann mittels einer Schere getragen werden, sind für 50 bis höchstens 300 kg Inhalt verwendbar.

---

[1]) Ausführung Demag, Duisburg.

Die Benutzung einer Tragschere mit einer festen und einer drehbaren Gabel[1]) ist im Vergleich zu einer Schere mit zwei festen Gabeln vorteilhafter, da zum Tragen und Gießen mit der Pfanne nur zwei statt drei Mann erforderlich sind.

Gießpfannen von größerem Inhalt (500 bis 15 000 kg) werden entweder auf Schmalspurwagen oder durch Krane befördert.

Fig. 53 gibt die schematische Darstellung einer Krangießpfanne[2]), die mittels des Bügels *a* am Kranhaken eingehängt wird. Die Pfanne wird durch Drehen des Handrades *b* und vermittels des Kegelrädergetriebes *c* und eines Schneckengetriebes *d* gekippt.

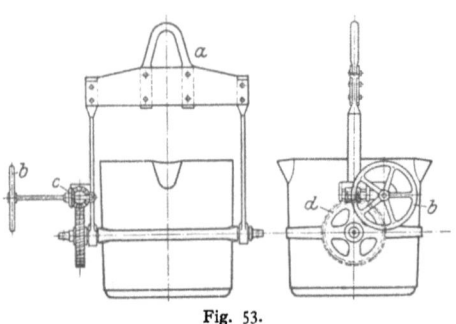

Fig. 53.

Gießtrommeln. Vorteile: Leichte Handhabung, völlig gefahrlose Bedienung und geringe Wärmestrahlungsverluste infolge der geschlossenen Gefäßform. Die Arbeiter werden nicht durch Hitze- und Lichtausstrahlungen belästigt. Während bei den Gießpfannen das Eisen teilweise gehoben werden muß, sind bei den Gießtrommeln lediglich Reibung des flüssigen Eisens an der Trommelwand und Zapfenreibung zu überwinden. Das Kippen einer Gießtrommel erfordert daher keine so große Übersetzung wie das einer inhaltsgleichen Gießpfanne.

Ausmauern der Gießtrommeln nach Entfernung der leicht abnehmbaren Seitenwände. Da die Gießtrommeln von allen Seiten gleiche Spannung haben, ist ihre Lebensdauer erheblich größer als die der Gießpfannen.

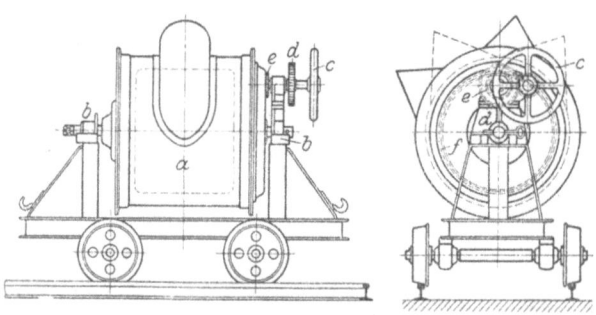

Fig. 54.

Fig. 54 zeigt eine Gießtrommel zur Förderung auf Schmalspurwagen[2]). Die Trommel *a* ist mit ihrer Drehachse auf den Lagerböcken *b* des Schmalspurwagens abnehmbar gelagert. Das Drehen der Trommel geschieht durch das Handrad *c*, vermittels des Stirnrädergetriebes *d* und des Ritzels *e*, das mit dem innen verzahnten Kranz *f* kämmt.

Meist angewendete Ausführungsgrößen:

Inhalt	750	1250	1500	2000 kg
Spurweite des Wagens	600	600	600	1000 mm

Verhältnis des Leergewichts (ohne Ausmauerung) zu flüssigem Inhalt[3]):

---

[1]) G. Senssenbrenner, G. m. b. H., Düsseldorf-Oberkassel.
[2]) Akt.-Ges. Vulkan, Köln.
[3]) Osann, Eisen- und Stahlgießerei.

Handpfannen 50 zu 100, Scherpfannen (ohne Schere) 25 zu 100; Kranpfannen mit Schneckenradvorgelege 25 zu 100 bis 17 zu 100 je nach dem Pfanneninhalt (500 bis 15 000 kg).
Veröffentlichungen über Lastaufnahmemittel: Fördertechn. u. Frachtverk.
1911, S. 177: Wintermeyer, Zangen und Pratzen. — St. u. E. 1921, S. 534: Bedienungsvorrichtungen für Wärm- und Glühöfen. — Desgl. 1908, S. 469: Hertel, Lasthebemagnete. — Desgl. 1917, S. 190: Ruß, Die Lasthebemagnete. — El. u. Masch. 1913, S. 250: Hermanns, Über Fortschritte in der Verwendung der Lasthebemagnete. — The Electrician 1919, S. 349: Pikett, Fortschritte im Bau von Lasthebemagneten. — Der Betrieb 1921, S. 157: Hänchen, Der Lasthebemagnet im Werkstättenbetriebe. — Z. Ver. deutsch. Ing. 1915, S. 976: Wintermeyer, Neuzeitliche Selbstgreiferkonstruktionen. — St. u. E. 1914, S. 627: Borchers, Neuere Selbstgreifer. — Fördertechn. u. Frachtverk. 1909, S 135: Neuere Ein- und Zweikettengreifer. Desgl. 1915, S. 186: Elwy, Die Verbilligung des Transportes von Massengütern durch den Greiferbetrieb. — E.T.Z. 1919, S. 600: Wintermeyer, Die neuzeitliche Entwicklung des elektr. betr. Selbstgreifers. — St. u. E. 1912: Canaris, Über Rißbildung an Gehängehaken von Stahlgießpfannen. — Desgl. 1920, S. 1136: Pomp, Brüche an Gießpfannengehängen.

Kranbauarten im Werkstättenbetriebe.

Laufkrane.

Normale Laufkrane haben drei Bewegungen: Heben (und Senken), Winden- oder Querfahren und Kran- oder Längsfahren.

Handlaufkrane. Antrieb in Werkstätten allgemein durch Kette und Haspelrad vom Fußboden aus. Ihre Verwendung ist bei kleineren oder mittleren Tragkräften, kurzen Förderwegen (kleiner Hub, kleine Spannweite und kurze Kranfahrstrecke) oder seltener Benutzung gegeben.

Die einfachsten Handlaufkrane (für Tragkräfte bis etwa 5 t und Spannweiten bis 8 m) besitzen nur einen Hauptträger (I-Träger), auf dessen Untergurt eine Laufkatze mit eingehängtem Flaschenzug oder eingebautem Hubwerk fahrbar ist. Die normalen Handlaufkrane haben zwei Hauptträger und werden entweder von einer Stirnrad- oder Schneckenlaufwinde befahren. Ausbildung der Hauptträger je nach Spannweite und Tragkraft als Vollwand- oder als Fachwerkträger.

Elektrisch betriebene Laufkrane erhalten für jede Kranbewegung einen besonderen Motor (Fig. 55) und werden für Tragkräfte von 3 bis 100 t und für Spannweiten von 8 bis 30 m ausgeführt. Laufkrane kleinerer Spannweite (bis etwa 12 m) erhalten als Hauptträger einen Vollwandträger (I- oder Stehblechträger). Für größere Spannweiten führt man Fachwerkträger nach Art von Fig. 55 aus.

Die elektrisch betriebenen Laufkrane sind von den Kranbaufirmen normalisiert und zeigen hinsichtlich Bauart, lichtem Durchgangsprofil, Größe der Arbeitsgeschwindigkeiten und Krangewicht nur geringe Abweichungen.

Betrieb durch Gleichstrom, Drehstrom, mitunter auch Einphasenstrom. Steuerung der Motoren durch Kontroller, die im Führerkorb aufgestellt sind oder, an der Kranbrücke angebaut, vom Fußboden aus durch Zugschnüre bedient werden.

Die normalen Laufkrane größerer Tragkraft (von etwa 15 t ab) werden mit Hilfshubwerk (Fig. 55) ausgeführt.

Dieses ist besonders bei Drehstromantrieb angebracht, da der Drehstrommotor, im Gegensatz zum Gleichstrom-Hauptstrommotor, bei jeder Belastung mit fast gleicher Drehzahl läuft. Aber auch bei Gleichstrom ist, wenn öfters leichtere Lasten durch einen Kran größerer Tragkraft zu heben sind, ein Hilfshubwerk vorteilhaft.

Änderung der Hubgeschwindigkeit mit Hilfe der Steuerapparate durch Ein- oder Abschalten von Widerständen. Abstufung der Hubgeschwindigkeit durch umschaltbares Rädervorlege. Beim Arbeiten in Formereien, Zusammenbauwerkstätten, wo ein langsames und genaues Bewegen der Last erforderlich ist, wird die Hubgeschwindigkeit auf elektrischem Wege durch die Leonard-Schaltung

Zahlentafel 6.
Elektrisch betriebene Laufkrane der Deutschen Maschinenfabrik A.-G. Duisburg.

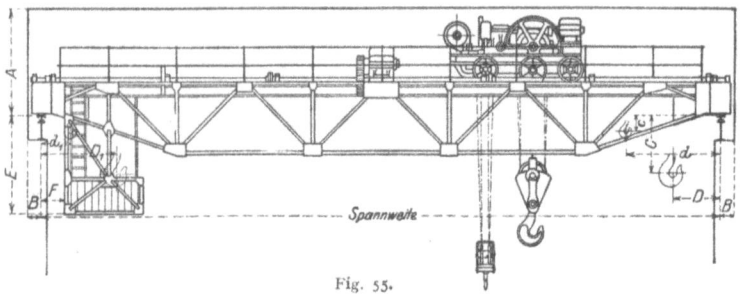

Fig. 55.

Arbeitsgeschwindigkeiten und Motorleistungen.

Tragkraft in t			Ohne		Mit Hilfshubwerk									
			5	7,5	$\frac{10}{3}$	$\frac{12,5}{3}$	$\frac{15}{3}$	$\frac{20}{5}$	$\frac{25}{5}$	$\frac{30}{7,5}$	$\frac{40}{7,5}$	$\frac{50}{10}$	$\frac{60}{10}$	$\frac{75}{10}$
Heben		m/min.	7,5	7,5	9,0	7,0	8,8	6,6	5,4	4,4	4,2	3,3	3,3	2,6
		PS.	12	19	28	28	44	44	44	44	56	56	56	66
Hilfsheben		m/min.	—	—	13	13	13	12	12	11,5	11,5	13	13	9
		PS.	—	—	12	12	12	19	19	28	28	44	44	44
Windenfahren		m/min.	30	30	30	30	30	30	30	30	30	26	22	18
		PS.	1,8	2,8	3,8	4,5	5	7	9	10	12	14	14	14
Kranfahren	Spannweite 10 m	m/min.	125	100	110	100	110	105	105	100	95	90	85	80
		PS.	10	10	14	14	20	20	24	32	37	42	48	58
	12	m/min.	115	95	105	95	105	100	100	95	90	85	80	75
		PS.	10	10	14	14	20	20	24	32	37	42	48	58
	14	m/min.	105	90	100	90	100	95	95	95	90	85	75	75
		PS.	10	10	14	14	20	20	24	32	37	42	48	58
	16	m/min.	100	85	95	85	95	90	90	90	85	80	75	70
		PS.	10	10	14	14	20	20	24	32	37	42	48	58
	18	m/min.	95	80	90	80	90	85	85	90	85	80	75	70
		PS.	10	10	14	14	20	20	24	32	37	42	48	58
	20	m/min.	90	75	85	75	85	80	80	85	80	75	75	70
		PS.	10	10	14	14	20	20	24	32	37	42	48	58
	22	m/min.	90	75	85	75	85	80	80	85	80	75	70	70
		PS.	10	10	14	14	20	20	24	32	37	42	48	58
	24	m/min.	85	70	80	70	80	75	75	80	75	70	70	65
		PS.	10	10	14	14	20	20	24	32	37	42	48	58
	26	m/min.	80	70	75	70	80	70	70	80	75	70	65	65
		PS.	10	10	14	14	20	20	24	32	37	42	48	58
	28	m/min.	75	65	70	65	75	65	65	75	70	65	65	60
		PS.	10	10	14	14	20	20	24	32	37	42	48	58
	30	m/min.	70	60	65	65	75	65	65	75	70	65	65	60
		PS.	10	10	14	14	20	20	24	32	37	42	48	58

Die Werkstattförderer. — Zeitweise (kurzzeitig) arbeitende Förderer.

Zahlentafel 6 (Fortsetzung).
Lichtes Durchgangsprofil und Hauptabmessungen
(Fig. 55).

Spann-weite	Maße	Tragkraft in t											
		Ohne		Mit Hilfshubwerk									
m	mm	5	7,5	$\frac{10}{3}$	$\frac{12,5}{3}$	$\frac{15}{3}$	$\frac{20}{5}$	$\frac{25}{5}$	$\frac{30}{7,5}$	$\frac{40}{7,5}$	$\frac{50}{10}$	$\frac{60}{10}$	$\frac{75}{10}$
10–20	A	1600	1700	1800	1900	2100	2150	2200	2300	2500	2600	2800	3000
	B	200	220	230	240	250	275	275	300	325	350	375	400
	C	400	400	400	400	400	500	600	700	750	800	900	900
	D^1)	—	—	900	950	1000	1050	1100	1200	1300	1400	1450	1500
	D_1			1400	1450	1500	1550	1600	1700	1850	2050	2650	2750
	D^2)	850	900	900	950	1000	1050	1100	1200	1300	1400	1450	1500
	D_1	750	800	900	1000	1100	1100	1150	1150	1400	1500	1550	1600
	F	400	400	400	400	500	600	600	600	600	600	600	600
	G	—	—	750	800	850	900	950	1050	1150	1150	1550	1600
	c	—	—	200	200	200	300	300	400	400	400	500	500
	d	—	—	1650	1750	1850	1950	2050	2250	2450	2550	3000	3100
	d_1	—	—	650	650	650	650	650	650	700	900	1100	1150
22–30	A	1700	1800	1900	2000	2200	2250	2300	2400	2600	2700	2900	3100
	B	200	220	230	240	250	275	275	300	325	350	375	400
	C	300	300	300	300	300	400	500	600	650	700	800	900
	D^1)	—	—	900	950	1000	1050	1100	1200	1300	1400	1450	1500
	D_1			1400	1450	1500	1550	1600	1700	1850	2050	2650	2750
	D^2)	850	900	900	950	1000	1050	1100	1200	1300	1400	1450	1500
	D_1	750	800	900	1000	1100	1100	1150	1150	1400	1500	1550	1600
	F	400	400	400	400	500	600	600	600	600	600	600	600
	G	—	—	750	800	850	900	950	1050	1150	1150	1550	1600
	c	—	—	100	100	100	200	200	300	300	300	400	400
	d	—	—	1650	1750	1850	1950	2050	2250	2450	2550	3000	3100
	d_1	—	—	650	650	650	650	650	650	70	900	1100	1150
10	E	2000	2000	2000	2000	2200	2200	2200	2200	2200	2200	2200	2200
12	,,	2200	2200	2200	2200	2300	2300	2300	2300	2200	2200	2200	2200
14	,,	2400	2400	2400	2400	2400	2400	2400	2400	2200	2200	2300	2300
16	,,	2600	2600	2600	2600	2500	2500	2500	2500	2300	2300	2400	2400
18	,,	2800	2800	2800	2800	2600	2600	2600	2600	2400	2400	2600	2600
20	,,	3000	3000	3000	3000	2800	2800	2800	2800	2600	2600	2600	2600
22	,,	3200	3200	3200	3200	3000	3000	3000	3000	2800	2800	2800	2800
24	,,	3400	3400	3400	3400	3200	3200	3200	3200	3000	3000	3000	2800
26	,,	3600	3600	3600	3600	3400	3400	3400	3400	3200	3200	3000	3000
28	,,	3800	3800	3800	3800	3600	3600	3600	3600	3400	3400	3200	3200
30	,,	4000	4000	4000	4000	3800	3800	3800	3800	3600	3600	3400	3200

1) Mit Hilfshubwerk.
²) Ohne Hilfshubwerk.

Zahlentafel 6 (Fortsetzung).
Radstände, größte Raddrücke, Laufschienenbreiten und Gesamtkrangewichte.

	Spann-weite m	Tragkraft in t											
		Ohne		Mit Hilfshub									
		5	7,5	$\frac{10}{3}$	$\frac{12,5}{3}$	$\frac{15}{3}$	$\frac{20}{5}$	$\frac{25}{5}$	$\frac{30}{7,5}$	$\frac{40}{7,5}$	$\frac{50}{10}$	$\frac{60}{10}$	$\frac{75}{10}$
Rad-stand m	10	2400	2600	2800	3000	3200	3400	3800	4000	4000	4200	4400	4600
	12	2400	2600	2800	3000	3200	3400	3800	4000	4000	4200	4400	4600
	14	2600	2600	2800	3000	3200	3400	3800	4000	4000	4200	4400	4600
	16	2600	2600	2800	3000	3200	3400	3800	4000	4000	4200	4400	4600
	18	2800	2800	2800	3000	3200	3400	3800	4000	4000	4200	4400	4600
	20	3000	3000	3000	3000	3200	3400	3800	4000	4000	4200	4400	4600
	22	3200	3200	3200	3200	3200	3400	3800	4000	4000	4200	4400	4600
	24	3400	3400	3400	3400	3400	3400	3800	4000	4000	4200	4400	4600
	26	3600	3600	3600	3600	3600	3600	3800	4000	4000	4200	4400	4600
	28	3800	3800	3800	3800	3800	3800	3800	4000	4000	4200	4400	4600
	30	4000	4000	4000	4000	4000	4000	4000	4000	4000	4200	4400	4600
Größter Raddruck eines Laufrades kg	10	6000	7500	9000	10300	12200	15300	17800	20600	26400	31800	37300	45000
	12	6300	7800	9300	10700	12600	15700	18400	21300	27200	32800	38400	46700
	14	6500	8100	9700	11100	13100	16000	19000	22000	28000	33700	39500	48400
	16	6800	8400	10000	11500	13500	16600	19500	22700	28800	34800	40700	50000
	18	7100	8800	10400	12000	14000	17200	20100	23400	29600	35700	41900	51300
	20	7400	9100	10800	12500	14600	17800	20700	24100	30400	36700	43900	52600
	22	7800	9500	11300	13000	15200	18500	21400	24800	31200	37500	44300	54000
	24	8100	10000	11800	13500	15700	19100	22100	25400	32000	38400	45400	55400
	26	8500	10300	12200	14000	16200	19700	22800	20100	32700	39400	46500	56700
	28	8900	10700	12800	14500	16800	20300	23500	26800	33500	40300	47700	58200
	30	9300	11300	13400	15100	17400	20900	24200	27600	34300	41300	48800	59700
Breite d.Lauf-schiene mm	10—20	50	50	55	55	55	65	65	75	75	90	100	110
	22—30	55	55	60	60	60	65	65	75	75	100	110	120
Gesamt-Kran-Ge-wichte kg	10	10000	11200	13000	13800	16200	18500	20100	22900	27400	32000	36800	42300
		—[1]	—	15000	16000	18300	21000	23000	26000	30800	36900	42300	48300
	12	11000	12200	14000	15000	17600	20000	21800	24500	29400	33800	39200	45200
		—	—	16100	17100	19700	22000	24600	27800	32800	38900	41600	51200
	14	12000	13400	15100	16300	19100	21500	23500	26500	31600	36100	42000	48200
		—	—	17300	18500	21200	24100	26500	29600	35100	41100	47300	54400
	16	13000	14400	16500	17800	27000	23500	25500	28500	33900	38600	44800	52200
		—	—	18700	20000	22900	26000	28500	31600	37400	43700	50300	58200

[1]) Ohne Hilfshubwerk.
[2]) Mit Hilfshubwerk.

Die Werkstattförderer. — Zeitweise (kurzzeitig) arbeitende Förderer.

Zahlentafel 6 (Fortsetzung).
Radstände, größte Raddrücke, Laufschienenbreiten und Gesamtkrangewichte.

	Spann-weite	Tragkraft in t										
		Ohne		Mit Hilfshubwerk								
	m	5	7,5	$\frac{10}{3}$	$\frac{12,5}{3}$	$\frac{15}{3}$	$\frac{20}{5}$	$\frac{25}{5}$	$\frac{30}{7,5}$	$\frac{40}{7,5}$	$\frac{50}{10}$	$\frac{60}{10}$	$\frac{70}{10}$
Gesamt-Kran-Ge-wichte kg	18	14100	15800	18000	19400	22400	25500	27600	30700	36300	41400	48000	56200
		—[1])	—	20200	21600	24600	28000	30500	34000	39700	46500	53300	62300
	20	15500	17200	19600	21100	24500	27500	29600	33000	38600	44200	51500	60300
		—	—	21800	23400	26600	30000	32700	36200	42000	49300	57000	66400
	22	17000	19100	21600	23300	26500	30200	32600	35300	41500	47800	55400	65300
		—	—	23900	25500	28700	32800	35500	38600	45000	53000	61000	71600
	24	18500	20900	23600	25200	28500	32500	35000	38000	44300	51000	59400	70300
		—	—	25800	27500	30800	35000	38000	41000	47900	56000	65000	76600
	26	20200	22500	25600	27400	30800	35000	37300	40700	47100	54800	64000	75500
		—	—	27700	29600	33000	37500	40500	44000	50700	60000	69500	81600
	28	21900	24500	27600	29600	33200	37500	40000	43500	50200	58800	68800	8200
		—	—	30000	32000	35400	40000	43200	47000	53800	64000	74200	87300
	30	23700	26600	30000	32000	36000	40000	43000	46700	53500	62800	73500	86800
		—	—	32200	34400	38000	42800	46200	50000	57000	68000	79000	93000

und auf mechanischem Wege durch den MAN.-Doppelantrieb[2]) feinstufig geregelt.

Die in Zahlentafel 6 angegebenen Arbeitsgeschwindigkeiten, Abmessungen, größten Raddrücke und Gewichte gelten für Krane normaler Betriebsart. Für Krane mit angestrengtem Betrieb (Hochofen-, Stahl- und Walzwerkskrane) sind die Arbeitsgeschwindigkeiten höher. Auch sind die Krane in ihrer Bauart kräftiger gehalten.

Laufkrane mit innen laufender Katze (Untergurt - Laufkrane) stellen eine Sonderausführung dar und werden angewendet, wenn der Kran zur Erreichung einer großen Hubhöhe möglichst hochgelegt werden muß. Sie sind in baulicher Hinsicht umständlich, auch ist die Winde bei Demontagearbeiten nicht so leicht zugänglich wie bei den normalen Laufkranen.

Anordnung der Kranfahrbahn bei Innendienstkranen an der Gebäudekonstruktion. Im Freien arbeitende Laufkrane erhalten eine Hochbahn, an deren Fahrbahnträger ein Laufsteg angebaut wird. Fährt der Laufkran längs einer Gebäudewand, so kann eine Fahrbahn unmittelbar an der Gebäudewand angebracht werden.

Die Triebwerke der im Freien fahrenden Krane sind zu verschalen. Der Führerkorb erhält Holzverkleidung; in Rücksicht auf gute Übersichtlichkeit des Arbeitsfeldes sind aufklappbare Fenster vorzusehen.

Sonderbauarten.

Laufkrane mit verschiebbarem Ausleger. Der Arbeitsbereich wird dadurch vergrößert, daß man auf der Kranbrücke statt einer gewöhnlichen Lauf-

---
[1]) Mit Hilfshub
[2]) S. Dubbel, Taschenbuch f. d. Maschinenbau, Abschn. Hebemaschinen.

winde einen Wagen anordnet, an dem parallel der Kranbrücke ein Ausleger fest angebaut ist. Auf dem Untergurt und im Innern dieses Auslegers fährt dann eine normale Kranlaufwinde oder eine Katze, deren Hub- und Fahrbewegung durch Seilzüge von dem auf dem Wagen angeordneten Triebwerk aus abgenommen werden. Durch den verschiebbaren Ausleger kann man in einem benachbarten Werkstättenschiff und entsprechend der veränderlichen Lage des Auslegers Lasten aufnehmen und absetzen (Fig. 110, S. 828).

Laufkrane mit drehbarem Ausleger oder Laufdrehkrane (Fig. 110, S. 828) zeigen den Kranen mit verschiebbarem Ausleger gegenüber größere Beweglichkeit, auch ermöglichen sie bequemes und leichteres Einstellen des Auslegers in die jeweilige Lastlage, wobei jede Stelle des befahrenen Arbeitsfeldes erreichbar ist. Infolge dieser Vorteile werden die Laufdrehkrane zum Bedienen von benachbarten Schiffen den Kranen mit verschiebbarem Ausleger meist vorgezogen.

Laufkrane kleiner Tragkraft, deren Fahrbahn an der Dachkonstruktion eines Gebäudes aufgehängt ist (Deckenlaufkrane) werden zwecks Vergrößerung ihres Arbeitsbereiches ebenfalls mit einem drehbaren Ausleger ausgerüstet.

Greiferlaufkrane. Laufkrane, die zum Fördern von Schüttgütern mit Zweiseilgreifern (s. S. 774) ausgerüstet sind, erhalten der Arbeitsweise dieser Greifer entsprechend ein besonderes Windwerk mit zwei Trommeln, Hub- und Entleerungstrommel.

Lokomotivlaufkrane. Das Heben und Fördern der Lokomotiven kann auf zwei Arten durchgeführt werden. Bei dem meist gebräuchlichen System wird die Lokomotive aus dem Mittelschiff mittels Schiebebühnen nach den Querständen der Seitenschiffe gefahren. Über den Querständen sind elektrisch betriebene Laufkrane mit zwei Laufwinden angeordnet, die die Lokomotive am vorderen und hinteren Ende mittels zweier Tragbalken anheben, weiterfördern und auf dem betreffenden Querstand absetzen.

Für das andere, sog. amerikanische System kommt die Schiebebühne in Fortfall. Die Lokomotive wird auf dem mittleren, in der Längsrichtung der Halle verlegten Gleis (dem Zufahrtsgleis) angefahren und mittels zweier Laufkrane nach den parallel verlegten Standgleisen gefördert und dort abgesetzt.

Über Lokomotivlaufkrane s. Org. f. d. Fortschr. im Eisenbahnwesen 1909, S. 220: Tetzlaff, Beförderung der Lokomotiven in den Werkstätten durch Krane. — Z. Ver. deutsch. Ing. 1914, S. 81: Wülfrath, Lokomotivhebekrane.

Wandlaufkrane.

sind Auslegerkrane, deren Fahrbahn erhöht an der Längsseite der Gebäudekonstruktion angeordnet ist. Sie beanspruchen daher keine Grundfläche und entlasten die über ihnen fahrenden Laufkrane.

Antrieb meist elektrisch, nur in besonderen Fällen sieht man bei kurzer Förderstrecke für die eine oder andere Kranbewegung Handbedienung durch Kette und Haspelrad vor.

Der Bauart des Krangerüstes und den an ihm auftretenden Kräften entsprechend, sind an der Gebäudekonstruktion drei Fahrbahnschienen erforderlich. Von diesen nimmt die mittlere, Fig. 56, die aus den senkrechten Kräften herrührenden Raddrücke auf, während die obere und untere zur Übertragung der aus den Kippkräften herrührenden wagerechten Raddrücke dient. Da letztere eine erhebliche exzentrische Beanspruchung auf die Gebäudekonstruktion ausüben, so sind Tragkraft und Ausladung der Wandlaufkrane beschränkt, auch ist die Gebäudekonstruktion sorgfältig auszubilden und zu bemessen.

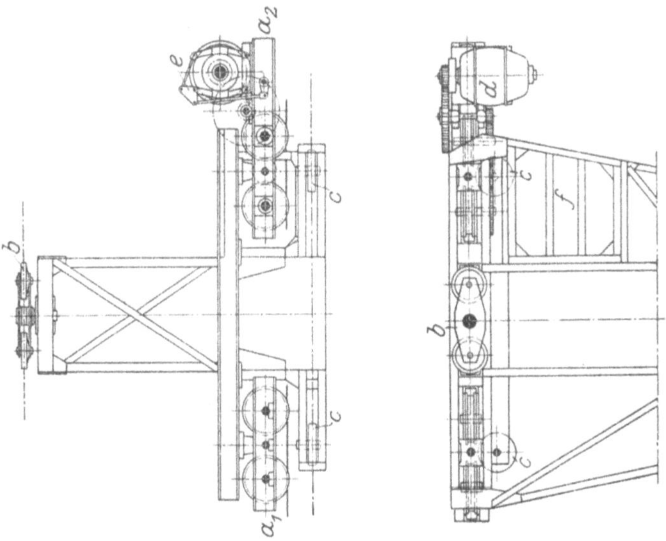

Die Werkstattförderer. — Zeitweise (kurzzeitig) arbeitende Förderer. 783

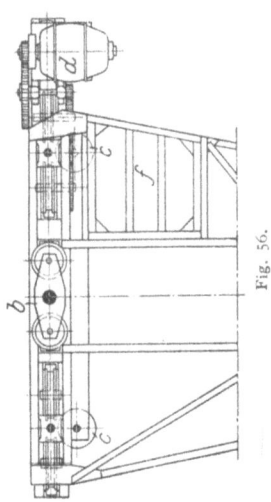

Fig. 56.

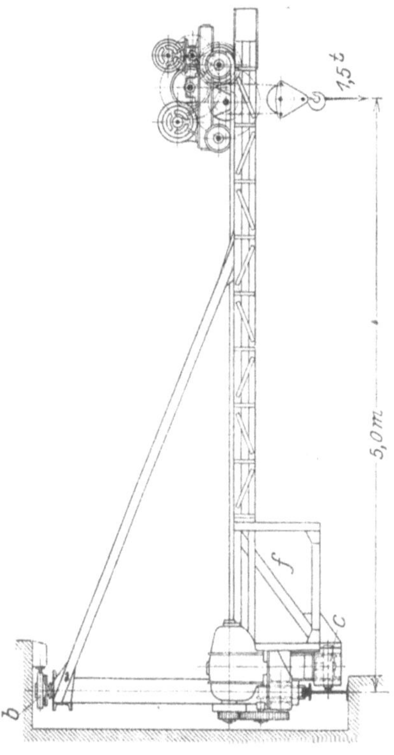

Der Ausleger der Wandlaufkrane kann fest oder drehbar an dem Laufradrahmen angeordnet sein.

Wandlaufkrane mit festem Ausleger (Konsolkrane) werden in der Regel für Tragkräfte von 2, 3, 5, 7,5 bis höchstens 10 t gebaut. Ihre Ausladung ist veränderlich (Fig. 56) und geht kaum über 10 m.

Ausführung meist mit normaler elektrischer Kranlaufwinde. Nachteile: verhältnismäßig große Durchbiegung des Kragarmes, und stoßweises Zurückfedern desselben bei plötzlicher Entlastung.

Verwendung hauptsächlich in Gießereien, Bearbeitungs- und Zusammenbauwerkstätten. Die Fahrbahn kann auch unter Einschaltung von Kurven längs der vier Gebäudewände als geschlossene Ringbahn angeordnet werden, wodurch der Arbeitsbereich entsprechend vergrößert wird.

Fig. 55 zeigt einen Konsolkran von 1,5 t Tragkraft und 5 m Ausladung[1]), der zum Befahren von Kurven mit 8 m

---
[1]) Bauart Rheinmetall, Düsseldorf.

kleinstem Krümmungshalbmesser gebaut ist. In Rücksicht auf das Befahren der Kurven sind die Laufräder der senkrechten Fahrbahn in Drehgestellen (a_1 und a_2) und die der oberen wagerechten Fahrbahn in einem Drehgestell (b) angeordnet, während die Laufräder an der unteren wagerechten Fahrbahn fest am Rahmen gelagert sind.

Wandlaufdrehkrane bieten den Vorteil, daß man mit dem drehbaren Ausleger bequem an jede Stelle des bestrichenen Arbeitsfeldes gelangt und allen im Wege stehenden Hindernissen leicht ausweichen kann. Wird der schmale Ausleger bei Nichtbenutzung des Kranes nach der Seite geschwenkt, so wird das Arbeitsfeld des im gleichen Schiff fahrenden Laufkranes nicht beeinträchtigt.

Die Wandlaufkrane haben entweder beschränkten (180°) oder vollen Drehbereich (360°). Ausladung meist unveränderlich.

Fig. 57 stellt einen elektrisch betriebenen Wandlauf-Drehkran mit einem **Schwenkwinkel von 180°** dar[1]). Tragkraft 5 t, Hubhöhe 12 m, Ausladung $A = 8$ m.

D_1 sind die unteren, D_2 die oberen Druckrollen zum Aufnehmen der aus den Kippmomenten herrührenden wagerechten Kräfte.

Wandlaufdrehkrane mit **vollem Drehbereich** (Fig. 58) können Lasten in dem benachbarten Werkstättenschiff aufnehmen und absetzen.

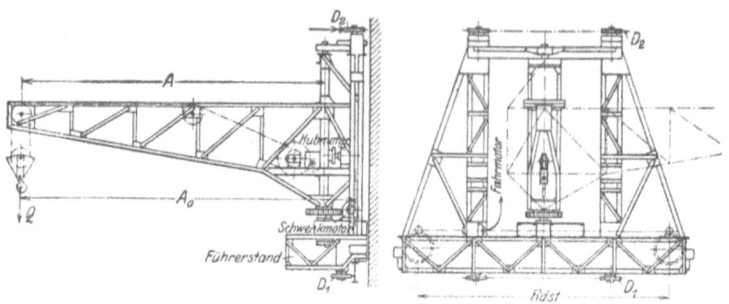

Fig. 57.

Steht der Ausleger des Kranes im Nachbarschiff, so wirken die Kräfte an den beiden wagerechten Fahrbahnen entgegengesetzt und suchen den Kran abzuheben. Daher sind je zwei obere und untere wagerechte Fahrbahnen und am Kran zwei weitere obere und untere Druckrollen erforderlich.

Fig. 58, Wandlauf-Drehkran[2]) mit 5 t Tragkraft, 6,25 m Ausladung und 6,3 m Hub. Der um 360° schwenkbare Ausleger a ist an der drehbaren Säule b befestigt. Diese ist bei c durch ein Spur- und Halslager und bei d durch ein Rollenlager in dem fahrbaren Krangerüste e gelagert. f sind die senkrechten Laufräder, die beide angetrieben sind, g_1 und g_2 die wagerechten Druckrollen, die bei der in der Figur gezeichneten Auslegerstellung anliegen. Wird der Ausleger um 180° gedreht, so liegen die anderen wagerechten Laufrollenpaare h_1 und h_2 an.

Tor- oder Bockkrane

werden fast ausschließlich im Freien zur Bedienung der Lagerplätze, zu Verladezwecken u. dgl. verwendet. Das Krangerüst zeigt die kennzeichnende Form eines Volltores (Fig. 59) oder Halbtores (Fig. 60). Zur Vermeidung zu großer Stützweiten erhalten die Volltorkrane ein- oder beiderseitigen Kragarm.

Ortfeste Torkrane haben einen geringen Arbeitsbereich und finden daher im Werkstättenbetriebe wenig Verwendung. Das Arbeitsfeld eines fahrbaren Torkranes ist ein Rechteck.

---

[1]) Der Demag, Duisburg.
[2]) Carl Flohr G. m. b. H., Berlin N.

Die Werkstattförderer. — Zeitweise (kurzzeitig) arbeitende Förderer. 785

Antrieb. Handantrieb nur für selten benutzte Krane sowie solche von kleiner oder mittlerer Tragkraft bei kurzen Lastwegen. Sonst allgemein elektrischer Antrieb. In besonderen Fällen auch gemischter Antrieb (von Hand und elektrisch). Die Winden der Torkrane sind normale Kranlaufwinden.

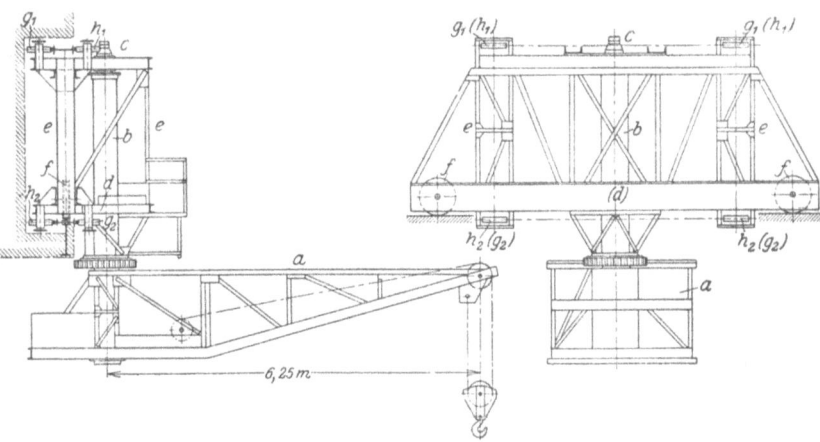

Fig. 58.

Die fahrbaren Volltorkrane (Fig. 59) laufen auf zwei ebenerdig verlegten Schienen. Man hält daher die Fahrgeschwindigkeit aus Sicherheitsgründen im allgemeinen niedriger als bei Laufkranen auf Hochbahnen.

Bei gleicher Tragkraft, Spannweite und Fahrgeschwindigkeit ist zum Verfahren eines Torkranes ein größerer Kraftbedarf erforderlich als zum Fahren eines Laufkranes, da das zu bewegende Fahrgewicht erheblich größer ist. Wann einem Torkran oder einem Laufkran mit Fahrbahngerüst der Vorzug zu geben ist, hängt von den gegebenen Verhältnissen ab und bedarf zur Entscheidung einer Kostenprüfung.

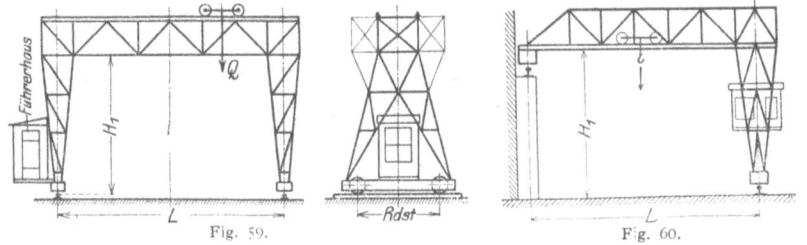

Fig. 59. Fig. 60.

Halbtorkrane oder einhüftige Bockkrane (Fig. 60) kommen in Betracht, wenn die zu bedienende Lagerplatzfläche an der Längswand eines Werkstättengebäudes gelegen ist. Die erhöhte Fahrbahn für den oberen Radträger wird wie bei einem Laufkran an die Gebäudewand angeschlossen. Bei dem in der Fig. 60 skizzierten Halbtorkran ist die Winde, im Gegensatz zu Fig. 59, auf dem Untergurt und im Innern der Hauptträger fahrbar. Halbtorkran mit Kragarm s. Fig. 110, S. 828.

Sonderbauarten. Umsetzbare (Drehschemel-) Torkrane s. S. 809. Lagerplatzbedienung.

Dubbel, Betriebstaschenbuch. 50

Fahrbare, elektrisch betriebene Torkrane mit aufgebautem oder oben laufendem Drehkran (Tordrehkrane oder Portalkrane) dienen in Hafenanlagen als Hülfsmittel für den Lösch- und Ladeverkehr.[1])

Drehkrane.

Ortfeste Drehkrane

haben einen beschränkten Arbeitsbereich und werden daher im Werkstättenaußendienst nur zu untergeordneten Verladearbeiten u. dgl. verwendet. Innerhalb der Fertigungswerkstätten heben und fördern sie mittlere und kleinere Lasten und entlasten die Laufkrane, denen vorwiegend das Heben und Fördern schwerer Stücke zufällt.

Ausführung als Endzapfendrehkrane oder als freistehende Drehkrane (mit feststehender Säule). Ausladung meist veränderlich. Antrieb entweder von Hand, elektrisch oder gemischt.

Endzapfendrehkrane. Fig. 61, Endzapfendrehkran mit veränderlicher Ausladung und Handantrieb, wie er in Gießereien und Schmieden vielfach angewendet wird.

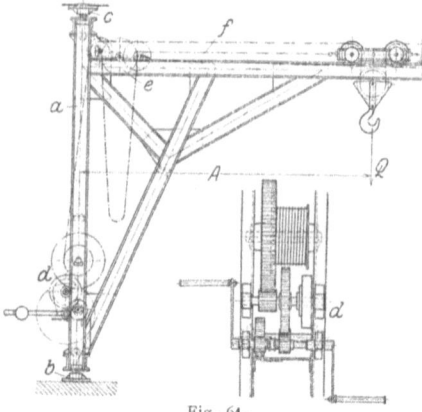
Fig. 61.

Der Ausleger ist mit der Säule a fest verbunden und in einem unteren Spur- und Halslager b und einem oberen Halslager c drehbar. Das Hubwerk d wird durch Kurbeln angetrieben und das Katzenfahrwerk e durch Handkette und Haspelrad. Übertragung der Fahrbewegung auf die Laufkatze durch einen geschlossenen Kettenzug f.

Ist das obere Endzapfenlager an einer Gebäudewand oder -stütze befestigt, so ist der Drehbereich des Kranes beschränkt.

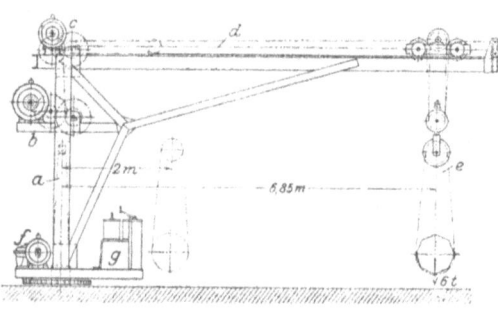
Fig. 62.

Anordnung an der Decke (Fig. 61) ergibt vollen Drehbereich (360°). Drehkrane nach Fig. 61 werden als „Gießereidrehkrane" für Tragkräfte von 3, 5, 7,5 und 10 t und mit Hand- oder elektrischem Antrieb gebaut. Bei größerer Tragkraft und Ausladung bzw. bei größerem Drehwiderstand ist ein besonderes Drehwerk erforderlich.

Freistehende Drehkrane. Der Ausleger ist um eine feststehende Säule drehbar, die bei Kranmomenten (Tragkraft mal Ausladung) bis 20 tm als geschmiedete Siemens-Martin-Stahlsäule ausgeführt wird.

Fig. 62 [2]) stellt schematisch einen elektrisch betriebenen Drehkran dieser Art dar, der in einer Schmiede zum Fördern und Wenden der Werkstücke während des Schmiedevorganges dient.

---

[1]) Hafenkrane, siehe Dubbel, Taschenb. f. d. Maschinenbau, Abschn. Hebemaschinen.
[2]) Schenck & Liebe-Harkort G. m. b. H., Düsseldorf.

Die Werkstattförderer. — Zeitweise (kurzzeitig) arbeitende Förderer. 787

a feststehende Stahlsäule, *b* Hubwerk, *c* Katzenfahrwerk, dessen Bewegung durch Kettenzug *d* auf die Laufkatze übertragen wird. *e* Wendevorrichtung, die zum elastischen Aufnehmen von Stößen federnd an der Kranflasche aufgehängt ist. *f* Drehwerk. *g* Steuerapparate.

Ortfeste Drehkrane zum Bedienen der Werkzeugmaschinen in den Bearbeitungswerkstätten s. S. 830.

Fahrbare Drehkrane.

Zweischienen-Drehkrane finden im allgemeinen nur für den Außendienst, im Umlade- und Platzverkehr Verwendung. Innerhalb der Werkstätten beanspruchen sie, der breiten Spur wegen, zu viel Bodenfläche. Die Zweischienenkrane sind meist auf Normalspur fahrbar. Größere Spur nur für besondere Zwecke.

Fahrbare Handdrehkrane werden kaum mehr verwendet, da für schwerere Lasten und größere Förderstrecken ungeeignet und zu kostspielig im Betrieb.

Fahrbare Dampfdrehkrane dienen auf den Werkhöfen zu Umladearbeiten und zum Verschieben der Eisenbahnwagen. Die normalen „Dampfkrane" werden der starken Nachfrage wegen in kleineren Reihen hergestellt und auf Lager gehalten. Ausrüstung mit Zughaken und Puffern. Die Tragkraft richtet sich, damit stets dieselbe Dampfmaschine verwendbar ist, nach der größtzulässigen Ausladung.

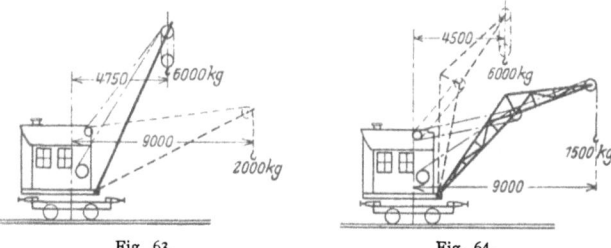

Fig. 63.   Fig. 64.

Fig. 63, normaler Dampfkran[1]) von 6 t Tragkraft. Fig. 64 zeigt die Ausführung mit geknicktem Ausleger. Der stehende Quersiederkessel von 8 at Überdruck hat 7 m² Heizfläche und 0,35 m² Rostfläche. Die umsteuerbare Zwillingsmaschine hat 160 mm Zylinderdurchmesser, 180 mm Hub und 180 Um/min.

Für die Steuerung sind fünf Hand- und ein Fußtritthebel angeordnet, und zwar für 1. Öffnen und Schließen des Dampfabsperrschiebers; 2. Verstellung der Kulisse der Dampfmaschine; 3. Aus- und Einrücken des Hubwerkritzels; 4. Lüften der Hubwerksbremse; 5. Umschalten des Wendegetriebes für das Hubwerk; 6. Ankuppeln des Fahr- oder Einziehwerkes an die Hauptantriebswelle. Der Kranführer kann folgende Bewegungen gleichzeitig ausführen: Heben und Drehen, Heben und Auslegereinziehen, Fahren und Heben, Fahren und Drehen sowie Drehen und Einziehen.

Durch den Einbau einer Entleerungstrommel mit Zubehör können die normalen Dampfkrane auch für den Betrieb mit Selbstgreifern oder Klappmulden eingerichtet werden.

Zur Verladung von Schrott, Masseln, Blöcken, Walzeisen usw. werden die Dampfkrane mit einem Lasthebemagneten (s. S. 772) ausgerüstet, der am Kranhaken aufgehängt ist. Für die Stromzuführung zum Magneten werden am Unterwagen ein Steckkontakt und zwei Schleifringe und am Ausleger eine selbsttätige Kabeltrommel angeordnet. Dem Kran wird der Strom durch ein bewegliches Kabel und durch Steckkontakte zugeführt, die in Abständen von etwa 50 m längs den Fahrgleisen vorgesehen sind.

Elektrisch betriebene fahrbare Drehkrane (Rollkrane) werden besonders im Hafenbetriebe zum Lösch- und Ladeverkehr verwendet. Auf Normalspur fahrend und mit Zughaken und Puffern ausgerüstet, sind sie auch ein vorzügliches Verschiebemittel für die Eisenbahnwagen (elektrische Lokomotivkrane).

---
[1]) Bauart Demag, Duisburg.

Die Rheiner Maschinenfabrik Windhoff & Co. führt ihre elektrischen Lokomotivkrane mit angebauter elektrisch betriebener Verschiebewinde aus. Mittels dieser Winde können, wenn der Lokomotivkran zwischen Wagen eingeschlossen ist, entferntere Wagen herangezogen und mit dem Wagenzug gekuppelt werden. Die Tragkraft des unter dem Namen „Windhoff-Platzarbeiter" in den Handel gebrachten Krans beträgt 5 t.

Fahrbare Tordrehkrane. Da die fahrbaren Drehkrane (Rollkrane) beim Güterumschlag zwischen Schiff und Eisenbahnwagen zu viel Grundfläche beanspruchen, zieht man ihnen in der Regel die fahrbaren Tordrehkrane (Portaldrehkrane) vor. Die Tordrehkrane überspannen ein oder mehrere Eisenbahngleise, die zur Abkürzung des Ladeweges möglichst nahe an die Kaimauer verlegt werden.

Bei den Volltordrehkranen (Vollportalkranen) ist der Drehkran auf einem Volltorgerüst fest oder fahrbar angeordnet. Bei den Halbtordrehkranen (Halbportalkranen) ist die wasserseitige Schiene an die Kaikante verlegt, während die zweite Fahrbahn an einer Gebäudewand angebaut ist.

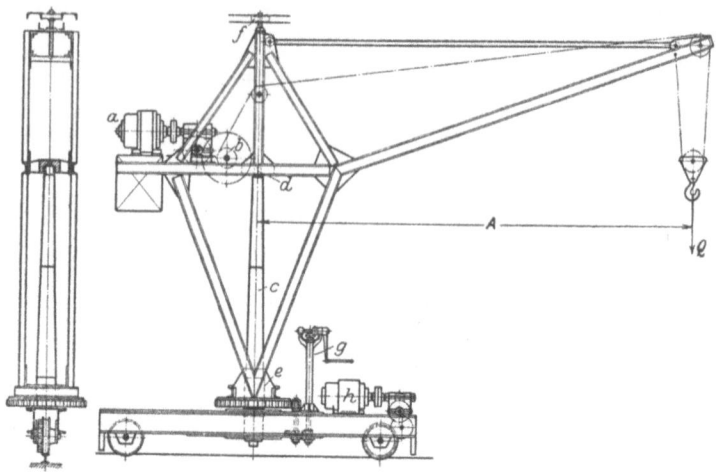

Fig. 65.

Über Tordrehkrane s. Dubbel, Taschenbuch für den Maschinenbau, 3. Aufl., Hafenkrane.

Einschienendrehkrane (Velozipedkrane) beanspruchen nur wenig Bodenfläche und finden deshalb in niedrigen Fabrikräumen, wo keine Laufkrane vorhanden sind und nur ein schmaler Gang zur Verfügung steht, Anwendung.

Die Velozipedkrane (Fig. 65) erfordern eine Standsicherheit nur in der Fahrtrichtung. Senkrecht zu dieser ist die Standfestigkeit durch die oberen und wenn nötig unteren Druckrollen gewahrt. Das Kranmoment wird wie bei den freistehenden Drehkranen auf eine feststehende Stahlsäule übertragen und durch ein Gegengewicht teilweise ausgeglichen.

Antrieb entweder von Hand oder elektrisch, je nach dem Verwendungszweck auch gemischter Antrieb, z. B. Heben und Kranfahren elektrisch, Drehen von Hand (Fig. 65).

Der Arbeitsbereich kann dadurch außerordentlich vergrößert werden, daß die Kranfahrbahn durch Anordnung von Drehscheiben beliebig verzweigt wird. Durch geeignete Einrichtung wird ermöglicht, den auf die Drehscheibe gefahrenen Kran mittels seines eigenen Schwenkwerks zu drehen, ohne daß der Kranführer seinen Platz verlassen muß. Hierdurch werden besondere Drehscheibenantriebe

Die Werkstattförderer. — Zeitweise (kurzzeitig) arbeitende Förderer. 789

überflüssig und erhebliche Ersparnisse an Zeit und Arbeitslohn gemacht (Beck & Henkel, Kassel).

Veröffentlichungen über Krane. Fördertechn. u. Frachtverk. 1920, S. 19: Schröder, Zwei Ursachen für das Lockerwerden von Nietenschlüssen bei Lauf- und Drehkranen. — Z. Ver. deutsch. Ing. 1915: Feigl, Verladebrücken neuerer Bauart. — Über Wandlaufkrane: St. u. E. 1912, S. 1825; Z. Ver. deutsch. Ing. 1913, S. 1199 und 2004; desgl. 1916, S. 754. — Dingl. Polyt. Journ. 1908, S. 399, Kranlokomotive. — Desgl. 1910, S. 333. — Org. f. d. Fortschr. i. Eisenbahnwesen 1910, S. 405: Elektr. betr. Kranlokomotive. — Desgl. 1913, S. 358. — El. Kr. u. B. 1913, Heft 8, Bühle, Lokomotiv-Drehkran mit Akkumulatorbetrieb. — Desgl. 1916, S. 305: Giese, Dampf- oder elektr. Krane. — El. u. Masch. 1920, S. 94: Neuerungen an elektrischen Greiferkranen. — Z. Ver. deutsch. Ing. 1916, S. 753, Velocipedkran f. Magnetbetrieb. —

b) Stetig arbeitende Förderer (Dauerförderer).[1])

Sie dienen in der Regel zum Fördern von Schüttgütern, auch zum Transport von Stückgütern kleinen und mittleren Gewichts werden die Dauerförderer in neuerer Zeit mehr und mehr herangezogen. Je nach der Bauart wird das Gut ununterbrochen in wagerechter, senkrechter, schwach oder stark geneigter Richtung und in ebenen oder in Raumkurven bewegt. Die Dauerförderer sind meist ortfest. Einige Bauarten, wie Bandförderer, Elevatoren, Rollenförderer u. a. werden auch fahrbar verwendet. Antriebsmittel: hauptsächlich Elektromotor, bei ortfesten Förderern auch Riemenantrieb. Im besonderen wird das Fördergut auch durch den Einfluß der Schwerkraft (Schwerkraftförderer) oder durch einen Luftstrom (pneumatische Förderer) bewegt.

Für die Wahl eines Dauerförderers sind die Eigenschaften des Fördergutes (spezifisches Gewicht, Stückgröße und Temperatur), die Förderrichtung, die Größe der Förderstrecke, die geforderte Stundenleistung, die Höhe des Arbeitsverbrauches und die gegebenen örtlichen und Betriebsverhältnisse maßgebend.

1. Kratzerförderer.

Arbeitsweise (Fig. 66): An einer endlosen, ständig umlaufenden Kette a sind Schaufeln b befestigt, die das Fördergut in einer Rinne c vor sich herschieben. Das Gut wird der Rinne von oben zugeführt und entweder am Ende derselben oder an beliebiger Stelle durch Öffnen von Blechschiebern am Rinnenboden abgegeben.

Ausführung. Die rechteckigen oder trapezförmigen Schaufeln sind je nach Art des Fördergutes und der Förderleistung an einer oder an zwei Zugketten befestigt. Führung der Kette entweder durch auswechselbare Schleifbacken

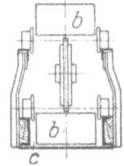
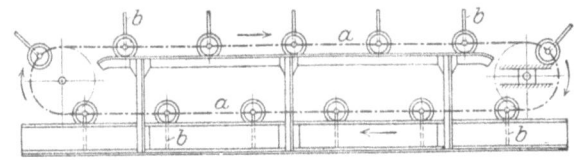

Fig. 66.

(hoher Arbeitsverbrauch) oder durch Rollen, die an den Kettengelenken angeordnet sind. Fortbewegen des Fördergutes entweder durch den oberen oder den unteren Kettenstrang (Fig. 66). Arbeitsgeschwindigkeit, je nachdem grob- oder feinstückiges Gut gefördert wird, 0,2 bis 1 m/sek.

Anwendung. Die Kratzer werden zur Förderung von Kohle, Koks, Asche, Sand u. dgl. bei wagerechter und geneigter Förderrichtung verwendet. Sie sind empfehlenswert für Leistungen von 8 bis 15 t/h und für Förderstrecken von 15 bis 25 m. Nachteile: Hoher Arbeitsverbrauch und Wertverminderung verschiedener

---

[1]) Aumund, Hebe- und Förderanlagen, 1. Bd., S. 73. — v. Hanffstengel, Die Förderung der Massengüter, 2. Bd.

Güter durch Zerreiben und Zerquetschen zwischen Schaufeln und Rinne. Bei Kratzern ohne Rinnenboden und mit gleitender Kette ist der Arbeitsverbrauch noch höher, daher Verwendung nur für kürzere Förderstrecken und kleinere Stundenleistungen. Der Betrieb der Kratzer ist einfach und sicher und erfordert fast keine Bedienungskosten. Dagegen sind die Wartungs- und Unterhaltungskosten ziemlich hoch.

Bauarten: Eitle, Stuttgart; Fredenhagen, Offenbach; Stotz, Stuttgart; Schmidt, Wurzen i. S.; Bamag u. a.

2. Förderrinnen.

Hinsichtlich der Arbeitsweise ist zwischen Schwingeförderrinnen und Schubrinnen zu unterscheiden. Letztere kommen vorwiegend für schlammiges Gut, für Erde u. dgl. in Frage und sind für den Werkstättenbetrieb ohne Bedeutung.

Schwingeförderrinnen.

a) Schüttelrinnen. Die Förderrinne a (Fig. 67) ist an verschiedenen Stellen mit Blattfedern b verbunden, die auf dem Unterteil des Förderers in schräger Lage befestigt sind. Mittels eines Kurbeltriebes c wird der Rinne eine schnell hin- und hergehende Bewegung erteilt, wobei sie sich infolge des Ausschlages der Federn gleichzeitig auf- und abbewegt.

Arbeitsweise. Die Rinne wird zunächst mit dem Fördergut vorwärts (in der Pfeilrichtung) bewegt und gleichzeitig gehoben. Nach beendetem Vorwärtsgang hebt sich das Gut von der Rinne ab und behält, frei in der Luft schwebend, die Vorwärtsbewegung (in der Förderrichtung) so lange bei, bis der Rückwärtsgang der Rinne beendet ist. Es kommt dann wieder mit der Rinne in Berührung und ein neuer Vorwärtsgang beginnt.

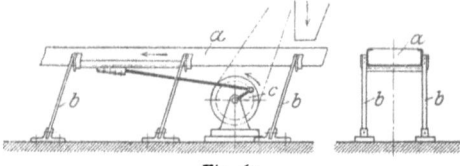

Fig. 67.

Während der Förderung nimmt daher das Gut eine hüpfende Vorwärtsbewegung an, wobei es sich gleichzeitig über den ganzen Rinnenboden verteilt.

Der Fördervorgang kann auch in Rücksicht auf Staubbildung und etwaige Zerkleinerung des Gutes bei entsprechender Wahl der Drehzahl und des Hubes so durchgeführt werden, daß das Fördergut ständig mit der Rinne in Berührung bleibt. Hierbei ist der Druck des Gutes auf die Rinne beim Rückwärtsgang kleiner und infolge der geringeren Reibung gleitet daher das Fördergut bei der Rückwärtsbewegung auf dem Rinnenboden leicht vorwärts.

Ausführung. Anpassung an verschiedene örtliche Verhältnisse dadurch, daß die Rinne stehend nach Art von Fig. 67 oder hängend angeordnet wird. Bei 300 bis 400 Uml/min der Antriebwelle Fördergeschwindigkeit etwa 0,1 bis 0,2 m/sek. Leistung je nach Rinnenbreite (200 bis 1000 mm) und Schichthöhe (25 bis 60 mm) etwa 3 bis 40 m³/h. Die Förderrinnen sind durchaus betriebssicher und erfordern nur geringe Anlage- und fast keine Bedienungskosten. Ihr Arbeitsverbrauch ist niedriger als der der Kratzer (S. 789) und der Schneckenförderer (S. 791).

Bauarten: Kreiß, Hamburg; Gebr. Commichau, Nestomitz und Ritter, Altona.

b) Wurfförderrinnen. Arbeitsweise: Die auf Rollen gelagerte Rinne wird durch ein Kurbelgetriebe zunächst stark beschleunigt. Diese Beschleunigung ist so groß gewählt, daß das Fördergut nicht auf der Rinne gleitet und zurückbleibt. Ist die Vorwärtsbewegung (in der Förderrichtung) beendet, **so** wird die Rinne schnell angehalten, während das Fördergut infolge seiner lebendigen Kraft weitergleitet. Die Rinne geht dann zurück und das Fördergut kommt erst zu Beginn eines neuen Vorwärtsganges in Ruhe.

Bauarten: Wurfförderrinne von Gebr. Forstreuter, Magdeburg; sie arbeitet mit kleinem Hub und großer Umdrehungszahl (180 i. d. Min.).

Propellerrinne von Marcus; bei großem Hub und kleiner Umdrehungszahl (60 bis 80 i. d. Min.) wird ein ruhiger und verhältnismäßig stoßfreier Gang erhalten.

Torpedorinne von Amme, Giesecke & Konegen, Braunschweig; durch einen Luftpuffer wird eine schnelle Bewegungsumkehr der Rinne ermöglicht, so daß für den Betrieb 40 bis 45 Uml/min ausreichend sind.

Anwendung der Förderrinnen. Für mittlere Leistungen und Förderwege durchaus geeignet. Da die Förderrinnen wenig Platz einnehmen, sind sie auch in engen und schwer zugänglichen Räumen gut verwendbar. Für geneigte Förderrichtung sind sie nicht angebracht, da die Leistung bereits bei kleinen Steigungswinkeln erheblich abfällt.

Anlagekosten und Wartungskosten der Förderrinnen sind ziemlich niedrig, auch erfordern sie fast keine Bedienung. Dagegen ist der Arbeitsverbrauch infolge der hin- und hergehenden Massen ziemlich hoch, erreicht jedoch unter gleichen Förderbedingungen nicht den der Kratzer und Schneckenförderer.

Die Sehwingeförderrinnen finden ihre Hauptanwendung im Bergwerksbetriebe, wo sie infolge ihrer gedrängten Bauart ein ausgezeichnetes Hilfsmittel bei der Abbauförderung sind. Die Bergwerksförderrinnen (Bergwerksrutschen) werden entweder elektrisch oder durch besondere Druckluftmotoren angetrieben.

3. Schneckenförderer.

Arbeitsweise (Fig. 68). Die Schnecke a ist in einem geschlossenen Troge b mit einem geringen Spielraum gelagert. Wird die Schnecke gedreht, so schieben die Schraubengänge das bei c zugeführte Fördergut vor sich her. Hierbei entsteht nicht nur eine Reibung zwischen Förder-

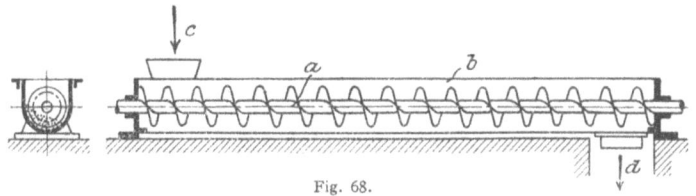

Fig. 68.

gut und Trog, sondern auch zwischen Fördergut und Schneckengängen, die auf den Arbeitsverbrauch ungünstig einwirkt.

Das Fördergut wird entweder an einer Stelle mittels Schütttrumpf oder an beliebiger Stelle dem Trog zugeführt. Entleerung entweder am Ende des Förderers (bei d, Fig. 68) oder an beliebiger Stelle durch Öffnen eines Bodenschiebers.

Ausführung. Die auf der Schneckenwelle aufgesetzten Gänge werden entweder als vollwandige Blechspiralen oder als Bandspiralen ausgeführt. Mitunter Zusammensetzung aus einzelnen geraden Blechen. Die Ausführung mit vollwandigen Spiralen ist jedoch hinsichtlich Förderleistung am günstigsten und daher meist gebräuchlich. Bandspiralen sind leicht und billig und kommen nur für kleine Fördermengen in Frage. Förderschnecken mit einzelnen geraden Blechen sind nur für untergeordnete Zwecke oder bei gleichzeitigem Mischen verschiedener Fördergüter zu verwenden. Bei stark abnutzend wirkenden Gütern (Kohle, Erz, Sand u. dgl.) werden die Schneckengänge auch in Gußeisen ausgeführt.

Lagerentfernung der Schneckenwelle etwa 2,5 bis 3,5 m. Die Leistung eines Schneckenförderers ist abhängig vom Durchmesser der Schnecke und von der Umdrehungszahl der Welle. Üblich: 50 bis 100 Uml/min.

Anwendung. Hauptvorteil: Einfache und gedrängte Bauart, bequeme Entladungsmöglichkeit. Sie sind für wagerechte, stark geneigte und unter Umständen auch für senkrechte Förderung geeignet. Billig in der Beschaffung, wenig Wartung. Dagegen Arbeitsverbrauch infolge ungünstiger Reibungsverhältnisse sehr hoch, so daß die Schnecken im Vergleich zu anderen Fördermitteln hohe Förderkosten aufweisen. Ihre Anwendung ist daher auf kleinere Leistungen (2 bis 10 t/h) und kleinere Förderstrecken beschränkt. Bei Leistungen bis etwa

5 t sind sie auch zur Förderung auf mittleren Strecken noch wirtschaftlich. Es sind jedoch dann mehrere hintereinander liegende und voneinander unabhängige Schnecken anzuordnen. Nachteil: Das Gut leidet beim Gang durch die Schnecke. Empfindliches Gut ist daher in Rücksicht auf Wertminderung nicht durch Schnecken zu befördern.

4. Förderrohre.

Arbeitsweise (Fig. 69). Bei den Förderrohren wird das Gut in ähnlicher Weise wie bei den Schneckenförderern fortbewegt. An der inneren Wand des auf Rollen a drehbar gelagerten Rohres b sind spiralförmige Bleche c befestigt, die das im unteren Teile des Rohres infolge seines Gewichtes aufliegende Fördergut vor sich herschieben. An dem einen Ende wird das Fördergut dem Rohre zugeführt und an dem anderen abgegeben.

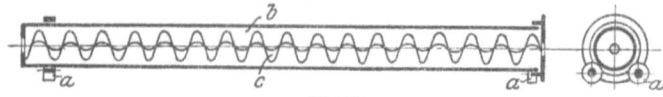

Fig. 69.

Anwendung. Nachteil: Das Gut wird während der Bewegung stark durcheinander geschüttelt.

Arbeitsverbrauch etwas günstiger als der der Förderschnecken, da keine Widerstände durch Klemmen und Ecken des Gutes vorhanden sind. Ihre Anwendung ist im Werkstättenbetriebe nicht gegeben, dagegen sind sie in der Zementindustrie vielfach in Gebrauch, da der Zement durch das starke Herumwerfen nicht leidet und eine Staubbildung außerhalb der Rohres vermieden wird.

5. Bandförderer.

a) Biegsame Förderbänder (Gurtförderer).

Arbeitsweise (Fig. 70). Ein endloses biegsames Band a wird durch die Rolle b angetrieben und durch Einstellen der Umlenkrolle c unter Spannung gehalten. Tragrollen d, die bei dem fördern Trum in kleineren und beim leeren Trum in größeren Abständen angeordnet sind, verhindern unzulässig großes Durchhängen des Bandes. Das Fördergut wird dem Bande an beliebiger Stelle zugeführt und ruht während der Förderung auf dem arbeitenden Trum. Abgabe des Gutes je nach Ausführung des Förderers entweder am Bandende oder an beliebiger Stelle mittels Abstreichers, meist jedoch mittels Abwurfwagens e (Fig. 70).

Ausführung. Das Band ist entweder ein Textilband, ein Gummiband oder ein dünnes, gehärtetes Stahlband[1]). Baumwollgurte und Hanfgurte sind billig

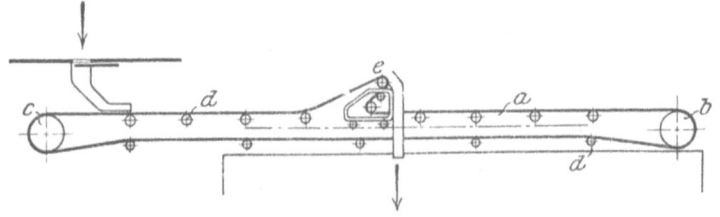

Fig. 70.

in der Beschaffung, jedoch nur für trockene Räume geeignet. Für feuchte Räume oder feuchtes Fördergut sind Balata- oder Gummigurte vorzusehen. Biegsame Stahlbänder sind außerordentlich widerstandsfähig und daher zur Förderung von sehr hartem und scharfkantigem oder heißem Gut zweckmäßig. Je nach Art des Fördergutes und Größe der Förderleistung wird das Textilband flach (Fig. 71)[2]), oder muldenförmig (Fig. 72)[2]) angeordnet. Letztere Anordnung kommt für grobstückiges Gut und größere Leistungen in Betracht, hat jedoch den Nachteil einer höheren Beanspruchung des Gutes.

---

[1]) Ind. u. Techn. 1921, S. 223. Stahlbandförderer (Bauart Sandviken).
[2]) Ges. f. Förderanlagen E. Heckel G. m. b. H., Saarbrücken.

Die Werkstattförderer. — Stetig arbeitende Förderer (Dauerförderer). 793

Anwendung. Die Gurtförderer werden allgemein zur Förderung von Schüttgütern sowohl in wagerechter als auch in schräger Richtung verwendet. Die größte Förderlänge ist bei Textil- und Gummibändern in Rücksicht auf die Zugfestigkeit des Bandes auf 100 bis 150 m beschränkt. Größte Bandneigung 10 bis 15°. Fördergeschwindigkeit 1,5 bis 3 m/sek. Leistung 12 bis 100 t/h und mehr. Hauptvorteile: Einfache Bauart, niedriger Arbeitsverbrauch, geräuschloser Gang, sowie geringe Wartung und Bedienung. Nachteilig sind, besonders bei

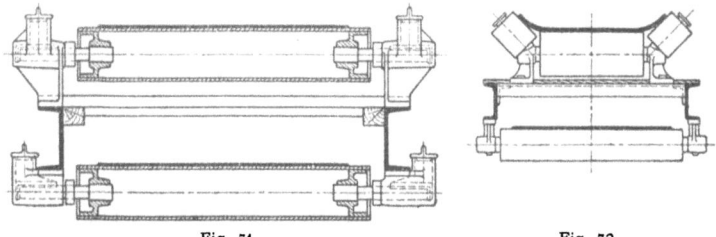

Fig. 71. Fig. 72.

kleinen Leistungen und Förderstrecken, die größeren Anlagekosten und die hohen Unterhaltungskosten infolge der schnellen Abnutzung der Textilbänder. Bei höheren Arbeitsgeschwindigkeiten starke Staubbildung, die sich bei anderen Fördermitteln, wie z. B. Becherförderern, weniger bemerkbar macht.

In neuerer Zeit werden die Bandförderer auch zum Transport von Stückgütern (Säcken, Ballen, Kisten, Kleinteilen u. dgl.) bei Bandneigungen bis etwa 20° verwendet. Sie werden auch fahrbar ausgeführt und sind dann ein bequemes Mittel zum Verladen und Stapeln dieser Güter.

b) Gliederbandförderer.

Bei diesen besteht das Förderband aus zwei ständig umlaufenden Ketten, an denen die das Fördergut tragenden Bandglieder befestigt sind. Die als Zugmittel dienenden Ketten sind bei kleineren Ausführungen Sonderketten aus Temperguß, meist jedoch Gelenkketten. Die tragenden Bandelemente werden entweder als einfache Holz- oder Eisenplatten oder als Stahlplatten mit aufgebogenen Seitenwänden ausgebildet, die sich zur Vermeidung des Durchfallens von Schüttgut überdecken. Für untergeordnete Zwecke wird das Band durch auswechselbare Gleitstücke getragen, die an der Kette befestigt auf einer glatten Bahn laufen. Bei größeren Leistungen und Förderstrecken wird die Kette mittels Rollen geführt, die an den durchgehenden Gelenkbolzen der Kette angeordnet sind.

Das Gut wird dem Förderer an beliebiger Stelle durch eine Auslaufschurre zugeführt. Abgabe entweder am Bandende oder bei flachen Bändern an beliebiger Stelle mittels fahrbaren Abstreifers; bei amerikanischen Trogförderern durch Kippen eines Bandelementes.

Verwendung für schweres und hartes Fördergut, sowie bei rauhem Betrieb an Stelle der empfindlichen Gurtförderer. Im besonderen dienen diese Förderer im Bergwerksbetriebe als Lese- und Verladebänder und in Ziegeleien zur Förderung des nassen Tons.

Praktisch bewährte Bauarten von Gliederbandförderern: Stahlförderband von Pohlig, Gliederband von Stotz, Trogförderer der Bamag und von Eitle, Metallförderband von Louis Herrmann, Dresden; Stahldrahtgurt von Rich. A. Kaul, Düsseldorf u. a.

Das Stahlförderband von Pohlig[1], das in Rücksicht auf die hohen Anlagekosten für größere Leistungen und Förderwege in Betracht kommt, arbeitet mit

---
[1] Ind. u. Techn. 1921 S. 44.

0,3 bis 0,5 m/sek Geschwindigkeit und ist auch für Steigungen bis 45° verwendbar. Das Band erhält dann aufgenietete Querstege, die ein Zurückgleiten des Fördergutes verhindern.

Die Gliederbandförderer werden gegenwärtig in zunehmendem Maße zur Förderung von Stückgütern herangezogen. Die tragenden Bandelemente sind dann einfache Holz- oder Eisenplatten, auf die das Gut von Hand aufgesetzt wird. An der Ankunftstelle wird es entweder wieder von Hand abgenommen oder es wird durch einen Abstreifer selbsttätig vom Bande abgeschoben. In schräger Anordnung und mit entsprechender Ausführung der tragenden Bandteile werden die Gliederbandförderer, besonders in Amerika, als Steigbänder oder Rampenförderer verwendet. Die Gliederbandförderer sind auch im Werkstättenbetriebe ein ausgezeichnetes Mittel zur stetigen Förderung von nicht zu schweren Stückgütern und werden in amerikanischen Betrieben viel angewendet.

6. Becherförderer (Becherwerke).

a) **Elevatoren** (Becherwerke für senkrechte und stark geneigte Förderung).

Arbeitsweise (Fig. 73). An einem ständig umlaufenden Zugorgan a sind die Becher b fest angeordnet. Beim Gang über die untere Scheibe treffen die Becher auf das bei c gleichmäßig zugeführte Fördergut und füllen sich. Das Gut wird dann gehoben und beim Gang der Becher über die obere Scheibe bei d abgegeben. Die Elevatoren werden entweder senkrecht oder stark geneigt (Fig. 73) angeordnet.

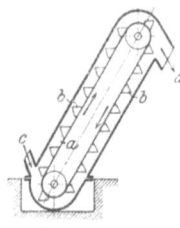

Fig. 73.

Ausführung. Die Becher werden meist aus Stahlblech gepreßt. Ihre Form richtet sich nach der Art und Beschaffenheit des Fördergutes. Das Zugorgan ist entweder ein Baumwoll- oder Balatagurt (bei der Förderung von Feinkohle, Nußkohle u. a.) oder es werden zwei parallel umlaufende Ketten angeordnet, an denen die Becher angeschraubt werden. Gurtbecherwerke werden in der Regel senkrecht angeordnet und arbeiten mit Geschwindigkeiten von 0,8 bis 2,5 m/sek. Kettenbecherwerke kleiner und mittlerer Leistungen werden mit Tempergußketten, solche für große Leistungen und grobstückiges Fördergut mit Gelenkketten ausgeführt. In Rücksicht auf Staubbildung werden die Elevatoren mit Blech oder Holz verkleidet. Um etwaige Verstopfungen beseitigen zu können, müssen jedoch der Schöpftrog und der Elevatorkopf leicht zugänglich sein.

Anwendung. Die Elevatoren sind, von den Schaukelbecherwerken abgesehen, das einzige, stetig arbeitende Mittel für senkrechte und stark geneigte Förderung (über 45°) und können daher mit den vorgenannten Förderern (Kratzer, Schneckenförderer usw.) nicht verglichen werden. Ihr Arbeitsverbrauch ist im Verhältnis zur Nutzleistung wegen der zu bewegenden toten Massen ziemlich hoch. Dagegen stellen die Elevatoren keine hohen Anforderungen an Wartung und Unterhaltung; auch beanspruchen sie fast keine Bedienung.

Übliche Leistungen bei 5 bis 25 m Förderhöhe 10 bis 120 t/h. Die Elevatoren werden auch zur Förderung von Stückgütern (Kisten, Fässer, Säcke, Ballen u. dgl.) verwendet. Statt der an den beiden umlaufenden Ketten befestigten Becher werden dann zwischen den beiden Ketten dem Fördergut angepaßte Schalen, ähnlich wie bei den Schaukelförderern gelenkig, aufgehängt oder an den Ketten sind Mitnehmer angeordnet, die das Fördergut selbsttätig aufnehmen und abgeben.

Anordnung auch fahrbar[1]). Ausführung fahrbarer Elevatoren zur Stückgutförderung mit einstellbarer Neigung und Hubhöhe. In Magazinen und Lagerschuppen dienen sie zum Fördern und Stapeln von Kisten, Fässern, Ballen.

---

[1]) Z. Ver. deutsch. Ing. 1913, S. 1045, Hermanns, Fahrbare Verlade- und Fördereinrichtungen.

Die Werkstattförderer. — Stetig arbeitende Förderer (Dauerförderer).

b) Becherwerke für senkrechte und wagerechte Förderung.

Ist das Fördergut zu heben und außerdem wagerecht zu bewegen, so kann ein Elevator das Fördergut dann an einen Gurtförderer oder ein anderes wagerechtes Fördermittel abgeben. Diese Aufgabe wird ohne Umladung mit Hilfe eines Pendelbecherwerkes (Fig. 74) gelöst, das eine ununterbrochene Bewegung des Fördergutes in jeder Richtung seiner Bewegungsebene zuläßt.

Becherwerke mit festen Bechern für senkrechte und wagerechte Förderung (Bauarten: Link, Belt Co. u. a.) spielen den Pendelbecherwerken gegenüber in deutschen Werken eine untergeordnete Rolle. Sie sind billig und einfach in ihrer Bauart und Arbeitsweise und haben in Amerika große Verbreitung gefunden.

Fig. 74 gibt eine schematische Darstellung des Pendelbecherwerkes Bauart Hunt[1]). a ist eine ständig umlaufende doppelte Kette, an deren Gelenken die Becher b pendelnd aufgehängt sind. Antrieb der Kette durch Elektromotor, der mit Stirnräderübersetzung auf die Kettenstern arbeitet. An den Kettengelenken sind beiderseits Laufrollen c angeordnet, die sich beim Übergang der Kette aus der wagerechten in die senkrechte Richtung und bei Kurvenführungen d auflegen, von denen zwei fest und eine zwecks Nachspannen der Kette verstellbar angeordnet ist. Das Fördergut wird bei e den Bechern zugeführt. Die Füllvorrichtung ist entweder einer Trichterkette nach Art von Fig. 74 oder ein Zylinderfüller mit Zuteilvorrichtung. Sie wird nach Bedarf ortfest oder fahrbar ausgeführt. Die Becher werden während der Fahrt an beliebiger Stelle des oberen wagerechten Stranges durch Anstoßen gegen einen einstellbaren Anschlag entleert, wodurch die Becher nacheinander (in der Fig. 74 bei g) gedreht werden.

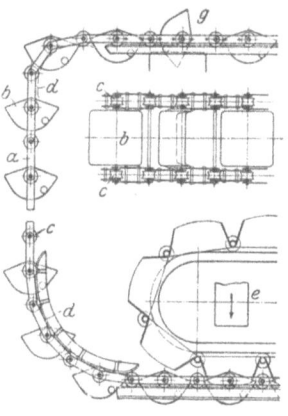

Das Huntsche Pendelbecherwerk arbeitet mit geringer Geschwindigkeit (0,15 bis 0,3 m/sek). Becherinhalt zwischen 16 und 200 ltr., zweckmäßig nicht unter 50 ltr. Je nach Wahl der Bechergröße und der Geschwindigkeit liegt die Stundenleistung zwischen 5 und 250 m³. Mit beispielsweise 50 ltr Becherinhalt, 700 mm Becherabstand und einer Kettengeschwindigkeit von 0,2 m/sek wird bei ²/₃ Füllung eine Leistung von 30 t/h Kohle erreicht. Der Betrieb der Pendelbecherwerke ist fast vollkommen selbsttätig, so daß auch bei den größten Anlagen zur Überwachung nur ein Mann erforderlich ist. Während die Becherwerke nach Art von Fig. 74 nur geraden oder gekrümmten Förderweg in der

Fig. 74.

senkrechten Ebene zulassen, ermöglichen verschiedene neuere Bauarten Führung und Bewegung der Kette in senkrecht und wagerecht liegenden Kurven (Bousse-Conveyor und Kurvenkette Bauart Schenck[2]) und Einschienenbecherwerk von Bleichert & Co., Leipzig).

Fig. 75, Schencksches raumbewegliches Becherwerk. Die Becher a sind an einer Kette aufgehängt, deren Raumbeweglichkeit durch die Anordnung der Gelenke b bis d erreicht wird. b sind die Gelenkbolzen für die Kurven in der senkrechten Ebene, c die für Kurven in wagerechter Ebene und d sind Drehgelenke, die ein Verdrehen der Kette in einer Raumkurve, also aus einer Bewegungsebene in die andere, zulassen. Die an den Bechern angebrachten Rollen e entleeren die Becher durch Auflaufen an einem verstellbaren Anschlag. f ist ein Rohr, das die durch den Becher gehende Laufrollenachse abdeckt. g ist die wagerechte Rollenführung der Kette. In den Kurven sind die Laufrollen zu beiden Seiten geführt. Gezahnte Rädchen, die an der Antriebsstelle in ein feststehendes Triebstocksegment eingreifen, schmieren die Laufrollen durch Drehen der Stauferbüchsen selbsttätig.

Diese Becherwerke werden sowohl für kleine Leistungen (3 bzw. 5 t/h), als auch für mittlere und größere Leistungen von 10 bis 100 t/h und mehr gebaut. Wegen der durch die Becher hindurch geführten Laufradachsen sind Becherwerke dieser Bauart für großstückiges Fördergut nicht geeignet, welchen Nachteil das neue, in der senkrechten Ebene bewegliche Huntsche Becherwerk nicht aufweist.

---
[1]) Ausführung J. Pohlig A.-G., Köln a. Rh.
[2]) Ausführung Carl Schenck G. m. b. H., Darmstadt.

Hauptvorzüge der Becherförderer: große Anpassungsfähigkeit auch an die ungünstigsten örtlichen Verhältnisse, einfache Bauart, hohe Betriebssicherheit und geräuschlose und staubfreie Arbeitsweise. Die Becherförderer haben im Verhältnis zu ihrer Leistung einen sehr niedrigen Arbeitsverbrauch und erfordern nur geringe Betriebs- und Unterhaltungskosten.

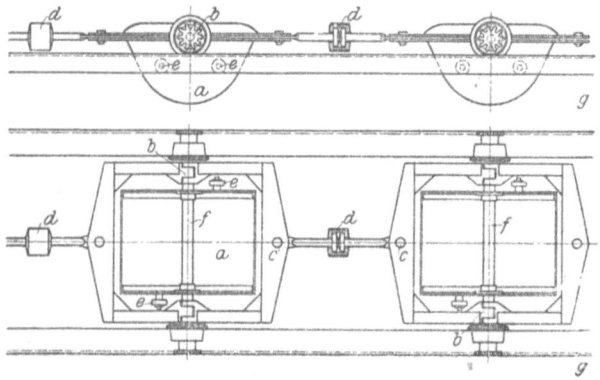

Fig. 75.

Anwendung. Becherförderer sind überall da angebracht, wo dauernd oder zeitweise größere Mengen Schüttgüter zu fördern sind. Sie sind daher zu Umladezwecken, Weiterförderung der Güter zu den Lagern und Verbrauchsstellen gleich geeignet. Hauptanwendungsgebiet: Dampferzeugungsanlagen, wo sie zur Förderung der Kohle nach den Kesseln und zur Abfuhr der Asche nach den Aschebunkern dienen. Auch in Generatoranlagen, Gaswerken, chemischen Fabriken usw. haben sie weitgehende Verbreitung gefunden.

7. Schaukelförderer.

In ihrer Arbeitsweise gleichen sie den raumbeweglichen Becherwerken, da sie in wagerechter, stark oder schwach geneigter Richtung und in ebenen oder in Raumkurven fördern. Sie dienen nur zum Transport von Stückgut oder sehr großstückigem Massengut.

An der ständig umlaufenden Kette a (Fig. 76) sind in bestimmten Abständen Laufrollenpaare b angeordnet, an denen ein- oder mehretagige Förderschalen c aufgehängt sind. Das Fördergut wird bei der geringen Arbeitsgeschwindigkeit (etwa 0,25 m/sek) von Hand aufgegeben

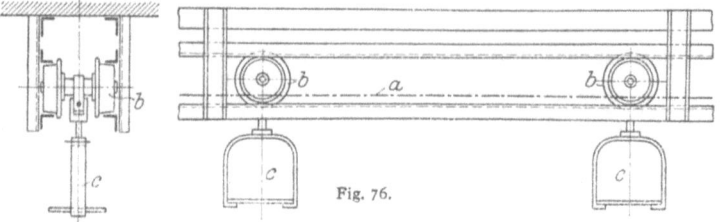

Fig. 76.

oder abgenommen. Als Kette wird entweder eine gewöhnliche Gliederkette oder eine Stotzsche Kreuzgelenkkette aus Temperguß verwendet. Statt der Kette kann auch ein Drahtseil als Zugorgan benutzt werden.

Trotz geringer Arbeitsgeschwindigkeit werden mit Schaukelförderern infolge der ununterbrochenen Bewegung hohe Leistungen erreicht. Anwendung hauptsächlich zum Transport von Steinen, Ziegeln, Briketts, sehr großstückiger Kohle u. a. Im Werkstättenbetriebe sind sie zur Förderung großer Mengen kleiner

und mittlerer Gußstücke, Schmiedestücke, Werkstücke und Fertigteile innerhalb der Werkstätten, sowie von Werkstätte zu Werkstätte besonders geeignet.
Bauarten: A. Stotz, Stuttgart; W. Stöhr, Offenbach a. M. u. a.

8. Ketten- und Seilbahnen.
(Standbahnen mit Ketten- und Seilbetrieb).

Bei diesen werden die auf Schmalspurgleisen fahrenden Wagen mit einem ständig umlaufenden Zugorgan (Kette oder Seil) gekuppelt. Im Werkstättenbetriebe werden sie nur gelegentlich verwendet. So z. B. dient in der Gießerei der Gutehoffnungshütte eine Kettenbahn zum Transport der Materialien und Gußstücke von einem Hallenschiff in das andere[1]).

9. Hängebahnen mit Seilbetrieb.

Vorteil gegenüber den Ketten- und Seilbahnen: sie behindern nicht den Verkehr auf ebener Erde. Ausführung einer Hängebahn mit Seilbetrieb für einen Lagerschuppen s. Aumund, Hebe- und Förderanlagen, 1. Bd., S. 105.

10. Seilschwebebahnen
(Drahtseilbahnen).

Ausführung für leichtere Lasten als Einseilbahnen, für schwerere als Zweiseilbahnen. Letztere werden in überwiegendem Maße hergestellt. Die Drahtseilbahnen kommen hauptsächlich für größere Förderstrecken und bei hügeligem Gelände in Frage. Im Werkstättenbetriebe ist ihre Anwendung nur gelegentlich.

Bau und Anwendung der Drahtseilbahnen s. Aumund, Hebe- und Förderanlagen, 1. Bd., S. 107. — v. Hanffstengel, Förderung der Massengüter, 2. Aufl., 2. Bd., S. 109. — v. Hanffstengel, Billig Verladen und Fördern, S. 82.

11. Schwerkraftförderer.

Das Gut wird auf eine in der Förderrichtung geneigte glatte Bahn gesetzt, auf der es sich unter dem Einfluß der Schwerkraft fortbewegt. Gegen seitliches Abrutschen des Gutes werden Leisten oder Bordwände angeordnet. Von einfachen, auch zur Schüttgutförderung dienenden Transportrutschen abgesehen, werden die Schwerkraftförderer nur für Stückgüter einfacher Form und mittleren Gewichts (Kisten, Säcke, Ballen, leichtere Maschinenteile usw.) verwendet. Die geneigte Förderbahn, deren Steigung verstellbar ist, ist je nach den örtlichen und Transportverhältnissen gerade oder gekrümmt und kann durch Öffnungen in der Bordwand und Einsetzen von Abstreifern verzweigt werden. Wendelrutschen haben eine spiralig verlaufende Bahn und werden zur Förderung der genannten Güter von den oberen Stockwerken nach ebener Erde verwendet.

Die gleitende Reibung der Schwerkraftförderer läßt sich auch durch rollende Reibung dadurch ersetzen, daß man die ganze Fahrbahn aus Rollen herstellt, die senkrecht zur Bahn gelagert sind. Die Schwerkraft-Rollenförderer haben in neuerer Zeit größere Verbreitung gefunden und werden auch von einigen deutschen Firmen hergestellt. Die auf Stützen ruhenden, in ihrer Neigung einstellbaren geraden oder gekrümmten Rollbahnstücke lassen sich nach Bedarf zu einer längeren, dem Transportweg und den örtlichen Verhältnissen angepaßten Rollbahn zusammensetzen. Infolge ihres geringen Gewichts sind die Rollbahnstücke mit ihren Stützen entweder tragbar oder fahrbar.

Im Werkstättenbetriebe, besonders in Gießereien und Bearbeitungswerkstätten, finden die Rollenförderer mehr und mehr Anwendung.

Über Bau und Anwendung der Rollenförderer s. Gießereizeitung 1919, Nr. 11. Hermanns, Die Anwendung der Schwerkraftrollenförderer im Gießereibetriebe. — Werkstatttechnik 1918, S. 273, Hermanns, Schwerkraftrollenförderer in Bearbeitungswerkstätten. — Z. Ver. deutsch.

---
[1]) Osann, Eisen- u. Stahlgießerei 1912 S. 441.

Ing. 1918, S. 541, Rollbahnen. — Werkz.-Masch. 1920, S. 153/157 und 274/276, Raddatz, Fördergurte, Rollbahnen und ähnliche Beförderungsmittel. — Factory 1921, S. 475/480, Innentransporteinrichtungen.

12. Saugluftförderung.

Die Saugluftförderung ist in neuester Zeit im Werkstättenbetriebe zu erhöhter Bedeutung gelangt. Insbesondere sind zur Förderung von Braunkohle (Nuß II und III), Feinkohle von 0 bis 2 mm Körnung und Staubkohle größere Anlagen errichtet worden, die diese Brennstoffe unmittelbar aus dem Eisenbahnwagen oder vom Lagerplatz entnehmen und zum Kohlenbunker des Kesselhauses fördern. So hat z. B. die Firma vorm. Gebr. Seck in Dresden eine Anzahl pneumatische Kohlenförderanlagen für Braunkohle Nuß II und III mit Leistungen bis 20 t/h bei einem größten Förderweg von 130 m gebaut. Auch zur Absaugung der Asche, insbesondere Flugasche, haben sich die Saugluftförderer bewährt.

Siehe auch S. 812, Kesselhausförderung.

III. Das Werkstattfördersystem.

Die zur Ausführung der laufenden Förderarbeiten eines Werkes (s. S. 742) dienenden Fördermittel sollen derart angeordnet sein, daß sie ein zusammenhängendes Werkstattfördersystem bilden, das im wesentlichen folgenden Anforderungen genügt:

1. Sorgfältige Anpassung des Fördersystems an den Herstellungsgang und an die örtlichen Verhältnisse.
2. Schnelle und sichere Bewältigung der gegebenen Fördermengen.
3. Ununterbrochener Gang der Rohstoffe und Arbeitsstücke durch das Werk.
4. Durchführung aller Förderarbeiten mit einem geringsten Kostenaufwand.

a) Wirtschaftlichkeit des Werkstattfördersystems.

Da für eine gegebene Transportarbeit meist mehrere Fördererbauarten gleichzeitig anwendbar sind, so bedarf die Wahl des vorteilhaftesten Förderers sorgfältiger Erwägung.

Die Gesamtförderkosten einer Hebe- oder Transportvorrichtung[1]) setzen sich aus folgenden Teilbeträgen zusammen:

1. den Anlagekosten (Kosten für Abschreibung und Verzinsung des Anlagewertes),
2. den Betriebskosten (Kosten für den Arbeitsverbrauch und die Bedienung der Anlage),
3. den Unterhaltungskosten (Kosten für Ausbesserungen und Ersatzteile, Wartung usw.),
4. den etwaigen Kosten für Verzögerung der Inbetriebnahme u. dgl.,
5. dem Sicherheitszuschlag für etwaige Fehler in der Rechnung und Ausführung.

Die Höhe der Abschreibung ist im allgemeinen nicht einheitlich, da viele Betriebe mit einer Abschreibung von 10 Jahren, andere mit einer solchen von 20 Jahren rechnen.

Aumund macht die Abschreibung im Interesse einer besseren Vergleichsmöglichkeit von der jährlichen Betriebszeit abhängig, da diese vor allem die Lebensdauer einer Förderanlage beeinflußt. Bei Teilen, die sich schnell abnutzen und deren Verschleiß unmittelbar von der Leistung abhängig ist, wie z. B. Textilförderbänder, sind noch entsprechende Zuschläge zu machen. Für die Abschreibung wird eine Dauer von 10 Jahren bei täglich zehnstündigem

---

[1]) Aumund, Hebe- und Förderanlagen, 1. Bd., S. 14. — v. Hanffstengel, Billig Verladen und Fördern.

Betrieb und 300 jährlichen Arbeitstagen angenommen. Es ist also mit 10 vH Abschreibung zu rechnen.

Eine Vermehrung oder Verminderung der jährlichen Betriebsstundenzahl gegenüber dem normalen Wert von 3000 wird durch Änderung der Abschreibungsziffer berücksichtigt.

Bezeichnen a die Abschreibungsziffer und x die Zahl der tatsächlichen jährlichen Betriebsstunden, so ist:

$$a = 10 \cdot \left(1 - \frac{3000 - x}{2 \cdot 3000}\right) \ldots \text{vH} \qquad (1)$$

Hiermit ergeben sich folgende Abschreibungsziffern:
Bei 3000 jährlichen Betriebsstunden Abschreibung in 10 Jahren: 10 vH.
Bei 6000 jährlichen Betriebsstunden (Tag- und Nachtbetrieb) Abschreibung in $6^2/_3$ Jahren: 15 vH.
Bei 0 jährlichen Betriebsstunden (ruhende Anlage) Abschreibung in 20 Jahren: 5 vH.

Für die Verzinsung werden 5 vH des jeweiligen Buchwertes angenommen, also durchschnittlich $2^1/_2$ vH des Anlagewertes bis zur vollständigen Abschreibung der Förderanlage.

Der auf die Betriebsstunde entfallende Betrag s für Kosten der Verzinsung und Abschreibung kann durch die Formel

$$s = \frac{M}{100} \cdot \left(\frac{p}{2} + a\right) \cdot \frac{1}{x} \ldots \text{Mark/h} \qquad (2)$$

ausgedrückt werden, worin M den Anlagewert, p den Zinsfuß und x die Zahl der tatsächlichen jährlichen Betriebsstunden bedeuten.

Setzt man für a den in Gl. (1) gegebenen Wert ein und nimmt p zu 5 vH an, so wird:

$$s = \frac{M}{x} \cdot \left(\frac{4500 + x}{60000}\right) \ldots \text{Mark/h.} \qquad (3)$$

Fig. 77 gibt die Werte s in Mark für die Arbeitsstunde für Anlagewerte von 0 bis 50 000 ℳ und in Abhängigkeit von der jährlichen Betriebsstundenzahl. Ist bei täglich zehnstündigem Betriebe eine vollständige Abnutzung in kürzerer Zeit, etwa in 2 Jahren zu erwarten, so ist der normale Anschaffungswert mit 5 zu multiplizieren.

Die Unterhaltungskosten sind von den Anlagekosten, sowie von der Förderleistung abhängig und werden durch die Güte der Ausführung und durch eine sorgfältige Behandlung der Fördervorrichtung günstig beeinflußt.

Die Kosten für den Arbeitsverbrauch sind im wesentlichen von der Fördermenge und der Größe des Förderweges abhängig.

Für die Bedienungskosten einer Förderanlage können ebenso wie für die Unterhaltungskosten keine festen Angaben gemacht werden. Sie sind teilweise auf die Unterhaltungs- und Wartungskosten zu verrechnen. Die Zahl der Arbeitskräfte für die Bedienung steigt nicht im gleichen Verhältnis wie die Leistung, sondern erheblich langsamer, da die meisten neuzeitigen Fördervorrichtungen vorwiegend selbsttätig arbeiten. Schnellaufende Winden und Krane erfordern jedoch entsprechende Aufmerksamkeit und eine gewisse Geschicklichkeit seitens der Bedienung. Bei selbsttätig arbeitenden Anlagen kann man die Bedienungskräfte auch zu anderen Betriebsarbeiten heranziehen. Die Kosten für die Verzögerung der Inbetriebnahme können auf die verschiedensten Ursachen (z. B. Nichtbeendigung der Vorarbeiten seitens des Bestellers, Konstruktionsfehler, Streiks u. a.) zurückzuführen sein. Ist das Arbeiten einer Abteilung oder eines ganzen Werkes von der Fördervorrichtung abhängig, so hat die verspätete Inbetriebsetzung oft große Nachteile zur Folge. Da man bei der Aufstellung von Wirtschaftlichkeitsrechnungen meist mit unvorhergesehenen

Fehlern zu rechnen hat, sucht man für diese dadurch einen gewissen Ausgleich, daß man einige vH des Anlagewertes als Sicherheitszuschlag in die Rechnung einsetzt.

Aumund[1]) gibt für die reinen Betriebskosten (Arbeitsverbrauch und Bedienung), die Anlagekosten, Unterhaltungskosten und die Gesamtkosten der

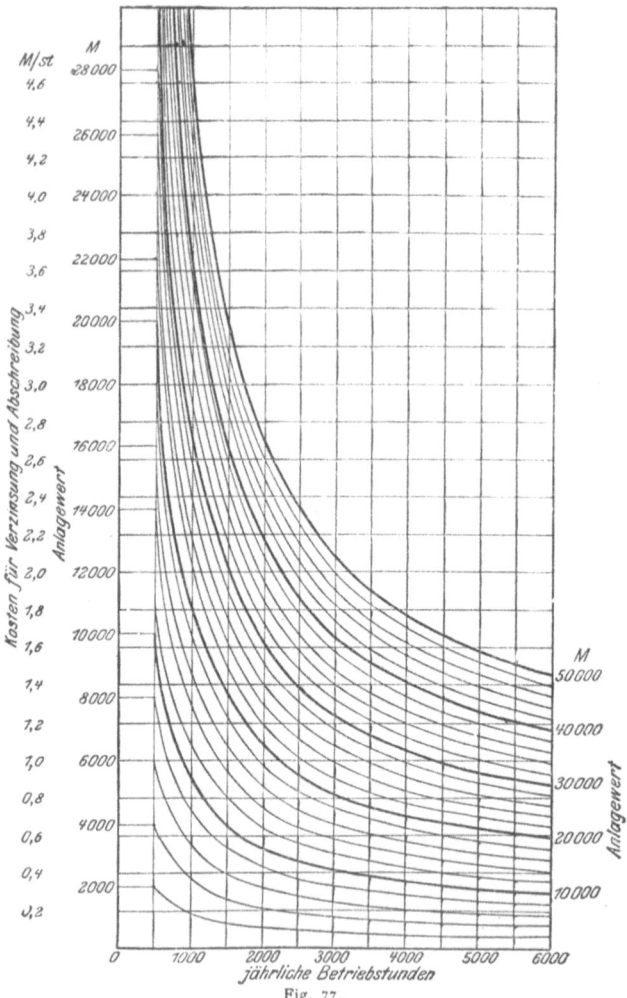

Fig. 77.

verschiedenen Fördermittel übersichtliche Schaulinien, so daß für einen in Frage kommenden Förderer bei gegebener Stundenleistung und gegebenem Förderweg die jeweiligen Kosten ohne weiteres entnommen werden können. Die Aumundschen Werte für die Gesamt- und Teilförderkosten entsprechen natur-

---

[1]) Aumund, Hebe- und Förderanlagen, 1. Bd., S. 16.

gemäß nicht den gegenwärtigen Verhältnissen, bieten jedoch wertvolle Unterlagen für einen Vergleich der verschiedenen Fördererbauarten und sind bei aufzustellenden Wirtschaftlichkeitsrechnungen mit Rücksicht auf die um ein Mehrfaches gestiegenen Anlage-, Lohn- und sonstigen Kosten zu berichtigen.

Infolge der besonderen Betriebsverhältnisse, unter denen die Werkstattförderer arbeiten, läßt sich in vielen Fällen eine Wirtschaftlichkeitsrechnung kaum durchführen, da für die Beurteilung der Zweckmäßigkeit dieser Förderer andere Umstände, wie schnelle und sichere Bewältigung der Fördermenge, gute Anpassung an den Arbeitsgang und die örtlichen Verhältnisse, leichte und bequeme Bedienung, hohe Betriebssicherheit und Unabhängigkeit von zum Streik geneigten Arbeitskräften mehr ausschlaggebend sind als die Förderkosten.

Die Aufstellung von Wirtschaftlichkeitsrechnungen macht bei den Dauerförderern, die Schüttgüter (Kohle, Koks, Asche, Sand u. a.) befördern, keine Schwierigkeiten, da hierfür geeignete Unterlagen in der Literatur veröffentlicht sind. Für die zeitweise arbeitenden Fördermittel, die im Werkbetriebe Stückgüter von verschiedenen Abmessungen und Gewichten befördern und meist nicht voll belastet sind, fehlen die erforderlichen Angaben. Die für diese Förderer (Aufzüge, Krane u. a.) aufzustellenden Rechnungen beruhen auf angenommenen Durchschnittswerten und sind daher nur überschläglicher Natur. Zur Erlangung genauerer Werte für die zeitweise arbeitenden Förderer sind Arbeits- und Zeitstudien an diesen erforderlich.

Beispiele von Wirtschaftlichkeitsrechnungen für die Förderung von Schüttgütern s. v. Hanffstengel, Billig Verladen und Fördern, S. 117.

b) Gesichtspunkte für den Ausbau des Werkstattfördersystems.

Hardung zeigt in der Zeitschrift „Der Betrieb"[1]), wie der Gesamtfertigungsplan einer neu zu errichtenden Fabrik übersichtlich dargestellt wird und erläutert die Gesichtspunkte, die bei der Standortfrage ausschlaggebend sind. Der Gesamtfertigungsplan, der ohne Berücksichtigung des Zeitbedarfs aufgestellt werden kann, ermöglicht es, die im Werk eingehenden Rohstoffe, ihre Lagerung und Weiterführung zu den Verbrauchs- bzw. Verarbeitungsstellen, den Gang der Erzeugnisse durch die Werkstätten und Lager (Zwischenlager und Einzelteilfertiglager), über Zusammenbauwerkstätte, Prüfraum, Fertiglager und von da zum Versandlager zu verfolgen. Das gleiche gilt für die Förderung der Kohle zum Kesselhaus, des Holzes zur Tischlerei und den Abtransport der Abfallprodukte. Nach Aufstellung des Gesamtfertigungsplanes werden die aufeinanderfolgenden Einzelarbeitsvorgänge unter Berücksichtigung des Zeitbedarfs (für Fertigung und Förderung) zwecks guter Übersicht zeichnerisch dargestellt.

Entsprechend der Art und Menge der herzustellenden Erzeugnisse sind dann die zur Fabrikation nötigen Maschinen und die erforderliche Arbeiterzahl, sowie die Art und Menge der benötigten Rohstoffe und Halbfertigerzeugnisse festzulegen. Darnach läßt sich die Größe der einzelnen Werkstätten und Lager bestimmen, und es kann ein vorläufiger Grundriß der Fabrik entworfen werden. Dieser ist auf seine Vor- und Nachteile zu prüfen und unter Erwägung aller in Frage kommenden Umstände, insbesondere eines wirtschaftlichen Transportes, umzuändern. Der endgültige Grundriß kann naturgemäß nicht in jeder Hinsicht befriedigen und ist meist das Ergebnis eines Ausgleiches.

Auf den Einbau der Werkstattförderer, insbesondere der Krane und Aufzüge wird beim Entwurf der Werkgebäude vielfach nicht genügend Rücksicht genommen, so daß den Hebezeugfabriken unnötige Schwierigkeiten entstehen und teure Sonderbauarten notwendig werden, die die Anlagekosten der Förderer erhöhen und die Inbetriebsetzung eines Werkes oft erheblich verzögern. Es ist daher dringend erforderlich, dem lichten Durchgangsprofil der normalen Krane und den lichten Schachtmaßen der Aufzüge von vornherein Rechnung zu tragen.

Bei Werken, die sich im Laufe der Zeit und unter verschiedenen Bedingungen entwickelt haben, sind die örtlichen und Betriebsverhältnisse für eine Neugestaltung des Werkstattfördersystems meist sehr ungünstig. Da diese Neugestaltung in der Regel größere Umbauarbeiten, mindestens jedoch Umgruppierungen bereits aufgestellter Arbeitsmaschinen, Beschaffung neuer Fördermittel oder den Umbau vorhandener erfordert, so verursacht sie entsprechend hohe Kosten,

---

[1]) „Der Betrieb" 1920, S. 751.

Ein Beispiel dafür, daß durch die Einstellung einer Fabrik auf die neuzeitigen Herstellungs- und Fördermethoden hohe Leistungssteigerungen erzielt werden, gibt Hammond in Maschinery 1917, S. 941/958, „Transportmittel in der Werkstatt". Es handelt sich hierbei um eine amerikanische Werkzeugmaschinenfabrik, die ihre Erzeugung dadurch um 50 vH steigerte, daß sie die ganze Fabrikeinrichtung umstellte, ohne eine neue Maschine zu beschaffen oder neue Arbeiter einzustellen.

In den folgenden Ausführungen wird das Werkstattfördersystem einer Maschinenfabrik mit Eisengießerei und Eisenbauwerkstätte auf Grund der S. 743 gegebenen Gliederung betrachtet. Hierbei werden die einzelnen Zweige des Fördersystems hinsichtlich ihrer Wirtschaftlichkeit gekennzeichnet und Gesichtspunkte gegeben, nach denen die Neugestaltung des Werkstattförderwesens durchzuführen ist. Teilgebiete der Werkstattförderung wie der Umladeverkehr, der Platzverkehr, die Lagerplatzbedienung und die Kesselhausförderung werden, da sie für alle industriellen Werke in Frage kommen, ausführlicher behandelt.

1. Werkstätten-Außenverkehr.
(Förderung außerhalb der Werkstätten).

Umladeverkehr.

Je nach dem Standorte eines Werkes sind entweder Straßenfahrzeuge, Eisenbahnwagen oder Schiffe zu be- oder entladen.

Die Umladung an Straßenfahrzeugen ist von verhältnismäßig untergeordneter Bedeutung, da sie nur für kleinere Fördermengen in Frage kommt. Soweit es sich um die Förderung von Kohle, Koks, Asche u. dgl. handelt, ist es empfehlenswert, Fahrzeuge mit Selbstentladung zu verwenden, deren Entladung fast kostenlos ist. Motorlastwagen, die ohne Anhänger fahren, werden durch Kippen des Wagenkastens nach hinten entladen. Fahren sie mit Anhänger, so erhalten beide Seitenentladung. Über Vorteile des Motorlastwagenbetriebes s. Aumund, Hebe- und Förderanlagen, 1. Bd., S. 40.

Über Güterumschlag an Schiffen s. Aumund, Hebe- und Förderanlagen, 1. Bd., S. 373. — Dubbel, Taschenbuch für den Maschinenbau, Hafenkrane. — Michenfelder, Kran- und Transportanlagen, — Pietrkowski, Die Umladung der Massengüter. — Vgl. auch S. 806, Veröffentlichungen über Umladeverkehr.

Von größter Bedeutung für alle industriellen Werke ist eine richtige Gestaltung des Eisenbahnwagen-Umladeverkehrs. Die erst unterm 17. Oktober 1921 in Kraft getretene Erhöhung der Wagenstandgelder[1]) der deutschen Eisenbahnen um etwa 400 vH muß veranlassen, den Umladeverkehr noch mehr als seither zu beschleunigen.

Für die Wahl der jeweils anzuwendenden Umlademittel sind die Art und Menge des Ladegutes, die Förderstrecke und die örtlichen Verhältnisse maßgebend. Vielfach dienen die Umlademittel gleichzeitig zur Weiterförderung der Güter und zur Bedienung unmittelbar an den Ladestellen gelegener Lagerplätze.

Zur Hebung des Werks-Umladeverkehrs sind nachstehende Umlademittel geeignet.

Elektrisch betriebene Krane. Ihre Wirtschaftlichkeit wird in erheblichem Maße durch Anwendung geeigneter Lastaufnahmemittel günstig beeinflußt. Zum Verladen von Eisen und Stahl ist von den Lasthebemagneten (siehe S. 772) weitgehend Gebrauch zu machen. Ihre Verwendung ist besonders zum Aufnehmen und Fördern von Masseln, Schrott und Spänen in Betracht zu ziehen, da das Umladen dieser Güter von Hand sehr kostspielig ist.

Für das Aufnehmen und Fördern von Schüttgütern rüstet man die Krane mit Selbstgreifern aus. Durch den Betrieb mit Selbstgreifern wird das Umladen der genannten Güter schnell und mit geringstem Kostenaufwand durchgeführt.

Selbstgreifer s. S. 774.

Bauarten und Anwendung der Krane s. S. 777.

---
[1]) Siehe S. 754.

Das Werkstattfördersystem. — Gesichtspunkte für den Ausbau usw. 803

Von den neueren, zu Umladezwecken dienenden Kranbauarten ist auf den Demag-Umladekran (Fig. 78)[1]) hinzuweisen, der ein ausgezeichnetes Hilfsmittel zum schnellen Be- und Entladen der Eisenbahnwagen ist.

Der in der Figur dargestellte, elektrisch betriebene Kran ist zum Umladen von Schüttgütern mit einem Selbstgreifer von $1^1/_4$ m³ Inhalt ausgerüstet, hat eine Tragkraft von 3000 kg und ist auf Normalspur fahrbar. Die zu be- oder entladenden (offenen) Eisenbahnwagen werden durch eine Lokomotive oder mittels einer auf dem Kran aufgebauten Verschiebewinde a über Auflaufzungen b auf die Mitte der Plattform c des Kranes gefahren. Auf der Plattform sitzt ein torartiges Krangerüst, auf dessen oberen wagerechten Trägern d ein Wagen e fahrbar ist. An diesem ist eine nach beiden Gleisseiten auskragende Fahrbahn f aufgehängt, die von einer Greifer-Laufwinde mit angebautem Führerhaus befahren wird. g ist der auf dem Wagen e fest angeordnete Antrieb des Hub- und Windenfahrwerks, dessen Bewegungen durch Seilzüge auf die Laufwinde übertragen werden. Zum Fahren des Wagens f genügt, da es sich nur um kurze Fahrstrecken (entsprechend der Ladelänge des Eisenbahnwagens) handelt, Bedienung durch Handkette und Haspelrad.

Für das Verschieben des Kranes ist kein besonderer Antrieb vorgesehen, da es entweder durch eine zur Verfügung stehende Rangierlokomotive oder mittels der auf dem Kran angeordneten Verschiebewinde durchgeführt wird. Der Unterteil des Kranes

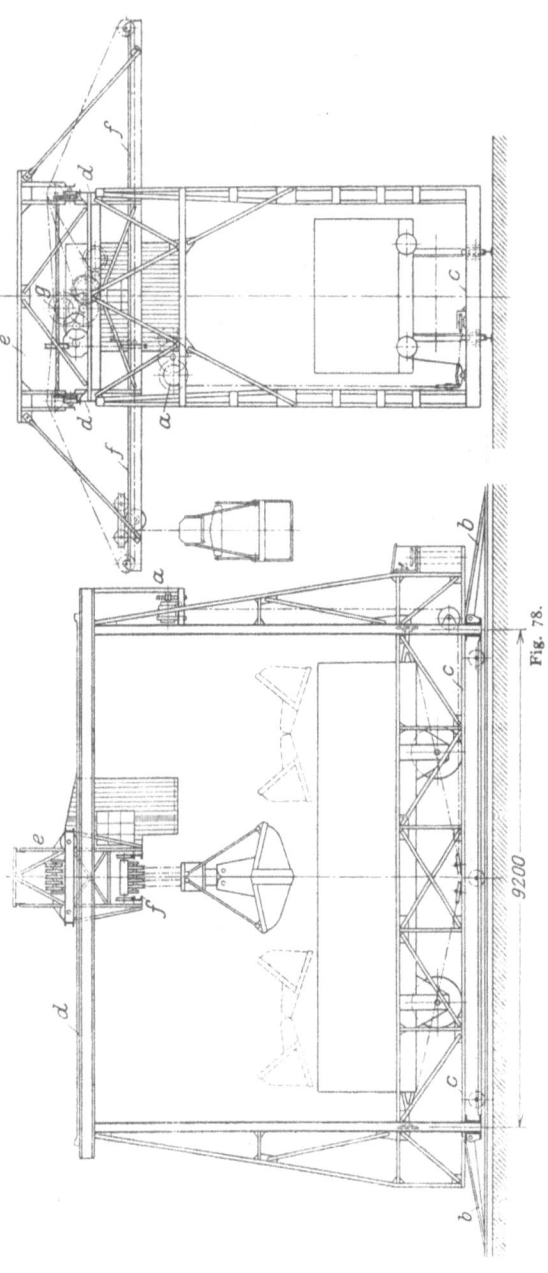

Fig. 78.

---

[1]) „Der Betrieb" 1921, S. 137.

ist nur so breit gehalten, daß er noch innerhalb der lichten Umgrenzungslinie liegt. Die auf den Nachbargleisen befindlichen Wagen können daher ungehindert verkehren.

Der Demag-Umladekran kann das Fördergut zu beiden Seiten des Kranes aufnehmen oder abgeben. Ein Verschieben des Kranes während des Ladevorganges ist nicht erforderlich, da der Greifer die ganze Ladefläche des Wagens bestreicht. Hauptvorteil: Der zu be- oder entladende Zug kann durch den Kran hindurchgefahren werden. Jeder beliebige Wagen des Güterzuges läßt sich daher entladen, ohne ihn aus dem Zug herauszuholen. Ausführung des Kranes für Stückgutentladung oder für Greiferbetrieb (Fig. 78). Mit einem Greifer von $1^1/_4$ m^3 und bei den üblichen Arbeitsgeschwindigkeiten erreicht der Kran beim Umladen von Kohle eine Leistung von 10 bis 15 t/h. Zugkraft der Verschiebewinde des Kranes 2 t bei 60 m minutlicher Seilgeschwindigkeit.

Ist zwischen Schiff oder Eisenbahnwagen und einem an der Ladestelle gelegenen Lagerplatz umzuschlagen, so empfiehlt es sich vielfach, eine die ganze Breite des Lagerplatzes überspannende fahrbare Verladebrücke anzuordnen. Je nach der Spannweite der Brücke wird diese von einer Untergurt-Laufkatze mit angebautem Führerstand oder einer Drehlaufwinde befahren. In neuerer Zeit

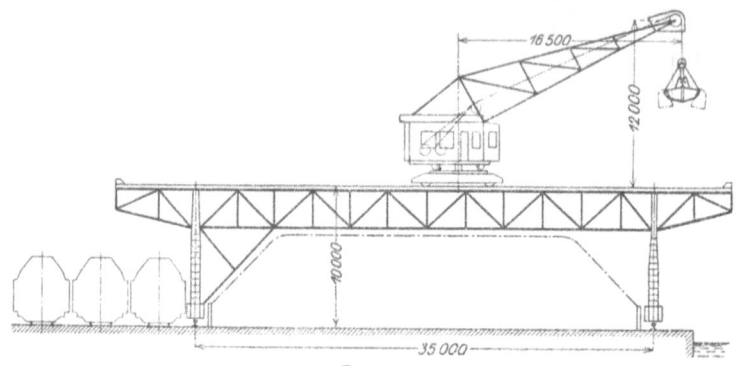

Fig. 79.

zieht man vielfach die Anordnung mit einem oben laufenden normalen Drehkran (Fig. 79) vor, die eine Vergrößerung des Arbeitsbereiches der Verladebrücke bietet und eine höhere Stapelung des Fördergutes zuläßt. Auch kann der beim Entladen von Schiffen erforderliche wasserseitige Kragarm der Brücke wesentlich kürzer gehalten werden. Die in Fig. 79 dargestellte Verladebrücke neuerer Bauart[1]) dient zum Umschlag von Kohle zwischen Schiff bzw. Eisenbahnwagen und Lagerplatz, sowie zum Beschicken der hochgelegenen Bunker einer Gasgeneratorenanlage.

Elektrohängebahnen. Zum Be- und Entladen der Eisenbahnwagen (und Schiffe), sowie zur Weiterbeförderung der Güter nach den Lagerplätzen und Verbrauchstellen der industriellen Werke sind Elektrohängebahnen ein vorzügliches Hilfsmittel. Sie kommen vorwiegend zur Förderung von Schüttgütern in Frage. Da ihr Betrieb fast vollkommen selbsttätig ist und zur Bedienung im allgemeinen nur 1 bis 2 Mann erforderlich sind, bietet ihre Anwendung hohe Lohnersparnisse.

Bau und Anwendung der Elektrohängebahnen s. S. 764.

Stetig arbeitende Umlademittel. Das Bestreben, die Umladung der Schüttgüter, insbesondere der Kohle mit einem Geringstaufwand an Arbeitskräften durchzuführen, hat zu einer weitgehenden Verwendung der Dauerförderer (Spiralförderer, Förderrinnen, Gurtförderer, Becherwerke u. a.)[2]) geführt.

---

[1]) Der Demag.
[2]) Bauarten und Anwendung der Dauerförderer s. S. 789.

Das Werkstattfördersystem. — Gesichtspunkte für den Ausbau usw. 805

Zur Ladearbeit an den Eisenbahnwagen benutzt man hauptsächlich schräge Becherwerke (Elevatoren), die entweder für sich oder in Verbindung mit einem anderen stetigen Förderer (z. B. einem Bandförderer) angewendet werden. Ein Nachteil der üblichen Bauarten ist, daß die Speisevorrichtung sich leicht verstopft, wodurch Unterbrechungen im Ladeverkehr eintreten. Auch werden verschiedene Ladegüter durch Zerkleinern in ihrem Werte herabgemindert.

Bei den von der Firma Heinzelmann & Sparmberg in Hannover hergestellten Becherwerksentladern werden diese Nachteile dadurch vermieden, daß am Unterteil und zu beiden Seiten des Becherwerks je eine rechts- und linksgängige Zubringespirale (Fig. 80) angeordnet sind, deren Gesamtlänge etwas kürzer als die lichte Wagenbreite gehalten ist. Das Becherwerk wird mit den Spiralen auf das Ladegut aufgesetzt, und die Spiralen führen das Ladegut dem Becherwerk selbsttätig und ununterbrochen zu.

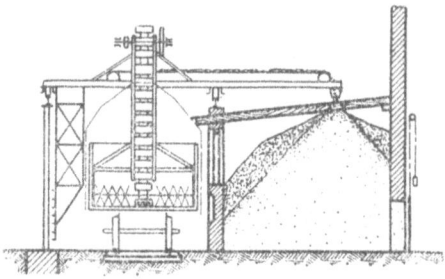

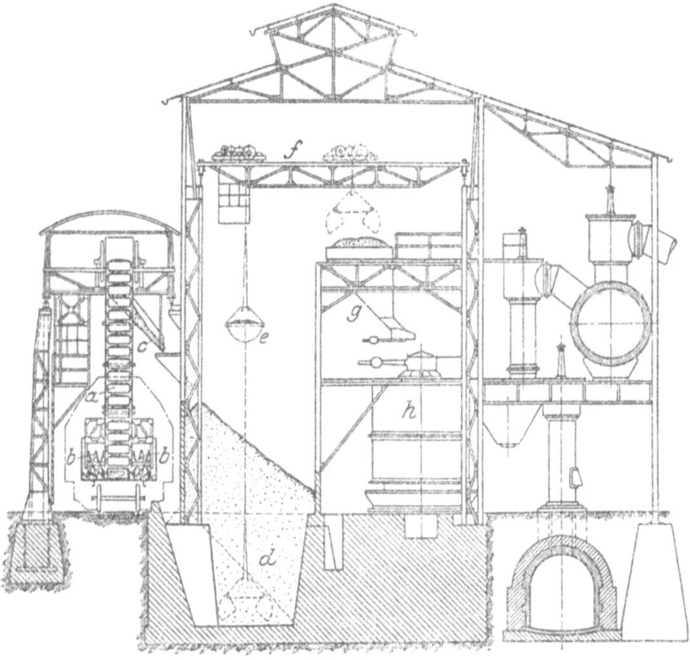

Fig. 80.

Fig. 81.

Fig. 80 gibt die schematische Darstellung eines fahrbaren Heinzelmannschen Entladers, der zum Fördern der Kohle aus den Eisenbahnwagen in einen Lagerraum dient. Die Zubringespiralen führen das zu entladende Gut dem an dem Fahrgestell pendelnd und einstellbar aufgehängten Becherwerk zu, das es nach oben fördert und an einen Bandförderer abgibt, der den wagerechten Transport nach dem Lagerraum übernimmt.

Fig. 81 zeigt eine Gaserzeuger-Anlage mit einem Heinzelmann'schen fahrbaren Becherwerksentlader und einem Greiferlaufkran. a ist das pendelnd aufgehängte Becherwerk und

b sind seine Zubringespiralen. Das Becherwerk fördert die Kohle nach oben und gibt sie über eine Schurre c in den Bunker d ab. Mittels des Greifers e des Laufkranes f wird die Kohle aus dem Bunker entnommen und in die Behälter g geschüttet, aus denen sie durch Öffnen der Bodenklappe in die Beschicköffnung der Gaserzeuger h abgelassen wird.

Diese Becherwerksentlader arbeiten sehr vorteilhaft, da zu ihrer Bedienung nur 1 bis 2 Mann erforderlich sind und die Wagen schnell entladen werden.

Wagenkipper. Sind stündlich mindestens vier bis fünf Eisenbahnwagen mit Schüttgut zu entladen, so ist die Beschaffung eines Kippers in Frage zu ziehen. Bei den in Deutschland üblichen Stirnkippern wird der zu entladende Wagen auf eine Plattform gefahren und nach Einstellen einer, an der vorderen Radachse angreifenden Fangvorrichtung bei geöffneter Stirnwand senkrecht zu seiner Längsachse gekippt, Fig. 82.[1]) Hierbei wird der Wageninhalt in eine unter Schienenoberkante liegende Grube entleert. Die Wagenkipper werden fast durchweg elektrisch angetrieben und entweder ortfest, fahrbar oder drehbar ausgeführt. Bei den Aumundschen Kurvenkippern wird der Wagen auf eine schräge Bahn gezogen und nach Öffnen der Stirnwand entleert. Die Plattform kann daher leichter gehalten werden, auch wird erheblich an Arbeitsverbrauch zum Kippen gespart.

Ein auf Normalspur fahrbarer Aumundscher Kurvenkipper, dessen schräge Plattform noch um eine senkrechte Achse drehbar ist, kann das Entladegut zu beiden Seiten des Gleises unmittelbar an den Lagerplatz abgeben. Hierdurch wird der Arbeitsbereich des Kippers außerordentlich vergrößert.

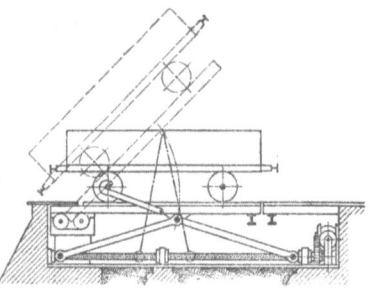

Fig. 82.

Die Kipper sind, da sie hohe Anlagekosten erfordern, nur bei genügender Ausnutzung am Platze. Bauarten und Vorzüge der Wagenkipper s. Aumund, Hebe- und Förderanlagen, 1. Bd., S. 477.

Selbstentladewagen (Schnellentlader). Für Werke, bei denen täglich sehr große Mengen Schüttgüter einlaufen, ist die Beschaffung von Selbstentladewagen erwägenswert. Diese Wagen sind entweder Boden-, Seiten- oder Boden- und Seitenentlader und bieten, da das Ladegut nach Öffnen der Entladeklappen selbsttätig aus dem Wagen gleitet, eine schnelle und fast kostenlose Entladung. Diesem Vorteil stehen jedoch folgende Nachteile gegenüber: Die meisten Bauarten der Selbstentlader müssen, da sie für den Transport von Stückgut ungeeignet sind, leer zurücklaufen. Auch erfordern sie zu ihrer Entladung hochverlegte Gleise oder Tiefbunker mit hohen Anlagekosten. Hierdurch wird die Wirtschaftlichkeit der Selbstentlader stark herabgesetzt. Im allgemeinen kann man annehmen, daß Selbstentlader nur da angebracht sind, wo sie täglich einmal be- und entladen werden können.

Das Bestreben, den Leerlauf der Selbstentlader zu vermeiden und sie für Stückguttransport verwendbar zu machen, hat zu zwei praktisch bewährten Bauarten geführt, dem Selbstentlader Bauart Ziehl (Fried. Krupp A.-G., Essen) und dem Selbstentlader Bauart Malcher (Oberschles. Eisenbahnbedarfs-A.-G., Gleiwitz). Beide sind wie gewöhnliche O-Wagen sowohl für Schüttgut als auch für Stückgüter gleich verwendbar.

Infolge der schnellen Entladung dieser Wagen werden sie sofort wieder verwendungsfähig, wodurch das rollende Material besser als seither ausgenützt wird.

Veröffentlichungen über Umlademittel. St. u. E. 1912, S. 949: Vorrichtung z. mech. Entladung von Massengütern (Kipper). — Desgl. 1919, S. 508: Einrichtung z. mech. Entladung von Eisenbahnwagen, Bauart Heinzelmann & Sparmberg, Hannover. — Desgl. 1919,

---

[1]) Aus Förster, Taschenb. f. Bauing.

S. 1036: Boersch, Die Erzkipperanlage i. Nordhafen von Hannover und Entwicklungsmöglichkeiten der neuen Bauart für Umschlaganlagen. — Fördertechn. u. Frachtverk. 1914, S. 134: Hermanns, Eisenbahnwagenkipper für Massengüterentleerung. — Desgl. 1915, S. 98: Wille, Elektr. betr. Beladevorrichtung für gedeckte Güterwagen. — Desgl. 1921, S. 172, 186 und 189: Orenstein, Über die Wirtschaftlichkeit moderner Selbstentladevorrichtungen im Eisenbahntransportwesen. — El. Kr. & B. 1915, S. 133: Der Eisenbahnwagenkipper und seine neuere Entwicklung. — Techn. u. Wirtsch. d. Verkehrs 1920, S. 18: Hermanns, Zur Reform des Umschlages von Schüttgütern aus Eisenbahnwagen. — Z. bayer. Rev.-Ver. 1920, S. 534/537: Trebesius, Selbstentlader und Wagenkipper. — Journ. f. Gas- und Wasservers. 1919, S. 433: Hermanns, Über die Wirtschaftlichkeit einiger Kohlenumschlaganlagen mit besonderer Berücksichtigung der Gasanstalten. — Gieß.-Z. 1919, S. 147: Venator, Über Entlader und fahrbare Verlader von Massengut.

Platzverkehr.

Der Platzverkehr umfaßt im engeren Sinne folgende Transportarbeiten: Übernahme der im Werk einlaufenden Güter und deren Förderung zu den Lagern; Verkehr zwischen den Lagern und den Werkstätten, sowie von Werkstätte zu Werkstätte (Werkstätten-Eingangs- und Ausgangsverkehr); Weiterleitung der versandfertig verladenen Güter.

Die ein- und ausgehenden Transporte dürfen einander nicht behindern und alle wichtigen Verkehrspunkte (Werkstätten und Lager) sollen so miteinander verbunden sein, daß der Gang der Rohstoffe und Erzeugnisse durch das Werk auf kürzestem Wege und möglichst ohne jeden Rücktransport vor sich geht. Ein unbedingtes Einhalten des kürzesten (und billigsten) Transportweges ist jedoch nicht immer zu erreichen, da ein kleiner Umweg in Rücksicht auf den allgemeinen Richtungsfluß und örtliche Verhältnisse oft erforderlich wird.

Am meisten Schwierigkeiten macht im allgemeinen der Werkstätten-Eingangs- und Ausgangsverkehr, der in der Regel von den einzelnen Werkabteilungen selbst durchgeführt wird und leicht zu Reibungen und Transportverzögerungen führt. Durch eine einheitliche Werktransportleitung, die die Ausführung aller Ein- und Ausgangstransporte anordnet und überwacht, lassen sich diese Schwierigkeiten beheben. Handtransporte sind auf leichte Lasten und kurze Förderstrecken zu beschränken.

Das wichtigste Platzverkehrsmittel ist die vollspurige Werkbahn. Ihre Linienführung muß derart gewählt sein, daß sie alle für den Arbeits- und Transportgang in Frage kommenden Werkstätten und Lager miteinander verbindet und künftigen Erweiterungen des Werkes Rechnung trägt.

Gleisanlage der vollspurigen Werkbahn s. S. 751.

Bei der Anlage eines Werkgleisnetzes ist folgendes beachtenswert:
Vom Einbau einer Drehscheibe in das Anschlußgleis ist möglichst abzusehen, da Betriebsunterbrechungen an derselben den Werk-Eingangs- und Ausgangsverkehr stillegen.
Zur Festellung des Gewichtes der ein- und auslaufenden Güter ist hinter dem Werkeingang eine Gleiswage anzuordnen.
Scharfe Krümmungen in der Linienführung sind wegen des zu hohen Kurvenwiderstandes zu vermeiden.
Möglichste Verwendung einfacher Weichenbauarten. Die an den Werkgebäuden vorbeilaufenden Gleise sollen mit ihrer Mitte mindestens 2,1 m von der Gebäudewand entfernt sein.
Gegen ein Gleis liegende Torausgänge sind stets Gefahrpunkte für die Arbeiter und daher entsprechend zu sichern.
Die Fig. 83 und 84 geben zwei grundsätzlich verschiedene Gleispläne und lassen die maßgebenden Gesichtspunkte für die Linienführung erkennen.
Bei dem Gleisplan Fig. 83 (MAN, Werk Nürnberg) sind Drehscheiben vermieden. Zur Verbindung der Parallelgleise I bis IX dienen unversenkte Schiebebühnen mit den Quergleisen s_1 bis s_6. Die Gesamtlänge der regelspurigen Gleise des Werkes beträgt rund 9 km. Für das Verschieben der Wagen stehen drei Dampflokomotiven zur Verfügung.
In dem Gleisplan Fig. 84 (Hanomag) war in Rücksicht auf die örtliche Lage der Gebäude und deren Anschluß an das Gleisnetz eine größere Anzahl Drehscheiben erforderlich. Innerhalb der Werkstätten sind statt der gewöhnlichen Walzeisenschienen gußeiserne Schienenplatten verlegt, die die Hanomag mit den zugehörigen, ebenfalls in Guß hergestellten Bogenstücken Schienenkreuzungen, Herzstücken usw. liefert. Das gußeiserne Gleismaterial ist ein guter und billiger Ersatz für Walzeisenschienen und ist zur Verlegung innerhalb der Hallen von Eisenbahn-, Kleinbahn- und Straßenbahnwerkstätten, sowie anderen industriellen Betrieben durchaus geeignet[1]).

---

[1]) Hanomag-Nachrichten 1921, S. 101.

Von größtem Einfluß auf die Wirtschaftlichkeit des Werkbahnbetriebes ist das Verschieben der Eisenbahnwagen, das mit möglichst wenig Arbeitskräften und unter Anwendung neuzeitiger Verschiebemittel durchzuführen ist. S. S. 756, Verschiebemittel für Eisenbahnwagen.

Das vollspurige Werkbahnnetz, das vorwiegend zur Förderung schwerer Lasten dient, wird durch die Anordnung eines Schmalspurnetzes, sowie durch gleislose Fördermittel ergänzt. Die gleislosen Förderer (s. S. 744) kommen nur für leichtere Lasten in Frage und sind bei gegebenen Betriebsbedingungen nicht

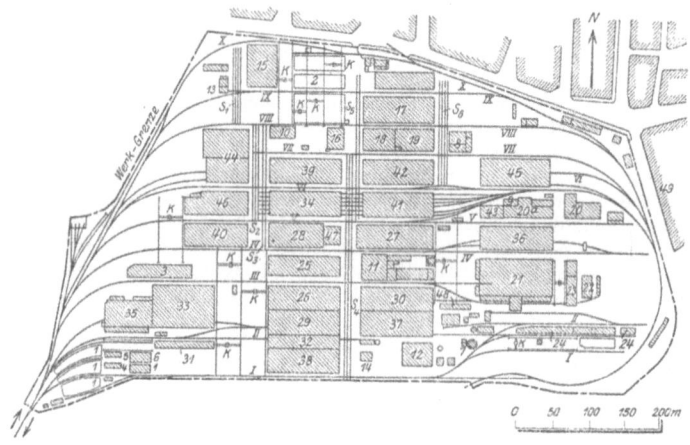

Fig. 83. Lageplan der M. A. N., Werk Nürnberg.
M. 1:10000.
Zeichenerklärung zu Fig. 83.

1. Kohlenlager.
2. Holzlagerplatz.
3. Eisenlager.
4—6. Lagerschuppen.
7. Treiböltank.
8—9. Magazin.
10. Lagerhalle.
11—13. Zentrale I, II u. III.
14. Gasgeneratorenanlage.
15. Sägewerk.
16. Trockenanlage.
17. Holzlagerhalle.
18. Holzschneiderei.
19. Holzlagerhalle.
20. Modelltischlerei und Modellboden.
20a. Modellhaus.
21. Eisengießerei.
22. Metallgießerei.
23. Gußputzerei.
24. Koks- und Formsandschuppen.
25. Schmiede.
26—27. Dreherei.
28. Schlosserei.
29—30. Mech. Werkstatt.
31. Rohrmacherei.
32. Kupferschmiede, Lackiererei. Versand.
33. Eisenhochbau.
34. Aufschlagewerkstatt.
35. Kranbau.
36. Zusammenbauwerkstatt.
37—38. Montage- und Prüffeldhallen.
39. Schreinerei.
40. Klempnerei.
41. Lackiererhalle.
42. Holzbearbeitung.
43. Werkzeugmacherei und Modellboden.
44. Straßenbahnwagenbau.
45. Magazin u. Absaugungsbau.
46. Gestellmacherei.
47. Sattlerei und Lackiererei.
48. Betriebsbüro.
49. Verwaltungsgebäude.

S_1—S_6 Schiebebühnengleise. K Krane.

nur für den Innendienst, sondern auch für den Werkstätten-Eingangs- und Ausgangsverkehr geeignet.

Die schmalspurige Werkbahn dient zur Förderung mittelschwerer Lasten und ist im Werkstättenbetriebe, besonders bei gedrängten örtlichen Verhältnissen, nicht zu entbehren. Zur Ersparung an Platzarbeitern sind elektrische schmalspurige Wagen oder Triebwagen mit Stromsammlerbatterie vielfach vorteilhaft.

Die Verwendung von Hängebahnen im Platzverkehr bietet oft wesentliche Vorteile.

Bau und Anwendung der Hängebahnen s. S. 761.

Lagerplatzbedienung.

Den Lagerplatzbedienungsmitteln fällt das Entladen der Güter, das Verteilen und Stapeln auf den Lagerplätzen und das Beladen der zu den Verbrauchs- bzw. Verarbeitungsstätten fahrenden Platzverkehrsmittel zu.

Als Lagerplatzbedienungsmittel kommen Krane, Hängebahnen und stetige Förderer (Dauerförderer) in Betracht.

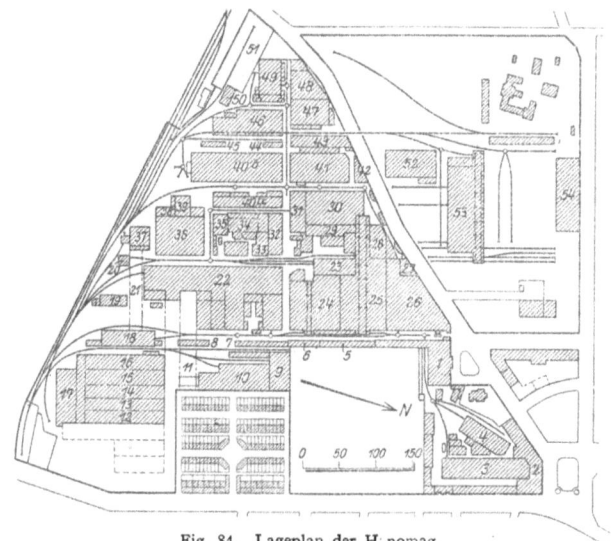

Fig. 84. Lageplan der H: nomag. M. 1 : 10000.

Zeichenerklärung zu Fig. 84.

1. Verwaltungsgebäude.
2. Räderwerkstatt (Erdgesch). Schraubenwerkstatt (1. Stock) Zahnräderwerkstatt und Getriebebau (2. Stock).
3. Motorenbau.
4. Apparatebau.
5. Hauptlagerhaus.
6. Blechwalze.
7.–8. Lagerhaus.
9. Stehbolzenwerkstatt.
10. Rohrwerkstatt.
11. Kesseltrommel-Lagerplatz.
12. Lokomotiven-Vorratshalle.
13. Blechwerkstatt.
14. Heiz-u.Rauchrohrwerkstatt
15–16. Tenderbau.
17. Eisenlager.
18. Kesselgerüstbau.
19. Elektrische Werkstatt.
20. Prüfraum für Kessel.
21. Kessellagerplatz
22. Kesselschmiede.
23. Verladehalle.
24. Rahmenbau.
25. Lokomotivbauhalle.
26. Dreherei.
27. Schleiferei.
28. Lackiererei.
29. Kupferschmiede.
30. Zylinderwerkstatt.
31. Werkzeugmacherei.
32. Kesselhaus.
33. Kraftanlage.
34. Kraftmaschinenanlage.
35. Kesselhaus.
36. Schmiede.
37. Eisenlager.
38. Schlosserei.
39. Kesselhaus für Schmiede.
40a. Metallgießerei, -Dreherei und Lager.
40b. Eisengießerei.
41. Maschinenbauhalle.
42. Holzlagerhaus.
43. Modelltischlerei u. Lager.
44. Kokslager.
45. Sandschuppen.
46–47. Motorpflugbau.
48. Schlepperbau.
49. Gesenkschmiede und Presserei.
50. Zimmerei.
51. Kohlenlager.
52. Verladehalle für Motorpflüge und Schlepper.
53. Lokomotiv-Ausbesserungs-Werkstatt.
54. Motorpflug-Lager.

—O— Drehscheiben. —·—·— Kranbahnen.

Krane. Sie sind das wichtigste Lagerplatzbedienungsmittel und werden je nach Art der zu fördernden Güter mit geeigneten Lastaufnahmevorrichtungen (Zangen, Pratzen, Magneten, Selbstgreifern u. a.) ausgerüstet. S. S. 771, Lastaufnahmemittel. Im allgemeinen kommen folgende Kranbauarten[1] in Anwendung.

---

[1] Kranbauarten im Werkstättenbetriebe s. S. 777.

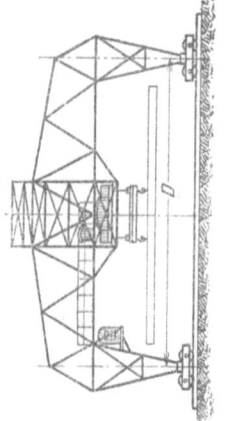

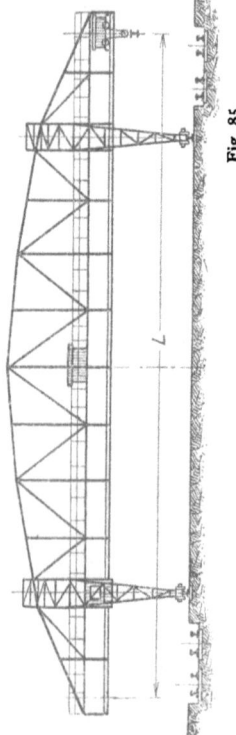

Fig. 85.

Drehkrane. Auf Normalspur fahrende Dampfkrane und elektrisch betriebene Rollkrane können ihrer beschränkten Ausladung wegen nur zwei, parallel der Spur liegende Flächenstreifen bedienen. Sie sind jedoch auch zum Verkehr zwischen den Lagerplätzen und Werkstätten, zu allgemeinen Umladearbeiten und zum Verschieben der Eisenbahnwagen verwendbar.

Da die Lagerplätze in der Regel rechteckig sind, so eignen sich die Tor- oder Bockkrane und die auf einer Hochbahn fahrenden Laufkrane am besten zur Bedienung. Antrieb fast durchweg elektrisch. Nur bei gelegentlicher Verwendung des Kranes oder bei kurzen Förderstrecken wird Handbedienung vorgesehen. Die Spannweite der Torkrane und Laufkrane entspricht der Breite des zu bedienenden Lagerplatzes und ihre Hubhöhe der Stapelhöhe des Lagergutes.

Torkrane oder Bockkrane. Die Schienen der den Lagerplatz überspannenden Volltorkrane sind auf ebener Erde verlegt und erfordern eine der Tragkraft und dem Eigengewicht des Kranes entsprechende Gründung. Die Spannweite der Torkrane kann man bei großer Lagerplatzbreite dadurch verringern, daß man die Krane je nach den örtlichen Verhältnissen mit ein- oder beiderseitigen Kragarmen ausführt.

Fig. 85 zeigt einen Volltorkran mit beiderseitigen Kragarmen zur Bedienung eines Walzeisenlagerplatzes von $L = 70$ m Breite.

Unter den Kragarmen sind je zwei Gleise für die An- und Abfuhr der Lagergüter angeordnet. Damit die Katze mit langen Profileisen (Trägern oder Schienen) zwischen den beiden Stützen hindurchfahren kann, müssen diese einen entsprechend weiten Durchgang (D) haben.

Umsetzbare Torkrane[1]). Große Lagerplatzbreiten bedingen für die Torkrane große Spannweiten. Hierdurch wird das Eigengewicht oft derart hoch, daß es in einem äußerst ungünstigen Verhältnis zur Nutzlast steht. Da ein Torkran großer Spannweite hohe Anlagekosten und erhebliche Betriebskosten (großer Stromverbrauch des Kranfahrmotors) erfordert, so ist er nur bei sehr lebhaftem Lagerplatzbetrieb empfehlenswert. Auch die Verkleinerung der Spannweite durch Anordnung von Kragarmen (Fig. 85) verringert das Eigengewicht des Kranes nicht in erheblichem Maße.

Um die Lagerplatzbedienung unter normalen Betriebsverhältnissen günstiger zu gestalten, vermeidet man die Anwendung eines sehr großen und teuren Torkranes und verwendet statt dessen einen umsetzbaren Torkran, der die in mehrere Felder unterteilte Lagerplatzfläche bedient.

Der in Fig. 86 dargestellte umsetzbare Torkran bedient die in vier Felder (L_1 bis L_4), mit je einem Verkehrsgleis, unterteilte Lagerplatzfläche und ersetzt den großen Torkran in Fig. 85, dessen Spannweite etwa $2^1/_2$ mal so groß ist als die des Umsetzkranes.

---

[1]) Fried. Krupp A.-G., Grusonwerk, Magdeburg-B. („Der Betrieb 1921", S. 137).

Bei dem umsetzbaren Torkran (Fig. 86) sind die Radgestelle b nicht fest, sondern drehbar am Kranfußträger a angeordnet. Soll der z. B. im Feld L_3 stehende Kran in ein anderes Feld überführt werden, so wird zunächst die eine Kranseite an der Mitte des Kranfußträgers a vermittels Spindel, Daumenkraft (s. S. 766) oder des Kranhubwerkes selbst um einen gewissen Betrag angehoben und die beiden Radgestelle werden um 90° gedreht. Durch Senken der angehobenen Kranstütze setzen sich dann die Laufräder auf Schienen ab, die senkrecht zu den Längsschienen des Lagerplatzes liegen. Nachdem die Radgestelle der anderen Kranseite in gleicher Weise gedreht sind, kann der Kran auf den Quergleisen in ein anderes Feld (L_1, L_2 oder L_4) einfahren. An der Gleiskreuzung werden nun die Radgestelle wieder um 90° geschwenkt und der Kran kann die Länggleise des neuen Feldes befahren.

Das Umsetzen des Kranes von einem Feld in das andere erfordert nur wenige Minuten, also einen praktisch belanglosen Zeitverlust. Zur Erhöhung der Leistung kann, wenn erforderlich, ein zweiter Umsetzkran angeordnet werden. Es ist jedoch zweckmäßig, die Güter so zu lagern, daß oft zu verladende Teile in demselben Feld liegen, damit ein Umlagern von einem Feld in das andere vermieden wird.

Weiteres über „Umsatzkrane zur Bedienung großer Lagerplätze" s. Kruppsche Monatshefte 1921, S. 108.

Ist der Lagerplatz an der Längsseite eines Werkgebäudes gelegen, so wendet man statt eines Volltorkranes einen **Halbtorkran** an.

Halbtorkran mit Kragarm von 5 t Tragkraft und 23 m Spannweite zur Bedienung eines Walzeisenlagers s. Z. Ver. deutsch. Ing. 1912, S. 900.

Laufkrane auf Hochbahnen behindern im Gegensatz zu den Torkranen den Verkehr auf ebener Erde nicht und lassen daher größere Kranfahrgeschwindigkeiten als diese zu. Ferner hat ein Torkran ein wesentlich höheres Eigengewicht als ein Laufkran von gleicher Tragkraft und Spannweite. Da, gleiche Geschwindigkeit angenommen, zum Fahren eines Torkranes ein größerer Arbeitsaufwand erforderlich ist, so gleicht dieses Mehr an Arbeitsaufwand, besonders bei flott arbeitenden Kranen von großer Fahrstrecke, die Anlagekosten der Kranfahrbahn aus. In solchen Fällen ist daher ein Laufkran mit Hochbahngerüst einem auf ebener Erde fahrenden Volltorkran vorzuziehen.

Sind Lagerplätze von großer Breite zu bedienen, so würde ein Laufkran von entsprechender Spannweite zu schwer und teuer werden. Man unterteilt dann den Lagerplatz und ordnet mehrere, auf eisernen Hochbahnen fahrende Laufkrane an.

Vergrößerung des Arbeitsbereiches der Torkrane und der Hochbahn-Laufkrane dadurch, daß man auf dem Obergurt der Krane statt der Winde einen normalen elektrischen Drehkran anordnet.

Liegt der Lagerplatz unmittelbar an der Umladestelle und sind die Güter zwischen Schiff oder Eisenbahnwagen und dem Lagerplatz umzuschlagen, so ordnet man eine **Verladebrücke** an, die den Lagerplatz in seiner ganzen Breite überspannt.

Verladebrücken s. S. 804, Umladeverkehr.

Die **Elektrohängebahnen** sind ein ausgezeichnetes und neuzeitiges Hilfsmittel zur Bedienung der Lagerplätze. Sie werden meist so angewendet, daß sie das Gut aus dem einen Schiff oder Eisenbahnwagen entladen und nach Bedarf zum Lagerplatz oder unmittelbar zur Verbrauchstelle fördern.

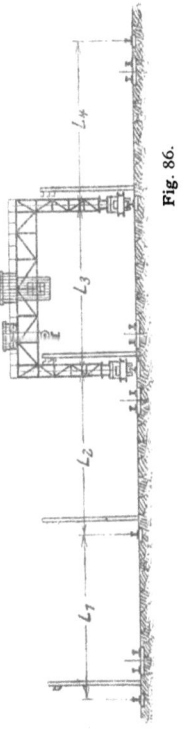

Fig. 86.

Bau und Anwendung der Elektrohängebahnen s. S. 764.

Dauerförderer. Die bereits beim Umladeverkehr S. 805 gekennzeichneten fahrbaren Becherwerke mit Zubringespiralen[1]) sind bei entsprechender Ausführung auch als Bedienungsmittel für Kohlenlagerplätze sehr geeignet.

Fig. 87 zeigt einen, auf ebener Erde fahrbaren Heinzelmannschen Platzstapler mit angebautem schwenkbarem Förderband. Der linksseitige Stapler fördert die aus dem Wagen abgegebene Kohle mittels des Becherwerks und des Bandförderers auf den Lagerplatz; der rechtsseitige nimmt das Gut vom Lagerplatz auf und beladet einen Eisenbahnwagen.

Fig. 88 läßt die Anwendung mehrerer Platzstapler bei der Bedienung eines Kohlenlagerplatzes erkennen. Die Förderer der oberen Reihe stapeln das aus den Eisenbahnwagen nacheinander abgegebene Gut auf dem Lagerplatz an, während die der unteren Reihe zwischen Lagerplatz und Eisenbahnwagen umladen. Ein weiterer Platzstapler belädt die zum Kesselhause fahrenden Schmalspurwagen.

Weiteres über Heinzelmannsche Platzentlader- und -stapler s. Zeitschr. f. Dampfk. u. Maschinenbetrieb 1921, Nr. 21, Hermanns, Neue Anwendungsformen des Becherwerksentladers für Kohlengutförderung.

2. Werkstätten-Innenverkehr.

Kesselbekohlung und -Entaschung.

Kesselbekohlungsanlagen. Mechanische Kesselbekohlungsanlagen sind unter den jetzigen hohen Arbeitslöhnen schon bei kleinerem stündlichen Kohlenverbrauch (von 2 bis 3 t/h ab) vorteilhaft.

An mechanischen Kohleförderern kommen allgemein in Frage: Elektrohängebahnen, Hängebahnen mit elektrisch betriebenen Führerstands-Laufwinden und vor allem die verschiedenen Bauarten der Dauerförderer. Bei der Kohlenförderung

---

[1]) Ausführung Heinzelmann & Sparmberg, Hannover.

im Kesselhause handelt es sich meist um senkrechten und wagerechten Förderweg.

Für senkrechte Förderung sind Elevatoren zu verwenden, die das Gut aus dem Tiefbunker auf die erforderliche Höhe über den Kesseln heben. Es wird dann zur Förderung in wagerechter Richtung und zur Verteilung auf die Hochbunker und Feuerungen der Kessel an wagerechte Dauerförderer (Kratzer, Förderrinnen, Schneckenförderer oder Bandförderer) abgegeben.

Pendelbecherwerke und raumbewegliche Becherwerke fördern in wagerechter und senkrechter Richtung. Auf ihrem Rücklauf können diese Becherwerke auch zur Abfuhr der Asche verwendet werden. Bau und Wirtschaftlichkeit der Dauerförderer s. S. 789.

Feinstückige oder staubförmige Brennstoffe, Sägespäne u. dgl. werden durch Saugluft nach den Kesseln gefördert.

Beispiele von Kesselbekohlungsanlagen:

1. Fig. 89[1]) zeigt die Elektrohängebahnanlage eines Elektrizitätswerkes, die aus zwei voneinander getrennten Elektrohängebahnen besteht.

Die erste Elektrohängebahn a dient zum Umschlag der Kohle zwischen den Eisenbahnwagen und dem Lagerplatz b oder dem Tiefbunker c. Sie besteht aus einem Gleis, das sich bei d über

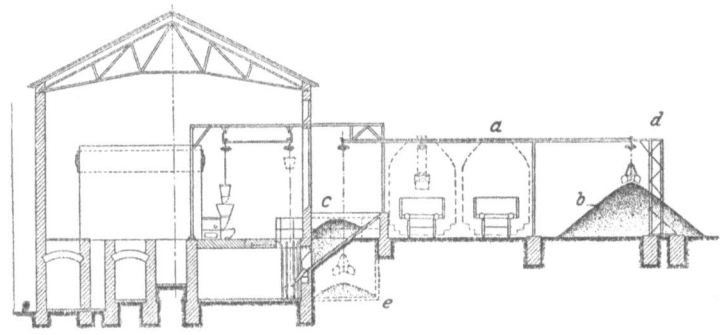

Fig. 89.

die Länge des Lagerplatzes erstreckt, umbiegt, über die Eisenbahngleise führt und dann parallel der Kesselhauswand über den Kohlenbunkern und der Aschengrube verlegt ist. Der auf der Bahn fahrende Hängebahnwagen ist mit einem Selbstgreifer ausgerüstet und wird auch zum Umladen der Asche aus dem Aschenbunker in die Eisenbahnwagen herangezogen. Die Elektrohängebahn hat Fernsteuerung und arbeitet selbsttätig.

Die zweite, zur Kesselbekohlung dienende Bahn verläuft in geschlossener Schleife. Als Fördergefäß dient ein Kübel mit aufklappbarem Boden. Der Heizer senkt den Kübel vor dem Auslauf eines der drei Fülltrichter und belädt ihn dadurch, daß er den Trichterverschluß durch Kettenzug vom Kesselhausflur aus öffnet. Nach dem Heben des Kübels läßt er den Wagen vor den zu beschickenden Kessel fahren, wo der Kübel gesenkt wird und nach Öffnen des Bodenverschlusses seinen Inhalt an den Beschicktrichter der Feuerung abgibt.

2. Kesselbekohlungsanlage mittels raumbeweglichen Becherwerks (Fig. 90 bis 92)[2]).

Die auf dem Zufahrtsgleis A ankommende Kohle wird in den Bunker B entladen. Von diesem wird sie mittels schräger Kanäle a, die nach Bedarf durch Hochziehen der Schieber geöffnet werden, dem Becherwerk zugeführt. Der Brennstoff wird an den unteren Kettenstrang b durch eine fahrbare Füllvorrichtung c abgegeben.

Fig. 75, S. 796 läßt die bauliche Ausbildung der raumbeweglichen Becherkette erkennen.

Die vor den Beschicktrichtern der Kesselfeuerungen angeordneten halbselbsttätigen Wagen arbeiten mit einer Genauigkeit von ± 2 vH. Sie zeichnen die Zahl der abgegebenen Füllungen auf und stellen somit den Kohlenverbrauch der Kessel genau fest. Der nachträglichen Forderung, Kohle und Koks zu verfeuern, wurde dadurch entsprochen, daß der Bunker durch

---

[1]) A. Bleichert & Co., Leipzig-Gohlis.
[2]) Carl Schenck G. m. b. H., Darmstadt (Ind. u. Techn. 1921, S. 117.)

eine Querwand unterteilt und eine zweite fahrbare Füllvorrichtung aufgestellt wurde. Auf diese Weise ist es möglich, der Becherkette aus der einen Bunkerhälfte Kohle und aus der anderen Koks zuzuführen, was in beliebigem Mischungsverhältnis geschehen kann.

Entaschungsanlagen. Das Entaschen der Kessel kann je nach den gegebenen örtlichen und Betriebsverhältnissen folgendermaßen durchgeführt werden:

1. Im Aschekanal fährt ein Schmalspurwagen mit kippbarem Gefäß. Dieser wird unter de zu entleerenden Aschetrichter des Kessels gefahren

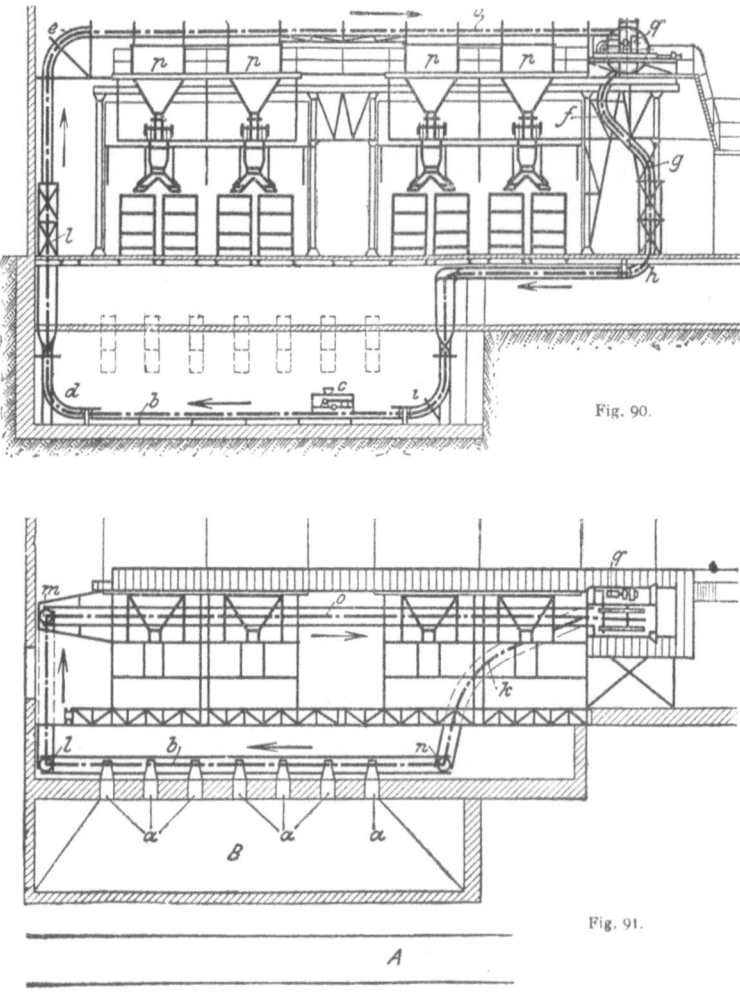

Fig. 90.

Fig. 91.

Fig. 90 bis 92. Kesselhaus mit raumbeweglichem Becherwerk.

A Kohlen-Zufahrtsgleis. B Kohlenbunker. a Zuführungskanäle zum Becherwerk. b Füllstrang. c Fahrbare Füllvorrichtung. d—i Kurven der Kette in senkrechten Ebenen. h Wagerechte Kurve. l—n Raumkurven (Spiralen) o Abgabestrang der Becherkette. p Fülltrichter zur Kesselbeschickung. q Antrieb und Spannvorrichtung der Kette. r Halbselbsttätige registrierende Wage.

und durch Öffnen des Trichterbodenverschlusses wird die Asche in den Wagen abgegeben. Der Wagen wird dann auf die Förderschale eines Aufzuges gefahren, gehoben und der Wageninhalt in einen Hochbehälter entleert. Durch Öffnen der Bodenklappe des Aschebehälters wird die Asche unmittelbar in einen Eisenbahnwagen oder ein Straßenfahrzeug abgelassen.

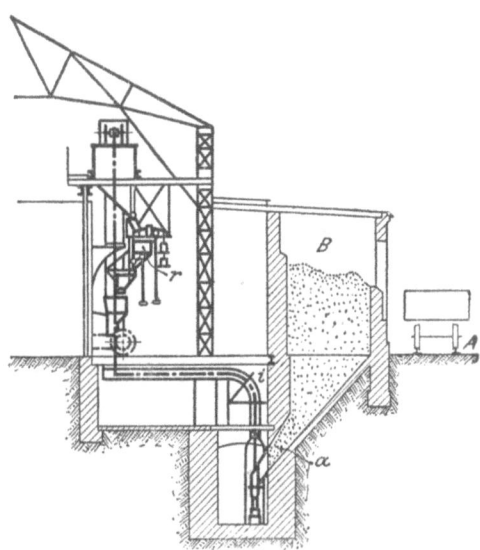

Fig. 92.

2. Ein im Aschekanal angeordneter wagerechter Dauerförderer (Kratzer, Förderrinne u. dgl.) führt die Asche einem Elevator zu, der sie in den Hochbehälter fördert, aus dem sie in der vorbeschriebenen Weise in die Fahrzeuge verladen wird.

3. Bei Vorhandensein eines Pendelbecherwerks oder eines raumbeweglichen Becherwerks kann dieses auch zur Entfernung der Asche herangezogen werden.

4. Durch eine Aschespülanlage (Fortleitung der Asche durch Wasserstrom). Bauarten: Gewerkschaft Hausbach II, Wiesbaden; A.-G. Baum, Herne, Westf.; Fr. Gröpel, Bochum u. a.

5. Durch Saugluft (pneumatisch). Bauarten: Siemens-Schuckert-Werke, Berlin; vorm. Gebr. Seck, Dresden.

Fig. 93 u. 94[1]) zeigen eine Aschespülanlage mit mehreren Aschenanfallstellen und mit Spülrinne.

Arbeitsweise: a ist der Wanderrost eines Wasserrohrkessels und b_1, b_2 und b_3 sind die Aschenanfallstellen. Aus diesen gelangt die Asche in eine schrägliegende Rinne c, die sie mittels eines bei d eintretenden Wasserstromes in den Spültrichter e leitet. Dieser ist mit einem Rost versehen, der Sperrstücke, die größer als 8 × 7 × 10 cm sind, zurückhält. Die Sperrstücke werden von dem bedienenden Arbeiter zerkleinert und in den Spülstrom gegeben. Das Spültrichterformstück f besitzt ebenfalls eine achsiale Einspritzvorrichtung, dessen Wasserstrom die Asche, dem in der Hauptspülleitung g liegenden Misch- und Druckapparat h zuführt, der die Förderung bis zum Ascheejektor i übernimmt. Ein Zurückschlagen des Spülgutes in die rückwärts liegende Spülleitung wird durch C-Stücke mit Momentklappen k vermieden, die in die Hauptspülleitung eingebaut sind. Der Ascheejektor i fördert das Gemisch von Wasser und Asche mittels des Rohres l in den hochgelegenen Entwässerungsbunker m, in dem das Wasser durch ein Sieb n abläuft. Durch Öffnen des Behälterverschlußschiebers wird die Asche in die Eisenbahnwagen entladen.

o ist ein Elektromotor, der die Spülpumpe p und die Frischwasserpumpe q antreibt. r ist die Hochdruckleitung und s die Frischwasserleitung. Die Pumpen p und q saugen das Wasser aus dem Behälter t, dem das Abwasser des Entwässerungsbehälters wieder zuläuft.

Verhältnis von Wasser zu Asche 1 : 3. Dieses günstige Mischverhältnis wird durch die besondere Bauart des hinter jedem Spültrichter liegenden Misch- und Druckapparates erreicht. Die Apparate arbeiten in der Regel mit 2 bis 3 Düsen und mit Druckwasser von 4 bis 5 at. Die Wirkung der Düsen erteilt dem Fördergemisch eine fortschleudernde drallartige Bewegung, wodurch die Energie des Wasserstrahles vorteilhaft ausgenutzt wird. Der Misch- und Druck-

---

[1]) Gewerkschaft Hausbach II, Wiesbaden.

816   Werkstattförderwesen.

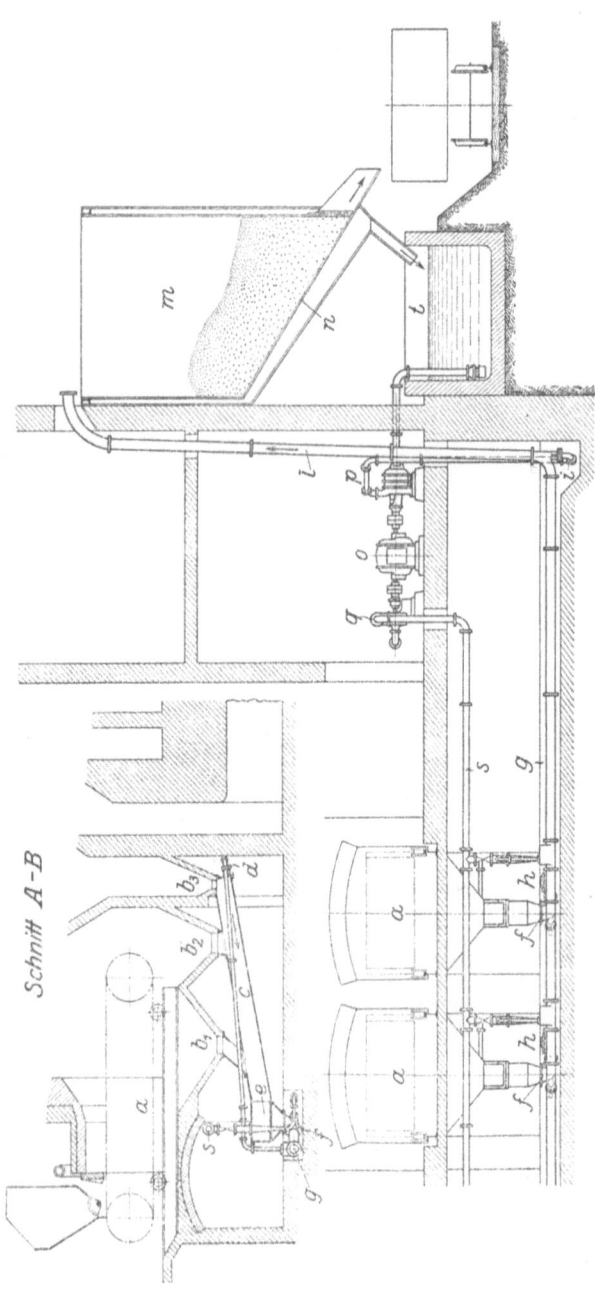

Fig. 93. Aschespülanlage mit mehreren Ascheanfallstellen und mit Spülrinnen. (Aufriß und Schnitt.)

apparat kann ein Fördergemisch von einem spezifischen Gewicht 1,35 in einer wagerechten Rohrleitung auf 300 m befördern.

Der Rohrverschleiß ist, da bei der stets innigen Mischung von Asche und Wasser ein Niederschlagen der Asche vermieden wird, sehr gering. Mit den Aschespülanlagen vorstehender Bauart können auch Steigungen in der Hauptspülleitung bewältigt werden. Bis 10 m Förderhöhe wird ein Ascheejektor mit Dralldüse verwendet, über 10 m eine besonders gebaute Spülpumpe.

Infolge des ständigen Kreislaufes des Wassers ist der Wasserverlust gering, da nur die Menge ersetzt werden muß, die verdunstet und beim Verladen noch an der Asche haftet. Lichte Weite der Spülleitung 150 mm. Fördergeschwindigkeit 3 m/sek. Stündliche Leistung an Fördergemisch etwa 190 m³.

Zur Bedienung großer Anlagen sind höchstens 2 bis 3 Mann erforderlich. Bei kleineren Anlagen bedient der Kesselwärter.

Die Aschespülanlage nach Fig. 95 u. 96[1]) unterscheidet sich von der vorher beschriebenen dadurch, daß die Ascheanfallstellen sich nicht unter, sondern vor den Kesseln befinden und statt einer Spülrinne nur eine einzige Ascheanfallstelle in Betracht kommt.

Hauptvorteile: Rauchlose und staubfreie Entfernung der Asche aus dem Kesselhause zur Abfuhrstelle; Ersparnis an Arbeitslöhnen; Vermeidung von Haldenbränden; geringer Wasserverbrauch infolge weitgehender Zurückgewinnung des Spülwassers.

Die Entaschung der Kesselanlagen durch Saugluft (pneumatische Entaschung) wird infolge ihrer günstigen Arbeitsweise und der weitgehenden Ersparnis an Arbeitslöhnen, trotz ihres höheren Kraftverbrauches den mechanischen Förderern gegenüber, in neuerer Zeit mehr und mehr angewandt.

Fig. 97[2]) erläutert die Arbeitsweise der Kesselentaschung durch Saugluft.

An der Ascheanfallstelle wird ein Saugrüssel a angesetzt. Der von dem Gebläse b angesaugte Luftstrom reißt die Asche durch die Förderleitung c nach dem Abscheider (Rezipienten) d. Infolge der starken Querschnittsvergrößerung des Förderrohres verliert der Luftstrom seine Tragkraft, und der größte Teil der Asche fällt in den darunter liegenden Hochbehälter e. Der von dem Luftstrom noch mitgeführte Aschestaub geht in die Leitung f weiter, wo er in dem Wasserfilter g so vollkommen niedergeschlagen wird,

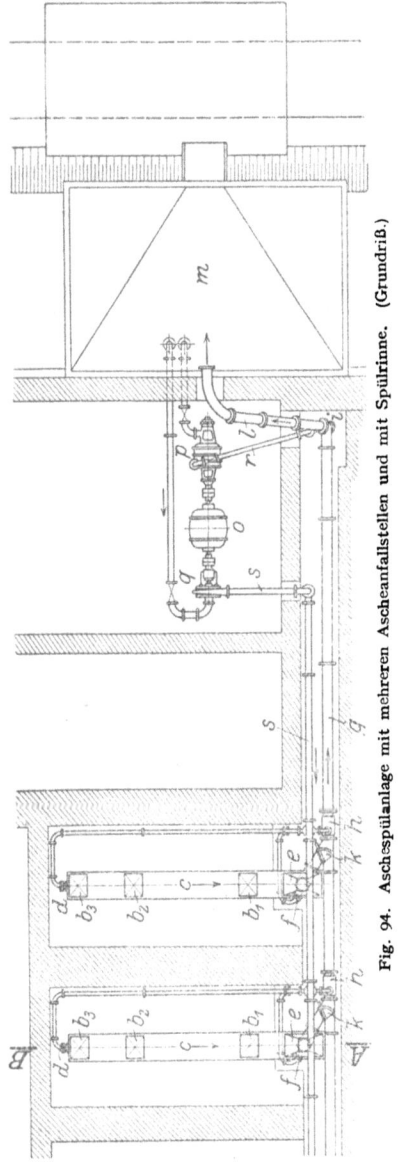

Fig. 94. Aschespülanlage mit mehreren Ascheanfallstellen und mit Spülrinne. (Grundriß.)

---

[1]) Gewerkschaft Hausbach II, Wiesbaden.
[2]) Mühlenbauanstalt u. Maschinenfabrik vorm. Gebr. Seck, Dresden.

Werkstattförderwesen.

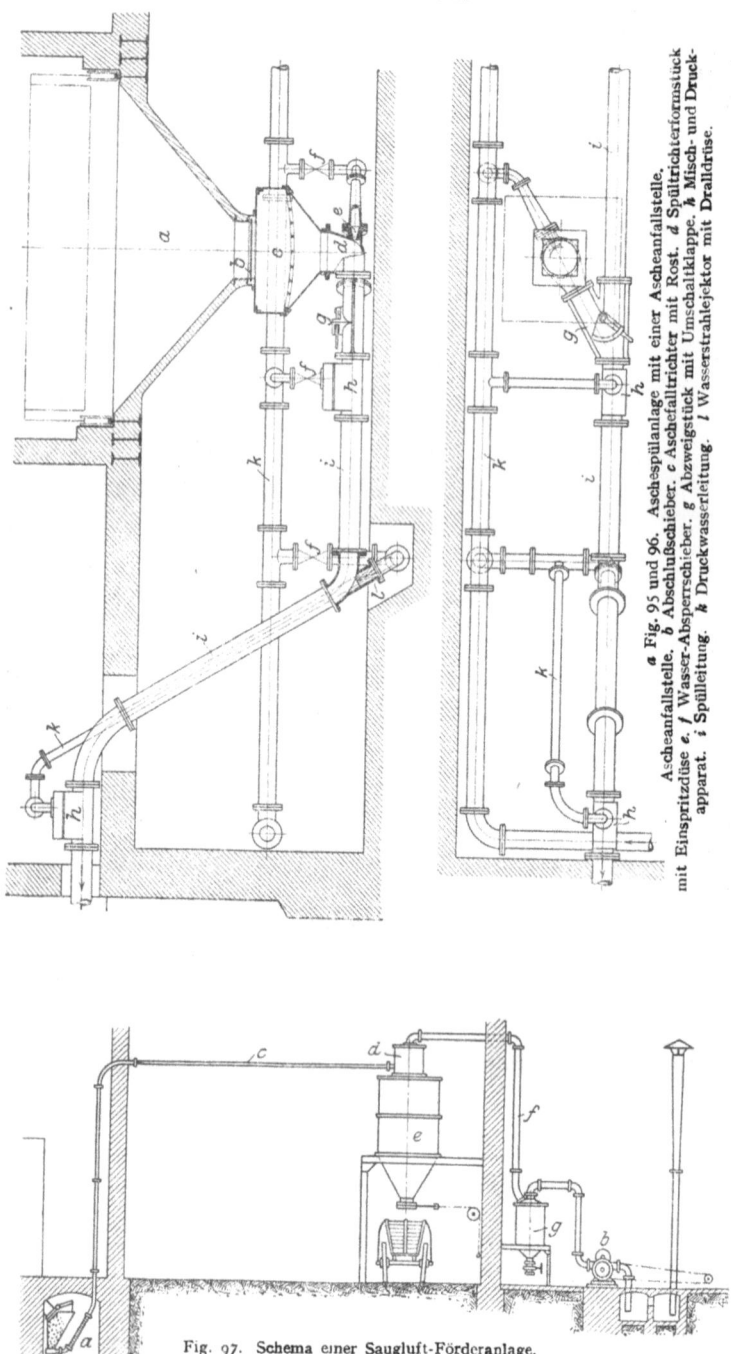

a Fig. 95 und 96. Aschespülanlage mit einer Ascheanfallstelle. Ascheanfallstelle. b Abschlußschieber. c Aschefalltrichter mit Rost. d Spültrichterformstück mit Einspritzdüse e. f Wasser-Absperrschieber. g Abzweigstück mit Umschaltklappe. h Misch- und Druckapparat. i Spülleitung. k Druckwasserleitung. l Wasserstrahlejektor mit Dralldüse.

Fig. 97. Schema einer Saugluft-Förderanlage.

Das Werkstattfördersystem. — Gesichtspunkte für den Ausbau usw. 819

daß das Gebläse (b) nur reine Luft ansaugt. Der aus dem Gebläse austretende Luftstrom wird zur Schalldämpfung in eine Grube geleitet. Bei größeren Anlagen wird statt des Gebläses eine Kolbenpumpe angeordnet, die günstigeren Wirkungsgrad als das Gebläse hat.

Eintrittsgeschwindigkeit der Luft bei den pneumatischen Entaschungsanlagen etwa 20 bis 25 m/sek. Bei 200 bis 300 m Leitungslänge ist eine Luftleere an der Pumpe von 300 bis 450 mm Q.-S. erforderlich. Mit der angegebenen Lufteintrittsgeschwindigkeit wird eine größte Förderlänge von 400 bis 500 m und eine gesamte Förderhöhe von 25 bis 30 m erreicht. Flugasche wird von den pneumatischen Förderern ohne weiteres abgesaugt. Steinkohlenschlacke dagegen ist vorher in einem Schlackenbrecher zu zerkleinern, was bei Braunkohlenschlacke durch Zerschlagen mit einer Stange geschehen kann.

Förderung in den Fertigungswerkstätten.

Allgemeiner Verkehr.

Der weitaus größte Teil der gesamten Innen-Förderung entfällt auf den Flurverkehr. Gegenüber dem Flurverkehr treten der Überflurverkehr (durch Laufkrane, Wandlaufkrane und Hängebahnen) sowie der senkrechte Verkehr (zwischen ebener Erde und den oberen Stockwerken der Werkstätten) hinsichtlich des Anteiles an benötigten Förderlöhnen sehr in den Hintergrund. Eine auf Ersparung an Arbeitslöhnen gerichtete Verbesserung des Werkstätten-Innenverkehrs betrifft daher in erster Linie den Flurverkehr.

Die gleislose Förderung kommt fast nur für leichtere Lasten in Frage und erfordert glatten und ebenen Fußboden. Sie wird daher hauptsächlich in den Bearbeitungswerkstätten, in den Lagerräumen und in den Zusammenbauwerkstätten angewendet.

Gleislose Werkstattförderer s. S. 744.

Die Anwendung der Schmalspurbahnen ist auch im Innenverkehr, insbesondere in der Gießerei und Schmiede, nicht zu entbehren. Im allgemeinen dienen sie als Verkehrsmittel zwischen den Lagerplätzen und den Werkstätten, sowie zwischen den einzelnen Werkstätten selbst.

Schmalspurige Werkbahn s. S. 759.

Je nach Bedarf und Art der herzustellenden Erzeugnisse wird das vollspurige Gleisnetz auch auf die einzelnen Werkstätten ausgedehnt. Schwere Lasten oder größere Fördermengen können daher unmittelbar ohne Umladung an ihren Bestimmungsort geleitet werden.

Vollspurige Werkbahn s. S. 750.

Innerhalb der Werkstätten sind die Voll- und Schmalspurgleise in Rücksicht auf den Verkehr der gleislosen Fördermittel zu versenken.

In vielen Fällen und bei entsprechenden örtlichen Verhältnissen sind zur Förderung leichter und mittlerer Lasten Hängebahnen in Betracht zu ziehen, deren Hauptvorteil darin liegt, daß sie keine Bodenfläche beanspruchen und den regen Verkehr und das Arbeiten in den Werkstätten nicht behindern. Hängebahnen s. S. 761.

Werkstätten-Innendienstkrane.

Die große Mehrzahl der Innendienstkrane ist fahrbar. Nur die Sonderzwecken dienenden Krane (zur Bedienung der Arbeitsmaschinen usw.) sind ortfest.

Die Krane und ihre Anwendung s. S. 777.

Für den Verkehr in den einzelnen Werkstätten kommen hauptsächlich folgende Kranbauarten in Betracht.

Normale Laufkrane. Sie sind die gegebene Kranbauart für Innenräume und können mit ihrem Lasthaken fast die ganze Grundfläche eines Gebäudes bestreichen. Tafel der elektrisch betriebenen Laufkrane s. S. 778. Elektrisch betriebene Laufkrane, die öfters leichtere, ihrer Tragkraft nicht entsprechende Lasten fördern, wählt man zum schnelleren Heben der leichten Lasten mit Hilfshubwerk. Ausführung mit Hilfshubwerk von etwa 15 t Tragkraft aufwärts.

52*

Die Anordnung zweier Laufkrane auf einer gemeinsamen Fahrbahn kommt für lange Kranfahrstrecken (über 80 bis 100 m) in Frage. Beide Krane teilen sich dann in den Transportbereich und können gegebenenfalls besonders schwere Lasten zusammen mittels eines Tragbalkens aufnehmen, der an den beiden Lasthaken eingehängt ist. Zwei auf einer gemeinsamen Bahn fahrende Laufkrane behindern jedoch einander und man zieht daher meist vor, zwei Laufkrane **übereinander** anzuordnen (Fig. 98). Haben beide verschiedene Tragkraft, so ist die Entscheidung, ob man den Kran größerer oder kleinerer Tragkraft nach oben verlegt, von den gegebenen Arbeits- und Transportverhältnissen der Werkstatt abhängig. Werkstätten, die der Längsrichtung nach in zwei getrennte Arbeitsgebiete unterteilt sind, rüstet man mit zwei nebeneinander liegenden Laufkranen (Fig. 99) aus.

Wandlaufkrane. Um die in einem Werkstättenschiff fahrenden Laufkrane zu entlasten, bedient man sich in neuerer Zeit der Wandlauf- oder Konsolkrane, deren erhöhte Fahrbahn an der Längsseite der Gebäudekonstruktion angebaut ist. Tragkraft und Ausladung der Konsolkrane sind beschränkt, da ihre Kippkräfte eine erhebliche, exzentrische Beanspruchung der Gebäudekonstruk-

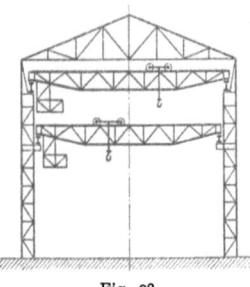

Fig. 98.

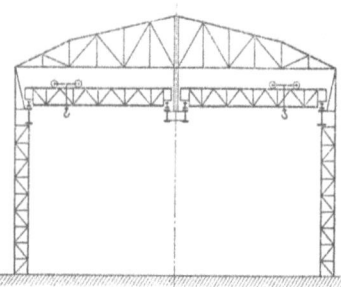

Fig. 99.

tion hervorrufen. Die Wandlaufkrane beherrschen ein Arbeitsfeld, das ihrer größten und kleinsten Ausladung entspricht.

Der Ausleger eines Wandlauf-Drehkranes kann bei Nichtbenutzung des Kranes parallel der Kranfahrbahn gestellt werden, wodurch das Arbeitsfeld des über ihm fahrenden Laufkranes vollkommen frei ist.

Wandlaufkrane s. S. 782. Anwendungsbeispiele der Wandlaufkrane s. Fig. 103 u. 104.

Fahrbare Torkrane und zweischienige Drehkrane beanspruchen entsprechende Bodenfläche und werden, da sie den Verkehr auf ebener Erde behindern, im Werkstatt-Innendienst nur unter besonderen Umständen angewendet.

Einschienen-Drehkrane (Velozipedkrane) kommen nur unter ungünstigen örtlichen Verhältnissen, wenn z. B. der niedrigen Gebäudehöhe wegen keine Laufkrane verwendbar, in Betracht. Mit den Velozipedkranen, die nur für Tragkräfte bis etwa 10 t gebaut werden, lassen sich schmale Gänge befahren, auch kann ihr Anwendungsbereich dadurch vergrößert werden, daß man die Gleisanlage dieser Krane mit Drehscheiben ausrüstet.

Um in mehrschiffigen Werkstätten die Lasten mittels der Krane und ohne Heranziehen von Zwischenfördermitteln aus einem Schiff in das andere fördern zu können, wendet man folgende Kranbauarten an, die einen ununterbrochenen Transport in der Querrichtung der Werkstätten ermöglichen:

Laufkrane mit **verschiebbarem** Ausleger. Anwendungsbeispiel s. Fig. 110, rechtes und linkes Kranschiff.

Laufkrane mit **drehbarem** Ausleger s. Fig. 110, Mittelschiff.

Wandlauf-Drehkrane mit vollem Schwenkbereich (Fig. 58, S. 785).

Ein zweckmäßiges Mittel zur ununterbrochenen Förderung leichter und mittlerer Lasten von einem Werkstättenschiff in das andere ohne Zuhilfenahme ebenerdiger Fördermittel ist eine Krananlage mit Übergangsbrücken (Fig. 100)[1]).

Die Laufkrane a im Mittelschiff und in den Seitenschiffen, deren Querschnitt aus der Figur ersichtlich, werden von elektrisch betriebenen Untergurt-Laufwinden b befahren. An den Kranfahrbahnen c dieser Krane sind in bestimmten Abständen Übergangsbrücken d angeordnet, auf denen die Laufkatzen, wenn zwei Krane vor der Übergangsbrücke stehen, Lasten von einem Schiff in das andere überführen können. Die Übergangsstellen der Katzenfahrbahnen der Krane sind derart gesichert, daß die Laufwinden ihre Fahrbahnen nur dann verlassen können, wenn beide Krane genau vor einer Übergangsbrücke stehen.

Der senkrechte Verkehr zwischen ebener Erde und den oberen Stockwerken der Werkgebäude wird in der Regel durch gewöhnliche Aufzüge (s. S. 769) durchgeführt.

Zur Förderung größerer Mengen leichter und mittlerer Werkstücke, sowohl in senkrechter,

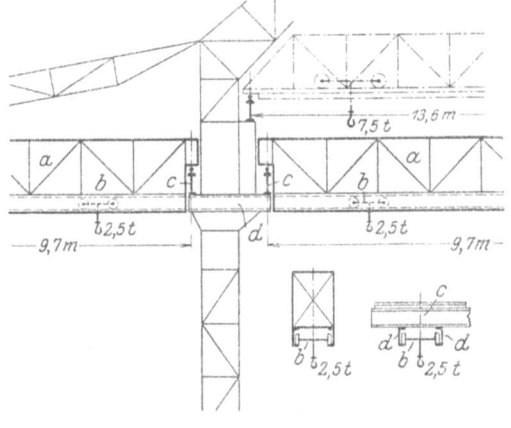

Fig. 100.

als auch in wagerechter oder schräger Richtung ist die Anwendung von Dauerförderern (Schaukelförderern) zur Ersparung an Förderlöhnen zu erwägen. Schaukelförderer s. S. 796.

Besondere Transportbedürfnisse der Fertigungswerkstätten.

1. **Tischlerei.** In einem Werk mit großem Bedarf an Modellen und anderen Holzteilen, wie z. B. der MAN, Werk Nürnberg (Lageplan Fig. 83), ist der Arbeits- und Fördergang bei der Holzbearbeitung kurz folgender: Lagerplatz für Holzstämme — Sägewerk — Trockenanlage — Holzlagerhalle — Holzschneiderei — Lagerhalle für gekürztes Holz — Tischlerei.

Auf die Ausrüstung des Hozlagerplatzes mit geeigneten Hebe- und Fördermitteln wird, auch in größeren Holzbearbeitungswerkstätten, vielfach nicht genügend Wert gelegt. Eine Laufkrananlage ermöglicht eine größere Stapelhöhe der Hölzer und damit eine bessere Platzausnutzung. Auch werden die auf den Holzlagerplätzen so oft vorkommenden Unfälle auf das äußerste eingeschränkt. Als Muster für eine zweckmäßige Lagerplatzbedienung ist der etwa 90 m breite Holzlagerplatz der MAN (Fig. 83) zu bezeichnen, der in vier Felder unterteilt und mit vier elektrisch betriebenen Laufkranen von 3 bzw. 8 t Tragkraft und 24 bzw. 21 m Spannweite ausgerüstet ist. Zum Aufnehmen der Holzstämme sind die Krane mit sebstsperrenden Zangen versehen.

Zur Förderung schwerer Holzteile zwischen den Lagern und den Holzbearbeitungswerkstätten verwendet man meist Schmalspurbahnen. Innerhalb der Tischlerei benutzt man, da es sich vorwiegend um leichtere Lasten handelt, in der Regel gleislose Transportmittel. Zur Bewegung schwerer Holzteile (großer Modelle u. dgl.) ist ein Handlaufkran kleinerer Tragkraft vorteilhaft.

Von wesentlicher Bedeutung ist die Abförderung des Schnittholzes (Abfallholzes) sowie der Hobel- und Sägespäne, die zur Beheizung der Kessel nutzbar

---
[1]) Carl Flohr, G. m. b. H. Berlin N (Reichswerft Wilhelmshaven).

gemacht werden. Größere Mengen Abfallholz, die zum Versand kommen, werden zur Ersparung an Arbeitskräften mittels eines stetigen Förderers unmittelbar aus der Tischlerei in die Straßenfahrzeuge oder Eisenbahnwagen gefördert. Zur Abförderung der Späne und des Holzstaubes aus dem Sägewerk und der

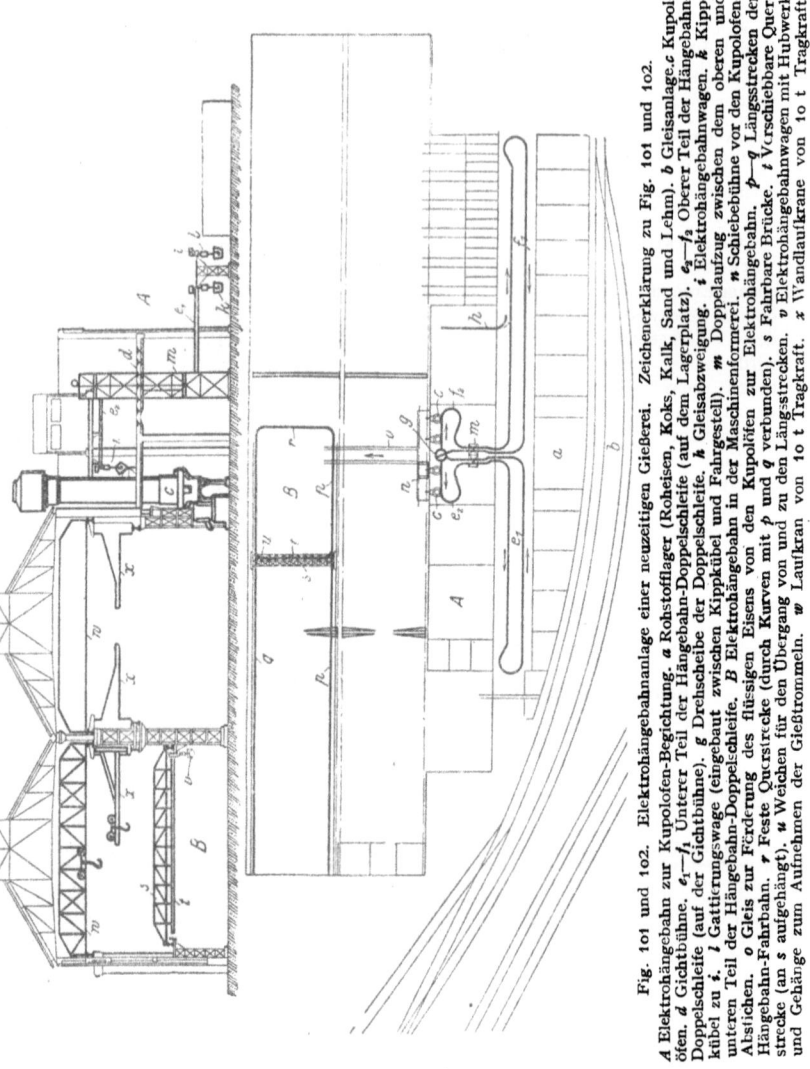

Fig. 101 und 102. Elektrohängebahnanlage einer neuzeitigen Gießerei. Zeichenerklärung zu Fig. 101 und 102. A Elektrohängebahn zur Kupolofen-Begichtung. a Rohstofflager (Roheisen, Koks, Kalk, Sand und Lehm). b Gleisanlage. c Kupolöfen. d Gichtbühne. e_1-f_1 Unterer Teil der Hängebahn-Doppelschleife (auf dem Lagerplatz). e_2-f_2 Oberer Teil der Hängebahn-Doppelschleife (auf der Gichtbühne). g Drehscheibe der Doppelschleife. h Gleisabzweigung. i Elektrohängebahnwagen. k Kippkübel zu i. l Gattierungswage (eingebaut zwischen Kippkübel und Fahrgestell). m Doppelaufzug zwischen dem oberen und unteren Teil der Hängebahn-Doppelschleife. B Elektrohängebahn in der Maschinenformerei. n Schiebebühne vor den Kupolofenabstichen. o Gleis zur Förderung des flüssigen Eisens von den Kupolöfen zur Elektrohängebahn. $p-q$ Längsstrecken der Hängebahn-Fahrbahn. r Feste Querstrecke (durch Kurven mit p und q verbunden). s Fahrbare Brücke. t Verschiebbare Querstrecke (an s aufgehängt). u Weichen für den Übergang von und zu den Längsstrecken. v Elektrohängebahnwagen mit Hubwerk und Gehänge zum Aufnehmen der Gießtrommeln. w Laufkran von 10 t Tragkraft. x Wandlaufkran von 10 t Tragkraft.

Tischlerei verwendet man gegenwärtig allgemein selbsttätig arbeitende Späneförderanlagen. Diese saugen die Späne (und den Holzstaub) unmittelbar an den Holzbearbeitungsmaschinen ab und führen sie zur Verwertungsstelle[1].

---

[1] Über Verwertung von Holzabfällen s. Werkstattstechnik 1915, S. 273, Winkelmann, Das Brikettieren von Holz- und Sägespänen.

Das Werkstattfördersystem. — Gesichtspunkte für den Ausbau usw. 823

Über Einrichtung und Förderung in der Tischlerei und im Modellager s. St. u.E.1912, S. 1526, Ahrens, Die Modellwerkstätten und das Modellager der Firma Gebr. Sulzer in Winterthur.

2. Gießerei. In der Gießerei sind folgende Förderarbeiten von besonderem Interesse: Förderung der Rohstoffe (Roheisen, Koks, Formsand usw.), der Formkästen und Modelle von den Lagern zur Gießerei — Förderung während der Herstellung der Gießformen — Kupolofenbeschickung — Förderung während des Gießvorganges — Förderung in der Gußputzerei — Sandaufbereitung und -Förderung — Bedienung der Fallwerksanlage.

Für den allgemeinen Transport ist die Gießerei an das vollspurige und schmalspurige Werksgleisnetz angeschlossen. In neuerer Zeit werden die Hängebahnen im Gießereibetriebe ihrer verschiedenen Vorteile wegen

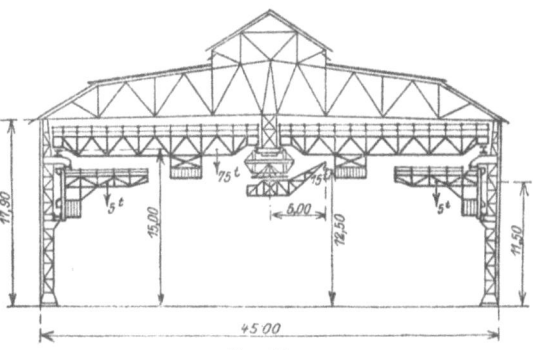

Fig. 103.

mehr und mehr zu den verschiedensten Förderarbeiten, insbesondere zur Bedienung der Lagerplätze und zur Kupolofenbeschickung herangezogen.

Fig. 101 u. 102[1]) zeigen die Elektrohängebahnanlage einer in neuerer Zeit erbauten Gießerei. Sie besteht aus zwei getrennten Elektrohängebahnen, von denen die eine zur Begichtung der Kupolöfen und die andere in der Maschinenformerei zum Transport des flüssigen Eisens dient.

Von großer Bedeutung im Gießereibetriebe ist eine sachgemäße Kranausrüstung der Form- und Gießhallen.

Fig. 103[2]) zeigt den Querschnitt einer in zwei Felder unterteilten Gießereihalle. Zum Fördern schwerer Stücke dienen zwei Laufkrane von 75 t Tragkraft. Die 5 t-Wandlaufkrane befördern die leichteren Lasten und werden hauptsächlich

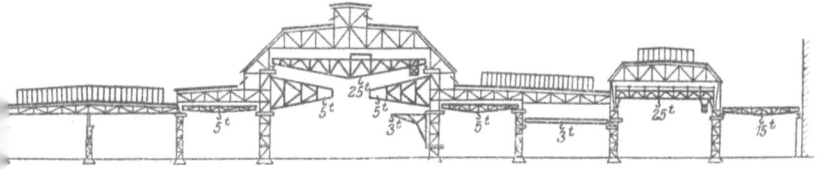

Fig. 104.

zur Unterstützung während der Formereiarbeiten herangezogen. Eine Deckenlaufdrehkatze von 15 t Tragkraft vermittelt den Übergang zwischen den Arbeitsfeldern der beiden 75 t-Laufkrane.

Fig. 104[3]) gibt einen Hallenquerschnitt der Gießereianlage der Maschinenfabrik Eßlingen und läßt die Anordnung der Krane erkennen.

Zur Kupolofenbeschickung kommen im allgemeinen in Frage: Ortsfeste Senkrecht- oder Schrägaufzüge, fahrbare Aufzüge, Elektrohängebahnen (Fig. 101 u. 102) und Krane. Die Kupolofenbegichtung führt man in neuerer Zeit selbsttätig durch.

---

[1]) E. Heckel G. m. b. H., Saarbrücken (Ind. u. Techn. 1920. S. 230).
[2]) Stahl u. Eisen 1912. S. 1826.
[3]) Zeitschrift d. V. d. I., 1912, S. 907.

Werkstattförderwesen.

Vgl. St. u. E. 1914, S. 1281, Ehrhardt, Selbsttätige Kupolofenbegichtung. — Fördertechn. u. Frachtv. 1919, S. 37, Stephan, Begichtung der Kupolöfen.

Das flüssige Eisen wird während des Gießvorganges in kleineren Mengen von Hand (in Handpfannen oder Scherpfannen) und in größeren Mengen in Gießpfannen oder -Trommeln mittels Schmalspurwagen, Hängebahnen oder Kranen befördert. Gießpfannen und -Trommeln s. S. 775, Lastaufnahmemittel.

Für die Förderung des Formsandes in der Gießerei werden vorwiegend Dauerförderer (s. S. 789) verwendet. Fig. 797 zeigt einen zur Förderung von Formsand besonders geeigneten Schaufelförderer der Vereinigten Schmirgel- und Maschinenfabriken A.-G., Hannover-Hainholz.

An dem Gasrohrgestänge a, das in gewissen Abständen auf Wagen b mit Differentialrollen gelagert ist, sind Schaufeln c mittels des Bügels d und bei e drehbar angeordnet. Diese Schaufeln werden in einer Holzrinne f durch das Gasrohrgestänge hin- und herbewegt. Infolge ihrer drehbaren Aufhängung heben sich die Schaufeln bei ihrem Rückgang (entgegengesetzt der Pfeilrichtung) an und gleiten über das Fördergut weg. Beim Hingang dringen die Schaufeln in den zu fördernden Sand ein, legen sich gegen die Anschläge g und schieben den Sand in der Förderrichtung (im Pfeilsinne) fort.

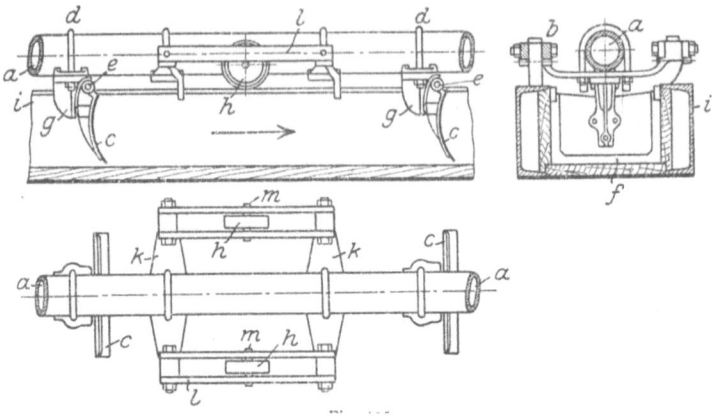

Fig. 105.

Bemerkenswert ist die Art der Anordnung der Rollen h, die auf [-Eisenschienen i laufen. An dem hin- und hergehenden Gasrohrgestänge sind je zwei Querstücke k befestigt, die durch zwei Schienenpaare l miteinander verbunden sind und einen festen Rahmen bilden. Die Schienen l des Rahmens legen sich einfach auf die Rollenbolzen m auf. Diese Anordnung der Rollen hat sich im Gegensatz zu der sonst üblichen Ausführung mit Lagern bestens bewährt, da sie die gleitende Reibung durch rollende ersetzt und gegen Staub unempfindlich ist.

Vorteile: Die Tragkonstruktion des Förderers kann leicht sein, da die Rinne in sich genügend fest ist (s. Querschnitt Fig. 105). Infolge der langsamen hin- und hergehenden Bewegung treten an den Gebäuden keine Erschütterungen auf. Verschmutzungen an dem Förderer sind nicht möglich, da keine Schmierstellen vorhanden. Der Kraftbedarf des elektrisch angetriebenen Förderers ist gering. Der Schaufelförderer zeichnet sich hauptsächlich durch große Betriebssicherheit aus und erfordert nur geringe Unterhaltungs- und Wartekosten.

Von großer wirtschaftlicher Bedeutung ist bei den gegenwärtigen hohen Arbeitslöhnen eine vollkommen selbsttätige Durchführung der Sandaufbereitung in der Gießerei. Durch die Aufstellung einer selbsttätigen Sandaufbereitungsanlage werden große Ersparnisse an Arbeits- und Förderlöhnen gemacht. Eine selbsttätige Sandaufbereitungsanlage vereinigt die zur Sandaufbereitung erforderlichen, sonst örtlich voneinander getrennten einzelnen Maschinen in sich und spart daher an Förderweg. Sie ist infolge ihres ununterbrochenen Betriebes von größter Leistungsfähigkeit und erfordert nur geringe Bedienung.

Näheres über Formsandaufbereitung und -Förderung s. Z. Ver. deutsch. Ing. 1909, S. 1217. — Desgl. 1914, S. 161.

Veröffentlichungen über neuzeitige Gießereianlagen und Gießereiförderwesen: St. u. E. 1910, S. 1905: Ehrhardt, Neue Gießereianlage der A. Hartung A.-G., Berlin-Lichtenberg. — Desgl. 1912, S. 1990: Leber, Das Eisengießereiwesen in den letzten 10 Jahren. — Desgl. 1914, S. 707: Leber, Gießereianlage der Firma J. M. Voith, Heidenheim. — Desgl. 1914, S. 1660: Abgießen von Formen mit Hilfe von Laufkranen. — Desgl. 1913, S. 904: Gießerei mit ununterbrochenem Betrieb. — Desgl. 1913, S. 355: Ardelt, Über neuere Röhrengießereien. — Desgl. 1912, S. 1597: Pape, Transportmittel im Gießereibetriebe. — Desgl. 1920, S. 1293: Schimpke, Die Stahl-, Temper- und Graugießereianlage der Firma G. Krautheim in Chemnitz. — Gieß.-Zeitung 1914, S. 1762: Die Gießerei der Ford.-Motor-Co. in Detroit. — Desgl. 1919, S. 165: Hermanns, Die Anwendung der Schwerkraftrollenförderer im Gießereibetrieb. — Werkst.-Techn. 1911, S. 184: Schilling, Die modernen Transportanlagen im Gießereibetriebe. — Desgl. 1920, S. 197: Hermanns, Zur Frage der Hebeeinrichtungen in Bearbeitungswerkstätten nud Gießereien.

3. Schmiede (Hammerschmiede).

Handhängebahnen werden für kleinere, nicht mehr von Hand bewegbare Stücke verwendet. Sie sind von einfachster Bauart und gestatten dem Arbeiter, die Schmiedestücke mittels einer Zange zu fassen, die durch eine Stange gelenkig am Hängebahnwagen aufgehängt, in allen Richtungen leicht beweglich und in der Senkrechten verstellbar ist.

Zur Lageveränderung mittelschwerer Arbeitsstücke ordnet man neben den Hämmern oder Schmiedepressen ortfeste Drehkrane an, die je nach Größe der Last Hand- oder elektrischen Antrieb erhalten.

Fig. 106 zeigt einen, von Hand bedienten Schmiededrehkran, für Arbeitsstücke bis 1500 kg Gewicht[1]).

a ist eine feststehende Siemens-Martin-Stahlsäule, um die der Ausleger drehbar ist. Das Arbeitsstück ist mittels Wendekette an der

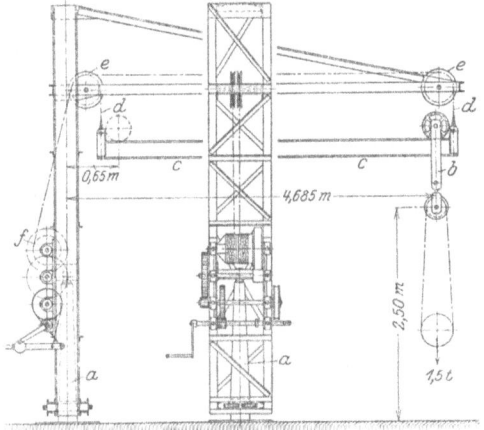

Fig. 106.

einrolligen Laufkatze b aufgehängt, die auf dem Obergurt eines I-Trägers c fährt. Dieser Fahrbahnträger ist dadurch heb- und senkbar, daß an seinen beiden Enden Hubseile d angreifen, die über Leitrollen e geführt und an der Trommel f des Hubwerks befestigt sind. Bei der geringen Tragkraft und Ausladung des Kranes war ein Drehwerk nicht erforderlich.

Bauart eines elektrisch betriebenen, freistehenden Schmiededrehkranes s. S. 786.

Fig. 107[1]) gibt als Beispiel die Krananlage einer Schmiede.

a ist ein elektrisch betriebener Laufkran, dessen an der Kranbrücke angebaute Kontroller vom Fußboden aus durch Zugschnüre bedient werden. 1 Heben — 2 Kranfahren — 3 Katzenfahren — 4 Notschalter.

Zum Fördern der heißen Schmiedestücke vom Wärmofen b nach dem Hammer c und zur Lagenveränderung der Arbeitsstücke während des Schmiedevorganges dient ein elektrisch betriebener, freistehender Drehkran d.

Bei größerer Entfernung der Öfen von den Hämmern und bei schweren Arbeitsstücken ordnet man elektrisch betriebene Laufkrane an, die einerseits zum Fördern der Schmiedestücke und andererseits zum Abstützen und Bewegen derselben während des Schmiedens verwendet werden. Der Führerkorb dieser

---

[1] Bauart Schenck und Liebe-Harkort G. m. b. H., Düsseldorf.

Laufkrane ist so tief als möglich aufzuhängen, damit der Kranführer den Arbeitsgang genau verfolgen kann und in guter Verbindung mit dem leitenden Schmied ist.

Während leichtere und mittlere Arbeitsstücke sich beim Schmieden mittels der Zange von Hand wenden lassen, sind für schwere Stücke besondere **Wendevorrichtungen** erforderlich. Die Wirkung der beim Bearbeiten schwerer Stücke auftretenden Stöße auf das Krangerüst läßt sich dadurch mildern, daß man in der Aufhängung der Wendevorrichtung Evolutenfedern anordnet, die die Stöße elastisch aufnehmen.

Die Wendevorrichtungen zum Drehen schwerer Stücke an den Schmiedepressen werden in der Regel durch einen Elektromotor angetrieben und am Kranhaken aufgehängt.

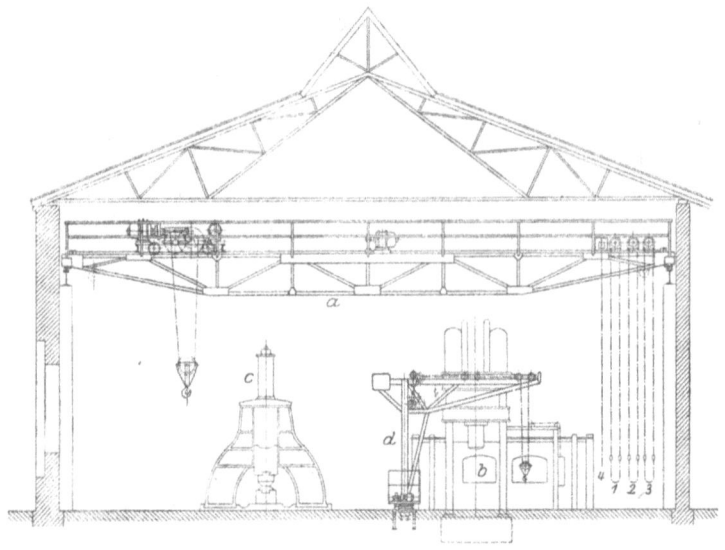

Fig. 107.

Fig. 108 läßt die Bauart einer elektrisch betriebenen Wendevorrichtung[1]) erkennen.

Das Arbeitsstück liegt in der endlosen Gelenkkette a. Durch Drehen des Kettenrades b wird die Kette bewegt und das Arbeitsstück gewendet. Antrieb des Kettenrades durch den Motor c vermittels der Stirnrädervorgelege d und e und eines zwischen diesen liegenden Schneckengetriebes f. Steuerung der Wendevorrichtung entweder vom Führerkorb des Kranes oder von einer neben der Schmiedepresse aufgestellten Bühne aus. Weiteres über Schmiedekrane und Wendevorrichtungen s. Michenfelder, Kran- und Transportanlagen. Grundriß einer Schmiede (Maschinenfabrik Eßlingen) s. Z. Ver. deutsch. Ing. 1912, S. 904.

4. **Bearbeitungswerkstätten.**

Die erreichbare Produktionshöhe der Bearbeitungswerstätten ist in hohem Maße von der zweckmäßigen Einrichtung und dem schnellen Arbeiten der vorhandenen Hebe- und Fördermittel abhängig. Zur Innehaltung des kürzesten Transportweges soll die Gruppierung der Werkzeugmaschinen derart sein, daß die Arbeitsstücke ständig und in einer Richtung die Werkräume durchlaufen. An der Anfangsstelle des Bearbeitungsganges sind Rohteillager (für Guß- und Schmiedestücke, Stangenmaterial u. a.) vorzusehen, die nach Bedarf von den Hauptlagern aus aufgefüllt werden. Des Weiteren sind an den

---

[1]) Zobel, Neubert & Co., Schmalkalden.

in Betracht kommenden Stellen Zwischenlager anzuordnen, die zur Einführung neuer Rohstoffe und Halbfertigteile oder zur Aufnahme der aus dem Arbeitsgang ausscheidenden Werkstücke dienen. („Der Betrieb" 1920, S. 385)

Fig. 109[1]) gibt einen Grundriß der Cincinnati Milling Machine Co., Cincinnati und läßt den ununterbrochenen in einer Richtung durch die Werkstätten laufenden Gang der Erzeugnisse erkennen.

Die Rohteile gelangen von der Gießerei bzw. dem Stangenlager zu den Werkzeugmaschinen. Nachdem die Werkstücke die verschiedenen Bearbeitungsstufen durchlaufen haben, kommen sie zum Einzelteil-Fertiglager. Die fertigen und geprüften Einzelteile werden dann an die Teilmontagen abgegeben, wo die in sich abgeschlossenen Mechanismen zusammengebaut werden. Diese gehen dann weiter zur Maschinenmontage, wo die Maschinen (Fräsmaschinen) zusammengestellt, geprüft und zum Versand gebracht werden.

In den Bearbeitungswerkstätten ist vor allem anzustreben, den Facharbeiter möglichst von Förderarbeiten zu entlasten. Solche Förderarbeiten, die mit der produktiven Arbeit eng verknüpft sind, wie das Auf- und Absetzen der Arbeitsstücke an den Werkzeugmaschinen, sind dem Facharbeiter durch geeignete, leicht bedienbare Hebe- und Fördermittel weitgehend zu erleichtern. Bücken des Arbeiters ist durch geeignete Mittel (Arbeitstische, Kästen mit erhöhtem Boden u. dgl.) möglichst zu vermeiden. Alle übrigen Transportarbeiten, wie das

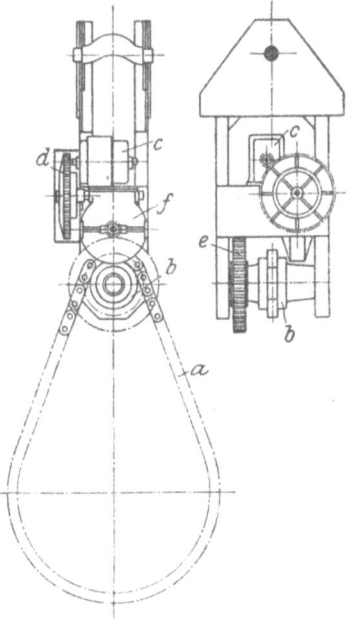

Fig. 108.

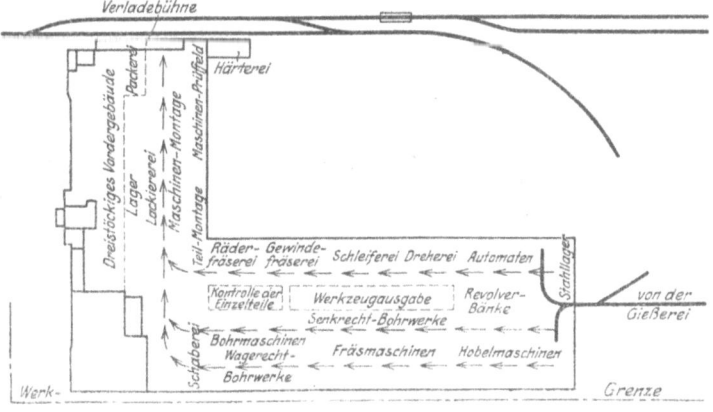

Fig. 109.

Heranschaffen der Rohteile, das Fördern der Arbeitsstücke von Werkzeugmaschine zu Werkzeugmaschine, die Förderung der Fertigstücke zur Revision

[1]) Alf. H. Schütte, „Blätter f. d. Betrieb" 1913, S. 1, Die neuen Werkstätten der Cincinnati Mill. Mach. Co.

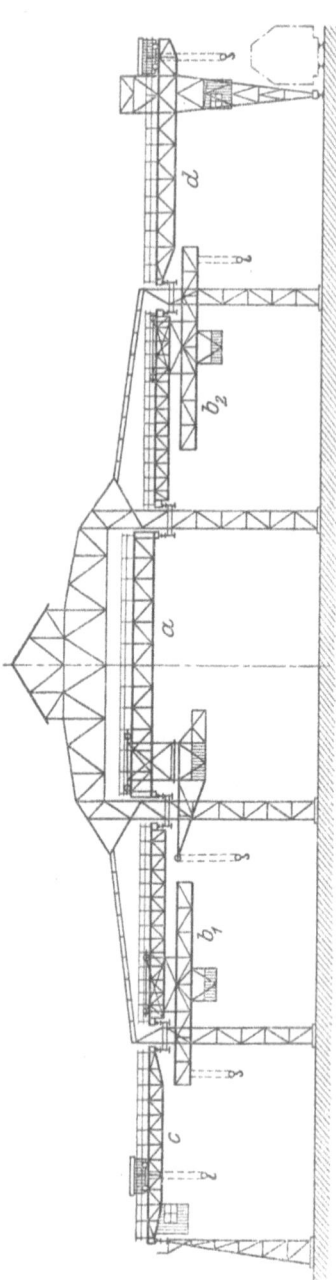

Fig. 110.

und zum Einzelteilfertiglager sowie die Abfuhr der Späne und Abfallteile werden durch ungelernte Arbeiter ausgeführt. Für leichtere Förderarbeiten sind jugendliche und daher billigere Arbeitskräfte heranzuziehen.

Der allgemeine Verkehr in den Bearbeitungswerkstätten wird je nach Art der herzustellenden Erzeugnisse mittels gleisloser Förderer auf Schmalspurbahnen oder Hängebahnen und unter gegebenen Verhältnissen auch mittels Dauerförderern durchgeführt.

Allgemeiner Verkehr in den Fertigungswerkstätten s. S. 819.

Besonders wichtig ist in den Bearbeitungswerkstätten eine den Transportbedürfnissen und den gegebenen räumlichen Verhältnissen entsprechende Krananlage.

Fig. 110[1]) gibt z. B. die Krananlage einer dreischiffigen Bearbeitungswerkstätte wieder und zeigt, wie mit Hilfe geeigneter Krantypen ein ununterbrochener Quertransport von den beiderseitigen Lagerplätzen zur Werkstätte und durch die Werkräume ermöglicht wird.

a Laufdrehkran (im Mittelschiff) — b_1 und b_2 Laufkrane mit verschiebbarem Ausleger (in den Seitenschiffen) — c normaler Laufkran und d Halbtorkran (zur Bedienung der Lagerplätze).

Auf- und Absetzen der Arbeitsstücke an den Werkzeugmaschinen.

Da sich diese Arbeit dauernd wiederholt, so können, um Ermüdung des Arbeiters zu vermeiden, nur leichte Teile von Hand und ohne Hebevorrichtung auf- und abgesetzt werden.

Rohe Kleinteile werden in Arbeitskästen angefahren und sind so auf der einen Maschinenseite abzusetzen, daß sie der Arbeiter bequem entnehmen kann. Bearbeitete Teile gibt er dann in einen auf der anderen Maschinenseite stehenden leeren Kasten ab, der hierauf nach Anfüllung und zwecks Ausführung der folgenden Arbeitsstufe zur nächsten Werkzeugmaschine gefördert wird.

Die Hebe- und Fördermittel zur Bedienung der Werkzeugmaschinen müssen schnell arbeiten und ohne Anstrengung bedienbar sein. Handhebezeuge kommen daher nur für leichtere Lasten in Frage. Gegen ihre Anwendung zum

---

[1]) Bauart Demag, Duisburg. Aus Matschoß, Ein Jahrh. deutsch. Maschinenbau, Berlin 1919. Jul. Springer.

Heben mittlerer und schwerer Lasten sprechen das langsame Arbeiten, die hohen Arbeitslöhne und psychologische Gründe (s. S. 744). Die Verwendung **elektrisch betriebener Hebezeuge** ist trotz ihrer höheren Beschaffungskosten allgemein anzustreben, da sie infolge ihres schnellen Arbeitens und der leichten Ingangsetzung die Erzeugung steigern.

Je nach Art und Gewicht der Werkstücke und den gegebenen räumlichen und Betriebsverhältnissen kommen folgende Hebe- und Fördermittel zur Bedienung der Werkzeugmaschinen in Frage:

1. Einfache, vom Betrieb selbst hergestellte Hebe- und Fördermittel, wie Hebelhubvorrichtungen, Seilzüge mit Gewichtsausgleich u. a.

2. Ortfest aufgehängte Flaschenzüge. Handflaschenzüge (zum Heben leichterer Lasten) müssen schnell arbeiten und guten Wirkungsgrad haben; daher Verwendung von Stirnradflaschenzügen statt der langsam arbeitenden Schraubenflaschenzüge.

Stirnradflaschenzüge bis 250 kg Tragkraft werden auch an beiden Enden der Hubkette mit Haken ausgerüstet, so daß die Last stets an dem in tiefer Lage befindlichen Haken eingehängt werden kann. Diese Ausführung erfordert eine entsprechende Ausbildung der Bremsvorrichtung, erspart jedoch dem Arbeiter das zeitraubende Haspeln zum Senken des leeren Hakens.

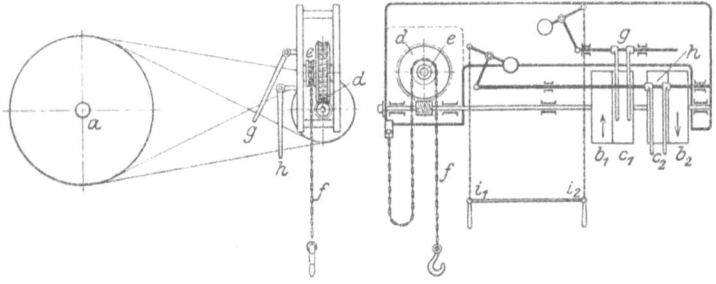

Fig. 111.

Elektroflaschenzüge sind bei hohen Arbeitslöhnen das gegebene Hubfördermittel und werden normal für Tragkräfte bis 5 t hergestellt.

Bauarten der Flaschenzüge s. S. 767.

Da sich zwischen die umfangreichen Transmissionsanlagen der Bearbeitungswerkstätten geeignete Hebevorrichtungen oft schwer einbauen lassen, stellt Fried. Krupp A.-G. Grusonwerk ein Sonderhebezeug zur Bedienung von Werkzeugmaschinen her. Das in Fig. 111 dargestellte Hebezeug wird über der Werkzeugmaschine an der Gebäudedecke oder Dachkonstruktion befestigt und von einer vorhandenen Transmissionswelle aus angetrieben.

Das Hebezeug entspricht in seiner Arbeitsweise einem Schneckenflaschenzug mit Drucklagerbremse, dessen Schneckenwelle durch offenen bzw. gekreuzten Riemen angetrieben wird. a ist die Transmissionswelle. b_1 und b_2 sind die auf der Schneckenwelle sitzenden Festscheiben, c_1 und c_2 die zugehörigen Losscheiben. Das Schneckenrad d und der Kettennuß e sind aus einem Stück gegossen und laufen lose auf der festgestellten Welle. f ist die Lastkette. g und h sind die Riemengabeln, i_1 und i_2 die Handketten der Riemenausrücker.

Je nachdem an der Handkette i_1 oder i_2 gezogen wird, schiebt der entsprechende Riemenrücker den offenen oder gekreuzten Riemen auf seine Festscheibe und die Last wird gehoben oder gesenkt. Da zur Bedienung des Hebezeuges eine Hand genügt, bleibt die andere zum Lenken des Arbeitsstückes und zum Einführen in die Arbeitsmaschine frei. Wird der Kettenzug losgelassen, so schiebt der Riemenrücker den Riemen unter Einwirkung seines Gewichtes auf die Losscheibe, wodurch das Hebezeug stillgelegt wird.

Das zeitraubende Anbinden der Werkstücke durch Seile oder Ketten ist durch die Anwendung geeigneter Lastaufnahmemittel (Zangen, Pratzen u. dgl.) zu vermeiden. Diese sind besonders bei größeren Erzeugungsmengen empfehlenswert.

3. **I-Trägerbahnen mit Laufkatze** kommen in Betracht, wenn die Werkstücke auch in wagerechter Richtung zu fördern sind. Als Laufkatze dient eine gewöhnliche Untergurt-Laufkatze (Fig. 41, S. 762) mit eingehängtem Hand- oder Elektroflaschenzug oder eine Laufwinde mit Hubwerk und elektrischem Handfahrwerk.

4. **An Werkzeugmaschinen angebaute Hebe- und Fördermittel.** In neuerer Zeit ist man dazu übergegangen, an den Werkzeugmaschinen kleine Drehkrane zum Aufsetzen und Abnehmen der Werkstücke anzubauen. Diese in baulicher Hinsicht einfach gehaltenen Drehkrane haben meist veränderliche Ausladung.

Im allgemeinen rüstet man Drehbänke, Schleifmaschinen u. a., vorwiegend jedoch schwere Werkzeugmaschinen, wie Räder- und Achsendrehbänke, Blech- und Profileisenscheren, Stanzmaschinen u. dgl. mit angebauten Drehkranen aus.

An schweren Profileisenscheren baut man zum leichten Einführen der abzuschneidenden Träger wagerechte Rollenförderer mit angetriebenen Rollen an (Henry Pels, Erfurt).

5. **Ortfeste Drehkrane.** Ist die Gebäudehöhe nicht zu niedrig und sind keine störenden Transmissionen vorhanden, so ordnet man zur Bedienung der Werk-

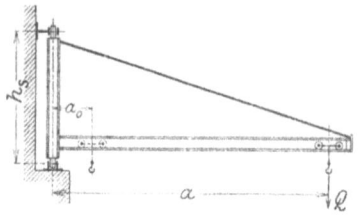
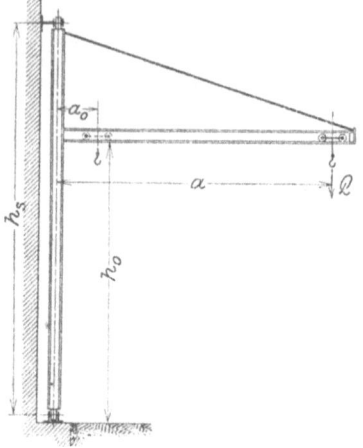

zeugmaschinen ortfeste Drehkrane an, deren Ausladung unter Umständen so bemessen werden kann, daß ein Kran mehrere in seinem Arbeitsbereich liegende Werkzeugmaschinen bedient.

Fig. 112 und 113 geben zwei kennzeichnende Bauarten von ortfesten Drehkranen für Bearbeitungswerkstätten. a größte und a_0 kleinste Ausladung. h_s Höhe der dehbaren Säule.

6. **Fahr- und lenkbare Werkstättenkrane** (Fig. 14, S. 748) eignen sich besonders für Lasten bis etwa 5 t. Infolge ihrer besonderen Bauart können diese Krane dicht an die Werkzeugmaschinen heranfahren und Arbeitsstücke auf- und absetzen. Sie sind billig in ihrer Beschaffung und finden daher allgemeine Anwendung.

Fig. 112 und 113.

Zum Aufsetzen und Abnehmen schwererer Arbeitsstücke werden die dem allgemeinen Verkehr dienenden Krane (Laufkrane, Konsolkrane usw.) herangezogen.

In neuerer Zeit verwendet man für den Transport in den Bearbeitungswerkstätten zwischen Lagern und Maschinen, sowie von Maschine zu Maschine Schwerkraft-Rollbahnen (s. S. 797), die jedoch nur für leichtere und mittlere Arbeitsstücke mit glatter Auflagefläche geeignet sind. Zur Förderung großer Mengen Werkstücke sind stetige Förderer (Schaukelförderer u. dgl.) in Betracht zu ziehen, die während ihres langsamen ununterbrochenen Ganges ein Aufsetzen und Abnehmen der Stücke an der Fördervorrichtung gestatten.

Schwerere Arbeitsstücke werden durch die, den Werkstätten-Innendienst versehenden Krane von Werkzeugmaschine zu Werkzeugmaschine befördert.

Das Werkstattfördersystem. — Gesichtspunkte für den Ausbau usw. 831

In den Bearbeitungswerkstätten ist noch die Art der Abfuhr und Lagerung der Späne und Abfallteile beachtenswert. Da die Späne fortlaufend und in kleineren Mengen abzufördern sind, so ordnet man die Lager zur Ersparung an Transportweg in nächster Nähe der Bearbeitungswerkstätte an. Die Späne werden vor der Lagerung entölt und langlockige Späne vorher zerkleinert [1]).

Das Spänelager erhält getrennte Abteile für Guß-, Schmiedeisen und Stahlspäne und muß derart eingerichtet sein, daß das Verladen der Späne nach Anfüllung der Lagerabteile möglichst wenig Arbeitslöhne erfordert.

Verladung der Späne mittels Bandförderer s. Z. Ver. deutsch. Ing. 1914, S. 283. Späneumladung durch Lasthebemagnete s. S. 772.

Größere Spänemengen fördert man vorteilhaft in Hochbehälter, deren Fassungsvermögen einer Eisenbahnwagenladung (15 bezw. 20 t) entspricht. Die Späne werden dann durch Öffnen des Behälterbodenverschlusses ohne Handarbeit in die Wagen abgegeben.

Veröffentlichungen über Förderung in den Bearbeitungswerkstätten: Werkstattstechnik 1912, S. 652: Heym, Beförderungserleichterungen'in Werkräumen. — Desgl. S. 657: Wagen zum Verschieben und Verstellen von Maschinenteilen. — Desgl. 1919, S. 180: Hebezeuge zur Erleichterung der Frauenarbeit an Schleifmaschinen. — Desgl. 1920, S. 197: Hermanns, Zur Frage der Hebeeinrichtungen in Bearbeitungswerkstätten und Gießereien. — Werkz.-Masch. 1915, S. 281: Transporteinrichtung für Massenfabrikation. — Desgl. 1918, S. 45: Neuerungen im Transport der Werkstätten und Fabriken.

5. Eisenbauwerkstätte.

Arbeits- und Fördergang: 1. Förderung der Walzeisenteile vom Lagerplatz zur Werkstätte. 2. Förderung während des Herstellungsganges (Schneiden der Profileisen und Bleche — Biegen — Vorreißen und Bohren bzw. Lochen der Einzelteile — Nieten der Eisenkonstruktionsteile und Prüfen der Nietverbindungen — Grund- und Deckanstrich der fertigen Eisenkonstruktionen). 3. Verladung der versandfertigen Eisenkonstruktionen.

Für den Eingangs- und Ausgangsverkehr der Eisenbauwerkstätte kommen je nach Art der herzustellenden Erzeugnisse Schmalspurbahnen, bis ins Innere der Werkstätte verlegte Vollspurgleise und Krane in Betracht.

Förderung langer, durchhängender Profileisen vorteilhaft auf zwei schmalspurigen Drehschemelwagen nach Art von Fig. 39, S. 761. Zum Ein- und Ausfahren schwerer Stücke verlängert man vielfach die Kranfahrbahn des im Hauptschiff der Werkstätte fahrenden Laufkranes ins Freie. Der im Freien liegende, von dem Kran bestrichene Platz dient dann bei starker Inanspruchnahme der Werkstätte und bei günstiger Witterung als Arbeitsplatz.

Anordnung der Maschinen, Arbeitsplätze und Fördermittel im Innern der Eisenbauwerkstätte derart, daß die Profileisen und Bleche auf der einen Giebelseite eintreten, die Werkstätte während des Fertigungsganges in einer Richtung und auf kürzestem Wege durchlaufen und auf der anderen Giebelseite die Werkstätte verlassen.

Hauptfördermittel: Krane.

Lagerplatzbedienung s. S. 809. Werkstätten-Innendienstkrane s. S. 819.

Fig. 114 und 115 geben die Gesamtanordnung und den Hallenquerschnitt einer neuzeitigen Eisenbauwerkstätte[2]). Die Werkstätte ist zur Zeit auf eine Länge von 120 m ausgebaut (Fig. 115) und kann in ihrer ganzen Breite und Querteilung auf 204 m vergrößert werden. Fig. 114 zeigt den Querschnitt der Halle. Sie ist dreischiffig und hat zu beiden Seiten je einen Anbau. Die Kranfahrbahn der im Mittelschiff fahrenden beiden Laufkrane von je 15 t Tragkraft ist um 84 m ins Freie verlängert. Damit die Giebelwand der Verlängerungsseite auch dann verschießbar ist, wenn ein Laufkran sich auf der Hofkranfahrbahn befindet, ist ein Hubtor vorgesehen, das eine lichte Durchfahrtsbreite von rund 33 m freigibt. Das Hubtor ist an der Giebelwand an zwei, auf Säulenmitte angeordneten Spindeln aufgehängt und wird durch einen auf dem Tor sitzenden Elektromotor auf- und abbewegt. Damit das Tor in seiner höchsten Stellung im Dachgiebel Platz findet, sind an den Enden Schieber angeordnet, die sich beim Hochziehen nach der Tor-

---

[1]) „Der Betrieb" 1920, S. 70.
[2]) Kruppsche Mitteilungen 1921, S. 152: Erlinghagen und Berger, Die Eisenbauwerkstätte der Friedrich-Alfred-Hütte.

mitte zu verschieben. Zur Förderung leichterer Lasten und zur Entlastung der 15 t-Laufkrane sind im Mittelschiff noch zwei Wandlaufkrane von je 5 t Tragkraft angeordnet. Die Seitenschiffe sind mit je einem 5 t-Laufkran ausgerüstet. Auch ist für eine spätere Verlängerung der Halle

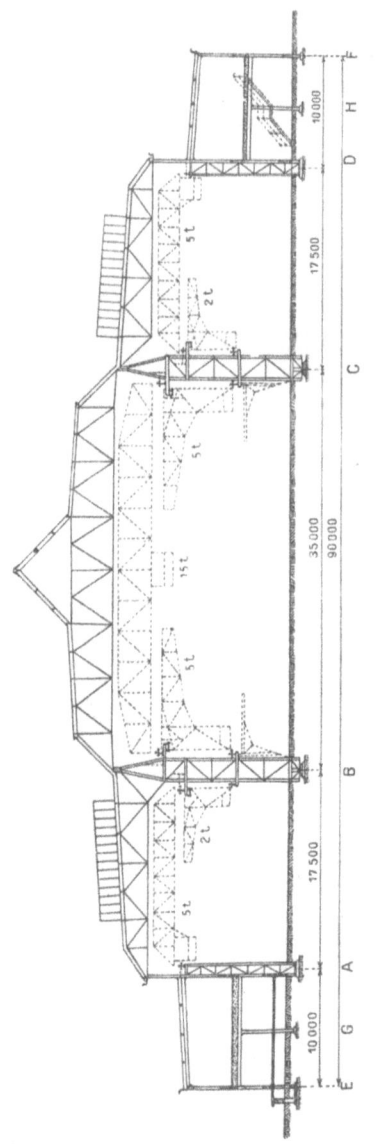

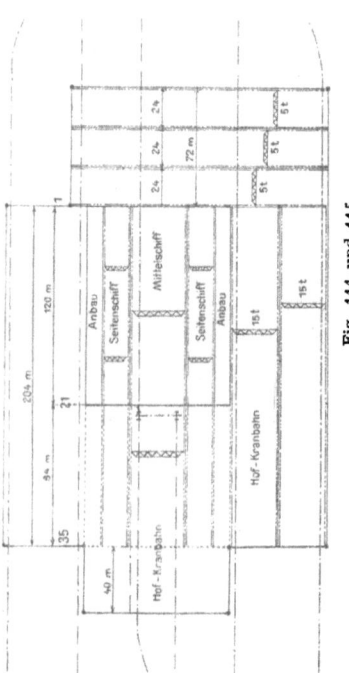

Fig. 114 und 115.

in jedem Seitenschiff noch ein 5-t-Wandlaufkran geplant. Der Lagerplatz wird zur Zeit von einem 5-t-Laufkran mit 24 m Spannweite und 160 m Fahrbahnlänge bedient. Zwei weitere Kranbahnen von gleicher Spannweite und Länge sind geplant.

Das zu verarbeitende Material tritt am Ostgiebel der Werkstätte (1 in Fig. 115) ein und die Fertigerzeugnisse verlassen dieselbe am Westgiebel.

Bei dem jetzigen Ausbau kann die Werkstätte jährlich etwa 35 000 t Eisenbauten herstellen.

In den Eisenbauwerkstätten ist es während des Arbeitsvorganges zweckmäßig, die langen Walzeisenteile auf Holzböcken zu lagern und das Bohren und Nieten durch ortsbewegliche Bohr- und Nietmaschinen auszuführen, die an Wandlaufkranen aufgehängt sind.

Als Beispiel hierfür ist die Eisenkonstruktions- und Kranzusammenbauwerkstätte von Carl Flohr G. m. b. H. in Wittenau[1]) zu nennen, in der auf eine Länge von 210 m 15 von Hand bediente Wandlaufkrane zum Bewegen der Bohr- und Nietmaschinen angeordnet sind. Die Krane

---

[1]) Michenfelder, Kran- und Transportanlagen.

haben eine Tragkraft von 1 t bei 4,5 m Ausladung und werden von einer I-Untergurtlaufwinde befahren. Da die Bohr- bzw. Nietmaschinen nur auf kurze Strecken bewegt werden, so ist der Handantrieb der Krane völlig ausreichend.

6. Zusammenbauwerkstätten (Montagehallen).

Erhebliche Vorteile bei dem Zusammenbau kleiner und mittlerer Werkzeugmaschinen bietet die Verwendung von Hubtransportwagen (s. S. 746). Bei kleinen und mittleren Werkzeugmaschinen wird das in der Bearbeitungswerkstätte fertiggestellte Maschinenbett auf ein Ladegestell nach Art von Fig. 9, S. 747 aufgeschraubt und durch den Hubtransportwagen nach der Zusammenbauwerkstätte gefördert. Die auf dem Ladegestell ruhende Maschine wird dann vollständig montiert und nach erfolgter Prüfung in das Fertiglager übergeführt, wo sie mit dem Ladegestell abgesetzt wird und bis zum Versand lagert.

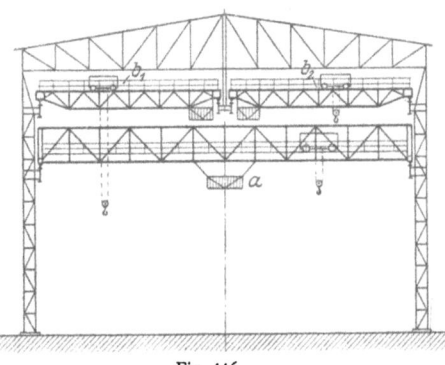

Fig. 116.

Diese Art der Förderung und des Zusammenbaues verschiedener Maschinenarten ist empfehlenswert und wird in amerikanischen Betrieben viel angewendet.

Bei der Herstellung großer Maschinen ist es geboten, den teuren und vielfach umständlichen Transport schwerer Teile möglichst zu beschränken. Daher sind die schweren Stücke unmittelbar nach der Montage zuzufördern, wo sie auf entsprechenden, längs der Hallenwände aufgestellten Werkzeugmaschinen bearbeitet werden. Um die schweren Stücke wenig bewegen zu müssen, macht man von trag- oder fahrbaren Werkzeugmaschinen (Bohrmaschinen, Schleifmaschinen, Fräsmaschinen u. a.) ausgedehnten Gebrauch.

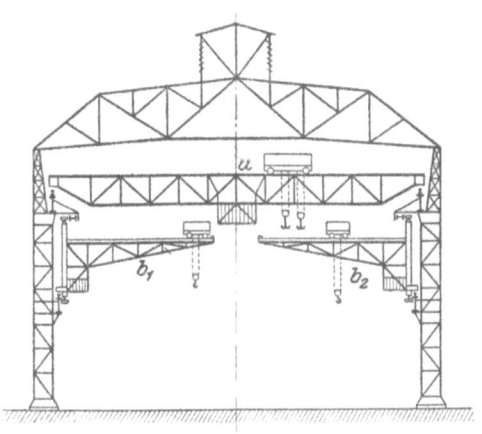

Fig. 117.

Zur Förderung von und nach den Montagehallen verwendet man für leichtere Lasten gleislose Fördermittel. Für den Transport mittlerer Lasten wird das Schmalspurnetz und für schwere Lasten das Vollspurnetz auf die Zusammenbauwerkstätten ausgedehnt.

Allgemeiner Verkehr in den Fertigungswerkstätten s. S. 819.

Im allgemeinen ordnet man in Montagehallen Laufkrane an, die vorwiegend schwere Stücke befördern und entlastet sie durch Wandlaufkrane, die

Dubbel, Betriebstaschenbuch. 53

den Transport leichterer Lasten übernehmen und zur Bedienung der Werkzeugmaschinen herangezogen werden. Für letzteren Zweck sieht man auch nach Bedarf ortfeste Drehkrane kleinerer und mittlerer Tragkraft vor. Über Kranausrüstung der Fertigungswerkstätten s. S. 819.

Die Fig. 116 bis 118[1]) geben einige kennzeichnende Ausführungsbeispiele für die neuzeitige Kranausrüstung der Zusammenbauwerkstätten.

Fig. 116. Die Halle ist in zwei Felder mit getrennten Arbeitsgebieten unterteilt. Der untere Laufkran (a) dient zum Transport schwerer Stücke, während die beiden oberen Laufkrane (b_1 und b_2) vorwiegend leichtere Lasten fördern.

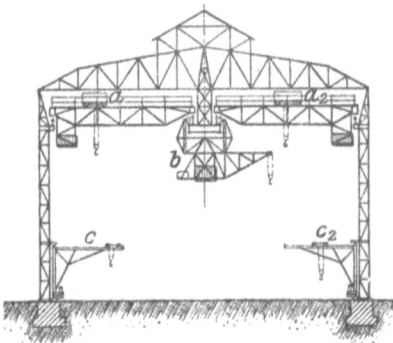

Fig. 117. Der 75 t-Laufkran (a) ist mit einem Hilfshubwerk von 15 t Tragkraft ausgerüstet. Die Wandlaufdrehkrane (b_1 und b_2) haben 5 bzw. 10 t Tragkraft, fördern leichtere Lasten und bedienen die an den Längswänden der Zusammenbauwerkstätte aufgestellten Werkzeugmaschinen.

Fig. 118. Den Laufkranen (a_1 und a_2) fällt die Förderung in den beiden, voneinander getrennten Arbeitsgebieten zu, während die Drehlaufkatze (b) den Verkehr zwischen den beiden Laufkranfeldern übernimmt. Die Wanddrehkrane (c_1 und c_2) dienen zum Auf- und Absetzen der Arbeitsstücke an den Werkzeugmaschinen.

Fig. 118.

Zu erwähnen ist noch die in amerikanischen Kraftwagenfabriken in neuerer Zeit viel angewandte sog. fortschreitende Montage[2]). Bei dieser bleiben die den Zusammenbau ausführenden Arbeiter auf ihrer Stelle, während die Hauptarbeitsstücke durch eine mechanische Fördervorrichtung in bestimmten Zeitabständen an ihnen vorbeibewegt werden. Jeder Arbeiter hat an seinem Platz die von ihm anzubauenden Teile bereit und führt nur eine bestimmte Arbeitsstufe aus. Die verschiedenen Arbeiten müssen in annähernd gleicher Zeit erledigt werden. Auch müssen, um ein Unterbrechen des Arbeitsganges zu vermeiden, für austretende Arbeiter Ersatzleute zur Stelle sein.

Förderung in den Lagerräumen.[3])

Die Versorgung der Werkstätten von einem Hauptlager aus kann nur für sehr kleine Betriebe in Betracht kommen. Bei größeren Betrieben ordnet man zur Ersparung an Förderweg Teillager an, die den Werkstätten, die die Lagergüter benötigen, angegliedert sind. Die örtliche Lage der während des Fertigungsganges in Frage kommenden Lagerräume — Holzlager, Modellager, Rohgußlager, Lager für Schmiedeteile, Stangenlager, Zwischenlager in den Bearbeitungs- und Montagewerkstätten, Einzelteilfertiglager, Lager für Fertigerzeugnisse und Spänelager — soll derart sein, daß sie dem allgemeinen Arbeits- und Transportgang entspricht und einen kürzesten Förderweg zwischen dem Lager und der zu versorgenden Werkstätte gewährleistet.

Zum wagerechten Transport in den Lagerräumen eignen sich für leichte und mittlere Lasten besonders die gleislosen Förderer. Gleislose Fördermittel s. S. 744.

Zur Bedienung der oberen, vom Fußboden aus nicht mehr erreichbaren Gestellabteile ordnet man vor dem Lagergestell eine verschiebbare Leiter an, die am Fußende auf Rollen läuft und deren Oberteil mittels eines Laufrollenpaares an einer I-Trägerbahn fahrbar aufgehängt ist. Auf der gleichen Fahrbahn kann noch eine Unterflansch-Laufwinde vorgesehen sein, die es dem Lagerarbeiter ermöglicht, die Last vor das gewünschte Abteil zu heben.

---

[1]) Matschoß, Ein Jahrhundert deutscher Maschinenbau, Berlin 1919, Verlag Julius Springer.
[2]) Machinery 1917, 941—958, Hammond, Transportmittel in der Werkstatt.
[3]) Über Einrichtung geschlossener Lagerräume siehe Buff, Werkstattbau, Berlin 1921, Verlag Julius Springer.

Zum Heben und Fördern schwererer Lasten ordnet man je nach Art der Einrichtung des Lagers Laufkrane oder Hängebahnen an. In vielen Fällen sind fahr- und lenkbare Aufzüge (s. S. 747) ein zweckmäßiges Hebe- und Fördermittel zur Bedienung der Lager.

Sind in einem Lagerraum regelmäßig größere Mengen gleichartiger Güter (Kisten, Säcke, Ballen u. dgl.) zu stapeln, so ist die Beschaffung fahrbarer Stapelelevatoren[1]) empfehlenswert.

Schwere Maschinenteile, Gesenke für die Schmiede und andere schwere Stücke pflegte man bisher nur auf dem Fußboden zu lagern. Um die gegebene, meist teure Lagerraumgrundfläche besser ausnutzen zu können, schlägt Buff[2]) fahrbare, übereinander liegende Ablegebühnen vor. Diese Ablegebühnen sind entweder laufkran- oder torkranartig ausgebildet und beanspruchen daher keine oder wenig Bodenfläche.

Trotz der erforderlichen erheblichen Anlagekosten ist die Einrichtung fahrbarer Ablegebühnen infolge der erreichbaren hohen Raumausnutzung und besonders bei beschränkten örtlichen Verhältnissen vorteilhaft.

Um an Förderweg zu sparen, empfiehlt es sich, in den Stabeisen- und Rohrlagern Scheren und Sägen aufzustellen, damit die von der Werkstätte angeforderten Stücke bereits auf Arbeitslänge abgeschnitten werden können.

Elektrisch betriebener Kran zur Beschickung der Gestellabteile eines Stabeisenlagers s. Z. Ver. deutsch. Ing. 1919, S. 97.

Veröffentlichungen über Werkstattförderwesen und Beschreibungen von Werks- und Fabrikanlagen: Z. Ver. deutsch. Ing. 1910, S. 161: Schlesinger, Betriebseinrichtungen und Arb.-Verhältnisse d. Maschinenfabrik Oberschöneweide. — Desgl. 1911, S. 1198: Lasche, Die Turbinenfabrikation der AEG. — Desgl. 1912, S. 897: Widmaier, Die Maschinenfabrik Eßlingen in Eßlingen. — Desgl. 1914, S. 281: Der Fabrikerweiterungsbau der Wanderer-Werke A.-G. Schönau bei Chemnitz. — St. u. E. 1910, S. 2028: Die Neuanlagen der Demag, Werk Bechem & Keetmann. — Desgl. 1912, S. 851: Wallichs, Die Entwickelung der Maschinenfabrik Thyssen & Co. A.-G. — Werkstatttechnik 1909, S. 98: Franz, Neue Fabrikanlage der Deutsch. Waff.- u. Munitionsfabriken in Wittenau. — Desgl. 1919, S. 601: Schilling, Das Wesen und die Bedeutung mod. Transportanlagen f. d. versch. Betriebe d. Industrie. — Desgl. 1912, S. 240: Franz, Die Werkzeugmasch.- u. Werkzeugfabrik von Alfred H. Schütte, Köln-Deutz. — Desgl. 1914, S. 557: Neue Montagehalle der Maschinenfabrik Ernst Schieß, Düsseldorf. — Der Betrieb 1921, Heft 15: C. Volk, Betriebstechn. Verkehrspläne. — Desgl. 1921, S. 717: Hettler, Leitsätze f. Fabrikbauten. — Kruppsche Mitteilungen 1921, S. 27: Die heutige Oberbauwerkstatt Krupps (frühere Maschinenb.-Akt.-Ges. Union) in Essen. — Hanomag-Nachrichten 1921, S. 67: Rundgang durch das („Hanomag"-)Werk. — Hawa-Nachrichten 1920, Heft 4: Coenen, Die Transportmittel im Dienste der neuzeitlichen Fabrikation. — Drahtwelt 1919, S. 311: Hermanns, Anlage z. selbstt. Beförderung von Drahtringen. — Machinery 1919, S. 1/7: Hammond, Transportsystem in einer Automobilfabrik. — Ind. Manag. 1921, S. 195/197: L. R. Clapp, Werkstättentransporte. — Factory 1921, S. 475/480: Innentransporteinrichtungen.

c) Brief=, Bücher= und Paketförderung im Werke.

Die Beförderung der Briefe, Bücher und Pakete durch menschliche Arbeitskräfte ist infolge der stark angestiegenen Löhne derart verteuert worden, daß es für viele Werke geboten ist, hierfür mechanische Fördermittel zu beschaffen. Diese mechanischen Kleinförderer arbeiten schnell und gleichmäßig und machen sich infolge der erzielbaren Lohnersparnisse meist schon in kurzer Zeit bezahlt. Je nach der Förderleistung und der Art und Länge des Förderweges kommen im Werkbetriebe folgende mechanischen Kleinfördermittel in Frage.

1. **Drahtpost.** Auf einem straff gespannten Stahldraht ist ein kleiner zweirolliger Wagen fahrbar, an dem eine Klemmvorrichtung zum Aufnehmen der Schriftstücke angeordnet ist. Jede Station hat eine katapultartige Vorrichtung, die von Hand gespannt und ausgelöst wird. Durch Auslösen wird der Wagen auf Fahrt geschickt, durchläuft die Förderstrecke ziemlich schnell und wird durch die gleiche Vorrichtung an der Empfangsstation aufgefangen.

---
[1]) „Der Betrieb" 1921, S. 187.
[2]) Buff, Werkstattbau, Berlin 1921, Verlag Julius Springer.

Die Drahtpost ist vorwiegend zur Förderung in wagerechter Richtung bestimmt. Größter Förderweg etwa 100 m. Es können jedoch auch Kurven und Steigungen überwunden werden. Fördergewicht bis zu 1 kg.

Zur rein senkrechten Bewegung (zwischen den einzelnen Stockwerken) dienen Briefaufzüge, bei denen ein Kästchen zwischen zwei Führungsdrähten mittels eines Rollenzuges auf- und abbewegt wird.

2. Seilpost. Für Förderung größerer Mengen gleichartiger Gegenstände (Briefe, Schriftstücke, Zettel u. dgl.) verwendet man zweckmäßig Seilpostanlagen. Zwischen zwei übereinander liegenden Rundeisenschienen laufen kleine, mit einer Greifvorrichtung versehene Schlitten, die durch ein endloses, ständig umlaufendes Förderseil bewegt werden. Antrieb des Förderseiles durch Elektromotor. Die Schlitten gehen in gewissen Abständen an sämtlichen Stationen vorbei, von denen jeder ein Greifer zugeordnet ist, der Sendungen nur an seiner Station aufnimmt oder abgibt. Die übrigen Greifer passieren diese Station in geschlossenem Zustande, ohne ihren Inhalt abzulegen. Der der Station zugeordnete Greifer wird dadurch geöffnet bzw. geschlossen, daß ein am Schlitten befindlicher Hebel beim Passieren einer Auflaufschiene betätigt wird. Die einzelnen Stationen können sowohl empfangen als auch aufgeben. Die Seilpostanlagen sind für wagerechte und senkrechte Förderung gleich geeignet und sind einfach in ihrer Bedienung. Größte Förderstrecke etwa 200 m.

3. Rohrpost. Für Betriebe mit lebhaftem Schriftenverkehr sind Rohrpostanlagen zu empfehlen. Die zu fördernden Gegenstände werden in eine Büchse (Patrone) gegeben, die in das Förderrohr gesteckt von einem Luftstrom schnell weitergeführt und an der Empfangsstelle selbsttätig ausgeworfen wird. Die Rohrpostanlagen sind in ihrer baulichen Ausführung bekannt und werden für Förderstrecken bis 6000 m und mehr angewendet.

Herstellerfirmen von Draht-, Seil- und Rohrpostanlagen: Mix & Genest, Berlin-Schöneberg; E. Zwietusch & Co., Charlottenburg; C. Lorenz A.-G., Berlin-Tempelhof.

IV. Organisation des Werkstattförderwesens.

Nachdem das Werkstattfördersystem den neuzeitigen Anforderungen entsprechend ausgebaut ist, muß es straff gehandhabt und überwacht werden. Eine den Bedürfnissen des Werkes angepaßte Organisation und eine einheitliche Leitung des gesamten Förderwesens sind daher ebenfalls Grundbedingung für die Leistungsfähigkeit und Wirtschaftlichkeit eines Werkes.

Solange die einzelnen Werkstätten ihre Eingangs- und Ausgangstransporte selbst durchführen, ist eine reibungslose Abwicklung des Werkverkehrs, insbesondere des Werkstätteneingangs- und Ausgangsverkehrs, nicht zu erreichen, da jede Werkstätte vor allem auf ihre eigenen Vorteile bedacht ist. Alle an einem Fördersystem gemachten Verbesserungen kommen daher erst dann richtig zur Geltung, wenn das gesamte Werkstattförderwesen vom Eingang der Rohstoffe bis zum Versand der Fertigerzeugnisse einheitlich geleitet wird.

Auf die Einrichtungen einer besonderen, einheitlich geleiteten Werks-,,Verkehrs- und Förderabteilung" weist bereits Kampe hin[1]).

Dieser Verkehrs- und Förderabteilung sind folgende Aufgaben gestellt:

1. Planmäßige Regelung und Überwachung sämtlicher Verkehrs- und Förderarbeiten im Werke.

2. Planung, Erprobung und Abnahme neuer Förderanlagen.

3. Instandhaltung und laufende Prüfung des Fördersystems.

4. Verrechnung sämtlicher Förderkosten und Aufstellung einer Wirtschaftlichkeitsrechnung nach Ablauf des Rechnungsjahres.

Die Art der Ausgestaltung der Verkehrs- und Förderabteilung richtet sich nach der Größe des Werkes und dem Umfange seines Transportwesens.

---

[1]) „Der Betrieb" 1920, S. 405.

Für kleinere Werke genügt ein fachkundiger Transportmeister, der sämtliche Verkehrs- und Förderarbeiten regelt und dem eine Hilfskraft für die Verrechnungsarbeiten beigegeben ist. Laufende Prüfungen des Fördersystems, technische und wirtschaftliche Verbesserungen und organisatorische Änderungen sind dann Sache des Betriebsleiters.

Bei Werken mittlerer Größe ist für die Leitung der Verkehrs- und Förderabteilung ein erfahrener Transportingenieur erforderlich, dem entsprechende kaufmännische und technische Kräfte zur Verfügung stehen. Sämtliche Transportarbeiten werden nach einem, von der Verkehrs- und Förderabteilung aufgestellten Plan geregelt, der, den jeweiligen Bedürfnissen Rechnung tragend, nach Bedarf geändert wird. Je nach der räumlichen Ausdehnung des Werkes und seinen Betriebsverhältnissen sind mehrere Transportmeister notwendig, die die Transporte innerhalb des ihnen zugewiesenen Verkehrsbereiches regeln und überwachen. Die Transportmeister verrechnen die Kosten der Förderarbeiten in ihrem Bereich und müssen mit Rücksicht auf sofortige Ausführung kleiner transporttechnischer Änderungen eine gewisse Selbständigkeit haben.

Für größere Werke mit umfangreichen Transportanlagen wird die Verkehrs- und Förderabteilung einem Oberingenieur als Leiter unterstellt und in eine Verkehrsabteilung und eine Förderabteilung mit je einem Transportingenieur gegliedert.

Der Verkehrsabteilung untersteht dann der gesamte Außenverkehr, umfassend das An- und Abfuhrwesen, das Umladewesen, den Platzverkehr einschließlich Lagerplatzbedienung und der Werkstätteneingangs- und -Ausgangsverkehr.

Der Förderabteilung untersteht der gesamte Innenverkehr, umfassend: die Förderung im Kesselhause, Generatorenraum und Kraftwerk; die Förderung in den Fertigungswerkstätten (Tischlerei, Gießerei, Schmiede, Bearbeitungswerkstätten, Zusammenbauwerkstätten) und die Förderung in den Lagerräumen.

Ein entgegenkommendes Zusammenarbeiten zwischen der Transportleitung und den einzelnen Werksabteilungen, insbesondere den Fertigungswerkstätten, ist auf die Leistung und Entwicklung des Werkes von großem Einfluß. Ferner muß die Verkehrs- und Förderabteilung den fördertechnischen Verbesserungsbedürfnissen dieser Werkstätten weitgehend Rechnung tragen und bestrebt sein, im Einvernehmen mit den betreffenden Abteilungsleitern, neue dem Fertigungsgang angepaßte Fördervorrichtungen zu entwerfen und zu erproben. Da die Verkehrs- und Förderabteilung sämtliche Förderkosten verrechnet, so hat sie stets einen Überblick über die Wirtschaftlichkeit des Werkstattfördersystems. Sie kann daher Transportmängel schneller erkennen und als unwirtschaftlich erkannte Förderer ausmerzen und durch wirtschaftlichere ersetzen.

Benutzte Literatur über Hebe- und Förderanlagen.

Werke.

Aumund, Hebe- u. Förderanlagen, I. Bd., Berlin 1916, Julius Springer. — Bethmann, Aufzugbau, Braunschweig 1913, Vieweg & Sohn. — Bethmann, Hebezeuge, 5. Aufl., Braunschweig, 1921, Vieweg & Sohn. — Böttcher, Krane, München 1906, R. Oldenbourg. — Buff, Werkstattbau, Berlin 1922, Jul. Springer. — Dub, Der Kranbau, Wittenberg 1921, A. Ziemsen. — Dubbel, Taschenb. f. d. Maschinenbau (Abschn. Hebemasch.), 3. Aufl., Berlin 1920, Jul. Springer. — v. Hanffstengel, Förderung d. Massengüter, 1. u. 2. Bd., Berlin 1915, Jul. Springer. — v. Hanffstengel, Billig Verladen u. Fördern. Berlin 1920. Jul. Springer. — Hütte, Des Ingenieurs Taschenbuch, II. Bd. (Arbeitsmasch. II u. III), Berlin, Wilh. Ernst & Sohn. — C. W. Hill, Electric Crane Construction, 1911. — Matschoß, Ein Jahrh. deutsch. Maschinenbau. Berlin 1919, Jul. Springer. — Michenfelder, Krane u. Transportanl. für Hütten, Hafen u. Werkstattbetriebe, Berlin, Jul. Springer. — Pietrkowski, Die Umladung

d. Massengüter, Wittenberg 1918, A. Ziemsen. — Wettich, Hebezeuge, 2. Aufl., Hannover 1913, M. Jänecke. — Zimmer, The mechanical handling of material, 1905.

Zeitschriften.

A. E. G.-Mitteilungen. — Auslandszeitschrift Industrie u. Technik. — Alfr. H. Schütte, Blätter f. d. Betrieb. — B. B. C.-Mitteilungen. — „Der Betrieb" (Zeitschrift f. Maschinenbau).— Dingl. Polyt. Journal. — Drahtwelt. — E. T. Z. — Elektrische Kraftbetriebe und Bahnen. — Elektrotechnik u. Maschinenbau. — Factory. — Fördertechnik und Frachtverkehr. — Gießerei-Zeitung. — Hanomag-Nachrichten. — Hawa-Nachrichten. — Krupp'sche Monatshefte. — Journ. f. Gas- u. Wasserversorgung. — Machinery. — Org. f. d. Fortschritte i. Eisenbahnwesen. — Schweiz. Bauzeitung. — Siemens-Zeitschrift. — Stahl u. Eisen. — The Electrician. — Werkstattstechnik. — Werkzeugmaschine. — Zeitschrift des Bayer. Rev.-Vereins. — Zeitschrift d. V. d. I.. — Zeitschrift für Dampfkessel- und Maschinenbetrieb.

Rohrleitungen.

Bearbeitet von H. Dubbel.

a) Dampfleitungen.

Hochdruckdampfleitungen.

Allgemeine Anordnung und Bemessung. Es sind die beiden Forderungen zu erfüllen: der Dampf eines jeden Kessels ist jeder Maschine zuzuführen und schadhafte Stellen müssen ohne Beeinträchtigung des Gesamtbetriebes ausschaltbar sein. Weiterhin soll beim Entwurf des Rohrplans Rücksicht auf möglichst geringe Abkühlungsverluste genommen werden. In Fig. 1 bis 3 sind unter Annahme, daß Kesselhausachse parallel zur Maschinenhausachse liegt, grundsätzliche Anordnungen der Rohrleitungen wiedergegeben.

Fig. 1: Anlage mit einfachem Sammelrohr, Fig. 2: Ringleitung; die eine Ringhälfte empfängt den Dampf, die andere gibt ihn ab. Fig. 3: doppelte Sammelleitung. Diese ist kürzer als die Ringleitung, verursacht also kleinere Abkühlungsverluste. Einfache Sammelleitungen weisen den Nachteil auf, daß bei Schäden an der Leitung selbst die Anlage in zwei voneinander unabhängige Hälften zerlegt wird.

Bei großen Anlagen wird die Übersichtlichkeit durch Anschluß der zu einer Gruppe gehörigen Kessel an einen gemeinsamen Dampfsammler erhöht.

Der Rohrdurchmesser ist mit Rücksicht auf Druck- und Temperaturverlust zu bestimmen. Kleine Dampfgeschwindigkeiten bedingen geringen Druckabfall, aber auch

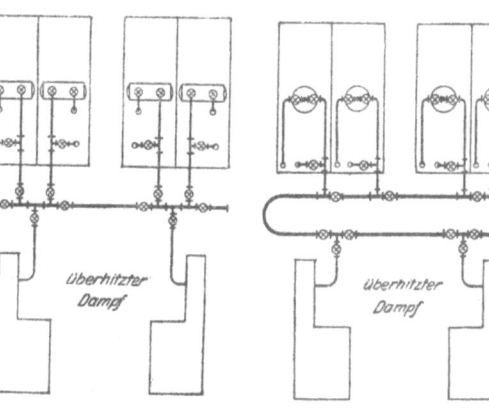

Fig. 1. Einfaches Sammelrohr.

Fig. 2. Ringleitung.

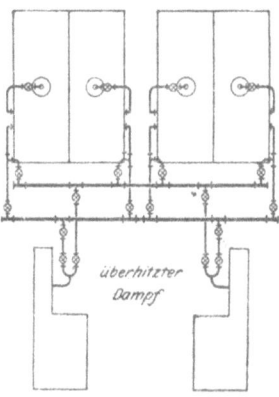

Fig. 3. Doppelte Sammelleitung.

große Oberflächen und entsprechende Wärmeverluste. Aus den Zahlentafeln 1 und 2[1]) läßt sich die Größe des Spannungsabfalles bestimmen. Durchschnittlich wird mit folgenden Dampfgeschwindigkeiten gerechnet: $u = 40$ bis 50 m/sek bei Kolbendampfmaschinen, bezogen auf das sek. Hubvolumen, $u = 50$

Zahlentafel 1
Volumina und spezifische Gewichte gesättigten und überhitzten Dampfes.

Druck abs. at (kg/cm²)	Sättigungstemperatur in °C	Absolute Temperatur in °C	Volumen m³/kg						Spezifisches Gewicht: kg/m³					
			bei Sättigungstemperatur	bei Überhitzung auf					bei Sättigungstemperatur	bei Überhitzung auf				
				200°	250°	300°	350°	400°		200°	250°	300°	350°	400°
0,5	80,9	353,9	3,2940	4,435	4,909	5,381	5,852	6,324	0,3036	0,2255	0,2037	0,1858	0,1709	0,1581
1,0	99,1	372,1	1,7220	2,212	2,451	2,688	2,924	3,160	0,5807	0,4521	0,4080	0,3720	0,3420	0,3165
1,6	112,7	385,7	1,1096	1,378	1,529	1,678	1,827	1,974	0,9013	0,7275	0,6540	0,5960	0,5473	0,5066
2,0	119,6	392,6	0,9006	1,101	1,221	1,341	1,460	1,579	1,1104	0,9083	0,8190	0,7457	0,6849	0,6333
2,5	126,7	399,7	0,7310	0,878	0,976	1,072	1,167	1,263	1,3680	1,139	1,025	0,9328	0,8569	0,7918
3,0	132,8	405,8	0,6163	0,730	0,812	0,892	0,972	1,052	1,6224	1,370	1,232	1,121	1,029	0,9506
3,5	138,1	411,1	0,5335	0,624	0,695	0,764	0,833	0,901	1,8743	1,603	1,439	1,309	1,200	1,110
4,0	142,8	415,8	0,4708	0,545	0,607	0,668	0,728	0,788	2,1239	1,835	1,647	1,497	1,374	1,269
4,5	147,1	420,1	0,4217	0,483	0,539	0,593	0,647	0,700	2,3716	2,070	1,855	1,686	1,546	1,429
5,0	151,0	424,0	0,3820	0,434	0,484	0,533	0,582	0,630	2,6177	2,304	2,066	1,876	1,718	1,587
6,0	157,9	430,9	0,3220	0,360	0,402	0,444	0,484	0,524	3,1058	2,778	2,488	2,252	2,066	1,908
7,0	164,0	437,0	0,2786	0,307	0,344	0,379	0,415	0,449	3,5891	3,257	2,907	2,639	2,410	2,227
8,0	169,5	442,5	0,2458	0,267	0,300	0,331	0,362	0,393	4,0683	3,745	3,333	3,021	2,762	2,545
9,0	174,4	447,4	0,2200	0,236	0,266	0,294	0,322	0,349	4,5448	4,237	3,759	3,401	3,106	2,865
10,0	178,9	451,9	0,1993	0,211	0,238	0,264	0,289	0,374	5,018	4,739	4,202	3,788	3,460	3,185
11,0	183,1	456,1	0,1822	0,191	0,216	0,240	0,262	0,285	5,489	5,236	4,630	4,167	3,817	3,509
12,0	186,9	459,9	0,1678	0,174	0,197	0,219	0,240	0,261	5,960	5,747	5,076	4,566	4,167	3,831
13,0	190,6	463,6	0,1557	0,160	0,181	0,202	0,221	0,241	6,425	6,250	5,525	4,951	4,525	4,149
14,0	194,0	467,0	0,1452	0,148	0,168	0,187	0,205	0,223	6,889	6,757	5,952	5,348	4,878	4,484
15,0	197,2	470,2	0,1360	0,137	0,156	0,174	0,191	0,208	7,352	7,299	6,410	5,747	5,236	4,808
16,0	200,3	473,3	0,1280	0,128	0,146	0,163	0,179	0,195	7,814	7,813	6,849	6,135	5,587	5,128

Zahlentafel 2[1]).

l · Dmr. mm	0,5	1	2	3	4	5	6	7	8	9	10	12	14
	Tausend kg Dampf pro Stunde												
30	39,3 2,714	78,6 10,854	—	—	—	—	—	—	—	—	—	—	—
40	22,1 0,644	44,2 2,576	88,4 10,302	—	—	—	—	—	—	—	—	—	—
50	14,1 0,211	28,3 0,844	56,6 3,376	84,9 7,596	—	—	—	—	—	—	—	—	—
60	9,8 0,085	19,6 0,340	39,3 1,358	59,0 3,056	78,6 5,432	—	—	—	—	—	—	—	—
70	7,2 0,039	14,4 0,157	28,9 0,628	43,3 1,413	57,7 2,512	72,1 3,925	—	—	—	—	—	—	—
80	5,5 0,020	11,0 0,080	22,1 0,321	33,1 0,723	44,2 1,286	55,2 2,009	66,2 2,893	—	—	—	—	—	—
90	—	8,7 0,045	17,5 0,179	26,2 0,402	35,0 0,716	43,7 1,118	52,4 1,610	61,2 2,191	—	—	—	—	—
100	—	7,1 0,026	14,2 0,106	21,2 0,238	28,3 0,422	35,4 0,660	42,5 0,950	49,6 1,294	56,6 1,690	63,5 2,138	70,8 2,640	—	—
125	—	—	9,0 0,035	13,6 0,078	18,1 0,138	22,6 0,216	27,1 0,311	31,6 0,423	36,2 0,554	40,8 0,701	45,3 0,865	54,4 1,246	63,4 1,695

[1]) Nach Franz Seiffert & Co., A.-G., Berlin.

Dampfleitungen.

Zahlentafel 2 (Fortsetzung).

l·Dmr. mm	3	4	5	6	7	8	9	10	12	14	15	16	18	20	22	24	25	26	28	30	35	40	45	50	l·Dmr. mm
										Tausend kg Dampf pro Stunde														
150	9,4 0,031	12,6 0,056	15,7 0,087	18,8 0,125	22,0 0,171	25,1 0,223	28,3 0,282	31,4 0,348	37,8 0,501	44,1 0,582	47,2 0,783	50,3 0,891	56,6 1,128	62,8 1,392	—	—	—	—	—	—	—	—	—	—	150
175	—	9,3 0,026	11,6 0,041	13,9 0,058	16,2 0,079	18,5 0,104	20,8 1,031	23,1 0,162	27,7 0,233	32,3 0,317	34,7 0,365	37,0 0,413	41,6 0,523	46,2 0,645	50,8 0,782	55,4 0,930	57,8 1,009	60,1 1,092	—	—	—	—	—	—	175
200	—	—	8,8 0,021	10,6 0,030	12,4 0,040	14,2 0,052	15,9 0,066	17,7 0,082	21,2 0,119	24,8 0,162	26,6 0,185	28,3 0,211	31,9 0,267	35,4 0,330	38,9 0,399	42,5 0,475	44,3 0,516	46,0 0,558	49,6 0,647	53,1 0,743	62,0 1,011	—	—	—	200
225	—	—	—	—	9,8 0,023	11,2 0,029	12,6 0,037	14,0 0,046	16,8 0,066	19,6 0,090	21,0 0,103	22,4 0,117	25,2 0,146	28,0 0,183	30,8 0,221	33,3 0,264	35,0 0,286	36,4 0,309	39,2 0,359	42,0 0,412	49,0 0,561	56,0 0,732	63,0 0,927	—	225
250	—	—	—	—	—	9,1 0,017	10,2 0,022	11,4 0,027	13,6 0,039	15,9 0,053	17,0 0,061	18,2 0,070	20,4 0,088	22,7 0,109	25,0 0,132	27,2 0,157	28,4 0,170	29,5 0,184	31,8 0,213	34,0 0,245	39,6 0,333	45,3 0,436	51,0 0,551	56,7 0,681	250
275	—	—	—	—	—	—	—	9,3 0,017	11,2 0,024	13,1 0,033	14,1 0,038	15,0 0,043	16,9 0,054	18,7 0,067	20,6 0,081	22,4 0,097	23,4 0,105	24,3 0,113	26,2 0,131	28,1 0,151	32,8 0,206	37,5 0,268	42,2 0,340	46,8 0,419	275
300	—	—	—	—	—	—	—	—	9,3 0,015	10,9 0,021	11,8 0,024	12,6 0,028	14,1 0,035	15,7 0,044	17,3 0,053	18,9 0,063	19,6 0,068	20,4 0,074	22,0 0,085	23,6 0,098	27,5 0,133	31,5 0,174	35,4 0,221	39,3 0,272	300
325	—	—	—	—	—	—	—	—	—	9,4 0,015	10,0 0,017	10,7 0,019	12,1 0,024	13,4 0,029	14,7 0,035	16,1 0,042	16,8 0,045	17,4 0,049	18,8 0,057	20,1 0,065	23,5 0,089	26,8 0,116	30,2 0,147	33,5 0,182	325
350	—	—	—	—	—	—	—	—	—	—	—	9,3 0,013	10,4 0,016	11,6 0,020	12,7 0,024	13,9 0,029	14,5 0,031	15,0 0,034	16,2 0,039	17,3 0,045	20,2 0,067	23,1 0,081	26,0 0,102	28,9 0,126	350

Dampfgeschwindigkeit w in m/sek (oben), Spannungsabfall z in at (kg/cm) (unten).

Die Tafeln gelten für ein spez. Dampfgewicht $\gamma = 5$ kg/m³ und eine virtuelle Länge der Leitung $l = 100$ m. Für andere γ' und l' und für zwischenliegende stündliche Dampfmengen G werden die zugehörigen Werte durch Interpolierung nach folgenden Formeln gefunden:

$$w' = w \cdot \frac{5}{\gamma'} \cdot \frac{G'}{G}$$

$$z' = z \cdot \frac{5}{\gamma'} \cdot \frac{l'}{100} \cdot \left(\frac{G'}{G}\right)^2,$$

$$w = \frac{G}{3600 \cdot \gamma \cdot \frac{d^2 \cdot \pi}{4}} \cdot$$

$$z = \frac{10{,}55}{10^8} \cdot \gamma \cdot \frac{l}{d} \cdot w^2.$$

wobei G eine in der Tafel vorkommende (in der Nähe liegende) stündliche Dampfmenge ist und für w und z die zugehörigen Werte aus der Tafel entnommen werden.

Beispiel: $G' = 17400$; $l \varnothing = 200$; $\gamma' = 5{,}3$; $l' = 180$; angenommen $G = 18\,000$.

$$w' = 31{,}9 \cdot \frac{5}{5{,}3} \cdot \frac{17\,400}{18\,000} \text{ m/sek} \qquad z' = 0{,}267 \cdot \frac{5}{5{,}3} \cdot \frac{180}{100} \cdot \left(\frac{17\,400}{18\,000}\right)^2 \text{ at.}$$

bis 70 m/sek bei Dampfturbinen, bezogen auf das Volumen des sek. verbrauchten Dampfgewichtes.

Zu beachten ist der Verlust an Arbeitsfähigkeit des Dampfes, der nicht nur durch Verringerung des Dampfgewichtes infolge Kondensation, sondern auch durch die Änderung der Dampfwärme i an Anfang und Ende entsteht und aus dem IS-Diagramm bei Annahme z. B. des in einer Dampfturbine vorhandenen Kondensatordruckes bestimmt werden kann. Der Verlust an Arbeitsfähigkeit nimmt mit der Drosselung in engen Leitungen und mit dem Temperaturverlust in weiten Leitungen zu.

Baustoff, Dichtung und Wärmeschutz. Zur Verwendung gelangen nahtlos gezogene Stahlrohre oder überlappt geschweißte Rohre aus Flußeisen von zäher, weicher Beschaffenheit. Verbindung der Rohre untereinander durch aufgewalzte Flanschen aus Stahlguß oder Siemens-Martin-Stahl. Mitunter werden auch Hochdruckrohrleitungen von mehreren hundert Meter ganz geschweißt und erhalten Flanschen nur an den Einbaustellen der Armaturen. Aufwalzen der Flanschen zeigt gegenüber anderen Befestigungsarten den Vorteil, daß Paßstücke auf der Baustelle hergestellt werden können. Bei Lichtweiten über 100 mm und hoher Überhitzung sind Walznietflanschen nach Fig. 4 zu empfehlen[1]). Neuerdings werden die Flanschen an den Rohren auch autogen geschweißt.

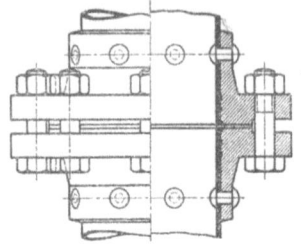

Fig. 4. Walznietflansch.

Für das Aufwalzen müssen die Berührungsflächen zwischen Flansch und Rohr metallisch rein sein; die Flanschen sind mit Walzrillen zu versehen, über die Dichtungsfläche hervortretendes Material wird vernietet oder umgebördelt. Abdichtung der Flanschen durch Klingerit oder durch wellenförmig hergestellte Stahlringe, in deren Vertiefungen Asbest, Hanf-Graphitmasse u. dgl. eingepreßt wird. Wahl der Schraubenzahl so, daß sie durch vier teilbar ist, erleichtert wesentlich die Montage. Ausführung der Flanschen meist glatt mit eingedrehten Dichtungsrillen, Anordnung von Feder und Nut erschwert das Einbringen neuer Packung, falls Ausgleichstücke in der Leitung das erforderliche Auseinanderdrücken der anschließenden Rohrteile nicht erleichtern. Rohrabzweigungen werden durch Einbau von Kugelformstücken aus Siemens-Martin-Stahlguß, welche die Dampfströmung nicht behindern, hergestellt. Verringerung der Zahl der Flanschverbindungen durch autogenes Aufschweißen der Stutzen, wobei scharfe Kanten an den Übergangsstellen von Rohr und Stutzen zu vermeiden sind. Bewährung bei Heißdampf bis zu 20 at.

Galvanische, zerstörende Ströme treten in Teilen des gleichen Metalles auf, wenn sich hier Stellen verschiedener Härte befinden; so zeigen gehämmerte Rohrkrümmer mitunter Anfressungen, die je nach der Beanspruchung des Materials als Grübchen, Rillen oder über bestimmte Flächen verteilte Löcher auftreten[2]).

Wärmeschutz durch Kieselgur, Asbest, Kork, Seide usw. Gegenüber den Isolierungen durch feucht aufgetragene Massen hat die Anwendung von Schalen, Platten, Zöpfen usw. den Vorteil, daß diese auf der Baustelle kalt aufgebracht werden können. Bei den Eberleschen Versuchen hat sich Isolierung durch Ringe aus wasserglasgetränkten Kieselgurschnüren in Verbindung mit lose geschichteter Glaswolle als besonders wirkungsvoll erwiesen[3]). Notwendig ist die Isolierung auch der Flanschen am zweckmäßigsten durch besondere, die Zugänglichkeit nicht hindernde Kapseln. Stellen der Isolierung, auf die erfahrungs-

---

[1]) Nach Franz Seiffert & Co., A.-G., Berlin.
[2]) Anfressungen dieser Art finden sich auch an Kupferrohrflanschen, wo die Eigenschaften des Kupfers durch das Löten verändert sind. (Z. 1917, S. 140.)
[3]) Zeitschr. d. Bayer. Revisions-Vereins 1909, Nr. 11 bis 15.

gemäß heißes Wasser von darüber befindlichen Stopfbuchsen tropft, sind mit besonderem Blechschutz abzudecken.

Nach Eberle beträgt der Wärmeverlust der umhüllten Leitung

$$Q_i = \frac{t_d - \frac{x}{2} - t_e}{\frac{1}{\alpha_1} \cdot \frac{d_2}{d_1} + \frac{1}{k'} \cdot \frac{d_2}{d_3} + \frac{d_2}{2\lambda} \ln\left(\frac{d_3}{d_2}\right)}.$$

F = Oberfläche der nackten Leitung in m²,
t_d = Dampftemperatur am Anfang der Leitung,
x = Temperaturverlust in der Leitung,
t_e = Lufttemperatur,
$\alpha_1 = 150$ = Übergangsziffer vom Dampf zur Rohrwand,
k' = Übergangsziffer von der Umhüllung zur Luft,
λ = Wärmeleitziffer der Umhüllung,
d_1 = innerer Rohr-Dmr. in m,
d_2 = äußerer Rohr-Dmr. in m,
d_3 = äußerer Dmr. der Umhüllung in m.

Werte für k':

Dampftemperatur	100	125	150	175	200	225	250	275	300	325	350	375	400
k'	5,7	5,7	5,8	5,9	6,2	6,4	6,6	6,9	7,1	7,3	7,5	7,8	8,1

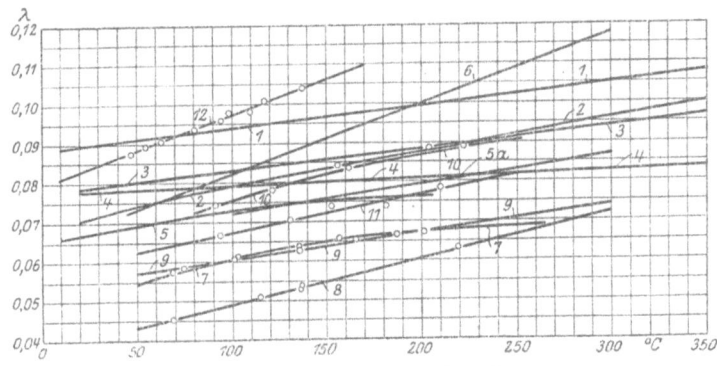

Fig. 5. Wärmeleitziffern λ bei verschiedenen Temperaturen.

Ist t_a = Temperatur der Umhüllungsoberfläche, so wird auch gesetzt:
$$k' = 4,0 + 0,1 (t_a - t_e).$$

Fig. 5 zeigt Werte für λ (Z. 1918, S. 640) in Abhängigkeit von der Temperatur.

Die Bezeichnung „lose Masse" in folgender Zusammenstellung bedeutet, daß die Masse in losem Zustand angeliefert, mit Wasser angerührt auf das Rohr aufgetragen wurde. Der bei den Stoffen 7 bis 12 angegebene Wert von t_m bedeutet den ungefähren Wert der bei der betreffenden Versuchsreihe erreichten Höchsttemperatur des Rohres.

Die Zahlen der die Versuchsergebnisse wiedergebenden Fig. 5 beziehen sich auf folgende Stoffe (s = spez. Gewicht):

1. Asbest-Kieselgur-Mischung, lose Masse . . . . $s = 667$ kg/m³
2. ,, ,, ,, ,, ,, ... $s = 623$,,
3. ,, ,, ,, ,, ,, ... $s = 548$,,
4. ,, ,, ,, ,, ,, ... $s = 608$,,
5. ,, ,, ,, ,, mit Korkzusatz, lose Masse $s = 335$,,
5a. Gleiche Mischung wie 5 . . . . $s = 320$,,
6. Gebrannte Kieselgurschalen . . . . $s = 326$,,
7. Magnesia-Fabrikat, lose Masse . . . . $s = 355$,, , $t_m = 346$
8. ,, ,, ,, ,, ... $s = 241$,, , $t_m = 380$
9. ,, ,, ,, ,, ... $s = 422$,, , $t_m = 330$
10. ,, ,, in Schalenform . . . . $s = 385$,, , $t_m = 388$
11. ,, ,, ,, ,, ... $s = 284$,, , $t_m = 370$
12. Schalen aus Pflanzenfasern . . . . $s = 430$,, , $t_m = 185$.

Für $375°$ C Temperaturgefälle verliert beispielsweise nach Eberle:

1 m² nicht umhüllter Leitung . . . . 6750 kcal/h.
1 m² umhüllter Leitung mit nicht umhüllten Flanschen 1500 ,,
1 m² vollständig umhüllter Leitung . . . . 1040 ,,

Nachstehende Zahlentafel 3 zeigt die Brennstoffverluste nackter Dampfleitungen und Armaturen. Die angegebenen Werte beziehen sich auf Steinkohle mit 7200 kcal.

Zahlentafel 3
Jährlich verlorene Kohlenmengen durch nackte Dampfleitungen bei 190° C, entsprechend 12 at Überdruck bei ununterbrochenem Tag- und Nachtbetrieb.

(Nach Versuchen des Bayer. Revisions-Vereins[1]).)

Lichter Rohr-Dmr. mm	Jährlich verlorene Kohlenmengen in t			
	Für 1 lfd. m Rohrleitung t	Für 1 Flanschenpaar t	Für 1 T-Stück[2]) t	Für 1 Ventil[3]) t
100	1,7	1,15	3,20	3,00
200	3,4	2,40	7,70	6,60
300	5,0	3,60	12,95	11,25
400	6,6	5,50	21,00	17,70

Bei einer Isolierungsstärke von nur 20 mm läßt sich gegenüber nackten Dampfleitungen bereits eine Ersparnis von rd. 80 vH, mit einer Isolierstärke von 60 mm eine solche von über 90 vH erzielen.

Wirtschaftliche Isolierstärken sind folgende

Rohr-Dmr.	100	200	300	400 mm
Isolierstärke ...	40	50	60	70 mm

Wärmeschutzmittel mit kleinster Wärmeleitzahl sind wirtschaftlich am günstigsten, da sie bei gleichem Wärmeverlust im Dauerbetrieb den geringsten Materialaufwand erfordern und die geringste Gewichtbelastung der isolierten Teile verursachen. Bei unterbrochenem Betrieb ist die in der Isolierung aufgespeicherte Wärme, die bei jeder längeren Betriebspause ganz oder größtenteils verloren geht, bei kleinster Wärmeleitzahl am geringsten, wie Zahlentafel 4 a zeigt. (Aus Heft 1 der Mitteilungen des Forschungsheims für Wärmeschutz in München.)

Zahlentafel 4a.
Annahmen: Temperatur der Gefäßwand 300° C, Lufttemperatur 20° C.

	Wärmeschutzmittel			Gewicht der Isolierung kg	Wärmeverlust kcal/h	In der Isolierung aufgespeicherte Wärme kcal
	Wärmeleitzahl $\frac{kcal}{m^2 h\,°C}$	Dicke mm	Raumgewicht kg/m³			
Rohr Dmr. 0,05 m Länge 1,0 m	$\lambda = 0{,}06$	50	300	4,7	87,2	151
	$\lambda = 0{,}09$	114	540	31,7	87,2	985
	$\lambda = 0{,}12$	230	720	145,7	87,2	4450

Lagerung und Ausgleich. An einzelnen Stellen der Leitung sind Festpunkte so anzuordnen, daß die größte Bewegung etwa 250 mm beträgt. Festpunkte am Kessel sollen nicht auf die für diesen Zweck zu schwache Decke der Einmauerung, sondern auf die Seitenwände oder auf besondere Eisenkonstruktionen gestützt werden. Die anschließenden Rohrteile sind auf Rollen oder in beweglicher Auf-

---
[1]) Zeitschr. d. Bayer. Revisions-Vereins 1909, Nr. 11 bis 15.
[2]) Einschließlich zweier Flanschenpaare.
[3]) „ „ „ ausschließlich Deckel, Spindel und Handrad.

Dampfleitungen. 845

hängung zu lagern (Fig. 6 und 7). Bei Aufhängung wagerechter Leitungen, die aber womöglich durch Auflager ersetzt werden soll, ist Einstellbarkeit der Höhenlage vorzusehen. Aufhängung an Ketten ist zwar einfach, ergibt aber zu wenig Führung. Die zwischen den Festpunkten auftretenden Längenänderungen durch die Erwärmung sind durch Bögen im natürlichen Verlauf der Leitung oder durch besondere Ausgleichvorrichtungen zu ermöglichen, deren Zahl möglichst klein sein soll. Zu beachten ist, daß bei der Ausdehnung wagerecht angeordneter Leitungen diese niemals in senkrechter Richtung ausbiegen dürfen und daß an den Auflagestellen die Isolierung nicht unterbrochen wird. Zu diesem Zweck soll nicht das Rohr selbst, sondern ein mittels Schellen an das

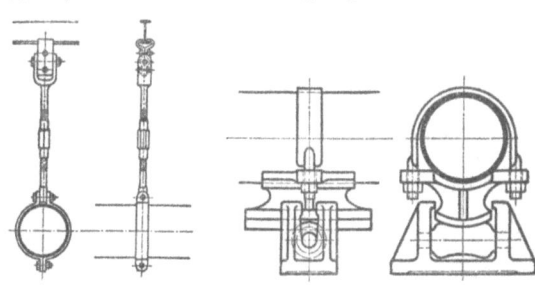

Fig. 6. Rohraufhängung.   Fig. 7. Rohrlagerung auf Rollen.

Rohr angeklammerter Gleitschuh auf den Rollen gleiten. Senkrecht verlaufende Abschnitte längerer Leitungen erfordern häufig Unterstützung mit Gewichtsausgleich. Ausgleich bei kleinen Leitungen und kurzen Strecken durch glatte, bei längeren Leitungen, größerer Lichtweite und höherer Temperatur durch gewellte Lyrabogen, deren Aufnahmefähigkeit das 3- bis 5fache der ersteren beträgt. Da Lyrabogen stets mit Vorspannung eingebaut werden, so sind sie vor dem Einbau um die Hälfte der zulässigen Federung auseinanderzuziehen und während des Einbaues durch Absteifungen festzustellen.

Sind Lyrabogen infolge Platzmangels nicht unterzubringen, so werden Stopfbuchsenausgleicher angewendet, die entlastet sein sollen, so daß keine freien,

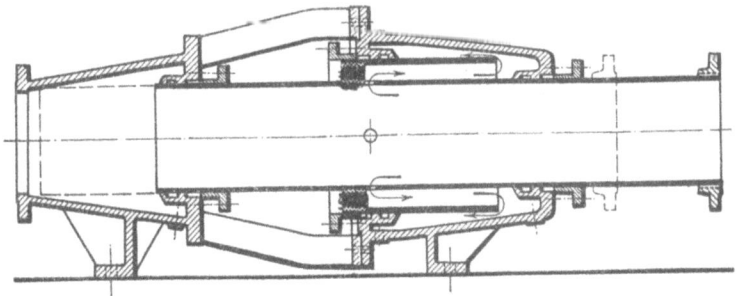

Fig. 8. Entlastete Rohrstopfbuchse.

durch Verankerung der Leitung aufzunehmenden Kräfte auftreten (Fig. 8). Da bei ununterbrochenem Betrieb die Packungen der Stopfbuchsen leicht festbrennen, so eignen sich diese Ausgleicher besonders für solche Leitungen, die periodisch an- und abgestellt werden, so daß die Stopfbuchse möglichst oft in Wirksamkeit tritt. Drehstopfbüchsen haben sich ebenfalls bewährt.

Ausrüstung. Zur Absperrung sind Schieber zu verwenden; in Fig. 9 sind die durch verschiedene Absperrvorrichtungen verursachten Spannungsverluste wiedergegeben. Anordnung von Umführungsleitungen, um den Schieber bei der Eröffnung zu entlasten und die Dampfleitung langsam anwärmen zu können.

Die Leitung ist mit Gefälle nach der Verwendungsstelle hin zu legen. Bei Gefälle nach dem Kessel hin steht der Dampf dauernd mit der Oberfläche des Wassers, dessen Abfluß durch die Dampfströmung gehindert wird, in Verbindung.

Wasserabscheider, durch Zentrifugalkraft oder durch Querschnittvergrößerung bei gleichzeitiger Umlenkung des Dampfstromes wirkend, sind auch bei Heißdampfleitungen anzulegen, da bei versagendem Speisewasserregler oder unaufmerksamer Bedienung Wasser mitgerissen werden kann. Große Wasserabscheider gleichen bei Kolbendampfmaschinen die Geschwindigkeitsschwankungen des Dampfes aus und verringern so die von jenen herrührenden rüttelnden Bewegungen der Leitung. S. auch S. 138.

Entwässerung an den tiefsten Leitungsstellen durch Kondenstöpfe, die aber vielfach direkten Dampfverlust verursachen. Bauarten, bei denen die Ventile dauernd unter Wasser arbeiten, sind besonders vorteilhaft. Bei Heißdampf liegt die Gefahr vor, daß er das Wasser im Topf verdampft, so daß das Ventil öffnet und Dampf dauernd entweicht, daher Einschaltung von Vorgefäßen vorteilhaft, so daß der Topf mit Wasserverschluß arbeitet. Besser ist, nach der Inbetriebsetzung von Heißdampfleitungen die Kondenstöpfe von der Leitung abzuschließen. Je weniger Kondenstöpfe, um so wirtschaftlicher ist der Betrieb. Es empfiehlt sich, die Entwässerungsleitungen zusammenzufassen und mit Gefälle einem gemeinsamen, reichlich bemessenen Kondenstopf zuzuführen. Ein parallel geschalteter zweiter Kondenstopf oder eine Umführungsleitung ermöglicht Ausbesserung und Reinigung ohne Betriebsunterbrechung. Die Einzelleitungen sind mit Rückschlagventilen zu versehen. Bei größeren Leitungen Anordnung eines Sammelbehälters, dessen Schwimmer bei Erreichen eines bestimmten Wasserstandes durch Öffnung eines Dampfventils eine das Kondenswasser in den Kessel zurückbefördernde Pumpe in Tätigkeit setzt. Mitunter auch Anwendung selbsttätig wirkender Dampfwasserrückleiter, die über dem Kessel mindestens 2 m über dessen höchsten Wasserstand aufgestellt werden.

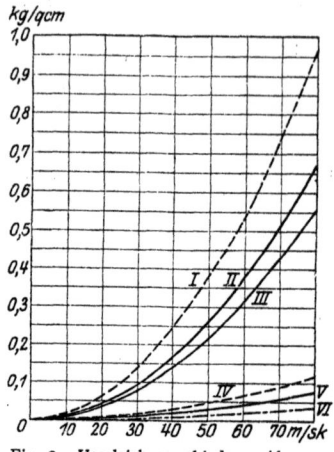

Fig. 9. Vergleich verschiedener Absperrorgane. *I* normales Ventil. *II* König-Ventil. *III* Ferranti-Schieber. *IV* Hopkinson-Schieber. *V* Borsig-Schieber. *VI* Hopkinson-Schieber.

Chemisch reines Kondensat greift die Kondensleitungen stark an, so daß diese zweckmäßig als kupferne Leitungen ausgeführt werden.

Arbeiten mehrere Kessel, die für verschiedene Höchstdrucke genehmigt sind, auf dieselbe Leitung, so sind in die Anschlüsse der Kessel mit niedrigerem Druck Rückschlagventile einzuschalten, die zur Vermeidung von Schlägen bei stoßweiser Entnahme mit Bremskolben zu versehen sind. In die Hochdruckanschlußleitung ist ein Druckminderungsventil einzubauen. Rohrbruchventile haben den Nachteil, daß sie bei empfindlicher Einstellung bei starker Dampfentnahme von selbst schließen. Am Ende langer Leitungen wird infolge der Reibungsverluste die zu ihrer Inbetriebsetzung erforderliche Dampfgeschwindigkeit überhaupt nicht mehr erreicht. Für große Anlagen sind „Motorschieber", deren Motor von verschiedenen Stellen aus in Betrieb gesetzt werden kann, empfehlenswerter.

Unterirdische Verlegung ist mitunter da am Platz, wo mehrere Rohrleitungen, die verschiedenen Zwecken dienen, zusammengefaßt in einem begehbaren Kanal mit fester Decke angeordnet werden können. Vorteile: Zentralisierung der Rohrleitungen, daher gute Übersicht, unbehinderter Einbau, Schutz der Isolierung gegen Witterungseinflüsse, geringerer Wärmeverlust als bei Lage im Freien, Ermöglichung von Veränderungen der Bebauung, ohne durch die Leitungen behindert zu sein. Schwierigkeiten macht namentlich bei übereinanderliegenden Leitungen die Anordnung des Gefälles, das

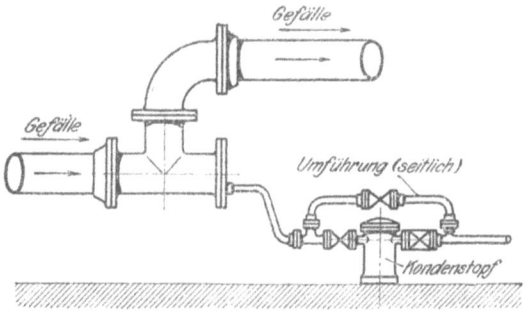

Fig. 10. Erzielung von Gefälle bei Leitungen im Kanal.

im Mittel 2 bis 4 mm pro Meter betragen soll. Ermöglichung des Gefälles zeigt Fig. 10; an derartigen Stellen sind natürlich Entwässerungen anzuordnen.

Rohre in Gebäuden sollen zur Ermöglichung freien Durchganges mindestens 1,9 m hoch liegen. Bei Lagerung im Freien werden die Rohre an Eisenmasten aufgehängt, die in Abständen von etwa 12 bis 20 m aufgestellt werden. Die Rohre werden dann zweckmäßig zusammengeschweißt eingebaut, so daß die Flanschen bequem zugänglich an den Stützen liegen.

Abdampfleitungen.

Baustoff oder Art der Rohre: Gußeisen. Genietete und hart gelötete oder genietete und verstemmte Blechrohre. Autogen geschweißte Rohre. Pumpenabdampf wird durch Gasrohre abgeleitet. Abdichtung durch Asbestringe, Ringe aus Gummimasse mit Metalldrahtgewebe oder durch leinölgetränktes Zeichenpapier. Bei Kondensationsleitungen sind die Flanschen kräftig mit kleiner Schraubenteilung auszuführen. Entwässerung durch Syphon (Fig. 11) oder Rohrschleife. Ausgleich der Dehnung durch schmiedeeiserne oder kupferne Linsenkompensatoren oder durch ein- oder mehrwellige Federstücke (Fig. 12[1]).) Durch Versteifung der Wulst bleibt diese ohne Bewegung, so daß die auf Wulstmitte liegende Schweißnaht nicht auf Biegung beansprucht wird.

Vakuumleitungen, aus Schmiedeeisen oder Gußeisen hergestellt, werden mit Gefälle nach dem Kondensator hin verlegt und durch Gummiringe gedichtet. Ausgleich der Dehnung durch Linsenkompensatoren oder durch Stopfbuchsen,

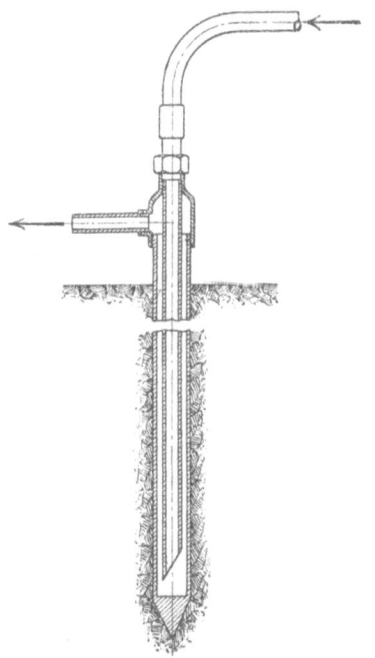

Fig. 11. Syphon.

---
[1]) Ausführung der „Gesellschaft für Hochdruck-Rohrleitungen", Berlin O.

die durch Wasser gedichtet werden. Ausrüstung mit Sicherheitsauspuffventilen. Entwässerung s. S. 146.

b) Luftleitungen.

Geschwindigkeiten, bezogen auf das sekundliche Hubvolumen der Kolbenkompressoren: $u = 16$ bis 20 m/sek in der Saugleitung, $u = 25$ bis 30 m/sek in der Druckleitung je nach Größe der Anlage. Geschwindigkeiten, bezogen auf das sekundliche Luftvolumen bei Turbokompressoren: $u = 20$ bis 25 m/sek für Saug- und Druckleitung.

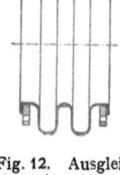

Baustoff der Rohre: Flußeisen, für Druckrohre werden Siederohre bevorzugt, Flanschen lose aufgesetzt. Dichtung: Gummiringe; bei Flanschen bis 175 mm Dmr. bewähren sich auch aus Pappe geschnittene, in Firnis getränkte Ringe. (Über Dichtung mittels Papierringe s. Glückauf 1920, S. 997.) Zum Schutz gegen das Rosten werden die Rohre häufig innen und außen verzinkt, innen geteerte Rohre sind nicht zu verwenden, da sich der Teer leicht ablöst.

Fig. 12. Ausgleicher mit geschützter Schweißnaht. Ausführung der Ges. f. Hochdruck-Rohrleitungen, Berlin.

Die Leitungen sind mit Gefälle in der Strömungsrichtung anzuordnen, Ablaßhahn an jedem Endpunkt für ausgeschiedenes Wasser. Ist Ansteigen der Hauptleitung nicht zu umgehen, so ist an tiefster Stelle ein Wasserabscheider mit Ablaßhahn einzubauen.

Die aus dem Freien, nicht aus dem Maschinenhaus anzusaugende Luft soll möglichst kühl, trocken und staubfrei sein. Ansaugung durch Filter mit geringem Widerstand, der anfangs etwa 1 mm W.-S., nach eingetretener Verschmutzung 6 bis 8 mm W.-S. beträgt. Das Saugrohr ist durch eine Haube gegen das Eindringen von Regen zu schützen.

Zum Ausgleich der Geschwindigkeits- und Druckschwankungen im Druckrohr dient ein in Nähe des Kompressors aufzustellender Sammelbehälter. Wird die Leitung zwischen Kompressor und Kessel länger als etwa 6 m, so ist unmittelbar am Kompressor ein zweiter, kleiner Kessel einzuschalten, der die Luftstöße vom Kompressor selbst aufnimmt. Bei Leitungslängen über 100 m empfiehlt sich Einbau eines weiteren Windkessels.

Ausrüstung des Sammelbehälters mit Wasserablaßhahn, Sicherheitsventil, Manometer und Absperrvorrichtungen in Zu- und Ableitung. Das Absperrventil in der Zuleitung — zweckmäßig als Rückschlagventil auszuführen — soll das Entweichen der aufgespeicherten Luft während den Betriebspausen verhindern. Das Absperrventil in der Druckleitung ermöglicht die Befahrung des Sammelbehälters. Diese haben mitunter infolge Ansammlung von Schmieröldämpfen Veranlassung zu Explosionen gegeben. Es ist zu beachten, daß die durchströmende heiße Druckluft den ganzen Querschnitt durchfließt und eine Schichtenbildung der kühleren, schwereren Luft nicht entsteht.

Druckverlust in Druckluftleitungen[1]).

Druckverlust $\Delta p = \dfrac{\beta}{10\,000} \cdot \gamma \cdot u^2 \cdot \dfrac{l}{D}$, worin $\beta =$ Beiwert, der je nach Luftmenge zwischen 0,5 und 2 liegt, $\gamma =$ spez. Luftgewicht, l und $D =$ Länge und Durchmesser der Leitung.

In den folgenden Zahlentafeln sind die Druckverluste für Rohrdurchmesser von 25 bis 500 mm und 10 bzw. 100 m Rohrlänge für verschiedene Luftmengen (in m³/min für kleinere, in m³/h für größere Mengen, ausgedrückt) für 6 at mittleren Luftdruck wiedergegeben. Der Druckverlust ist proportional der Rohrlänge, umgekehrt proportional den absoluten Drucken.

Für 100 mm Dmr., 2000 m³/h, 5 at, $l = 150$ ist beispielsweise $\Delta p = 0{,}07 \cdot \dfrac{150}{100} \cdot \dfrac{7}{6} = 0{,}1225$ at.

In Zahlentafel 6 sind die Rohrlängen angegeben, die gleiche Druckverluste verursachen wie die am Kopf der Tafel aufgeführten Armaturteile und Rohrstücke.

---

[1]) Nach Pokorny & Wittekind, Frankfurt a. M.

Luftleitungen.

Zahlentafel 4.
Druckverlust bei 10 m Rohrlänge.

Lichter Rohr-Dmr. in mm		25	38	50	65	75	100	125	150
Luftmenge in m³/min	1	0,01	0,002	—	—	—	—	—	—
	2	0,05	0,005	0,001	—	—	—	—	—
	5	0,2	0,03	0,007	0,003	—	—	—	—
	10		0,1	0,02	0,007	0,004	—	—	—
	15	—	0,02	0,02	0,002	0,007	0.001	—	—
	20	—	—	0,08	0,03	0,01	0,003	0,001	—
	25	—	—	0,1	0,04	0,02	0,005	0,002	—
	30	—	—	0,2	0,06	0,03	0,007	0,003	0,001
	40	—	—	—	0,1	0,05	0,01	0,004	0,001
	50	—	—	—	0,2	0,07	0,02	0,006	0,002

Zahlentafel 5.
Druckverlust bei 100 m Rohrlänge.

Lichter Rohr-Dmr. in mm		65	75	100	125	150	175	200	250	300	350	400	500
Luftmenge in m³/h	1 000	0,2	0,1	0,02	0,007	0,003	—	—	—	—	—	—	—
	2 000	0,7	0,3	0,07	0,03	0,01	0,005	—	—	—	—	—	—
	4 000	—	1,0	0,3	0,1	0,04	0,02	0,01	—	—	—	—	—
	6 000	—	—	0,6	0,2	0,008	0,04	0,02	0,006	—	—	—	—
	8 000	—	—	—	0,4	0,15	0,07	0,03	0,01	0,005	—	—	—
	10 000	—	—	—	0,5	0,2	0,1	0,05	0,02	0,007	—	—	—
	15 000	—	—	—	—	0,4	0,2	0,1	0,035	0,015	0,006	—	—
	20 000	—	—	—	—	0,8	0,3	0,2	0,06	0,02	0,01	0,006	—
	25 000	—	—	—	—	—	0,5	0,3	0,1	0,03	0,02	0,01	0,003
	30 000	—	—	—	—	—	0,7	0,4	0,15	0,05	0,03	0,015	0,004
	40 000	—	—	—	—	—	—	0,6	0,2	0,08	0,04	0,02	0,007
	50 000	—	—	—	—	—	—	1,0	0,3	0,1	0,06	0,03	0,01

Die zulässigen Druckverluste sind durch stärkere Lettern hervorgehoben.

Zahlentafel 6.
Druckverlust in Armaturen.[1]

Lichter Dmr. in mm	Durchgangsventil	Eckventil	Schieber	Norm. Krümmer	T-Stück
25	6	3	0,3	0,2	2
50	15	7	0,7	0,4	4
65	20	8	0,8	0,5	5
75	25	11	1,1	0,7	7
100	35	15	1,5	1	10
125	45	20	2	1,2	12
150	60	25	2,5	1,7	17
175	70	30	3	2	20
200	85	35	3,5	2,4	24
250	110	50	5	3,2	32
300	140	60	6	4	40
350	170	70	7	5	50
400	200	85	8,5	6	60
500	260	110	11	7,5	75

c) Wasserleitungen.

Geschwindigkeiten. Kolbenpumpen: Sauggeschwindigkeit $u_s = 0{,}8$ bis $1{,}0$ m/sek, bei kleiner Saughöhe, kurzer Leitung oder großen Fördermengen auch mehr. Druckgeschwindigkeit: $u_d = 1{,}0$ bis $2{,}0$ m/sek, bei größeren Druckhöhen können höhere Geschwindigkeiten gewählt werden.

[1] Nach Pokorny & Wittekind, Frankfurt a. M.

Dubbel, Betriebstaschenbuch.

Zahlentafel 7 [1]).

Tafel der Wassermengen Q und des Druckhöhenverbrauches in Rohrleitungen.

c in m in der Sekunde	$h_c = \dfrac{c^2}{2g}$ in m W. S.	Q Liter in der Minute h_r m	Innerer Rohrdurchmesser in mm										
			40	50	60	70	80	90	100	125	150	175	200
0,50	0,013	Q	37,7	58,9	84,8	115,5	150,8	190,9	235,6	368,1	530,1	721,6	942,5
		h_r	0,855	0,708	0,590	0,506	0,443	0,394	0,354	0,283	0,236	0,203	0,177
0,60	0,018	Q	45,2	70,7	101,8	138,6	181	229	282,7	441,8	636,5	865,9	1131
		h_r	1,222	0,977	0,814	0,698	0,611	0,542	0,489	0,391	0,326	0,279	0,244
0,70	0,025	Q	52,8	82,5	118,7	161,6	211,1	267,2	329,9	515,4	742,2	1010	1320
		h_r	1,606	1,285	1,071	0,918	0,803	0,713	0,643	0,514	0,428	0,367	0,321
0,80	0,033	Q	60,3	94,2	135,7	184,7	241,3	305,4	377	589	844,2	1155	1508
		h_r	2,038	1,630	1,359	1,165	1,019	0,906	0,815	0,652	0,543	0,466	0,408
0,90	0,041	Q	67,9	106	152,7	207,8	271,4	343,5	424,1	662,7	954,3	1299	1697
		h_r	2,517	2,013	1,678	1,438	1,258	1,119	1,007	0,805	0,671	0,576	0,503
1,00	0,051	Q	75,4	117,8	169,7	230,9	301,6	381,7	471,2	736,3	1060	1443	1885
		h_r	3,042	2,433	2,028	1,738	1,521	1,354	1,217	0,973	0,811	0,696	0,608
1,25	0,080	Q	94,2	147,3	212,1	288,6	377	477,2	589,1	920,4	1325	1804	2356
		h_r	4,553	3,643	3,036	2,602	2,277	2,027	1,821	1,457	1,214	1,042	0,911
1 50	0,115	Q	113,1	176,7	254,5	346,3	452,4	572,6	706,9	1105	1590	2165	2827
		h_r	6,345	5,076	4,230	3,625	3,172	2,816	2,538	2,030	1,692	1,448	1,269
1,75	0,156	Q	131,9	206,2	296,9	404,1	527,8	668	824,7	1289	1856	2526	3299
		h_r	8,413	6,731	5,609	4,808	4,207	3,747	3,365	2,692	2,244	1,927	1,683
2,0	0,204	Q	150,8	235,6	339,9	461,8	603,2	763,4	942,5	1473	2121	2886	3770
		h_r	10,750	8,599	7,166	6,143	5,375	4,780	4,300	3,440	2,867	2,458	2,150
2,5	0,319	Q	188,5	294,5	424,1	577,3	754	954,3	1178	1841	2651	3608	4712
		h_r	16,240	12,990	10,830	9,279	8,119	7,221	6,495	5,116	4,330	3,714	3,248
3,0	0,459	Q	226,2	353,4	508,9	692,7	904,8	1145	1414	2209	3181	4330	5655
		h_r	22,720	18,180	15,150	12,980	11,360	10,140	9,089	7,271	6,059	5,217	4,545

Koeffizienten k für den Druckhöhenverbrauch $h_w = k \cdot h_c$ in normalen Rohrkrümmern und Absperrorganen.

			40	50	60	70	80	90	100	125	150	175	200
Normale Rohrkrümmer	135°	k_1	0,067	0,068	0,069	0,070	0,071	0,073	0,074	0,076	0,078	0,081	0,084
	90°	k_2	0,135	0,136	0,138	0,140	0,142	0,145	0,148	0,152	0,156	0,162	0,168
Norm. Rohrschieber offen		k_3	0,10	0,10	0,10	0,10	0,10	0,10	0,09	0,09	0,09	0,09	0,08
Normale Saugklappe		k_4	12,0	10,0	9,0	8,5	8,0	7,5	7,0	6,5	6,0	5,6	5,2
Normales Rückschlagventil		k_5	22,0	18,0	15,0	12,0	10,0	9,0	8,0	7,0	6,5	6,0	5,5

Niederdruckzentrifugalpumpen: $u_s = 1,5$ bis 2,0 m/sek, $u_d = 2$ bis 2,5 m/sek. Hochdruckzentrifugalpumpen: $u_s = 1,5$ bis 2,0 m/sek. $u_d = 2$ bis 3 (bis 4) m/sek je nach Förderhöhe.

Scharfe Richtungswechsel in der Leitung sind zu vermeiden.

Für lange Leitungen ist nach Weisbach die Widerstandshöhe in m W. S.:

$$h = \lambda \cdot \frac{l}{d} \cdot \frac{c^2}{2g},$$

worin nach H. Lange für die bei Pumpen vorkommenden Geschwindigkeiten für λ gesetzt werden kann:

$$\lambda = a + \frac{b}{\sqrt{c \cdot d}}.$$

Für glatte Leitungen ist $a = 0,020$, $b = 0,0018$ (l, d, c in m).

[1]) Nach A. Borsig, Berlin-Tegel.

Wasserleitungen.

Zahlentafel 7 (Fortsetzung).

Tafel der Wassermengen Q und des Druckhöhenverbrauches in Rohrleitungen.

c in m in der Sekunde	$\frac{c^2}{2g}=h_c$ in m W.S.	Q Liter in der Min. h_r m		Innerer Rohrdurchmesser in mm										
			225	250	275	300	350	400	450	500	550	600	650	700	750
0,50	0,013	Q	1193	1473	1782	2121	2886	3770	4773	5891	7128	8482	9955	11546	13254
		h_r	0,157	0,142	0,129	0,118	0,101	0,089	0,079	0,071	0,064	0,059	0,055	0,051	0,047
0,60	0,018	Q	1431	1767	2138	2545	3464	4524	5726	7069	8553	10179	11946	13855	15904
		h_r	0,217	0,195	0,178	0,163	0,140	0,122	0,109	0,098	0,089	0,081	0,075	0,070	0,065
0,70	0,025	Q	1670	2062	2495	2969	4041	5278	6680	8247	9979	11875	13937	16164	18555
		h_r	0,279	0,257	0,233	0,214	0,183	0,161	0,143	0,129	0,117	0,107	0,099	0,092	0,086
0,80	0,033	Q	1909	2356	2851	3393	4618	6032	7634	9425	11404	13572	15928	18473	21206
		h_r	0,363	0,326	0,297	0,272	0,233	0,204	0,181	0,163	0,148	0,136	0,126	0,117	0,109
0,90	0,041	Q	2147	2651	3207	3817	5195	6785	8588	10603	12829	15268	17919	20782	23856
		h_r	0,448	0,403	0,366	0,335	0,287	0,252	0,224	0,201	0,183	0,168	0,155	0,144	0,134
1,00	0,051	Q	2386	2945	3564	4241	5773	7540	9543	11781	14255	16965	19910	23091	26507
		h_r	0,542	0,487	0,443	0,406	0,348	0,304	0,271	0,243	0,222	0,203	0,187	0,174	0,162
1,25	0,080	Q	2982	3682	4456	5302	7216	9425	11928	14726	17819	21206	24887	28864	33134
		h_r	0,811	0,729	0,663	0,607	0,521	0,455	0,405	0,364	0,332	0,304	0,281	0,260	0,243
1,50	0,115	Q	3579	4418	5346	6362	8659	11310	14314	17671	21382	25447	29865	34636	39761
		h_r	1,127	1,015	0,922	0,846	0,724	0,635	0,563	0,508	0,461	0,423	0,390	0,363	0,338
1,75	0,156	Q	4175	5154	6237	7422	10102	13195	16700	20617	24946	29688	34842	40410	46388
		h_r	1,499	1,346	1,226	1,122	0,963	0,841	0,749	0,673	0,613	0,561	0,519	0,481	0,450
2,00	0,204	Q	4771	5891	7128	8482	11545	15080	19085	23562	28510	33929	39820	46182	53014
		h_r	1,912	1,720	1,565	1,433	1,230	1,075	0,956	0,860	0,782	0,717	0,662	0,614	0,574
2,50	0,319	Q	5964	7363	9809	10603	14432	18850	23856	29452	35637	42411	49775	57728	66268
		h_r	2,889	2,598	2,363	2,165	1,857	1,624	1,444	1,299	1,182	1,083	1,000	0,928	0,867
3,00	0,459	Q	7157	8836	10691	12723	17318	22620	28628	35343	42765	50894	59730	69272	79521
		h_r	4,058	3,636	3,319	3,030	2,608	2,272	2,029	1,818	1,660	1,515	1,405	1,298	1,217

Koeffizienten k für den Druckhöhenverbrauch $h_w = k \cdot h_c$ in normalen Rohrkrümmern und Absperrorganen.

Normale Rohrkrümmer	135°	k_1	0,087	0,091	0,094	0,097	0,100	0,103	0,106	0,109	0,112	0,115	0,118	0,120	0,122
	90°	k_2	0,174	0,182	0,188	0,194	0,200	0,206	0,212	0,218	0,224	0,230	0,236	0,240	0,244
Norm. Rohrschieber offen		k_3	0,08	0,08	0,08	0,07	0,07	0,06	0,06	0,05	0,05	0,05	0,04	0,04	0,04
Norm. Saugklappe		k_4	4,8	4,4	4,0	3,7	3,4	3,1	2,8	2,5	2,25	2,0	1,8	1,6	1,5
Normales Rückschlagventil		k_5	5,0	4,5	4,0	3,5	3,0	2,5	2,0	1,5	2,3	1,7	1,4	1,2	1,0

Beispiel: Es sei die Gesamtwiderstandshöhe einer Kreiselpumpe zu bestimmen, die minutlich 3450 l Wasser durch eine Leitung von 175 mm Durchmesser, 27 m Länge, 2,2 m hoch ansaugen und auf 12,5 m fördern soll; die Leitung besitzt außer einem Saugkorb mit Rückschlagklappe, einem Wasserschieber und einem Rückschlagventil in der Druckleitung noch vier normale rechtwinklige Krümmer.« Geometrische Förderhöhe: $H = 2,2 + 12,5 = 14,7$ m.

Nach der Zahlentafel entspricht der Wassermenge eine Geschwindigkeit von 2,40 m/sek. Hierbei ist die Geschwindigkeitshöhe $h_c = 0,294$ und die Rohrwiderstandshöhe $h_r = 3,50$ m für 100 m Leitungslänge.

Gesamtwiderstandshöhe $h_z' = h_r' + h_w' = 0,27 \, h_r + h_c(4 \cdot k_1 + 1 \cdot k_3 + 1 \cdot k_4 + 1 \cdot k_5)$
$= 0,27 \cdot 3,5 + 0,294 (4 \cdot 0,162 + 0,09 + 5,6 + 6,0) = 4,6$ m.

Mithin manometrische Förderhöhe: $H = H + h_c + h_z' = 14,70 + 0,294 + 4,6 = 19,60$ m.

Zahlentafel 7 ermöglicht Bestimmung der Reibungsverluste. Zur Erzielung gleichmäßiger Wasserströmung sind Saug- und Druckwindkessel bei Kolbenpumpen vorzusehen. Baustoff der Rohre: Guß- oder Flußeisen oder Flußstahl. Bei Verlegung in den Erdboden (frostfrei mit etwa 1,2 m Erddeckung) werden Muffenrohre, sonst Flanschenrohre verwendet. Abdichtung der Muffen durch Weichblei und geteertem Hanf, bei Flanschen Gummi oder Gummi mit Hanfeinlage. Flußeiserne Rohre können durch Bestreichen mit Asphalt innen und außen und durch Umwicklung mit imprägnierter Jute gegen Rost geschützt werden.

Abschluß der Saugleitungen durch Saugkörbe mit Fußventil, deren Klappen bei Heißwasser aus Metall oder Hartgummi, bei Kaltwasser aus Leder oder Gummi bestehen sollen. Saughöhe höchstens 6 m, bei langen Leitungen weniger. Ansteigen der Saugleitung nach der Pumpe hin, damit sich die Luft nicht festsetzen kann. Die aus der Saugleitung hinzukommende, durch undichte Stopfbuchsen usw. eindringende Luft ist auch aus der Druckleitung zu entfernen. Sind bei annähernd wagerecht liegenden Leitungen Scheitelpunkte nicht zu umgehen, so sind diese bei Druckleitungen als Windsammler auszubilden und mit selbsttätigen Entlüftungsventilen auszurüsten.

In den Fig. 13 bis 15 sind Anordnungen der Windkessel wiedergegeben. Einschaltung nach Fig. 13 ist nahezu wirkungslos, am besten ist Bauart nach Fig. 15.

Die Absperrvorrichtungen sollen bei Saugleitungen zur Verringerung des Druckflußwiderstandes als Schieber, können bei den Druckleitungen auch als Ventile ausgeführt werden. In beiden Fällen Rotgußspindeln und Rotgußventile.

Bei Warmwasserheizungen für Wärme-Ferntransport sind bei Temperaturen über 50° in erster Linie für die Vorlaufleitung Kupferrohre zu empfehlen, da schmiedeeiserne Rohre auch bei guter Verzinkung innen und außen nach einiger Betriebszeit Pockenherde zeigen, durch die zuletzt die Wandung durchfressen wird. Auch setzt sich in schmiedeeisernen Leitungen schon bei 50 bis 60° Wasserwärme Kesselstein ab. Bei Verwendung gußeiserner Rohre, die sich ebenfalls bewähren, ist Ermöglichung der Ausdehnung — zweckmäßig durch Metallschläuche — besonders zu beachten.

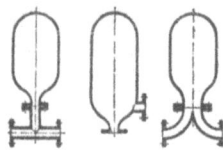

Fig. 13—15. Windkessel-Anordnungen.

Fortleitung des mit 35 bis 40° ablaufenden Kühlwassers der Kondensation bei dessen Ausnutzung als Warmwasser erfordert in den Erdboden verlegte, innen und außen asphaltierte Muffenrohre mit Bleidichtung oder auch schmiedeeiserne Rohre, mit Wärmeschutzhülle umgeben und in Ton- oder Zementrohre gelegt. Temperaturverlust etwa 2° C pro km. Über Zerstörung von in der Erde liegenden Rohren s. Z. 1912, S. 443.

Turbinenrohrleitungen treten an die Stelle offener Kanäle bei Gefällen von mehr als etwa 12 m. Ausführung in Gußeisen für Durchmesser bis etwa 750 mm und mäßig hohe Gefälle, sonst genietete oder geschweißte Rohre aus Flußeisen oder Flußstahl. Flanschen aus Stahlguß, Dichtung durch Kautschuk oder Gummi, oder Verbindung ohne Flanschen durch Vernieten. Da die Wassertemperatur zwischen 0° und 20° schwankt, so sind Längenänderungen durch Lagerung auf Rollen zu ermöglichen. Abstand der Unterstützungspunkte etwa 4 m. Festpunkte der Leitung an der Turbine und am Wasserschloß; hier, wo der Druck am geringsten, ist bei geraden Leitungen eine Ausgleichvorrichtung — Wellrohr oder Stopfbuchse — vorzusehen. Teile der letzteren, die mit der Packung in Berührung kommen, sind aus Bronze herzustellen, um Festrosten und Anhaften der Packung zu verhindern. Paßstück am Spiralgehäuse zweckmäßig aus Kupfer, um leicht in die richtige Lage gebracht zu werden. Längere Leitungen sind zum Schutz gegen Temperaturschwankungen durch Sonnenbestrahlung zu überdachen.

Um Einfrieren zu vermeiden, ist bei starker Kälte auch während des Betriebsstillstandes ständig Wasser abzulassen.

Absperrung durch Schieber oder Drosselklappen, erstere mit Räderübersetzung für das Öffnen. Dieses wird erleichtert, wenn bei geschlossenem Leitrad zunächst nur wenig und erst voll geöffnet wird, wenn vor und hinter dem Schieber Druckausgleich eingetreten ist. Umführungsleitungen haben nur dann Zweck, wenn der Regler in die höchste Lage — geschlossenem Leitrad entsprechend — gebracht werden kann.

Zur Milderung der in der Druckleitung bei plötzlichen (durch Reglereingriff herbeigeführten) Änderungen der Leitradquerschnitte entstehenden Stoßwirkungen dienen „Nebenauslässe", die mit dem Geschwindigkeitsregler gekuppelt sind. Im Beharrungszustand ist der Nebenauslaß geschlossen; greift der Regler ein, so wird der Nebenauslaß um einen bestimmten, dem veränderten Leitradquerschnitt genau entsprechenden Betrag geöffnet, worauf er mit langer Schlußzeit schließt.

Gleichem Zweck dienen auch möglichst masselose, federbelastete Sicherheitsventile. Um Steigerung der Rohrgeschwindigkeit zu vermeiden, darf der Ventilquerschnitt nicht mehr Wasser als die Turbine durchlassen. In neueren Anlagen sind die Sicherheitsventile allgemein durch Nebenauslässe ersetzt.

d) Rohrleitungen der Gasmaschinen.

Geschwindigkeiten, bezogen auf das sekundliche Hubvolumen $\frac{O\,c}{u}$:

$u_l = 15$ bis 25 m/sek im Luftansaugerohr,
$u_g = 20$ bis 25 sek im Gaszuführungsrohr,
$u_a = 30$ bis 40 m/sek im Auspuffrohr.

Ist also beispielsweise das Mischungsverhältnis Luft zu Gas gleich $1{,}3:1 = m$, so hat die Luftleitung

$$\frac{m}{m+1} \cdot \frac{O\,c}{u_g} = 0{,}565 \cdot \frac{O\,c}{u_g},$$

die Gasleitung

$$\frac{1}{m+1} \cdot \frac{O\,c}{u_l} = 0{,}435 \, \frac{O\,c}{u_l}$$

zu fördern.

Baustoff der Rohrleitungen: bis 3″ Flußeisen, sonst Gußeisen.

Dichtung: Asbest für Auspuff-, Pappe für Gas- und Luftleitungen, Gummi für Wasserleitungen.

Das Ansauggeräusch wird durch Einschaltung von Saugtöpfen, deren Rauminhalt gleich dem vier- bis fünffachen Hubvolumen gewählt wird, oder dadurch gedämpft, daß das Ende des Saugrohrs mit engen Schlitzen versehen ist, durch welche die Luft zuströmt. Bei kleineren Maschinen genügt zur Schalldämpfung die Entnahme der Luft aus dem Rahmengestell. Luftentnahme aus dem Maschinenhaus bewirkt erwünschte Lüftung und Lufterneuerung; aus dem Freien angesaugte Luft gibt infolge der niedrigen Temperatur größere Leistung. Gasleitungen im Freien sind zum Schutz gegen Einfrieren zu isolieren. Anlagen der Gasleitung mit Gefälle nach dem Saugtopf hin, um Wassersäcke zu verhindern.

In die Auspuffleitung, die mit Rücksicht auf Feuersgefahr mindestens 300 mm Abstand von Holzteilen haben soll, werden zur Schalldämpfung Auspufftöpfe eingeschaltet, die mindestens sechs- bis achtmal Hubraum fassen sollen. Ausrüstung des Auspufftopfes mit Schlamm- und Wasserablaßhahn. Bei größeren Anlagen gelangen statt der Auspufftöpfe auch gemauerte Schallräume zur Anwendung. Ausführung der Auspuffleitung stets in Gußeisen, da flußeiserne Rohre durch die bei der Verbrennung entstehende schweflige Säure angefressen werden. Verlegung der Auspuffleitung in zugängliche Kanäle und Lagerung des an tiefster Stelle angeordneten Auspufftopfes auf Rollen, um Ausdehnung zu ermöglichen. Bei größeren Hochdruckölmaschinen sind zum gleichen Zweck elastische Rohrstücke aus Flußeisen einzuschalten.

Liegen Auspuffleitungen dicht neben Gaszuleitungen, so wird nach einiger Betriebszeit das Frischgas erwärmt, und die Maschinenleistung nimmt ab.

Die Teerölleitungen der Dieselmaschinen sind aus Stahl, nie aus Kupfer herzustellen, da dieses vom Teeröl angegriffen wird. Ebenso sind die unter hohem Druck stehenden Anlaßleitungen und Druckleitungen der Luftpumpe aus Stahl; die sonstigen Leitungen bestehen meist aus Gasrohr.

Leitungen der Großgasmaschinen. Ansaugen der Verbrennungsluft durch gemauerte Kanäle, in die die zu den Maschinen führenden gußeisernen Saugrohre münden. Mittlere Luftgeschwindigkeit, auf sekundliches Hubvolumen bezogen, etwa 20 m/sek. Die außerhalb des Maschinenhauses liegende, aus flußeisernen Rohren bestehende Hauptgasleitung wird mit Klappen ausgerüstet, durch deren Öffnung die Leitung vor der Reinigung rasch geleert und entlüftet werden kann. Vor den Maschinen erweitern sich die Rohre zu Gassammlern, die mit Entwässerungsvorrichtungen und Entlüftungsleitung versehen sind. Mittlere Gasgeschwindigkeit etwa 20 bis 25 m/sek.

Auspuffleitung. Ausführung in starkwandigem Gußeisen. Aufstellung von Auspuffkesseln unmittelbar hinter den Zylindern verhütet das Zurückschwingen der Abgase in den Zylinder. Schalldämpfung wird durch Mündung der Auspuffrohre in einen geräumigen, gemauerten Kanal erreicht, von dem aus die Abgase durch einzelne Rohre ins Freie treten. Mitunter auch Ausgleich der Druckstöße im Auspuffrohr durch Wasserverdrängung.

Münden die Auspuffleitungen mehrerer Maschinen in einen gemeinsamen Auspuffkanal, so treten bei Stillstand einer Maschine die Abgase durch das bei einer Tandemmaschine geöffnete Auspuffventil in das Zylinderinnere, so daß die Kolbenlauffläche unter Umständen Rost ansetzt. Um dies zu vermeiden, wird in den Auspuffstrang ein Schieber eingebaut.

Die Auspuffleitungen müssen zur Ermöglichung der Ausdehnung entsprechend verlegt werden, der Auspuffkessel ist mit Rollen auf Schienen zu lagern.

Elektrische Leitungen.

Bearbeitet von Oberingenieur Karl Meller, Siemensstadt.

a) Material.

Für Kraft- und Lichtleitungen kommen Kupfer, Aluminium, Zink und Eisen als Leitermaterial in Frage. Von den genannten Metallen bietet Kupfer dem Stromdurchgang den geringsten Widerstand und findet deshalb am meisten Verwendung. Aluminium ist zwar billiger als Kupfer, jedoch ein schlechterer Leiter und läßt sich nicht in so leichter und einwandfreier Weise löten. Zink, das noch schlechter leitet, wird außerdem leicht brüchig, daher kommt dieses Material nur noch für Manteldrähte mit Zinkmantel als Null-Leiter in Betracht. Eisen wird heute nur für Erdleitungen verwendet.

An Isoliermaterial seien Gummi, Jute, Hanf, Papiergarn, Leinengarn, Baumwolle, Seide, Leinöl und die verschiedensten Harze, wie Asphalt, Bitumen usw., genannt.

Für Kabelarmierung kommen Eisen und Blei in Frage.

b) Leitungsarten.

a) Blanke Leitungen werden bei kleineren Querschnitten massiv, bei größeren verseilt ausgeführt. Sie kommen zur Anwendung für Freileitungen und neben säurefest isolierten Leitungen für Verlegung in Akkumulatorenräumen und chemischen Fabriken.

b) Isolierte Leitungen. Der Verband deutscher Elektrotechniker hat besondere Normalien für den Aufbau isolierter Leitungen herausgegeben und Typenbezeichnungen festgelegt.

1. Für feste Verlegung kommen folgende Drahtsorten in Betracht:

Type NGA — Gummiisolierte Leitungen
CSW — Papierisolierte Leitungen
Type NRA — Rohrdrähte,
NPA — Panzeradern

Bei diesen Grundtypen gibt es noch folgende Spielarten:

Type NGAW — mit wetterfester und säurebeständiger Imprägnierung
NGAU — mit Asbestfädenumklöppelung
Type NSGA für Spannungen von 2000 bis 25 000 Volt mit Sonderisolation
NARZ — Rohrdrähte mit Zinkmantel
NRAM — Rohrdrähte mit Messingmantel.

2. Bewegliche Leitungen. Für ortveränderliche Stromverbraucher kommen biegsame Leitungen in Frage. Biegsame Leitungen erhalten immer vieldrähtige verseilte Leiter. Im übrigen ist der Aufbau der biegsamen Leitungen fast derselbe wie der der beweglichen Leitungen.

Type NGAB — biegsame Gummiaderleitungen
NGAZ — Bogenlampenleitungen
NSA — Gummiaderschnüre
NFA — Fassungsadern
Type NPL — Pendelschnüre
NHH — leichte Anschlußleitungen
NWK — Werkstattschnüre
NPAF — biegsame Panzeradern

Daneben sind gebräuchlich:

Type NGAF — besonders biegsame Gummiaderleitungen
NGAT — Bogenlampenleitungen mit Tragseil
NHK — leichte Anschlußleitungen mit Hanfkordelumklöppelung
NHU — leichte Anschlußleitungen mit Asbestumklöppelung
NSE — Spezialanschlußleitungen, von Eisendrahtspirale umgeben
NHSGE — Hochspannungsschnüre bis 1000 Volt.

c) Kabel.

In der Starkstromtechnik sind zu unterscheiden: Einleiter-, Mehrleiterkabel, konzentrische und verseilte Kabel. Einleiterkabel kommen für Gleichstrom, Zwei-, Drei- und Mehrleiterkabel für Wechselstrom zur Verwendung. Ausnahmsweise kommen für Wechselstrom auch Einleiterkabel zur Verlegung, z. B. als Verbindungsleitung zwischen Anlasser und Rotor bei einem Drehstrommotor. Alsdann ist darauf zu achten, daß Kabel ohne Eisenarmierung gewählt werden (vgl. § 21h der Errichtungsvorschriften des V. d. E.). Konzentrische Kabel sind unvorteilhaft in fabrikationstechnischer und elektrischer Hinsicht; es werden daher heute nur noch verseilte Kabel hergestellt.

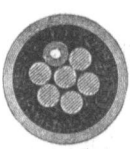

Fig. 1. Blankes Einleiterkabel.

Nach den Normalien des V. d. E. unterscheidet man folgende Typen:
Type KB — blanke Bleikabel, Fig. 1,
KA — asphaltierte Bleikabel, Fig. 2,
KBA — armierte, asphaltierte Bleikabel, Fig. 3.

Diese Kabel tragen den Namen Bleikabel, weil sie einen Schutzmantel aus Blei erhalten, um Feuchtigkeit von der Isolation fernzuhalten.

Der Aufbau der Type KB ist folgender:

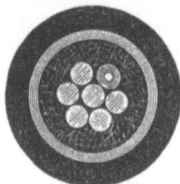

Der Kupferleiter ist bei Querschnitten von mehr als 10 mm² aus mehreren Drähten zusammengesetzt. Für kleinere Querschnitte wird er meist massiv aus nur einem Draht hergestellt. Querschnittsformen der Leiter: rund-, segment- und sektorförmig. Die Isolierschicht, die den Kupferleiter umgibt, besteht meist aus mit Masse getränktem Papier. Ihre Stärke ist abhängig von der Betriebsspannung. Nach erfolgter Einzelisolation werden die isolierten Leiter seilartig zusammengedreht und die Zwischenräume zur Erzielung einer zylindrischen Außengestalt unter Benutzung von Einlauffäden ausgefüllt. Alsdann werden die Leiter gemeinsam isoliert. Für Kabel bis 15 000 Volt können auch sog. Prüfdrähte eingefügt werden. Prüfdrähte dienen als Meßdrähte, für Relaisbetätigung usw.

Fig. 2. Asphaltiertes Einleiterkabel.

Die Type KA erhält noch eine Schutzhülle gegen äußere chemische und mechanische Beschädigungen. Diese besteht meist aus einer getränkten Papierschicht und einer asphaltierten Juteschicht.

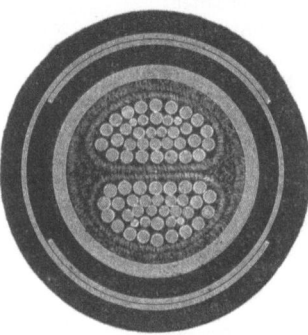

Die Type KBA ist durch eine Armatur aus doppeltem Bandeisen in besonderem Maße gegen äußere mechanische Beschädigungen geschützt. Gewöhnlich werden beide Eisenbänder mit gleichem Drall in offenen Spiralen derart um das Kabel gewickelt, daß die obere Bandeisenspirale die offenen Zwischenräume der unteren deckt. Rostschutz der Eisenbänder wird durch asphaltierte Juteumkleidung bewirkt.

Außer diesen Hauptarten gibt es noch Sonderausführungen, z. B. Bergwerkskabel, Flußkabel usw.

Fig. 3. Armiertes, asphaltiertes Zweileiterkabel.

Auswahl der Kabeltype nach Verlegungsart. Blanke Kabel sind sehr empfindlich und erfordern besonders sorgfältige Verlegung. Verlegungsmöglichkeit: als Maschinenkabel in Kraftwerken, Anschlußkabel in elektrochemischen Anlagen usw.

Asphaltierte Bleikabel sind weniger empfindlich, erfordern jedoch auch besondere Schutzmaßnahmen gegen mechanische Beschädigung bei der Verlegung.

c) Leitungsverlegung:

a) **Blanke Leitungen** müssen auf isolierenden Leitungsträgern verlegt und gegen unbeabsichtigtes Berühren geschützt werden. Zum Befestigen dienen besondere Isolatoren aus Porzellan, Glas oder Ambroin. Der Schutz kann durch entsprechend hohe Aufhängung oder durch Anbringung von Verkleidungen (Schutzgitter) erreicht werden.

Die besten und, wenn man sämtliche Vorzüge in Betracht zieht, auch die billigsten Isolatoren, sind die Porzellanisolatoren, und zwar kommt von den verschiedenen Porzellanarten nur das Edel- oder Hartporzellan mit glasierter Oberfläche in Frage.

Glasisolatoren werden noch heute in Amerika und Frankreich in starkem Maße für Niederspannungsanlagen verwendet.

Ambroin wird aus fossilen Harzen hergestellt. In der Hauptsache werden Ambroinisolatoren bei Fahrleitungen elektrischer Bahnen als Trag- und Abspannisolatoren benutzt.

Für Freileitungen werden bei niedrigen Spannungen Stützisolatoren, bei höheren Spannungen Hängeisolatoren verwendet. Zur Verlegung von blanken Leitungen in Räumen dienen bei niedrigen Spannungen Porzellanrollen oder Porzellanklemmen, bei Hochspannung besondere Isolatoren. Beim Durchgang von Leitungen durch Wände sind Porzellandurchführungen erforderlich.

b) **Isolierte Leitungen** können auf Isolierrollen oder in Rohr verlegt werden. Die Verlegung auf Rollen ist billiger als Rohrverlegung; sie ist jedoch nur zulässig dort, wo eine Berührung der Leitungen nicht möglich ist. Die Leitung wird hierbei mit verzinntem Kupferdraht an der Rolle befestigt. Die Isolierrollen werden mit Schrauben entweder unmittelbar oder mittels besonderer Holz- bzw. Eisendübel befestigt. Sollen Isolierrollen an Eisenträgern befestigt werden, so kommen besondere Schellen zur Verwendung. An den Stellen, wo auf Rollen verlegte Leitungen um eine Mauer- oder Trägerecke geführt werden müssen, verwendet man sog. Eckrollen. Bei Leitungskreuzungen sind entsprechende Vorkehrungen entweder durch Aufschieben eines kurzen Stückchens Gummirohr oder durch Verwendung von Kreuzungsrollen zu treffen.

Leitungsschnüre (Litzen) werden auf sog. Klemmrollen verlegt. Die Litze wird an der Stelle, wo sie auf der Klemmrolle befestigt werden soll, auseinandergebogen und zwischen Ober- und Unterteil der Klemmrolle so gelegt, daß durch das Anziehen der durch die Klemmrolle hindurchgehenden Holzschraube die Isolierrolle an der Wand befestigt und gleichzeitig die Leitungsschnur sicher eingeklemmt wird.

Für Rohrverlegung kommen folgende Rohrarten in Betracht:
1. Peschelrohr (emailliertes Stahlrohr) für Verlegung unter Putz und auf Wand;
2. sog. Isolierrohr aus imprägniertem Papier mit verbleitem Eisen-, Zink- oder Messingmantel;
3. Stahlpanzerrohr (mit Isolationsschicht ausgekleidetes Stahlrohr) für Verlegung in feuchten Räumen oder im Freien, sowie in solchen Fällen, wo mechanische Beschädigungen zu befürchten sind.

Zahlentafel 1.

Wahl des Peschelrohrdurchmessers.

Lichte Weite in mm	Anzahl der einzuziehenden Leitungen			
8	1 × 1,5;			
14	3 × 1,5;	2 × 2,5;	1 × 4	
18	4 × 2,5;	3 × 4;	2 × 6	1 × 16
26	4 × 6;	3 × 10;	2 × 16	1 × 50
37	4 × 16;	3 × 35;	2 × 50;	1 × 120

Peschelrohr ist nicht biegsam, daher kann die Richtung der Leitungsführung nur unter Zuhilfenahme von entsprechenden Formstücken (Winkelstücken, T-Stücken usw.) geändert werden. Einen besonderen Vorzug bietet das Peschelrohr in den Fällen, wo es als stromführender Nulleiter verwendet werden kann, weil dadurch an Leitungen gespart und außerdem Rohr von geringerem Durchmesser verwendet werden kann.

Das unter 2. aufgeführte Isolierrohr läßt sich mittels einer besonderen Biegezange verarbeiten, jedoch sind für starke Krümmungen besondere Winkel- bzw. Bogenstücke gebräuchlich. Gegen mechanische Beschädigungen ist dieses Rohr weniger widerstandsfähig.

Stahlpanzerrohr wird wie Gasrohr verlegt.

Die unter 2. und 3. aufgeführten Rohre werden mittels besonderer Schellen befestigt.

Panzeradern können innerhalb gewisser Grenzen beliebig gekrümmt werden. Die Befestigung geschieht mittels Schellen.

Rohrdraht läßt sich mit besonderen Zangen beliebig biegen. Nur in Ausnahmefällen sind Winkelstücke erforderlich. Wie beim Peschelrohr ist der Mantel als stromführender Nulleiter verwendbar. Rohrdraht wird nur über Putz und in trockenen Räumen verlegt.

Für Leitungsverbindungen gilt allgemein: Die Drähte werden absoliert und blank geschabt, fest zusammengedreht (Würgverbindung) und verlötet. Zum Löten von Kupferleitungen eignet sich besonders gut das sog. Lötfett, in dem das für die Lötung erforderliche Zinn bereits enthalten ist. Außerdem sind Klemmverbindungen üblich, bei denen die Drähte durch Schrauben zusammengeklemmt werden.

Für blanke Leitungen, besonders für Freileitungen, haben sich Kerbverbinder bestens bewährt. Über die beiden zusammenzufügenden Leitungsenden wird eine Hülse geschoben und mittels besonderer Zange eingekerbt.

c) **Kabel.** Blanke Kabel (KB) machen, wie bereits unter II c hervorgehoben, besonders sorgfältige Verlegung nötig. Sollen Bleikabel als Erdkabel benutzt werden, so sind entsprechende Schutzmaßnahmen für den Mantel (eiserne Kabelschutzrohre oder Kabelschutzkästen aus Eisenbeton) zu treffen.

Asphaltierte Bleikabel (KA) werden bei Verlegung im Kabelgraben in Sand gebettet und mit einer Schicht Ziegelsteine abgedeckt. Sicherer ist es jedoch, auch diese Kabel in Schutzkästen einzubetten.

Auch bei Verlegung armierter asphaltierter Bleikabel (KBA) im Erdboden ist Einbetten im Sand und Abdecken durch eine besondere Schicht Ziegelsteine empfehlenswert.

Im Erdboden müssen Kabel mindestens in einer Tiefe von 60 cm, höchstens jedoch in einer Tiefe von 1 m verlegt werden. Je nach den besonderen Verhältnissen sind unter Umständen noch weitere Schutzmaßnahmen erforderlich. (Vgl. Dr. C. Bauer: „Das elektrische Kabel", Verlag Julius Springer, Berlin.)

In Maschinenräumen werden Kabel meist im offenen Kanal verlegt, der durch Riffelblech abgedeckt wird. Im Keller von Maschinenräumen legt man die Kabel in eine Kabelbrücke aus Eisen, die an der Decke des Raumes aufgehängt wird.

Für die Verbindung und den Anschluß von Kabelleitungen dienen besondere Formstücke (Kabelmuffen, Kabelendverschlüsse usw.). Nach erfolgter Verbindung werden die Formstücke mit Isoliermasse ausgegossen.

d) Berechnung der Leitungen.

Die Bemessung des Leitungsquerschnittes geschieht unter Berücksichtigung:
1. der mechanischen Festigkeit,
2. der zulässigen Erwärmung,
3. des gewählten Spannungsabfalles.

Mit Rücksicht auf mechanische Festigkeit sind gewisse Mindestquerschnitte erforderlich.

Zahlentafel 2.

Mindest-Querschnitt mit Rücksicht auf mechanische Festigkeit.

Leitungsart	mm²
An und in Beleuchtungskörpern	0,5
Pendelschnüre	0,75
Ortveränderliche Leitungen	1
Isolierte Leitungen in Rohr	1
Isolierte Leitungen auf Rollen in Abständen bis 1 m	1
Isolierte Leitungen auf Isolatoren in Abständen von 1 bis 20 m	4
Blanke Leitungen in Gebäuden sowie im Freien bis 20 m Isolatorabstand	4
Blanke Leitungen in Gebäuden sowie im Freien von 20 bis 35 m Isolatorabstand	6
Desgl. über 35 m	10
Blankes Aluminiumseil bis 35 m Isolatorabstand	10
Desgl. über 35 m	25
Erdleitungen in elektrischen Betriebsräumen	16
Erdleitungen für sonstige Zwecke	4

Laut Vorschriften des V. d. E. § 20 von 1907 ist eine Übertemperatur isolierter Leitungen bis 20° C zulässig. Bei einer Raumtemperatur von 30° C ergibt sich also eine Höchsttemperatur der Leitung von 50° C. Die gleiche Vorchrift gilt für blanke Kupferleitungen bis zu 50 mm². Blanke Leitungen mit mehr als 50 mm² Querschnitt müssen in jedem Falle so bemessen sein, daß sie durch den stärksten normal vorkommenden Betriebsstrom keine für den Dauerbetrieb oder die Umgebung gefährliche Temperatur annehmen können. Mit Rücksicht darauf, daß die üblichen Schmelzsicherungen etwa das $1\frac{1}{4}$ fache ihres Nennwertes dauernd ertragen können, ist eine Belastung der Leitungen mit der höchstzulässigen Stromstärke dann angängig, wenn genau einstellbare Selbstschalter eingebaut sind. Bei Einbau von Sicherungen ermäßigt sich die zulässige Stromstärke entsprechend. Die in Zahlentafel 3 (Spalte 2) aufgeführten Stromstärken gelten daher für Einbau von Selbstschaltern, die der Spalte 3 für Einbau von Sicherungen.

Die Belastungstafeln für Kabel 3 bis 8 sind unter Berücksichtigung einer zulässigen Übertemperatur von 25° C und einer Verlegungstiefe von 70 cm aufgestellt. Die angegebenen Stromstärken sind nur zulässig, wenn Selbstschalter eingebaut werden. Bei Verwendung von Schmelzsicherungen sind höchstens 70 bis 80 vH der angegebenen Belastungen zulässig.

Besonders zu beachten ist, daß Kabel, die in Kanälen, auf Kabelbrücken oder an Wänden verlegt werden, nur mit 75 vH der angegebenen Werte belastet werden dürfen. Ebenso dürfen Kabel nur mit 75 vH belastet werden, wenn mehr als zwei Kabel im gleichen Graben liegen. Gesondert verlegte Mittelleiter bleiben hierbei unberücksichtigt.

Bei stark und schnell wechselnder Belastung (Förderanlagen, Walzwerke usw.) ist der quadratische Mittelwert an Hand des Stromdiagrammes zu ermitteln und hierfür der nötige Querschnitt zu bestimmen. Eine Querschnittsbestimmung unter Zugrundelegung der Spitzenstromstärke würde einen unnötig großen Querschnitt ergeben.

Unter Spannungsabfall ist der Unterschied der Spannung, gemessen an den Sammelschienen und den Stromverbrauchern, zu verstehen. Dieser Spannungsabfall wird durch den Leitungswiderstand hervorgerufen.

Falls eine besondere Spannungsregelung nicht vorgesehen ist, wählt man den zuzulassenden Spannungsabfall auf Grund folgender Erfahrungswerte:
1. für reine Motorstromkreise 5 bis 10 vH,
2. für reine Beleuchtungsstromkreise 2 bis 2,5 vH,
3. für gemischte Stromkreise, je nachdem, ob die eine oder andere Verbrauchsart überwiegt, 2 bis 3 vH.

Zahlentafel 3.

Isolierte Kupferleitungen und nicht unterirdisch verlegte Kabel.

Querschnitt in mm²	Höchstzulässige Stromstärke in Amp.	Nennstromstärke für entsprechende Abschmelzsicherung in Amp.
0,75	9	6
1	11	6
1,5	14	10
2,5	20	15
4	25	20
6	31	25
10	43	35
16	75	60
25	100	80
35	125	100
50	160	125
70	200	160
95	240	190
120	280	225
150	325	260
185	380	300
240	450	360
310	540	430
400	640	500
500	760	600
625	880	700
800	1050	850
1000	1250	1000

Zahlentafel 4.

Im Erdboden verlegte Einleiterkabel für Gleichstrom bis 7000 Volt.

Querschnitt in mm²	Stromstärke in Amp.	Querschnitt in mm²	Stromstärke in Amp.
1	24	95	385
1,5	31	120	450
2,5	41	150	510
4	55	185	575
6	70	240	670
10	95	310	785
16	130	400	910
25	170	500	1035
35	210	625	1190
50	260	800	1380
70	320	1000	1585

Zahlentafel 5.

Im Erdboden verlegte verseilte Zweileiterkabel für Spannungen bis 3000 Volt.

mm²	Amp.	mm²	Amp.
4	42	95	275
6	53	120	315
10	70	150	360
16	95	185	405
25	125	240	470
35	150	310	545
50	190	400	635
70	230		

Zahlentafel 6.

Im Erdboden verlegte verseilte Zweileiterkabel für Spannungen von mehr als 3000 bis 10000 Volt.

mm²	Amp.	mm²	Amp.
10	65	70	215
16	90	95	255
25	115	120	290
35	140	150	335
50	175	185	380

Zahlentafel 7.

Im Erdboden verlegte verseilte Dreileiterkabel für Spannungen bis 3000 Volt.

mm²	Amp.	mm²	Amp.
4	37	95	240
6	47	120	280
10	65	150	315
16	85	185	360
25	110	240	420
35	135	310	490
50	165	400	570
70	200		

Zahlentafel 8.

Im Erdboden verlegte verseilte Dreileiterkabel für Spannungen von mehr als 3000 bis 10000 Volt.

mm²	Amp.	mm²	Amp.
10	60	70	190
16	80	95	225
25	105	120	260
35	125	150	300
50	155	185	340

Bei hohen Strompreisen und hohen Spannungen gelten die unteren, bei niedrigen Strompreisen und niedrigen Spannungen die oberen Werte.

Die Querschnitte einfacher offener Leitungen werden nach folgenden Formeln berechnet:

1. Gleichstrom-Zweileiter

$$q_{g2} = \frac{l \cdot W \cdot 200}{E^2 \cdot p \cdot k}.$$

2. Gleichstrom-Dreileiter

$$q_{g3} = \frac{l \cdot W \cdot 50}{E^2 \cdot p \cdot k}.$$

3. Einphasenstrom

$$q_\infty = \frac{l \cdot W \cdot 200}{E^2 \cdot p \cdot k}.$$

4. Drehstrom-Dreieckschaltung

$$q_\triangle = \frac{l \cdot W \cdot 100}{E^2 \cdot p \cdot k}.$$

5. Drehstrom-Sternschaltung mit Nulleiter

$$q_\curlyvee = \frac{l \cdot W \cdot 100}{3 \, E^2 \cdot p \cdot k}.$$

Darin bedeutet:

> $W =$ Energiebedarf in Watt,
> $E =$ Spannung in Volt,
> $l =$ einfache Leitungslänge in m,
> $p =$ Spannungsabfall in vH,
> $k =$ Leitfähigkeit (für Kupfer etwa 56,2),
> (für Aluminium etwa 32,7),
> (für Zink etwa 16),
> (für Eisen etwa 7),
> $q =$ Leitungsquerschnitt in mm^2.

Folglich verhalten sich bei gleicher Leistung und gleicher Spannung:

$$q_{g2} : q_\infty : q_\angle : q_{g3} : q_\curlywedge = 6 : 6 : 3 : 1{,}5 : 1,$$

und ferner:

q Kupfer : q Aluminium : q Zink : q Eisen $= 1 : 1{,}7 : 3{,}5 : 8$.

Über die Berechnung von Verteilungsnetzen und Fernleitungen siehe: „Die elektrische Kraftübertragung", Kyser, Bd. II, und „Die Berechnung elektrischer Leitungsnetze in Theorie und Praxis, Herzog-Feldmann", beide Verlag Julius Springer, Berlin.

Wirkungsgrad von Fabrikanlagen mit elektrischem Antrieb.

Bearbeitet von Oberingenieur Karl Meller, Siemensstadt.

Während der elektrischen Energieübertragung und dem Wirkungsgrad der Maschinen in der Zentrale weitestgehende Aufmerksamkeit zugewandt wird und seit Jahren das Bestreben besteht, z. B. den Wirkungsgrad der dampftechnischen und elektrischen Anlagen auf das höchstmögliche Maß heraufzubringen, ist bis jetzt dem Wirkungsgrad der Anlagen in den Betrieben so gut wie keine Beachtung geschenkt worden. Es handelt sich hierbei um alle diejenigen industriellen Betriebe, bei denen die erzeugte oder zugeführte Energie auf eine größere Anzahl von Arbeitsmaschinen von oft nur geringer Leistung verteilt wird. Die geringe Beachtung des Wirkungsgrades solcher Anlagen findet ihre Erklärung darin, daß vor dem Kriege genügend Brennstoff zu verhältnismäßig billigem Preise zur Verfügung stand, so daß fast nur dem mit den Arbeitsmaschinen hergestellten Produkt die gesamte Aufmerksamkeit zugewandt wurde. Hierzu kam noch, daß die an und für sich geringe Energiemenge, die für die einzelnen Arbeitsmaschinen gebraucht wurde, sich nicht immer leicht feststellen ließ, so daß es oft nicht leicht gewesen wäre, den Wirkungsgrad einer solchen Verteilungsanlage zu bestimmen und dauernd zu überwachen.

Infolge der vollständig geänderten wirtschaftlichen Lage muß aber nunmehr diesem Gebiet eine erhöhte Aufmerksamkeit zugewandt werden.

a) Zeitlicher Wirkungsgrad.

Es erscheint angebracht, in eindeutiger Weise den Begriff des Wirkungsgrades zu erklären und festzulegen. Allgemein wird der Wirkungsgrad ermittelt aus dem Wert:

$$\eta = \frac{\text{abgegebene Leistung}}{\text{aufgenommene Leistung}}.$$

Gewöhnlich wird dieser Wert auf einen jeweiligen, augenblicklichen Zustand bezogen. Bei der Bestimmung des Wirkungsgrades einer Anlage ist es aber nicht richtig, nur diese augenblicklichen Wirkungsgrade zu ermitteln, da sich hierbei meistens viel zu hohe Werte ergeben. Vielmehr muß der zeitliche Wirkungsgrad berücksichtigt werden, d. h. ein Wirkungsgrad, der für einen möglichst langen Zeitraum gilt, denn auf diese Weise ist es nur möglich, die jeweiligen Leerlaufverluste richtig zu berücksichtigen. Sind z. B. an eine Transmission 10 Arbeitsmaschinen angeschlossen, so werden die Leerlaufverluste prozentual höher in Erscheinung treten, wenn die angetriebenen Maschinen am Tage nur zeitweise arbeiten, als wenn die Arbeitsmaschinen während der ganzen Arbeitszeit ununterbrochen belastet werden. Der augenblickliche Wirkungsgrad würde also bei aussetzendem Betrieb höher ausfallen als der zeitliche Wirkungsgrad, der die Leerlaufverluste in den Arbeitspausen berücksichtigt. Da nun bei den meisten Arbeitsmaschinen mit Unterbrechungen im Betrieb zu rechnen ist, so muß bei der Bestimmung des Wirkungsgrades auf diese Verhältnisse Rücksicht genommen werden.

Der allgemeinen Betrachtung werde eine Fabrikanlage zugrundegelegt, der die Energie auf elektrischem Wege zugeführt wird und in der teils Einzelantrieb,

864 Wirkungsgrad von Fabrikanlagen mit elektrischem Antrieb.

teils Gruppenantrieb vorhanden ist. Den gesamten Wirkungsgrad einer solchen Anlage zeigt schematisch Fig. 1. Die in der Kohle enthaltene Wärmeenergie, die mit 100 vH angenommen wird, soll in einer Dampfturbine in mechanische und in einem Generator in elektrische Energie umgewandelt werden. Diese Energie wird dann in dem Transformator auf höhere Spannung gebracht, durch die elektrische Leitung verteilt, in der Werkstatt selbst durch den Transformator wieder erniedrigt und steht dann für die Verteilung zum Antrieb der Arbeitsmaschinen zur Verfügung. Infolge der schlechten thermischen Umwandlung und der Verluste sind bei den jetzt gebräuchlichen Kraftanlagen im Mittel höchstens 10 vH der Wärmeeinheiten der Kohle ausgenutzt, die in den Fabrik-

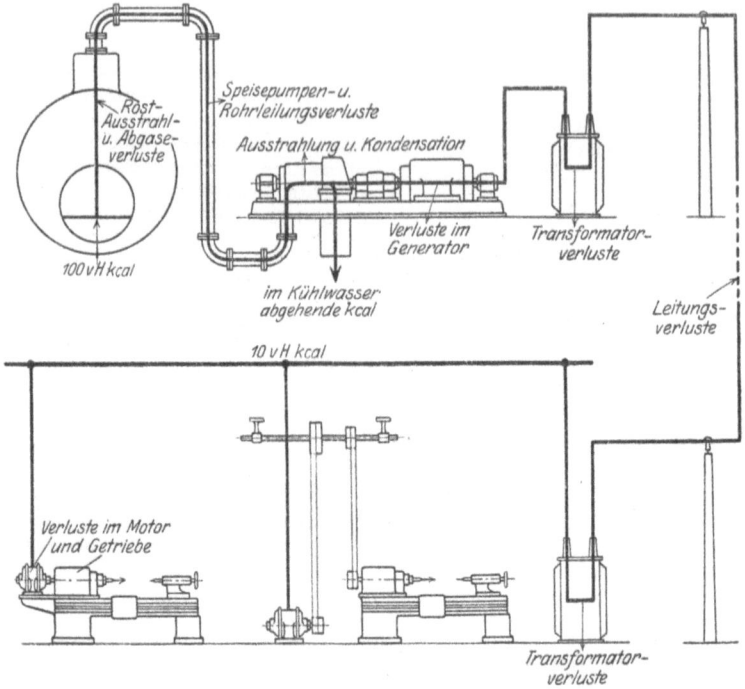

Fig. 1. Schematische Darstellung der Energieleitung.

anlagen zum Antrieb der Arbeitsmaschinen zur Verfügung stehen. Beträgt nun der Wirkungsgrad der Werkstätten beispielsweise 80, 60, 40 und 20 vH, so sinkt der Gesamtwirkungsgrad von 10 vH auf 8, 6, 4 und 2 vH. Wo es erreichbar ist, muß alles versucht werden, um den Wirkungsgrad der Fabrikanlage so hoch wie möglich zu bringen. Der Wirkungsgrad kann in der Weise ermittelt werden, daß die für eine Übertragung in Betracht kommenden Verluste festzustellen sind, indem man diese Werte von der gemessenen aufgenommenen Energie abzieht und die nutzbare Leistung bestimmt wird. Das Verhältnis zwischen dieser ermittelten Nutzleistung und der zugeführten Leistung wird dann dem Wirkungsgrad entsprechen. Auf diesem Wege wurde versucht, bei einer größeren Zahl von Transmissionsantrieben den Wirkungsgrad festzustellen.

Zahlentafel 1 zeigt die an 10 Transmissionen ermittelten Werte. In Spalte 1 ist die Nummer der Transmission, in Spalte 2 die Länge derselben angegeben. Auf die sonstigen Angaben, z. B. Zahl der Lager, Abmessungen der Welle und

Drehzahl, wurde verzichtet, da hier in erster Linie die Endergebnisse interessieren. Spalte 3 gibt an, wieviele Werkzeugmaschinen insgesamt an die Transmission angeschlossen waren, Spalte 4, wieviele Werkzeugmaschinen sich während der Messung im Betrieb befanden. Spalte 5 gibt den gemessenen Energiebedarf wieder, und zwar wurden gemessen

a) der Energiebedarf des leerlaufenden Motors,
b) der Energiebedarf des Motors mit leerlaufender Transmission,
c) der Energiebedarf des Motors bei leerlaufender Transmission und leerlaufenden Arbeitsmaschinen,
d) die mittlere Energieaufnahme des Motors während des Betriebes.

Werden von letztgenannten Werten die gesamten Leerlaufverluste abgezogen, so würde sich auf diese Weise die nutzbar abgegebene Leistung errechnen lassen. Der unter Berücksichtigung der zugeführten Leistung und dieser Nutzleistung errechnete Wirkungsgrad ist in die nächste Spalte der Zahlentafel eingetragen. Die errechneten Werte sind aber zu günstig, da die zusätzlichen Verluste in den Übertragungen bei der betreffenden Belastung nicht berücksichtigt sind. Bei den Werten, bei denen die errechnete Nutzleistung nur einen geringen Betrag der gesamten aufgenommenen Energie darstellt, wird die Vernachlässigung der zusätzlichen Verluste einen geringeren Einfluß auf den Wirkungsgrad haben als bei den Werten, bei denen die Nutzleistung relativ höher ist.

Um aber genaue Werte für die Nutzarbeit zu erhalten, sollen die zusätzlichen Verluste noch berücksichtigt werden. Man kann dieses überschlägig errechnen, indem man die Zahl der Übertragungen und den dabei in Frage kommenden Wirkungsgrad der einzelnen Über-

Dubbel, Betriebstaschenbuch.

Zahlentafel. Wirkungsgradmessungen an Transmissionen.

Transmission Nr.	Länge d.r Transmission m	Anzahl der angeschlossenen Werkzeugmaschinen	Anzahl der arbeitenden Werkzeugmaschinen	Energiebedarf							Nutzbare Arbeit		Gesamtwirkungsgrade bei Berücksichtigung		
				Motor allein		Transmission mit Motor		Maschinen leer mit Transmission und Motor		Maschinen in Arbeit				nur der Leerlaufverluste	der zusätzlichen B-lastungsverluste (20 vH der Werte aus Spalte 6)
				kW	vH	kW	vH	kW	vH	kW	vH	kW	vH	vH
1	30	34	13	0,6	6	4,4	44	7,7	77,0	10,0	100	2,3	23,0	18,4
2	15	9	3	0,6	9	2,0	30	4,4	66,2	6,65	100	2,25	33,8	27,0
3	15	17	7	0,67	6	2,2	19,8	8,4	75,6	11,1	100	2,7	24,4	19,5
4	15	18	12	0,58	4,5	1,99	15,4	10,7	83,0	12,9	100	2,2	17,0	13,6
5	28	19	10	0,55	4,9	2,2	19,8	10,0	90,0	11,1	100	1,1	10,0	7,9
6	15	25	14	0,72	2,6	4,62	17,0	10,23	37,7	27,2	100	16,97	62,3	49,6
7	37	19	8	0,55	6,9	2,64	33,3	4,4	55,5	7,92	100	3,52	44,5	35,6
8	23	23	10	0,55	5,9	3,96	42,8	7,92	85,7	9,24	100	1,32	14,3	11,3
9	36	16	4	0,66	6,9	3,74	47,25	6,60	83,4	7,92	100	1,32	16,6	13,3
10	15	13	10	0,66	13,6	2,0	41,2	3,96	81,7	4,84	100	0,88	18,3	14,5
Im Mittel					6,63		31,0		73,5				26,4	21,07

tragungen in Rechnung setzt. Für das gewählte Beispiel dürften die zusätzlichen Verluste etwa 20 vH ausmachen insofern, als von der nach Abzug der Leerlaufverluste ermittelten Arbeit auf dem Wege über die Übertragungen noch 20 vH verloren gehen. Für den besten Wirkungsgrad der Transmission Nr. 6 würde demnach die nutzbar abgegebene Leistung nicht mehr 16,97, sondern nur 13,56 betragen, wodurch sich der Wirkungsgrad von 62,3 auf etwa 50 vH verringern würde. Die letzte Spalte der Zahlentafel 1 gibt nunmehr den gesamten Wirkungsgrad an unter Berücksichtigung der zusätzlichen Verluste.

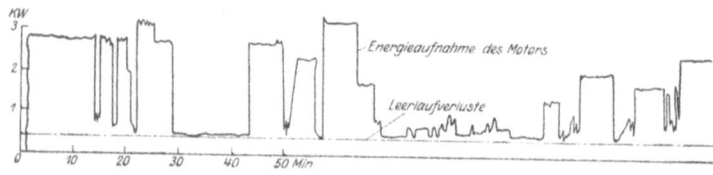

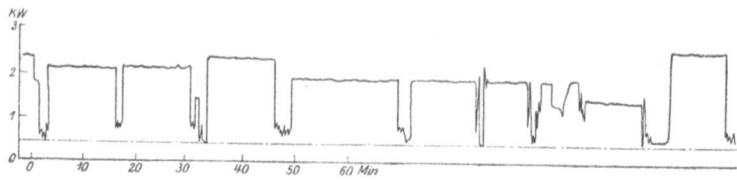

Fig. 2. Einzelantrieb einer Arbeitsmaschine mit gutem Belastungsfaktor.
Wirkungsgrad 63 vH.

Ein Vergleich der ermittelten Werte zeigt den sehr schlechten Wirkungsgrad, der in solchen Anlagen vorkommen kann. Im Mittel gehen fast 80 vH der zugeführten Energie in den Übertragungen verloren, und nur der geringe Teil von wenig über 20 vH wird als nutzbare Energie abgegeben. Wie die letzte Spalte der Zahlentafel zeigt, schwankte dabei der Wirkungsgrad der einzelnen Transmissionen zwischen dem Mindestwert von etwa 8 bis zu dem Höchstwert von etwa 50 vH. Kontrollmessungen, die an denselben Transmissionen einen Monat später vorgenommen wurden, zeigten ein Schwanken des Gesamtwirkungsgrades zwischen 10 und 55, wobei der Gesamtwirkungsgrad einen etwas besseren Wert,

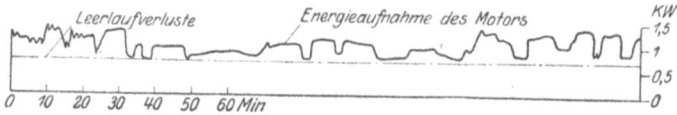

Fig. 3. Einzelantrieb einer Arbeitsmaschine mit schlechtem Belastungsfaktor.
Wirkungsgrad 24,4 vH.

nämlich etwa 26 vH, aufwies. Weitere Kontrollmessungen lassen sich in der Weise machen, daß nach Ermittlung der Leerlaufverluste ein Zähler in die Zuleitung eingeschaltet wird, mit dessen Hilfe der mittlere Energiebedarf festgestellt werden kann. Unter Berücksichtigung des mittleren Wertes der gemessenen Leerlaufverluste und des mittleren Wertes der zusätzlichen Verluste wird dann der Wirkungsgrad bestimmt. Weitere Kontrollmessungen lassen sich mit Hilfe von aufzeichnenden Instrumenten vornehmen.

Der Wirkungsgrad von einzeln angetriebenen Arbeitsmaschinen ist in ähnlicher Form wie bei Transmissionsantrieben zu ermitteln; besonders geeignet sind auch hier aufzeichnende Instrumente. Fig. 2 zeigt die aufgenommene Energie eines Einzelantriebes, bei dem sich ein guter Wirkungsgrad (63 vH) ergab. Man sieht, daß die Energieaufnahme im Verhältnis zu den Leerlaufverlusten ziemlich groß ist im Gegensatz zu den Antrieben nach Fig. 3, bei denen die Leerlaufverluste im Verhältnis zu der Gesamtenergieaufnahme erheblich größer sind und sich daher ein schlechter Wirkungsgrad (24,4 vH) ergibt. Da der Wirkungsgrad eine sehr veränderliche Größe ist, so muß danach getrachtet werden, durch entsprechende Maßnahmen einen möglichst hohen Wert zu erreichen, also alle unnötigen Übertragungsverluste zu vermeiden.

b) Elektrische und mechanische Verluste.

Bei Transmissionsantrieben ist zwischen den antreibenden Elektromotor und die Arbeitsmaschinen eine größere Anzahl Übertragungsorgane eingeschaltet.

Die Gesamtverluste einer solchen durch einen Elektromotor angetriebenen Gruppe setzen sich im wesentlichen aus folgenden Einzelverlusten zusammen: Aus den Verlusten im Motor, den Verlusten in den Zwischenübertragungen und den Verlusten in den Arbeitsmaschinen selbst.

Jeder Elektromotor besitzt einen bestimmten Wirkungsgrad, der unter sonst gleichen Verhältnissen von der Stromart und der Belastung abhängig ist.

Fast in allen Werkstätten ist entweder Gleichstrom in den üblichen Spannungen von 110 bis 440 Volt, oder Drehstrom von 110 bis 550 Volt, gegebenenfalls auch höhere Spannung über 550 Volt, gebräuchlich. Sind beide Stromarten vorhanden, so empfiehlt sich bei Transmissionsantrieben die Verwendung des asynchronen Drehstrommotors. S. S. 198. Die Drehzahl ist zweckmäßig so zu wählen, daß zwischen Transmission und Motor nur eine Riemenübertragung in Frage kommt.

Der Wirkungsgrad eines Motors ändert sich mit seiner Belastung (S. 199). Es muß daher darauf geachtet werden, daß der Motor möglichst dauernd mit seinem besten Wirkungsgrad arbeitet. Eine ganze Reihe von Messungen, die im praktischen Betriebe aufgenommen worden sind, zeigen jedoch, daß eine große Zahl der angeschlossenen Motoren viel zu gering ausgenutzt wird. Der Grund für diese ungenügende Ausnutzung der Motoren ist darin zu suchen, daß einmal befürchtet wird, einen zu kleinen Motor aufzustellen, der dann die vorkommenden Höchstbelastungen nicht aushalten würde, ferner auch, daß Umstellungen im Betriebe vorgenommen werden, durch welche die vielleicht im Anfang richtig belasteten Motoren nachträglich nicht genügend ausgenutzt sind. Bei Wahl des Antriebmotors wird auch meist übersehen, daß alle Motoren verbandsnormal überlastet werden können, s. S. 218. Sollte also im praktischen Betrieb hier und da eine Überlastung des Motors über seine auf dem Leistungsschild angegebene Dauerleistung eintreten, so ist dadurch immer noch keine Gefährdung des Motors vorhanden.

Die Verluste in den Zwischenübertragungen umfassen alle Übertragungsorgane zwischen der Riemenscheibe des Motors und der Antriebscheibe der Arbeitsmaschine. Fast allgemein gebräuchlich als Zwischenübertragungen sind Riemen. Die Verluste werden sich also zusammensetzen in der Hauptsache aus den Übertragungsverlusten in den Riemen und aus den Leerlaufverlusten der Transmission und der Riemengetriebe.

Über Transmissionsverluste s. S. 217.

Bei vorhandener Transmission wird naturgemäß eine Änderung schwer möglich sein. Es hat sich aber oft gezeigt, daß durch die fast überall vorkommenden Gebäudesenkungen die vielleicht zuerst richtig montierte Welle sich wesentlich verschiebt, wodurch ganz erhebliche Zusatzverluste eintreten. Es ist daher sehr zweckmäßig, den Kraftbedarf der leerlaufenden Transmission zu kontrollieren. Da die Zahl der Lager auf den Leerlaufverlust von Einfluß ist, so muß versucht werden, die Maschinen so aufzustellen, daß nicht unnötig lange Transmissionen erforderlich sind. Bereits vorhandene Maschinen, die zum Antrieb einen langen

Transmissionsstrang benötigen, deren Standort aber nicht geändert werden kann, sind in solchem Falle zweckmäßig mit Einzelantrieb zu versehen.

Was die Verluste in den Arbeitsmaschinen anbelangt, so müssen durch entsprechende Ausführung möglichst geringe Leerlauf- und Übertragungsverluste angestrebt werden. Eine wesentliche Ersparnis an Leerlaufverlusten in der Arbeitsmaschine wird man allerdings oft nur durch den Umbau einer für Transmission bestimmten Arbeitsmaschine in eine solche für Einzelantrieb erreichen können. Ein besonders gutes Beispiel hierfür bietet z. B. die Radialbohrmaschine Fig. 40 und 41, S. 219 und 220.

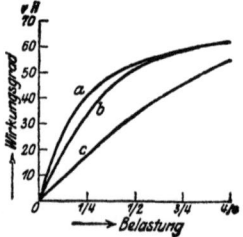

Fig. 4. Wirkungsgrad einer Arbeitsmaschine einschl. der anteiligen Verluste in der Transmission und im Motor in Abhängigkeit von der Belastung. *a* Motorwirkungsgrad bei allen Belastungen gleich. *b* Motorwirkungsgrad nimmt ab mit der Belastung. *c* Motor zu groß gewählt für die Belastung.

Wie aber bereits erwähnt, muß nicht nur der jeweilige augenblickliche Wirkungsgrad, sondern auch der zeitliche Wirkungsgrad beachtet werden, auf den der Belastungs- und Ausnutzungsfaktor der Anlage von wesentlichem Einfluß ist. Um die näheren Zusammenhänge zu ermitteln, ist in Fig. 4 der Wirkungsgrad einer Drehbank unter Berücksichtigung der Verluste im Deckenvorgelege, in der Transmission und im Motor aufgetragen. Es ist daraus zu ersehen, daß die Höhe des Wirkungsgrades von der Belastung abhängt. Die Höhe des Gesamtwirkungsgrades richtet sich naturgemäß nach der Zahl der Übertragungen und ihrem jeweiligen Zustand, ferner nach der Ausnutzung des Motors und dessen jeweiligem Wirkungsgrad. Der Verlauf der Wirkungsgradkurve bei anderen Arbeitsmaschinen wird naturgemäß allgemein einen angenähert gleichen Verlauf zeigen, wie in Fig. 4 wiedergegeben ist. Ist die Zahl der Übertragungen eine größere, dann wird an und für sich der Wirkungsgrad niedriger liegen, sind weniger Zwischenübertragungen eingeschaltet, dann entsprechend höher. Die Leerlaufverluste sind dort, wo sie infolge hoher Drehzahl, oder infolge einer großen Anzahl mitlaufender Teile verhältnismäßig bedeutend sind, insofern von Einfluß, als dadurch der Wirkungsgrad bei Teilbelastung schneller abnimmt. Dies ist ja auch leicht verständlich, da ja dann die Leerlaufverluste bei Teilbelastung relativ mehr in Erscheinung treten.

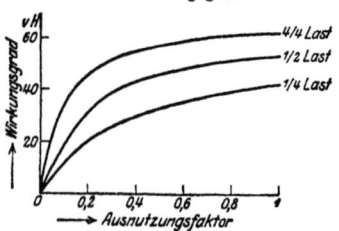

Fig. 5. Wirkungsgrad einer Arbeitsmaschine mit Transmissionsantrieb in Abhängigkeit von der Ausnutzung.

Um einen möglichst günstigen Wirkungsgrad zu erhalten, muß daher auf jeden Fall danach gestrebt werden, die Arbeitsmaschine möglichst dauernd mit ihrer höchst zulässigen Dauerleistung arbeiten zu lassen, was durch eine richtige Überwachung des Betriebes und eine richtige Verteilung der Arbeiten auf die einzelnen Arbeitsmaschinen erreicht werden kann.

Noch ungünstiger werden die Verhältnisse, wenn die Arbeitsmaschine außer einem schlechten Belastungsfaktor noch einen schlechten Ausnutzungsfaktor hat. Es werden dann die während der Arbeitspausen auftretenden zusätzlichen Leerlaufverluste den zeitlichen Wirkungsgrad ungünstig beeinflussen. Versuche haben nun gezeigt, daß tatsächlich die Ausnutzung der Arbeitsmaschinen eine sehr ungünstige ist und teilweise sogar nur mit 0,2 als Ausnutzungsfaktor gerechnet werden muß. Fig. 5 zeigt den Verlauf der Wirkungsgrade unter Berücksichtigung von $^4/_4$, $^1/_2$ und $^1/_4$ Belastung und einem Ausnutzungsfaktor von 0 bis 1. Demnach wird der Wirkungsgrad um so schlechter, je geringer der Ausnutzungsfaktor wird. Es muß daher im Betrieb unbedingt darauf geachtet werden, einen möglichst hohen Ausnutzungsfaktor zu erzielen. Auch hier wird eine weitgehende Betriebsüberwachung angezeigt sein. Vor allem muß man dafür sorgen, daß die erforderlichen Arbeitsstücke oder das zu bearbeitende Material ohne große Betriebspausen herangeschafft werden. Es müssen nötigenfalls besondere Vorrichtungen geschaffen werden, die ein schnelles Aufspannen und Ausrichten des Arbeitsstückes ermöglichen. Ferner ist es unbedingt nötig, die erforderlichen Arbeitsgeschwindigkeiten in leichter Weise und möglichst feinstufig einstellen zu können. Dort, wo die Belastungsverhältnisse eine größere Intermittenz bedingen, müssen diese Maschinen, um die Leerlaufverluste zu vermeiden, möglichst mit einem wirtschaftlichen Einzelantrieb versehen werden, ebenso diejenigen Maschinen, die in Nachtschichten allein durchlaufen müssen.

Wirkungsgrad der Einzelantriebe. In gleicher Weise wie beim Transmissionsantrieb setzen sich die Gesamtverluste eines Einzelantriebes zusammen: aus den Verlusten im Motor, in der Übertragung und in der Arbeitsmaschine selbst.

Auch bei dem Einzelantrieb ist die Auswahl des richtigen Motors von wesentlicher Bedeutung für den Gesamtwirkungsgrad. Es ist daher auch hier zu empfehlen, durch Kontrollmessungen sich über den durchschnittlichen Kraftbedarf einer Arbeitsmaschine ein Bild zu machen. Ist der Motor als zu reichlich festgestellt, so muß man versuchen, entweder eine Arbeitssteigerung auf der Arbeitsmaschine selbst herbeizuführen, oder der Motor ist zweckmäßig gegen einen kleineren auszutauschen. Bei der Ermittlung der Größe des Motors ist dann die bereits erwähnte zulässige Überlastung, vor allem aber auch die nur zeitweise Belastung der Arbeitsmaschine zu berücksichtigen. Je zahlreicher die Arbeitspausen sind, in denen sich der Motor abkühlen kann, desto höher kann der Motor während seiner Arbeitszeit belastet werden. Ist beispielsweise bei einem Motor die normale Dauerbelastung während der Arbeitszeit 10 PS, beträgt aber der Ausnutzungsfaktor der Maschine nur 0,6 bis 0,7, so kann ein Motor für eine bis zu 30 vH kleinere Arbeitsleistung gewählt werden, ohne daß er sich unzulässig erwärmt oder sonstige Beschädigungen durch Überlastungen zu erwarten sind.

Was die Stromart anbelangt, so eignet sich für kleinere Leistungen besonders der asynchrone Drehstrommotor mit Kurzschlußanker wegen seiner Billigkeit und seiner einfachen Bedienung. Vorteilhaft ist jedoch der Gleichstrommotor bei allen Antrieben, die in leichter Weise eine möglichst feinstufige Drehzahlregelung verlangen. Der Gleichstromnebenschlußmotor mit Feldregelung gestattet in verlustloser Weise eine Drehzahlregelung bis 1 : 5, allerdings wird man gewöhnlich nicht über 1 : 3 hinausgehen, da die Motoren sonst zu groß in ihren Abmessungen und zu teuer in ihrem Preise ausfallen. Ist ein größerer Regelbereich als 1 : 3 erwünscht, so hilft man sich durch Anbau von umschaltbaren Vorgelegen. Außer dem Gleichstromnebenschlußmotor läßt sich auch der Drehstromnebenschlußmotor in einfacher Weise regeln. Dieser Motor hat auch einen verhältnismäßig guten Wirkungsgrad, wenn dieser auch etwas niedriger ist als der eines gleichartigen Gleichstrommotors. Die Einführung des regelbaren Drehstrommotors in größerem Umfange ist aber vorläufig wegen seines verhältnismäßig hohen Preises nicht möglich. Wo also nur Drehstrom, z. B. von einer Überlandzentrale, zur Verfügung steht, infolge der Eigenart der Arbeitsmaschine aber doch eine größere Zahl Motoren für die Drehzahlregelung zum Antrieb verlangt wird, dort ist auf jeden Fall eine Umformung von Drehstrom in Gleichstrom empfehlenswert. Die durch die Umformung bedingten Verluste werden meist durch die Vorzüge des Einzelantriebes mittels regelbaren Gleichstrommotors voll ausgeglichen, da diese Einzelantriebe infolge einer vereinfachten Bauart einen wesentlichen günstigeren Gesamtwirkungsgrad aufweisen. Dabei wäre noch die feinere Abstufung der Arbeitsgeschwindigkeit bei Gleichstromregelmotoren zu berücksichtigen, wodurch sich die Leistung oft unter Verbesserung der Güte steigern läßt.

Wichtig ist die richtige Bemessung des Antriebmotors (zu große Motoren verschlechtern den Gesamtwirkungsgrad). Bei der Wahl des Motors ist darauf zu achten, daß sich die mechanische Ausführung möglichst der Eigenart der Maschine anpaßt. Arbeitsmaschinen, die grundsätzlich für Transmissionsantrieb eingerichtet sind, und die nachträglich und ohne besonderen Umbau für Einzelantrieb verwendet werden, bedingen meist die Anordnung von Zwischenübertragungen zwischen Motor und der eigentlichen Arbeitsmaschine, Fig. 40 und 42.

Die Form der Zwischenübertragungen kann hierbei verschieden sein. Wesentlich ist aber bei allen diesen Anordnungen die Verwendung von normalen Motoren und von normalen Arbeitsmaschinen, die in ihrer grundsätzlichen Anordnung für Transmissionsantrieb gebaut sind. Für solche Einzelantriebe gilt dann bezüglich des Wirkungsgrades für die Zwischenübertragungen und die Arbeitsmaschinen selbst sinngemäß dasselbe, was hierüber in den Abschnitten über Transmissionsantriebe gesagt worden ist.

Eine wesentliche Verbesserung des Wirkungsgrades wird aber in den meisten Fällen dann möglich sein, wenn man dem Zusammenbau von Motor und Arbeitsmaschine besondere Beachtung schenkt. Bezüglich dieses Punktes s. Ausführungen auf S. 219.

Bei vorhandenen Anlagen wird es nicht immer möglich sein, richtigen Einzelantrieb bei einem Umbau zu erzielen, da dadurch eine vollständige Änderung der Werkzeugmaschine unter Umständen bedingt sein würde. Immerhin wird man oft mit geringen Mitteln bei richtiger Erkenntnis der in Frage kommenden Faktoren einen Einzelantrieb schaffen können, bei dem sich unbedingt günstige Werte für den Wirkungsgrad werden erreichen lassen. Wesentlich ist aber auch, daß bei Neuanschaffungen und Neuaufstellung von Maschinen, wenn möglich von vornherein, auf einen zweckmäßigen Einzelantrieb hingearbeitet wird.

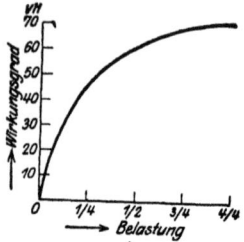

Fig. 6. Wirkungsgradkurve einer Drehbank mit technisch richtig durchgebildetem Einzelantrieb.

Der Einfluß des Belastungs- und Ausnutzungsfaktors wird sich bei Einzelantrieben von Arbeitsmaschinen wesentlich nach der Ausführung derselben richten. Der Verlauf der Wirkungsgradkurve ist von den Leerlaufverlusten und von den Übertragungsverlusten abhängig. Wie die Kurve Fig. 6 zeigt, wird der Wirkungsgrad mit der Belastung der Maschine in mehr oder weniger schnellem Maße abnehmen. Es gelten demnach bezüglich des Einflusses des Belastungsfaktors auf den Wirkungsgrad dieselben grundlegenden Bedingungen wie bei Transmissionsantrieben. Um also einen möglichst günstigen Wirkungsgrad zu erzielen, muß in erster Linie darauf geachtet werden, durch richtige Verteilung der Arbeiten auf die einzelnen Werkzeugmaschinen und durch entsprechende Betriebsüberwachung für eine richtige Ausnutzung der Arbeitsmaschine zu sorgen. Der elektrische Einzelantrieb ermöglicht in dieser Beziehung infolge der leichten Ermittlung des Energiebedarfs jeder einzelnen Arbeitsmaschine eine einfache und genaue Kontrolle der Belastung. Die in Fig. 2 und 3 wiedergegebenen Diagramme zeigen deutlich, in welcher zweckmäßigen Weise sich die Belastungen der Maschinen ermitteln lassen und geben ein anschauliches Bild über das Verhältnis der Leerlaufverluste zu der Energieaufnahme, also über den Wirkungsgrad bei höherem und bei niedrigem Belastungsfaktor. Es kann also auch beim Einzelantrieb allgemein gesagt werden:

Jede Arbeitsmaschine muß nach Möglichkeit dauernd mit ihrer höchstzulässigen Leistung beansprucht werden.

Der Ausnutzungsfaktor wird je nach der Ausführung des Einzelantriebes mehr oder weniger bei dem Wirkungsgrad eine Rolle spielen. Verwendet man eine normale Maschine und zum Antrieb einen mit gleicher Drehzahl dauernd durchlaufenden Motor, so wird man naturgemäß in den Arbeitsmaschinen, je nach der Ausführung, hohe oder niedrige Leerlaufverluste erhalten. Dementsprechend wird der zeitliche Wirkungsgrad bei abnehmendem Ausnutzungsfaktor sich entsprechend verschlechtern.

Wird jedoch der Einzelantrieb technisch richtig durchgebildet in der Weise, daß auch in kurzen Arbeitspausen der Motor abgeschaltet wird, also keine Leerlaufverluste während der Arbeitspausen auftreten, so wird der Einfluß des Ausnutzungsfaktors praktisch ausgeschaltet. Für eine gegebene Belastung kann dabei auch bei verschiedenem Ausnutzungsfaktor der Wirkungsgrad als annähernd gleichbleibend angesehen werden. Der Wirkungsgrad bei einem richtig durchgebildeten Einzelantrieb wird also unabhängig von dem Ausnutzungsfaktor.

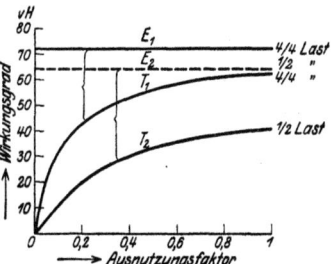

Fig. 7. Wirkungsgradkurven einer Drehbank bei Transmissionsantrieb (T_1, T_2) und bei technisch richtigem Einzelantrieb (E_1, E_2).

In Fig. 7 ist eine Gegenüberstellung der Wirkungsgrade einer Arbeitsmaschine für Transmissionsantrieb gezeigt, die sinngemäß auch für einen technisch nicht richtig durchgebildeten Antrieb gilt, und für einen richtig durchbildeten Einzelantrieb bei einer Drehbank.

Da bei jeder Arbeitsmaschine mit einem Ausnutzungsfaktor gerechnet werden muß, der kleiner ist als 1, so wird der richtig durchgebildete Einzelantrieb dem Transmissionsantrieb unter sonst gleichen Bedingungen überlegen sein. Für das gewählte Beispiel nach Fig. 7 würden bei einem Ausnutzungsfaktor von 0,4 und bei halber Last sich Wirkungsgrade von 27 und 65 vH ergeben. Es sind dies ganz wesentliche Verbesserungen, die bei der richtigen Wahl des Einzelantriebes erzielt werden können. Besonders ins Gewicht fallen wird dieser Vorteil bei den Arbeitsmaschinen, bei denen infolge ihrer Eigenart mit einem schlechten Ausnutzungsfaktor gerechnet werden muß.

Sachverzeichnis.

Abdampfleitungen 847
— -temperatur 283
Abdrehdiamanten 505
Abgasverlust 315
— -verwerter 174
Ablegebühnen für Lagerräume 835
Abmaße 543
Abnahme 343
Abreißmethode 311
Abrichten von Schleifscheiben 470, 505
Absaugen von Säuredämpfen 709
Abschneiden (Kaltsäge) 477
Abschreibung der Werkstattförderer 799
Absperrventil bei Gaserzeugern 98
Abstechen 477
Abstechstähle 482
Abwälzverfahren 476
Abwärmeverlust 261
—, -messer von Hartmann & Braun 262
—, Meßstation von Nies 262
Abwärmeverwertung 161
—, Abdampfverwertung 161, 172
—, Anzapfturbine 164
— der Gas- und Ölmaschinen 174
—, Gegendruckmaschine 162
—, Gegendruckturbine 164
—, Vakuumheizung 163
—, Wärmepumpe 177
—, Zweidruckturbine 173
—, Zwischendampfentnahme 162, 164
Adosapparat 243
Akkordarbeit 515, 518
Aktionswirkung bei Dampfturbinen 132
— — Wasserturbinen 139
Alkalität, Schwellenwert der 69
Aluminium 420
—, chemische Zusammensetzung 420
— -legierungen 420
—, mechanische Eigenschaften 420
Alundum 501
Ammoniakbestimmung im Gase 112
Anfragevordruck 623
Angebotskalkulation 614
Anhubwagen 746
—, Ladegestelle für — 747

Anlagekosten der Werkstattförderer 799
Anschlußgleis 687, 750
Anschnitt (am Schneideisen) 487
Anstellwinkel 480
Antimon 416
—, chemische Zusammensetzung 416
—, mechanische Eigenschaften 416
Antrieb der Aufzüge 769
— — Drehrost-Gaserzeuger 99
— — Hebe- u. Fördermittel 744
— — elektrischer — 744
— — Hand- 744
— — motorischer — 744
— — Transmiss. d. Aufzüge 769
Antrieb der Werkzeugmaschinen durch Stufenscheibe 439
— — — durch Einscheibe 439
— — — durch Regelmotor 440
— Einzel- 445
— Gruppen- 446
Ansaugeknaller 126
An- und Abfuhrwesen der Werkstättenbetriebe 743
Anweisungskarte 616, 617
Anzeige 533
Arbeit, elektrische 192
Arbeiter 513 u. ff.
Arbeitsfolgen 614
— s. auch Bearbeitungsfolgen.
Arbeitsgänge s. Bearbeitungsfolgen.
— -ordnung 514 u. ff.
— -verteiler 630
— -zeit 514, 516, 522
Aschenbestimmung 106
— bei Kohlen 230
Aschespülanlagen 815
Aspirator für Rauchgase 253
Asynchroner Drehstrommotor 198
— —, allgemeine Eigenschaften 198
— —, Anlassen 200
— —, Drehzahlregelung 201
— —, Kaskadenschaltung 202
— —, Umsteuerung 203
— —, Wirkungsgrad 199
Aufbereitung, Sand- 824
Auflösung d. Arbeitsverhältnisses 514
Auflöten von Schnellstahlplättchen 482
Aufsteckdorne für Reibahlen 496

Aufsteckdorne für Fräser 501
— -senker 492
Aufzug 769
Aufzüge, Antriebsarten der — 769
—, Doppel- 770
—, fahr- u. lenkbare 747
—, Geschwindigkeiten der — 770
— im Werkstättenbetriebe 770
—, Lasten- 770
—, Personen- 770
—, Polizeiverordnung 769
—, Steuerung der — 769
Ausbau, innerer — 676
Ausdehnungskupplungen 720
Ausnutzungsfaktor 180, 218
Auspuff der Gas- und Ölmaschinen 126
— -knaller 126
— -leitungen 853
— -töpfe 853
Ausrichten von Werkzeugmaschinen 449
Ausrückbare Kupplungen 720
Ausschreibung 624, 625
Außenwand 641
Ausweispapiere 514
Auswerfer an Bearbeitungsvorrichtungen 595
Auswuchten von Schleifscheiben 504
Autogenschweißung 372
Automaten 463

Bahnen 750
—, Drahtseil- 797
—, Ketten- 797
—, Seil- 797
—, Seilschwebe- 797
—, Stand 750
—, Vollspur- 750
—, Wegübergänge für — 753
Balatariemen 726
Bandbremse 299
— -förderer 792
Baueisen 639
— -grundstück 692
— -grundtragfähigkeit 692
— -holz 635
— -ordnung 658
Baumwollriemen 726
— -seile 734
Bausteine 636
— -stoffe 635
Bearbeitbarkeit 349—379
Bearbeitungsfolge 630
Bearbeitungsfolgen 583
— -vorrichtungen 586

Sachverzeichnis.

Bearbeitungsvorrichtungen, Normen für — s. auch Spannelemente. 595
Bearbeitungswerkstätten, Förderung in den — 826
—, Krane in den — 828
— -zeichen 542
— -zugaben 566, 618
Becherförderer 794
Becherwerk 794
—, Pendel- 795, 813
—, raumbewegliches 795, 813
Becksche Gegendruckmaschine 162
Belastungsanzeiger 256
— -faktor 180
Befestigung von Reibahlen 496
— — Fräsern 501
— — Schleifscheiben 504
Begichtung der Kupolöfen 823
Beizen von Gußstücken 462
Bekohlungsanlagen f. Dampfkessel 813
Beleuchtung 711
—, mittlere — 711
—, Ungleichmäßigkeit der— 712
—, s. auch Fabrikbeleuchtung.
Beschäftigungsgrad 620
Beschwerden 516
Bestellwesen 622
Beton 638
Betonmauerwerk 637
— -mauerwerkfestigkeit 638, 639
— -mischung 638, 639
Betriebsberichte für Dampfmaschinenanlagen 305
— — Dieselmaschinenanlagen 306
— — Gasmaschinenanlagen 306
— — für Wasserturbinenanlagen 326
— büro 622
Betriebskontrolle der Dampfkessel 220
— — Dampfturbinen 282
— — Gaserzeuger 100
— — Kolbenkraftmaschinen 290
— — Schaltanlagen 328
— — Wasserturbinen 322
Betriebskosten 179
— der Werkstattförderer 801
— — -kontrolle 331
— — -statistik 331
— -störungen bei Dampfmaschinen 130
— — Dampfturbinen 138
— — Dieselmaschinen 126
— — Elektromotoren 209
— — Gasmaschinen 126
— — Wasserturbinen 144
— -unkosten 621
— -versuche an Dampfmaschinen 302
— — Gas- und Ölmaschinen 306
Benzin 121
Benzol 121
Bewegliche Kupplungen 720
Bewegungselemente 616
Bezugstemperatur 546
Biegefestigkeit 348

Biegefestigkeitsproben 348
— -sprüfung 348
— -swertung 348
Bilanzzusammenstellung 534
Bindemittel bei Schleifscheiben 502
Binder (Dachbinder) 650
Bindung bei Schleifscheiben 502
Blauwärme 368—384
Blei 419
—, chemische Zusammensetzung 419
— -legierungen 419
—, mechanische Eigenschaften 419
Bockkrane 784
—, Antrieb der — 785
Bohrbuchsen 595
Bohren 466
Bohrer mit geraden Nuten 490
Bohrfüße 599
— -futter, Schnellwechsel- 600
— -kästen 598
— -platten 598
— -stangen 488
— -vorrichtungen 595
Braunkohlenteeröle 122
Bremsvorrichtungen 298
—, Bandbremse 299
—, Pronyscher Zaum 298
—, Rückdruckbremse 300
—, Seilbremse 300
—, Wirbelstrombremse 300
Brenngeschwindigkeiten 9
Brennstoffe 86
—, Betriebseigenschaften 122
—, Bewertung der — f. d. Dampfkesselbetrieb 5
—, flüssige 121
—, Heizwerte der — 5
— -kosten 179
—, Leistungsfähigkeit d. — 8
—, minderwertige — 8
— -preise 230
—, Zusammensetzung der — 87
Briefabl. gekartei 525
— -ausgang 524
—, Bücher- und Paketförderung im Werke 835
— -kopf 523
Bringsystem 529
Bronzen 405
—, chemische Zusammensetzung 406
— -gefüge 410
—, mechanische Eigenschaften 405
Bruchsteinmauerwerk 638
Brustfläche 480
— -winkel 480
Bügelsäge 477
Calypsollager 724
Chuckingmaschine 463
Clausius-Rankine-Prozeß 119
Compoundmotor s. Doppelschlußmotor.
CO-Bestimmung in Rauchgasen 243
Cooperit 478
Cristolon 501
Curtisrad 132
Dach 650
— -binder 649

Dachgerüst 649
— -stuhl 650
Dampfdruckmessung 277
Dampffaß 42
— -heizung 695
Dampfkessel, Absperr- und Entleerungsvorrichtungen 59
—, -bauart, Wahl der — 1
—, -haus, Anordnung der Kessel im — 2
—, Aufbereitung des Speisewassers 61
—, Ausrüstung 57
—, Batterie- 44
—, Bauarten 42
—, Flammrohr- 45
—, Grundflächenbedarf 44
—, Heizrohr- 45
—, Leistungsfähigkeit 43
—, Manometer 60
—, Mauerwerk 35
—, Schrägrohr- 47
—, Sicherheitsventile 60
—, Speiseeinrichtungen 57
—, Steilrohr- 48
—, Wasserrohr- 46
—, Wasserstandsvorrichtungen 59
—, Wärmeverluste 74
—, Wirkungsgrad 70
Dampfkrane 756, 787
— -leitungen 839
— — bei Gaserzeugern 99
—, Abwärmeverwertung 161
Dampfmaschinen, Anordnung u. Ausführung 128
—, Betriebskontrolle 290
—, Betriebsversuche 302
—, Brennstoffausnutzung 161
—, Einfluß der Überhitzung 129
—, Kolbendichtung 131
—, Kondensation 145
—, Rückkühlung 152
—, Schmierung 129
—, Steuerung 130
—, Verbrauchszahlen 153
—, Wirkungsgrade 121, 303
Dampfmesser, Bayer- 272
—, Debro- 275
—, Gehre- 273
—, Hallwachs- 274
—, Schwimmer-, Bauart Claassen 271
—, Venturi- 276
—, Montage von — 275
Dampfstrahlsauger 149
Dampfturbinen 131
—, Abwärmeverwertung 132
—, Ausführungsart 161
—, Betrieb 134
—, Betriebseigenart 145
—, Betriebskontrolle 282
—, Betriebsstörungen 138
—, Kondensation 145
—, Regelung 133
—, Schmierung 134
—, Verbrauchszahlen 156
—, Verhalten bei veränderlichen Betriebsverhältnissen 133
—, Wirkungsgrade 131
Dampfverbrauchsmessung 287
Dauerförderer 789, 812, 813

Sachverzeichnis.

Dauerschlagfestigkeit	353	Druckfestigkeit	347
— s-proben	353	— s-proben	347
— s-prüfung	353	— s-prüfung	347
— s-wertung	353	— s-schaubild	347
Daumenkräfte	766	— s-wertung	347
Decke	647	Druckluft-Hebezeuge	767
Deckenanhänger	673	Druckmessung der Gase	112
— -belastung	648	Druckwasserantrieb der Aufzüge-	769
— -eigengewicht	647	— -hebeböcke	766
— -riemenleiter	732	— -hebeknechte	766
— -vorgelege für Werkzeugmaschinen, Anbringung	451	Druckzug, künstlicher	39
Dennstedtofen	226	Duff-Gaserzeuger	91
Diagramm, Beurteilung	317	Duffingsches Sparlager	724
—, Bestimmung des mittleren Druckes aus dem —	296	Düraluminium	422
Dichtung der Rohrleitungen 842, 847, 848, 851, 853		Edelpassungsgrad	559
Dichtungsmittel	433	Ejektroturbine	142
Differentialflaschenzüge	767	Eigenfahrt der Decken	647
DI-Normen	567, 581	Einfahröffnungen	34
Dieselmaschinen	121	Einkäufer	624
—, Abwärmeverwertung	175	Einscheibenantrieb	439
—, Ausführung und Betrieb	123	Einstichbreite beim Schleifen	468
—, Betriebsbericht	307	Einsatzhärten	398
—, Betriebskontrolle	290	Einzelantrieb	219, 445
—, Brennstoffe	121	Einzelbestellung	624
—, Brennstoffverbrauch	157, 158	Ekonomiser	54
—, Diagramme	318	Elektrische Bremse	300
—, Heizwertbestimmung der Öl3	306	Endmaße	609
—, Kühlwasserverbrauch	153	Einankerumformer	213
—, Schmieröle	128	Eindruckfestigkeit	348
—, Schmierölverbrauch	155	Einheitsbohrung	557, 564
—, Versuchsbericht	306	Einheitswelle	558, 564
—, Wirkungsgrade	121	Einleiterkabel	856
Dispositionskartei	530	Einphasen-Kollektormotor	204
Doppelaufzüge	770	— — -reihenschlußmotor	204
— -feuer-Gaserzeuger	102	—, Repulsionsmotor	205
— -schacht-Gaserzeuger	102	Eisen	387
— -schlußmotor für Gleichstrom	198	— (Baueisen)	639
— -staurohr	313	Eisenbahn-Normalprofil	751
Drahtpost	835	— -schienen	751
— -seil	735	— -chwellen	751
— -seilbahnen	797	— -wagen	753
Drehen	463	—, Standgelder für — —	754
Drehkrane	786	— -Kipper	806
—, an Werkzeugmaschinen angebaute —	830	Eisenbauwerkstätte	689
—, Einschienen-	788	— —, Förderung in der —	831
—, Endzapfen-	786	Eisenbeton	639
—, fahrbare —	787	—Stütze	647
—, freistehende —	786	Eisengebälk	657
—, — Dampf-	787	— -klinker	636
—, — elektrische —	787	— -legierungen	387
—, — Hand-	787	— -portlandzement	636, 637
—, ortsfeste	786	Elektrische Drehkrane	787
—, Schmiede-	825	— Laufkrane	777
—, Zweischienen-	787	— Tabelle der — n —	778
Drehrost-Gaserzeuger	92	Elektrische Leitungen	855
Drehscheiben	752	— —, Arten	855
Drehstrom	191	— —, Berechnung	858
— -Kollektormotor	203	— —, Bewegliche —	855
Drehstähle	481	— —, Blanke —	855
Drehstrom-Synchromotor	203	— —, Isolierte—	855, 857
Drehvorrichtungen	606	— —, Kabel	856, 858
— -zahlreihe	442	— —, Material	585
Dreieckschaltung	191	— —, Verlegung	857
Dreischiffige Hallen	673, 679	Elektrische Hubtransportwagen	749
Drempeldach	650	— Las züge; gleislo e —	749
Drosselscheibe	312	— Spille	757
		— Transportwagen	748
		— Transportwagen mit aufgebautem Dr hkran	749
		— Triebwagen; gleislose —	749

Elektrische Verschiebwinden	757
Elektrit	501
Elektrisches Schweißen, s. Schweißen.	
Elektroflaschenzüge	768, 829
Elektrohängebahnen	764, 804, 811, 813
—, Betrieb der —	765
—, Blocksicherungen der —	765
—, Fahrbahn der —	764
—, Zugdeckungen der —	765
Elektrolaufwinden	762
— -rubin	501
Elevatoren	794
Emaillieren	381
Entaschungsanlagen	814
Entkohlen	384
Entlader, Heinzelmann —	805
Entlassung	516
Entlüftungsklappe bei Gaserzeugern	98
Entmischen	383
Entstaubungsanlagen	705
— in Gießereien	708
— in Holzbearbeitungswerkstätten	706
— für Metallschleifereien	705
— mit Staubrückgewinnung	705
Erdfeuchtigkeit	640
Erinnerungsbuch	524
Erinnerungszettel	630
Erstarren	356, 359, 361
—, Schaubild für Einstoffe	360
—, Schaubild für Zweistoffe	361
Erstarrungslinie	360, 362, 363, 364
Etagenturbinen	142
Fabrikationsbüro	583, 614
Fabrikbeleuchtung	709
— mit Kunstlicht	715
— mit Tageslicht	715
—, Erforderliche Beleuchtung in Fabriken und Werkstätten	714
—, Photometrische Grundbegriffe	709
Fabrikheizung, s. Heizung.	
— -organisation	513, 520
Fachnormen	576, 581
— -werkwandholz	640
Fahr- und lenkbare Werkstättenkrane	747, 830
Faktorenflaschenzüge	767
Falltor	679
Fastur-Meßflügel für Kühlwasser	284
Fäulnis, Schutz des Holzes gegen —	635
Federmaßstab bei Diagrammen	296
Fehlmengen	530
Feinpassungsgrad	558
Feinrechen	139
Fenster	677
Fertigungsbüro s. Fabrikationsbüro.	
— -werkstätten, Förderung in den —	819
— Allg. Verkehr in den —	819
Feuchtigkeitsbestimmung bei festen Brennstoffen	106
— bei Gasen	109, 111

Sachverzeichnis. 875

Feuchtigkeitsbestimmung
  bei Kohlen   230
Feuer, Schutz des Holzes
  gegen —   635
— -brücke, Steinmüller —
  für Wanderroste   25
— -schutztür   678
— -stau   18
Feuerungen für minderwertige Brennstoffe   16
—, Gas-   31
—, Kohlenstaub-   27
—, mechanische   22
—, Öl-   29
—, Unterschub-   23
—, Wahl und Betrieb der —   9
Feuerungseinrichtungen, besondere —   15
Fernzugmesser, Maihak-   256
Fichte, Spez. Gewicht der —   635
Film   533
Findling   636
Flachbauten   661
Flächenquerschnitt   661
Flaschenzüge   767
—, Differential-   767
—, Druckluft-   768
—, Elektro-   768
—, Faktoren-   767
—, Hand-   767
—, Stirnrad-   767
Fluchtlinientafeln   615
Flügeltor   679
— -tür   678
Flüssigkeitswagen von Steinmüller   282
Förderarbeiten im Werstättenbetrieb   742
Förderer, Band-   792
—, Becher-   794
—, Dauer-   789
—, Gleislose —   744
—, Gliederband-   793
—, Gurt-   792
—, Hand-   744
—, Kratzer-   789
—, Rollen-   797
—, Saugluft-   798
—, Schaufel- f. Formsand-   824
—, Schaukel-   796
—, Schnecken-   791
—, Schwerkraft-   797
—, Werkstatt-   744
—, Werkstatt-, zeitweise (kurzzeitig) arbeitende   744
Fördergefäße für flüssiges u d heißes Gut   775
— für Schüttgüter   774
— -kosten   798
— -mittel   744
— -rinnen   790
— -rohre   792
— -system, Werkstatt-   744
—, Zeitstudien an — n   744
Förderung, Formsand-   824
—, gleislose —   744
—, senkrechte —   766
—, wagerechte —   744
—, wirtschaftliche —   742
Förderung in den Bearbeitungswerkstätten   826
— in den Fertigungswerkstätten —   819
— in den Lagerräumen   834
— in den Montagehallen   833

Förderung in der Eisenbauwerkstätte   831
— in der Gießerei   823
— in der Schmiede   825
— in der Tischlerei   821
Format, Ziegelstein-   636
Formfräser   498
— -lehren   610
— -sand-Aufbereitung   824
— -sandförderung   824
— -sand-Schaufelförderer   824
— -stähle   484
— -steine   636
Fortbildungsschule   3, 516
Frachtenbuch   530
— -kontrolle   530
Fräsdorne   501
Fräsereinlauf, Diagramm-   601
Fräser, hinterdrehte —   498
—, Nutenform-   500
—, spitzgezahnte —   498
—, Zahnteilung   500
Fräsvorrichtungen   601
Fuchskanal, Anlage des — s   35
Fülltrichter für Gaserzeuger   96
Fundamente   640
Fußbodenbelag   683
Garantiezahlen der Gasmaschinen   128
Gasanalyse   107
— -Apparate   108
—, Berichtigung der —   108
Gase, Heizwert, Luftbedarf   122, 123
Gase, technische — und ihre Zusammensetzung   80, 81
—, chemische Grundlagen der Vergasung   80
Gasheizwertbestimmung   306
— -mengenmessung   311
— -analyse   314
— -diagramme   318
Gaserzeuger   81
—, -Anordnung   98
—, Ausführungsarten der —   88
—, Betriebsüberwachung der —   106
—, Brennstoffe für —   86
—, Einzelteile der —   95
—, Gasreinigung   102
—, Messungen an — -n   106
—, Nebeneinrichtungen der —   98
—, Nebenproduktengewinnung   102
—, Stoff- und Wärmebilanz   115
—, Untersuchung der —   106
— -Versuchsnormen   113
— -Wirkungsgrad   117
Gaserzeuger mit Doppelfeuer   102
— — Doppelschacht   102
— — Drehrost   92
— — Polygonrost   89
— — Schacht   94
— — Schweloufbau   104
— — Teergewinnung   104
— — Umführung   103
— — Wasserbad   91
Gasfeuerungen   31
— -generatoren, s. Gaserzeuger.
Gasmaschinen, Abwärmeverwertung   174

Gasmaschinen-Ausführung und Betrieb   123
—, Betriebseigenart   145
—, Betriebskontrolle   290
—, Brennstoffausnutzung   161
—, Brennstoffe   122
—, Brennstoffverbrauch   157
—, Diagramme   318
—, Heizwertbestimmung   306
—, Garantiezahlen   128
—, Kühlwasserverbrauch   153
—, Schmierölverbrauch   155
—, Schmieröle   128
—, Versuchsbericht   306
—, Wirkungsgrade   119, 121
—, Betriebsbericht   308
Gasöle   122
Gasuntersuchung   107
— -volumenmesser, selbstaufzeichnende —   314
Gebälkdecken   649, 657
Gebäudeformen   653
Gebäude, Stellung der   689
— -höhe   658
Gegendruckdampfmaschine   162
—, dampfturbine   164
Gefügeprüfung   353
Genauigkeit von Werkzeugmaschinen   453
Gesamtabschluß   624
Geschlossene Motoren   207
Geschoßbauten   653
Geschwindigkeiten der Aufzüge   770
Geschwindigkeitsrad   132
Gewicht, spez. der Kiefer   635
— — Fichte   635
— — Tanne   635
Gewinde, Backen-   488
— -bohrer   488
—, Hand-   488
—, Hinterdrehen von — n   489
—, Mutter-   488
—, normale   573
—, Schneideisen-   488
Gewindeschneiden   461
—, Werkzeuge zum —   485
Gewindestahl, einfacher   485
—, federnder   486
Gewölbebelastung   648
Gießen   358
Gießerei, Förderung in der —   823
— -kran   823
Gießpfanne   776
— -trommel   776
Gleichstrom-Doppelschlußmotor   198
—, Allgemeine Eigenschaften   198
— -Anlasser   198
— Bremsen   198
— -Regelung   198
— -Umsteuerung   198
Gleichstrom-Gaserzeuger   103
Gleichstromhauptschlußmotor   196
—, Allgemeine Eigenschaften   196
—, Anlassen   197
—, Bremsen   197
—, Regelung   197
— -Umsteuerung   197
Gleichstrom-Nebenschlußmotor   193

Sachverzeichnis.

Gleichstrom-Nebenschluß-
motor, Allgemeine Eigen-
schaften 193
—, Anlassen 193
—, Bremsen 196
—, Drehzahlregelung 194
—, Umsteu rn 196
Gisholtschleifmaschine 508
Gleisanlage, vollspurige 750, 807
Gle . anschluß an die Reichs-
bahn 750
— -entfernung 751
— -kreuzungen 752
— -krümmung 751
— -Längsneigung 751
—, Schmalspur- 756
— -Spurweite 751
— -Unterbau 751
— -Verbindungen 752
Gliederbandförderer 793
Globoidgetriebe 738
Glühen 369, 385
Granit 636
Graphische Betriebsstatistik 332
Greifer 774
—, Einseil- 774
— -laufkrane 782
—, Motor- 775
—, Rundholz- 775
—, Volkenborn- 775
—, Zweiseil- 774
Grenzlehren 611
Grobpassungsgrad 560
Großwasserraumkessel 1
Grundmauer 640
— -stücksentwässerung 688
— -wasserstand 693
Gruppenantrieb 216, 445
— -sprung 443
Gummiriemen 726
— -scheiben 502
Gurtförderer 792
Gußasphalt 685
— -eisen 389
— -eisen, mechanische Ei-
genschaften 390
— -eisenbezeichnung 389
— -eisengefüge 390
Gußeiserne Stütze 642
Gütegrad 119, 121, 303
Güterwagen 754
—, amtliche Bezeichnun-
gen der — 754
— -bauarten f. industr.
Zwecke 754
—, bedeckte 755
—, Größenverhältnisse der — 755
—, Ladegewichte 754
—, Ladegewichtszeichen 754
—, offene 755
—, Radstand der — 754
—, Standgelder für — 754

Halbautomat 463
— -gas 83
Hallen, dreischiffige 673
Hallen, zweischiffige 673
Hallenbauten 672
Halssenker 493
Hanfseil 734
Handförderkarren 745
— — -wagen 745
— -hängebahnen 763

Handhebezeuge für Werk-
zeugmaschinen 829
— -laufkrane 777
— -strichsteine 636
Hängebahnen 761
— -drehscheiben 761
— -Fahrbahn 761
Hängebahnschienen 761
— -weichen 761
Hängewerk 651
Härte von Schleifscheiben 501
— von Werkzeugen 479
Härten und Anlassen 395
Härteproben 348
— -prüfung 348
— -wertung 349
Hauptlager 526, 527
— -schlußmotor 13
— — für Gleichstrom 196
— — für Drehstrom 203
Hebeknechte 766
Heb rturbinen 142
Hebewerkzeuge 766
Heilmannsche Charakteristik 169
Heinzelmann-Entlader 805
Heizung 693
—, Dampf- 695
—, Luft- 699
—, Warmwasser- 694
—, Wärmespeicherung 702
Heizwerte der Brennstoffe 5
Heizwertbestimmung 107, 109
— von Gasen und Ölen 306
—, Probeentnahmen für — 225
Heizwerttafeln 229
Heller-Generator 94
Heräusofen 226
Hildebrandt-Kupplung 721
Hintermauerungssteine 636
— -ziegel 636
Hobelstähle 485
Hochdruckdampfleitungen 839
—, Anordnung 839
—, Ausgleich 844
—, Ausrüstung 845
—, Baustoff 842
—, Bemessung 839
—, Dichtung 842
—, Lagerung 844
—, Wärmeschutz 842
Hochd uck-Gaserzeuger 94
Hochofenzement 636, 637
Holsysten 529
Holzbearbeitungswerkstätte 660
Hölzer 426
— -Bezeichnung 430
—, Gefüge 429
—, Haltbarkeit 429
—, Härte 428
—, mechanische Eigenschaf-
ten 427
Holzfachwerk 641
— -festigkeit 635
— -pflaster 685
— -stütze 642
Hubförderer 766
— -transportkrane 445
— -transportwagen 746
— -transportwagen, elektrische
—, Ladegestelle für — — 747
Hülsenkupplung 720
Hydraulische Zuschläge 637

Jalousierost 18
Indexe für Bearbeitungsvor-
richtungen 594, 603
Indikator 290
—, Besondere Anordnungen 293
—, Bestimmung des mittleren
Druckes 296
—, Indizieren 295
— -Integrierender — 294
—, Mitnehmer 292
—, Opti cher 293
—, Prüfung der — en 294
—, Rollenhubverminderer 292
—, Torsions- 301
Ind. kator-Diagramme von
Dampfmaschinen 317
— — Dieselmaschinen 318
—, Gasmaschinen 318
—, versetzte — 318
Indizieren 295
Innendrehstähle 483
— -gewindestähle 488
— -schleifer 469
— -wand 640
Innerer Ausbau 676
Instandhaltung der Werkzeuge 507
Integrierende Indikatoren 294
Joule 192
Jsolatoren 857
Isolierpappe 640
— -rohr 857
Isolierung 640
Junkersches Kalorimeter 310

Kabel 856
Kalk 636
— -sandstein 636
— -stein 635
Kalkulationswesen 614 ff
Kaltrecken 367
Kaltsäge 477
Kanonenbohrer 485
Kaplanturbine 140, 143
Kappe, Kleinesche — 649
—, preußische — 642
Karborid 501
Karborundum 501
Karbosilit 501
Karren, Handförder- 745
Karre, Hubtransport- 745
Kaskadenschaltung 444
Kegel, genormte — für Werk-
zeugmaschinen 444
Kerbschlagfestigkeit 352
— -proben 352
— -swertung 352
Kerpely-Gaserzeuger 92, 94
Kessel s. Dampfkessel
— -bekohlung 812
—, Betriebsführung 279
— -entaschung 814
— — pneumatische — 97
— -verluste durch Verbrenn-
liches in Rückständen 236
— -wirkungsgrad 234
Kettenbahnen 797
— -räder 737
Kiefer, Gewicht der — 635
Kilowatt 192
Kipper 806
Kippkübel 774
— -ordner 526
Kitte 434

Sachverzeichnis.

Klappgefäße 774
— -mulden 774
— -schrauben für Bearbeitungsvorrichtungen, Zahlentafel 593
Klauenkupplung 720
Kleinesche Kappe 649
Kleinwasserraumkessel 1
Koenensche Voutenplatte 649
Koertingsche Strahlmischkondensation 147
Kohinur 501
Kohlenbuch 225
— -lager 530
— -lagerung 231
— -staubfeuerungen 27
— -stoffgehalt als Faktor des Heizwertes 229
Kohlenwagen, automatische 221
—, Chronos- 223
—, für Convergoranlagen 223
—, Hängebahn- 222
—, Libra- 223
—, Rollbahn — 222
— von Schenk 222
— von Spies 222
Kolbendampfmaschinen 128
— -dichtung bei Dampfmaschinen 130
Kommissionsnummer 620, 621
Kondensation, Anfressungen des Rohrmaterials 149
—, Anordnung 146
—, Arbeitsbedarf 152
—, Einfluß der Luftleere 149
—, Luftförderung 148
—, Luftpumpen 146
— -Mischkondensation 145
—, Reinigung 151
—, Oberflächenkondensation 147
Kondensatmesser 282
Kondensatorreinigung von Burg 285
— von Dittmeyer 285
— durch Impfung 285
— durch Permutierung 285
Kondenstöpfe 846
— -wasserrückgewinnung 278
Konsolkrane 782
Konstruktionsbüro 535
Konstruktive Ausbildung von Werkzeugmaschinen 441
Kontrollanfrage 625
— -aufzeichnungen 278
— -instrumente 278
Kopfsenker 493
Körnung 502
Korrespondent 524
Korund 501
Kosten der Werkstattförderer 798
Kraftbedarf von Werkzeugmaschinen 456
— -leitungsgerüst 636
— -wellenleitung 669/72
Krämer-Schaltung 437
Krananlage einer Schmiede 825
Krane, Antrieb der — 771
—, Dampf- 756
—, Dreh- 787
—, elektr. betr. fahrbare — 756
—, Elektrolauf- 777
—, Gießerei- 823

Krane, Handlauf- 777
— in den Zusammenbau (Montage-) Werkstätten 833
— in der Eisenbauwerkstätte 831
—, Konsol- 782
—, Lagerplatz- 809
—, Lastaufnahmemittel der — 771
—, Lauf- 777, 819
—, Lokomotiv- 756
—, Schmiededreh- 825
—, Schmiedekrane 825
—, Umlade- 802
— -Werkstätten-, fahr- und lenkbare 747
—, Werkstätten-, Innendienst- 819
Krankmeldung 515
Kratzerförderer 789
Krisalox 501
Krivarsil 501
Kröckersche Bombe 227
Kübelzähler v. Bleichert 224
Kugellager 724
— -passungen 562
Kühlerüberwachung 285
Kühlmantelmotoren 207
Kühlmittel beim Abschneiden 477
— — Abstechen 477
— — Bohren 468
— — Drehen 463
— — Fräsen 474
— — Gewindeschneiden 466
— — Räumen 477
— — Reiben 468
— — Schleifen 470
Kühlwasser für Turb.-Kondensation 284
— -Mengenmessung 284
Künstlicher Stein 636
Kupfer, chemische Zusammensetzung 398
—, Gefüge 398
—, -Herstellung 397
—, Legierungen 399
—, mechanische Eigenschaften 398
— -schleifscheibe 508
Kupolofenbegichtung 823
Kupplungen 720
—, ausrückbare — 720
—, bewegliche — 720
—, feste — 720
—, Motoren- 721
—, Reibungs- 721

Lackieren 381
Ladegestelle für Hubtransportwagen 747
Ladegewichtzeichen der Güterwagen 754
Lager, Ablegebühnen für — 835
—, -buchführung 527
—, Calypsol- 724
—, Duffing- 724
—, Kugel- 724
— -karte 527
Lagermetalle 416, 722
—, chemische Zusammensetzung 417
—, Gefüge 418
—, mechanische Eigenschaften 418

Lagernummern 528
— -platzbedienung 809
— -platzkrane 809
— -räume, Förderung in den — n 834
— -schildmotoren 206
—, Wülfel- 723
Lastaufnahmemittel 771, 829
Lastenaufzüge 770
Lasthebemagnete 772
—, Tragkräfte der — 772
Lastzüge, elektrische, gleislose 749
Laternenshed 654
Laufdrehkrane 782
Laufkrane 777, 811
— auf Hochbahnen 811
—, elektrische — 777
—, Greifer- 782
—, Hand- 777
—, Kranfahrbahn für — 781
—, Lokomotiv- 782
— mit drehbarem Ausleger 782
— mit Doppelantrieb 781
— mit Leonard-Schaltung 777
— mit verschiebbaren Ausleger 781
—, normale — 777, 819
—, Sonderbauarten 781
—, Wand- 782, 820
Laufwinden 762
—, Elektro- 762
—, Hand- 762
— für I-Trägerbahnen 762
—, Untergurt- 762
Lawaczeck-Turbine 143
Leder 433
Lederriemen 726
Legieren 361
Legierter Stahl 478
Legierungseinheit 478
Lehrdorne 612
Lehren 608
Lehrlinge 516
Lehrlingsschule 516
— -werkstatt 516
Lehrvertrag 517 ff
Lehrzeit 517
Leichtwand 642
Leistung, elektrische — 192
Leistungswert von Maschinen 619
Leitungen, elektrische — (s. auch Elektrische Leitungen) 855
Leonardschaltung 195, 777
Leuchtdichte 712
Lichtbogenschweißen 436
Lichtleistung 710
— -stärke 710
Lieferungsvertrag 624
Lochstein 636
Lohnberechnung 515, 519
— -kosten 620
— -periode 515
Lokomotiven, Dampf- 756
—, elektrische — 756
—, feuerlose — 756
—, Verschiedene 756
Lokomotivlaufkrane 782
Lokomotivkrane 756
Löten 373
Luftbedarf fester Brennstoffe 10
— -heizung 699
— -leerzerstörer 146

Sachverzeichnis.

Luftpumpen	146	
— -leitungen	848	
Lumen	710	
Luftmörtel	637	
Lux	712	
Lyrabogen	845	
Maagverzahnung	737	
Magerkalk	637	
Magnesium	420	
—, chemische Zusammensetzung	420	
—, Legierungen	424	
—, mechanische Eigenschaften	420	
Magnet, Rund-	772	
—, Flach-	773	
—, mit beweglichen Polen	773	
Magnete, Lasthebe-	772	
— —, Tragkräfte der —	772	
— —, Wärmeschutzpatrone für —	773	
Maschinenstein	636	
Manometer	277	
—, registrierende	277	
—, Stations-	277	
Maschinenbesetzungstafel	629, 630	
— -stunden	619	
Markenkontrolle	522	
Materialkosten	620	
— -zettel	528	
Mauerstein	636	
Mauerwerk	636	
— -pfeiler	642	
Mehrfarbenschreiber	279	
Meister	519ff	
Mengenmessung der Gase	112	
Messing, chemische Zusammensetzung	399	
—, Gefüge	404	
—, mechanische Eigenschaften	400	
Messung des Dampfverbrauches	282, 303	
— — Gasverbrauches	311	
— — Ölverbrauches	311	
— — mit Drosselscheibe	312	
— — Düse	312	
— — Gasglocke	311	
— — Staurohr	313	
— — Stauscheibe	313	
Thomas-Messer	313	
Meßwerkzeuge s. Lehren.		
Meißelwinkel	480	
Messerköpfe	500	
— -stangen	493	
Metallschutz	380	
Mindestpreise	620	
— -verdienst	518	
Minimalbestand	623	
Mischkondensation	145	
Mond-Verfahren	103	
Monelmetall	412	
Montagehallen, Förderung in den —	833	
—, Krane in den —	833	
Morgan-Gaserzeuger	91	
Mörtel	636	
— -festigkeit	637/8	
Motoren, elektrische —	193	
—, Asynchroner Drehstrommotor	198	
—, Drehstrom-Kollektormotor	203	
Motoren, Drehstrom-Synchronmotor	203	
—, Einphasen-Kollektormotor	204	
—, Gleichstrom-Doppelschlußmotor	198	
—, — -Hauptschlußmotor	196	
—, — -Nebenschlußmotoren	193	
—, Repulsionsmotor	205	
—, Störungen an —	209	
Motor für Werkzeugmaschinen		
—, Anordnung	447	
—, Art	446	
—, Größe	446	
Motorgreifer	775	
Motorenkupplungen	721	
— -generatoren	213	
— -lastzug (gleisloser)	750	
— -lokomotiven	756	
Muldenrostfeuerung von Fränkel und Viebahn	235	
Müllverbrennung	28	
Multithermographen	279	
Nachkalkulation	519	
Nahtschweißmaschine	436	
Nahtverbindungen	370, 386	
Naphthalin	121	
Natürlicher Stein	636	
Nebenauslaß	853	
Nebenschlußmotor für Gleichstrom	193	
— für Drestrom	203	
Neusilber	414	
Nickel, chemische Zusammensetzung	411	
—, Legierungen	411	
—, mechanische Eigenschaften	411	
Nieten	377	
Normaldurchmesser	571	
— -halbmesser	574	
- -Profil der Eisenbahn, leichtes	751	
- -Verkaufsbedingungen	531	
Normen, abstrakte	570, 575	
—, Einführung der —	582	
— für Versuche an Gasmaschinen	316	
— — — — Wasserturbinen	323	
Normblatt, Format	577	
—, Ausführung	576	
Normenausschuß	567	
— -büro, Aufgaben des — s	567	
—, gegenseitige Abhängigkeit der —	581	
Normteile	575	
—, Bezeichnung der —	576	
Normteillager	530	
Normung	566	
—, Zweck der —	566	
- - zahlen	570	
Nottreppe	659	
Nullinie bei Passungen	548	
Numeriermaschine	529	
Nutenform bei Fräsern	500	
— — Reibahlen	494	
— — Stählen	485	
Oberflächenkondensation	147	
— -schutz	380	
— -verbrennung, Flammenlose —	33	
Oberer Heizwert	119
Oberlicht	673
Oberwasserkanal	138
Oberwasserspiegelregler	139
Öfen	358
Öle, Eigenschaften, Heizwertbestimmung	310
— —, Mengenmessung	311
Ölfeuerungen	29
Ölmaschinen (s. auch Dieselmaschinen).	
—, Ausführung und Betrieb	123
—, Betriebskontrolle	290
—, Brennstoffe	121
—, Brennstoffverbrauch	157
—, Heizwertbestimmung	306
—, Wirkungsgrade	121
Oesterlen-Voith-Turbine	143
Ohmsches Gesetz	190
Ohnesorge-Kupplung	722
Optischer Indikator	293
Ölkühler	287
— -temperatur	287
Organisation des Werkstattförderwesens	836
Orsatapparate von Dr.Berner	240
— — Dentz	242
— — Gefko	242
— — Siebert u. Kühn	241
Panzeradern	858
Parascheiben	502
Paßeinheit	548
Passungen	546
—, Abgekürzte Bezeichnungen für —	563
—, Anwendung der normalen —	558
—, DI-Normen für —	551
— für Kugellager	562
—, Zahlentafeln	500—555
—, zylindrische —	547
Passungsgütegrad	547
— -systeme	548, 556, 564
—, Wahl der —	564
— -toleranz	546
Pekrungetriebe	738
Pendelbecherwerke	795
Personenaufzüge	770
Peschelrohr	857
Pfanne, Gieß-	776
—, Hand-	775
—, Scheer-	775
Phasenverschiebung	191
Pfette	650
Pfettendach	649, 650
Photometrische Grundbegriffe	709
— Leuchtdichte	712
— Lichtleistung 710	
— Lichtstärke	710
— Lumen	710
— Lux	712
— Ungleichmäßigkeit der Beleuchtung	712
Pilzdecke	658
Pintsch-Ringgenerator	94
Plakat	533
Planrost	10
Plattenbelag	685
Plattformwagen	755
Platzverkehr	807
Pneumatische Förderung	797

Sachverzeichnis. 879

Plutofeuerung	20	
Polierrot	471	
Polumschaltbare Asynchronmotoren	201	
Polygonrot, Gaserzeuger mit —	89	
Poröser Stein	636	
Portlandzement	637	
Postauszüge	523	
Prämiensystem nach Taylor	519	
Preisbücher	618	
Preßsitz	561, 562	
Preßverfahren für Hohlkörper	366	
— nach Dick	367	
Preußische Kappe	649	
Probebetriebe	616	
Probenahme	357	
Profil, Normal-, der Eisenbahn	751	
—, Schienen —e	751	
—, -verzerrung	485	
Prometheushohlroststab	12	
P.onyscher Zaum	298	
Propellerrinne	791	
Portal-Drehkrane	788	
Prüfung der Indikatoren	294	
Prüfverfahren, besonders einfache —	355	
—, dynamische	350	
—, mechanische	344	
—, statische	345	
Prüßwand	642	
Psychotechnik	516	
Punktschweißung	435	
Pyrometer	258	
—, optische —	257	
—, Strahlungs-	257	

Quadratseil 734
Quecksilberdampfgleichichter 214

Rachenlehren 612
Raddruck, größter — der Reichsbahn 751
Räderherstellung 475
Radialverfahren 476
Radstand der Güterwagen 754
Rauchgasprüfer 239
—, Aci- 248
—, Ados- 243
—, Debro- 246
—, Duplexmono- 246
—, Elektrischer von Siemens & Halske 250
—, Gassaugeleitung für — 252
—, Mono- 245
—, Pintsch- 247
—, Planimeter für — 254
—, Ranarex 250
—, Unograph- 249
Rauchgastemperatur 256
Raumbewegliches Becherwerk 796
Räumen 477
Reaktionswirkung bei Dampfturbinen 132
— — Wasserturbinen 139
Recken 364
Reduktionskupplung 720
Regelmotor für Werkzeugmaschinenantrieb 440
Regelung der Dampfturbinen 133

Regelung der Dieselmaschinen 127
— — Gegendruckturbinen 164
— — Zweidruckturbinen 173
Reibahlen, Anschnitt 496
—, Befestigung 496
—, feste — 493
—, Herrichtung 496
—, mit aufgeschraubten Messern 493
—, nachstellbare — 493
—, Nachstellung 497
—, Teilung 494
—, Zähnezahl 494
—, Zahnform 494
Reiben 466
Reibungskupplungen 721
Reichseisenbahn, Anschluß an die — 750
Reklame 533
Rekristallisation 368, 385
Revisionsbücher 331
— -stellen 526
Revolverbänke 463
Riemen aus Balata- 726
— — Baumwolle 726
— — Gummi 726
— — Leder 726
R em nberechnung 727
— -geschwindigkeit 730
— -geschwindigkeit bei Stufenscheibenmaschinen 439
— — Einscheibenmaschinen 440
— -verbindung 726
Riem ntrieb 726
—, Anordnung 729
—, Berechnung 727
—, Kreis- 735
—, Riemenmaterial 726
— -leiter 731
— -scheiben 730
—, Spannrollen 733
Ring-Generator von Pintsch 94
— -leitung 839
Rippenplatte 657
Roheisen 387
—, chemische Zusammensetzung 388
Rohraufhängung 845
— -draht 858
— -lagerung 844
Rohrleitungen 839
—, Abdampf- 847
—, Entwässerung 846
— für Gasmaschinen 853
—, Hochdruck- 839
—, Luft- 848
—, Turbinen- 852
—, Wasser- 849
Rohrpost 836
Rohrstopfbuchse 845
Rollenförderer 797
Rückenfläche 480
— -winkel 480
Rückkühlung 152
Rundholzgreifer 775
— -schleifen 468
— -seil 734
Rungenwagen 755
Ruths-Wärmespeicher 185
Sägendiagramm 442
Sägeshed 653

Sammelleitung 839
Sandaufbereitung 824
Saugförderung 797
— -gasanlage 103
— -luft-Entaschung der Kessel 817
— -töpfe 853
Saugzug, direkter 41
—, indirekter 41
—, künstlicher 40
Säule 642
Säuredämpfe, Absaugen von —n 709
Schacht der Gaserzeuger 95
— -feuerung 19
— -gaserzeuger 94
Schalenkupplung 720
Schaltanlagen 328
Schalter 330
Scharfschleifmaschine 507
Schaukelbecherwerke 795
— -förderer 796
Schaufelförderer für Formsand 824
Scheibenkupplung 720
— -stähle 488
Scherfestigkeit 349
Schiebetor 679
Schiebebühnen 753
—, unversenkte — 753
—, versenkte — 753
Schiebetür 679
Schienen, Eisenbahn- 751
— -Profile 751
—, Schmalspur- 760
—, -wagen 755
— -weg 687
Schippenstähle 485
Schirnmessung 323
Schlackeneinschluß 384
— -schmelz-Gaserzeuger 95
— -separatoren 239
— -stein 636
— -untersuchung 237
— -zement 636, 637
Schlagbiegefestigkeit 351
— -druckfestigkeit 350
— -eindruckfestigkeit 351
— -härteprüfer 351
Schleifen 468
— -lehren 511
Schleifmittel 432
— -scheiben, allgemeines 501
— — Formen der — 509
— — zugaben 468, 469
Schleuderluftpumpen 148
Schlichtpassungsgrad 560
Schliffätzung 354
Schliffbetrachtung 354
— -herstellung 353
Schlüsselweiten 573
Schmalspur 759
— -gleise 759
Schmalspurige Werkbahn 759, 808
Schmalspurschienen 760
— -wagen 760
Schmiedbares Eisen, chemische Zusammensetzung und Eigenschaften 393
— —, Gefüge 393
— —, gereckt 392
Schmiede, Krananlage einer — 825
Schmiededrehkran 825

Sachverzeichnis.

Schmiedeeiserne Stütze 645, 646
— -krane 825
— —, Wendevorrichtung für — 826
Schmieden 366
Schmiermittel 432
— -öle für Dampfmaschinen 129
— — Dampfturbinen 134
— — Dieselmaschinen 128
— — Gasmaschinen 128
— — Schalter 330
— — Transformatoren 330
— — Werkzeugmaschinen 455
Schmirgel 501
Schneckenförderer 791
— -getriebe 738
— -Globoid- 738
— -Pekrun- 738
—, Wirkungsgrad der — 739
Schneideisen 487
Schneiden, autogen 373
— -winkel 480
Schneidköpfe 487
— -zahn 486
— -zähne, Halter für 486
Schnellkalkulator 615
Schnellkalorimeter von Stach 228
Schnellschlußprobe 287
Schnellstahl 478
—, gießbarer — 479
—, Prüfung 479
Schnittgeschwindigkeit für
— — Abstechen 477
— — Abschneiden 477
— — Bohren- 467
— — Drehen 464
— — Fräsen 472
— — Gewindeschneider 465
— — Hobeln 472
— — Polieren 471
— — Räumen 477
— — Reiben 467
— — Schleifen 470, 471
— — Schwabbeln 471
— — Stoßen 473
Schnittgeschwindigkeitsabfall 442
Schnittgeschwindigkeits--winkel (Allgemeines) 480
— für Schruppstähle 482
— — Schlichtstähle 482
Schnittgeschwindigkeitstabelle 614
— -richtung 480
Schnüffelventile 147
Schornsteinmeßstation von Nies 261
Schrägrost 12
Schraubenflaschenzüge 767
— -winden 766
Schriftverkehr 522 u. ff
Schubsystem 633
Schulterstahl 486
Schüttelrinnen 790
Schüttgüter, Fördergefäße für — 774
Schutz des Holzes gegen Fäulnis 635
— — — gegen Feuer 635
— — — gegen Schwamm 635
Schwachfederdiagramme 127
Schwamm, Schutz des Holzes gegen — 635

Schweißdynamo 437
Schweißen, autogen 370
—, elektrisch 372, 435
—, Lichtbogen- 436
—, Nahtschweißmaschine 436
—, Punkt- 435
—, Stumpf- 436
Schweißpulver für Schnellstahlplättchen 482
Schwelaufbau bei Gaserzeugern 104
— -einbau bei Gaserzeugern 105
Schwemmstein 636
Schwerkraftförderer 797
Schwingeförderrinnen 790
Segerkegel 257
Seil 734
— -bahnen 797
—, Baumwoll- 734
— -bremse 300
—, Draht- 735
— -geschwindigkeit 736
—, Hanf- 734
— -post 836
— -scheiben 736
— -schlupf 736
— -schwebebahnen 797
— -spannrollen 736
Seiltrieb 734
—, Anordnung 735
—, Kreis- 735
Selbstentladewagen 755, 806
Selbstentzündung von Kohle 231
Selbstgreifer 774
Sellers- Kupplung 720
Senkrechtbohrmaschine 466
Senkrechte Förderer 766
Setzstöcke 469
Sicherheitskupplungen 721
Sickerdampf in Dampfturbinen 283
Siebeprobe 107
Siegertsche Formel 261
Siliziumfederstahl 478
— -karbid 501
Silumin 426
Siemens-Gaserzeuger 89
Skleroskophärte 479
Sondermaschinen 438
Sondermessinge 398
—, chemische Zusammensetzung 400
—, mechanische Eigenschaften 402
Sonderstähle 399
Spanabheben 378, 386
Spanbrechernuten 501
Späneverladung 831
Spannrollen für Riemen 733
— — Seile 736
— -elemente für Bearbeitungsvorrichtungen s. a.
Spannfutter 591
— -futter 707
— -schrauben für Bearbeitungsvorrichtungen 591
Spannung, elektrische — 190
Speisewasserkontrolle, Härtebestimmung des Speisewassers 262
— -verluste 278
Speisung, Hoch- u. Tief- 69
Spezifische Drehzahl der Wasserturbinen 140

Spindelbohrer 489
Spindelbohrmaschine 466
Spiralbohrer 490
— -schleifmaschine 508
Spiralsenker 492
Spitzbohrer 489
Spitzsenker 493
Spille, elektrische 757
Sprechmaschine 525
Sprengwerk 651
Spülanlage, Asche- 815
Spurweite (Vollspur) 751
— (Schmalspur) 759
Stachsches Schnellkalorimeter 228
Stahlbandförderer 792
Stahlbandtrieb 736
Stahlbrücken 480
Stahlbrust 480
Stähle, Querschnitte für — 483
— mit gerader Schneide 481
— — gebogener Schneide 481
Stahlguß, chemische Zusammensetzung 392
—, Gefüge 393
—, mechanische Eigenschaften 392
— -werk 689
Stahlhalter 482
Stahlpanzerrohr 857
Standgelder f. Eisenbahnwagen 754
Stanekscher Hubverminderer 292
Statistik 533 u. ff
Staubbestimmung bei Gasen 109
Staubfilter 705
— -schmirgel 471
— -sack bei Gaserzeugern 98
Stauscheibe 313
Stehlagermotoren 206
Steinfestigkeit 636
Steinholz 685
Steinkohlenteeröle 122
Stein, künstlicher 636
—, natürlicher 636
— -pflaster 685
—, poröser 636
Steinrücksches Getriebe 738
Stellit 478
Stellung der Gebäude 689
Stenogramm 525
Stern-Dreieckschaltung 200
Sternschaltung 191
Steuerung der Aufzüge 770
— — Dampfmaschinen 130
— — Gas- und Ölmaschinen 126
Stirnradflaschenzüge 767
Stochlöcher der Gaserzeuger 96
Stoffbilanz bei Gaserzeugern 115
Stopfbuchsen-Ausgleicher 845
Strahl-Luftpumpen 148
— -mischkondensation 147
Stückisten 614, 616, 620, 621, 622
Straße 686
Strehler für Außengewinde 486
— — Innengewinde 488
Stückliste 539
Stufenscheibenantrieb 239
Stumpfschweißen 436
Stütze 642
—, Eisenbeton 647

Sachverzeichnis.

Stütze, gußeiserne — 642
—, schmiedeeiserne — 645, 646
Tagesberichte im Kesselhaus 280
Tangentialriemenleiter 732
— -verfahren 476
Tanne, Spez. Gewicht der — 635
Tarif 518, 519
Teerbestimmung bei Gasen 109
Teeren 381
Teilblätter 537
Teillager 529
Teilnummer 620, 621
Teilverfahren 475
Temperaturbestimmung der Gase 112
Temperguß 391
—, chemische Zusammensetzung 391
—, Gefüge 392, 394
—, mechanische Eigenschaften 392
Terminbureau 622
Terminplan 627, 629
Termine, Überwachung — 627
Terminüberwachungskarte 625, 626
Thermischer Wirkungsgrad des Clausius-Rankine-Prozesses 119
— — des Dampfmaschinen-Prozesses 119
— — der Dieselmaschine 120
— — der Gasmaschine 119
Thomas-Gasmesser 313
Tiefenlehre 611, 612
Terminkartei 529
Thermoelemente 260
Thermometer, Quecksilber- 259
—, elektrische Widerstands- 260
Tiefladewagen 755
Tischlerei, Förderung in der — 821
Toleranz 543, 546
Tombak 399
Tor 678
Tordrehkrane 788
— -krane 784, 810
—, Antrieb der — 784
— Halb- 788
— Halbtor- 785
—, umsetzbare — 785, 810
— Voll- 788
— Volltor- 785
Torpedorinne 791
Torsionsindikator von Föttinger 301
—, optischer von Frahm 302
Trägerbahnen, I- 762
— —, Laufkatzen für — 762
Transformatoren 330
—, Öl- 211
—, Trocken- 211
— -öl 212
Transmissionen 718
—, Kettenräder 737
—, Kupplungen 720
—, Lager 722
—, Riementrieb 726
—, Schneckengetriebe 737
—, Seiltrieb 734
—, Wellen 718
—, Zahnradgetriebe 737

Transmissionsantrieb der Aufzüge 769
Transportgeräte 745
—, Gleislose — 744
— -karren, Hand- 745
— -mittel 744
— -karre, Hub- 745
— -wagen, Hand- 745
— -wagen, elektrische — 748
—, elektrische Hub- 749
Trass 637
Treppe 659
Treppenrost 14
Triebwagen, elektrische —, gleislose 749
Trockenschrank für Kohlenuntersuchung 230
Trommelfeuerung 239
Tür 678
Turbine, s. Dampfturbine und Wasserturbine
Turbinenrechen 139
Typisierung 583

Überarbeit 514
Überfallwehr 322
Überhitzen von Gußblöcken 384
Überhitzer 50
Überhitzung bei Dampfmaschinen 129
— — Dampfturbinen 134
Überziehen der Werkstoffe 384
Uhlhorn-Kupplung 722
Uhrenkontrolle 522
Umbau vorhandener Anlagen 187
Umformer 213
—, Einanker- 213
—, Kaskaden- 214
—, Motorgenerator- 213
—, Quecksilberdampfgleichrichter- 214
Umladekrane 803
— mittel, stetig arbeitende 804
— -verkehr 802
Umschmelzen 358
Umsetzbare Torkrane 810
Universalwerkzeugschleifmaschine 509
Unkosten 618, 620
Unkostensätze von Werkzeugmaschinen 461
Unograph 249
Untergurt-Laufwinden 762
Unterhaltungskosten der Werkstattförderer 799
Untermaße beim Gewindeschneiden 465
— — Reiben 467
Untersuchung der Werkstoffe 343
—, chemische — 344
—, mechanische — 344
Unterwindfeuerungen 17
Urlaub 515
Urteer 104

Vakuumheizung 163
— -leitungen 847
— -meter 283
Velozipedkrane 788
Ventilierte Motoren 206
Verbrauchszahlen 153
—, Brennstoffausnutzung 160

Verbrauchszahlen, Kühlwasserverbrauch 153
—, Schmierölverbrauch 153
—, Wärmeverbrauch 155
Verbrennen von Gußblöcken 384
Verdampfer der Gaserzeuger 99
Verdampfungsversuch 234
Verdrehungsfestigkeit 350
Vergasungsleistungen der Gaserzeuger 101, 102
— -versuch, Vordruck 114
— -vorgang 82
Verkauf 531 ff.
Verkaufsspesen 619
Verkokungsprobe 106
Verladen 802
Verladebrücke 804, 811
Verladung der Späne 831
Versandlager 530
Verschiebeanlagen 756
— mit endlosem Seil 759
— -lokomotiven 756
— -mittel f. Eisenbahnwagen 756
—, Seil- 756
— -winden, elektrische — 757
Verschnitt 618
Versetztes Diagramm 318
Versuchsstation für Wasseruntersuchungen 266
Vertreter 532
— -berichte 532
— -büro 532
Verzinsung der Werkstattförderer 799
Vibrationen bei Dampfturbinen 135
Vollstein 636
Volomit 479
Vorarbeiter 519
Vordrucke, Anfrage- 623
—, Arbeitsgänge- 584
—, Lagerkarte- 527
—, Normblatt- 577
—, Stückliste- 540
—, Terminkarte- 631
—, Zeichnungs- 538
Vorkalkulation 614
— -sbüro 614
Vorratsmaterialien 527
Vorreibahle 466
Vorrichtungen s. Bearbeitungsvorrichtungen.
—, Aufnahme in — 589
—, Bohr- 595
—, Dreh- 606
—, Fräs- 600
—, Mehrfach- 587, 604, 602, 603
—, stetig arbeitende — 587, 605
Vorschübe beim Abschneiden 477
— — Abstechen 477
— — Bohren 467
— — Drehen 464
— — Flächenfräsen 473
— — Gewindefräsen 475
— — Gewindeschneiden 465
— — Hobeln 472
— — Räderfräsen 475, 476
— — Räderhobeln 477
— — Räumen 477
— — Reiben 468
— — Rundfräsen 475

Dubbel, Betriebstaschenbuch. 56

Vorschübe beim Schleifen	471	
— — Stoßen	473	
Vorwärmer	53	
—, dampfgeheizte —	53	
—, Rauchgas-	54	
Vorzugsmaße	571	
Vorzündungen bei Diesel- und Gasmaschinen	126	
Voutenplatte	649	
—, Koenensche —	649	

Wagen, Förder- 745
—, Eisenbahn- 753
—, Güter- 754
—, Hubtransport- 746
—, Hubtransport-, elektrische — 749
—, Kasten- 746
—, Kipper- 806
—, Plattform- 745
—, Rungen- 755
—, Schienen- 755
—, Schmalspur- 760
—, Selbstentlade- 755, 806
—, Tieflade- 755
—, Transport-, elektrische — 748
Wagen, s. Kohlenwagen
Wagerechte Fördermittel 744
Wand 641, 676
Wandlaufdrehkrane 784
Wandlaufkrane 782, 820
Wand-System Prüß 642
Wanderroste 23
Wagerechtbohrwerke 466
Walzen 365
Wanderroste, Verfeuerung minderwertiger Brennstoffe auf — n 25
Wärmeabfluß 360
— -ausnutzung bei Dampfkesseln 70
— -bilanz bei Gaserzeugern 116
Wärmebilanz 331
— -schutz (Rohrleitungen) 842
— -schutzpatrone für Lasthebemagnete 773
— -speicher 172
— — von Ruths 185
— -speicherung 702
— -übertragung beim Dampfkessel 23
Warmrecken 364
Warmwasserheizung 694
Wartung von Werkzeugmaschinen 455
Wasserabscheider 846
— -gasverfahren 83
—, Härte des — s 62
Wasserkraftanlagen 138
— —, Aufstellung 141
— —, Betriebskontrolle 326
— —, Betriebsstörungen 144
— —, Messung der Wassermenge 322
— —, Leistungsversuche 323
Wassermesser, Eckardtscher 268
—, Flügelrad- 270
—, Hydro- 282
—, Kipp- 269, 282
—, Scheiben- 269
—, Schmidtscher 268
—, Venturi- 270
—, Volumen- 268

Wassermesser, Woltmannflügel 270, 323, 325
Wassermessung mittels Schirm 323, 326
— — Überfall 322, 325
— — Woltmannflügel 323, 325
Wassermörtel 637
— -reinigungsanlagen 63
Wasserschläge bei Dampfmaschinen 138
— — bei Dampfturbinen 283
Wasserstraße 692
Wasserturbinen 137, 138
—, Besondere Bauarten 142
—, Spezifische Drehzahl 140
(S. auch Wasserkraftanlagen.)
Wasserversorgung 688
Wasserwagen für Werkzeugmaschinen 450
Watt 192
Wechselstrom 191
Weichen 752
—, Doppel- 752
—, einfache — 752
—, Kreuz- 752
Weißkalk 637
Wendevorrichtung für Schmiedekrane 826
Werkbahn, schmalspurige — 759, 808
—, vollspurige — 751, 807
Werknormen 567, 570
Werkstättenaufzüge 770
— -Außenverkehr 802
— -Innendienstkran 819
— -Innenverkehr 812
— -krane, fahr- und lenkbare 747, 830
Werkstattförderer 799
—, Abschreibung der — 799
—, Anlagekosten der — 799
—, Betriebskosten der — 799
—, Kosten der — 798
—, Unterhaltungskosten der — 799
—, Verzinsung der — 799
—, Wirtschaftlichkeit der — 798
Werkstattfördersystem 798
— —, Wirtschaftlichkeit des —s 798
— —, Gesichtspunkte für den Ausbau des —s 804
— -Förderwesen 742
— —, Organisation des — 837
Werkstoffe, Abnahme und Prüfung 343
—, Eigenschaften 387
—, Verarbeitung 358
Werkzeuge 478
Werkstättenkalkulation 614
Werkzeuge 515
Werkzeuggebrauchslager 531
— -hauptlager 531
— -kasten 531
— -lager 530
Werkzeugmaschinen 438
—, an — angebaute Drehkrane 830
—, Anordnung in der Werkstatt 448
—, Antrieb 439
—, Aufstellung 449
—, Ausnutzung 461
—, Auswahl 438
—, Bedienung der — 828

Werkzeugmaschinen, Drehkrane zur Bedienung der — 830
—, Handhebezeuge für — 829
—, Kraftbedarf 456
—, Prüfung auf Genauigkeit 452
—, Sonderhebezeug zur Bedienung der — 829
—, Unkostensätze 461
—, Wartung 455
Werkzeugschleiferei 507
Windbeschaffung bei Gaserzeugern 99
Winden, Lauf- 762
—, ortsfeste — 768
Windkessel 852
Wirbelstrombremse 300
Wirkungsgrad der Dampfkessel 70
— — Dampfturbinen 131
—, Ermittlung des mechanischen — es 298
— der Fabrikanlagen 863
— Gaserzeuger 117
— — Globoidgetriebe 739
—, Höchstbeträge der -e der Kraftmaschinen 121
—, mechanischer — 120
— des Pekrungstriebes 739
— der Rückkühlwerke 152
— der Schnecken 739
— des Steinrückgetriebes 738
—, thermischer — des Clausius-Rankine-Prozesses 119
—, — — des Dampfmaschinenprozesses 119
—, — — der Dieselmaschine 120
—, — — der Gasmaschine 119
— der Zahnräder 738
Wirkungsgrad der Gleichstromhauptschlußmotoren 197
— — Gleichstromnebenschlußmotoren 193
— — Drehstrommotoren 199, 204
Wirtschaftlichkeit des Werkstattfördersystems 798
Wolframgehalt im Schnellstahl 479
Woltmannflügel 323
Wülfel-Lager 723
Wurfförderrinnen 790
Würth-Gaserzeuger 95

Zahnräder 737
— mit Maagverzahnung 737
—, Steinrücksches Getriebe 738
—, Wirkungsgrad der — 738
Zahnstangenwinden 766
Zahnteilung bei Fräsern 500
— bei Reibahlen 494
Zapfensteuer 493
Zeichnungen, Änderungen der — 545
—, Anfertigung der — 541
—, Darstellungen auf — 541
—, Gruppen- 537
—, Maßstäbe der — 541
—, Numerierung der — 544
—, Patent- 539
—, Prüfung der — 583

Sachverzeichnis.

Zeichnungen, Sinnbilder 543
—, Werkstatt- 537
—, Zusammenstellungs- 537
Zeichnungsarten 536
— -formate 537
— -kosten 618
— -vordrucke 538
— -wesen 536
Zeitkarte 522
— -studien 615
— -studien an Fördermitteln 744
Zement (Eisenportlandzement), 636, 637
—, Hochofen- 636, 637
—, Portland- 636, 637
—, Schlacken- 636, 637
Zentrierbohrer 493
Ziegelmauerwerk 638
Ziegelstein 636
— -format 636
Ziehen 414
Zink, chemische Zusammensetzung 414
—, mechanische Eigenschaften 415
Zinn, chemische Zusammensetzung 416
Zittermarken 468, 504
Zugabe für Innenschliff 469
— — Rundschliff 468
Zugfestigkeit 345
Zugfestigkeitsproben 346
— -sprüfung 346
— -sschaubild 347
— -swertung 347
Zugmesser 254
—, Einbau der Rohre für — 256
—, Hallwachs- 255
—, Krellscher — 255
—, Schubert- 255
Zugsystem 632
Zündung, Einstellung 126
Zündung, Störungen 126
Zugabsperrvorrichtungen 35
— -kanäle 34
—, künstlicher — 38
—, künstlicher Druck- 39
—, künstlicher Saug- 40
—, natürlicher — 37
— -querschnitte 34
— -stärke 37
Zusammenbauwerkstätten 833
Förderung in den — 833
—, Krane in den — 831
Zuschläge, hydraulische — 637
Zu- und Gegenschaltung 194
Zweidruckturbine 173
Zweischienen-Drehkrane 787
Zweischiffige Halle 673
Zweitaktwirkung 123
Zwischendampfentnahme 161, 164
Zwischenlager 526, 529
— -überhitzung 129

Verlag von Julius Springer in Berlin W 9

Taschenbuch für den Maschinenbau

Bearbeitet von

Prof. H. Dubbel - Berlin, Dr. G. Glage - Berlin, Dipl.-Ing. W. Gruhl - Berlin, Dipl.-Ing. R. Hänchen - Berlin, Ing. O. Heinrich - Berlin, Dr.-Ing. M. Krause - Berlin, Prof. E. Toussaint - Berlin, Dipl.-Ing. H. Winkel - Berlin, Dr.-Ing. K. Wolters - Berlin.

Herausgegeben von

Prof. **Heinrich Dubbel**

Ingenieur, Berlin

Dritte, erweiterte und verbesserte Auflage

Mit 2620 Textfiguren und 4 Tafeln

In zwei Teilen. 1921

In zwei Bänden gebunden GZ. 18

Aus den zahlreichen Besprechungen:

Das in allen Kreisen des Maschinenbaues gut eingeführte Handbuch erscheint bereits in dritter Auflage und zeigt wieder die bekannte sorgfältige Behandlung des gewaltigen Stoffes. Sehr zu begrüßen ist die reiche Ausarbeitung des Werkzeugmaschinenbaues, der nun auch bei uns zur Geltung gekommen ist, das Gleiche ist vom Hebezeugbau zu sagen.

Einer Empfehlung bedarf das vorzügliche Buch nicht, es befriedigt die Bedürfnisse des Studierenden sowohl als des werktätigen Ingenieurs in umfassender und leichtverständlicher Weise. *„Schweizerische Bauzeitung"*

Die dritte Auflage ist der vorhergehenden rasch gefolgt; ein gutes Zeichen! Eine ganze Reihe von Verbesserungen und Erweiterungen ist vorgenommen worden, so daß wir die Empfehlung, die wir dem Werk bei der vorigen, 1919 erschienenen Auflage mitgaben (I.-Z. Nr. 33/34, 1920), nur unterstreichen können. *„Ingenieur-Zeitung"*

Kolbendampfmaschinen und Dampfturbinen

Ein Lehr- und Handbuch für Studierende und Konstrukteure

Von

Prof. Ing. **Heinrich Dubbel**

Sechste, verbesserte Auflage

Erscheint Ende 1922

Die Steuerungen der Dampfmaschinen

Von

Prof. Ing. **Heinrich Dubbel**

Zweite, umgearbeitete und erweiterte Auflage

Mit 494 Textfiguren. 1921

Gebunden GZ. 12

Die eingesetzten Grundzahlen (GZ.) entsprechen dem ungefähren Goldmarkwert und ergeben mit dem Umrechnungsschlüssel (Entwertungsfaktor), Anfang November 1922: 160 vervielfacht den Verkaufspreis.

Verlag von Julius Springer in Berlin W 9

Hilfsbuch für den Maschinenbau.
Für Maschinentechniker sowie für den Unterricht an technischen Lehranstalten. Unter Mitwirkung von bewährten Fachleuten von Oberbaurat Fr. Freytag †, Professor i. R. Sechste, erweiterte und verbesserte Auflage. Mit 1288 in den Text gedruckten Figuren, 1 farbigen Tafel, 9 Konstruktionstafeln. 1920.
In Ganzleinen gebunden GZ. 12

Maschinentechnisches Versuchswesen.
Von Professor Dr.-Ing. A. Gramberg, Oberingenieur an den Höchster Farbwerken.
Erster Band: **Technische Messungen bei Maschinenuntersuchungen und zur Betriebskontrolle.** Zum Gebrauch in Maschinenlaboratorien und in der Praxis. Fünfte, verbesserte Auflage. Mit etwa 326 Textfiguren. Erscheint Ende 1922.
Zweiter Band: **Maschinenuntersuchungen und das Verhalten der Maschinen im Betriebe.** Ein Handbuch für Betriebsleiter, ein Leitfaden zum Gebrauch bei Abnahmeversuchen und für den Unterricht an Maschinenlaboratorien. Zweite, erweiterte Auflage. Mit 327 Figuren im Text und auf 2 Tafeln. 1921. Gebunden GZ. 17

Regelung der Kraftmaschinen.
Berechnung und Konstruktion der Schwungräder, des Massenausgleichs und der Kraftmaschinenregler in elementarer Behandlung. Von Hofrat Dr.-Ing. M. Tolle, ord. Professor an der Technischen Hochschule zu Karlsruhe. Dritte, verbesserte und vermehrte Auflage. Mit 532 Textfiguren und 24 Tafeln. 1921.
Gebunden GZ. 33

Technische Untersuchungsmethoden zur Betriebskontrolle,
insbesondere zur Kontrolle des Dampfbetriebes. Zugleich ein Leitfaden für die Übungen in den Maschinenlaboratorien technischer Lehranstalten. Von Professor **Julius Brand**, Oberlehrer der Staatlichen Vereinigten Maschinenbauschulen zu Elberfeld. Mit einigen Beiträgen von Dipl.-Ing. Oberlehrer Robert Heermann. Vierte, verbesserte Auflage. Mit 277 Textabbildungen, 1 lithographischen Tafel und zahlreichen Tabellen. 1921.
Gebunden GZ. 9

Technische Thermodynamik.
Von Prof. Dipl.-Ing. W. Schüle.
Erster Band: **Die für den Maschinenbau wichtigsten Lehren nebst technischen Anwendungen.** Vierte, neubearbeitete Auflage. Berichtigter Neudruck. Mit 225 Textfiguren und 7 Tafeln. Erscheint Ende 1922.
Zweiter Band: **Höhere Thermodynamik** mit Einschluß der chemischen Zustandsänderungen nebst ausgewählten Abschnitten aus dem Gesamtgebiet der technischen Anwendungen. Vierte, neubearbeitete Auflage. Mit etwa 210 Textfiguren und 4 Tafeln. 1920.
Erscheint Ende 1922.

Leitfaden der Technischen Wärmemechanik.
Kurzes Lehrbuch der Mechanik der Gase und Dämpfe und der mechanischen Wärmelehre. Von Professor Dipl.-Ing. W. Schüle. Zweite, verbesserte Auflage. Mit 93 Textfiguren und 3 Tafeln. 1920.
GZ. 5

Die Grundgesetze der Wärmeleitung und des Wärmeüberganges.
Ein Lehrbuch für Praxis und technische Forschung. Von Dr.-Ing. **Heinrich Gröber**, Oberingenieur an der Bayr. Landeskohlenstelle. Mit 78 Textfiguren. 1921.
GZ. 7; gebunden GZ. 9

Die Berechnung der Drehschwingungen
und ihre Anwendung im Maschinenbau. Von **Heinrich Holzer**, Oberingenieur der Maschinenfabrik Augsburg-Nürnberg. Mit vielen praktischen Beispielen und 48 Textfiguren. 1921. GZ. 5.5

Wahl, Projektierung und Betrieb von Kraftanlagen.
Ein Hilfsbuch für Ingenieure, Betriebsleiter, Fabrikbesitzer. Von **Friedrich Barth**, Oberingenieur an der Bayrischen Landesgewerbeanstalt in Nürnberg. Dritte, umgearbeitete und erweiterte Auflage. Mit 176 Figuren im Text und auf 3 Tafeln. 1922. Gebunden GZ. 16

Die eingesetzten Grundzahlen (GZ.) entsprechen dem ungefähren Goldmarkwert und ergeben mit dem Umrechnungsschlüssel (Entwertungsfaktor), Anfang November 1922: 160, vervielfacht den Verkaufspreis.

Verlag von Julius Springer in Berlin W 9

Fabrikorganisation, Fabrikbuchführung und Selbstkostenberechnung der Firma Ludwig Loewe & Co., A.-G., Berlin. Mit Genehmigung der Direktion zusammengestellt und erläutert von **J. Lilienthal.** Mit einem Vorwort von Professor Dr.-Ing. G. Schlesinger, Berlin. Zweite, durchgesehene und vermehrte Auflage. Unveränderter Neudruck 1919. Gebunden GZ. 10

Der Fabrikbetrieb. Praktische Anleitungen zur Anlage und Verwaltung von Maschinenfabriken und ähnlichen Betrieben sowie zur Kalkulation und Lohnverrechnung. Von **Albert Ballewski.** Dritte, vermehrte und verbesserte Auflage bearbeitet von **C. M. Lewin,** beratender Ingenieur für Fabrikorganisation in Berlin. Zweiter, unveränderter Neudruck 1919. Gebunden GZ. 8

Werkstättenbuchführung für moderne Fabrikbetriebe. Von **C. M. Lewin,** Dipl.-Ing. Zweite, verbesserte Auflage. Unveränderter Neudruck 1922. GZ. 6

Die Nachkalkulation nebst zugehöriger Betriebsbuchhaltung in der modernen Maschinenfabrik. Für die Praxis bearbeitet unter Zugrundelegung von Organisationsmethoden der Berlin-Anhaltischen Maschinenbau-A.-G., Berlin. Von **J. Mundstein.** Mit 30 Formularen und Beispielen. 1920. GZ. 4,5

Die Vorkalkulation im Maschinen- und Elektromotorenbau nach neuzeitlich-wissenschaftlichen Grundlagen. Ein Hilfsbuch für Praxis und Unterricht. Von Ingenieur **Friedrich Kresta,** technischer Kalkulator. Mit 56 Abbildungen, 78 Tabellen und 5 logarithmischen Tafeln. 1921. Gebunden GZ. 15

Kostenberechnung im Ingenieurbau. Von Dr.-Ing. **Hugo Ritter.** 1922.
GZ. 3,4; gebunden GZ. 5,3

Warum arbeitet die Fabrik mit Verlust? Eine wissenschaftliche Untersuchung von Krebsschäden in der Fabrikleitung. Von **William Kent.** Mit einer Einleitung von Henry L. Gantt. Übersetzt und bearbeitet von **Karl Italiener.** 1921. GZ. 2,6

Organisation der Arbeit. Gedanken eines amerikanischen Ingenieurs über die wirtschaftlichen Folgen des Weltkrieges. Von **H. L. Gantt.** Deutsch von Dipl.-Ing. **Friedrich Meyenberg.** Mit 9 Textabbildungen. 1922. GZ. 2,5

Die eingesetzten Grundzahlen (GZ.) entsprechen dem ungefähren Goldmarkwert und ergeben mit dem Umrechnungsschlüssel (Entwertungsfaktor), Anfang November 1922: 160, vervielfacht den Verkaufspreis.

Verlag von Julius Springer in Berlin W 9

Die Betriebsleitung insbesondere der Werkstätten. Autorisierte deutsche Bearbeitung der Schrift: "Shop Management" von **Fred. W. Taylor**, Philadelphia. Von Prof. **A. Wallichs**, Aachen. Dritte, vermehrte Auflage. Mit 26 Abbildungen und 2 Zahlentafeln. Dritter, unveränderter Neudruck. 14. bis 17. Tausend. 1920.
Gebunden GZ. 7,5

Aus der Praxis des Taylor-Systems mit eingehender Beschreibung seiner Anwendung bei der Tabor Manufacturing Company in Philadelphia. Von Dipl.-Ing. **Rudolf Seubert**. Mit 45 Abbildungen und Vordrucken. Vierter, berichtigter Neudruck. 9. bis 13. Tausend. 1920.
Gebunden GZ. 7,5

Das ABC der wissenschaftlichen Betriebsführung. Primer of Scientific Management. Von **Frank B. Gilbreth**. Nach dem Amerikanischen frei bearbeitet von Dr. **Colin Ross**. Mit 12 Textfiguren. Dritter, unveränderter Neudruck. 1920. GZ. 2

Bewegungsstudien. Vorschläge zur Steigerung der Leistungsfähigkeit des Arbeiters. Von **Frank B. Gilbreth**. Freie deutsche Bearbeitung von Dr. **Colin Ross**. Mit 20 Abbildungen auf 7 Tafeln. 1921.
GZ. 2

Industrielle Betriebsführung. Von James Mapes Dodge. Betriebsführung und Betriebswissenschaft. Von Prof. Dr.-Ing. **G. Schlesinger**. Vorträge, gehalten auf der 54. Hauptversammlung des Vereines deutscher Ingenieure in Leipzig. Unveränderter Neudruck 1921.
GZ. 1,5

Kritik des Taylor-Systems. Zentralisierung — Taylors Erfolge — Praktische Durchführung des Taylor-Systems — Ausbildung des Nachwuchses. Von **Gustav Frenz**, Oberingenieur und Betriebsleiter der Maschinenfabrik Thyssen & Co. in Mülheim, Ruhr. 1920.
GZ. 3,5

Die psychologischen Probleme der Industrie. Von **Frank Watts**, M. A. Dozent der Psychologie an der Universität Manchester und an der Abteilung für industrielle Verwaltung der Gewerbeakademie von Manchester. Deutsch von **Herbert Frhr. Grote**. Mit 4 Textabbildungen. 1922.
GZ. 5; gebunden GZ. 7,5

Sozialpsychologische Forschungen des Instituts für Sozialpsychologie an der Technischen Hochschule Karlsruhe. Herausgegeben von Prof. Dr. phil. et med. **Willy Hellpach**, Vorstand des Instituts.

Erster Band: **Gruppenfabrikation**. Von R. **Lang**, Untertürkheim, und W. **Hellpach**, Karlsruhe. 1922.
GZ. 4,8

Zweiter Band: **Werkstattaussiedlung. Untersuchungen über den Lebensraum des Industriearbeiters**. In Verbindung mit **Eugen May**, Dreher in Münster a. Neckar, und Dr. jur. **Martin Grünberg** in Stuttgart. Herausgegeben von Dr. jur. **Eugen Rosenstock**. 1922.
GZ. 6

Dritter Band: **Planwerk und Gemeinwerk**. Eine Untersuchung der menschenseelischen Leistungs-, Entwicklungs- und Gestaltungskräfte im Arbeitsleben der Gegenwart. Von Prof. Dr. **W. Hellpach**.
Erscheint Ende 1922

Die eingesetzten Grundzahlen (GZ.) entsprechen dem ungefähren Goldmarkwert und ergeben mit dem Umrechnungsschlüssel (Entwertungsfaktor), Anfang November 1922: 160, vervielfacht den Verkaufspreis.

MIX
Papier aus verantwortungsvollen Quellen
Paper from responsible sources
FSC® C105338

If you have any concerns about our products,
you can contact us on
ProductSafety@springernature.com

In case Publisher is established outside the EU,
the EU authorized representative is:
Springer Nature Customer Service Center GmbH
Europaplatz 3, 69115 Heidelberg, Germany

Printed by Libri Plureos GmbH
in Hamburg, Germany